하트웰의

제5판

유전학

유전자에서 유전체까지

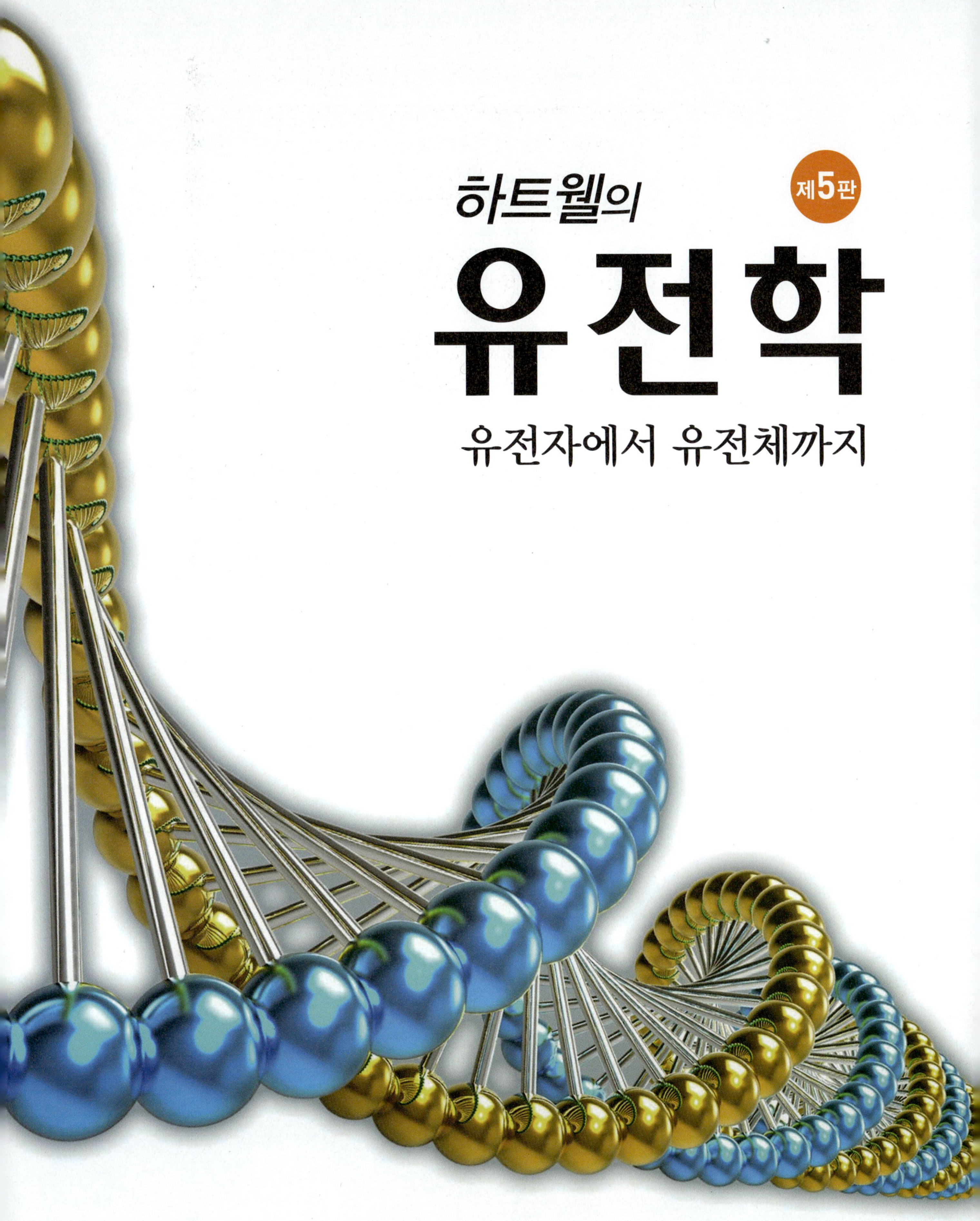

Hartwell | Goldberg | Fischer | Hood

GENETICS FROM GENES TO GENOMES

하트웰의

유전학

제5판

유전자에서 유전체까지

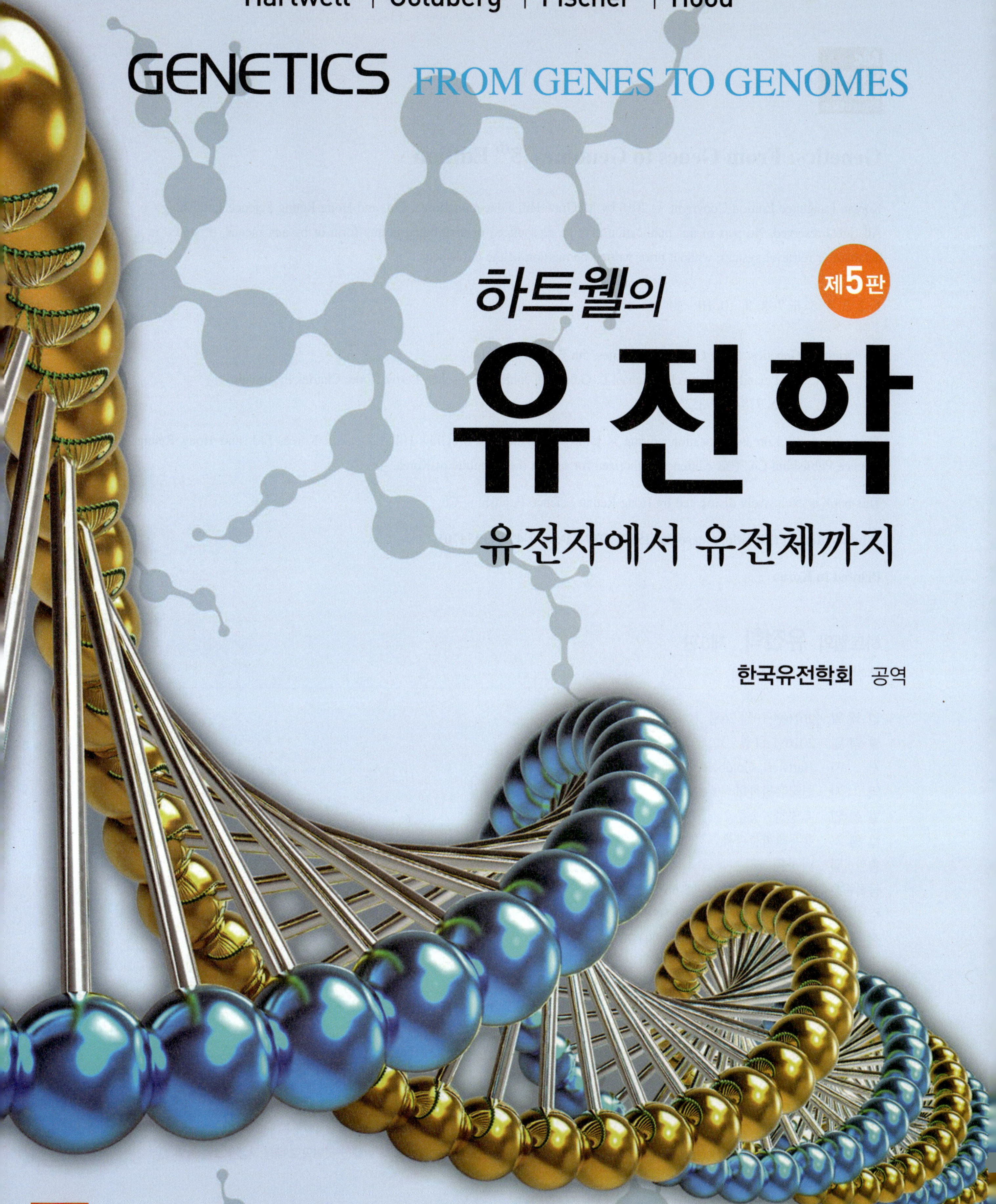

한국유전학회 공역

McGraw Hill Education

한국유전학회

홍릉과학출판사

McGraw Hill Education

Genetics: From Genes to Genomes, 5th Edition

Korean Language Edition Copyright ⓒ 2016 by McGraw-Hill Education Korea, Ltd. and Hong Reung Science Publishing Co. All rights reserved. No part of this publication may be reproduced or distributed in any form or by any means, or stored in a database or retrieval system, without prior written permission of the publisher.

1 2 3 4 5 6 7 8 9 10 HR 20 16

Original: Genetics: From Genes to Genomes, 5th Edition ⓒ 2014
By Leland H. Hartwell, Michael L. Goldberg, Janice A. Fischer, Leroy Hood, Charles F. Aquadro
ISBN 978-0-07-352531-0

This authorized Korean translation edition is jointly published by McGraw-Hill Education Korea, Ltd. and Hong Reung Science Publishing Co. This edition is authorized for sale in the Republic of Korea.

This book is exclusively distributed by Hong Reung Science Publishing Co.

When ordering this title, please use ISBN 979-11-5600-470-7(93470)

Printed in Korea

하트웰의 유전학, 제5판

유전자에서 유전체까지

인 쇄 일	2016년 10월 26일
발 행 일	2016년 11월 3일
저 자	Hartwell, Goldberg, Fischer, Hood
역 자	한국유전학회
발 행 인	우명찬 · 송준
발 행 처	홍릉과학출판사
총 괄	박성율
등록번호	1976년 10월 21일 제5-66호
주 소	서울시 강북구 인수봉로 50길 10
전 화	대표전화 02-999-2274~5, 903-7037 팩스주문 02-905-6729
홈페이지	www.hongpub.co.kr
메 일	hongpub@hongpub.co.kr

ISBN 979-11-5600-470-7(93470)

정 가 42,000원

• 이 책은 홍릉과학출판사가 McGraw-Hill사와의 한국어판에 대한 출판, 판매, 독점계약에 의해 발행한 것이므로 내용, 사진, 그림 등의 전부나 일부의 무단 복제 및 무단 전사를 일절 금합니다.

• 잘못 만들어진 책은 구입하신 곳에서 교환해 드립니다.

저자에 대해서

하트웰(Leland Hartwell) 박사는 시애틀의 Fred Hutchinson 암 연구 센터의 회장이며, 워싱턴대학의 유전체 과학(Genome Science) 분야의 교수이다. 하트웰 박사는 효모에서 유전체 복제 과정과 세포분열 과정에 필수적으로 작용하는 유전자와 세포분열을 조절하는 유전자의 발견으로 유전학 분야에 큰 기여를 하였다. 그 결과, 동일한 종류의 유전자가 인간에서도 세포분열을 조절한다는 사실을 밝혔고, 세포주기 조절 유전자는 종종 암세포에서 변형의 대상이 된다.

하트웰 박사는 국제학술원(National Academy of Science)의 회원으로 활동하고 있으며, 연구 업적을 인정받아 여러 상(Albert Lasker Basic Medical Research Award, Gairdner Foundation International Award)을 수상했고, 2001년 노벨 생리의학상을 받았다.

골드버그(Michael Goldberg) 박사는 현재 코넬대학교의 교수로, 유전학 입문과 인간 유전학을 가르친다. 그는 예일대학교를 졸업하였고, 스탠퍼드대학교에서 생화학 박사 학위를 받았다. 골드버그 박사는 바젤(스위스)대학교의 생명과학센터(biozentrum)와 하버드대학교에서 박사 후 연구를 수행하였고, 영국 임페리얼대학교와 이탈리아의 로마대학교에서 진행한 연구로 NIH와 Fondazione Cenci Bolognetti로부터 연구비를 지원받았다. 현재 그는 초파리 유전학과 개구리 배아 추출물의 생화학적 분석을 통해 정상적인 세포주기 진행을 조절하는 기작을 연구하는 한편, 체세포분열과 감수분열 동안 염색체 분리 기작을 연구 중이다.

피셔(Janice Fischer) 박사는 텍사스대학교의 교수로, 유전학 강의로 교육상을 받았으며, 생물학 강의운영회의 회장을 맡고 있다. 그녀는 하버드대학교에서 생화학과 분자생물학 분야에서 박사학위를 받았으며, 캘리포니아대학교와 MIT에서 박사 후 연구를 진행하였다. 피셔 박사는 최근 초파리의 발생 과정 동안 세포신호전달에서 유비퀴틴의 역할과 세포내 섭취작용에 대해 연구하고 있다.

후드(Lee Hood) 박사는 존스홉킨스 의과대학에서 의학박사 학위를 받고 캘리포니아 공과대학에서 생화학 박사학위를 받았다. 그의 연구는 주로 면역학, 암 생물학, 발생학, 생물학 기술 개발(예를 들어 단백질 서열분석기, 자동화된 형광 DNA 서열분석기 개발 등) 분야이다. 초기 연구는 항체의 다양성에 대한 의문을 풀어주는 데 중요한 역할을 했다. 최근 들어서는 생물학과 의학을 연계하는 시스템을 개발하고 있다.

후드 박사는 진화학, 면역학, 분자생물학, 유전학, 생화학을 가르쳤고, 인간 유전체 프로젝트에 대한 논문인 "암호의 암호(*The Code of Codes*)"뿐만 아니라 생화학, 분자생물학, 면역학 교재를 공동집필하였다. 그는 인간 유전체 프로젝트의 최초 지지자였고, 인간 유전체의 배열 순서를 밝히는 연방 유전체 센터 중 하나를 감독하였다. 후드 박사는 최근 시애틀소재 시스템 생물학에 대한 다학제 연구기관의 장이자 공동설립자로 활동 중이다.

후드 박사는 Albert Lasker 의학 연구상(1987), 국제교사협회에서 수여하는 공로상(1998), Lemelson/MIT 발명상(2003)을 포함한 여러 상을 받았다. 후드 박사는 현대 생물학의 기술력을 보여주는 단백질 및 DNA 합성기와 서열분석기의 개발로 2002년 선진 생명공학 분야에 수여하는 교토상(Kyoto Prize)을 수상하였다. 또한 박사는 K-12 과학 교육에 깊이 관여하고 있다. 그의 취미는 달리기, 등산, 독서 등이다.

아쿠아드로(Charles Aquadro) 박사는 코넬대학교에서 집단유전학 분야의 교수이면서 비교집단유전체센터의 회장을 맡고 있다. 그는 조지아대학교에서 유전학 박사학위를 받았으며, NIH에서 박사후 연구를 진행하였고, 1985년부터 코넬대학교에서 교수로 재직 중이다. 그는 분자생물학 및 진화 학회의 회장을 역임하였으며, AAAS의 특별회원과 과학자문회의 회원으로 활동 중이다. 또한 WGBH/NOVA TV 시리즈인 "진화"의 과학자문단으로 활동하였으며, 캠브리지대학교와 하버드대학교에서 연수받았다. 아쿠아드로 박사는 분자집단유전학, 분자진화, 비교유전체학 분야를 연구하고 교육한다. 초파리를 주요 연구대상으로 하고 있으나, 최근 효모, 인간, 식물에 관한 연구도 진행 중이다. 그는 개인유전체학과 의학에 대한 교양강좌와 집단유전학에 대한 전공강좌를 강의하고 있다.

디지털 저자

오늘날의 교육에 있어서 교재 내용을 디지털 방식으로 전달하는 것이 매우 중요하게 여겨지고 있으며, 개별 학생 혹은 학급 전체의 학업 성취도를 강의자에게도 동시에 전달하는 시스템을 통해 교육성과를 이루어내고 있다. 이번 5판부터 웨스턴미시건대학교의 베이체크(Bruce Bejcek) 교수가 하트웰 유전학 팀에 합류하게 된 것을 기쁘게 생각한다.

베이체크(Bruce Bejcek) 교수는 세인트루이스대학교에서 박사학위를 받았으며, 세인트루인스의 유태인병원과 미네소타대학교에서 박사후 연구를 진행하였고, 현재 웨스턴미시건대학교의 생명과학과 교수로 재직 중이다. 그는 종양 형성과 유지기전에 대한 연구를 진행하고 있으며, 특히 혈소판유래 성장인자 및 헤르페스바이러스와 종양간의 관계에 초점을 맞추고 있다. 또한 미시건주의 토착식물에서 항암물질을 찾는 연구도 진행 중이다. 그는 암생물학, 세포생물학, 일반유전학 등 다양한 강좌를 강의한다.

도움 주신 분들

유전학 연구는 매우 전문화된 방식으로 진행되는 추세이다. 수많은 특정 분야의 연구자들이 아낌없이 전문가적 의견을 제공했으며, 그들의 공헌에 감사한다.

Jody Larson, *Instructional Designer, Textbook Development*

서문

저자로부터의 기록

유전학의 역사는 150년 정도 짧지만, 그 기간 동안 놀랄만한 업적을 이루었다. 멘델(Gregor Mendel)은 1865년에 처음으로 유전의 추상적인 단위인 유전자를 설명하였다. 그의 업적은 무시당했고, 1900년에 비로소 "재발견"되었다. 모건(Thomas Hunt Morgan)은 1910년부터 1920년까지 염색체 안에 유전자가 존재한다는 실험적인 증거를 제공하였다. 1944년, 에이버리(Oswald Avery)와 연구진은 유전자가 DNA로 이루어졌다는 것을 밝혔다. 왓슨(James Watson)과 크릭(Francis Crick)은 1953년 DNA의 구조를 밝혔다. 이로부터 50년이 안된 2001년 국제컨소시엄은 인간 유전체 30억 개의 뉴클레오티드 서열을 해독하였다. 20세기 유전학 연구는 모든 유전자를 밝혔을 뿐만 아니라, 그 기능에 대해서도 상당히 많이 이해할 수 있게 했다.

오늘날, 과학자들이 다양한 생명체의 유전체 서열을 밝힘으로써, 엄청난 양의 유전정보에 접근할 수 있다. 이러한 정보의 분석은 어마어마한 수의 유전자, 단백질, 그리고 생명체를 유지시키는 분자들의 네트워크와 복잡한 분자적 상호작용에 대해 깊이 이해할 수 있게 하였다. 유전체 정보 분석을 위한 새로운 방법이나 도구를 찾는 것은 21세기 유전학의 중요한 과제가 될 것이다.

이번에 5판째인 〈유전학: 유전자에서 유전체까지는〉 유전학의 중요한 개념과 최첨단의 발견, 현대 실험방법론, 그리고 유전학 연구의 분석방법에 대해 집중적으로 다루고자 한다.

이 책의 저자들은 가장 최근의 정보를 제공하면서 내용의 일관성을 유지하고, 어려운 개념에 대해 가능한 한 명료하게 설명하기 위해 교재의 모든 내용을 교정하고 검토하였다.

우리의 초점–통합적 접근

〈유전학: 유전자에서 유전체까지〉는 학부생 수준에서 유전학으로의 새로운 접근을 시도한다. 저자들은 특히 최근 생명체를 바라보는 분자 수준에서의 관점을 반영한다.

이 책에서는 다음의 내용을 포괄적으로 다룬다:

- **정규 유전학**: 유전자가 전달되는 방식
- **분자 유전학**: DNA의 구조와 DNA로부터 단백질이 생성되는 방식
- **디지털 분석, 유전체학, 단백질체학**: 생명체의 전체 유전자 및 유전자 발현에 대한 포괄적 분석을 가능하게 하는 최근 기술
- **인간 유전학**: 인간의 건강과 암을 포함한 여러 질병에 대한 유전자의 역할
- **생물 형태의 통일성**: 많은 여러 생명체로부터 일관성 있는 모델로 정보의 통합
- **분자 진화**: 생물학적 시스템, 전체 유기체 및 개체군이 진화하고 분기하는 분자적 기작

이러한 통합된 접근을 통해 이 교재를 공부한 학생은 유전학에 대한 확실한 지식을 갖게 될 것이다. 과학자들은 생명체에 대한 현재까지의 이해를 빠른 속도로 변화시키고 있다. 궁극적으로, 유전학 연구를 통해 개로드(Archibald Garrod)가 1923년 명명한 "선천성 대사이상"을 유발하는 유전자나 여러 종류의 암을 유발하는 유전적 변화 등을 교정하고 교체할 수 있게 될 것이다.

유전적 방식의 사고

현대 유전학은 분자수준의 과학이지만, 유전학의 기원과 기본원리를 이해하는 것은 매우 중요하다. 이 책은 유전적 방식의 사고를 권장하기 위해 멘델의 유전법칙과 유전의 염색체설을 살펴보는 것으로 시작한다. 그러나 본 교재는 개체수준의 유전학과 기본적인 분자유전학적 기전을 통합하고자 한다.

1장에서는 생물학적 주요 주제를 요약함으로써 통합의 기초를 제공한다. 2장에서는 멘델의 완두콩 형질의 유전현상과 콩의 둥근모양 혹은 주름진 모양을, 그리고 노란색 혹은 녹색을 결정하는 효소의 작용을 연관지어본다. 또한 모든 생물체에서의 유전양상의 연관성에 대해 살펴본다. 3~5장은 멘델 유전법칙의 확장, 유전에 대한 염색체설, 그리고 유전자 연관과 유전자 지도작성에 대해 다룬다. 6장에서부터는 DNA의 물리적 특징, 돌연변이, 그리고 DNA가 어떻

게 암호화되고, 복제되고, 생명체 정보를 전달시키는지에 초점을 맞춘다.

9장에서는 유전자 클로닝, 혼성화, 중합효소연쇄반응, 마이크로어레이를 포함한 현대 유전학 기술을 살펴볼 것이다. 어떻게 새로운 분석도구인 생물정보학이 유전체의 특성을 발견하는데 도움을 주는지도 알아볼 것이다.

11~14장에서 분자적 기술과 컴퓨터 기반의 기술을 통해 염색체에 대한 자세한 세부사항을 다룰 것이다. 또한 15장과 16장에서는 유전자조절에 대해 다루며, 17장에서는 연구와 유전자 치료 목적으로 유전체를 조작하는 여러 기술에 대해 살펴 볼 것이다. 18장은 진핵생물의 발생 과정에서 나타나는 복잡한 유전자 상호작용을 분자수준에서 설명한다. 19장은 유전학적 지식과 분자유전학기술을 통해 밝혀진 암의 유전학과 이를 기반으로 한 암의 치료에 대해 설명한다.

20장과 21장은 집단유전학을 다루며, 어떻게 분자도구가 종들의 연관성과 시간에 따른 분자수준에서의 유전체 변화에 대해 정보를 제공하는지도 함께 살펴본다. 또한 생물정보학과 집단유전학의 융합을 통해 이루어진 복합형질의 유전과 인류 조상을 추정하는 연구결과도 살펴본다.

교재에서 유전학 분야의 우수한 연구자들(멘델에서부터 왓슨과 크릭, 인간 유전체 프로젝트의 공동연구자 등)의 과학적인 사고를 보여준다. 학생들은 유전학이 단순히 정보와 사실을 넘어서 비범한 연구자들의 공헌과 협력에 근거한 인간의 노력으로도 보아주길 바란다.

학생 친화적인 그림

학생들이 유전학에 대해 더 깊은 이해를 할 수 있도록 본 교재의 그림을 최적화하였다.

- **일관성**: 〈유전학: 유전자에서 유전체까지〉는 학생들이 이 책을 통해 개념을 모두 습득할 수 있도록 친근하면서도 집중할 수 있는 독서 스타일로 되어 있다. 학생들이 집중력 있게 지속적으로 읽을 수 있도록 집필하도록 노력하였다.
- **시각화한 유전학**: 이 책을 위해 개발된 매우 특수화된 미술 프로그램을 통해 유전학의 이해를 최대한 돕는 시각적 표현의 사진과 삽화를 제공한다.
- **접근성**: 학생의 수준에서 최첨단 내용을 이해하는 것이 본 교재의 목표이다. 복잡한 설명을 체계화하기 위해 몇 차례의 개정을 통해 새롭게 분류하고 세분화하였다. 범례는 가장 중요한 정보에 초점을 맞추기 위해 가장 중요한 아이디어, 주제, 실례만 선택하여 간소화하였다.
- **풀이 문제**: 문제를 해결하는 기술의 개발은 학생들에게 매우 중요하다. 저자들은 신중하게 학생들의 문제해결능력을 향상시키도록 각 장의 마지막에 모음 문제를 만들었다.
- **해결 문제**: 질문에 대한 완벽한 답과 특정 자료를 제시하여, 문제 해결의 단계별 과정에 대한 통찰력을 제공한다.
- **복습 문제**: 문제해결기술을 심화시키기 위해 다양한 수준으로 600개 이상의 문제를 제공한다. 이는 교사와 학생이 사용하기 쉽게 장의 마지막에 절마다 난이도가 높아지는 순서로 구성하였다. 선별된 문제의 답은 교재 마지막에 있다.

연습 문제

어휘

1. 왼쪽 용어를 가장 잘 설명한 문장을 오른쪽에서 찾아 연결하라.

a. 상보성	1. 특정 형태로 접힌 아미노산의 선형 중합체
b. 뉴클레오티드	2. 단백질 암호화 정보를 포함하지 않은 유전자 부위
c. 염색체	3. DNA에서 단백질을 합성하는 과정의 중간물질로 작용하며, 뉴클레오티드로 구성된 중합체
d. 단백질	4. DNA에서 수소결합을 통해 형성된 G–C 및 A–T 염기쌍
e. 유전체	5. DNA 서열의 변화
f. 유전자	6. 단백질 암호화 정보를 포함하는 유전자 부위
g. 우라실	7. 유전자를 담고 있는 DNA/단백질 구조물
h. 엑손	8. 단백질처럼 하나의 기능을 지닌 DNA 정보

1.1절

2. 한 가닥의 DNA 서열이 5′-AGCATTAAGCT-3′라면, 상보적인 가닥의 서열은 무엇인가?
3. 인간 유전체에서 하나의 염색체 세트 크기는 대략 30억 염기쌍이며, 23개의 염색체에 25,000여 개의 유전자가 위치한다.
   a. 인간 염색체의 크기는 다양하다. 염색체의 평균 크기는 얼마로 예측할 수 있는가?
   b. 유전자가 염색체마다 골고루 분포한다고 가정할 경우, 각 염색체는 평균적으로 몇 개의 유전자를 포함할 것인가?
   c. 염색체를 구성하는 DNA의 절반 정도에 유전자가 위치한다. 유전자의 평균 크기는 얼마인가?

1.2절

4. 다음의 설명이 단백질, DNA, 단백질과 DNA 모두 중 어디에 해당하는지 표시하라.
   a. 소단위체의 "연결"로 이루어진 거대분자

번역에 붙여서

한국유전학회는 유전학 학문분야의 발전과 정보교류를 위해 1978년 창립하여 정기학술대회와 SCIE 학술지인 "Genes & Genomics" 발간 사업을 추진해 오고 있다. 한국유전학회는 학회창립 10주년인 1988년부터 유전학 인구의 저변 확대와 대국민 유전학 교육 활동의 하나로 유전학 관계 교양서적을 출판하는 사업을 수행하였다. 1988년 유전학 총서 제1권("현대 유전학의 창시자 멘델") 출판을 시작으로 2007년까지 총 11권의 유전학 총서들을 발간하여 유전학의 대중화에 크게 기여하였다.

1865년 멘델의 유전법칙을 발견한 이래 150년밖에 지나지 않았지만, 이 짧은 기간 동안에 유전학은 놀랄만한 연구성과들이 도출되는 학문으로 변모하였다. 2000년대 들어 사람 유전체 해독과 더불어 유전학은 현대 생명과학의 필수적인 학문으로 자리매김하였다. 한국유전학회는 2013년도부터 이러한 시대적 흐름에 부응하는 국제적인 학회로 발돋움하기 위해 다양한 노력들을 경주해 오고 있다. 이러한 노력의 일환으로 한국유전학회는 2015년도에 학회 법인화와 더불어 정기적인 국제학술대회 (ICGSK)를 부활시켰으며, 학문 후속세대 양성을 위한 대학교재용 유전학 번역사업도 착수하였다. 학회 임원님들과 회원님들의 각고의 노력에 힘입어 2016년 2월 한국유전학회 번역서 1호인 "유전학 개념과 원리"를 출간하는 결실을 거둘 수 있었다.

한국유전학회는 2016년도에도 Leland H. Hartwell 등이 저술한 Genetics: from Genes to Genomes 5판 번역사업에 착수하였다. 연이어서 교재용 번역서를 출간한다는 것은 쉬운 일은 아니다. 그렇지만, 한국유전학회가 이렇게 과감한 도전을 감행할 수 있었던데는 두 가지 이유가 있었다. 첫째는 본 교재가 유전학 교재로서 세계적인 명성을 가지고 있다는 것이며, 두 번째는 한국유전학회가 2011년도에 시도했던 Genetics: from Genes to Genomes 4판 번역사업을 완성하지 못한 아쉬움과 답답함을 해소해야 한다는 것이었다. 말하자면, 2011년도 4판 번역에 참여했던 18명의 교수님들 전원과 신규로 3명의 교수님들이 흔쾌히 5판 번역에 동참해 주셨다. 그래서 2011년도에 미완성으로 남아있던 4판 번역사업이 2016년도에 비로소 5판으로 부활되어 멋진 번역서를 출간하는 기쁨을 맛보게 되었다. 여러 어려운 여건속에서도 후학 양성을 위한 봉사정신으로 번역에 참여해 주신 번역진 교수님들께 진심으로 감사드린다. 특히, 빡빡한 출간일정(6개월)을 맞추기 위해 혼신의 힘을 다해 감수위원회를 총괄하신 김현희 출판위원장님, 그리고 차희재, 박성규, 황윤정, 황혜진, 김남수 감수위원님들께도 깊은 감사를 드린다. 특히, Hartwell 교재 4판에서 5판으로 탈바꿈하여 번역서를 출판될 수 있도록 노력해 주신 홍릉과학출판사 우명찬 · 송준 대표님과 편집진 여러분들께도 깊이 감사드린다. 모쪼록 이 책이 유전학을 공부하는 학생들은 물론 유전학에 관심을 가진 일반인들에게도 널리 보급되어 유전학의 기초 및 응용지식을 습득하는데 유용한 정보로 활용되길 간절히 바란다.

2016년 8월

한국유전학회 23대 회장

제주대학교 생물학과 김세재

역자서문

2016년도 한국유전학회 유전학 강의용 대학교재발간 사업의 일환으로 출판위원회에서 Leland H. Hartwell 등이 저술한 Genetics: from Genes to Genomes 5판 번역서를 출간하게 되어 매우 기쁘게 생각합니다. 본 교재는 전 세계적으로 유수한 대학에서 강의가 진행되고 있으며 내용과 자료가 풍부하고 구성이 다른 교재와 달라 널리 호평을 받고 있는 터라 유전학 연구 분야에서 훌륭한 업적과 풍부한 강의 경험을 가지신 20분의 교수 및 연구책임자급 번역진을 구성하여 6개월여 만에 본 번역교재를 출판할 수 있게 되었습니다.

본 번역서는 전통 유전학과 분자유전학 및 유전체학 뿐만 아니라 나아가 유전체에 대한 최신 디지털 분석, 질병과 암과 관련된 인간유전학, 생명체의 통일성과 분자 진화에 이르기까지 광범위한 내용을 심도 있게 다루어 기본 개념을 명확히 함과 아울러 주요한 최신 주제에 대한 내용을 다각도로 소개하고 있습니다. 이론적 지식을 좀 더 잘 이해할 수 있도록 실제 사례들을 다양하게 제시하고 있으며 각 장마다 유전학적 내용과 사회적인 이슈를 연계하는 흥미로운 사건들을 소개함으로써 공부하는 재미와 흥미를 더하게 합니다. 각 장의 마지막에는 핵심 개념을 따로 정리하여 이해를 더욱 명확히 하고 다양한 문제풀이를 통해 배우는 학생들이 쉽고 흥미롭게 이해하도록 하였습니다. 본 교재의 내용을 모두 공부하고 나면 유전학에 대한 이론적 지식과 함께 유전학적 연구 분야와 산업화 응용분야에 대한 강한 매력을 느낄 수 있으리라 봅니다.

본 교재 번역을 위하여 먼저 용어를 황혜진 박사님께서 번역해 주셨으며 번역진이 통일된 용어를 사용하도록 하였습니다. 감수하는 과정에서 용어를 2015년 출판된 생물학용어집(한국생물과학협회 편, 바이오사이언스, 서울), 제3판에 있는 용어를 사용하는 것을 원칙으로 하였고 좀 더 정확한 뜻에 합당한 용어를 적용하기 위해 일부 용어는 감수위원회에서 검토하여 수정 적용하기도 하였습니다. 생물학용어집에 수록되어 있지 않은 질병에 대한 용어인 경우 대한의학협회에서 출판한 최신 의학용어집의 질병명을 사용하였고 동물이나 식물명은 국내 동물, 식물도감에서 공통적으로 사용하는 동물, 식물명을 사용하였으나 국내 도감에 기재되어 있지 않은 동물이나 식물 및 미생물에 대한 학명은 그대로 이탤릭체(기울임꼴)로 표현하였으나 근연관계에 있는 속을 아울러 표현하기도(예; 00속에 속하는)하였습니다. 본문에 볼드체로 되어 있는 용어나 용어해설에 있는 주요 용어인 경우는 번역 용어 뒤의 괄호에 원어를 넣도록[예; 단성잡종(monohybrid)]하였습니다.

출판사의 번역자 교정이 끝난 원고는 감수위원회에서 본인이 1~4장, 위원이신 차희재 교수(고신대)가 5~8장, 박성규 교수(광주과학기술원)가 9~12장, 황윤정 교수(삼육대)가 13~16장, 황혜진 박사(가톨릭대)가 17~21장을 분담하여 1차 감수를 진행 후 김남수 교수(강원대)께서 전체 장을 총괄하여 감수를 진행하였으며 재차 감수위원회를 개최하여 합동감수를 진행하며 최종 용어 보정과 함께 기타 출판을 위한 논의를 하였습니다. 일부 장들은 크게 수정할 필요가 있었으나 출판을 위한 일정이 여유롭지 못한 관계로 감수 과정에서 원고를 완성하게 되어 일부 감수위원들께서 무척 시간을 많이 들여 고생하기도 했습니다. 하지만 번역자 확인 과정을 미처 꼼꼼히 다 하지 못하고 번역서로는 초판으로 출판하게 되어 혹 의도하지 않은 오류나 오탈자가 있을 수도 있을 것입니다. 본 교재를 사용하시다가 발견되는 모든 오류에 대해 깊이 송구하게 생각하며 추후 알려 주시면 본 교재가 보다 더 완성되는데 도움이 될 것입니다. 계획된 일정에 맞추어 출판할 수 있도록 바쁘신 가운데 헌신적으로 번역 및 감수를 해 주신 모든 번역진 교수님들과 감수위원 교수님들께 본 서문을 통해 진심으로 감사를 드립니다.

마지막으로 본 교재가 출판되기까지 지대한 관심으로 먼길도 마다 않으시고 매번 출판위원회와 감수위원회에 배석하시어 격려와 지원을 아끼지 않으신 한국 유전학회 김세재 회장님께 깊은 존경과 감사를 드리며 홍릉과학출판사 우명찬 · 송준 대표님과 임직원 여러분들께도 심심한 감사를 표하는 바입니다.

2016년 8월

한국유전학회 출판위원장

삼육대 생명과학과 김현희

번역진

역자

김철근(서론 및 1장) 한양대학교 생명과학과

정희경(2장) 한양대학교 의과대학 병리학교실

김희수(3장) 부산대학교 생명과학과

김세재(4장) 제주대학교 생물학과

백상기(5장) 충남대학교 생물학과

이임순(6장) 건국대학교 생명과학특성학과

심용희(7장) 건국대학교 시스템생명특성학과

채지형(8장) 한양대학교 생명과학과

오정균(9장) 목포대학교 생명과학과

황혜진(10장) 가톨릭대학교 생명공학과 강사

강성만(11장) 고려대학교 생명과학부

김남수(12장) 강원대학교 분자생명과학과

이준규(13장~14장) 서울대학교 생물교육과

이한솔(15장) 인하대학교 생명과학과

김범기(16장) 농업과학기술원

최영석(17장) 차의과학대학교 의생명과학과

이명철(18장) 충남대학교 생물학과

김남근(19장) 차의과학대학교 의생명과학과

정민걸(20장) 공주대학교 환경교육과

정기화(21장) 공주대학교 생명과학과

감수

김현희(서론 및 1장~4장) 삼육대학교 생명과학과

차희재(5장~8장) 고신대학교 의과대학 유전학 교실

박성규(9장~12장) 광주과학기술원 생명과학부

황윤정(13장~16장) 삼육대학교 생명과학과

황혜진(17장~21장, Glossary)

가톨릭대학교 생명공학과 강사

김남수(최종 감수) 강원대학교 분자생명과학과

차례 요약

차례

II 부

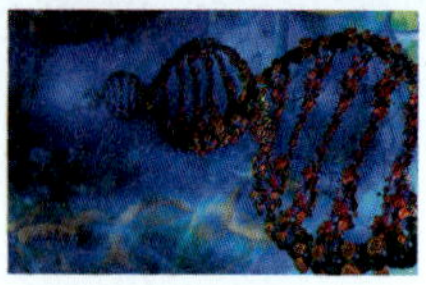

III 부

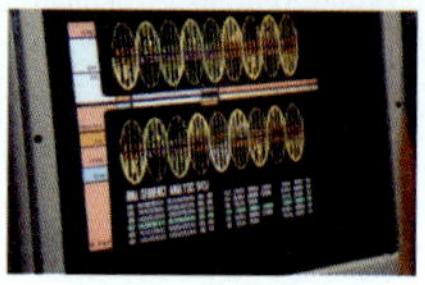

IV 부

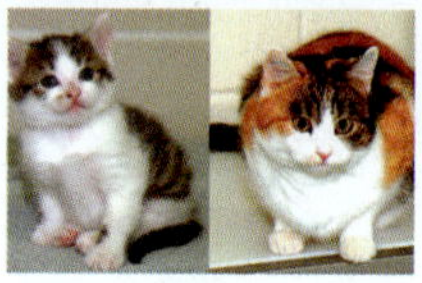

18장

19장

VII 부

20장

21장

5판의 변화 목록: 장별 요약

5판은 4판의 주요 개정을 포함하고 있다. 모든 주제에 대해 재확인과 갱신을 진행하였다. 총 200개 이상의 그림과 표를 새로 포함하였고, 많은 그림과 표를 교정하였으며, 200개 이상의 새로운 문제를 추가하였다. 새롭게 두 장, 17장(진핵생물 유전체의 조작)과 21장(복합형질의 유전학)을 포함하였다.

1장

- 인간유전체학 연구를 위한 현대의 새로운 기술 제시
- 모든 문제를 새롭게 편성

2장

- 우성과 열성 대립유전자에 대한 생화학적 설명을 새롭게 강조

3장

- 생화학적 수준에서 유전자 상호작용을 강조하여 설명
- 개의 털색과 패턴에 관한 유전자 상호작용을 새로운 예로 제시

4장

- 인간 유전학을 강조: 인간의 성염색체, 인간의 성 결정, X 불활성화
- 새로운 읽을거리 「빠르게 살펴보기」: 형질전환 생쥐를 이용하여 *SRY* 유전자가 남성 성결정자임을 증명하였다

5장

- 연관 분석, 특히 교차와 유전자의 물리적 거리 사이의 관계 및 4분체 분석법에 대해 상당한 교정 수행

6장

- 재조합의 분자적 기작에 대해 개정: 이중가닥 절단 수선과 항교차 헬리케이즈 모델, 재조합을 새롭게 묘사한 교정한 그림
- 유전자 전환에 대해 자세히 설명
- 4분체 분석법이 어떻게 재조합 모델을 지지하는가에 대한 설명

7장

- 인간의 생식체포 돌연변이와 질병에 대한 더 자세한 설명
- 새로운 읽을거리 「빠르게 살펴보기」: 세 뉴클레오티드 반복 질환: 헌팅턴병과 연약 X 증후군
- DNA 수선기전에 대해 개정
- 벤저의 실험에 대해 자세히 설명

8장

- 크릭과 브레너의 삼중암호 실험에 대한 자세한 설명
- 브레너의 종결코돈 실험을 포함
- tRNA 합성효소에 대한 자세한 설명
- 워블 규칙을 개정
- 다섯 종류의 돌연변이 대립유전자에 대한 자세한 설명
- 아미노산 21과 22를 포함

9장

- 4판의 9, 10, 20장의 일부 내용을 재편성하여 제시
- 클로닝과 생거 염기서열 방법을 통한 유전체 조립, 유전체의 구조적 특성에 대한 설명, 온라인에서 유전체를 조사하는 방법까지 제시
- 시대에 뒤진 기술(예로 서던 블롯팅)은 새로운 기술(자동화 DNA 서열분석, 생물학정보학)로 대체

10장

- 4판의 11장에 대한 재검토
- 엑솜/유전체 서열 분석을 통해 질병유전자를 검색하고 환자를 치료하는 사례에 대한 소개
- 다형성 유형(SNPs, InDels, SSRs)에 대해 개정
- PCR을 이용한 SNP 분석에 대해 개정
- DNA 지문법을 이용한 법의학에 대해 개정
- 전체 유전체 분석을 위한 DNA 마이크로어레이에 대해 개정
- 위치지정 클로닝에 대한 자세한 설명
- 로드 스코어(Lod scores)에 대한 새로운 표
- 전체 유전체에 대한 대단위 DNA 서열분석을 통한 질병 유전자 규명에 대한 새로운 설명

11장

- 핵형분석을 위한 FISH 기술에 대해 개정
- 히스톤 꼬리의 변형과 유전자 발현과의 연관성에 대한 최근 정보

- X 염색체의 불활성화 기작에 대해 개정
- DNA 복제 후 뉴클레오솜 재구성에 대한 새로운 설명
- 텔로미어와 쉘터린에 대해 개정
- 방추사부착점과 코헤신 복합체에 대해 개정

12장

- 염색체이상을 분석하고 감지하는 방법(FISH, PCR, 유전체서열분석법)에 대해 개정
- 염색체 재배열의 기원, 표현형 결과, 연구에 사용되는 방식에 대해 개정
- 인간 유전체의 트랜스포존에 대한 최근 정보
- 맥클린톡의 트랜스포존 발견에 관한 새로운 내용

13장

- 박테리아 유전학과 세포소기관 유전을 다른 장으로 분리하여 설명
- 범유전체학과 인간 마이크로바이옴에 대해 개정
- 고전적인 실험과 유전자 지도작성 방법에 대한 명료한 설명
- 유전자 분석법: 유전자 적중법, 트랜스포존 돌연변이유발, 플라스미드 형질전환에 의한 유전자 규명
- 이해를 돕기 위한 새로운 예: 항생제 저항성의 분자기전

14장

- 세포소기관 유전에 한 장을 할애
- 엽록체 모계유전을 보여주는 코렌스의 실험에 대한 새로운 설명
- 인간의 미토콘드리아 질병 유전에 대해 설명
- 미토콘드리아 DNA "유전자치료"에 대한 새로운 설명

15장

- 고전적인 lac 오페론 실험에 대한 자세한 설명
- 시스- 및 트랜스-작용 RNAs에 대한 새로운 자료(예; 리보스위치)
- 전사체 분석에 대한 업데이트(RNA-서열분석)
- 새로운 예: 정족수 감지

16장

- 진핵생물의 유전자조절에 관한 기본 요소와 기전 및 연구에 사용한 기술에 대한 설명의 재검토
- 진핵생물의 유전자발현을 조절하는 시스- 및 트랜스-조절자의 역할에 대한 설명(활성자/공동활성자, 억제자/공동억제자, 간접적 억제자, 증폭자, 절연자)
- 유전체 각인에서 DNA 메틸화에 관한 최근 정보(후성유전학)
- 작은 RNAs에 대해 개정
- 전사인자의 발견에 사용한 기술에 대해 개정
- 이해를 돕기 위한 예의 업데이트: 초파리의 성 결정

17장

- 유전체 조작기술과 유전체 변형의 논리적 근거를 강조한 새로운 장
- 여러 기술을 설명: 형질전환생물의 제작과 사용, 체세포핵이식을 이용한 복제, 유전자적중돌연변이 유도(녹-아웃, 조건부 녹-아웃, 녹-인, TALENs), 인간 유전자치료

18장

- 유전학적 방법론에 초점을 맞추어 발생에 관한 연구를 설명
- 1차 돌연변이체 및 변경자 돌연변이체 검색에 관한 자세한 설명
- 돌연변이 표현형에 대응하는 유전자의 규명 방법에 관한 설명
- 돌연변이와 클로닝한 유전자를 이용하여, 언제, 어디서 유전자가 작용하는지를 알아내는 방법에 대한 설명을 재조정
- 상위성에 근거하여 경로 내 유전자 순서를 정하는 것에 대한 설명
- 초파리의 패턴 형성에 관한 자세한 설명: 모계영향유전자와 수정란에서 작용하는 유전자에 대한 돌연변이 검색

19장

- 다음을 강조하여 개정: 종양 유전체 서열에서 "driver" 돌연변이의 규명, 암의 유전학, 많은 종양 샘플의 전체 유전체 서열 비교를 통해 치료법을 제안할 수 있는 유형의 발견

20장

- 집단유전학 내용의 재검토를 통한 단순화와 최신정보의 포함
- 법의학/CODIS에 관련된 하디-바인베르크 분석
- MRCA 개념에 대해 설명
- 인류 조상 추적을 위한 Y 염색체와 mtDNA의 분석에 관한 새로운 정보

21장

- 전체 유전체 분석에 사용된 방법론에 초점을 맞춘 새로운 장
- 식물교배를 통한 GTLs 지도 작성에 관한 자세한 설명
- 인간의 GWAS
- 인류 조상 추적을 위한 DNA 변이 분석

교재 안내

유전적 개념의 통합

〈유전학: 유전자에서 유전체까지〉는 유전학에서 제시하는 내용을 통합적으로 다루므로, 학생들은 현재 학계와 기업의 연구자가 실제적으로 사용하고 있는 매우 전문적인 지식을 얻을 수 있다. 학생들에게 주제 간의 연관성을 완벽히 이해시키기 위해 예(에세이, 역사적 내용, 커넥션 섹션(connection section))에서 기본 원리를 연관 지어 설명한다.

개요

장의 전체 내용을 요약한 짧은 개요와 함께 시작한다.

개요

9.1 DNA의 절단
9.2 DNA 조각의 클로닝
9.3 DNA의 염기서열화
9.4 유전체의 염기서열화
9.5 유전체에서 유전자 찾아내기
9.6 유전체의 구조와 진화
9.7 생물정보학: 정보기술과 유전체
9.8 종합적인 예: 헤모글로빈 유전자들

학습목표

학습목표는 각 절에서 무엇을 배울 것인가를 예측하게 한다.

7.3 돌연변이가 말해 주는 유전자의 구조

학습목표

1. 상보성 검사와 돌연변이가 동일 유전자에서 일어났는지 혹은 다른 유전자에서 일어났는지를 판별하는 방법을 설명한다.
2. 벤저의 실험결과가 어떻게 박테리오파지 T4의 *rII* 부위에 각 각 여러 개의 염기쌍으로 된 두 유전자가 있는 것을 보여주는지 설명한다.
3. 벤저가 결실돌연변이를 이용하여 어떻게 *rII* 부위에 돌연변이를 위치하였는지 논의한다.

핵심 개념

- 돌연변이는 DNA 염기서열의 변형이다.
- 점돌연변이는 한 개 혹은 적은 수의 염기쌍이 변경된 것으로 전이, 전환, 작은 삽입, 결실이 있다.
- 자연발생적 돌연변이 발생률은 낮으며 유전자 및 개체별로 다양하다.
- 세포는 분열할수록 유전체에 돌연변이가 더 많이 쌓일 가능성이 크다.
- 방황변이 실험과 복제 평판법 실험 결과 항생제를 투여하기 전에 세균세포는 무작위적으로 이미 항생제 저항 돌연변이가 일어났음을 알 수 있다.

핵심 개념

각 절의 내용 중 가장 적절한 것을 축약하여 절의 마지막에 정리하였으며, 학생들에게 주요 개념과 학습목표를 상기하도록 한다.

다음 학습을 위한 안내

유전자 발현에 관한 지식은 유전자의 개념을 다시 정의하게 한다. 유전자는 단순히 특정 폴리펩티드의 아미노산을 지정하는 mRNA 코돈으로 전사되는 DNA 서열이 아니다. 오히려, 유전자는 폴리펩티드 생성물로 발현되는 데 필요한 모든 DNA 서열을 의미한다. 따라서 유전자는 전사 개시를 지시하는 프로모터와 전사 종결 신호를 포함한다. 또한 mRNA의 번역 개시 신호 및 종결 신호도 포함되어야 한다. 이외에도 진핵생물의 유전자는 성숙 mRNA를 만들기 위해 1차 전사체로부터 이어맞추기되는 인트론도 포함한다. 인트론으 경우, 유전자의 평균 길이는 16,000염기쌍이며, 25,000여 개의 유전자가 존재한다. 인간의 반수체 유전체는 30억 염기쌍이며, 23개의 염색체가 존재하므로 염색체당 1억 3,000만 염기쌍이 존재한다.

9장과 10장에서는 유전체에서 DNA의 어느 부분이 유전자로 작용하며, 유전자가 어떻게 표현형에 영향을 주는가를 밝히는 연구 과정과 방법에 대해 소개한다. 연구자들은 DNA를 다루기 쉬운 작은 조각으로 잘라 연구에 충분할 정도로 각 조각의 사본을 많이 만들어 뉴클레오티드 서열 수

다음 학습을 위한 안내

각 장의 끝에 '다음 장을 위한 안내'는 이 장에서 살펴본 설명한 내용과 다음(나중) 장에 소개할 내용을 연결하여 학생들이 통합된 사고를 기를 수 있도록 한다.

흥미로운 검증 내용과 2개의 새로운 장

모든 주제에 대해 재확인하고 개정하였다. 200개 이상의 새로운 그림과 표를 수록하였고, 많은 그림을 재검토하였다. 200개 이상의 문제를 새로 추가하였고, 2개의 새로운 장(17장과 21장)을 포함시켰다.

VI부 유전학 이용하기

17장 진핵생물의 유전체 조작

GFP와 RFP의 변이형 단백질들을 (Danio rerio)들. 글로피시(Glofish 초의 유전자 변형 애완동물이었다

개요

17.1 형질전환 생물체 제작
17.2 형질전환 생물체 사용
17.3 표적 돌연변이화
17.4 인간 유전자 치료

최근까지, 레버씨 선천성 흑암시(Leber congenital amaurosis, LCA)라고 불리는 유전병 때문에 시력이 나쁜 아이들은 성인이 되면 완전히 시력을 잃을 운명에 처해 있었다. 그러나 이 질병에 대한 유전자 치료 시도가 성공함에 따라 많은 수의 이런 아이들은 이제 질병에 의한 망막 퇴화를 늦추고 정상 시각을 회복할 수도 있다는 희망을 가질 수 있게 되었다.

LCA의 한 형태는 *RPE65*라는 유전자의 기능 상실로 인해 발생한다. 이 유전자는 망막색소 상피세포(망막 아래 있는 세포층)에서 발견되는 단백질을 암호화하고 있으며, 광수용체 기능에 매우 중요하다. 이 RPE65 효소는 망막이 빛을 감지하는 과정인 시각주기에서 기능한다. LCA 환자들은 빛에 대한 감도를 상실하고, 결국에는 시각 처리를 담당하는 뇌피질까지 감소하게 된다(그림 17.1).

유전자 치료(gene therapy)는 질환을 치료하기 위해 DNA를 유전체에 삽입하거나 유전자의 DNA를 변경하는 유전자의 조작기술이다. 이런 형태의 LCA 질병을 위한 실험적인 유전자 치료 전략은 간단했다. 과학자들은 환자의 눈을 통해 망막색소 상피세포로 바이러스 입자로 포장한 DNA를 단순히 주입함으로써, 환자의 망막색소 상피세포에 *RPE65* 유전자의 정상 사본을 전달했다. *RPE65* 유전자 치료 임상시험의 결과는 2008년에 처음 보고된 이후 30명 이상의 환자들이 해당 시술을 받았고, 거의 대부분은 적어도 부분적으로 시력을 회복하였다. 몇몇 경우에는 더 이상 법적으로 장님이라고 간주하지 않게 되었다.

이 장에서는 유전체를 변화시키는 두 가지 일반적인 전략을 살펴볼 것이다. 첫째는 형질전환 생물체이고, 둘째는 표적 돌연변이의 생성이다. 이러한 흥미로운

VII부 각각의 유전자와 유전체를 넘어서

21장 복합 형질의 유전

개 사육사들에 의한 인위선택은 개 품종 간의 크기에 엄청난 차이를 나타내게 하였다. 집단 유전학자들은 개 품종 간 체구의 차이를 나타내는 표현형의 절반 이상은 단지 6개의 유전자에 의해 결정됨을 밝혔다.

개요

21.1 유전력: 복합 형질의 발현에 대한 유전적 영향 대 환경적 영향
21.2 양적 형질 좌위(QTL)의 지도 작성

오늘날 인간의 전체 유전체의 염기서열을 결정하는 데 드는 비용은 5,000달러 이하이다; 그 분석 비용은 반드시 몇 년 내에 1,000달러 이하로 떨어질 것이다. 이런 가격이라면, 여러분 자신의 유전체나 여러분이나 여러분의 배우자가 임신한 태아의 유전체에 대한 정보를 얻는 일은 시도할만한 가치가 있다고 생각하지 않는가?

그 대답은 사람들에 따라 다르겠지만, 모든 사람들에게 비용과 이득을 결정하는 핵심 요소는, 유전체 염기 서열 데이터의 해석이 특정한 표현형을 예측하는 데 어느 정도 도움을 줄 것인가 일 것이다. 이미 전유전체 서열 분석(whole-genome sequencing)은 한 사람이 낫형적혈구빈혈증이나 낭섬유증과 같은 멘델 유전병으로 시달릴 것인지 혹은 보인자(carrier)인지를 매우 정확하게 밝힐 수 있음을 보아왔다. 멘델 유전이란 형질이 단일 유전자의 대립유전자에 의해 결정되며, 원칙적으로 완전한 침투도(penetrance)를 보이는 경우이다. 그런데, 여러분의(혹은 여러분 자녀의) 유전체 서열 분석을 위해 소모한 수천 달러는 지능이나 인성과 같은 다른 많은 형질들의 예측에 대해서는 아직은 거의 실마리를 제공하지 못할 것이다. 그 이유는 이런 형질들은 많은 요인들에 의해 영향을 받는 **복합 형질**(complex trait)이기 때문인데, 다양한 요인들로는 여러 유전자의 관여, 서로 다른 유전자들의 대립유전자 간 상호작용, 환경의 다양성 및 유전자와 환경의 상호작용이 있다.

빠르게 살펴보기

예정된 DNA 재배열과 면역계

인간의 면역계는 특이성과 다양성에서 매우 놀랍다. 면역계는 수십억 개의 B 림프구를 포함하는데, B 림프구는 수십억 개 이상의 다른 항체(면역글로불린, immunoglobulin 또는 Ig라고도 함)를 생성하는 특별한 백혈구이다. 그러나 각각의 B 세포는 오직 한 개의 세균이나 바이러스 단백질(면역반응에 맥락에서 항원, antigen)에 대항하여 항체를 만들어낸다. 항원에 대한 항체의 결합은 우리 몸이 병원균에 대항하여 싸우고 이들을 중화시키는 것을 돕는다.

항체 반응에서 한 가지 아주 흥미로운 사실은 유전체에는 20,000~30,000개 정도의 유전자밖에 없는데, 수십억 개의 서로 다른 항체를 만들어 낼 수 있는 점이다. 이에 대한 대답은 체세포 돌연변이와 다른 크기의 다양한 폴리펩티드들의 다양한 접합과 연계되어 예정된 유전자 재배열로서 이것은 아주 적은 수의 유전자들로부터 대략 수십억 개의 결합특이체들을 생성시킬 수 있게 된다. 이러한 다양성을 이해하기 위해서는 항체들이 어떻게 생성되고 B 세포들에서 어떻게 항체-코딩 유전자들이 특정한 항원-결합 부위를 결정하는가를 이해하는 것이 중요하다.

항체 형성 유전학은 다양성과 특이성을 생성한다

모든 항체 분자들은 같은 기본 분자 단위를 한 개 또는 여러 사본을 가진다. 네 개의 폴리펩티드가 모여서 이러한 기본 단위를 만든다: 두 개의 동일한 긴 사슬과 두 개의 동일한 짧은 사슬. 각 짧은 사슬은 한 개의 긴 사슬과 붙어 있다(그림 A). 긴 사슬과 짧은 사슬 각각은 C (constant, 일정함) 도메인과 V (variable, 가변적) 도메인을 가진다. 긴 사슬의 C 도메인에 따라서 항체가 IgM, IgG, IgE, IgA 등의 네 가지 클래스로 되는데, 이 항체가 어디에서 어떻게 기능을 하는가에 영향을 미친다. 예를 들면, IgM 항체는 면역 반응 초기에 형성되며 B-세포의 벽에 붙어 있는다; IgG 항체는 후에 형성되어 혈류를 따라 배출된다. 짧은 사슬과 긴 사슬의 C 도메인은 항체의 특이성에 관여 하지 않는다. 대신에, 항체의 특이성을 띠게 하는 항원 결합 부위를 만드는 것은 긴사슬과 짧은 사슬의 V 도메인이다.

긴 사슬의 모든 도메인을 암호화 있는 부위는 14번 염색체에

그림 A 항체 특이성이 분자 구조로부터 어떻게 의 긴 사슬과 두 개의 짧은 사슬들이 이황화 결 결합되어 항체의 기본 구조를 이룬다. 긴 사슬과 변 (V) 부위(노란색)을 N 말단 부위에 가지며, 이 부위와 연계되어 있다. V 도메인 내부에 있는 "고 미노산들은 항체에 따라 매우 다양하다. 각 사슬의 (constant, 일정함) 도메인(푸른색으로 표시함)의 데, 긴 사슬은 여러 개의 부도메인들을 (C_{H1}, 경첩,

빠르게 살펴보기

책의 앞부분에 소개된 멘델의 원리를 이후에 설명되는 분자적 지식과 통합하기 위해 사용한 방법이다.

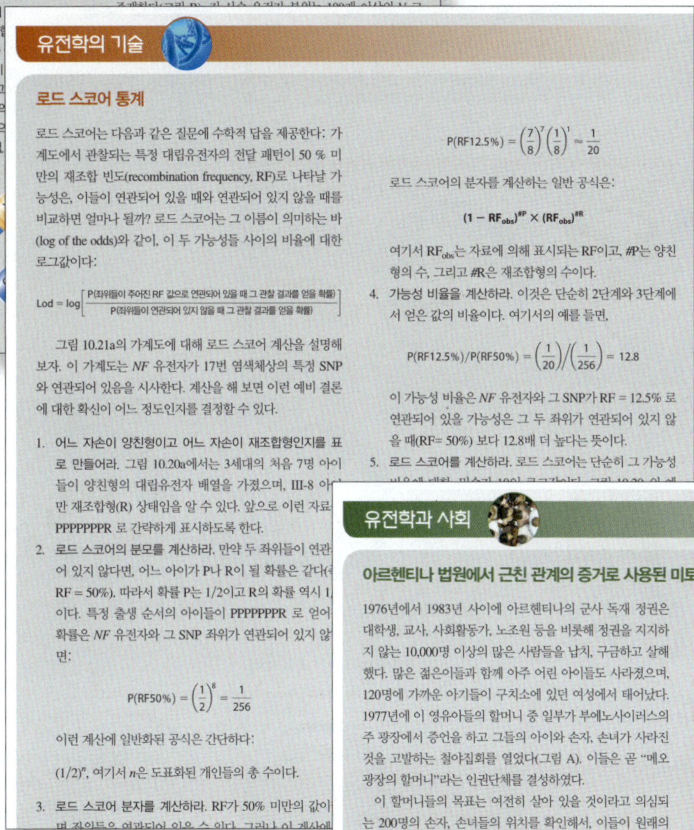

유전학의 기술

로드 스코어 통계

로드 스코어는 다음과 같은 질문에 수학적 답을 제공한다: 가계도에서 관찰되는 특정 대립유전자의 전달 패턴이 50 % 미만의 재조합 빈도(recombination frequency, RF)로 나타날 가능성은, 이들이 연관되어 있을 때와 연관되어 있지 않을 때를 비교하면 얼마나 될까? 로드 스코어는 그 이름이 의미하는 바(log of the odds)와 같이, 이 두 가능성들 사이의 비율에 대한 로그값이다:

$$\text{Lod} = \log\left[\frac{\text{P(좌위들이 주어진 RF 값으로 연관되어 있을 때 그 관찰 결과를 얻을 확률)}}{\text{P(좌위들이 연관되어 있지 않을 때 그 관찰 결과를 얻을 확률)}}\right]$$

그림 10.21a의 가계도에 대해 로드 스코어 계산을 설명해 보자. 이 가계도는 *NF* 유전자가 17번 염색체상의 특정 SNP와 연관되어 있음을 시사한다. 계산을 해 보면 이런 예비 결론에 대한 확신이 어느 정도인지를 결정할 수 있다.

1. 어느 자손이 양친형이고 어느 자손이 재조합형인지를 표로 만들어라. 그림 10.20a에서는 3세대의 처음 7명 아이들이 양친형의 대립유전자 배열을 가졌으며, III-8 아 만 재조합형(R) 상태임을 알 수 있다. 앞으로 이런 자료 PPPPPPPR 로 간략하게 표시하도록 한다.
2. 로드 스코어의 분모를 계산하라. 만약 두 좌위들이 연관 어 있지 않다면, 어느 아이가 P나 R이 될 확률은 같다(RF = 50%). 따라서 확률 P는 1/2이고 R의 확률 역시 1 이다. 특정 출생 순서의 아이들이 PPPPPPPR 로 얻어 확률은 *NF* 유전자와 그 SNP 좌위가 연관되어 있지 않 면:

$$P(RF50\%) = \left(\frac{1}{2}\right)^8 = \frac{1}{256}$$

이런 계산에 일반화된 공식은 간단하다:

$(1/2)^n$, 여기서 n은 도표화된 개인들의 총 수이다.

3. 로드 스코어 분자를 계산하라. RF가 50% 미만의 값이

$$P(RF12.5\%) = \left(\frac{7}{8}\right)^7\left(\frac{1}{8}\right)^1 \approx \frac{1}{20}$$

로드 스코어의 분자를 계산하는 일반 공식은:

$$(1 - RF_{obs})^{\#P} \times (RF_{obs})^{\#R}$$

여기서 RF_{obs}는 자료에 의해 표시되는 RF이고, #P는 양친형의 수, 그리고 #R은 재조합형의 수이다.

4. 가능성 비율을 계산하라. 이것은 단순히 2단계와 3단계에서 얻은 값의 비율이다. 여기서의 예를 들면,

$$P(RF12.5\%)/P(RF50\%) = \left(\frac{1}{20}\right)\Big/\left(\frac{1}{256}\right) = 12.8$$

이 가능성 비율은 *NF* 유전자와 그 SNP가 RF = 12.5% 로 연관되어 있을 가능성은 그 두 좌위가 연관되어 있지 않을 때(RF= 50%) 보다 12.8배 더 높다는 뜻이다.

5. 로드 스코어를 계산하라. 로드 스코어는 단순히 그 가능성

유전학의 기술

최근의 읽을거리는 유전학자가 사용하는 다양한 기술과 생물학 및 의학에 적용된 예를 설명한다.

유전학과 사회

아르헨티나 법원에서 근친 관계의 증거로 사용된 미토콘드리아 DNA 검사

1976년에서 1983년 사이에 아르헨티나의 군사 독재 정권은 대학생, 교사, 사회활동가, 노조원 등을 비롯해 정권을 지지하지 않는 10,000명 이상의 많은 사람들을 납치, 구금하고 살해했다. 많은 젊은이들과 함께 아주 어린 아이들도 사라졌으며, 120명에 가까운 아기들이 구치소에 있던 여성에서 태어났다. 1977년에 이 영유아들의 할머니 중 일부가 부에노사이러스의 주 광장에서 증언을 하고 그들의 아이와 손자, 손녀가 사라진 것을 고발하는 철야집회를 열었다(그림 A). 이들은 곧 "메오 광장의 할머니"라는 인권단체를 결성하였다.

이 할머니들의 목표는 여전히 살아 있을 것이라고 의심되는 200명의 손자, 손녀들의 위치를 확인해서, 이들이 원래의 가족과 합쳐질 수 있도록 하는 것이었다. 결국에는 산파와 형무소 근무자들과 같은 증인들로부터 정보를 얻어, 유치원에 들어가는 어린이들의 서류를 검토할 수 있는 네트워크를 만들었다. 이들은 또한 미국과학진흥협회(AAAS)를 포함한 외국의 단체들과 접촉하기 시작했다.

이 할머니들이 AAAS에 요구한 것은 법정에서 사용될 수 있는 유전적 분석이었다. 군사정권이 민주 정권으로 교체되고, 할머니들이 공정한 법정에서 그들의 사건을 제기할 수 있게 되었을 무렵에는 1976년에 태어나거나 2~3세였던 아이들은 7~10세가 되어 있었다. 비록 아이들의 외모나 키는 변했지만 그들을 생물학적 가족과 연결시킬 수 있는 그들의 유전자는 변하지 않았다. 유전검사의 가능성에 대해서 알게 된 할머니들은 그러한 검사와 그 결과를 분석하는 작업에 대해 자세한 도움을 구하기 시작했다. 1983년부터 법원은 이들의 검사 결과를 혈연관계의 증거로 받아들이기 시작했다.

1983년에 두세 명 사이의 혈연관계를 확인하거나, 배제하는 데 사용할 수 있는 가장 좋은 방법은 인간 림프구 항원(HLA)이라는 단백질을 비교하는 것이었다. 사람들은 고유한 HLA 표식자를 백혈구 또는 림프구 세포에 가지며, 이들 표식자는 분자적 지문으로 사용하기에 충분한 다양성을 가지고 있다. HLA 분석은 각각의 HLA 표식자에 대해 하나의 대립유전자는 모계의 할머니로부터, 다른 하나는 부계의 할머니로

그림 A 메오 광장의 할머니(1977).

떤 경우에는 HLA 유형 분석을 통해서는 확실한 관련성을 확인하기 어려운 경우도 있다.

AAAS는 할머니들을 당시 캘리포니아 대학에 있던 메리 클레어 킹과 연결시켜 주었다. 킹과 두 명의 동료인 오레고와 윌슨은 새로운 기술인 PCR 증폭과 미토콘드리아 유전체에서 변이가 많은 비암호화 부위의 직접적인 염기 서열 분석에 기초한 새로운 mtDNA 검사법을 개발하였다. mtDNA는 모계로 유전되며 재조합이 일어나지 않기 때문에 한 명의 모계 친척만 있어도 일치 여부를 확인할 수 있으며, 따라서 이 방법으로 논란이 되는 여러 사건들을 해결할 수 있었다. 비암호화 부위는 매우 다형성이 크기 때문에, 손녀의 mtDNA와 할머니나 어머니의 여자형제 또는 남자형제 등과 같은 단 한 명의 mtDNA를 직접 비교해서 맞는지를 확인할 수 있으며, 따라서 통계적인 계산도 더 이상 필요치 않았다.

자신들의 방법을 증명하기 위하여 킹과 연구진은 누가 친척인지 알지 못하는 상태에서 세 명의 아이와 그들의 세 명의 할머니의 DNA를 증폭하였다. mtDNA 분석 결과 확실하게 각각의 아이와 그들의 할머니를 찾아내었으며, 따라서 1989년 이후에는 할머니들이 자신의 mtDNA 정보를 자료 저장소에 포함시켰다.

유전학과 사회

인상적인 이 에세이는 현대 유전학 연구의 활용으로 나타난 여러 사회적 · 도덕적 문제를 분석한다.

시각화한 유전학

컬러 삽화와 사진은 내용에 대한 이해도를 높인다. 이러한 시각적 표현은 본문 전반에 논의되는 주제에 대해 좀 더 명확하게 이해할 수 있도록 돕는다.

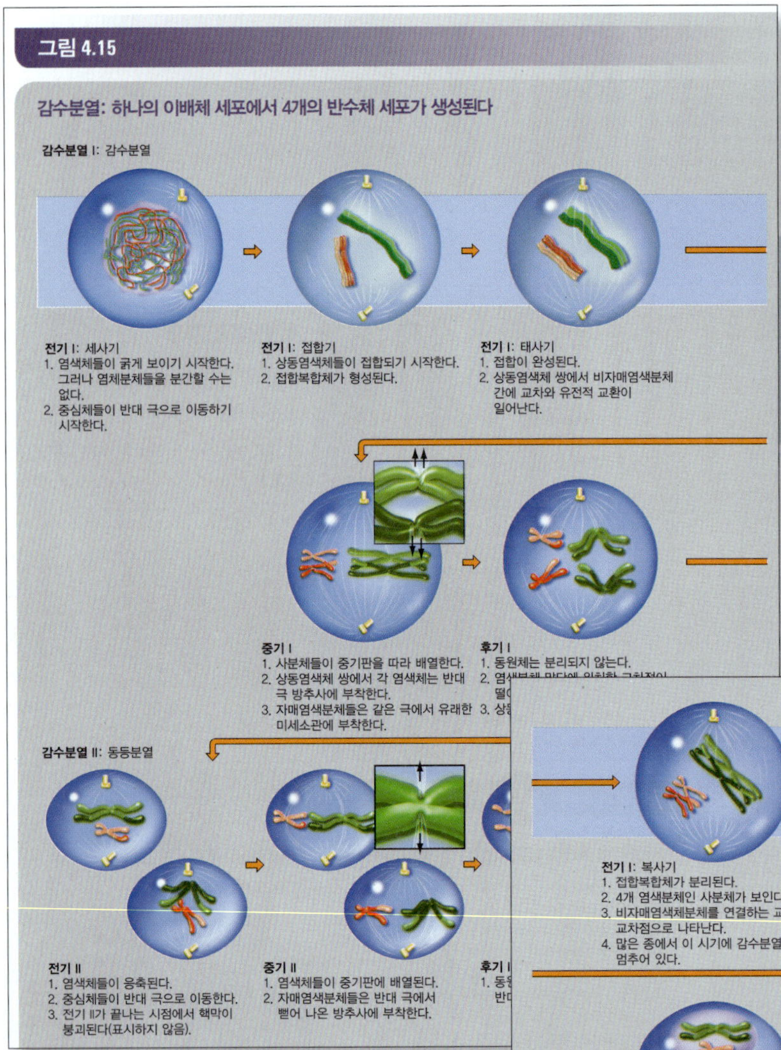

특징적인 그림

중요한 유전적 개념을 상세하게 요약하기 위해, 특별한 연결 그림, 사진, 본문 내용을 통합하여 여러 페이지로 구성한다.

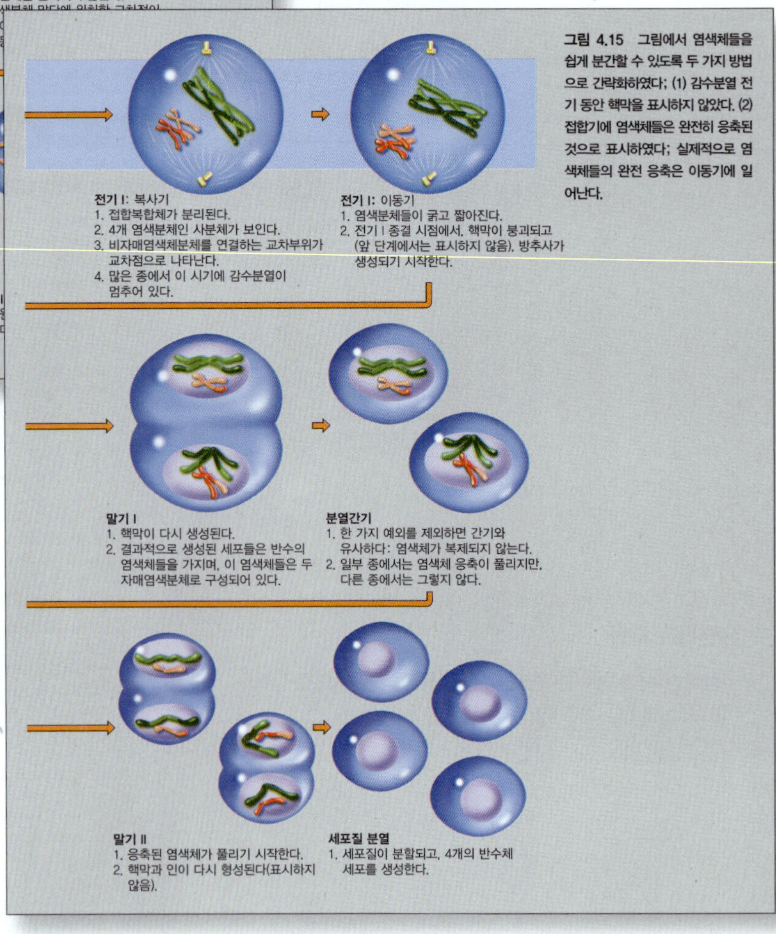

그림 4.15 그림에서 염색체들을 쉽게 분간할 수 있도록 두 가지 방법으로 간략화하였다: (1) 감수분열 전기 동안 핵막을 표시하지 않았다. (2) 접합기에 염색체들은 완전히 응축된 것으로 표시하였다; 실제적으로 염색체들의 완전 응축은 이동기에 일어난다.

그림 4.10 유사분열은 두 딸세포 핵에 양친 세포와 똑같은 염색체 수를 유지한다. 왼쪽은 양서류의 일종인 영원의 허파 세포의 사진으로, 염색체는 파란색으로 염색되었고, 미세소관은 녹색 혹은 황색으로 보인다.

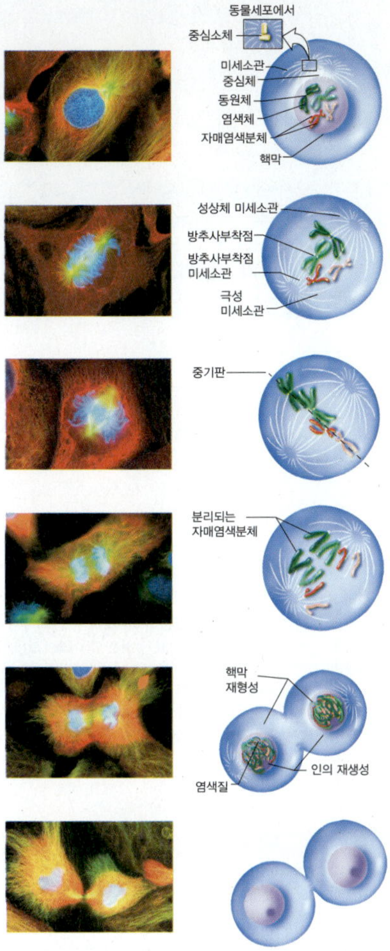

(a) 전기: (1) 염색체가 응축되어 식별할 수 있다; (2) 중심체들이 반대 극 쪽으로 이동하고 새로운 미세소관을 생성한다; (3) 핵이 사라지기 시작한다.

(b) 전중기: (1) 핵막이 붕괴된다; (2) 중심체에서 생성된 미세소관들이 핵 쪽으로 뻗어나간다; (3) 자매염색분체들은 반대 극 중심체로부터 뻗어 나온 미세소관에 부착된다.

(c) 중기: 염색체들은 자매염색분체들이 서로 반대쪽을 향하도록 중기판에 배열된다.

(d) 후기: (1) 동원체가 분리된다; (2) 자매염색분체들이 서로 반대 극으로 이동한다.

(e) 말기: (1) 핵막과 인이 재생성된다; (2) 방추사가 사라진다; (3) 염색체가 풀려 엉킨 염색질 구조로 된다.

(f) 세포질 분열: 세포질이 분리되며, 신장된 모세포는 동일한 핵을 지닌 두 딸세포로 나뉜다.

과정 그림

단계별 묘사는 주요 세부사항의 간단한 요약을 순차적으로 따라갈 수 있게 한다.

현미경 사진

화려한 현미경 사진은 유전학의 세계를 보여준다.

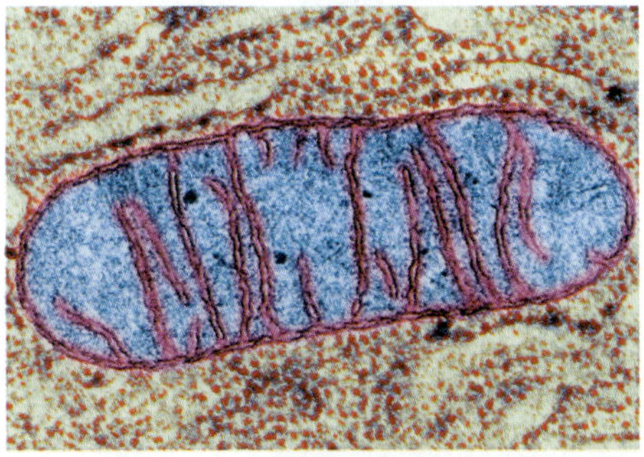

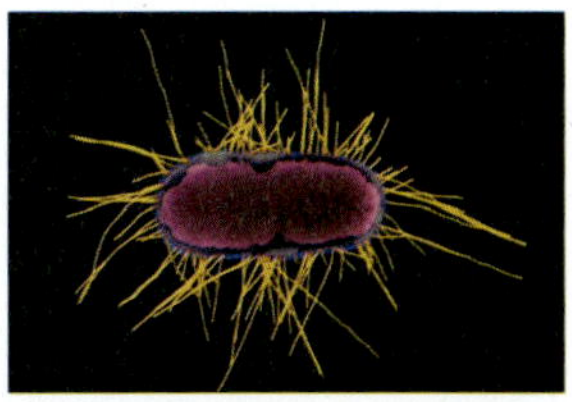

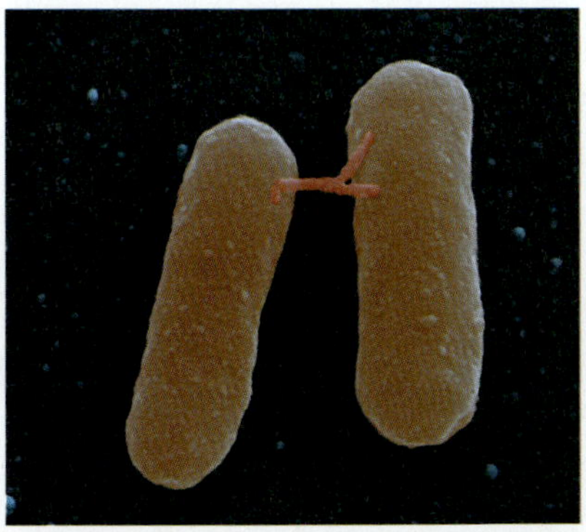

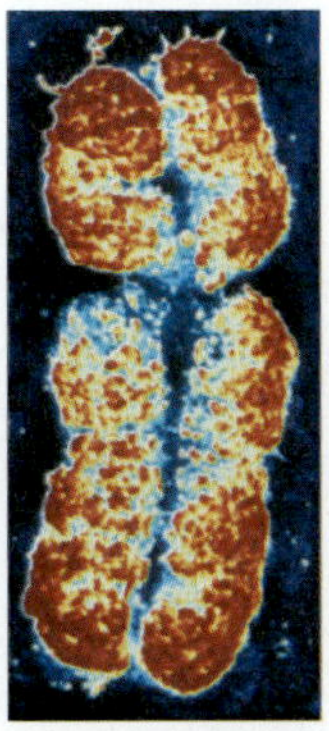

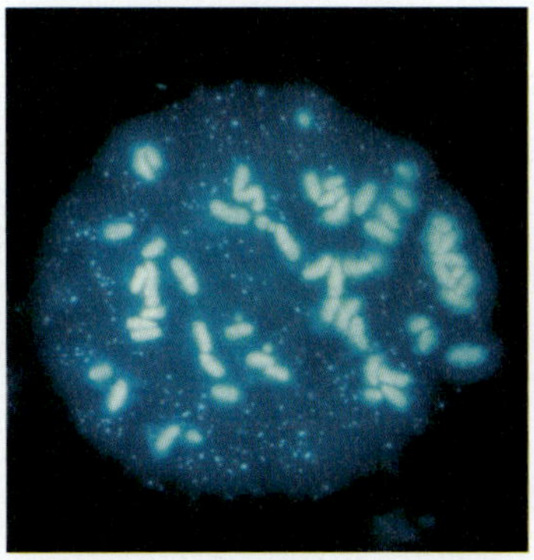

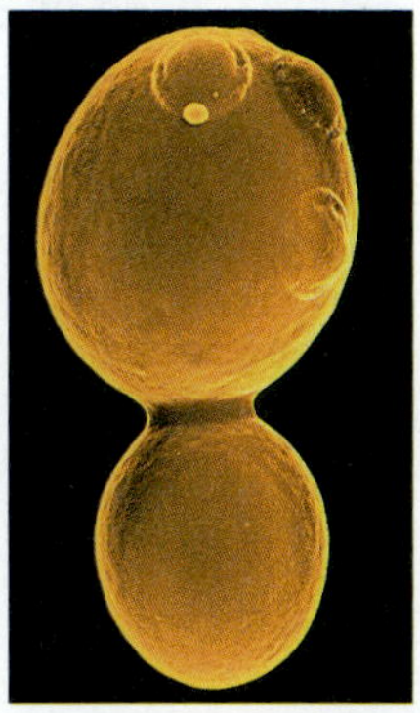

그림 3.8 **A^y: 열성 치사 대립유전자는 우성 털 색깔 표현형을 또한 생성한다.** (a) 근친 교배시킨 *agouti* 쥐와 노란색 쥐의 교배로 생긴 자손 세대에서 노란색과 *agouti*의 비가 1 : 1로 나타난다. 그러므로 노란색 쥐는 A^yA 이형접합자이고, 털 색깔에 대한 A^y (노란색)대립유전자는 A(*agouti*) 대립유전자에 대해 우성이다. (b) 노란색 쥐는 사실상 새끼를 낳지 않는다. 노란색 × 노란색의 교배에서 노란색과 *agouti* 자손의 비가 2 : 1이라는 것은 A^y 대립유전자가 열성 치사라는 것을 의미한다.

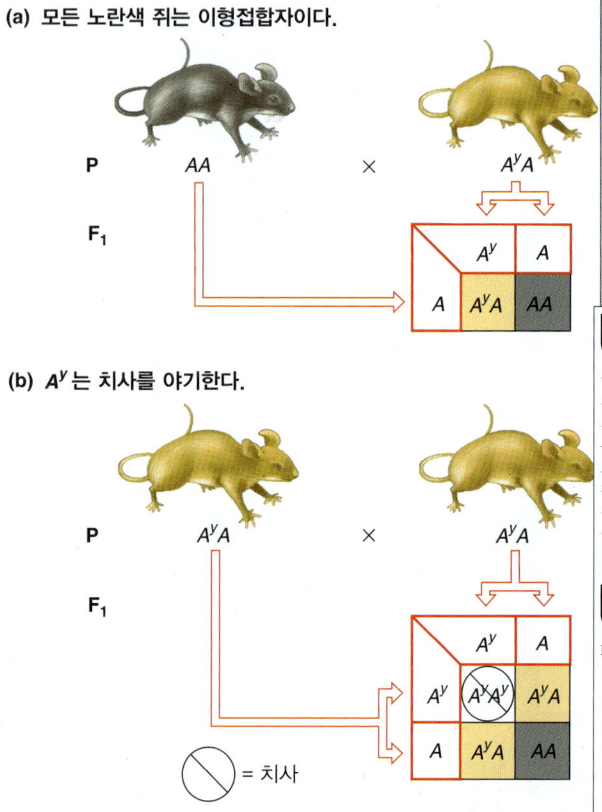

비교 그림

비교 삽화는 종종 혼란스러울 수 있는 원리의 기본적인 차이를 보여준다.

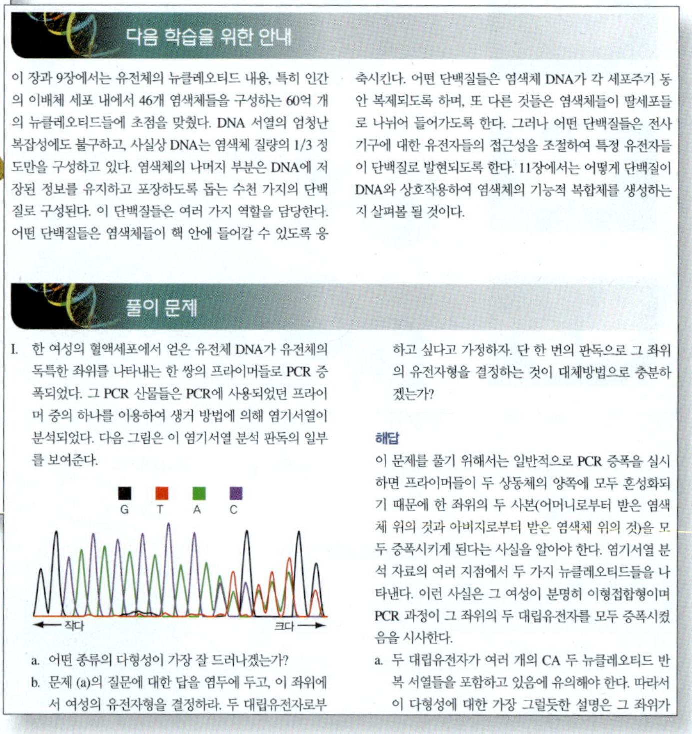

다음 학습을 위한 안내

이 장과 9장에서는 유전체의 뉴클레오티드 내용, 특히 인간의 이배체 세포 내에서 46개 염색체들을 구성하는 60억 개의 뉴클레오티드들에 초점을 맞췄다. DNA 서열의 엄청난 복잡성에도 불구하고, 사실상 DNA는 염색체 질량의 1/3 정도만을 구성하고 있다. 염색체의 나머지 부분은 DNA에 저장된 정보를 유지하고 포장하도록 돕는 수천 가지의 단백질로 구성된다. 이 단백질들은 여러 가지 역할을 담당한다. 어떤 단백질들은 염색체들이 핵 안에 들어갈 수 있도록 응축시킨다. 어떤 단백질들은 염색체 DNA가 각 세포주기 동안 복제되도록 하며, 또 다른 것들은 염색체들이 딸세포들로 나뉘어 들어가도록 한다. 그러나 어떤 단백질들은 전사기구에 대한 유전자들의 접근성을 조절하여 특정 유전자들이 단백질로 발현되도록 한다. 11장에서는 어떻게 단백질이 DNA와 상호작용하여 염색체의 기능적 복합체를 생성하는지 살펴볼 될 것이다.

풀이 문제

I. 한 여성의 혈액세포에서 얻은 유전체 DNA가 유전체의 독특한 좌위를 나타내는 한 쌍의 프라이머들로 PCR 증폭되었다. 그 PCR 산물들은 PCR에 사용되었던 프라이머 중의 하나를 이용하여 생거 방법에 의해 염기서열이 분석되었다. 다음 그림은 이 염기서열 분석 판독의 일부를 보여준다.

G T A C

← 작다 크다 →

a. 어떤 종류의 다형성이 가장 잘 드러나겠는가?
b. 문제 (a)의 질문에 대한 답을 염두에 두고, 이 좌위에서 여성의 유전자형을 결정하라. 두 대립유전자로부터 하고 싶다고 가정하자. 단 한 번의 판독으로 그 좌위의 유전자형을 결정하는 것이 대체방법으로 충분하겠는가?

해답

이 문제를 풀기 위해서는 일반적으로 PCR 증폭을 실시하면 프라이머들이 두 상동체의 양쪽에 모두 혼성화되기 때문에 한 좌위의 두 사본(어머니로부터 받은 염색체 위의 것과 아버지로부터 받은 염색체 위의 것)을 모두 증폭시키게 된다는 사실을 알아야 한다. 염기서열 분석 자료의 여러 지점에서 두 가지 뉴클레오티드들을 나타낸다. 이런 사실은 그 여성이 분명히 이형접합형이며 PCR 과정이 그 좌위의 두 대립유전자를 모두 증폭시켰음을 시사한다.

a. 두 대립유전자가 여러 개의 CA 두 뉴클레오티드 반복 서열들을 포함하고 있음에 유의해야 한다. 따라서 이 다형성에 대한 가장 그럴듯한 설명은 그 좌위가

유전학 문제와 풀이

학생들이 유전학에 접근하고 이해를 높이는 가장 좋은 방법은 문제를 통해 연습하는 것이다. 각 장의 마지막에 있는 문제 모음은 학생들에게 주요 개념의 이해를 높이고 실제적으로 개념을 적용할 수 있게 도와준다.

복습 문제

문제해결 기술을 배양하기 위해 난이도가 높아지는 순서로 문제를 정리하였다. 선택별 문제의 답은 교재의 뒤에 제공하였다.

풀이 문제

풀이 문제는 문제해결 과정을 이해하도록 해답과 문제풀이의 단계별 안내를 제공한다.

감사의 글

교재의 성공적인 완성은 저자들만의 성과가 아니다. 우리는 전판을 다시 검토하고 개선을 위한 제안을 주신 세계의 여러 동료들에게 감사를 표한다. 그들의 기대와 전문 지식을 기꺼이 공유하려는 마음은 이 책을 완성하는 데 매우 큰 도움이 되었다.

Andrew Andres, *University of Nevada, Las Vegas*
Daniel A Barbash, *Cornell University*
Miriam Barlow, *University of California Merced*
Christine Barton, *Centre College*
Mary A. Bedell, *University of Georgia*
Kerry Bloom, *University of North Carolina at Chapel Hill*
Robb Brumfi eld, *Louisiana State University*
Jeff Chen, *University of Texas, Austin*
Brian Condie, *University of Georgia*
Aboubaker Elkharroubi, *Johns Hopkins University*
Tom Fox, *Cornell University*
Josh Gamse, *Vanderbilt University*
Brinda Govindan, *San Francisco State University*
Nancy Hollingsworth, *Stony Brook University*
Mike Ibba, *Ohio State University*
Bob Ivarie, *University of Georgia*
Rohinton T. Kamakaka, *University of California Santa Cruz*
Th omas R. King, Ph.D., *Central Connecticut State University*
Alan Lloyd, *University of Texas, Austin*
Paul Macdonald, *University of Texas, Austin*
Cindy S. Malone, *California State University Northridge*
Dmitri A. Maslov, *University of California–iverside*
Philip Meneely, *Haverford College*
Kyle Miller, *University of Texas, Austin*
Debra Nero, *Cornell University*
Michael Reagan, *College of St. Benedict/St. John's University*
Ajna Rivera, *University of the Pacific*
Malcolm Schug, *University of North Carolina Greensboro*
Elaine Sia, *University of Rochester*
Ron Siu, *University of California Los Angeles*
Randall Small, *University of Tennessee*
Tara Stoulig, *Southeastern Louisiana University*
Steve Vokes, *University of Texas, Austin*
James Walker, *University of Texas, Austin*
Yunqiu Wang, *University of Miami*
Scott Weitze, *San Francisco State University*
Marvin Whiteley, *University of Texas, Austin*
Patricia Wittkopp, *University of Michigan*
Millie Worku, *North Carolina A&T State University*

5판에 대한 광범위한 피드백에 대해 Jody Larson에게 특별한 감사를 전한다. 또한 〈유전학: 유전자에서 유전체까지〉의 5판의 출판을 도와준 McGraw-Hill의 숙련된 출판 전문가에게 감사한다. 특히 Rebecca Oison의 지원, Mandy Clark의 조직력과 지칠 줄 모르는 열정으로 이 책은 완성될 수 있었다. Sheila Frank와 모든 출판부 팀원들의 세심한 주의와 일정 진행 능력에 다시 한 번 감사드린다.

1장

유전학: 생명정보에 대한 연구

정보는 책에서는 글자와 단어의 형태로, DNA 분자 내에서는 뉴클레오티드 서열로, 즉 여러 방식으로 저장될 수 있다.

개요

유전학, 유전의 과학은 생명체의 정보에 대해 연구하는 학문이다. 모든 생물체(단세포 세균과 원생동물에서부터 다세포 식물과 동물에 이르기까지)는 방대한 양의 정보를 저장하고, 복제하고, 다음 세대로 전달해야 하며, 발생하고, 생식하고, 환경에서 살아남기 위해 그 정보를 사용해야 한다(그림 1.1). 유전학자들은 어떻게 생명체가 정보를 자손에게 전달하고, 또한 어떻게 그 정보를 일생동안 사용하는지 연구한다.

이 책에서는 21세기 초에 진행되고 있는 유전학 분야를 소개하고, 광범위한 주제를 제시한다. 먼저 우리는 생명체의 정보가 DNA에 암호화되어 있고, 생명체의 여러 기능을 수행하는 단백질이 이 암호로부터 생산된다는 것을 알게 된다. 또한 생명체는 분자수준에서 긴밀하게 관련되어 있다는 것과 최근의 기술을 통해 유전체가 모듈식의 구조를 가지고 있어 빠르게 진화하며 복잡하게 되었다는 것을 알게 된다. 고속 컴퓨터와 여러 기술 덕분에 이제 유전체를 DNA 서열 수준에서 연구할 수 있다. 마지막으로, 우리의 초점은 인간 유전학이며, 인간 질환에 대한 유전학적 발견을 응용하는 것을 다룰 것이다.

그림 1.1 DNA 내의 생명정보는 생명체에서 엄청난 다양성을 만들어낸다.

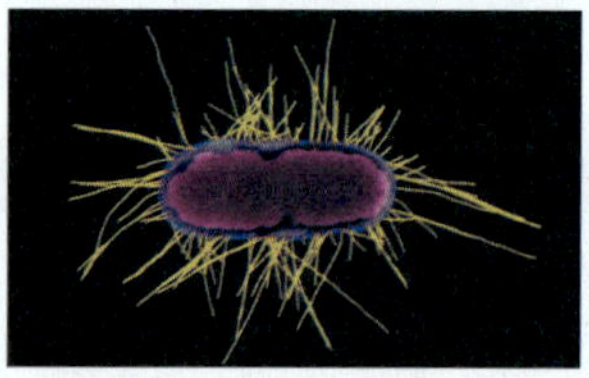

(a) 세균

(b) 흰동가리

(c) 사자

(d) 참나무

(e) 양귀비

(f) 벌새

(g) 빨간눈청개구리

(h) 사람

1.1 DNA: 생명의 기본 정보 분자

학습목표

1. DNA의 구조와 기능의 관계를 이해한다.
2. 염색체, DNA, 유전자, 염기쌍, 단백질을 구분하여 이해한다.

약 40억 년에 걸친 **진화**(evolution) 과정을 통해 현재 지구상의 생명체는 생명정보를 저장하고, 복제하고, 발현하고, 다양화하기 위한 놀라운 기작을 개발해왔다. 선형 DNA 분자는 생명정보를 **뉴클레오티드**(nucleotide)라고 하는 단위로 저장한다. 각각의 DNA 분자에서, DNA 알파벳인 4개의 문자(G, C, A, T)로 이루어진 서열은 생명체가 만들 단백질의 종류뿐만 아니라 언제, 어디서 단백질 합성이 일어날 것인지를 결정한다. 정보 문자는 DNA의 구성단위인 뉴클레오티드의 성분인 **염기**(base; 구아닌[guanine], 시토신[cytosine], 아데닌[adenine], 티민[thymine])로 이루어진다. DNA 분자 자체는 상보적인 G-C 또는 A-T 염기쌍으로 된 뉴클레오티드의 이중 가닥이다(그림 1.2). 이 상보적인 염기쌍은 수소결합으로 서로 결합되어 있다. 이중 가닥 DNA의 분자적 상보성은 가장 중요한 특성이며, 어떻게 DNA가 기능하는지를 이해하는 핵심이다.

비록 DNA가 3차원적 분자일지라도, 정보의 대부분은 1차원적이고 디지털식이다. 정보는 DNA 분자의 길이를 따라 문자의 특정 서열로 암호화되어 있으므로 1차원적이다. 정보는 각 단위(DNA 알파벳의 4개 중 하나)가 개별적이므로

그림 1.2 상보적인 염기쌍은 DNA 분자의 핵심적인 특징이다. DNA 한 가닥은 디옥시리보오스 당(흰색 오각형), 인산기(노란색 원), 그리고 네 가지 질소 염기(아데닌[A], 티민[T], 시토신[C], 구아닌[G]) 중 하나로 구성된 뉴클레오티드 단위의 중합체이다. 수소결합은 A와 T, 그리고 C와 G 사이에 결합을 이룰 수 있게 한다. 따라서 두 가닥은 서로에 대하여 상보적이다. 5′에서 3′으로 표지된 화살표는 가닥들이 서로 역평행 구조를 이룸을 보여준다.

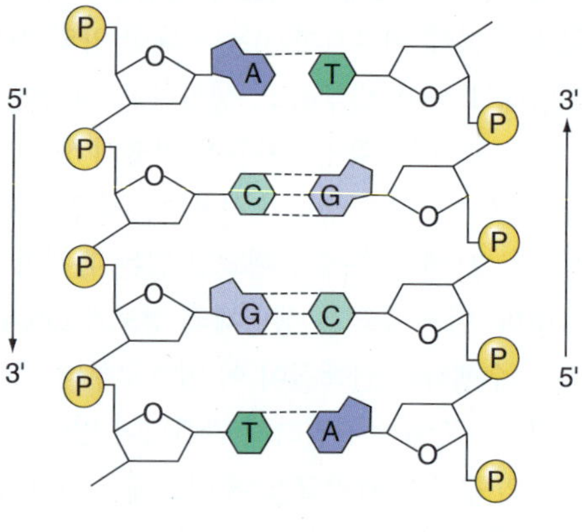

디지털식이다. 유전정보는 디지털 방식이기 때문에 컴퓨터 메모리와 같이 DNA 분자에 쉽게 저장될 수 있다. 실제로, DNA 서열분석기, 컴퓨터, 그리고 DNA 합성기를 조합하여 사용하면, 유전정보를 해석하고, 저장하고, 복제할 수 있으며, 컴퓨터식으로 유전정보를 전달할 수도 있다.

단백질을 암호화하는 DNA 부분은 **유전자**(gene)라고 한다. 영어 알파벳에서 제한된 수의 문자로 수많은 이야기를 할 수 있는 것처럼, 제한된 수의 유전암호 알파벳으로 수많

그림 1.3 인간 염색체. 각각의 염색체는 수백 혹은 수천 개의 유전자를 가진다.

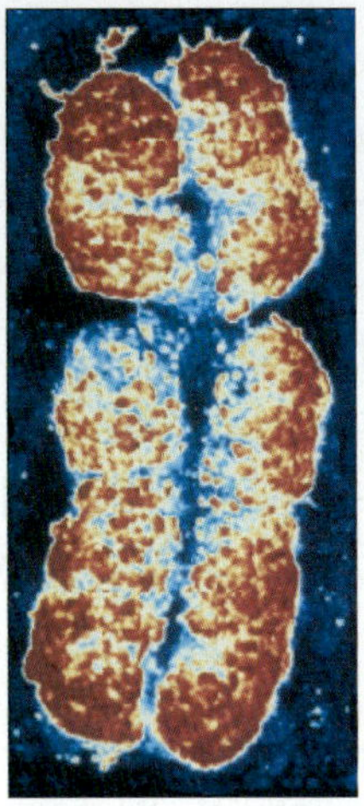

은 종류의 단백질과 수많은 종류의 생명체를 만들 수 있다.

세포에서 유전자를 포함하고 있는 DNA 분자는 **염색체**(chromosome)로 조립된다. 염색체는 DNA와 단백질로 구성된 체계화된 구조물로, 하나의 단위로 포장되어 저장, 복제, 발현, 진화를 조정한다(그림 1.3). 세포 내에 존재하는 모든 염색체의 DNA를 **유전체**(genome)라 한다. 예를 들어, 사람 세포는 24종류의 서로 다른 염색체를 포함하고 있으며, 대략 3×10^9 염기쌍과 25,000개의 유전자를 지니고 있다. 이러한 크기의 유전체에 암호화할 수 있는 정보의 양은 한 페이지당 250단어로 이루어진 6백만 페이지의 글과 같고 각 글자는 하나의 **염기쌍**(base pair), 즉 뉴클레오티드 쌍에 해당한다.

컴퓨터 디스크에 간단히 저장할 수 있는 유전자정보에서부터 인류 탄생까지의 긴 탐구 여행을 제대로 하려면, 세포, 조직, 개체의 복잡한 기능을 결정해 주는 주요 분자인 단백질을 우선 살펴보아야 한다.

핵심 개념

- DNA는 4가지 뉴클레오티드로 구성된 이중 가닥의 거대분자로, 유전정보의 저장소이다.
- DNA는 염색체로 포장되어(사람의 경우 24종류의 염색체), 한 개체의 유전체를 구성한다.
- 인간의 유전체는 25,000개의 유전자를 가지며, 유전자의 대부분은 단백질을 암호화한다.

1.2 단백질: 생명 활동의 기능 분자

학습목표

1. DNA와 단백질의 화학구조를 비교한다.
2. DNA의 기능과 단백질의 기능을 구분하여 이해한다.

비록 하나의 특성으로 무생물과 생물체를 구별할 수는 없지만, 20가지 대상이 주어졌을 때 어떤 것이 생물체인지는 비교적 쉽게 결정할 수 있다. 시간이 경과하여 생물체는 유전 프로그램뿐만 아니라 물리학 및 화학 법칙의 지배를 받으며 번식할 수 있다. 또한 생물체의 대부분은 정교하고 복잡한 구조를 가지고, 시간에 따라 변한다. 때로는 곤충의 애벌레가 성충으로 탈바꿈(변태)할 때와 같이 극적으로 변하기도 한다. 생명의 또 다른 특성은 움직일 수 있는 능력이다. 동물은 헤엄치고, 날고, 걷거나 뛰는 반면, 식물은 빛을 향하거나 피하는 방향으로 자란다. 또한 생물체는 환경에 선택적으로 적응할 수 있는 능력을 가진다. 마지막으로, 생물체의 핵심적인 특성은 에너지원과 물질을 사용하여 성장할 수 있는 능력이다. 즉, 외부 물질을 자신의 신체 일부로 전환시킬 수 있는 능력으로, 이러한 전환을 수행하는 화학적이고 물리적인 반응을 **물질대사**(metabolism)라고 한다.

생물체의 대부분의 특성은 결과적으로 **단백질**(protein)이라는 분자로부터 생긴다. 단백질은 수백에서 수천 개의 아미노산 단위체가 긴 사슬로 연결되어 있는 큰 중합체로, 각 사슬은 아미노산 서열에 따라 특정 3차 구조로 접힌다(그림 1.4). 대부분의 단백질에서 아미노산의 종류는 20가지이며, 유전자 DNA에 담긴 정보는 **유전암호**(genetic code)로서 단백질 분자의 아미노산 순서를 결정한다.

색깔과 모양이 다른 20가지 서로 다른 종류의 구슬로 이루어진 단백질을 생각해 보자. 만약 구슬을 어떤 순서로 정렬하고, 각각 천 개의 구슬로 여러 사슬을 만들어, 각 사슬을 접거나 꼬아서 구슬의 순서에 따라 모양을 만들면, 거의 무한한 수의 서로 다른 3차원 모양을 만들 수 있을 것이다. 단백질 구조의 놀라운 다양성은 기능의 다양성으로 이어져, 각 생물체가 복잡한 생명 활동과 다양한 환경에 적응하는 반응을 할 수 있도록 한다. 예를 들어, 헤모글로빈 단백질의 구조와 모양은 혈류 내에서 산소를 운반하고 조직으로 보내는 것을 가능하게 한다. 미오신 단백질과 액틴 단백질은 서로 미끄러질 수 있어 근육 수축을 가능하게 한다. 키모트립신과 엘라스타아제는 다른 단백질을 분해하는 효소 기능을 한다. 생명과 관련된 대부분의 특성은 DNA에 포함된 정보에 따라 합성된 단백질 분자의 작용에서 유래한다.

핵심 개념

- 단백질은 세포와 생물체에서 대부분의 생물학적 기능을 담당한다.
- 단백질은 아미노산이 선형 배열로 연결된 거대분자이다.
- 단백질의 아미노산 서열은 DNA의 유전자에 암호화되어 있다.

그림 1.4 단백질은 3차원으로 접혀진 아미노산들의 중합체이다. 사슬에서 아미노산들의 특정 서열은 단백질의 정확한 3차원적 모양을 결정한다. (a) 알라닌과 타이로신의 구조식. 모든 아미노산들은 한 쪽 끝에 염기성의 아미노기(–NH_2)와 다른 쪽 끝에 산성의 카르복실기(–COOH)를 가진다. 각 곁사슬은 아미노산의 화학적 특성을 결정한다. (b) 소화 단백질인 키모트립신과 엘라스타아제 사슬에서의 동일한 부분 비교. 빨간색 선은 두 서열에서 동일한 아미노산이 위치한 곳을 표시한다. (c) 헤모글로빈 β 사슬(녹색)과 젖산 탈수소효소(보라색)의 도식. 서로 다른 아미노산 서열들에 의해 결정된 각자의 다른 3차원적 모양을 보여준다.

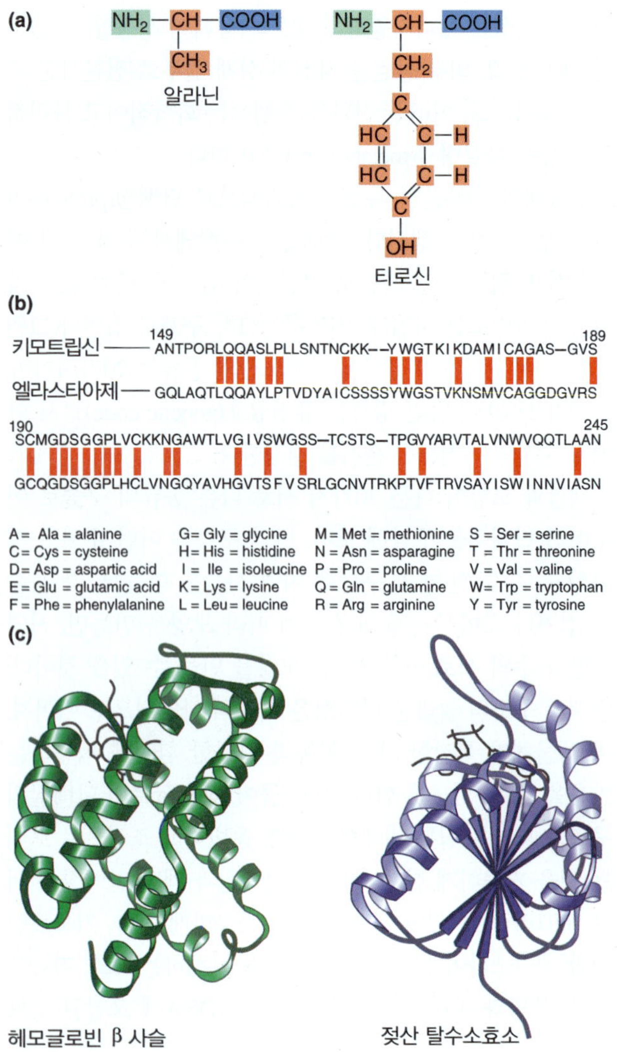

1.3 모든 생명체의 분자적 유사성

학습목표

1. 생물체의 공통 기원에 대한 분자 증거를 요약한다.

생명정보의 진화는 40억 년의 지구역사에 걸친 매혹적인 이야기다. 많은 생물학자들은 RNA가 최초의 정보처리 분자로 나타났다고 생각한다. DNA와 매우 유사하게, RNA 분자 또한 4개의 단위체로 구성되어 있다: 염기 G, C, A, U (uracil을 나타내며, DNA의 T를 대체한다). DNA와 같이, RNA는

그림 1.5 RNA는 DNA 정보의 유전암호를 단백질로 전환하는 데 사용되는 매개체이다. (a) DNA의 선형 염기들은 분자적 상보성을 통해서 RNA의 선형 염기들로 전사된다. RNA의 염기들은 한번에 3개씩 읽혀지는데, 즉 3개 문자가 단백질의 한 아미노산 단위체를 암호화한다. (b) 유전암호는 RNA 3글자와 단백질의 한 아미노산 단위체 사이의 관계를 결정한다.

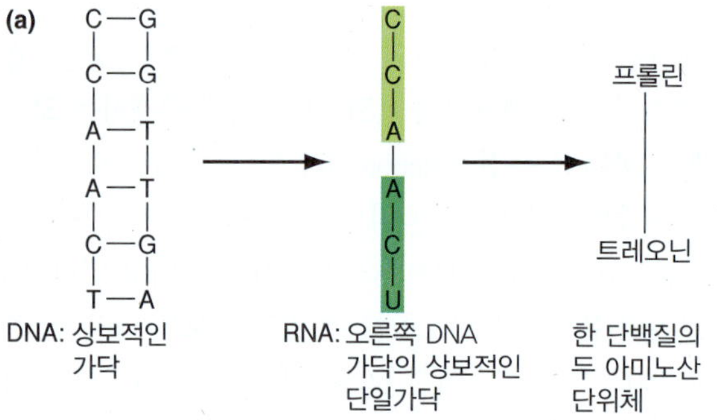

(b)

첫째 문자	둘째 문자: U	둘째 문자: C	둘째 문자: A	둘째 문자: G	셋째 문자
U	UUU Phe UUC Phe UUA Leu UUG Leu	UCU Ser UCC Ser UCA Ser UCG Ser	UAU Tyr UAC Tyr UAA Stop UAG Stop	UGU Cys UGC Cys UGA Stop UGG Trp	U C A G
C	CUU Leu CUC Leu CUA Leu CUG Leu	CCU Pro CCC Pro CCA Pro CCG Pro	CAU His CAC His CAA Gln CAG Gln	CGU Arg CGC Arg CGA Arg CGG Arg	U C A G
A	AUU Ile AUC Ile AUA Ile AUG Met	ACU Thr ACC Thr ACA Thr ACG Thr	AAU Asn AAC Asn AAA Lys AAG Lys	AGU Ser AGC Ser AGA Arg AGG Arg	U C A G
G	GUU Val GUC Val GUA Val GUG Val	GCU Ala GCC Ala GCA Ala GCG Ala	GAU Asp GAC Asp GAA Glu GAG Glu	GGU Gly GGC Gly GGA Gly GGG Gly	U C A G

정보를 저장, 복제, 발현시킬 수 있으며, 돌연변이를 유발할 수도 있다(단백질과 같이, RNA는 3차원으로 접힐 수 있어서 생명의 화학반응을 촉매할 수 있는 분자가 되기도 한다). 사실 어떤 유전자의 궁극적인 목적은 단백질이 아니라 RNA를 암호화하고 있다는 것을 알게 된다. 그러나 RNA 분자는 본질적으로 불안정하다. 따라서 구조적으로 더 안정한 DNA가 RNA의 정보 저장과 복제 기능을 맡았을 것이고, 반면 훨씬 더 다양할 수 있는 단백질이 주로 RNA의 3차원적 접힘 기능을 대신했을 것이라고 추측한다. 이러한 기능의 분담으로, RNA는 DNA 속의 정보를 단백질의 아미노산 서열로 전환시키는 중간매개체가 되었다(그림 1.5a). 정보저장은 DNA에, 생물학적 기능은 주로 단백질에 맡겨지는 분업은 매우 성공적이어서, 이러한 분자적 특수화가 일어난 최초 생물체로부터 유래하여 오늘날의 다양한 생물체가 형성되었을 것이다.

모든 생물체의 공통 기원의 증거는 DNA 서열 속에 있다. 모든 생물체는 아미노산 알파벳의 20글자를 암호화하는, DNA와 RNA 염기 4글자의 다양한 3자 조합인, 근본적으로 같은 유전암호를 사용한다(그림 1.5b).

또한 모든 생물체가 연관되어 있다는 것은 서로 다른 생물체에서 유사한 기능을 하는 유전자의 비교를 통해서도 증명된다. 예를 들면 세균, 효모, 식물, 지렁이, 파리, 쥐, 사람의 많은 상응하는 단백질들을 암호화하는 유전자 사이에는 놀라운 유사성이 있다(그림 1.6). 또한, 한 생물체의 유전자를 다른 생물체의 유전체에 이식시켰을 때 그것이 새로운 환경에서 정상적으로 기능하는 것을 확인할 수 있다. 예를 들면, 세포분열을 조절하는 사람의 유전자를 효모에서 동일 기능을 수행하는 유전자와 대체시켰을 때, 효모 세포가 정상적으로 기능하게 된다.

생명정보의 연관성에 대한 가장 놀라운 예 중 하나는 눈의 발생 연구에서 밝혀졌다. 곤충과 척추동물 모두 눈을 가지고 있지만, 그 모양은 매우 다르다(그림 1.7). 생물학자들은 오랫동안 눈의 진화는 독립적으로 일어났다고 추정해왔고, 많은 진화 교과서에서 눈은 서로 다른 종에서 자연선택의 결과로 나타나는, 구조적으로 관련은 없지만 기능적으로 관련된 상사기관으로서 **수렴진화**(convergent evolution)의 한 예로 사용된다. *Pax6* 유전자에 대한 연구는 이 관점을 거꾸로 뒤집었다.

사람과 쥐 모두에서 *Pax6* 유전자에 돌연변이가 일어나면 눈 발생이 실패하였고, 연구 결과 *Pax6* 유전자는 아마도 모든 척추동물에서 눈 발생의 시작에 핵심 역할을 하는 것으로 알려졌다. 사람 *Pax6* 유전자를 초파리 체세포에서 발현

그림 1.6 여러 종에서의 유전자 산물 비교는 생명체들의 관련성에 대한 증거를 제공한다. 6종의 생명체에서 시토크롬 C 단백질의 아미노산 서열을 비교하여 보여준다: *Saccharomyces cerevisiae* (효모), *Arabidopsis thaliana* (애기장대), *Caenorhabditis elegans* (예쁜꼬마선충), *Drosophila melanogaster* (노랑초파리), *Mus musculus* (생쥐), *Homo sapiens* (사람). 아미노산 이름에 대한 정보는 그림 1.4를 참조한다.

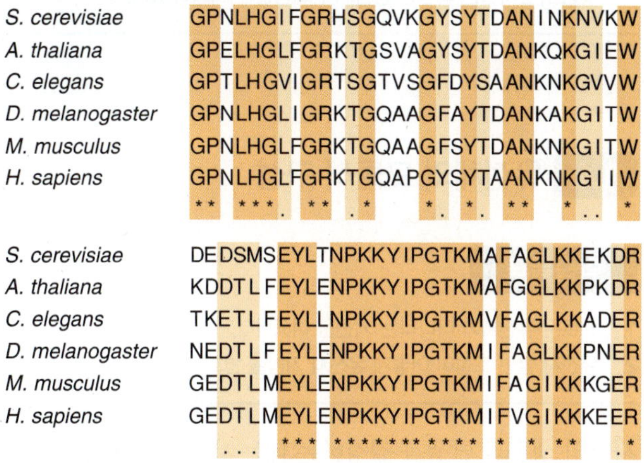

* 는 동일함을 나타내고, . 는 유사함을 나타낸다.

그림 1.7 곤충과 사람의 눈은 공통 조상을 가진다. (a) 노랑초파리의 눈, (b) 사람의 눈.

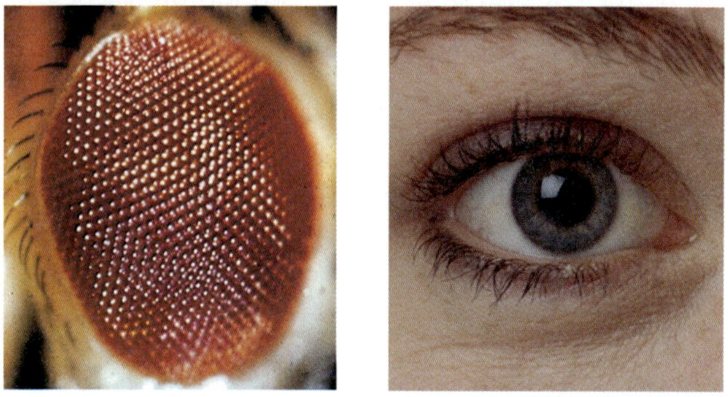

(a) (b)

시켰을 때, 여러 개의 작은 눈이 발생함을 관찰하였다. 이 결과는 진화 과정에서 분지된 지 6억 년 후에도 척추동물과 곤충 모두 눈 발생의 시작 과정에 여전히 동일한 주요 조절스위치를 가지고 있음을 나타낸다.

생물학적 정보가 모든 단계에서 연관성과 통일성을 가진다는 특성은 매우 중요하다. 많은 경우, **모델 생물체**(model organism)를 이용한 실험적 조작연구는 사람의 유전자 기능을 밝히는 데 도움이 된다. 만약 초파리 또는 세균과 같이 간단한 생물체에서 기능하는 유전자가 인간 유전자와 유사하다면, 과학자들은 실험적으로 조작된 생물체에서 해당 유전

자의 기능과 조절을 알아낼 수 있고, 이러한 통찰을 인간 개체를 이해하는 데에 적용할 수 있다.

핵심 개념

- 생물체는 분자적 수준에서 DNA와 RNA를 이용하여 단백질을 만드는 뚜렷한 유사성을 보인다.
- 특정 유전자들은 다양한 종들의 진화동안 유지되어 왔다.

1.4 유전체의 모듈식 구성

학습목표

1. 새로운 유전자가 나타나는 기전을 이해한다.
2. 유전자 발현 조절이 어떻게 유전자 기능을 변화시키는지 이해한다.

사람의 생장과 발생을 결정하는 데는 대략 25,000개의 유전자가 필요하다는 것을 이미 알고 있다. 생명체의 복잡성은 어떻게 생겨났을까? 최근의 기술적 진보로 여러 생물체의 유전체를 구조적으로 분석할 수 있게 되었다. 그 결과 **유전자 패밀리**(gene family)가 하나의 원시 유전자의 중복에 의해 생겨났음이 밝혀졌다; 복제 후 돌연변이와 재배열을 통해 이 두 사본은 서로 다른 운명을 가지게 되었을 것이다(그림 1.8). 예를 들어, 사람과 침팬지에서 4개의 서로 다른 유전자들은 각각 망막세포의 광수용체에서 발현되는 다른 종류의 로돕신 단백질을 생산한다. 로돕신 단백질은 각각 약간 다른 방식으로 기능하므로, 4종류의 망막세포는 다른 파장과 강도의 빛에 반응하여 색각을 인지한다. 4종류의 로돕신 유전자는 하나의 원시 유전자로부터 여러 번의 중복과 구조적인 분지를 통해 형성되었다.

그림 1.8 어떻게 중복과 분지를 통해 유전자가 생겨나는가? 조상 유전자 *A*는 인트론(파란색)에 의해 분리된 엑손들(녹색, 빨간색, 보라색)을 가진다. 유전자 *A*가 중복되어 동일한 두 사본이 형성된다. 그러나 하나 혹은 두 사본에서 돌연변이가 일어나 분지된다. 추가적인 중복과 분지로 인해 연관된 유전자 집단을 형성한다.

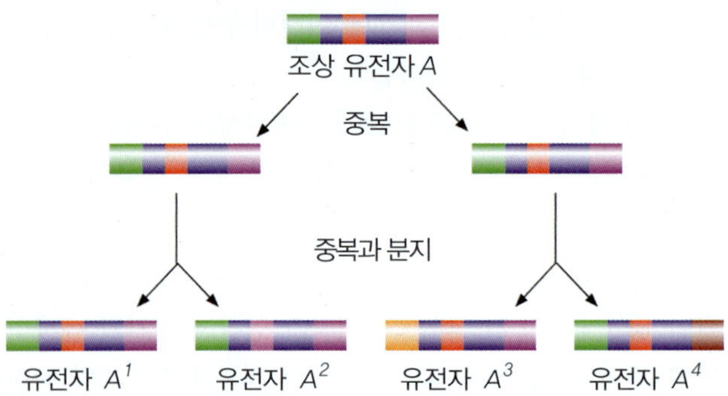

중복 후 분지는 새로운 기능을 가진 새로운 유전자의 진화를 의미한다. 이러한 원리가 모든 진핵생물체의 유전체 구조에 적용되었을 것으로 보인다. 그림 1.8에 나타난 것처럼 대부분의 유전자에서 단백질 암호화 부위(**엑손**)는 단백질을 암호화하지 않는 DNA 부위(**인트론**)와 번갈아가며 나타난다. 이런 모듈식의 구성은 다른 유전자의 모듈과 새로운 재배열을 가능하게 하여 진화과정에서 새로운 조합을 만들어낸다. 이러한 모듈식의 재편성 과정으로 약 5억 7천만 년 전 생물체는 빠르게 다양화되었을 것이다(그림 1.8 참조).

유전정보의 중복과 분지가 생명체에 어떠한 이득을 주었는가는 생명체 진화의 역사에서 증명된다(표 1.1). 막으로 둘러싸인 핵이 없는 세균과 같은 **원핵**생물은 약 37억 년 전에 진화했다; 막으로 둘러싸인 핵이 있는 조류(藻類)와 같은 **진핵**생물은 약 20억 년 전에 나타났다; 그리고 다세포 진핵생물은 6~7억 년 전에 나타났다. 그리고 약 5억7천만 년 전에, 대략 2천만~5천만 년 정도의 비교적 짧은 진화시기인 캄브리아 폭발기 동안 원시 척추동물을 포함하는 다세포 생명체가 다양하게 분화되었다.

엄청나게 다양한 다세포 생명체들이 어떻게 단 2천~5천만 년 안에 형성될 수 있었을까? 그 해답은 염색체에 암호화되어 있는 유전정보의 계층적 구조에 있다. 엑손들은 유전자로 배열된다; 유전자들은 중복되고 분지되어 다유전자 패밀리(multigene family)를 형성한다; 그리고 **다유전자 패밀리**는 때때로 빠르게 수백 개의 관련된 유전자를 포함하는 **유전자 슈퍼패밀리**(gene superfamily)로 확장된다. 예를 들면 쥐와 사람 모두에서 면역계는, 밀접하게 연관되어 있지만 약간 분지된 수백 개의 유전자로 구성된 유전자 초집단에 의해 암호화되어 있다. 점점 더 많은 유전정보 집단의 출현에 따라, 진화는 한 번의 유전적 사건을 통해 더 복잡한 정보 모듈을 생성하는 능력을 획득하게 된다.

복잡성의 진화에 훨씬 더 중요한 것은 아마도 발생 동안 유전자가 어떻게 작동하는지(즉, 언제, 어디서, 어느 정도로 발현되는지)를 결정하는 유전자 조절 네트워크의 빠른 변화이다. 예를 들면, 두 날개를 가진 파리가 네 날개를 가진 조상으로부터 진화한 것은 구조 단백질을 암호화하는 유전자의 변화 때문이 아니라, 오히려 유전자 조절 네트워크가 재구성되어 한 쌍의 날개는 평형곤(haltere)이라는 평형기관으로 전환되었기 때문이다(그림 1.9).

표 1.1 생명의 진화에서 몇몇 주요 단계를 보여 주는 화석 증거

37억 년 전

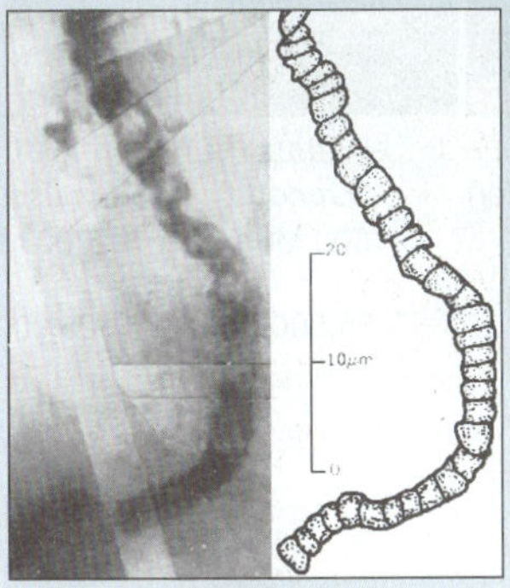

초기 원핵생물 (*Primaevifilum amoenum*)

20억 년 전

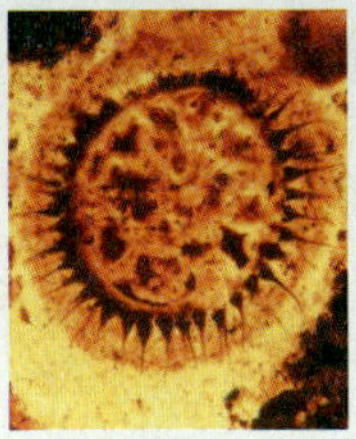

최초의 단세포 진핵생물

7~6억 년 전

초기 다세포 진핵생물

캄브리아기 폭발

5억7천만 ~5억6천만 년 전

오늘날 많은 동물과 식물의 조상

핵심 개념

- 유전자 중복 이후 사본의 분지를 통해 새로운 기능을 획득한 유전자가 진화된다.
- 진핵생물에서 엑손의 재편성은 유전체의 빠른 다양화를 위한 하나의 기작으로 활용된다.
- 유전자 발현 조절(언제, 어디서, 어느 정도로 유전자가 발현되는지)에 영향을 주는 DNA의 변화도 진화적 변화를 유도한다.

그림 1.9 두 날개와 네 날개를 가진 초파리. 유전학자들은 초파리의 조절 네트워크의 핵심요소에 돌연변이를 일으켜 현재의 정상 두 날개의 초파리(위)를 이의 진화적 선조를 닮은 네 날개의 곤충(아래)으로 전환시켰다. 위의 그림에서 파리의 날개 아래쪽에 있는 곤봉 모양의 평형곤(화살표)을 주목하라.

1.5 현대 유전학 기술

학습목표

1. 기술의 발전이 어떻게 유전체 분석을 가속화할 수 있는지 알아본다.
2. 유전학 연구와 유전체 서열분석을 통해 얻은 지식을 비교한다.

생명체의 복잡성은 유전정보의 지속적인 증폭과 정교한 정제를 통해 40억 년에 걸쳐 형성되었다. 가장 간단한 세균 세포는 복잡한 네트워크로 상호작용하는 약 1,000개의 유전자를 가진다. 가장 간단한 진핵세포인 효모 세포는 약 5,800개의 유전자를 가진다. 선충은 대략 20,000개의 유전자를 가지며, 초파리는 13,000여 개의 유전자를 가진다. 인간은 25,000개 정도의 유전자를 가진다; 놀랍게도 현화식물인 애기장대와 줄무늬 열대어인 제브라피시(zebrafish)는 인간보다 더 많은 유전자를 가진다(그림 1.10). 이들 생물체에 대한 연구로부터 모든 생물체에 공통적인 생명현상의 원리뿐만 아니라 종 특이적인 여러 현상에 대한 중요한 정보를 얻었다.

연구자들은 박테리아, 효모, 선충, 초파리, 애기장대, 제브라피시, 생쥐를 포함하는 모델 생물체를 이용하여 유전체의

그림 1.10 인간유전체사업의 일환으로 7개 모델 생물체의 유전체 서열이 분석되었다. 이 도표는 수백만 염기쌍, 즉 메가베이스(Mb)의 유전체 크기를 나타낸다. 또한 각 생물체의 대략적인 유전자 수를 보여준다.

생물체	대장균 (*E.coli*)	효모 (*S. cerevisiae*)	예쁜 꼬마선충 (*C. elegans*)	애기장대 (*A. thaliana*)	초파리 (*D. melanogaster*)	제브라피시 (*D.rerio*)	생쥐 (*M. musculus*)
유전자 크기	4.6 Mb	16 Mb	100 Mb	125 Mb	130 Mb	1500 Mb	2700 Mb
단백질 암호화 유전자 수 (대략)	4300	5800	20,000	27,000	13,000	36,000	25,000

복잡성을 상세히 밝힌다. 유전체 분석에 사용되는 논리는 매우 단순하다; 모델 생물체에서 유전자를 불활성화시키고 그 결과를 관찰한다. 예를 들면, 시각에 관련된 색소 유전자의 손실은 초파리가 정상적인 붉은색 눈 대신에 흰색 눈을 갖게 한다. 따라서 이 유전자의 단백질 산물은 눈의 색소 형성에 핵심 역할을 한다고 결론내릴 수 있다. 모델 생물체에 대한 연구를 통해 유전학자들은 살아 있는 시스템의 복잡성을 설명해 주는 구체적인 그림을 그릴 수 있다.

생물체의 유전적 복잡성을 연구하는 또 다른 방법은 한 번에 하나의 유전자를 분석하기보다 오히려 유전체 전체를 살펴보는 것이다. 고속-대량 DNA 염기서열분석기를 이용한 새로운 유전체학 기술은 한 생물체의 모든 유전자를 분석할 수 있게 한다. 현재 앞서 소개한 모델 생물체를 포함하여 인간 유전체의 염기서열 전체가 분석되어 있다.

인간 유전체 서열의 초안은 2001년에 인간유전체프로젝트를 통해 발표되었는데, 3조 원의 비용과 10년 이상의 시간이 소요되었다. 이후 유전체서열 해독 기술의 급속한 발전으로 한 개인의 유전체 서열을 대략 5,000달러의 비용으로 며칠 만에 분석할 수 있게 되었다. DNA 서열 해독기술의 발전과 함께 서열 데이터를 분석하는 컴퓨터 알고리즘이 개발되고 개인 유전체 서열의 차이를 목록화하는 온라인 데이터베이스가 마련되고 있다.

유전체서열 해독기술은 사람의 질병을 유발하는 돌연변이 유전자를 규명하는 데 엄청난 효과를 발휘하고 있다. 하나의 유전자 돌연변이로 발생하는 질병의 경우, 몇 명 혹은 심지어 한 사람의 유전체 서열을 분석하는 것으로 해당 질병 유전자를 찾아내는 경우도 있다. 질병을 유발하는 대부분의 알려진 유전자 돌연변이는 유전체의 1%를 차지하는 엑손에 위치한다. 질병 유전자를 더 빠르고 손쉽게 규명하기 위해 한 개인의 유전체에서 엑손 부분만을 분리하여('엑솜[exome]'이라 함) 서열을 해독하는 기술이 개발되었다.

그림 1.11a의 사례에서, 유전학자들은 엑솜 서열을 분석해서 매우 드문 뇌기형인 소두증의 원인 유전자를 발견하였다. 소두증의 유전 양상을 조사한 결과 열성 유전병으로 확인되었다. 즉 부모는 하나의 정상 유전자와 하나의 **돌연변이**(mutation) 유전자를 가지고 있을 것이며, 뇌기형을 나타내지 않는다. 동일한 부모에서 태어난 소두증을 가진 두 자녀의 엑솜 서열분석을 수행한 결과, *WDR62* 유전자 내에 4개의 염기쌍 결실이 일어난 돌연변이를 발견하였다(그림 1.11b). 부모 각각은 *WDR62* 유전자의 정상 사본 1개와 4개의 염기쌍이 결실된 돌연변이 사본을 하나씩 가진 것으로 확인되었다. 또한 연구자들은 소두증 자녀를 가진 다른 가족에서 동일한 유전자의 다른 위치에 돌연변이가 있음을 발견함으로써(그림 1.11c), *WDR62* 유전자가 소두증의 원인이 된다는 것을 확인하였다.

엑손 혹은 전체 유전체의 서열분석과 질병 유전자의 발견이 가속화되면서 의료계에 큰 변화가 일어나고 있다. 질병 유전자에 대한 지식으로 부모는 자녀가 소두증처럼 치명적인 질병을 가지게 될지 미리 알 수 있으며, 이러한 결과를 피할지 혹은 준비할지를 고려할 수 있게 되었다. 또한 질병 유전자의 규명으로 인해 해당 유전자가 암호화하는 단백질에 대한 정보를 알 수 있게 됨으로써, 질병의 치료에 효과적인 방법을 디자인하는 데 도움을 줄 수 있다.

핵심 개념

- 모델 생물체에서 개별 유전자의 돌연변이 연구를 통해 유전자의 기능을 밝혀낸다.
- 현대의 염기서열 자동화 해독기술과 컴퓨터 분석을 통해 유전체의 DNA 서열을 빠르게 결정할 수 있게 되었다.
- 개인 유전체 서열분석으로 여러 유전병의 유전적 원인을 밝힐 수 있다.

그림 1.11 엑솜 서열분석을 통해 소두증의 원인 유전자의 규명. (a) 정상과 소두증 뇌의 자기공명영상 사진. (b) 정상 및 돌연변이 *WDR62* 유전자의 서열분석. 돌연변이 유전자는 4개의 뉴클레오티드 TGCC가 결실되어 해당 단백질 산물의 아미노산 서열에 상당한 변화를 유발한다. 각각의 3개 염기서열 위에 표시된 문자는 각각의 아미노산을 나타낸다. (c) 서로 다른 5개의 가계에서 발견된 5종류의 돌연변이. 4종류의 돌연변이는 유전자가 암호화하는 단백질에서 하나의 아미노산에 영향을 준다. 예를 들어, W224S는 224번째에 위치한 정상 아미노산인 트립토판(W)이 돌연변이로 인해 세린(S)으로 변경됨을 의미한다. 화살표는 (b)에서 설명한 TGCC 결실의 위치를 보여준다.

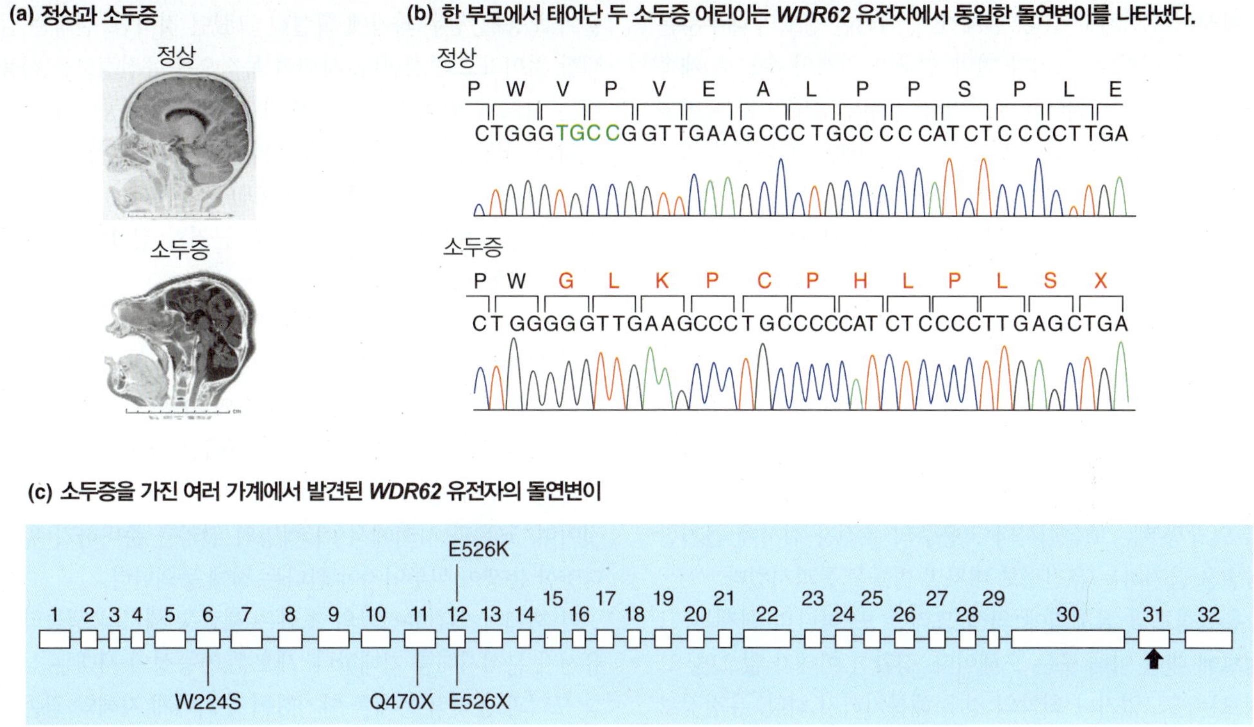

1.6 인간 유전학과 사회

학습목표

1. 개인의 유전체 서열에서 얻을 수 있는 정보의 유형을 설명한다.
2. 개인 유전체 서열의 활용으로 야기되는 사회적 이슈에 대해 토론한다.

앞으로의 25년 동안, 유전학자들은 여러 유형의 질병(심혈관, 암, 면역, 정신, 대사질환 등)에 취약한 사람들에서 수백 개의 변이 유전자를 밝혀낼 것이다. 일부 돌연변이는 소두증의 예에서처럼 언제나 질환을 유발하지만, 다른 것은 단지 질병에 취약하게 한다. 예를 들면, β-글로빈 유전자에서 특정 하나의 DNA 염기쌍 변화는(즉, 하나의 DNA 단위의 변화) 거의 항상 고통스럽고, 생명을 위협하는 상태의 심각한 빈혈인 낫형적혈구빈혈증을 유발한다. 이와 대조적으로, 유방암과 관련된 *BRCA1* 유전자의 돌연변이는 유방암에 걸릴 위험을 돌연변이 유전자 한 개를 가진 여성에서 40~80% 정도 증가시킨다. *BRCA1* 유전자가 환경요소와 상호작용하여 암의 조건을 활성화시키는 확률에 영향을 주기 때문에, 그리고 다른 유전자가 *BRCA1* 유전자의 발현을 변화시키기 때문에, 이런 조건적 상태가 유발된다.

의사들은 DNA 진단을 이용하여 일부 질병에 취약한 유전자를 찾기 위해 개인의 DNA를 분석할 수 있을 것이다. 유전자 진단을 통해 아마도 일부 의학적 질환에 대한 가능성에 기초하여 개인에 대한 예상되는 건강 이력을 자세히 기록할 수도 있을 것이다.

과학자들이 질병 유전자가 작동하는 복잡한 체계를 이해하게 되면, 돌연변이 유전자의 효과를 막거나 치료약물을 개발할 수 있을 것이다. 만약 질병이 발병되기 전에 섭취하게 되면, 그러한 약물들은 유전자에 근거한 질병의 발병을 막거나 증상을 최소화할 수 있다.

많은 사회적 이슈를 검토할 필요가 있다

비록 생명정보가 기술적인 관점으로만 볼 때는 다른 종류의 정보와 비슷하지만, 인류 개개인과 인간사회 전체에 주는 의미와 영향에서는 다를 수 있다. 그 차이는 각 사람들이 출생 때부터 얻은 독특한 유전적 특성이 상당히 개인적이라는 데 있다. 각 개인 유전체 내의 복잡한 정보는 개인을 구분하게 하는 많은 생리적 · 물리적 · 신경적 특성들의 발현 잠재성뿐만 아니라 여러 질병에 대한 다양한 수준의 감수성과 저항성도 포함하고 있다. 현재까지, 이러한 정보의 대부분은 감추어져 있었다. 그러나 만약 연구가 현재의 속도로 계속된다면, 10년 이내에 한 사람의 전체 유전정보의 많은 면을 이해할 수 있게 될 것이고, 이 정보로 미래의 가능성과 위험성에 대해 어느 정도 제한적이나 예측할 수 있을 것이다.

이 책 전체에 걸쳐서 유전학이 사회에 미치는 영향에 대해 자주 살펴보겠지만, 사회는 유전정보를 사람들에게 혜택을 주는 것뿐만 아니라 그들의 삶을 제한하는 데에도 사용할 수 있다(예를 들면, 보험 또는 고용을 거절함으로써). 사회가 사람들의 사생활에 대한 권리를 존중하는 것처럼, 개인의 유전정보에 대해서도 비밀이 지켜져야 하고 모든 종류의 차별에 저항해서 적용해야 한다고 믿는다. 사실상, 2008년에 미국 연방정부는 보험회사와 고용주의 유전자 검사에 근거한 차별을 금지하는 유전정보 비차별 법률을 통과시켰다.

유전정보의 잠재력에 의해 드러난 또 하나의 화제는 그 정보에 대한 이해 또는 오해이다. 정확한 이해가 없으면, 그 정보는 쓸모없거나 최악의 경우 해롭기까지 하다. 유전정보의 적절한 이해는 위험성과 확률 같은 몇 가지 통계적 개념의 이해를 필요로 한다. 예를 들어, *BRCA1* 돌연변이를 가진 여성의 경우 잠재된 위험성을 고려하여 유방암으로 고통받을 확률과 유방절제술 같은 예방적 치료를 통한 이득을 살펴봐야 할 것이다. 사람들이 이러한 개념을 이해하는 것을 돕기 위해서, 이 분야에 대한 교육은 필수적일 것이다.

많은 사람들에게, 새로운 유전학의 가장 무서운 잠재성은 사람 배아의 생식계열(germ line; 생식세포 전구체)에 있는 유전자를 변화시키거나 첨가하는 기술의 발달이다. 과학적 담론에서는 "유전자도입기술"이라 하고 사회적 토론에서는 "유전공학"이라 하는 이 기술은 인간을 제외한 다양한 동물들을 대상으로 수백 개의 연구실에서 현재 일상적으로 사용된다.

일부 사람들은 고유의 유전체를 바꾸는 기술의 개발은 접근하지 말아야 할 단계라고 경고하며, 만약 유전정보와 기술이 오용될 경우 과거에 확실히 그랬던 것처럼, 결과는 끔찍할 것이라고 주장한다. 사회적 목적으로 유전정보를 사용하는 시도는 20세기 초반에 널리 퍼졌는데, 열등하다고 생각되는 사람의 강제 불임시술, 다른 인종 간의 결혼을 금지하는 법률, 그리고 특정 민족의 이민을 금지하는 법률 등을 야기하였다. 이러한 시도는 과학적 근거가 전혀 없으며 완전히 오용된 경우이다.

많은 사람들은 과거의 실수를 반복하지 말아야 한다는 것에는 동의한다. 만약 새로운 기술이 인간에게 더 건강하고 행복한 삶을 제공할 수 있다면, 기술의 사용을 금할 수 없다는 것에 주의를 둔다. 대부분의 사람들은 생물학적 혁명이 과거의 어떤 기술적 혁명보다 인간사회에 더 큰 영향을 줄 것이며, 교육과 사회에서 이 혁명의 결과를 준비하기 위해 다양한 논쟁이 이루어져야 한다는 점에 동의한다.

이 책에서 인간유전학의 초점은 새로운 세기의 생물학과 유전자 분석시대를 기대한다. 새로운 가능성의 시대는 심각한 도덕과 윤리적 문제를 야기하여 우리에게 지혜와 겸손을 요구할 것이다. 다음 세대에 나타날 윤리적 도전에 대해 젊은이들을 교육하기 위한 바람으로 이 교재를 저술한다.

핵심 개념

- 유전체 서열을 통해 질병을 일으키는 원인 유전자뿐만 아니라 질병 취약성에 관련된 유전자도 규명할 수 있다.
- 개인 유전체 데이터는 최소한 일부 질병의 예방법 혹은 치료법을 제공할 수 있다.
- 유전정보의 적절한 해석과 개인의 권리 보호에 대해 사회적 합의가 이루어져야 한다.

다음 학습을 위한 안내

생명정보에 대한 학문인 유전학은 단백질을 생산하기 위해 정보를 저장, 복제, 전달, 진화시키는 DNA와 RNA 분자에 대한 연구이기도 하다. 분자수준에서 생명체는 밀접하게 관련되어 있고, 결과적으로 효모와 쥐처럼 다양한 모델생물의 관찰을 통해서도 인간 생물학뿐만 아니라 일반적인 생물학 원리에 대한 통찰을 얻을 수 있다.

놀랍게도, DNA가 발견되기 75년 훨씬 전, 아우구스티누스회의 수도자인 그레고르 멘델(Gregor Mendel)은 유전의 분자적 기초에 대한 지식 없이 유전자 전달의 기본법칙을 설명했다. 그는 꽃 또는 씨의 색깔과 같은 단순한 특성을 콩과식물(완두)을 대상으로 여러 세대에 걸쳐 추적함으로써 유전법칙을 완성하였다. 멘델의 발견이 모든 유성생식을 하는 생물들에 적용된다는 것을 알고 있다. 2장에서는 유전학 분야의 기초가 되는 멘델의 연구와 이해에 대해 알아본다.

연습 문제

어휘

1. 왼쪽 용어를 가장 잘 설명한 문장을 오른쪽에서 찾아 연결하라.

a. 상보성	1. 특정 형태로 접힌 아미노산의 선형 중합체
b. 뉴클레오티드	2. 단백질 암호화 정보를 포함하지 않은 유전자 부위
c. 염색체	3. DNA에서 단백질을 합성하는 과정의 중간물질로 작용하며, 뉴클레오티드로 구성된 중합체
d. 단백질	4. DNA에서 수소결합을 통해 형성된 G–C 및 A–T 염기쌍
e. 유전체	5. DNA 서열의 변화
f. 유전자	6. 단백질 암호화 정보를 포함하는 유전자 부위
g. 우라실	7. 유전자를 담고 있는 DNA/단백질 구조물
h. 엑손	8. 단백질처럼 하나의 기능을 지닌 DNA 정보
i. 인트론	9. 한 생물체의 유전정보 전체
j. DNA	10. 한 생물체의 유전 물질을 저장하는 이중 가닥의 뉴클레오티드 중합체
k. RNA	11. 거대분자 DNA의 단위체
l. 돌연변이	12. DNA에는 존재하지 않고 RNA에만 존재하는 염기

1.1절

2. 한 가닥의 DNA 서열이 5′-AGCATTAAGCT-3′라면, 상보적인 가닥의 서열은 무엇인가?

3. 인간 유전체에서 하나의 염색체 세트 크기는 대략 30억 염기쌍이며, 23개의 염색체에 25,000여 개의 유전자가 위치한다.
   a. 인간 염색체의 크기는 다양하다. 염색체의 평균 크기는 얼마로 예측할 수 있는가?
   b. 유전자가 염색체마다 골고루 분포한다고 가정할 경우, 각 염색체는 평균적으로 몇 개의 유전자를 포함할 것인가?
   c. 염색체를 구성하는 DNA의 절반 정도에 유전자가 위치한다. 유전자의 평균 크기는 얼마인가?

1.2절

4. 다음의 설명이 단백질, DNA, 단백질과 DNA 모두 중 어디에 해당하는지 표시하라.
   a. 소단위체의 "연결"로 이루어진 거대분자
   b. 이중 가닥
   c. 4개의 서로 다른 소단위체
   d. 20개의 서로 다른 소단위체
   e. 아미노산으로 구성
   f. 뉴클레오티드로 구성
   g. 다른 거대분자를 생성하기 위해 암호를 포함
   h. 화학반응을 수행

5. a. 100개의 뉴클레오티드로 구성된 서로 다른 DNA 분자는 몇 개나 존재하는가?
   b. 100개의 아미노산으로 구성된 서로 다른 단백질이 몇 개나 존재하는가?

1.3절

6. 과학자들은 왜 지구상의 생명체가 공통 기원을 가진다고 생각하는가?

7. 유전학자들은 왜 인간의 유전자와 생물학을 이해하기 위해 효모, 초파리 혹은 생쥐를 연구하는가?

8. 연구자들은 박테리아의 특정 단백질이 초파리의 특정 단백질과 공통의 기원을 가진다는 것을 어떻게 알아내는가? 박테리아와 초파리에서 공통 기원의 단백질이 공통의 대사경로에서 기능한다는 것을 어떻게 알아내는가?

1.4절

9. 연구자들은 왜 새로운 유전자가 원래 존재하던 유전자의 중복과 돌연변이로 인한 분지에 의해 발생한다고 생각하는가?

10. 유전자의 엑손/인트론 구조가 진화 동안 어떻게 새로운 유전자 기능을 생성하는 데 기여했는지를 설명하라.

11. 유전자 발현 패턴(유전자 산물이 생산되는 시점과 세포 유형)을 변화시키는 유전자 돌연변이는 다양한 생물체의 진화에서 주요한 요인으로 여겨진다. 동일한 단백질이 서로 다른 두 세포(예를 들면, 눈의 망막세포와 근육세포)에서 동일한 생화학적 기능(예를 들어, 동일한 효소반응)을 수행할 것이라 예측되는가? 동일한 단백질이 망막세포와 근육세포에서 동일한 생화학 경로(예를 들어, 동일한 기질에 결합)에 작용할 것이라 예측되는가?

1.5절

12. 제프라피시에서 한 유전자의 돌연변이로 인해 유전자 기능이 완전히 불활성화되었고, 이 돌연변이를 가진 제브라피시는 모두 정상적으로 나타나야 할 가로무늬를 가지고 있지 않았다. 다음의 문장을 읽고 확실히 옳음, 확실히 틀림, 불충분한 정보로 결정할 수 없음을 표기하라.
    a. 이 유전자의 정상 기능은 제브라피시의 생존에 필요하다.
    b. 이 유전자의 정상 기능은 무늬 형성에 필요하다.
    c. 이 유전자의 정상 기능은 무늬에 침착되는 색소 형성에 필요하다.
    d. 이 유전자는 제브라피시의 무늬 형성에만 필요하다.

13. *WDR62* 유전자의 기능을 불활성화시키는 여러 종류의 돌연변이가 소두증에 걸린 다양한 사람들의 엑솜에서 발견되었다. 이러한 정보는 *WDR62* 유전자의 돌연변이가 소두증의 원인이라는 제안을 강력하게 지지해 준다.
    a. 인간유전체 서열 분석을 통해 인간 유전체에 존재하는 25,000여 개의 유전자 중에서 *WDR62* 유전자를 원인 유전자로 규명하였다. 당신은 정상 유전체 서열에서 *WDR62* 유전자의 원래 기능에 대한 어떤 정보를 알 수 있었는가?
    b. *WDR62* 유전자가 소두증의 원인으로 규명되면서 어떤 추가적인 정보가 제공되었는가?
    c. 생쥐의 유전체는 인간의 *WDR62* 유전자와 유사한 유전자를 가진다. 생쥐를 대상으로 한 연구에서 생쥐 *WDR62* 유전자는 뇌에서 발현한다. 연구자들은 여러 실험 기술을 이용하여 생쥐에서 정상 *WDR62* 유전자의 두 사본을 기능성이 없는 돌연변이 사본으로 교체하는 실험을 진행하려고 한다. 이러한 *WDR62* 돌연변이 생쥐를 만들려는 이유는 무엇인가?

1.6절

14. 이 책이 출판될 무렵에 당신의 유전체를 합리적 가격으로 분석할 수 있는 상황이 될 수도 있다. 당신은 당신의 유전체 정보를 알기를 원하는가? 당신의 결정에 영향을 주는 요인들에 대해 설명하라.

2장

멘델의 유전법칙

멘델의 법칙은 개체가 특정한 유전적인 구성을 가질 확률을 예측할 수 있지만, 실제의 유전적인 운명은 특정 암수 배우자가 만날 가능성에 의해 결정된다.

개요

대가족 사진을 보면 사진 속의 어린이가 한 쪽 부모를 닮았다거나 두 부모의 조합임을 쉽게 알 수 있다(그림 2.1). 어떤 어린이는 사진 속의 친척들과는 다르나 오히려 고조부모와 닮은 경우도 있다. 이렇게 생김새가 비슷하거나 다르고, 또 세대를 건너뛰게 하는 요인은 무엇일까?

그 답은 바로 생물학적 정보의 기본 단위인 **유전자**(gene)와 유전자가 전달하는 생리적 · 해부적 · 행동적 형질의 **유전**(heredity)에 있다. 사람은 하나의 수정란에서 시작하여 분열과 분화를 통해 몸의 모든 기능을 수행하고 겉모습을 조절할 수 있는 특화된 100조(10^{14}) 개의 세포로 구성된 성체로 발생한다. 한 세대에서 다음 세대로 전달된 유전자는 모든 유전적인 형질 형성의 근간을 이룬다. 형질은 매우 다양하여 턱의 골이 있는지, 나이 들면서 탈모가 진행될지, 머리카락, 눈동자, 피부의 색뿐만 아니라, 심지어 특정 암에 대한 감수성도 결정한다. 이러한 형질들은 예측 가능한 형태로 가계로 전달되어 어떤 형질이 나타날지 또는 나타나지 않을지 알 수 있다.

유전의 과학인 **유전학**(genetics)은 유전을 결정하는 생물학적 구조와 기작에 대한 정확한 설명을 추구한다. 유전자와 형질의 관계가 대단히 단순한 경우가 있다. 그 예로 낫형적혈구빈혈증이 있는데, 이는 단 한 개 유전자의 한 가지 변이로 인해 적혈구의 헤모글로빈 분자에 결함이 생긴 것이다. 이와 달리 유전자와 형질의 관계가 매우 복잡한 경우도 있다. 예로써 얼굴 생김새에 대한 유전적인 기저는 매우 복잡하여 다수의 유전자에 의해 여러 분자가 만들어지고 이들의 상호작용으로 얼굴로 인식되는 조합이 결정된다.

그림 2.1 가족 사진. 네 세대를 포함하는 대가족의 사진이다.

그림 2.2 그레고르 멘델. 실험용 식물을 손에 쥐고 있는 사진으로 1862년경에 촬영한 것이다.

그림 2.3 한 어미가 닮은 새끼와 닮지 않은 새끼를 낳았다. 래브라도 리트리버 어미와 한 배의 새끼들.

식물을 매우 잘 키웠던 안경을 쓴 야무진 모습의 아우구스티누스 수도회 승려인 그레고르 멘델(Gregor Mendel, 1822~1884; 그림 2.2)은 19세기 중반에 유전학의 기본 원리를 발견하였다. 그는 자신의 연구결과를 다윈(Darwin)의 〈종의 기원(On the Origin of Species)〉이 발표된 지 겨우 7년 후인 1866년에 발표하였다. 멘델은 오스트리아의 브륀(오늘날 체코의 브르노)에 살면서 명확하게 구분이 가능한 콩의 형질(예를 들어, 꽃잎 색이 보라색 또는 흰색인 경우, 완두 색깔이 노란색 또는 초록색인 경우)이 어떻게 유전되는지 연구하였다. 이를 통해 어떤 형질이 나타나고 사라지며, 어떤 세대에서 다시 나타날지 예측하고 증명할 수 있는 유전 법칙을 추론해냈다.

멘델의 법칙은 관찰되는 형질은 육안으로는 보이지 않는 유전의 독립적인 단위에 의해 결정된다는 가정에 기반을 두고 있다. 유전자에 대한 개념은 연구가 깊어지고 그에 대한 이해가 정제되면서 계속 변화해왔다. 오늘날 유전자는 특이 단백질이나 특정한 종류의 RNA를 암호화하는 DNA의 부위로 정의한다. 그러나 초창기에는 물리적인 특징이 없는 상상의 입자로서 알 수 없는 기작으로 보이는 형질을 조절하는 기능을 가진 추상적인 관념으로 출발하였다.

멘델의 법칙의 내용과 그 발견 과정을 상세히 살펴보는 것으로 유전학에 대한 공부를 시작하고자 한다. 이후의 장들에서는 멘델의 법칙의 논리적 확장과 멘델의 후예들이 어떻게 모호한 개념의 유전의 단위(유전자)를 실제의 생물학적 분자(DNA)에 근거하게 되었는지 살펴볼 것이다.

멘델의 유전법칙을 상세히 다루면서 네 가지 일반적인 주제를 도출할 수 있다. 첫째, 형질이 다르게 나타나는 변이(variation)는 자연계에 흔히 나타난다. 이러한 유전적 다양성은 우리가 주변에서 흔히 볼 수 있는 지속적으로 진화하는 생명의 다양성을 제공하는 근원이 된다. 둘째, 한 세대에서 다음 세대로 유전자를 추적하기 위해서는 관찰 가능한 변이가 필수적이다. 셋째, 변이는 우연히 분배되는 것이 아니라 유전되어 유전법칙을 따르며, 이는 한 어미가 닮은 새끼와 닮지 않은 새끼를 낳을 수 있음을 말해 준다. 개는 개를 낳지만 수백 가지 품종이 존재한다. 래브라도 리트리버와 같은 동일 품종 내에서도 유전적 변이가 존재한다. 두 마리의 흑색 개가 한 배에 흑색, 갈색, 노란색의 새끼들을 낳을 수 있다(그림 2.3). 멘델의 통찰력은 왜 이런 현상이 나타나는지 설명하는 데 도움을 준다. 넷째, 멘델이 유전에 대해 발견한 법칙은 유성생식을 하는 모든 생물(원생동물에서 완두, 인간에 이르기까지)에 동등하게 적용할 수 있다.

2.1 배경: 유전의 역사적인 수수께끼

학습목표

1. 멘델의 실험적 접근법이 현대의 과학탐구와 어떻게 유사한지 비교한다.
2. 멘델의 완두 자가수정과 타가수정 방법을 설명한다.
3. 멘델이 완두의 교배 프로그램에 상호교배를 포함시킨 것에 대한 중요성을 설명한다.
4. 멘델의 보라색과 흰색 꽃처럼 대립형질을 갖는 순계의 식물을 교배하였을 때 생산될 후손의 형질을 예측한다.

유전적인 현상을 이해하기 위해서는 몇 가지 단계가 필요하다: (1) 충분한 시간을 두고 생물의 집단(인간의 가족, 소의 무리, 옥수수나 토마토 재배지)을 주의 깊게 관찰하기, (2) 관찰을 통해 수집한 체계적으로 기록된 정보를 면밀하게 분석하기, (3) 현상과 관계의 원인을 설명할 수 있는 이론적인 틀을 개발하기. 19세기 중반에 그레고르 멘델이 최초로 자료 수집, 분석 및 이론을 통합하여 유전에 대한 진정한 원리를 밝혔다. 그 이전의 수천 년 동안 행해진 유일한 유전적인 실행이라면 교배 결과 어떤 산물이 나올지 예측없이 농작물과 가축을 선택적으로 교배하는 정도였다.

최초로 적용된 유전학적 기술은 인위선택이었다

최초로 유전학이 적용된 것은 수렵과 채집 생활에서 마을을 이루어 목축과 농경을 하게 만든 힘이라 할 수 있다. 선사시대에도 원시인들은 필요에 따라 이미 유전학을 응용하여 동식물을 가축과 농작물로 만들었다. 예를 들어, 반쯤 길들여진 늑대새끼들 중 난폭하고 쓸모없는 놈은 잡아먹고, 집을 잘 지키거나 순한 녀석은 남겨 교배할 때 사용하도록 살려 두었다. 이렇게 목적을 가지고 다음 세대를 생산할 부모를 선택하여 교배시키는 **인위선택**(artificial selection)을 한 결과, 조상인 늑대(*Canis lupus*)로부터 개(*Canis lupus familiaris*)가 서서히 생겨났다. 약 2만 년 전 알래스카의 주거지에서 발굴된 해골이 가장 오래된 확실한(늑대가 아닌) 개의 뼈로 판명되었다. 수천 년 동안 지속된 인위선택으로 덩치가 큰 그레이트 데인과 아주 작은 치와와뿐만 아니라 현대의 수백 품종의 개가 만들어졌다. 약 1만 년 전부터 인류는 같은 유전학적 방법을 사용하여 경제적으로 유용한 순록, 양, 염소, 돼지, 소의 무리를 만들어 생명유지에 필요한 육류, 젖, 가죽과 털을 생산하여 왔다.

농부들 역시 가장 튼튼하고 맛이 좋은 개체로부터 다음 세대를 위한 씨앗을 얻는 식물의 인위선택을 수행하여, 마침내 더 잘 자라고 많이 생산하며 쉽게 경작하고 추수할 수 있는 품종을 얻게 되었다. 이러한 방법으로 아시아에서는 키 작은 잡초 같은 식물들이 인간의 개입으로 서서히 쌀, 밀, 보리, 렌즈콩, 대추야자로, 미국에서는 옥수수, 호박, 토마토, 감자, 고추로, 아프리카에서는 고구마, 땅콩, 박 등으로 개량되었다. 이후 육종가들은 식물의 암수 생식기관을 알아내어 인공수분을 수행하게 되었다. 이러한 형태의 유전적인 실험이 기록된 가장 오래된 그림으로 기원 전 9세기에 조각된 아시리아의 조각벽화(그림 2.4)가 있는데, 승려들이 선택된 수술의 꽃가루로 암 대추야자의 꽃을 솔질하는 모습이 담겨 있다. 이러한 인위선택을 이용하여 초기의 실용적 유전학자들은 열매의 크기, 색깔 또는 맛과 같이 관찰 가능한 특이 성질을 가진 수백 가지 품종을 만들어냈다. 1929년 이집트의 오아시스 세 군데에서 행해진 식물 조사에 따르면 400개 품종의 대추야자가 주변에 존재했는데, 이는 이 나무의 자연선택 또는 인위선택의 결과로 생성된 품종들의 20세기 판 증거라고 할 수 있다.

선호하는 형질이 사라지기도 하고 나타나기도 한다

멘델이 태어난 해인 1822년 오스트리아인들이 가진 유전의 기본 법칙에 대한 이해는 고대 아시리아인들과 별반 다르지

그림 2.4 지금까지 알려진 가장 오래된 유전학 응용의 기록. 아수르나시르팔 2세(기원전 883~859)의 서북 궁전에 있는 2,800년 된 부조에는 새 모양의 가면을 쓴 사제들이 대추야자의 암꽃을 인공 수분하는 모습이 새겨져 있다.

않았다. 19세기의 동식물 육종가들은 양친의 훌륭한 형질을 물려받은 자손을 얻을 수 있는 다수의 품종을 개발하였다. 이 품종들을 이용하여 식품이나 섬유로 유용한 특성을 가진 동식물들을 생산할 수 있었으나, 왜 그 귀중한 형질들이 가끔 사라졌다가 몇몇 자손에서 다시 나타나는지 그 이유를 정확히 알 수 없었다. 한 예로 인위적인 교배를 통해 대량의 부드럽고 가는 양모를 생산하는 우량한 메리노 양을 얻었으나, 1837년에 개최된 모바리아 양 종축인 협회의 연례 회의에서 당시의 기술 수준을 보여주는 전형적인 사례가 나타나 있다. '그는 아주 우량한 숫양을 가지고 있었는데, 만약 그 형질이 자손에게 전달된다면' 숫양의 값어치는 매우 높겠지만, '유전이 되지 않는다면' 그 숫양은 양털, 고기 및 가죽 값에 불과할 것이었다. 과연 결과는 어떻게 되었을까? 당시 회의의 기록에 따르면 당시의 기술 수준으로는 명확한 답을 얻을 수 없었으며, 다만 맺는말에서 수도원장인 시릴 납(Cyril Napp)이 해결방법을 제안하였다. 즉, 다음의 세 가지 기본 질문에 대한 답변을 찾음으로써 어떤 형질이 자손에게 나타날지 더 잘 예측할 수 있을 것이라 제안하였다: 무엇이 유전되는가? 어떻게 유전되는가? 유전에서 확률의 역할은 무엇인가?

이러한 상황에서 1843년 21세의 멘델이 바로 그 납 수도원장이 운영하는 브륀의 수도원에 들어가게 된다. 비록 멘델이 신학을 공부한 신부였지만, 과학에 있어 완전 아마추어는 아니었다. 브륀이 위치한 모라비아 지역은 학습과 과학적인 활동의 중심지였다. 다윈의 〈종의 기원(On the Origin of Species)〉이 독일어로 번역된 직후인 1863년에 멘델은 그 번역본을 입수하였다. 멘델의 지력을 높이 산 납 수도원장은 모든 비용을 지원하며 멘델을 비엔나 대학으로 보내 스스로 공부 과정을 진행할 수 있도록 하였다. 그는 특이하게도 물리학, 수학, 화학, 식물학, 고생물학, 식물생리학 등을 선택하였다. 그의 스승 중에는 도플러 효과를 발견한 크리스티안 도플러(Christian Doppler)도 있었다. 이와 같은 다양한 교과를 얻은 타가수분의 발상은 멘델의 발견에 있어 결정적인 역할을 하게 된다. 브륀으로 돌아온 1년 후부터 멘델은 일련의 중대한 유전학 실험을 수행하기 시작하였다. 그림 2.5에서는 멘델이 연구하였던 곳과 그가 실제 사용하였던 현미경을 볼 수 있다.

멘델은 새로운 실험적인 접근법을 고안하였다

멘델 이전의 시대에는 여러 잘못된 개념으로 인해 유전에 대한 사람들의 생각이 흐려져 있었다. 두 가지 지배적인 오류가 특히 사람들을 오해하게 만들었다. 그 하나는 한쪽 부

그림 2.5 멘델의 정원과 현미경. (a) 그레고르 멘델의 정원은 브륀 소재 수도원 소유의 일부였다. (b) 멘델은 현미경을 사용하여 식물의 생식기관을 조사하였고, 자연사에 대한 그의 관심을 실행하였다.

(a)

(b)

그림 2.6 작은 인간: 잘못된 생각. 19세기까지만 해도 유명한 현미경학자들은 실제로 자신들이 정자의 머리 안에서 완전히 형태를 갖춘 축소된 태아가 쭈그리고 앉아 있는 것을 관찰하였다고 믿었다.

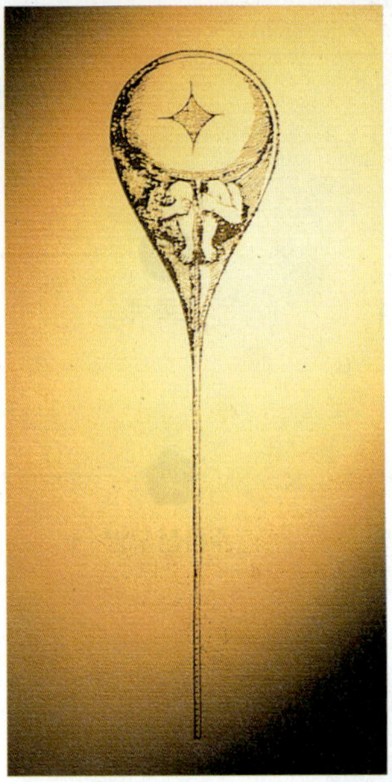

모만이 후손의 유전에 기여한다는 잘못된 인식으로, 초창기 현미경학자 중 한 사람인 니콜라스 하르트수커(Nicolaas Hartsoeker)는 1694년에 정자 속에 있는 완전히 형체를 갖춘 '작은 인간(그림 2.6)'에 의해 남성이 생겨난다고 주장하였다. 또 하나의 잘못된 생각은 혼합 유전(blended inheritance)의 개념인데, 이는 파란색과 노란색 색소가 화가의 팔레트에서 혼합되어 초록색이 되듯 부모의 형질이 혼합되어 자손에서 영원히 바뀐다는 것이다. 이러한 혼합 이론은 자신들의 형질이 자손에서 어떠한 조합으로 나타날 수 있을지를 생각하게 했다. 그러나 부모 형질의 조합으로 보이는 자식들이 혼합에 의한 것으로 설명할 수 있을지라도, 형제자매간의 분명한 차이점이나 가족 내의 변이가 지속적으로 나타나는 현상에 대해서는 설명할 수 없었다.

멘델이 고안한 실험들을 통해 이러한 통념들이 불식되었고 납 수도원장이 15여 년 전에 던졌던 세 가지 질문, 곧 무엇이 유전되고, 어떻게 유전되며, 유전에서의 확률의 역할은 무엇인지에 대한 정확하고도 입증 가능한 답이 제시되었다. 멘델의 발견에 있어 가장 중요한 요소는 바로 그가 실험을 설계한 방법이었다.

멘델이 앞선 연구자들과 다르게 한 것은 무엇인가? 첫째로 그는 실험 재료로 완두(*Pisum sativum*)를 사용하였다(그림 2.7a와 b). 완두는 브뤈 지방에서 잘 자라며 하나의 꽃에 암수 기관이 다 있어 보통 **자가수정**(self-fertilization)을 한다. 자가수정이란 동일한 식물로부터 난자와 꽃가루가 유래하는 것을 일컫는다. 그러나 완두꽃의 특이한 해부학적 형태로 인해 손쉽게 자가수정을 막고 대신 **그림 2.7c**에서와 같이 붓으로 한 식물의 꽃가루를 다른 식물의 암술에 묻히는 **타가수정**(cross-fertilization)을 할 수 있다. 완두의 또 다른 장점은 비교적 단시간의 재배기간 동안 다수의 개체를

그림 2.7 멘델의 실험 재료인 완두. (a) 백색 꽃의 완두 식물. (b) 꽃가루는 꽃밥(anther)에서 생산된다. 성숙한 꽃가루는 꽃의 씨방(ovary)으로 연결된 암술머리(stigma)에 내려앉는데, 씨방은 나중에 콩깍지가 된다. 꽃가루가 암술머리에 닿은 후 꽃가루에서 관이 자라나와 씨방을 지나 미성숙한 씨인 배주(ovule)에 도달하여 수정을 완료한다. (c) 자가수정을 방지하기 위해 성숙한 꽃가루를 생산하기 이전에 모계의 꽃밥(그림에서는 백색 꽃)을 제거한다. 그 후 부계의 꽃밥(그림에서는 보라색 꽃)으로부터 꽃가루를 붓에 묻혀 모계의 암술로 옮겨준다. 각각의 수정된 배주는 개별적으로 완두(성숙한 씨)가 되어 새로운 완두 식물로 자랄 수 있다. 단일 꽃으로부터 생산된 모든 완두는 동일한 콩깍지 안에 위치하나 각기 다른 꽃가루의 배주로부터 생성된 것이다.

(a) 완두 (*Pisum sativum*)

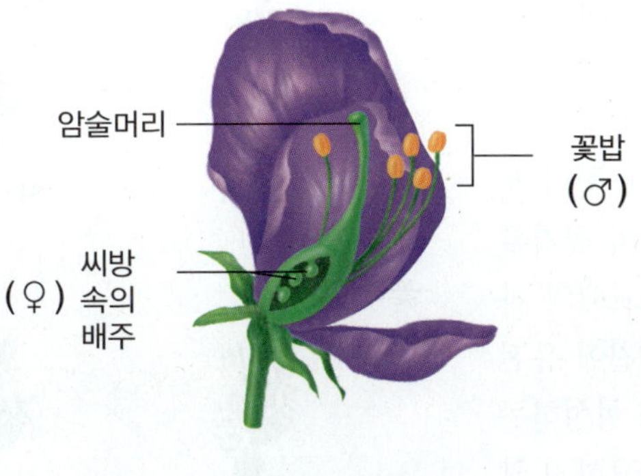

(b) 완두 꽃의 해부학적 구조

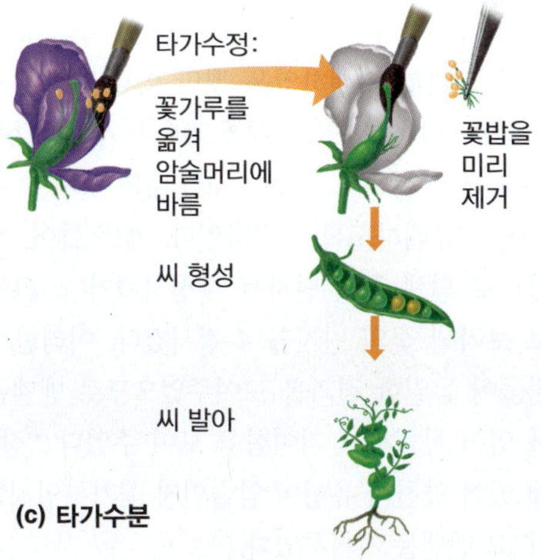

(c) 타가수분

얻을 수 있다는 것으로, 만약 실험재료로 양(sheep)을 선택하였다면 교배를 통해 소수의 자손만을 얻었을 것이고 각 세대도 수년씩 걸렸을 것이다.

둘째, 멘델은 보라색 또는 흰색 꽃, 노란색 또는 초록색 콩과 같이 확실하게 양자택일이 가능한 특정 형질의 유전을 조사하였다. 양자택일이 가능한 형질을 이용하여 둘 중 한 가지 특징, 즉 중간형태가 없는 **불연속적 형질**(discrete trait)의 유전을 명백하게 추적할 수 있었다. 불연속적 형질의 반대 개념은 **연속적 형질**(continuous trait)로, 사람에서 키나 피부색처럼 다양한 중간 형태를 가진 형질을 일컫는다.

셋째, 멘델은 완두의 순계를 수집하고 유지시켰다. **순계**(pure-breeding line 또는 true-breeding line) 내에서 교배를 할 경우, 여러 세대를 거쳐도 부모의 특정 형질을 유지하는 자손을 생산할 수 있다. 이러한 순계는 여러 세대동안 자체 내에서 교배를 하였기 때문에 **근친교배**(inbred)의 결과라고도 할 수 있다. 멘델은 그의 순계를 여덟 세대까지 관찰하였다. 흰색 꽃을 가진 식물은 늘 흰색 꽃을 가진 자손을 생산하였고, 보라색 꽃을 가진 식물은 늘 보라색 꽃을 가진 자손을 생산하였다. 보라색 대 흰색 꽃이나 노란색 대 초록색 씨앗과 같이 일정하지만 상호 배타적인 양자택일의 형질을 멘델은 '대립쌍(antagonistic pair)'이라고 명명하였으며, 총 7쌍을 연구하였다(그림 2.8). 멘델은 쌍을 이루는 각각에 대한 순종을 계속하여 유지하는 실험도 하였지만, 동시에 대립형질을 가진 쌍을 타가수정하여 **잡종**(hybrid)을 생산하기도 하였다. 잡종이란 유전적으로 다른 부모에서 생산된 자손을 일컫는다. 그림 2.8에는 멘델이 연구한 잡종의 모양을 볼 수 있다.

넷째, 멘델은 식물번식 전문가로서 교배 과정을 정교하게 조절하여 그가 관찰한 후손이 실제로 의도한 특정 수정으로부터 유래한 것인지 장기간에 걸쳐 관찰하였다. 외부 꽃가루가 섞이지 않도록 철저히 막았고, 실험계획대로 자가 또는 타가수정이 되도록 노력하였다. 이를 통해 선택된 형질 간의 교배를 수행하였을 뿐만 아니라 **상호교배**(reciprocal cross)도 할 수 있었다. 상호교배 시 부모의 형질을 뒤집음으로써 특정 형질이 배주(ovule) 내의 난자 또는 꽃가루의 정자에서 유래하도록 조절하였다. 예를 들어, 보라색 꽃의 꽃가루로 흰색 꽃의 난자를 수정시키거나, 흰색 꽃의 꽃가루로 보라색 꽃의 난자를 수정시켰다. 이러한 상호교배의 자손들이 동일한 결과를 보여주었으므로 멘델은 양친이 유전에 있어 동일하게 기여함을 보여 주었다. "잡종을 형성하는데 있어 양친의 유형이 암술인지 꽃가루인지는 중요하지 않다"고 멘델은 기록하였다.

그림 2.8 대립형질을 가진 부모 간의 교배로 잡종을 생산한다. 멘델이 연구한 7가지 대립형질의 잡종이 나타내는 표현형이 부모 중 한 쪽의 형질만 나타내는 것에 유의하라. 잡종에서 보이는 부모의 형질을 우성형질이라고 한다.

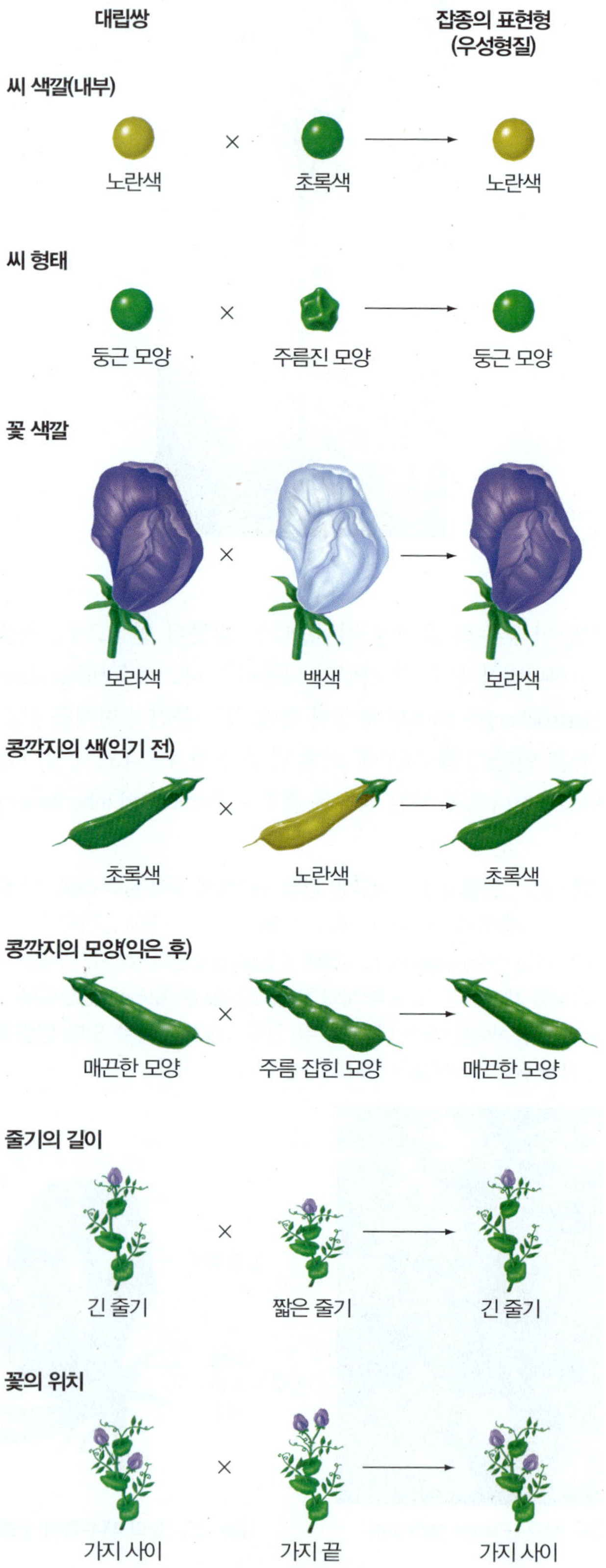

다섯째, 멘델은 많은 수의 식물을 다루었고, 모든 자손을 셈하였으며, 자신의 발견을 수리적으로 분석한 후 실제 결과와 자신의 모델에 기반하여 예측된 결과를 비교하였다. 멘델은 최초로 이런 방법으로 유전학을 연구하였으며, 바로 물리학과 수학에서의 경험이 이러한 정량적인 접근법을 가능하게 하였음을 알 수 있다. 멘델의 세심한 수리분석으로 유전의 기본법칙이 반영된 유전 양상을 알아낼 수 있었다.

마지막으로, 멘델은 실제적으로 뛰어나게 실험을 진행한 연구자였다. 식물의 키를 비교할 때, 키가 작은 식물이 큰 식물의 그늘에 가리지 않도록 하여 성장이 방해 받지 않도록 하였다. 차츰 멘델은 종자에서 유래한 식물의 형질보다는 색이나 모양과 같은 완두 종자 자체의 특정 형질에 집중하였다. 이러한 결과 수도원 정원의 제한된 공간에 비해 훨씬 많은 개체를 관찰할 수 있었고, 한 철에 한 교배의 결과를 평가할 수 있었다.

요약하자면, 멘델은 단순화한 흑백 실험체계를 구축하여 작용양상을 알아냈다. 그는 종 간의 차이에 대한 기원이나 상을 받은 우량한 숫양을 만드는 데 관여된 수많은 변수를 살펴보는 대신, 상호배타적인 뚜렷이 구별되는 두 가지 형질에 집중하여 질문을 던지고 관찰과 계산을 통해 답변을 얻어냈다.

핵심 개념

- 유전이 어떻게 일어나는지 모른 채 사람들은 수천 년 동안 경작식물과 가축을 인위적으로 선택해왔다.
- 멘델은 한 세대에서 다음 세대로 일정하게 유지되는 특이적인 형질을 가진 완두의 순계를 구축하였다.
- 멘델이 다른 형질을 가진 순계끼리 교배하였을 때, 잡종 후손은 언제나 한 부모의 특징을 나타냈다.
- 멘델의 실험에서 상호교배된 잡종 후손은 양친의 암수에 상관없이 늘 같은 특징을 보였다.

2.2 멘델의 유전 분석

학습목표

1. 멘델의 분리의 법칙을 설명하고, 단성잡종 교배의 결과 제2자손 세대에서 표현형의 우성 대 열성의 비를 어떻게 3:1로 예측할 수 있는지 설명한다.
2. 단성잡종 교배와 검정교배를 구분한다.
3. 멘델의 독립의 법칙을 설명하고, 양성잡종 교배의 결과로 나타난 제2자손 세대 표현형의 비 9:3:3:1이 어떻게 이 법칙의 증거가 될 수 있는지 설명한다.
4. 후손의 표현형 비를 해석하여 특정 형질이 어떻게 유전되는지 추론한다.
5. 확률의 단순법칙을 사용하여 복잡한 다중잡종 교배의 후손이 갖는 유전자형과 표현형의 비를 예측한다.
6. 우성과 열성 대립유전자에 대한 가장 일반적인 분자수준의 설명을 인용한다.

1865년 초 43세의 멘델은 “식물 잡종에 관한 실험”이라는 제목의 논문을 브륀자연과학회에서 발표하였다. 제목은 비록 평범하였으나 놀라운 명료성과 단순성을 가진 십여 년 동안의 독창적인 관찰과 실험을 요약한 논문이었다. 멘델은 논문을 완두 식물에서 표현형의 유전을 기술하고, 언제 어떤 빈도로 표현형이 나타날지를 결정하는 보이지는 않지만 논리적으로 추론한 단위(유전자)를 정의하였으며, 간단한 수학적인 용어로 유전자의 행동을 분석하여 예전에 생각하지 못했던 유전의 원리를 밝혔다.

그 다음 해에 출판된 이 논문은 결국 현대 유전학의 초석이 되었다. 논문에는 “잡종의 형성과 발달을 지배하는 일반적으로 적용 가능한 법칙이 있는지” 살펴보는 것을 목적으로 명시하였다. 이제 그의 통찰력을 살펴보도록 하자.

단성잡종 교배로 유전의 단위와 분리의 법칙을 알아냈다

몇 가지 형질에 대한 순계를 구축한 후, 멘델은 종자의 색이나 줄기의 길이와 같이 한 가지 형질만 다른 개체 사이에서의 일련의 교배를 수행하였다. 각 교배에서 한쪽 부모는 형질의 한 가지 형태를 갖고, 다른 쪽 부모는 동일 형질의 다른 형태를 가졌다. 그림 2.9는 그러한 교배 중의 한 가지 예를 보여준다. 예를 들어 1854년 봄에 멘델은 순계의 초록색 완두와 순계의 노란색 완두를 심어 **부모**(parental; P) 세대로 자라도록 하였다. 늦은 봄 꽃이 필 때 “노란색 완두” 식물의 꽃가루를 “초록색 완두” 꽃의 암술머리에 발라 주었다. 또한 “초록색 완두” 식물의 꽃가루를 “노란색 완두” 꽃의 암술머리에 바른 상호교배도 수행하였다. 상호교배에 따른 자손 완두콩을 가을에 수확하여 각각 분석한 결과, 두 가지 경우 모두 자손 완두콩이 노란색임을 알 수 있었다.

P 세대의 자손인 이 노란색 완두들이 현재 용어로 **제1자손**(first filial; F_1) **세대**가 되었다. 초록색 형질이 완전히 사라진 것인지, 남아 있기는 하나 F_1 노란색 완두에 숨어 있는지 알아보기 위해 멘델은 이 완두를 심어 성숙한 F_1 식물을 얻은 후 자가수정시켰다. 이와 같이 단일형질에 대한 잡종으로 이루어지는 실험을 **단성잡종 교배**(monohybrid cross)라고 한다. 이후 멘델은 F_1 세대의 후손인 **제2자손**(F_2) **세대**를 수확하여 계수하였다. 일련의 F_1들을 자가수정한 결과, F_2

그림 2.9 단성잡종 교배의 분석. 순계의 부모 식물을 타가수분하여 F_1 잡종을 생산하였더니 모두 한쪽 부모의 형질을 나타냈다. F_1 식물을 자가수분하자 최초의 부모 형질을 3:1의 비로 나타내는 F_2 세대가 나왔다. 단순화시켜 그림에서는 완두콩을 심어 자라난 혹은 완두콩을 맺은 식물은 나타내지 않았다.

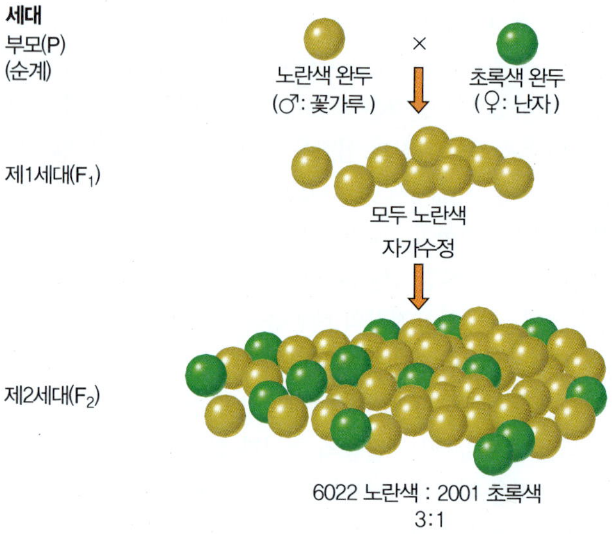

세대에서 6,022개의 노란색 완두와 2,001개의 초록색 완두를 수확하였으며 노란색 대 초록색이 거의 3:1의 비를 얻었다. 교배를 역으로 수행하여 얻은 F_1 식물에서도 노란색 대 초록색의 비가 유사한 F_2 자손을 얻었다.

열성 형질의 재현

F_2 세대에 초록색 완두가 나타남으로써 형질의 혼합이 일어나지 않았다는 확실한 증거를 얻었다. 혼합이 일어났다면 F_1 잡종에서 초록색 완두를 만드는 데 필요한 정보가 완전히 소실되었을 것이나, 그 정보는 완전하게 남아 제2세대에서 2,001개의 초록색 완두를 형성하도록 지도하였다. 이 초록색 완두들은 할아버지 세대의 초록색 완두와 구별할 수 없을 정도로 일치하였다.

멘델은 P 세대의 순계 노란색 완두와 일부 초록색 자손을 만들어내는 F_1 잡종 세대의 노란색 완두와 같은 두 가지 형태의 노란색 완두가 있다고 결론지었다. 후자의 노란색 완두는 초록색 완두의 잠재적인 정보를 가지고 있으며, 모든 F_1 잡종에 나타난 형질을 (이 경우 노란색 완두) **우성**(dominant; 그림 2.8 참조), F_1 잡종에 숨어 있으나 F_2 세대에 다시 나타난 대립적인 초록색 완두의 형질을 **열성**(recessive)이라 하였다. 그렇다면 멘델은 F_2 세대 완두의 노란색과 초록색의 3:1 비를 어떻게 설명하였을까?

유전자: 유전의 분리 단위

관찰 결과를 설명하기 위해 멘델은 각 형질에 대해 모든 식물은 각각 부와 모로부터 물려받은 두 개의 단위를 가지고 있다고 제안하였다. 오늘날 우리는 이 유전의 단위를 유전자라 부른다. 각 단위는 특정 형질을 결정한다. 멘델의 실험에서 완두 식물은 완두콩 색깔에 대한 두 개의 유전자, 완두콩 모양에 대한 또 다른 두 개의 유전자, 줄기의 길이에 대한 제3의 두 개 유전자 등으로 구성된다.

나아가 멘델은 각 유전자가 양자택일의 양상을 가져 그 조합에 따라 대조적인 형질이 나타난다고 제안하였다. 오늘날 우리는 단일 유전자에 대한 이러한 양자택일의 형태를 **대립유전자**(allele)라고 한다. 예를 들어, 완두 색깔에 대한 유전자는 노란색과 초록색 대립유전자를 가지며, 완두 모양에 대해서는 둥근 것과 주름진 것에 대한 대립유전자를 갖는다. 멘델의 단성잡종 교배에서 각 유전자에 대한 대립유전자 중 하나는 우성이었고, 다른 하나는 열성이었다. P 세대에서 한 부모는 형질에 대한 두 개의 우성 대립유전자를 가지고 있었고, 다른 부모는 두 개의 열성 대립유전자를 가지고 있었다. F_1 세대의 잡종은 형질에 대한 한 개의 우성인자와 한 개의 열성인자를 가지고 있으며, 그 개체는 단일형질에 대한 **단성잡종**(monohybrid)이 된다.

분리의 법칙

한 식물에 모든 유전자가 두 개(한 쌍)씩 있다면, 자손에게 어떻게 한 개만 물려줄 수 있을까? 그리고 자손은 어떻게 각 부모로부터 같은 유전자 한 쌍을 물려받을까? 식물 생리학의 배경으로부터 생식에 대한 두 가지 생물학적 기작—배우자의 형성과 수정 시 배우자 간의 무작위적 결합—을 기반으로 멘델은 이 질문들에 대한 답을 구하였다. 배주 속의 난자와 꽃가루 알갱이 속의 정자를 **배우자**(gamete)라 일컫는데, 이 특화된 세포들은 세대 간에 유전자를 운반한다. 꽃가루와 난자가 생성되는 동안 각 유전자의 두 개의 사본(copy)이 분리되어 각 배우자는 각각의 형질에 대한 한 가지 대립유전자만을 갖게 된다고 추측하였다(그림 2.10a). 그 결과 각각의 난자와 꽃가루 알갱이는 완두 색(노란색 또는 초록색)에 대한 한 가지 대립유전자만 갖게 된다. 수정이 될 때 한 가지 대립유전자를 가진 꽃가루와 한 가지 대립유전자를 가진 난자가 무작위적으로 결합하면, 수정란 또는 **접합자**(zygote; 그림 2.10b)에서 각 형질에 대한 유전자의 두 사본은 회복된다. 꽃가루가 노란색 대립유전자를 갖고 난자가 초록색 대립유전자를 가진 경우, 반대로 순계 부모를 교배

그림 2.10 분리의 법칙. (a) 순계 식물의 동일한 대립유전자는 배우자 형성 과정에서 분리된다. 그 결과 개별 꽃가루 알갱이나 난자는 부모의 대립유전자의 각 쌍 중 오직 한 가지 대립유전자를 갖게 된다. (b) 대립형질을 가진 순계 부모 사이의 타가수분과 수정으로 만들어진 F_1 잡종의 접합자는 두 개의 다른 대립유전자를 갖는다. 완두콩 색에 대한 유전자의 경우, *Yy* 이형접합자는 노란색 완두로 발달한다.

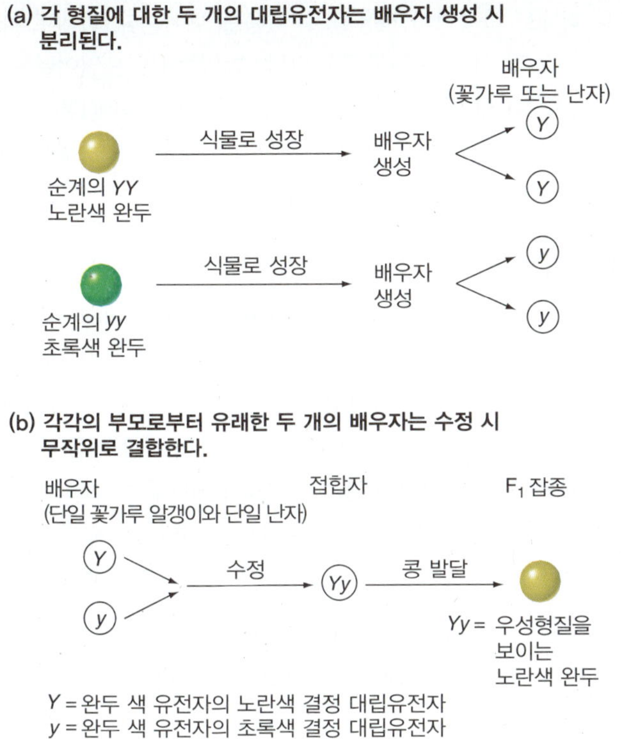

하여 얻은 F_1 단성잡종과 동일한 노란색의 잡종 완두를 얻게 된다. 노란색 대립유전자를 가진 꽃가루와 노란색 대립유전자를 가진 난자가 결합하면, 그 결과는 노란색 완두만 생산하는 P 세대의 순계 식물로 자라는 노란색 완두가 된다. 마지막으로 초록색 대립유전자를 가진 꽃가루와 초록색 대립유전자를 가진 난자가 수정하면 그 후손은 순계의 초록색 완두가 된다.

멘델의 **분리의 법칙**(law of segregation)은 '각 형질에 대한 두 개의 대립유전자는 배우자 형성 과정에서 분리되며, 각 부모로부터 하나씩 받아 무작위로 수정되어 다시 결합한다'로 요약된다. 이 교재에서 **분리**(segregation)라는 용어는 각 유전자의 한 개의 대립유전자만이 각 배우자로 대등하게 분리되는 경우를 의미한다. 분리의 법칙은 각 유전자에 대한 두 개의 사본을 갖는 세포로 구성된 개체의 체세포와 각 유전자에 대한 한 개의 사본을 갖는 배우자를 뚜렷이 구별함에 유의하라.

그림 2.11 퍼네트 사각형: 교배의 시각적 요약. 퍼네트 사각형은 F_1 잡종이 배우자 형성과정을 거쳐 자가수정될 때의 조합을 보여준다. F_2 세대는 노란색 대 초록색 완두의 비가 3:1이 된다.

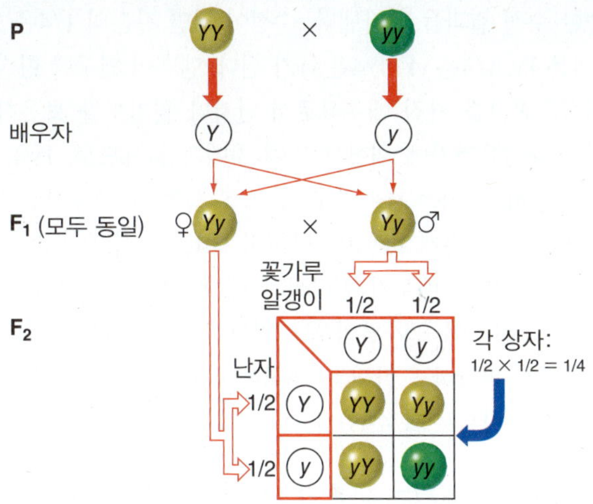

퍼네트 사각형

그림 2.11에서는 배우자 형성과 수정 과정에서 대립유전자의 분리와 무작위적 결합에 대해 간단하게 보여준다. 멘델은 동일한 방법으로 자신의 모든 교배를 분석할 수 있는 표시체계를 발명하였다. 멘델은 우성 대립유전자는 *A*, *B*, *C*와 같은 대문자로, 열성 대립유전자는 *a*, *b*, *c*와 같은 소문자로 표시하였는데, 현대 유전학자들도 유전자를 표시할 때 이렇게 쓴다. 다만 현대 유전학자들은 노란색(yellow)에는 *Y*, 둥근(round) 형태에는 *R*과 같이 해당 형질에 대해 약간의 참조가 되는 표시를 사용한다. 이 교재에서 유전자의 표시는 이탤릭체로 표현하였다. 그림 2.11에서 우성인 노란색 대립유전자는 대문자인 *Y*로, 열성인 초록색 대립유전자는 소문자인 *y*로 표시하였다. 부모세대의 순계 식물은 *YY* (노란색 완두) 또는 *yy* (초록색 완두)이다. *YY* 부모는 오직 *Y* 배우자만을 생산하고 *yy* 부모는 오직 *y* 배우자만을 생산한다. 그림에서 특정 대립유전자에 기여하는 부모의 성별에 관계없이 *YY*와 *yy* 간의 모든 교배가 왜 항상 동일한 결과인 *Yy* 잡종만을 생산하는지 볼 수 있다.

다음으로, *Yy* 잡종을 자가수정하였을 때 어떤 일이 생기는지 보기 위해 **퍼네트 사각형**(Punnett square; 1906년에 이것을 소개한 영국의 수학자인 레지날드 퍼네트의 이름에 따라 명명함 그림 2.11)을 만든다. 이 정사각형은 생산된 배우자의 종류와 수정 시 가능한 조합을 추적하는 데 단순하면서도 편리한 방법을 제공한다. 퍼네트 사각형의 첫 행과 첫 열에서 보듯이 각 잡종은 *Y*와 *y*의 두 가지 배우자를 1:1의 비로 생산한다. 즉, 생산된 꽃가루와 난자의 절반은 *Y*를 가지고, 나머지 절반은 *y*를 가진다. 색색의 완두를 담은 상자로 표현된 그림 2.11의 퍼네트 사각형의 각 상자는 각각의 가능한 수정 결과를 나타낸다. 수정이 되면 자손의 1/4은 *YY*, 1/4은 *Yy*, 1/4은 *yY*, 1/4은 *yy*가 된다. 멘델이 연구한 형질의 대립유전자를 가진 배우자로서 난자나 꽃가루를 보유하고 있는 대립유전자에 대한 효과에 차이가 없으므로, *Yy*와 *yY*는 동일하다. 이는 자손의 1/2은 노란색의 *Yy* 잡종이고, 1/4은 노란색의 순계 *YY*이며, 나머지 1/4은 초록색의 순계 *yy*임을 의미한다. 배우자가 형성될 때 대립유전자가 분리되고 수정 시 난자와 꽃가루의 무작위적 결합을 통해 멘델이 F_2 세대에서 관찰한 노란색 대 초록색의 3:1 비가 어떻게 생산되는지 그림으로 볼 수 있다.

멘델의 결과에서는 확률의 기본 법칙이 적용된다

여러분이 아직 깨닫지 못했을지라도 퍼네트 사각형은 유전적인 교배의 분석에 핵심적인 확률의 두 가지 단순 법칙, 즉 **곱하기 법칙**과 **더하기 법칙**을 설명해 준다. 이 법칙들은 특정 조합의 사건이 일어날 가능성을 예측할 수 있게 해 준다.

곱하기 법칙

곱하기 법칙(product rule)이란 두 개 이상의 독립적인 사건이 동시에 일어날 확률은 각 사건이 일어날 확률의 곱이라고 명시한다. 독립적인 두 개 사건의 확률은 다음과 같다.

1번 사건 그리고 2번 사건이 일어날 확률 =
1번 사건의 확률 × 2번 사건의 확률

연속적인 동전 던지기는 독립적인 사건의 좋은 예가 된다. 왜냐하면 한 번 던졌을 때 앞면이 나왔다고 하더라도 다음 던지기 결과로 앞면이 나올 확률에는 전혀 영향을 미치지 않기 때문이다. 두 개의 동전을 동시에 던질 때에도 결과는 역시 독립적으로 나타난다. 한 동전의 앞면이 나왔다고 해도 다른 동전의 앞면이 나올 확률에 전혀 영향을 주지 않기 때문이다. 그러므로 주어진 조합의 확률은 각각의 독립적인 확률의 곱이 된다. 예를 들어, 두 동전이 모두 앞면이 나올 확률은 다음과 같다.

$$1/2 \times 1/2 = 1/4$$

마찬가지로 난자와 꽃가루의 형성 또한 독립적인 사건이다. 잡종식물에서 주어진 배우자가 *Y*와 *y*를 포함할 확률은 각각 1/2이다. 수정은 무작위적으로 일어나므로 부모의 대립유전자의 특정 조합이 동시에 단일 접합자에 나타날 확률은 각 대립유전자가 난자와 정자에 포함될 독립적인 확률의 곱과 같다. 그러므로 (한 사건의 결과로 생성된) *Y* 난자가 (독립적인 사건의 결과인) *Y* 정자와 결합되는 확률을 구하려면 간단하게 1/2 × 1/2를 계산하여 1/4을 얻으면 된다. 이는 그림 2.11의 퍼네트 사각형에서 볼 수 있는 *YY* 자손의 부분과 일치하므로, 곱하기 법칙을 표현하는 또 다른 간단한 방법으로 퍼네트 사각형이 사용될 수 있음을 보여준다. 퍼네트 사각형 속 각 상자는 교배로 나타날 수 있는 (또는 일어날 수 있는 수정) 결과를 나타내는데, 이는 두 가지 형태(*Y*와 *y*)의 꽃가루와 난자가 같은 빈도로 생산되기 때문이라는 것을 알아야 한다.

더하기 법칙

무작위적인 수정을 두 개의 독립적인 사건이 동시에 일어나는 것으로 기술할 수 있으나, 두 개의 서로 다른 수정 사건이 상호 배타적으로 일어난다고 볼 수도 있다. 예를 들어, *Y*가 *Y*와 조합을 이루면 동일 접합자에서 *y*와는 조합을 이룰 수 없다. 확률의 제2법칙인 **더하기 법칙**(sum rule)은 두 개의 상호 배타적인 사건이 발생할 확률은 각각의 개별적인 확률의 합이라 명시한다. 상호 배타적인 사건의 확률은 다음과 같다.

1번 또는 2번 사건이 일어날 확률 =
1번 사건의 확률 + 2번 사건의 확률

Yy 잡종의 자가수정으로 부모와 동일한 잡종이 나타날 확률은 모의 *Y*와 부의 *y*가 결합할 확률인 1/4과 부의 *Y*와 모의 *y*가 결합할 상호 배타적인 확률인 1/4의 합인 1/2이 되어 퍼네트 사각형에서와 동일한 결과를 얻게 된다. 이 더하기 법칙을 응용하여 F_2 자손에서의 노란색 대 초록색의 비를 예측할 수 있다. F_2 완두 중 노란색이 나타날 확률은 *YY*를 생산하는 사건의 확률인 1/4과 *Yy*를 생산하는 상호 배타적인 사건의 확률인 1/4 및 *yY*를 생산하는 제3의 상호 배타적인 사건의 확률인 1/4의 총합인 3/4이며, F_2 자손의 나머지 1/4은 초록색이 된다. 그러므로 노란색 대 초록색의 비가 3/4 대 1/4, 또는 간단히 3:1이 되는 것이다.

계속적인 교배실험으로 분리의 법칙이 입증되었다

멘델의 분리의 법칙은 완두를 이용한 그의 교배 결과를 설명할 수 있는 가설이었으나, 그 가설의 유효성을 입증하려면 추가로 실험을 수행해야만 했다. 그림 2.11에 요약된 멘델의 가설은 F_2의 노란색 완두는 두 가지(*YY*와 *Yy*)가 존재할 수 있으나, 초록색 완두는 한 종류(*yy*)만 있다고 예측할 수 있다. 또한 그의 가설로부터 F_2의 *Yy*와 *Yy* 노란색 완두

그림 2.12 두 가지 유형의 노란색 F_2 완두: 순계와 잡종. 두 세대의 자가수정 후에 대비되는 대립유전자의 쌍(*Y*와 *y*)의 분포. 각 세대의 동형접합성 개체는 순계를 유지하나 잡종은 그렇지 않다.

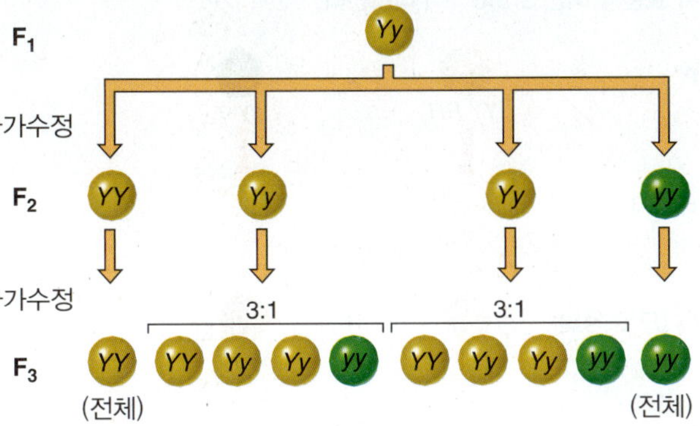

그림 2.13 동형접합자와 이형접합자의 유전자형과 표현형. 한 대립유전자(*Y*)가 다른 대립유전자(*y*)에 대해 완전 우성인 한 쌍의 대비되는 대립유전자에서의 유전자형과 표현형의 관계.

완두콩 색깔 유전자의 유전자형	표현형	
YY 우성 동형접합성		노란색
우성 대립유전자 ┐┌ 열성 대립유전자 *Yy* 이형접합성		노란색
yy 열성 동형접합성		초록색

는 1 *YY*:2 *Yy*의 비로 나타날 것이라고 예측할 수 있다. 이러한 예측을 입증하기 위해 멘델은 F_2 세대의 모든 식물 자가수정하여 F_3 자손의 유형을 모두 계수하였다(그림 2.12). 멘델은 F_2의 초록색 완두를 자가수정하면 F_3 세대에서는 모두 초록색 완두만 생산되었으며, F_3 세대를 자가수정하면 그 다음 세대(F_4 세대)에서도 모두 초록색 완두만 생산됨(그림에서는 보이지 않음)을 발견하였다. 이는 열성 대립유전자 두 사본을 가진 순계에서 예측할 수 있는 결과이다. 그러나 노란색 완두의 경우, 멘델이 518개의 노란색 완두를 생산한 F_2 식물을 자가수정하였더니 전체의 1/3에 해당하는 166개는 몇 세대에 걸쳐 노란색 완두만을 생산하는 순계였으나, 나머지 353개(전체 노란색 F_2 식물의 2/3에 해당)는 노란색 대 초록색의 F_3 세대의 비가 3:1인 잡종이었다. 그러므로 멘델이 이론을 통해 예측하였듯이 518개의 F_2 노란색 완두 식물의 *YY* 대 *Yy*의 비는 정말 1:2였다.

멘델은 수년에 걸쳐 7쌍의 완두 형질에 대해 이와 같이 면밀한 실험을 진행하여 결과적으로 배우자 생성 시 우성과 열성 대립유전자가 분리된다는 것과 수정 시 무작위적인 결합으로 잡종을 자가수정하면 그 결과 항상 3:1의 비로 나타나는 현상을 설명할 수 있었다. 그러나 그의 결과는 이후 식물과 동물 교배자들에게 매우 중요한 의문을 갖게 하였다. 노란색 완두와 같이 우성형질을 보이는 식물은 순계(*YY*) 또는 잡종(*Yy*)인데, 이 둘을 어떻게 구분할까? 자가수정이 가능한 식물의 경우, 다음 세대의 형태를 관찰하면 되지만 자가수정을 하지 않는 종에서 순계와 잡종 개체를 어떻게 구분할까?

검정교배: 유전자형을 확인하는 방법

이러한 질문에 대한 멘델의 해답을 기술하기 전에 몇 가지 용어를 정의해야 한다. 노란색 또는 초록색 완두 콩과 같이 관찰 가능한 특징을 **표현형**(phenotype)이라 하고, 개체가 가진 실제 대립유전자 쌍을 **유전자형**(genotype)이라고 한다. *YY* 또는 *yy* 유전자형은 그 형질을 결정하는 유전자의 두 사본이 동일하므로 **동형접합성**(homozygous)의 유전자형이라 하는 반면, 형질에 대해 서로 다른 대립유전자를 가져 그 형질에 대한 잡종인 경우 **이형접합성**(heterozygous)의 유전자형이라고 한다(그림 2.13). 동형접합성의 유전자형을 가진 개체를 **동형접합자**(homozygote), 이형접합성의 유전자형을 가진 개체를 **이형접합자**(heterozygote)라고 한다. 이형접합자(즉, 잡종)의 표현형은 어느 대립유전자가 우성인지에 따라 결정됨에 유의하라. *Yy* 완두는 노란색이므로 노란색 대립유전자인 *Y*는 초록색 대립유전자인 *y*에 대해 우성이다. 유전자형과 대립유전자 사이의 우열관계를 알면 표현형을 정확히 예측할 수 있다. 그러나 역으로는 예측이 불가능한데, 어떤 표현형은 하나 이상의 유전자형을 가질 수 있기 때문이다. 예를 들어, 노란색 완두의 표현형은 *YY*이거나 *Yy* 유전자형을 가질 수 있다.

따라서 이제 미지의 유전자형을 알아낼 수 있도록 멘델이 생각해 낸 방법을 살펴보자. 우성의 표현형을 *Y*–라고 표시하는데, 이때의 기호 '–'는 나머지 대립유전자가 *Y* 또는 *y*가 될 수 있다는 의미이다. **검정교배**(testcross)란 우성 표현형을 가진 개체와 열성 표현형을 가진 개체를 교배하는 것으로, 예를 들어 노란색 완두를 심어 자란 *Y*– 식물을 초록색 완두를 심어 자란 *yy* 식물과 교배하는 것이다. 그림 2.14의 퍼네트 사각형에서 보듯, 문제의 우성 표현형이 동형접합성의 *YY* 유전자형으로부터 유래하였다면, 검정교배 결과 모든 후손은 우성인 노란색 표현형을 가질 것이다. 그러나 미

그림 2.14 검정교배로 유전자형을 규명하는 원리. 우성 표현형을 가지고 있으나 유전자형을 모르는 개체를 동형접합성의 열성 개체와 교배한다. 미지의 유전자형이 동형접합성일 경우 모든 자손은 우성 표현형을 보이나(A 교배), 이형접합성일 경우 우성형질과 열성 형질이 절반씩 나타난다(B 교배).

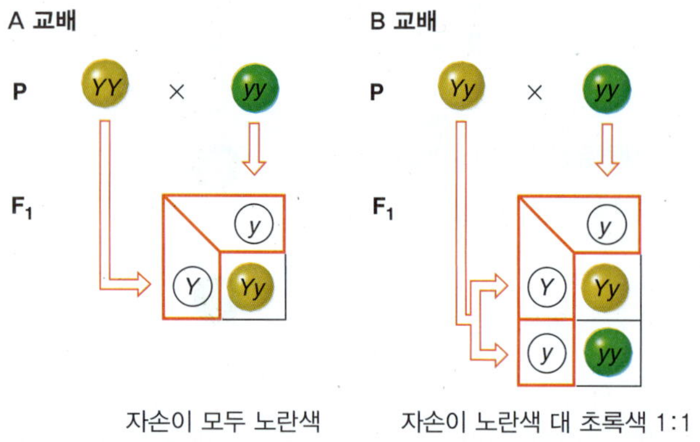

지의 유전자형을 가진 우성 부모가 이형접합성의 잡종(*Yy*)이라면 후손의 절반은 노란색 완두를 나머지 절반은 초록색 완두를 생산할 것이다. 이와 같은 검정교배를 통해 우성 표현형이 가지는 유전자형을 알아낼 수 있어 애매함을 불식시킬 수 있다.

앞에서도 언급하였듯이 멘델은 의도적으로 유전의 문제를 단순화시켜 두 가지 형태만 갖는 형질에 집중하였다. 멘델은 자신의 단성잡종 교배 결과를 옥수수, 콩, 분꽃에서도 재현하였으며, 그의 유전자에 대한 개념과 분리의 법칙은 유성생식을 하는 거의 모든 생물체에 두루 적용된다.

양성잡종 교배로 독립의 법칙을 밝혔다

단성잡종 교배로 유전자가 분리의 법칙에 따라 유전됨을 밝힌 멘델은 서로 관련이 없어 보이는 두 가지 이상의 완두 형질이 동시에 유전되는 현상에 관심을 갖게 되었다. 멘델은 동시에 두 개 유전자에 대해 이형접합성을 갖는 식물의 교배인 **양성잡종**(dihybrid) 교배에서 어떻게 두 쌍의 대립유전자가 분리되는지 살펴보았다.

멘델은 양성잡종을 만들기 위해 노란색의 둥근 완두(*YY RR*)를 심어 자란 순계 식물을 초록색의 주름진 완두(*yy rr*)를 심어 자란 순계 식물과 교배하였다. 이 교배로 노란색과 둥근형의 두 가지 우성 표현형만을 갖는 양성잡종 F_1 세대(*Yy Rr*)를 얻었다(그림 2.15). 이어 멘델은 이 양성잡종 F_1을 자가수정하여 F_2 세대를 얻었으나, 모든 F_2 세대가 노란색 둥근형 또는 초록색 주름진형과 같이 부모와 동일한 양친형(parental type)이 될지, 부모에게서 나타나지 않은 노란색 주름진형이나 초록색 둥근형과 같이 새로운 유형이 나타날지 그 결과를 예측할 수 없었다. 이와 같은 새로운 표현형의 조합을 **재조합형**(recombinant type)이라 일컫는다. 멘델이 실험한 F_2 세대를 계수한 결과, 315개의 노란색 둥근형, 101개의 노란색 주름진형, 108개의 초록색 둥근형과 32개의 초록색 주름진형의 완두를 얻었다. 실제로 노란색 주름진형과 초록색 둥근형의 재조합 표현형이 나타났으므로, 다른 유전자의 대립유전자의 일부가 뒤섞였다는 증거가 제시되었다.

그림 2.15 양성잡종 교배로 양친형과 재조합형을 생산할 수 있다. 양성잡종 교배로 순계의 부모(P)는 유전적으로 동일한 F_1 양성잡종 세대를 생산한다. F_1 식물의 자가수분 혹은 타가수분으로 F_2의 특이 표현형 비인 9:3:3:1이 나타난다.

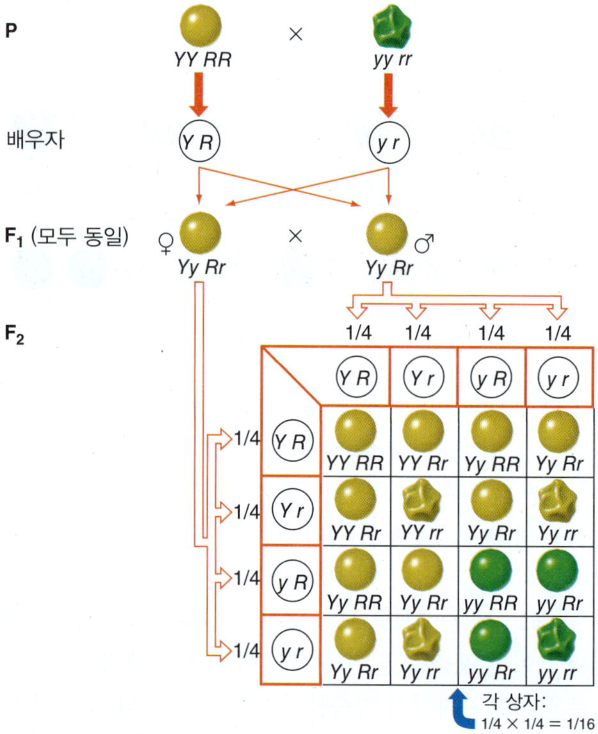

유형	유전자형	표현형	개수	표현형의 비
부모형	*Y– R–*	노란색 둥근형	315	9/16
재조합형	*yy R–*	초록색 둥근형	108	3/16
재조합형	*Y– rr*	노란색 주름진형	101	3/16
부모형	*yy rr*	초록색 주름진형	32	1/16

노란색(우성) 대 초록색(열성)의 비 = 12:4 또는 3:1

둥근형(우성) 대 주름진형(열성)의 비 = 12:4 또는 3:1

독립의 법칙

관찰된 결과로부터 멘델은 배우자 형성 시 유전자 쌍들이 **독립적 분리(independent assortment)**로 뒤섞인다는 생물학적 기작을 추론하였다. 완두 색과 형태에 대한 유전자는 독립적으로 분리되므로, *Y*를 지닌 배우자가 완두 형태에 대한 대립유전자로 *R*이나 *r*을 가질 확률은 동일하다. 그러므로 완두 색에 대한 우성 대립유전자인 *Y*를 가진 것처럼 한 유전자에 대한 특정 대립유전자를 가지고 있어도 제2의 유전자에 대해 어떤 대립유전자를 갖게 될지 전혀 알 수가 없다. 그러므로 F_1 세대의 양성잡종 개체는 *Y R*, *Y r*, *y R*, *y r*의 네 가지 배우자를 생산한다. 다수의 배우자가 있을 경우 각각의 비는 거의 완벽한 1:1:1:1로 나타나며, 꽃가루와 알세포에서 네 가지 가능한 각각의 대립유전자의 조합은 약 1/4씩 나타난다. 즉, "잡종 F_1 세대가 만드는 서로 다른 종류의 생식세포는 같은 수로 생긴다"는 것은 멘델의 또 다른 예리한 통찰이었다.

양성잡종의 교배에서 수정이 일어날 때 네 종류의 알세포는 네 가지 꽃가루 중 하나와 결합하므로 총 16가지 가능한 접합자가 만들어진다. 이 과정을 퍼네트 사각형으로 쉽게 볼 수 있다(그림 2.15). 단성잡종 교배에서 사용한 퍼네트 사각형(그림 2.11 참조)에 적용하였던 논리와 동일하게 양성잡종 교배를 나타낸 퍼네트 사각형(그림 2.15)의 16개 상자 속 색색의 완두 역시 동일하게 일어날 수 있는 수정의 경우를 나타낸다. 앞에서와 마찬가지로 각 상자가 동일한 빈도로 일어날 수 있는 결과인 이유는 오로지 각각의 다른 배우자형이 각 부모에게서 동일한 빈도로 만들어질 수 있기 때문이다. 그러므로 곱하기 법칙을 사용하면 각 상자 속 자손형의 빈도는 $1/4 \times 1/4 = 1/16$이 된다.

그림 2.15의 상자에서 보듯 16가지 가능한 조합 중 일부는 동일하다는 것을 알 수 있다. 알세포 또는 꽃가루는 동일하게 대립유전자를 제공하므로 실제로는 *YY RR*, *YY Rr*, *Yy RR*, *Yy Rr*, *yy RR*, *yy Rr*, *YY rr*, *Yy rr*, *yy rr*의 9가지 유전자형이 만들어진다. 9가지 유전자형에 의해 결정되는 표현형을 살펴보면 노란색 둥근형, 노란색 주름진형, 초록색 둥근형, 초록색 주름진형의 네 가지가 나타나며 그 비는 9:3:3:1이 된다. 그러나 완두 색이나 완두 형태와 같이 한 가지 형질로만 살펴보면 멘델의 분리의 법칙으로 예상할 수 있는 3:1의 비율로 유전됨을 알 수 있다. 퍼네트 사각형을 보면 12개의 노란색과 4개의 초록색이 있고, 12개의 둥근형과 4개의 주름진형이 있으므로 개별 우성형질(노란색 또는 둥근형)에 대한 대립적인 열성 형질(초록색 또는 주름진형)은 12:4, 즉 3:1이 된다. 이는 완두 색에 대한 유전자의 유전이 완두 형태에 대한 유전자의 유전과 무관함을 의미하며, 그 역도 마찬가지이다.

방금 살펴본 내용이 멘델의 두 번째 일반 유전 원리인 **독립의 법칙(law of independent assortment)**에 대한 기초가 된다. 독립의 법칙에 따르면 배우자 형성 시 다른 쌍의 대립유전자는 서로에 대해 독립적으로 분리된다(그림 2.16). 분리의 독립성과 이어지는 수정 시의 무작위적인 배우자의 결합에 의해 표현형이 결정된다. 독립적인 사건의 확률을 계산하는 곱하기 법칙을 적용하면, 두 개의 분리된 3:1 표현형으로부터 양성잡종 교배에서 관찰되는 9:3:3:1 표현형의 비를 수학적으로 계산해낼 수 있다. 두 세트의 대립유전자가 독립적으로 분리되면 F_2 세대에서의 노란색 대 초록색의 비는 3/4:1/4이 되며, 같은 원리로 둥근형 대 주름진형의 비도 3/4:1/4이 된다. 노란색과 둥근형처럼 두 개의 독립적 사건이 한 식물에서 동시에 일어날 확률을 계산하려면 다음과 같이 곱하면 된다.

노란색 둥근형의 확률 $= 3/4 \times 3/4 = 9/16$
노란색 주름진형의 확률 $= 3/4 \times 1/4 = 3/16$
초록색 둥근형의 확률 $= 3/4 \times 1/4 = 3/16$
초록색 주름진형의 확률 $= 1/4 \times 1/4 = 1/16$

그러므로 F_2 식물의 집단에서 노란색 둥근형 : 노란색 주름진형 : 초록색 둥근형 : 초록색 주름진형의 표현형의 비는 9:3:3:1이 된다.

그림 2.16 독립의 법칙. 양성잡종 교배에서 대립유전자의 각 쌍은 배우자가 형성될 때 독립적으로 분리된다. *Y*에 동일한 비로 *R* 또는 *r*이 나타나며(즉, *Y R* = *Y r*), y에 대해서도 마찬가지이다(즉, *y R* = *y r*). 그 결과 네 가지 종류의 배우자(*Y R*, *Y r*, *y R*, *y r*)가 큰 집단에서 동일한 빈도로 생산된다.

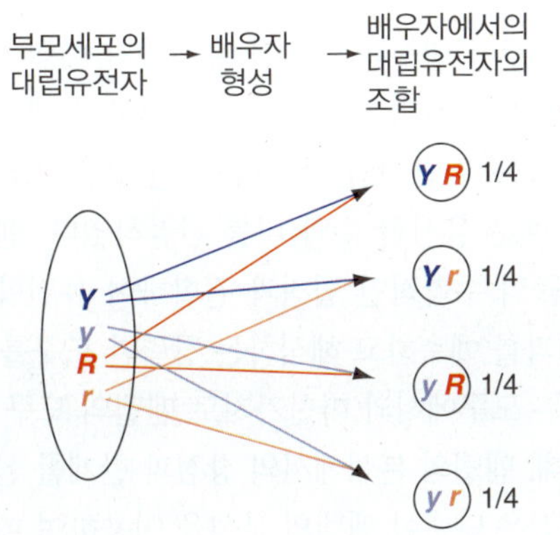

그림 2.17 분지도로 교배를 추적하는 방법. 교배의 모든 유전자를 일련의 열로 표시한 분지도를 사용하면 모든 가능한 결과에 대한 개요를 조직적으로 추적할 수 있다. 다음은 양성잡종 교배에 대한 분지도로 그림 2.15의 퍼네트 사각형과 동일한 표현형의 비를 얻을 수 있으므로, 두 방법이 대등함을 알 수 있다.

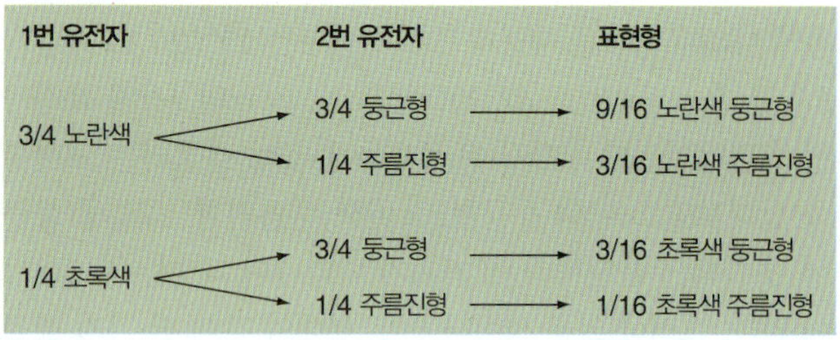

분지도

유전적 교배로 가능한 결과가 나타날 확률을 추적하는 편리한 방법으로 **분지도**(branched-line diagram; 그림 2.17)를 만드는 방법이 있다. 각 유전자에 대한 모든 가능성을 하나의 열에 연속적으로 보여주는데, 그림 2.17에서 보여지는 것처럼 첫 열은 완두 색의 두 가지 가능한 표현형을 보여주고, 두 번째 열은 각 완두 색이 두 가지 완두 형태로 나타날 수 있음을 보여 준다. 이 방법으로도 표현형의 9:3:3:1 비가 잘 드러난다.

양성잡종의 검정교배

양성잡종 교배를 잘 이해하면 다양하게 응용할 수 있다. 대규모 묘목장에서 일하면서 노란색 둥근형 완두를 확실하게 생산할 순계를 유지하는 과제가 주어졌다면 어떻게 해야 할까? 한 가지 방법은 양성잡종 교배 결과 생산된 노란색 둥근형 완두를 심으면 된다. 그러나 그런 표현형을 가진 9가지 자손 중 *YY RR* 유전자형을 가진 완두만 심어야 과제의 목적에 부합하므로, 모든 노란색 둥근형 완두 후보를 그림 2.18에 표시된 것과 같이 초록색 주름진형(*yy rr*) 식물과 검정교배하면 된다. 검정교배의 결과 노란색 둥근형 자손만 나오면(A 검정교배) 이 식물은 완두 색과 형태 모두에 대해 동형접합성을 가지므로 판매해도 된다. 그러나 검정교배 결과 1/2이 노란색 둥근형으로 나오고, 1/2이 노란색 주름진형으로 나오거나(B 검정교배), 1/2이 노란색 둥근형으로 나오고, 1/2이 초록색 둥근형으로 나오면(C 검정교배) 후보 식물이 한 가지 형질에 대해서는 유전적으로 동형접합성을 가지나 다른 하나에 대해서는 이형접합성을 가지므로 폐기해야만 한다. 마지막으로, 검정교배의 결과 1/4이 노란색 둥근형, 1/4이 초록색 둥근형, 1/4이 노란색 주름진형, 1/4이 초록색 주름진형으로 나오면(D 검정교배) 이 식물은 완두 색과 형태에 대해 모두 이형접합성을 가진다는 것을 알 수 있다.

그림 2.18 양성잡종에서의 검정교배. 두 쌍의 독립적으로 분지되는 대립유전자에 대한 검정교배는 검정하려는 개체의 두 개 유전자에 대한 유전자형에 따라 다르나 예측 가능한 결과로 나타난다.

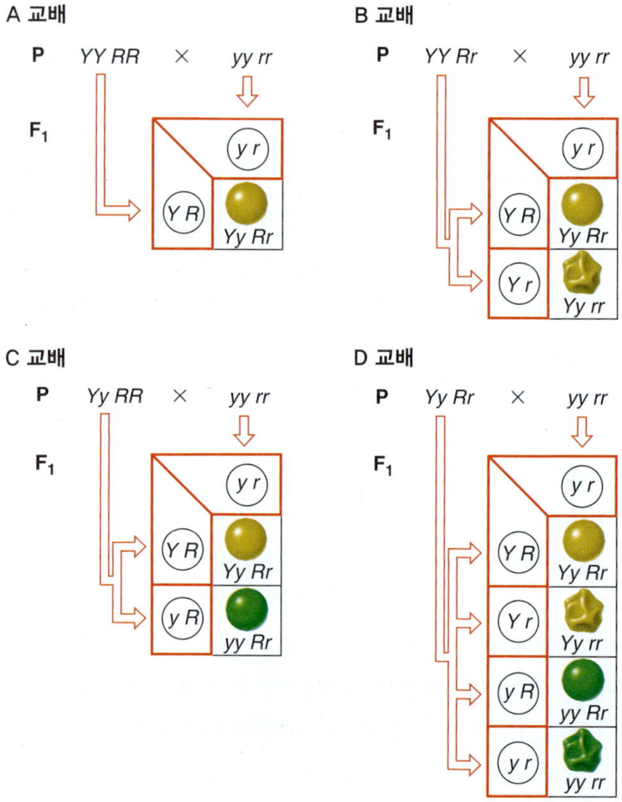

유전학자는 멘델의 법칙을 이용하여 확률을 계산하고 예측한다

멘델은 몇 가지 세트의 양성잡종 교배를 수행하였을 뿐만 아니라, 서로 관련이 없는 세 가지 이상의 서로 다른 형질에 대한 순계 부모의 F_1 자손들 간의 **다중잡종 교배**(multihybrid cross)도 실시하였다. 모든 실험에서 멘델은 알세포나 꽃가루가 형성되는 동안 유전자의 대립유전자가 분리되고 다른 유전자의 대립유전자가 서로에 대해 독립적으로 분리된다는 일반적인 생물학의 원리에 기초하여 예측한 결과와 매우 유사한 수와 비를 관찰하였다. 멘델의 유전법칙은 확률의 수학적인 법칙과 결합하여 유전학자가 유전적 교배 결과를 예측하고 해석하는 강력한 도구를 제공한다. 그러나 모든 도구에서와 마찬가지로 멘델의 도구 또한 한계점을 갖는데, 멘델의 분석에서의 장점과 한계를 살펴보자.

첫째, 장점은 단순한 멘델의 분석을 이용하여 매우 복잡한 교배에서 자손에 대한 정확한 예측이 가능하다. 몇 가지 독립적으로 분리되는 유전자의 교배에서 한 가지 특정 유전자형이 나타날 확률을 예측한다고 가정하자. 예를 들어, 네 가지 형질에 대해 이형접합성을 가진 잡종을 자가수정(*Aa Bb Cc Dd* × *Aa Bb Cc Dd*)한다면 *AA bb Cc Dd* 유전자형을 가진 자손이 나올 확률은 얼마인가? 퍼네트 사각형을 만들어 답을 얻을 수 있는데, 이는 각 형질에 대해 두 개의 다른 대립유전자가 있으므로 서로 다른 난자 또는 정자가 생성될 수 있는 수는 2를 밑으로 하고 형질의 가지 수를 지수로 한 거듭제곱(2^n, n은 형질의 수)으로 나타낼 수 있다. 이 교배에서의 네 가지 형질을 가진 각 잡종 부모는 $2^4 = 16$개 종류의 배우자를 생산할 수 있다. 이 교배를 퍼네트 사각형으로 만들면 총 256개의 상자(16 × 16)가 만들어지므로, 시간이 넉넉한 수도원에서라면 몰라도 1시간짜리 시험을 치른다면 사용하기 불편한 방법이다. 이 경우, 다중잡종 교배를 네 개의 독립적인 단성잡종 교배로 나누어 분석하면 훨씬 간단해진다. 각 단성잡종 교배에서의 유전자형의 비는 우성 대립유전자의 동형접합자는 1, 이형접합자는 2, 열성 대립유전자의 동형접합자는 1 = $\underline{1}/4 : \underline{2}/4 : \underline{1}/4$임을 기억하라. 그러므로 *AA bb Cc Dd* 유전자형의 확률은 각각의 독립적인 사건에 대한 확률을 곱하여 얻을 수 있다. 즉, *AA* (*Aa* × *Aa* 교배 결과 자손의 1/4), *bb* (1/4), *Cc* (2/4), *Dd* (2/4)이므로 계산식은 다음과 같다.

$$1/4 \times 1/4 \times 2/4 \times 2/4 = 4/256 = 1/64$$

퍼네트 사각형 역시 동일한 결과를 주겠지만 훨씬 많은 시간이 소요된다.

특정 유전자형 대신 어떤 표현형의 확률을 예측하려면, 각 대립유전자의 쌍에 대해 교배에서 생산되는 표현형의 비만 알면 곱하기 법칙을 적용하여 예측할 수 있다. 예를 들어, *Aa Bb Cc Dd* × *Aa Bb Cc Dd*의 다중잡종 교배에서 우성인 *A* 표현형(*AA* 또는 *Aa* 유전자형 = 1/4 + 2/4 = 3/4), 열성인 *b* 표현형(*bb* 유전자형 = 1/4), 우성인 *C* 표현형(*CC* 또는 *Cc* 유전자형 = 3/4), 우성인 *D* 표현형(*DD* 또는 *Dd* 유전자형 = 3/4)을 가진 자손이 나올 확률은 다음 곱셈식으로 쉽게 구할 수 있다.

$$3/4 \times 1/4 \times 3/4 \times 3/4 = 27/256$$

이러한 방법으로 확률의 법칙을 이용하면 매우 복잡한 교배의 결과도 예측할 수 있다.

이상의 예로부터 유전학의 특정 문제는 특정한 방식의 분석법으로 풀 수 있음을 알 수 있다. 일반적으로 소수의 유전자에 대한 단순한 교배는 퍼네트 사각형을 사용하면 아주 쉽게 시각화할 수 있으나 더 복잡한 교배에서는 매우 불편하다. 앞선 두 예제에서와 같이 복잡한 교배에서 특정 결과에 대한 확률을 구하려면 확률을 직접 계산하는 것이 손쉬운 방법이다. 그러나 다중잡종 교배에 따른 모든 결과를 알고자 한다면 조직적으로 모든 경우를 추적할 수 있는 분지도를 사용하는 것이 가장 좋다.

둘째, 멘델 분석의 한계는 멘델처럼 완두, 옥수수 또는 그 어떤 생명체를 교배하더라도 각 세대에서 나타내는 결과는 예측한 결과와 차이를 보인다. 왜 이런 차이가 생기는 것일까? 한 가지 이유는 흔히 동전던지기 실험에서 보이는 우연이다. 한 번 던질 때마다 동전의 앞면이 나올 확률은 뒷면이 나올 확률과 동일하다. 그러나 10회를 시도할 경우 앞면이 30%, 뒷면이 70% 나올 수 있고 그 역도 가능하며, 100회를 던지면 예측되는 50%에 더욱 접근할 가능성이 높다. 그러므로 시도 횟수가 클수록 우연에 의해 결과가 심각하게 편중될 확률은 더 낮아진다. 이는 멘델이 다수의 완두 식물을 사용한 한 가지 이유이기도 한데, 멘델의 법칙은 생명체의 집단을 예측하는 데는 매우 유용하나 단수의 개체가 어떻게 될지는 예측하지 못한다. 단성잡종 완두 식물의 자가수정에 의해 정원 가득한 F_2 자손의 3/4은 우성형질을 보이고, 1/4은 열성 형질을 보일 것이라 예측할 수 있으나, 특정 F_2 식물의 표현형을 예측하지는 못한다. 집단 내의 개체에서 관찰되는 우연한 변이를 평가하는 수학적 방법이 유전학적 가설과 양립할 수 있는지 5장에서 살펴볼 것이다.

멘델의 천재성은 1900년 이전까지 인정받지 못했다

멘델의 통찰력으로 유전학은 기념비적으로 발전하였다. 멘델은 수백 가지 완두 식물의 교배 결과를 계수하고 분석하여 특정 형질의 유전 양식을 결정하는 독립적인 단위인 유전자의 존재를 추론하였다. '숨겨진' 형질의 재등장을 설명하여 혼합 유전의 개념이 잘못 되었음을 입증하였고, 다음 세대에 부모가 동등하게 유전적으로 기여함을 보였다. 멘델이 세운 유전의 모델은 매우 명료하여 그것에 기반한 예측 결과를 관찰과 실험으로 검정할 수 있었다.

그러나 낮 수도원장을 제외하면 멘델 시대의 어느 누구도 그의 연구의 중요성을 깨닫지 못했다. 멘델은 유명 대학에서 가르치지 않았고 브륀 이외의 지역에서는 잘 알려진 인물도 아니었다. 브륀에서 멘델의 "식물 잡종에 대한 실험"에 대한 발표를 들은 자연과학회원들조차 흥미 있는 돌연변이와 아름다운 꽃을 보고 토론하기를 기대하였을 뿐, 멘델의 수리적 분석에 대한 가치를 이해하지 못했다. 멘델은 시

그림 2.19 유전학은 멘델의 재발견으로 시작되었다. 20세기 초의 독립적인 연구로 코렌스, 드프리스, 폰 체르막은 멘델이 그의 법칙에서 요약한 결론에 도달하였다.

(a) 그레고르 멘델 (b) 카를 코렌스 (c) 휴고 드프리스 (d) 에리히 폰 체르막

대를 너무 앞선 탓에 자신의 연구를 재현하기를 서면으로 요청하였음에도 불행히도 아무도 시도하지 않았다. 1866년과 1900년 사이에 멘델의 논문을 인용한 문헌들은 그를 식물 번식가로 소개할 뿐 아무도 그의 법칙을 언급하지 않았다. 게다가 멘델의 결과가 발표될 당시 실제 유전자를 지닌 세포 내 구조인 **염색체**(chromosome)를 관찰한 사람이 아직 아무도 없었다. 과학자들은 수십 년이 지나서야 염색체를 관찰하게 되는데(4장 참조), 멘델의 시대에 관찰이 가능하였더라면 멘델이 예측한대로 행동하는 실제의 물리적인 구조가 염색체이므로 멘델의 개념이 더 쉽게 인정받았을지도 모른다.

멘델의 업적이 더 널리 인정을 받았더라면 진화에 대한 초창기 논쟁에서 더 중요한 영향을 끼쳤을 것이다. 멘델의 업적에 대해 무지하였던 찰스 다윈(Charles Darwin, 1809~1882)은 개체에서의 변이가 유지된다는 그의 설명이 충분치 못하다고 많은 비판을 들었다. 다윈은 그러한 변이가 자신의 진화이론에서의 시금석으로 여겨, 특정 환경에서의 특정 집단에서 특정 변이가 자연선택된다고 주장하였다. 선택된 조합의 변이 형질이 후속세대로 전달되었다면 변이가 전달되어 진화가 추진될 것이다. 그러나 다윈은 변이가 어떻게 전달되는지 설명할 수 없었다. 다윈이 멘델의 업적을 알기만 했더라면 그런 불편한 구석으로 몰리는 일은 없었을 것이다.

34년간 멘델의 법칙은 시험되지도 확인되지도 적용되지도 못한 채 잠들어 있었다. 그러나 멘델의 사후 16년인 1900년 카를 코렌스, 휴고 드프리스, 에리히 폰 체르막에 의해 독립적으로 그의 업적이 재발견되었다(그림 2.19). 과학계가 마침내 멘델을 따라 잡은 것이다. 십 년이 못되어 연구자들은 많은 현대 용어를 만들어 냈는데, 표현형, 유전자형, 동형접합자, 이형접합자, 유전자, 그리고 20세기의 유전에 대한 과학을 칭하는 유전학 등이 이에 포함된다. 멘델의 논문은 새로운 연구의 기초를 제공하였다. 그의 원리와 분석 기술은 오늘날에도 사용되어 유전적 변이를 연구하는 유전학자와 진화 생물학자들을 인도한다.

멘델 대립유전자의 우성이나 열성은 표현형에 대한 분자의 영향을 반영한다

오늘날 우리는 대부분의 유전자가 세포가 생산하고 세포의 구조와 기능을 지시하는 단백질을 암호화한다는 것을 안다. 최근 멘델의 유전자인 완두콩 모양과 색을 결정하는 두 개의 유전자가 규명되었다. 완두 형태 유전자는 Sbe1 (Starch-branching enzyme 1)으로 알려진 효소를 만든다. Sbe1은 분지되지 않은 선형의 아밀로오스(amylose)를 다수 분지된 전분 분자인 아밀로펙틴(amylopectin)으로 전환시키는 반응을 촉매한다(그림 2.20a). 완두 형태 유전자의 우성 *R* 대립유전자는 정상적으로 기능하는 활성화된 Sbe1 효소를 암호화한다. 반면 열성인 *r* 대립유전자는 효소를 만들지 못한다. 그 결과, *RR* 동형접합자는 높은 비로 분지된 전분 분자를 생산하여 둥근 형태를 유지하도록 한다. 열성인 *rr* 동형접합자인 완두는 전분으로 전환되지 못한 설탕이 축적되는데, 과량의 설탕은 삼투압을 변화시켜 어린 씨에 물이 차도록 한다. 씨가 성숙함에 따라 물을 잃게 되면 수축하여 쭈글쭈글해진다. 단일 우성 대립유전자를 가진 *Rr* 이형접합자는 충분한 양의 정상 효소를 생산하여 씨가 쭈글쭈글해지는 것을 방지한다.

완두 색 유전자는 Sgr (Stay green) 효소를 만든다. Sgr은 초록색 색소인 엽록소가 분해되는 경로의 한 단계를 수행하는데, 이는 완두가 여물 때 자연적으로 일어나는 과정이다(그림 2.20b). 우성인 *Y* 대립유전자가 Sgr을 생산하고, 열

그림 2.20 멘델의 완두 형태와 색깔 유전자에 대한 분자적 설명. 완두 형태의 *R* 대립유전자는 분지되지 않은 전분을 분지된 전분으로 전환하는 Sbe1 효소의 생산을 지시한다. *r* 대립유전자는 Sbe1을 암호화하지 않는다. *rr* 완두 씨앗에 선형의 분지되지 않은 전분이 축적되어 결국 씨가 쭈글쭈글해진다. 완두 색깔을 결정하는 *Y* 대립유전자는 Sgr 효소를 만드는데, 완두가 여무는 동안 엽록소가 분해되는 경로에서 기능하여 노란색 완두가 만들어진다. *y* 대립유전자는 Sgr을 생산하지 못한다. *yy* 완두에서는 엽록소가 분해되지 못하고 초록색으로 유지된다.

(a) 멘델의 완두 모양 유전자의 생화학적 기능

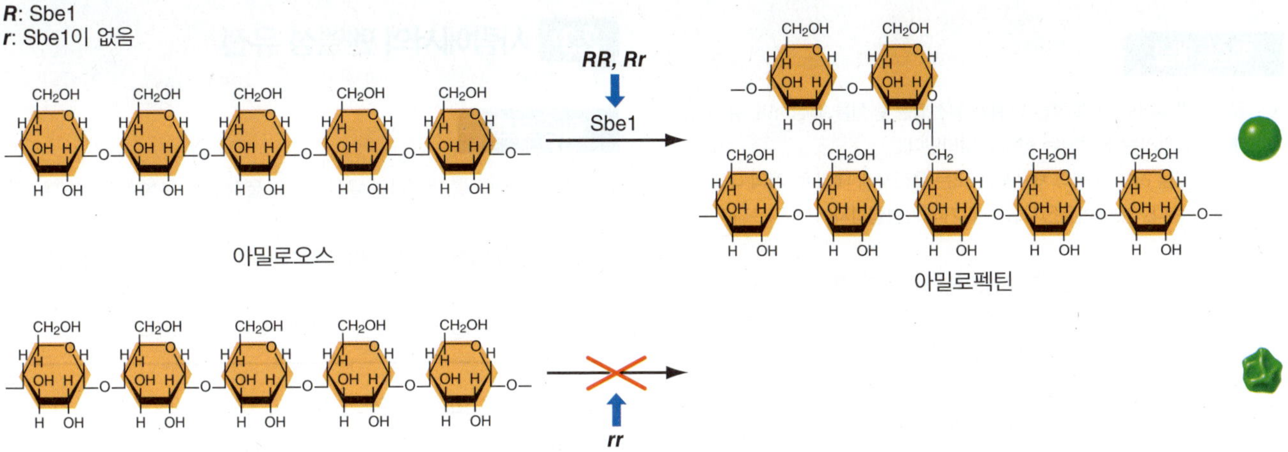

(b) 멘델의 완두 색깔 유전자의 생화학적 기능

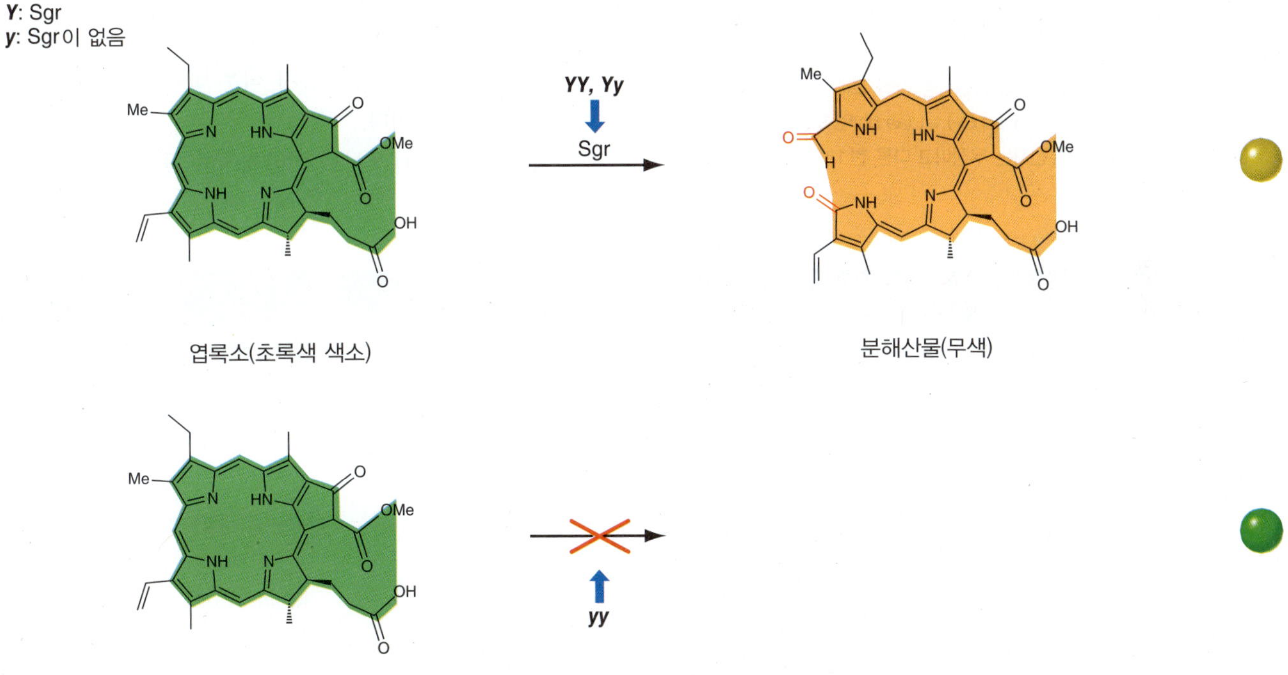

성인 *y* 대립유전자는 생산하지 못한다. *YY* 동형접합자나 *Yy* 이형접합자 완두는 모든 엽록소를 분해하기 충분한 양의 Sgr을 가지므로 노란색이지만, *yy* 동형접합자 완두는 Sgr 효소가 없어 엽록소가 그대로 남아 초록색이 된다.

이와 같은 분자적 발견으로부터 두 가지 일반적인 원리를 도출할 수 있다. 첫째, 특정 유전자가 특정 효소를 결정하여, 완두 식물의 표현형에 다양한 방법으로 영향을 줄 수 있는데, 이는 그 효소가 기능하는 생화학적 경로에 따라 결정된다. 둘째, 두 예시 모두 우성 대립유전자가 정상적으로 기능하는 단백질을 만드는데 반하여, 열성 대립유전자는 기능적인 단백질을 암호화지 못한다는 경향성을 보인다. 한 대립유전자가 다른 (열성의) 대립유전자에 대해 우성인 이유에 대해 방금 기술한 분자 수준에서의 설명은 3장에서도 보겠지만 가장 흔한 (물론 항상 그런 것은 아니지만) 예이다. 멘델이 기술한 줄기의 길이나 꽃 색깔에 대한 유전자 역시 최근에 규명되었다. 이 두 경우 모두 우성 대립유전자는 정상적으로 기능하는 단백질을 암호화하고, 열성의 대립유전자는 단백질을 암호화하지 않거나 정상 단백질에 비해 덜 기능적인 단백질을 암호화한다.

핵심 개념

- 유전자라 불리는 개별적인 단위가 유전되는 형질을 결정하며, 유전자는 대립유전자라는 상반되는 형태로 나타난다.
- 유성생식을 하는 개체의 체세포는 모든 유전자에 대해 두 개의 대립유전자를 갖는다. 이 대립유전자들은 같거나(동형접합자에서) 다르다(이형접합자에서).
- 유전자형은 개인이 가진 대립유전자를 일컫는다. 표현형은 개인이 보여주는 형질을 일컫는다.
- 이형접합자에서 우성 대립유전자는 형질의 표현형을 결정하고, 나머지 대립유전자는 열성이다. 이형접합자 사이의 단성잡종 교배 결과 후손의 우성과 열성 표현형의 비는 3:1로 나타난다.
- 배우자를 형성하는 동안 대립유전자는 분리되어 배우자는 각 유전자에 대해 오직 하나의 대립유전자만 갖게 되고, 암수 배우자는 무작위적으로 수정된다. 멘델은 이러한 과정을 분리의 법칙으로 기술하였다.
- 한 유전자에 대한 대립유전자의 분리는 다른 유전자에 대한 대립유전자의 분리와 독립적으로 일어난다. 멘델은 이러한 원리를 독립의 법칙이라 하였다. 이 법칙에 따라 *Aa Bb* 양성잡종 간의 교배에서는 표현형의 비가 9 (*A– B–*) : 3 (*A– bb*) : 3 (*aa B–*) : 1 (*aa bb*)인 후손이 나온다.
- 특정 유전자의 한 대립유전자는 우성이고 다른 한 대립유전자는 열성인 이유에 대한 가장 흔한 설명은, 우성 대립유전자는 기능적인 생산물(보통 단백질)을 암호화하는데 반하여, 열성 대립유전자는 덜 기능적이거나 기능이 없는 단백질 또는 아예 단백질을 암호화하지 못하기 때문이다.

2.3 사람에서의 멘델성 유전

학습목표

1. 사람의 가계도를 분석하여 유전 질환이 열성 또는 우성 유전되는지 결정한다.
2. 낭 섬유증과 같은 인간의 열성 유전질환의 가장 흔한 분자 기작을 기술한다.
3. 헌팅턴병이 우성 대립유전자에 기인하는 이유를 설명한다.

사람에서 다수의 형질은 가족력을 보이나, 대부분의 경우에서는 멘델의 단순한 유전 양상을 보이지는 않는다. 여러분의 눈동자가 갈색인데 부모 모두 청색 눈동자를 가졌다고 가정하자. 보통 청색이 갈색에 대해 열성이므로 여러분은 입양되었거나 부친이 생부가 아니라고 결론지을 수 있는가? 반드시 그런 것은 아니다. 눈동자 색은 하나 이상의 유전자의 영향을 받기 때문이다.

눈동자 색과 같이 대부분의 일반적이고 확실한 사람 표현

표 2.1 사람에서 가장 흔한 몇 가지 단일 유전자 형질

질환	효과	질환의 발병률
열성 대립유전자에 기인한 경우		
지중해빈혈증 (16번 또는 11번 염색체)	헤모글로빈 양의 감소; 빈혈, 뼈와 이자의 비대	이탈리아 일부에서 1/10
낫형적혈구빈혈증 (11번 염색체)	비정상적 헤모글로빈; 낫형 적혈구, 빈혈, 순환계 차단; 말라리아에 대한 저항성 증대	아프리카계 미국인의 1/625
낭 섬유증 (7번 염색체)	세포막 단백질의 결함; 과다 점액 생산 소화 및 호흡 기능 부전	백인의 1/2,000
테이-삭스병 (15번 염색체)	효소 결핍; 뇌의 지방 침착; 침착에 의한 정신발달 파괴	동유럽 유태인의 1/3,000
페닐케톤뇨증(PKU) (12번 염색체)	효소 결핍; 정신박약	백인의 1/10,000
우성 대립유전자에 기인한 경우		
고콜레스테롤혈증 (19번 염색체)	혈액에서 콜레스테롤을 제거하는 단백질의 결핍; 50세 이전의 심장마비	프랑스계 캐나다인의 1/122
헌팅턴병 (4번 염색체)	비정상적인 헌팅턴 단백질; 진행형 정신 및 신경 손상; 40~70세 이전의 신경장애	백인의 1/25,000

형은 다수 유전자의 상호작용에 기인한다. 이와 달리 사람에서의 단일 유전자 형질은 비정상적이거나 치명적인 경우가 많다. 그 예로 진행성 정신지체와 기타의 신경 손상을 동반하는 헌팅턴병이나 폐가 막히고 잠재적인 호흡부전을 보이는 낭 섬유증(cystic fibrosis, CF)을 들 수 있다. 단일 유전자에 대한 대립유전자의 결함으로 헌팅턴병이 생기고, 또 다른 유전자의 대립유전자의 결함으로 낭 섬유증이 발병한다. 2013년 현재 이러한 단일 유전자 또는 멘델의 형질은 약 6,000개가 알려졌으며, 가장 흔한 몇 가지를 표 2.1에 정리하였다. 앞에서 보겠지만 헌팅턴병을 일으키는 대립유전자는 우성이고, 이 유전자의 정상 대립유전자(병을 일으키지 않는)는 열성이다. 낭 섬유증에서는 반대로 병을 일으키는 대립유전자는 열성이고 정상 대립유전자(병을 일으키지 않는)는 우성이다.

가계도는 인간 가계에서의 형질 유전 연구를 도와준다

유전적 결함의 전달 유형을 결정하는 것이 쉽지 않은 이유는 유전적인 대상으로 인간이 별로 유용하지 않기 때문이다. 각 세대는 매우 길고 자손의 수는 비교적 적어 통계 분석이 어렵다. 배우자를 유전적으로 의도적으로 선택하지 않으며, 순계나 임의 교배라는 것은 존재할 수 없다. 또한 대부분의 남매 사이에는 결혼을 하지 않으므로 멘델이 3:1의 비를 관찰한 제대로 된 F_2 세대는 인간에서 거의 불가능하다.

유전학자들은 이런 어려움을 해결하기 위해 다수의 가계를 연구하거나 대가족의 여러 세대를 연구한다. 이 방법으로 과학자들은 특정 형질의 유전 양상을 해석하는 데 필요한 유전적으로 친척관계에 있는 사람 수를 충분히 확보할 수 있다. 가계도(pedigree)라 일컫는 가계의 역사는 가족 내에서 관련 있는 유전적 특징들을 조직적으로 도식한 것으로, 최소한 양쪽 조부모까지 확장해야 하고 최대한 많은 세대를 포함할수록 좋다. 멘델의 법칙을 고려하여 유전학자가 가계도를 체계적으로 분석하면 특정 형질이 단일 유전자의 서로 다른 대립유전자에 의해 결정되는지, 또 단일 유전자 형질이 우성인지 열성인지 결정할 수 있다. 멘델의 원리는 매우 단순하고 수월하기 때문에 약간의 논리로 인간에서 형질이 어떻게 유전되는지 설명할 수 있다.

그림 2.21 가계도 분석에 사용하는 기호. 하단의 간단한 가계도를 보면 I-1은 부친, I-2는 모친, II-1과 II-2는 이들 사이의 아들들이다. 부친과 첫 아들 모두 질환 형질의 영향을 받았다.

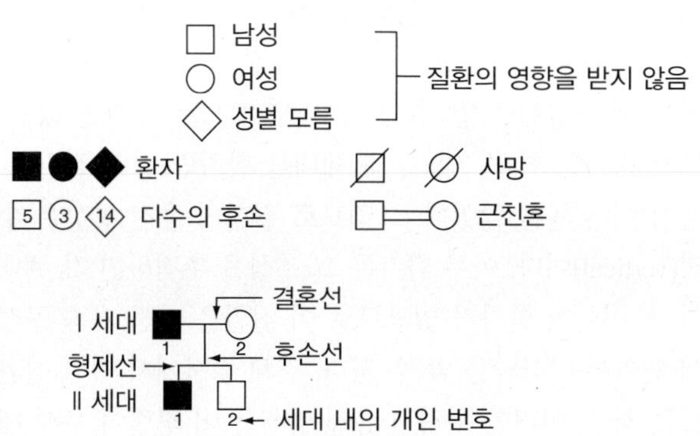

그림 2.21에서 가계도를 해석하는 방법을 볼 수 있다. 네모(□)는 남성, 원(○)은 여성, 마름모(◇)는 성별을 모를 때를 나타내며, 문제의 형질이 영향을 받은 경우 흑색(■)으로 표시한다. 남녀를 연결한 단일 가로선(□–○)은 결혼을 의미하고, 이중 가로선(□=○)은 친족 간의 결혼인 **근친혼**(consanguineous mating)을 의미하며, 여러 개의 상징 위에 위치한 가로선(○ □ ○)은 이들이 동일부모가 낳은 형제자매(동기간관계, sibship)를 나타내는데, 태어난 순서대로 좌측에서 우측으로 배열한다. 그림의 좌측 또는 우측에 쓰인 로마 숫자는 세대를 표시한 것이다.

가계의 형질이 유전되는 양상에 대해 결론을 내리기 위해 인류유전학자는 충분한 정보를 제공하는 가계도를 사용해야만 한다. 예를 들어, 그림 2.21의 하단에 그려진 단순한 가계도만으로는 질환의 원인인 대립형질이 우성인지 열성인지 결정할 수 없다. 가계도를 보면 두 가지 가능성이 모두 대등하기 때문이다. 만약 이 형질이 우성이라면, 부친과 질환을 가진 아들은 이형접합자이고, 모친과 질환이 없는 아들은 열성인 정상 대립유전자에 대해 동형접합자이다. 반면, 형질이 열성이라면, 부친과 질환을 가진 아들은 질환을 일으키는 열성 대립유전자에 대한 동형접합자이나 모친과 질환이 없는 아들은 이형접합자가 된다.

몇 가지 추가정보가 있다면 이러한 애매함을 해결할 수 있는데, 인류유전학자들은 특히 이 가족이 유래한 집단에서 문제의 형질이 나타나는 빈도를 알고 싶어 할 것이다. 집단에서 이 형질이 드물다면, 그 형질을 일으키는 대립유전자 또한 드물고, 유전적으로 친족관계가 없는 사람 중에서 그 대립유전자를 가진 사람은 더욱 드물 것이다. 질환을 일으키는 대립유전자가 우성이라면 그림 2.21의 부친만 이 대립유전자를 가지면 되지만, 열성이라면 부모 모두 가져야만 한다(부친은 두 모체, 모친은 한 모체만 가짐). 그러나 이 형질이 드물다는 정보만으로 우성으로 유전된다고 확실히 판단할 수는 없다. 가계도가 너무 제한적이어서 부모 자신이 전혀 친족관계가 없다고 판단할 수도 없다. 후반에 더 자세히 설명하겠지만, 친족관계가 있는 부모라면 동일한 열성의

유전학과 사회

유전자 스크리닝의 지침 개발

1970년대 초 미국에서는 아프리카계 미국인에서 약 1/600의 빈도로 발병하는 열성 유전질환인 낫형적혈구빈혈증의 보인자에 대한 전국적인 스크리닝 프로그램을 착수하였다. 이 질환은 β-글로빈 유전자의 특정 대립유전자인 $Hb\beta^S$에 의해 발병하며, 정상 대립유전자는 $Hb\beta^A$라고 한다. β-글로빈 유전자에 의해 결정되는 단백질은 산소를 운반하는 헤모글로빈(hemoglobin Hb) 분자의 구성 성분이다. $Hb\beta^S$ $Hb\beta^S$ 동형접합자는 낫 모양(겸상; sickle, s)의 적혈구를 가지며, 산소 공급이 부족하여 고통스러워하고, 쉽게 피로하며, 순환계의 스트레스로 인해 심부전이 생기기도 한다.

낫형적혈구빈혈증에 대한 전국적인 스크리닝 프로그램은 헤모글로빈의 운동속도를 측정하는 간단한 검사에 기초하였다. 정상 헤모글로빈과 낫형 적혈구의 헤모글로빈은 젤 속에서 다른 속도로 이동하기 때문이다. 이 프로그램에 참여하여 본인이 보인자임을 알게 된 사람들은 검사 결과를 출산 계획에 반영할 수 있었다. 건강한 보인자 남성($Hb\beta^S$ $Hb\beta^A$ 이형접합자)은 배우자가 보인자가 아니면 자손의 질환을 걱정할 필요가 없어진다.

그러나 비정상적인 헤모글로빈 단백질을 확인하고자 한 본래의 낫형 적혈구 스크리닝 프로그램이 대성공을 거뒀다고 할 수는 없었는데, 이는 주로 추가 교육 부족 때문이었다. 자신이 보인자임을 통보 받은 많은 사람들이 자신이 실제 질환을 앓고 있는 줄 착각하였고, 이 정보에 접근 권한을 얻은 일부 고용자와 건강보험 회사들이 일부 $Hb\beta^S$ $Hb\beta^A$ 이형접합자들을 이해할 수 없는 이유로 취업이나 보험 가입에 불이익을 주었다. 홍보와 교육의 부족으로 인해 신뢰할만한 스크리닝 검사가 차별과 소외의 요인이 되어 버렸다.

오늘날 계속적으로 많은 수의 유전질환에 대한 스크리닝 검사가 개발되어, 위험인자가 있는 가족들은 직접 유전자형을 확인할 수 있다. 그러므로 유전자 스크리닝에 대한 지침을 구축해야 하는 필요성이 더욱 증대되었다. 몇 가지 연관된 문제가 이 논의의 복잡성을 보여준다.

- **왜 유전자 스크리닝을 시행하는가?** 그 첫 번째 시행 이유는 개인에게 이로운 정보를 제공하기 위해서이다. 예를 들어 나이가 어릴 때 심장질환을 가질 유전적 소인이 많은 것을 알게 되었다면, 생활습관을 바꿔 건강을 유지시킬 수 있는 기회를 증진시킬 수 있다. 또 유전자 스크리닝 결과를 활용하여 출산계획을 수립할 수도 있다.

  유전자 스크리닝을 하는 두 번째 이유는, 종종 첫 번째 이유와 상충되기도 하지만, 사회 내 집단의 이익을 위해서

대립유전자를 그들의 공통조상으로부터 둘 다 물려받았을 가능성이 있다. 이 예시는 왜 인류유전학자들이 몇 대에 걸친 가족력을 취합하려고 하는지 잘 보여준다.

이제 더 자세한 가계도를 가지고 헌팅턴병의 우성형질과 낭 섬유증의 열성 형질을 살펴보자. 가계도에서 이 형질이 나타나는 상황으로부터 유전의 양상과 각 가족 구성원의 유전자형을 알아낼 수 있는 실마리를 얻을 수 있다.

수직적인 유전 양상은 희귀 우성형질임을 알려준다

헌팅턴병(Huntington Disease, HD)이란 병명은 이 질환을 처음으로 기술한 뉴욕의 내과의사 조지 헌팅턴(George Huntington)에서 유래한다. 이 질환은 중년에서 처음 나타나며, 환자를 정신적 육체적으로 천천히 파괴한다. 증상으로 지능저하, 극심한 우울증, 경련성 불규칙 운동이 있으며, 이는 모두 신경세포가 서서히 죽기 때문이다. 부모 중 한쪽이 성인이 될 때까지 생존한다면, 그 자손이 같은 질환으로 고통 받을 확률이 50%가 된다. 출생 시 증상이 전혀 없고 나이가 들어야만 발현하므로, 헌팅턴병과 같은 질환을 **후기발현 유전형질**(late-onset genetic trait)이라고 한다.

그림 2.22의 헌팅턴병 가계도에서의 각 개인의 유전자형을 결정하려면 어떻게 해야 할까? 첫째, 질환을 일으키는 대립유전자가 우성인지 열성인지부터 결정해야 한다. 몇 가지 단서로부터 헌팅턴병이 단일 유전자의 우성 대립유전자에 의해 전달됨을 알 수 있다. 발병자 모두 질환을 앓은 부모가 적어도 한 명 있고, 몇 세대를 합하면 거의 절반의 자손이 이 질환을 앓았다. 그러므로 질환의 유전 양상은 **수직적**(vertical)이다. 아무 환자든 그 조상을 추적하면 각 세대에 한 명 이상의 환자가 있으므로 이 질환을 가진 가족 구성원이 연이어 나타남을 알 수 있다. 전체 집단에서 어떤 질환이 드문 경우, 이러한 수직적 유전 양상은 이 형질이 우성 대립

이다. 예를 들어, 보험회사와 고용자는 누가 다양한 유전적 조건에 취약한지 알고 싶어 할 것이다.

- 검사가 가능하다면 스크리닝에 참여할 것인가? 현재 대부분의 유전병에 대한 치료법은 없는데, 나이 들어 발병할, 치료법도 없는 치명적인 질환에 대해 미리 아는 것은 심리적으로 매우 큰 짐이 될 수 있어 어떤 사람들은 아예 검사를 받지 않으려고 할 수 있다. 종교적인 이유나 비밀 보장을 믿을 수 없어 검사를 거부할 수도 있다.
- 스크리닝 프로그램이 마련되었다면 누가 검사를 받아야 하는가? 답은 검사의 목적과 비용에 따라 다를 것이다. 궁극적으로는 얻는 자료 대비 검사의 비용을 고려할 수밖에 없다. 미국의 경우, 낭 섬유증은 주로 백인에서 발병하고 흑인은 백인의 1/10에 불과하며 황인은 거의 발병하지 않는다. 이 경우 모든 인종이 낭 섬유증 검사를 받아야 하나, 아니면 백인만 받아야 할까?
- 개인 고용주와 보험회사들이 피고용인이나 고객들을 검사할 수 있도록 허용해야 할까? 일부 고용주들은 피고용인이 위험한 상황에 노출되지 않도록 유전자 검사 결과를 사용할 수 있다면서 직업병의 발병률을 낮추기 위해 유전자 검사를 시행할 것을 주장한다. 이에 대한 비판자들은 스크리닝이 사생활의 비밀을 보장받을 권리를 포함한 노동자의 권리를 침해하고 일터에서의 인종적 · 민족적 차별이 증대되며, 보험사가 지급을 거절할 명분을 제공할 수 있다고 반박한다. 미국에서는 2008년에 부시 대통령이 유전자 정보 차별 금지법에 서명하여, 미국의 보험사와 고용주가 유전자 검사 결과에 근거한 참여를 금지하였다.
- 마지막으로, 검사결과의 의미에 대해 사람들을 어떻게 교육해야 하는가? 실제 한 작은 지역사회에서의 스크리닝 프로그램으로 인해 치명적인 열성 유전병인 베타 지중해빈혈증(β-thalassemia)의 보인자로 규명된 사람들이 사회적으로 배척된 경우가 있었다. 그 결과 보인자들은 자기끼리 결혼하여, 오히려 의학 문제가 더 악화되었다. 반면, 매년 베타 지중해빈혈증의 신규 발병 건수가 30건에 이르는 이탈리아 남부의 페라라에서는 광범위한 검사에 집중적인 교육이 성공적으로 결합되어 1980년대 전체의 발병 건수가 수 건에 불과하였다.

이상을 모두 고려한다면 어떤 종류의 지침을 만들어야 필요한 사람들이 적절한 시기에 유전자 검사를 받고, 또 그 검사로 얻은 정보들은 어떻게 올바른 목적으로 사용할 수 있도록 할 수 있을까?

유전자에 의해 생긴다는 강력한 증거가 된다. 이를 다르게 설명하면 친족관계가 없는 많은 사람들이 드문 열성의 대립유전자를 가지고 있는 것으로 볼 수 있는데, 열성 형질이라도 매우 흔하다면 세대마다 발현하기 때문이다(연습문제 38번 참조).

가계도 내에서 우성 대립유전자를 추적해 보면, 영향을 받은 배우자와 받지 않은 배우자 사이의 모든 결합이 검정교배와 유사함을 알 수 있다. 자손의 일부에서 헌팅턴병이 나타나지 않으면 부모가 보이는 형질은 이형접합자임을 알 수 있다. 연습 삼아 직접 유전자형을 결정하고 그 결과를 그림 2.22의 설명과 비교해 보라.

멘델의 완두 유전자와 같이 헌팅턴병을 일으키는 (*HD*라 일컫는) 유전자가 규명되어 분자수준에서 연구되었다. 실제로 *HD*는 1988년 10장에 기술된 방법에 따라 분자적으로 규명된 최초의 인간 질환 유전자이다. *HD* 유전자의 산물인 헌

그림 2.22 헌팅턴병: 희귀 우성형질. 유색 기호로 표시된 모든 개체는 이형접합자이다(우성인 *HD* 질환 대립유전자에 대해 동형접합성일 수 있는 I-1은 예외). 흰색 기호로 표시된 모든 개체는 열성인 HD^+ 정상 대립유전자에 대해 동형접합자이다. 근친혼에 따른 14명 자식의 DNA를 검사하니 *HD HD*, $HD\ HD^+$, $HD^+\ HD^+$를 가진 자식들이 몇 명씩 나왔다. 마름모는 비밀보장을 위해 개인사항을 가린 경우이다.

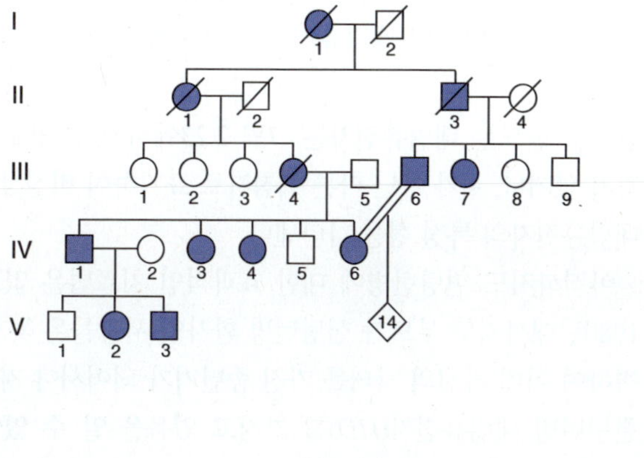

그림 2.23 헌팅턴병의 대립유전자가 우성인 이유. *HD HD* 또는 *HD HD*+는 *HD* 대립유전자가 신경세포를 손상시키는 비정상적인 Htt 단백질을 생산하기 때문에 헌팅턴병이 나타난다. 정상 대립유전자에 대해 동형접합성을 가진 경우(*HD*+ *HD*+) 정상 Htt 단백질만 생산하기 때문에 질환이 나타나지 않는다. 이형접합자인 *HD HD*+의 경우 정상 단백질이 존재하더라도 비정상적인 단백질이 신경세포를 손상시키기 때문에 질환 대립유전자(*HD*)는 우성이다. *HD HD* 동형접합성도 가능한데, 이는 *HD* 질환 대립유전자에 의해 만들어진 비정상적인 Htt 단백질이 정상 단백질의 기능을 약간 지니고 있기 때문이다.

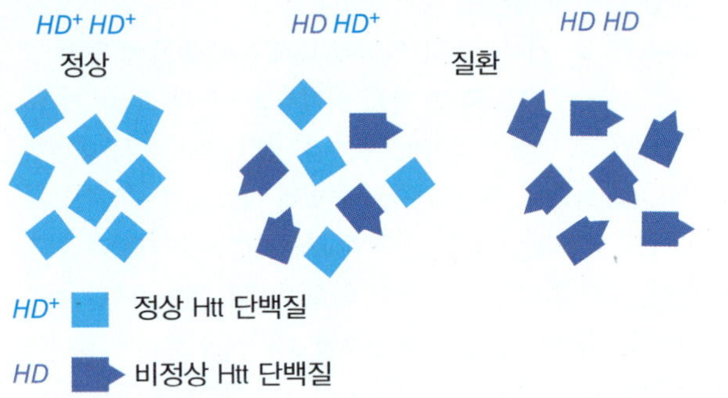

팅턴 또는 Htt는 아직 단백질의 정확한 역할을 이해하지 못하지만, 신경세포의 적절한 생리작용을 위해 필요하다. 우성의 질환 대립유전자(*HD*)는 결함이 있는 Htt 단백질을 암호화하여 시간이 지남에 따라 신경세포를 손상시킨다(그림 2.23).

이형접합자의 정상 Htt 단백질은 비정상적인 단백질이 세포를 손상시키는 것은 방지하지 못하기 때문에 이 질환 대립유전자는 정상 대립유전자에 대해 우성이다. 헌팅턴병 대립유전자에 대한 설명은 특정 유전자의 정상 대립유전자에 대해 질환 대립유전자가 우성인 것으로 귀결되는 다양한 다른 분자적 기작 중 하나일 뿐이라는 것에 유의하는 것이 중요하다. 또 그림 2.23에서 인류유전학자들은 멘델이 유전자의 대립유전자를 나타낼 때 사용한 기호와 다른 기호를 사용한 것에 유의하라. 인간의 유전자형은 모든 대립유전자를 대문자로 표기한다. 대립유전자가 정상적으로 기능하는 유전자 산물을 만들면 대립유전자의 기호에 위첨자로 "+"를 추가한다. 유전자 산물을 만들지 않거나 비정상적인 유전자 산물을 만드는 대립유전자는 그림 2.23에서처럼 아예 위첨자가 없거나, +가 아닌 다른 위첨자로 표기하여 비정상적인 대립유전자의 특정 형을 나타낸다.

아직까지도 헌팅턴병에 대한 효과적인 치료법은 없으며, 1980년대까지도 부모가 헌팅턴병 환자인 사람들은 늦게 발병하여 이미 자신의 자녀를 가진 중년기가 되어서야 자신이 헌팅턴병 대립유전자(*HD*)를 가지고 있음을 알 수 있었다. 질환 대립유전자를 가진 대부분의 사람들은 *HD HD*+ 이형접합자이므로, 이들의 자녀가 *HD*를 물려받을 확률은 50%이며, 헌팅턴병으로 진단되기 전에 자녀에게 결함을 가진 대립유전자를 물려줄 가능성은 25%이다.

1980년대 중반에 이 유전자에 대한 새로운 지식을 가진 분자유전학자들은 *HD* 대립유전자의 유무를 판별할 수 있는 DNA 검사를 개발하였다(이 검사법에 대한 상세 설명은 10장 참조). 이 질환에 대한 효과적인 치료법이 없으므로, 부모가 헌팅턴병으로 사망한 일부의 젊은 성인들은 검사를 통해 자신의 운명을 너무 일찍 알고 싶어 하지 않았다. 부모가 헌팅턴병으로 사망하였더라도 *HD*를 가지고 있지 않다면, 그 사람은 발병하지 않을 뿐만 아니라 그 자녀에게도 질병을 전달할 수 없다. 그러나 검사결과 *HD*를 가지고 있다면, 본인과 배우자는 자녀를 가질지 선택할 수 있으며, 태아의 산전진단을 받을 수도 있고, 자신들의 소신에 따라 태아가 영향을 받았다면 인공유산을 선택할 수도 있다. 읽을거리 「유전학과 사회」의 유전자 스크리닝의 지침 개발에서는 가계도와 유전자 검사를 통해 얻은 정보로 인해 야기된 중대한 사회적 · 윤리적 문제를 논의한다.

수평적 유전 양상은 희귀 열성 형질임을 알려준다

헌팅턴병과 달리 지금까지 확인된 대부분의 인간의 단일유전자 질환은 열성 대립유전자에 기인한다. 늦게 발병하는 경우를 제외하면 해로운 우성 대립유전자는 다음 세대로 전달될 가능성이 매우 낮기 때문이다. 예를 들어, 헌팅턴병 환자가 10세에 사망한다면 이 질환은 집단에서 사라질 것이다. 이와 달리 열성 질환의 한 개 대립유전자만을 가졌더라도 평생 아무 증상이 나타나지 않을 수 있다. 미국의 백인 소아에서 가장 흔한 열성 유전질환인 낭 섬유증(CF)에 대한 3개의 가계도를 **그림 2.24**에서 볼 수 있다. 열성 *CF* 대립유전자를 두 배로 가지면 폐, 이자 및 다른 기관이 걸쭉하고 끈끈한 점액으로 막혀 호흡과 소화가 방해되는 치명적인 장애를 일으킨다. 미국의 백인 2,000명에 한 명 꼴로 낭 섬유증을 가지고 태어나며, 그 중 10%만이 30대까지 생존한다.

CF 가계도에서 두 가지 점이 두드러진다. 첫째, 형질을 보이는 사람들의 가족 양상은 흔히 **수평적**(horizontal)이다. CF를 갖고 태어난 아기의 부모, 조부모, 증조부모 모두 질환이 나타나지 않으나, 단일 세대에서의 형제자매 몇 명이 발병한 경우가 있다. 수평적 가계도 양상은 그 형질이 열성임을 매우 강력하게 시사한다. 영향을 받지 않은 부모는 이형접합성의 **보인자**(carrier)로서 비정상적인 열성 대립유전자를 가려줄 정상적인 우성 대립유전자를 가지고 있다. 약 1,200

그림 2.24 낭 섬유증: 희귀한 상태. (a)에서 영향을 받은 두 사람(VI-4와 VII-1)은 열성의 질환 대립유전자에 대한 동형접합자(*CF CF*)이다. 그들의 영향을 받지 않은 부모들은 보인자이므로, V-1, V-2, VI-1과 VI-2는 모두 *CF* CF^+이어야 한다. II-2, II-3, III-2, III-4, IV-2와 IV-4도 보인자일 것이다. 이 가계도의 시조(I-1 또는 I-2) 중 누가 보인자인지 알 수 없으므로 이들의 유전자형은 CF^+—로 표시한다. *CF* 대립유전자는 비교적 희귀하므로 II-1, II-4, III-1, III-3, IV-1, IV-3은 CF^+ CF^+ 동형접합자일 것이다. 나머지 영향을 받지 않은 사람들(VI-3, VI-5와 VII-2)의 유전자형은 결정하기 어렵다(그러므로 CF^+—). (b와 c) 이 두 가계는 유전의 수평적 양태를 보여준다. 추가 정보가 없으므로, 각 가계도에서 영향을 받지 않은 자녀는 모두 CF^+— 유전자형을 가진 것으로 본다.

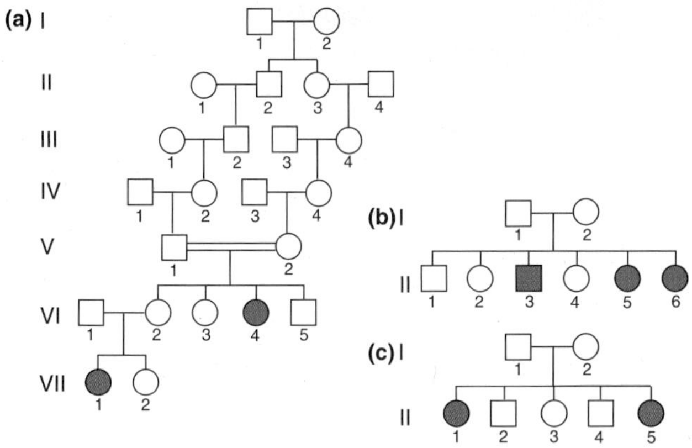

표 2.2	가계도에서 형질의 우열을 판별하는 방법
우성형질	
1.	영향을 받은 자녀는 항상 적어도 한 명의 영향을 받은 부모를 가진다.
2.	그 결과, 우성형질은 수직적 유전양상을 보인다: 형질은 매 세대에서 나타난다.
3.	부모가 모두 이형접합자라면, 둘 다 영향을 받았더라도 영향을 받지 않은 자녀를 낳을 수 있다.
열성 형질	
1.	영향을 받은 자녀가 부모가 모두 영향을 받지 않은 보인자로부터 태어날 수 있다. 특히 근친혼인 경우 가능하다.
2.	부모가 모두 영향을 받았다면 둘 사이의 모든 자녀는 영향을 받는다.
3.	희귀한 열성 형질은 수평적 유전양상을 보인다: 동일 세대의 몇 명에서 형질이 처음으로 나타나며, 그 이전 세대에서는 나타나지 않는다.
4.	형질이 집단에서 매우 흔하다면 열성 인자도 수직적 양태의 유전을 보일 수 있다.

만 명의 미국인이 열성인 *CF* 대립유전자를 가진 것으로 추정된다. 표 2.2에는 형질이 우성 또는 열성 대립유전자에 기인하는지 결정하는 데 유용한 가계도에서 발견되는 몇 가지 단서들이 요약되어 있다.

둘째, 발병한 자녀를 둔 부부의 다수는 근친혼(그래서 가계도에서 두 줄로 표시한다)이라 부를 수 있는 혈족 관계를 가진다. 그림 2.24a의 V 세대에서의 근친혼은 8촌 간에 이루어졌다. 낭 섬유증을 가진 아이의 보인자 부모가 친족관계를 갖지 않을 가능성도 있으나, 친척들은 유전자를 공유하므로 그들의 후손들이 희귀 대립유전자의 두 사본을 물려받을 가능성이 훨씬 높아지는 것이다. 친족관계의 유무와 상관없이 보인자 부모는 모두 이형접합자이다. 그러므로 그들의 후손 중 영향을 받지 않은 자녀 대 영향을 받은 자녀의 비는 3:1이 된다. 달리 표현하면, 두 이형접합성 보인자의 네 자녀 중 한 명 꼴로 동형접합성 CF 환자가 태어난다.

이러한 유전 양상에 대해 이해하고 있는지를 측정하려면 그림 2.22에 표시된 모든 사람들의 유전자형을 적은 후, 그림의 설명과 맞춰 보라. 그림 2.24의 I 세대에 표시된 사람들의 유전자형을 알 수 없듯, 일부 몇 사람의 유전자형을 결정할 수 없음에 유의하라. 반드시 둘 중 한 사람이 보인자라서 *CF* 대립유전자를 제공하였으나, 그 사람이 남성이었는지 여성이었는지 알 수 없다. 완두의 불분명한 우성 표현형에서처럼, 미지의 두 번째 대립유전자는 대시(–)로 표시한다.

그림 2.24a에서는 친족관계가 없는 보인자인 VI-1과 VI-2 사이에서 낭 섬유증을 가진 자녀가 태어났다. 이와 같은 친족관계가 없는 열성의 유전질환에 대한 보인자끼리 결혼할 확률은 얼마나 될까? 그에 대한 대답은 해당 유전자의 종류와 그 사람이 속한 특정 집단에 따라 다르게 나타난다. 표 2.1에서 보듯, 유전질환의 빈도와 그에 따른 보인자의 빈도는 집단에 따라 현격하게 다르다. 이러한 차이는 각 그룹의 유전적 역사가 다르다는 것을 보여준다. 유전학 중에서 개인 그룹들 간의 차이를 분석하는 분야를 **집단유전학**(population genetics)이라고 하며, 이 주제는 20장에서 자세히 다룰 예정이다. 그림 2.24a의 II-1과 II-4와 같이 친족관계가 없으면서 영향을 받지 않은 사람들이 이 가계에 유입되었음에 유의하라. 이 사람들이 정상 대립유전자(CF^+ CF^+)를 가질 가능성은 매우 높지만, 질환의 보인자일 가능성도 매우 낮으나마 (그 크기는 집단에 따라 다름) 존재한다.

유전학자들은 헌팅턴병 유전자가 발견된 직후인 1989년에 낭 섬유증 유전자를 규명하였다. 정상적인 우성의 CF^+ 대립유전자는 CFTR (cystic fibrosis transmembrane conductance regulator) 단백질을 암호화한다. CFTR 단백질은 폐의 세포막에 통로(channel)를 만들어 폐 세포 안팎으로

그림 2.25 낭 섬유증의 대립유전자가 열성인 이유. CFTR 단백질은 세포막을 가로질러 염소이온이 투과하는 것을 조절한다. 낭 섬유증 질환 대립유전자(*CF CF*)에 대해 동형접합성인 사람들은 열성의 질환 대립유전자가 아예 그림과 같이 CFTR 단백질을 만들지 못하거나, 전혀 기능하지 못하거나 정상 단백질만큼 제대로 기능하지 못하는 비정상적인 CFTR 단백질(그림에 보이지 않음)을 만들기 때문에 질환이 나타난다. $CF\ CF^+$ 이형접합자는 정상 대립유전자(CF^+)로부터 CFTR을 생산하여 정상적인 폐 기능을 수행하는 데 충분한 양의 CFTR을 생산하기 때문에 질환 대립유전자(*CF*)는 열성이다.

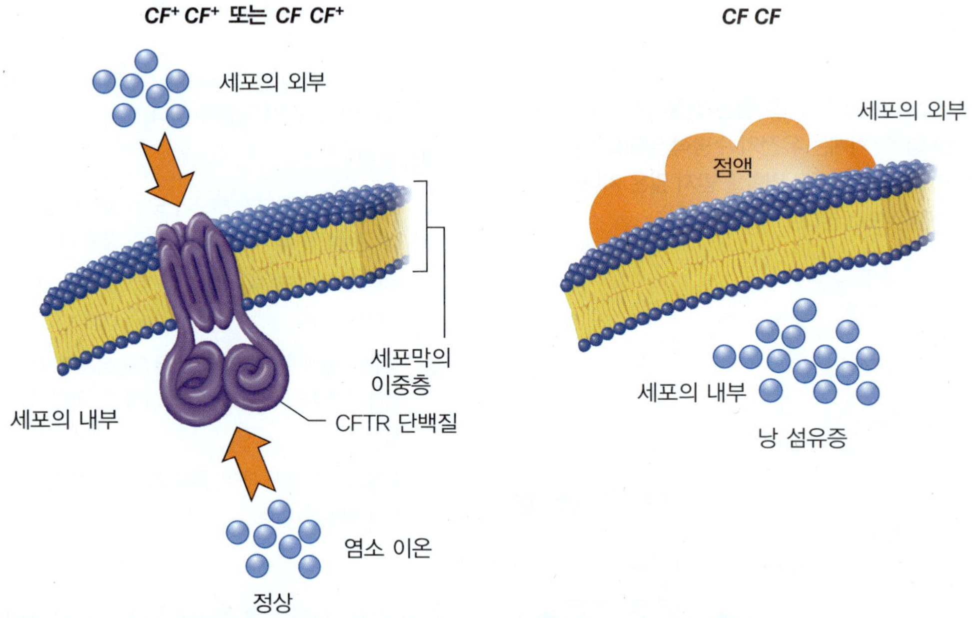

의 염소이온의 흐름과 물의 흐름을 조절한다. 열성의 *CF* 질환 대립유전자는 CFTR을 전혀 생산하지 못하거나, 아예 작동을 못하거나 덜 기능적인 단백질을 생산한다(그림 2.25). CFTR이 없는 폐 세포는 물을 머금어서 세포 밖에 탈수된 걸쭉한 점액이 축적된다. 그러므로 *CF CF* 동형접합자는 기능적인 CFTR를 전혀 가지지 (또는 충분하지) 못하므로 낭 섬유증이 나타난다. 환자를 쇠약하게 만드는 증상을 호전시키고자 정상적인 CF^+ 유전자를 환자의 폐 세포에 주입하는 유전자 치료가 시도되었으나 아직 성공하지 못했다. 그러나 낭 섬유증을 유발하는 유전자의 규명을 통해 특이적이고도 드문 돌연변이 *CF* 대립유전자에 대한 효과적인 치료법이 개발되었다. 이 대립유전자에 의한 결함을 가진 CFTR이 제대로 기능할 수 있도록 도와주는 약제가 2012년 미국 식품의약국의 허가를 받았다. CF뿐만 아니라 다른 유전 질환을 치료하기 위한 다양한 접근법에 대해 교재의 후반부에서 논할 것이다.

핵심 개념

- 수직적 유전 양상에서는 영향을 받은 개인의 형질이 적어도 부모 중 한 쪽에 나타나고, 영향을 받은 부모의 부모 중 한 쪽에서, 또 그 전 세대에서도 마찬가지로 나타나야 한다. 형질이 드물게 나타나는 경우, 수직적 양상을 보이는 가계도는 질환 유발 대립유전자가 우성임을 의미한다.
- 수평적 유전 양상에서는 영향을 받은 개인의 형질이 조상에서 나타나지는 않지만 동기 간에서 나타날 수 있다. 수평적 양상을 보이는 가계도는 보통 드문 열성의 질환 유발 대립유전자인 경우이며, 영향을 받은 개인은 근친혼의 결과인 경우가 많다.
- 낭 섬유증을 일으키는 *CF* 대립유전자와 같은 열성 질환 대립유전자는 단백질을 생산하지 못하거나 정상적인 우성의 대립유전자가 생산하는 단백질에 비해 기능이 떨어지는 단백질을 생산하는 경우가 많다.
- 우성 질환 대립유전자는 생화학적으로 다양하게 설명할 수 있다. 헌팅턴병의 경우, 질환을 유발하는 *HD* 대립유전자는 정상적인 열성의 대립유전자가 생산하는 단백질에 비해 비정상적이고 해로운 단백질을 만든다.

다음 학습을 위한 안내

유전에 대한 세 가지 기본 질문에 대해 멘델은 다음과 같이 답하였다. "무엇이 유전되는가?"에 "유전자의 대립유전자"라 답하였고, "어떻게 유전되는가?"에 "분리와 독립의 법칙에 따라"라고 답하였으며, "유전에서 우연의 역할은 무엇인가?"에 "각 개체의 유전은 우연에 의해 결정되나, 집단에서의 우연은 철저하게 규정된 확률이라는 전후 관계에 따라 작용한다"라고 답하였다.

1900년대 첫 10년 내에 멘델의 업적이 재발견될 때, 수많은 교배 연구로 완두에서의 7쌍의 형질뿐만 아니라 분꽃, 콩, 옥수수, 밀, 초파리, 닭, 생쥐, 말, 사람과 같이 유성생식을 하는 다양한 식물과 동물 종의 무수한 형질에서 멘델의 법칙이 적용될 수 있음을 알아냈다. 그러나 동시에 이 교배 연구는 새로운 유전학에 도전장을 내밀었다. 일부 종의 어떤 형질은 예상 밖의 표현형 비를 보이거나, F_1과 F_2의 자손에서 순계의 부모에서 볼 수 없던 새로운 표현형이 출현하기도 했다.

이러한 현상들은 각 유전자에 대한 두 개의 대립유전자(하나는 완전히 우성이고 나머지는 열성)에 의해 단일형질이 결정된다는 멘델의 가설로는 설명할 수 없었다. 현재 인간의 피부색, 눈 색깔, 키와 같은 형질들은 두 개 또는 그 이상의 유전자 간의 상호작용으로 결정된다는 것이 잘 알려져 있다. 또 특정 집단에서 이들 유전자의 일부에는 두 개보다 많은 대립유전자가 존재함도 알고 있다. 3장에서는 이러한 복합 형질, 즉 유전자 사이 또는 유전자와 환경 사이의 복잡한 상호작용으로 나타내는 형질의 유전적 분석을 통해 멘델의 유전 법칙에 위배되는 것이 아닌 확대적용할 수 있음을 볼 수 있다.

풀이 문제

유전학 문제와 풀이

이 장에서 다룬 내용을 제대로 이해하였는지 평가하고 이해를 증진시키기 위해, 지식을 유전학 문제를 푸는 데 적용하는 것이 가장 효율적이다. 유전학의 서술문제는 퍼즐과 같아서 문제 전체에 압도당하지 말고 천천히 풀어야 한다. 문제에 제시된 유용한 사실을 인지하고, 그 사실을 이용하여 추가 정보를 추론하고, 유전학적 원리와 논리를 사용하여 문제의 해답에 접근하라. 문제를 많이 풀수록 점점 쉬워진다. 문제를 푸는 동안 유전학적 개념이 더 확고해질 뿐만 아니라, 다양한 교과에 응용할 수 있는 기초적인 분석 기술도 개발할 수 있다.

각 장의 마지막에 배치한 일부 문제는 해당 장에서 언급된 특별한 정보가 아니더라도 독서를 통해 추론할 수 있는 추가적인 중요한 개념을 소개하고자 만들어졌다.

유전학 문제를 풀려면 공식에 단순히 숫자를 대입하는 것보다 많은 것이 요구된다. 각 문제는 고유하므로 주어진 정보와 주어진 질문을 사려 깊게 고려해야 한다. 이러한 서술형 문제를 풀기 위한 일반적인 지침은 다음과 같다.

a. 문제를 한 번 통독하여 관련된 개념에 대해 약간 이해하도록 한다.
b. 다시 문제를 천천히 읽으면서 주어진 모든 정보에 유의하라. 예를 들어, 부모나 자손의 유전자형이나 표현형이 직접적으로 드러나거나 간접적으로 주어진다. 주어진 정보를 기호로 표현하라. 대립유전자에 대한 기호를 부여하고, 이를 사용하여 유전자형을 표시하라. 주어지거나 추론한 유전자형이나 표현형을 포함한 교배를 그림으로 표현하라. 동일 유전자에 대한 서로 다른 대립유전자에 알파벳을 부여할 때 헷갈릴 수 있으므로 다른 글자를 부여하면 안 된다. 또 *C*(*c*)와 *S*(*s*)와 같이 글자의 대문자 소문자를 명확히 구분하도록 주의한다.
c. 이제 문제를 재평가하고 주어진 정보를 이용하여 문제를 푼다. 주어진 질문에 대해 제대로 풀고 있는지 확인하라.
d. 문제 풀이를 마친 후, 풀이가 이치에 맞는지 확인하라. 해답으로부터 거슬러 올라가 문제 풀이가 제대로 되었는지 확인할 수 있다. 즉, 해답으로 결과를 재구성할 수 있는지 확인한다.
e. 문제 풀이와 검산을 완료하였으면, 문제 풀이 과정에서 어떤 주요 개념을 사용하였는지 잠시 시간을 내어 생각하라. 유전학에 대한 이해 증진을 위한 결정적인 과정이다.

두세 가지 유형의 문제를 풀기 위한 논리가 각 장에 상세히 기술되어 있다.

I. 고양이에서 백색의 얼룩진(patched, p) 털은 우성 대립유전자인 *P*에 의한 것이고, *pp* 개체는 단색 털을 가진다. 짧은(short, s) 털은 우성 대립유전자인 *S*에 의하나, *ss* 고양이는 긴 털을 가진다. (단색의 짧은 털을 가진 어미의 새끼인) 긴 털의 얼룩 고양이가 (단색의 긴 털을 가진 어미의 새끼인) 짧은 털의 단색 고양이와 짝짓기를 한다면, 태어나는 새끼 고양이의 형태와 비는 어떻게 될까?

해답

이 문제를 풀려면 우성/열성, 배우자 생성, 교배되는 두 유전자의 대립유전자의 독립적 분리에 대한 이해가 필요하다.

우선 주어진 정보부터 표시하자.

어미:	단색, 짧은 털		단색, 긴 털
교배:	1번 고양이 얼룩, 긴 털	×	2번 고양이 단색, 짧은 털

유전자형부터 부여하자. 열성의 표현을 보이는 고양이는 열성의 대립유전자에 대한 동형접합자이다. 그러므로 긴 털의 고양이는 *ss*이고 단색의 고양이는 *pp*가 된다. 1번 고양이는 긴 털을 가지고 있으므로 열성 대립유전자에 대한 동형접합자(*ss*)가 된다. 이 고양이는 얼룩 털을 가지므로 *PP*와 *Pp*일 가능성이 있으나, 어미가 *pp*라서 배우자를 형성할 때 모두 *p* 대립유전자만 가질 수 있으므로 *Pp*일 수밖에 없다. 그러므로 1번 고양이의 유전자형은 *Pp ss*이다. 한편, 2번 고양이는 단색이므로 열성의 대립유전자에 대해 동형접합성(*pp*)을 가진다. 이 고양이는 짧은 털을 가지므로 *SS*와 *Ss*일 가능성이 있으나, 어미가 *ss*이므로 배우자를 형성할 때 모두 *s* 대립유전자만 가질 수 있어, 이형접합성의 *Ss*가 된다. 2번 고양이의 유전자형은 *pp Ss*이다.

그러므로 짝짓기는 *Pp ss* (1번 고양이)와 *pp Ss* (2번 고양이) 사이에 이루어진다. 태어날 새끼의 유형을 결정하려면, 우선 각 고양이가 만드는 배우자의 유형을 적은 다음 퍼네트 사각형을 그려서 자손의 유전자형을 결정하면 된다. 1번 고양이(*Pp ss*)는 동일한 비로 *Ps*와 *ps* 배우자를 만든다. 2번 고양이(*pp Ss*)는 동일한 비로 *pS*와 *ps* 배우자를 만든다. 그 결과 동일한 비로 다음과 같은 네 가지 유형의 새끼 고양이가 만들어질 수 있다. *Pp Ss*(얼룩, 짧은 털), *Pp ss*(얼룩, 긴 털), *pp Ss*(단색, 짧은 털)과 *pp ss*(단색, 긴 털).

1번 고양이

2번 고양이	*P s*	*p s*
p S	*Pp Ss*	*pp Ss*
p s	*Pp ss*	*pp ss*

동일 문제를 퍼네트 사각형 대신 아래에서 보듯 확률의 곱하기 법칙을 사용하여 풀 수도 있다. 양 부모에서 같은 양으로 생산된 배우자의 결합은 무작위적으로 일어난다는 원리는 동일하다.

1번 고양이 배우자		2번 고양이 배우자		자손
1/2 *P s*	×	1/2 *p S*	→	1/4 *Pp Ss* 얼룩, 짧은 털
1/2 *P s*	×	1/2 *p s*	→	1/4 *Pp ss* 얼룩, 긴 털
1/2 *p s*	×	1/2 *p S*	→	1/4 *pp Ss* 단색, 짧은 털
1/2 *p s*	×	1/2 *p s*	→	1/4 *pp ss* 단색, 긴 털

II. 토마토에서 빨간색 열매는 노란색 열매에 대해 우성이고, 보라색 줄기는 초록색 줄기에 대해 우성이다. 교배 결과는 다음과 같다. 빨간색 열매, 보라색 줄기의 식물 305개/빨간색 열매, 초록색 줄기의 식물 328개/노란색 열매, 보라색 줄기의 식물 110개/노란색 열매, 초록색 줄기의 식물 97개. 부모의 유전자형은 무엇인가?

해답

이 문제는 양성잡종 교배에서의 독립적인 분리와 단성잡종 교배 결과의 예상 비에 대한 이해를 요구한다.

대립유전자를 부여하라.

R = 빨간색(red), *r* = 노란색
P = 보라색(purple) 줄기, *p* = 초록색 줄기

유전학 문제에서 자손의 비는 부모의 유전자형을 알려준다. 보통 자손의 총 수를 합하고 각 항목에 속하는 자손의 대략적인 비를 구하라. 이 문제에서는 두 가지 형질이 주어졌으므로, 각 형질을 독립적으로 다룬다. 총 840개의 열매 중 305 + 328 = 633개의 빨간색 열매가 있으며, 이 값(633/840)은 3/4과 비슷하다. 약 1/4의 식물은 노란색 열매를 가졌다(110 + 97 = 207/840). 멘델의 연구로부터 한 유전자에 대한 잡종(이형접합자) 사이의 교배로 3:1의 표현형 비가 나타남을 이미 알고 있다. 그러므로 열매의 색에 대한 부모의 유전자형은 *Rr*이 되어야만 한다.

줄기의 색을 보면, 305 + 110 또는 415/840개 식물이 보라색 줄기를 가졌다. 약 절반이 보라색 줄기를 가졌고, 나머지 절반(328 + 97)이 초록색 줄기를 가졌다. 이와 같은 표현형의 1:1 비는 이형접합자가 (검정교배에서와 같이) 열성의 동형접합자와 교배하였을 때 나온다. 그러므로 줄기의 색에 대한 부모의 유전자형은 *Pp*와 *pp*이어야만 한다.

이 교배에서의 부모의 완전한 유전자형은 *Rr Pp* × *Rr pp* 이다.

III. 테이-삭스병(Tay-Sachs disease, T)은 이른 나이에 나타나는 신경쇠약을 동반한 치명적인 열성 유전질환이다. 이 질병은 전체 집단에서는 희귀하나, 중부 유럽의 아시케나지 유태인에서는 비교적 높은 빈도로 나타난다. 외삼촌이 이 질환을 가진 여성이 영향을 받은 자녀를 낳을 확률을 알아보고자 한다. 이 여성의 시누이 역시 이 질환으로 어린 나이에 사망하였다.

a. 서술한 개인들의 가계도를 그려보라. 가능하다면 유전자형도 표시하라.

b. 이 부부의 첫 아이가 영향을 받을 확률은 얼마인가?

해답

이 문제는 우열과 확률에 대한 이해를 필요로 한다. 대립유전자를 부여하라.

T = 정상 대립유전자, *t* = 테이-삭스 대립유전자

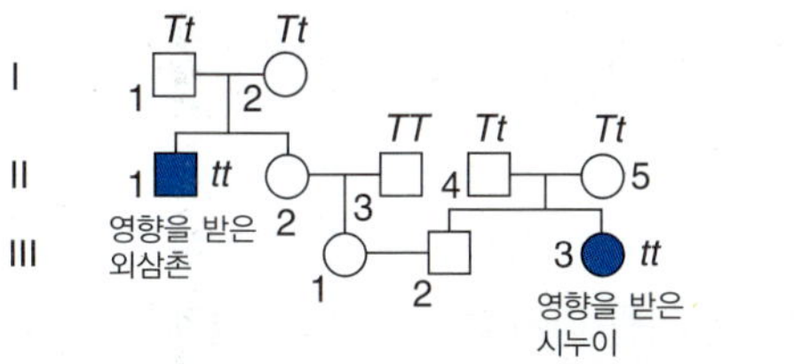

영향을 받은 두 사람의 유전자형은 다음과 같다. 여성의 외삼촌(II-1)과 시누이(III-3)의 유전자형은 *tt*이다. 외삼촌이 영향을 받았으므로, 여성의 외조부모(외삼촌의 부모)는 이형접합자일 것이다. 외조부모의 자녀들은 1/4의 확률로 열성 동형접합자(영향을 받음), 2/4의 확률로 이형접합자(보인자), 1/4의 확률로 우성 동형접합자(영향을 받지 않음)로 나타난다. 그러나 외조모(II-2)가 영향을 받지 않았다고 했기 때문에 외조모는 이형접합자이거나 우성의 유전자형에 대한 동형접합자가 된다. 이 두 가지 유전자형이 나타날 확률을 고려하라. 퍼네트 사각형을 본다면, 정상적인 외조모가 나타날 수 있는 대립유전자의 조합은 3개뿐임을 알 수 있다. 그 중 둘은 이형접합성 조합이고 하나는 동형접합성의 우성이므로 외조모가 보인자일 가능성은 2/3가 된다. 여성의 부친은 고위험 집단 출신이 아니므로 그가 동형접합성의 우성이라 가정하자. 외조모(여성의 모친)가 2/3의 확률로 이형접합성을 가지므로, 이 경우 여성이 모친으로부터 열성의 대립유전자를 물려받을 확률은 1/2이 된다. 이 여성(III-1)이 열성 대립유전자를 물려받으려면 두 조건을 모두 충족해야 하므로, 각각의 확률을 곱하여(2/3 × 1/2) 그 확률을 계산한다.

남성(III-2)의 누이가 이 질병으로 사망하였으므로, 그의 부모 모두 이형접합자이어야만 한다. 남성이 보인자일 확률은 II-2에서의 논리와 마찬가지로 2/3가 된다. 이 부부가 동시에 보인자일 확률은 2/3 × 1/2 × 2/3가 된다. 두 보인자의 자녀가 영향을 받을 확률은 1/4이므로, 이 부부(III-1과 III-2)의 첫 자녀가 영향을 받을 확률은 2/3 × 1/2 × 2/3 × 1/4 = 4/72, 즉 1/18이 된다.

연습 문제

어휘

1. 왼쪽 용어를 가장 잘 설명한 문장을 오른쪽에서 찾아 연결하라.

a. 표현형	1. 주어진 유전자에 대해 동일한 두 개의 대립유전자를 가짐
b. 대립유전자	2. 이형접합자의 표현형으로 발현된 대립유전자
c. 독립적 분리	3. 유전자의 다른 유형
d. 배우자	4. 관찰 가능한 특징
e. 유전자	5. 두 가지 유전자에 대해 모두 이형접합성인 두 개체 사이의 교배
f. 분리	6. 한 유전자의 대립유전자가 다른 유전자의 대립유전자와 독립적으로 배우자에 무작위적으로 분리됨
g. 이형접합자	7. 각 유전자에 대해 한 사본만을 가진 생식세포
h. 우성	8. 이형접합자의 표현형에 기여하지 않는 대립유전자
i. F_1	9. 모호한 유전자형의 개체를 열성 동형접합자와 교배하는 것
j. 검정교배	10. 한 유전자에 대해 두 가지 다른 대립유전자를 가진 개체
k. 유전자형	11. 형질을 결정하는 유전되는 실체
l. 열성	12. 개체가 가진 대립유전자 조합
m. 양성잡종 교배	13. 한 유전자의 두 대립유전자가 서로 다른 배우자로 분리되는 것
n. 동형접합자	14. P 세대의 자손

2.1절

2. 선택적 교배가 시행되던 수천 년 동안 육종가들이 형질이 뚜렷이 구별되는 단위인 유전자에 의해 결정된다는 원리를 발견하지 못한 이유는 무엇인가?

3. 유전의 기본 원리를 밝힌 멘델의 분석에 있어 좋은 재료가 된 완두의 특징을 기술하라. 완두에 대해 기술한 동일한 특징을 인간에서 유전을 연구하는 데 적용한다면 어떤 어려운 점이 있는지 서술하라.

2.2절

4. 백색증(albino)의 옥수수뱀을 정상색의 옥수수뱀과 교배한 결과, 새끼들은 모두 정상색이었다. 이 제1세대 후손들끼리 교배하였더니 32마리의 정상색 뱀과 10마리의 백색증 뱀을 얻었다.
   a. 이 뱀들의 색 차이가 단일 유전자에 의해 결정된다는 것을 어떻게 알 수 있는가?
   b. 우성의 대립유전자에 의해 조절되는 표현형은 무엇인가?
   c. 정상색의 암컷 뱀을 검정교배에 사용하였더니 10마리의 정상색과 11마리의 백색증 새끼가 태어났다. 이 교배에서 부모와 자손의 유전자형은 무엇인가?

5. 두 마리의 짧은 털 고양이끼리 교미하여 여섯 마리의 짧은 털 새끼와 두 마리의 긴 털 새끼를 낳았다. 유전되는 털 길이에 대해 이 정보는 무엇을 제시하는가?

6. 인간의 부분백색증(piebaldism)은 피부의 일부에서 색소가 결핍되었을 때 나타난다. 이 상태는 발생기간 동안 색소를 생산하는 세포가 제대로 이동하지 못해 발생한다. 부분백색증을 가진 부부가 이 형질을 가진 첫 아이와 정상 피부 색소를 가진 둘째 아이를 낳았다.
   a. 부분백색증의 형질은 우성인가, 열성인가? 어떤 정보로 그 결론에 도달하였는가?
   b. 이 부부의 유전자형은 무엇인가?

7. 여러분이 특정 유전자형을 가진 초파리를 유지하는 초파리 유전학자라 가정하자. 우성 표현형인 정상 날개를 가진 초파리를 가지고 있고, 짧은 날개를 가진 초파리는 날개 길이 유전자에 대한 열성의 대립유전자에 대한 동형접합성을 가진다. 정상 날개를 가진 이 초파리가 순계인지 날개 길이 형질에 대해 이형접합성을 가지는지 알고 싶다면, 유전자형을 결정하기 위해 어떤 교배를 수행해야 하는가? 나올 수 있는 유전자형에 대한 예측 결과는 무엇인가?

8. 돌연변이 오이 식물은 성숙하였을 때 열리지 않는(닫힌) 꽃을 가지고 있어, 이 식물을 교배하려면 인위적으로 이 꽃을 열어서 다른 식물의 꽃가루를 묻혀야 한다. 닫힌 꽃과 열린 꽃을 가진 식물을 교배하면 모든 F_1 후손은 열린 꽃을 가진다. 이들의 F_2는 열린 꽃이 145개, 닫힌

꽃이 59개로 나타났다. 닫힌 꽃과 F_1 사이의 교배로 열린 꽃이 81개, 닫힌 꽃이 77개 나왔다면, 닫힌 꽃의 형질은 어떻게 유전되는가? 어떤 증거로 그 결론에 도달하였는가?

9. 생쥐의 특정 집단 내에서 일부 개체가 우성형질로 유전되는 "짧은 꼬리"라고 하는 표현형을 보이고, 일부는 열성 형질로 유전되는 "연한" 털 색깔을 보인다면, 이 두 가지 형질 중에서 선택적 교배로 더 쉽게 제거할 수 있는 것은 무엇인가? 그 이유를 설명하라.

10. 인간 턱의 보조개는 우성 형질이다.
    a. 턱 보조개가 없는 남성과 턱 보조개를 가진 여성이 자녀를 두었고, 자녀의 외조모가 턱 보조개가 없다면, 태어난 자녀가 턱 보조개를 가질 확률은 얼마인가?
    b. 턱 보조개를 가진 남성과 턱 보조개가 없는 여성 사이에서 턱 보조개가 없는 아이가 태어났다면, 이 남성의 유전자형은 무엇인가?
    c. 턱 보조개를 가진 남성과 턱 보조개가 없는 여성 사이에서 8명의 자녀가 태어났는데 모두 턱 보조개를 가지고 있었다면, 이 남성의 유전자형을 결정할 수 있는가? 그 이유를 설명하라. 어떤 유전자형이 가장 가능성이 높으며, 그 이유는 무엇인가?

11. 미국 원주민에서 두 가지 형태의 귀지, 즉 마른 형태와 끈적끈적한 형태가 발견된다. 이 형질의 유전을 연구하기 위해 부모들의 조합에 따른 관찰결과를 정리하였다.

부모	부모의 수	자손 끈적끈적한 형	자손 마른 형
끈적끈적한 형 × 끈적끈적한 형	10	32	6
끈적끈적한 형 × 마른 형	8	21	9
마른 형 × 마른 형	12	0	42

    a. 귀지 유형은 어떻게 유전되는가?
    b. 표의 결과가 3:1이나 1:1의 비를 보이지 않는 이유는 무엇인가?

12. 방금 미지의 유전자형을 가진 종마를 구입하였다고 가정하자. 그 수컷 종마를 빨간색 암말과 교배하여 한 마리는 빨간색이고 나머지는 흑색인 쌍둥이 망아지를 얻었다면, 한 가지 유전자에 대해 상반되는 대립유전자가 있다고 가정하여 이 교배에서 털 색깔이 어떻게 유전되는지 설명할 수 있는가? 이를 증명하기 위해 어떤 교배를 해야 할까?

13. 한 개의 주사위를 던져서 (a) 6이 나올 확률은 얼마이고, (b) 짝수가 나올 확률은 얼마이며, (c) 3으로 나누어지는 수가 나올 확률은 얼마인가? 두 개의 주사위를 던져서 (d) 두 개의 6이 나올 확률은 얼마이고, (e) 홀수와 짝수가 하나씩 나올 확률은 얼마이며, (f) 동일한 수가 나올 확률은 얼마이고, (g) 두 수 모두 4보다 클 확률은 얼마인가?

14. 한 벌의 놀이카드 속에는 네 가지 모양이 있다(빨간색 모양; 하트와 다이아몬드, 흑색 모양; 스페이드와 클로버). 각 모양당 13장의 카드가 있다(에이스[*A*], 2, 3, 4, 5, 6, 7, 8, 9, 10, 그리고 얼굴모양을 가진 *J*, *Q*, *K*). 한 장을 뽑을 때 그 카드가 얼굴모양을 가진 카드일 확률은 얼마인가? 빨간색 카드일 확률은? 빨간색의 얼굴모양을 가진 카드일 확률은?

15. 다음의 유전자형을 가진 여성이 생산하는 서로 다른 난자의 종류는 몇 개인가?
    a. *Aa bb CC DD*
    b. *AA Bb Cc dd*
    c. *Aa Bb cc Dd*
    d. *Aa Bb Cc Dd*

16. 다음의 네 가지 경우의 부모에게서 부모와 닮은 표현형의 아이가 태어날 확률은 각각 얼마인가? 각 경우에서 부모와 다른 표현형의 종류의 개수는 얼마인가?
    a. *Aa Bb Cc Dd* × *aa bb cc dd*
    b. *aa bb cc dd* × *AA BB CC DD*
    c. *Aa Bb Cc Dd* × *Aa Bb Cc Dd*
    d. *aa bb cc dd* × *aa bb cc dd*

17. 생쥐의 유전자형이 *a B C D E*인 정자와 *a b c D e*인 난자의 교배 결과로 나타날 다음의 유전자형은 무엇인가? (a) 접합자, (b) 이 수정의 결과 태어난 새끼 생쥐가 생산할 정자 또는 난자.

18. 갈락토오스혈증(galactosemia)은 인간의 열성 질환으로 식이에 젖당과 포도당을 제한하면 치료가 가능한 질환이다. 수잔 스미서스(Susan Smithers)와 그녀의 남편 모두 갈락토오스혈증 유전자에 대한 이형접합자이다.
    a. 수잔이 현재 쌍둥이를 임신 중이다. 태아가 이란성 쌍둥이라면, 그 둘 모두 갈락토오스혈증을 가진 여아일 확률은 얼마인가?
    b. 태아가 일란성이라면, 그 둘 모두 갈락토오스혈증을 가진 여아일 확률은 얼마인가?

$c \sim g$에서는 자녀 중 쌍둥이는 없다고 가정한다.

c. 수잔 부부 사이에 네 자녀가 있다면, 네 명 모두 갈락토오스혈증을 갖지 않을 확률은 얼마인가?

d. 수잔 부부 사이에 네 자녀가 있다면, 네 명 중 한 명 이상이 갈락토오스혈증을 가질 확률은 얼마인가?

e. 수잔 부부 사이에 네 자녀가 있다면, 처음의 두 자녀가 갈락토오스혈증을 갖고, 나중의 두 자녀가 갈락토오스혈증을 갖지 않을 확률은 얼마인가?

f. 수잔 부부 사이에 세 자녀가 있다면, 태어난 순서에 관계없이 두 명은 갈락토오스혈증을 갖고, 한 명은 갈락토오스혈증을 갖지 않을 확률은 얼마인가?

g. 수잔 부부의 네 자녀가 모두 갈락토오스혈증을 갖고 있다면, 다음에 태어날 다섯 번째 자녀가 갈락토오스혈증을 가질 확률은 얼마인가?

19. 백색증(albinism)은 색소가 결핍된 상태로 인간의 백색증은 백색 머리카락, 색소 없는 피부색, 분홍색 눈동자로 나타난다. 인간에서의 형질은 열성의 대립유전자에 기인한다. 정상적인 부모에게서 백색증 아이가 태어났다면 부모의 유전자형은 무엇인가? 다음에 태어날 아이도 백색증을 가질 확률은 얼마인가?

20. 노란색 둥근 씨앗을 심어 자란 완두 식물 사이의 교배로 다음과 같은 씨앗을 얻었다면 부모 식물의 유전자형은 무엇인가? 노란색과 둥근형은 우성의 대립유전자이며, 상기 교배로 노란색 둥근형은 156개, 노란색 주름진형은 54개 얻었다.

21. 초등학교 3학년 여학생이 학교 과학 과제로 기니피그를 교배시키기로 하였다. 반려동물 가게에서 부드러운 흑색 털을 가진 수컷과 거친 백색 털을 가진 암컷을 구입하여 그 형질이 어떻게 유전되는지 살피고자 하였다. 첫 배의 8마리 새끼가 모두 거친 흑색 털을 가지고 태어났고, 동일 부모의 두 번째 배의 7마리 새끼 역시 모두 거친 흑색 털을 가지고 태어났다. 첫 배의 새끼끼리의 교배로 태어난 F_2 자손에서는 다양한 털의 유형이 나타났다. 얼마 지나지 않아 총 125마리의 F_2 세대를 얻었는데, 그 중 8마리는 부드러운 백색 털을, 25마리는 부드러운 흑색 털을, 23마리는 거친 백색 털을, 69마리는 거친 흑색 털을 가졌다.

a. 털 색깔과 촉감이 어떻게 유전되는가? 그 결론을 뒷받침하는 증거를 제시하라.

b. 부드러운 백색 털을 가진 F_2 세대의 암컷과 F_1 세대의 수컷을 교배하였다면, 태어날 새끼의 표현형의 유형과 비는 무엇인가?

22. 노란색 주름진형의 동형접합자 콩을 심어 얻은 식물과 초록색 둥근형의 동형접합자 콩을 심어 얻은 식물을 교배하여 F_1 세대의 식물을 얻은 후 자가수정시켜 7개의 F_2 완두를 가진 콩깍지를 얻었다. 이때 노란색과 둥근형이 우성이라면, 콩깍지 속의 7개 완두가 모두 노란색 둥근형일 확률은 얼마인가?

23. 밝은 빛에 대한 반응으로 재채기를 하는 에취증후군(achoo syndrome)과 불안할 때 나타나는 턱떨림(chin trembling)은 모두 인간에서 우성형질이다.

a. 에취증후군과 턱떨림에 대해 모두 이형접합성인 부모 사이에서 태어난 첫 아이가 에취증후군을 가지나 턱떨림은 갖지 않을 확률은 얼마인가?

b. 에취증후군과 턱떨림에 대해 모두 이형접합성인 부모 사이에서 태어난 첫 아이가 에취증후군을 갖지 않거나 턱떨림을 갖지 않을 확률은 얼마인가?

24. 키가 크고, 초록색 콩깍지를 가지며 보라색 꽃이 줄기 끝에 나는 순계의 완두 식물과 키가 작고, 노란색 콩깍지를 가지며 백색 꽃이 줄기 사이에 나는 순계의 완두 식물을 교배하여 F_1 식물을 얻었더니 모두 키가 크고 초록색 콩깍지를 가지며 보라색 꽃이 줄기 사이에 났다.

a. F_2의 표현형은 무엇인가?

b. F_1 식물과 키가 작은 부모 식물을 교배한다면 그 결과 나올 표현형의 유형과 비는 무엇인가?

25. 꽃 색깔이 보라색 또는 백색이고 콩깍지가 가시가 있거나 부드러운 흰독말풀(jimsonweed) 식물 사이의 다양한 교배 결과를 표로 정리하였다. 두 가지 형질에서 우성인 대립유전자와 각 교배에서의 부모 식물의 유전자형을 결정하라.

부모	자손			
	보라색 가시 돋은	백색 가시 돋은	보라색 부드러운	백색 부드러운
a. 보라색 가시 돋은 × 보라색 가시 돋은	94	32	28	11
b. 보라색 가시 돋은 × 보라색 부드러운	40	0	38	0
c. 보라색 가시 돋은 × 백색 가시 돋은	34	30	0	0
d. 보라색 가시 돋은 × 백색 가시 돋은	89	92	31	27
e. 보라색 부드러운 × 보라색 부드러운	0	0	36	11
f. 백색 가시 돋은 × 백색 가시 돋은	0	45	0	16

26. 식물의 키, 콩깍지 모양, 꽃 색깔에 대한 이형접합자들끼리 자가수정하였다. 후손의 표현형은 다음과 같다. 키가

크고 부푼 콩깍지와 보라색 꽃을 가진 식물이 272개, 키가 크고 부푼 콩깍지와 백색 꽃을 가진 식물이 92개, 키가 크고 납작한 콩깍지와 보라색 꽃을 가진 식물이 88개, 키가 작고 부푼 콩깍지와 보라색 꽃을 가진 식물이 93개, 키가 크고 납작한 콩깍지와 백색 꽃을 가진 식물이 35개, 키가 작고 부푼 콩깍지와 백색 꽃을 가진 식물이 31개, 키가 작고 납작한 콩깍지와 보라색 꽃을 가진 식물이 29개, 키가 작고 납작한 콩깍지와 백색 꽃을 가진 식물이 11개. 이 교배에서 우성 대립유전자는 무엇인가?

27. 노랑초파리에서 다음의 돌연변이에 대한 유전자가 알려져 있다.

날개의 크기; 작은(tiny) 날개에 대한 열성 대립유전자 *t*, 정상 날개에 대한 우성 대립유전자 *T*.

눈의 모양; 좁은 눈에 대한 열성 대립유전자 *n*, 정상(normal, 타원형) 눈에 대한 우성 대립유전자 *N*.

다음의 교배 실험에서 부모의 유전자형을 밝혀보라.

	수컷			암컷		
	날개	눈		날개	눈	후손
1	작은	타원	×	작은	타원	78 작은 날개, 타원형 눈 24 작은 날개, 좁은 눈
2	정상	좁은	×	작은	타원	45 정상 날개, 타원형 눈 40 정상 날개, 좁은 눈 38 작은 날개, 타원형 눈 44 작은 날개, 좁은 눈
3	정상	좁은	×	정상	타원	35 정상 날개, 타원형 눈 29 정상 날개, 좁은 눈 10 작은 날개, 타원형 눈 11 작은 날개, 좁은 눈
4	정상	좁은	×	정상	타원	62 정상 날개, 타원형 눈 19 작은 날개, 타원형 눈

28. 27번 문제에서 얻은 정보를 이용하여 다음 문제에 답하라.

a. *Tt nn* 유전자형의 암컷 초파리와 *Tt Nn* 유전자형의 수컷 초파리를 교배하였을 때, 두 가지 표현형 모두에서 정상인 자손이 나올 확률은 얼마인가?

b. 상기 교배의 후손끼리의 교배로 나타날 표현형은 무엇인가? 200마리의 자손을 얻었다면, 각 표현형은 몇 마리씩 될까?

29. 그레고르 멘델이 연구한 완두 색의 노란색과 초록색 표현형에서

a. 완두 색의 표현형을 결정하는 유전자에 의해 만들어지는 단백질의 생화학적 기능은 무엇인가?

b. 유전자의 영대립유전자(null allele)는 유전자가 정상적으로 제공하는 생화학적 기능을 주지 못한다. 두 대립유전자 *Y*와 *y* 중 어느 것이 영대립유전자일 가능성이 더 높은가?

c. 생화학 원리에 기초하여 *Y* 대립유전자가 *y* 대립유전자에 대해 우성인 이유를 설명하라.

d. *yy* 동형접합자 완두가 초록색인 이유는 무엇인가?

e. 유전자가 만드는 단백질의 양은 대략 세포나 개체가 보유한 기능적인 유전자의 사본 수에 비례한다. *YY* 동형접합자, *Yy* 이형접합자, *yy* 동형접합자의 표현형으로부터 노란색 표현형을 나타내는 데 필요한 (완두색 유전자의 생산물인) Sgr 효소의 양에 대해 알 수 있는 것은 무엇인가?

f. Sgr 효소는 완두 식물의 생존에 필요한 효소는 아니지만, 생물체의 유전체에는 소위 필수 유전자들을 가지고 있다. 이 유전자의 정상 대립유전자와 영대립유전자를 가진 이형접합자는 생존하지만, 영대립유전자만 가지는 동형접합성 개체는 각자 영 대립유전자를 가진 암수 배우자가 수정으로 결합하여 생긴 후 얼마 지나지 않아 죽는다. 문제 (e)에서 제시한 답변에 비추어 생물이 유전자의 두 사본을 가짐으로써 얻는 장점을 설명하라.

g. 한 가지 색(예를 들어, 초록색)의 콩깍지 안에 다른 색의 완두(예를 들어, 노란색)가 만들어질 수 있을까? 설명하라.

30. 그림 2.15에 그려진 멘델의 F_2 양성잡종 교배에서 완두색 유전자의 대립유전자(*Y*, *y*)와 모양 유전자의 대립유전자(*R*, *r*)가 독립적으로 분리되지 않고 부모로부터 유전된 한 단위(unit)로 늘 존재한다면 교배 결과 얻어진 후손에서의 유전자형과 표현형의 비는 어떻게 될까?

31. 멘델은 줄기가 길거나 짧은 순계의 식물로부터 줄기가 긴 잡종을 얻었다는 것을 기억하라(그림 2.8 참조). 단성잡종 교배로 얻은 F_2 세대에서 긴 줄기 대 짧은 줄기의 비가 3:1이었다는 결과로부터 줄기 길이의 차이는 단일 유전자에 의해 결정된다는 것을 알아냈다. 멘델의 식물에서 이 형질을 조절할 가능성이 매

[문제 31번 그림]

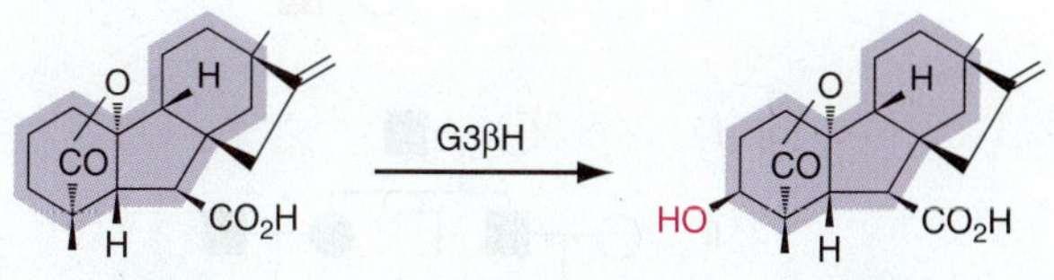

전구물질 지베렐린

[문제 32번 그림]

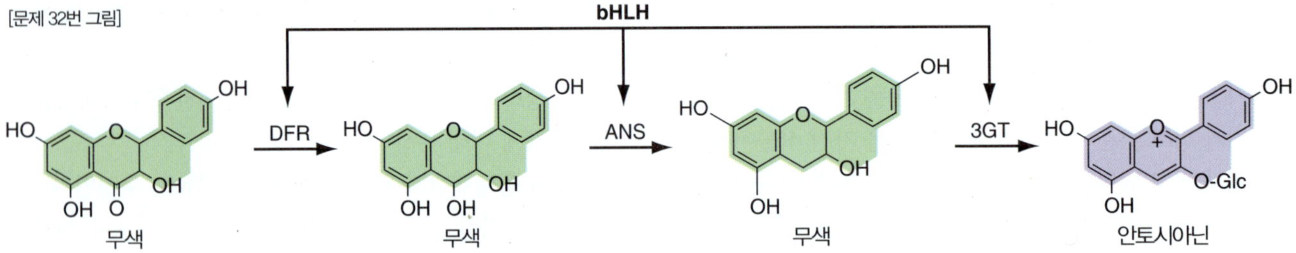

우 높은 유전자는 [문제 31번 그림]의 반응을 촉매하는 효소인 G3βH를 만든다. 반응의 산물인 지베렐린(gibberellin)은 식물의 키를 크게 하는 성장호르몬이다. 우성 대립유전자(L)와 열성 대립유전자(l)의 차이를 설명할 수 있는 가장 가능성 있는 가설은 무엇인가?

32. 멘델의 완두 식물에서 보라색(purple)과 흰색(white)의 꽃 색깔을 조절할 가능성이 매우 높은 유전자 역시 규명되었다. 꽃 색깔 유전자는 bHLH라는 단백질을 암호화하는데, 이는 보라색 색소인 안토시아닌(anthocyanin)을 합성하는 경로에 필요한 세 가지 효소인 DFR, ANS, 3GT를 만드는 데 필수적이다.
   a. 이 유전자의 우성 대립유전자(P)와 열성 대립유전자(p)에 의해 꽃 색깔이 결정되는 가장 가능성 있는 설명은 무엇인가?
   b. 앞서 보여준 생화학적 경로에 준한다면 멘델의 꽃 색깔이 다른 유전자에 의해 결정될 가능성이 있는가?

2.3절

33. 다음의 인간 가계도에서 유전의 유형이 우성인지 열성인지 판별하라. 가계도의 어떤 특징을 사용하여 판단하였는지 설명하라. 영향을 받은 사람과 질환 대립유전자를 가졌으나 영향을 받지 않은 사람의 유전자형을 부여하라.

(a)

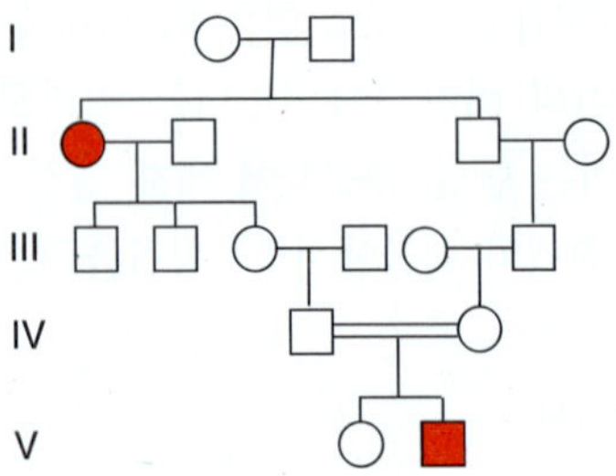

(b)

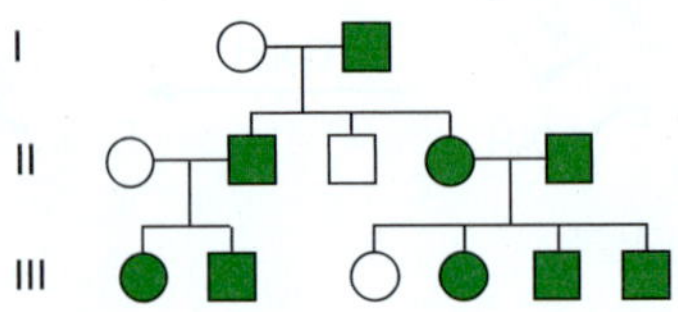

(c)

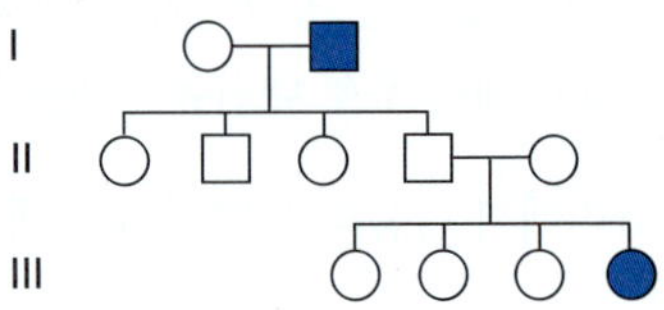

34. 이완된 주름에 피부가 늘어지는 결합조직의 장애인 이완피부증(cutis laxa)에 대한 가계도이다.
   a. 이 형질이 희귀하다고 가정한다면, 이 유전의 확실한 유전 양상은 무엇인가?
   b. II-2가 보인자일 확률은 얼마인가?
   c. II-3이 보인자일 확률은 얼마인가?
   d. III-1이 이 질환의 영향을 받을 확률은 얼마인가?

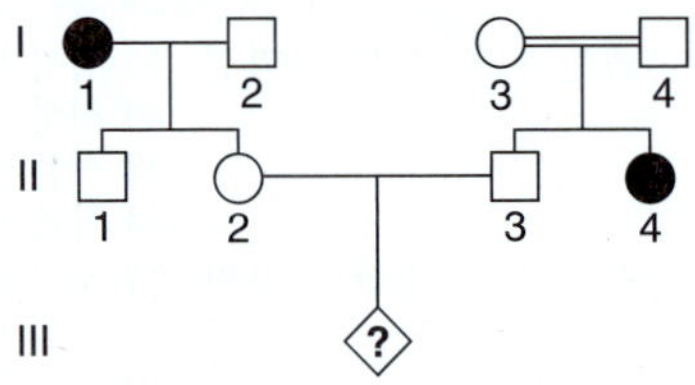

35. 두 낭 섬유증 남매를 둔 젊은 부부가 유전 상담사를 방문하였다. (낭 섬유증은 열성 질환으로 상담을 받으려는 부부와 이들의 부모를 포함하여 네 명 모두 이 질환의 영향을 받지 않았다.)
   a. 이 부부의 아내가 보인자일 확률은 얼마인가?
   b. 이 부부의 자녀가 낭 섬유증의 영향을 받을 가능성은 얼마인가?
   c. 이 부부의 자녀가 낭 섬유증 대립유전자에 대한 보인자일 확률은 얼마인가?

36. 헌팅턴병은 희귀한 치명적 질환으로 평균적으로 40대에 증상을 보이기 시작하는 퇴행성 신경병이다. 이 질환은 우성의 대립유전자에 기인한다. 20대의 조(Joe)가 자신의 부친이 헌팅턴병이라는 것을 최근 알게 되었다.
   a. 조가 이 질병에 걸릴 확률은 얼마인가?
   b. 조 부부가 자녀를 가질 경우, 첫 아이에게 이 질환이 언젠가 발병할 확률은 얼마인가?

37. 다음 가계도의 질환은 우성 또는 열성 대립유전자에 기인하는가? 그 이유를 설명하라. 이 부분적인 가계도를 보고 이 질병 대립유전자가 집단에서 흔한가, 아니면 희귀한가? 그 이유를 설명하라.

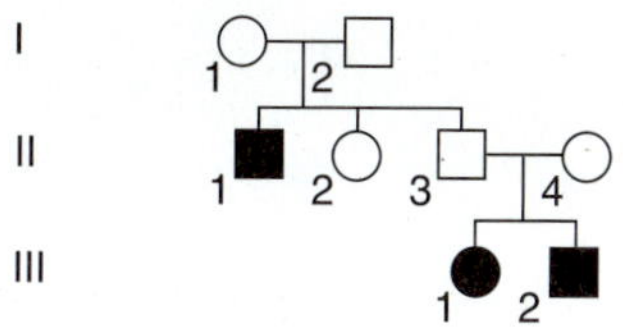

38. 그림 2.22는 베네수엘라의 마라카이보(Maracaibo) 호수 부근의 작은 마을에 사는 가계에서의 헌팅턴병의 유전 양상을 보여준다. 이 마을은 소수의 이민자로부터 시작되었으며, 그들의 후손은 대대로 이 외진 곳에서 모여 살았다. 이곳에서 헌팅턴병의 대립유전자는 비정상적으로 자주 출현한다.
   a. 이 가계도만을 기초로 이 질환이 우성 또는 열성의 대립유전자에 의해서만 결정된다고 결론지을 수 없는 이유는 무엇인가?
   b. 이 질환이 열성보다는 우성의 대립유전자에 의해 나타난다는 가능성을 암시하는 정보를 이 가계의 가족력에서 찾을 수 있는가?

39. 두 사촌의 공통의 조부가 유전성 혈색소증(hereditary hemochromatosis)을 가졌다. 이 병은 몸에 철분이 비정상적으로 축적되는 열성 질환이다. 두 사촌 모두 이 질병이 없으며, 그들의 친척 누구도 이 질환을 갖고 있지 않다.
   a. 만약 이 사촌끼리 결혼하여 자녀를 두었다면, 그 아이가 혈색소증을 가질 확률은 얼마인가? 단, 이 부부의 부모 중 친족관계가 없는 부모는 이 질환의 영향을 받지 않았으며, 보인자도 아니라고 가정한다.
   b. (이 부부의 부모 중 친족관계가 없는 부모를 포함한) 집단에서 영향을 받지 않은 10명의 사람 중에서 1명꼴로 혈색소증의 보인자가 나타난다면, 상기 문항의 계산식이 어떻게 변하는가?

40. 손톱-무릎 증후군(nail-patella syndrome)을 가진 사람은 무릎뼈와 손발톱의 발달이 매우 미약하거나 아예 없다. 알캅톤뇨증(alkaptonuria)을 가진 사람은 관절염을 가지며, 공기에 노출되면 검게 변하는 소변을 눈다. 손톱-무릎 증후군과 알캅톤뇨 모두 희귀 표현형이다. 다음 가계도에서 빨간색 수직선은 손톱-무릎 증후군을 가진 사람을 나타내며, 초록색 수평선은 알캅톤뇨증을 가진 사람을 가리킨다.
   a. 가장 가능성이 높은 손톱-무릎 증후군과 알캅톤뇨의 유전 양상은 무엇인가? 가계도에 표시된 모든 사람들에게 이 두 가지 표현형에 대한 유전자형을 부여하라.
   b. IV-2와 IV-5 사이의 결혼으로 자녀가 태어난다면, 그 아이가 손톱-무릎 증후군과 알캅톤뇨를 동시에 가질 확률은 얼마인가? 손톱-무릎 증후군만 가질 확률은 얼마인가? 알캅톤뇨증만 가질 확률은 얼마인가? 전혀 이상이 없을 확률은 얼마인가?

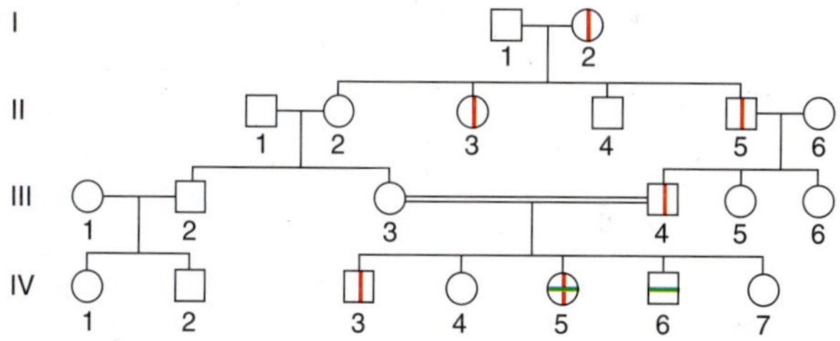

41. 손가락의 가운데 마디에 털이 나는 중간지모(midphalangeal hair)는 우성의 *M* 대립유전자에 의해 나타나는 흔한 표현형이다. 열성 대립유전자에 대한 동형접합자(*mm*)는 손가락의 가운데 마디에 털이 나지 않는다. 양부모가 모두 중간지모를 가진 1,000개 가족에서 1,853명의 자녀가 같은 형질을 보였으나 209명의 자녀는 보이지 않았다. 이 결과를 설명하라.

42. 헌팅턴병을 가진 남성($HD\ HD^+$ 이형접합자)과 정상 여성에게 두 자녀가 있다.
   a. 둘째 아이만 질환을 가질 확률은 얼마인가?
   b. 한 아이만 질환을 가질 확률은 얼마인가?
   c. 모든 자녀가 질환을 가지지 않을 확률은 얼마인가?
   d. 이 부부에게 10명의 자녀가 있다고 가정하고 문제 (a~c)에 답하라.
   e. 문제 (d)의 가족에서 10명의 자녀 중 4명이 질환을 가질 확률은 얼마인가?

43. 낭 섬유증에 대한 질환 대립유전자(*CF*)는 정상 대립유전자(CF^+)에 대해 열성인 반면, 헌팅턴병에 대한 질환 대립유전자(*HD*)는 정상 대립유전자(HD^+)에 대해 우성인 이유를 설명하라.

3장

멘델 법칙의 확장

초록색, 갈색, 빨간색을 보이는 렌틸콩. 일부 콩알은 작은 반점을 가지고 있고, 나머지는 깨끗하다.

개요

멘델(Mendel)이 실험한 완두콩 형질과는 달리, 대부분 사람의 특징들은 상반되는 표현형으로 분류되지 않는다. 피부 및 머리카락 색, 키, 운동능력, 기타 다양한 복합형질들은 멘델의 원리를 적용하기 어렵다. 이와 같은 형질들은 전 세계에 걸쳐 재배되는 많은 농작물에서도 마찬가지이다; 크기, 모양, 다즙성, 영양 성분 등은 매우 다양하다.

렌틸콩(*Lens culinaris*)은 이러한 변이에 대한 도식적인 설명을 제공한다. 콩과식물의 하나인 렌틸콩은 단백질과 탄수화물이 풍부한 작물로 전 세계 곳곳에서 재배된다. 다 자란 렌틸콩은 두 개의 작은 콩알을 가진 작은 콩깍지를 맺는다. 이 콩은 식사나 스프, 샐러드, 스튜 요리의 재료로 사용된다. 렌틸콩은 일련의 흥미로운 색과 무늬들을 가지고 있고(**그림 3.1**), 상업적인 목적으로 재배하는 사람들은 각 문화마다 다른 요리들에 적합한 렌틸콩을 생산하려고 항상 노력하고 있다. 하지만 렌틸콩 종자의 순계 간 교배는 다소 놀라운 결과를 보여준다. 예를 들어, 부모 세대로 황갈색 순계와 흰색 순계를 교배하면, 모두 갈색인 F_1 세대를 만든다. 이 잡종들을 자가수정하면 F_2 세대에서 황갈색, 회색, 갈색, 녹색 렌틸콩을 얻을 수 있다.

20세기 초 유전학자들은 멘델의 3 : 1 표현형 비를 기준으로 사용하여, 많은 종류의 식물과 동물을 교배 실험에 사용하였다. 조사된 형질들이 멘델의 법칙과 일치하면, 우성과 열성 대립유전자를 가진 하나의 유전자에 의해 형질이 결정되었을 것이라고 추정하였다. 하지만 많은 형질들이 그러한 방식으로 결과를 보이지 않았다. 어떤 경우에는 우성과 열성을 명확하게 보이지 않았고, 특정 교배에서는 두 개 이상의 대립유전자가 발견되기도 했었다. 다른 형질들은 **다유전자성**

그림 3.1 일부 표현형의 변이는 멘델의 원리에 이의를 제기한다. 렌틸콩은 다양한 작은 반점 무늬를 가지고 있으며, 두 개 이상의 대립유전자를 가진 유전자에 의해 조절된다.

(multifactorial), 즉 두 개 또는 그 이상의 유전자에 의해 또는 유전자들과 환경과의 상호작용에 의해 결정되는 것으로 밝혀졌다. 렌틸콩의 콩껍질 색은 다유전자성 형질이다.

그러한 형질들은 복잡한 상호작용 네트워크로부터 생기기 때문에, 반드시 간단한 멘델 법칙의 표현형비로 나타나는 것은 아니다. 그럼에도 불구하고 유전자형과 표현형 사이의 관계를 규명하는 데 있어서, 단순히 멘델의 가정을 확장하여 적용시킴으로써 멘델의 기본법칙에 의문을 제기하지 않고도 관찰된 차이들을 설명할 수 있다.

하나의 일반적인 주제가 이러한 교배 연구에서 두드러지게 떠올랐다: 생물들의 엄청나게 많은 표현형 변이를 이해하기 위해 유전학자들은 보통 임의의 시간에 조사를 할 때 변수를 제한하기 위해서 노력한다. 멘델도 하나 혹은 몇 개의 형질이 다른 완두콩의 순계 번식시킨 후, 근친교배를 이용한 연구를 하여, 한 유전자의 작용을 연구할 수 있었다. 유사하게 20세기 유전학자들도 특정 형질을 연구하기 위해서 초파리, 쥐, 그리고 다른 실험용 생물의 근친교배 집단을 사용했다. 물론 유전학자들은 사람을 대상으로는 이러한 방식으로 실험할 수 없었다. 인류는 전형적으로 근친교배한 계통이 전혀 아니고, 연구자들이 윤리적인 이유로 인해 사람을 대상으로 근친교배 실험을 실행할 수 없다. 결과적으로 사람의 많은 변이에 대한 유전적 기초는 아직 수수께끼로 남아 있다. 1970년대에 분자생물학의 등장은 유전학자들이 사람의 복잡한 형질에 대한 유전학적인 면을 밝히기 위한 새로운 기술을 제공한다. 이것은 9~10장에서 설명할 것이다.

3.1 단일 유전자의 유전에 대한 멘델 법칙의 확장

학습목표

1. 완전 우성, 불완전 우성 또는 공우성으로서 대립유전자 상호작용을 분류한다.
2. 열성 치사 대립유전자의 존재를 나타내는 자손의 비를 인식한다.
3. 하나의 집단에서 유전자의 다형성 및 단일형태성을 교차의 결과로서 예측한다.

"**유전학**", "**대립형태**(allelomorph)"(나중에 "대립유전자(allele)"로 짧아짐), "**동형접합자**", 그리고 "**이형접합자**"와 같은 용어를 만든, 멘델 업적의 초기 통역사이자 옹호자인 윌리엄 베이트슨(William Bateson)은 1908년 강의에서 "예외를 귀하게 여겨라! … 예외들을 발굴하고 알려라. 예외라는 것은 지어지고 있는 건물의 벽돌쌓기와 비슷해서 다음에 어떤 것이 더 이루어질지, 다음 번에 어디에 쌓을지를 알려준다."라고 말했다. 단순한 멘델 법칙의 비와 일관되게 다른 예외들은 단일 유전자의 유전에서 예상되는 것과 다르게 나타났다. 이러한 차이이 의미를 밝혀냄으로써, 베이트슨과 다른 초기 유전학자들은 멘델의 원리를 확장시켰고, 유전자형과 표현형 사이의 관계에 대해 더 깊이 이해하게 되었다. 지금부터 지난 세기 동안 멘델의 원리를 확장하여 적용한 주요한 사례들을 살펴볼 것이다.

우성이 항상 완전하지는 않다

우성과 열성에 대한 잠정적 정의는 두 순계 사이의 교배로 생겨난 F_1 잡종세대에서 결정된다. 만약 잡종이 한쪽 부모의 형질과 같다면, 그 부모가 가지고 있던 대립유전자는 잡종에서 나타나지 않은 형질을 가진 부모가 가진 대립유전자에 대해 우성이라고 생각할 수 있다. 예를 들어, 순종 흰색 계통과 순종 파란색 계통 사이에 교배를 해서 흰색의 F_1 잡종을 만든다면 이것은 색을 결정하는 유전자의 흰색 대립유전자는 파란색 대립유전자에 대해 우성이라는 것을 의미한다. 만약 F_1 잡종이 파란색이라면 파란색 대립유전자가 흰색 대립유전자에 대해 우성이다(그림 3.2).

그림 3.2 서로 다른 우열관계. 이형접합자의 표현형은 같은 유전자 상의 두 대립유전자(여기에서 A^1, A^2) 사이의 우열관계를 결정한다. 잡종이 순종인 부모 중 한쪽과 닮았을 때 완전 우성이라고 정의한다. 부모의 표현형과 닮지 않고 새로운 표현형을 갖는 잡종은 불완전 우성이다. 이때 새로운 표현형은 주로 부모 형질의 중간 형질이다. 잡종에서 순종 부모의 형질을 모두 보이는 경우는 공우성이다.

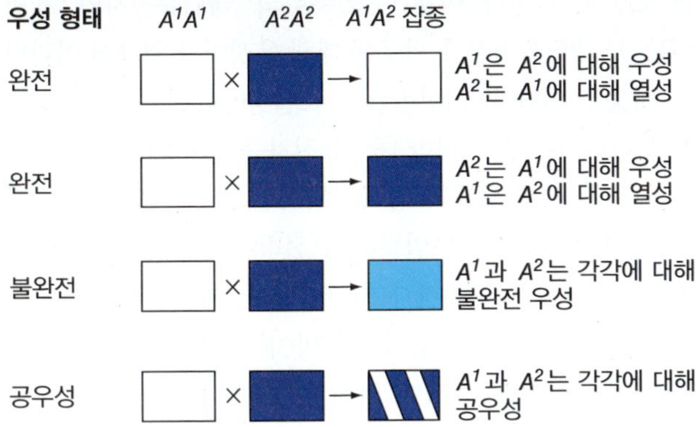

멘델은 그의 법칙과 비를 산출하면서 완전 우성을 설명하였다. 하지만 이것은 그가 관찰한 우성에 대한 모든 것은 아니다. 그림 3.2에서는 유전자의 두 대립유전자 모두 완전 우성이 아닌 두 가지 경우를 보여준다. 그림에서 볼 수 있는 것처럼, 순계 사이의 교배에서 부모 모두의 표현형과 다른 잡종을 만들 수 있다. 이제부터 어떻게 이러한 표현형이 생겼는지를 설명할 것이다.

불완전 우성: F_1 잡종은 어느 순계 부모도 닮지 않는다

개화시기가 늦은 순계와 개화시기가 빠른 순계 사이의 교배는 개화시기가 부모세대의 중간시점인 F_1 세대를 만든다. 이것은 양쪽 순종 부모세대를 모두 닮지 않은 잡종이 생기는 **불완전 우성**(incomplete dominance)의 많은 예 중의 하나이다. 양쪽 부모와 다른 F_1 잡종은 양쪽 순종 부모의 중간 표현형을 나타낸다. 그러므로 불완전 우성의 경우, 양쪽 부모의 대립유전자는 서로에 대해 우성이나 열성이 아니라, 둘 다 F_1 표현형에 기여한다. 멘델은 교배 연구를 위해 다양한 종류의 순종 완두콩을 재배하여 개화시기가 중간인 식물을 관찰했다. 하지만 그는 계속해서 연구를 이어가지 않았다. 완두콩에서 개화시기는 콩의 모양이나 꽃의 색깔처럼 명백하지 않았기 때문에, 그가 연구하려고 선택한 7가지 특징 중 하나는 아니었다.

많은 식물 종에서 꽃 색깔은 불완전 우성의 두드러지는 예이다. 예를 들어, 분꽃의 통상화나 금어초의 꽃무리에서 순종 붉은색 꽃과 순종 흰색 꽃 사이의 교배는 마치 화가가 붉은색과 흰색을 섞어서 분홍색을 얻는 것처럼, 분홍색 꽃을 가진 잡종을 만든다(그림 3.3a). 만일 F_1 세대의 분홍색 꽃을 자가 수분한다면 붉은색, 분홍색, 흰색 꽃을 1:2:1비로 F_2 자손을 얻게 된다(그림 3.3b). 이것은 보통 단일 유전자 경우의 F_1 자가수정때 나타나는 **유전자형**의 비이다. 새로운 점은 이형접합자는 두 개의 동형접합자들의 표현형과 다르기 때문에, **표현형** 비와 유전자형 비는 같다.

불완전 우성에 대해 현대 생화학적인 설명을 하자면, 조사하고 있는 유전자 각각의 대립유전자는 색소 생성에 관여하는 효소 단백질의 여러 형태를 나타낸다는 것이다. 만일 "흰색" 대립유전자가 기능적인 효소를 만들지 못한다면 색소는

그림 3.3 분홍색 꽃은 불완전 우성에 의한 결과이다. (a) 금어초의 색깔이 다른 것은 두 대립유전자의 형질이 나타났음을 보여준다. (b) 순종 붉은색 꽃과 순종 흰색 꽃을 교배하여 생긴 F_1 잡종세대에서 분홍색 꽃을 볼 수 있다. F_2 잡종세대에서 꽃의 색깔은 붉은색 : 분홍색 : 흰색의 비가 1 : 2 : 1로 나타난다. 이 비는 한 유전자의 대립유전자가 3가지 색깔을 결정한다는 것을 의미한다.

(a) 금어초 (*Antirrhinum majus*)

(b) 불완전 우성을 설명하는 퍼네트 사각형

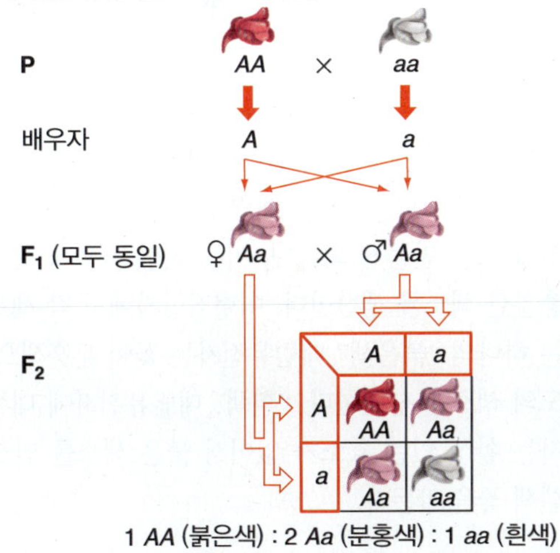

그림 3.4 공우성에서 F_1 잡종세대는 부모의 형질을 모두 보여준다. (a) 순종 얼룩무늬 점으로 뒤덮인 순종 렌틸콩과의 교배는 얼룩무늬와 점으로 뒤덮인 무늬를 모두 가진 이형접합자를 만든다. 각각의 유전자형은 표현형과 상응하고, F_2 잡종세대의 표현형 비는 1:2:1이다. (b) I^A와 I^B 혈액 대립유전자는, I^AI^B 이형접합자의 적혈구가 표면에 두 종류의 당을 모두 가지고 있기 때문에 공우성이다.

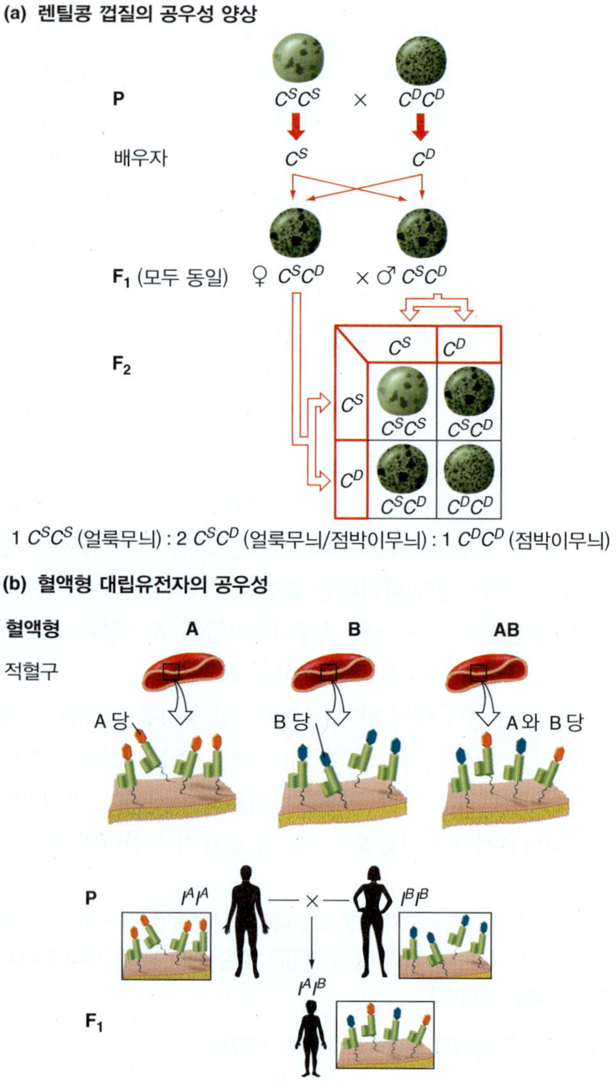

나타나지 않는다. 그러므로 금어초와 분꽃에서 각각의 세포에 있는 두 개의 "붉은" 대립유전자는 두 배의 붉은 색소 생성 효소를 만들게 되는데, 이는 진한 붉은색 꽃을 만들기에 충분한 색소를 생산한다. 이형접합자에서 각 세포에 존재하는 하나의 "붉은색" 대립유전자는 꽃이 분홍색으로 보일 정도의 색소를 생산한다. "흰색" 대립유전자에 대한 동형접합자는 활성 있는 효소가 없어서 붉은 색소를 만들지 못하여 흰색 꽃을 만든다.

공우성: F_1 잡종은 양쪽 부모의 형질을 모두 나타낸다

순종 얼룩무늬 렌틸콩과 순종 점박이무늬 렌틸콩 사이의 교배는 얼룩무늬와 점박이무늬를 둘 다 가진 이형접합자를 낳는다(그림 3.4a). 이러한 F_1 잡종은 완전 우성으로부터 벗어난 두 번째 경우를 보여준다. F_1 잡종세대는 부모의 표현형을 모두 갖고 있다. 이것은 "얼룩무늬" 대립유전자와 "점박이무늬" 대립유전자가 서로에 대해 우성이나 열성이 아니라는 것을 의미한다. 이형접합자 표현형에서 두 형질은 동등하게 나타나는데, 이러한 대립유전자를 **공우성**(codominant)이라고 한다. 얼룩무늬/점박이무늬인 F_1 세대의 자가수분 결과에서는 얼룩무늬 : 얼룩무늬/점박이무늬 : 점박이무늬의 비가 1 : 2 : 1인 F_2 자손세대가 나타난다. F_2 자손세대에서 멘델의 1 : 2 : 1 비는 얼룩무늬와 점박이무늬 형질이 단일 유전자 내의 각 대립유전자에 의해 결정된다는 것을 확고하게 해 준다. 다시 말해, 이형접합자는 동형접합자로부터 구별될 수 있기 때문에 표현형 비와 유전자형 비가 일치한다.

사람 적혈구의 유형을 판별하게 해 주는 세포막 상의 복합체는 공우성형질이다. 예를 들어, I^A와 I^B 대립유전자를 가진 유전자(I)는 적혈구 세포막에 존재하는 당 중합체를 결정한다. 이 서로 다른 대립유전자는 각각 약간 다른 형태의 당 복합체를 만드는 효소를 결정한다. 이형접합성 개체에서 적혈구는 표면에 I^A로 결정된 당과 I^B로 결정된 당을 모두 가지고 있다. 반면에 동형접합성 개체의 적혈구는 I^A나 I^B 둘 중 하나만을 가지고 있다(그림 3.4b). 이 예에서 설명한 것처럼, 두 대립유전자가 기능 있는 유전자 산물을 만들 때, 대개 분자적 수준에서 분석되는 표현형의 경우 공우성이다.

그림 3.2는 색 차이로 나타난 표현형에 대해 완전 우성, 불완전 우성, 공우성 사이의 차이점을 요약하여 보여준다. 우열관계의 결정은 F_1 세대에서 어떤 표현형이 나타나는지에 따라 결정할 수 있다. 완전 우성에서 F_1 자손은 한쪽 순종 부모의 표현형을 가지고 있다. 2장에서 보았듯이, 완전 우성은 F_2 세대에서 3 : 1의 표현형 비를 만든다. 불완전 우성에서 잡종은 어느 쪽 부모와도 닮지 않고, 두 순종 형질을 나타내지 않는다. 공우성에서 두 순종의 표현형은 F_1 잡종에서 동시에 나타난다. 불완전 우성과 공우성은 F_2 세대에서 1 : 2 : 1의 비를 나타낸다.

멘델의 분리의 법칙은 아직 유효하다

유전자 내의 대립유전자들의 우열관계는 대립유전자들의 유전에 영향을 미치지 않는다. 단일 유전자 내의 각각 다른 대립유전자가 완전 우성, 불완전 우성, 공우성을 보일지는 대립유전자들에 의해 결정되는 단백질들의 종류에 따라, 그리고 세포 안에서의 단백질들의 생화학적 기능에 따라 결정된다. 그러나 이러한 표현형의 우열관계는 배우자 형성 시의 대립유전자들의 분리와는 아무 관계가 없다.

멘델이 제안한 것처럼, 세포들은 각각의 유전자에 대해 두 개의 사본을 가지고 있고, 이 사본들은 같거나 서로 다른 대립유전자 한 쌍으로 이루어져 배우자 형성 시에 분리된다. 대립유전자들이 서로 같거나 다르거나 상관없이 수정을 통해 각각의 세포당 두 개의 대립유전자로 회복된다. 그러므로 우열관계에서의 변이는 멘델의 분리의 법칙에 위배되지 않는다. 오히려, 변이는 유전자의 생성물들이 표현형을 나타내는 방식에서의 차이로 인해 생기는데, 이런 점들은 표현형으로부터 유전자 전달의 가시적인 결과를 해석하고 유전자형을 예측하는 일을 더 복잡하게 만든다.

하나의 유전자는 두 개 이상의 대립유전자를 가질 수 있다

멘델은 두 개의 상이한 대립유전자를 가진 유전자들에 의해 결정되는 "상반되는" 형질을 분석했지만, 많은 형질들에서 유전자에 두 개 이상의 대립유전자가 존재한다. 여기에서 3가지 예를 살펴볼 것이다: ABO 혈액형, 렌틸콩 콩껍질 무늬, 사람의 조직적합성 항원.

ABO 혈액형

만약 혈액형이 A형인 사람이 B형인 사람과 아이를 갖는다면, 이들이 낳는 아이의 혈액형이 A형, B형, AB형 중 어느 것도 아닌 O형일 수도 있다. 그 이유는 무엇인가? ABO 혈액형에 대한 유전자는 3가지 대립유전자를 가지고 있기 때문이다: I^A, I^B, i (그림 3.5a). I^A 대립유전자는 A형 당을 부착시키는 효소를 만들어 A 혈액형을 만들고, I^B 대립유전자는 B형 당을 부착시키는 효소를 만들어 B 혈액형을 만들고, i는 활성 있는 당 부착 효소를 만들지 않는다. I^A와 I^B 대립유전자는 i에 대해 우성이므로, O형은 i 대립유전자 동형접합의 결과이다.

A형 표현형은 두 가지 유전자형 I^AI^A 혹은 I^Ai로부터 생긴다는 것을 그림 3.5a에서 살펴보아라. 마찬가지로 I^BI^B 혹은 I^Bi 유전자형에 의해 B형이 생긴다. 그러나 두 대립유전자 I^AI^B의 조합은 AB형을 만든다.

이것을 통해 몇 가지 결론을 내릴 수 있다. 첫째, 이미 언급하였듯이 특정 유전자는 두 개 이상의 대립유전자 혹은 **복대립유전자**(multiple alleles)를 가질 수 있다. 앞에서 말한 예에서 대립유전자는 I^A, I^B, i 이다.

둘째, 비록 ABO 혈액형에 대한 유전자가 3개의 대립유전자를 가지고 있지만, 각각의 사람들은 그 중에서 단지 두 개만 갖는다—I^AI^A, I^BI^B, I^AI^B, I^Ai, I^Bi, ii. 그래서 6가지의 ABO 유전자형이 가능하다. 각 사람이 각각의 유전자에 대해 가질 수 있는 대립유전자는 단지 두 개이기 때문에, 아무리 많은 대립유전자가 존재한다고 하더라도, 멘델의 분리의 법칙은 유효하다. 왜냐하면 유성생식 생물에서는 배우자 형성동안 하나의 유전자에 있는 두 대립유전자가 분리되기 때문이다.

셋째, 한 대립유전자가 항상 우성이거나 열성인 것이 아니라 다른 대립유전자와 비교하여 상대적으로 우성, 혹은 열성이 결정된다. 다시 말해 우성관계는 한 쌍의 대립유전자 내에서 고유하게 정해지는 것이다. 앞의 예에서 I^A는 i에 대해 완전 우성이지만 I^B와는 공우성 관계이다. 주어진 우성관계에서 I^A, I^B 그리고 i에 의한 가능한 6가지 유전자형은 서로 다른 4가지 표현형을 만든다: A, B, AB, O형. 이것을

그림 3.5 ABO 혈액형은 한 유전자의 세 대립유전자에 의해 결정된다. (a) 6개의 유전자형은 4개의 표현형을 만든다. (b) 혈청은 외부 적혈구에 대한 항체를 가지고 있다. (c) 수여자의 혈청에 공여자의 적혈구에 있는 당에 대한 항체가 있다면 수여자와 공여자의 혈액형은 호환이 되지 않는다. 그리고 수혈 동안에 적혈구 응집반응이 일어날 것이다. 아래의 표에서 플러스 표시(+)는 호환성을, 마이너스 표시(−)는 호환이 불가능하다는 것을 의미한다. 공여자의 혈액에 있는 항체는 수혈로 인해 전달되는 항체의 양이 적기 때문에 대개 문제를 야기하지 않는다.

(a)

유전자형	표현형 : 세포상의 분자 형태
I^AI^A I^Ai	A
I^BI^B I^Bi	B
I^AI^B	AB
ii	O

(b)

혈액형	혈청에서의 항체 생성
A	B에 대한 항체
B	A에 대한 항체
AB	A와 B에 대한 무항체
O	A와 B에 대한 항체

(c)

수여자 혈액형	공여자 혈액형(적혈구)			
	A	B	AB	O
A	+	−	−	+
B	−	+	−	+
AB	+	+	+	+
O	−	−	−	+

통해 어떻게 혈액형이 A와 B인 부모에서 혈액형이 O형인 아이가 생길 수 있는지를 이해할 수 있다: 부모는 I^Ai와 I^Bi 이형접합자이고, 아이는 부모로부터 각각 i 대립유전자를 받은 것이다.

ABO 체계에 대한 유전적 이해는 의학적, 법학적인 경우에 지대한 영향을 미쳐왔다. 사람은 체외로부터의 혈구에 대해 항체를 만들기 때문에 ABO 혈액형 일치는 성공적인 수혈을 위해 필수적이다. 예를 들어, A 분자만을 가진 세포를 보유한 사람은 항B형 항체를 생성하고, 반면 B 분자만을 가진 세포를 가지고 있는 사람은 항A형 항체를 만든다. AB형인 사람은 어떠한 항체도 생성하지 않지만, O형인 사람은 항A형 항체와 항B형 항체를 모두 만든다(그림 3.5b). 그 결과 O형을 가진 사람은 적혈구 표면에 항원이 존재하지 않아 항원-항체 반응을 유발하지 않기 때문에 만능 공혈자라고 알려져 있다. 반대로 AB형인 사람은 항A형 항체와 항B형 항체를 생성하지 않기 때문에 만능 수혈자이다. 만약 항체가 만들어진다면 체외로부터의 혈구 표면에 있는 항원과 반응할 것이다.

법정에서 ABO 혈액형에 대한 정보는 부모일 가능성이나 범인의 유죄 가능성을 확인하기 위한 법적 증거로 이용될 수 있다. 예를 들어, 친자소송에서 어머니가 A형이고 아이는 B형이라면 아이는 유전자형이 I^AI^B, I^BI^B 혹은 I^Bi인 아버지로부터 I^B대립유전자를 받아야 한다. 1944년 배우 조안 배리(Joan Barry) (A형)가 찰리 채플린(Charlie Chaplin) (O형)을 상대로 한 아이(B형)에 대한 양육비를 청구했다. 하지만 그의 유전자형은 ii이기 때문에 그가 I^B대립유전자를 가지고 있을 수 없다는 과학적 증거를 이용해서 그가 아이의 아버지가 아니라는 것을 보여주었다. 이 증거는 법정에서 인정되어졌지만 배심원들을 납득시키지 못하여 채플린은 양육비를 지불해야 했다. 오늘날, DNA 유전자형 분석방법(DNA 지문, 10장 참조)은 친자확인, 죄의 유무 확인에 큰 도움이 되는 방법이다. 하지만 아직도 종종 배심원들은 이러한 증거를 받아들이기 어려워한다.

렌틸콩 콩껍질 무늬

렌틸콩은 복대립유전자에 대한 또 다른 예이다. 콩껍질 무늬에 대한 유전자는 5개의 대립유전자를 가지고 있다: 얼룩무늬, 점박이무늬, 민무늬, 그리고 두 가지 형태의 대리석무늬. 모든 무늬들의 순종 사이의 교배(대리석무늬-1 × 대리석무늬-2, 대리석무늬-1 × 얼룩무늬, 대리석무늬-2 × 얼룩무늬 등등)를 통해 가장 우성인 형태부터 가장 열성인 것까지의 순서로 나열된 **우열계열**(dominance series)을 밝히기 위해 가능한 모든 대립유전자 쌍의 우열관계를 조사해 왔다. 예를 들어 대리석무늬-1 × 대리석무늬-2 또는, 대리석무늬-1 × 얼룩무늬나 점박이무늬나 민무늬의 교배는 대리석 F_1 세대에서 대리석무늬-1의 표현형을 만들고, F_2 세대에서는 대리석무늬-1과 다른 무늬들의 표현형의 비가 3:1인 개체들을 만든다. 이것은 대리석무늬-1 대립유전자가 다른 4가지 대립유전자들에 대해 완전히 우성이라는 것을 의미한다.

그림 3.6 복대립유전자 사이에서 우열관계가 어떻게 형성되는가? 다른 종류의 콩껍질 무늬를 가진 순종 렌틸콩을 짝을 지어 교배한다. 그리고 F_1 세대를 자가수분하여 F_2 세대를 얻는다. 교배를 통해 생긴 3:1 혹은 1:2:1의 비를 갖는 F_2 단성 잡종세대는 모든 형질들을 결정하는 한 유전자의 각기 다른 대립유전자들을 나타낸다. F_1 잡종세대의 표현형은 우열관계에 의해 결정된다(맨 아래 부분). 얼룩무늬와 점으로 뒤덮인 무늬의 대립유전자는 공우성이지만, 대리석무늬에 대해서는 열성이고 민무늬에 대해서는 우성이다.

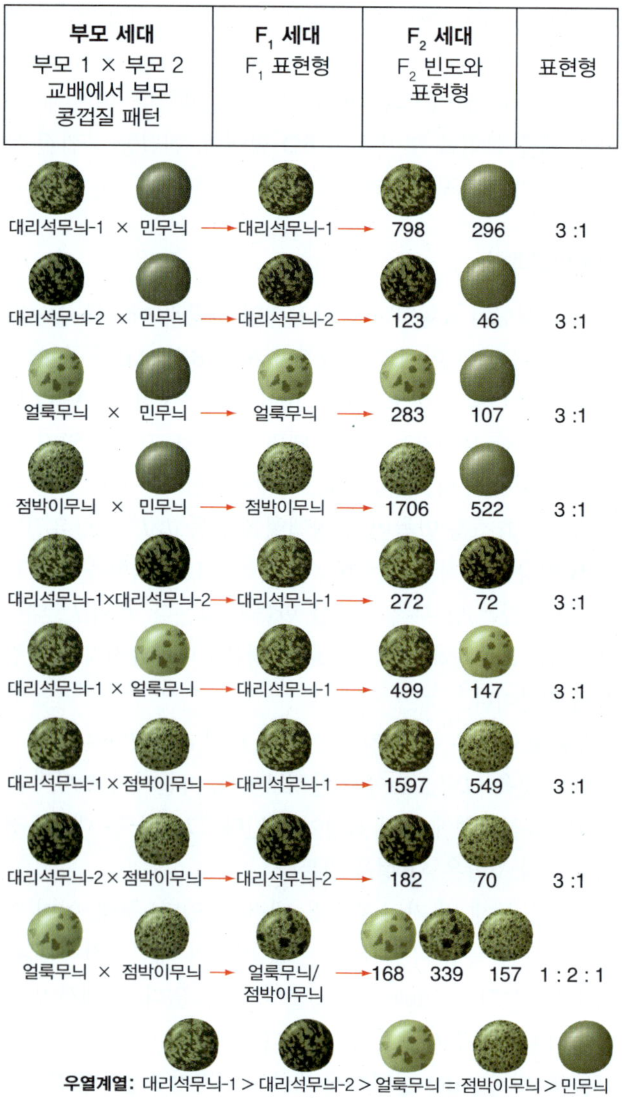

남아 있는 4가지 표현형 사이에 같은 방식으로 교배를 하면 그림 3.6에서 볼 수 있는 것처럼 우열계열을 알 수 있다. 두 대립유전자를 비교하여 우열관계를 판단할 수 있다는 것을 기억한다면, 대리석무늬-2와 같은 대립유전자는 두 번째 대립유전자(대리석무늬-1)에 대하여 열성이지만 세 번째와 네 번째 대립유전자(점박이무늬와 민무늬)에 대하여는 우성이다. 앞에서 실험한 렌틸콩 콩껍질 무늬의 대립유전자 쌍들은 F_2 세대에서 3 : 1 비를 보이는데(1 : 2 : 1의 표현형 비를 보이는 얼룩무늬 × 점박이무늬는 공우성을 보이므로 제외한다), 이것은 렌틸콩 콩껍질 무늬가 같은 유전자 내의 다른 대립유전자에 의해 결정된다는 것을 나타낸다.

사람에서 조직적합성

어떤 복대립유전자 계열에서는 각각의 대립유전자가 다른 모든 대립유전자와 공우성 관계에 있다. 그러므로 서로 다른 모든 유전자형은 서로 다른 표현형을 만들어낸다. 이러한 경우는 특히 분자적 수준에서 형질을 나타내는 경우이며 극단적인 대표적인 예로 인간, 그리고 기타 포유류에서 조직적합성 항원이라 불리는 세포 표면 분자에 관련된 3개의 유전자가 이에 해당된다. 적혈구와 정자를 제외한 몸에 있는 모든 세포가 가지고 있는 조직적합성 항원은 적절한 면역반응, 즉 침입자(예; 바이러스, 세균)는 파괴하는 반면 몸에 있는 세포는 그대로 두게 하는 중요한 역할을 한다. 3개의 주요한 조직적합성 유전자들(사람에서 *HLA-A*, *HLA-B*, *HLA-C*라고 한다)은 각각 20~100개 사이의 대립유전자를 가지고 있다. 가능한 대립유전자 조합의 수로 인해 세포 표면 분자에 대한 표현형이 다양하게 나타나게 된다. 일란성 쌍둥이 외에 어떤 두 사람도 같은 배열의 세포 표면 분자를 갖는 것은 불가능하다.

돌연변이로 인해 새로운 대립유전자가 생긴다

일련의 대립유전자들인 복대립유전자들은 어떻게 생겨나는가? 그 답은 **돌연변이**(mutation)로 알려진 유전물질의 우연한 변화가 자연발생적으로 생기기 때문이다. 배우자 형성 세포에서 돌연변이가 일어나면 이것은 자손에게 유전이 된다. 표현형의 변화를 가져오는 돌연변이가 일어날 빈도를 계산해 보면 값이 낮다는 것을 알 수 있다. 특정 유전자에서 돌연변이를 가진 배우자가 나타날 빈도는 1/10,000에서 1/1,000,000 사이이다. 각기 다른 유전자는 서로 다른 돌연변이율을 가지기 때문에 이렇게 넓은 범위를 가진다.

돌연변이는 유전자의 유전현상을 이해하는 것을 가능하게 한다. 예를 들어, 노란색을 만들어내는 효소에 돌연변이에 의한 변화가 생겨서 효소가 녹색을 만들게 된 경우, 새로운 표현형(녹색)은 새로운 돌연변이 대립유전자를 인지할 수 있도록 한다. 사실, 유전자의 유전현상을 알기 위해서는 적어도 두 개의 대립유전자, 즉 변이를 필요로 한다. 그러므로 분리에 대한 연구에서, 유전학자들은 변종을 유전자들에서만 연구를 할 수 있다. 즉, 과학자들은 오직 한 가지 형태만을 나타내는 유전자에 대해 연구할 수 있는 방법이 없다. 만약 모든 완두콩이 노란색이라면, 멘델은 씨 색깔 형질에 대한 유전자의 유전 양상을 판독할 수 없었을 것이다. 돌연변이에 대한 자세한 내용은 7장에서 다룰 것이다.

대립유전자 빈도와 단일형태성 유전자

각 생물체는 모든 유전자가 적어도 두 개의 사본을 가지고 있기 때문에 각각의 유전자에 2를 곱함으로써 집단 내에서 유전자 사본 수를 계산할 수 있다. 유전자의 각 대립유전자는 전체 유전자 사본 수의 백분율로 나타낼 수 있으며, 그 백분율을 **대립유전자 빈도**(allele frequency)라고 한다. 집단에서 가장 흔한 대립유전자를 보통 **야생형 대립유전자**(wild-type allele)라고 하고, 종종 더하기 표시(+)를 위첨자로 써서 표기한다. 같은 집단에서 드문 대립유전자를 **돌연변이 대립유전자**(mutant allele)로 생각한다(돌연변이는 새로 생긴 돌연변이 대립유전자를 나타낸다).

예를 들어, 쥐에서 털 색깔을 결정하는 주요 유전자들 중 하나가 *agouti* 유전자이다. 야생형 대립유전자(*A*)는 각각의 털에 노란색과 검은색 띠가 있는데, 이는 멀리서 보면 두 띠가 섞여 있어서 어두운 회색, 즉 *agouti*로 보인다. 연구자들은 구별할 수 있는 14개의 돌연변이형 대립유전자를 *agouti* 유전자에서 밝혀냈다. 그 중에 하나(a^t)는 야생형에 대해 열성이고, 등에는 검은색 털을 배에는 노란색 털을 만든다. 다른 것(*a*)은 *A*에 대해 열성이고, 완전히 검은색 털만을 만든다(그림 3.7). 자연에서 야생형 *agouti* (*AA*)는 생존하여 번식하는 반면, 등에 검은색 털이 있거나 털이 모두 검은색인 돌연변이형(a^ta^t 혹은 *aa*)은 포식자의 눈에 쉽게 띄는 어두운 색의 털을 가졌기 때문에 생존하여 번식하는 경우가 거의 없다. 그 결과 *A*는 99% 이상이 생존하고, 그렇기 때문에 쥐에서 *agouti* 유전자는 유일한 야생형 대립유전자이다. 이처럼 흔한 유전자가 하나일 때, 이 야생형 대립유전자는 **단일형태성**(monomorphic)이다.

대립유전자 빈도와 다형성 유전자

대조적으로, 어떤 유전자들은 하나 이상의 공통된 대립유전자를 가지고 있는데, 이를 **다형성**(polymorphic)이라고 한다.

그림 3.7 쥐의 *agouti* 유전자: 하나의 야생형 대립유전자, 다양한 돌연변이 대립유전자. (a) 검은색-등, 노란색-배(왼쪽 위); 검은색(오른쪽 위); *agouti*(아래) 쥐. (b) *agouti* 유전자의 대립유전자에서 유전자형과 각각에 해당하는 표현형. (c) 순계 사이의 교배로 일련의 우열 관계를 보여준다. F_1 잡종의 이종교배(보여지지 않았음)는 3 : 1의 표현형비를 보이는 F_2 세대를 얻었는데, 이것은 한 유전자에 A, a^t, a 대립유전자가 있다는 것을 나타낸다.

(a) 집 쥐의 털 색깔

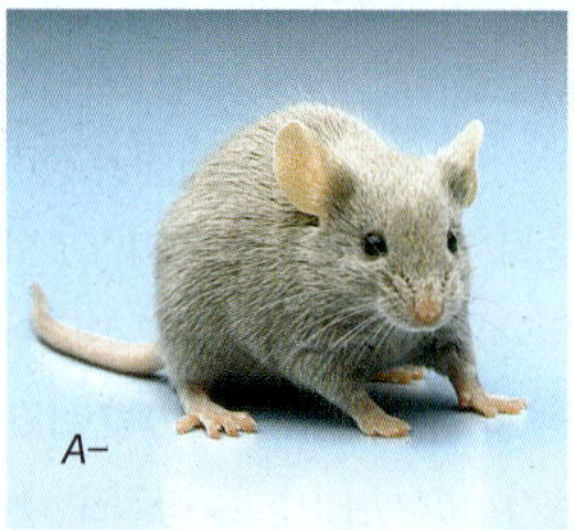

(b) *agouti* 유전자의 대립유전자

유전자형	표현형
$A-$	어두운 회색
a^ta^t	검은색/노란색
aa	검은색
a^ta	검은색/노란색

(c) 우열의 증거

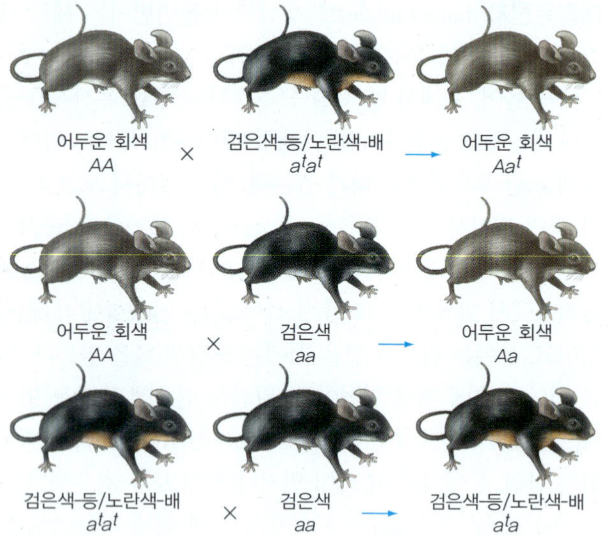

우열 계열: $A > a^t > a$

예를 들어, ABO 혈액형 체계에서 3개의 대립유전자—I^A, I^B, i—가 대부분의 인간 집단에서 상당한 빈도로 나타난다. 이 3가지 대립유전자를 모두 야생형이라고 생각할 수도 있지만, 유전학자들은 다형성 유전자 중 높은 빈도수의 대립유전자들을 **흔한 변이체**(common variants)라고 한다. 어떤 희귀 유전자는 다형성이라서 많은 변이대립유전자가 집단에서 발견된다. 이미 박테리아나 바이러스 같은 병원성의 침입자들을 막는 면역계에서 세포 표면 단백질을 암호화하는 *HLA* 조직적합성 유전자의 경우를 논의하였다. 몇몇 과학자들은 인간 집단 전체가 파멸될 수 있는 환경에 직면했을 때 생존할 수 있도록 새로운 *HLA* 대립유전자가 출현하는 쪽으로 진화해 왔다라고 생각한다. 즉, 소수의 개체는 어떠한 병원체로부터 보호될 수 있도록 특이한 조직적합성 대립유전인자를 가진다는 것이다.

하나의 유전자가 여러 형질에 기여할 수도 있다

멘델은 하나의 유전자가 하나의 형질을 결정한다는 연구들로부터 법칙을 이끌어 냈다. 늘 주도면밀했던 그는 이것이 연구의 시작점으로 가능하다고 생각했다. 완두콩 실험에서 선택된 형질을 열거한 것을 통해, 그는 특정 콩껍질색은 특정 꽃 색깔과 항상 연관되어 있다고 언급했다.

하나의 유전자가 겉으로 보기에 관련이 없어 보이는 많은 수의 형질들을 결정하는 현상을 **다면발현**(pleiotropy)이라고 한다. 오늘날 유전학자들은 각각의 유전자가 특정 단백질을 결정한다는 것을 알고 있고, 각각의 단백질은 생물체에 많은 영향을 미침을 알기 때문에, 다면발현이 어떻게 일어나는지 이해할 수 있다. 예를 들어, 뉴질랜드의 원주민인 마오리인들 중 호흡기 질환을 가진 사람 중 많은 사람이 불임이었다. 연구자들은 한 유전자의 열성 대립유전자에 문제가 있는 것을 알아냈다. 그 유전자의 정상 우성 대립유전자는 세포의 표면으로부터 돌출되어 나온 털 같은 구조를 갖는 섬모나 편모의 운동에 필요한 단백질을 결정한다. 열성 동형접합성 대립유전자를 가진 인간에서, 섬모는 기관지를 깨끗이 하는 역할을 제대로 하지 못하고, 편모는 정자가 운동할 때 제 기능을 못한다. 즉 하나의 유전자가 호흡기능과 번식에 간접적으로 영향을 미치는 단백질에 영향을 주는 것이다. 대부분의 단백질은 다양한 조직에서 작용하고 다양한 생화학적 과정에 영향을 미치기 때문에 어떤 유전자의 돌연변이가 다면발현을 초래할 수 있다.

열성 치사성 대립유전자

다면발현의 중요한 변이는 뚜렷한 표현형을 나타내는 대립유전자뿐만 아니라 생존능력에 영향을 미치는 대립유전자에서도 일어난다. 멘델은 모든 유전자형은 동등하게 생존할 수 있다고 가정했다. 즉, 모든 유전자형은 같은 생존 가능성을 가지고 있다는 것이다. 만약 이것이 사실이 아니고 특정 대립유전자를 갖는 동형접합자가 발생단계나 출산 전에 대부분 죽는다면, 출생 후에 그들의 수를 셀 수 없기 때문에 F_2 세대에서 예상되는 1:2:1의 유전자형 비와 3:1의 표현형

그림 3.8 A^y**: 열성 치사 대립유전자는 우성 털 색깔 표현형을 또한 생성한다.** (a) 근친 교배시킨 *agouti* 쥐와 노란색 쥐의 교배로 생긴 자손 세대에서 노란색과 *agouti*의 비가 1 : 1로 나타난다. 그러므로 노란색 쥐는 A^yA 이형접합자이고, 털 색깔에 대한 A^y (노란색)대립유전자는 *A*(*agouti*) 대립유전자에 대해 우성이다. (b) 노란색 쥐는 사실상 새끼를 낳지 않는다. 노란색 × 노란색의 교배에서 노란색과 *agouti* 자손의 비가 2 : 1이라는 것은 A^y 대립유전자가 열성 치사라는 것을 의미한다.

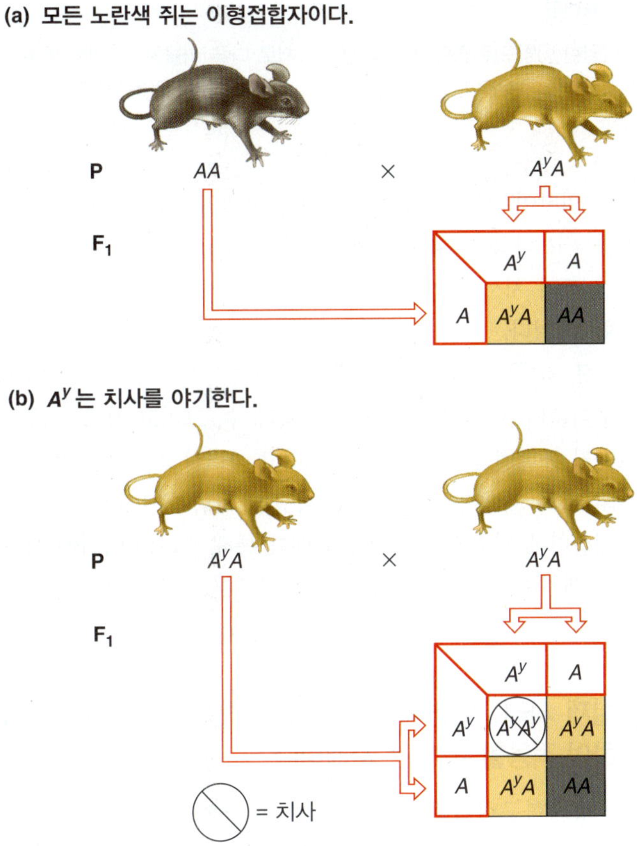

비가 바뀌게 될 것이다.

앞에서 살펴본 쥐의 털 색깔 유전을 생각해 보자. 앞에서 언급했듯이 야생형 *agouti* (*AA*) 동물은 검은색과 노란색 줄무늬가 있는 털을 가지고 있어서 어두운 회색으로 보인다. *agouti* 유전자에서 생길 수 있는 14개의 돌연변이 대립유전자 중 하나는 거의 노란색에 가까울 정도의 밝은 색 털을 가진 쥐를 만든다. 근친교배하여 얻어진 *AA* 쥐와 노란색 쥐를 교배하면, 자손세대에서 2가지 털 색깔의 비가 항상 1:1로 나온다(그림 3.8a). 이 결과로부터 3가지 결론을 얻을 수 있다. (1) 모든 노란색 쥐는 표현되지 않더라도 *agouti* 대립유전자를 가지고 있다. (2) 그러므로 노란색 대립유전자는 *agouti* 대립유전자에 대해 우성이고, (3) 모든 노란색 쥐는 이형접합이다.

각각의 대립유전자 쌍에서 우성과 열성이 정의된다는 것을 다시 주목하자. 이미 언급되었듯이 *agouti* (*A*)는 검은색 털 색깔에 대한 a^t와 *a* 돌연변이에 대해 우성이지만, 동시에 노란색 털 대립유전자에 대해서는 열성이다. 노란색에 대한 대립유전자를 A^y라고 표시하면, 앞선 교배에서 노란색 쥐는 A^yA로 이형접합자이고 *agouti*는 *AA* 동형접합자이다. 지금까지는 놀라운 일이 없다. 그러나 노란색 쥐끼리 교배하면 노란색 쥐와 *agouti* 쥐의 비가 2:1로 편향된 표현형비가 생긴다(그림 3.8b). 이 자손들 중에 *agouti* 쥐끼리 교배하면 예상한 것처럼 모두 *agouti* 순종이고 *AA* 동형접합자이다. 그러나 자손들 중에 노란색 순계는 없다. 노란색 쥐끼리 교배하면 그 자손에서 한결같이 2/3의 노란색 쥐와 1/3의 *agouti* 쥐, 즉 2:1의 비가 나오므로 노란색 쥐는 이형접합자이다. 간단히 말하자면 노란색 순계 쥐는 절대 얻을 수 없다.

이 현상을 어떻게 설명할 수 있을까? 그림 3.8b의 퍼네트 사각형(Punnette square)에서 그 답을 찾을 수 있다. A^y 대립유전자의 두 사본을 모두 가지고 있으면 치명적이지만, A^y 대립유전자의 한 사본만 가지고 있으면 노란색 털을 가진다. 이것은 A^y 대립유전자가 두 가지 다른 형질에 영향을 준다는 것을 의미한다. 털색의 결정에서 A^y는 *A*에 대해 우성이지만 치사성 결정에서 A^y는 *A*에 대해 열성이다. 동형접합자일 때 생존에 부정적인 영향을 받는 A^y와 같은 대립유전자를 **열성 치사성 대립유전자**(recessive lethal allele)라고 한다. 서로 다른 표현형의 관점에 따라 같은 두 대립유전자(A^y와 *A*)가 다른 우성관계를 보일 수 있다는 것을 주목하자. 나중에 다시 이 내용에 대해 언급할 것이다.

노란색 털에서 A^y 대립유전자는 우성이기 때문에 쥐에서 치사성 결정에 열성인 치사성 대립유전자를 찾는 것은 쉽다. 하지만 대부분의 열성 치사성 돌연변이는 다른 형질에서 뚜렷이 나타나는 우성 표현형을 보이지 않기 때문에 이와 같은 경우가 아니다. 치사성 돌연변이는 다른 많은 유전자에서 일어날 수 있기 때문에 사람을 포함한 대부분의 동물에서 약간의 열성 치사성 돌연변이를 가지고 있다. 이러한 돌연변이는 사람의 경우 친족 결혼(즉, 가까운 친척 사이에 결혼)과 같은 동형접합성의 드문 경우를 제외하면 "침묵" 상태로 존재한다. 돌연변이가 중요한 분자의 생성을 억제하는 대립유전자를 만든다면, 동형접합성을 가진 개체는 중요한 분자 중 어느 것도 만들 수 없고 생존이 어렵다. 반대로 유해한 돌연변이의 한쪽 사본과 하나의 야생형 대립유전자를 가진 이형접합자는 야생형 대립유전자 때문에 50%의 정상적인 분자를 만들 수 있다. 이것은 생존과 같이 정상적인 세포 과정들을 유지하는 데 충분하다.

표 3.1 하나의 유전자에 의해 결정되는 형질: 3 : 1 단성잡종 비의 변화

멘델 묘사	확대해석	이형접합성의 표현형에 대한 확대 해석의 효과	$F_1 \times F_1$ 교배 결과에 대한 확대 해석의 효과
완전 우성	불완전 우성 공우성	각각 다른 이형접합자	표현형은 1 : 2 : 1 비로 유전자형과 일치
2개의 대립유전자	복대립유전자	표현형의 다양성	3 : 1 비의 계열
모든 대립유전자는 똑같이 생존 가능	열성 치사 대립유전자	이형접합자는 생존하지만 뚜렷한 표현형	3 : 1 대신에 2 : 1
하나의 유전자가 하나의 형질을 결정	다면발현: 하나의 유전자가 여러 형질에 영향	다양한 방법으로 영향 받는 다양한 형질은 우열관계에 의존	서로 다른 비율은 각 영향 받는 형질에 대한 우열관계에 의존

지연 치사성

앞에서의 논의에서 태어나기 전 **자궁 내에서** 열성 대립유전자가 동형접합자일 때 사망하는 것을 설명했다. 하지만 어떤 돌연변이에서는 동형접합자이더라도 출생 이후에 살아 있는 경우도 있고, 유전적 결함 때문에 출생 후에 죽는 경우도 있다. 테이삭스(Tay-Sachs)병을 가진 유아가 그 예이다. 겉으로 보기에 정상으로 보이는 신생아가 5~6개월 동안 건강하다가 이후에 실명, 마비, 정신지체, 신경계에 유해한 다른 증상이 발생한다. 이 병은 6세까지 치명적인 것으로 알려져 있다. 테이삭스병은 헥소사미니다아제 A (hexosaminidase A)라고 불리는 활성화된 리소좀 효소의 부재로 인해 생기는 것으로 신경세포 안에 독성물질이 축적된다. 세계적으로 테이삭스병을 가진 신생아의 출현 빈도는 1/35,000이다. 하지만 동유럽 혈통의 유대인에서는 1/3,000이다. 유전상담과 교육 프로그램을 통해 신뢰성 있는 검사로 보유자를 찾아내어 테이삭스병은 미국에서 거의 사라지게 되었다.

태아기나 영아기일 때, 치사를 유발하는 열성 대립유전자가 동형접합자일 때는 결혼하기 이전에 사망하기 때문에 오직 이형접합자에 의해서만 다음 세대로 유전될 수 있다. 하지만 성인시기에 죽음을 유발하는 후발성 질병에서 동형접합 환자들은 그들이 늙기 전까지는 치사성 대립유전자를 다음 세대로 전달할 수 있다. 퇴행성 질환에 의해 생기는 프리드라이히 운동실조증(Friedreich ataxia)을 예로 들면 어떤 동형접합자는 운동실조증(근육의 조정력을 잃는 것)의 증상을 30~35세에 처음 보인다. 그리고 심부전 발생 후 5년이 지나면 사망한다.

후발성 치사를 유발하는 우성 대립유전자도 다음 세대로 연속적으로 전달될 수 있다. 그림 2.22에서 이것을 헌팅턴병의 유전을 예로 들어 설명하였다. 반대로 우성 대립유전자에 의하여 유발된 치사성은 태아 상태일 때나 유아기 때 나타나고 다음 세대로 유전되지 않는다. 그러므로 모든 우성인 조기 치사 돌연변이 대립유전자는 새로운 돌연변이라고 할 수 있다.

표 3.1은 우성에 대한 멘델의 기본적인 가정을 요약하여 보여준다. 한 유전자의 생존능력과 수, 그리고 각각의 유전자가 표현형에 미치는 영향 그리고 이러한 가정들을 20세기의 그의 계승자들의 기여로 확장된 개념과 비교한다. 매우 세심하게 계획된 단성잡종 교배를 통해 분리의 법칙에 이의를 제기하고 사실임을 확인하기 위해서 이 유전학자들은 한 유전자의 대립유전자 유전 패턴을 분석했다.

실제 사례: 낫형적혈구빈혈증은 멘델식 분석을 확장하여 적용할 수 있는 사례이다

낫형적혈구빈혈증은 헤모글로빈 분자가 잘못되어 생긴다. 헤모글로빈은 각각 다른 유전자에 의해 만들어지는 두 가지 형태의 알파(α)글로빈과 베타(β)글로빈 폴리펩티드 사슬로 구성된다: $Hb\alpha$ 유전자는 α-글로빈을 $Hb\beta$ 유전자는 β-글로빈을 만든다. 정상 적혈구는 수백만의 헤모글로빈 분자로 가득 채워져 있다. 각각의 헤모글로빈은 폐에서 산소와 결합하여 체조직에 산소를 운반한다.

복대립유전자

β-글로빈 유전자는 기능이 정상인 β-글로빈을 만드는 야생형 대립유전자($Hb\beta^A$)와 지금까지 발견되기로는 400개에 가까운 돌연변이 대립유전자를 가진다. 이러한 돌연변이 대립유전자 중 어떤 것은 단지 비능률적으로 산소를 운반하는 헤모글로빈을 생성한다. 다른 돌연변이 대립유전자는 β-글로빈 생성을 막아 **β-지중해 빈혈**(β-thalassemia)이라고 하는 용혈성(적혈구가 파괴되는 것) 질병을 유발한다. 여기에서

그림 3.9 낫형적혈구빈혈증의 다면발현: 연구되어 있는 표현형에서 우열관계는 다양하다. (a) 정상 적혈구(위)는 전자현미경 사진에서 낫형 적혈구(아래)와 쉽게 구별된다. (b) 서로 다른 분석에서 다양한 표현형을 나타낸다. *Hbβ* 유전자의 $Hb\beta^S$와 $Hb\beta^A$ 대립유전자 사이에 우열관계는 표현형에 따라 그리고 환경에 따라 다양하다.

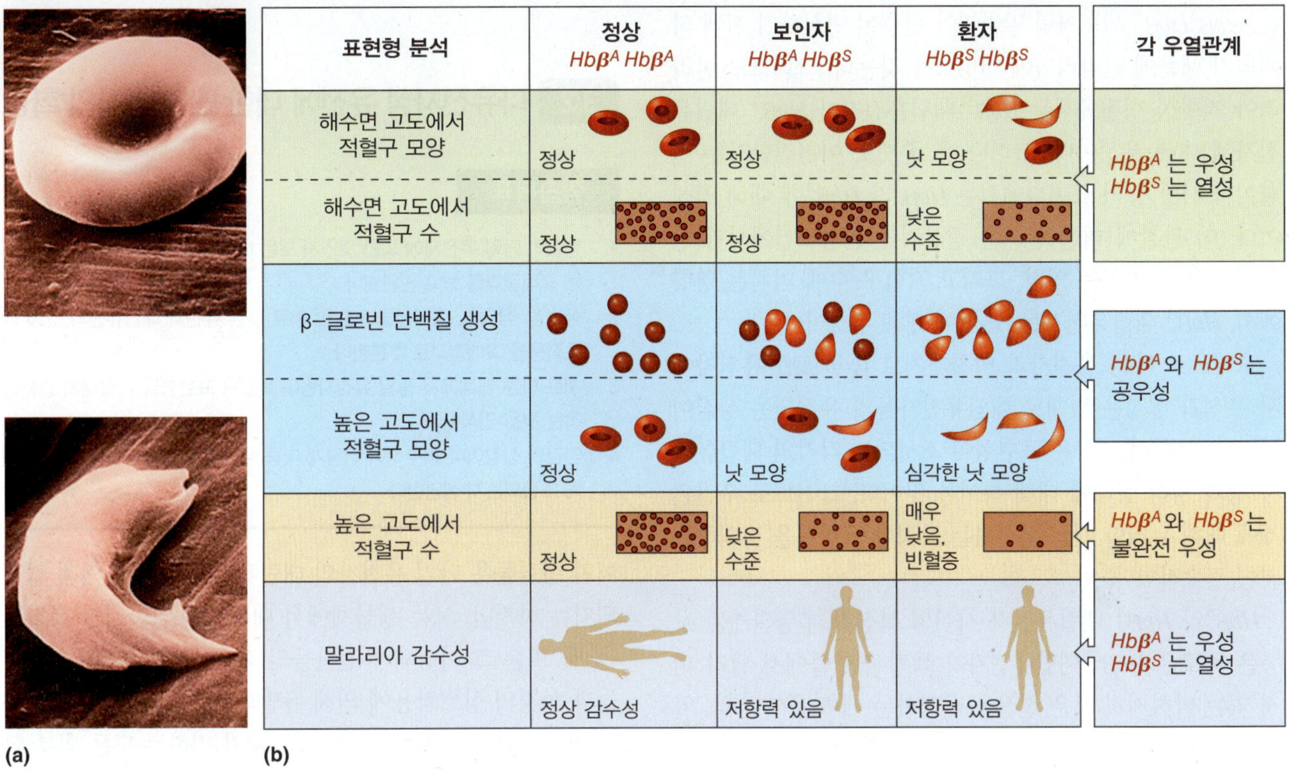

β-글로빈 유전자의 가장 흔한 돌연변이 대립유전자인 $Hb\beta^S$를 살펴볼 것이다. 이 돌연변이는 낫 모양의 적혈구를 만드는 비정상적인 폴리펩티드를 만든다.

다면발현

β-글로빈 유전자의 $Hb\beta^S$ 대립유전자는 하나 이상의 형질에 영향을 미친다(그림 3.9b). $Hb\beta^S Hb\beta^S$ 동형접합성 적혈구를 가진 인간에서 헤모글로빈 분자는 산소와 분리된 이후에 비정상적인 변화를 겪는다. 세포질에 녹아 있는 상태가 아니라 서로 모여서 긴 섬유를 형성하여 가운데가 오목하게 들어간 원판모양의 정상 적혈구를 낫 모양으로 변형시킨다(그림 3.9a 참조). 변형된 적혈구는 모세 혈관을 막아서 조직으로의 산소 흐름을 감소시키고, 근육경련, 숨이 차는 증상, 그리고 피로를 유발한다. 또한 낫형 적혈구는 매우 손상되기 쉬워 곧잘 파괴된다. 조각난 낫형 적혈구는 대식 작용을 하는 백혈구에 의해서 제거되는데, 이것은 적혈구의 수를 감소시키기 때문에 빈혈이 생긴다.

긍정적인 측면이 $Hb\beta^S Hb\beta^S$ 동형접합자는 말라리아에 저항성을 가지고 있는데, 그 이유는 말라리아를 유발하는 말라리아 열원충(*Plsmodium falciparum*)은 정상 적혈구에서 빠르게 증식할 수 있지만 낫형 적혈구에서는 증식할 수 없기 때문이다. 말라리아 열원충에 감염되면 말라리아가 증식하기 전에 낫형적혈구 세포들은 파괴된다.

열성 치사성

동형접합성 열성 $Hb\beta^S$ 대립유전자를 가진 사람은 순환계의 스트레스로 인해 심장 부전이 종종 발생한다. 낫형 적혈구 환자들의 대다수가 유아기, 청소년기, 또는 성년기 초반에 사망한다.

다른 우열관계

낫형 적혈구 대립유전자의 이형접합자인 보인자($Hb\beta^A$와 $Hb\beta^S$ 대립유전자를 하나씩 가지고 있는 사람)와 동형접합성 $Hb\beta^A Hb\beta^A$ (정상) 그리고 동형접합성 $Hb\beta^S Hb\beta^S$ (환자)인 사람을 비교해 보면 낫형적혈구빈혈증의 다른 표현형에 대하여 각각 다른 우열관계를 확인할 수 있다(그림 3.9b).

β-글로빈을 생성하는 분자적인 수준에서 두 대립유전자, $Hb\beta^A$와 $Hb\beta^S$는 분자적인 수준에서는 공우성인 방식으로 발현된다. 세포 수준, 즉 적혈구 모양에 미치는 영향에서 $Hb\beta^A$와 $Hb\beta^S$는 불완전 우성을 보인다. 정상적인 산소 조건

일 때는 대부분의 이형접합자 적혈구가 양면이 오목한 정상적인 모양을 가지고 있지만, 산소 농도가 떨어질 때는 일부 세포가 낫형 모양을 나타낸다. 하지만 모든 $Hb\beta^A Hb\beta^S$ 세포는, $Hb\beta^S Hb\beta^S$ 세포처럼 말라리아 원충이 번식하기 전에 파괴되기 때문에 말라리아에 저항성을 갖는다. 그러므로 말라리아 저항성 형질에서는 $Hb\beta^S$ 대립유전자가 $Hb\beta^A$ 대립유전자에 대해 우성이다. 그러나 운 좋게도 이형접합자는 빈혈이나 사망 등의 표현형에서는 $Hb\beta^S$가 $Hb\beta^A$에 대해 열성이다. 이 관찰에 대한 결론은 정상적인 환경조건에서 일반적인 건강에 미치는 영향, 그리고 적혈구 수에 미치는 영향에서, $Hb\beta^A$ 대립유전자는 $Hb\beta^S$에 대해 우성이다.

그러므로 다른 유전자과 마찬가지로 β-글로빈 유전자에서 우성과 열성은 별개로 대립유전자들의 유전되는 성질이 아니다. 오히려 그들은 표현형이 조사되는 각각의 대립유전자 쌍과 생리 상태에 대해 특이한 것이다. 그러므로 우열관계에 대해 논의할 때는 분석하는 특정한 표현형을 정의하는 것이 필수적이다.

$Hb\beta^S$와 $Hb\beta^A$ 대립유전자 사이의 복잡한 우열관계는 보통은 해로운 $Hb\beta^S$ 대립유전자가 특정 집단들에서 널리 퍼져 있는 밝혀지지 않은 현상을 설명하는 데 도움이 된다. 말라리아가 풍토병인 지역에서는, 동형접합자보다 이형접합자의 생존율이 더 높고, 다음세대로 그들의 유전자를 더 잘 전달한다. $Hb\beta^S$ $Hb\beta^S$인 사람은 낫형적혈구빈혈증으로 흔히 죽지만, $Hb\beta^A$ $Hb\beta^A$ 유전자형을 가진 인간은 보통 말라리아로 죽는다. 그러나 이형접합자는 상대적으로 두 병에 대해서 면역력이 있어서, 말라리아가 흔한 열대지방에서 두 대립유전자의 빈도는 높게 유지된다. 이 현상은 20장의 집단유전학에서 좀 더 자세히 다룰 것이다.

핵심 개념

- 한 유전자의 두 대립유전자가 완전 우성을 보일 경우, 이형접합자는 동형접합자 우성 부모와 같은 표현형을 가진다. 불완전 우성의 경우, 이형접합자는 중간 표현형을 보인다. 공우성의 경우, 이형접합자는 부모 동형접합자 표현형 모두를 나타낸다.
- 유전자의 새로운 대립유전자는 돌연변이에 의해 생긴다. 하나의 집단에서 1%보다 높은 빈도의 대립유전자는 야생형이며, 그것보다 낮은 빈도의 대립유전자는 돌연변이체이다.
- 두 개 또는 그 이상의 야생형 대립유전자(흔한 변이체)가 존재할 때, 그 유전자는 다형성이다. 유전자가 오직 하나의 대립유전자만을 가지고 있을 때만 단일형태성이다.
- 다면발현은 하나의 유전자가 다양한 형질에 기여하는 것이다. 두 대립유전자 간의 우열관계는 형질에 따라 다양해질 수 있다.
- 특정 기능을 제공하지 못하는 열성 치사 대립유전자의 동형접합자는 죽는다.
- 만약 열성 치사 대립유전자가 표현형에서 우성 효과를 가진다면, 이형접합자 간의 생존 자손의 2/3는 뚜렷한 표현형을 보일 것이다.

3.2 다유전자성 유전에 대한 멘델 법칙의 확장

학습목표

1. 형질이 단일 유전자에 의한 것인지 또는 다중 유전자에 의해 조절되는지는 교배결과를 보고 판단한다.
2. 상보성, 상위성, 중복성을 포함한 서로 다른 유전자 대립유전자 간의 상호작용을 교배결과로 추론한다.
3. 서로 다른 개체에서 동일 유전자형이 똑같은 표현형을 나타내지 않는다라는 것을 인식한다.
4. 인간의 신장이나 피부색이 어떻게 다중 유전자의 다중 대립유전자에 의해 조절되는지 설명한다.

어떤 형질들은 단일 유전자의 대립유전자 변형에 의해 결정되기는 하지만, 모든 생물체에서 대부분의 일반적인 형질들은, 둘 또는 그 이상의 유전자들의 작용에 의해 혹은 유전자들과 환경의 상호작용에 의해 유발되는 다유전자성이다. 유전학에서 환경이라는 용어는 생물체가 접하는 모든 외부 환경을 아우르는 대단히 넓은 의미를 가진다. 여기에는 온도, 식단, 운동, 출생 전 자궁의 환경 등이 포함된다.

이 부분에서 유전학자들이 다유전자성 형질을 나타내는 복잡한 상호작용망을 분석하기 위해 교배실험과 멘델 법칙의 비에 대한 지침을 어떻게 이용하였는지 알아볼 것이다.

하나의 형질을 결정하는 데 두 유전자가 상호작용한다

꽃 색깔, 콩껍질, 닭의 깃털, 개의 털, 식물 잎의 형태와 같은 하나의 형질을 결정하는 데 두 개의 유전자가 여러 방식으로 상호작용을 한다. 멘델의 양성잡종에서와 같이 상호작용의 유형에 따라 각각 특징적인 표현형비가 생긴다. 다음의 예에서, 두 개 유전자의 상호 대립유전자들은 완전하게 우성(A, B) 및 열성(a, b)이다. 간단히 가끔 우성 대립유전자의 기호를 이용하여 유전자 이름을 언급한다(예; 유전자 A). 또한, 대립유전자 A의 단백질 산물을 단백질 A로 나타내고, 대립유전자 a의 단백질 산물에 대해서는 단백질 a로 표기한다.

유전자 상호작용으로 인해 생기는 새로운 표현형

이 장의 시작 부분에서, 황갈색과 회색 렌틸콩의 교배를 설명했는데, 그것은 균일하게 갈색인 F_1 세대를 생성하고, 이어서 F_2 세대에서 갈색, 황갈색, 회색, 녹색 콩껍질을 갖는 렌

그림 3.10 렌틸콩에서 콩 색깔을 정하기 위해서 두 유전자가 어떻게 상호작용할까? (a) 순종 황갈색 렌틸콩과 순종 회색 렌틸콩의 교배에서 모든 F_1 잡종은 갈색이다. 하지만 F_2 세대에서 4가지 다른 표현형이 나타난다. F_2 세대의 9 : 3 : 3 : 1 비는 콩껍질 색깔이 독립적으로 구분된 두 유전자에 의해 결정된다는 것을 의미한다. (b) 콩껍질 색이 두 유전자의 상호작용으로 생긴다고 가정하고, F_3 세대를 얻기 위해 표시된 표현형을 갖는 F_2 식물들을 자가수분했을 때의 예상결과들. (c) 순종 부모세대를 포함한 다른 두-세대의 교배는 또한 두-유전자 가설을 지지한다. 이 표에서 F_1 잡종세대는 생략되었다.

(a) 렌틸콩 껍질 색깔의 양성잡종 교배

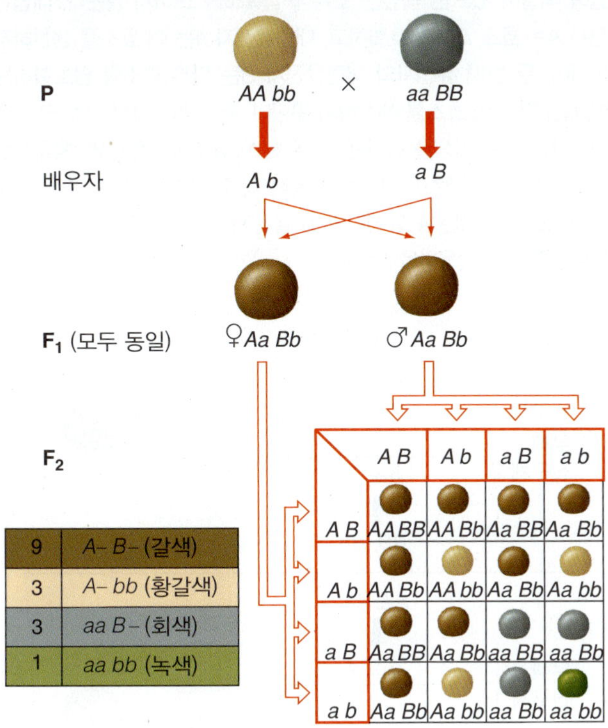

(b) F_3를 생산하기 위한 F_2의 자가수분

F_2 개체의 표현형	관찰된 F_3의 표현형	F_2 집단에서 기대되는 비율*
녹색	녹색	1/16
황갈색	황갈색	1/16
황갈색	황갈색, 녹색	2/16
회색	회색, 녹색	2/16
회색	회색	1/16
갈색	갈색	1/16
갈색	갈색, 황갈색	2/16
갈색	갈색, 회색	2/16
갈색	갈색, 회색, 황갈색, 녹색	4/16

*1:1:2:2:1:1:2:2:4 F_2 유전자형 비는 9 갈색 : 3 황갈색 : 3 회색 : 1 녹색 F_2 표현형과 일치한다.

(c) 선택된 교배에 의한 우열관계의 선별

순계 부모의 콩껍질 색깔	F_2 표현형과 빈도	비
황갈색 × 녹색	231 황갈색, 85 녹색	3:1
회색 × 녹색	2586 회색, 867 녹색	3:1
갈색 × 회색	964 갈색, 312 회색	3:1
갈색 × 황갈색	255 갈색, 76 황갈색	3:1
갈색 × 녹색	57 갈색, 18 회색, 13 황갈색, 4 녹색	9:3:3:1

틸콩을 생성하였다. 이것이 어떻게 일어났는지에 대한 이해는 F_2 세대의 4가지 색깔 비, 즉 갈색:황갈색:회색:녹색이 9:3:3:1을 보이는 실험결과(그림 3.10a)로부터 나온다. 멘델이 독립적으로 분리되는 두 유전자를 양성잡종교배하여 얻은 F_2 세대에서 관찰한 것과 같은 비라는 것을 2장의 내용으로부터 기억하기 바란다. 멘델의 연구에서, 각 4종류의 식물들은 상관관계 없는 두 형질의 조합을 나타내고 있다. 여기에서 렌틸콩의 한 가지 형질, 즉 콩껍질 색깔을 살펴보고 있다. 이 분리비에 대한 가장 간단한 설명은 두 개의 독립적으로 분리되는 유전자들이 조합된 유전자형들이 상호작용하여 렌틸콩의 콩껍질 색 표현형을 만들어낸다는 것이다.

다양한 형태의 F_2 렌틸콩의 자가수분으로 얻어진 결과는 이 설명을 뒷받침해 준다. 녹색 F_2의 자가수분에서는 F_3 세대가 모두 녹색 개체를 생산함으로써 녹색 F_2 세대가 순종임을 보여준다. 황갈색 개체는 모두 황갈색인 자손 혹은 황갈색인 자손과 녹색 자손이 혼합되어 생성된다. 유사하게, 회색 개체는 모두 회색인 자손이나 회색인 자손과 녹색인 자손이 혼합되어 생성된다. 갈색 F_2 개체의 자가수분에서는 4가지 가능한 결과물을 얻을 수 있다: 모두 갈색, 갈색과 황갈색, 갈색과 회색, 혹은 모든 4가지 색(그림 3.10b). 두 유전자 가설은 다음 4가지로 설명된다.

- 녹색 개체의 유전자형: 순종 *aabb*
- 두 종류의 황갈색 개체의 유전자형: 순종 *AAbb*와 황갈색과 녹색을 생산하는 *Aabb*
- 두 종류의 회색 개체의 유전자형: 순종 *aaBB*와 회색과 녹색을 생산하는 *aaBb*
- 네 종류의 갈색 개체의 유전자형: 순종 *AABB*, 갈색과 황갈색을 생산하는 *AABb*, 갈색과 회색을 생산하는 *AaBB*, 그리고 *AaBb* 양성잡종형은 4가지 색의 렌틸콩을 생산한다.

간단히 말해, 콩껍질 색을 정하는 두 유전자에 있어서, 갈색(*A– B–*)을 나타내려면 둘 다 우성인 대립유전자가 존재해야 한다; 한 유전자의 우성 대립유전자는 황갈색(*A– bb*)을 만든다; 다른 유전자의 우성 대립유전자는 회색(*aa B–*)을 지정한다; 그리고 우성 대립유전자가 전혀 없으면(즉, 이중열성) 녹색(*aa bb*)을 만든다. 그러므로 4가지 색 표현형은 두 유전자의 우성 대립유전자의 유무에 따라 결정되는 4가지 **유전자형 항**(그룹, genotypic classes)으로부터 나타난다: (1) 둘 다 존재(*A– B–*), (2) 하나만 존재(*A– bb*), (3) 다른 하나만 존재(*aa B–*), (4) 둘 다 없음(*aa bb*). *A–* 표기는 이 유전자의 두 번째 대립유전자가 *A* 혹은 *a*일수 있다는 것을 의미하고, *B–* 표기도 두 번째 대립유전자가 *B* 혹은 *b*일 수 있다는 것을 의미함을 기억하도록 하자. 또한 F_2 세대에서의 9가지 다른 유전자형이 4개의 유전자형 항으로 분류될 수 있는 것은 오직 두 유전자에 우성과 열성 대립유전자들을 가진 두 유전자 체계로만 가능함을 기억하자. 불완전 우성 혹은 공우성인 경우 4가지 이상의 표현형이 나타나므로 F_2 유전자형이 이러한 단순한 방식으로 분류될 수 없다.

다른 색깔을 가진 렌틸콩들 사이의 추가적인 교배로 두 유전자 가설이 사실임을 알 수 있다(그림 3.10c). 그러므로 순종 황갈색 렌틸콩과 순종 회색 렌틸콩의 교배로 만들어진 F_2 자손에서 갈색 : 황갈색 : 회색 : 녹색 = 9 : 3 : 3 : 1 표현형 비는 콩껍질 색을 만들기 위해 두 유전자가 독립적으로 상호작용하고 있다는 것뿐 아니라 각각의 유전자형 항(*A– B–*, *A– bb*, *aa B–*, *aa bb*)이 특정 표현형을 결정한다는 것을 알려준다.

렌틸콩 콩색깔을 결정하는 유전자에 대한 분자적, 생화학적 기능은 아직 밝혀져 있지 않다. 하지만, 다른 식물 종에서의 종자 색깔 유전 기작에 대한 정보를 활용하여 렌틸콩에서도 가능한 모델을 제시하였다(그림 3.11). 이 모델은 9 : 3 : 3 : 1 비가 같은 형질을 결정하는 두 유전자가 독립적으로 분리될 뿐만 아니라 독립적인 생화학적 경로에서 기능을 한다는 것을 말해 준다.

상보적 유전자 활성

두 유전자 상호작용 중 일부에서는 4가지 F_2 유전자형 항이 4가지 미만의 표현형을 만든다. 왜냐하면 표현형은 둘 또는 이상의 유전자형 항을 포함하기 때문이다. 예를 들어 20세기초 10년간 베이트슨은 두 종류의 순종 흰색 꽃 스위트피(sweet pea) 간 교배를 하였다(그림 3.12). 예상과 달리 F_1 자손은 모두 보라색이었다. 이 새로운 잡종을 자가수정시킨 결과 보라색과 흰색이 9 : 7의 비를 보이는 F_2 세대가 나왔다. 어떻게 설명할 것인가? 보라색인 스위트피 꽃을 만들기 위해 두 유전자가 상호협력하여 작용하고, 두 유전자의 우성 대립유전자가 그 색을 만들기 위해 반드시 필요하다.

이러한 유형의 **상보적 유전자 작용**(complementary gene action)을 보여주는 간단한 생화학적 경로가 그림 3.13에 있다. 색이 없는 전구체를 색이 있는 것으로 바꾸는 것은 두 개의 서로 다른 생화학적 반응을 촉매하는 두 효소를 필요로

그림 3.11 렌틸콩 콩색깔의 유전을 설명해 주는 생화학적 모델. 콩은 어두운 외층(콩껍질)과 내층(떡잎)으로 구성되어 있다. 만약 콩껍질이 색깔이 있으면 떡잎은 초록색 엽록소를 보이지 않는다. 대립유전자 *A*는 효소 A를 암호화하고, 대립유전자 *a*는 이 효소를 생산하지 못한다. 두 번째 유전자의 대립유전자 *B*는 다른 효소를 암호화하는데, *b*는 역시 이 효소를 생산하지 못한다. 황갈색과 회색 색소 모두 존재한다면 씨는 갈색을 나타낸다. 두 효소(*aa bb*)가 없다면, 콩껍질은 색깔을 나타내지 않고, 떡잎의 초록색 엽록소가 완전히 보이게 된다. 9 : 3 : 3 : 1의 비는 *A* 유전자와 *B* 유전자가 독립적으로 생화학적인 경로를 통해서 작용함을 시사한다.

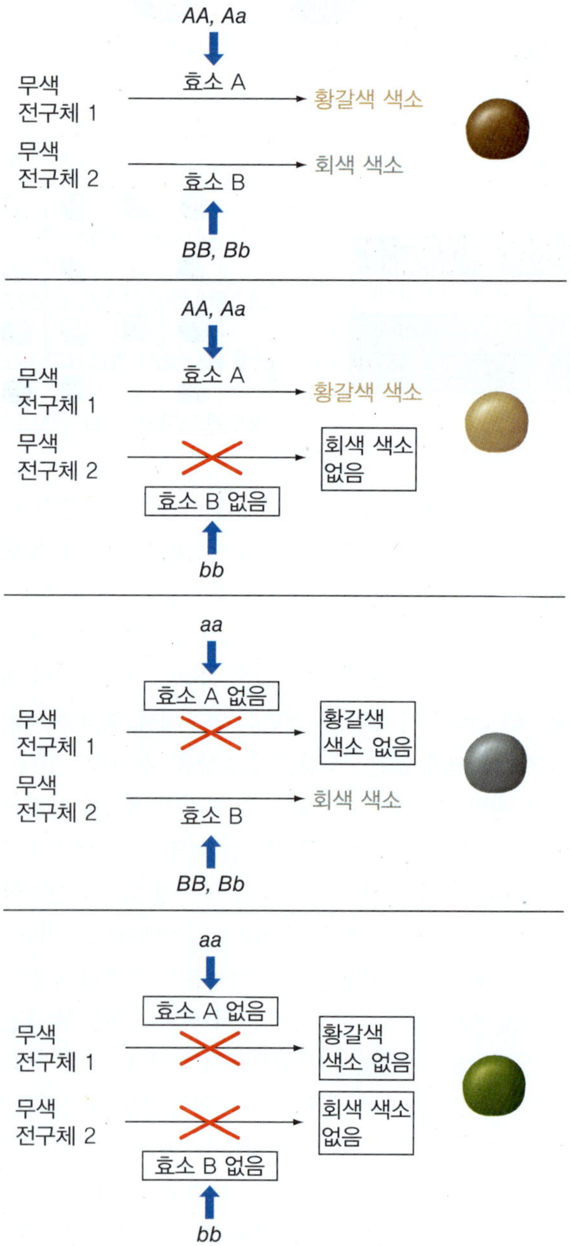

그림 3.12 스위트피에서 색깔은 상보적 유전자 작용의 결과이다. (a) 흰색과 보라색 스위트피 꽃. (b) F_2 세대 식물에서 보라색과 흰색의 비가 9 : 7인 것은 보라색 꽃을 만들기 위해서 각각의 유전자에 적어도 하나의 우성 대립유전자가 필요하다는 것을 의미한다.

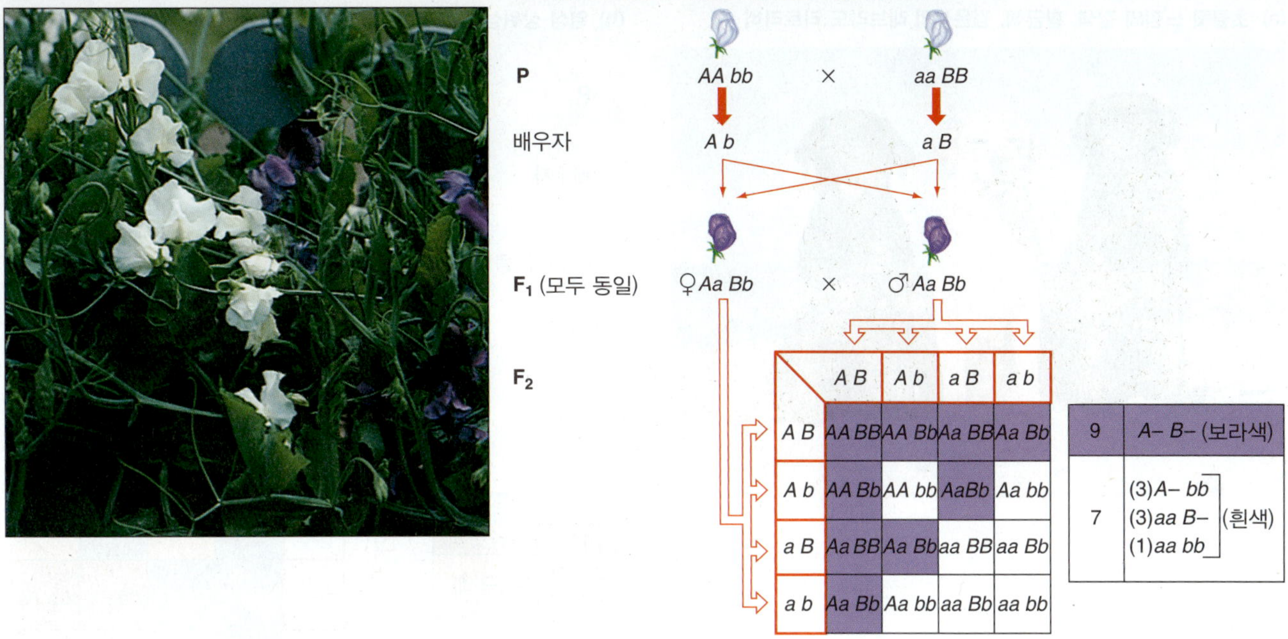

그림 3.13 스위트피 색깔에서 상보적 유전자 작용에 대한 생화학적 설명. 두 유전자의 우성 대립유전자에 의해 결정되는 효소들은 색소를 만드는 데 모두 필요하다. 두 유전자의 열성 대립유전자는 비활성 효소를 만든다. *aa* 동형접합자에서 중간 전구체 2가 생기지 않기 때문에 효소 B가 제 기능을 할 수 있더라도 보라색 색소를 만들어 낼 수 없다.

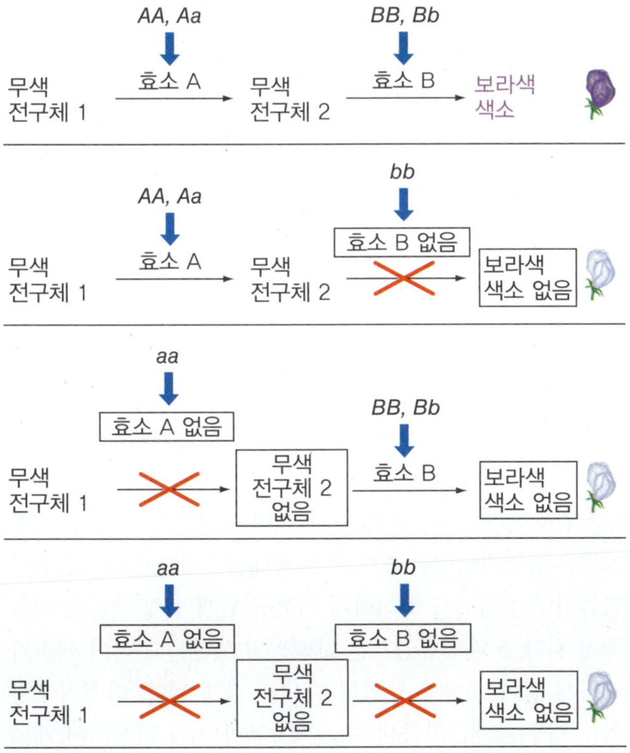

하기 때문에, 필요한 두 효소의 활성 형태를 만드는 *A– B–* 유전자형 항만 색이 있는 꽃을 만들 수 있다. 다른 3가지 유전자형 항(*A– bb*, *aa B–*, *aa bb*)은 색을 만드는 데 필요한 효소를 만들지 못하므로 결국 색을 만들지 못하고 흰색 꽃과 같은 꽃을 만들기 때문에 표현형적 측면에서 하나의 집단으로 분류된다. 상호작용하는 두 유전자의 9:7 비의 "7"부분이 어떻게 9:3:3:1의 3:3:1을 포함하는지를 이해하게 된다. 9:7 비는 함께 작용하는 두 유전자형 항(*A– B–*)은 색을 만드는 반면, 다른 세 유전자형 항(*A– bb*, *aa B–*, *aa bb*)은 색을 만들지 못하는 상보적 유전자 상호작용의 결과이다(그림 3.12b 참조).

상위성

어떤 유전자의 상호작용에서는 하나의 유전자가 다른 유전자의 표현형 효과를 가리기 때문에 멘델의 4가지 유전자형 항이 4가지보다 적은 수의 표현형을 만든다. 그 예는 래브라도 리트리버(뉴 펀들랜드 원산의 사냥개)의 짧고 매끈한 털에서 볼 수 있는 데, 그 털은 검은색, 초콜릿 느낌의 갈색, 혹은 황금색일 수 있다(그림 3.14a). 어떤 색이 나타날지는 털 색깔을 정하는 두 개의 독립적인 유전자의 대립유전자 조합에 의해 결정된다(그림 3.14b). 첫 번째 유전자의 우성 *B* 대립유전자는 검은색을 결정하지만, 열성 *bb* 동형접합

그림 3.14 래브라도 리트리버의 털 색깔을 결정하는 열성 상위성. (a) 래브라도 리트리버의 털 색깔. (b) 황금색 래브라도 리트리버는 두 번째 털 색깔 유전자의 *B* 또는 *b* 대립유전자 효과를 가리는 열성 *e* 대립유전자에 대해 동형접합자이다. *E*– 개에서, *B*– 유전자형은 검은색을 생산하고, *bb* 유전자형은 갈색을 만든다.

(a) 초콜릿 느낌의 갈색, 황금색, 검은색의 래브라도 리트리버

(b) 열성 상위성을 보이는 양성잡종 교배

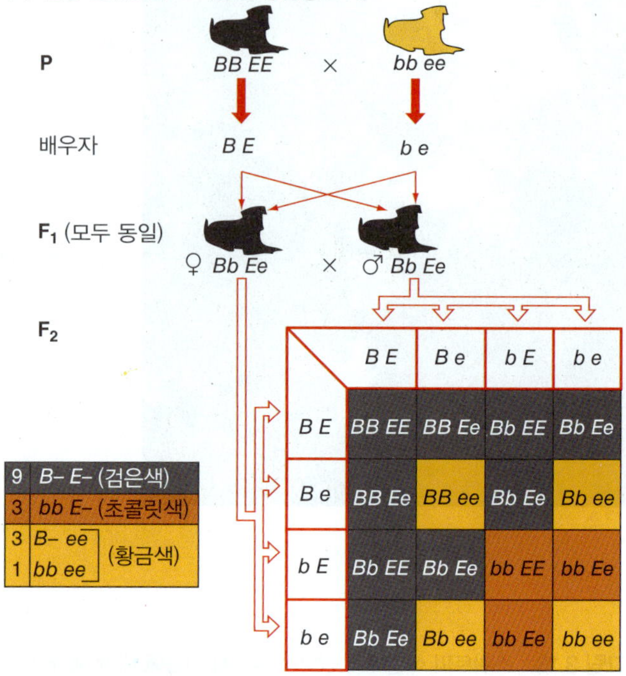

자는 갈색을 만든다. 두 번째 유전자에서 우성 *E* 대립유전자는 검은색이나 갈색과 같은 가시적인 효과를 나타내지 않는다. 하지만 열성 대립유전자(*ee*)가 동형접합자로 존재할 때는 검은색이나 갈색 대립유전자의 조합으로 인해 나타나는 효과가 나타나지 않고 황금색이 나타난다. 한 유전자의 대립유전자가 다른 유전자 대립유전자 효과를 억제하는 유전자 상호작용을 **상위성**(epistasis)이라고 한다; 효과를 가리는 대립유전자(이 경우, *E* 유전자의 *e* 대립유전자)는 억제되는 유전자(하위 유전자)에 대해 **상위**(epistatic)이다. 이 예에서 두 번째 유전자의 열성 *e* 대립유전자의 동형접합은 다른 유전자의 표현형을 억제하는데, 이러한 현상을 **열성 상위성**(recessive epistasis)라고 하고(왜냐하면 상위성을 유발하는 대립유전자가 열성이기 때문에), 열성 *ee* 동형접합자는 첫 번째 유전자가 어떠한 대립유전자 조합에 대해서도 상위성이라고 생각할 수 있다.

열성 상위성 이 현상에 대해 더 자세히 알아보자. 순종 검은색 리트리버(*BB EE*)와 순종 황금색 리트리버(*bb ee*) 사이의 교배는 양성잡종인 검은색 리트리버(*Bb Ee*) F_1 세대를 만든다. 이 F_1 양성잡종 사이의 교배는 비가 아홉 마리의 검은색 개(*B– E–*), 세 마리의 갈색 개(*bb E–*), 네 마리의 황금색 개(*– – ee*)인 F_2 세대를 만든다(그림 3.14b). 여기에서 3가지 종류의 표현형만이 나타난다는 사실에 주목하자. 왜냐하면 우성 *E* 대립유전자가 없는 두 유전자형(세 *B– ee*와 하나의 *bb ee*)은 황금색 표현형을 만들기 때문이다. 그러므로 F_2 세대에서 열성 상위성의 비 9:3:4이고, 여기에서 4는 3(*B– ee*) + 1(*bb ee*) 즉 그 합을 의미한다. *ee* 유전자형은 털 색깔을 결정하는 다른 유전자의 효과를 완전히 억제하기 때문에, 황금색 래브라도 개를 보는 것만으로는 검은색과 갈색(*B* 혹은 *b*) 유전자에 대한 유전자형이 무엇인지 알 수 없다.

개 사육사들은 교배 결과를 예측하고 싶어 하므로 *B*와 *E* 유전자의 서로 다른 대립유전자 및 생화학적인 기작에 대해 잘 이해하고 있다(그림 3.15). 개의 모든 털 색깔은 하나의 공통된 전구체로부터 두 색소가 합성된다: 검정 색소를 유멜라닌(eumelarin), 밝은 색소를 페오멜라닌(pheomelanin)이라고 한다. *E* 대립유전자는 유멜라닌 합성에 필요한 단백질 *E*를 암호화한다. 래브라도 리트리버가 단백질 *E*를 가질 때, 그들은 유멜라닌만을 합성한다. *B* 대립유전자가 단백질 *B*를 만들어 유멜라닌을 빽빽하게 비축하여 개의 털 색깔은 검은색이 된다. *b* 대립유전자는 단백질 *B* 생산을 못하여 색소가 약하게 쌓여 초콜릿 느낌의 갈색을 띠게 된다. 단백질 *E*가 없는 경우(*ee*개), 황금색 색소(페오멜라닌)가 합성되어 개의

그림 3.15 래브라도 리트리버의 털 색깔에 대한 생화학적 설명. 단백질 E는 색깔 없는 전구체로부터 유멜라닌을 생산하는 효소를 활성화 한다. 단백질 E가 존재할 때만, 유멜라닌이 생산되어진다. 단백질 B는 유멜라닌을 빽빽하게 비축하여 검은색 털을 만든다. 단백질 B가 없으면 색소가 약하게 축척되어 초콜릿 느낌의 갈색을 만든다. 단백질 E가 없는 경우, 유멜라닌 생산이 되지 않고 대신에 페오멜라닌(황금색 색소)이 합성된다. 동형접합자 *ee*개는 유전자 *B* 유전자형에 관계없이 항상 황금색 털을 가진다. 이러한 이유는 단백질 B는 유멜라닌만 영향을 미치고 *ee*개의 경우는 유멜라닌과 상관관계가 없기 때문이다.

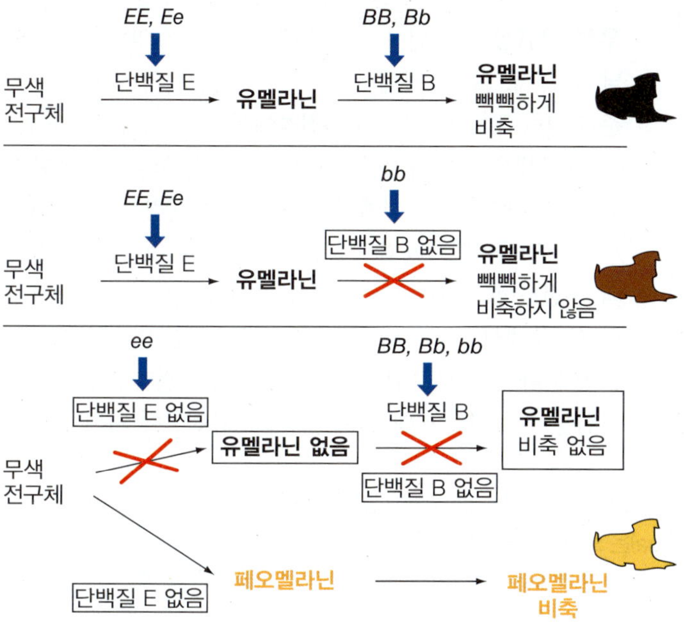

털 색깔은 황금색을 보인다(황금색 색소는 다른 유전자의 작용으로 털에 축적된다). *ee*가 유전자 *B*의 대립유전자에 대해 왜 상위성인지 그림 3.15를 보면 쉽게 이해가 될 것이다. *ee*개의 경우, 유멜라닌이 없어 *B*– 또는 *bb*에 상관없이 항상 황금색 털을 가진다.

열성 상위성에 대한 이해를 바탕으로 인간의 유전학에 대한 흥미로운 수수께끼를 푸는 것이 가능해졌다. 드문 예로, 부모가 모두 O형으로 유전자형이 *ii*일 때 혈액형이 *A*(유전자형 I^Ai)형이거나 *B*(유전자형 I^Bi)형인 아이를 가지는 경우가 있다. 이 현상은 인도의 봄베이에서 발견된 것을 따라서 봄베이 표현형이라고 불리는 극히 드문 형질로 임상적으로 혈액형 O형에서 나타난다. 그림 3.16a를 보면, 봄베이 표현형은 어떠한 ABO 대립유전자들의 영향이라도 억제하는 두 번째 유전자의 돌연변이 열성 대립유전자의 동형접합(*hh*)으로부터 생긴다.

이것이 분자적 수준에서 어떻게 일어나는지를 설명해 보자. 혈액형을 결정하는 적혈구 표면 분자의 구조에서, A형인 사람은 H라고 알려진 당 중합체에 다당류 A를 더해 주는 효소를 만든다; B형인 사람 다당류 B를 더해 주는 효소를 만든다; 그리고 O형인 인간은 다당류 A와 B를 더해 주는 효소를 모두 만들지 않아서 H가 적혈구 막에 노출되어 있다. A, B, O형인 모

그림 3.16 열성 상위성은 사람의 혈액형에서 드물게 나타난다. (a) *h* 봄베이 대립유전자에 대한 동형접합성은 ABO 혈액형을 결정하는 *I* 유전자에 대해 상위이다. *hh*인 사람은 적혈구의 표면에 A 혹은 B 당을 붙이기 위해 필요한 H 물질을 만들지 못한다. (b) *h*는 *I*에 대해 상위이기 때문에, I^A 또는 I^B 대립유전자를 가지고 있을지라도 혈액형 O형으로 나타나는 희귀한 개체가 된다. 숨겨져 있던 *I* 대립유전자가 *Hh* 자손에서 발현될 때, 그들의 자손 혈액형에 대해 놀라게 된다.

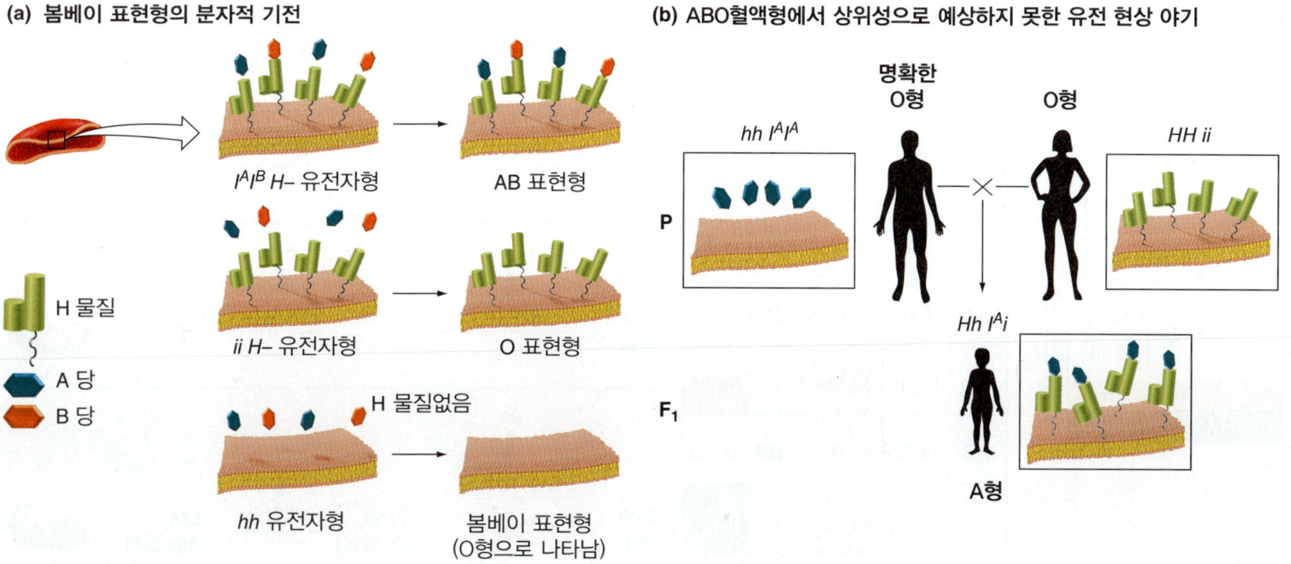

든 인간은 두 번째 유전자에 대해 적어도 하나의 우성 야생형 *H* 대립유전자를 가지고 있고, 그렇기 때문에 H를 가지고 있다. 반면에, 두 번째 유전자에 대해 *hh* 유전자형을 가지고 있는 희귀질환인 봄베이 표현형을 갖는 사람은 H를 만들지 못해서, 다당류에 A 혹은 B를 붙일 수 있는 효소를 만들 수 있더라도 그것을 붙일 당 중합체를 갖지 못한다; 그 결과, 그들은 O형처럼 보인다. 이러한 이유로, H-물질 유전자의 열성 *h* 대립유전자에 대한 동형접합성인 *hh* 유전자형은 I^A, I^B, *i* 대립유전자와 같은 어떠한 조합에 대해서도 상위성이기 때문에 ABO 유전자의 효과를 억제한다.

I^A, I^B 또는 I^A와 I^B 둘 다를 갖고 또한 H-물질 유전자의 열성 *h* 대립유전자에 대한 동형접합성인 *hh*를 갖는 사람은 O형처럼 보이지만 정자나 난자에 I^A 또는 I^B 대립유전자를 갖고 있다. 예를 들어, 엄마로부터 ABO 유전자로 I^A 대립유전자를 그리고 H-물질 유전자에 열성인 *h* 대립유전자를 받고, 아버지로부터 *i* 대립유전자와 우성인 *H* 대립유전자를 받는 자손은 부모 중 어느 누구가 A 또는 AB가 아니라 할지라도 혈액형 A(I^Ai, *Hh*)를 갖게 된다(그림 3.16b).

이전의 두 열성상위의 예에서 두 가지 중요한 사실을 알 수 있다: 특정 F_2 표현형 비를 내는데 서로 다른 여러 생화학적 경로가 관여될 수 있으며, 그 비로 경로를 추론할 수 있기도 하고 없기도 하다. 그러나 그 비 자체는 관여된 생화학적 경로를 추론하는 데 필요한 충분한 정보를 제공하지는 못한다. 반면, 이 장의 마지막 연습 문제에서 알게 되겠지만 생화학적 경로를 안다면 그 경로에 관여된 유전자를 포함하여 교배결과 자손들의 표현형 비를 예측할 수 있다.

우성 상위성 상위성은 우성 대립유전자에 의해서도 일어날 수 있다. 여름호박에서 두 유전자가 열매의 색에 영향을 준다(그림 3.17a). 하나의 유전자에서 우성 대립유전자(*A*–)는 노란색을 지정하지만, 열성 대립유전자의 동형접합자(*aa*)는 녹색이다. 두 번째 유전자의 우성 대립유전자(*B*–)는 흰색을 만들지만, *bb* 대립유전자의 열매는 첫 번째 유전자의 유전자형에 따라 노란색이나 녹색이 된다. 두 유전자의 상호작용에서 *B*의 존재는 *A*–나 *aa*의 효과를 억제하고 흰색을 만든다. 그러므로 *B*–는 *Aa* 유전자의 유전자형에 대해서 상위성이다. 열성 *b* 대립유전자는 *Aa* 유전자에 의해 결정되

그림 3.17 우성 상위성의 결과로 12 : 3 : 1 표현형 비를 가진다. (a) 여름호박에서, 우성 대립유전자 *B*는 흰색을 만드는데, 대립유전자 *A* 및 *a*의 어떠한 조합에도 그 효과를 억제한다. 그 결과, 노란색(*A*–)이나 녹색(*aa*)은 오직 *bb* 개체에서만 발현된다. (b) 대립유전자 *A*는 효소 A를 암호화하지만, *a* 대립유전자는 효소 A를 만들지 못한다. 그러므로 노란색 색소는 *A*– 호박에서, 녹색 색소는 *aa* 호박에서 나타난다. 즉 색소의 침착은 두 번째 유전자의 정상적 (야생형) 대립유전자 *b*에 의해 암호화되는 단백질 b에 의해 결정된다. 그러나 돌연변이 우성 대립유전자 B 단백질은 색소의 침착을 방해한다. 따라서 호박이 색깔을 갖기 위해서는 단백질 B가 아닌 단백질 b를 가져야만 한다.

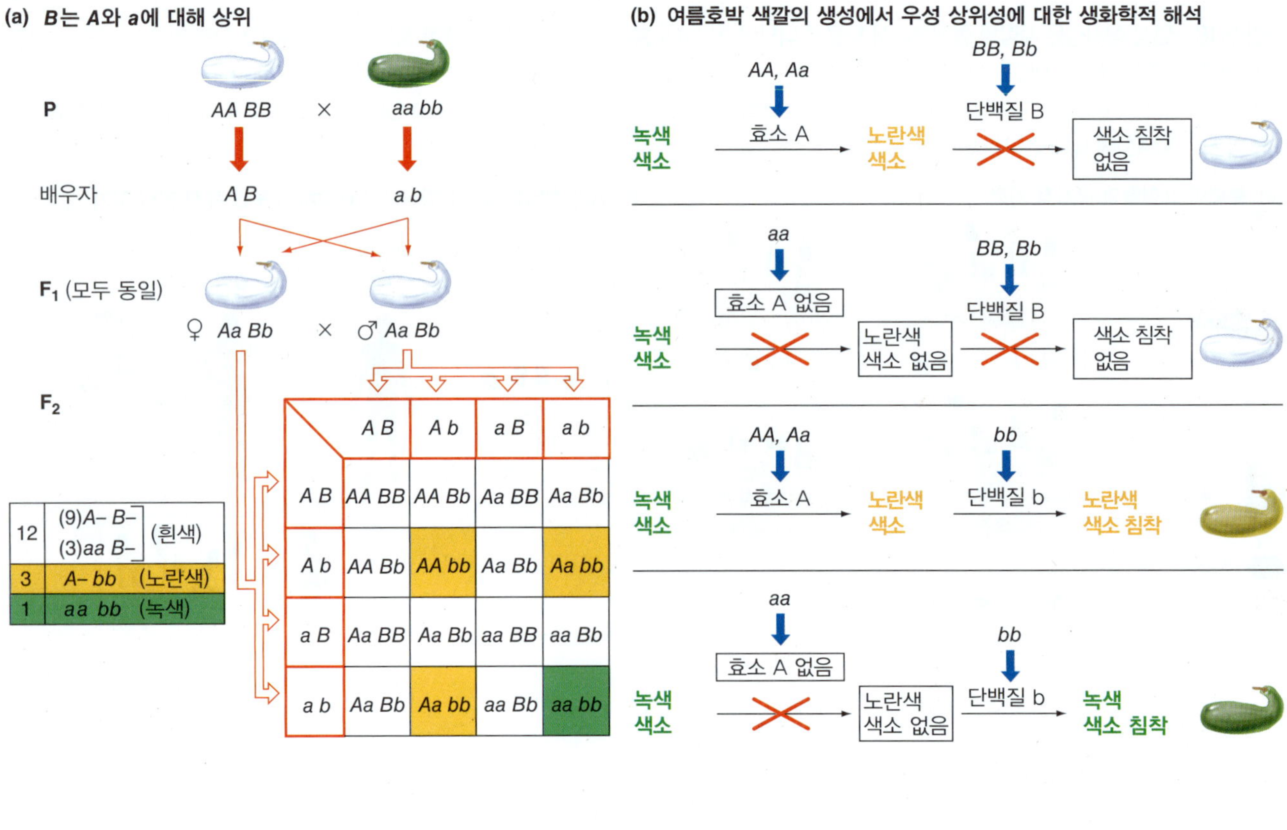

그림 3.18 우성 상위성의 결과로 13 : 3 표현형 비를 가질 수도 있다. (a) 흰색 레그혼과 흰색 와이안도트 간의 양성잡종의 결과로 얻어진 F_2 세대에서는, 흰색 대 유색의 비가 13 : 3이다. 이러한 이유는 대립유전자 *B*가 없으며, *A* 대립유전자는 최소한 한 개 대립유전자를 가지고 있을 때 유색으로 나타나기 때문이다. (b) 대립유전자 *A*를 암호화하는 효소 A는 색소 합성을 위해 필요하다. 대립유전자 *a*는 효소 A를 생산하지 못한다. 닭 깃털의 색소는 두 번째 유전자의 정상(야생형) 대립유전자 *b*에 의해 암호화되는 단백질 b에 의존한다. 그러나 우성 돌연변이 대립유전자 *B*는 색소의 침착을 방해한다.

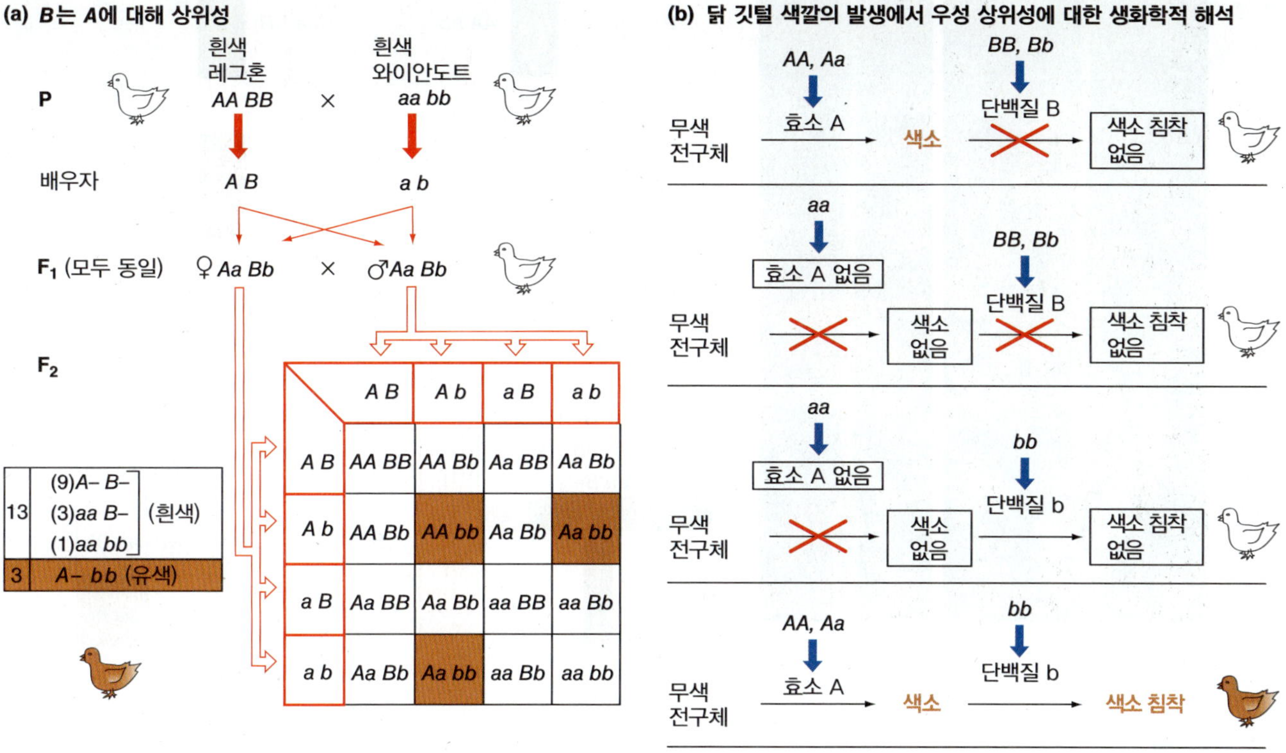

는 열매의 색에 대해 영향력이 없다. 한 유전자의 우성 대립유전자가 다른 유전자의 표현형을 억제할 때, 이를 우성 상위성(dominant epistasis)이라고 한다. 흰색 F_1 양성 잡종(*Aa Bb*) 사이의 교배에서 F_2 표현형비는 흰색 12 : 노란색 3 : 녹색 1(그림 3.17a)이다. 여기에서 "12"는 두 종류의 유전자형 계급(9 *A– B–*와 3 *aa B–*)을 포함한다.

호박유전자 *A*와 *B*에 대한 분자 수준에서 설명은 아직 되어 있지 않으며, 서로 상호작용하는 생화학적인 경로도 모르는 상태이다. 하지만 다른 식물에서의 비슷한 현상으로 볼 때, 그림 3.17b에서와 같이 12 : 3 : 1의 표현형으로 보인다.

이 비의 변형을 닭의 깃털 색에서 볼 수 있다(그림 3.18a). 흰색 레그혼(leghorn, 이탈리아산 닭 품종)은 깃털 색을 결정하는 두 개의 우성 *AA BB* 유전자형을 가지고 있다. 반면, 와이안도트(wyandotte, 미국산 닭 품종)는 두 유전자에 대해 동형접합성 열성(*aa bb*)을 가지고 있다. 두 흰색 순종 사이의 교배는 모두 흰색인 양성잡종(*Aa Bb*) F_1 세대를 만든다. 하지만 F_2 세대에서는 유색 깃털이 있는 개체가 생기고, 흰색 : 유색 개체의 비는 13 : 3이다(그림 3.18a). 이 비를 *B*가 *A*에 대해 상위성인 일종의 우성 상위성으로 설명할 수 있다; *A* 대립유전자는 (*B*가 없을 때) 색을 만들어 내며; *a*, *B*, *b* 대립유전자는 색을 만들지 않는다. 이 상호작용은 13 : 3의 비로 나타나는데, 왜냐하면 9 *A– B–*, 3 *aa B–*, 1 *aa bb* 유전자형 항들은 결합해서 오직 하나의 표현형인 흰색을 만들기 때문이다. 닭 깃털 색에서 13 : 3 비에 대한 생화학적인 경로는 그림 3.18b에서 묘사하고 있다.

이상과 같이 우성 상위성에 대한 예에서 두 가지 주요한 점을 알 수 있다. 첫 번째는 우성 상위성에서는 두 유전자의 대립유전자가 길항작용 기능을 가진다. 호박과 닭 깃털 색에서 유전자 *B* 우성 대립유전자는 유전자 *A* 우성 대립유전자에 의해 합성되는 색소의 침착을 방해한다. 두 번째로는, 우성 상위성에서 표현형의 비는 유전자의 특별한 생화학적인 경로 및 서로 다른 대립유전자들의 특이한 기능에 의존한다. 호박과 닭의 예에서 F_2 표현형의 비가 다른 이유는 호박에서 효소 A는 초록색을 노란색으로 바꾸기 때문인 반면, 닭에서는 효소 A가 무색의 전구체로부터 색소를 생산하기 때문이다.

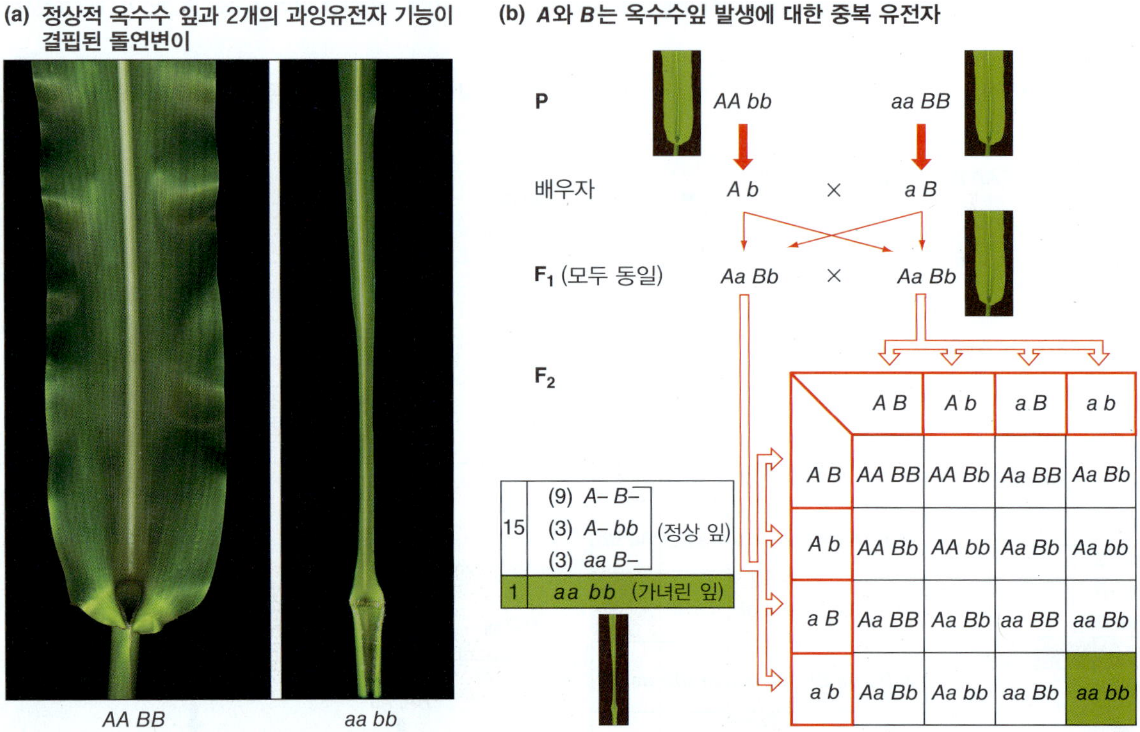

그림 3.19 과잉 유전자는 15 : 1 표현형 비를 만든다. (a) 정상적 옥수수 잎(*AA BB*)과 우성 대립유전자 *A*와 *B*가 모두 결핍된 잎(*aa bb*). (b) 옥수수에서 우성 대립유전자 *A*나 *B* 둘 중 하나만 있어도 잎은 정상적인 성장을 한다. 오직 우성 대립유전자 둘 다 없는 경우에만 가녀린 잎의 기형이 된다. 따라서 F_2의 양성잡종 교배에서 15 : 1 비를 보인다.

과잉 유전자

2개의 옥수수 유전자 *A*와 *B*는 잎의 성장을 조절한다. 보편적인 넓은 잎들을 가진 식물은 우성 대립유전자 *A* 또는 우성 대립유전자 *B* 중 하나를 가진다(*A– B–*, *A– bb*, *aa B–*). 그러나 우성 대립형질을 가지고 있지 않은 식물의 잎(*aa bb*)은 너무 적은 세포를 포함하기 때문에 가녀리다(그림 3.19a). 왜냐하면 잎들은 *A*와 *B* 모두 부재인 경우(*aa bb*)에만 기형으로 만들어진다. F_2의 **중복유전자 작용**(**redundant gene action**)을 나타내는 표현형 비는 15:1이다(그림 3.19b). 우성 대립유전자에 의해 암호화되는 단백질들은 (A 그리고 B) 잎이 될 전구체 세포들을 모으는 나란히 중복된 경로에서 기능한다(그림 3.20).

이 경우처럼, 중복유전자들은 가까이 있는 동일한 기능을 하는 동일한 단백질을 지정한다. 왜 유기체는 동일한 기능을 하는 2개의 유전자를 가지고 있을까? 답은 중복유전자가 진화 과정에서 야기되는 유전자 중복에 의해 자주 발생되기 때문이다. 또 다른 답은 9장에서 설명한다.

변경된 멘델의 비: 요약

유전자는 개체의 특성을 결정하기 위해 상호작용을 한다. 즉, F_2 세대의 멘델의 유전자형의 9:3:3:1 비는 유전자 상호작용에 의하여 다양한 표현형을 만들 수 있다. 유전자 상호작용의 결과 서로 다른 4가지 유전자형의 조합이 이루어지는데, 표 3.2에 유전자형과 함께 표현형 비를 요약정리하였다.

이질유전자적 형질과 상보성 검정

50개에 가까운 유전자들이 인간에서 청각장애를 유발할 수 있는 돌연변이 대립유전자를 가지고 있다. 많은 유전자들이 청력을 갖게 하는 발달 경로를 만들어 내고 경로상의 어떤 부분에서의 기능 손실, 예를 들어 가운데 귀에 있는 하나의 작은 뼈에서의 기능 손실은 청각장애를 유발할 수 있다. 다시 말해서, 정상적인 청력을 가지려면 50개 유전자 각각에서 우성 야생형 대립유전자를 필요로 한다. 그러므로 청각장애는 **이질유전자적 형질**(**heterogeneous trait**)이다: 많은 유전자 중 어떤 하나의 유전자의 돌연변이도 같은 표현형을 만들 수 있다. 그림 3.12b에서 학습한 바와 같이, 스위트피의 흰색 꽃은 이질유전자적 형질이다; 서로 다른 유전자의 기능이 없는 대립유전자들, *AA bb*, *aa BB*, *aa bb* 은 모두 흰색 꽃이다.

그림 3.20 중복유전자 작용에 대한 생화학적 설명. 우성 대립유전자 *A*나 *B*는 잎 전구체 세포를 가지고 오는 경로에서 독립적인 기능을 수행한다. 열성 대립유전자 *a*와 *b*는 단백질을 만들지 못한다. 잎을 만드는 경로는 충분하나 식물은 우성 대립유전자의 결손으로 가녀린 잎을 가진다.

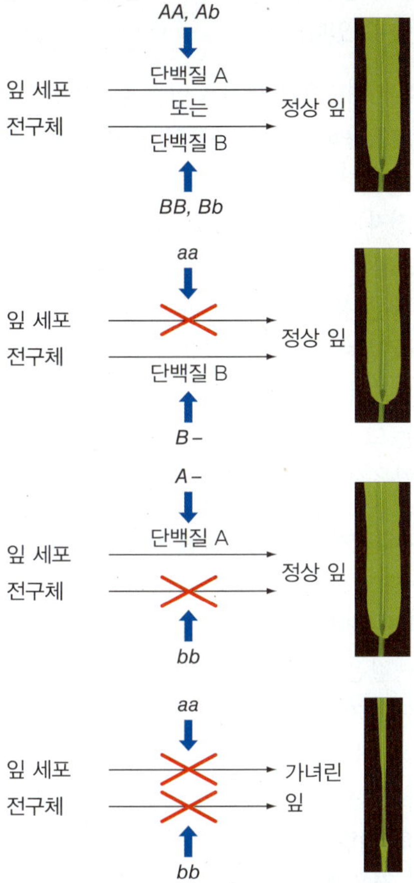

이질유전자적 돌연변이 표현형을 가지는 인간에서 많은 유전자 중 어떤 것이 돌연변이되었는지를 결정하는 것이 항상 가능하지는 않다. 예를 들어 청각장애의 경우, 특정한 청각장애를 가지는 남녀가 같은 유전자의 돌연변이를 가지고 있는지를 알아내는 것은 이들 사이에 아이가 있지 않다면 보통 가능하지 않다. 만약 그들이 정상인 아이만을 가진다면, 부모는 각기 다른 두 유전자에 돌연변이를 가지고 있을 가능성이 크고, 아이들은 각각의 두 유전자에 하나의 정상인 야생형 대립유전자를 가지고 있을 것이다(그림 3.21a). 대조적으로, 그들의 자녀가 모두 청각 장애인이라면 부모는 같은 유전자에 동형접합성 돌연변이를 갖고 있을 것이고, 자녀도 같은 돌연변이에 대해 동형접합성일 것이다(그림 3.21b).

특정 표현형이 같은 유전자 또는 다른 유전자들에 있는 돌연변이에 의해 일어나는지를 확인하는 방법은 **상보성 검정**(complementation test)이라고 하는 자연스럽게 생겨난 실험적인 유전학적 방법이다. 간단히 말해서, 동일한 열성 표현형으로 보이는 것이 두 개의 다른 계통에서 나타날 때, 유전학자들은 같은 유전자에서의 돌연변이가 이 표현형의 원인인지 알고 싶어 한다. 그들은 이 두 계통의 영향을 받은 개체 사이의 교배를 통해 이 질문에 대해 답을 얻을 수 있다. 각각의 부모로부터 두 돌연변이를 받은 자손이 야생형 표현형을 나타낸다면, 상보성이 일어난 것이다. 상보성이 관찰된다는 것은 원래의 돌연변이들이 두 개의 다른 유전자들에

표 3.2 유전자 상호작용의 요약

유전자 상호작용	예시	F_1 양성잡종 교배로 인한 F_2 유전자형의 비				F_2 표현형 비
		A− B−	*A− bb*	*aa B−*	*aa bb*	
없음: 별개의 F_2 표현형 4	렌틸콩: 콩껍질 색깔 (그림 3.10a 참조)	9	3	3	1	9:3:3:1
상보성: 두 유전자의 우성 대립유전자 하나는 표현형 생성에 필수적이다.	스위트피: 꽃 색깔 (그림 3.12b 참조)	9	3	3	1	9:7
열성 상위성: 한 유전자의 열성 동형접합자는 다른 유전자의 두 대립유전자 모두를 억제한다.	래브라도 리트리버: 털 색깔 (그림 3.14b 참조)	9	3	3	1	9:3:4
우성 상위성 I: 한 유전자의 우성 대립유전자가 다른 유전자의 두 대립유전자 모두의 효과를 억제한다.	여름호박: 색깔 (그림 3.17a 참조)	9	3	3	1	12:3:1
우성 상위성 II: 한 유전자의 우성 대립유전자가 다른 유전자의 우성 대립유전자 효과를 억제한다.	닭 깃털: 색깔 (그림 3.18a 참조)	9	3	3	1	13:3
중복성: 두 유전자의 대립유전자 중에서 어느 하나만 우성이라도 표현형이 나타난다.	옥수수잎: 발생 (그림 3.19b 참조)	9	3	3	1	15:1

그림 3.21 인간에서 유전적 이질유전자: 많은 유전자의 돌연변이는 청각장애를 유발할 수 있다. (a) 청각장애가 있는 두 부모는 정상적인 자손을 가질 수 있다. 이러한 현상은 유전적 상보성의 예로 청각장애의 부모가 서로 다른 유전자에서 열성 돌연변이에 대한 동형접합성일 경우 나타난다. (b) 청각장애가 있는 두 부모는 자녀 모두 청각장애인을 가질 수 있다. 이런 경우에는 양쪽 부모 모두 같은 유전자 상에 돌연변이를 지니고 있어 상보성이 일어나지 않았기 때문이다.

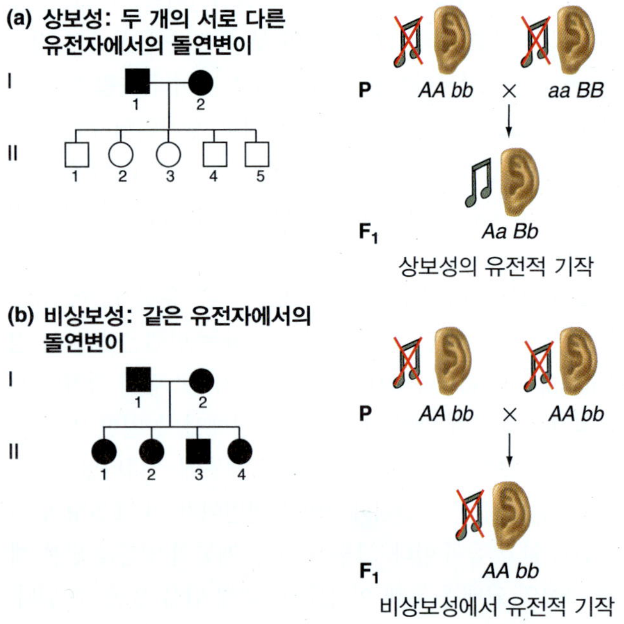

영향을 끼쳤으며, 두 유전자에서 한 부모로부터의 정상적 대립유전자가 다른 부모로부터의 돌연변이 대립유전자가 주지 못하는 것을 제공한다는 것을 의미한다.

상보성의 예는 일찍이 그림 3.12b에서 보았다. 흰색 부모 식물은 보라색 색소 합성을 위해 필요한 서로 다른 유전자의 비기능성 대립유전자에 대한 동형접합자였다. F_1 자손은 보라색인데 각 부모의 배우자가 야생형 대립유전자를 제공하기 때문이다. 이와 같은 현상의 또 다른 예로는 **그림 3.21a**의 청각장애 가계도이다. 대조적으로, 만일 두 개의 열성 돌연변이 대립유전자를—각 부모로부터 하나씩 —받는 자손이 돌연변이 표현형을 보인다면, 상보성은 일어나지 않는다. 왜냐하면 두 돌연변이들이 독립적으로 동일한 유전자를 변형시키기 때문이다(**그림 3.21b**). 그러므로 상보성의 발생은 유전적 이질성을 보여준다.

상보성 검정은 돌연변이들 중 하나가 야생형에 대해 우성일 때는 사용할 수 없음을 기억해야 한다. 상보성의 개념은 우성 대립유전자가 정상 기능을 하는 단백질을 암호화하고, 열성 대립유전자는 단백질을 합성하지 못하거나 정상 기능을 하지 못하는 단백질을 만들 때 의미 있는 것이다. 7장은 상보성 검정에 대한 좀 더 깊은 논의와 그들의 이용에 대한 내용을 다룬다.

불완전 우성과 공우성은 표현형 변이를 확장한다

다유전자성 형질의 주제에서 여러 변형된 내용들은 다음과 같이 요약될 수 있다.

(1) 유전자는 새로운 표현형을 만들 수 있다.
(2) 두 상호작용하는 유전자들의 우성 대립유전자들은 특정 정상 표현형을 위해 둘 다 필요하다.
(3) 한 유전자의 대립유전자들은 다른 유전자의 대립유전자의 효과를 감출 수 있다.
(4) 서로 다른 유전자들이 중복의 기능을 가질 수 있는데, 즉 각 유전자의 우성 대립유전자는 특정 정상 표현형을 위해 충분하다.
(5) 둘 또는 그 이상의 유전자들 중의 하나에서 여러 돌연변이 대립유전자들은 같은 표현형을 나타낼 수 있다.

서로 다른 유전자들의 상호작용으로 멘델의 4가지 유전적 부류가 둘 또는 그 이상 합병되어 하나의 표현형 부류로 나타난다. 예를 들면, 유전자들의 중복이 있을 때—*A– B–*, *A– bb*, *aa B*—같은 표현형을 가진다. 이에 대한 각각을 단순화시켜 살펴보자. 쌍으로 있는 각 유전자의 하나의 대립유전자가 다른 대립유전자에 대하여 완전 우성임을 알 수 있다. 그러나 유전자 상호작용의 어떠한 경우에는 하나 또는 두 유전자의 대립유전자가 불완전 우성 및 공우성을 보이는데, 이러한 경우에는 표현형이 다양해진다. 예를 들어 **그림 3.22**는 양성잡종 교배에서 두 유전자들의 불완전 우성이 어떻게 추가적인 표현형적 변화를 가져오는지 보여준다. 양성잡종 교배 결과 F_2의 9가지 유전자형의 각각은 서로 다른 표현형을 나타낸다.

그림 3.22에서 보이는 표현형에 대한 간단한 생화학적 설명은 그림 3.3b의 (효소의 양에 비례하여 붉은 색소가 생성된다) 불완전 우성과 유사하다. 여기에서 차이점은 보라색 색소는 두 효소 A와 B의 작용을 필요로 한다. 이들 중 하나의 효소만으로도 충분한 효과를 나타내는데, 즉 하나의 유전자가 보라색을 나타내는데 기여함을 시사한다.

비록 다양한 변이가 나타나지만, 관찰되는 그 어떤 것도 멘델의 분리의 법칙과 독립의 법칙에 모순되는 멘델의 표현형적 비로부터 벗어난 것은 없었다. 각 유전자의 대립유전자들은 그의 제안대로 여전히 분리되었다. 많은 유전자들의 대립유전자들 사이의 상호작용은 유전자형과 표현형의 복잡한 관계를 풀기 어렵게 한다.

그림 3.22 불완전 우성인 유전자들의 상호작용으로 하나의 형질에 대하여 아홉 개의 다른 표현형들을 만들어낼 수 있다. 이 예시에서, 두 유전자들은 보라색을 만들어낸다. 첫 번째 유전자의 대립유전자들 *A*와 *a*는 두 번째 유전자의 대립유전자 *B*와 *b*와 함께 불완전 우성을 보인다. 각 유전자들의 두 대립유전자들은 3개의 다른 표현형들을 만들어낼 수 있고, 양성잡종은 1 : 2 : 2 : 1 : 4 : 1 : 2 : 2 : 1의 9개(3 × 3)의 다른 색깔들을 만들어낼 수 있다.

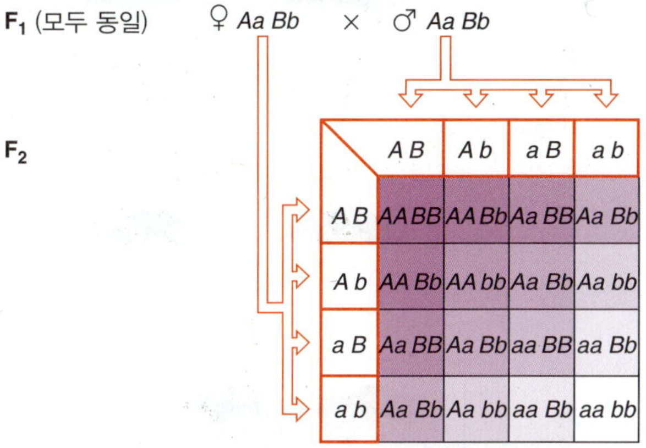

1	*AA BB*	purple shade 9
2	*AA Bb*	purple shade 8
2	*Aa BB*	purple shade 7
1	*AA bb*	purple shade 6
4	*Aa Bb*	purple shade 5
1	*aa BB*	purple shade 4
2	*Aa bb*	purple shade 3
2	*aa Bb*	purple shade 2
1	*aa bb*	purple shade 1 (white)

교배 연구는 형질이 어떻게 유전되는지를 결정하는 데 도움을 준다

유전학자들은 특정한 형질이 하나의 유전자의 대립유전자들에 의한 것인지 아니면 두 유전자들이 여러 상호작용의 결과로 생기는지를 어떻게 알 수 있는가? 교배 연구는 보통 이러한 쟁점을 풀어준다. 특정한 유전 방식으로 나타나는 표현형 비는 (예를 들어, 두 유전자가 상호작용하는 것을 나타내는 9:7 또는 13:3) 첫 단서를 제공하고 가설을 제시한다. 또한 교배 연구는 어떤 가설이 옳은지를 보여준다. 예를 들어, 쥐에서 털 색깔을 노랗게 결정하는 것이 열성 치사로도 작용하는 *agouti* 유전자의 우성 대립유전자에 의한 것임을 보았다. 또한 쥐의 털 색깔에 대한 두 개의 다른 유전자를 보았다. 이미 *agouti* 유전자의 대립유전자들을 *Aa*로서 표시했기 때문에, 이 추가적인 유전자들의 대립유전자들은 *Bb*와 *Cc*로 사용하기로 한다.

순종의 흰색 알비노 쥐를 순종의 갈색 쥐와 교배했을 때 검정의 잡종이 나왔다; 이 검정 F_1 잡종을 서로 교배하니 90의 검정, 30의 갈색, 40의 알비노 자손이 나왔다. 이들 표현형들의 유전적 조성은 어떻게 된 것인가? 열성 상위성의 9:3:4 비를 가정할 수 있고, 하나가 다른 하나에 대해 상위성을 갖는 두 유전자들이 상호작용하여 3개의 쥐의 표현형을 만들어냈다는 가설을 세울 수 있다(그림 3.23a). 그러나 이 가설이 옳은지 어떻게 알 수 있는가? 또한 아마도 90:30:40 비를 보이는 160 자손의 결과를 한 유전자의 활성에 의해 설명할 수도 있다(그림 3.23b). 이 단일 유전자 가설에 따르면, 알비노는 한 대립유전자에 대해 동형접합자(*bb*)일 것이고, 갈색 쥐는 두 번째 대립유전자에 대한 동형접합자(*BB*)일 것이며, 검은 쥐는 *B*가 *b*에 대해 불완전 우성을 보이기 때문에 그 "중간형" 표현형을 나타내는 이형접합자(*Bb*)일 것이다. 이 가정하에서, 검정(*Bb*)과 검정(*Bb*)을 교배하면 1 *BB* 갈색:2 *Bb* 검정:1 *bb* 알비노, 즉 40 갈색:80 검정:40 알비노를 생산할 것이 예상된다. 하나의 유전자의 유전으로부터 30의 갈색, 90의 검정, 40의 알비노 쥐를 얻는다는 것이 가능한 것인가? 직관적으로, 답은 예이다: 40:80:40과 30:90:40의 비는 다르게 보이지 않는다. 만약 동전을 100번 던지면 항상 50:50의 비로 앞면과 뒷면이 나오지 않는다는 것을 안다. 때로는 60:40이 될 수도 있다. 그러면, 두 유전자 대 단일 유전자 모델 사이에서 어떻게 결정할 수 있는가?

그 답으로서 가설을 입증 또는 반박하기 위하여 교배의 다른 유형들을 사용할 수 있다. 예를 들어, 만약 단일-유전자 가설이 옳았다면, 순종의 흰색 F_2 알비노를 부모 세대에서와 비슷하게 순종의 갈색 쥐와 교배했을 때 모두 검정 잡종이 나올 것이다(갈색 [*BB*] × 알비노 [*bb*] = 모두 검정 [*Bb*]) (그림 3.23b). 그러나 만약 알비노 유전자(*C* 라고 불리는)에서의 열성 돌연변이가 *B* 유전자로부터의 모든 발현에 상위성을 갖는 두 유전자 가설이 옳다면, 순종의 갈색(*bb CC*)과 F_2 알비노(– – *cc*)와의 교배에서는 *B* 유전자에서의 알비노 유전자자형에 따라서 모든 자손이 검정; 반은 검정이고 반은 갈색; 모두 갈색 이라는 다른 결과들을 가져올 것이다(그림 3.23a 참조). 사실, 실험이 실제로 수행되었을 때 결과들은 유전자 가설을 입증했다.

사람에서는 가계도 분석이 교배 실험을 대신한다

교배 실험은 명백한 윤리적 이유들로 인해 사람에게는 적용할 수 없다. 그러나 가능한 한 많은 가족의 가계도를 주의 깊게 분석하면 특정 상황의 유전적 기초를 밝히는 데 도움이 된다.

그림 3.23 특정 교배 실험으로 가설이 확정된다. 쥐에서 털 색깔을 추적하는 교배 실험의 결과들은 두 가설 모두를 설명할 수 있다. (a) 한 가설은, 두 유전자는 열성 상위성으로 상호작용하여 9 : 3 : 4 비를 만든다. (b) 다른 가설은 관찰되는 결과가 나오기 위해서는 하나의 유전자의 대립유전자들 사이의 불완전 우성이 존재한다. 이러한 가설들을 검증할 수 있는 방법은 여러 F_2 알비노 쥐를 순종의 갈색 쥐와 서로 교배하는 것이다. 두 유전자 가설은 *B* 유전자에서의 – – *cc* 알비노 유전자형에 따라 여러 다른 결과가 나온다. 단일 유전자 가설은 모든 교배의 모든 자손이 검은색일 것으로 예측한다.

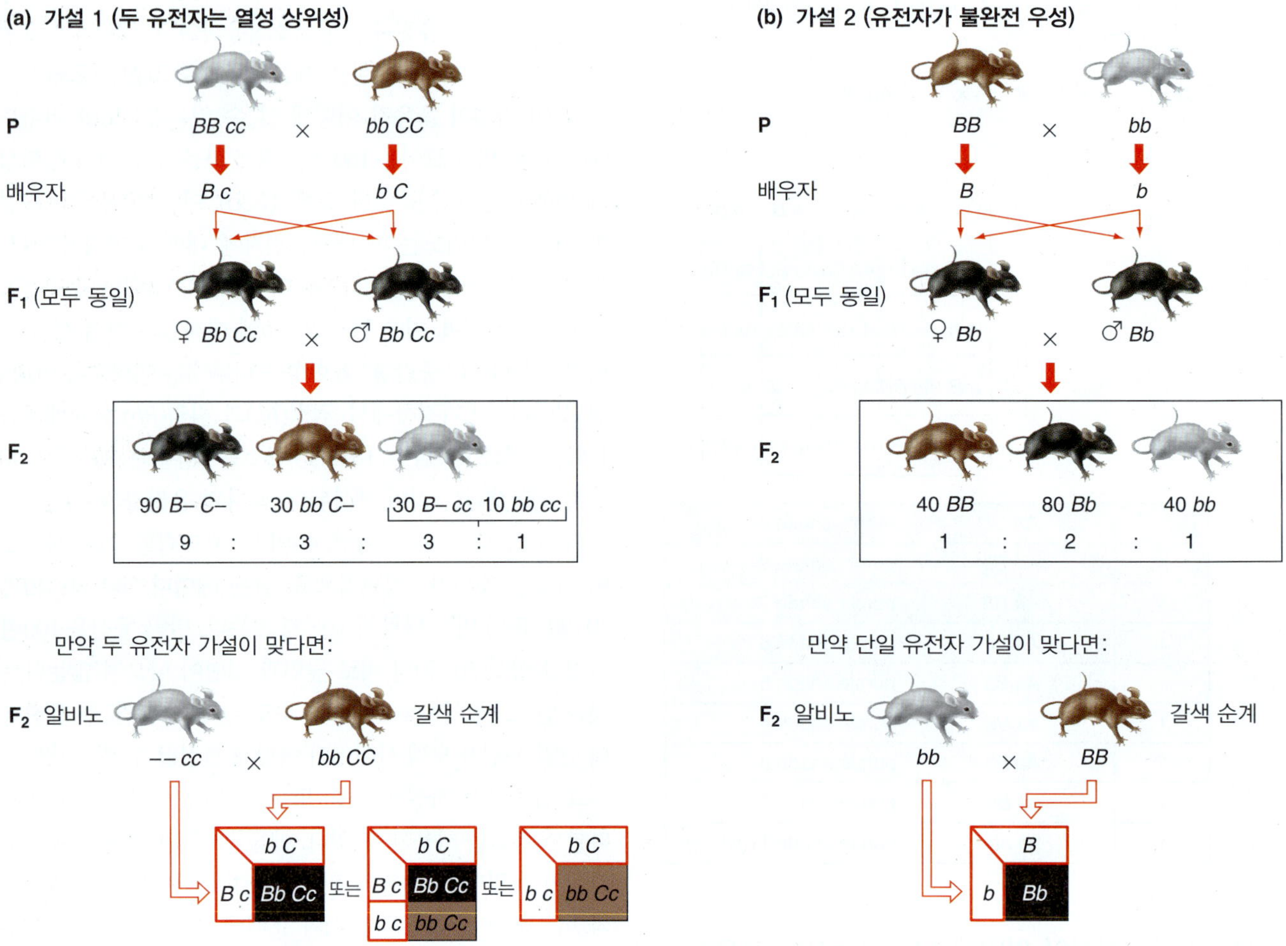

예를 들어, 눈백색증(ocular-cutaneous albinism, OCA)으로 알려져 있는 백색증의 경우, 그 유전병 환자의 피부, 털, 눈에 색소가 적거나 아주 없다(그림 3.24a). 그림 3.24b에서 보이는 수평적 유전양상은 해당 대립유전자에 동형접합인 백색증 가족 구성원을 통해서 OCA가 하나의 유전자의 열성 대립유전자에 의해 결정됨을 보여준다. 그러나 1952년 백색증에 관한 논문에서는 두 백색증 부모가 3명의 정상 색소를 지닌 자녀를 낳았다는 보고가 있었다(그림 3.24c). 이 현상을 어떻게 설명할 수 있을까?

답은 백색증은 이형접합성의 또 다른 예라는 것이다: 여러 다른 유전자들 중 어느 하나의 돌연변이 대립유전자들도 이 현상을 야기할 수 있다. 실제로, 보고되었던 가족은 의도하지 않았던 상보성 검정이 되었던 경우인데, 한 쪽 부모가 유전자 *A*에서 OCA를 유발하는 돌연변이 동형접합자였고, 다른 한 부모는 *B*라는 다른 유전자에서 OCA를 유발하는 돌연변이 동형접합자였던 것이다.

같은 유전자형이 항상 같은 표현형을 만드는 것은 아니다

지금까지의 유전자 상호작용에 대한 논의에서, 특정 유전자형이 특정 표현형을 유발하는 예들을 보았다. 그러나 이러한 일이 모든 상황에서 일어나는 것은 아니다. 때때로 유전자형 모두 발현되는 것은 아니다. 즉, 유전자형은 존재하지만 예상되는 표현형이 나타나지 않을 수도 있다. 다른 경우에는, 유전자형에 의해 야기되는 형질이 개개인에 따라 다양한 정도나 방법으로 발현되기도 한다. 유전자형의 표현형

그림 3.24 가계도는 눈백색증(ocular-cutaneous albinism, OCA; 백색증의 일종)의 유전적 기초를 밝히는 데 도움이 되었다. (a) 백색증인 나이지리아 소녀와 그녀의 자매가 범아프리카 대회의 폐막식에서 축제를 즐기고 있다. (b) 근친결혼을 한 가족에서 OCA의 유전을 나타내는 가계도는 이 형질이 열성임을 드러낸다. (c) 두 백색증 부모가 백색증이 아닌 자손을 둔 가족은 OCA를 유발하는 두 유전자들 둘 다 열성 대립유전자의 동형접합자일 때라는 것을 보여준다.

(a) 백색증 형상

(b) 백색증은 열성

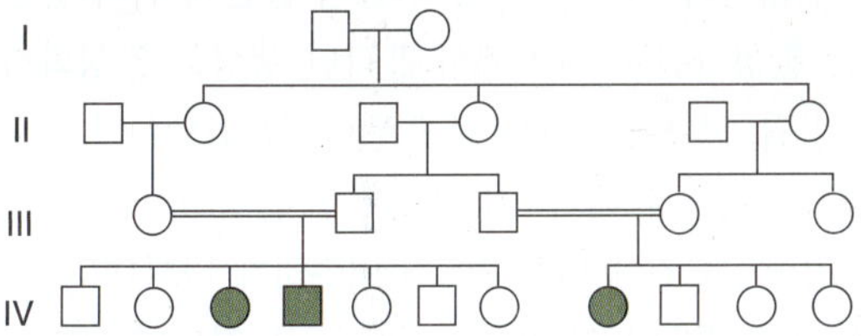

(c) 백색증에 대한 상보성

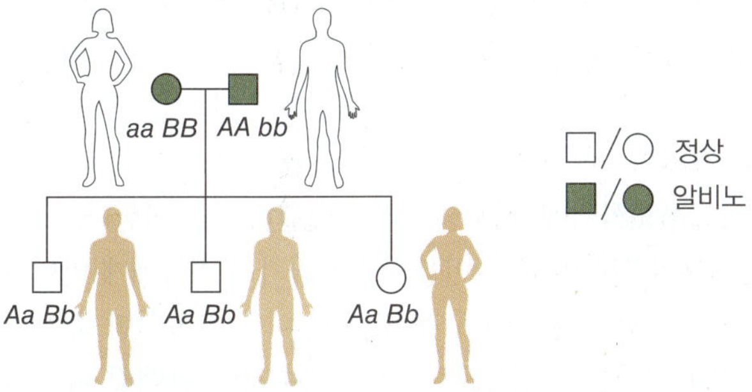

그림 3.25 표현형에서 침투도와 발현도가 변이 양상을 보인다. 모든 개체의 유전자형이 같은 표현형을 가질 때(초록색), 유전자형은 완전 침투가 된다. 일부 유전자형은 불완전한 침투를 보인다 – 몇 개체만이 표현형을 보이고 나머지는 그렇지 못하다. 유전자형은 다양한 발현도를 보일 수 있는데, 같은 유전자형을 가진 개체가 서로 다른 정도의 형질을 보여준다.

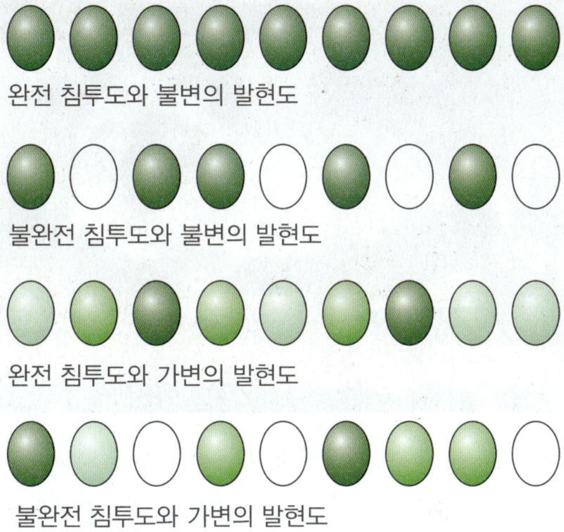

을 변화시키는 요소에는 변경 유전자(modifier gene), 환경적 요인(앞서 정의했듯이, 넓은 의미에서), 그리고 우연의 요소가 있다. 이러한 요소들은 교배 실험의 해석을 복잡하게 만든다.

침투도와 발현도

안구 암의 가장 악성형태인 망막아종은 하나의 유전자의 우성 돌연변이로부터 야기되지만 돌연변이 대립유전자를 갖고 있는 인간의 75%만이 질병으로 나타난다. 유전학자들은 특정 유전자형을 가진 집단에서 얼마나 많은 구성원이 예상되는 표현형을 보이는가를 설명하기 위해 **침투도**(penetrance)라는 용어를 사용한다. 침투도는 멘델의 연구에서 사용된 형질처럼 완전(100%)할 수도 있고 망막아종의 경우처럼 불완전할 수도 있다. 망막아종의 경우, 침투도는 75%이다.

망막아종의 어떤 사람들은 오직 한쪽 눈만 영향을 받는 반면, 다른 사람들은 양쪽 눈이 다 질병에 걸리기도 한다. **발현도**(expressivity)는 특정 유전자형이 표현형으로 발현되는 정도나 크기를 말한다. 발현도는 망막아종(하나 또는 두 눈이 영향 받는)처럼 다양할 수도 있고, 완두콩의 색깔처럼 불변의 성질을 가질 수도 있다. 앞으로 볼 것이지만, 망막아종의 불완전 침투도와 다양한 발현도는 우연의 결과이고, 다른 경우들에서는 변경 유전자와 또는 환경이 표현형의 변화를 야기한다.

그림 3.25는 완전 침투도, 불완전 침투도, 가변 및 불변의 발현도의 차이를 보여주는 모식도이다.

변경 유전자

형질을 결정하는 모든 유전자가 항상 똑같이 표현형에 영향을 미치는 것은 아니다. 주요 유전자는 큰 영향력을 갖는 반면, **변경 유전자**(modifier gene)는 미미한 이차적 효과를 갖

그림 3.26 샴고양이에서 온도는 털 색깔에 영향을 준다. (a) 샴고양이. (b) 멜라닌은 체온이 낮은 몸의 말단 부위에서만 만들어진다. 이것은 샴고양이가 온도 민감성인 멜라닌 합성에 관련된 효소에 대해 동형접합성의 돌연변이를 가졌기 때문이다. 이 돌연변이 효소는 낮은 온도에서 활성을 갖고 높은 온도에서는 불활성이다.

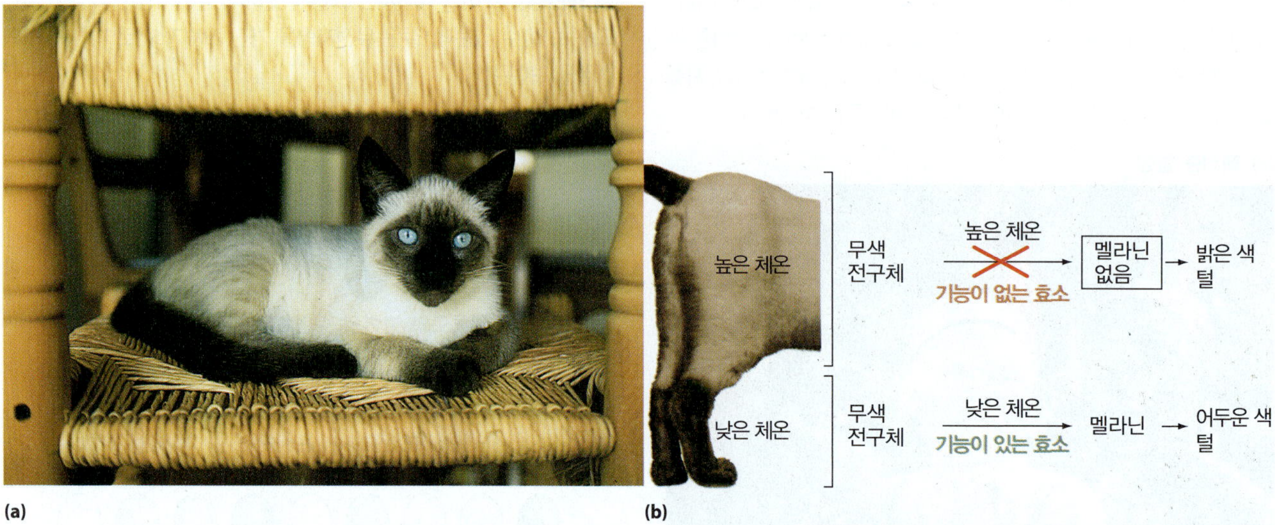

는다. 변경 유전자들은 다른 유전자들의 대립유전자들에 의한 표현형을 변경한다. 주요 유전자와 변경 유전자 사이의 정식 구별은 없다. 오히려 둘 사이는 연속적이며, 분리가 모호하다.

변경 유전자는 쥐의 꼬리 길이에 영향을 미친다. 꼬리 길이 유전자의 *T* 대립유전자 돌연변이는 보통 긴 야생형의 꼬리를 짧아지게 한다. 그러나 *T* 돌연변이를 갖고 있는 모든 쥐가 같은 꼬리길이를 갖는 것은 아니다. 여러 교배 실험을 이러한 다양한 발현도의 원인으로서 변경 유전자를 주목했다. 한 교배집단에서, *T* 돌연변이를 갖는 쥐는 정상 꼬리의 거의 75% 정도 되는 꼬리를 가졌다. 다른 교배 집단에서는 정상 길이의 50% 정도의 꼬리를 가졌고, 세 번째 집단에서는 정상길이의 10%밖에 되지 않는 꼬리를 가졌다. 각 교배 집단의 모든 구성원은 같은 꼬리길이를 가졌고, 환경(예; 먹이, 우리 온도 또는 잠자리)도 다르지 않았기 때문에 유전학자들은 돌연변이 쥐의 꼬리길이를 결정하는 것은 환경이나 우연이 아니라 유전자라고 결론을 내렸다. 서로 다른 동계 교배 계통에서 *T* 돌연변이가 존재할 때 정확히 꼬리 길이를 결정하는 변경 유전자들의 서로 다른 대립유전자를 가진다.

표현형에 대한 환경적 영향

온도는 표현형에 영향을 주는 환경적 요소 중 하나이다. 예를 들어, 온도는 샴고양이(Siamese cats)의 특이한 털 색깔 양상에 영향을 준다(그림 3.26). 이 애완 고양이들은 검은 색소인 멜라닌의 생성을 조절하는 효소 유전자의 많은 대립유전자들 중 하나에서 동형접합성이다. 다양한 "샴" 대립유전자에 의해 만들어지는 효소는 고양이의 정상적 체온에서는 기능을 하지 않는다. 이것은 고양이 몸의 말단 부위의 낮은 온도에서만 활성화된다. 그곳에서 멜라닌 생성을 활성화시켜 고양이의 귀, 코, 발, 꼬리는 검게 된다. 그러므로 이 효소는 온도 민감성이다. 온대기후의 일반적인 환경조건에서, 샴 표현형은 고양이들 간에 발현도에서 비슷하게 나타내나, 주변 온도가 정상 체온과 같거나 그보다 높은 적도의 사막에서는 매우 다른 표현형이 발현(전혀 검은색이 없는)될 수 있음을 알 수 있다.

온도는 또한 생존에도 영향을 줄 수 있다. 실험적으로 유지되고 있는 한 초파리계통에서 어떤 개체들은 섭씨 18도에서 29도 사이에서 정상적으로 발달하고 번식한다. 그러나 잠깐이라도 이 온도 이상으로 올라가면 이들에게 마비가 일어나고, 만약 높은 온도가 몇 시간 이상 계속되면 죽는다. 이 초파리들은 신경세포 전달에 필수적인 단백질 유적자인 *shibire* 유전자가 온도민감성인 대립유전자로 되어 있다. 특정 조건에서만 치사이기 때문에 이 대립유전자는 **조건적 치사**(conditional lethal)로 알려져 있다. 초파리가 살 수 있는 이 이하의 온도 범위를 **허용 조건**(permissive conditions)이라 하고, 그 이상의 치사 온도를 **제한 조건**(restrictive conditions)이라고 한다. 그러므로 어떤 온도에서 이 대립유전자는 야생형 표현형을 발생시키고; 다른 온도에서는 같은 대립유전자가 돌연변이 표현형을 만들어낸다(이 경우에는, 치사). 야생형의 *shibire* 대립유전자를 갖는 초파리는 높은 온도에서도 살아 있다. 어떤 돌연변이들이 특정 조건하에서만 치사라는 사실은 환경 조건이 표현형의 침투도에 영향을 줄 수 있다는 것을 명백히 보여준다.

심지어 유전적으로 정상인 개체가, 특정 화학물질이나 기타 다른 환경물질에 노출되면 특정 유전자의 돌연변이 대립유전자에 의한 것과 비슷한 표현형적 결과가 나타날 수 있다. 이러한 표현형적 변화는 **표현형 모사**(phenocopy)로 알려져 있다. 정의상 표현형 모사는 유전자 변화에 의한 결과가 아니기 때문에 유전되지 않는다. 사람에서 1960년대 초에 임신 중인 여자의 진정제인 탈리도마이드의 섭취로 **해표지증**(phocomelia)이라는 희귀한 우성 형질의 표현형 모사가 나타났다. 정상 태아와 달리 팔다리가 발달되지 않음으로써, 이 해표지증 돌연변이의 효과를 모방 표현형을 나타냈다. 이것이 밝혀진 후 탈리도마이드는 슈퍼에서 사라졌다.

어떤 환경적 변화는 단순히 의학적 적용으로 돌연변이 표현형의 침투도를 줄일 수 있었던 다음의 예처럼, 유기체의 생존에 좋은 영향을 주기도 한다. 페닐케톤뇨증(phenylketonuria), 즉 PKU로 알려진 열성 형질을 갖고 태어난 아이들은 그들이 특별한 식이요법을 하지 않는다면 경련성 발작과 정신지체를 포함한 신경학적 문제를 발생시킨다. PKU 대립유전자가 동형접합성이면 페닐알라닌 수산화효소 유전자의 기능이 없어진다. 이 효소는 페닐알라닌을 티로신으로 바꾼다. 이 효소는 기능을 하지 못하면 페닐알라닌이 축적되고 신경질환이 유발된다. 오늘날은 신뢰할만한 혈액검사로 신생아의 상태를 감지할 수 있다. 일단 PKU인 아기로 확인되면, 페닐알라닌을 제외한 음식이 처방된다. 유아의 몸이 자신의 단백질을 분해함으로써 위험한 아미노산이 나오는 것을 막기 위해 그 식이요법에는 반드시 충분한 칼로리가 제공되어야 한다. 이러한 환경 요소를 간단히 변화시킨 식이요법은 현재 많은 PKU 유아들을 건강한 성인으로 자라게 하고 있다.

마지막으로, 미국에서 가장 사망률이 높은 두 질병인 심혈관계 질환과 폐암 또한 어떻게 환경이 발현도와 침투도에 영향을 주면서 표현형을 바꿀 수 있는지를 설명해 준다. 사람에서 심장질환 성향은 유전될 수 있지만, 그 상태는 식습관이나 운동의 환경적인 요소로 발생빈도(침투도)와 심각성(발현도)에 영향을 끼칠 수 있다. 마찬가지로, 유전적으로 폐암에 걸리기 쉽게 태어난 사람들도 그들에게 질병이 발전될 것인지 아닌지(침투도)는 그들이 흡연을 하는지 아닌지에 의해 상당 부분 결정된다.

그러므로 온도, 식습관, 운동을 포함한 환경의 다양한 요소들은 그 유전자형과 상호작용하여 어떤 식물이나 동물이 어떻게 보이고 어떻게 행동하는지에 대한 궁극적인 형질의 조합인 표현형을 만들어낸다.

임의적 사건이 침투도와 발현도에 영향을 미친다

앞서 언급한대로 망막아종 돌연변이를 갖고 있는 것이 표현형으로 발현되는 것과 질병이 한 쪽 또는 양쪽 눈에 영향을 미치는지는 임의적으로 일어나는 추가적인 유전적 사건에 의존한다. 망막아종을 발생시키기 위해서는 이러한 사건이 특정 세포에서 유전자의 두 번째 대립유전자가 바뀌어야만 한다. 질병을 유발하는 임의적 사건의 예로, 망막세포에서 유전 물질을 바꾸거나 망막에서 세포분열 동안 실수가 일어나게 하는 우주선(계속적으로 노출된 사람의 경우)을 들 수 있다. 우연의 사건이란 정상의 망막세포를 암세포로 바꾸는 이차적 "충격" (망막아종 유전자의 두 번째 사본에 생기는 돌연변이)이라 할 수 있다. 그러므로 망막아종의 표현형은 특정 유전자의 특정 돌연변이로부터 나타나지만, 질병의 불완전 침투도와 다양한 발현도는 특정 세포에서 다른 대립유전자에 영향을 주는 임의적인 유전 사건에 의존한다.

불완전 침투도와 다양한 발현도에 영향을 미침으로써 변경 유전자, 환경, 그리고 우연의 요소는 표현형의 다양성을 유발한다. 그러나 우성 상위성이나 열성 치사와 달리 침투도의 확률과 발현도의 정도는 독립의 법칙과 분리의 법칙의 멘델원리로부터는 도출할 수 없다. 그것들은 관찰과 계산에 의한 실험에 의하여 결정된다.

멘델의 원리는 연속적인 변이도 설명할 수 있다

멘델의 실험에서, 완두콩 식물의 키는 한 유전자(야생에서는 많은 유전자들에 의해 결정되나, 멘델의 동계교배 집단에서는 이 유전자들 중 하나의 유전자 빼고는 거의 모든 유전자들의 대립유전자가 일정함)에서 두 개의 분리 가능한 대립유전자들에 의해 결정되었다. 둘 중 하나의 대립유전자로부터의 표현형은 짧거나 길어 명확하게 구분되었으므로, 완두콩 식물의 키는 **불연속 형질**(discontinuous trait)로 알려졌다. 반면, 사람은 동계교배 집단을 만들 수 없으므로 사람의 키는 많은 다른 유전자들의 대립유전자들의 분리에 의해 결정되는데, 이 유전자들은 유전자 간 그리고 환경과의 상호작용으로 표현형에서 연속적인 변화를 보인다. 그러므로 사람의 키는 **연속 형질**(continuous trait)의 한 예이다. 사람 집단 안에서, 개인의 키는 다양하게 나타나 그래프로 나타내면 종형 곡선을 이룬다(그림 3.27a). 사실, 키, 몸무게, 그리고 피부색을 포함하는 많은 사람의 형질은 멘델에 의한 명확한 분리라기보다는 연속적인 변이로 보인다.

유전학과 사회

질병 예방 대 사생활의 권리

지금까지 수집한 가장 광범위한 사람의 족보 중 하나에서, 연구진은 맹인의 가족적인 패턴에 대해 1495년에 프랑스 북서부의 작은 마을에서 죽은 부부에서 그 기원을 찾았다. 30,000명이 넘는 프랑스인 남녀는 15세기에 살던 이 부부의 후손들이고, 프랑스에서는 이 혈통 내에서 보고된 유전적 청소년 녹내장 증례의 절반이 이 가계 내에 존재한다. 그 형질에 대한 거대한 가계도(벽에 걸었을 때 100피트를 넘었다)로부터 유전적인 결함이 단일유전자의 우성 형질에 의한 단순히 멘델의 패턴을 따르는 것을 알 수 있다(**그림 A**). 가계도로부터 또한 우성 유전적 결함이 불완전한 침투도를 보이는 것을 알 수 있었다. 우성 형질을 받은 모든 사람들이 맹인이 되는 것은 아니다; 이러한 보인자들은 아마 알지 못하는 사이에 맹인 유발 우성 형질을 그들의 자녀들에게 전달했을 것이다.

불행하게도, 사람들은 그들의 시력이 악화될 때까지 그들이 질병을 가지고 있는지 알지 못한다. 그때가 되면, 그들의 광섬유들은 돌이킬 수 없는 손상을 입었고, 모두가 실명을 피할 수 없다. 놀라운 것은 신경악화를 막을 수 있는 의학적 치료가 유감스럽게도 1980년대 후반에 개발되었다. 심각한 실명 증상을 보이기 전에 치료를 시작해야 하기 때문에, 가계도 정보는 비록 그들의 부모가 맹인이 아닐지라도 위험에 처해 있는 사람들을 정확하게 찾아낼 수 있게 해 주었다. 거대한 가족의 역사를 분석한 연구자들은 그들의 지역에서 살고 있는 위험에 처한 개개인의 이름을 내과 의사에게 주고자 했다. 그래서 의사들은 지켜보다 필요한 경우 치료를 추진할 수 있었다. 그러나 개인의 사생활을 보호하는 오래된 프랑스 법은 유전적인 가계도로부터 이름이 유포되는 것을 금지하였다. 이 법을 해석하는 정부 기관은 만약에 녹내장 가계도에 있는 이름이 알려지면 질병의 보인자들이 아마도 고용이나 보험에서 불이익을 겪을 것이라는 입장을 고수했다.

그러므로 프랑스는 윤리적인 딜레마에 직면했다: 한편으로는, 이름을 밝히는 것은 아마 수천 명의 사람들이 맹인이 되는 것을 막을 수 있지만, 다른 한편으로는 사생활을 보호하기 위해 만들어진 법이 특정 이름의 유포를 금지했다. 그 당시에 프랑스 정부가 받아들인 해결책은 문제를 공공으로 바꾸는 거대한 교육 프로그램이었다. 그래서 관심 받고 있는 가족들이 의학적인 경로를 진행할 수 있었다. 이 방법은 법적인 문제는 해결했지만 많은 결함을 가진 개개인들이 추적되지 못했기 때문에, 의학적인 부분에서는 일부만 도움이 되었다.

그림 A 청소년 녹내장의 유전을 보여주는 가계도. 가계도의 일부분: 7세기가 넘는 수직적인 유전 양상은 단일 유전자의 우성 대립형질이 청소년 녹내장을 유발한다는 것을 보여준다. VI-2 녹내장이 나타났으나 V-2에서 녹내장이 나타나지 않은 그 형질의 불완전한 침투도를 나타낸다.

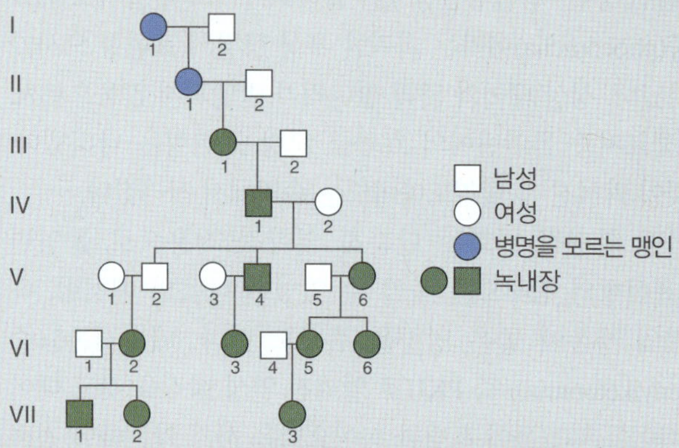

1997년에 분자 유전학자들이 청소년 녹내장을 일으키는 유전자를 밝혀냈으며 우성 돌연변이 대립유전자가 질병을 일으켰다. 이 유전자는 현재까지 그 기능이 잘 밝혀져 있지 않은 미오실린이라는 단백질을 암호화한다. 이 돌연변이 대립유전자는 미오실린 단백질 접힘을 잘못되게 하여 눈의 유액이 정상적으로는 혈류로 빠지는 관인 작은 관에 비정상적으로 축적된다. 잘못 접힌 미오실린 단백질은 과도한 유리체액이 흘러 나가는 것을 막아 안압을 증가시키는 결과를 초래해서(녹내장) 결과적으로 시신경에 손상을 주고, 맹인에 이르게 한다.

미오실린 돌연변이 유전자로 인해 질병이 유발되는 것을 알게 된 이후 최근 유전자형을 직접 분석하는 진단 검사가 더 많이 발달하게 되었다(10장에서 직접적인 유전자형 분석 방법을 알아볼 것이다). 이러한 DNA를 기초로 한 검사는 위험에 처한 개인을 판별하게 할 뿐만 아니라 또한 질병 관리를 개선시킨다. 시신경이 영구적으로 손상받기 전에 돌연변이 유전자를 확인하게 되면 시기적절한 치료가 가능하게 된다. 만약 이러한 검사 충분히 비싸지 않다면, 프랑스의 윤리적 딜레마가 해결될 수 있을 것이다. 의사들은 일상적으로 모든 신생아들을 검사하고, 바로 거의 모든 잠재적으로 결함이 있는 아이들을 찾아낸다. 그러므로 가계도의 개인 정보는 필요하지 않을 것이다.

그림 3.27 사람의 연속 형질. (a) 뉴욕에서 열린 제 5번가 마일 경주에서 출발선상에 선 여성 육상선수들은, 키가 연속적인 변이를 가진 형질임을 말해 준다. (b) 대부분의 F_1 자손의 피부색은 부모 피부색의 양 사이에 있는 반면, F_2 세대는 넓은 분포의 연속적 변이를 보인다.

(a)

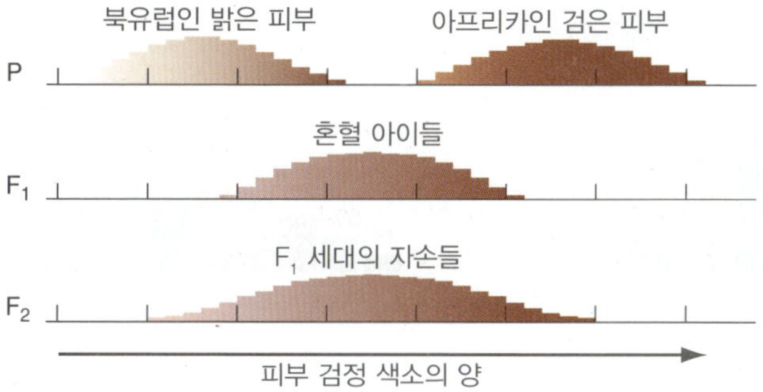

(b)

연속 형질은 흔히 혼합되어 있거나 혼합되지 않은 것으로 나타난다. 피부색을 잠시 생각해 보자. 예를 들어, 아프리카인과 북유럽인이 결혼하여 낳은 아이들은 흔히 부모의 피부색이 섞인 것을 볼 수 있다. 이 F_1 세대들의 자손들은 다양한 피부색을 가진 자손을 낳는다; 어떤 아이는 북유럽인 부모만큼 밝은 피부를 가지고, 어떤 아이는 아프리카인 부모와 같이 검은 피부를 가지나 대부분은 그 둘 사이의 피부색을 가진다(그림 3.27b). 이런 이유 때문에 초기의 인류 유전학자들은 멘델의 분석을 받아들이기를 꺼려했다. 왜냐하면 그들은 이계교배 집단에 대해 연구했고, 정상적인 건강한 사람에서는 매우 적은 수의 "양자택일"형 멘델 형질들이 발견되었기 때문이다.

그러나 1930년대 옥수수와 담배에 대한 연구에서 단순히 표현형에 기여하는 유전자의 수를 증가시켜 연속적인 변이에 대해서도 멘델의 설명이 가능하다고 결론을 내렸다. 더 많은 유전자는 많은 표현형 집단을 만들어내고, 더 많은 표현형들은 더 많은 변이를 보여 연속적인 것으로 나타난다.

가정해서 예를 들어 보면, 덩굴제비콩의 키에 영향을 주는 유전자들($A, B, C, \cdots$)을 생각해 보자. 각 유전자에 대해 두 개의 대립유전자가 있고, "*0*" 대립유전자는 키에 아무 영향을 주지 않으며, "*1*" 대립유전자는 식물의 키를 한 단위만큼 증가시킨다. 모든 대립유전자들은 같은 유전자에서 다른 대립유전자들에 대해 불완전 우성을 보인다. 이 유전자들에 의해 결정되는 표현형은 가산적이다. 각 키 유전자에서 *0* 대립유전자만을 갖는 순계와 각 키 유전자에서 *1* 대립유전자만을 갖는 순종의 식물을 교배하였을 때 두 세대에 걸쳐 어떤 결과가 나올까? 오직 유전자만 키에 영향을 주고 환경적 요인은 배제한다면 F_2 집단은 다음의 3가지 종류로 나올 것이다; 키가 0인 A^0A^0 동형접합성 식물(이 식물들은 땅에 엎드린 모양이다); 키가 1인 A^0A^1 이형접합 식물; 그리고 키가 2인 A^1A^1 동형접합 식물(그림 3.28a). 3개의 표현형 그룹에서의 키는 연속적 곡선을 만들지 못한다. 그러나 두 유전자들에 대하여는 F_2 세대에서 5개의 표현형 그룹이 나타날 것이다(그림 3.28b); 3개 유전자일 때는 7개 그룹(그림 3.28c); 그리고 4개의 유전자일 때는 9개 그룹(보이지 않음)이 될 것이다.

3개와 4개의 유전자들에 의해 만들어지는 분포로 연속적 변이에 대한 연구를 시작할 수 있고, 만약 환경적 요인을 추가한다면 부드러운 곡선이 나올 것이다. 콩이 좋은 흙과 충분한 빛과 수분 조건에서 더 잘 자랄 수 있음을 생각할 수 있다. 환경적 요인들은 각 유전 집단 안에서 발현도의 변화를 야기함으로써 효과적으로 단계적인 막대그래프를 연속적인 곡선으로 바꾼다. 또한, 어떤 유전자에서 둘 이상의 대립유전자가 있거나, 표현형에 관련된 유전자들이 표현형에 다르게 기여하거나(그림 3.28d), 변경 유전자와 우연의 요소와도 상호작용으로 인해 추가적인 변이를 야기할 수 있다(그림 3.22 참조). 그러므로 유전자형과 표현형 사이의 관계에 대해 어떻게 멘델의 법칙을 따르는 적은 수의 유전자가 연속적인 변이를 만들 수 있는지 알 수 있다.

연속 형질[**양적 형질**(quantitative traits)이라고도 함]은 값에 따라 다양하며 측정될 수 있다: 밀리미터(mm) 단위의 담배 꽃의 길이, 하루에 리터 단위로 젖소에 의해 생산되는 우유의 양, 또는 미터 단위의 사람의 키. 연속 형질은 보통 **다유전자성**(polygenic)이며, 여러 유전자가 관여하며 수많은 변화를 만들어내는 많은 대립유전자들이 가산적인 효과를 보인다. 서로 다른 개체들이 접하는 환경적 차이 또한 변이에 기여한다. 21장의 집단 유전학에서 다유전자성 형질의 분포와 분석에 대해 논의한다.

그림 3.28 연속 변이에 대한 멘델의 설명. 많은 유전자나 또는 대립유전자들은 더 많은 표현형 그룹을 만들고 결국 연속적 변이에 가까워진다. 이 예시에서, 여러 쌍의 불완전 우성 대립유전자들은 가산적인 효과를 가진다. 아래에 보이는 백분율은 전체 집단의 한 부분으로서 각 유전자형이 발현되는 빈도를 나타낸다.

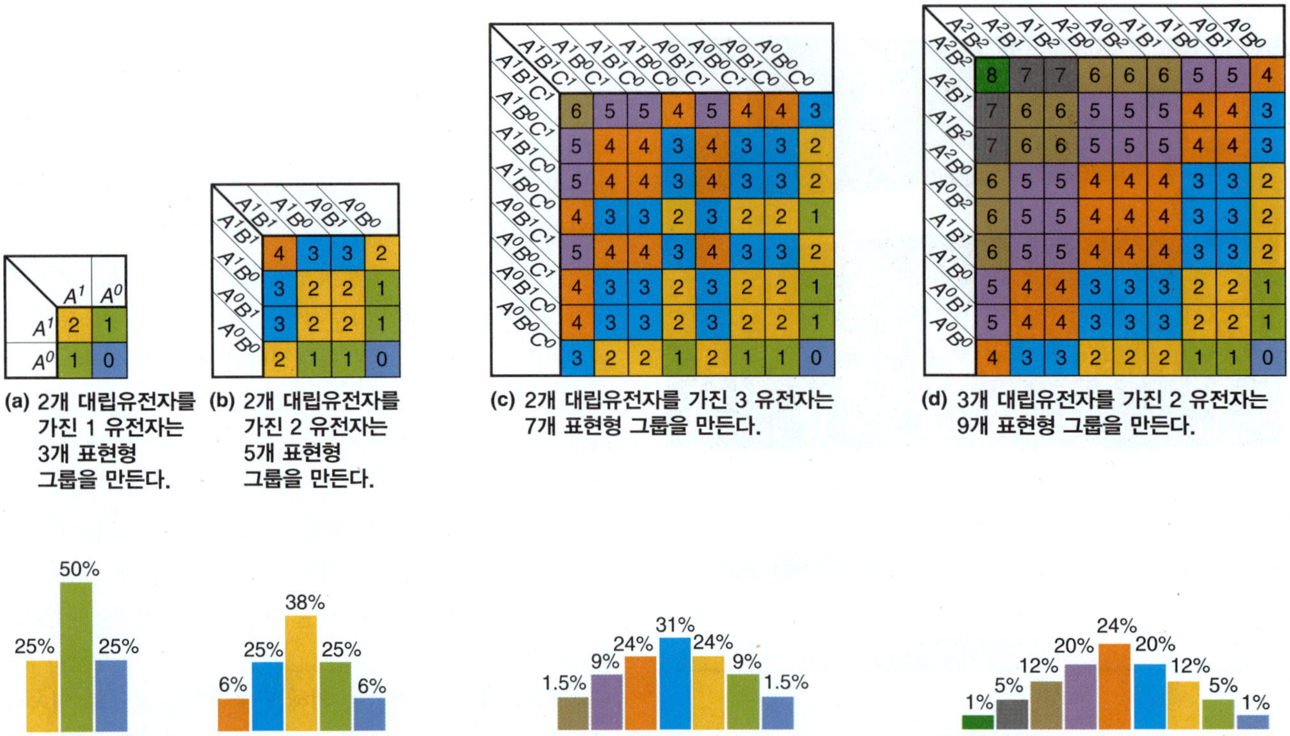

표 3.3 애완용 개의 털 색깔과 무늬에 영향을 미치는 다양한 유전자

유전자	대립유전자의 우열관계		표현형
유전자 E	$E^m > E > e$	E^m	옅은 황갈색이나 얼룩무늬를 가진 검은색 안면
		E	유멜라닌(검은색)과 페오멜라닌(노란색) 색소
		e	오직 페오멜라닌(미색, 황갈색, 붉은색)
유전자 B	$B > b$	B	검은색: 유멜라닌 짙게 침착
		b	갈색: 유멜라닌 약간 짙게 침착
유전자 A	$A^y > a^w > a^t > a$	A^y	옅은 황갈색(털에 옅은 색소 많음)
		a^w	아구티(검은색 털에 옅은 줄무늬)
		a^t	황갈색 배(단지 배 부분의 털만 옅은 색소 가짐)
		a	검은색 또는 갈색(털에 옅은 줄무늬 없음)
유전자 K	$K^b > k^{br} > k^y$	K^b	단색
		k^{br}	얼룩무늬
		k^y	A 유전자 무늬를 정상적으로 표현
유전자 D	$D > d$	D	색깔 옅게 안 함
		d	색깔 옅게 함
유전자 S	$S > s^p$	S	흰색 무늬 없음
		s^p	흰색 바탕에 색깔 반점
유전자 M	$M^1 = M^2$	M^1	옅은 털 색깔(동형접합자는 다양한 건강 문제 가짐)
		M^2	정상 색깔

종합적인 사례: 개의 털 색깔은 여러 유전자들의 다양한 대립유전자들에 의해 결정된다

이미 알고 있는 바와 같이, 애완용 개들은 다양한 색깔과 무늬를 가지고 있다. *E*와 *B* 유전자는 래브라도 리트리버에서 다형성을 보인다(그림 3.14 참조). 14개의 유전자 중에서 오직 2개 유전자만이 개의 털 색깔과 무늬를 조절한다. 이들 유전자 중에서 7개, *E*, *B*, *A*, *K*, *D*, *S*, *M* 유전자가 분자적으로 동정되었으며, 그들의 대립유전자를 표 3.3에 정리하였다. 이들 유전자에 의해 암호화되는 단백질 대부분에 대해, 어떻게 그들이 털 색깔과 무늬에 영향을 주는지 밝혀져 있다.

그림 3.29 개털 색깔 양상은 다유전자성 형질이다. 3가지의 서로 다른 색깔 양상은 주요 대립유전자에 의해 표현형이 결정된다.

청회색(M^1M^2)

유전자 *E*와 *B*는 검정 색소 유멜라닌 생산을 조절한다

래브라도 리트리버의 *E*와 *e*, *B*와 *b* 대립유전자의 기능은 그림 3.15에서 설명하였다. 어떤 개의 계통은 유전자 *E*에 대한 또 다른 대립유전자 E^m을 가지는데, E^m은 *E*나 *e*대립유전자에 대해 우성이고 검은색 얼굴을 가지도록 한다(그림 3.29). 열성 대립유전자 *ee* 개의 노란색인 경우도 다른 유전자들의 영향을 받아 털 색깔은 미색에서 붉은색까지 다양하지만, 분자적인 수준에서의 연구는 아직 미흡하다.

유전자 *A*와 *K*는 유멜라닌으로부터 페오멜라닌 생산을 조절한다

개에서 *A* 유전자는 쥐에서의 *A* 유전자와 같은 종류인데, 털에서 페오멜라닌이라고 하는 밝은 색소의 분포를 조절한다. 몸에서도 밝은 색깔을 가진 털이 보인다. 유전자 *A*에 의한 단백질은 단백질 E의 기능과 길항작용을 한다. 단백질 E의 활성이 사라질 때, 색소 생산이 유멜라닌에서 페오멜라닌으로 전환된다. 개에서 유전자 *A*에 대한 4개의 대립유전자들은 우성 계열을 보인다(표 3.3). 서로 다른 대립유전자들은 색소를 다른 정도로 나타내게 하거나 몸의 다른 부분에서 나타나도록 한다. 쥐와는 달리, 개의 A^yA^y 동형접합자는 옅은 갈색의 색깔, 즉 황갈색을 보이는데, 유멜라닌뿐만 아니라 많은 페오멜라닌을 지니고 있기 때문이다. a^w 대립유전자(쥐에서 *A* 대립유전자와 같이)는 개에서 전반적으로 어두운 회색(agouti)을 만들어 낸다. *agouti* 개(또는 쥐)의 털 색깔은 노란색 줄무늬를 가진 검은색이다. a^t 대립유전자는 배는 옅은 검은색, 등은 짙은 검은색을 나타나게 한다. *a* 대립유전자는 털에 페오멜라닌을 전혀 생산하지 않는다. 재미있게도 유멜라닌을 생산하지 않는 *ee* 개는 다소 검은색의 털을 갖게 하는 A^y, a^w, a^t 대립유전자에 대해 상위적이다. 유멜라닌도 페오멜라닌도 생산을 하지 않는 *aa ee* 개는 흰색을 보인다.

K 유전자의 3개 대립유전자들은 *A* 유전자의 무늬가 눈에 띄는지를 결정한다. 유전자 *K* 단백질은 단백질 E를 필요로 한다. K^b 대립유전자는 단백질 E로 하여금 계속 유멜라닌을 생산하도록 하여, 단백질 A의 유무에 상관없이 페오멜라닌을 생산할 수 없도록 한다. 만약 *E*– 개가 K^b 대립유전자를 가진다면, 그 개는 *A* 유전자 대립유전자와는 상관없이 검은색 단색을 가질 것이다. 즉, K^b 대립유전자는 유전자 *A*의 모든 대립유전자에 대해 상위인 것이다. 그에 반해서, k^y 대립유전자에 의해 만들어진 단백질은 단백질 A가 가끔 단백질 E를 저해할 수 있도록 허용해 준다. 그리하여 k^yk^y 동형접합자에 의해 페오멜라닌 생산이 가능해져서, *A* 유전자 무늬를 정상적으로 표현할 수 있게 된다.

유전자 *D*는 모든 색소의 침착을 조절한다

유전자 *D*의 열성 대립유전자 *dd*는 다른 유전자에 의한 색깔을 엷게 만든다. 우성 대립유전자 *D*는 그렇지 않다. 예를 들어, *E– B– dd* 개는 밝은 검은색을 보이고, *E– bb dd*개는 밝은 갈색을 나타낸다.

유전자 *S*와 *M*은 얼룩무늬를 조절한다

유전자 *S*의 열성 대립유전자에 대해 동형접합자인 s^Ds^D는 흰 색깔인데, 다른 유전자의 영향을 받아 큰 반점을 나타내, 얼룩무늬 양상을 보인다(그림 3.29). 하나의 우성 대립유전자 *S*가 있으면, 얼룩무늬는 나타나지 않을 것이다. 유전자 *M*은 색소 침착 양상을 조절하는데, 공우성 대립유전자 M^1과 M^2가 존재한다. 청회색 개는 이형접합자 M^1M^2로 되어 있는데, 부분적으로 엷은 색깔과 부분적으로 정상적인 색깔을 보인다(그림 3.29). 동물 육종가들은 *M* 유전자가 다면발현성이기 때문에 청회색의 개끼리는 절대로 교배시키지 않는다. M^1 대립유전자는 열성의 해로운 효과를 가진다. M^1M^1 개는 청력 및 시력 결함을 포함하여 심각한 건강 문제를 야기한다.

개 털 색깔의 예에서 표현형에 영향을 주는 유전자의 단지 절반으로부터 다양한 변이가 나타날 수 있음을 본다. 놀랍게도 이것은 단지 빙산의 일각이다. 개나 인간의 유전자가 대략 25,000개라고 생각한다면, 이들 유전자들의 다양한 대립유전자 상호작용으로 나타나는 표현형의 수는 100만이 넘을 정도로 엄청나다. 개체들 간에 변이와 다양성의 가능성은 실로 엄청나서 믿기 어려울 정도이다.

핵심 개념

- 둘 또는 그 이상의 유전자가 상호작용하여 하나의 형질에 영향을 준다. 이러한 상호작용은 멘델의 법칙의 비에 의해 확인되기도 한다.
- 9 : 3 : 3 : 1의 표현 비를 보이는 것은 대개 두 유전자의 기능이 독립적인 경로로 이뤄짐을 시사한다.
- 상보성 유전자 작용에서, 정상적 표현형을 위해서는 둘 또는 그 이상의 유전자에서 우성이면서 정상적 기능을 하는 대립유전자들이 필요하다.
- 상위성에서, 한 유전자의 특정 대립유전자는 다른 유전자의 대립유전자에 의한 형질을 숨길 수 있다.
- 형질에 대해 유전자가 중복되어 있을 때, 정상적 표현형을 만들어내는 데 각 유전자에서 하나의 우성이면서 정상적 기능을 가진 대립유전자가 있으면 충분하다.
- 불완전한 침투도를 나타낼 때 표현형은 같은 유전자형을 가지는 개체의 100%보다 적은 개체에서 발현된다. 가변적 발현도를 나타낼 때는 표현형은 같은 유전자형을 가지는 개체들 간에서 다른 정도로 발현된다.
- 연속 형질은 발현의 두 극단 사이의 어떤 값을 가질 수 있다. 이러한 형질 대부분은 다유전자성인데, 즉 다수 유전자들의 상호작용에 의해 결정된다.

다음 학습을 위한 안내

멘델의 천재성의 일부는 유전 기작에 대한 초기연구를 단순하지만 근본적인 현상에 집중함으로써, 매우 좁은 경우를 활용해 변이의 유전적 기초를 조사한 것이다. 멘델은 한 종류의 동계교배한 집단에서의 소수의 형질을 가지고서만 연구하였다. 각 형질에 대해서, 그는 하나의 유전자가 두 개의 구별 가능한, 즉 불연속적인 표현형을 결정하는 우성과 열성 대립유전자들을 가진 것을 다루었다. 우성과 열성 대립유전자 둘 다 완전 침투도와 무시할 만한 발현도의 차이를 보인다.

20세기 초 수십 년간 대부분의 동식물 복합형질에서, 또한 연속 변이를 보이는 기작에서 잘 맞지 않았기 때문에 많은 사람들이 멘델의 분석을 일반적으로 적용하는 데 대해 많은 의문을 제기했다. 하지만 간단한 수정으로 연속 변이의 유전적인 기초를 명확히 해 주었고, 이 장에서 설명한 멘델의 분석에 예외인 경우에 대해서 설명을 해 주었다. 각각 멘델의 분석 범위를 확장하고 변이의 유전적 기초에 대한 이해를 심화시켰다. 또한 아무리 넓은 관점으로 보더라도 멘델의 기본적인 그의 첫 번째 분리의 법칙의 결론은 그대로 남아 있다.

그러나 유전자들이 독립적으로 행동한다는 두 번째 멘델의 법칙은 어떠한가? 보여진 것처럼, 그 적용은 분리의 법칙처럼 일반적이지 않다. 많은 유전자들이 독립적으로 분리되지만 어떤 것들은 그렇지 않다; 그들은 세대에서 세대로 연관되어 전달되는 것으로 보인다. 이 사실에 대한 이해는 특정 세포 구조물인 염색체에 존재하는 멘델의 유전적 단위였던 유전자에 대한 연구로부터 생기기 시작했다. 유전자들이 염색체에서 활동하는 것을 연구자들이 어떻게 추론했는지에 대한 설명에서, 4장은 대립유전자들의 분리를 포함하는 유전의 물리적 기초를 확실하게 하고, 왜 어떤 유전자들은 독립적으로 분리되고 어떤 유전자들은 그렇지 않는지를 명확히 한다.

풀이 문제

I. 애완동물 가게에서 알비노 쥐(유전자형 *cc*)를 샀다고 상상해 보라. *c* 대립유전자는 다른 털 색깔 유전자들의 상위에 있다. 갈색 좌위에서의 이 쥐의 유전자형을 어떻게 결정할 것인가? (색소를 가진 쥐에서 *BB*와 *Bb*는 검은색, *bb*는 갈색)

해답

이 문제는 상위성이라는 유전자 상호작용을 이해해야 한다. 당신은 실험자의 입장에 놓여 있고 문제에 대한 답이 될 교배를 설계하는 것이 필요하다. *B* 유전자에 있는 대립유전자를 결정하기 위해 *cc* 유전자형의 차단 기능을 제거해야 한다. *C* 대립유전자가 있을 때는 오직 열성 *c* 대립유전자만이 상위에 있기 때문에 상위성이 일어나지 않을 것이다. 교배 동안에 *C* 대립유전자를 도입하기 위해, 실험쥐를 알비노 쥐와 교배하면 유전자형 *CC* 또는 *Cc*를 가질 수 있다. (만일 쥐가 *Cc*이면, 자손의 반은 알비노일 것이고, 유용한 정보에는 기여하지 못할 것이다. 그러나 이 교배에서 알비노가 아닌 것이 나오면 유익할 것이다.) *B* 유전자의 어떤 대립유전자가 실험쥐로부터 온 것이어야 하는가? 이것에 대한 답을 얻기 위해 가능한 유전자형들을 통해 예상결과를 만들어 보자.

조사할 쥐 유전자형		알비노 쥐	예상되는 자손들
BB	×	*BB*	모두 검은색
	×	*Bb*	모두 검은색
	×	*bb*	모두 검은색
Bb	×	*BB*	모두 검은색
	×	*Bb*	3/4 검은색, 1/4 갈색
	×	*bb*	1/2 검은색, 1/2 갈색
bb	×	*BB*	모두 검은색
	×	*Bb*	1/2 검은색, 1/2 갈색
	×	*bb*	모두 갈색

이런 가상적 교배를 통해 *Bb* 또는 *bb* 유전자형을 가진 실험쥐가 3가지 가능한 알비노 쥐 유전자형에 대해 차이나는 결과를 생산해 내는 것을 볼 수 있다. 그러나 *bb* 실험쥐가 더 유용하고 덜 모호할 것이다. 첫째, 갈색 쥐가 열성 유전자형의 동형접합자를 가져야 하기 때문에 *bb* 유전자형을 가진 쥐를 찾기가 더 쉽다. 둘째, *bb* 실험쥐를 이용했을 때 세 가지 가능한 각각의 유전자형에 대해 결과가 완전히 다르다. (반면에, *Bb* 실험쥐는, 알비노 쥐가 *Bb* 든지 *bb* 든지 검은색과 갈색 자손을 생산할 것이다; 단지 구분되는 특징은 비이다) 알비노 쥐의 완전한 유전자형을 결정하려면 반드시 갈색 쥐(*CC bb* 또는 *Cc bb*)와 교배해야 한다.

II. 특정 종류의 야생화에서, 야생형 꽃 색깔은 진한 보라색이고 식물은 순계이다. 하나의 순계 돌연변이체에서, 꽃은 라벤더 색깔인 감소된 색소를 갖는다. 다른 순수 육종된 돌연변이체에서, 꽃은 색소가 없는 흰색을 나타낸다. 첫 번째 돌연변이 집단으로부터 라벤더 꽃의 식물이 두 번째 돌연변이 집단의 흰색 꽃의 식물과 교배되었을 때, 모든 F_1 식물들은 보라색 꽃을 가진다. 그 F_1 식물들은 F_2 세대를 생산하기 위해 자가수정을 할 수 있게 한다. 277개의 F_2 식물은 157 보라색:71 흰색:49 라벤더색의 결과를 보였다. 꽃 색깔이 어떻게 유전되었는지를 설명하라. 이것은 단일 유전자의 대립유전자에 의해 조절되는 것인가? 라벤더 F_2 식물들이 자가수정된다면 어떤 종류의 자손이 생산될 것인가?

해답

위 결과에 적합한 단일 유전자 유전의 방식이 있는가? F_1 식물들을 관찰했을 때 양쪽 부모세대와 다른 모습을 보이고 F_2 세대는 완전 우성을 제외한 3가지 다른 표현형으로 구성된다. F_2 식물들에서의 3가지 표현형의 비는 공우성 또는 불완전 우성에서 예상되는 1:2:1의 비율과 닮아 있으나, 그 결과는 보라색 식물이 이형접합자이어야 함을 암시한다. 이것은 보라색 식물들이 순계라는 정보와 상충된다.

두 유전자들이 관여되어 있다는 가능성을 고려해 보자. 두 유전자에 대해 이형접합자인 식물 사이의 교배로부터 나온 F_2 세대는 유전자형 *W– P–*, *W– pp*, *ww P–*, *ww pp*의 9:3:3:1 비를 가진다(실선은 우성 또는 열성 형태가 될 수 있는 대립유전자를 나타냄). 이 예의 F_2 세대에서 보이는 것과 비슷한 어떤 9:3:3:1의 비가 조합이 있는가? 나온 수는 9:4:3 비에 가까워 보인다. 어떤 가설이 두 항의 조합(3 + 1)을 지지하는가? 만약 *w*가 *P* 유전자에 대하여 상위성을 가진다면, *ww P–*와 *ww pp* 유전자형 그룹은 같은 흰 표현형을 가질 것이다. 이 설명에서, F_2 라벤더 식물의 3분의 1은 *WW pp*일 것이고, 남은 3분의 2는 *Ww pp*일 것이다. 자가수정에서 *WW pp*

식물은 라벤더(*WW pp*) 자손만을 생산하는 반면, *Ww pp* 식물은 라벤더(*W– pp*)와 흰색(*ww pp*) 자손을 3 : 1의 비로 생산할 것이다.

III. 헌팅턴병(HD)은 인간에서 드문 우성 유전병이며, 신경계의 느리지만 계속적인 악화를 가져온다. *HD*는 *HD* 유전자형인 사람이 나이에 따라 다르게 표현형을 발현하는 "나이-의존적 침투도"를 보인다. 40대의 경우에 유전되는 *HD* 대립유전자의 50%가 증상으로 발현된다고 가정해 보자. 수잔(Susan)은 아버지가 *HD*인 35세의 여성이다. 그녀는 현재 증상을 보이고 있지 않다. 5년 안에 수잔이 증상을 보일 확률은 얼마인가?

해답

이 문제는 확률과 침투도와 관련 있다. 수잔이 질병의 증상을 보이는 데는 두 가지 조건이 필요하다. 그녀가 그녀의 아버지로부터 돌연변이 대립유전자를 물려받을 확률은 2분의 1 (50%)이고 그녀가 40대에 표현형이 발현될 확률 또한 2분의 1 (50%)이다. 이 둘은 독립적인 사건이기 때문에 확률은 각각의 확률의 곱인, 4분의 1이다.

연습 문제

어휘

1. 왼쪽 용어를 가장 잘 설명한 문장을 오른쪽에서 찾아 연결하라.

a. 상위성	1. 하나의 유전자가 하나 이상의 표현형에 영향을 준다.
b. 변경 유전자	2. 한 유전자의 대립유전자가 다른 유전자의 대립유전자의 효과를 막는다.
c. 조건적 치사	3. 양쪽 부모의 표현형이 F_1 잡종에서 발현된다.
d. 허용 조건	4. 유전자에서의 유전적 변화
e. 감소된 침투도	5. 면역계에 연관되어 있고 매우 다양한 세포 표면 분자들
f. 다유전자성 형질	6. 다른 유전자의 활성에 의해 생성되며 그들의 대립유전자들이 표현형을 바꾸는 유전자
g. 불완전 우성	7. 특정한 유전자형을 갖고 있는 인간들 중 100% 미만으로 그 표현형이 나타난다.
h. 공우성	8. 적어도 두 개의 유전자의 대립유전자의 상호작용에 의해 또는 유전자와 환경과의 상호작용에 의해 생기는 형질들
i. 돌연변이	9. 동일한 유전자형을 갖는 사람들이 다른 정도로 표현형을 갖는다.
j. 다면발현	10. 어떤 조건(예; 고온)에서는 치사이지만 다른 상황에서는 생존할 수 있는 유전자형
k. 가변적 발현도	11. 이형접합자가 어느 동형접합자와도 닮지 않았다.

3.1절

2. 분꽃의 붉은색 꽃에 대한 대립유전자는 흰색 꽃에 대한 대립유전자에 불완전하게 우성이 되어 이형접합자는 분홍색의 꽃을 갖는다. 다음의 교배의 산물들 중에 꽃 색깔의 비는 어떻게 되겠는가?: (a) 분홍색 × 분홍색, (b) 흰색 × 분홍색, (c) 붉은색 × 붉은색, (d) 붉은색 × 분홍색, (e) 흰색 × 흰색, (f) 붉은색 × 흰색? 만약 특별하게 분홍색 꽃만을 생산하고 싶다면 이 중의 어떤 교배가 효율적이겠는가?

3. *Aa* 이형접합성의 금어초는 분홍색이고 (그림 3.3), *AA* 동형접합자는 붉은색이다. 그러나 멘델의 *Pp* 이형접합성의 완두콩 꽃들은 *PP* 동형접합자의 꽃만큼 전적으로 분홍색이다. *A*와 *P* 대립유전자는 정상적으로 기능을 하는 효소를 암호화하고, *a*와 *p* 대립유전자는 전적으로 단백질은 만들지 못한다라고 가정한다면, 유전자 *A*의 대립유전자와 유전자 *P*의 대립유전자가 왜 서로 다르게 작용하는지 설명해 보라.

4. 초파리에서 매우 어두운(ebony) 몸 색깔은 *e* 대립유전자에 의해 결정된다. e^+ 대립유전자는 정상 야생형인 꿀

색깔을 갖는 몸을 만든다. 두 대립유전자의 이형접합자에서는 흉부에 만들어지는 검은 것 때문에 삼지창이라 불리기도 하지만 몸의 다른 부분은 꿀 색깔이다. 그러므로 e^+ 대립유전자는 e 대립유전자에 대하여 불완전 우성인 것으로 여겨진다.

a. 암컷 e^+e^+ 초파리를 수컷 e^+e 초파리와 교배하였을 때, 검은 삼지창이 만들어질 자손의 확률은 얼마인가?

b. 삼지창이 있는 초파리는 그들끼리 교배한다. 300마리의 자손에서 삼지창을 가진 것으로 예상되는 것은 몇 개체이며, 몇 개체가 어두운 몸 색깔, 그리고 몇 개체가 꿀 색깔 몸을 가지겠는가?

5. 노란색 꽃을 가진 두 식물을 교배하면 80개의 자손 개체가 만들어진다. 그 중 38개체는 노란색 꽃을, 22개체는 붉은색 꽃 그리고 나머지 20개체는 백색 꽃을 가진다. 이러한 색상 변화는 하나의 좌위에서 유전된다고 가정하면, 각각 꽃 색깔의 유전자형이 무엇인가? 꽃 색깔의 유전에 대해서 어떻게 설명할 수 있겠는가?

6. 무에서 색깔과 모양은 각각 두 개의 불완전 우성의 대립유전자를 가진 하나의 좌위에 의해 조절된다. 색은 빨간색(*RR*), 보라색(*Rr*), 흰색(*rr*)이 될 수 있고, 모양은 긴(*LL*), 타원(*Ll*), 또는 둥근(*ll*)이 될 수 있다. 두 좌위에서 두 식물 사이의 이형접합자를 교배하여 나온 자손들 중에 어떤 표현형 종류와 비를 예상할 수 있겠는가?

7. 백색 꽃과 긴 꼬투리를 가진 야생 콩과식물과 보라색 꽃과 짧은 꼬투리를 가진 야생 콩과식물을 교배해 보자. F_1 자손은 자가수정되어, F_2 세대에는 301개체는 긴 꼬투리와 보라색 꽃을, 99개체는 짧은 꼬투리와 보라색 꽃을, 612개체는 긴 꼬투리와 분홍색 꽃을, 195개체는 짧은 꼬투리와 분홍색 꽃을, 295개체는 긴 꼬투리와 백색 꽃 그리고 98개체는 짧은 꼬투리와 백색 꽃을 가진다. 이러한 특성은 어떻게 유전되었겠는가?

8. 간단히 묘사하라.

a. 낫형적혈구빈혈증인 사람의 유전자형

b. 낫형적혈구빈혈증의 자녀를 둔 정상 표현형을 보이는 사람의 유전자형

c. 같은 부모를 가진 다섯 명의 자녀가 가지는 β-글로빈의 대립유전자들의 총 수

9. 봄베이 표현형과 관련이 없다고 가정했을 때

a. O형인 여자아이의 경우 유전자형은 무엇이며, 그 부모의 표현형은 무엇인가?

b. B형인 딸이 A형인 어머니를 갖고 있을 때 아버지의 혈액형의 유전자형과 표현형은 무엇인가?

c. 딸이 AB형이고, 그의 어머니 또한 AB형일 때 이 딸의 아버지가 될 수 없는 유전자형과 표현형들은 무엇인가?

10. 사람에게는 ABO 유전자 외에도 여러 유전자들이 적혈구 표면에서 감지되는 항원을 만든다. *MN*과 *Rh* 유전자들이 두 가지 예이다. *Rh* 좌위는 + 또는 − 대립유전자를 가질 수 있고, + 대립유전자는 −에 대해 우성이다. *M*과 *N*은 *MN* 유전자의 공우성 대립유전자들이다. 다음 표는 여러 어머니와 그 자녀들을 보여준다. 아버지에 한 아이가 있다고 가정할 때 각각의 어머니-자손 쌍에 대해 아이의 아버지를 오른쪽 남성들에서 찾아보라.

	어머니	자손	남성들
a.	O M Rh$^+$	B MN Rh$^-$	O M Rh$^-$
b.	B MN Rh$^-$	O N Rh$^-$	A M Rh$^+$
c.	O M Rh$^+$	A M Rh$^-$	O MN Rh$^+$
d.	AB N Rh$^-$	B MN Rh$^-$	B MN Rh$^+$

11. 렌틸콩에서 콩껍질의 양상을 결정하는 유전자의 대립유전자는 다음의 우열관계로 정리될 수 있다: 대리석무늬 > 얼룩무늬 = 점박이무늬(공우성 대립유전자) > 민무늬. 대리석무늬인 콩껍질을 갖는 대립유전자의 동형접합성의 렌틸콩 식물을 얼룩무늬 대립유전자의 동형접합성의 식물과 교배시켰다. 다른 교배에서는, 동형접합성의 점박이무늬 렌틸콩 식물을 동형접합성의 민무늬 식물과 교배시켰다. 그리고 첫 번째 교배실험으로부터 나온 F_1식물을 두 번째 교배로부터 나온 F_1 식물과 교배시켰다.

a. 이 두 F_1 사이의 교배로부터 어떤 표현형이 어떤 비로 나올 것이 예상되는가?

b. 처음 교배해서 나왔던 F_1 식물들의 예상되는 표현형은 무엇인가?

12. 당신의 친구 중 한 명이 렌틸콩 얼룩무늬와 점박이무늬가 단일유전자 *C*의 공우성 대립유전자(C^S과 C^D) 때문인지 모른다고 한다. 그는 얼룩무늬를 완전한 우성 대립유전자 *S*가 얼룩무늬를 없게 할 수 있다고 판단하여, 유전자 *S*가 제어할 수 있다고 주장했다. 또한, 그는 점무늬를 제어할 수 있는 유전자 *D*의 완전한 우성 대립유전자

*D*가 점무늬를 있게 만들고, 열성 대립유전자 *d*는 점무늬를 만들 수 없게 한다고 한다. 그가 올바른 것인가 아니면 그림 3.4a의 정보가 그의 주장을 올바르지 않다고 하는 것인지 설명해 보라.

13. 토끼 집단에서 당신은 3개의 다른 털 색깔 표현형을 찾았다: 친칠라(C), 히말라야(H), 알비노(A). 털 색깔의 유전을 이해하기 위하여, 각각의 토끼를 서로 교배하여 다음 표와 같은 결과를 얻었다.

교배 번호	부모의 표현형	자손의 표현형
1	H × H	3/4 H : 1/4 A
2	H × A	1/2 H : 1/2 A
3	C × C	3/4 C : 1/4 H
4	C × H	모두 C
5	C × C	3/4 C : 1/4 A
6	H × A	모두 H
7	C × A	1/2 C : 1/2 A
8	A × A	모두 A
9	C × H	1/2 C : 1/2 H
10	C × H	1/2 C : 1/4 H : 1/4 A

a. 토끼의 이 집단에서 털 색깔의 유전에 관하여 어떤 결론을 내릴 수 있는가?
b. 각 10개의 교배에서 부모의 유전자형을 기술하라.
c. 교배 9와 10에서 친칠라 부모를 교배했을 때에 어떤 종류의 자손을 예상할 수 있으며 그 비는 무엇인가?

14. 토끼풀 식물의 잎 무늬는 하나의 유전자가 결정하고, 그 유전자의 복대립유전자는 우열관계에 있다. 이 유전자의 대립유전자는 7개가 알려져 있다. 무늬 없는 형태를 결정하는 대립유전자는 나머지 대립유전자 6개에 열성이다. 나머지 대립유전자 6개는 각각 다른 무늬를 결정한다. 대립유전자의 모든 이형접합성의 조합들은 완전우성을 보여준다.
a. 대립유전자 7개 모두를 나타내는 토끼풀 식물 개체군에서 몇 가지 서로 다른 잎 무늬가 나타날 것인가(무늬 없는 것 포함)?
b. 한 표현형을 결정할 수 있는 서로 다른 유전자형은 최대한 몇 가지 있는가? 단 하나의 유전자형에 의해서 나타나는 표현형이 있는가?
c. 몇 개체의 식물에서는 모든 가능한 무늬 양상을 동정할 수 있지만, 특정 영역의 토끼풀 잎에서는 무늬가 없는 경우를 발견할 수 있는데, 그 이유를 설명하라.

15. 동그랗게 말린 날개(*Cy*)에 대한 대립유전자와 정상 날개(Cy^+)에 대한 대립유전자를 가진 초파리는 동그랗게 말린 날개를 갖는다. 동그랗게 말린 날개를 갖는 두 초파리를 교배했을 때, 203개의 동그랗게 말린 날개를 가진 초파리와, 98개의 정상날개를 가진 초파리가 얻어졌다. 동그랗게 말린 날개를 가진 초파리들 사이의 모든 교배에서 거의 비슷한 동그랗게 말린:정상 비의 자손을 생산하였다.
a. 이 자손들의 대략적인 표현형 비는 무엇인가?
b. 결과에 대한 설명을 제안하라.
c. 만약 동그랗게 말린 날개를 가진 초파리를 정상 날개의 초파리와 교배하였다면 전체 180개의 자손 중에서 각각의 형질을 가진 초파리는 몇 개체씩 되겠는가?

16. 토마토와 페튜니아 같은 특정한 식물 종에서는, 자가수정을 방지하고 이계교배를 촉진하는 매우 다형적인 불화합유전자 *S*가 있다. 유전자 *S*가 100개 이상의 대립유전자를 가지고 있다. 이러한 불화합성에서는, 식물이 자기와 동일한 불화합성 대립유전자를 가진 화분을 받을 수 없다. 예를 들어 불화합성 유전자의 *S1* 대립유전자를 가진 화분이 같은 *S1* 대립유전자를 가진 식물의 암술머리에 도달하면, 그 화분은 어떤 배주와도 수정하지 못한다(암술머리에 도달한 화분은 배주와 연결되는 화분관을 만들지 못하기 때문에 일어나는 현상이다).

다음 교배의 경우, 자손이 생산되는 것인가? 자손의 가능한 모든 유전자형은 무엇인가? 화분과 배주가 생식세포인 것을 기억해야 한다.
a. *S1 S2* × *S1 S2*
b. *S1 S2* × *S2 S3*
c. *S1 S2* × *S3 S4*
d. 불화합성 기작이 어떻게 식물의 자가수정을 저해하는지 설명해 보라.
e. 이러한 불화합성 시스템으로 모든 식물은 *S* 유전자의 서로 다른 대립유전자에 대해서 이형접합성일 것이라고 어떻게 확신할 수 있는가?
f. 완두콩은 이러한 불화합성 기작에 의해 지배되지 않는다는 것을 어떻게 알 수 있는가?
g. 왜 진화가 새로운 불화합성 대립유전자의 출현을 선호해, 토마토 또는 페튜니아의 개체군에서 유전자를 점점 다형성으로 만드는지를 설명해 보라.

17. 열대어 종에서는, 몬테수마라 불리는 주황과 검정의 다채로운 변종이 있다. 두 몬테수마를 교배하였을 때, 자

손의 2/3는 몬테수마이고, 1/3은 야생형으로 어두운 회색빛이 있는 녹색이다. 몬테수마는 단일 유전자 형질이고, 몬테수마 물고기는 결코 순계가 아니다.

a. 여기서 보이는 유전 양상을 설명하고 그 설명이 어떻게 주어진 표현형 비를 해석하는지 설명하라.

b. 같은 종에서, 등지느러미의 모양은 *f*로 표시되는 열성 대립유전자의 동형접합에 의하여 정상에서 주름진 모양이 된다. 정상 등지느러미의 동형접합자인 몬테수마와 녹색의 주름진 등지느러미의 물고기를 교배하였을 때 어떤 자손을 어떤 비로 얻을 것이라고 예상하는가?

c. 문제 *b*로부터의 두 개의 몬테수마 자손을 교배하였을 때 예상되는 자손의 표현형적 비는 무엇인가?

3.2절

18. 호두모양으로 불리는 특정 벼슬모양을 가진 수탉을 단일형으로 알려진 벼슬 형태의 암탉과 교배하였다. F_1 자손은 모두 호두형의 벼슬을 가졌다. F_1 수컷과 암컷을 서로 교배하였더니 93마리의 호두형, 그리고 11마리의 단일형 벼슬을 가진 개체들이 F_2 자손에서 보였고, 29마리의 장미형으로 불리는 새로운 벼슬모양과 32마리의 완두형으로 불리는 다른 벼슬모양을 가진 개체들도 나왔다.

a. 벼슬모양이 어떻게 유전되었는지 설명하라.

b. 동형접합자인 장미형 벼슬의 암탉과 동형접합자의 완두형 벼슬의 수탉을 교배하였을 때 나오는 자손은 무엇이겠는가? 어떤 표현형과 비를 F_2 자손에서 볼 수 있겠는가?

c. 어떤 호두형 벼슬의 수탉을 완두형 암탉과 교배하여 12마리의 호두형, 11마리의 완두형, 3마리의 장미형, 4마리의 단일형 자손을 얻었다. 부모의 유전자형은 무엇이겠는가?

d. 호두형 수탉을 장미형 암탉과 교배했을 때 모든 자손이 호두형이었다. 가능한 부모의 유전자형은 무엇인가?

19. 검은색의 암말을 밤색의 수말과 교배하여 적갈색의 수컷과 암컷을 얻었다. 이 두 자손을 여러 번 서로 교배하여 4마리의 다른 털 색깔을 가진 자손을 얻었다: 검은색, 적갈색, 밤색, 간장색. 간장색의 손자를 검은색의 암말에 다시 교배하여 검은색의 새끼를 얻었고, 간장색의 손녀를 밤색의 수말과 다시 교배하여서 밤색의 새끼를 얻었다. 이 말들에서 털 색깔이 어떻게 유전되었는지 설명하라.

20. 다음의 가계도에서 색깔로 채워진 것은 난청을 갖고 있는 개인을 나타낸다.

a. 가계도를 연구하여 난청이 어떻게 유전되었는지 설명하라.

b. V세대에서 개개인의 유전자형은 무엇인가? 그들은 왜 영향을 받지 않았는가?

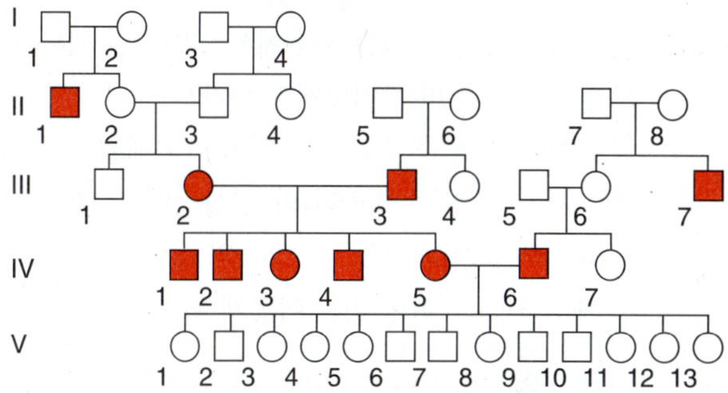

21. 각각 녹색 열매와 노란색 열매를 가진 주키니의 두 순계를 교배하였다. F_1 세대는 모두 녹색이었으나 그들을 교배하였을 때, F_2 세대는 9개의 녹색 : 7개의 노란색 열대를 보였다.

a. 이 결과를 설명하라. 두 부모세대의 유전자형은 무엇인가?

b. F_1 식물을 검정교배하였을 때 자손의 빈도와 함께 표현형을 명시하라.

22. *Illegitimati noncarborundum*이라는 식물의 흰색종의 두 순계를 교배하여 얻은 F_1 세대는 모두 흰색이었다. F_1 세대를 자가수정 하였을 때 126개체의 흰색 꽃과 33개체의 자주색 꽃을 가진 F_2 세대를 얻었다.

a. 식물의 꽃의 색깔의 유전을 어떻게 설명하겠는가? 어떻게 특정 대립유전자가 서로에게 영향을 주어 표현형에 영향을 미치는지 설명하라.

b. 흰색의 F_2 식물을 자가수정하였다. 자손의 3/4이 흰색 꽃이었고, 1/4이 자주색 꽃이었다. 흰색 F_2 식물의 유전자형은 무엇인가?

c. 자주색 F_2 식물을 자가수정하였다. 자손의 3/4이 자주색 꽃이었고, 1/4이 흰색 꽃이었다. 자주색 F_2 식물의 유전자형은 무엇인가?

d. 두 흰색 F_2 식물을 서로 교배하였다. 자손의 1/2은 자주색 꽃이었고, 나머지 1/2은 흰색 꽃이었다. 두 흰색 F_2 식물의 유전자형은 무엇이었겠는가?

23. 상위성과 우성의 차이를 설명하라. 얼마나 많은 좌위들이 이 경우에 해당하는가?

24. 우성 대립유전자 *H*는 초파리 체모의 수를 감소시키며, "무모" 표현형을 나타낸다. 동형접합성에서 *H*는 치명적이다. 우성 대립유전자 *S*는 체모의 수에 영향을 미치지 않지만, *H*가 있는 경우 단일 *S* 대립유전자가 무모 표현형을 억제해서 체모가 다시 나타난다. 하지만 *S*는 동형접합성일 때 치명적이다.
   a. *H* 대립유전자가 억제된 정상적인 두 집단의 초파리를 교배하여 살아 있는 자손에서 일반적인 체모와 무모증 초파리의 비는 어떻게 되는가?
   b. 앞 교배의 무모증 자손이 문제 (a) (억제된 조건에서 *H*를 가지고 있는 초파리)의 정상적인 부모 초파리 중 하나와 교배되었을 때, 그들의 살아 있는 자손에서 예상 되는 표현형 비는 어떻게 되는가?

25. "분비자" (유전자형 *SS*와 *Ss*)는 그들의 *A*와 *B* 혈액형 항원을 그들의 타액과 다른 체액에 분비하는 반면, "비분비자"(*ss*)는 분비하지 않는다. 타액을 사용하여 분석했을 때 I^AI^B *Ss* 여성과 I^AI^B *Ss* 남성의 자손 중에서 보이는 표현형적 혈액형의 비는 어떻게 되는가?

26. 보통, 야생형의 제비꽃은 노란색의 꽃잎, 어두운 갈색의 무늬 그리고 곧은 줄기를 갖는다. 그런데 하얀색의 꽃잎, 민무늬 그리고 엎드러진 줄기를 가진 제비꽃을 발견하였다고 상상해 보자. 이 비야생형(non-wild-type) 표현형이 여러 다른 돌연변이 유전자에 의해 유발된 것인지 하나의 좌위에서 대립유전자들의 다면발현적인 효과에 의한 것인지를 결정하기 위해 수행해야 할 실험은 무엇인가? 실험을 어떻게 설계할 것인지를 설명하라.

27. 다음의 표는 가계도에서 각 개인의 항-A와 항-B 혈청에 대한 혈액 반응을 나타내고 있다. 항-A 열에서 "+"인 A는 그 개체의 적혈구가 항-A 혈청에 의해 응집된 것을, 즉 A 항원을 만들었다는 것을 나타내고 "−"인 *a*는 응집되지 않은 것을 나타낸다. B 항원에 대한 결과도 같은 표시로 나타내었다.
   a. 표에 나타난 결과로부터 각 개인의 혈액형을 추론하라.
   b. 이 자료로부터 가계도에서 보이는 유전의 양상을 설명하면서 할 수 있는 한 정확하게 혈액형에 대한 유전자형을 부여하라. 모든 유전적 관계는 가계도에 나와 있다고 가정하라[즉, 양부모 등과 같은 경우는 없다].

	I-1	I-2	I-3	I-4	II-1	II-2	II-3	III-1	III-2
항-A	+	+	−	+	−	−	+	+	−
항-B	+	−	+	+	−	−	+	−	−

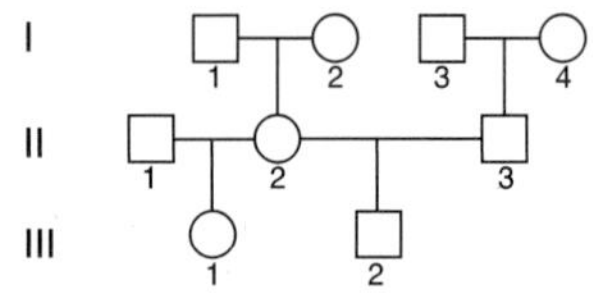

28. 하얀색 낟알의 옥수수알을 생산하는 옥수수의 3개의 다른 순계를 서로 교배하였다. 각각의 경우에서, F_1 식물은 모두 빨간색인 반면, F_2 세대에서는 빨간색과 흰색의 낟알의 비가 9 : 7 이었다. 이 결과들을 다음과 같이 표로 만들었다.

	F_1	F_2
흰색-1 × 흰색-2	빨간색	9개의 빨간색 : 7개의 흰색
흰색-1 × 흰색-3	빨간색	9개의 빨간색 : 7개의 흰색
흰색-2 × 흰색-3	빨간색	9개의 빨간색 : 7개의 흰색

   a. 이 3개의 종에서 낟알 색깔을 결정하는데, 얼마나 많은 유전자들이 관여하는가?
   b. 기호를 정하여 순종 흰색-1, 흰색-2, 흰색-3에 대한 유전자형을 보여라.
   c. 흰색-1과 흰색-2 사이의 교배를 F_1과 F_2 세대의 유전자형과 표현형을 보이면서 도식화하라. 9 : 7 비로 관찰되는 것을 설명하라.

29. 쥐에서 *agouti* 유전자의 A^y 대립유전자는 열성 치사성 대립유전자이나 노란 털 색깔에 대해서는 우성이다. *agouti* 좌위에서의 이형접합자인 쥐(유전자형 A^yA)와 *agouti* 좌위에서의 이형접합자(유전자형 A^yA)이며 또한 알비노 좌위에서 알비노인 쥐(*cc*)의 교배로부터 예상되는 자손의 표현형과 그 비가 무엇인가?

30. 낚시가 취미인 한 학생이 카유가 호에서 몸에 비늘이 없는 매우 희귀한 잉어를 낚았다. 그녀는 이 희귀한 표현형이 유전적 근거를 갖는지를 조사해야겠다고 결심했다. 그래서 동계교배된 야생형의 비늘 표현형(몸이 정상적 비늘로 덮인)을 가지는 순계를 확보하여 그녀가 잡은 비늘이 없는 잉어와 교배하였다. 놀랍게도, F_1 자손은 야생형과 면에 한 줄로 비늘이 있는 물고기가 1 : 1의 비로 나왔다.
   a. 두 개의 대립유전자를 가진 단일 유전자로 이 결과를 설명할 수 있는가? 왜 그럴 수 있고 또는 왜 그럴 수 없는가?
   b. 조금 더 알아보기 위하여, 이 학생은 F_1 세대의 한 줄

로 비늘이 있는 물고기를 서로 교배하였다. 교배 결과 4종류의 표현형을 가진 자손이 나왔다: 한 줄 비늘, 야생형, 비늘이 없는, 비늘이 흩어진 모양의 (적은 수의 비늘이 불규칙하게 몸에 퍼진 모양) 자손이었다. 이들 표현형의 비는 각각 6:3:2:1 이었다. 얼마나 많은 유전자들이 이 표현형과 관련이 있는 것으로 보이는가?

c. 동시에, 학생은 F_1 세대에서 표현형적으로 야생형인 물고기를 서로 교배하고 관찰한 결과, 그들의 자손 중 야생형과 흩어진 비늘 모양의 비가 3:1임을 알게 되었다. 몇 개의 대립유전자를 가진 몇 개의 유전자들이 야생형과 흩어진 모양의 비늘 간의 차이를 결정하는 것으로 보이는가?

d. 이 학생은 문제 (c)에서의 결과를 확증하기 위해 흩어진 모양의 비늘을 가진 물고기와 순종의 야생형 물고기를 교배하였다. 이 교배에서 부모, F_1 그리고 F_2 세대의 유전자형과 표현형을 도식화하고 관찰되는 비를 나타내라.

e. 학생은 동계교배를 통해 순종의 비늘이 없는 물고기를 만드는 시도를 하였다. 그러나 이것이 불가능함을 발견하였다. 그녀가 두 마리의 비늘이 없는 물고기를 교배할 때마다 비늘이 없는 물고기와 흩어진 모양의 비늘을 가진 물고기가 2:1의 비율로 나왔다. (이 교배로부터의 흩어진 모양의 비늘을 가진 물고기는 순계였다.) 이 "비늘 없는 물고기 × 비늘 없는 물고기" 교배에서 이 유전자의 유전자형과 표현형을 도식화하고 달라진 멘델의 비를 설명하라.

f. 이 학생은 그녀의 결과를 모두 설명할 수 있음을 느꼈다. 문제 (b)에서 이 학생에 의해 수행된 "한 줄 비늘을 갖는 물고기 × 한 줄 비늘을 갖는 물고기"의 교배에서 유전자형들을 도식화하라. 자손에서 관찰되는 4종류의 표현형들의 유전자형들을 보이고 6:3:2:1 비를 설명하라.

31. 동물시설의 실험용 우리에서 탈출한 두 마리의 쥐(하나는 수컷, 하나는 암컷)를 잡았다. 하나의 쥐는 노란색이고, 다른 하나는 갈색의 아구티(*agouti*)이다. 이 쥐 집단은 오직 3개의 털 색깔에서 다른 대립유전자를 갖는 동물이다: *A* 유전자의 아구티 또는 비아구티 또는 노란색의 대립유전자($A^yA^y > A > a$; A^y는 열성 치사 유전자), *B* 유전자의 검은색(B) 또는 갈색의 대립유전자(b, $B > b$), 그리고 *C* 유전자의 알비노(c) 또는 비알비노 대립유전자. 그러나 이들 유전자들의 어떤 대립유전자들이 각각의 쥐에서 실제로 나타나고 있는지는 모른다. 유전자형을 결정하기 위하여, 그들을 교배하였다. 첫 번째 교배에서는 오직 3마리의 새끼를 얻었다. 하나는 알비노이고, 하나는 갈색이며(비아구티), 다른 하나는 검은색의 아구티이다.

a. *A*, *B*, *C* 유전자들의 어떤 대립유전자들이 잡은 두 쥐에서 나타나고 있는가?

b. 이 두 부모로부터 여러 번 교배를 한 후에 많은 자손을 얻었다. 얼마나 다양한 털 색깔의 표현형(총 수)이 자손의 집단에서 발현되고 있을 것으로 예상하는가? 표현형과 그것에 상응하는 유전자형은 무엇인가?

32. 그림 3.22와 그림 3.28b에서 보이는 형질은 두 유전자들에 의해 결정되고 그것의 각각은 두 개의 불완전 우성의 대립유전자를 갖는다. 그러나 그림 3.22에서 유전자의 상호작용은 9개의 다른 표현형을 만들어내고, 그림 3.28b에서는 오직 5개의 가능한 표현형 집단이 묘사되었다. 어떻게 표현형적 변이에서의 차이를 설명할 것인가?

33. 초파리에서 3개의 유전자가 특정 형질에 영향을 주고, 각 유전자의 하나의 우성 대립유전자가 야생형의 표현형을 갖는 데 필요하다.

a. 3개 유전자의 이형접합자인 초파리를 교배하여 나오는 자손에서 어떤 표현형 비가 예상되는가?

b. 특정 야생형 수컷을 3종류의 검정용 계통 종과 연이어 교배하였다. 하나의 검정용 계통(*AA bb cc*)과의 교배에서는 자손의 1/4만이 야생형이었다. 다른 두 개의 검정용 계통(*aa BB cc*와 *aa bb CC*)과의 교배에서는 자손의 절반이 야생형이었다. 야생형 수컷의 유전자형은 무엇인가?

34. 정원용 꽃인 *Salpiglossis sinuata* ("painted tongue", 칠레 원산의 가지과 일년초)은 많은 다른 색을 갖는다. 순종 부모 사이에서 여러 번 교배를 하여 F_1 세대를 생산하였고, 이것을 자가수정하여 F_2 세대를 생산하였다.

부모	F_1 표현형	F_2 표현형
빨강 × 파랑	모두 빨강	102 빨강, 33 파랑
연보라 × 파랑	모두 연보라	149 연보라, 51 파랑
연보라 × 빨강	모두 청동 구릿빛	84 청동 구릿빛, 43 빨강, 41 연보라
빨강 × 노랑	모두 빨강	133 빨강, 58 노랑, 43 파랑
노랑 × 파랑	모두 연보라	183 연보라, 81 노랑, 59 파랑

a. 이 꽃에서 꽃 색깔의 유전을 설명할 가설을 제시하라.

b. 모든 다섯 종류의 교배에 대해, 부모와 F_1 세대, F_2 세대의 유전자형을 기술하라.

c. 노란색 순계와 라벤더 순종 사이의 교배에서 모든 F_1 세대는 구릿빛이었다. 만약 당신이 이 F_1 식물을 F_2를 생산하는 데 사용했다면, 어떤 표현형이 어떤 비로 나올 것이라 예상할 수 있는가? 먼저 한 실험으로부터 예상할 수 없는 표현형을 만들어낼 수도 있는 어떤 유전자형이 있는가? 만약 그렇다면, 어떻게 표현형의 비가 변경되는가?

35. 디기탈리스(foxgloves)에서, 3종류의 다른 꽃잎 표현형이 있다: 빨간 반점을 가진 흰색(WR), 어두운 빨강(DR), 밝은 빨강(LR). 사실상 2개의 다른 종류의 WR순계가 있는데(WR-1과 WR-2), 이것은 순종 DR과 LR간에 두 세대 간 서로 교배를 통하여 구별할 수 있다.

	부모	F_1	F_2 WR	LR	DR
1	WR-1 × LR	all WR	480	39	119
2	WR-1 × DR	all WR	99	0	32
3	DR × LR	all DR	0	43	132
4	WR-2 × LR	all WR	193	64	0
5	WR-2 × DR	all WR	286	24	74

a. 디기탈리스에서 꽃잎 표현형의 유전에 관하여 어떤 결론을 내릴 수 있는가?

b. 4종류의 순종 부모의 유전자형을 밝혀라(WR-1, WR-2, DR, LR).

c. F_2 세대의 WR 식물을 LR 식물과 교배하였다. 이 교배로부터 나온 총 500개의 자손은 253 WR, 124 DR, 123 LR 식물들이었다. 이 WR × LR 교배에서 부모의 유전자형은 무엇인가?

36. 초파리 배양에서 털 날개(가장자리에 작은 털을 가진 비정상적인 날개)를 가진 어떤 두 마리의 초파리를 교배하였을 때 항상 털 날개와 정상 날개 초파리가 2:1의 비로 나온다. 이 배양에서 털 날개 초파리를 얻어 4종류의 정상 날개 초파리들과 교배하였다. 각각의 결과는 다음의 표에 나와 있다. 오직 두 개의 털 날개 유전자의 대립유전자만이 가능하다고 가정할 때(하나는 털 날개에 대한, 다른 하나는 정상 날개에 대한), 정상 날개 초파리의 4종류의 유전자형에 대하여 어떻게 말할 수 있는가?

정상 날개 초파리 유형	털 날개를 갖는 초파리들의 교배로부터 얻은 자손들: 정상 날개를 갖는 비율	털 날개를 갖는 비
1	1/2	1/2
2	1	0
3	3/4	1/4
4	2/3	1/3

37. 어느 식물 종에서 파란색 꽃 색깔이 2개의 유전자, *A*와 *B*에 의해 조절된다고 가정하자. 우성 대립유전자 *A*와 *B*에 의한 단백질은 다음에서 보여주는 경로에서 기능을 한다. A와 B 단백질은 파란색 색소를 만들기 위해 무색 전구체를 필요로 한다. A와 B 단백질은 또한 파란색 색소를 만들기 위해 다른 무색 전구체를 독립적으로 억제한다. 즉, A와 B 단백질 각각은 전구체 2로부터 파란색 색소 생성을 방해하는 데 충분하다. 열성 돌연변이 대립유전자 *a*나 *b*는 단백질을 생성하지 못한다. 흰색 꽃을 가진 두 개의 서로 다른 순계 돌연변이 계통을 교배한 결과 상보성이 나타나 F_1 세대가 모두 파란색 꽃 색깔을 나타내었다.

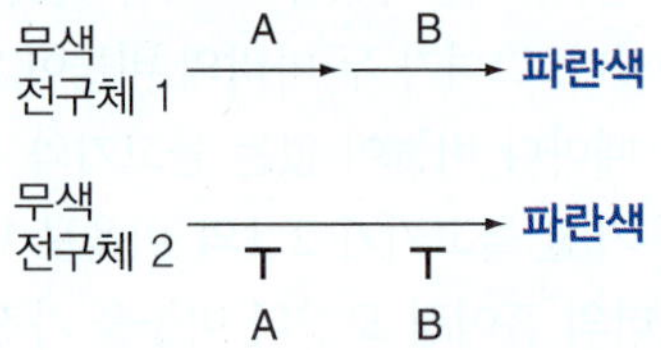

a. 각 흰색 돌연변이 계통과 F_1의 유전자형은 무엇인가?

b. 만약 F_1이 교배되지 않았다면, F_2의 표현형 비는 어떻게 될 것인가?

38. 멘델의 9:3:3:1 비의 변화에 대한 가능한 생화학적 설명을 검토해 보자. 명시하지 않는 한, 화합물 1, 2, 3, 4는 서로 다른 색깔을 나타낸다. A와 B는 지정된 경로를 촉매하는 효소이다. 대립유전자 *A*와 *B*는 기능적인 효소 A와 B를 암호화한다. 이들은 대립유전자 *a*와 *b*에 대해 완전 우성이며, *a*와 *b*는 해당 효소를 만들지 못한다. 만약 기능적인 효소가 있으면, 화살표의 왼쪽에 있는 화합물이 완전히 화살표의 오른쪽에 있는 화합물로 전환된다고 가정하자. 다음의 각 경로에서 *Aa Bb* × *Aa Bb* 의 양성잡종 교배에서 자손의 표현형 비는 어떠하겠는가?

a. 독립적인 경로

b. 중복 경로

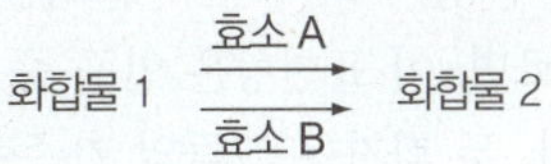

c. 연속적인 경로

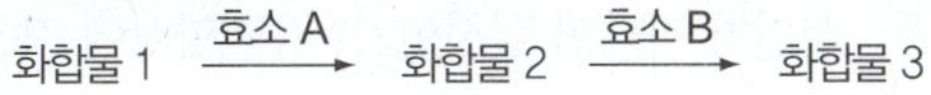

d. 상호 보완적인 유전자 작용(효소 A와 B 둘 다 다음의 반응을 촉매시키기 위해 필요하다)

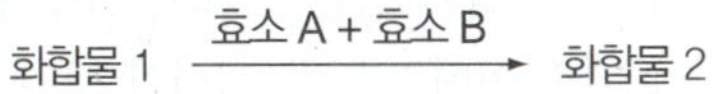

e. 분지된 경로

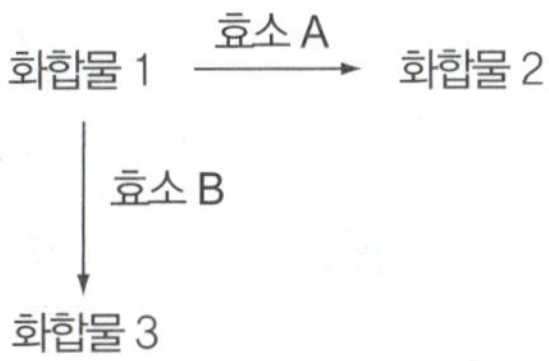

f. 문제 (a)와 같은 독립적인 경로를 고려해 보자. 화합물 2가 존하면 다른 모든 화합물로 인해 색깔을 나타내지 못한다.

g. 다음으로 경로 *c*에서 보인 연속적인 경로를 고려해 보자. 화합물 1과 2는 같은 색깔이다.

h. 마지막으로 다음에 보이는 경로를 검토해 보자. 여기에, 화학물 1과 2는 다른 색깔을 가진다. A에 의해서 암호화된 단백질은 화합물 1을 화합물 2로 변환하는 것을 막는다. B에 의해 암호화된 단백질은 A 단백질의 기능을 막는다.

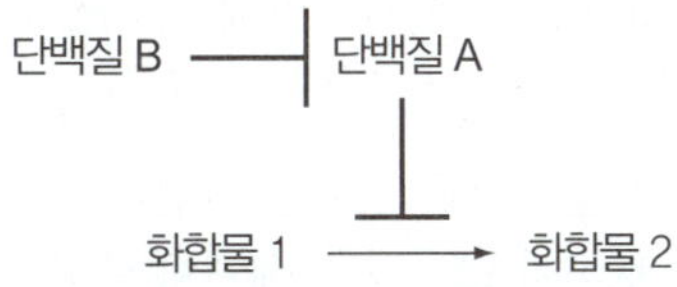

39. 문제 38번의 답을 고려할 때, F_2 자손 사이에서 표현형의 비가 9:3:3:1의 비에서 특정하게 변하게 되는 것은 이러한 표현형에 특정한 생화학적인 기작이 작용하고 있다고 추론할 수 있는가? 반대로, 만약에 유전자 상호 작용의 생화학적인 기작을 알고 있다면, F_2 자손 사이에서의 표현형의 비를 예측할 수 있는가?

40. 다음의 꽃 사진에서 보는 것과 같이, *Arabidopsis thaliana* (애기장대)의 꽃은 4가지 다른 기관을 포함한다. 꽃받침(잎), 꽃잎, 수술(웅성 기관)과 암술(자성 기관). 오른쪽에 있는 그림에서 보이는 돌연변이주는 비정상적인 꽃 형태를 가진다—꽃은 전체적으로 꽃받침들로 구성된다. *SEP*1, *SEP*2, *SEP*3의 3개 유전자는 꽃잎, 수술, 암술을 만드는 경로에서 중복으로 기능한다. 정상적인 꽃 형태를 위해서 식물은 이들 유전자 *SEP*1 (A), *SEP*2 (B), *SEP*3 (C) 중 하나의 유전자에서 정상적으로 기능하는 우성 대립유전자 하나만 있으면 된다. 이들 유전자의 열성 돌연변이 대립유전자(*a*, *b*, *c*)는 기능적인 단백질을 만들지 못한다.

a. 다음의 돌연변이 식물의 유전자형은 무엇인가?

b. *AA bb cc* × *aa BB CC*의 삼유전자잡종 교배를 했을 때, F_1 모두가 *Aa Bb Cc* 였다. F_2 자손 중에서 정상적인 식물은 얼마나 나타날 것으로 예상할 수 있는가?

c. 애기장대 유전체가 어떻게 3개의 중복 유전자를 얻게 되었는지 모델을 제안해서 설명하라.

41. 구상적혈구증은 유전되는 혈액질병이며, 적혈구가 양쪽이 오목한 대신에 구모양이다. 이 형질은 우성적으로 유전되며, *SPH* (돌연변이 대립유전자)가 SPH^+에 대해 우성이다. 구상적혈구증이 있는 환자는 비장이 구상적혈구를 결함이 있는 것으로 인식하여 혈류로부터 그것을 제거함으로써 빈혈을 일으킨다. 서로 다른 사람에서 비장은 서로 다른 효율로 구 모양의 적혈구를 제거한다. 구상적혈구를 가진 일부 사람들은 심각한 빈혈이 있으나 일부는 약하게 빈혈을 겪으며, 또 일부 사람들은 비장 기능이 아주 저조해서 빈혈의 증상이 나타나지 않는다. *SPH* SPH^+유전자형을 가진 2,400명의 사람들을 조사했을 때, 그 중 2,250명은 다양한 정도의 빈혈을 보이지만, 나머지 150명은 증상이 없다.

a. 구상적혈구증을 가진 사람들의 이러한 결과로부터 불완전 침투도, 다양한 발현도, 혹은 다 나타난다고 할 수 있겠는가? 그에 대해 설명하라. 침투도나 표현도를 계산하기 위해 수적 자료로부터 어떠한 값을 얻을 수 있겠는가?

b. 구상적혈구증을 위한 치료법을 제안해 보라. 불완전 침투도 그리고/또는 다양한 표현도에 대한 상황이 이 치료법에 어떻게 영향을 미치는지 설명하라.

42. 사람에서 가족성 고콜레스테롤 혈증(FH)은 유전되는 형질이며 혈청 콜레스테롤 수치(혈액의 데시리터당 콜레스테롤 밀리그램 수치[mg/dL])는 정상인보다 더 높게 나타난다. 정상인보다 2배 이상의 혈청 콜레스테롤 수치를 가진 사람들은 가족성 고콜레스테롤 혈증을 가지지 않은 사람들보다 심장마비가 걸릴 가능성이 25배 더 높다. 정상인보다 3배 이상의 혈청 콜레스테롤 수치를 가진 사람들은 심하게 막힌 동맥을 가지고 있고 거의 항상 20세가 되기 전에 죽는다. 다음의 가계도들은 4개의 일본 가족들의 가족성 고콜레스테롤 혈증의 빈도를 보여준다.

a. 이러한 자료를 기초로 한 가족성 고콜레스테롤 혈증의 가장 가능성이 높은 유전 양상은 무엇인가? 이 가계도 중에서 여러분의 가설과 맞지 않는 어떠한 개인이 있는가? 그러한 개인들을 설명할 특별한 상황은 무엇인가?

b. 왜 같은 표현형 그룹의 개인들이(여백, 노란색, 또는 빨간색 표시) 혈청 콜레스테롤 수치에 있어서 변화를 보이는가?

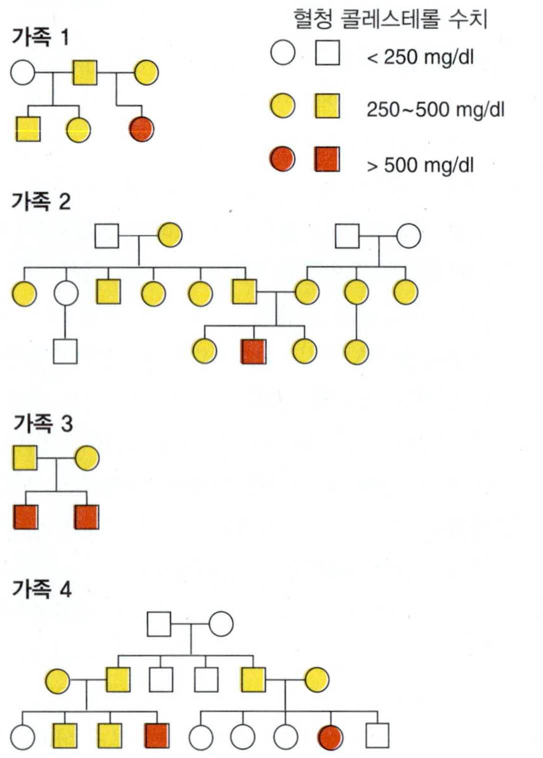

43. 발바닥에 반점이 있는 희귀한 표현형을 가진 가족 관계가 없는 두 환자 스미스와 제프슨과 만났다. 의학적 자료에 따르면, 이 표현형은 인구 중 1/100,000의 확률로 나타난다. 두 환자는 그들의 가족력을 주었고, 그에 따르는 가계도를 만들었다.

a. 이 형질이 희귀하다는 것을 고려하면, 유전양상은 우성인가 아니면 열성인가? 유전양상에 적용되는 것처럼 보이는 특별한 상황이 있는가?

b. 이 가족에서 발현되지 않은 어느 구성원이 돌연변이 대립유전자를 가지고 있다고 할 수 있는가?

c. 만약 이 형질이 집단 내에서 아주 흔하다면, 유전양상에 대해 어떤 대안을 제시할 것인가?

d. 문제 (c)의 새로운 설명에 근거하여, 가족들에서 발현되지 않은 어느 구성원도 형질을 나타내는 유전자형을 반드시 가지고 있어야 하는가?

스미스 가계도

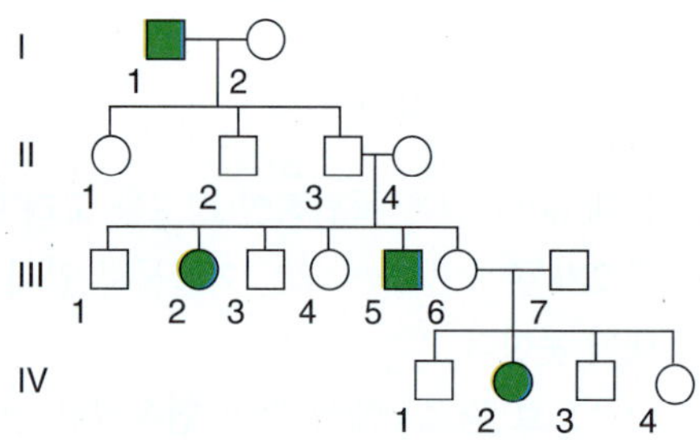

제프슨 가계도

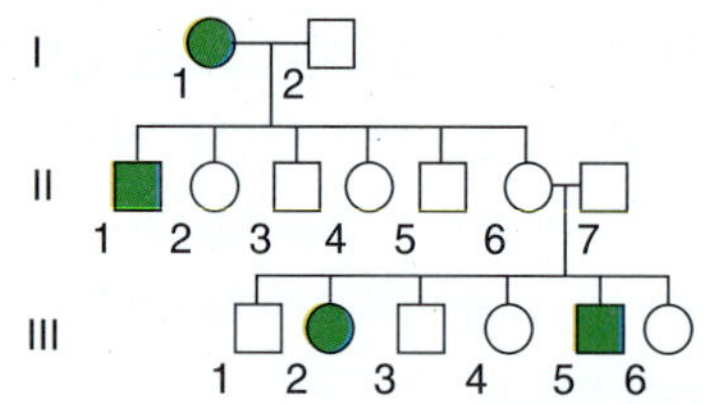

44. 다낭성 신장질환은 신장에 다수의 낭포의 성장을 야기시키는 우성 형질이다. 조건부로 결국 신부전을 발생시킨다. 다낭성 신장질환을 가진 아이는 누구도 이러한 질병을 보이지 않는 부부에게서 태어난다. 어떤 가능성이 이 결과를 설명할 수 있을까?

45. 본문(표 3.3 참조)에서 토의한 7개의 털 색깔 유전자들을 이용하여, 그림 3.14a에서 세 마리의 래브라도 리트리버에 대해 가능한 유전자형을 제시하라. 래브라도 리트리버들은 눈 마스크나 점이 없는 균일하게 색깔 있는 털에 대해 순종이다. 유전자형 과제에서 어떠한 애매모호함이 있는지 설명하라.

4장

유전의 염색체설

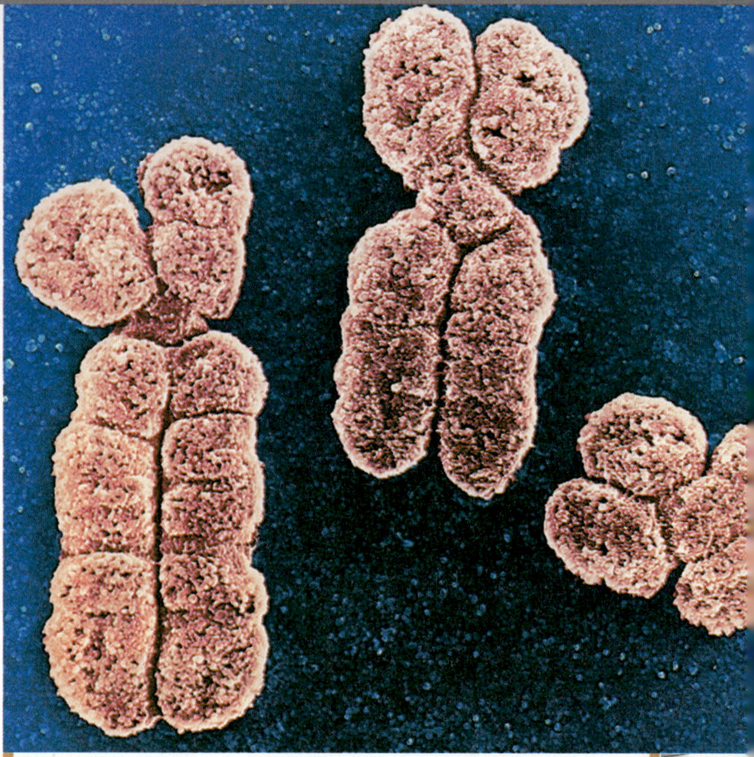

이 세 개의 사람 염색체 각각에는 수백 개의 유전자가 들어 있다.

개요

현미경으로 식물과 동물 세포를 관찰해 보면, 막으로 둘러싸인 둥근 핵이 있고, 그 속에 밝은 색의 실선처럼 보이는 소체, 염색체가 들어 있다. 정상적인 사람세포의 핵은 23개의 염색체 쌍, 총 46개의 염색체를 가지고 있다. 23쌍 염색체들은 각기 크기와 모양이 다르지만, 각 염색체 쌍를 이루는 두 염색체들은 정확히 같게 보인다(유일한 예외는 남성의 성염색체로 서로 대응되지 않는 X 및 Y로 구성된다).

다운증후군은 사람에서 유전자 돌연변이에 의해 생기는 것이 아니라, 염색체의 수적 이상으로 유발된다고 알려진 최초의 유전질환이다. 다운증후군을 가진 아이들의 세포핵에는 47개의 염색체가 들어 있다. 이것은 매우 작게 보이는 21번 염색체를 2개 한 쌍 대신에 3개를 가지고 있기 때문이다. 21번 삼염색체성이라고 부르는 비정상적 유전자형이 비정상적인 표현형으로 발현된다. 다운증후군 환자들은 뒤쪽 두개골이 정상인에 비해 더 편평하고 넓으며, 비정상적으로 긴 혀, 해마 부위를 포함한 뇌의 비정상적인 발달로 인한 학습능력 저하, 그리고 심장질환, 호흡기 감염, 조기 노화, 백혈병 등에 민감하다고 알려져 있다(그림 4.1).

정상적인 크기와 모양을 가진 여분의 염색체를 가짐으로 해서 어떻게 이처럼 광범위한 표현형이 발현할 수 있는가? 이 질문에 대한 답은 두 가지로 정리할 수 있다. 첫 번째는 염색체가 유전정보의 전달을 책임지는 세포구조물이라는 것이다. 이 장에서 여러분들은 유전학자들이 어떻게 염색체가 유전자를 운반한다는 결론에 도달했는지에 대해 학습한다. 이러한 개념을 **유전의 염색체설**(chromosome

그림 4.1 다운증후군: 21번 염색체를 하나 더 가지고 있어 다양한 표현형이 나타난다. 21번 삼염색체성은 학습 능력은 물론 신체적인 변화도 일으킨다. 사진 가운데에 있는 5학년 다운증후군 어린이처럼 일부 환자들은 정규 학교생활을 하는 데 지장을 받지 않는다.

theory of inheritance)이라고 한다. 두 번째는 정상적인 발생은 특정 유전물질의 존재 여부뿐만 아니라 그 양에 의해 좌우된다는 것이다. 따라서 세포분열 동안 유전자 전달을 조절하는 기작을 통해 각 세포의 염색체 수는 정확하게 유지되어야 한다.

유전자가 염색체상에 존재한다는 사실은 두 가지 실험, 즉 교배 실험과 세포의 현미경 관찰을 통해 입증되었다. 후에 알게 되겠지만, 감수분열이라고 하는 핵분열은 염색체 행동이 멘델이 제안한 유전자 분리의 법칙과 독립의 법칙을 설명해 준다. 유성생식으로 생식하는 대부분 생물에서 감수분열은 배우자(정자와 난자)를 생성하는 과정에 해당한다. 수정을 통해 두 배우자가 융합됨으로써 다음 세대가 되는 최초 세포를 형성한다. 이 최초 세포를 수정란 혹은 접합자라고 한다. 접합자는 유사분열이라고 하는 세포분열을 수행하는데, 수백만 번의 세포분열을 거쳐 단일세포가 복잡한 다세포 생물로 발생하게 된다. 유사분열은 한 개체를 구성하는 모든 세포들이 동일한 염색체 수와 모양을 갖도록 해 준다.

세포분열은 유사분열(체세포, 혹은 신체 세포를 생성하는)과 감수분열(배우자를 생성하는 — 난자와 정자)의 정확한 염색체 포장 기작을 통해 진행된다. 이러한 기작들이 정확하게 작동하지 않으면 염색체 분배가 부적절하게 일어나게 되어, 결과적으로 개체의 건강과 생존에 심각한 영향을 미친다. 예를 들면, 다운증후군은 감수분열 동안 염색체 분배가 잘못되기 때문에 유발된다. 감수분열 실수로 여분의 21번 염색체를 지닌 난자 혹은 정자가 생성되고, 이들이 수정 시 접합자로 들어갈 경우, 여분의 염색체는 유사분열을 통해 발생하는 배(embryo)의 모든 세포로 전달된다. 다른 염색체에서도 2개 염색체 대신 삼염색체성이 생성될 수 있다. 그러나 대부분의 경우는 태아기에 치사하여 유산된다.

감수분열과 유사분열을 논의할 때 두 가지 주제가 분명히 드러난다. 첫 번째는 20세기 초에 고전 생물학자들은 배우자 형성 동안 현미경으로 염색체를 직접 관찰하여 염색체의 이동이 멘델 유전자의 이동과 일치한다는 것을 발견하였다. 이로부터 염색체가 유전물질을 운반한다는 사실을 알게 되었다. 이러한 유전의 염색체설이 1902년 제안된 이래, 15년 동안에 걸친 초파리를 이용한 정교한 실험으로 유전의 염색체설이 입증되었다. 두 번째는 염색체설은 추상적인 입자로 생각되었던 유전자 개념을 관찰 및 조작 가능한 물리적인 실체로 바꾸어 놓았다는 것이다.

4.1 염색체: 유전자의 운반체

학습목표

1. 염색체 수와 기원을 기준으로 체세포, 배우자, 접합자를 구별한다.
2. 상동염색체와 비상동염색체를 구별한다.
3. 자매염색분체와 비자매염색분체를 구별한다.

신생아 출산 시 첫 질문 중 하나는 아들이냐 딸이냐 하는 것이다. 남성 혹은 여성은 멘델의 완두를 종자 색에서 노란색과 초록색처럼 상호 배타적인 형질이라고 알고 있다. 더욱이 사람을 포함한 대부분 유성생식 생물 종들에서 두 성비는 대략 1:1로 나타난다. 양쪽 성 모두 생식에 특수화된 세포(정자와 난자)를 생성하며, 이들이 다음 세대와 물리적으로 연결하는 고리 역할을 한다. 이 배우자들 각각은 유전물질의 절반씩을 기여함으로써 정상적이고 건강한 아들 혹은 딸이 탄생한다. 배우자의 어떤 부분이 이 물질을 운반하는지에 상관없이, 그 구조와 기능은 일반적으로 관찰되는 1:1의 성비는 물론 성 결정의 양자택일적 양상을 설명해 준다. 성 결정의 이 두 특성은 유전의 세포학적 기초를 푸는 최초의 실마리였다.

유전자는 핵 속에 있다

1667년도까지만 해도 성과 생식을 특별히 연결시킬 수 없었다. 최초의 현미경 학자로서 예리한 통찰력을 가진 안톤 반 레벤후크(Anton van Leeuwenhoek)는 1667년에 정액 속에 정자(문자 그대로 "정자 동물")가 들어 있다는 사실을 발견하였다. 그는 이 현미경적 미세 동물이 난자로 들어가서 수정된다고 생각하였다. 그러나 그 후 200년 동안 아무도 이 가설을 확인하지 못했다. 200년이 지난 1854년(멘델이 완두 실험을 시작한 시대와 같음)부터 20여 년에 걸쳐 개구리와 성게 수정을 연구하는 현미경 학자들이 암수 배우자의 융합 과정을 관찰하여 그 연속과정을 그림으로 상세하게 기록하였다. 이 그림들은 물론, 이 후에 촬영된 현미경 사진들(현미경 관찰을 통해 찍은 사진) 모두에서 모계 및 부계 배우자를 통해 동등하게 기여하는 요소는 난자와 정자의 핵뿐이라는 것을 분명하게 보여주었다. 이러한 관찰로부터 핵 속에 유전물질의 역할을 하는 물질이 존재하고 있음을 알게 되었다. 사람에서, 배우자의 핵은 그 직경이 1미터의 200만분의 1의 크기에 불과하다. 이와 같은 좁은 공간에 세대 간을 유전적으로 연결하는 물질이 포장되어 있다는 것은 실로 놀라운 일이다.

유전자는 염색체상에 있다

더 진전된 연구들은 일부는 현미경 기술 발달에 의존하지만, 핵 속에 존재하는 더 미세하고 독특한 구조가 유전물질을 저장한다고 제시하였다. 예를 들면, 1880년에 유기 및 무기 색소를 조합한 염색 시약이 개발됨으로써 **염색체**(chromosome; 문자 그대로 염색된 소체)라고 하는 길고 밝게 염색된 실과 같은 소체가 핵 안에 존재한다는 사실을 알게 되었다. 지금은 세포분열 종류에 따른 염색체들의 움직임을 추적할 수 있다.

배아세포에서 세포분열 전에 염색체 실이 가로로 둘로 나뉜 후, 새로 형성되는 두 딸세포는 분리된 각 실들 중 절반씩을 나누어 가진다. 세포분열로 이어지는 핵분열에는 두 종류가 있다. 두 딸세포가 원래 부모세포와 똑같은 염색체 수와 모양을 가지게 하는 핵분열을 **유사분열**(mitosis; 그리스어로 *mitosis*는 "실"을 의미하고, *-osis*는 "형성" 혹은 "증가"를 의미)이라 한다.

남성과 여성의 배우자로 되는 세포에서, 각 쌍을 구성하는 염색체들은 분리되고, 결과적으로 생성되는 배우자에서는 각 염색체 쌍에서 한쪽 염색체만을 가지게 된다. 같은 개체 내의 다른 세포에서 발견되는 염색체 수의 절반만을 가지는 정자와 난자를 생성하는 핵분열을 **감수분열**(meiosis; 그리스어로 "감소"를 의미)이라고 한다.

수정: 이배체 접합자 생성을 위한 반수체 배우자의 융합

20세기 초반 10여 년에 걸쳐, 현미경을 사용하여 세포 구조를 연구한 세포학자들은 수정란에서 염색체들은 서로 짝이 있는 두 쌍으로 구성된다는 것을 보여 주었다. 이 중 한 벌은 여성 배우자에서 유래하고, 나머지 한 벌은 남성 배우자에서 유래한 것이다. 대응되는 모계와 부계 염색체들은 그 크기와 모양이 비슷하고 서로 쌍을 형성한다(한 가지 예외는 **성염색체**[sex chromosome]로 다음 절에서 논의한다).

한 벌의 염색체를 가지는 배우자와 그 외 세포들을 **반수체**(haploid; 그리스어로 "하나"를 의미함)라고 한다. 두 벌의 염색체들을 가지고 있는 접합자와 그 외 세포들을 **이배체**(diploid; 그리스어로 "둘"을 의미함)라고 한다. 정상적인 반수체 세포의 염색체 수는 기호로 n으로 표시한다; 정상적인 이배체 세포의 염색체 수는 $2n$으로 표시한다. **그림 4.2**는 초파리(*Drosophila melanogaster*)의 이배체 세포와 반수체 세포를 보여준다. 초파리에서 $2n = 8$이고, $n = 4$이다. 사람에서 $2n = 46$; $n = 23$이다.

지금부터 감수분열과 배우자 형성 동안 염색체 수가 어떻게 반감되는지, 그리고 수정에서 두 배우자 염색체들이 합쳐진 후, 종 내 모든 개체들이 세대를 통해 일정한 $2n$의 염색체 수를 어떻게 유지하는지를 살펴볼 것이다. 각 쌍의 염색체들은 감수분열 동안 서로 분리되기 때문에 반수체 배우자들은 완전한 한 세트의 염색체들을 가진다. 수정을 통해 접합자가 형성된 이후, 유사분열 과정은 발생하는 개체의 모든 세포들이 똑같은 이배체 염색체 세트를 가질 수 있도록 보장한다.

염색체 수와 모양에서 종간 변이

과학자들은 염색체들이 가장 잘 보일 때 세포의 염색체 구성을 분석한다—핵이 분열되기 전의 성장과 분열을 위한 특정한 세포주기의 중기(후에 자세히 설명함)라고 하는 시점에서 각 염색체들은 가는 실 모양에서 촘촘한 막대기 구조로 응축한다. 각 염색체들은 이제 **자매염색분체**(sister chromatid)라고 하는 동일한 두 쪽으로 구성되어 있고, 두 자매염색분체는 **동원체**(centromere)라고 하는 독특

그림 4.2 이배체 대 반수체: 2*n* 대 *n*. 몸체를 구성하는 대부분의 세포는 2*n*이다: 이들은 각 염색체에서 모계 및 부계로부터 한 사본씩 물려받았다. 감수분열은 각 염색체에서 한 사본씩 가진 배우자를 생성한다. 초파리에서 이배체 세포는 8개 염색체를 가진다($2n = 8$). 반면에 배우자는 4개 염색체를 가진다($n = 4$). 이 그림에서 염색체는 복제되기 전의 상대이다. X와 Y 염색체는 개체의 성을 결정한다.

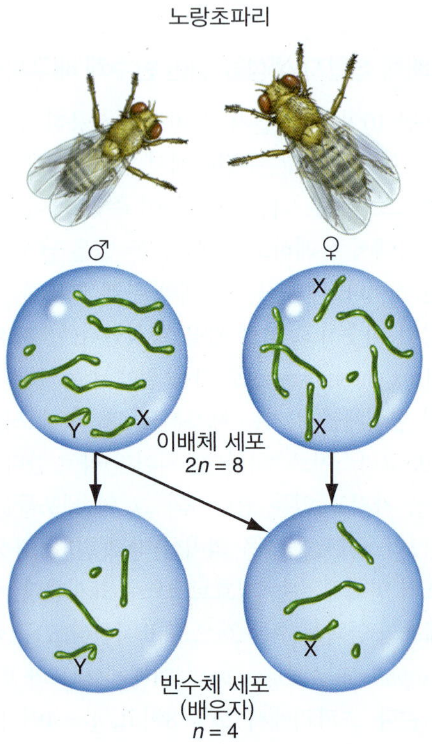

그림 4.3 중기 염색체들은 동원체의 위치에 따라 구별한다. 세포분열 전에 각 염색체들은 복제되어 동원체로 연결된 두 개의 자매염색분체를 형성한다. 고도로 응축된 중기 염색체에서 동원체는 중앙 부위에 위치(중부동원체성 염색체)하거나, 한쪽 말단 끝 부위(단부동원체성 염색체), 혹은 이들 사이에 위치한다. 이배체 세포에서 각 쌍의 한쪽 상동염색체는 모계로부터, 다른 상동염색체는 부계로부터 물려받는다.

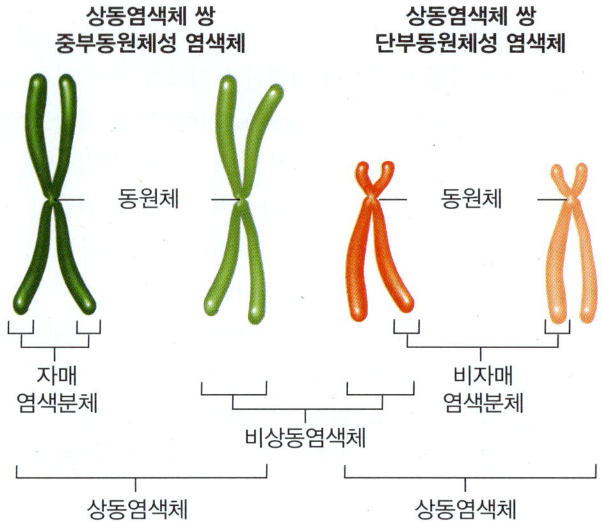

한 부위에서 서로 연결되어 있다(그림 4.3). **중부동원체성**(metacentric) 염색체에서, 동원체는 거의 중앙에 위치한다; **단부동원체성**(acrocentric) 염색체에서, 동원체는 한쪽 말단에 매우 가깝게 위치한다. 따라서 모든 염색체들은 동원체에 의해 분리된 2개의 팔을 가지고 있지만, 두 팔의 상대적인 크기는 염색체마다 다르다.

중기 세포를 고정하여 염색시약으로 염색하면 염색체는 약하게, 동원체는 진하게 염색된다. 그리고 밝고 어두운 부분으로 나타나는 띠를 관찰할 수 있다. 크기, 모양, 띠가 일치하는 염색체들을 **상동염색체**(homologous chromosome 또는 homolog)라고 한다. 각 쌍의 상동염색체들은 일부 유전자들에 대해서는 서로 다른 대립유전자를 가질 수 있지만, 동일한 쌍의 유전자들을 가진다. 대립유전자들은 분자적 수준에서는 차이가 있지만 현미경상으로는 차이가 없다.

그림 4.3에는 이 교재에서 사용하는 염색체 표시법 체계를, 상관도를 나타내는 색을 이용하여 소개하였다. 따라서 동일 복사본인 자매염색분체는 동일한 색조로 나타내었다. 같은 유전자를 지니고 있지만, 특정 대립유전자에 차이가 있는 상동염색체들은 다른 색조로 표시한다(진하거나 연한 색조). **비상동염색체**(nonhomologous chromosome)는 유전자 쌍이 완전히 다르기 때문에 다른 색으로 표시한다.

유전학자들은 특정 생물의 염색체를 연구하기 위해서 염색된 염색체들을 크기순으로 상동 염색체 쌍을 배열하는데, 이를 **핵형**(karyotype)이라 한다. 현재는 컴퓨터 이미지 분석을 사용하여 신속하게 자동화로 핵형을 조립할 수 있다. **그림 4.4**는 사람의 남성 핵형으로, 46개의 염색체들이 22개의 짝이 맞는 쌍과 1개의 짝이 맞지 않는 쌍으로 배열되어 있다. 같은 쌍으로 구성된 44개 염색체들을 **상염색체**(autosome)라고 한다. 이 남성 핵형에서 2개의 짝이 맞지 않는 염색체를 성염색체라고 한다. 성염색체들은 개체의 성을 결정한다(다음 절에서 자세히 살펴 본다).

현대 DNA 분석기술이 발달함에 따라 모계와 부계로부터 유래된 상동염색체를 구분할 수 있게 되었다. 또한, 다운증후군 환자들이 가진 여분의 21번 염색체의 기원을 추정할 수 있다. 다운증후군 환자의 80%는 난자로부터, 나머지 20%는 정자로부터 여분의 21번 염색체가 유래하는 것을 알게 되었다. 「유전학과 사회」에서는 의사들이 임신 후 3개월 된 태아로부터 양수검사법(amniocentesis)이라고 하는 핵형분석 기술을 사용하여 다운증후군을 진단하는 방법을 설명한다.

그림 4.4 사람의 남성 핵형. 사람의 중기 염색체를 쌍지어 크기순으로 배열하였다. 정상 사람 남성의 핵형에서, 22쌍의 상염색체와 X와 Y 성염색체가 있다($2n = 46$). 상동염색체들은 밝고 어두운 띠 양상이 서로 동일하다.

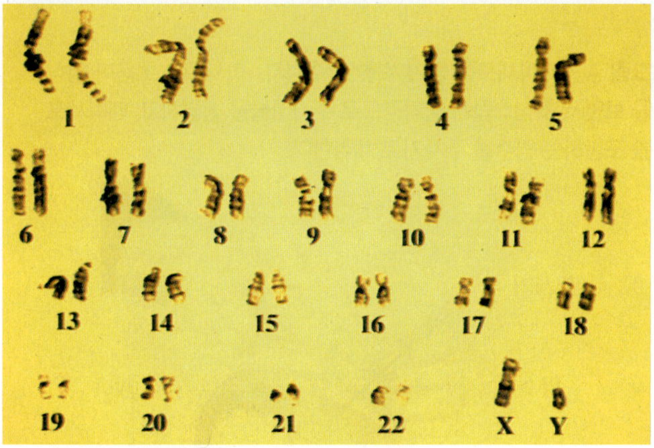

정상적인 개체들에서 수행된 수천 종류 이상의 핵형분석을 통해 세포학자들은 각 종의 세포들은 고유한 이배체 염색체 수를 가진다는 사실을 알게 되었다. 예를 들어 초파리 3종을 보면, *Drosophila melanogaster*는 4쌍 8개 염색체, *Drosophila obscura*는 10개(5쌍), *Drosophila virilis*는 12개(6쌍) 염색체들을 가진다. 멘델의 완두는 각 이배체 세포에 14개 염색체(7쌍), 마카로니 밀은 28개(14쌍), 세쿼이아 나무 22개(11쌍), 금붕어 94개(47쌍), 개 78개(39쌍), 사람 46개(23쌍)의 염색체들을 가진다. 염색체에서 크기, 모양, 수적인 차이는 저장된 유전물질의 차이를 나타낸다. 유전물질은 각 종이 어떻게 비슷하게 보이고 어떻게 기능하는지를 결정한다. 이러한 특징에서 알 수 있는 것처럼, 염색체 수가 반드시 생물체의 크기 혹은 복잡성과 관련되지는 않는다.

다음 절에서는 염색체가 개체의 성을 결정하는 정보를 지니고 있다는 것을 살펴볼 것이다. 이 발견으로 염색체들이 모든 형질을 결정하는 유전자들을 가지고 있다는 사실을 알게 되었다.

핵심 개념

- 염색체는 유전물질을 저장하고 전달하기 위해 특수화된 세포 구조물이다.
- 유전자는 염색체에 위치하며 세포분열과 배우자 형성 동안 함께 운반된다.
- 체세포들은 종에 특징인 동일한 수의 상동염색체 쌍을 가진다.
- 이배체 생물에서 상동염색체 한 쌍은 모계로부터 다른 쌍은 부계로부터 물려받는다.

4.2 성염색체와 성 결정

학습목표

1. X와 Y 염색체의 여러 조합을 가진 사람의 성을 예측한다.
2. 사람에서 성전환의 기초를 설명한다.
3. 여러 생물들의 성 결정 방식을 비교한다.

특정 염색체가 성 결정 정보를 가지고 있다는 것을 최초로 발견한 세포학자는 20세기 초반 미국 콜롬비아 대학의 대학원생이던 서턴(Walter S. Sutton)이다. 그는 메뚜기(*Brachytola magna*, 그림 4.5) 정소의 특정 세포를 이용한 연구에서, 이 세포들이 감수분열을 거쳐 정자를 생성한다는 것을 관찰하였다. 그는 감수분열 전에 메뚜기 정소 내에 있는 시원세포는 총 24개의 염색체를 가진다는 것을 관찰하여, 이 중 22개는 서로 일치되는 11쌍으로 구성된 상염색체들임을 발견하였다. 나머지 2개 염색체는 서로 일치되지 않았다. 그는 두 염색체 중 큰 염색체를 X 염색체 그리고 작은 염색체를 Y 염색체라고 명명하였다.

정소에서 감수분열 후에 생성된 정자들은 두 종류가 있었다. 정자의 절반은 11개 상염색체와 X 염색체를 가지는 반면에 나머지 절반은 11개 상염색체와 Y 염색체를 가지고 있었다. 대조적으로 이 종의 암컷에서 생성된 모든 난자는, 정자의 절반에서 관찰된 11개 상염색체와 X 염색체만을 가지고 있었다. X 염색체를 가진 정자가 난자와 수정되면 XX 암컷 메뚜기로, Y 염색체를 가진 정자가 난자와 수정되면 XY 수컷 메뚜기로 발생하였다. 서턴은 X와 Y 염색체가 성을 결정한다고 결론을 내렸다.

서로 다른 생물종을 연구하는 여러 학자들에 의해 유성생

그림 4.5 메뚜기. 이 교배 중인 메뚜기 쌍에서 위에 있는 크기가 작은 것이 수컷이다.

유전학과 사회

태아의 유전적 진단

현대 유전학자들은 새로운 염색체 관찰법과 유전자의 DNA 분석기술을 사용하여 개체의 유전자형을 직접 판별할 수 있다. 이렇게 얻은 정보들은 개체의 표현형에 대한 영향을 분석하는 데 이용된다. 의사들은 이러한 기초전략을 이용하여 아이가 출생하기 전에, 그 아기가 유전적인 결함을 가지고 출생할지에 대한 여부를 진단한다.

태아진단의 첫 단계는 유전자형 분석에 필요한 DNA와 염색체를 얻기 위해 태아세포를 채취하는 것이다. 태아세포를 얻기 위해 사용되는 가장 보편적인 방법은 **양수검사**(amniocentesis)이다(그림 A). 이 과정을 수행하기 위해, 의사들은 임산부의 복부 벽을 통과시켜 태아가 자라고 있는 양막강으로 주사바늘을 주입한다: 이 시술은 임산부가 마지막 월경 후 16주가 지난 시점에 시행한다. 의사는 초음파 영상을 보면서 태아가 상해 받지 않도록 주사바늘의 위치를 조심스럽게 인도한다. 양수 속에는 태아로부터 떨어져 나온 양수세포라고 하는 살아 있는 세포가 있으며, 의사들은 양수의 일부를 주사바늘을 통해 주사기 속으로 채취한다. 채취된 태아세포를 배양액에서 키우면 여러 차례의 유사분열을 하여 세포수가 증가한다. 충분한 세포 수를 얻게 되면, 임상학자들은 이 세포의 염색체와 유전자를 분석한다. 특정 질환의 유전자를 구성하는 DNA를 직접적으로 조사하는 방법들은 이 책 후반부에서 자세히 살펴볼 것이다.

다운증후군은 양수검사를 통해 얻은 세포로부터 염색체를 분석함으로써 진단할 수 있다. 다운증후군은 산모의 나이가 증가함에 따라 그 출현 빈도가 급격히 증가하기 때문에 현재 35세 이상인 임산부들을 대상으로 양수검사를 시행하고 있다. 이 시술의 목적은 태아가 21번 염색체가 삼염색체성인지 여부를 판별하는 것이지만, 이를 통해 또 다른 염색체 수 혹은 모양의 이상들이 발견되기도 한다.

양수검사가 가능해지고 태아를 진단하는 기술들이 발달함에 따라 개인적인 그리고 사회적인 낙태에 대한 이슈들에 나타나고 있다. 대부분의 경우 양수검사는 다운증후군과 같은 유전질환을 가진 태아는 낙태를 할 수 있다는 견해를 가지고 시도되고 있다. 물론 낙태에 반대 입장을 가지고 있는 부모들도, 아이를 더 잘 보살피기 위해 양수검사를 받기도 하지만, 이런 경우는 매우 드물다.

그림 A 태아세포를 얻기 위한 양수검사. 의사들은 초음파 영상을 보면서 조심스럽게 양막강으로 주사바늘을 삽입하고, 태아세포를 포함하는 양수를 주사기로 채취한다.

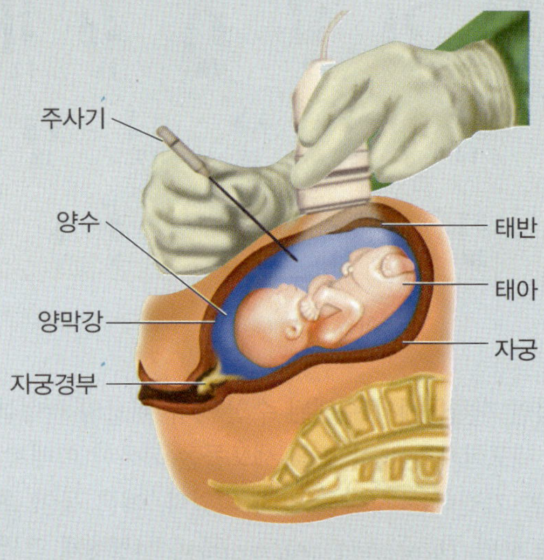

낙태 논쟁에 대한 윤리적 · 정치적인 상황은 태아진단에 깔려 있는 의문에 대해 큰 영향을 미치고 있다. 예를 들면, 태아를 유산시켜야 할 정도로 태아의 유전적 상황이 매우 심각하다는 것도 부모 자신이 결정해야 한다. 또한, 그들은 양수검사로 태아가 위태로울 수 있는 위험성도 스스로 감수해야 한다. 임신 16주에 자연 유산 확률은 2~3% 정도이다: 양수검사 시술로 인해 자연유산율이 0.5% 정도 증가할 수 있다(200건 시술 중 1건 정도). 경제적인 관점에서, 사회는 태아진단 시술의 비용을 누가 부담해야 하는지를 결정해야 한다. 미국에서 대부분의 보험회사와 주립 의학프로그램들은 최소 1,500달러에 달하는 양수검사 비용 중 일부를 감당하고 있다. 현실적으로 태아검사가 위험하고 고비용이기 때문에 양수검사는 35세 이상의 여성 혹은 태아가 가족력을 가지고 있어 유전적 검사가 필요한 경우에 한해 시행하고 있다. 머지않은 장래에 태아검사의 빈도를 결정하게 하는 개인적이고 사회적인 방정식을 자세히 분석할 필요가 있다. 이는 기술이 진전됨에 따라 그 과정이 단순해지고 비용과 위험성이 최소화될 수 있기 때문이다.

식 종들 대부분은 **성 염색체**(sex chromsome)라고 하는 두 종류 염색체가 성 결정 기초를 제공한다는 사실이 밝혀졌다. 한 성은 동일한 염색체를 2개 사본으로 가지며(짝이 맞는 쌍), 반면에 다른 성은 성 염색체를 1개씩 가진다(짝이 맞지 않는 쌍). 예를 들어, 사람에서 여성은 23쌍의 염색체를 가지고 있다. 성 결정에 관여하는 X 염색체를 포함하여 각 쌍의 두 염색체는 크기와 모양이 동일하다. 남성에서는 일치되지 않는 한 쌍의 염색체가 존재한다: 이 중 큰 염색체는 X; 이보다 작은 염색체는 Y 염색체이다(그림 4.4, 그림 4.6a). 두 성은 성염색체 조성에 차이가 있지만 그 외 염색체 쌍들은 동일하다. 따라서 유전학자들은 XX를 여성, XY를 남성으로 표기하며, 생식을 XX와 XY 간의 교배로 단순히 표현한다.

성이 배우자형성동안 다른 세포로 분리되는 성염색체 쌍에 의해 결정되는 형질이라고 한다면, XX × XY 교배는 성 결정의 두 가지 특징, 즉 성의 상호 배타성과 남성과 여성의 1:1 성비 모두를 설명할 수 있어야 한다(그림 4.6b). 그리고 성염색체들이 두 성에서 대조되는 성적 표현형을 발현하는 정보들을 지니고 있다고 한다면, 다른 염색체들 또한 여러

그림 4.6 X와 Y 염색체가 사람의 성을 결정한다. (a) 이 컬러 사진의 왼쪽은 X 염색체이고 오른쪽은 Y 염색체이다. (b) 자녀들은 어머니로부터는 X 염색체만을 물려받지만, 아버지로부터는 X 혹은 Y 염색체를 물려받는다.

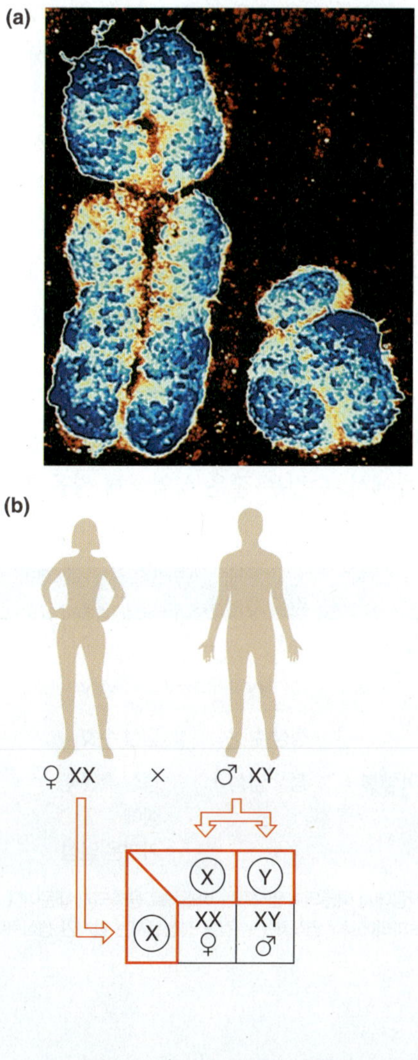

형질들을 결정하는 유전정보들을 가지고 있다는 것을 쉽게 추론할 수 있다.

사람에서, *SRY* 유전자가 남성을 결정한다

사람과 포유류에서 XX 여성의 성염색체는 동일하지만, XY 남성은 다른 성염색체 쌍을 가지고 있다는 것을 살펴보았다. 여러 연구들은 사람에서 실제적인 차이를 나타내게 하는 것은 Y 염색체의 존재 여부라는 사실을 보여주었다. Y 염색체를 가진 사람은 모두 남성이다. 예를 들어, X 염색체 2개와 Y 염색체 1개를 가진 사람(XXY)들이 드물게 발견되는데, 이들은 모두 클라인펠터증후군(Klinefelter sydrom)이라는 증상을 가진 남성이다. 클라인펠터 남성들은 보편적으로 큰 키, 여윈 몸과 생식능력은 없으며, 간혹 정신 장애를 나타내기도 한다. 이러한 사람들이 남성이라는 사실은 Y 염색체 존재 하에서는 두 X 염색체가 여성으로 발달하는 데 충분치 못함을 보여준다. 대조적으로, 한 X 염색체만을 가진 사람(XO)은 터너증후군을 가진 여성이다. 터너증후군 여성들은 보통 불임이고, 음모와 같은 2차 성징은 미발달되어 있고, 키가 작고 어깨와 목 사이에 주름(물갈퀴 목)이 있다. 이 사람들은 X 염색체 1개만을 가지고 있지만 Y 염색체가 없기 때문에 여성으로 발달한다.

1990년에 연구자들은 남성을 결정하는 1차적 결정자는 Y 염색체 전체가 아니라 *SRY*(sex determining region of Y)라고 하는 단일 Y 염색체 특이적 유전자라는 사실을 발견하였다. *SRY*가 남성을 결정한다는 증거는 **성전환**(sex reversal) 현상으로부터 도출되었다: XX 남성과 XY 여성이 존재한다(그림 4.7). 성전환된 XX 남성에서, 두 X 염색체 중 한 곳

그림 4.7 성전환. 성전환된 XX 남성들은 그들의 X 염색체들 중 하나에 *SRY* 유전자를 포함하고 있는 Y 염색체 부분을 가지고 있다. 성전환된 XY 여성들은 *SRY*가 결핍된 Y 염색체를 가진다. 이것은 *SRY* 부분이 X 염색체 부분으로 대체되어 있거나, *SRY* 유전자가 돌연변이로 불활성화되어 있기 때문이다.

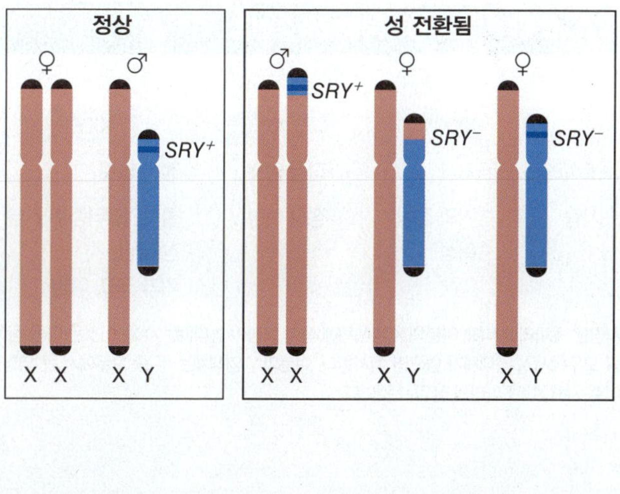

그림 4.8 사람 성염색체들에는 공유하는 유전자들과 독특한 유전자들이 모두 있다. PAR1과 PAR2 (검은색)는 X와 Y 염색체들 간에 서로 상동인 부위로 약 30개의 유전자들을 포함한다. MSY는 Y-특이적 부위로서 남성 자체(*SRY*)와 남성 생식력에 필요한 78개 정도의 유전자들을 포함하고 있다.

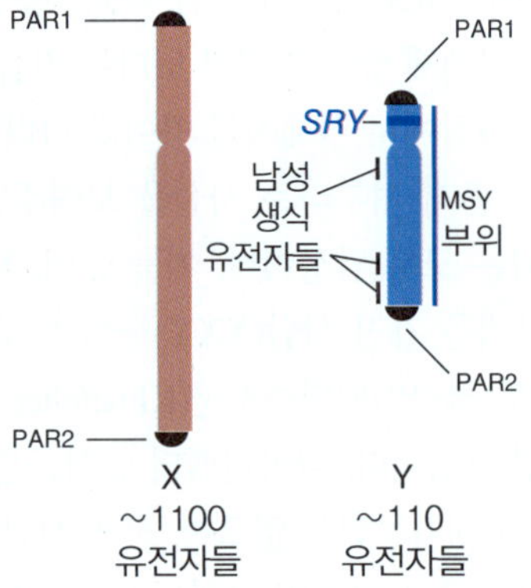

에 Y 염색체 일부가 포함되어 있다는 것을 알게 되었다. XX 남성들은 Y 염색체로부터 유래된 다른 부분을 가지고 있었지만, 이들 모두는 공통적으로 한 가지 특별한 유전자인 *SRY*를 가지고 있었다. 그렇지만, 성전환된 XY 여성들의 Y 염색체는 항상 기능이 훼손된 *SRY* 유전자를 가지고 있었다; *SRY*를 포함한 Y 염색체 일부가 X 염색체로 대치되어 있거나, 혹은 Y 염색체에 기능 상실된 돌연변이 *SRY* 사본을 가지고 있었다(그림 4.7). 그 이후 생쥐를 이용한 실험을 통해 정말로 *SRY*가 남성을 결정한다는 것을 확인하였다. 이 실험은 읽을거리 「빠르게 살펴보기」에 기술되어 있다.

*SRY*는 Y 염색체에 존재하는 약 110개의 단백질 암호화 유전자 중 하나이다. Y 염색체 양 말단은 X 염색체의 말단 단위와 상동이기 때문에 **위상염색체 부위**(pseudoautosomal regions, PARs)라고 한다(그림 4.8). 두 PARs (PAR1과 PAR2)는 약 30개 유전자들을 포함하고 있는데, 이들 각 사본은 X와 Y 염색체 양쪽 모두에서 발견된다. 그렇지만, Y 염색체의 대부분은 남성 특이적 부위(male-specific region, MSY)로서 *SRY*와 정자형성에 필요한 유전자들을 포함하고 있다. X 염색체는 약 1,100유전자를 포함하고 있으며, 이들 대부분은 성과 관련이 없는 유전자들이다: 이 유전자들은 남성과 여성 양쪽 모두에 필요한 단백질들을 암호화한다.

왜 *SRY* 유전자가 있으면 남성이 되고 *SRY* 유전자가 없으면 여성이 되는가? 수정 후 약 6주가 지나면, SRY 단백질은 XY (혹은 성전환된 XX) 배아에서 정소발달을 활성화시킨다. 배아 정소는 남성 생식기관의 발달을 촉진하고 여성 생식기관의 형성을 저해하는 호르몬들을 분비한다. SRY 단백질이 존재하지 않으면, 정소 대신에 난소가 발달하고, 지정된 값으로 다른 여성 생식기관들이 발달한다.

매우 다양한 생물종의 성 결정 기작

다른 종들은 XX 대 XY 염색체적 성 결정 전략에 대한 다양한 변이들을 보여준다. 예를 들어, 초파리에서는 정상 암컷은 XX이고, 정상 수컷은 XY이다. 그러나 X 염색체 수(Y 염색체의 존재 여부가 아님)에 의해 최종적인 개체의 성이 결정된다(그림 4.2 참조). 똑같은 비정상적인 염색체 조성에 대한 반응이 사람과 초파리에서 다르다는 것(표 4.1)은 초파리와 사람의 성 결정 기작이 다르다는 것을 보여준다. XXY 초파리는 X 염색체가 2개이므로 암컷이다. 그러나 XXY 사람은 Y 염색체가 있기 때문에 남성이다. 대조적으로, X 염색체가 하나인 XO 초파리는 수컷이지만, Y 염색체가 없는 XO 사람은 여성이다.

성 결정의 XX = 여성 / XY = 남성 전략이 보편적인 것은 아니다. 예를 들어, 나방류 일부 종에서 암컷은 XX 이고, 수컷은 XO 이다. 예쁜 꼬마선충(*C. elegans*, 선충류의 일종)에서 XO는 비슷하게 수컷이지만, XX 개체는 암컷이 아니고; 난자와 정자를 모두 생성할 수 있는 자웅동체이다. 조류와 나비류에서, 수컷은 같은 성염색체 쌍을 가지고 있지

표 4.1 초파리와 사람에서 성 결정

	성염색체의 구성						
	XXX	XX	XXY	XO	XY	XYY	OY
초파리	치사	정상 암컷	정상 암컷	불임 수컷	정상 수컷	정상 수컷	치사
사람	거의 정상 여성	정상 여성	클라인펠터증후군 남성(불임) 키가 크고, 여윔	터너증후군 여성(불임) 물갈퀴 목	정상 남성	정상 혹은 정상에 가까운 남성	치사

사람은 초파리에 비해 여분의 X 염색체에 대한 내성이 높다(예; XXX). 이것은 다음 장에서 논의하겠지만 사람에서 여분의 X 염색체는 바소체로 응축되기 때문이다. 초파리와 사람 모두에서 X 염색체가 없으면 치사한다. 여분의 Y 염색체는 두 종 모두에서 큰 영향을 미치지 않는다. 초파리에서 Y 염색체는 수컷을 결정하지는 않지만 생식력에 필요하다; 이로 인해 XO 초파리는 불임 수컷이다.

표 4.2 성 결정 기작

	♀	♂
사람과 초파리	XX	XY
나방과 예쁜꼬마선충	XX (예쁜꼬마선충에서는 자웅동체)	XO
조류와 나비류	ZW	ZZ
꿀벌과 장수말벌	이배체	반수체
도마뱀과 악어	차가운 온도	따뜻한 온도
육상거북과 바다거북	따뜻한 온도	차가운 온도
아네모네 물고기	나이가 든 성체	젊은 성체

진홍색으로 표시된 종에서 성 결정은 성염색체에 의해 결정된다. 녹색으로 표시된 종들에서는 두 성의 염색체들은 서로 동일하며, 성은 환경적 혹은 다른 요인에 의해 결정된다. 아네모네 물고기(가장 아래 줄)는 나이가 듦에 따라 수컷에서 암컷으로 성이 전환된다.

만, 암컷은 일치되지 않는 성염색체 쌍을 가진다. 이러한 종들에서 유전학자들은 성염색체를 수컷은 ZZ, 암컷은 ZW로 표시한다. 2개 성염색체가 다른 성을 **이형배우자적 성**(heterogamatic sex)이라고 하며, 이들은 두 종류의 배우자를 생성한다. 사람 남성에서 배우자는 X 혹은 Y 염색체를 가지며, 암컷 조류에서 그 배우자는 Z 혹은 W 염색체를 가진다. 꿀벌과 장수말벌은 또 다른 복잡한 성 결정의 변이를 보여준다. 이 경우에 암컷은 이배체이고 수컷은 반수체이다. 일부 물고기에서는 온도변이와 같은 환경변화에 의해 성이 결정된다. 여러 생물종에서 개체의 성을 결정하는 문제를 해결하는 방식에서 관찰되는 독특한 변이들을 표 4.2에 요약하였다.

생물종 간에 성 결정에 대한 많은 차이가 있음에도 불구하고 초기 연구자들은 염색체가 성 결정은 물론 대부분의 형질들을 결정하는 유전정보를 운반한다고 결론을 내렸다. 서턴을 비롯한 초창기 염색체설의 지지자들은 생명의 영속성 그 자체는 세포분열 동안 염색체들이 딸세포로 정확하게 재분배되는 것에 달려 있다고 인식하고 있었다. 다음 절에서는 유사분열과 감수분열 동안에 관찰되는 염색체의 행동이 예상되는 유전자 운반 구조와 정확히 일치하고 있다는 사실을 알게 될 것이다.

핵심 개념

- 성적으로 생식하는 대부분 생물들은 성 특이적인 그리고 성을 결정하는 염색체들을 가지고 있다.
- 사람에서 남성의 결정은 *SRY*라고 하는 Y-연관 유전자에 의해 시작된다; XX 배아에서는 특정 신호가 없는 상태로 여성으로 발달한다.
- 성 결정 기작은 매우 다양하다; 일부 종에서는 특정 염색체보다는 오히려 환경적 요인에 의해 성이 결정된다.

4.3 유사분열: 염색체 수를 보존하는 세포분열

학습목표

1. 유사분열 동안 핵심적인 염색체 행동을 설명한다.
2. 유사분열 동안 염색체를 이동하게 하는 힘과 구조를 그림으로 나타낸다.

사람의 수정란은 단일 이배체 세포로서 100세대 이상의 세포분열을 거치면서도 유전적 동질성을 그대로 유지한다. 이처럼 수정란은 연속적인 세포분열을 통해 출산할 신생아를 생성한다. 신생아는 유아기, 청소년기를 거쳐 성년으로 발달하게 되는데, 이 과정들 역시 세포분열을 통해 성장과 성숙이 이루어진다. 두 딸세포로 동등하게 염색체를 분배하는 핵분열, 즉 유사분열은 모든 세포 세대에 걸쳐 유전정보를 보존하는 세포기전이다. 이 절에서는 유사분열인 핵분열이 어떻게 세포성장과 분열의 전체적인 설계에 적합한지를 살펴본다.

현미경을 자세히 들여다보면서 시간이 지남에 따라 한 세포의 행적을 관찰하고 있다고 한다면, 염색체는 **핵막**(nuclear envelope)으로 둘러 싸여 있는 **염색질**(chromatin)이라 불리는 매우 가는 실이 엉켜 있는 덩어리로 보인다. 염색질에서 감겨 있는 가는 실과 같은 것은 DNA (유전정보를 함유)와 단백질(11장에서 논의하는 것처럼 정보를 포장하고 관리하는 골격 역할)로 구성되어 있다. 그리고 염색질 내에서 **인**(nucleoli; 단수 nucleolus, 문자 그대로 "작은 핵")이라 하는 1개 혹은 2개의 어두운 부분을 관찰할 수 있다: 인은 단백질 합성 과정에서 기능을 하는 세포소기관인 리보솜을 합성하는 데 주요한 역할을 한다. 세포분열 간기 동안, 세포의 성장과 생존에 필요한 눈에 보이지 않는 다양한 활동들이 염색질들이 위치한 핵에서 일어나고 있다. 이러한 활동 중에 가장 중요한 것은 모든 염색체 물질을 정확하게 복제하는 것이다.

계속하여 관찰하다 보면, 세포가 어느 한 순간에 핵 형태가 급격하게 변화하는 것을 관찰할 수 있다: 염색체들은 각기 다른 덩어리로 응축을 시작하고, 그 후 각 염색체는 동원체에 의해 고정된 두 짝의 막대기처럼 더 응축된다. 이 상태는 핵형분석에서 동정된 모습과 같다(그림 4.3 참조). 각 짝

빠르게 살펴보기

형질전환 생쥐를 이용하여 *SRY* 유전자가 남성 성 결정자임을 증명하였다

거의 모든 포유류의 Y 염색체들에서 사람 *SRY* 유전자와 유사한 유전자들이 동정되었다. 1991년에 연구자들은 생쥐 형질전환 기술을 이용하여 *SRY* 유전자가 남성을 결정하는 핵심인자라는 사실을 증명하였다. **형질전환**(transgenic) 생쥐는 자신의 유전체에 다른 개체—혹은 다른 종—에서 유래한 유전자 사본을 가지고 있는 생쥐이다. 이 유전자를 전달유전자라고 한다.

SRY 유전자가 수컷 결정에 충분하다는 것을 확정하기 위하여, 연구자들은 염색체적으로 암컷 생쥐(XX)의 유전체로 생쥐 *SRY* 유전자 사본을 도입하려고 하였다. *SRY* 유전자가 수컷 결정에 핵심적인 요소라고 한다면, *SRY* 유전자가 도입된 XX 생쥐는 수컷으로 발달할 것이다.

그림 A. 전핵주입을 이용한 *SRY* 유전자의 형질전환 생쥐 생성.

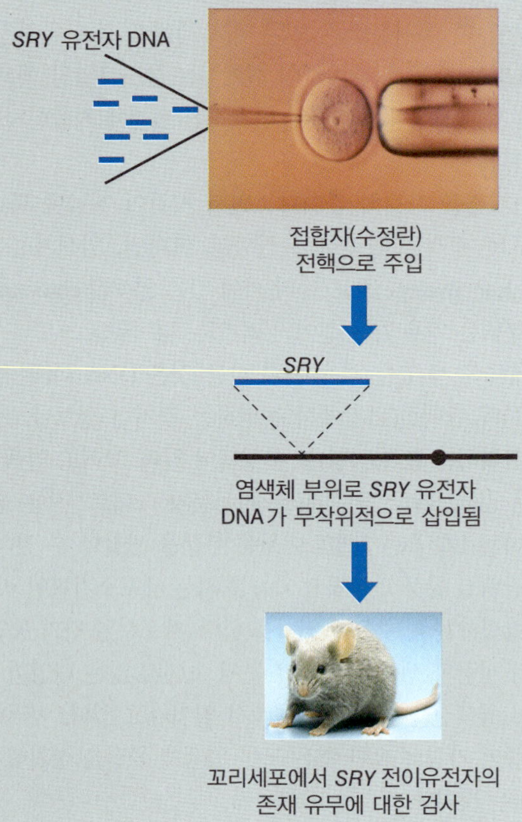

우선, 과학자들은 10장에서 논의할 클로닝 기술을 이용하여 생쥐 *SRY* 유전자의 DNA를 분리하였다. 그런 다음에, 전핵주입(pronuclear injection)이라는 기술을 이용하여 상염색체상에 *SRY* 유전자를 삽입시킨 형질전환 생쥐를 만들었다. 전핵주입을 수행하기 위해 교미한 암컷 생쥐로부터 수정된 생쥐 난자들을 채취하였다. 그 다음에는 정자 혹은 난자의 핵(접합자에서 전핵이라고 함)으로 수백 개의 *SRY* 유전자 DNA 사본을 도입하였다(그림 A). 핵 내 효소들은 무작위적으로 유전체 부위 DNA를 삽입한다(그림 A).

유전자를 주입받은 접합자가 초기 배아로 성숙한 후에, 초기배아를 대리모에 착상시킨다. 생쥐들이 태어날 때, 이들의 꼬리에서 세포들을 채취하여 분자생물학적 방법으로 *SRY* 전달유전자의 존재 여부를 검사한다.

그림 B의 오른쪽 사진은 이 실험에서 얻은 형질전환 생쥐(*SRY*를 도입한 형질전환 생쥐)를 보여준다. 이 생쥐는 염색체적으로 XX이지만, 표현형적으로 수컷이다. 이 결과는 결론적으로 수컷 결정은 *SRY* 유전자 하나로 충분하다는 것을 보여준다.

그림 B. *SRY*로 형질전환된 XX 생쥐는 표현형적으로 수컷이다. 같은 배에서 함께 태어난 오른쪽의 형질전환된 XX 생쥐와 왼쪽의 정상 XY 생쥐 둘 다 정상 수컷 생식기를 가진다. 화살표는 생식기를 나타낸다.

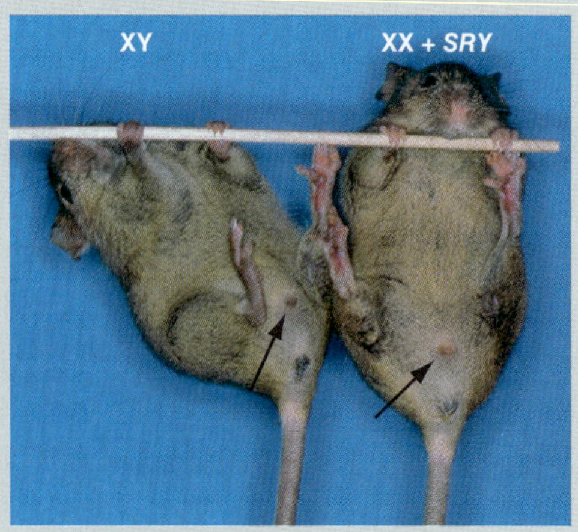

에서 각 막대기를 **염색분체**(chromatid)라고 한다: 앞에서 언급한 것처럼, 각 염색분체는 서로 연결되어 있는 상대 자매 염색분체와 똑같은 복제물이다. 관찰을 계속하게 되면, 한 쌍의 염색체는 세포 가운데로 밀고 들어가서, 결국 세포의 적도판에 배열된다. 이 시점에서, 각 염색체를 포함하는 자매염색분체들은 길게 늘어나는 세포의 양쪽 반대 극 쪽으

그림 4.9 세포주기: 간기와 유사분열의 교대. (a) 염색체들은 합성기(S기) 동안 자매염색분체를 형성하기 위해 복제된다; 자매염색분체들은 유사분열기(M기) 동안 딸세포로 분리된다. S와 M기 사이의 간격은 대부분 세포 성장이 일어나는 기간으로 G_1과 G_2기라고 한다. 다세포 생물에서, 완전 분화된 일부 세포들은 분열을 멈추고 G_0기에 머물러 있다. (b) 간기는 G_1, S, G_2기로 구성된다.

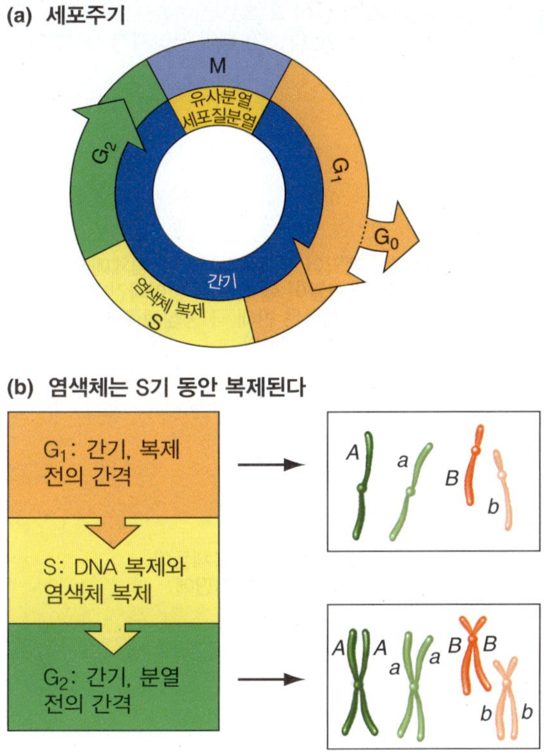

로 분리되어, 그곳에 같은 염색체 세트를 위치시킨다. 두 염색체 세트들 각각이 분리된 세포의 핵으로 포장됨으로써 이 과정이 종결된다. 그러므로 딸세포라고 하는 두 세포는 유전적으로 동일하다.

세포 성장(크기의 증가)과 이어지는 세포분열(한 세포가 두 세포로 나눠짐)이 반복되는 양상을 **세포주기**(cell cycle, 그림 4.9)라고 한다. 세포주기에서 분열기간은 짧다(M기); 분열 사이 기간을 **간기**(interphase)라고 한다.

간기 동안, 세포가 성장하고 염색체가 복제된다

간기는 세 부분으로 구성된다: Gap 1 (G_1), 합성(**S**), Gap 2 (G_2) (그림 4.9). G_1기는 새로운 세포의 탄생에서부터 염색체 복제 전까지 지속된다. 유전물질을 위해 염색체가 복제되지도 않고 분열되지도 않는 기간이다. 이 기간 동안, 세포는 자신의 유전정보를 사용하여 정상적인 기능에 필요한 물질들을 만들고 조립하는 세포성장이 일어난다. G_1기는 세포주기의 그 어느 기보다 그 길이가 다양하다. 예를 들어, 사람의 배에서 빠르게 분열하는 세포의 G_1기의 길이는 수 시간 정도에 불과하다. 하지만, 성숙한 뇌세포는 G_0라고 하는 일종의 G_1기의 휴지상태에 멈추어져 있다. 이 세포들은 평생 동안 정상적으로는 분열하지 않는다.

합성(S)기는 세포가 DNA를 합성하여 유전물질을 복제하는 기간이다. 복제 동안, 각 염색체는 동일한 자매염색분체를 생성할 수 있도록 두 배로 복제된다. 자매염색분체는 유사분열이 시작되어 염색체 응축이 일어나면 관찰할 수 있다. 두 자매염색분체는 동원체로 서로 연결되어 있다(이 연결된 구조는 자매염색분체 사이에 연결이 유지되고 있는 한 단일 염색체로 간주되고 있음을 유념해야 한다). S기 동안 일어나는 염색체의 복제는 매우 중요하다. 유전물질이 정확하게 복제된 후 두 딸세포로 동일한 염색체 세트를 물려주어야만 하기 때문이다.

Gap 2 (G_2)는 염색체 복제와 유사분열 시작 사이의 기간이다. 이 기간 동안, 세포가 성장하기도 한다(G_1보다는 덜 하지만). G_2기에 이어지는 유사분열 자체에 필요한 단백질들이 이 기간 동안 합성된다.

부가적으로, 간기 동안에 핵 주변에서는 간기 과정들에 필수적인 정교한 미세소관들이 정렬되는 것을 관찰할 수 있다. 미세소관은 보통 핵막 근처에 위치하는 **중심체**(centrosome)라고 하는 형성중심에서부터 세포질로 뻗어 나간다. 동물세포에서는, 각 중심체의 기저부위는 **중심립**(centrioles)이라고 하는 작고 진하게 염색되는 쌍의 작은 소체로 구성된다(그림 4.10a). 식물의 미세소관 형성 중심에는 중심립이 없다. 간기 중 S기와 G_2기 동안, 중심체가 복제되므로 두 중심체는 매우 근접하여 위치한다.

유사분열 동안, 자매염색분체가 분리되고 두 딸세포 핵이 형성된다

핵과 세포질 분열에서 일련의 사건들은 역동적이고 연속적으로 일어나는 과정이다. 하지만, 과학자들은 관례적으로 유사분열을 관찰 가능한 특징적인 세포학적 사건들로 구분되는 시기로 나누어 분석한다. 그림 4.10은 이배체 세포 염색체가 4개(두 개의 상동염색체 쌍)인 선충류 *Ascaris*에서 유사분열 각 시기를 묘사한 그림이다.

전기: 염색체가 응축된다(그림 4.10a)

간기 전 기간에 걸쳐, 세포핵은 본래대로 유지되고 염색체들은 눈에 띄지 않는 염색질 구조를 하고 있다. **전기**(prophase; 그리스어로 *pro*-는 "전"을 의미함)에 염색질의 미분화된 덩어리에서부터 개개 염색체들이 점진적으로 출현

그림 4.10 유사분열은 두 딸세포 핵에 양친 세포와 똑같은 염색체 수를 유지한다. 왼쪽은 양서류의 일종인 영원의 허파 세포의 사진으로, 염색체는 파란색으로 염색되었고, 미세소관은 녹색 혹은 황색으로 보인다.

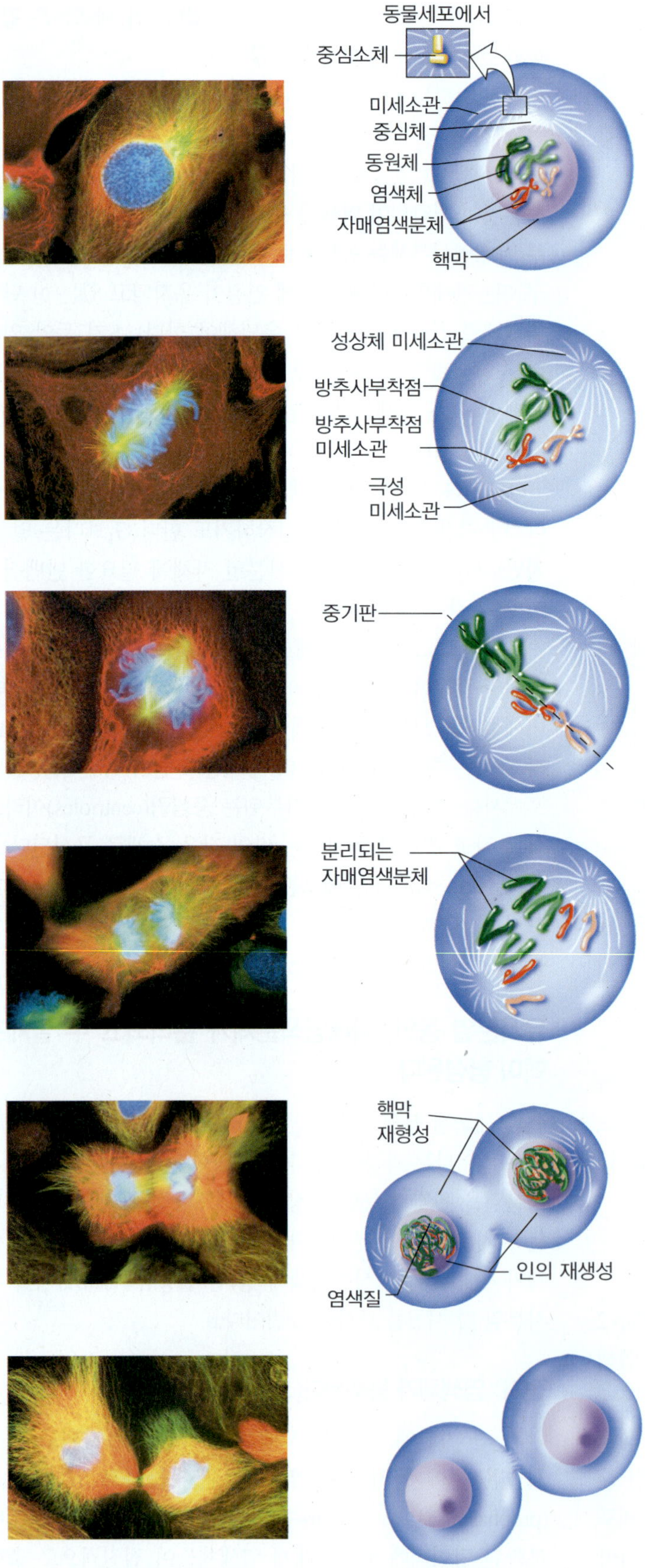

(a) 전기: (1) 염색체가 응축되어 식별할 수 있다; (2) 중심체들이 반대 극 쪽으로 이동하고 새로운 미세소관을 생성한다; (3) 핵이 사라지기 시작한다.

(b) 전중기: (1) 핵막이 붕괴된다; (2) 중심체에서 생성된 미세소관들이 핵 쪽으로 뻗어나간다; (3) 자매염색분체들은 반대 극 중심체로부터 뻗어 나온 미세소관에 부착된다.

(c) 중기: 염색체들은 자매염색분체들이 서로 반대쪽을 향하도록 중기판에 배열된다.

(d) 후기: (1) 동원체가 분리된다; (2) 자매염색분체들이 서로 반대 극으로 이동한다.

(e) 말기: (1) 핵막과 인이 재생성된다; (2) 방추사가 사라진다; (3) 염색체가 풀려 엉킨 염색질 구조로 된다.

(f) 세포질 분열: 세포질이 분리되며, 신장된 모세포는 동일한 핵을 지닌 두 딸세포로 나뉜다.

하는 것, 혹은 **응축**(condensation)은 유사분열이 시작된다는 신호이다. 응축되는 각 염색체는 이미 간기에 복제되어 동원체에 붙어 있는 자매염색분체로 구성되어 있다. 이 시기에, *Ascaris* 세포에는 총 8개 염색분체를 가진 4개 염색체들이 있다.

점진적으로 개개의 염색체들이 정렬되어 나타나는 것은 매우 인상적이다: 3~4 cm 길이인 간기 DNA 분자가 마이크론(1 m의 100만분의 1) 단위 길이인 별개의 염색체로 응축된다. 이것은 200 m 길이(축구장 길이의 2배에 해당함)의 끈이 직경 1 mm, 길이 8 mm의 원통으로 압축되는 것에 해당한다.

전기에 염색체에서 또 다른 큰 변화가 일어난다: 진하게 염색되는 인이 파괴되어 사라진다. 결과적으로, 리보솜 합성이 중단되어 일반적인 세포대사가 중지되고, 세포는 오직 염색체 이동과 세포분열에 모든 에너지를 집중하고 있음을 알 수 있다.

전기를 특징짓는 여러 중요한 과정들이 핵 밖 세포질에서 일어난다. 간기에 복제된 중심체들은 이제 서로 떨어져서 광학현미경상에서 분명하게 독립된 2개의 실체로 관찰된다. 동시에, 길고 안정된 미세소관들로 구성된 간기의 뼈대들이 사라지고, 중심립의 중심에서부터 빠르게 뻗어 나왔다 수축했다 하는 일련의 역동적인 미세소관들로 대체된다. 중심체들은 서로 점점 더 멀어져 핵의 양극 쪽을 향해 핵막 주위를 따라 이동하는데, 두 중심체로부터 신장하는 서로 엉킨 미세소관들이 이 추진력을 제공한다.

전중기: 방추사가 형성된다(그림 4.10b)

전중기(prometaphase, 중기 전)는 핵막의 붕괴로 시작되며, 이 기간에 두 중심체로부터 신장되는 미세소관들은 핵 안으로 진입할 수 있다. 염색체들은 **방추사부착점**(kinetochore)에서 이들 미세소관이 부착된다. 방추사부착점은 각 염색분체의 동원체 부근에 존재하는 염색체 이동을 위한 특수화된 구조이다. 각 방추사부착점은 분자 모터로 작동하는 단백질들을 함유하고 있어서 염색체가 미세소관을 따라 미끄러질 수 있도록 한다. 염색분체의 방추사부착점은 원래 전중기에 미세소관이 부착할 때, 방추사부착점에 달린 모터가 미세소관이 뻗어 나오는 중심체 쪽으로 전체 염색체를 이동시킨다. 두 중심체로부터 신장되는 미세소관들은 두 자매염색분체 중 하나의 방추사부착점에 결합함으로써 무작위로 염색체들을 붙잡는다. 결과적으로, 각 중심체 주변에 모여드는 염색체들을 관찰할 수 있다. 전중기 초기에는 각 염색체에 대해 한 염색분체의 방추사부착점만 미세소관에 부착되어 있고, 다른 염색분체의 방추사부착점에는 미세소관이 부착되어 있지 않다.

전중기 동안, 세 종류의 미세소관 섬유들이 합쳐져 **유사분열 방추체**(mitotic spindle)를 형성한다; 이들 미세소관 모두 방추체의 두 극으로 작용하는 중심체들로부터 뻗어 나온다. 중심체와 방추사부착점 사이를 연결하는 미세소관을 **방추사부착점 미세소관**(kinetichore microtubule), 혹은 중심체 섬유라고 한다. 각 중심체에서 세포 중심으로 뻗어나간 미세소관을 **극성 미세소관**(polar microtubule)이라 한다; 반대쪽 중심체로부터 유래된 극성 미세소관들은 세포 적도판 부근에서 서로 엉킨다. 마지막으로, 중심체로부터 세포 주변으로 뻗어나가는 짧은 **성상체 미세소관**(astral microtubule)이 있다.

전중기가 끝나는 시점에서 각 염색체에서 이전에 부착되지 않았던 자매염색분체의 방추사부착점은 반대쪽에서 신장하는 미세소관에 부착된다. 이렇게 되면 각 염색체의 한 염색분체는 세포의 한쪽 극으로, 다른 염색분체는 반대쪽 극을 향하여 정렬된다. 실험적으로 두 방추사부착점 모두 같은 극의 미세소관과 부착되도록 조작하면, 상대적 배치가 불안정해진다: 한 방추사부착점이 반대 극쪽의 미세소관에 부착될 때까지 반복해서 방추사에서 떨어져 나간다. 두 방추사부착점이 각각 반대 극 쪽의 방추사에 연결되어야만 비로소 두 자매염색분체의 배열이 안정된다.

중기: 염색체들이 적도판에 배열된다(그림 4.10c)

중기(metaphase, 중간 시기) 동안, 자매염색분체들은 방추체의 반대 극으로 연결되기 때문에 염색체들이 양 극의 정중앙을 향하여 나아가는 모습을 취하고 있다. 이 가상의 중앙선을 **중기판**(metaphase plate)이라고 한다. 염색체들이 중기판을 따라 배열되었을 때, 각 극으로 염색체를 밀고 당기는 힘은 서로 균형을 이루고 있다. 결과적으로, 중기판에서는 극으로부터 동일한 거리에 염색체들을 유지시키려는 장력이 작용하기 때문에 염색체들의 이동은 없다.

후기: 자매염색분체들이 방추체의 반대 극으로 이동한다(그림 4.10d)

모든 염색체의 자매염색분체 간에 동원체의 연결이 거의 동시적으로 전달된다는 것은 **후기**(anaphase, 그리스어로 *ana*-는 극쪽으로 "올라감"을 의미)가 진행되고 있음을 말해 준다. 자매염색분체가 분리되면 각 염색분체는 미세소관이 연결되어 있는 방추사 극으로 이동한다. 염색분체들이 양쪽 극으로 이동함에 따라 방추사부착점 미세소관이 점점 짧아진다. 염색분체의 팔은 방추사부착점보다 느리게 이동하기 때문에 중부동원체성 염색체는 후기 동안 특징적인 V자 모양을 한다. 반대 극에서 뻗어 나온 미세소관에 자매염색분체들이 연결되었다는 것은 한쪽으로 이동하는 유전정보가 다른 쪽으로 이동하는 유전정보와 정확히 동등하다는 것을 의미한다.

말기: 동일한 염색체 세트들이 두 핵으로 포장된다(그림 4.10e)

유사분열에서 염색체와 핵의 최종적인 변화는 말기(telophase, 그리스어로 *telo*-는 "끝"을 의미)에서 일어난다. 말기는 전기로 되돌아 오는 것과 같다. (1) 방추사가 사라지기 시작한다. (2) 양쪽 극에서 염색질을 둘러싸는 핵막이 다시 나타난다. (3) 1개 혹은 그 이상의 인이 재출현한다. 앞에서 관찰되었던 염색분체들은 응축이 풀리고 엉킨 염색질로 늘어짐으로써 이제 각 염색체의 기능을 수행한다. 이제 한 핵이 똑 같은 2개 핵으로 분리되는 유사분열이 끝났다.

세포질 분열: 세포질을 분할한다(그림 4.10f)

세포분열의 최종 단계에서, 말기 종료시점에 생성된 딸핵들은 2개의 분리된 딸세포로 포장된다. 분열의 최종 단계는 **세포질 분열**(cytokinesis, 문자 그대로 "세포운동")이다. 세포질 분열 동안 신장된 모세포는 동일한 핵을 가진 독립된 2개의 세포로 분리된다. 세포질 분열은 보통 후기 동안에 시작되지만, 말기가 끝난 후에도 완성되지 않을 경우도 있다. 세포들의 세포질 분열을 수행하는 기전은 동물과 식물세포에서 서로 다르다. 동물세포에서 세포질 분열은 **수축환**(contractile ring)에 의해 세포가 같은 크기로 나뉜다. 수축환은 주머니 입구에 있는 끈을 당겨 오므려 들어가게 하는 방식과 유사하게 작용한다(그림 4.11a). 흥미롭게도 수축환을 구성하는 일부 분자들은 근 수축을 담당하는 기전에도 관여한다. 식물에서 세포들은 딱딱한 세포벽으로 둘러 싸여 있다. 세포벽은 **세포판**(cell plate)이라고 하는 막으로 둘러싸인 원판이 세포의 적도판 근처에서 형성된 후, 급속하게 외부로 자라나가 세포를 둘로 분할한다(그림 4.11b).

세포질 분열 동안, 리보솜, 미토콘드리아, 골지체와 같은 막성 구조, 엽록체(식물인 경우)를 포함한 여러 소기관들과 다른 세포 구성분들이 새롭게 출현하는 딸세포로 분배된다. 이러한 일을 수행하는 기전은 어느 소기관이 어느 쪽 딸세포로 분배될 것인지에 대해 미리 결정되어 있는 것처럼 보이지는 않는다. 대신에 대부분 세포들은 충분한 세포질 성분들을 함유하고 있기 때문에 새로 형성되는 모든 세포는

그림 4.11 세포질 분열: 세포질이 분할되며, 두 딸세포가 생성된다. (a) 분열되는 개구리 접합자에서 세포주변에서부터 수축환이 죄어 들어가면서 난할고랑이 생기고, 결국 끼워서 조임으로서 두 개 세포로 분리된다. (b) 분열 중인 양파뿌리 세포에서는, 세포의 적도판 근처에서 형성되기 시작한 세포판이 주변으로 신장됨으로써 두 딸세포를 분할한다.

(a) 동물세포의 세포질 분열

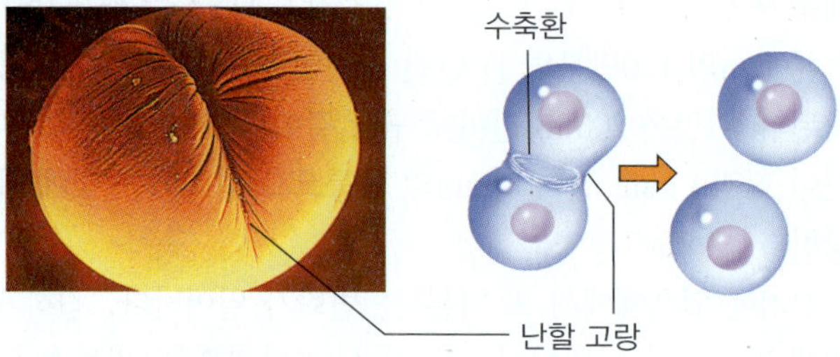

(b) 식물세포의 세포질 분열

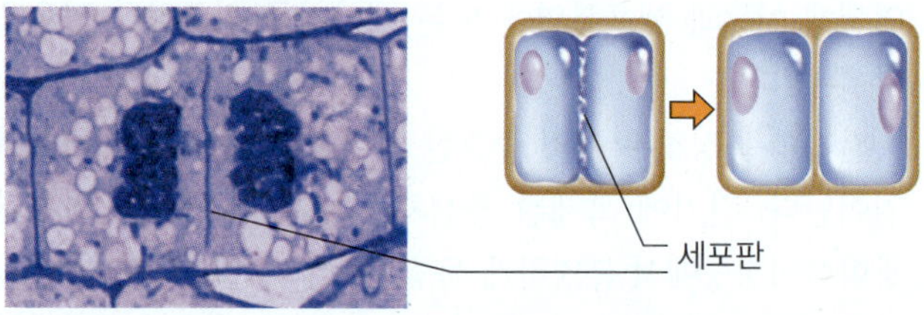

적어도 모든 세포 성분의 일정 부분을 가지게 된다. 새롭게 생성된 세포로 최초 분배된 세포질 성분은 세포의 합성 활성으로 세포질에 함유된 소기관들을 증식할 때까지 세포를 유지해 주기에 충분하다.

종종 핵분열에 이어 세포질 분열이 곧바로 일어나지 않는 경우도 있다. 이렇게 되면 하나 이상의 핵을 가진 세포가 된다. 2개 혹은 그 이상의 핵을 가진 동물세포를 **합포체**(syncytium)라고 한다. 초파리의 초기 배는 다핵성 합포체이다(그림 4.12). 마찬가지로 사람과 일부 동물에서 정자의 전구체들도 다핵성 합포체이다. 다핵성 식물조직은 **다핵체**(coenocyte)라고 한다. 코코넛 밀크는 다핵체로 구성된 영양이 풍부한 식품이다.

조절 점검점들이 정확한 염색체 분리를 보장한다

세포주기는 정교하게 협동되는 사건들이 복합적인 순서로 진행된다. 고등생물에서 세포가 분열되도록 하는 결정은 세포가 충분한 크기에 이르렀다는 내부적 요인과 호르몬 혹은 인접세포와의 접촉과 같은 외부적 신호에 의존한다. 일단 세포가 분열로 가는 일을 시작하게 되면, 보통 간기 중 G_1기 동안, 시계장치처럼 모든 사건들이 뒤따라 일어난다. 세포가 이전에 이루어진 일들을 점검하는 시점, 즉 여러 점검

그림 4.12 유사분열에 이어 세포질 분열이 일어나지 않으면, 하나의 세포는 여러 개의 핵을 갖게 된다. 수정된 초파리 난자에서, 세포질 분열 없이 13회에 걸친 유사분열이 진행된다. 그 결과 수천 개의 핵을 가진 단 세포 합포성 배가 생성된다. 사진은 모든 핵들이 분열되고 있는 배의 일부분을 보여주고 있다; 염색체는 붉은색, 방추사는 녹색이다. 윗부분 왼쪽에 보이는 핵은 중기이다. 반면에 아랫부분 오른쪽의 핵들은 후기 말기에 접어들었다. 결국에는 이 핵들 주변에 막이 형성되어, 배아가 세포로 분할된다.

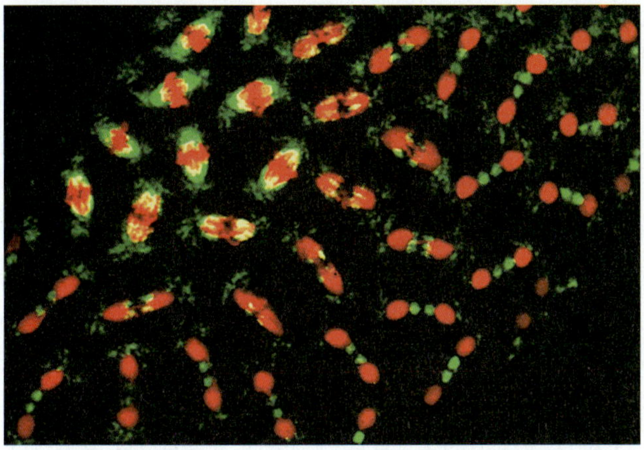

그림 4.13 점검점들은 세포주기 조절을 도와준다. 세포 점검점들(붉은 쐐기 모양)은 세포주기의 중요한 사건들이 제대로 일어났음을 보증한다. 각 점검점에서, 세포들은 다음 단계로 진행하기 전에 이미 수행한 사건들이 완전한지를 결정한다(단순하게 표현하기 위해서 세포당 2개 염색체만을 표시하였다).

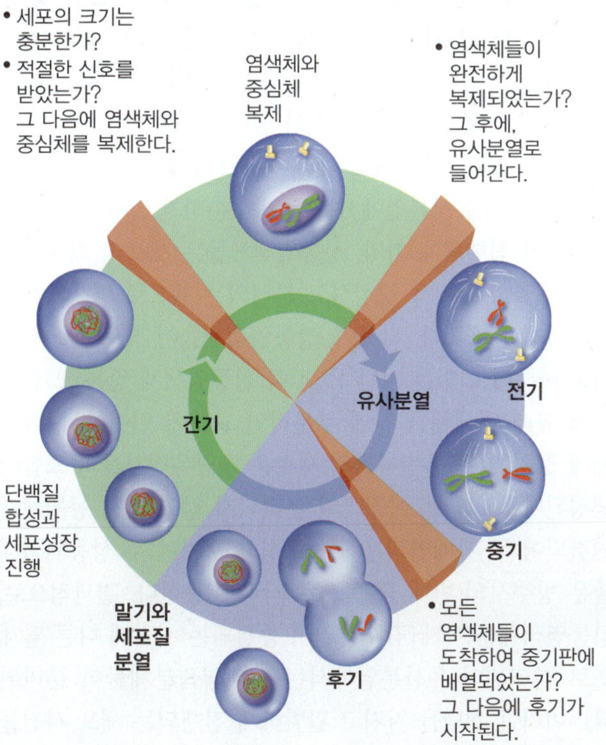

점(checkpoint)이 있다. 점검점들은 세포주기 동안 일어나는 사건들을 순차적으로 조화롭게 일어날 수 있도록 해 준다. 결과적으로, 정상적인 조건에서 염색체는 응축되기 전에 복제된다. 자매염색분체들이 정확하게 중기배열을 하여 딸핵으로 균등하게 분리될 수 있는 경우에 한해, 복제된 염색체들이 양극으로 분리되기 시작한다(그림 4.13).

점검점에 대한 분자적 기초를 설명하기 위한 한 예로, 심지어는 단지 하나의 방추사부착점이 방추사에 부착되지 못한 경우에도 모든 염색체들이 동원체에서 분리되는 것을 막는 신호를 생성한다. 이러한 신호는 모든 염색체들이 중기판에 정확히 배열할 때 비로소 후기가 시작될 수 있도록 한다. 여러 점검점들이 존재하기 때문에 확실하게 각 딸세포로 정확한 염색체 수를 전달할 수 있다.

유사분열 기구가 훼손되면 유사분열 실수를 유발하게 되고 세포에 심각한 결과가 초래된다. 예를 들어, 염색체 분리가 적절하게 이루어지지 못하면 딸세포에 심각한 이상을 초래하고 심지어는 죽음을 초래한다. 방추사, 방추사 부착점 혹은 유사분열 기구를 손상시키는 유전자 돌연변이들은 부정확한 염색체 분리를 유발한다. 점검점들과 유사하게, 정상적으로 세포분열을 억제하는 억제자들이 손상된 경우에도 여러 문제들이 발생한다. 이러한 세포들은 분열을 적절히 조절할 수 없게 되어 종양세포로 된다. 19장에서 세포주기 조절, 점검점 조절, 암 형성 등에 대한 내용을 자세하게 설명한다.

핵심 개념

- 유사분열을 통해 이배체 세포는 동일한 이배체 자손세포를 생성한다.
- 중기에 자매염색분체들은 그들의 방추사부착점에서 방추사의 반대 쪽 극으로 당겨진다: 염색분체들이 동원체에서 연결되어 있기 때문에 극쪽으로 작용하는 힘은 균형을 이룬다.
- 후기가 시작되면 동원체들은 염색분체들이 분리되어 방추사의 반대 쪽 극으로 이동되도록 한다.
- 세포주기 점검점은 정확한 복제와 염색체 분리가 일어날 수 있도록 돕는다.

4.4 감수분열: 염색체 수를 반감하는 세포분열

학습목표

1. 감수분열동안 반수체 배우자 형성에 이르는 핵심적인 염색체의 행동을 기술한다.
2. 유사분열과 감수분열 동안 염색체의 행동을 비교한다.

3. 상동염색체의 독립적 분리, 그리고 제1감수분열 동안 일어나는 교차, 이들 각각이 어떻게 배우자의 유전적 다양성에 기여하는지 설명한다.

배아에서 일어나는 수많은 횟수의 세포분열 동안, 대부분의 세포들은 앞서 설명한 것처럼 성장하거나 유사분열 세포주기를 거치며 분열한다. 어떤 경우는 세포성장을 중지하고 G_0기에 멈춘다. 이처럼 유사분열로 분열하는 세포들과 G_0기에 멈추어 있는 세포들을 **체세포**(somatic cell)라고 하며, 이들 후손세포들은 개체의 생애에 걸쳐 각 조직의 대부분을 구성하도록 계속 유지된다. 그렇지만, 동물의 배 발생 초기에 다른 운명을 가진 특정 세포군들이 생성되는데, 이를 **생식세포**(germ cell)라고 한다: 배우자 형성에서 독특한 역할을 담당하는 세포. 식물에서 배우자 세포는 배아발생 시기가 아니라, 이보다 더 늦은 꽃 발생 시기에 출현한다. 배우자 세포들은 생식기관(동물인 경우 난소와 정소; 현화식물인 경우는 씨방과 꽃밥)으로 들어간다. 생식기관에서 생식세포들은 궁극적으로 감수분열을 수행하여 배우자(난자와 정자 혹은 화분)를 생성한다. 감수분열은 독특한 2회 분열을 수행하여 다른 체세포들에 비해 염색체 수가 반으로 줄어든 배우자를 생성한다.

수정 시 반수체 배우자가 융합되면, 두 양친으로부터 조합된 유전적 상속을 지닌 이배체 자손을 생성한다. 그러므로 유성생식은 반수체와 이배체의 세대교번을 필요로 한다. 만일 배우자가 반수체 대신 이배체라고 하면, 염색체들의 수는 이어지는 세대마다 배로 늘어날 것이다. 사람에서 예를 들면, 자식들은 92개의 염색체를 가지고, 손자들은 184개의 염색체를 갖게 된다. 감수분열은 이와 같은 염색체 수의 지수함수적인 증가, 즉 치명적인 상황을 방지해 준다.

감수분열에서, 염색체는 한 번 복제하지만 핵은 두 번 분열한다

유사분열과 달리 감수분열은 2회 연속적인 핵분열로 이루어지는데, 순서대로 **제1감수분열**(division I of meiosis)과 **제2감수분열**(division II of meiosis), 혹은 간략히 **감수분열 I** (meiosis I)과 **감수분열 II** (meiosis II)라고 한다. 분열마다 세포들은 전기, 중기, 후기, 말기, 세포질 분열을 거친다. 감수분열 I에서 부모 핵은 분열하여 두 딸세포 핵을 생성한다; 감수분열 II에서 두 딸핵이 각각 분열하여 4개 핵을 생성한다(그림 4.14). 감수분열의 최종 산물인 4개의 핵은 2회 분열 다음에 세포질 분열이 뒤따라서 일어나기 때문에 4개의 독립된 딸세포로 분배된다. 염색체들은 감수분열 I 개시 시점에 복제된다. 그러나 감수분열 II에서는 염색체들이 복제되지 않기 때문에 배우자들은 체세포에서 발견되는 염색체 수의 절반만을 가지게 된다. 감수분열 각 단계를 면밀히 살펴보면, 각 배우자로 반수의 염색체들이 전달되는 기전을 알 수 있다.

그림 4.14 감수분열의 개관: 염색체는 한 번 복제되지만, 핵은 두 번 분열한다. 이 그림에서, 각 염색체 쌍의 4개 염색분체들은 같은 색으로 표시하였다. 염색체들은 감수분열 I 전에 복제되지만, 감수분열 I과 감수분열 II 사이에서는 복제되지 않음을 명심해야 한다.

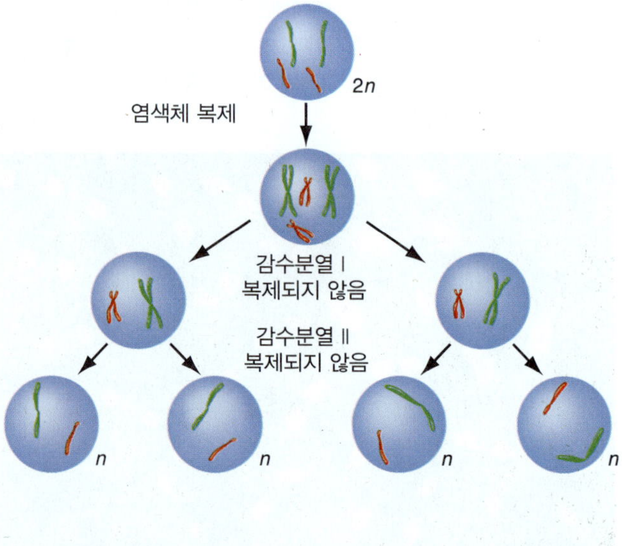

감수분열 I 동안, 상동염색체들은 쌍을 이루고, 부분 교환이 일어난 후 분리된다

감수분열 I 동안에 일어나는 핵분열은 특이하다(그림 4.15, 감수분열 I). 그 과정은 염색체 복제로 시작되며, 이어서 각 염색체는 두 자매염색분체를 구성한다. 감수분열 I를 이해하는 데 있어 핵심적인 관찰은 이 염색분체를 연결하는 동원체들이 전 과정을 통해 부착된 상태로 유지되고 있다는 것이다. 반면에 유사분열에서는 동원체 분리가 일어난다.

분열이 진행됨에 따라, 상동염색체들은 세포의 적도판을 따라 배열하여 쌍을 형성하고 분리되는 핵으로 염색체들이 정확하게 분배된다. 더욱이, 상동염색체들이 적도판을 따라 서로 마주하고 있는 기간 동안, 각 상동염색체 쌍은 모계 및 부계 유래 염색체들 간에 부분적인 교환이 일어나서, 염색체에 걸쳐 있는 유전자들의 새로운 대립유전자들의 조합이 생성된다. 그 후에, 아직까지 분리되지 않고 단일 동원체에 연결되어 두 자매염색분체를 구성하고 있던 두 상동염색체들은 방추사의 반대 극 쪽으로 각각 이동한다. 결과적으로, 상동염색체들은 제1감수분열이 종결되는 시점에 다른 딸세포로 분리된다(유사분열에서는 자매염색분체들이 분리된다). 이러한 개념을 가지고 활발하게 진행되는 세포 사건들을 임의적으로 느리게 진행되는 사건이라고 상상하며, 감수분열 I에서 일어나는 사건을 면밀히 살펴보자.

전기 I: 상동염색체들은 응축되어 접합을 형성하며, 교차가 일어난다

전기 I (prophase I)에서 일어나는 핵심적인 사건들은 염색질 응축, 상동염색체 접합 형성, 쌍을 이룬 상동염색체 간 유전정보의 상호교환 등이다. 그림 4.15에 전기 I에서 일어나는 일반적인 사건들을 도해하였다. 그렇지만, 이 사건들이 일어나는 순서는 종에 따라 차이가 있다고 알려져 있다. 전기 I의 복잡한 과정들을 완성하는 데 수일, 수개월 혹은 수년이 걸리기도 한다. 예를 들면, 사람을 포함한 여러 종의 암컷 배우자 세포에서는 배란시기까지 감수분열은 전기 I 상태로 여러 해 동안 머물러 있다(4.5절에서 자세하게 알아본다).

전기 I을 세분화하면 첫 단계는 **세사기**(leptotene; 그리스어로 "가는"과 "섬세한"을 의미)이다. 이 시기에 길고 가는 염색체들이 굵어지기 시작한다(자세한 설명은 그림 4.16a 참조). 각 염색체는 전기 I이 시작되기 전에 이미 복제되어 두 자매염색분체들은 동원체로 연결되어 있다(유사분열과 유사하다). 그렇지만 이 자매염색분체들은 매우 밀착되어 있기 때문에 하나 처럼 보인다.

접합기(zygotene; 그리스어로 "접합"을 의미)가 시작되면 각 염색체는 자신의 상동염색체를 찾아서 서로 나란히 배열되는 과정, 즉 **접합**(synapsis)을 이룬다. 상동염색체들이 나란히 배열되는 일은 정교한 단백질 구조로 이루어진, **접합복합체**(synaptonemal complex)에 의해 매우 정확하게 수행되며, 염색체 쌍에서 서로 일치하는 유전적 부위들이 나란히 배열된다(그림 4.16b).

태사기(pachytene; 그리스어로 "두꺼운" 혹은 "굵은"을 의미)는 접합이 완성되어 상동염색체 전 길이에 걸쳐 나란히 배열된 후에 시작된다. 접합을 이룬 각 염색체 쌍을 **이가염색체**(bivalent; 두 상동염색체를 포함하고 있기 때문에) 혹은 **사분체**(tetrad; 4개 염색분체를 포함하기 때문)라고 한다. 이가염색체 중 한 쪽은 모계로부터, 다른 한 쪽은 부계로부터 물려받은 염색체들이다. X와 Y 염색체는 서로 상동이 아니기 때문에 완전한 접합을 이룰 수 없다. 그렇지만 두 염색체 간에는 일부 유사한 부분(상동)이 있기 때문에 부분적으로 쌍을 이룰 수 있다.

태사기 동안, 접합복합체를 따라 **재조합 결절**(recombination nodule)이라는 구조가 나타나기 시작하고, 이 부위에서 비자매염색분체 간에 부분적 교환(모계와 부계 염색체 간의 교환)이 일어난다(그림 4.16c에서 자세히 살펴본다). 이러한 교환을 **교차**(crossing-over)라고 한다. 그 결과로 유전물질이 재조합된다. 교차가 일어난 결과, 염색분체들은 이제 순수한 모계 혹은 부계 기원이 아니다. 그렇지만 유전정보의 획득 혹은 결실은 일어나지 않기 때문에 모든 염색분체들의 크기는 원래 크기와 똑같다.

복사기(diplotene; 그리스어로 "두 배" 혹은 "곱"을 의미)는 접합 복합체가 점진적으로 분해되고 상동염색체들이 부분적으로 분리되면서 시작된다(그림 4.16d 참조). 그렇지만, 각 이가염색체에서 나란히 배열한 상동염색체들은 교차가 일어난 지점을 일컫는 **교차점**(chiasmata; 단수, chiasma)에 밀착하여 연결되어 있다.

이동기(diakinesis; 그리스어로 "이중 이동")가 되면 염색체들은 더욱 응축된다. 이동기에 염색분체가 굵고 짧아지기 때문에 각 사분체가 4개 염색분체로 구성되어 있음을 분명히 볼 수 있다. 다르게 말하면, 이가염색체를 구성하는 두 상동염색체들이 동원체로 연결된 두 자매염색분체로 구성되어 있음을 뚜렷하게 볼 수 있다(그림 4.16e 참조). 교차가 일어나는 비자매염색분체들은 교차점으로 연결되어 있다. 이동기의 종결은 전중기와 유사하다. 핵막이 붕괴되고, 방추체의 미세소관들이 생성되기 시작한다.

중기 I: 쌍을 이룬 상동염색들은 반대 극에서 뻗어 나온 방추사에 부착한다

유사분열 동안, 각 자매염색분체는 반대 방추사 극에서 뻗어 나온 미세소관이 부착하는 방추사부착점을 가지고 있다. 그러나 감수분열 I 동안에는 그 상황은 다르다. 자매염색분체들의 방추사부착점은 서로 융합되기 때문에 각 염색체는 하나의 기능적인 방추사부착점만을 가진다. 이처럼 자매염색분체들이 융합되어 있기 때문에 자매염색분체들은 서로 반대쪽으로 가지지 않고 감수분열 I 기간 동안 함께 붙어 다닌다. 대신에 **중기 I** (metaphase I) 동안(그림 4.15, 감수분열 I 참조), 상동염색체들은 반대 방추사 극에서 뻗어 나온 미세소관이 부착하는 방추사부착점을 가지고 있다. 결과적으로, 중기판에 배열된 염색체들에서 모계 및 부계 유래 염색체들의 방추사부착점들은 방추체의 반대 극 쪽으로 향하여 위치하고 상동염색체들이 서로 반대방향으로 이동한다. 각 이가염색체의 배열과 결합은 다른 이가염색체들과는 별개로 일어난다. 따라서 무작위로 혼합된 모계 및 부계 염색체들이 양 극으로 이동한다.

후기 I: 상동염색체들이 방추체의 반대 극으로 이동한다

후기 I (anaphase I)이 시작되면, 상동염색체를 연결했던 교

그림 4.15

감수분열: 하나의 이배체 세포에서 4개의 반수체 세포가 생성된다

감수분열 I: 감수분열

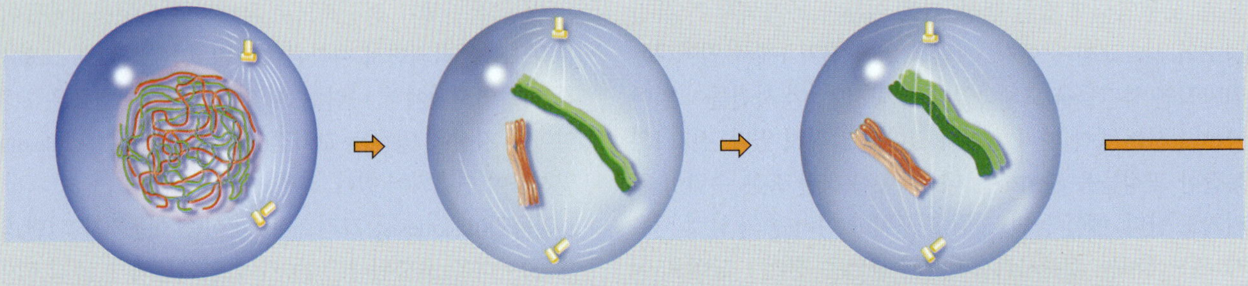

전기 I: 세사기
1. 염색체들이 굵게 보이기 시작한다. 그러나 염체분체들을 분간할 수는 없다.
2. 중심체들이 반대 극으로 이동하기 시작한다.

전기 I: 접합기
1. 상동염색체들이 접합되기 시작한다.
2. 접합복합체가 형성된다.

전기 I: 태사기
1. 접합이 완성된다.
2. 상동염색체 쌍에서 비자매염색분체 간에 교차와 유전적 교환이 일어난다.

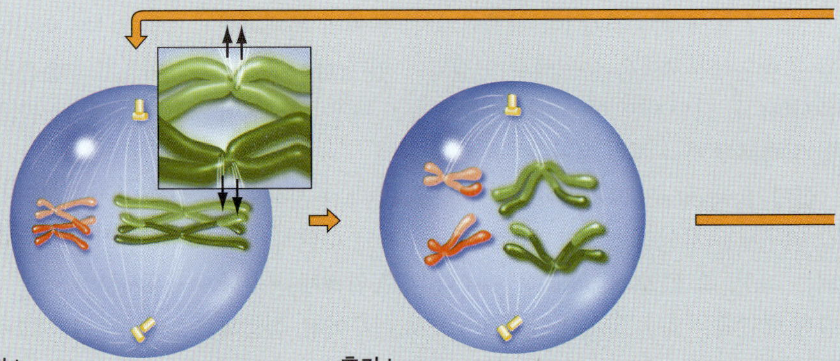

중기 I
1. 사분체들이 중기판을 따라 배열한다.
2. 상동염색체 쌍에서 각 염색체는 반대 극 방추사에 부착한다.
3. 자매염색분체들은 같은 극에서 유래한 미세소관에 부착한다.

후기 I
1. 동원체는 분리되지 않는다.
2. 염색분체 말단에 위치한 교차점이 떨어져 이동해 나간다.
3. 상동염색체들이 반대 극으로 이동한다.

감수분열 II: 동등분열

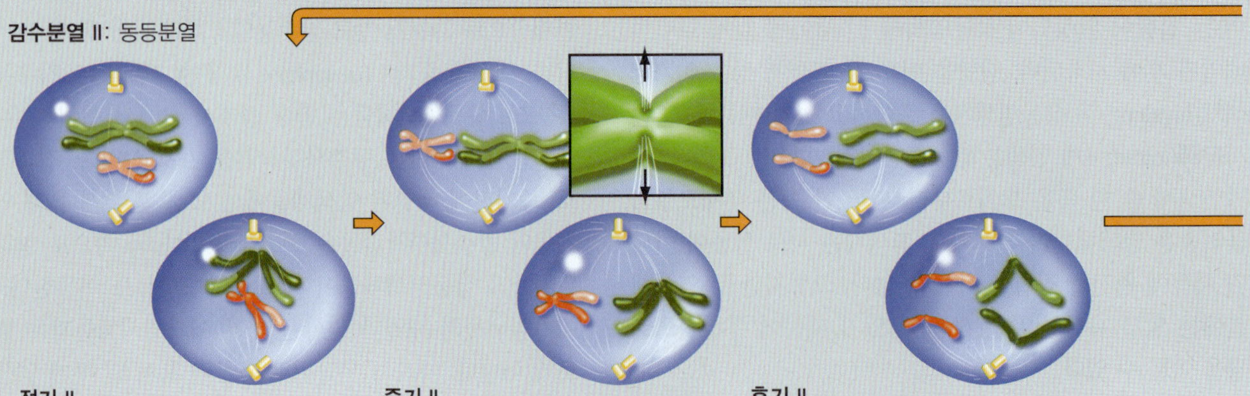

전기 II
1. 염색체들이 응축된다.
2. 중심체들이 반대 극으로 이동한다.
3. 전기 II가 끝나는 시점에서 핵막이 붕괴된다(표시하지 않음).

중기 II
1. 염색체들이 중기판에 배열된다.
2. 자매염색분체들은 반대 극에서 뻗어 나온 방추사에 부착한다.

후기 II
1. 동원체가 분리되고, 자매염색분체들이 반대 극으로 이동한다.

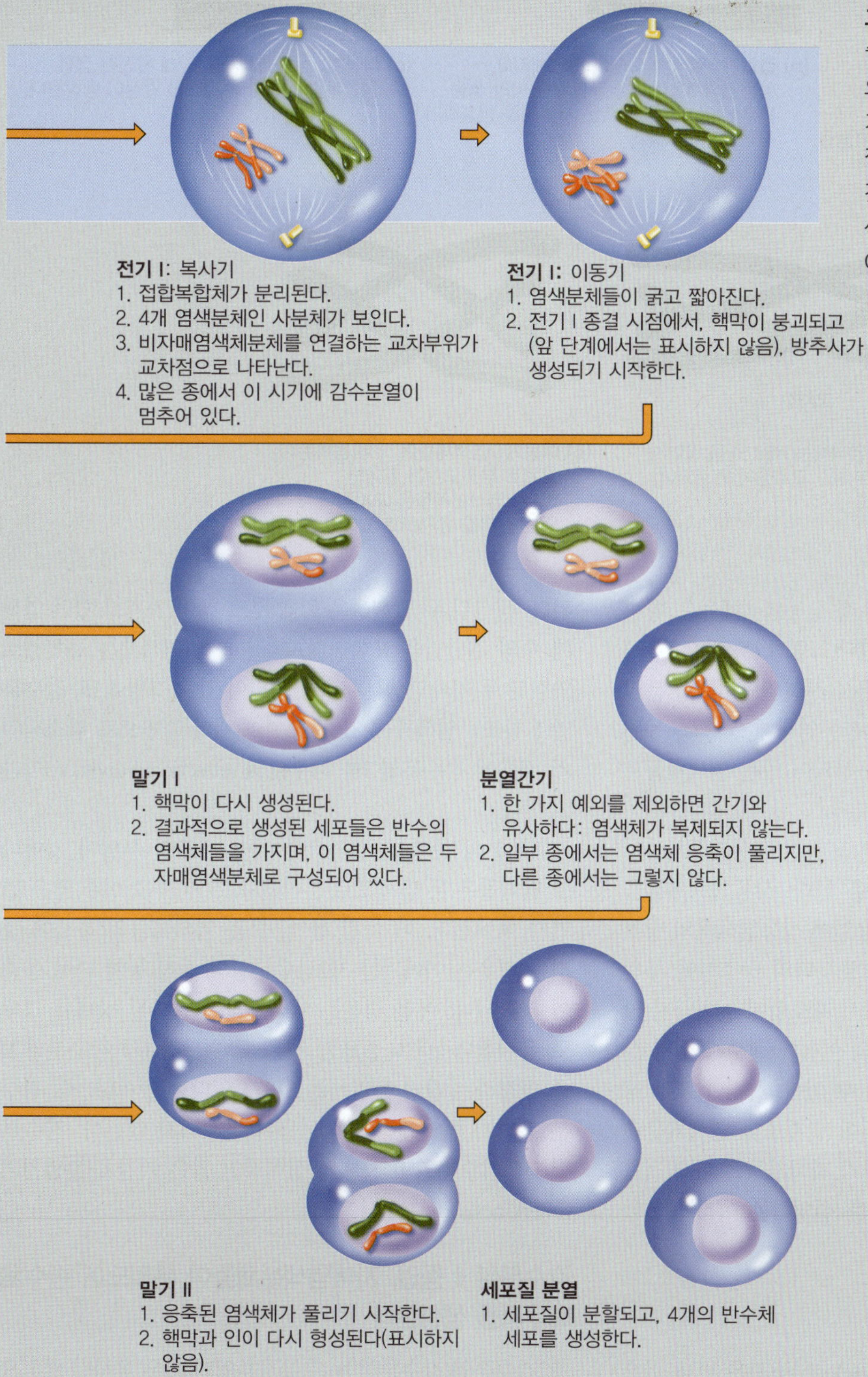

그림 4.15 그림에서 염색체들을 쉽게 분간할 수 있도록 두 가지 방법으로 간략화하였다; (1) 감수분열 전기 동안 핵막을 표시하지 않았다. (2) 접합기에 염색체들은 완전히 응축된 것으로 표시하였다; 실제적으로 염색체들의 완전 응축은 이동기에 일어난다.

그림 4.16 고배율에서 관찰한 감수분열 전기 I.

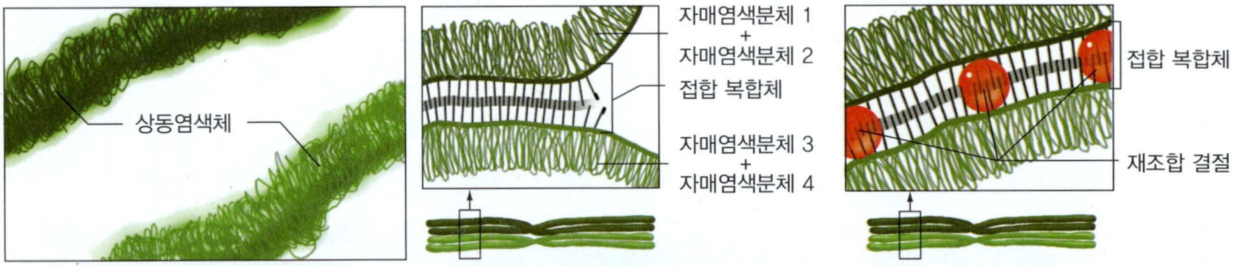

(a) 세사기: 실 같은 염색체들의 응축이 시작되어 굵어지고 분명한 구조로 보인다. 염색체들은 복제되어 있지만, 아직까지 각 염색체에서 자매염색분체들을 분간할 수 없다.

(b) 접합기: 염색체 모습이 분명해지고, 상동염색체들이 접합복합체를 따라 쌍을 이루어 이가염색체 혹은 사분체를 형성하기 시작한다.

(c) 태사기: 상동염색체들 간에 완전한 접합. 접합복합체를 따라 재조합 결절이 형성된다.

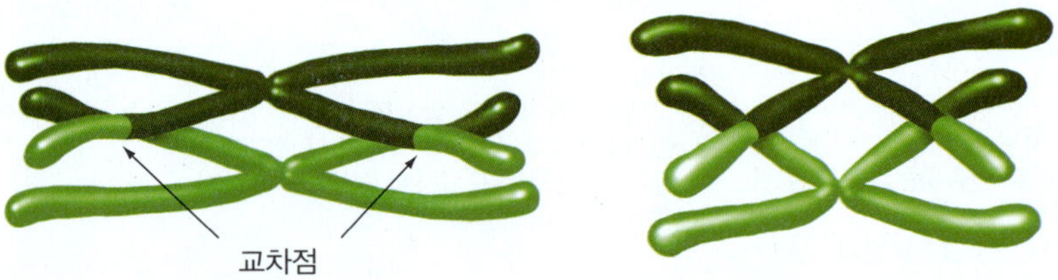

(d) 복사기: 이가염색체는 서로 조금 떨어져 있지만, 교차부위인 교차점에 연결되어 있다.

(e) 이동기: 염색체들이 더욱 응축된다. 교차로 부분교환이 일어난 비자매염색분체들은 교차점에 부착되어 있는 상태를 유지하고 있다.

차점은 분리되고, 모계 및 부계 유래 상동염색체들은 방추체의 반대 극으로 이동하기 시작한다(그림 4.15, 감수분열 I 참조). 제1감수분열에서 동원체들은 유사분열에서처럼 분리되지 않음을 상기하라. 따라서 각 상동염색체 쌍에서, 동원체로 연결된 두 자매염색분체로 구성되어 있는 염색체들은 각각 반대 극으로 이동한다.

교차를 통한 재조합은 제1감수분열 동안 상동염색체들이 적절히 분리하는 데 중요한 역할을 한다. 상동염색체들을 함께 유지해 주는 교차점은 중기 동안에 상동염색체의 방추사부착점들이 방추체의 반대 극으로부터의 방추사에 부착되도록 보증한다. 이가염색체 내에서 재조합이 일어나지 않는 경우, 방추사의 결합과 염색체의 이동에 실수가 생겨 상동염색체들이 같은 극으로 이동될 수 있다. 하지만 일부 생물에서는 이와 다른 쌍 형성 기전이 비재조합 염색체들을 적절하게 분리되도록 한다. 현재까지 과학자들은 이 과정들을 완전히 이해하지 못하지만, 이를 설명하는 여러 모델들이 검증되고 있다.

말기 I: 핵막이 재형성된다

제1감수분열의 말기 혹은 **말기 I** (telophase I)은 반대 극으로 이동한 염색체들 주위에서 핵막이 재형성됨으로써 시작된다. 생성된 두 딸핵들은 원래 부모 핵이 가지고 있던 염색체 수의 절반만을 포함한다. 그러나 각 염색체는 동원체로 연결된 두 자매염색분체로 구성되어 있다(그림 4.15, 감수분열 I 참조). 염색체 수가 정상 이배체의 절반으로 감소되었기 때문에 감수분열 I을 **감수분열**(reductional division)이라고 한다.

대부분의 종에서, 말기 I에 이어 세포질 분열이 일어나고 딸핵들은 두 딸세포로 분리된다. 그리고 그 이후 짧은 간기가 이어진다. 이 기간 동안, 보통 염색체들의 응축이 풀리는 경우는 이어지는 제2감수분열의 전기 동안 다시 응축이 시작된다. 어떤 경우는 염색체들이 응축된 상태를 그대로 유지한다. 더욱 중요한 것은, 감수분열 I과 감수분열 II를 연결하는 간기 동안에는 S기가 없다는 것이다. 즉, 감수분열 간기 동안에는 염색체들이 복제되지 않는다. 감수분열 I과 감수분열 II 사이의 상대적인 짧은 기간을 **분열간기**(interkinesis)라고 한다.

감수분열 II 동안, 자매염색분체들이 분리되어 반수체 배우자를 생성한다

제2감수분열(감수분열 II)은 유사분열과 매우 유사한 방식으로 진행된다. 그러나 분열되는 각 핵에 있는 염색체들의 수가 반수로 줄어들어 있기 때문에 결과적으로 생성되는 딸세포들은 반수체이다. 감수분열 I에서 생성된 딸세포들 각각에서 같은 과정이 일어나고, 제2차 감수분열이 끝나면 4개의 반수체 세포가 생성된다(그림 4.15, 감수분열 II 참조).

전기 II: 염색체들이 응축된다

앞선 간기에서 염색체들의 응축이 풀렸다면, **전기 II**(prophase II) 동안 염색체 응축이 일어난다. 전기 II가 끝나는 시점에서 핵막이 붕괴되고 방추체가 다시 생성된다.

중기 II: 염색체들이 적도판에 배열된다

자매염색분체들의 방추사부착점은 방추체의 반대 극에서 뻗어 나온 미세소관에 부착된다. 그렇지만, **중기 II**(metaphase II)는 유사분열과 차이 나는 두 가지 특징이 있다. 첫째, 염색체 수가 같은 종의 유사분열 중기 염색체 수에 비해 절반이다. 둘째, 대부분의 염색체들에서 두 자매염색분체는 이제 똑 같지 않다. 이는 감수분열 I 동안 교차로 재조합이 일어났기 때문이다. 자매염색분체들은 다른 대립유전자 조합을 가지고 있기는 하지만, 대부분은 아직도 같은 유전자를 포함하고 있다.

후기 II: 자매염색분체들이 방추체의 반대 극으로 이동한다

유사분열과 마찬가지로 자매염색분체들을 연결하고 있는 동원체가 **후기 II**(anaphase II) 동안 반대 방추체의 양극으로 염색체들을 이동시킨다.

말기 II: 핵막이 다시 형성되고, 이어서 세포질 분열이 일어난다

말기 II(telophase II) 동안에 4개의 딸세포 핵 주변에서 막이 형성되고, 이어서 핵을 세포질 분열로 분리된 세포에 위치시킴으로써 4개의 반수체 배우자를 생성한다. 감수분열이 끝나면, 각 딸세포(즉, 배우자)는 제2감수분열을 시작할 때 모세포가 가졌던 염색체 수와 동일한 염색체 수를 가진다. 이러한 이유로 감수분열 II를 **동등분열**(equational division)이라고 한다.

감수분열 실수는 결함을 가진 배우자를 생성한다

두 감수분열 중에 어느 쪽에서라도 염색체 분리에서 실수가 생기면, 다음 세대에서 삼염색체성과 같은 이상 증후가 나타난다. 예를 들어, 한 염색체 쌍의 상동염색체들이 감수분열 I 동안 분리되지 못한다면[비분리(nondisjunction)라고 함], 이들은 같은 극으로 이동하게 되어 결국 같은 배우자로 포장된다. 수정 시 이런 실수가 있다면, 여러 가능한 삼염색체성 중 한 형태가 나타나게 된다. 앞에서 언급한 것처럼, 상염색체에서 일어난 대부분의 삼염색체성들은 자궁 내에서 치사한다. 한 가지 예외는 다운증후군의 유전적 요인으로 작용하는 21번 삼염색체성이다. 21번 삼염색체성과 유사하게 추가된 성염색체들은 클라인펠터증후군에서 살펴보았듯이 치사작용을 나타내지는 않지만, 정신적 및 신체적 이상을 유발한다고 알려져 있다(표 4.1 참조).

감수분열은 유전적 다양성을 생성한다

생물 종들에서 다양한 유전자 조합이 광범위하게 일어날수록, 적어도 개체들 중 일부가 변화하는 환경 속에서 생존 가능한 대립유전자 조합을 가질 확률이 높아진다. 감수분열의 두 가지 특성들이 집단에서의 유전적 다양성을 부여해 준다. 첫째, 제1감수분열 동안 부계 혹은 모계 상동염색체들이 두 극 중 어느 쪽으로 이동할지는 무작위로 결정된다. 따라서 배우자들마다 독특한 부계와 모계 유래 염색체 조합을 가지게 된다. 그림 4.17a는 배우자에서 두 종류의 상동염색체 이동 양식들이 어떻게 4종류의 다른 염색체 조합을 생성할 수 있는지 보여준다. 이러한 무작위적, 독립적 분리로 생성될 수 있는 변이 크기는 염색체 수가 증가할수록 증가한다. 예를 들어, *Ascaris*에서 $n = 2$ (그림 4.17a에서 보여주는 염색체 구성)이므로 무작위적 상동염색체 분리로 2^2, 즉 4종류의 배우자를 생성할 수 있다. 그렇지만, 사람에서는 $n = 23$이므로, 같은 기전으로 2^{23}, 즉 8백만 이상의 유전적 조성이 다른 배우자를 생성한다.

감수분열의 두 번째 특성, 즉 전기 I 동안 교차에 의한 유전정보의 뒤섞임은 배우자에서 더 심오한 유전적 다양성을 부여한다. 교차는 모계와 부계 유래 유전자들을 재조합하기 때문에 각기 다른 배우자에서 각 염색체들은 모계와 부계 정보들을 다양한 조합으로 가지게 된다(그림 4.17b).

이외에도 유성생식은 또 다른 유전적 다양성을 부여하는 수단이 있다. 수정 시에는 유전적으로 서로 다른 수많은 정자들 중 한 정자만이 독특한 유전적 구성을 가진 한 난자와 수정된다. 따라서 일란성 쌍생아를 제외한, 지구상에 살고 있는 60억 명의 사람들 각각은 유전적으로 유일한 존재라는 사실이 놀랍지 않다.

유사분열과 감수분열: 비교

모든 진핵세포(핵막이 있는 세포)에서 일어나는 유사분열은 유전적 상태를 일정하게 유지하는 보존적 기전이다. 세포질 분열로 이어지는 유사분열은 세포 수를 증가시켜 생장을 가

표 4.3 유사분열과 감수분열 비교

유사분열

체세포에서 일어난다.
반수체와 이배체 세포는 유사분열한다.
1회 분열

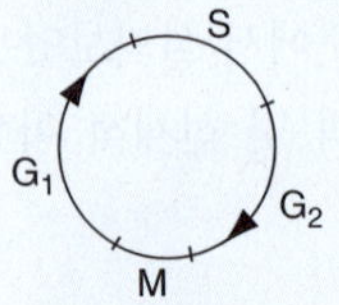

유사분열 이전에 S기가 있다 (염색체 복제).

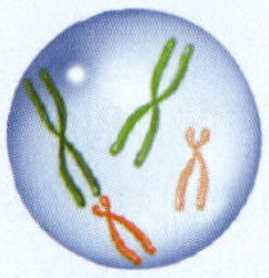

상동염색체들은 쌍을 이루지 않는다.

상동염색체들 간에 유전적 교환이 거의 없다.

자매염색분체들은 중기 동안 반대 극에서 유래된 방추사에 부착된다.

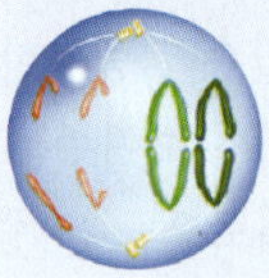

후기가 시작되면 동원체들이 분리된다.

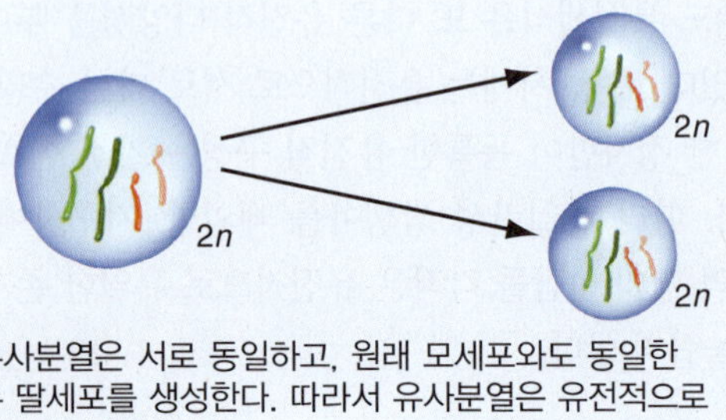

유사분열은 서로 동일하고, 원래 모세포와도 동일한 두 딸세포를 생성한다. 따라서 유사분열은 유전적으로 보존적인 분열이다.

감수분열

생식주기의 일부분으로 생식세포에서 일어난다.
2회 연속 분열, 감수분열 I과 감수분열 II
이배체 세포만이 감수분열을 할 수 있다.

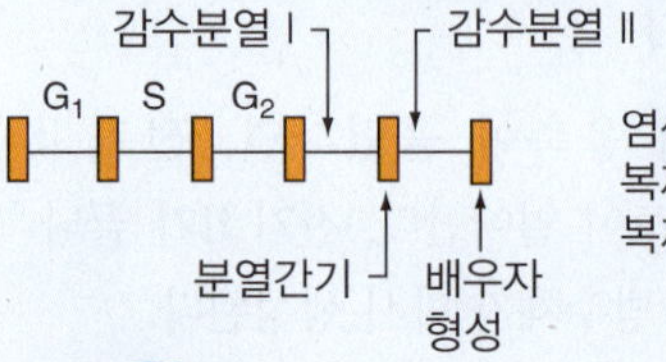

염색체들이 감수분열 I 전에 복제되지만, 감수분열 II 전에는 복제되지 않는다.

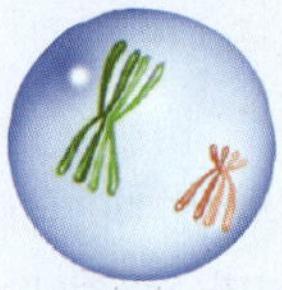

감수분열 I 전기 동안, 상동염색체들은 전체 길이에 걸쳐 쌍을 이룬다(접합).

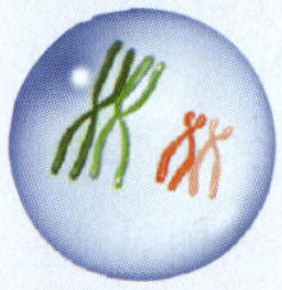

감수분열 I의 전기 동안 상동염색체들 간에 교차가 일어난다.

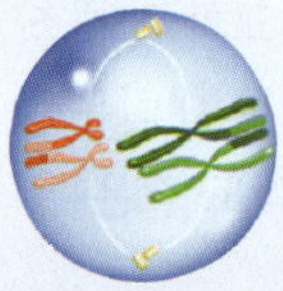

상동염색체(자매염색분체가 아님)들이 중기 I 동안 반대 극의 방추사에 부착한다.

감수분열 I 동안 동원체는 분리되지 않는다.

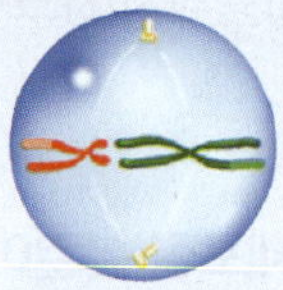

자매염색분체들은 중기 II 동안 반대 극에서 뻗어 나온 방추사에 부착한다.

동원체는 후기 II가 시작하면 분리된다.

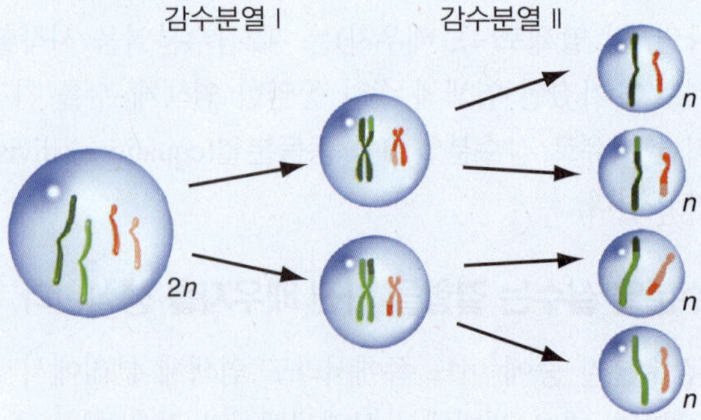

감수분열은 4개의 반수체 세포를 생성한다. 이들은 1개(난자) 혹은 4개(정자) 배우자로 된다. 감수분열은 조합적인 변화를 만들기 때문에 생성된 배우자들은 서로 혹은 원래 모세포와 동일하지 않다.

그림 4.17 감수분열은 어떻게 유전적 다양성에 기여하는가. (a) 비상동염색체들의 독립적인 분리로 생길 수 있는 변이는 유전체에서 염색체 수가 증가할수록 커진다. (b) 상동염색체들 간의 교차는 각 배우자가 유일한 유전적 구성을 가질 수 있도록 보장한다.

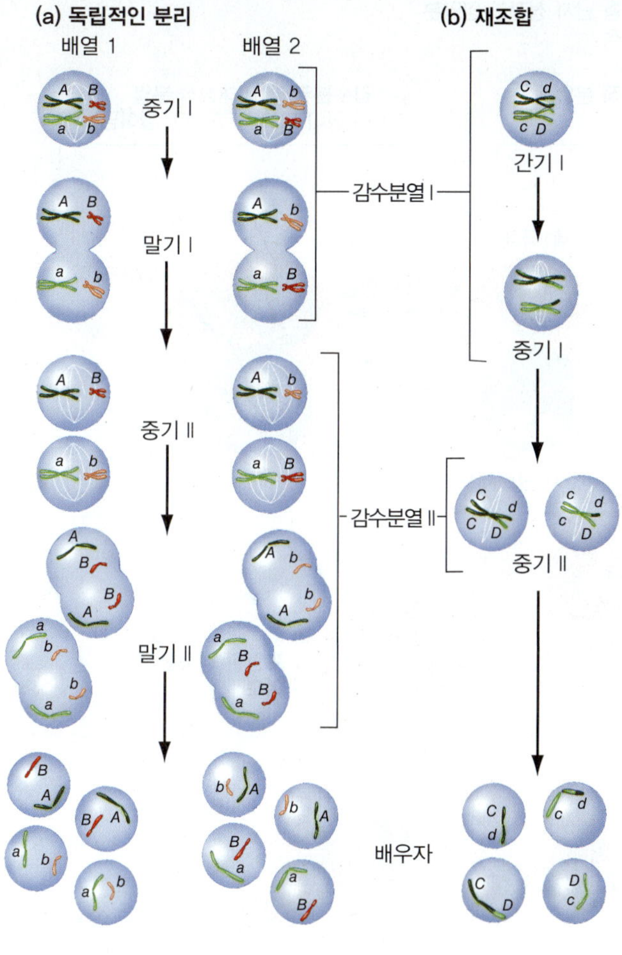

능하게 한다. 또한 유사분열은 식물에서 뿌리, 줄기, 잎 조직을 계속적으로 대체해 주고 있으며, 동물에서 유사분열은 혈액세포, 장 조직, 피부의 재생을 촉진한다.

반면에, 감수분열은 성적으로 생식하는 생물, 즉 반수체 배우자를 생성하는 생식기관에서 일부 특수화된 생식세포에서만 일어난다. 감수분열은 보존적인 기전이 아니다. 오히려, 감수분열로 생기는 광범위한 조합적인 변화는 진화의 원동력으로 작용하는 유전적 변이의 원천이다. 표 4.3에 두 종류 세포분열의 차이점을 나열하였다.

핵심 개념

- 감수분열에서 염색체는 한번만 복제(감수분열 I 이전에)되고, 핵은 두 번 분열한다(감수분열 I, 감수분열 II).
- 제1감수분열 중기동안 상동염색체들은 방추체의 반대 극에 연결된다. 각 상동염색체 쌍들은 독립적으로 배열되기 때문에 각기 다른 염색체에 위치한 유전자들의 독립적인 분리를 보장해 준다.
- 제1감수분열 동안 교차는 후기까지 상동염색체 간의 연결을 유지해 주고 배우자의 유전적 다양성에 기여한다.
- 자매염색분체들은 감수분열 II 동안 서로 분리되기 때문에 배우자는 각 염색체의 한 사본만을 갖게 된다.
- 정자와 난자의 융합인 수정은 접합자로 이배체 염색체 수($2n$)를 복원한다.
- 감수분열 동안의 실수는 염색체가 소실되거나 여분의 염색체를 가진 배우자를 생성하게 한다. 이러한 배우자에 의해 생성된 자손들은 치사하기도 한다.

4.5 배우자 형성

학습목표

1. 사람의 난자형성과 정자형성 과정을 비교한다.
2. 배우자형성 단계별로 사람 여성 및 남성 생식 계통 세포에서 성염색체 조성을 구분한다.

성적으로 생식하는 모든 동물에서, 배아 생식세포(전체를 **생식 계통**[germ line]이라고 함)들은 유사분열을 통해 특수화된 이배체 세포들의 집단을 생성한다. 다른 생물학적 과정과 마찬가지로, 배우자 형성 과정에서도 일반적인 형태에서 벗어난 다양한 변이들이 관찰된다. 일부 종들에서는 감수분열 결과로 생성된 반수체 세포 자체가 배우자로 된다. 반면에 다른 종들에서는 이 세포들이 특정 분화 과정을 거친 후에 비로소 생식세포로서 기능을 얻게 된다. 더욱이 일부 종에서는, 단일 감수분열에서 생성되는 4개의 반수체 모두가 배우자가 되는 것은 아니다. **배우자 형성**(gametogenesis)은 감수분열 자체의 결과는 물론 감수분열 이전 혹은 이후에 일어나는 세포학적 사건들에 의해 특징지어지는 반수체 배우자를 형성한다. 여기서는 사람의 난자 및 정자 형성 과정을 중심으로 배우자 형성 과정을 살펴본다. 다른 종들의 배우자 형성에 대한 내용들은 이 책 전반에 걸쳐 특정 실험적 연구들을 논의하는 과정에서 자세히 살펴본다.

사람에서 난자 형성은 한 개의 1차 난모세포로부터 한 개의 난자를 생성한다

사람의 난자형성 과정의 최종 산물은 크고 영양분을 풍부하게 함유하고 있는 난자이다. 난자에 축적된 영양분은 초기 배를 유지해 준다. **난자 형성**(oogenesis, 그림 4.18)이라고 하는 과정은 난소에서 **난원세포**(oogonia, 단수 oogonium)가 급속하게 유사분열하여 수많은 **1차 난모세포**(primary

그림 4.18 사람에서, 난자 형성은 태아 난소에서 시작되어 감수분열 전기 I에 멈추어 있다. 태아 난소에는 감수분열 I의 복사기 단계에 있는 약 500,000개의 1차 난모세포들이 들어 있다. 월경 주기 동안 방출된 난자가 수정되면 감수분열이 완성된다. 감수분열로 생성된 3개(드물게 4개) 중 1개 세포만이 기능적인 배우자, 즉 난자로 기능을 한다.

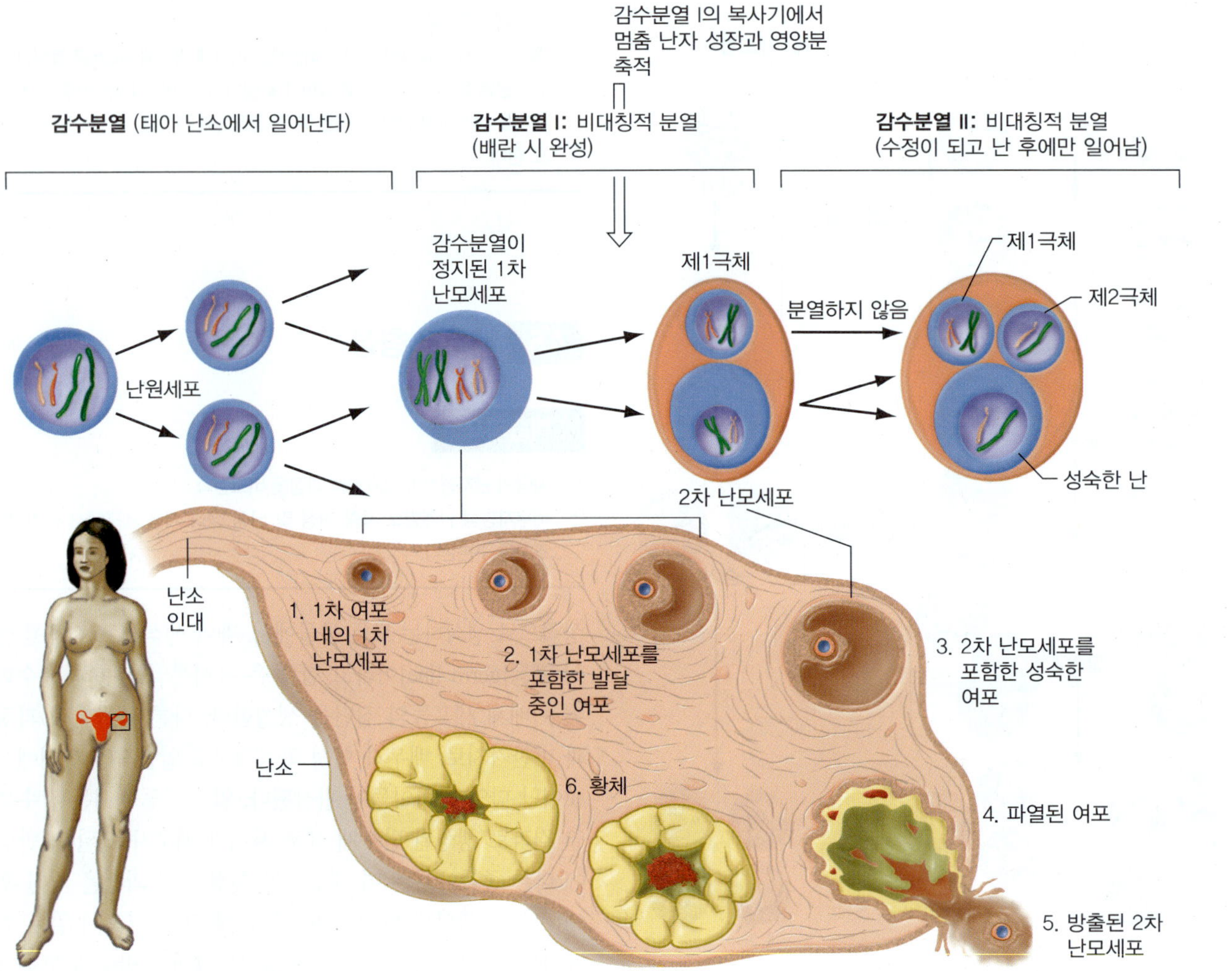

oocyte)를 생성하고, 그 후에 이들이 감수분열로 들어간다.

각 1차 난모세포가 감수분열 I을 진행하면 크기가 다른 두 딸세포를 생성하기 때문에 이 분열은 비대칭적이다. 두 세포 중 큰 세포, 즉 2차 **난모세포**(secondary oocyte)는 세포질의 95% 이상을 물려받는다. 다른 작은 자매세포는 **제1극체**(polar body)라고 한다. 감수분열 II 동안, 2차 난모세포는 다시 비대칭 분열을 수행하여 큰 반수체 **난자**(ovum)와 작은 반수체 제2극체를 생성한다. 그렇지만 제1 극체가 분열하여 두 반수체 극체를 생성하는 경우는 흔하지 않다. 뚜렷한 기능이 없는 2개(혹은 드물게 3개)의 극체들은 붕괴되고, 1개의 큰 반수체 난자만이 기능적인 배우자 역할을 수행한다. 따라서 단일 감수분열에서 생성된 3개(드물게 4개)의 산물들 중 1개만이 여성 배우자 역할을 한다. 정상적인 사람의 난자는 22개 상염색체와 1개의 X 성염색체를 가진다.

난자형성은 태아기에 시작된다. 임신 후 6개월이 지나면, 완전한 태아 난소가 형성된다. 이 난소에는 전기 I 복사기에 멈추어진 상태로 있는 50만 개 정도의 1차 난모세포들이 포함되어 있다. 지난 수십 년 동안, 여성들은 상동염색체들이 접합된 상태로 있는 이 세포들로부터 평생 동안 난자를 생성한다고 알려져 왔다. 그렇다면, 여성 신생아는 평생 동안 배란할 모든 난자를 가지고 태어날 것이다. 놀랍게도 최근의 연구결과는 오랜 기간 동안 유지된 이 설에 대한 의문을 제기하고 있다. 과학자들은 배양접시에서 성체 난소에서 분리한 생식계통 시원세포들을 이용하여 새로운 난자를 만들었다. 그렇지만, 이 난자들이 생존할 수 있는지 혹은 이 생식계통 세포들이 성체에서 난자를 생성하는지에 대해서는 아직까지 알려져 있지 않다.

대부분 여성들은 약 12세가 되는 사춘기부터 약 30~40년

후가 되는 폐경기까지 매달(두 난소가 번갈아 가면서) 1개의 1차 난모세포를 방출한다. 여성들은 생식 가능한 연령까지 약 480개의 난자를 방출하고, 잔여 1차 난모세포들은 폐경기를 거치는 동안 퇴화된다. 배란에서, 방출된 난자는 감수분열 I을 완성한 후 감수분열 II의 중기까지 진행한다. 만약 난자가 정자를 받아들여 수정된다면, 난자는 빠르게 감수분열 II를 완성한다. 정자와 난자의 핵은 융합되어 접합자 핵을 형성한다. 접합자는 유사분열로 분열하여 기능적인 배를 형성한다. 대조적으로, 미수정난은 월경주기의 월경 기간에 체외로 방출된다.

30대, 40대, 50대에 이른 여성들로부터 방출된 난자들은 감수분열이 완성되기 전까지 오랜 시간 간격이 있다. 감수분열을 완성하는 데 걸리는 기간인 산모 나이와 삼염색체성을 포함한 감수분열 실수와 밀접한 상관관계가 있다. 예를 들어, 20대 중반인 산모로부터 21번 삼염색체성 다운증후군을 가진 신생아가 태어날 확률은 0.05% 정도이다. 출산 연령이 높을수록 그 위험률은 급격히 증가하여, 35세는 0.9%, 45세는 3%로 증가한다. 만일 모친이 태어나기 전에 감수분열이 완성되었다면, 산모 나이와 연관된 위험률 증가는 기대하기 어렵다.

사람에서 정자형성은 각 1차 정모세포로부터 4개의 정자를 생성한다

정자의 형성, 혹은 **정자형성**(spermatogenesis, 그림 4.19)은 남성 정소에 있는 **정원세포**(spermatogonia)라고 하는 생식세포로부터 시작된다. 정원세포가 유사분열을 통해 많

그림 4.19 사람의 정자는 사춘기 이후 정소에서 지속적으로 생성된다. 정원세포는 사람 정소 내 세정관의 바깥쪽에 위치한다. 정원세포가 분열하여 1차 정모세포를 생성하면, 연속되는 정자형성 단계, 즉 정모세포의 감수분열과 정세포에서 정자로 성숙되는 과정들은 세정관의 중앙 부위에서 연속적으로 진행된다. 성숙한 정자는 사정을 위해 세정관의 중심 내강으로 방출된다.

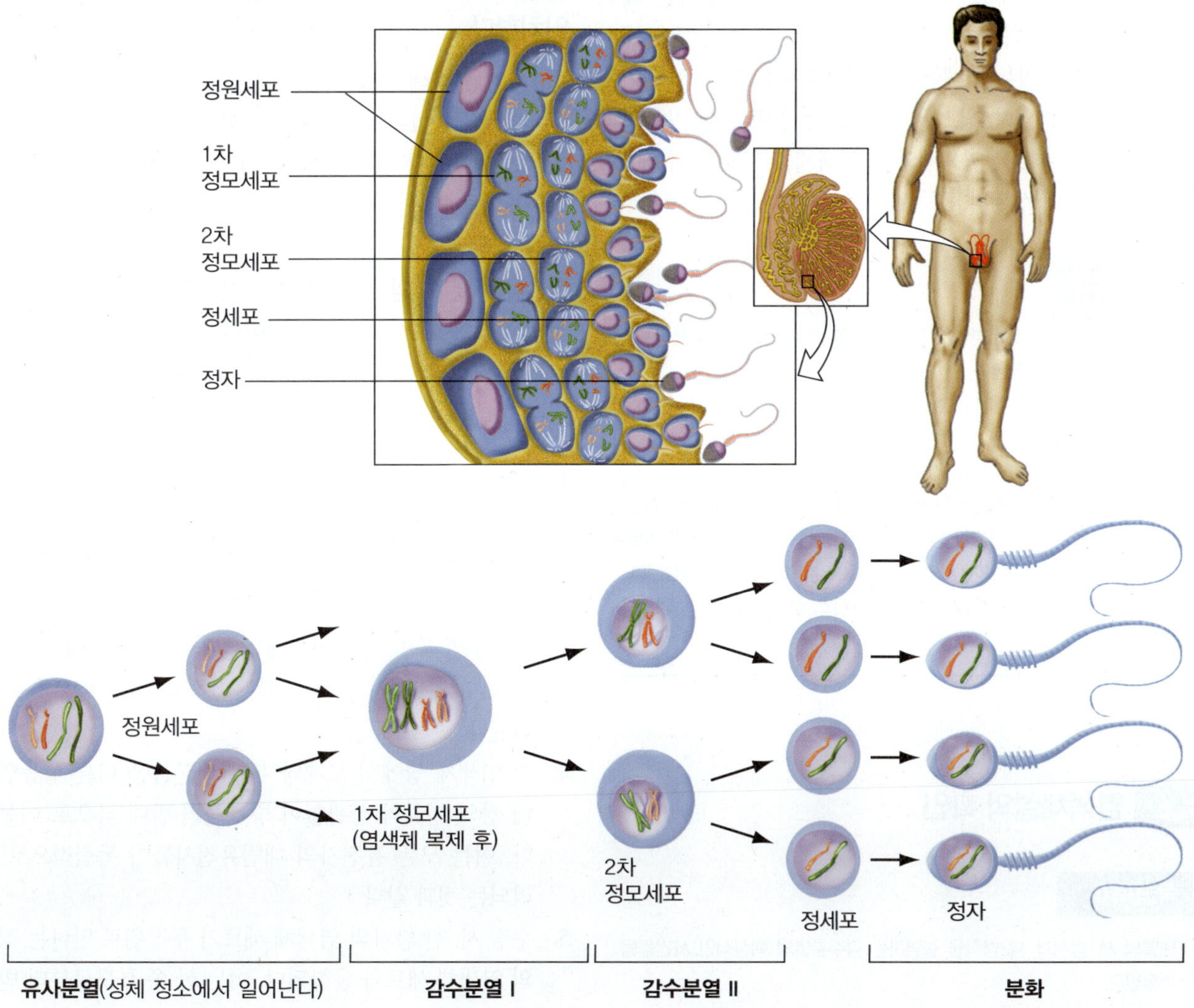

은 이배체 세포, 즉 **1차 정모세포**(primary spermatocyte)들을 생성한다. 1차 난모세포와는 달리, 1차 정모세포는 대칭적인 감수분열 I을 수행하여 2개의 **2차 정모세포**(secondary spermatocyte)들을 생성한다. 2차 정모세포들 각각은 다시 대칭적 감수분열 II를 수행한다. 감수분열이 종결되면, 원래 1차 정모세포는 4개의 동등한 반수체의 **정세포**(spermatid)를 생성한다. 이 정세포들은 독특한 채찍 모양의 꼬리를 발달시키고 머리 부분에는 염색체 물질을 응축하는 과정을 통해 성숙된다. 정세포들은 이러한 성숙과정을 거치고 나면 기능적인 **정자**(sperm)로 전환된다. 사람 정자는 수정될 대상인 난자에 비해 크기가 매우 작으며, 22개 상염색체와 X 혹은 Y 성염색체를 가진다.

정자형성 시기는 근본적으로 난자형성 시기와 다르다. 1차 정모세포가 정세포로 변환되는 감수분열은 사춘기에 도달한 후에 시작된다. 그러나 남성에서 감수분열은 평생 동안 지속된다. 정자형성 전 과정은 48~60일 정도 소요된다; 감수분열 I을 완성하는 데 16~20일, 감수분열 II를 완성하는 데 16~20일, 정세포에서 기능적인 정자로 성장하는 데 16~20일이 소요된다. 사춘기 후 각 정소는 평균 수백만 개 정자가 생성되고 있는 상태에 있다. 한번 사정 시 3억 개 이상의 정자가 방출된다. 남성은 평생 동안 수백억 개 이상의 정자를 생성하는데, X 염색체와 Y 염색체를 지닌 정자들이 거의 같은 수로 생성된다.

핵심 개념

- 이배체 생식세포는 유사분열로 증식한 다음 반수체 배우자를 생성하기 위한 감수분열을 수행한다.
- 여성은 감수분열 I 전기에서 멈춘 난자를 가지고 태어난다. 감수분열은 배란과 함께 재개되지만 수정될 때까지 완성되지 않는다.
- 정자형성은 사춘기부터 시작되어 남성의 생애동안 지속된다.
- 난자형성의 두 감수분열은 모두 비대칭적이다. 이로 인해 하나의 1차 난모세포로부터 하나의 난자가 생성된다. 정자형성의 두 감수분열은 모두 대칭적이기 때문에 하나의 1차 정모세포로부터 4개의 정자가 생성된다.
- 모든 사람의 난자는 하나의 X 염색체를 가지고, 정자는 X 혹은 Y 염색체 중 하나를 가진다.

4.6 염색체설의 확인

학습목표

1. 멘델의 제1법칙과 제2법칙을 설명하는 감수분열의 핵심적인 사건들을 기술한다.
2. 교배결과로부터 성 연관 형질인지 아닌지를 추론한다.
3. 성염색체의 비분리와 관련된 표현형을 예측한다.

지금까지 우리는 유전의 염색체설을 지지해 주는 두 가지 추정적인 증거들을 제시하였다. 첫째, 성적 정체성의 표현형은 독특한 염색체의 유전과 관련이 있다는 것이다. 둘째, 유사분열, 감수분열, 그리고 배우자 형성 과정에서 일어나는 사건들은 세대를 걸쳐 같은 종의 모든 개체의 체세포에 동일한 염색체 수를 유지하도록 해 준다는 것이다; 우리는 생식적 양상이 매우 다르게 나타나는 종들에서조차 이와 같은 유전물질의 안정성이 유지되고 있다고 기대할 수 있다. 염색체설이 최종적으로 받아들여지게 된 것은 다음과 같은 두 가지 핵심사항에 대한 확고한 증거를 제시해 준 연구자들 덕분이다: (1) 유전자의 유전은 확실히 염색체의 유전과 일치한다. (2) 특정 염색체들의 전달 또한 성 결정 이외의 다른 형질들의 유전양상과 일치한다.

멘델의 유전법칙들은 감수분열 동안 염색체의 행동과 일치한다

1902~1903년에 월터 서튼(Walter Sutton)은 독일의 보베리, 뉴욕의 윌슨, 그리고 여러 연구자들이 제시한 이론적 생각과 실험적 결과들을 조합하여 최초로 염색체설을 제안하였다. 1902년에 발표한 논문에서, 서턴은 다음과 같이 제안하였다. "부계와 모계 염색체들의 쌍 형성과 감수분열 동안(이것은 감수분열 I임) 이들이 분리되는 것은 … 멘델의 유전법칙의 물리적 기초를 구성할 것이다". 그는 1903년에 다음과 같은 논거로 염색체가 멘델 유전 단위를 운반한다고 제안하였다.

1. 모든 세포는 각 염색체를 두 사본씩 가진다. 그리고 각 유전자는 두 사본으로 존재한다.
2. 멘델 유전자와 마찬가지로, 염색체 구성은 세대를 통해 부모에서 자식으로 변함없이 전달된다.
3. 감수분열 동안, 상동염색체들은 각 유전자의 대립유전자들이 다른 배우자로 분리되는 것처럼 다른 배우자로 분리된다.
4. 각 염색체 쌍에서 모계와 부계 사본들은 다른 상동염색체 쌍의 분리와 상관없이 방추체의 반대 극으로 이동한다. 이는 모든 유전자의 대립유전자들이 독립적으로 분리되는 것과 같다.
5. 수정 시, 한 난자의 염색체 세트가 무작위로 만나는 정자의 염색체 세트와 융합된다. 이는 한 쪽 부모로부터 받은

표 4.4 유전의 염색체설이 어떻게 멘델의 법칙을 설명하는가

(a) 분리의 법칙

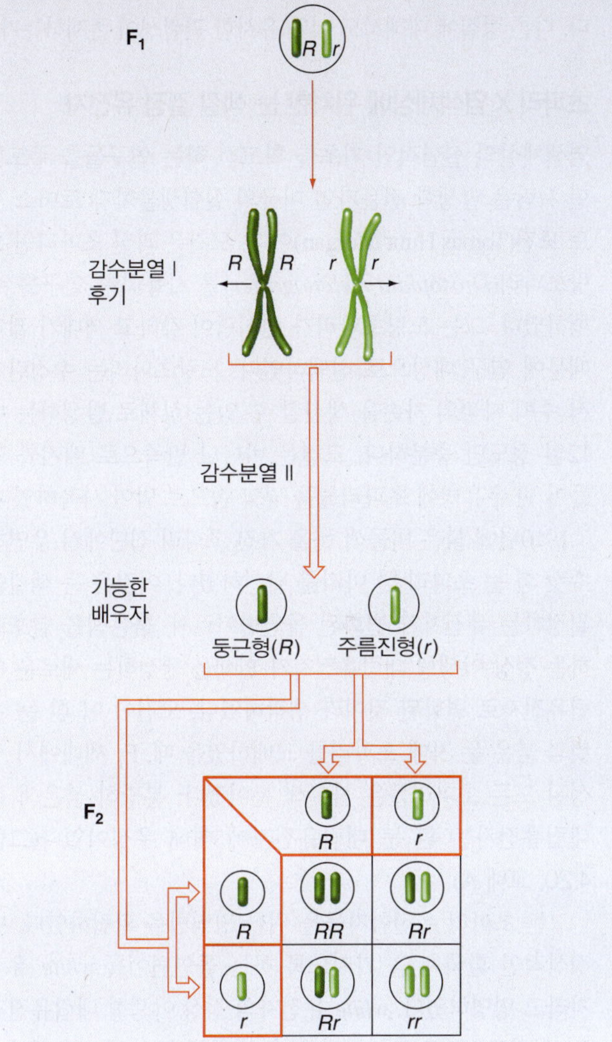

F_1 잡종 식물에서 한 염색체에 둥근형 콩의 대립유전자(*R*)가 있고, 주름진형 콩의 대립유전자(*r*)는 그 상동염색체상에 있다. 감수분열 I 전기 동안 두 상동염색체는 쌍을 형성하고 중기를 거치면서 상동염색체들은 후기 I 동안 방추체의 반대 극으로 분리된다. 감수분열 II가 끝나면, 두 종류의 배우자들이 생성된다. 절반은 *R*을 나머지 절반은 *r*을 가진다. 그러나 두 대립유전자를 동시에 지닌 배우자는 없다. 그러므로 감수분열 I에서 상동염색체들의 분리는 대립유전자의 분리와 일치한다. 퍼네트 사각형에서 보여 주는 것처럼, 50% R과 50% *r* 난자가 동일한 비로 *R*과 *r*을 가진 화분과 수정된다면, F_2 세대에서 멘델의 3:1 비가 생성된다.

(b) 독립의 법칙

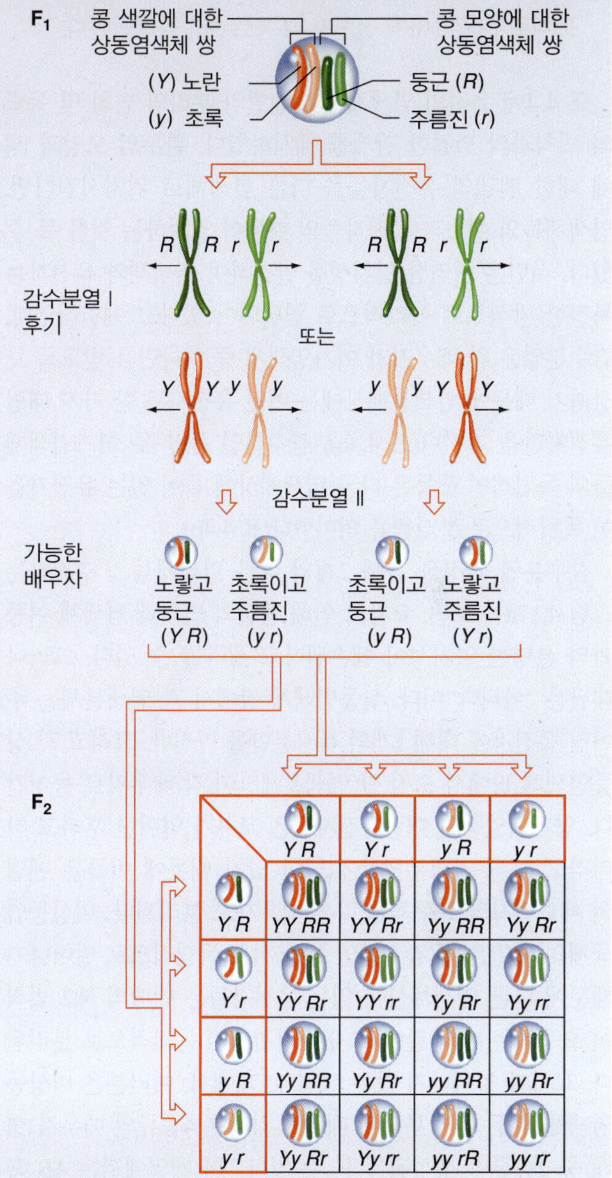

한 쌍의 상동염색체는 종자 모양에 대한 대립유전자(*R*과 *r* 대립유전자)를 가지고 있다. 다른 쌍의 상동염색체들은 콩 색깔에 대한 대립유전자(*Y*와 *y* 대립유전자)를 가지고 있다. 각 상동염색체 쌍은 감수분열 I 동안 중기판에 무작위로, 즉 다른 상동염색체들과는 독립적으로 배열된다. 따라서 특정 두 염색체가 후기 I 동안 동등한 확률로 극으로 이동하는 두 가지 배치가 가능하다. 결과적으로, 양성잡종 개체들은 조사되는 두 형질에 대해 동등한 확률로 4종류의 배우자들을 생성한다. 퍼네트 사각형에서 확인할 수 있는 것처럼, 비상동염색체에 의해 운반되는 형질들이 독립적으로 분리되어 멘델의 9:3:3:1 비를 생성한다.

대립유전자들이 다른 쪽 부모로부터 받은 대립유전자들과 무작위로 합쳐지는 것과 같다.

6. 수정란에서 유래된 모든 세포들에서, 염색체들의 절반은 모계로부터 나머지 절반은 부계로부터 물려받는다.

표 4.4에 유전의 염색체설과 멘델의 분리의 법칙 및 독립의 법칙과의 밀접한 관계를 제시하였다. 완두의 모양과 색에 대한 멘델의 유전자들을 다른 염색체로 위치시킨다면, 염색체들의 행동과 유전자들의 행동이 일치하는 것을 볼 수 있다. 서턴은 이러한 일치성을 발견하여 염색체와 유전자는 특정한 방식으로 물리적으로 연결되어 있다고 제안하였다. 감수분열은 각 배우자가 이가염색체 중 하나만을 받도록 보장하기 때문에 염색분체상에는 어떤 유전자든 한 가지 대립유전자만을 가진다(표 4.4a). 감수분열 동안 두 이가염색체들의 독립적인 행동은 다른 염색체상에 들어 있는 유전자들이 독립적으로 분리됨을 의미한다(표 4.4b).

감수분열 과정을 통해 2개의 다른 염색체들을 추적하는 그림 4.17a를 보면, 교차로 인해 멘델의 법칙과 염색체 이동과의 분명한 일치성이 훼손된다고 생각할 수 있다. 그러나 대답은 "아니다"이다. 상동염색체 쌍에서 각 염색분체는 주어진 유전자에 대해 1개의 복사본만을 가진다. 그리고 각 상동염색체 쌍에서 오직 한 염색분체만이 각 배우자로 들어간다. 양자택일적인 대립유전자들은 교차가 일어난 후라고 하더라도 다른 염색분체상에 남아 있기 때문에 이들은 멘델의 제1 법칙의 요구처럼 다른 배우자로 분리된다. 비상동염색체의 배열은 두 감수분열 동안 서로 독립적으로 일어나기 때문에 다른 염색체상에 있는 유전자들은 멘델의 제2 법칙이 요구하는 바와 같이 교차와 상관없이 독립적으로 분리된다. 교차가 일어나지 않는 그림 4.17a에서, 여러분은 비상동염색체의 두 가지 무작위 배열들 각각은 4종류의 배우자 형태 중 2종류만 생성됨을 볼 수 있다: 한 배열에서는 *AB* 혹은 *ab*, 다른 배열에서는 *Ab* 혹은 *aB*이다. 교차가 일어난다면, 그림 4.17a에서 각 대립유전자들의 배열들은 실제로 모든 배우자 종류들을 생성한다(그림 4.17b의 경우처럼, 4.17a에서 *A*와 *a* 비자매염색분체의 위치를 변화시키는 교차를 상상해 보라). 그러므로 비상동염색체의 무작위적 배열과 교차는 모두 독립적인 분리현상에 기여한다.

특정 형질들은 특정 염색체들과 함께 전달된다

학설의 운명은 학설이 예견되는 바를 확인할 수 있는지에 따라 좌우된다. 유전자가 형질을 결정하기 때문에 염색체가 유전자를 지닌다는 예측은 교배실험으로 확인할 수 있다. 이는 특정 염색체의 전달과 특정 형질의 전달과의 관계를 분석하는 것이다. 세포학자들은 특정 염색체 쌍인 성염색체들이 개체가 남성인지 여성인지 결정한다는 것을 알고 있었다. 다른 형질에 대해서도 이와 유사한 관련성이 존재하는가?

초파리 X 염색체상에 위치한 눈 색깔 결정 유전자

염색체설의 실험적인 기초를 확고히 하는 연구들을 주도했던 사람은 발생학 전문가인 미국의 실험생물학자 토머스 헌트 모건(Tomas Hunt Morgan)이다. 모건은 과실 초파리인 노랑초파리(*Drosophila melanogaster*)를 사용하여 연구를 수행하였다. 그는 노랑초파리가 번식력이 강하고 세대가 짧기 때문에 연구 대상으로 선택하였다. 노랑초파리는 수정란에서 수백 마리의 자손을 생산할 수 있는 성체로 발생하는 데 12일 정도면 충분하다. 모건은 바나나 반죽으로 배지를 만들어 빈 우유병에 초파리들을 넣고 솜으로 막아 사육하였다.

1910년에 붉은 벽돌색 눈을 가진 초파리 집단에서 우연히 수컷 흰 눈 초파리 한 마리를 발견하였다. 이것은 눈 색깔을 결정하는 유전자가 변화된 돌연변이로서, 붉은색을 암호화하는 정상 야생형 대립유전자가 흰색을 생성하는 새로운 대립유전자로 변화된 것이라 생각하였다. 모건이 이 흰 눈 수컷과 붉은 눈 자매 초파리를 교배하였을 때, F_1 세대에서 생성된 모든 초파리들은 붉은색 눈이었다; 분명히 붉은색 눈 대립유전자는 흰 눈 대립유전자에 대해 우성이었다(그림 4.20, 교배 A).

그는 초파리 유전학자들을 위한 명명법을 확립하였다. 비정상적인 흰색 눈을 가지도록 하는 돌연변이를 *white* 유전자라고 명명하였다. *white* 유전자의 정상 야생형 대립유전자는, 약자로 w^+로 표시하며 붉은 벽돌색 눈의 대립유전자이다. 반면에 대응되는 돌연변이체 *w* 대립유전자는 흰색 눈의 표현형을 가진다. 위첨자 +는 야생형을 나타낸다. 유전자 이름과 소문자 약어를 사용함으로써, 모건은 돌연변이 *w* 대립유전자가 야생형 w^+에 열성임을 나타내었다. 만약 돌연변이가 우성 비야생형 표현형을 생성한다면, 유전자 이름 혹은 약자의 첫 문자를 대문자로 표기한다. 막대(*Bar*) 눈으로 알려진 돌연변이는 야생형 Bar^+ 대립유전자에 대해 우성이다.

모건은 계속해서 F_1 세대의 붉은 눈 수컷과 붉은 눈 자매 초파리를 교배하여(그림 4.20, 교배 B), 예측한 대로 F_2 세대에서 3:1의 비로 붉은색 눈과 흰색 눈을 가진 초파리들을 얻을 수 있었다. 그러나 분리 양상이 다소 비틀어져 나타났다: 붉은색 눈 자손들은 수컷 한 마리당 암컷 두 마리 정도였고, 흰색 눈 자손 모두는 수컷이었다. 이 결과는 2장과 3장에서 논의한 멘델 형질들이 두 성에 동등하게 전달되는 양식과는

그림 4.20 초파리에서 눈 색깔을 결정하는 유전자는 X 염색체에 위치한다. 이 교배실험들을 통해 모건은 *white* 대립유전자의 유전을 X-연관으로 설명하였다. 녹색 점선 사각형으로 표시한 교배 A, B, C의 자손들은 연속된 다음 교배에서 부모로 사용된 개체들이다.

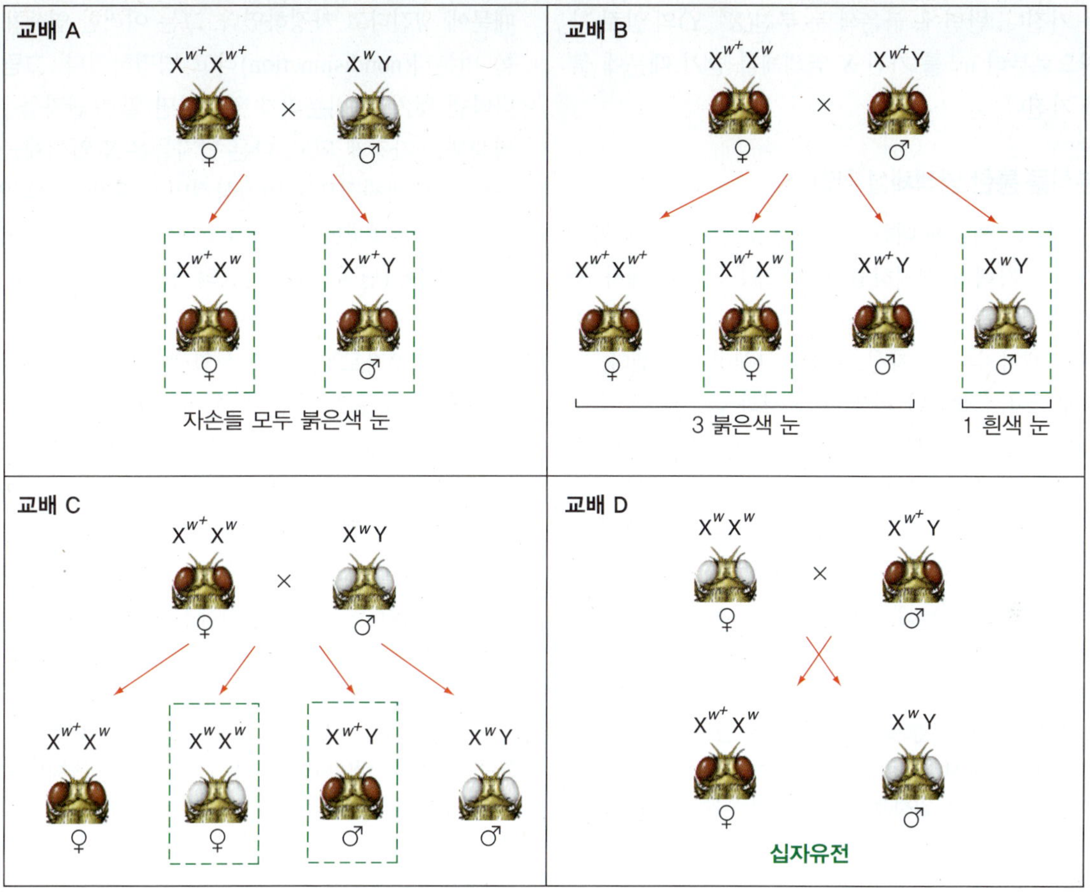

놀랍게도 달랐다. 이 초파리들에서는 표현형 비가 수컷과 암컷에서 다르게 나타났다.

F_2 세대의 붉은색 눈 암컷과 그들의 흰색 눈 수컷을 교배하여(그림 4.20, 교배 C), 모건은 흰색 눈을 가진 암컷 초파리들을 얻을 수 있었다. 이렇게 얻은 흰색 눈 암컷과 붉은색 눈 야생형 수컷과 교배하였다(그림 4.20, 교배 D). 그 결과로 생성된 자손들 중 암컷은 모두 붉은색 눈이었고, 수컷은 모두 흰색 눈이었다. 교배 D에서 보여준 유전양식을 **십자유전**(crisscross inheritance)이라고 한다. 이는 수컷들은 모친을 통해 눈 색깔을 물려받고, 암컷들은 부친을 통해서 눈 색깔을 물려받기 때문이다. 그림 4.20에서 보는 것처럼 상호교배인 붉은색 눈 암컷 × 흰색 눈 수컷(교배 A), 흰색 눈 암컷 × 붉은색 눈 수컷(교배 D)의 결과들이 동일하지 않다. 이러한 결과 또한 멘델의 발견과는 대조적이다.

이러한 결과로부터, 모건은 눈 색깔을 결정하는 *white* 유전자는 **X-연관**(X-linked), 즉 X 염색체상에 존재한다고 결론을 내렸다(유전자와 대립유전자의 기호는 이탤릭체로 쓰고, 염색체의 기호는 그렇지 않음을 명심해야 한다). Y 염색체상에는 눈 색깔을 결정하는 유전자에 대한 대립유전자가 없다. 따라서 수컷은 유전자의 한 복사본만을 가지며, 이 유전자는 모친의 X 염색체를 통해 물려받는다. 수컷의 Y 염색체는 부친으로부터 물려받는다. 그러므로 수컷은 눈 색깔 유전자에 대해 **반접합성**(hemizygous)이다. 이것은 수컷 이배체 세포들은 모친의 2개의 X 염색체에 의해 운반되는 대립유전자 수의 절반만을 가지기 때문이다.

수컷 X 염색체상에 위치한 단일 *white* 유전자가 야생형 w^+ 대립유전자이면, 이 초파리는 붉은색 눈이고 유전자형은 $X^{w^+}Y$로 표시한다(여기서 특정 유전자가 X 염색체에 연관되었다는 것을 강조하기 위하여, 염색체[X 혹은 Y]가 지니고 있는 대립유전자와 함께 표기한다). $X^{w^+}Y$ 수컷과는 대조적으로, X^wY 수컷은 흰색 눈 표현형을 가진다. 두 X 염색체를 가진 암컷은 세 유전자형 중 하나를 가질 것이다: X^wX^w(흰색 눈), $X^wX^{w^+}$(w^+가 w에 대해 우성이기 때문에 붉은색 눈), 혹은 $X^{w^+}X^{w^+}$(붉은색 눈). 그림 4.20에서 보는 것처럼, 눈 색깔 유전자가 X 연관이라는 모건의 가정은 그의 교배실험 결과를 잘 설명해 준다. 예를 들어, 십자유전 현상은 흰색 눈 모친(X^wX^w)의 수컷 자손의 X 염색체는 w 대립유전자만을 가지기 때문에 생기며, 이에 따라 수컷 자손은 흰색 눈을 가진다. 반면에, 붉은색 눈 부친($X^{w^+}Y$)의 암컷 자손은 부친으로부터 w^+를 가진 X 염색체를 받기 때문에 붉은색 눈을 가진다.

비분리 분석을 통한 염색체설 확인

모건의 연구는 눈 색깔에 대한 유전자가 X 염색체상에 위치한다는 가설을 강력히 지지하였지만, 그의 유능한 제자 중 한 명인 칼빈 브리지스(Calvin Bridges)가 또 다른 중요한 증거를 발견할 때까지는 그 자신도 이를 확신하지 못했다. 브리지스는 모건이 수행했던 흰색 눈 암컷과 붉은색 눈 수컷 간의 교배를 대규모로 반복 수행하였다. 기대했던 것처럼, 이 교배에서 생성된 자손들은 대부분 붉은색 눈 암컷과 흰색 눈 수컷 자손들이었다. 그렇지만, 평균 2,000마리의 수컷 중 1마리 정도는 붉은색 눈이었다. 마찬가지로 암컷들 중에서도 같은 빈도로 흰색 눈이 관찰되었다.

브리지스는 이러한 예외적인 사건은 암컷에서 감수분열 동안 X 염색체들이 적절하게 분리되지 못하는 희귀한 실수 때문에 생긴다고 가정하였다. 그는 이러한 염색체 분리실수를 비분리(nondisjunction)라고 명명하였다. 그림 4.21a에 나타낸 것처럼, 비분리가 일어나면 일부 난자들은 2개의 X 염색체를 가지게 되고, 다른 난자들은 X 염색체를 전달받지 못한다. 염색체적으로 비정상적인 난자가 수정되면 4종류의 접합자들을 생성한다: XXY (난자로부터 2 X와 정자로부터 1 Y), XXX (난자로부터 2 X와 정자로부터 1 X), XO (정자로부터 1 X를 받지만 난자로부터 성염색체를 받지 않음), 그리고 OY (정자로부터로만 성염색체를 받음). 브리지스는 그가 수행한 대규모 교배실험에서 생성된 희귀한 흰색 눈 암컷의 성염색체를 조사하여, 이들이 실제로 XXY 개체들임을 발견하였다. 이 개체들은 흰색 눈 X^wX^w 모친으로부터 2개의 X 염색체와 함께 2개의 w 대립유전자를 물려받은 것이 틀림없었다. 대규모 교배로부터 생성된 예외적인 붉은색 눈 수컷은 XO였다: 눈 색깔에서부터 이들은 $X^{w^+}Y$ 부친으

그림 4.21 비분리: 감수분열에서 드문 실수들은 염색체설을 확고히 하는 데 도움을 주었다. (a) XX 암컷에서 드문 비분리현상으로 XX와 O 난자들이 생성된다. 암컷에서 정상적인 분리 결과는 나타내지 않았다. XO 수컷들은 분실된 Y 염색체가 초파리 수컷의 완전한 생식에 필요하기 때문에 생식력이 없다. (b) XXY 암컷에서 3개의 성염색체는 두 가지 방식으로 쌍을 이루어 분리된다. 그 결과 비정상적인 성염색체 구성을 가진 자손들이 생성된다.

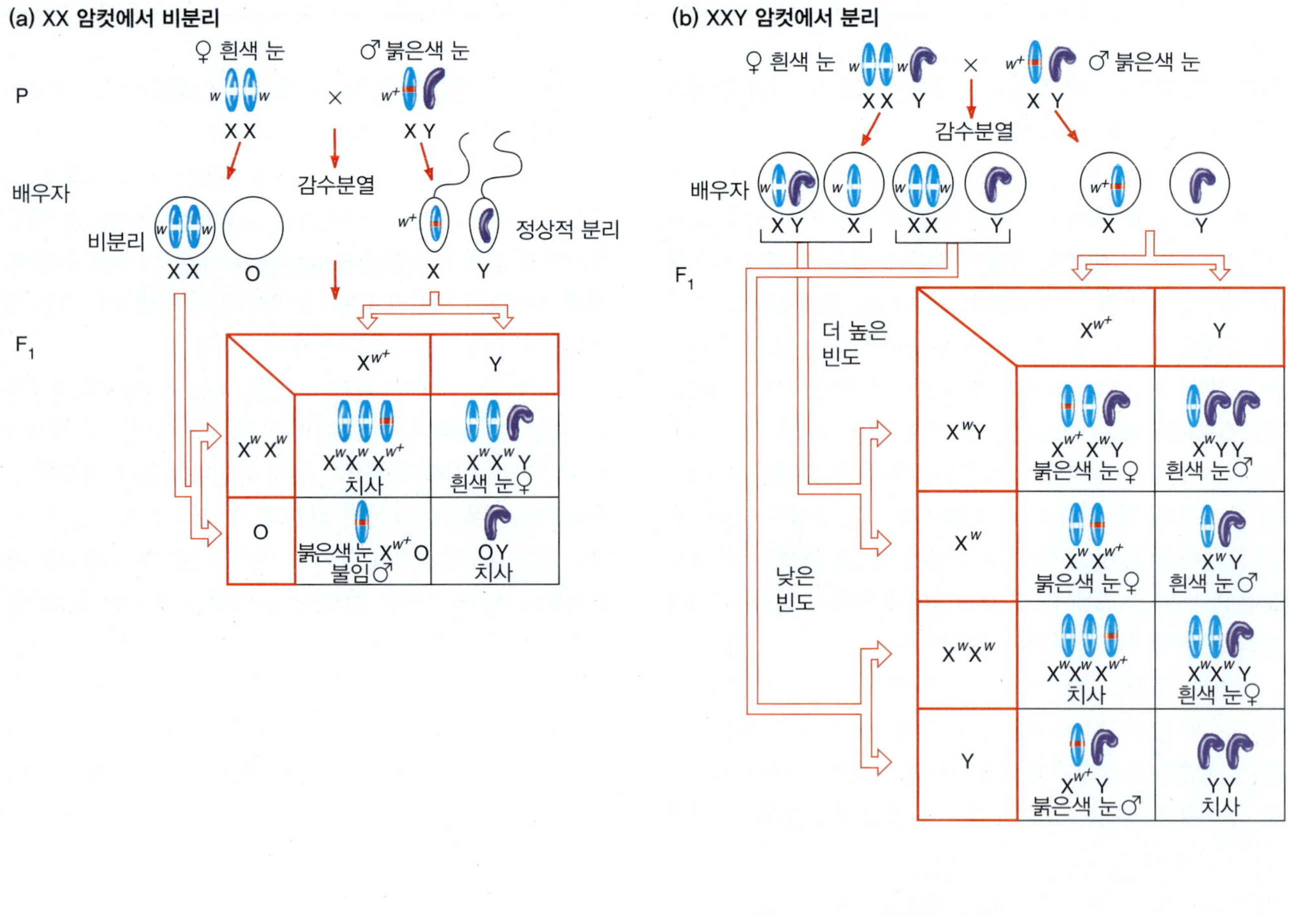

로부터 그들이 가지고 있는 유일한 성염색체를 물려받았을 것임을 알 수 있었다. 이 연구에서 *white* 유전자의 대립유전자들의 전달은 희귀한 감수분열 실수 동안 일어나는 X 염색체의 행동과 일치하였다. 이는 눈 색깔을 결정하는 유전자는 X 염색체에 위치한다는 것을 말해 준다. 이 결과들은 또한 암컷에서 비분리로 기대되는 2개의 또 다른 비정상적인 성염색체 핵형을 가진 접합자(XXX와 OY)들은 배 발생 동안 치사하기 때문에 자손을 생성하지 못한다는 사실도 제시해 주었다.

XXY 흰색 눈 암컷은 정상적인 2개의 성염색체 대신에 3개의 성염색체를 가지기 때문에 브리지스는 4종류의 난자를 생성할 것이라고 생각하였다: XY와 X 혹은 XX와 Y (그림 4.21b). 감수분열 동안 세 염색체가 쌍을 이루고 분리될 때, 두 염색체는 한 쪽 극으로 이동하고 다른 한 염색체는 반대 극으로 이동해야 한다는 것을 상기하면서 이 4종류의 난자형성을 상상할 수 있다. 이러한 분리로 얻을 수 있는 결과는 오직 두 가지다: 하나의 X와 Y가 한쪽 극으로 가고 다른 X는 다른 극으로 간다(XY와 X 배우자 형성), 혹은 두 X가 한쪽 극으로 가고 Y가 반대 쪽 극으로 간다(XX와 Y 배우자 형성). 두 시나리오 중 첫 번째가 더 빈번하게 일어난다. 이는 두 상동 X 염색체들은 쉽게 서로 쌍을 이루어 제1감수분열 동안 반대 극으로 이동할 확률이 높기 때문이다. 두 번째 시나리오는 두 X 염색체들이 쌍을 이루지 못한 경우에만 일어나기 때문에 그 가능성은 매우 낮다.

연이어서 브리지스는 XXY 암컷에서 생성된 4종류의 난자들을 정상 정자와 수정시키면 자손에서 특정한 눈 색깔 표현형과 관련된 성염색체 핵형들을 정리할 수 있다고 예견하였다. 브리지스는 수많은 자손들의 눈 색깔과 성염색체를 분석함으로써 그의 예견들이 옳다는 것을 증명하였다. 예를 들어, 그림 4.21b의 교배에서 생성된 흰색 눈 암컷들 모두는 2개의 X 염색체와 1개의 Y 염색체를 가지고 있었다. 반면에, 흰색 눈 수컷들 중 절반은 1개의 X 염색체와 2개의 Y 염색체를 가지고 있었다. 브리지스가 공들여서 이룩한 관찰들은 특정 유전자들이 특정 염색체상에 실제적으로 존재한다는 명백한 증거를 제공하였다.

염색체설은 유전자 행동의 여러 양상들을 수렴해 준다

멘델은 유전자들이 세포에 위치한다고 가정하였다. 염색체설은 유전자를 세포 내의 특정한 구조로 위치시켰고, 양자택일적인 대립유전자를 물리적으로 대응되는 상동염색체로 설명하였다. 이런 방법으로 염색체설은 멘델의 법칙을 설명할 수 있었다. 감수분열의 기전은 상동염색체의 쌍이 서로 다른 배우자로 분리되도록 보장해 주며(드물게 비분리현상도 나타나지만), 멘델의 제1법칙에 의해 예견되는 대립유전자의 분리를 잘 설명해 준다. 각 상동염색체 쌍은 감수분열 I에서 서로 독립적으로 배열하기 때문에 다른 염색체상에 있는 대립유전자들은 멘델의 제2법칙의 예견처럼 독립적으로 분리된다.

염색체설은 또한 돌연변이, 즉 특정 유전자의 자연발생적 변화에 의한 새로운 대립유전자의 생성도 설명해 준다. 생식세포 계통에서 돌연변이가 일어났다면, 돌연변이는 다음 세대로 전달된다.

마지막으로, 다세포 생물의 모든 세포들은 배아와 출생 후에 일어나는 유사분열을 통해 동일한 염색체를 물려받는다. 수정 시 난자와 정자로부터 물려받은 접합자로서 모든 세포들은 각 유전자에 대해 동일한 모계 대립유전자와 부계 대립유전자를 가진다. 이러한 방식으로, 한 개체의 유전체(개체가 가진 염색체들과 유전자)는 평생에 걸쳐 일정하게 유지된다.

핵심 개념

- 감수분열 I에서 상동염색체가 딸세포로 분리되는 양상은 멘델의 제1법칙을 설명한다.
- 감수분열 I 동안 일어나는 상동염색체들 간의 무작위적 배열과 비자매염색분체 간의 교차는 멘델의 제2법칙을 설명한다.
- XX/XY 성 결정 기작을 가진 생물에서, 남성은 X-연관 유전자들에 대해 반접합성이지만, 여성은 2개의 사본을 가진다.

4.7 사람에서 성 연관과 성적 이형 형질

학습목표

1. 가계도 분석으로 사람 형질이 X-연관인지 상염색체성인지를 결정한다.
2. 사람 세포의 XX 및 XY 핵에서 어떻게 X-연관 유전자양의 차이를 보정하는지 설명한다.

녹색과 적색을 구분하지 못하는 사람은 정원의 꽃들 중에서 미세한 변이를 가진 녹색 잎들과 담홍색, 진홍색, 자홍색 꽃들을 구별할 수 없다. 혹은 적색으로 피복된 금속 줄과 녹색으로 피복된 금속 줄을 붙들어 매는 복잡한 전기 회선 작업을 수행할 수 없다. 이런 사람은 적록색맹의 한 형태를 물려받았다. 적록색맹은 가족 내에서 열성 형질로 유전되며 남성에서 더 높게 발현된다. 북미와 유럽의 백인들 중에, 남성들의 8%, 여성들의 0.44% 정도가 이 시각장애를 가지고 있다. 그림 4.22는 적록색맹인 사람과 정상인에게 실제 보이는 현상을 비교하였다.

1911년에 유전의 염색체설을 확립하는 데 공헌한 윌슨(E. B. Wilson)은 색맹 연구와 당시까지 밝혀진 X와 Y 염색체에 의한 성 결정 기전을 조합하여, 최초로 사람의 유전자를 특정 염색체로 할당하였다. 윌슨은 적록색맹은 외할아버지로부터 정상시력인 보인자 어머니를 통해 거의 50% 손자들로 전달되기 때문에 그 형질을 지배하는 유전자는 X 염색체상에 있다고 하였다.

윌슨이 적록색맹 유전자를 X 염색체에 할당한 지 수십 년 이후에, 가계도 분석을 통해 여러 형태의 혈우병, 혹은 "출혈성 질환" (피가 적절히 응고되지 않음)들 또한 X 염색체상의 돌연변이에 기인한다고 밝혀졌다. 혈우병은 드물게 관찰되는 열성 형질이다. 여기에서 드물다는 것은 집단에서 흔하지 않음을 의미한다. 영국 빅토리아 여왕의 자손(그림 4.23a)들을 포함하여 가족력을 정밀히 분석하면, 상대적으로 드문 X-연관 형질들은 여성보다는 남성에서 더 빈번하게 관찰되고 세대를 건너 관찰되기도 한다. X-연관 열성 유전임을 제시해 주는 특징들을 표 4.5에 요약하였다.

그림 4.22 사람에서 적록색맹은 X-연관 열성 형질이다. 정상 시각인 사람(위쪽)과 제2색맹이라는 적록색맹을 가진 사람(아래 쪽)들이 보는 지구의 모습을 제시하였다.

매우 드문 경우지만 X 염색체상에 위치한 돌연변이들이 색맹과 혈우병 형질과는 달리, 야생형 대립유전자에 대해 우성인 경우도 있다. 우성 X-연관 돌연변이인 경우는 남성에서보다 여성에서 더 많은 비정상적인 표현형을 관찰할 수 있다. 이는 질환자 아버지의 딸들 모두가 질환자이지만, 아들은 질환을 가지지 않으며 질환자 어머니의 아들들 절반과 딸들 절반이 질환을 가지고 있기 때문이다. 따라서 여성에서 더 많은 표현형이 나타나게 된다(표 4.5 참조). 비타민 D-저항성 구루병, 혹은 저인산혈증은 X-연관 우성 형질의 한 예이다. 그림 4.23b는 구루병 환자의 가계도이다.

XX 여성에서, 한 X 염색체는 불활성화된다

사람에서 XX와 XY 성 결정 체계는 **유전자량 보정**(dosage compensation)으로 해결되는 기묘한 문제를 보여준다. 앞에서 언급한 것처럼, X 염색체는 약 1,100개의 유전자들을 포함하고 있고, 이들이 암호화하는 단백질들은 남성과 여성 세포에서 동등한 양으로 존재해야 한다. 각 X-연관 유전자에 대해 두 사본을 가진 여성 세포와 하나의 X 염색체만을

그림 4.23 X-연관 형질들은 열성 혹은 우성이다. (a) 빅토리아 여왕 가계에서 X-연관 형질인 혈우병의 유전을 보여주는 가계도. (b) 비타민 D-저항성 구루병으로 알려진 X-연관 저인산혈증의 유전양상을 보여주는 가계도.

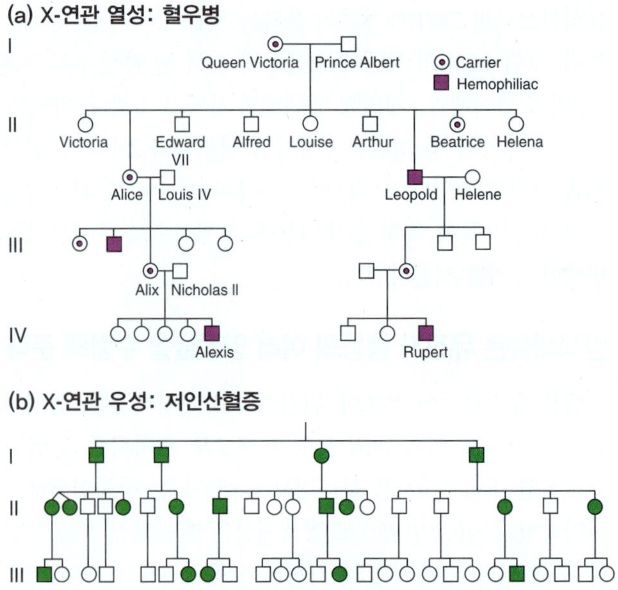

표 4.5	성 연관 유전임을 보여주는 가계도 양상
X-연관 열성 형질	
1.	형질이 여성보다 남성에서 더 빈번하게 나타난다. 여성이 그 표현형을 나타내기 위해서는 2사본의 희귀한 결함 대립유전자를 물려받아야 하지만, 한 사본만을 가진 반접합성 남성은 형질이 그대로 나타나기 때문이다.
2.	돌연변이는 아버지에서 아들로 물려지지 않는다. 이는 아들은 아버지로부터는 Y 염색체만을 물려받기 때문이다.
3.	질환자 아버지는 그의 모든 딸에게 X-연관 돌연변이를 물려주고 딸들은 표현형이 정상인 보인자가 된다. 그리고 보인자 어머니의 아들의 절반은 결함 대립유전자를 물려받아 형질을 나타낸다.
4.	형질은 세대를 건너 뛸 수 있다. 이는 돌연변이가 할아버지에서 보인자 어머니를 통해 손자로 전달되기 때문이다.
5.	질환자 남성의 누이가 보인자일 때는 그 형질이 다음 세대에서 출현한다. 누이인 경우는 그녀의 아들들 중 절반은 질환자이다.
6.	드물지만 여성이 질환자인 경우, 그녀의 모든 아들은 질환자이고, 모든 딸은 보인자이다.
X-연관 우성 형질	
1.	남성보다 여성에서 더 높은 빈도로 비정상 형질이 출현한다.
2.	형질이 우성이기 때문에 세대마다 출현한다.
3.	질환자 남성의 모든 딸들은 질환자이고, 아들은 질환자가 아니다. 이 특성은 X-연관 우성 형질과 상염색체 우성 형질을 구분하는 데 가장 유용하다.
4.	질환자 여성의 아들들 중 절반, 딸들 중 절반은 질환을 가진다.
5.	불완전 우성 X-연관 형질들의 경우에는, 보인자 여성은 결함 대립유전자를 가진 남성보다 다소 경미한 표현형을 나타낸다.
Y-연관 형질	
1.	형질은 남성에서만 출현한다.
2.	질환자 남성의 모든 남성 자손들은 질환을 가진다.
3.	여성은 질환을 가지지 않을 뿐 아니라 질환을 전달하지도 않는다.

가진 남성세포를 보정하기 위해, XX 세포들은 두 X 염색체 중 하나를 불활성화시킨다. 불활성화된 X 염색체상의 대부분의 유전자들은 전사되지 않기 때문에 유전자 산물을 생성하지 않는다. XX 사람 배아가 500~1,000세포가 되는 수정 2주 후에 각 세포에서 무작위로 하나의 X 염색체를 선택하여 바소체(Barr body)라고 하는 구조로 응축하여 X 염색체 하나를 불활성화시킨다. 바소체는 처음 발견한 세포학자 머레이 바(Murray Barr)의 이름을 따서 명명되었고, 간기 세포의 DNA를 염색하여 광학현미경으로 관찰하면 작고 어두운 염색체로 보이는 바소체를 볼 수 있다(그림 4.24).

그림 4.24 XX 세포 핵에서 바소체는 진하게 염색된 입자로 보인다. 화살표는 DNA 염색시약으로 처리한 XX 세포 핵의 바소체를 가리킨다. 이 역전 영상에서 바소체는 밝은 흰색으로 보인다. 다른 염색체와 마찬가지로, 바소체는 핵막에 부착되어 있다. XY 세포는 바소체가 없다.

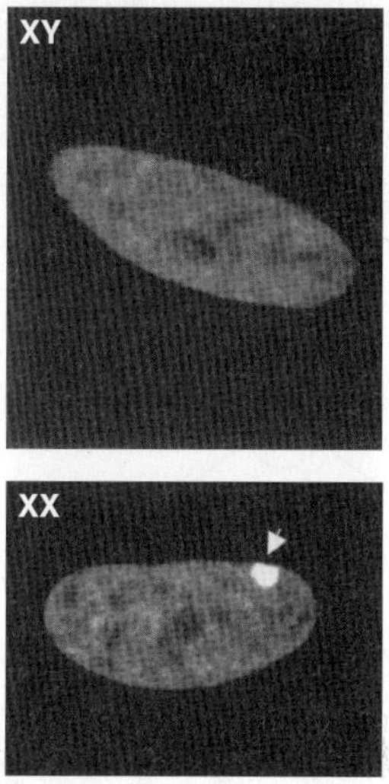

각 배아세포는 독립적으로 한 X 염색체를 불활성화시킨다. 부계 유래 X 염색체 혹은 모계 유래 X 염색체 둘 중에서 일단 결정이 된 후에는 그 불활성화 양상은 집단적으로 영속되기 때문에 특정 배아세포로부터 유사분열한 수백만 개 세포들 모두에서 동일한 X 염색체가 바소체로 응축된다(그림 4.25a). 따라서 여성의 세포들은 모자이크로, 일부 세포들은 모계 유래 활성 X 염색체를 가지고, 다른 세포들은 부계 유래 활성 X 염색체를 가진다(그림 4.25b).

X 염색체 불활성화(X chromosome inactivation) 현상은 X-연관 유전자에 의해 조절되는 형질들에 대해 흥미로운 영향을 미친다. X-연관 유전자에 대해 이형접합자인 여성들에서는, 유전자 기능에 대해 그들의 신체 일부는 한 대립유전자에 대해 반접합성 효과를 가지며, 또 다른 부분은 다른 대립유전자에 대해 반접합성이다. 더욱이 어떤 신체부분이 기능적으로 어느 대립유전자에 대해 반접합성인지는 무작위적이다: 심지어는 모든 유전자에서 동일한 대립유전자를 가진 동일한 쌍생아들도 X 염색체 불활성 양상이 다르게 나타난다. 그림 4.25b에 보여주는 것처럼, X-연관 열성 형질인 건성표피박리증(anhydrotic epidermal dysplasia)에 대해 이형접합자인 여성들의 피부는 정상 피부 부분과 땀샘이 결핍된 피부 부분들을 동시에 가진다: 피부 조각의 표현형은 어떤 X 염색체가 불활성화되었는지에 따라 결정된다. 각 피부 조각은 단일 배아세포에서 유래한 하나의 피부세포 클론이기 때문에 이 세포들은 동일한 X 염색체가 불활성화되어

그림 4.25. 여성의 X-연관 유전자는 X 염색체 유전자량 보정 현상 때문에 모자이크처럼 발현된다. (a) 배발생 초기에 각 XX 세포들은 무작위로 한 X 염색체를 선택하여 바소체로 응축시킨다(검은색 타원). 각 세포로부터 유래된 모든 자손세포들은 모세포와 똑같은 X 염색체를 바소체로 유지한다. X^M = 모계 X 염색체, X^P = 부계 X 염색체. (b) 여성은 부계 혹은 모계 X 염색체가 불활성화된 세포들로 구성된 조각들을 가진다. 이 그림은 땀샘 발달을 저해하는 건성표피박리증 열성 대립유전자에 대해 이형접합자(*Dd*)인 쌍둥이를 보여준다. 파란색 피부조각에서는 야생형 대립유전자(*D*)가 불활성화되었기 때문에 땀샘이 존재하지 않는다.

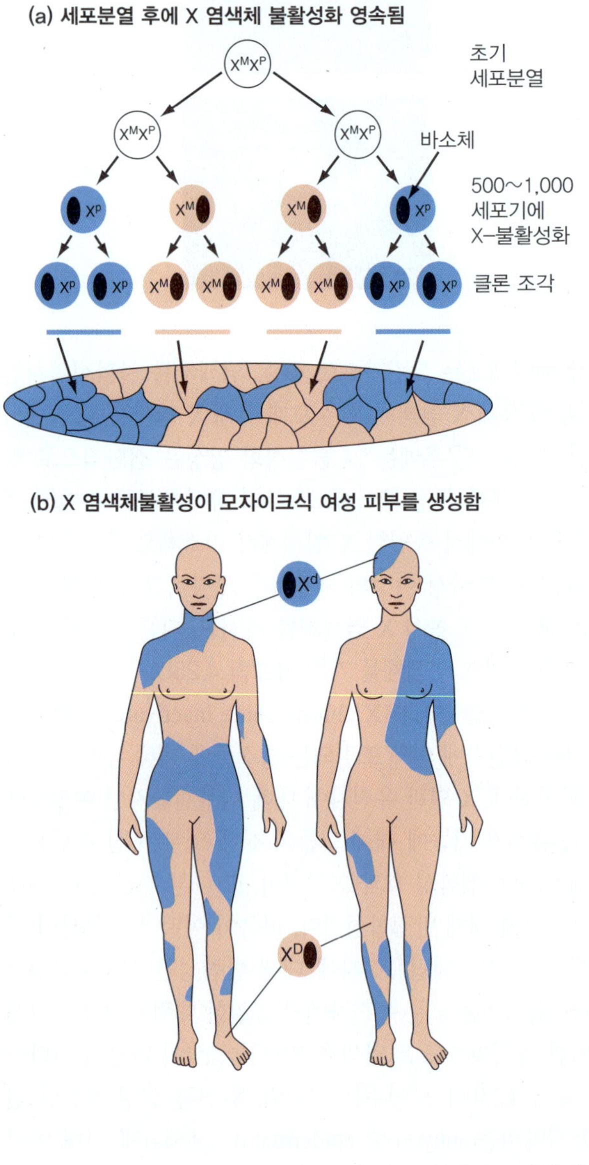

있다. 두 번째 예로서, X-연관 열성 혈우병 대립유전자에 대해 이형접합자인 여성들을 질환 유전자의 보인자라고 한다. 그러나 보인자들이 혈우병 증상을 나타내기도 한다. 증상의 정도는 질환 대립유전자가 불활성화된 세포와 정상 대립유전자가 불활성화된 세포들이 어떤 양상으로 분포하고 있는지에 따라 좌우된다. 3장에서 기회적인 사건이 어떻게 유전자를 통해 표현형에 영향을 주도록 작용하는지에 대해 살펴보았다; X 염색체 불활성화는 그러한 사건의 완벽한 예이다.

X 염색체 양 말단의 위상염색체 부위(PARs)는 Y 염색체 말단에 존재하는 유전자들을 포함하고 있다는 것을 상기하라(그림 4.8 참조). 이 유전자들의 양을 보정하기 위해서 XX와 XY 세포들에서 바소체 X 염색체상에 있는 PAR 유전자들은 불활성화되지 않는다. 이러한 유전자량 보정의 특성은 적어도 부분적으로 XXY 남성(클라인펠터증후군)과 XO 여성(터너증후군)이 왜 비정상적인 표현형적 특성을 나타내는지를 설명해 준다. XXY 남성에서 두 X 염색체 중 하나는 바소체로 되지만, 클라인펠터 남성은 PAR 부위의 유전자들에 대해서는 3배(정상 2배) 양을 가진다. XO 세포에 들어 있는 단일 X 염색체는 바소체로 되지는 않지만, 이 세포들은 PAR 유전자들에 대해서는 1배 양만(XX 여성은 2배)을 가지게 된다.

X 염색체 불활성화는 포유류에 공통적인 현상으로, 11장에서 이 과정의 분자적인 기전을 살펴 볼 것이다. 그렇지만 다른 생물에서는 성염색체의 차이를 다른 방식으로 보정한다는 사실을 아는 것도 중요하다. 예를 들어, 초파리의 XY 세포(수컷)는 단일 X 염색체를 과활성화시킴으로써 수컷 X 염색체상의 유전자들은 암컷의 각 X 염색체에서 발현하는 단백질 양의 두 배를 발현한다. 대조적으로 선충류인 예쁜꼬마선충의 XO 수컷은 단일 X 염색체만을 가지기 때문에 XX 자웅동체는 두 X 염색체상의 유전자 활성을 XO 수컷 수준으로 서서히 낮춘다.

남성과 남성 생식력은 사람에서 Y-연관 형질들로 알려진 유일한 형질들이다

이론적으로, Y 염색체상의 돌연변이에 기인하는 표현형들 또한 가계도 분석으로 동정할 수 있다. Y 염색체 연관 형질들은 질환자 아버지로부터 모든 아들들에게, 그리고 이들로부터 모든 남성 자손들에게 전달된다. 여성들은 Y-연관 표현형을 발현하지도 않고, 전달하지도 않는다(표 4.5 참조). 그렇지만, 남성 자체를 결정하는 역할, 그리고 정자형성에 필요한 생식력을 부여하는 역할 이외에는 아직까지 분명한 Y-연관 형질은 알려진 바 없다. 사람에서 알려진 Y-연관 형질들은 매우 드물다. 상대적으로 작은 Y 염색체상에는 소수의 유전자들이 존재한다고 알려져 있다. 실제로 정상 XX 여성은 Y 염색체가 없어도 생존하는 데 문제가 없다. 따라서 Y 염색체가 표현형에 큰 영향을 미치지 않는다는 것을 알 수 있다.

상염색체 유전자들이 성적 이형에 기여한다

성적 이형(두 성에서의 차이)을 나타내는 모든 유전자들이 X 혹은 Y 염색체상에만 있는 것은 아니다. 일부 상염색체에 위치한 유전자들이 한 성에서는 발현되고 다른 성에서는 발현되지 않도록 하는 형질들, 혹은 두 성에서 차등적으로 발현되는 형질들을 조절한다.

한성 형질(sex-limited traits)은 한쪽 성에는 존재하지만 다른 성에는 없는 구조 혹은 과정에 영향을 미친다. 한성 형질을 지배하는 유전자들의 돌연변이들은 그 구조 혹은 과정이 발현되는 성에 한정하여 그 영향을 미친다. 초파리에서 *stuck*이라 알려진 상염색체 열성 돌연변이에 대해 동형접합자인 수컷에서 흥미로운 한성 형질이 발견되었다. 이 돌연변이 수컷은 교미를 하는 동안 여성 생식기에 성기를 유지토록 하는 데 필요한 과정인, 성기를 끌어 넣어 걸쇠를 방출하는 능력에 결함을 보인다. 돌연변이 수컷은 교미 후에 암컷에서 쉽게 떨어지지 못한다. 심한 경우는 두 개체는 서로 영원히 포옹한 채 죽고 만다. 암컷은 성기와 걸쇠가 없기 때문에 동형접합자 *stuck* 돌연변이 암컷은 정상적으로 교미할 수 있다.

종성 형질(sex-influenced traits)은 두 성 모두에서 발현된다. 그러나 성에 따라 호르몬이 다르기 때문에 그 형질발현은 두 성에서 다르게 나타난다. 사람에서 젊은 나이에 머리 중앙(측면 쪽이 아닌)에서부터 탈모가 일어나는 남성형 대머리는 한성 형질이다(그림 4.26). 남성형 대머리는 여러 유전자들이 관여하는 복합형질이지만, 일부 가족을 조사하였더니 하나의 상염색체성 유전자가 중요한 역할을 한다는 것을 보여 주었다. 대머리 대립유전자에 이형접합자인 가족 내 남성들은 20대에 머리털이 없어졌지만, 이형접합자 여성들은 머리털이 전혀 빠지지 않았다. 대조적으로, 두 성에서 동형접합자들은 양쪽 성 모두 대머리로 된다(동협접합자 여성이 동형접합자 남성보다 더 늦게 대머리로 되지만). 따라서 이 종성형질은 남성에서는 우성이고 여성에서는 열성이다.

그림 4.26 남성형 대머리, 종성 형질. (a) 미합중국 2대 대통령, 존 아담스(John Adams, 1735~1826)의 60세 때의 모습. (b) 미합중국 6대 대통령인 존 아담스의 아들, 존 퀸시 아담스(John Quincy Adams, 1767~1848)의 60세 때의 모습. 아버지에서 아들로 전달되는 유전양식은 아담스 가족의 남성형 대머리 형질이 상염색체상에 위치한 대립유전자에 의해 결정된다는 것을 암시한다.

(a) (b)

성 결정 경로 유전자들의 돌연변이들은 간성적 질환을 유발할 수 있다

여러분들은 앞에서 Y 염색체에 있는 *SRY* 유전자가 배발생에서 정소 초기발생을 개시하기 때문에 *SRY*가 남성을 결정하는 핵심인자라는 내용을 살펴보았다. 그러나 많은 유전자 기능들이 정소발달 혹은 생식기관이 적절하게 발생하기 위한 후속과정들에 필요하다. 특히, 이 과정들은 정소에서 생성되는 호르몬에 의존적이다. 이러한 유전자들 중 일부는 상염색체상에 있고, 나머지는 X-연관 유전자들이다. 어떠한 경우든 이 유전자들 중 특정 유전자의 돌연변이 대립유전자를 가진 XY 개체들은 비정상적인 간성적 표현형을 나타낼 수 있다.

중요한 한 예로서, 안드로겐 수용체를 암호화하는 X-연관 *AR* 유전자의 기능손실 돌연변이 대립유전자를 가진 XY 사람은 완전 안드로겐불감성증후군(complete androgen insensitivity syndrome, CAIS)으로 알려진 질환을 가진다. 이 XY 개체의 정소는 호르몬인 테스토스테론을 합성하지만, 호르몬이 결합하는 수용체가 없기 때문에 테스토스테론 효과가 나타나지 않는다. 안드로겐 수용체가 없는 이런 사람들에서는 남성 생식기(음경과 음낭)는 물론 남성 내부관계(수정관, 저정낭, 사정관)도 발달하지 않는다; 대신에 이들의 내부생식기는 아무 신호가 없는 상태인 여성(음순과 음핵)으로 발달한다. 그렇지만, 정소는 여성 내부 생식관계(나팔관, 자궁, 질)의 발생을 저해하는 다른 호르몬은 분비한다. 이로 인해 CAIS를 가진 사람은 외부적으로 여성이지만, 어느 성의 내부생식기도 존재하지 않기 때문에 불임이다.

핵심 개념

- 성 연관(X-연관) 형질은 성 특이적 유전양상을 보인다. 이것은 아들은 아버지로부터 Y 염색체를 물려받고 딸은 항상 아버지로부터 한 X 염색체를 물려받기 때문이다.
- XX 세포에서 부계 혹은 모계 X 염색체 중 하나가 무작위로 불활성화되기 때문에 웅성과 자성 포유류 세포는 대부분 X-연관 유전자들에 의해 암호화되는 단백질량을 동등하게 유지한다.
- 상염색체성이거나 X-연관에 관계없이 유전자 돌연변이들은 남성과 여성에서 다른 효과를 나타낼 수 있다.

다음 학습을 위한 안내

종합하면 초파리 학파라고 일컫는 모건(Morgan)과 그 제자들은, 멘델 유전학이 염색체와 상관없이 존재할 수 있음을 인식하였다. 그러면, 왜 염색체를 끌어들였는가? 라고 질문할 수 있다. 이에 대한 대답은 첫째로 염색체는 멘델의 법칙이 필요로 하는 기전을 수행하도록 잘 갖추어져 있기 때문이고, 둘째로 염색체들은 멘델의 요소들을 지닌 운반체임을 분명하게 말해 주는 충분한 양의 정보들을 간직하고 있기 때문이다. 이러한 대답은 어리석게 눈을 감고 전매특허를 주는 것과 같다. 더욱이, 우리는 생물학도로서 수학적 수식보다는 오히려 세포, 난자, 정자에 관한 문제로서 유전학에 대한 관심을 가지고 있다.

초파리 학파는 흰색 눈 이외에도 여러 X-연관 돌연변이들을 발견하려고 시도하였다. 한 돌연변이는 갈색 몸 색을 노란 몸 색으로 변화시켰고, 다른 돌연변이는 날개를 짧게 하였고, 또 다른 돌연변이는 곧은 강모를 구부린 강모로 만들었다. 이러한 발견들은 어쩔 수 없이 여러 질문들을 만들었다. 첫째, 이러한 모든 형질들이 물리적으로 X-염색체상에 연관되어 존재한다면, 이 연관이 독립적인 분리에 영향을 미치는가, 만일 그렇다면 어떻게 영향을 미치는가? 둘째, 각 유전자는 정확한 염색체상의 주소가 있는가, 만일 그렇다면 특정한 존재 위치가 유전자 전달에 어떠한 영향을 미치는가? 5장에서는 초파리 학파와 다른 연구자들이 감수분열 동안 알려진 염색체 이동에 대한 지식을 바탕으로 같은 염색체상에 존재하는 유전자들의 전달 양상을 어떻게 분석하였는지 학습할 것이다. 그리고 이때 얻은 정보를 이용하여 어떻게 특정 염색체로 유전자들을 배치하는지 학습할 것이다.

풀이 문제

I. 사람에서, 종종 16번 염색체 동원체 근처의 긴 팔 쪽에 진하게 염색된 부위가 존재한다. 이러한 특징은 현미경으로는 관찰할 수 있지만, 이 염색체를 가진 사람은 표현형적으로 정상이다. 16번 염색체 중 어느 한 쪽 사본에 이런 얼룩점을 가지고 있다면, 이 특징은 그 염색체에 계속 유지되고 유전된다. 한 부부가 아기를 임신하였다. 그러나 태아는 염색체상에서 여러 이상이 발견되었고, 결국 유산되었다. 태아 염색체를 자세히 분석한 결과, 16번 염색체가 삼염색체이고 세 염색체 중 2개 염색체에 큰 얼룩점이 있었다. 모친의 16번 상동염색체들은 모두 얼룩점이 없었지만, 부친은 얼룩점 염색체에 대해 이형접합자로 밝혀졌다. 어느 쪽 부모에서 비분리가 일어났고, 이 비분리현상은 감수분열의 어느 시기에 일어났는가?

해답

이 문제를 풀기 위해서는 감수분열 동안 일어나는 비분리현상을 이해해야 한다. 개체 염색체가 두 상동염색체를 구분할 수 있는 특징을 가지고 있다면, 감수분열 동안 두 상동염색체를 추적할 수 있다. 이 문제에서는 태아가 얼룩점을 가진 두 개 염색체를 가지고 있기 때문에 추가된 염색체는 부친(유일한 얼룩점 염색체를 가진 부모)에서 왔다는 결론을 내릴 수 있다. 감수분열 어느 시기에 비분리현상이 일어났는가? 감수분열 I 동안 비분리가 일어났다면, 상동염색체들은 반대 극으로 이동하지 못한다. 이 일이 부친에서 일어났다면, 얼룩점 염색체와 정상 염색체가 같은 세포(2차 정모세포)로 분리된다. 감수분열 II 후에, 이 세포로부터 유래된 배우자들은 두 종류의 염색체를 가지게 된다. 만일 이런 정자들이 정상 난자와 수정되면, 접합자는 2개의 정상 16번 염색체와 한 개의 얼룩점 16번 염색체를 가지게 된다. 반면에, 감수분열 II 동안 얼룩점 16번 염색체를 포함한 부친의 2차 정모세포에서 비분리가 일어났다면, 얼룩점 염색체 두 사본을 가진 정자가 생성된다. 정상 난자와 수정된다면, 자연유산에서 보여준 형태의 접합자가 생성된다. 따라서 비분리는 부친에서 감수분열 II 시기에 일어났다.

II. (a) 정상 생쥐 수컷과 열성 X-연관 치사 유전자에 이형접합자인 암컷 생쥐를 교배하였다. 이 교배에서 생성되는 자손들의 성비는 어떠한가? (b) 정상 암탉과 열성 Z-연관 치사유전자에 이형접합자인 수탉을 교배하였다. 이 교배에서 생성되는 자손들의 성비는 어떠한가?

해답

이것은 성 연관과 성 결정에 관련된 문제이다.

a. 생쥐의 성 결정 체계에서 XX = 암컷이고 XY = 수컷이다. 정상 수컷 생쥐(X^RY) × 이형접합자 암컷 생쥐(X^RX^r)의 교배로 X^RX^R, X^RX^r, X^RY, X^rY 생쥐들이 생성된다. X^rY 생쥐는 치사하기 때문에 암컷과 수컷의 비는 2:1이다.

b. 조류의 성 결정 체계는 ZZ = 수탉이고 ZW = 암탉이다. 정상 암탉(Z^RW) × 이형접합자 수탉(Z^RZ^r)의 교배는 Z^RZ^R, Z^RZ^r, Z^RW, Z^rW 닭들을 생성한다. Z^rW 자손은 생존하지 못하기 때문에 수탉과 암탉의 비는 1:2이다.

III. 한 여성의 시각은 정상이다. 그녀의 아버지는 색맹이고 그녀는 정상 시각을 가진 남성과 결혼하였다.

a. 이 부부에서 탄생한 자식들에서 기대되는 현상은?

b. 정상 남편의 아버지가 색맹이라고 가정할 때 기대되는 현상은?

해답

이 문제는 성 연관 유전과 관련된다.

a. 이 여성의 아버지는 유전자형이 $X^{cb}Y$이다. 여성은 아버지로부터 X 염색체를 물려받기 때문에 그녀는 X^{cb} 염색체를 하나 가지고 있다. 그렇지만 그녀는 정상 X^{CB} 염색체를 가지고 있기 때문에 정상 시각이다. 그녀가 결혼 한 남성은 정상 시각으로 유전자형이 $X^{CB}Y$이다. 이들 자녀들에서 $X^{CB}X^{CB}$ (정상 여성), $X^{CB}X^{cb}$ (보인자 여성), $X^{CB}Y$ (정상 남성), $X^{cb}Y$ (색맹 남성)가 될 확률은 동등하다.

b. 정상 시각을 가진 남성의 아버지가 색맹인 경우, 아들은 아버지로부터 X 염색체를 물려받지 않기 때문에 X^{CB} 염색체는 그에게 물려지지 않는다. 그는 $X^{CB}Y$ 유전자형을 가지며 색맹 대립유전자를 전달하지 않는다.

연습 문제

어휘

1. 왼쪽 용어를 가장 잘 설명한 문장을 오른쪽에서 찾아 연결하라.

a. 감수분열	1. X와 Y
b. 배우자	2. 성 간에 차이가 없는 염색체
c. 핵형	3. 복제된 염색체의 동일한 두 쪽 중 하나
d. 유사분열	4. 방추체 극에 위치한 미세소관 형성 중심
e. 간기	5. 감수분열 중인 정소 내 세포
f. 합포체	6. 세포질의 분열
g. 접합	7. 수정 시 융합하는 반수체 생식세포들
h. 성염색체	8. 하나 이상의 핵을 포함하는 동물세포
i. 세포질 분열	9. 상동염색체의 쌍 형성
j. 후기	10. 한 이배체 세포가 두 개의 이배체 세포를 생성한다.
k. 염색분체	11. 주어진 세포에서의 염색체 배열
l. 상염색체	12. 세포주기에서 염색체를 육안으로 볼 수 없는 기간
m. 동원체	13. 하나의 이배체 세포에서 네 개의 반수체 세포가 된다.
n. 중심체	14. 감수분열에 의해 생성되었지만 배우자로 되지 않는 세포
o. 극체	15. 유사분열시기에서 자매염색분체가 분리되는 시기
p. 정모세포	16. 자매염색분체들 간의 연결

4.1절

2. 사람은 각 체세포에 46개의 염색체를 가진다.

a. 아이는 그의 아버지로부터 몇 개의 염색체를 받는가?

b. 각 체세포에 몇 개의 상염색체와 성염색체가 존재하는가?

c. 사람의 난자에는 몇 개의 염색체가 존재하는가?

d. 사람의 난자에는 몇 개의 성염색체가 존재하는가?

4.2절

3. 다음 그림은 특정 종의 수컷 중기 염색체이다. 이 염색체는 핵형분석을 위해 준비되었지만, 염색체 쌍을 크기 순으로 배열하지 않았다.
   a. 몇 개의 동원체가 보이는가?
   b. 몇 개의 염색체가 보이는가?
   c. 몇 개의 염색분체가 보이는가?
   d. 몇 쌍의 상동 염색체가 보이는가?
   e. 그림에서 중부 동원체성 염색체는 몇 개인가? 단부 동원체성 염색체는 몇 개인가?
   f. 이 종에서 성 결정 방식은 무엇이라 생각되는가? 이 종에서 암컷의 핵형은 어떻게 다르다고 기대할 수 있는가?

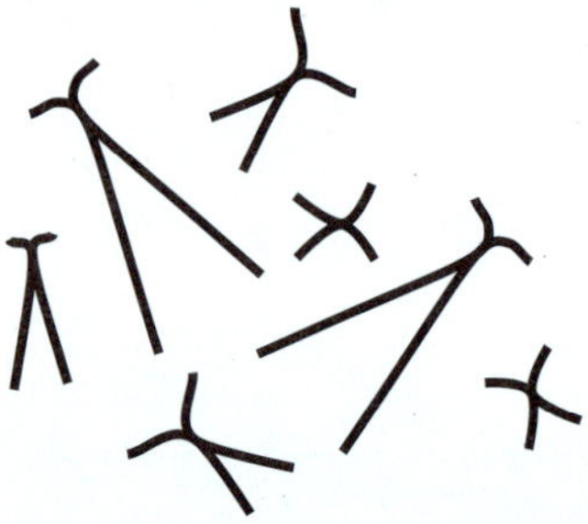

4. 그림 4.7에서 보는 것처럼 돌연변이 X 염색체를 가진 XX 남성들은 종종 자녀를 가지기를 원할 때야 비로소 자신들의 상태를 알게 되고, 자신들이 불임이라는 사실을 알게 된다. 이들이 불임이 되는 이유를 설명하라.

5. 최근 연구자들은 SRY 단백질의 유일한 기능은 원시 생식기(정소 혹은 난소로 결정되기 이전의 기관)에서 *Sox9*이라는 유전자를 활성화시킨다는 사실을 발견하였다.
   a. *Sox9* 기능손실 돌연변이 대립유전자들에 동형접합자인 XY 개체의 성은 무엇인가? 그 이유를 설명하라.
   b. 문제 (a)에서 답을 했다면, 왜 남성을 결정하는 인자는 *Sox9*이 아니고 *SRY* 인가?(힌트: 읽을거리 「빠르게 살펴보기」의 실험에서 여러분들이 *SRY* 대신에 *Sox9*을 이용한 형질전이 실험을 수행한다고 가정했을 때 어떠한 결과를 예상할 수 있는가?).

4.3절

6. 14개의 염색체를 가진 떡갈나무 세포가 유사분열한다. 몇 개의 딸세포가 형성되는가, 각 세포의 염색체 수는 몇 개인가?

7. 번호(i~v번호)로 표시된 세포들이 유사분열 중 어느 단계에 있는지 나타내라.
   a. 후기
   b. 전기
   c. 중기
   d. G_2
   e. 말기/세포질 분열

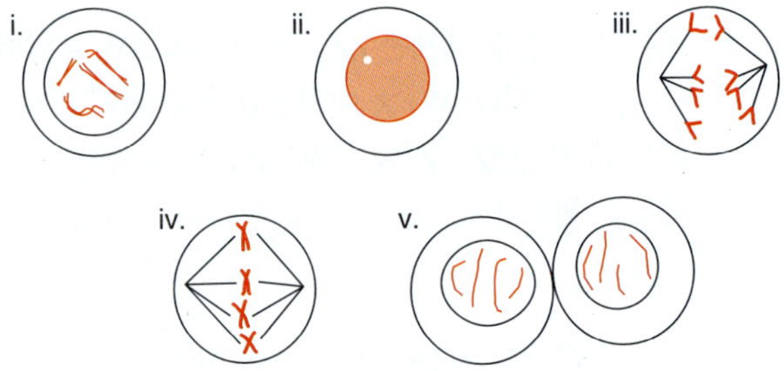

8. a. 세포주기의 네 가지 주요 단계는 무엇인가?
   b. 간기는 어떠한 단계에 포함되는가?
   c. 어떠한 사건들로 G_1, S, G_2을 구별할 수 있는가?

9. 세포주기의 각 단계(G_1, S, G_2, 전기, 중기, 후기, 말기)에 따르는 질문에 답하라. 필요한 경우, 특정 세포주기 단계 동안 발생하는 변화를 나타내기 위해 화살표를 사용하라(예를 들면, 1→2 또는 예→아니오).
   a. 이 단계 동안 각 염색체를 구성하는 염색분체는 몇 개인가?
   b. 인은 존재하는가?
   c. 유사분열 방추체가 만들어졌는가?
   d. 핵막은 존재하는가?

10. 유전체가 반수체인 세포에서 유사분열이 일어나지 않는 이유가 있는가?

4.4절

11. 14개의 염색체를 가진 떡갈나무 세포가 감수분열한다. 이 과정으로부터 생겨나는 세포의 수는 몇 개인가, 그리고 각 세포에서 염색체 수는 몇 개인가?

12. 세포분열 종류(유사분열, 감수분열 I, 감수분열 II)에서 염색체 수가 반으로 줄어드는 것은 어느 것인가? 감수분열이라 할 수 있는 세포분열은 어떠한 유형인가? 동등분열이라 할 수 세포분열은 어떠한 유형인가?

13. 다음의 용어들 중에서 적절한 것을 사용하여 다음 문장을 완성하라. 유사분열, 감수분열 I (제1감수분열), 감수분열 II (제2감수분열), 해당사항 없음(유사분열도 감수

분열 I도 감수분열 II도 아님).

a. 방추체는 __________을 수행하는 세포에 존재한다.

b. 염색체 복제는 정확히 __________ 전에 일어난다.

c. 반수체 세포에서 __________의 결과로 생성된 세포들은 n의 배수성을 가진다.

d. 이배체 세포에서 __________의 결과로 생성된 세포들은 n의 배수성을 가진다.

e. 상동염색체 쌍 형성은 __________ 동안 규칙적으로 일어난다.

f. 비상동염색체 쌍 형성은 __________ 동안 규칙적으로 일어난다.

g. 재조합 자손들을 생성하는 물리적 재조합은 __________ 동안 일어난다.

h. 동원체의 분리는 __________ 동안 일어난다.

i. 비자매염색분체들은 __________ 동안 같은 세포에서 발견된다.

14. 다음 그림 a~e가 보여주는 다섯 가지의 세포들은 모두 같은 사람에서부터 얻은 것이다. 각 세포들이 유사분열, 감수분열 I, 감수분열 II 중에 어느 것에 해당하는지 나타내라. 각 경우에서 나타난 그림은 세포분열의 어떠한 단계인가? 이 생물체에서 n 수는?

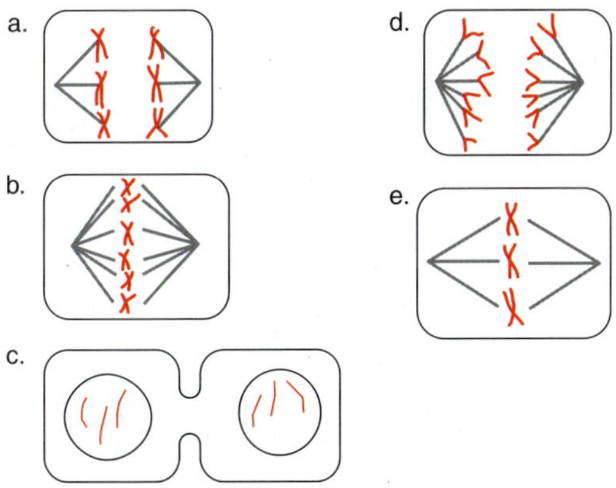

15. 1905년에 네티 스티븐(Nettie Stevens)은 최초로 세포분열에서 염색체를 현미경으로 관찰하여 보고하였다. 그 당시는 사진 현상이 어려웠기 때문에 그녀는 이러한 관찰을 카메라 루시다 스케치로 기록하였다. 다음 그림은 호밀 벌레 일종인 갈색거저리(*Tenebrio molitor*)의 완벽하게 정상적인 세포분열을 보여준다. 당시의 기술은 오늘날에 비해 정교하지 못했기 때문에 염색체의 구조를 정확하게 묘사하지는 못했다.

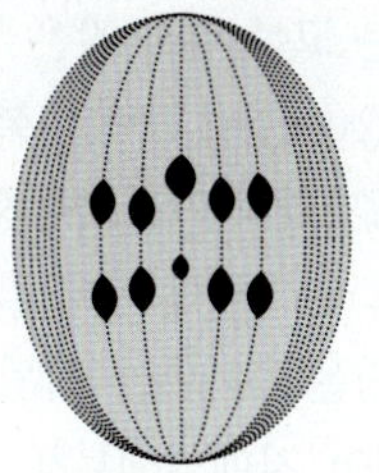

a. 그림에 묘사된 세포분열의 종류와 분열의 단계를 가능한 자세하게 서술하라.

b. 그림에서 해석할 수 없는 염색체의 구조는 무엇인가?

c. 정상적인 갈색거저리 생식세포에는 몇 개의 염색체가 존재하는가?

16. 두 상염색체성 유전 형질들에 대해 둘 다 이형접합자인 사람이 있다고 하자. 하나는 백색증에 대한 열성유전 형질(대립유전자 A와 a)이다. 이 백색증 유전자는 단부동원체성 상염색체의 긴 팔의 동원체 근처에 위치한다. 또 다른 형질은 우성 유전 형질인 헌팅턴병이다(대립유전자 HD와 HD^{+}). 헌팅턴병 유전자는 중부 동원체성 상염색체의 팔들 중 하나의 말단소체 근처에 위치해 있다. 이 사람의 (a) 유사분열, (b) 감수분열 I, (c) 감수분열 II의 중기 동안에 나타나는 두 관련 염색체의 모든 사본들을 그려보라. 재조합되지 않았다고 가정하고, 모든 염색분체에서 이 두 유전자에 대한 두 대립유전자들의 위치를 각 그림에 표시하라.

17. (i) 상동염색체 쌍에서 두 염색체는 다른 대립유전자를 지니고 있고, (ii) 교차가 일어나지 않는다고 가정할 때, 한 부부가 유전적으로 다른 자손들을 생성할 수 있는 가능성은 어느 정도인가? 이러한 두 가정 (i 혹은 ii) 중 어떤 것이 더 현실적인가?

18. 솔이끼(*Polytrichum commune*)에서, 반수체 염색체 수는 7이다. 반수체 수컷 배우자는 반수체 암컷 배우자와 융합하여 이배체 세포를 형성한 후, 분열을 통해 다세포 포자체로 발달한다. 이때 포자체의 세포들은 감수분열하여 포자라고 하는 반수체 세포를 생성한다. 각각의 포자가 수컷 배우자로부터의 모든 염색체 세트를 받게 될 확률은 얼마인가? 재조합은 없다고 가정하라.

19. 유전체가 항상 반수체인 생물체에서 감수분열이 일어나지 않는 어떤 이유가 있는가?

20. 자매염색분체는 고무 밴드 같은 링 모양으로 묶여 있는 형태의 코헤신(cohesin) 단백질 복합체에 의해 유사분열의 중기에 이르기까지 연결되어 있다. 코헤신 링은 동원체 양쪽 그리고 염색체 길이에 걸쳐 드문드문 위치하고 있다. 코헤신 링은 후기가 시작될 쯤에 단백질분해효소에 의해 분해되어, 자매염색분체들이 서로 분리된다.
    a. 자매염색분체들 간의 코헤신 복합체들은 제1감수분열의 후기까지 상동 염색체들을 묶어 두는 역할을 한다. 이를 염두에 두고, 다음 두 그림(i 혹은 ii) 중 제1감수분열의 중기에 이르기까지 전기 동안에 염색분체의 배열을 제대로 나타낸 것은 어느 것인지 설명하라.
    b. 문제 a에서 동원체에 위치한 코헤신 복합체와 염색체 팔에 걸쳐 있는 코헤신 복합체의 특징들을 추론할 수 있게 하는 것은 무엇인가? 추론을 설명하는 분자적 가설을 제시하라.

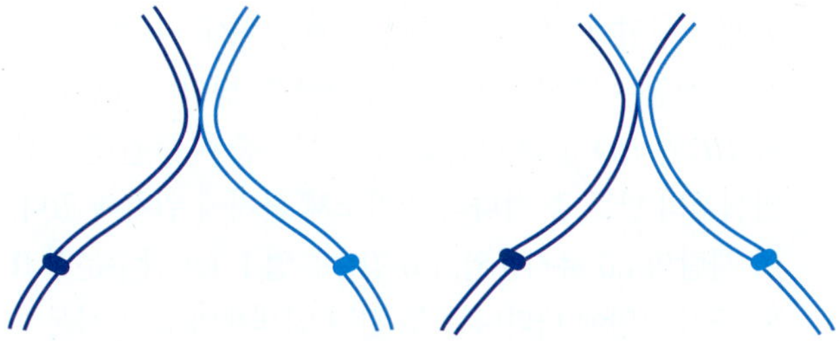

i ii

21. X와 Y 염색체의 위상염색체 부위(PARs)는 남성에서 감수분열 동안 성염색체들이 쌍을 형성하여 접합할 수 있도록 한다. *SRY* 유전자가 PAR1 근처에 존재한다고 할 때, 그림 4.7에서 돌연변이 X와 Y 염색체(X 염색체 일부가 Y 염색체에 있고 Y 염색체 일부가 X 염색체에 있음)들이 감수분열 동안 어떻게 생기는지 그 기작을 제안하라.

4.5절

22. 침팬지의 체세포들에는 48개의 염색체가 존재한다. (a) 유사분열의 후기, (b) 감수분열의 후기 I, (c) 감수분열의 후기 II, (d) 유사분열 전 G_1기, (e) 유사분열 전 G_2기, (f) 감수분열 I 전에 G_1기, 그리고 (g) 감수분열 I의 전기 때에는 얼마만큼의 염색분체와 염색체가 존재하는가?

    (h) S기 전 난모 세포, (i) 정세포, (j) 배란 전에 감수분열이 정지된 제1차 난모세포, (k) 수정 전에 감수분열이 정지된 제2차 난모세포, (l) 제2극체, (m) 침팬지의 정자에는 몇 개의 염색분체들과 염색체들이 존재하는가?

23. 사람에서,
    a. 100개의 1차 정모세포로부터 얼마나 많은 정자들이 만들어지는가?
    b. 100개의 2차 정모세포로부터 얼마나 많은 정자들이 만들어지는가?
    c. 100개의 정세포로부터 얼마나 많은 정자들이 만들어지는가?
    d. 100개의 1차 난모세포로부터 얼마나 많은 난자들이 만들어지는가?
    e. 100개의 2차 난모세포로부터 얼마나 많은 난자들이 만들어지는가?
    f. 100개의 극체로부터 얼마나 많은 난자들이 만들어지는가?

24. 사람의 여성을 포함하여, 암컷 포유류들은 가끔씩 난소에 "난소기형종" 또는 "유피낭종"이라고 하는 양성종양이 생긴다. 이러한 종양은 난소 안에서 제1난모세포가 전기 I 정지 단계에서 벗어나 제1감수분열을 마칠 때 생성된다(정상적으로 제1감수분열은 제1난모세포가 난소에서 배출될 때까지 끝나지 않는다). 그러면 제2난모세포는 마치 배아처럼 발달하고, 착상하여 여포 안에서 발달한다. 발달은 체계적이지는 않지만 다양하게 분화된 조직, 즉 치아, 모발, 뼈, 근육, 신경, 그리고 그 밖의 많은 조직들을 포함하는 암을 야기한다. 만약 *Aa*의 유전자형을 가진 여성에게 유피낭종이 생긴다면, 낭종의 가능한 유전자형은 무엇인가?

25. 어떤 칠면조 계통에서 미수정란들은 종종 단위생식적인 발생으로 이배체 자손을 생성한다(암컷은 ZW 성염색체를 가지고, 수컷은 ZZ 성염색체를 갖는다. WW 개체는 생존하지 못하는 것으로 가정하자). 다음과 같은 양상의 단위생식이 일어났을 때, 각 양상에 의해 생성된 자손들의 성비는 어떠하겠는가?
    a. 난들은 감수분열 과정을 거치지 않고 발달한다.
    b. 난들은 모두 감수분열 과정을 거치고 난 후 이배체가 되기 위해 염색체를 복제한다.
    c. 난들은 제1감수분열을 거치고, 이배체를 만들기 위해 염색분체가 분리된다.
    d. 난들은 모두 감수분열 과정을 거치고 난 후 세 개의 극체 중 어느 하나와 무작위로 융합한다(이 경우 제1극체는 제2감수분열 과정을 거친다고 가정한다).

4.6절

26. 노란색 깃털과 갈색 깃털을 가진 두 종류의 카나리아 순계 계통이 있다고 상상해 보자. 이 두 계통 간의 교배에서, 노란색 깃털을 가진 암컷 × 갈색 깃털을 가진 수컷 간의 교배는 갈색 깃털의 수컷과 암컷 자손만을 생성한다. 반면에, 갈색 깃털을 가진 암컷 × 노란색 깃털을 가진 수컷의 교배에서는 갈색 깃털을 가진 수컷과 노란색 깃털을 가진 암컷 자손만이 생성된다. 이와 같은 결과를 설명하는 가설을 제안하라.

27. 꿀벌은 반수이배체성(haplodiploidy)이라고 알려진 성 결정 체계를 가진다. 암컷은 이배체이며, 수컷은 반수체이다. 수컷 자손은 미수정란이 발달하여 생성된다. 정자는 수컷에서 유사분열에 의해서 만들어지고 암컷에서 난자와 수정된다. 꿀벌에서 상아색 눈은 열성 형질이다; 야생형 눈은 갈색이다.
    a. 상아색 눈을 가진 여왕벌과 갈색 눈을 가진 수벌 사이에서 어떠한 자손이 생겨날까? 수정란과 미수정란으로부터 생겨난 자손의 유전자형과 표현형 모두 제시하라.
    b. 문제 (a)의 교배로부터 생겨난 암벌과 갈색 눈 수벌의 교배로부터 얻어지는 결과는 무엇인가?

28. 초파리에서 상염색체성 열성인 갈색(brown) 눈 색깔 돌연변이는 X-연관 열성인 주색(vermilion) 돌연변이와 상염색체성 열성인 다홍색(scarlet) 돌연변이 둘 다와 상호작용하는 것으로 보인다. 갈색 눈에 동형접합성이고 동시에 주색 눈에 반접합성 혹은 동형접합성 초파리들은 흰 눈을 가진다. 갈색과 다홍색 눈 돌연변이 모두를 동형접합성으로 가진 초파리 또한 흰 눈이다. 다음에 나오는 순계 부모의 교배를 통해 얻은 F_1과 F_2 자손을 예측하라.
    a. 주색(vermilion) 암컷 × 갈색(brown) 수컷
    b. 갈색(brown) 암컷 × 주색(vermilion) 수컷
    c. 다홍색(scarlet) 암컷 × 갈색(brown) 수컷
    d. 갈색(brown) 암컷 × 다홍색(scarlet) 수컷

29. 닭에서 가로줄무늬가 있는 깃털 형태는 Z-연관 우성 형질이다. 다음의 교배에서 어떠한 자손들이 기대되는가? (a) 가로줄무늬가 있는 암탉과 가로줄무늬가 없는 수탉의 교배, (b) 문제 (a) 교배에서 얻은 F_1 수탉과 F_1 암탉과의 교배

30. 캘빈 브리지스(Calvin Bridges)는 흰색 눈 암컷 초파리와 붉은색 눈 수컷 초파리를 교배했을 때, 많은 자손들 중에서 매우 희귀하게 흰색 눈 암컷과 붉은색 눈의 수컷을 관찰하였다. 그는 이러한 예외적 현상은 염색체 비분리로 생긴다는 것을 발견하였다. 흰색 눈 암컷은 난자로부터 두 개의 X와 정자로부터 하나의 Y를 받았고, 반면 붉은색 눈 수컷은 난자로부터는 성염색체를 받지 않고 정자로부터 하나의 X 염색체를 받았다. 만약 그것들이 수컷 부모에서 일어났다고 가정하면, 똑 같은 비분리현상으로부터 어떠한 자손이 생성되는가? 그들의 눈 색깔은 어떻게 될까?

31. 초파리를 배양하고 있는 유리병에서, 한 연구생이 보통의 매끈한 날개 대신 크고 액체로 가득 찬 수포로 이루어진 '자루(bag)' 날개 암컷 초파리 몇 마리를 발견하였다(수컷 초파리는 없었다). 자루 날개 암컷 초파리를 야생형 수컷 초파리와 교배되었을 때, 자손들 중 1/3은 자루 날개 암컷, 1/3은 정상 날개 암컷, 나머지 1/3은 정상 날개 수컷 초파리였다. 이 결과를 설명하라.

32. 1919년에 캘빈 브리지스는 초파리에서 선홍색 눈을 유발하는 X-연관 열성 돌연변이에 대한 연구를 시작하였다. 그는 선홍색 눈을 가진 또 다른 순계 배양에서 훨씬 밝은 크림색 눈을 가지는 희귀한 변종을 발견하였다. 그 후 이들 변종 간 상호교배를 통해 순계 크림색 눈 초파리들을 얻을 수 있었다. 그런 후에 그는 크림색 눈 수컷과 순계 야생형 암컷을 교배하였다. 모든 F_1 자손은 붉은색 눈(야생형)을 가졌다. F_1 초파리끼리 상호교배하였을 때, F_2 자손들은 붉은색 눈 암컷 104개체, 붉은색 눈 수컷 52개체, 선홍색 눈 수컷 44개체, 크림색 눈 수컷 14개체들이었다. 이 비를 8:4:3:1이라 가정하라.
    a. 가능한 모든 유전자형에 대한 표현형을 제시하고, F_1과 F_2 결과를 설명하기 위한 가설을 세워 보라.
    b. 부모세대에서 순계 선홍색 눈 수컷과 순계 크림색 눈 암컷 간에 교배가 일어났다고 가정한다면, F_1과 F_2 세대에서 예측할 수 있는 결과는 무엇인가?
    c. 부모의 교배가 순계 선홍색 눈 암컷과 순계 크림색 눈의 수컷 간에 일어났다고 한다면 F_1과 F_2 세대에서 무엇을 예측할 수 있는가?

33. 초파리에서 노란색 몸 흔적(완전하게 분화되지 않은)날개 수컷과 야생형 암컷(갈색몸)을 교배하였다. F_1 세대는 모두 야생형 수컷과 야생형 암컷이었다. F_1 수컷과

암컷을 교배하여 F_2 자손들을 얻었다. 이들 자손들은 흔적날개를 가진 노란색 몸 수컷 16마리, 정상날개를 가진 노란색 몸 수컷 48마리, 흔적날개를 가진 갈색 몸 수컷 15마리, 야생형 수컷 49마리, 흔적날개를 가진 갈색 몸 암컷 31마리, 야생형 암컷 97마리로 구성되었다. 이러한 결과들에 기초하여 예상되는 두 가지 유전자의 유전을 설명하라.

34. 이 장에서 배운 것처럼, 모건(Thomas Hunt Morgan)에 의해 연구된 초파리의 흰색 눈(*white*) 돌연변이는 X-연관 형질이고 야생형에 대해 열성이다. 흰 눈 돌연변이를 갖고 있는 순계 흰색 눈 수컷을 순계 자주색 눈 암컷과 교배하였을 때, F_1 자손들 모두 야생형(빨간색) 눈을 가지고 있었다. 이 F_1 자손끼리 교배하였을 때 F_2 자손들은 다음 비로 생성되었다. 3/8 야생형 암컷 : 1/4 흰색 눈 수컷 : 3/16 야생형 수컷 : 1/8 자주색 눈 암컷 : 1/16 자주색 눈 수컷.
    a. 이러한 눈 색깔의 유전 양상을 설명할 수 있는 가설을 서술하라.
    b. 만약 부모세대의 교배를 반대로 하였다면(즉, 순계 흰색 눈 암컷과 순계 자주색 눈 수컷 간의 교배), F_1과 F_2 세대에서 기대되는 결과는 무엇인가?

4.7절

35. 다음은 색맹의 희귀한 형태 색깔로(채워진 기호)가 발견된 어느 가족의 가계도이다. 가계도에서 모든 개개인들에서 기대되는 유전자형을 기술하라.

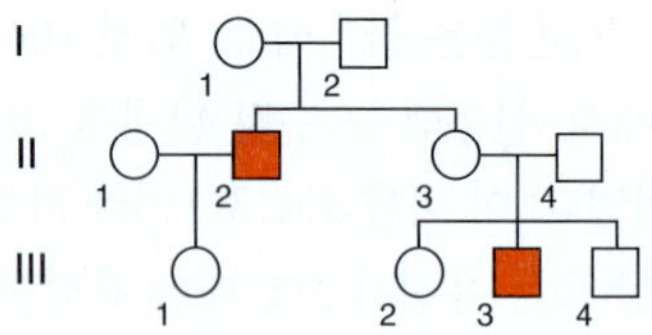

36. 다음 4개의 가계도 각각은 가족 내에서 유전질환이 분리되는 양상을 보여준다. 질환자들은 색깔로 채워진 기호로 표시되었다. 질환들 중에 하나는 상염색체성 열성 형질, 또 하나는 X-연관 열성 형질, 다른 하나는 상염색체성 우성 형질, 그리고 나머지 하나는 X-연관 우성 형질로 전달된다. 4가지 형질 모두 집단에서 드물다고 가정하자.
    a. 각 가계도의 유전 양식을 제시하고, 그 이유를 설명하라.
    b. 각 가계도에서, 자녀들(육각형 모양으로 나타냄)이 질환을 가질 수 있는 확률에 대해 부모들에게 어떻게 조언할 수 있는가?

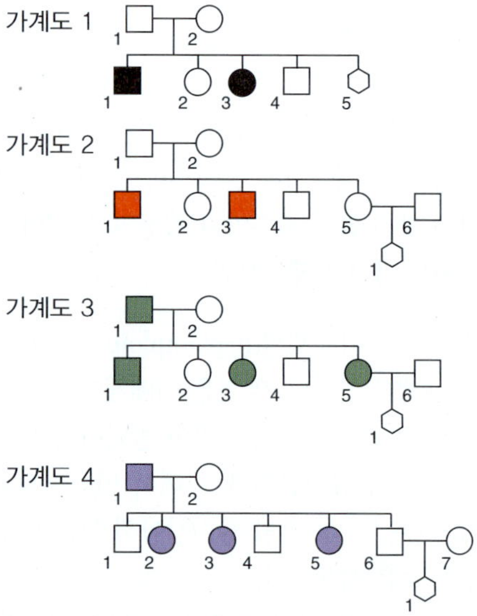

37. 다음의 가계도는 호피 인디언(Hopi Indians) 그룹에서 매우 빈번하게 출현하는 백색증의 유전 양식을 보여준다. 이 형질은 완전 침투된다고 가정하자(백색증을 유발하는 유전자형을 가진 모든 개체는 백색증을 나타냄).
    a. 이 집단의 백색증은 열성 대립유전자에 의한 것인가? 아니면 우성 대립유전자에 의한 것인가?
    b. 이 유전자는 성 연관인가 상염색체성인가?

    가계도에서 다음 사람들의 유전자형은 무엇인가?
    c. 개체 I-1
    d. 개체 I-8
    e. 개체 I-9
    f. 개체 II-6
    g. 개체 II-8
    h. 개체 III-4

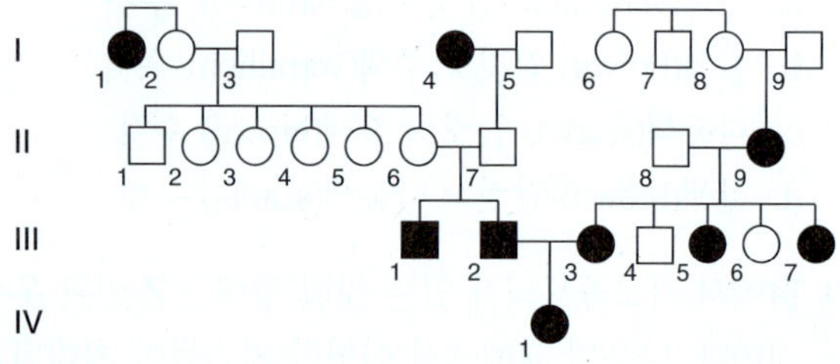

38. 뒤시엔느근위축증(Duchenne muscular dystrophy, DMD)은 상대적으로 드문 X-연관 열성 대립 유전자에 의해 유발된다. 이 질환은 점진적인 근육퇴화를 야기하고, 보통 20세 이전에 사망에 이른다.

a. 질환자 남동생이 있는 여성이 낳은 첫째 아들이 이 질환을 가질 확률은 얼마인가?

b. 질환자 남동생이 있는 여성의 첫째 아들이 질환자라면, 그녀의 둘째 아들이 이 질환을 가질 확률은 얼마인가?

c. 질환자 남성 형제가 있는 정상 남성의 자녀가 이 질환을 가질 확률은 얼마인가?

d. 질환자 남성이 질병에 걸리지 않은 그의 첫 번째 사촌과 결혼한다; 이 가족에게서 DMD의 가족력은 없다. 만약 이 남성의 어머니와 그의 배우자가 자매라면, 이 부부의 첫째 아이가 질환자인 남아가 될 확률은? 질환자인 여아가 될 확률은? 질병에 걸리지 않은 아이일 확률은?

e. 문제 d에서 부부의 부모가 형제, 자매라면, 이 부부의 첫째 아이가 질병에 걸린 남아일 확률은? 질병에 걸린 여아일 확률은? 질병에 걸리지 않은 아이일 확률은?

39. DMD를 유발하는 X-연관 유전자는 근육 기능에 필수적인 디스트로핀이라는 단백질을 암호화한다. 디스트로핀 단백질은 분비되지 않고, 이 단백질을 생성하는 세포 속에 존재한다. 여러분들이 바소체 형성에 대한 지식을 가지고 있다고 가정할 때, 열성 DMD 질환 유전자에 대해 이형접합인 여성들은 그들의 신체 일부분은 질환을 가지고 다른 부분은 질환을 가지지 않을 것이라 생각되는가?

40. 남성들은 응고인자 VIII의 기능상실 돌연변이 대립유전자들에 대해 반접합성일 때 혈우병을 가지게 된다. 응인자 VIII는 골수의 세포가 생성하여 혈청으로 분비된다.

a. 혈우병에 이형접합자인 여성들은 그들의 신체 일부에는 혈우병을 가지고 다른 부분에서는 혈우병이 없을 수 있다고 생각되는가?

b. 만일 이러한 보인자 여성들이 칼에 베였을 때, 혈액응고는 빨리 혹은 천천히 일어나는가? 아니면 응고인자 VIII 유전자의 정상 대립유전자에 동형접합자인 여성과 비슷하게 혈액응고가 일어날까?

41. 다음의 그림은 선천적 다모증을 나타내는 한 가족의 5세대 가계도를 보여준다. 다모증인 사람은 얼굴과 상체에 매우 풍부한 양의 털을 갖고 태어난다. 가계도에서 보이는 두 개의 작은 검은색 점은 유산을 나타낸다.

a. 다모증 형질은 완전 침투된다고 가정한다. 이 가족에서 여러분은 다모증 유전 양식에 대해 어떠한 결론을 내릴 수 있는가?

b. 이 외의 다른 유전 양식들을 배제할 수 있는 이유는 무엇인가?

c. 개체 III-2와 개체 III-9는 자녀들을 낳는 데 몇 명의 아버지를 두었는가?

42. 다음은 클라인펠터증후군(XXY 개체에서 보이는 이상증후군; 검은색 박스로 표시)을 가진 남성이 포함된 가족에서 얻은 가계도이다. 각 가계도에서, *A*와 *B*는 X-연관 *G6PD* 유전자의 공우성 대립유전자를 나타낸다. 각 개체(A, B, AB)의 표현형은 가계도상에 나타나 있다. 세 가지 각 예에서 염색체 비분리현상이 클라인펠터증후군 아들의 모친 또는 부친에서 일어났는지를 나타내라. 염색체 비분리현상이 제1감수분열 혹은 제2감수분열에서 일어났는지 설명할 수 있는가?

[문제 41번 그림]

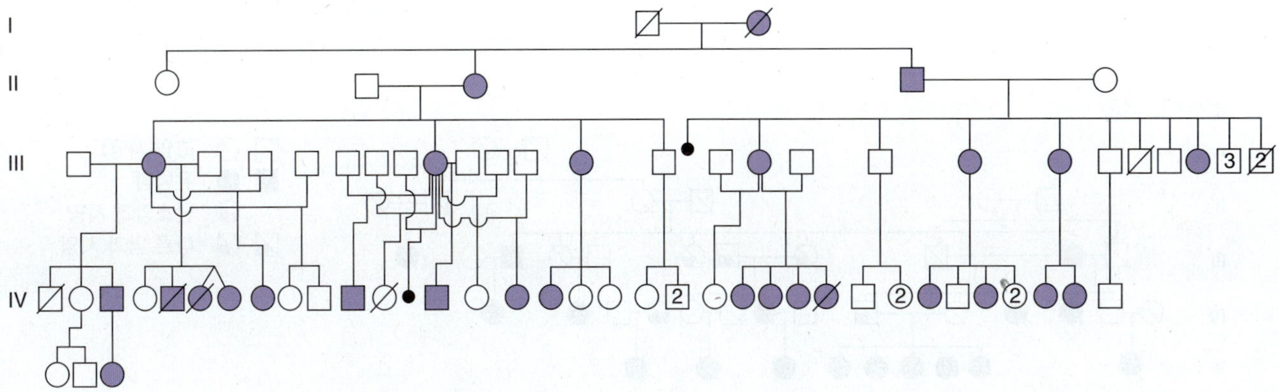

a.

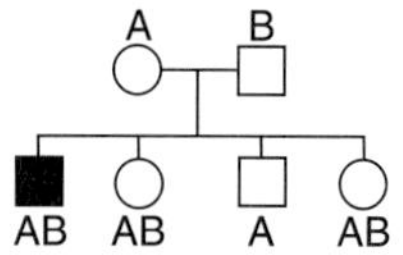

b.

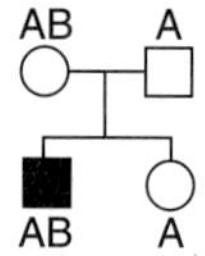

c.

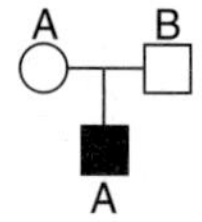

43. 혈액검사를 통해 여러 다른 항원들을 검출할 수 있다. 다음은 각 개체에 대해 혈액검사를 거쳐 검출된 네 가지 특성을 보여준다.

ABO형	(I^A와 I^B 공우성, i 열성)
Rh형	(Rh^+가 Rh^-에 대해 우성)
MN형	(M과 N 공우성)
$Xg^{(a)}$형	($Xg^{[a+]}$가 $Xg^{[a-]}$에 대해 우성)

X-연관인 $Xg^{(a)}$ 유전자를 제외한 모든 혈액형 유전자는 상염색체성이다.

엄마	AB	Rh^-	MN	$Xg^{(a+)}$
딸	A	Rh^+	MN	$Xg^{(a-)}$
아빠 후보 1	AB	Rh^+	M	$Xg^{(a+)}$
아빠 후보 2	A	Rh^-	N	$Xg^{(a-)}$
아빠 후보 3	B	Rh^+	N	$Xg^{(a-)}$
아빠 후보 4	O	Rh^-	MN	$Xg^{(a-)}$

a. 부친이라고 주장하는 4명 중에서 어느 쪽이 친아빠가 될 수 있는가?

b. 만약 딸이 터너증후군(XO 개체에서 볼 수 있는 비정상적인 표현형)을 갖고 있다면 문제 (a)에 대한 답이 변경되는가? 그렇다면 어떻게 바뀌는가?

44. 한 도시 동물원에서 교배된 흰색 암컷 호랑이의 혈통을 다음의 가계도로 제시하였다. 흰색 호랑이는 비어 있는 기호로 나타내었다(그림에서 볼 수 있듯이, 이 혈통에는 근친교배가 많다. 한 예로, 흰색 호랑이 모한(Mohan)은 그의 딸과 교미를 이루었다). 다음 질문의 답변을 위해 "흰색"은 한 유전자의 대립유전자의 차이에 의해 결정되고 그 형질은 완전 침투된다고 가정하자. 가계도에서 얻을 수 있는 정보들을 이용하면서 다음 물음에 답하라.

a. 흰 털 색깔은 Y-연관 대립유전자에 의해 생성될 수 있는가?

b. 흰 털 색깔은 X-연관 우성 대립유전자에 의해 생성될 수 있는가?

c. 흰 털 색깔은 상염색체성 우성 대립유전자에 의해 생성될 수 있는가?

d. 흰 털 색깔은 X-연관 열성 대립유전자에 의해 생성될 수 있는가?

d. 흰 털 색깔은 상염색체성 열성 대립유전자에 의해 생성될 수 있는가?

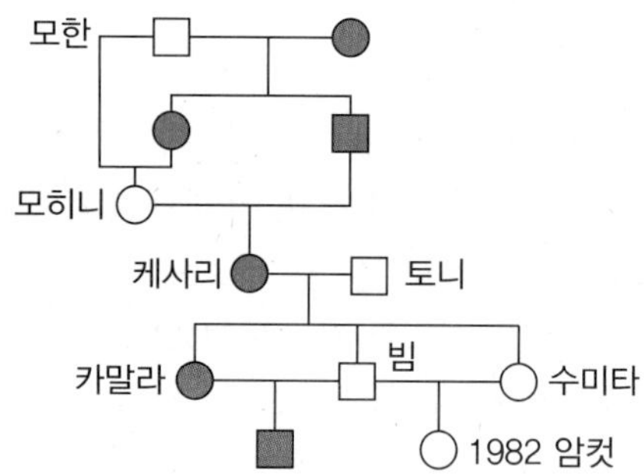

45. 다음의 가계도는 특정 가족에서 나타나는 다양한 형태의 암 유전 양상을 보여준다. 분자적 분석(다음 장에 설명됨)을 통해, 한 경우를 제외하면, 이 가계도의 암 환자 발생은 *BRCA2*라고 하는 유전자의 희귀 돌연변이와 연관되어 있음을 알게 되었다.

a. *BRCA2* 돌연변이와 연관되지 않은 암을 가진 예외적인 암 환자는 누구인가?

b. *BRCA2* 돌연변이는 그 발암효과와 관련하여 정상

[문제 45번 그림]

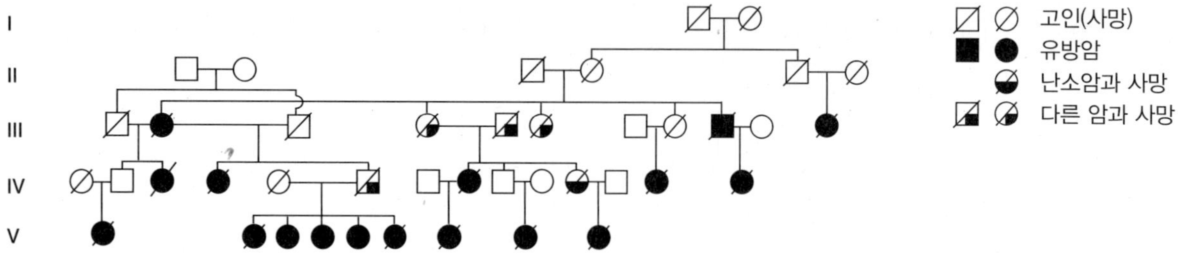

BRCA2 대립유전자에 대해 우성인가 열성인가?

c. *BRCA2* 유전자는 X 염색체, Y 염색체, 또는 상염색체 중 어디에 위치하는가? 어떻게 *BRCA2*를 가진 염색체를 최종적으로 결정했는가?

d. 암 표현형은 완전 침투하는가? 불완전 침투하는가?

e. 암 표현형의 발현도는 불변인가? 가변적인가?

f. *BRCA2* 돌연변이와 연관된 한성적 혹은 종성적인 특정 암 표현형이 있는가?

g. 세대 I과 II에서 암으로 진단된 사람이 없는 것을 어떻게 설명할 것인가?

46. 1995년에 의사들은 오직 남성에게만 영향을 주는 색소성 망막염(망막이 점진적으로 악화되어 실명하게 됨)을 가진 중국의 한 가족에 대해 보고하였다. 질환자 남성이 낳은 6명의 아들 모두 질환자였다. 그러나 5명의 딸들(그리고 이 딸들의 아이들 모두)은 정상이었다.

a. 이런 종류의 색소성 망막염이 완전 우성인 상염색체성 돌연변이로 유발될 가능성은 있는가?

b. 이 가족에게 색소성 망막염의 유전을 설명할 수 있는 다른 가능성은 무엇인가? 이러한 가능성 중 가장 적합한 것은 어떤 것인가?

47. 고양이에서, X-연관 노란색 유전자의 *O* 대립유전자는 노란색 털을 생성하는 데 필요하다; 이 유전자의 열성 대립유전자 *o*는 검은 털을 생성한다.

삼색털 얼룩고양이　　캘리코(반점이 있는) 고양이

a. 삼색털 얼룩고양이의 외피는 노란 털과 검은 털이 번갈아 있는 조각으로 구성된다. 삼색털고양이들 중 90%는 암컷이다. 어떠한 교배가 삼색털얼룩고양이를 생성할 수 있는가?

b. 수컷 삼색털 얼룩고양이가 생길 수 있는 가정을 제안하라.

c. 캘리코 고양이(대부분은 암컷)는 흰색, 노란색, 검은색 털로 이루어진 외피조각들이 있다. 캘리코 고양이가 생성될 수 있는 가정을 제안하라.

48. 주머니쥐나 캥거루와 같은 유대류에서 X 불활성화는 선택적으로 부계 X 염색체에서 일어난다.

a. X-연관 털색유전자의 돌연변이 대립유전자에 대해 이형접합자인 암컷 유대류가 이 유전자의 야생형 대립유전자를 반접합성으로 가진 수컷과 교배했을 때 두 성의 자손들에서의 털색의 표현형을 예측하라.

b. 특정 X-연관 털색 대립유전자에 대해 반접합성인 수컷과 이 유전자의 야생형 대립유전자에 동형접합성인 암컷과 교배했을 때 두 성의 자손들에서 털색의 표현형을 예측하라.

c. 유대류에서 X-연관 털색 유전자를 설명하는 데 열성과 우성이라는 술어가 중요하지 않은 이유는 무엇인가?

d. X-연관 털색 유전자의 두 대립유전자에 대해 이형접합자인 유대류는 문제 47의 삼색털 얼룩고양이의 경우처럼 두 종류 색으로 된 피부 조각을 가지지 않는가?

49. 다음 그림은 많은 개체들이 레리-와일 연골뼈형성 이상증(Leri-Weill dyschondrosteosis, LWD)이라고 하는 질환으로 고통 받는 개인들을 포함하는 가계도이다. LWD 환자는 다리뼈 기형으로 인해 신장이 작다: 일부 사람들은 팔뼈 기형도 가진다. 1998년에 LWD를 유발하는 돌연변이 유전자는 *SHOX* 임이 밝혀졌다. 이 유전자는 X와 Y 염색체들의 위상염색체 부위(PAR1)에 위치한다.

a. LWD 우성 혹은 열성 요인으로 작용하는 *SHOX* 대립유전자가 있는가? (주의: 성전환은 포함하지 않는다).

b. *SHOX*가 X 염색체에 위치하고 있음에도 불구하고, 가계도는 X-연관 대립유전자에 대해 예외적인 양상을 보인다. X-연관과 일치하지 않는 가계도에서의 특징은 무엇인가?

c. 가계도에서 각 질환자를 대상으로, *SHOX* 대립유전자가 X 염색체에 있는지 혹은 Y 염색체에 있는지 결정하라.

d. 가계도에서 질환 *SHOX* 대립유전자와 정상 $SHOX^+$ 대립유전자의 유전 양상을 설명하라.

e. 개체 III-5의 Y 염색체를 생성하는 교차를 그려보라. 그림에 개체 II-3의 생식계통 세포에서 X 및 Y 염색체상의 *SHOX*(질환) 대립유전자와 $SHOX^+$(정상) 대립유전자의 위치, 그리고 Y 염색체상의 SRY^+ 대립유전자의 위치를 표시하라.

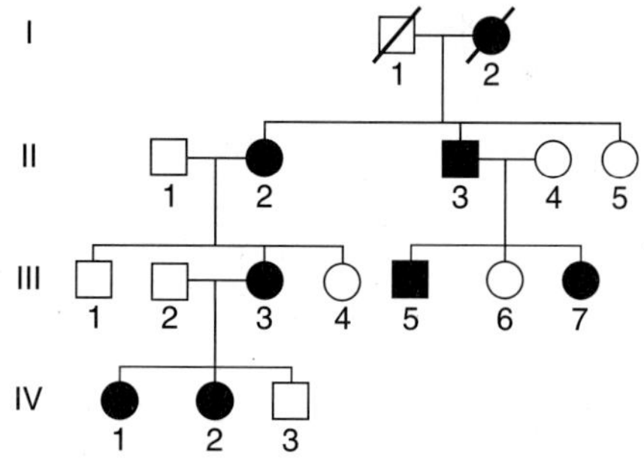

5장

연관, 재조합, 그리고 염색체상의 유전자지도 작성

지하철노선상의 지하철역의 위치와 같은 대상물의 장소 관계를 보여주는 지도. 유전자지도는 염색체상의 유전자의 위치를 묘사한다.

개요

5.1 유전자 연관과 재조합
5.2 재조합: 감수분열 동안의 교차 결과
5.3 지도작성: 염색체상에 유전자 자리 부여
5.4 카이 제곱 검정과 연관 분석
5.5 균류에서의 사분체 분석
5.6 유사분열 재조합과 유전적 모자이크

1928년에 의사들은 두 개의 잘 알려진 X-연관 유전형질인 적록색맹과 혈우병 A (보다 심한 "출혈 질환"을 보이는 X-연관형)에 대해 4대에 걸친 가계도를 완성하였다. 이 가계의 어머니 쪽 할아버지가 두 형질 모두를 지니고 있었는데, 이는 그가 가진 하나의 X 염색체에 해당하는 두 개의 유전자가 모두 돌연변이 대립유전자라는 것을 의미한다. 예상대로 그의 아들과 딸들에서는 색맹이나 혈우병인 사람이 보이지 않았지만, 2명의 손자와 1명의 증손자가 X-연관 상태 모두를 물려받았다(그림 5.1a). 자손들 중의 어느 누구도 두 가지 형질 중의 어느 하나만 보여주는 자가 없다는 사실은 돌연변이 대립유전자가 감수분열 중에 독립적으로 분리하지 않았다는 것을 암시한다. 대신에 이들은 한 세대를 형성하는 배우자에서 서로 같이 움직이며 다시 다음 세대를 이루는 배우자로 이동하여 색맹과 혈우병 모두를 갖는 X 염색체를 지닌 손자와 증손자가 생긴 것이다. 이처럼 서로 같이 이동하는 유전자들은 종종 **유전적 연관**(genetic linkage)을 나타낸다.

이와 대조적으로, X 염색체상에서 역시 돌연변이에 의해 생긴 색맹과 다소 다른 형태의 혈우병 B를 보여주는 가계도는 다른 유형의 유전 양상을 보여준다. 혈우병 B와 색맹을 지닌 할아버지가 4명의 손자를 두었는데, 이들 중에서 오직 1명만이 양쪽 형질을 나타냈다. 이 가계에서 색맹과 혈우병에 관한 유전자는 남성성 자손에서 두 형질에 대하여 네 가지 가능한 조합 모두, 즉 정상 시각과 정상 혈액응고, 색맹과 혈우병, 색맹과 정상 혈액응고, 그리고 정상 시각과 혈우병을 거의 동일 빈도로 만들기 때문에 독립적으로 분리하는 것처럼 보인다(그림 5.1b). 그러므로 이

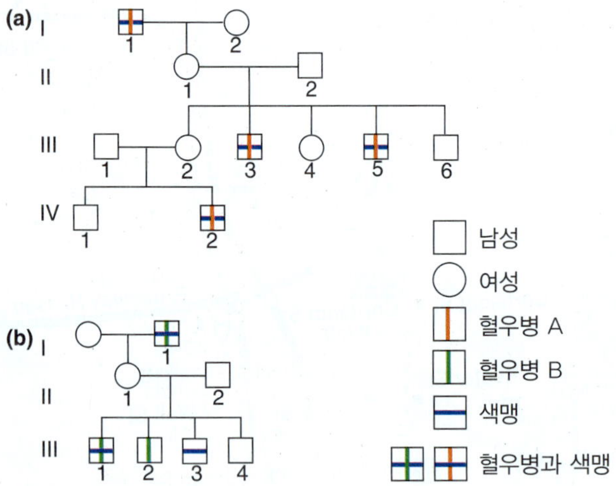

그림 5.1 가계도는 색맹과 두 가지 형태의 혈우병이 반성(X-연관) 유전형질이라는 것을 나타낸다. (a) 적록색맹과 혈우병 A의 전달. 가계도에서 이 형질들이 같은 행보를 하는 것으로 보아 유전적으로 연관되어 있다는 것을 나타낸다. (b) 적록색맹과 혈우병 B의 전달. 두 개의 유전자가 모두 X-연관이지만 돌연변이 대립유전자가 제3대에서 4명의 손자들 중에서 오직 1명에서만 같이 유전된다. 이런 두 가계도에서 보더라도 색맹 유전자는 혈우병 A와는 가까이 있지만 혈우병 B 유전자와는 멀리 떨어져 있다는 것을 나타낸다.

두 유전자의 돌연변이 대립유전자가 할아버지의 동일 X 염색체상에 놓여 있다고 해도, 이들은 분리하여 손주 III-2와 III-3과 같이 된다. 동일 염색체상에 있는 유전자들의 분리는 **재조합**(recombination)의 결과로 이전 세대에는 보이지 않던 새로운 유전자 조합의 자손이 나오게 된다(재조합 자손은 두 가지 중의 하나로 생길 수 있는데, 이 장에서 설명하는 것처럼 배우자 생성 시에 동일 염색체에 놓인 유전자들의 재조합에 의한 것이거나 4장에서 설명한 바와 같이 비상동염색체에 있는 유전자들의 독립적 분리에 의한 것임에 주목해야 한다).

동일 염색체상에 연관된 유전자들의 전달을 추구하는 데 있어 두 가지 중요한 주제를 명심해야 한다. 그 하나는 두 유전자 사이가 멀리 떨어져 있을수록 재조합을 통한 분리의 확률이 더 높아진다는 것이다. 이와 같은 일반적인 법칙을 확대 해석해 보면, 혈우병 A 유전자는 적록색맹 유전자와 아주 가까이 있는데, 이는 그림 5.1a에서 보는 바와 같이 이 두 유전자가 거의 분리되지 않기 때문이다. 이에 비해 혈우병 B 유전자는 색맹 유전자와 멀리 떨어져 있는데, 그림 5.1b에서처럼 두 유전자의 대립유전자의 새로운 조합이 아주 자주 일어나기 때문이다. 두 번째 주제는 유전학자들이 염색체상에 유전자들의 상대적 위치 지도를 만들기 위해 유전자들이 전달되는 동안에 어떻게 자주 분리되는지에 대한 자료를 사용할 수 있다는 것이다. 이와 같은 지도작성은 복잡한 유전적 네트워크의 요소들을 정리하여 찾아내는 단서가 되며, 이는 또한 유전학자들이 분자수준에서 유전자들을 분리하고 특징짓는 데 결정적이다.

5.1 유전자 연관과 재조합

학습목표

1. 유전자 부위와 염색체를 관련하여 연관을 정의한다.
2. 양친형 배우자와 재조합형 배우자를 구별한다.
3. 양성잡종 교배에서 두 개 유전자가 연관되어 있는지의 여부를 자손의 비로 판단한다.
4. 검정교배가 연관 여부에 대한 증거를 어떻게 제시할 수 있는지 설명한다.

인간이 단 23쌍의 염색체에 대략 25,000개의 유전자를 가지고 있다고 하면, 대부분의 염색체들은 수천 개가 아닌 수백 개의 유전자들을 지녀야만 한다. 앞서 4장에서 기술한 바와 같이 인간의 X 염색체는 대략 1,100개의 단백질을 암호화하는 유전자를 지니고 있다는 사실이 밝혀져 있다. 개개의 염색체상에 많은 유전자가 존재한다는 인식은 중요한 의미를 불러일으킨다. 제1감수분열 동안에 비상동염색체들이 방추체상에 독립적으로 배치되어 있기 때문에 다른 염색체상에 있는 유전자들이 독립적으로 분리를 한다면 동일 염색체상에 있는 유전자들은 어떻게 분리하겠는가?

동일 염색체상에 있는 어떤 유전자들은 독립적으로 분리하지 않는다–대신에 그들은 연관되어 있다

초파리의 X-연관 유전자로 분석을 시작하기로 하는데, 이들이 처음으로 특정 염색체에 배정된 것이었기 때문이다. 여러 교배 실험을 통해 암컷은 2개의 X 염색체를 지니고 있어 X-연관 유전자 각각에 대해 2개의 대립유전자를 갖는다는 것을 알았다. 반면에 수컷은 하나의 X 염색체만(어머니 쪽에서 온)을 지니고 있어 이들 유전자 각각에 대하여 단 하나의 대립유전자만을 지닌다.

우선 X-연관인 초파리의 눈 색깔과 몸 색깔을 결정하는 2개의 유전자를 보기로 하자. 이 두 유전자들은 동일 염색체상에 위치해 있기 때문에 **연관 가능**(신테닉, syntenic)이라고 한다. 흰색(*white*) 유전자는 이미 4장에서 소개하였으므로 우성 야생형 대립유전자인 w^+는 붉은색 눈을, 열성 돌연변이 대립유전자인 *w*는 흰색 눈을 지닌다는 것을 알고 있을 것이다. 노란(*yellow*) 몸 색 유전자의 대립유전자들인 y^+는 (야생형 갈색 몸이 우성인 대립유전자)이고 *y*는 (노란색 몸의 열성 돌연변이 대립유전자)이다. 혼란을 피하기 위하여 소문자 y^+와 *y*는 노란색 유전자의 대립유전자를 나타내고, 대문자 Y는 (눈 색이나 몸 색의 어떤 유전자도 지니고 있지 않은) Y 염색체를 나타낸다. 사선 부호(/)도 주목할 필요가 있는데, 이는 (이 경우에서처럼 X와 Y 염색체를 지니고 있거나 X 염색체의 쌍이나 상동형 상염색체가 쌍을 이루고 있는) 한 쌍의 염색체상의 유전자를 분리하는 데 사용된다. 그러므로 *w y*/Y는 *w y*를 지닌 X 염색체와 Y 염색체를 갖고 있는 수컷의 유전자형을 나타낸다. 이 수컷의 표현형은 흰색 눈과 노란색 몸을 보여준다.

그림 5.2 유전자들이 연관되어 있을 때에는 양친형 자손이 교차형 자손보다 수가 많다. 이중이형접합자 $w\ y^+/w^+\ y$인 F_1 암컷이 네 종류의 수컷 자손을 낳았다. 아버지와 닮은 아들($w^+\ y$/Y)과 F_1 암컷인 어머니와 닮은 아들($w^+\ y$/Y)은 양친형이 된다. 그 외의 아들들은(w^+y^+/Y 또는 *w y*/Y) 재조합형이 된다. 이러한 가깝게 연관된 유전자들에서는 양친형이 재조합형에 비해 아주 많다.

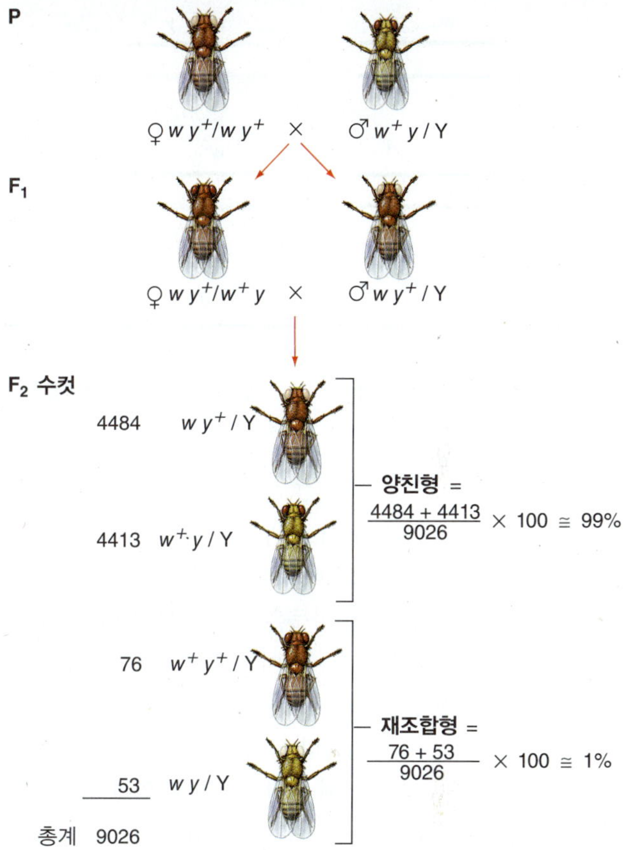

양성잡종 교배가 만드는 배우자들의 분석으로 연관 검출

돌연변이 흰색 눈과 야생형 갈색 몸을 지닌 암컷($w\ y^+/w\ y^+$)과 야생형 붉은색 눈과 돌연변이 노란색 몸을 지닌 수컷($w^+\ y$/Y) 간의 교배에서 제1대 잡종(F_1) 자손은 정상 붉은색 눈과 갈색 몸의 암컷($w\ y^+/w^+\ y$)과 돌연변이 흰색 눈과 갈색 몸을 지닌 수컷($w\ y^+$/ Y)이 같은 비로 분리되었다(그림 5.2). 수컷 자손은 어머니와 닮았는데, 이는 이들의 표현형이 어머니로부터 받은 하나의 X 염색체의 유전자형을 직접 반영하였기 때문이다. F_1 암컷에서는 이러하지 않는데, 이는 어머니로부터 받은 X에는 *w*와 y^+를 아버지로부터 받은 X에는 $w^+\ y$가 있기 때문이다. 그러므로 이런 F_1 암컷은 양성잡종이다. X-연관 유전자로 두 개의 대립유전자를 지녔고, 이들 각각은 양친으로부터 물려받았으며, 대립유전자 각 쌍의 우성 관계가 암컷의 표현형을 결정한다.

이제 동일 염색체상의 유전자의 분리에 관한 질문에 대한 유의한 교배를 보기로 하자. 만약 초파리의 이 두 가지 유전자, 눈과 몸의 색이 멘델의 제2법칙에서 기대하는 것과 같이 독립적 분리를 한다면 양성잡종 F_1 암컷은 네 종류의 배우자를, 즉 X 염색체상의 유전자들의 네 가지 서로 다른 조합인 $w\ y^+$, $w^+\ y$, $w^+\ y^+$, *w y*인 네 종류의 배우자를 만들 것이다. 이 네 종류의 배우자는 동일한 빈도, 즉 1:1:1:1로 나타날 것이다. 만약 이와 같이 일어난다면 배우자의 거의 절반은 두 가지 **양친형**(parental type)인 P 세대의 원래 암컷에서 보이는 $w\ y^+$ 대립유전자 조합이거나 P 세대의 원래 수컷에서 보이는 $w^+\ y$ 대립유전자 조합이 될 것이다. 배우자의 나머지 절반은 F_1 암컷의 P 세대 양친에서 보이지 않는 $w^+\ y^+$ 또는 *w y* 대립유전자 조합처럼 뒤섞이는 두 가지의 **재조합형**(recombinant type)이 될 것이다.

그림 5.3 "양친형"과 "재조합형"이란 명칭은 과거 역사와 관련이 있다. 이곳에서 그림 5.2를 다시 그려 **교배양상 A**로 나타내어 **교배양상 B**와 쉽게 비교하고자 하였다. 교배양상 B에서는 양성잡종 F_1 암컷이 흰색(*white*) 눈과 노란색(*yellow*) 몸 유전자의 서로 다른 대립유전자 조성으로 되어 있다. 이 두 교배양상에서 양친형과 재조합형이 각기 서로 다름에 주목하라. 그럼에도 불구하고 이 두 실험에서 양친형과 재조합형의 빈도가 비슷한데, 이는 교차빈도가 대립유전자의 배열과 무관하다는 것을 보여주는 것이다.

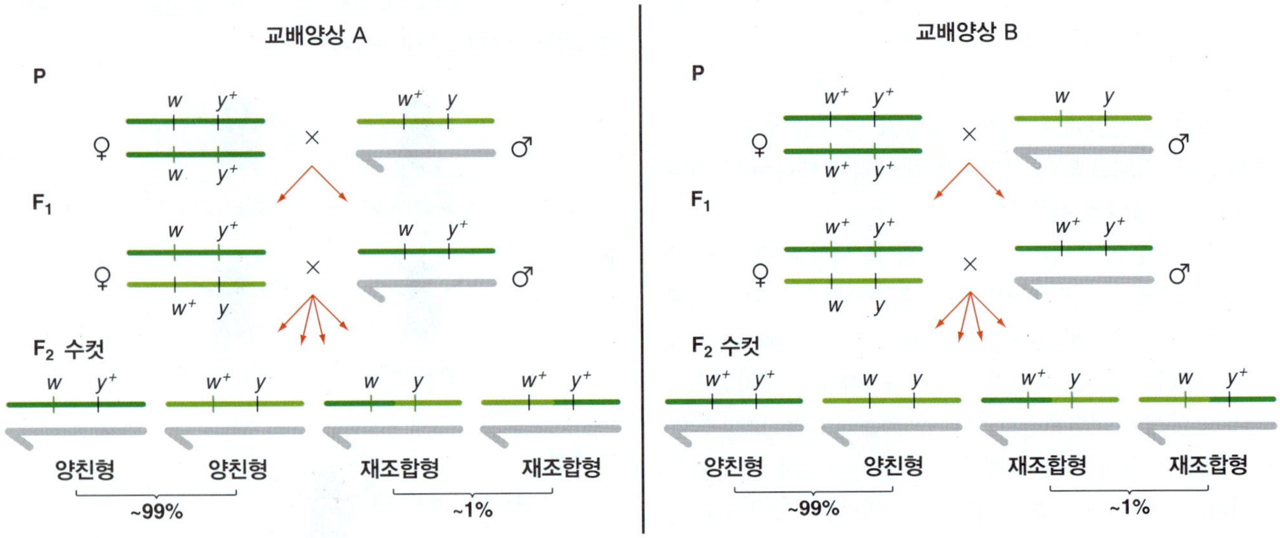

F_2 세대의 수컷 자손의 서로 다른 형태를 알아봄으로써 실제로 네 종류의 배우자의 비가 1:1:1:1인지의 여부를 산정할 수 있는데, 이는 마치 아들은 어머니 쪽의 배우자로부터만 X-연관 유전자를 받기 때문이다. 그림 5.2의 아래 부분은 F_2 수컷에서 9,026마리를 생산한 교배실험의 결과를 나타낸 것이다. X-연관 유전자의 상대적인 조합의 수는 양성잡종 F_1 암컷 배우자에 의해 전달하여진 X-연관 유전자의 상대적인 조합의 수는 독립적 분리의 기대치인 1:1:1:1과는 상당히 다르다는 것을 보여준다. 배우자에서 특히 가장 많은 수를 보이는 것은 양친형 조합인 $w\ y^+$와 $w^+\ y$를 운반한 것이다. 총 9,026마리 수컷 초파리 중에서 거의 99%인 8,897마리가 이런 유전자형을 지닌 것이다. 반면에 새로운 조합인 $w^+\ y^+$와 $w\ y$는 전체의 1% 정도였다.

이 두 유전자들이 독립적으로 분리하는 데 왜 실패했는지를 두 가지 방법 중의 하나로 설명할 수 있다. 그 하나는 $w\ y^+$와 $w^+\ y$ 조합이 보다 선호될 수 있었던 이유로 이 특정 대립유전자 사이에 존재한 어떤 내재된 화학적 친화력을 들 수 있다. 다른 하나의 이유는 대립유전자의 이 같은 조합은 흔히 볼 수 있는 양친형이란 것 때문이다. 즉, F_1 암컷은 P 세대 어머니로부터 w와 y^+를 함께 그리고 P 세대 아버지로부터는 w^+와 y를 함께 물려받았다. 그래서 F_1 암컷도 마찬가지로 자기 자손에게 재조합결합보다는 대립유전자의 양친형 결합으로 좀 더 많이 전달한다.

연관: 배우자의 양친형 그룹이 우세함

동일 유전자이지만 대립유전자가 다른 배열을 지닌 두 종류의 교배는 양성잡종 F_1 암컷이 네 가지 가능한 배우자를 1:1:1:1의 비로 만들지 않는 이유를 설명해 준다(그림 5.3에서 B의 교배 참조). 이런 두 번째 형의 교배로 붉은색 눈과 갈색 몸의 암컷($w^+\ y^+/w^+\ y^+$)과 흰색 눈과 노란색 몸의 수컷($w\ y$/Y)으로 되어 있는 원래의 양친형 세대에서 만들어진 F_1 암컷은 모두 $w^+\ y^+/\ w\ y$ 양성잡종이 된다. 이 F_1 암컷이 만드는 배우자의 종류와 비가 무엇인지를 알기 위하여 손쉽게 알 수 있는 F_2 수컷을 살펴볼 필요가 있다.

이번에 그림 5.3에서 교배 B가 보여주는 것은 $w^+\ y$/Y와 $w\ y^+$/Y는 재조합형으로 전체의 1%도 되지 않는 반면에, 양친형 조합인 $w\ y$/Y와 $w^+\ y^+$/Y는 거의 99%에 달한다. 이 교배에서 w^+와 y 또는 y^+와 w 보다 더 선호하는 연관은 없다는 것을 알 수 있다. 반면에 X 염색체의 이 특정 유전자들로 수행한 실험 두 가지를 비교하면, F_1 암컷이 만들어진 원래의 대립유전자의 배열이 어떻게 되어 있느냐에 따라 자손의 여러 형태의 관찰 빈도가 다르게 나타난다는 것을 제시해 준다. 그림 5.3에서 교배 A로 그림 5.2를 다시 그려봄으로써 이런 비교를 더욱 직접적으로 할 수 있게 된다. 양쪽 실험에서 P 세대에 있던 원래대로의 조합은 F_2 세대에서 가장 흔하게 보이는 것이 **양친형 그룹**(parental classes)인 것에 주목하라. 뒤섞인 **재조합 그룹**(recombinant classes)은 보다 적게 나타난다. 이중이형접합성 F_1 암컷의 "양친형"과 "재조합형"

배우자 또는 자손의 표기가 이루어지는데, 이는 암컷의 양친 각각으로부터 받은 대립유전자의 특정 세트에 의해 결정된다는 것을 인식하는 것이 중요하다.

유전자들이 독립적 분리할 때 양친형 및 재조합형 F_2 자손의 수는 동일한데, 왜냐하면 이중이형접합성 F_1 개체는 모두 동일한 네 종류의 배우자를 같은 수만큼 만들기 때문이다. 이에 비하여 양친형 유전자형을 지닌 F_2 자손이 재조합 유전자형을 지닌 F_2 자손의 수보다 훨씬 많으면 이 두 유전자들은 **연관되어(linked)** 있다고 생각된다. 독립적으로 분리하는 대신에 이 유전자들은 오랫동안 서로 연결되어 있었던 것처럼 행동한다. 눈과 몸 색깔을 나타내는 유전자들은 초파리의 X 염색체상에 놓여 있으므로 연관 개념을 온전히 제시하여 주었다. 이 두 유전자는 대립유전자의 양친형 조합인 $w\ y^+$와 $w^+\ y$처럼 매우 강하게 짝지어져 있거나(그림 5.3의 교배 A처럼) 혹은 $w^+\ y^+$와 $w\ y$ (그림 5.3 교배 B처럼)로 매 100개의 배우자가 만들어질 때 오직 한 개의 비로 뒤섞여진 재조합체가 만들어진다. 다시 말하면 아주 강하게 연관되어 있는 유전자들의 두 양친형 대립유전자 조합은 100번 중에 99번은 서로 같이 유전된다.

연관 정도에 있어 유전자 쌍 특이적 변이

연관은 언제나 이처럼 단단하게 되어 있지 않다. 초파리에서 축소형 날개(m)인 돌연변이도 X 염색체상에 있다. 붉은색 눈과 정상날개의 암컷($w^+\ m^+/w^+\ m^+$)이 흰색 눈과 축소형 날개의 수컷($w\ m$/Y)과 교배를 하면 F_1 세대는 모두 붉은색 눈과 정상날개의 초파리들이 생긴다. 양성잡종 F_1 암컷의 유전자형은 $w^+\ m^+/w\ m$이 된다. F_2 수컷 중에서 67.2%는 양친형($w^+\ m^+/w\ m$)인 반면, 나머지 32.8%는 재조합형($w\ m^+$와 $w^+\ m$)이다.

F_2 유전자형 사이에 이런 양친형 조합의 우월성은 두 개의 유전자가 연관되어 있다는 것을 나타낸다. 그리고 대립유전자의 양친형 조합이 그렇지 않은 것보다 더 많이 같이 움직인다는 것을 나타낸다. 그러나 눈 색과 몸 색의 w와 y 유전자 사이의 99% 연관과 비교해 보면 w와 m 사이의 연관은 강하지 않다. 눈 색과 날개 크기의 양친형 조합은 100개의 배우자당(1개가 아니라) 약 33개가 뒤섞인다.

상염색체 형질의 연관

연관된 상염색체 유전자들은 두 개의 독립적 분리되고, 서로 상호작용을 하지 않고, 그리고 하나는 완전 우성이고 다른 하나는 열성 대립유전자로 된 것에서 기대되는 9:3:3:1의 멘델 분리비에 따라 유전되지 않는다. 멘델은 그의 양성 잡종 교배에서 F_2 표현형의 분리비가 9:3:3:1로 되는 것을 관찰하였는데, 이는 양친에 의해 네 가지 가능한 배우자형($A\ B, A\ b, a\ B, a\ b$)이 같은 빈도로 만들어졌기 때문이다. 네 가지 배우자형의 각각이 동일한 수로 되는 독립적 분리는 F_2의 퍼네트 사각형에 있는 16개의 상자의 각자가 1/16의 빈도로 동일하게 수정된다는 것을 의미한다(그림 2.15 참조). 멘델의 두 유전자들이 연관되어져 있다면 F_2의 표현형적 분리비는 더 이상 9:3:3:1이 아닌데, 이는 부모형 배우자가 재조합형 배우자보다 아주 높은 빈도로 존재하기 때문이다. 그림 5.4는 연관의 결과로 만약 F_1 양성잡종의 각자가 유전자형 $A\ B/a\ b$이라 한다면, F_2의 9/16과 1/16 유형들은 두 개의 3/16 유형이 줄어들어서 증가됨을 보여준다. 역으로 만약 양친의 대립유전자가 ($A\ b/A\ b \times a\ B/a\ B$)로 다르게 되어 있다면 F_1은 $A\ b/a\ B$가 되고, 그러면 두 개의 3/16 유전자형의 유형들은 9/16과 1/16 유형이 줄어들어서 증가될 것

그림 5.4 유전자 A와 유전자 B가 연관되어 있으면 9:3:3:1 분리비는 바뀐다. 연관된 유전자들에서 양친형 배우자에 의해 가장 많이 만들어지는 F_2 유전자형 종류의 빈도는 다른 종류의 빈도의 희생에 의해 증가한다. 여기에 보이는 $A\ B/a\ b$ 양성잡종 교배에서 F_2의 예측 비인 9:3:3:1보다 $A–\ B–$와 $aa\ bb$ 종류는 아주 높은 빈도로, 그리고 나머지 두 종류인 ($A–\ bb$와 $aa\ B–$)는 아주 낮은 빈도로 생긴다. 이 그림에서 녹색은 F_2 세대에서 보이는 특정 유전자형 종류의 빈도를 나타낸다.

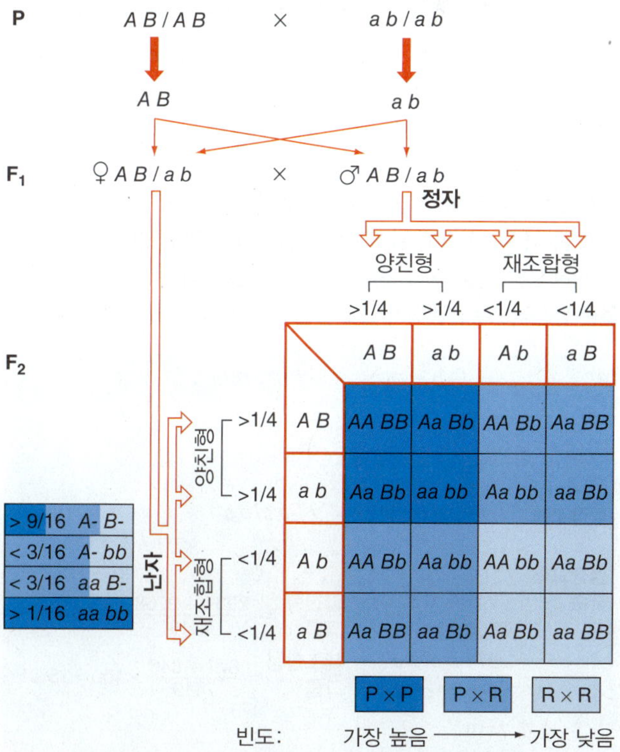

이다(그림 생략). 그러므로 연관은 9:3:3:1 비의 기본을 무효화하여 균등하지 않은 수의 네 개의 생식세포를 형성하여 그림 5.4의 각 퍼네트 사각형의 상자는 더 이상 동등한 수정 현상을 나타내지 않는다.

검정교배로 연관의 검출을 쉽게 한다

20세기 초반에 유전학자들은 그림 5.4에서 보여주는 것과 같은 교배를 해석하는 데 어려워했다. 어떤 대립유전자가 어떤 양친으로부터 왔는가를 추적하는 데 곤란했기 때문이다. 예를 들면, 그림 5.4에서 배우자형 *A– B–*를 지닌 F_2 모두가 동일한 표현형을 가지고 있지만, 이들은 두 개의 양친형 배우자(짙은 파란색 정사각형 모양), 두 개의 재조합형 배우자(밝은 청색 정사각형 모양) 또는 각 종류를 하나(중간 파란색 정사각형 모양)씩 포함한 수정으로부터 나왔다. 그러나 두 개의 유전자들이 열성 대립유전자들인 동형접합성의 한쪽 양친으로 검정교배를 함으로써 다음 절에서 상세하게 설명하는 바와 같이 유전학자들은 이중이형접합성인 다른 양친의 배우자로부터 받은 유전자 조성을 쉽게 분석할 수 있게 되었다.

예를 들면, 초파리는 몸 색에 대해 X-연관 *y* 유전자 이외에도 상염색체 유전자를 지니고 있는데, 야생형인 갈색에 대해 검은색(*b*)을 나타나게 하는 열성 돌연변이가 있다. 동일 상염색체에 초파리의 날개 모양을 결정하는 제2의 열성 유전자로 정상인 곧은 날개에 비해 곡선으로 휜 만곡 날개(*c*)가 있다. 그림 5.5는 곧은 날개에 검은색 몸인 암컷($b\,c^+/b\,c^+$)과 만곡 날개에 갈색 몸인 수컷($b^+\,c/b^+\,c$) 사이의 교배를 보여준다. 모든 F_1 자손은 이중이형접합자($b\,c^+/b^+\,c$)로 표현형적으로는 야생형이다. 이 F_1 암컷을 $b\,c/b\,c$인 수컷과 검정교배를 하면 모든 자손은 아버지로부터 *b*와 *c*의 열성 대립유전자를 받는다. 그러므로 자손의 표현형은 어머니로부터 받은 배우자의 종류를 나타낸다. 예를 들면, 정상 날개에 검은색 초파리의 유전자형은 $b\,c^+/b\,c$인데 $b\,c$ 조성은 아버지로 받았다는 것을 이미 알고 있기 때문에 어머니로부터 $b\,c^+$를 받은 것이 된다. 그림 5.5가 보여 주는 바와 같이 한 실험에서 검정교배로 얻은 자손의 약 77%인 양친형 유전자 조성을 (즉, F_1 암컷의 각 양친으로부터 전달 받은 배우자의 대립유전자 조성) 지녔고, 나머지 23%가 재조합형이었다. 양친형 그룹의 수가 재조합형 그룹의 수보다 많기 때문에 검은색 몸과 만곡 날개에 대한 상염색체상의 유전자는 연관되어 있다고 결론을 내릴 수 있다.

그림 5.5 상염색체 유전자 또한 연관을 보여준다. 검정교배로 초파리의 몸 색 유전자(*b*)와 날개모양 유전자(*c*)의 재조합 빈도가 23%임을 보여준다. 양친형이 재조합형보다 숫자가 많기 때문에, *b*와 *c* 유전자들은 유전적으로 연관되어 있고 동일 상염색체상에 있어야만 한다.

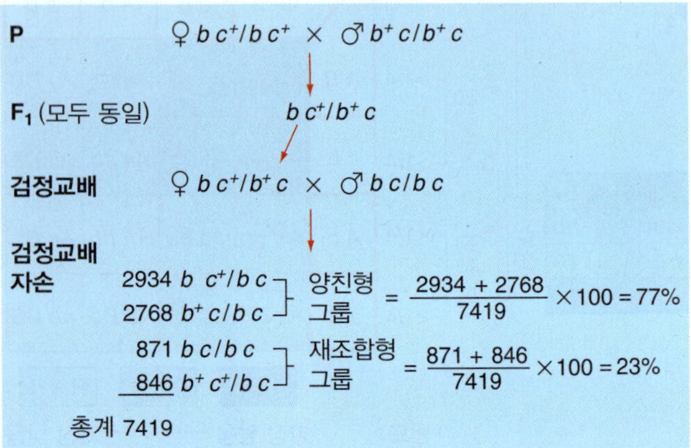

핵심 개념

- 독립적으로 분리하지 않고 동일 염색체상에 있는 유전자들은 연관되어 있다고 말한다.
- 양친형 배우자는 조부모 중 한 명으로부터 같이 전해진 대립유전자를 지니며, 재조합형 배우자는 조부모 두 명으로부터 전해진 대립유전자도 포함한다.
- 연관의 특징은 양성잡종이 재조합형 배우자보다 양친형 배우자를 더 많이 만들고, 그 결과 양성잡종 교배에서 자손의 비가 9:3:3:1로 나오지 않는다.
- 검정교배는 연관을 명확하게 하는데, 각 자손의 표현형이 양성잡종 부모에 의해 만드는 각각의 배우자형과 일치하기 때문이다.

5.2 재조합: 감수분열 동안의 교차 결과

학습목표

1. 재조합이 무엇에 의해 일어나는지 물리적 과정을 설명한다.
2. 감수분열 동안에 염색체 분리에 있어서 교차점의 역할을 기술한다.
3. 재조합 빈도와 염색체상의 두 부위를 분리하는 지도 거리 사이의 관계에 대해 논의한다.
4. 두 유전자 사이의 재조합 빈도치가 왜 50%를 넘지 않는지 그 이유를 설명한다.

동일 염색체상에 물리적으로 연관되어 있는 유전자들이 어떻게 서로 같이 전달되며, 그로 인해 유전적 연관을 보여주는가를 이해하는 것은 쉽다. 모든 연관된 유전자들이 항상 적당한 크기의 표본 집단에서 약간의 재조합을 보여주는지에 대한 이유는 분명하지 않다. 재조합이라고 하는 연관된 유전자들의 뒤섞임을 생기게 하는 물리적 과정에 염색체가 참여하는가? 이 질문에 대한 대답은 흥미 이상의 것으로 재조합이 염색체상에 있는 유전자 쌍들 사이의 상대적인 거리를 측정하는 토대를 제공한다.

1909년 벨기에의 세포학자인 프랜스 얀센스(Frans Janssens)가 제1감수분열 전기 과정을 광학현미경으로 관찰한 구조를 기술하였다. 4장에서 설명한 바와 같이 그는 이 구조를 **교차점(키아즈마타**, chiasmata)이라고 명명하였는데, 이들은 상동염색체의 비자매염색분체가 서로 교차를 이루고 있는 부위를 나타내는 듯 보였다(그림 4.17 참조). 유전학적 및 세포학적 자료를 결합한 것으로부터 추론하여 토마스 헌트 모건(Thomas Hunt Morgan)은 광학현미경으로 관찰한 교차점이 염색체의 절단과 교환의 장소이고, 그 결과 유전적 재조합이 일어난다고 제안하였다.

상동염색체 사이의 상호교환은 재조합의 물리적 근거이다

감수분열 동안에 염색체의 물리적인 절단과 재결합이 유전적 재조합의 근거라는 모건의 생각은 이치에 맞는 것처럼 보인다. 그러나 얀센스의 교차점은 이 과정의 징후로 해석될 수 있었음에도 불구하고 1930년 이전까지는 아무도 실제로 생성되는 상동염색체 사이의 교차에 대한 눈으로 볼 수 있는 증거를 만들어 내지 못하였다. **물리적 표식자** (physical marker) 또는 특정 염색체의 한 부분이 한 세대에서 다음 세대로 제대로 전해지는 것을 볼 수 있게 한 세포학적인 가시적 기형의 확인은 연구자들로 하여금 재조합에 대해 실험적 증거로부터 논리적인 연역이 이루어질 수 있게 하였다. 1931년에 옥수수를 연구한 해리엣 크레이턴(Harriet Creighton)과 바버라 매클린톡(Barbara McClintock) 그리고 초파리를 연구한 커트 스턴(Curt Stern)이 그와 같은 유전적 재조합이 정말로 모계와 부계 염색체 사이에서 상호 부분교환에 근거한다는 실험결과를 논문으로 발표하였다. 예를 들면, 스턴은 서로 다른 두 개의 X 염색체를 지닌 암컷 초파리를 사육하였는데, 이들 각각은 염색체의 한쪽 끝부분 근처에 독특한 물리적 표식자를 지니고 있었다. 이 암컷은 두 개의 X-연관 **유전적 표식자**(genetic marker)인 유전자들을 이중이형접합성으로 지니고 있었는데, 이들은 특정 자손이 재조합의 결과인지의 여부를 결정하는 기준으로 사용될 수 있었다.

그림 5.6은 이런 이형접합성 암컷의 염색체를 그림으로 표시한 것이다. 하나의 X 염색체는 막대모양(*Bar*)의 눈 돌연변이와 짙은 루비색의 카네이션 눈(*car*) 돌연변이를 지녔고, 게다가 이 염색체는 시각적으로 불연속성을 보여 물질적으로 구별되는데, 이는 X 염색체의 말단이 떨어져 나와 상염색체에 부착되어 이루어진 것이다. 다른 하나의 X 염색체는 *car*와 *Bar* 유전자 모두가 야생형 대립유전자(+)를 지니고 있으나 Y 염색체의 일부로 구성된 물리적 표식자가 X 염색체 동원체에 결합된 것으로 구성되어 있다.

그림 5.6은 $car\ Bar/car^+\ Bar^+$ 암컷에서 염색체가 어떻게 수컷 자손에게 전달되는지를 보여준다. 실험 결과에 따르면 양친형의 유전자들의 조합($car\ Bar$ 또는 $car^+\ Bar^+$)에 의해 결정되는 표현형을 지닌 모든 아들은 어머니에 있던 원래의 X 염색체 중의 하나와 구조적으로 구별되지 않는다. 그러나 카네이션 눈 색과 정상 눈 모양($car\ Bar^+/Y$)을 보여주는 것과 같은 재조합체 아들에서는 상동 X 염색체 끝 부분에서 보이는 비정상적인 구조를 알 수 있는 교환이 유전자의 재조합과 마찬가지로 이루어졌다. 그러므로 이런 증거는 특정 염색체에 특이하게 표지된 부분에 존재하는 특정 유전자들의 교차와 표현형적인 재조합 사례를 결합시켜준다. 이 실험은 유전적 재조합이 감수분열 동안에 일어나는 상동염색체 절편 사이의 실질 상호교환과 관련되어 있다는 것을 훌륭하게 제시해 준다.

왜 재조합인가?

4장에서 지상의 생명체에 오랜 진화시간에 걸쳐 측정된 재조합이 제공한 하나의 유리한 점에 대해 논의하였다. 즉, 재조합이 상동염색체 간에 유전자의 대립유전자를 재편성함으로써 유전적 다양성에 기여하였다(그림 4.17 참조). 그러

그림 5.6 재조합이 상동염색체 사이의 상호교환의 결과라는 것을 보여주는 증거. 초파리 X 염색체상에 있는 *car* 유전자와 *Bar* 유전자 사이의 유전적 재조합은 현미경하에서 볼 수 있는 물리적 표식자의 교환을 수반한다. 교차에 대한 도식을 간략하게 나타냈지만 실제로 유전적 재조합은 각 염색체가 복제하여 자매염색분체로 되고 난 후에 일어난다는 것에 주목하라.

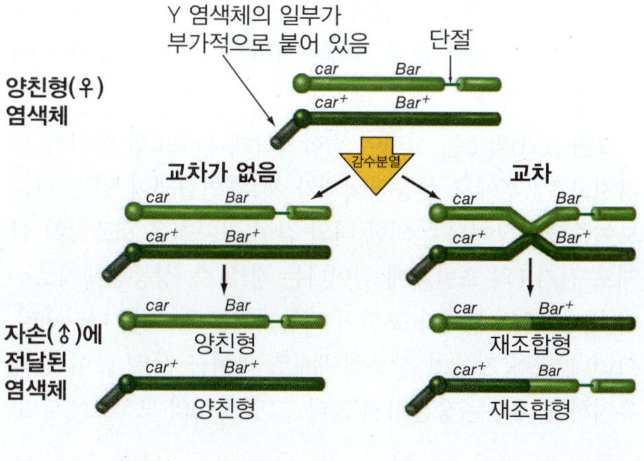

나 교차는 양친과 그들의 자손 사이에 염색체가 전달될 때 온전히 분리되도록 확인하게 하는 보다 더 심오한 다른 역할을 수행한다. 앞으로 보게 되겠지만 만약 재조합이 일어나지 않는다면 제1감수분열 시기 동안에 비분리가 드물게 일어나는 것이 아니고 일상적인 것이 되어서 종들이 세대에 걸쳐 계속해서 동일한 염색체 수를 보유할 수 없었을지도 모른다.

적절한 염색체 분리는 상동염색체로 하여금 상대편 방추체 극으로 끌려가도록 요구하고, 결국에는 상동염색체가 전기 동안에 서로 쌍으로 있게 할 뿐만 아니라 후기에 가서 분리될 때까지 중기 동안은 물리적으로 서로 연결되게 하는 것이 쟁점이다. 만약 상동염색체가 상대편 방향에서 잡아당겨지고, 이들이 물리적 연결에 의해 연관된 채 남아 있게 된다면 제1감수분열 방추체는 염색체상에 장력을 가할 수 있다. 만약 장력이 존재하지 않는다면 상동염색체는 반대편 방추체 극에 연결되어 있는 것을 "알지" 못했을지도 모른다. 장력이 없으면 두 염색체 모두는 종종 같은 방추체 극에서 나온 방추사에 연결되어져서 비분리가 생길 수도 있을 것이다. 그러면 제1감수분열의 후기까지 상동염색체 사이에 물리적 연관을 제공하는 것은 무엇인가?

그림 4.16으로부터 접합복합체나 재조합 마디가 상동염색체 간에 필요한 연결을 형성한다는 것을 생각했을지도 모른다. 그림 5.7a는 전기 I의 중반(태사기 하위 단계) 동안의 이들 구조의 실제 형광현미경 사진을 보여준다. 상동염색체가 서로 쌍을 이루게 하는 접합복합체는 붉게 보인다. 염색체의 DNA는 이 사진에 보이지는 않지만 각각의 붉은색 선은 두 개의 상동염색체가 만든 이가염색체(사분체)로 이것의 각각은 이미 전에 복제되어 자매염색분체로 이루어진 것이다. 접합복합체를 따라 사이사이에 박혀 있는 것이 재조합 마디(nodule)로 실제 교차에 필요로 하는 효소를 갖고 있으며, 이 단백질 중의 하나가 초록색으로 염색되어 있다. 그러나 기대와는 달리 접합복합체나 재조합 마디의 어느 것도 후기 I이 시작될 때까지 상동염색체와 연결될 수 없는데, 이런 구조가 모두 전기 I의 끝에 가서는 사라진다는 것을 간단한 이유로 들 수 있다.

그림 5.7b와 c는 심지어 접합복합체나 재조합 마디가 사라지고 난 후에도 상동염색체가 서로 연결되어 있는 것을 보여준다. 4장에서 논의한 바와 같이 교차점은 재조합이 실제로 전기 I의 초반기에 일어나는 장소(즉, 상동염색체로부터 비자매염색분체가 교환이 이루어지는 장소)를 나타낸다. 그러나 교차 자체가 상동염색체로 하여금 서로 같이 있게 유지하는 데에는 충분하지 않다. 그림 5.7c의 모식도에서 보

그림 5.7 재조합은 제1감수분열에서 염색체 분리가 정확히 이루어지도록 도와준다. (a) 생쥐 제1정모세포에서 제1감수분열의 전기 중간쯤에서의 염색체. 접합복합체의 단백질 성분은 붉은색이고, 재조합 결절은 녹색이며 동원체 성분은 청색이다. 어떤 것에서는 잘 보이지 않지만 각각의 이가염색체는 적어도 하나의 재조합 마디를 지니고 있다. (b) 제1감수분열의 늦은 전기(복사기) 때의 생쥐 염색체. 각각의 이가염색체는 초기에 교차가 일어났다는 것을 나타내는 적어도 하나의 교차점(키아즈마타, 화살표로 표시)을 지니고 있다는 데 주목하라. (c) 감수분열 I의 중기 동안에 이가인 염색체의 팔을 따라 코헤신 복합체(주황색 고리)를 나타내는 모식도로 동원체의 코헤신은 보여주지 않았다. 교차점에서 먼 쪽의 코헤신 복합체는 자매염색분체를 서로 붙어 있게 한다. 극 쪽을 향한 화살표는 상동염색체가 떨어지도록 잡아당기는 힘을 나타낸다.

(a) 전기 I (태사기)

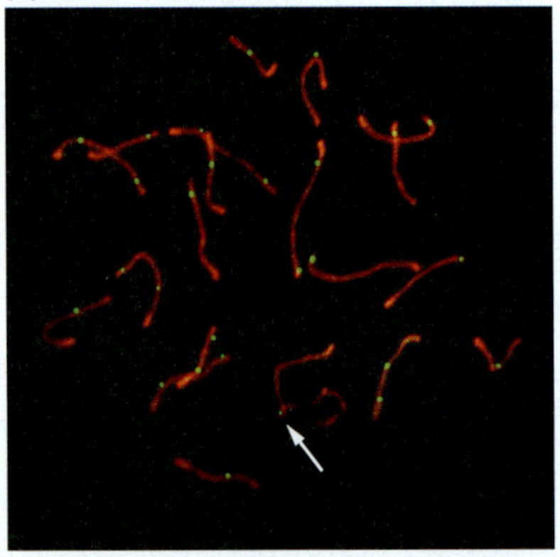

(b) 전기 I (복사기)

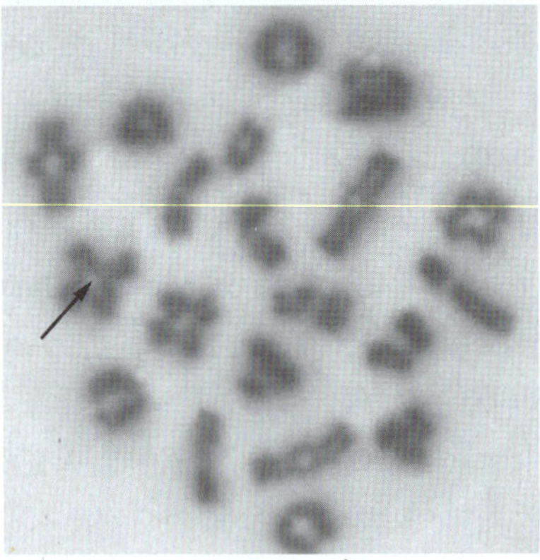

(c) 중기 I

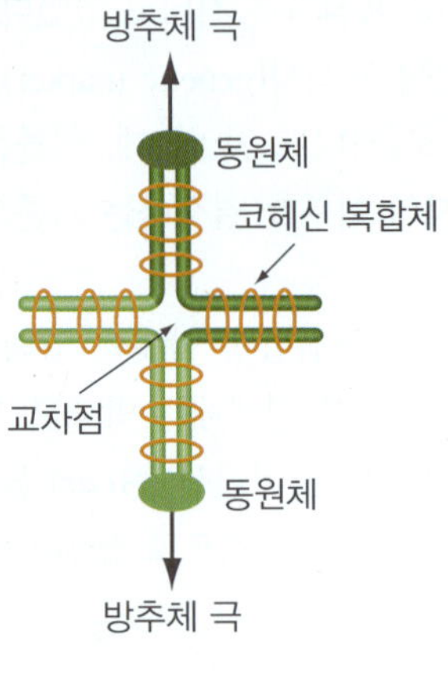

는 바와 같이 상동염색체들 사이의 물리적 연관은 놀랍게도 자매염색분체 사이를 연결하는 **코헤신**(cohesin)이라고 하는 분자적 복합체를 포함하고 있다. 일단 교차가 일어나면 교차점 뒤편에(즉, 교차점보다 동원체로부터 더 멀리 떨어지도록) 코헤신 복합체가 있어 상동염색체가 서로 중기 판에 같이 있게 하여 온전한 염색체 분리가 일어나도록 한다.

코헤신은 염색체 생물학에서 여러 역할을 한다. 예를 들면 코헤신은 염색체 팔을 따라 발견될 뿐만 아니라 동원체 자신의 주요 구성성분이다. 11장에서 유사분열과 감수분열 동안에 자매염색분체를 연결하는 데 코헤신이 어떻게 작용하는지 자세하게 논의할 것이다.

적절한 염색체 분리에 대한 교차의 중요성은 그림 5.7a와 b에 있는 각각의 2가 염색체가 한 개의 재조합 마디 혹은 교차점을 가지고 있다는 사실에 의해 강조된다. 실제로 거의 모든 적어도 유성생식을 하는 생명체에 생기는 **간섭**(interference)이라고 하는 기작은 각 염색체 쌍이 적어도 하나의 교차를 하도록 하고, 그로 인해 아주 작은 잘못이 생기는 때를 제외하고는 어떤 염색체도 비분리가 되는 것을 반드시 막도록 돕는다. 이 장의 뒷부분에서 간섭에 대해 보다 자세히 논의할 것이다.

재조합 빈도는 두 유전자 사이의 거리를 반영한다

교차점이 염색체 사이의 물리적 교차 지점을 나타내고, 그런 교차가 재조합의 결과를 가져올 것이라는 모건의 믿음은 그로 하여금 다음과 같은 논리적 연역을 유도하였다: 유전자들이 염색체를 따라 일렬로 놓여 있기 때문에 서로 다른 유전자 쌍은 서로 다른 연관 비를 나타낸다. 두 유전자가 염색체상에 보다 가까이에 서로 함께 있다면, 한 줄로 선 유전자들이 잘라지고 재조합되는 사건에 의해 분리될 수 있는 기회는 보다 줄어든다. 이를 다른 방식으로 보기 위하여 우선 교차점이 염색체를 따라 어느 곳에서나 동일한 가능성으로 이루어질 수 있다고 가정한다면, 두 유전자 사이에서 일어날 교차의 확률은 그들을 분리시키는 거리에 따라 증가할 것이다. 만약 이와 같이 이루어진다면 유전적 재조합의 빈도는 또한 유전자 사이의 거리에 따라 증가해야만 한다. 요점을 보여주기 위하여, 한 줄로 늘어선 작은 검은색 점들을 지닌 10인치의 리본을 벽에 고정시킨 후 반복하여 다트(화살)를 던져 리본의 어느 부분이 나누어지는지 생각해 보라. 던져진 거의 모든 다트는 리본의 한 끝에 있는 점을 다른 쪽 끝에 있는 점과 분리시키는데, 한편 아주 흔하지 않지만 어떤 다트는 서로 바로 옆에 있는 두 개의 특정 점을 분리시키는 것을 볼 수 있을 것이다.

모건의 제자 알프레드 H. 스터트번트(Alfred H. Sturtevant)는 이 아이디어를 한 단계 더 나아가게 하였다. 그는 전체 자손에서 재조합형의 백분율을 **재조합 빈도**(recombination frequency, RF)라 하고 이를 동일 염색체상에 떨어져 있는 어떤 두 개의 유전자의 물리적 거리를 나타내는 척도로 할 것을 제안하였다. 스터트번트는 임의로 1 RF 백분율을 염색체의 측정 단위로 정의하였다. 후에 다른 유전학자들은 모건의 이름을 따서 **센티모건**(centimorgan, cM)을 단위로 삼았다. 지도작성자들은 종종 센티모건을 **지도 단위**(map unit, m.u.)라고도 한다. 이 두 가지 용어는 서로 교환하여 사용하기도 하는데, 연구자들은 그들의 실험 생물에 따라 어느 한 편의 사용을 더 좋아한다. 예를 들면, 초파리 유전학자들은 지도 단위를, 인류 유전학자들은 센티모건을 많이 사용한다. 스터트번트 시스템에서 1% RF = 1 cM = 1 m.u.이다. 초파리의 X-연관 유전자 두 쌍에 대한 앞에서의 분석은 그의 제안이 어떻게 작용하는가에 대해 잘 보여준다. 눈 색(*w*)과 몸 색(*y*)에 대한 X-연관 유전자가 재조합하여 F_2 자손에서 1.1%를 보여주었기 때문에 이들은 1.1 m.u. 만큼 떨어져 있다(그림 5.8a). 역으로 X-연관 유전자 눈 색(*w*)과 날개 크기(*m*)는 32.8의 재조합 빈도를 보여주고 있기 때문에 이들은 32.8 m.u. 만큼 떨어져 있다(그림 5.8b).

양성잡종에서 생식계열의 세포에서 생기는 개개의 감수분열을 고려할 때 두 유전자 사이의 거리를 측정하는 것이 왜 재조합형 배우자의 몫이라고 보는 것은 당연하다. 만약 유전자 *A*와 *B*가 염색체상에 아주 가깝게 있다면 유전자들 사이에 교차가 없는 그림 5.9a에서 보여준 것과 같은 감수분열이 일어날 것이다. *A B*/*a b*와 같은 양성잡종에서 그와 같은 감수분열의 결과는 네 개의 양친형 배우자를 만들 것이다(그림 5.9a). 때때로 감수분열 동안에 두 유전자 사이에서 교차가 일어나면 그 결과 두 개의 재조합형과 두 개의 양친형 배우자가 생길 것이다(그림 5.9b). 이 같은 교차는 아

그림 5.8 재조합 빈도가 유전자지도의 근간이다. (a) 유전자 *w*와 *y*가 이중이형접합성인 암컷에 의해 만들어지는 배우자의 1.1%가 재조합체이다. 그러므로 재조합 빈도(RF)는 1.1%이고, 그리고 유전자들은 1.1 지도 단위(m.u.) 혹은 1.1 센티모건(cM) 만큼 떨어져 있다. (b) *w*와 *m* 유전자 사이의 거리는 32.8 m.u. (혹은 32.8 cM)로 더 길다.

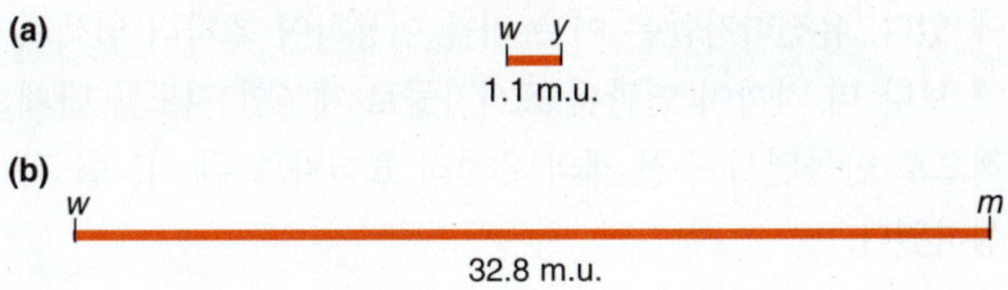

그림 5.9 두 개의 유전자가 연관되어 있을 때 재조합형 배우자는 양친형 배우자보다 낮은 빈도로 만들어진다. (a) 대부분의 감수분열은 두 개의 강하게 연관되어 있는 유전자 *A*와 유전자 *B* 사이에는 교차가 일어나지 않는다(노란색 음영). (b) 때때로 감수분열 시에 A와 B 사이에 하나의 교차가 일어나 그 결과 두 개의 재조합형 배우자(녹색 음영)와 두 개의 양친형 배우자(노란색 음영)가 만들어진다.

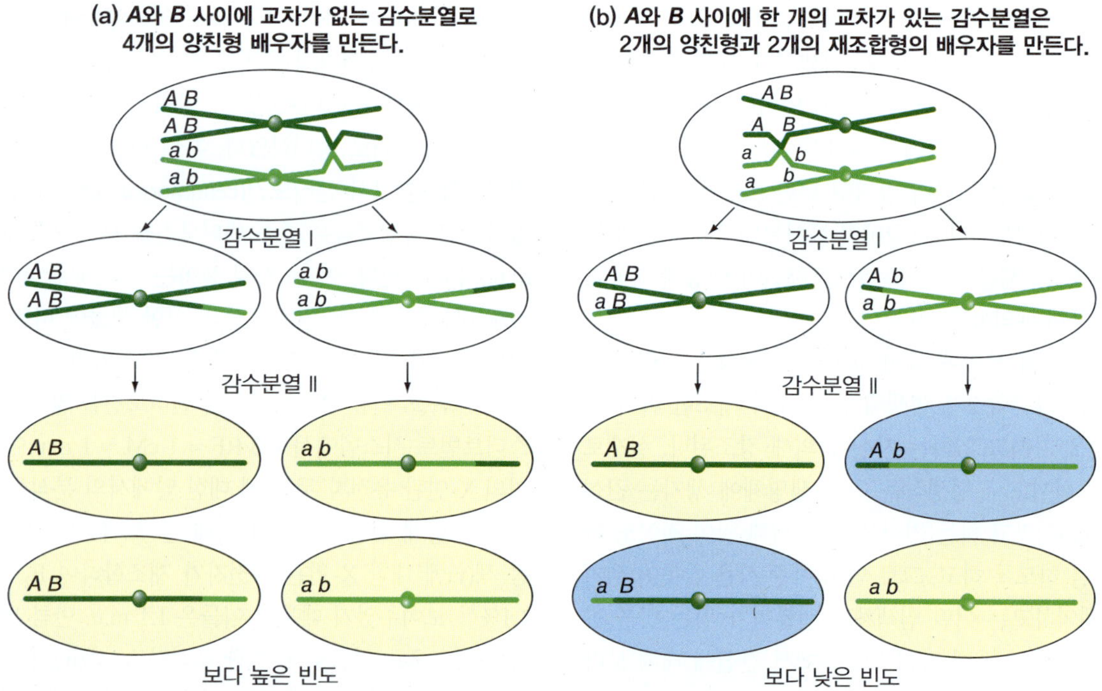

주 드문 경우인데, 염색체의 길이의 대부분이 유전자 *A*와 *B* 부위 바깥쪽에 있기 때문이다. 두 유전자 사이의 거리가 늘어날수록 유전자 사이에 하나의 교차가 일어나는 감수분열의 빈도가 늘어날 것이고, 또한 재조합형 배우자의 부분도 늘어날 것이다.

그림 5.9로부터 각 경우에 비추어 왜 양친형 배우자(이 예에서 *A B*와 *a b*)가 거의 같은 빈도로 만들어지고, 또 왜 두 가지 형의 재조합형 배우자(*A b*와 *a B*)가 거의 같은 수로 만들어지는가에 대해 이해할 수 있다. 유전자 *A*와 *B* 사이에서 두 개의 비자매염색분체가 교차를 하지 않으면 양친형 염색체 종류의 각각이 만들어진다. 마찬가지로 두 개의 비자매염색분체가 두 개의 유전자 사이에서 교차를 하게 되면 서로 교환된 양쪽 재조합체가 만들어진다.

측정 단위로서의 지도 단위는 단순히 유전자들 사이의 거리를 반영한 재조합 확률의 지표이다. 이 지표에 따르면 *y*와 *w* 유전자들은 *m*과 *w* 유전자들보다 서로 아주 가까이에 있다. 유전학자들은 이 논리를 이용하여 초파리 염색체에 보다 더 가까이 연관된 표식자들로 재조합 지도를 단계적으로 만들면서 수천 개의 유전적 표식자로 된 지도를 작성하였다.

두 유전자 사이의 재조합 빈도는 결코 50%를 넘지 않는다

연관의 정의에 따르면 재조합형 그룹의 비가 양친형 그룹보다 적다는 것으로, 재조합 빈도가 50%보다 적다는 것은 연관을 의미한다. 그러나 만약 양친형과 재조합형의 자손이 거의 같은 수라고 한다면, 유전자의 상대적 위치에 대해 어떤 결론을 내릴 수 있겠는가? 그리고 심지어 재조합형이 대다수를 차지한 경우도 일어날 수 있겠는가?

이미 50%의 재조합 빈도를 생기게 하는 한 가지 경우를 알고 있다. 서로 다른 (즉, 비상동) 염색체에 놓여 있는 유전자들은 두 개의 동일하게 보이는 구조를 지닌 염색체가 제1감수분열 시기에 방추체에 나란히 늘어서 있기 때문에, 그리고 어떤 유전자이든 그가 있는 염색체의 동원체와의 사이에서 교차가 일어날 수 있기 때문에 멘델의 독립적 분리의 법칙을 따를 것이다(그림 4.17b 참조). *A*와 *B* 두 유전자들의 양성잡종은 네 개의 가능한 배우자(*A B*, *A b*, *a B*, *a b*)를 거의 같은 비로 만들 것이다. 중요한 것은 유전자들이 동일 염색체상에 아주 멀리 떨어져 있는 경우의 실험에서도 거의 50%의 재조합 빈도를 보여준다.

왜 이것이 옳은지를 이해하기 위하여 검정교배 실험에서

만들어지는 배우자의 집단에 기여하는 서로 다른 감수분열을 생각해 보자. 두 개의 유전자가 동일 염색체상에 아주 가까이 있으면 오직 두 종류의 감수분열, 즉 교차가 없는 감수분열(그림 5.10에서 NCO [no crossover] 감수분열)과 단 하나의 교차를 지닌 아주 드문 감수분열(그림 5.10의 SCO [single crossover])을 볼 수 있다. 앞서 그림 5.9에서 본 것을 상기해 보면 NCO 감수분열은 단지 양친형 배우자만을 만들고, 반면에 SCO는 50%의 재조합형 배우자를 만든다. 이와 같이 아주 가까이 밀착되어 있는 유전자는 연관되어 있는데, 이는 어떤 감수분열(NCO)은 어떤 재조합형 배우자도 만들지 않기 때문이다.

두 유전자들이 아주 멀리 떨어져 있을 때 SCO는 더 자주 일어나고 어떤 감수분열의 경우에는 *A*와 *B* 사이에 두 개의 교차(DCO [double crossover]) 또한 생길 수 있다. DCO 감수분열은 두 개, 세 개 또는 모두 네 개의 비자매염색분체에서 교차가 일어날 수 있는, 네 가지 다른 형태 중의 하나일 수 있다. 네 가지 DCO는 같은 빈도로 일어날 수 있기 때문에 DCO에 의해 만들어지는 재조합형 배우자의 평균 빈도

그림 5.10 동일 염색체상에 있는 유전자들의 양성잡종에서 가능한 감수분열 사건. *A*와 *B* 사이에 연관이 없는(NCO; no crossover) 감수분열은 모두 양친형 염색체를 만든다. *A*와 *B* 사이에 하나의 연관이 있는(SCO; single crossover) 감수분열은 양친형과 재조합형(R) 염색체를 각각 절반씩 만든다. 두 개의 연관(DCO; double crossover)은 네 종류로 거의 동등하게 일어나고 이들을 총괄하여 평균하면(맨 아래) 양친형과 재조합형 배우자를 각각 절반씩 만든다. 두-가닥 DCO 사건에서 비자매염색분체의 한 쌍이 두 번의 교차를 수행한다. 세-가닥 DCO의 두 가지 형태의 어떤 것도 하나의 상동염색체의 하나의 염색분체가 다른 상동염색체의 두 개의 염색분체의 각각과 교차를 한다. 네-가닥 DCO에서는 비자매염색분체의 각 쌍이 재조합한다.

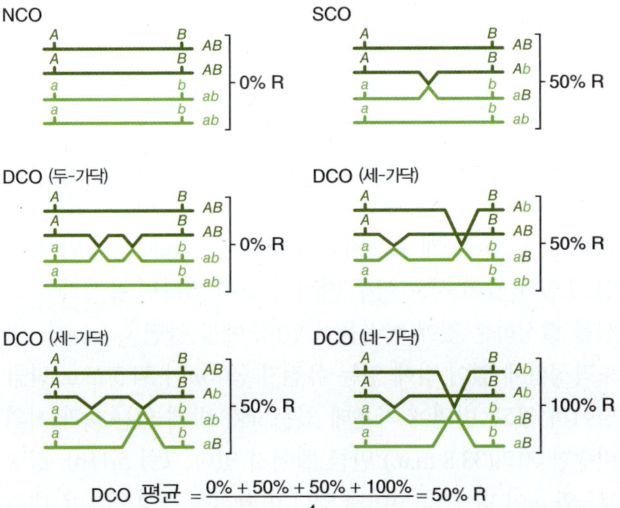

$$\text{DCO 평균} = \frac{0\% + 50\% + 50\% + 100\%}{4} = 50\%\ R$$

표 5.1	연관된 유전자와 연관되지 않은 유전자의 특성
연관된 유전자	
양친형 > 재조합형 (재조합 빈도 < 50%)	
연관된 유전자들은 동일 염색체상에 놓여 있고 서로 충분히 가까이 있어야만 독립적으로 분리하지 않는다.	
연관되지 않은 유전자	
양친형 = 재조합형 (재조합 빈도 = 50%)	
두 개의 유전자가 서로 다른 염색체상에 있거나 동일 염색체상에 있어도 충분히 멀리 떨어져 있어 매번의 감수분열에서 이들 사이에 적어도 한 번의 교차가 이루어질 때 일어난다.	

는 50%이다(그림 5.10). 삼중 교차에서도 마찬가지이고, 사중 교차에서도 마찬가지로 옳다(결과는 보여주지 않지만). 그러므로 두 개의 유전자가 동일 염색체상에 충분히 멀리 떨어져 있다면 양성교배에 의해 만들어지는 배우자 집단에서는 50%만이 재조합형이 될 것이다. 만약 동일 염색체상에 있는 두 개의 유전자가 멀리 떨어져 있어 감수분열이 마치 NCO처럼 일어나지 않는다면 유전자의 대립유전자들은 마치 다른 염색체에 있는 것처럼 독립적 분리된다는 것을 볼 수 있다.

염색체상에 아주 멀리 떨어져 있는 두 유전자들 사이의 교배를 통해서는 전혀 연관을 보여주지 않을 수도 있지만(재조합형과 양친형의 그룹이 동일하기 때문에), 만약에 멀리 떨어져 있는 유전자를 하나 또는 그 이상의 공통 중간물과 연결시킬 수만 있다면 그들이 동일 염색체상에 놓여 있다고 제시할 수 있다. 표 5.1은 두 유전자들의 상대적 위치와 재조합 빈도로 측정되는 연관의 유무 관계를 요약한 것이다.

핵심 개념

- 재조합은 제1감수분열 전기 동안에 상동염색체의 염색분체 간에 부분교환으로 일어난다.
- 교차는 상동염색체의 비분리를 막기 위해 필요한 물리적 연관을 이루는 것을 도와준다.
- 재조합 빈도(RF)는 두 개의 유전자가 얼마나 자주 서로 같이 전달되는가를 나타낸다. 연관된 유전자에서 RF < 50%이다.
- 두 개의 유전자가 연관되어 있지만 물리적으로 아주 가까이 있으면 감수분열 시에 이들 사이에 교차가 일어나지 않기도 한다.
- 최대 재조합 빈도 50%(독립분리)는 두 개의 유전자가 서로 다른 염색체상에 있거나 동일 염색체에 있는 두 유전자가 아주 멀리 떨어져 있어 감수분열 때마다 이들 사이에 적어도 한 번의 교차가 이루어졌을 때 일어난다.

5.3 지도작성: 염색체상에 유전자 자리 부여

학습목표

1. 이점교배의 결과를 사용하여 상대적인 유전자 위치를 설정한다.
2. 삼점 검정교배의 결과에 근거하여 유전지도를 개량한다.
3. 유전지도(지도 단위로 표기)가 실제 물리 거리(DNA의 염기쌍으로 표기)와 어떻게 결부시킬 수 있는지를 설명한다.
4. 연관군과 염색체 사이의 관계를 기술한다.

지도는 공간에서 물체들의 상대적인 위치를 나타내는 이미지이다. 뉴욕 메트로폴리탄 미술관의 평면도, 로마 광장의 배치도를 그린 것이나 유럽 철도가 통과하는 도시들의 위치를 나타낸 것이든 지도는 거리에 대해 지니고 있는 원래의 자료에 새로운 의미를 부여하여 측정한 공간 관계의 형태로 변하게 한다. 특정 염색체에 있는 **좌위**(loci; 단수, locus)라는 위치에 유전자를 배치하는 지도작성도 예외는 아니다. 유전적 자료를 공간적인 배치로 전환시켜 지도는 특정 형질의 유전 양상을 예측할 수 있는 능력을 세련되게 한다.

재조합 빈도(RF)는 염색체를 따라 두 유전자를 갈라놓은 거리로 측정한다. 앞으로 동시에 두 개 혹은 세 개의 유전자들로 행한 수많은 교배로부터 얻은 자료들을 어떻게 수집하고 비교하여 보다 정확하고 이해하기 쉬운 유전자/염색체 지도를 만드느냐에 대해 고찰할 것이다.

이점교배의 비교로 상대적인 유전자 위치를 정한다

모건의 학생인 스터트번트는 학부 졸업논문에서 아주 많은 이점교배(한 번에 두 개의 유전자를 추적하는 교배)로부터 얻은 자료로 유전자는 확실히 염색체를 따라 일련의 선형을 이룬다는 아이디어를 지지할 수 있는지의 여부를 묻고자 했다. 스터트번트는 초파리의 X-연관 유전자들을 들여다보는 것으로 시작하였다. 그림 5.11a는 그가 행한 여러 가지 이점교배에서 얻어진 재조합 자료의 목록이다. 1% 재조합 자손(1% RF)을 갖는 두 유전자 사이의 거리가 1 m.u.라는 것을 상기하라.

스터트번트의 추론의 한 예로 세 개의 유전자 *w*, *y*, *m*을 고찰해 보도록 하자. 만약 이 유전자들이 일렬로 배열되어 있다면 (예를 들면, 보다 복잡하게 가지 친 구조 대신에) 이들 중 하나는 중간에 있고, 양쪽 측면에 나머지 둘이 있어야만 한다. 가장 먼 유전적 거리로 떨어져 있는 것은 바깥쪽에 있는 두 개의 유전자이고 그 값은 중간에 있는 유전자와 바깥쪽 각각의 유전자를 가르는 거리의 합과 거의 같다. 스터트번트가 얻은 자료는 *w*가 *y*와 *m* 사이에 있다는 것을 암시

그림 5.11 이점교배의 비교로 유전자지도 작성. (a) 초파리에 있는 X-연관 유전자 쌍 사이의 거리에 대한 스터트번트의 자료. (b) *y*와 *m* 사이 거리가 *w*와 *m* 사이의 거리보다 더 크기 때문에, 유전자의 순서는 *y*–*w*–*m*이어야만 한다. (c)와 (d) 초파리 X 염색체에 있는 5개 유전자의 지도작성. 왼쪽에서 오른쪽의 방향은 임의적이다. *r* 유전자의 숫자적 위치는 그것이 어떻게 계산되었는가에 의존한다는 것을 주목하라. 가장 올바른 유전자 지도는 (d)에서처럼 많은 개재된 작은 거리를 더함으로써 얻어진다.

(a)

유전자 쌍	재조합 빈도
y-w	1.1
y-v	33.0
y-m	34.3
y-r	42.9
w-v	32.1
w-m	33.8
w-r	42.1
v-m	4.0
v-r	24.1
m-r	17.8

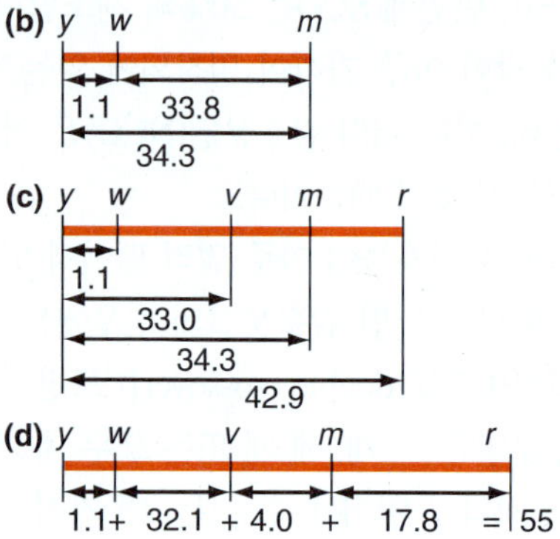

하며 이 아이디어와 일치하였다(그림 5.11b). 이 지도의 좌우 방향은 무작위로 선택되었다는 사실에 주목하라. 그림 5.11b의 지도에서 오른쪽에 *y* 그리고 왼쪽에 *m*을 그려놓아도 동일하게 옳다는 것이다.

세 개 유전자를 한 벌씩으로 하여 동일한 절차를 정확하게 따라 함으로써 스터트번트는 초파리 X 염색체에서 조사한 모든 유전자들에 대해 확신을 갖고 순서를 확립하였다(그림 5.11c; 좌우 배치는 임의의 선택이다). 세 개 유전자씩의 각 조합에서의 자료를 조사해 보면 이 순서가 합리적이라는 것을 확신할 수 있다. 재조합의 자료가 유전자 위치의 간단한 선형지도를 만들 수 있다는 사실은 염색체상에 유전자들이 독특한 선형 순서로 놓여 있다는 아이디어를 지지하는 것이다.

이점교배의 한계

아주 중요하지만, 유전자들을 쌍으로 하여 지도작성을 하는 것은 그의 유용함을 제한하는 여러 단점을 지니고 있다. 첫째로 한 번에 두 개 유전자만을 포함하는 교배에서 만약 어떤 유전자 쌍이 서로 아주 가까이 놓여 있다면 유전자의 순서를 결정하는 것에 어려움이 있다. 예를 들면 *y*, *w*, *m*을 지도작성함에 있어 밖에 있는 유전자 *y*와 *m*이 34.3 m.u. 만큼 떨어져 있고, 반면에 가운데 있는 *w*가 밖에 있는 *m*과 거의 비슷한 거리(33.8 m.u.) 만큼 떨어져 있다(그림 5.11b). 정말로 *y*와 *m*이 더 멀리 떨어져 있다고 확신을 갖고 결론을 내리

기 이전에, 즉 34.3과 33.8의 값 사이에 약간의 차이가 표본 조사의 잘못에 기인한 결과가 아니라고 하려면, 아주 많은 수의 초파리를 조사하고 자료를 다음 절에서 설명하게 될 카이 제곱 검정과 같은 통계 검정을 하여야만 한다.

스터트번트의 지도작성 과정이 갖는 두 번째 문제는 그의 지도에서 실제 거리가 항상 합산만으로 되지 않고 심지어는 대략적으로라도 되지 않는다는 것이다. 한 예로서, 지도의 왼편 끝에 있는 *y* 유전자의 좌위를 위치 0으로 간주한다고 가정하자(그림 5.11c). 그러면 *w* 유전자는 위치 1 부근에 놓이게 되고, *m*은 34 m.u. 인근에 위치하게 될 것이다. 그러면 *r* 유전자에 대해서는 어떠한가? *r*이란 이름은 흔적(rudiment, 매우 짧은) 날개를 만드는 돌연변이를 말한다. 그림 5.11a의 $y \leftrightarrow r$ 자료로부터 추론하여 *y*로부터의 거리에만 기초한다면 그것을 위치 42.9에 놓아야만 한다(그림 5.11c). 그러나 그림 5.11a에 있는 자료로부터 추론한 이들 사이에 개재된 거리를 모두 합한 결과로부터 그의 위치를 계산할 수 있다면, 즉 $y \leftrightarrow w$, $w \leftrightarrow v$, $v \leftrightarrow m$, $m \leftrightarrow r$의 값을 모두 합한 것으로 *r*의 좌위는 1.1 + 32.1 + 4.0 + 17.8 = 55.0이 된다(그림 5.11d). 이 같은 차이를 어떻게 설명할 수 있는가, 그리고 이 둘 중 어떤 것이 사실에 보다 가까운가? 삼점교배가 이런 것들의 해답 일부를 제공하는 데 도움이 된다.

삼점교배가 보다 빠르고 확실한 지도작성을 하게 한다

세 개의 표식자를 동시에 분석하는 것이 단지 한 번의 교배로부터 세 유전자의 위치에 대한 정보를 얻게 한다. 이 과정을 기술하기 위해 초파리의 한 상염색체에 연관된 세 개의 유전자를 보기로 하자.

퇴화 날개(*vg*), 검은색 몸(*b*), 자주색 눈(*pr*)의 돌연변이를 지닌 동형접합성의 암컷을 야생형 수컷과 교배시켰다(그림 5.12a). 이형접합성 F_1 자손은 암수 모두에서 세 개의 형질에 대하여 모두 정상 표현형을 지녔는데, 이는 돌연변이가 상염색체에 있는 열성 형질이라는 것을 암시한다. F_1 암컷을 퇴화 날개, 검은색 몸, 자주색 눈을 가진 수컷과 교배를 하여 여덟 가지 유전자형을 반영하는 서로 다른 여덟 가지 표현형의 자손을 얻었다. 그림 5.12a에 기재된 각 표현형 종류의 유전자 순서는 완전히 임의적이다. 그러므로 같은 유전자형을 나타내기 위하여 *vg b pr* 대신에 *b vg pr* 또는 *vg pr b*로도 쓸 수 있다. 처음에 유전자의 순서를 알지 못하는 상태에서 그것을 추론하는 것이 지도작성 연구의 목표라는 것을 기억하라.

자료를 분석함에 있어 한 번에 두 개의 유전자들을 고찰

그림 5.12 삼점교배의 결과 분석하기. (a) *vg, b, pr* 모두가 이형접합성인 F_1 암컷의 삼점검정교배로 얻은 결과. (b) 가운데 있는 유전자는 *pr*이어야만 하는데, 이는 가장 긴 거리가 *vg*와 *b*의 두 유전자 사이이기 때문이다. 보다 정확한 지도 거리는 짧게 끼어 있는 거리들을 합산한 값으로 계산된다. 그러므로 *vg*와 *b* 사이의 유전거리의 보다 정확한 추정치는 17.7 m.u.라기보다는 18.7 m.u.이다.

(a) 삼점교배 결과

P ♀ $vg\ b\ pr / vg\ b\ pr$ × ♂ $vg^+\ b^+\ pr^+ / vg^+\ b^+\ pr^+$

F_1 (모두 동일) $vg\ b\ pr / vg^+\ b^+\ pr^+$

검정교배 ♀ $vg\ b\ pr / vg^+\ b^+\ pr^+$ × ♂ $vg\ b\ pr / vg\ b\ pr$

검정교배 자손

수	유전자형	
1779	$vg\ b\ pr$	세 개 유전자 모두가 양친형 조합
1654	$vg^+\ b^+\ pr^+$	
252	$vg^+\ b\ pr$	*b*와 *pr*은 양친형 조합이고 *vg*가 재조합체
241	$vg\ b^+\ pr^+$	
131	$vg^+\ b\ pr^+$	*vg*와 *pr*은 양친형 조합이고 *b*가 재조합체
118	$vg\ b^+\ pr$	
13	$vg\ b\ pr^+$	*vg*와 *b*는 양친형 조합이고 *pr*이 재조합체
9	$vg^+\ b^+\ pr$	
4197		

(b) 추론한 유전자지도

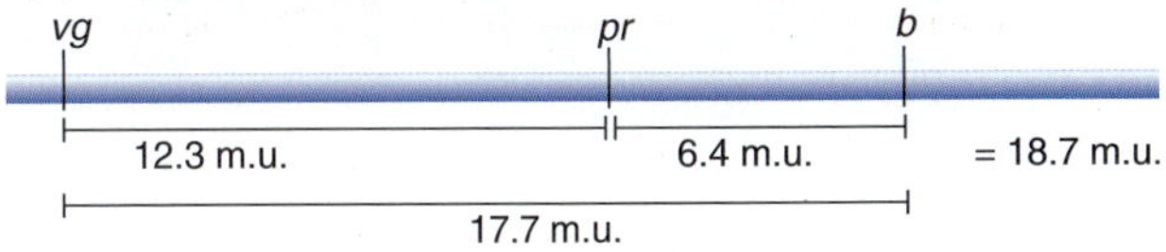

한다(재조합 빈도는 항상 유전자 쌍의 함수라는 것을 상기하라). *vg*와 *b* 쌍에서 양친형 그룹은 *vg b*와 $vg^+\ b^+$이고 비양친형 재조합형은 $vg\ b^+$와 $vg^+\ b$이다. *vg*와 *b*에 대해 자손이 양친형 혹은 재조합형의 어떤 종류인지를 결정하기 위하여 초파리가 *pr*인지 pr^+인지의 여부는 고려하지 않는다. 그러므로 지도 단위로 대략 10 정도인 $vg \leftrightarrow b$ 거리를 자손의 총수에 대한 재조합체의 백분율로 계산하였다.

$$\frac{252 + 241 + 131 + 118}{4197} \times 100$$

$$= 17.7 \text{ m.u.} \ (vg \leftrightarrow b \text{ 거리})$$

마찬가지로, *vg*–*pr* 유전자 쌍의 재조합체는 $vg\ pr^+$와 $vg^+\ pr$이기 때문에 이 두 유전자 사이의 거리는

$$\frac{252 + 241 + 13 + 9}{4197} \times 100$$

$$= 12.3 \text{ m.u.} \ (vg \leftrightarrow pr \text{ 거리})$$

반면에 *b*–*pr* 쌍의 거리는

그림 5.13 교차가 일어난 위치 추정하기. 삼점교배에 관여한 유전자의 순서가 일단 정해지면 어떤 교차가 특정 재조합형 배우자를 만들었는지를 결정하는 것은 쉽다. 이중교차는 바깥쪽에 있는 유전자들은 양친형 조합인 반면에, 가운데 있는 유전자가 재조합되어 있는 배우자를 만든다는 데 주목하라.

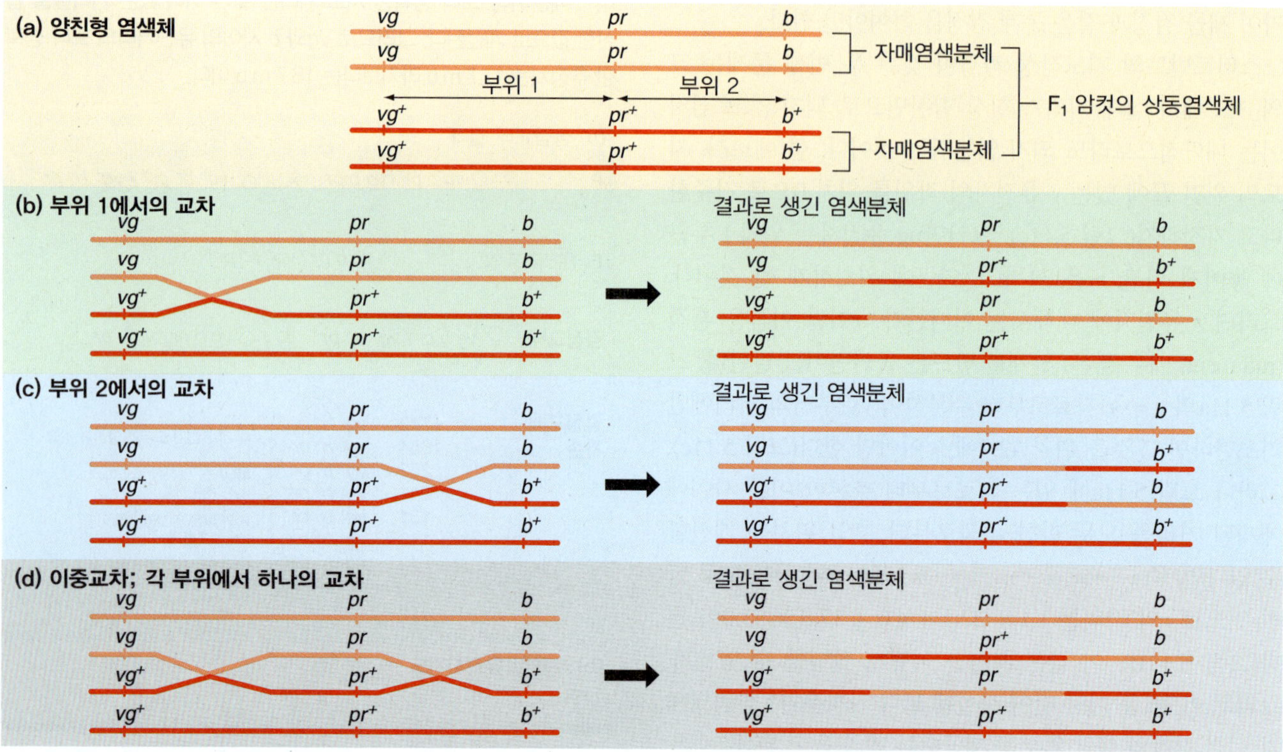

$$\frac{131 + 118 + 13 + 9}{4197} \times 100$$
$$= 6.4 \text{ m.u.} \ (b \leftrightarrow pr \text{ 거리})$$

이 재조합 빈도는 *vg*와 *b*가 가장 멀리 떨어진 거리(12.3과 6.4에 비해 17.7 m.u.)로 양 끝에 놓이는 유전자이고 그러므로 가운데 있는 *pr*의 좌우 측면이 된다(그림 5.12b). 스터트번트가 X-연관 *y*와 *r* 유전자에 대해 분석한 것과 같이 바깥쪽에 있는 *vg*와 *b* 유전자 사이의 거리(17.7)도 가운데 개재된 거리의 합(12.3 + 6.4 = 18.7)과 같지 않다. 다음 절에서 이와 같은 차이가 나는 이유가 드물게 일어나는 이중교차 때문이라는 것을 배울 것이다.

이중교차의 수정

그림 5.13은 세 개의 유전자 *vg*, *pr*, *b*를 이형접합성으로 지니고 있는 F_1 암컷의 상동 상염색체를 그린 것이다. 염색체를 보다 자세히 들여다보면 관찰되는 자손의 종류와 수를 형성하게 하는 교차의 종류를 보여주고 있다. 이 그림과 앞으로 보여줄 그림에서 그려진 염색체는 각 상동염색체 쌍의 네 개의 염색분체가 존재하는 제1감수분열의 전기 말/중기 초 때의 것이다. 앞에서 제안하였고, 뒤에서 보다 정밀하게 제시하는 바와 같이 전기 I은 재조합이 일어나는 단계이다. *vg*와 *pr* 사이의 공간을 "부위 1"이라 하고 *pr*과 *b* 사이의 공간을 "부위 2"라 하는 것에 주목하라.

앞에서 수행하였던 검정교배로부터 얻은 자손은 8개의 군으로 이루어진다는 사실에 주목하라(그림 5.12 참조). 두 개의 가장 큰 무리의 초파리는 P 세대의 조부모 때와 같은 유전자 조성, *vg b pr*과 $vg^+ \ b^+ \ pr^+$을 가졌기 때문에 양친형 종류를 나타낸다(그림 5.13a). 다음의 두 군은 $vg^+ \ b \ pr$과 $vg \ b^+ \ pr^+$로 *vg*와 *pr* 사이의 부위 1에서 교차가 일어나 서로 교환된 산물인 재조합체로 구성되어 있다(그림 5.13b). 마찬가지로 $vg^+ \ b \ pr^+$과 $vg \ b^+ \ pr$로 된 두 개의 초파리 군은 *pr*과 *b* 사이의 부위 2에서 생긴 재조합의 결과이다(그림 5.13c).

$vg \ b \ pr^+$과 $vg^+ \ b^+ \ pr$ 재조합체로 구성된 두 개의 가장 작은 군은 어떠한가? 어떤 종류의 염색체 교환이 이들의 원인이 되었는가? 그들은 두 개의 서로 다른 교차가 하나는 부위 1에서 그리고 다른 하나는 부위 2에서 동시에 일어난 결과라는 것이 가장 그럴듯하다(그림 5.13d). 이런 이중교차에 의해 만들어진 배우자 역시 바깥쪽에 있는 유전자 *vg*와 *b*는 하나가 아닌 두 개의 교환이 일어났다고 하더라도 양친형의 구조를 가지고 있다.

이중교차의 존재 때문에 앞에서 계산된 17.7 m.u.의 *vg* ↔ *b* 거리는 관찰된 자손들을 생기게 하는 배우자를 만드는 재조합 사건을 모두 반영한 것은 아니다. 이런 잘못을 교정하기 위하여 이중교차를 두 번 더함으로써 재조합 빈도를 보정하는 것이 필요한데, 이는 이중교차 집단에 있는 각자는 *vg*와 *b* 사이에서 두 번의 교환이 이루어진 결과이기 때문이다. 수정된 거리는

$$\frac{252 + 241 + 131 + 118 + 13 + 13 + 9 + 9}{4197} \times 100$$
$$= 18.7 \text{ m.u.}$$

이 값은 부위 1과 부위 2에서 일어나는 모든 교차들을 계산하였기 때문에 합리적이다. 그 결과 수정된 값은 18.7 m.u.로 *vg*와 *b* 사이의 거리는 이제 *vg*와 *pr* 사이(부위 1)나 *pr*과 *b* 사이(부위 2)의 거리를 합산한 값과 정확하게 일치한다.

앞에서 논의한 바와 같이 스터트번트가 최초로 초파리의 X-연관 유전자를 이점교배로 지도작성했을 때 흔적날개(*r*) 유전자의 좌위는 모호했었다. *y*와 *r*을 포함한 이점교배는 42.9의 재조합 빈도로 나타났는데, 모든 중간에 개재된 거리의 합은 55.0이었다(그림 5.11 참조). 이와 같은 불일치는 이점교배가 *y*와 *r* 유전자 사이의 큰 공간에서 일어날 수 있는 이중교차를 무시하였기 때문이었다. 보다 짧은 개재 거리를 합한 자료는 *y*와 *r* 사이의 유전자 쌍의 재조합들을 이해함으로써 적어도 약간의 이들 이중교차로 설명하였다. 더욱이 각각의 짧은 거리는 긴 거리에서 보다 이중교차를 이루는 것이 더 적고 결과적으로 각각의 짧은 거리의 숫자가 본질적으로 보다 더 정확하다.

vg, *pr*, *b*와 같은 삼점교배에서조차 부위 1에서 두 개의 재조합 사건이 일어날 가능성을 무시하고 있다는 점을 주목하라. 최대의 정확도를 위해 상대적으로 짧은 거리로 떨어져 있는 많은 유전자들을 사용하여 지도작성을 하는 것이 최선이다.

간섭: 기대치보다 적은 수의 이중교차

세 개의 연관된 유전자들로 행한 삼점교배에서 8개의 가능한 유전자형 그룹 중에는 가장 많은 자손 수를 지닌 두 가지 양친형 그룹, 반면에 이중교차의 결과 생긴 두 개의 이중 재조합형 그룹은 항상 가장 적은 수를 지닌다(그림 5.10 참조). 이중교차 자손이 왜 가장 작은지 그들의 생성 확률을 봄으로써 그 이유를 이해할 수 있다. 염색체의 부위 1에서의 교환이 부위 2에서의 교환의 확률에 영향을 미치지 않는다면 동시에 모두가 생길 확률은 그들 별개의 확률의 곱과 같다(2장, 곱하기 법칙 참조). 예를 들면, 부위 1에서 재조합의 결과 생긴 자손이 전체 자손의 10%라 하고(즉, 부위 1은 10 m.u.이라면) 부위 2에서 재조합의 결과 생긴 자손이 20%라면 이중교차의 확률은 (부위 1에서 하나의 사건, 부위 2에서 제2의 사건) $0.10 \times 0.20 = 0.02$ 혹은 2%가 된다. 이는 합리적인데, 두 개의 드문 사건이 동시에 일어날 가능성은 하나의 드문 사건이 홀로 일어날 때보다 훨씬 더 적기 때문이다.

만약 삼점교배의 결과로 여덟 종류의 자손이 있다면, 이때 가장 적은 수의 자손을 포함하는 종류는 이중교차로 생긴 것이다. 그러나 관찰된 이중교차의 숫자적인 빈도는 곱하기 법칙에서 계산되는 기대치와 결코 일치하지 않는다. 이미 논의하였던 교배로부터 얻은 실제의 수를 보기로 하자. *vg*와 *pr* 사이에서의 한 번의 교차 확률이 0.123 (12.3 m.u.에 해당)이고 *pr*과 *b* 사이의 한 번의 교차 확률이 0.064 (6.4 m.u.)이다. 이 확률의 곱은

$$0.123 \times 0.064 = 0.0079 = 0.79\%$$

그러나 이중교차의 관찰 비는(그림 5.10 참조)

$$\frac{13 + 9}{4197} \times 100 = 0.52\%$$

만약 두 번의 교환이 독립적인 사건이라면 이중교차의 관찰치가 기대치보다 적다는 사실은 한 번의 교차 생성이 염색체의 인접된 부위에서의 다른 교차가 일어날 가능성을 감소시킨다는 것을 제시한다. 교차가 독립적으로 일어나는 사건이 아니라는 이런 현상을 **염색체 간섭**(chromosomal interference)이라고 한다.

앞서 보여준 그림 5.7에서처럼 간섭은 각 상동염색체 쌍이 적어도 한 번의 교차 사건을 일으킨다는 것을 확인하기 위해 존재할지도 모른다. 상동염색체의 각 쌍은 하나 또는 그 이상의 교차 사건을 유지한다는 것은 중요한데, 이는 이런 사건이 제1감수분열 동안에 중기판에서 염색체의 방향을 정확히 맞추는 것을 도와주기 때문이다. 교차가 없는 상동염색체 쌍은 종종 잘못 분리된다. 만약 오직 제한된 수의 교차만이 각각의 감수분열 동안에 일어날 수 있고 또한 간섭이 커다란 염색체에서의 교차의 수를 낮춘다면 응당 남아 있는 가능한 교차가 작은 염색체에서 일어나는 것이 보다 그럴듯할 것이다. 이는 적어도 하나의 교차가 각 상동염색체 쌍에서 일어날 수 있다는 가능성을 높게 한다. 간섭의 분자적 기작에 대해서는 아직 확실하게 밝혀져 있지 않지만 최근의 실험에서 간섭은 접합복합체(synaptonemal complex)에 의해 매개된다고 제안되었다.

간섭은 획일적이지 않고 동일 염색체 내의 다른 부위에서조차 다를 수 있다. 연구자들은 우선 **병발계수**(coefficient of coincidence)를 상정함으로써 다른 염색체 사이에서의 간섭의 정도를 양적으로 측정할 수 있게 되었다. 병발계수는 한 실험에서 관찰되는 이중교차의 실제 빈도와 독립적일 때의 확률에 근거한 기대되는 이중교차의 수의 빈도 사이의 비로 정의 된다.

$$병발개수 = \frac{관찰치\ 빈도}{기대치\ 빈도}$$

vg, *pr*, *b*를 포함한 삼점교배에서 병발계수는

$$\frac{0.52}{0.79} = 0.66$$

간섭 자체의 정의는

$$간섭 = 1 - 병발계수$$

이 경우에서 간섭은

$$1 - 0.66 = 0.34이다.$$

간섭의 의미를 이해하기 위하여 간섭이 없을 경우 어떤 일이 일어났느냐와 간섭이 완전할 때 어떤 일이 일어났는지를 비교하는 것이 도움이 된다. 만약 간섭이 0이라면 관찰되는 이중교차의 빈도는 기대치와 같고, 염색체 인근 지역에서 교차는 서로 독립적으로 이루어진다. 만약에 간섭이 완전하다면(즉, 간섭 = 1), 실험에서 하나의 교차가 다른 것의 교차를 효과적으로 막기 때문에 이중교차의 자손은 없을 것이다. 한 예로서, 생쥐의 어떤 특정 삼점교배에서 왼쪽(부위 1)에 있는 유전자 쌍에서는 재조합 빈도가 20이고 오른쪽(부위 2)에 있는 유전자 쌍에서도 재조합 빈도가 역시 20이라 하자. 간섭이 없다면 이 염색체 간격에서의 이중교차의 기대치 비는

$$0.20 \times 0.20 = 0.04, 혹은\ 4\%\ 이다.$$

그러나 연구자가 이 교배에서 자손 1,000마리를 관찰하였을 때 이들은 기대되는 40마리 대신에 이중 재조합 생쥐를 1마리도 볼 수 없었다.

가운데 있는 유전자를 결정하는 방법

삼점교배에서 여덟 가지 가능한 자손 종류 중에서 가장 작은 종류는 이중교차에 의해 만들어지는 두 가지 이중 재조합형이다. 이중교차로 만들어진 자손 종류에서 심지어 어떤 재조합 빈도도 계산 없이 대립유전자의 조성만으로, 세 개의 유전자 중에서 어떤 것이 가운데 놓여 있느냐를 결정하는 것이 가능하다.

또다시 *vg*, *pr*, *b* 유전자의 삼점교배에 의한 자손들을 고려해 보자. F_1 암컷은 $vg\ pr\ b/vg^+\ pr^+\ b^+$이다. 그림 5.13d가 보여주는 바와 같이 F_1 세대의 삼중잡종(trihybrid)에서 이중교차의 결과로 생긴 검정교배 자손은 어머니로부터 $vg\ pr^+\ b/vg^+\ pr\ b^+$의 대립유전자 조성을 지닌 배우자를 받았다. 이런 개체에서 *vg*와 *b* 유전자의 대립유전자를 양친형과 관련된 ($vg\ b$와 $vg^+\ b^+$)를 보유하고 있는 반면에 *pr* 유전자는 다른 유전자 양쪽에 대하여 재조합을 하였다($pr\ b^+$와 $pr^+\ b$; $vg\ pr^+$와 $vg^+\ pr$). 모든 삼점교배에서 이와 같은 것은 옳다: 이중교차에 의해 만들어진 이들 배우자에서 대립유전자가 재조합된 유전자가 양친형 배열을 한 다른 두 개의 유전자와 관련해 볼 때 중간에 있어야 한다.

삼점교배: 이해를 돕는 예시

어떤 유전자가 다른 두 개의 유전자와 재조합하는지 찾기 위해 이중 재조합체를 고찰하는 기술은 다른 어려운 경우에서조차도 유전자의 순서를 즉각적으로 명시하도록 한다. 스터트반트의 원래 교배실험에서 보여준 세 개의 X-연관 유전자 *y*, *w*, *m*을 고려해 보자(그림 5.11 참조). *y*와 *m* 사이의 거리(34.3 m.u.)는 *w*와 *m* (33.8 m.u.) 사이의 떨어져 있는 거리보다 약간 길기 때문에 그는 *w*가 가운데 있는 유전자라고 결론지었다. 그러나 두 숫자 사이의 차이가 얼마 되지 않기 때문에 그의 결론은 통계적인 유의성에서 문제가 제기되었다. 그러나 만약 *y*, *w*, *m*으로 삼점교배를 한다면 이 의문은 사라진다.

그림 5.14는 *y*, *w*, *m* 유전자를 이형접합성으로 지닌 암컷이 낳은 수컷 자손의 종류와 수를 나타낸 것이다. 이 수컷 자손의 X 염색체는 어머니로부터 온 것이기 때문에 이들의 표현형은 이형접합성 암컷에 의해 만들어진 배우자를 직접적으로 나타낸다. 그림 내의 표에서 각 열의 유전자들은 임의적인 순서를 나타낸 것이고, 실제 지도에서의 지식을 전제로 한 것은 아니다. 여기서 보는 바와 같이 표의 윗부분에 기재된 두 종류의 자손은 나머지 여섯 종류의 숫자를 상회하고 있기에 이들 세 유전자는 모두 서로 연관되어 있음을 나타내준다. 더욱이 가장 많은 그룹은 양친형 그룹이고 이형접합성의 암컷의 두 개의 X 염색체는 $w^+\ y^+\ m$ 과 $w\ y\ m^+$임을 보여준다.

그림 5.14의 수컷 자손들 가운데 두 개의 가장 적은 종류는 이중교차를 나타내는데 $w^+\ y\ m^+$와 $w\ y^+\ m$의 조합을 지

닌 X 염색체를 가지고 있으며, w 대립유전자가 y 대립유전자와 m 대립유전자와 각각 재조합하였다. 그러므로 w 유전자가 y와 m 유전자 사이에 있어야만 하고 스터트번트의 원래 평가가 옳다고 입증되었다.

$w\ y\ m$의 삼점교배에 근거한 지도를 완성하기 위하여 y와 w 사이의 간격(부위 1)을 계산할 수 있다.

$$\frac{49 + 41 + 1 + 2}{6823} \times 100 = 1.3 \text{ m.u.}$$

마찬가지로 w와 m (부위 2) 사이의 간격은

$$\frac{1203 + 1092 + 2 + 1}{6823} \times 100 = 33.7 \text{ m.u.}$$

y와 m 사이의 유전거리는 이들의 합이다.

$$1.3 + 33.7 = 35.0 \text{ m.u.}$$

또한 y와 m 사이의 거리는 이 두 유전자들 사이를 탐지할 수 있는 재조합 사건의 총수에 해당하는 것에 이중교차를 두 번 포함시켜 직접 구할 수 있음에 주목하라.

$$\text{RF} = (1203 + 1092 + 49 + 41 + 2 + 2 + 1 + 1)/6823 \times 100 = 35.0 \text{ m.u.}$$

이 방법은 개재된 두 개의 거리(부위 1 + 부위 2)를 합산한 값과 같은 값을 준다.

유전지도는 물리적 실상과 어떤 관련이 있는가?

이 교재 전반에 걸쳐 제공되는 많은 종류의 실험에서 재조합 지도작성으로 들어난 유전자들의 순서는 염색체의 DNA 분자를 따라 배열된 동일 유전자들의 순서와 일치한다는 것을 확실히 보여준다. 그에 반해서 실제 유전자들 사이의 물리 거리, 즉 그들을 분리하는 DNA의 분량은 유전적 지도 거리와 항상 직선적으로 일치하는 것은 아니다.

재조합 빈도에 의한 유전자들 사이의 물리적 거리는 과소 평가됨

두 유전자 사이의 DCO는 검정교배에서 검출되지 않은 채 지나쳐 버릴 수 있음을 이미 보았다. 그 결과 두 유전자 사이의 교차의 수가 낮게 계수되고, 그로 인해 그들 사이의 거리가 과소 추정되고 있다. 두 유전자가 DCO가 드물게 일어날 만큼 서로 가까이 있으면 큰 문제가 되지 않는다. 그러나 두 유전자 사이의 거리가 멀어지게 되면서 이중교차나 다수의 교차가 일어나 재조합 빈도와 지도 거리 사이의 관계에 충분히 영향을 끼치는 경우가 생긴다. 이런 관계는 직선적이지 않는데, 이미 보아왔듯이 이점교배에서 두 유전자가 동일 염색체상에 있을 때 이들이 얼마나 멀리 떨어져 있느냐에 상관없이 RF가 50%를 넘을 수 없기 때문이다.

그림 5.10을 다시 보면 DCO가 어떻게 RF에 의한 유전자 거리의 과소 추정을 가져오는지 쉽게 볼 수 있다. 유전자 A

그림 5.14 삼점교배가 어떻게 스터트번트의 초파리 X 염색체지도를 입증하는가. 양친형 종류는 F_1 암컷에 있는 두 개의 X 염색체에 대응한다. 이중교차 종류들의 유전자형은 w가 중앙에 있는 유전자임을 보여준다.

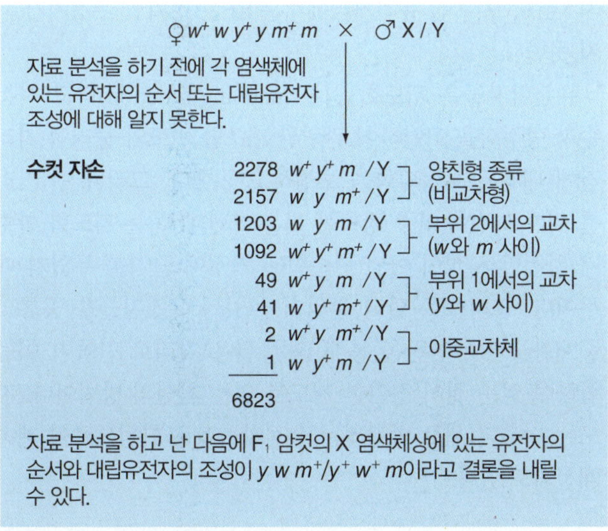

그림 5.15 재조합 빈도는 교차 빈도를 낮게 추정한다. 검정교배에서 관찰되는 RF를 나타내는 선(자주색)과 교차빈도를 나타내는 선(녹색)은 A와 B 두 유전자가 서로 가까이 있으면 거의 일치한다. 두 유전자 사이가 멀어질수록 RF 값은 실제 재조합 빈도보다 점점 더 낮게 나타나서 결국에는 NCO가 일어나지 않게 되고 최대치 RF가 50%로 관찰된다. 녹색 선은 교차빈도/2를 나타내는데, 이는 SCO가 매번 1/2 양친형 염색체와 1/2 재조합 염색체를 만들기 때문이다.

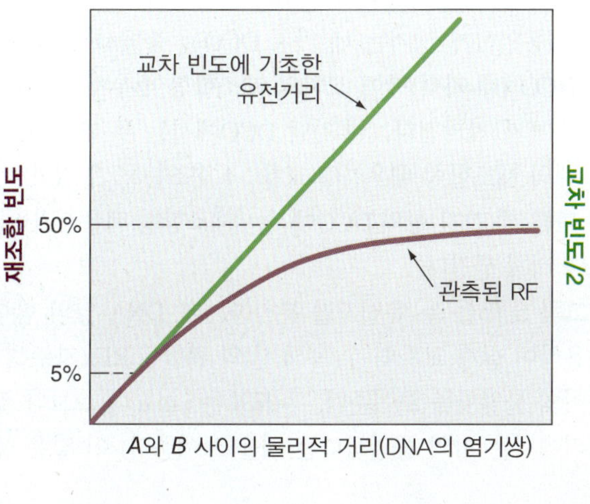

빠르게 살펴보기

유전자지도 작성은 낭 섬유증의 치료를 이끌 수 있다

낭 섬유증(cystic fibrosis)의 증세가 처음으로 기술된 1938년 이후 40년 동안 이 질병에 대한 분자적 단서도 없이, 즉 이 질병과 같이 비정상적으로 전달되는 가시적인 염색체이상도 없고, 환자에 전달되는 식별할 수 있는 단백질이상도 없이, 이 증세에 대해 유전적 원인을 암시할 뿐이었다. 그 결과 백색인종인 미국인에서 2,000명 중에 1명꼴로 태어나며 30세가 되기 전에 대부분이 죽는 이 병에 대한 효과적인 치료가 없었다. 그러나 1980년대에 유전학자들은 연관 분석으로 작성하는 지도에 최근에 개발된 DNA를 직접 볼 수 있는 기술을 접목하여 낭 섬유증 유전자를 염색체 부위(좌위)에 정확하게 나타낼 수 있게 되었다.

낭 섬유증 유전자의 지도를 작성하는 연구자들에게 당황하게 하는 일이 생겼다. 그들은 알지 못하는 단백질을 암호화하는 유전자, 그것도 이제까지 어떤 염색체에 해당되는지도 몰랐던 것을 찾는 것이었다. 그것은 인간 세포의 23쌍의 염색체 중의 어떤 것에 놓여 있을 것이다.

- 많은 가계도를 검토하여 낭 섬유증이 아마 하나의 유전자(*CF*)에 의해 결정된다는 사실을 확인하였다. 연구자들은 2명 또는 그 이상의 환자인 아이를 지닌 47가계로부터 백혈구를 얻고, 그리고 106명의 환자, 94명의 양친, 44명의 환자가 아닌 형제자매의 유전적 자료를 수집하였다.
- 다음으로 이들은 낭 섬유증과 확실하게 같이 전달되는 다른 형질이 있는지를 찾으려 했다. 쉽게 얻을 수 있는 혈장 효소인 파록소네이즈(paroxonase)의 분석으로 그 유전자(*PON*)가 *CF*와 사실상 연관되어 있다는 것을 알았다. 처음에는 이 지식이 별반 큰 도움을 주지 못했는데, *PON* 역시 당시에는 어떤 염색체에도 배당되어 있지 않았기 때문이다.
- 그런 연후에 1980년대 초반에 유전학자들은 유전물질에 있는 변이를 인식할 수 있는 새로운 기술에 근거한 일련의 많은 DNA 표식자들을 개발하였다. DNA **표식자**(DNA marker)는 특정 좌위를 나타내는 DNA 조각으로 변이를 식별할 수 있게 한다. 이런 대립유전자 변이는 멘델의 법칙에 따라 분리되는데, 이는 어떤 유전자의 변이를 알고자 할 때 그들의 전달을 알아내는 것이 가능하다는 것을 의미한다. 10장에서는 DNA 표식자의 발견과 사용에 대해 보다 상세히 설명할 것이다; 여기서는 그것이 존재하고 식별될 수 있다는 것을 아는 것이 중요하다.

1986년까지 수백 가지의 DNA 표식자들의 연관 분석으로 하나의 표식자 *D7S15*가 *PON*과 *CF* 모두와 연관되어 있다는 것을 보여주었다. 연구자들은 재조합 빈도를 계산하였고, DNA 표식자로부터 *CF*까지의 거리가 15 cM이고, DNA 표식자로부

와 *B*가 매우 가까이 있으면 대부분의 감수분열은 NCO이지만 간혹 SCO이기도 하다. 개개의 SCO는 정확히 두 개의 재조합형 배우자를 만들고 그로 인해 교차 수와 재조합형 배우자 간에 정확한 직선적 관계를 보인다(1 교차 : 2 재조합체). 그러나 유전자 *A*와 *B*가 보다 멀어지게 되면 DCO가 생긴다. 동일하게 생기는 네 가지 DCO들 중에서 오직 한 가지 DCO (네-가닥)만이 교차와 재조합형 배우자 간에 직선적 관계가 지켜진다: 네-가닥 DCO에서는 두 개의 교차와 네 개의 재조합형 배우자(2 교차 : 4 재조합체)가 있다. 반면에 다른 세 가지 형의 DCO에서는 재조합형 배우자가 네 개보다 적게 생긴다.

그림 5.15는 두 유전자를 분리하는데, DNA 양의 함수를 사용하여 실제 교차의 수(녹색 선)와 관찰된 RF (자주색 선) 사이의 불일치를 보여준다. 두 도표는 5 m.u.나 그보다 짧은 거리에서는 거의 동일하다는 것을 보여준다. 이 같은 짧은 유전거리에서는 이점교배에서 보이는 RF는 물리적 거리의 정확한 측정이 된다. 그런 다음 두 도표는 서로 빠르게 갈라져 5 m.u. 보다 긴 유전거리에서는 RF는 정확한 추정치가 되지 못한다.

유전학자들은 **지도화 함수**(mapping function)라고 하는 수학 방정식을 고안하여 관련된 재조합 빈도와 물리적 거리 간에 내재된 부정확함을 보정하고자 했다. 그러나 먼 거리를 위한 보정이 아주 정확한 것은 아닌데, 이는 지도화 함수가 완전한 사실이 아닌 단순화된 가정에 근거를 두었기 때문이다. 그러므로 멀리 분리되어 있는 유전자들을 공통의 중개자들과의 연관을 통해 많은 짧은 거리로 만들어 이를 합하여 얻는 것이 정확한 지도를 얻는 최선의 방법이다. 지도는 더욱더 새로 발견되는 유전자들이 포함됨으로써 계속 개선되고 있다.

그림 A 분자 표식자가 낭 섬유증(CF) 유전자의 위치를 찾는 데 어떻게 도움을 주었는가?

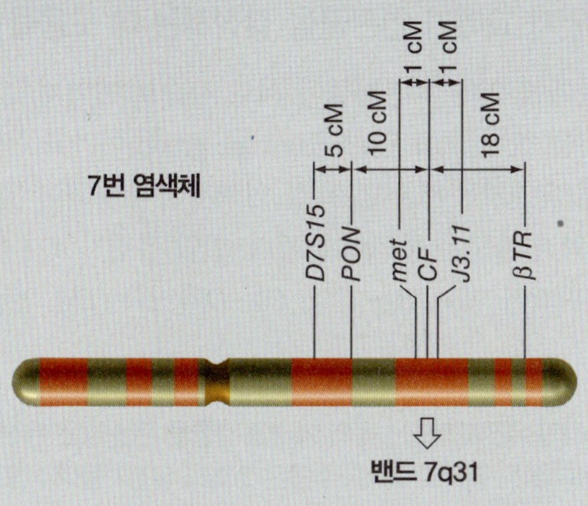

터 *PON*까지의 거리가 5 cM이며, *PON*으로부터 *CF*까지의 거리가 10 cM이라는 것을 알았다. 이들은 세 유전자 좌위의 순서가 *D7S15-PON-CF* (그림 A)라고 결론을 내렸다. *CF*는 DNA 표식자로부터 두 방향에서 각각 15 cM 거리에 놓여 있어 결국 조사한 영역은 거의 30 cM에 달한다. 인간 유전체는 대략 3,000 cM으로 되어 있기 때문에 이 연관 분석의 단계에서 인간 유전체의 1%로 분석의 범위를 좁혔다.

- 다음으로 DNA 표식자 *D7S15*는 7번 염색체의 긴팔에 위치하고, 이는 낭 섬유증의 유전자도 그 염색체의 팔에 놓여 있다는 것을 의미한다.
- 마지막으로 연구자들은 7번 염색체의 긴팔 위에 다른 여러 개의 표식자들인 *J3.11*, *βTR*, *met*와 연관되어 있다는 것을 밝혔다. 두 개의 표식자들이 *CF*와 오직 1 cM 거리만큼 떨어져 있다는 것도 밝혀졌다. 이제 *CF*를 7번 염색체의 긴팔의 밴드 31에 놓는 것이 가능해졌다(밴드 7q31, 그림 A). 1989년경에 연구자들은 이와 같은 지도작성 정보를 위치에 근거하여 *CF* 유전자를 클론하고 식별하는 데 사용하였다. 그리고 1992년경에 그들은 이것이 세포 내외로 염소이온을 이동하게 조절하는 세포막 단백질을 암호화한다는 것을 보여주었다(그림 2.25 참조). 이온 이동에 대한 이 같은 지식은 새로운 치료법을 열게 한 근간이 되었고 더 나아가 *CF* 환자의 세포에 *CF* 유전자의 정상 복사본을 넣어주는 유전자 치료법도 나오게 되었다. 아직 발전의 초기 단계이긴 하지만 이런 유전자 치료는 낭 섬유증을 완치할 희망으로 비춰진다.

교차빈도의 불균등 분포

지금까지 염색체를 따라 두 개의 염기쌍 사이에서 교차가 일어나는 것으로 추정해 왔지만 재조합은 실상 무작위적으로 일어나는 것은 아니다. 예를 들면 인간 DNA에서 대부분의 교차는 소위 **재조합 다발점**(**재조합 빈발지점**, recombination hotspot)이라고 하는 재조합 빈도가 평균보다 매우 높은 DNA의 작은 영역에서 일어난다. 그림 5.16에서 보는 바와 같이 이들 사이에 다발점을 지닌 유전자들(*A*와 *B*)은 다발점을 지니지 않은 유전자들(*B*와 *C*)보다 유전지도(m.u.로 측정)에서는 서로 보다 멀리 떨어져 있는 것처럼 보인다. 그러나 각 유전자 쌍을 갈라놓는 물리적 거리(DNA의 염기쌍으로 측정)는 동일하다. 다발점이 비교적 많이 있지만(인간 염색체에 약 50,000 염기쌍마다 다발점이 보인다) 그럼에도 불구하고 재조합 빈도는 대부분의 유전자 사이의 물리 거리를 추정하는 데 타당하게 받아들인다.

재조합 빈도는 생물 종에 따라 다르다. 최근에 여러 생명체들의 유전체에서 완전한 DNA 서열이 밝혀졌기 때문에 연구자들은 유전자들 사이의 물리 거리와 유전지도 거리를 비교하게 되어 이를 알게 되었다. 이들은 인간에서 지도 단위에 해당하는 평균 길이를 약 1백만 염기쌍으로 밝혔다. 그

그림 5.16 재조합 다발점. 유전자 *A*와 *B*는 유전자 *B*와 *C*에서처럼 동일한 수의 염기만큼 떨어져 있다. *A*와 *B*는 재조합 다발점의 측면에 있기 때문에 유전지도에서 유전자 *B*와 *C*보다 서로 간에 더 멀리 떨어져 있는 것처럼 보인다.

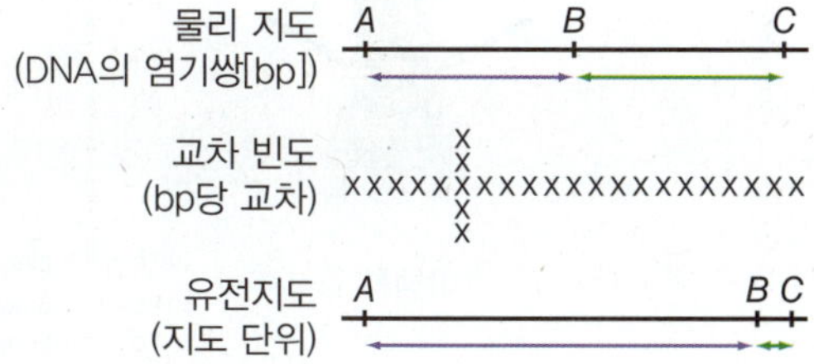

러나 효모에서는 DNA 길이당 재조합율이 인간보다 매우 높아서 지도 단위당 약 2,500염기쌍이다. 그러므로 지도 단위가 생물체의 유전자들 사이의 상대적인 거리를 측정하는 데 유용하지만, 1% RF는 서로 다른 생물체에서는 DNA의 매우 다른 공간을 반영할 수 있다.

때때로 재조합 빈도는 심지어 한 종의 성별 간에도 차이가 있다. 사람의 경우 남성보다 여성의 생식세포계열에서 교차 빈도가 약 두 배 정도 높다. 이는 두 개의 동일 유전자가 남성의 감수분열 동안에 교차를 측정하였을 때보다 여성의 감수분열에서 측정한 RF로 만들어진 유전자지도상에 두 배나 멀리 떨어져 있는 것처럼 보인다는 것을 의미한다. 초파리가 단적인 예를 제공해 주는데, 수컷에서는 감수분열 동안에 재조합이 일어나지 않는다. 이 장에서 이미 논의한 예를 참고하면, 재조합을 모두 이중이형접합성 초파리 암컷의 자손 중에서 측정한 것을 기억할 것이다. 이 장의 연습문제 19번은 유전학자들이 초파리 수컷의 재조합의 부재를 동일 염색체상에 아주 멀리 떨어져 있는 유전자들이 정말로 연관 가능하다는 것이 성립하도록 하는 데 어떻게 활용할 수 있었는가를 보여준다.

다(多)인자 교배가 연관군을 결정하는 데 도움을 준다

연관 관계에 의해 유전자들이 서로 사슬로 매어져 있어 보이는 것을 한데 모아 **연관군**(linkage group)이라고 한다. 많은 수의 유전자들이 어떤 특정 염색체에 배당되어 있을 때 염색체와 연관군은 동의어가 된다. 만약 유전자 *A*가 유전자 *B*와 연관되어 있고, *B*는 *C*와, *C*는 *D*와, *D*는 *E*와 연관되어

그림 5.17 초파리(*Drosophila melanogaster*)는 네 개의 연관군을 갖는다. 초파리의 유전자지도는 몸의 형태에 영향을 주는 많은 유전자들의 위치를 보여주고 있고, 이들은 이 장의 많은 예에서 사용되고 있는 것을 포함하고 있다(굵은 글씨로 표시). 수많은 초파리 유전자들이 지도작성되었기 때문에 네 개의 염색체 각각을 하나의 연관군으로 나타낼 수 있다.

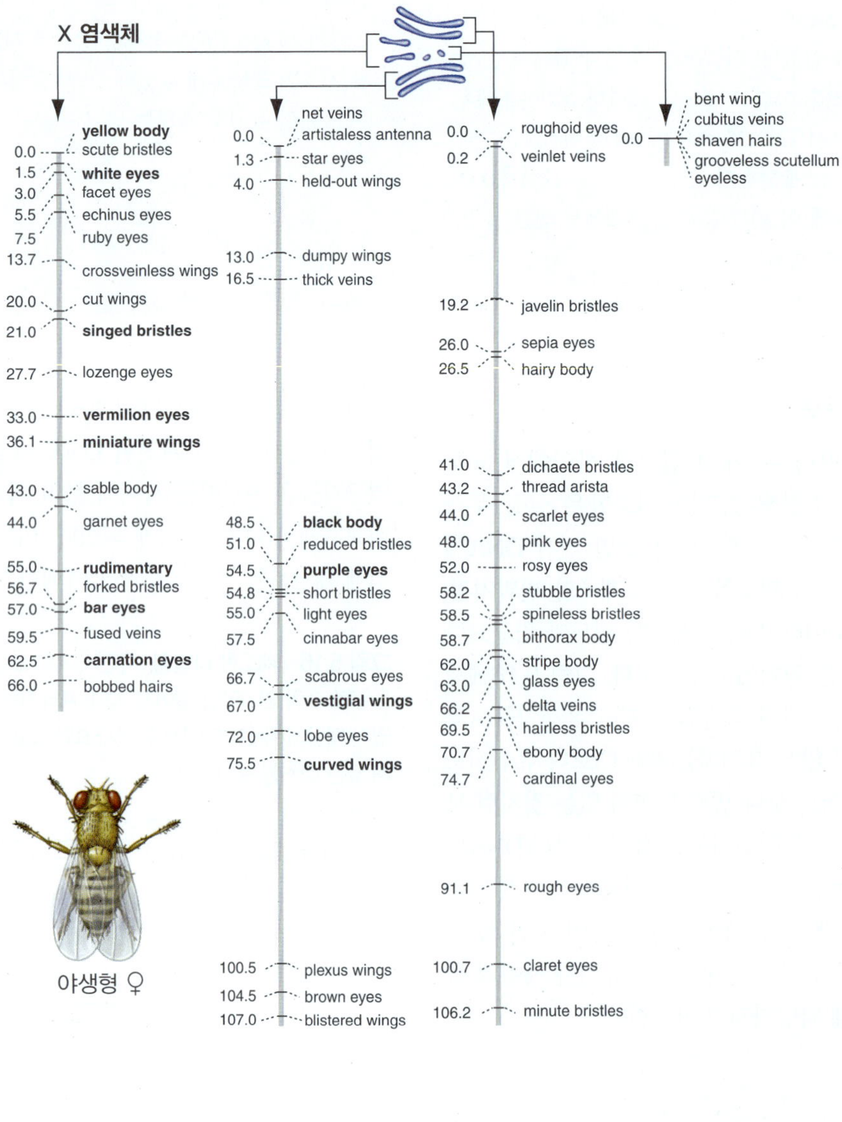

있는 것을 제시할 수 있다면 이 모든 유전자들은 연관 가능하다고 결론을 내릴 수 있다. 유전체의 유전자지도는 너무 조밀해져서 하나의 염색체 위에 있는 어느 유전자가 동일 염색체의 다른 유전자와 연관되어 있는 것과 연관군의 수가 종의 상동염색체 쌍의 수와 같음을 보여주는 것이 가능해졌다. 인간은 23개, 생쥐는 20개, 초파리는 4개의 연관군을 가지고 있다(그림 5.17).

하나의 염색체에서 총 유전거리는 유전자 사이의 수많은 짧은 거리를 합한 것으로 얻어지는데 50 m.u. 보다 훨씬 많아질 수 있다. 예를 들면, 초파리의 두 개의 긴 상염색체는 길이가 각각 100 m.u. 보다 약간 더 길고(그림 5.17), 인간의 가장 긴 염색체는 약 270 m.u. 정도이다. 그러나 아무리 긴 염색체일지라도 두 끝에 놓여 있는 유전자를 쌍으로 이루어진 교배도 50% 재조합 자손보다 많은 것을 만들지 못한다.

연관지도작성은 실용적인 적용에 있어 매우 중요하다. 예를 들면, 읽을거리 「빠르게 살펴보기」의 '유전자지도 작성은 낭 섬유증의 치료를 이끌 수 있다'는 연구자들이 중요한 인간의 유전질병에 대한 유전자의 위치 매김에 연관에 관한 정보를 어떻게 사용하는가를 기술하고 있다.

핵심 개념

- 이점교배에서 재조합 빈도의 쌍으로 된 분석을 통해 연관된 유전자들의 순서와 이들 사이의 거리를 설정할 수 있다.
- 삼점검정교배로 지도 거리를 정확하게 할 수 있고 교차 간섭의 존재를 밝힐 수 있다. 교차 간섭은 모든 염색체에서 각 감수분열 시에 생기는 교차의 수가 제한적이도록 하는 현상이다.
- 유전지도는 염색체상의 유전자 순서를 정확하게 나타냄에도 불구하고, 유전자들 사이의 거리 측정은 정확하지 않을 수 있다.
- 연관군 내의 유전자들은 동일 염색체상에 연관 가능으로 놓여 있다고 정의된다. 충분히 많은 유전자들이 자리매김한 염색체 전체가 하나의 단일 연관군이 된다.

5.4 카이 제곱 검정과 연관 분석

학습목표

1. 카이 제곱 검정의 용도를 설명한다.
2. 영가설의 개념과 자료 분석에서의 사용에 대해 논의한다.
3. 실험 자료의 유의성을 카이 제곱 검정에 근거하여 평가한다.

어떤 특정 실험으로부터 두 개의 유전자가 독립적 분리될 것인지, 아니면 유전적으로 연관이 되어 있는지에 대해 어떻게 알 수 있는가? 언뜻 이 질문은 문제가 되지 않아 보인다. 두 가지 가능성 가운데에서 하나를 식별해내는 데에는 관찰을 제대로 지지하는 가정에 근거하여 간단히 계산하는 것이 포함된다. 독립적으로 분배되는 유전자들에 대해서는 양성잡종 F_1 암컷이 4 종류의 배우자를 같은 수만큼 만들기에 F_2 자손의 절반은 양친형이고, 나머지 절반은 재조합형이다. 반면에 연관된 유전자들에 대해서는 정의에 따르면 F_2 세대에서 보이는 양친형의 두 가지 형태는 재조합형의 두 가지 형태보다 항상 많은 수를 가진다.

문제는 현실에서의 유전적 전달은 우연에 근거하기 때문에 어떤 특정 연구에서 심지어 연관되지 않고 독립적 분리되는 유전자들이 1:1:1:1의 비에서 벗어나게 만들어질 수도 있는데, 이는 마치 동전을 10번 던졌을 때 앞뒷면이 각각 5번씩 나올 것으로 예측은 하지만 앞면이 6번 그리고 뒷면이 4번 나오는 경우와 같다. 그러므로 만약에 두 유전자들의 전달을 분석하고자 하는 교배실험에서 양친형과 재조합형이 독립적 분리에 따라 예측되는 동일한 비로부터 편차를 보였을 때 이들 두 유전자가 연관되어 있다고 결론을 내릴 수 있겠는가? 대신에 이 결과가 독립적 분리되는 연관되지 않는 유전자들의 기대되는 평균값에서 통계적으로 허용할 수 있는 우연한 변동에 의해 가능한 것이라고 할 수 있겠는가? 이와 같은 질문은 연관이 느슨한 경우에 특히 유전자들이 연관되어 있더라도 재조합체의 백분율이 50%에 근접할 경우에는 보다 더 강하게 다가올 것이다.

카이 제곱 검정은 기대치와 관찰치 사이의 차이에 대한 의의를 평가한다

이런 종류의 질문에 대답하기 위하여 통계학자들은 단순히 우연으로 생길 수 있는 특정 가설의 예측으로부터 실험에 의해 관찰된 것과의 개연성을 정량화하는 다수의 여러 방법을 고안하였다. 이 방법 중의 하나가 "적합도"(goodness of fit)를 위한 **카이 제곱 검정**(chi-square test)이라 알려진 확률 검정이다. 이 검정은 관찰된 결과가 예측한 것을 어떻게 잘 확증하는가를 측정하고 그리고 실험집단의 크기(**표본 크기**)가 통계적 의의의 중요한 구성요소라는 사실을 설명하기 위하여 고안되었다. 표본 크기의 중요성을 알아보기 위하여 카이 제곱 검정에 대해 상세히 조사하기 전에 잘 알려진 동전 던지기로 돌아가 보자.

동전을 열 번 던졌을 때 여섯 번의 앞면(60%)과 네 번의 뒷면(40%)이 나온 결과는 기회의 효과이기에 예상치 못한 것은 아니다. 그러나 1,000번의 동전 던지기에서 600번의 앞면(60%)과 400번의 뒷면인 결과(40%)는 직관적으로 볼 때 매우 있음직하지 않은 것이다. 첫 번째 경우에서 기대치인 5:5 비에서 한 번의 동전 던지기가 바뀌어 6:4의 비로 관찰되었다. 두 번째 경우에서 100번이 뒷면에서 앞면으로 변하여 예상치 500:500 비로부터 언급된 편차를 초래하였다. 이치에 맞고, 있음직한 기회에 의한 사건은 기대치로부터 1의 편차는 일어날 수 있지만 100은 아니다.

이 간단한 예시로부터 두 가지 중요한 개념이 나온다. 첫째는 백분율이나 비 그 자체의 비교는 관찰(observed)한 자료가 기대(predicted)되는 값과 유의한 차이가 있는지의 여부를 결정할 수 없다. 둘째는 얻어진 절대적인 숫자가 중요한데, 이는 그들이 실험의 크기를 반영하기 때문이다. 표본 크기가 크면 클수록 "만약 가설이 옳다면"이란 실험 가설에 의해 예견되는 값과 관찰된 백분율이 더욱 더 근접할 수 있도록 기대될 수 있다. 그러므로 카이 제곱 검정은 항상 실제 자료인 숫자로 계산하여야만 하고 백분율이나 비는 아니다.

카이 제곱 검정은 가설을 증명하는 것이 아니라 연구자로 하여금 가설의 기각을 허용하게 하는 것이다. 이런 이유로 카이 제곱 검정의 결정적인 선결 조건은 **영가설**(null hypothesis)의 구성이다. 아마도 이 모델은 검정에 의해 반박되기도 하고 또한 명쾌한 숫자적 예측에 이르게도 한다. 오늘날 유전학자들은 카이 제곱 검정을 여러 종류의 유전실험의 해석에 사용한다. 그들은 교배실험에서 얻은 자료가 두 개의 유전자가 연관되어 있다는 가설에 옳거나 틀린 증거를 제공하는지의 여부를 발견하는 데 주로 사용한다. 그러나 "유전자 *A*와 *B*는 연관되어 있다"와 같은 일반적인 가설과 관련된 문제가 있다. 이는 교배 결과의 자료만으로는 기대되는 것을 정확히 예측할 수 없다는 것이다. 그 이유는 재조합 빈도는 이미 보아왔듯이 각 연관된 유전자 쌍에 따라 다르기 때문이다.

한편 "유전자 *A*와 *B*는 연관되어 있지 않다"와 같은 대안적인 가설은 서로 다른 유전자에서 대립유전자는 독립적 분리하여 검정교배에서 자손형의 비가 1:1:1:1로 만들어진다고 하는 정확한 예측을 하게 한다. 그럼으로써 유전학자들은 두 개의 유전자들이 연관되어 있는지의 여부를 결정하고자 할 때마다 관찰한 자료가 연관이 없다는 영가설로 검정하여 일치되었는지를 본다. 만약 카이 제곱 검정에서 관찰치가 독립적 분리로 기대되는 값과 비교하여 유의하게 차이가 난다면, 다시 말해 그들이 단지 우연에 의해 이루어진 것이 아닐 만큼 충분히 다를 것이므로 연구자는 연관되어 있지 않다는 영가설을 기각할 것이고, 그래서 두 유전자 사이에 연관이 되어 있다고 받아들인다.

읽을거리 「유전학의 기술」은 적합도를 위한 카이 제곱 검정의 일반적 규약(프로토콜)을 보여준다. 계산의 최종 결과는 숫자인 확률(*p* 값)의 결정인데, 이는 관찰된 실험 결과의 특정 세트가 특정 가설에 의해 예견되는 값과의 기회 편차를 나타낸다. 만약 확률이 높으면, 자료를 설명하기 위하여 검정한 가설이 그럴 듯하다는 것으로 기대한 결과와 관찰된 결과 사이의 편차는 유의하지 않다(insignificant)라고 한다. 만약 확률이 매우 낮다면, 기대되는 결과로부터 관찰된 편차는 유의하다(significant)가 된다. 이런 경우가 생기면 자료를 설명하려고 고려 중인 가설은 그럴듯하지 않은 것으로 가설은 기각된다.

카이 제곱 검정을 연관 분석에 적용: 한 가지 예

그림 5.18은 유전자 *A*와 *B*의 연관 여부를 물어보는 검정교배 실험으로부터 얻은 두 종류의 실험 자료를 어떻게 카이 제곱 검정에 적용하는지를 묘사한 것이다. "O"로 표기된 칼럼은 개별 실험으로부터 얻어진 실제 자료를 포함한 관찰치로 네 종류의 자손형 각각의 숫자이다. 첫 번째 실험에서 자손의 총 수는 48이므로 연관이 없다는 영가설로 주어진 각각의 자손형의 기대치(E)는 48/4 = 12이다. 이제 각각의 자손형에 대해 기대치와 관찰치 간의 편차를 제곱하고 이를 기대치로 나눈다. 이 계산은 "$(O-E)^2/E$" 열에 제시한다. 카이 제곱 (χ^2) 값을 얻기 위하여 얻어진 네 개의 값을 모두 더한다. 실험 1에서 $\chi^2 = 6.17$이다.

다음으로 이 실험을 위한 **자유도**(degree of freedom, df)를 결정해야 한다. 자유도는 수학적 개념으로 독립적으로 변하

그림 5.18 두 유전자의 연관 여부를 알아보기 위한 카이 제곱 검정법의 적용. 영가설은 두 유전자들이 연관되어 있지 않다는 것이다. 실험 1에서 $p > 0.05$ 이므로 영가설을 기각할 가능성이 없다. 샘플 크기를 2배로 하여 얻은 자료를 지닌 실험 2에서는 $p < 0.05$이다. 그래서 대부분의 유전학자들은 영가설을 기각하고 95% 이상의 신뢰도에서 이 유전자들은 연관되어 있다고 결론을 내릴 것이다.

자손 종류		실험 1			실험 2		
		O	E	$(O-E)^2/E$	O	E	$(O-E)^2/E$
양친형	*A B*	**18**	12	36/12	**36**	24	144/24
	a b	**14**	12	4/12	**28**	24	16/24
재조합형	*A b*	**7**	12	25/12	**14**	24	100/24
	a B	**9**	12	9/12	**18**	24	36/24
총계		**48**	48	74/12	**96**	96	269/24
				$\chi^2 = 6.17$			$\chi^2 = 12.3$
df = 3				$p > 0.10$			$p < 0.01$

유전학의 기술

적합도를 알기 위한 카이 제곱 검정

적합도를 알기 위해 카이 제곱 검정을 사용하고, 그 결과를 평가하기 위한 일반적인 규약을 일련의 단계로 서술할 수 있다. 두 개의 예비적인 단계가 실제적인 카이 제곱 계산에 앞서 이루어진다.

1. 다음 질문에 대답하기 위한 교배 실험에서 얻어진 자료를 사용한다.
   a. 분석하여야 할 자손 (사건)의 **총** 수는 얼마인가?
   b. 얼마나 많은 서로 다른 자손 (사건)의 **종류**가 있는가?
   c. 각 종류에서 **관찰되는** 자손 (사건)의 수는 얼마인가?
2. 영가설이 (여기서는 연관되어 있지 않다는) 옳은지의 여부를 알기 위하여 각 종류에 기대되는 자손(사건)이 얼마나 될 것인지를 산출한다. 그렇게 하려면 영가설(여기에서는 가능한 자손이 각각 1/4씩 임)에 의해 예견되는 백분율을 자손의 총수에 곱하라. 이제 카이 제곱 계산을 할 준비가 갖춰졌다.
3. 카이 제곱을 산출하기 위해서는 한 종류의 자손으로 시작한다. 이 종류의 예견된 값으로부터의 편차를 얻기 위해 관찰치에서 기대치를 빼라. 이 결과를 제곱하고, 이 값을 기대치로 나누어라.

   모든 종류에 대하여 이 규약을 거치고 난 후에 각각의 결과를 모두 합하라. 마지막 결과가 카이 제곱(χ^2) 값이다. 이 단계는 다음의 공식으로 요약된다.

$$\chi^2 = \Sigma \frac{(\text{관찰치} - \text{기대치})^2}{\text{기대치}}$$

   여기에서 Σ은 "모든 종류의 합"을 의미한다.

4. 다음으로 자유도(degrees of freedom, df)를 고려한다. df는 실험에서 독립적으로 변하는 매개변수의 수로 측정된다(본문 참조). 자유도의 값은 종류의 수보다 하나가 적다. 따라서 만약 N이 종류의 수라고 할 때 자유도(df) $= N - 1$이다. 만약 네 종류일 경우에 자유도는 3이다.
5. df와 함께 카이 제곱 값을 이용하여 p 값(p value)을 결정한다. p는 많은 수를 관찰한 실험에서 예견된 값으로부터 적어도 우연에 의해 생길 수 있는 값과의 편차에 대한 확률이다. p 값이 수치 분석으로 얻어졌음에도 불구하고 유전학자들은 표 5.2에서와 같이 서로 다른 자유도를 위한 결정적인 χ^2 값을 나타내는 표를 통해 빠른 조사로 손쉽게 값을 결정한다.
6. p 값의 의미를 평가한다. 영가설이 옳다고 하는 확률로서 p 값을 생각할 수 있다. 비록 영가설이 실제로 옳다고 하더라도 0.05보다 큰 값은 동일한 크기의 실험을 20번 반복할 때에 한 번 (또는 5% 이상) 이상 많이 일어난다는 것과, 예견된 수치로부터 관찰된 편차가 우연히 얻어질 수 있다는 것을 의미하므로, 결과적으로 이 자료는 영가설을 기각하는 것이 유의하지 않다(not significant)는 것을 의미한다. 통계학자들은 영가설을 받아들이거나 기각하는 경계로 삼는 것을 임의적으로 p 값을 0.05로 정했다. p 값이 0.05보다 작다는 것은 생각하기에 편차가 의미 있다(significant)는 것이므로 영가설을 기각할 수 있다.

표 5.2 몇몇 중요한 카이 제곱 값

	p 값						
	귀무가설을 기각할 수 없음				귀무가설을 기각함		
	0.99	**0.90**	**0.50**	**0.10**	**0.05**	**0.01**	**0.001**
자유도	χ^2 값						
1	—	0.02	0.45	2.71	3.84	6.64	10.83
2	0.02	0.21	1.39	4.61	5.99	9.21	13.82
3	0.11	0.58	2.37	6.25	7.81	11.35	16.27
4	0.30	1.06	3.36	7.78	9.49	13.28	18.47
5	0.55	1.61	4.35	9.24	11.07	15.09	20.52

주의: 이 표의 노란색 지역에 있는 카이 제곱(χ^2) 값은 > 95% 신뢰도로 귀무가설을 기각하도록 한다. 그러므로 재조합 실험의 경우, 연관을 가정하도록 한다.

는 매개변수의 수를 고려해야 한다. 이 예에서, 자손은 네 종류이다. 세 종류에 해당하는 자손의 수는 그들의 합이 48을 넘을 수는 없는 하나의 어떤 값을 가질 수 있다. 그러나 세 종류의 값이 고정되면 모든 네 종류의 전체 값이 48이기 때문에 네 번째 값 역시 고정된다. 그러므로 네 종류의 df는 전체 종류 수보다 하나가 적은 3이 된다. 다음으로 카이 제곱표(**표 5.2 참조**)에서 $\chi^2 = 6.17$, df = 3인 값을 찾아볼 수 있다. 해당되는 *p* 값이 0.10보다는 크다는 것을 알 수 있다. 어떤 *p* 값이 0.05보다는 크다는 것으로부터 이 실험에 근거하여 영가설을 기각할 가능성이 없다는 결론을 내릴 수 있고, 이는 이 자료 세트로는 *A*와 *B*가 연관되어 있지 않다는 것을 제시하기에는 충분하지 않다는 것을 의미한다.

자손의 전체 수가 96인 두 번째 실험에서 얻어진 자료를 동일한 전략을 사용하여 *p* 값을 산출하였더니 *p* 값이 0.01보다 작았다(그림 5.18). 이 경우 관찰치와 기대치 사이의 차이는 유의함이라고 생각할 수 있다. 그 결과 독립적 분리라는 영가설은 기각할 수 있고, 유전자 *A*와 *B*는 연관된 것 같다는 결론을 내릴 수 있다.

통계학자들은 유의함과 유의하지 않음 사이의 경계로 0.05라는 *p* 값을 임의적으로 선택하였다. 이보다 낮은 *p* 값은 만약 영가설이 옳다면 무작위 표본추출에 의해 동일한 결과를 얻는 데 있어 100번 시도에 5번이 이루어질 기회보다 낮다는 것을 의미한다. 그러므로 0.05보다 낮은 *p* 값은 이 자료가 예측된 값과의 주된 편차가 95% 신뢰도보다 높아 영가설을 기각할 만큼 충분히 유의하다는 것을 암시한다. 보다 보수적인 과학자들은 종종 유의성의 경계를 $p = 0.01$로 놓기 때문에 그러므로 신뢰도가 99%보다 클 경우에만 영가설을 기각한다.

대조적으로 *p* 값이 0.01이나 0.05보다 크다는 것이 두 유전자가 반드시 연관되어 있지 않다는 것을 의미하는 것은 아니고, 이에 대한 답을 제공하기에는 표본 크기가 충분히 크지 않다는 것을 의미할 수도 있다. 더 많은 자료로 *p* 값이 정상적으로 오르게 되면 연관이 없다는 영가설이 옳은 것이 되고, 낮아지면 실제로 연관이 있다는 것이 된다.

그림 5.18의 두 번째 실험의 자료는 단순히 첫 번째 실험의 숫자를 배로 한 것으로 백분율은 동일한 것에 주목하라. 그러므로 단순히 표본의 크기를 48에서 96개체로 배가시킴으로써 관찰치와 기대치 간의 차이가 유의하지 않음에서 유의함이 되는 것이 가능하다. 다시 말해 표본의 크기가 커지면 커질수록 기대 결과로부터의 어떤 백분율 편차가 단지 우연에 의해 일어난다는 가능성은 더욱 더 작아진다. 이를 명심한다면 10보다 작은 아주 작은 표본을 분석할 때 카이 제곱 검정을 사용하는 것이 적절하지 않다는 것을 알게 된다. 이런 것이 인류 유전학자들에게 문제가 되는데, 인간의 가계는 보통 아주 적은 수의 자손을 만들기 때문이다. 인간에서 연관 연구에 필요한 타당한 표본 수를 얻기 위하여 과학자들은 대신에 많은 수의 가계도로부터 자료를 모아야만 하고 로드 스코어(Lod score)라고 하는 다른 통계 분석법을 사용한다(10장 참조).

카이 제곱 검정은 연관이나 연관의 부재를 증명하지는 않는다. 그것이 하고자 하는 것은 실험에서 얻은 자료가 어떤 특정 가설에 의해 설명될 수 있다는 가능성의 양적인 척도를 제공하는 것이다. 그러므로 카이 제곱 분석은 유의성에 대한 일반적인 통계 검정이므로 많은 서로 다른 실험의 설계나 연관의 부재 이외의 가설에도 사용될 수 있다. 한정된 자료의 종류를 예측된 값으로 인도하는 영가설을 제안하는 것이 가능하다면 관찰한 자료가 가설과 일치하는지의 여부를 쉽게 결정할 수 있다.

실험이 영가설에 의해 기각하게 될 때의 대안을 확인할 필요가 있다. 예를 들면, 만약 두 개의 상반된 형질이 한 유전자의 두 개의 대립유전자의 분리에 의해 이루어졌는지를 조사하고자 한다면, F_1 이형접합자와 열성 동형접합자를 검정교배하여 자손에서 두 형질이 1:1 비로 만들어질 것을 기대한다. 만약 그 대신에 6:4의 비로 관찰되었고, 카이 제곱 검정의 *p* 값이 0.009이라고 한다면 영가설(1:1 비)을 기각할 수 있다. 그러나 1:1 비의 부재가 의미하는 것이 무엇인지에 대한 질문은 아직 남아 있다. 두 가지 대안이 있는데; (1) 두 가지 가능한 유전자형을 지닌 개체들이 동일하게 생존하는 것이 아니거나, (2) 그 형질에 영향을 주는 유전자가 하나 이상이다. 카이 제곱 검정은 어떤 가능성이 옳은지에 대해 말해 주지는 않기에 그 문제에 대해 더 많은 연구를 해야만 한다. 이 장의 연습문제에서 유전학에 관한 카이 제곱 검정의 몇 가지 응용 사례를 보여준다.

핵심 개념

- 영가설은 별개의 수치 예측에 이르게 하는 하나의 모델이다.
- 카이 제곱 검정은 한 실험에서 관찰된 서로 다른 유형의 자손의 수와 유전자들이 연관되어 있지 않고 서로 독립적 분리된다는 영가설에서 기대되는 이들 유형의 자손 수 사이의 차이를 비교함으로써 두 유전자가 연관되어 있는지의 여부를 결정하는 데 도움을 준다.
- 확률 값 *p*는 예측 값에서의 편차가 오직 우연에 의해서 생길 수 있는 가능성으로 측정한다. 영가설은 $p < 0.05$일 때 기각한다.

5.5 균류에서의 사분체 분석

학습목표

1. 어떤 종류의 균류가 만드는 자낭에 적용되는 "사분체"의 의미를 설명한다.
2. 양친형 이분자형(PD), 비양친형 이분자형(NPD), 사분자형(T) 사이를 구별한다.
3. PD들과 NPD들의 상대적인 숫자가 어떻게 연관을 수립하는 데 사용될 수 있는지를 서술한다.
4. 정렬된 사분자와 정렬되지 않은 사분자의 분석으로 어떻게 유전자와 동원체(정렬된 사분자에서)의 위치를 지도작성할 수 있는지 설명한다.

초파리, 생쥐, 완두콩, 인간 그리고 다른 이배체 생물체들 각각은 단 한 번의 감수분열에서 각각의 양친에 의해 만들어지는 네 개의 가능한 배우자 중의 단 하나만으로 대변된다. 그러므로 지금까지 제시된 연관, 교차, 지도작성은 감수분열의 무작위 산물의 무작위 결합의 결과로 생긴 이배체 자손의 표현형을 조사하는 것에 의한 추론에 의존하였다. 이런 이배체 생물체에서 서로 다른 자손이 양친에서 동일 감수분열에 의해 만들어진 어떤 배우자에 의해 생긴 것인지의 여부를 알지 못한다. 이런 제한으로 인해 이배체 생물체에서 감수분열의 무작위 산물의 분석은 대집단의 통계적 표본에 근거를 두어야만 했다.

이와는 대조적으로 균류의 다양한 종들은 각 감수분열의 반수체 산물 모두를 **자낭**(ascus; 복수, asci)이라고 하는 주머니 안에 모아두기 때문에 유전분석을 위한 독특한 기회를 제공한다. 이런 반수체 세포인 **자낭포자**[ascospore, 또는 단상포자(haplospore); 포자(spore)]는 발아하여 유사분열에 의해 영구화하는 살아 있는 반수체 개체로 생존할 수 있다. 이와 같은 반수체 균류의 표현형은 우성의 번잡함 없이 곧바로 자신의 유전자형을 나타낸다. **그림 5.19**는 주머니 안에 그들의 감수분해 산물을 보전하는 균류의 두 가지 종의 생활주기를 보여준다. 하나는 정상 단세포로 슈퍼마켓에서 파는 빵의 감축, 모양과 풍미에 기여하는 제빵용 효모(*Saccharomyces cerevisiae*)인데, 각각의 감수분열로 네 개의 자낭포자를 만든다. 다른 하나는 *Neurospora crassa*로 붉은빵곰팡이인데, 이 곰팡이가 핀 빵은 먹을 수 없다. 이 역시 각각의 감수분열로 네 개의 자낭포자를 만드는데, 감수분열의 끝머리에 네 개의 반수체 자낭포자의 각각이 곧바로 한 번의 유사분열을 하여 네 쌍인 모두 8개의 반수체 세포가 된다. 붉은빵곰팡이 자낭포자 각 쌍의 두 개 세포는 유사분열에 의해 생겼기 때문에 같은 유전자형을 지니고 있다.

효모와 붉은빵곰팡이의 반수체 세포는 모두 정상에서는 유사분열에 의한 영양생식(즉, 무성생식)을 한다. 그러나 반수체 세포들은 두 가지 교배형으로 되어 있기에 유성생식도 가능하며 상대 교배형끼리 접합하여 이배체 접합체가 형성되기도 한다(그림 5.19). 제빵용 효모에서 이들 이배체 세포들은 안정적이고 계속적인 유사분열 주기를 통해 번식할 수 있다. 필수영양소가 부족하거나 없어서 생기는 스트레스는 효모의 이배체 세포들로 하여금 감수분열을 하도록 유도한다. 이에 반하여 붉은빵곰팡이는 이배체 접합체가 곧바로 감수분열을 하여 이배체 시기는 단순히 일시적이다.

반수체인 효모나 곰팡이에서 돌연변이는 세포의 모양, 어떤 특정 조건에서 성장할 수 있는 능력 같은 것을 포함한 여러 가지 다른 형질에 영향을 끼친다. 예를 들면 *his4* 돌연변이 효모세포는 아미노산 히스티딘(his)이 없는 곳에서는 자랄 수 없는 반면에, *trp1* 돌연변이인 효모는 아미노산 트립토판(trp)이 외부에서 주어지지 않으면 자랄 수 없다. 효모의 연구를 주도한 유전학자들은 유전자를 표기하는 방식을 초파리나 생쥐에서 표기하는 방식과 약간 다르게 고안하였다. 그들은 대문자 *HIS4*를 우성 대립유전자로 소문자 *his4*는 열성을 나타내는 데 사용하였다. 앞으로 논의할 대부분의 효모 유전자들에서 야생형 대립유전자는 우성으로 다른 표기 약자인 "+"로 나타내기도 할 것이며, 열성 대립유전자의 기호는 소문자 약자 *his4*를 그대로 사용한다. 그러나 우성이나 열성은 이배체 효모세포에서만 사용되고 반수체 세포에서는 오직 하나의 대립유전자만 지니고 있다는 사실을 기억하라.

자낭은 한 번의 감수분열로 모두 네 개의 산물을 갖는다

하나의 자낭 내에 네 개의 자낭포자(또는 네 쌍의 자낭포자)들이 모여 있는 집단을 **사분체**(tetrad)라고 한다. 이것은 사분체란 술어의 두 번째 의미라는 것에 주목하라. 4장에서 나온 사분체는 2가염색체가 두 개로 된 네 개의 상동 염색분체로 제1감수분열 전기와 중기 동안에 접합이 이루어지는 것이다. 여기서 사분체는 한 번의 감수분열로 만들어진 네 개의 산물이 자낭 내에 함께 같이 들어 있는 것을 말한다. 네 개의 염색분체도 2가염색체가 감수분열로 네 개의 산물이 된 것이기 때문에 사분체의 이 두 가지 의미는 거의 같다고 할 수 있다. 효모에서 각각의 사분체는 **정렬되지 않은**(unordered) 것으로, 다시 말하면 네 개의 감수분열 산물(포자)이 자낭 내에 무작위로 배치되어 있다. 붉은빵곰팡이에서 사분체 각각은 **정렬되어 있는**(ordered) 것으로 네 쌍인 8개의 단상포자가 일렬로 배열되어 있다.

그림 5.19 효모(*Saccharomyces cerevisiae*)와 붉은빵곰팡이(*Neurospora crassa*)의 생활주기. 효모나 붉은빵곰팡이는 모두 두 가지 교배형을 갖고 있고 서로 융합하여 이배체 세포를 형성하는데, 이들이 감수분열을 하게 된다. (a) 효모는 반수체나 이배체 어떤 것이라도 영양 성장을 할 수 있다. 이배체 세포에서 감수분열의 산물은 네 개의 반수체 자낭포자인데 이들은 정렬되지 않은 효모 자낭 내에 무작위적으로 배열된다. (b) 붉은빵곰팡이는 짧은 기간 동안만 이배체 상태를 유지한다. 붉은빵곰팡이에서는 감수분열 뒤에 유사분열이 뒤따르는데, 이로써 자낭 내에 8개의 반수체 자낭포자가 주어진다. 붉은빵곰팡이의 자낭 내의 포자는 정렬된 배열을 하는데, 이는 감수분열과 유사분열 방추체의 기하도형적 배열을 반영한다. 사진은 출아(유사분열로 분리)하는 효모세포(위)와 하나의 효모 사분체(아래)를 보여주고 있다. (a)의 효모 사분체는 붉은빵곰팡이의 자낭을 보여주는 사진(b)보다 훨씬 높은 배율이다.

(a) 효모

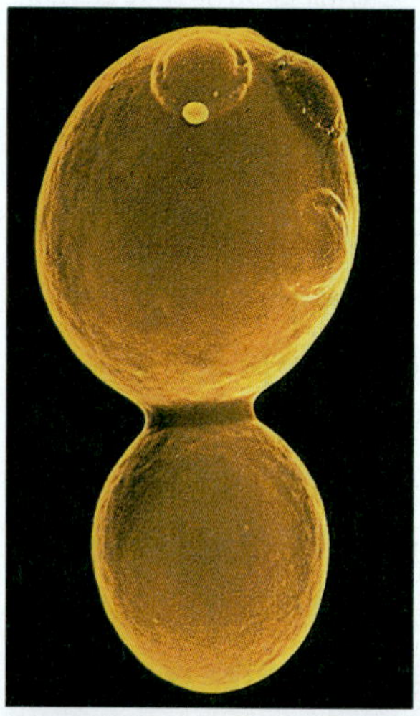

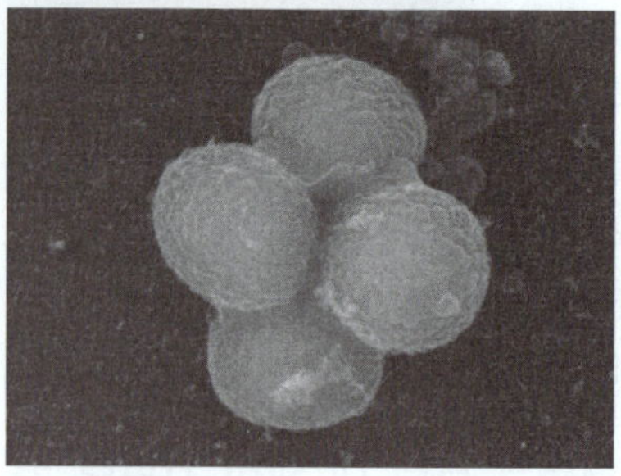

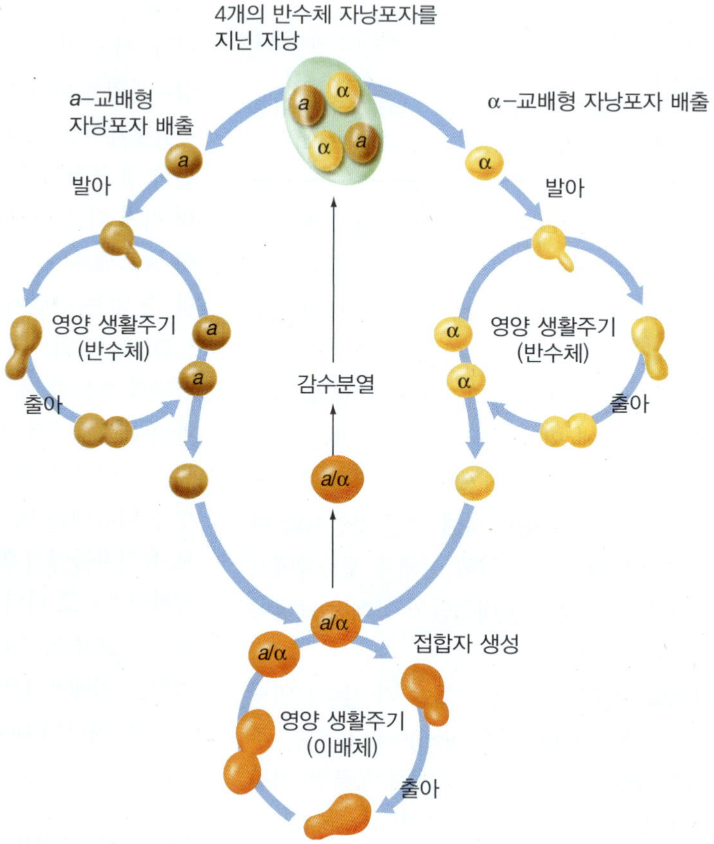

(b) 붉은빵곰팡이

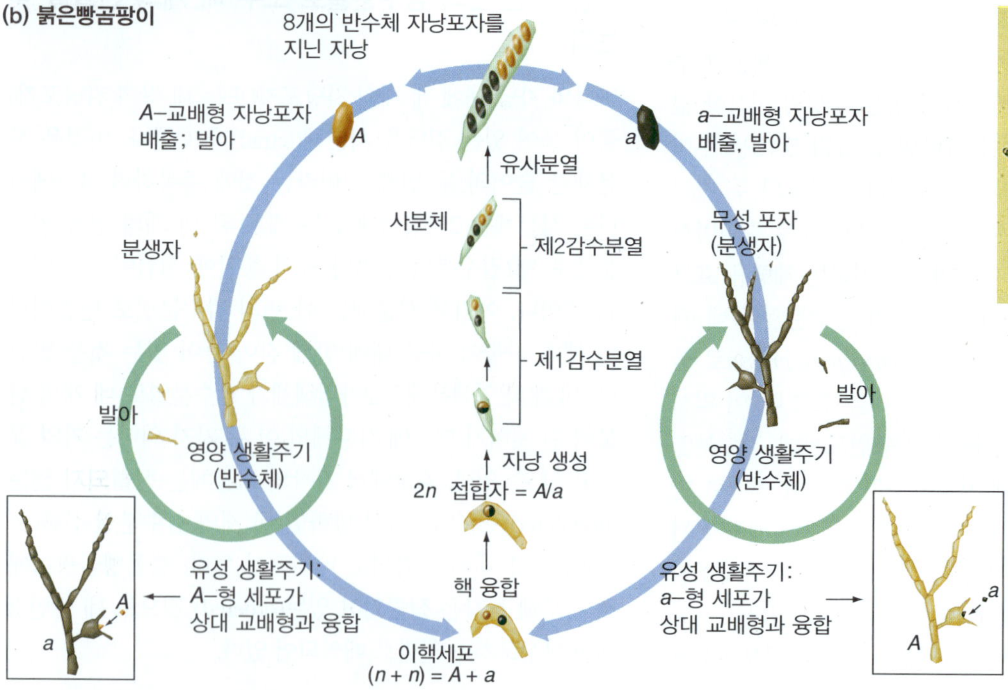

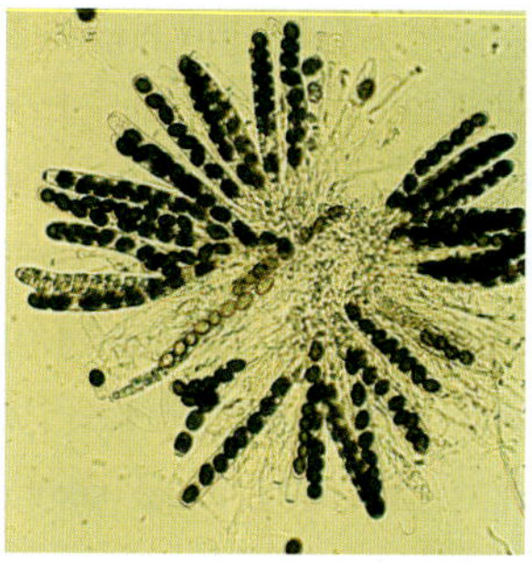

정렬되지 않은 사분체와 정렬된 사분체 모두를 분석하기 위하여 연구자들은 자낭 내의 포자들을 꺼내 반수체 세포들을 적당한 조건에서 발아하도록 하고 그 결과 생긴 반수체 배양균들의 유전적 조성을 분석한다. 이런 방식으로 얻어진 자료는 단 한 번의 감수분열로 얻어진 네 개의 산물로 구별하고 이들을 다른 많은 뚜렷이 구별되는 감수분열의 네 가지 산물들과 비교한다. 정렬된 사분체들은 또 다른 가능성을 제공한다. 해부현미경의 도움으로 연구자들은 자낭 내에서 일어나는 순서대로 자낭포자를 찾아낼 수 있고 그러므로 지도작성에 부수적인 유용한 정보를 얻을 수 있다. 일예로 처음에는 효모 사분체에서 무작위로 배열된 포자를 분석해 보자. 그런 다음에 모델 생물체로 붉은빵곰팡이를 사용하여 정렬된 사분체의 미세분석으로부터 얻을 수 있는 부가적인 정보를 기술하도록 한다.

사분체는 양친형 이분자형(PD), 비양친형 이분자형(NPD), 사분자형(T)으로 특징지을 수 있다

두 개의 유전자 각각이 이형접합성인 이배체 효모세포가 감수분열을 하도록 유도되었을 때 이 유전자들이 같은 염색체 또는 다른 염색체에 있는지에 따라 세 종류의 사분체가 생길 수 있다. 그림 5.20에 있는 상반되는 교배형과 교대되는 두 유전자의 대립유전자를 지닌 반수체 세포가 교배하여 *Aa Bb* 이배체를 만든 것을 생각하라. 한 가지 가능성은 만들어진 사분체 내에 있는 네 개의 포자가 모두 양친과 같은 모양의 대립유전자를 갖게 되는데, 이러한 사분체를 **양친형 이분자형**(parental ditype, PD)이라고 한다. 두 번째 종류의 사분체는 **비양친형 이분자형**(nonparental ditype, NPD)으로 각 형태가 두 개씩인 모두 네 개의 재조합형 포자를 지닌 것이다. 마지막으로 **사분자형**(tetratype, T) 사분체로 두 개의 재조합형(각 형태가 하나씩)과 두 개의 양친형(각 형태가 하나씩)인 네 가지 서로 다른 종류의 포자를 지니고 있다. 각 효모 자낭 내의 포자들은 어떤 특정 순서로 정렬되어 있지 않다(그림 5.20). PD, NPD, T와 같은 사분체의 분류는 단지 자낭 내에 있는 양친형 및 재조합형 포자의 수에 근거한 것이다.

재조합 빈도는 각 사분체의 수를 측정하여 결정될 수 있다

그림 5.20에 있는 두 개의 유전자 사이의 재조합 빈도(RF)를 결정하기 위하여 단지 모든 포자 껍질이 열리도록 깨뜨려 포자들을 모으고, 이들 중에 어떤 것이 양친형이고 어떤 것이 재조합형인가를 결정하기 위하여 분석한다. 이 경우에 RF는 재조합 포자의 수를 포자의 총수(양친형 + 재조합형)로 나눈 것과 같다. 그 대신에 각 포자의 유전자형을 결정하고자 한다면 동일 자낭에서 나오는 포자가 어떤 것인지를 추적하고 사분체의 각 형태, PD, NPD, T로 계수하여야만 한다. 후자의 방법을 사용하면 재조합빈도는 단순히 NPD-형의 사분체(이 안의 모든 포자는 재조합체이다; 그림 5.20)의 수와 T-형 사분체 수의 절반(이 안의 포자의 절반이 재조합체이다; 그림 5.20)을 합한 수를 사분체 총수로 나눈 것이 된다.

$$\text{RF} = [\text{NPD} + 1/2(\text{T})]/\text{사분체 총수}$$

어떤 방법을 사용하든지 동일한 RF 값을 계산해 낼 것이다. 그러나 사분체로 곰팡이 교배의 산물을 분석하는 것이 여러 가지 면에서 장점이 있다. 이들 중의 어떤 것은 기술적인데, 예를 들어 어떤 곰팡이의 사분체 분석에서 유전자와 동원체 사이의 거리를 결정할 수 있다. 그러나 더 중요한 것은 사분체 분석으로 감수분열 과정에 대해 보다 더 깊은 이해를 할 수 있게 된 것이다. 사분체 분석을 이해하는 최상의 방법은 양성교배에서 두 개의 유전자가 서로 다른 염색체상에 있거나 동일 염색체상에 있을 때 어떻게 서로 다른 사분체형이 만들어지는지 조사하는 것이다.

다른 염색체에 있어 연관되지 않은 유전자: PDs = NPDs

이배체 효모세포에서 서로 다른 염색체에 놓여 있는 두 개의 유전자가 이형접합성일 때 감수분열의 결과 어떤 종류의 사분체가 생기겠는가? 교배형이 *a*이고 *his4* 돌연변이와

그림 5.20 양성잡종 효모의 감수분열로 생긴 세 가지 사분체형. 유전자 *A*와 *B*가 동일 염색체에 있든 없든 또는 연관 여부에 상관없이 세 가지 형태 모두가 만들어질 수 있다. 양친형 포자는 주황색이고 재조합형 포자는 파란색이다.

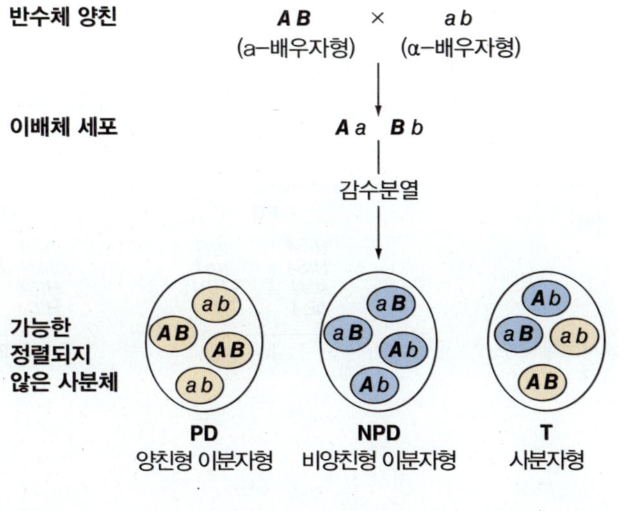

그림 5.21 두 개의 유전자가 서로 다른 염색체에 놓여 있을 때 감수분열이 어떻게 세 종류의 사분체를 만들 수 있는가. (a) 양친형 교배. (b)와 (c) 재조합이 없는 경우, 두 쌍의 염색체의 두 개의 동일하게 양자택일된 배열은 PD나 NPD 사분체를 만든다. (d)에서처럼 T 사분체는 어떤 유전자라도 동원체에 대응하여 재조합을 할 때에만 만들어진다. (e)는 숫자적 자료를 보여주는데, 두 개의 유전자가 연관되어 있지 않으면 PD 사분체 수가 NPD 사분체의 수와 거의 비슷하다(≈)는 것을 보여준다.

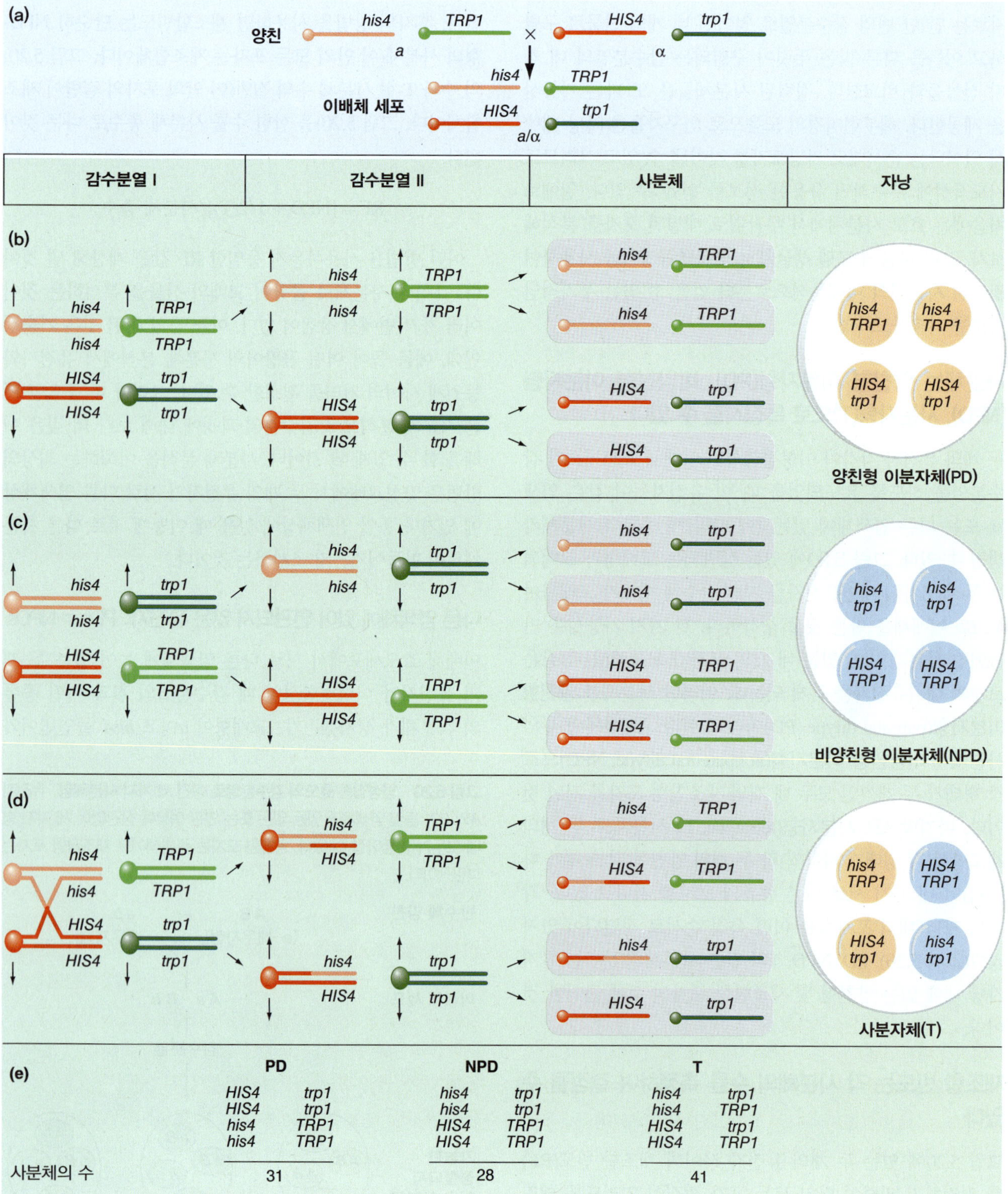

TRP1 유전자의 야생형 대립유전자를 지닌 효모의 반수체 균주와 반대되는 교배형인 α이고 유전자형이 *HIS4 trp1*인 균주 사이에서 교배가 이루어졌다고 가정하자. 그 결과 생긴 a/α 이배체 세포는 그림 5.21a에서 보이는 바와 같이 *his4/HIS4 trp1/TRP1*이다.

세 가지 서로 다른 형태의 감수분열이 생길 수 있고, 그들 각각은 서로 다른 사분체를 만든다. PD 사분체는 제1감수분열 동안에 상동염색체의 두 가지 무작위적 배치 중의 하나로부터 기인할 것이다(그림 5.21b). 동등하게 유사하며 대체 가능한 염색체 배열이 NPD 사분체를 만든다(그림 5.21c). T-형 사분체는 유전자들 중의 하나와 그들이 있는 염색체의 동원체 사이에서 이루어진 교차로부터 만들어진다(그림 5.21d).

이런 결과는 사분체에 대한 두 가지 중요한 사실을 나타낸다. 첫째는 감수분열의 (b)와 (c) 사건은 동등하게 유사하기 때문에 두 개의 유전자가 다른 염색체에 놓여 있을 때, PD의 수는 NPD의 수와 같을 것이다. T의 생산은 PD와 NPD의 균등에 영향을 끼치지 않는데, T가 종종 PD와 NPD 두 가지의 감소된 생산과 같은 정도로 만들어지기 때문이다.

둘째는 다른 염색체에 있는 유전자들의 대립유전자들에서도 기대되듯이 RF = 50%이다. 모든 포자가 양친형인 PD의 수는 모든 포자가 재조합형인 NPD의 수와 같다. 단지 다른 사분체인 T는 절반이 재조합형이고 절반이 양친형으로 되어 있다.

그림 5.21e는 *his4/HIS4 trp1/TRP1* 이배체로 행한 실험에서 얻은 자료를 나타낸 것이다(PD, NPD, T로 표지된 세로 열은 사분체를 나타내는 것이지 개개의 반수체 세포를 나타낸 것은 아니라는 것을 유념하라.) 이 결과로부터 PD와 NPD의 수가 거의 같다는 것을 알 수 있다. 카이 제곱 분석은 이 실험에서 PD = NPD라는 가설로부터 이 결과가 유의성 있게 다르지 않다는 것을 보여준다.

연관된 유전자: PDs >> NPDs

이중이형접합성 이배체 효모세포에서 만약 두 개의 유전자가 서로 다른 염색체에 놓여 있다면(연관되지 않고) PD 사분체의 수가 NPD 사분체의 수와 거의 비슷하다는 것을 앞에서 방금 보았다. 이는 연관된 유전자의 경우에서는 결과가 그렇지 않을 것이다. 연관된 유전자의 양성잡종을 하는 효모가 발아(즉, 감수분열을 시작)하면 PD의 수가 NPD의 수를 훨씬 초과하여 만들어진다. 연관된 유전자들을 포함한 실제 교배를 분석함으로써 감수분열 동안에 일어나는 사건을 어떻게 설명해야 하는지를 알 수 있다.

*arg3*와 *ura2* 돌연변이를 지닌 반수체 효모 균주를 야생형 *ARG3 URA2* 반수체 균주와 교배하였다. 그 결과로 생긴 이배체를 발아시켰을 때 그림 5.22에서 보는 바와 같은 분포를 지닌 200개의 사분체가 만들어졌다. 보는 바와 같이 127개의 PD 사분체가 3개의 NPD 사분체보다 훨씬 수가 많았는데, 이는 두 개의 유전자가 연관되어 있다는 것을 제시한다.

그림 5.23은 다양한 형태의 감수분열의 결과로부터 관찰된 특정 사분체가 어떻게 설명 가능한지를 보여준다. 만약 두 유전자 사이에 교차가 이루어지지 않았다면 그 결과 생긴 사분체는 PD일 것이다(그림 5.23a). 하나의 교차가 *ARG3*와 *URA2* 사이에서 일어났다면 T 사분체가 만들어질 것이다(그림 5.23b). 그러면 이중교차는 어떠한가? 앞에서 보았듯이(그림 5.10 참조) 실제로 어떤 염색분체가 참여하는가에 따라 네 가지 서로 다른 가능성이 있고 그리고 이들 각각은 동일한 빈도로 생길 것이다. 오직 두 개의 염색분체만이 포함된 이중교차는 PD 사분체를 만든다(그림 5.23c). 세 가닥 이중교차는 그림 5.23d와 e에서 보듯이 두 가지 방식으로 일어나며, 두 경우 모두 T 사분체가 만들어진다. 마지막으로 만약 네 가닥 모두에서 이중교차가 일어난다면(한 번의 교차는 두 가닥에서, 그리고 다른 교차는 나머지 다른 두 가닥에서), 그 결과 생긴 사분체는 NPD이다(그림 5.23f). 그러므로 만약 두 개의 유전자가 연관되어 있다면, NPD 사분체가 만들어지는 유일한 방식은 네 가닥 이중교차를 통하는 것이다. 두 개의 유전자가 동일 염색체상에 서로 가깝게 놓여 있을 때, 네 종류 이중교차 중의 하나로 감수분열을 하는 것은 PD나 T 사분체를 각각 만드는 교차가 없거나 하나의 교차가 이루어지는 것보다 아주 드물게 일어난다. 이것이 두 개의 유전자가 연관되어 있다면 왜 PD가 NPD보다 엄청나게 많이 만들어지는가에 대한 설명이 된다.

그림 5.22 유전자들이 연관되어 있을 때 PD들은 NPD들보다 많다.

P	*arg3 ura2* (*a*–교배형)	×	*ARG3 URA2* (α–교배형)
이배체 세포		*arg3 ura2* / *ARG3 URA2*	
		↓ 감수분열	
감수분열 산물	**PD**	**NPD**	**T**
	arg3 ura2 *arg3 ura2* *ARG3 URA2* *ARG3 URA2*	*arg3 URA2* *arg3 URA2* *ARG3 ura2* *ARG3 ura2*	*arg3 ura2* *arg3 URA2* *ARG3 ura2* *ARG3 URA2*
사분체의 수	127	3	70

그림 5.23 연관된 유전자 사이의 교차가 어떻게 서로 다른 사분체를 생기게 하는가. (a) PD들은 교차가 없을 때 생긴다. (b) 두 유전자 사이의 하나의 교차는 사분자형을 만든다. (c) ~ (f) 연관된 유전자들 사이에서의 이중교차는 PD, T, 혹은 NPD 사분체를 만드는 데 어떤 염색분체가 교차에 참여하는가에 따른다.

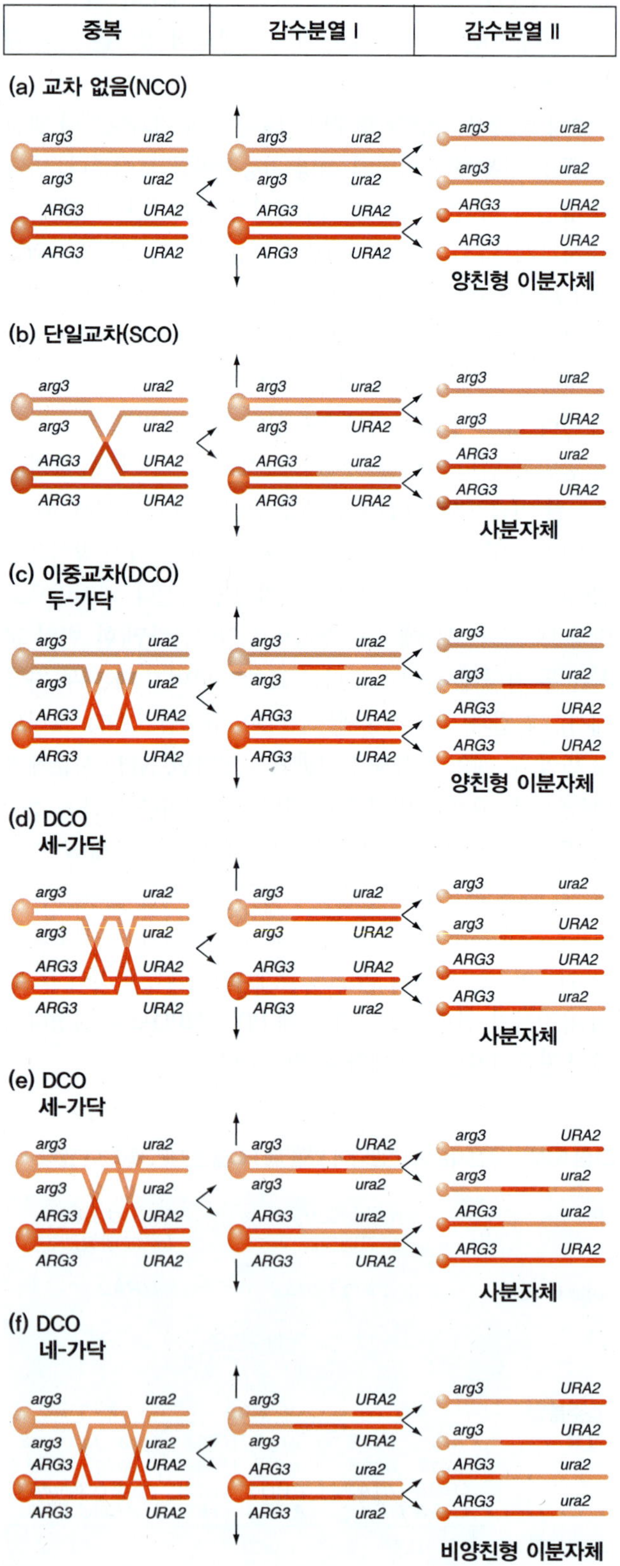

RF = NPD + (1/2)T/사분체 총수란 방정식을 사용하여 그림 5.22에 있는 자료로부터 RF를 계산하면

$$RF = [3 + (1/2)70]/200 \times 100 = 19 \text{ m.u.}$$

을 얻게 된다.

그러나 그림 5.23의 관찰은 RF에 대한 이 방정식이 두 유전자가 충분히 떨어져 있어 DCO가 일어날 때(NPD가 생김), 실제 교차가 일어나는 수를 정확하게 반영하지 않았다는 것을 보여준다. 예를 들면, 이 방정식은 PD를 계산하지 않았고 이들 중 약간은 DCO 감수분열로부터 만들어지는 것이다. 이 장의 연습문제 43번은 RF에 대한 수정된 방정식을 이끌어내는 데 도움을 준다. 수정된 RF 방정식은 PD >> NPD이고, 그러나 NPD가 0보다 아주 클 경우 교배에서 생기는 사분체에 기여하는 모든 DCO 감수분열을 고려한 것이다.

한 염색체에 멀리 떨어져 있는 두 개의 유전자: PDs = NPDs

총괄적으로 본 연관 분석에서처럼 사분체 분석에서도 두 개의 유전자가 동일 염색체상에 있지만 아주 멀리 떨어져 있어 마치 이들이 서로 다른 염색체상에 있는 두 개의 유전자처럼 서로 구분할 수 없을 수 있다: 두 경우에 모두 PD = NPD이다. 만약 두 개의 유전자가 염색체상에 아주 멀리 떨어져 있다면, 매번 감수분열마다 이들 사이에 적어도 한 번의 교차가 생긴다. 이런 상황에서 감수분열이 없는 것이 NCO이고, 모든 NPD 사분체들과 마찬가지로 모든 PD 사분체들은 동일하게 자주 일어나는 종류인 DCO로부터 나온다(그림 5.23의 c와 f 경우). 그러므로 두 개의 유전자들이 독립적 분리되는지의 여부에 대해, 이들이 서로 다른 염색체상에 놓여 있거나 이들이 동일 염색체상에 아주 멀리 떨어져 있기 때문이므로 최종 결과는 같다: PD = NPD, RF = 50%.

정렬된 사분체는 동원체와 관계하여 유전자의 자리매김을 돕는다

붉은빵곰팡이인 *Neurospora crassa*가 만드는 정렬된 사분체의 분석은 염색체의 동원체와 관련된 다른 유전적 표식자를 지도작성하게 한다. 그러나 이런 정보는 정렬되지 않은 효모 사분체에서는 정상적으로 이용할 수 없다. 앞에서 언급한 바와 같이 서로 다른 교배형의 특화된 반수체 붉은빵곰팡이 세포들은 수정 시에 융합하고 곧바로 이배체 배우자는 좁은 자낭의 제한된 구역 안에서 감수분열을 수행한다(그림 5.19b 참조). 감수분열이 끝날 때에 네 개의 반수체 감수분열 산물의 각각은 다시 한 번 더 유사분열을 하여 8개의 반수체 자낭포자인 **팔분체**(octad)가 만들어진다. 이 시점에서 자낭을 해부하면 8개의 반수체 세포 각각의 표현형을 알아볼 수 있다.

자낭의 절단면 직경이 아주 작아 세포들이 서로를 넘어 지나갈 수 없다. 더욱이 수정 후 각 분열 동안에 방추사인 미세소관 섬유가 자낭의 기다란 축에 나란한 중심체로부터 바깥쪽으로 뻗어나간다(그림 5.24). 이런 사실은 두 가지 중요한 파급효과를 가져온다. 하나는 감수분열의 네 개 산물이 각각 유사분열로 한 번 더 분열을 하여 유전적으로 동일한 두 개의 세포가 서로 인접하여 놓여 있는 결과를 가져온다. 이런 특색 때문에 자낭 끝의 어느 한 쪽에서 시작해도 팔분체의 자낭포자를 네 개의 세포 쌍으로 생각하여 결국은 사분체로 분석할 수 있다. 다른 하나는 자낭 내의 네 쌍의 자낭포자의 정확한 위치 결정으로부터 두 번의 감수분열 동안에 각 상동염색체 쌍의 네 개의 염색분체의 배열을 추측할 수 있다.

자낭포자의 기하도형 배열이 유전에 미치는 결과를 이해하기 위하여, 한 유전자의 두 개의 대립유전자의 분리로부터 어떤 종류의 사분체를 기대할 수 있는지 고려하는 것이 도움이 된다. (뒤따를 논의에서 붉은빵곰팡이 유전학자들이 초파리 연구자들과 마찬가지의 기호로 대립유전자를 표기하고 있음을 보게 될 것이다. 보다 상세한 명명에 관련된 안내는 부록 A-1쪽 참조) 돌연변이체인 흰-포자(*white-spore*) 대립유전자(*ws*)는 야생형인 검은색의 자낭포자의 색깔이 흰색으로 바뀐 것이다. 재조합이 없을 때에는 두 개의 대립유전자(ws^+와 *ws*)가 첫 번째 감수분열 시에 서로 분리되는데, 이는 그들을 붙잡고 있던 동원체가 이 시기에 분리되기 때문이다. 두 번째 감수분열과 계속된 유사분열이 위로부터 네 개의 자낭포자는 한 유전자형(예를 들면 ws^+)을 그리고 밑의 네 개는 다른 유전자형(*ws*)을 지닌 자낭을 만든다. 위의 네 개가 ws^+이고 아래가 *ws*인지 혹은 그 반대인지의 여부는 발달하는 자낭의 기다란 축에 상대적인 그 유전자를 지닌 상동체의 중기 I 때의 무작위적인 방향에 따른다.

그러므로 제1감수분열에서 한 유전자의 두 개 대립유전자의 분리는 자낭에 의해 나타내지는데, 이는 두 개의 대립유전자를 지닌 반수체 산물인 팔분체의 네 번째와 다섯 번째 자낭포자 사이에 그려진 가상의 선에 의해 깔끔하게 분리된다. 이처럼 보이는 자낭을 **1분열(MI) 분리형**(first-division segregation pattern)이라고 한다(그림 5.25a).

제1감수분열 시기에 흰-포자 유전자와 그것이 놓여 있는 염색체의 동원체 사이에서 교차가 일어나는 이형접합자를 가정하자. 그림 5.25b에서 보여주는 바와 같이 이것은 동일한 네 가지 가능한 자낭포자의 배열을 이루게 하는데, 그 각각은 두 번의 감수분열 동안에 네 개의 염색분체의 특정 방향에 의존한다. 이 네 가지 모든 경우에 ws^+와 *ws* 포자들은 네 번째와 다섯 번째 자낭포자 사이에 그려진 가상의 선 양쪽에서 보이는데, 이는 오직 한 종류의 대립유전자를 지닌 세포들이 제2감수분열의 끝까지 생기지 않기 때문이다. 포자의 이런 배치를 지닌 팔분체를 나타내는 것을 **2분열(MII) 분리형**(second-division segregation pattern)이라고 한다.

그림 5.24 정렬된 사분체는 어떻게 형성되는가. 자라고 있는 붉은빵곰팡이 자낭의 기다란 축에 평행으로 방추체가 형성되고 세포는 서로 주위로 미끄러져 들어갈 수 없다. 그러므로 자낭포자의 순서는 감수분열 방추체의 기하도형적 배열을 반영한다. 감수분열 후에 각 반수체 세포는 한 번의 유사분열을 하여 8-세포 자낭(팔분체)을 만든다. 팔분체는 네 쌍의 세포로 구성되어 있는데, 각 쌍의 두 개의 세포는 유전적으로 동일하다.

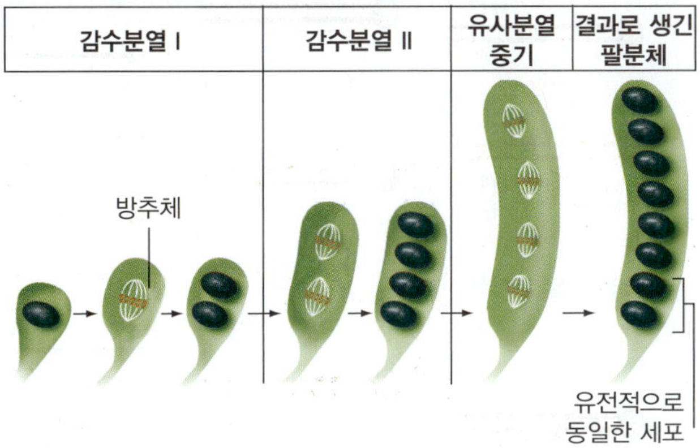

MII 분리형은 유전자와 동원체 사이의 교차가 일어나게 하는 감수분열의 결과이기 때문에 이런 형을 지닌 자낭의 상대적인 수는 유전자 ↔ 동원체 사이의 거리를 결정하는 데 사용될 수 있다. MII 분리를 보이는 자낭에서 자낭포자의 절반은 교환된 부분을 갖는 염색분체로부터 왔고, 나머지 절반은 재조합을 하게 하는 교차가 이루어지지 않은 염색분체로부터 왔다(그림 5.25b). 그러므로 유전자와 동원체 사이의 거리를 측정하기 위해서는 단순히 MII 팔분체의 백분율을 2로 나누면 된다.

유전자↔동원체 사이 거리 = (1/2) MII/사분체 총수 × 100

사분체 분석: 숫자적 예

어떤 실험에서 붉은빵곰팡이 야생형 균주 $thr^+ \; arg^+$를 이중 돌연변이체 *thr arg*와 교배하였다. *thr* 돌연변이체는 아미노산 트레오닌이 없는 배지에서는 자랄 수 없고, *arg* 돌연변이

그림 5.25 정렬된 자낭에서의 두 가지 분리형. (a) 한 유전자와 그것의 동원체 사이에서 교차가 없을 경우에 유전자의 두 개의 대립유전자는 제1감수분열에서 분리될 것이다. 그 결과는 1분열 분리형으로 각각의 대립유전자는 자낭의 중앙에 가상의 선을 그었을 때 오직 한쪽에만 놓여 있는 포자들로 보여준다. (b) 유전자와 동원체 사이에서의 교차는 중앙선의 같은 쪽에 두 개의 대립유전자가 모두 보이는 2분열 분리형을 만든다.

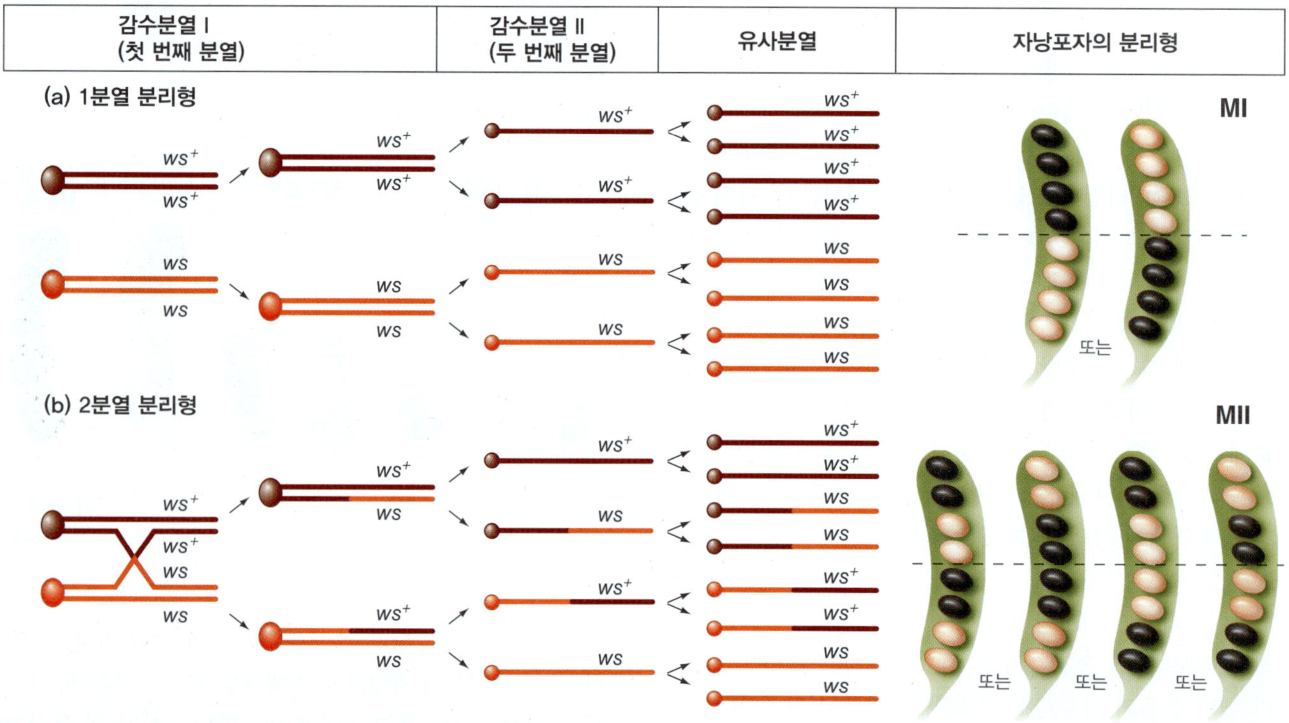

체는 아미노산 아르기닌이 없으면 자랄 수 없는데, 이 두 유전자의 야생형 대립유전자를 지닌 세포는 이 두 가지 아미노산을 지니고 있지 않은 배지에서도 자랄 수 있다. 이 교배에서 105개의 팔분체(여기에서는 사분체로 간주)를 얻었다. 이들 사분체는 **그림 5.26a**에서 보여주는 바와 같이 일곱 가지 서로 다른 그룹으로 — A, B, C, D, E, F, G — 분류하였다. 이제 두 유전자들의 각각으로부터 그 유전자와 그 유전자가 놓여 있는 염색체의 동원체 사이의 거리를 알아낼 수 있다.

thr 유전자부터 이 작업을 위해 우선 이 유전자의 MII 분리형을 지닌 사분체의 수를 계산해 보자. 사분체의 가운데에 가상의 선을 긋고 조사해 보면 B, D, E와 G 그룹들이 *thr*의 MII 분리형이고 나머지들은 MI 분리형임을 보여준다. 그러므로 동원체 ↔ *thr* 사이의 거리는

$$\text{MII 분리형의 백분율의 절반} = \frac{(1/2)(16 + 2 + 2 + 1)}{105} \times 100 = 10 \text{ m.u.}$$

마찬가지로 MII 분리의 *arg* 유전자의 사분체는 C, D, E, G 그룹으로, *arg*와 동원체 사이의 거리는

$$\frac{(1/2)(11 + 2 + 2 + 1)}{105} \times 100 = 7.6 \text{ m.u.}$$

*thr*과 *arg* 유전자들이 연관되어 있는지의 여부를 확인하

그림 5.26 정렬된 사분체 분석에 의한 유전자지도 작성의 예. (a) 정렬된 사분체 분석에서 PD, NPD, 혹은 T로서뿐 아니라 그들이 첫 번째 분열 혹은 두 번째 분열 분리 패턴을 보여주느냐의 여부에 따라서 사분체의 종류가 정의된다. 이 표에서 각각의 기재 사항은 붉은빵곰팡이의 팔분체에서의 인접된 동일 포자의 쌍을 나타낸다. 붉은색 점 표시는 자낭의 중앙을 나타낸다. (b) (a)의 자료로부터 얻어진 유전자지도. 정렬된 사분체 분석은 유전자들 사이의 거리뿐 아니라 동원체의 위치도 결정해 준다.

(a) 붉은빵곰팡이의 교배

사분체 그룹	A	B	C	D	E	F	G
분리형	*thr arg*	*thr arg*	*thr arg*	*thr arg*$^+$	*thr arg*$^+$	*thr arg*$^+$	*thr arg*
	thr arg	*thr*$^+$*arg*	*thr arg*$^+$	*thr*$^+$*arg*	*thr*$^+$*arg*	*thr arg*$^+$	*thr*$^+$*arg*$^+$
	· · · · ·	· · · · ·	· · · · ·	· · · · ·	· · · · ·	· · · · ·	· · · · ·
	thr$^+$*arg*$^+$	*thr*$^+$*arg*$^+$	*thr*$^+$*arg*	*thr*$^+$*arg*$^+$	*thr*$^+$*arg*	*thr*$^+$*arg*	*thr*$^+$*arg*$^+$
	thr$^+$*arg*$^+$	*thr arg*$^+$	*thr*$^+$*arg*$^+$	*thr arg*	*thr arg*$^+$	*thr*$^+$*arg*	*thr arg*
그룹의 총계	72	16	11	2	2	1	1

(b) 상응하는 유전자지도

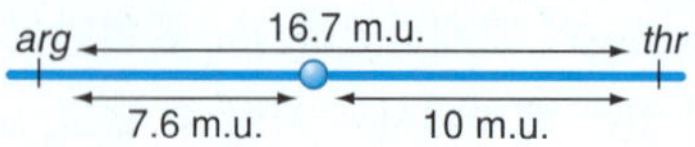

표 5.3	사분체 분석의 규칙
정렬된 사분체와 정렬되지 않은 사분체에 대해서	
한 번에 유전자 두 개를 생각하고, 사분체를 PD, NPD, T라고 하면	
만약 PD >> NPD이면, 두 유전자는 연관되어 있다.	
만약 PD ≈ NPD이면, 두 유전자는 독립적 분리한다 (이들은 비연관이다).	
만약 두 유전자가 연관되어 있을 때 이들 사이의 지도 거리 $= \frac{\text{NPD} + (1/2)\text{T}}{\text{사분체의 총수}} \times 100$	
오직 정렬된 사분체에 대해서	
유전자와 동원체 사이의 지도 거리 $= \frac{(1/2)\ \text{MII}}{\text{사분체의 총수}} \times 100$	

기 위하여, 이 일곱 가지의 사분체 그룹을 다른 방식으로 평가할 필요가 있다. 만약 그 그룹 내의 사분체가 PD, NPD 혹은 T인지를 알기 위하여 두 유전자들의 대립유전자의 조합을 살펴보아야 한다. 그런 후에 PD >> NPD 인지를 물어볼 수 있다. 다시 한 번 그림 5.26a를 참조하면 그룹 A와 G는 모든 자낭포자가 양친형 조합을 보여주고 있기 때문에 PD이고, 반면에 그룹 E와 F는 네 개의 재조합 포자를 지니고 있기에 NPD이다. 그러므로 PD는 72 + 1 = 73이고, NPD는 1 + 2 = 3이다. 이 자료로부터 두 유전자는 연관되어 있다고 결론을 내릴 수 있다.

*thr*과 *arg* 사이의 지도 거리는 얼마인가? 이 계산을 위해 T와 NPD 사분체의 숫자를 알아야만 한다. 사분자체(T)는 그룹 B, C, D에서 볼 수 있고, 이미 알고 있는 바와 같이 그룹 E와 F는 NPD이다. 앞의 효모에서 이미 사용했던 바와 같이 지도 거리를 위한 방정식을 그대로 사용하면,

$$\text{RF} = \frac{\text{NPD} + 1/2\text{T}}{\text{사분체 총 수}} \times 100$$

이므로

$$\text{RF} = \frac{3 + (1/2)(16 + 11 + 2)}{105} \times 100 = 16.7 \text{ m.u.}$$

*thr*과 *arg* 사이의 거리는 동원체로부터 각 유전자가 떨어져 있는 거리보다 훨씬 크므로 동원체는 *thr*과 *arg* 사이에 그림 5.26b의 지도와 같이 놓여 있어야만 한다. 위 방정식에 의해 산출된 두 유전자 사이의 거리 16.7 m.u.는 두 유전자 ↔ 동원체 사이의 거리의 합 (10.0 + 7.6 = 17.6 m.u.)보다 작은데, 이는 이 방정식에 모든 이중교차를 산정하지 않았기 때문이다. 항상 그렇지만 보다 짧은 간격들을 더하면서 지도 위치를 산정하는 것이 가장 정확한 유전지도를 만든다. 이 예에서 유전자 ↔ 동원체 사이의 거리가 보다 짧다. 그러므로 *thr*/*arg* 사이 거리 산출보다 더 정확하다.

표 5.3은 정렬되어 있는 사분체와 정렬되지 않은 사분체를 만드는 균류에서 유전자지도 작성 과정을 요약해 놓은 것이다.

핵심 개념

- 사분체는 균류에서 단 한 번의 감수분열에 의해 생기는 자낭 내에 있는 네 개의 반수체 포자의 그룹이다.
- 양친형 이분자형(PD)에는 사분체가 네 개의 양친형 포자를 지니고 있고; 비양친형 이분자형(NPD)에는 사분체가 네 개의 재조합형 포자를 포함하고 있으며; 사분자형(T)에는 자낭에 두 개의 다른 양친형 포자와 두 개의 재조합형 포자를 포함한다.
- 양성잡종에서 포자를 형성할 때, 만약 PD 사분체가 NPD 사분체와 같다면 이 유전자들은 연관되어 있지 않다; PD가 NPD보다 월등히 많을 경우에는 유전자들이 연관되어 있다.
- 정렬되지 않은 사분체의 분석은 연관된 유전자와 그들 사이의 지도 거리를 나타낸다; 정렬된 사분체의 분석은 더 나아가 유전자와 그 유전자를 지닌 염색체의 동원체 간의 거리를 결정하게 한다.

5.6 유사분열 재조합과 유전적 모자이크

학습목표

1. 유사분열 재조합이 어떻게 쌍점이라 하는 모자이크 상태로 이어지게 하는지를 설명한다.
2. 효모에서 섹터 군락과 이들이 유사분열 재조합을 평가하는 데 중요함을 기술한다.

유전물질의 재조합은 감수분열의 결정적인 특색이다. 그러므로 진핵생물이 감수분열 재조합을 시도하도록 특화된 (6장 참조) 다양한 효소를 발현하는 것은 놀랄만한 일이 아니다. 재조합은 또한 유사분열 동안에도 일어난다. 그러나 감수분열 시에 일어나는 일과는 달리 유사분열 교차는 잘 정의된 세포 내의 프로그램에 의해 이루어진다고 보기보다는 염색체 복제 시의 잘못이나 DNA 분자를 깨져버리게 하는 방사선에 노출되는 것과 같은 우연한 일에 의해 시작된다. 이렇기 때문에 유사분열 재조합은 1백만 체세포분열에서 하나 정도 일어나는 아주 드문 일이다. 그럼에도 불구하고 효모세포의 콜로니 성장이나 보다 복잡한 다세포 생물체의 발달은 아주 많은 세포분열을 포함하기 때문에 유전학자들은

그림 5.27 쌍점: 일종의 유전적 모자이크 형태. $y\ sn^+/y^+\ sn$ 초파리 암컷에서 몸의 대부분은 야생형인데 노란색이나 그을음(singed) 형태의 강모를 보여주는 잘못된 작은 구역이 때때로 나타난다. 어떤 경우에는 노란색과 그을음 작은 구역이 서로 인접해 있어 이런 구조를 쌍점(*twin spots*)이라 한다.

이런 드문 유사분열의 사건을 일상적으로 검출할 수 있다.

"쌍점"은 유사분열 재조합에 의한 모자이크를 나타낸다

1936년 초파리 유전학자인 스턴은 초파리에서 "쌍점"을 관찰하고 유사분열 재조합의 존재를 추론하였다. **쌍점(twin spots)**이란 조직 중에 인접해 있는 섬처럼 이들은 서로가 다르고 그를 둘러 싼 조직과도 다르다. 이렇게 구별이 분명한 작은 조각은 일반적으로 우성 표현형으로 나타나는 이형접합성의 세포 집단 가운데에서 열성 표현형을 지닌 동형접합성의 세포가 자람으로써 나타난 것이다. 초파리에서 노란색(yellow, y) 돌연변이는 몸 색을 정상 갈색에서 노란색으로

그림 5.28 유사분열 교차. (a) $y\ sn^+/y^+\ sn$ 초파리 암컷에서 동원체와 *sn* 사이에서 유사분열 교차가 일어나 두 개의 딸세포가 만들어진다. 이 중 하나는 *y* 동형접합성이고 다른 하나는 *sn* 동형접합성으로 이들이 인접하여 잘못된 작은 구역(쌍점)으로 발생될 수 있다. 이 결과는 유사분열 후기에 염색분체들의 특정 배치에 의존한다(위쪽). 만약 염색분체의 배치가 역방향으로 동일하게 이루어졌다면 표현형적으로 정상세포들만 나온다(아래쪽). (b) *sn*과 *y* 사이의 교차는 하나의 노란색의 작은 구획을 만들 수 있다. 그러나 만약 *sn* 유전자가 *y* 유전자보다 동원체에 보다 가까이에 있으면, 이 암컷들에서 단 하나의 유사분열 교차는 하나의 그을음을 만들 수 없다.

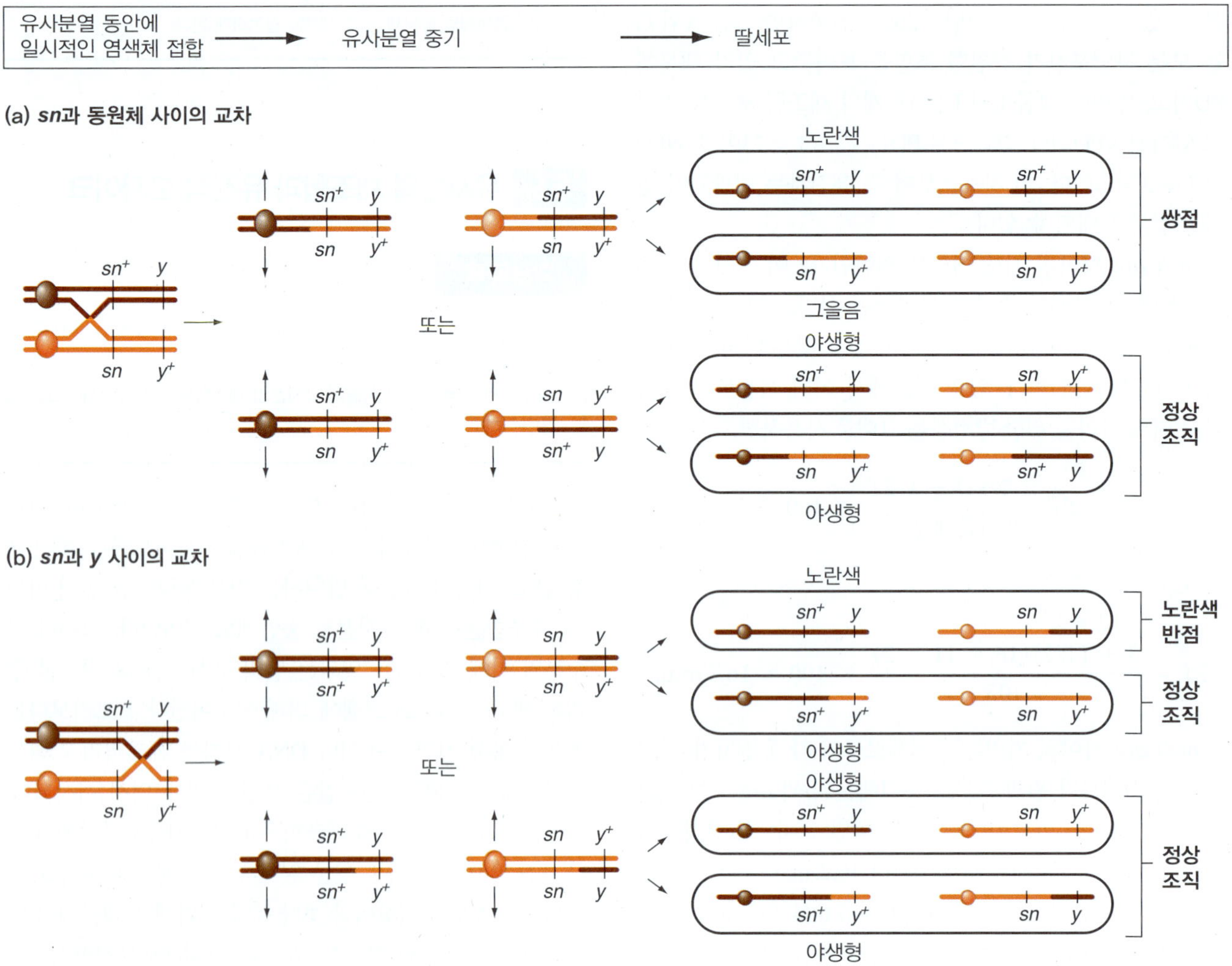

변하게 한 것이고, 반면에 그을음 강모(singed bristles, sn) 돌연변이는 길고 곧바른 강모에서 짧고 구부러진 강모로 변하게 한 것이다. 이들 유전자는 모두 X 연관이다.

스턴은 실험에서 $y\ sn^+/y^+\ sn$ 유전자형의 초파리 암컷을 조사하였다. 일반적으로 이런 이중이형접합자의 외형은 야생형이다. 그렇지만 스턴은 약간의 초파리들에서 노란색 몸 색깔의 작은 구획을 보았고, 어떤 것들은 작은 구역에 그을음 강모를 가졌으며, 간혹 쌍점이라고 하는 노란색 몸 색깔 구역 인근에 그을음 강모가 같이 있는 것들을 보고하였다(그림 5.27). 그는 초파리가 발달하면서 유사분열에서 잘못이 생겨 이런 서로 다른 유전자형을 지닌 조직을 포함한 **모자이크**(mosaic) 동물이 되었다고 가정했다. 각각의 노란 혹은 그을음 구역은 염색체 손상 또는 유사분열 시에 생긴 비분리현상에 의해서도 생길 수 있다. 유사분열에서의 이런 잘못은 오직 y (y^+가 아닌) 또는 sn (sn^+가 아닌) 대립유전자만을 지닌 XO 세포를 만들 수 있게 되며, 이런 세포는 열성 표현형의 하나를 보일 수 있다.

쌍점은 서로 다른 기원을 가져야만 한다. 스턴은 이들은 *sn* 유전자와 동원체 사이에서 유사분열 교차의 상반되는 산물을 나타낸다고 생각했다. 그 메커니즘은 다음과 같다. 이배체 세포에서 유사분열을 하는 동안에 염색체 복제가 이루어지고 난 후에 상동염색체가 아주 드물지만 서로 간에 접합이 이루어진다. 염색체가 짝을 이루는 동안 비자매염색분체는 교차에 의해 일부분을 교환할 수 있다. 이와 같은 접합은 일시적인 것으로 상동염색체는 곧바로 유사분열의 중기판 위의 독자적인 위치로 되돌아간다. 거기에서 두 개의 염색체는 서로가 반대되게 두 가지 방식으로 늘어설 수 있다(그림 5.28a). 이런 방향 중의 하나는 두 개의 유전자 모두가 이형접합성으로 남아 있어 그 결과 주위의 야생형 세포와 서로 식별할 수 없는 두 개의 딸세포를 만든다. 그러나 이와 다른 한 방향은 하나는 $y\ sn^+/y\ sn^+$이고 다른 하나는 $y^+\ sn/y^+\ sn$인 두 개의 동형접합성 딸세포를 만든다. 두 개의 딸세포는 서로 인접해 놓여 있기 때문에 계속된 유사분열은 인접한 구역에 *y*와 *sn* 조직(즉, 쌍점)을 만든다. 만약 교차가 *sn*과 *y* 사이에서 일어나면 노란색 조직을 하나의 반점만 생기고 상대적인 그을음 반점은 이 방식에서 생기지 않는다(그림 5.28b).

효모 콜로니의 섹터는 유사분열 재조합에 의해 생길 수 있다

하나 또는 그 이상의 유전자에 대해 이형접합성인 이배체 효모세포는 성장하여 콜로니를 만드는데, 콜로니의 한 부분이 나머지 다른 부분과는 다른 유전자형을 가진 섹터(sector)라고 하는 형태의 유사분열 재조합을 보여준다. 만약 유전자형이 *ADE2*/*ade2*인 이배체 효모세포를 배지 위에서 배양하면 유사분열 자손들이 자라 콜로니를 만든다. 보통 그와 같은 콜로니들은 흰색으로 보이는데, 이는 우성인 야생형 *ADE2* 대립유전자가 흰색을 띠기 때문이다. 그러나 많은 콜로니들은 이배체 *ade2*/*ade2* 세포의 붉은색 섹터를 포함할 것이다(그림 5.29). 이들 세포는 아데닌 생합성과정이 차단되어 붉은색 색소가 축적하게 되어 붉게 된다. 붉은색 섹터는 *ADE2* 유전자와 그것이 있는 염색체의 동원체 사이에서 유사분열 재조합의 결과로 생긴다. (동형접합성 *ADE2*/*ADE2* 세포도 동일한 방식으로 만들어질 것이지만 이들은 이형접합성과 구별될 수 없는데, 이는 이 두 가지 형태의 세포들이 흰색이기 때문이다.) 붉은색 섹터의 크기는 유사분열 재조합이 언제 일어났는지를 나타내 준다. 만약 이들의 크기가 크다면 콜로니의 성장 초기에 일어난 것으로 그 결과 딸세포들이 오랫동안 증식한 결과이다. 만약 그들이 작다면 재조합은 후에 일어난 것이 된다.

유사분열 재조합은 중요한 결과를 지닌다

이 장의 연습문제 50번은 유전학자들이 유사분열 재조합을 사용하여 유전자들 상호 간 그리고 동원체 간의 위치에 관한 정보를 어떻게 얻는가를 보여준다. 유사분열 교차는 발생에 관한 연구에서도 중요한 가치를 지니는데, 이는 서로 다른 세포들이 서로 다른 유전자형 동물을 만들 수 있기 때문이다(연습문제 51번과 18장 참조). 마지막으로 읽을거리

그림 5.29 이배체 효모 콜로니의 성장 동안에 유사분열 재조합이 섹터를 만들 수 있다. 화살표는 *ADE2*/*ade2* 이형접합자로부터 생긴 크고 붉은색으로 보여주는 *ade2*/*ade2* 섹터를 가리킨다.

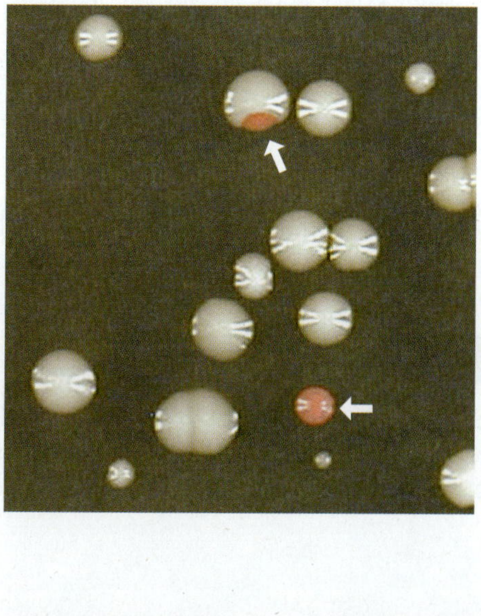

유전학과 사회

유사분열 재조합과 암 형성

인간에서 예를 살펴보면 망막아세포종(retinoblastoma) 같은 어떤 종양은 유사분열 재조합의 결과로 생긴다. 망막아세포종은 눈에 생기는 암의 하나로 3장의 침투도와 발현도의 항목에서 이미 살펴보았다. 망막아세포종 유전자(*RB*)는 13번 염색체에 있는데, 야생형인 정상 대립유전자(RB^+)는 망막의 성장과 분화를 조절하는 단백질을 암호화한다. 눈에 있는 세포는 세포분열의 조절을 유지하기 위해서 적어도 한 개의 정상 야생형 대립유전자를 필요로 한다. 그러므로 정상인 야생형 RB^+ 대립유전자는 종양-억제 유전자라고 알려져 있다.

망막아세포종에 유전적 소인이 있는 인간은 기능을 지닌 정상 RB^+ 대립유전자를 오직 하나만 갖고 태어나 자신의 13번 염색체의 다른 한 쪽에는 기능이 없는 RB^- 대립유전자를 갖거나 *RB* 유전자 자체가 전혀 없기도 하다. 만약 (방사선과 같은) 돌연변이원이나 유전자 복제나 분리에서의 잘못으로 어느 쪽 눈이던 간에 눈의 망막세포에 남아 있던 정상 유전자가 파괴되거나 제거되면 그 자리에 망막아세포종이 생기게 될 것이다. 망막아세포종에 유전적 소인이 있는 사람에 대한 어떤 한 연구를 보면, 눈에 있는 종양에서 떼어낸 세포는 RB^- 동형접합자인 반면에, 동일인의 백혈구 세포는 RB^+/RB^-로 이형접합자였다. 그림 A가 보여주는 바와 같이 *RB* 유전자와 이 유전자가 있는 염색체의 동원체 사이에서 일어난 유사분열 재조합이 RB^+/RB^-인 개인의 세포가 어떻게 RB^-/RB^-로 될 수 있는지에 대한 하나의 기작을 제공한다. 일단 동형접합성 RB^- 세포로 되면 세포는 분열을 조절할 수 없게 되어 종양 형성이 일어난다.

망막아세포종인 경우에 약 40% 정도만이 앞의 시나리오를 따른다. 나머지 60%의 경우는 *RB* 유전자 2개를 모두 정상으로 갖고 태어난 사람에게서 생긴다. 그런 사람들에서는 두 번의 돌연변이가 일어나야만 암에 이르게 된다. 이 중 첫 번째는 RB^+ 대립유전자가 RB^-로 반드시 바뀌지게 되는 것이지만 두 번째는 딸세포들이 새로 생긴 돌연변이나 비기능성 대립유전자에 대해 동형접합성이 되어야만 암으로 되기 때문에 딸세포를 만드는 유사분열 시의 재조합이 있어야만 한다.

그림 A 어떻게 유사분열 교차가 암에 기여할 수 있는가. RB^-/RB^+인 이형접합자에서 망막의 성장 동안에 유사분열 재조합은 망막아세포종 유전자의 기능을 잃어버리고 그로 인해 분열을 제어하는 능력을 잃어버린 RB^-/RB^- 딸세포를 만들 수 있다. 교차는 *RB* 유전자와 동원체 사이에서 일어나야만 한다. 이런 결과를 보여주는 염색분체의 배열만을 보여준다.

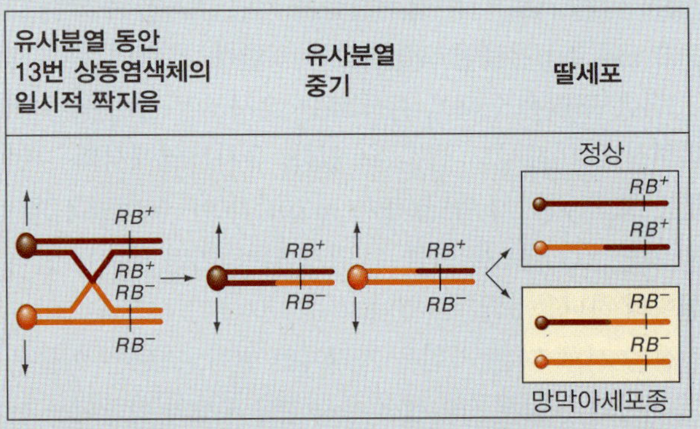

망막아세포종의 형성에서 이 질병의 불완전한 침투도와 가변적인 발현도가 유사분열 재조합의 역할을 설명하는 데 도움이 된다. 이형접합성 RB^+/RB^-로 태어난 사람은 종양이 생기거나 그렇지 않다(불완전 침투도). 일상적으로 일어나는 것과 같이 만약 그들도 그렇다면 그들은 한쪽 눈 또는 양쪽 눈에 종양이 생길 수도 있다(가변성의 발현도). 이 모든 것이 몸 안의 어떤 세포에서 유사분열의 재조합(혹은 다른 무엇이 13번 염색체에 영향을 주어 동형접합성이 되게 하는 것)이 일어나는지의 여부에 따른다.

「유전학과 사회」의 '유사분열 재조합과 암 형성'에서 설명한 것처럼 유사분열 재조합은 인간 건강에 주된 영향을 끼친다.

핵심 개념

- 쌍점은 유전적 모자이크의 한 형태이다; 이들 반점은 유사분열 재조합에 의해 상반되는 돌연변이 유전자형과 표현형을 지닌 세포들의 두 가지 클론이 주어질 때 생긴다.
- 유사분열 재조합은 효모에서 섹터 콜로니를 만들 수 있는데, 콜로니의 한 부분에 식별할 수 있는 돌연변이 표현형을 지니고 있다.

다음 학습을 위한 안내

의학 유전학자들은 이 장의 서두에 제시한 가계도(그림 5.1 참조)를 이해하기 위하여 연관, 재조합, 지도작성에 대한 자신들의 이해를 활용해 왔다. 적록색맹의 X-연관 유전자는 혈우병 A 유전자와 아주 가까이 근접해 있어야만 하는데, 이는 두 유전자가 밀접하게 결합되어 있기 때문이다. 실제로 두 유전자 사이의 유전거리는 3 m.u.에 불과하다. 그림 5.1a에서의 표본 크기는 너무 작아서 이 가계도에 있는 어떤 개인도 재조합형은 아니다. 이와 대조적으로 혈우병 B는 X 염색체상에 있음에도 불구하고 적록색맹 좌위와 충분히 멀리 떨어져 있기 때문에 두 유전자는 흔히 재조합을 한다. 색맹과 혈우병 B 유전자들은 작은 표본에서는 (그림 5.1b에서처럼) 유전적으로 연관되어 있지 않은 것처럼 보이기도 하지만, 두 유전자 사이를 갈라놓는 실제의 재조합 거리는 약 36 m.u.이다. 혈우병의 두 가지 서로 다른 형태, 하나는 색맹과 아주 가까이 연결되어 있고 다른 하나는 거의 전혀 연결되어 있지 않다는 것을 지적하는 가계도는 혈우병이 하나 이상의 유전자에 의해 결정된다는 것을 제시하는 여러 가지 중 하나이다(그림 5.30).

그림 5.30 인간 X 염색체 일부의 유전자지도.

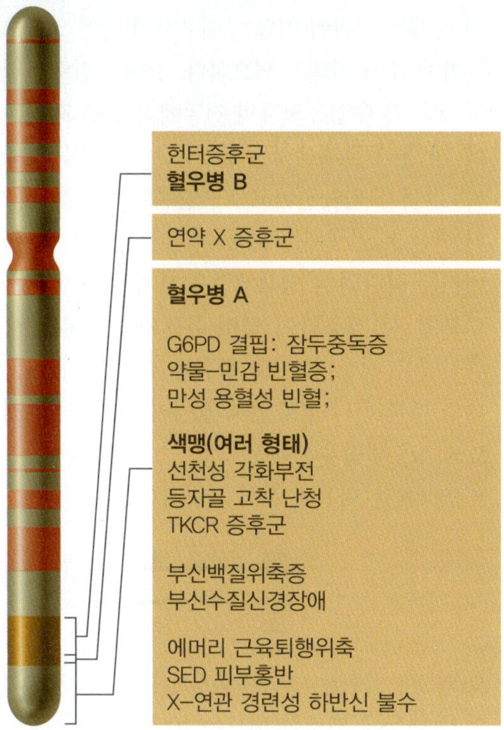

인간유전체프로젝트와 더불어 많은 인간 유전체의 DNA 염기서열 작성은 인간 DNA 지도에 수백만 개의 분자 표식자를 덧붙였다. 이런 표식자는 10장에서 논의할 것과 같은 질병을 일으키는 유전자를 식별하는 능력을 엄청나게 증진시킨다.

연관과 재조합은 생물 형태 가운데에는 보편적인 것이므로 살아 있는 생명체에게는 중요한 이익을 준다. 유전학자들은 연관은 계속되는 세대에 유용한 유전자의 조성을 온전히 전달해 주는 능력을 제공하고, 반면에 재조합은 대립유전자에 새로운 조성으로 좋은 유연성을 만든다고 믿는다. 어떤 새로운 조성은 생물종으로 하여금 변화하는 환경여건에 적응하도록 도와주는 반면에, 성공적으로 검증된 조성의 유전은 과거에 작용했던 것을 보존할 수 있게 한다.

지금까지 이 교재에서는 유전자와 염색체가 어떻게 전달되는가에 대하여 고찰하였다. 이러한 지식이 중요하고 유익한 것이기도 하지만 우리에게 유전물질의 구조와 작용양상에 대해서는 알려주는 바가 많지 않다. 다음 6~8장에서 유전의 실제 분자인 DNA 수준에서의 분석을 수행할 것이다.

풀이 문제

I. 인간 X 염색체상의 *Xg* 좌위는 2개의 대립유전자 a^+와 a를 가지고 있다. a^+ 대립유전자는 적혈구상에 Xg 표면항원을 발현하게 하는 반면에, 열성 a 대립유전자는 항원이 발현되지 않는다. *Xg* 좌위는 *Sts* 좌위로부터 10 m.u. 떨어져 있다. *Sts* 대립유전자는 스테로이드 술파타아제(steroid sulfatase) 효소의 정상 활성을 나타나게 하는 반면에, 열성 *sts* 대립유전자는 스테로이드 술파타아제 활성을 없게 하여 피부병의 일종인 비늘선(ich*th*yosis, 비늘 피부)을 일으킨다. 비늘선이며 Xg 항원이 없는 남성의 딸은 Xg 항원을 지닌 정상인이다. 이 딸이 결혼하여 아이를 낳으려고 한다.

a. 만약 아이가 아들일 때, Xg 항원이 없고 비늘선일 확률은 얼마인가?

b. 그 아들이 항원을 갖고 비늘선일 확률은 얼마인가?

c. 만약 그 아이가 비늘선인 아들이라면 그가 Xg 항원을 가질 확률은 얼마인가?

해답

a. 이 문제는 연관이 어떻게 배우자의 비에 영향을 미치는가에 대한 이해가 필요하다. 첫째는 감수분열 동안에 교차가 대립유전자의 전달에 영향을 끼치기 때문에 개인(이 문제에서는 딸)의 유전자형을 정해야 한다. 그녀가 비늘선이고 Xg 항원이 없는 아버지로부터 받은 X 염색체는 *sts a* 이어야만 한다. (그녀의 아버지는 하나의 X 염색체만을 가지고 있기 때문에 감수분열 시 재조합이 없어 유전자가 분리되지 않는다.) 딸은 정상이고 Xg 항원을 갖고 있기 때문에 그녀의 다른 하나의 X 염색체(어머니로부터 유래된)는 *Sts*와 a^+ 대립유전자를 갖고 있어야만 한다. 그녀의 X 염색체는 다음과 같이 그릴 수 있다.

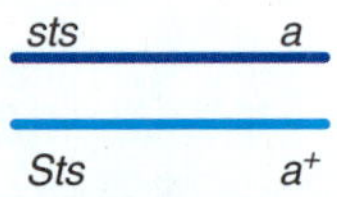

*Sts*와 *Xg* 좌위는 염색체상에서 10 m.u. 만큼 떨어져 있기 때문에 재조합 빈도는 10%이다. 이 여성이 만드는 배우자의 90%는 양친형일 것이고, *sts a* 또는 *Sts* a^+ (각각 45%씩)이고 10%는 재조합형으로 *sts* a^+ 또는 *Sts a* (각각 5%씩)가 된다. 아들의 표현형은 어머니로부터 받은 X 염색체의 유전자형에 의해 직접적으로 영향을 받는다. 그러므로 아들이 Xg 항원 결핍과 비늘선(유전자형: *sts a*/Y)을 가질 확률은 45/100이다.

b. 아들이 항원과 비늘선(유전자 형: *sts* a^+/Y)을 가질 확률은 5/100이다.

c. 비늘선 대립유전자를 가지는 배우자 종류는 두 가지로 *sts a* (45%)와 *sts* a^+ (5%)이다. 만약 배우자의 총수가 100이라면 50은 *sts* 대립유전자를 가질 것이다. 이들 배우자 중에 a^+ 대립유전자는 = (혹은 10%)이다. 그러므로 *sts* 대립유전자를 지닌 아들이 Xg 항원을 지닐 확률은 1/10이다.

II. 야생형 모습을 지녔지만 상염색체에 있는 세 개의 유전자가 이형접합성인 초파리 암컷을 상응하는 세 개의 상염색체의 열성 형질인 유리모양의 눈, 석탄색의 몸, 줄무늬의 흉부를 지닌 수컷과 교배하였다. 교배 결과 얻은 자손 1,000마리를 표현형에 따라 분류하였더니 다음과 같았다.

야생형	27
줄무늬의 흉부	11
석탄색의 몸	484
유리모양의 눈, 석탄색의 몸	8
유리모양의 눈, 줄무늬의 흉부	441
유리모양의 눈, 석탄색의 몸, 줄무늬의 흉부	29

a. 이 자료에 근거한 유전자지도를 작성하라.

b. 양친 암컷의 두 개의 상동염색체상에 대립유전자의 배치를 그려보라.

c. 이전 교배에서 양친 암컷과 같은 염색체를 갖는 정상으로 보이는 수컷을 유리모양의 눈, 석탄색의 몸, 줄무늬의 흉부를 지닌 암컷과 교배하였다. 얻어진 1,000마리의 자손들에서 기대되는 표현형의 종류와 그 수를 나타내라.

해답

삼점교배에 접근하는 논리적이고 방법론적인 방식을 다음에 서술한다.

a. 대립유전자들을 명시한다.

t^+ = 야생형 흉부	t = 줄무늬 흉부
g^+ = 야생형 눈	g = 유리모양의 눈
c^+ = 야생형 몸	c = 석탄색의 몸

삼점교배를 푸는 데 있어서 어머니로부터 얻어지는 배우자 유전자형과 각 개체군을 주는 사건의 유형을 명시한다. (양친형 배우자들은 이들 유전자의 열성 대립유전자들만을 지니고 있다[*t g c*]. 그들은 표현형을 변하지 않기에 무시할 수 있다.)

자손	수	사건 유형	유전자형
1. 야생형	27	단일교차	$t^+\ g^+\ c^+$
2. 줄무늬의 흉부	11	단일교차	$t\ g^+\ c^+$
3. 석탄색의 몸	484	양친형	$t^+\ g^+\ c$
4. 유리모양의 눈, 석탄색의 몸	8	단일교차	$t^+\ g\ c$
5. 유리모양의 눈, 줄무늬의 흉부	441	양친형	$t\ g\ c^+$
6. 유리모양의 눈, 석탄색의 몸, 줄무늬의 흉부	29	단일교차	$t\ g\ c$

양친형 종류를 찾기는 쉽다. 다른 모든 종류들은 드물고 두 개가 가장 많다면 이들 유전자 조성이 재조합을 하지 않은 것이 된다. 그런 연후에 첫 번째와 두 번째 유전자 사이나 두 번째와 세 번째 유전자들 사이에 단일교차 사건과 관련된 두 가지 표현형이 두 세트로 있게 된다. 마지막으로 이중교차로 생기는 아주 적은 수를 갖는 한 쌍

이 있게 될 것이다. 이 예에서는 이중교차의 초파리가 없었지만, 만약 있다면 그 두 개는 보이지 않는 표현형의 조합으로 하나는 유리모양의 눈을 가진 것이고 다른 하나는 석탄색의 몸과 줄무늬의 흉부인 것이 된다.

이형접합 양친인 암컷의 염색체에 있는 대립유전자를 결정하기 위하여 가장 많은 수를 가진 종류를 주목한다. 하나의 양친형은 석탄색 몸(484마리 초파리)이고, 암컷에서 하나의 염색체는 $t^+\ g^+\ c$ 대립유전자로 되어야만 한다. (우리는 아직 염색체상에 놓여 있는 이들 대립유전자의 순서를 말할 수 없다는 것에 주목하라.) 다른 하나의 양친형은 유리모양의 눈과 줄무늬의 흉부로 해당되는 염색체에는 $t\ g\ c^+$ 대립유전자가 있다.

유전자의 순서를 결정하기 위하여 $t^+\ g\ c^+$ 이중교차(자료에는 보이지 않은) 종류를 가장 유사한 양친형 종류($t\ g\ c^+$)와 비교한다. g와 c 대립유전자는 양친형 관련성($g\ c^+$)을 보유하고 있지만, t 유전자는 이중교차형에서 다른 양쪽 유전자에 관하여 재조합한다. 그러므로 t 유전자가 g와 c 사이에 있다.

지도를 완성하기 위하여 가운데 있는 유전자와 양 끝에 있는 각각의 유전자 사이의 재조합 빈도를 계산한다. g와 t 사이는 2번과 4번에 있는 비양친형 조합의 합이므로 RF = (11 + 8)/1000 = 19/1000 또는 1.9%가 된다. t와 c 사이는 1번과 6번의 비양친성이므로 RF = (27 + 29)/1000 = 56/1000 혹은 5.6%가 된다.

유전자지도는

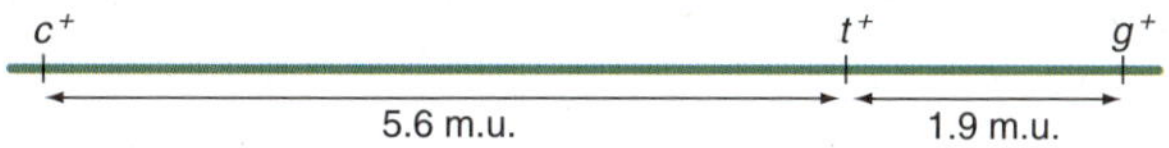

b. 각 염색체상의 대립유전자는 이미 결정되어 있다(c, g^+, t^+와 c^+, g, t). 이제 좌위의 순서도도 결정되었기 때문에 대립유전자의 배치는 다음과 같다.

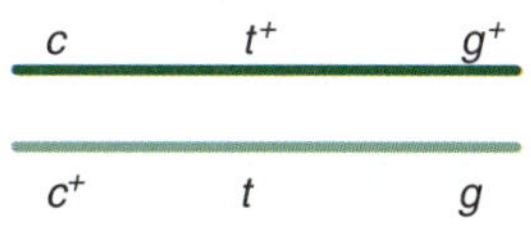

c. 앞선 교배의 암컷($c\ t^+\ g^+/c^+\ t\ g$)과 같은 유전자형의 수컷은 오직 두 종류의 배우자만 만들 수 있다. 초파리의 수컷에서는 재조합이 일어나지 않기 때문에 양친형 $c\ t^+\ g^+$와 $c^+\ t\ g$ 만이 있다. 그러므로 동형접합성 열성 암컷과 교배에 의해 기대될 수 있는 자손은 500마리의 석탄색 몸과 500마리의 유리모양의 눈이면서 줄무늬의 흉부를 가진 초파리이다.

III. 다음의 자낭은 붉은빵곰팡이의 야생형 균주($ad^+\ leu^+$)와 아데닌이나 류신이 없는 배지에서는 자랄 수 없는 이중돌연변이체 균주($ad^-\ leu^-$)를 교배하여 얻은 것이다. 최종 유사분열에 의해 만들어진 각 포자 쌍 중에서 한 개씩만을 나타냈는데, 이는 쌍을 이룬 두 개의 세포는 동일 유전자형을 지니고 있기 때문이다. 총 자낭 수 = 120.

포자 쌍	자낭 유형				
1–2	$ad^+\ leu^+$	$ad^+\ leu^-$	$ad^+\ leu^+$	$ad^+\ leu^-$	$ad^-\ leu^+$
3–4	$ad^+\ leu^+$	$ad^+\ leu^-$	$ad^+\ leu^-$	$ad^-\ leu^+$	$ad^+\ leu^+$
5–6	$ad^-\ leu^-$	$ad^-\ leu^+$	$ad^-\ leu^+$	$ad^-\ leu^-$	$ad^-\ leu^-$
7–8	$ad^-\ leu^-$	$ad^-\ leu^+$	$ad^-\ leu^-$	$ad^+\ leu^+$	$ad^+\ leu^-$
# 자낭 유형	30	30	40	2	18

a. 어떤 유전적 사건이 두 유전자의 대립유전자들을 분리시켜 제2감수분열 시에 서로 다른 세포로 분리되도록 하는가? 그리고 이 사건은 언제 일어났는가?

b. 두 유전자와 그들의 동원체를 보여주는 가장 가능성 있는 지도를 작성하라.

해답

이 문제는 사분체 분석과 정렬된 자낭에서 보이는 패턴을 만드는 과정(감수분열)에 대한 이해를 필요로 한다.

a. 하나의 유전자와 그것의 동원체 사이의 교차는 제2감수분열 시에 대립유전자의 분리를 가져온다. 교차는 제1감수분열 전기 동안에 일어나는 사건이다.

b. 정렬된 사분체를 이용하여 두 개의 유전자가 연관되어 있는지, 두 개의 유전자 사이의 거리, 그리고 각 유전자와 동원체 사이의 거리가 얼마인지의 여부를 결정할 수 있다. 첫째로 보여준 다섯 종류의 자낭을 명시하라. 첫 번째 종류는 PD이고; 두 번째는 NPD이고; 세 번째 종류는 T이다. 다음으로 이들 유전자들이 연관되어 있는지의 여부를 결정한다. 'PD의 수 = NPD의 수'이면 유전자들이 연관되어 있지 않다. 유전자들이 연관되어 있지 않을 때, T 자낭은 유전자와 동원체 사이의 교차 사건에 의해 만들어진다. *leu* 유전자를 보면, 세 번째와 네 번째의 자낭 유형에 있는 유전자의 MII 패턴이다. 그러므로 MII 자낭의 비는

$$\frac{40 + 2}{120} \times 100 = 35\%$$

이런 T 자낭을 만드는 감수분열에서 염색분체의 절반만이 교차에 참여하기 때문에 *leu*와 동원체 사이의 지도 거리는 35/2 또는 17.5 m.u.가 된다. 네 번째와

다섯 번째 자낭 유형은 *ad* 유전자에 대한 MII 패턴을 보여준다.

$$\frac{2 + 18}{120} \times 100 = 16.6\%$$

16.6%를 2로 나누면 재조합 빈도를 나타내므로 지도 거리는 8.3 m.u.가 된다. 이 두 유전자들의 지도는 다음과 같다.

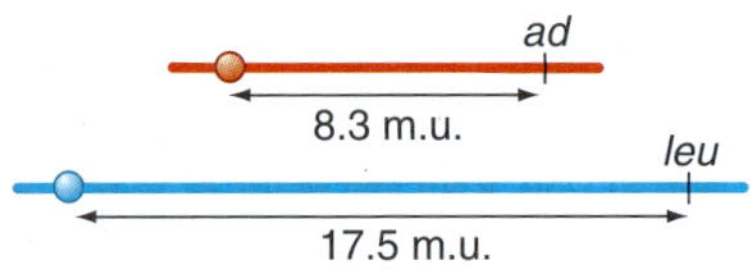

연습 문제

어휘

1. 왼쪽 용어를 가장 잘 설명한 문장을 오른쪽에서 찾아 연결하라.

a. 재조합	1. 관찰치와 기대치 결과 간의 적합도 검정을 위한 통계적 방법
b. 연관	2. 네 가지 서로 다른 유전자형의 포자를 가진 자낭
c. 카이 제곱 검정	3. 염색체의 한 곳에서의 교차가 인근에서의 두 번째 교차보다 적게 일어난다.
d. 교차점	4. 배우자의 50% 이내에서 두 좌위에서 재조합이 일어난다.
e. 사분체형	5. 유전자의 상대적인 염색체상의 위치
f. 좌위	6. 이중교차에서 기대치에 대한 관찰치의 비
g. 병발계수	7. 서로 다른 유전자형을 지닌 세포들로 구성된 개체
h. 간섭	8. 상동체 간의 부위를 교환함으로써 새로운 유전적 조성을 만듦
i. 양친성 이분자형	9. 한 유전자의 두 개의 대립유전자가 제1감수분열에서 서로 다른 세포로 분리되는 시기
j. 자낭포자	10. 오직 두 종류의 비재조합형 포자만을 지닌 자낭
k. 1분열 분리형	11. 상동체 사이에서 교차가 일어나는 장소에 만들어지는 구조
l. 모자이크	12. 자낭에 들어 있는 곰팡이 포자

5.1절

2. a. 우둘투둘한 눈을 가진 순계 초파리 수컷과 투창 강모를 가진 순계 초파리 암컷을 교배시켰다. 우둘투둘한 눈과 투창 강모는 모두 상염색체의 형질이다. F_1 자손은 모두 정상인 눈과 강모를 가졌다. F_1 세대의 암컷을 우둘투둘한 눈과 투창 강모를 지닌 수컷과 교배하였을 때 나올 수 있는 가능한 표현형들을 적어보고, 어떤 것이 재조합형이고 어떤 것이 양친형인가를 구별하라.

   b. 앞의 교배에서 다음과 같은 자손이 나왔다. 우둘투둘한 눈과 정상 강모를 가진 자손이 77마리; 야생형(정상 눈과 강모)이 76마리; 정상 눈과 투창 강모인 것이 74마리; 우둘투둘한 눈과 투창 강모인 것이 73마리였다. 이런 형질을 지배하는 유전자들이 연관되어 있겠는가? 아니면 독립적인가? 그 이유는 무엇인가?

   c. 문제 (a)에서 나온 F_1 세대의 암컷을 야생형 수컷과 교배시켰다고 가정해 보자. 왜 이 교배가 두 유전자들이 연관되어 있는지의 여부를 말해 줄 수 없는지를 설명하라.

   d. 투창 강모를 지닌 순계 암컷 초파리를 우둘투둘한 눈과 투창 강모를 지닌 수컷과 교배시켰다고 가정해 보자. 왜 이 교배가 두 유전자들이 연관되어 있는지의 여부를 말해 줄 수 없는지를 설명하라.

3. 현대의 분자적 기술로 소량의 모낭 조직이나 단 한 개의 정자로부터 DNA 서열의 변이체를 조사하는 것이 가능해졌다. 이런 변이를 염색체상의 특정 장소(좌위, "locus", 복수형은 "loci")의 "대립유전자"로 간주할 수 있다. 예를 들면, 서로 다른 정자의 상동 상염색체상의 동일 위치(*B*라고 함)에 있는 AAAAAAA, AAACAAA, AAAGAAA, AAATAAA를 부위 *B*의 대립유전자 *1*, *2*,

3, 4로 부를 수 있다(B_1, B_2, 등). 요한의 두 부위 B와 D의 유전자형은 B_1B_3와 D_1D_3이다. 요한의 아버지는 B_1B_2와 D_1D_4이고, 어머니는 B_3B_3와 D_2D_3이다.

a. 요한이 만드는 양친형의 정자의 유전자형은 무엇인가?

b. 요한이 만드는 재조합형의 정자의 유전자형은 무엇인가?

c. 요한의 정자 샘플 100개에서 51개가 B_1과 D_1이었고, 나머지 49개는 B_3D_3이었다. 그렇다면 B와 D 부위가 연관되어 있는지 아니면 독립적 분리를 하는지의 여부를 결정하라.

4. 그림 5.4에 있는 퍼네트 사각형은 두 유전자(A와 B)가 연관되어 있고 P 세대의 교배가 $A\ B/A\ B \times a\ b/a\ b$일 때 멘델의 양성잡종 교배의 결과가 어떻게 변하는가를 보여준다.

a. 만약 양친형이 80%의 빈도를 보여준다면 F_2 표현형에서 각 종류의 빈도는 얼마인가?

b. 원래 P 세대가 $A\ b/A\ b \times a\ B/a\ B$이라고 할 때 문제 (a)는 어떤 답이 되겠는가?

5.2절

5. 생쥐에서 X-연관 유전자 *Greasy*의 우성 대립유전자 *Gs*는 번들거리는 털을 지닌 반면에, 열성인 야생형 Gs^+ 대립유전자는 정상 털을 지닌다. X-연관 *Broadhead* 유전자의 우성 대립유전자인 *Bhd*는 넓은 머리와 뻬죽한 코를 포함한 골격이상을 일으키는 반면에, 열성 야생형 Bhd^+ 대립유전자는 정상 골격을 갖는다. 이 두 유전자의 두 개의 대립유전자를 이형접합성으로 갖고 있는 암컷 생쥐를 정상 수컷과 교배하였다 이 교배로 얻은 100마리의 수컷 자손들 중에서 49마리는 번들거리는 털을 지녔고, 48마리는 골격이상이고, 2마리는 번들거리는 털에 골격이상고, 나머지 1마리가 정상이었다.

a. 앞에서 설명한 교배를 도식화하고 두 유전자들 사이의 거리를 계산하라.

b. 이 교배에서 100마리의 암컷 자손을 세었다고 하였을 때 어떤 결과를 예상하는가?

6. 초파리에서 짙은 적자색(raspberry-colored) 눈을 지닌 순계 수컷과 흑색(sable-colored) 몸을 지닌 순계 암컷을 교배하였다. F_1 세대에서 모든 암컷은 야생형 눈과 몸 색을 지닌 반면에 모든 수컷은 야생형 눈과 흑색 몸을 지녔다. F_1 수컷과 암컷을 교배하였을 때 F_2 세대에는 216마리의 야생형 눈과 몸 색을 지닌 암컷, 223마리의 야생형 눈과 흑색 몸의 암컷, 191 마리의 야생형 눈과 흑색 몸의 수컷, 188마리의 짙은 적자색 눈과 야생형 몸을 지닌 수컷, 23 마리의 야생형 눈과 몸을 지닌 수컷, 27마리의 짙은 적자색 눈과 흑색 몸의 수컷으로 되어 있었다. 이 교배를 도식화하여 그린 뒤 그 결과를 설명하고, 적절한 지도 거리를 계산하라.

7. 인간에서 a와 b 좌위는 20 m.u. 만큼 떨어져 있고 $A\ B/a\ b$인 여성이 $a\ b/a\ b$인 남성과 결혼하였을 때 첫 번째 아이가 $A\ b/a\ b$일 확률은 얼마인가?

8. *CC DD*와 *cc dd* 개체들을 서로 교배하였고 F_1 세대를 *cc dd* 양친과 역교배하였다. 얻어진 자손은 997 *Cc Dd*, 999 *cc dd*, 1 *Cc dd*, 3 *cc Dd* 이었다.

a. c와 d 좌위는 얼마나 떨어져 있는가?

b. *CC dd* × *cc DD* 교배에서 얻은 F_1과 *cc dd*를 검정교배를 한 결과 어떤 자손들이 어떤 비가 나올지 예상하여 서술하라.

c. 전형적인 감수분열에서 유전자 C와 D 사이에서 교차가 얼마나 일어났겠는가?

d. C와 D 좌위가 동일 염색체상에 놓여 있고 앞서 언급한 검정교배로부터의 자손이 498 *Cc Dd*, 502 *cc dd*, 504 *Cc dd*, 496 *cc Dd* 라고 추정하자. 문제 (c)의 정답이 어떻게 변하겠는가?

9. 생쥐의 경우 헤모글로빈의 β-글로빈 사슬을 암호화하는 상염색체상의 좌위는 알비노 좌위로부터 1 m.u. 떨어져 있다. 이것이 인간에게도 같게 적용된다고 가정해 보자. 낫형적혈구빈혈증은 β-글로빈 유전자 내 특정부위의 돌연변이 동형접합성의 결과이다.

a. 알비노 남성과 낫형적혈구빈혈증 여성 사이에서 태어난 아들이 있다. 이 아들은 어떤 종류의 배우자를 만들며, 그 비는 얼마인가?

b. 정상 남성과 알비노와 낫형적혈구빈혈증을 둘 다 가진 여성 사이에서 태어난 딸이 있다. 이 딸이 어떤 종류의 배우자를 만들며, 그 비는 얼마인가?

c. 문제 (a)에서의 아들이 자라서 문제 (b)의 딸과 결혼을 했을 때 그들의 아이가 알비노와 낫형적혈구빈혈증을 동시에 지닐 확률은 얼마인가?

10. 어떤 특정 인간 가계에서 요한과 그의 어머니는 모두 단지증(brachydactyly, 상염색체상의 우성으로 유전하며 손가락을 짧게 하는 희귀한 유전병)을 가졌다. 요한

의 아버지는 헌팅턴병(또 다른 하나의 희귀 상염색체 우성)을 가지고 있다. 요한의 아내는 표현형적으로 정상이고 임신 중이다. 헌팅턴 대립유전자(*HD*)를 받은 인간의 2/3는 50세 이전에 증세를 나타내는데, 요한은 50세이고 아무런 증세도 보이지 않는다. 단지증은 90% 침투도이다.

a. 요한의 부모들의 유전자형은 무엇인가?
b. 요한의 가능한 유전자형은 무엇인가?
c. 이 두 유전자가 연관되어 있지 않다면 이 아이가 50세 이전에 단지증과 헌팅턴병을 보일 확률은 얼마인가?
d. 이 두 좌위가 20 m.u. 만큼 떨어져 있다면 문제 (c)의 답변은 어떻게 변하겠는가?

11. 알비노 토끼(색소 부족)는 열성 *c* 대립유전자에 동형접합성이다(*C*는 색소를 만든다). *b* 열성 대립유전자에 대해 동형접합성인 토끼는 갈색 색소를 만들고, 반면에 적어도 한 벌의 *B*를 갖고 있다면 검은색 색소를 만든다. 순계 갈색 토끼를 또한 *BB*인 알비노와 교배하였다. F_1 토끼는 모두 검은색이었고, 이를 이중 열성인 (*bb cc*)와 교배하였다. 얻은 자손은 34마리의 검은색 토끼, 66마리의 갈색 토끼, 100마리의 알비노 토끼였다.

a. 만약 *b*와 *c* 좌위가 연관되어 있지 않다면 표현형의 비가 어떠할 것으로 기대하는가?
b. 두 좌위가 얼마나 떨어져 있는가?

12. 옥수수에서 대립유전자 *A*는 알갱이에 안토시아닌(파란색) 색소를 축적하게 하는 반면에, *aa*는 노란색 알갱이를 갖는다. 두 번째 유전자인 *W*–는 매끈한 알갱이를 만드는 반면에, *ww*는 주름진 알갱이를 만든다. 파랗고 매끈한 알갱이를 만드는 식물과 노랗고 주름진 알갱이를 만드는 식물을 교배하였다. 자손은 1,447개의 파랗고 매끈한 것, 169개의 파랗고 주름진 것, 186개의 노랗고 매끈한 것, 1,510개의 노랗고 주름진 것이었다.

a. *a*와 *w* 좌위는 연관되어 있는가? 만약 그렇다면 얼마나 떨어져 있는가?
b. 파랗고 매끈한 어버이의 유전자형은 무엇인가? 대립유전자의 염색체상의 배열을 포함하라.
c. 만약 파랗고 주름진 자손의 종자로부터 자란 식물을 노랗고 매끈한 F_1 종자로부터 자란 식물과 교배를 한다면 어떤 알갱이가 나타날 것으로 예상하며 그 비는 어떠한가?

13. 만약 *a*와 *b* 좌위가 40 cM 떨어져 있고 *AA BB* 개체와 *aa bb* 개체를 교배하였을 경우:

a. F_1 개체는 어떤 배우자를 어떤 비로 만들겠는가? F_2 세대에 어떤 표현형이 어떤 비로 나올 것으로 기대되는가? (두 유전자는 완전 우성이라고 가정한다.)
b. 만약 원래 교배가 *AA bb* × *aa BB*이었다면, F_1의 배우자는 어떤 비로 만들겠는가? F_2 세대의 결과는 어떻게 되겠는가?

14. 다음 문제에서 지시하는 바와 같이 하나 또는 두 개의 유전자(즉 *Aa* 혹은 *Aa Bb*)에 대해 이형접합성인 동일 표현형의 개체들 간의 F_1 교배로부터 많은 수의 자손을 얻었다. 성별은 배제하고 이때 볼 수 있는 서로 다른 종류의 표현형의 수를 적어보라.

a. 한 개 유전자로 *A*는 *a*에 대하여 완전 우성
b. 한 개 유전자로 *A*와 *a*는 공우성
c. 한 개 유전자로 *A*는 *a*에 대하여 불완전 우성
d. 두 개의 연관되지 않은 유전자; 유전자 상호작용은 없음; *A*는 *a*에 대하여 완전 우성; *B*는 *b*에 대하여 완전 우성
e. 두 개의 유전자가 10 m.u. 떨어져 있음; 유전자 상호작용은 없음; *A*는 *a*에 대하여 완전 우성; *B*는 *b*에 대하여 완전 우성
f. 두 개의 연관되지 않은 유전자로 유전자 상호작용은 없음; *A*와 *a*는 공우성; *B*는 *b*에 대하여 불완전 우성
g. 두 개의 유전자가 10 m.u. 떨어져 있음; *A*는 *a*에 대하여 완전 우성이고 *B*는 *b*에 대하여 완전 우성; 유전자들 사이에 열성 상위성(epistasis)을 지님
h. 두 개의 연관되지 않고 중복된 유전자(즉 *A*와 *B*는 동일 기능을 수행함); *A*와 *B*는 각각 *a*와 *b*에 대하여 완전 우성
i. 두 개의 유전자가 0 m.u. 떨어져 있음; 유전자 상호작용은 없음; *A*는 *a*에 대하여 완전 우성; *B*는 *b*에 대하여 완전 우성 (두 가지 가능한 해답이 있다.)

15. 어떤 DNA 변이는 인간의 희귀한 상염색체 우성질병과 연관이 있다고 알려져 있다. 그렇기 때문에 질병 대립유전자의 유전을 추적하기 위한 지표로 사용될 수 있다. 정보를 주는 가족은 (부모 중 한 쪽이 질병의 대립유전자와 그것의 알려진 염색체 배치에서 DNA 표식자의 둘 다에서 이형접합성이고, 대상자의 상대 배우자는 DNA 변이의 동일한 대립유전자를 갖고 있지 않는 경우이고) 여기에서 태아의 질병을 예측하는 표식자로서의 확실

성은 DNA 표식자와 질병을 일으키는 유전자 사이의 지도 거리와 관련이 있다. 질병에 걸린 남성(유전자형 *Dd*) 이 DNA 변이의 형태는 V^1과 V^2로 이형접합성이고, V^1의 형태는 *D* 대립유전자와 같은 염색체상에 있고, V^2는 *d*와 같은 염색체상에 있다. 그의 아내는 V^3V^3 *dd*로 V^3는 DNA 표식자의 또 다른 대립유전자이다. 양수천자에 의한 태아의 DNA 표식자 검사를 하였더니 V^2와 V^3 변이를 갖고 있는 것으로 밝혀졌다. 만약 *D* 좌위와 표식자 좌위 사이의 거리가 (a) 0 m.u., (b) 1 m.u., (c) 5 m.u., (d) 10 m.u., (e) 50 m.u. 일 때 태아에 질병 대립유전자 *D*가 유전되는 것이 어떻게 되겠는가?

16. 그림 5.7a는 생쥐 제1정모세포에서 제1감수분열 전기 동안의 염색체를 보여준다.
    a. 이 그림이 사람이 아니라 생쥐의 수컷 감수분열을 나타내는지를 어떻게 곧바로 알 수 있는가? (힌트: 생쥐의 $n = 20$)
    b. 대부분의 생쥐 염색체는 중부동원체성인가 또는 선단동원체성인가? 설명하라.
    c. 그림 5.7a에 모두 합쳐 얼마나 많은 염색분체들이 나타나 있는가?
    d. 그림 5.7a에 X-Y 이가염색체는 어디에 있는가? (비고: 생쥐 성염색체는 단 하나의 위상염색체 부위를 가지고 있지만 반면에 사람에서는 2개이다.) X와 Y 염색체를 보여주고, 이들 염색체의 동원체와 위상염색체 부위의 위치를 보여주는 이 이가염색체를 그려 보라.
    e. 감수분열 동안에 성염색체의 적절한 분리를 확실히 하기 위한 포유류 동물의 성염색체의 위상염색체 부위의 중요성을 설명하라.

17. 그림 5.7b는 생쥐 제1정모세포의 이가염색체를 보여주는데, 이는 이미 전에 이루어진 재조합 사건인 하나의 교차점(키아즈마타)의 존재를 나타낸 것이다. 그림 5.7c의 모식도는 코헤신 복합체가 이가염색체 내에서 어떻게 상동염색체를 서로 붙잡아 주는 데 관여하는지를 묘사해 준다. 왜 상동염색체를 연결하는 주요 코헤신 복합체가 교차점 쪽으로 가까이(즉, 동원체와 교차점 사이) 있기보다는 교차점 쪽에서 멀리 (즉 동원체로부터 멀리 떨어진) 위치하는지를 도해를 사용하여 설명하라.

5.3절

18. 초파리에서 선홍색 눈(*cn*)과 짧은 강모(*rd*)는 상염색체상에서 열성인 특성을 갖는다. 동형접합성의 야생형 암컷을 선홍색 눈과 짧은 강모를 가진 수컷과 교배를 하여 얻은 F_1 수컷을 F_1 암컷과 교배를 하여 F_2를 얻었다. 400마리의 F_2 자손을 얻었는데, 이중 292마리는 야생형, 9마리는 선홍색 눈, 7마리는 짧은 강모, 92마리는 선홍색 눈과 짧은 강모를 갖고 있었다. 이 결과를 설명하고 *cn*과 *rd* 좌위 사이의 거리를 추정하라.

19. 초파리에서 상염색체에 있는 땅딸이(dumpy) 유전자의 열성 대립유전자 *dp*는 짧고 휜 날개를 만들고, 반면에 상염색체에 있는 갈색(brown) 유전자의 열성 대립유전자 *bw*는 갈색 눈을 형성한다. 이 두 유전자 모두가 이형접합성인 암컷을 검정교배하였더니 다음의 결과를 얻었다:

야생형 날개, 야생형 눈	178
야생형 날개, 갈색 눈	185
땅딸이 날개, 야생형 눈	172
땅딸이 날개, 갈색 눈	181

이 두 유전자 모두가 이형접합성인 수컷을 검정교배를 하였더니 다른 결과가 나왔다.

야생형 날개, 야생형 눈	247
땅딸이 날개, 갈색 눈	242

    a. 첫 번째 검정교배를 통해 어떤 결론을 내릴 수 있는가?
    b. 두 번째 검정교배를 통해 어떤 결론을 내릴 수 있는가?
    c. 문제 (a)와 (b)에서 보이는 자료를 어떻게 조화시킬 수 있는가? 이 두 가지 세트의 자료 사이의 차이를 초파리의 연관 가능(synteny)을 위한 일반적인 검사를 고안하기 위해 활용할 수 있는가?
    d. 땅딸이와 갈색 좌위 간의 유전적 거리는 91.5 m.u.이다. 이 값은 어떻게 측정되는가?

20. 완두콩에서 일련의 이점교배로부터 연관 가능한 유전자 *A*, *B*, *C*, *D*에 대해 다음과 같은 지도 거리를 얻었다.

$B \leftrightarrow C$	23 m.u.
$A \leftrightarrow C$	15 m.u.
$C \leftrightarrow D$	14 m.u.
$A \leftrightarrow B$	12 m.u.
$B \leftrightarrow D$	11 m.u.
$A \leftrightarrow D$	1 m.u.

카이 제곱 검정은 유전자 *E*가 다른 네 개의 유전자 어느

것과도 연관되어 있지 않다는 영가설을 기각할 수 없다.

a. $B \leftrightarrow C$ 지도 거리를 결정하도록 하는 교배 도식을 그려보라.

b. 이 자료 세트에 의해 구성할 수 있는 최적의 유전자 지도를 그려보라.

c. 그린 지도에서 모순되거나 잘 알지 못하는 것에 대하여 설명하라.

d. 이런 모순되거나 모호한 것을 해결하기 위해 어떤 보충실험을 해야 하는가?

21. 출아효모(*Saccharomyces cerevisiae*)의 3번 염색체상에 있는 네 개의 서로 다른 유전자(*MAT*, *HIS4*, *THR4*, *LEU2*)의 지도 거리를 결정하라.

HIS4 ↔ *MAT*	37 cM
THR4 ↔ *LEU2*	35 cM
LEU2 ↔ *HIS4*	23 cM
MAT ↔ *LEU2*	16 cM
MAT ↔ *THR4*	16 cM

염색체상에서의 이들 유전자들의 순서는 어떠한가?

22. 디기탈리스의 관 모양 꽃에서 야생형은 붉은색이지만 흰(*white*) 돌연변이체는 흰색 꽃을 피운다. 펠로리아(*peloria*)라고 하는 또 다른 돌연변이는 줄기의 끝부분에 커다란 꽃을 피운다. 난쟁이(*dwarf*)라고 하는 돌연변이는 줄기 길이에 영향을 준다. 흰색 꽃(그렇지 않은 표현형은 야생형) 식물과 난쟁이이며, 펠로리아인 야생형의 붉은색 꽃을 피우는 식물과 교배하였다고 하자. 그 결과 F_1 식물 모두는 크고 희며 정상 크기의 꽃을 피웠다. F_1 식물을 난쟁이이며 펠로리아인 양친과 역교배를 시켰고 다음 표에 보여주는 바와 같은 543개체의 자손을 얻었다. (돌연변이 형질만 기재하였다.)

난쟁이, 펠로리아	172
흰색	162
난쟁이, 펠로리아, 흰색	56
야생형	48
난쟁이, 흰색	51
펠로리아	43
난쟁이	6
펠로리아, 흰색	5

a. 어떤 대립유전자가 우성인가?

b. 처음 교배에서 양친의 유전자형은 무엇이었는가?

c. 이 세 좌위의 연관 관계를 보여주는 지도를 그려보라.

d. 간섭이 있는가? 만약 그렇다면 병발계수를 계산하고 간섭 값을 구하라.

23. 초파리에서 강모를 없게 하는 유전자의 열성 대립유전자 *mb*와 몸 색을 흑단색으로 하는 유전자의 열성 대립유전자 *e*와 콩팥형 눈을 만드는 유전자의 열성 대립유전자 *k*의 세 가지 유전자를 보자. (이 모두 세 가지 유전자의 우성 야생형 대립유전자는 + 위첨자로 표시한다.) 다음 도표에서처럼 P 세대는 세 가지 서로 다른 교배양식에 따라 행하였고, 그 결과 각 교배로부터 생긴 F_1 암컷을 각 유전자들의 열성 동형접합성 대립유전자를 지닌 수컷과 검정교배하였다. 검정교배 결과 얻어진 자손의 표현형은 다음 표와 같다. 이 모든 자료를 설명할 수 있는 가장 적합한 유전자지도를 작성하라.

부모 교배	**F_1 암컷의 검정교배 자손**	
$mb^+\ mb^+,\ e^+\ e^+ \times$ $mb\ mb,\ e\ e$	정상 강모, 정상 몸 색	117
	정상 강모, 흑단 몸 색	11
	강모 실종, 정상 몸 색	15
	강모 실종, 흑단 몸 색	107
$k^+\ k^+,\ e\ e \times k\ k,\ e^+\ e^+$	정상 눈, 정상 몸 색	11
	정상 눈, 흑단 몸 색	150
	콩팥형 눈, 정상 몸 색	144
	콩팥형 눈, 흑단 몸 색	7
$mb^+\ mb^+,\ k^+\ k^+ \times$ $mb\ mb,\ k\ k$	정상 강모, 정상 눈	203
	정상 강모, 콩팥형 눈	11
	강모 실종, 정상 눈	15
	강모 실종, 콩팥형 눈	193

24. 분홍색 꽃잎, 검은 꽃밥, 긴 줄기를 가진 금어초를 자가수분하였다. 얻어진 씨앗으로부터 650개체의 식물을 얻었다. 이 자손들의 표현형은 다음과 같다.

78	붉은색	긴	황갈색
26	붉은색	짧은	황갈색
44	붉은색	긴	검은색
15	붉은색	짧은	검은색
39	분홍색	긴	황갈색
13	분홍색	짧은	황갈색
204	분홍색	긴	검은색
68	분홍색	짧은	검은색
5	흰색	긴	황갈색
2	흰색	짧은	황갈색
117	흰색	긴	검은색
39	흰색	짧은	검은색

a. 꽃의 색이 어떻게 유전되는지 한 대립유전자를 *P*, 다른 것을 *p*로 사용하여 나타내라.

b. 650개체에서 붉은색 : 분홍색 : 흰색의 비가 얼마나

될 것으로 기대하는가?

c. 꽃밥 색깔과 줄기의 길이는 어떻게 유전되는가?

d. 원래 식물의 유전자형은 무엇인가?

e. 세 가지 유전자들 중 어떤 것이 독립적 분리가 될 것인가?

f. 어떤 유전자가 연관되어 있으며, 원래 금어초의 상동 염색체상에 대립유전자의 배치를 나타내고 그들 사이의 거리를 예측하라.

25. 초파리에서 3개의 상염색체 유전자지도는 다음과 같다.

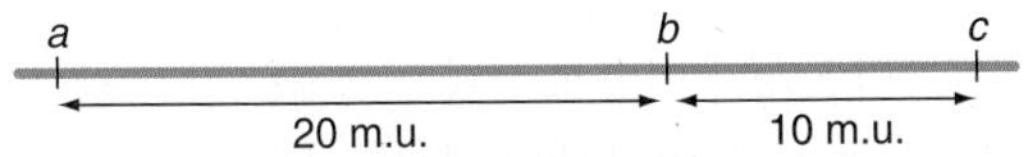

a. $a^+\ b^+\ c^+/a\ b\ c$ 암컷을 $a\ b\ c/a\ b\ c$ 수컷과 교배하였을 때 다음의 표현형 종류에 해당하는 기대되는 초파리의 수를 자료로 제공하라. 1,000마리를 세었다고 하고 이 부위에서 간섭은 없는 것으로 가정하라.

a^+	b^+	c^+	
a	b	c	
a^+	b	c	
a	b^+	c^+	
a^+	b^+	c	
a	b	c^+	
a^+	b	c^+	
a	b^+	c	

b. 만약 암수가 반대로 교배가 이루어지면, 다시 말해 $a^+\ b^+\ c^+/a\ b\ c$ 수컷이 $a\ b\ c/a\ b\ c$ 암컷과 교배를 한다면 위의 표가 어떻게 달라질 것으로 예상하는가?

26. 세 개의 독립적인 표현형을 나타내는 열성 상염색체상의 돌연변이(나사형 촉각[*th*], 털보[*h*], 진홍색 눈[*st*])를 이형접합성으로 지닌 초파리 암컷을 세 개 모두 돌연변이 표현형을 지닌 수컷과 검정교배하였다. 이 검정교배로 얻은 1,000마리 자손은 다음과 같다.

나사형 촉각, 털보, 진홍색 눈	432
야생형	429
나사형 촉각, 털보	37
나사형 촉각, 진홍색 눈	35
털보	34
진홍색 눈	33

a. 세 개의 이형접합성 암컷의 해당되는 염색체상의 대립유전자의 배열을 나타내라.

b. 이 자료를 가장 잘 설명하는 유전자지도를 그려보라.

c. 적절한 간섭 값을 구하라.

27. 상염색체상의 열성 돌연변이인 *sc*(*scute*, 가슴에 강모가 없음), *ec*(*echinus*, 눈이 크고 거친 표면), *cv*(*crossveinless*, 날개의 횡시맥이 없음), *b*(*black*, 검은색 몸)인 수컷 초파리를 야생형 표현형인 암컷과 교배를 하여 3,288개체의 자손 목록을 얻었다. (돌연변이 형질만 기재하였다.)

653	검은색 몸, 강모 없음, 거친 눈표면, 횡시맥 없음
670	강모 없음, 거친 눈표면, 횡시맥 없음
675	야생형
655	검은색 몸
71	검은색 몸, 강모 없음
73	강모 없음
73	검은색 몸, 거친 눈표면, 횡시맥 없음
74	강모 없음, 횡시맥 없음
87	검은색 몸, 강모 없음, 거친 눈표면
84	강모 없음, 거친 눈표면
86	검은색 몸, 횡시맥 없음
83	횡시맥 없음
1	검은색 몸, 강모 없음, 횡시맥 없음
1	강모 없음, 횡시맥 없음
1	검은색 몸, 거친 눈표면
1	거친 눈표면

a. 암컷 양친의 유전자형을 나타내라.

b. 이들 좌위의 지도를 그려보라.

c. 간섭의 증거가 있는가? 답을 수치로 나타내라.

28. a. 초파리에서 $A\ b/a\ B$ 형태의 F_1 이형접합자들 사이의 교배는 두 유전자 사이의 거리에도 불구하고 항상 같은 비의 F_2 자손 표현형을 생산한다(각 상염색체 유전자 모두가 완전 우성이라 가정할 때). 이 비는 어떻게 나오는가? F_1 이형접합자가 $A\ B/a\ b$일 경우에도 마찬가지인가? (힌트: 초파리의 정자형성과정에서는 재조합이 일어나지 않는다는 것을 상기하라.)

b. 만약 생쥐에서 $A\ b/a\ B$ 형태의 F_1 이형접합자들 사이의 잡종교배하였을 때 F_2 자손들에서의 표현형의 비는 두 유전자 사이의 지도 거리에 따라 변할 것이다. 재조합의 정도가 암수에서 동일하다고 할 때 F_2 표현형의 빈도를 기본으로 하는 지도 거리를 측정하는 간단한 방법이 있는가? 만약 생쥐 F_1 이형접합자가 $A\ B/a\ b$이었을 경우에도 같은 방식으로 지도 거리를 측정할 수 있는가?

29. 순계인 버지니아 담배 품종은 잎의 모양(*M*), 잎의 색깔(*C*), 잎의 크기(*S*)를 결정하는 우성 대립유전자를 지니고 있다. 캐롤라이나 품종은 이 세 유전자에 대해 열성 대립유전자를 동형접합성으로 지니고 있다. 이 유전자

들은 다음 그림에서처럼 동일 염색체상에 있다.

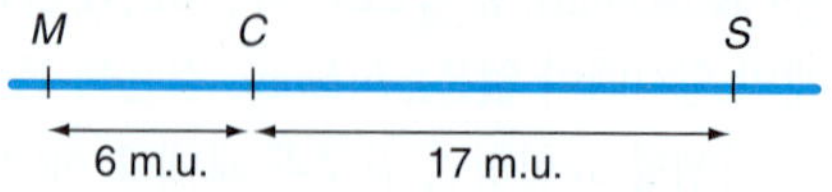

두 품종 사이의 F_1 잡종을 캐롤라이나 품종과 역교배를 하였다. 간섭은 없다고 가정한다.

a. 역교배 자손에서 모든 세 가지 형질이 버지니아 품종과 같은 것의 비는 얼마인가?
b. 역교배 자손에서 모든 세 가지 형질이 캐롤라이나 품종과 같은 것의 비는 얼마인가?
c. 역교배 자손에서 잎의 모양과 크기에 대한 형질은 버지니아 품종과 같고 잎의 색깔은 캐롤라이나 품종과 같은 것의 비는 얼마인가?
d. 역교배 자손에서 잎의 모양과 색깔에 대한 형질은 버지니아 품종과 같고 잎의 크기는 캐롤라이나 품종과 같은 것의 비는 얼마인가?

30. 인간에서 재조합 빈도와 DNA 염기서열의 길이 사이의 관계는 보통 평균하여 1% RF (재조합 빈도)당 100만 bp(염기쌍)이다. 헌팅턴병 유전자(*HD*)를 지도작성하는 과정 동안에 *HD*는 *G8*이라고 하는 DNA 표식자와 5% RF로 연관되어 있다는 것이 밝혀졌다. 놀랍게도 *HD* 유전자가 최종적으로 확인되었을 때에는 *G8*과의 물리적 거리가 기대하던 500만 bp 대신에 약 50만 bp로 밝혀졌다. 이러한 관찰을 어떻게 설명할 수 있겠는가?

31. 다음 목록은 초파리의 네 가지 돌연변이의 기호, 유전자의 이름, 돌연변이체의 표현형을 나타낸다.

대립유전자 기호	유전자 이름	돌연변이체 표현형
dwp	*dwarp* (작은)	작은 체구, 뒤틀린 날개
rmp	*rumpled* (주름진)	주름진 강모
pld	*pallid* (가냘픈)	가냘픈 날개
rv	*raven* (검은)	검은 눈과 몸

다음과 같은 교배를 수행하여 아래에 표기된 결과를 얻었다.

교배 #1: 작은, 주름진 암컷 × 가냘픈, 검은 수컷
→ 작은, 주름진 수컷과 야생형 암컷
교배 #2: 가냘픈, 검은 암컷 × 작은 주름진 수컷
→ 가냘픈, 검은 수컷과 야생형 암컷

교배 #1에서 얻은 F_1 암컷을 순계의 작은 주름진 가냘픈 검은 초파리 수컷과 교배를 하였고, 다음과 같은 1,000 마리의 자손을 얻었다.

가냘픈	3
가냘픈, 검은	428
가냘픈, 검은, 주름진	48
가냘픈, 주름진	23
작은, 검은	22
작은, 검은, 주름진	2
작은, 주름진	427
작은	47

모든 관련된 자료를 포함하여 이 네 가지 유전자의 가장 적절한 지도를 나타내라. 필요한 곳에서는 간섭 값을 계산하라.

32. a. 그림 5.7a가 어떻게 생쥐 염색체를 따라 간섭의 존재를 제시하는지에 대해 정성적인 논리로 설명하라.
b. 만약 그림 5.7a와 유사한 사진을 많이 조사할 수 있다면, 생쥐에서 감수분열 동안에 간섭의 존재에 대한 증거를 제공하기 위하여 통계를 어떻게 적용할 수 있겠는가? (방정식은 필요하지 않고 단지 논리의 요약만 포함되면 된다.)

33. 생쥐의 유전자지도의 총 길이는 수컷의 경우 1,386 cM이나 암컷은 1,817 cM이다. 그림 5.7a는 모든 제1정모세포를 대표하는 전기 I을 보여준다고 할 때 제1난모세포의 전기 I에서 기대되는 재조합 마디는 얼마나 되겠는가?

5.4절

34. 멘델이 얻은 자료는 그의 가설에 적합한가? 예를 들면 멘델은 315개의 노란색의 둥근 콩, 101개의 노란색의 주름진형 콩, 108개의 녹색의 둥근형 콩, 32개의 녹색의 주름진형 콩을 *Yy Rr* 개체의 자가수분에서 얻었다(총 556개). 이 경우 그의 분리와 독립의 가설은 9:3:3:1을 예측했다. 카이 제곱 검정을 사용하여 멘델의 자료가 그가 예측한 것과 유의하게 다른지의 여부를 확인하라. (카이 제곱 검정은 멘델이 생존했을 당시에는 존재하지 않았기 때문에 그는 자신의 자료가 자신의 가설에 대한 적합도를 검정할 수 없었다.)

35. 붉은 점박이 뱀에서 두 개의 유전자가 다음과 같이 색깔을 조절한다. *O– B–*는 갈색, *O– bb*는 주황색, *oo B–*는 검은색, *oo bb*는 알비노 뱀이다. 주황색 뱀과 검정색 뱀이 교배하여 많은 수의 F_1 자손을 얻었는데, 이들 모두는 갈색이었다. 이 F_1 뱀들이 서로 교배를 하였을 때 100마리는 갈색, 25마리는 주황색, 22마리는 검은색, 13마

리는 알비노인 자손을 얻었다.

a. F_1 뱀의 유전자형은 무엇인가?

b. 만약에 두 유전자 좌위가 독립적 분리를 한다면 F_2 뱀들에서 기대되는 서로 다른 색깔의 비는 어떠하겠는가?

c. 독립적 분리가 일어났다고 가정하였을 때 관찰치가 기대치에 비해 유의하게 차이가 나겠는가?

d. 기대치와 관찰치 사이의 이러한 큰 차이가 우연하게 일어날 확률은 얼마인가?

36. 정상 걸음걸이를 보여주는 순계 집단의 생쥐를 "춤추기"라 하는 이상한 걸음걸이의 생쥐와 교배하였다. F_1 생쥐는 모두 정상 걸음걸이를 보여 주었다.

a. 만약 춤추기가 단일 유전자의 동형접합성 열성 대립유전자에 기인한 것이라고 한다면, F_2에서 춤추기 생쥐가 생길 비는 얼마겠는가?

b. 만약 춤추기가 서로 다른 2개 유전자 모두의 동형접합성 열성 대립유전자에 기인한 것이고, 이 두 유전자가 연관되어 있지 않다면 F_2에서 춤추기 생쥐가 생길 비는 얼마겠는가?

c. F_2 생쥐에서 42마리는 정상이고, 8마리가 춤추기였다. 이런 결과가 문제 (a)의 단일 유전자 혹은 문제 (b)의 두 개의 유전자 모델 중에서 어느 것이 보다 적합한지에 대한 것을 카이 제곱 검정을 사용하여 결정하라.

5.5절

37. 유전자형이 $a + c$인 붉은빵곰팡이(*Neurospora*)를 유전자형이 $+ b +$와 교배를 하여 (여기서 "+"는 야생형 대립유전자의 약칭이다) 다음과 같은 사분체가 얻어졌다 (자낭 안에 모두 8개의 포자를 기술하는 대신에 4개의 포자 쌍의 유전자형을 기술함을 주목하라):

$a + c$	$a\ b\ c$	$+ + c$	$+ b\ c$	$a\ b +$	$a + c$
$a + c$	$a\ b\ c$	$a + c$	$a\ b\ c$	$a\ b +$	$a\ b\ c$
$+ b +$	$+ + +$	$+ b +$	$+ + +$	$+ + c$	$+ + +$
$+ b +$	$+ + +$	$a\ b +$	$a + +$	$+ + c$	$+ b +$
137	141	26	25	2	3

a. 이 자료를 제공하기 위해 얼마나 많은 세포에서 감수분열이 이루어졌는가?

b. 이 결과를 설명하기 위한 가장 적합한 유전자지도를 그려보라. 유전자들 사이 그리고 유전자와 각자의 동원체 사이의 상대적인 유전 거리를 모두 표시하라.

c. 목록의 가장 오른쪽에 있는 종류의 세 개의 사분체 중의 하나를 만들 수 있는 감수분열을 그림으로 표시하라.

38. 유전자형이 $a\,f\,g$인 반수체 효모주와 유전자형이 $\alpha\,f^+\,g^+$인 다른 반수체 효모주 사이에 교배를 행하였다(a와 α는 교배형이다). 얻어진 이배체가 포자를 형성하였고, 그 결과 생긴 반수체 포자 101개를 무작위적으로 선발하여 분석하였다. 다음과 같은 유전자형 빈도를 얻었다.

α	f^+	g^+	31
a	f	g	29
a	f	g^+	14
α	f^+	g	13
a	f^+	g	6
α	f	g^+	6
a	f^+	g^+	1
α	f	g	1

a. 이 교배에 포함된 좌위를 지도로 표시하라.

b. 세 개의 유전자들이 동일 염색체상에 있다고 가정할 때 특정 자낭에 $a\,f^+\,g^+$ 포자가 아니라 $\alpha\,f\,g$ 포자를 지닐 가능성이 있는가? 만약 그렇다면, 그런 자낭을 만들 수 있도록 하는 감수분열을 제시하라.

39. 성장을 하는 데 메티오닌(met)과 리신(lys)을 요구하는 효모주(*met⁻ lys⁻*)와 그렇지 않은 효모주(*met⁺ lys⁺*) 사이를 교배하였다. 자낭 100개를 분석하였고, 각각의 자낭에 있는 4개의 포자로부터 콜로니를 얻었다. 이 콜로니들로부터 얻은 세포들이 기초 배지(min), min + lys, min + met 또는 min + lys + met 배지의 페트리 접시에서 자랄 수 있는지의 여부를 검사하였다. 이 분석에 기초하여 자낭을 두 그룹으로 나눌 수 있었다.

그룹 1: 89개의 자낭에서, 네 개의 포자 콜로니 중의 두 개에서 얻은 세포는 네 종류 배지 모두에서 자랄 수 있는 반면에, 나머지 두 개 포자 콜로니는 min + lys + met 배지에서만 자랄 수 있었다.

그룹 2: 11개의 자낭에서, 네 개의 포자 콜로니 중의 한 개에서 얻은 세포는 네 종류 배지 모두에서 자랄 수 있었다. 두 번째 한 개의 세포는 min + lys 그리고 min + lys + met 배지에서만 자랄 수 있었다. 세 번째 한 개의 세포는 min + met 그리고 min + lys + met 배지에서만 자랄 수 있었다. 남아 있는 콜로니의 세포는 min + lys + met 배지에서만 자랄 수 있었다.

a. 두 그룹의 자낭 내의 각각의 포자의 유전자형은 무엇인가?

b. *lys* 유전자와 *met* 유전자는 연관되어 있는가? 만약 그렇다면 이들 사이의 지도 거리는 얼마인가?

c. 이런 분석을 더 많은 자낭에 적용한다면 결국에는 다른 패턴을 나타내는 어떤 자낭을 찾을 수 있게 될 것이다. 이런 자낭에서 네 개의 포자들의 표현형을 기재하라. 네 종류의 페트리 접시에서 콜로니를 형성하는 포자를 절개 분석하는 기량으로 이들 표현형을 기재하라.

40. 교배형 좌위와 *ad* 또는 *p* 유전자 중의 하나를 포함하는 붉은빵곰팡이에서 두 번의 교배가 이루어졌다. 두 경우 모두에서 교배형 좌위(*A* 또는 *a*)는 분리가 기록되는 좌위 중의 하나이다. 하나의 교배는 $ad\ A \times ad^+\ a$ (교배 a)이고 다른 하나는 $p\ A \times p^+\ a$ (교배 b)이다. 교배 a에서 10개의 양친성 이분자형, 9개의 비양친성 이분자형, 1개의 사분자형 자낭을 보여주었다. 교배 b에서의 결과는 24개의 양친성 이분자형, 3개의 비양친성 이분자형, 27개의 사분자형 자낭을 얻었다.
   a. 교배형 좌위와 다른 두 유전자 좌위 사이에 어떤 연관 관계가 있는가?
   b. 붉은빵곰팡이에서 두 가지 교배를 수행하였음에도 불구하고, 이 두 유전자의 어떤 것도 동원체-유전자 사이의 거리를 계산하는 데 주어진 자료를 사용할 수 없다. 그 이유는 무엇인가?

41. 출아효모(*Saccharomyces cerevisiae*)에서 다음과 같은 유전자형을 지닌 a/α 이배체가 포자형성을 하고 난 후에 살아 있는 포자가 0, 1, 2, 3 혹은 4개가 되는 사분체의 백분율을 나타내라.
   a. 순계 야생형 효모주(생존에 필요한 어떤 유전자에서도 돌연변이가 없음)
   b. 하나의 필수 유전자에서 영(null) 돌연변이(완전 불활성화)인 것을 이형접합성으로 가진 효모주

   이 문제의 나머지 부분을 위해서 서로 다른 필수 유전자 *a*와 *b*는 온도-민감성 돌연변이로 $a \times b$의 형태로 효모주 사이의 교배를 고려할 수 있다. 교배는 허용 상태(낮은 온도)에서 수행하였다. 제한 상태(높은 온도)에서 계속 측정하면서 살아 있는 포자가 0, 1, 2, 3 혹은 4개가 되는 사분체의 백분율을 나타내라.
   c. *a*와 *b*가 연관되어 있지 않고 둘 다 해당되는 동원체로부터 0 m.u. 이다.
   d. *a*와 *b*가 연관되어 있지 않고 *a*는 동원체로부터 0 m.u. 이고 *b*는 동원체로부터 10 m.u. 떨어져 있다.
   e. *a*와 *b*는 0 m.u. 떨어져 있다.
   f. *a*와 *b*는 10 m.u. 떨어져 있다. *a*와 *b* 사이의 모든 교차는 단일교차(SCO)라고 가정한다.
   g. 문제 (f)에서 만약 *a* 와 *b* 사이에 네 가닥 이중교차(DCO)가 일어났다면 그 결과 생긴 사분체에서 높은 온도에 살아 있을 포자는 얼마나 되겠는가?

42. 효모에서 *a*, *b*, *c* 좌위는 모두 서로 다른 염색체상에 있다. $a\ b^+$ 효모를 $a^+\ b$ 효모와 교배하고 그 결과로 사분체 분석을 하였을 때, 비양친성 이분자형 사분체의 수는 양친성 이분자형과 같았지만 사분자형 자낭은 전혀 보이지 않았다. 반면에 $a\ c^+$와 $a^+\ c$의 교배나 $b\ c^+$와 $b^+\ c$를 교배하고 난 다음에 생긴 사분체에서 사분자형 자낭이 많이 보였다. 이 결과를 설명하라.

43. 히스티딘 아미노산이 없으면 자라지 못하는 효모주(his^-)를 리신 아미노산이 없으면 자라지 못하는 효모주(lys^-)와 교배하였다. 이 교배로부터 400개의 정렬되지 않은 사분체를 얻었고, 그 중에서 233개는 PD, 11개는 NPD, 156개는 T였다.
   a. PD, NPD, T 사분체에서 포자는 어떤 유전자형인가?
   b. *his*와 *lys* 유전자 사이의 지도 거리는 얼마인가?
   c. 이들 사분체의 어떤 것도 유전자들 사이에서 두 번 이상의 교차는 일어나지 않았다는 것을 가정하고, 400개의 사분체가 0번, 1번 2번의 교차가 일어나게 한 감수분열의 수가 얼마인지를 추정할 수 있는가?
   d. 문제 (c)에서의 답에 기초하여 이 두 유전자 사이의 부위에서 감수분열당 교차의 평균수는 얼마가 되겠는가?
   e. RF = 100 × (NPD + 1/2T)/총 사분체 라는 공식은 두 유전자 사이의 약간의 그러나 전부는 아닌 이중교차를 설명해 준다. 어떤 이중교차가 상실되었는가? 사분체 분석의 결과로부터 두 유전자 사이의 지도 거리를 계산하는 보다 정확한 공식을 얻기 위하여 문제 (d)에서의 해답을 확대할 수 있는가?
   f. 문제 (e)의 수정된 공식을 사용하여 *his*와 *lys* 유전자 사이의 거리를 지도 단위로 보다 정확하게 측정하면 얼마가 되겠는가?

44. 두 개의 유전자가 다음과 같이 동일 염색체상에 놓여 있다.

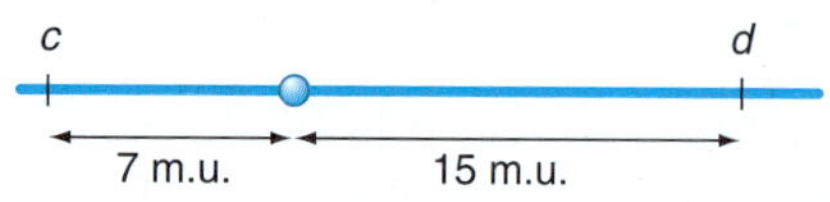

$CD \times cd$ 형태의 반수체 교배가 이루어졌다.

a. 만약 교배가 출아효모 주들 사이에서 이루어졌다면 PD, NPD, T 사분체의 비는 얼마나 될 것으로 기대하는가?

b. 만약 교배가 붉은빵곰팡이 주들 사이에서 이루어졌다면 어떤 사분체의 종류가 어떤 비가 될 것으로 기대하는가? (사분체가 PD, NPD, 혹은 T인지의 여부뿐만 아니라 사분체가 각 유전자에 대하여 1분열 분리형 혹은 2분열 분리형인지의 여부를 고려해야 한다.)

45. a. 정돈된 사분체 분석에서 유전자와 동원체 사이에서 볼 수 있는 RF의 최대치는 얼마인가? (힌트: 유전자와 동원체가 놓여 있는 염색체에서 이들 사이에서 볼 수 있는 RF는 유전자가 동원체에서 충분히 멀리 떨어져 있어 적어도 한 번의 교차가 일어나거나 또는 매번 감수분열에서 그들 사이에 한 번 이상 자주 일어날 수 있다면 관찰할 수 있을 것인가?)

b. 유전자와 그것의 동원체가 연관되지 않을 수 있는가? 설명하라.

c. 정렬된 사분체 분석에서 유전자와 동원체 사이의 RF가 30%로 관찰되었다고 가정하자. 유전자와 동원체 사이의 정확한 거리 추정이 30 m.u. 라고 가정하고 문제 (a)에 대한 정답을 구하라.

46. 한 연구진이 붉은빵곰팡이의 trp^- 반수체의 독자적인 균주 세 가지를 선택하였는데, 이들 각각은 아미노산인 트립토판이 없으면 자라지 못한다. 그들은 처음에 이 세 가지를 반대 교배형의 야생형과 교배하였고, 이때 생긴 팔분체를 분석하였다. 세 가지 교배 모두 각 팔분체에서, 즉 네 쌍의 포자들 중에서 두 쌍이 최소배지(즉 트립토판이 없는)에서 자랄 수 있었고, 반면에 나머지 두 쌍의 포자는 이 최소배지에서 자랄 수 없었다.

a. 이 결과로부터 어떤 결론을 내릴 수 있는가?

돌연변이 균주 1과 2를 야생형과 교배한 것으로부터 팔분체의 어떤 것은 가장 앞의 두 쌍 중 한 쌍은 최소배지에서 자랄 수 있었지만 나머지 한 쌍은 최소배지에서 자랄 수 없는 포자를 지녔다. 돌연변이 균주 3을 야생형과 교배하였더니 가장 앞 끝의 두 쌍에 있는 모든 포자들이 최소배지에서 자랄 수 있거나 혹은 모두 최소배지에서 자라지 못하였다.

b. 이 결과로부터 어떤 결론을 내릴 수 있는가?

다음으로 연구진들은 각각의 돌연변이 균주를 두 개의 별도의 배양을 하도록 준비하였다; 이 배양 중의 하나는 배양형 A이고 다른 하나는 배양형 a이다. 그들을 쌍의 양식으로 이들 균주와 교배를 하고, 그 결과 생긴 팔분체를 조사하고 최소배지에서 자랄 수 있는 개개의 포자들이 얼마나 많은지를 결정하였다. 그 결과를 여기에 보여준다.

교배	최소배지에서 생존한 포자수(x)를 지닌 팔분체의 %				
	$x = 0$	2	4	6	8
1 × 2	78	22	0	0	0
1 × 3	46	6	48	0	0
2 × 3	42	16	42	0	0

c. 표에서 세 번의 교배의 각각에 대해 100개의 팔분체에서 PD, NPD, T는 각각 얼마나 되겠는가?

d. 앞의 자료 모두를 설명하는 유전자지도를 작성하라. 표본의 크기가 팔분체의 어느 것도 이중교차의 결과로 보기에는 충분히 크지 않다는 것을 가정하라.

e. 이 문제는 붉은빵곰팡이의 교배를 기술한 것이라고 하더라도, 정렬된 팔분체로서 표에서 교배를 제시하는 것이 이런 특별한 경우에는 도움이 되지 않는다. 이유는 무엇인가?

f. 자료가 정렬된 팔분체로 나타나지는 않았지만 이런 특정 문제에 있어서 표의 교배로부터 유전자 ↔ 동원체 간의 거리를 얻을 수 있는 이유는 무엇인가?

5.6절

47. 고형 한천배지에 놓은 한 개의 효모세포는 유사분열을 하여 약 10^7 세포의 콜로니를 만들도록 분열할 것이다. 유전자 *ade2*에 돌연변이가 생긴 반수체 효모세포는 붉은색 콜로니를 만들고, $ade2^+$ 콜로니는 흰색이다. 유전자형이 $ade2^+/ade2^-$인 이배체 효모세포로부터 형성된 콜로니 중의 어떤 것은 흰 콜로니 내에 붉은 구역을 지니게 될 것이다.

a. 이 같은 구역을 어떻게 설명할 것인가?

b. 흰색 콜로니는 대체로 동일한 크기로 되어 있는 데도 불구하고 약간의 흰색 콜로니 내의 붉은 구역은 크기에 있어 상당한 차이가 있다. 왜 그런가? 붉은 구역의 대부분은 상대적으로 크거나 작은 것을 기대할 수 있는가?

48. 이배체 효모 주는 다음 유전자형을 제외하고는 야생형 표현형을 지니고 있다:

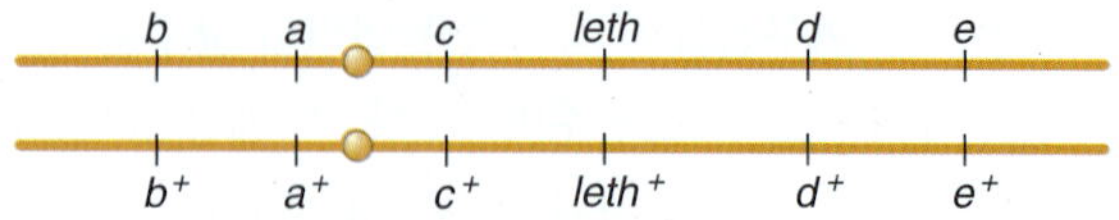

a, *b*, *c*, *d*, *e* 모두는 식별할 수 있는 표현형을 나타내는 열성 대립유전자를 나타내고 있으며, *leth*는 열성 치사 돌연변이를 나타낸다. 모든 유전자들은 동일 염색체에 있으며, *a*는 동원체(작은 원으로 표시)와 아주 가까이에 연관되어 있다. 다음 중 어떤 표현형들이 이 세포에서 유사분열 재조합의 결과로 구역 내에서 발견될 수 있겠는가? (1) *a*; (2) *b*; (3) *c*; (4) *d*; (5) *e*; (6) *b e*; (7) *c d*; (8) *c d e*; (9) *d e*; (10) *a b*. 이중유사분열 교차는 매우 드물어 관찰되지 않는다고 가정한다.

49. 초파리에서 노란(*y*) 유전자는 단부동원체성 X 염색체의 거의 말단 부위에 놓여 있는 반면에 말린 강모(*sn*) 유전자는 X 염색체의 가운데 부근에 놓여 있다. $y\ sn/y^+\ sn^+$ 유전자형을 지닌 암컷 초파리의 날개에 말린 강모를 지닌 세포의 조그만 부분 내에 노란 조직 반점들을 아주 드물게나마 볼 수 있다.
 a. 이 현상을 어떻게 설명할 수 있는가?
 b. $y^+\ sn/y\ sn^+$ 유전자형을 지닌 암컷 초파리의 날개에도 유사한 반점들을 볼 수 있겠는가?

50. 신경섬유종은 피부 종양으로 원래 $NF1^+/NF1^-$이던 피부세포에서 $NF1^+$ 대립유전자를 잃어버릴 때 생긴다. 이 야생형 대립유전자는 기능을 지닌 단백질("종양 억제"라고 함)을 암호화하는 반면에, $NF1^-$ 대립유전자는 기능을 갖지 못하는 단백질을 암호화한다.

 여러 다른 부위의 피부에 20개의 독자적인 종양을 지니고 있는 $NF1^+/NF1^-$ 유전자형을 지닌 환자가 있다. 이 환자에서 종양이 아닌 정상인 세포와 동시에 20개의 종양으로부터 각각의 세포를 떼어내 샘플로 하였다. 이들 샘플의 추출물을 겔전기영동 방법으로 분석하였더니 4개의 서로 다른 단백질(A, B, C, D) 형태의 변이형을 볼 수 있었고, 이들 모두는 상염색체상에 있는 유전자들인 *NF1*에 의해 암호화된다. 각각의 단백질은 서로 다른 대립유전자(예를 들면 A^S와 A^F)에 의해 암호화되는 느린(S) 형과 빠른(F) 형을 지닌다. 정상조직으로부터의 추출물에서는 네 가지 단백질의 느린 형과 빠른 형의 모든 변이체를 보여준다. 종양의 추출물에서는 12개의 종양은 A와 D 단백질은 빠른 변이체, 그리고 B와 C 단백질은 느린 변이체만을 갖고 있는 반면에, 6개 종양에서는 A 단백질은 빠른 변이체만을, 그리고 나머지 B, C, D 단백질은 모두 빠른 것과 느린 변이체를 모두 지니고 있다. 그리고 나머지 2개의 종양 추출물에서는 A 단백질은 빠른 변이체만을, B 단백질은 느린 변이체만을, C 단백질은 빠른 것과 느린 변이체를 그리고 D 단백질은 빠른 변이체만을 지니고 있다.
 a. 이 장에서 설명한 어떤 유전적 결과가 모든 20개의 종양을 일으킬 수 있겠는가? 모든 종양이 동일한 기작에 의해 생겼다고 가정하자.
 b. 이 적은 샘플이 환자에서 동일한 기작에 의해 만들어질 수 있는 모든 종류의 종양 형태를 나타낸다는 가정하에 이 자료들을 설명하는 유전자 지도를 작성하라. 어떤 유전자의 어떤 대립유전자가 두 개의 상동염색체상에 놓여 있는지 보여라. 계산할 수 있는 모든 상대적인 거리를 표시하라.
 c. 이 환자에서 신경섬유종이 되게 하는 또 다른 기작으로 정상적인 46개가 아닌 45개의 염색체를 지닌 세포를 만드는 유사분열의 잘못이 있다. 이런 기작에 의해 어떻게 종양이 생길 수 있는가? 기술된 결과만으로는 이 같은 유사분열의 잘못에 의해 이들 20개의 종양이 생길 수 없다는 것을 알 수 있는가?
 d. 기술된 결과를 만들 수 있는 어떤 다른 형태의 오류를 생각할 수 있는가?

51. 발생의 유전적 근간을 이해하기 위한 두 가지 중요한 방법으로 유사분열 교차와 동물을 어두운 곳에서 빛을 내게 하는 녹색형광 단백질을 만드는 *GFP*라고 하는 해파리 유전자를 사용하는 것이 있다. 이 교재의 후반부에서 기술할 재조합 DNA 기술을 사용하여 해파리의 *GFP* 유전자를 초파리나 생쥐와 같은 생물체의 유전체 내의 어떤 위치로든 삽입할 수 있다. *GFP* 유전자를 발현하는 세포들은 현미경하에서 녹색형광을 내게 될 것이고, 반면에 *GFP* 유전자가 없는 세포들은 녹색형광을 내지 않을 것이다.

 열성 돌연변이인 작은 세포(*smc*)를 동형접합형으로 지니고 있는 생쥐는 초기 배아시기에 죽는데, 이는 이들이 정상 크기에 도달하기 전에 세포들이 미성숙하게 분열하기 때문이다.

 만약 *GFP* 유전자 한 사본과 *smc*의 이형접합형을 지니고 있는 생쥐를 설계하기 원한다면 성체 생쥐에서 유사분열 재조합으로 클론을 만들 수 있다. 이렇게 설계된 생쥐에서 녹색형광이 아닌 클론 내의 모든 세포들은

smc 돌연변이에 동형접합형일 것이다. 다음 그림은 설계한 생쥐의 상피세포에서 볼 수 있는 현미경 영상이다. 어떤 세포는 정상 크기이고, 다른 어떤 세포는 작은 것을 볼 수 있을 것이다. 세 가지 서로 다른 색깔의 세포를, 비어 있는 흰색, 약한 빛을 보이는 세포(밝은 녹색) 그리고 강한 빛을 보이는 세포(짙은 녹색)를 볼 수 있을 것이다. 상피조직은 또한 세 가지 세포들의 클론(1, 2, 3)을 지니고 있는데, 이는 유사분열 재조합의 결과 생긴 비정상적인 표현형이다.

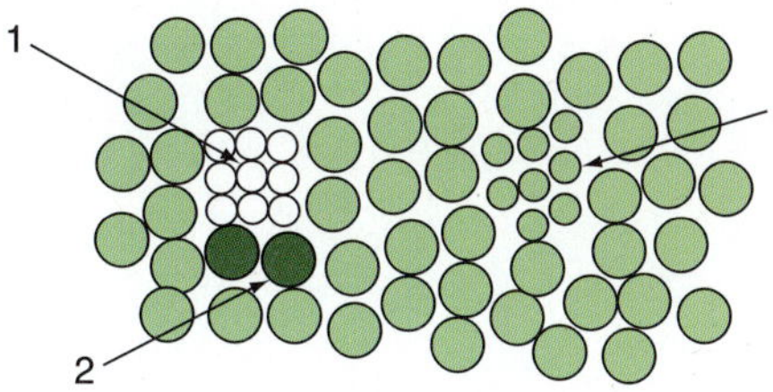

a. 설계된 생쥐에서 염색체와 동원체 그리고 대립유전자 smc^+와 *smc* 그리고 GFP^+ (*GFP* 유전자가 있음)와 GFP^- (*GFP* 유전자가 없음)를 보여라. (상기하건데 이 생쥐는 한 사본의 *GFP* 유전자를 지녔고, *smc* 유전자에 대해서는 이형접합형일 것이다. 녹색이 아닌 모든 클론 내에 있는 개별 세포들은 유사분열 재조합에 의해 만들어졌고 *smc* 돌연변이에 동형접합형일 것이다.)

b. 성체 생쥐에서 smc^+의 기능을 연구하기 위하여 유사분열 재조합을 사용해야만 하는 이유는 무엇인가?

c. 세 가지 서로 다른 색깔을 보이는 세포를 볼 수 있는 이유는 무엇인가?

d. 클론 1과 클론 2가 서로 가까이에 있는 이유는 무엇인가?

e. 문제 (a)의 지도에서 클론 1과 2가 생길 수 있도록 유사분열 재조합이 일어나는 위치를 화살표로 나타내라.

f. 클론 1의 세포들이 클론 2의 세포들보다 많이 있는 이유는 무엇인가?

g. 문제 (a)의 지도에서 클론 3이 생길 수 있도록 유사분열 재조합이 일어나는 위치를 화살표로 나타내라.

6장

DNA 구조, 복제, 재조합

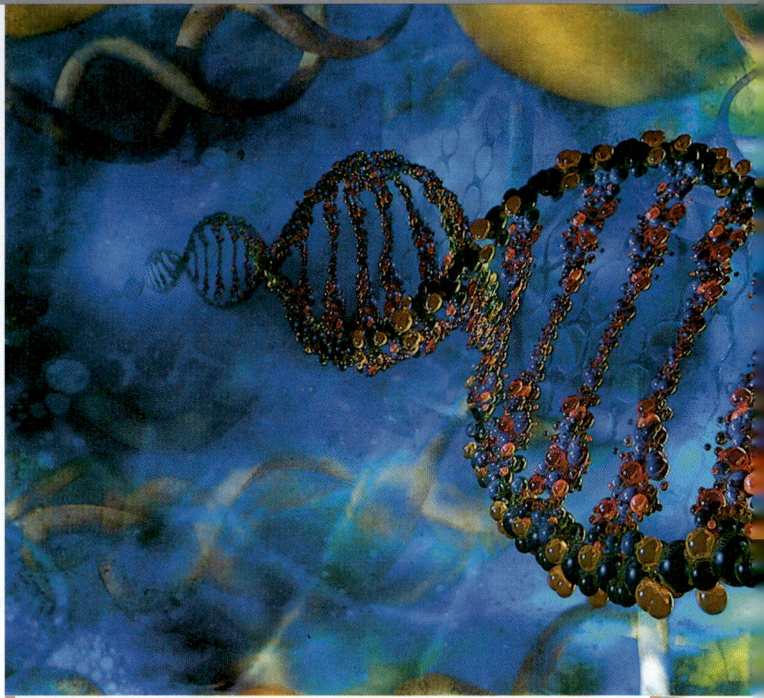

DNA 이중 나선 구조를 살펴보면 어떻게 유전정보가 수십억 년 동안 세대를 거쳐 정확하게 전달되어 왔는지 알 수 있다.

개요

거의 40억 년 동안 이중 나선의 DNA 분자는 유전정보 운반자 역할을 담당해 왔다. DNA는 가장 초창기의 단세포 생명체부터 이후에 존재하는 생물까지 긴 시간이 지나는 동안 분자 구조적인 측면에서 보면 변함없이 유지되었다. 하지만 유전정보의 저장, 발현, 전달 등 내용적으로는 진화를 거치는 동안 놀라울 정도로 그 의미가 확장되었다.

산소가 극히 제한된 조건에서 DNA는 온도, 압력, 습기 등에 강하여 수만 년까지도 원래의 분자 구조를 유지할 수 있다. 38,000년 된 네안데르탈인의 유골로부터 채취한 DNA가 바로 이를 증명해 주었다(그림 6.1). 더욱 놀라운 사실은 이러한 DNA들이 아직도 해독이 가능한 서열을 유지하고 있어, 이미 지구상에서 사라진 생명체들이나 종들을 연구하는 데 매우 유용한 정보를 준다는 것이다. 현존하는 인간들과 유사한 DNA 조각들을 비교함으로써 진화를 촉진시킨 돌연변이를 정확하게 알아낼 수 있다.

예를 들어, 네안데르탈인과 인간의 DNA 비교는 두 종족의 관계에 대한 인류학자들 사이의 오랜 논쟁을 해결하는 데 도움을 주었다. DNA 비교 결과, 네안데르탈인과 우리 인간 종족의 조상인 호모 사피엔스(*Homo sapiens*)가 60만 년 전에서 80만 년 전 사이까지 공통 조상을 공유했던 것으로 나타났다. 그러나 우리의 조상이 아프리카에서 남아 있던 반면, 네안데르탈인 조상들은 40만 년 전 유럽으로 이주하였다. 이후 호모 사피엔스가 처음 유럽에 도착하는 4만 년 전까지 두 종족 사이에 교류는 없었고, 그 후 수천 년 내에 네안데르탈인은 멸종되었다. 그러나 최근

그림 6.1 오래된 DNA에서도 여전히 정보를 얻을 수 있다. 분자 생물학자들은 38,000년 전 네안데르탈인 두개골 시료에서 성공적으로 DNA를 추출하여 염기서열을 알아냈다. 이러한 연구 결과는 유전물질로서 DNA의 화학적 안정성을 증명한다.

에 발견한 그들의 DNA를 분석한 결과 그들은 1만 년 동안 현 인류와 유럽에 함께 존재하였으며, 현재 비아프리카인들의 유전체 1~4% 정도가 네안데르탈인으로부터 유래된 것으로 미루어 볼 때 이들 사이에 교배도 이루어졌음을 추측할 수 있다.

DNA의 이중 나선 구조를 발견한 선도적 이론 분자 생물학자인 프란시스 크릭(Francis Crick)이 "거의 모든 생명의 부분들은 분자 수준에서 설계되어 있기 때문에 분자들에 대한 이해가 없이는 생명 자체를 단지 겉에서 관찰하는 것에 지나지 않을 것이다"라고 하였다. 그러므로 이 장에서는 우리의 관점을 바꾸어 유전자를 암호화하고 있는 분자, 즉 DNA에 대하여 알아볼 것이다.

유전이라는 것을 분자 수준으로 분석하면 크게 두 개의 단계로 나눌 수 있다. 첫째, 공간적으로 배열된 분자 형태의 DNA 구조로부터 유전자 기능이 시작된다. 둘째, DNA 자체는 화학적으로 불활성이기 때문에 DNA의 유전자로서의 모든 기능은 DNA가 가지고 있는 정보를 해독할 수 있는 특별한 단백질들에 의해 결정된다. 실제로 DNA가 화학적으로 반응성이 없다는 점은 죽은 생명체뿐만 아니라 살아 있는 생명체의 정보를 유지하기 위한 이상적인 물리적 저장고의 역할도 할 수 있게 한다.

6.1 DNA가 유전물질임을 증명한 실험적 증거

학습목표

1. DNA의 화학성분에 대하여 설명한다.
2. DNA가 염색체의 구성성분임을 알아내는 방법들을 설명한다.
3. 에이버리가 수행하였던 세균의 형질전환 실험 방법과 그 결과에 대하여 설명한다.
4. 허시와 체이스의 "분쇄 실험"을 설명하고, 이 실험에서 단백질과 다른 DNA의 특성을 살펴본다.

20세기 초 유전학자들은 DNA가 유전물질임을 알지 못하였다. 50 년 이상 동안 수행된 수많은 실험들의 응집된 결과로 DNA가 유전을 관장하는 분자라는 것이 과학자들 사이에 받아들여지게 되었다. 이에 대한 증거의 핵심 부분은 다음과 같다.

화학 연구로 DNA가 염색체 내에 위치함이 밝혀지다

1869년, 프리드리히 미셔(Friedrich Miescher)는 인간 백혈구의 핵에서 약산성이며 인이 풍부한 물질을 추출하고 이 물질을 'nuclein'이라고 명명하였다. 이 물질은 이전에 보고된 화합물과는 달랐으며, 일부 다른 물질이 섞여 있었으나 주요 구성 요소는 DNA로 밝혀졌다. DNA의 화학명은 **디옥시리보핵산**(deoxyribonucleic acid)이며, 세 가지 특징이 있다: 디옥시리보오스라는 당을 가지고 있으며, 세포의 핵에서 발견되고, 산성이다.

과학자들은 nuclein으로부터 DNA를 순수 분리하여 화학적으로 분석한 결과, DNA는 긴 사슬로 연결된 독특한 네 가지 조각들을 포함하고 있음을 밝혔다(그림 6.2). 이 네 가지 조각들은 **뉴클레오티드**(nucleotide)로 알려진 화합물 종류에 속하는 화학물질로서, **인산디에스테르 결합**(phosphodiester bond)을 통한 공유결합으로 서로 연결되어 소단위들의 **중합체**(polymer) 형태를 가진다. 1923년에 최초로 보고된 실험으로 세포 내 DNA가 어디에 위치하는지 알게 되었다. 발견자의 이름을 딴 포일겐(Feulgen) 반응은 DNA를 붉게 염색시키는 쉬프 시약이라고 하는 화학물질에 의해 일어난다. 세포를 이 염색시약으로 염색시키면 세포의 다른 부분은 상대적으로 무색을 유지하는 반면, 염색체는 붉게 변한다. 이 반응으로 DNA가 거의 독점적으로 염색체 내에서 위치함을 알게 되었다.

DNA는 염색체의 구성 요소라는 것만으로 이 분자가 유

그림 6.2 DNA의 화학 성분. DNA 분자의 단일가닥은 뉴클레오티드 단위체(파란색 박스)의 사슬로 구성되어 있다. 각 뉴클레오티드는 오탄당인 디옥시리보오스(황갈색 오각형)가 무기 인산기(노란색 원)와 결합하고, 네 개의 질소 염기들(자주색 또는 초록색 다각형) 중 하나에 연결되어 만들어진 것이다. 뉴클레오티드 단위체를 서로 연결하는 인산디에스테르 결합은 이전 뉴클레오티드의 디옥시리보오스 당에 다른 뉴클레오티드의 인산기가 연결되어 생성된다.

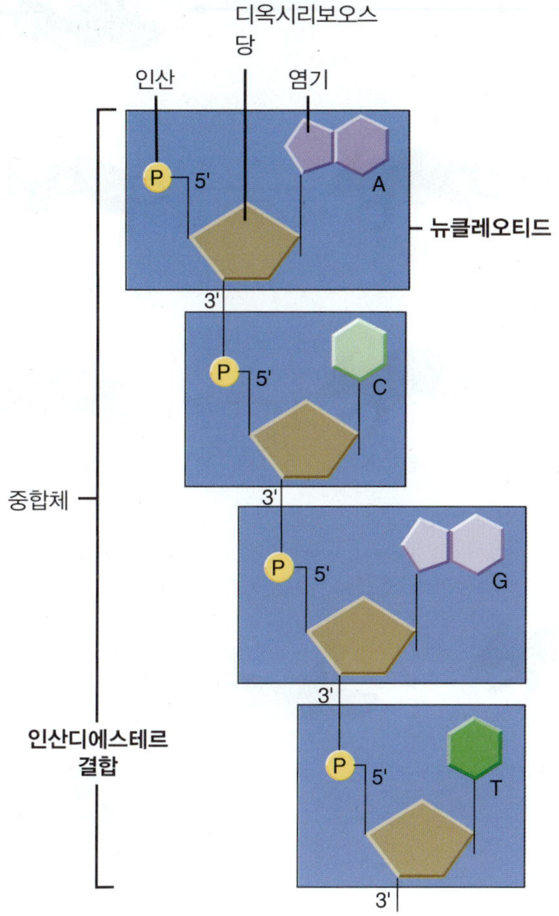

그림 6.3 그리피스의 세균 형질전환 실험. *S. pneumoniae* (폐렴균)의 매끈한(S) 형과 거친(R) 형의 군집.

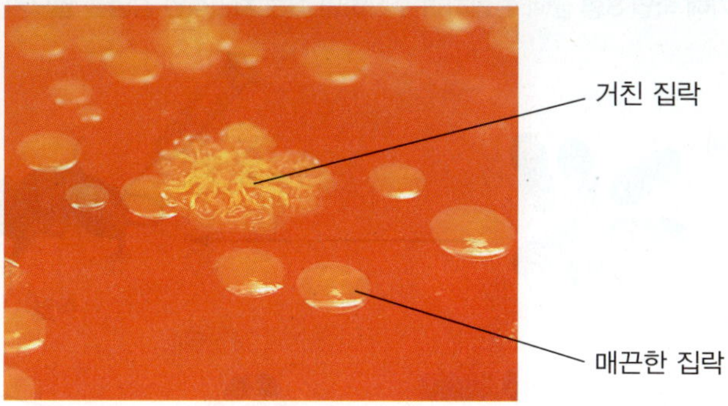

전자와는 연관이 있다는 것을 증명하지는 못한다. 전형적인 진핵세포 염색체는 무게로 보면 단백질이 더 많이 차지하고 있다. DNA가 단 네 조각의 소단위체로 이루어진 반면, 단백질은 20개의 기본 아미노산 소단위체를 가지기 때문에 많은 연구자들은 단백질이 다양성에 대한 더 큰 잠재력을 가지고 있어 유전물질로 역할하기에 더욱 적합할 것으로 예상하였다. 초기 과학자들은 DNA가 염색체 구조를 형성하는 중요한 물질임에도 불구하고, 유전자의 복잡성을 모두 설명하기에는 너무 간단한 구조라고 생각했다.

세균의 형질전환으로 DNA가 유전물질임을 밝히다

이후 DNA가 유전정보를 운반하는 화학물질일 것이라는 생각을 뒷받침하는 연구들이 발표되었다. 가장 중요한 실험 중의 하나는 단세포 세균을 이용한 실험이다. 박테리아는 핵막이 없으며 핵양체 부위에 하나의 원형으로 이루어진 염색체를 유전물질로 가진다. 한 개의 염색체를 가진 박테리아는 배아세포를 만드는 감수분열 과정 없이 이분법(binary fission)에 의해 분열한다. 이러한 차이에도 불구하고, 20세기 초반의 과학자들은 박테리아의 유전물질이 진핵생물에서 발견되는 것과 같은 종류일 것이라고 생각하고 있었다.

세균에 대한 유전자 연구를 할 때 전제 조건 중 하나는 집단의 개체들에서 나타나는 특정 형질에 대한 대체형질이 있어야 한다는 것이다. 1923년 폐렴연쇄상구균(*S. pneumoniae*) 연구에서 프레드릭 그리피스(Frederick Griffith)는 박테리아의 군집을 매끈한(S; smooth) 형과 거친(R; rough) 형의 두 가지 형질을 발견하였다. S형은 야생형이며, R형은 이에 대한 돌연변이형이다. 그리피스는 관찰과 생화학적 분석을 통해 S형은 세포의 막 주변 다당류 캡슐을 합성하기 때문에 매끈한 형태가 나타남을 밝혔다. S형의 돌연변이로 자연적으로 발생한 R형의 경우 다당류 캡슐을 합성할 수 없고 그 결과 군집은 거친 표면을 나타내게 된다(그림 6.3). R형의 경우 다당류 캡슐의 합성에 필요한 특정 효소가 결핍되어 있기 때문이다. 이러한 다당류 캡슐은 동물의 면역반응으로부터 세균을 보호하는 데 도움을 주기 때문에 S형의 세균은 병원성을 가지며 실험동물에 감염하여 치사에 이르게 하는 반면(그림 6.4a), R형은 동물에 감염하지 못한다(그림 6.4b). 이러한 병원성을 가진 폐렴구균의 S형은 사람에게서도 폐렴을 일으킨다.

형질전환의 현상

1928년 그리피스는 죽은 박테리아 세포의 유전정보가 살아 있는 세포로 이동할 수 있다는 놀라운 발견을 발표하였

그림 6.4 그리피스의 실험. (a) S형 균은 병원성이 강하며 생쥐에 주입했을 때 치명적인 감염을 일으킬 수 있다. (b) R형 균을 주사로 감염시키면 스스로 쥐를 죽이지 못한다. (c) 열을 처리하여 죽인 S형 균을 주사하면 치명적인 감염을 일으키지 않는다. (d) 그러나 살아 있는 R형 균을 열을 가해 죽인 S형 균과 혼합하여 주사하면 쥐는 치명적인 감염을 일으켜 치사한다. 죽은 숙주인 쥐의 혈액에서는 살아 있는 S형 균이 발견된다.

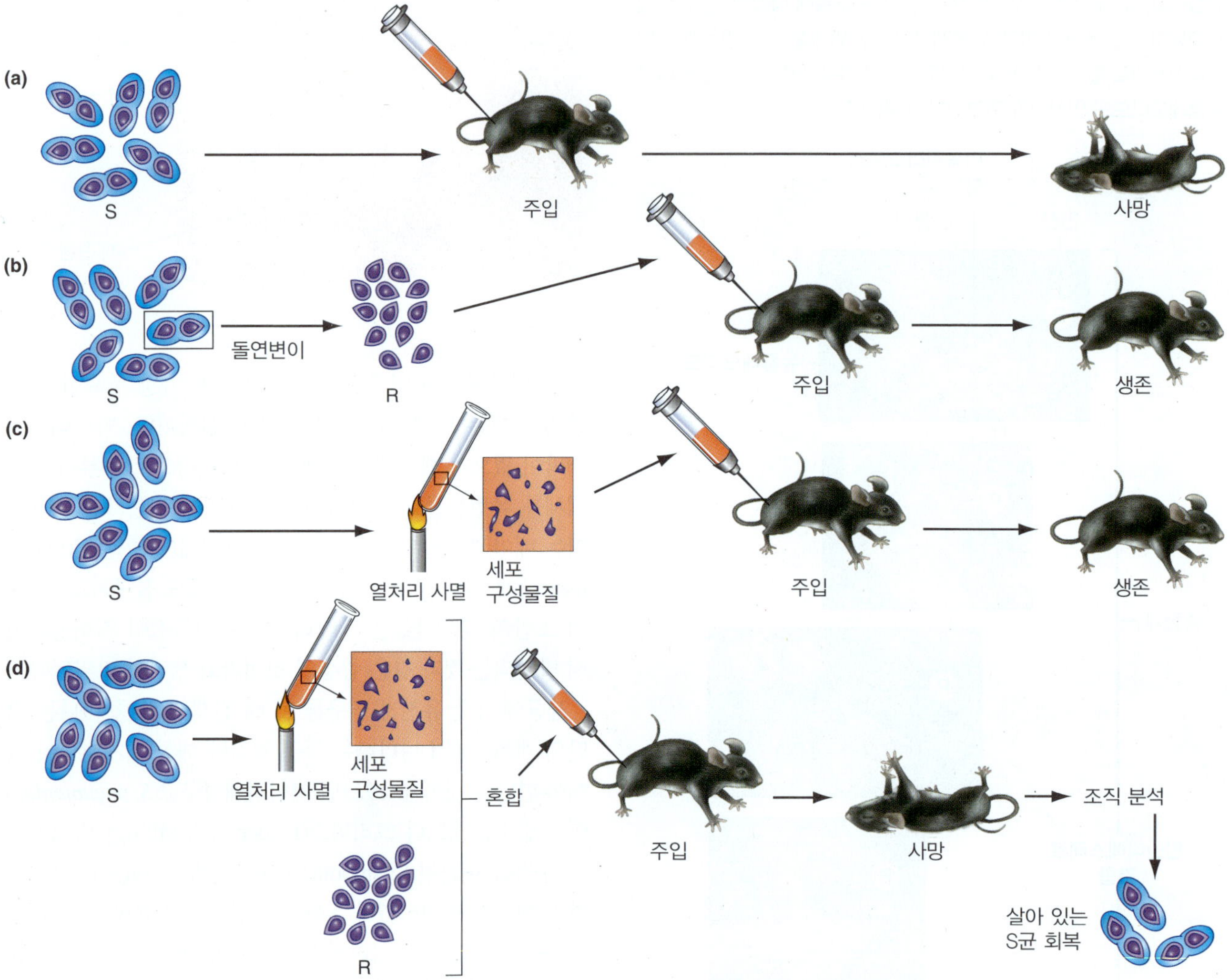

다. 그는 살아 있는 R형과 열처리로 죽은 S형의 두 가지 종류의 세포로 실험하였다. 실험용 쥐에 두 가지를 따로 주입하였을 경우에는 어느 형도 감염이 발생하지 않았으나(그림 6.4b,c) 두 형의 혼합물은 실험용 쥐를 감염시켜 죽였다(그림 6.4d). 또한 죽은 쥐의 혈액에서 살아 있는 S형의 세균이 검출되었다(그림 6.4d).

형질전환(transformation)이란 어떤 물질이 한 생명체의 유전적 특성을 변화시킬 수 있는 능력이다. 그리피스의 실험에서는 열처리로 죽은 S균으로부터 나온 물질이 R균을 S균으로 형질전환시킨 것이라고 할 수 있다. 그리피스는 그로부터 대대로 분열되어 나온 세균들이 모두 S형을 나타냈기 때문에 이 형질전환은 영구적이며 유전과 관련이 있다고 설명하였다.

형질전환 원인물질로서의 DNA

1929년까지 두 가지 다른 실험실에서 동일한 결과를 반복해서 보였고, 1931년에 오스왈드 T. 에이버리(Oswald T. Avery)의 실험실에서 연구자들은 동물 모델을 전혀 사용하지 않고 단순히 죽은 S형의 내용물을 첨가하는 것만으로 R형 세균을 S형으로 형질전환시킬 수 있음을 발견하였다(그림 6.5a). 에이버리 후 거의 15년 동안 그 복잡한 혼합물에서 활성을 보이는 본질을 찾기 위해 노력하였다. 즉, 무해한 R형 세균에서 병원성 S형으로 형질전환을 유도할 수 있는 유전물질을 세포 추출물에서 확인하는 실험을 수행하였다. 에이버리는 "형질전환을 시키는 본질"에 대한 해답을 얻기 위하여 관련 물질을 실제로 확인할 수 있도록 그 물질을 순수 분리하여 정제하였고, 결국 그와 연구진은 실험할 수 있

그림 6.5 형질전환의 근원물질이 DNA임을 보여주는 실험적 근거. (a) 세균의 형질전환이 죽은 S형 균의 잔해를 포함하는 배지에서 발생한다. 살아 있는 R형 균이 가열에 의해 죽은 S형 균에서 "형질전환물질"을 일부 받아들여 병원성이 강한 S형 균으로 형질전환된 것이다. (b) 백혈구에서 추출한 순수한 DNA 용액. (c) 형질전환물질의 화학적 분리. 순수 분리한 DNA를 DNA 분해 효소로 처리하면 형질전환물질의 기능이 완전히 없어지는 반면, 다른 거대분자를 파괴하는 효소의 처리는 그 기능에 아무런 영향을 미치지 않는다.

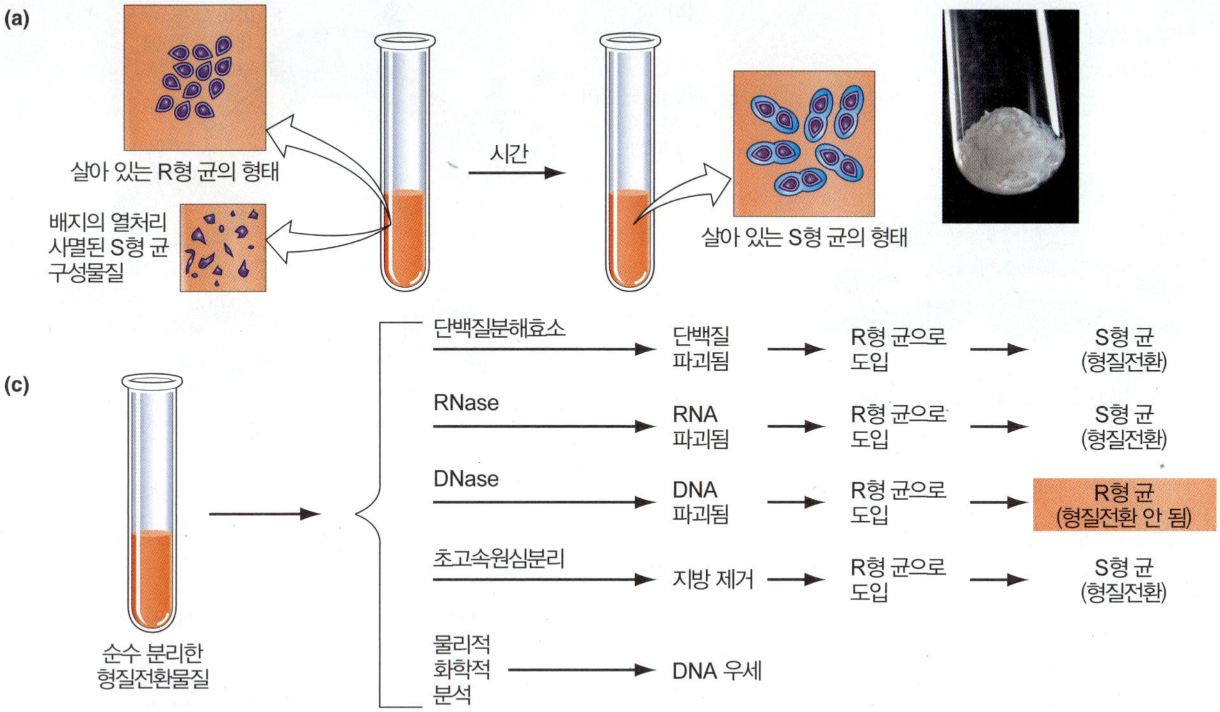

는 정도의 양을 확보하는 데 성공하였다. 이 절차의 마지막 단계에서 얼음처럼 차가운 알코올 용액에서 유리막대로 저으면 거의 순수한 "본질"(그림 6.5b)을 길고 약간 흰 작은 다발 형태의 섬유뭉치로 얻어낼 수 있다.

순수 분리 후 이 물질의 특성 분석이 시작되었다. 에이버리와 두 동료, 콜린 매클라우드(Colin MacLeod)와 맥클린 맥카티(Maclyn McCarty)는 형질전환 실체의 화학 성분(그림 6.5c)을 결정하기 위해 여러 실험을 하였고, 1944년에 누적된 연구 결과를 발표하였다. 이들의 실험에서 분리된 물질은 6억분의 1의 비로 매우 높게 희석하여도 활성이 있음을 보였다. 분리된 물질의 대부분이 DNA이었지만 혹시 DNA 이외의 다른 분자들이 형질전환을 유도하는지 알아보기 위해 분리된 물질에 여러 가지 분해효소들을 처리하여 형질전환 기능에 변화가 생기는지 관찰하였다. 각각 RNA, 단백질 또는 다당류를 분해하는 효소를 처리한 경우 어떤 영향도 미치지 못한 반면, DNA 분해효소를 처리한 경우 완전히 그 활동이 파괴되었고, 임시로 발표한 논문에서 그는 형질전환물질의 실체는 DNA로 드러났다고 결론을 내렸다. 에이버리는 한 걸음 더 나가서 동생에게 보낸 편지에서 형질전환물질의 실체가 유전자인 것 같다고 밝혔다.

구체적인 증거가 되는 논문이 이렇게 발표되있었지만 과학자 사회 내의 많은 사람들이 DNA가 유전물질이라는 개념을 받아들이는 데는 시간이 걸렸다. 그들은 에이버리의 결과는 오염된 다른 물질이 기능을 했거나, 혹은 분리한 물질이 갑자기 생리적으로 세포를 전환하여 세균이 형질전환되었을 가능성을 주장하였다. 당시 이 과학자들은 단백질이 유전물질에 대한 주요 후보 분자라는 생각에 사로잡혀 있었다.

바이러스 연구에서 단백질이 아닌 DNA를 복제물질로 지목하다

그러나 모든 사람이 에이버리의 의견에 회의적이지는 않았다. 알프레드 허시(Alfred Hershey)와 마샤 체이스(Martha Chase)는 **박테리오파아지**(bacteriophage; 글자 그대로 "박테리아 포식자") 혹은 **파아지**(phage)라고 하는 바이러스를 세균에 감염시켜 보면 DNA와 단백질의 유전자 복제에 대한 상대적 중요성을 평가할 수 있을 것이라고 생각하였다.

바이러스는 생물의 가장 간단한 형태이다. 구조와 기능적인 면에서 보면 그들은 단백질 같은데, 스스로 거대분자를 재생할 수 있는 살아 있는 세포 사이의 어딘가에 존재한다.

그림 6.6 바이러스를 이용한 실험들에서 유전자가 DNA임에 대한 증거를 제공하다. (a)와 (b) 박테리오파아지 T2 구조와 생활주기. 파아지 입자는 단백질의 껍질에 DNA가 포함된 형태로 구성되어 있다. 파아지는 숙주세포인 세균에 부착하여 숙주세포의 세포벽을 통해 세포질로 유전자(DNA)를 삽입한다. 숙주세포 내부에서 이 유전자들은 새로운 파아지의 DNA와 단백질을 만들어내고 자손 파아지를 조립한 후 직접 세포를 터뜨리고 외부로 나온다.

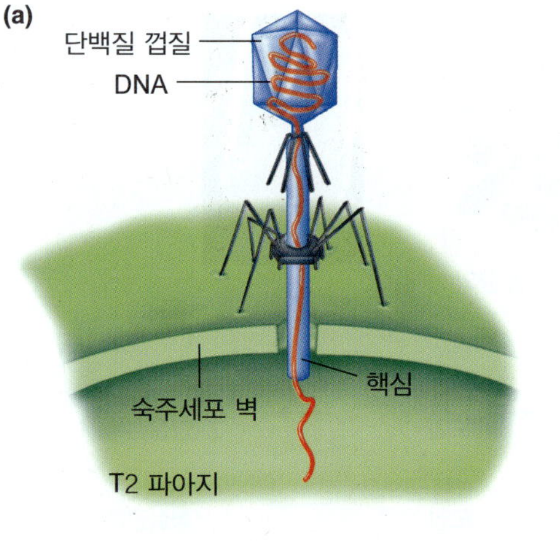

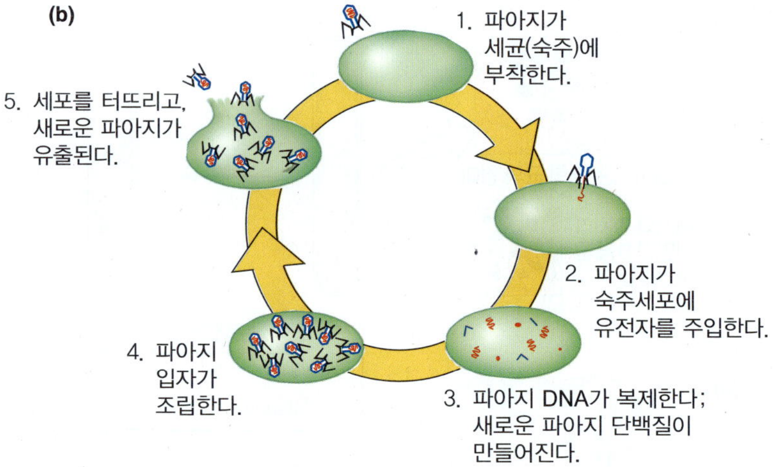

바이러스는 자신의 성장과 복제를 위해 숙주세포의 기구를 사용하기 때문에 매우 적은 수의 유전자만 가지고 있어도 생존할 수 있다. 많은 종류의 파아지의 경우, 각 입자는 대략 동량의 단백질과 DNA로 구성되어 있다(그림 6.6a). 이 파아지 입자는 세균세포에 감염하여야만 자손을 만들 수 있다. 감염 후 30분이 지나면 세포가 파열되면서 새로 만들어진 수백 개의 파아지가 분출된다(그림 6.6b). 문제는 새로운 파아지 입자를 생산하는 데 사용된 정보를 포함하는 것은 DNA와 단백질 중 어떤 물질인가 하는 것이다.

1939년 전자현미경의 발명으로 파아지 입자를 관찰할 수 있게 되었다. 놀랍게도 세균 감염 시 파아지 전체는 세포 내로 도입되지 않았으며, 바이러스 껍질이 세균세포벽의 바깥 표면에 부착되어 남아 있는 것이 관찰되었다. 빈 파아지의 껍질이 세포 밖에 남아 있기 때문에, 이때 연구자들은 파아지 입자를 세포 표면에 부착하여 복제에 필요한 정보가 포함된 자료를 주입하는 작은 주사기에 비유하였다.

1952년 허시와 체이스는 분쇄 실험에서 T2로 알려진 파아지를 사용하여 세포 외부에 남겨진 껍질은 단백질인 반면, 주입되는 물질은 DNA임을 검증하였다(그림 6.7). 그들은 방사선 동위원소로 표지된 인(^{32}P)과 황(^{35}S)을 이용한 두 개의 서로 다른 배양액에서 키운 세균에 각각 T2를 감염시켰다. 단백질은 황을 포함하지만 DNA는 황을 포함하지 않고 인을 포함하기 때문에 ^{32}P가 있는 배지에서 성장한 파아지는 DNA가 방사성을 나타내는 반면, ^{35}S 배지에서 성장한 파아지는 단백질에서 방사성을 나타내게 된다. 이렇게 방사성 물질로 표지된 파아지는 새로운 세균을 감염시킬 경우 각 물질이 어디에 위치하는지를 보여주는 좋은 표식자의 역할을 한다.

허시와 체이스는 새로운 배양액에서 자란 세균을 ^{35}S나 ^{32}P로 표지된 파아지에 각각 노출시켜 파아지 유전자가 세균으로 주입되게 한 후 분쇄기를 이용하여 세균과 파아지 껍질을 서로 떨어뜨렸다. 이를 원심분리하여 가벼운 파아지 껍질은 상층에 남기고 무거운 세포층은 시험관 하단에 침전시킨 후 이 두 층의 방사성 량을 분석한 결과, 방사성 ^{35}S(단백질)의 대부분은 상층액에 존재하는 반면, 방사성 ^{32}P(DNA)의 대부분은 침전물에 있는 것이 확인되었다. 이것은 세포벽에 붙은 파아지 껍질은 단백질로 이루어져 있는 반면, 세포 내로 주입되는 물질은 DNA임을 의미한다. 방사성 동위원소로 표지된 DNA가 주입된 세균은 일반적인 파아지 감염에서와 같이 수백 개의 파아지 자손입자를 생산하였다. 이러한 관찰로 허시와 체이스는 파아지의 유전자는 DNA라는 결론을 내렸다.

에이버리의 연구 결과와 같이 허시와 체이스의 실험 또한 엄청난 영향을 끼쳤지만, 많은 연구자들은 이 실험은 에이버리의 결과를 바이러스 입자로 확장하여 증명한 것이며, 드디어 DNA를 유전물질로 인정해야 하는 때가 온 것이라고 생각하게 되었다.

핵심 개념

- DNA는 인산디에스테르 결합으로 이루어진 뉴클레오티드들의 중합체이다. 뉴클레오티드는 디옥시리보오스, 인산기, 네 개의 질소 염기들 중 하나와 연결되어 만들어진다.

그림 6.7 허시-체이스의 분쇄 실험. 이 실험에서는 ^{32}P-표지 DNA, 혹은 ^{35}S-표지 단백질을 포함한 T2 박테리오파아지 입자들이 세포를 감염하는 데 사용되었다. 짧은 감염시간이 지난 후, 허시와 체이스는 혼합기에 배양액을 넣고 혼합한 뒤 원심분리기를 이용하여 감염된 세포에서 바이러스의 빈 껍질(단백질)을 분리해냈다. ^{32}P-표지 DNA의 대부분은 세포침전물에서 발견된 반면 ^{35}S-표지 단백질의 대부분은 파아지 껍질과 함께 상층액에 남아 있었다.

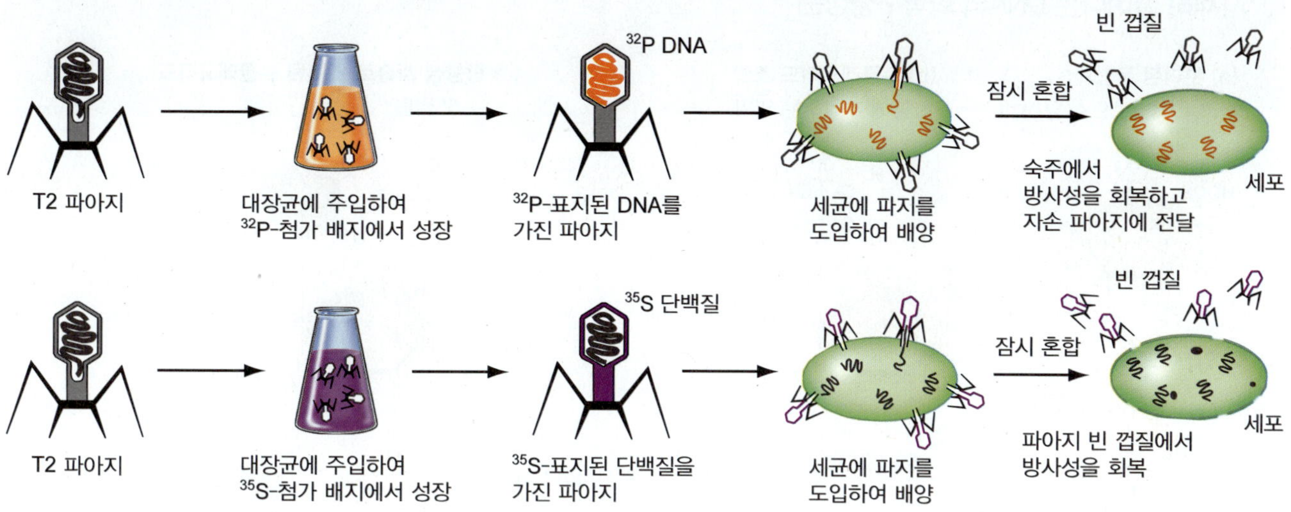

- DNA는 세포의 핵에서 관찰되는 염색체에만 존재한다.
- 에이버리와 연구진은 병원성인 S형 세균의 DNA를 처리하면 비병원성인 R형이 S형으로 형질전환될 수 있음을 보였다. 이 결과는 DNA가 유전물질임을 보여주는 강력한 증거이다.
- 허시-체이스는 실험에서 ^{32}P 혹은 ^{35}S가 포함된 배지에서 T2 박테리오파아지를 배양하여 파아지의 DNA와 단백질을 각각 표지시켰다. 이들은 각각 표지된 박테리오파아지를 숙주세포에 부착시킨 후 수행한 분쇄 실험에서 바이러스 단백질은 숙주세포의 외부에 남아 있는 반면, 바이러스 DNA는 세포 내부로 들어가서 바이러스 입자를 생성하는 데 사용됨을 보였다.

6.2 왓슨과 크릭의 DNA 이중 나선 모델

학습목표

1. 왓슨과 크릭이 제안한 DNA 구조의 주요 특징을 설명한다.
2. 이중 나선 구조에서 DNA 두 가닥이 역평행의 극성을 가진다는 것의 의미를 설명한다.
3. 다양한 DNA 구조들의 차이점을 구별한다.

적절한 실험 조건에서 순수 분리된 DNA 분자들은 섬유 형태로 길게 늘어선 정렬된 구조를 만든다. 그리고 크리스탈 샹들리에가 빛을 분산시켜 독특한 패턴을 벽에 그려내듯이, DNA 섬유는 X-선을 분산시켜 특유의 회절 패턴을 보인다(그림 6.8). X-선 결정분석학자들은 DNA의 회절 패턴을 분석하여 분자의 입체 구조를 유추할 수 있다. 1951년 봄, 23세의 제임스 왓슨(James Watson)은 DNA가 특정 회절 패턴을 투영한다는 것을 알고 DNA는 일정한 구조를 가지고 있으며 쉽게 구조를 풀 수 있을 것이라고 예상하였다.

다음 절에서는 DNA의 3차원 구조를 알기 위하여, 뉴클레오티드를 이루고 있는 단위체들에 대해 자세히 살펴보고, 폴리뉴클레오티드에서 이들이 어떻게 서로 연결되어 있으며 두 개의 사슬은 어떻게 이중 나선을 이루는지 분석하였다.

뉴클레오티드는 DNA를 이루는 기본 단위체이다

DNA는 뉴클레오티드라고 하는 단위체로 구성된 긴 합성체이다. 각 뉴클레오티드는 세 가지 요소, 즉 디옥시리보오스

그림 6.8 X-선 회절 패턴은 DNA의 나선형 구조를 반영한다. X-선 회절 패턴 사진은 1952년 로잘린드 프랭클린과 모리스 윌킨스가 DNA 섬유를 촬영한 것이다. X-선에 의해 나타난 십자형 패턴은 DNA가 나선형임을 나타낸다.

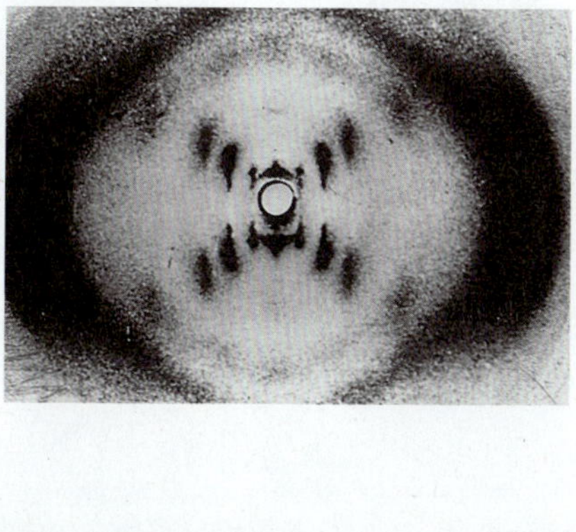

그림 6.9

자세히 들여다본 DNA의 화학구성성분

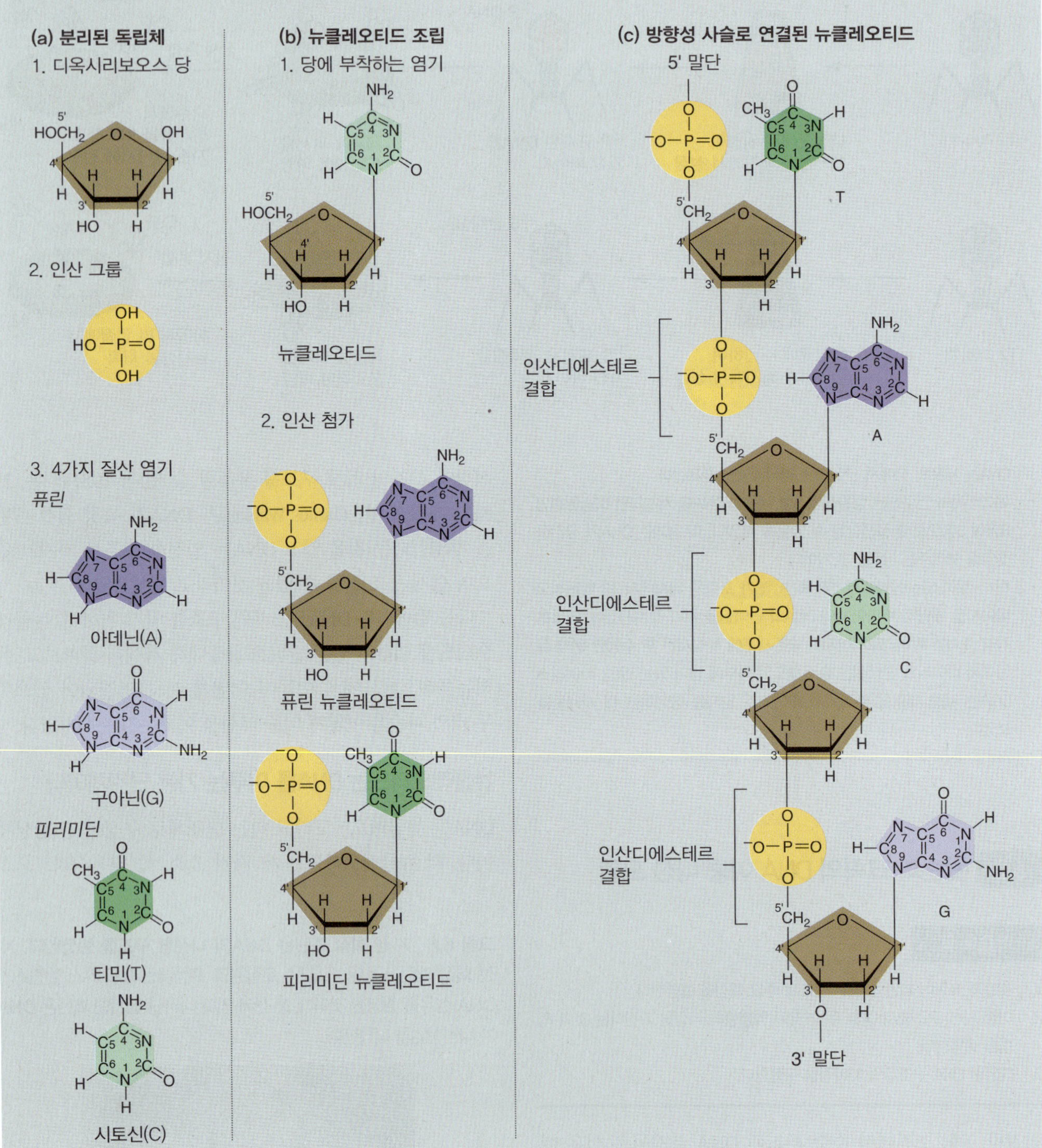

당, 인산, 질소로 이루어진 염기 네 가지 중의 하나로 구성되어 있다. 이러한 화학 성분에 대한 상세한 지식과 그들의 결합 방법은 왓슨과 크릭의 모델을 구축하는 데 중요한 역할을 하였다.

뉴클레오티드의 구성 요소

그림 6.9는 디옥시리보오스, 인산, 네 개의 염기 등, 뉴클레오티드를 이루는 세 가지 구성 요소의 화학 조성과 구조를 보여준다. 이 그림에서는 구성 요소들이 어떻게 연결되어 한 개의 뉴클레오티드를 이루는지, 두 뉴클레오티드 사이 인산디에스테르(phosphodiester) 결합이 어떻게 연결되어 있는지를 보여준다. 질소가 포함된 염기의 중심고리 구조의 탄소 또는 질소 원자에는 퓨린(purine)의 경우 1에서 9까지, 그리고 피리미딘(pyrimidine)의 경우 1에서 6까지 번호가 할당되어 있다. 디옥시리보오스 당의 탄소 원자는 1′에서 5′의 번호를 사용하여 뉴클레오티드 내의 원자들과 구분한다. 디옥시리보오스 1′ 위치의 탄소와 염기가 공유결합을 한 경우 뉴클레오시드(nucleoside)를 형성한다. 여기에 5′ 위치의 탄소에 인산염 그룹이 추가되면 뉴클레오티드(nucleotide)가 된다.

뉴클레오티드들을 연결하여 DNA 사슬을 형성

그림 6.9에서 보는 바와 같이 뉴클레오티드들로 구성된 DNA 사슬은 **극성**(polarity)을 가진다. 인산디에스테르 결합은 항상 뉴클레오시드의 3′ 위치 탄소와 다음 뉴클레오티드의 5′ 위치 탄소 사이 공유결합으로 형성된다. 뉴클레오티드 단위체들의 일관된 연결로 사슬의 전반적인 방향성이 나타나서 결국 화학적으로 단일사슬의 두 끝은 명확한 차이를 가지게 된다.

5′ 쪽 가장 끝에 위치한 뉴클레오티드의 당에는 아무 결합도 하지 않은 5′ 탄소 원자가 있다. DNA를 합성 또는 분리하는 방법에 따라 5′ 말단에 있는 뉴클레오티드의 5′ 탄소에는 수산기(−OH) 혹은 인산기가 나타난다. 사슬의 다른 한 쪽인 3′ 말단에는 마지막 뉴클레오티드의 3′ 탄소가 있다. 이러한 5′에서 3′으로의 극성은 두 끝 사이의 사슬을 따라, 뉴클레오티드에서 뉴클레오티드로 보존된다. 관례상 DNA 사슬은 (별도로 명시하지 않는 한) 염기들로 표현될 때 왼쪽에서 오른쪽 방향으로 5′에서 3′ (5′ → 3′)을 나타낸다. 예를 들어, 그림 6.9c에 묘사된 사슬은 5′ TACG 3′이다.

염기배열에 포함된 정보

정보는 기호들의 배열로 해석할 수 있으며 전달되는 메시지에 따라 기호들의 순서가 달라진다. 이 배열이 변화 없이 항상 동일하다면 정보를 내포할 가능성이 없다. DNA의 당-인산기 뼈대는 DNA 사슬의 모든 뉴클레오티드에 대하여 화학적으로 동일하기 때문에 뉴클레오티드 사이의 유일한 차이는 염기이다. 따라서 DNA가 유전정보를 전달하는 경우 그 정보는 A, G, T, C 염기의 순서의 변화로 구성될 것이다. DNA 염기의 네 글자로 만들어진 정보는 26개 영어 알파벳의 기본 정보와 유사하다. 책 안에 있는 다양한 단어들을 만들기 위한 방법으로 알파벳의 26개를 조합하여 사용하듯이, 생명체를 구성하기 위해 필요한 정보는 네 가지 염기들의 다양한 조합으로 이루어진 뉴클레오티드의 긴 배열에 들어 있다.

DNA의 나선은 두 개의 역평행 사슬로 구성되어 있다

왓슨과 크릭의 DNA 분자 구조의 발견은 생물학적 현상을 이해하기 위한 공헌도로 볼 때, 자연선택에 의한 진화론을 펼친 다윈의 이론과 유전에 대한 멘델의 법칙 등과 함께 중요한 위치를 차지한다. 미취학 아동의 장난감을 닮은 모형으로 최초로 구현된 왓슨–크릭 구조는 당시 사용할 수 있는 모든 화학물질 및 물리적 데이터의 해석을 기반으로 했으며, 그들은 자신들이 발견한 결과를 1953년 4월 과학잡지 〈네이처(Nature)〉에 발표하였다.

X-선 회절의 증거

방향성이 있는 DNA 섬유의 회절 패턴만으로는 충분한 정보를 얻을 수 없어 완벽한 구조를 알 수 없다. 예를 들어, X-선 자료에서 볼 수 있는 회절 선의 세기와 위치 수는 DNA 분자에 있는 모든 원자의 미지의 좌표의 개수에 비해 훨씬 적다(그림 6.8 참조). 그럼에도 불구하고 DNA의 X-선 회절 사진이 풍부한 구조적 정보를 알려주는 데 기여하기도 한다. 로잘린드 프랭클린(Rosalind Franklin)과 모리스 윌킨스(Maurice Wilkins)에 의해 만들어진 뛰어난 X-선 영상은 DNA 분자가 나선 모양임을 밝혔다. 이 DNA 나선은 축을 따라 반복되는 단위체 사이의 간격이 3.4 Å (3.4×10^{-10})이고, 한 회전당 길이가 34 Å이며, 나선의 직경은 20 Å이다. 직경은 그림 6.9에 묘사된 것과 같이 대략 뉴클레오티드 한 개의 두 배에 해당하는 길이로, DNA 분자 두 개가 나란히 쌍을 이루어 DNA 나선을 구성하는 것을 추측하게 한다.

상보적인 염기쌍들의 정렬

DNA 분자가 나란히 정렬된 두 개의 뉴클레오티드의 사슬로 이루어져 있다면, 어떤 힘이 두 사슬을 이러한 형태로 유지하게 하는가? 어윈 샤가프(Erwin Chargaff)는 다양한 종에서 DNA의 염기 조성을 비교하는 자료에서 이에 대한 중요한 단서를 제공하였다. 염기의 상대적인 양의 큰 변화에도 불구하고, A:T의 비는 1:1로 크게 다르지 않았고 또한 G:C의 비도 여러 종에서 동일한 결과를 나타냈다(표 6.1). 이 결

표 6.1 다양한 생명체들의 DNA에서 나타난 뉴클레오티드 염기구성에 대한 샤가프의 자료

	DNA 분자 내 염기 백분율				비	
생명체	**A**	**T**	**G**	**C**	**A:T**	**G:C**
대장균	24.7	23.6	26.0	25.7	1.05	1.01
효모	31.3	32.9	18.7	17.1	0.95	1.09
예쁜꼬마선충	31.2	29.1	19.3	20.5	1.07	0.96
초파리	27.3	27.6	22.5	22.5	0.99	1.00
쥐	29.2	29.4	21.7	19.7	0.99	1.10
사람	29.3	30.0	20.7	20.0	0.98	1.04

염기 하나 하나의 수준은 생명체마다 다르지만 항상 대략 A는 T의 양과 동일하고, G의 양은 항상 C와 비슷하다. 퓨린의 총량(A + G)은 거의 항상 피리미딘(C + T)의 총량과 같다.

과를 보고 왓슨은 A:T와 G:C에서 나타난 1:1 비가 DNA 구조상 유전과 관련하여 중요한 측면을 반영함을 바로 파악하였다.

A와 T 및 G와 C 사이의 화학적 친화력 관점에서 샤가프의 비를 설명하기 위해 왓슨은 화학구조에 근거하여 염기들을 종이로 잘라 만들고 이들을 퍼즐의 조각처럼 다양한 조합으로 맞춰 보았다. 그는 퓨린과 피리미딘의 원자들이 수소결합(hydrogen bond)이나 약한 정전기적 결합으로 반응 그룹 간의 수소 원자를 일부 공유함으로써 분자 상호작용에 중요한 역할을 할 것이라고 제안하였다(그림 6.10). 왓슨은 A와 T 사이에 두 개의 수소결합을 형성하고 있으며, G와 C 또한 비슷하게 서로의 염기가 수소결합으로 연결되어 있음을 예상하였다(왓슨은 원래 G와 C 사이에 두 개의 수소결합이 있는 것으로 생각했으나, 실제로는 세 개가 존재한다). 놀라운 사실은 A-T 및 G-C의 두 쌍은 기본적으로 그 형태가 같다. 이렇게 결합하는 두 개의 쌍은 당-인산기 뼈대 사이에 임의의 순서로 들어가더라도 구조상 왜곡되지 않고 반듯한 이중 나선 사슬을 이룰 수 있게 된다. 또한 이러한 예측은 항상 A와 T 그리고 G와 C가 같은 비로 존재한다는 샤가프 실험 결과를 만족한다. 이러한 염기쌍은 모두 퓨린과 피리미딘 각각 한 개씩으로 이루어져 있다.

크릭은 X-선 자료와 화학적 사실을 연결시켜 뉴클레오티드의 구조를 볼 때 왓슨의 염기쌍들의 정렬은 두 개의 사슬이 역평행으로 존재해야만 가능하다는 것을 알게 되었다. 그림 6.11은 왓슨과 크릭이 1953년 4월 제안한 DNA 이중 나선 구조에 대한 모델을 설명하고 있다.

다른 형태의 이중 나선 구조도 존재한다

왓슨과 크릭은 자료만 가지고 DNA 구조를 결정한 것이 아니라 모델을 만들어서 이중 나선 구조 모델을 도출해냈다. 그러나 왓슨과 크릭이 제안한 DNA 이중 나선 구조의 백미는 이 모델의 정확성에 대한 증거 실험이 더 이상 필요 없다는 것이었다. 이전에 발표된 모든 화학 및 공간 자료들, 그리고 많은 생물학적 현상들이 이 모델과 일관된 합치를 보임으로써 정확성에 대한 강한 증거는 이미 제시된 것이나 다름없었다.

B형 DNA와 Z형 DNA

대부분 자연 상태의 DNA 분자는 왓슨과 크릭이 제안한 구조로 되어 있다. 이러한 분자는 B형 DNA(B-form DNA)로

그림 6.10 상보적인 염기쌍. 한쪽 가닥의 A는 상대 가닥의 T와 두 개의 수소결합을 형성할 수 있다. 또한 G는 다른 가닥의 C와 세 개의 수소결합을 형성할 수 있다. A-T 및 G-C 염기쌍의 크기와 모양은 비슷하며 모두는 이중 나선의 두 뼈대 사이의 공간을 비슷하게 차지한다.

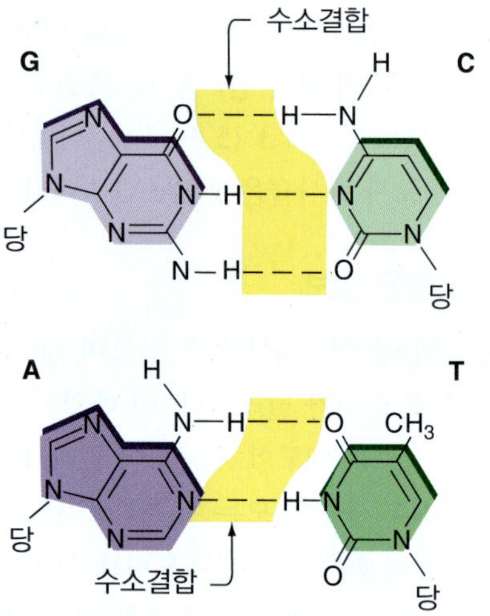

그림 6.11

DNA의 이중 나선 구조

(a)

(a) 왓슨과 크릭은 DNA의 화학 성분 및 물리적 공간배치 등 알려진 사실을 바탕으로 철사를 이용한 모델을 만들고 증거들을 하나로 모았을 뿐만 아니라 DNA의 기능을 설명하기 위한 기초를 마련하였다.

(b) DNA 모델에서 [그림 (b) 참조] 두 DNA 가닥은 나선형을 이루는데, 축 내부에는 각 가닥의 염기 부분이 쌍을 이루고 있고, 당-인산으로 이루어진 뼈대는 외곽에 위치한다. 모든 가닥들은 오른손 방향 쪽으로 회전하는 나선을 형성하는데, 이때 한 가닥은 5′ → 3′ 방향이 위쪽으로 향하는 반면, 다른 가닥은 그 방향이 아래쪽으로 향한다. 즉, 두 가닥은 역평행을 이룬다. 염기쌍은 기본적으로 평면이며 나선형 축에 직각이고, 당의 경우에는 그 면이 대략 염기에 수직을 이룬다. 나선형 축을 중심으로 두 가닥이 꼬여 나선을 이루므로, 매 10염기쌍당 또는 34 Å당 한 번 회전을 하게 된다. 그 결과 이중 나선은 당-인산 뼈대와 다각형의 염기쌍들로 구성된 두 개의 나선이 서로 꼬여서 만들어진 사다리 형태처럼 보인다.

(c) 분자의 공간을 채워 표현한 공간-채움 모델에서, 이중 나선의 전체 모양은 20 Å의 직경의 홈이 파인 원통 형태와 유사하다. DNA의 뼈대는 마치 나사의 날이 축을 중심으로 회전하며 굽어 있는 것처럼 보이지만, DNA의 뼈대는 두 개이므로 양날이 있는 형태로서 이들은 서로 수직으로 배치되어 축 주위로 좁은 홈과 넓은 홈, 두 개의 홈을 만든다. 생화학자들은 좁은 홈을 부홈(minor groove), 그리고 넓은 홈을 주홈(major groove)으로 명명하였다. 이중 나선의 두 사슬은 상보적인 염기쌍들인 A-T 및 G-C 사이의 수소결합에 의해 함께 붙어 있다. 이중 나선 구조 내에서, 염기쌍을 이루는 공간에 필요한 요구 사항은 각 쌍이 작은 피리미딘 분자 한 개와 큰 퓨린 분자 한 개로 구성되어 있어야 한다는 것으로서 A-T 및 G-C의 특정 쌍만이 짝을 이루어 구조를 유지할 수 있다. 따라서 DNA 사슬에서 관찰되는 상보적인 염기쌍은 공간적으로 필수적이며 논리적인 결과물이다. 한 개의 뉴클레오티드는 두 개 또는 세 개의 수소결합만을 이루지만, 뉴클레오티드 수천 또는 수백만 개로 구성된 긴 DNA 분자의 연속적인 염기쌍 사이에 있는 수소결합의 총합은 DNA 분자의 화학적 안정성에 큰 기여를 하게 된다.

(b) (c)

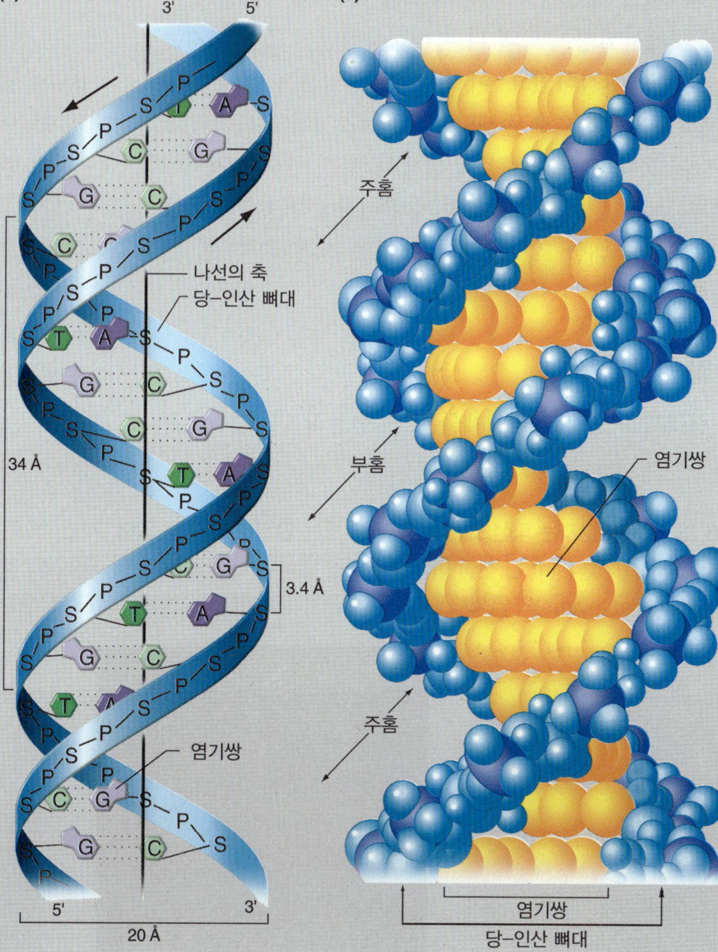

그림 6.12 Z형 DNA는 또 다른 형태의 이중 나선이다. (a) 대표적인 왓슨–크릭의 B형 DNA는 부드러운 뼈대와 오른손 나선을 형성한다. (b) Z형 DNA는 왼손 나선이고 불규칙한 뼈대를 갖는다.

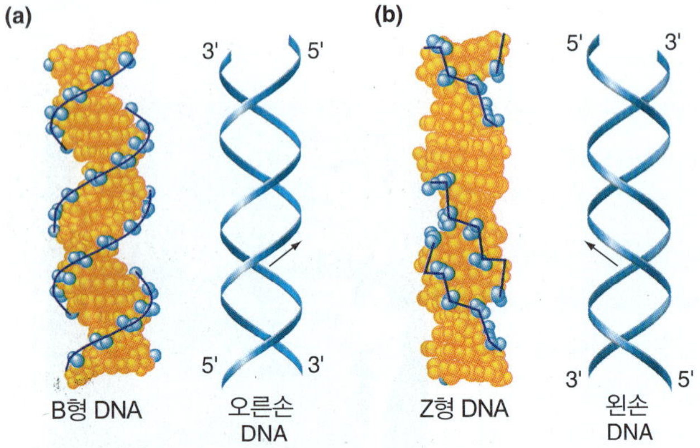

알려져 있는데, 오른쪽으로 휘는 나선형을 하고 있다(그림 6.12a). 그러나 DNA 구조는 원래 생각보다 다양한 형태를 하고 있다. 예를 들어, Z형(Z form)으로 알려진 DNA는 특이한 뉴클레오티드 배열을 가지며 왼쪽으로 휘는 나선의 뼈대가 지그재그 모양을 나타낸다(그림 6.12b). 연구팀들은 시험관 내에서 B형 구조와 다른 비정상적인 구조를 가지는 DNA를 다량 관찰하였고, 이 형태들 중 일부는 살아 있는 세포에서도 일시적으로 존재할 수 있을 것이라 추측하였다. 예를 들어, Z형의 DNA는 실제 생체 내 특정 염색체 지역에 존재한다는 증거가 있다. Z형 및 기타 비정상적인 형태의 생물학적 역할에 대한 조사는 앞으로 더욱 진행되어야 할 것으로 예상된다.

선형 및 원형 DNA

모든 진핵세포 생물의 염색체들은 긴 선형의 이중 나선 형태이지만, 몇 가지 작은 염색체들은 원형인 것도 있다(그림 6.13a,b). 동물과 인간의 암을 일으킬 수 일부 바이러스(papovaviruses)의 염색체, 원핵세균의 염색체와 같은 세포 소기관의 염색체(미토콘드리아와 엽록체) 등을 포함한다. 이러한 진핵세포 안에서 발견되는 원형 염색체는 공유결합에 의해 양끝이 연결된 원형의 DNA 분자로 구성되어 있다. 이러한 원형 이중 나선의 각 가닥을 살펴보면 말단은 없지만, 여전히 두 가닥은 서로 역평행의 극성을 가진다.

단일가닥과 이중가닥 DNA

일부 바이러스의 유전물질은 비교적 작은 단일가닥 DNA 분자로 구성되어 있다. 일단 세포 내부로 감염하면 단일가닥 분자가 두 번째 가닥을 만들기 위한 주형의 역할을 하고, 그 결과 이중가닥 DNA가 만들어져 더 많은 자손 바이러스 입자의 생산을 시작하게 된다. 단일가닥 DNA를 유전체로 가지는 바이러스의 예로는 박테리오파아지인 ϕX174와 M13, 그리고 인간에서 태아치사와 자연유산을 유발하는 포유류 파보바이러스 등이 있다. ϕX174와 M13은 DNA 단일가닥이 공유결합으로 닫힌 원형의 형태이며, 파보바이러스에서는 선형이다(그림 6.13c,d).

B형에서 Z형으로 변화하고, 복제와 발현을 위해 DNA가 단일가닥에서 이중가닥으로 혹은 선형에서 원형으로 바뀌는 형태 변화 등은 왓슨과 크릭 모델의 이중 나선형 주제에서 약간의 변형된 모습들이다. 이렇게 실험적으로 이미 다른 형태들에 대한 발견들이 알려져 있음에도 불구하고, 왓슨–크릭의 이중 나선은 DNA 구조에 대한 기본적인 모델로 남아 있고 또한 수십억 년의 진화과정 동안 보존되어 내려온 DNA 분자의 기능을 잘 보여준다.

그림 6.13 DNA 분자는 직선 또는 원형, 이중 또는 단일 가닥일 수 있다. 자연적으로 만들어진 DNA 분자를 전자현미경으로 관찰하면 다음과 같은 형태를 하고 있다. (a) 긴 선형 이중가닥 인간 염색체의 조각, (b) 원형 이중가닥 파포바바이러스(papovavirus)의 염색체, (c) 선형 단일가닥 파보바이러스(parvovirus)의 염색체 및 (d) 원형 단일가닥 박테리오파아지 M13 염색체.

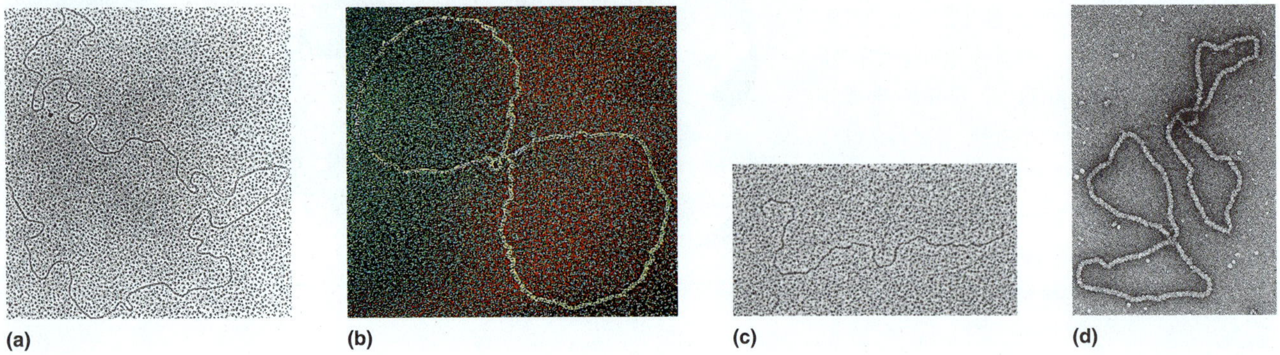

유전의 기초: DNA 구조

모든 DNA 분자가 동일한 일반적인 화학적 특성과 물리적 구조를 가지고 있기 때문에 염기서열을 분석하지 않고는 인간의 DNA와 박테리아의 DNA를 구별하기 힘들다. 단백질의 경우, 구조와 기능이 훨씬 더 복잡하고 더 다양한 분자들이다. 크릭은 이중 나선 구조 발견 당시, "DNA는 고도로 진화된 단백질보다 훨씬 덜 정교한 분자이며, 이러한 이유로 보다 쉽게 그 비밀을 밝힐 수 있을 것이다"라고 말하였다.

DNA의 기본적인 비밀은 다음의 네 가지 질문에 대한 해답으로 알 수 있다.

1. 어떻게 정보를 담고 있는가?
2. 어떻게 다음 세대에게 복사된 정보가 전달되는가?
3. 어떤 기작에 의해 정보가 변경되는가?
4. 어떻게 DNA에 암호화된 정보가 표현형의 발현을 통제하는가?

DNA의 이중 나선 구조는 유전물질로서 필요한 모든 중요한 기능을 수행하는 능력을 가지게 하기 때문에 각 질문에 대한 통합적인 해답을 제공한다.

이 장의 나머지 부분에서는 DNA의 구조가 어떻게 유전정보를 높은 충실도로 복제하고, 전달하며, 재조합을 통해 정보를 재구성하는 역할을 하는지 다루게 된다. 돌연변이를 통해 어떻게 정보가 수정되고, 이를 통해 표현형이 결정되는지에 대한 내용은 7장과 8장에서 설명한다.

핵심 개념

- DNA 분자는 인산디에스테르 결합으로 이루어진 뉴클레오티드들의 중합체이며, 역평행의 두 가닥으로 구성된 이중 나선 형태를 갖는다. 이러한 나선구조는 상보적인 염기들, 즉 A와 T, G와 C 사이의 수소결합에 의하여 유지된다.
- 역평행이란 5′에서 3′ 방향으로 극성을 가진 사슬과 3′에서 5′ 방향으로 극성을 가진 사슬이 서로 상보적인 염기쌍 사이의 수소결합을 통하여 결합한 상태를 말한다.
- 대부분 진핵세포의 유전체들은 이중 나선의 선형 DNA이지만 원핵세포, 엽록체, 미토콘드리아와 몇몇 바이러스의 유전체는 이중 나선의 원형 DNA이다. 바이러스 중에는 단일가닥의 선형 혹은 원형의 DNA를 유전체로 가지는 것들도 존재한다.

6.3 DNA 염기배열에 담겨 있는 유전정보

학습목표

1. DNA가 복잡한 유전정보를 어떻게 저장하고 있는지 설명한다.
2. DNA가 저장하고 있는 정보가 단백질들의 도움으로 읽혀지는 두 과정에 대하여 비교한다.
3. DNA와 RNA 구조의 차이점에 대해 설명한다.

DNA의 정보 내용은 염기 순서에 있다. 각 사슬에 있는 네 가지 염기는 알파벳 문자처럼 임의의 순서로 존재하며, 어떻게 배열되는지에 따라 다른 의미의 "단어"들을 만든다. 각 "단어"들은 자체 의미를 가지고 있어 표현형에 영향을 미치게 된다. 예를 들어, CTAGGT와 AGTCAT는 같은 염기들로 구성되어 있지만 다른 의미를 가진다. DNA는 네 가지 뉴클레오티드만을 가지지만 긴사슬을 이루면서 다양한 조합을 가질 수 있고, 그에 따른 정보저장의 잠재력은 엄청나다. 예를 들어, 인간의 어떤 염색체가 2억 5천만 개의 뉴클레오티드로 이루어진 사슬로 구성되어 있다면, 다양한 염기는 어떤 순서로도 배열이 가능하기 때문에 이러한 사슬은 잠재적으로 뉴클레오티드 배열 $4^{250,000,000}$ (계산하면 숫자 1 뒤에 숫자 0이 150,515,000개 존재)개 중 하나가 될 것이다.

대부분의 유전정보는 꼬인 DNA 사슬이 풀린 후 읽혀진다

DNA 분자의 풀면 두 가닥 각각으로부터 염기들이 노출된다(그림 6.14). 단백질들은 단일가닥 DNA의 정보를 "읽어"

그림 6.14 DNA 염기의 순서에 정보를 저장한다. 부분적으로 풀린 DNA 이중 나선. 이중 나선 부위와 풀린 부위는 서로 다른 구조적 정보를 가지기 때문에 서로 다르게 반응할 수 있다.

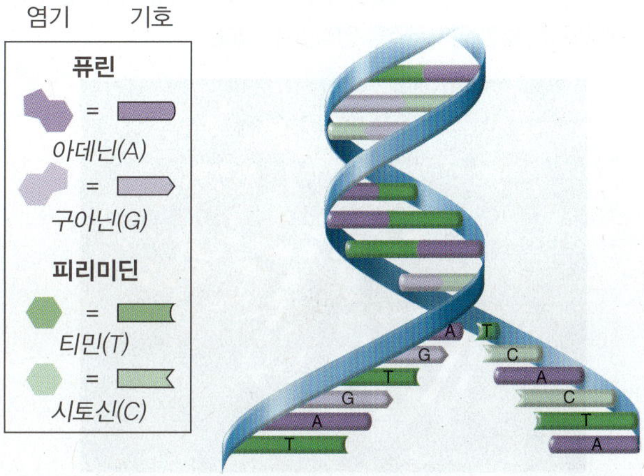

내려가며 특정 염기서열에 상보적인 RNA 분자를 합성하거나(전사 과정) DNA 분자를 합성한다(복제 과정).

일부 DNA 유전정보는 DNA 사슬이 풀리지 않아도 접근이 가능하다

어떤 단백질은 이중가닥 DNA의 특정 염기쌍 배열을 인식한다(그림 6.15). 이 정보는 주홈 및 부홈에 있는 네 개의 염기들이 다르거나 당-인산 뼈대의 일부가 형태적으로 차이를 보이기 때문에 인식이 되는 것이다. 홈 안쪽에 특히 주홈에 존재하는 염기 주변에 특정 원자가 노출되면 이 원자는 화학적 정보를 제공할 수 있다. 이러한 정보는 특정 모양의 독특한 패턴뿐만 아니라 수소결합 공여자와 수여자 사이의 공간적 패턴의 형태일 수 있다. 이런 특성 때문에 어떤 단백질들은 이중 나선 구조를 풀지 않고 늘어선 DNA 사슬의 염기배열 정보를 감지하여 접근한다. 이러한 방법으로 특정 DNA 서열과 결합하는 단백질들의 예로, 특정한 DNA 서열을 인식하여 자르는 데 사용되는 세균 제한효소(9장)와 유전자들의 활성을 조절하는 전사조절 단백질(15장과 16장)을 들 수 있다.

일부 바이러스는 RNA에 유전정보를 저장하고 있다

모든 세포 형태의 생명체들과 대부분의 바이러스들은 DNA를 유전정보로 가진다. 대장균과 같은 원핵세포 생명체는 공유결합으로 끝이 이어진 원형의 이중 나선 DNA를 유전물질로 가진다. 진핵세포 생명체의 경우 자신의 이중 나선 DNA를 둘 이상의 선형 염색체에 담고 있다. DNA 바이러스는 종류에 따라 단일 또는 이중가닥, 원형 또는 선형의 형태의 DNA를 유전체로 가진다.

이와 대조적으로, 소아마비 혹은 에이즈의 원인이 되는 일부 바이러스들은 그들의 유전물질로 RNA를 사용한다.

RNA와 DNA의 차이

RNA와 DNA 사이에는 세 가지 중요한 화학적 차이가 있다(그림 6.16). 첫째, RNA는 DNA에서 발견된 디옥시리보오스 대신 **리보오스**(ribose)를 당으로 가진다. 둘째, RNA는 염기 티민(T) 대신 염기 우라실(U)을 포함한다. 이런 이유로 RNA에서는 T 대신 U가 A와 쌍을 이루게 된다. 마지막으로, 대부분의 RNA 분자는 단일가닥으로 존재하며 핵 내 염색체에서 발견되는 매우 긴 DNA 분자들보다 훨씬 작은 크기를 가진다. 일부 완전한 이중가닥을 이루는 RNA 분자들도 있지만, 단일가닥 RNA 대부분은 서로 상보적인 염기 순서를 가지는 특정 부위에서만 두 가닥이 서로의 염기가 짝을 지어 분자 내에 짧은 이중가닥 형태를 형성할 수 있다. 이것은 상대적으로 단순한 이중 나선 모양의 DNA 분자에 비해, 많은 RNA들은 단일가닥 루프와 흩어져서 존재하는 짧은 이중가닥 조각들이 존재하는 복잡한 구조를 가진다는 것

그림 6.15 단백질들은 DNA의 특정 염기서열에 결합한다. DNA(초록색과 주황색)에 결합한 대장균의 이화대사 유전자 활성 단백질(CAP) 분자를 컴퓨터 그래픽으로 표현. CAP의 구조가 α-나선구조(원통)와 β-병풍구조(리본)가 표시되어 있다. CAP는 이중 나선 DNA의 주홈에 위치한 특정 염기서열을 인식할 수 있다.

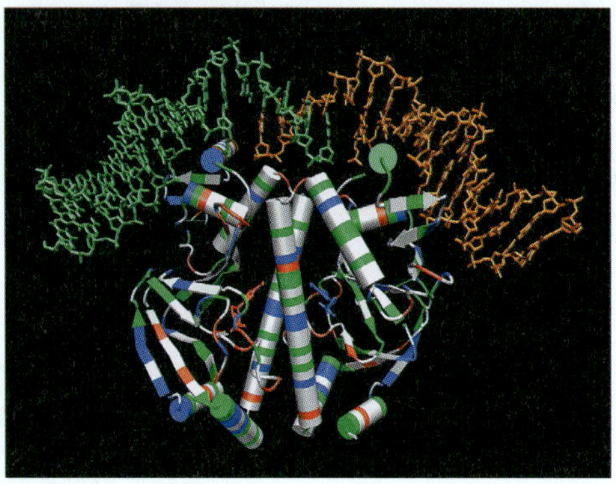

그림 6.16 DNA와 RNA의 화학적 구조의 차이. DNA와 RNA는 세 가지 차이를 보인다.

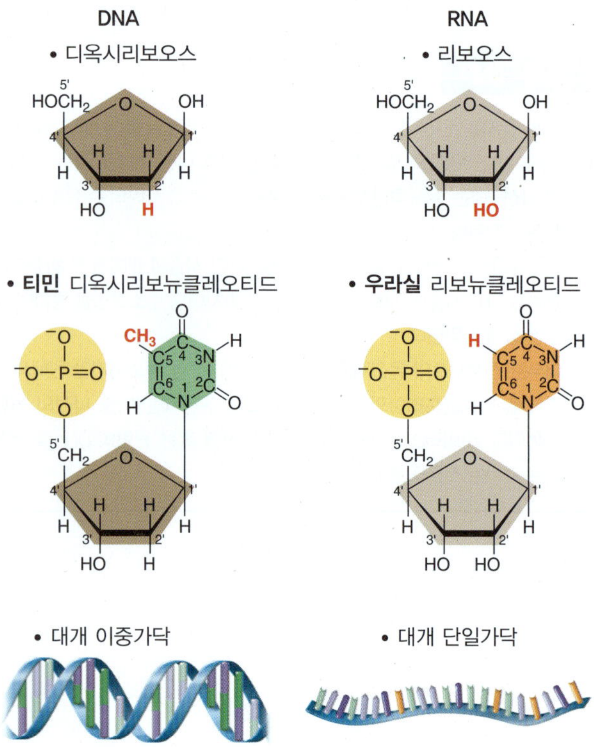

그림 6.17 **RNA 분자들의 복잡한 접힘 패턴.** 대부분의 RNA 분자가 단일가닥이지만 상당히 유연하여 일부 지역은 다시 접혀서 같은 분자 내 다른 부분과 염기쌍을 형성할 수 있다.

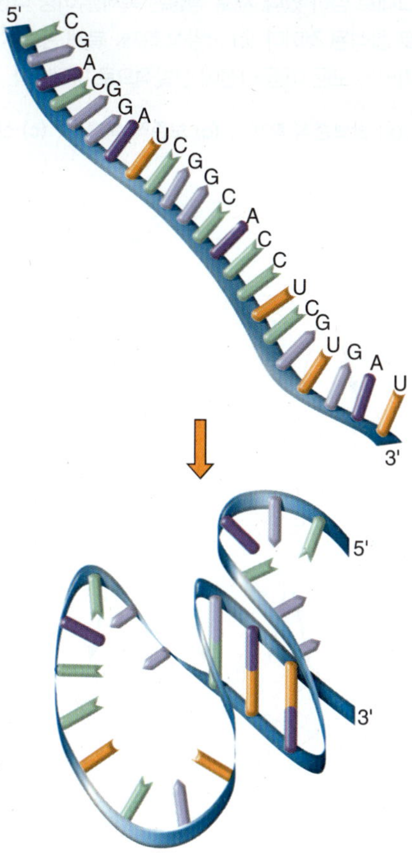

을 의미한다(그림 6.17).

RNA는 염기의 순서에 정보를 운반하는 DNA와 같은 능력을 갖고 있지만, DNA보다 훨씬 덜 안정적인 물질이다. RNA는 바이러스의 유전물질로 사용될 뿐만 아니라 모든 세포에서 여러 가지 중요한 기능을 담당한다. 예를 들어, 8장에 자세히 설명된 바와 같이 유전자 발현 및 단백질 합성에 참여한다. 또한 앞으로 설명하게 될 DNA 복제에도 중요한 역할을 담당하고 있다.

핵심 개념

- DNA는 네 개의 염기들의 서열에 유전정보를 저장하고 있다.
- 복제나 전사과정 중에 DNA의 염기 서열은 풀어진 한 쪽 사슬로부터 읽혀진다. 어떤 단백질은 이중 나선의 홈들에 접근하여 특정 염기서열을 인지하고 결합한다.
- RNA는 당으로 디옥시리보오스 대신 리보오스를, 염기로 티민(T) 대신 우라실(U)을 가진다. 또한 대체로 이중가닥보다는 단일가닥으로 존재한다.

6.4 DNA 복제

학습목표

1. DNA가 복잡한 유전정보를 어떻게 저장하고 있는지 설명한다.
2. 메셀슨과 스탈은 어떻게 무거운 질소를 이용한 실험에서 DNA 복제 방법이 반보존적인지를 증명하였는지 설명한다.
3. DNA를 복제하기 위하여 DNA 중합효소가 필요로 하는 주요 인자들을 나열한다.
4. DNA 복제 과정을 요약하고 DNA 중합효소의 역할과 어떤 관련이 있는지 설명한다.
5. 세포가 DNA에 있는 유전정보를 정확하고 충실하게 보존하는 세 가지 방법에 대하여 설명한다.

과학 논문의 글 중에서 가장 유명한 절제된 말 중 하나는 1953년 왓슨과 크릭이 이중 나선 모델을 제안한 논문의 끝 부분에 쓴 내용이다: "특정한 염기쌍 짝짓기를 생각해 내면서, 이 현상에 바로 유전물질에 대한 복제 기작이 존재한다는 것을 알 수 있었다." 이전 4장에서 살펴본 바와 같이 이러한 복사 과정은 한 세대에서 감수분열을 통해 다음 세대로 염색체가 대물림을 받기 위해 선행해야 하는 과정이며, 또한 유사분열로 전구세포에 있는 전체 유전정보의 복사본을 두 딸세포가 받기 위한 염색체 복제 과정의 기초 작업이다.

개요: 상보적인 염기쌍 짝짓기로 반보존적 복제를 유지한다

왓슨과 크릭에 의해 추론된 복제 과정에서 이중 나선 구조는 서로 분리가 되면서 각 가닥의 DNA에 있는 염기가 노출된다. 각각 분리된 두 가닥은 이후 새롭게 만들어지는 가닥의 합성을 위해 **주형**(template)의 역할을 하게 된다(그림 6.18). 원래 모가닥의 노출된 염기의 반대편으로 상보적인 염기가 첨가되면서 새로운 가닥이 만들어진다. 원본에 있는 T와 짝을 맞추기 위해 새롭게 합성되는 가닥에는 A가 추가되며, 반대로 A에는 그에 상보적인 T가 새로운 가닥에 삽입이 된다. 비슷하게 G는 C와 C는 G와 짝짓기를 하게 되는데, 이를 **상보적인 염기쌍 짝짓기**(complementary base paring)라고 한다.

해당 염기가 수소결합을 형성하면서 반대편에 정렬되면 효소들이 인산디에스테르 결합을 통해 뉴클레오티드를 연속된 사슬로 연결시킨다. DNA 가닥이 분리되고 상보적인 염기끼리의 짝짓기 후 새로운 사슬이 만들어내는 이러한 메커니즘을 통해 두 개의 새로운 "딸" 이중 나선이 생성되며, 이때 생성되는 딸 이중 나선들은 각각 원래의 DNA 가닥 중 하나(즉, "보존"된 사슬)와 완전히 새로 생성된 사슬 하나

그림 6.18 왓슨과 크릭에 의해 제안된 DNA 복제의 모델. 이중 나선 구조의 꼬임이 풀어지면 두 가닥은 각각 새 가닥 합성을 위한 주형으로 작용하여 상보적인 염기들이 쌍을 이루어 줄을 이루고, 그 결과 한 개의 이중 나선은 동일한 두 개의 딸 이중 나선으로 재탄생한다.

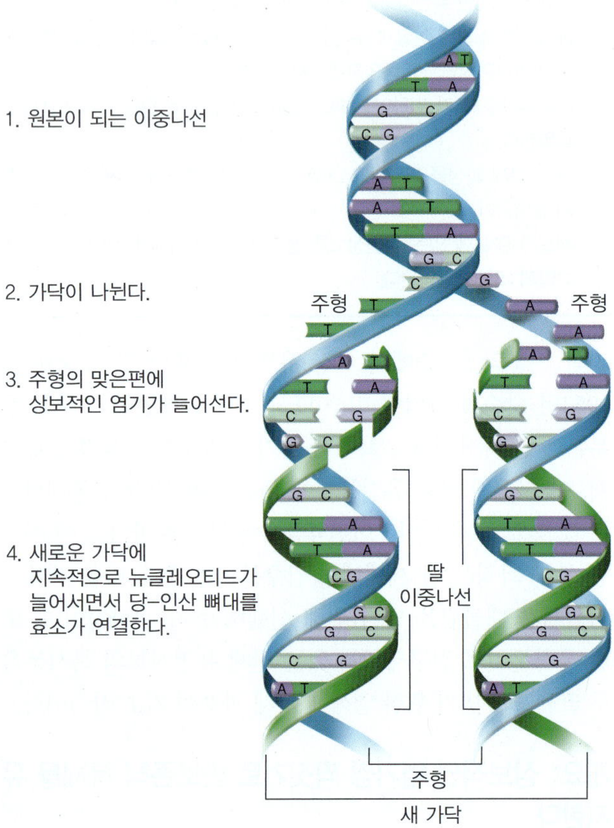

그림 6.19 DNA 복제의 세 가지 모델. 그림에서 원래 이중 나선 구조의 DNA는 파란색, 새로 만들어진 DNA는 빨간색으로 표시되었다. (a) 반보존적 복제(왓슨–크릭 모델). (b) 보존적 복제: 부모의 이중 나선 구조가 그대로 남아 있다. 새로 생성된 복제물 이중 나선의 두 가닥은 모두 새로 합성된 것이다. (c) 산발적 복제: 복제 완료 시, 원본과 새로 합성된 가닥은 모든 이중 나선에 산발적으로 나타난다.

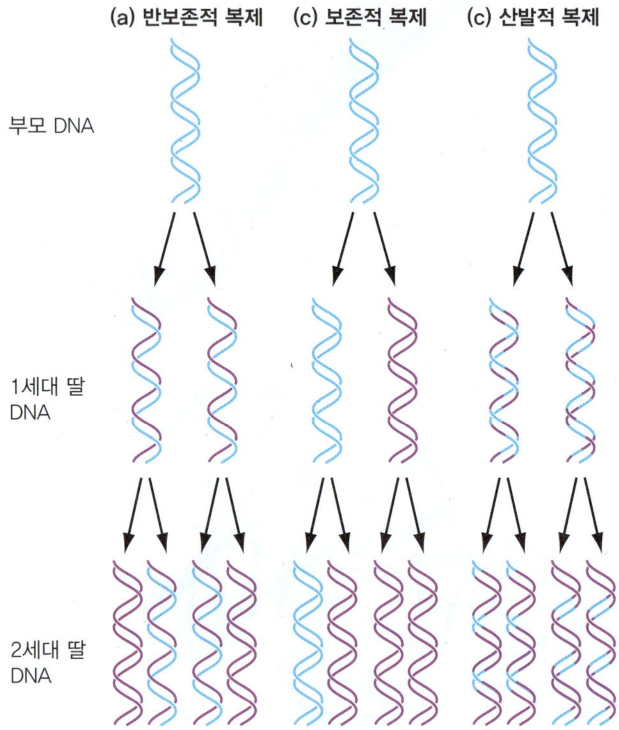

로 이루어지게 된다(그림 6.19a). 즉 새로 만들어진 이중 나선에서, 한 가닥은 부모 분자로부터 보존되고 나머지는 새로 합성되어 형성되기 때문에, 이러한 복제 방법을 **반보존적 복제**(semiconservative replication)라고 한다.

왓슨과 크릭의 제안은 상상할 수 있는 유일한 복제 기작은 아니며 그림 6.19b와 c는 다른 두 가지 대안을 보여준다. 보존적인 복제방법에서 두 개의 "딸" 이중 나선 중 하나는 원래의 DNA 두 가닥이 보존되어 유지되고 새로 합성된 이중 나선은 두 가닥 모두 새로 합성된 가닥들로 이루어진다. 반면 분산 복제에서는 두 개의 "딸" 이중 나선 모두에서 원래의 이중 나선 사이사이에 새로 합성된 나선이 섞여서 나타난다. 그러나 이러한 대안들은 복제에 대한 기작을 설명할 수 없을 뿐 아니라, 여러 가지 실험에 대한 분석 결과를 충족시키지도 못하였다.

"무거운" 질소로 실험하여 반보존적 복제를 확인한다

1958년, 매튜 메셀슨(Matthew Meselson)과 프랭클린 스탈(Franklin Stahl)은 반보존적 DNA 복제 방법을 확인하는 실험을 수행하였다(그림 6.20). 실험에서는 새로 합성되는 딸 DNA와 "부모"의 DNA를 구별할 수 있는 방법을 고안하였다. 두 연구자는 동위원소로 표지된 뉴클레오티드가 새롭게 형성되는 딸 가닥에 삽입되는 비를 조절하며 다음과 같이 실험하였다. 먼저 대조군으로서 모든 질소가 정상적인 질소 동위원소 ^{14}N 배양액에서 대장균을 여러 세대에 걸쳐 키운다. 한편 또 다른 대장균들은 무거운 동위원소 ^{15}N가 유일한 질소 공급원으로 제공된 배양액에서 성장시키는 데 몇 세대가 지나면 본질적으로 세균의 DNA에 있는 질소 원자는 모두 ^{15}N으로 표지된다. 이렇게 표지된 세포의 일부를 모든 질소 공급원이 ^{14}N로 채워져 있는 새로운 배양액에 옮겨 넣고 성장을 시키면, 이후 합성되는 모든 DNA는 가벼운 동위원소로 표지가 된다.

메셀슨과 스탈은 서로 다른 질소 동위원소 공급원이 들어 있는 배양액에서 성장한 세포들에서 DNA를 분리한 후, 자신들이 개발한 분석 기법인 평형 밀도 기울기 원심분리법

그림 6.20 반보존적 복제를 증명한 메셀슨-스탈의 실험. (1) 대장균 세포를 무거운 ^{15}N이 포함된 배양액에서 키운다. (2) 및 (3) 이러한 세포의 일부를 ^{14}N이 포함된 배양액으로 옮기고, 한 번 혹은 두 번 분열시킨다. 이렇게 준비한 세포의 DNA 밀도를 각각 염화세슘 농도구배를 이용한 원심분리 방법으로 관찰한 결과 그림의 하단에 표시된 것과 같이 반보존적 복제에서 예측한 패턴과 일치하였다. 그림에서 파란색은 기존의 무거운 DNA를, 빨간색은 새로 만들어진 가벼운 DNA를 나타낸다. 이 결과는 DNA 복제가 보존적 및 산발적 모델(그림 6.19와 비교)과는 맞지 않음을 보여준다.

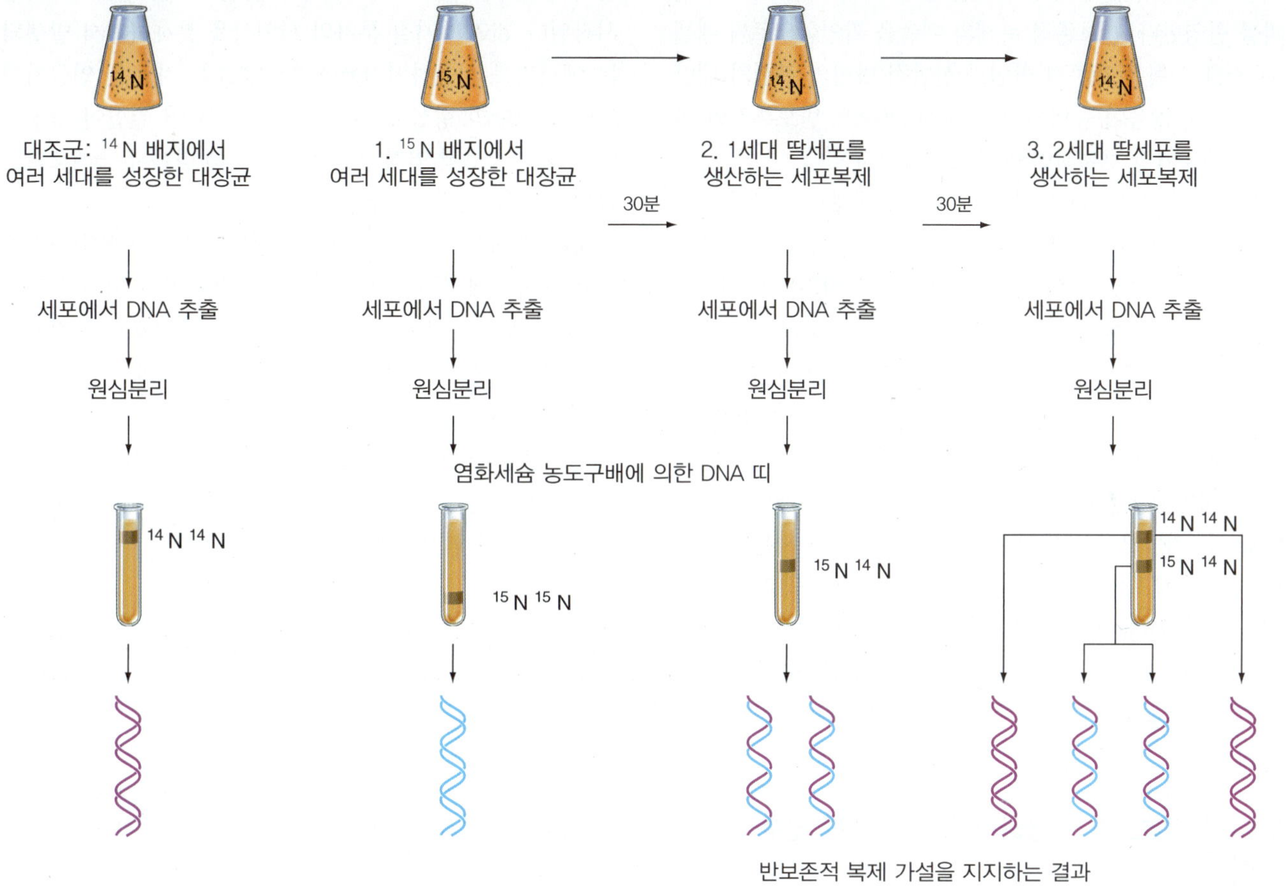

을 이용하여 DNA 시료를 분석하였다. 시험관에 염화세슘(CsCl) 용액에 DNA를 녹이고 초원심분리기에서 매우 높은 속도(분당 약 5만 번 회전)에서 분리시킨다. 2~3일 동안 원심력(중력의 약 250,000배)을 적용하면 튜브의 아래쪽에서부터 높은 밀도에서 낮은 밀도로 안정적인 CsCl의 농도구배가 형성되고, DNA는 CsCl의 밀도와 동일한 위치에 한 층의 깨끗한 띠를 형성하게 된다. ^{15}N가 포함된 DNA는 ^{14}N가 포함된 DNA보다 밀도가 높기 때문에, ^{15}N만을 포함하는 DNA는 ^{14}N만을 포함한 DNA보다 튜브의 바닥에 가깝게, 즉 낮은 위치에 띠를 형성하게 된다(그림 6.20).

그림 6.20에서 보는 바와 같이, ^{15}N만 포함한 DNA를 가진 세포를 ^{14}N 배양액에 옮기고 한 번만 분열하게 하면 첫 세대 세포의 DNA는 ^{15}N로만 이루어진 DNA와 ^{14}N로만 이루어진 DNA 사이의 중간 밀도에서 띠를 형성하게 된다. 이 결과로 이 세포의 DNA는 두 동위원소를 동량 포함하고 있을 것이라고 추론해낼 수 있으며, 중간 띠 없이 순수하게 각각 ^{14}N와 ^{15}N만으로 이루어진 두 개의 띠를 나타낼 것으로 예상한 "보존적인" 모델은 실제 복제 방법이 아니라는 것을 알 수 있다. 또한, ^{14}N 배양액에서 두 차례 분열을 시킨 두 번째 세대의 세포에서 추출한 DNA를 동일한 원심분리법으로 분석한 결과, ^{15}N및 ^{14}N 동등한 양을 가지는 한 개의 띠와 더불어 순수 ^{14}N의 밀도에 해당하는 띠 하나가 형성됨으로써 원본 세대의 두 그룹 사이에 하나의 띠가 예측되는 "산발적" 모델도 실제 복제 방법을 설명하지 못하는 것으로 나타났다.

반면, 메셀슨과 스탈의 관찰은 모든 면에서 반보존적 복제방법과 일치한다. ^{15}N에서 ^{14}N가 포함된 배양액으로 바꾼 후 합성된 첫 번째 세대의 모든 딸 DNA 분자를 분석해보면, 두 가닥 중 하나는 무거운 동위원소로 표지가 되어 있지만 새로 합성된 다른 가닥은 가벼운 ^{14}N 동위원소로 표지가 되기 때문에 잡종의 동위원소 이중 나선을 형성하고 이에 따라 ^{15}N DNA와 ^{14}N DNA의 사이에 중간 밀도의 띠가 나타난다. 배양액 교환 후 두 세대를 거친 자손 세포의 경우 DNA 분자의 절반은 ^{15}N 가닥과 ^{14}N 가닥으로 이루어진 잡종나선인 반면, 나머지 절반은 두 가닥 모두 ^{14}N로 이루어진 이중 나선이었다. 실험에서 관찰된 두 개의 띠는 이러한 결과를 반영한다. 반보존적 복제의 예측을 확인함으로써 메셀슨–스탈 실험은 보존적 방법과 산발적 방법의 복제의 대안들은 맞지 않음이 증명되었고, 현재 DNA의 반보존적인 복제 방법이 가장 보편적인 방법으로 알려져 있다.

유사분열 세포주기 동안 일어나는 진핵세포 염색체의 구조 변화와 반보존적 복제 방법이 어떤 관계가 있는지 생각해 보자(그림 4.9 참조). 진핵세포의 경우 핵분열이 시작되는 시점의 염색체는 선형 이중 나선 구조의 DNA로 구성되어 있다. 이후 분열기의 S기 동안, 세포는 이중 나선을 반보존적인 방법으로 복제한다. 반보존적 복제 후, 각 염색체는 동원체에서 자매염색분체가 맞붙은 형태로 되어 있다. 이때 각 자매염색분체는 부모의 DNA 한 가닥과 새로 합성된 DNA 한 가닥으로 이루어진 이중 나선이다. 유사분열이 끝나면 두 딸세포의 각 세포는 모든 염색체의 염색분체 한 개씩을 받게 된다. 이 과정을 통하여 두 자매염색분체는 서로 동일한 염기서열을 가질 뿐 아니라 새로 만들어진 딸세포들은 원래 부모의 염색체와 동일한 염색체 수와 서열을 유지하게 된다.

DNA 중합효소가 작용하기 위해 필요한 필수적 요소들이 있다

반보존적 복제방식은 왓슨–크릭의 모델로 파악할 수 있는 간단한 개념이지만, 실제 이 과정은 생화학적으로 매우 복잡하게 이루어진다. 즉, DNA와 뉴클레오티드 화합물이 존재한다고 해서 저절로 복제가 일어나는 것은 아니다. 이 과정은 조절인자들의 상호작용 네트워크에 따라 세포주기 중 특정 순간에 일어나며, 에너지가 있어야 하고, 다양한 효소를 포함한 세포 내 소기구들이 형성되어야 한다. 이에 대한 자세한 내용은 주로 대장균에서 복제 기구의 개별 구성 요소를 순수 분리한 노벨 수상자 아서 콘버그(Arthur Kornberg)와 연구진에 의해 추론되었다. 연구자들은 세균을 이용하여 DNA 주형, 프라이머 및 뉴클레오티드 기질과 함께 순수 분리된 효소가 들어 있는 시험관에서 세포 외부에서 최초로 특정 유전정보를 복제하는 데 성공하였다.

DNA 복제의 생화학적 현상은 한 종류의 세균에서는 밝혀졌지만 DNA 구조가 그렇듯이 모든 생명체에서 복제의 기본 특징은 동일하다. 모든 DNA 분자를 합성하는 데 필요한 에너지는 DNA 가닥을 증가시킬 때 네 개의 디옥시뉴클레오티드 삼인산(일반 용어로 dNTP; dATP, dCTP, dGTP, dTTP)에 있는 고에너지 인산결합이 분해되면서 생성되는 에너지를 사용한다. 그림 6.21에서 보듯이, DNA 합성은 기존의 폴리뉴클레오티드의 3′ 말단에 존재하는 수산기에서만 시작된다. dNTP 기질 분자의 삼인산을 분해하면서 발생되는 에너지를 사용하여, DNA 합성효소는 새로운 인산기에 스테르 결합의 형성을 촉진시킨다. 일단 이 결합이 형성되면 효소는 상보적 염기쌍 짝짓기에 의해 다음 뉴클레오티드와의 결합을 또다시 진행한다.

DNA 복제는 DNA 중합효소와 함께 여러 단백질들의 조화로운 작용에 의하여 일어난다. 그러나 이들 이외에 또한 DNA 복제를 완성하기 위해서는 DNA 중합효소의 작용에 필수적인 세 가지 요소들이 필요하다(그림 6.22).

(1) 네 가지 종류의 dNTP

(2) 단일가닥 형태의 주형 서열. 양가닥 DNA가 풀어지면 주형 서열을 따라 DNA 중합효소가 3′ 쪽에서 5′ 쪽으로 염기서열을 인지하며 이동한다.

그림 6.21 5′ → 3′ 방향으로의 DNA 합성. 주형가닥은 오른쪽에, 반면 역평행 방향으로 새로 합성되는 DNA 가닥은 왼쪽에 표시되어 있다. 이 예에서는, dATP 분자가 상보적인 주형가닥의 티민 염기와 수소결합을 형성하고 있다. DNA 중합효소(노란색)는 dATP의 첫 번째와 두 번째 인산기 사이를 분해하여 나오는 에너지를 사용하여 이전 뉴클레오티드에 있는 3′-수산기와 dATP 기질의 첫 인산기 사이에 인산디에스테르 공유결합을 형성한다. 이때 pyrophosphate (PP_i)가 부산물로 생성된다.

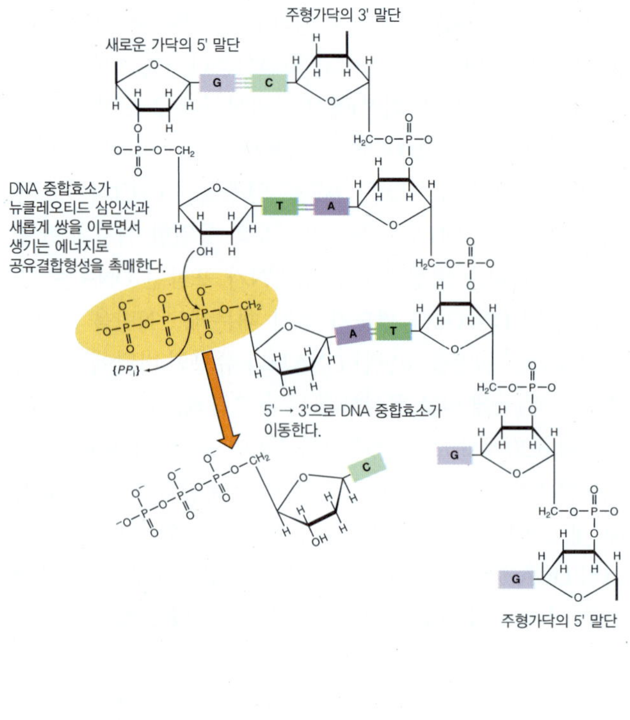

그림 6.22 DNA 중합효소의 작용에 필요한 요소들. DNA를 합성하기 위하여 DNA 중합효소는 단일가닥의 DNA 주형, DNA 또는 RNA 프라이머, 그리고 단량체 뉴클레오티드들(dNTPs)이 필요하다. DNA 중합효소는 주형의 서열을 읽어서 프라이머의 3′ 말단에 상응하는 뉴클레오티드를 붙여준다.

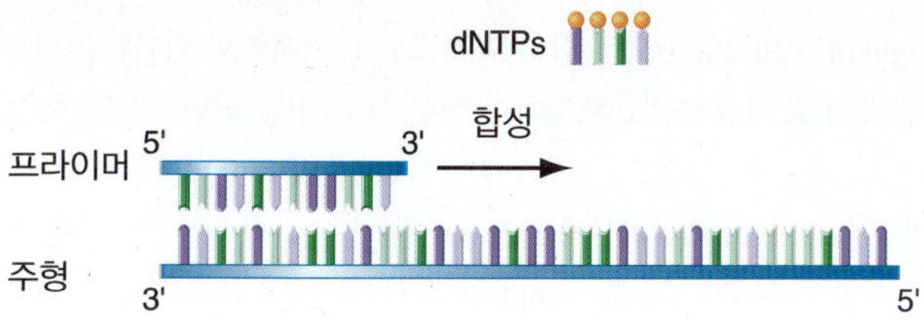

(3) 3′ 말단 수산기를 가진 **프라이머**(primer). DNA 중합효소는 최초의 중합반응을 스스로 시작할 수는 없지만 일단 합성이 시작된 DNA 사슬의 3′ 말단에 중합반응을 계속 일으킬 수 있다(이러한 이유로 DNA 중합효소는 항상 5′ 쪽에서 3′ 쪽 방향으로 합성한다).

DNA 복제는 엄격하게 조절되는 복잡한 과정이다

DNA 중합효소에 의한 인산디에스테르 결합 반응은 살아있는 세포 내부에서 일어나는 DNA 복제 중 가장 긴밀하게 조절되는 과정 중의 하나이다. 그림 6.23에서 보는 바와 같이, 전체 분자적 기전은 두 개의 단계로 나뉜다. **개시**(initiation; 이 시기에 단백질들은 이중가닥을 풀고 상보적인 염기쌍 형성을 위한 준비를 한다)와 **신장**(elongation; 이 시기에 단백질들은 새로 합성되는 DNA 사슬에 적절한 염기서열을 연결시킨다)이 있다.

DNA의 복제에서는 DNA 중합효소가 중요한 역할을 하기 때문에 중합효소 기능의 엄격한 생화학적 기작에 의해 많은 부분 좌우된다. 그림 6.21과 6.22에서 보는 바와 같이, DNA 중합효소는 DNA 가닥의 3′ 수산기에 뉴클레오티드를 첨가하여 기존의 DNA 사슬을 길게 늘인다. 그러나 서로 역평행의 두 DNA 사슬들은 풀어지면서 **복제 분기**(replication fork)라고 하는 Y자 모양이 만들어진다. 그 결과로 하나는 새로 합성된 가닥(선도가닥, leading strand)으로서 열린 Y자 모양의 부위 안쪽으로 지속적인 성장할 수 있지만, 다른 새로운 가닥(지체가닥, lagging strand)은 오직 작은 **오카자키 단편**(Okazaki fragment)들의 조각을 만들어내고, 후에 이러한 조각들은 성장과정의 두 번째 단계에서 모두 이어진다.

그림 6.23에서 보는 바와 같이, DNA 복제는 pol I 및 pol III [pol은 중합효소(polymerase)에 대한 약어]라는 두 가지의 DNA 중합효소들을 포함한 다양한 단백질의 조화로운 반응들에 의해 이루어진다. Pol III는 상보적인 DNA의 새로운 긴 사슬을 생산하는 데 주요 역할을 하고, pol I은 새로 합성되는 오카자키 단편들 사이에 생성되는 틈의 간격을 채우는 역할을 한다. 그 밖의 개시 과정에는 여러 가지 다른 효소들도 기여를 한다. DNA 헬리케이즈(helicase)는 이중 나선을 풀어주는 역할을 하고, 단일가닥 결합 단백질들은 풀어진 DNA가 다시 이중 나선을 형성하지 않도록 막아주며, 프리마아제(primase; 시발효소)라는 효소는 DNA 합성을 시작하기 위해 RNA로 이루어진 프라이머를 만든다. 연결효소(ligase)는 오카자키 단편들을 함께 연결시키는 역할을 한다. DNA 복제 과정에 얼마나 많은 단백질들이 서로 긴밀하게 협동하는지는 이후 생화학자들과 유전학자들의 수년간의 노력에 의하여 밝혀졌다. 오늘날 이런 종류의 이미 계획된 분자 상호작용이 세포에서 발생하는 대부분의 생화학적 과정의 기초가 된다. 이러한 과정에서 마치 조립 선반에서 노동자처럼 단백질들은 그룹을 이루어 협력하며 복잡한 거대분자를 만들어낸다.

복제 원점에서 DNA 이중가닥이 풀어지기 시작하면서 두 개의 복제 분기가 나타난다(그림 6.23a). 그 결과, 복제는 일반적으로 양방향(bidirectional)으로 일어나는데, 사슬이 풀릴수록 복제 분기는 서로 반대 방향으로 이동한다. 각 분기에서, 합성효소는 양쪽 주형가닥 모두를 복사하는데, 이때 한쪽은 지속적인 방식으로, 다른 한쪽은 오카자키 단편들을 만들며 불연속적으로 복사한다(그림 6.23b).

원형의 대장균 염색체에는 단 한 개의 복제 원점이 있다(그림 6.24a). 반대 방향으로 이동하는 두 개의 복제 분기가 복제 기점에서 원을 돌아 중간 정도에 위치하는 지정된 종료 지역(termination region)에서 만나면 복제가 종료된다(그림 6.24d~f).

복제 분기에서 부분적으로 풀리는 이중 나선 구조는 전체 염색체 구조에 영향을 미친다. 대장균에서 공유결합에 의해 닫힌 원형 염색체의 어떤 부분에서 꼬임이 풀리면 결국 다른 부분은 더 꼬이는 형태가 되어 나머지 부분의 형태가 왜곡된다(그림 6.24b). 과한 꼬임 현상에 의해 B형 DNA는 전형적인 회전 숫자 '1 회전/10.5 뉴클레오티드'보다 더 작게 감소하게 되는데, 이때 염색체는 전체를 뒤틀어서 자체적으로 왜곡에 의한 긴장을 풀게 된다. 사용할수록 꼬여지는 전화선의 코일을 생각해 본다면 그 효과를 상상할 수 있다. DNA 분자의 추가되는 뒤틀림을 **초나선**(supercoiling)이라고 한다. 복제 분기가 움직이면 움직일수록 더 많은 초나선이 발생하게 된다.

이렇게 누적되는 초나선이 그대로 방치된다면 염색체는 너무 단단하게 긴장한 형태가 되어 복제 분기의 진행이 방

그림 6.23

DNA 복제 기작

(a) 개시: 상보적 염기쌍을 합성하기 위한 준비. 개시는 복제원점(origin of replication)으로 알려진 특정한 염기서열의 짧은 이중 나선 구조의 꼬임을 풀면서 시작된다. 몇몇 단백질들이 복제원점에 붙어 풀어진 DNA 부분에 안정한 복합체를 형성한다. 복제원점을 인식하고 결합하는 첫 번째 단백질을 **개시자 단백질**(initiator protein)이라고 한다. DNA에 결합한 개시자는 이중 나선의 풀림을 촉진하는 DNA 헬리케이즈(DNA helicase)라는 효소를 끌어들인다. 두 가닥의 DNA가 풀어지면 양쪽 끝에 두 개의 Y자 모양 부위에 나타나면서 복제 거품(replication bubble)을 만든다. 각 Y는 복제 분기(replication fork)라는 두 개의 풀어진 단일가닥 DNA로 구성되어 있다. 이러한 단일가닥 DNA는 새로운 주형(template) 분자 역할을 한다. (아래 세 그림은 복제 분기 중 한 쪽만을 나타냈다.)

효소 복합체인 DNA 중합효소 III (DNA polymerase III)는 기존 DNA 가닥의 3′ 말단에 뉴클레오티드 하나씩을 추가한다. 합성을 위해 이미 기존에 있는 가닥이 존재해야 한다는 사항은 앞으로 가닥을 합성할 때는 시작하는 무언가가 있어야 한다는 것을 의미한다. 그 "무언가"로 짧은 서열로 이루어진 RNA를 사용하며 이를 RNA 프라이머(RNA primer)라고 한다. RNA 프라이머는 프리마아제(primase)라는 효소에 의하여 만들어진다.

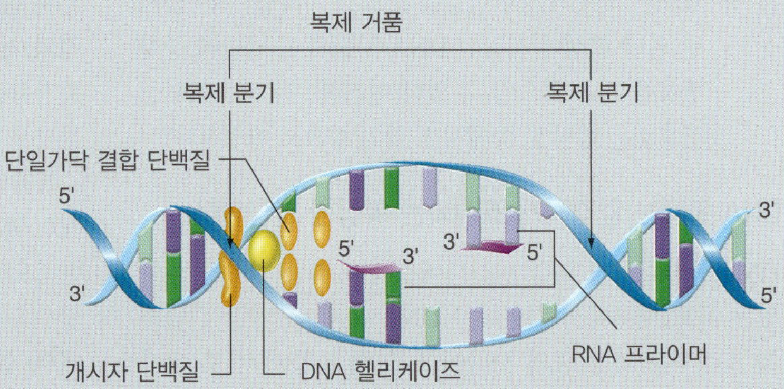

(b) 신장: DNA의 새로운 가닥에 뉴클레오티드를 연속으로 연결. 염기 단위체들을 연속적으로 연결하고 정렬시켜 새로운 가닥을 합성하는 신장은 복제의 핵심 과정이다. 주형가닥과 짝을 이루는 상보적 염기에 의해 염기들의 정렬이 결정된다. 따라서 주형가닥의 염기 순서는 새로 형성되는 가닥에 있는 염기 순서를 결정한다. 일단 주형가닥의 염기에 짝을 이룬 다음 뉴클레오티드가 결정되면, DNA 중합효소 III는 앞쪽에 위치한 뉴클레오티드와의 결합을 촉진한다. 이러한 인산디에스테르의 형성을 통한 단위체들의 결합을 중합(polymerization)이라고 한다. DNA 중합효소 III는 먼저 RNA 프라이머의 3′ 말단의 수산기에 결합하여 염기쌍을 이루는 뉴클레오티드를 결합시키고, 그 가닥의 3′ 말단에 적절한 뉴클레오티드를 계속적으로 추가한다. 따라서 합성 중인 DNA 가닥은 5′에서 3′ 방향으로 자라게 된다. 합성되는 새로운 가닥은 주형 가닥에 대해 역평행 방향이며, 주형 가닥 입장에서 보면 DNA 중합효소가 3′에서 5′ 방향으로 이동하는 것이 된다.

DNA 복제가 진행되는 동안, 헬리케이즈는 점차적으로 이중 나선을 풀어서 완화시킨다. 이에 따라 DNA 중합효소 III는 합성 중인 새로운 가닥을 계속 합성하기 위해 복제 분기와 같은 방향으로 이동할 수 있다. 복제 분기가 진행함에 따라 계속 3′ 말단이 생성되므로, 중합효소가 선도가닥(leading strand)이라고 하는 가닥에 지속적으로 뉴클레오티드를 추가하는 데는 아무런 문제

해되고 더 이상 진행하지 못하게 된다. DNA **입체이성질화효소**(DNA topoisomerase)로 알려진 그룹의 효소들은 뉴클레오티드들 사이의 당-인산결합을 잘라서 DNA에 틈을 만들거나 두 가닥 모두를 절단하여 초나선 형성을 완화시킨다(그림 6.24c). 전화수신기 끝에서 전화 코드를 뽑으면 말린 코드가 풀어지듯이, 공유결합의 절단으로 DNA 가닥은 회전이 가능해져서 10.5 뉴클레오티드쌍당 하나의 나선형 정상 회전 밀도를 복원하여 유지하게 된다. 입체이성질화효소의 활동은 복제 분기 앞에서 만들어지는 초나선을 방지하여 복제가 전체 염색체를 통해 진행되도록 한다. 원형 이중 나선 구조의 복제는 입체이성질화효소의 도움 없이는 깨끗하게 분리되지 않아 고리처럼 연결된 딸 분자들을 생성하기도 한다(그림 6.24e,f).

진핵세포의 경우, 훨씬 큰 선형 형태의 염색체를 가지며

가 발생하지 않는다. 그러나 복제 분기의 이동을 볼 때 또 다른 합성가닥인 지체가닥(lagging strand)의 경우 문제가 발생함을 알 수 있다. 앞서 살펴본 선도가닥의 방향과 반대로 지체가닥의 방향은 3′에서 5′으로 향한다. 그러면 지체가닥을 합성하기 위해 효소는 복제 분기가 움직이는 맞은편 방향으로 합성을 해야 한다. 과연 이 문제는 어떻게 해결될까?

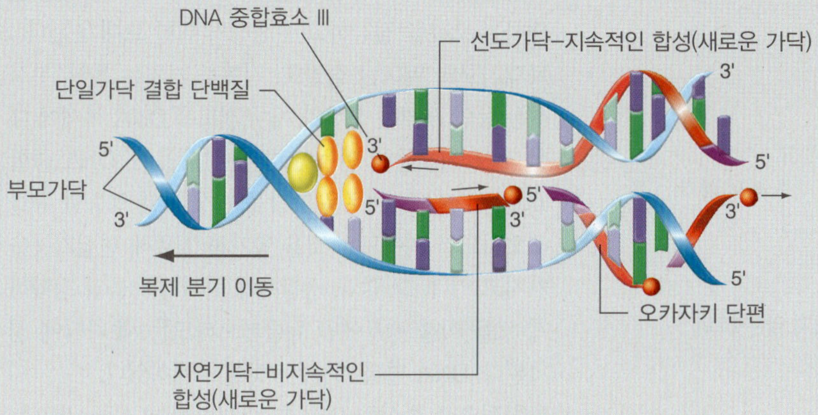

이 문제는 지체가닥이 오카자키단편(Okazaki fragment; 발견자들인 레이지와 투네코 오카자키의 이름에서 유래)이라고 하는 1,000개 정도의 염기로 이루어진 작은 절편이 3′에서 5′으로 불연속적으로 합성되며 해결된다.

DNA 중합효소 III는 여전히 5′에서 3′ 방향으로 이러한 작은 조각들을 합성하지만, 이 효소는 기존 가닥의 3′ 끝 부분에만 뉴클레오티드를 추가할 수 있기 때문에, 각 오카자키단편은 짧은 RNA 프라이머에 의해 매번 새로 합성된다. 복제 분기가 DNA를 따라 충분한 거리만큼 진행되면 즉시 프리마아제 효소는 앞으로 만들어질 오카자키단편에 대한 RNA 프라이머 형성을 촉진하게 된다. 이 새로운 프라이머에 중합효소는 뉴클레오티드를 추가하게 되고 그 이전에 합성된 오카자키단편의 프라이머의 5′ 쪽 말단까지 합성을 진행하여 오카자키단편을 만든다.

마지막으로, DNA 중합효소 I 및 다른 효소가 이전에 만들어진 오카자키단편의 RNA 프라이머 부위를 DNA로 갈아 끼운 후, DNA 연결효소로 알려진 효소가 연이어 위치한 오카자키 단편들을 공유결합으로 이어서 연속적인 형태의 DNA로 만들면 선도가닥과 지체가닥의 복제가 완성된다.

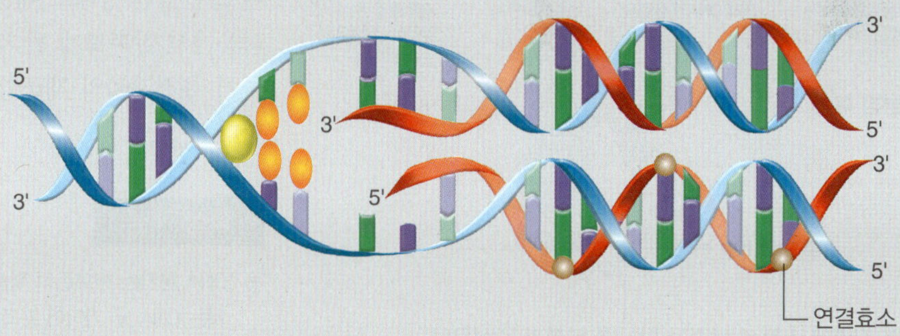

대략 방금 설명한 바와 같은 양방향 복제가 일어나지만 여러 개의 복제원점을 가진다. 이러한 다복제원점은 할당된 시간 내에 복제가 완료하는 데 큰 도움을 준다(즉, 세포주기의 S기 이내). 또한 지체가닥은 오카자키 단편들로 합성되기 때문에 선형 염색체의 끝 부분을 복제하는 데는 문제가 생긴다. 그러나 이 문제를 해결하기 위해 진핵세포 염색체는 **말단소체**(telomere)로 알려진 특수한 종단구조를 가지도록 진화하여, 각 선형 염색체의 두 끝을 유지하면서 정확한 복제를 수행할 수 있다(11장 진핵세포 염색체 복제의 세부 정보 참조).

유전정보는 변함없이 정확하게 보존되어야 한다

DNA는 대부분의 생명체의 구조와 기능을 지정하는 데 필요한 광대한 양의 정보를 담은 단 하나의 저장소이다. 어떤

그림 6.24 원형 세균 염색체의 양방향 복제: 개요. (a)와 (b) 단일 복제원점에서 시작된 복제가 양방향으로 진행되면서, 반대 방향에 두 개의 복제 분기가 만들어진다. 복제 분기에서의 소규모 DNA 풀림은 복제 분기점 앞쪽에 DNA의 초나선 뒤틀림을 초래한다. (c) 입체이성질화효소의 작용으로 초나선을 줄일 수 있다. (d)와 (e) 두 개의 복제 분기가 종료 지역에서 만남으로서 전체 염색체 복사는 끝난다. (f) 입체이성질화효소는 두 개의 딸 염색체를 분리시킨다.

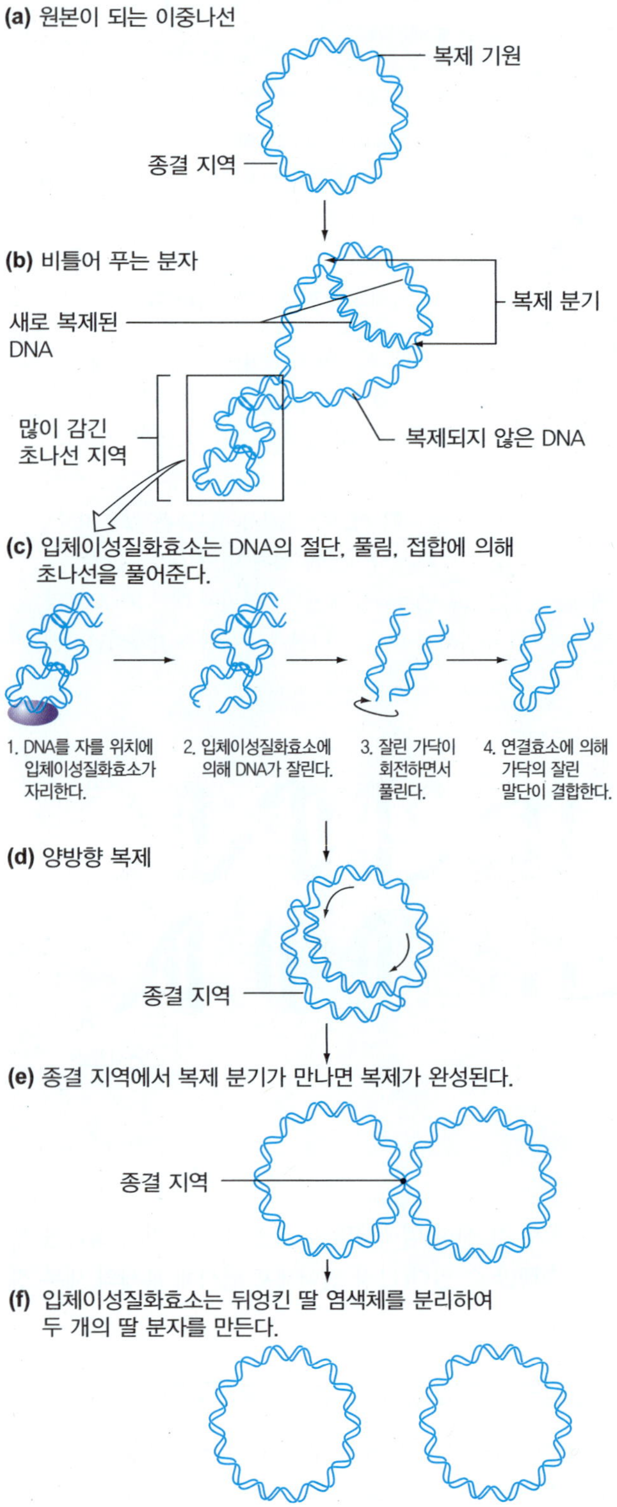

종들은 실제로 자손을 생성하기 전에 이 정보를 몇 년 동안 유지하며 여러 차례 복제하기도 한다. 가장 사소한 변화도 심각한 유전질환 혹은 심지어 죽음과 같은 치명적인 결과를 가져올 수 있기 때문에, 이 시간 동안 생명체는 유전정보를 완벽하게 보호해야 한다. 기본적으로 각 생명체들은 세 가지 방법으로 자신의 DNA의 정보 충실도를 유지하게 된다.

- **중복성.** 이중 나선의 단일가닥들로부터 각각 서로 상대 가닥의 순서를 알아낼 수 있다. 정보의 이러한 중복성은 저장기간 동안 혹은 복제 기구의 고장으로 발생하는 오류를 점검하고 수선하기 위한 토대가 된다.
- **복제기구의 뛰어난 정밀도.** 진화를 거치는 동안, 복사하는 동안 생기는 오류가 매우 적도록 DNA 복제에 대한 세포 기구들이 만들어졌다. 예를 들어, DNA 중합효소는 DNA의 새로운 가닥을 합성할 때 엉뚱한 뉴클레오티드가 끼어드는 것을 방지하기 위해 편집기능을 가지고 있다; 그 결과, 정확하게 원래 가닥들과 정확하게 쌍을 이룰 경우에만 뉴클레오티드는 새 가닥에 첨가된다. DNA 편집 기능은 7장에 소개하였다.
- **화학적으로 손상된 DNA를 수선하는 효소들.** 세포는 화학적 손상에 대하여 거의 모든 상상할 수 있는 유형의 복구가 가능한 효소들을 가지고 있다. 이 효소들이 어떻게 역할을 수행하는지는 7장에 소개하였다.

이러한 보호 작용들은 모든 DNA의 정보 내용이 자손 대대로 완벽한 상태로 대물림되는 데 큰 역할을 한다. 그러나 다음에서 살펴보게 될 것과 같이, 기존 정보의 새로운 조합들이 유전자들의 재조합의 결과로 자연적으로 발생하기도 한다.

핵심 개념

- DNA 분자는 반보존적 복제 방식으로 합성된다; 이러한 유형의 복제에서는 DNA 두 가닥이 분리되고 각각의 사슬이 주형으로 작용하여 상보적인 가닥들이 합성된다.
- DNA 중합효소는 5′에서 3′ 방향으로 신장하는 DNA 사슬의 3′ 말단에 뉴클레오티드를 연속적으로 첨가하여 DNA를 합성한다.
- DNA 중합효소의 작용에는 네 가지 뉴클레오티드, 단일가닥의 DNA 주형, 그리고 화합되지 않은 3′ 수산기를 가진 DNA 혹은 RNA 프라이머가 필요하다.
- DNA 복제 분기에서 DNA 중합효소에 의해 한쪽(선도가닥)은 지속적인 방식으로 복사되지만, 다른 한쪽(지체가닥)은 오카자키 단편들을 만들며 불연속적으로 복사된 후 연결효소의 작용으로 연결된다.
- DNA 정보의 충실도와 정확도는 두 가닥이기 때문에 생기는 중복성, DNA 합성과 관련된 효소들의 정밀함, DNA 손상을 수선하는 효소들의 작용으로 유지된다.

6.5 DNA 수준에서의 재조합

학습목표

1. 재조합은 네 가닥 시기에 DNA의 상호교환에 의해 일어난다는 사실을 밝힌 사분체 분석이 무엇인지 요약한다.
2. 재조합 시 DNA가 잘라지고 다시 이어지는 것을 알아낸 과정을 설명한다.
3. 재조합 시 분자 수준에서 일어나는 필수 과정들을 기술한다.
4. 재조합의 결과로 교차가 생기지 않을 수 있는 이유가 무엇인지 설명한다.
5. 이형이중가닥 부위의 과오 수선으로 균류의 사분체에서 어떻게 유전자 전환이 일어나는지 설명한다.

모든 새로운 대립유전자의 궁극적인 원천인 돌연변이는 염색체의 특정 염기쌍에서 일어나는 비교적 드문 현상이다. 유성생식으로 자손을 생산하는 종들에서 유전체(genome) 다양성을 만드는 가장 중요한 기작은 이미 존재하는 대립유전자들 간의 새로운 조합이다. 이러한 유형의 다양성으로 최소한 짝짓는 쌍의 일부 자손은 변화하는 환경에서 생존과 번식에 가장 적합한 대립유전자의 조합을 상속받게 될 가능성을 가진다.

이미 존재하는 대립유전자의 새로운 조합은 감수분열 과정 시 거치는 두 가지 유형으로부터 생긴다. 첫째, 임의로 방추사가 부착되어 다른 염색체 쌍의 영향 없이 각각의 상동염색체가 분리되는 독립적 분리 시기와 둘째, 두 상동염색체들 사이에 유전자 부위를 교환하는 교차 시기이다. 독립적 분리는 다른 염색체에 있는 유전자의 새로운 대립유전자 조합을 가지는 배우체를 생산할 수 있지만 동일한 염색체에 존재하는 대립유전자들의 기존 조합은 유지하는 것이 특징이다. 그러나 교차의 경우는 연결된 유전자들 사이에서도 새로운 대립유전자 조합을 생성할 수 있고, 따라서 교차 현상은 염색체 내에 유전자 연관으로 생기는 염색체 재조합상의 중요한 단점을 보완하게 된다.

역사적으로, 유전학자들은 독립적 분리를 포함하여 대립유전자의 모든 새로운 조합의 생산을 나타내는 용어로 **재조합**(recombination)을 사용하였다. 하지만 이 장의 나머지 부분에서는 좁은 의미로 이 용어를 사용하여 상동염색체 사이의 유전자 교류의 조합을 통한 새로운 대립유전자 조합의 생산에만 국한하여 사용할 것이다. 따라서 교차로 인해 생산되는 생산물은 다른 상동염색체에서 파생된 대립유전자의 조합으로 만들어진 염색체이기 때문에 **재조합체**(recombinant)라고 할 수 있다.

진핵생물에서 재조합은 대립유전자들의 새로운 조합을 생성하는 것을 넘어서 추가적으로 필수적인 기능을 가지고 있어서 감수분열 동안 적절하게 염색체가 분리되는 것을 돕는다. 4장에서 이미 분열 중기 I기 동안 상동염색체들에서 어떻게 교차점들이 만들어지는지 설명하였다. 만일 재조합이 완성되지 못하면 상동염색체들은 종종 세포의 제1감수분열 방추사의 반대 극 방향으로 이동할 수 없어 비분리 현상을 보인다.

다음 내용에서는 분자 수준에서 재조합을 검토해 보기 위해 우선 교차가 일어나는 것을 보여 준 실험을 알아 보고, 그리고 교차의 과정을 분자 수준에서 자세히 살펴 보자.

사분체 분석은 재조합의 주요측면들을 설명해 준다

효모나 붉은빵곰팡이 같은 균류들은 한 번의 감수분열에 의해 생긴 네 개의 산물인 사분체를 주머니 형태의 자낭에 지니고 있다는 것을 5장에서 보았다. 유전학자들은 이 사분체를 관찰하여 분석한 결과로부터 재조합에 대한 기본 정보를 추론할 수 있었다.

재조합이 네 가닥 시기에 일어난다는 증거

사분체 분석에서 NPD (non-parental ditype)들이 매우 적은 수로 생성되는 것은 두 유전자들이 서로 연관되어 있음을 의미한다는 것을 기억하자: PD (parental ditype)들과 T들의 수는 항상 NPD들의 수보다 많다. 이는 합리적인데, 왜냐하면 모든 단 한 번의 교차나 몇몇 이중교차들이 T들을 만드는 반면에 드문 이중교차들의 오직 1/4만이 NPD들을 만들기 때문이다(그림 5.22, 5.23 참조).

아주 적은 수의 NPD들이 생성되는 사실은 염색체가 복제되고 난 다음 상동염색체가 쌍으로 네 개의 염색분체가 만들어졌을 때 재조합이 일어난다는 것을 입증해 준다(그림 6.25a). 재조합이 만약 염색체 복제 전에 일어났다면 각각의 단 하나의 교차 사건은 네 개의 재조합 염색분체가 될 것이고, 그로써 NPD 사분체가 될 것이다: 이 모델로는 T (tetratype) 사분체가 만들어지는 것을 설명할 수 없다.

재조합은 대부분 상호적이라는 증거

5장에서는 상동염색체들의 비자매염색분체들과의 사이에서 일어나는 재조합은 서로 동등하게 일부분을 교환하는 상호적 반응임을 가정하여 설명하였다. 이는 한 쪽 염색분체에서 잃은 것은 다른 쪽에서 얻으며 역으로도 동일하게 성립한다는 것을 의미한다. 이러한 가정은 사분체 분석의 결과들로 유추할 때 타당하다고 보인다.

효모에서 유전자 *A*와 *B*는 연관되어 있고 *A B*와 *a b* 균주 사이에 교배가 이루어졌다고 가정하자. 만약 감수분열 동

그림 6.25 염색체 복제 후 재조합. (a) 재조합이 염색체들이 복제된 후에 일어나기 때문에 재조합 포자들이 들어 있는 대부분의 사분체들은 T형이다. (b) 오류가 있는 모델. 만일 염색체가 복제되기 전에 연관된 두 유전자 사이에 재조합이 일어난다면 재조합 포자들을 지닌 대부분의 사분체들은 T들 대신 NPD들이어야 할 것이다.

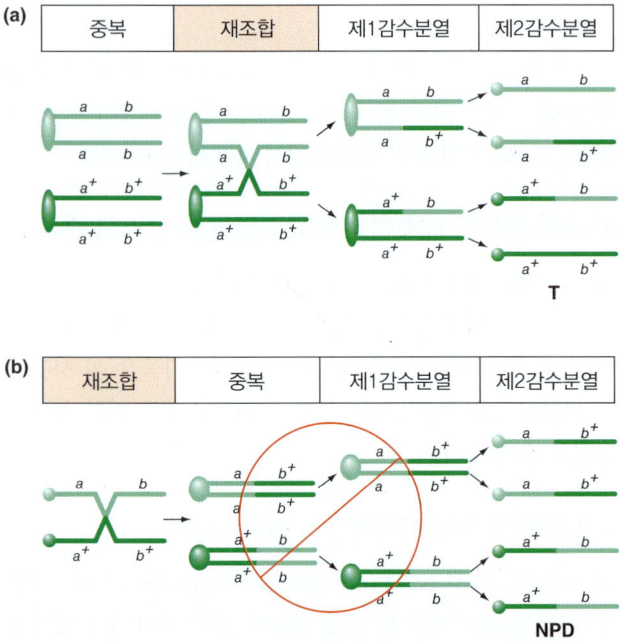

그림 6.26 DNA 분자는 재조합 동안 절단되고 재결합된다. 매튜 메셀슨과 쟌 웨이글은 실험에서 유전적으로 다른 두 가지 박테리오파아지 람다를 가볍거나(^{12}C 및 ^{14}N) 혹은 무거운(^{13}C 및 ^{15}N) 탄소와 질소 동위원소를 포함한 배지에서 키웠다. 두 파지를 함께 가벼운 배지에서 대장균 세포에 감염시켜 세포로부터 자손 파아지를 얻고 염화세슘 농도구배 원심분리법으로 분석하였다. *A b* 유전자재조합이 일어난 파아지의 밀도는 *A B* 부모의 파아지와 거의 동일하게 무거운 밀도에 위치하였다.

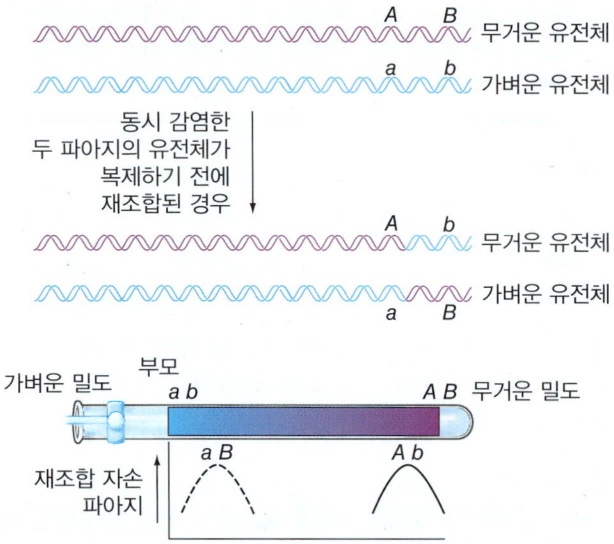

안에 일어난 재조합이 상호교환적이라면 재조합 자손의 모든 사분체는 두 종류의 재조합체를 같은 수만큼 갖게 될 것이다. 일반적으로 관찰은 이런 예측을 확인시켜준다. 모든 T 사분체는 하나의 *A b*와 하나의 *a B* 포자를 지닌 반면에 모든 NPD 사분체는 각 종류의 재조합체 중에서 두 가지만을 지닌다(그림 5.23 참조). 그러므로 감수분열의 재조합은 거의 항상 상호교환적이어서 두 개의 상동염색체가 서로 반대되는 상을 만든다는 결론을 내릴 수 있다. 그러나 예외도 존재한다. 이 장의 뒷부분에서는 드물지만 특정 교배가 동일하지 않게 상호교환이 이루어져 사분체가 만들어지는 경우가 논의될 것이다. 이런 사분체들은 PD, NPD 또는 T로 분류할 수 없다. 이러한 예외적인 사분체들의 형성은 재조합 기작의 주요 특징들을 이해하는 데 도움을 주었다.

재조합이 일어나는 동안 DNA 분자는 잘라지고 다시 이어지는 과정을 거친다

물리적 표식자들을 가진 염색체를 광학현미경을 통해 관찰해 보면, 재조합염색체들은 상동염색체들이 잘라지고 서로의 부분을 교환한 후 다시 이어지는 과정에 의한 결과로 나타난 것이다(그림 5.7 참조). 재조합된 염색체들은 다른 모든 염색체 같이, 하나의 긴 DNA 분자로 구성되어 있기 때문에 분자 수준에서 절단되고 결합된 물리적 증거를 볼 수 있는 것은 당연한 것일 것이다. 이 가설을 증명하기 위해 연구자들은 모델 생물로서 세균 바이러스, 람다(lambda) 파아지를 사용하였다. 람다의 경우 파아지 구조물의 절반을 DNA가 차지하고 있어 전체 바이러스의 밀도가 DNA의 밀도를 나타내므로 이 연구를 수행하는 데 뚜렷한 장점이 있어 사용되었다.

실험 방법은 기본적으로 DNA 복제 방법을 연구하기 위해 DNA의 밀도 변화를 조사한 메셀슨과 스탈의 실험방법과 유사하지만, 이 경우에 연구자들(이때는 스탈 대신 쟌 웨이글이 참여하였다)은 DNA 밀도의 변화를 DNA 재조합 연구를 위해 관찰하였다. 그들은 유전자재조합을 추적할 수 있도록 유전적으로 다른 두 종류의 세균 바이러스를 사용하였다. 실험에서 바이러스 유전체의 한쪽 끝에 나란히 위치한 유전자 *A*와 *B*에 대하여 야생형(*A B*) 바이러스는 무거운 동위원소들을, 변종(*a b*) 바이러스는 가벼운 동위원소들을 넣고 배양액에서 키워 바이러스 입자들을 준비하였다(그림 6.26). 그리고 메셀슨과 웨이글은 두 바이러스를 동시에 세균세포에 감염시키고 재조합이 일어날 정도의 시간만을 허용한 후 세포를 터뜨리고 바이러스 유전체를 분리하여 밀도구배를 이용한 원심분리기에서 분석하였다.

이 실험에서 중요한 점은 두 유전자 *A*와 *B*가 모두 바이러스 유전체의 한 쪽 끝에 위치하도록 고안하는 것이었다(그림 6.26). 실험의 기반이 된 아이디어는 야생형과 변종 바이러스들을 동시에 감염시킬 경우 이들 중 몇몇은 복제하기 전에 서로의 유전체 사이에 재조합을 일으킬 수 있다는 점이었다. 예를 들어, 고밀도 *A B* 유전체 분자와 저밀도 *a b* 유전체 분자 사이에 재조합이 발생할 수 있을 것이다. 따라서 만일 DNA 분자의 절단 및 결합으로 유전자 사이에 교차가 생겼다면 *A b* 재조합 파아지는 *A B* 부모 파아지의 밀도와 비슷하게 무거운 밀도에서 나타난다(그림 6.26). 반면, 유전형이 *a B*인 재조합 파아지의 경우에는 무거운 밀도에서 나타나기 매우 힘들다.

동시 감염 후 파아지들은 가벼운 배지에서 복제를 했기 때문에 재조합 파아지들의 자손들은 밀도 기울기 전체에서 다양하게 나타날 수 있다. 그러나 *A b* 재조합 유전체의 경우에는 고밀도 *A B* 유전체 분자의 근처에서 항상 나타난다. 그림 6.26과 같이, *A b* 재조합 유전체는 재조합자 대부분의 대립유전자가 고밀도 DNA 분자로부터 파생되었기 때문에 이러한 결과는 당연하다 할 수 있다.

분자수준에서의 교차: 제안된 모델

감수분열 중 재조합에 대한 현재의 분자 모델은 거의 생화학적인 방법으로 이루어진 효모에 대한 실험에서 얻어진 결과로 구성된 것이다. 연구자들은 효모에서 감수분열 중 재조합을 시작하는 데 중요한 역할을 담당하는 단백질 Spo11의 상동성 유전자를 선충류, 식물, 초파리, 포유류에서도 발견하였다. 이러한 발견으로 "이중가닥 절단 수선 모델"로 알려진 재조합 기작(그림 6.27에 자세히 소개)은 오랜 진화에 걸쳐 진핵생명체에 보존되고 있음을 알 수 있었다. 재조합은 네 가닥 시기에 일어나지만 그림에서는 두 비자매염색분체에 초점을 맞추었으며, 교차와 상관없이 Spo11로부터 시작되는 분자 수준에서의 과정을 재조합이라는 용어로 사용하였다. 앞으로 짧은 시간 동안 이루어지는 Spo11에 의해 일어나는 과정에서 기인한 교차(비자매염색체들의 이중 나선 DNA의 상호교환)에 대한 재조합 과정들이 분자 수준에서 세부적으로 소개될 것이다.

감수분열 중 재조합 과정은 Spo11이 네 개의 염색분체 중 하나에서 염색분체 DNA의 두 가닥을 절단하면서 시작된다(그림 6.27, 1단계). 다음, **핵산말단가수분해효소**(exonuclease, DNA 분자의 말단으로부터 뉴클레오티드들을 제거하는 효소)가 절단된 DNA의 양 측으로부터 한 쪽 가닥을 분해하면서 3′ 단일가닥 말단을 남기게 된다(그림 6.27, 2단계). **가닥 침입**(strand invasion)이라고 하는 다음 단계에서 한 쪽 단일가닥 말단이 비자매염색분체의 해당가닥을 대체한다(그림 6.27, 3단계). 가닥침입의 결과로 **이형이중가닥**(heteroduplex; 그리스어로 *hetero*는 "기타" 또는 "다른"을 의미) 부위를 형성하며, 이 부위에서 DNA 분자는 각각의 비자매염색분체들로부터 유래한 두 가닥의 사슬로 이중 나선을 만들게 된다(그림 6.27, 3단계). 가닥침입에 의해 대체된 가닥은 남아 있던 다른 쪽 3′ 단일가닥 말단과 두 번째 이형이중가닥을 형성한다(그림 6.27, 4단계). DNA 합성으로 두 3′ 말단들이 연장되면서 핵산말단가수분해효소에 의해 분해되었던 DNA 부위가 채워지고 DNA **연결효소**가 DNA를 재결합시킨다(그림 6.27, 4단계). 그 결과 두 비자매염색분체들은 두 개의 **홀리데이 교차점**(Holliday junction)에서 꼬인 재조합 중간체를 만든다(그림 6.27, 5단계). 홀리데이 교차점은 서로로부터 멀리 이동하면서 이들 사이의 이형이중가닥 영역이 확대되는데, 이를 **분지점 이동**(branch migration)이라고 한다(그림 6.27, 5단계). 이후 두 비자매염색분체는 분리되어야 한다.

두 염색분체는 각 홀리데이 교차점에 위치한 DNA의 양 가닥이 절단된 후 이어짐으로써 서로 분리된다. 그림 6.27 (6단계)에서 보는 바와 같이 각 교차점에서 DNA 가닥들의 상이한 쌍이 **위치특이성 재조합**(resolvase; 리졸베이즈)와 연결효소의 작용으로 잘라지고 연결되는 결과로 교차(주변 대립유전자들의 재조합)가 일어난다. 촉진효소는 거의 항상 네 개의 DNA 가닥을 모두 끊기 때문에 두 홀리데이 교차점의 분리는 일반적으로 교차를 완성시킨다.

그러나 Spo11에 의하여 개시되는 재조합은 **항교차 헬리케이즈**(anticrossover helicase)라고 하는 효소의 작용으로 교차가 일어나지 않기도 한다. 이 효소는 비자매염색분체들로부터 나온 침입 가닥을 풀어주어 홀리데이 교차점 형성을 막고 따라서 교차를 방해한다(그림 6.27, 4′단계). 이 과정으로 들어가게 되면 교차가 일어나지는 않지만(5′단계) 생성된 염색분체 중의 한 개는 이형이중가닥 부위를 포함하게 된다.

오직 감수분열을 하는 세포에서만 발현되는 Spo11 단백질은 유사분열 세포에서보다 수백에서 수천 배 이상으로 감수분열 세포에서 재조합 속도를 높이는 데 관여한다. 효모와 인간에서는 감수분열 중 교차를 위해 두 가닥 절단이 어디에서 일어나는지 이미 알고 있는데, 그것은 Spo11이 특정 유전체 서열에 대한 선호를 가지고 있으며, 이 때문에 교차를 위한 "다발점(hotspot)"이 생기는 것으로 알려져 있다(그림 5.16 참조).

감수분열 중인 세포와는 달리, 체세포분열 중인 세포에서

그림 6.27

분자 수준에서 재조합의 모델

1단계 두 가닥 절단. 감수분열 전기 동안, Spo11 단백질은 DNA의 이중가닥에 서로 인접한 뉴클레오티드 사이의 인산디에스테르 결합에 작용하여 염색분체 중 하나의 이중 나선을 절단한다. (그림에는 재조합이 일어나는 두 비자매염색분체만 나타내었다)

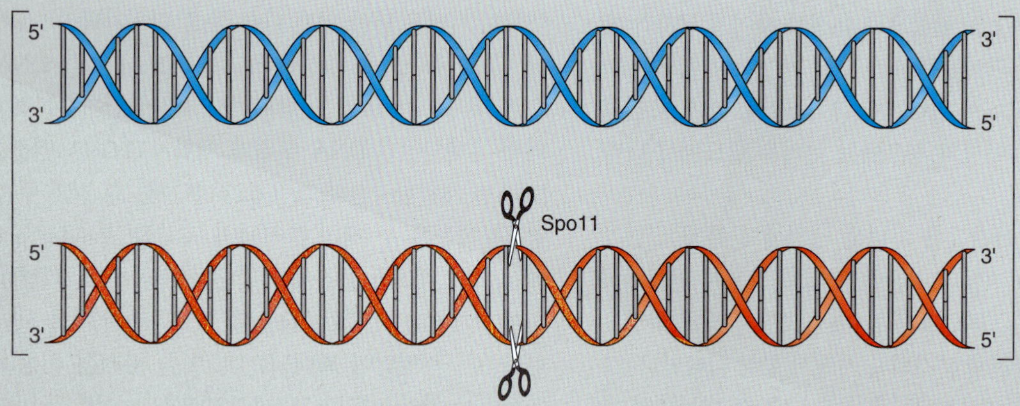

2단계 분해. 핵산말단가수분해효소(exonuclease)는 절단된 사슬의 양 끝에 있는 5′ 말단들이 분해하여 양쪽에 단일가닥 3′ 꼬리를 만든다.

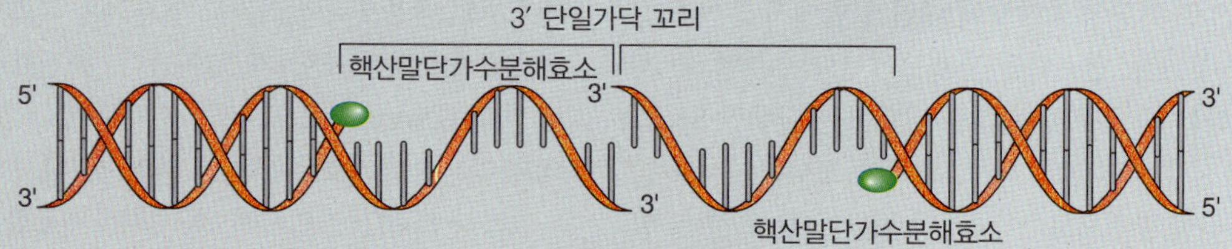

3단계 첫 번째 가닥의 침입. 다른 많은 효소와 함께 협력하여 Dmc1 (주황색 타원) 단백질이 한 쪽 단일가닥 꼬리에 붙어 다른 쪽

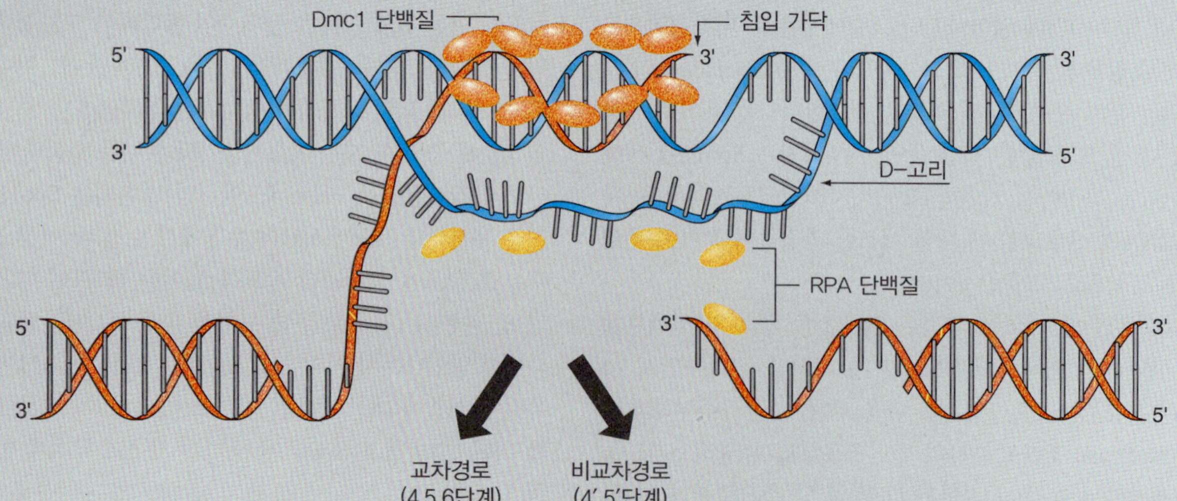

염색분체의 이중가닥을 침입하여 틈을 벌린다. Dmc1은 이중 나선을 따라 앞 쪽의 틈을 벌려 열면서 진행한다. 침입한 가닥은 염기서열을 읽어내려 가면서 잠시 DNA 이중체에서 쌍을 이루지 못하는 지역은 통과하고 충분한 길이의 상보적인 서열들이 나타나면 수십 개의 수소결합을 이루어 안정한 이형이중가닥(heteroduplex)을 형성한다. 침입한 꼬리에 의해 치환된 가닥은 D-고리(displacement loop)를 형성하고 이 구조는 복제 단백질 A (replication protein A, RPA; 노란색 타원형)단백질의 부착에 의해 안정화된다. D-고리는 재조합 중인 DNA의 전자현미경 사진에서 관찰되었다.

교차가 일어나는 과정

4단계 이중 홀리데이 교차점(Holliday junction)의 형성. 침입한 3′ 꼬리에 새로운 DNA (위쪽 파란색 점선)가 합성되면서, 이탈된 가닥의 단일가닥 염기들이 비자매염색분체의 3′ 꼬리와 상보적인 염기쌍을 형성할 때까지 D-고리의 크기가 점점 커진다. 이 비자매염색분체의 꼬리로부터의 새로운 DNA 합성(아래쪽 파란색 점선)으로 하단의 염색분체에 DNA 이중 나선이 다시 형성되고, 절단된 가닥의 오른쪽에 있는 5′ 말단은 침입한 가닥의 3′ 말단에 연결된다. 그 결과 만들어진 X자형 구조는 이를 제안한 과학자 로빈 홀리데이의 이름을 따서 홀리데이 교차점이라고 부른다.

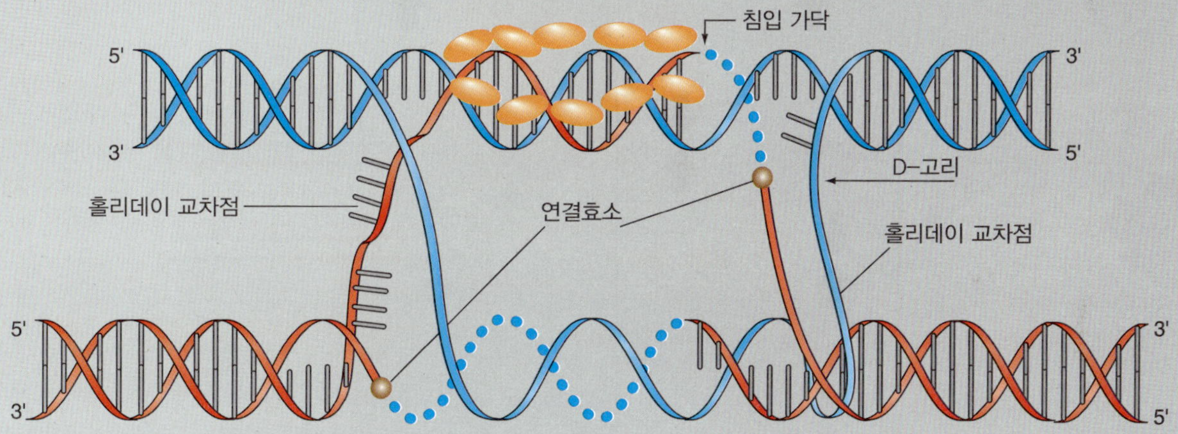

5단계 분지점 이동. 두 침입 가닥들은 지퍼가 채워지는 것처럼 침입한 원래의 이중 나선의 상보적인 가닥들과 쌍을 이루어 결합한다. 분기점은 그림의 화살표와 같이 양쪽으로 이동하면서 앞쪽의 DNA 이중 나선은 풀리고, 배후의 새로 만들어진 이형이중가닥 분자는 되감긴다. 이형이중가닥 지역의 두 끝 지점(두 개의 상동염색체의 가닥이 교차하는 지역)은 화살표의 방향으로 이동한다. 따라서 분지점 이동은 두 DNA 분자의 이형이중가닥 지역을 수십에서 수백 또는 수천 염기쌍까지 늘리는 역할을 하게 된다.

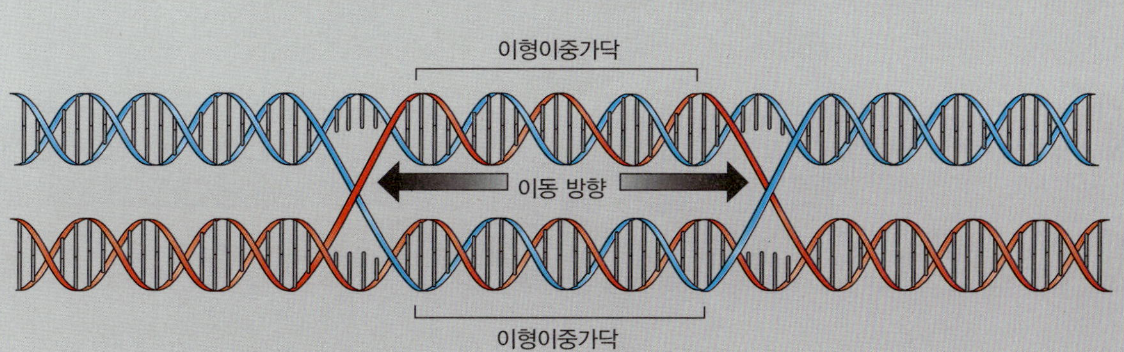

(계속)

그림 6.27 (계속)

단계 6 홀리데이 교차점의 분해. 두 포개진 비자매염색분체는 분리되어야 한다. 교차의 분해에는 위치특이성 재조합 촉진효소(resolvase; 그림에 표시되어 있지 않음)가 작용하는데, 이 효소는 각 홀리데이 교차점에서 두 DNA 가닥을 절단한다. 각 교차점에서 두 가지(초록색과 노란색 화살표) 중 한 가지를 선택을 할 수 있다: 그림에 표시된 파란색과 빨간색 가닥들은 초록색 혹은 노란색 화살표와 같이 절단된 후 다시 재결합해서 빨간색 DNA는 파란색 DNA와 혹은 그 반대로 서로 이어질 수 있다. 두 홀리데이 교차점에서는 보통 다른 색(노란색과 초록색)으로 표시된 방법으로 서로 다르게 절단되고 그 결과 교차가 발생한다. 교차가 완성되기 위해서는 네 가닥 모두 각각 한 번씩 잘라지고 다시 이어져야 한다. 재조합 과정에서는 항상 작은 이형이중가닥 부위가 만들어진다.

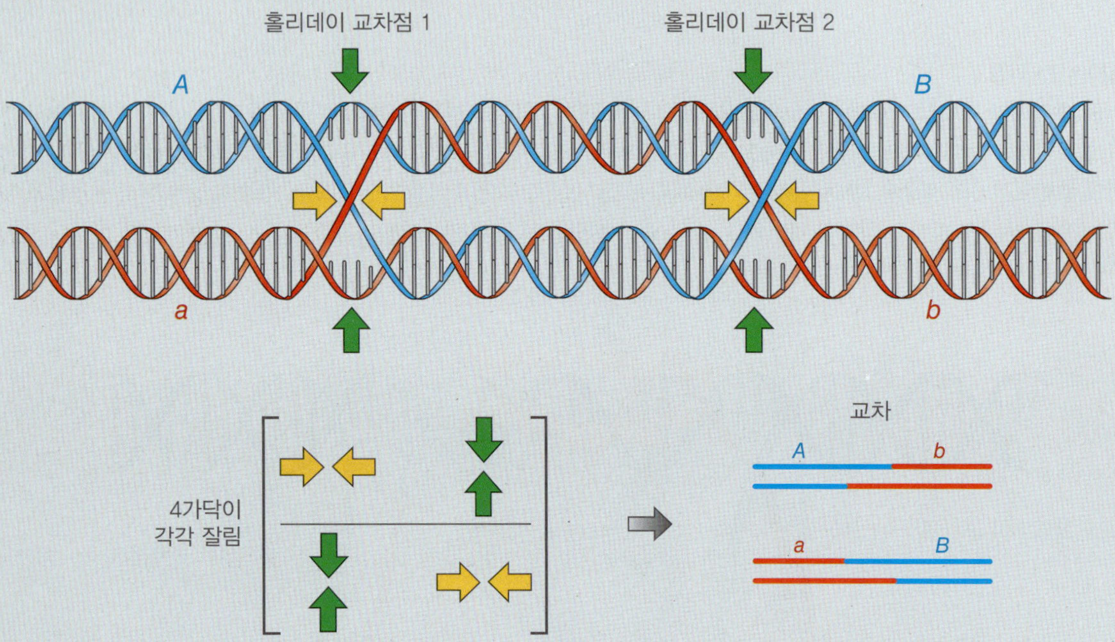

비교차경로

4′단계 가닥 치환과 혼성화. 침입 가닥(화살표)은 비자매염색분체(파란색)를 주형(4단계 참고)으로 사용하여 DNA(파란색 점선)를 합성하면서 뻗어간다. 항교차 헬리케이즈(anticrossover helicase; 그림에 표시되어 있지 않음)가 침입 가닥과 비자매염색분체를 풀어놓은 상황이다.

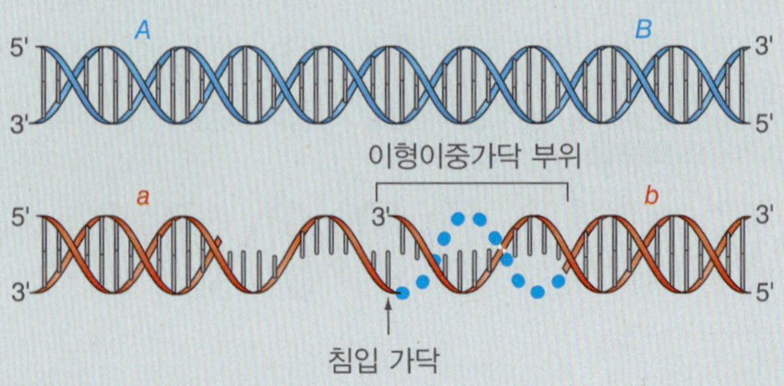

5′단계 DNA 합성과 연결. 이중 나선 DNA상에 남겨진 공간은 DNA 합성(빨간색 점선)을 통하여 채워지고 DNA 연결효소는 인산디에스테르 결합을 통해 가닥들을 연결시킨다. 이 과정으로 교차는 일어나지 않지만 이형이중가닥 부위는 나타난다.

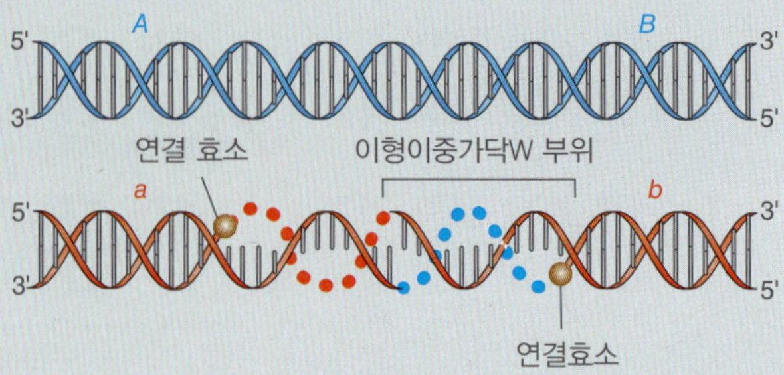

는 일반적으로 정상적인 세포주기 프로그램의 일환으로서의 재조합은 일어나지 않으나 대신 환경에 의하여 DNA에 손상이 온 경우에 일어난다. 7장에서 살펴본 바와 같이, X-선 및 자외선 등은 DNA의 이중 나선을 절단하거나 단일가닥에 틈을 발생시키기도 하고, 이때 세포의 효소들은 손상된 위치의 DNA를 복구하며, 재조합은 이 과정에서 부수적으로 나타나게 된다.

감수분열 과정 중의 재조합에서 볼 수 있는 이중가닥 절단 및 수선 모델은 물론 모든 재조합 중간체를 직접 관찰하기 전인 1983년에 제안되었다. 그 이후, 과학자들은 두 가닥 절단 현상, 다시 이를 재절단하여 3′ 단일가닥 꼬리를 생성하는 현상, 그리고 상동체들의 단일가닥이 서로를 침범하여 재조합 중간체 구조를 형성하는 것 등을 분자 수준에서 관찰하였다. 이러한 이중가닥 절단 및 수선 모델은 유전 및 분자학적 연구에서 얻은 자료들뿐만 아니라 증식 실험으로부터 추론된 재조합의 여섯 가지 속성을 잘 설명하기 때문에 현재 모델로서 잘 확립되었다:

1. 상동체들은 물리적으로 절단되고, 절단 부위는 교환된 후 다시 결합한다. 메셀슨과 웨이글은 파아지 람다를 이용한 실험에서 재조합의 주요 측면들에 대한 증거를 제시하였다(그림 6.26 참조).
2. 교차는 DNA 복제 후 비자매염색분체들 사이에서 일어난다. 두 유전자가 연관된 양성잡종의 효모가 포자를 형성할 때, T 사분체들의 형성 형태나 NPD들의 희소성 등은 재조합 과정이 두 가닥이 아닌 네 가닥 상태에서 일어나야지만 설명이 가능하다(그림 6.25 참조).
3. 절단 및 수선으로 인하여 상호교환된 재조합 형태의 생성물이 만들어진다. 상호 재조합체들은 같은 자낭 내에서 만들어지기 때문에 효모와 붉은빵곰팡이 사분체들은 거의 항상 NPD, PD, T들이다.
4. 재조합 사건은 DNA 분자의 어느 위치에서든지 발생할 수 있다. 만일 충분한 수의 자손들을 만드는 것이 가능하다면 다양한 실험 개체들에서 모든 쌍의 유전자들 사이의 교차를 관찰할 수 있을 것이다.
5. 뉴클레오티드의 교환은 손실이나 참가 없이 정밀하게 일어나기 때문에 돌연변이 발생을 방지할 수 있다. 처음부터 유전학자들은 재조합 동안 일반적으로 돌연변이가 일어나지 않음을 교차 과정의 정밀도로 이미 추론하였으며, 이는 오늘날 DNA 염기서열 분석을 통하여 입증되었다.
6. 한 상동염색체에서 다른 상동염색체로 작은 정보의 단편이 옮겨가는 유전자 전환(gene conversion)은 가끔 재조합 과정의 결과물로 나타나기도 한다. 다음 부분에서는 재조합 과정 동안 일어나는 이형이중가닥의 형성으로 유전자 전환을 설명한다.

이형이중가닥의 DNA 수선으로 인하여 유전자 전환이 나타날 수 있다

효모 사분체 분석은 멘델이 예측한 바와 같이 대립유전자들이 동등하게 각 배우체로 분리되는 것을 보여준다. 특정 좌위에서 이형접합자인 이배체는 대부분의 경우 같은 대립유전자를 가진 두 개의 포자와 이와 다른 대립유전자를 가진 두 개의 포자를 만든다(2:2 분리). 한 번의 감수분열을 통하여 만들어지는 네 개의 모든 생산물들은 하나의 자낭 내에 모두 들어 있다. 그런데 과학자들은 효모의 사분체 분석을 통하여 매우 희귀하지만 사분체가 3:1 혹은 1:3의 분리양상을 나타내는 것을 관찰할 수 있었으며, 이 현상은 멘델의 제1법칙으로는 설명이 불가능하였다. 이러한 드문 사분체 형성은 재조합 중에 생기는 이형이중가닥의 결과이다. 이러한 사분체가 만들어지는 현상을 **유전자 전환**이라고 한다.

이형이중가닥의 불일치 염기들

재조합에 대한 분자적 모델은 이형이중가닥 형성을 포함하는데, 이 현상은 재조합 DNA 분자의 두 가닥이 이중 나선 구조의 동일한 위치에서 잘리고 다시 결합하는 것이 아니기 때문에 생긴다. 또한 분기점 이동으로 이형이중가닥 부위는 수백 또는 수천 염기쌍 정도로 확장되기도 한다. 이형이중가닥이라는 이름은 이중 나선 구조 중 한 가닥은 어미로부터 다른 한 가닥은 아비로부터 유래한 것이기 때문일 뿐만 아니라, 부모로부터 유래한 각 가닥의 염기들 중에는 서로 상보적으로 짝을 이루지 못하는 불일치가 나타날 수 있기 때문에 붙여진 것이다. 만일 이형이중가닥 부위가 어떤 유전자 내에 형성되었는데, 이 유전자의 어미와 아비의 대립유전자가 서로 다르다면 유전자 전환이 일어날 수 있다.

과오 수선을 통한 유전자 전환

일치하지 않는 이형이중가닥 분자들은 오래 지속하지 못한다. 재조합 과정 동안 생기는 이런 문제를 해결하는 데는 복제 시 생기는 불일치된 부분을 해결하는 효소들과 동일한 DNA 수선 효소들이 사용된다(7장 참조). 이러한 수선 효소들에 의한 작업의 결과는 어떤 가닥을 수선하느냐에 따라 달라진다. 예를 들어, 그림 6.28의 G–A 불일치를 수선하면

그림 6.28 유전자 전환은 어떻게 일어나는가. 대립유전자 B와 b는 한 개의 염기쌍에서 차이가 난다고 하자; B는 G–C (노란색)인 반면, b는 T–A (회색)이다. 만일 유전자 B가 재조합 과정 중에 이형이중가닥 지역 내에 위치한다면 불일치 염기에 대한 과오 수선에 의해 B가 b로 바뀔 수 있다(반대도 가능하다). 유전자 전환은 DNA 수선(검은색)에 의해 변화된 염기들이 모두 동일한 염색분체에서 유래할 경우에 나타난다. 파란색과 빨간색 실선은 단일가닥 DNA를 나타낸다.

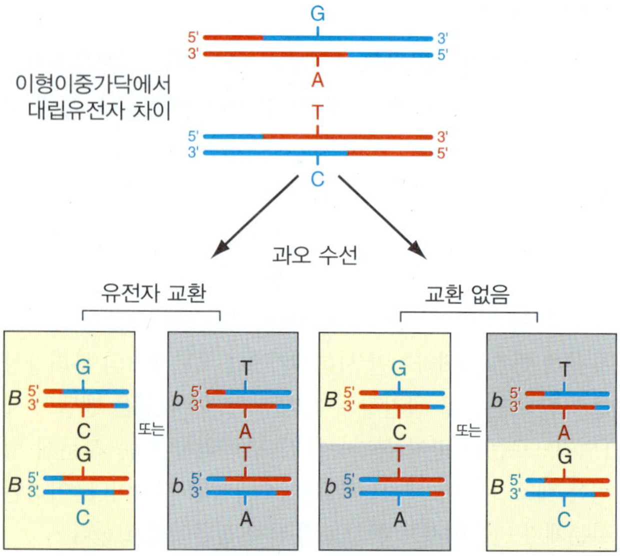

그림 6.29 효모 사분체를 이용한 유전자 전환의 발견. 그림에서 파란색과 빨간색의 실선은 단일가닥 DNA를 나타낸다. (a) $A\ B\ C$ / $a\ b\ c$ 이배체 효모 세포에서 감수분열 중 유전자 B 위치에서 재조합이 일어나면 다른 대립유전자들을 가진 DNA 가닥들에서 이형이중가닥 지역이 나타난다. 과오 수선(검은 B들)에 의해 b에서 B로 전환이 일어나면 B:b 대립유전자의 비가 2:2 대신 3:1인 비정상 사분체들이 생산된다. 이 경우 재조합의 결과로 교차와 함께 그에 따른 A와 C 유전자 주변의 대립유전자들 사이에 재조합이 발생한 것이다. 사분체는 A와 C에 대하여 T이다. (b) 교차가 일어나지 않은 과정으로 재조합이 완성되는 경우이다. 교차가 일어나지 않았기 때문에, 결과적으로 얻어진 사분체는 A와 C에 대하여 PD이다. 그러나 이형이중가닥 지역에 과오 수선이 일어나 b를 B로 전환시키면 이 사분체는 3:1 비의 B:b를 나타낸다.

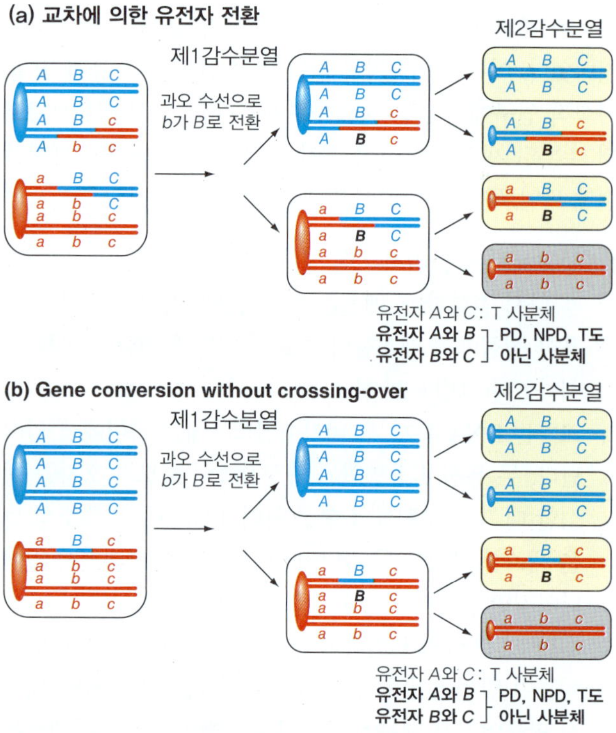

그 결과 G–C 또는 T–A 중 하나가 될 수 있으며, T–C의 불일치를 수선하면 그 결과는 G–C 또는 T–A로 수선될 수 있다. 그러므로 이형이중가닥에 생기는 두 가지의 불일치에 대하여 네 가지의 수선 결과가 가능하다. 이 결과들 중 두 경우, 즉 두 이형이중가닥들 모두 같은 염기쌍으로 수선되는 경우에 유전자 전환이 일어날 수 있다. 그림 6.28과 같이 이형이중가닥 내에 존재하는 염기쌍의 차이로 두 대립유전자 B와 b 사이의 차이가 나타난다고 가정해 보자. 하나의 비자매염색분체가 B이고 다른 쪽 염색분체는 b인 경우, 유전자 전환의 결과로 양쪽 염색분체 모두 같은 대립유전자(모두 B나 b)로 나타나게 되는 것이다.

효모와 붉은빵곰팡이에서의 유전자 전환

효모와 붉은빵곰팡이에서는 감수분열 중 형성되는 모든 산물들이 하나의 자낭에 모여 있기 때문에 이들 생명체에서 유전자 전환을 관찰하여 분석한 결과는 주목할만 하다. 유전자 전환은 PD, NPD 혹은 T가 아닌 비정상 자낭 사분체에서 탐지될 수 있다. 예를 들어 A와 B가 연관된 유전자일 때, $A\ B$/$a\ b$ 이배체 효모 세포는 세 종류 중 어느 사분체도 생산할 수 있다(그림 5.21 참조). 모든 사분체 종류에서 A:a 혹은 B:b 대립유전자의 비는 2:2이다. 그러나 b에서 B로의 드문 전환이 일어날 경우에는 B:b 대립유전자 비가 3:1이기 때문에, PD, NPD, 혹은 T에 속하지 않는 사분체를 생산하게 된다(그림 6.29).

유전자 전환이 재조합 과정상의 이형이중가닥 형성에 기인한다는 견해는 유전자 전환이 주변 대립유전자들의 교차와 종종 관련 있는 것으로 관찰되면서 증명되었다. 예를 들어 $A\ B\ C$/$a\ b\ c$ 이배체 효모에서 감수분열 동안 유전자 A와 C 사이에 재조합이 일어나서 유전자 B가 이형이중가닥 부위 내에 위치하고 있다고 가정하자. B 유전자의 한 쪽에서 일어나는 홀리데이 교차점 분리의 결과로 교차가 일어난다–유전자 A와 C 주변의 대립유전자들 사이의 재조합. 이

후 유전자 B를 포함하고 있는 이형이중가닥 부위에 대한 뒤이은 DNA 수선은 유전자 전환을 유발하여 $B:b$ 또는 $b:B$의 3:1 분리비를 나타내는 사분체를 생산하게 된다. 한편 비교차 경로를 거치는 재조합으로부터 생성되는 이형이중가닥 또한 3:1의 분리비를 가지는 사분체를 생산할 수 있다는 점은 기억해 두어야 한다; 이 경우 유전자 전환이 일어나지만 주변 유전자들 사이의 재조합은 수반되지 않는다(그림 6.29b).

핵심 개념

- 사분체 분석에서 T들의 존재와 NPD들의 낮은 출현도가 관찰됨으로써 염색체 복제 후 상동염색체의 쌍들이 네 개의 염색분체 상태일 때 재조합이 일어남이 확인되었다. 또한 T와 NPD 사분체들은 양쪽 재조합체 모두에서 동일한 수를 나타내기 때문에 상호교환의 결과임을 알 수 있다.
- 파아지 람다를 이용한 메셀슨과 웨이글의 실험을 통하여 재조합 과정에서 염색체 일부분의 교환이 일어날 때 DNA 분자의 잘라지고 다시 이어진다는 것을 알 수 있었다.
- 감수분열 전기 동안 일어나는 교차 과정을 이용하면 두 홀리데이 교차점들 사이의 이형이중가닥 DNA 형성과 핵산말단가수분해효소와 DNA 연결효소에 의한 교차점 분리를 분자 수준에서 설명할 수 있다.
- 헬리케이즈가 D-고리 형성을 해체하기 때문에 재조합 현상은 교차 동안 한시적으로 나타난다.
- 유전자 전환은 이형접합자의 한 대립유전자가 다른 쪽과 물리적으로 바뀌는 과정으로서 재조합 동안 일어나는 이형이중가닥 형성의 증거가 된다.

다음 학습을 위한 안내

20세기의 가장 중요한 생물학적 발견인 DNA 구조에 대한 왓슨-크릭 모델은 어떻게 유전물질이 정보를 정확하게 복제하여 운반하는 중요한 기능을 수행하는지 보여준다. 각각의 긴 선형 또는 원형 분자는 네 개의 뉴클레오티드 구성 요소(A, T, G, C)에 의해 정렬될 수 있는 엄청난 조합 중 하나의 서열을 가진다. 이 모델은 또한 염기 상보성이 어떻게 재조합 과정에서 일어나는 결합서열의 변화에 대한 기작에 대한 힌트를 제공한다.

정보를 전하는 기능과는 달리, 복제 및 재조합을 위한 DNA의 기능은 DNA 분자 자체의 성질에만 전적으로 의존하지 않는다. 오히려 이 기능들은 세포에서 만들어지는 매우 복잡한 효소 기구의 작용에 의존한다. 하지만, 많은 다양한 단백질의 협동이 필요한 과정임에도 불구하고, 복제 및 재조합은 실수 없이 매우 높은 충실도로 일어난다. 그러나 때때로 오류(실수)가 일어나며, 이러한 오류는 진화의 유전학적 기초를 제공한다.

DNA의 복제 시 일어나는 오류 중에 아주 적은 비는 생명체를 죽이지 않고 표현형에 극적인 변화를 생성하기도 한다. 어떻게 유전자들에 돌연변이가 일어나는가? 또한 어떻게 유전자들의 변화가 단백질에 영향을 미쳐 표현형으로 나타나는가?

이 질문의 답을 7장에서 찾을 수 있다. 다음 장에서는 첫째로 돌연변이를 유발하는 분자 수준의 과정을 살펴볼 것이다. 둘째로 돌연변이를 분석 도구로 사용하여 유전학자들이 어떻게 특정 단백질을 암호화하는 뉴클레오티드 염기서열이 특정 유전자와 상응하는지를 밝혔는지 알아볼 것이다.

풀이 문제

```
5′ TAAGCGTAACCCGCTAA    CGTATGCGAAC    GGGTCCTATTAACGTGCGTACAC 3′
3′ ATTCGCATTGGGCGATT    GCATACGCTTG    CCCAGGATAATTGCACGCATGTG 5′
```

I. 위의 이중 나선 DNA 분자가 공백으로 표시된 부분에서 끊어지고 그 부위가 수선되기 전에 잘려진 DNA 조각이 부분을 회전시켜 위치를 바꾼다고 상상해 보라. 이후 수선이 이루어진다면 분자의 염기서열은 어떤 것이 되겠는가? 그렇게 생각하는 이유를 설명하라.

해답

문제에 답하기 전에 먼저 DNA 가닥에는 극성(방향성)이 있다는 것을 기억해야 한다.

상단 가닥은 왼쪽에서 오른쪽으로 5′ → 3′의 극성을 가진다. 회전으로 위치를 바꾼 조각은 같은 방향성을 가지고 나머지 부분과 결합을 해야 한다. 우선 잘린 조각 내에서 가닥들의 극성을 파악해야 한다. 상단 가닥의 5′ → 3′ 극성을 유지하기 위하여 좌우로 회전한 경우 조각을 아래위로 한 번 더 회전시켜야 하며, 이러한 위치 변경으로 상단 가닥이 하단에 위치하게 된다.

```
5′                                                 3′
TAAGCGTAACCCGCTAAGTTCGCATACGGGGTCCTATTAACGTGCGTACAC
ATTCGCATTGGGCGATTCAAGCGTATGCCCCAGGATAATTGCACGCATGTG
3′                                                 5′
```

II. 최근 인간 백혈구에 감염하는 새로운 바이러스를 발견하였다. 이 바이러스는 실험실에서 배양한 백혈구 세포를 숙주세포로 사용하여 배열할 수 있다. 바이러스가 DNA나 RNA 중 어느 것을 유전물질로 포함하는지 알기 위하여 방사성 동위원소 표지법을 사용한다면 어떤 실험을 수행해야 하는가?

해답

이 질문에 대한 답을 위해 DNA와 RNA 사이의 차이점을 알고 있어야 한다. DNA에 있는 티민 대신 RNA에는 우라실이 포함되어 있다. 우선 방사성 티민을 첨가하거나 방사성 우라실을 첨가한 두 개의 배양액에 세균과 바이러스를 넣고 키운다. 바이러스를 세포에 감염시켜 새로운 바이러스를 생산하게 한 후, 새롭게 합성된 바이러스를 포집하고 어떤 배양액에서 방사성 바이러스를 합성하는지 확인한다. 만일 RNA 바이러스라면 방사성 우라실을 포함하는 배양액에서 바이러스가 성장하여 방사성을 띤 바이러스가 포집되겠지만, 방사성 티민을 첨가한 배지에서는 바이러스가 만들어지지 않아 방사성이 나타나지 않을 것이다. 반대로 만일 바이러스가 DNA 바이러스라면 방사선 티민이 들어 있는 배지에서는 방사성을 띤 바이러스가 합성되어 포집되겠지만, 우라실 배지에서는 방사성 바이러스가 나타나지 않을 것이다. (DNA 바이러스와 RNA 바이러스를 구분하기 위하여 방사성 동위원소로 표지된 리보오스 또는 디옥시리보오스를 사용할 수도 있으나, 당의 경우 핵산에 통합되기 전에 세포의 대사 과정에 의해 처리되기 때문에 결과가 모호하게 나올 수 있는 단점이 있다.)

III. S기에 있는 인간세포(예; 헬라 세포)를 ^{3}H-티민이 포함된 배양액에서 키우고 이후 분열 중기에 상동염색체 쌍을 관찰한다면 방사능이 어떻게 분포되어 나타나는가? 방사능이 (a) 한 상동염색체의 제1염색분체, (b) 한 상동염색체의 모든 염색분체, (c) 두 상동염색체의 각 염색분체, (d) 모든 상동염색체의 모든 염색분체, (e) 위와 다른 패턴들 중 어떻게 나타나는가? 정답을 선택하고 이유를 설명하라.

해답

이 문제는 DNA의 분자 구조와 복제에 대한 지식의 응용능력이 있고, 어떻게 복제가 상동염색체나 염색분체와 연관이 있는지를 알아야 풀 수 있다. DNA 복제는 S기 동안 발생하므로 ^{3}H-티민은 새로운 DNA 가닥에 통합된다. 염색분체는 복제된 DNA 분자이며, 각각의 새로운 DNA 분자는 DNA 중 새로운 한 가닥(반보존적 복제)을 포함하고 있다. 그러므로 방사능은 (d) 모든 상동염색체의 모든 염색분체에 나타날 것이다.

연습 문제

어휘

1. 왼쪽 용어를 가장 잘 설명한 문장을 오른쪽에서 찾아 연결하라.

a. 형질전환	1. 복제하는 동안 불연속적으로 합성되는 가닥
b. 박테리오파아지	2. DNA의 뉴클레오티드 단위체의 당
c. 피리미딘	3. 이중 고리를 포함하는 질소 염기
d. 디옥시리보오스	4. 이중 나선의 두 가닥을 연결시키는 비공유 결합
e. 수소결합	5. 메셀슨과 스탈 실험
f. 상보적인 염기	6. 그리피스 실험
g. 복제 분기	7. 진핵세포 염색체의 끝 구조
h. 오카자키단편	8. 수소결합에 의해 쌍을 이룰 수 있는 두 질소 염기
i. 퓨린	9. 고리구조가 하나인 질소 염기

j. 입체이성질화효소	10. 복제를 시작하기 위해 이중 나선 구조가 풀리는 짧은 염기서열
k. 반보존적	11. 세균에 감염하는 바이러스
l. 지체가닥	12. 불연속 복제에 의해 형성되는 짧은 DNA 조각
m. 말단소체	13. DNA 초나선 조절과 관련 있는 효소

6.1절

2. 그리피스는 1928년 실험에서 세균을 형질전환시킬 수 있음을 보여주었다. 이후 이러한 현상에서 가정할 수 있는 "변형을 일으키는 근본물질"이 DNA이라는 증거가 발표되었다. 에이버리, 맥클로드, 메카티가 매끈한(S) 형의 세균을 거친(R) 형의 세포로 변화시켜 DNA가 세포를 형질전환시킨 근본물질임을 증명한 실험은 무엇인가?

3. 세균의 형질전환에서 보면, 세포로 들어가는 DNA는 전체 염색체가 아니라 염색체 DNA가 무작위로 잘려서 생성된 조각들이다. 만일 a^+ b^+ c^+의 유전자를 가진 공여 세균의 DNA를 사용하여 $a\,b\,c$ 유전자를 가진 수여체 세균을 형질전환시켰더니 a^+로 변환된 55%의 개체가 또한 c^+의 유전자를 가지고 있었고, 반면 a^+의 오직 2%만이 b^+ 유전자를 가지고 있었다고 하자. 이 경우 a 유전자에 가까운 유전자는 b와 c 중 어느 것인가?

4. 질소와 탄소는 황보다 단백질에 더 많이 함유되어 있다. 왜 허시와 체이스는 단백질이나 DNA 중 어느 분자가 자손 파아지 생산에 필요한 분자인지를 확인하기 위한 실험에서 파아지의 단백질 부분을 방사성 물질로 표지할 때 질소와 탄소 대신 황을 사용하였는가?

6.2절

5. 순수 분리한 이중 나선의 사람 DNA를 세 시험관에 동일하게 나누어 넣었다. 시험관 1의 DNA에는 당-인산 디에스테르 결합을 끊는 물질을 처리하고, 시험관 2의 DNA에는 당에 결합되어 있는 염기를 잘라내는 물질을 처리하고, 시험관 3의 DNA에는 수소결합을 분해하는 물질을 처리하였다면 세 시험관에 있는 DNA의 분자 구조는 어떻게 달라져 있는가?

6. X-선 결정 분석법 데이터로부터 DNA의 구조에 대한 어떤 정보를 얻을 수 있는가?

7. 인간 DNA 중 30%가 A라면 (a) C (b) T (c) G가 차지하는 비는 각각 몇 퍼센트인가?

8. 다음 중 이중 나선 DNA에 대한 설명으로 옳은 것은?
   a. A + C = T + G
   b. A + G = C + T
   c. A + T = G + C
   d. A/G = C/T
   e. A/G = T/C
   f. (C + A)/(G + T) = 1

9. 유전물질로 DNA를 갖는 어떤 바이러스가 다음 비로 뉴클레오티드를 가지고 있다: 20% A, 35 % T, 25 % G, 20% C. 어떤 구조라고 설명할 수 있는가?

10. 이중 나선 DNA 분자가 고온에 노출되면 두 가닥으로 분리되며 나선형 형태를 잃는다. 이것을 DNA의 변성이라고 한다. (DNA가 산성 또는 알칼리성 용액에 노출되어도 변성이 발생한다.)
    a. DNA 용액의 온도가 증가하면 A–T 염기쌍을 많이 포함한 DNA 부위가 먼저 변성되기 시작한다. DNA 분자의화학적 구조를 생각할 때, 왜 A–T가 풍부한 부위의 변성이 먼저 오는 것인가?
    b. 온도가 저하되면, 원래의 DNA 가닥은 재결합된다. 재결합한 분자들을 전자현미경으로 관찰해 보면, 전체가 모두 이중 나선을 이루는 분자뿐만 아니라 여기에 나와 있는 유형을 일부 분자에서 볼 수 있다. 이런 구조를 어떻게 설명할 수 있는가?

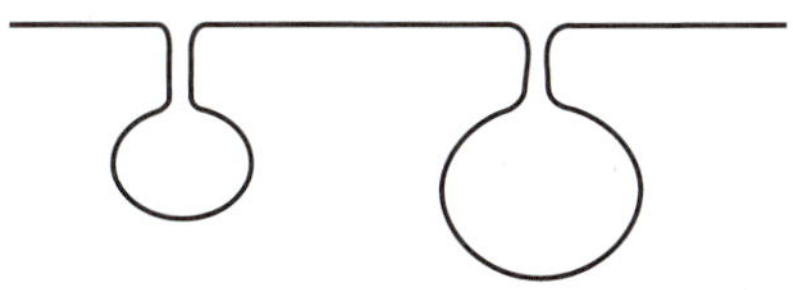

11. 낭 섬유증 관련 인간 유전자 DNA 가닥의 염기서열 일부분이다.

    5′.....ATAGCAGAGCACCATTCTG.....3′

    이 유전자의 다른 쪽 DNA 가닥에 해당하는 염기 순서를 쓰고 극성을 표시하라. 주어진 염기서열의 이전과 이후의 점들은 무엇을 나타내는 것인가?

6.3절

12. DNA의 기본 구조는 매우 간단하여 네 가지 구성 요소로 이루어져 있다.

a. DNA는 구조가 이렇게 간단함에도 불구하고 어떻게 복잡한 유전정보를 담고 있을 수 있는가?
b. 이러한 구성 요소는 무엇인가? 각 블록은 작은 단위로 세분화될 수 있다. 무엇으로 이루어져 있는가? 어떤 종류의 화학 결합으로 구성 요소가 연결되어 있는가?
c. RNA의 기본 구조는 DNA와 어떻게 다른가?

13. 어떤 식물 RNA 바이러스가 식물 세포에 감염한 후 DNA 분자로 복사되었다고 하자. 여기에 표시된 바이러스 RNA로부터 상보적으로 만들어진 첫 번째 가닥 DNA의 염기 순서는 어떻게 될까?

5′ CCCUUGGAACUACAAAGCCGAGAUUAA 3′

14. 세균의 형질전환과 박테리오파아지 표지 실험으로 세균과 DNA 함유 바이러스에서는 DNA가 유전물질이라는 것이 증명되었다. 일부 바이러스는 파아지 입자 내부에 DNA가 아닌 RNA를 포함하기도 한다. 예를 들어, 담배 식물에 감염하여 나뭇잎에 병변을 일으키는 담배 모자이크 바이러스(tobacco mosaic virus, TMV)는 RNA를 유전체로 가진다. TMV의 두 가지 변종들은 바이러스 입자에 다른 형태의 특정 단백질을 가지고 있기 때문에 구분이 가능하다. 시험관에서 정제된 단백질과 RNA를 혼합하면 재구성 TMV를 만들 수 있다. 재구성한 바이러스는 숙주식물세포에 감염시켜 다음 세대 바이러스를 생산하는 데 사용할 수 있다. 이때 RNA가 TMV에 있는 유전물질로 역할을 한다는 것을 보여주기 위한 실험을 구상하여 보라.

15. 그림 6.15와 같이 CAP 단백질이 DNA와 결합할 때, 다음과 같은 특정 염기서열을 인지한다(N = 어떤 염기).

5′ TGTGANNNNNNTCACA 3′
3′ ACACTNNNNNNAGTGT 5′

a. 긴 DNA 분자에 임의의 순서대로 A–T와 G–C 염기쌍이 동등한 비로 나열되어 있다면 다음과 CAP가 인식하는 염기서열이 얼마나 자주 나타나는가?
b. CAP 단백질은 두 개의 동일한 단량체가 서로 맞붙은 이량체로 DNA에 붙는다. 이량체의 CAP가 붙는 DNA 염기서열의 특징은 무엇인가? (힌트: 결합하는 DNA의 염기서열을 5′에서 3′방향으로 읽어보라.)
c. CAP 단백질은 DNA의 주홈 부분과 결합한다. CAP가 DNA와 결합하기 위하여 DNA 헬리케이즈가 필요한가?

6.4절

16. 메셀슨과 스탈의 밀도 변화 실험(그림 6.20)에서 다음과 같은 경우에 예상할 수 있는 결과를 설명하라.
a. 보존적 복제 방법으로 ^{14}N에서 두 차례 DNA를 합성한 경우
b. 반보존적 복제 방법으로 ^{14}N에서 세 차례 DNA를 합성한 경우
c. 분산적 복제 방법으로 ^{14}N에서 세 차례 DNA를 합성한 경우
d. 보존적 복제 방법으로 ^{14}N에서 세 차례 DNA를 합성한 경우

17. 메셀슨과 스탈은 대장균을 ^{15}N이 포함된 배양액에서 여러 세대에 걸쳐 성장시킨 후 ^{14}N 배양액으로 옮겨 한 세대 동안 배양하여, 평형 밀도 원심분리법을 이용하여 분석하였다. 이때 새로 만들어진 대장균의 DNA는 순수한 ^{15}N DNA나 순수한 ^{14}N DNA로 이루어진 띠 사이의 중간 밀도에 띠로 나타났다. 그러나 대장균이 한 번 더 복제할 수 있도록 추가적인 시간을 허용하면, DNA의 절반은 중간 밀도에 남아 있지만 다른 절반은 순수 ^{14}N DNA의 밀도에서 관찰된다. 이 대장균을 ^{14}N 배양액에서 한 세대, 혹은 두 세대 더 배양시키면 어떤 결과가 나오는가?

18. S기에 진입하는 사람 세포를 ^{3}H-티민이 든 배양액에 넣고 잠시 키운 후 이 물질을 씻어내고 두 번째 S기로 접어들도록 방치한다면 상동염색체 쌍에서 관찰되는 ^{3}H의 분포는 어떤 양상을 보이는가? (재조합은 무시한다.) 방사능이 (a) 한쪽 상동염색체의 염색분체 한 개, (b) 한쪽 상동염색체의모든 염색분체, (c) 두 상동염색체에서 각각 하나씩의 염색분체, (d) 두 상동염색체의 모든 염색분체, (e) 다른 패턴 중 어떻게 나타나는가? 정답을 선택하고 이유를 설명하라. (이 문제는 앞에 소개된 문제 III와 그 해답에서 분석한 내용을 응용한 것이다.)

19. 복제 중에 있는 DNA 이중 나선 모델을 그려서 모든 가닥들에 5′와 3′ 말단, 양방향으로 나타나는 복제 분기, 복제원점, 선도가닥, 지체가닥을 표시하라.

20. 그림 6.21에서 보는 바와 같이, DNA 중합효소는 뉴클레오티드 삼인산(세 개의 인산염 그룹이 디옥시리보오스 오탄당의 5′ 탄소 원자에 연결된 뉴클레오티드)의 요소인 인산염 그룹 사이의 결합을 자르면서 생성되는 높은 에너지를 사용하여 새로운 뉴클레오티드를 인산디에스

테르 결합으로 연결시킨다.

a. 5′에서 3′ 방향으로 복제하는 동안 DNA 가닥이 성장하는 것과 위의 정보를 어떻게 연결지을 수 있는가?

b. 오카자키 단편들을 연결하는 DNA 연결효소의 역할이 그림 6.23에 나타나 있다. 이 조각들은 끝에 위치한 RNA의 프라이머들이 제거된 후에 연결된다는 것을 감안할 때, DNA 연결효소는 어떤 화학결합의 형성을 촉진하는지 또한 이 반응은 외부로부터 에너지가 필요한지를 추론하라. 오카자키 단편들을 연결하는 데 DNA 연결효소는 역할을 할 수 있는 반면, 왜 DNA 중합효소는 안 되는지 이유를 설명하라.

21. 복제가 시작되는 부위 DNA의 한 쪽 가닥의 염기가 아래에 표시되어 있다. 굵은 글씨의 염기들에 상보적으로 합성되는 프라이머의 염기서열은 무엇인가? (5′ → 3′로의 순서를 표시하라.)

5′ AGGCCTCG**AATTCGTATA**GCTTTCAGAAA 3′

22. DNA의 복제 구조는 전자현미경으로 관찰할 수 있다. 복제되는 지역은 거품 형태로 나타난다.

a. 양방향 복제를 했다고 가정하면, 이 DNA 분자에서 볼 수 있는 복제원점은 몇 개나 되는가?

b. 얼마나 많은 복제 분기가 나타나는가?

c. 모든 복제 분기가 동일한 속도로 이동한다고 가정하면 가장 마지막으로 형성된 복제원점은 어느 것인가?

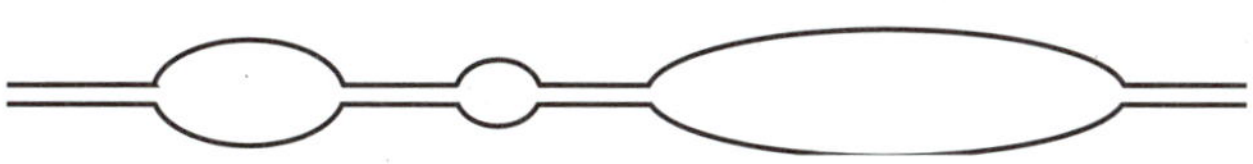

23. DNA 복제에서 다음 효소들의 역할을 설명하라. (a) 입체이성질화효소, (b) 헬리케이즈, (c) 프리마아제, (d) 연결효소.

24. 이중 나선 선형 염색체의 끝 부분은 어떻게 복제되는지 그려보라. 이때, 선도와 지체가닥과 함께 프라이머들의 위치도 표시하라. (각 가닥의 5′와 3′ 말단을 나타내라.) 염색체가 선형일 경우, 끝 부분 DNA의 이중가닥 모두를 복제하는 데는 어떤 어려움이 있는가?

25. 그림 6.18은 어떻게 DNA 이중 나선형 구조가 DNA 복제 방법에 적합한지를 설명하는 왓슨과 크릭의 초기 제안을 묘사하고 있다. 현재의 지식으로 보면 이 그림은 너무 간단히 그리다 보니 심각한 오류를 포함하고 있다. 이 그림의 문제점이 무엇인지 설명하라.

26. 연구자들은 동물 바이러스인 SV40의 원형 DNA 유전체를 복제하는 동안, 새로 합성된 딸 이중 나선들이 고리로 연결되어 있다는 것을 발견하였다. 두 고리가 떨어지려면 어떤 일이 일어나야 하는가?

27. DNA 합성기는 주어진 서열 DNA의 짧은 단일가닥을 자동으로 유기 합성하는 데 사용하는 기계다. 다음과 같은 세 가지의 DNA 분자를 만들기 위해 기계를 사용하였다고 해 보자.

(DNA 1) 5′ CTACTACGGATCGGG 3′
(DNA 2) 5′ CCAGTCCCGATCCGT 3′
(DNA 3) 5′ AGTAGCCAGTGGGGAAAAACCCCACTGG 3′

우선 DNA 중합효소 완충용액이 들어 있는 작은 시험관에 위의 DNA 분자들을 단독으로, 혹은 조합으로 넣은 후 DNA 중합효소, dATP, dCTP, dGTP, dTTP를 추가하여 넣었다. 다음의 반응 시험관들 중에서 과연 DNA 중합효소가 새로운 DNA 분자를 합성하는 시험관은 어느 것인지, 합성이 된다면 어떤 DNA의 염기서열이 될지 써보라.

a. DNA 1와 DNA 3

b. DNA 2와 DNA 3

c. DNA 1와 DNA 2

d. DNA 3 오직 한 가지

6.5절

28. 세균세포에 박테리오파아지 람다의 두 종류가 동시에 감염하였다. 하나는 c^+ 대립유전자를, 다른 세균은 c 대립유전자를 가지고 있다. 세포 용해 후 자손의 박테리오파아지를 수집하고 나서 이들 중 하나의 자손 박테리오파아지를 새로운 세균세포를 감염하였더니, 드물기는 하지만 그로부터 나온 자손 중 대부분 c이면서 일부가 c^+인 경우가 관찰되었다. 이 결과를 설명하라.

29. 돌연변이 *spo11*$^-$ 대립유전자(이 돌연변이 대립유전자는 Spo11 단백질을 생산하지 못한다)를 가진 효모균주가 발견되었다. 이 효모에서 어떤 표현형을 기대할 수 있을지 설명하라.

30. 글자 순서대로 밀접하게 연관된 세 유전자의 유전자형 *A B C* 또는 *a b c*를 각각 가진 효모의 두 변종을 교배시켰다고 가정하자. 이 교배에서 발생될 다양한 사분체를 생각해 보고, 두 개의 *B*와 두 개의 *b*의 포자를 만들 수 없는 두 경우를 찾아보라. 어떤 사분체에서는 *A B C*, *A B*

C, *a B c*, *a b c* 유전자형을 가진 포자들이 만들어지고, 또 다른 사분체에서는 *A B C*, *A b c*, *a b C*, *a b c*를 가지는 포자가 만들어졌다고 생각해 보자. 이러한 사분체들은 어떻게 발생하였는가?

31. 붉은빵곰팡이 a^+와 a^-의 교배의 결과로 다음 그림과 같은 팔분체(octad)를 얻었다.
   a. MI나 MII는 팔분체인가? 설명하라.
   b. 이러한 팔분체가 어떻게 생성되었는지 그려보라.
   c. 팔분체 형성 동안 유전자 전환이 일어나지 않은 붉은빵곰팡이 자낭에서 이형이중가닥 생성의 증거를 관찰할 수 있을까?

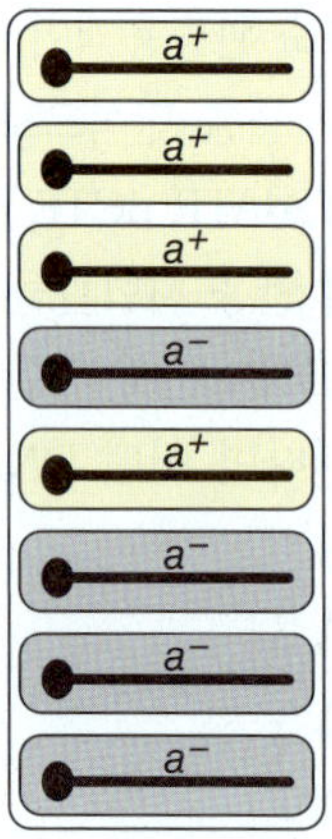

32. $e^+ f^+ g^+$와 $e^- f^- g^-$의 붉은빵곰팡이 균주를 교배시켰더니, 연관된 유전자들의 재조합의 결과로 다음과 같이 정렬된 유전자 세트의 포자를 가진 팔분체가 소수 생겼다.

$e^+ f^+ g^+$
$e^+ f^+ g^+$
$e^+ f^- g^+$
$e^+ f^- g^+$
$e^- f^- g^-$
$e^- f^- g^-$
$e^- f^- g^-$
$e^- f^- g^-$

   a. 재조합이 시작된 곳은 어디인가?
   b. 교차가 일어난 곳은 *e*와 *g* 사이의 어디이며, 이에 대한 근거를 제시하라.
   c. 왜 *f*의 경우 2개의 f^+와 6개의 f^-가 나타난 반면, e^+:e^-와 g^+:g^-의 경우 4개로 같은 비를 나타내는가?
   d. 이들 비정상적인 팔분체들을 세 유전자에 대한 MI이나 MII로 설명할 수 있는가?

7장

유전자의 실체: 돌연변이를 통해 알아보기

피아노의 건반과 염색체상의 유전자는 둘 다 단순하면서 연속적인 요소(건반 혹은 염기쌍)로 정보를 만들어낸다. 잘못된 음이나 변경된 염기쌍은 음악적 구성 또는 유전자에 문제를 일으킨다.

개요

사람의 3번 염색체는 2.2억 개 염기쌍으로 이루어져 1,600개의 유전자를 지니고 있다(그림 7.1). 염색체 긴팔 쪽 어딘가에 망막을 이루는 간상세포에서 활성을 갖는 광수용단백질인 로돕신 유전자가 위치한다. 로돕신 유전자는 약한 강도의 빛을 감지하는 것을 결정한다. 정상유전자를 지닌 사람들은 어두침침한 방이나 어두운 밤 도로에서 잘 볼 수 있다. 그러나 로돕신 유전자에 간단한 돌연변이 하나만 일어나도 광수용력이 저하되어 야맹증을 유발한다. 간상세포의 치명적인 변형은 완전 실명의 원인이 되기도 한다. 지금까지 시력에 영향을 미치는 30개 이상의 서로 다른 로돕신 돌연변이가 밝혀졌다.

로돕신 유전자의 경우를 보면 가장 기본적인 몇 가지 질문에 대해 답을 찾을 수 있다. 3번 염색체의 2.2억 개 염기쌍 중 어느 부위가 로돕신 유전자인가? 로돕신 유전자를 이루는 염기쌍들이 염색체상에서 어떻게 배열되어 있는가? 어떻게 한 개의 유전자가 다양한 효과를 내는 여러 가지 돌연변이를 가질 수 있는가? 1950~1960년대에 유전학자들이 유전자는 무엇이며, 어떻게 기능을 하는지를 분자수준에서 이해하고자 하는 노력으로 돌연변이, 유전자, 염색체, 표현형 사이의 관계를 조사하기 위해 수행한 독창적인 실험들에 관해 이 장에서 설명하고자 한다.

그동안의 실험들을 세 가지 주요 주제로 볼 수 있다. 첫째, 돌연변이란 자손에게 전달되는 염기서열의 변이로 표현형을 바꾼다. 둘째, 유전자란 물리적으로 염색체의 특정부위에 있는 DNA 조각으로 대부분 특정 단백질을 암호화한다. (어떤 유전자는 단백질로 번역되지 않고 다양한 종류의 RNA로만 암호화한다). 셋째, 유전자는 우리가 한 때 믿었던 것처럼 전체적으로 그리고 한 방향으로만 변하는 단순히

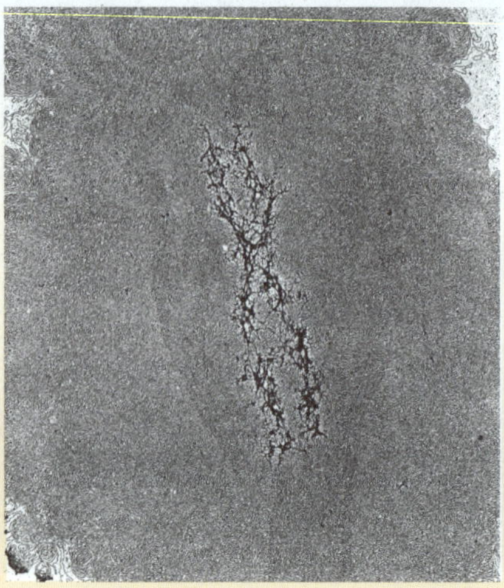

그림 7.1 사람 염색체의 DNA는 수백 혹은 수천 개의 유전자를 지닌다. 사람 염색체의 DNA를 펼쳐서 50,000배로 확대하여 찍은 사진이다. DNA상의 어디에 유전자가 있는지 알 수 없다. 가운데 좀 더 어둡게 보이는 염색체 모양의 구조는 DNA가 부착되어 있는 단백질 구조물이다.

실에 꿰인 구슬과 같은 것이 아니다. 오히려 유전자는 나뉠 수 있으며, 각 유전자의 단위인 각각의 DNA 염기쌍은 독립적으로 돌연변이가 생길 수 있고 이들은 서로 통합될 수도 있다.

유전자가 무엇인지, 이것들이 어떻게 작용하는지를 아는 것은 유전자형이 표현형에 어떻게 영향을 미치는지에 대한 생화학적 설명을 해 줄 수 있어서 멘델(Mendel)의 유전학을 이해하는 데 깊이를 더해 준다. 예를 들어, 로돕신 유전자의 돌연변이는 로돕신 단백질을 이루는 아미노산 중 한 개를 다른 아미노산으로 바꾼다. 바뀐 한 개의 아미노산은 로돕신 단백질의 3차원 구조를 바꾸어 로돕신의 광흡수력을 저하시키고 결국 사람의 광수용력을 바꾼다.

7.1 돌연변이: 유전적 분석의 첫 번째 수단

학습목표

1. 체세포와 생식세포에서 돌연변이로 인한 영향의 차이를 구별한다.
2. 네 종류의 점돌연변이인 전이, 전환, 결실, 삽입을 설명한다.
3. 돌연변이 발생률에 차이를 주는 요인들을 요약한다.
4. 방황변이 실험과 복제 평판법으로 어떻게 돌연변이가 자연발생적으로 우연히 유발되는지를 설명한다.

3장에서 살펴보았듯이, 한 개의 대립유전자를 지닌 유전자를 단일형태성(monomorphic)이라고 하고, 여러 개의 대립유전자를 지닌 것을 다형태성(polymorphic)이라고 한다. 야생형 대립유전자(wild-type allele)라 함은 단일형태성 유전자로 정의가 명확하며 집단 내에서 가장 빈번하게 관찰되는 대립유전자이다. 다형태성 유전자의 경우는 그 정의가 조금 모호하다. 어떤 대립유전자든 관찰빈도가 1%보다 크면 야생형이라고 하는 반면에, 어떤 유전학자들은 집단 내에 여러 대립유전자들이 어느 정도 빈도로 존재하면 이것을 흔한 변이체(common variants)라고 하고 "야생형 대립유전자"라는 용어는 단일형태성 유전자일 때만 사용하였다.

돌연변이는 DNA 염기서열의 변형이다

유전자의 야생형 대립유전자를 바꾸는 돌연변이를 **전진돌연변이**(forward mutation)라고 한다. 이렇게 생긴 돌연변이 대립유전자는 야생형에 비해 열성 혹은 우성일 수 있다. 전진돌연변이가 열성일 때는 $A^+ \rightarrow a$로 표시하고, 우성일 때는 $b^+ \rightarrow B$로 표시한다. 돌연변이가 돌연변이 대립유전자를 다시 야생형($a \rightarrow A^+$, 혹은 $B \rightarrow b^+$)으로 되돌아가게 하는 것을 **역돌연변이**(reverse mutation), 혹은 **역전**(reversion)이라고 한다. 이 장에서 야생형은 열성이든 우성이든 플러스(+)로 표기했다.

멘델은 원래 유전자를 눈에 보이는 표현형의 대립유전자로 정의하였다—노란색 혹은 초록색, 둥근형 혹은 주름진형. 사실, 멘델이 유전자가 존재한다는 것을 알 수 있었던 유일한 방법은 7개의 완두콩 유전자의 대립유전자들을 전진돌연변이를 통해 얻었기 때문이다. 거의 한 세기가 지난 다음에 DNA 구조를 알고 나서 돌연변이가 다음 세대로 이어지는 DNA 염기서열의 변형이라는 것을 확실히 알게 되었다. 따라서 DNA, 즉 염기서열은 유전정보를 지님과 동시에 유전적 변화도 지닐 수 있다.

DNA의 변형 형태에 따라 돌연변이를 분류한다

치환(substitution)은 DNA 한 가닥상의 특정위치에 있는 염기를 다른 세 개 염기 중의 한 염기로 바꾸는 것이다(그림 7.2a): DNA가 복제된 후 새로 생긴 이중 나선에 새 염기쌍이 생긴다. 치환은 하나의 퓨린(A 혹은 G)이 다른 퓨린으로, 하나의 피리미딘(C 혹은 T)이 다른 피리미딘으로 바뀌는 **전이**(transition)와 퓨린이 피리미딘으로 대체되었거나, 혹은 그 반대로 되는 **전환**(transversion)이 있다.

그림 7.2 DNA 변형에 따른 점돌연변이의 분류.

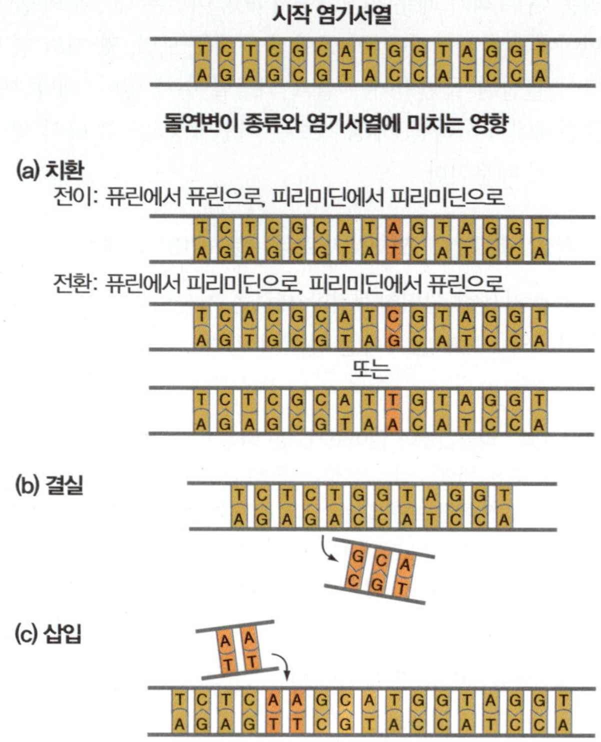

다른 종류의 돌연변이는 DNA 서열을 더 복잡하게 변형시킨다. 하나 혹은 그 이상의 염기쌍이 DNA상에서 없어진 **결실**(deletion); 반대로 염기쌍이 더해지는 **삽입**(insertion)(그림 7.2b, c)이 있다. 결실과 삽입은 작게는 염기쌍 한 개 혹은 크게는 수백만 염기쌍이 변한다. 개체의 염색체상의 유전자 배열이나 유전체의 유전자 수 혹은 염색체의 수까지도 변경하여 유전체를 재배치할 수 있을 정도의 복잡한 돌연변이들, 즉 커다란 결실 및 삽입도 있다. 이렇게 한 번에 여러 유전자에 영향을 주는 염색체 재배치에 대한 것은 12장에서 다루고, 이 장에서는 DNA상에 염기쌍 하나 혹은 몇 개 정도 바꾸어 한 번에 한 유전자만 변경하는 **점돌연변이**(point mutation; 전이, 전환, 작은 결실, 삽입)에 대해서 중점적으로 살펴보고자 한다.

유전체에 일어나는 돌연변이 중 실제로 유전자의 기능에 영향을 미치는 것은 적다. 유전자의 구조 혹은 유전자의 단백질 생성량, 그리고 단백질 구조 및 양의 변화는 한 대립유전자를 다른 대립유전자로 바꾸어 표현형에 영향을 준다. 이외의 변이는 유전자의 기능에 영향을 주지 않거나 유전자와 유전자 사이에 위치하는 DNA에서 일어나는 변이이다. 10장에서는 눈에 띄는 표현형의 변화가 없는 돌연변이에 대해서 살펴볼 것이다; 이러한 돌연변이는 유전자지도를 작성하거나 개인 간 차별을 조사하는 데 중요하다. 이 장의 남은 부분은 유전자 기능에 영향을 주어 표현형을 변화시키는 돌연변이에 대해 초점을 맞추고자 한다.

자연발생 돌연변이는 낮은 빈도로 발생한다

유전자의 기능을 바꾸는 돌연변이는 낮은 빈도로 일어난다. 따라서 동일한 집단에서 이러한 돌연변이로 인해 생긴 새로운 표현형을 찾기 위해서는 많은 개체를 조사하여야만 한다. 진행 중인 한 연구에서 연구자들이 특별히 교배시킨 수백 마리의 쥐의 털색을 조사한 결과 한 유전자의 열성 돌연변이 인자를 평균 1백만 개의 배우자 중 11개 정도로 발견하였다(그림 7.3). 여러 다른 모델 생물을 대상으로 한 연구에서도 동일한 결과로 자연발생 돌연변이의 발생률은 평균 한 배우자, 한 유전자당 $2\sim12 \times 10^{-6}$이었다.

다른 각도로 돌연변이의 발생률을 본다면 한 개체의 유전자에 몇 개의 돌연변이가 생길 것인가를 생각해 볼 수 있다. 이것을 알려면, 단순히 한 유전자당 돌연변이 발생률 $2\sim12 \times 10^{-6}$에 현재 추정하는 인간 유전체 유전자 수인 대략 25,000을 곱하면, 반수체 유전체에 0.05~0.30 사이의 돌연변이가 생길 수 있음을 알 수 있다. 아주 대략적인 계산이지

그림 7.3 자연발생 돌연변이의 발생률. (a) 털색 돌연변이 쥐: 알비노(왼쪽), 갈색(오른쪽). (b) 다섯 개의 털색 유전자의 야생형을 열성 돌연변이 인자로 변형시키는 돌연변이 발생률. 동족끼리만 교배를 해온 야생형 쥐와 동형열성인자 털색을 지닌 쥐와 교배를 하였다. 털색 돌연변이를 보이는 다음 세대 쥐의 탄생은 동족끼리 교배를 해온 쥐에서 생성된 배우자에 열성 돌연변이 인자가 존재한다는 것을 말해 준다.

(a)

(b)

부위[a]	조사한 배우자의 수	돌연변이 수	돌연변이 발생률 ($\times 10^{-6}$)
a^- (알비노)	67,395	3	44.5
b^- (갈색)	919,699	3	3.3
c^- (아구티가 아님)	150,391	5	33.2
d^- (색이 흐림)	839,447	10	11.9
ln^- (납색)	243,444	4	16.4
	2,220,376	25	11.2 (평균)

[a] 야생형에서 열성 돌연변이 대립유전자로 변한 것

만, 이것은 3~20개의 인간 배우자 중에 표현형에 영향을 미치는 새로운 돌연변이가 평균 한 개는 생긴다는 것을 의미한다.

유전자에 다른 돌연변이 발생률의 차이

유전자당 평균 돌연변이 발생률이 $2\sim12\times10^{-6}$이라고 해도 유전자에 따라 차이가 매우 크다. 실험에 의하면 배우자당 한 유전자에서 일어날 돌연변이 발생률은 10^{-9}보다 작은 것에서 10^{-3}보다 더 큰 경우까지 다양하다. 같은 개체에서도 유전자에 따라 돌연변이 발생률이 다양한 것은 유전자의 크기가 다르거나(큰 유전자가 돌연변이 발생 표적이 더 많다) 돌연변이를 유발하는 다양한 원인에 반응하는 유전자별 민감도의 차이 때문일 수 있다.

다세포 생물이 세균보다 높은 돌연변이 발생률

세균에서 추정한 평균 돌연변이 발생률은 세포가 한 번 분열할 때 유전자당 10^{-8}에서 10^{-7}이다. 이것은 다세포 진핵생물에서 사용하는 단위와는 다소 다르지만(세균은 배우자를 생성하지 않기 때문에) 배우자를 생성하는 진핵생물에서의 평균 돌연변이 발생률은 여전히 세균에서 추정한 것보다 훨씬 높다. 주요 원인은 배우자 형성과 감수분열 사이에 다수의 세포분열이 일어나므로 배우자에서 본 돌연변이는 실제로 배우자가 형성되기 전에 여러 세포 계대에서 일어난 것이다. 즉, 돌연변이가 쌓일 수 있는 기회가 더 많다는 것이다. 다세포 개체의 이배체 유전체는 배우자에서 치명적인 돌연변이형이 일어나기 위해서 두 개의 배우자 모두에서 같은 유전자에 열성 돌연변이인자를 지녀야 하기 때문에 배우자에서 일어나는 상대적으로 높은 돌연변이 발생률을 이겨낼 수 있을 것이라고 본다. 반대로 세균은 유전자가 하나로 존재함으로써 하나의 돌연변이가 바로 영향을 미치게 된다.

유전자의 기능: 잃기는 쉬우나 다시 찾기는 어렵다

쥐의 털색 연구에서, 다섯 개의 털색 돌연변이 유전자 중 한 유전자가 열성 돌연변이의 동형접합자인 같은 배의 형제와 자매 쥐를 교배하고 다음 세대 F_1에서 털색의 변화를 관찰하여 역돌연변이 발생률을 추정하였다(그림 7.4a). F_1 중에서 우성 야생형의 특정 털색을 보이면 이 쥐는 역돌연변이가 일어난 유전자를 지닌 것이다. 수백만 마리의 F_1 쥐를 관찰하여 계산한 결과 역돌연변이율은 배우자당 한 유전자에서 $0\sim2.5\times10^{-6}$이었다. 역돌연변이율도 유전자에 따라 차이가 있다. 이 연구에서 보면, 역돌연변이율은 돌연변이 발생률보다 매우 낮다. 이것은 유전자의 기능을 망가뜨리는 방법은 여러 가지이나 망가진 것을 다시 재생할 수 있는 방법은 매우 적기 때문이다(그림 7.4b). 이것은 대부분의 돌연변이에서 마찬가지다. 한 극단적인 예를 보면, 몇 개의 염기쌍이 결실된 돌연변이는 결코 되돌릴 수가 없다. 왜냐하면 유전체에서 사라진 DNA 정보는 자연발생적으로 다시 생길 수 없기 때문이다.

사람의 난자보다 정자에서 높은 돌연변이 발생률

나중에 자세히 설명하겠지만 새로운 기술로 수천 명의 전체 유전체의 DNA 염기서열 분석이 가능해졌다. 부모와 자녀

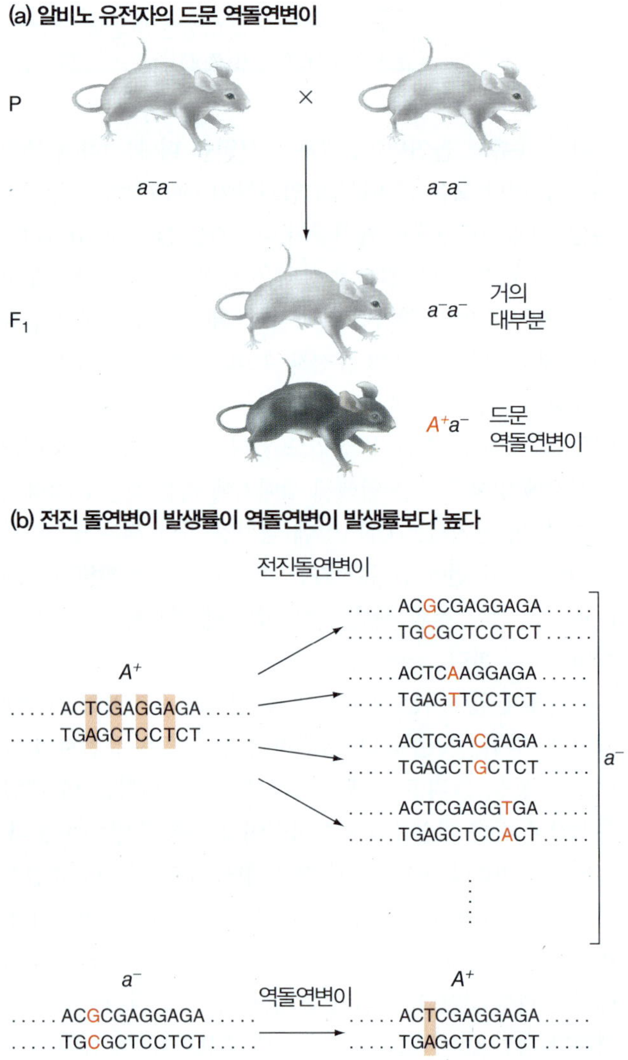

그림 7.4 역돌연변이 알아보기. (a) 야생형 대립유전자(A^+)의 열성 형질 a^-의 흔치않은 역돌연변이는 알비노(a^-a^-) 생쥐 중에서 야생형 회색(A^+a^-) 생쥐를 보면 알 수 있다. (b) 전진돌연변이 발생률은 역돌연변이보다 대개 훨씬 높다. 유전자의 기능을 망가지게 하는 돌연변이는 매우 다양하지만 이미 망가진 기능을 다시 돌려놓는 돌연변이는 매우 드물다.

들의 유전체 염기서열을 비교하여 좀 더 자세히 사람의 돌연변이 발생률을 측정한 결과 배우체 한 개에 1백만 개의 염기쌍당 대략 한 개의 돌연변이가 평균적으로 생긴다는 것을 알았다(혹은 1×10^{-8}). 사람의 반수체 유전체가 3×10^{9}개의 염기쌍으로 되어 있고, 각 배우체에는 평균 30개 정도의 돌연변이가 생기므로 각 자녀는 60개 정도의 돌연변이를 지니게 된다. 즉, 한 자녀는 각 부모의 유전체와 60개의 염기쌍이 다르다. 이 숫자는 DNA의 모든 변화의 수를 말하지만 이 중 표현형에 영향을 주는 것은 아주 드물다는 것을 알아야 한다.

흥미롭게도 이러한 60개의 새로운 변이의 대부분이 난자가 아니라 정자를 통해서 얻는다는 것이다. 최근 유전체의 염기서열 분석기술의 발달로 정자 한 개의 반수체 유전체의 염기서열 분석이 가능하다. 동일한 사람으로부터 얻은 100개의 각 정자의 유전체 염기서열을 비교한 결과 돌연변이 발생률이 $2 \sim 4 \times 10^{-8}$으로 자녀에서 발견한 거의 모든 새로운 돌연변이는 난자가 아니라 정자로부터 온 것임을 알 수 있었다.

정자가 난자보다 돌연변이가 더 많은 것은 사실 당연하다. 이것은 정자를 생성하기 위하여 난자보다 더 많은 세포분열을 거쳐야 하므로 돌연변이가 일어날 기회가 정자에서 더 많기 때문이다. 4장에서 보았듯이 여자는 평생 생성해야 하는 제1난모세포 모두를 가지고 태어난다. 이때 전체 난자 생성을 위해 여성의 이배체 생식세포는 24번의 유사분열을 거치면 될 것이라고 추정할 수 있다. 하지만 남성의 생식세포는 일생에 거쳐 유사분열을 한다. 13세 때 정자생성을 위해서 필요한 세포분열의 수는 36번이라고 추정된다. 이 후 남성의 생식세포는 일 년에 23번 정도의 유사분열을 한다. 이것은 20세가 되면 정자생성을 위해 200번의 세포분열을 수행한 것이며, 30세가 되면 430번, 45세가 되면 770번을 수행한다는 것을 의미한다. 따라서 사람의 경우 자손에서 일어난 새로운 돌연변이 대부분은 난자가 아니라 정자에서 온 것이다. 결국 아버지의 나이가 많을수록 정자에서 돌연변이가 일어날 확률이 더 크다.

자연발생 돌연변이는 우연한 사건으로 일어난다

유전자에 영향을 미치는 자연발생 돌연변이는 매우 드물게 일어나기 때문에 이 과정을 연구하기 아주 힘들다. 이런 문

그림 7.5 루리아–델브뤼크의 방황변이 실험. (a) 가설 1: 세균을 죽이는 물질에 노출된 후에 저항성이 생긴다면 같은 양의 세균 배양액은 모두 거의 같은 수의 저항세균 콜로니를 형성할 것이다. 가설 2: 세균을 죽이는 물질에 노출되기 전에 이미 저항성을 갖게 하는 돌연변이가 우연히 일어났다면 다른 배양액마다 저항세균 콜로니 수는 매우 다양할 것(방황변이)이다. (b) 방황변이가 심한 것을 보인 실제 결과는 어떤 물질에 노출되는 것과는 상관없이 세균에 돌연변이가 자연적으로 생겼다는 것을 말해 준다.

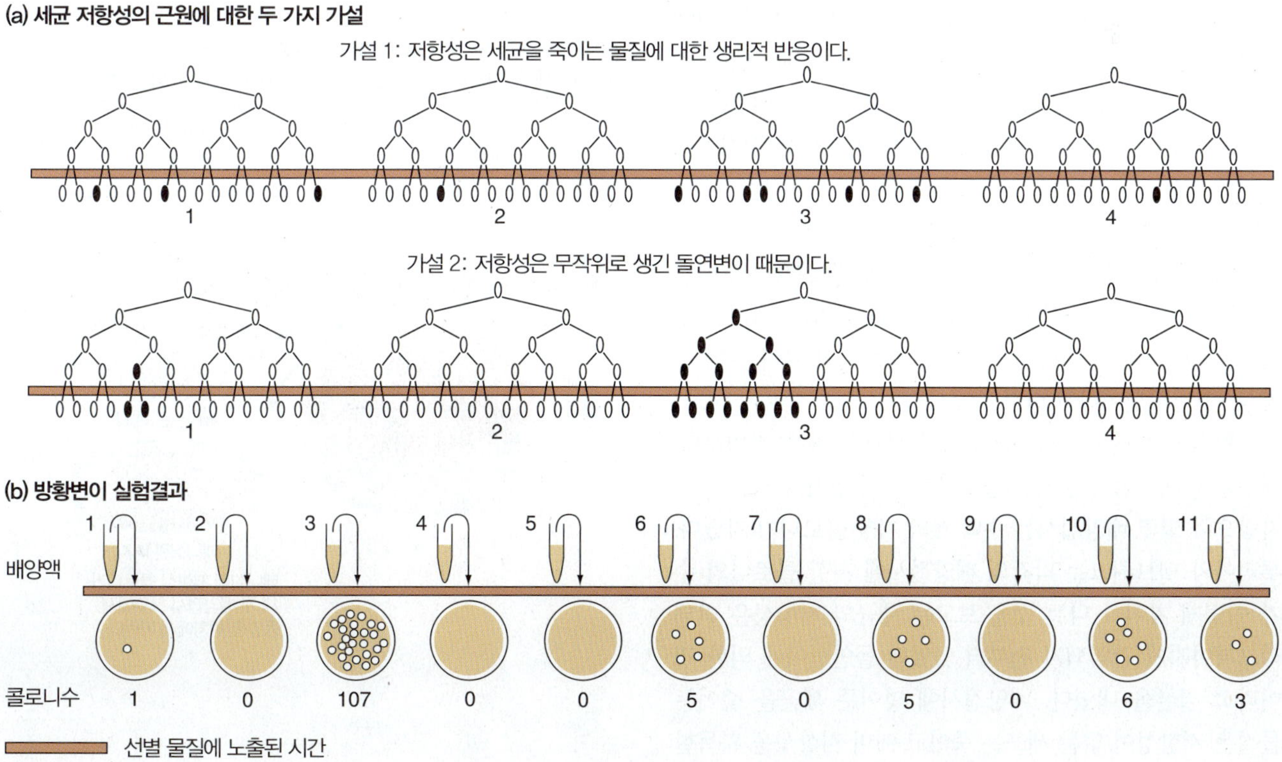

제점을 극복하기 위해서 세균을 연구대상으로 선택하였다. 세균은 수백만 개체로 계대배양이 쉬워서 드물게 생기는 새로운 돌연변이를 찾기 위해 수많은 개체를 빠르게 탐색할 수 있다. 충분한 성장영양소와 함께 세균을 죽이는 물질, 항생제 혹은 박테리오파아지 같은 것이 풍부한 한천배양접시 위에 야생형 세균을 뿌린다. 세균은 대부분 죽지만, 드물게 몇몇 세균이 이러한 물질에 저항성을 보여 살아남아 자란다. 이러한 저항세균은 계속 분열하여 유전적으로 동일한 세포들이 모인 **콜로니**(colony; 군락)를 이룬다.

무슨 일이 일어난 것인가? 콜로니를 이루는 세포에서 항생제나 박테리오파아지에 저항하여 살아남을 수 있게 세포내 생화학적 반응이 바뀐 것인가? 아니면, 이러한 물질에 저항성을 주는 유전적 돌연변이가 일어난 것인가? 만약 돌연변이가 일어난 것이라면 이러한 돌연변이는 세균을 죽이는 물질이 없더라도 자연발생적으로 끊임없이, 우연히 일어나는 변이인가? 아니면 환경적인 신호(이 경우에는, 세균을 죽이는 물질첨가)가 있을 때만 일어나는 돌연변이인가?

루리아(Salvador Luria)와 델브뤼크(Max Delbrück)는 1943년, 세균 저항성의 근원을 조사할 수 있는 실험을 고안하였다(그림 7.5). 이들의 논점은 박테리오파아지에 저항성이 있는 콜로니가 박테리오파아지의 감염에 직접적으로 반응하기 위해 생긴 것이라면, 같은 양의 세균 배양액을 나누어 파아지와 영양분이 있는 한천배양접시에서 자라게 하면 동일하게 적은 수의 저항세균 콜로니가 생길 것이다. 반대로 파아지가 없어도 저항성이 생기는 자연발생 돌연변이에 의한 것이라면, 각각의 배양접시에 뿌린 세균 배양액은 전혀 다른 수의 저항세균 콜로니를 보일 것이다. 이 이유는 저항성을 주는 돌연변이는 이론적으로 배양 중 어느 시점에서든지 일어날 수 있기 때문이다. 돌연변이가 일찍 일어나면, 배양접시에 뿌리기 전에 이미 많은 수의 돌연변이 세포가 있을 것이고, 나중에 돌연변이가 일어나면 배양접시에 뿌릴 때 훨씬 적은 수의 돌연변이 세포가 있을 것이다. 이러한 수적인 차이를 배양접시에서 자라는 저항세균 콜로니 수의 다양성, 즉 방황변이라고 한다.

방황변이 실험(fluctuation test)의 결과는 매우 분명하다. 대부분의 배양접시는 저항 콜로니가 전혀 없거나 적은 수가 자랐으나 몇몇 배양접시는 수백 개의 저항 콜로니가 자랐다. 루리아와 델브뤼크는 각각의 배양접시에 저항 콜로니의 수가 이렇게 차이가 나는 것을 보고는 세균의 저항성은 박테리오파아지가 감염되기 전부터 있었던 돌연변이에 의한 것이라고 결론을 내렸다. 배양접시에 넣어준 세균을 죽이는 물질은 저항성이 없는 세포는 죽이고 이미 저항성을 획득한

그림 7.6 세균 저항성은 이미 존재하는 돌연변이에 의한 것임을 복제 평판법으로 증명. (a) 주배양접시를 벨벳헝겊 위에 놓고 눌러서 세균 콜로니의 세포를 벨벳헝겊 위에 묻게 한다. 복사배양접시를 벨벳헝겊 위에 놓고 눌러서 벨벳헝겊 위에 있는 세포를 복사배양접시로 옮긴다. 주배양접시의 어느 콜로니가 복사배양접시에서 자라는지(이 경우에는 페니실린에 저항성이 있는 것만 자란다) 위치를 파악하고 있어야 한다. (b) 페니실린이 없는 주배양접시에서 자란 콜로니를 페니실린이 있는 세 개의 복사배양접시로 차례로 옮긴다. 페니실린 저항세균 콜로니는 세 개의 복사배양접시에서 모두 같은 위치에서 자란다. 이것은 항생제에 노출되기 전에 이미 주배양접시에 저항세균이 자라고 있었다는 것을 말해 준다.

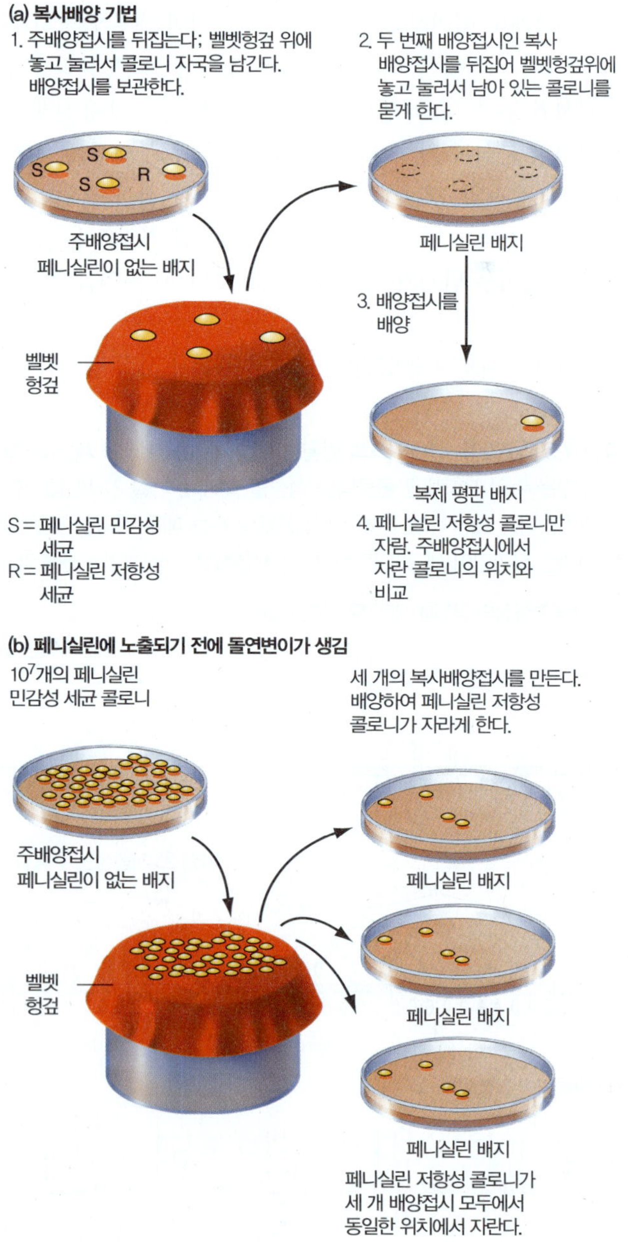

세균만 자랄 수 있게 하는 선별자의 역할을 한 것이다. 그림 7.6은 항생제에 노출되기 전에 이미 세균에 저항성을 주는 돌연변이가 생겼다는 것을 좀 더 직접적으로 설명하기 위한 실험기법인 **복제 평판법**(replica plating)에 대한 것이다.

이 실험은 파아지나 항생제에 대한 세균 저항성은 돌연변이의 결과이며, 이러한 돌연변이는 환경적 변이에 대한 직접적 반응으로 특정 유전자에 일어나는 것이 아님을 보여주었다. 돌연변이는 어느 때나 유전체의 어느 위치에서나 우연히 자연발생적으로 일어난다. 이러한 우연한 변화가 한 번 생기면 안정적으로 유지된다. 루리아–델브뤼크의 실험에서 보여준 저항성 돌연변이는 박테리오파아지가 없는 배양액에서 몇 세대를 자란다 해도 저항성을 유지할 것이다.

이제 돌연변이를 일으키는 몇 가지 우연한 과정에 대해 설명하고자 한다. 어떻게 이러한 변이에 세포가 대처하는지는 다음에 살펴 볼 것이다.

핵심 개념

- 돌연변이는 DNA 염기서열의 변형이다.
- 점돌연변이는 한 개 혹은 적은 수의 염기쌍이 변경된 것으로 전이, 전환, 작은 삽입, 결실이 있다.
- 자연발생적 돌연변이 발생률은 낮으며 유전자 및 개체별로 다양하다.
- 세포는 분열할수록 유전체에 돌연변이가 더 많이 쌓일 가능성이 크다.
- 방황변이 실험과 복제 평판법 실험 결과 항생제를 투여하기 전에 세균세포는 무작위적으로 이미 항생제 저항 돌연변이가 일어났음을 알 수 있다.

7.2 돌연변이의 분자기작

학습목표

1. DNA 손상으로 인한 돌연변이를 유발할 수 있는 자연발생적 과정을 설명한다.
2. DNA 복제 중에 일어난 실수가 어떻게 돌연변이를 유발할 수 있는지를 설명한다.
3. 돌연변이 유발물질을 정의하고 유전연구에서 어떻게 이 물질을 이용하는지를 설명한다.
4. DNA 손상을 세포는 어떻게 수선하여 복제 실수를 바로잡는지 그 기작을 나열한다.
5. 개체와 종의 진화에 돌연변이는 어떤 결과를 초래하는지 요약한다.

유전적 돌연변이의 생성은 몇 가지의 경쟁적인 과정, 돌연변이, 수선와 복제의 과정을 거친다(그림 7.7). 물론, 무작위적인 DNA 변형 사건이 먼저 일어나야 한다. 두 가지 다른 사건, 즉 화학반응이나 방사능에 의한 DNA 손상 혹은 DNA 복제 시 실수로 DNA 변형이 야기될 수 있다.

그림 7.7 점돌연변이는 DNA 복제와 DNA 수선 사이의 경쟁에서 DNA 복제가 이긴 결과이다. DNA에서 일어난 변형은 DNA 수선로 다음 DNA 복제 전에 그 변형을 되돌리지 못하면 다음 세대로 이어진다.

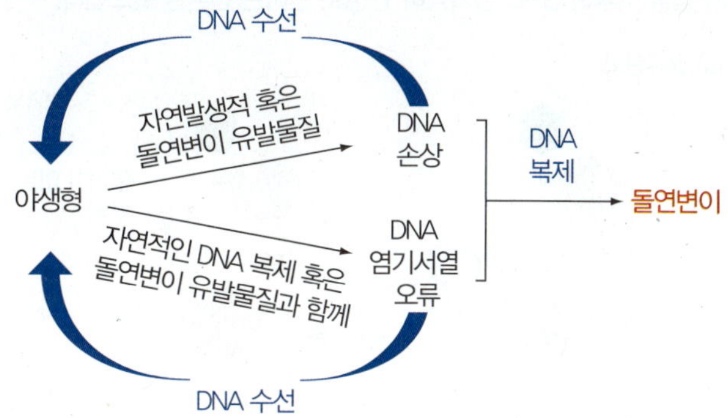

변형이 생겼다고 바로 돌연변이가 되는 것은 아니다. 돌연변이로 될 가능성이 있을 뿐이다. 왜냐하면 대부분 이런 변형은 세포 내에 존재하는 다양한 효소작용으로 바로 수선되기 때문이다. 이러한 DNA 수선기작은 DNA 복제와 끊임없이 경쟁을 벌이고 있다. 만약 다음 DNA 복제시점 전까지 손상된 DNA나 잘못 끼어들어간 뉴클레오티드를 수선하면 염기서열은 수정되고 돌연변이는 일어나지 않는다. 하지만 수선 효소가 다음 복제시점 전에 손상을 돌이키지 못하면 돌연변이는 이중 나선에 모두 영구적으로 남게 되고 유전된다.

DNA를 변형시키는 자연발생적 과정

DNA의 화학적 · 물리적 공격은 매우 흔한 현상이다. 예를 들어 디옥시리보오스–인산 뼈대에 있는 퓨린 염기 A 혹은 G의 가수분해는 사람 세포에서 매 시간 1,000번 정도 일어난다. 이러한 DNA 변형을 **탈퓨린화**(depurination)라고 한다(그림 7.8a). 탈퓨린 결과 생긴 퓨린이 없는 **부위**(apurinic site)는 상보적 염기에 대한 정보가 없어서 DNA가 복제될 때 아무 염기나 붙게 되어 새로 합성된 DNA 가닥 중 3/4은 돌연변이를 갖게 된다.

아미노($-NH_2$) 그룹을 제거하는 **탈아민화**(deamination)도 자연적으로 일어나 DNA의 정보를 변형시킨다. 탈아민화는 시토신을 DNA에는 없고 RNA에만 존재하는 염기인 우라실(U)로 바꾼다. U는 G가 아니라 A와 쌍을 이루기 때문에 복제 후에 C–G쌍이 T–A쌍으로 바뀐다(그림 7.8b). 이와 같이 C–G를 T–A로 바꾸는 것이 전이돌연변이이다.

우주선, X-선과 같은 자연적으로 생기는 방사선은 당–인산 뼈대를 파괴한다(그림 7.8c). 자외선(UV)은 근접한 티

그림 7.8 DNA에 저장된 정보가 어떻게 자연적으로 변하는가. (a) 탈퓨린화, A 혹은 G 염기의 가수분해로 DNA선상에 불특정한 염기를 남기게 된다. (b) 탈아미노화, C에서 아미노 그룹을 제거하여 DNA 복제 후에 전이를 유발하게 한다. (c) X-선이 당-인산 뼈대를 잘라 DNA 분자를 작은 조각으로 나누며 이들 조각이 부적합하게 다시 합쳐진다. (d) 자외선(UV) 조사는 가까이 있는 T끼리 이량체를 이루게 하여 유전정보의 해독을 방해할 수 있다. (e) 조사는 짝이 없는 전자를 지닌 산소분자와 같은 유리기의 생성을 유도하여 각 염기를 변형시킬 수 있다. 변형된 염기인 GO와 A가 쌍을 이루어 G-C 염기쌍이 T-A로 변하는 전환을 일으킨다.

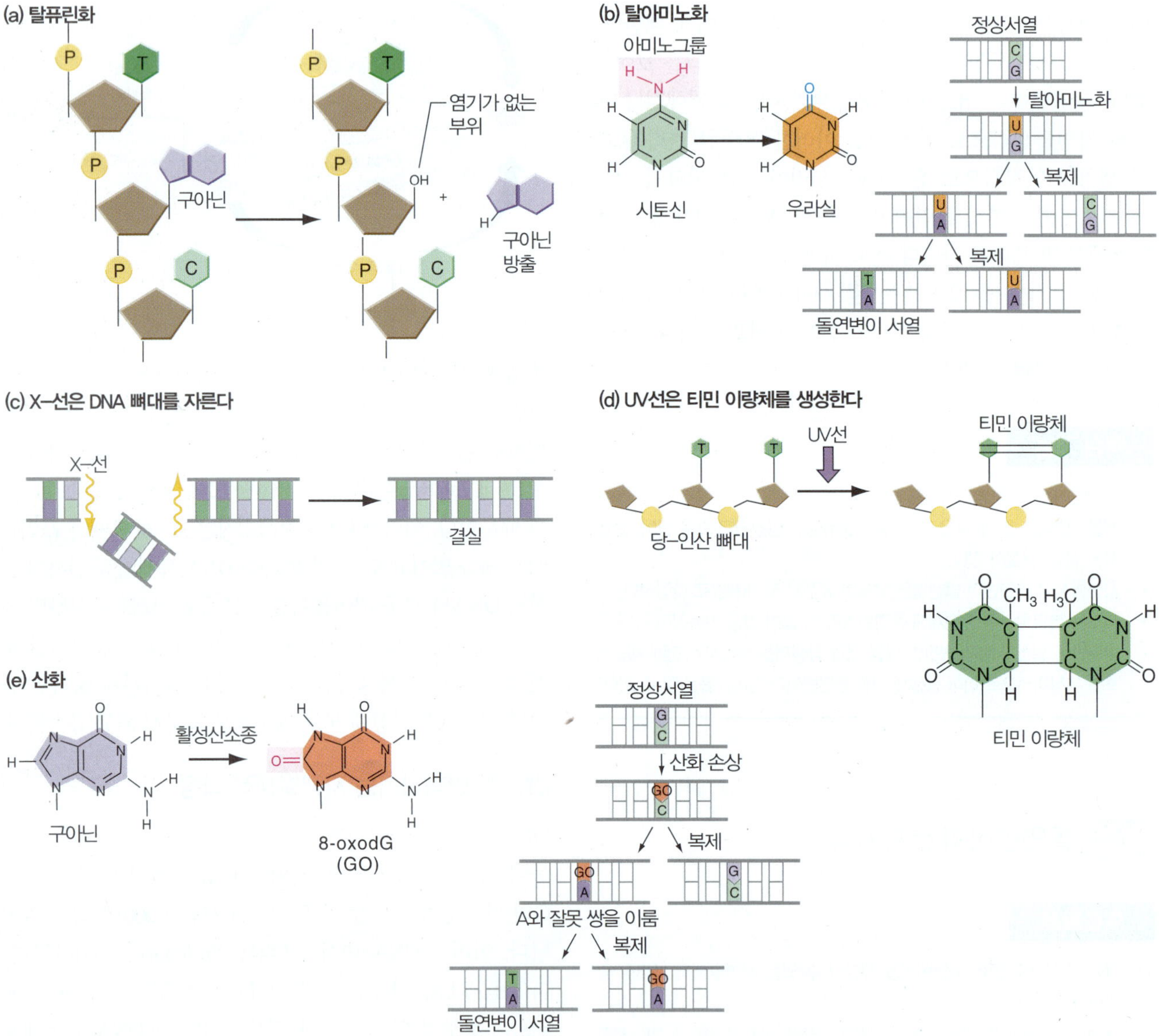

민기를 화학적으로 결합시켜 티민-티민 이량체(thymine-thymine dimer)를 이룬다(그림 7.8d). 또한 네 개 염기의 산화적 손상을 준다(그림 7.8e). DNA 복제 시점 전에 수선하지 않으면 이런 모든 변형은 DNA가 지닌 정보를 영구히 바꾼다.

DNA 복제 과정의 실수도 자연발생 돌연변이를 유발한다

복제할 때 A의 짝으로 T 대신 C를 잘못 붙였다면 다음 복제 때에 DNA 한 가닥은 정상적인 A-T쌍을 가지나 다른 가닥은 G-C를 갖게 된다. 세균과 사람 세포에서 생체 내 복제의 정확도를 측정하면 실수율이 10^9 염기쌍 중 한 번 정도로 아주 낮다. 이것은 마치 이 책 한 권을 1,000번 타이핑할 때 하나의 오타를 치는 것과도 같다. 이중 나선을 풀고, 염기쌍을 이루고 합성하는 복잡한 과정을 고려할 때 이 정도의 정확도는 놀라운 일이다. 어떻게 세포는 대부분의 DNA 복제 실수를 피할 수 있을까? 그럼에도 불구하고 DNA 복제 과정에서 어떤 종류의 실수가 일어나는 걸까?

DNA 중합효소의 교정/편집기능

복제기기는 지속적인 수정을 거쳐 실수를 최소화한다. 시험관에서 DNA 중합효소가 DNA를 복제할 때 10^6 염기 중 하나 정도의 실수율을 보인다. 이것은 실제 세포에서 일어나는 것보다 대략 1,000배 정도 높다. 그래도 이것은 굉장히 낮은 편인데, 이유는 중합효소가 합성기능 외에 핵산분해효소 기능으로 교정/편집 기능을 가지고 있기 때문이다. 핵산분해효소는 중합효소가 실수를 할 때마다 활성화되며 3′에서 5′ 핵산말단가수분해효소(3′-to-5′ exonuclease)로써 잘못된 염기쌍을 찾아 잘라내고 중합효소가 정확한 염기를 붙일 수 있게 기회를 준다(그림 7.9). 핵산분해효소 기능이 없다면 DNA 중합효소의 실수율은 10^4 염기마다 하나는 될 것이다. 따라서 편집기능은 복제의 정확도를 100배는 높여준다.

생체 내의 DNA 중합효소는 서로 협력하여 10배 더 실수율을 낮출 수 있는 여러 단백질로 이루어진 복제시스템의 일부로 세포의 정확도를 100배 정도는 더 높게 할 것이다. 세포의 100배 더 높은 정확도는 백업 시스템인 **메틸-지시성 짝짝이 수선**(methyl-directed mismatch repair)에 달려 있다. 이것은 새로 합성된 DNA의 실수를 찾아내어 수정한다. 나중에 돌연변이가 생겼을 때 세포가 대처하는 다양한 방법에 대해 설명할 때 이러한 교정시스템에 대해 자세히 살펴보기로 한다.

그림 7.9 **DNA 중합효소의 교정기능.** 만약 DNA 중합효소가 합성하고자 하는 DNA 가닥의 3′-말단에 잘못된 뉴클레오티드를 실수로 첨가하였다면 이 효소가 지닌 3′ → 5′ 핵산말단가수분해효소 활성으로 잘못된 뉴클레오티드를 제거하고 제대로 된 뉴클레오티드를 중합효소가 첨가하도록 두 번째 기회를 준다.

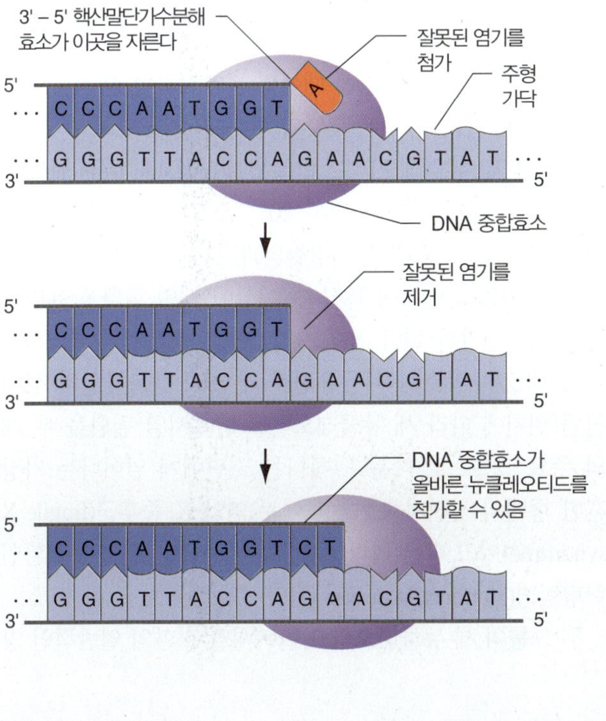

염기의 호변체화

DNA 중합효소가 실수를 하는 이유 중의 하나는 염기의 **호변체화**(tautomerization; 토토머화)이다. 네 개의 각 염기는 상호 간에 끊임없이 서로 변형될 수 있는 아주 유사한 화학적 구조를 지닌 두 개의 **호변체**(tautomer)를 지닌다. 이 두 개의 호변체 사이의 평형은 거의 대부분 A는 T와 G는 C와 염기쌍을 이루는 구조로 되어 있다. 하지만 주형가닥의 염기가 우연히 드물지만 다른 호변체 구조가 되면 DNA 중합효소는 새 가닥을 합성할 때 잘못된 염기를 삽입한다. 왜냐

그림 7.10 **염기의 호변체화가 어떻게 돌연변이를 유발하는가.** (a) 네 개의 염기의 드문 호변체화는 정상 염기쌍이 아닌 다른 염기쌍을 이루게 한다. (b) 드물지만 에놀(enol) 구조는 DNA 중합효소가 T 자리에서 G를 상보적 염기로 삽입하게 한다. T:G 불일치 염기쌍을 다음 복제 전에 T:A로 수선하지 않으면 T:A가 T:G로 되는 전이 돌연변이가 DNA 양 가닥에 생기게 된다.

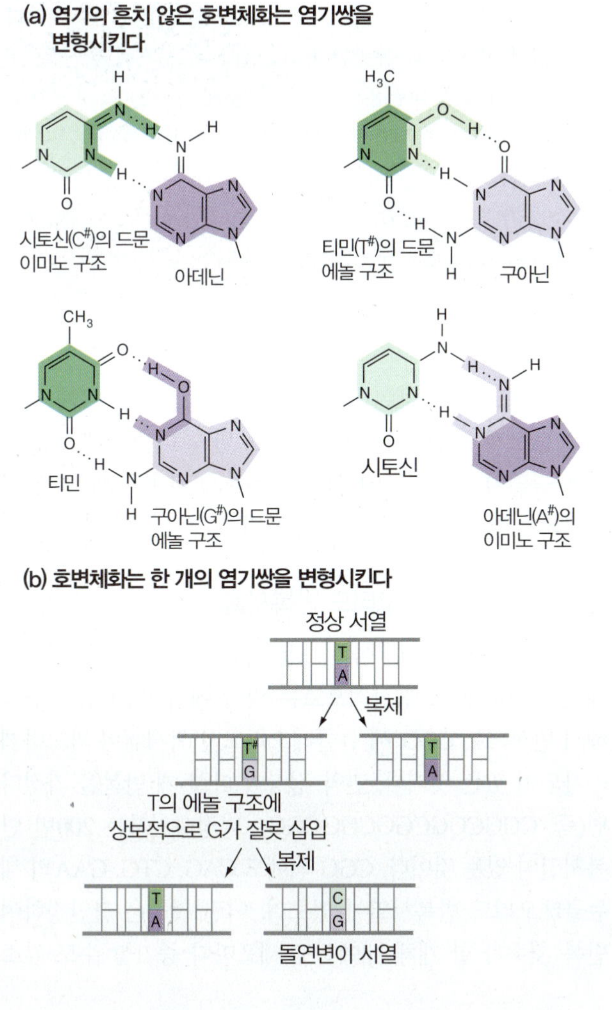

빠르게 살펴보기

세 뉴클레오티드 반복 질환: 헌팅턴병과 연약 X 증후군

대략 20종의 퇴행성 신경질환이 불안전한 세 뉴클레오티드 반복을 지닌 유전자가 원인이다. 폴리Q 질환(polyQ diseases)과 비폴리Q 질환(non-polyQ diseases)(Q는 아미노산 글루타민의 상징이다) 두 종류로 나눈다. 폴리Q 질환 유전자는 세 뉴클레오티드 반복서열이 항상 CAG이다. 반면에 비폴리Q 질환 유전자는 세 뉴클레오티드 반복서열이 CGG, CTG, GCC, GAA 중 하나이다. 반복서열이 유전자 기능에 미치는 영향에 따라 두 종류의 세 뉴클레오티드 반복 질환으로 분류한다. 폴리Q 질환은 너무 많은 세 뉴클레오티드 반복을 지닌 대립유전자가 비정상적인 단백질을 만들고, 비폴리Q 질환 대립유전자는 단백질을 만들지 못하거나 단백질 생성량이 줄어드는 경우이다. 이 두 종류의 차이는 가장 잘 알려져 있는 질환인 폴리Q 질환인 헌팅턴병과 비폴리Q 질환인 연약 X 증후군으로 설명하고자 한다.

헌팅턴병은 세계적으로 10,000명 중 한 명 정도 걸린다. 증상은 40세 정도부터 나타나며 근육조절이상, 인지능력저하, 정신적 문제 등을 동반한다. 2장에서 본 것처럼 헌팅턴병은 상염색체 우성 대립유전자(*HD*)를 통해 유전된다. 정상 HD^{+} 대립유전자가 CAG 반복서열이 6~28번 반복되는 반면에 *HD* 질환 대립유전자는 36번 혹은 그 이상 CAG의 반복 횟수가 증가되어 있다. *HD* 유전자의 CAG 반복부위는 개방 번역틀(open reading frame, ORF) 내에 있어 실제 아미노산이 단

그림 A. 헌팅턴병: 폴리Q 반복 질환. *HD* 유전자는 글루타민을 지정하는 CAG 서열의 반복서열부위를 개방 번역틀 안에 지닌다. 질환 대립유전자는 변이를 지닌 치명적인 단백질을 합성한다. 이 단백질은 폴리Q 부위가 늘어나 있다. 전-돌연변이 대립유전자는 CAG 반복 서열의 수가 중간정도라서 기능이 가능한 정상단백질을 생성하나 불안정하다.

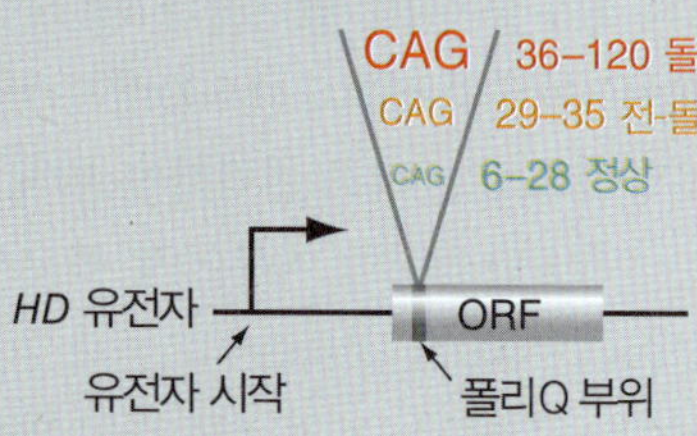

백질을 생성한다.

각 CAG는 아미노산 글루타민(Q)을 지정하여 HD 단백질에 첨가하여 정상단백질의 경우 6~28개의 Q아미노산이 폴리Q 부위에 있다(그림 A). 36개 혹은 그 이상의 반복을 지닌 *HD* 대립유전자는 폴리Q 부위가 늘어나 있는 변이 HD 단백질을 생성한다. 이 변이단백질은 신경세포에 치명적이다. (전-돌연변이 대립유전자에 의해 생성된 단백질은 정상적으로 기능을 하지만 반복횟수가 불안정하다.) 신경세포에서 HD의 정

하면 이 드문 호변체는 보통의 정상 구조와는 다르게 염기쌍을 다르게 형성한다(그림 7.10a). 만약 다음 복제시점 이전에 불일치 수선기작에 의해 잘못 삽입된 뉴클레오티드가 수정되지 않으면 점돌연변이가 생긴다(그림 7.10b).

불안정한 세 뉴클레오티드 반복서열

1992년에 예상치 못한 아주 드문 종류의 돌연변이를 사람에게서 발견하였다: 정상적으로는 몇 번에서 50번 정도 연속해서 반복되는 CGG 세 뉴클레오티드 반복서열이 과도하게 증가되어 있는 것이다. 만약 정상이 다섯 개 반복을 가졌다면(즉, CGGCGGCGGCGGCGG), 비정상인자는 200번 반복서열이 있는 것이다. CGG 외에도 CAG, CTG, GAA의 세 뉴클레오티드 반복서열이 있으며, 이런 것들은 불안정하여 반복 횟수가 한 개체 내에서도 세포마다 증가할 수도 감소할 수도 있다. 배우자 형성 때에도 불안정하여 한 세대에서 다음 세대로 가면서 반복 횟수가 변하게 된다.

불안정 세 뉴클레오티드 반복서열(unstable trinucleotide repeats)은 현재 사람의 경우 20개 정도의 유전자에서 발견되었다. 모두 퇴행성 신경질환과 관련이 있다. 모든 경우, 반복서열의 반복이 특정 수 이상이 되면 질환을 유발하는 대립유전자가 된다. 읽을거리 "빨리감기"에서 설명하듯이 단백질을 암호화하는 유전자 부위와 반복서열의 상대적인 위치에 따라 세 뉴클레오티드 반복서열 질환을 두 개의 주요 그룹으로 나눈다. 하나는 소년에게 일어나는 가장 흔한 형태의 정신지체증을 보이는 연약 X 증후군(fragile X syndrome)이고 다른 하나는 2장에서 언급한 신경계 질환인 헌팅턴병(Huntington disease)이다.

두 그룹의 세 뉴클레오티드 반복서열 질환의 일반적인 양

그림 B. 연약 X 증후군: 비폴리Q 반복 질환 *FMR-1* **유전자**는 CGG 반복 서열을 ORF 밖에 있는 5′ 말단 비번역 부위 (5′ URTR)에 지닌다. *FMR-1* 질환 대립유전자는 반복서열의 수가 늘어나있어 단백질 합성을 방해한다. 전–돌연변이 대립유전자는 CGG 반복횟수가 중간 정도여서 정상량의 단백질을 생성할 수 있으나 불안정하다.

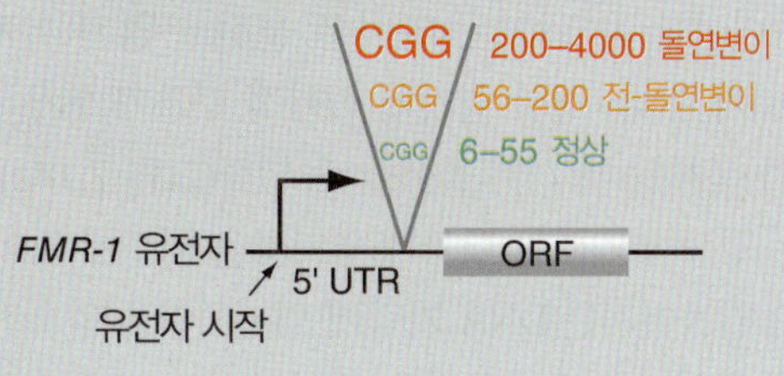

상기능이 무엇인지 왜 HD 변이단백질이 치명적인지 아직 잘 모른다.

*HD*와 같은 폴리Q 질환 대립유전자를 **기능획득 돌연변이**(gain-of-function mutants)라고 한다. 왜냐하면 생성된 단백질의 기능이 정상단백질에 비해 질적으로 다르기 때문이다. 전형적인 여러 기능획득 돌연변이와 같이 폴리Q 질환 대립유전자는 우성 유전으로 변이 폴리Q 단백질은 정상단백질이 있어도 치명적이다.

비폴리Q 질환의 예는 연약 X 증후군으로 남자 4,000명 중 1명, 여자 8,000명 중 1명에서 유발되는 유전질환으로 정신지체를 보인다. X-연관된 유전자 *FMR-1* (fragile X mental retardation-1)의 CGG 반복부위의 늘어난 것이 원인이다.

FMR-1 유전자의 CGG 부위는 ORF가 아닌 5′ UTR 부위에 있다(그림 B). 정상 *FMR-1*$^{+}$ 유전자는 6~55번 CGG가 반복되나 질환대립유전자 *FMR-1*에서는 반복횟수가 200번 혹은 그 이상 증가되어 FMR-1 단백질을 생성할 수가 없다. FMR-1 단백질이 없으면 신경세포가 정상적으로 시냅스(synapses)를 형성할 수가 없다.

비폴리Q 질환의 공통점은 세 뉴클레오티드 반복이 ORF가 아닌 다른 부위에 있는 것이다. 반복횟수가 증가되어 있는 비폴리Q 질환 유전자는 단백질을 생성할 수 없어서 비폴리Q 질환 유전자는 기능상실 대립유전자(loss-of-function alleles)이다. 질환 대립유전자를 지닌 이형접합 여성의 경우 대부분의 경우 어느 정도 질환 증상을 보이기 때문에 연약 X 증후군은 불완전한 침투도와 다양한 표현도를 지닌 X-연관 우성 유전 질환이라 할 수 있겠다. 다른 비폴리Q 질환유전자는 질환의 증상을 막기 위하여 두 개 혹은 한 개의 유전자 생성물이 필요한지에 따라 우성 혹은 열성 유전양식을 보인다.

세 뉴클레오티드 반복 질환은 돌연변이에 대한 두 가지 기본적인 사실을 말해 준다. 첫째, 돌연변이는 유전자 생성물(폴리Q 질환)의 변이 혹은 생성량(비폴리Q 질환)에 영향을 준다. 둘째, 특정 DNA 서열은 헌팅턴병이나 연약 X 증후군의 전-돌연변이 대립유전자의 경우처럼 어떤 특정 환경에서 아주 높은 빈도로 변이가 일어날 수 있다. 이러한 두 가지 원리는 다음 장에서 다룰 중요한 주제이다.

상은 특정부위의 반복서열의 반복 횟수가 많을수록 반복 횟수가 많게 혹은 적게 변화할 확률이 높다는 것이다. 반복 횟수가 많으면 더 불안정하기 때문에 세 뉴클레오티드 반복서열의 수가 중간 정도인 대립유전자는 **돌연변이가 생기기 전 대립유전자**(pre-mutation alleles)(그림 7.11a)라고 한다. 예를 들어, 연약 X 증후군에서 돌연변이가 생기기 전 대립유전자를 지닌 사람은 정상이지만 복제과정에서 이 대립유전자의 반복서열의 반복 횟수에 변화가 일어날 확률이 높다. 따라서 돌연변이가 생기기 전 대립유전자를 지닌 사람은 반복 횟수가 증가된 새로운 질환 대립유전자를 그들의 자손에게 전해 줄 확률이 높다(그림 7.11b).

반복서열의 증가 기작 중 하나는 DNA 복제과정에서 **미끄러진 짝짓기 오류**(slipped mispairing)로 인해 길이 변화가 생긴다는 것이다. DNA 중합효소는 반복서열부위를 복제할 때 종종 정지하여 DNA 한 가닥(새로 생성된 가닥 혹은 주형가닥)이 다른 가닥에서 미끄러질 수 있는 기회를 준다(그림 7.12). 반복서열이 있는 부위라 미끄러진 가닥과 다른 가닥이 다른 위치에서 쌍을 이루어 고리를 형성하게 된다. 다음 DNA 복제가 진행되면 미끄러져 짝짓기에 오류가 생긴 경우 DNA 양쪽 가닥에 세 뉴클레오티드 반복서열의 반복횟수가 늘거나 줄게 된다.

돌연변이 유발물질

돌연변이는 유전적 분석을 가능하게 하지만 대부분 자연발생 돌연변이의 발생률이 낮아서 이것을 높일 수 있는 길을 모색해야 했다. 뮐러(H. J. Muller)는 모건(Thomas Hunt Morgan)의 초파리(*Drosophila*) 그룹의 일원으로 자연적인 것보다 강한 양의 X-선에 쪼이면 초파리에서 돌연변이 발생

그림 7.11 연약 X 증후군의 유전. (a) 돌연변이 이전의 정상 대립유전자와 연약 X 증후군을 유발하는 돌연변이 대립유전자는 CGG 세 뉴클레오티드의 반복서열의 수가 다르다. 질환 대립유전자는 기능을 못한다. 정상 대립유전자는 정상 기능을 하지만 여성의 생식세포에서 DNA가 복제될 때 세 뉴클레오티드의 반복서열의 반복 횟수가 증가할 확률이 높다. (b) 돌연변이로 되기 전 상태의 대립유전자가 이형접합성인 정상 여성은 세 뉴클레오티드의 반복 횟수가 증가된 난자를 생성하게 될 것이다.

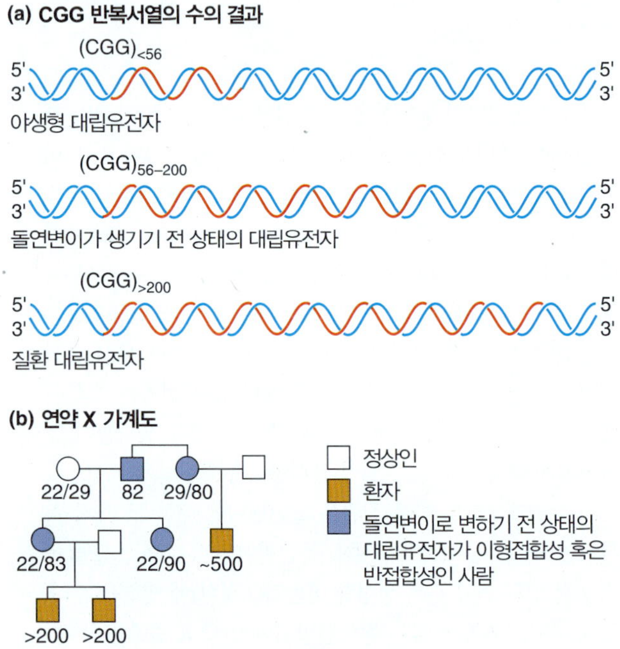

률을 높인다는 것을 처음으로 보여주었다(그림 7.13). 뮐러는 수컷 초파리에 강한 X-선을 쪼이고 암컷과 교배시켰다. 암컷은 X 염색체 한 개에 분별이 쉬운 우성 돌연변이인 막대 눈(Bar eyes)인자를 가졌다. 또한 이 X 염색체는(균형염색체, balancer라고 함) 염색체가 역위로 재배치되어 다른 X 염색체와 교차가 일어날 수 없는 균형염색체이다(12장 참조). 이 교배에서 얻은 F_1 암컷은 아버지로부터 받은 돌연변이 X와 어머니로부터 온 막대(Bar)로 표시된 X와의 이형접합자이다. 만약 쪼인 X-선이 아버지의 X 염색체 어디에든 열성 치사 돌연변이를 유발하였다면 F_1 암컷은 막대눈이 아닌 아들을 낳을 수가 없다. 따라서 간단히 막대눈이 아닌 아들이 있는지 없는지를 보면 초파리의 생존에 필수적인 X 염색체상에 있는 1,000개 이상의 유전자 어느 것에든 돌연변이가 일어났는지를 알 수 있다. 쪼인 X-선 양이 많을수록 열성치사돌연변이가 더 많이 생긴다고 결론을 내렸다.

자연발생적인 돌연변이율보다는 많은 돌연변이를 유발하는 물리 혹은 화학적 물질을 **돌연변이 유발물질**(mutagen)이라고 한다. 연구를 위해 다양한 돌연변이물질들이 사용된다. 왓슨–크릭의 DNA 구조 모델을 이용하여 대부분의 돌연변이 유발물질의 작용을 분자수준에서 이해할 수 있다. X 염색체에 돌연변이를 유발하기 위해 뮐러가 사용한 X-선은 DNA 가닥의 당–인산 뼈대를 끊을 수 있다. 어떤 경우에는 두 가닥을 동시에 끊을 수도 있다. 여러 곳에서 두 가닥을 동시에 끊으면 DNA 조각을 만들게 되고 이러한 조각들이 서로 잘못 붙게 되면 작은 결실(그림 7.8c 참조), 혹은 12장에서 살펴볼 커다란 결실과 다른 재배치와 같은 것들이 생기게 된다.

돌연변이를 유발하는 또 다른 물질로 **염기 유사체**(base analogs)가 있다. 정상 염기와 화학적 구조가 매우 유사하여 DNA가 복제될 때 끼어 들어갈 수 있다(그림 7.14a). 염기 유사체는 정상 염기와는 다르게 염기쌍을 이루게 되어 복제 시 새롭게 만들어지는 DNA 가닥에 염기치환을 일으킨다. 다른 화학적 돌연변이 유발물질은 직접적으로 염기의 화학적 구조 및 성질을 변형시켜 치환을 유발하기도 한다(그림 7.14b). 이러한 변화는 DNA 복제 과정에서 잘못된 염기를 유전체에 고정시키게 된다.

또 다른 종류의 돌연변이 유발물질로 **삽입물질**(intercalators)이 있다: 연속된 염기쌍들 사이에 끼어들어가 복제기구를 방해하여 한 개의 염기쌍을 결실 혹은 삽입하게 하는 납작한 판구조의 분자(그림 7.14c). 정확히 이런 성질 때문에 삽입물질, 프로플라빈(proflavin)은 종종 유전학 연구에 사용된다.

DNA 수선기작은 돌연변이 생성을 최소화한다

세포는 손상된 DNA를 찾아내고 수선하는 다양한 효소를 갖추고 있어 높은 돌연변이 발생률을 현저하게 줄이도록 발전해 왔다. 이러한 수선시스템의 조합은 매우 효율적일 것이다. 왜냐하면 자연발생적 돌연변이율의 관찰치는 거의 모든 유전자에서 매우 낮다.

DNA 염기변형의 복원

만약 구아닌 염기에 메틸기 혹은 에틸기가 잘못 붙으면(그림 7.14b 참조) 알킬기 전이효소가 이것들을 제거하여 원래 염기로 되돌려놓는다. 다른 예로는, 자외선에 노출되어 생긴 티민-티민 이량체를 **광분해효소**(photolyase; 그림 7.8d 참조)가 찾아내어서 이들 사이에 있는 화학결합을 끊어서 수선한다.

흥미롭게도 광분해효소는 가시광선이 있어야만 작용을 한다. DNA를 수선하기 위해 가시광선에 속하는 빛을 흡수하는 **색소포**(chromophore)라는 작은 분자와 광분해효소가 결합한다; 색소포가 모은 에너지를 사용해 티민 이

그림 7.12 세 뉴클레오티드의 반복서열의 신장은 DNA 복제 과정에서 미끄러진 짝짓기 오류 때문이다. (a) DNA 복제 과정에서 DNA 중합효소가 반복서열에서 멈추면 새롭게 합성되는 DNA 가닥이(파란색 부위) 주형가닥에서(회색 부위) 미끄러진다. 이 부위는 반복서열이라서 미끄러진 가닥은 다른 부위의 주형가닥과 여전히 쌍을 이루어 DNA 합성을 계속 할 수 있다. 다음 DNA 복제가 진행되면 DNA 이중 가닥에 반복서열의 반복 횟수가 늘어나게 된다. (b) 유사하게, 이번에는 주형가닥이 새롭게 합성되는 DNA 가닥에서 미끄러지면 세 뉴클레오티드에 결실이 일어난다.

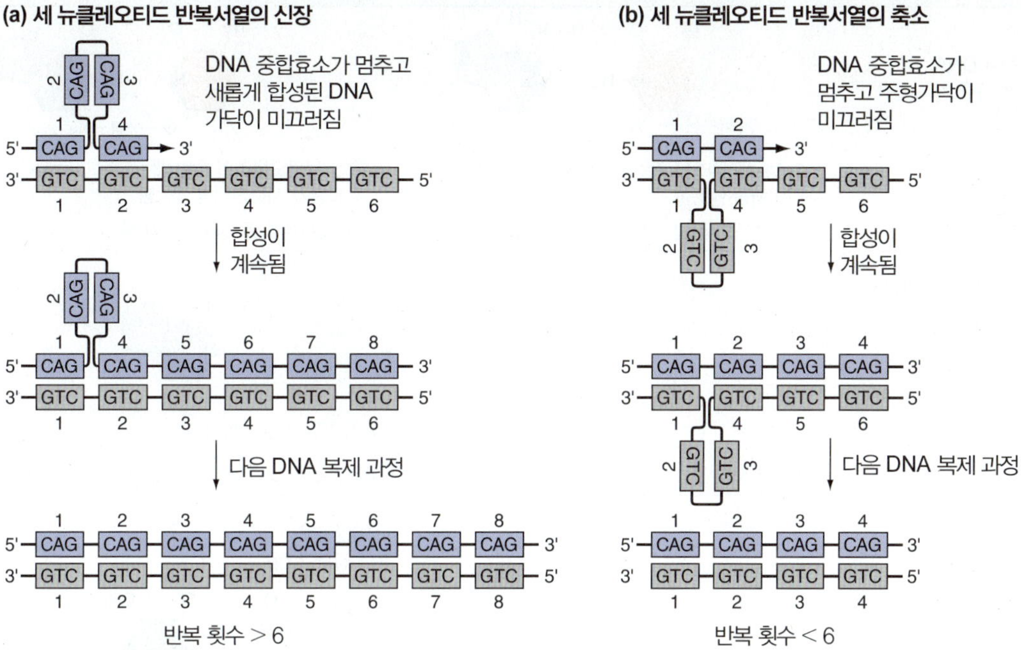

그림 7.13 X-선 노출은 초파리의 돌연변이율을 높인다. 방사능이 조사된 부계의 X 염색체(빨간색 선)와 모계의 *Bar*로 표시된 평형 X 염색체(파란색 구불구불한 선)를 지닌 F_1 암컷을 만들었다. 평형염색체는 다중의 역위를 지닌 염색체(13장 참조)이기 때문에 이 두 염색체 사이에서 재조합이 일어날 수 없다. 아버지로부터 받은 X-선에 노출된 X 염색체 하나를 가진 F_1 암컷 한 마리와 야생형 수컷을 교배하였다. 어떤 F_1 암컷이라도 부계의 X 염색체에 X-선이 유발한 열성 치사 돌연변이(*m*)를 지니면 막대눈을 갖는 아들만 낳을 수 있다(왼쪽). X 염색체에 이런 돌연변이가 없다면 F_1 암컷은 막대눈과 막대눈이 아닌 아들을 모두 낳을 것이다(오른쪽).

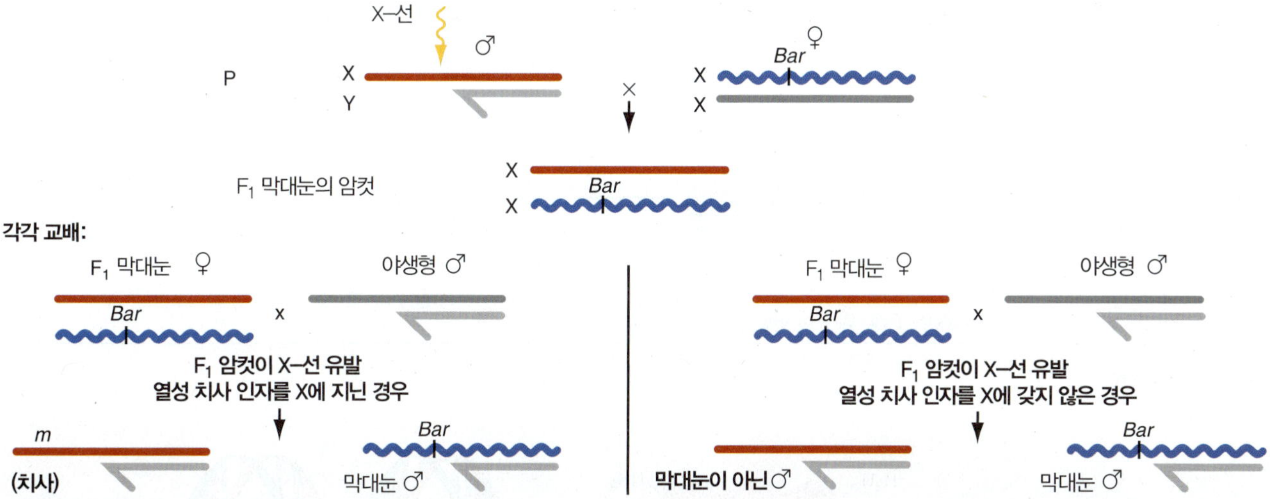

합체를 분리한다. 어두운 곳에서는 작용을 하지 않기 때문에 광분해효소의 작용을 **빛수선**(light repair) 혹은 **광수선**(photorepair)라고 한다.

손상된 염기 제거

수선시스템은 보편적으로 변형된 염기가 있는 DNA 가닥에서 작은 부위를 우선 제거하고 남은 가닥을 주형으로 하

그림 7.14 돌연변이 유발물질로 인한 DNA의 변형. (a) DNA에 삽입된 염기 유사체는 쌍을 잘못 이루어 복제하는 동안에 상대편 DNA 가닥에 잘못된 뉴클레오티드를 첨가하게 한다. (b) 어떤 돌연변이 유발물질은 염기의 구조를 변형시켜 다음 복제 때 잘못된 염기쌍을 이루게 한다. (c) DNA 삽입물질은 이중 나선 구조의 염기쌍과 대략 동일한 크기와 모양을 갖는다. DNA에 삽입되면 염기쌍 하나의 결실 혹은 삽입을 유발한다.

돌연변이 유발물질의 종류	돌연변이 유발물질의 화학적 작용

(a) 염기치환:
염기유사물질은 DNA 염기와 화학적 구조가 거의 동일하다.

5-브로모우라실: 티민과 거의 동일함. 대개 A와 쌍을 이룸; 일시적으로 G와 쌍을 이룸

(b) 염기의 구조와 성질을 변형:
수산화 물질: 수산(−OH) 그룹을 첨가

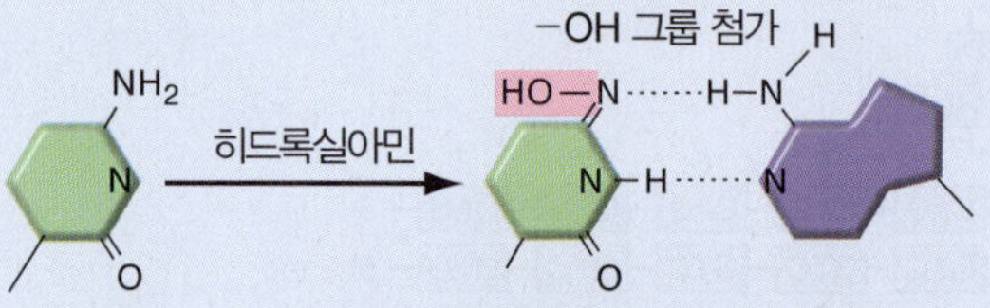

히드록실아민은 −OH를 시토신에 첨가; −OH를 첨가하여 수산화 C가 되면 이제 G 대신에 A와 쌍을 이룸

알킬화 물질:
에틸기($-CH_2-CH_3$) 혹은 메틸기($-CH_3$) 그룹을 첨가

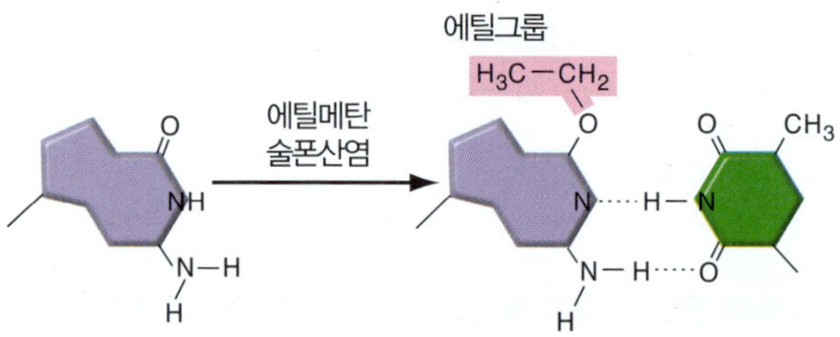

에틸메탄술폰산염(Ethylmethane sulfonate)은 에틸 그룹을 구아닌 혹은 티민에 첨가한다. 위에서와 같이 변형된 G는 T와 쌍을 이루고 변형된 T는 G와 쌍을 이룸(그림에 없음)

탈아민화 물질:
아민($-NH_2$)그룹을 제거

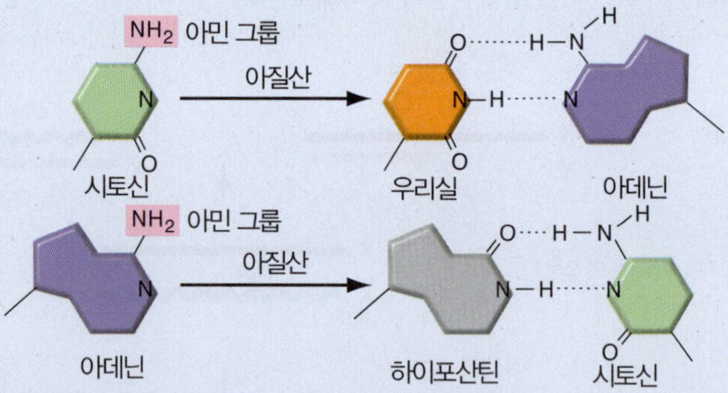

아질산(nitrous acid)은 시토신을 우라실로 변형시켜 G 대신에 A하고 쌍을 이루게 함; 아데닌을 하이포산틴으로 변형시켜 T 대신에 C와 쌍을 이루게 함

(c) 염기 사이에 삽입:
삽입물질

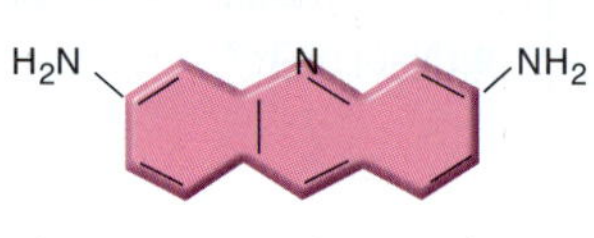

프로플라빈(proflavin)

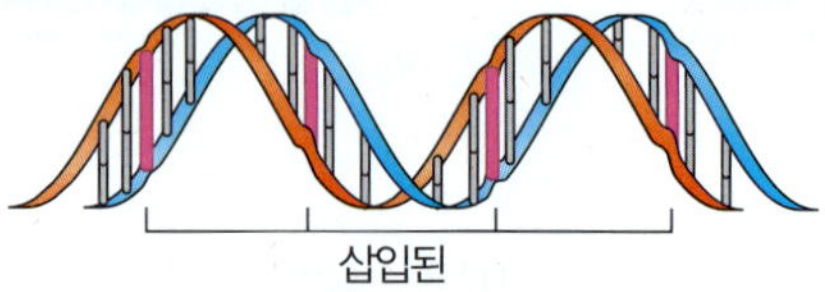

삽입된 프로플라빈 분자

프로플라빈은 이중 나선 구조 사이로 삽입하여 DNA의 대사를 저해하여 결국 염기쌍 하나의 결실 및 삽입을 유도함

(계속)

그림 7.14 돌연변이 유발물질로 인한 DNA의 변형. (계속)

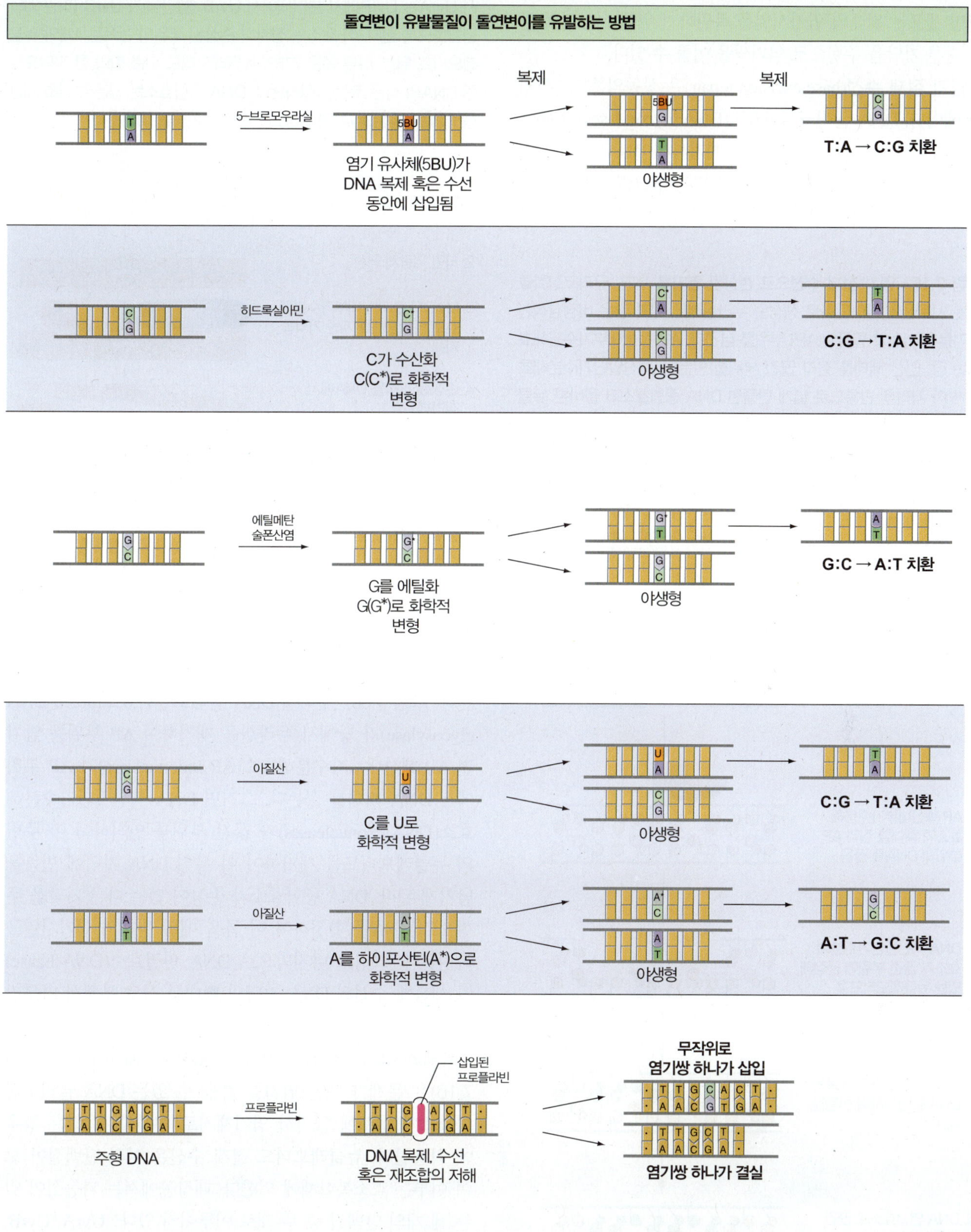

여 제거된 부위를 재합성하는 상동의존형수선(homology-dependent repair) 방법을 이용한다. 이러한 방법은 이중 나선구조의 장점을 활용하는 방법이다. 만약 한 가닥이 손상되면 세포는 원래의 염기서열을 복원하기 위해 손상되지 않은 다른 가닥을 주형으로 염기쌍을 이룰 수 있다.

염기 절제 수선(base excision repair)은 상동의존형수선의 한 예이다. DNA 글리코실화효소(DNA glycosylases)가 뉴클레오티드의 당에서 염기를 잘라 제거하여 DNA 가닥에 탈퓨린 혹은 탈피리미딘(AP) 부위를 만든다(그림 7.15). 서로 다른 글리코실화효소가 특정 손상된 염기를 잘라낸다. 염기 절제 수선은 DNA에서 우라실을 제거하는데, 특별히 중요한다(우라실은 시토신의 탈아민화에 의해 자연스럽게 생긴다; 그림 7.8b). 우라실-DNA 글리코실화효소(uracil-DNA glycosylase)가 당에서 우라실을 제거하여 AP 부위를 남기면 AP 핵산내부가수분해효소(AP endonuclease)가 AP 부위에서 DNA 뼈대를 끊는다. 그러면 DNA 핵산말단가수분해효소(DNA exonucleases)가 끊긴 부위를 인식하여 이 주변의 뉴클레오티드를 제거하여 이 부위 DNA 가닥에 빈틈을 남기게 된다. DNA 중합효소가 손상이 없는 다른 가닥을 주형으로 DNA를 합성하여 이 틈을 메워 원래의 염기서열을 복원한다. 그리고 마지막으로 DNA 연결효소(DNA ligase)가 새롭게 수선된 DNA 가닥의 뼈대를 서로 부쳐서 마무리를 한다.

그림 7.15 염기 절제 수선으로 손상된 염기를 제거. 글리코실화효소는 시토신의 탈아민화로 생성된 우라실(빨간색)과 같은 비정상적인 염기를 제거하고 탈퓨린(AP) 부위를 남긴다. AP 핵산내부가수분해효소는 당-인산 뼈대를 잘라 끊긴 부위를 만든다. 핵산말단가수분해효소가 이 자리를 빈틈으로 넓게 만들면 DNA 중합효소가 올바른 뉴클레오티드(초록색)로 빈자리를 채운다. 수선된 DNA 가닥을 DNA 연결효소가 이어준다.

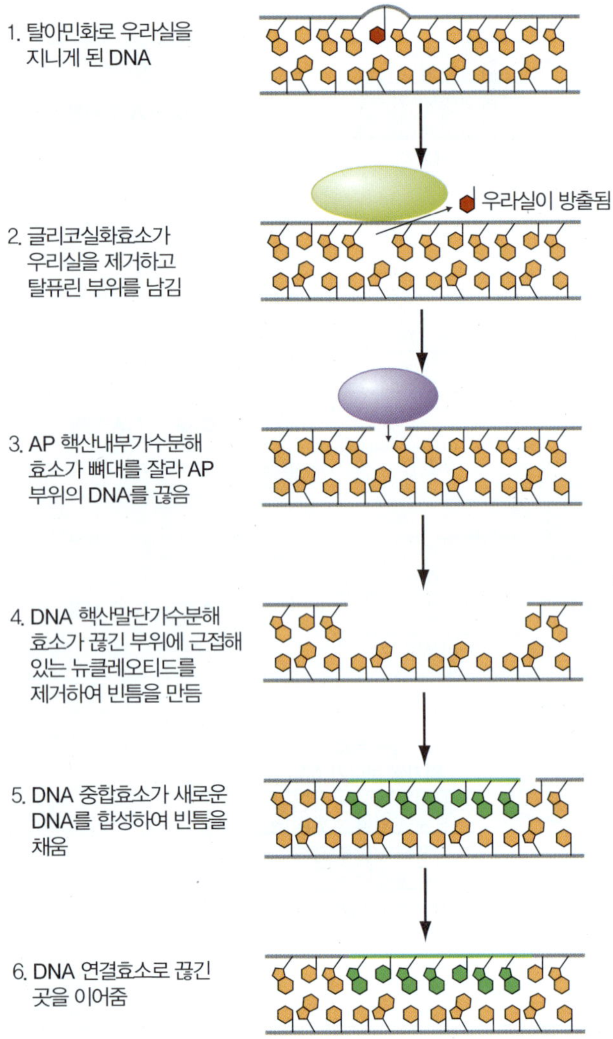

그림 7.16 뉴클레오티드 절제 수선은 손상된 뉴클레오티드를 수정한다. UvrA와 UvrB의 단백질 복합체(그림에 없음)는 티민-티민 이량체와 같은 DNA 손상에 의해 망가진 DNA를 탐색한다. 손상된 부위에서 UvrA는 UvrB에서 분리되어서 UvrB (빨간색)가 UvrC (파란색)와 결합하도록 한다. 이 효소는 정확히 손상된 부위의 한쪽은 4개의 뉴클레오티드 뒤를, 다른 쪽은 7개의 뉴클레오티드 뒤를 잘라 한 가닥으로 된 DNA의 작은 조각을 잘라낸다. DNA 중합효소는 잃은 부위를 재합성하고(초록색) DNA 연결효소는 수정된 가닥을 이어준다.

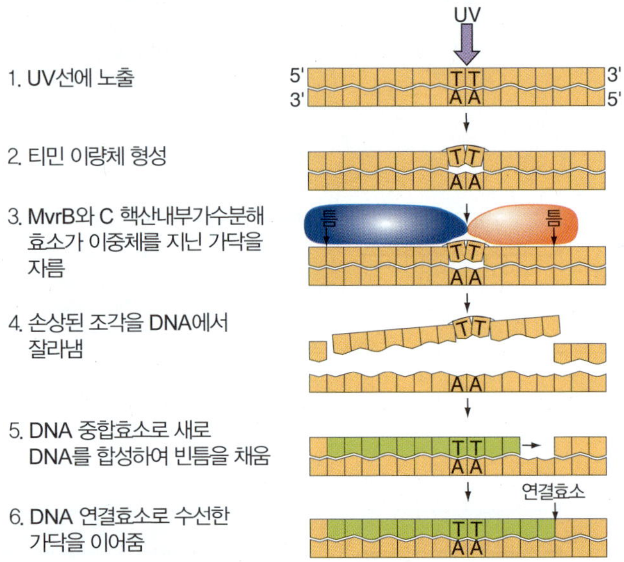

뉴클레오티드 절제 수선(nucleotide excision repair; 그림 7.16)은 문제가 있는 염기를 찾을 수 있는 DNA 글리코실화효소가 세포에 없어서 염기제거로 수선할 수 없는 경우에 작용한다. 뉴클레오티드 절제 수선은 여러 단백질이 모여 이루는 효소복합체에 의한다. 대장균에서는 가능성이 있는 세 개의 단백질 중 두 개로 이루어져 있다: UvrA, UvrB, UvrC. UvrA + UvrB 복합체는 DNA의 불규칙성을 점검하여 왓슨–크릭 염기쌍의 손상으로 인한 이중 나선 구조의 변형을 감지한다(광수선로 보정되지 않은 티민-티민 이량체와 같은 경우). UvrB + UvrC는 손상된 DNA 가닥에서 손상부위의 양쪽을 잘라내어 빈틈을 남긴다. 그러면 DNA 중합효소가 이 부위를 채우고 DNA 연결효소는 끝을 붙인다.

상동성 재조합으로 이중가닥 절단 수선

X-선은 이중가닥을 절단하여 이중 나선의 양 가닥을 자른다(그림 7.8c 참조). 이중가닥의 절단은 특히 위험한 DNA 손상으로 수선이 적절하게 되지 않으면 염색체의 절단으로 점돌연변이뿐만 아니라 커다란 결실 및 다른 종류의 염색체 재배열을 유도한다. 다행히 세포는 상동성 재조합(homologous recombination) 과정이 있어 대부분의 이중가닥 절단을 상보적 염기쌍을 이용하여 정확히 수선한다.

감수분열 재조합의 첫 번째 단계에서 이중가닥이 절단되고 가닥침입을 이용하여 재조합을 수행하여 상동염색체를 주형으로 이용하여 세포는 결국 이중가닥절단을 수선한다(그림 6.26 참조). 유사분열을 하는 세포는 X-선 조사로 인한 이중가닥 절단 수선을 위해 상동성 재조합에 사용되는 동일한 효소기작을 사용할 수 있다. 이때 상동염색체 혹은 자매염색분체의 수선을 위한 주형으로 사용한다. 상동염색체를 주형으로 사용하면 절단 수선은 유사분열 재조합이 된다. 하지만 상동염색체를 찾는 것이 비효율적이라 대신 세포주기 G2 단계(염색체가 복제된 이후의 단계)의 자매염색분체 사이에서 일어나는 재조합으로 주로 수선을 한다. 이런 경우에 절단 수선은 유사분열 재조합을 이루지 않는다.

비상동성 말단연결로 이중가닥 절제 수선

또 다른 기작은 비상동성 말단연결(nonhomologous end-joining, NHEJ) 티드를 세포주기의 G1기에 생긴 이중가닥 절제 수선에 특히 중요하다. G1기는 자매염색분체가 상동성 재조합을 위한 주형으로 가용한 시기 전 단계이다. NHEJ에 참여하는 단백질이 DNA 절단부위에 붙어서 핵산분해효소로부터 절단부위를 보호한다. 이런 NHEJ 단백질은 또한 양 절단부위를 연결하여 DNA 연결효소가 붙일 수 있도록 해 준다(그림 7.17).

DNA 복제오류를 수정하기

DNA 중합효소는 DNA 복제를 상당히 정확하게 한다. 그렇더라도 복제시스템은 세포가 견딜 수 있는 실수보다 100배는 더 많이 실수를 한다. 백업으로 있는 수선시스템으로 메틸–지시성 짝짝이 수선(methyl-directed mismatch repair)이

그림 7.17 비상동성 말단연결에 의한 DNA 이중가닥 절제 수선. KU70, KU80, PKcs 단백질(포유동물 세포)은 DNA 절단부위에 붙어서 DNA가 잘려나가는 것을 보호하고 두 절단부위를 가깝게 하여 DNA 연결효소가 인산디에스테르 뼈대를 수선할 수 있게 해 준다.

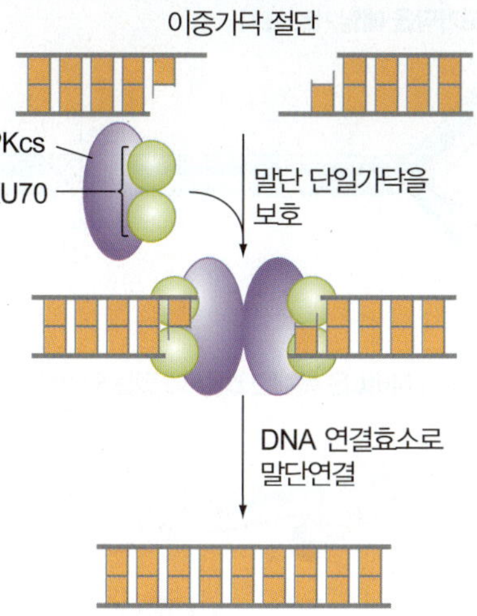

대부분의 실수를 수선한다(그림 7.18). 불일치수선은 DNA가 복제된 후에 활성화되어 어려운 문제를 해결하는 데 필요하다. 만약 G–C 염기쌍이 복제되어 한 가닥은 정상인 G–C 염기쌍, 다른 가닥은 G–T 염기쌍으로 되었다면 짝짝이 수선시스템은 잘못 짝이 맺어진 G–T 염기쌍을 쉽게 찾아낸다. 왜냐하면 잘못된 염기쌍은 이중 나선 구조를 망가뜨려 비정상적으로 튀어나오거나 들어가게 하기 때문이다. 하지만 이런 시스템이 G–C 혹은 A–T 어느 쌍으로 수정해야 할지를 어떻게 아는가?

세균은 부모 DNA 가닥의 특정위치에 구분이 가능한 표지를 함으로써 가능하다. 어디든지 GATC 염기서열이 있으면 아데닌 메틸화효소(adenine methylase)가 A에 메틸기를 부친다(그림 7.18a). 복제 바로 후에 부모가닥은 메틸기 표지를 지니며, 반면에 잘못된 염기를 지닌 새로 만들어진 새 가닥은 아직 표지가 없다(그림 7.18b). 대장균에 MutL과 MutS 단백질은 쌍을 잘못이룬 염기를 찾아 그곳에 붙어서 또 다른 단백질 MutH가 DNA 새 가닥에 제일 가깝게 있는 메틸 GATC부터 자르게 한다; MutH는 새 DNA 가닥에 GATC의 메틸기가 없기 때문에 새 DNA 가닥을 구분할 수 있다(그림 7.18c). DNA 핵산말단가수분해효소가 잘린 곳과 잘못 쌍을 이룬 곳 바로 다음 부위까지 염기를 제거하여 메틸기가 없는 새 DNA 가닥에 빈틈을 남긴다(그림 7.18d). DNA 중합효소가 메틸기가 있는 부모 DNA 가닥을 주형으로 DNA를 재합성하고 DNA 연결효소로 수선한 DNA 가닥을 마무리 한다. 복제와 수선이 완성되면 새로운 가닥에 메

그림 7.18 세균에서 메틸-지시성 짝짝이 수선은 복제 시에 실수를 수정한다. 부모가닥을 연한 파란색으로 새로 합성된 가닥을 보라색 선으로 표시. MutS 단백질은 초록색, MutL은 진한파란색, MutH는 노란색. 자세한 내용은 본문 참조.

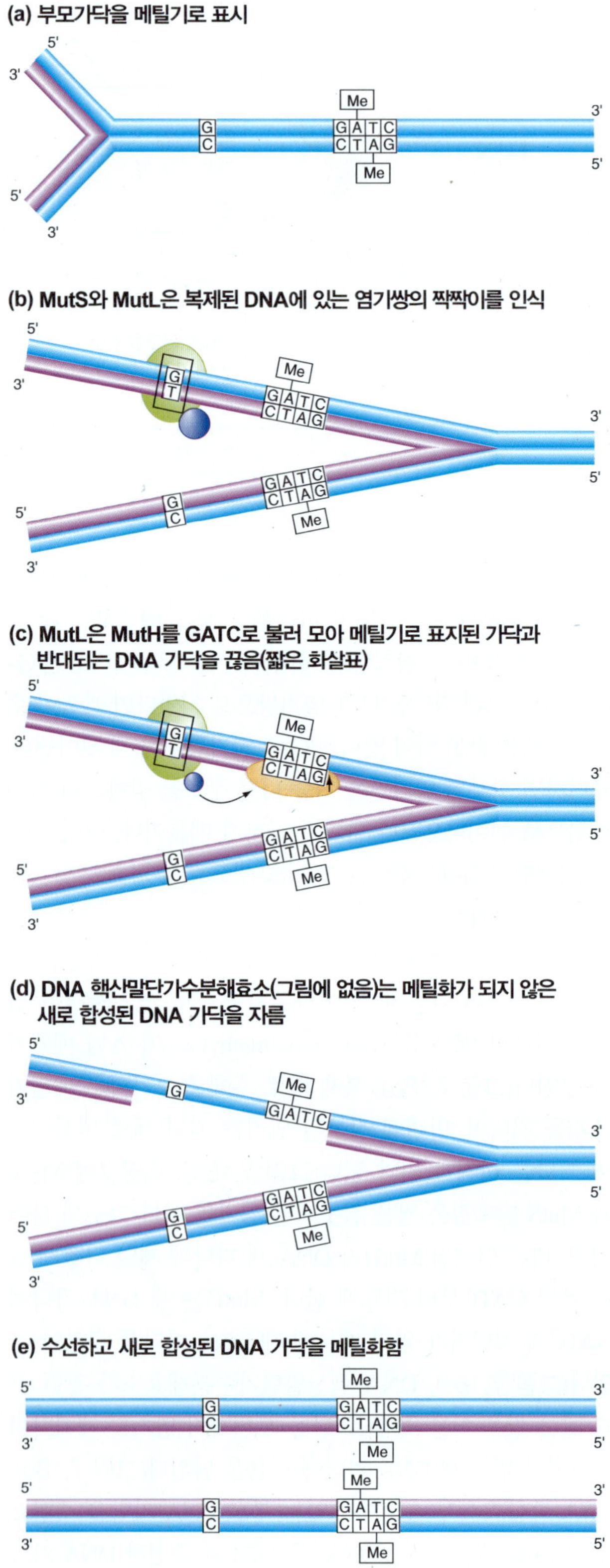

틸기로 표지하여 다음 복제 때에 부모가닥이 되게 한다(그림 7.18e).

진핵세포도 짝짝이를 수선하는 시스템이 있지만 아직도 어떻게 이런 시스템이 새로 복제된 가닥과 부모가닥을 구분하는지는 모른다. 원핵생물과는 다르게 GATC에 메틸기가 붙지 않는다. 진핵생물에는 MutH와 유사한 단백질이 없는 것 같다. 한 가지 흥미로운 점은 MutS와 MutL 단백질이 DNA 복제인자와 결합되어 있다는 것이다; 아마도 이런 상호관계가 MutS와 MutL이 DNA 가닥을 인지하고 수선하는 것을 도울지도 모른다.

실수를 일으키기 쉬운 수선시스템: 최후의 수단

손상된 뉴클레오티드를 손상되지 않은 가닥과 상보적으로 바꿀 수 있기 때문에 DNA 손상의 수선시스템은 매우 정확하다고 앞서 살펴보았다. 하지만 세포는 가끔 이렇게 정확한 수선시스템이 감당할 수 없는 돌연변이 유발물질의 양 혹은 그런 종류에 노출되기도 한다. 예를 들어, 강한 UV선은 티민-티민 이량체를 세포가 수선할 수 있는 정도보다도 더 많이 유도한다. 수선되지 못한 손상은 세포분열 시에 심각한 결과를 초래한다: 복제에서 사용되는 DNA 중합효소는 대개 손상부위에서 정지하게 되고 세포는 분열할 수 없게 된다. 정지함에도 불구하고 살아남아 세포분열을 할 수 있도록 비상반응이 시작되기도 하지만 이러한 환경이 지속되기 위해서는 유전체에 새로운 돌연변이가 생기는 것을 감수해야 한다.

세균의 비상수선 종류 중의 하나인 SOS 체계(SOS system; 모스부호의 조난신호를 모방)는 착오경향(혹은 아무렇게나 만드는)의 DNA 중합효소를 사용한다. 이런 DNA 중합효소는 정상적인 DNA 복제 때에는 없고 DNA가 손상되었을 때만 생성된다. 손상유도, 착오경향 DNA 중합효소는 복제기점으로 모여 수선되지 않고 손상된 뉴클레오티드에서 멈추어서 손상된 염기 반대편에 새롭게 합성되는 DNA 가닥에 아무 뉴클레오티드를 마구 붙인다. SOS 중합효소는 따라서 세포 내에 손상된 DNA를 분열되는 두 개의 딸세포로 보내게 된다. 이러한 중합효소는 1/4의 확률로만 옳은 뉴클레오티드를 붙이기 때문에 딸세포의 유전체에 새로운 돌연변이가 생기게 된다. 세균에서 돌연변이 유발물질의 돌연변이의 효과는 SOS 체계에 달려 있으며 더 나아가 증진시키기도 한다.

또 다른 종류의 비상 수선시스템, 미세상동 매개성 말단연결(microhomology-mediated end-joining, MMEJ)은 상동성 재조합 혹은 NHEJ로 수선되지 못한 위험한 이중가닥절단을 처리한다. MMEJ의 기작은 절단된 DNA 말단에서 효소작용으로 절단부위의 어느 한 쪽을 거슬러 자르는(재잘림) 것을 제외하고는 NHEJ 기작(그림 7.17 참조)과 유사하다. 재잘림으로 절단부위의 한 쪽이 상보적 DNA 서열("미세상동", microhomology)을 지니는 작은 단일가닥 부위가 형성된다. 이 부위는 절단 말단부위가 서로 붙는 것을 도와준다. 재잘림으로 인해 이중가닥 절단부위에 뉴클레오티드가 제거되었기 때문에 MMEJ는 재결합 DNA에 대개 작은 결실을 남긴다.

DNA 수선 단백질의 유전자 돌연변이로 인한 질환

생명체 간의 DNA 수선시스템의 세세한 차이점은 있으나 DNA 수선기작은 모든 생명체에 어떤 형태로든 존재한다고 본다. 예를 들어 사람에게는 대장균의 불일치 수선단백질 MutS와 25% 정도 동일한 단백질이 6개가 있다. 이것은 DNA 수선시스템이 매우 오래된 것으로 대략 35억 년 전 생명체가 나올 때부터 유래되었을 것이다. DNA 수선은 식물이 처음으로 공기 중에 산소를 공급할 때부터 필수적인 것이 되었을 것이라 믿는 과학자도 있다.

손상된 DNA의 수선에 결함이 있다고 알려진 많은 사람 유전질환은 생존을 위하여 수선기작이 얼마나 중요한지를 보여준다. 한 예로 색소건피증(xeroderma pigmentosum)을 가진 환자의 세포는 뉴클레오티드 절제 수선을 할 수 없다; 이런 환자들은 정상적으로 수선기능을 수행하는 효소를 만드는 7개 유전자 중 한 개에 동형접합 돌연변이가 있다. 따라서 자외선으로 인한 티민-티민 이량체를 효과적으로 제거할 수가 없어서 이런 환자들은 모든 햇볕 노출을 피하지 않으면 피부세포에 돌연변이들이 쌓이게 되고 결국 피부암이 된다(그림 7.19). 다른 예로는 유전성 대장암이 짝짝이 수선단백질 MutS와 MutL의 대장균 유전자와 아주 유사한 사람 유전자에 돌연변이가 일어나 생긴 것이라는 것을 최근에 알았다. 또 다른 예로는 *BRCA1*과 *BRCA2* (둘 중 한 유전자에 돌연변이가 생기면 여성에서 유방암에 걸릴 위험이 높다)는 상동성 재조합을 이용해 이중가닥 절단을 수선하는 기능을 지닌 단백질을 암호화하는 유방암 유전자이다. 19장에서 DNA 수선와 암에 대한 관계를 좀 더 자세히 살펴볼 것이다.

그림 7.19 색소건피증 피부질환 환자. 이 유전질환은 뉴클레오티드 절제 수선 시스템에 관여하는 중요한 효소가 없는 것이 원인이다.

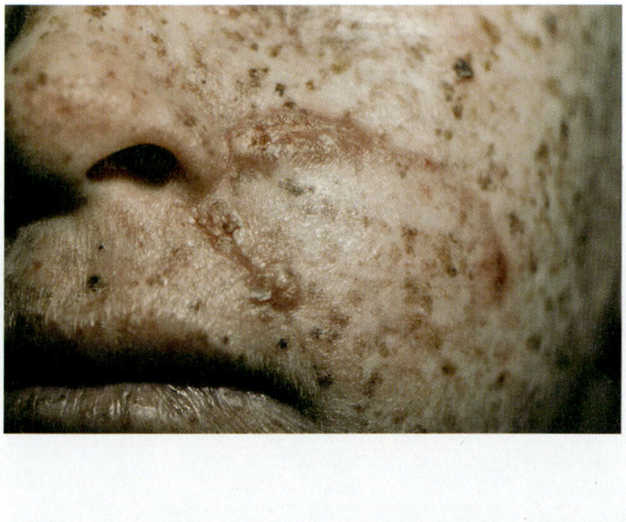

돌연변이는 종의 진화와 개체의 생존에 중요하다

"DNA가 약간의 실수를 할 수 있다는 것은 놀라운 일이다. 이러한 특별한 성질이 없다면 우리는 아직도 혐기성 세균에 머물러 있을 것이며 음악은 존재하지도 않았을 것이다." 저명한 의학자이며 스스로 "생물학의 파수꾼"이라고 지목한 루이스 토마스(Lewis Thomas)는 위의 두 문장에서 진화를 이끌기 위하여 수십억 년 동안 진행되어 온 자연선택의 기본인 표현형의 다양성 뒤에는 DNA의 변형이 있다는 것을 인정하고 있다. 사람 및 그 이외 다른 집단의 폭 넓은 유전적 다양성이란 다음과 같은 것들의 균형의 결과이다: (1) 끊임없는 새로운 돌연변이의 생성; (2) 선택에서 돌연변이를 지닌 개체에게 불이익을 주는 치명적인 돌연변이의 손실; (3) 선택에서 돌연변이를 지닌 개체에게 이익을 주거나 다른 수단으로 집단 내에서 번성하게 하는 흔치 않은 돌연변이의 발생 빈도를 증가.

유성생식을 하는 다세포생물에서 다음 세대에 전해질 수 있는 생식세포에서 일어나는 돌연변이만이 진화에서 어떤 역할을 한다고 할지라도 체세포에서 일어나는 돌연변이도 개체의 안위와 생존에 영향을 끼칠 수 있다. 예를 들어, 세포주기를 조절하는 것을 돕는 유전자가 체세포에서 돌연변이가 생기면 암을 유발한다. 미국식약청은 세균에서 돌연변이를 유발하는 화학물질을 탐색하기위하여 **에임즈 검사법**(Ames test)을 이용하여 암유발물질의 가능성이 있는지를 식별한다(그림 7.20). 이러한 검사는 특정물질이 *histidine*$^-$ (*his*$^-$) 돌연변이 *Salmonella typhimurium* 세균을 *histidine*$^+$ (*his*$^+$)인 복귀돌연변이체로 유도할 수 있는지를 보는 것이다. *his*$^+$ 복귀돌연변이체는 필요한 히스티딘을 주변의 간단한 화합물에서 합성할 수 있다; 반면에 원래의 *his*$^-$ 돌연변이체는 히스티딘을 합성할 수 없어서 생존하기 위해서는 히스티딘을 공급해 주어야만 한다.

에임즈 검사법의 장점은 히스티딘이 없는 배양접시에서 오직 복귀돌연변이체만 자랄 수 있어서 *his*$^-$의 배양액에서 조사하고자 하는 화학물질로 유도된 *his*$^+$ 복귀돌연변이체를

그림 7.20 에임즈 검사법은 암유발 가능성이 있는 물질을 찾는 검사이다. 검사하고자 하는 물질을 *Salmonella typhimurium his*⁻ 세균 세포와 쥐의 간 효소용액을 섞는다. 간 효소용액은 해롭지 않은 물질을 어떤 경우에는 돌연변이 유발물질로 전환할 수도 있다. 히스티딘이 없는 배양접시에는 his^+ 역돌연변이만 자란다. 만약 이 배양접시가(왼쪽) 물질처리를 하지 않은 대조실험 배양접시(이것 역시 히스티딘이 없음)보다 his^+ 역돌연변이를 더 많이 가진다면 이 물질은 돌연변이유발물질이며 암유발물질일 잠재력이 있다고 간주한다. 대조실험 배양접시에서 드물게 자라는 역돌연변이는 자연발생 돌연변이의 발생률을 나타낸다.

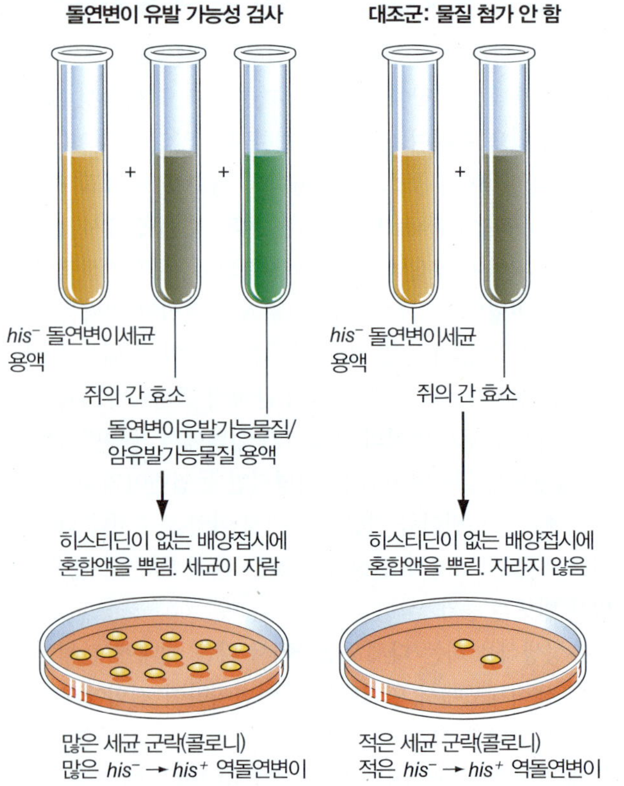

탐색하기 위하여 다량의 세포를 조사할 수 있다는 것이다. 돌연변이 탐색의 예민도를 높이기 위하여 에임즈 검사법에서 사용하는 his^- 세균은 뉴클레오티드 절제 수선 시스템이 작동되지 않는 두 번째 돌연변이를 지니고 있어 돌연변이 유발물질에 의해 생긴 돌연변이의 수선을 막고, 조사하고자 하는 화학물질이 좀 더 쉽게 세포 내로 들어갈 수 있게 하기 위하여 세포벽에 결함을 주는 세 번째 돌연변이도 지닌다.

세균에서 돌연변이를 유발하는 대부분의 물질은 고등진핵생물의 DNA에도 손상을 주기 때문에 세균에서 돌연변이 발생률을 높이는 돌연변이 유발물질은 사람이나 다른 포유동물에서 암을 유발할 것이라고 예상한다. 하지만 포유동물은 위험한 화학물질을 불활성화하는 복잡한 대사과정을 가지고 있다. 반면 위험하지 않은 화학물질에서 돌연변이 유발물질을 생성할 수 있는 생화학적 경로가 있을 수도 있다. 포유동물의 대사경로를 유추하기 위해 독성학자들은 종종 에임즈 검사법으로 분석하고자 하는 화학물질에 쥐의 간 효소액을 첨가하기도 한다(그림 7.20). 이러한 가상실험은 완벽하지 않기 때문에 식약청 검사관들은 에임즈 검사법으로 알아낸 세균 돌연변이 유발물질이 쥐에서 암을 유발하는지 확인하기 위해 쥐의 음식에 물질을 첨가해서 평가한다.

핵심 개념

- 자연발생적 돌연변이를 유발하는 자연적 요인(X-선과 UV선)과 화학반응(탈아미노 반응과 산화)은 DNA를 손상시킨다.
- DNA 복제 실수는 뉴클레오티드의 치환의 원인이 되며 종종 염기의 호변체화 혹은 세 뉴클레오티드 반복서열의 반복 횟수의 증가 혹은 감소로 인한다.
- 세포에 DNA 손상 혹은 복제 실수를 수선하여 돌연변이를 최소화하는 여러 가지의 효소시스템이 있다.
- 돌연변이유발물질은 돌연변이 발생률을 자연발생적 발생률보다 높여주는 물질이다. 연구를 위하여 특정 돌연변이를 생성하고자 할 때 도움이 된다.
- 돌연변이는 진화의 기본이 된다. 대부분 돌연변이는 해를 주지만 드물게 돌연변이로 인해 선택되는 이점이 있을 수도 있다.

7.3 돌연변이가 말해 주는 유전자의 구조

학습목표

1. 상보성 검사와 돌연변이가 동일 유전자에서 일어났는지 혹은 다른 유전자에서 일어났는지를 판별하는 방법을 설명한다.
2. 벤저의 실험결과가 어떻게 박테리오파지 T4의 *rII* 부위에 각 각 여러 개의 염기쌍으로 된 두 유전자가 있는 것을 보여주는지 설명한다.
3. 벤저가 결실돌연변이를 이용하여 어떻게 *rII* 부위에 돌연변이를 위치하였는지 논의한다.

유전학이란 학문은 다양한 돌연변이체의 표현형을 보고 교배할 때 유전자의 흐름을 쫓아갈 수 있기 때문에 돌연변이에 철저하게 의존해 있다. 1950년대와 1960년대에 들어서 과학자들은 어떻게 염색체상의 DNA 염기서열이 각각의 유전자를 이루는지를 알기 위하여 돌연변이를 이용할 수 있다는 것을 알았다. 한 유전자에서 생길 수 있는 다양한 돌연변이를 다량으로 얻어서 이것들이 서로 어떤 상관관계가 있는지를 분석해 보기를 원했다. 이러한 분석이 성공적이기 위해서는 같은 유전자의 다양한 돌연변이가 있어야 한다. 다음 설명처럼 이것이 간단한 일은 아니었다.

그림 7.21 초파리 눈색 돌연변이는 다양한 표현형을 보인다. 서로 다른 X-연관 눈색 돌연변이를 갖는 초파리들. 왼쪽에서부터: 루비색, 흰색, 살구색; 야생형 눈은 맨 오른쪽.

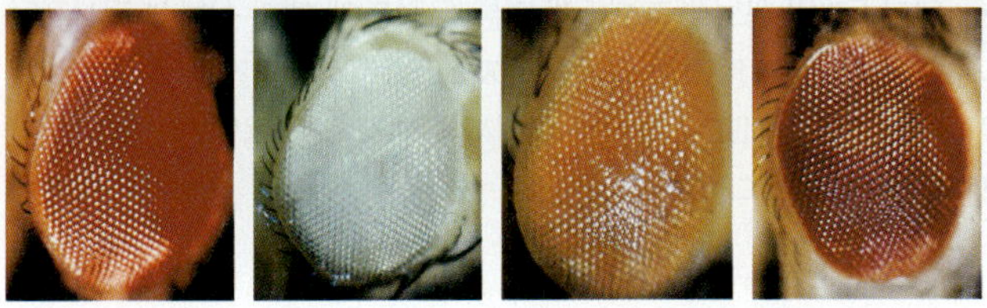

초기 초파리 유전학자들은 빨간색의 야생형 눈색깔에 변화를 주는 X-연관 열성 돌연변이를 다량으로 찾아내었다(그림 7.21). 첫 번째로 발견한 것이 모건(Morgan) 그룹이 연구하였던 그 유명한 흰색 눈이었다. 다른 돌연변이들도 각 종 다양한 눈색에 기여하였다: 어두운 쪽으로는 자주색과 루비색; 밝은 쪽으로는 주홍색, 체리색과 산호색; 더 밝은 색소로 살구색, 연한 노란색, 담노란색. 이렇게 다양한 눈색의 표현형은 수수께끼였다: 돌연변이가 한 유전자의 다양한 대립유전자를 야기한 것일까? 아니면 하나 이상의 유전자에 영향을 준 것일까?

상보성 검사로 두 개의 돌연변이가 한 유전자에서 일어난 것인지 아니면 다른 유전자에서 일어난 것인지를 알 수 있다

보통 유전자를 분자적 생성물이 특정 표현형을 보이도록 기여하는 기능단위라고 정의한다. 정의대로라면 두 개의 돌연변이가 하나의 유전자 혹은 다른 유전자에서 일어난 것인지를 알 수 있다. 두 개의 상동염색체에 열성 돌연변이가 각각 다른 유전자에 있다면 정상 표현형을 보일 것이다. 왜냐하면 거의 모든 열성 돌연변이는 유전자의 기능을 방해하는 것이기 때문이다. 두 개의 상동염색체상에 있는 각각의 우성 야생형 대립유전자는 서로 **상보적**(complement)으로 정상 표현형을 보이도록 충분히 두 개의 유전산물을 생성하여 다른 염색체에 있는 열성 돌연변이로 인한 결핍을 보충해준다(그림 7.22a, 왼쪽).

반면에 두 개 상동염색체의 열성 돌연변이가 같은 유전자에 생긴 것이면 야생형 대립유전자는 존재하지 않으며 돌연변이로 유전자의 정상 기능을 수행하지 못한다. 따라서 **상보**(complementation)가 일어나지 않고 정상 유전산물도 생성되지 않아 돌연변이 표현형이 나타나게 된다(그림 7.22a, 오른쪽). 이렇게 서로 상보적이지 않는 돌연변이를 총칭하여 반어적으로 오히려 **상보성 그룹**(complementation group)이라고 한다. "상보성 그룹"을 종종 "유전자"의 동의어로 사용하는데, 이는 상보성 그룹 내에서 생긴 돌연변이는 같은 기능단위, 즉 같은 유전자에 영향을 주기 때문이다.

유전자를 기능단위로 본다면 간단한 검사로 두 개의 돌연변이가 동일한 유전자의 대립유전자인지를 결정할 수 있다. 한 상동염색체가 열성 돌연변이를 지니고 다른 상동염색체는 또 다른 열성 돌연변이를 지닌 이형접합자의 표현형을 간단히 조사하면 된다. 표현형이 야생형이라면 돌연변이는 동일한 유전자일 수가 없다. 이것을 **상보성 검사**(complementation testing)라고 한다. 예를 들어 자주색과 루비색의 이형접합자 암컷 초파리($garnet\ ruby^+ / garnet^+\ ruby$)가 야생형 빨간색 눈을 가지기 때문에 자주색과 루비색 눈색을 보이는 돌연변이는 서로 상보적이고 따라서 서로 다른 유전자에서 돌연변이가 생긴 것이라고 결론을 내릴 수가 있다.

실제로 상보성 검사로 자주색(garnet), 루비색(ruby), 주홍색(vermilion), 담노란색(buff)의 눈색은 서로 다른 유전자에 의해서 생긴 것임을 알았다. 그러나 흰색, 체리색, 산호색, 살구색, 연한 담노란색을 보이는 것들은 서로 상보적이지 않았다. 따라서 이런 돌연변이들은 동일한 유전자의 서로 다른 대립유전자인 것이다. 초파리 유전학자들은 첫 번째로 관찰된 돌연변이형을 따라 이 유전자를 *white* 혹은 *w* 유전자라고 명명하였다; 야생형은 w^+라고 하였고 다양한 돌연변이를 w^1 (모건이 처음 발견한 흰색 눈 돌연변이를 명명함. 종종 간단히 *w*라고도 함), w^{cherry}, w^{coral}, $w^{apricot}$, w^{buff}라고 한다. $w^1/w^{apricot}$ 암컷의 눈은 연한 살구색이다; 이 이형접합자의 표현형은 야생형이 아니기 때문에 두 개의 돌연변이는 대립유전자인 것이다. 그림 7.22b에서 많은 상보성 검사의 결과를 상보성 검사표로 정리하였다. 이러한 표는 여러 돌연변이체 간의 상관관계를 한 눈에 볼 수 있게 해 준다.

초파리에서 *w* 유전자의 돌연변이는 X 염색체의 동일한 부위에 서로 매우 가깝게 위치한다. 반면에 다른 눈색 유전자의 돌연변이는 다른 염색체상에 위치한다(그림 7.22c). 이러한 결과는 유전자가 염색체 한 쪽 끝에서 다른 쪽 끝까지 흐트러져 있는 것이 아니고 실제로 염색체상에 상대적으로 작고 구별된 부위에 있다는 것을 제시한다. 분자수준에서 유전자를 정의하기 위한 연구에 의하면 유전자는 1,000~20,000개의 지속적인 염기쌍(bp)으로 되어 있다고 한다. 사람은 제일 작게는 히스톤 단백질을 만드는 500 bp로 된 유전자부터 길게는 2백만 염기쌍이 넘는 **뒤시엔느근위축증**(Duchenne muscular dystrophy, DMD) 유전자가 있다. 알려진 모든 사람 유전자는 이 사이에 속한다. 사람 염색체는 대략 평균 1.3억 개의 염기쌍으로 되어 있다.

그림 7.22 초파리 눈색 돌연변이의 상보성 검사. (a) 이형접합자는 염색체 하나에 돌연변이 하나를(m_1) 그리고 다른 상동염색체에 다른 돌연변이를(m_2) 갖는다. 만약 돌연변이가 다른 유전자에서 생긴 것이면 이형접합자는 야생형이다. 이것은 돌연변이가 서로 상보적인 경우이다(왼쪽). 만약 두 돌연변이가 같은 유전자에 있으면 돌연변이 표현형을 보일 것이다. 이것은 돌연변이가 서로 상보적이지 않은 경우이다(오른쪽). 상보성 검사는 두 돌연변이가 모두 야생형에 비해 열성일 때만 이치가 맞는다. (b) 눈색에 대한 5개의 상보성 그룹(5개 다른 유전자)에 대한 상보성 검사표이다. +는 야생형 눈색을 보이는 돌연변이 조합을 표시하며 이들 돌연변이는 서로 상보적이고 따라서 다른 유전자에 있는 것이다. 몇몇 돌연변이는 상보적이지 못하며(−) 따라서 한 유전자, *white* 유전자의 대립유전자인 것이다. (c) 재조합지도는 동일한 유전자에 생긴 다른 돌연변이들이 서로 매우 가깝게 위치하는 반면에 다른 유전자에 있는 돌연변이는 꽤 멀리 떨어져 있음을 보여준다.

(a) 상보성 검사

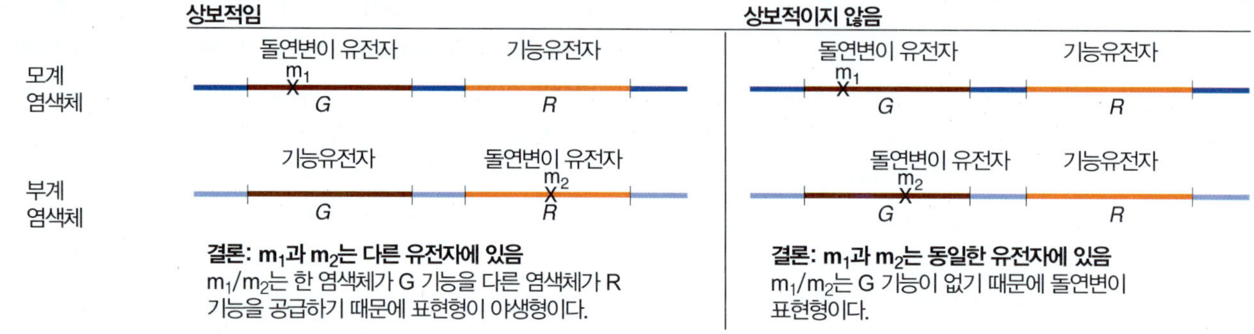

(b) 상보성 검사표: 초파리의 X-연관 눈색 돌연변이

돌연변이	흰색	자주색	루비색	주홍색	체리색	산호색	살구색	살색	담홍색
흰색	−	+	+	+	−	−	−	−	+
자주색		−	+	+	+	+	+	+	+
루비색			−	+	+	+	+	+	+
주홍색				−	+	+	+	+	+
체리색					−	−	−	−	+
산호색						−	−	−	+
살구색							−	−	+
살색								−	+
담홍색									−

(c) 유전자 지도: 초파리의 X-연관 눈색 돌연변이

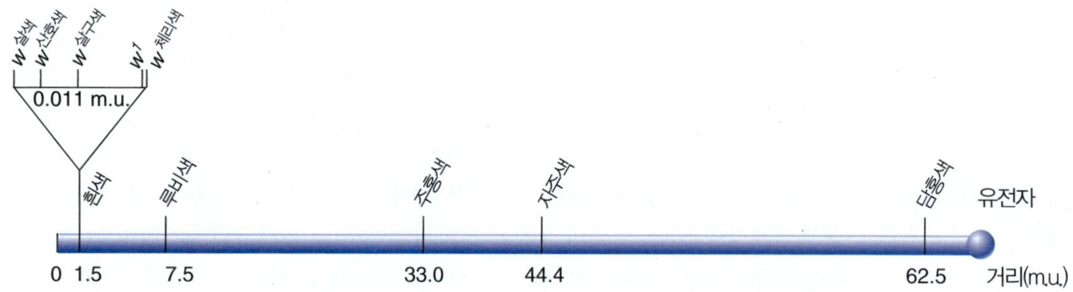

유전자는 독립적으로 돌연변이가 발생하고 서로 재조합을 할 수 있는 한 세트의 염기쌍이다

상보성 검사가 동일한 유전자에 생긴 돌연변이와 다른 유전자에 생긴 돌연변이를 구별해 낼 수 있다고 해도 어떻게 유전자의 구조가 다른 돌연변이에 대처하는지, 어떻게 다른 돌연변이가 다른 방식으로 표현형을 변경하는지에 대해서는 명확하지 않다. 각 돌연변이가 특정한 방식으로 한 번에 전체 유전자를 바꾸는가, 아니면 유전자의 특정부위만 변화를 주고 다른 돌연변이는 다른 부위에 변화를 주는 것인가?

1950년대 말에 미국인 유전학자 벤저(Seymour Benzer)는 서로 상보성이 없는 두 개의 다른 돌연변이는 동일한 유전자에 있지만 각각 유전자의 다른 부위에 변이가 있음을 재조합 분석을 이용하여 보여주었다. 재조합이 유전자 간이나 유전자 내에서 일어날 수 있다면 동일한 유전자의 다른 돌연변이를 지닌 상동염색체 간의 교차는 이론적으로 야생형 대립유전자를 만들 수도 있다(그림 7.23).

돌연변이가 하나의 유전자에서 일어났기 때문에 서로 매우 가깝게 있을 것이다. 따라서 교차현상을 하나라도 보려

그림 7.23 유전자 내의 재조합으로 어떻게 야생형 대립유전자를 만들 수 있을까? 다음 그림에 유전자로 표시된 부위에서 독립적인 돌연변이가 생길 수 있는 위치가 많다고 가정하자. 동일한 유전자 내에 각각 다른 위치에 있는 돌연변이 m_1과 m_2 사이에 재조합이 일어나 하나는 야생형 대립유전자가 되고 다른 하나는 두 개 돌연변이를 모두 지닌 대립유전자가 되었다.

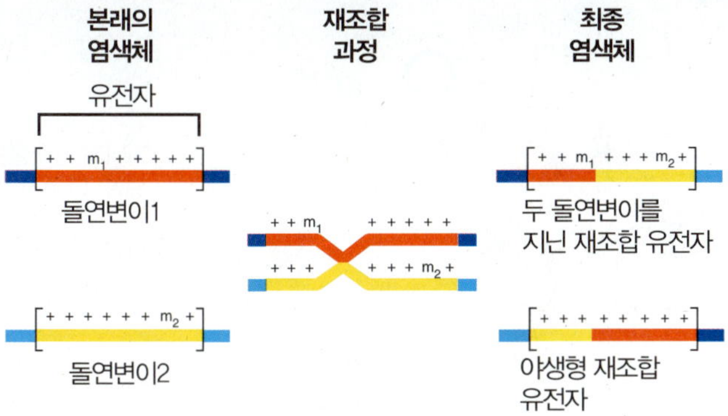

면 매우 많은 수의 자손을 조사해야 할 것이다. 실험시스템의 결과가 매우 명확하여 드문 이런 유전현상을 빠르게 감지할 수 있어야 한다. 벤저는 대장균을 감염하는 DNA 바이러스인 박테리오파아지 T4를 선택하였다(그림 7.24a.1). T4 파아지가 감염한 세균은 1시간도 안 되어서 100~1,000개의 파아지 자손을 생성하기 때문에 벤저는 분석을 위해 드물게 일어나는 재조합체들을 쉽게 충분히 얻을 수 있었다(그림 7.24a.2). 더 나아가서 특정한 T4 돌연변이의 특이성을 조사함으로써 재조합 파아지만 증식할 수 있도록 조건을 정하였다.

실험체계: T4 파아지의 *rII*$^-$ 돌연변이

박테리오파아지는 너무 작아서 전자현미경의 도움 없이는 볼 수 없지만 간단한 기술로 파아지가 있는지를 알 수 있다(그림 7.24a.3). 박테리오파아지를 훨씬 많은 양의 세균과 섞은 후 영양분이 있는 아가에 세포를 고정해 주는 배양접시에 붓는다. 하나의 세균세포에 하나의 파아지가 감염이 되어 세균밭(lawn)을 이루고, 세포가 바이러스입자를 생성하여 방출해서 옆에 있는 세균을 또다시 감염하고, 그러면 다시 이 과정을 반복하여 더 많은 파아지를 방출한다. 파아지가 방출되면서 세균은 죽는다. 이런 과정이 여러 차례 반복되면 동그랗고 투명한 구역이 배양접시에 생기게 되는데, 이것을 **용균반**(plaque)이라고 한다. 배양접시의 그 외의 구역은 불투명한 살아 있는 세균밭으로 덮이게 된다.

대부분의 용균반은 세균세포를 감염한 하나의 박테리오파아지에서 생성된 1백만에서 1천만 개에 이르는 바이러스 자손으로 되어 있다. 파아지가 있는 용액을 수차례 희석하면 용균반 내의 파아지 숫자를 셀 수 있다(그림 7.24a.4)

벤저는 박테리오파아지 T4와 관련된 유전형질로, *E. coli* B 세균에 감염시키면 야생형 박테리오파아지가 만드는 용균반보다 더 또렷하고 더 동그란 바깥 선을 지니며 더 큰 용균반을 생성하는 돌연변이를 발견하였다(그림 7.24b). 용균반 모양의 변화는 숙주 세균의 비정상적인 빠른 세포파괴에서 온 것이기 때문에 벤저는 이것을 "rapid lysis"에서 따서 *r*이라고 명명하였다. 많은 *r* 돌연변이는 *rII* 구역이라고 알려진 T4 염색체부위에 위치하여 이것을 *rII*$^-$ 돌연변이라고 명명하였다.

rII$^-$ 돌연변이는 또한 **미세구조 지도작성**(fine structure mapping; 유전자 내에 돌연변이의 지도를 작성하는 것)에 이상적이다. 야생형 *rII*$^+$ 박테리오파아지는 *E. coli* B와 *E. coli* K(λ) 모두 세균에서 정상모양과 크기의 용균반을 형성한다. 하지만 *rII*$^-$ 돌연변이는 *E. coli* K(λ)에서는 용균반을 형성하지 못하고, *E. coli* B 세균에서는 커다란 비정상적인 용균반을 형성한다(그림 7.24b). *rII*$^-$ 돌연변이가 K(λ) 세균을 감염하지 못하는 이유는 명확하지가 않지만 이런 사실은 벤저가 *rII*$^+$ 유전자의 기능을 알 수 있는 간단하고 효율적인 검사를 개발 할 수 있게 해 주었다. 또한 극히 드물게 일어나는 **유전자내**(intragenic)의 재조합도 감지할 수 있게 되었다.

rII 부위에 두 개의 유전자가 있다

벤저는 같은 유전자에서 생긴 두 개의 돌연변이가 재조합을 할 수 있는지를 검사하기 전에 정말로 동일한 유전자에 두 개의 돌연변이가 있는가를 확인하고 싶었다. 이를 위하여 박테리오파아지 T4의 중요한 두 형질을 이용한 상보성 검사를 하였다: 파아지는 한 개의 T4 염색체를 지닌 1배체(monoploid)이기 때문에 숙주세균에서만 복제를 할 수 있다. 따라서 벤저는 돌연변이 사이의 상보성 검사를 하기 위해서 T4염색체 두 개가 동일한 세균에 들어갔는지를 확인해야 했다. 이를 위해서 *E. coli* K(λ) 세포를 서로 다른 *rII*$^-$ 돌연변이를 지닌 두 종류의 T4 염색체로 동시에 감염을 시키고 세포가 파괴되는 것을 조사하였다(그림 7.24c.1). 두 종류의 파아지가 거의 모든 세균세포에 감염이 되도록 세균보다도 훨씬 많은 파아지를 첨가하였다.

벤저의 방법으로 검사할 때 만약 두 개의 *rII*$^-$ 돌연변이가 다른 유전자에 있다면 서로 상보적일 것이다. 각각의 돌연변이 T4 염색체는 하나의 야생형 *rII*$^+$ 유전자 기능을 가질 것이며, 다른 하나의 염색체에서 부족한 기능을 보충하여

그림 7.24

벤저는 박테리오파아지 T4의 *rII* 유전자를 어떻게 분석하였는가?

(a.1)

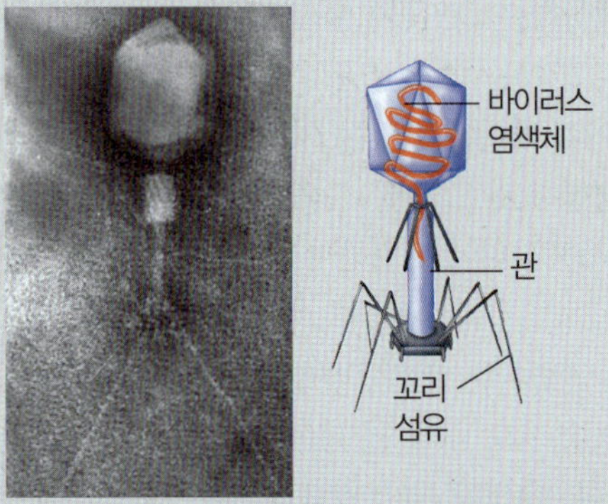

(a.2)

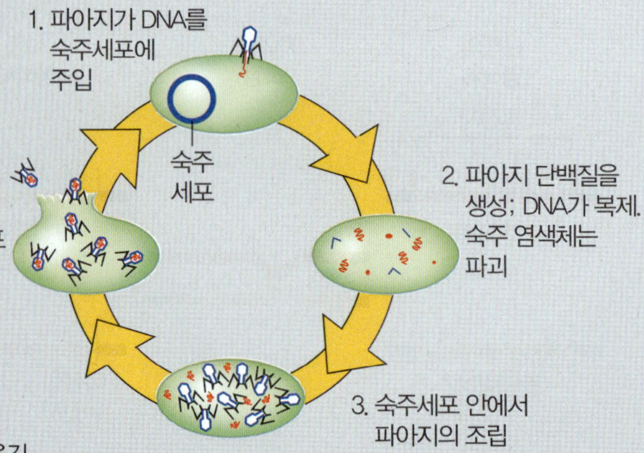

(a.3)

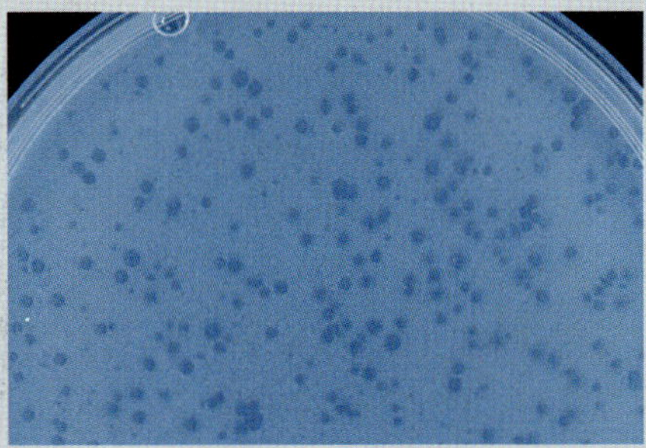

(a.4)

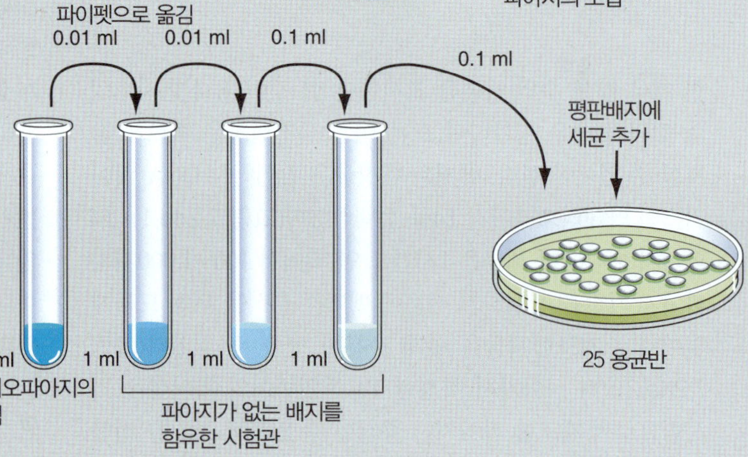

(a) 박테리오파아지 T4로 실험

1. 박테리오파아지 T4(배율 ~100,000배) 사진과 그림. 바이러스 염색체는 단백질로 된 머리부분에 있으며, 파아지의 다른 단백질 부분은 파아지가 숙주세포에 부착되는 것을 돕는 꼬리섬유와 외피, 그리고 숙주세포 안으로 파아지 염색체를 주입하는 관을 이루고 있다.
2. 박테리오파이지 T4의 용균성 생활사. 파아지 입자 하나가 숙주세포를 감염; 파아지 DNA가 복제되고 숙주세포의 장치를 이용하기 위해 필요한 바이러스 단백질을 합성; 새로 합성된 DNA와 단백질이 새로운 박테리오파아지 입자로 조립. 숙주세포의 용해로 1,000개나 되는 새롭게 만들어진 박테리오파아지가 밖으로 방출된다.
3. 세균이 자라던 배양접시에 생긴 박테리오파아지의 투명한 용균반. 박테리오파아지와 다량의 세균 혼합물을 배양접시의 한천 평판배지 위에 부었다. 감염되지 않은 세균은 자라서 유백광색의 세균밭을 형성하고 박테리오파아지에 감염된 세균은 용해되어 새롭게 만들어진 박테리오파아지를 방출하면 이것은 주변의 다른 세균을 감염시킬 것이다. 몇 차례의 감염으로 용균반을 형성한다. 용균반은 처음에 세균을 감염시킨 박테리오파아지와 유전적으로 동일한 수백만 개의 박테리오파아지를 지닌 투명한 둥근 부위를 말한다.
4. 연속희석으로 박테리오파아지의 수를 센다. 적은 양의 박테리오파아지의 농축액을 신선한 배양액이 들어 있는 시험관으로 옮기고 그 다음에 이 희석액의 적은 양을 또 다시 신선한 배양액이 들어 있는 다른 시험관으로 옮긴다. 이 과정을 연속적으로 반복하면 희석률이 증가한다. 마지막 희석액을 세균과 섞어서 아가 배양접시 위에 부으면 용균반을 셀 수 있을 정도의 수로

자란다. 계수한 숫자를 역산을 해 보면 처음 용액에 박테리오파아지의 입자가 몇 개였는지를 계산할 수 있다. 그림 a.4의 처음 1 mL에는 대략 2.5×10^7개의 박테리오파아지가 있었다.

(b) 박테리오파아지 T4의 *rII*$^-$ 돌연변이의 표현형질

1. *rII*$^-$ 돌연변이는 *E. coli* B 세포 위에 뿌리면 *rII*$^+$ 야생형 파아지에 의해 형성된 용균반보다 크기가 더 크고 더 또렷한 (경계가 더 분명한) 용균반을 형성한다.
2. *rII*$^-$ 돌연변이는 감염이 가능한 숙주의 범위가 변형되었기 때문에 드문 재조합현상을 찾는 데 특히 유용하다. *rII*$^+$ 야생형 파아지와 반대로 *rII*$^-$ 돌연변이는 *E. coli* K(λ) 숙주 세균밭에서 용균반을 형성할 수 없다.

(b.1)

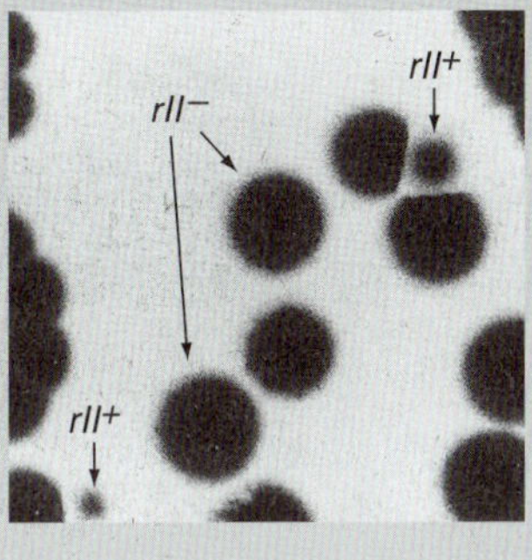

(b.2)

T4 균주	*E. coli* 균주 B	K(λ)
rII$^-$	크다, 또렷함	용균반 형성 못 함
rII$^+$	작다, 불분명함	작다, 불분명함

(c) 박테리오파아지 T4의 *rII*$^-$ 돌연변이 사이에 맞춤식 상보성 검사

1. *E. coli* K(λ) 세포를 두 개의 서로 다른 다량의 *rII*$^-$ 돌연변이(m_1과 m_2)로 동시에 감염시켰다. 세포 내에서 두 돌연변이는 *trans* 위치이다. 이것은 돌연변이가 다른 염색체에 있다는 것이다. 만약 두 돌연변이가 동일한 유전자에 있다면 같은 기능에 영향을 줄 것이며, 서로 상보적이지 않아 새로운 파아지가 생성되지 못한다. 만약 두 돌연변이가 다른 유전자(*rIIA*와 *rIIB*)에 있다면 서로 상보적일 것이고 따라서 새로운 파아지를 생성하고 세포는 용해된다.
2. 이러한 상보성 검사를 위한 중요한 대조군은 야생형 T4와 m_1과 m_2를 지닌 T4로 동시에 *E. coli* K(λ) 세균을 감염시키는 것이다. 감염된 세포의 내부에서 두 돌연변이는 *cis*이다. 이것은 같은 염색체에 위치한다는 것이다. 새롭게 생성된 파아지를 방출한다는 것은 두 돌연변이가 야생형에 대해 열성이며 세포가 파아지를 생성하는 것을 방해하는 돌연변이 사이에 상호관계가 없음을 제시한다. 상보성 검사는 두 돌연변이가 야생형에 대해 둘 다 열성일 때만 의미가 있다.

(c.1) 상보성 검사
(*trans* 위치)

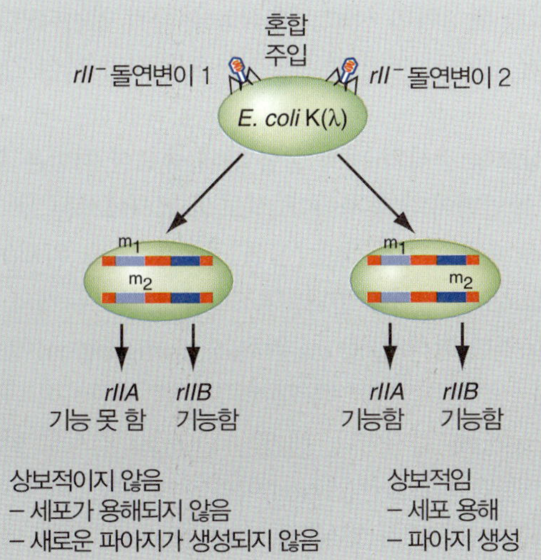

(c.2) 대조군
(*cis* 위치)

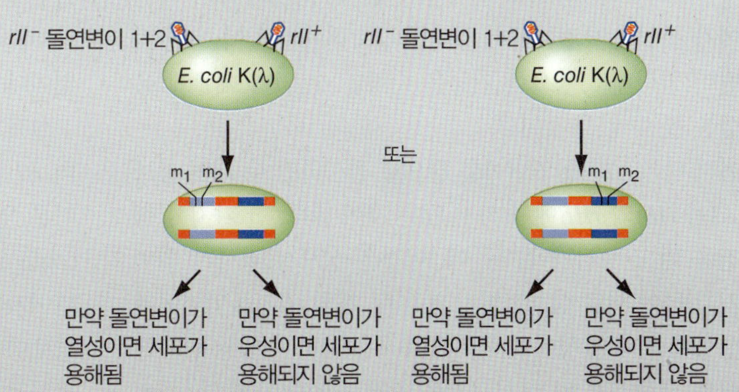

(계속)

그림 7.24 (계속)

(d) 동일한 유전자에 있는 두 돌연변이 사이에서 재조합을 검사

1. *E. coli* B세포를 두 개의 서로 다른 $rIIA^-$ 돌연변이($rIIA_1$와 $rIIA_2$)로 동시에 감염시킨다. 두 $rIIA^-$돌연변이 사이에 재조합이 일어나지 않는다면 새로 생성된 파아지는 본래의 돌연변이 그 어떤 것도 지니지 않을 것이며 표현형은 rII^-일 것이다. 두 돌연변이 사이에서 재조합이 일어난다면 하나는 *rIIA*와 *rIIB* 둘 다를 지닌 이중 돌연변이 염색체인 반면에 다른 하나는 rII^+ 재조합형일 것이다. 새로이 생성된 파아지로 연속적으로 *E. coli* K(λ) 세균을 감염시키면 rII^+ 재조합형만 용균반을 형성할 수 있을 것이다.
2. 대조군으로 *E. coli* B세포를 단 한 종류의 다량의 돌연변이($rIIA_1$ 혹은 $rIIA_2$)로 감염시킨다. 생긴 rII^+ 용균반만이 두 돌연변이 중 하나의 역돌연변이이다. 이 대조군 실험은 이러한 역돌연변이는 매우 드물다는 것과 왼쪽에서 보여준 재조합 실험에서 생긴 rII^+ 돌연변이 중에서 무시될 수 있다. 두 개의 $rIIA^-$ 돌연변이가 가깝게 있다고 할지라도 rII^+ 재조합형의 수는 rII^+역돌연변이의 수보다 100배 더 많았다.

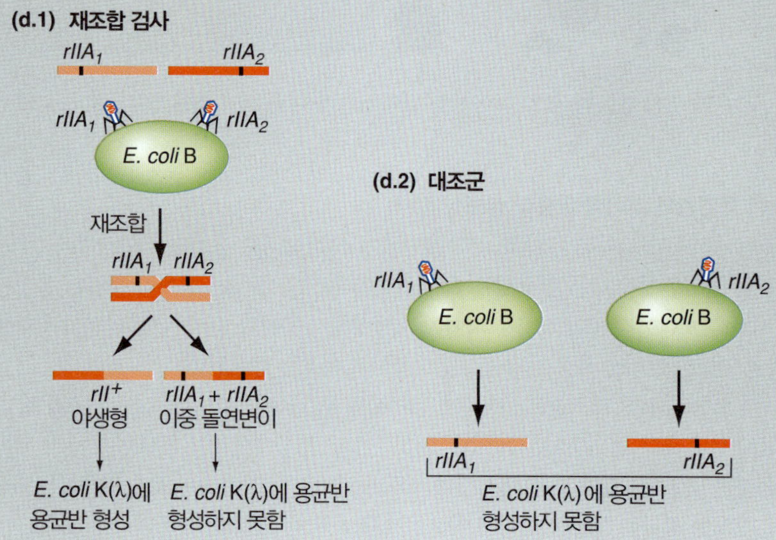

결국 세포파괴를 일으킬 것이다. 반면에 두 개의 rII^- 돌연변이가 동일한 유전자에서 있다면 상보적이지 않아 어떤 돌연변이 염색체도 필요한 기능을 수행할 수 없기 때문에 용균반을 볼 수 없을 것이다.

여러 다른 rII^- 돌연변이를 쌍으로 검사하면 두 개의 상보성 그룹 *rIIA*와 *rIIB*에 속하지 않는 것이 많다. 한 가지 실험 조건을 더 만족시켜야 하는데, 이것은 상보성 검사가 의미 있기 위하여 서로 상보적이지 않는 두 개의 rII^- 돌연변이가 야생형에 비해 열성이며 서로 상호작용을 하여 우성 rII^- 표현형을 생성하지 않는다는 것을 전제로 하여야 한다. 벤저는 대조실험을 통하여 이점을 확인하였다. 동일한 염색체에 두 개 rII^- 돌연변이를 배치하고 이 중 돌연변이와 야생형 파아지를 동시에 *E. coli* K(λ)에 감염시켰다(그림 7.24c.2). 돌연변이가 열성이며 서로 상호작용을 하지 않는다면 세포가 파괴될 것이고, 이런 경우에 상보성 검사가 해석 가능할 것이다.

실제 상보성 검사와 대조 실험 간의 중요한 차별은 두 개의 rII^- 돌연변이의 위치이다. 상보성 검사에서는 두 개의 다른 염색체에 위치하지만 (이런 경우를 *trans* **위치**(*trans* configuration)에 있다고 한다) 대조실험에서는 두 개의 돌연변이가 동일한 염색체, 즉 *cis* **위치**(*cis* configuration)에 있는 경우이다. 상보성 검사와 대조실험 모두를 포함하여 완전한 검사는 *cis-trans* 검사이다. 벤저는 *cis-trans* 검사로 밝혀진 상보성 그룹을 **시스트론**(cistron)이라고 명명했으며 어떤 유전학자들은 아직도 시스트론을 "유전자(gene)"와 동의어로 사용한다.

rII 좌위에 *rIIA*와 *rIIB* 두 개의 유전자가 있다는 사실을 바탕으로 벤저는 동일한 유전자에서 두 개의 돌연변이를 찾아 이들이 재조합하여 야생형으로 되는지를 조사할 수 있었다.

동일한 유전자에 있는 다른 돌연변이 사이의 재조합

벤저는 *E. coli* B 세균을 동일한 유전자($rIIA_1$과 $rIIA_2$)에 다른 돌연변이를 지닌 파아지와 섞은 후에 rII^+ 자손이 나오는지를 관찰하였다(그림 7.24d). 이렇게 생긴 야생형 자손은 재조합에 결과이지 역돌연변이에 의한 것이 아님을 벤저는 알고 있었다. 왜냐하면 그가 관찰한 rII^+ 파아지의 빈도는 드물기는 하지만 하나의 돌연변이를 지닌 파아지로 감염한 B 세균에 의해서 생성된 자손 중에서 볼 수 있는 rII^+ 역돌연변이의 빈도보다도 훨씬 높았기 때문이다(그림 7.24d).

벤저가 rII^+ 재조합체를 선택(selection)할 수 있도록 고안하였기 때문에 이러한 실험이 가능한 것이다. 드물지만 찾고자 하는 것만 살아남을 수 있도록 고안한 것이다. 드문 재조합체 자손을 찾기 위한 벤저의 선택조건은 *E. coli* K(λ)가 형성하는 용균반을 찾는 것이다. 왜냐하면 rII^- 파아지는 용균반을 형성하지 못하는데, 그들 중에 단 하나라도 rII^+ 재조합체가 있다면 용균반이 형성되기 때문이다.

이러한 관찰에 의거하여 벤저는 유전자 구조와 기능에 대한 3가지 결론을 내렸다: (1) 한 유전자에는 돌연변이가 생길 수 있는 여러 부위가 있다; (2) 동일한 유전자 내에 다른 돌연변이 위치 간의 재조합은 정상인 야생형 대립유전자를 생성할 수 있다; (3) 유전자는 모든 구성요소가 야생형이어야만 정상 기능을 수행한다. 현재 이미 알고 있는 DNA의 구조로 보면 위 결론은 타당한 것이다.

유전자는 뉴클레오티드쌍의 분리된 일련의 세트이다

유전자를 이루는 다수의 뉴클레오티드쌍이 어떻게 배열되어 있는가? 지속적으로 아니면 정확한 패턴으로 유전체에 퍼져 있는가? 유전자 기능에 영향을 주는 다양한 돌연변이는 각 유전자 내에서 많은 뉴클레오티드 혹은 아주 적은 일부만을 변형시키는가?

돌연변이 지도작성을 위한 결실돌연변이의 활용

유전자 내의 뉴클레오티드의 배열에 대해 답하기 위해서 벤저는 수천 개의 자연발생 돌연변이와 돌연변이 유발물질로 유도된 rII^- 돌연변이를 얻어 서로에 대해 지도를 작성하였다.

모든 가능한 2점 교차의 비교를 통해 수천 개의 돌연변이의 위치를 알기 위해서는 수백만 번의 ($10^3 \times 10^3$)의 교배를 수행하여야만 한다. 그러나 결실돌연변이의 장점을 이용하여 훨씬 적은 수의 교배를 통해 같은 정보를 얻을 수가 있었다.

결실(deletion)은 DNA상에서 지속적인 뉴클레오티드쌍이 제거된 돌연변이이다. 돌연변이를 지닌 박테리오파아지와 같은 부위에 결핍이 있는 박테리오파아지를 교배하면 야생형 재조합 자손이 나오지 못한다. 왜냐하면 두 염색체 다 돌연변이가 있는 위치의 적당한 정보를 지니지 않기 때문이다. 하지만 만약 상동염색체의 결실부위의 바깥 부위에서 돌연변이가 생긴 것이라면 야생형 자손이 나올 수 있다(그림 7.25a). 이것은 한 개의 뉴클레오티드에 이상이 생긴 점돌연변이든지, 결핍돌연변이든지 마찬가지이다. 성격이 규명되지 않은 돌연변이와 알고 있는 결실돌연변이 사이의 교차는 따라서 바로 돌연변이가 다른 파아지 염색체에서 결핍된 부위에 있는 것인지를 알려주어 돌연변이의 일반적인 위치를 찾는 빠른 방법이 된다.

벤저는 중복이 되는 일련의 결실을 이용하여 *rII* 부위를 몇 개의 구역으로 나누었다. 그런 다음에 점돌연변이들을 결핍돌연변이들과 교배하였을 때 재조합하여 rII^+ 자손이 나오는지를 관찰하여 각 구역에 배치하였다(그림 7.25b).

벤저는 재조합분석을 통해 1,612개의 자연발생적 점돌연변이와 박테리오파아지 T4의 *rII* 위치에 있는 몇 개의 결실돌연변이의 지도를 작성하였다. 우선 재조합을 이용하여 결실돌연변이 사이의 상관관계를 정하고 어느 결실돌연변이가 어느 점돌연변이와 재조합하여 야생형 자손을 낳는지를 관찰하여 각각의 점돌연변이의 대략적인 위치를 파악하였다.

정확한 지도작성을 위하여 rII^- 돌연변이 사이의 RF를 결정

그런 다음에 염색체상에 동일한 작은 부위에 있다고 알려진 결실돌연변이 지도로 발견한 점돌연변이 사이의 유전적 거리를 측정하기 위하여 재조합 검사를 수행하였다. 두 개의 rII^- 돌연변이 사이의 거리는 rII^+와 파아지 교배로 얻은 일정양의 용해물에 있는 총 파아지의 수를 간단히 세면 알 수 있다. RF (지도단위)는 단순히 rII^+ 재조합체의 수(*E. coli* K(λ)에 생긴 용균반)를 파아지 총 수(*E. coli* B에 생긴 용균반)로 나누고 2를 곱한다. 2를 곱하는 것은 반드시 존재하지만 쉽게 감지할 수 없는 rII^- 이중돌연변이 상호재조합체를 고려하였기 때문이다.

그림 7.25 박테리오파아지 T4 *rII* 유전자의 미세구조 지도. (a) 점돌연변이와 점돌연변이가 위치한 DNA 부위가 제거된 결실돌연변이 사이에서의 교차는 야생형을 만들 수 없다. 또한 서로 다른 두 개의 결실돌연변이의 결실부위가 겹친 경우에도 마찬가지다. (b) 커다란 결실로 *rII* 유전자 부위를 구분할 수 있다. 더 작은 결실로 각 부위를 하위단위로 더 나눌 수 있다. 아래 빨간색으로 표시한 271과 같은 점돌연변이는 결실돌연변이인 PT1, PB242 혹은 A105와 재조합을 이룰 수 없으나 결실 638과는 (윗부분) 재조합을 할 수 있다면 이것을 구역 3으로 지도를 그릴 수 있다. 다른 결실돌연변이들(가운데)을 이용하여 점돌연변이를 구역 3의 소구역로 위치할 수 있다. 재조합조사는 점돌연변이들을 같은 소구역에 위치시킬 수 있다(아래). 점돌연변이 201과 155는 야생형을 만들기 위해 재조합을 할 수가 없다. 왜냐하면 동일한 뉴클레오티드 쌍에 돌연변이가 있기 때문이다. (c) 벤저의 미세구조지도. 서로 재조합을 이룰 수 없는 독립적인 수많은 돌연변이가 위치한 부위가 다발점이다.

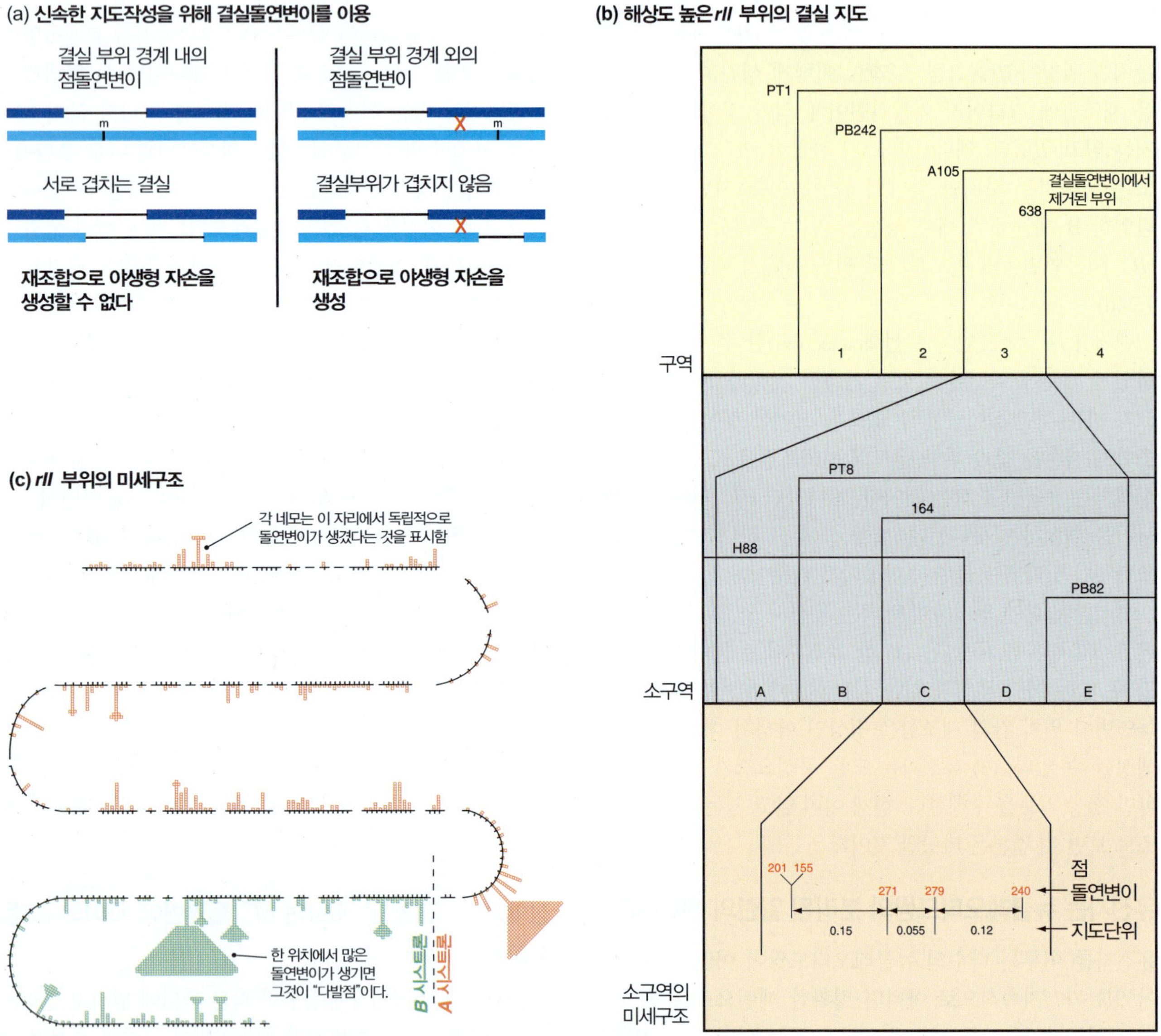

$$RF = \frac{2[\textit{E. coli}\ K(\lambda)\text{에 생긴 용균반 수}]}{(\textit{E. coli}\ B\text{에 생긴 용균반})}$$

벤저는 결실지도와 RF 계산으로 얻은 결과를 합하여 *rII* 부위의 "정교한 구조"를 보이는 지도를 작성하였다(그림 7.25c). *rIIA* 상보성 그룹에 속한 모든 점돌연변이는 *rII* 부위의 한 쪽으로 위치하고 모든 *rIIB* 점돌연변이는 다른 한 쪽으로 위치하는 점을 주시하라.

DNA 뉴클레오티드가 어떻게 유전자를 구성하는가

벤저는 T4 유전체에 위치한 모든 유전자 사이의 유전적 거리는 다 합쳐서 1,500 m.u. 정도라는 것을 알았다. T4 염색체는 169,00개의 염기쌍으로 이루어진 DNA임을 또한 알았다. 따라서 박테리오파아지 T4의 1 m.u.는 169,000/1500 = 113 bp 일 것이라 계산할 수 있었다. rII^- 돌연변이 사이의 거리가 가장 짧은 RF는 0.02 m.u.으로 2 bp 정도였다. 따라서 벤저는 돌연변이는 한 개의 염기쌍의 변화로도 생길 수 있고 재조합은 바로 근접한 염기쌍 사이에서 일어날 수 있다고 추정하였다. *rII* 부위 내의 돌연변이가 한결 같은 재조합지도를 보임으로써 유전자는 DNA상에 지속적인 일련의 뉴클레오티드 쌍의 서열로 되어 있다고 결론을 내렸다. *rIIA* 유전자의 돌연변이 위치가 *rIIB* 유전자의 돌연변이 위치와 중복되지 않는 것으로 보아 두 개의 유전자를 이루고 있는 뉴클레오티드 서열은 분리되어 구별되어 있다고 결정하였다. 따라서 유전자는 일련의 뉴클레오티드 쌍의 세트이며 염색체상의 분리된 부위 내에 위치하고 기능적 단위로써 작용한다고 하겠다.

돌연변이의 "다발점"

유전자 내에 어떤 위치는 자연적으로 돌연변이의 빈도가 다른 위치보다 훨씬 높다. 이런 곳을 **다발점**(hot spot)이라고 한다(그림 7.25c). 다발점이 있다는 것은 특정 뉴클레오티드가 다른 것보다 더 쉽게 변이가 일어난다는 것이다. 돌연변이유발물질 처리로 다발점을 자극할 수 있다. 그러나 이런 물질은 특정 뉴클레오티드에 특이성이 있어 다양한 물질로 유발되는 돌연변이 위치는 자연발생적으로 생기는 돌연변이의 다발점과는 다른 위치이다.

뉴클레오티드는 유전자 내에 있든지 유전자 사이의 DNA에 있든지 화학적으로는 동일하다. 벤저의 실험에서 보여주듯이 돌연변이와 재조합을 수행하는 분자기작은 **유전자 내**(intragenic)에서와 **유전자 간**(intergenic)에 있는 뉴클레오티드를 구분하지 않는다. 이들 DNA 간의 주된 차별은 유전자를 이루는 일련의 뉴클레오티드가 표현형을 결정짓는 기능을 갖게 되었다는 것이다. 다음에는 유전학자들이 그러한 기능이 무엇인지를 어떻게 발견하였는가에 대해 설명하도록 하겠다.

핵심 개념

- 상보성 검사는 각각 열성 돌연변이를 지닌 두 개의 염색체가 함께 정상 기능을 수행하는지를 결정하는 검사이다. 기능을 수행하지 못하면 동일 유전자에 두 개의 돌연변이가 생긴 것이다.
- DNA 차원에서 유전자는 뉴클레오티드 쌍의 일련의 서열로 특정 기능을 지닌 염색체상의 분리된 부위를 말한다.
- 재조합은 동일 유전자 내 혹은 다른 유전자 간의 두 개의 뉴클레오티드 쌍 사이에서 일어날 수 있다.

7.4 돌연변이가 말해 주는 유전자의 기능

학습목표

1. 아르기닌 종속영양체의 분석이 한 유전자가 한 효소를 만든다는 사실을 설명한다.
2. 유전자가 단백질의 아미노산 서열을 결정한다는 사실을 보여주는 데 과오 돌연변이가 어떻게 이용되는지 설명한다.
3. 단백질의 1차, 2차, 3차, 4차 구조를 분별한다.

멘델의 실험은 각각의 유전자가 눈에 보이는 형질을 조절할 수 있다는 것을 정립하였으나 그의 법칙은 어떻게 유전자가 실제로 형질을 조절하는지에 대해서는 설명하지 않는다. 20세기 전반부의 연구자들은 유전자형–표현형 간의 상관관계를 이해하기 위한 노력으로 돌연변이로 인한 생화학적 변화를 연구하였다.

1902년에 수행된 초기의 연구 중의 하나로 영국의사 개로드(Archibald Garrod) 박사는 알캅톤뇨증(alkaptonuria)으로 알려진 사람유전질환이 상염색체 유전자의 열성 대립유전자로 인해 결정된다는 것을 보여주었다. 가계도를 분석하고 형질을 가지고 있는 사람과 없는 사람의 생화학적 분석을 하였다. 알캅톤뇨증이 있는 사람의 소변은 공기 중에 노출되면 검게 변한다. 개로드 박사는 산소를 만나면 검게 되는 호모겐티신산(homogentisic acid)이 환자의 소변에 쌓인다는 것을 알아내었다. 정상인은 호모겐티신산을 섭취해도 소변에 이 물질이 전혀 나오지 않는 반면에 환자는 섭취한 호모겐티신산을 그대로 다 배설한다.

이러한 관찰로 개로드 박사는 알캅톤뇨증이 있는 환자는 정상인들과 같이 호모겐티신산을 대사할 능력이 없다고 결론을 내렸다(그림 7.26). 생명체의 세포 내에서 일어나는 많은 생화학적 반응은 효소에 의해 촉진되기 때문에 개로드 박사는 호모겐티신산을 대사하는 효소의 결핍이 병의 원인일 것이라고 추정하였다. 효소의 결핍은 산을 축적시키고 이것은 소변이 산소와 만나면 검게 되는 원인이다. 이런 것을 "선천성 대사질환"이라고 명명하였다.

개로드 박사는 몇몇 다른 선천성 대사질환을 연구하였는데, 모두가 다 특정 생화학적 반응에 필요한 효소를 생성하는 특정 유전자의 돌연변이에 의한 것임을 제안하였다. 오늘날의 말로 표현하자면 유전자의 돌연변이는 할 수 없지만 야생형 대립유전자는 기능을 할 수 있는 효소를 생성하는 것이다[알캅톤뇨증의 경우 호모겐티신산 산화효소(homogentisic acid oxidase)]. 이형접합자에서 한 개의 야생형 대립유전자는 호모겐티신산의 축적을 막기에 충분한 효

그림 7.26 알캅톤뇨증: 선천성 대사질환. 사람에서 페닐알라닌과 티로신이 호모겐티신산(HA)을 거쳐 분해되는 생화학적 경로. 알캅톤뇨증 환자는 HA 수산화효소가 기능을 하지 못해 HA에서 말레일아세토아세틴산(maleylacetoacetic acid)으로 전환시키지 못한다. 따라서 산화되어 검은색 화합물이 되는 HA가 뇨에 축적된다.

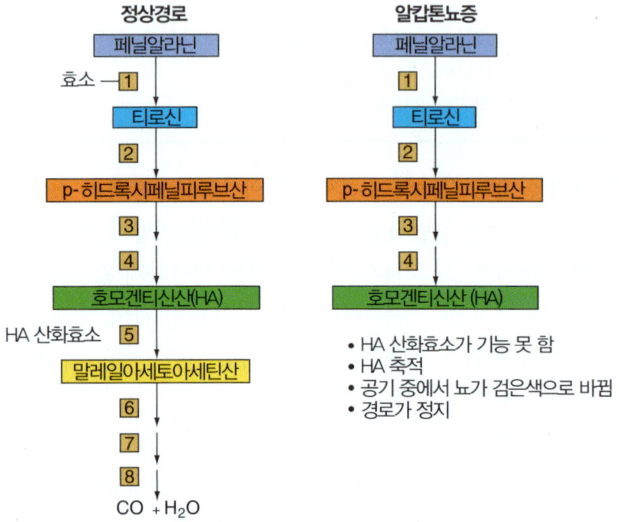

소를 생성하기 때문에 알캅톤뇨증은 열성 돌연변이 대립유전자이다.

특정효소를 생성하는 정보를 지닌 유전자: 한 개의 유전자는 한 개의 효소 가설

1940년대 비들(George Beadle)과 에드워드 타튬(Edward Tatum)은 붉은빵곰팡이 *Neurospora crassa* (생활사는 5장 참조)에 관한 일련의 실험으로 유전자와 특정 생화학적 반응을 촉매하는 효소와의 직접적인 관계를 설명하였다. 방법은 간단하다. 우선 *Neurospora*의 성장에 필요한 아미노산 아르기닌의 합성을 방해하는 돌연변이를 다수 분리하였다. 다른 돌연변이는 특정 **생화학적 경로**(biochemical pathway; *Neurospora*가 주변에서 간단한 분자를 얻어 아르기닌의 합성을 위해 연이은 더 복잡한 분자로 단계별로 변형하도록 하는 순서적으로 일어나는 일련의 반응)의 서로 다른 단계를 방해한다고 가설을 세웠다.

"한 유전자, 한 효소"에 대한 실험적 증거

그림 7.27a는 비들과 타튬이 가설을 검증하기 위해 수행한 실험에 대한 설명이다. 우선 아르기닌을 합성하지 못하는 *Neurospora* 돌연변이를 돌연변이 유발물질로 유도하여 얻었다. 돌연변이를 지닌 세포는 아르기닌을 합성하지 못해 염과 설탕을 지닌 최소배지에 아르기닌을 보충해 주어야만 성장할 수 있다. 야생형에서는 불필요한 물질보충이 요구되는 영양돌연변이 미생물을 **종속영양체**(auxotroph)라고 한다. 따라서 앞에서 살펴본 세포는 영양요구체이다. (반면에 추가적으로 어떤 물질도 요구하지 않는 세포를 특정물질에 대해 **원영양체**(prototroph)라고 한다. 더 일반적인 의미로 원영양체는 최소배지만으로도 자랄 수 있는 야생형 세포를 말한다.) 재조합분석으로 아르기닌 합성방해 종속영양 돌연변이를 유전체상 네 부위에 위치를 정했으며, 상보성 검사로 네 부위는 서로 다른 상보성 그룹임을 보여주었다. 이 결과를 바탕으로 비들과 타튬은 아르기닌 합성에 적어도 4개의 유전자가 생화학적 경로를 담당한다고 결론을 내렸다. 네 유전자는 *ARG-E*, *ARG-F*, *ARG-G*, *ARG-H*로 명명하였다.

그 다음으로는 *Neurospora* 돌연변이가 아르기닌의 보충 대신에 아르기닌 합성을 위한 생화학적 경로 중 세 개의 알려진 중간대사물, 오르니틴(ornithine), 시트룰린(citrulline), 아르기노숙신산(arginosuccinate)의 보충으로 자랄 수 있는지를 알고자 하였다. 이 검사로 *Neurospora* 돌연변이체가 중간대사물질을 아르기닌으로 바꿀 수 있다는 것을 알았다. 어느 아르기닌 종속영양 돌연변이체가 각 중간대사물을 보충해 준 각 최소배지에서 자랄 수 있는지를 표로 종합해 보았다(그림 7.27b).

결과의 해석: 효소를 암호화하는 유전자

비들과 타튬은 어떻게 *Neurospora* 세포가 아르기닌을 합성하는지 모델로 제시하였다(그림 7.27c). 최소배지로 아르기닌을 합성하는 일련의 생화학적 반응 경로에서 각 중간대사물은 한 단계의 생성물이자 다음 단계의 기질이 된다. 정확하게 순서화되어 있는 각 반응은 특정효소가 촉매하며 각 효소의 유무는 네 개의 *ARG* 유전자 중의 하나에 달려 있다. 이 중 한 유전자에 돌연변이가 생기면 세포는 해당 효소가 결핍되어 특정 단계에서 경로가 막혀 혼자서는 아르기닌을 합성할 수 없게 된다. 막힌 경로 다음으로 만들어지는 중간대사물을 배지에 보충해 주면 그 외의 다른 경로에는 문제가 없기 때문에 다시 성장할 수 있다. 부족한 효소가 작용하기 전 단계에서 만들어지는 중간대사물의 보충은 세포가 그 중간대사물을 아르기닌으로 변환할 수 없기 때문에 소용이 없다.

돌연변이는 특정반응을 촉매하는 효소를 생성할 수 없게 한다. 이러한 방해로 각 유전자는 효소의 합성 혹은 활성을 조절한다. 이것을 비들과 타튬은 한 유전자, 한 효소라고 했다. 물론 유전자와 효소는 같지 않다. 유전자의 뉴클레오티드서열은 효소의 구조를 암호화하는 정보를 지니고 있다.

(a) 아르기닌 종속영양체 분리

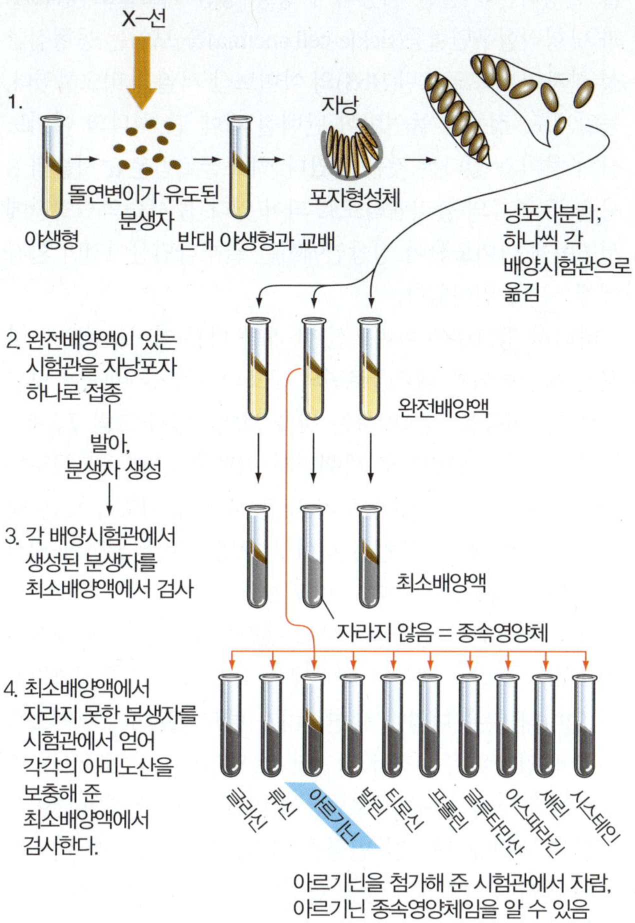

(b) 영양소를 최소배양액에 첨가해 주고 성장결과를 조사

돌연변이체	첨가물 없음	첨가물 오르니틴	시트룰린	아르기니 노숙신산	아르기닌
야생형: Arg^+	+	+	+	+	+
$ARG\text{-}E^-$	–	+	+	+	+
$ARG\text{-}F^-$	–	–	+	+	+
$ARG\text{-}G^-$	–	–	–	+	+
$ARG\text{-}H^-$	–	–	–	–	+

(c) 추정되는 생화학적 경로

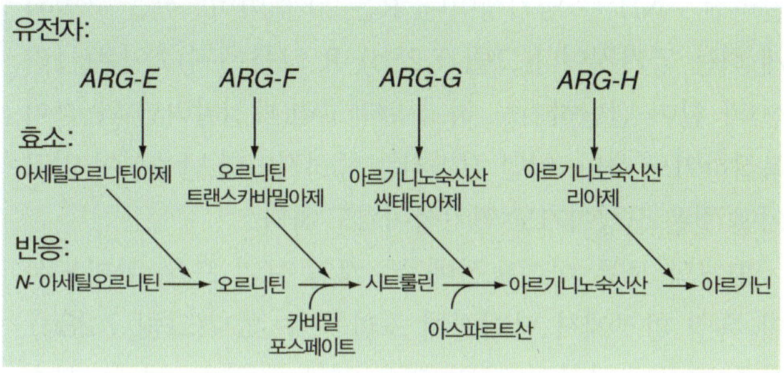

그림 7.27 "한 유전자, 한 효소" 가설의 실험적 지지. (a) 비들과 타튬은 X–선으로 돌연변이가 유발된 붉은빵곰팡이(*Neurospora*)를 다른 것과 교배를 시키고 완전배양배지에서 자란 반수체 자낭포자를 분리하였다. 최소배양배지에서 자라지 못하는 것이 영양돌연변이이다. 아르기닌이 첨가된 최소배지에서 자랄 수 있는 영양돌연변이를 arg^- 종속영양체라고 한다. (b) 아르기닌 합성경로의 중간대사물을 첨가해 준 최소배양배지에서 자랄 수 있는 야생형과 돌연변이의 능력. (c) 4개의 *ARG* 유전자 각각은 대사경로에서 한 중간대사물이 다른 것으로 전환하기 위해 필요한 효소를 암호화한다.

비들과 타튬이 연구한 아르기닌 합성경로 분석은 간단했지만 생화학적 경로 연구가 항상 그렇게 해석하기가 간단한 것은 아니다. 어떤 생화학적 경로는 단계별 반응들의 일련의 과정이 아니다. 예를 들어 같은 중간대사물에 다른 효소가 작용하면 다른 방향의 경로로 가서 동일한 중간대사물이 다른 생성물로 변환될 수도 있다. 만약 세포가 성장하기 위해 이 두 생성물을 모두 필요로 한다면 이 중간대사물을 합성하기 위한 효소를 암호화하는 유전자에 돌연변이가 생기면 세포에 이 두 생성물을 모두 보충해야 한다. 두 번째 경우는 필요한 생성물을 합성하기 위하여 독립적이고 평행한 두 경로가 다 작용할 경우이다. 이런 경우에는 한 경로에 작용하는 효소를 암호화하는 유전자에 돌연변이가 생겨도 아무런 영향이 없을 것이다. 두 경로가 다 돌연변이가 생겨야 세포에 변종 표현형이 나타날 것이다.

유전학적 분석과 같은 비 연속적인 과정으로도 유전자가 단백질을 암호화한다는 비들과 타튬의 견해에 기초하여 생화학적 경로의 본질을 파악할 수 있다.

유전자는 폴리펩티드 사슬에 있는 아미노산과 그 순서를 지정한다

한 유전자, 한 효소 가설이 어떻게 유전자가 표현형에 영향을 주는지를 이해하는 데 중요한 발전의 계기가 되었지만 이것은 지나치게 간소화한 것이다. 모든 유전자가 생화학적 경로에서 작용하는 효소를 생성하는 데 관여하는 것은 아니다. 효소는 단백질의 한 종류이다. 다른 종류로 세포의 모양과 뼈대를 만드는 단백질, 세포 안팎으로 물질을 이동하는 단백질, DNA를 염색체 형태로 접는 단백질, 호르몬 전달물질로 작용하는 단백질 등이 있다. 유전자는 효소 및 효소가 아닌 모든 단백질을 합성하도록 지시한다. 다음에서 보듯이 더 나아가서 유전자는 실제로 폴리펩티드의 생성을 결정하며 어떤 단백질은 여러 개의 폴리펩티드로 구성되어 있기 때문에 하나 이상의 유전자가 이러한 단백질을 결정짓게 된다.

단백질: 펩티드 결합으로 이어진 아미노산 선형 중합체

기초적인 것을 보자면, **단백질**(protein)은 **아미노산**(amino acid) 단위체가 모여서 된 중합체이다. 세포는 필요한 단백질을 합성하기 위해 주로 20개의 아미노산을 사용한다. 모든 아미노산은 특정 기본 성질이 있고, $NH_2-CHR-COOH$로 표기한다(그림 7.28a). 카르복시산(carboxylic acid)으로 알려진 $-COOH$는 산성이고 아미노그룹(amino group)으로 알려진 $-NH_2$는 염기성이다. R은 20개 아미노산을 구별되게 하는 곁가지이다(그림 7.28b). R 그룹은 수소이온(글리신)과 같이 간단하기도 하고 벤젠고리(페닐알라닌)와 같이 복잡하기도 하다. 어떤 곁가지는 중성적이며 반응성이 없고 어떤 것은 산성이기도 염기성이기도 하다.

20개의 보통 아미노산에 두 개의 보기 드문 아미노산이 특정 환경에서 단백질에 포함될 수 있다(그림 7.28c). 아주 드물게(사람의 경우, 겨우 25개가 있음) 셀레노시스테인(selenocysteine)을 지닌 단백질이 있다. 피롤라이신(pyrrolysine)은 특정 원핵생물의 단백질에만 존재한다.

단백질 합성과정에서 세포의 단백질 합성기구가 **펩티드 결합**(peptide bond)으로 한 아미노산의 $-COOH$ 그룹과 다음 아미노산의 $-NH_2$ 그룹을 연결하여 아미노산을 서로 연결시킨다(그림 7.28d). 이렇게 서로 연결된 한 쌍의 아미노산을 **디펩티드**(dipeptide); 여러 아미노산이 서로 연결된 것은 **올리고펩티드**(oligopeptide)라고 한다. 단백질을 이루는 아미노산 사슬은 수백, 수천 개의 아미노산이 펩티드 결합으로 연결된 **폴리펩티드**(polypeptide)라고 한다. 따라서 단백질은 아미노산의 선형 중합체이다. DNA의 뉴클레오티드 사슬과 같이 폴리펩티드도 화학적 방향성이 있다. 폴리펩티드의 한 끝은 어떤 연결도 되어 있지 않은 자유로운 아미노 그룹으로 되어 있어 **N 말단**(N terminus)이라고 하고, 다른 끝은 카르복시산 그룹으로 되어 있어 **C 말단**(C terminus)이라고 한다.

아미노산의 서열을 변경하는 돌연변이

각 단백질은 특정 아미노산의 서열로 되어 있다. 세포의 모양을 이루는 구조 단백질, 특정 반응을 촉매하는 효소 등 단백질의 화학적 성질은 무슨 아미노산 몇 개가 어떤 순서로 되어 있는지에 달려 있다.

유전자가 단백질을 암호화한다면 유전자에 변이를 주는 돌연변이는 그 유전자가 암호화하는 단백질의 아미노산 서열을 그에 따라 바꿀 것이다. 1950년대 중반 잉그램(Vernon Ingram)은 어떤 돌연변이가 해당 단백질에 어떤 변이를 주는지 규명하기 시작하였다. 최근에 개발된 아미노산 서열을 결정하는 기술을 이용하여 정상 성인 헤모글로빈(HbA)과 낫형적혈구빈혈증(sickle-cell anemia)을 보이는 동형접합성 환자의 헤모글로빈(HbS)의 아미노산 서열을 비교하였다. 놀랍게도, 정상과 돌연변이 단백질 간에 단 하나의 아미노산의 차이가 있다는 것을 알았다. 헤모글로빈은 α 사슬과 β 사슬 두 종류의 폴리펩티드로 되어 있다. β 사슬의 N말단에서 6번째 아미노산이 정상인에서는 글루타민산이지만 환자에게서는 발린이었다.

따라서 잉그램은 아미노산 한 개를 다른 아미노산으로 바꾸는 돌연변이가 헤모글로빈의 구조와 기능을 바꾸어 낫형적혈구빈혈증을 일으킨다는 것을 보여주었다(그림 7.29b). 글루타민산이 발린으로 바뀌면서 적혈구 내의 헤모글로빈 용해도를 바꾼다. 산소농도가 낮을 때에 용해도가 낮은 낫형적혈구의 헤모글로빈은 적혈구 모양이 비정상적인 긴사슬 모양이 되도록 모인다(그림 7.29a).

다양한 유전적 빈혈증으로 고생하는 환자들도 비정상적인 헤모글로빈을 지니기 때문에 잉그램과 다른 유전학자들은 얼마나 많은 다양한 돌연변이가 헤모글로빈의 아미노산 서열에 영향을 주는지를 결정할 수 있었다(그림 7.29c). 대부분 비정상적인 헤모글로빈은 아미노산 단 한 개의 변이로 인한 것이었다. 다양한 빈혈증 환자들은 서로 다른 아미노산에 변이가 있었지만 종종 한 아미노산에 서로 다른 두 개의 변이도 있었다. 한 아미노산이 다른 아미노산으로 바뀌는 돌연변이를 **과오 돌연변이**(missense mutation)라고 명명하였다.

단백질의 아미노산 서열이 단백질의 3차 구조를 결정한다

폴리펩티드 결합으로 연결된 아미노산 서열로 구성된 단백질의 생성 과정이 일률적임에도 불구하고 각 폴리펩티드는 고유의 3차 구조를 지닌다. 생화학자들은 단백질 구조를 네 단계로 구분한다: 1차, 2차, 3차, 4차. 1차부터 3차는 한 개의 폴리펩티드 내에 있는 구조이고, 4차는 한 단백질이 다수의 폴리펩티드가 모여서 생성된 경우를 말한다.

1차, 2차, 3차 단백질 구조

단백질은 펩티드 결합으로 연결된 일련의 아미노산으로 일정하게 형성되지만 각 폴리펩티드는 특정한 3차원 모양을 가질 수 있다. 폴리펩티드를 이루는 직선상의 아미노산 서열을 **1차 구조**(primary structure)라고 한다. 각각의 특정한 1차 구조는 사슬이 어떤 3차 구조로 배열될지를 지정한다. 20개 아미노산의 R 그룹의 화학적 성질은 다르기 때문에 서로

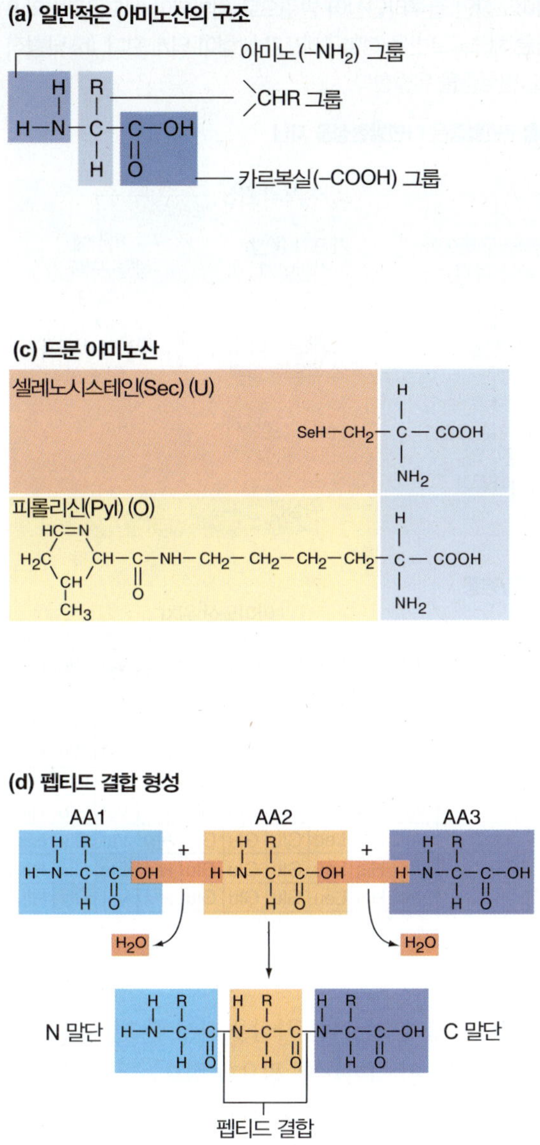

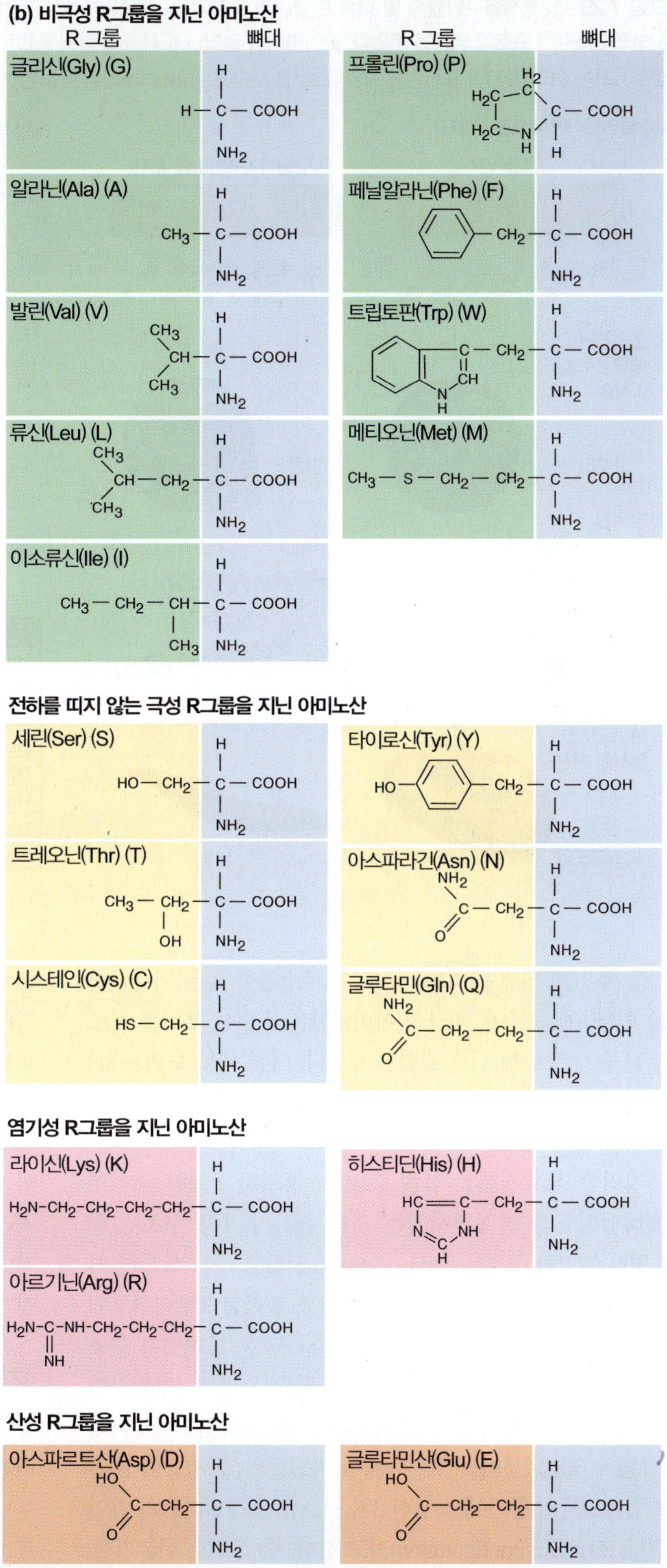

그림 7.28 단백질은 아미노산이 펩티드 결합으로 연결된 사슬이다. (a) 아미노산은 염기 아미노그룹(–NH_2)과 산성 카르복실산그룹(–COOH) 그리고 〉CHR기로 이루어져 있다. R은 20개의 다른 곁가지 중의 하나를 말함. (b) 단백질에서 흔히 볼 수 있는 아미노산을 R그룹의 성질에 따라 분류함. (c) 셀레노시스테인과 피롤라이신은 특정 개체에 아주 드문 단백질에서만 존재한다. (d) 물분자 하나가 빠져나오고 아미드 공유결합 (펩티드 결합)이 하나의 아미노산의 –COOH와 그 다음 아미노산의 –NH_2 사이에 형성된다. 그림에서 보여주는 트리펩티드와 같은 폴리펩티드는 방향성이 있다. N말단(자유 아미노 그룹을 지님)에서 C말단(자유 카르복실산 그룹을 지님)으로 이어진다.

그림 7.29 낫형적혈구빈혈증 및 다른 빈혈증의 분자기작. (a) N말단에서 6번째 아미노산인 글루타민산이 발린으로 치환되어 헤모글로빈의 β 사슬의 3차원적 구조에 영향을 주었다. 돌연변이가 일어난 β 사슬과 함께 중합체를 이룬 헤모글로빈은 적혈구세포가 낫형이 되게 한다. (b) 낫형적혈구세포는 여러 가지의 표현형을 보인다. (c) β 사슬에 일어난 여러 다른 돌연변이들도 빈혈증을 유발한다.

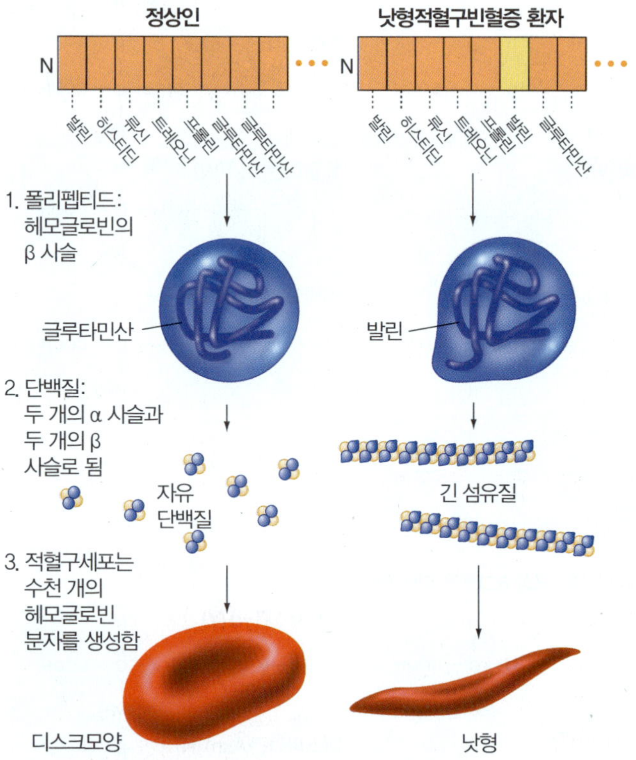

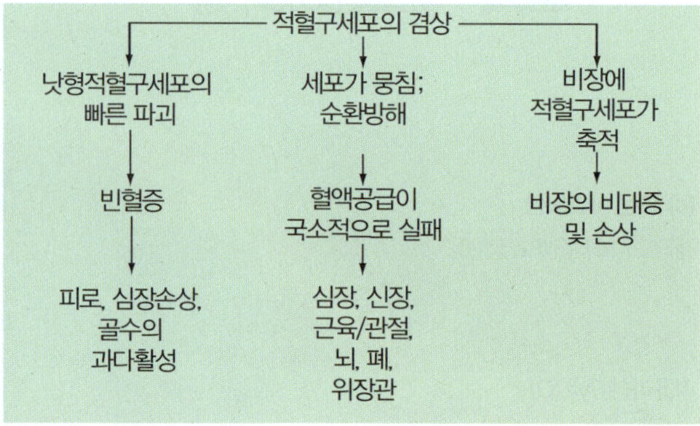

(c) β 사슬치환/변종

아미노산 위치	1	2	3	6	7	26	63	67	125	146
정상(HbA)	Val	His	Leu	Glu	Glu	Glu	His	Val	Glu	His
HbS	Val	His	Leu	Val	Glu	Glu	His	Val	Glu	His
HbC	Val	His	Leu	Lys	Glu	Glu	His	Val	Glu	His
HbG 산호세	Val	His	Leu	Glu	Gly	Glu	His	Val	Glu	His
HbE	Val	His	Leu	Glu	Glu	Lys	His	Val	Glu	His
HbM 사스카툰	Val	His	Leu	Glu	Glu	Glu	Tyr	Val	Glu	His
Hb 쥬리히	Val	His	Leu	Glu	Glu	Glu	Arg	Val	Glu	His
HbM 밀워키1	Val	His	Leu	Glu	Glu	Glu	His	Glu	Glu	His
HbDβ 푼잡	Val	His	Leu	Glu	Glu	Glu	His	Val	Gln	His

가깝게 있게 되면 아미노산 사이에 수소결합 혹은 이온결합을 한다. 예를 들어, 비극성 아미노산은 소수성 부위를 물로부터 숨기기 위해 서로 결합할 것이다. 다른 예를 보면 –SH 그룹의 산화로 두 개 시스테인 아미노산의 S–S 이황화 공유결합을 할 수 있다.

이러한 상호결합은(그림 7.30a) 특정한 3차원 구조로 폴리펩티드를 안정화시키는 것을 돕는다. 1차 구조(그림 7.30b)는 2차 **구조**(secondary structure)라고 하는 독특한 기하학적 구조를 가진 지협적인 부위를 형성함으로써 3차원 모양을 결정짓는다(그림 7.30c). 1차 구조는 또한 2차 구조와 함께 접힘과 뒤틀림을 만들고, 궁극적으로는 3차원적인 전체 폴리펩티드의 3차 **구조**(tertiary structure)를 형성한다(그림 7.30d). 생리적 조건에서 아미노산의 긴 사슬이 자연스럽게 3차원 공간에서 접힌 3차 구조를 폴리펩티드의 자연적 구조(native configuration)라고 한다. 수소결합, 이온결합, 소수성 친화력, 이황화결합을 포함한 다양한 힘이 자연적인 형상을 안정화하는 데 돕는다.

폴리펩티드의 아미노산 서열, 즉 1차 구조는 2차와 3차 구조를 직접적으로 결정짓는다는 사실을 다시 한 번 강조한다. 자연적 구조로 사슬이 접히는 데 필요한 정보는 직선상의 아미노산 서열에 타고난다. 이 논리로 한 예를 보면 대부분 단백질은 우레아와 머캅토에탄올로 처리하든가, 열 혹은 pH를 높이면 구조가 풀려 **변성**(denatured)된다. 이러한 처리는 2차와 3차 구조를 안정화하는 결합을 파괴한다. 조건을 되돌려 처리를 제거하면 대부분 단백질은 다른 요소의 도움도 없이 자연적 구조로 다시 접힌다. 단백질의 적절한 3차원 모양을 갖게 하기 위해 1차 구조 외의 다른 정보는 필요하지 않다.

4차 구조: 다중결합 단백질

흑백 시각을 증진시키는 로돕신과 같은 단백질은 하나의 폴리펩티드로 되어 있다. 그러나 안구의 수정체에 견고함과 투명함을 주는 수정체단백질 혹은 앞에서 언급한 헤모글로빈과 같은 단백질 등 많은 단백질은 특정한 방식으로 서로 연결된 둘 혹은 더 많은 폴리펩티드사슬로 되어 있다(그림 7.31a,b). 다중체의 각 폴리펩티드를 소단위(subunits)라고 하며, 소단위의 복합체를 다량체(multimer)라고 한다. 다

그림 7.30 폴리펩티드 구조 단계. (a) 공유와 비공유결합이 폴리펩티드의 구조를 결정함. (b) 단백질 1차 구조(1°)는 아미노산의 서열이다. (c) 국소적으로 α–나선구조(helixes) 와 β–병풍구조(β–pleated sheets)와 같은 2차 구조를 형성한다. (d) 3차 구조(3°)는 폴리펩티드의 완전한 3차원적 배열이다. 그림에 보여주는 것은 철을 지닌 헴(heme)그룹, 미오글로빈으로 빨간색으로 표시되어 있다. 이것은 산소를 운반한다. 반면에 폴리펩티드 자체는 초록색으로 표시하였다.

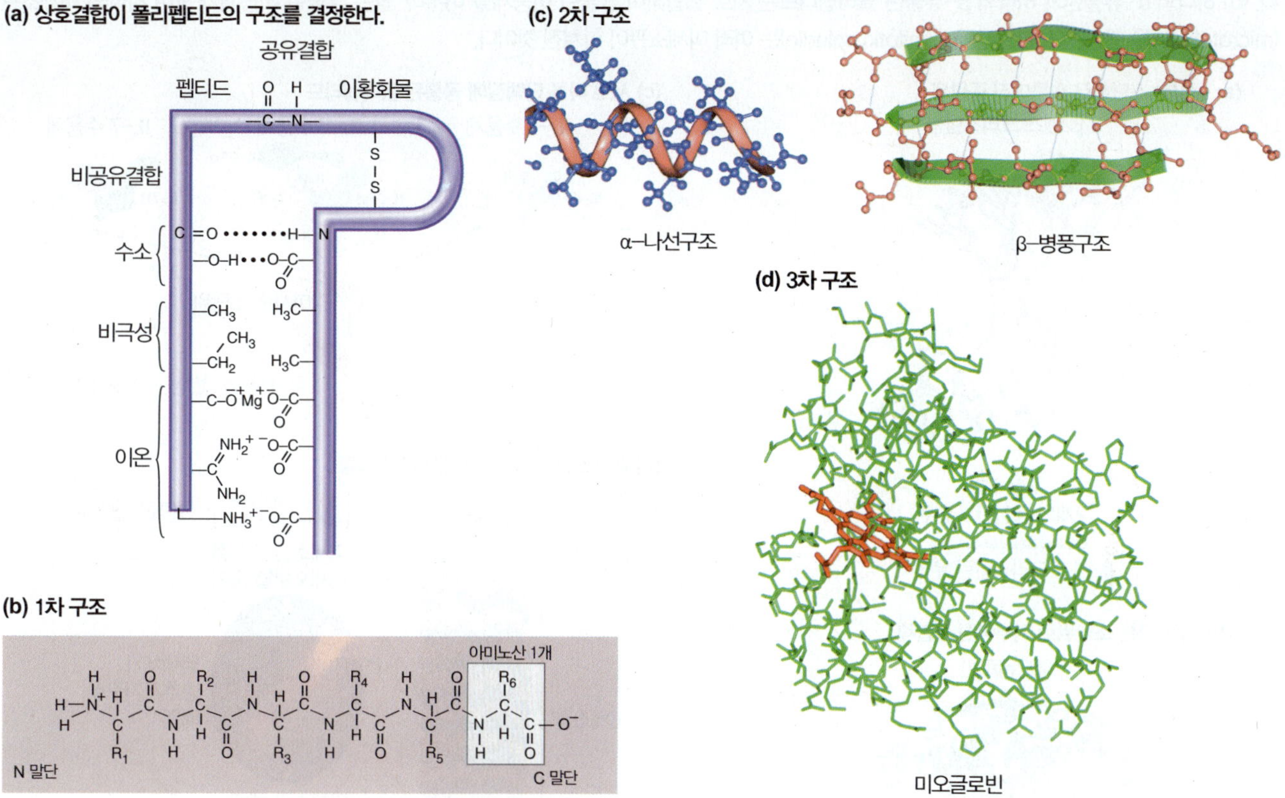

량체의 소단위들의 3차원적 구조가 복합단백질의 4차 구조(quaternary structure)이다.

폴리펩티드의 자연적 형태를 안정화하는 힘(수소결합, 이온결합, 소수성친화력, 이황화결합)과 동일한 힘이 4차 구조의 유지에도 기여한다. 그림 7.31a에서 보듯이 중합체 중에는 둘 혹은 그 이상으로 되어 있는 소단위가 동일한 폴리펩티드이기도 하다. 이러한 동일한 사슬은 한 유전자가 암호화한 것이다. 반면에 한 개 이상의 폴리펩티드가 모여 단백질을 이루는 다량체도 있다(그림 7.31b). 이런 중합체를 이루는 서로 다른 폴리펩티드는 다른 유전자가 암호화한다.

한 유전자에 돌연변이가 있어 소단위 한 종류에 변이가 생기면 다량체의 기능에 영향을 줄 수 있다. 예를 들어, 성인 헤모글로빈 분자는 각 소단위가 서로 다른 유전자, 하나는 α 사슬과 다른 하나는 β 사슬에 의해 결정되는 두 개의 α와 두 개의 β 소단위로 구성되어 있다. *Hbβ* 유전자에 생긴 돌연변이는 β 사슬의 6번 위치에서 아미노산을 바꾸어 낫형적혈구빈혈증을 유발한다. 이와 유사하게 만약 여러 다중체성 단백질이 동일한 소단위를 공유한다면 이 소단위를 암호화하는 유전자에 생긴 한 개의 돌연변이는 모든 단백질에 동시에 영향을 줄 것이다. 인터류킨(interleukin, IL) 수용체로 알려진 여러 다른 단백질을 무능력하게 하는 쥐와 사람의 X-연관 돌연변이가 있다. 이 수용체 모두는 감염과 맞서서 면역력을 생성하는 면역계 세포의 정상 기능에 필수적이다. 이 돌연변이는 생명을 위협하는 X-연관면역결핍(X-linked severe combined immune deficiency, XSCID, 그림 7.31c)이라고 알려졌다.

복합체 단백질의 폴리펩티드는 세포의 필요에 따라 변할 수 있는 굉장히 커다란 구조로 형성될 수 있다. 유사분열 시 방추사를 이루는 미세소관은 α 튜불린과 β 튜불린 두 개의 폴리펩티드의 거대한 집단이다(그림 7.31d). 세포는 세포주기의 각 단계에서 필요에 따라 자라거나 줄어드는 매우 긴 원통형으로 이러한 소단위를 배열할 수 있다.

한 유전자, 한 폴리펩티드

다량체성 단백질 생성에 한 개 이상의 유전자가 관여하고 모든 단백질이 다 효소가 아니기 때문에 "한 유전자, 한 효

그림 7.31 다량체성 단백질. (a) β2렌즈 크리스탈린은 같은 종류의 소단위 두 개가 모인 것이다. 두 개 소단위는 한 유전자에서 만들어진다. 두 개 소단위의 펩티드 뼈대를 서로 다른 빛깔의 보라색으로 표시하였다. (b) 헤모글로빈은 두 개의 서로 다른 종류의 소단위로 되었으며 각각은 각자 다른 유전자에서 만들어진다. (c) 3개의 서로 다른 단백질 수용체로 인터류킨(ILs; 보라색)이라고 하는 면역계 분자이다. 모두 공통적으로 γ사슬(노란색)과 각 수용체 특이적인 폴리펩티드(초록색)로 되어 있다. γ사슬의 돌연변이는 3개 수용체 모두 기능을 못하게 하여 XSCID질환을 유발한다. (d) 하나의 α-튜불린과 하나의 β-튜불린 폴리펩티드는 서로 결합하여 튜불린 이중체를 이룬다. 많은 튜불린 이중체가 모여 하나의 미세소관(microtubule)을 형성한다. 분열 방추사(mitotic spindle)는 여러 미세소관이 합쳐진 것이다.

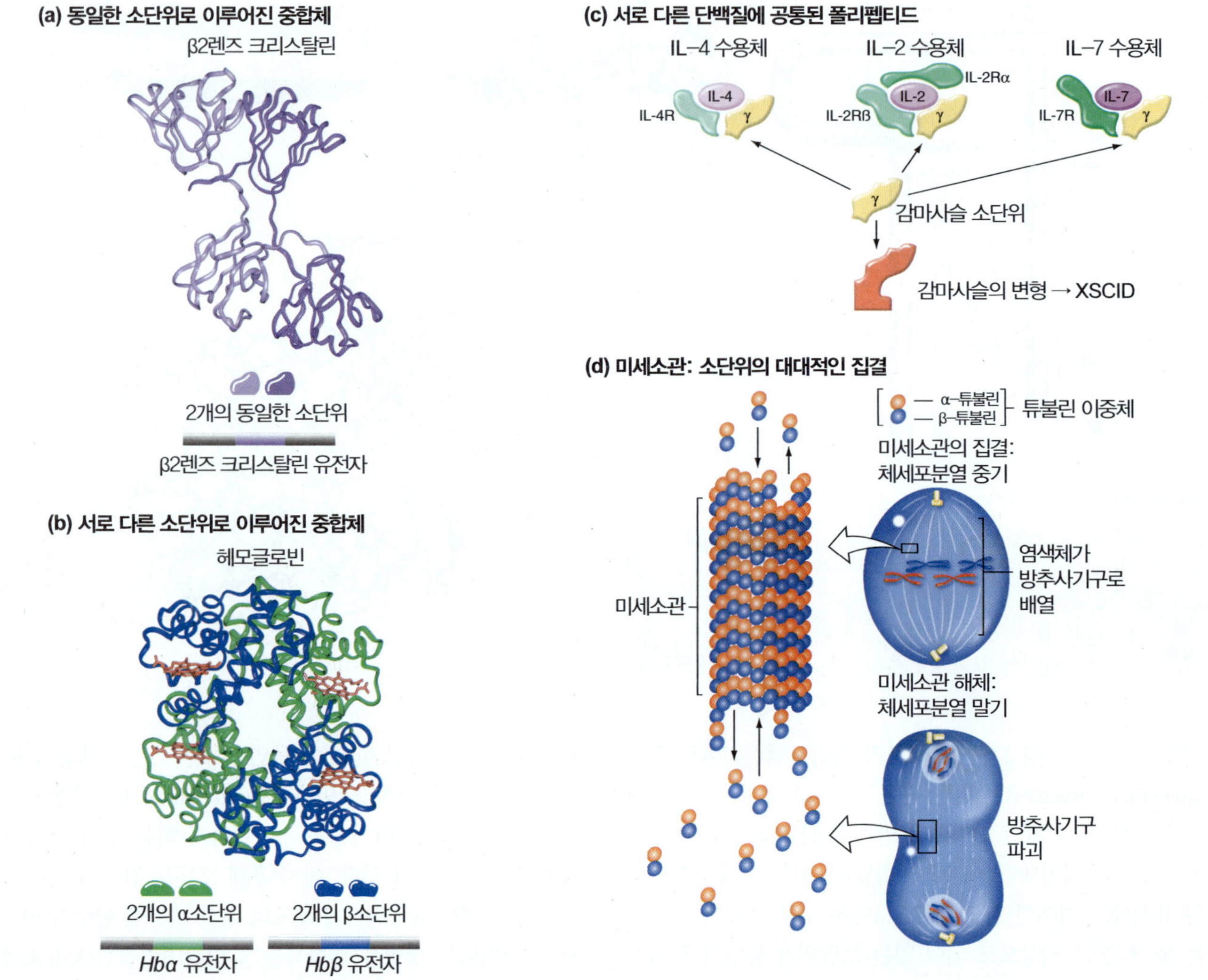

소"라는 가설은 유전자의 기능을 정의하기에는 충분한 것 같지 않다. 더 정확히 말하면 "한 유전자, 한 폴리펩티드": 각 유전자가 특정 폴리펩티드를 형성한다고 해야 할 것 같다. 8장에서 다루겠지만 이렇게 바꾸어 말한다 해도 모든 유전자의 기능을 다 말해 주지는 못한다. 몇 유전자는 단백질 생성과 무관한 것도 있다. 이들은 단백질로 전이되지 않는 RNA를 암호화한다.

유전자와 폴리펩티드와의 연관을 앎으로써 유전학자들은 한 유전자에서 생긴 각 돌연변이들이 어떻게 다른 표현형을 보이는지를 분석할 수 있게 되었다. 만약 단백질의 3차원 구조에 각 아미노산이 영향을 미친다면 폴리펩티드 사슬에서 다른 위치에 있는 아미노산을 바꾸어 단백질의 기능을 다르게 변경할 수 있다. 예를 들어, 대부분 효소는 효소의 역할을 수행하기 위한 작용점이 있다. 반면에 효소의 다른 부위는 작용점의 모양과 위치에 기여한다. 작용점에 위치한 아미노산의 성질을 바꾸는 돌연변이는 작용점 외의 아미노산을 바꾸는 것보다 훨씬 영향이 심할 것이다. 염기성 곁가지를 지닌 아미노산을 산성 곁가지를 지닌 아미노산으로 바꾸는 것과 같은 아미노산 치환은 아미노산의 화학적 성질을 유지하는 치환보다는 단백질의 기능을 더 많이 잃을 것이다.

어떤 돌연변이는 단백질의 아미노산 구성에 전혀 영향을 주지 않아도 비정상적인 표현형을 보인다. 8장에서 설명하겠지만 이러한 돌연변이는 유전자를 따라 폴리펩티드를 생성하는 데 관여하는 생화학적 과정을 방해하여 생성된 정상 폴리펩티드의 양에 변화를 준다.

핵심 개념

- 대부분의 유전자는 폴리펩티드의 아미노산 서열을 지정한다.
- 과오 돌연변이는 폴리펩티드의 아미노산 하나를 변경한다.
- 다중결합 단백질은 두세 개의 폴리펩티드(소단위)로 되어 있다. 각 소단위는 서로 다른 유전자가 암호화한다.

7.5 종합적 예시: 시력에 영향을 주는 돌연변이

학습목표

1. 사람의 시력과 관련된 네 개의 광수용체 단백질의 기능에 대해 설명한다.
2. 광수용체를 암호화하는 유전자가 공통유전자에서 어떻게 중복과 분기 현상을 통해 파생되었는지를 설명한다.
3. 광수용체 유전자의 돌연변이가 어떻게 시력에 영향을 미치는지를 설명한다.

거의 200년 전에 처음으로 색채인식이 비정상적인 사람에 대해 묘사하였다. 그때 이후로 사람의 시력을 변형시키는 돌연변이를 많이 발견해왔다. 각 돌연변이와 연계된 표현형을 조사하고 유전적 돌연변이의 DNA 변형을 직접적으로 분석하여 사람의 시각적 인식에 영향을 주는 유전자와 유전자가 암호화하는 단백질의 기능에 관하여 상당히 많이 알아내었다.

사람을 이용한 시각연구는 몇 가지 장점이 있다. 첫째, 사람들은 빨간색이 어떤 것인지 미세한 차이점을 보는 것부터, 빨간색과 초록색 사이의 차이점도 보지 못하거나, 어떤 색채도 전혀 볼 수 없는 것까지 자기들이 본대로 다양하게 인식하고 묘사할 수 있다. 둘째, 잘 발달된 정신물리학은 표현형을 정확하게 정의내리고 비교하기 위한 민감하고 국부적인 검사를 제공한다. 예를 들어, 한 진단검사는 사람들이 각 색깔을 세 개의 다른 파장의 빛—빨간색, 초록색, 파란색—의 혼합체로 인식한다는 사실과 사람의 시각체계가 빨간색, 초록색, 파란색 빛의 강도 차이의 비를 임의적으로 선택한 노란색과 같은 제4의 파장에 맞게 조정할 수 있다는 사실에 바탕을 두고 있다. 파장의 혼합은 제4의 파장을 형성하기 위해 합쳐지는 것이 아니다; 그냥 눈에 그런 식으로 보이는 것일 뿐이다. 정상 시각을 지닌 정상인은, 예를 들어 특정 노란색에 맞추기 위해서 빨간색과 초록색 빛의 비를 명확한 비로 선택한다. 그러나 빨간색을 초록색과 구별할 수 없는 사람은 이 두 색깔의 비를 정하지 못한다. 마지막으로 시각체계의 유전적 변이가 드물지만 개인의 수명 혹은 생식능력에도 영향을 미치기 때문에 시각적 인식을 변화시키는 많은 새로운 대립유전자를 갖게 하는 돌연변이가 시간이 지나면서 사람들 사이에 남게 될 것이다.

빛에 민감한 망막세포 단백질

사람은 눈 뒤에 위치한 망막에 있는 뉴런을 통해 빛을 감지한다(그림 7.32a). 이러한 뉴런에는 두 종류가 있다: 막대모양의 간상세포(rods)와 원추모양의 원추세포(cones). 빛 감지 뉴런의 95%가 간상세포로 이것은 전체 파장의 약한 빛에 의해 자극된다. 강한 빛에서는 간상세포가 포화되어 더 이상 뇌로 의미 있는 정보를 보내지 못한다. 이때는 원추세포가 자극되어 색깔을 볼 수 있게 해 주는 밝은 빛의 파장을 이용한다.

원추세포는 세 가지 형태가 있다—빨간색, 초록색, 그리고 세 번째로 파란색을 감지하는 것. 각 광수용체 세포는 특정한 파장의 빛으로부터 광전자를 흡수, 광전자의 수와 에너지에 관한 정보를 전기신호로 전환, 그리고 광학신경을 거쳐 신호를 뇌에 전달하는 과정으로 광감지를 수행한다.

다른 광민감도를 갖는 네 개의 관련 단백질

광전자를 받고 간상세포에서 정보를 처리하도록 자극하는 단백질은 **로돕신**(rhodopsin)이다. 이것은 세포막을 여러 번 가로질러 놓인 348개의 아미노산으로 구성된 하나의 폴리펩티드 사슬이다(그림 7.32b). 사슬 내에 하나의 라이신(lysine)과 실제로 광전자를 흡수하는 망막의 카로티노이드 색소분자와 연결되어 있다. 망막 주변의 아미노산은 로돕신의 작용점을 구성하고 망막의 위치를 특정한 방향으로 조정함으로써 빛에 대한 반응을 결정한다. 각 간상세포는 세포막에 대략 1억 개의 로돕신 분자를 지닌다. 이 장의 앞부분에 살펴보았듯이 로돕신의 생성을 조절하는 유전자는 3번 염색체에 위치한다.

파란색 원추세포에서 광전자를 수용하고 처리하는 단백질은 로돕신과 유사한 것으로 이것도 348개의 아미노산으로 된 하나의 폴리펩티드 사슬로 되어 있으며, 망막의 한 분자를 감싸고 있다. 파란색 수용단백질은 348개 아미노산의 반보다 약간 적은 아미노산이 로돕신과 유사하다; 나머지 부분은 다르지만 이 부분은 단백질의 특수 및 수용력에 필요

그림 7.32 시각의 세포 및 분자기작. (a) 망막의 간상세포 및 원추세포는 세포막에 광수용체를 지닌다. (b) 간상세포의 광수용체는 로돕신이다. 원추세포의 파란색, 초록색, 빨간색 수용체 단백질은 로돕신관련 단백질이다. (c) 하나의 빨간색 광수용체 유전자와 1~3개의 초록색 광수용체 유전자는 X염색체에 모여 있다. (d) 로돕신 유전자와 3개의 색깔 수용체는 아마도 최초의 광수용체에서 3번의 유전자 중복현상과 중복된 사본의 분기현상으로 인해 진화되었을 것이다.

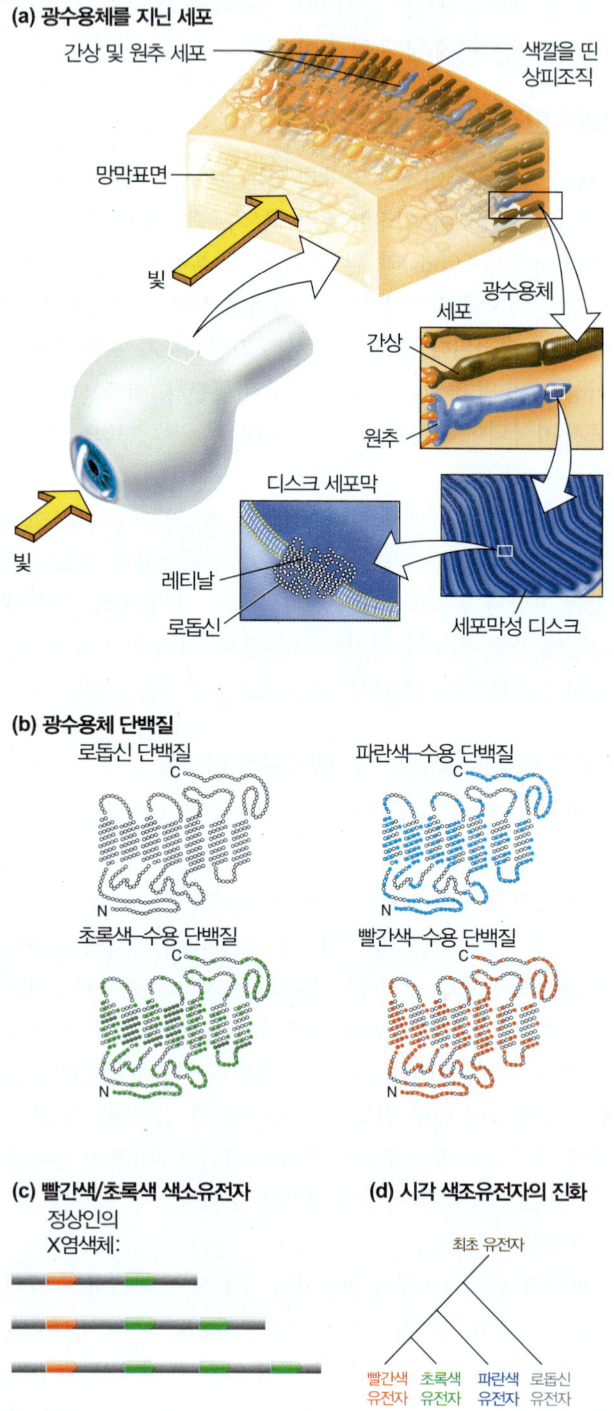

하다(그림 7.32b). 파란색 단백질의 유전자는 7번 염색체에 위치한다.

이와 유사하게 로돕신과 관련된 것으로 빨간색과 초록색 원추세포에 빨간색과 초록색 수용단백질이 있다. 364개의 아미노산보다 약간 더 큰 크기의 폴리펩티드 하나로 되어 있지만 이것들도 망막과 연결되어 세포막에 박혀 있다(그림 7.32b). 파란색 단백질과 같이 빨간색과 초록색 단백질도 거의 아미노산 반 정도가 로돕신과 다르다. 자기들끼리는 100개 중 네 개의 아미노산만이 다르다. 그러나 이 차이가 미비하더라도 두 종류의 원추세포의 빛 민감도를 다르게 하여 민감도의 스펙트럼을 분명하게 하기에는 충분한 것이다. 빨간색과 초록색 단백질의 유전자는 둘 다 X 염색체에 있으며, 서로 바로 연이어 반복해서 위치하고 있다. 대부분 하나의 빨간색 유전자와 1~3개의 초록색 유전자가 X 염색체에 있다(그림 7.32c).

로돕신 유전자군의 변천사

네 개의 로돕신 단백질이 구조와 기능에서 유사한 것은 이들 폴리펩티드를 암호화하는 유전자가 원래의 광수용체 유전자를 중복한 후 돌연변이가 축적이 되어 다양해진 것임을 시사한다. 색깔을 볼 수 있는 능력의 발전은 진화 과정을 통해 선택에서 유리한 장점을 제공한 돌연변이에 의한 것임에 틀림이 없다. 빨간색과 초록색 유전자는 가장 유사하여 100개 중 다섯 개 뉴클레오티드보다도 더 적게 차이가 있다. 이것은 진화상 상대적으로 최근에 서로 갈라진 것임을 제시한다. 빨간색 혹은 초록색 단백질과 파란색 단백질 간에 유사성이 낮아 로돕신과 색 광수용체 사이의 관계보다도 더 낮은데, 이것은 초기 중복과 분기 현상 때문일 것이다.

로돕신 유전자군의 돌연변이가 어떻게 보는 방식에 영향을 주는가

로돕신과 세 개의 색깔 광수용체 단백질을 암호화하는 유전자에 생긴 돌연변이는 여러 개의 다른 기작을 통해 시력에 변화를 준다. 한 단백질에서 한 개의 아미노산의 정체를 바꾸는 점돌연변이에서부터 광수용체 유전자의 숫자를 늘리거나 줄일 수 있는 불균등한 교차로 인한 큰 변이에 이르기까지 다양하다.

로돕신 유전자의 돌연변이

로돕신 유전자에 생긴 적어도 한 개의 뉴클레오티드 치환 돌연변이 29개는 조기 간상세포의 결핍으로 시작하여 주변 망막의 점진적인 퇴화에 의한 색소성 망막염(retinitis

그림 7.33 돌연변이가 빛과 색깔의 인식을 어떻게 조절하는가? (a) 로돕신의 3차원적 구조를 망가뜨리는 아미노산 치환(검은색 점)은 색소성 망막염(retinitis pigmentosa) 질환을 유발한다. 다른 치환은 로돕신의 빛에 대한 예민도를 약하게 하여 야맹증을 유발한다. (b) 파란색 색조유전자에서 일어난 치환은 청노란색 색맹(tritanopia)을 유발한다. (c) 빨간색 광수용체를 불안정하게 하는 특정 돌연변이는 빨간색 색맹을 유발한다. (d) 빨간색과 초록색 유전자사이의 불균등교차는 유전자 수를 변경할 수 있으며 혼합 광수용체 단백질을 암호화하는 유전자를 만들 수도 있다.

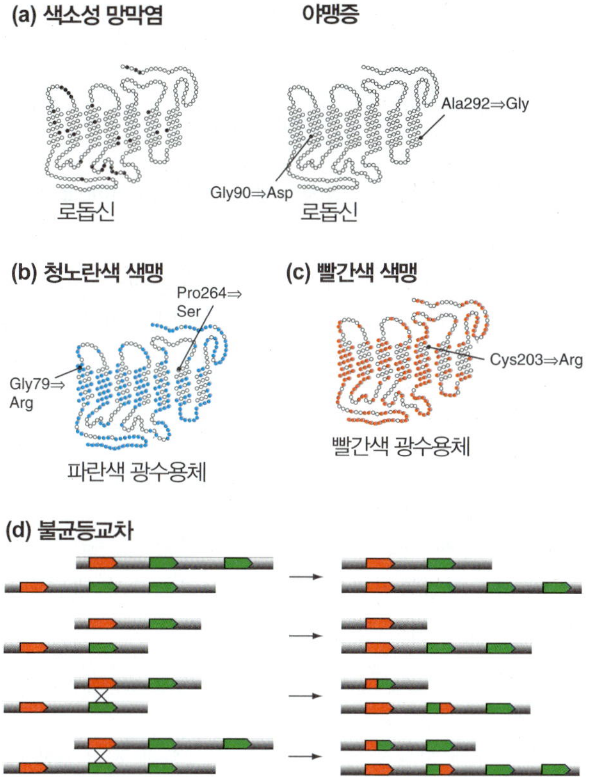

pegmentosa)으로 알려진 상염색체 우성 시각장애의 원인이 된다. 그림 7.33a에서 이들 돌연변이에 의해 영향을 받은 아미노산의 위치를 표기하였다. 이들 아미노산의 변화로 적당한 접힘을 하지 못하거나 접히더라도 불안정한 구조를 지닌 비정상적인 로돕신 단백질이 생성된다. 정상 로돕신이 간상세포막 구조에 필수적이지만 기능을 못하는 이런 돌연변이 단백질은 세포막에 삽입되지 못하고 세포에 남아 있게 된다. 충분한 로돕신을 세포막에 삽입할 수 없는 간상세포는 결국 죽는다. 얼마나 많은 간상세포가 죽었느냐에 따라 부분적 혹은 완전한 실명이 된다.

로돕신 유전자의 다른 돌연변이는 덜 심각한 야맹증의 원인이 되기도 한다(그림 7.33a). 이러한 돌연변이는 단백질의 아미노산 서열을 바꾸어 시력을 갖게 하는 데 필요한 자극의 역치를 높이게 된다. 이러한 변화로 인해 아주 약한 빛은

그림 7.34 청노란색맹인 사람에게는 지구가 어떤 모습일까? 그림 4.22와 비교해 보라.

더 이상 시력을 촉발하기에는 충분하지 않게 된다.

원추세포 색소유전자의 돌연변이

원추세포 색소유전자의 돌연변이로 인한 시각장애는 간상세포의 로돕신 유전자에 생긴 유사한 변이로 인한 것보다는 덜 심각하다. 아마도 이러한 차이는 간상세포가 광수용 뉴런의 95%를 차지하고 원추세포는 나머지 5%를 이루기 때문일 것이다. 5번 염색체에 있는 파란색 유전자에 생긴 돌연변이들은 파란색 빛의 양에서만 차이가 있는 색깔 사이를 구분할 수 있는 능력이 결핍된 **청노란색맹**(tritanopia)의 원인이다(그림 7.33b, 7.34). X 염색체에 있는 빨간색 유전자의 돌연변이는 빨간색 단백질의 기능을 변경 혹은 제거함으로써 빨간색 원추세포의 빛에 대한 민감도를 변경 혹은 파기한다. 예를 들어, 빨간색 수용단백질의 203위치에서 시스테인을 아르기닌으로 바꾸면 단백질의 3차 구조를 지지하는 데 필요한 이황화결합을 파괴하게 된다(그림 7.33c 참조). 이 결합이 없으면 단백질은 자신의 자연적 구조를 안정하게 유지할 수 없으며 이러한 돌연변이를 지닌 사람은 빨간색 색맹이 되는 것이다.

빨간색과 초록색 유전자 사이의 불균등한 교차

정상적인 색채 시각을 지닌 사람은 하나의 빨간색 유전자를 지닌다. 인접한 초록색 유전자는 한 개 혹은 두세 개까지 가지고 있다. 빨간색과 초록색 유전자는 DNA 서열에서 96%가 동일하고 초록색 유전자 사이는 99.9%가 동일하다.

두 유전자가 가깝게 있으며 유사성이 매우 높으면 드물게 이러한 유전자 간에 **불균등한 교차**(unequal crossing-over)가 일어나게 한다. 다양한 불균등한 재조합은 빨간색 유전자가 없거나, 초록색 유전자가 없거나, 다양한 조합의 초록색 유

전자 혹은 빨간색과 초록색의 혼합을 지닌 DNA를 만들게 된다(그림 7.33d 참조). 이러한 서로 다른 DNA 조합은 대부분의 알려진 빨간색–초록색 색채 인식장애의 원인이 된다. 나머지는 앞서 언급한 것 같이 점돌연변이에 의한 이상이다. 빨간색과 초록색의 명확한 인식은 처리되는 빨간색과 초록색 빛의 비에 의하기 때문에 빨간색 혹은 초록색 유전자가 없는 사람은 빨간색과 초록색을 동일한 색으로 인식한다(그림 4.22 참조).

핵심 개념

- 사람의 색채 시각은 간상세포의 로돕신 단백질과 원추세포의 파란색, 빨간색, 초록색 광수용체로 되어 있다.
- 로돕신 유전자군의 네 개의 유전자는 공통된 광수용체 유전자가 중복 및 분기 현상으로 파생된 것이다.
- 로돕신 유전자의 돌연변이는 간상세포의 기능을 파괴하여 시력을 잃게 한다. 원추세포에 있는 광수용체 유전자의 돌연변이는 색맹의 원인이 된다.

다음 학습을 위한 안내

돌연변이에 대한 연구에 의하면 유전자는 폴리펩티드를 구성하는 아미노산을 지정하는 일련의 변이가 가능한 인자들로 이루어진 것이며, 변이가 가능한 인자는 DNA를 이루는 뉴클레오티드임을 알 수 있다.

생명과학자들은 유전자의 뉴클레오티드 서열과 폴리펩티드의 아미노산 순서의 병행관계를 공선성(colinearity)이라고 명명하였다. 8장에서 염기쌍에서부터, 유전암호, 특정 효소, 그리고 DNA가 RNA를 거쳐서 단백질로 되는 유전정보의 흐름을 이끄는 리보솜과 같은 고분자의 조합에서 어떻게 공선성이 이루어지는지 설명할 것이다.

풀이 문제

I. 10개의 독립적으로 찾아낸 열성 치사 돌연변이(l^1, l^2, l^3 등)가 쥐 7번 염색체에 위치하였다고 하자. 이 돌연변이를 지닌 이형접합자의 모든 가능한 조합으로 쌍을 이뤄 교배시켜 상보성 검사를 하고 죽은 쥐를 임신한 암컷 쥐를 조사하여 상보성의 여부를 분석하였다. 다음 표에 A+는 상보적이고 죽은 배아가 없는 경우, A−는 네 번의 임신 중 1번 정도는 배아가 죽은 경우이다. (이형접합 쥐 사이의 교배는 열성 동형접합 쥐를 만들어 1/4의 배아는 치사 표현형을 보일 것이라 예상한다.) 각 교배의 부모의 이형접합에 있는 치사돌연변이는 표의 왼쪽에 위에서 아래로 표기하였다(즉, l^1는 한 염색체는 l^1 돌연변이를 상동염색체는 야생형을 가진 이형접합자를 나타낸다).

	l^1	l^2	l^3	l^4	l^5	l^6	l^7	l^8	l^9	l^{10}
l^1	−	+	+	+	+	−	−	+	+	+
l^2		−	+	+	+	+	+	+	+	−
l^3			−	−	−	+	+	−	−	+
l^4				−	−	+	+	−	−	+
l^5					−	+	+	−	−	+
l^6						−	−	+	+	+
l^7							−	+	+	+
l^8								−	−	+
l^9									−	+
l^{10}										−

10개의 치사돌연변이에 유전자는 몇 개가 관련되었는가? 무엇이 서로 상보성 그룹인가?

해답

이 문제는 상보성 개념을 데이터 세트에 적용해야 한다. 결과를 두 가지 방식으로 분석할 수 있다. 서로 상보적인 돌연변이에 초점을 두어 그것들이 서로 다른 유전자임을 밝혀서 서로 다른 유전자에 있는 돌연변이를 찾기 시작해도 되고 서로 상보적이지 않은 같은 유전자의 대립유전자인 돌연변이에 초점을 맞추어도 된다. 두 번째 방법이 여러 돌연변이를 다룰 때는 더 효율적이다. 예를 들어 l^1는 l^6과 l^7하고 상보적이지 않다. 이 세 개 대립유전자는 하나의 상보성 그룹이다. l^2는 l^{10}과 상보적이지 않다; 이것은 두 번째 상보성 그룹이 된다. l^3는 l^4, l^5, l^8, l^9와 상보적이지 않다. 따라서 이것들이 세 번째 상보성 그룹이 된다. 총 세 개의 상보성 그룹이 있다. (각 돌연변이의 같은 대립유전자를 지닌 개체 사이의 교배는 치명적 열성 동형접합을 생성하여 상보적이지 않다는 것을 염두에 두어야 한다.) 세 개의 상보성 그룹은 (1) l^1, l^6, l^7; (2) l^2, l^{10} ; (3) l^3, l^4, l^5, l^8, l^9이다.

II. W, X, Y는 Z를 생성하는 생화학적 과정에서 순서대로 중간대사물이다. Z^- 돌연변이는 다섯 개의 상보성 그룹이 있다. *Z1* 돌연변이는 Y혹은 Z에서 자라지만 W 혹은 X에서는 자라지 못한다. *Z2* 돌연변이는 X, Y, 혹은 Z에서 자란다. *Z3* 돌연변이는 Z에서만 자란다. *Z4* 돌연변이는 Y 혹은 Z에서 자란다. 마지막으로 *Z5* 돌연변이는 W, X, Y, 혹은 Z에서 자란다.

a. 다섯 개의 상보성 그룹을 그것들이 저해하는 단계대로 순서를 정하라.

b. X에서 Y로 전환하는 단계를 수행하는 효소의 성질에 대해 위의 유전적 정보가 무엇을 말해 주는가?

해답

이 문제는 상보성과 생화학적 과정에서 유전자와 효소와의 관계를 이해하여야 한다.

a. 생산물을 생성하기 위해 반드시 순서대로 일어나야 하는 반응의 세트가 생화학적 과정이다. 이 문제에서 Z를 생성하기 위한 과정의 중간대사물의 순서가 주어져 있다. 이 과정에서 어느 효소든지 결핍되면 표현형은 Z^-이다. 그러나 과정 중의 어떤 단계에서도 일어날 수 있다. 만약 돌연변이가 주어진 중간대사물에서 자랄 수 있으면 효소의 결핍은 그 중간대사물이 생성되기 바로 전 단계에서 일어난 것이다. *Z1* 돌연변이가 Y 혹은 Z (그러나 W 혹은 X는 아님)에서 자란다는 것은 Y를 생성하는 효소의 결핍이 있는 것이다. *Z2* 돌연변이는 X 이전에 결핍이 있고 *Z3* 돌연변이는 Z 이전에 결핍이 있고; *Z4* 돌연변이는 Y 이전에 결핍이 있고; *Z5* 돌연변이는 W 이전에 결핍이 있는 것이다. 다섯 개의 상보성 그룹은 다음과 같이 생화학적 과정에서 그 활성을 그려볼 수 있다.

$$\xrightarrow{Z5} W \xrightarrow{Z2} X \xrightarrow{Z1,\ Z4} Y \xrightarrow{Z3} Z$$

b. 돌연변이 *Z1*과 *Z4*는 같은 단계에서 작용하지만 다른 상보성 그룹에 속하기 때문에 이것들이 다른 유전자임을 알고 있다. 돌연변이 *Z1*과 *Z4*는 X에서 Y로 전환하는 단계를 수행하는 다중체 효소의 소단위를 암호화하는 유전자일 것이다. 아니면 X와 Y 사이에 아직까지 알려지지 않은 추가적인 중간단계가 더 있을 수도 있다.

연습 문제

어휘

1. 다음은 돌연변이 변화에 관한 목록이다. 각 돌연변이 설명에 해당되는 용어 혹은 가능한 원인을 오른쪽 칸에서 찾아라. 왼쪽의 설명에 해당되는 오른쪽 용어가 여러 개일 수도 있다.

1. 야생형 유전자에 A–T 염기쌍이 G–C 염기쌍으로 바뀜	a. 전이 b. 염기치환
2. A–T 염기쌍이 T–A 염기쌍으로 바뀜	c. 전환 d. 결실
3. AAGCTTATCG가 AAGCTATCG로 바뀜	e. 삽입 f. 탈아민화
4. AAGCTTATCG가 AAGCTTTATCG로 바뀜	g. X-선 조사 h. DNA 삽입물질
5. AACGTTATCG가 AATGTTATCG로 바뀜	
6. AACGTCACACACACATCG가 AACGTCACATCG로 바뀜	

7.1절

2. 다음과 같은 매우 보기 드문 가계도를 어떻게 설명할 수 있는가? 가능한 한 명확하게 설명하라. 가능한 여러 설명들 간의 차별은 무엇인가?

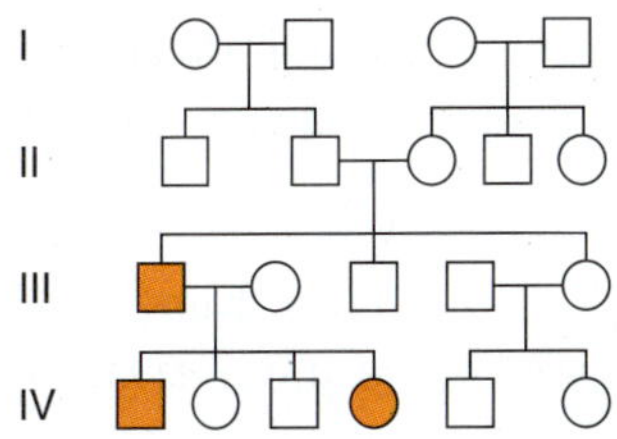

3. 독립적으로 찾아낸 세 돌연변이의 DNA의 서열은 다음과 같다. 이 정보를 바탕으로 이 부위의 야생형 유전자의 서열은 무엇이겠는가?

돌연변이 1: ACCGTAATCGACTGGTAAACTTTGCGCG
돌연변이 2: ACCGTAATCGACCGGTAAACTTTGCGCG
돌연변이 3: ACCGTAATCGACTGGTTAACTTTGCGCG

4. 포유동물 가운데 우성 돌연변이의 발생률을 쥐와 사람 둘 다에서 측정한 반면에, 상염색체의 열성 돌연변이의 발생률은 거의 대부분 쥐에서 측정하였다. 왜 그랬을 것으로 생각하는가?

5. 연골무형성증을 보이는 신생아의 수를 몇 년 동안 한 병원에서 조사하였다. 이 질환은 매우 드문 상염색체 우성으로 비정상적인 신체 비과 함께 난쟁이가 된다. 120,000건의 출산 중에 27명의 신생아가 연골무형성증을 보였다. 한 의사는 난쟁이 아기 중 몇 명이 새로운 돌연변이로 인한 것인지와 돌연변이 발생률이 그 지방에서 보통보다 더 높은 것인지에 대해 궁금증을 가지고 27명의 아기의 가계도를 조사하였다. 이 중 4명의 아기가 난쟁이 부모인 것을 알았다. 한 집단 내에 연골무형성증 유전자의 돌연변이 발생률은 무엇인가? 그것이 비정상적으로 높은 것인가, 낮은 것인가?

6. 세균의 세포표면의 구조를 조절하는 유전자를 연구하고자 하여 세포표면에 붙는 박테리오파아지의 감염에 저항성이 있는 돌연변이 세균을 분리하는 것부터 시작하기로 결정한다면 그 과정은 간단하다: 저항성이 없는 세균 배양액에서 세포를 꺼내 배양접시에 뿌리고 고농도의 파아지를 준 다음에 자라나는 세균 콜로니를 채취한다. 선택을 위해서 (1) 저항성이 있는 세균 배양액 한 곳에서 세포를 꺼내 여러 개의 배양접시에 뿌리고 저항성 콜로니를 모두 채취한다. 혹은 (2) 저항성이 있는 세균이 각각 자란 여러 개의 배양액에서 시작하여 각 배양액에서 세포를 꺼내 각 배양접시에 뿌리고 각 돌연변이를 채취한다. 어느 방법이 확실히 많은 독립적인 돌연변이를 분리할 수 있는가?

7. 유전학 실험시간에 Kim과 Maria가 대장균을 특정 전염성이 강한 박테리오파아지로 감염시켰다. 대부분의 세포가 파괴된 것을 보았다. 그러나 몇 개는 살아남았다. 생존률이 1×10^{-4}이었다. Kim은 박테리오파아지가 세포에 저항성을 유도하였다고 확신하였다. 반면에 Maria는 저항성이 있는 돌연변이가 이미 자기들이 사용한 세포 안에 있었다고 생각하였다. 이전에 다른 실험에서 대장균의 희석배양액을 커다란 배양접시위의 고체배지에 뿌리고 10^5개 정도의 콜로니가 자란 다음에 세 개의 복사배양접시를 만든 적이 있었다. Kim과 Maria는 자신들의 이론을 검증하기 위해 이 배양접시를 사용하기로 하였다. 박테리아파아지 용액을 세 개의 각 배양접시 위에 뿌렸다. Kim이 맞았다면 무엇을 보게 될 것인가? Maria가 맞았다면 무엇을 보게 될 것인가?

8. 방황변이 실험 결과는(그림 7.5) 11개 배양시험관 각각에 서로 다른 수의 돌연변이 박테리아가 처음부터 있었다고 해석된다. 왜냐하면 돌연변이는 각 배양액에서 박테리아가 자랄 때 서로 다른 시간에서 우연히 일어났기 때문이다. 하지만 또 다른 가능성은 배양접시에서 자란 콜로니의 수가 서로 다른 것이 단순히 배양접시가 콜로니 성장에 영향을 주었기 때문이라고 해석할 수도 있다. 예를 들면, 혹시 배양액의 첨가물 혹은 영양소가 배양접시를 만들 때 부은 아가배지에 골고루 분포되지 않았을 수도 있다. 이렇게 배양접시의 차이로 인한 요인이 있는지 없는지를 알아보기 위해 어떤 실험을 수행할 수 있는가?

9. 다음 가계도는 치아의 구조와 성질에 영향을 주는 완전 침투도와 우성 형질을 갖는 불완전사기질형성증의 유전양식을 보여준다. 질환을 가진 III-1과 III-2 사람에서 얻은 혈액의 DNA 분석은 상염색체 *ENAM* 유전자의 두 사본 중 하나에 동일한 돌연변이가 있음을 보여주었다. 이것은 II 세대의 부모의 혈액 DNA에서는 볼 수 없었다. 그림 4.19와 그림 7.5를 인용하여 이 결과를 설명하라. 이런 유전형식이 드물다고 혹은 흔하다고 생각하는가?

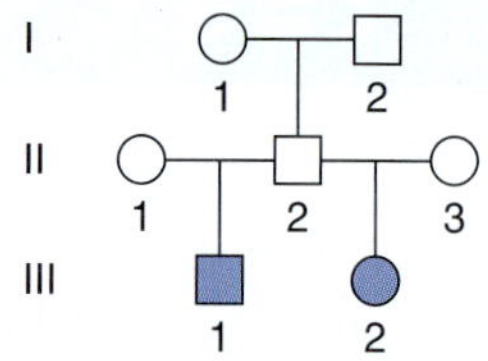

10. 자폐는 한 개 혹은 여러 개의 유전자의 돌연변이 대립유전자가 원인인 신경질환이라고 생각한다. 과학자들은 2002년에는 500명에서 1명, 2012년에는 88명에서 1명으로 지난 10년 사이에 자폐로 진단을 받은 어린이들의 수가 늘어난 이유를 궁금해 왔다. 현재 연구자들이 적어도 일부의 답을 찾았다고 생각한다. 2012년 〈*Nature*〉지에 아버지의 나이와 자폐증 발생과의 상관관계를 보여주는 논문이 발표되었다. 엄마의 나이는 요인이 아니었다. 이와 같은 결과가 자폐증 발생률의 증가에 대해 어떤 가능한 설명을 제공할 수 있을까?

7.2절

11. 균형 염색체(balancer chromosome)는 균형 염색체와 이

것의 상동 염색체 사이의 재조합 염색체가 생기는 것을 막기 위한 것이다. 왜 X 균형 염색체가 뮐러의 실험 고안에 필수적인가(그림 7.13)? (힌트: 이 질문에 최선의 답을 위해서는 균형 염색체가 없이 실험을 수행하면 얻을 수 있는 결과가 무엇일지를 고려하는 것이다.)

12. 그림 7.13에서 보여준 실험에서 뮐러는 P 세대 수컷에 X-선을 쪼이지 않은 대조군 실험을 먼저 수행하였다. 막대눈 F_1 암컷의 99.7%가 막대눈을 가진 수컷 자손과 막대눈이 아닌 야생형 눈을 지닌 수컷 자손을 낳았다. 그러나 0.3%는 모두 야생형인 수컷 자손을 낳았다.
    a. 초파리유전자의 평균 자연발생 돌연변이 발생률은 3.5×10^{-6} 돌연변이/유전자/배우자이면 X 염색체의 몇 개의 유전자가 돌연변이가 일어나 열성 치사 대립유전자로 될 수 있는가?
    b. 2013년 현재 초파리 유전체분석은 X 염색체에 총 2,283개의 유전자가 있다고 하였다. X 염색체가 전형적인 유전체라고 하면 초파리 유전체에 생존에 필수적인 유전자의 비는 얼마인가?
    c. 뮐러는 고농도의 X-선을 수컷 초파리에 쪼이고 F_1 막대눈 암컷의 12%가 모두 야생형인 수컷 자손을 낳는다는 것을 알았다. 이 정보는 무엇을 말해 주는가?

13. 그림 7.14는 5-브로모우라실, 히드록실아민, 에틸메탄술폰산염, 아질산과 같은 돌연변이 유발물질에 의해 유도된 염기치환의 예를 보여준다. 이 중 어느 것이 전이의 원인이 되고, 전환의 원인이 되는가?

14. 두 방향 돌연변이 유발물질(two-way mutagens)은 특정 돌연변이를 유발하고(이 돌연변이가 있는 염색체를 지닌 세포에 연이어서 첨가한다) 원래 DNA 서열로 복귀하는 역돌연변이도 유발할 수 있다. 반대로 한 방향 돌연변이 유발물질(one-way mutagens)은 돌연변이를 유발할 수 있으나 이 돌연변이를 정확히 복귀시킬 수는 없다. 그림 7.14를 참고하면 다음의 돌연변이 유발물질을 한 방향 혹은 두 방향 어느 것으로 분류할 수 있는가?
    a. 5-브로모우라실
    b. 히드록실아민
    c. 에틸메탄술폰산염
    d. 아질산
    e. 프로플라빈

15. 1967년 젠킨스(J. B. Jenkins)는 야생형 수컷 초파리를 돌연변이유발물질인 에틸메탄술폰산염(ethylmethane sulfonate, EMS)으로 처리하고 짧은 날개의 원인유전자의 열성 돌연변이 *dumpy*의 동형접합인 암컷과 교배하였다. 두 날개가 모두 야생형, 두 날개가 모두 짧은 것, 하나는 짧고 하나는 야생형 날개를 지닌 F_1 자손을 얻었다. 두 날개가 모두 짧은 *dumpy* 동형접합자와 F_1 초파리 한 마리를 교배시켰을 때 교배의 1/3 정도만 짧은 날개를 가진 자손을 낳았다.
    a. 그림 7.14에서 보여준 EMS의 작용기작에 비추어 이 결과를 설명하라.
    b. 두 번째 교배에서 나온 짧은 날개를 가진 자손은 하나의 날개 혹은 두 날개가 다 짧을까? 왜 그렇게 생각하는가?

16. 아플라톡신 B_1은 땅콩과 같은 농작물을 감염시키는 특정 곰팡이에 의해 생성되는 강력한 돌연변이 및 암 유발물질이다. 다음 그림처럼 아플라톡신은 구아닌 염기와 화학적 결합을 하여 아플라톡신–구아닌 "부가화합물"을 형성하는 부피가 큰 분자이다. (그림에서 아플라톡신은 주황색이고 구아닌은 보라색이다.) 이 부가화합물은 DNA 이중 나선을 방해하여 복제를 저해한다.
    a. 어떤 종류의 DNA 수선시스템이 DNA가 아플라톡신 B_1에 노출되어 생긴 손상을 수선하는 데 가장 적합할 것인가?
    b. 최근 증거에 의하면 구아닌과 아플라톡신 B_1과의 부가 화합물은 탈산소리보오스와 연결된 결합을 공격할 수 있다고 한다. 그러면 부가화합물 염기가 떨어져 나와 그 자리가 탈퓨린이 될 수 있다. 이 새로운 정보는 문제 (a)의 답을 어떻게 바꿀 수 있는가?

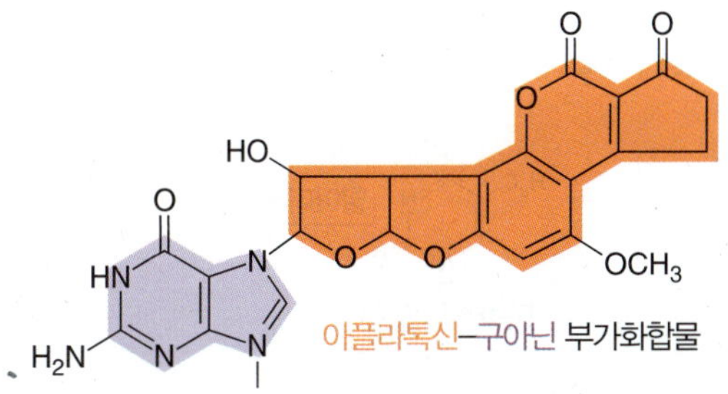

17. 에임즈 검사법으로 찾은 특정 돌연변이 유발물질을 쥐에게 주사하여 다양한 종양의 원인이 되는 것을 보면 이 물질은 암유발물질이기도 하다. 이러한 종양에서 얻은 세포를 돌연변이유발물질을 주지 않은 다른 쥐에게 주사하면 거의 모든 쥐에 종양이 생긴다. 그러나 돌연변이 유발물질로 유도된 종양을 지닌 쥐를 물질에 노출되지 않은 쥐와 교배하면 거의 모든 자손은 종양이 없다. 왜

종양은 수평적으로는 전이될 수 있으나 (세포를 주사하면) 수직적으로는 (한 세대에서 다음 세대로) 전달되지 않는가?

18. 에임즈 검사법에 사용한 his^- *Salmonella*를 물질 X에 노출하면 his^+ 역돌연변이가 생기지 않는다. 그러나 쥐의 간액을 물질 X와 함께 세포에 첨가하면 역돌연변이가 생긴다. 물질 X는 사람세포에 암을 유발할 가능성이 있는 물질인가? 설명하라.

19. 에임즈 검사법은 역돌연변이 발생률(his^-에서 his^+로)을 이용하여 돌연변이유발물질을 검사할 수 있다.
   a. 프로플라빈과 같은 잘 알려진 돌연변이 유발물질이 에임즈 검사법에서 사용한 특정 his^- 돌연변이를 복귀시킬 수 없는 것이 가능한가? 이러한 문제를 고려하여 에임즈 검사법을 어떻게 고안해야 한다고 생각하는가?
   b. 돌연변이유발물질을 검사하기 위해 전진 돌연변이(his^+에서 his^-로)를 사용하는 방법을 생각할 수 있는가? (힌트: 그림 7.6에서 보여준 복사배양접시 기술을 사용하는 것을 고려하라.)
   c. 전진돌연변이 발생률이 역돌연변이 발생률보다 훨씬 높은데 왜 에임즈 검사법에서 역돌연변이 발생률을 돌연변이 유발 여부를 검사하는 데 사용하는가?

20. 사람 DNA의 70%의 시토신 염기는 구아닌 염기로 이어지고(CpG 이중 뉴클레오티드라고 한다. 이때 p는 두 뉴클레오티드 사이의 인산디에스테르 결합에 있는 p를 표기한 것이다.) 5-메틸시토신으로 메틸화되어 있다. 다음 그림처럼 5-메틸시토신이 자연발생적으로 탈아미노화가 일어나면 티민으로 된다.

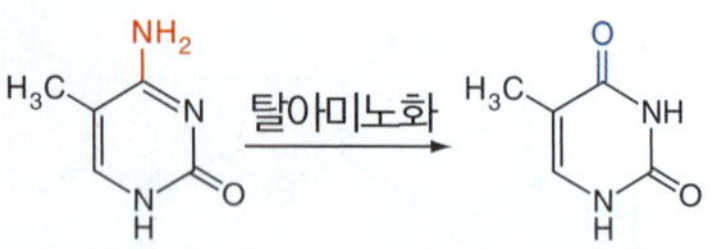

5′-메틸시토신 티민

   a. 메틸화가 일어난 CpG 이중 뉴클레오티드는 사람 DNA에서 점돌연변이가 일어나는 다발점이다. 그 이유를 설명하라.
   b. 간단하게 하기 위해 사람 DNA에 C–G와 A–T 염기쌍의 수가 동일하고 사람 DNA의 염기서열은 무작위라고 가정하면 사람 유전체에 CpG 서열은 어떤 빈도로 생길 수 있다고 예상하는가?
   c. 사람 DNA의 실제 GC의 양(~42%)을 고려한다고 해도 사람 DNA에 CpG의 빈도는 문제 (b)에서 계산하여 예상한 것보다 훨씬 낮다. 왜 그런지 설명하라.

7.3절

21. 색소결핍증(albinism) 동물은 멜라닌 색소의 합성에 필요한 여러 상염색체 유전자 중 하나의 열성 돌연변이가 원인이다. 멜라닌은 피부와 눈의 색소의 전구체이다. 알비노는 색소저하증(leucistic)과 종종 혼동된다. 색소저하증은 예를 들어 색소 생성세포의 발생과정과 같은 다른 경로에서 필요한 유전자의 열성 돌연변이가 원인이다. 암컷과 수컷 두 마리의 흰색 벌새를 교배시켰다고 가정하자. 이와 관련된 돌연변이가 모두 드물고, 상염색체, 열성인자라면 다음과 같은 형질을 보이는 자손이 있겠는가?
   a. 둘 다 알비노
   b. 둘 다 색소저하증
   c. 한 마리는 알비노 다른 한 마리는 색소저하증

22. 부엌에서 잡은 알비노 암컷 쥐를 애완동물로 키우려고 한다고 하자. 몇 달 후에 괌에서 휴가를 보내고 있을 때 수컷 알비노 쥐를 잡았다. 흥미로운 유전학 실험을 할 생각에 집으로 가져오기로 했다. 혹시 이 두 쥐가 같은 유전자에서 돌연변이가 생겨서 둘 다 알비노가 되었는지 알고 싶었다. 이것을 알려면 어떤 실험을 해야 하는가? 두 돌연변이가 모두 열성이라고 가정하자.

23. 애기장대(*Arabidopsis thaliana*)의 잎 모양에 영향을 주는 유전자를 연구하는 식물학자가 둥근 잎선 대신에 비정상적인 톱니모양의 잎선을 가지게 하는 여섯 개의 독립적인 열성 돌연변이를 찾았다. 이들 돌연변이의 상보성 검사를 수행하였으나 어떤 검사는 식물원에서 사고가 생겨서 완성하지 못했다. 상보성 검사를 끝낸 것들의 결과는 다음 표로 정리하였다.

	1	2	3	4	5	6
1	–	+	–		+	
2		–				–
3			–	–		
4				–		
5					–	+
6						–

a. 표의 각 칸에 표시된 + 혹은 −를 채우기 위해서 정확히 어떤 실험을 한 것인가? +는 무엇을 대표하는가? −는 무엇을 대표하는가? 일부 칸은 왜 초록색으로 채웠는가?

b. 복잡한 것이 없다고 가정하면 수행하지 못한 상보성 검사의 결과가 무엇이라고 예상하는가? 즉, 위의 표의 각 빈칸에 + 혹은 −를 채워서 완성하라.

c. 위의 돌연변이는 몇 개의 유전자로 인한 것인가? 어느 돌연변이가 어느 유전자에 위치하는가?

24. 사람에게서 색소결핍증은 대개 상염색체 열성으로 유전된다. 그림 3.24c에서 두 색소결핍증 부모가 여러 명의 자녀를 두었는데, 아무도 색소결핍증이 아닌 가계도를 보여주었다.

a. 상보성 검사 측면에서 이 가계도를 해석하라.

b. 그림 3.24c와 같이 상보성 검사로 해석할 수 있는 사람의 가계도의 예를 찾기란 매우 드물다. 이것은 사람의 경우 대부분의 유전적 조건이 드물기 때문에 동일한 조건을 갖은 관계가 없는 두 사람이 결혼을 한다는 가능성이 거의 없다. 상보성 검사 없이 특정 사람질환의 표현형이 한 개의 유전자이상에서 생긴 돌연변이에 의한 것인지를 결정짓기 위해 어떤 종류의 실험을 수행할 수 있는가?

c. 상보성 검사는 두 돌연변이가 야생형에 비해 열성인지를 검사하는 것이 필요하다. 두 개의 우성 돌연변이가 비슷한 표현형의 원인이라고 가정하자. 이러한 돌연변이가 같은 유전자 혹은 다른 유전자에 영향을 주는지 어떻게 알아낼 수 있을까?

25. a. 박테리오파아지 T4 *rII* 부위의 벤저의 미세구조 분석은 그림 7.25에서 보는 대로 대부분 DNA 결실을 이용한 분석에 의한다. 이러한 결실 분석을 수행하기 위해서 벤저는 어느 rII^- 박테리오파아지가 결실을 가지고 있고 어느 것이 점돌연변이인지를 알아야만 했다. 점돌연변이에서 rII^- 결실돌연변이를 어떻게 구분해 낼 수 있다고 생각하는가?

b. 그림 7.25c에서 벤저의 *rII* 부위에서 일어난 점돌연변이의 상세한 지도를 보여준다. 이 지도에서 가장 중요한 것은 "다발점"이 존재하는 것이다. 벤저는 다발점을 특별히 돌연변이가 잘 일어나는 뉴클레오티드 쌍이라고 설명하였다. 벤저가 어떻게 다발점에 생긴 모든 독립적인 돌연변이가 같은 뉴클레오티드 쌍에서 일어난 것이라는 것을 알 수가 있었겠는가?

26. a. 박테리오파아지 용액 5 mL이 들어 있는 시험관이 있다. 이 시험관에 있는 박테리오파아지의 수를 계산하고자 한다. 만약 시험관 안에 총 1.5억 개의 박테리오파아지가 실제로 있다면 이 수를 알아내기 위해 수행해야 할 연속희석실험을 고안하라. 이상적으로는 수를 세야 하는 용균반이 있는 배양접시가 10개보다는 많고 1,000개보다는 적은 수의 용균반을 지녀야만 한다.

b. 문제 (a)에서 고안한 연속희석실험으로 박테리오파아지의 수를 계수할 때 세포배양의 효율성이 100%이라고 가정하자. 즉 배양접시에 생긴 용균반의 수는 배양접시에 뿌린 세균과 섞은 박테리오파아지의 수와 일치함을 말한다. 일정한 퍼센트의 박테리오파이지만이 용균반을 형성하여 세포배양 효율성이 100%보다 낮을 수 있다는 것을 검증할 수 있는 방법이 있는가? 반대로, 모든 용균반은 여러 개의 박테리오파아지가 아니라 박테리오파아지 한 개에 의해 시작된 것이라고 가정하는 것이 왜 정당한가?

27. *E. coli* K(λ)에서 자라지 않는 T4 rII^- 돌연변이 다섯 개를 찾았다고 하자. 다음 표에 표시한대로 돌연변이 두 개를 모든 가능한 조합으로 함께 섞고 혼합물을 *E. coli* K(λ)에 넣었다. 그리고 혼합물이 자랄 수 있는지와 용균반을 형성할 수 있는지를 조사하여 표에 +기호 표시하였다.

	1	2	3	4	5
1	−	+	+	−	+
2		−	−	+	−
3			−	+	−
4				−	+
5					−

a. 이 분석으로 몇 개의 유전자를 찾았는가?

b. 어느 돌연변이가 동일한 상보성 그룹에 속하는가?

28. 초파리의 *rosy* (*ry*) 유전자는 크산틴 탈수소화효소(xanthine dehydrogenase)를 암호화한다. *ry* 동형접합돌연변이 초파리는 장미색 눈을 갖는다. ry^{41} *Sb*와 *Ly* ry^{564} 염색체를 갖는 이형접합 암컷을 만들었다. ry^{41}와 ry^{564}는 독립적으로 분리한 두 개의 *ry*의 대립유전자이다. *Ly* (*Lyra* [좁은] 날개)와 *Sb* (*Stubble* [짧은] 털)은 우성 표식자로 각각 *ry*의 왼쪽과 오른쪽에 위치한다. 위의 암컷과

ry^{41} 동형접합 수컷을 교배한다. 100,000자손 중 8마리가 야생형 눈, *Lyra* 날개, *Stubble* 털을 지니고 나머지는 장미색 눈을 지녔다.

a. 두 개의 *ry* 돌연변이는 *Ly*와 *Sb* 양쪽 유전자 사이에 어느 순서로 위치하는가?

b. ry^{41}와 ry^{564}의 유전적 거리는 얼마나 떨어져 있는가?

29. 박테리오파아지 T4의 rII^{-} 돌연변이 9개를 숙주세균 *E. coli* K(λ)에 두 개씩 조합으로 감염시켰다. 6개의 돌연변이는 점돌연변이이고 나머지 세 개는 결실돌연변이이다. 두 개씩 감염시킨 세포가 다수의 파아지를 생성할 수 있는지 여부를 다음 표에 표시하였다.

	1	2	3	4	5	6	7	8	9
1	−	−	+	+	−	−	−	+	+
2		−	+	+	−	−	−	+	+
3			−	−	+	−	+	−	−
4				−	+	−	+	−	−
5					−	−	−	+	+
6						−	−	−	−
7							−	+	+
8								−	−
9									−

같은 9개의 돌연변이를 두 개씩 조합으로 *E. coli* B 숙주세균에 감염시켰다. 이번에는 생성된 파아지가 *E. coli* K(λ) 숙주세균을 파괴하는지를 조사하였다. 다음 표에서 0은 *E. coli* K(λ) 세포에 용균반을 형성하지 못했음을 의미한다; −는 아주 적은 수만의 파아지가 용균반을 형성한 것을 의미하고 +는 많은 파아지가 용균반을 (−경우보다 10배 이상 더 많이 형성한 경우) 형성한 것을 의미한다.

	1	2	3	4	5	6	7	8	9
1	−	+	+	+	+	−	−	+	+
2		−	+	+	+	+	−	+	+
3			0	−	+	0	+	+	−
4				−	+	−	+	+	+
5					−	+	−	+	+
6						0	0	−	+
7							0	+	+
8								−	+
9									−

a. 어느 돌연변이가 세 개의 결실돌연변이인가? 그렇게 결론을 내린 근거는 무엇인가?

b. 돌연변이 9번이 *rIIB* 유전자에 있다면 자료를 설명할 수 있는 가능한 가장 최선의 유전자지도를 그려보라. 모든 점돌연변이의 위치와 세 개의 결실돌연변이의 결실 부위를 포함하여 그려보라.

c. 문제 (b)를 대답할 때 한 가지 불확실한 것이 있었을 것이다. 이 점을 어떻게 해결하였는가?

30. 반수체 효모에서 아미노산 라이신을 필요로 하는 열성 돌연변이 8개를 찾았다. 돌연변이 5번과 6번은 역돌연변이를 보이지 않았으나 이것을 제외한 모든 다른 돌연변이는 역돌연변이의 발생률이 1×10^{-6}이었다. 이러한 돌연변이를 지닌 *a*와 α세포를 교배하였다. 라이신이 없는 최소배지에서 교배로 생긴 이배체 효모가 자랄 수 있는지를 다음 표에 표시하였다. +는 자란 것이고 −는 자라지 못한 것이다.

	1	2	3	4	5	6	7	8
1	−	+	+	+	+	−	+	−
2	+	−	+	+	+	+	+	+
3	+	+	−	−	−	−	−	+
4	+	+	−	−	−	−	−	+
5	+	+	−	−	−	−	−	+
6	−	+	−	−	−	−	−	−
7	+	+	−	−	−	−	−	+
8	−	+	+	+	+	−	+	−

a. 위의 자료에 의하면 상보성 그룹이 몇 개인가? 어느 점돌연변이가 어느 상보성 그룹에 속하는가?

동일한 이배체 효모는 포자를 만들었다. 형성된 포자 대부분이 종속영양체 포자(auxotrophic spore)였다. 즉 라이신이 없는 최소배지에서는 콜로니를 형성할 수 없었다. 하지만 특정 이배체는 라이신이 없는 최소배지에서도 콜로니를 형성하는 원영양체 포자(prototrophic spore)를 드물게 생성하였다. 다음 표에서 여러 이배체 효모에서 포자형성 시 원영양체 포자를 형성하는지(+), 안 하는지(−)를 표시하였다.

	1	2	3	4	5	6	7	8
1	−	+	+	+	+	−	+	+
2	+	−	+	+	+	+	+	+
3	+	+	−	+	−	+	+	+
4	+	+	+	−	−	−	+	+
5	+	+	−	−	−	−	+	+
6	−	+	+	−	−	−	+	+
7	+	+	+	+	+	+	−	+
8	+	+	+	+	+	+	+	−

b. 앞에서 언급한대로 이배체가 포자형성 시 원양양체 포자가 형성된다면 이러한 원영양체 포자를 가지는 사분체에서 보통 원영양체 포자대비 종속영양체포자의 비가 어느 정도가 될 것이라 예상하는가? 예상하

는 비에 대해 설명하라.

c. 문제 30번 전체에서 언급한 자료를 사용하여 라이신 돌연변이 8개의 가장 적합한 지도를 그려보라. 결실 돌연변이의 결실 부위를 보이고 여러 상보성 그룹의 경계를 표시하라.

7.4절

31. 붉은빵곰팡이(*Neurospora crassa*)의 아르기닌 생합성 과정에는 연이은 중간대사물 생성을 위해 여러 효소가 관여한다.

N-아세틸오르니틴 →(*ARG-E*) 오르니틴 →(*ARG-F*) 시트룰린 →(*ARG-G*) 아르기니노숙신산 →(*ARG-H*) 아르기닌

a. *ARG-E*$^-$와 *ARG-H*$^-$ 붉은빵곰팡이를 교배하면 부모계급 사분체와 부모계급이 아닌 사분체를 지닌 자낭 안에 Arg^+와 Arg^-포자의 분포는 무엇인가? 자낭 안에서 보일 것으로 예상되는 순서대로 포자의 유형을 작성하라.

b. 문제 (a)에서 대답한 각 포자의 경우 포자가 자라려면 배지에 어떤 영양소를 공급해 주어야 하는가?

32. 옥수수뱀의 야생형 색깔은 갈색이다. 상염색체 열성 돌연변이 하나는 뱀을 주노란색으로 바꾸고 다른 것은 검은색으로 바꾼다. 주노란색 뱀을 검은색 뱀하고 교배한 F_1 자손은 모두 갈색이었다. 여기에 관여하는 모든 유전자는 각각 다른 염색체에 위치한다고 가정하라.

a. 만약에 주노란색과 검은색의 중간산물이 갈색으로 되는 중간산물과 다르며 색소를 만드는 과정이 하나만 존재한다면, 위에서 말한 교배의 F_2 세대에서는 어떤 표현형을 어떤 비로 예상할 수 있는가?

b. 만약에 주노란색 색소 생성 과정 하나, 또 검은색 색소 생성 과정 하나, 그리고 갈색은 뱀의 피부에서 두 색깔이 혼합한 효과라면 F_2 세대에서 어떤 표현형을, 어떤 비로 예상할 수 있는가?

33. 이배체 유전체를 지닌 개화식물의 한 종에서 꽃 색깔을 형성하는데, 효소 네 개가 관여한다. 네 개의 효소를 암호화하는 유전자는 각각 다른 염색체에 위치한다. 생화학적 생성 과정은 다음과 같다. 그림에서 보듯이 두 개의 다른 효소 중 하나만 있어도 파란색 색소를 보라색 색소로 전환하는 데 충분하다.

흰색 → 초록색 → 파란색 ⇉ 보라색

초록색 꽃을 피우는 순종식물과 파란색 꽃을 피우는 순종식물을 교배하면 F_1 자손 모두가 보라색 꽃을 피웠다. F_1 자손끼리 교배를 하여 F_2 자손을 얻었다. P, F_1과 F_2의 유전자형을 보이고 어느 유전자가 어느 생화학적 단계에 관여하는지를 표시하라. 다음과 같은 표현형을 지닌 F_2 식물의 비를 정하라: 흰색 꽃, 초록색 꽃, 파란색 꽃, 보라색 꽃. 초록색 꽃을 피우는 부모세대는 위의 과정 중 한 단계에서만 돌연변이를 가지고 있다고 가정하라.

34. 중간산물 A, B, C, D, E, F 모두 동일한 생화학적 과정에서 생성된다. G는 이 과정의 최종산물이며 돌연변이 1번부터 7번은 모두 G^-로 G를 생성할 수 없음을 의미한다. 다음 표에 어느 중간산물이 각 돌연변이의 성장을 도모할 수 있는지를 보여준다. 중간산물은 일어나는 순서대로 배열하고 각 돌연변이체가 억제되어 있는 각 단계를 생화학적 과정 중에 표시하라. 표에 +는 그 중간산물을 공급하면 돌연변이가 자랄 수 있다는 것이고 O는 자라지 못함을 표시한다.

	중간산물						
돌연변이	A	B	C	D	E	F	G
1	+	+	+	+	+	O	+
2	O	O	O	O	O	O	+
3	O	+	+	O	+	O	+
4	O	+	O	O	+	O	+
5	+	+	+	O	+	O	+
6	+	+	+	+	+	+	+
7	O	O	O	O	+	O	+

35. 다음의 각 교배에서 두 개의 순종 식물을 교배하여 모두 보라색 꽃을 피우는 F_1 식물을 얻었다. 그런 다음에 F_1 식물끼리 교배하여 다음에 표시한 대로 F_2 세대를 얻었다.

교배	부모	F_1	F_2
1	파란색 × 흰색	모두 보라색	9 보라색 : 4 흰색 : 3 파란색
2	흰색 × 흰색	모두 보라색	9 보라색 : 7 흰색
3	빨간색 × 파란색	모두 보라색	9 보라색 : 3 빨간색 : 3 파란색 : 1 흰색
4	보라색 × 보라색	모두 보라색	15 보라색 : 1 흰색

a. 각 교배에서 꽃색깔의 유전 형태를 설명하라.

b. 각 교배에서 자료를 설명할 수 있는 가능한 생화학적 과정을 보여라.

c. 서로 다른 두 개의 소단위를 지니며 효소의 활성을 위해서는 두 개의 소단위가 필요한 효소가 촉매작용을 하는 단 하나의 단계를 지닌 생화학적 과정으로 설명할 수 있는 교배는 어느 것인가?

d. 각 네 가지의 교배에서 관여하는 모든 유전자가 매우

가깝게 연관되어 있다면 F_1과 F_2 세대에서 무엇을 예상할 수 있는가?

36. 글루타민(Gln)과 프롤린(Pro) 아미노산의 생합성 과정에 하나 혹은 그 이상의 공통 중간산물이 관여한다. 다음 표에서 보듯이 성장을 위해 글루타민 혹은 프롤린, 아니면 두 아미노산 모두를 필요로 하는 종속영양체 효모 돌연변이 1번부터 7번을 분리하였다(+는 성장, −는 성장하지 않음을 표시). 돌연변이들이 A에서 E의 중간산물에서 자랄 수 있는지도 검사하였다. 글루타민과 프롤린 생합성 과정에서 이들 중간산물의 순서는 무엇이며, 이 과정에서 각 돌연변이는 어느 단계에서 억제가 되는가?

돌연변이	A	B	C	D	E	Gln	Pro	Gln + Pro
1	+	−	−	−	+	−	+	+
2	−	−	−	−	−	−	+	+
3	−	−	+	−	−	−	−	+
4	−	−	−	−	−	+	−	+
5	−	−	+	+	−	−	−	+
6	+	−	−	−	−	−	+	+
7	−	+	−	−	−	+	−	+

37. 비상보적인 대장균 돌연변이를 네 개의 알려진 티민의 전구체 A–D에서 성장하는지를 검사하였다.

	전구체/최종산물				
돌연변이	A	B	C	D	티민
9	+	−	+	−	+
10	−	−	+	−	+
14	+	+	+	−	+
18	+	+	+	+	+
21	−	−	−	−	+

a. 네 개 전구체와 최종산물 티민의 간단한 직선적인 생합성 과정을 보여라. 각 다섯 개의 돌연변이가 억제하는 각 단계를 표시하라.

b. 다음의 이중돌연변이의 경우 어느 전구체가 쌓이게 되는가? 9와 10? 10과 14?

38. 1952년 <*British Medical Journal*>에 실린 기사는 X 염색체 연관 열성 돌연변이 혈우병으로 고통을 받는 사람들에게서 채취한 혈장에서 흥미로운 차이점을 보고하였다. 어떤 특정한 조합으로 혈장을 섞으면 시험관에서 혈액이 응고되는 것이다. 예를 들어, 혈우병 환자 네 명의 혈장을 다양한 조합으로 섞고 응고가 되는지(+), 안 되는지(−)를 다음 표로 제시하였다.

1과 1	−	2과 3	+
1과 2	−	2과 4	+
1과 3	+	3과 3	−
1과 4	+	3과 4	−
2과 2	−	4과 4	−

이 환자들의 혈우병 유전 형태에 대해 자료는 무엇을 말해 주는가? 이 데이터가 혈액응고를 수행하는 생화학적 과정에 대한 어떤 모델을 배제할 수 있게 하는가?

39. 사람의 상염색체 유전자에 생긴 돌연변이가 von Willebrand disease (vWD)라는 혈우병의 일종의 원인이다. 이 유전자는 von Willebrand factor (vWF)라고 하는 혈장단백질을 암호화한다. vWF는 혈액응고인자 VIII을 안정화시킨다. 인자 VIII는 야생형 혈우병 A 유전자가 암호화하는 혈장단백질이다. 인자 VIII는 혈액응고에 필요하다. 따라서 인자 VIII는 vWF가 없으면 빠르게 파괴된다.

다음 어느 경우가 혈우병 환자의 출혈을 치료하는 데 성공적으로 적용할 수 있는가? 즉각적 혹은 단백질 합성을 위해 필요한 적당한 지연이 있은 후에 치료가 작용할까? 치료는 짧은 순간만 혹은 지속적으로 효과가 있을까? 모든 돌연변이는 기능상실돌연변이(즉, 유전자가 암호화하는 단백질이 돌연변이로 인해 전혀 만들어지지 않음)이며 혈장에는 세포가 없다고 가정하자.

a. 정상혈액에서 채취한 혈장을 vWD 환자에게 수혈
b. vWD 환자에게서 채취한 혈장을 vWD 환자에게 수혈
c. 혈우병 A 환자에게서 채취한 혈장을 vWD 환자에게 수혈
d. 정상혈액에서 채취한 혈장을 혈우병 A 환자에게 수혈
e. vWD 환자에게서 채취한 혈장을 혈우병 A 환자에게 수혈
f. 혈우병 A 환자에게서 채취한 혈장을 혈우병 A 환자에게 수혈
g. 정제한 vWF를 vWD 환자에게 주사
h. 정제한 vWD를 혈우병 A 환자에게 주사
i. 정제한 인자 VIII를 vWD 환자에게 주사
j. 정제한 인자 VIII를 혈우병 A 환자에게 주사

40. 예쁜꼬마선충(*Caenorhabditis elegans*) 1-세포기 배아에 있는 복합체의 일부인 단백질 6개에 대한 항체를 만들었다. 모체벌레는 배아의 안쪽 표면에서 시작하여 단계적

으로 구조물로 결집된다고 믿는 단백질을 만든다. 항체는 돌연변이 모체가 생성한 배아에서 단백질의 위치를 감지하는 데 사용한다. 모체의 돌연변이는 각 단백질을 암호화하는 유전자의 열성동형접합자이다. 모체 선충은 스스로 수정이 가능한 자웅동체이라서 수정 중에 야생형 유전자가 도입될 수가 없다. 다음 표에서 *는 단백질이 있으며 단백질은 배아의 내부 표면에 위치함을 의미하고, −는 단백질이 없음을, 그리고 +는 단백질은 있으나 배아의 내부 표면에 위치하지 않음을 의미한다. 모든 돌연변이는 해당 단백질을 만들지 못하게 한다고 가정하자.

돌연변이 유전자	단백질 생성과 위치					
	A	B	C	D	E	F
A	−	+	*	+	*	+
B	*	−	*	*	*	*
C	*	+	−	+	*	+
D	*	+	*	−	*	+
E	+	+	+	+	−	+
F	*	+	*	*	*	−

가상 단백질 복합체의 구조물을 보이는 다음 그림을 각 원 안에 맞는 단백질의 기호를 적어서 완성하라. 화살촉 모양으로 표시한 단백질 두 개는 각각 독립적으로 복합체로 결집할 수 있으나 그 다음 단백질이 복합체에 첨가되기 위해서는 둘 다 필요하다.

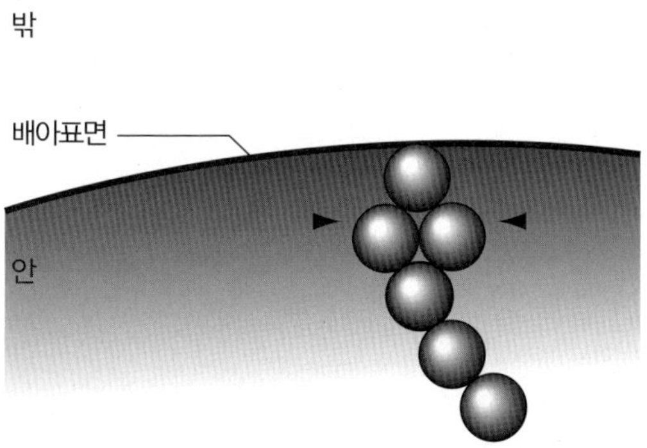

41. 성인의 헤모글로빈은 네 개의 폴리펩티드로 이루어진 다중체 단백질이다. 두 개는 α-글로빈이고 두 개는 β-글로빈이다.
   a. 헤모글로빈 단백질의 구조를 정하기 위해서 필요한 유전자는 몇 개인가?
   b. 만약 야생형 대립유전자와 α-글로빈과 β-글로빈 둘 다에 아미노산이 치환된 대립유전자로 이루어진 이형접합자인 사람이 있다면 이 사람의 적혈구에는 몇 종류의 헤모글로빈 단백질이 어느 비로 있겠는가? 모든 대립유전자들은 같은 수준으로 발현된다고 가정하자.

42. 그림 7.27b에 각 상보성 그룹(*ARG-E*, *ARG-F*, *ARG-G*, *ARG-H*)은 각 특이의 보충영양소에서 자랄 수 있다. 왜 이 네 그룹만 관찰되었는가? 예를 들어, 다음 표에서 보여주는 네 개의 가상 그룹처럼 반응하는 상보성 그룹이 왜 없었는가? (그림 7.27처럼 +는 성장한 것, −는 자라지 못한 것을 표시).

가상 돌연변이체	보충영양소				
	없음	오르니틴	시트룰린	아르기노숙신산	아르기닌
야생형: Arg^+	+	+	+	+	+
$ARG\text{-}I^-$	−	+	−	+	+
$ARG\text{-}J^-$	−	−	+	−	+
$ARG\text{-}K^-$	−	+	−	−	+
$ARG\text{-}L^-$	−	+	+	−	+

7.5절

43. 두 개의 α-글로빈과 두 개의 β-글로빈($\alpha_2\beta_2$)로 이루어진 성인 헤모글로빈의 주가 되는 HbA 외에 두 개의 α와 두 개의 δ사슬($\alpha_2\delta_2$)로 이루어진 소수의 HbA_2가 있다. β-와 δ-글로빈 유전자는 서로 연이어 배열되어 있고 유사성이 매우 높다. β와 δ 유전자 사이에 불균등한 교차로 인해 생길 수 있는 염색체를 그려보라.

44. 원숭이의 일종인 작은원숭이(marmosets)와 같은 신세계 영장목을 포함하여 대부분의 포유동물은 이색성색맹자(dichromats)이다. 이들은 로돕신과 유사한 색소수용체를 두 종류만 가지고 있다. 사람과 고릴라와 같은 구세계영장목은 삼색성색맹자(trichromats)로 세 종류의 색소수용체를 가지고 있다. 구세계와 신세계 영장목이 대략 3천 5백만 년 전에 나뉜 반면에 영장목은 다른 포유동물과 대략 6천 5백만 년 전에 나뉘어졌다.
   a. 위의 정보를 바탕으로 그림 7.32d에 각 사건별로 연도를 추정할 수 있으면 기간을 정하라.
   b. 어떤 신세계원숭이는 상염색체 색소수용체 유전자 하나와 X 염색체연관 색소수용체 유전자 하나를 가지고 있다. X 염색체연관 유전자는 세 개의 대립유전자가 있다. 각각은 다른 파장의 빛에 반응하는 광수용체를 암호화한다(상염색체 색소수용체에 의해 인식되는 것과는 모두 다른 세 개의 파장이다). 이 원숭이들에서 색소시각은 어떤 형태로 유전되는가?
   c. 사람과 그 외 포유동물에서 모든 광수용 신경의 95%

정도가 로돕신을 지닌 간상세포이다. 로돕신은 다양한 파장의 약한 빛에 반응하는 색소이다. 광수용 신경의 나머지 5%는 원추세포이다. 원추세포는 특정 파장의 강한 빛에 반응하는 색소를 지닌다. 위의 사실은 초기 포유동물의 생활사에 대해 무엇을 제시하는가?

45. 사람은 대개 삼색성색맹자이다. 사람은 빨간색, 초록색, 파란색 로돕신과 유사한 광 수용체 단백질을 지니는 세 개의 서로 다른 종류의 원추세포를 지닌다. 대부분의 사람은 X 염색체에 빨간색과 초록색 광수용체 유전자가 있고 파란색 광수용체 유전자는 상염색체에 있다. 뇌는 각 종류의 원추세포가 받은 정보를 통합하여 1백만 개 정도의 색을 볼 수 있게 한다. 드물게는 사색성색맹자, 즉 네 종류의 원추세포를 지닌 사람도 있다. 만약 이런 사람이 있다면 1억 개의 색을 감지할 수 있다는 것이다! 문제 (a)와 (b)에서 각 X 염색체에 하나의 빨간색과 하나의 초록색 광수용체단백질 유전자가 있다고 가정하라.

a. 과학자들은 여성이 남성보다 사색성색맹자가 더 많을 것이라고 예상하는지 이유를 설명하라.
b. X-염색체연관 빨간색/초록색 색맹자는 빨간색 혹은 초록색 광수용체유전자에 돌연변이가 생겨 로돕신 유사단백질의 색감지민감성을 변형시켜 생긴 것이다. 돌연변이 광수용체는 정상 빨간색과 초록색 광수용체 사이의 파장에 민감성을 보인다. 과학자들은 빨간색/초록색 색맹인 아들이 있는 여성이 정상 시각을 지닌 아들이 있는 여성보다 사색성색맹자일 것이라고 생각하는 이유는 무엇인가?
c. 그림 7.33d를 바탕으로 어떻게 아주 드물게 남성이 사색성색맹자가 되는지를 설명할 수 있는지 시나리오를 제시하라.

8장

유전자 발현: DNA로부터 RNA, 단백질로의 정보 전달

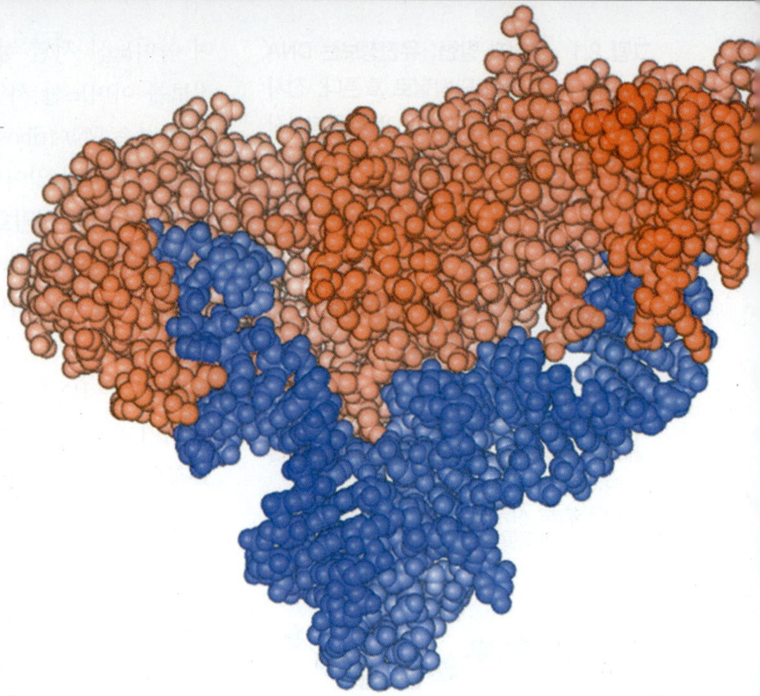

아미노아실-tRNA 합성효소(빨간색)가 특정 tRNA (파란색)를 인식하여 해당 아미노산과 결합시키는 특이적 능력은 핵산 정보를 단백질 정보로 전환하는 데 중요한 작용 기작이다.

개요

1990년 이후부터 다양한 생물들의 유전체 서열을 분석하는 작업이 광범위하게 이루어졌으며, 그 성과는 매우 놀랍다. 2013년에는 약 3,700종 이상의 유전체 서열이 데이터베이스에 등록되었고, 추가적으로 16,000여 종에 대한 유전체 서열 분석 작업이 진행되고 있다. 유전학자는 염기서열 정보에 유전암호를 대입하여 유전체의 어느 부분에 유전자가 존재하는지 추정할 수 있다. 그 결과 한 종의 표현형을 결정하는 모든 폴리펩티드의 종류와 아미노산 서열을 알아낼 수 있다. 즉, DNA 서열 정보는 생명체의 성장과 발생을 분자 수준에서 이해할 수 있도록 하는 가장 강력한 도구로 사용된다.

이 장에서는 유전정보를 표현형으로 해석하는 과정인 **유전자 발현**(gene expression)의 세포성 기작을 살펴볼 것이다. 유전자 발현의 세부적인 부분은 복잡하지만, 일반적인 체제는 정교하면서 간단하다: **각 세포 내에서 유전정보는 DNA에서 RNA로, 그리고 단백질로 전달된다.** 이 과정을 분자생물학의 "중심원리(Central Dogma)"라 하며, 1957년 프랜시스 크릭(Francis Crick)이 처음 언급하였다. 크릭은 "우선 정보가 단백질로 전달되면 다시 원래의 위치로 돌아갈 수 없다."고 말하였다.

중심원리에서는 유전정보의 흐름이 두 단계로 이루어진다고 설명한다(**그림 8.1**). DNA 정보를 RNA 정보로 바꾸는 과정을 **전사**(transcription)라고 하며, 전사 결과 **전령 RNA**(messenger RNA, mRNA)라고 하는 **전사체**(transcript)가 형성된다.

유전자 발현의 두 번째 단계에서, 세포는 mRNA의 염기서열 정보를 번역하

그림 8.1 유전자 발현: 유전정보는 DNA에서 RNA를 거쳐 단백질로 흐른다. 전사 과정에서 RNA 중합효소는 DNA를 복사하여 RNA 전사체를 생성한다. 번역 과정에서 mRNA 정보는 유전암호 규칙에 따라 폴리펩티드를 합성한다.

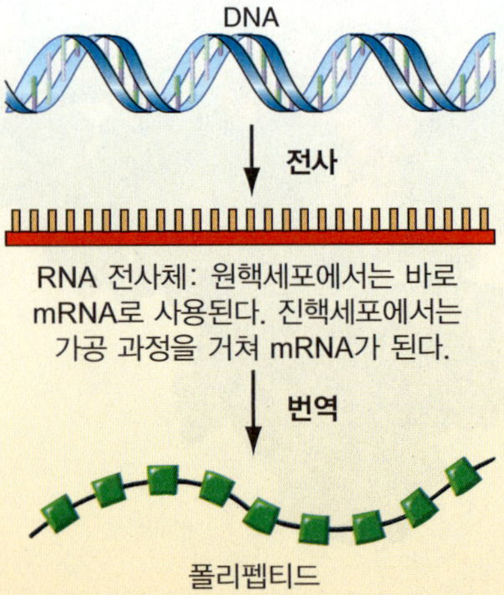

여 아미노산 서열 정보를 지닌 폴리펩티드(polypeptide)를 형성한다. 핵산 서열 정보를 아미노산 서열 정보로 바꾸는 과정을 번역(translation)이라고 한다. 번역은 리보솜 RNA(ribosomal RNA, rRNA)와 단백질로 구성된 세포소기관인 리보솜(ribosome)에서 일어나며, 3개의 뉴클레오티드로 구성된 암호가 하나의 아미노산을 지정하는 유전암호(genetic code)라는 "사전"에 의존하게 된다. 또한 번역 과정에는 운반 RNA(transfer RNA, rRNA)가 사용되어 성장 중인 폴리펩티드 사슬의 정확한 위치에 특정 아미노산을 운반해 준다.

중심원리는 모든 유전자에 적용되는 개념은 아니다. 크릭이 기술했듯이, 많은 유전자들은 RNA로 전사된 후 단백질로 번역되지 않는다. 8장에서 여러 비번역 RNA가 유전자 발현의 여러 단계에서 중요한 역할을 한다는 것을 배울 것이다. 대표적으로 rRNA와 tRNA가 이러한 그룹에 속한다.

유전자 발현에 관한 일반적인 주제를 요약해 보자. 첫째, 상보적 염기쌍 형성은 DNA에서 RNA로, 그리고 RNA에서 단백질로 정보가 전달되는 데 중요한 역할을 한다. 둘째, DNA, RNA, 단백질의 극성(방향성)은 유전자 발현 기작을 수행하는 데 도움을 준다. 셋째, 유전자 발현은 DNA 복제와 재조합처럼 에너지를 요구하는 반응이며, 특정 단백질과 리보솜 같은 거대 복합체를 필요로 한다. 마지막으로, 유전정보의 변화나 유전정보의 흐름을 방해하는 돌연변이는 표현형에 극적인 영향을 줄 수 있다.

8.1 유전암호

학습목표

1. 3개의 뉴클레오티드 서열이 DNA를 단백질로 바꾸는 유전암호의 기본 단위라는 추론을 이해한다.
2. 유전자의 뉴클레오티드 서열과 단백질의 아미노산 서열 간의 공선성에 대한 증거를 이해한다.
3. 번역틀과 유전암호 간의 관련성을 이해한다.
4. 각 아미노산을 지정하는 코돈의 종류와 정지코돈을 결정한 실험에 대해 이해한다.
5. 유전암호를 검증하기 위해 돌연변이가 어떻게 이용되었는지 이해한다.
6. 유전암호가 거의 보편적이라는 증거를 이해하고, 예외적인 경우를 알아본다.

암호는 하나의 언어 정보를 다른 언어 정보로 바꾸어 주는 시스템이다. 유전암호는 라디오나 전신을 통해 정보를 전달하는 모르스 부호와 유사하다고 할 수 있다. 모르스 부호의 점과 선(dot-dash) 시스템으로 영어 알파벳의 26문자를 만들어내는데, 두 개의 부호(점과 선)를 하나, 둘, 셋, 혹은 네 개의 조합으로 하여 각 문자를 대신하게 된다. 예를 들어, 알파벳 C는 선 점 선 점(– · – ·)이며, 알파벳 O는 선 선 선(– – –), 알파벳 D는 선 점 점(– · ·), 알파벳 E는 한 개의 점(·)이다. 한 개부터 네 개의 기호가 각 알파벳 문자를 표현하기 때문에, 모르스 부호는 한 문자에서 다음 문자가 나오기 전에 "멈춤"이라는 기호가 요구된다.

뉴클레오티드의 삼중자 코돈이 아미노산을 결정한다

핵산 정보는 네 종류의 뉴클레오티드 서열(DNA–A, G, C, T; RNA–A, G, C, U)로 표현되는 반면에, 단백질 정보는 아미노산 서열로 표현된다. 중요한 문제는 어떻게 뉴클레오티드 서열이 아미노산 서열을 결정할 수 있는가와 몇 종류의 아미노산 "문자"가 존재할 것인가 하는 점이다. 왓슨과 크릭은 자연계에 존재하는 다양한 폴리펩티드의 아미노산 서열을 분석하여 DNA가 암호화하는 아미노산 20종류에 대한 목록을 만들었다. 극소수의 단백질에서만 발견되거나 특정 조직 및 특정 생물체에만 존재하는 아미노산은 표준이 되는 구성성분으로 작용하지 않으며, 단백질 합성 후 변형으로 생성된 것이라 추정하였다. 반대로, 대부분의 단백질에서 나타나는 아미노산들로 목록을 완성하였다. 이제 아미노산 "문자" 수는 결정되었다. 어떻게 네 종류의 뉴클레오티드가 20종류의 아미노산을 지정할 것인가?

모르스 부호처럼 네 종류의 뉴클레오티드는 특정 조합을 만들어 20종류의 아미노산을 지정한다. 연구자들은 처음에 수학적 추론을 통해 몇 개의 서열로 이루어진 조합이 사용될지를 예측하였고, 이후 실험을 통해 증명하였다. 만일 하나의 뉴클레오티드가 하나의 아미노산을 지정한다면, 네 종류의 아미노산밖에 지정하지 못할 것이다. 두 개의 뉴클레오티드 서열 조합은 $4^2 = 16$이므로, 16종류의 아미노산을 지정하게 된다.

물론, 한 개 혹은 두 개의 서열 조합이 함께 암호로 사용된다면, $4 + 16 = 20$ 이므로 20종류의 아미노산을 지정할 수 있다. 그러나 하나의 문자가 끝나고 다음 문자가 시작하는데 필요한 멈춤 신호를 표현할 수 있는 방법이 없다. 세 개의 뉴클레오티드 조합은 64종류의 암호를 만들므로, 20종류의 아미노산을 지정하고도 남게 된다. 만일 두 문자 암호와 세 문자 암호를 동시에 사용한다면, 역시 "멈춤" 신호에 대한 문제가 발생한다. 그러나 세 문자 암호 하나만 사용하게 되면, 연속적으로 세 문자씩 읽고 구분하는 기작만 확실하다면 멈춤 신호는 필요 없게 된다.

물론 이것은 추론을 통한 가설이긴 하지만, 이 장의 후반부에 설명하는 실험을 통해 3염기 문자의 조합으로 20종류의 아미노산을 지정함이 증명되었다. 각 3문자 뉴클레오티드를 코돈(codon)이라고 한다. 각 코돈은 하나의 아미노산을 지정하는데, 예를 들어 GAA는 글루탐산(Glu)을 지정하며, GUU는 발린(Val)을 지정하는 코돈이다. 유전자 발현의 번역 과정, 즉 mRNA에서 단백질을 합성하는 동안 암호가 사용되기 때문에 유전암호는 RNA 서열(A, G, C, U)로 표현된다(그림 8.2). 유전자 서열을 말할 때는 U 대신 T를 쓸 수 있다.

그림 8.2 유전암호: 61개의 코돈은 20종류의 아미노산을 지정하고, 3개의 코돈은 종결을 지정한다. 암호를 읽기 위해, 왼쪽 열에서 첫 번째 문자를 선택하고, 상단 열에서 두 번째 문자를 선택하고, 오른쪽 열에서 세 번째 문자를 선택하라; 이러한 방식은 mRNA를 따라 5′ 에서 3′ 방향으로 읽는 것이다.

첫 번째 문자 \ 두 번째 문자	U	C	A	G	세 번째 문자
U	UUU Phe	UCU Ser	UAU Tyr	UGU Cys	U
U	UUC Phe	UCC Ser	UAC Tyr	UGC Cys	C
U	UUA Leu	UCA Ser	UAA 정지	UGA 정지	A
U	UUG Leu	UCG Ser	UAG 정지	UGG Trp	G
C	CUU Leu	CCU Pro	CAU His	CGU Arg	U
C	CUC Leu	CCC Pro	CAC His	CGC Arg	C
C	CUA Leu	CCA Pro	CAA Gln	CGA Arg	A
C	CUG Leu	CCG Pro	CAG Gln	CGG Arg	G
A	AUU Ile	ACU Thr	AAU Asn	AGU Ser	U
A	AUC Ile	ACC Thr	AAC Asn	AGC Ser	C
A	AUA Ile	ACA Thr	AAA Lys	AGA Arg	A
A	AUG Met	ACG Thr	AAG Lys	AGG Arg	G
G	GUU Val	GCU Ala	GAU Asp	GGU Gly	U
G	GUC Val	GCC Ala	GAC Asp	GGC Gly	C
G	GUA Val	GCA Ala	GAA Glu	GGA Gly	A
G	GUG Val	GCG Ala	GAG Glu	GGG Gly	G

만일 유전자의 염기서열과 해당 단백질의 아미노산 서열을 모두 안다면, 실제 세포기구의 번역 과정을 알지 못한다 하더라도 유전암호를 추론해 낼 수 있다. 물론 오늘날 염기서열과 아미노산 서열을 분석하는 기술을 사용할 수 있지만, 유전암호를 풀고자 했던 1950년대와 1960년대에는 폴리펩티드의 아미노산 서열을 분석하는 것만이 가능했다. 뉴클레오티드 서열을 분석할 수 없었으므로, 연구자들은 암호를 풀기 위해 유전학 및 생화학적 방법을 사용하였다. 우선 유전자의 여러 돌연변이가 단백질의 아미노산 서열에 어떤 영향을 주는지를 조사하기 시작하였다. 이러한 방식으로 비정상적인 특정 돌연변이를 사용하여 유전자와 폴리펩티드 간의 관계를 이해하고자 하였다.

유전자의 뉴클레오티드 서열은 암호화하는 폴리펩티드의 아미노산 서열과 대응된다

DNA는 선형의 분자로 두 사슬이 염기쌍을 이루며 나선형으로 서로 감겨 있다. 반면에 단백질은 복잡한 3차 구조를 지닌다. 그러나 단백질을 N 말단에서 C 말단까지 풀어보면 1차 구조인 아미노산 서열의 선형 분자가 된다. 만일 유전자의 정보와 해당 단백질의 정보가 일대일로 대응된다면, DNA의 연속적인 염기서열 순서는 처음부터 끝까지 1차원으로 풀어 놓은 단백질의 연속적인 아미노산 서열 순서를 정할 것이다.

1960년대 야노브스키(Charles Yanofsky)는 최초로 유전자의 돌연변이 지도와 그 결과 나타나는 특정 아미노산의 치환을 비교 분석하였다. 우선 트립토판 합성 효소의 구성 단위체 유전자인 *trpA*에 돌연변이를 지닌 많은 수의 *trp*⁻ 영양요구주 대장균을 생성하였다. 그리고 이들 돌연변이를 이용하여 7장에서 소개된 박테리오파지 T4의 *rII* 부위에 대한 벤저(Benzer)의 상세한 지도와 유사한 재조합 지도를 만들어 내었다. 이후 돌연변이 트립토판 합성효소 구성 단위체를 분리하여 아미노산 서열을 분석하였다. 그림 8.3a에서 보듯이, 재조합에 의해 형성된 유전자 돌연변이 지도는 실제 해당 돌연변이가 단백질에서 나타나는 아미노산 치환 위치와 일대일로 대응되었다. 야노브스키는 자신의 연구 결과를 면밀히 분석하여 유전자의 염기서열과 단백질의 아미노산 서열

그림 8.3 유전자의 돌연변이는 암호화하는 폴리펩티드의 아미노산 서열과 공선성을 보인다. (a) 대장균의 *trpA* 유전자 지도와 돌연변이 트립토판 합성효소 단백질의 아미노산 치환 위치 비교도. (b) 코돈은 두 개 이상의 염기쌍을 포함해야 한다. 동일한 위치에서 서로 다른 아미노산으로 치환된 두 돌연변이 균주가 교배되면, 재조합이 일어나 야생형 대립유전자를 생성할 수 있다.

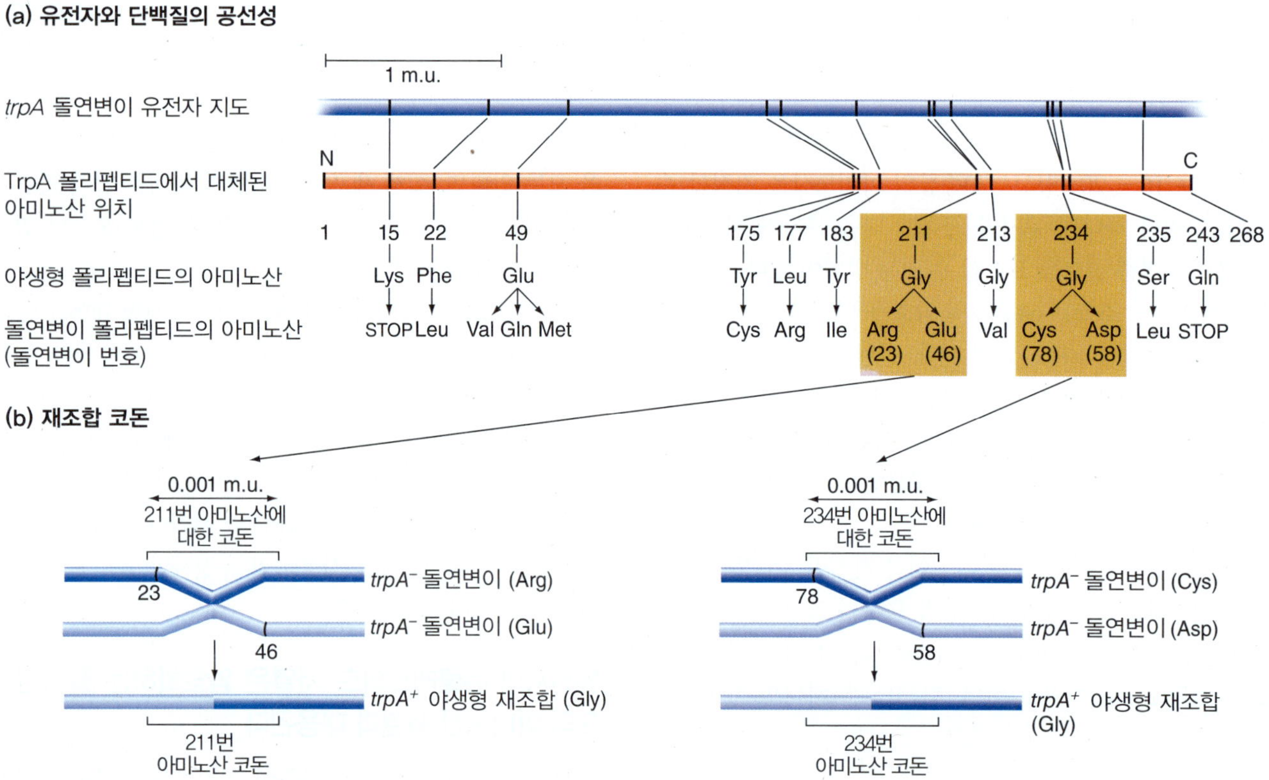

간의 나란한 대응관계를 증명했을 뿐 아니라 뉴클레오티드와 아미노산 간의 관계에 있어 중요한 특징을 유추하였다.

코돈이 하나 이상의 뉴클레오티드로 구성된다는 증거

야노브스키는 서로 다른 염기쌍을 변화시키는 점돌연변이가 동일한 아미노산에 영향을 줄 수 있음을 관찰하였다. 그림 8.3a에서 보듯이 돌연변이 23은 정상 단백질의 211번째 아미노산 글리신(Gly)이 아르기닌(Arg)으로 바뀌었으며, 돌연변이 46은 동일 위치에서 글루탐산(Glu)으로 바뀌었다. 다른 예에서, 돌연변이 78은 234번째 글리신이 시스테인(Cys)으로 바뀌었고, 돌연변이 58은 동일 위치에서 아스파탐산(Asp)으로 바뀌었다. 이들은 모두 하나의 아미노산을 지정하는 코돈을 다른 종류의 아미노산을 지정하는 코돈으로 변화시키는 **과오 돌연변이**(missense mutation)이다. 두 경우 모두 동일 아미노산에 변이를 일으킨 두 종류의 돌연변이 간에 재조합이 일어날 수 있음이 확인되었다: 재조합으로 인해 정상 트립토판 효소 유전자가 생성되는 것이다(그림 8.3b). 재조합의 가장 작은 단위는 염기쌍이므로, 이 경우 재조합이 일어난 두 돌연변이는 서로 다른 뉴클레오티드임이 틀림없다. 또한 동일 아미노산에 영향을 주었기 때문에 두 돌연변이는 동일 코돈에 변이가 일어났을 것이므로, 코돈은 하나 이상의 뉴클레오티드로 구성되어야 한다.

각 뉴클레오티드가 오직 한 코돈의 구성 성분이라는 증거

그림 8.3a에 나타난 것처럼, 야노브스키가 분석한 트립토판 효소 유전자의 점돌연변이 각각은 오직 하나의 아미노산에만 변이를 일으켰다. 이것은 로돕신과 헤모글로빈 같은 인간 유전자를 포함한 많은 유전자의 점돌연변이에서 공통적으로 나타나는 현상이다(7장 참조). 하나의 염기쌍만을 변화시키는 점돌연변이가 폴리펩티드에서 하나의 아미노산만을 변화시키기 때문에 유전자의 각 뉴클레오티드는 오직 하나의 아미노산에만 영향을 주어야 한다. 반대로 만일 하나의 뉴클레오티드가 하나 이상의 코돈으로 작용한다면, 특정 뉴클레오티드의 돌연변이는 하나 이상의 아미노산에 영향을 주어야 할 것이다.

일렬로 배열된 삼중자 코돈은 번역틀로 나타난다

20종류의 아미노산을 지정하는 가장 효과적인 암호는 코돈

당 세 개의 뉴클레오티드를 요구하지만, 더 복잡한 시스템도 가능할 수 있다. 그러나 1955년 크릭(Francis Crick)과 브레너(Sydney Brenner)는 박테리오파아지 T4의 *rIIB* 유전자 돌연변이를 연구하던 중 유전암호의 삼중자 코돈에 대한 증거를 얻게 되었다. 그들은 돌연변이 유발물질인 프로플라빈(proflavin)을 사용하였는데, 이 물질은 DNA 분자의 중앙부인 염기쌍 사이에 끼어드는 작용을 한다(그림 7.14c 참조). 그들은 프로플라빈이 다른 돌연변이원처럼 하나의 염기 치환을 일으킨다면 프로플라빈 처리로 발생한 돌연변이에 다른 돌연변이원을 처리하여 정상 서열로 복구된 역돌연변이를 만들어낼 수 있을 것이라고 예상하였다.

그러나 프로플라빈-유도 돌연변이는 염기 치환을 일으키는 어떤 돌연변이원으로도 정상으로 복구되지 않았다. 오직 프로플라빈을 재처리하면 정상으로 복구되었다. 크릭과 브레너는 파아지를 이용한 실험을 진행하고 나서야 이 현상을 설명할 수 있었다. 면밀한 통찰력으로 그들은 프로플라빈이 염기 치환이 아니라 하나의 염기쌍 삽입이나 결실을 일으킨다고 예측하였다. 이 가설은 염기 치환 돌연변이원으로 프로플라빈-유도 돌연변이를 복구시킬 수 없는 이유를 설명해 준다.

삼중자 암호의 증거

크릭과 브레너는 프로플라빈에 의해 유도된 특정 $rIIB^-$ 돌연변이(FC0)를 이용하여 실험을 진행하였다. 그들은 FC0 돌연변이에 프로플라빈을 더 처리한 후 $rIIB^+$로 복구된 것을 분리하였다(그림 8.4a). 복구된 파아지와 정상 파아지 T4를 재조합해 본 결과, 복구된 파아지의 DNA에는 실제 두 개의 $rIIB^-$ 돌연변이를 지니고 있음이 확인되었다(그림 8.4b). 하나는 원래 돌연변이인 FC0이고, 나머지 하나는 새로이 유도된 FC7 돌연변이이다. 두 돌연변이는 각각으로는 돌연변이 표현형을 보이나, 동일한 유전자 내에 동시에 존재하게 되면 $rIIB^+$ 표현형을 만들게 된다. 크릭과 브레너는 첫 번째 돌연변이가 염기쌍 하나가 추가되는 것이라면(기호 +로 표시), 복구 돌연변이는 바로 염기쌍 제거일 것이라고(기호 −로 표시) 추론하였다. 하나의 돌연변이가 동일 유전자 내의 다른 돌연변이의 효과를 상쇄시키는 것을 **유전자 내 억제**(intragenic suppression)라고 한다.

크릭과 브레너는 연구 결과를 분석한 후, 각 코돈은 세 개의 뉴클레오티드로 구성되며 각 유전자는 하나의 출발점을 지니고 있을 거라고 추정하였다. 이 출발점으로부터 **번역틀**(reading frame)이 생성되는데, 출발점으로부터 세 개의 뉴클레오티드를 하나의 그룹으로 읽어가면서 폴리펩티드의 아미노산 서열의 정확한 순서를 결정한다(그림 8.4a). 뉴클레오티드를 코돈으로 읽어가는 과정에 변화가 일어난 경우를 **번역틀이동 돌연변이**(frameshift mutation)라고 한다. 번역틀이동 돌연변이는 삽입이나 결실이 일어난 지점부터 모든 코돈이 바뀌게 되므로 거의 항상 폴리펩티드의 기능이 상실된다. 만일 고정된 출발점에서 코돈을 순서대로 읽는다면, 결실(−) 돌연변이가 일어난 것에 대해 삽입(+) 돌연변이가 발생하여 균형을 맞추어 주면 원래의 번역틀로 복구될 수 있다(그림 8.4a). 그러나 반대 성격을 지닌 두 종류의 돌연변이 발생 지점 사이에 암호화된 폴리펩티드 부분이 단백질 기능에 필수적이지 않을 때에만 해당 유전자는 정상의 활성을 얻을 수 있다. 왜냐하면, 이중 돌연변이 사이의 아미노산 서열은 정상과 달라지기 때문이다.

크릭과 브레너는 *rIIB* 유전자의 삽입(+) 및 결실(−) 돌연변이를 이용하여 코돈이 3개의 뉴클레오티드로 이루어져 있다는 가설을 검증하였다. 만일 코돈이 삼중자 암호라면, 하나의 유전자에서 동일한 종류의 돌연변이를 조합하여 형성된 $rIIB^-$ 돌연변이(++ 혹은 −−)는 결코 유전자 내 억제($rIIB^+$ 표현형)를 나타내지 않을 것이다. 그러나 3개의 삽입(+) 혹은 결실(−) 돌연변이의 조합은 간혹 $rIIB^+$ 표현형을 나타낼 것이다. 이러한 예측은 실험을 통해 정확히 검증되었다(그림 8.4c).

대부분의 아미노산이 하나 이상의 코돈에 의해 암호화된다는 증거

그림 8.4c를 살펴보면, 유전자 내 억제 현상은 결실과 삽입으로 인한 2번의 틀이동 돌연변이 사이에 정상과는 다르지만 여전히 아미노산 서열이 존재할 때에만 나타난다. 만일 유전자의 틀이동이 일어난 부분에서 단백질 합성의 종결 신호가 나타나게 된다면 기능성 폴리펩티드는 생산되지 않을 것이다. 즉, 보상 기능을 하는 두 번째 돌연변이가 나타나 정상 번역틀로 되돌리기 전에 새로운 정지코돈이 삽입되면 단백질 합성은 멈춘다.

유전자 내 억제 현상이 매우 자주 나타난다는 사실은 유전암호에서 여러 개의 코돈이 하나의 아미노산을 지정할 수 있음을 제안한다. 실제 20종류의 아미노산에 대해 64종류의 코돈이 존재하므로, 각 아미노산에 오직 하나의 코돈만이 존재한다고 가정하면 44개의(64 − 20 = 44) 코돈은 어떤 아미노산도 지정하지 않게 된다. 만일 비암호화 코돈이 "종결" 신호로 작동한다면 틀이동 돌연변이의 절반 이상(44/64)은 돌연변이가 일어난 첫 번째 코돈에서 단백질 합성이 멈추게 될 것이며, 다음 아미노산이 추가적으로 연결될수록 단백

그림 8.4 박테리오파지 T4 *rIIB* 유전자의 틀이동 돌연변이에 대한 연구는 코돈이 3개 뉴클레오티드로 구성됨을 보여주었다. (a) 프로플라빈의 처리로 하나의 뉴클레오티드가 삽입되어 한 지점(FC0)에서 $rIIB^-$ 틀이동 돌연변이가 생성된다. 삽입이 일어난 지점에서부터 아래 방향으로 모든 코돈의 번역틀이 바뀐다(노란색). 프로플라빈의 두 번째 처리로 인해 동일 유전자에서 하나의 뉴클레오티드가 결실되어 원래의 번역틀(녹색)로 복원되면서 FC0를 억제한다. (b) 복구자와 야생형 균주를 교배하면, 교차로 인해 두 종류의 $rIIB^-$ 돌연변이(FC0와 FC7)가 분리된다. 따라서 $rIIB^+$ 표현형으로의 복구는 유전자 내 억제 현상의 결과이다. (c) 하나의 DNA 분자에 여러 돌연변이를 재조합시켰을 때, 2번의 삽입(++) 혹은 2번의 결실(−−) 돌연변이는 $rIIB^+$ 표현형을 제공하지 못했으나, 3번의 동일한 종류의 돌연변이(+++ 혹은 −−−)는 번역틀을 복구시킨다.

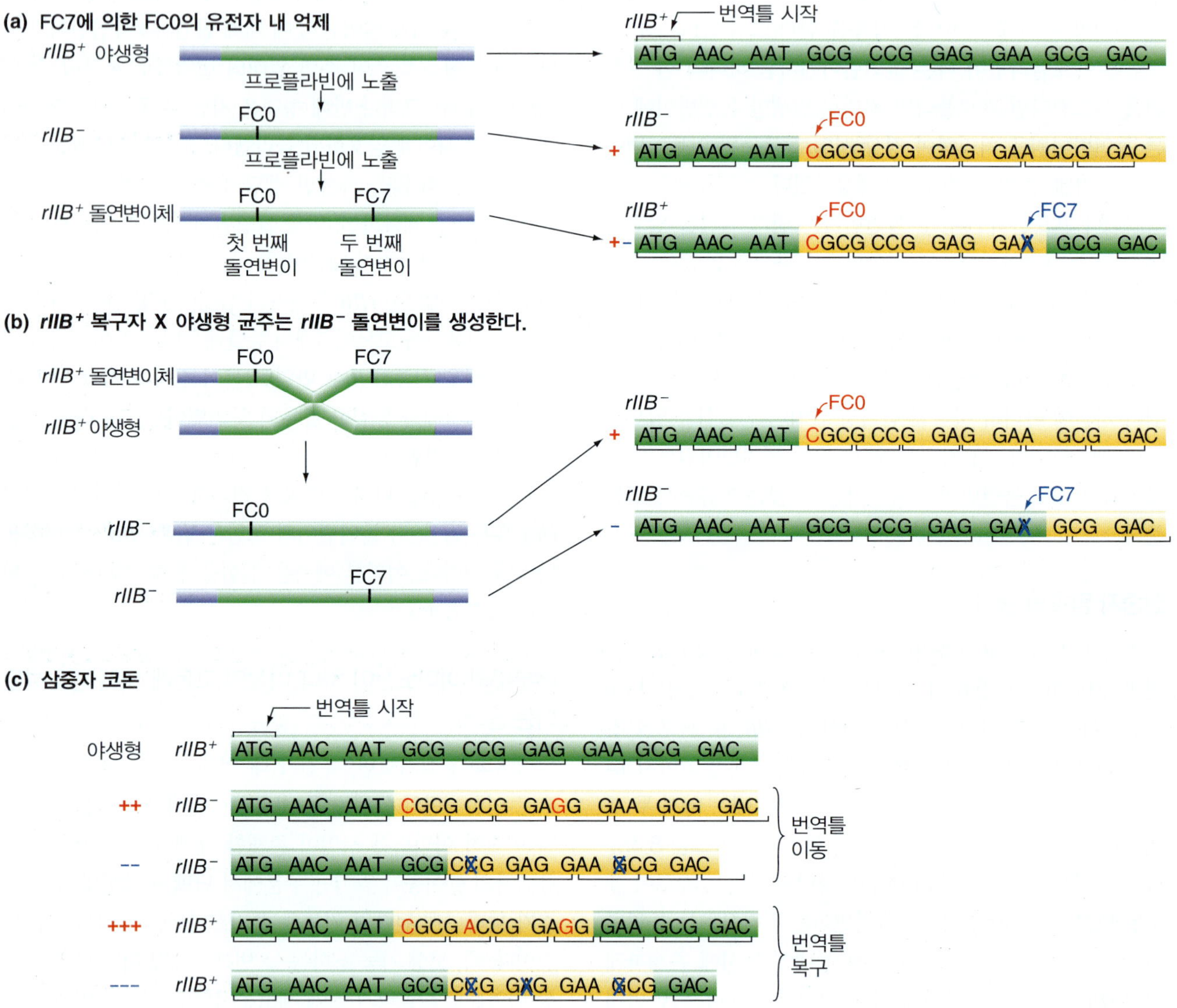

질 합성이 지속될 확률은 점점 줄어들게 된다. 그 결과 유전자 내 억제 현상은 매우 드물게 나타나게 될 것이다. 그러나 실험에서 한 종류의 틀이동 돌연변이가 반대 종류의 틀이동 돌연변이에 의해 복구되는 것을 자주 관찰하였다. 두 돌연변이 간의 거리를 재조합 실험으로 측정해 본 결과 어떤 경우에는 50개 이상의 아미노산이 존재하였으며, 이것은 64개의 코돈 대부분이 아미노산을 지정해야만 가능한 일일 것이다. 따라서 크릭과 브레너의 여러 실험 결과는 유전암호가 퇴화적(degenerate)이라는 것을 지지한다. 대부분의 아미노산은 각각 두 개 이상의 코돈에 의해 지정된다(그림 8.2의 유전암호 참조).

암호의 해석: 어떤 코돈이 어떤 아미노산을 지정하는가?

유전학 실험을 통해 유전암호의 본질에 대해 많은 정보를 얻게 되었지만, 여전히 어떤 코돈이 어떤 아미노산을 지정하는지에 대해서는 알지 못했다. 전령 RNA의 발견과 간단한 전령 RNA를 합성하는 기술이 개발되면서 연구자들은 시험관에서 간단한 단백질을 합성할 수 있게 되었다.

전령 RNA의 발견

1950년대, 연구자는 진핵세포에 방사성 동위원소로 표지된 아미노산을 처리한 후 세포를 관찰한 결과 표지된 아미노산이 폴리펩티드로 합성되는 과정이 세포질에서 일어남을 알게 되었다. 유전자인 DNA는 세포의 핵에 존재하는데, 단백질 합성이 세포질에서 일어나는 것으로 보아 중간 단계의 정보 물질이 핵에서 세포질로 이동할 것이라고 추측하였다. RNA는 바로 이 중간 단계 정보 물질의 유력한 후보로 거론되었다.

RNA는 DNA와 상보적 염기쌍을 형성할 수 있으므로, DNA 복제와 유사한 기작으로 DNA로부터 상보적인 RNA 가닥을 만들 수 있을 것이라고 추정하였다. RNA에서만 발견되는 우라실을 이용한 방사성 동위원소 표지 실험을 통해 진핵세포의 핵에서 RNA 분자가 합성되고 그 중 일부는 세포질로 이동함을 관찰하였다. 세포질로 이동하는 RNA 분자는 바로 전령 RNA (mRNA)로 그림 8.1에 나타나 있다. 전령 RNA는 핵에서 DNA 서열 정보로부터 전사되어 형성되며, 가공 과정 후 세포질로 이동하여 단백질 합성 동안 아미노산 서열 순서를 지정해 준다.

합성 mRNA와 시험관 내 번역 실험

전령 RNA에 대한 지식은 유전암호를 해석하는 두 가지 중요한 실험적 발견에 도움을 주었다. 우선 생화학자들은 시험관에 mRNA의 첨가 시 단백질 합성을 가능하게 하는 세포 추출물을 분리할 수 있게 되었으며, 이를 "시험관 내 번역 시스템"이라고 명명하였다. 두 번째는 몇 개의 코돈만을 지닌 인공 RNA를 합성하는 기술을 개발하게 된 것이다. 이제 시험관 내 번역 시스템과 인공 합성 mRNA를 반응시키면 간단한 폴리펩티드를 형성할 수 있다.

1961년 니렌버그(Marshall Nirenberg)와 마타이(Heinrich Matthaei)는 합성 폴리-우라실(5′...UUUUUUUUU...3′)을 대장균으로부터 추출한 번역 시스템에 첨가하여, 페닐알라닌으로 구성된 폴리펩티드를 얻게 되었다(그림 8.5a). 폴리-우라실에서 가능한 유일한 코돈은 UUU이므로, 결국 코돈 UUU는 페닐알라닌을 지정하는 것이다. 이와 유사한 방식으로, 연구자들은 CCC 코돈이 프롤린(Pro) 아미노산을, AAA 코돈이 리신(Lys) 아미노산을, GGG 코돈이 글리신(Gly) 아미노산을 지정함을 알게 되었다(그림 8.5b).

그림 8.5 합성 mRNA를 이용하여 유전암호를 분석하는 실험. (a) 폴리-U mRNA는 폴리-페닐알라닌 폴리펩티드를 생성한다. (b) 2개, 3개, 4개의 뉴클레오티드로 반복되는 폴리-RNA는 단순한 폴리펩티드를 암호화한다. 예를 들어 폴리-GUAA 합성 mRNA는 3종류의 모든 번역틀에 정지코돈이 있으므로 짧은 길이의 펩티드만 생성된다.

(a) 페닐알라닌을 암호화하는 폴리-U mRNA

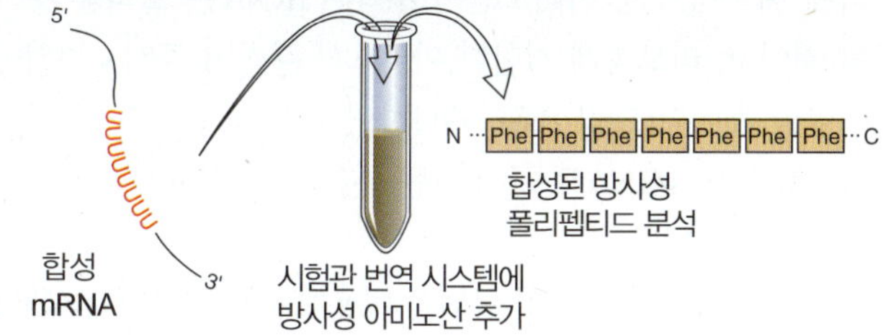

(b) 암호화 능력 분석

합성 mRNA	합성 폴리펩티드
	1개 아미노산 폴리펩티드
poly-U UUUU ...	Phe-Phe-Phe ...
poly-C CCCC ...	Pro-Pro-Pro ...
poly-A AAAA ...	Lys-Lys-Lys ...
poly-G GGGG ...	Gly-Gly-Gly ...
디뉴클레오티드 반복	아미노산이 번갈아 반복되는 폴리펩티드
poly-UC UCUCUC ...	Ser-Leu-Ser-Leu ...
poly-AG AGAGAG ...	Arg-Glu-Arg-Glu ...
poly-UG UGUGUG ...	Cys-Val-Cys-Val ...
poly-AC ACACAC ...	Thr-His-Thr-His ...
트리뉴클레오티드 반복	3종류의 폴리펩티드는 각각 1개의 아미노산을 가진다.
poly-UUC UUCUUCUUC ...	Phe-Phe.... and Ser-Ser.... and Leu-Leu....
poly-AAG AAGAAGAAG ...	Lys-Lys.... and Arg-Arg.... and Glu-Glu....
poly-UUG UUGUUGUUG ...	Leu-Leu.... and Cys-Cys.... and Val-Val....
poly-UAC UACUACUAC ...	Tyr-Tyr.... and Thr-Thr.... and Leu-Leu....
테트라뉴클레오티드 반복	4개의 아미노산이 반복되는 폴리펩티드
poly-UAUC UAUCUAUC ...	Tyr-Leu-Ser-Ile-Tyr-Leu-Ser-Ile...
poly-UUAC UUACUUAC ...	Leu-Leu-Thr-Tyr-Leu-Leu-Thr-Tyr...
poly-GUAA GUAAGUAA ...	none
poly-GAUA GAUAGAUA ...	none

화학자 코라나(Har Gobind Khorana)는 이후 두 개의 뉴클레오티드가 반복되는 mRNA (예를 들어, 폴리-UC, 5′...UCUCUCUCUC...3′)와 세 개의 뉴클레오티드가 반복되는 mRNA (예를 들어, 폴리-UUC), 혹은 네 개의 뉴클레오티드가 반복되는 mRNA (예를 들어, 폴리-UAUC) 등을 제작하여 폴리펩티드 합성 실험을 진행하였다. 그 결과는 그림 8.5b에 나타나 있는데, 가능한 코돈 종류를 제한해 주기는 하지만 확실하지는 않다. 예를 들어 폴리-UC는 세린과 류신이 반복되는 폴리펩티드들 형성했으며, mRNA는 두 개의 코돈 서열(5′ UCU 3′와 5′ CUC 3′)만을 가지므로 어느 것이 세린인지 류신인지 알 수가 없었다.

1965년 니렌버그와 레더(Philip Leder)는 이 문제를 해결하였는데, 오직 세 개의 뉴클레오티드로 구성된 짧은 mRNA를 만들어 아미노산이 부착된 tRNA를 포함한 번역 시스템에서 함께 반응시켰다. 이때 사용한 20종류의 아미노산 중 한 종류의 아미노산만 방사성 동위원소로 표지되었다. 반응 후 합성 mRNA와 번역 시스템이 포함된 반응물을 필터에 여과시키면, 아미노산이 부착된 tRNA는 필터를 통과할 것이고, 리보솜에 결합한 아미노산 부착 tRNA는 필터에 결합할 것이다(그림 8.6). 왜냐하면 리보솜, 아미노산 부착 tRNA, 작은 mRNA로 구성된 큰 복합체는 필터를 통과할 수 없기 때문이다.

니렌버그와 레더는 이 방법을 이용하여 어떤 작은 mRNA가 방사성 표지된 어떤 아미노산과 결합하는지를 하나씩 검토하였다. 예를 들어, 앞선 실험에서 CUC는 세린 혹은 류신을 지정하는 것으로 나타났다. 합성 CUC RNA에 방사성 표지된 세린 아미노산과 시험관 내 번역 반응을 시킨 후 여과시켰을 때 필터에서 방사성이 검출되지 않았다. 그러나 방사성 표지된 류신 아미노산으로 동일한 실험을 진행하였을 때, 필터에서 방사성이 검출되었다. 즉 tRNA에 부착된 류신 아미노산이 리보솜-mRNA 복합체에 결합했음을 의미하며, CUC 코돈이 류신을 지정함을 알려준다. 니렌버그와 레더는 이 방법을 이용하여 유전암호표(그림 8.2 참조)에 나온 대부분의 코돈에 대해 해당 아미노산을 결정할 수 있게 되었다.

그림 8.6 미니-mRNA를 이용하여 유전암호를 분석하는 실험. 니렌버그와 레더는 서열을 알고 있는 합성 트리뉴클레오티드(trinucleotide)와 아미노산으로 충전된 tRNA 조합(이 중 하나의 아미노산은 방사선 표지)을 리보솜이 포함된 세포 추출물에 첨가하였다. 만일 트리뉴클레오티드가 방사성 아미노산을 지정한다면, 방사성을 지닌 충전형 tRNA는 리보솜과 복합체를 형성하여 필터에 갇힐 것이다. 그림의 실험은 코돈 CUC가 세린이 아닌 류신 아미노산을 지정함을 보여준다.

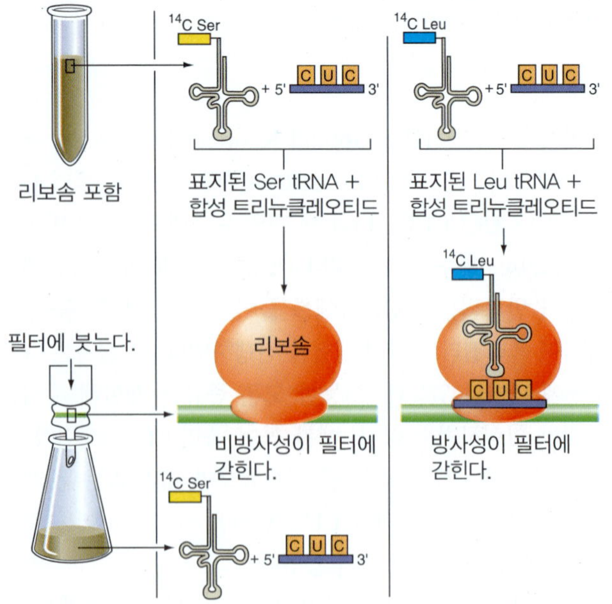

극성: mRNA의 5′에서 3′으로의 방향성은 폴리펩티드의 N에서 C로의 방향성과 일치한다

합성 mRNA를 이용한 연구에서 여섯 개의 뉴클레오티드로 구성된 5′ AAAUUU 3′ mRNA의 시험관 내 번역 결과 N Lys-Phe C 펩티드는 생성되었으나, N Phe-Lys C는 전혀 생성되지 않았다. 코돈 AAA는 리신 아미노산을 지정하고, 코돈 UUU는 페닐알라닌을 지정하므로, mRNA의 5′ 말단에 가까운 코돈은 해당 폴리펩티드의 N 말단에 가까운 아미노산을 지정함을 알 수 있다. 마찬가지로 mRNA의 3′ 말단에 가까운 코돈은 폴리펩티드의 C 말단에 가까운 아미노산을 지정한다.

유전자 발현에 참여하는 거대 분자의 극성에 대해 살펴보자. 우선 DNA는 이중 나선으로 두 가닥 중 한 가닥만이 mRNA를 만드는 데 사용되며, 이 가닥을 주형가닥(template strand)이라고 한다. 나머지 가닥은 RNA-유사 가닥(RNA-like strand)이라고 하며, mRNA와 동일한 극성과 서열을 가지고 있다. 어떤 과학자들은 RNA-유사 가닥 대신 **센스 가닥 혹은 암호화 가닥**(sense strand or coding strand)이라고 하며, 주형 가닥을 **안티센스 가닥 혹은 비암호화 가닥**(antisense strand or noncoding strand)이라고 한다. 그림 8.7은 유전자의 DNA, mRNA 전사체, 폴리펩티드의 극성을 비교하여 보여준다.

정지(종결)코돈과 폴리펩티드 사슬의 종결

코라나가 실험에 사용한 간단하면서 반복적인 RNA는 길

그림 8.7 DNA, mRNA, 폴리펩티드 간의 극성 비교. DNA의 주형 가닥은 RNA-유사 DNA 가닥 및 mRNA 서열과 상보적이다. mRNA의 5′에서 3′으로의 방향성은 폴리펩티드의 N 말단에서 C 말단으로의 방향성에 해당한다.

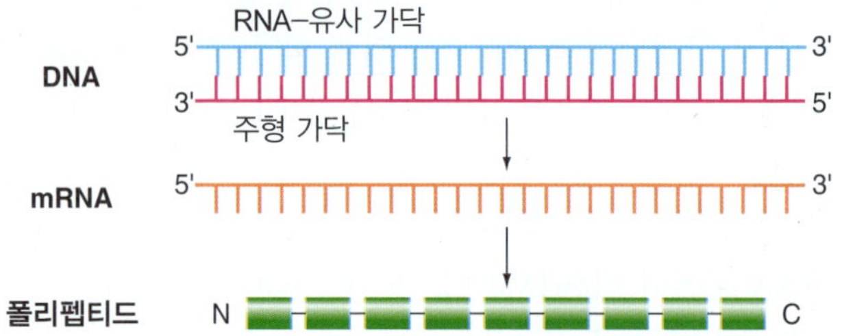

었고, 그 결과 긴 길이의 폴리펩티드가 생성되었다. 그러나 어떤 경우에는 폴리펩티드 사슬 형성을 중단시키는 신호가 RNA에 포함되어 있어 긴 길이의 폴리펩티드를 생성하지 못하였다. 세 종류의 코돈(UAA, UAG, UGA)은 어떤 아미노산도 지정하지 않는 것으로 밝혀졌다. 이들 코돈이 번역틀 내에 있으면, 번역은 멈추게 된다. 한 예로, 폴리-GUAA를 생각해 보자(그림 8.5b 참조). 이 mRNA는 모든 가능한 번역틀 내에 **정지코돈**(stop codon) UAA를 지니게 되므로 긴 폴리펩티드를 만들 수 없다.

브레너는 다른 방법으로 정지코돈을 규명하였는데, 파아지 T4의 머리 부분 캡슐 단백질을 암호화하는 유전자(m)의 점돌연변이를 이용한 획기적인 실험이었다. 그림 8.8a에 표시된 것처럼, 브레너는 정상 M 단백질보다 길이가 짧은 폴리펩티드를 암호화하는 돌연변이 대립유전자($m^1 - m^6$)의 원인을 분석하였다. 길이가 짧은 각 폴리펩티드의 C 말단 마지막 아미노산의 다음 아미노산은 정상 길이의 단백질에서 UAG 코돈 서열과 하나의 뉴클레오티드에 차이를 보이는 코돈에 의해 지정됨을 확인하였다. 이러한 결과는 각 m 돌연변이체가 어떤 아미노산을 지정하는 코돈을 정지코돈 UAG로 변화시키는 점돌연변이를 지니고 있음을 제안한다. 아미노산을 지정하는 코돈(전사코돈)을 정지(nonsense) 코돈으로 변화시켰으므로, 이 경우를 **정지코돈 돌연변이**(nonsense mutation)라고 한다. 이후 브레너는 $m^1 - m^6$ 돌연변이의 짧아진 폴리펩티드 길이에 대응하는 일렬로 배열된 자세한 유전자 지도를 확립하였다(그림 8.8b). 예를 들어 m^6가 암호화하는 M 단백질은 m^5가 암호화하는 단백질보다 길이가 짧은데, m^6 정지코돈 돌연변이가 m^5보다 번역틀의 시작점과 더 가까이 위치하기 때문이다.

또한 브레너는 UAA와 UGA를 정지코돈으로 확정하는 정지코돈 돌연변이 세트를 분리하였다. 역사적 이유로 과학자들은 종종 UAG는 호박(amber) 코돈, UAA는 황토(ocher) 코돈, UGA는 오팔(opal) 코돈이라 부른다. 이것은 초기 연구자의 이름인 번스타인(Bernstein)이 독일어로 보석 "호박"을 의미하는 데서 유래하며, 나머지도 준보석인 황토와 오팔을 사용한 것이다.

유전암호: 요약

유전암호는 핵산의 4개 문자를 단백질의 20개 문자로 해독하는 완벽한 사전이다. 다음은 유전암호의 주요 특징을 요약한 것이다.

1. **삼중자 코돈**(triplet codons): 암호는 5′에서 3′ 방향으로 나열된 세 개의 뉴클레오티드 서열로 구성된 mRNA 코돈이다. 첫 번째 뉴클레오티드 서열은 코돈의 5′ 말단이다.
2. 코돈은 **중복적이지 않다**(nonoverlapping). 예를 들어, mRNA 서열 5′ GAAGUUGAA 3′에서 첫 번째 3개 뉴클레오티드(GAA)가 하나의 코돈이며, 4번째에서 6번째 뉴클레오티드(GUU)가 두 번째 코돈이다. 즉 각 뉴클레오티드는 오직 하나의 코돈에 속하게 된다.
3. 유전암호에는 세 종류의 **정지코돈** 혹은 **종결코돈**(UAA, UAG, UGA)이 있다. 이들은 일반적으로 어떤 아미노산도 지정하지 않고 번역을 종결시킨다.

그림 8.8 브레너의 실험: UAG는 정지코돈으로 작용한다. (a) T4 파아지의 m^+ 유전자는 폴리펩티드 M을 암호화한다. 아미노산은 파란색 원으로 표시하였다. 돌연변이 대립유전자 m^1-m^6는 C 말단이 짧아진 M 단백질(검은색 원)의 합성을 지시한다. 각각의 돌연변이 M 단백질에서 마지막 아미노산 다음에 오는 아미노산을 야생형 단백질에서 분석해 본 결과, UAG 서열과 하나의 뉴클레오티드에 차이를 보이는 코돈이었다. (b) 돌연변이 대립유전자 m^1-m^6의 유전자 지도 위치는 각 돌연변이 M 단백질의 크기와 공선성(colinearity)을 보인다.

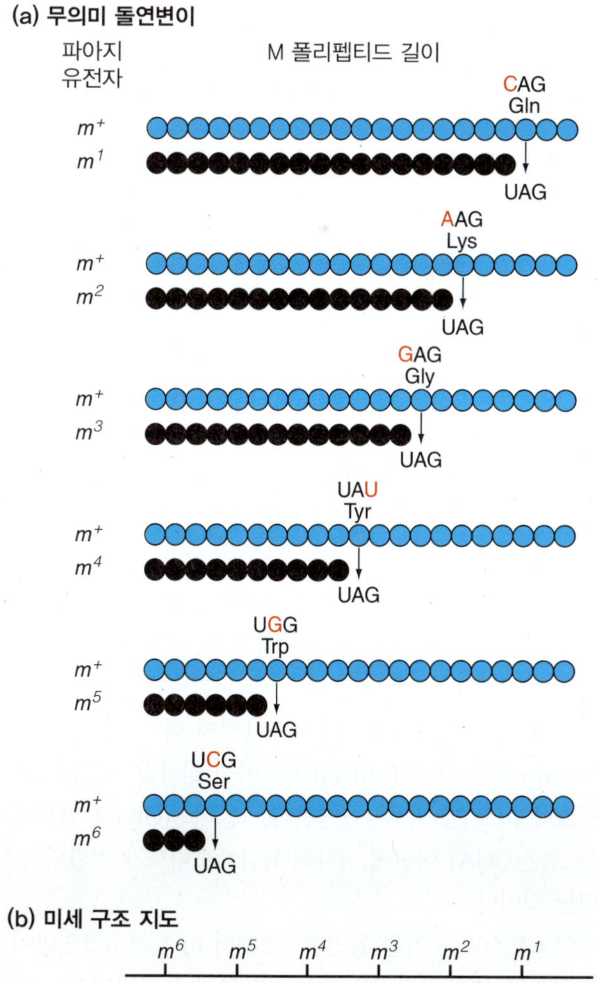

4. 유전암호는 **퇴화성**(degenerate)을 지닌다. 즉, 하나 이상의 코돈이 동일한 아미노산을 지정하게 된다. 그러나 각 코돈은 오직 하나의 아미노산을 지정하므로 모호하지 않다.
5. 세포는 mRNA의 특정 출발 지점부터 스캔해서 **번역틀**(reading frame)을 설정한다. 코돈 AUG은 메티오닌 아미노산을 지정하는 동시에 특정 조건에서 **개시코돈**(initiation codon)으로 작용하여 mRNA에서 폴리펩티드 합성 시작을 지시하게 된다.
6. 코돈과 아미노산 간의 **대등한 극성**(corresponding polarity): mRNA의 5′ 말단에서 3′ 말단으로 이동하면서 나타나는 연속적인 코돈은 번역되어 폴리펩티드의 N 말단에서 시작하여 C 말단으로 이동한다.
7. 돌연변이는 3가지 방식으로 서열 정보를 변형시킨다. **틀이동 돌연변이**(frameshift mutation)는 뉴클레오티드의 삽입이나 결실로 나타나며, 번역틀을 변화시켜 폴리펩티드의 서열 정보를 바꾼다. **과오 돌연변이**(missense mutation)는 하나의 아미노산을 지정하는 코돈이 다른 아미노산을 지정하는 코돈으로 바뀐 것이다. **정지코돈 돌연변이**(nonsense mutation)는 어떤 아미노산을 지정하는 코돈이 정지코돈으로 바뀐 것이다.

폴리펩티드에 나타난 돌연변이의 효과는 유전암호를 검증하는 데 도움을 주었다

유전암호를 해독하는 연구는 시험관 내 번역 시스템과 합성 mRNA를 이용한 실험을 통해 이루어졌다. 그런데 실제 세포에서도 동일한 암호로 폴리펩티드가 합성되는가? 돌연변이가 폴리펩티드의 아미노산에 어떠한 영향을 주는지를 분석하는 연구를 통해 이 질문에 대한 증거가 제시되었다. 대부분의 돌연변이원(mutagen)은 코돈에서 하나의 뉴클레오티드를 변화시킨다. 그 결과 대부분의 과오 돌연변이는 하나의 뉴클레오티드가 치환된 형태이며, 이러한 치환 돌연변이에 대한 분석은 유전암호를 증명할 수 있었다. 예를 들어, 야노브스키는 대장균(*E. coli*)에서 두 종류의 *trp*⁻ 영양요구주 돌연변이를 분석하였는데, 각각 트립토판 합성효소 유전자에 치환 돌연변이가 발생해 211번째 아미노산이 아르기닌(Arg) 혹은 글루탐산(Glu)으로 바뀐 것이었다(그림 8.9a). 암호에 따르면, 이 두 돌연변이는 글리신(Gly)을 암호화하는 코돈(GGA) 대신에 하나의 뉴클레오티드가 치환되어 나타난 것이다.

야노브스키는 이들 돌연변이로부터 trp^+ 복귀돌연변이를 분리하였는데, 그림 8.9a에서처럼 복귀 돌연변이체는 하나의 염기 치환으로 아미노산이 바뀐 것을 확인하였다. 일부 복귀체는 폴리펩티드의 211번째 자리에 원래의 글리신으로 치환되었으며, 나머지는 이소류신(Ile), 트레오닌(Thr), 세린(Ser), 알라닌(Ala), 혹은 발린(Val)으로 치환되었다. 글리신 대신 이들 아미노산으로의 치환도 트립토판 합성효소의 기능을 유지하는 데 문제가 없었다.

야노브스키는 프로플라빈을 처리하여 트립토판 합성효소에 틀이동 돌연변이를 유발한 대장균을 분석함으로써 세포가 실제로 유전암호를 사용한다는 증거를 제시하였다(그림 8.9b). 우선 프로플라빈을 처리하여 trp^- 돌연변이체를 생산한 후, 여기에 프로플라빈을 더 많이 처리하여 trp^+ 복귀체를 분리하였다. 복귀체들은 아마도 염기쌍 하나가 결실된 후 잇달아 염기쌍 하나가 삽입된 (− +) 형태의 돌연변이일

그림 8.9 유전암호의 실험적 증명. (a) 하나의 염기쌍 치환에 의해 trp^- 돌연변이에서 trp^+로의 역전 현상을 통해 아미노산 치환을 설명할 수 있다. (b) 유전암호는 하나의 염기쌍 결실과 삽입으로 인한 억제로부터 유래되는 아미노산 변화(노란색)를 예측할 수 있게 한다.

(a) trp^- 돌연변이와 trp^+ 복귀 돌연변이체에서의 아미노산 치환

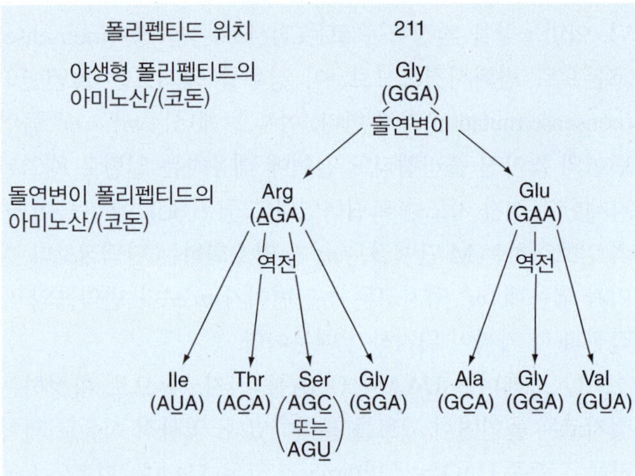

(b) 삽입과 결실을 동반한 아미노산 치환

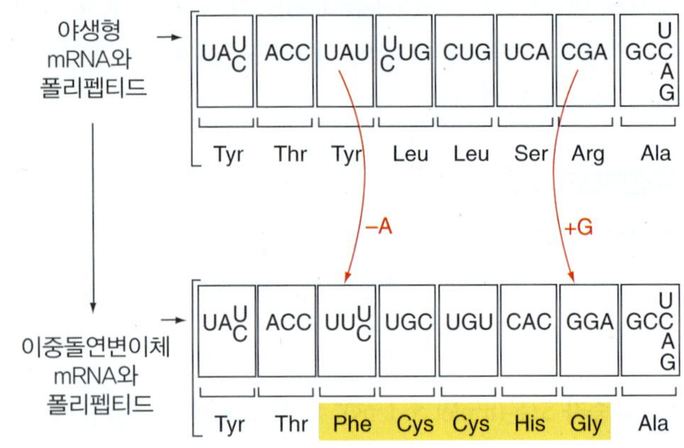

것으로 추정되었다. 복귀체의 트립토판 합성효소 폴리펩티드의 아미노산 서열을 분석하면서, 유전암호를 사용하여 하나의 염기쌍 삽입과 하나의 염기쌍 결실을 가진 복귀체에게 나타났을 아미노산 서열의 변화를 예측할 수 있었다(그림 8.9b).

야노브스키의 연구는 유전암호에 대한 증명뿐만 아니라 유전암호의 여러 특성에 대해서도 확인할 수 있었다. 코돈이 중복적이지 않으며, 고정된 출발 신호에서부터 중단 없이 삼중자씩 차례로 읽어 내려간다는 점을 고려해야만 그의 연구 결과는 해석될 수 있다.

유전암호는 거의 모든 생명체에서 보편적이다

현재 모든 생명체는 동일한 유전암호를 사용한다고 알고 있다. 이러한 통일성에 대한 개념은 어떤 생명체의 번역시스템이 다른 생명체에서 얻은 mRNA를 번역하여 폴리펩티드를 합성할 수 있다는 연구 결과로부터 얻었다. 예를 들어, 토끼의 헤모글로빈 mRNA를 개구리 알이나 맥아 추출물에 주입하면 토끼의 헤모글로빈 단백질이 합성된다. 최근 DNA와 단백질의 서열을 비교해 보면 거의 모든 생물체에서 코돈과 아미노산 서열 간의 유전암호가 완벽히 일치함을 알 수 있다.

유전암호의 보존

암호의 보편성은 생명의 역사 매우 초기에 유전암호가 진화하였음을 알려준다. 유전암호의 출현 이후 수억 년 동안 유지되면서 부분적으로 변화에 대한 약간의 내성을 지니게 되었을 것이다. 유전암호에서 하나의 변화는 세포의 수백 혹은 수천 개의 단백질 생성을 방해할 수 있다. DNA 복제를 담당하는 DNA 중합효소, 전사를 담당하는 RNA 중합효소, 혹은 방추사를 구성하는 튜불린 단백질 등 여러 단백질의 이상으로 세포는 죽음에 이르게 된다.

예외적인 유전암호

연구자들은 유전암호의 보편성에 대해 예외가 존재한다는 놀라운 사실을 발견하였다. 단세포 원생생물인 섬모충류의 일부 종에서 코돈 UAA와 UAG는 정지코돈이 아니라 글루타민 아미노산을 지정한다. 다른 섬모충류 종에서는 UGA 정지코돈이 시스테인을 지정한다. 이들 섬모충류는 나머지 정지코돈을 종결코돈으로 사용한다.

세포에서 ATP 생산을 담당하는 반자동의 자가-생산 세포소기관인 미토콘드리아에서도 유전암호의 예외가 발견된다. 미토콘드리아는 자체적으로 DNA와 유전자 발현 시스템을 지니고 있으며(14장 참조), 효모의 미토콘드리아에서 CUA 코돈은 류신 대신 트레오닌을 지정한다. 유전암호의 또 다른 예외는 특정 원핵생물에서 발견되는데, 정지코돈 UAG가 가끔 매우 드문 아미노산인 피로리신(pyrrolysine)을 지정한다.

현재까지 제시된 실험 증거는 유전암호의 보편성을 지지해 준다. 유전암호의 해독으로 유전자에서 단백질로의 정보의 흐름에 대한 전반적인 개요를 이해할 수 있게 되었지만, 세포가 어떻게 유전자 발현을 진행하는지는 정확히 설명하지 못한다. 지금부터 전사와 번역 과정에 대해 알아보자.

핵심 개념

- 유전암호는 64개의 코돈으로 구성되며, 각 코돈은 3개의 뉴클레오티드 서열로 이루어진다. 61개의 코돈은 아미노산을 지정하며, 3개의 코돈(UAA, UAG, UGA)은 정지코돈이다. 하나의 아미노산을 지정하는 여러 개의 코돈이 존재한다는 점에서 유전암호는 퇴화성을 보인다.
- AUG 코돈은 메티오닌을 지정하며, 또한 번역틀을 설정하는 개시코돈으로도 사용된다. 번역틀은 삼중자 코돈의 비중복적 배열로 이루어진다.
- 과오 돌연변이는 코돈을 변화시켜 다른 아미노산을 지정하게 한다. 틀이동 돌연변이는 돌연변이 지점 이후의 번역틀을 바꾼다. 정지코돈 돌연변이는 어떤 아미노산에 대한 코돈을 정지코돈으로 바꾼다.

8.2 전사: DNA에서 RNA 만들기

학습목표

1. 전사의 3단계인 개시, 신장, 종결 과정에 대해 이해한다.
2. 원핵생물과 진핵생물의 전사 개시 과정을 비교한다.
3. 진핵생물에서 전사 후 mRNA의 가공 과정을 이해한다.

전사는 상보적 염기쌍 형성을 통해 리보뉴클레오티드를 연결하여 RNA 전사체를 생산하는 과정이다. DNA 이중 나선에서 유전자를 구성하는 부분의 한 가닥 서열이 RNA 전사체의 주형으로 사용된다.

RNA 중합효소는 단일가닥 RNA 사본을 합성한다

그림 8.10은 전사의 기본 요소와 대장균의 전사 과정 중의 주요 사건을 묘사한다. 전사는 크게 **개시**(initiation), **신장**(elongation), **종결**(termination)의 세 단계로 나뉘며, 각 단계의 특성은 다음과 같다.

1. RNA 중합효소(RNA polymerase)는 전사를 촉매한다.

그림 8.10

박테리아에서의 전사 과정

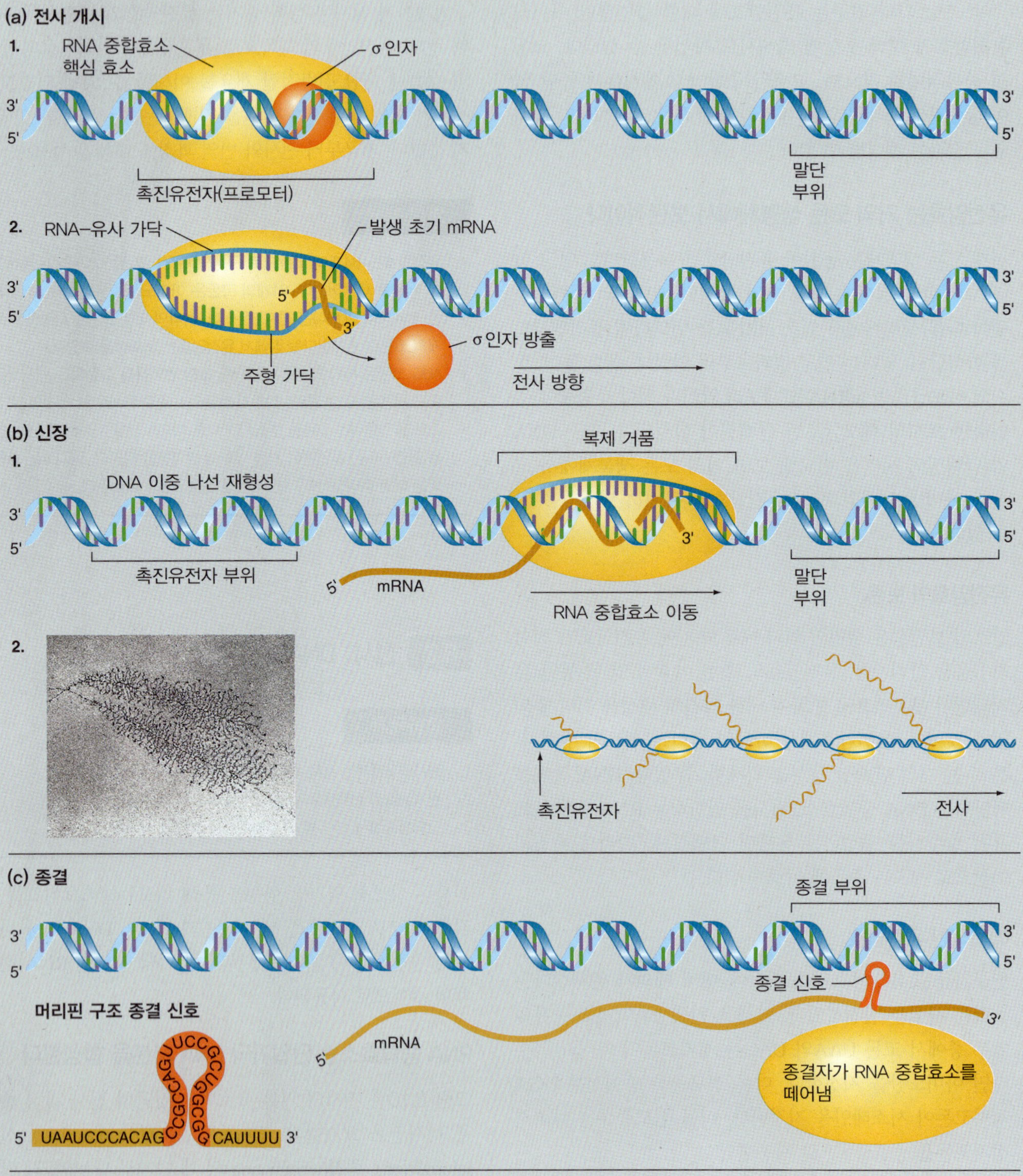

(계속)

(a) 전사 개시

1. **RNA 중합효소는 전사될 유전자의 상단부에 위치한 이중가닥 DNA에 결합한다.** RNA 중합효소는 유전자의 시작 부위에서 전사 개시를 지시하는 특별한 DNA 서열인 **촉진유전자**(promoter, 프로모터)에 결합한다. 특정 촉진유전자는 서열에 다양성을 보이지만, 대장균의 모든 촉진유전자는 6~10개의 뉴클레오티드로 구성된 짧은 두 종류의 특징적인 서열을 지닌다(그림 8.11a). 박테리아의 완전한 RNA 중합효소인 **완전효소**(holoenzyme)는 핵심 효소와 개시에만 작용하는 σ(시그마) 소단위체로 구성된다. 시그마 소단위체는 RNA 중합효소의 일반적인 DNA 결합력을 약화시키고 동시에 촉진유전자 서열에 대한 결합력을 증가시킨다. 그 결과 RNA 중합효소 완전효소는 촉진유전자에 강하게 결합하여 **닫힌 촉진유전자 복합체**(closed promoter complex)를 형성한다.
2. **촉진유전자에 결합한 후, RNA 중합효소는 DNA 이중 나선을 풀고 주형 가닥의 염기서열을 노출시킨다.** RNA 중합효소 완전효소와 풀린 촉진유전자 간에 **열린 촉진유전자 복합체**(open promoter complex)가 형성된다. 효소는 주형 가닥을 인식하여 최초로 복사할 두 개의 뉴클레오티드를 선택한다. 염기쌍 형성 규칙에 따라 RNA 중합효소는 새로 합성되는 RNA의 최초 두 리보뉴클레오티드를 정렬시켜 RNA 생성물의 5′ 말단을 만든다. mRNA의 5′ 말단으로 전사되는 DNA는 종종 **유전자의 5′ 말단**(5′ end of the gene)이라고 한다. RNA 중합효소는 최초 두 리보뉴클레오티드 간에 인산디에스테르 결합 형성을 촉매한다. 그 후 RNA 중합효소에서 시그마 인자가 분리되어 나오고, 전사 개시가 완료된다.

(b) 신장: 유전자의 RNA 사본 제조

1. **시그마 소단위체가 분리되면 RNA 중합효소는 촉진유전자와의 결합력은 약화되고 DNA에 대한 일반적인 결합력이 강화된다.** 이러한 변화로 인해 핵심 효소는 촉진유전자 서열을 떠나 DNA에 결합하게 된다. 핵심 효소는 이제 DNA를 따라 이동하며 이중 나선을 풀고 주형 가닥의 다음 부분을 노출시킨다. 효소는 주형 가닥과 상보성을 지닌 리보뉴클레오티드를 연결하여 RNA를 신장시킨다. 효소가 5′에서 3′ 방향으로 mRNA 분자를 신장시켜 나갈 때, 역평행의 DNA 주형 가닥을 따라 3′에서 5′ 방향으로 이동하면서 RNA 중합효소는 초당 평균 50뉴클레오티드 속도로 RNA를 합성한다.

   RNA 중합효소에 의해 풀린 DNA 부위를 전사 거품(transcription bubble)이라고 하며, 이 부위에 새로 자라는 RNA 사슬이 DNA 주형과 상보적으로 결합한 DNA-RNA 중합체가 형성된다. 그러나 이미 전사가 진행된 DNA 부분은 다시 이중 나선을 형성하면서 합성된 RNA를 분리시켜 자유로운 5′ 말단을 지닌 단일가닥 RNA가 전사 복합체에 걸려 있게 된다.
2. **일단 RNA 중합효소가 촉진유전자를 떠나면 다른 RNA 중합효소가 전사를 개시하기 위해 유입된다.** 만일 촉진유전자가 매우 강해서 RNA 중합효소를 빠르게 결합시킬 수 있다면, 유전자는 여러 RNA 중합효소에 의해 동시에 전사될 수 있다. 실제 여러 RNA 중합효소가 전사를 진행하는 전자현미경 사진과 묘사도가 그림에 나타나 있다. 유전자의 촉진유전자는 가장 짧은 크기의 RNA가 출현하는 DNA 부분과 아주 가까이 위치한다.
   유전자의 여러 특징들을 논의할 때, 주로 RNA 중합효소의 이동 방향을 기준으로 설명한다. 예를 들어, 유전자의 A 지점에서 RNA 중합효소가 이동한 방향과 동일한 방향으로 B지점까지 이동한다고 할 때, 하류(downstream) 방향이라고 한다. 반대로, B지점에서 A지점으로 반대 방향으로 이동할 경우 상류(upstream) 방향이라고 한다.

(c) 종결: 전사의 끝

전사 종결을 지시하는 RNA 서열을 **종결자**(terminator)라고 한다. 두 종류의 종결자가 있는데, 우선 **내부 종결자**(intrinsic terminator)는 RNA 중합효소 핵심효소가 자체적으로 전사를 끝내도록 지시한다. **외부 종결자**(extrinsic terminator)는 전사 종결을 위해 RNA 중합효소 외에 다른 단백질, 특히 *rho*라는 폴리펩티드를 필요로 한다. 내부 종결자와 외부 종결자 모두 DNA 서열로부터 전사된 특정 mRNA 서열이다. 종결자 서열은 동일한 분자 내의 주로 가까이 위치한 서열 간의 상보적 염기쌍을 통해 머리핀 구조(hairpin loop)를 형성한다. 종결 시, RNA 중합효소와 합성 완료된 RNA는 DNA로부터 분리되어 나온다.

2. 유전자의 시작 근처에 있는 **촉진유전자**(promoter) 서열은 RNA 중합효소가 전사를 어디에서 시작해야 할지를 지시한다. 대부분의 박테리아에서 유전자의 촉진유전자는 거의 동일한 서열로 구성된 두 개의 짧은 부분을 지닌다(그림 8.11a). RNA 중합효소는 촉진유전자의 공통 서열에 강하게 결합한다.
3. RNA 중합효소는 성장 중인 RNA 중합체에 5′에서 3′-방향으로 뉴클레오티드를 첨가시킨다. 이러한 첨가 반응은 DNA 복제 동안 뉴클레오티드 간의 인산디에스테르 결합이 형성되는 것과 유사하다(그림 6.21 참조). 복제와 다른 점은 데옥시리보뉴클레오티드 삼인산 대신 리보뉴클레오티드 삼인산(ATP, CTP, GTP, UTP)이 사용된다.
4. RNA 전사체에 존재하는 **종결자**(terminator) 서열은 RNA 중합효소가 전사를 끝내도록 지시한다.

그림 8.10에서 제시했듯이, DNA는 역평행의 두 가닥으로 구성된다. 하나는 RNA 전사체와 동일한 극성과 서열을 지닌 **RNA-유사 가닥**(RNA-like strand)이며, 나머지는 반대의 극성과 상보적 서열을 지닌 **주형가닥**(template strand)으로 전사체를 만들기 위한 주형으로 작용한다. 유전학자들이 일반적으로 **유전자 서열**이라고 명명하는 것은 RNA-유사 서열을 의미한다.

그림 8.11 박테리아와 진핵생물의 유전자 조절 부위. RNA-유사 가닥의 서열만 나타나 있으며, 숫자는 전사된 첫 번째 뉴클레오티드를 (+1)로 표시한다. (a) 대장균에서 모든 촉진유전자는 RNA 중합효소가 인식하는 데 필수적인 두 종류의 짧은 서열(노란색)을 공유한다. 서열의 각 위치에서 가장 공통적인 서열을 공통서열(consensus sequence)이라고 한다. (b) RNA 중합효소 II에 의해 전사되는 진핵생물 유전자는 촉진유전자와 하나 이상의 증폭자 서열(주황색)을 가진다. 증폭자 서열에는 단백질이 결합하여 전사를 돕는다.

(a) 박테리아 유전자의 전사 개시 부위

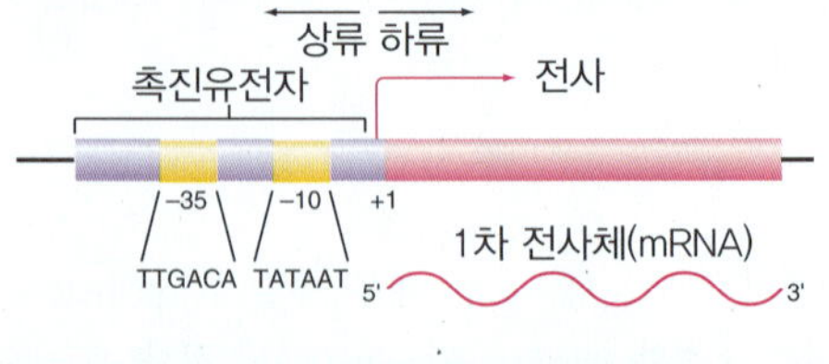

(b) pol II에 의해 전사되는 진핵세포 유전자의 전사 개시 부위

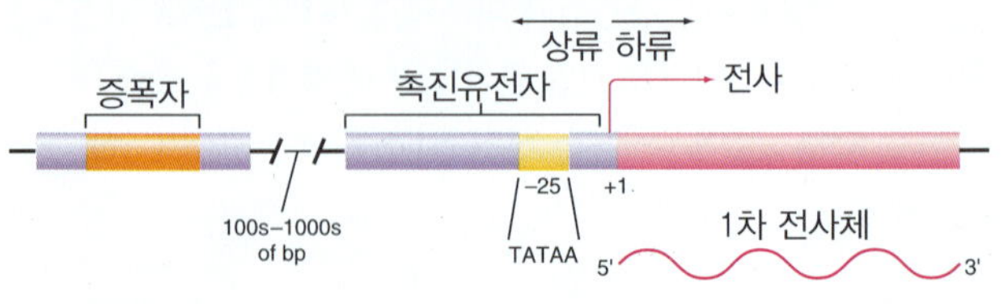

전사 개시는 원핵생물과 진핵생물에서 차이를 보인다

모든 생물체의 유전자에서 일어나는 전사는 기본적으로 그림 8.10에 나온 개요도를 따르지만, 상세한 부분에서 다양한 변화들이 발견된다. 예를 들어, 박테리아에서 유전자의 전사는 서로 다른 시그마(σ) 인자에 의해 개시될 수 있다. 진핵생물에서 촉진유전자는 박테리아보다 훨씬 복잡한 구조를 지니며, 세 종류의 RNA 중합효소가 서로 다른 종류의 유전자군을 전사시킨다. 진핵생물의 RNA 중합효소 II (RNA pol II)는 단백질을 암호화하는 유전자를 전사시킨다. **그림 8.11b**는 진핵생물의 유전자에서 RNA 중합효소 II가 전사를 개시하는 DNA 부위의 일반적인 구조를 보여준다. 원핵생물과의 중요한 차이는 **인핸서**(enhancer) 서열의 존재인데, 촉진유전자와 수천 염기쌍 떨어져 위치할 수 있으며 진핵생물 유전자의 효과적 전사를 위해 필요한 서열이다.

원핵생물과 진핵생물의 세포에서 유전자가 언제, 어디서, 얼마나 발현할지를 조절하는 다양한 기작과 차이점들을 15장과 16장에서 자세히 살펴볼 것이다. 읽을거리 「유전학과 사회」에서는 'HIV와 역전사'라는 주제로 AIDS 바이러스의 예외적인 전사 과정인 RNA 주형으로부터 이중가닥의 DNA를 만드는 **역전사**(reverse transcription)에 대해 알아볼 것이다.

전사를 통해 생성되는 단일가닥 RNA를 **1차 전사체**(primary transcript)라고 한다(그림 8.10, 8.11 참조). 원핵생물에서 전사를 통해 형성된 RNA는 단백질 합성을 지시하는 실제적인 mRNA이다. 그러나 진핵생물에서는 대부분의 1차 전사체가 세포질로 이동하기 전에 핵에서 RNA **가공**(RNA processing) 과정을 거친다. 이러한 가공 과정이 복잡한 생명체로 진화하는 데 기본적인 역할을 하였다.

진핵생물에서 전사 후 RNA 가공을 통해 성숙한 mRNA가 형성된다

진핵생물에서 나타나는 RNA 가공에는 RNA 전사체의 5′ 말단과 3′ 말단만을 변형시키는 것과 전사체 내부의 정보 일부를 제거하는 것이 있다. 따라서 성숙한 mRNA는 유전자의 DNA 서열과 완전히 동일하지는 않게 된다.

5′ 메틸화된 모자와 3′ 폴리-A 꼬리 첨가

진핵생물 mRNA의 5′ 말단에는 G 뉴클레오티드가 1차 전사체의 첫 번째 뉴클레오티드에 삼인산 결합을 통해 반대 방향으로 연결되어 있다. 이러한 "반대방향의 G"는 DNA로부터 전사된 것이 아니라 전사체의 초반 일부가 합성된 후 특

그림 8.12 진핵생물의 mRNA 5′ 말단에 존재하는 메틸화된 모자 구조. 모자 형성 효소는 1차 전사체의 첫 번째 뉴클레오티드에 삼인산 결합을 매개로 역방향의 G 리보뉴클레오티드를 연결한다. 메틸기 전달효소가 G 리보뉴클레오티드와 DNA 주형에서 전사된 최초 하나 혹은 두 개의 리보뉴클레오티드에 메틸기를 첨가한다.

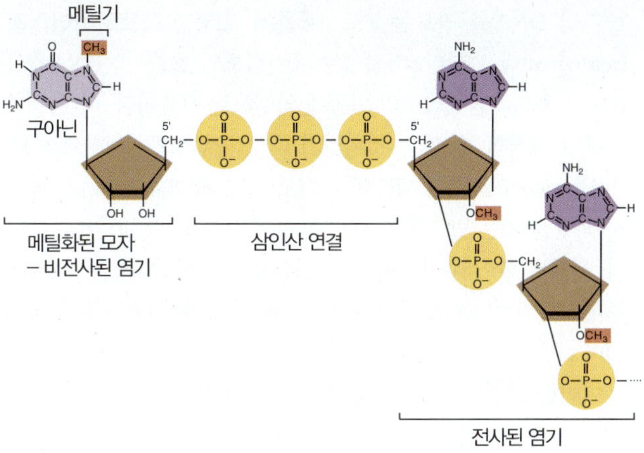

정 효소(capping enzyme)가 1차 전사체의 5 말단에 첨가시킨 것이다. 그 후 **메틸화효소**(methyl transferase)가 반대 방향의 G와 연속적으로 연결된 한 두 개의 뉴클레오티드에 메틸기 ($-CH_3$)를 첨가하여 **메틸화된 모자**(methylated cap)을 형성한다(그림 8.12).

진핵생물 mRNA 대부분은 3′ 말단 서열이 유전자에 암호화되어 있지 않고, 대신에 100~200개의 A 뉴클레오티드로 구성된 폴리-A 꼬리(poly-A tail)를 가진다(그림 8.13). 꼬리의 첨가는 두 단계로 이루어진다. 우선 리보핵산가수분해효소가 1차 전사체를 절단하여 새로운 3′ 말단을 생성한다. 이때 절단은 AAUAAA 서열을 인식하여 일어나는데, 이 서열은 폴리-A 꼬리를 지니는 mRNA에서 폴리-A가 첨가되는 지점으로부터 11~30뉴클레오티드 상단부에 위치한다. 절단 후에 **폴리-A 중합효소**(poly-A polymerase)가 전사체의 3′ 말단에 A 뉴클레오티드를 첨가시킨다.

그림 8.13 RNA 가공을 통해 진핵생물 mRNA의 3′ 말단에 꼬리가 첨가된다. 리보핵산가수분해효소는 1차 전사체에서 특정 조건에 부합된 AAUAAA 서열을 인식하여 11~30뉴클레오티드 하류 지점을 절단하여 새로운 3′ 말단을 형성한다. 폴리-A 중합효소가 새로운 3′ 말단에 100~200개의 A 리보뉴클레오티드를 첨가한다.

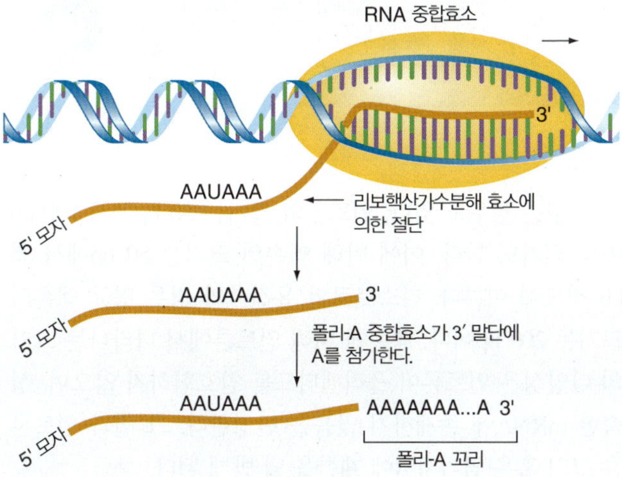

메틸화된 모자와 폴리-A 꼬리는 mRNA가 단백질로 번역되는 데 중요하게 작용한다. 최근 연구에서 **진핵생물 번역 개시인자**(eukaryotic translation initiation factors)가 5′ 모자 부분에 결합하며, **폴리-A 결합 단백질**(poly-A binding protein)이 3′ 말단의 꼬리 부분에 결합하는 것을 확인하였다. 이들 단백질 간의 상호작용은 mRNA 분자가 원형 구조를 만들도록 도와준다. 이러한 원형 구조는 번역의 개시 단계를 촉진시키며, 세포질에서 mRNA를 안정화시켜 메신저로 작용할 수 있는 시간을 증가시키도록 한다.

RNA 이어맞추기를 통해 1차 전사체로부터 인트론 제거

DNA와 RNA의 서열을 분석하는 연구 방법이 개발된 1970년대 후반, 새로운 종류의 RNA 가공 과정이 발견되었다. 연구자들은 이 방법(9장 참조)을 통해 우선 진핵생물의 유전자와 mRNA 서열을 비교해 보았다. 원핵생물과 마찬가지로 진핵생물 유전자의 DNA 서열과 mRNA 서열은 RNA에서 T 대신 U를 사용한다는 것만 제외하고는 동일할 것으로 예상되었다. 그러나 진핵생물의 많은 유전자들은 DNA 서열이 해당 mRNA 서열보다 훨씬 더 길었으며, 이는 RNA 전사체에서 메틸화된 모자와 폴리-A 꼬리 첨가 외에도 광범위한 내부 가공 과정이 일어남을 의미한다.

1차 전사체와 최종 mRNA 간의 길이 차이가 매우 큰 예는 인간의 디스트로핀 유전자이다. 디스트로핀 유전자의 이상은 뒤시엔느 근위축증(Duchenne muscular dystrophy, DMD)이라는 유전병을 일으킨다. 디스트로핀 유전자는 250만 뉴클레오티드(2,500 kb)인데 반해, 디스트로핀 mRNA는 약 14,000뉴클레오티드(14 kb)로 구성된다. 유전자에는 성숙한 mRNA에는 존재하지 않는 서열을 분명히 포함하고 있는 것이다. 성숙한 mRNA에 포함되지 않는 부분이 2,500 kb의 DNA 전체에 흩어져 존재하고 있다.

엑손과 인트론 유전자의 DNA와 성숙한 mRNA에 공통적으로 존재하는 서열을 엑손(exon, "expressed regions")이라고 한다. DNA에는 존재하지만 mRNA에는 존재하지 않는

유전학과 사회

HIV와 역전사

AIDS를 일으키는 인간면역결핍바이러스(HIV)는 역사상 가장 많이 연구된 바이러스이다. HIV 입자는 끝이 잘린 원뿔 모양의 핵심부 바깥에 단백질 기질이 있고, 거친 표면을 지닌 둥근 외부막으로 둘러싸여 있다(그림 A). 핵심부 내부에 효소가 결합된 유전체가 있다: 두 개의 동일한 단일가닥 RNA 분자에 역전사효소(reverse transcriptase)로 알려진 독특한 DNA 중합효소 분자가 많이 결합되어 있다.

감염 동안, AIDS 바이러스는 인간의 면역세포에 결합하여 바이러스의 핵심부를 주입한다(그림 B). 그 후 세포질에서 역전사효소를 이용하여 자신의 유전체인 RNA로부터 이중가닥 DNA를 합성한다. 합성된 이중가닥 DNA는 핵으로 이동하고 다른 효소인 인테그레이즈(integrase)에 의해 숙주의 염색체로 삽입된다. 숙주 염색체에 삽입된 후 바이러스 유전체는 두 가지 경로 중 하나를 택한다. 하나는 숙주 세포의 단백질 합성 기구를 제멋대로 사용하여 수백 개의 바이러스 입자를 만든 후 세포막의 일부로 외막을 만들어 숙주세포로부터 떨어져 나온다. 이때 숙주세포는 종종 죽게 된다. 다른 경우로는 바이러스 유전체가 숙주 염색체에 잠복하여 세포분열 때마다 바이러스 유전체를 복제하도록 하여 딸세포에 존재하게 된다.

바이러스의 생활사 중 단일가닥 RNA를 이용하여 이중가닥 DNA를 만드는 과정 때문에 HIV는 **레트로바이러스**(retrovirus)라고 한다. 역전사는 유전정보의 흐름, 즉 DNA에서 RNA, 그리고 단백질로의 이동에 역행하는 반응이다. 이 현상은 너무나 예상할 수 없는 것이었기 때문에 위스콘신대학교의 테민(Howard Temin)과 MIT의 볼티모어(David Baltimore)가 역전사 과정을 처음 발표했을 때 과학계는 강하게 반발하였다. 그러나 이제는 확인된 사실이다. 역전사효소는 RNA 혹은 DNA를 주형으로 하여 DNA 중합체를 합성하는 특별한 DNA 중합효소이다.

이러한 포괄적인 복제 능력 외에도 역전사효소는 대부분의 DNA 중합효소에서 나타나지 않는 특징인 부정확성을 보인다. 7장에서 본 것처럼, 정상 DNA 중합효소는 복제 동안 1백만개의 뉴클레오티드당 1개의 실수율을 지닌다. 그러나 역전사효소는 5,000개 뉴클레오티드당 한 개의 실수율을 보이며 복제를 진

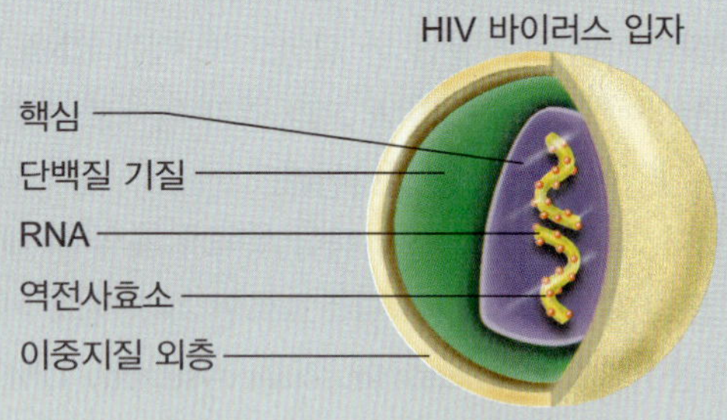

그림 A AIDS 바이러스의 구조.

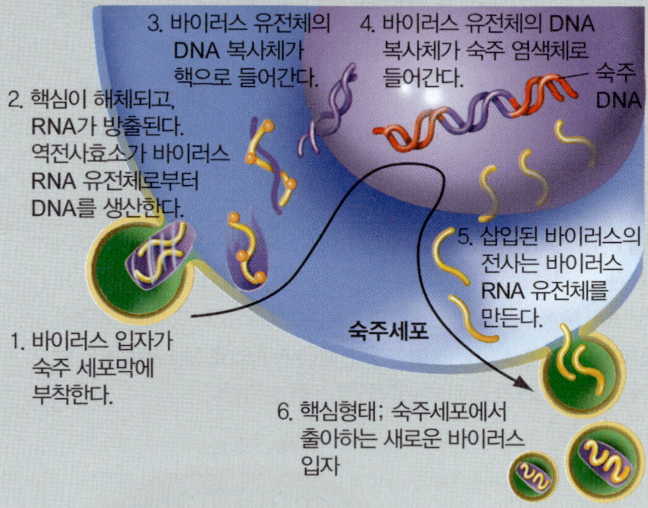

그림 B AIDS 바이러스의 생활사.

서열을 **인트론**(intron, "intervening regions")이라고 한다. 인트론은 성숙한 mRNA를 형성하는 엑손 서열들을 각각 분리시킨다. 그림 8.14에 표시한 콜라겐 유전자는 2개의 인트론을 가진다. 이에 반해 디스트로핀 유전자는 80개 이상의 인트론을 지니며, 평균 인트론 길이는 35 kb 정도이나, 400 kb 정도되는 인트론도 존재한다. 사람의 다른 유전자는 일반적으로 더 적은 수의 인트론을 가지며, 소수의 유전자는 인트론이 없는 경우도 있다. 인트론의 크기는 50 bp에서 100 kb 이상 되기도 한다. 이에 반해 엑손의 크기는 50 bp에서 몇 kb 정도에 이른다. 디스트로핀 유전자의 경우 평균 엑손의 크기는 200 bp이다. 엑손에 비해 인트론에서 나타나는 크기의 다양성은 인트론이 폴리펩티드를 암호화하지 않으며, 성숙한 mRNA에 존재하지 않음을 반영한다. 그 결과 인트론은 크기 혹은 염기서열에 제한을 덜 받게 된다.

행한다.

HIV가 이러한 높은 돌연변이능을 지니는 특징은 숙주의 면역반응에 대해 전략적 이점을 가지게 한다. 면역계 세포는 증식하는 바이러스 입자에 대처하기 위해 분열하여 HIV 침입을 극복하려 한다. 그 숫자는 어마어마하다. AIDS 환자에서 감염된 면역세포로부터 매일 1억~1조 개의 HIV 입자가 생성된다. 이러한 공격에 대처할 만큼 충분한 면역력이 있는 경우, 매일 새로운 2조 개의 면역세포를 생성한다. 새로 만들어진 면역세포는 주로 바이러스 표면에 존재하는 단백질을 인식하는 항체를 생성한다.

그러나 면역반응으로 표적단백질을 지닌 바이러스 입자를 제거하고 있을 때, 현재의 면역 반응에 저항성을 지닌 새로운 형태의 단백질을 지닌 바이러스 입자가 나타난다. 여러 해 동안 면역계가 쫓아가 잡고 파괴한 후에도, 변화가 능한 바이러스가 숙주의 면역반응을 이겨내고 우위를 차지하게 된다. 따라서 HIV의 역전사효소가 지닌 자체적인 부정확성은 진화의 관점에서 바이러스를 강력하게 만들어 인간의 삶과 건강에 치명적인 위협을 주고 있다.

이러한 내재적인 돌연변이능으로 인해 AIDS 치료의 두 가지 중요 접근 방식이 방해받고 있다. 바로 약물과 백신이다. HIV 감염 시 처방되는 항바이러스 약제 중 일부(AZT [zidovudine], ddC [dideoxycytidine], ddI [dideoxycytidine])는 역전사효소의 작용을 방해함으로써 바이러스 복제를 막는다. 각 약제는 네 종류의 뉴클레오티드 중 하나와 유사한 구조를 지니며, 역전사효소가 성장 중인 DNA 중합체에 뉴클레오티드 대신 이 약제 분자를 첨가하게 되면 효소는 더 이상 합성을 진행할 수 없게 된다. 그러나 약제 복용량을 높이면 독성이 있으므로 모든 바이러스 입자를 제거하기는 어려운 낮은 복용량으로만 처방해야 한다. 이러한 제한과 바이러스의 높은 돌연변이율 때문에 약제가 있는 상태에서도 작동하는 돌연변이 역전사효소가 금방 출현하게 된다.

연구자들은 효과적인 백신을 개발하는 데도 어려움을 겪는다. 심지어 하나, 둘, 혹은 여러 HIV 단백질에 대해 상당한 면역반응을 유발할 수 있는 백신이 개발된다 하더라도, 그 백신은 돌연변이로 인해 저항성을 지닌 바이러스가 만들어지기 전 짧은 시간 동안만 효과적으로 작동할 수 있을 것이다.

이러한 이유로 바이러스의 생활사 중 여러 시기에 작용하는 단백질을 표적으로 한 약제 혹은 백신으로는 AIDS를 극복하기 힘들 것이다. 그럼에도 불구하고 이러한 치료 방식의 조합이 AIDS 환자의 수명을 연장하는 데 상당히 효과적인 것으로 검증되었다. 2013년 조사 자료에 의하면 조합 치료를 받은 AIDS 환자의 경우 평균적으로 정상 수명의 3분의2 정도를 가진다. 칵테일 요법에 새로 추가되는 새로운 약제는 바이러스의 외막 단백질 합성 효소인 단백질분해효소(protease) 억제제, 인간세포로 바이러스 침입을 억제하는 물질, 바이러스 DNA를 인간 염색체로 삽입시키는 단백질의 억제제 등이 포함된다.

역전사효소의 자신을 보호하는 돌연변이능은 HIV가 성공한 주요 원인 중 하나임에 틀림없다. 역설적으로 이러한 성질이 바이러스 정복의 열쇠가 될 수 있다. 연구자들은 바이러스에 돌연변이가 더 많이 일어나도록 했을 때 무슨 일이 발생할지를 연구하고 있다. 만일 역전사효소의 실수율이 숙주 생물체에서 바이러스 개체군의 크기와 완전함을 결정한다면, 지나치게 증가된 돌연변이 유발로 바이러스가 기능할 수 있을 정도의 돌연변이 역치를 넘어서게 할 수도 있을 것이다. 즉 지나친 돌연변이가 바이러스의 감염성, 독성, 증식능을 파괴할 수도 있다. 만일 이러한 상태가 유발되는 방식을 알아낼 수 있다면, 바이러스를 극복하는 데 필요한 해법을 면역계에 제공할 수 있을 것이다.

성숙한 mRNA는 개시코돈과 정지코돈을 포함하여 아미노산으로 해독되는 모든 종류의 코돈을 가진다. 또한 성숙한 mRNA의 5′ 및 3′ 말단에는 번역되지는 않으나, 번역 조절에 중요한 역할을 하는 서열이 존재한다. 이 서열은 바로 메틸화된 모자의 바로 뒤와 폴리-A 꼬리의 바로 앞에 위치하는 5′ 및 3′ 비번역부위(untranslated regions, 5′ UTRs, 3′ UTRs)이다(그림 8.14a). 모자와 꼬리를 제외하고 성숙한 mRNA에 존재하는 모든 서열(코돈과 비번역부위)은 유전자의 엑손으로부터 전사된 것이다. 인트론은 유전자의 어떤 위치에도 존재할 수 있으며, 심지어 한 코돈의 세 뉴클레오티드 사이에 위치할 때도 있다. 이런 경우, 해당 코돈의 세 뉴클레오티드는 두 개의 다른 (그러나 연속적인) 엑손에 각각 나뉘어 존재하게 된다.

세포는 인트론에 의해 단절된 암호화 서열을 지닌 유전자

(a) 콜라겐 유전자: 구조와 발현

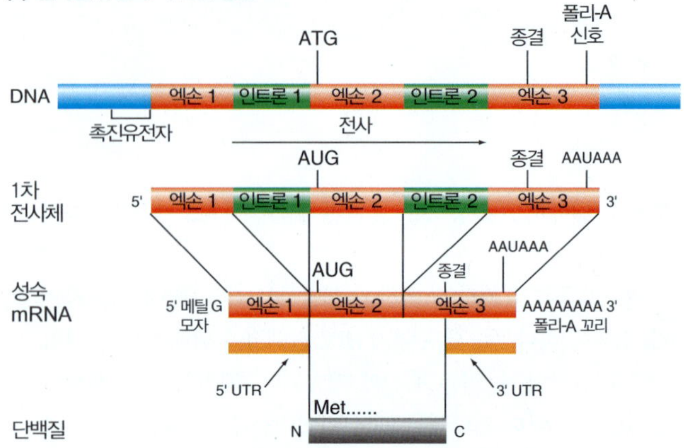

그림 8.14 전형적인 진핵생물 유전자의 구조와 발현. (a) 콜라겐 유전자의 구조와 그 산물의 모식도. 엑손은 붉은색, 인트론은 녹색, 유전자의 비전사부위는 파란색으로 표시되어 있다. 1차 전사체로부터 가공을 통해 성숙한 mRNA가 형성된다. 인트론이 제거되며, 5′ 말단에 메틸화된 모자가 첨가되고 3′ 말단에 폴리-A 꼬리가 첨가된다. mRNA의 5′ 말단에서 개시코돈(AUG) 사이를 5′ 비번역부위(5′ UTR)라고 하며, 정지코돈에서 폴리-A 꼬리까지를 3′ 비번역부위(3′ UTR)라고 한다. 개시코돈이 항상 첫 번째 엑손에 위치하지는 않으며, 정지코돈도 항상 마지막 엑손에 위치하는 것은 아니다. (b) 뉴클레오티드 서열이 표시된 유전자. 색은 (a)에서와 같으며, 성숙 mRNA 서열은 보라색으로 강조되어 있다. 폴리-A 첨가 서열인 AAUAAA가 밑줄로 표시되어 있다. 인트론은 전사된 부위의 어디에서든 나타날 수 있다.

(b) 콜라겐 유전자, mRNA 및 폴리펩티드의 서열

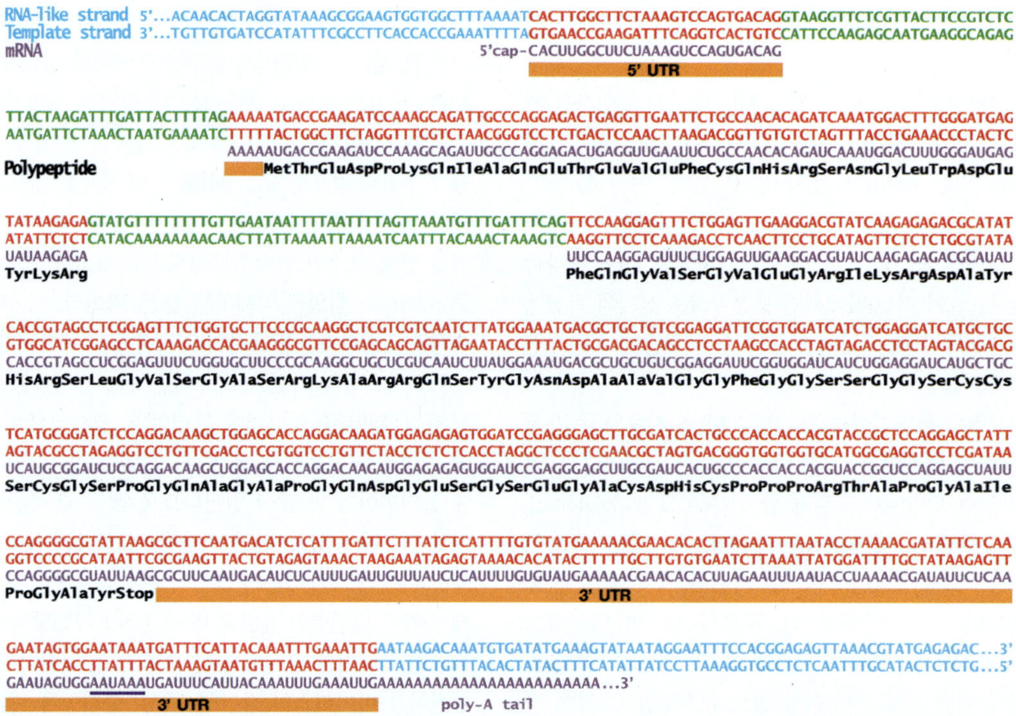

로부터 어떻게 성숙한 mRNA를 만들까? 우선 세포는 유전자의 엑손과 인트론이 모두 포함된 1차 전사체를 만든 후, RNA 이어맞추기(RNA splicing) 방법으로 인트론을 제거한다. RNA 이어맞추기는 인트론을 제거하고 연속적인 엑손을 연결하여 엑손으로만 구성된 성숙 mRNA를 만드는 과정이다(그림 8.14a). 1차 전사체의 첫 번째 엑손과 마지막 엑손은 각각 mRNA의 5′ 및 3′ 말단이 되며, 엑손 사이에 있는 모든 인트론은 제거되므로, 결국 유전자는 인트론보다 하나 많은 수의 엑손을 가지게 된다. 성숙한 mRNA를 만들기 위해 이어맞추기는 매우 정확하게 일어나야 한다. 예를 들어 하나의 코돈 서열 내에 인트론이 존재하면, 이어맞추기를 통해 인트론이 정확히 제거되어 mRNA의 번역틀이 잘못되지 않도록 코돈을 재구성해야 한다.

RNA 이어맞추기 기작 그림 8.15는 RNA 이어맞추기가 일어나는 과정을 보여준다. 1차 전사체 내에 존재하는 세 종류의 짧은 RNA 서열인 **이어맞추기 공여자**(splice donor), **이어맞추기 수용자**(splice acceptor), **분지점**(branch site)이 이어맞추기가 정확하게 일어나도록 돕는다. 이들 서열은 인트론과 엑손 간의 연결을 절단한 후, 두 엑손이 서로 연결되도록 한다.

이어맞추기 과정 동안 1차 전사체에서 두 번의 연속적인

그림 8.15 인트론을 제거하고 엑손을 연결하는 RNA 가공 과정. 엑손은 붉은색, 인트론은 녹색으로 표시되어 있다. (a) 1차 전사체에 존재하는 3종류의 짧은 인식 서열이 이어맞추기의 특이성을 결정한다. (1) 이어맞추기 공여자 자리는 엑손의 3′ 말단과 인접한 인트론의 5′ 말단에 존재한다. 대부분의 이어맞추기 공여자 자리를 살펴보면, 인트론이 시작되는 부분에 GU 뉴클레오티드(화살표)가 위치하며, 양 옆으로 약간의 퓨린 염기(Pu; A 또는 G)가 존재한다. (2) 이어맞추기 수용자 자리는 인트론의 3′ 말단이며, 바로 옆에 엑손이 위치한다. 인트론의 마지막 뉴클레오티드는 항상 AG (화살표)이며, 바로 앞쪽에 12~14개의 피리미딘 염기(Py; C 또는 U)가 존재한다. (3) 분지점은 이어맞추기 수용자 자리에서 앞 쪽으로 30뉴클레오티드 떨어져 위치하며, 반드시 A (화살표) 뉴클레오티드가 존재하며, 일반적으로 피리미딘 염기가 많다. (b) 이어맞추기 공여자 자리에서 첫 번째 절단이 일어나고 이어맞추기 수용자 자리에서 두 번째 절단이 일어나 인접한 두 엑손 간의 정확한 이어맞추기가 진행된다.

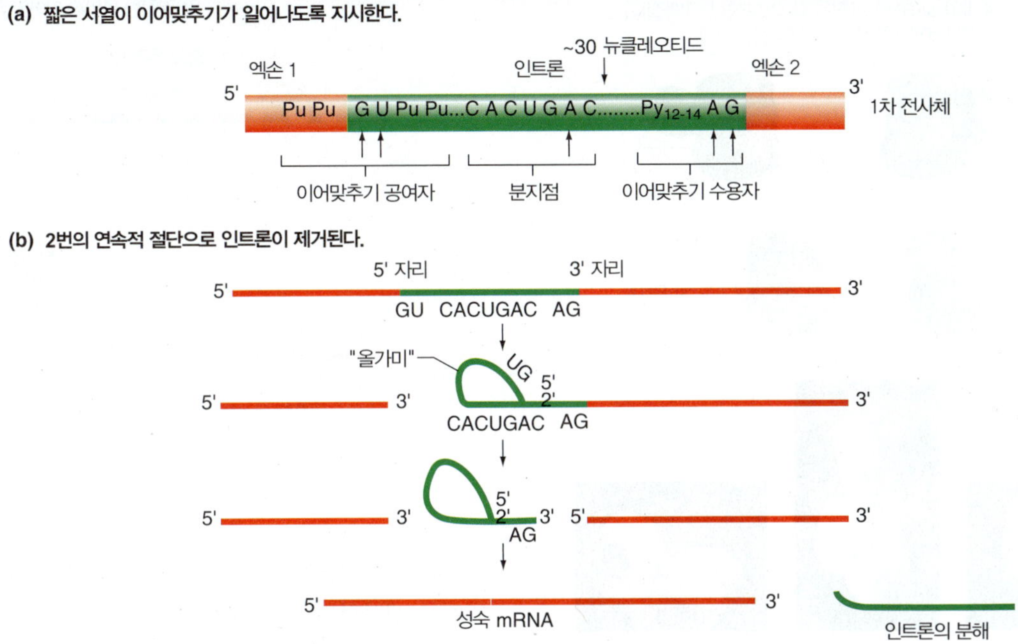

절단이 있는데, 우선 이어맞추기 공여자 부위인 인트론의 5′ 말단에서 절단이 일어난다. 그 후, 인트론의 5′ 말단은 인트론 내부의 분지점에 위치한 A 뉴클레오티드와 새로운 형태의 2′-5′ 인산디에스테르 결합을 통해 연결된다. 이 연결 구조를 **올가미 구조**(lariat structure)라고 한다. 두 번째 절단은 인트론의 3′ 말단에 위치한 이어맞추기 수용자 부위에서 일어나며, 인트론이 제거된다. 제거된 인트론은 분해되고, 인접한 엑손이 연결되면서 이어맞추기가 완료된다.

SnRNPs 및 이어맞추기 복합체 이어맞추기를 담당하는 복잡한 세포 내 기구는 **이어맞추기 복합체**(spliceosome)이다(그림 8.16). 이어맞추기 복합체는 **작은 핵 리보핵산단백질**(small nuclear ribonucleoproteins or snRNP) 단위체 4개로 구성되고, 각 snRNP는 길이 100~300뉴클레오티드의 **작은 핵 RNA** (small nuclear RNA, snRNA)가 하나 혹은 두 개 있으며, 단백질이 결합하여 일정한 입자 구조를 지닌다. 특정 snRNA는 이어맞추기 공여자 부위와 이어맞추기 수용자 부위 서열과 염기쌍을 형성하며, 인트론을 사이에 둔 두 엑손 간의 연결에 특히 중요하게 작용한다. 이어맞추기 복합체 구조의 복잡성을 고려해 볼 때, 이어맞추기 복합체나 다른 인자의 도움 없이 스스로 이어맞추기를 진행하는 몇몇 전사체가 존재한다는 사실은 매우 놀랍다. 이러한 1차 전사체는 매우 드문 경우이며, 효소처럼 특정 화학 반응을 진행할 수 있는 RNA 분자인 **리보자임**(ribozyme)으로 기능함을 알 수 있다.

진핵생물의 유전자에 이어맞추기를 통해 제거될 DNA 서열인 인트론을 지니고 있다는 사실은 매우 이상해 보인다. 실제 왜 인트론이 존재하는지에 대해 정확한 답은 없다. 한 가지 가설은 이어맞추기를 통해 단백질의 기능 모듈을 암호화하는 다양한 엑손 조각들로부터 유전자를 조립할 수 있을 것이라고 제안한다. 이러한 조립을 통해 엑손 뒤섞기를 진행하여 새로운 유전자를 만들어내고, 복잡한 생명체로의 진화에도 주요한 역할을 했을 것으로 보인다. 엑손 뒤섞기가 잠재적으로 선택적 이득이 있다는 것은 쉽게 이해되므로, "모듈로서의 엑손설"은 매우 흥미롭다. 그러나 여전히 증거가 없는 채로 가설만 존재한다. 물론 이 가설이 틀렸다는 뚜렷한 증거도 없으므로, 과학자들이 상상하는 방식대로 인트론이 설정되었을 것이라고 조심스레 제안한다.

그림 8.16 이어맞추기 복합체에 의한 이어맞추기. (위) 이어맞추기 복합체는 4개의 snRNP 소단위체가 모여 형성되며, 각 snRNP는 하나 혹은 두 개의 snRNA와 여러 단백질을 지닌다. (아래) 3개의 이어맞추기 복합체를 보여주는 전자현미경 사진.

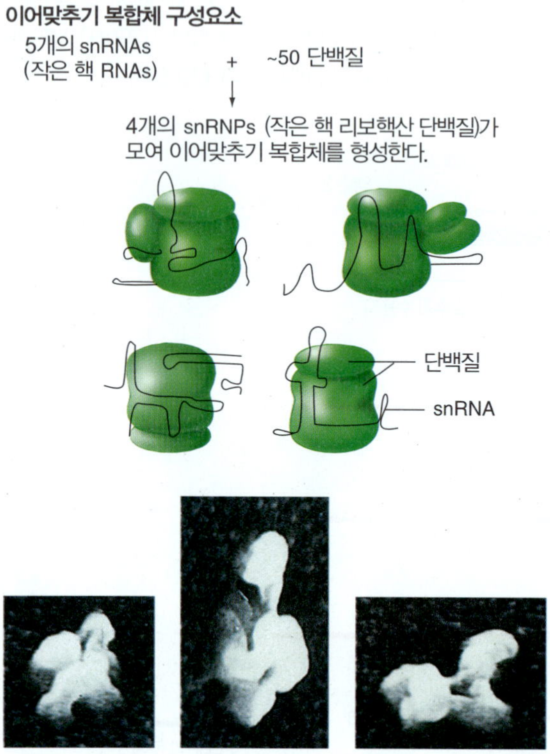

선택적 이어맞추기: 동일한 1차 전사체로부터 다양한 mRNA의 생성

일반적으로 RNA 이어맞추기는 인트론을 제거하고 두 개의 인접한 엑손을 결합시킨다. 그러나 발생 과정에서 종종 RNA 이어맞추기는 특정 시기와 조직에 따라 조절되는데, 일부 이어맞추기 신호가 무시될 수 있다. 예를 들어, 한 인트론의 이어맞추기 공여자 자리와 다른 인트론의 이어맞추기 수용자 자리 간에 이어맞추기가 일어날 수 있다. 이러한 **선택적 이어맞추기**(alternative splicing)을 통해 구조와 기능면에서 비슷하지만 다른 단백질을 암호화하는 mRNA를 생산한다. 실제로 선택적 이어맞추기는 1차 전사체의 뉴클레오티드 서열을 손질하여 한 종류 이상의 폴리펩티드를 생산한다. 사람의 유전체에 있는 25,000여 개의 유전자가 10만 종류의 다양한 단백질을 생산할 수 있는 것은 선택적 이어맞추기로 설명할 수 있다.

포유류에서 항체의 중쇄를 암호화하는 유전자의 선택적 이어맞추기를 통해 항체 단백질이 B 림프구의 막에 결합될지 혹은 혈액으로 분비될지를 결정한다. 항체의 중쇄 유전자는 8개의 엑손과 7개의 인트론으로 구성된다; 6번 엑손 내에는 이어맞추기 공여자 자리가 존재한다. 막 결합형 항체를 생산하기 위해 6번 엑손 내의 오른쪽 부분을 제외하고 모든 엑손이 연결되어 소수성의 C 말단을 암호화하는 mRNA를 만든다(그림 8.17). 분비형 항체를 생산하기 위해, 앞 쪽 6개의 엑손만 연결되어 친수성 C 말단을 암호화하는 mRNA가 만들어진다. 선택적 이어맞추기를 통해 만들어진 두 종류의 mRNA는 몸의 다른 부분으로 이동하는 약간 다른 단백질을 암호화하고 있다.

그림 8.17 서로 다른 mRNA가 동일한 1차 전사체로부터 만들어진다. (항체의 중쇄슬에 대한 1차 전사체에서 선택적 이어맞추기가 일어나 서로 다른 종류의 항체 단백질을 암호화하는 mRNA가 생성된다.

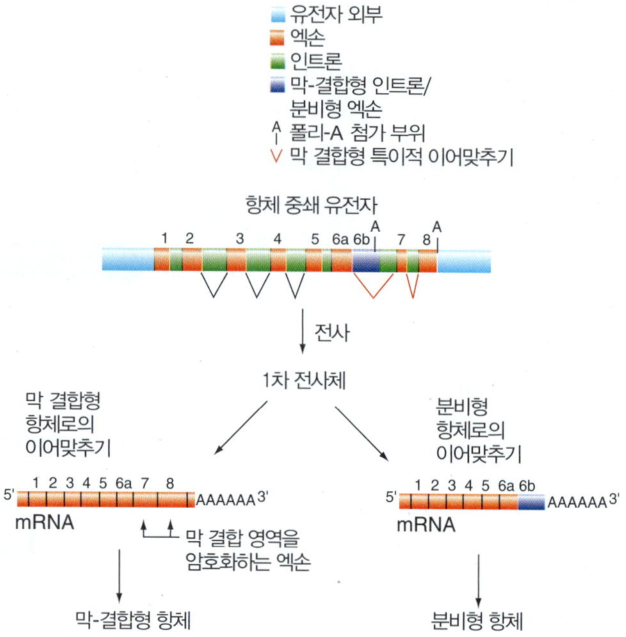

핵심 개념

- 전사는 RNA 중합효소가 DNA 주형으로부터 단일가닥 1차 전사체를 합성하는 과정이다. 전사 개시 단계에서, DNA 내의 촉진유전자는 RNA 중합효소가 어디에서 전사를 시작할지를 알려준다. 신장 단계에서, RNA 중합효소는 성장 중인 RNA 가닥에 5′에서 3′ 방향으로 뉴클레오티드를 첨가시킨다. 종결 단계에서, RNA 전사체의 종결자 서열은 RNA 중합효소가 전사를 멈추도록 지시한다.
- 전사 개시를 위해 촉진유전자라는 DNA 서열이 필요하다. 진핵생물에서는 증폭자라는 DNA 서열이 추가적으로 필요하다.
- 원핵생물에서 1차 전사체는 전령 RNA로 작용한다. 진핵생물에서 전사 후 가공을 통해 전령 RNA가 생성된다. RNA 전사체에 5′ 모자와 폴리-A 꼬리가 첨가되며, 이어맞추기를 통해 인트론이 제거되고 엑손이 연결된다.
- 엑손은 선택적 이어맞추기를 통해 연결될 수 있으며, 동일한 1차 전사체로부터 서로 다른 mRNA 서열을 생성하여 최종적으로 서로 다른 폴리펩티드를 생산한다.

8.3 번역: mRNA에서 단백질 만들기

학습목표

1. tRNA의 구조와 기능에 대해 이해한다.
2. 리보솜에서 나타나는 번역의 주요 단계를 이해한다.
3. 번역 후 가공 과정을 분류하고 실례를 알아본다.

번역(translation) 과정을 통해 mRNA의 뉴클레오티드 서열은 해당 폴리펩티드의 아미노산 서열이 정확하게 연결되도록 지시한다. 번역은 리보솜에서 일어나며, 리보솜은 mRNA의 유전정보에 따라 특정 아미노산을 운반하는 tRNA의 이동을 조정한다. 우선 tRNA와 리보솜의 구조와 기능을 살펴본 후, 번역 동안 이들 구성요소들이 어떻게 상호작용하는지 알아볼 것이다.

운반 RNA는 mRNA 코돈이 아미노산으로 번역되는 것을 매개한다

mRNA 코돈과 해당 코돈이 지정하는 아미노산 간에는 화학적 유사성이나 극성은 존재하지 않는다. 오히려 **운반 RNA**(transfer RNA, tRNA)가 중개 분자로 작용하여 핵산 정보를 단백질 정보로 전환하는 것을 매개한다.

tRNA의 구조

운반 RNA(tRNA)는 74~95뉴클레오티드 길이의 단일가닥 RNA이다. tRNA 내의 뉴클레오티드 중 일부는 기본적인 A, G, C, U 뉴클레오티드의 화학적 변화로 인해 변형 염기를 포함한다. 각 tRNA는 하나의 특정 아미노산을 운반하며, 세포에는 유전암호로 지정된 공통의 20종류 아미노산을 지정하는 최소한 한 종류의 tRNA가 존재한다. tRNA의 이름은 어떤 아미노산을 운반하느냐에 따라 결정되며, $tRNA^{Gly}$는 글리신 아미노산을 운반한다.

tRNA 분자의 구조에 대해 3단계로 고려해 보면 다음과 같다(그림 8.18).

1. tRNA의 뉴클레오티드 서열은 1차 구조를 형성한다.
2. tRNA 단일가닥 내의 짧은 상보적 부위에서 염기쌍을 형성하여 특징적인 클로버잎 모양이 나타나며, 이것을 tRNA의 2차 구조라고 한다.
3. 3차원 공간 모형으로 접힘이 일어나면, 대문자 L자 모양의 3차 구조가 형성된다.

tRNA의 L자 모양 한 쪽 말단에 **안티코돈**(anticodon)이 위치한다(그림 8.18). 안티코돈은 mRNA 코돈과 상보적인 서열을 지닌 세 개 뉴클레오티드 서열로 tRNA가 운반하는 아미노산의 종류를 결정해 준다. 안티코돈은 tRNA의 어떤 서열과도 염기쌍을 형성하지 않으며, 오직 mRNA의 상보적인 코돈 서열과만 작용한다. 리보솜에서 염기쌍을 형성할 때, 코돈과 안티코돈 서열은 다른 상보적인 염기쌍처럼 역평행 구조를 이룬다. 예를 들어, 안티코돈 3′ CCU 5′은 상보적인 mRNA 코돈 5′ GGA 3′와 결합하며, 글리신을 지정한다.

리보솜의 L자 모양 다른 쪽 말단은 tRNA의 5′ 말단과 3′ 말단이 위치하며, **아미노아실-tRNA 합성효소**(aminoacyl-tRNA synthethase)가 안티코돈에 해당하는 아미노산을 결합하는 부위이다(그림 8.18). 이 효소는 매우 특이적으로 작용이며, tRNA의 구조가 서로 유사함에도 불구하고 특정 tRNA의 고유한 특징을 인식하며, 또한 해당 아미노산도 인식하게 된다(8장 시작 사진).

아미노아실-tRNA 합성효소는 핵산 문자와 단백질 문자를 동시에 인식하는 유일한 분자로, 실제적인 분자 번역자이다. 일반적으로 20종류의 아미노산 각각에 대해 하나의 아미노아실-tRNA 합성효소가 작용한다. 각 합성효소는 오직 하나의 아미노산에만 작용하지만, 해당 아미노산을 지정하는 서로 다른 여러 tRNA를 인식할 수 있다. 그림 8.19는 아미노산과 해당 tRNA의 3′ 말단 사이에서 일어나는 공유결합을

그림 8.18 tRNA는 핵산 정보를 단백질 정보로 이동시키는 매개 분자이다. tRNA 분자의 1차 구조는 특징적인 2차 및 3차 구조를 형성하게 한다. 안티코돈과 아미노산 결합 자리는 tRNA 분자의 L자 모양의 반대 쪽 끝부분에 각각 위치한다. tRNA의 여러 염기는 효소에 의해 화학적으로 변형된 A, G, C, U의 변이형이다. 이러한 독특한 염기는 I, Ψ, UH_2, mI, m_2G, mG 등으로 표시된다.

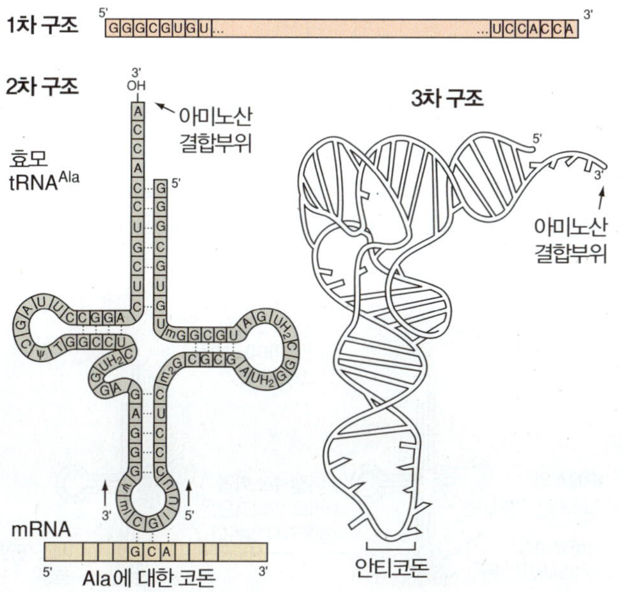

그림 8.19 아미노아실-tRNA 합성효소는 tRNA와 해당 아미노산 간의 결합 반응을 촉매한다. 아미노아실-tRNA 합성효소는 아미노산, 해당 tRNA, ATP에 대한 인식부위를 가진다. 합성효소는 우선 아미노산을 활성화시켜 AMP-아미노산을 형성한다. 효소는 AMP에 결합된 아미노산의 카르복시기를 tRNA의 3′ 말단에 위치한 리보오스 당의 하이드록시기(-OH)에 연결시켜, 충전형 tRNA를 형성한다.

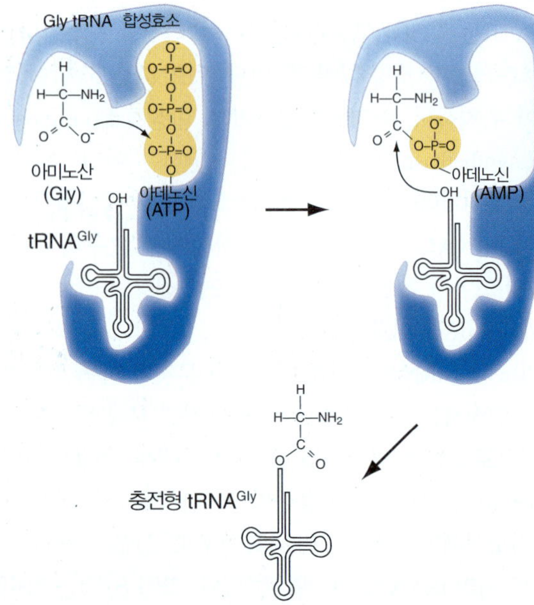

2단계의 과정으로 보여준다. 아미노산이 공유결합된 tRNA를 **충전형 tRNA** (charged tRNA)라고 하며, 이들 간의 결합에는 상당한 에너지가 포함되어 있어 펩티드 결합 형성을 유도하는 데 사용된다.

코돈과 안티코돈 간의 염기쌍 형성의 주요 역할

적절한 아미노산이 해당 tRNA에 결합하지만, 아미노산 자체는 성장 중인 폴리펩티드의 어느 자리에 투입될지를 결정하는 데 영향을 주지 않는다. tRNA의 안티코돈과 mRNA의 코돈 간의 특이적인 상호작용만이 이 결정을 수행한다. 간단한 실험으로 이 사실을 증명해 보자(그림 8.20). 충전형 tRNA에 화학적 처리를 하면, tRNA의 구조는 변화되지 않은 채로 아미노산을 바꿀 수 있다. 특정 화학 처리를 진행하여 $tRNA^{Cys}$의 시스테인을 알라닌으로 바꾼 후 무세포-번역 시스템에 알라닌으로 충전된 $tRNA^{Cys}$를 첨가하였다. 그 결과 $tRNA^{Cys}$의 안티코돈과 상보적인 서열의 시스테인 코돈이 위치한 모든 mRNA 부분에서 성장 중인 폴리펩티드에 알라닌이 첨가되었다.

그림 8.20 mRNA 코돈과 tRNA 안티코돈 간의 염기쌍 형성은 어떤 아미노산이 폴리펩티드에 참여할지를 결정한다. 시스테인을 지정하는 안티코돈을 지닌 tRNA에 알라닌 아미노산이 충전될 경우, 시스테인을 지정하는 코돈이 나올 때마다 알라닌이 첨가된다.

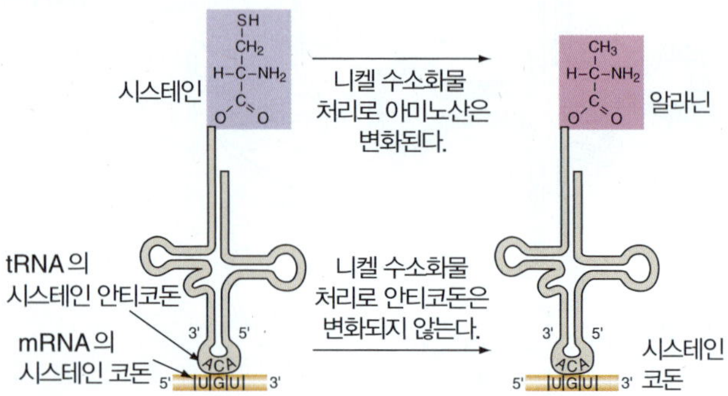

워블(wobble): 하나 이상의 코돈에 작용하는 하나의 tRNA

20종류의 아미노산 각각에 대해 최소 하나의 tRNA가 존재하지만, 유전암호 중 61개의 코돈에 상보적인 안티코돈을 지닌 tRNA가 모두 존재할 필요는 없다. 예를 들어, 대장균(*E. coli*)은 42개의 서로 다른 안티코돈을 지닌 79종류의 tRNA를 만든다. 물론 79종류의 tRNA 중 몇몇은 동일한 안티코돈을 지니고 있지만, 61개의 잠정적인 안티코돈 중 19개(61 − 42 = 19)는 나타나지 않는다. 따라서 대장균에서 19개의 mRNA 코돈은 상보적인 안티코돈을 지닌 tRNA를 만날 수 없다. 그렇다면 mRNA의 일부 코돈의 경우, 상보적인 안티코돈을 지닌 tRNA와 상호작용할 수 없는데, 대장균은 어떻게 폴리펩티드를 합성할 수 있는가?

일부 tRNA는 자신이 충전한 아미노산에 대해 하나 이상의 코돈을 인식할 수 있다. 즉, 이들 tRNA의 안티코돈은 동일 아미노산을 지정하는 여러 개의 코돈과 상호작용할 수 있으며, 유전암호의 퇴화성(degenerate nature)을 유지하게 해 준다. 크릭은 코돈과 안티코돈 간의 이러한 "뒤범벅의" 염기쌍 형성에 대한 몇 가지 규칙을 언급했다.

크릭은 여러 코돈에서 마지막 뉴클레오티드는 코돈의 특이성을 결정하는 데 관련이 없을 것이라고 추정하였다. 예를 들어, 5′ GGU 3′, 5′ GGC 3′, 5′ GGA 3′, 5′ GGG 3′는 모두 글리신을 지정하는데, 3′ 뉴클레오티드가 무엇이 되어도 앞 쪽 두 문자가 GG이기만 하면 문제가 되지 않는다(그림 8.2 참조). 4종류의 코돈이 지정하는 발린도 동일한 규칙이 적용되어, 앞 쪽 두 문자가 GU이면 3번째 염기가 U, C, A 혹은 G여도 상관없다.

2종류의 코돈이 지정하는 아미노산의 경우, 코돈의 처음 두 문자는 항상 같은 반면, 세 번째 염기는 두 종류의 퓨린(A 혹은 G) 중 하나이거나 두 종류의 피리미딘(U 혹은 C) 중 하나이다. 따라서 5′ CAA 3′와 5′ CAG 3′ 코돈은 글루타민을 지정하며, 5′ CAU 3′와 5′ CAC 3′ 코돈은 히스티딘을 지정한다.

실제로 tRNA 안티코돈의 5′ 뉴클레오티드는 mRNA 코돈의 3′ 위치에 있는 하나 이상의 뉴클레오티드와 상호작용할 수 있다(염기쌍 형성 시 안티코돈 염기와 코돈의 염기가 역평행임을 기억하라). 어떤 아미노산으로 충전된 하나의 tRNA는 그 아미노산을 지정하는 여러 개 혹은 심지어 모든 코돈을 인식할 수 있다. 코돈의 3′ 뉴클레오티드와 안티코돈의 5′ 뉴클레오티드 간에 나타나는 유연한 염기쌍 형성 현상을 워블(wobble)이라고 한다(그림 8.21a). 코돈의 처음 두 자리에서의 정상적인 염기쌍 형성과 세 번째 자리에서의 워블 현상은 하나의 아미노산을 지정하는 여러 종류의 코돈이 동일한 두 개의 문자로 시작되는 이유를 설명해 준다.

그림 8.21 워블: 일부 tRNA는 동일 아미노산을 지정하는 여러 개의 코돈을 인식한다. (a) 그림에 나타난 안티코돈의 5′ 말단에 위치한 G는 코돈의 3′ 말단에 위치한 U 또는 C와 상보적으로 결합할 수 있다. (b) 표는 안티코돈의 5′ 말단에 위치한 염기(워블 위치)와 상보적 염기쌍 형성이 가능한 염기를 보여준다. xo^5U는 매우 드물게 C와 염기쌍을 형성한다. (c) 안티코돈에 위치하는 변형 염기의 화학 구조. 시토신의 변형으로 형성되는 k^2C는 특정 박테리아에서만 발견된다.

(a)

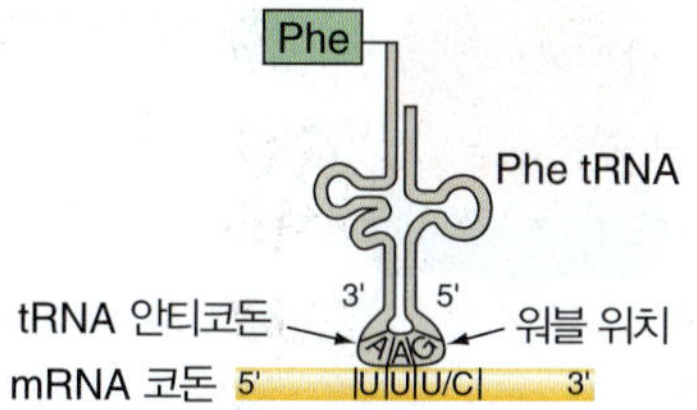

(b)

워블 규칙		
안티코돈의 5′ 말단 →	염기쌍 형성 →	코돈의 3′ 말단
G		U 또는 C
C		G
I		U, C, 또는 A
xm^5U		G
xm^5s^2U		A 또는 G
xo^5U		A, G, U, 또는 (C)
k^2C		A

(c) 안티코돈의 워블 위치에 위치한 변형 염기

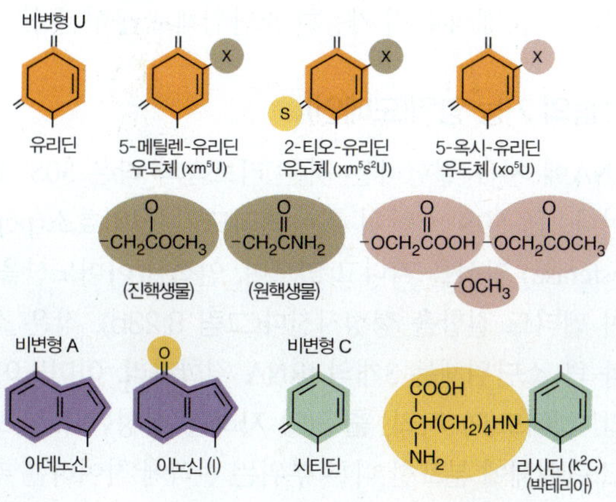

워블 현상의 중요한 특징은 안티코돈의 5′ 말단(워블 위치)에 위치한 특정 염기의 화학적 변형이다(그림 8.21b, c). tRNA의 워블 위치에 있는 A는 항상 이노신(I)으로 변형되며, 워블 위치의 U는 항상 세 종류의 가능한 방식 중 하나로 변형된다. 이에 반해, 안티코돈의 워블 위치에 있는 G는 항상 변형되지 않으며, 워블 위치의 C는 일부 박테리아 종에서만 변형된다. 워블 위치의 염기는 tRNA에 작용하는 특정 효소에 의해 변형되는데, 이러한 변형은 tRNA의 전사 이후 진행된다.

그림 8.21c에 나타난 "워블 규칙"은 유전암호에 따라 안티코돈 서열과 워블 위치에 존재하는 염기 변형의 범위를 정해 준다. 예를 들어, 메티오닌은 하나의 코돈(5′ AUG 3′)에 의해 지정된다. 그 결과, 메티오닌 코돈의 3′ 말단에 위치한 G와 염기쌍을 형성할 수 있는 뉴클레오티드가 안티코돈의 워블 위치에 존재해야 하므로, 메티오닌으로 충전된 tRNA의 안티코돈(5′ CAU 3′)은 5′ 말단에 C를 가지거나 U의 변형된 형태인 xm^5U가 위치할 수 있다. 반대로, 이소류신으로 충전된 tRNA의 안티코돈 5′에 위치한 변형 뉴클레오티드 이노신(I) 염기는 이소류신을 지정하는 3개의 코돈(5′ AUU 3′, 5′ AUC 3′, 5′ AUA 3′) 모두를 인식할 수 있다.

셀레노시스테인으로 충전된 특별한 tRNA

대부분의 mRNA는 20종류의 아미노산만으로 구성된 단백질을 합성한다. 박테리아와 진핵생물에서 예외적으로 셀레노시스테인(selenocysteine, Sec)을 포함한 셀레노단백질이 합성된다. 따라서 셀레노시스테인은 21번째 아미노산으로 거론되기도 한다. 셀레노단백질은 매우 드물며, 인간의 경우 25종류만이 알려져 있다.

그림 8.22a에서처럼, 세린 tRNA 합성효소는 안티코돈 서열 5′ xm^5UCA 3′을 지닌 셀레노시스테인 tRNA를 인식하여 세린을 충전시킨다. 이후 변형 효소가 작용하여 세린을 셀레노시스테인으로 전환시킨다. 셀레노시스테인으로 충전된 tRNA는 특별한 3차 구조를 지닌 mRNA에 위치한 5′ UGA 3′ 서열과 염기쌍을 형성한다. 이러한 특별한 3차 구조는 **셀레노시스테인 삽입 서열**(Sec insertion sequence, SECIS)이라고 하는데, 분자내 상보적 염기쌍 형성을 통해 특정 줄기-고리(머리핀) 구조를 이룬 mRNA 영역을 말한다(그림

그림 8.22 셀레노시스테인은 UGA 코돈에 의해 지정된다. (a) 안티코돈 5′ xm^5UCA 3′을 가진 $tRNA^{Sec}$에 결합된 세린은 셀레노시스테인(Sec)으로 변경된다. Sec로 충전된 tRNA는 SECIS 요소를 지닌 매우 드문 형태의 mRNA에서만 UGA 서열을 인식한다. 매우 특이한 염기쌍 형성 때문에 안티코돈의 5′ 말단에 위치한 xm^5U(U^로 표시)는 그림 8.21b의 워블 규칙에 나와 있는 G 대신에 A와 염기쌍을 형성하는 예외적인 경우이다.

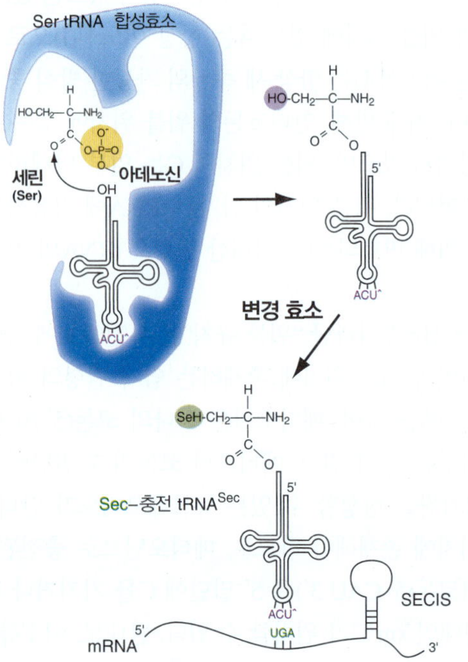

8.22). 줄기-고리 구조로 인해 원래 정지코돈으로 작용했을 UGA 서열에서 폴리펩티드의 합성 종결이 억제된다. 따라서 $tRNA^{Sec}$의 안티코돈은 mRNA의 UGA 서열에 결합하여 셀레노시스테인이 포함된 폴리펩티드가 합성되도록 한다.

리보솜은 폴리펩티드 합성이 일어나는 장소이다

리보솜은 다양한 방식으로 폴리펩티드 합성을 촉진시킨다. 첫째, 리보솜은 mRNA에 존재하는 번역 시작 신호를 인식한다. 둘째, 리보솜은 tRNA와 mRNA 간의 상호작용을 안정화시켜 유전암호가 정확히 해석되도록 도와준다. 만약 리보솜이 없다면, 세 개의 염기쌍으로 이루어진 코돈-안티코돈 간의 상호작용은 극단적으로 약할 것이다. 셋째, 리보솜은 성장 중인 폴리펩티드 사슬에 아미노산을 연결하는 효소 활성을 제공해 준다. 넷째, 리보솜은 mRNA 분자의 5′에서 3′ 방향으로 이동하면서 mRNA 코돈을 일렬로 노출시켜 아미노산이 일렬로 첨가되도록 해 준다. 마지막으로, 리보솜은 mRNA와 폴리펩티드 생성물을 분리시켜 폴리펩티드 합성이 끝나도록 해 준다.

그림 8.23 리보솜: 폴리펩티드 합성 장소. (a) 리보솜은 2개의 소단위체로 구성되며, 각 소단위체는 rRNA와 단백질로 이루어진다. (b) 작은 소단위체가 우선 mRNA에 결합한다. 큰 소단위체는 펩티드기 전이효소 활성을 지니며, 펩티드 결합 형성을 촉매한다. 두 소단위체는 모여 tRNA 결합 자리인 A, P, E 자리를 만든다.

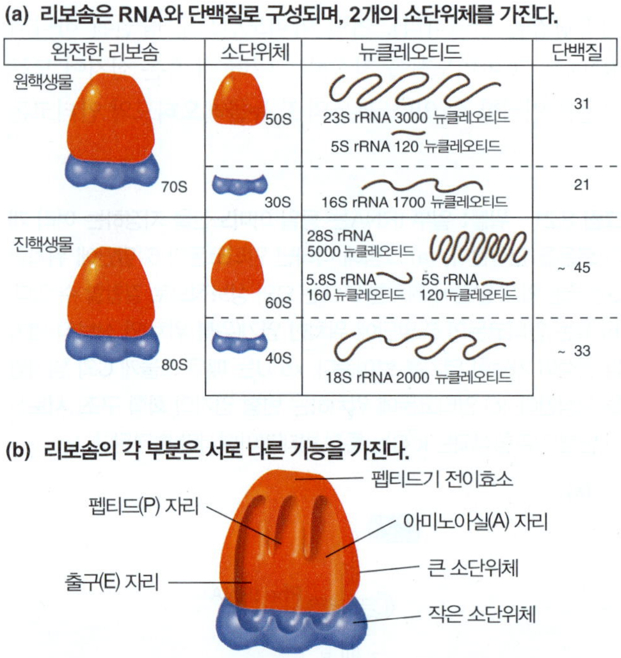

리보솜의 구조

대장균의 리보솜은 3종류의 리보솜 RNA (ribosomal RNA, rRNA)와 52종류의 리보솜 단백질로 구성된다(그림 8.23a). 이들 구성 요소는 결합하여 30S 소단위체와 50S 소단위체라는 두 개의 소단위체를 형성한다. (S는 소단위체의 크기와 형태에 근거한 침강 계수를 의미한다; 30S 소단위체가 50S 소단위체보다 작다.) 번역이 시작되기 전에, 두 소단위체는 세포질에서 분리되어 따로 존재한다. 번역이 시작되면 두 소단위체는 결합하여 완전한 리보솜을 형성한다. 진핵세포의 리보솜은 원핵세포의 리보솜보다 구성 요소가 더 많지만, 동일하게 두 개의 분리 가능한 소단위체로 구성된다.

리보솜의 기능 영역(도메인)

mRNA에 처음 결합하는 것은 리보솜의 작은 30S 소단위체이다. 큰 50S 소단위체는 **펩티드기 전이효소**(peptidyl transferase) 활성을 지니고 있으며, 인접한 아미노산을 연결하여 펩티드 결합을 형성시킨다(그림 8.23b). 작은 소단위체와 큰 소단위체는 3개의 tRNA 결합자리, **아미노아실(A) 자리**, **펩티드(P) 자리**, **출구(E) 자리**를 형성한다. 리보솜의 두 소단위체에 분포한 다른 부위는 번역에 참여하는 추가적

그림 8.24 박테리아 리보솜의 큰 소단위체. 다양한 리보솜 단백질은 보라색, 23S rRNA는 금색 및 흰색, 5S rRNA는 적갈색과 흰색으로 나타낸다. A 자리에 결합한 tRNA는 녹색, P 자리에 결합한 tRNA는 주황색, E 자리에는 현재 tRNA가 없다. 박스 표시는 새로운 펩티드 결합이 형성되는 위치를 보여준다.

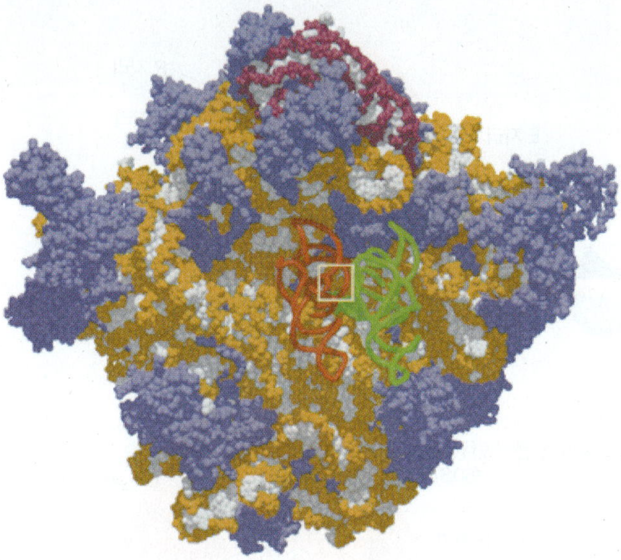

인 단백질의 결합 부위로 작용한다.

최근 X-선 결정학과 정교한 전자현미경 기술을 통해 리보솜의 복잡한 구조가 비교적 상세하게 묘사되었다. 그림 8.24는 박테리아 리보솜의 큰 소단위체이다; A와 P 자리에 위치한 충전형 tRNA를 보다 잘 묘사하기 위해 작은 소단위체는 컴퓨터그래픽 기술로 삭제하였다. 리보솜의 구조를 살펴보면, 내부 중앙 부분의 대부분은 rRNA가 차지하고 있으며, 여러 리보솜 단백질은 리보솜의 외곽 여기저기에 위치한다. 놀랍게도, 펩티드 결합이 형성되는 두 개의 tRNA 근처에는 단백질이 존재하지 않는다. 이러한 결과는 생화학 실험에서 펩티드기 전이효소 활성이 리보솜 내 단백질의 역할이 아니라 50S 소단위체 내의 rRNA가 담당한다는 결론을 지지해 준다. 즉, rRNA는 아미노산 간의 결합을 매개하는 **리보자임**(ribozyme)으로 작용한다.

리보솜과 충전형 tRNA는 협동하여 mRNA를 폴리펩티드로 번역한다

번역은 3단계로 구성된다: 폴리펩티드 합성을 위한 무대를 마련하는 **개시**(initiation) 단계; 성장 중인 폴리펩티드에 아미노산을 첨가시키는 **신장**(elongation) 단계; 폴리펩티드 합성이 끝나 리보솜이 분리되는 **종결**(termination) 단계이다. 그림 8.25는 박테리아에서 일어나는 번역 과정을 상세히 묘사하고 있다. 번역 과정 중 정보의 흐름에 대한 몇 가지 점을 알아두자.

- 개시코돈은 유전자의 번역틀의 5′ 말단에 위치한 특별한 조건 내에 있는 AUG 이다(단순히 mRNA의 5′ 말단에 위치한 것이 아니다).
- 변형된 메티오닌인 포밀메티오닌(formylmethionine, fMet)으로 충전된 특별한 개시 tRNA가 개시코돈을 인식한다.
- 리보솜은 mRNA를 따라 5′에서 3′ 방향으로 이동하며, 단계적으로 연속적인 코돈을 노출시킨다.
- 번역의 각 단계에서 폴리펩티드는 사슬의 C 말단에 다음 아미노산이 첨가되면서 성장한다.
- 유전자의 번역틀 3′ 말단에서 UAA, UAG, UGA 정지 코돈을 만나면, 리보솜은 번역을 종결시킨다.

이들 설명은 mRNA의 5′에서 3′으로의 방향성과 단백질의 N-말단에서 C-말단으로의 방향성이 대응된다는 공선성(colinearity)의 화학적 기초를 보여준다.

신장 동안, 리보솜은 초당 2~15개의 아미노산을 성장 중인 사슬에 첨가시킨다. 이 속도는 원핵세포에서는 더 빠르고, 진핵세포에서는 더 느리다. 따라서 300개 아미노산으로 구성된 평균 크기의 폴리펩티드의 경우, 합성되는 데 짧게는 25초에서 길게는 2분 30초 정도 만큼 오래 걸릴 수도 있다.

번역 동안 정보의 흐름에 집중할 수 있도록 그림 8.25에서는 여러 세부 사항을 삭제하였다. 특히 mRNA와 tRNA가 리보솜의 적절한 장소에 위치하도록 도와주는 번역 인자 단백질의 중요한 역할에 대해서 묘사되지 않았다. 일부 번역 인자는 GTP를 리보솜으로 운반한 후, GTP 가수분해를 통한 에너지로 특정 분자의 이동(예를 들어, mRNA를 따라 리보솜이 이동하는 일)을 진행시킨다.

번역후 가공은 폴리펩티드의 구조를 변화시킨다

단백질의 구조는 번역이 완료되면서 완전히 고정되는 것은 아니다. 이후 여러 과정이 단백질의 구조를 변화시키는데, 폴리펩티드에서 N-말단의 fMet 아미노산을 절단하거나 합성된 큰 단백질을 절단하여 작은 여러 개의 폴리펩티드를 만들기도 한다(그림 8.26a). 작은 여러 개의 폴리펩티드로 절단되기 전의 큰 폴리펩티드를 **다단백질**(polyprotein)이라고 한다. 또한 어떤 단백질은 불활성화 형태인 **효소원**(zymogen)으로 합성된 후 효소에 의한 절단을 통해 N-말단의 **앞분절**(prosegment)이 제거되면서 활성화된다.

그림 8.25

리보솜에서 mRNA의 번역

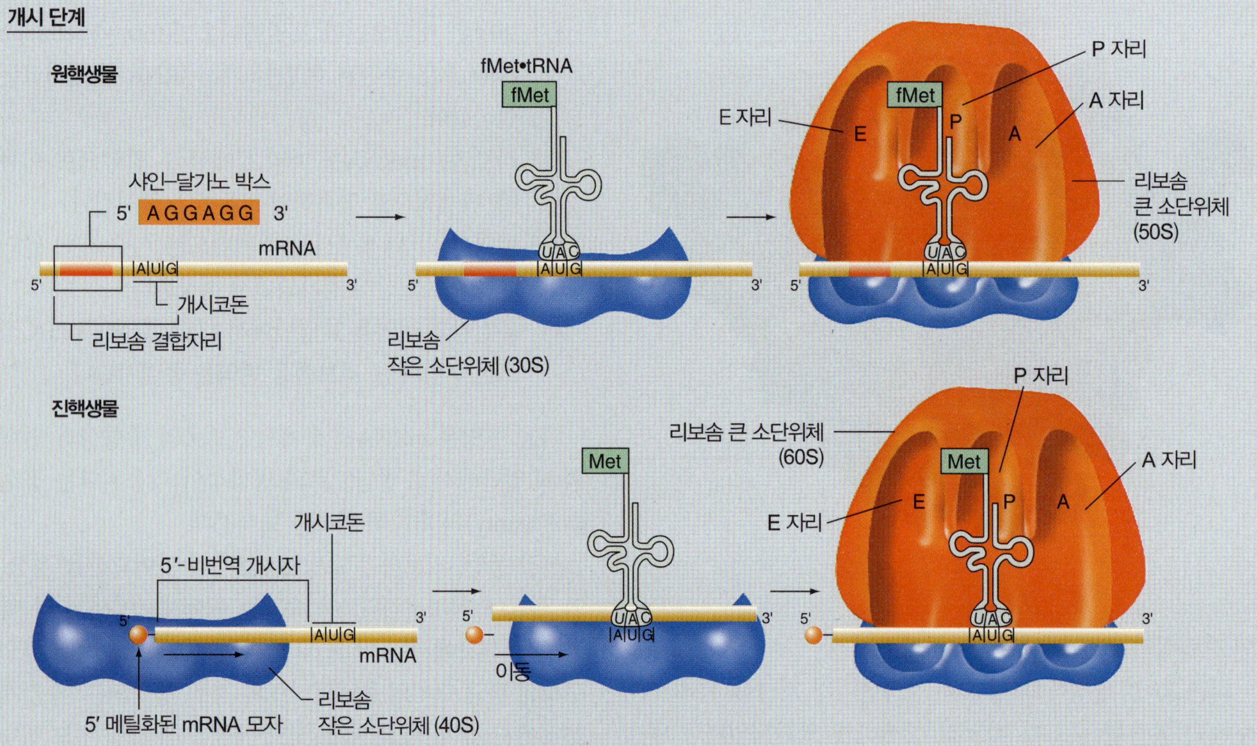

(a) 개시: 폴리펩티드 합성을 위한 무대 준비. mRNA의 처음 세 뉴클레오티드는 아미노산으로 번역되는 최초의 아미노산이 아니다. 대신 특별한 신호가 mRNA의 어느 지점에서 번역이 시작될지 결정한다. 원핵생물에서 이 신호 서열은 **리보솜 결합 자리**(ribosome binding site)이며, 두 개의 중요 요소를 지닌다. 첫 번째 요소는 발견자의 이름을 딴 **샤인-달가노 박스**(Shine-Dalgarno box)라고 하는 6개의 뉴클레오티드로 구성된 짧은 서열(일반적으로, 5′ ...AGGAGG... 3′)이다. 두 번째 요소는 리보솜 결합 자리 내에 위치한 5′ AUG 3′ 개시코돈이다.

5′ CAU 3′ 안티코돈을 지닌 개시 tRNA가 리보솜 결합 자리의 샤인-달가노 박스 뒤에 위치에 AUG 코돈을 인식한다. 개시 tRNA는 N-포밀메티오닌(N-formylmethionine)을 운반하고 있다. 이러한 특별한 fMet tRNA는 개시코돈에만 작용하는 tRNA이다. mRNA의 번역틀 내에 위치한 AUG 코돈은 메티오닌으로 충전된 다른 종류의 tRNA와 상호작용한다. Met tRNA는 번역을 개시할 수 없다.

개시 동안, 30S 리보솜 소단위체를 구성하는 16S rRNA의 3′ 말단 서열은 mRNA의 샤인-달가노 박스와 결합하며(그림에는 나타나지 않음), fMet tRNA는 mRNA의 개시코돈에 결합하고, 50S 리보솜 소단위체가 작은 소단위체와 결합하여 완전한 리보솜을 형성한다. 개시 마지막에 fMet tRNA는 완성된 리보솜의 P 자리에 위치한다. 개시인자(initiation factor) 단백질이 개시 과정에 일시적으로 작용하나, 그림에는 표현하지 않았다.

진핵생물에서 리보솜 작은 소단위체는 우선 성숙 mRNA의 5′ 말단 메틸화된 모자에 결합한다. 이 후 소단위체는 mRNA를 따라 5′에서 3′ 방향으로 이동하며 개시 자리(일반적으로 처음 만나게 되는 AUG 코돈)를 찾는다.

(b) 신장: 성장 중인 폴리펩티드에 아미노산의 첨가. 신장 인자(elongation factor) 단백질이 적절한 tRNA를 리보솜의 A 자리로 데리고 온다. A 자리에 위치한 충전형 tRNA의 안티코돈은 mRNA의 다음 코돈과 결합한다. 리보솜은 P 자리의 개시 tRNA와 A 자리

신장 단계

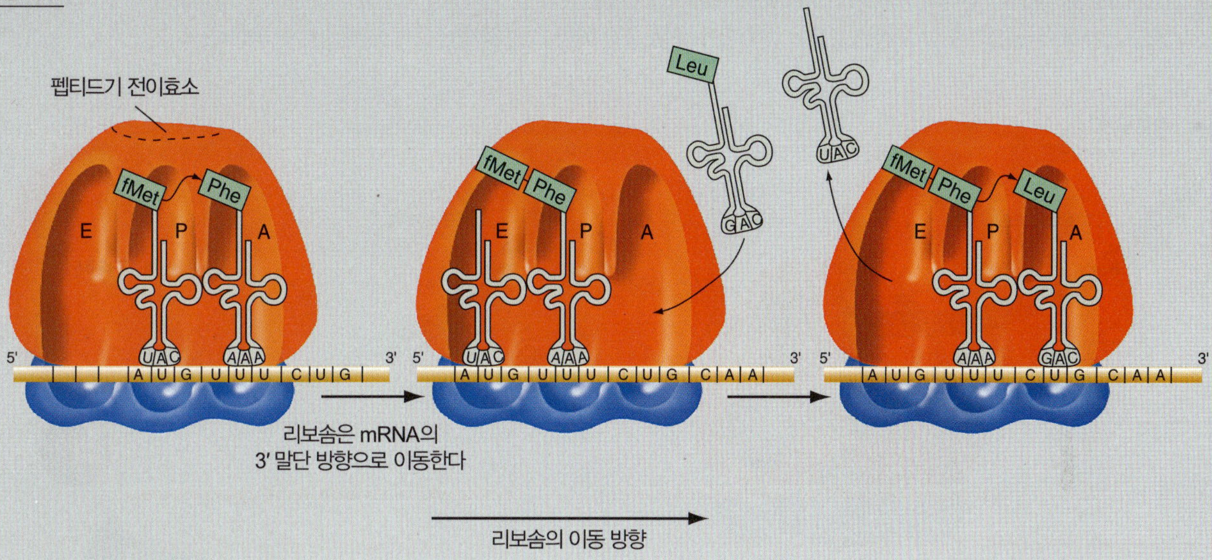

의 두 번째 tRNA를 동시에 가지게 되며, 펩티드기 전달 효소가 두 tRNA에 결합된 아미노산 간에 펩티드 결합을 형성시킨다. 그 결과, A 자리의 tRNA는 두 개의 아미노산을 운반하게 된다. 디펩티드(dipeptide)의 N 말단은 fMet이며, C 말단은 두 번째 아미노산이다. 두 번째 아미노산의 카르복시기가 tRNA에 공유결합으로 연결되어 있다.

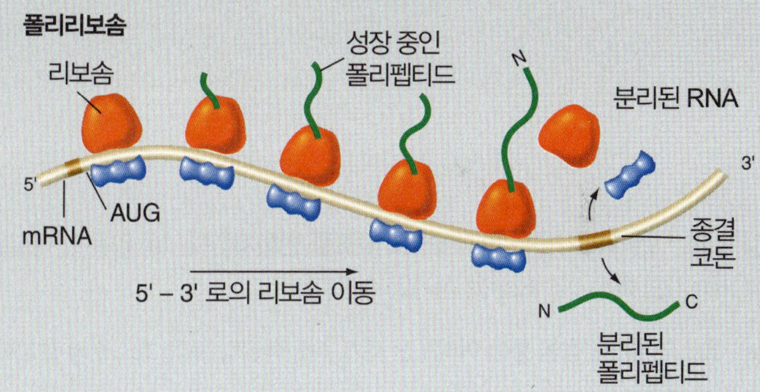

첫 번째 펩티드 결합 형성 이후, 리보솜은 다음 mRNA 코돈으로 이동한다. 리보솜의 이동은 신장 인자 단백질과 에너지를 필요로 한다. 리보솜이 이동하면, 더 이상 아미노산을 운반하고 있지 않은 개시 tRNA는 E 자리로 가게 되고, 디펩티드와 결합한 tRNA는 A 자리에서 P 자리로 옮겨진다.

비어 있는 A 자리에는 다음 코돈과 상보적으로 결합하는 안티코돈을 지닌 tRNA가 유입된다. E 자리로 들어간 개시 tRNA는 리보솜으로부터 빠져나온다. 펩티드기 전달효소는 두 번째 펩티드 결합 형성을 촉매하여, 현재 A 자리에 있는 tRNA의 C 말단에 3개의 아미노산 사슬이 결합되도록 한다. 연속적인 리보솜의 이동과 펩티드 결합 형성으로, 펩티드 사슬은 한 개 아미노산씩 길어진다. 각 tRNA는 A 자리에서 P 자리로, 그리고 E 자리로 이동한다(개시 tRNA는 예외적으로 P 자리에 먼저 들어간다).

신장 동안 폴리펩티드의 C 말단에 아미노산이 첨가되므로, 폴리펩티드 합성은 N 말단에서 C 말단으로 진행된다. 그 결과, fMet (원핵생물) 혹은 Met (진핵생물) 아미노산이 번역후 가공이 일어나기 전의 완성된 폴리펩티드의 N 말단이 될 것이다. 또한 리보솜은 mRNA의 5′에서 3′ 방향으로 이동하므로, 폴리펩티드는 N 말단에서 C 말단으로 성장하게 된다.

일단 리보솜이 mRNA의 리보솜 결합 자리에서 어느 정도 멀어지게 되면, 다른 리보솜이 와서 결합한다. 실제로 여러 개의 리보솜이 동시에 동일 mRNA에 작용할 수 있다. 동일 mRNA를 번역하는 여러 개의 리보솜 복합체를 폴리리보솜(polyribosome)이라고 한다. 이 복합체는 하나의 mRNA에서 동시에 많은 폴리펩티드를 합성할 수 있게 한다. (계속)

그림 8.25 (계속)

(c) 종결: 리보솜이 완성된 폴리펩티드에서 분리된다. 세 종류의 정지코돈(UAG, UAA, UGA)에 상보적인 안티코돈을 지닌 tRNA는 존재하지 않는다. 따라서 리보솜의 A 자리에 정지코돈이 위치하게 되면, 어떤 tRNA도 결합하지 않는다. 이때 방출인자(release factor)가 정지코돈을 인식하여 폴리펩티드 합성을 멈추게 한다. 완성된 폴리펩티드가 tRNA로부터 분리되어 나오고, tRNA와 mRNA도 리보솜으로부터 분리된다. 리보솜은 작은 소단위체와 큰 소단위체로 분리된다.

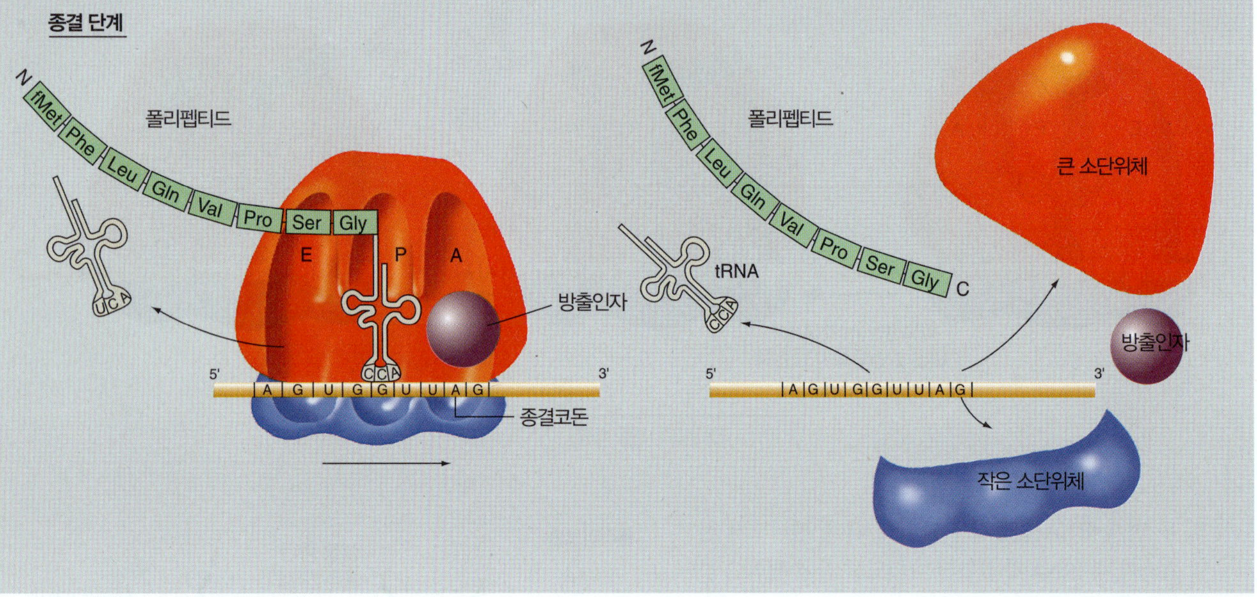

그림 8.26 번역후 가공은 폴리펩티드 구조를 변화시킨다. (a) 많은 단백질들은 효소에 의한 절단을 통해 성숙한 형태가 된다. (b) 효소는 여러 종류의 기능기를 특정 아미노산에 첨가할 수 있다.

(a) 효소의 절단반응을 통해 아미노산 제거, 다단백질의 분리, 효소원의 활성화가 일어난다.

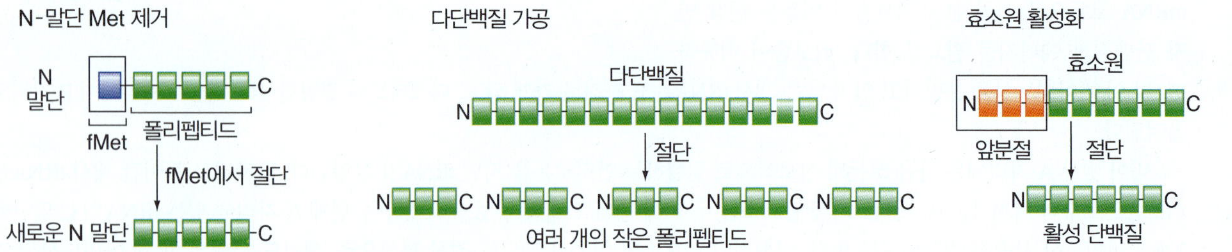

(b) 화학 그룹의 첨가는 단백질 구조, 활성 혹은 위치를 변화시킨다.

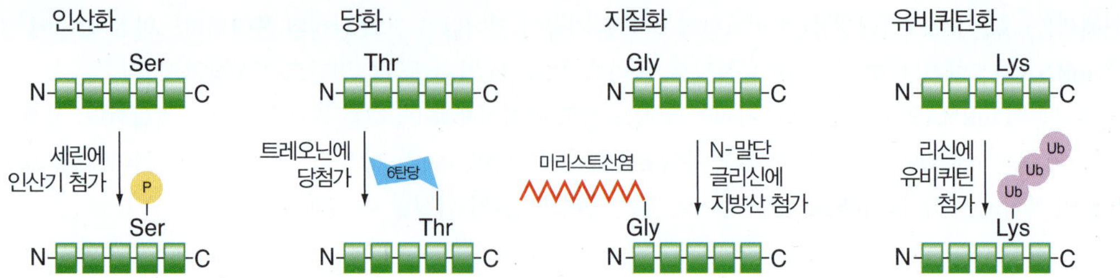

번역 후 특정 아미노산에 인산기, 탄수화물, 지방산 혹은 심지어 작은 펩티드 같이 특정 화학 그룹이 효소에 의해 첨가되는 경우에도 단백질의 구조는 변한다(그림 8.26b). 폴리펩티드의 이러한 변화는 모두 **번역후 변형**(posttranslational modification)이라고 한다. 단백질의 번역 후 변형은 매우 중요하게 작용한다. 예를 들어, 많은 효소는 인산기의 첨가(혹은 제거)에 따라 생화학적 활성 상태가 결정된다. 번역후 변형은 단백질이 접히는 방식에도 변화를 주며, 다른 단백질과 상호작용하는 능력, 단백질의 안정성, 활성 혹은 세포 내 위치에도 영향을 준다.

핵심 개념

- 번역은 mRNA 서열에 따라 리보솜에 의해 단백질이 합성되는 과정이다. 리보솜은 tRNA에 대한 특정 결합 부위(A, P, E 자리)를 가지며, 아미노산 간의 펩티드 결합을 형성시키는 펩티드기 전이효소 활성을 제공한다.
- tRNA는 리보솜에서 mRNA 코돈과 아미노산을 연결시키는 연결자로 작용한다. 아미노아실 tRNA 합성효소는 해당 tRNA에 적합한 아미노산을 연결시킨다.
- 각 tRNA의 안티코돈은 mRNA의 코돈과 상보적 염기쌍을 형성한다. 워블 현상으로 인해 tRNA는 하나 이상의 코돈을 인식할 수 있다.
- 번역 개시 동안 충전형 $tRNA^{MET}$는 리보솜의 P 자리에서 개시코돈인 AUG에 결합한다. 신장 동안, P 자리에 위치한 tRNA에 연결된 아미노산과 A 자리에 위치한 tRNA에 연결된 아미노산 간에 펩티드 결합이 형성된다. 리보솜은 mRNA를 따라 5′ 에서 3′ 방향으로 이동하여 다음 코돈을 만난다. 리보솜이 mRNA 서열에서 번역틀 내의 정지코돈을 만나게 되면 번역이 종결된다.
- 번역후 가공을 통해 단백질의 절단이 일어나거나 화학적 구성요소가 첨가된다.

8.4 진핵생물과 원핵생물에서 유전자 발현의 차이

학습목표

1. 진핵생물의 유전자 발현에 핵막이 미친 영향에 대해 이해한다.
2. 진핵생물의 전사에서 증폭자 서열의 기능에 대해 이해한다.
3. 진핵생물과 원핵생물에서 번역 개시 과정의 차이를 이해한다.
4. mRNA 형성에서 진핵생물에서만 나타나는 과정에 대해 설명한다.

진핵생물과 원핵생물에서 전사와 번역 과정은 여러 면에서 유사하다. 하지만 (1) 진핵생물에서 핵의 존재, (2) 진핵생물의 전사 개시 동안 RNA 중합효소가 촉진유전자를 인식하는 기작의 복잡성, (3) 번역 개시되는 방식의 변화, (3) 진핵생물에서의 전사체 가공의 필요성 등을 포함한 특정 차이로 인해 전사와 번역 과정은 영향을 받게 된다.

진핵생물의 핵막은 전사와 번역의 동시성을 방해한다

원핵생물에서 전사는 세포질에서 일어나며, 번역도 동일 장소에서 일어나므로 때때로 두 과정이 직접적으로 연계되어 동시에 나타나게 된다(표 8.1). 이러한 연계는 리보솜이 mRNA를 따라 이동하는 방향과 동일한 5′에서 3′ 방향으로 전사도 일어나기 때문이다. 그 결과, RNA 중합효소가 전사를 진행하고 있는 동안 리보솜은 mRNA 일부의 번역을 시작할 수 있다.

전사와 번역의 동시 연계는 원핵생물의 유전자 발현에서 중요한 역할을 한다. 예를 들어, 15장에서 다루게 될 중요한 조절 기작인 **감쇠**(attenuation) 현상은 mRNA의 번역률이 직접적으로 해당 유전자의 전사율을 결정하게 된다.

진핵생물의 경우 핵막이 존재하여 전사와 RNA 가공은 핵 안에서, 번역은 세포질에서 분리되어 일어나므로 이러한 연계 현상은 나타나지 않는다. 따라서 진핵생물에서 번역은 해당 유전자의 전사율에 상당히 간접적인 방식으로 영향을 주게 된다.

진핵생물의 촉진유전자는 멀리 위치한 증폭자 서열의 영향을 받으며 염색질과 상호작용한다

진핵생물에서 전사 개시를 위해 RNA 중합효소가 인식하는 촉진유전자는 원핵생물에는 나타나지 않는 두 가지 상황의 영향을 받는다(표 8.1). 첫째, 그림 8.11에서 설명한 것처럼 RNA 중합효소와 촉진유전자 간의 상호작용은 촉진유전자에서 멀리 떨어져 위치한 증폭자 서열의 영향을 받는다. 원핵생물에서 전사를 조절하는 DNA 서열은 모두 촉진유전자 가까이 위치한다. 둘째, 진핵생물의 염색체는 히스톤 단백질에 단단히 감긴 형태로 **염색질**(chromatin)이라고 하는 DNA/단백질 복합체를 이룬다. RNA 중합효소가 진핵생물 유전자의 촉진유전자를 인식하기 위해서 우선 염색질 구조가 풀려야 한다. 촉진유전자로부터 히스톤 단백질을 제거하는 것이 증폭자의 기능 중 하나이다(전사에서 히스톤과 염색질의 역할은 11장과 16장 참조).

원핵생물과 진핵생물의 번역 개시 비교

원핵생물에서 번역은 mRNA의 개시코돈에 인접한 짧은 길이의 특정 서열인 **샤인-달가노 박스**(Shine-Dalgarno box)에 리보솜이 결합하면서 시작된다(그림 8.25a 참조). 원핵생물의 많은 mRNA는 하나 이상의 리보솜 결합 부위를 가지며,

표 8.1 원핵생물과 진핵생물의 유전자 발현 비교

	원핵생물	진핵생물
개요	1. 핵이 없다. 전사와 번역은 동일한 장소인 세포질에서 일어나며, 번역은 종종 전사와 연계된다. 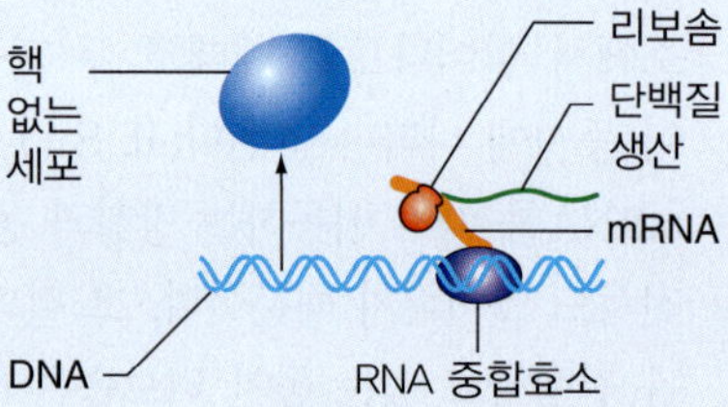	1. 핵막이 세포질과 핵을 구분한다. 전사는 핵에서 일어나며, 번역은 세포질에서 일어난다. 전사와 번역의 직접적인 연계는 없다. 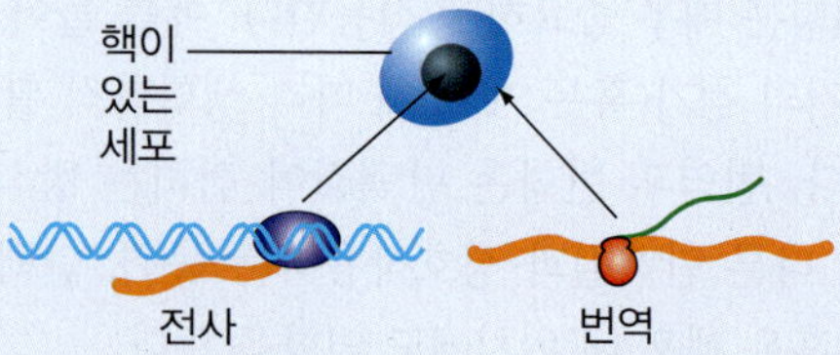
	2. 유전자는 엑손과 인트론으로 구분되지 않는다. 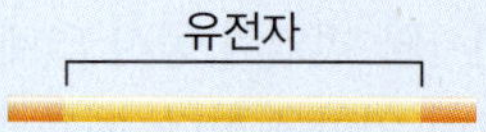	2. 유전자의 DNA는 엑손과 인트론으로 구성된다. 전사후 이어맞추기에 의해 인트론은 제거된다. 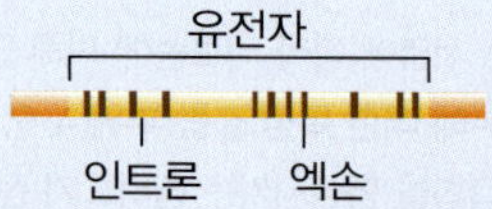
전사	1. 한 종류의 RNA 중합효소는 다섯 개의 소단위체로 구성된다.	1. 열 개 이상의 소단위체로 구성된 여러 종류의 RNA 중합효소가 존재한다.
	2. 전사 개시를 위한 DNA 서열은 촉진유전자 가까이 위치한다.	2. 촉진유전자로부터 멀리 떨어져 위치한 증폭자 서열이 종종 전사 개시에 필요하다.
	3. 촉진유전자는 염색질 구조로 감겨 있지 않다. 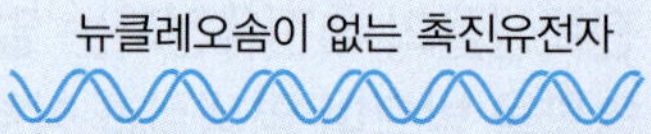	3. 전사 개시를 위해 촉진유전자는 염색질 구조에서 노출되어 RNA 중합효소와 접촉할 수 있어야 한다. 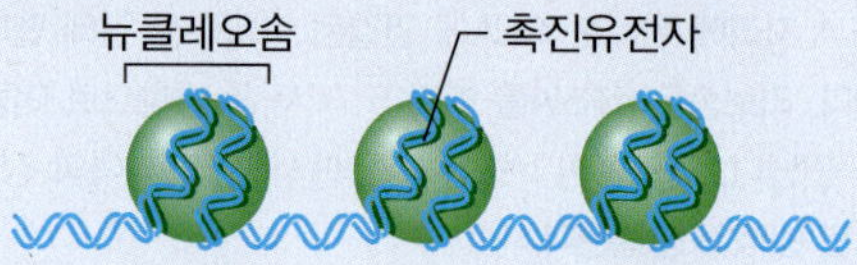
	4. 1차 전사체가 실제 mRNA이다; 5′ 말단에는 삼인산이 있으며, 3′ 말단에 꼬리 구조는 없다. 	4. 1차 전사체는 가공을 거쳐 5′ 말단에 메틸화된 모자, 3′ 말단에 폴리-A 꼬리를 지닌 성숙 mRNA를 만든다. 
번역	1. 특별한 개시 tRNA가 포밀메티오닌을 운반한다.	1. 개시 tRNA는 메티오닌을 운반한다.
	2. mRNA는 여러 개의 리보솜 결합 자리를 가지며, 여러 종류의 폴리펩티드 합성을 지시한다. 	2. mRNA는 오직 하나의 리보솜 결합 자리를 가지며, 한 종류의 폴리펩티드 합성을 지시한다. 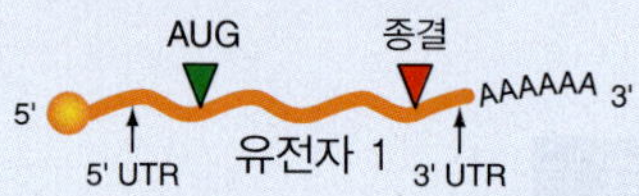
	3. 리보솜 작은 소단위체는 mRNA의 리보솜 결합 자리에 즉시 결합한다. 	3. 리보솜 작은 소단위체는 일단 성숙 mRNA의 5′ 말단 메틸화된 모자에 결합한 후, 3′ 방향으로의 이동을 통해 리보솜 결합 자리를 찾는다. 

다중시스트론 mRNA (polycistronic mRNA)라고 한다. 다중시스트론 mRNA는 여러 유전자 정보를 지니며(시스트론이라고 부르기도 한다), 각 유전자 정보는 해당 리보솜 결합 부위를 이용하여 독자적으로 번역을 시작한다(표 8.1).

진핵생물에서는 작은 리보솜 소단위체가 우선 성숙 mRNA의 5′ 말단에 위치한 메틸화된 모자에 결합한 후, mRNA의 5′ UTR을 따라 이동하여 개시코돈을 찾게 된다. 보통 리보솜 소단위체가 mRNA의 5′에서 3′ 방향으로 스캔하며 만나는 최초의 AUG 코돈이 개시코돈으로 작용한다(그림 8.25a, 표 8.1 참조). 진핵생물에서는 번역 개시코돈을 찾는 스캔 방식으로 인해 mRNA의 오직 한 자리에서만 번역이 시작되므로, 한 종류의 폴리펩티드만을 합성하는 정보를 지닌 **단일시스트론 mRNA** (monocistronic mRNA)를 형성한다.

원핵생물과 진핵생물의 번역 과정의 또 다른 차이는 개시 tRNA의 성분이다. 원핵생물에서 개시 tRNA는 fMet (N-formylmethionine)을 운반하고 있지만, 진핵생물에서는 메티오닌을 운반한다(표 8.1). 따라서 번역 직후 바로 형성되는 폴리펩티드는 모두 N 말단에 (fMet 대신에) 메티오닌을 가진다. 그러나 원핵 및 진핵생물에서 번역후 절단이 종종 일어나 성숙한 단백질의 N 말단에는 더 이상 fMet 혹은 Met을 갖지 않는다(그림 8.26a 참조).

진핵생물의 mRNA는 원핵생물보다 더 많은 가공을 거친다

표 8.1은 원핵생물과 진핵생물의 유전자 구조와 발현의 차이점을 비교한다. 특히, 진핵생물의 유전자는 인트론을 가지나 원핵생물은 그렇지 않다. 따라서 진핵생물의 1차 전사체에서는 이어맞추기가 일어나게 된다. 원핵생물에서는 관찰되지 않으나 진핵생물에서 나타나는 RNA 가공에는 mRNA의 5′ 말단과 3′ 말단에 각각 메틸화된 모자와 폴리-A 꼬리를 첨가하는 것이다.

핵심 개념

- 원핵생물에서 전사와 번역은 동시에 일어난다. 진핵생물은 핵막으로 인해 핵에서 전사가 일어나며, mRNA가 세포질로 이동한 후 단백질로 번역된다.
- 진핵생물에서 전사 개시는 촉진유전자로부터 멀리 떨어져 위치한 증폭자 서열의 영향을 받는다. 또한 진핵생물의 염색질 구조가 풀려야 RNA 중합효소가 촉진유전자에 접근할 수 있다.
- 원핵생물의 mRNA는 다중시스트론이며, 리보솜은 하나의 mRNA로부터 여러 종류의 폴리펩티드를 번역할 수 있다. 진핵생물의 mRNA는 단일시스트론이며, 오직 한 종류의 폴리펩티드만을 생성한다.
- 원핵생물에서 리보솜은 AUG 개시코돈에 인접한 샤인-달가노 박스 서열을 인식하여 결합한다. 진핵생물에서 리보솜의 작은 소단위체는 5′ 모자 근처에 결합하여 개시코돈을 찾을 때까지 스캔하듯이 이동한다.
- 원핵생물에서 1차 전사체는 mRNA이며 번역에 바로 사용된다. 진핵생물에서 1차 전사체는 가공 과정(5′ 모자와 폴리-A 꼬리의 첨가, 인트론의 제거)을 통해 성숙한 mRNA가 된다.

8.5 돌연변이로 인한 유전자 발현 및 기능의 변화

학습목표

1. 침묵 돌연변이, 과오 돌연변이, 정지코돈 돌연변이, 틀이동 돌연변이로 인해 유전자 산물에 어떠한 변화를 주는지 비교한다.
2. 암호화 서열의 외부에 발생한 돌연변이로 인해 유전자 발현에 영향을 주는 기작을 이해한다.
3. 대부분의 기능 소실 돌연변이가 야생형에 대해 열성으로 작용하는지에 대해 설명한다. 그러나 어떤 경우 불완전 우성이거나 (매우 드물지만) 우성으로 작용하는지에 대해 알아본다.
4. 고형태성, 신형태성, 길항성 기능 획득 돌연변이의 작용에 대해 비교한다.
5. 유전자 발현에 전반적인 영향을 주는 돌연변이의 예를 알아본다.

DNA 서열 정보는 유전자 발현의 시작점이다. 세포는 DNA 정보를 RNA 정보로 전사하고, 단백질 정보로 번역한다. DNA 서열 정보에 돌연변이가 생기면 유전자 발현 과정 혹은 최종 생성물에 변화를 주게 된다.

유전자의 암호화 서열 돌연변이는 단백질에 변화를 줄 수 있다

유전암호의 특성으로 인해 아미노산을 암호화하는 엑손 서열의 돌연변이는 다양한 형태의 효과를 나타낸다(그림 8.27a).

침묵 돌연변이

유전암호의 퇴화(degeneracy)로 인해 어떤 코돈이 돌연변이 코돈으로 바뀌어도 아미노산 서열이 변하지 않는 **침묵 돌연변이**(silent mutation)가 나타날 수 있다. 대부분의 침묵 돌연변이는 코돈의 세 번째 서열에서 나타나는데, 이 자리는 동일 아미노산을 지정하는 여러 코돈에서 다양한 서열을 보이기 때문이다. 예를 들어, 코돈 GCA가 GCC로 바뀌어도 단백질 산물에서 여전히 알라닌을 지정한다. 침묵 돌연변이는 폴리펩티드의 아미노산 서열에 변화를 주지 않으므로, 일반적으로 해당 유전자의 표현형에 어떠한 영향을 주지 않는다.

그림 8.27 돌연변이가 유전자 발현에 미치는 영향. (a) 유전자의 암호화 서열에 나타나는 돌연변이. 침묵 돌연변이(silent mutation)는 단백질의 1차 구조를 바꾸지 않는다. 과오 돌연변이(missense mutation)는 하나의 아미노산을 다른 아미노산으로 바꾼다. 정지코돈 돌연변이(nonsense mutation)는 하나의 코돈을 정지코돈으로 바꾸어 단백질의 길이가 짧아진다. 틀이동 돌연변이(frameshift mutation)는 염기의 삽입 혹은 결실된 부위부터 번역틀이 바뀌게 된다. (b) 비암호화 서열에 나타나는 돌연변이도 유전자 발현에 영향을 준다.

(a) 유전자의 암호화 서열에 나타난 돌연변이

야생형 mRNA	5'	ATG	GGA	GCA	CCA	GGA	CAA	GAU	GGA	3'
야생형 폴리펩티드	N	Met	Gly	Ala	Pro	Gly	Gln	Asp	Gly	C
침묵 돌연변이		ATG	GGA	GCC	CCA	GGA	CAA	GAU	GGA	
		Met	Gly	Ala	Pro	Gly	Gln	Asp	Gly	
과오 돌연변이		ATG	GGA	GCA	CCA	AGA	CAA	GAU	GGA	
		Met	Gly	Ala	Pro	Arg	Gln	Asp	Gly	
정지코돈 돌연변이		ATG	GGA	GCA	CCA	GGA	UAA	GAU	GGA	
		Met	Gly	Ala	Pro	Gly	Stop			
틀이동 돌연변이		ATG	GGA	GCC	ACC	AGG	ACA	AGA	UGG	A
		Met	Gly	Ala	Thr	Arg	Thr	Arg	Trp	

(b) 비암호화 서열에 나타난 돌연변이

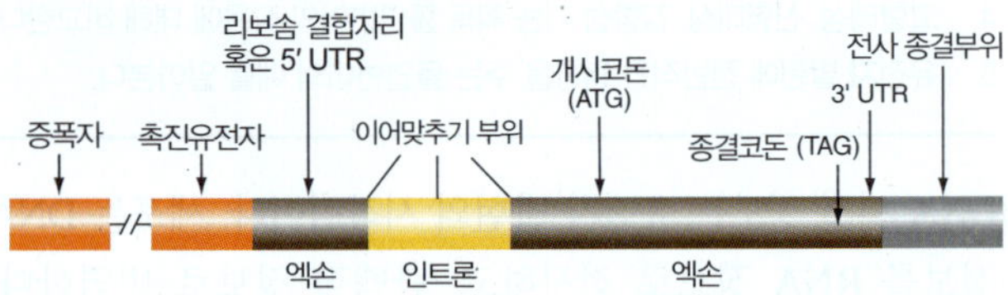

과오 돌연변이

코돈 서열이 바뀌어 다른 아미노산을 지정하게 될 경우 **과오 돌연변이**(missense mutation)라고 한다. 만일 치환된 아미노산이 기존 아미노산과 화학적 성질이 비슷할 경우 단백질의 기능에 거의 영향을 주지 않게 된다. 그러한 치환을 **보존적**(conservative)이라고 한다. 예를 들어 아스파탐산을 지정하는 코돈 GAC가 글루탐산을 지정하는 코돈 GAG로 바뀔 경우, 두 아미노산 모두 R 그룹에 산성기를 가지므로 보존적 치환이라고 한다.

반대로 매우 다른 성질의 아미노산으로 치환되는 **비보존적**(nonconservative) 과오 돌연변이는 눈에 띄는 결과를 가져오게 된다. 아스파탐산을 지정하는 코돈 GAC가 알라닌(비극성 R 그룹을 지닌 아미노산)으로 치환되는 예는 비보존적 과오 돌연변이다.

과오 돌연변이로 인한 표현형의 변화는 예측하기 어려운데, 특정 아미노산의 치환이 단백질의 구조와 기능을 어떻게 변화시킬지에 의존하기 때문이다.

정지코돈 돌연변이

정지코돈 돌연변이(nonsense mutation)는 아미노산을 지정하는 코돈이 정지코돈으로 바뀌는 것이다. 따라서 정지코돈 돌연변이가 일어난 코돈부터 정상 폴리펩티드의 C-말단까지의 아미노산 서열이 존재하지 않는 **끝이 잘린**(truncated) 짧은 단백질이 생성된다. 돌연변이 단백질의 사라진 부분이 정상 단백질 활성에 필수적인 경우, 이 단백질은 기능하지 않게 된다.

틀이동 돌연변이

암호화 서열에 뉴클레오티드의 첨가 혹은 결실이 있으면 **틀이동 돌연변이**(frameshift mutation)가 발생한다. 앞서 설명했듯이 추가된 혹은 결실된 뉴클레오티드의 수가 3배수가 아니라면, 첨가나 결실이 일어난 부위부터 아래쪽으로 번역틀이 변형된다. 그 결과 틀이동 돌연변이의 경우 단백질 기능에 중요한 아미노산 대신에 다른 아미노산이 나타나거나 미성숙 정지코돈이 형성되어 단백질의 기능을 방해한다.

암호화 서열 외의 돌연변이도 유전자 발현을 변화시킬 수 있다

표현형에 변화를 일으키는 돌연변이는 암호화 서열의 변화에만 국한되지 않는다. 유전자 발현은 암호화 서열 외에 여러 신호 서열에도 의존하므로, 이러한 서열에 변화가 생기면 유전자 발현에 영향을 줄 수 있다(그림 8.27b).

유전자의 DNA에 존재하는 촉진유전자와 종결 신호는 RNA 중합효소가 어디서 전사를 시작하고 종결할지를 지시한다. 촉진유전자 서열의 변화는 RNA 중합효소가 촉진유전자에 결합하는 것을 어렵게 혹은 불가능하게 만들어 전사를 감소시키거나 방해하게 된다. 또한 증폭자의 돌연변이로 전사인자가 결합하지 못하게 되면, 진핵생물의 유전자 발현은 감소된다. 종결 신호의 돌연변이는 생산되는 mRNA의 양을 감소시켜 유전자 산물의 양도 줄어든다.

진핵생물에서 대부분의 1차 전사체는 정확하게 엑손을 연결하여 성숙 mRNA가 형성되도록 하는 이어맞추기 공여자 자리, 이어맞추기 수용자 자리, 분지점 자리를 포함한다. 이어맞추기에 관여하는 이러한 신호 서열의 변화는 이어맞추기를 방해한다. 어떤 경우, 성숙 mRNA가 형성되지 않아 결과물인 폴리펩티드가 나타나지 않을 수도 있다. 다른 경우, 이어맞추기가 잘못 일어나 이상한 형태의 mRNA가 형성되어 변형된 단백질이 생성될 수 있다.

성숙 mRNA는 리보솜 결합 자리와 번역틀 내에 정지코돈이 존재하여 번역의 시작과 끝을 알려준다. 리보솜 결합 자리의 돌연변이는 mRNA와 리보솜 작은 소단위체의 결합을 약화시켜 번역 효율을 감소시키고, 해당 단백질의 양을 줄인다. 정지코돈의 돌연변이는 정상보다 더 긴 단백질을 생성하여 불안정하거나 기능을 하지 못하게 된다.

유전자 발현에 영향을 주는 대부분의 돌연변이는 유전자 기능을 감소시킨다

돌연변이는 해당 단백질의 아미노산 서열 혹은 생산량을 변화시켜 표현형에 영향을 준다. 암호화 서열 내부 혹은 외부의 돌연변이로 인해 해당 단백질의 활성이 감소하거나 사라질 경우, 이러한 돌연변이를 기능 상실 돌연변이(loss-of-function mutation)이라고 한다.

열성 기능 상실 돌연변이

기능 상실 돌연변이 대립유전자가 해당 단백질의 기능을 완전히 제거할 경우 **영돌연변이**(null mutation) 혹은 **무형 돌연변이**(amorphic mutation)라고 한다. 이러한 돌연변이는 단백질 합성을 방해하거나 기능을 할 수 없는 단백질을 생산한다. 무형 돌연변이가 일반적으로 열성으로 작용하는 이유는 쉽게 이해된다. 예를 들어, A^+/a^1 이형접합자에서 야생형 A^+ 대립유전자는 기능성 단백질을 생산하는 반면에, 영대립유전자인 a^1는 그렇지 않다. 만일 하나의 A^+ 대립유전자에 의해 생성되는 단백질의 양이 세포에서 정상 활동을 위해 요구하는 역치를 넘어선다면, A^+/a^1 이형접합자의 표현형은 정상일 것이다(그림 8.28). 대부분의 유전자는 이러한 방식으로 기능한다. A^+/A^+ 세포에서는 실제 정상 표현형에 필요한 단백질의 양보다 두 배 정도 많이 생성된다. 멘델의 완두콩에서 열성으로 작용하는 녹색과 주름진 형태에 대한 대립유전자는 이러한 이유로 영대립유전자로 작용할 것이다.

그림 8.28 열성 돌연변이 대립유전자. 초파리 추출물의 면역 전기영동 실험을 통해 잔틴(xanthine) 가수분해효소의 양을 측정하였다. 초파리는 정상적인 눈 색깔을 위해 정상 계통(A^+/A^+)에서 생성되는 효소 양의 10%만을 요구한다. 영대립유전자 a^1과 저형태성 돌연변이 대립유전자 a^2는 열성으로 작용한다. 왜냐하면 A^+/a^1 혹은 A^+/a^2 이형접합자에서 정상 눈 색깔에 필요한 충분한 양의 효소를 만들기 때문이다.

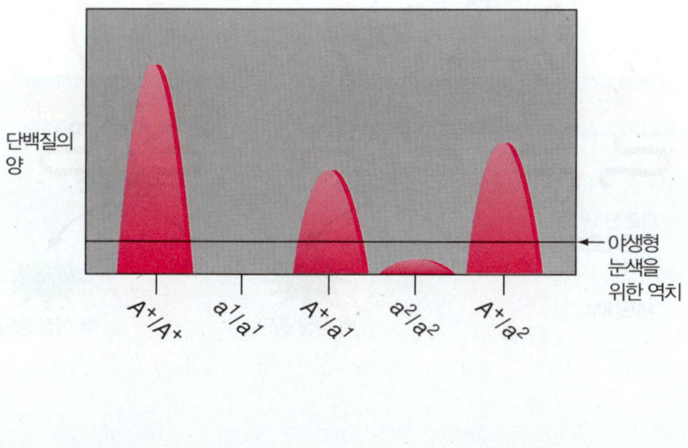

저형태성 돌연변이(hypomorphic mutation)는 기능 상실 돌연변이에 속하며, 야생형 단백질의 양이 적게 생성되거나 매우 약한 활성을 지닌 단백질(그림 8.28에서 a^2)을 생성하는 경우이다. 저형태성 대립유전자는 야생형 대립유전자에 대해 열성으로 작용하며, 무형 대립유전자가 열성으로 작용하는 이유와 동일하다.

불완전 우성의 기능 상실 대립유전자

어떤 조합의 대립유전자는 기능성 유전자 산물의 양에 연속적 변이를 보이는 불완전 우성 표현형을 나타낸다. 예를 들어, 색소 생성 유전자의 기능 상실 돌연변이는 붉은색에서 흰색까지 스펙트럼 양상의 꽃 색깔을 나타나게 한다(그림 8.29). 흰색은 색소 생성하는 생화학 반응 경로에서 효소의 부재로 나타난다. 이 효소를 암호화하는 유전자 R에 세 종류의 대립유전자가 존재한다고 가정하자. R^+는 정상 양의 효소를 만들어내고, r^{50}은 동일 효소를 정상 양의 반만 생성하고(혹은 정상 활성의 반을 지닌 변형 효소가 충분한 양으로 생성), r^0는 영대립유전자이다. R^+/r^0 이형접합자는 R^+/R^+에서 나타나는 효소 활성의 절반만 가지므로 붉은색을 나타내기에는 충분치 않아 붉은색과 흰색의 중간인 분홍색 꽃을 생산한다. R^+ 혹은 r^0 대립유전자가 r^{50} 대립유전자와 조합을 이룰 경우 붉은색과 분홍색 사이 혹은 분홍색과 흰색 사이의 중간형 색소를 지닌 꽃이 나타난다.

우성 기능 상실 돌연변이 대립유전자는 드물다

기능성 단백질의 생산량에 매우 민감한 표현형의 경우, 비교적 적은 양의 변화로도 특정 표현형을 바꿀 수 있다. 따라서 기능 상실 돌연변이를 지닌 이형접합자에서 정상보다 적은 양의 기능성 단백질이 생성되어 야생형 개체와 완전히 다른 표현형을 보일 수 있다. 하나의 야생형 대립유전자가

그림 8.29 단백질 기능의 수준에 따라 표현형이 연속변이를 보이는 경우, 불완전 우성이 작동한다.

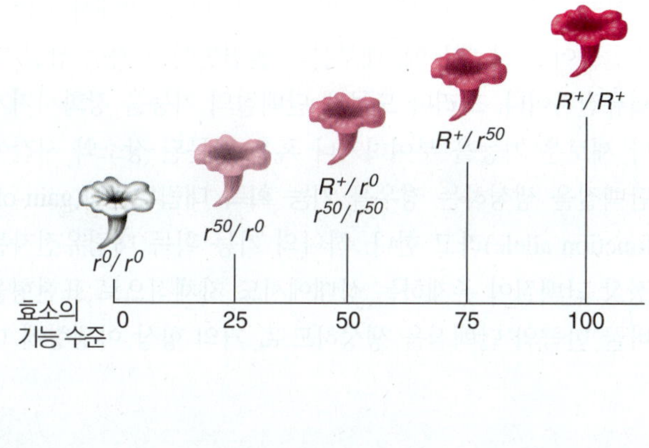

그림 8.30 반수체 불충분성: 기능상실 돌연변이 대립유전자는 야생형 대립유전자에 대해 우성으로 작용할 수 있다. 사람의 *GLI3* 유전자는 반수체 불충분성을 보인다. *GLI3/GLI3*$^+$ 이형접합자는 여분의 손가락과 발가락을 가지는 다지증을 보인다. 알려진 돌연변이 *GLI3* 대립유전자 중 한 종류는 643번째 코돈인 아르기닌(R)을 종결신호로 바꾸는 정지코돈 돌연변이이다. (야생형 GLI3 단백질은 1,580개의 아미노산을 가진다.)

						643		
	V	T	K	K	Q	**R**	G	D
정상 대립유전자 (*GLI3*$^+$)	GTC	ACC	AAG	AAG	CAG	**C**GA	GGG	GAC
						↓		
돌연변이 대립유전자 (*GLI3*)	GTC	ACC	AAG	AAG	CAG	TGA	GGG	GAC
	V	T	K	K	**Q**	STOP		
					642			

돌연변이 표현형을 피할 만큼 충분한 유전자 산물을 제공하지 못하는 경우를 **반수체 불충분성**(haploinsufficiency)이라고 한다. 인간의 경우 반수체 불충분성을 보이는 유전자는 대략 800개 정도이다. 대표적인 예는 *GLI3* 유전자인데, 손(발)가락 형성에 중요한 역할을 하는 전사인자를 암호화한다. *GLI3* 유전자의 기능 상실 돌연변이를 지닌 이형접합자는 다지증을 보이는데, 여분의 손가락 혹은 발가락을 가진다(그림 8.30).

독특한 기능 획득 대립유전자는 거의 항상 우성이다

충분한 양의 활성 단백질을 만드는 유전자를 방해하는 많은 방법들이 있기 때문에, 대부분의 돌연변이는 기능 상실 대립유전자이다. 그러나 드물게 단백질의 기능을 강화시키거나 새로운 기능을 부여하거나 혹은 잘못된 장소와 시간에 단백질을 생성하는 경우를 **기능 획득 대립유전자**(gain-of-function allele)라고 한다. 하나의 기능 획득 대립유전자는 정상 단백질이 존재하는 상태에서도 자체적으로 표현형을 바꿀 만큼의 단백질을 생성하므로, 거의 항상 야생형에 대해 우성으로 작용한다. 많은 경우, 우성 돌연변이 대립유전자는 동형접합자에서 치사를 보인다.

고형태성 대립유전자

고형태성 돌연변이(hypermorphic mutation)는 야생형 대립유전자보다 더 많은 정상 단백질을 생성하거나 더 높은 활

그림 8.31 고형태성 대립유전자는 과활성의 단백질을 암호화한다. (a) 소인증의 한 종류인 연골무형성증은 *FGFR3* 유전자의 고형태성 돌연변이 대립유전자(*FGFR3*^{G480R})에 의해 유발된다. (b) *FGFR3* 유전자는 이량체 막관통 수용체 단백질을 암호화하며, 호르몬 FGF가 수용체에 결합하면 활성화된다. 활성화된 소단위체의 티로신 인산화효소 영역은 다른 소단위체에 각각 인산기를 결합시킨다. 인산화로 인해 결국 뼈 형성을 억제하는 신호를 개시한다. (c) 돌연변이 단백질은 FGF의 존재 여부에 상관없이 항상 활성화되어 있으므로 뼈 발생이 정상적으로 진행되지 않는다.

(a)

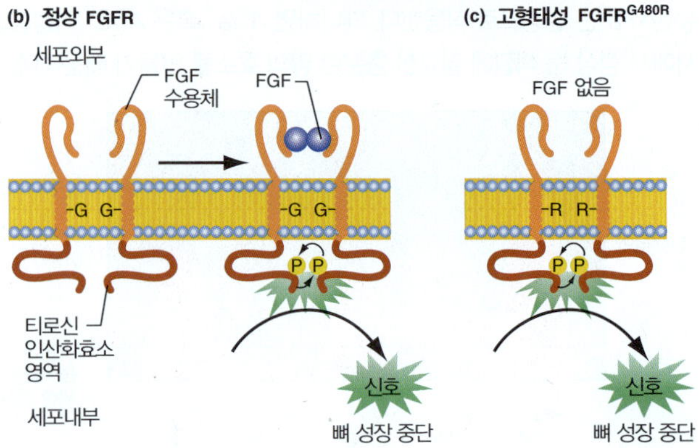

성을 지닌 단백질을 생성한다. 예를 들어, 인간의 *FGFR3* 유전자의 고형태 돌연변이는 소인증의 가장 일반적인 형태인 연골무형성증을 나타낸다(그림 8.31a). *FGFR3* 유전자는 뼈 형성을 억제하는 신호 단백질(섬유아세포 성장인자 수용체 3)을 암호화한다. FGFR3 단백질은 정상적으로 FGF라는 작은 단백질이 결합할 때에만 활성화된다(그림 8.31b). 연골무형성증의 경우, 대부분 $FGFR3^{G480R}$ 돌연변이 대립유전자를 가지며, 정상 단백질의 480번째 아미노산인 글리신 대신에 아르기닌을 가진 FGFR3 단백질을 암호화한다. 이러한 하나의 아미노산의 변화로 돌연변이 단백질은 FGF가 없는 조건에서도 활성을 지니게 된다. 즉 돌연변이 단백질은 항상 활성화되어 있는 수용체로 작용한다(그림 8.31c). 정상 단백질이 존재하는 상황에서도 활성을 지닌 돌연변이 단백질은 지속적으로 뼈 형성을 억제하므로 고형태성 대립유전자($FGFR3^{G480R}$)는 우성으로 작용한다.

신형태성 대립유전자

매우 드문 우성의 기능 획득 대립유전자는 새로운 표현형을 나타내는 **신형태성 돌연변이**(neomorphic mutation)이다. 일부 신형태성 돌연변이는 새로운 기능을 지닌 단백질을 생성하며, 다른 경우에는 정상 단백질이 생성되나 부적절한 장소나 시간에 나타난다(**이소성 발현**, ectopic expression).

우성으로 작용하는 헌팅턴병 대립유전자(*HD*)는 신형태성 돌연변이의 대표적인 예이다. 7장의 읽을거리 「빠르게 살펴보기」의 내용을 살펴보면, HD^+ 유전자는 폴리 글루타민(Q) 유형의 세 뉴클레오티드 반복 서열을 지닌다. 돌연변이 HD 단백질은 정상에 비해 글루타민 아미노산의 반복 횟수가 더 많으며 신경세포의 퇴화를 일으키는데, 그 원인은 아직 밝혀져 있지 않다. 정상 HD 단백질은 돌연변이 HD 단백질에 의한 신경세포의 손상을 막지 못하기 때문에, *HD* 질병 대립유전자는 정상 대립유전자에 대해 우성으로 작용한다.

정상 단백질을 이소적으로 발현하는 신형태성 대립유전자의 극적인 예는 초파리의 *Antennapedia* 유전자에서 발견된 돌연변이 대립유전자 $Antp^{Ns}$이다. $Antp^{Ns}/Antp^+$ 이형접합자는 머리 부분에 안테나 대신 다리를 가지고 있다(그림 8.32a). *Antp* 유전자는 다리 발생을 촉진하는 단백질을 암호화하며, 야생형의 $Antp^+$는 초파리의 다리가 될 조직에서 전사된다. 이 유전자의 전사 조절 부위에 돌연변이가 일어난 $Antp^{Ns}$ 대립유전자는 안테나를 형성할 조직에서 정상 단백질을 발현하게 한다(그림 8.32b). $Antp^+$ 대립유전자가 장차 안테나로 발생할 세포에서 Antp 단백질의 이소적 발현을 막지 못하기 때문에 $Antp^{Ns}$ 대립유전자는 우성으로 작용한다.

그림 8.32 신형태성 대립유전자는 정상 단백질의 이소성 발현을 유도할 수 있다. (a) 초파리 *Antennapedia* 유전자의 신형태성 우성 돌연변이($Antp^{Ns}$)는 초파리의 머리에서 두 개의 다리가 형성되도록 한다(오른쪽). 정상 초파리는 왼쪽에 나타나 있다. (b) $Antp^{Ns}$는 전사 조절 부위에 돌연변이를 가지며, 장차 안테나가 될 세포에서 다리 형성을 결정하는 Antp 단백질의 이소적 발현을 유도한다.

(a) 우성 신형태성 대립유전자 $Antp^{Ns}$는 안테나가 형성될 위치에 다리를 발생시킨다.

$Antp^+/Antp^+$　　$Antp^{Ns}/Antp^+$

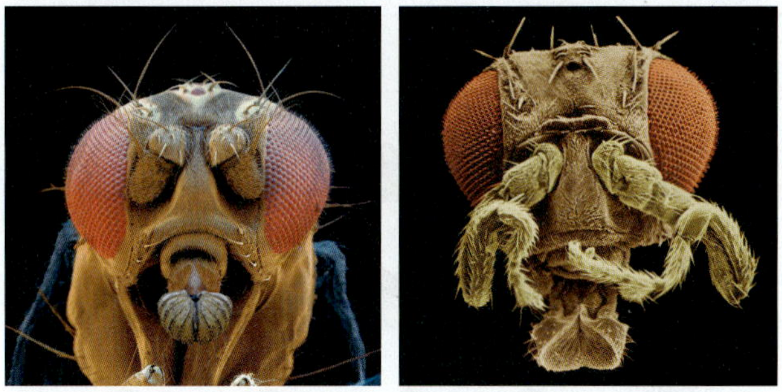

(b) $Antp^{Ns}$ 대립유전자는 Antp 단백질의 이소성 발현을 유발한다.

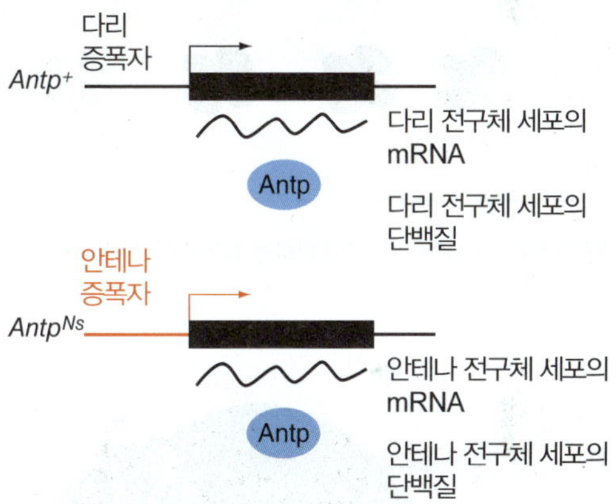

길항성 대립유전자

일부 우성 돌연변이 대립유전자는 야생형 단백질의 활성을 갖지 못할 뿐 아니라 정상 단백질이 기능하는 것을 방해한다. 이러한 대립유전자를 **우성 음성** 혹은 **길항성 대립유전자**(dominant negative, or antimorphic alleles)라고 한다. 예를 들어 하나의 폴리펩티드가 동일한 3개의 폴리펩티드와 결합하여 4개의 소단위체로 구성된 효소를 생성한다고 가정하자. 만일 우성 돌연변이 대립유전자 *D*가 생성하는 폴리펩티드가 정상 폴리펩티드와 결합하여 다량체를 만들어(심지어 다량체 중 하나의 소단위체가 돌연변이 단백질인 경우에도) 효소의 기능을 방해할 경우, 이형접합자에서 정상 기능의 d^+ 소단위체만으로 구성된 다량체가 생성될 확률은 16분의 1이다(그림 8.33a). 그 결과 D/d^+ 이형접합자의 전체 효소 활성은 d^+/d^+ 동형접합자에서 나타나는 활성에 비해 훨씬

그림 8.33 일부 우성 돌연변이 대립유전자가 길항성으로 작용하는 이유. (a) 하나의 유전자가 암호화하는 폴리펩티드 소단위체 4개로 구성된 단백질의 경우, 우성음성 돌연변이로 인해 모든 16종류의 다량체 중 15종류가 불활성화된다. (b) 생쥐 *Axin* 유전자의 돌연변이 대립유전자 $Axin^{Kinky}$는 우성음성 돌연변이로, 구부러진 꼬리를 유발한다. 정상 Axin 단백질은 단백질 복합체의 구성 소단위체로 작용하며, $Axin^{Kinky}$에 의해 암호화된 돌연변이 단백질은 복합체의 구성 소단위체로 작용하여 단백질의 기능을 방해한다.

(a) 길항성 대립유전자 *D*는 돌연변이 단백질 소단위체를 암호화한다

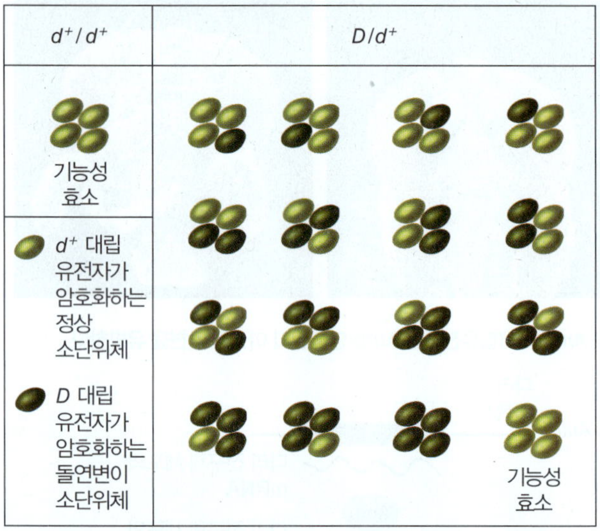

(b) 길항성 대립유전자 $Axin^{Kinky}$가 암호화하는 돌연변이 소단위체로 인한 표현형 효과

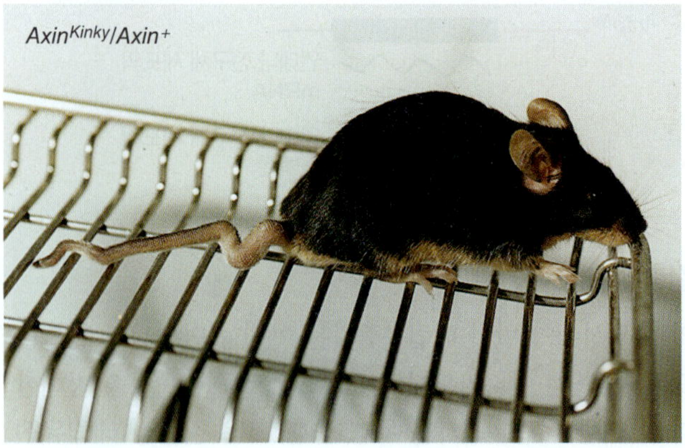

부족할 것이다. 생쥐의 *Axin* 유전자 자리에 있는 *Kinky* 대립유전자는 꼬인 형태의(kinky) 꼬리를 만들며, 작동 기작으로 볼 때 우성 음성 돌연변이의 한 예이다(그림 8.33b).

돌연변이의 효과는 예측하기 어렵다

앞서 언급했듯이 대부분의 돌연변이는 기능 상실 대립유전자이다. 아미노산 서열의 여러 변화가 단백질의 기능을 손상시키기 때문이며, 유전자 조절 부위의 변화 역시 유전자 발현을 감소시키기 때문일 것이다. 그러나 유전자의 거의 모든 위치에서 드물기는 하지만 기능 획득 돌연변이가 나타날 수 있다.

돌연변이가 유전자 기능에 어떠한 영향을 줄 것인지 안다고 해도 해당 돌연변이가 우성으로 혹은 열성으로 작용할지 항상 예측할 수는 없다(표 8.2). 물론 대부분의 기능 상실 돌연변이가 열성으로 작용하고, 거의 모든 기능 획득 돌연변이가 우성으로 작용하지만 예외는 존재한다. 왜냐하면 이배체 개체에서 야생형과 돌연변이 대립유전자 간의 우성 관계는 그 돌연변이가 단백질 생산과 활성에 얼마나 크게 영향을 줄 것인지와 표현형이 야생형 단백질의 정상 양에 얼마나 철저히 의존하느냐에 달려 있기 때문이다.

유전자 발현 기구를 암호화하는 유전자의 돌연변이는 전반적인 영향을 줄 수 있다

유전자 발현은 놀랄만한 수와 종류의 RNA와 단백질을 이용하며, 이들은 각각 개별 유전자에 의해 암호화된다. 단백질을 암호화하는 유전자(RNA 중합효소, 리보솜의 단백질 소단위체, 아미노아실-tRNA 합성효소 등)는 다른 유전자들과 동일한 방식으로 전사되고 번역된다. rRNA, tRNA, snRNA를 암호화하는 유전자는 전사되지만, 번역되지 않는 **비암호화 유전자**(noncoding gene)이다. 유전자 발현 기구를 암호화하는 유전자의 경우, 단백질을 암호화하든 그렇지 않든 돌연변이가 일어나면 표현형에 극적인 변화를 초래한다.

유전자 발현 기구에 영향을 주는 치사 돌연변이

rRNA와 같이 유전자 발현 기구를 암호화하는 유전자의 돌연변이는 종종 치사 돌연변이로 작용한다. 왜냐하면 세포 내의 모든 단백질 합성에 악영향을 주기 때문이다. 유전자 발현에 필요한 단백질 중 일부 단백질의 양이 50% 감소할 경우 심각한 영향이 나타날 수 있다. 예를 들어 초파리에서 리보솜 단백질을 암호화하는 여러 유전자들의 영돌연변이는 동형접합자의 경우 치사를 나타낸다. 이형접합자에서 동일한 돌연변이가 나타날 경우, 반수체 불충분성 때문에 세포의 느린 성장이 나타나 초파리의 발생이 지연되는 우성의 *Minute* 표현형을 보인다.

단백질 암호화 유전자의 돌연변이를 억제하는 tRNA 유전자 돌연변이

만일 하나 이상의 유전자가 유전자 발현에 작용하는 동일 분자를 암호화한다면, 이들 유전자 중 하나의 돌연변이는 치사가 될 수 없으며, 심지어 유용할 수도 있다. 예를 들

표 8.2 단백질 기능에 주는 영향으로 구분한 돌연변이

	기능 상실 돌연변이		기능 획득 돌연변이		
돌연변이 유형	무형태성	저형태성	고형태성	신형태성(이소성 발현)	길항성(우성음성)
출현 빈도	일반적	일반적	드묾	드묾	드묾
우성 열성 관계	일반적으로 열성으로 작용 유전자 산물로 인해 표현형이 연속 변이를 보일 경우, 불완전우성으로 작용 가능 반수체불충분성으로 인해 우성으로 작용 가능		일반적으로 우성 혹은 불완전우성으로 작용	일반적으로 우성으로 작용	일반적으로 우성 혹은 불완전우성으로 작용

어 특정 tRNA 유전자의 돌연변이는 다른 유전자의 정지코돈 돌연변이의 효과를 억제할 수 있다. 이러한 작용을 하는 tRNA-유전자 돌연변이는 **정지코돈 억제자 tRNA** (nonsense suppressor tRNA)를 만든다.

예를 들어, 정상 박테리아 개체군에서 트립토판 합성 효소 유전자의 번역틀 내에 UAG 정지코돈 돌연변이가 발생했다고 가정하자. 돌연변이 박테리아는 C 말단이 잘린 비기능성의 트립토판 합성 효소를 생산하므로, 트립토판을 합성할 수 없는 트립토판 영양요구주(*trp*$^-$)이다(그림 8.34a). 이 영양요구주를 돌연변이 유발물질에 노출시켜, 두 종류의 돌연변이를 지닌 *trp*$^+$ 박테리아를 일부 생성한다: (1) 원래 가지고 있던 트립토판 합성효소의 정지코돈 돌연변이와 (2) 티로신 아미노산을 운반하는 tRNA 유전자의 돌연변이. 명백히 tRNA 유전자의 돌연변이가 정지코돈 돌연변이의 효과를 억제하여 트립토판 합성효소의 기능을 복원시킨다.

그림 8.34b는 억제 돌연변이의 기작을 묘사하는데, tRNA^{Tyr} 돌연변이는 티로신 코돈에 상보적인 안티코돈 서열이 UAG 정지코돈에 상보적인 안티코돈 서열로 바뀐 것이다. 돌연변이 tRNA는 폴리펩티드의 UAG 정지코돈 돌연변이 위치에 티로신을 지정할 수 있으며, 최소한 전체 길이의 효소가 생성될 것이다. 유사한 방식으로 다른 tRNA 유전자의 안티코돈 돌연변이는 UGA 혹은 UAA 정지코돈 돌연변이를 억제할 수 있다.

tRNA 유전자에 정지코돈 억제자 돌연변이가 일어난 세포는 두 가지 조건이 충족될 때에만 생존할 수 있다. 첫째, 세포는 안티코돈의 돌연변이가 일어나기 전에 억제자 tRNA가 인식했던 동일 코돈과 상보적으로 결합할 수 있는 다른 tRNA를 가져야 한다. 만일 그러한 tRNA가 없다면 해당 코돈(예의 경우, 티로신 코돈)에 적절한 아미노산을 지정할 방법이 없게 된다. 둘째, 억제자 tRNA는 mRNA 암호화 서열 마지막 부분에 정상적으로 나타나는 정지코돈과 약한 결합을 보여야 한다. 만일 그렇지 않다면, 억제자 tRNA는 전반적으로 정상보다 긴 이상한 단백질을 생성하여 세포에 아수라장을 만들 것이다. 이러한 가능성에 대항하는 세포의 전략은 많은 유전자에서 일렬로 나열된 두 개의 정지코돈에 의해 번역 종결이 진행된다는 것이다. 억제자 tRNA가 두 개의 정지코돈에 아미노산을 지정하는 확률은 매우 낮으므로, 극소수의 단백질만이 연장된 형태로 합성될 것이다.

그림 8.34 정지코돈 억제 현상. (a) 정지코돈을 생성하는 정지코돈 돌연변이는 말단이 제거된 비기능성의 폴리펩티드를 만들어낸다. (b) tRNA 유전자에서 나타나는 두 번째의 정지코돈 억제자 돌연변이는 정지코돈에 대해 아미노산을 첨가시켜, 완전한 길이의 폴리펩티드를 생성한다.

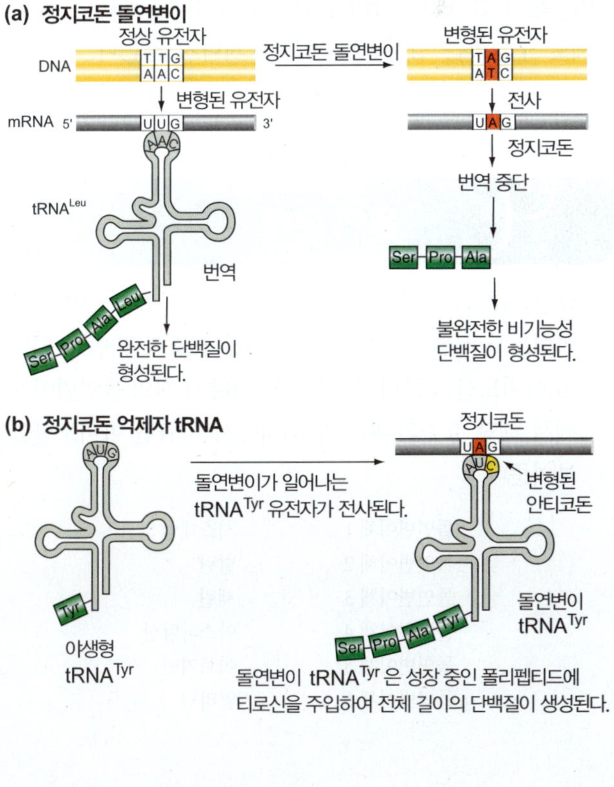

핵심 개념

- 유전자의 암호화 서열의 점돌연변이는 폴리펩티드의 아미노산 서열을 변화시킬 수 있다.
- 유전자의 암호화 서열 외부에 발생한 돌연변이는 단백질의 생산 양, 시기, 장소 등을 변화시켜 유전자 발현에 영향을 줄 수 있다.
- 기능 상실 돌연변이는 유전자 발현을 감소 혹은 억제하며, 일반적으로 열성으로 작용한다. 유전자 산물의 양에 따라 표현형이 연속 변이를 보일 경우, 기능 상실 대립유전자는 불완전 우성이다. 반수체 불충분성의 경우, 정상 유전자 산물이 절반으로 존재하여도 정상 표현형을 보이기에 불충분하므로 기능 상실 돌연변이 대립유전자는 우성으로 작용한다.
- 기능 획득 돌연변이는 증가된 단백질 생산, 변형 단백질의 생산, 정상 단백질의 이소성 발현 등을 유발한다. 대부분의 기능 획득 대립유전자는 야생형 대립유전자에 대해 우성으로 작용한다.
- 어떤 돌연변이가 우성 혹은 열성으로 작용할 것인지는 해당 돌연변이로 인해 단백질 산물이 얼마나 심하게 변형되는지와 비정상 유전자의 작용으로 표현형이 얼마나 민감하게 영향을 받는가에 따라 결정된다.
- 유전자 발현 기구 분자를 암호화하는 유전자의 돌연변이는 종종 치사를 유발한다. 예외적으로 tRNA 유전자의 돌연변이는 정지코돈 돌연변이를 억제한다.

다음 학습을 위한 안내

유전자 발현에 관한 지식은 유전자의 개념을 다시 정의하게 한다. 유전자는 단순히 특정 폴리펩티드의 아미노산을 지정하는 mRNA 코돈으로 전사되는 DNA 서열이 아니다. 오히려, 유전자는 폴리펩티드 생성물로 발현되는 데 필요한 모든 DNA 서열을 의미한다. 따라서 유전자는 전사 개시를 지시하는 촉진유전자와 전사 종결 신호를 포함한다. 또한 mRNA의 번역 개시 신호 및 종결 신호도 포함되어야 한다. 이외에도 진핵생물의 유전자는 성숙 mRNA를 만들기 위해 1차 전사체로부터 이어맞추기되는 인트론도 포함한다. 인트론으로 인해 대부분의 진핵생물 유전자는 원핵생물 유전자보다 크다.

인트론이 있어도 하나의 유전자가 차지하는 비는 전체 유전체를 구성하는 염기쌍의 일부에 지나지 않는다. 인간의 경우, 유전자의 평균 길이는 16,000염기쌍이며, 25,000여 개의 유전자가 존재한다. 인간의 반수체 유전체는 30억 염기쌍이며, 23개의 염색체가 존재하므로 염색체당 1억 3,000만 염기쌍이 존재한다.

9장과 10장에서는 유전체에서 DNA의 어느 부분이 유전자로 작용하며, 유전자가 어떻게 표현형에 영향을 주는가를 밝히는 연구 과정과 방법에 대해 소개한다. 연구자들은 DNA를 다루기 쉬운 작은 조각으로 잘라 연구에 충분할 정도로 각 조각의 사본을 많이 만들어 뉴클레오티드 서열 수준까지 분석한다. 그 후 여러 조각 사이의 공간적 관계를 결정하여 전체 유전체 형태의 DNA 서열로 재구성하게 된다. 마지막으로 현재까지 모은 지식을 사용하여, 개체마다 독특한 표현형을 제공하는 유전적 변이를 조사한다.

풀이 문제

I. 대장균(*E. coli*)의 여러 돌연변이체에서 특정 단백질의 아미노산 서열을 분석하였다. 정상 효소의 40번째 위치의 아미노산은 글리신이다. 다음 표는 6개의 돌연변이체에서 해당 효소의 40번째 위치에서 치환된 아미노산을 보여준다.

돌연변이체 1	시스테인
돌연변이체 2	발린
돌연변이체 3	세린
돌연변이체 4	아스파탐산
돌연변이체 5	아르기닌
돌연변이체 6	알라닌

각 경우에 DNA에서 발생한 염기서열 치환에 대해 설명하라. 돌연변이체 1과 재조합을 통해 정상 유전자를 생성할 수 있는 돌연변이체는 어느 것인가?

해답

염기서열 치환을 알기 위해 유전암호표를 활용하라(그림 8.2). 정상 아미노산인 글리신은 GGU, GGC, GGA, GGC로 암호화되어 있다. 돌연변이 1은 시스테인으로 치환된다; 시스테인 코돈은 UGU 혹은 UGC이다. 코돈의 첫 번째 자리를 암호화하는 DNA의 염기쌍에 변화

(G–C에서 T–A로 전환)가 일어나야 하며, 글리신 코돈은 GGU 혹은 GGC 여야 할 것이다. 발린(돌연변이체 2)의 코돈은 GUN (N은 네 종류의 염기 모두를 의미한다)이므로, 만일 돌연변이가 하나의 염기 변화라 가정하면, 발린 코돈은 GUU 혹은 GUC가 되어야 할 것이다. 변화는 코돈의 두 번째 위치에서 DNA가 G–C에서 T–A로 전환되어야 할 것이다. 하나의 염기 변화로 글리신에서 세린(돌연변이체 3)으로 바뀌려면, GGU 혹은 GGC가 각각 AGU 혹은 AGC로 변해야 할 것이다. 이것은 코돈 첫 번째 위치에서 전이(G–C에서 A–T로)가 일어나야 한다. 아스파탐산(돌연변이체 4)은 GAU 혹은 GAC 코돈이므로, 돌연변이체 4의 DNA는 코돈 두 번째 위치에 G–C에서 A–T 전이가 일어난다. 아르기닌(돌연변이체 5)의 코돈은 CGN이므로, 돌연변이체 5의 DNA는 코돈 첫 번째 위치에 G–C에서 C–G 전환이 일어나야 한다. 마지막으로, 알라닌(돌연변이체 6)의 코돈은 GCN이므로, 돌연변이체 6은 코돈 두 번째 위치에 G–C에서 C–G 전환이 일어나야 한다. 돌연변이체 2, 4, 6에서 바뀐 염기쌍은 돌연변이체 1에서 바뀐 위치와 다르므로, 돌연변이체 1과 재조합될 수 있다.

요약하면, 정상과 돌연변이체의 해당 지점에서 RNA-유사 가닥의 뉴클레오티드 서열은 다음과 같다.

정상형	5′ G G T/C 3′
돌연변이체 1	5′ T G T/C 3′
돌연변이체 2	5′ G T T/C 3′
돌연변이체 3	5′ A G T/C 3′
돌연변이체 4	5′ G A T/C 3′
돌연변이체 5	5′ C G T/C 3′
돌연변이체 6	5′ G C T/C 3′

II. SV40 바이러스의 유전체를 구성하는 이중가닥 환형 DNA를 단일가닥 DNA로 변성시킬 수 있다. 두 가닥은 각각 염기서열 조성이 다르므로, 밀도 차를 이용하여 분리시켜 W와 C (Watson과 Crick) 가닥으로 명명하였다. 순수 분리한 각 단일가닥 DNA를 바이러스에 감염된 세포에서 추출한 mRNA와 반응시켜, DNA와 RNA 간의 잡종형을 형성하였다. 이 잡종형을 자세히 살펴보면, W 가닥과 잡종형을 이룬 RNA와 C 가닥과 잡종형을 이룬 RNA는 서로 달랐다. 이러한 사실은 바이러스의 여러 RNA 합성에 사용되는 전사 주형에 대해 어떠한 정보를 제공하는가?

해답

전사와 이중 나선 DNA 가닥의 극성에 대한 정보가 이 문제를 푸는 데 요구된다. 어떤 유전자는 DNA의 한 가닥을 주형으로 사용하며, 다른 유전자는 반대 가닥을 주형으로 사용한다. DNA 가닥의 서로 다른 극성 때문에 한 세트의 유전자는 환형 DNA에서 시계방향으로 전사될 것이며(W 가닥을 주형으로 사용), 다른 세트는 시계반대방향으로 전사될 것이다(C 가닥을 주형으로 사용).

III. 인간의 헤모글로빈에서 매우 다양한 형태의 돌연변이가 발견되었다. 돌연변이 단백질 중 일부는 정상 크기로 아미노산의 치환이 나타나며, 다른 경우 결실이나 정지코돈 돌연변이로 인해 짧은 단백질이 생성된다. Hb Constant Spring 돌연변이는 정상보다 긴 형태를 지닌 최초의 돌연변이로 β-글로빈의 C-말단에 여분의 아미노산을 더 가진다. 이러한 돌연변이가 나타난 원인에 대해 설득력 있는 해석을 설명하라. Hb Constant Spring 돌연변이는 인트론 제거에 실패하여 나타날 가능성이 있는가?

해답

번역과 RNA 이어맞추기에 대한 정보가 문제를 푸는 데 요구된다. 단백질의 C 말단이 더 신장된 형태의 돌연변이는 RNA 이어맞추기의 문제라기보다는 정지코돈의 변화에 의한 것으로 예측된다. 아마도 정지코돈을 변화 혹은 제거하는 염기의 변화, 틀이동, 혹은 결실이 일어났을 것이다. mRNA에서 정상 정지코돈을 넘어서 새로운 정지코돈에 도달할 때까지 mRNA의 정보가 번역될 것이다. 이어맞추기 결함으로 정상보다 긴 단백질을 암호화하는 Hb Constant Spring 돌연변이가 나타날 확률은 매우 적다.

연습 문제

어휘

1. 왼쪽 용어를 가장 잘 설명한 문장을 오른쪽에서 찾아 연결하라.

a. 코돈	1. 1차 전사체로부터 인트론 서열을 제거
b. 공선성	2. UAA, UAG, 혹은 UGA
c. 번역틀	3. 1차 전사체와 동일한 서열의 DNA 가닥
d. 틀이동 돌연변이	4. 해당 아미노산이 결합되어 있는 tRNA
e. 유전암호의 퇴화	5. 하나의 아미노산을 지정하는 mRNA의 3개 염기 조합
f. 정지코돈 코돈	6. 대부분의 아미노산은 하나 이상의 코돈이 지정
g. 개시코돈	7. DNA 가닥의 서열 정보를 이용하여 RNA가닥 서열 정보를 지정
h. 주형 가닥	8. mRNA 염기를 3개씩 코돈으로 읽는 것
i. RNA-유사 가닥	9. 특정 조건에 있는 AUG
j. 인트론	10. 폴리펩티드의 아미노산 서열 순서는 유전자의 뉴클레오티드 서열 순서와 일치
k. RNA 이어맞추기	11. 동일한 1차 전사체로부터 서로 다른 mRNA를 생성
l. 전사	12. 암호화 서열에 3개가 아닌 수의 염기쌍이 첨가 혹은 결실
m. 번역	13. 유전자 서열 중 성숙 mRNA에 존재하지 않는 서열
n. 선택적 이어맞추기	14. 1차 전사체와 상보적인 염기서열을 지닌 DNA 가닥
o. 충전형 tRNA	15. mRNA의 뉴클레오티드 서열 정보를 이용하여 폴리펩티드의 아미노산 서열을 지정
p. 역전사	16. RNA에서 DNA를 복제

8.1절

2. 왼쪽의 가설과 오른쪽의 결론을 연결하라.

a. DNA와 단백질 사이에 중간 t정보의 존재	1. 동일 아미노산에 영향을 주는 두 종류의 돌연변이는 재조합을 통해 정상형을 생성한다.
b. 유전암호의 비중복성	2. 하나 혹은 두 개 염기의 결실(혹은 삽입)은 유전자의 기능을 방해한다; 세 개 염기의 결실(혹은 삽입)은 종종 기능성을 나타낸다.
c. 코돈은 하나 이상의 뉴클레오티드로 구성	3. 특정 코돈을 포함하는 인공 mRNA는 동일 코돈을 포함하지 않는 mRNA보다 더 짧은 단백질을 생산한다.
d. 유전암호는 염기 3개로 구성	4. 단백질 합성은 세포질에서 일어나지만, DNA는 핵 안에 있다.
e. 정지코돈이 존재하여, 번역을 종결시킨다.	5. 서로 다른 염기서열을 지닌 인공 mRNA는 시험관 내 번역 시스템에서 서로 다른 단백질을 생성한다.
f. 단백질의 아미노산 서열은 mRNA의 염기서열에 따른다.	6. 하나의 염기 치환은 단백질에서 하나의 아미노산에만 영향을 준다.

3. 다음의 유전암호 모델에 따라 인공 mRNA 5′ ...GUGUGUGU... 3′를 번역할 경우, 어떻게 될 것인가?
   a. 2개 염기, 비중복적
   b. 2개 염기, 중복적
   c. 3개 염기, 비중복적
   d. 3개 염기, 중복적
   e. 4개 염기, 비중복적

4. 크릭과 브레너가 진행한 T4 *rIIB* 유전자의 재조합 실험에서 염기 하나의 결실 돌연변이(−)와 염기 하나의 삽

입 돌연변이(+)를 재조합한 결과를 아래에 표시한다. (DNA의 RNA-유사 서열을 나타낸다.)

야생형	5′ AAA AGT CCA TCA CTT AAT GCC 3′
돌연변이	5′ AAA GTC CAT CAC TTA ATG GCC 3′

a. 돌연변이 DNA에서 어느 지점에 + 돌연변이와 − 돌연변이가 일어났는가?

b. 이중 돌연변이에서 발생한 아미노산의 어떤 변화가 정상 바이러스를 만드는가?

c. 이중 돌연변이에서 야생형에 비해 아미노산이 다른데도, 정상 바이러스 표현형이 나타나는 이유를 설명하라.

5. 그림 8.4에 설명된 크릭과 브레너의 실험은 유전암호가 3개의 뉴클레오티드로 이루어졌다는 것을 보여준다. 다음 질문에 답하라.

a. 크릭과 브레너는 FC0 돌연변이 근처에서 두 번째 돌연변이가 일어나 FC0의 유전자 내 억제자로 작용하는 FC7을 얻었다. FC0 돌연변이체에 프로플라빈을 처리하여 얻은 돌연변이 중 *rIIB*$^+$ 기능을 보이는 다른 종류의 돌연변이에 대해 설명하라.

b. 문제 (a)에서 설명된 돌연변이와 FC7 같은 유전자 내 억제자 돌연변이를 어떻게 구분할 수 있는가?

c. FC7 돌연변이체를 재조합을 통해 FC0와 분리시킬 경우, 두 종류의 *rIIB*$^-$ 돌연변이 파아지가 생성된다. 하나는 FC7이고, 다른 하나는 FC0이다. 어떻게 FC7과 FC0를 구분할 수 있는가?

d. 그림 8.4c에 나타난 것처럼 다양한 조합의 결실(−) 혹은 삽입(+) 돌연변이들(++, −−, +++, −−−)을 어떻게 얻었는지 설명하라.

6. 인간 β-글로빈 유전자의 *Hbβ*^{S} 대립유전자(낫형적혈구세포 대립유전자)에서 글로빈 단백질의 6번째 아미노산인 글루탐산은 발린으로 바뀐다. *Hbβ*^{C} 대립유전자에서 β-글로빈 단백질의 6번째 아미노산 글루탐산은 세린으로 바뀐다. β-글로빈 유전자 지도에서 이 두 돌연변이의 순서는 어떻게 될 것인지 제시하라.

7. 다음 서열은 파아지 ϕX174의 *A* 유전자 일부와 *B* 유전자의 시작 부위를 나타낸다. 파아지 ϕX174의 일부 유전자는 중복된 번역틀을 사용한다. 예를 들어, *A* 유전자의 암호는 *B* 유전자의 암호 일부로 사용되며, 번역틀은 하나의 염기 차이로 진행된다. 다음 서열은 mRNA와 단백질 A 및 B의 코돈을 표시한 것이다.

```
aa#    5  6  7  8  9  10 11 12 13 14 15 16
A      AlaLysGluTrpAsnAsnSerLeuLysThrLysLeu
mRNA   GCUAAAGAAUGGAACAACUCACUAAAAACCAAGCUG
B               MetGluGlnLeuThrLysAsnGlnAla
aa#              1  2  3  4  5  6  7  8  9
```

다음의 아미노산(aa)에 변화가 나타나면, mRNA에 일어나는 서열 변화와 다른 단백질 서열에 나타나는 변화의 결과를 제시하라.

a. 단백질 A의 10번째 자리인 Asn이 Tyr로 변화

b. 단백질 A의 12번째 자리인 Leu이 Pro로 변화

c. 단백질 B의 8번째 자리인 Gln이 Leu로 변화

d. 중복되는 번역틀은 매우 드물게 나타난다. 중복 번역틀이 나타나는 경우에도 중복의 정도는 그리 길지 않다. 그 이유를 설명하라.

8. 어떤 단백질의 아미노산 서열이 결정되었다.

```
N ... Gly Ala Pro Arg Lys ... C
```

돌연변이 유발물질 프로플라빈을 처리하여, 이 단백질을 암호화하는 유전자에 돌연변이를 유발시켰다. 돌연변이 단백질을 분리하여 아미노산 서열을 분석한 결과, 단백질의 N 말단에서 Gly까지의 아미노산 서열은 정상 단백질과 동일하며, 이후의 아미노산 서열은 다음과 같이 바뀌었다.

```
N ... Gly His Gln Gly Lys ... C
```

아미노산 서열을 이용하여 이 단백질을 암호화하는 정상 유전자의 14개 뉴클레오티드 서열을 결정할 수 있다. 서열은 무엇인가?

9. 그림 8.5의 결과를 보면, 많은 합성 RNA는 AUG 개시코돈이 없는데도 시험관 시스템에서 폴리펩티드로 번역된다. 이 실험이 가능했던 이유는 니렌버그가 세포보다 훨씬 높은 농도의 Mg^{2+} 조건에서는 리보솜이 RNA의 어느 위치에서도 번역을 개시할 수 있다는 것을 발견했기 때문이다. 높은 혹은 낮은 농도의 Mg^{2+} 조건에서 다음의 합성 mRNA를 시험관 번역 시스템에서 반응시킬 경우 결과물을 예측하라.

a. 폴리-UG(UGUGUGUG...)

b. 폴리-CAUG(CAUGCAUGCAUG...)

c. 폴리-GUAU(GUAUGUAUGUAU...)

10. 유전암호에 있는 아미노산-지정 코돈 중 점돌연변이에 의해 정지코돈을 생성할 수 있는 것을 모두 제시하라.

11. 그림 8.5에 나타난 것처럼 정해진 서열의 RNA 분자를 합성할 수 있는 기술이 정립되기 전에 무작위의 서열을 지닌 합성 mRNA를 이용하여 유사한 실험을 진행하였다. 예를 들어 U와 G로만 구성된 RNA를 시험관에서 합성할 경우, 무작위 서열을 가지게 될 것이다. UTP가 GTP보다 3배 더 많은 상태에서 무작위의 RNA 서열을 합성한 후 시험관 번역 시스템에서 번역을 진행한다고 가정하자.
   a. RNA에는 몇 종류의 서로 다른 코돈이 존재할 것인가?
   b. 합성된 폴리펩티드에서 몇 종류의 서로 다른 아미노산이 발견될 것인가?
   c. 문제 (a)의 답과 문제 (b)의 답의 개수가 다른 이유는 무엇인가?
   d. 문제 (a)에 있는 코돈 각각을 얼마나 자주 발견할 것이라 예측되는가?
   e. 폴리펩티드에서 각각의 아미노산의 비를 예측하라.
   f. 만약 유전암호표의 지식 없이 이 실험을 수행했을 경우, 실험 결과로부터 무엇을 알 수 있는가?

12. 어떤 단백질의 아미노산 서열 중 일부이다.

N . . . Ala-Pro-His-Trp-Arg-Lys-Gly-Val-Thr . . . C

이 단백질의 돌연변이를 연구하던 중, 위 아미노산 서열 내부에서 종결이 일어나 정상보다 짧아진 돌연변이 단백질을 발견하였다. 그 중에는 His 아미노산이 마지막인 경우도 있다.
   a. DNA에 어떤 하나의 염기 변화가 일어나면, His 아미노산이 단백질의 마지막 서열이 되는지 제시하라.
   b. 하나의 염기쌍 변화로 이 단백질의 번역이 미리 종결될 수 있는 또 다른 자리가 있는지 분석하라.

13. 인간의 특정 효소의 정상형과 돌연변이형을 연구하던 중, 흥미로운 돌연변이를 발견하였다. 정상 효소는 227개 아미노산으로 구성되는데, 돌연변이 효소는 여분의 85개 아미노산을 더 포함하여 312개 아미노산으로 구성된다. 여분의 아미노산은 정상 서열 중간 부위에 위치하며, 어떤 방식으로도 정상 단백질 서열에 해당하지 않는다. 이 현상에 대해 가능한 설명들을 제시하고, 각 설명을 구분하라.

14. 다음 서열에 대해 정지코돈 없는 가능한 번역틀이 몇 개인지 분석하라.

```
5′... CTTACAGTTTATTGATACGGAGAAGG...3′
3′... GAATGTCAAATAACTATGCCTCTTCC...5′
```

15. a. 그림 8.3에서, 물리적 지도(염기쌍 수)와 유전자 지도(지도 단위)는 정확하게 일치하지 않는다. 이러한 차이가 생기는 이유를 설명하라.
   b. 그림 8.3에서 어느 부위가 가장 높은 혹은 가장 낮은 재조합 빈도를 보이는가?

16. 야노브스키는 여러 종류의 *trpA*$^-$ 돌연변이체를 분리하였다(그림 8.3).
   a. 평판 복제법을 통해 어떻게 *trp*$^-$ 영양요구주를 규명할 수 있었는지 설명하라.
   b. 트립토판 생합성 경로에서 *TrpA* 효소의 기능이 알려져 있다고 가정할 때, 야노브스키는 어떻게 *trp*$^-$ 영양요구주 중에서 *trpA*$^-$ 돌연변이체를 규명할 수 있었을까? (힌트: 7장에서 배운 비들과 테이텀의 "한 유전자, 한 효소" 실험 참조)

17. tRNA의 워블 염기는 안티코돈의 5′ 염기라는 점을 기억하고, 다음 질문에 답하라.
   a. 인간의 tRNA에서 워블 위치에서 원래 A로 전사되는 모든 가능한 안티코돈 서열을 제시하라. (이러한 A는 항상 이노신(I)으로 변형된다고 가정하자.)
   b. 인간의 tRNA에서 워블 위치에서 원래 U로 전사되는 모든 가능한 안티코돈 서열을 제시하라. (이러한 U는 항상 변형된다고 가정하자.)
   c. 문제 (b)에서 제시한 모든 안티코돈의 워블 U가 어떻게 변형되어야 유전암호에 여전히 부합될 수 있을까?
   d. 인간의 유전체에 이론적으로 최소한 존재해야 하는 tRNA 유전자의 종류는 몇 개일까? (xo^{5}U가 오직 A, G 혹은 U와 염기쌍을 형성한다고 가정하자.)

18. 다음은 개시코돈부터 정렬된 mRNA의 일부 서열과 여러 돌연변이체의 해당 부분에 대한 서열을 함께 명시하였다.

정상	AUGACACAUCGAGGGGUGGUAAACCCUAAG...
돌연변이체 1	AUGACACAUCCAGGGGUGGUAAACCCUAAG...
돌연변이체 2	AUGACACAUCGAGGGUGGUAAACCCUAAG...
돌연변이체 3	AUGACGCAUCGAGGGGUGGUAAACCCUAAG...
돌연변이체 4	AUGACACAUCGAGGGGUUGGUAAACCCUAAG...
돌연변이체 5	AUGACACAUUGAGGGGUGGUAAACCCUAAG...
돌연변이체 6	AUGACAUUUACCACCCCUCGAUGCCCUAAG...

a. 각 돌연변이체에 나타난 돌연변이의 종류와 변화가 일어난 부분의 아미노산 서열을 제시하라.

b. 다음 중 어느 돌연변이체가 EMS (ethylmethane sulfonate, 그림 7.14 참조) 처리에 의해 복구될 수 있는가? 프로플라빈 처리로 복구될 수 있는 돌연변이체는 무엇인가?

19. 157개 아미노산으로 구성된 정상 단백질이 프로플라빈 처리로 인해 110개 아미노산으로 구성된 폴리펩티드를 암호화하는 돌연변이 대립유전자가 생성된다. 이 돌연변이 대립유전자에 프로플라빈을 과도하게 더 처리한 후, 수많은 유전자 내 억제자 돌연변이를 찾아낼 수 있다. 이들 유전자 내 억제자 돌연변이를 분석하였더니, N 말단에서부터 첫 번째 돌연변이 지점 사이의 서열에서만 억제 돌연변이가 관찰되었고, 첫 번째 돌연변이 지점에서 C 말단 사이의 서열에서는 관찰되지 않았다. 이 현상에 대해 적절한 설명을 제시하라.

20. 특정 박테리아 종에서 피로리신(pyrrolysine, Pyl)은 유전암호의 독특한 사용에 따라 폴리펩티드 합성에 참여하므로 간혹 22번째 아미노산이라고도 한다. 특정 유전자의 번역틀 중앙에 위치한 UAG 코돈이 매우 드물게 피로리신을 지정한다. 이 박테리아는 피로리신 tRNA 합성효소를 가지며, 안티코돈 5′ CUA 3′를 지닌 tRNA에 피로리신을 결합시킨다. 피로리신이 단백질에 삽입되기 위해 피로리신-충전형 tRNA는 번역이 끝나기 전에 리보솜에 도착해야 한다.

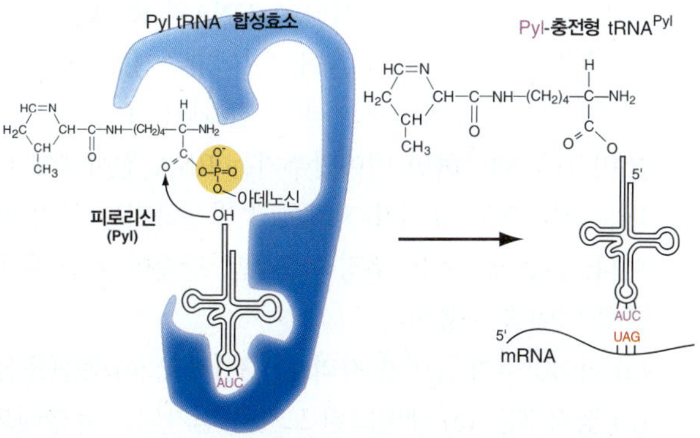

a. 피로리신을 지정하는 기작이 셀레노시스테인의 경우와 어떤 면에서 차이를 보이는지 설명하라.

b. 피로리신 지정은 정지코돈 억제 현상(그림 8.34)과 어떤 점에서 유사한지 설명하라.

8.2절

21. 상보적 염기쌍을 요구하는 전사 단계에 대해 설명하라.

22. 6장과 7장의 내용에 따르면, DNA 중합효소로 인한 실수는 복제 동안의 교정이나 복제 후 DNA 복구 시스템에 의해 정상으로 복원된다. DNA 복제의 실수율은 대략 1×10^{-10}, 즉 1천만 염기쌍 중 1번의 실수가 발생한다. RNA 중합효소도 교정능을 가지지만 전사의 실수율은 다소 높다(1×10^{-4}, 1만 염기쌍 중 1번의 실수). 생물체는 왜 DNA 복제보다 더 높은 실수율을 보이는 전사 과정을 허용하는가?

23. 유전자 *F*의 암호화 서열은 다음 그림의 왼쪽에서 오른쪽으로 읽는다. 유전자 *G*의 암호화 서열은 오른쪽에서 왼쪽으로 읽는다. 어떤 DNA 가닥(위 혹은 아래)이 각 유전자의 전사에 주형으로 작용하는가?

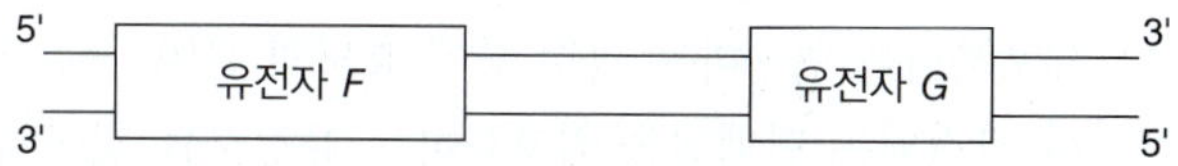

24. 인간의 어떤 유전자의 DNA와 이로부터 전사된 mRNA를 함께 섞어 RNA와 DNA가 중합체를 형성하도록 하면 전자 현미경상에서 어떤 결과를 얻을 것인지 예측하라. 결과 그림에 두 가닥의 DNA(주형 및 RNA-유사 가닥)와 mRNA를 모두 포함시켜야 한다.

8.3절

25. 상보적 염기쌍 형성을 요구하는 번역 단계에 대해 기술하라.

26. 다음 그림에 해당 항목을 정확하게 표기하라. 어떤 항목은 나타나지 않는다. (a) DNA 주형 가닥의 5′ 말단; (b) mRNA의 3′ 말단; (c) 리보솜; (d) 촉진유전자; (e) 코돈; (f) 아미노산; (g) DNA 중합효소; (h) 5′ UTR; (i) 중심립; (j) 인트론; (k) 안티코돈; (l) N 말단; (m) 충전형 tRNA의 5′ 말단; (n) RNA 중합효소; (o) 비충전형 tRNA의 3′ 말단; (p) 뉴클레오티드; (q) mRNA 모자; (r) 펩티드 결합; (s) P 자리; (t) 아미노아실-tRNA 합성효소; (u) 수소결합; (v) 엑손; (w) 5′ AUG; (x) 잠재적인 "워블" 현상

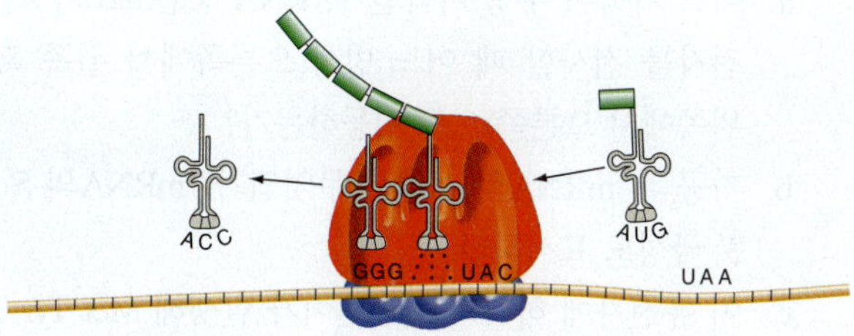

27. 문제 26번의 그림에 대한 질문이다.
   a. 어떤 과정을 묘사하는가?
   b. 그림에서 성장 중인 사슬에 다음으로 첨가되는 단위 분자는 무엇인가? 성장 중인 사슬의 어느 쪽 말단에 첨가될 것인가? 사슬이 완료될 때까지 몇 개의 단위 분자가 첨가될 것인가?
   c. 다른 단위 분자의 종류가 무엇인지 알 수 있는가?
   d. 이 그림에 원핵세포와 진핵세포의 차이를 나타낼 수 있도록 무엇을 추가할 수 있는가?

8.4절

28. 원핵생물의 DNA 서열상에서 유전자를 찾는 방법은 가장 긴 개방 번역틀(중간에 정지코돈이 나타나지 않는 완전한 번역틀)을 찾아내는 것이다. 진핵생물에서는 이러한 방법이 어떤 문제점을 가지는가?

29. 세포분열을 연구하는 과정 중에 효모의 분열 방추사에서 발견되는 단백질을 암호화하는 유전자를 찾아내었다. 이 유전자는 477개의 아미노산으로 구성된 단백질을 암호화한다.
   a. 효모의 이 유전자가 단백질 암호화 서열로 가지는 최소한의 뉴클레오티드 길이는 얼마인가?
   b. 이 유전자의 암호화 부분에 해당되는 엑손의 DNA 가닥 일부 서열이 다음에 표시되어 있다. 이 유전자의 해당 부분에 대한 mRNA 서열은 무엇인가? 서열에 5′ 및 3′에 대한 방향성도 표시하라.

```
5′ GTAAGTTAACTTTCGACTAGTCCAGGGT 3′
```

   c. 효모의 분열 방추사 단백질에서 해당 부분의 아미노산 서열은 무엇인가?

30. 작은 단백질 Met Tyr Arg Gly Ala을 암호화하는 진핵생물의 유전자 서열이 다음에 표시되어 있다. 다음 서열 전체가 주형 가닥으로 사용되어 mRNA로 전사된다.

```
5′ CCCCTATGCCCCCCTGGGGGAGGATCAAAACACTTACCTGTACATGGC 3′
3′ GGGGATACGGGGGGACCCCCTCCTAGTTTTGTGAATGGACATGTACCG 5′
```

   a. 어느 가닥이 주형 가닥인가? RNA 중합효소가 이 유전자를 전사할 때 어느 방향(오른쪽에서 왼쪽 혹은 왼쪽에서 오른쪽)으로 이동하는가?
   b. 가공 후 mRNA의 서열은 무엇인가? mRNA의 5′ 및 3′ 극성도 표시하라.
   c. 이 유전자에 하나의 돌연변이가 발생해 Met Tyr Thr 단백질이 합성되었다. 이 돌연변이 유전자가 만들어 내는 mRNA 서열은 무엇인가?

31. 9장에서 다룰 재조합 DNA기술을 이용하여 어떤 종의 유전자를 분리하여 효모 세포의 핵 내 염색체에 주입할 수 있다. 인간의 유전자 DNA를 분리하여 효모 세포 염색체에 주입하면, 이 재조합 효모 세포는 인간 단백질을 만들어낸다. 그러나 효모의 미토콘드리아 염색체에 존재하는 유전자 DNA를 분리하여 효모의 핵 내 염색체에 주입하면, 동일한 생물체의 유전자를 주입했는데도 효모는 해당 유전자의 단백질을 합성할 수 없다. 왜 그런지 설명하라. 만일 이 재조합 효모 세포가 해당 단백질을 합성하려면 어떠한 과정이 필수적으로 요구되는가?

32. a. 그림 8.2의 유전암호표는 인간과 박테리아 모두에 적용된다. 인간의 인슐린을 암호화하는 유전자 DNA를 순수 분리한 후, 대장균에 형질 전환시켰다고 가정하자. 인간 인슐린 유전자를 가진 박테리아에서 왜 인슐린을 만들 수 없는가?
   b. 제약회사에서 인간 인슐린을 만드는 대장균 세포를 만들어낼 수 있었다; 대장균 세포로부터 순수 분리한 인간 인슐린을 당뇨병 환자에게 사용한다. 제약회사는 어떻게 인슐린을 만드는 “박테리아 공장”을 제조할 수 있었을까?

33. 진핵생물의 유전자 서열에 대한 다음 용어를 유전체에서 배열되어 있는 순서대로, 그리고 RNA 중합효소가 이동하는 순서대로 나열하라. 유전자의 인트론은 1개이며, 어떤 용어는 약자로 표시되고, DNA와 RNA를 구분하지 않고 표현된다. 예를 들어, “이어맞추기 공여자 자리”는 “이어맞추기 공여자 자리로 전사되는 DNA 서열”을 의미한다. 왜냐하면 이어맞추기는 RNA 전사체에 나타나는 현상으로 유전자 자체에서 발생하지는 않기 때문이다. 유전학자들은 부정확하지만, 단순한 표현을 위해 종종 약어를 사용한다.
   (a) 이어맞추기 공여자 자리; (b) 3′ UTR; (c) 촉진유전자; (d) 정지코돈; (e) 메틸화된 모자가 첨가되는 뉴클레오티드; (f) 개시코돈; (g) 전사 종결자; (h) 이어맞추기 수용자 자리; (i) 5′ UTR; (j) 폴리-A 첨가 자리; (k) 이어맞추기 분지점

34. 문제 33번에서 제시한 진핵생물의 유전자 서열에 관한 질문이다.
   a. 제시된 용어 중 생략해서 표현된 서열은 무엇인가?

(즉, 유전자 자체라기보다 유전자의 1차 전사체 혹은 mRNA에서 나타나는 서열은 무엇인가?)

b. 제시된 용어 중 유전자의 첫 번째 엑손(혹은 이 엑손으로부터 전사된 RNA)에서 완전히 혹은 부분적으로 나타나는 서열은 무엇인가? 인트론에서 나타나는 서열은 무엇인가? 두 번째 엑손에서 나타나는 서열은 무엇인가?

35. 사람의 렌즈 크리스탈린 β2 유전자의 구성에 대한 설명이다. 숫자는 각 부분의 뉴클레오티드 쌍을 의미한다. 단순화를 위해 선택적 이어맞추기는 발생하지 않는다고 가정한다.

5′ UTR	174
첫 번째 엑손	119
첫 번째 인트론	532
두 번째 엑손	337
두 번째 인트론	1431
세 번째 엑손	208
세 번째 인트론	380
네 번째 엑손	444
네 번째 인트론	99
다 섯번째 엑손	546
3′ UTR	715

렌즈 크리스탈린 β2 유전자, 1차 전사체 및 유전자 산물에 관한 다음 질문에 답하라. "어디에서" 라고 묻는 질문은 유전자 구성에 대한 설명에 나타난 11개의 요소 중 하나를 답하거나 "없음" 이라고 하면 된다. 폴리-A 꼬리는 150개의 A를 지닌다고 가정한다.

a. 렌즈 크리스탈린 β2 유전자의 크기는 몇 염기쌍인가?
b. 렌즈 크리스탈린 β2 유전자의 1차 전사체의 크기는 몇 염기쌍인가?
c. 렌즈 크리스탈린 β2 유전자의 성숙 mRNA의 크기는 몇 염기쌍인가?
d. 개시코돈을 암호화하는 염기쌍을 어디에서 찾을 수 있는가?
e. 정지코돈을 암호화하는 염기쌍을 어디에서 찾을 수 있는가?
f. 5′ 모자를 암호화하는 염기쌍을 어디에서 찾을 수 있는가?
g. 촉진유전자를 구성하는 염기쌍을 어디에서 찾을 수 있는가?
h. 어떤 인트론이 3′ UTR을 방해하는가?
i. C 말단을 암호화하는 서열을 어디에서 찾을 수 있는가?
j. 폴리-A 꼬리를 암호화하는 서열을 어디에서 찾을 수 있는가?
k. 유전자의 암호화 서열은 몇 염기쌍인가?
l. 렌즈 크리스탈린 β2 단백질은 몇 개의 아미노산으로 구성되는가?
m. 어떤 인트론이 코돈을 방해하는가?
n. 어떤 인트론이 코돈의 사이에 위치하는가?
o. 폴리-A 꼬리가 첨가되는 자리를 어디에서 찾을 수 있는가?

여러 사람의 렌즈 형성 세포에서 정상 렌즈 크리스탈린 β2 단백질과 동일한 N 말단을 지녔으나 다른 C 말단을 가진 소량의 폴리펩티드를 발견하였다고 하자. 폴리펩티드는 114개 아미노산으로 구성되며, 이 중 94개는 정상 단백질과 동일하나 20개의 아미노산은 관련 없는 "junk" 이다. 어떤 돌연변이도 114개 아미노산으로 구성된 이 단백질 생산에 관여하지 않는다.

p. 이 단백질이 생성되는 과정에 대해 가설을 세워보라. 가설에서는 94개의 아미노산이 정상 단백질과 동일한 이유에 대해 설명할 수 있어야 한다.
q. 114개 아미노산으로 구성된 이 단백질은 왜 평균 20개의 아미노산 junk를 가지는지 예측하라.

8.5절

36. 다음에 제시된 돌연변이는 매우 심각한 효과, 중간 효과, 혹은 효과 없음 중 어느 것에 해당하는지 예측하라.

a. 단백질의 N 말단 근처의 아미노산을 암호화하는 서열에서 발생한 정지코돈 돌연변이
b. 단백질의 C 말단 근처의 아미노산을 암호화하는 서열에서 발생한 정지코돈 돌연변이
c. 단백질의 N 말단 근처의 아미노산을 암호화하는 서열에서 발생한 틀이동 돌연변이
d. 단백질의 C 말단 근처의 아미노산을 암호화하는 서열에서 발생한 틀이동 돌연변이
e. 침묵 돌연변이
f. 보존적 과오 돌연변이
g. 단백질의 활성부위에 영향을 주는 비보존적 과오 돌연변이
h. 단백질의 활성 부위가 아닌 자리에 나타난 비보존적 과오 돌연변이

37. 영돌연변이는 생물체에서 특정 단백질을 완전히 부재시키므로 해당 단백질의 기능을 이해하는 데 매우 유용하다. 그러나 어떤 돌연변이가 단백질의 부재 상태를 유발

하는가를 결정하는 것은 쉬운 일이 아니다.

a. 이배체 개체에서 영돌연변이 대립유전자를 확인하기 위해 다음의 테스트가 종종 사용된다: 만일 어떤 돌연변이 대립유전자에 대해 동형접합자인 개체에서 보이는 비정상적 표현형이 이형접합자(한 염색체에는 동일 돌연변이 대립유전자를 가지고, 상동 염색체에는 그 유전자가 완전히 결실된)의 표현형과 동일하다면, 그 돌연변이는 영돌연변이라 할 수 있다. 이 테스트의 이론적 배경을 설명하라. 테스트의 결과를 해석하는 데 어떤 제한이 존재하는가?

b. 어떤 대립유전자가 특정 유전자의 결실(부재) 상태를 유발하는지를 확인하는 다른 방법을 제시하라.

38. 다음 목록은 60개 이상의 엑손을 지닌 어떤 유전자에서 발견되는 여러 종류의 돌연변이이다. 이 유전자는 2532개 아미노산으로 구성된 매우 큰 단백질을 암호화한다. 각 돌연변이가 mRNA의 크기나 양 혹은 단백질의 크기나 양에 어떠한 측정 가능한 변화를 유발할 수 있는지를 결정하라. (측정 가능한 변화는 정상치의 1%보다 큰 변화여야 한다.)

a. Lys576Val (576번째 아미노산이 리신에서 발린으로 변화)

b. Lys576Arg

c. AAG576AAA (576번째 코돈이 AAG에서 AAA로 변화)

d. AAG576UAG

e. Met1Arg (이 돌연변이에 대해 최소한 두 가지 가능한 시나리오가 있다)

f. 촉진유전자 돌연변이

g. 1841번째 코돈에 염기쌍 하나 삽입

h. 779번째 코돈의 결실

i. IVS18DS, G–A, +1 (이 돌연변이는 유전자의 18번째 인트론의 첫 번째 뉴클레오티드가 바뀌어, 이어맞추기가 일어나지 않아 엑손 19가 포함되지 않고 엑손 18과 엑손 20이 연결된다.)

j. 폴리-A 첨가 자리의 결실

k. 5′ UTR에서 G가 A로 치환

l. 6번째 인트론에 1000개 염기쌍의 삽입(이 삽입은 이어맞추기를 변화시키지 않는다.)

39. 문제 38번에서 제시한 돌연변이에 대한 질문이다.

a. 어느 돌연변이가 영돌연변이인가?

b. 어느 돌연변이가 정상형에 대해 열성으로 작용할 것인가?

c. 어느 돌연변이가 정상형에 대해 우성으로 작용할 것인가? 왜 그런지 설명하라.

40. 메티오닌 영양요구 돌연변이(met^-)를 지닌 반수체 효모 세포 100만 개를 메티오닌이 없는 배지에서 배양하였더니, 5개의 콜로니가 자랐다. 이 콜로니는 아마 met^- 돌연변이가 원래 서열로 역돌연변이가 일어나 복원된 것으로 보인다. 그러나 어떤 종류의 복원은 다른 유전자의 돌연변이로 기존 돌연변이의 효과를 억제해서 나타나기도 한다. 생성된 5개의 콜로니가 met^- 돌연변이의 정확한 역돌연변이인지 혹은 다른 유전자의 억제 돌연변이인지를 어떻게 알아낼 수 있는지 설명하라.

41. 정지코돈 억제자 $tRNA^{Tyr}$은 티로신 코돈을 인식할 수 없는 돌연변이 안티코돈을 가졌음에도 불구하고 왜 Tyr tRNA 합성효소에 의해 충전될 수 있는가? (힌트: 그림 8.19 참조)

42. 돌연변이체 *B. adonis* 박테리아는 정지코돈 억제자 tRNA를 가지고 있으며, 이 tRNA는 다른 정지코돈에는 작용하지 않으면서 UAG 코돈에만 글루타민을 지정한다.

a. 억제자 tRNA의 안티코돈은 무엇인가? 5′ 및 3′ 말단도 표시하라.

b. 정상 $tRNA^{Gln}$을 암호화하는 유전자에 발생한 억제자 돌연변이가 하나의 염기쌍 변화라고 가정하면, 정상 유전자의 주형 가닥 서열은 무엇인가?

c. 정상 *B. adonis* 박테리아 세포에는 최소 몇 개의 $tRNA^{Gln}$ 유전자가 존재할 것인가? 해당 안티코돈도 제시하라.

43. 박테리아에서 아미노산 서열이 밝혀진 효소의 유전자에 발생하는 돌연변이를 연구하고 있다. 정상 단백질에서, N 말단에서 다섯 번째 아미노산은 프롤린이다. 비정상 효소를 가진 돌연변이체 중 하나는 다섯 번째 위치에 세린을 가진다. 이 돌연변이체에 추가적인 돌연변이를 유도하여 3개의 서로 다른 균주를 얻는다. 균주 A는 다섯 번째 위치에 프롤린을 가지며, 정상처럼 작용한다. 균주 B는 다섯 번째 위치에 트립토판을 가지며, 역시 정상 단백질 기능을 보인다. 균주 C는 어떤 온도에서도 효소 기능이 나타나지 않으며, 효소와 유사한 단백질도 생성하지 못한다. 균주 C에 돌연변이를 추가로 유도하여 효소 기능을 보이는 C-1 균주를 얻는다. C-1 균주에서 효소 기능의 회복을 가져 온 두 번째 돌연변이는 효소의 해당

유전자 자리에 위치하지 않는다.

a. 정상 유전자의 다섯 번째 자리에 해당되는 두 가닥의 뉴클레오티드 서열은 무엇인가?

b. 균주 B는 왜 정상 표현형을 보이는가? 단백질의 다섯 번째 위치에 세린을 가진 경우에는 왜 효소가 기능을 보이지 않는가?

c. 균주 C에는 어떤 종류의 돌연변이가 발생한 것인가?

d. 균주 C-1에 발생한 두 번째 돌연변이는 무엇인가?

44. 다른 종류의 억제자 돌연변이는 과오 돌연변이를 억제하는 형태이다.

a. 과오 억제자 돌연변이를 지닌 박테리아는 정지코돈 억제자 돌연변이를 지닌 박테리아보다 일반적으로 성장이 느린 이유가 무엇인가?

b. 단백질 암호화 서열에 발생한 과오 돌연변이를 억제하기 위해 유전자 발현 요소를 암호화하는 유전자에 돌연변이가 일어난다고 할 경우, 어떤 종류의 돌연변이인지 예측하라.

45. 이 장에서 소개되지 않은 다른 종류의 억제자 돌연변이는 틀이동 돌연변이를 억제하며, tRNA 유전자에 돌연변이가 나타난다. 하나의 염기쌍 삽입으로 유발된 틀이동 돌연변이를 억제하기 위해 어떤 형태의 tRNA 돌연변이가 일어나야 할 것인가?

46. 하나 이상의 정지코돈을 억제할 수 있는 정지코돈 억제자 tRNA가 최소한 하나 존재한다.

a. 이 억제자 tRNA의 안티코돈은 무엇인가?

b. 어떤 정지코돈을 억제하는가?

c. 정지코돈 억제자 tRNA가 운반하는 아미노산은 무엇일지 예측하라.

47. 박테리아에서 나타나는 UAG 정지코돈의 억제자 돌연변이를 연구 중이다. 한 종의 박테리아에서 두 종류의 돌연변이체를 선별하였다. 하나는 $tRNA^{Tyr}$ 유전자이고, 나머지는 $tRNA^{Gln}$ 유전자에 돌연변이가 일어난 경우이다. 그러나 다른 종의 박테리아에서는 어떤 노력에도 이러한 정지코돈 억제자 돌연변이체를 찾지 못하였다. 이 두 종에서 나타나는 이러한 차이에 대해 설명하라.

48. 그림 8.8에 나타난 돌연변이 파아지(m^1-m^6)를 su^- 돌연변이 박테리아에서 배양할 경우, 야생형 M 단백질처럼 기능하는 완전한 길이의 M 단백질을 생성한다.

a. su^- 박테리아의 어떤 유전자에 돌연변이가 일어났는지 예측하라.

b. m^- 파아지를 su^- 박테리아에서 증식시킬 경우, 돌연변이 m 대립유전자에 의해 생성된 단백질은 야생형 M 단백질과 동일하지 않았다. 이들은 어떻게 다른지 설명하라.

9장

유전체의 디지털 분석

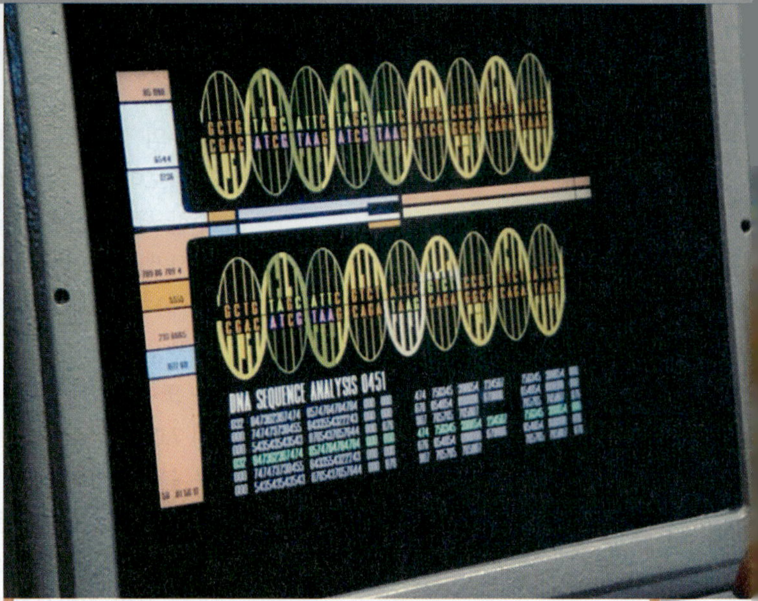

1989년 방영된 〈스타 트렉: 넥스트 제너레이션(Star Trek: The Next Generation)〉이라는 TV 드라마에서 가상의 DNA 서열 사진이 들어 있는 컴퓨터 화면이 상영되었을 당시에는 인간 유전체의 서열분석은 공상과학소설에서나 생각할 수 있는 꿈같은 일처럼 보였다. 그러나 놀랍게도 1990년에 시작된 인간 유전체 프로젝트는 15년이 채 안 걸려 목표를 이루었다.

개요

19세기 중반 이후에, 다음의 세 가지 발전이 유전학 분야를 근본적으로 변화시켜왔다: 1860년대 발견한 멘델의 유전 원리, 1953년에 이루어진 왓슨과 크릭의 DNA 구조의 규명, 그리고 1990년부터 현재까지 진행되어 온 인간 유전체 프로젝트. 이 장에서는 인간 유전체 프로젝트와 그것에 의해서 시작된 **유전체학**(genomics; 유전체에 관한 학문)에 대해서 논의할 것이다.

인간 유전체 프로젝트(Human Genome Project)는 여러 모델 생물들의 유전체와 함께 인간 유전체의 염기서열을 결정하고 분석하기 위한 사업으로 계획되어 착수되었다. **유전체**(genome)는 특정 생물의 염색체의 DNA 염기서열에 들어 있는 총 디지털 정보이다. 반수체 인간 유전체는 약 30억 개의 뉴클레오티드 쌍을 갖고 있다.

인간 유전체 프로젝트가 시작되기 전에 많은 생물학자들은 유전체가 매우 크기 때문에 유전체의 염기서열분석은 먼 훗날에나 이룰 수 있는 공상과학소설로 생각하였다. 그럼에도 불구하고, 일부 과학자들은 방대한 유전체의 염기서열 자료를 수집하고 저장하고 분석할 수 있는 계산 도구들뿐만 아니라 매우 빠르고 정확한(고속처리) 자동화된 DNA 서열분석 방법들이 개발될 것으로 예견되었다. 이와 같은 설득에 힘입어 미국 정부의 연구기관들은 인간 유전체의 서열분석을 완성하기 위한 15년 프로젝트에 30억 달러를 지원하기로 1990년에 합의하였다. 또한 국제적으로 여러 연구기관들이 인간 유전체 프로젝트에 참여하였다.

놀랍게도, 연구자들은 2001년 2월에 인간 유전체 염기서열의 초안을 작성할 수 있었다. 초안의 염기서열은 약간의 공백이 있었고, 오차율이 0.01%로 만족할만한 수준의 정확도는 갖지 못했다. 유전체의 97%를 포함하는 정확한 염기서열은 처음 계획보다 2년 빠른 2003년에 완성되었다. 인간 유전체 프로젝트의 조기 달성은 우수한 서열결정 전략을 사용하여 훨씬 적은 비용으로 3년 안에 유전체의 초안을 완성하겠다는 민간 기업 셀레라(Celera)의 1998년의 발표가 자극이 되어 이루어졌다. 국제적으로도 지원을 받음으로써 유전체 사업은 수년 앞당겨 달성될 수 있다.

공공 및 민간이 수행한 인간 유전체 프로젝트에 의해 개발된 기술과 접근 방법은 또한 인간 이외의 많은 종의 유전체의 염기서열 분석을 촉진하였다. 2013년까지 7,000종 이상의 전(全)유전체 염기서열이 완성되었으며, 미생물과 식물학의 많은 분야에서 혁신을 일으켰다. 이와 같이 분석된 다른 생물들의 유전체 염기서열은 진화적으로 보존된 결정적인 유전자들과 DNA 요소를 동정함으로써 인간 유전체를 이해하는 데 중요한 도움을 준다.

이 장의 전반부에서는 과학자들이 커다란 유전체의 염기서열을 결정하기 위해 개발한 방법들을 알아볼 것이다. 사실 유전체의 염기서열 결정에 대한 일반적인 생각은 매우 복잡하지는 않다. 유전체 연구자는 먼저 유전체를 매우 작은 조각으로 절단한 다음 각각의 조각들을 분리하여 재조합 DNA 분자를 만들어 증폭(복제)한다. 그 다음에 과학자는 복제된 유전체 조각들의 염기서열을 결정한다. 마지막으로 컴퓨터 프로그램이 수백만 조각들의 염기서열을 분석하여 조각들로 절단되기 전의 전유전체의 염기서열로 재구성한다.

후반부에서는 유전체 염기서열의 분석을 다룰 것이다. 30억 뉴클레오티드의 구성 체계를 이해하기 위해서 인간 유전체 프로젝트로부터 알아낸 주요 특성들을 설명할 것이다. 여러분이 인간 유전체를 스스로 탐구할 수 있게 해 주는 인터넷 기반 자료의 소개가 이 장의 특징이다. 마지막으로, 인간 유전체의 염기서열이 혈액에서 산소의 운반을 방해하는 이상혈색소증(hemoglobinopathy)이라는 유전병을 이해하는 데 어떻게 도움을 주는지를 종합적인 예로 설명할 것이다.

9.1 DNA의 절단

학습목표

1. 제한효소를 사용한 DNA의 절단과 기계적인 DNA의 절단을 구별한다.
2. 어떤 제한효소는 점착성 말단 DNA 조각을 만들고 어떤 제한효소는 비점착성 말단 DNA 조각을 만드는지 알아본다.
3. 특정 제한효소로 인간 유전체 DNA를 절단하여 생성되는 DNA 조각의 평균 크기와 개수를 계산한다.
4. 젤 전기영동으로 DNA 조각들을 분리하는 과정을 요약한다.

적혈구 전구세포를 포함하여 사람의 모든 온전한 이배체 세포는 거의 똑같은 30억 개 염기 정보를 두 세트 갖고 있으며, 풀려진 DNA는 길이가 2 m에 이른다. 세포의 핵을 농구공 크기로 확대한다면 풀려진 DNA의 직경은 낚싯줄 두께정도 되고 길이는 200 km가 된다. 이것은 전체로서 연구하기에는 너무나 많은 물질이며 정보이다. 복잡성을 줄이기 위해 연구자들은 유전체를 먼저 개별적으로 분석할 수 있는 편한 크기로 절단한다. 절단하는 한 가지 방법은 유전체를 특정한 DNA 염기서열에서 절단하는 효소를 사용하는 것이며, 다른 방법은 기계적인 힘을 가하여 무작위로 유전체 DNA를 조각으로 절단하는 것이다. 두 방법 모두 그 쓰임이 있다.

제한효소는 유전체를 특정한 위치에서 절단한다

연구자들은 제한효소를 사용하여 세포의 핵으로부터 방출된 DNA를 특정한 위치에서 절단한다. 이러한 정확한 절단으로 다루기 용이한 DNA 조각들을 생성한다. 제한효소

(restriction enzyme)는 유전체 내의 특정한 염기서열을 인식하여 인식한 서열의 각 가닥에 있는 인산디에스테르 결합을 절단한다. 제한효소로 생성된 조각을 제한 단편(restriction fragment)이라고 하며, 자르는 과정을 절단(digestion)이라고 한다.

제한효소는 박테리아 세포에서 합성되기 때문에 박테리아 세포로부터 제한효소를 정제할 수 있다. 제한효소는 바이러스 DNA를 절단함으로써 원핵세포를 바이러스 감염으로부터 보호한다. 박테리아는 유전체 DNA의 제한효소 인식부위에 선택적으로 메틸기($-CH_3$)를 첨가함으로써 제한효소에 의해서 자신의 유전체가 절단되는 것을 막는다. 박테리아에서 분리한 제한효소들은 다른 생물에서 분리한 DNA의 4~8 bp 부위를 인식하여 인식부위나 인식 부위 근처를 절단한다. 100종류가 넘는 자주 사용하는 제한효소 중 10가지 제한효소의 이름과 인식부위 및 제한효소를 합성하는 박테리아 이름이 표 9.1에 열거되어 있다.

표 9.1 많이 사용하는 10가지 제한효소

효소	인식부위의 염기서열	생산하는 미생물
*Taq*I	5′ TCGA 3′ 3′ AGCT 5′	*Thermus aquaticus* YTI
*Rsa*I	5′ GTAC 3′ 3′ CATG 5′	*Rhodopseudomonas sphaeroides*
*Sau*3AI	5′ GATC 3′ 3′ CTAG 5′	*Staphylococcus aureus* 3A
*Eco*RI	5′ GAATTC 3′ 3′ CTTAAG 5′	*Escherichia coli*
*Bam*HI	5′ GGATCC 3′ 3′ CCTAGG 5′	*Bacillus amyloliquefaciens* H
*Hind*III	5′ AAGCTT 3′ 3′ TTCGAA 5′	*Haemophilus influenzae*
*Kpn*I	5′ GGTACC 3′ 3′ CCATGG 5′	*Klebsiella pneumoniae* OK8
*Cla*I	5′ ATCGAT 3′ 3′ TAGCTA 5′	*Caryophanon latum*
*Bss*HII	5′ GCGCGC 3′ 3′ CGCGCG 5′	*Bacillus stearothermophilus*
*Not*I	5′ GCGGCCGC 3′ 3′ CGCCGGCG 5′	*Nocardia otitidiscaviarum*

그림 9.1 제한효소는 DNA 분자를 특정 부위에서 절단하여 말단이 비점착성이거나 점착성인 제한 단편을 만든다. (a) *Rsa*I 제한효소는 비점착성 제한 단편을 만든다. (b) *Eco*RI은 5′ 점착성 말단을 만든다. (c) *Kpn*I은 3′ 점착성 말단을 만든다.

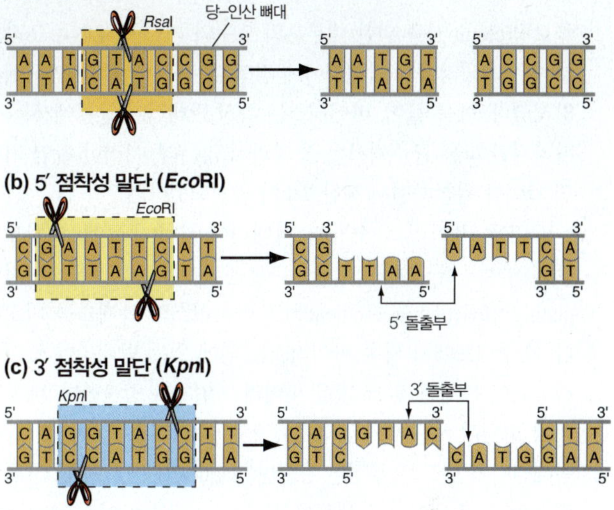

많은 제한효소의 인식부위는 4~6개 염기쌍이며, DNA 두 가닥의 5′ → 3′ 염기서열은 회문 대칭을 나타내기 때문에 대칭선을 중심으로 좌우의 염기쌍은 서로 거울상을 이룬다. 대부분의 제한효소가 인식부위를 절단하는 방법은 다음의 두 가지 중 하나이다. 대칭선에서 DNA 두 가닥을 모두 절단하여 비점착성 말단(blunt end)을 갖는 DNA 조각을 만들거나 대칭선의 좌우에 위치한 첫 번째 혹은 두 번째 염기를 절단하여 양쪽 끝 부분이 단일가닥인 DNA 조각을 만든다(그림 9.1). 유전학자들은 보통 이러한 튀어나온 단일가닥을 점착성 말단(sticky end)이라고 한다. 동일한 제한효소로 절단된 모든 DNA 조각들은 서로 염기쌍을 형성할 수 있기 때문에 단일가닥들은 점착성이 있다고 간주한다.

인식부위가 긴 제한효소는 더 긴 DNA 조각을 생산한다

연구자들은 연구 목적에 특정한 크기의 DNA 조각이 필요하다. 염색체의 구조 체계를 연구하기 위해서는 큰 DNA 조각이 필요하고, 특정 유전자 전체를 분석하기 위해서는 다소 작은 DNA 조각이 필요하고, DNA 염기서열 분석을 위해서는 작은 DNA 조각이 필요하다. 과학자들은 인식부위가 다른 제한효소를 사용하여 DNA를 절단하여 다양한 크기의 DNA 조각을 얻을 수 있다. 두 가지의 간단한 가정을 알면 특정 제한효소에 의해서 절단되는 DNA 조각의 평균 크기를 계산할 수 있다. 첫째, 네 가지 염기가 같은 비로 있어서 유전체가 25%는 A, 25%는 T, 25%는 G, 25%는 C로 구

유전학의 기술

과학에서의 뜻밖의 발견: 제한효소의 발견

클로닝(cloning)을 위한 대부분의 도구와 기술 및 DNA 조각의 분석은 박테리아와 박테리아에 감염하는 바이러스의 연구에서 밝혀졌다. 예를 들어, 바이러스는 특정 박테리아 균주에서는 잘 자라지만 다른 균주에서는 잘 자라지 않는다. 이러한 감염 기작의 차이를 관찰하면서 제한효소가 발견되었다.

감염된 바이러스 숫자와 박테리아 숙주세포에서 복제된 후 숙주세포를 용해시켜 빠져나오는 바이러스의 숫자의 비인 plating 효율(plating efficiency)로 바이러스의 복제율을 비교한다. 숙주세포에서 나온 바이러스는 옆에 있는 박테리아에 다시 감염되어 복제된 후 더 많은 바이러스 입자를 방출한다. 배양접시에 코팅된 세균밭에 감염성이 높은 바이러스를 뿌리면 죽은 박테리아가 만드는 투명한 용균반(plaque, 플라크)이 생긴다(그림 7.24 참조). 대장균 세포에서 자라는 람다 바이러스(lambda virus)의 plating 효율은 약 1.0인데(그림 A.1) 이것은 100개의 바이러스 입자가 대장균 C (*E. coli* C) 박테리아의 세균밭 위에 약 100개의 용균반을 만드는 것이다.

동일한 바이러스의 대장균 K12 (*E. coli* K12) 박테리아에서의 plating 효율은 0.00001이다. 박테리아가 감염한 바이러스의 성장을 억제하는 능력을 제한(restriction)이라고 한다.

제한은 완벽하지는 않다. *E. coli* K12에서 람다 바이러스는 거의 번식하지 못하지만 일부 세포 안에서 바이러스를 복제한다. 복제되어 방출된 바이러스를 *E. coli* K12에 감염시키면 plating 효율은 거의 1.0이다. 박테리아 숙주세포에서 방출된 바이러스가 같은 숙주세포에 감염되어 다음 세대에서 더 잘 자라는 현상을 **수정**(modification)이라고 한다.

그렇다면 과연 어떤 기작으로 바이러스를 제한하고 수정하는가? 복제가 제한된 바이러스 DNA는 여러 조각으로 절단되고 완전히 분해된다(그림 A.2). 이러한 작용을 담당하는 효소는 핵산내부가수분해효소(endonuclease)로 밝혀졌다. 이 효소는 바이러스의 이중가닥 DNA의 특정 염기서열의 인산디에스테르 결합을 절단한다. 바이러스 DNA의 생물학적 활동이 제한되기 때문에 **제한효소**(restriction enzyme)라고 한다. 절단(digestion)을 피해 새로운 바이러스 입자를 만드는 낮은 비의 바이러스 DNA는 숙주세포 안에서 복제되는 동안 메틸기의 첨가에 의해 수정됨이 밝혀졌다(그림 A.3). 연구자들은 특정한 DNA 염기에 메틸기를 첨가하는 효소를 **변경 효소**(modification enzyme)라고 한다.

생물학자들은 그동안 다양한 박테리아 균주에서 수많은 상호 보완적인 제한-수정(restriction-modification) 체계를 밝혀냈다. 정제된 제한효소들은 재조합 DNA 기술의 핵심 도구로 사용한다. 즉 DNA의 클로닝, 지도 작성 및 연결을 하기 위해서 DNA를 시험관에서 절단하는 데 사용한다.

(a) 제한 단편의 평균크기 계산

1. 4염기 인식부위가 유전체의 특정한 위치에 나타날 확률 =

$$1/4 \times 1/4 \times 1/4 \times 1/4 = 1/256$$

2. 6염기 인식부위가 나타날 확률 =

$$1/4 \times 1/4 \times 1/4 \times 1/4 \times 1/4 \times 1/4 = 1/4096$$

3. 8염기 인식부위가 나타날 확률 =

$$(1/4)^8 = 1/65,536$$

(b)

성되어야 한다. 둘째, 네 가지 염기가 DNA 서열에 무작위로 분포해야 한다. 이러한 가정에 근거하면 제한효소 인식부위 사이의 평균거리는 일반식인 4^n (n은 인식부위의 염기 개수)으로 계산할 수 있다(그림 9.2a).

4^n 식에 따르면, 네 개의 염기서열 5′ GATC 3′를 인식하는 *Rsa*I은 평균적으로 4^4 혹은 256 bp마다 DNA를 절단하여 크기가 256 bp인 조각을 생산한다. 반면에 여섯 개의 염기서열 5′ GAATTC 3′를 인식하는 *Eco*RI은 평균적으로 4^6 혹은 4096 bp마다 DNA를 절단한다. 1,000 bp = 1 kb이므로 크기

그림 9.2 제한 단편의 평균 크기는 제한효소 인식부위의 염기쌍 개수로 정해진다. (a) *Rsa*I의 인식부위는 4 bp이며, *Eco*RI은 6 bp이고, *Not*I은 8 bp이다. (b) 11번 인간 염색체의 200 kb 구역에 있는 *Rsa*I, *Eco*RI 및 *Not*I의 인식부위와 유전자들의 위치가 표시되어 있다. 윗부분에 표시한 눈금의 거리는 50 kb이다.

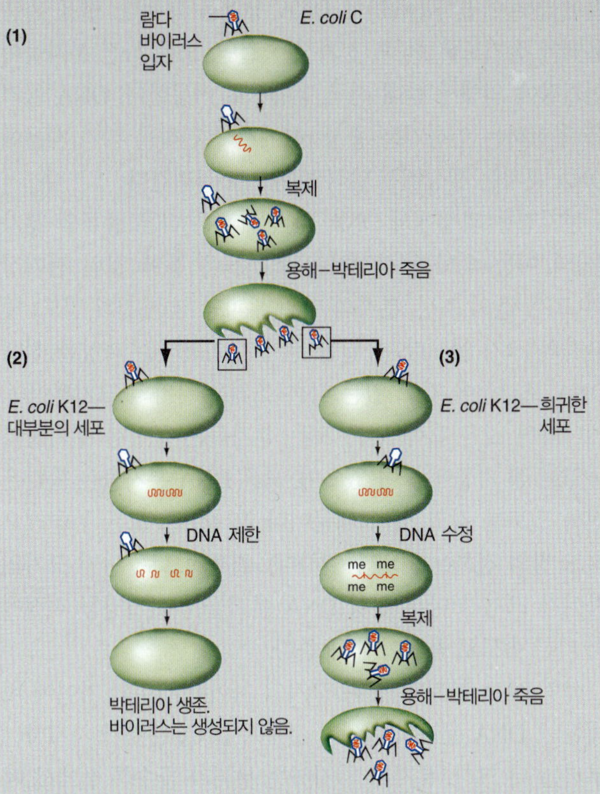

그림 A 자연에서의 제한효소/수정체계의 작동. (1) 대장균 균주 C (*E. coli* strain C)는 제한효소/수정체계를 갖고 있지 않아 람다 파아지(lambda phage)에 쉽게 감염된다. (2) 반면에, 대장균 C에 감염되어 대장균 C에서 만들어진 바이러스 입자는 대장균 K12 (*E. coli* K12)를 감염시키지 못한다. 대장균 K12 세포는 *Eco*RI 제한효소를 만드는데, *Eco*RI이 바이러스 유전자가 발현되기 전에 람다 DNA 분자를 절단하기 때문이다. (3) 극히 드물게 어떤 K12 세포에서는 수정효소가 람다 DNA에 메틸기(me)를 첨가하기 때문에 람다 DNA가 제한효소에 의해 절단되지 않는다. 수정된 람다 DNA는 복제되어 바이러스를 만들고 K12 박테리아에서 쉽게 용균반을 형성한다.

과학에 있어서 이러한 우연의 예는 연구비를 배당하고 감독하는 관리자와 직접 실험하는 과학자들 사이의 논쟁에 중요한 방향을 제시한다. 미생물학자는 제한효소를 발견하기 위해 연구를 하지 않았기 때문에 그들은 이 효소들이 그들이 발견한 결과물 중 하나라는 것조차도 알지 못했다. 오히려 그들은 박테리아 안에서 바이러스가 어떻게 감염되고 복제하는지에 대한 기작을 이해하려고 했었다. 그러던 중 그들은 제한효소를 발견하게 되었고 또 어떻게 그것이 작용하는지에 대해서도 알게 되었다. 연구 배당금을 책임지고 있는 정치가나 관리자들은 현재 당면한 건강이나 식량 문제 등과 관련된 연구가 수행되기를 원하나 실험실에서 연구하는 과학자들은 모든 흥미로운 생물학적 현상을 연구할 수 있도록 광범위하게 연구비가 책정되기를 원한다. 이러한 양쪽 견해의 타당성에 대하여 연구비를 지원하는 문제는 균형 있게 접근해야 할 필요가 있다는 것을 제시한다.

가 약 4.1 kb인 조각을 생성한다. 또한 여덟 개의 염기서열 5′ GCGGCCGC 3′를 인식하는 *Not*I은 평균적으로 4^8 bp 혹은 65.5 kb마다 DNA를 절단한다. 실제로는 DNA에서 제한효소의 인식부위들 사이의 거리는 매우 다양하기 때문에 앞에 언급한 세 종류의 제한효소들에 의해서 생성되는 DNA 조각들의 정확한 크기는 256 bp, 4.1 kb, 65.5 kb는 아니다.

특정 제한효소에 의해서 생성되는 조각의 평균 크기를 안다면 또한 그 제한효소로 처리한 특정한 유전체로부터 생성되는 조각의 개수를 계산할 수 있다. 예를 들어, 네 개의 염기서열을 인식하는 *Rsa*I 제한효소는 유전체를 평균 크기가 4^4 (256) bp인 조각으로 절단한다. 만약 최적의 조건에서 충분한 시간 동안 크기가 30억 bp인 인간의 반수체 유전체를 *Rsa*I 제한효소와 반응을 시켜서 모든 *Rsa*I 인식부위를 자르면 평균 크기가 256 bp인 DNA 조각이 약 12,000,000개 생성될 것이다.

$$\frac{3{,}000{,}000{,}000\ \text{bp}}{\sim 256\ \text{bp}} = \begin{array}{l}\text{평균 길이가 } \sim 256\ \text{bp인}\\ \sim 12{,}000{,}000\text{개 조각}\end{array}$$

반면에 6개의 염기서열을 인식하는 *Eco*RI은 유전체를 평균 크기가 4^6 (4096) bp인 DNA 조각으로 절단한다. 만약 크기가 30억 bp 혹은 300만 kb인 인간의 반수체 유전체를 최적의 방법으로 *Eco*RI으로 절단하면 평균 크기가 약 4.1 kb인 DNA 조각이 약 700,000개 생성될 것이다.

$$\frac{3{,}000{,}000{,}000\ \text{bp}}{\sim 4100\ \text{bp}} = \begin{array}{l}\text{평균 길이가 } \sim 4.1\ \text{kb인}\\ \sim 700{,}000\text{개 조각}\end{array}$$

또한 인간의 반수체 유전체를 8개의 염기서열을 인식하는 *Not*I으로 모든 인식부위를 절단하면 평균 크기가 4^8 (65,536) 혹은 65.5 kb인 DNA 조각이 약 46,000개 생성될 것이다. 제한효소 인식부위의 염기 개수가 많을수록 그 효소에 의해 생성되는 DNA 조각의 개수는 줄어든다.

$$\frac{3{,}000{,}000{,}000\ \text{bp}}{\sim 65{,}500\ \text{bp}} = \begin{array}{l}\text{평균 길이가} \sim 65.5\ \text{kb인} \\ \sim 46{,}000\text{개 조각}\end{array}$$

그림 9.2b에 인간 유전체의 일부분(7개의 유전자만 들어 있음)을 이전의 세 가지 제한효소로 절단한 결과를 표시하여 요약하고 있다. 분명히, 인식부위가 큰(*Not*I의 8개 인식부위) 제한효소는 인식부위가 작은(*Rsa*I의 4개 인식부위) 제한효소보다 평균 크기가 더 큰 조각을 더 적게 생성한다.

기계적 전단력은 DNA를 무작위로 절단한다

이 장의 후반부에 설명하는 실험에서는 무작위로 DNA를 절단하는 것이 필요하다. 제한효소에 의해서는 DNA가 항상 같은 염기서열 위치에서 절단되지만 무작위적 DNA 절단은 다른 염기서열 위치에서 DNA가 절단되어 다른 DNA 조각들이 생성된다. DNA의 무작위적 절단은 기계적 힘을 가하여 수행할 수 있는데, DNA에 압력을 가하여 지름이 매우 가는 바늘을 통과시키거나 DNA를 초음파처리(sonication) 하는 것이다. 강력한 기계적 힘을 DNA에 가하면 무작위로 인산디에스테르 결합이 끊어져 DNA 조각들이 생성된다. 기계적 힘의 크기를 변화시켜서 다양한 크기의 DNA 조각을 얻을 수 있다. 예를 들면, 초음파 에너지를 증가시키면 더 작은 조각이 생성된다.

기계적 전단에 의해서 생성되는 DNA 조각의 양 끝은 비점착성 말단이거나 돌출된 단일가닥이다. 돌출된 단일가닥은 제한효소에 의해서 생성되는 점착성 말단처럼 점착성이 아니다. 왜냐하면, 돌출된 단일가닥의 염기서열은 무작위이기 때문에 다른 돌출된 단일가닥과 상보적이지 않다. 그럼에도 불구하고 분자생물학자들은 어떤 종류의 DNA 말단도 다른 종류의 말단으로 전환할 수 있는 기술을 개발하였다. 그리하여 다른 방법으로 얻은 모든 종류의 DNA 조각들을 같은 과정에 사용할 수 있다.

젤 전기영동은 DNA 조각들을 크기에 따라 분리한다

생물학자들은 전기영동(전기장에서 하전 분자들의 이동) 기술을 사용하여 시료에 들어 있는 DNA를 분석한다. 생물학자들은 **전기영동**(electrophoresis)을 이용하여 다양한 형태의 분자들을 분리한다. 예를 들면, 특정한 크기의 DNA 분자를 다른 크기의 DNA 분자들과 분리하거나 DNA를 단백질과 분리하거나 혹은 한 종류의 단백질을 다른 종류의 단백질들과 분리한다. 이 절에서는 다양한 크기의 DNA 조각들을 젤에서 분리하는 전기영동 과정에 대해 자세히 살펴보기로 한다(그림 9.3).

DNA를 분리하기 위해서는 먼저 다공성의 젤 기질 한 쪽 끝에 만들어진 홈(well)에 DNA 용액을 넣는다. 젤을 완충용액에 잠기도록 한 후 전기장을 걸면, 모든 하전 분자들이 전기장에 의해서 반대 전극 방향으로 이동한다. DNA 골격을 구성하는 인산기는 중성 pH에서 음전하를 띠기 때문에 DNA 분자는 젤상에서 양극 방향으로 끌려간다.

전기영동 과정에서 DNA 분자들(혹은 다른 종류의 분자들)의 이동 속도를 결정하는 조건들은 젤에 걸린 전기장의 크기, 젤의 조성, 분자의 단위 부피당 전하(전하 밀도) 및 분자의 크기 등이다. 동일한 젤에서 이동하는 다양한 선형 DNA 조각들이 갖고 있는 다른 조건은 분자의 크기뿐이다. 왜냐하면 같은 홈에 넣은 모든 분자들은 동일한 전기장과 동일한 젤 기질에 놓여 있으며, 모든 DNA 분자들은 똑같은 전하 밀도를 갖고 있기 때문이다(왜냐하면, 모든 뉴클레오티드 쌍의 전하는 거의 동일하다). 결과적으로, 단지 크기의 차이가 크기가 다른 선형 DNA 분자들이 전기영동 과정에서 다른 속도로 움직이게 해 준다.

선형 DNA 분자의 경우, 크기의 차이는 길이의 차이에 비례한다. DNA 분자의 길이가 길수록 DNA 분자가 차지하는 부피는 더 크다. 분자가 차지하는 부피가 클수록 젤에서 빠져나갈 수 있는 크기의 구멍이 많지 않아 젤 기질에 더 많이 걸린다. 그리고 분자가 젤 기질에 더 많이 걸릴수록 이동 속도(혹은 이동성)는 감소한다. 따라서 일정한 전기영동 시간 동안 더 작은 DNA 분자들은 더 큰 DNA 분자들보다 훨씬 멀리 이동할 것이다.

전기영동을 마친 후, 젤을 DNA와 결합하는 형광염료인 에티디움브롬(EtBr) 용액에 담근다. 결합되지 않은 염료를 씻어낸 후, 젤을 자외선으로 비추면 염료가 DNA 조각에 결합되어 주황색으로 보이기 때문에 DNA를 확인할 수 있다. DNA 조각의 실제 크기는 DNA 조각의 이동거리를 동일한 젤의 다른 홈에서 함께 분리한 DNA 표식자 조각들의 이동거리와 비교하여 결정할 수 있다.

그림 9.3(5단계)은 다른 종류의 DNA 시료를 분석한 결과를 보여주고 있다. 박테리아 바이러스인 박테리오파아지 람다(λ)의 염색체 일부인 48.5 kb 유전체를 *Eco*RI 제한효소로 처리하면 전기영동으로 쉽게 확인할 수 있는 몇 개의 조각으로 절단되고 그 조각들의 총 크기는 48.5 kb이다. 반면에, 인간 유전체 DNA를 같은 효소로 처리하여 생성된 수십만 종류의 조각들을 전기영동하면 평균 크기 조각(앞에서 설명하였듯이 *Eco*RI의 조각은 약 4.1 kb)을 중심으로 퍼져 있다. 기계적 힘에 의한 DNA의 무작위 절단은 시료에 가한 전단

그림 9.3

젤 전기영동

젤 전기영동

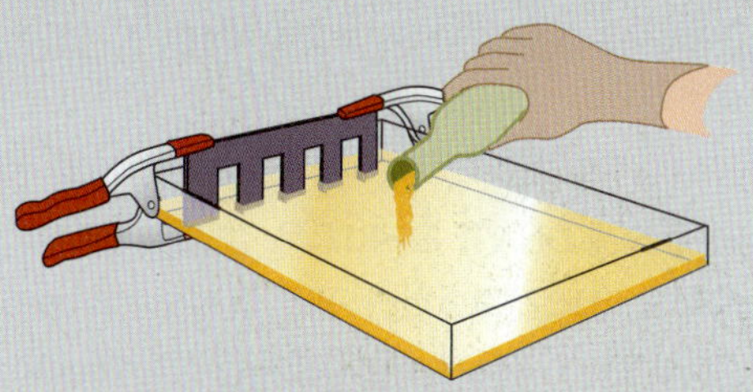

1. 콤(comb)을 끼운 투명한 아크릴 상자에 가열하여 녹인 아가로오스를 조심스럽게 넣는다. 아가로오스를 식혀서 굳힌다.

2. 콤을 제거하면 젤에 얕은 홈들이 만들어진다. 아크릴 상자로부터 젤을 완충용액이 들어 있는 탱크로 옮긴다. 마이크로 피펫을 사용하여 다른 DNA 시료들을 각각의 홈에 넣는다. 각 시료에는 파란색 염료가 들어 있어서 잘 보인다. 한 홈에는 크기를 알고 있는 DNA 분자들을 넣어서 시료 DNA의 크기를 측정한다.

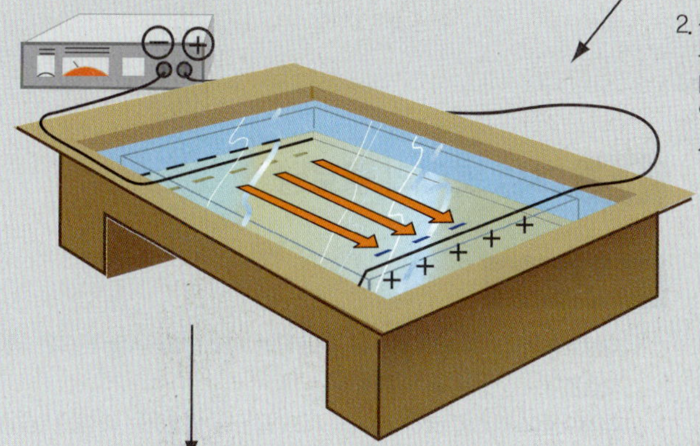

3. 탱크에는 젤의 양 끝에 평행하게 전극선이 붙어 있다. 두 전극을 전원 장치에 연결한다. 스위치를 켜서 전류가 흐르면 각각의 시료의 음전하를 띠는 DNA 분자들이 "+" 전극으로 이동한다(주황색 화살표로 표시한 줄을 따라 이동). 크기가 작은 DNA 분자들은 크기가 큰 DNA 분자들보다 "+" 전극으로 더 많이 이동할 것이다.

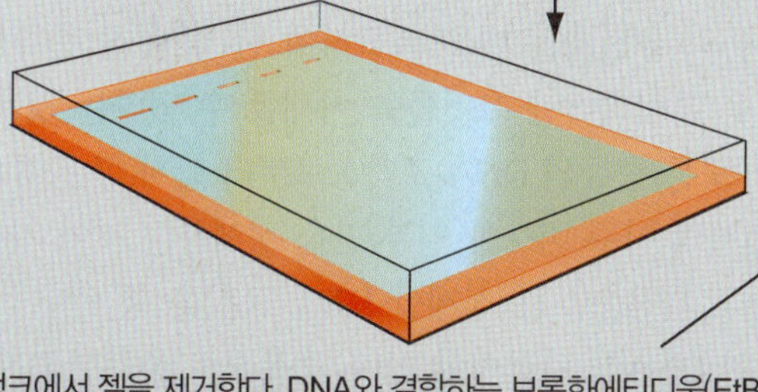

4. 탱크에서 젤을 제거한다. DNA와 결합하는 브롬화에티디움(EtBr) 염료가 녹아 있는 용액에 젤을 담가 염색을 한 후, 젤에 남아 있는 염료를 증류수로 씻어낸다.

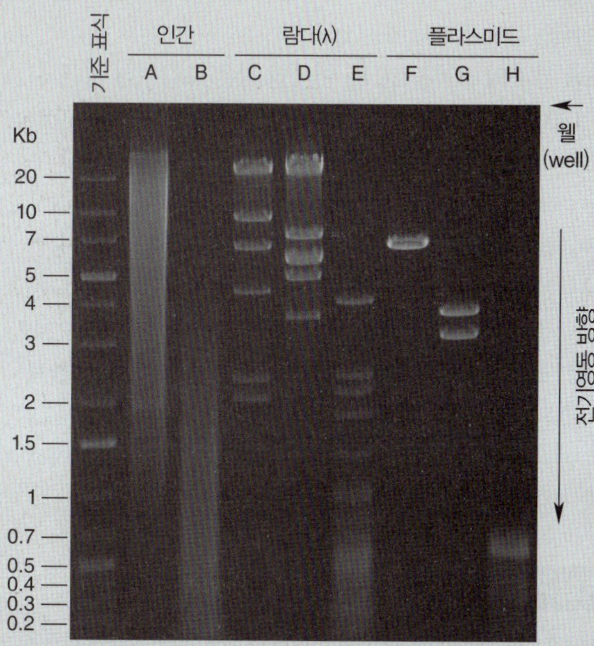

5. 자외선(UV)으로 젤을 비춘다. 그러면 DNA에 결합한 EtBr이 자외선을 흡수한 후 적색 부위의 가시광선을 방출하기 때문에 DNA 분자들은 주황색 띠로 관찰된다. 모든 시료에 있는 DNA가 젤에서 이동한 거리를 맨 왼쪽 레인(lane)에서 이동한 표식 DNA들(기준 표식)의 거리와 비교하여 DNA의 크기를 추정할 수 있다.

(계속)

그림 9.3 (계속)

아가로오스 젤 전기영동으로 크기에 따라 DNA 분자들의 분리한다. 시료를 넣을 홈이 있는 젤을 만들기 위해서는 단계 1에 나타낸 것처럼 젤을 부어야 한다. 다음에는 전류가 흐르도록 이온을 넣은 완충용액이 채워져 있는 탱크로 젤을 옮긴 후, 홈에 DNA 시료를 넣는다(단계 2). 다음에는 젤 탱크를 전원장치에 연결하여 전기영동을 1~20시간(DNA 크기와 전압에 따라 다름) 동안 수행한다(단계 3). 전기영동이 끝나면 젤을 형광염료인 EtBr로 염색한 후(단계 4), 자외선을 젤에 비춘다(단계 5). DNA 분자들은 형광염료와 결합하기 때문에 주황색으로 보일 것이다.

단계 5는 젤 전기영동의 실제 결과를 보여주고 있다. 흑백 사진이기 때문에 DNA가 주황색이 아니라 흰색으로 보인다. 맨 왼쪽의 표준 레인에는 크기가 정해진 DNA 조각들이 분리되어 있다. 레인 A는 인간 유전체 DNA를 *Eco*RI으로 절단한 결과이며 레인 B는 *Rsa*I으로 절단한 결과이다. *Eco*RI으로 절단하면 평균 크기가 4.1 kb이고 *Rsa*I으로 절단하면 평균 크기가 256 bp이기 때문에 레인 A와 B에는 수십만 개의 DNA 조각들이 들어 있다. 레인 C, D, E는 박테리오파아지 λ의 염색체를 각각 *Hind*III, *Eco*RI, *Rsa*I으로 절단한 결과이다. 레인 C, D, E에 분리된 DNA 조각들의 크기를 각각 합하면 모두 바이러스 유전체의 크기인 48.5 kb가 된다. 레인 F, G, H는 크기가 6.9 kb인 플라스미드 DNA를 각각 *Hind*III, *Eco*RI, *Rsa*I으로 절단한 결과이다. 분석하는 유전체의 크기가 클수록 더 많은 조각들이 생성되는 것을 알 수 있다. 또한 제한효소의 인식부위가 길수록 평균 크기가 더 큰 조각들이 생성된다.

력의 강도를 반영하는 평균 크기에 근접하는 조각들의 분포를 보여줄 것이다(그림에는 없음).

DNA 분자의 크기는 10 bp 이하인 작은 조각부터 평균 길이가 130,000,000 bp 인간 염색체까지 매우 다양하다. 따라서 모든 크기의 DNA 분자들을 단일 과정으로는 분리할 수 없다. 다양한 크기의 DNA 분자를 확인하기 위해서 폴리아크릴아마이드 젤이나 아가로오스 젤에 근거한 다양한 방법을 사용한다. 아크릴아마이드 단량체들의 공유결합으로 형성되는 폴리아크릴아마이드 젤은 작은 DNA 분자들(1 kb 이하의 크기)을 분리하는 데 적합하고, 아가로오스 중합체의 비공유결합에 의해 형성되는 아가로오스 젤은 그림 9.3에서 보듯이 약 20 kb 정도까지의 큰 DNA 분자들을 분리하는 데 적합하다.

핵심 개념

- 제한효소는 특정한 염기서열에서 DNA를 절단한다; 기계적 전단은 DNA를 무작위로 절단한다.
- 인식부위의 염기서열이 더 긴 제한효소로 유전체 DNA를 절단하면 크기가 더 큰 조각들을 생성한다. 종류의 수는 감소한다.
- 어떤 제한효소는 점착성 말단이 모두 같은 조각들을 생성한다.
- 젤 전기영동은 DNA 조각들을 크기에 따라 분리한다. 조각의 크기가 작을수록 젤에서 더 멀리 이동한다.

9.2 DNA 조각의 클로닝

학습목표

1. 제한효소와 DNA 연결효소를 사용하여 재조합 DNA를 만드는 과정을 그려본다.
2. 과학자들이 재조합 DNA 분자의 세포 클론을 생산하는 과정을 알아본다.
3. 플라스미드 벡터와 BAC 혹은 YAC (Bacterial or Yeast Artificial Chromosome) 벡터의 이용을 비교한다.
4. 유전체 DNA 도서관은 단일 유전체 당량에 의해서 구성되는 것보다 더 많은 콜로니를 포함하는 이유를 이해한다.

그림 9.3의 젤에 나타난 *Eco*RI-절단 인간 DNA의 수십만 종류의 DNA 조각의 모습을 통하여 동물, 식물, 대장균 같은 미생물의 유전체는 매우 복잡하여 한 번에 한 종류의 작은 조각을 분석해야만 그것들을 이해할 수 있다는 것을 알 수 있다. 모든 종류의 DNA 조각으로부터 단지 한 종류의 조각(유전체의 아주 미소한 일부)만을 정제하는 것이 가장 바람직하다. 다음으로는 정제한 DNA 조각을 증폭하여 수많은 동일한 DNA를 만들어야 한다. 증폭으로 충분한 DNA를 만들어야 그것을 연구할 수 있는데, DNA의 뉴클레오티드 서열의 분석이 한 예이다. 수십만 종류의 DNA 조각의 각각의 서열을 분석하게 되면 궁극적으로 유전체의 전체 DNA 염기서열을 알아낼 수 있다.

살아 있는 세포를 사용하여 복잡한 혼합물로부터 한 종류의 DNA 가닥을 분리하거나 분리한 DNA 가닥의 수많은 동일한 복제품을 만드는 과정을 **분자 클로닝**(molecular cloning)이라고 한다. 이것은 인간 유전체 프로젝트의 초기 성공에서 사용된 중요한 기술이었다. 최근에 유전체의 염기서열 결정에 요구되는 분자 클로닝의 어려움을 해결하는 정교한 방법들이 개발되어 왔으며, 이러한 기술의 일부는 다음 장에서 설명할 것이다. 분자 클로닝은 DNA의 분석과 조작에 필수적인 단계이다.

분자 클로닝은 두 단계로 구성된다. 첫째 단계에서, DNA 조각들을 **클로닝 벡터**(cloning vector)라고 하는 특별한 DNA 운반체 안에 삽입한다. 클로닝 벡터는 각각의 삽입된 DNA의 운반과 복제 및 정제에 적합하다. 둘째 단계에서, 조합된 벡터-DNA를 살아 있는 세포 안으로 넣으면 세포는 벡터-DNA 분자를 많이 복제한다. 모든 복제품이 동일하기 때문에 복제된 DNA 분자의 집합을 **DNA 클론**(DNA clone)이라고 한다. DNA 클론은 정제하여 분석연구에 바로 사용하거나 도서관(library)이라고 부르는 세포나 바이러스 속에 보관하여 필요할 때에 사용한다. 분자 클로닝의 각 단계를 자세히 알아본다.

절단한 DNA 조각을 벡터에 연결하여 재조합 DNA 분자를 만든다

인간 유전체 DNA의 작은 조각은 세포 안에서 스스로 복제되지 않는다. 복제가 가능하기 위해서는 각각의 DNA 조각을 절단하여 벡터에 연결해야 한다. 벡터에는 두 종류의 특별한 DNA 염기서열이 들어 있는데, 하나는 벡터와 그것에 삽입된 외부 DNA가 복제가 되도록 해 주는 것이며, 다른 하나는 연구자가 벡터가 숙주세포에 들어 있다는 것을 확인할 수 있는 특징을 나타내는 것이다. 벡터는 또한 크기나 형태 같은 물리적 특징을 갖고 있어서 숙주세포의 유전체로부터 정제할 수 있다. 여러 유형의 벡터가 사용되고 있는데, 모든 벡터는 외부 DNA 조각이 삽입될 수 있어야 하고 숙주세포의 유전체와는 독립적으로 복제될 수 있어야 한다. 다른 종으로부터 유래한 벡터와 외부 DNA 조각을 절단하여 서로 연결한 것을 **재조합 DNA 분자**(recombinant DNA molecule)라고 한다.

점착성 말단과 염기 짝짓기

점착성인 단일가닥의 특성으로 인하여 재조합 DNA가 효율적으로 만들어진다. 동일한 제한효소로 만들어진 두 종류의 점착성 말단은 DNA의 종류와 상관없이(박테리아 DNA와 인간 DNA) 염기서열이 상보적이기 때문에 염기 짝짓기가 수월하다. 재조합 DNA 분자를 만들기 위해서는 동일한 제한효소로 각각 절단한 벡터와 유전체 DNA 조각들을 DNA 연결효소와 혼합하여 반응시킨다(그림 9.4). 상보적인 점착성 말단들이 염기 짝짓기를 형성하고 DNA 연결효소에 의해서 옆에 있는 두 뉴클레오티드(하나는 벡터의 뉴클레오티드이며, 다른 하나는 유전체 DNA의 뉴클레오티드) 사이에 인산디에스테르 결합이 형성되어 안정된 분자가 합성된다.

실험실에서 수행하는 다음의 방법들이 분자 클로닝의 효율과 효용을 증가시킨다. 예를 들면, 유전체 DNA 조각이 벡터와 연결되는 대신 두 개 이상의 유전체 DNA 조각끼리 서로 연결되는 것을 억제하는 특별한 실험방법이 있다. 또한 벡터 분자들이 유전체 DNA 조각과는 연결되지 않고 벡터 분자들끼리 결합하는 확률을 최소화하는 실험방법도 있다. 점착성 말단이 없는 유전체 DNA 조각을 벡터에 결합시키는 실험기술도 있다. 이러한 방법들을 사용함으로써 연구자는 자신이 원하는 분자 클론을 안정적으로 생산한다.

벡터의 선택

벡터들은 생물학적 성질, 운반 능력, 숙주세포 등이 다르다. 플라스미드(plasmid)라고 하는 작은 원형의 이중 나선 DNA가 가장 간단한 벡터에 속한다. 플라스미드는 많은 종류의 박테리아 세포에 들어가서 숙주세포의 염색체와는 독립적으로 복제된다(그림 9.4a). 가장 유용한 플라스미드는 여러 종류의 제한효소 인식부위를 한 개씩 갖고 있다; 예를 들면, *Eco*RI 인식부위 1개, *Hpa*I 인식부위 1개 등등. 따라서 관심 있는 DNA 조각을 절단하기 위한 제한효소의 선택 폭이 넓다. 특정 제한효소로 절단한 벡터에는 동일한 제한효소로 절단한 외부 DNA 조각을 쉽게 삽입할 수 있다(그림 9.4b, c).

플라스미드 벡터는 복제원점과 항생제 저항유전자를 갖고 있다(그림 9.4a). 복제원점이 있어서 벡터는 박테리아 세포에서 독립적으로 복제된다. 항생제 저항유전자로 말미암아 숙주세포가 항생제 배지에서 살 수 있기 때문에 플라스미드가 들어간 박테리아 세포를 선별할 수 있다. 특정한 DNA를 갖고 있는 숙주세포를 선택할 수 있게 해 주는 항생제 저항유전자 등을 **선별 표식자**(selectable marker)라고 한다. 클로닝에 필요한 플라스미드의 제한효소 인식부위는 복제원점이나 선별 표식자의 암호화 부분에 존재하지 않기 때문에 선택한 제한효소가 두 기능을 방해하지 않는다. 플라스미드를 박테리아 유전체 DNA로부터 간편하게 정제할 수 있다. 간편한 정제도 벡터의 조건이다.

운반 능력이 가장 큰 벡터인 인공염색체(artificial chromosome)는 숙주세포에 들어가서 일반적인 염색체처럼 작동하

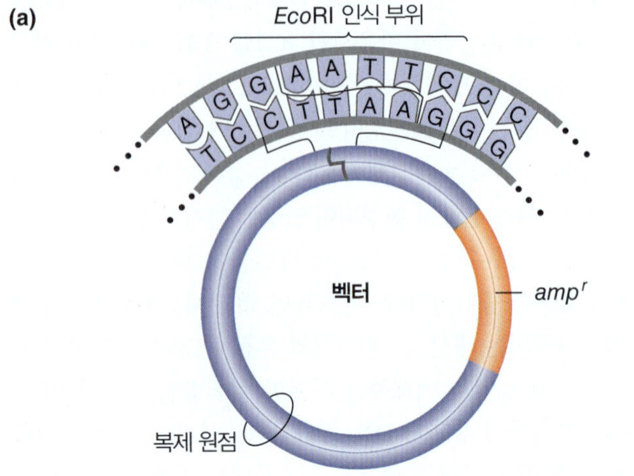

그림 9.4 플라스미드 벡터를 사용한 재조합 DNA 분자의 제작. (a) 플라스미드 벡터는 세 가지 주요한 특징을 갖고 있다. 즉 (i) 복제 원점; (ii) 암피실린 같은 항생제 저항유전자(빨간색 부분); (iii) 한 개의 *Eco*RI 같은 특정 제한효소 인식부위 (b) *Eco*RI 효소가 플라스미드 벡터에 있는 단일 *Eco*RI 인식부위를 절단하여 원형의 플라스미드를 선형으로 만든다. *Eco*RI은 인간 유전체 DNA를 많은 부위에서 절단하여 다양한 크기의 조각들을 생성하는데 아래에는 하나만 나타냈다(초록색). 절단한 벡터와 인간 유전체 DNA 조각은 모두 동일한 *Eco*RI 점착성 말단을 갖고 있다. (c) 절단한 벡터와 인간 유전체 DNA 조각을 혼합하여 DNA 연결효소로 연결하면 원형의 재조합 DNA 분자를 형성한다. 재조합 DNA에는 *Eco*RI 인식부위가 두 개 생긴다.

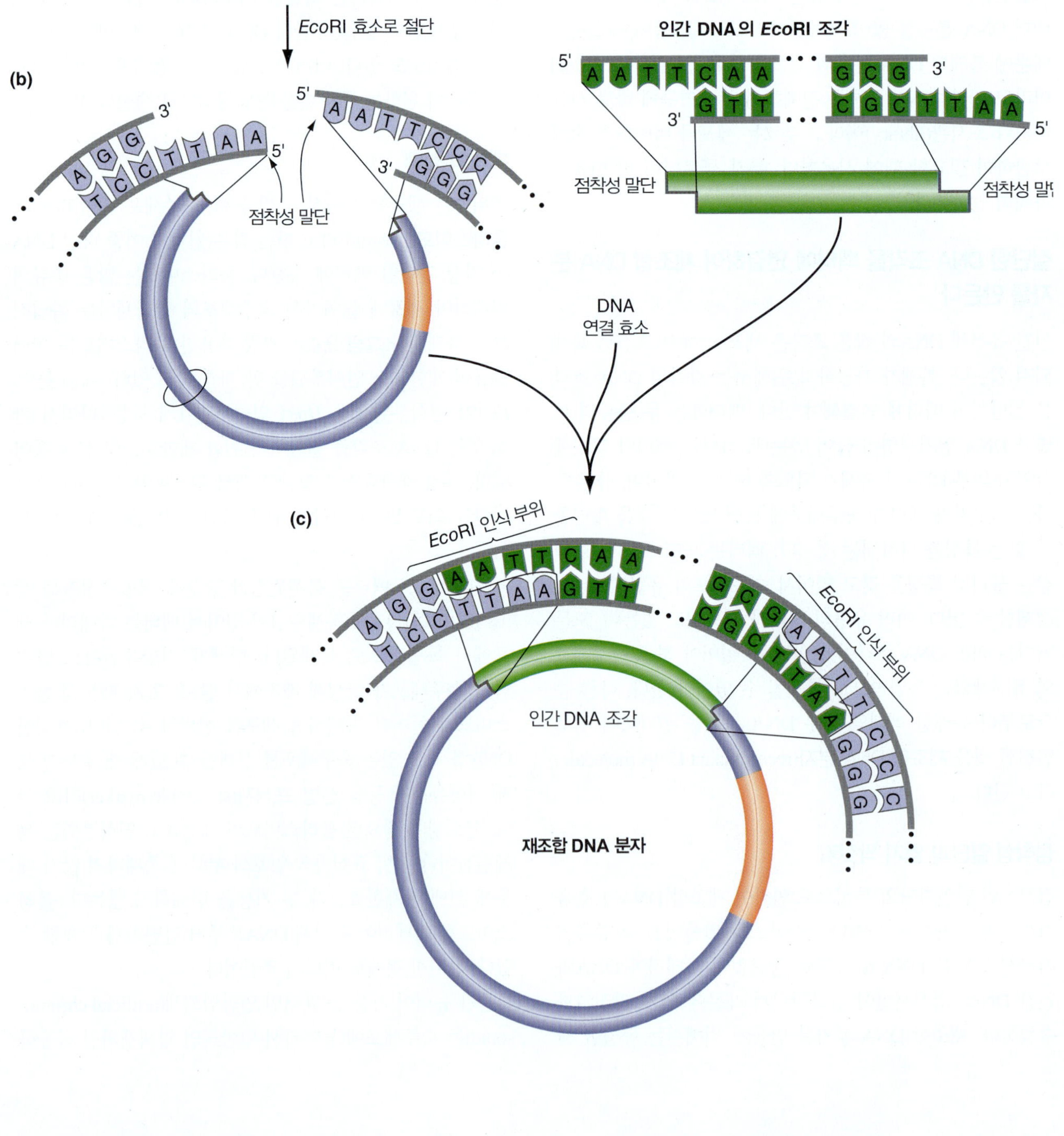

는 복제 요소와 분리 요소가 결합된 재조합 DNA 분자이다. 박테리아 인공염색체(BAC)는 300 kb 크기의 DNA를 삽입하여 운반할 수 있다. 효모 인공염색체들(YACs)은 2,000 kb (2 Mb) 크기까지의 DNA를 운반할 수 있다. 분자 클로닝 이외에 YACs는 동원체 같은 염색체 일부의 기능을 분석하는 데 사용할 수 있다. 11장 진핵생물의 염색체에서 YACs를 자세히 설명할 것이다.

재조합 DNA를 숙주세포에 넣어 증폭한다

벡터는 종류에 따라 약간 다르게 기능을 나타내고 특정한 숙주로 들어가지만 숙주로 들어가서 세포의 환경을 이용하여 복제하는 일반적인 체계는 같다. 그림 9.5는 인간 DNA 조각을 플라스미드 벡터에 삽입한 재조합 DNA 분자를 포함하고 있는 대장균 세포를 선별하는 과정이다. 첫째 단계는 동일한 제한효소를 사용한 벡터와 인간 유전체 DNA의 절단이다. 둘째 단계에서 절단한 벡터와 절단한 인간 유전체 DNA 조각을 DNA 연결효소와 혼합하여 수십만 개의 재조합 DNA를 만든다. 각각의 재조합 DNA에는 다른 인간 유전체 조각이 들어 있다(그림 9.5a). 그런 다음 재조합 DNA를 대장균 세포에 넣는다. 각 세포는 한 종류의 재조합 DNA만을 갖고 있어야 한다.

숙주세포의 형질전환

형질전환은 세포나 생명체가 외부 DNA를 갖게 되어 유전적 특성이 변화되는 과정이다(6장 참조). 다음에 설명하는 형질전환은 에이버리(Avery)와 연구진은 DNA가 유전물질임을 증명하기 위해서 수행한 형질전환 실험(6장, 그림 6.4 참조)과 유사하나 현재 사용하는 형질전환 방법의 효율이 더 크다.

먼저 재조합 플라스미드를 특별한 방법으로 준비한 대장균 세포의 현탁액에 넣는다. 박테리아 세포 현탁액을 차가운 $CaCl_2$ 용액과 혼합하거나 높은 전압으로 전기충격을 가하면(전기천공법) 플라스미드가 1,000개 세포 중 1개의 세포 안으로 들어간다(그림 9.5b).이와 같은 방법은 박테리아 세포막의 투과성을 증가시키고, 실제로 구멍이 임시적으로 형성되어 DNA가 들어가게 한다. 한 개의 플라스미드가 하나의 세포 안으로 들어가는 확률은 매우 낮아서(0.001) 두 개의 플라스미드가 동시에 하나의 세포 안으로 들어가는 확률은 미미하다($0.001 \times 0.001 = 0.000001$).

형질전환 세포의 확인과 선별

플라스미드를 갖고 있는 0.1%의 세포를 확인하기 위해서 박테리아-플라스미드 혼합액을 영양분과 암피실린이 들어 있는 고체 배지에 도말한다. 암피실린에 대한 저항성을 제공하는 플라스미드에 의해서 형질전환된 세포들만 암피실린이 들어 있는 배지에서 성장하고 증식할 것이다(그림 9.5b). 플라스미드에 복제 원점이 있기 때문에 박테리아 세포에서

그림 9.5 재조합 DNA 분자의 클로닝. (a) 재조합 DNA 제작. 유전체 DNA를 제한효소를 절단하면 많은 조각들이 생성되고, 각각의 조각은 다른 종류의 재조합 DNA 분자를 형성한다. (b) 재조합 플라스미드를 갖고 있는 박테리아 세포의 클론 제작. (a)에서 만든 재조합 DNA 들을 암피실린에 민감한 대장균(*E. coli*) 세포들과 혼합한다. 재조합 플라스미드로 형질전환된 세포들만 암피실린이 들어 있는 배지에서 성장하고 분열할 것이다. 각각의 군락은 단일 재조합 DNA 분자로 형질전환된 단일 박테리아 세포로부터 분열한 수백만 개의 동일한 세포를 포함하고 있다.

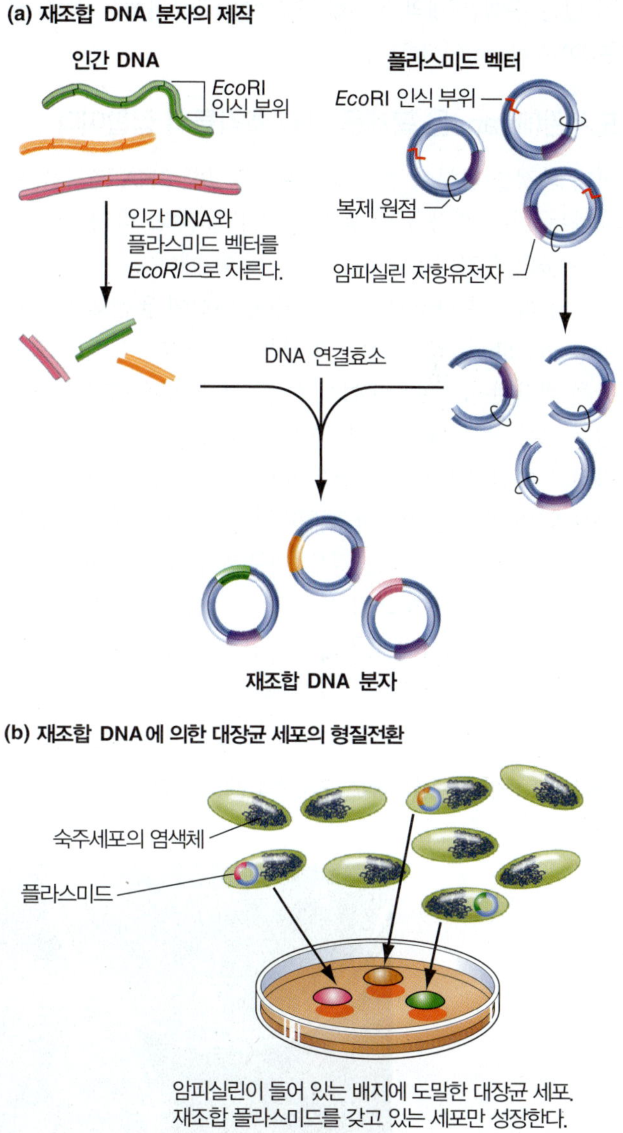

플라스미드가 독립적으로 복제된다. 실제로 대부분의 플라스미드는 복제가 활발하기 때문에 박테리아 세포에서 플라스미드 분자가 수백 개까지 복제된다.

플라스미드가 들어 있어 생존한 박테리아 세포는 증식하여 고체 배지에 군락(colony)을 형성할 것이다. 군락은 유전적으로 동일한 약 천만 개 세포들의 집합이다. 군락은 **세포 클론**(cellular clone)으로 간주한다. 이러한 군락은 직경이 1 mm 정도로 커지면 구별된다(그림 9.7c). 같은 집락에 들어 있는 수백만 개의 동일한 플라스미드 분자들은 DNA 클론(DNA clone)이다(그림 9.5b).

도서관(library)은 복제된 DNA 조각들의 집합이다

여러 과정을 통하여 유전체로부터 특정한 DNA 조각을 복제하는 일은 까다롭고 많은 시간이 걸린다. 다행히도 같은 생물의 유전체 DNA 조각이 필요할 때마다 클로닝 1단계부터 다시 시작하지 않아도 되며, 대신에 **유전체 도서관**(genomic library)을 제작하여 사용할 수 있다. 유전체 도서관은 절단된 유전체의 DNA 조각들이 삽입된 벡터를 갖고 있는 모든 세포 클론의 집합이다(그림 9.6). 도서관과 마찬가지로 유전체 도서관은 필요에 따라 사용할 수 있는 매우 많은 양의 정보를 저장하고 있다. 따라서 유전체 도서관을 사용하여 클로닝을 하는 경우, 대부분의 클로닝 단계는 정확하고 원하는 DNA 조각을 갖고 있는 세포 클론을 유전체 도서관에서 선별하여 증식하면 많은 양의 DNA 클론을 얻을 수 있다.

만약 제한효소로 단일 세포의 유전체를 100% 효율로 절단하여 생산한 모든 DNA 조각을 벡터에 연결하여 재조합 DNA를 만들고, 이것으로 숙주세포를 형질전환시켜서 유전체 도서관을 제작한다면 도서관의 클론에 유전체의 모든 정보가 조각으로 나뉘어 저장되는 것이다. 완전한 유전체 도서관은 이론적으로 유전체의 DNA 조각을 단지 한 개씩만 갖고 있는 세포 클론의 집합이다.

완전한 유전체 도서관에는 이론적으로 몇 개의 클론이 들어 있을까? 크기가 3,000,000 kb인 사람의 정자 DNA를 150 kb 크기로 절단하면 생성되는 유전체 DNA 조각은 20,000개이다. 20,000개의 DNA 조각을 하나씩 삽입한 재조합 BAC 클로닝 벡터로 대장균 세포를 형질전환시키면 유전체의 모든 정보를 담고 있는 20,000종류의 클론으로 구성된 완전한 도서관이 만들어진다. 이와 같은 완전한 도서관에 들어 있는 클론의 개수를 **유전체 당량**(genomic equivalent)이라고 한다. 유전체의 크기(예; 3,000,000 kb)를 도서관 벡터에 삽입된 DNA 조각의 평균 크기(150 kb)로 나눈 값이 1 유전체 당량(예; 20,000)이다.

실제로 완전한 도서관을 제작하는 것은 불가능하다. 클로닝의 모든 단계는 효율이 매우 낮으며 한 세포에 들어 있는 DNA 양은 클로닝에 매우 부족하다. 따라서 특정 조직이나 기관을 구성하는 수많은 세포에서 DNA를 정제하여 클로닝에 사용한다. 조직이나 기관에서 정제한 DNA로 제작한 유전체 도서관이 단지 1 유전체 당량(BAC 벡터로 구성된 인간 도서관의 경우 20,000클론)만을 갖고 있다면, 어떤 DNA 조

그림 9.6 인간 유전체 DNA 도서관의 일부. 사진의 배양접시에 있는 각각의 군락은 인간 유전체의 다른 조각의 재조합 플라스미드를 갖고 있다.

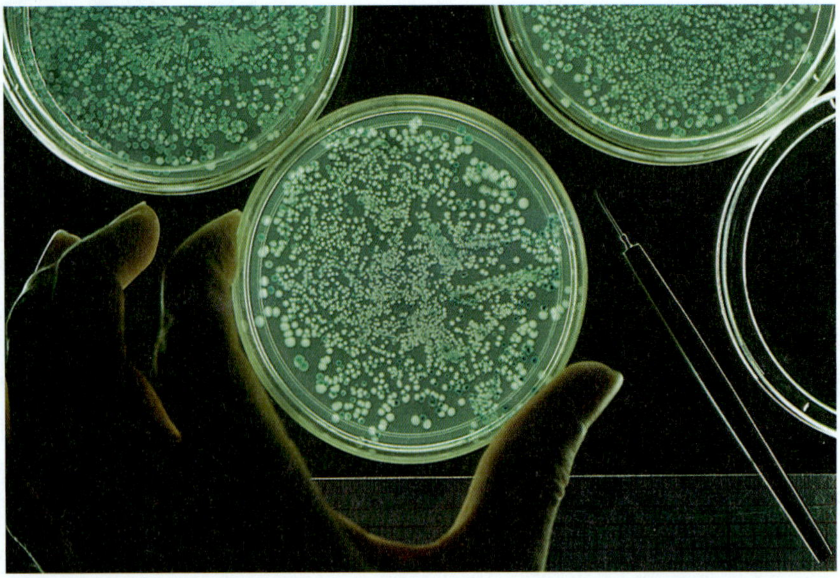

각들은 한 개 이상의 클론에 들어 있는 반면에 어떤 DNA 조각들이 들어 있는 클론은 없을 수 있다. 유전체 당량이 4~5인 유전체 도서관에는 같은 DNA 조각의 클론이 평균 4~5개 들어 있으며, 적어도 DNA 조각의 클론이 1개 존재할 확률이 약 95%이다.

핵심 개념

- DNA 연결효소가 동일한 제한효소로 절단한 벡터와 유전체 DNA 조각을 연결하여 재조합 DNA 분자를 만든다.
- 벡터는 DNA 복제 원점과 항생제 저항유전자 같은 선별 표식자를 갖고 있다. 플라스미드 벡터는 작은 DNA 조각(<20 kb)의 삽입에 사용하고, BAC 혹은 YAC 벡터는 매우 큰 DNA 조각의 삽입에 사용한다.
- 재조합 DNA가 숙주세포 안으로 들어간다. 한 개의 형질전환 세포가 세포 클론으로 성장하면 세포 클론의 모든 세포는 동일한 재조합 DNA를 갖게 된다.
- 유전체 도서관은 무작위 DNA 조각들의 집합으로서 전체 유전체를 포함하고 있다. 유전체의 모든 부분을 포함하기 위해서는 복수의 유전체 당량이 필요하다.

9.3 DNA의 염기서열분석

학습목표

1. 생거의 서열화 반응에 들어 있는 DNA 중합효소, 주형가닥, 프라이머의 역할을 이해한다.
2. 분석할 DNA 조각의 생산에서 2디옥시리보뉴클레오티드의 역할을 서술한다.
3. DNA의 염기서열화 과정에서 구한 형광 피크를 뉴클레오티드 서열로 해석한다.

그림 9.6의 배양접시들에는 인간 유전체 도서관 일부를 구성하는 수천 개의 콜로니들이 분리되어 있다. 모든 클론은 다른 종류의 재조합 DNA 분자를 담고 있는데, 재조합 DNA 분자는 플라스미드 벡터와 다른 종류의 인간 유전체 DNA 조각이 연결된 것이다. 콜로니들은 배양접시에 무작위로 흩어져 있으며 그것들의 배열은 유전체 내에서의 상대적인 위치와는 무관하다. 그러면 어떻게 어느 콜로니가 어느 인간 유전체 DNA 조각을 갖고 있는지 확인할 수 있을까?

위의 질문에 대한 가장 간단한 답은 각 클론에 들어 있는 인간 DNA의 염기서열을 결정하는 것이다. 현재 가장 널리 사용하는 DNA 서열화 기술은 1970년 중반에 프레드 생거(Fred Sanger)가 개발한 방법을 근거로 발전된 것이다. 생거는 이러한 연구 공로로 두 번째 노벨상을 수상하였다(그는 인슐린의 아미노산서열을 결정한 공로로 첫 번째 노벨상을 수상하였다). 생거의 방법은 쉽게 자동화로 발전시킬 수 있어서 인간 유전체를 구성하는 30억 개 뉴클레오티드의 서열을 결정하는 원동력으로 작용하였다.

생거 염기서열화는 DNA 중합효소에 의존한다

생거 박사는 세포에서 일어나는 DNA 복제 원리에 근거하여 DNA 염기서열 분석 기술을 고안하였다. DNA 중합효소는 DNA 복제를 촉매하는 효소이다. 그림 9.7a에 요약되어 있듯이 DNA 중합효소가 최소로 필요로 하는 요소는 다음과 같다. (1) **주형가닥**(template strand); 복제할 단일가닥 DNA이다. (2) **디옥시리보뉴클레오티드 삼인산**(dATP, dCTP, dGTP, dTTP); 새로 합성되는 DNA의 구성 단위 분자이다. (3) **프라이머**(primer); 주형가닥의 일부와 상보적인 길이가 짧은 단일가닥 DNA (oligonucleotide)로 DNA 중합효소가 새로운 뉴클레오티드를 연결할 수 있는 자유 3′ 말단을 제공한다.

생거의 방법으로 DNA의 염기서열을 결정하기 위해서는 일부분의 서열이 밝혀진 주형가닥이 필요하다. 그래야 밝혀지지 않은 부분의 서열을 결정할 수 있다. 재조합 플라스미드 DNA의 한 가닥을 그러한 주형가닥으로 사용할 수 있다. 벡터의 DNA 서열(도서관에 들어 있는 모든 클론은 동일하다)은 밝혀져 있지만 삽입된 유전체 DNA 조각의 서열(클론들의 서열은 다르다)은 모른다(그림 9.7a). 다음으로 인간 유전체 DNA가 연결되어 있는 벡터의 밝혀진 서열과 상보적인 짧은 올리고뉴클레오티드가 필요하다(그림 9.7a). 프라이머는 DNA 합성기계를 사용하여 만든다. DNA 합성기계는 염기의 길이가 100개까지 되는 올리고뉴클레오티드를 상당량 합성한다. DNA 합성기계를 조정하는 컴퓨터에 염기서열을 입력하면 기계가 적당한 화학반응을 진행하여 정확한 서열의 올리고뉴클레오티드를 합성한다. 벡터의 서열을 이미 알고 있기 때문에 프라이머를 설계할 수 있다. 벡터의 서열은 사전 정보를 필요로 하지 않는 화학적 기술로 결정한다.

생거의 서열화에서는 그림 9.7a에 나타냈듯이 주형가닥과 프라이머가 **혼성화**(hybridization) 과정을 통하여 서로 상호작용하여 결합하도록 한다. 혼성화란 자연적으로 상보적인 단일가닥의 DNA나 RNA가 염기쌍 짓기를 통하여 이중가닥을 형성하는 현상이다. 특정한 클론의 재조합 DNA를 증폭하여 정제한 후, 온도를 높여서 이중가닥 DNA의 수소결합을 제거하면 단일가닥의 주형가닥이 만들어진다. 일반적인 시료에는 DNA 조각의 두 가닥이 모두 존재하지만 단지 한 가닥만 서열화의 주형가닥으로 사용된다. 주형가닥을 이

그림 9.7

자동화 생거 DNA 염기서열분석

(a)

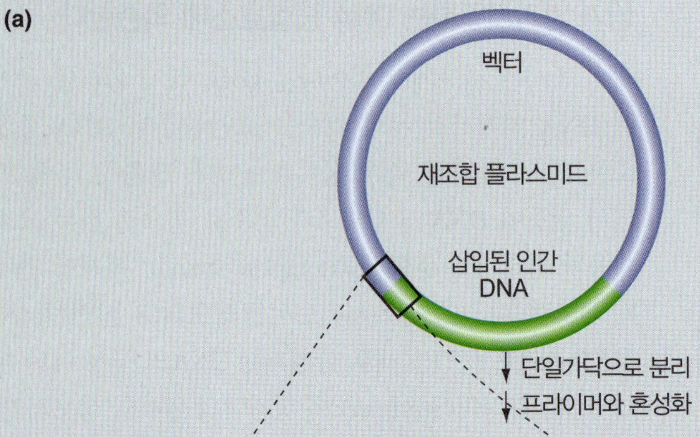

(a) 주형가닥과 프라이머의 혼성화. 클로닝 한 재조합 DNA에 열을 가하여 두 가닥을 결합하고 있는 수소결합을 깨뜨려서 변성(denatured)시킨다(단일가닥으로 분리한다). 분리된 두 가닥 중 하나가 주형가닥(template strand)으로 작용한다. 재조합 DNA와 주형가닥의 벡터 부분의 약 20개 염기와 상보적인 올리고뉴클레오티드 프라이머(oligonucleotide primer; DNA 합성기계로 제작)를 혼합한다. 온도를 낮추면 주형가닥과 프라이머가 상보적으로 결합(anneal)한다(혼성화[hybridize]). **(b)** 내포 중합체 세트의 생성. 주형가닥-프라이머 혼합체에 DNA 중합효소, 충분한 양의 디옥시뉴클레오티드 삼인산(dNTPs) 및 소량의 2디옥시뉴클

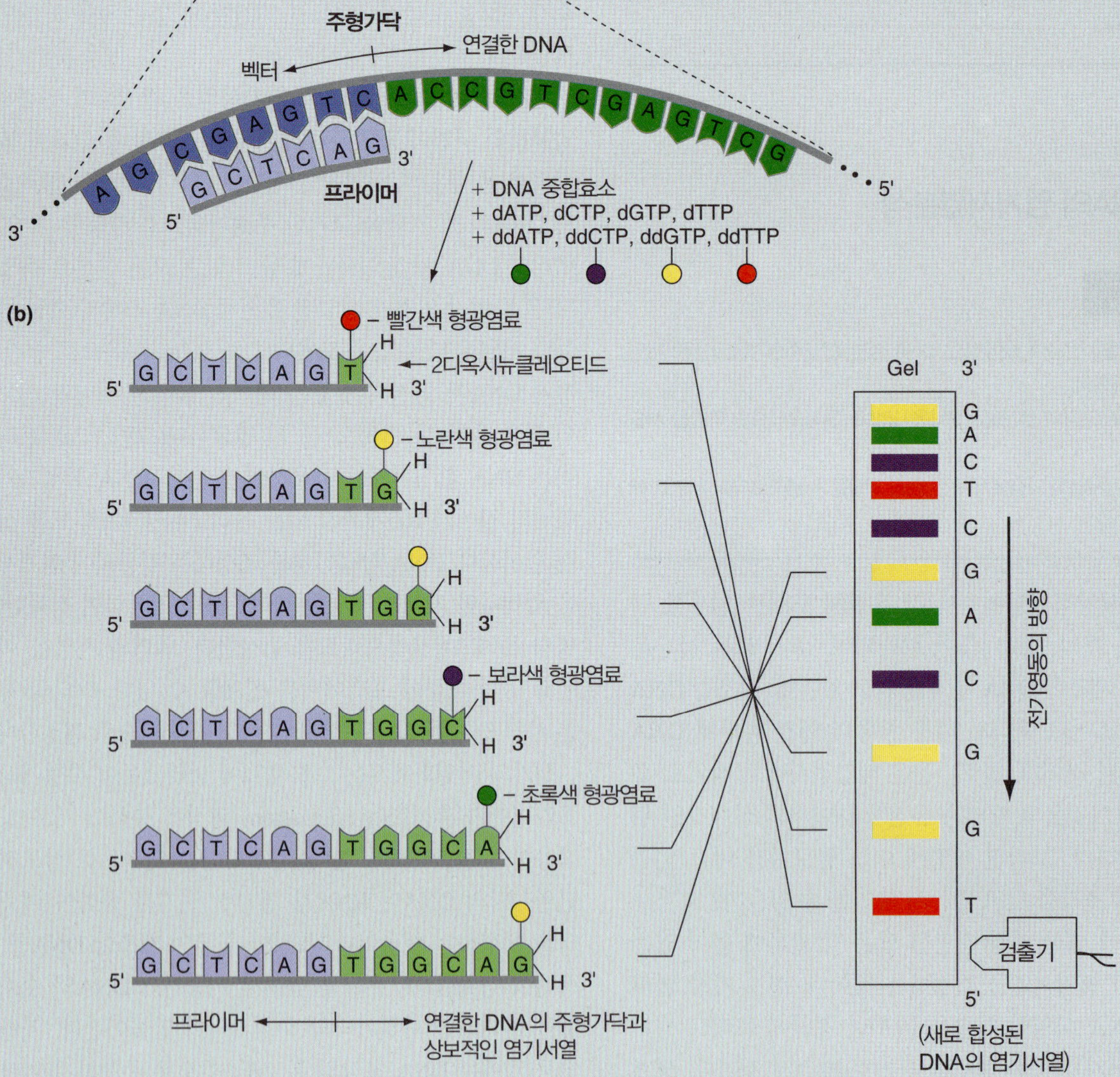

레오티드 삼인산(ddNTPs)을 첨가한다. 각각의 ddNTP는 다른 색깔의 형광표지를 갖고 있다. DNA 중합효소가 프라이머의 3′ 말단에 순서대로 뉴클레오티드를 첨가함으로써 주형가닥과 상보적인 새로운 DNA 가닥을 합성한다. 2디옥시뉴클레오티드가 사슬에 첨가되면 합성이 종료된다. 이와 같은 반응이 계속되면 5′ 말단은 동일하나 3′ 말단이 다른 내포 중합체 세트가 생성된다. 각각의 중합체는 3′ 말단의 2디옥시뉴클레오티드 색깔로 표지된다. 주형가닥과 새로 합성된 DNA 가닥을 분리한 후, 뉴클레오티드 개수 차이가 하나인 DNA들을 분리할 수 있는 특수한 젤에 넣어 전기영동을 수행한다. 각각의 조각이 레이저 빔을 통과할 때마다 3′ 말단의 색깔을 구별하여 기록한다. **(c)** 2디옥시뉴클레오티드 구조. ddNTP는 디옥시리보오스의 3′ 탄소 원자에 −OH를 갖고 있지 않기 때문에 DNA 중합효소는 3′ 말단에 2디옥시뉴클레오티드가 있는 사슬에는 뉴클레오티드를 첨가하지 못한다. **(d)** 젤에서 이루어지는 내포 중합체 세트의 분석. **(e)** 서열화 젤의 사진. 각각의 레인(열)은 각기 다른 시료의 염기서열을 나타내고 있다. **(f)** 하나의 젤 레인에서 추적하여 얻은 DNA 염기서열. 원래 데이터가 네 가지 색깔로 표시되어 있다. 여기에서, 쉽게 읽을 수 있도록 하기 위해서 젤 상의 노란색은 검은색으로 표시하였다. 새로 합성된 DNA 가닥의 염기서열이 적혀 있다. 한 번의 전기영동으로 약 1,000개의 염기서열을 결정할 수 있다.

(c)

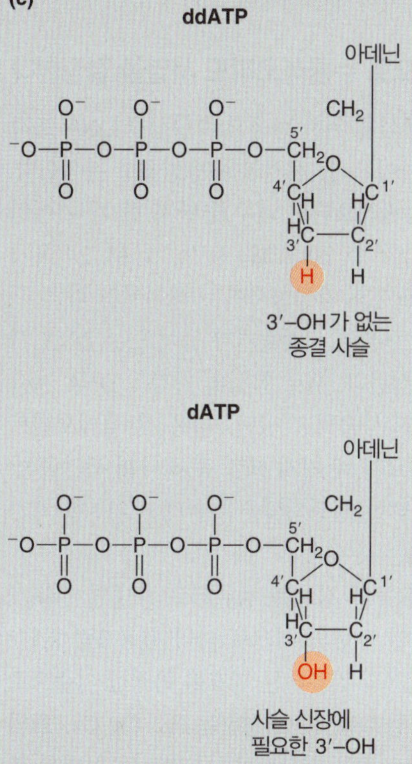

(d)

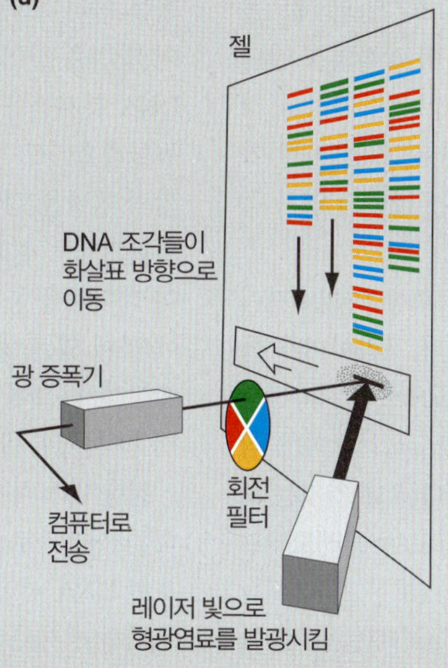

(e)

(f)

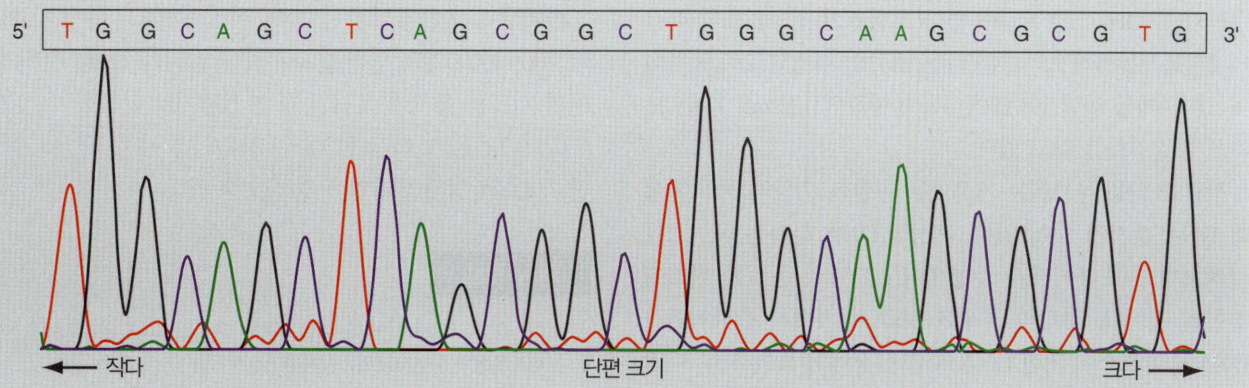

미 준비한 충분한 양의 프라이머와 혼합한다. 혼합액의 온도를 천천히 낮추면 프라이머와 재조합 DNA의 주형가닥의 상보적인 뉴클레오티드 사이에 수소결합이 형성될 것이다. DNA 합성기계로 합성한 프라이머의 길이는 주형가닥의 상보적인 서열과 안정한 이중가닥을 형성할 수 있어야 한다. 일반적으로 프라이머는 17~25개 뉴클레오티드로 구성된다. 프라이머가 주형가닥에 결합되면 DNA 중합효소의 기질이 된다(그림 9.7a).

생거 염기서열 분석은 크기에 따라 분리되는 내포조각들을 합성한다

분리한 DNA 분자의 염기쌍 순서를 분석하기 위한 생거 염기서열 분석에서는 DNA 중합효소가 일련의 단일가닥 조각들을 합성하며, 합성된 단일가닥의 일부분은 분석하려는 DNA 주형가닥의 서열과 상보적이다(그림 9.7b). 각각의 조각은 길이가 바로 앞의 조각이나 바로 뒤의 조각과 한 개의 뉴클레오티드만 다르다. 길이가 연속적인 조각들의 세트를 내포배열(nested array)이라고 한다. 조각들이 각각의 3′ 말단 염기에 의해서 구별되는 것이 중요한 특징이다. 따라서 각각의 작은 조각들은 두 가지 명확한 속성을 갖고 있다. 한 가지는 작은 조각의 길이이며, 다른 한 가지는 말단의 염기 종류이다.

내포배열을 합성하는 서열화 과정은 정확한 양의 8가지 뉴클레오티드 삼인산과 결합된 주형가닥과 프라이머가 들어 있는 반응액에 DNA 중합효소를 첨가함으로써 시작된다(그림 9.7b). 네 가지는 보통의 디옥시리보뉴클레오티드 삼인산인 dATP, dCTP, dGTP 및 dTTP이다. 다른 네 가지는 보통과 다르며 적은 양을 첨가하는 **2디옥시리보뉴클레오티드 삼인산**(dideoxyribonucleotide triphosphate) (보통 2디옥시뉴클레오티드라고 부름)인 ddATP, ddCTP, ddGTP, ddTTP이다(그림 9.7c). 2디옥시뉴클레오티드는 DNA 중합반응에서 사슬을 신장하는 인산이에스테르 결합의 형성에 필요한 3′ 수산기(3′–OH)가 결여되어 있다(그림 6.21 참조). 또한 각각의 2디옥시뉴클레오티드는 다른 색깔의 형광염료로 표지되어 있다. 예를 들면, ddATP는 녹색 형광염료를 ddCTP는 보라색 형광염료를 갖고 있다.

서열화 반응 튜브에는 처음에는 동일한 수십억 개의 혼성화 DNA 분자가 들어 있다. 혼성화 DNA 분자는 올리고뉴클레오티드 프라이머가 주형 DNA 가닥의 동일한 위치에 결합된 것이다. 각각의 혼성화 DNA 분자에서 프라이머가 DNA 중합효소에 의한 DNA 사슬 신장에 필요한 자유 3′ 말단을 제공한다. 중합효소는 시료의 주형가닥의 뉴클레오티드와 상보적인 뉴클레오티드를 신장되는 가닥에 첨가한다. 뉴클레오티드의 첨가는 우연히 디옥시뉴클레오티드 대신에 2디옥시뉴클레오티드가 첨가될 때까지 계속된다. 2디옥시뉴클레오티드에는 3′ 수산기가 결여되었기 때문에 DNA 중합효소가 다른 뉴클레오티드와 인산이에스테르 결합을 형성할 수 없으므로 새로운 DNA 가닥의 중합화는 종료된다(그림 9.7b).

반응이 종료되면 고온으로 DNA를 변성시켜 새로 합성된 가닥을 주형가닥으로부터 분리한다. 결과적으로 동일한 5′ 말단(프라이머의 5′ 말단)과 서로 다른 3′ 말단을 갖는 내포조각들의 세트가 만들어진다. 세트를 구성하는 조각들의 길이와 형광색은 마지막에 결합되어 사슬 신장을 종료한 2디옥시뉴클레오티드에 의해서 결정된다(그림 9.7b).

DNA 조각의 형광으로 뉴클레오티드 서열을 결정한다

생물학자들은 서열분석을 위한 반응으로 합성한 DNA 조각들을 폴리아크릴아마이드 젤 전기영동 방법으로 분석한다. 이 방법은 길이가 뉴클레오티드 개수가 단지 한 개 차이인 DNA 분자들을 분리할 수 있다(그림 9.7b, d, e). 2디옥시뉴클레오티드 형광표지를 활성화시키는 레이저와 다른 색깔의 형광을 정확히 구분하는 검출기가 들어 있는 DNA 서열화기계로 젤을 분석한다. 새로 합성된 각각의 DNA 사슬이 레이저를 통과하면 사슬의 3′ 말단 2디옥시뉴클레오티드에 붙어 있는 형광염료가 네 가지 색깔 중 하나의 색깔을 발광한다. 다음에 나타나는 형광색깔은 뉴클레오티드 한 개가 더 긴 사슬이 발광하는 것이다.

검출기가 형광색깔들의 정보를 컴퓨터로 보내면 정보가 다른 색깔들로 구성된 일련의 피크로 나타난다(그림 9.7f). 또한 DNA 서열화기계의 컴퓨터는 피크를 특정한 기준으로 해석하여 새로 합성된 DNA를 구성하는 As, Cs, Gs, Ts의 디지털 파일인 **판독**(read)을 만든다. 물론 판독의 서열은 분석하는 주형가닥의 서열과 상보적이다.

1990년대 후반에 개발된 DNA 서열화기계는 특정 시료의 약 700~1,000개의 염기를 구분하여 읽는다. 또한, 수백 가지의 시료를 동시에 독립된 형광 검출기로 분석할 수 있다(그림 9.7d, e). 따라서 한 대의 기계가 몇 시간 동안에 수십만 개 DNA 염기의 서열을 결정할 수 있다.

핵심 개념

- 생거 DNA 서열화에서 분석하는 DNA 분자는 DNA 중합효소에 의한 DNA 합성의 주형가닥으로 사용된다.
- 생거 DNA 서열화에는 주형가닥에 혼성화되는 올리고뉴클레오티드 프

라이머가 필요하다. DNA 중합효소는 주형가닥에 상보적인 뉴클레오티드를 프라이머의 3′ 말단에 첨가하여 프라이머를 신장시킨다.

- 자동화 DNA 서열화에서는 DNA 중합효소가 형광표지가 붙은 2디옥시 뉴클레오티드를 첨가하면 사슬의 합성이 종료된다.
- 내포 DNA 조각들은 젤에서 크기에 따라 분리되고, 검출기가 각 조각의 3′ 말단에 붙은 형광표지의 색깔을 감지하여 뉴클레오티드 서열을 결정한다.

9.4 유전체의 염기서열분석

학습목표

1. 유전체 염기서열을 재구축하기 위해서는 개별 DNA 염기들이 겹쳐져야만 하는 이유를 설명한다.
2. 유전체 염기서열화를 위한 계층적 전략과 산탄 전략의 차이를 설명한다.

유전체(genome)의 크기는 광범위한데, 알려진 가장 작은 미생물의 700,000개 염기쌍(700 kb)부터 인간의 23개 염색체의 30억 개 염기쌍(3 Gb)까지 분포하며, 인간보다 더 큰 유전체들도 있다. 표 9.2에 대표적인 미생물, 식물, 동물들의 유전체 크기를 나타내었다. 이들 숫자를 전체적으로 살펴보면, 사람의 유전체는 *E. coli*보다 700배 크고 *Paris japonica* 식물보다 45배 작다. 따라서 유전체가 지닌 정보의 양과 생명체의 복잡성이 반드시 비례하는 것은 아니다.

인간 유전체를 포함하여, 커다란 크기의 유전체들의 궁극적인 특성화 및 분석을 위해서는 많은 노력이 요구된다. 만일 단일의 DNA 염기서열분석(sequencing)으로 1,000개의 염기 정보를 생산할 수 있다면, 인간 유전체 전체를 밝히기 위해서 최소한 300만 개의 염기서열화가 필요하다고 생각할 수 있을 것이다. 사실상 이는 상당한 과소평가인데, 그 이유는 앞에서 논의된 바와 같이, 유전체 도서관 클론을 위의 숫자의 최소한 5배를 분석해야만 유전체의 모든 부분을 최소한 한번은 포함시킬 수 있는 95%의 확률을 보장할 수 있기 때문이다. 이처럼 많은 염기서열화를 수행하는 것이 가능한가? 그리고 이를 통해 얻게 될 엄청난 양의 염기서열 데이터를 다루어, 어떻게 하여 이들 수백만 개의 1,000염기로 이루어진 작은 조각들이 온전한 유전체상에서 위치하고 있는 상대적인 서열을 파악할 수 있겠는가?

복잡한 유전체 염기서열화를 위해 오늘날 사용하고 있는 방법을 뒷받침하는 기본 개념은 **전유전체 산탄 전략**(whole-genome shotgun strategy)인데 기본 개념을 설명하는 것은 쉽지만 실행하기는 어렵다. 사실, 아이디어는 이미 설명하였다. 먼저, DNA 염기서열을 결정한다. 즉, 인간 유전체 도서관부터 수백만 개의 개별적인 클론의, 무작위로 삽입된 사람의 DNA 조각을 구성하는 1,000개의 염기서열이다. 다음으로, 염기서열화된 조각들의 겹치는 부분을 찾아서 조합함

표 9.2 유전체의 비교

생물: 종류	생물: 종	염색체 개수[a]	유전자 개수[b]	유전체 크기 (Mb)
세균	*E. coli* (대장균)	1	~4400	4.6
효모	*Saccharomyces cerevisiae* (맥주효모)	16	~6000	12.5
벌레	*Caenorhabditis elegans* (꼬마선충)	6	~22,000	100.3
파리	*Drosophila melanogaster* (초파리)	4	~17,000	122.7
겨자 잡초	*Arabidopsis thaliana* (애기장대)	5	~28,000	135
쥐	*Mus musculus* (생쥐)	20	~27,000	2,700
인간	*Homo sapiens* (인간)	23	~25,000	3,300
폐어	*Protopterus aethiopicus* (아프리카 폐어)	14	??	133,000
수관 식물	*Paris japonica* (꽃삿갈풀)	5[c]	??	152,400

[a] 반수체의 염색체 개수
[b] 비단백질-암호 유전자를 포함
[c] 이 종은 8배체이다; 기본 염색체 개수는 5 (12장 참조).

으로써 온전한 유전체의 염기서열을 재구성하는 것이다(그림 9.8). 이상적으로, 인간 유전체의 경우, 궁극적인 결과는 각 염색체를 대표하는 24개의(상염색체와 X, Y 성염색체) 긴 염기서열이다.

인간 유전체프로젝트가 시작된 1990년 당시에는, 이처럼 방대한 양의 정보를 생산하는 것과 염기서열을 재구성하는 것은 매우 벅찬 도전으로 여겨졌으므로, 전유전체 산탄 전략의 가능성을 믿는 사람은 소수에 불과하였다. 아주 일찍 인식된 한 가지 문제점은, 나중에 자세히 논의될 사항으로, 유전체는 많은 종류의 반복된 염기를 포함하고 있으며, 이들은 유전체 전체에 흩어져서 여러 부분에 위치하고 있을 수 있다는 것이다. 만일 반복적인 염기서열을 지닌 클론을 찾았다면, 이것이 유전체의 어느 부위에 속한 것인지 어떻게 알 수 있을 것인가?

이런 이유 때문에 대부분의 유전체학자들은 초기에 다른 방법으로 인간 유전체의 염기서열화를 하였는데, 나누고 지배하는 방식으로 **계층적 전략**(hierarchical strategy)이라 한다(그림 9.8). 이 방법은 유전체를 200~300 kb 크기의 조각으로 나누어 박테리아인공염색체(Bacterial Artificial Chromosome, BAC)에 클론함으로써 유전체를 커다랗게 쪼개어 분리한 후, 이들 커다란 조각들이 온전한 유전체상에서 위치한 상대적인 순서를 결정한다. 이런 방법을 통해 연구자는 전체 유전체를 대표할 수 있게 될 최소한의 염기가 겹쳐진 최소 숫자의 BAC 클론들을 결정할 수 있었다. 이를 최소 조립 경로라고 하며, 이렇게 순서가 정해진 BAC 클론들을 상대로 각각의 클론의 전체 염기서열을 해독하여 전체 유전체를 재구성하고자 하였다.

계층적 전략은 궁극적으로 성공적이었으나, 셀레라

그림 9.8 유전체의 염기서열화 전략. 전유전체 산탄 전략(셀레라[Celera]사) 방법은 조각난 유전체 DNA로부터 도서관을 생산한다. 수백만 개의 클론의 양쪽 끝에서 염기를 분석: 컴퓨터를 이용하여 이들 염기서열의 중첩되는 부분을 찾아 유전제의 염기서열을 재조합한다. 보다 체계적인 방법이나 상대적으로 비효율적인 계층적 전략은 중간 과정을 도입하여 BAC 클론 도서관(200~300 kb 삽입)을 분석하여 최소 조립 경로를 결정한다. 이 경로에 포함된 각각의 BAC 클론을 작은 조각으로 쪼개어 작은-산탄 도서관을 만들고 이들의 염기서열을 분석한다. 컴퓨터를 이용하여 각각의 BAC 클론의 염기서열을 재조합한 후, BAC 클론 간의 중첩되는 부위를 찾아 전체 유전체 염기서열을 재구성한다.

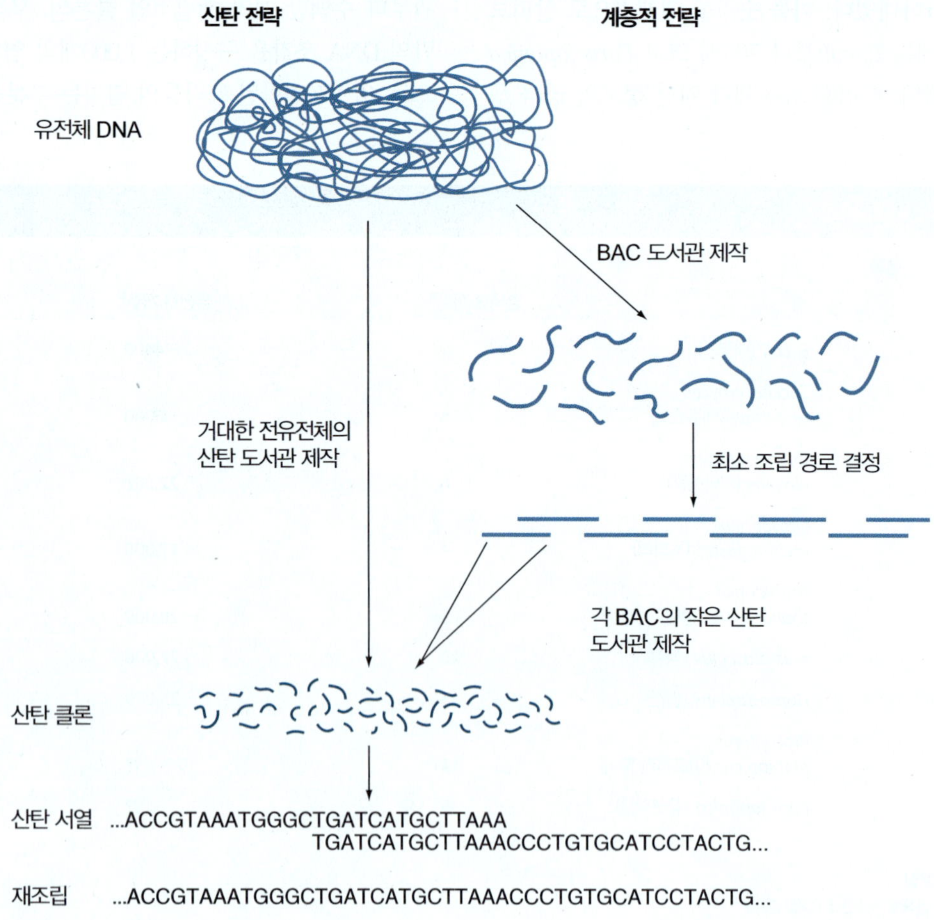

(Celara)라는 사설 회사가 당시에 많은 과학자들에 의해 가망성이 없는 것으로 여겨진 산탄 전략을 사용하여 인간 유전체를 해독하기 위한 독자적인 노력을 수행하고 완성함으로써 과학계를 깜짝 놀라게 하였다. 셀레라가 취한 방법의 성공의 이면엔 꼭 알아두어야 할, 오늘날에도 널리 사용되어지는 여러 가지 구체적인 아이디어들이 있다.

(1) 산탄(shotgun)의 의미는 염기서열화의 대상이 되는 조각에 대한 사전 정보 없이 도서관으로부터 무작위로 선택되었다는 것이다.
(2) 도서관을 만들기 위하여 유전체 DNA의 조각을 초음파를 이용하여 기계적으로 분쇄하여 생산하였다. DNA가 무작위로 끊어졌으므로 다른 조각이 지닌 동일 염기에 의해 이들 조각들이 겹쳐질 수 있고, 그로 인해 재조합이 가능해진다. 만일 유전체가 단 한 개의 제한효소를 이용하여 끊어졌다면, 이들 조각들은 겹쳐질 수 없을 것이다.
(3) 셀레라 연구자들은 한 개의 클론으로부터 양쪽 끝에서 한 개씩, 모두 두 개의 염기서열화를 하였다(그림 9.9a).
(4) 셀레라의 과학자들은 다른 길이의 DNA 조각을 지닌 세 개의 도서관을 만들었다. 인간 유전체 DNA를 무작위로 조각을 내기 위해 세 가지 다른 수준의 에너지를 사용하여 DNA 조각의 평균 길이를 조절하였다. 가장 작은 크기의 조각으로 ~2 kb 길이의 플라스미드 도서관을 만들었고, 중간 크기로는 ~10 kb의 플라스미드 도서관과 가

그림 9.9 전유전체 산탄 염기서열 분석. (a) 재조합된 DNA 삽입의 양쪽 끝의 염기서열 분석. 재조합 DNA를 녹여서 단일가닥으로 만든 후, 하나는 프라이머 1, 다른 개별적인 반응은 프라이머 2를 붙인다. 이들 프라이머는 벡터와 접하고 있는 인간 DNA 삽입의 양쪽 끝의 염기에 해당한다. 두 개의 프라이머는 재조합 DNA의 반대편 가닥에 혼성화하며, DNA 중합효소가 인간 DNA 삽입의 양쪽 끝에 해당되는 DNA를 합성하도록 방향을 정하였다. (b) 전유전체 산탄 염기분석 전략. 세 개의 다른 크기(2 kb, 10 kb, 200 kb)의 단편을 지닌 도서관을 만들어야 한다. 각 클론의 양쪽 끝의 염기서열을 (a)에서 설명한 바와 같이 분석한다. (c) 각 삽입의 두 개의 염기서열이 정해진 거리에 떨어져 있는 지식에 의존하여 수백만 개의 DNA 염기서열 해독정보를 토대로 컴퓨터를 이용한 전유전체 염기서열을 재조합한다.

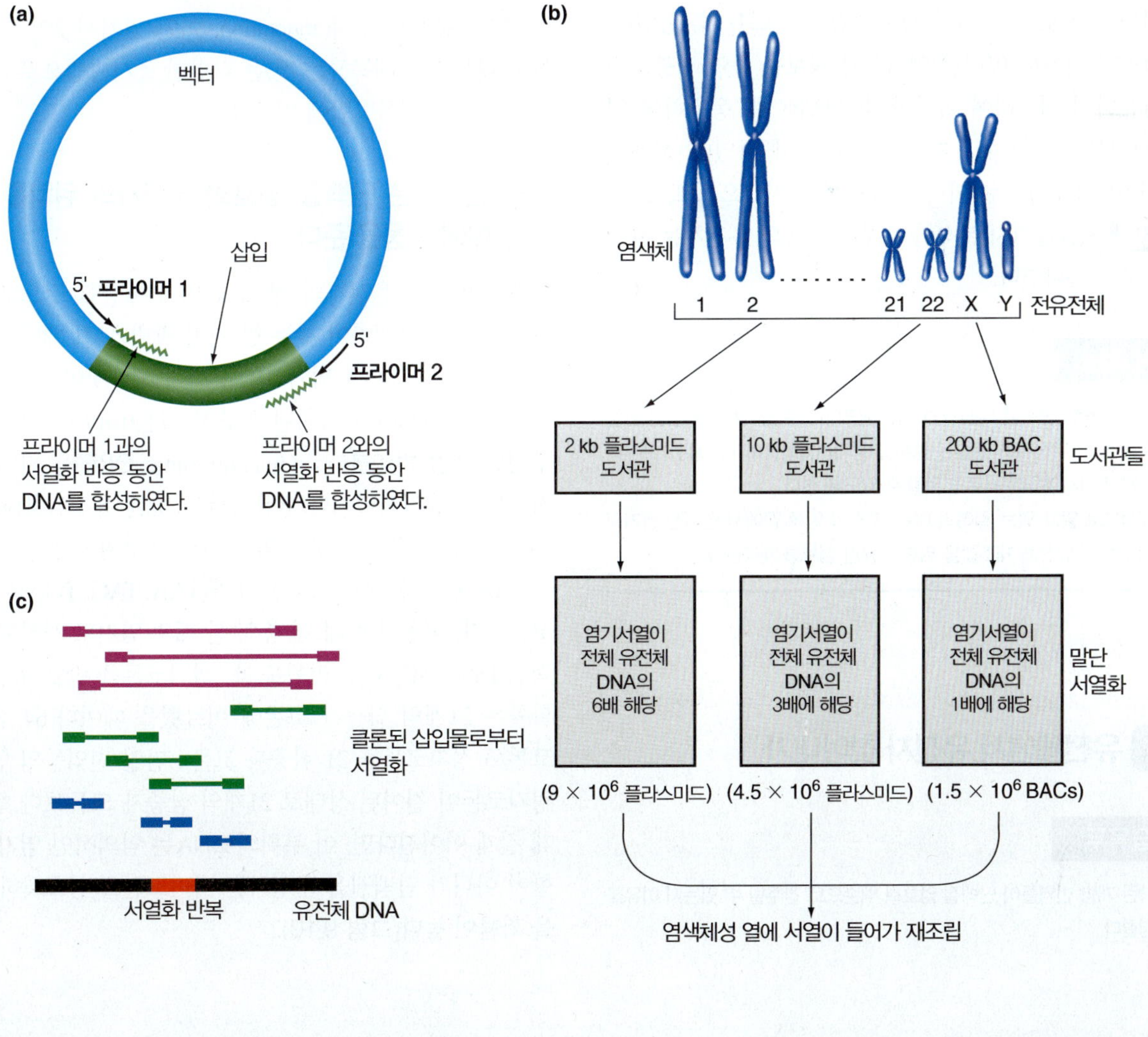

장 큰 크기의 조각 ~200 kb BAC 도서관을 생산하였다(그림 9.9b).

(3)과 (4) 항목의 중요성은 클론의 DNA 조각 양쪽의 염기서열화에 의해 공간적인 정보를 제공하는 것이다. 예를 들어, BAC 클론 양쪽 끝의 두 개의 염기서열은 유전체에서 200 kb의 거리로 떨어져 있어야만 한다. 이와 같은 공간적인 정보는 유전체에 걸쳐 분산되어 있는 반복적인 염기들에 의한 문제를 극복하게 하는데, 그 이유는 세 가지 크기(2 kb, 10 kb, 200 kb)의 양쪽에서 얻은 염기서열이 반복적인 염기들의 대부분의 길이를 연결하는 것을 가능하게 하기 때문이다(그림 9.9c).

산탄 전략이 계층적 전략과 비교하였을 때 가장 주된 우월성은 유전체 도서관을 만들면, 나머지 과정은 대부분 자동화할 수 있다는 점이다. 셀레라는 커다란 시설에 투자하여 수백 대의 염기서열화 장비를 갖추고 다른 종류의 로봇을 동원하여 유전체 도서관으로부터 DNA를 준비하여 염기서열화를 위한 실험적인 과정과 기계 분석을 진행하였다. 자동화 과정을 도입함으로써 셀레라는 유전체의 10배에 해당하는 염기서열 정보를 생산하기 위해 필요한 수백 개의 염기서열화 정보를 상대적으로 저렴하게 얻을 수 있었다. 염기서열화 기계는 이러한 염기서열 정보를 중앙 집중화된 슈퍼컴퓨터에 제공하여 복잡한 소프트웨어를 동원하여 염기의 서열을 염색체별로 재조합할 수 있게 하였다. 셀레라의 기술이 상대적으로 커다란 효율성을 지녔으므로, 2013년을 지난 오늘날까지 분석한 대부분의 종의 유전체는 산탄 전략으로 해독하였다.

핵심 개념

- 전유전체 산탄 전략은 유전체 DNA를 물리적으로 끊어서 도서관을 만들고 이로부터 무작위로 선별된 클론을 염기서열화하여 각 클론으로부터 생산된 염기서열들이 서로 연결될 수 있도록 한다.
- 대략적으로 알고 있는 길이의 DNA 조각의 양쪽 끝에서 얻어진 염기서열의 정보는 유전체 재조합을 위한 유용한 정보를 제공한다.

9.5 유전체에서 유전자 찾아내기

학습목표

1. 기다란 개방 번역틀이 단백질 암호화 엑손으로 간주될 수 있는지 이유를 설명한다.
2. 어떻게 과학자들이 진화상으로 크게 분화되어 있는 종 간의 보존되어 있는 염기서열을 확인하여 유전자의 위치를 예측할 수 있는지 설명한다.
3. cDNA 도서관 구축에 역전사효소가 어떻게 사용되는지를 논의한다.
4. 유전체와 cDNA 도서관으로부터 얻을 수 있는 정보를 비교한다.

생물체(organism)의 유전체를 염기서열화하는 것이 대단히 어려운 작업이나, 이는 작업을 완성하기 위한 초기 단계에 불과하였다. 예를 들어, 인간 유전체 프로젝트의 완성과 더불어 연구자들은 오늘날 30억 개 염기의 정확한 서열을 포함한 데이터베이스를 구축하였으나 어떻게 이처럼 방대하게 저장된 정보를 이해할 수 있을까? 염기체상의 어떤 염기서열이 유전체의 어떤 기능적인 요소에 해당하는가? 유전자가 핵심적인 기능요소이므로, 유전체의 염기서열을 기반으로 유전자의 위치를 확인하는 방법에 초점을 두기로 한다. 유전체에는 동원체(centromere), 말단소체(telomere), 전이인자(transposable element, 유전체의 다른 위치로 옮겨 다니는 DNA 부위) 등의 부분이 있으나, 유전자 이외의 다른 부분에 대해서는 나중 장에서 다루기로 하겠다.

여러 가지 다양한 종류의 정보가 제공하는 단서를 기초로 과학자가 유전자를 찾기 위하여 유전체를 조사하는 데 도움을 준다. 유전체 주석(annotation, 어떤 염기서열이 어떤 기능을 갖는지를 해독하는 것)은 다양한 조사방법으로부터 도출된 데이터 편찬방법에 의존한다.

개방 번역틀은 단백질-암호화 유전자의 위치를 확인하는 데에 도움을 준다

단백질-암호화 유전자의 엑손(exon)에 해당할 것으로 여겨지는 부위를 구별하여 찾는 한 가지 방법은 긴 개방 번역틀의 유전체상의 DNA 염기서열을 조사하는 것이다. 즉, 정지코돈(stop codon)이 결여된 삼중자 코돈(triplet codon)으로 구성된 개방 번역틀(open reading frame, ORF)을 지닌 길게 지속되는 염기서열이다. 8장에서 설명한 유전암호(genetic code)를 상기한다면, 네 개의 염기로 조성된 삼중자 코돈은 $4^3 = 64$개가 가능하고, 그중 세 개(TAA, TAG, TGA)는 정지코돈이다. 어림잡아 네 개 중의 한 개의 염기로 시작된 임의적인 DNA 서열을 고려했을 때, 정지코돈을 만날 평균적인 확률은 21개의 삼중자 코돈에 이르렀을 때이다(64 삼중자 코돈/3 정지코돈 = 21 삼중자 코돈). 만일 번역틀의 염기가 정지코돈이 결여된 상태로 21개의 삼중자 코돈보다 현저하게 길게 이어진다면, 이 부위의 DNA는 임의적인 염기의 조합이 아니라 단백질을 구성하는 아미노산을 암호화하고 있을 확률이 높다(그림 9.10).

그림 9.10 개방 번역틀. 주어진 DNA 염기는 여섯 가지의 다른 번역틀로 해독될 수 있다(한 가닥으로부터 세 개씩). 정지코돈으로 방해받지 않는 번역틀이 개방 번역틀이다. 긴 개방 번역틀은 단백질–암호화 엑손일 가능성이 크다. 아래의 예는 오직 한 개의 번역틀만(틀 5) 열려 있다.

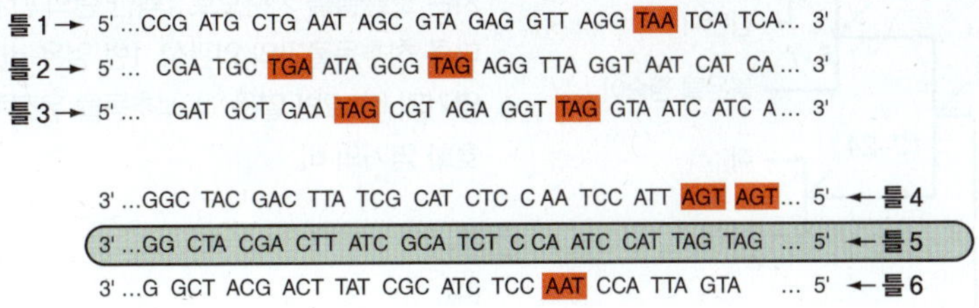

이런 방법은 유용하지만 전혀 문제가 없는 것은 아니다. 유전체는 워낙 크므로 유전자에 해당되지 않는 부위가 드물게라도 우연히 긴 개방 번역틀을 지닐 확률이 있을 수 있다. 다른 한편으로는, 진핵생물의 많은 유전자들이 인트론에 방해되어 있으므로 어떤 단백질-암호화 엑손들은 아주 작고, 따라서 도움을 주는 다른 정보가 없다면 개방 번역틀로 인식되지 않기도 한다.

전유전체 비교분석을 통하여 자연선택으로 보존된 유전체 요소를 구분한다

전유전체 산탄 전략을 이용한 유전체 염기서열 해독 방법은 매우 성공적이어서 수천의 다른 종들의 유전체가 이미 해독되었다. 연구자들은 엄청난 양의 정보를 활용하여 다양한 생물체가 보유한 유사한 DNA 부위를 조사하였다. 이러한 부위는 일반적으로 항상 그렇지는 않지만 유전자에 해당한다.

유전체 비교의 정당성은 다윈(Charles Darwin)으로 거슬러 올라간다. DNA 이중나선이 발견되기 거의 1세기 전에 그는 현재 소멸된 조상으로부터 변형형질의 유전("descent with modification")에 따른 종의 진화를 제안하였다. 오늘날 우리는 유전되는 변형형질의 실체가 생물체의 유전체를 규정짓는 염기서열이라는 것을 알고 있다. 우리에게 주어진 도전은 DNA 수준에서 그와 같은 분자 진화를 추적하는 것이다.

보전된 DNA 서열 찾기

두 개의 다른 출처에서 비롯한 염기서열이 유사할 때, 이것이 우연에 의한 것인지 혹은 동일한 기원인지의 여부를 어떻게 구분하겠는가? 우연에 의해 같은 것이라고 가정하기 위한 예로, 특정한 그러나 임의적인 50개의 염기서열을 정하고, 독립적으로 유래한 DNA 부분이 단지 우연에 의해 100% 동일할 확률을 계산해 보자. n 길이의 DNA 염기서열의 발생 확률은 0.25 (특정한 위치에 동일한 염기가 출현할 확률)의 n승이므로, 50개 염기의 경우 50승(독립적이고 우연히 일어날 연속적인 숫자)으로 구할 수 있다: $(0.25)^{50} = 8 \times 10^{-31}$. 어떠한 의도와 목적으로도, 이와 같은 확률은 근본적으로 0이며, 이는 우연에 의한다는 가설을 부정한다. 또한 자연에서 발견된 두 개의 완벽하게 동일한 50개의 염기는 우연이 아닌, 거의 확실하게 동일한 조상의 염기에서 유래되었다고 말할 수 있다.

두 개의 DNA 조각이 공통조상의 동일한 DNA 염기로부터 유래하였다는 증거를 보일 때, 이러한 DNA 조각은 다른 종의 염색체와 동족체(homolog)라고 한다. 50 bp 이상의 염기서열이 완전히 일치하면 증거는 명확하다. 그러나, 불완전한 상동성을 증명하기 위해서는 특별한 생물정보학 프로그램을 사용하여 정교하게 통계분석을 수행하여야 한다. DNA 염기서열의 상동성이 많은 생물 종에 존재하는 경우, 그 염기서열은 보존되었다고 한다.

DNA 서열 보존의 구도

그림 9.11a에서 보여주는 전형적인 계통수(phylogenetic tree)는 연속적인 공통조상으로부터의 분기점을 이용하여 여러 종의 상호 간의 연관성을 표현한다. 인간 유전체를 다른 대표적인 척추동물과 비교하면, 염기서열 보존의 백분율은 침팬지와 원숭이와는 매우 높으나 공통조상으로부터 경과된 시간이 길수록 낮아진다(그림 9.11b). 4억 년 이상의 거리에 있는 물고기 유전체는 인간 유전체의 단지 2퍼센트의 DNA 염기만을 보유하고 있다. 이와는 대조적으로, 인간의 단백질-암호 염기에만 제한하여 비교하면, 척추동물 진화 과정에서 보존율은 82% 이상으로 높게 유지된다.

단백질-암호화 부위처럼 역할을 지닌 기능성 DNA의 염기를 파괴하는 돌연변이는 생물체의 진화적인 적응도를 떨어뜨릴 수 있다. 그러므로 기능적으로 중요한 염기의 진화는 기능성이 없는 염기에 비해 서서히 일어나며, 독특한 표현형에 기여하지 않는다. 기능성이 없는 염기의 구속받지 않는 분화는 궁극적으로 공통의 조상에 대한 모든 증거를

(a)

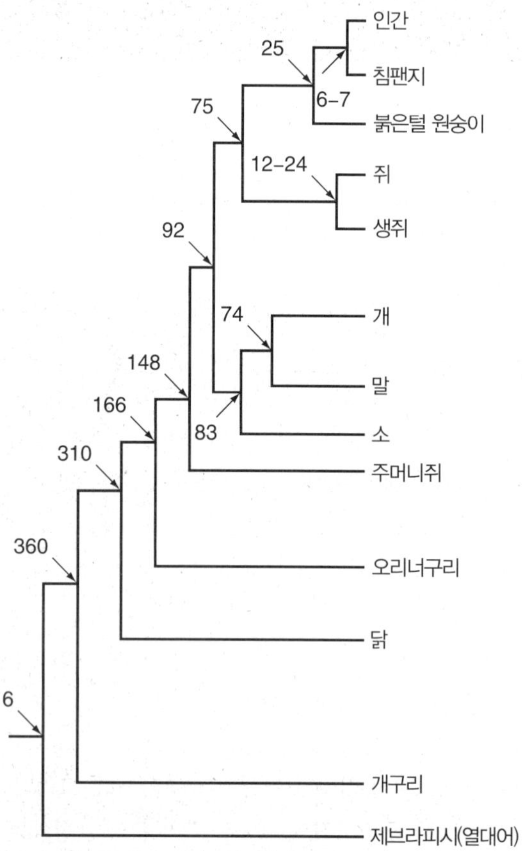

그림 9.11 인간과 척추동물 간의 종의 연관성과 유전체 보전. (a) 생물체의 분화가 이뤄진 분기점을 보여주는 계통수; 각 분기점에 표시된 숫자는 오늘날을 기준으로 1백만 년의 단위로 나타낸다. (b) 인간 유전체와 다른 척추동물과의 연관성. 1번 열은 비교된 종에서 발견된 인간 유전체 염기의 비; 2번 열은 각 척추동물 유전체에서 발견되는 인간 단백질–암호화 염기의 비.

(b)

학명	일반명	1	2
Homo sapiens	인간	100%	100%
Pan troglodytes	침팬지	93.9%	96.58%
Macaca mulatta	붉은털 원숭이	85.1%	96.31%
Rattus norvegicus	쥐	35.7%	94.47%
Mus musculus	생쥐	37.6%	95.36%
Canis familiaris	개	55.4%	95.18%
Equus caballus	말	58.8%	92.70%
Bos taurus	소	48.2%	94.78%
Monodelphis domestica	주머니쥐	11.1%	91.43%
Ornithorhynchus anatinus	오리너구리	8.2%	86.43%
Gallus gallus	닭	3.8%	88.61%
Xenopus tropicalls	개구리	2.6%	87.44%
Danio rerio	제브라피시(열대어)	2.0%	82.38%

그림 9.12 인간 유전체의 100 kb 부위의 상동 지도. 검게 표시된 부위는 인간과 다른 종의 유전체 간에 동일하다. 인간과 물고기 간의 보전된 DNA 서열은 일반적으로 단백질–암호화 부위에서 발견된다. 엑손 외의 일부 염기서열 또한 진화적으로 제한(특히 인간–쥐 비교를 참조)되었으며, 이는 현재는 알려지지 않은 기능적으로 중요한 역할을 할 것으로 추정된다(CDS : 단백질–암호화 염기).

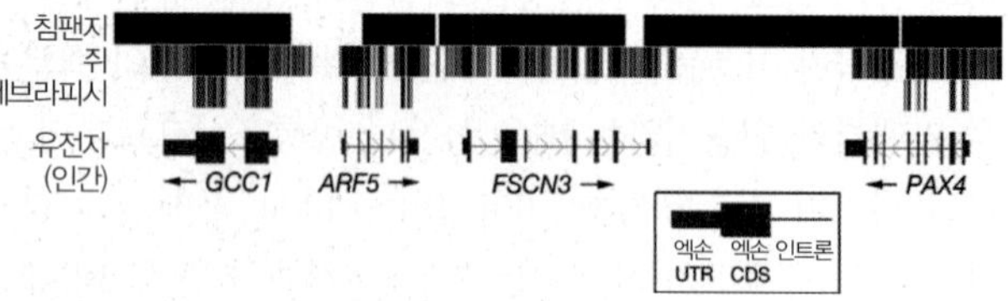

제거하게 된다. 따라서 전유전체의 비교 결과는 생물학적인 연관성을 지닌다.

컴퓨터를 이용하여 유전체를 가시화하는 방법을 사용하여 DNA 염기의 보존율을 유전체의 모든 부위에서 진화상의 시간 흐름에 따라 곧바로 살펴볼 수 있게 되었다. 종 간의 상동관계의 예는 **그림 9.12**에서 보여준 분석결과처럼, 네 개의 유전자를 포함한 100 kb 부위이다. 그림의 아랫줄은 인간 유전체 네 개의 유전자의 위치와 엑손/인트론의 구조를 표시한다. 그 위는 세 개의 대표적인 척추동물 종 간의 상동성을 나타내는 지도로, 크게 보전된 염기서열은 짙은 색 혹은 블록으로 나타냈다.

인간과 침팬지의 가까운 관계로부터 기대되는 것처럼, 인간의 염기서열은 침팬지 유전체의 전반적인 부위에서 거의 완벽에 가까운 보존율을 지니고 있다. 다른 포유동물의 경우, 여기에선 쥐를 대표적인 예로, 보존도 또한 전체 유전체 부위에서 명백하지만, 그 패턴은 고르지 못하며, 작은 크기의 보존된 부위가 보존성이 없는 작은 부위들에 의해 산재되어 있다.

진화적 근연성이 떨어진 물고기로 옮겨가서 살펴보면, 진화적으로 제한되어 있는 부위와 그렇지 않은 염기서열을 더욱 확연하게 구분할 수 있다. 특히 주지할 점은 네 개의 유전자 중 세 개의 단백질-암호화 부위의 대부분은 분석한 세 개의 종에서 아주 잘 보존되어 있다. 이와 같은 보존성이 암시하는 것은 이 세 개의 유전자가 만드는 단백질이 모든 척추동물의 생존에 매우 중요하다고 할 수 있다. 그러나 네 번째 유전자의 동족체(homolog)는 물고기에서 발견되지 않았으며, 이 유전자 산물의 기능은 물고기에는 없어도 되는 것을 시사한다. 인간, 쥐, 물고기 간의 상동관계를 지닌 부위는 다음과 같은 부위에서는 매우 적게 나타난다: 인트론, 엑손에서 비암호화(noncoding) 부위(유전자의 5′-UTR[비번역 부위]과 3′-UTR) 및 유전자 간의 공간.

인간이 쥐나 물고기와 공통조상을 마지막으로 공유한 시간처럼 오랜 진화기간에 걸쳐 지속된 염기서열의 보존은 통상적으로 유전자의 위치를 예상할 수 있게 한다. 그러나 예외는 있다. 보존된 염기서열이 암호화된 지역 외에서 드물게 관찰되기도 한다. 이러한 부위가 매우 잘 보전되어 있다는 사실은 이들이 진화적으로 구속되어 있는 기능을 가졌다는 것을 강력하게 제시하지만, 대부분의 경우 이들의 기능이 무엇인지에 대해 아직 알지 못하고 있다. 과학자들은 이러한 잘 보존된 비암호화 염기서열의 잠재적 기능에 대하여 활발하게 탐구하고 있다. 예를 들어, 이들 중에는 이들이 주변의 유전자가 언제 어디에서 mRNA로 전사되는지의 여부 결정에 도움을 주는 증폭자(enhancer) 부위를 대표할 수도 있다(그림 8.11 참조).

유전자를 찾는 가장 직접적인 방법은 전사 부위를 찾는 것이다

많은 유전자들은 단백질을 코딩하고 있으나 rRNA나 tRNA에 해당하는 유전자처럼 일부는 그렇지 않다. 하지만 일부가 번역되지 않는 유전자가 있지만, 모든 유전자는 RNA로 전사된다. 어떤 유전자가 만들어내는 RNA 서열을 알고 있다면, 단순히 그 RNA의 상보적인 DNA 서열을 찾음으로써 유전체 DNA 내의 해당되는 유전자를 쉽게 찾을 수 있다. 이런 방법은 사실 rRAN처럼(리보솜의 일부를 형성하여 다른 종류의 RNA와 분리될 수 있으므로) 대량으로 정제할 수 있는 RNA들에 잘 적용된다. 하지만 대부분의 mRNA는 상대적으로 세포에 존재하는 양이 적어 쉽게 정제하기 어렵다. 더구나, RNA의 염기서열을 해독하는 기술이 존재하기는 하지만 보편적으로 사용되지 않고 있으며, DNA 염기서열에 사용되는 방법과 비교하였을 때 수행하기가 어렵다. 결과적으로, mRNA를 연구하는 가장 쉬운 방법은 DNA로 복사한 후 이를 클론하여, 이들 클론을 유전체 DNA 염기서열화 분석과 동일한 방법으로 염기서열을 분석하는 것이다.

cDNA 도서관 만들기

mRNA로부터 DNA 클론을 만들기 위하여, 연구자들은 **레트로바이러스**(retrovirus)로 알려진 바이러스의 생명주기 일부를 모방한 시험관(*in vitro*) 연속 반응에 의존한다. 레트로바이러스는 AIDS를 일으키는 HIV 바이러스를 포함하는 종류로서 RNA 형태로 유전정보를 유지한다. 유전자 전송 장비의 일부로 레트로바이러스는 또한 **RNA-의존성 DNA 중합효소**(RNA-dependent DNA polymerase), 혹은 간략히 **역전사효소**(reverse transcriptase; 8장 읽을거리 「유전학과 사회」 참조)라는 독특한 효소를 갖고 있다. 세포 감염 후, 레트로바이러스는 역전사효소를 사용하여 자신의 단일가닥의 RNA를 **상보적인** DNA (complementary DNA) 로 복제한다. 간단히 cDNA라고 한다. DNA-의존성 DNA 중합효소로서의 기능도 할 수 있는 역전사효소가 최초의 cDNA 단일가닥의 상보적인 두 번째 가닥을 만드는데, 이는 원래의 RNA 주형(RNA template)의 염기서열과 동일하다. 마지막으로, 레트로바이러스 RNA 염색체의 복제된 이중가닥의 DNA가 숙주세포의 유전체에 합쳐진다. cDNA라고 지칭할 때 원래의 의미는 RNA에 상보적인 단일가닥의 DNA를 의미하지만, 이제부터는 단일가닥이거나 이중가닥이거나에 관계없이 RNA 주형에서 유래된 DNA를 지칭한다.

혈구세포의 전구물질 같은 특정한 유형의 세포에서 전사되는 모든 mRNA의 cDNA 복사체를 만들기 위해 어떻게 역전사효소를 이용할 수 있는지 살펴보자(그림 9.13a). 먼저, 단순한 화학적 반응을 이용하여 이러한 세포로부터 모든 종류의 RNA를 분리한다. 다음으로는, mRNA가 세포에 존재하는 모든 RNA의 작은 부분을 이루고 있으므로(세포 유형에 따라 1~5%), mRNA를 보다 많이 풍성하게 존재하는 rRNA나 tRNA로부터 분리하는 것이 바람직하다. 이러한 목적은 가능한데, 그 이유는 진핵생물 세포의 mRNA는 3′-말단에 폴리-A 꼬리(poly-A tail)를 갖고 있기 때문이다. mRNA가 이들 폴리-A 꼬리를 통해 올리고-dT 올리고뉴클레오티드, 즉 20개의 T가 일렬로 연속된 단일가닥의 조각에 혼성화할 것이다. 따라서 mRNA는 올리고-dT(oligo-dT)에 연결된 자성을 띤 구슬에 붙고, 다른 종류의 RNA는 붙지 않을 것이다. 이와 같은 반응은 정제된 mRNA를 얻을 수 있는 분리기술의 기반을 제공한다. 이런 방법으로 적혈구세포 전구체에서 발현하는 모든 mRNA를 포함하는 시료를 얻을 수 있다.

총 mRNA에 역전사효소와 더불어 합성을 시작하도록 충분한 양의 네 종류의 디옥시리보뉴클레오티드 삼인산과 프라이머를 첨가하여 mRNA 주형에 붙은 단일가닥의 cDNA를 생산한다(그림 9.13b). 이러한 반응에 사용된 프라이머들은 또한 올리고-dT이며, 모든 mRNA로부터 cDNA 첫 가닥의 중합을 시작하도록 위해서이다. 합성을 마친 후, mRNA-cDNA 혼합체를 높은 열로 가열하여 단일가닥으로

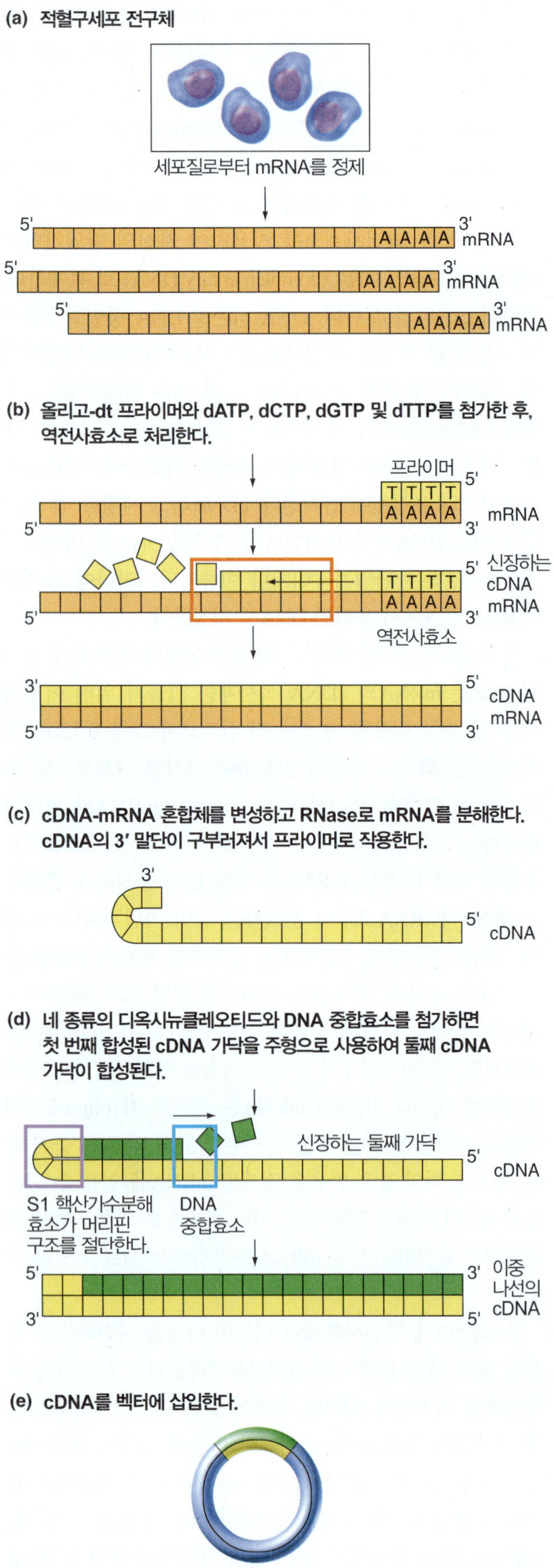

그림 9.13 RNA 전사체의 cDNA으로 전환. (a) 전구체 적혈구세포에서 mRNA를 분리한다. (b) 역전사효소와 올리고-dT 프라이머를 사용하여 cDNA-mRNA 혼합체를 합성한다. (c) 열을 가하여 mRNA 가닥과 cDNA가닥을 분리한 후, mRNA 전사체를 제거한다. cDNA가닥의 3′ 말단이 구부러지면서 부분적으로 이중가닥이 형성되어 DNA 중합반응의 프라이머로 작용할 머리핀 구조를 형성한다. (d) 첫 번째 가닥과 상보적인 둘째 가닥을 합성한다. DNA 중합반응이 끝난 후 S1 핵산가수분해효소를 사용하여 머리핀 구조를 절단한다. (e) 합성한 이중가닥 DNA 분자를 클로닝 벡터에 삽입한다.

그림 9.14 유전체 도서관과 cDNA 도서관의 비교. 다세포 생물의 경우 어느 조직을 사용해도 똑같은 유전체 도서관이 만들어지며 유전체 도서관의 DNA 조각들은 유전체 DNA의 모든 부분을 포함하고 있다. 유전체 도서관에는 평균적으로 같은 수의 DNA 클론이 종류별로 들어 있다. 반면에 다세포 생물의 cDNA 도서관은 제작에 사용한 조직의 종류에 따라 모두 다르다. 각 조직의 cDNA 도서관에 들어 있는 클론들은 그 조직에서 전사된 유전체 부분만 포함한다. cDNA 도서관에 들어 있는 특정한 클론의 수는 해당 mRNA의 양과 비례한다.

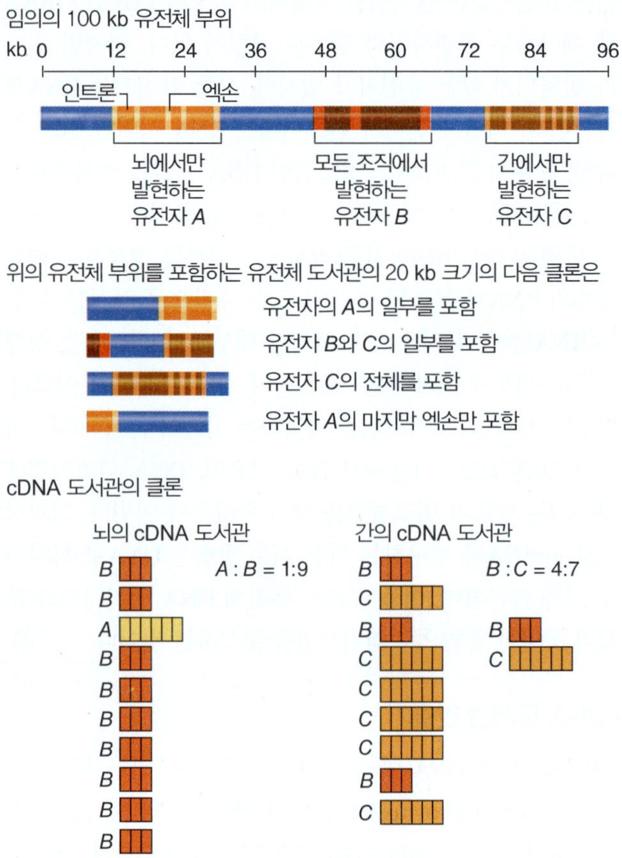

변성(denature; 분리)할 수 있다. 원래의 RNA 가닥을 절단하는 RNase 효소를 첨가하여 단일가닥의 cDNA를 남긴다(그림 9.13c). 이들 대부분은 3′ 말단에서 자발적으로 접히고, 같은 가닥의 인근의 염기에 임의의 상보적인 뉴클레오티드와 염기쌍을 이루어, 일시적으로 머리핀 구조(hairpin loop)를 형성한다. 이들 머리핀 구조가 두 번째 가닥의 DNA를 합성하는 프라이머 역할을 한다. 여기에 필수적인 디옥시뉴클레오티드 삼인산의 존재하에 DNA 중합효소를 첨가하면 방금 합성된 단일가닥의 cDNA 주형으로부터 두 번째 가닥의 cDNA 합성이 시작된다(그림 9.13d). 결과물은 이중가닥의 cDNA이다.

제한효소와 연결효소를 사용하여 이중가닥의 cDNA를 적합한 벡터에 삽입(그림 9.13c)한 후에 벡터-삽입 재조합체를 적절한 숙주세포에 형질전환하면, 이중가닥의 cDNA 조각들로 구성된 도서관이 생성된다. 각 개별적인 클론의 cDNA 조각은 시료로 사용된 적혈구세포 전구체에 존재하는 mRNA에 상응한다. 꼭 지적해야 할 중요한 점은 이러한 cDNA **도서관**(cDNA library)은 이들 세포가 단백질을 만들기 위해 활발하게 전사한 유전체의 엑손에 해당하는 부분만을 포함한다는 것이다. cDNA 도서관의 클론은 인트론을 포함하지 않는데, 이는 도서관을 만들기 위해 사용한 mRNA가 인트론을 갖고 있지 않기 때문이다. 또한 적혈구세포 전구체로부터 만들어진 cDNA 도서관은 같은 조직에서 많이 발현되는 mRNA에 상응하는 많은 클론은 함유하지만 거의 발현되지 않는 유전자를 반영하는 클론은 아주 소수란 점을 이해하여야 한다.

유전체 대 cDNA 도서관

그림 9.14는 유전체와 cDNA 도서관을 비교한다. 유전체 도서관 내의 클론들은 모든 부위의 DNA를 대표하며, 온전한 유전체의 모습을 각 클론의 부위에서 보여준다. cDNA 도서관의 클론들은 유전체의 어떤 부위가 특정한 조직에서 단백질 생산에 사용되는 정보를 보유하고 있는지를 밝힌다. 특정 유전자들에 해당하는 mRNA의 양은 이들 세포에서 만들어지는 단백질의 상대적인 양에 대하여 어느 정도의 정보를 제공한다.

앞에서 설명한대로, cDNA 도서관을 만드는 주된 목적 중의 하나는 전사되는 부위(유전자)를 찾아 유전체의 주석달기를 하는 것이다. 아이디어는 매우 간단하다. 많은 cDNA 클론의 염기서열을 분석하고, 이들 cDNA 염기서열을 유전체의 염기서열과 비교하는 것이다. cDNA와 유전체 간의 동일한 부위는 유전자의 엑손을 나타내며, 전체 cDNA (mRNA 전체의 길이로부터 복제된)의 염기서열을 토대로 해당 유전자의 엑손/인트론 구조를 결정할 수 있다. 이와 같은 기본적인 개념은 분명하지만, 커다란 규모로 모든 것을 실행하는 것은 평범하지 않다. 특정한 유전자는 아주 드물게 혹은 특정한 조직에서만 발현되므로, 유전체 학자들은 수많은 다양한 유형의 조직에서 유래된 mRNA를 토대로 만들어진 다수의 cDNA 도서관으로부터 수백만 개의 cDNA 클론의 염기서열을 분석해야 한다. 이러한 이유로 드물게 발현되는 일부 유전자들 중에는 유전체 데이터베이스에서 아직까지 유전자로 인식되지 않을 가능성이 있다.

핵심 개념

- 유전체 DNA의 긴 개방 번역틀은 일반적으로 단백질-암호화 엑손을 식별한다.
- 크게 분화된 종의 유전체 간의 보존된 DNA 서열은 종종 유전자의 엑손에 해당된다.
- 역전사효소는 mRNA 전사체로부터 상보적인 DNA (cDNA)를 생산한다. 따라서 cDNA 클론은 유전자의 엑손만 대표한다.
- cDNA 도서관 내의 특정 mRNA의 클론의 빈도는 도서관을 만들기 위해 사용된 세포 유형에서의 전사체의 양을 반영한다.

9.6 유전체의 구조와 진화

학습목표

1. 유전자의 개수, 전사의 방향 및 유전자의 밀도 등을 포함한 유전체에서의 유전자의 배열에 관해서 토의한다.
2. 유전자의 복제와 발산이 어떻게 유전자군과 위유전자를 형성하였는지 설명한다.
3. 진화 과정에서 유전체가 변하는 세 가지 방법을 서술한다.
4. 적은 수의 유전자들이 DNA, RNA, 단백질 수준에서 복잡성을 만드는 기작을 서술한다.

인간 유전체와 다른 생물 유전체의 완성된 염기서열은 유전체의 구조와 진화를 새롭게 이해하는 데 큰 역할을 하였다. 자세한 유전체의 염기서열 분석은 생물학 연구를 크게 바꾸었다. 유전체 프로젝트로부터 배운 중요한 내용을 다음의 세 가지 질문에 중점을 두고 간단히 설명할 것이다. 유전자들은 유전체에 어떻게 배열되어 있는가? 유전자와 유전체는 진화 과정 동안 어떻게 변하였는가? 마지막으로, 비교적 적은 수의 유전자를 갖고 있는 유전체가 어떻게 인간을 포함한 생명체에서 방대하게 복잡한 표현형을 만들어내는가?

유전체에서 유전자의 배열은 일정하지 않다

인간 유전체의 염기서열을 완성함으로써 알게 된 인간은 단지 약 25,000개의 유전자를 갖고 있다는 사실은 매우 충격적이었다. 25,000개의 유전자 중 대략 21,000~23,000개의 유전자가 단백질을 암호화하고 나머지는 번역되지 않는 RNA를 전사하는데, rRNA와 tRNA는 번역에 관여하며 snRNA는 이어맞추기 복합체에서 기능을 한다. 이것은 예측했던 것보다 훨씬 적은 수이다. 인간 유전체 프로젝트를 시작하기 전에는 100,000개 혹은 그 이상의 유전자를 갖고 있을 것이라고 예상하였다. 이와 같이 예상을 했던 이유는 세균, 효모, 선충, 초파리 등의 간단한 모델 생물들보다 인간은 생물학적으로 훨씬 복잡하기 때문이다. 이러한 생물보다 인간 유전체는 실제로 더 많은 유전자를 갖고 있지만 유전자 개수의 차이는 예측했던 것보다 크지 않다(표 9.2 참조). 그러므로 유전자 개수의 변화 이외의 다른 기작이 후생동물(다세포 동물)의 복잡성에 관여할 것이다.

진화 과정 동안 유전체의 전체 크기는 유전자의 개수보다 훨씬 현저하게 바뀌었다(생쥐나 인간 같은 포유류의 유전체와 선충이나 초파리의 유전체를 비교해 보자; 표 9.2). 알려진 모든 유전자들의 엑손에 해당되는 유전체의 부분인 엑솜(exome)은 유전체의 아주 작은 부분을 차지한다. 인간의 경우 엑솜은 대략 유전체의 1.5~2.0%이다. DNA 염기서열의 대부분은 인트론, 유전자와 유전자의 중간 부분, 염색체의 한 곳에서 다른 곳으로 이동하는 전이인자 및 동원체나 말단소체 같은 구조 등이 차지하고 있다. 그러므로 다른 종들 간의 유전체 크기의 커다란 차이는 유전자 개수나 유전자 크기의 변화로 발생된 것이라기보다는 엑솜이 아닌 비암호화 DNA의 확장과 축소로 발생되었을 것이다. 예를 들면, 인간 유전체의 반 이상은 전이인자로 구성되어 있다. 그리하여 전이인자는 인간 유전체를 자신들의 증식을 위한 숙주로 사용하는 이기적인 DNA 혹은 기생 DNA로 간주되기도 한다. 둘째로, 인간 유전체도 단순하게 반복되는 염기서열을 많이 갖고 있다(예; CGCGCGCG).

이 절에서는 단백질을 암호화하는 유전자들을 포함하고 있는 유전체 일부분을 살펴본다. 다른 염색체의 요소들(동원체, 말단소체 및 전이인자)을 포함하는 DNA 염기서열의 특징은 다음 장에서 자세히 다룬다. 인간 유전체의 많은 부분은 아직 기능을 모르는 암흑지대이다. 이러한 암흑지대 DNA의 일부분은 현재는 기능을 모르는데, 아마 기능이 전혀 없다기보다는 진화 동안에 없어졌을 수도 있다.

대부분의 유전자의 전사 방향은 임의적이다

일부 학생들은 가끔 염색체에 있는 모든 유전자들은 항상 이중가닥 유전체 DNA의 같은 가닥을 주형으로 사용하여 같은 방향으로 전사된다고 생각한다. 이러한 생각은 분명히 틀린 것이다. 그림 9.12에서 보았듯이 이웃하는 두 유전자가 서로에 대해서 같은 방향으로 혹은 반대 방향으로 전사되거나 염색체를 기준으로 동원체 쪽으로 혹은 말단소체 쪽으로 전사된다. 그림 9.12에 나타낸 유전자 지도는 유전자의 전사 방향(즉, RNA 중합효소가 유전자를 RNA로 복사하기 위해서 움직이는 방향)을 전형적으로 5′에서 3′으로 화살표로 표시하였다. 이웃하는 유전자들이 서로 반대 방향으로 전사되기 때문에 RNA 중합효소는 일부 유전자에서는 주형가닥으로 염색체의 왓슨(Watson) 가닥을 사용하는 반면에 다른 유전자에서는 주형가닥으로 크릭(Crick) 가닥을 사용한다. 대부분의 유전자에서 전사 방향은 임의적으로 선택되거나 적어도 명확하게 정해진 것은 아닌 것 같다. 그런데 예외적으로 이 장의 뒷부분에서 설명할 헤모글로빈 유전자들과 같은 유전체 유전자에서는 특별한 유전자 조절 기작이 이웃하는 유전자들이 같은 전사 방향을 갖는 것을 필요로 한다.

다양한 유전자 밀도

인간 유전체에서의 유전자 밀도는 평균적으로 120 kb당 1개의 유전자이다(3,000,000 kb 유전체에 25,000개의 유전자가 들어 있음); 그런데 유전체의 지역에 따라 매우 다르다. 특정 염색체의 특정 지역에서는 유전자들의 밀도가 매우 높다. 인간 유전체에서 유전자가 가장 많이 밀집되어 있는 지역은 다양한 기능을 갖고 있는 조직적합성 단백질들을 암호화하는 60개의 유전자를 포함하고 있는 6번 염색체의 700 kb 부분이다(그림 9.15).

반면에 유전자가 적은 사막 지역도 있는데 인간 유전체에서 가장 큰 사막 지역은 한 개의 유전자도 없는 5번 염색체의 5.1 Mb 부분이다. 일부 사막 지역은 핵 전사체가 500 kb에 걸쳐서 합성되는 거대 유전자를 갖고 있기 때문에 유전자가 적다. 인간의 가장 큰 거대 유전자는 2.3 Mb인 디스트로핀 유전자인데 대부분이 인트론으로 구성된다. 흥미롭게도 거대 유전자에서 매우 큰 1차 전사체가 합성되므로 매우 빠르게 분열하는 세포에서는 전사가 끝날 수 없다. 많은 거대 유전자는 분열하지 않는 신경세포에서만 발현된다. 거대 유전자는 매우 희귀하게 전사되기 때문에 우리가 아직 발견하지 못한 거대 유전자들이 있을 가능성도 있다.

아직 모르는 근본적인 질문은 유전자 빈도가 높은 부분과

그림 9.15 인간의 주조직적합성 복합체의 클래스 III 지역. 밀집되어 있는 크기 700 kb 지역에 60개의 유전자가 들어 있다(색깔 상자). 유전자 아래에 있는 화살표는 유전자의 전사 방향을 나타낸다. 그림 9.12에서와 마찬가지로 유전자들의 전사 방향이 다르다.

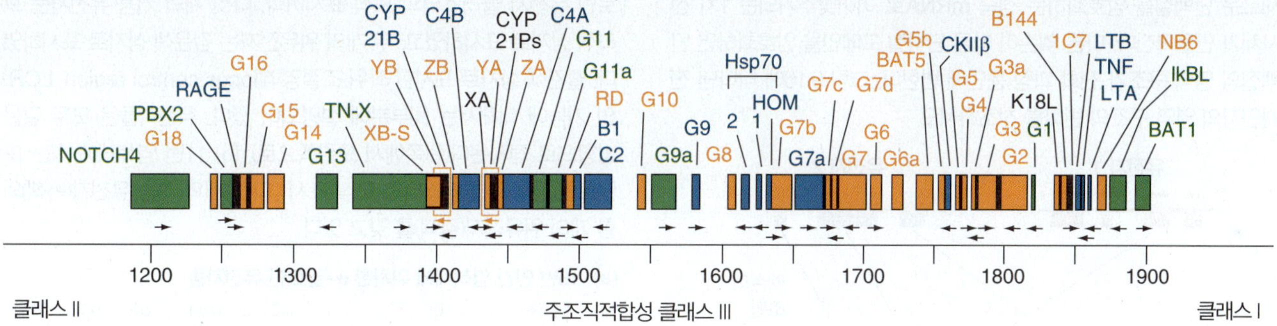

유전자 빈도가 낮은 부분이 어떤 생물학적 의미를 갖고 있는지 이다. 유전자 밀도의 변이에 대한 기능적인 설명은 무엇인가?

유전체는 진화적인 변화를 한다

유전체에서는 자연선택의 기본 자료가 되는 다양한 종류의 DNA 염기서열 변화가 계속해서 일어난다. 이 장의 앞부분에서 현재의 유전자들의 뉴클레오티드 서열을 바꾸는 기작을 살펴보았다. 특히, 환경 돌연변이원과 DNA 복제의 오류가 뉴클레오티드의 치환을 일으킨다. 오랜 시간에 걸쳐 유전자에 일어나는 점돌연변이의 축적은 유전자의 기능을 바꾼다. 인간 유전체 분석과 다른 생물의 유전체 분석은 진화를 통하여 새로운 유전자가 만들어지고 DNA 일부분이 개편되어 유전체의 구조가 바뀐다는 것을 제시하고 있다. 다양한 과정이 진화 기간 동안 유전체의 가소성을 증가시킨다.

영역 구조의 변화

유전체의 주석은 엑손이 구별되는 단백질 영역(protein domain)을 암호화하는 것을 나타낸다. 단백질 영역은 3차원 구조로 접혀서 단일 기능 단위로 작용하는 아미노산들의 서열이다. 복수의 엑손을 갖는 유전자는 기차의 차량과 유사한 복수의 영역을 갖는 단백질을 암호화한다. 기차는 여러 종류의 객차로 구성되고 각 객차(기관차, 무개화차, 식당차, 승무원차)는 다른 기능을 갖고 있다. 기차는 다른 조합의 객차들로 구성되어 다른 목적을 수행할 수 있다. 이와 같이 많은 유전자들은 다른 단백질 영역을 암호화하는 다수의 엑손으로 구성된다. 진화 과정 동안 엑손의 개편, 첨가 혹은 소실 등을 통하여 특별한 **영역 구조**(domain architecture; 영역의 종류와 개수와 순서가 다른)를 갖는 단백질의 새로운 유전자가 만들어질 수 있다.

그림 9.16은 다양한 전사인자와 결합하는 영역의 예를 보여주고 있다. 전사인자는 증폭자와 같은 DNA 부위에 결합하여 유전자의 전사를 조절하는 단백질이다. 진화 과정에서 일어난 엑손 개편은 특별한 DNA 염기서열을 인식할 수 있는 영역을 갖는 새로운 전사인자를 만들었다. 생물학자들은 컴퓨터 분석으로 새로운 단백질의 영역이 다른 단백질에서

그림 9.16 전사인자의 영역(domain) 구조. MATH, POZ, K, Lim, LB, Scan으로 표시된 영역들은 이들 영역을 갖고 있는 단백질과 다른 단백질의 상호작용을 중재한다. bHLH 영역과 호메오영역(homeodomain)은 이들 영역을 갖고 있는 단백질이 DNA의 특정 염기서열에 결합하도록 도와준다. 전사인자의 개수와 유형은 종들 사이에서 매우 다양한데, 이는 진화 과정 동안 일어난 단백질 영역의 재조합 때문이다.

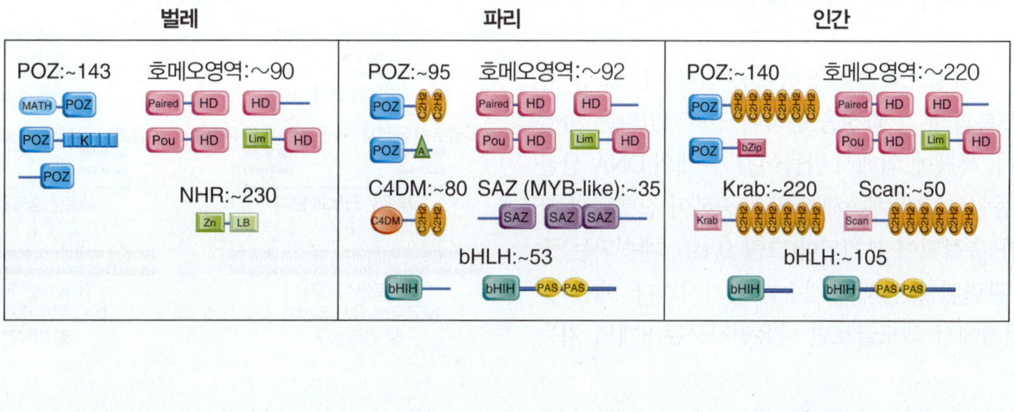

그림 9.17 엑손의 조합. 아래의 그림처럼 인트론이 절단된 두 개의 유전자가 결합된다고 가정하자. 새롭게 재조합된 유전자가 전사되면 새로운 단백질을 암호화하는 성숙 mRNA로 이어맞추기되는 1차 전사체가 만들어진다. 다른 엑손이 다른 단백질 도메인을 암호화하면 단백질의 영역 구조가 진화 과정 동안에 변한다. 그림 9.16에 나타낸 전사인자의 영역 구조의 변화를 참조하시오.

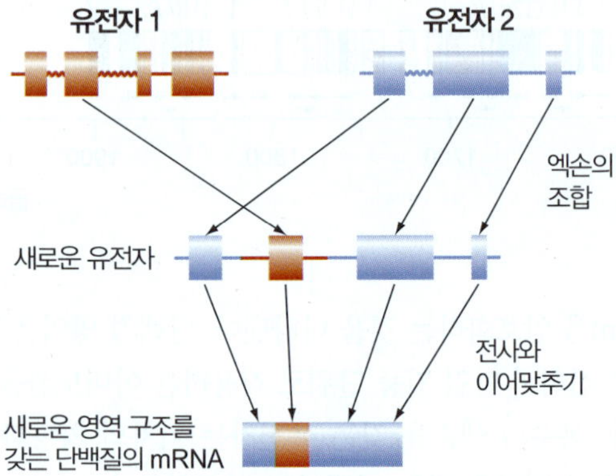

특별한 기능을 하는가를 유추하여 새로운 단백질(혹은 유전자)의 기능을 짐작해낸다. 한 가지 예로서 호메오도메인(homeodomain)을 갖고 있는 많은 단백질들은 다세포 생물의 발생 과정에 중요한 전사인자이다(그림 9.16).

RNA 이어맞추기 기작은 진핵생물에서 엑손의 재배열이 일어나게 하여 새로운 유전자를 만든다. 그림 9.17을 보면 유전자의 엑손과 양쪽 인트론 부분이 다른 유전자의 인트론 안으로 이동하였다. 이동한 엑손은 다른 유전자의 엑손들과 연결되어 단일 mRNA 분자를 만든다.

유전자군

간단히 **유전자군**(gene family)이라고 하는 **다유전자군**(multigene family)은 염기서열과 기능이 밀접하게 관련이 있는 유전자들의 그룹이다. 유전자군은 유전체에 많이 존재한다. 유전자군의 예는 혈액에서 산소를 운반하는 헤모글로빈을 암호화하는 유전자, 감염을 물리치는 데 도움을 주는 면역글로빈(항체)을 암호화하는 유전자(그림 9.18), 후각에 결정적인 역할을 하는 후각 수용체를 암호화하는 유전자 등이다.

연구자들은 생물정보학을 사용하여 유전자군는 조상 유전자로부터 중복과 분기 과정을 통하여 진화되었다는 사실을 알게 되었다. 복제에 의해서 만들어진 두 개의 DNA 산물은 처음에는 동일하지만 계속해서 많은 중복이 진행되면 다른 돌연변이가 축적되어 분기된다(그림 9.19). 계속되는 중복과 분기는 관련된 유전자의 개수를 증가시킨다. 예를 들면, 인간 유전체에서 헤모글로빈 다유전자군는 8개의 기능을 나타내는 유전자를 갖고 있는 반면에, 후각 수용체 다유전자군는 약 1,000개의 유전자를 갖고 있다. 중복과 분기 과정은 진화를 위한 새로운 기초 자료의 생성에 결정적인 역할을 한다. 유전자가 중복되면 분기가 일어나게 되거나 두

그림 9.18 인간 헤모글로빈 폴리펩티드의 유전자들은 다른 염색체에 있는 유전자 클러스터에 들어 있다. (a) 16번 염색체에 있는 α-글로빈 유전자 클러스터의 도식 표시이다. 다섯 개의 기능 유전자는 보라색 상자로 표시하였고, 두 개의 위유전자는 검은색 상자로 표시하였다. 빨간색 상자로 표시한 좌위 조절영역(locus control region, LCR)의 기능에 대해서는 뒷부분에 설명되어 있다. 유전자들은 모두 같은 방향으로 전사된다(왼쪽에서 오른쪽으로). (b) 11번 염색체에 있는 β-글로빈 유전자 클러스터의 도식 표시; 다섯 개의 기능 유전자(녹색)와 한 개의 위유전자(갈색)를 갖고 있다.

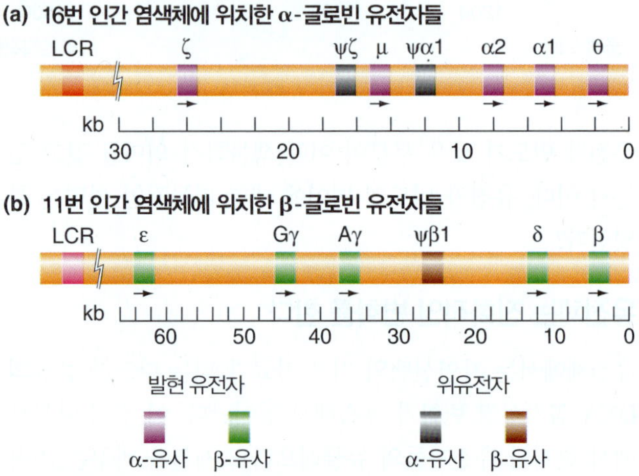

그림 9.19 글로빈 유전자군의 진화. 하나의 조상 유전자가 먼저 복제된 후, 각각 분기되어 α-글로빈 계열과 β-글로빈 계열이 형성되었다. α-글로빈 계열과 β-글로빈 계열은 각각 계속 중복되고 분기되어 현재의 기능 유전자와 위유전자로 구성된 글로빈 유전자군들을 형성하였다.

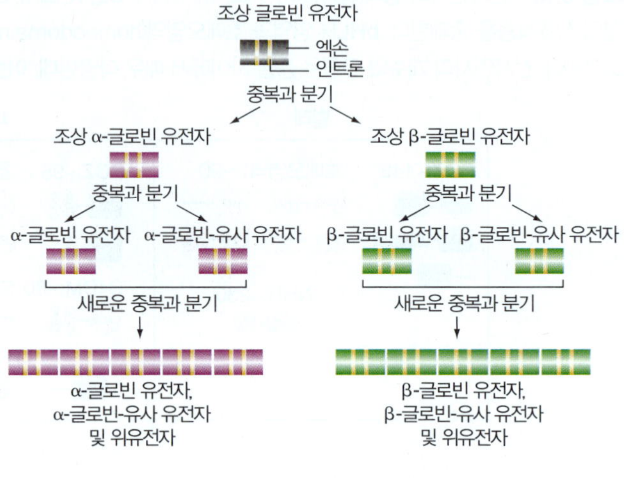

개의 중복된 유전자는 관련된 기능을 갖는다.

같은 유전자군에 속하는 유전자들은 같은 염색체에 함께 위치하고 있거나 여러 개의 염색체에 분포되어 있다. 헤모글로빈 유전자군의 경우, 16번 염색체에 위치하고 있는 α-글로빈 유전자 클러스터(혹은 **α-글로빈 좌위**라고도 함)는 5개의 기능 유전자를 갖고 있으며, 11번 염색체에 위치하고 있는 β-글로빈 유전자 클러스터(혹은 **β-글로빈 좌위**라고도 함)도 5개의 유전자를 갖고 있다(그림 9.18). α-유사 유전자들과 β-유사 유전자들의 염기서열은 비슷한데 모든 α-유사 유전자들의 염기서열은 서로 매우 비슷하며, 모든 β-유사 유전자들의 염기서열도 서로 매우 비슷하다. β-유사 유전자들은 크기가 똑같으며 5개의 β-유사 유전자들은 정확히 같은 위치에 인트론을 2개씩 갖고 있다; α-유사 유전자들도 같은 위치에 인트론을 2개씩 갖고 있다.

이와 같은 비교는 모든 글로빈 유전자들이 단일 조상 DNA 염기서열로부터 유래되었다는 것을 제시한다(그림 9.19). 수억 년 전에, 조상 글로빈 유전자가 중복되었고, 중복된 유전자 중 하나가 다른 염색체로 이동하였다. 오랜 시간이 지난 후에, 중복된 유전자 중 하나는 α-계열이 되었고 다른 하나는 β-계열이 되었다. 인간에서 각각의 계열은 추가적으로 더 중복되어 현재의 α-유사 유전자들과 β-유사 유전자들을 만들었다. 다른 생물의 유전체를 비교하면 이러한 다양한 중복 과정이 언제 일어났는지를 예측할 수 있다. 예를 들면, 인간의 β-글로빈 클러스터와 침팬지의 β-글로빈 클러스터는 같은 유전자들을 같은 순서로 갖고 있으나 다른 영장류는 β-유사 유전자를 인간과 침팬지보다 1개 적게 갖고 있다. 그러므로 β-글로빈 유전자 클러스터에서 마지막 중복 과정은 인간과 침팬지의 공통조상에서 일어났다.

그림 9.20 유전자군 명명법. 이종상동유전자는 종 분화에 의해서 분리된다. 유사유전자는 공통조상 DNA 염기서열로부터 만들어졌기 때문에 서로 밀접하다. 따라서 그림에 나타낸 모든 유전자는 이종상동유전자이다.

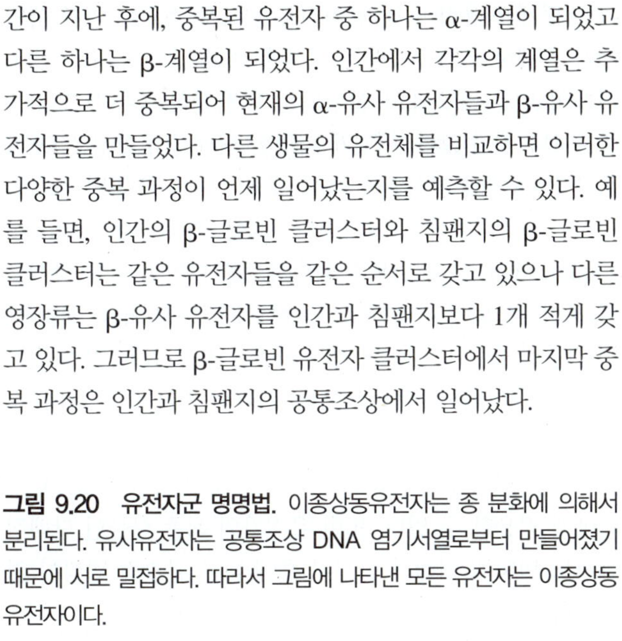

유전자군을 구성하는 유전자들의 상호관계를 서술할 수 있는 용어의 정의가 필요하다(그림 9.20). **이종상동유전자**(orthologous gene)는 두 종이 갖고 있는 유전자로서 그 두 종의 공통조상의 유전자에서 만들어진 것이며, 항상 그런 것은 아니지만 일반적으로 이종상동유전자는 같은 기능을 갖고 있다. ε-유전자는 인간과 침팬지의 마지막 공통조상이 이미 갖고 있었던 유전자이기 때문에 인간과 침팬지의 ε-유전자는 이종상동유전자이다. **유사유전자**(paralogous gene)는 중복에 의해서 만들어지는데, 유전자군에 속하는 다른 유전자를 표시하기 위해서 사용하는 용어이다. 그러므로 인간 β-글로빈 클러스터(그림 9.18b)에 위치하고 있는 δ-글로빈 유전자와 ε-글로빈 유전자는 밀접한 유사유전자이며, α-글로빈 클러스터에 위치하고 있는 유전자들과는 먼 유사유전자이다. 마지막으로 상동성(homology)은 모든 관련이 있는 염기서열에 적용되는 용어이다; 그러므로 모든 종들의 모든 헤모글로빈 유전자는 유사성을 갖고 있으며, 모든 헤모글로빈 유전자와 근육 조직에서 산소를 수송하는 단백질을 암호화하는 미오글로빈 유전자는 낮은 상동성을 갖고 있다.

기능을 갖는 다중 헤모글로빈 유전자를 만들어낸 중복 과정은 또한 기능을 상실한 유전자도 만들었다. 분자유전학자들은 이러한 추론을 α-글로빈 클러스터에는 발현하지 않는 α-유사 염기서열이 두 군데 있으며, β-글로빈 클러스터에는 발현하지 않는 β-유사 염기서열이 한 군데 있다는 사실을 데이터로부터 이끌어냈다(그림 9.18). 번역틀은 틀이동 돌연변이, 과오 돌연변이 및 정지코돈에 의해서 중단되고, 유전자의 발현을 조절하는 지역은 핵심적인 DNA 신호를 소실한다. 염기서열은 유사하나 기능을 하지 않는 유전자를 **위유전자**(pseudogene)라고 하는데, 위유전자는 모든 고등 진핵생물 유전체의 많은 다유전자군에 들어 있다. 흥미롭게도 거의 동일한 유전자-불활성 돌연변이의 동일한 위유전자가 인간과 침팬지의 β-글로빈 클러스터에서 발견된다. 이것은 유전자의 기능을 훼손하는 돌연변이뿐만 아니라 위유전자를 생성하는 복제 과정이 두 영장류 종의 공통조상에서 일어났다는 것을 의미한다.

위유전자는 기능이 없기 때문에 선택 없이 돌연변이가 일어나고, 기능 유전자의 암호화 서열이나 조절 서열보다 빠르게 돌연변이를 축적한다. 거의 모든 위유전자들은 매우 빈번하게 돌연변이가 일어나기 때문에 그들로부터 파생된 기능 유전자를 확인하는 것은 가능하지 않다. 그러므로 연속적인 돌연변이는 원래 기능을 가졌던 염기서열을 무의미한 DNA의 염기서열로 바꾼다.

염색체의 재배열

8천5백만 년 전에 분기된 생쥐와 인간의 유전체는 유전자들의 염기서열뿐만 아니라 염색체에서의 유전자의 순서에 있어서 현저한 유사점들과 상이점들을 보여준다. 약 180개의 염색체 염기서열의 상동 블록 내에서 유사점이 있는데, 상동 블록의 크기는 24 kb에서 90.5 Mb이며 평균은 17.6 Mb이다(그림 9.21). **연관가능 블록**(syntenic block)이라고 하는 연관된 좌위들의 블록 내에서의 유전자들의 순서가 인간과 생쥐에서 매우 비슷하다. 그렇지만 염색체에서의 연관가능 블록들의 순서는 두 생물에서 완전히 다르다. 마치 유전체가 다양한 크기의 180개 조각으로 절단되었다가 무작위로 새로운 유전체로 조립된 것 같다. 두 개 이상의 동일한 유전자위가 다른 종들에서 연결되어 있는 보존된 연관가능(conserved synteny)은 약 4억 년 전에 분기된 인간과 복어 유전체에도 존재한다. 그렇지만 이런 경우에는 연관가능 블록이 상대적으로 작은데 평균 크기가 단 10 kb이다.

진화와 함께 이루어진 염색체의 블록의 절단과 재조립은 **염색체 재배열**(chromosomal rearrangement) 과정으로 일어난 것이다. 예를 들면, 전좌(translocation)는 염색체의 일부분을 비상동 염색체에 연결하는 재배열이다. 역위(inversion)는 염색체의 일부분을 180° 돌려서 같은 염색체에 연결하는 재배열이다. 두 종이 마지막 공통조상을 더 오래 전에 공유했을수록 더 많은 염색체 재배열이 축적되어 유전자의 순서가 더 많이 바뀌어 있다. 결과적으로 두 종 간의 진화적 거리가 증가할수록 연관가능 블록의 평균 크기는 더 작게 된다.

염색체 재배열이 일어나는 기작과 재배열의 유전적 결과에 대해서는 12장에서 자세히 다룰 것이다.

그림 9.21 인간과 생쥐 유전체에 있는 연관가능 블록(syntenic block). 인간 염색체; 적어도 두 개 유전자의 순서가 생쥐 유전체에 보존되어 있는 인간 유전자들을 포함하는 단편들을 색깔로 표시하였다. 각각의 색깔은 아래에 나타낸 특정한 생쥐 염색체에 해당한다.

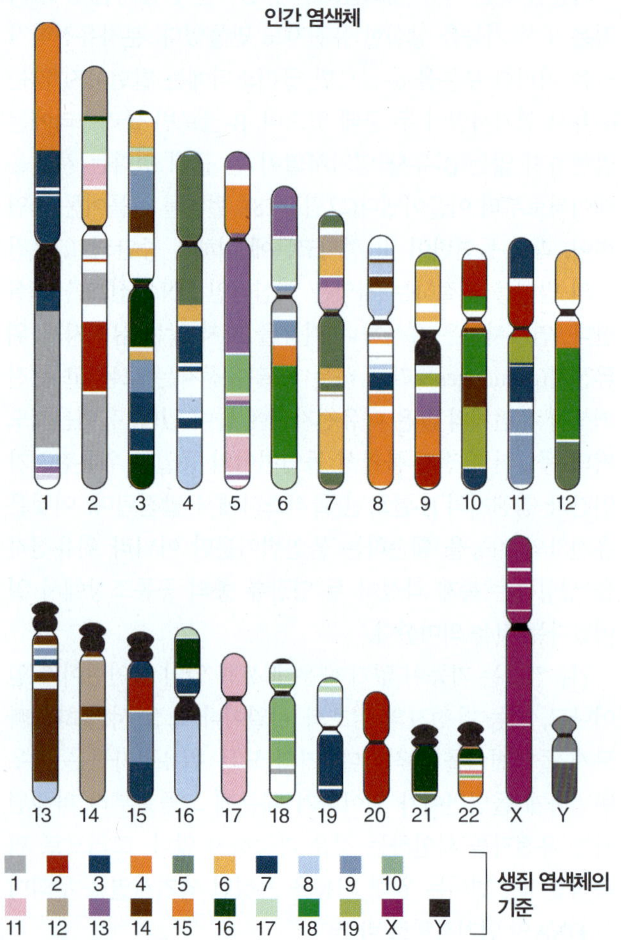

비교적 적은 개수의 유전자가 매우 복잡한 표현형을 구현한다

생물학자들은 부모로부터 물려받은 약 25,000개의 유전자가 어떻게 작용하여 믿기 어려울 정도로 정교한 인간 생명체가 존재하게 하는가라는 질문에 대한 답을 못하고 있다. 더욱이 인간 세포에서 합성되는 단백질의 종류가 25,000 종류보다 훨씬 많다. 이렇게 다양한 단백질의 합성은 DNA 혹은 RNA의 염기서열을 특정 세포에서 다른 방법으로 연결하는 조합 기작의 결과이다. 조합 증폭(combinatorial amplification)은 기본 요소들의 세트를 다양한 다른 방식으로 조합함으로써 다양한 많은 세트를 얻는 것이다. 예를 들면 간단한 슬롯머신은 세 개의 바퀴를 갖고 있고, 각 바퀴는 7개의 다른 그림을 갖고 있으나; 21개의 기본 요소(7 + 7 + 7)를 사용하여 343개의 다른 조합(7^3 혹은 $7 \times 7 \times 7$)을 만들 수 있다. 생물학에서 조합 증폭은 DNA 수준과 RNA 수준에서 적용할 수 있다. 또한 유전자의 최종 산물인 단백질에서도 번역에 의해서 합성된 후에 많은 분자적 변형이 일어난다.

DNA 수준에서의 조합 전략

T-세포 수용체 유전자가 가장 잘 연구된 DNA-수준 조합 증폭의 한 예이다. T-세포 유전자들은 체세포인 T-세포에서 재배열되는 다수의 유전자 단편에 의해서 암호화된다. 이것은 다른 체세포나 생식세포에서는 일어나지 않는다(그림 9.22). 인간 T-세포 수용체군은 45종류의 기능적인 V (variable) 유전자 단편과 2종류의 기능적인 D (divesity) 유전자 단편과 11종류의 기능적인 J (joining) 유전자 단편을

그림 9.22 인간의 β T-세포 수용체 사슬 유전자. 생식세포와 대부분의 체세포에서 유전자는 약 45개의 V 요소와 2개의 D 요소와 약 11개의 J 요소 및 2개의 거의 동일한 C (constant) 부분으로 구성된다. T 세포의 발달 동안, 한 개의 D는 한 개의 J와 결합한다. 그 다음에는 한 개의 V가 한 개의 D-J와 결합한다. 마지막으로 한 개의 V-D-J는 한 개의 C와 결합한다. 이러한 단일 유전자의 연속적인 재배열의 결과로 다른 종류의 T 세포는 거의 1,000종류의 β 수용체 사슬을 생산한다.

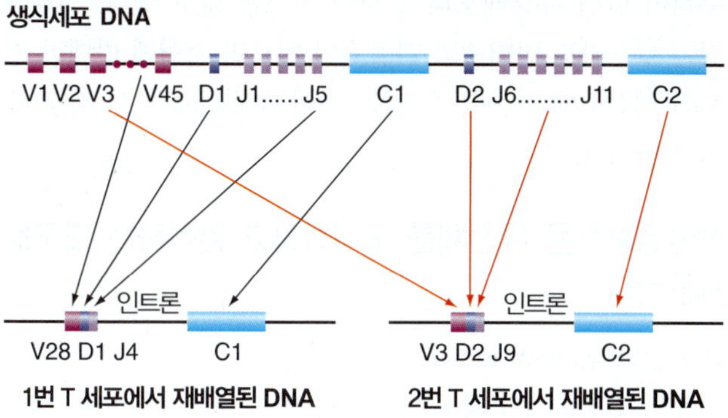

갖고 있다. 각각의 T 세포에서 먼저 D 요소 하나가 J 요소 하나에 결합한다. 이때 간섭 DNA는 결실된다. 그 다음에 결합된 D-J 요소는 V 요소에 결합하여 완전한 V-D-J 유전자를 만들어낸다. 이때에도 간섭 DNA는 결실된다. 이와 같은 조합 과정으로 990종류의 다른 V-D-J 유전자(45 × 2 × 11)가 생성된다. 하나의 T 세포에서는 오직 한 가지의 기능적인 재배열이 일어나 한 종류의 유전자만 생성한다. 그러므로 조합 결합 기작에 의해서 58종류의 유전자 요소(45 + 2 + 11)로부터 990종류의 V-D-J 유전자가 생성된다. T-세포 수용체는 항원(antigen)이라고 하는 외부 분자와 상호작용을 한다. 항원과 결합한 T 세포들은 세포분열이 촉진되어 1,000배 이상으로 수가 증가한다. 이와 같은 항원에 의해서 유발된 유사분열에 의한 유전적으로 동일한 세포의 증식은 모든 면역 반응에서 매우 중요하다. 초기의 소수 T 세포에서 일어난 유전자의 특별한 조합 배열은 항원과 더 정확하게 결합하는 T 세포 수용체를 생산한다. 항원과의 결합은 더 정확하게 결합하는 세포의 증식을 유발하고 유용한 조합 정보를 증폭한다. 따라서 항원과 가장 정확하게 결합하는 수용체를 암호화하는 V-D-J 재배열을 갖는 T 세포의 증식 때문에 면역 반응의 특이성과 강도는 시간이 지남에 따라 증가한다.

RNA 수준에서의 조합 전략

다른 순서로 일어나는 RNA 엑손들의 이어맞추기(splicing)은 정보를 증가시키고 다양성을 생성하는 조합 전략이다. 전사 개시가 다른 촉진유전자에서 일어나면 다른 종류의 엑손

그림 9.23 인간 뉴렉신(neurexin) 유전자의 구성 체제. 인간 유전체는 뉴렉신을 암호화하는 유전자를 3개 갖고 있다. 각각의 유전자는 RNA 합성을 개시하는 두 개의 촉진유전자(α와 β)와 선택적 RNA 이어맞추기가 일어날 수 있는 자리 5개를 갖고 있다. 파란색의 직사각형은 선택적 이어맞추기가 일어날 수 있는 엑손을 나타낸다. 그림의 위에 표시한 숫자는 각각의 엑손을 지정한다.

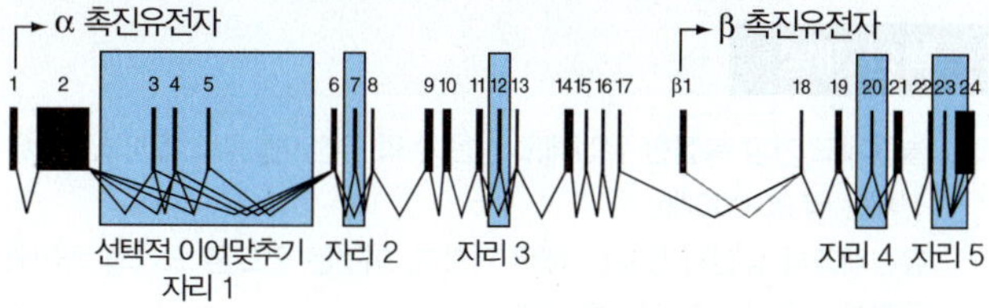

들로 구성된 전사체를 생산하기 때문에 다양성이 증가한다.

시냅스(synapse)에서 뉴런(neuron)을 결합해 주는 단백질을 암호화하는 세 종류의 뉴렉신(neurexin) 유전자는 두 가지 RNA 조합 전략을 갖고 있다(그림 9.23). 각각의 뉴렉신 유전자는 2개의 촉진유전자 부위(α-클래스 mRNA와 β-클래스 mRNA를 생산)와 선택적 이어맞추기(alternative splicing)이 일어나는 자리 5개를 갖고 있다. 두 가지 조합이 모두 일어나면 세 종류의 뉴렉신 유전자로부터 2,000종류 이상의 mRNA를 생산할 것이다. 여기에서 얼마나 많은 mRNA가 기능이 다른 단백질을 합성하며, 배 발생 과정에서 다른 종류의 단백질이 뉴런에게 정보를 어떻게 주는지는 아직 밝혀지지 않았다. 과학자들은 많은 cDNA의 염기서열을 분석하여 특정 신경 조직에서 특이적으로 발현되는 mRNA 종류를 확인하였다. 이와 같은 조합 전략이 신경계의 구성에서 중요하다.

단백질의 번역후 변형

인간 단백질들은 400가지 이상의 화학반응에 의해서 변형되어 기능이 바뀐다. 번역후 변형의 예는 8장(그림 8.26)에 서술하였는데, 단백질의 절단과 단백질의 인산화가 포함되어 있다. 그러므로 전형적인 인간 세포는 아마 20,000종류의 mRNA를 생산하지만 아마 1백만 종류의 단백질을 생산할 것이다. 인간은 간단한 모델 생물보다 더 많은 종류의 단백질 변형을 수행한다.

유전체 염기서열 연구는 공통조상으로부터의 진화를 지지한다

완성된 유전체 염기서열들의 비교는 다윈과 멘델부터 시작된 개념을 확실히 지지한다: 모든 살아 있는 생물은 기본적인 세포 과정을 수행하기 위해서 비슷한 유전적 요소들을 갖고 있다. 이러한 결론은 인간과 다른 생물이 우연히 생물

을 생산한 한 가지 생화학의 후손이라는 생각을 강력히 지지한다. 기본적인 유전적 요소의 상동성은 모델 생물의 생물학적 시스템의 분석이 인간에서 같은 생물학적 시스템이 어떻게 작동하는가에 대한 기본적인 생각을 제공한다는 것을 지지한다.

핵심 개념

- 놀랍게도 가장 복잡한 유전체도 적은 수의 유전자를 갖고 있다(인간 유전체는 약 25,000개).
- 유전체에서 유전자 밀도는 매우 다르다. 이것은 인트론 크기의 차이와 유전자 간의 거리의 차이를 반영한다.
- 유전체의 대부분의 지역에서 유전자 전사의 방향은 임의적으로 선택된다.
- 새로운 유전자가 진화 과정에서 생길 수 있다: (i) 엑손의 조합은 단백질의 영역 구조를 변형하고; (ii) 복제와 분기에 의해서 유전자군이 생성된다.
- 단백질의 합성 후 변형뿐만 아니라 DNA 수준과 RNA 수준에서의 조합 전략이 단일 유전자로부터 매우 다양한 유전자 산물을 생산한다.
- 유전체의 비교는 현존하는 모든 생물이 단일 공통조상으로부터 나온 자손이라는 것을 지지한다.

9.7 생물정보학: 정보기술과 유전체

학습목표

1. 종 참고 서열(RefSeq)과 생물정보학 연구와의 관련성을 설명한다.
2. 비교유전체학에서 사용하는 BLAST 검색방법을 설명한다.

현재 이미 인간을 포함하여 7,000종 이상의 유전체의 DNA 서열화가 분석되었고 계속하여 증가하고 있다. 연구자들이 사용할 수 있는 데이터는 믿기 어려울 정도로 엄청나게 많다. 그리하여 과학자들은 방대하게 공급되는 정보를 컴퓨터에 저장하고 컴퓨터로 해석을 해야만 한다. 정보의 저장과 처리를 위해 컴퓨터가 사용하는 디지털 언어는 유전체에 원래 존재하는 A, C, G, T 디지털 암호와는 이상적으로 연결된다. 이러한 네 가지 값은 2진 암호의 2개의 숫자(00, 01, 10, 11)로 나타낼 수 있다.

1980년대에 개발된 자동화 DNA 염기서열 분석 기계로 이루어진 생물 데이터 생산의 혁신과 발맞추어 정보기술의 혁신도 이루어졌다. 인터넷이 구축되어 각 연구실이 개인용 컴퓨터를 사용하여 신속하게 데이터를 전송할 수 있게 되었다. DNA 서열화 기계의 출력을 전자 저장 장치에 직접 연결하여 저장 장치에서 염기서열을 분석하여 다른 과학자들에게 전달하는 것은 어렵지 않은 일이 되었다.

미국 국립보건원(NIH)이 1982년에 구축한 GenBank 데이터베이스는 현재도 가장 많이 이용하는 서열 데이터의 온라인 저장소이다. 세계 도처에 있는 분자생물학 연구실에서 생산되는 서열 정보가 GenBank에 컴퓨터를 통해서 저장된다. GenBank 데이터베이스는 구축되었을 때부터 약 18개월마다 저장량이 두 배로 증가되어 2013년에는 3,000억 개의 주석이 달린 뉴클레오티드 서열 정보를 갖고 있다. 세계에 있는 누구라도 인터넷과 연결되어 있으면 손쉽게 방대한 정보의 저장소에 접근할 수 있는 것이 GenBank의 큰 장점 중의 하나이다.

생물정보학은 유전체를 도식화하고 분석하는 도구를 제공한다

생물정보학(bioinformatics)은 특수한 컴퓨터 소프트웨어를 사용하여 생물계가 갖고 있는 정보의 생물학적 의미를 해석하는 과학이다. 웹 브라우저를 사용하여 공개되어 있는 유전체 데이터를 조사하고 해석하는 생물정보학 도구의 몇 가지 예를 설명할 것이다.

종 참고 서열

서로 다른 연구실에서 생산하는 DNA 서열들을 포함한 실험 데이터의 비교는 전 세계적으로 합의한 표준 분석에 근거하는 것이 매우 중요하다. 이러한 역할을 하는 것이 **종 참고 서열(RefSeq)**이다. RefSeq는 특정한 종의 유전체의 유일한 주석이 달린 완성된 서열이다. RefSeq들은 미국 국립생물공학정보센터(NCBI, http://www.ncbi.nlm.nih.gov)에서 관리한다. 미국 국립생물공학정보센터는 GenBank와 다른 생물정보 데이터베이스를 관리하고 데이터를 분석하고 시스템화하여 공급하는 생물정보 응용을 개발하는 목적으로 1988년에 설립되었다. RefSeq는 단일 개체의 정보만을 포함하는 것은 아니며, 모든 개체에서 발견된 대부분의 공통적인 유전적 변이를 포함하고 있지도 않다. 그것은 임의적이지만 고유한 특징들을 포함하고 있어서 동일한 종의 다른 개체들로부터 얻어지는 새로운 서열들을 표준적으로 비교할 수 있다.

유전자와 유전체의 시각화

사용자가 유전체의 데이터를 시각적으로 조사할 수 있는 웹 프로그램들이 개발되었다. UCSC 유전체 브라우저(UCSC Genome Browser)는 RefSeq 유전자와 관련된 주석을 시각적으로 나타내는데, 엑손-인트론 구조와 단백질 암호화 부

그림 9.24 BLAST 검색 결과. 초파리 단백질과 관련 있는 인간 단백질을 찾기 위한 프로그램이 작동되었다. Query는 초파리 단백질의 아미노산 서열 일부(688～720 아미노산)를 나타내고; Sbjct (Subject)는 검색으로 찾아낸 동일한 인간 단백질의 아미노산 서열을 나타낸다. 일부 아미노산들은 초파리와 인간 단백질에서 동일하다. +로 표시된 위치들은 대체된 아미노산이 비슷한 화학적 성질을 갖는 보존적 대체이다. 일부 아미노산들은 매우 다른데, 이것은 서로 다른 아미노산들이 단백질 기능에 매우 결정적인 역할을 하지 않는다는 것을 암시한다.

```
Query   688   GPLTASYKSDEIKHLIRALFQDTDWRAKAITQI   720
              GPL A++ S E+K LIRALFQ+T+ RA A+ +I
Sbjct   583   GPLAAAFSSSEVKALIRALFQNTERRAAALAKI   615
```

위가 표시된다. 그림 9.12는 UCSC 유전체 브라우저의 결과물로서 네 개의 유전자를 포함하고 있는 100 kb 인간 유전체를 자세히 보여주는 그림이다. 그림의 밑에 전사체 단위가 파란색의 큰 화살표로 표시되어 있다. 화살표는 유전자의 범위, 전사의 방향 및 각 유전자의 엑손/인트론 구조(엑손을 인트론보다 넓게 표시)를 나타낸다. 연구자들은 브라우저로 화면을 조절하여 관심 있는 유전체의 다른 특징들을 볼 수 있다. 예를 들면 선택적 이어맞추기 변이, 반복 DNA 서열, 다른 종 유전체와의 상동성, 전사조절요소의 위치 등이다.

BLAST 검색은 자동으로 상동 서열을 찾아준다

초파리로부터 관심 있는 유전자를 분리하였다고 생각해 보자. 그러면 인간 유전체는 분리한 초파리 유전자의 상동유전자를 갖고 있는지 알고 싶을 것이다. 사용할 수 있는 한 가지 도구는 BLAST (Basic Local Alignment Search Tool)이다. BLAST를 사용하여 입력한 뉴클레오티드 서열이나 아미노산 서열과 관련이 있는 뉴클레오티드 서열이나 아미노산 서열을 찾을 수 있다. 그림 9.24는 관심 있는 초파리 단백질과 상동성이 있는 인간 단백질을 찾아낸 BLAST 검색의 전형적인 결과이다. Query는 이미 알고 있는 서열로서 초파리 단백질의 아미노산 서열이 단일 글자 암호로 적혀 있다. Sbjct는 BLAST로 검색된 유사한 서열로서, 관련 있는 인간 단백질이다. Query와 Sbjct 사이의 행에 쓰여 있는 글자는 보존된 아미노산을 나타내고, + 표시는 다른 아미노산으로 대체되어 보존된 것을 나타낸다(뉴클레오티드의 정지코돈 대체에 의해서 아미노산이 비슷한 화학적 성질을 갖는 아미노산으로 대체).

유전체 브라우저(Genome Browser)와 BLAST 검색 도구의 우수성을 이해하기 위해서는 직접 사용해 보아야 한다. 연습문제 38번과 39번은 방대한 유전체 데이터베이스의 일부를 처리하는 몇 가지 간단한 예에 관한 문제이다.

핵심 개념

- 온라인으로 자유롭게 접근할 수 있는 생물정보학 응용은 유전체 데이터를 탐구하는 관문을 제공한다.
- 유전체 브라우저들은 RefSeq 유전체에서의 유전자의 배치와 구조를 보여준다.
- BLAST 검색으로 특정한 DNA 서열이나 아미노산 서열을 많은 종들의 서열과 신속하게 자동으로 비교하여 진화적 유연관계를 분석한다.

9.8 종합적인 예: 헤모글로빈 유전자들

학습목표

1. 발생단계에 따라 다른 종류의 헤모글로빈을 생산하는 것이 인간에게는 이로운 이유를 설명한다.
2. 좌위 조절영역(LCR)이 발생단계에 따라 어떻게 헤모글로빈의 발현을 결정하는지 논의한다.
3. α와 β 유전자 클러스터에 일어나는 특별한 돌연변이의 표현형을 예측한다.

산소를 운반하는 선홍색의 혈액이 생명을 유지해 준다. 단백질이 풍부한 혈장에 들어 있는 수십억 개의 적혈구가 산소를 운반하는데, 적혈구 세포에는 약 2억 8천만 개의 단백질 색소인 헤모글로빈 분자가 들어 있다(그림 9.25a). 성인의 헤모글로빈 분자는 두 개의 알파(α) 글로빈과 두 개의 베타(β) 글로빈 폴리펩티드 사슬로 구성되며, 각 폴리펩티드 사슬은 철을 함유한 헴 그룹이라는 작은 분자 구조를 둘러싸고 있다(그림 9.25b). 헴 그룹의 철 원자는 산소 분자와 가역적인 상호작용을 유지한다. 즉 허파에서 산소 분자는 철 원자와 강하게 결합하여 모든 조직으로 운반된 후, 조직에서 쉽게 분리되어 모든 세포에 산소가 공급된다. 알파(α) 사슬과 베타(β) 사슬의 정교한 입체 구조로 말미암아 철을 함유한 헴 그룹이 세포 내의 다른 물질들과 작용하지 않는다. 헴 분자당 산소 분자 한 개가 결합하므로 헤모글로빈 분자는 산소 분자를 네 개까지 운반하며, 산화된 헴 분자로 인하여 헤모글로빈 분자가 선홍색을 띠고, 결과적으로 적혈구 세포가 선홍색을 나타낸다.

발생단계에 따라 다른 종류의 헤모글로빈이 발현된다

배아, 태아, 신생아, 성인이 처하는 환경은 각기 다르기 때

그림 9.25 헤모글로빈은 네 개의 폴리펩티드 사슬로 구성되는데, 발생단계에 따라 사슬의 종류가 바뀐다. (a) 헤모글로빈이 풍부한 성인 적혈구 세포의 주사전자현미경사진. (b) 성인의 헤모글로빈은 두 개의 α 폴리펩티드 사슬과 두 개의 β 폴리펩티드 사슬로 구성되며 각 사슬에는 산소를 운반하는 헴 그룹이 들어 있다. (c) 발생 과정 동안 헤모글로빈은 두 개의 α-유사 ζ 사슬과 두 개의 β-유사 ε 사슬로 구성된 배아형에서 두 개의 α 사슬과 두 개의 β-유사 γ 사슬로 구성된 태아형으로 전환된 후, 두 개의 α 사슬과 두 개의 β 사슬로 구성된 성인형으로 다시 전환된다. 성인의 헤모글로빈 분자의 일부는 β 사슬 대신 δ 사슬로 구성된다. 성인 헤모글로빈 분자의 일부는 β-유사 사슬이 정상의 β 사슬을 대체하고 있다. α 사슬 종류는 보라색 선으로 β 사슬 종류는 녹색 선으로 나타냈다. 앞의 그림 9.8에 나타낸 μ 유전자와 θ 유전자의 단백질 발현 수준은 매우 낮다.

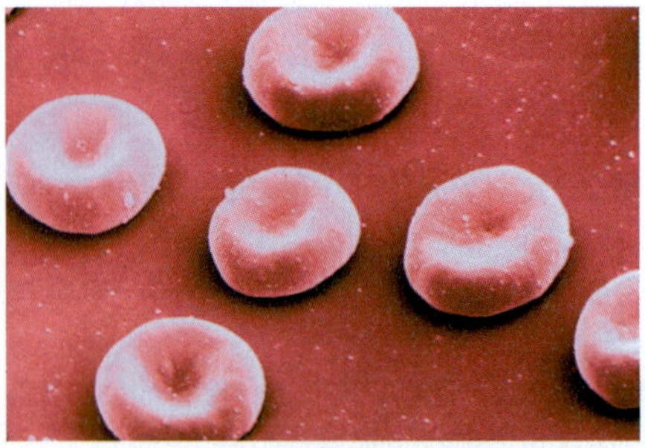

(a)

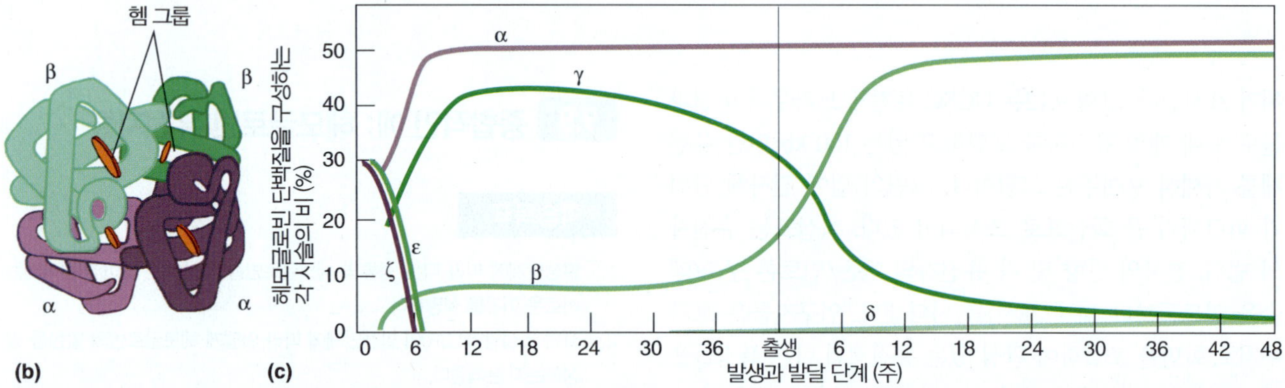

(b) (c)

문에 각각의 환경 조건에서 헤모글로빈 분자가 산소를 효과적으로 운반하도록 하기 위해서 인간의 발생 과정 동안 헤모글로빈의 분자 조성은 유전적으로 몇 번 변한다(그림 9.25c). 임신 후, 5주 동안 적혈구 세포에는 두 개의 제타(ξ) 사슬과 두 개의 입실론(ε) 사슬로 구성된 배아 헤모글로빈(embryonic hemoglobin)이 들어 있다. 제타 사슬은 알파 사슬과 유사하고, 입실론 사슬은 베타 사슬과 유사하다. 임신 5주부터 출산 바로 전까지 적혈구 세포는 베타 사슬과 유사한 감마(γ) 사슬과 두 개의 알파 사슬로 구성된 태아 헤모글로빈(fetal hemoglobin)을 갖고 있다. 출산 바로 전부터 두 개의 알파 사슬과 두 개의 베타 사슬로 구성된 성인 헤모글로빈(adult hemoglobin)의 양이 증가하기 시작하여 신생아가 태어난 후 3개월이 지나면 거의 모든 헤모글로빈은 성인 유형으로 바뀐다.

여러 발생 단계 동안 산소를 모든 세포에 최대한으로 운반하기 위해서 헤모글로빈은 여러 유형으로 진화되었다. 충분히 발달한 태반과 연결되지 않은 초기의 배는 산모의 혈액으로 운반되는 산소를 취하기가 어렵다. 배아 헤모글로빈과 태아 헤모글로빈은 성인 헤모글로빈보다 산소와 더 강하게 결합할 수 있게 진화되어 산모의 혈액으로부터 용이하게 산소를 얻을 수 있다. 산소를 적게 갖고 있는 세포에서는 모든 유형의 헤모글로빈으로부터 산소가 쉽게 떨어진다. 출생 후, 산소와 다소 약하게 결합하는 성인 헤모글로빈이 허파에 산소가 풍부한 조건에서는 가장 효율적으로 산소를 각 기관에 운반할 수 있다.

헤모글로빈 유전자들은 두 개의 클러스터에 들어 있으며 각각의 클러스터에 들어 있는 유전자들은 서로 관련이 있다. 즉, 16번 염색체에 있는 약 28 kb 크기의 α-글로빈 유전자 좌위와 11번 염색체에 있는 약 45 kb 크기의 β-글로빈 유전자 좌위이다(그림 9.18 참조). α-글로빈 유전자 좌위에는 5개의 기능 유전자와 2개의 위유전자가 들어 있고 β-글로빈 유전자 좌위에는 5개의 기능 유전자와 1개의 위유전자가 들어 있다. 모든 글로빈 유전자들은 단일 조상의 DNA 서열이 여러 번의 중복과 분기를 통하여 형성되었다. 인간유전체프로젝트로부터 얻은 글로빈 유전자들의 염기서열을 통하여 배아기로부터 태아기를 거쳐 성인까지 이르는 발생단계 동안에 변화되는 글로빈 유전자들의 발현 기작을 살펴보겠다. 더 나아가 두 클러스터의 DNA 서열의 다양한 돌연변이가 어떻게 여러 종류의 글로빈 관련 질병들을 일으키는지를 알아보겠다. 헤모글로빈의 이상은 세계적으로 가장 많이 나타나는 유전병으로, 변형된 베타 사슬로 인한 낫형적혈구빈혈증(sickle-cell anemia)과 알파 사슬 혹은 베타 사슬의 생합성 부족으로 인한 지중해성빈혈증(thalassemia)이 이에 속한다.

α 클러스터와 β 클러스터에 들어 있는 헤모글로빈 유전자들의 순서는 유전자 발현의 시기를 반영한다

α-유사 사슬의 경우, 단백질 발현의 순서는 배아기의 처음 5주 동안에는 ξ-글로빈이 합성되고 태아기와 성인에서는 α-글로빈(α1 유전자와 α2 유전자에 의해서 암호화된)이 합성된다. β-유사 사슬의 경우, 단백질 합성의 순서는 배아기의 처음 5주 동안에는 ε-글로빈이 합성되고 태아기에는 γ-글로빈(Aγ 유전자와 Gγ 유전자에 의해서 암호화된)이 합성되고 출생 후 수개월이 지나면 많은 양의 β 사슬과 약간의 δ 사슬이 합성된다(그림 9.25c 참조).

그림 9.18과 그림 9.25c를 비교하면 각각의 클러스터에서 글로빈 유전자들의 염색체에서의 순서와 발생 과정 동안의 유전자들의 발현 순서가 유사하다. α-글로빈 좌위에 들어 있는 모든 유전자들은 16번 염색체에서 같은 방향으로 배열되어 있다. 즉, 모든 유전자들이 전사의 주형가닥으로 모두 같은 DNA 가닥을 사용한다. β-글로빈 좌위에 있는 유전자들도 모두 11번 염색체에서 같은 방향으로 배열되어 있다. 글로빈 유전자들이 위치한 지역의 구조와는 달리 유전체 대부분의 다른 유전자들이 위치한 지역의 구조에서는 유사한 유전자들이 무작위로 배열되어 있다. 이러한 사실은 글로빈 유전자들의 상대적인 위치와 방향이 발생단계에 따라 개시되고 종료되는 글로빈 유전자들의 발현 기작에 유리하다는 것을 의미한다.

기작에 대해서 알아보자. 두 가지 글로빈 좌위는 시간에 따른 유전자 발현을 조절하는 **좌위 조절영역**(locus control region, LCR)을 좌위의 5′ 말단에 각각 갖고 있다(그림 9.18 참조). 각각의 좌위에 있는 LCR은 특별한 DNA 결합 단백질과 결합하는데, LCR DNA와 단백질의 복합체가 좌위에 작용하여 염색질을 거꾸로 접음으로써 발생 동안에 순서대로 유전자의 전사를 개시하고 종료한다.

β-글로빈 좌위의 구조와 LCR 조절요소에 의한 구조의 조절로 인하여 희귀한 질병에서 특이한 예후가 나타난다. 일부 성인의 경우, 적혈구 전구체에서 β 유전자와 δ 유전자가 발현되지 않는다. 이와 같은 경우는 치명적이어야 하는데 성인은 사실 건강하다. 이러한 성인의 β-글로빈 좌위의 염기서열을 분석한 결과는 β 유전자와 δ 유전자의 결실이다(그림 9.26a, b). 이러한 특이한 결실 때문에 출산이 다가오는 시점에 LCR이 γ-글로빈 생산을 종료하고 β-글로빈과 δ-글로빈의 생산을 개시하지 못한다. 따라서 태아 헤모글로빈 지속 유전병(hereditary persistence of fetal hemoglobin)이라

그림 9.26 β-글로빈 유전자 클러스터 결실의 영향. (a) 정상. 좌위 조절영역(LCR)이 순서에 따라 배아에서 ε 유전자의 전사를, 태아기 동안에는 두 개의 γ 유전자의 전사를 그리고 성인에서는 β 유전자와 δ 유전자의 전사를 개시한다. (b) β 유전자와 δ 유전자가 결실된 경우 출생 시에 두 유전자가 발현되지 않아 γ 태아 폴리펩티드가 성인에서도 계속 합성된다. 태아 헤모글로빈 지속 유전병은 양성이다. (c) 만약 LCR이 결실되면 클러스터의 모든 유전자의 발현이 억제되어 중증성 β-지중해성빈혈증(β-thalassemia)을 일으킨다.

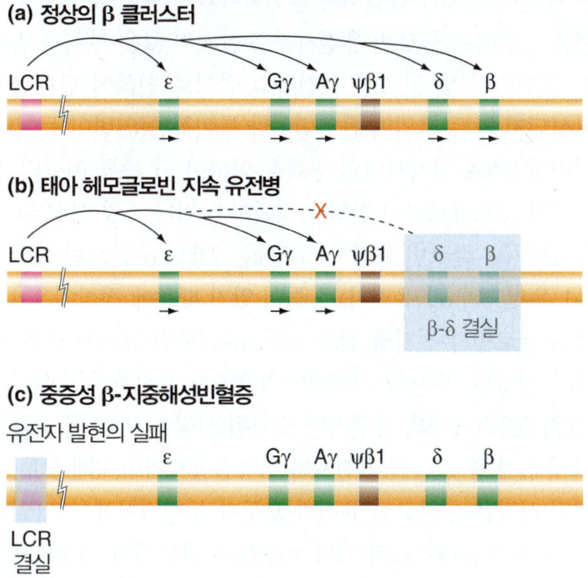

고 하는 희귀한 질병을 갖은 성인은 일생 동안 계속해서 많은 양의 태아 γ-글로빈을 생산하고 놀랍게도 γ-글로빈이 거의 정상에 가까운 건강 상태를 유지해 준다.

다양한 돌연변이의 결과로 일어나는 글로빈-관련 질병들

정상인과 환자의 DNA 염기서열을 비교해 보면 헤모글로빈 유전자 변이의 결과로 일어나는 질병은 크게 두 종류로 나눌 수 있다. 유전자의 돌연변이로 아미노산 서열이 바뀌고, 결과적으로 α-글로빈이나 β-글로빈 사슬의 3차 구조가 변형되어 단백질이 정상적인 기능을 수행하지 못하고 적혈구 세포를 파괴한다. 이러한 유형의 질병을 용혈성빈혈증(hemolytic anemia)이라고 한다. 낫형적혈구빈혈증은 β-글로빈 사슬의 여섯 번째 코돈의 A가 T로 바뀌어 생기는 질병이다. 뉴클레오티드 한 개의 변이로 여섯 번째 아미노산 글루탐산이 발린으로 바뀌고, 결과적으로 헤모글로빈 분자의 구조와 기능이 바뀐다. 이러한 변형된 헤모글로빈 분자들이 들어 있는 비정상적인 적혈구 세포는 혈관을 막거나 손상시킨다.

두 종류의 글로빈 폴리펩티드 중 하나가 전혀 합성되지 않거나 소량 합성되는 DNA 돌연변이로 생기는 유전병이 둘째 유형에 속한다. 이러한 질병의 상태를 지중해성빈혈증(thalassemia)이라고 히는데, 그리스어로 *thalassa*는 바다(sea)를, *emia*는 피(blood)를 의미한다. 지중해 연안에 사는 사람들이 비교적 높은 비율로 이 병에 걸리기 때문에 붙여진 병명이다. 지중해성빈혈증을 일으키는 돌연변이의 유형은 유전자 전체가 결실되는 돌연변이와 글로빈 유전자의 발현을 조절하는 글로빈 유전자가 포함되지 않은 부위가 변하는 돌연변이 및 글로빈 유전자의 변이로 인하여 단백질이 합성되지 않는 무의미 돌연변이나 틀이동 돌연변이 등이다. 이러한 DNA 염기서열의 변화로 인하여 한 종류 이상의 정상적인 헤모글로빈이 전혀 합성되지 않거나 소량 합성된다.

각각의 α-글로빈 유전자 좌위에는 2개의 α-글로빈 유전자(α1 유전자와 α2 유전자)가 들어 있기 때문에 정상인은 4개의 α-글로빈 유전자를 갖고 있다. α-글로빈 유전자 좌위 내부가 결실된 경우에는 1개에서 4개까지 유전자가 소실된다(그림 9.27). 1개의 유전자만 소실된 사람은 두 개의 α-글로빈 유전자 중 소실된 유전자가 이형접합체이며; 4개 모두 소실된 사람은 α-글로빈 유전자 모두가 동형접합체이다. 임신 수 주 후에 α1과 α2가 대략 비슷하게 발현되기 시작하므로 돌연변이 가능성 범위는 α-지중해성빈혈증의 표현형 범위를 나타낸다. 네 개의 α 유전자들 중에서 한 개만 소실된 태아는 정상이며; 네 개 중 두 개가 소실된 태아는 경증 빈혈증을 같게 되고, 네 개 모두 소실된 태아는 태어나기 전에 죽는다.

α1 유전자와 α2 유전자가 태아 초기에 발현되기 때문에 α-지중해성빈혈증은 자궁 내에서(*in utero*) 유해하다. 반면에 β-글로빈 유전자 모두가 소실된 동형접합체인 태아에서 일어나는 질병인 중증성 β-지중해성빈혈증도 보통 출산 후에 영아의 죽음을 유발한다. β-유사 글로빈인 δ-글로빈이 태아에서 발현되기 때문에 출산 후에도 어느 정도 생존하는 것이다(그림 9.25c 참조).

어떤 지중해성빈혈증 증상은 α 클러스터의 한쪽 끝에

그림 9.27 α-글로빈 클러스터의 결실과 관련되는 지중해성빈혈증. 남아 있는 α 유전자의 개수가 적을수록 지중해성빈혈증의 임상 증상은 더 심하다.

임상 증상	유전자형	기능적인 α 유전자의 개수	α-사슬 생산
정상	ζ α2 α1 αα/αα	4	100%
보인자	αα/α–	3	75%
이형접합체의 α-지중해성빈혈증—경증 빈혈	α–/α– 또는 αα/– –	2	50%
HbH (β_4) 빈혈증—중증 빈혈	α–/– –	1	25%
동형접합체의 α-지중해성빈혈증—치사	– –/– –	0	0%

LCR이나 β 클러스터의 한쪽 끝에 있는 LCR의 돌연변이 결과로 나타난다. LCR의 결실로 인하여 클러스터에 들어 있는 모든 유전자가 정확하게 전사되지 않기 때문에 둘 중 어느 LCR의 결실도 중증 지중해성빈혈증을 일으킨다(그림 9.26c 참조). 중증 지중해성빈혈증 환자의 모든 글로빈 유전자들은 정상인데 클러스터의 한쪽 끝이 결여되어 있는 사실이 LCR의 존재를 알아내는 실마리 중의 하나였다.

핵심 개념

- 배아 헤모글로빈과 태아 헤모글로빈은 성인 헤모글로빈보다 산소와 더 강하게 결합하여 성장하는 배아와 태아가 엄마의 혈액으로부터 충분한 산소를 얻도록 해 준다.
- 발생단계에 따라 순서대로 일어나는 글로빈 유전자들의 발현은 α 클러스터와 β 클러스터에 있는 좌위 조절영역(LCR)에 의해서 조절된다.
- 지중해성빈혈증은 두 클러스터의 글로빈 폴리펩티드 중 하나가 전혀 합성되지 않거나 소량 합성되는 돌연변이에 의해서 일어나는 혈액 질병이다. 이러한 돌연변이는 두 클러스터의 특정한 유전자나 LCR의 결실로 일어난다.

다음 학습을 위한 안내

인간 유전체와 다른 많은 생물 유전체의 뉴클레오티드 서열의 결정은 생물학을 더 잘 이해할 수 있도록 해 준 대단한 업적이다. 세포와 생물의 생명현상에 대한 기초적인 청사진을 알게 되었고 DNA의 변화가 어떻게 다른 종의 출현을 일으키는지에 대한 생각을 갖게 되었다.

그러나 많은 면에서 "인간 유전체(the human genome)"라는 용어에는 정확성이 결여되어 있다. 사람들은 동일한 클론이 아니다; 개개인은 다른 모든 사람과 밀접하게 연관되면서 또한 독특한 자신의 유전체를 갖고 있다. 개개인이 갖고 있는 유전체 간의 차이로 말미암아 개개인은 자신의 분명하고 독특한 표현형을 갖는 것이다. 그러므로 인간 유전체의 서열결정은 단지 시작에 불과하다. 그것은 표현형 변이의 유전적 근거를 이해하기 위해서 많은 개개인 유전체 간의 차이점들을 밝히고 분석하는 기준이 된다. 예를 들면, 인간의 건강에 영향을 주는 광범위하고 다양한 효과들에 관여하는 뉴클레오티드의 차이를 밝히는 것이다. 10장에서는 유전학자들이 유전적 변이를 추적하고 중요한 표현형 형질들의 밑바탕을 이루는 DNA 서열의 차이점들을 확인하기 위해서 많은 사람들의 유전체를 어떻게 관찰하고 분석하는지를 살펴보도록 하겠다.

풀이 문제

I. 다음의 클로닝 벡터인 플라스미드 pBR322에 제한효소 *Eco*RI 제한효소와 *Bam*HI 제한효소의 인식부위와 암피실린 저항유전자(*amp*)와 테트라사이클린 저항유전자(*tet*) 위치가 표시되어 있다. 먼저 *Eco*RI과 *Bam*HI 제한효소로 pBR322 플라스미드를 절단한 후, 크기가 큰 *Eco*RI-*Bam*HI 벡터 조각을 분리하였다. 또한 *Eco*RI과 *Bam*HI 제한효소로 인간 유전체 DNA를 절단하여 벡터에 삽입할 DNA 조각을 분리하였다. 분리한 *Eco*RI-*Bam*HI 벡터 조각과 인간 유전체 DNA 조각을 연결하여 제작한 재조합 플라스미드로 암피실린-민감 대장균(*E. coli*) 균주를 형질전환시킨 후 암피실린-저항 집락을 선별하였다.

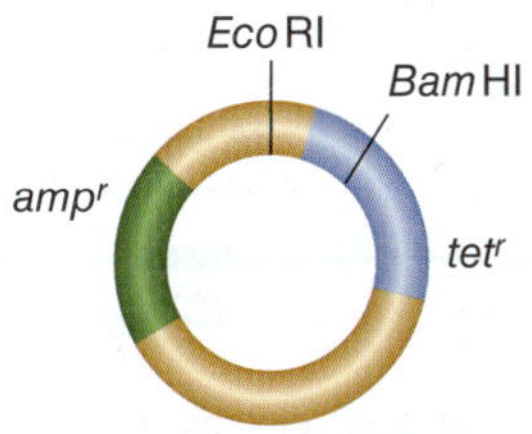

a. 선별한 암피실린-저항 대장균들을 테트라사이클린이 첨가된 배지에서 배양하여 테트라사이클린에 대한 저항성을 조사하면 어떠한 결과를 얻게 되겠는가? 그 이유는 무엇인가?

b. 암피실린 저항 유전자의 내부에 *Eco*RI 인식부위가 존재하지 않는 것이 왜 중요한가?

c. 이와 같은 방법으로 제작한 재조합 DNA 분자에 삽입된 인간 DNA 조각의 염기서열 결정에 사용할 두 가지 올리고뉴클레오티드 프라이머의 위치와 방향을 그려보라.

d. 이와 같은 방법으로 제작한 도서관은 왜 1 유전체 당량 미만을 나타내는가?

해답

이 문제를 풀기 위해서는 벡터를 이해하고 제한효소에 의해서 형성된 점착성 말단을 통한 DNA의 연결 과정을 이해해야 한다.

a. 플라스미드는 원형이어야 대장균 세포에서 복제가 되는데, 이 문제의 경우 삽입할 DNA 조각이 절단된 벡터 DNA와 연결되기만 하면 원형 분자가 된다. *Bam*HI과 *Eco*RI 제한효소에 의해서 형성된 두 점착성 말단은 서로 상보적이지 않기 때문에 삽입할 DNA 없이는 절단된 벡터는 다시 연결되지 않는다. 그러므로 모든 암피실린-저항 균락들은 *Bam*HI-*Eco*RI DNA 조각이 벡터의 *Bam*HI-*Eco*RI 인식부위에 연결된 플라스미드를 갖고 있다. 결과적으로 삽입된 DNA 조각으로 말미암아 테트라사이클린 저항유전자가 불활성화된다. 따라서 모든 암피실린-저항 대장균은 테트라사이클린 민감성일 것이다.

b. 테트라사이클린 저항성 유전자에는 *Bam*HI 인식부

위가 있고 암피실린 저항 유전자에는 *Eco*RI 인식부위가 있으면 클로닝 과정에 의해 두 유전자가 모두 파괴된다. 그러면 재조합 DNA 분자에 의해서 형질전환 된 박테리아 세포를 선별할 수 없다.

c. 다음의 그림에 나타낸 것처럼 두 가지 프라이머는 인간 유전체 DNA 조각(분홍색)의 바깥에 위치해야 한다.

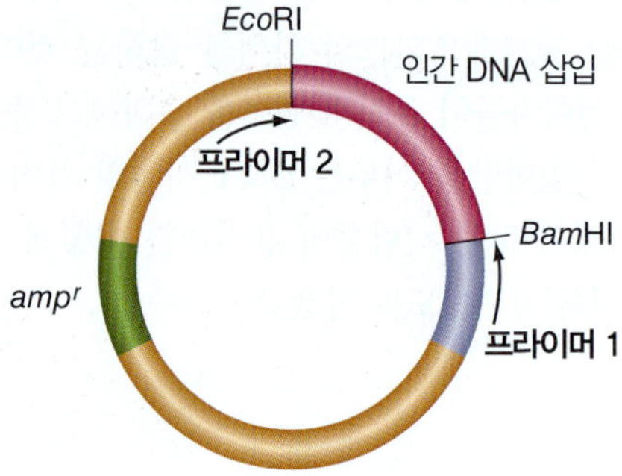

d. 확률적으로 인간 유전체에는 두 개의 *Eco*RI 인식부위 사이에 *Bam*HI 인식부위가 없는 부분들이 있고 두 개의 *Bam*HI 인식부위 사이에 *Eco*RI 인식부위가 없는 부분들도 있다. 이러한 부분이 두 효소에 의해 절단되어 생성된 조각들은 두 효소로 절단한 벡터 삽입에 필요한 두 종류의 점착성 말단을 갖고 있지 않다. 따라서 인간 유전체의 많은 부분이 벡터에 삽입되지 않기 때문이다.

II. 진핵생물의 유전체는 반복된 염기로 가득하여 염기서열화로 얻은 염기서열의 유전체 재조합이 어렵다. 예를 들어, CTCTCTCTCT. . . (CT가 직렬로 반복)가 염색체의 많은 부위에서 발견되며, 이들의 반복수는 위치에 따라 다양하다. 과학자들은 이러한 어려움에도 불구하고 그림 9.9의 도표에서 보여준 방법으로 유전체를 조합할 수 있었다. 특히, 다른 크기의 유전체 삽입으로 도서관을 만들어 각 클론의 양쪽으로부터 염기서열 분석을 한다.

다음은 6개의 클론 조각으로부터 생성된 12개의 염기서열이다. 1A와 1B는 클론 1의 양쪽 염기서열이고, 2A와 2B는 클론 2의 양쪽이며, 이하 동문이다. 클론 1~4는 유전체 삽입이 약 2 kb 길이의 도서관으로부터 얻었고, 클론 5~6의 삽입은 약 4 kb 길이이다. 이들 모든 염기서열은 왼쪽이 5′ 그리고 오른쪽이 3′ 말단이다. 분석을 단순화하기 위해, 이들 염기들이 함께 유전체상의 두 개의 유전자 좌위(locus)를 대표하며, 각 염기가 $(CT)_n$ 반복을 포함하고, 이들 염기가 단지 하나의 유일한 염기로서 다른 염기와 겹친다고 가정하자.

```
1A: CCGGGAACTCCTAGTGCCTGTGGCACGATCCTATCAAC
1B: AGGACTCTCTCTCTCTCTCTCTCTCTCTCTCTCTCTCT
2A: GTTTTTGAGAGAGAGAGAGAGAGAGAGAGACCTGGGGG
2B: ACGTAGCTAGCTAACCGGTTAAGCGCGCATTACTTCAA
3A: CTCTCTCTCTCTCTCTCTCTCTCAAAAACTATGGAAATTT
3B: TAGTGATAGGTAACCCAGGTACTGCACCACCAGAAGTC
4A: GGCCGGCCGTTGTTGACGCAATCATGAATTTAATGCCG
4B: TCATGGGAGAGAGAGAGAGAGAGAGAGAGAGAGAGAGA
5A: TAGTGCCTGTGGCACGATCCTATCAACTAACGACTGCT
5B: AAGGAAAGGCCGGCCGTTGTTGACGCAATCATGAATTT
6A: CAGCAGCTAGTGATAGGTAACCCAGGTACTGCACCACC
6B: GGACTATACGTAGCTAGCTAACCGGTTAAGCGCGCATT
```

a. 두 개의 유전자 좌위를 그림으로 그려서, 반복염기의 위치와 12개 염기서열의 상대적인 위치 및 방향을 표시하라.

b. 가능하다면, 각 위치에 CT 반복이 몇 개인지를 표시하라.

c. 데이터가 이들 클론이 실제로 CT 반복 단위의 개수가 다른 한 개의 유전자 좌위의 두 개의 대립유전자를 나타낸다는 다른 가정과 일치하는가?

해답

문제의 답은 재조합 DNA 클론이 삽입 유전체 조각의 반대 가닥에서 유래하였으며, 도서관이 만들어진 방법 때문에 조각의 크기를 대략적으로 알고 있는 지식에 의존한다.

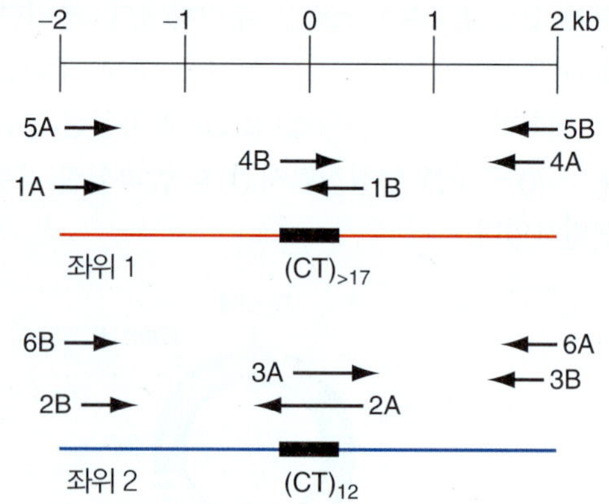

a. 데이터는 위에서 보여준 두 개의 지도와 일치한다. 유전자 좌위 1과 2는 임의로 표시되었고, 각 지도의 방향 또한 임의로 지정되었다. 그림은 실제 척도에 따라 그려지지 않았다. 각 클론으로부터의 A와 B 염기서열은 5′과 3′ 방향으로 서로 마주보고 위치하여야 한다. 이들 염기서열은 1~4의 클론은 약 2 kb의 거리로 떨어져 있으며, 5와 6은 4 kb 떨어져 있다. 클

론 1과 2는 동일한 숫자의 염기 반복을 함유하므로 다른 유전자 좌위로부터 유래되었음을 주목하라. 이와 같은 가정과 반복단위의 수를 염두에 두면, 1번과 4번 클론은 반드시 겹쳐져야 하며, 2번과 3번 클론이 겹쳐져야 한다.

b. 그림의 지도상의 두 번째 유전자 좌위는 12개의 반복단위를 갖는다. 데이터는 다른 유전자 좌위의 CT 반복단위의 숫자를 정의하지 않지만, 최소한 17개이다.

c. 데이터는 오직 한 개의 유전자 좌위를 대표한다는 다른 가정과 일치하지 않는다. $(CT)_n$ 반복에 바로 인접한 염기서열이 두 개의 유전자 좌위에서 완전히 다르다는 점을 주지하라. 만일 두 개의 염기서열이 반복단위만 차이가 나는 동일한 대립유전자였다면, 인접한 염기서열은 같아야만 한다.

연습 문제

어휘

1. 왼쪽 용어를 가장 잘 설명한 문장을 오른쪽에서 찾아 연결하라.

a. 올리고뉴클레오티드	1. 특정한 단백질의 기능적 단위
b. 벡터	2. 특정 생물의 유전체의 DNA 조각들이 삽입된 벡터들의 집합
c. 점착성 말단	3. 다른 조합으로 일어나는 한 유전자 엑손들의 결합
d. 재조합 DNA	4. 단일가닥 DNA 분자들 간의 안정된 결합
e. 연관가능 블록	5. 복제와 분기 과정으로 만들어진 관련 유전자들의 집합
f. 유전체 도서관	6. 다른 두 종에서 유전자들이 같은 순서로 배열되어 있는 DNA 부위
g. 유전체 당량	7. 두 종의 유전물질을 갖고 있음
h. cDNA	8. 특정 생물의 유전체 전체를 충분히 포함할 수 있는 DNA 조각의 개수
i. 유전자군	9. 제한효소로 절단한 단편의 양쪽에 있는 짧은 단일가닥 염기서열
j. 혼성화	10. 기계로 합성할 수 있는 짧은 DNA 조각
k. 선택적 RNA 어맞추기	11. 역전사효소에 의해서 RNA이로부터 합성된 DNA
l. 단백질 영역	12. DNA 조각의 운반, 복제 및 정제에 사용하는 DNA 분자

9.1절

2. 다음에 열거되어 있는 제한효소들에 대해서 다음의 질문에 답하라. (i) 인간 유전체(3×10^9 염기)를 제한효소로 완전하게 절단하는 경우 생성되는 조각의 개수는 대략 얼마인가? (ii) 인간 유전체를 제한효소로 절단하여 생성되는 조각의 평균 크기를 추정하라. (iii) 제한효소로 절단하여 생성되는 인간 유전체 DNA 조각의 말단이 5′ 점착성 말단인가 혹은 3′ 점착성 말단인가 혹은 비점착성 말단인가? (iv) 제한효소가 점착성 말단을 만든다면 그 제한효소에 의해서 생성된 인간 유전체 조각의 양 끝의 돌출부는 모두 동일한가 혹은 동일하지 않은가? (제한효소의 인식부위 서열이 괄호 안에 쓰여 있다. 왼쪽이 5′이다. N은 네 개의 뉴클레오티드 중 어느 하나를 의미한다. R은 퓨린, 즉 A 혹은 G이며, Y는 피리미딘, 즉 C 혹은 T이다. ^ 표시는 절단 위치를 나타낸다.)
   a. *Sau*3A (^GATC)
   b. *Bam*HI (G^GATCC)
   c. *Hpa*II (C^CGG)
   d. *Sph*I (GCATG^C)
   e. *Nae*I (GCC^GGC)
   f. *Ban*I (G^GYRCC)
   g. *Bst*YI (R^GATCY)
   h. *Bsl*I (CCNNNNN^NNGG)
   i. *Sbf*I (CCTGCA^GG)

3. 다음에 적혀 있는 염기서열의 DNA 분자를 *Eco*RI (5′ G^AATTC 3′)으로 완전히 절단하였다. 몇 개의 DNA 분자가 생성되는가? 생성된 DNA 분자들의 염기서열을 5′에서 3′ 방향으로 적어보라. 무작위로 합성된 DNA라고 생각하면 다음의 DNA 분자는 어떤 면에서 보통과 다른가(결코 불가능하지는 않지만)?

5′ AGATGAATTCGCTGAAGAACCAAGAATTCGATT 3′
3′ TCTACTTAAGCGACTTCTTGGTTCTTAAGCTAA 5′

4. 전기영동 과정에서 길이가 긴 DNA 분자가 짧은 DNA 분자보다 느리게 이동하는 이유는 무엇인가?

5. 다음 그림은 두 종류의 제한효소로 절단한 두 종류의 DNA 시료를 전기영동 한 젤을 EtBr로 염색하여 얻은 띠들을 나타낸다. 하나는 인간 유전체 DNA이며 다른 하나는 대장균 세포에 감염하는 박테리오파아지(박테리아 바이러스)의 매우 작은 유전체이다. 한 제한효소는 *Eco*RI (5′ G^AATTC 3′)이고 다른 제한효소는 *Hpa*II (5′ C^CGG 3′)이다. 젤에서 4개 레인(A–D)의 각각은 어느 DNA 시료를 어느 제한효소로 절단하여 분석한 것인가? 화살표는 전기영동의 방향을 나타낸다.

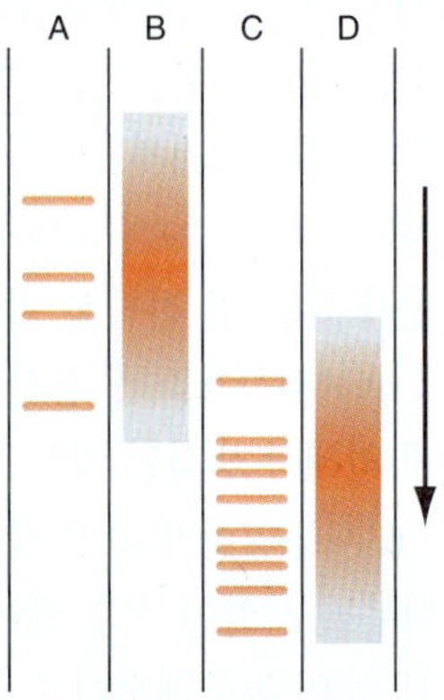

6. 선형인 박테리오파아지 λ 유전체 DNA는 양 끝에 단일가닥의 20개의 염기를 가지고 있다. (이들 단일가닥은 점착성 말단이지만 제한효소에 의해서 형성된 것은 아니다.) 양 끝의 점착성 말단은 서로 연결되어 원형 DNA를 형성한다. 선형 또는 원형의 파아지 DNA를 *Eco*RI이나 *Bam*HI으로 혹은 두 효소로 완전히 절단한 후, 전기영동으로 분리하였다. 다음 그림이 실험 결과이다.

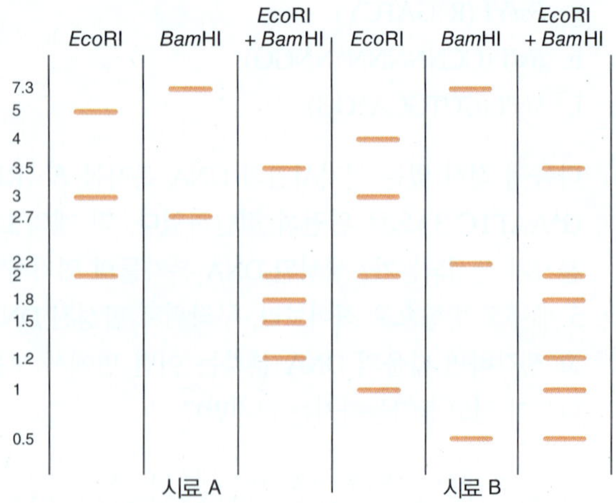

a. 어느 시료(A 혹은 B)가 원형 DNA 분자를 나타내는 것인가?

b. 선형 DNA 분자의 총 길이는 얼마인가?

c. 원형 DNA 분자의 총 길이는 얼마인가?

7. 적은 양의 제한효소로 매우 짧은 시간 동안 유전체 DNA를 절단하는 부분절단반응(partial restriction digestion)을 고려하여 다음의 질문에 답하라.

a. 부분절단반응에 의해서 생성된 조각들은 완전절단반응(complete restriction digestion)에 의해서 생성된 조각들보다 크기가 길까 혹은 짧을까? 아니면 크기가 같을까?

b. 만약 수백만 개의 세포를 포함하고 있는 조직 시료로부터 분리한 유전체 DNA를 부분절단반응으로 절단한다면 조각들의 크기는 같은가 혹은 다른가?

9.2절

8. a. 분자 클로닝의 목적은 무엇인가?

b. 벡터의 선별 표지는 어떤 목적으로 사용되는가?

c. 플라스미드 벡터에 있는 복제원점의 목적은 무엇인가?

9. 재조합 DNA 분자를 제작하는 데 필요한 효소들을 다음에서 골라보라. 선택한 효소들의 기능은 무엇인가?

a. DNA 중합효소

b. RNA 중합효소

c. 제한효소

d. DNA 연결효소

e. 아미노아실-tRNA 합성효소

f. 펩티딜 전이효소

g. 역전사효소

10. 플라스미드 벡터 pBS281을 *Bam*HI (5′ G^GATCC 3′) 효소로 절단하였다. 인간 DNA를 *Mbo*I (5′ ^GATC 3′) 효소에 의해서 절단하였다. 플라스미드 pBS281에는 *Bam*HI의 인식부위가 하나밖에 없으며, 인간 DNA에는 *Mbo*I의 인식부위가 많이 있다. 각 제한효소로 절단한 두 종류의 DNA 조각들을 연결효소를 사용하여 연결하였다. 오직 pBS281 DNA와 한 개의 인간 DNA 조각이 연결된 재조합 분자들만을 고려하여 서로 다른 두 종류의 DNA가 연결된 부위에 관한 다음의 질문에 답하라.

a. pBS281과 인간 DNA 조각이 연결된 부위가 *Mbo*I으로 절단될 수 있는 비율은 얼마인가?

b. pBS281과 인간 DNA 조각이 연결된 부위가 *Bam*HI으로 절단될 수 있는 비율은 얼마인가?

c. pBS281과 인간 DNA 조각이 연결된 부위가 *Xor*II (5′ C^GATCG 3′)로 절단될 수 있는 비율은 얼마인가?

d. pBS281과 인간 DNA 조각이 연결된 부위가 *Eco*RII (5′ RRA^TYY 3′)로 절단될 수 있는 비율은 얼마인가? (R과 T는 각각 퓨린과 피리미딘을 나타낸다.)

e. *Bam*HI으로 절단될 수 있는 연결 부위 중에서 얼마만큼의 비율이 인간 염색체에서는 *Bam*HI으로 절단되지 않았는가?

11. 크기가 4,271 bp인 pMBG36 플라스미드 벡터를 사용하여 재조합 DNA 분자를 제작하였다. pMBG36 플라스미드는 *Bam*HI (5′ G^GATCC 3′)과 *Eco*RI (5′ G^AATTC 3′)을 포함하여 여러 종류의 제한효소 인식부위를 한 개씩만 갖고 있다. 제한효소 인식부위들이 위치하고 있는 지역을 다중연결자(polylinker)라고 하는데 pMBG36의 폴리링커의 염기서열이 다음에 적혀 있다. 점들은 벡터의 다른 부분을 나타낸다. pMBG36을 *Eco*RI으로 절단한 후, 절단한 DNA 조각을 3번 문제에서 *Eco*RI으로 절단한 플라스미드에 삽입한다.

```
5'...CGGATCCCCTAAGATGAATTCCGCGCGCATCGGC...3'
3'...GCCTAGGGGATTCTACTTAAGGCGCGCGTAGCCG...5'
```

a. 제작된 재조합 DNA 분자의 DNA 서열을 가능한 만큼 적어 보라. 가능한 답은 두 가지인데 둘 중 하나만 답하라.

b. 왜 문제 (a)에서 두 가지 답이 가능한가?

c. 문제 (a)에 적은 답의 재조합 DNA 분자에는 *Bam*HI 인식부위가 몇 군데 있는가?

d. 재조합 DNA 분자를 *Bam*HI으로 절단하여 젤 전기영동을 수행하면 몇 개의 띠가 분리되는가? 각 띠에 있는 DNA 조각의 크기는 얼마인가?

e. 문제 (a)에 적은 답의 재조합 DNA 분자에는 *Eco*RI 인식부위가 몇 군데 있는가?

f. 재조합 DNA 분자를 *Eco*RI으로 절단하여 젤 전기영동을 수행하면 몇 개의 띠가 분리되는가? 각 띠에 있는 DNA 조각의 크기는 얼마인가?

12. 금어초를 연구하는 원예분자생물학자가 금어초의 꽃잎 빛깔을 결정하는 유전자를 분석하기 위해 유전체 도서관을 제작하려고 한다.

a. 유전체 도서관에 특정 유전자를 담고 있는 클론이 한 개 존재할 확률이 95%가 되기 위해서는 도서관 제작에 필요한 유전체 당량은 얼마인가?

b. 이와 같은 유전체 당량을 보장하기 위해 선별해야 할 클론의 수는 어떻게 결정할 수 있는가?

플라스미드 벡터를 사용하는 분자 클로닝에서 어려운 점은 제한효소로 절단한 벡터가 유전체 DNA 조각의 삽입이 없이 DNA 연결효소에 의해서 다시 연결되는 것이다. 다음의 두 문제는 이러한 문제점을 해결하는 방법이다.

13. 대장균의 *lacZ* 유전자는 무색 화합물인 X-gal을 파란색 화합물로 분해하는 베타 갈락토오스가수분해효소(β-galactosidase)를 암호화한다. 분자생물학자들은 이러한 특징을 이용하기 위하여 중간에 *Eco*RI 인식부위가 있는 *lacZ* 유전자를 연결한 플라스미드 벡터를 제작하였다(다음 그림 참조). 이 벡터를 *Eco*RI 효소로 절단하여 *Eco*RI-절단 인간 유전체 DNA와 연결하여 만든 재조합 분자로 암피실린-민감 대장균 세포를 형질전환시켜서 암피실린과 X-gal이 들어 있는 배양접시에 도말하여 배양하면 어떤 군락은 흰색이고 어떤 군락은 파란색이다. 그 이유를 설명하라.

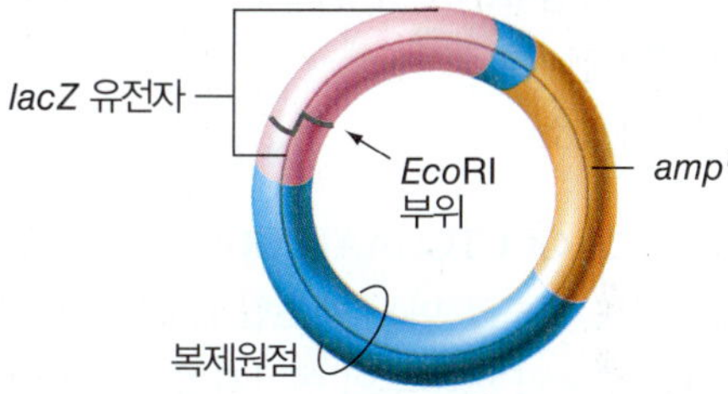

14. 유전학 실험시간에 *Eco*RI으로 절단한 개구리의 DNA를 13번 문제에 나타낸 플라스미드에 삽입하려고 한다. 그런데 조교가 *Eco*RI 제한효소로 절단한 플라스미드 벡터를 DNA 가닥의 5′ 말단에 있는 인산기를 제거하는 알칼리 인산가수분해효소(alkline phosphatase)로 처리해야 한다고 하였다. 즉, 절단한 플라스미드 벡터를 알칼리 인산가수분해효소로 처리한 후, DNA 연결효소로 개구리의 *Eco*RI-절단 조각과 연결하라고 하였다.

그런데 조교의 지시를 따르지 않고 재조합 실험을 두 가지로 진행하였다. 하나는 알칼리 인산가수분해효소로 처리한 플라스미드를 사용하였고, 다른 하나는 알칼리 인산가수분해효소로 처리하지 않은 플라스미드를 사용하여 재조합 플라스미드를 제조하였다. 각각의 재조합 플라스미드로 대장균을 형질전환시킨 후 암피실린과 X-gal이 포함된 고체 배지에 도말한 후 하루 동안 배양하였다. 알칼리 인산가수분해효소로 처리한 플라스미드로 만든 재조합 플라스미드를 사용한 실험에서는 100개의 흰색 콜로니와 1개의 파란색 콜로니가 관찰되었고, 알칼리 인산가수분해효소로 처리하지 않은 플라스미드를 사용한 실험에서는 100개의 파란색 콜로니와 1개의 흰색 콜로니가 관찰되었다.

a. 두 가지 실험의 결과를 설명하라.

b. 왜 조교의 지시가 옳았다고 생각하는가?

c. 왜 벡터에 삽입할 DNA 조각은 알칼리 인산가수분해효소로 처리하지 않고 플라스미드 벡터는 알칼리 인산가수분해효소로 처리하는가?

9.3절

15. 다음에서 DNA의 염기서열 분석에 필요한 효소들을 골라보라. 선택한 효소의 기능은 무엇인가?

a. DNA 중합효소

b. RNA 중합효소

c. 제한효소

d. DNA 연결효소

e. 아미노아실-tRNA 합성효소

f. 펩티딜 전이효소

g. 역전사효소

16. 프라이머 5′ GCCTCGAATCGGGTACC 3′를 사용하여 플라스미드 벡터로 만든 재조합 DNA에 삽입되어 있는 인간 DNA 조각 일부분의 염기서열을 결정하였다. 다음 그림은 자동화 DNA 염기서열의 분석 결과이다. 피크(peak)의 높이는 중요하지 않다. (A = 녹색; C = 보라색; G = 검은색; T = 빨간색)

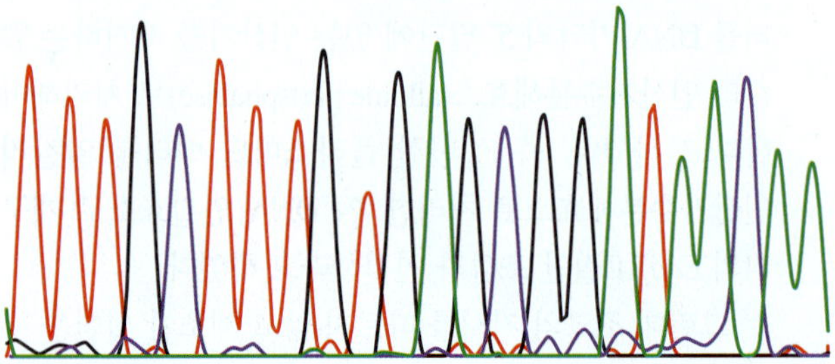

a. 그림을 보고 인간 DNA 조각의 뉴클레오티드 서열을 프라이머 5′에서 3′ 방향으로 적어보라.

b. 문제 (a)에서 적은 염기서열은 서열화 반응에서 새로 합성된 DNA 가닥의 일부분인가 혹은 서열화 반응에 사용한 주형가닥의 일부분인가?

c. 서열화 반응에 필요한 프라이머의 디자인을 어떻게 알 수 있는가? 그림 9.7을 참조하여 재조합 DNA 분자를 그리고 인간 DNA 조각과 벡터 부분을 표시하고 프라이머의 위치와 방향을 표시하고 새로 합성되는 DNA의 위치와 방향을 표시하라.

d. 서열화 반응에서 합성되는 2디옥시 G (ddG)를 갖고 있는 가장 작은 DNA 분자의 염기서열을 5′에서 3′ 방향으로 적고 ddG의 위치를 표시하라.

9.4절

17. 유전체의 염기서열화 과정에서 컴퓨터를 사용하여 다음 6개의 DNA 서열을 한 개의 컨티그(contig)로 조합하려고 한다(즉, 겹쳐지는 클론으로부터 얻어질 수 있는 끊어지지 않고 연속되는 염기들).

```
5′ AGCAAATTACAGCAATATGAAGAGATC 3′
5′ AAAATGCCCTAAAGGAAATGAGATTTT 3′
5′ TGATCTCTTCATATTGCTGTAATTTGC 3′
5′ TCCTTTTAAAAATCTCATTTCCTTTAG 3′
5′ TACAGCAATATGAAGAGATCATACAGT 3′
5′ AAATGCCCTAAAGGAAATGAGATTTTT 3′
```

a. 위의 염기서열들이 몇 개의 컨티그를 나타내는가, 또한 각 컨티그의 염기서열은 무엇인가?

b. 이들 일부 염기서열은 겹치는 지역에서 서로 상보적인 반면 다른 염기들은 겹치지만 같은 DNA 가닥을 나타낸다. 이것이 어떻게 가능한가?

c. 만일 이들 염기들이 인간 유전체에서 임의로 유래되었다면, 실제 이들이 서로 겹치지 않을 것이라고 기대하는 이유는 무엇인가?

d. 만일 인간 유전체의 모든 염기쌍을 포함할 만큼 충분한 염기서열화를 하였다면, 몇 개의 컨티그가 있을 것인가?

18. a. 유전체 전체를 서열화하기 위해 유전체 도서관을 만들 때, 제한효소로 절단하는 대신에 초음파와 같은 기계적인 분쇄방법을 사용하여 일반적으로 유전체 DNA를 절단하는 이유는 무엇인가?

b. 새롭게 발견한 생명체의 유전체의 완전한 염기서열을 분석하고자 유전체 도서관을 만들고자 하였으나, 사용할 수 있는 초음파 기계가 없었다고 가정하자. 그럼에도 불구하고 어떻게 두 개나 그 이상의 제한효소를 사용하여 도서관을 만들어 그들 클론의 염기를

서열화하여 유전체 염기서열을 조합할 수 있는지 설명하라.

c. 오직 한 개의 제한효소만 사용할 수 있고, 한 개의 유전체 도서관을 만들어 이로부터 유전체 염기를 조합할 수 있다고 가정하자. 어떻게 이러한 목적을 달성할 수 있는가? (힌트: 7번 문제) 이러한 도서관을 만들기 위해 4개, 6개, 8개의 염기를 인식하는 제한효소 중 어떤 것을 선호하겠는가?

19. 문제 11번은 플라스미드 벡터 pMBG36의 염기의 일부를 보여주었다. *Eco*RI으로 절단한 유전체 조각을 *Eco*RI으로 절단한 pMBG36에 삽입하여 유전체 도서관을 만들었다고 가정하자. 도서관의 모든 클론의 양쪽 끝의 염기서열화에(두개의 다른 반응으로) 사용할 수 있는 두 개의 다른 프라이머들의 염기를 적어보라.

9.5절

20. 클론된 유전체 부위 내의 인간 유전자를 암호화하고 있는 DNA 염기를 식별하기 위해 여러분이 사용할 수 있는 세 개의 독립적인 기술을 서술하라.

21. 그림 9.11a의 숫자는 종들이 분리된 계통수의 가지에서 공통조상을 마지막으로 공유한 대략적인 수백만 년의 숫자를 표시한다.

a. 몇 백만 년 전에 인간이 마지막으로 침팬지, 쥐, 개, 닭, 개구리와 공통조상을 공유하였는가?

이들 진화적인 사건의 예측 근거의 일부로서 오늘날 존재하는 다양한 생물종의 유전체 염기서열을 비교하여 얻은 것이다. 이러한 예측을 뒷받침하는 가정은 분자시계이다: 유전체 염기서열의 특정 부위의 차이는 진화의 시간동안 상대적으로 일정한 비율로 축적된다. 세 가지 다른 종류의 염기 변화를 고려하자. (i) 암호화 지역의 과오 돌연변이에 따른 단백질의 변화; (ii) 특정 아미노산의 코돈의 변화로 다른 코돈으로 바뀌었으나 동일한 아미노산을 만드는 침묵 돌연변이; (iii) 인트론의 돌연변이. 세 가지 유형의 돌연변이 중 어떤 것이...

b. 가장 느리게 가는 시계를 대표하는가? (즉, 어떤 종류의 돌연변이가 유전체 내에 가장 느리게 축적되는가? 그림 9.12를 힌트로 보라)

c. 400만 년보다 이전에 공통의 조상과 마지막으로 공유한 종들의 분화 시점을 예측하는 데 가장 적합하게 사용할 것인가?

d. 상이한 유전자들에 축적되는 속도의 기복이 가장 많을 것인가?

22. 다음 효소 중 어떤 것을 cDNA 도서관을 만드는 데 필요한가? 이들 효소(들)의 역할은 무엇인가?

a. DNA 중합효소

b. RNA 중합효소

c. 제한효소

d. DNA 연결효소

e. 아미노아실-tRNA 합성효소

f. 펩티딜 전이효소

g. 역전사효소

23. 다음 염기서열 중의 하나는 유전자의 두 개의 엑손의 일부를 포함하는 유전체 조각의 클론으로부터 얻은 것이다. 다른 염기서열은 동일 유전자의 mRNA를 대표하는 cDNA 클론의 해당하는 부위로부터 얻은 것이다(단순화하기 위해 인트론은 비현실적으로 짧다고 하자).

서열 1:
5′ TAGGTGAAAGAGTAGCCTAGAATCAGTTA 3′
서열 2:
5′ TAACTGATTTCTTTCACCTA 3′

a. 어떤 염기서열이 유전체 조각이며, 어떤 것이 cDNA 조각인가?

b. 두 개의 엑손이 오직 단백질-암호화 뉴클레오티드 서열로 구성되었다고 가정하고, 이 유전자의 단백질 산물의 아미노산 서열을 결정하라. (N- 또는 C- 방향을 표시하라)

24. a. cDNA 도서관에서 부족한 유전자에 관한 염기서열 정보는 무엇인가?

b. cDNA 도서관의 클론은 5′-UTR 염기를 포함하는가? 3′-UTR은?

c. 평균적으로 긴 개방 번역틀(ORF)을 찾을 가능성이 있는 것이 클론 염기의 유전체 도서관인지 cDNA 도서관인지 설명하라.

25. 진핵생물체를 연구하는 유전학자가 종종 cDNA를 만드는 반면에 세균을 연구하는 유전학자는 거의 만들지 않는 이유는 무엇인가? 세균유전학자가 cDNA를 만들고자 하여도 어려움이 있는 이유는 무엇인가?

26. 세 가지 다른 종류의 인간 도서관을 고려하라: 유전체 도서관, 뇌의 cDNA 도서관, 간의 cDNA 도서관.

a. 삽입된 조각이 대략 같은 크기라고 가정하였을 때 어떤 도서관이 상이한 클론을 가장 많이 포함하겠는가?
b. 이들 도서관 중 어느 것이 염기서열의 측면에서 볼 때 서로 겹치지 않을 것으로 기대되는가?
c. 이들 세 종류의 도서관이 도서관의 클론을 만들기 위한 재료의 측면에서 어떻게 다른가?
d. 유전체 해독을 위하여 많은 종류의 cDNA 도서관으로부터 매우 많은 클론의 염기서열을 분석해야 하는 이유는 무엇인가?

27. 인간 유전체의 염기서열이 분석되었으나 아직 정확한 유전자의 개수를 모르고 있다. 그 이유는 무엇인가?

28. 이 문제는 cDNA 도서관의 삽입된 조각의 염기서열분석 시 직면하는 문제를 살펴본다.
a. 많은 cDNA 클론을 개별적으로 염기서열화하였다면, 동일한 유형의 mRNA의 cDNA를 염기서열화하기 위해 재원을 비효율적으로 사용하려고 하지는 않을 것이다. 그 이유를 설명하라. 이 같이 비효율적으로 보이는 과정이 개별적인 mRNA 외의 유용한 정보를 제공하는가?
b. cDNA 삽입의 길이가 4 kb인 클론을 찾았다고 가정하자. 이 클론의 전체 염기를 분석하기 위해 DNA를 작은 임의의 조각으로 자른 후 벡터에 클론하여 미니 산탄 도서관을 만들고 수백 개의 이들 클론을 염기서열화하여 컴퓨터가 4 kb 길이 삽입의 전체 염기를 조합할 수 있게 할 수 있을 것이다. 하지만 이러한 절차는 본질적으로 비효율적이다.

아주 적은 염기서열화를 요구하는 다른 방법으로 프라이머 걷기(primer walking)가 있다. 이 기술은 방금 얻은 cDNA 염기에 상응하는 올리고뉴클레오티드 프라이머를 추가로 합성하는 것이 관여된다. 프라이머 걷기를 이용하여 4 kb 길이 클론의 cDNA 전체를 어떻게 염기서열화할 것인지 그림으로 나타내고, 벡터와 삽입, 사용하고자 하는 모든 프라이머와 획득하게 될 모든 염기를 표시하라. 각 염기화서열의 길이가 1 kb라고 가정하자.

9.6절

29. 단백질-암호화 DNA에 대한 전체 DNA의 비가 박테리아 유전체에서보다 인간 유전체에서 훨씬 큰 이유를 두 가지 답하라.

30. cDNA 도서관을 사용하여 동일한 신경성장인자 유전자로부터 전사된 mRNA에 해당되는 염기서열을 갖는 두 종류의 cDNA 클론을 분리하였다. 클론의 처음과 끝 부분의 염기서열은 같은데 중간 부분은 다르다. 왜 염기서열이 다른지 설명하라.

31. 그림 9.17은 인트론 자리에서 절단된 염색체 단편이 다시 결합하여 존재하지 않았던 새로운 유전자가 만들어지는 엑손 조합의 모델이다. 그런데 그림 9.17에서처럼 특별한 경우에만 두 종류의 폴리펩티드의 기능 도메인을 모두 갖는 새로운 단백질을 암호화하는 유전자가 만들어진다. 어떤 경우인가?

32. 기능을 하지 않는 위유전자가 척추동물의 유전체에 존재한다. 어떤 위유전자는 성숙 mRNA가 이중가닥 DNA로 복제되어 염색체에 삽입되고, 후에 중복된 DNA에 돌연변이가 일어나서 만들어진 것 같다.
a. 이러한 위유전자가 원래 세포에서 mRNA로부터 만들어진 cDNA가 유전체에 삽입된 것이라는 것을 어떤 염기서열 정보로부터 알 수 있는가?
b. 이러한 위유전자의 생성 기작은 위유전자가 유전체의 특정 지역에 밀집되어 있는 유전자군의 일부일 때 더 잘 작동될까? 혹은 위유전자가 유전체에 분산되어 있는 유전자군의 일부일 때 더 잘 작동될까? 설명하라.

33. a. 만약 처음으로 분리한 유전자가 아연 손가락(zinc-finger) 도메인(DNA 결합을 도와줌)을 갖고 있다면, 그 유전자의 기능은 무엇이라고 가설을 세우겠는가?
b. 같은 생물에서 분리한 새로운 유전자가 문제 (a)의 유전자와 염기서열의 상동성이 매우 크다면 새로운 유전자의 기원을 제안하라.

34. 네 종류의 생물의 유전체의 염기서열을 분석한 후, 다음에 나타낸 짧은 염기서열을 비교하였다.

```
5′ AGGTATATAATTTGCG 3′
5′ CAATATAAAACCCTAC 3′
5′ GCGTATAAAAGAGCTA 3′
5′ TTATATATAAAGAAGT 3′
```

a. 공통서열(consensus sequence)은 무엇인가?
b. 공통서열을 결정하는 이유는 무엇인가? 위의 염기서열로 공통서열을 결정할 수 있는지를 어떻게 판단하는가?

c. 공통서열을 결정하는 일반적인 전략을 어떻게 사용하여 단백질의 어느 아미노산이 단백질의 기능에 가장 중요한가를 판단하는가?

35. 인간의 면역계에서 *B* 세포가 감염을 물리칠 수 있는 항체 분자를 10억 종류 이상 생산할 수 있다. 그런데 인간 유전체는 항체를 구성하는 폴리펩티드를 암호화하는 유전자를 세 개만 갖고 있다. DNA 수준(V-D-J 결합)과 RNA 수준에서 무슨 종류의 조합 사건이 일어나는 것을 결정하기 위하여 무슨 실험을 수행해야 하는가?

36. 침팬지는 인간과 매우 비슷한 헤모글로빈 유전자 세트를 갖고 있다(그림 9.18 참조). 예를 들면, 침팬지와 인간 유전체 모두 α1, α2, β, Gγ, Aγ, δ, ε, ξ 유전자를 갖고 있다.

a. 인간과 침팬지 헤모글로빈 유전자 중에서 어느 것이 상동유전자인가? 유사유전자는 어느 것인가? 이종상동유전자는 어느 것인가?

b. 유전학자들은 유전체를 비교할 때, 보통 어느 유전자가 다른 종들에서 가장 비슷한 기능을 수행하는지를 알고 싶어 한다. 이러한 분석은 유전자군에서는 조금 복잡하다. 유사유전자와 이종상동유전자 중 어느 것이 기능적으로 더 비슷한가? 설명하라.

c. 침팬지의 β 유전자와 인간의 γ 유전자 중 어느 유전자가 인간의 β 유전자와 뉴클레오티드 상동성이 더 큰가? 설명하라.

37. 인간 유전체는 약 25,000개의 유전자를 갖고 있고 선충은 약 20,000개의 유전자를 갖고 있다. 선충보다 단지 15% 더 많은 유전자를 갖고 있는 인간 유전체가 어떻게 선충보다 어마어마하게 복잡한 인간을 암호화하는지를 설명하라.

9.7절

38. 컴퓨터에서 웹페이지 주소: http://genome.ucsc.edu/cgi-bin/hgGateway에 접속하라.

화면 상단에 있는 gene box에 "*CFTR*"(낭 섬유증을 일으키는 *CFTR* 유전자)을 입력하고 "submit"를 클릭하면 화면이 바뀌어 인간 7번 염색체에 있는 *CFTR* 유전자의 구조가 나타난다. (만약 그림 대신 목록이 나타날 경우, 목록의 첫 번째 링크를 클릭하면 그림이 나타난다.) 화면 상단에 조절 버튼이 있어서 화면을 왼쪽이나 오른쪽으로 이동하고, 화면을 확대하거나(뉴클레오티드 서열 수준까지) 축소하고, 혹은 (두 번째 줄에서) 다른 염색체 위치로 점프할 수 있다. 조절 버튼 밑에는 이디오그램(idiogram)이라고 하는 염색체의 도표가 있는데, 현재 화면에 있는 염색체의 특정 부위가 빨간색으로 표시되어 있다. (이디오그램을 클릭하면 도표가 움직인다.)

a. *CFTR* 유전자에는 몇 개의 엑손이 있는가?

b. 어느 엑손(들)이 5′ UTR인가? 어느 엑손(들)이 3′ UTR인가?

c. *CFTR* 유전자는 동원체 방향으로 전사되는가? 혹은 동원체에서 멀어지는 방향으로 전사되는가?

d. *CFTR* 유전자는 인간 7번 염색체의 짧은 팔(*p* arm)에 위치하고 있는가? 혹은 긴 팔(*q* arm)에 위치하고 있는가?

이제 화면을 1/10로 축소한다.

e. *CFTR*의 양 쪽에 위치하고 있는 유전자들의 이름은 무엇인가? 이 유전자들은 *CFTR* 유전자와 7번 염색체의 같은 가닥을 사용하여 전사되는가?

이제 화면을 더 축소하여 7번 염색체 전체가 보이도록 한다.

f. 7번 염색체의 크기는 대략 몇 Mb인가?

g. 인간 7번 염색체에서 동원체는 대략 어디에 위치하고 있는가?

h. 염색체 전체의 그림을 살펴볼 때 축적되는 종 참고 서열(RefSeq) 유전자들의 중요성은 무엇인가?

39. 컴퓨터에서 웹페이지 주소: http://blast.ncbi.nlm.nih.gov/Blast.cgi에 접속하라.

Basic BLAST는 찾고자 하는 어떤 DNA 혹은 단백질 서열과 관련 있는 DNA 혹은 단백질 서열을 검색하는 다양한 프로그램들을 갖고 있다. 이번에는 "nucleotide blast"를 선택하라. 화면에서 Human genomic + transcript 데이터베이스가 선택되었는지 확인하라(그러면 인간에 대한 RefSeq만 검색할 것이다). 그런 다음에 Enter Query Sequence 아래의 큰 상자에 그림 9.7f에 있는 뉴클레오티드 서열(query sequence)을 입력하라. 다음에 아래에 있는 BLAST 버튼을 클릭한 후, NCBI 컴퓨터에서 결과가 나올 때까지 몇 분간 기다린다.

결과가 여러 부문으로 나온다. Descriptions 부문으로 이동하라. 목록의 열에 적혀 있는 E 값은 검색하는 RefSeq 데이터베이스에서 질문서열(query sequence)이 우연히 특정한 서열과 관련되는 통계적인 확률 측정이다. E 값이 작을수록(0에 가까울수록) 일치성이 더 큰 것이다. 이 문제를 풀기 위해서는 가장 작은 E 값을 갖는 첫째 항목만을 생각하라.

a. 질문서열이 어떤 인간 유전자와 가장 일치하는가?

이제 같은 페이지의 아래에 있는 Alignments 부분으로 이동하라. Descriptions의 첫째 항목과 일치하는 것은 어느 것인가?

b. 정확하게 일치하는가?

nucleotide blast 페이지로 돌아가라. mouse genomic + transcript 데이터베이스를 선택하여 동일한 질문서열(그림 9.7f의 서열)을 검색하라.

c. 이 유전자는 생쥐에서 보존되었는가? 그렇다면 얼마만큼 보존되었는가?

9.8절

40. 경증 β-지중해성빈혈증을 갖고 있는 사람은 두 개의 α 사슬과 두 개의 β 사슬로 구성된 정상의 성인 헤모글로빈과 소량의 비정상적인 레포아헤모글로빈(Lepore hemoglobin)을 생산한다. 레포아헤모글로빈은 α 사슬 두 개와 δ 사슬의 N-말단 쪽 반과 β 사슬의 C-말단 쪽 반이 연결된 사슬 두 개로 구성된다. β-지중해성빈혈증 증상은 없으나 비정상인 역-레포아헤모글로빈(anti-Lepore hemoglobin)을 생산하는 사람도 있다. 역-레포아헤모글로빈은 α 사슬 두 개와 β 사슬의 N-말단 쪽 반과 δ 사슬의 C-말단 쪽 반이 연결된 사슬 두 개로 구성된다.

a. 레포아헤모글로빈과 역-레포아헤모글로빈 모두가 생산되도록 하는 사건을 서술하라.

b. 레포아헤모글로빈을 생산하는 경증 β-지중해성빈혈증을 갖고 있는 사람은 비정상적인 대립유전자가 동형접합체인가 혹은 이형접합체인가?

c. 경증 β-지중해성빈혈증을 갖고 있는 사람은 왜 정상의 성인 헤모글로빈보다 레포아헤모글로빈을 적게 생산하는가?

41. 인간의 α1 유전자와 α2 유전자는 암호화 부위가 동일하다. 이러한 사실과 문제 40번의 답을 참고하여 두 개의 α 유전자 중 하나가 쉽게 결실되는 기작을 서술하라.

10장

유전체 변이의 분석

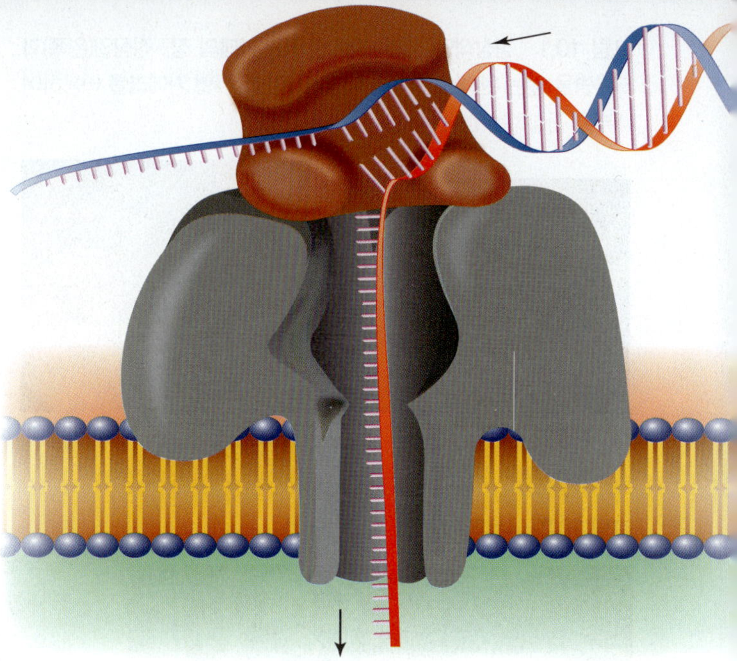

놀라운 발전으로 인해 전유전체 염기서열 분석의 시대가 가능해지고 있다. 대규모 평행 DNA 염기서열 분석을 위한 새로운 기술 중 한 가지는 마이크로포어(회색)라고 불리는 좁은 통로를 관통하는 DNA 가닥을 붙잡을 수 있는 효소(갈색)를 이용하는 것이다. 통로의 DNA는 (뉴클레오티드 서열에 특이적인 방식으로) 마이크로포어를 통과하는 이온들의 흐름을 제한한다. 마이크로포어를 통해 발생하는 그러한 이온 흐름은 시간의 함수로 기록되고 뉴클레오티드 서열로 해석될 수 있다.

개요

전 세계적으로 수백만 명의 사람들이 궤양성 장염과 크론병(Crohn's disease) 같은 질병에 시달린다. 이런 질병들은 소화관에서의 만성 염증이 특징이다(그림 10.1). 환자의 면역계는 장내 세균들에 대해 과민반응을 일으켜 장점막 세포들을 공격하기 시작한다. 여기서 나타나는 증상들은 생명을 위협할 정도는 아니지만, 급격한 복통, 구토, 설사, 구역질, 피로감 등이 환자의 일상을 망가뜨린다. 100개 이상의 유전자들에서 나타나는 변이들이 염증성 장 질환(inflammatory bowel diseases, IBDs)에 대한 유전적 소인을 증가시키는 것으로 밝혀졌다.

닉 볼커(Nic Volker)는 2세 때 전례 없이 심한 IBD를 겪었다. 그의 소화관에서 시작된 병변은 복강으로 퍼졌고, 점점 심해져서 피부 바깥으로까지 번졌다. 대변의 물질들이 체내로 들어와 심각한 패혈증(전신의 세균 감염)을 일으켰다. 결국, 닉의 상태는 면역억제제나 항염증성 스테로이드 같은 일반적인 IBD 치료법으로 치료할 수 없게 되었다. 4세가 될 때까지, 닉은 소화관 일부를 잘라내고 피부의 상처를 치료하기 위해 140회 이상의 수술을 받았다; 그의 몸무게는 고작 7.7 kg 이었다(그림 10.2). 장기적으로 볼 때, 닉의 예후는 분명히 매우 좋지 못했다.

닉의 부모와 의사들은 그의 절망적인 상황을 바꾸기 위해 인류유전학자들로 팀을 꾸렸고, 닉의 유전체에서 단백질을 암호화하는 뉴클레오티드를 모두 염기서열 분석을 하였다. 2009년, 놀랍게도 연구팀은 닉의 질병을 일으켰던 돌연변이를 발

그림 10.1 정상적인 장과 크론 증후군 상태의 장. 정상인(왼쪽)과 크론병을 앓는 환자(오른쪽)의 대장내시경 (섬유형 카메라를 이용하여 내부를 관찰하는 검사) 사진.

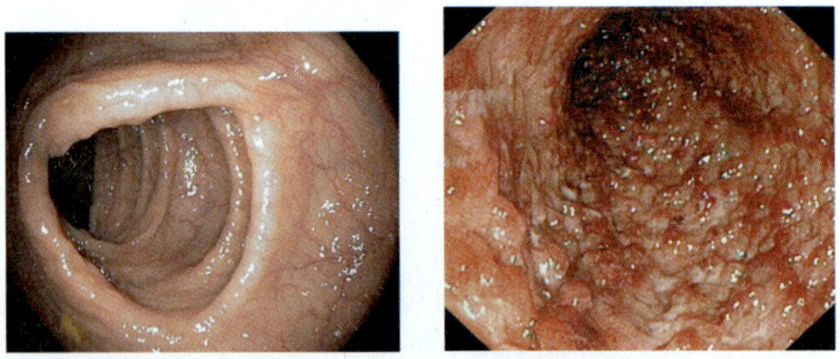

(a) 정상인의 장 **(b) 크론병**

그림 10.2 4세의 닉 볼커.

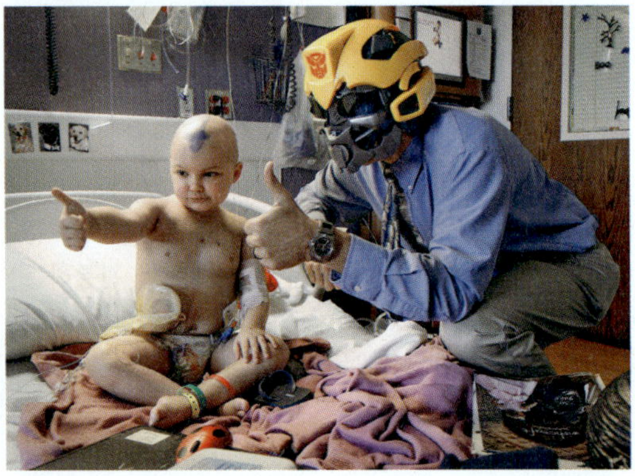

그림 10.3 6세의 닉 볼커.

견할 수 있었다. 그 돌연변이는 X-연관성 림프증식성 질환(X-linked lymphoproliferative disease, XLPD)이라고 알려진 질환과 관련이 있는 유전자에 위치하고 있었다. XLPD의 증상은 닉의 증상과는 너무 다른 것이었기 때문에 어느 누구도 그 관련성을 예측하지 못했었다. 골수이식이 XLPD에 효과적인 것으로 알려져 있어서 닉의 담당의사들은 같은 방법을 시도해 보기로 하였다. 물론 IBD가 한 번도 이런 방법으로 치료된 적은 없었다. 이식 후 몇 달 만에 닉의 건강 상태는 눈에 띄게 좋아졌고 또래 6세 아이의 일상을 누릴 수 있게 되었다(그림 10.3).

이 사례는 DNA 수준에서 직접 유전자형을 분석할 수 있는 기술력의 향상이 의료행위에 영향을 미칠 수 있음을 보여 주는 단적인 예이다. 아주 최근까지도 과학자들이 인간의 유전체를 조사할 수 있는 능력은 다소 제한되어 있었다. 1990년대에도, 연구자들은 한 번에 오직 하나의 유전자에 대해서만 개인의 유전자형을 조사할 수 있었고, 따라서 질병 유발 돌연변이가 이미 밝혀진 경우에만 유전자형 검사가 합당한 것으로 판단되었다. 이렇게 제한된 수준의 개인별 유전 정보라고 하더라도, 부부의 자녀 계획을 돕는 데는 종종 큰 도움이 되었다.

21세기로 오면서, 유전자형 결정법의 발전으로 과학자들은 개인별 차이를 발생시키는 유전체 내 뉴클레오티드 변화에 대해 더 많은 수의 시료를 조사할 수 있게 되었다. 예를 들어, DNA **마이크로어레이**(DNA microarray)를 포함한 새로운 방법들은 서로 다른 **좌위**(loci)들이나 여러 사람의 유전체들에서 동시에 수백만 개까지의 뉴클레오티드 변이들을 조사할 수 있도록 해 준다. 앞으로 살펴보게 되겠지만, 많은 수의 뉴클레오티드 변이들을 찾아내는 것은 그 변이 자체가 질병과 별 관계가 없는 것이라고 할지라도 매우 유용한 것이 된다.

2013년의 과학자들은 한 사람의 유전체에서 단 하나나 둘, 혹은 수천 개 좌위들에서의 유전자형을 결정하는 것뿐 아니라, 한 사람의 이배체 유전체에 존재하는 60억 개의 뉴클레오티드들을 거의 전부 다 결정할 수 있게 되었다. DNA 염기서열 분석 기술들에서의 새로운 혁신들로 인해 비용이 급격히 줄어들었기 때문에 이제 유전자형을 결정하는 일은 건강관리 분야에서 일상적인 부분이 될 것이다. 전유전체 DNA 염기서열 분석이라는 전인미답의 새로운 시대에, 유전체 변이들에 대한 우리 지식의 급격한 증가는 숨겨져 있던 인간의 유전적 역사와 운명들에 대한 자세한 이야기들을 들려줄 수 있게 될 것이다.

10.1 유전체들 사이에서의 변이

학습목표

1. 어느 정도의 DNA 다형성이 서로 다른 두 사람의 유전체를 구분해 줄 수 있는지 추정한다.
2. 이런 DNA 다형성들 대부분이 사람들을 구분해 주는 표현형적 차이를 만들지 못하는지 이유를 설명한다.
3. DNA 변이들을 그 구조, 형성 기작, 유전체에서의 빈도와 관련하여 종류별로 구분한다.

야생형 인간 유전체 같은 것은 없다. 그저 서로 다른 두 사람의 유전체 사이에는 엄청난 양의 변이가 존재할 뿐이다. 이 장의 후반에 설명될 전유전체 염기서열 분석에 대한 새로운 기술들의 출현으로, 개인별 유전체 차이의 정도는 점차 분명해지고 있다. 이 DNA 서열 변이들 중 아주 일부만이 개인의 특징을 만드는 표현형들을 만든다. 그러나 DNA 서열 차이가 표현형에 영향을 미치지 않는다고는 해도, 그들은 유전자들과 염색체들을 추적하는 아주 좋은 표식자들이다.

광범위한 DNA 변이가 종 내에서의 개체들을 구분해 준다

DNA 이중 나선의 공동 발견자 중 한 명인 제임스 왓슨 (James Watson), DNA 서열화의 선구자인 J. 크레이그 벤터 (J. Craig Venter), 이름 모를 어느 중국인 남성의 유전체들은 총 560만 개 이상의 단일 뉴클레오티드에서 "표준" 인간 유전체(GenBank RefSeq, 9장 참조)와의 차이를 나타냈다 (그림 10.4). 각자의 유전체는 다른 두 사람 중 어느 누구와도 공유하지 않는 약 100만 개의 독특한 DNA 다형성(DNA polymorphism), 즉 서열 차이들을 가지고 있었다. 반면, 나머지 260만 개의 다형성들은 둘 중 어느 한 사람과 같거나 일부 경우에는 세 사람 모두가 공유하고 있었다. 야생형 인간 유전체 서열 같은 것은 없을 뿐만 아니라, 야생형 인간 유전체 길이라는 것도 없다. DNA의 결실, 삽입, 중복 등은 건강한 개인들에서 약 1% 정도까지의 길이 차이를 만든다. 예를 들어, 왓슨과 벤터의 유전체들은 10만 개 이상의 유전체 자리들에서 유전물질들이 조금씩 추가되어 있거나 빠져 있는 현상인 삽입이나 결실로 인해 차이를 보였다.

그림 10.4 세 사람의 유전체 비교. 인간의 RefSeq를 비교한, J. C. 벤터, J. D. 왓슨, 그리고 익명의 중국인(YH) 등, 세 사람의 유전체에 존재하는 단일 뉴클레오티드 치환들. 개인이 변이에 대해 동형접합형인지 아니면 이형접합형인지에 따라 하나의 치환이 한 번으로 계산되었다. 개인별 유전체에 존재하는 독특한 뉴클레오티드 치환의 수는 각 원의 겹치지 않는 부분에 표시되었다. 인간의 RefSeq에는 없지만 셋 중 두 사람이 공유한 변이들은 이중으로 겹친 영역에 표시하였다. 중앙의 세 번 겹쳐진 부분은 세 사람이 모두 공유하고 있는 변이들을 나타낸다.

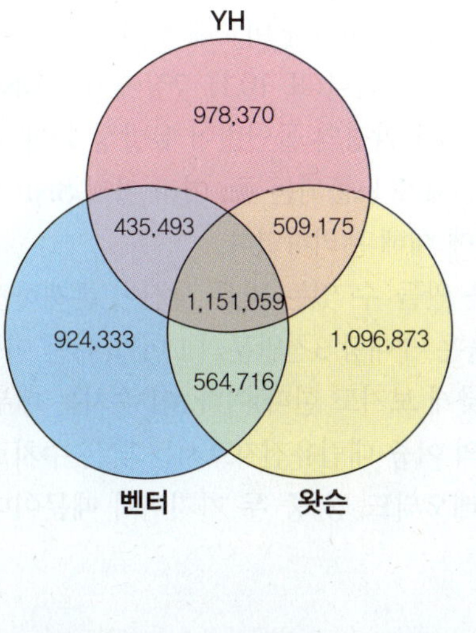

대부분의 DNA 다형성들은 표현형에 영향을 미치지 않는다

왓슨과 벤터의 유전체 사이에 나타나는 수백만 개의 DNA 다형성 중 일부는 이 두 사람의 표현형 차이를 만드는 데 기여하였을 것이다. 그러나 실제로 이런 DNA 서열 차이들 중 아주 일부만이 표현형에 영향을 미친다. 이 두 사람 사이의 차이 중 약 5,000개 정도만이 단백질의 아미노산 서열을 바꾼다. 이것이 그럴 수밖에 없는 이유는 다음과 같다.

(1) 유전자 내의 코돈들은 인간 유전체 중 2%도 차지하지 못한다.
(2) 돌연변이가 일어난다고 해도, 코돈들의 많은 돌연변이들은 침묵한다(즉, 그들은 아미노산을 변화시키지 않는다).
(3) 특정 돌연변이가 침묵하지 않고 해로운 영향을 미친다면, 자연선택이 인간 집단에서 그것을 사라지게 할 수도 있다.

아미노산을 변화시키는 약 5,000개의 돌연변이들 외에도, 두 유전체 사이에 존재하는 수천 개 정도의 다른 다형성들은 유전자들이 전사되는 속도나 1차 전사체들이 mRNA로 이어맞추기되는 효율에 영향을 미치는 것 같다. 그러나 이런 것들을 고려해도, 역시 두 유전체 사이의 서열 차이 대부분은 신체의 어떤 단백질에도 그 양이나 성질에 영향을 미치지 않는 **익명 DNA 다형성**(anonymous DNA polymorphism)들이라는 결론에 도달하게 된다.

그림 10.5는 400 kb의 유전체 영역 내에서 인간의 RefSeq와는 다른 것으로 나타난 왓슨과 벤터의 실제 다형 분포를

그림 10.5 400 kb 영역에서의 SNP 분포. 7번 염색체의 이 영역(116,700,001염기쌍부터 117,100,000염기쌍까지)은 *CFTR* 외에도 다른 두 유전자들을 포함하고 있다. 세로 표시들은 한 유전체가 인간의 RefSeq와 달리 나타나는 단일 뉴클레오티드 다형성(SNP)에 대해 이형접합형이거나 동형접합형인 자리들을 표시한다. 두 줄은 왓슨과 벤터의 개인별 유전체들로부터 읽힌 SNP들을 보여준다. 세 번째 트랙은 분석된 모든 사람들의 유전체들로부터 얻은 모든 SNP들을 모은 것으로 2009년 현재 중앙 SNP 데이터베이스에 저장되어 있다.

보여준다. 이 부분의 유전체는 돌연변이가 되면 낭 섬유증을 일으키는 낭 섬유증 막 통과 수용체 유전자(cystic fibrosis transmembrane receptor gene, CFTR)와, 다른 두 유전자들을 포함하고 있다. 여러분은 이 두 남성들의 유전체에서 거의 모든 다형성들이 유전자들의 사이나 인트론들에 있다는 것을 알 수 있을 텐데, 이것은 대부분의 DNA 변화가 표현형을 바꾸지 않는다는 생각과 부합하는 것이다.

서로 다른 인간 유전체를 구분 짓는 많은 익명 DNA 다형성들이 존재한다는 것은 유전학자들에게는 굉장한 도전이자 기회이다. 수백만 개의 다형성들 중에서 유전병 같은 중요한 표현형과 관련되어 있는 소수의 다형성들을 어떻게 골라낼 수 있을 것인가 하는 것은 분명한 도전이다. 반대로, 비록 다형성이 표현형에 영향을 미치는 익명의 것이라고 하더라도 그것은 유전체상에서의 표지판, 혹은 **DNA 표식자**(DNA marker)로 사용될 수 있다는 사실에서 기회를 찾을 수도 있을 것이다. 따라서 연구자들은 실제로 유전병을 일으키는 근처의 돌연변이들을 찾아내는 데 익명의 다형성 좌위들을 이용한다.

표 10.1 유전적 변이체들의 종류

오른쪽 열은 어떤 두 반수체 인간 유전체를 비교하였을 때 표시된 범주의 다형성을 평균적으로 얼마나 자주 발견할 수 있을지를 보여준다.

	크기	빈도
SNP (단일 뉴클레오티드 다형성)	1 bp	1 kb
DIP (삽입/결실)	1~10 bp	10 kb
SSR/미세부수체 (단순 반복 서열)	1~10 bp (반복)	30 kb
CNV (반복 수 변이체)	10 bp ~ 1 Mb	3 Mb

유전적 변이체들은 여러 형태로 나타난다

유전학자들은 일반적으로 다형적인 DNA 좌위들을 관련된 뉴클레오티드 쌍의 수나 종류에 따라 표 10.1에서처럼 네 가지 범주들 중 한 가지로 분류한다. 두 분류군들 사이의 경계는 불명확하고 어느 정도 겹치기도 하지만, 그 범주들은 연구자들이 특정 유전적 변이체가 어떤 종류의 것인지를 설명할 수 있도록 해 준다. 유용한 일반화 한 가지는 주어진 형태의 다형성에 관련되어 있는 뉴클레오티드의 숫자가 적을수록 그 변이형들을 유전체상에서 더 자주 발견할 수 있다는 것이다(표 10.1).

단일 뉴클레오티드 다형성

가장 흔한 형태의 유전적 변이는 **단일 뉴클레오티드 다형성**(single nucleotide polymorphisms, SNP; '스닙'으로 발음) 그룹이다. SNP들은 유전체상의 특정 염기 자리로서, 일부 사람들에서는 다른 사람들과 DNA 알파벳이 다르다. SNP들은 인간 유전체들 사이에 존재하는 모든 변이들 중 많은 부분을 차지하는데, 두 서열을 비교해 보면 평균 1,000개의 염기마다 하나씩 나타난다(표 10.1). 7장에서는 DNA 복제에서의 드문 실수나 환경의 돌연변이 유발성 화학물질, 혹은 방사능에 유전체가 노출되는 등, 여러 가지 SNP 생성 기작들 중 몇 가지에 대해 논의하였다.

SNP들을 만들 수 있는 많은 사건이 존재하지만, 염기당 돌연변이율은 세대당 3천만분의 1 미만(어떤 이들은 10억분의 1까지 낮게 보기도 한다)이다. 이 수치는 대부분 SNPs가 인간 집단의 이중-대립유전자로서는 낮은 수치로 네가지 가능한 뉴클레오티드 쌍 중 두 가지이기 때문이다. SNP들의 낮은 돌연변이율은 연구자들이 개인들의 개별 SNP들을 단 하나의 조상 유전체에서 발생하였던 유전적 변화로까지 역추적할 수 있도록 해 준다. 낮은 돌연변이율은 또한 이렇게 변화한 뉴클레오티드[**파생형 대립유전자**(derived allele)라고 불린다]를 물려받지 않은 사람들은 인간이 형성되기 훨씬 전에 존재했었던 더 오래된 **조상형 대립유전자**(ancestral allele)를 가지고 있음을 뜻하기도 한다.

만약 어떤 SNP가 존재한다면, 유전학자들은 인간과 침팬지 유전체들 사이에서의 밀접한 연관관계를 이용하여 어떤 대립유전자가 조상형이고, 어떤 것이 비교적 최근의 돌연변이 사건으로 생겨난 파생형인지를 결정할 수 있다. 그림 10.6은 서로 다른 두 인간 유전체들과 침팬지의 RefSeq 유전체에서 DNA 일부 영역을 비교한 것이다. 두 종이 분기한 이래로 이 작은 유전체 영역에서 두 개의 단일 염기 변화가 발생하였다. 하나는 모든 인간 유전체들이 공유한 것으로서, 인간들에서는 다형적인 것이 아니다. 두 번째 염기 변화는 침팬지-인간 조상에서 C였다가 T(파생된 대립유전자)로 바뀐 것으로, 일부 인간들의 조상이 그 염색체를 물려받은 것이다. 이것은 만약 여러분과 친구가 익명의 SNP 좌위에서 이런 파생형 대립유전자 하나를 공유하였다면, 여러분은 둘 다 인간과 침팬지가 계통이 서로 분기한 이후에 살았었던 공통조상으로부터 그 대립유전자를 물려받았음을 뜻한다. 지구상에서 무작위로 두 사람을 뽑아 비교하면 이들이 연관되지 않은 많은 수의 파생형 SNP 대립유전자들을 공유한다는 사실은 모든 인간들이 공통조상을 가진다는 것을 보여준다.

그림 10.6 SNP들의 진화적 역사에 대한 추정. (a) 두 사람의 유전체 서열들을 침팬지의 RefSeq와 비교하면 종 분기 이후로 발생한 단일-염기 변화가 드러난다. (b) 분기도(Cladogram: 진화적 계보에 대한 그림). 좌위 1 (하늘색)은 침팬지와 인간 사이에서는 차이가 나지만, 모든 인간들에서는 동일한 대립유전자(G)만 존재한다. 좌위 1에서의 차이를 만든 돌연변이는 종 분기 이후에 침팬지 계통이나 인간계통에서 발생하였을 것이다; 두 종들에 대한 가장 최근의 공통조상에서 이 위치의 대립유전자가 무엇인지는 결정될 수 없다. 좌위 2 (주황색)에서는, 침팬지와 일부 인간들이 C 대립유전자를 공유하므로 이것이 조상형일 것이다. 다른 사람들이 가진 T 대립유전자는 파생된 것이다(즉, 일부 인간 계통에 특이적인 것으로, 최근의 돌연변이에 의해 생긴 것이다).

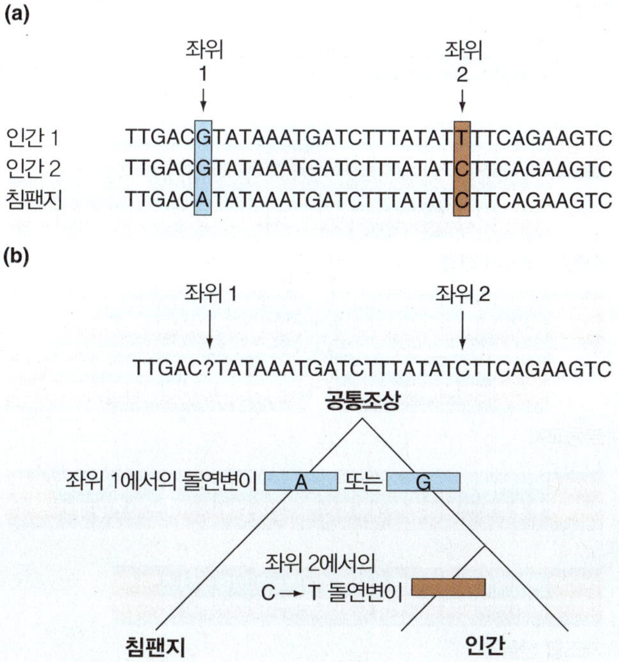

현재까지, 인간 유전체들에 대한 수천 번의 분석 결과 국립 생명공학 정보센터(National Center for Biotechnology Information, NCBI)의 SNP 데이터베이스(SNP database, dbSNP)에 5,000만 개 이상의 SNP들이 발견되어 목록화되었다. 이 SNP들 중 약 1,500만 개가 인간 집단에서 흔히 발견된다. 흔한 형태의 파생형 SNP 대립유전자가 생기도록 한 돌연변이들은 매우 오래 전의 인간 역사에서 발생하여 상당히 많은 수의 현대인들로 퍼졌을 것이다. SNP 데이터베이스는 이미 인간 집단에서 흔한 모든 종류의 SNP들 중 상당 부분을 포함하고 있다. 그러나 매우 최근에 발생한 돌연변이적 사건들 역시 지구상의 일부 사람들에서, 혹은 단 한 사람에게서만 발견되는 드문 SNP들을 만들 수 있다는 점을 알 필요가 있다. 이런 드문 SNP들은 아직 dbSNP에 등록되지 못하였는데, 이것은 전체 인간 집단에 비하면 지금까지 분석된 인간의 유전체는 아주 미미한 숫자이기 때문이다.

결실-삽입 다형성(DIP)

유전물질의 짧은 삽입이나 결실들은 인간 유전체의 유전적 변이 중 두 번째로 흔한 형태이다. 이런 변이체들은 **결실-삽입 다형성**(deletion-insertion polymorphisms, DIPs), 혹은 **삽입결실**(InDels)로 불린다. SNP 좌위들은 어떤 두 유전체들의 비교에서 kb당 한 번 나타나는데 반하여, DIP들은 상당히 드물어서 약 10 kb당 한 번 정도로 발견된다(표 10.1). DIP들의 길이 범위는 1 bp에서 수백 bp까지로 나타나지만, 길이가 길수록 빈도는 빠르게 감소한다. 결과적으로, 한두 개의 뉴클레오티드들이 관여된 DIP들이 가장 흔하다.

DNA 복제나 재조합에서의 문제, 혹은 손상된 DNA 가닥들의 수리에서 발생하는 세포의 실수 등, 여러 개의 생화학적 과정들이 DIP들의 형성에 기여하는 것으로 보인다.

단백질-암호화 영역에서는 3개 혹은 3배수의 뉴클레오티드쌍들로 삽입되거나 결실되는 것이 아니면, DIP 변이체들은 번역틀 돌연변이들로 작용한다는 사실을 기억해야 한다.

단순 반복 서열(SSR)

인간 및 고등 진핵생물의 유전체들은 **단순 반복 서열**(simple sequence repeats, SSRs)이라고 하는 좌위들로 채워져 있다. 이들은 종종 **미세부수체**(microsatellites)라고도 한다. SSR 좌위들은 10번 이하에서 100번 이상까지 직렬로 반복되는 단일 혹은 소수의 염기들로 이루어진다. 어떤 SSR 좌위의 서로 다른 대립유전자들은 서로 다른 반복횟수를 나타낸다. 가장 흔한 반복단위체들로는 하나나 둘, 혹은 3개의 염기 서열들이다. 더 큰 반복단위를 가진 SSR 좌위들은 흔치 않으며, 여기서는 SSR의 가장 큰 반복 단위를 10개 염기로 한정하였다(표 10.1; 더 큰 반복단위를 가지는 것은 반복수 변이(CNV)로 분류될 것이다). SSR의 예들로는, AAAAAAAAAAAAAAAA나, CACACACACACACACACACACA 같은 것들을 들 수 있다. SSR들은 모두 합하여 인간 유전체에서 총 DNA의 약 3% 정도를 차지한다; SSR 좌위는 인간 DNA에서 평균적으로 30 kb마다 한 번씩 발견될 수 있다.

다른 모든 다형성과 마찬가지로, 대부분의 SSR들은 유전자들의 암호화 영역 바깥에 존재하며 따라서 표현형에 별 영향을 미치지 않는다. 이와는 대조적으로, 유전자들 내부의 SSR 변이체들은 심각한 표현형적 효과를 나타낼 수 있다. 예를 들어, 7장에서 이미 다루었던 세 뉴클레오티드가 반복된 긴 유전자 부분들은 몇 가지 중요한 신경학적 질병들에서 분자적 원인으로 작용한다. 이런 질병들로는 연약 X 증후군과 헌팅턴병이 있다.

SSR들은 처음에는 4~5단위들을 가진 짧게 반복된 서열들을 만드는 드물고 무작위적 사건들로부터 저절로 생겨난다. 일단 이 짧은 SSR이 돌연변이를 일으키면 미끄러진 짝짓기 오류(slipped mispairing or stuttering)라고 하는 잘못된 DNA 복제에 의해 더 긴 서열로 확장될 수 있다. 그림 7.12는 이런 미끄러짐 기작이 어떻게 헌팅턴병을 일으키는 SSR 좌위에서 반복 단위 수를 변화시킬 수 있는지를 자세히 보여주고 있다.

평균적으로 SSR 좌위들은 한 배우자에서 좌위당 10^{-3}빈도로 새로운 대립유전자들을 만든다(즉, 1,000개의 배우자당 하나에서 발생). 이런 빈도는 10^{-9}인 단일 뉴클레오티드 돌연변이보다 훨씬 높아서 집단 내에서 혈연관계가 아닌 인간 집단에 다량의 SSR 변이들이 존재하게 만든다. 두 개의 대립유전자들을 가지며 해당 돌연변이를 만든 사건 후에 별로 변하지 않는 SNP들과는 달리, SSR들은 반복된 숫자가 매우 다형적이어서 하나의 SSR 좌위에 존재하는 서로 다른 대립유전자들의 수는 종종 10개 이상이다. 동시에, SSR 돌연변이율은 비록 매우 큰 가족들에서라도 몇 세대 안에 변화를 일으키지는 못할 정도로 충분히 낮은 수준이다. 따라서 SSR들은 인간을 포함한 많은 생물체들에서 연관 상황을 연구하는 데 있어 비교적 안정하고 고도로 다형적인 DNA 표식자로 사용될 수 있다.

반복수 변이체(CNV)

인간의 개인별 유전체들은 단순히 SSR들이나 DIP들 때문에 생기는 것보다 더 큰 DNA 길이 다형성을 보인다. 연구자들은 어떤 유전 질병의 징후도 보이지 않는 많은 사람의 유전체들이 다양한 수의 반복수를 가지는 거대한 유전물질 블록들을 가진다는 사실에 놀랐다. 이 블록은 거의 1 Mb 길이에 달한다. 이런 종류의 유전적 변이체들은 **반복수 변이체**(copy number variants, CNVs)로 불린다. CNV들은 유전체에서의 분포나 인간 집단별 출현 빈도에 있어 비교적 공통적인 것으로 드러났다(표 10.1). 모든 인간유전체들에서 현재까지 10,000개 이상의 CNV 좌위들이 밝혀졌으며, 불특정

그림 10.7 CNVs는 그들이 부등교차를 일으킬 가능성이 크기 때문에 매우 다형적이다. CNV들은 10 bp 길이 이상의 서열들이 꼬리를 물고 반복되는 것이다. 이런 단위체들은 똑같거나 거의 동일하다. 잘못 배열되어 불균등한 교차가 발생하면 재조합 산물들—양친형 대립유전자들 보다 더 길어졌거나 짧아진 새로운 대립유전자들—이 생긴다.

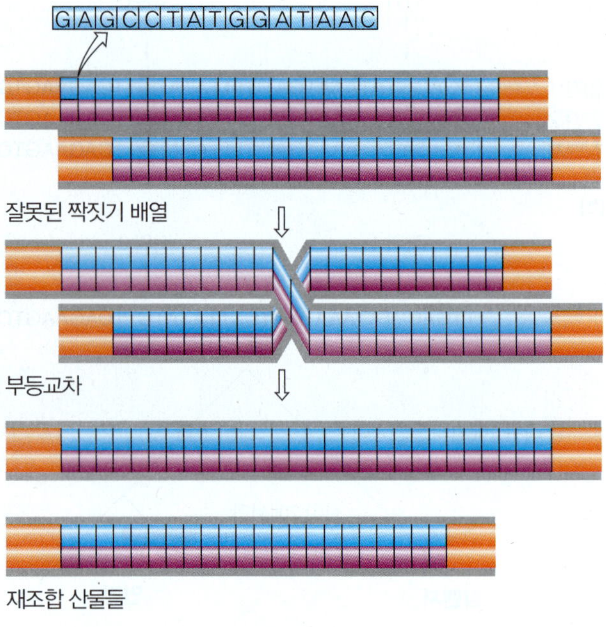

한 두 유전체들을 비교하면 일반적으로 1,000개 이상의 이 좌위들에서 차이를 보인다.

CNV 좌위에서 새로운 대립유전자를 만드는 주요 기작 중 하나는 **부등교차**(unequal crossing-over)이다(그림 10.7). 상동염색체상에서 직렬로 반복된 단위 부분들은 제1감수분열 중에 짝이 잘 맞지 않을 수 있다. 만약 그 잘못 짝지어진 반복 단위들 사이에서 유전적 재조합이 발생한다면, 배우자들은 원래의 것보다 더 많거나 적은 반복수를 가진 반복 단위들을 가지게 된다. 비록 그런 부등교차가 CNV 좌위들을 매우 다형적인 것으로 만들기는 한다고 해도, CNV들은 수 세대에 걸쳐 가족들 내에서 비교적 안정적인 것으로 관찰된다: 현재 인간 집단 내에 존재하는 99% 이상의 CNV 좌위들은, 새로운 돌연변이라기보다는 유전된 것들이다.

후각 수용체(olfactory receptor, *OR*) 유전자균은 동물들이 다양한 냄새를 맡을 수 있게 하는 단백질들을 암호화하는데, 유전자 반복수에서의 변이를 잘 보여주는 예가 된다. 전형적인 생쥐 유전체는 다양한 염색체 부위들에 흩어져 있는 1,400개의 *OR* 유전자들을 가지고 있다. 그러나 예리한 후각 능력은 인간의 생존에 더 이상 중요한 것이 아니다. 결과적으로 *OR* 유전자들은 별 무리 없이 소실될 수 있었고, 사람들은 보통 1,000개 미만의 *OR* 유전자들만을 가진다. 그러나 개별 인간들은 이런 평균값 근처에서 큰 차이를 보인다. 그림 10.8은 10명의 사람들에 존재하는 11개의 대표적인 *OR* 좌위들 사이에 존재하는 반복수 변이체들을 보여준다. 그 한 유전자인 *OR4K4*는 서로 다른 유전체들에서 그

그림 10.8 후각 수용체 유전자들에서의 CNVs. 각 행들은 서로 다른 사람들을 나타낸다; 각 세로 열들은 서로 다른 후각 수용체 유전자들이다. 색깔들은 특정인에서 특정 유전자의 반복수를 나타낸 것이다. 서로 다른 사람들은 후각 수용체 유전자들에서의 반복수에 상당한 차이를 보이는데, 이를 통해 사람들 사이에서 특정 냄새를 맡을 수 있는 능력의 차이를 설명할 수 있다.

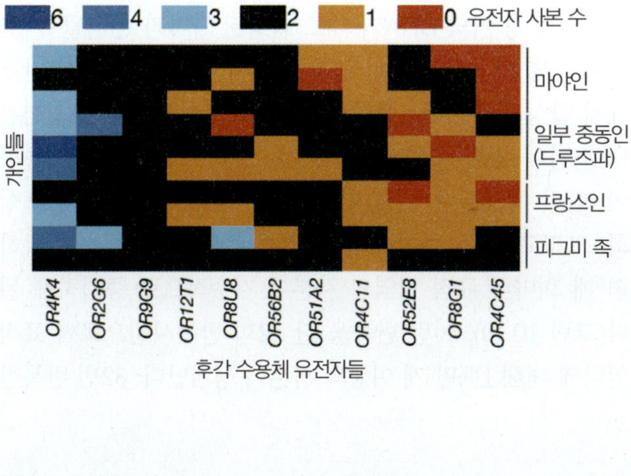

반복수가 2~6으로 다양한 반면, 11개 유전자들 중 5개는 일부 사람들에서 아예 완전히 소실되어 있다. 어떤 사람들은 수백 개의 *OR* 유전자들을 다른 사람들보다 덜 가지거나 더 가지기 때문에 사람들이 냄새를 구별하는 능력은 매우 다르게 나타난다.

핵심 개념

- 하나의 DNA 좌위에 둘 이상의 대립유전자들이 존재하면, 그 좌위는 다형적인 것이다. 그리고 그런 변이 자체는 DNA 다형성이라고 한다(DNA 표식자들). 대부분의 다형성들은 익명적(anonymous)이다; 그들은 표현형에 영향을 미치지 않는다.
- 단일 뉴클레오티드 다형성, 즉 SNP들은 가장 빈번하게 발견되는 DNA 다형들이다. SNP가 낮은 비로 발생하기 때문에, 연구자들은 특정 SNP-유발 돌연변이들이 진화 과정 중 어느 시기에 발생한 것인지를 추정할 수 있다.
- DIP, SSR, CNV들처럼, DNA 서열이 추가되거나 빠지는 것 역시 유전적 다양성을 만든다. 이런 변이들은 반복된 서열이 복제될 때 DNA 중합효소가 실수를 하거나 혹은 감수분열 시에 불균등한 교차가 일어나기 때문에 생겨날 수 있다.

10.2 잘 알려진 질병 유발성 돌연변이 유전자 검사

학습목표

1. 중합효소 연쇄 반응이 유전체의 특정 영역을 증폭시키는 단계들을 간략히 설명한다.
2. PCR 산물들의 서열이나 크기로 어떻게 유전자형을 알 수 있는지 설명한다.
3. 착상 전의 배아나 자궁 내의 태아에서 유전자형을 결정하는 데 어떻게 PCR을 사용할 수 있는지 설명한다.

유전적 질병에 대해 개인의 유전자형을 검사하는 능력은 삶에 심대한 영향을 미칠 수 있는 정보를 제공한다. 만약 어떤 사람이 치료 가능한 어떤 유전 질병을 가졌다고 진단을 받는다면, DNA 유전자형에 대한 지식은 그 사람의 생명을 살릴 수도 있다. 그 질병이 치료될 수 없다고 해도 미래의 부모나 산모가 가진 아기, 혹은 시험관 내 수정으로 얻은 배아들에 대한 유전자형 분석을 통해 제대로 된 가족 계획을 세울 수 있다.

어떤 사람이 질병 유발 대립유전자에 대해 동형접합형인지 이형접합형인지를 결정할 수 있다는 것은 당연히 과학자들이 이미 그 질병을 일으키는 뉴클레오티드의 정확한 변화

를 알고 있다는 뜻이다. 낫형적혈구빈혈증 같은 어떤 질병들에 대해서는 그 질병에서 단백질(헤모글로빈 같은)이 어떻게 바뀌는지를 이미 잘 알고 있기 때문에 질병 유발 돌연변이를 명확히 규명할 수 있다. 그러나 대부분의 경우, 질병의 표현형은 그 질병에 대한 명확한 정보를 제공하지 못한다. 이 장의 후반부에서는 다양한 질병들과 관계된 돌연변이를 찾는 일반적인 전략들에 대해 다룰 것이다. 일단 돌연변이가 규명되면, 지금부터 논의하는 방법들에 의해 개인의 유전자형이 결정될 수 있다.

중합효소 연쇄 반응(PCR)은 유전체의 일정 영역을 증폭시켜준다

어떤 사람이 질병 유발 대립유전자에 대해 동형접합형인지 이형접합형인지, 혹은 같은 유전자의 정상 대립유전자에 대해 동형접합형인지를 결정한다는 것은 그 사람의 유전체에서 그 유전자를 분리하여 정제된 DNA를 살펴봄으로써 그 대립유전자를 분석할 수 있다는 뜻이다. 그러나 복잡한 유전체들 내에서는 표적 유전자 외에 다른 서열들이 너무 많아서 찾기가 힘들다: 예를 들어, 헤모글로빈의 베타 사슬에 대한 유전자는 인간의 반수체 유전체에 존재하는 3,000,000,000개의 뉴클레오티드 쌍들 중 겨우 1,400개에 걸쳐 존재한다. 유전체라는 건초더미에서 유전자라는 바늘을 찾아야만 하는 문제를 다루기 위해, 캐리 멀리스(Kary Mullis)는 1985년에 분자생물학에서 가장 강력한 기술 중 하나인 **중합효소 연쇄 반응**(polymerase chain reaction, PCR)을 발명하였다. PCR은 놀라울 정도로 빠르고 효율적이다. 단 하나의 정자나 모낭 세포 같이 아주 소량의 DNA만을 가진 시료에서도, 연구자들은 단 몇 시간만에 유전체 내의 짧고 한정된 부위를 십억 개 이상의 사본으로 복제해낼 수 있다.

그림 10.9과 같이, PCR은 DNA의 표적 영역(target region)을 증폭시켜준다. PCR 프라이머(PCR primer)라고 하는, 16~30염기 길이의 올리고뉴클레오티드 2개는 표적 영역 말단을 지정해 준다. 연구자는 유전체에 대한 기존의 지식에 기초하여 이런 프라이머들을 합성한다. 하나의 올리고뉴클레오티드는 표적 영역의 한 쪽 끝에 있는 DNA의 한 가닥에 상보적이다; 다른 올리고뉴클레오티드는 그 영역의 다른 쪽 말단의 다른 가닥과 상보적이다. 만약 이 프라이머들이 그 방향성을 나타내도록 5′ → 3′ 방향의 화살표로 그려진다면, 그 화살들은 그 표적 영역 전체를 관통하며 서로를 가리킬 것이다(그림 10.9). DNA 유전자형 분석을 위해서라면 PCR의 목적은 대립유전자 형태들을 가지는 표적 영역 내의 서열을 증폭시키는 것이다.

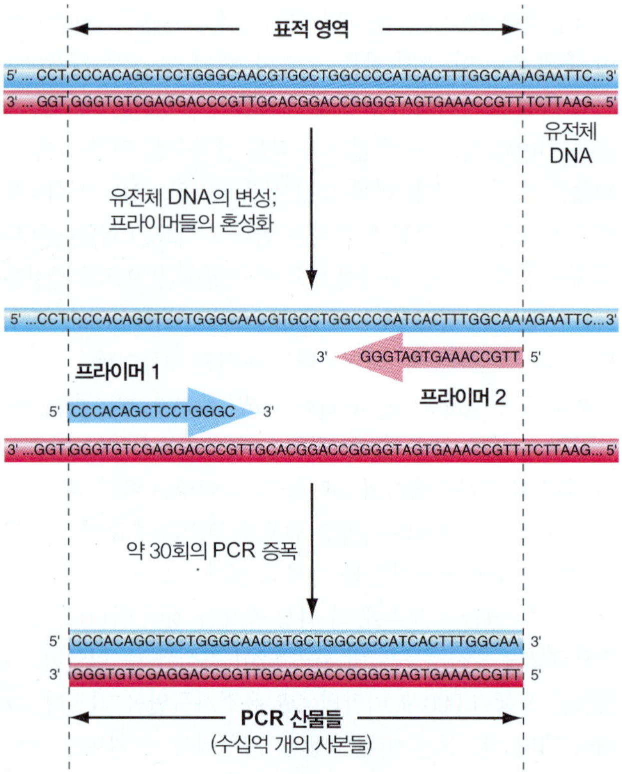

그림 10.9 중합효소 연쇄 반응(PCR)의 개요. 두 개의 프라이머들에 의해 결정되는 유전체 DNA의 표적 영역을 증폭시키는 반응으로 PCR 산물을 만든다. PCR의 기초를 이해할 수 있도록 돕기 위해 같은 DNA 영역에서 왓슨 가닥과 크릭 가닥의 색을 달리 표시하였다.

증폭의 과정은 이 합성 올리고뉴클레오티드들이 분석되어야 할 유전체 DNA 시료 내의 변성된 주형 DNA 분자(단일가닥으로 분리된)에 혼성화되는 것으로 시작된다(그림 10.10). 그 올리고뉴클레오티드들은 프라이머(시발체)로 작용하여 DNA 중합효소가 프라이머들 사이의 유전체 DNA 두 가닥에 상보적인 새로운 가닥의 DNA를 만들도록 한다. DNA 중합효소는 프라이머의 3′ 말단에 순차적으로 뉴클레오티드들을 추가한다는 것을 기억해야 한다.

표적 영역을 복사하도록 충분한 시간을 준 후, 반응물들은 원래의 주형 가닥 DNA가 새로 합성된 가닥과 분리될 수 있도록 가열한다. 반응물이 냉각되면 시작 DNA와 앞선 단계에서 합성되었던 사본들이 모두 주형으로 작용하고, 시험관 내에 남아 있던 올리고뉴클레오티드를 프라이머로 이용하여, 다시 복제된다. 단일가닥으로의 변성, 프라이머의 혼성화, 그리고 DNA 중합효소에 의한 복제의 단계들을 반복하면 매 회마다 표적 영역의 사본이 지수적으로 증가하게 된다(그림 10.10). 이런 반응을 단 22회 반복시킴으로써 표적 영역에 대해 1백만 개 이상의 사본이 생겨난다; 32번 반복한

그림 10.10 표적 서열의 PCR 증폭. 첫 번째 PCR 회로에서는, 이중가닥의 유전체 DNA가 가열되어 변성된다(단일가닥으로 분리된다). 반응의 온도를 낮춰 이 단일가닥들이 두 개의 PCR 프라이머들과 혼성화되도록 한다. 이제 열 안정성 DNA 중합효소가 각 프라이머의 3′ 말단에서 새로운 가닥을 중합한다. 두 번째 PCR 회로에서는 반응 시험관 내의 DNA들이 변성되고 같은 프라이머들과 혼성화된다. 원래의 DNA 가닥들과 첫 번째 회로에서 합성되었던 DNA들이 모두 이 두 번째 회로에서 DNA 중합효소의 주형으로 작용한다. 따라서 PCR의 각 회로마다 표적 영역의 DNA 양이 두 배씩 늘어난다. 세 번째 PCR 회로가 끝날 때 주형 가닥들 대부분의 5′ 말단들은 프라이머의 5′ 말단에 의해 영역이 결정되어 축적된 PCR 산물들의 길이가 정해진다(그림에는 없다).

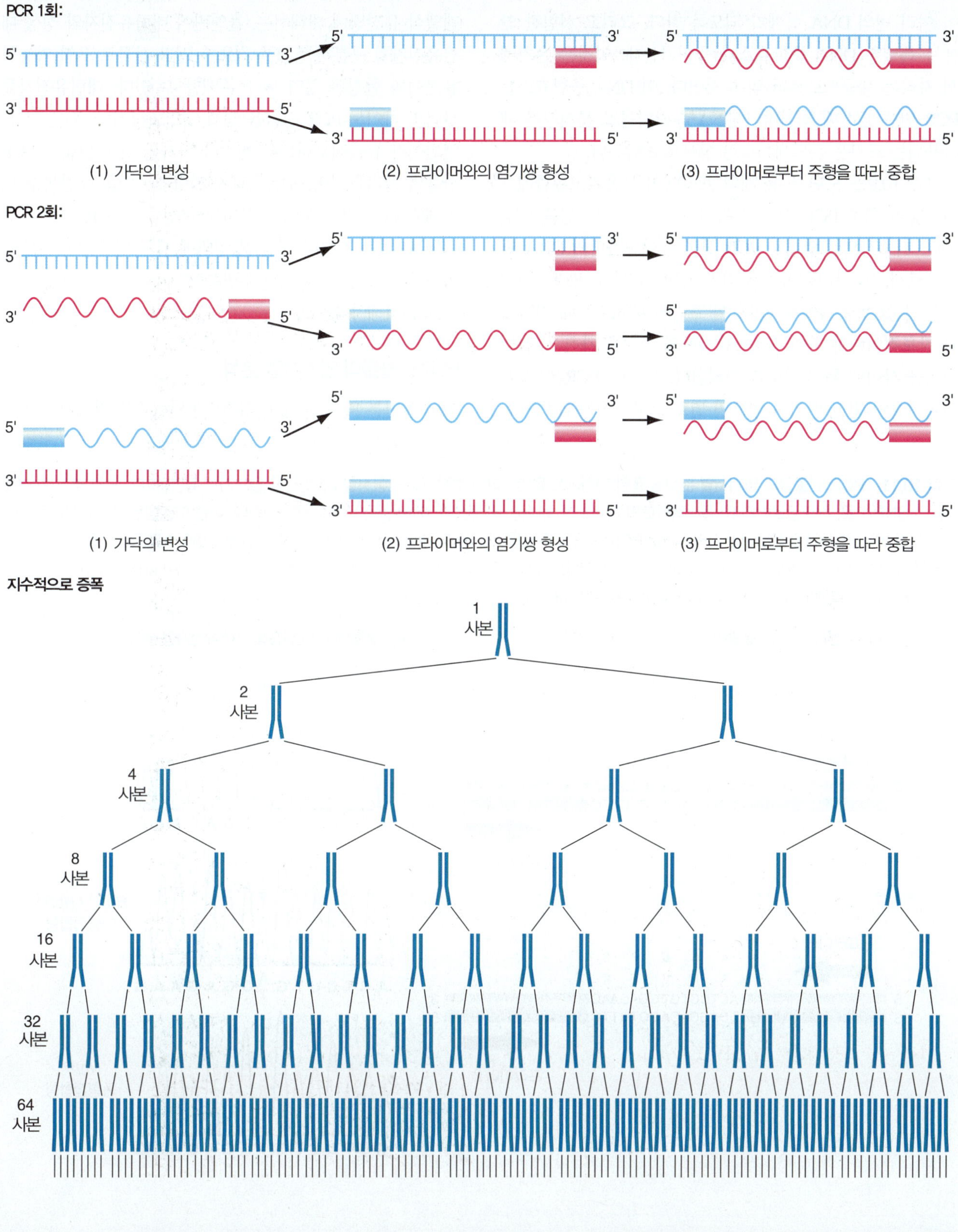

후에는 반응 시험관에 유전체 일부가 십억 개 이상 존재할 것이다.

반복적인 실험 과정은 미리 프로그램이 된 대로 시료를 가열하고 냉각시키는 PCR 기계에서 자동화될 수 있다. 기계에 넣어진 반응 시험관 안에는 충분한 양의 삼인산형 뉴클레오티드들과 프라이머로 쓰일 올리고뉴클레오티드를 넣어 여러 번의 DNA 복제가 되도록 한다. 그리고 시험관 안에는 특별한 DNA 중합효소가 들어가는데, 이것은 온천에서 자라는 세균으로부터 얻은 것이다. 이 DNA 중합효소는 PCR 반응에서 매 회차마다 DNA를 가닥들로 분리시킬 때 사용되는 뜨거운 온도에서도 활성형으로 남는다.

그림 10.9를 보면서 두 개의 프라이머용 올리고뉴클레오티드들이 최종 PCR 산물의 특성을 결정한다는 점을 명심하라. 최종적으로 얻어진 PCR 산물은 이중가닥의 DNA 단편으로서, 한 프라이머의 5′ 말단 끝에서 다른 프라이머의 5′ 말단 끝까지 이어져 있다. 이 프라이머들은 상대 가닥들과 상보적이어야 하며, 5′ → 3′ 방향의 극성을 가진 채 관심 영역을 사이에 두고 서로를 가리킨다. 실제로, PCR은 그 프라이머들이 멀리 떨어져 있으면 별로 효율적이지 않으므로, 일반적인 실험에서는 25 kb 이상의 긴 DNA 영역을 증폭하지는 못한다.

PCR 산물들은 염기서열이나 크기 분석을 통해 유전자형이 결정된다

단일 유전자에서 뉴클레오티드 몇 개가 바뀌어서 발생하는 멘델식 유전병에 대해서는, 돌연변이 대립유전자와 정상 대립유전자를 구분하는 모든 정보가 PCR 산물로 포함 가능한 유전체의 한정된 영역 내에 존재할 수 있다. 대립유전자들 사이의 차이는 PCR 산물을 직접 서열화하거나, 혹은 그 돌연변이가 뉴클레오티드를 빼거나 첨가한 경우 단순히 PCR 산물의 크기를 결정해 봄으로써 알아낼 수 있다. 반복수 변이체(CNVs) 같은 보다 복잡한 다형성들은 PCR 산물로 증폭될 수 있는 것보다 훨씬 큰 영역에 걸쳐 영향을 미치므로, 이를 위해서는 이 교재의 후반부에 설명하게 될 다른 방법들로 분석해야 한다.

PCR 산물들의 염기서열 분석

이미 살펴본 바와 같이, 낫형적혈구빈혈증을 일으키는 돌연

그림 10.11 PCR 산물들의 염기서열 분석을 통한 낫형세포 돌연변이의 추적. (a) 낫형적혈구빈혈증을 일으키는 돌연변이는 단일 염기 치환(즉, 일종의 SNP)으로, 헤모글로빈의 β-폴리펩티드의 아미노산 하나를 글루탐산(E)에서 발린(V)으로 변화시킨다. 이런 다형성은 대립유전자들 사이에 차이가 없는 옆 서열에 상보적인 프라이머로 PCR 증폭될 수 있다. (b) 이 SNP 좌위의 정상 대립유전자와 돌연변이 대립유전자를 가진 사람들로부터 유전체 DNA의 PCR 산물을 서열화한 것. 이형접합형 보인자로부터 생긴 PCR 산물의 서열화에서는 치환된 위치에서 정상($Hb\beta^A$) 및 돌연변이($Hb\beta^S$) 뉴클레오티드가 둘 다 나타난다는 것에 주의하라.

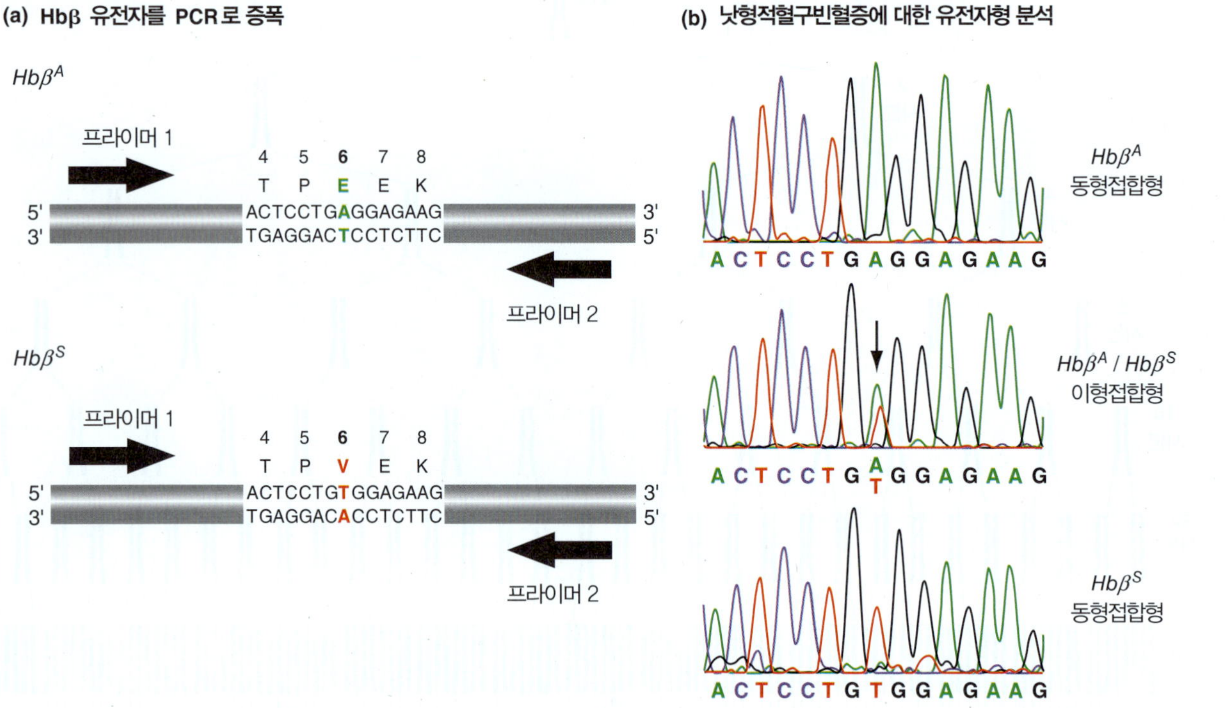

변이 $Hb\beta^S$는 성인의 헤모글로빈 단백질에서 베타(β) 사슬에 있는 아미노산 하나인 글루탐산을 발린으로 변화시킨다. 이런 돌연변이 대립유전자는 베타-글로빈 유전자의 전사 가닥(mRNA-유사 가닥)에서 A를 T로 변화시킨 단일 뉴클레오티드 치환에 의해 생긴 것이다; 따라서 이 돌연변이는 단일 뉴클레오티드 다형성(SNP) 중 하나라고 할 수 있다(그림 10.11a). 이런 SNP의 대립유전자들을 유전자형 분석함으로써, 누가 낫형적혈구빈혈증을 앓게 될지 혹은 누가 이런 형질에 보인자가 될지를 알아낼 수 있다.

이런 과정은 검사 대상자의 유전체 DNA로부터 그 좌위를 증폭하는 PCR로 시작되는데, 실제 질병 유발 돌연변이 양쪽에 존재하는 서열들에 상보적인 한 쌍의 프라이머를 사용한다(그림 10.11a). 일단 PCR 산물이 만들어지고 나면, 자동화된 생거 방법(그림 9.7 참조)에 의해 그 DNA 서열이 결정될 수 있다. PCR 프라이머 중 하나가 이 서열화 반응에서 다시 프라이머로 사용될 수 있다.

그림 10.11b에서 보는 바와 같이, 질병을 일으킨 그 뉴클레오티드 치환은 낫형적혈구 빈혈증 $Hb\beta^S Hb\beta^S$ 환자와 정상 $Hb\beta^A Hb\beta^A$ 동형접합자로부터 얻어진 PCR 산물의 서열을 비교함으로써 분명히 드러난다. 그러나 $Hb\beta^A Hb\beta^S$인 이형접합형 DNA를 주형으로 사용해서 생긴 PCR 산물에서는 두 대립유전자가 동시에 읽힌다는 점 역시 중요하다. 이형접합자의 체세포로부터 얻어진 유전체 DNA는 두 대립유전자 변이체를 모두 포함한다. 프라이머들이 두 상동염색체(낫형세포 돌연변이는 프라이머가 결합하는 상보적 유전체 서열을 바꾸지는 않는다)와 동등하게 혼성화되기 때문에, PCR 산물에서 약 절반의 DNA 분자들은 돌연변이 서열을 포함할 것이고, 다른 절반은 야생형 서열을 가질 것이다. 따라서 질병을 유발하는 SNP에 대한 이형접합형은 DNA 서열화에서 A와 T의 양쪽 피크를 모두 나타낸다.

유전체 DNA로부터 증폭된 PCR 산물을 서열화하는 기술은 개인의 SNP에 대한 유전자형을 분석하여 결정하기 위한 직접적 방법이다. 이 같은 방법은 작은 크기의 결실-삽입(DIPs)이나 단순 반복 서열(SSRs)의 확장/수축 같이 소수의 뉴클레오티드가 관여된 다른 종류의 다형성에서 유전자형을 결정할 때도 사용될 수 있다.

PCR 산물들의 크기 변이

어떤 경우에는 실제로 서열화하지 않고도 PCR 산물의 다형성을 결정하는 것이 가능하다. DIP들이나 SSR들에 의해 생긴 좌위 내의 실질적 크기 변화가 크지 않으면, 이것은 그림 10.12에서 설명한 것과 같은 젤 전기영동에 의해서도 직접

그림 10.12 PCR 산물들의 전기영동을 통한 단순 반복 서열(SSR)의 추적. (a) SSR 대립유전자들은 길이가 다르다. 좌/우 프라이머들은 SSR 좌위의 양쪽 서열에 맞는다. (b) 유전체 DNA는 특정 SSR 좌위에 특이적인 프라이머로 PCR에 의해 증폭된다. (c) 젤 전기영동과 에티디움 브로마이드 염색으로 서로 다른 대립유전자들이 구분될 수 있다. (d) SSRs은 집단 내에 많은 대립유전자들이 존재하는 고도로 다형적인 서열이지만, 각 개인은 특정 SSR 좌위에 대해 오직 두 개 만의 대립유전자를 가진다.

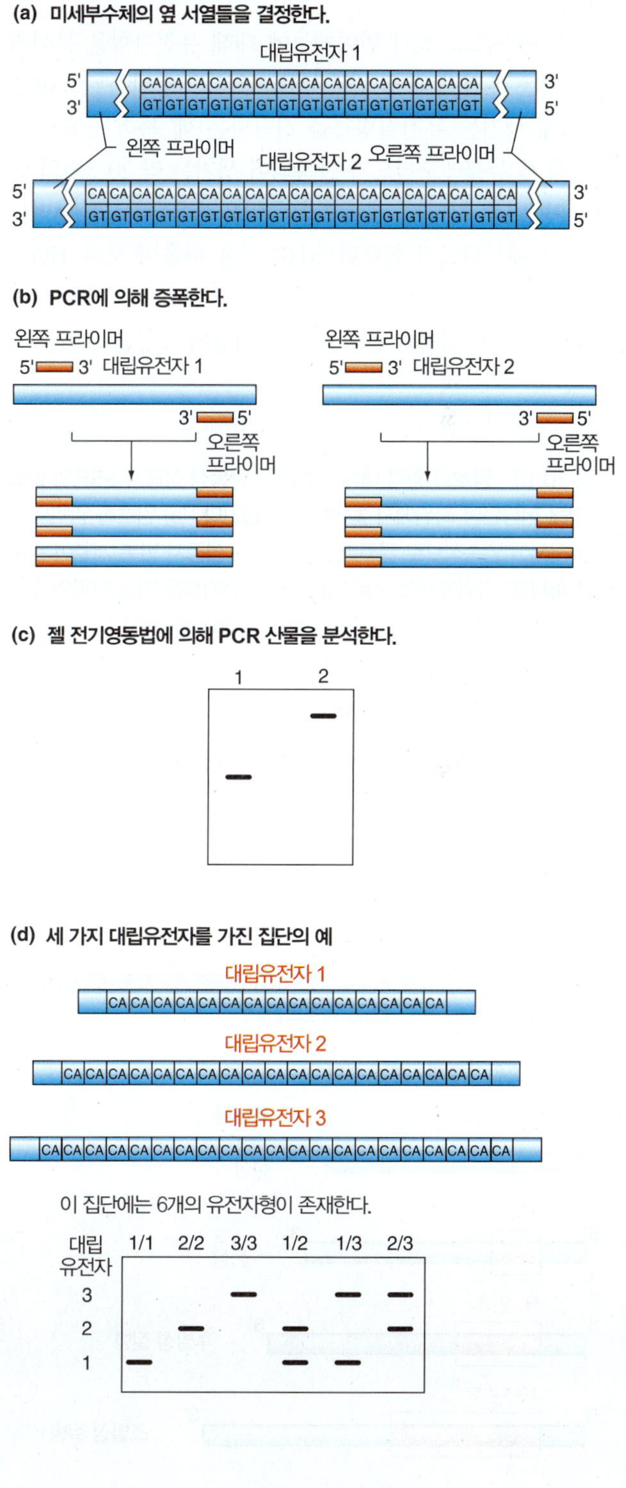

적이고 쉽게 구분이 된다. 다시 한 번 PCR을 사용해 보자. 어떤 개인의 유전체 DNA로부터 특정 좌위를 PCR 증폭하기 위해 실질적인 길이 차이가 있는 부분의 양쪽 서열에 상보적인 한 쌍의 프라이머를 사용한다. 그러나 서열화를 하는 대신에, 그저 단순히 PCR 산물을 젤에서 전기영동하면 그들은 크기에 따라 분리될 것이다. 에티디움 브로마이드 염색을 하고 나면, 각 대립유전자들은 특정한 DNA 띠로 보인다.

이런 방식으로 크기 변이체들에 대해 유전자형을 분석하는 능력은 유전자 내에서 세 뉴클레오티드가 반복된 SSR들에 의해 생기는 유전질병들을 진단하는 데 특히 중요하다. 이렇게 세 뉴클레오티드가 반복되어 생기는 약 20가지의 인간 질병들 중 하나가 바로 7장의 읽을거리 「빠르게 살펴보기」에서 제시되었던 헌팅턴병(HD)임을 떠올려 보자. HD는 상염색체성 우성 돌연변이로 유전된다. 현재 3만 명 이상의 미국인들이 이 질병과 관련된 하나 이상의 증상을 보이는데,

그림 10.13 암호화 영역 내에 존재하는 반복성 삼중자 SSR의 확장에 의해 헌팅턴병 좌위에서 돌연변이가 생긴다. (a) 암호화 영역의 5′ 말단 근처에 연속적으로 글루타민을 만드는 삼중자 반복 서열이 존재한다. (b) *HD* 좌위에서의 서로 다른 대립유전자들은 반복 단위의 수가 다르다. 정상 대립유전자들은 35 이하의 반복수를 가진다. 우성의 질병 유발 대립유전자들은 36 이상의 반복수를 나타낸다; 반복수가 증가할수록 질병이 빨리 나타난다.

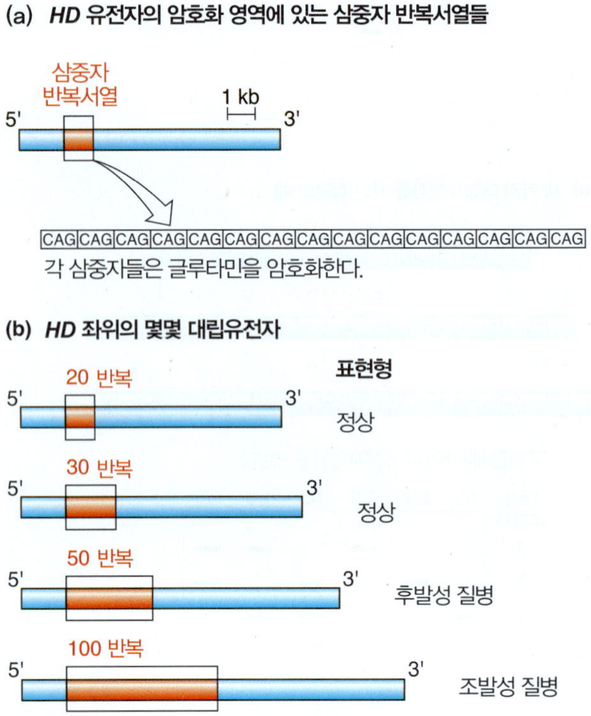

불수의적이고 발작적인 움직임, 안정적이지 못한 걸음걸이, 변덕, 성격의 변화, 부정확한 발음, 그리고 판단장애 같은 것들이다. 더하여, 미국에서만 15만 명의 사람들이 병에 걸린 부모를 두었으며, 그들이 부모로부터 병을 물려받아 나이가 들어갈수록 그 우성 질병을 발현할 확률은 50%이다. 비록 병의 증상이 일반적으로 30~50세 사이에 나타나기는 하지만, 그 질병의 첫 징후가 드러나는 시기는 2세부터 83세까지 사람마다 다양하다.

HD 유전자의 정상 대립유전자들은 CAG 직렬 반복 서열을 35번까지 포함하는 반면에, 질병 유발 대립유전자들은 36번 이상 반복된 서열을 포함한다. 더 많이 반복될수록 질병의 발현 시기는 빨라진다(그림 10.13). 질병 대립유전자를 물려받은 사람들은 충분히 오래 사는 경우 예외 없이 병에 걸린다. 따라서 발현도(이 경우에는 병이 시작되는 나이)가 세 뉴클레오티드 반복서열의 수에 의존하기 때문에 다양하기는 하지만 42번 이상의 반복서열을 가진 모든 질병 대립유전자들은 완전히 침투적(penetrant)이라고 할 수 있다. 36~41개의 CAG들을 가지는 대립유전자들은 불완전 침투도를 보인다고 할 수 있는데, 이런 크기의 대립유전자들이 어떤 사람에서는 병을 일으키지만 다른 사람들에서는 질병의 징후를 보이지 않기 때문이다.

HD에 가족력이 있는 일부 사람들은 그들이 아이를 가질 것인지를 결정하기에 앞서 자신들의 유전자형을 알고 싶을 것이다. 이런 사람들의 *HD* 유전자들에서 CAG를 포함한 부분을 증폭(이 SSR 부위 옆의 서열을 프라이머로 사용하여) 시키고, 이렇게 얻어진 PCR 산물들의 길이를 측정함으로써, 유전학자들은 각 대립유전자에 얼마나 많은 CAG 반복서열이 있는지를 쉽게 결정할 수 있다(그림 10.12). HD 가족이 있는 어떤 사람들은 그들이 질병 유전자를 가지고 있다는 것을 확실히 알게 되면 심리적 충격이 너무나 커서 삶이 피폐해질 것이라는 이유로 이런 검사를 받지 않겠다는 선택을 하기도 한다.

태아와 배아세포들의 유전자형 결정하기

아기를 기다리는 어떤 부부가 유전자형 분석을 통해 자신들이 모두 낭 섬유증 같은 몹시 해로운 열성 유전병에 대해 보인자라는 사실을 알았다고 생각해 보자. 혹은, 둘 중 하나가 헌팅턴병 같은 후발성 질병을 일으키는 우성 대립유전자를 가지고 있다는 사실을 알았다고 해 보자. 개인적 믿음에 따라, 어떤 이들은 아기가 질병 유발 유전자형을 가진 것을 알게 되면 임신을 그만두고자 할 것이다.

산전 유전자 검사(prenatal genetic diagnosis)는 방금 설명

그림 10.14 착상전 배아의 진단. 직접적 유전자형 진단을 위해 8세포기 배아로부터 세포 하나를 떼어낸다. 그 세포에서 유전체 DNA를 추출하여 PCR 증폭 후 유전자형 분석에 이용한다. 배아의 남은 부분은 생존시켜 어머니의 자궁에 이식시킬 수 있다.

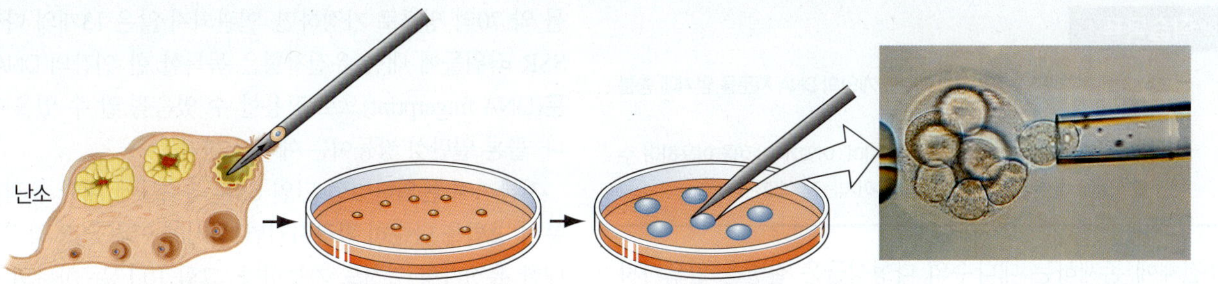

한 방법들을 통해 태아의 세포들에 대해 유전자형을 진단하는 것이다. 바늘을 이용하여 어머니의 자궁에 있는 태아 주변의 양수를 채취하는 **양수검사**(amniocentesis)를 이용하여, 의사들은 태아의 세포들을 분리해 낼 수 있다(보다 자세한 내용은 4장의 읽을거리 「유전학과 사회」의 '태아의 유전적 진단'를 참고하라). 양수에는 태아에서 떨어진 세포들이 존재한다. 유전학자들은 이런 태아 세포들로부터 뽑은 유전체 DNA로부터 질병 유전자 좌위들을 PCR로 증폭시킨 후 염기서열 분석을 수행하거나 크기를 측정하는 방식으로 PCR 산물들을 분석한다.

보다 최근에는 시험관 내 수정(*in vitro* fertilization)과 PCR 기술 두 가지를 성공적으로 사용함으로써 생식에 대한 결정을 내리는 데 새로운 선택권을 하나 더 추가할 수 있게 되었다. 이제는 부부가 모체의 자궁에 배아를 착상시키기에 앞서 그 유전자형을 결정하는 것이 가능하다(그림 10.14). 그러한 **착상전 배아진단**(preimplantation embryo diagnosis)은 여성이 그녀의 난소에서 약 10개의 난자를 성숙시킬 수 있도록 난포자극호르몬(follicle stimulating hormone, FSH) 주사를 맞는 것으로 시작된다. 산부인과 의사는 난소로부터 이 난자들을 꺼내어 남편의 정자와 시험관 내 수정을 실시한다. 수정된 난자들은 이후에 수일간 항온 처리하면 몇 차례의 세포분열을 일으켜 6~10개의 세포들을 포함하고 있는 초기 배아가 된다.

특수 기술을 익힌 연구원들이 미세피펫을 이용하여 이 초기 배아로부터 하나의 세포를 떼어낸다(그림 10.14). 이 초기 배아세포들은 아직 특정 세포형이나 기관이 될 결정을 하지 않은 상태이다; 실제로 이 단계에서 자연적으로 분리된 배아들은 건강한 일란성 쌍둥이로 발생할 수 있다. 그러므로 단일 세포를 떼어내는 것은 배아에 해를 끼치지 않으며, 정상 발달을 방해하지도 않는다. 연구자들은 개별 배아에서 떼어낸 하나의 세포로부터 유전체 DNA를 준비하고 PCR로 질병 유발 돌연변이 지역을 포함하고 있는 특정 영역을 증폭시킨다. 그런 후에 PCR 산물들의 염기서열 분석을 수행하거나 그 크기를 결정한다. 의사와의 상담을 통해 부모들은 질병에 걸리지 않을 유전자형(정상 대립유전자에 동형접합형이거나 열성 질병 대립유전자에 이형접합형인 것)을 가진 건강한 배아를 선택할 수 있다. 일반적으로, 두세 개의 배아들을 어머니의 자궁에 착상시켜 적어도 하나는 자궁 내 발달이 이루어질 수 있게 한다.

수정 후 수일 내에 하나의 세포로부터 얻은 DNA를 조사함으로써 배아들의 유전자형이 결정될 수 있다는 것은 개념적으로나 기술적으로 놀라운 일이다. 그러나 착상전 배아진단은 이미 전 세계적으로 수만 건이 성공적으로 실시되었다. 이 과정은 복잡하고 비용이 비싸서 수천 달러가 든다. 그러나 그것이 제공하는 정보는 심각한 유전병에 걸릴 수도 있는 아이를 가질지도 모르는 부부들에게는 가치를 따질 수 없을 만큼 중요한 것이다.

핵심 개념

- PCR은 두 개의 프라이머 올리고뉴클레오티드들에 의해 정해진 DNA 영역을 증폭시킨다. 반복된 합성 회로를 거치면 표적 DNA 영역의 사본수가 지수적으로 증가한다.
- PCR 산물을 서열화하면, 많은 다형성에 대해 간단하게 유전자 검사를 할 수 있다. 작은 크기의 DNA 삽입이나 결실(DIP와 SSR들)은 젤에서 PCR 산물의 크기를 확인함으로써 그 유전자형을 결정할 수 있다.
- 태아들의 경우, 양수검사를 통해 태아 세포를 얻을 수 있으므로, 자궁내 유전자 검사가 가능하다. 착상전 배아진단에서는 시험관 내 수정을 통해 얻은 초기 배아로부터 하나의 세포를 분리하여 유전자 검사를 수행한다.

10.3 유전체에서 DNA 변이 찾아내기

학습목표

1. 비교적 적은 수의 SSR 좌위들만으로도 개인의 DNA 지문을 얻기에 충분한 이유를 설명할 수 있다.
2. DNA 마이크로어레이가 어떻게 만들어지며, 어떻게 이것을 이용하여 수백만 좌위들에 대한 유전자 검사가 이루어지는지 설명한다.

유전체에 존재하는 대다수의 다형성들은 질병을 일으키지도 않으며 표현형에도 영향을 미치지 않는다. 그러나 이런 익명적인 좌위들에서 사람들의 유전자형을 결정하는 데에는 몇 가지 합당한 이유가 존재한다. 그런 좌위들에 대한 유전자형 결정은 개인들을 그들의 DNA에 의해 규명할 수 있도록 해 주며, 이것은 법의학적 목적으로 사용되거나 인간의 진화와 역사를 연구하는 데 있어 매우 유용하다. 실용적인 중요성들을 추가하면, 익명의 좌위들은 유전체의 특정 영역을 나타내는 분자 표식자로 사용될 수 있다. 비록 이런 DNA 표식자들이 그 자체로 병을 일으키는 것은 아니지만, 과학자들은 그들이 어떻게 유전되었는지를 추적함으로써 유전병이나 다른 표현형과 관련된 찾기 어려운 유전자들의 위치를 알아낼 수 있다.

법의학적 DNA 지문 분석은 다수의 SSR 좌위들을 조사하는 것이다

SSR 좌위들은 매우 다형적이다: 비록 어떤 한 사람이 주어진 좌위에서 가질 수 있는 대립유전자의 수는 2개뿐이라고 하더라도, 집단 내에는 반복 단위의 수가 다른 여러 가지 서로 다른 대립유전자들이 존재한다. SSR 좌위들의 다형성은 어떤 사람의 DNA를 이용하여 그 사람을 밝혀내는 강력한 재료가 된다.

그 힘은 다형적인 SSR 좌위들을 동시에 여러 개 검사할 때의 확률에서 비롯된다. 무작위로 뽑힌 두 사람이 특정 SSR 좌위에서 두 대립유전자 조합을 동일하게 가질 확률이 10% (0.1)이고, 두 번째 좌위에서도 마찬가지이며, 그 두 좌위는 독립적으로 분리된다고 가정해 보자. 독립 사건에 대한 곱하기 법칙을 이용하면, 불특정한 어떤 두 사람이 이 두 SSR 좌위들에서 동일한 대립유전자들을 가질 확률은 $(0.1) \times (0.1) = 0.01$, 혹은 1/100이 된다. 이제 그런 SSR 좌위가 13개 있다고 가정해 보라. 어떤 두 사람이 유전체 내의 13개 좌위들에서 모두 동일한 조합의 대립유전자들을 가질 확률은 $(0.1)^{13}$, 혹은 10조분의 1이다. (이 계산은 간략히 처리하였지만 가능성에 대해 대충 짐작할 수 있게 해 준다; 집단유전학을 다룬 20장은 실제 자료로부터 어떻게 그런 계산들을 정확하게 할 수 있는지 알려줄 것이다.) 지구상의 인구를 약 70억 명으로 가정하면, 연관되지 않은 13개의 다형성 SSR 좌위들에 대한 유전자형은 독특한 한 인간의 DNA 지문(DNA fingerprint)으로 작용할 수 있음을 알 수 있을 것이다. 물론 일란성 쌍둥이는 예외로 한다.

지금까지 논의하였던 단일 SSR 좌위들에 대한 유전자형 분석 방법을 단순히 확장시키면, 동시에 여러 SSR 좌위들에 대한 유전자형 결정도 가능하다. 그림 10.12는 하나의 SSR 좌위로부터 증폭된 PCR 산물들이 각 대립유전자에서의 반복 단위 수를 나타내는 서로 다른 크기를 가진다는 것을 보여준다. 13개의 SSR 좌위들을 동시에 조사하기 위해서는 13개의 프라이머 쌍들을 서로 다른 색깔의 형광염료로 표지하고, 모든 프라이머 쌍들을 조합하여 같은 PCR 반응 시험관에 넣는다. PCR 산물들을 겔 전기영동하면, 각 SSR 좌위에 대한 대립유전자형 변이들을 형광색에 기초하여 구분할 수 있다(그림 10.15).

미국에서는 연방 수사국(Federal Bureau of Investigation, FBI)이 CODIS (Combined DNA Index System)라고 하는 데이터베이스를 유지하는데, 이를 이용해 법의학 실험실들에서 전국의 DNA 프로파일들을 공유할 수 있다. 모든 실험실들에서는 동일한 13개의 프라이머 쌍들을 이용해 13개의 SSR 좌위들을 증폭한다. 실험실들은 PCR 산물들의 크기를 세심하게 결정하고 그 목록을 CODIS 데이터베이스에 등록시킨다. 50개 주 모두 성 범죄 같은 중죄를 저질렀던 범죄자들로부터 DNA 지문을 수집하도록 강제하고 있다. 이 데이터베이스는 실종자들의 프로파일도 포함하고 있다.

2013년 현재, CODIS는 100,000건 이상의 범죄 수사들을 지원하였다. 전형적으로, 법의학 연구자들은 범죄 현장에 남겨진 DNA 프로파일 증거와 범죄자의 프로파일을 비교하기 위해 데이터베이스를 이용한다. 그러나 DNA는 무죄도 증명할 수 있다: 만약 DNA가 일치하지 않는다면 그 용의자는 배제될 수 있다. 사실상, 무죄 입증 프로그램(Innocence Project)이라고 하는 공공정책기관은 DNA 지문 증거를 이용하여 사형집행을 기다리는 몇몇 사람들을 포함하여 300명 이상의 사형수들에 대해 무죄를 입증할 수 있도록 돕고 있다.

DNA 지문분석기술의 힘은 개인 사생활 및 데이터 수집 시에 발생할 수 있는 차별에 대해 많은 논란을 일으켰다. 한 가지 재미있는 사례가 있다. 형제자매들은 모든 SSR 대립유전자들의 절반을 공유하고 있으며 부모-자식 사이도 마찬가지다. 결과적으로 범죄의 가해자는 자신의 DNA가 아니라 가까운 친척의 DNA가 부분적으로 맞았기 때문에 그로 인

그림 10.15 DNA 지문분석. (a) PCR 다중 좌위 분석(multiplexing; 여러 좌위들에 의해 생긴 PCR 산물들을 동시에 분석하는 것)에 의한 DNA 지문분석의 기초. PCR 프라이머 쌍들(타원형)이 각자의 SSR 좌위들을 증폭시킨다. 이 좌위들은 보통 비상동염색체들에 존재한다. 프라이머 쌍들은 서로 다른 형광분자들(여기의 두 좌위에서는 파란 색과 녹색)로 표지된다. (b) 여러 좌위에서 생긴 PCR 산물들이 젤 전기영동된다. 이 예는 세 사람(A~C)의 6좌위들에 대한 분석을 보여준다. 파란색과 녹색, 노란색 등으로 나타난 2개씩의 띠들이 보인다. 같은 색으로 표지된 두 대립유전자들(즉, 좌위 1과 좌위 2에서 생긴)은 길이가 충분히 다르므로 어떤 대립유전자가 어느 좌위의 것인지 분명히 알 수 있다. 각 레인의 붉은색 띠는 크기 표준자들이다.

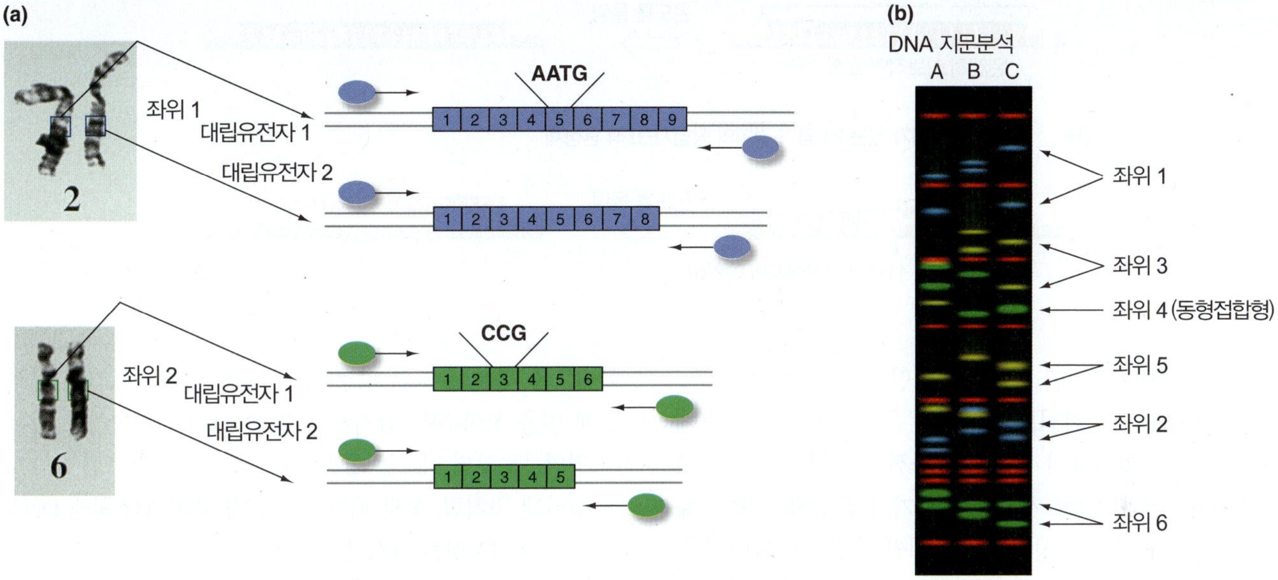

해 밝혀질 수도 있다. 이런 종류의 가족 DNA 탐색은 로스앤젤레스에서 "그림 슬리퍼(Grim Sleeper)"라는 연쇄살인범에 대한 주 용의자를 체포하는 데 핵심적인 역할을 하였다. 그 용의자의 아들은 최근 불법 무기 소지죄로 유죄 판정을 받아 DNA가 분석되었다. 그의 DNA 프로파일은 그림 슬리퍼의 피해자에게서 발견된 정액과 타액에서 추출된 DNA 지문과 부분적으로 일치하였다. 경찰은 곧 아버지를 추적하였고, 한 형사가 웨이터로 가장하여 그 아버지의 DNA가 묻은 피자 조각을 얻을 수 있었다. 놀랍게도, 이 DNA는 범죄 현장의 증거와 완벽히 일치하였다. (이 사건은 2013년까지도 재판이 이루어지지 않은 상태였다.) 가족 구성원 중에 범죄자가 있는 경우 범죄 수사관들은 아직 아무 죄도 저지르지 않은 가족들에 대해서까지 생애 내내 유전적 조사를 할 수 있도록 허락되어야 할까?

DNA 지문들은 중범죄에 대한 법의학뿐 아니라 더 많은 곳에서 중요하게 사용될 수 있다. 이들은 이제 대부분의 친자확인 소송에서 가장 결정적인 증거를 제공하고 있으며, 2001년 9월 11일에 발생한 세계 무역 센터의 재앙에서 희생자들을 위해 사용되었던 것처럼 사람의 잔해들을 규명하는 데 사용될 수도 있다. 이 기술의 이점은 인간의 DNA 지문으로만 국한되지 않는다. 야생생물을 연구하는 사람들은 멸종 위험 동물 개체들의 DNA 지문을 분석함으로써 포획-번식 프로그램들의 성공률을 증가시키려고 하거나, 불법적으로 밀렵된 동물들을 찾아낸다. 희귀한 개들이나 혈통 좋은 말 혹은 소 같이 비싼 가축을 소유한 사람들은 DNA 지문들을 통해 혈통을 확립시키기도 한다. 아르헨티나의 사례는 더 특색이 있는데, 과학자들이 소도둑질을 하던 도축업자의 구속을 도와 준 사건이다. 그 도축업자의 가게에 매달려 있던 고기에서 한 목장주가 소를 도둑맞기 전에 자신의 소에서 채취하였던 조직 샘플과 동일한 DNA 프로파일을 발견하였던 것이다.

DNA 마이크로어레이는 수백만의 SNP들에 대한 유전자형을 결정해 준다

상보적인 단일가닥의 DNA나 RNA가 이중가닥 분자를 형성하기 위해 모이려는 힘인 핵산 혼성화(nucleic acid hybridization)는 분자생물학에서 많은 기술들의 기초가 된다. 이미 생거(Sanger)의 DNA 염기서열 분석과 PCR에서 올리고뉴클레오티드 프라이머들이 DNA 주형에 혼성화되는 것의 중요성을 논의한 바 있다. DNA 염기서열 분석과 PCR 둘 다 프라이머와 주형의 뉴클레오티드들 사이에 완벽한 상보적 맞춤이 일어날 것으로 기대한다. 그러나 두 단일가닥

그림 10.16 짧은 혼성화 탐침자는 단일-염기 짝짝이를 구분할 수 있다. 연구자들은 짧은 21염기의 탐침자와 서로 다른 두 표적 서열들 사이의 혼성화를 실시한다. (a) 탐침자와 표적 서열 사이에 완벽한 짝맞춤이 21개의 염기 모두에서 발생한다. 온도가 상승하였을 때, 이 혼성화는 그대로 남아 있기에 충분한 정도의 수소결합들을 가진다. (b) 탐침자 중간에 단일-염기 짝짝이가 존재하면 탐침자와 표적 사이의 효율적 상호작용 길이는 10염기에 지나지 않는다. 온도가 올라가면 이런 혼성체는 분리된다.

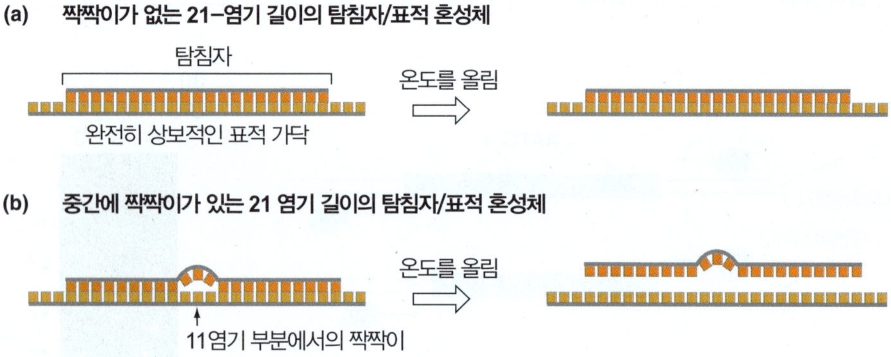

핵산들 사이에 짝짝이가 일어나면 어떤 일이 발생할까?

표적 가닥에 혼성화되는 21염기의 올리고뉴클레오티드에서 서열 중간에 하나의 염기가 달라졌다고 생각해 보라(그림 10.16). 결과적으로 생기는 이중가닥 혼성체는 모든 뉴클레오티드가 맞는 혼성체보다는 훨씬 안정성이 떨어진다. 그 이유는 이중 나선을 서로 붙들고 있는 수소결합력의 힘이 어떤 짝짝이들도 포함하지 않는 가장 긴 길이에 의존적이기 때문이다. 두 가닥들이 완벽하게 맞지 않을 때는 서로를 잡고 있는 일련의 약한 수소결합들이 충분하지 않을 수 있다. 따라서 40 bp 정도까지의 작은 영역에 대해서 연구자들은 완벽한 혼성체는 온전히 유지될 수 있지만 불완전한 혼성체는 유지되지 못하는 그런 혼성화 조건(특정 온도 같은)을 만들 수도 있다(그림 10.16).

연구자들은 SNP 좌위들의 유전자형을 결정하기 위해 혼성화 분자의 안정성 차이를 이용한다. **그림 10.17a**에 설명되어 있는 이런 아이디어는 고형 지지물(실리콘 칩 같은)에 20~40염기 길이의 올리고뉴클레오티드들을 부착시키는 것이다. 후에 이 뉴클레오티드들은 적당한 조건이 주어지면, 하나의 SNP 좌위에 존재하는 두 대립유전자들 중 오직 하나와만 혼성화될 것이다. 이런 올리고뉴클레오티드들은 **대립유전자-특이적 올리고뉴클레오티드**(allele-specific oligonucleotides, ASOs)라고 한다. 이제 연구자들은 분석할 유전체로부터 DNA를 추출하고 그것을 단편화한 후 가열하여 단일가닥으로 만든다. 이렇게 얻어진 짧은 단일가닥 유전체 DNA 단편들에 형광염료를 부착시킴으로써 **탐침자**(probe)로 변화시킨다. 염료를 달고 있는 유전체 DNA는 이제 **DNA 마이크로어레이**(DNA microarray)라고 하는 실리콘 칩으로 옮겨지고 그 탐침자가 완벽하게 맞는 ASO에만 혼성화되도록 하는 온도로 맞춘다. 혼성화 상태를 보기 위해서 칩에 빛을 쪼여주면, 탐지기가 특정 ASO를 포함하고 있는 각 영역들로부터 나오는 형광의 양을 기록한다. 그림 10.17a에 나타낸 것처럼, 형광 패턴으로 특정 SNP에서 원래 DNA가 가진 유전자형을 결정할 수 있다.

그림 10.17a에서 재미있는 특징 하나는 실리콘 칩 위의 특정 ASO 위에 나타나는 형광 신호의 강도가 유전체에 존재하는 그 대립유전자의 사본 수와 비례한다는 점이다. 그러므로 형광의 강도는 반복수 변이체들(CNVs)을 살펴볼 수 있는 방법이 되기도 한다. ASO 칩의 이용에 대해서는 이 책의 후반부에서 다룰 것이다.

형광 표지된 유전체 DNA 분자 하나는 마이크로어레이상에서 탐지가 될 만큼 충분한 양의 빛을 만들지 못한다. 그러므로 연구자들은 유전체의 각 부분들을 많은 사본들로 증폭하여 그 모두에 형광 표지를 붙일 수 있도록 해야 한다. **그림 10.17b**는 이런 증폭을 가능하게 하는 기발한 한 가지 방법을 설명하고 있다. 우선 유전체를 점착성 말단을 만드는 제한효소로 잘라 단편화하고, 이렇게 생긴 제한 단편들에 올리고뉴클레오티드 어댑터(oligonucleotide adapter)를 연결시킨다. 어댑터 한 부분은 제한 단편의 말단부 돌출서열에 연결될 수 있는 한편, 그 올리고뉴클레오티드의 나머지 부분은 PCR 프라이머에 상보적이다. 양 말단의 끝에서 어댑터들에 연결된 단편들은 이제 PCR 증폭에서 주형으로 작용할 수 있다. 이 방법에서는 하나의 어댑터와 하나의 PCR 프라이머를 이용하여 유전체의 모든 부분들이 동등하게 증폭될 수 있을 것이다.

DNA 마이크로어레이 제조 기술의 빠른 발전으로, 4백만 좌위 이상에서 SNP들을 추적할 수 있는 칩들을 만들 수 있

그림 10.17 DNA 마이크로어레이들. (a) 한 SNP의 두 대립유전자들에 대해 특이적인 ASO들을 포함하고 있는 DNA 마이크로어레이들. 똑같은 마이크로어레이 세 개의 같은 부분을 보여준다. (이 ASO들은 5뉴클레오티드 길이로 보여주고 있지만 실제로는 20~40뉴클레오티드 길이의 것들이 사용된다.) 붉은색 형광표지가 달린 탐침자는 상보적인 ASO들에만 완벽하게 혼성화될 것이다. 형광의 강도는 그 ASO에 상보적인 유전체 DNA 서열들의 수를 나타낸다. (b) 마이크로어레이 분석을 위해 유전체 DNA를 증폭하는 방법. 유전체 DNA는 제한효소(RE)로 절단되고, 말단에 이중가닥의 올리고뉴클레오티드 어댑터가 붙는다. 그 다음에는 그 어댑터의 일부에 혼성화되는 단일 프라이머로 모든 유전체 단편들이 증폭될 수 있다. 얻어진 DNA 단편들은 변성 후 형광표지(붉은색)된다. (c) 유전체 DNA를 탐침자로 사용하여 혼성화한 후의 DNA 마이크로어레이.

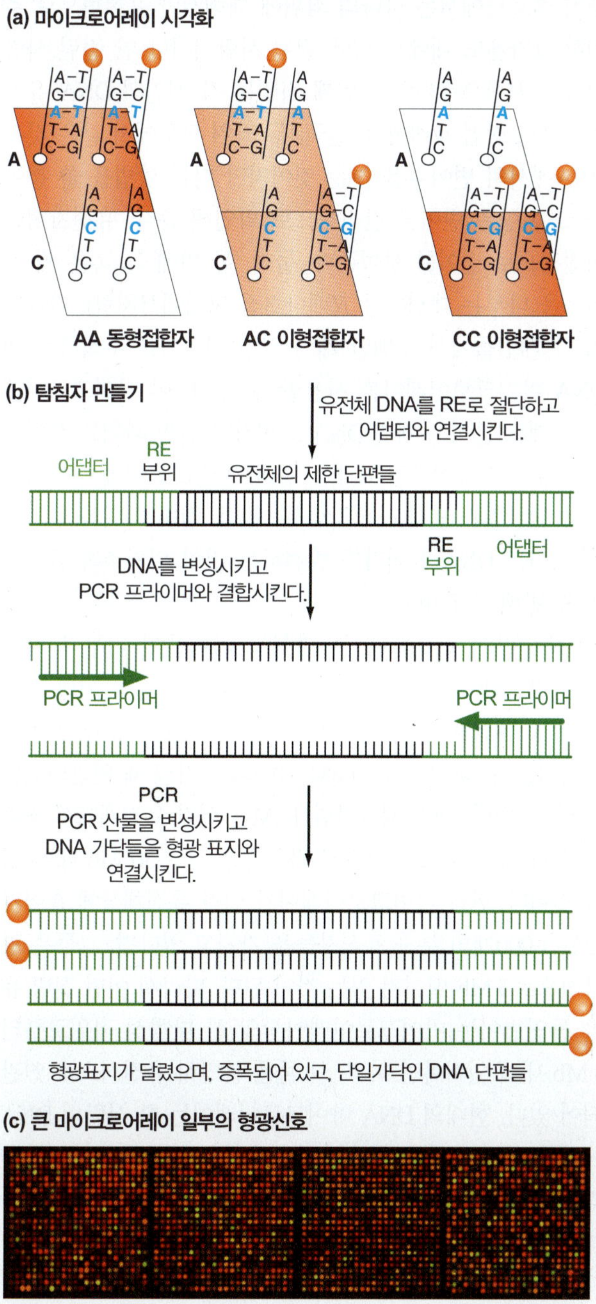

게 되었다(그림 10.17c). 이 글을 쓰고 있는 지금(2013년), 유전체 DNA 시료를 분석하는 데 드는 비용은 수백 달러에 지나지 않으며, 하나의 SNP 유전자형을 분석하는 데 드는 비용은 훨씬 적다. 상업적으로 사용되는 마이크로어레이에서 분석되는 SNP 좌위들은 유전병과 관련된 것으로 알려진 모든 단일 뉴클레오티드 변이체들을 포함한다. 그러나 칩 위의 대부분 좌위들은 표현형에 영향을 미치지 않을 것으로 보이는 흔한 SNP들이다. 다음 절에서 설명하겠지만, 이렇게 널리 존재하는 익명 SNP들은 질병을 일으키는 돌연변이들의 위치를 알아내는 데 귀중한 자료가 된다.

핵심 개념

- DNA 지문분석에서, SSR 같은 다형성 좌위들 여러 개에 대해 유전자형을 분석하는 것은, DNA를 이용해서 개인을 식별할 수 있도록 하기에 충분한 정보를 제공한다.
- 하나의 DNA 마이크로어레이는 수많은 SNP 좌위들에 대한 대립유전자 특이적 올리고뉴클레오티드(ASOs)를 포함하고 있다. 형광으로 표지된 유전체 DNA 단편들로 구성된 탐침자는 적당한 조건에서 상보적 ASO들에 결합하여 그 좌위들의 유전자형을 알 수 있게 해 준다.

10.4 위치추적 클로닝

학습목표

1. 위치추적 클로닝의 과정과 그것이 어떻게 질병 유발 돌연변이들의 위치를 알 수 있도록 하는지 설명한다.
2. 위치추적 클로닝에 필요한 정보를 제공하는 데 있어 가계도 분석의 제한점을 살펴본다.
3. 로드(LOD) 스코어 값을 어떻게 얻을 수 있는지, 그것이 제공하는 정보는 어떤 것인지 설명한다.
4. 대립유전자 이질성(allelic heterogeneity), 복합 이형접합형, 좌위 이질성의 결과를 논의한다.

인간의 알려져 있는 수천 가지 **질병 유전자들**(disease genes; 돌연변이 대립유전자가 질병 표현형을 유발하는) 중에서, 과학자들이 비정상적 조건에 대한 세부사항을 바탕으로 찾아낸 것은 소수에 지나지 않는다. 예를 들어, 낫형적혈구빈혈증(sickle-cell anemia)과 지중해성빈혈증(thalassemia) 등은 적혈구 세포에 영향을 미치는 질병들이다. 적혈구 세포 건중량의 약 97%는 헤모글로빈으로 이루어져 있기 때문에, 연구자들은 이 산소 운반 단백질을 만드는 폴리펩티드 암호화 유전자들이 이 질병들을 유발할 가능성 있는 원인으로 지목할 수 있었다. 그러나 대부분 질병 유발 돌연변이에 의해 어떤 단백질이 바뀌는지에 대해서는 제대로 된 예측을 하기가 어렵고 따라서 다른 접근이 필요하다.

DNA 표식자를 이용한 연관분석으로 염색체상의 질병 유전자 위치를 알 수 있다

유전성 질병을 일으키는 결함을 찾는 데 일반적으로 유용한 방법 중 하나는 위치추적 클로닝(positional cloning)이라고 하는 것이다(그림 10.18). 그 목적은 유전적으로 돌연변이와 연관되어 있는 다형성 좌위를 발견함으로써 질병 유전자가 숨겨진 자리에 대한 정보를 얻는 것이다. 우리는 인간의 유전체 서열로부터 각 좌위의 정확한 위치를 알게 되므로, 질병 유전자와 가까이 연관되어 있는 익명 DNA 다형성들을 찾아내는 것은 연구자들로 하여금 돌연변이를 찾을 때 한 염색체의 작은 지역으로 연구를 집중할 수 있도록 해 준다. 이 영역 내의 후보 유전자들로부터, 환자들에서 일관되게 출현하는 돌연변이들을 찾아냄으로써 질병을 일으키는 유전자를 발견할 수 있다.

그림 10.18 위치추적 클로닝: 표현형에서 출발하여 질병 유전자 위치까지 가기. (a) 질병 유전자는 그것과 연관된 표식자들로부터 50 지도단위(~50 Mb) 내에 자리한다. (b) 연구자들은 돌연변이의 좌우로 가장 가까운 표식자들을 찾아 관심 영역을 좁힌다. (c) 질병 유전자의 후보들(서로 다른 푸른 색 상자들)은 이 관심 영역 내에 있을 것이다. (d) 여러 환자들과 정상인들에서 각 후보 유전자들의 구조와 발현을 비교하여 원인 돌연변이를 밝히고 이에 따라 질병 유전자가 확정된다.

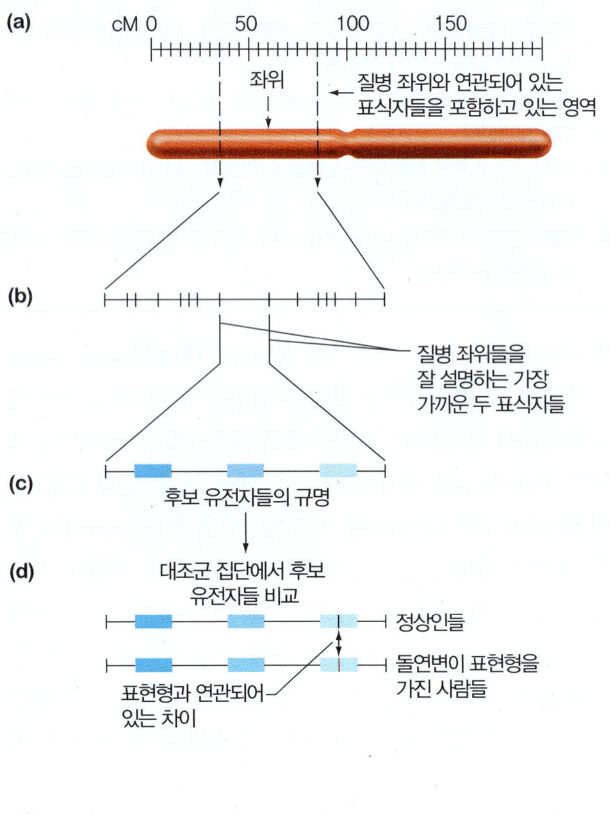

위치추적 클로닝의 전략

5장에서 두 유전자가 같은 염색체상에 가까이 위치하면 그 두 유전자는 유전적으로 연관되어 있다고 하였다. 유전자들은 배우자들 중에서 양친형이 재조합형을 능가하면 연관된 것이다. 두 좌위 사이의 재조합 빈도는 둘 사이의 거리에 대한 직접적인 측량을 제공하는 것으로서, 센티모건(centimorgans, cM)으로 기록되며 지도 단위(map units, m.u.)라고도 불린다. 1 cM은 1%의 재조합 빈도와 같다.

위치추적 클로닝은 연관에 대한 이런 정의를 직접적으로 확장시킨 것으로 오직 두 가지의 실질적 차이만 존재한다. 첫째 표현형에 의해 두 유전자들을 추적하는 대신, 위치추적 클로닝에서는 하나의 좌위에 대해서만 표현형으로 추적하고(가계도 내에서 병에 걸린 사람이거나 안 걸린 사람임을 표시함으로써), 두 번째 좌위는 각 개인의 DNA 유전자형으로 직접 추적한다. 결국, 두 좌위 모두에서 같은 것—DNA에서의 변이—을 찾는 것이지만 다른 방법을 쓸 뿐이다. 표현형은 변이를 간접적으로 확인해 준다; 유전자형은 직접적으로 변이를 보여준다. 둘째, 한 번에 둘 혹은 세 좌위들을 다루는 대신(2점 교배나 3점 교배에서처럼), 가계도의 각 개인들에서 수백만 개의 익명 좌위들을 추적하는 데 DNA 마이크로어레이를 사용할 수 있다. 이 마이크로어레이/가계도 분석은 개별 DNA 표식자와 질병 좌위들 사이의 연관 분석을 위한 2점 교배를 수백 가지로 동시에 수행하는 것보다는 훨씬 쉽다고 생각할 수 있다. 질병 좌위와의 연관을 보이는 DNA 표식자를 발견하는 것이 위치추적 글로닝의 첫 번째 목표이다.

DNA 마이크로어레이는 다형성 좌위들이 너무나 빽빽하게 밀집되어 있어서 그 중 많은 것들이 사실상 어떤 멘델성 질병 유전자와 연관을 보일 가능성이 매우 높다. 2점 교배에서는 두 좌위들이 50 cM 이하의 거리일 때 연관되었는지 알 수 있다. 대략 계산하면, 1 cM은 인간 유전체에서 평균 1 Mb에 해당하므로, 연관된 좌위들은 서로 50 Mb 내에 있을 것이다. 만약 마이크로어레이가 인간 유전체상에 흩어져 있는 1,000개의 분자 표식자들을 가지고 있다면, 그들은 평균적으로 3 Mb 떨어져 있는 것이 된다. 따라서 어떤 질병 유발 돌연변이는 마이크로어레이상의 한 다형성 좌위로부터 3 Mb 내에 있어야만 하고, 그 둘은 분명히 유전적으로 연관되어 있다. 현대의 DNA 마이크로어레이는 한 사람의 DNA에서 동시에 수백만 가지의 다형성들을 분석할 수 있다. 따라서 이런 위치추적 클로닝 방법은 질병 유전자들의 자리를 더 정확하게 알아낼 수 있도록 할 가능성이 크다.

위치추적 클로닝의 예

신경섬유종(neurofibromatosis)은 우성이며, 완전히 침투적이고, 상염색체에 의해 유발되는 질병으로, 아직도 100,000명의 미국인들에게 영향을 미치는 희귀병이다. 이 질병에서는 신경 조직이 마구 증식하여 피부 밑으로 종양을 형성한다(그림 10.19). 비록 이 종양은 일반적으로 양성이기는 해도, 신경세포들에 손상이 생기고 때로는 악성 암으로 발달하기도 한다. 그림 10.20은 신경섬유종을 유발하는 돌연변이를 탐색하는 한 단계를 보여주고 있다. 그 결과를 보면 어떤 익명의 SNP 좌위(SNP1)가 신경섬유종 유전자와 연관되어 있는지를 질문하게 된다. SNP1은 17번 염색체상에 존재하며, G 또는 T의 두 가지 대립유전자형들을 가진다.

가계도(그림 10.20a)는 신경섬유종 환자인 II-1이 환자인 어머니 I-1로부터 우성 질병 유발 대립유전자인 NF와 SNP1의 G 대립유전자를 함께 물려받았음을 보여준다. 이 사람은 환자가 아닌 그의 아버지로부터는 정상 NF^+ 대립유전자와 SNP의 T 대립유전자를 물려받았다. II-1과 결혼한 II-2는 질병이 없으며(따라서 그녀는 NF^+/NF^+이다), DNA 분석결과 SNP1 좌위에서는 G 대립유전자에 동형접합형이었다. 따라서 III 세대의 아이들은 검정교배의 자손들이라고 할 수 있다. 아이들 각각에 대해 질병을 갖는지와 SNP 유전자형을 조사하면 그 아이가 이형이중접합자인 아버지 II-1으로부터 양친형(비재조합형) 정자를 받았는지 혹은 재조합형 정자를 받았는지를 알 수 있다.

그림 10.20a는 3세대의 자손 8명 중에서 7명이 양친형 정자로부터 발생하였음을 보여준다: 즉, 할머니 I-1에서 보이는 것과 같이 *NF*와 G 조합을 가지거나, 할아버지 I-2에서처럼 NF^+과 T의 조합을 가진다. 3세대에서 오직 한 명의 아이

그림 10.19 신경섬유종.

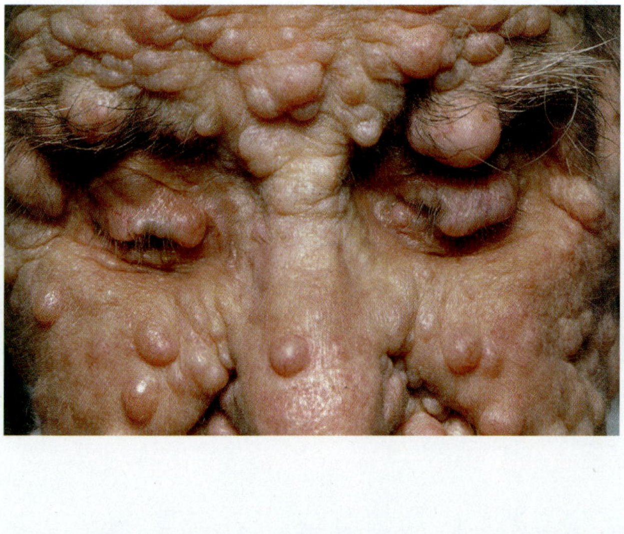

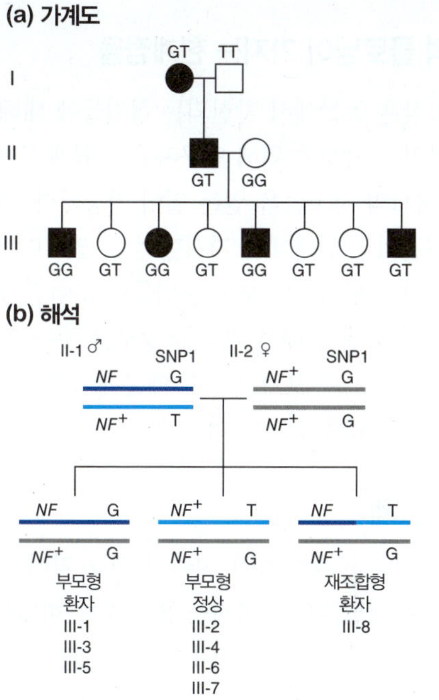

그림 10.20 위치추적 클로닝의 예. (a) 한 가족에서 신경섬유종의 유전을 보여주는 가계도. 문자들(G와 T)은 SNP1 좌위의 뉴클레오티드 대립유전자를 나타낸다. (b) SNP1과 신경섬유종 유전자가 연관되어 있다는 가설에 바탕을 두고 (a)에 제시된 가계도를 해석한 것이다.

(III-8, *NF*와 SNP의 T 대립유전자를 가진 병에 걸린 아들)만 재조합형 정자로부터 발생하였다. 이런 자료는 그 신경섬유종 유전자와 이 특정 SNP가 유전적으로 연관되어 있으며, 대략 $(1/8) \times 100 = 12.5$ 지도 단위 떨어져 있음을 시사한다. 8명이라는 아이들의 숫자는 오늘날의 기준에서 보면 꽤 큰 수준이지만 통계적으로 큰 의미를 가지기에는 자손의 수가 아직 너무 적다. 그럼에도 불구하고, 자료의 가장 직접적인 해석은 신경섬유종 유전자가 대략 17번 염색체상의 SNP1 좌위 양쪽 12.5 Mb 내에 존재한다는 것이다. 그림 10.20b는 II-1과 II-2 사이의 결혼으로 어떻게 이런 잠정적 결론에 도달하게 되는지를 쉽게 그림으로 보여주고 있다.

다지점 분석법

마이크로어레이 자료들은 질병 유전자와 개별 DNA 좌위들 사이의 연관 관계에 대해 단지 2점 정보만을 포함하는 것이 아니라, 서로에 대한 수백만 DNA 좌위들의 행동에 대한 여러 지점의 정보 역시 포함할 수 있다. 이미 5장에서 초파리에서의 3점 분석이 가지는 힘을 살펴본 바 있다. 그러나 마이크로어레이는 더 강력해진 3점 교배와 같다고 할 수 있다. 특히, 연구자들은 이제 단 하나의 배우자가 형성되는 동안 같은 염색체상의 두 다형성 지점들에서 발생한 사건들을 정

확히 추적할 수 있다. 10.5절에서 다루겠지만, 이런 정보는 이제 연구자들이 질병 유전자들의 위치를 지도화된 재조합 사건들에 의해 결정된 좁은 영역 내로 좁혀 생각할 수 있도록 해 준다.

위치추적 클로닝이 가지는 한계점들

식물이나 작은 동물에서 발현되는 형질들에 대해서는, 정확한 유전자지도 작성을 위해 연구자들이 쉽게 교배를 실시하여 수백 개체의 자손들을 얻는 일이 가능하다. 그러나 과학자들이 인간의 혼인관계를 지시할 수는 없으며, 또한 두 사람 사이에서 이루어지는 모든 혼인들이 주어진 두 좌위들의 상대적 위치에 대해 해석 가능한 정보를 주는 것도 아니다. 게다가 인간의 가족 크기는 작기 때문에 정확한 지도작성에 대한 충분한 자료를 얻기도 어렵다.

연관상의 문제

신경섬유종 유전자와 SNP1 사이의 지도 거리로 제시된 계산에는 이 가계도에서 보여지는 혼인들 중 하나는 포함되어 있지 않음에 주목해야 한다: I-1과 I-2의 결혼을 살펴보라(그림 10.20 참조). 그 이유는 우리가 환자인 할머니 I-1에서의 대립유전자 연관상태(혹은 연관상)를 모르기 때문이다. 그녀의 돌연변이 *NF* 대립유전자는 17번 염색체상에서 G형 *SNP*과 함께 있을 수 있지만, 이 *NF* 포함 염색체상의 *SNP* 대립유전자는 T일 수도 있다. 우리가 II-1 (병에 걸린 그녀의 아들)이 양친형 난자에서 기인하였는지 혹은 재조합형 난자로부터 기인하였는지를 확실히 말할 수 없기 때문에, 지도 거리 계산에 이 배우자를 고려할 수가 없었다.

연관상의 문제는 두 가지 상황 중 하나로 해결될 수 있다. 첫 번째로, 만약 우리가 어떤 사람의 부모들 모두에서 두 좌위의 유전자형을 알고 있다면, 종종 어느 대립유전자가 어느 쪽 부모에게서 기인하였는지를 결정할 수 있게 된다. 이것은 우리가 이형이중접합자인 아버지 II-1에서의 연관상이 $NF\ G/NF^+$ T인지를 어떻게 알게 되었는지와 정확히 일치한다(그림 10.20). 이 방법으로 I-1에서의 연관상을 결정하기 위해 그녀의 아픈 부모에 대한 유전자형 정보를 알 필요가 있을 것이다. 두 번째로, 두 좌위들이 충분히 가깝다면 연관된 대립유전자들이 종종 함께 나뉘기 때문에 가능한 연관상을 추론할 수 있다. 그림 10.20에서는, III 세대에서 양친형 계급들의 수가 재조합형을 상당히 능가하므로, 그 부모들에 대한 정보를 가지고 있지 않아도 이형이중접합형인 II-1에서의 가능한 대립유전자 배열을 추측할 수 있다.

정보성 교배와 비정보성 교배

이형이중접합형인 부모에서 대립유전자 배열 상황을 안다고 해도, 교배가 그 두 연관 좌위들에 대한 유용한 정보를 제공하지 못할 수도 있다. 한 가지 예가 그림 10.21a에 제시되어 있다. 신경섬유종을 앓는 II-1 남성과 병에 걸리지 않은 그의 파트너에 관해 다시 생각해 보자. 우리는 지금 다른 SNP 좌위(SNP2)를 보고 있으며, 두 부모들은 모두 대립유전자 A와 C에 대해 이형접합자들이다. 만약 한 아이 역시 A와 C에 대해 이형접합자라면, 어떤 부모가 A를 주었고, 또 어떤 부모가 C를 기여하였는지를 구분하지 못할 수도 있다. 따라서 그 아이가 양친형 배우자에서 생긴 아이인지 아니면 재조합형 배우자로부터 발생하였는지를 결정할 수 없을 것이다. 그러나 그 아이가 SNP2 대립유전자에 대해 동형접합형이라면, 예를 들어 AA 유전자형이라면, 난자와 정자가 모두 A 대립유전자를 가지고 있었음을 알게 될 것이다.

5장에서, 유전적 지도작성을 위해서는 적어도 한쪽 부모는 이중이형접합자여야 한다고 하였다. 그림 10.21b는 부

그림 10.21 비정보성 혼인의 예. (a) *NF* 유전자가 SNP2와 연관되어 있고, 부모들에서 연관상(대립유전자들의 배열 상태)을 알고 있다고 하더라도, 결혼들이 어떻게 이루어졌느냐에 따라 정보를 줄 수도 못 줄 수도 있다. 만약 아이가 CC 이거나 AA이면 그 혼인은 정보를 줄 수 있을 것이다. 아이가 AC 이형접합형이라면, 어느 대립유전자가 어느 쪽 부모에게서 온 것인지 알 수 없다. 따라서 그 결혼은 비정보성이 될 것이다. (b) 만약 어느 쪽 부모도 이중이형접합자가 아니라면 연관분석은 불가능해진다. (SNP3는 세 번째 SNP 좌위이다.)

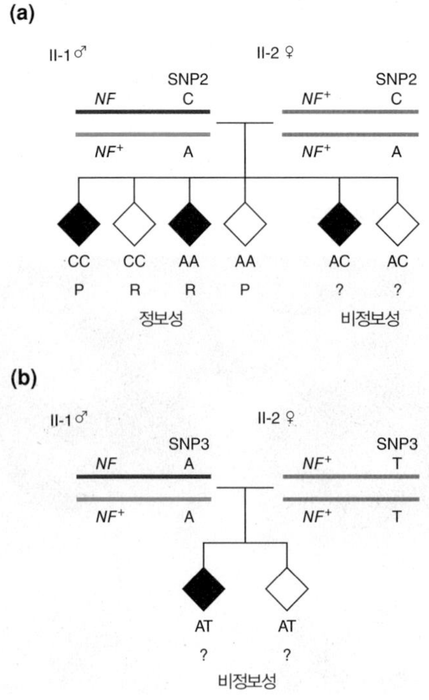

모 중 어느 쪽도 이중이형접합자가 아니고, 따라서 그 혼인이 유용한 정보를 주지 못한다는 것을 보여줌으로써 이런 점을 강조하고 있다.

그 혼인이 특정 SNP 좌위와 질병 유전자와의 연관에 대해 유용한 정보를 주지 못한다고 해도, 일반적으로 마이크로어레이에서의 다지점 분석은 이런 약점을 극복할 수 있다. 마이크로어레이는 근처의 다른 SNP들을 포함할 가능성이 있고 이것은 어떤 정보를 줄 수 있을 것이기 때문이다.

충분한 가계도 자료 얻기

비록 특정 교배들이 DNA 표식자들과 그 질병 유전자들 사이의 연관에 유용한 정보를 주지 않는 것이라고 해도 DNA 칩상에 있는 수백만 개의 다형성 좌위들은 이론적으로 질병 유전자들을 매우 정확하게 지도화할 수 있게 해 준다. 그러나 위치추적 클로닝의 해상도는 실제로는 언제나, 질병이 유전되는 가족 내에서 유전학자가 추적할 수 있는 사람들의 수에 의해 제한을 받는다. 만약 과학자들이 1 cM의 DNA 다형성 내로 질병 유전자를 이미 지도화하였다면, 이것은 그들이 그런 가족들에서 적어도 100명의 구성원들에서 표현형(환자 혹은 정상)을 조사하였으며, 그들이 이미 이 사람들 모두에 대해 마이크로어레이로 DNA의 유전자형을 조사하였다는 의미가 된다. (1 cM은 총 100개의 배우자들에서 1개의 재조합형 배우자를 뜻한다는 사실을 기억하라.) 이런 이유 때문에, 위치추적 클로닝은 아이들의 수가 많은 가족들로 확장시켜 발견할 수 있었던 질병들에서 첫 번째 성공을 거두었다. 1984년, 헌팅턴병(*HD*) 좌위는 그런 가족이 있었기 때문에 위치추적 클로닝에 의해 성공적으로 지도화될 수 있었던 첫 번째 인간 질병 유전자가 되었다. 그림 10.22는 G8이라고 하는 DNA 표식자와 *HD* 좌위 사이의 밀접한 연관을 증명하는 데 이용되었던 7세대의 65명 가족들로 이루어진 가계도를 보여준다.

로드(LOD) 스코어는 연관 연구에 대한 통계적 접근법을 제공한다

위치추적 클로닝이 HD에서처럼 직접적인 경우는 드물다. 대부분의 인간 가족들은 아이들의 수가 적고, 한 가계도 내에서 여러 세대에 대한 DNA 정보나 표현형 정보를 얻기가 어렵다. 이런 이유들 때문에, 인류유전학자들은 **로드 스코어**(Lod score; log of the odds)라고 하는 통계적 도구를 개발하였다. 로드 스코어의 목적은 5장에서 사용되었던 χ^2 통계의 목적을 연상시킨다: 그 자료가 질병 유전자와 DNA 표식자가 유전적으로 연관되어 있다는 것을 확신하기에 충분한가를 결정하는 것이다. 인류유전학자들은 χ^2 통계 대신 로드 스코어를 사용하는데, 그 값은 적은 수의 자료점들을 더 잘 다룰 수 있고, 많은 가계들로부터 얻어진 자료들의 조합이 가능하기 때문이다.

로드 스코어 값은 두 가지 가능성들의 비율로부터 계산된다: 두 좌위들이 연관되어 있다면 한 가계에서 특정 세트의 결과들을 얻을 수 있는 확률(특정 RF 값이라고 하자), 그리고 두 좌위들이 연관되어 있지 않았을 때 같은 결과를 얻을 수 있는 확률이다. 로드 스코어 값은 이 가능성들의 비율을 10을 밑수로 하는 로그값으로 바꾼 것이다. 인류유전학자들은 관례적으로 로드 스코어가 3과 같거나 근처의 값이면 두 좌위들이 연관되어 있음을 시사한다고 받아들인다. 3이라는

그림 10.22 헌팅턴병 좌위와 가깝게 연관된 표식자. DNA 표식자 G8과 헌팅턴병(HD)을 일으키는 좌위 사이의 연관을 추적하는 것이 *HD* 유전자를 클로닝하는 첫 번째 단계였다. 이 가계도는 *HD*에 영향을 받은 베네수엘라인 대가족을 보여준다. G8 표식자에서의 대립유전자들이 표시되어 있다(A, B, C, D). 표식자 대립유전자들과 *HD* 좌위의 돌연변이 및 야생형 대립유전자들의 공동유전이 분명해 보인다.

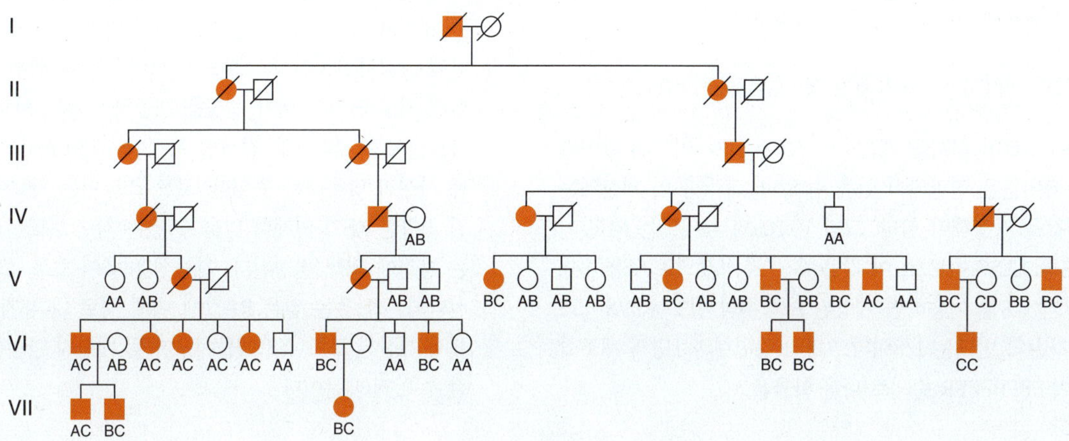

유전학의 기술

로드 스코어 통계

로드 스코어는 다음과 같은 질문에 수학적 답을 제공한다: 가계도에서 관찰되는 특정 대립유전자의 전달 패턴이 50 % 미만의 재조합 빈도(recombination frequency, RF)로 나타날 가능성은, 이들이 연관되어 있을 때와 연관되어 있지 않을 때를 비교하면 얼마나 될까? 로드 스코어는 그 이름이 의미하는 바(log of the odds)와 같이, 이 두 가능성들 사이의 비율에 대한 로그값이다:

$$\text{Lod} = \log\left[\frac{\text{P(좌위들이 주어진 RF 값으로 연관되어 있을 때 그 관찰 결과를 얻을 확률)}}{\text{P(좌위들이 연관되어 있지 않을 때 그 관찰 결과를 얻을 확률)}}\right]$$

그림 10.20a의 가계도에 대해 로드 스코어 계산을 설명해 보자. 이 가계도는 *NF* 유전자가 17번 염색체상의 특정 SNP와 연관되어 있음을 시사한다. 계산을 해 보면 이런 예비 결론에 대한 확신이 어느 정도인지를 결정할 수 있다.

1. **어느 자손이 양친형이고 어느 자손이 재조합형인지를 표로 만들어라.** 그림 10.20a에서는 3세대의 처음 7명 아이들이 양친형의 대립유전자 배열을 가졌으며, III-8 아이만 재조합형(R) 상태임을 알 수 있다. 앞으로 이런 자료를 PPPPPPPR 로 간략하게 표시하도록 한다.
2. **로드 스코어의 분모를 계산하라.** 만약 두 좌위들이 연관되어 있지 않다면, 어느 아이가 P나 R이 될 확률은 같다(즉, RF = 50%). 따라서 확률 P는 1/2이고 R의 확률 역시 1/2이다. 특정 출생 순서의 아이들이 PPPPPPPR 로 얻어질 확률은 *NF* 유전자와 그 SNP 좌위가 연관되어 있지 않다면:

$$\text{P(RF50\%)} = \left(\frac{1}{2}\right)^8 = \frac{1}{256}$$

이런 계산에 일반화된 공식은 간단하다:

$(1/2)^n$, 여기서 n은 도표화된 개인들의 총 수이다.

3. **로드 스코어 분자를 계산하라.** RF가 50% 미만의 값이라면 좌위들은 연관되어 있을 수 있다. 그러나 이 계산에는 RF값을 가정해야 한다. 그림 10.20a의 가계도는 RF값이 1/8 = 12.5%이므로, 이 값을 우리 추정값으로 사용하자. RF = 1/8을 이용하면 예상된 P 자손의 빈도는 7/8이고, R 자손의 빈도는 1/8이다. 7명의 양친형과 1명의 재조합형이 PPPPPPPR 순서로 나올 확률은:

$$\text{P(RF12.5\%)} = \left(\frac{7}{8}\right)^7\left(\frac{1}{8}\right)^1 \approx \frac{1}{20}$$

로드 스코어의 분자를 계산하는 일반 공식은:

$$(1 - \text{RF}_{\text{obs}})^{\#P} \times (\text{RF}_{\text{obs}})^{\#R}$$

여기서 RF_{obs}는 자료에 의해 표시되는 RF이고, #P는 양친형의 수, 그리고 #R은 재조합형의 수이다.

4. **가능성 비율을 계산하라.** 이것은 단순히 2단계와 3단계에서 얻은 값의 비율이다. 여기서의 예를 들면,

$$\text{P(RF12.5\%)/P(RF50\%)} = \left(\frac{1}{20}\right)\Big/\left(\frac{1}{256}\right) = 12.8$$

이 가능성 비율은 *NF* 유전자와 그 SNP가 RF = 12.5% 로 연관되어 있을 가능성은 그 두 좌위가 연관되어 있지 않을 때(RF= 50%) 보다 12.8배 더 높다는 뜻이다.

5. **로드 스코어를 계산하라.** 로드 스코어는 단순히 그 가능성 비율에 대한, 밑수가 10인 로그값이다. 그림 10.20a의 예에서는:

$$\text{Lod score} = \log(12.8) = 1.1$$

6. **로드 스코어를 해석하라.** 인류유전학자들 사이의 관례를 보자면, 연관에 대한 확신을 가지기 위해서는 로드 스코어 ≥ 3(즉, 가능성 ≥ 1000)이 필요하다. 로드 스코어 1.1은 그림 10.20a의 자료가 *NF*와 SNP1의 연관을 확정 짓기에는 부족함을 나타낸다.

단 하나의 가계도에 대해서는, 로드 스코어들이 50% 미만의 여러 가지 가능성 있는 RF값들을 이용해 계산될 수 있다. 3 이상의 로드 스코어를 내는 RF값들은 문제의 두 유전자 사이의 가능한 지도 거리 영역을 결정해 준다. 바꿔 말하자면 3 이상의 로드 스코어들은 두 좌위 사이의 실제 지도 거리에 대한 측정을 제공하는 것이 아니라, 그 자료들이 통계적으로 검사될 특정 거리(50 m.u. 이하)라는 사실과 맞는다는 뜻이다. 로드 스코어는 자료에 내포된 정확한 RF가 언제나 얻을 수 있는 최대 로드 스코어라는 가정에 의해 결정된다. 가능성 비율이 로드 스코어로 전환되는 이유는 같은 RF값에 대해 서로 다른 가계도들에서 계산된 로드 스코어들이 3이 될 때까지 단순히 더해질 수 있기 때문이다.

로드 스코어는 두 좌위가 연관되어 있지 않을 확률보다 연관되어 있을 가능성이 1,000배가 더 높다는 뜻(로그 1,000은 3이다)이다. 로드 스코어 값의 좋은 점은 그것이 로그 함수이기 때문에, 서로 다른 가계들로부터 얻어진 로드 스코어들을 단순히 더할 수 있다는 것이다. 따라서 연구자들은 질병 대립유전자가 특정 표식자와 연관되었다는 결론을 얻을 수 있을 만큼 충분한 자료를 얻을 수 있는 시기가 언제인지를 알 수 있게 된다.

읽을거리 「유전학의 기술」은 그림 10.20a의 가계도를 예로 이용하여 어떻게 로드 스코어를 계산할 수 있는지를 설명하고 있다. 보는 바와 같이, 이 자료들에 대해 가장 큰 로드 스코어(RF 값이 12.5%라고 가정하여 얻어진 것)는 1.1인데, 이것은 이 한 가계도로는 17번 염색체상의 SNP1 좌위와 *NF* 유전자가 연관되어 있다는 충분한 증거를 얻을 수 없음을 시사한다. 그러나 추가적으로 두 가계도(RF = 12.5%로 계산된 로드 스코어가 1.1인)들이 더 사용될 수 있다면, 세 가계도의 로드 스코어를 합해 3.3이 되므로 이것은 *NF* 유전자가 17번 염색체상에 있으며 SNP1과 연관되어 있음을 시사하는 강력한 증거로 사용될 수 있다.

유전병들은 대립유전자 이질성 혹은 좌위 이질성을 나타낼 수 있다

위치추적 클로닝을 통해 어떤 질병 유전자가 1 Mb 거리의 두 다형성 표식자들 사이에 존재하는 것으로 영역을 한정할 수 있었다고 생각해 보자. 인간의 유전체에서는 평균 유전자 밀도가 100 kb의 DNA당 하나 정도이다. 따라서 10개 이상의 유전자들이 1 Mb 영역 내에 존재할 수 있다. 어떻게 이 후보들 중에서 옳은 것을 찾아낼 수 있을까? 어떤 경우에는 환자들에서 유전자들의 mRNA가 양이나 크기에 변화가 있는지를 살펴봄으로써 단서를 발견할 수도 있다(연습문제 35번 참조). 그러나 일반적으로 훨씬 유용한 방법은 PCR을 이용하여 가능한 모든 환자들로부터 후보 유전자들의 DNA를 증폭시켜 그 PCR 산물들을 모두 염기서열 분석하는 전략일 것이다. 만약 환자들이 이 후보 유전자들 중 하나에서 모두 식별 가능한 돌연변이들을 가지고 있다면, 특히 그 돌연변이가 유전자의 단백질 산물에서 아미노산 서열에 영향을 미치는 것이라면, 이것은 그 후보 유전자를 질병 유전자로 지정할 수 있는 강력한 증거가 될 것이다(그림 10.18 참조).

일부 유전병들은 단일 유전자 내에서 발생한 동일한 단일 돌연변이에 의한 것이다; 이미 낫형적혈구빈혈증을 가진 모든 환자들이 헤모글로빈의 베타 사슬을 암호화하는 유전자에서 동일한 염기쌍 치환을 가지고 있는 동형접합자들이었음을 살펴본 바 있다. 따라서 DNA 염기서열 분석은 모든 환자들의 유전체 DNA에 존재하는 동일한 돌연변이들을 찾아줄 수 있으며 낫형적혈구빈혈증의 보인자들도 알려줄 수 있다.

대립유전자 이질성: 한 유전자 내에서의 다중 돌연변이 대립유전자

그러나 이런 단순한 시나리오가 항상 맞는 것은 아니다. 다른 많은 유전질병들은 **대립유전자 이질성**(allelic heterogeneity)을 보인다. 이것은 같은 유전자에 여러 가지의 다양한 돌연변이들이 해당 질병을 일으킬 수 있다는 뜻이다. 중요한 사례 하나가 바로 낭 섬유증(cystic fibrosis)이다. 이것은 유럽인 혈통을 가진 양친들 사이에서 태어난 아이들 2,500명 중 1명에 영향을 미치는 열성 상염색체성 유전병이다. 이 병을 가진 아이들은 폐, 이자, 땀샘, 그리고 몇몇 조직들에서 비정상적으로 점도가 높은 분비물을 만들고 이로 인해 다양한 증상을 나타낸다. 대부분의 낭 섬유증 환자들은 30세 이전에 사망한다.

위치추적 클로닝 전략들로 연구자들은 원인 유전자를 7번 염색체상에 있는 두 DNA 표식자들 사이의 400 kb 영역으로 좁힐 수 있었고, 이 영역에는 오직 3개의 후보 유전자만 존재하였다(그림 10.5 참조). 그중 하나가 이 *CFTR*로, 낭 섬유증 막 통과 수용체(cystic fibrosis transmembrane receptor)를 암호화한다. 이 단백질은 세포막을 통해 염소이온이 통과할 수 있도록 한다(그림 2.25 참조). 중요한 것은 모든 낭 섬유증 환자들에서 *CFTR*의 두 사본들이 그 단백질의 아미노산 서열을 변화시키는 돌연변이를 가지고 있었거나 정상적인 양의 단백질을 합성하지 못하도록 하는 돌연변이를 가지고 있었다는 점이다. 따라서 그 이름이 의미하는 바와 같

그림 10.23 *CFTR* **유전자에서의 대립유전자 이질성.** 모든 낭 섬유증 환자들은 7번 염색체상의 두 사본에 모두 변이된 *CFTR* 유전자들을 가진다. 이 도표는 그 유전자의 24개 엑손에서 서로 다른 위치에 있는 돌연변이들을 표시한 것이다. 복합 이형접합체들은 이 돌연변이들 중 하나를 가진 유전자 사본을 가지고 있지만, 다른 한 사본에 있는 돌연변이는 이것과는 다른 돌연변이이다.

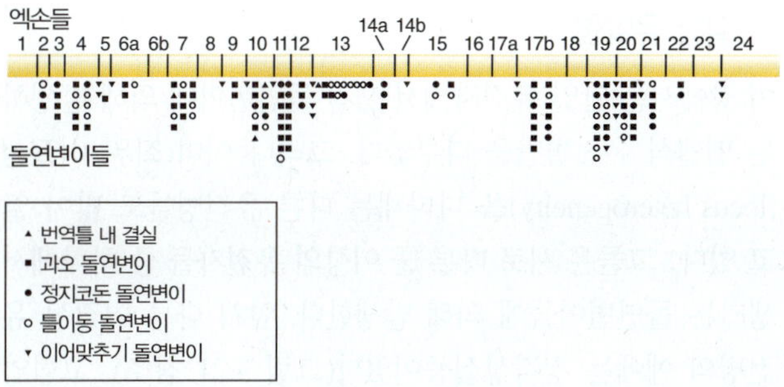

이, *CFTR*은 낭 섬유증을 일으키는 원인 유전자임이 분명하였다.

ΔF508 [단백질의 508번째 아미노산인 페닐알라닌(F)이 없어진 것]이라고 불리는 한 돌연변이는 전 세계적으로 돌연변이 *CFTR* 대립유전자의 2/3를 차지한다. 나머지 대립유전자들은 1,500개 이상의 서로 다른 희귀 돌연변이들로 구성된다(그림 10.23). 따라서 많은 환자들이 소위 **복합 이형접합체**[compound heterozygote; 종종 트랜스-이형접합체(*trans*-heterozygote)로 알려져 있기도 하다]들로, 7번 염색체의 한 사본에 존재하는 돌연변이와 다른 사본에 존재하는 돌연변이가 서로 다르다. 7번 염색체 중 어느 것도 정상적인 막 통과 수용체를 암호화하지 못하기 때문에 질병이 발생한다.

요컨대, 두 개의 열성 *CFTR* 돌연변이들이 서로를 보완해 주지 못하는 것이다. 대립유전자 이질성의 개념은 최근 개발된 약물을 이해하는 데 중요하다. 이 약물은 낭 섬유증을 효과적으로 치료하지만 오로지 소수의 환자들에만 효과를 나타낸다. 2012년, 미국 식품의약품안전청(FDA)은 G551D (551번째 아미노산이 글리신에서 아스파르트산으로 바뀐 것)이라고 불리는 하나의 특정 *CFTR* 돌연변이를 가진 사람들을 위한 치료제인 이바카프토(ivacaftor)를 승인하였다. 이 대립유전자에 의해 암호화되는 G551D 돌연변이 단백질은 세포막에 적절히 조립되지만, 막을 가로질러 염소이온을 이동시키는 효율이 떨어진다. 이바카프토는 세포막에서 돌연변이 G551D 단백질과 특이적으로 상호작용하여 염소이온을 수송하는 능력을 증가시킨다. 이런 치료는 어린 아이들에게서 낭 섬유증의 증상들이 나타나는 것을 매우 효과적으로 저해시키지만, 불행히도 G551D 돌연변이는 인간 집단의 돌연변이 *CFTR* 대립유전자들 중 약 4%만을 차지할 뿐이다. 훨씬 흔한 것인 ΔF508 돌연변이들의 효과를 치료할 수 있는 약물을 개발하는 것은 훨씬 더 어려운데, 그런 결손이 있는 CFTR 단백질들은 제대로 접혀지지 않아서 세포막으로 들어가지도 못하기 때문이다.

좌위 이질성: 서로 다른 유전자에서의 돌연변이들이 같은 질병 유발함

이 장에서는 단일 유전자에서 생긴 돌연변이에 의해 발생하는 멘델식 유전병만을 다루었다. 그러나 이미 **좌위 이질성**(locus heterogeneity)을 나타내는 다른 유전병들도 많이 알고 있다: 그들은 서로 다른 둘 이상의 유전자들 중 하나에서 생기는 돌연변이들에 의해 발생한다. 앞서 다룬 이질성 유전병의 예에는 청각상실증이었다(그림 3.21 참조). 고혈압같이 **양적 형질**(quantitative trait)이라고도 하는 **복합 형질**(complex trait)에서는, 서로 다른 많은 유전자들이 개인의 표현형에 영향을 미칠 수 있다. 새로운 유전병을 만날 때마다, 연구자들은 늘 좌위 이질성의 가능성에 대해 인식하고 있어야 한다. 21장에서는 유전학자들이 이러한 복합형질들에 대한 유전적 기초를 연구하는 데 사용하는 몇 가지 방법들에 대해 간략히 다룰 것이다.

핵심 개념

- 위치추적 클로닝은 질병유전자들과 연관된 DNA 다형성들을 밝힌다.
- 로드 스코어는 인간의 가계도들처럼 자료가 제한적일 때 연관에 대한 통계적 측정을 할 수 있도록 해 준다.
- 질병 유발 유전자의 대략적 지도가 결정되면, 과학자들은 그 지역에서 후보 유전자들의 서열을 결정하여 환자들에서 일관적으로 변화를 보인 유전자를 밝힌다.
- 대립유전자 이질성에서는 단일 유전자에서 생긴 다양한 돌연변이들이 질병을 일으킨다. 같은 유전자에 두 개의 서로 다른 열성 기능 상실 돌연변이들을 가지는 복합 이형접합체들은 돌연변이 표현형을 보일 수 있다.
- 좌위 이질성에서는 둘 혹은 그 이상의 유전자들에서 생긴 돌연변이들이 같은 질병을 일으킬 수 있다.

10.5 전(全)유전체 염기서열 분석의 시대

학습목표

1. 동시에 수백만 개의 DNA 주형들의 염기서열 분석할 수 있는 대량 자동화 분석법에 대해 설명한다.
2. 질병 유발 변이체에 대한 후보들을 좁힐 수 있는 연구 단계들의 순서를 요약한다.
3. 많은 사람의 서열 변이들을 목록화한 데이터베이스가 어떻게 유전 질병의 진단을 촉진할 수 있는지 설명한다.

수백만 개의 SNP들을 가진 DNA 마이크로어레이들은 인간 유전체들 사이의 변이 중 아주 일부분만을 시료로 삼고 있으며, 따라서 질병 유전자의 일반적인 염색체 위치만을 제시해 줄 수 있다.

방금 보았던 것처럼, 질병 유전자를 규명하기 위해서는 그 질병 표현형과 실제 돌연변이를 연계시키기 위해 결국 DNA 서열분석이 필수적이다. 이제는 환자 개인의 유전체에 존재하는 모든 뉴클레오티드들—후보 유전자만이 아니라—을 저렴하고 정확하게 서열분석을 할 수 있다고 가정해 보자. 전유전체 서열이므로 어디엔가는 문제의 돌연변이가 포함되어 있을 것이다. 따라서 그 첫째 목표가 질병 유전자와 연관되어 있는 분자 표식자를 찾는 것인 위치추적 클로닝에서와는 달리, 전유전체로 접근하는 방법의 목적은 그 질병 대립유전자에 존재하는 DNA 변화를 직접 찾아내는 것이 된다.

놀라운 발전들로 인해 현실에서 전유전체를 염기서열 분석하는 것이 가능하고 또 일상적인 것으로 변화하고 있다. 9장에서 살펴본 인간 유전체 프로젝트는 2003년에 30억 달러의 비용을 들여 인간 유전체의 서열을 모두 밝혀냈었다. 그 이후로, 연구자들은 DNA 염기서열 분석에 드는 비용을 빠르게 줄일 수 있는 새롭고 창의적인 방법들을 발명해왔다. 2013년에는 한 사람의 전체 유전체(잘 밝혀져 있는 곳들, 몇몇 작은 영역들은 아직도 빠져있다)는 약 5,000달러 미만으로 서열화하는 것이 가능하고, 그 비용은 아마도 수년 내에 1,000달러 이하로 떨어질 것이다.

전유전체 염기서열 분석은 아직도 연구자들이 종종 단백질을 암호화하는 엑손들에 해당하는 유전체 부분만을 서열화하여 절약하게 할 만한 값이기는 하다. 그리고 이런 방법은 항상 그런 것은 아닐지라도, 질병 유발 돌연변이들은 어떤 단백질의 아미노산 서열을 변화시키기 때문에 유용한 것이기도 하다. **전엑솜 서열분석**(whole-exome sequencing)에서는 연구자들이 우선 모든 유전자들에서의 엑손들에 해당하는 유전체 DNA 단편들을 증폭(cDNA 서열들에 혼성화시키는 방법으로)시키고, 이 단편들의 염기서열을 분석한다. 즉 **엑솜**(exome)이라고 하는 이 단편들은 모든 유전자들에 존재하는 엑손들의 모음으로서, 전유전체 DNA의 약 2% 미만을 구성한다. 따라서 전엑솜 서열화는 전유전체 서열화에서보다 훨씬 적은 서열화만 요구한다. DNA 염기서열 분석 가격이 더 낮아진다면, 엑솜 증폭에 드는 비용이 전유전체 서열화에 드는 비용보다 더 비싸질 수도 있다.

새로운 기술들로 수백만 명의 DNA 분자들의 염기서열을 동시에 분석할 수 있다

질병 유전자를 규명하는 데 사용할 엑솜을 만들고 유전체를 싸고 빠르게 서열화하는 주요한 기술적 발전들로 인해 수백만 개의 DNA 분자들을 동시에 염기서열 분석을 할 수 있게 되었다. 여러 가지 창의적인 방법들이 발명되어 소위 "고효율(high-throughput)" 혹은 "대량 평행(massively parallel)" 염기서열 분석이라고 하는 과정들이 수행된다.

인간 유전체 염기서열 분석을 위한 고속 대량 처리 방법들 중 몇몇은 9장에서 배웠던 생거 염기서열 분석 방법을 일반적으로 확장시킨 것들이지만, 세 가지는 새로운 것들이다: 첫 번째는 DNA 중합효소에 의해 합성되는 개별 DNA 분자들을 한 장소에 붙이는 것이고, 두 번째는 이 방법들이 주기적으로 염기 삽입을 조절함으로써 각 염기 자리에서 다음 것이 삽입되기 전에 어떤 염기가 들어갔는지를 알아낸다는 것이다. 세 번째는 일부 시스템에서 사용되는 추적의 감도가 매우 높아서 단 한 분자의 DNA라도 클로닝이나 PCR 증폭 과정 없이 모니터링될 수 있다는 것이다. 그림 10.24에 나타난 것처럼, 이 세 가지 혁신들을 종합하여 염기서열 분석 기계들은 신장 중인 수백만 개의 DNA 분자들에 연속적으로 추가된 뉴클레오티드들을 실시간으로 기록할 수 있다.

그림 10.24는 현재 개발 중인 저비용 고효율의 염기서열 분석을 위한 천재적인 기술들 중 한 가지를 소개한 것이다. 다른 개발방법들은 매우 다른 아이디어에 기초한 것들로서, 예를 들면 이 장의 처음에 소개한 그림에서 설명한 신기술이다. 여기서는 개별 DNA 분자들이 나노포어(nanopores)라고 하는 작은 채널들을 실처럼 통과하게 된다. 비용이 점점 떨어짐에 따라 어떤 방법이 미래에 표준으로 자리를 잡게 될지는 아직 분명치 않다. 그러나 전유전체 염기서열 분석의 시대가 이미 도래하였음은 확실하다.

질병 유발 돌연변이들은 많은 변이 속에 숨어 있다

한 환자의 전엑솜이나 전유전체 서열에는 그 유전병을 일으킨 서열 변화가 포함되어 있겠지만, 이런 서열 정보를 얻는다는 것이 곧 유전학자들이 해당 돌연변이를 바로 찾아낼 수 있음을 보장하는 것은 아니다. 한 가지 문제점은 기술적인 것이다: 어떤 유전체 서열도 100% 정확하지는 않으며, 또 100% 완전한 것도 아니다. 모든 염기서열 분석 방법들은 뉴클레오티드를 인식하는 데 있어서 적지만 실질적 오류를 나타내며, 무작위로 DNA 단편들을 뽑아내어 서열화하기 때문에 어떤 유전체 부분들의 염기서열이 분석되지 않은 채로 남는다. 이런 문제들은 같은 실험을 10번 이상 수행함으로써 최소화될 수 있지만 완벽하게 해결되지는 못한다.

더 근본적인 문제는 인간 유전체들 사이의 변이량이 매우 크다는 점이다. 이 장의 시작에서 보았듯이, 어떤 한 개인의 유전체는 표준 RefSeq 인간 유전체와 3백만 위치 이상에서 차이가 난다. 이 수백만 개의 DNA 다형성들 중에서 어떤 것이 환자의 질병을 유발한 것이라고 말할 수 있겠는가? 전유전체 서열을 다루는 능력은 아직도 매우 제한적이어서 많은 경우에 있어 책임 돌연변이가 아직 규명되어 있지 않다. 그것은 서열 속에 숨어 있지만 바로 우리 코 앞에 감춰진 채 있다. 그럼에도 불구하고, 환자 수가 늘어나 연구자들이 여러 가지 형태의 자료 분석을 할 수 있게 되고, 때로는 직감에 의해 도움도 받으면서 그 질병 유전자를 발견해왔다. 이 절에서는 유전학자들이 전-유전체/엑솜 서열들 내에서 질병

그림 10.24 고효율–대용량 방법의 하나인 단일 분자 DNA 염기서열 분석. (a) 효소에 의해 3′ 말단에 폴리–A가 붙여진 수많은 단일가닥 유전체 DNA 단편이 플로우셀(flowcell)이라고 하는 특수한 마이크로어레이 표면에 부착되어 있는 올리고–dT 분자들에 혼성화된다. (b) 유전체 단편들을 주형으로, 그리고 올리고–dT를 프라이머로 사용하여 DNA 중합효소가 색깔이 있는 염기–특이적 형광 표지들을 가진 뉴클레오티드들을 포함시킨 새로운 DNA를 합성한다. 이 뉴클레오티드들은 3′ 말단이 막혀 있기 때문에 한 번에 하나씩의 뉴클레오티드만 추가될 수 있다. 이런 화학적 차폐는 가역적이다. (c) 고해상도의 카메라가 형광을 찍은 후, 플로우셀에 적용된 화학물질들이 방금 추가된 뉴클레오티드로부터 표지와 차단 잔기를 제거한다. (d) 새로운 표지 뉴클레오티드와 중합효소가 플로우셀에 들어가면서 다음 회로가 시작되고, 반복되는 (c) 단계가 뒤따른다. 서열화 기계는 약 100장의 사진들을 찍어서 단일 DNA 가닥이 합성되는 플로우셀상에서 수백만의 점들이 반짝거리는 색의 순서를 기록한다. 기계의 컴퓨터는 그 자료들을 재배열하여 수백만 개의 짧은 서열들로 만든다. 이것은 약 100뉴클레오티드 가량의 길이이다. 그 다음에는 이것들을 유전체 서열로 조립한다.

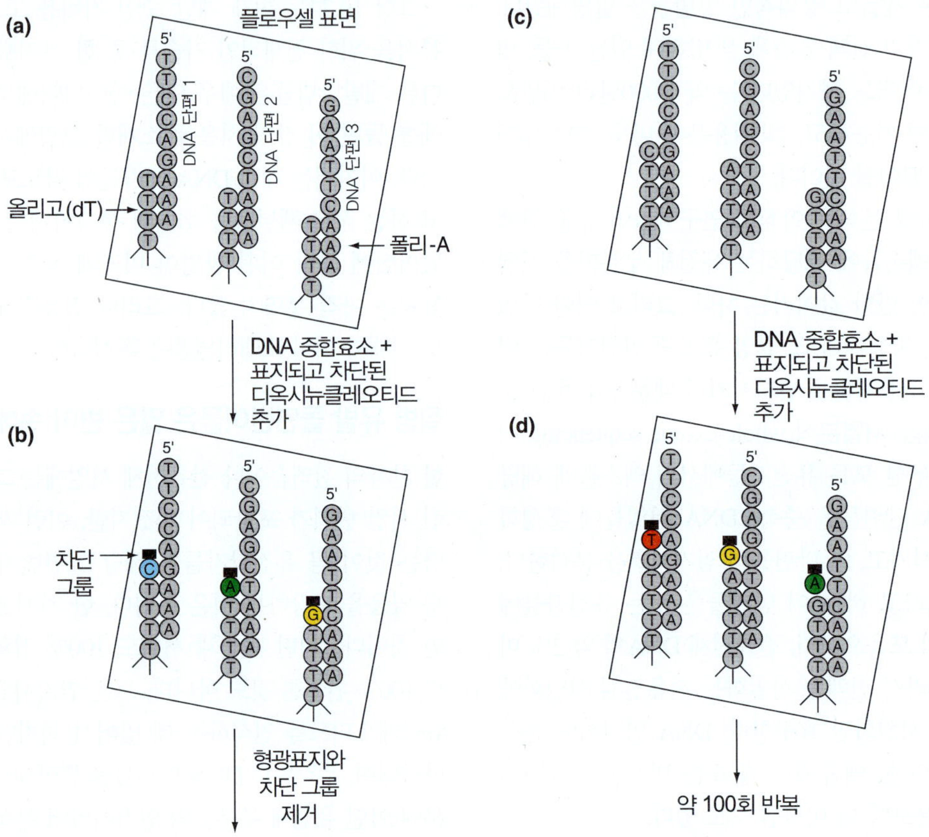

유발 돌연변이들을 규명하는 데 사용하는 단서들의 형태에 대해 초점을 맞출 것이다. 그러나 이 방법들이 아직까지는 언제나 성공적인 것은 아니라는 것을 명심해야 한다.

질병의 유전 패턴으로부터 얻는 단서들

전유전체나 전엑솜 염기서열 분석의 바탕에 있는 논리는 질병 대립유전자인 DNA 변이체들은 집단 내에서 드물게 존재한다는 것이다. 이런 기본적 가정 때문에 과학자들은 환자 유전체의 어느 변이가 그 질병에 책임이 있는지를 예측할 수 있게 된다. 이런 예측은 그 질병의 유전에 관해 가계도가 어떤 정보를 주는지에 의존적이다: 그 질병은 열성인가 우성인가? 혹은 성연관성인가 상염색체성인가? 침투도는 완전한가 불완전한가? 이러한 유전양식들은 후보 좌위의 특정 다형성들하고만 일치한다.

희귀한 우성 질병의 경우에는 환자가 해당 대립유전자에 대해 이형접합형일 가능성이 높다. 혈연관계가 있는 환자들은 같은 희귀성 돌연변이 대립유전자들을 가질 것이지만, 관계가 없는 환자들은 같은 유전자에 다른 돌연변이들을 가질 가능성이 높다(그림 10.25a). 만약 그 질병이 열성이라면, 비록 그 부모들의 혈연관계가 매우 멀다고 해도 과학자들은 환자의 유전체에서 동형접합형 상태인 드문 돌연변이를 찾는 데 우선 관심을 기울일 것이다. 만약 그 질병이 열성이고, 부모들도 혈연관계가 아니라면, 환자는 복합 이형접합체일 가능성도 있는데, 이때는 동일한 유전자에 두 가

그림 10.25 유전되는 형질과 일치하는 SNP 패턴들. 각 타원은 한 유전자의 사본을 나타내며, 따라서 개인들은 두 개의 타원으로 표현된다. 공통적인 변이체들은 색이 조금씩 다른 회색 그림자로 표시되었고; 주황색이나 파란색, 노란색, 혹은 초록색은 같은 유전자에 존재하는 서로 다른 희귀한 변이체들을 표시한 것이다. (a) 우성 형질을 유발할 수 있는 변이체들. 가족 내에서 환자인 사람들은 같은 희귀 변이체에 대해 이형접합체들일 것이다. 혈연관계가 없는 환자들은 같은 유전자에 존재하는 서로 다른 희귀 변이체들에 대해 이형접합체들일 수 있다. (b) 열성 형질을 유발할 수 있는 변이체들. 근친혼이 이루어진 가족들일 경우, 환자들은 최근의 공통조상에서 물려받은 단일 변이체들에 대해 동형접합형일 것이다. 혈연관계가 없는 사람들 사이의 아이들인 환자들은, 각각 동일한 유전자에서 하나씩 부모로부터 물려받은 서로 다른 희귀 돌연변이들에 대해 복합 이형접합체들일 가능성이 높다. 혈연관계가 없는 환자들은 서로 다른 돌연변이들을 가진 복합 이형접합체들일 수 있다. (a)와 (b) 모두에서 영향을 받지 않은 정상인들은 친척일 수도 있고 아닐 수도 있다.

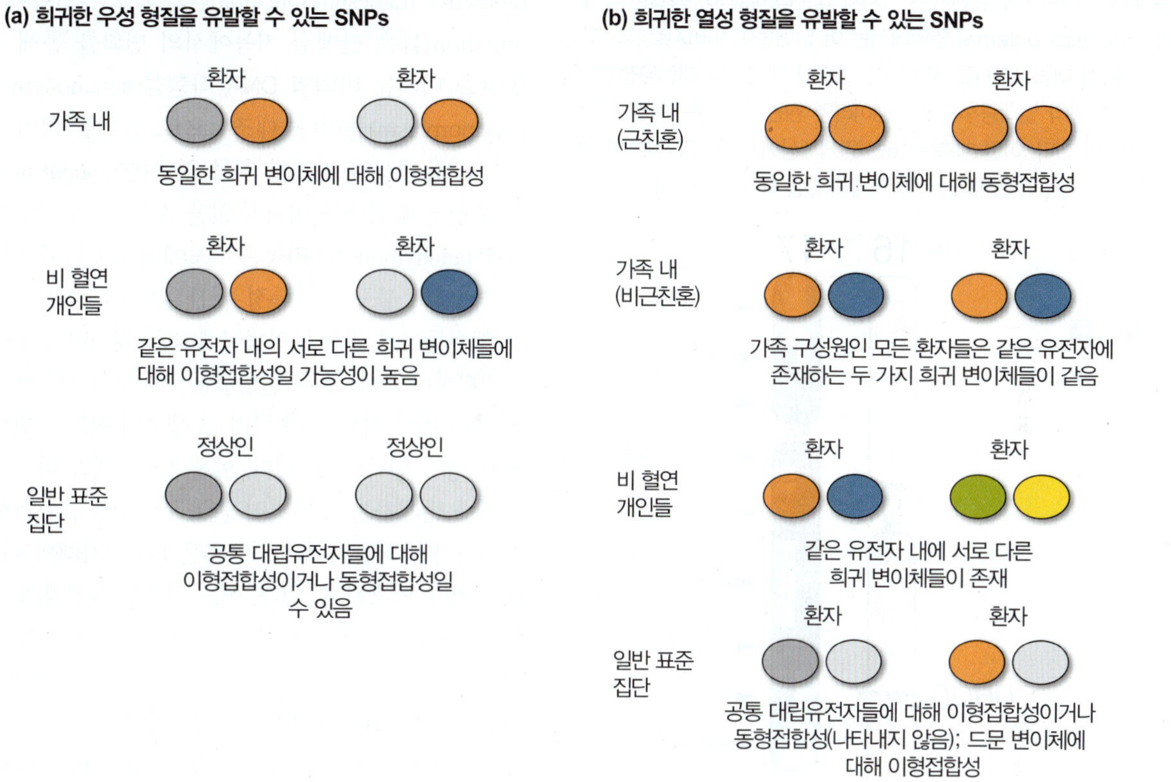

지의 서로 다른 돌연변이 대립유전자들이 존재할 것이다(그림 10.25b). 이런 시나리오를 검사하기 위해서라면, 과학자들은 환자의 DNA에서 두 개의 서로 다른 돌연변이에 의해 영향을 받는 유전자를 찾을 것이다. 마지막으로, 유전양식이 성-연관을 보인다면, 후보 유전자들에 대한 탐색은 X-염색체로만 국한될 것이다; 상염색체성이라면, X-염색체는 배제될 수 있다.

환자 가족들로부터 얻은 DNA 서열 정보는 후보가 되는 다형성들의 목록을 줄이는 데 특히 유용하다. 예를 들어, 이 장의 초반에 논의하였던 마이크로어레이상에서의 SNP 유전자형 분석은 탐색 영역을 알려진 두 SNP들로 좁혀줄 수 있다. 따라서 위치추적 클로닝과 전유전체 염기서열 분석은 질병 유전자를 규명하는 데 있어 서로 배타적인 접근법이 아니다. 오히려, 그것들은 보완적인 정보를 제공할 수 있다. 더 좋은 것은 좀 비싸더라도 환자들의 부모와 자식들 간에 전유전체나 전엑솜 서열들을 비교하는 것이다.

최근의 한 연구는 혈연관계인 개인들로부터 얻은 DNA 서열 정보의 힘을 잘 보여준다(그림 10.26). 희귀병인 밀러증후군(Miller syndrome)을 가진 남매가 있었는데, 이 병은 안면과 사지의 발달에 영향을 미친다. 그들의 부모는 모두 환자가 아니었다(그림 10.26a). 이런 사실들은 밀러증후군이 열성 상염색체성 질병임을 시사(증명까지는 아니더라도)한다. 두 아이들은 이형접합형 보인자들이었던 부모들로부터 돌연변이 대립유전자를 물려받았음을 추측할 수 있다. 밀러증후군 유전자를 찾기 위해, 연구자들은 양친들과 두 아이들의 전유전체들을 모두 서열화하였다; 사실상, 이것은 핵가족의 구성원들에서 유전체들을 모두 완전히 서열화한 사상 최초의 일이었다.

그림 10.26 유전체의 염기서열이 완전히 분석된 최초의 가족. (a) 밀러증후군의 유전에 대한 가계도. (b) 병을 앓고 있는 아이들의 16번과 17번 염색체상에서 양친형 대립유전자들의 유전을 보여주는 지도. 환자인 오빠와 여동생은 어머니와 아버지로부터 유래한 대립유전자들을 공유하고 있으며, 이것은 동일한(identical) 영역 내에 있다. 같지 않은(nonidentical) 영역들은 이들이 대립유전자들을 공유하지 않는 부분이다. 절반이 동일한 모계(haploidentical maternal) 영역에서는 이 남매들이 어머니와는 같은 대립유전자를 갖지만 아버지로부터 유래한 대립유전자는 가지지 않는다. 절반이 동일한 부계(haploidentical paterna) 영역에서는 이 남매들이 아버지로부터 유래한 공통의 대립유전자를 공유한다. 그러나 어머니의 대립유전자와는 다르다. 만약 밀러증후군이 열성이라면 원인 유전자는 동일 영역 내에 있어야 한다. 이런 예측은 16번 염색체상에서 *DHOD* 유전자에서의 돌연변이가 이 질병의 원인임이 밝혀졌을 때 확인되었다.

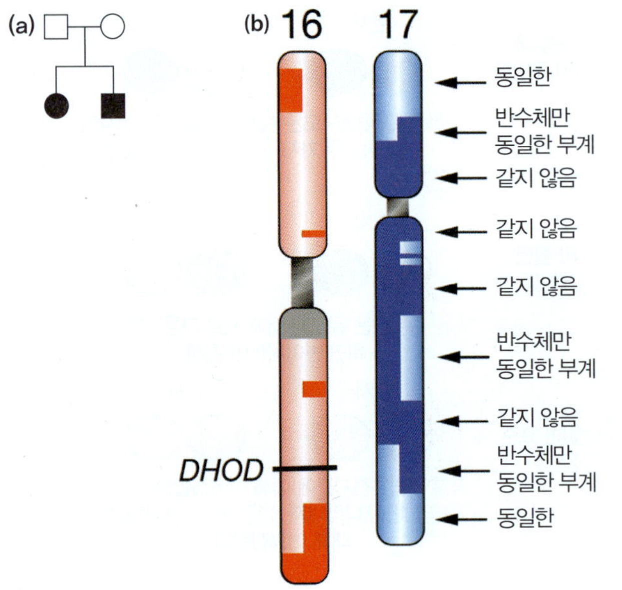

그림 10.26b는 이 방대한 자료 세트들을 그래프로 요약한 것으로서, 환자인 아이들을 만들었던 부모의 배우자 세포가 감수분열 시에 두 염색체 위에서 발생시켰던 재조합들을 보여주고 있다. 밀러증후군이 열성이라는 가설은 환자인 아들과 딸 그리고 부모들이 모두 공유한 동일한 대립유전자 영역('identical'이라고 표지된 영역)에 그 유전자가 존재할 것이라고 예측하도록 한다. 따라서 질병을 연구하는 유전학자들은 이 경우에 그들의 관심을 유전체의 약 25%에 집중할 수 있었다(그림 10.26b). 이 장의 말미에는 이 연구의 결과에 대한 설명을 제시하였다.

변이가 유전자에 미치는 예상 효과로부터 얻는 단서들

연구자들은 우선 엑솜들의 단백질 암호화 영역 내에서 질병 유발 돌연변이들을 찾으려고 하는데, 유전체의 이 부분이 가장 찾기 쉬운 부분이기 때문이다: 암호화 영역들은 전체 유전체에서 아주 작은 부분만을 차지하며, 그 영역 내에서의 변화는 가장 직접적으로 해석이 가능하다. 특히, 연구자들은 아미노산을 바꾸는 드문 다형들(즉, 과오 돌연변이들을 만드는 SNP들)이나 번역틀을 변화시키는 변이들(정지코돈 돌연변이나 틀이동 돌연변이를 만드는 SNP, DIP, SSR들)을 찾을 것이다. 대부분의 정지코돈/틀이동 돌연변이(nonsense/frameshift mutation)들과 과오 돌연변이(missense mutation)들은 단백질 기능에서의 변화를 통해 표현형에 영향을 미치는 **비익명 DNA 다형성**(nonanonymous DNA polymorphism)들이다. 대조적으로, 동일한 아미노산을 만드는 코돈에서의 변화인 침묵 돌연변이(silent mutation)들은 표현형에 영향을 미치지 않을 것이다; 따라서 이런 익명 SNP (anonymous SNP)들은 후보에서 제외될 수 있다.

그럼에도 불구하고 특정 유전질병이 단백질을 암호화하는 엑손들에서 생긴 돌연변이에 의한 것이라는 추측은 매우 불명확하다. 어떤 유전 질병들은 아미노산 서열에서의 변화에 의한 것이 아니고, 오히려 그 생물이 만드는 단백질의 양에서 생긴 변화일 수 있다. 예를 들어, 엑솜 바깥의 유전체 영역에 존재하는 돌연변이들은 유전자에서의 전사를 감소시키거나 방해할 수도 있고, 혹은 1차 전사체의 이어맞추기에 문제를 일으킬 수 있다. 어느 경우든 유전자의 단백질 산물이 줄어들게 되며, 심지어는 아예 합성이 되지 않을 수도 있다. 그런 돌연변이들은 만약 연구자들이 엑솜에만 관심을 기울일 경우 전혀 발견되지 않을 것이다. 그리고 불행히도, 아직 전사나 이어맞추기를 조절하는 DNA 서열에 대해 거의 알고 있지 못하기 때문에, 그러한 많은 돌연변이들이 전유전체 서열에 존재하더라도 알아보지 못하고 그냥 지나쳐 버리게 될 것이다.

이미 결정되어 있는 유전체 서열정보로부터 얻는 단서들

인간 집단에서 흔한 변이체들에 의해 희귀한 질환이 발생할 가능성은 거의 없다. 결과적으로, 데이터베이스에 흔한 것으로 보고된 변이들은 질병 유발 돌연변이 후보군에 속할 가능성이 매우 낮다. 반대로, 비슷하거나 적어도 애매하게 연관된 증상을 겪는 서로 다른 환자들이 동일한 희귀 돌연변이를 공유하거나, 혹은 같은 유전자상에 서로 다른 돌연변이들을 가질 수 있다.

심지어 다른 생물체들의 유전체들이 적절한 방향의 유전적 탐침을 알려 줄 수도 있다. 예를 들어, 어떤 유전자가 진화적으로 매우 잘 보존되어 있어서 그 단백질 산물의 아미노산들이 여러 생물들, 즉 사람과 초파리에서 동일하게 나타난

표 10.2 닉 볼커의 유전체에서 질병 유발 돌연변이 찾기

분석 단계	남아 있는 후보 변이들
닉의 엑솜 염기서열 분석	16, 124
아미노산을 변화시키는 과오 돌연변이 조사	7,157
데이터베이스에 보고된 적이 없는 새로운 변이 조사	878
닉의 엑솜에서 X-연관성이거나 열성 양식을 보이는 변이 조사	136
일반인 집단에서 변이를 자주 일으키지 않는 유전자에서의 변이 조사	5
관련을 보이는 다른 유전질병들에서 변이되는 것으로 알려진 유전자에서의 변이	1 (*XIAP*)

다고 가정해 보자. 보존성은 이 특정 아미노산 서열이 단백질의 기능에 매우 중요한 역할을 할 것임을 시사한다. 만약 환자에서 찾은 희귀한 변이체가 보존된 아미노산을 다른 것으로 바꾸는 것이라면 이 돌연변이는 표현형에 영향을 미치는 것일 가능성이 높기 때문에 훌륭한 후보가 될 것이다.

접근방법들을 조합하여 질병 유전자를 확인한다

이 장을 시작하면서 닉 볼커의 예를 소개했었다. 그는 엑솜 염기서열 분석을 통해 규명된 원인 유전자에 기초하여 성공적으로 유전병을 치료하였던 최초의 환자이다. 2009년에 닉의 DNA가 밝혀졌을 때는 서열화가 비교적 비쌌기 때문에, 연구자들은 닉의 전유전체를 서열화하거나 그 부모나 형제들의 엑솜/유전체를 서열화하기보다는 닉의 엑솜만을 조사했었다. **표 10.2**는 연구자들이 후보 변이들을 하나의 책임 있는 돌연변이로 좁히기 위해 여러 정보들을 사용하여 어떻게 닉의 엑솜을 분석했는지를 보여주고 있다.

닉의 엑솜은 인간의 표준 RefSeq와 비교하여 16,000개의 변이체들을 포함하고 있었다(표 10.2). 이 변이체들은 대부분이 SNP들이었지만 일부 DIP들과 SSR들도 역시 발견되었다. 연구자들은 엑손 내의 익명 변이체일 가능성이 있는 것들(즉, 코돈 내의 침묵 돌연변이나 5′ 말단 및 3′ 말단의 UTR을 암호화하는 서열에 존재하는 돌연변이들)을 제외함으로써 이 변이체 목록들을 줄여나가기 시작하였다. 다음으로는 이전에 데이터베이스에 보고되지 않았던 새로운 변이체들에 노력을 집중하였는데, 이 과정에서 정상인들의 유전체 내에도 공통으로 존재하는 것으로 알려진 것들도 제외시켰다. 다음 단계는 닉에게는 영향을 미치지만 부모나 다른 친척에게는 영향을 미치지 않는, 닉의 질병 시나리오일 가능성이 있는 X-연관성, 혹은 열성 유전을 보이는 돌연변이 목록을 거르는 것이었다.

이 시점에서 닉의 질병을 일으킬 것으로 생각된 좋은 후보들의 목록은 136개 변이체로 좁혀졌다. 연구자들은 이제 진화적 접근을 선택하였으며, 이 변화들 중 어떤 것들이 많은 종들에서 매우 보존되어 있는 아미노산을 바꿀 수 있는지 조사하였다. 최종 분석에 이르기에 앞서 남은 후보들이 일반인 집단에서 전혀 혹은 거의 불활성화되지 않은 것으로 알려진 유전자들인지를 조사하였다. 이 단계에 숨어 있는 생각은, 많은 정상인들에서 결손이 있는 유전자들은 질병 표현형에 영향을 미칠 가능성이 적기 때문에 배제될 수 있다는 것이었다.

다섯 개의 후보 변이체들이 연구자들의 표적 목록에 남게 되었다. 연구자들은 이 후보 돌연변이들 중 하나가 *XIAP*라고 불리는 유전자에 존재한다는 것을 알게 되었다. *XIAP*의 다른 돌연변이들은 **X-연관성 림프구증식증**(X-linked lymphoproliferative disease, XLPD)이라고 하는 심각한 병을 일으킨다고 알려져 있었다. 이 질병에서는 혈액 중에 림프구들(면역계의 백혈구들)이 너무 많아지기 때문에 산소를 운반하는 적혈구들이 밀려나 간에 손상을 줄 수 있다. 이런 증상들은 닉의 것과는 너무 다른 것이었지만, 면역계가 위장관 내 염증에 관여하는 것이 분명하였기 때문에 XLPD는 닉의 사례와 다소간 연관이 있는 것으로 보였다. 연구자들은 닉의 *XIAP* 유전자에 있는 변이가 과오 돌연변이로서 단백질 산물의 아미노산 하나를 바꾸는데, 이 아미노산은 인간, 개구리, 파리, 그리고 많은 다른 생물들에서 완벽하게 보존되어 있는 것임을 알게 되자 매우 흥분하였다(**그림 10.27**). 같은 유전자에서 XLPD를 일으키는 돌연변이들은 정지코돈 돌연변이와 틀이동 돌연변이로 이 단백질이 완전한 길이로 합성되는 것을 막는다. 아마도 그것이 닉의 증상과 XLPD 환자들 사이의 차이를 설명해 줄 수 있을 것 같았다.

비록 이런 광범위한 생물정보학적 분석은 유전자 내의 *XIAP* 변이가 닉의 질병을 일으켰음을 증명하는 것은 아니

그림 10.27 XIAP 단백질의 보존성 아미노산에서 발생한 돌연변이. XIAP 단백질의 아미노산 195~211 (N 말단부터 번호를 붙임)이 단일 문자 암호로 쓰여 있다. 인간의 RefSeq (둘째 줄)에 의해 암호화되는 XIAP 단백질과 비교하면, 닉 볼커의 XIAP (첫째 줄)는 203 위치의 아미노산이 시스테인(C)에서 티로신(Y)으로 바뀌어 있다. 조사된 다른 모든 종에서, 이 위치에서는 시스테인이 발견된다; 이런 진화적 보존은 닉의 유전체에서 생긴 돌연변이가 XIAP 단백질의 기능을 변화시켰을 것임을 시사한다.

	195					200					205					210	
닉의 XIAP	G	D	Q	V	Q	C	F	C	**Y**	G	G	K	L	K	N	W	E
인간	G	D	Q	V	Q	C	F	C	C	G	G	K	L	K	N	W	E
침팬지	G	D	Q	V	Q	C	F	C	C	G	G	K	L	K	N	W	E
쥐	D	D	Q	V	Q	C	F	C	C	G	G	K	L	K	N	W	E
개	D	D	Q	V	Q	C	F	C	C	G	G	K	L	K	N	W	E
소	D	D	Q	V	Q	C	F	C	C	G	G	K	L	K	N	W	E
닭	D	D	Q	V	Q	A	F	C	C	G	G	K	L	K	N	W	E
지브라 피시	D	D	N	V	Q	C	F	C	C	G	G	G	L	S	G	W	E
개구리	R	D	H	V	K	C	F	H	C	D	G	G	L	R	N	W	E
초파리	L	D	H	V	K	C	V	W	C	N	G	V	I	A	K	W	E

었지만, 이 변이는 표 10.2에서 조사되었던 모든 기준들을 충족시키는 훌륭한 후보였다. 게다가 만약 이런 확인이 올바른 것이라면, 닉의 병은 좀 더 나은 상황, 즉 그의 증상을 경감시키기 위해 무엇인가를 해 볼 수도 있는 상황이 된다는 뜻이 된다. 아마도 그는 XLPD 환자들을 도울 수 있는 것으로 알려진 방법에 의해 치료될 수도 있을 것이다. 즉, 그의 골수에 신생아로부터 얻은 제대혈을 이식하는 방법이다. 이런 치료는 이론적으로 닉에게 지속적으로 정상적인 림프구들을 생산할 수 있는 재생성 줄기세포 원천을 제공하는 것이 될 것이었다. 이식 치료 후 1년 내에 닉의 상태는 눈에 띄게 개선되었다(그림 10.3 참조).

인류유전학에 대한 연구는 현재 진행형 사업이다

닉 볼커는 그들의 고통이 전-엑솜/유전체 서열화로부터 얻은 정보에 의해 경감될 수 있었던 환자들 중 한 명이다. 이런 환자들의 수는 점차 증가하고 있다. 그러나 그런 연구들의 결과가 항상 호의적인 것만은 아니다. 예를 들어, 닉의 사례에서 사용되었던 것과 유사한 생물정보학적 검색들을 이용하여, 연구자들은 앞서 그림 10.26에서 소개하였던 남매 환자들의 질병인 밀러증후군을 일으키는 돌연변이들을 찾을 수 있었다. 이들은 그 어머니로부터 *DHOD*라고 하는 유전자에서 하나의 돌연변이를 물려받았으며, 아버지로부터 그 유전자의 또 다른 돌연변이를 받았다; 즉, 그들은 복합 이형접합체들이었다. 불행히도 밀러증후군 유전자의 규명으로 어떤 종류의 치료를 제시해 줄 수 있는 상황이 된 것은 아니다. 그러나 *DHOD*가 밀러증후군 유전자라는 지식은 이 환자들이 미래에 가족 구성원에 대해 결정을 내려야 할 때 도움을 줄 수도 있을 것이다. 만약 그들의 배우자들이 *DHOD* 유전자에 돌연변이를 가지고 있지 않다면, 자식들 중 누구도 이런 질병에 영향을 받지는 않을 것이다.

다른 많은 사례들에서, 전유전체 염기서열 분석은 아직 연구자들이 해당 돌연변이를 찾을 수 있도록 해 주지는 않는다. 아마도 돌연변이는 그 서열들에 어설프게 감춰져 있을 것이다; 돌연변이가 단백질-암호화 엑솜의 밖에, 그 기능이 아직 밝혀져 있지 않은 서열에 있거나; 연구자들이 생물정보학적 분석의 한 과정에서 잘못된(논리적인 것일지라도) 가정을 했을 수 있다.

닉의 이야기에서 얻은 한 가지 교훈은 데이터베이스와 공유된 정보들의 중요성이다. 그의 질병 유발 돌연변이 규명에서 핵심적이었던 과정들은 다른 많은 사람들의 유전체들에서 얻은 변이체들에 대한 정보에 의존한 것이었다. 이런 정보를 제공해 주었던 사람들은 병에 걸리지 않았던 사람들뿐 아니라 다른 유전병 때문에 그의 증상과 조금 비슷한 표현형을 가지고 있었거나 혹은 전혀 표현형이 같지 않았던 사람들도 포함되어 있었다. 따라서 인류유전학에서의 방법은 거대한 부트스트랩 운영체계이다: 더 많은 유전체의 염기서열이 분석될수록 더 많은 정보를 사용하여 새로운 유전체들의 분석을 도울 수 있다. 그러므로 인류유전학에서의 발전을 위해서는 데이터베이스의 지속적 갱신과 유지가 필요하며, 그 거대한 정보는 기록을 보관하는 일반적인 방법을 이용하는 모든 연구자들에게 접근이 가능한 것으로 만들어져야 할 필요가 있다. 이 정도의 접근을 허용하면서도 유전체가 목록화된 개인들의 비밀을 보장하는 것은 미래에 아주 중요한 문제이다.

핵심 개념

- 고효율 대용량의 기술들로 동시에 수백만 개의 DNA 분자들의 염기서열 분석될 수 있게 되었다. 이런 새로운 방법들은 전엑솜와 전유전체의 염기서열 분석에 드는 비용을 빠르게 감소시키고 있다.
- 개인들의 유전체를 구별하는 수많은 DNA 변이들 중에서 질병 유발 돌연변이를 발견하기 위해 순차적인 정보 걸러내기가 필요하다. 이런 단계들에는 가능성이 있는 유전 양식에 대한 추측과 친척들의 유전체 분석, 유전질병들에 대한 지식 및 변이체 단백질의 기능에 관한 예측 등이 포함된다.

다음 학습을 위한 안내

이 장과 9장에서는 유전체의 뉴클레오티드 내용, 특히 인간의 이배체 세포 내에서 46개 염색체들을 구성하는 60억 개의 뉴클레오티드들에 초점을 맞췄다. DNA 서열의 엄청난 복잡성에도 불구하고, 사실상 DNA는 염색체 질량의 1/3 정도만을 구성하고 있다. 염색체의 나머지 부분은 DNA에 저장된 정보를 유지하고 포장하도록 돕는 수천 가지의 단백질로 구성된다. 이 단백질들은 여러 가지 역할을 담당한다. 어떤 단백질들은 염색체들이 핵 안에 들어갈 수 있도록 응축시킨다. 어떤 단백질들은 염색체 DNA가 각 세포주기 동안 복제되도록 하며, 또 다른 것들은 염색체들이 딸세포들로 나뉘어 들어가도록 한다. 그러나 어떤 단백질들은 전사기구에 대한 유전자들의 접근성을 조절하여 특정 유전자들이 단백질로 발현되도록 한다. 11장에서는 어떻게 단백질이 DNA와 상호작용하여 염색체의 기능적 복합체를 생성하는지 살펴볼 될 것이다.

풀이 문제

I. 한 여성의 혈액세포에서 얻은 유전체 DNA가 유전체의 독특한 좌위를 나타내는 한 쌍의 프라이머들로 PCR 증폭되었다. 그 PCR 산물들은 PCR에 사용되었던 프라이머 중의 하나를 이용하여 생거 방법에 의해 염기서열이 분석되었다. 다음 그림은 이 염기서열 분석 판독의 일부를 보여준다.

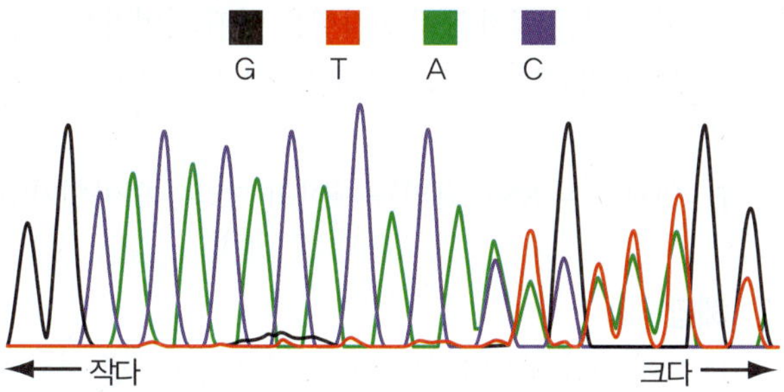

a. 어떤 종류의 다형성이 가장 잘 드러나겠는가?
b. 문제 (a)의 질문에 대한 답을 염두에 두고, 이 좌위에서 여성의 유전자형을 결정하라. 두 대립유전자로부터 읽힐 수 있는 모든 뉴클레오티드들을 5′ → 3′ 방향으로 표시하라.
c. 어떤 종류의 분자적 사건이 이런 다형성을 만들었을 것으로 생각되는가?
d. 유전체의 어느 곳에서 이 좌위를 발견할 수 있을지는 어떻게 알 수 있을까?
e. 이 좌위의 유전자형을 결정하기 위해 PCR 산물을 분석하는 다른 방법으로는 어떤 것이 있겠는가?
f. 그림 10.24에 나타난 것처럼, 단 하나의 전유전체 DNA 분자에 기초하여 이 좌위의 유전자형을 결정하고 싶다고 가정하자. 단 한 번의 판독으로 그 좌위의 유전자형을 결정하는 것이 대체방법으로 충분하겠는가?

해답

이 문제를 풀기 위해서는 일반적으로 PCR 증폭을 실시하면 프라이머들이 두 상동체의 양쪽에 모두 혼성화되기 때문에 한 좌위의 두 사본(어머니로부터 받은 염색체 위의 것과 아버지로부터 받은 염색체 위의 것)을 모두 증폭시키게 된다는 사실을 알아야 한다. 염기서열 분석 자료의 여러 지점에서 두 가지 뉴클레오티드들을 나타낸다. 이런 사실은 그 여성이 분명히 이형접합형이며 PCR 과정이 그 좌위의 두 대립유전자를 모두 증폭시켰음을 시사한다.

a. 두 대립유전자가 여러 개의 CA 두 뉴클레오티드 반복 서열들을 포함하고 있음에 유의해야 한다. 따라서 이 다형성에 대한 가장 그럴듯한 설명은 그 좌위가 SSR 다형을 포함하고 있으며, 이 대립유전자들은 서로 다른 CA 반복수를 가진다. 한 대립유전자는 6번 반복되어 있고, 두 번째 대립유전자는 분명히 더 많은 CA 단위들을 가질 것이다.
b. 두 대립유전자의 첫 번째 14개 뉴클레오티드를 쓰는 것은 어렵지 않다. 만약 문제 (a)의 가정이 맞다면, 하나의 대립유전자는 6개 이상의 CA 반복서열을 가질 것이다. 염기서열 분석 자료에서 한 대립유전자의 15–18 위치에서 두 번의 추가적인 CA 반복서열로 총 8개의 흔적을 보여준다. 그 다음엔 더 짧은 대

립유전자에서 15–18 위치의 CACA를 빼으로써 반복 서열 이후의 뉴클레오티드를 결정할 수 있다. 이 위치에서 남아 있는 피크들은 ATGT에 해당된다. 이 ATGT가 더 긴 대립유전자에서도 발견되는데, 두 개의 추가적인 CACA 반복서열 바로 뒤 19–22 뉴클레오티드에 있다는 점에 주목하라. 이제는 더 짧은 대립유전자에서 19–22 위치의 ATGT를 빼으로써 마지막 네 개의 뉴클레오티드를 결정할 수 있다. 이것은 TAGG이다. 이 SSR 좌위의 두 대립유전자 서열(각각은 DNA 한 가닥을 나타낸다)들은 다음과 같다:

```
대립유전자 1: 5′...GGCACACACACACAATGTTAGG...3′
대립유전자 2: 5′...GGCACACACACACACACAATGT...3′
```

c. 대부분의 SSR 다형성을 만든 것으로 생각되는 기작은 DNA 복제 중에 발생한 DNA 중합효소의 말더듬(stuttering)이다.

d. 실험이 시작되기 전에도 이 좌위의 위치를 알고 있다. 이것은 인간의 전유전체 서열에 대한 지식으로부터 PCR 프라이머를 고안하였기 때문이다.

e. 이 다형성은 반복 단위의 수 차이를 포함하고 있으며, 따라서 두 대립유전자들의 PCR 산물은 길이가 다를 것이다. 그러면 그림 10.12에서처럼 PCR 산물을 젤 전기영동함으로써 유전자형을 결정할 수 있다.

f. 유전체 DNA로부터 얻은 PCR 산물을 직접 생거법으로 서열화하면 두 대립유전자의 흔적이 모두 생긴다. 이것은 단 하나의 DNA 분자를 서열화하는 기술에서는 나타나지 않는다. 따라서 피검인이 이형접합형이라면 두 대립유전자를 모두 보기 위해서는 개별 유전체 DNA 분자들을 여러 번 서열화할 필요가 있다.

II. 인간은 가족의 크기가 작기 때문에 정확한 재조합 빈도를 얻기가 어렵다. 이런 문제를 극복할 수 있는 흥미로운 방법 하나는 연관 분석을 위한 큰 세트의 자료들을 얻기 위해 개별 정자 세포들의 유전자형을 결정하는 것이다. 다음 표는 이런 연구를 위해 어떤 남성이 제공한 20개의 정자들로부터 4개의 SNP 좌위들에 대해 유전자형을 분석한 것을 보여준다. PCR로 이 시료들의 네 좌위를 증폭한 후 마이크로어레이 분석을 실시하여 이 유전자형을 결정하였다. 표의 A, C, G, T는 그 SNP들의 대립유전자들이고(즉, 한 가닥의 뉴클레오티드들), 실선(–)은 이 좌위에 해당하는 DNA가 이 시료에서는 증폭되지 않았음을 뜻한다.

SNP:	좌위 1	좌위 2	좌위 3	좌위 4
정자 번호				
1	G	C	–	T
2	G	A	G	C
3	G	C	G	C
4	G	C	G	T
5	G	A	–	C
6	G	C	–	T
7	G	A	G	C
8	G	A	–	C
9	G	A	G	T
10	G	C	–	T
11	G	C	–	T
12	G	C	G	T
13	G	A	–	C
14	G	A	–	C
15	G	C	G	T
16	G	A	G	C
17	G	C	–	T
18	G	A	–	T
19	G	A	G	C
20	G	C	G	T

a. 어느 SNP 좌위들이 X-연관성일 수 있겠는가?

b. 어느 SNP 좌위들이 Y 염색체상에 있을 수 있겠는가?

c. 어느 SNP 좌위들이 상염색체에 있어야 하는가?

d. 상염색체성 SNP 좌위들에 대해, 체세포성 조직에서 이를 만든 정자의 유전자형은 어떤 것인가?

e. SNP 좌위들 중 서로 연관된 것으로 보이는 것이 있는가?

f. 연관된 두 SNP 좌위들 사이의 거리는 얼마인가?

해답

PCR에 의한 SNP 분석은 매우 민감해서 개별 정자 세포 내에 존재하는 단일 대립유전자들도 분석될 수 있고, 이것은 연구자들에게 상당한 정보를 제공한다. 남성의 체세포들은 각 상염색체상의 두 사본들과 X 염색체상의 한 개 사본, 그리고 Y 염색체상의 한 개 사본을 포함한다는 것을 기억할 필요가 있다. 개별 정자들은 상염색체와 X 혹은 Y 염색체상에 존재하는 어느 한 개의 대립유전자 사본만을 가질 것이다.

a. 어느 X-연관성 SNP 좌위들에 대해, 정자 세포의 절반은 동일한 SNP 대립유전자들을 가지겠지만, 다른 절반의 정자들은 X-염색체를 가지진 않기 때문에 PCR 산물을 만들지 않을 것이다. 좌위 3은 이런 형태를 보인다.

b. 이와 비슷하게, Y 염색체상의 좌위는 오직 절반의 정

자에서만 발견되며, 그 정자들은 모두 동일한 대립유전자를 가질 것이다. 또 다시 좌위 3은 Y-연관성 SNP의 후보이다. 그 자료로는 좌위 3의 위치에 대해 X 염색체인지 Y 염색체인지를 구별할 수가 없다.

c. 상염색체성 SNP 좌위에 대해서는 모든 정자들이 좌위 1, 2, 4들을 하나씩 가지고 있을 것이다. 따라서 좌위 1, 2, 4는 상염색체성이다.

d. 만약 남성이 상염색체성 SNP 좌위의 한 대립유전자에 대해 동형접합형이라면, 그가 만든 모든 정자들은 이 한 개의 대립유전자만을 가질 것이다. 만약 그 남성이 서로 다른 두 대립유전들을 가진 이형접합자라면, 대략 절반의 정자들은 한쪽 대립유전자를 가지며, 다른 절반은 그 좌위의 다른 대립유전자를 가질 것이다. 상염색체성 유전자인 SNP 좌위 1에 대한 그 남성의 유전자형은 GG (동형접합형)이고; SNP 좌위 2에 대해서는 CA (이형접합형); SNP 좌위 4는 CT (이형접합형)이다.

e. 연관된 좌위들에서의 대립유전자들은 50% 이상으로 함께 분리(같은 정자로 들어감)된다. SNP 좌위 2의 C 대립유전자와 좌위 4의 T 대립유전자에 대해서는 이런 상황이 맞다. 상호 대립유전자들(좌위 2의 A와 좌위 4의 C) 역시 연관되어 있지 않을 때보다 더 자주 함께 전달된다. SNP 좌위 2와 4는 서로 연관되어 있다.

f. 3번 정자와 9번, 그리고 18번 정자는 좌위 2와 4 사이에서 재조합이 일어난 증거를 보인다. 20개 중 3개, 즉 15%의 정자들이 재조합체들이다. 따라서 좌위 2와 4 사이의 거리는 15 cM이다.

연습 문제

어휘

1. 왼쪽 용어를 가장 잘 설명한 문장을 오른쪽에서 찾아 연결하라.

a. DNA 다형성	1. 짧은 반복 서열들이 연속되어 구성되는 DNA 요소
b. 연관상	2. 서로 다른 사람들로부터 얻은 유전체 DNA의 같은 좌위에 나타나는 두 개의 서로 다른 뉴클레오티드들
c. 정보성 교배	3. 이배체 생물에서, 연관된 두 유전자의 대립유전자 배열
d. ASO	4. 염색체상에서의 위치
e. SNP	5. 둘 혹은 그 이상의 변이 형태들로 나타나는 DNA 서열
f. DNA 지문	6. 선택된 SNP 좌위의 한 가지 대립유전자에만 혼성화되는 짧은 올리고뉴클레오티드 탐침자
g. SSR	7. 연관되어 있지 않은 매우 다형적인 여러 좌위들을 추적하는 것
h. 좌위	8. 배우자가 재조합성인지 비재조합성인지를 밝힐 수 있게 해 준다.
i. 복합 이형접합체	9. 한 유전체 내의 모든 엑손들
j. 엑솜	10. 같은 유전자에 서로 다른 두 돌연변이를 가진 사람

10.1절

2. 열성, 우성, 불완전 우성, 공우성 등일 때 익명 DNA 다형성의 유전 양식을 어떻게 설명하겠는가?

3. 인간의 유전체에서 단백질-암호화 영역과 비암호화 DNA중 어느 쪽에서 단일 뉴클레오티드 다형성들(SNPs)을 발견할 가능성이 높은가?

4. SNP 좌위에서의 염기 치환율은 최근의 추산에 따르면 배우자당 한 뉴클레오티드 쌍에서 약 1×10^{-8} 정도라고 한다.

   a. 이런 추산에 기초하면, 얼마나 많은 신생 돌연변이(즉, 부모들의 유전체에 존재하지 않던 돌연변이들)가 우리 자신의 유전체에 존재하겠는가?

b. 사람 유전체의 이런 신생 돌연변이들은 언제, 어디서 생겼을 가능성이 가장 높은가?
c. 25세의 남성에게서 만들어진 각 정자들은 그 남성이 접합자가 되었을 때부터 시작된 후 평균 약 300번의 세포분열 결과라는 계산이 있다. 반대로, 5개월 된 여성 태아에서 발견되는 성숙한 난세포들은 접합자로부터 시작된 세포분열이 평균 25회 정도 일어났을 때 생긴다. 이런 계산들은 인간에서의 염기 치환율 추산과 문제 (b)의 답에 기초할 때 무슨 의미를 가지는가?

5. 그림 10.5를 잘 살펴보면, 116,870K와 116,890K의 뉴클레오티드들 사이처럼, 일부 영역들에는 제임스 왓슨과 크레이그 벤터가 같은 SNP들을 공유하는 부분이 있는데, 이곳은 이 두 남성이 어떤 SNP들도 공유하지 않는 부분으로 둘러싸여 있다는 것을 알 수 있다. 이런 사실은 이 두 남성들 사이의 관계에 대해 어떤 것을 말해주며, 어떻게 이런 패턴의 공유 SNP와 비공유 SNP들이 생겼다고 생각하는가?

6. 수천 개의 인간 유전체들을 연구한 후 지금까지 약 5천만 개의 SNP들이 보고되었다.
a. 이 수천 명의 유전체에서는 대략 얼마나 많은 염기쌍들이 동일하겠는가?
b. 인간 집단에 이것 외에 다른 많은 SNP들이 존재할 것으로 생각하는가? 만일 그렇다면 왜 아직 발견되지 않았겠는가?
c. 현재까지 발견된 거의 대부분의 SNP 다형성들은 이중-대립유전자성(bi-allelic)이다; 즉, 현재까지 연구된 집단의 모든 유전체들 중에는 오직 두 개의 가능한 대립유전자들만이 발견될 수 있다(예를 들어, A와 C). 같은 인간 집단 내에서 발견될 수 있는 삼중-대립유전자성(tri-allelic) SNP 좌위들의 수는 대략 얼마나 되겠는가(예를 들어, A, C, T를 가지는 서로 다른 세 개의 대립유전자들이 있는 좌위의 수)? 현재까지 연구된 인간 유전체들 중에서 발견될 수 있는 네 가지 가능한 뉴클레오티드를 가지는 좌위의 수는 대략 어느 정도겠는가?

7. 단순 반복서열(SSR)에서의 돌연변이는 배우자 하나의 좌위당 1×10^{-3}의 빈도로 발생한다. 어느 것이 SNP 좌위들에서의 염기 치환율(그 빈도는 한 배우자의 뉴클레오티드 쌍 1×10^{-8} 당이다)보다 더 큰가?
a. SSR 다형성의 특징은 무엇인가?
b. 어떤 기작에 의해 이 SSR 다형성들이 생기겠는가?
c. 반복수 변이체들(CNVs) 역시 비교적 높은 빈도로 돌연변이를 일으킨다. 이 돌연변이들은 SSR들을 만드는 것과 같은 기작에 의해 생기는가, 아니면 다른 기작으로 발생하는가?
d. SSR 돌연변이율은 새로운 SNP들을 만드는 돌연변이율보다 훨씬 높다. 그렇다면 왜 유전학자들이 보고한 SNP 좌위들은 5천만 개가 넘는데, 인간 유전체 내의 SSR 좌위는 약 십만개 정도 밖에 되지 않는가?

8. 인간과 고릴라는 약 1천만 년 전에 마지막으로 공통조상을 가졌었다. 인간과 침팬지는 약 6백만 년 전에 조상을 공유하였다. 다음 표는 두 개의 고릴라 배우자들로부터 얻는 유전체 영역과 침팬지 배우자로부터 얻은 영역, 그리고 3개의 인간 배우자들로부터 얻은 해당 영역들을 보여주고 있다.
a. 세 가지 생물종들 간의 진화관계를 보여주기 위해, 그림 10.6b에 나타난 것과 같은 분기도를 그려보라.
b. 그 자료는 이 8종의 유전체들 사이에 존재하는 6개의 다형성들을 보여준다: 2번 위치(A 또는 G), 3번 위치(A 또는 T), 4번 위치(G 또는 T), 7번 위치(C 또는 T), 8번 위치(C 또는 T), 9번 위치(G 또는 T)이다. 이 각각의 다형성들이 언제 생겼을지 그려 놓은 분기도상에 그 시기를 대략적으로 표시하라. 각 대립유전자들에 대해 그것이 조상형인지, 파생형인지, 아니면 구분이 불가능한지를 설명해 보라.
c. 인간과 침팬지의 마지막 공통조상인 (i) 에서의 서열을 추측하라. 그리고 3종 모두의 마지막 공통조상인 (iii)에서의 서열은 무엇일까? 불확실한 경우 물음표(?)를 사용하라.

유전체 (반수체)	고릴라	침팬지	인간
1	CATGTCCTGA	CGAGTCCTGA	CAAGTCCTGA
2	CATGTCCTTA	CAAGTCCTGA	CAATTCCTGA
3		CAAGTCCCGA	CAATTCTTGA

10.2절

9. 상염색체성 열성 질환인 페닐케톤뇨증(phenylketonuria, PKU)을 앓고 있는 환자로부터 유전체 DNA를 얻었다. PCR을 이용하여 효소인 페닐알라닌 수산화효소(phenylalanine hydroxylase)를 암호화하고 있는 인간의

상염색체 영역 약 1 kb 정도의 엑손을 증폭하고자 한다.

a. 인간 유전체의 서열이 이미 결정되어 있음을 감안하면, 우선적으로 PCR 증폭을 수행하려고 하는 이유는 무엇이겠는가?

b. 주형으로 혈액에서 얻은 1 ng (1×10^{-9} g)의 염색체 DNA를 사용하여 PCR을 수행하고자 한다면, 주형분자의 수는 얼마나 되겠는지 계산하라. 각 반수체 유전체에는 페닐알라닌 수산화효소 유전자에 대한 단일 유전자만 포함되어 있고, 한 염기쌍은 몰당 660 g이라고 가정하라. 반수체 인간 유전체는 3×10^9염기쌍을 포함한다.

c. 25회의 PCR 회로를 사용하였으며, 각 회로의 생산량은 정확히 이전 회로의 2배가 된다고 하면, 여기서 얻은 PCR 산물 속의 분자 수는 얼마나 될지 계산하라. 이 PCR 산물의 총 질량은 얼마나 되겠는가?

10. 다음 a~d의 프라이머 세트들 중 어느 것이 다음 표적 DNA 서열을 증폭시키는 데 사용될 수 있겠는가? 이것은 *CFTR* 유전자의 마지막 단백질 암호화 엑손의 일부이다.

```
5′ GGCTAAGATCTGAATTTTCCGAG ... TTGGGCAATAATGTAGCGCCTT 3′
3′ CCGATTCTAGACTTAAAAGGCTC ... AACCCGTTATTACATCGCGGAA 5′
```

a. 5′ GGAAAATTCAGATCTTAG 3′;
5′ TGGGCAATAATGTAGCGC 3′

b. 5′ GCTAAGATCTGAATTTTC 3′;
3′ ACCCGTTATTACATCGCG 5′

c. 3′ GATTCTAGACTTAAAGGC 5′;
3′ ACCCGTTATTACATCGCG 5′

d. 5′ GCTAAGATCTGAATTTTC 3′;
5′ TGGGCAATAATGTAGCGC 3′'

11. 문제 10번은 PCR 프라이머들을 고안하는 데 대한 몇 가지 재미있는 질문들을 야기한다.

a. 문제 10번에서 답으로 고른 18-뉴클레오티드 길이의 두 프라이머들이 *CFTR* 유전자의 인간 유전체 DNA의 다른 부분은 말고 오직 한 엑손만 증폭시킬 것이라고 어떻게 확신할 수 있는가?

b. PCR에 사용된 프라이머들은 일반적으로 적어도 16 뉴클레오티드 길이 정도가 된다. 왜 16이 최저 길이가 되었을 것이라고 생각하는가?

c. 문제 10번에서 답으로 고른 프라이머 중 하나가 특정인의 유전체 DNA의 한 염기와는 맞지 않는 부분을 가진다고 가정하자. 만약 이런 짝짝이가 프라이머의 5′ 말단이나 3′ 말단에 있다면 이런 유전체 DNA로부터 PCR 산물을 얻기가 더 쉬울 것으로 생각하는가? 왜 그런가?

12. 어떤 사람의 유전체로부터 증폭된 PCR 산물을 서열화하는 중에 그림 10.11에서와 같은 이중 피크를 발견하였다. 대부분의 경우, 이런 결과는 이 사람이 그 위치에서 SNP에 대한 이형접합자임을 시사한다. 그러나 PCR 증폭 과정에서 DNA 복제 중 DNA 중합효소가 잘못된 뉴클레오티드를 끼워 넣어 발생한 실수에 의해서 이런 결과가 생길 가능성 역시 존재한다.

a. 만약 여러분이 서열화 흔적들에서 이중 피크를 발견한다면, 그 실수는 PCR 증폭 과정의 처음 회로 중에 발생하였겠는가, 아니면 마지막 몇 회로에서 발생하였겠는가?

b. 이중 피크가 생기든지 안 생기든지, 실수는 PCR 증폭의 처음 과정에 생길 가능성이 높을까, 아니면 마지막 몇 회로에서 발생할 가능성이 높을까?

c. 그 실수가 PCR 증폭 중에 생겼다고 하면, 그 사람의 유전자형을 확실히 하기 위해 어떤 일을 할 수 있을까? 배아의 전 착상 유전자 검사 중이라면 왜 이런 정도로 확실하게 하는 것이 어렵겠는가?

d. PCR은 온천수에서 자라는 호열성 세균으로부터 얻은 열-안정성 DNA 중합효소에 기초한 것이다. 원래 PCR에 사용되던 DNA 중합효소는 세균인 *Thermus aquaticus*에서 얻은 것으로, 대장균의 DNA 중합효소(그림 7.9 참조)에서처럼 3′ → 5′ 핵산말단가수분해효소 활성이 결여되어 있다. 왜 요즘은 과학자들이 이런 엑소뉴클레이즈 기능을 포함하고 있는 다른 호열성 세균(*Pyrococcus furiosa*)의 DNA 중합효소를 더 자주 사용하겠는가?

13. 문제 8번은 인간 집단의 같은 상염색체 위에 존재하는 세 가지 서로 다른 서열들을 보여주고 있다. 이 서열들은 각기 단일 염색분체로부터 얻은 것이다. 개별 반수체 배우자들로부터 PCR 증폭된 것이기 때문에 이것이 사실임을 알고 있다. 만약 체세포로부터 얻은 유전체 DNA를 PCR 증폭하여 같은 정보를 얻기를 원한다면, 초기 세포가 이배체이므로 이 문제는 조금 더 복잡해질 것이다. 서열화될 PCR 산물들은 실제로는 두 개의 상동염색체들로부터 증폭될 것이다. 그래도 문제 8번에 제시된 세 가지 서로 다른 반수체 서열들은 두 사람 정도의 체

세포 유전체 DNA를 분석함으로써 확인할 수 있다(우연히 맞는 사람들이 있다면).

a. 이 세 가지 반수체형 서열들을 구별할 수 있는 두 사람들의 이배체 유전자형을 표시하라. 이 서열들에서 10뉴클레오티드들을 모두 말하라. 세 가지 가능한 답이 있을 수 있겠지만 하나만 보여라.

b. 특정 유전체형을 가진 사람의 유전체 DNA부터 PCR 증폭을 실시하였다면, 그 유전체가 이 세 서열들 중 어느 것을 포함하는지 결론을 내릴 수 없을 것이다. 왜 그런지 설명하라.

14. 6명의 사람들로부터 헌팅턴병(HD) 좌위의 세 뉴클레오티드 반복 영역을 PCR 증폭하여 젤 전기영동으로 분석하였고, 그 결과는 다음 그림과 같다; 오른쪽의 숫자는 PCR 산물의 크기를 염기쌍(bp) 길이로 나타낸 것이다. DNA가 분석된 사람들은 모두 한쪽 부모가 병에 걸린 사람들이다.

a. 어떤 사람이 가장 헌팅턴병에 걸릴 가능성이 높으며, 그 사람들 중에서 질병이 가장 빨리 나타날 것 같은 사람은 누구인가?

b. 누가 병에 걸릴 가능성이 가장 적은가?

c. 두 개의 PCR 프라이머들이 세 뉴클레오티드 반복 영역의 증폭에 사용되었다고 생각하자. 이 프라이머들 중 하나에서 5′ 말단이 첫 CAG 반복서열의 70 bp 상류에 위치한다고 하면, 다른 프라이머의 5′ 말단이 발견될 수 있는 마지막 CAG 반복서열로부터 하류 방향으로 가장 먼 거리의 위치는 어디인가? [가능한 가장 큰 대립유전자(35 CAG 반복)가 표에 표시되어 있다고 가정하라.]

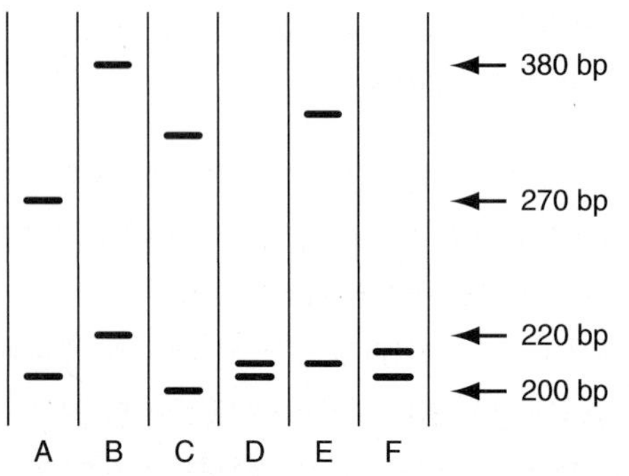

15. 헌팅턴병의 효과가 막 나타나기 시작한 두 남성으로부터 정자 시료들이 채취되었다. 이 시료들로부터 각각의 정자에 대해, PCR로 *HD* 유전자의 세 뉴클레오티드 반복 부위를 증폭하여 그 길이를 분석하였다. 제시된 그래프에서 가로축은 각 정자의 CAG 반복수를 나타내는 것이고, 세로축은 특정 크기의 총 정자수가 얼마나 되는지를 나타낸 것이다. 첫 그래프는 돌연변이 *HD* 대립유전자가 62개의 CAG 반복서열(체세포에서 측정된 것)을 가진 남성에서의 결과를 보여준다; 두 번째 그래프는 돌연변이 *HD* 대립유전자에 48개의 반복이 있는 남성에게서 얻은 정자를 분석한 것이다.

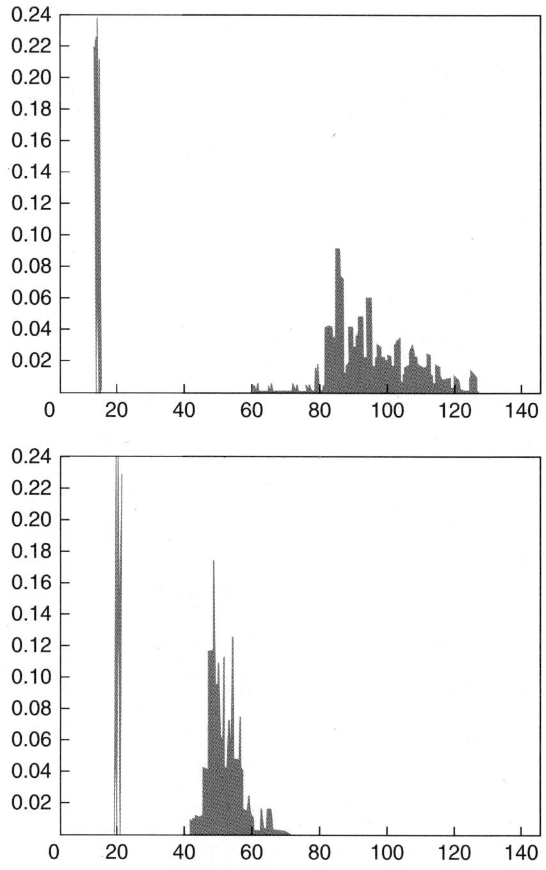

a. 두 환자 모두에서 HD^{+} 대립유전자들의 CAG 반복수는 대략 얼마인가?

b. 이 결과들이 어떤 경향을 나타낸다고 가정하면 돌연변이 *HD* 대립유전자가 생기는 과정에 대해 어떤 결론을 내릴 수 있는가? 이런 과정은 어떤 종류의 세포에서 발생하는가?

c. 이 결과들은 약 5~10%의 환자들이 왜 이 질병에 대해 가족력을 갖지 않는지 그 이유를 어떻게 설명해 주는가?

d. 동일한 PCR 분석을 정자가 아닌 단일 혈구 세포들에 대해 실시한다면 결과가 어떨지 예측하라.

10.3 절

16. 1993년에 최초로 법정은 살인 재판에서 식물의 DNA를 증거로 받아들였다. 피고인은 픽업 트럭을 소유하고 있었는데, 경찰은 거기에서 애리조나의 팔로베르데 산 식물의 씨앗 껍데기 몇 개를 발견하였던 것이다. 살해된 여성은 애리조나의 사막에서 버려진 채 발견되었다. 어떻게 검사하는 피고를 고발하는 강력한 증거로 그 씨앗 껍질의 DNA를 사용할 수 있었을까?

17. a. DNA 표식자로 SSR들 대신에 SNP들로도 DNA 지문분석을 수행할 수 있다. 그러나 일반적으로 동일인인지를 확신하기 위해서는 CODIS 데이터베이스에서 사용되는 13개의 SSR 좌위들보다 더 많은 SNP 표식자들이 필요하게 된다. 그 이유를 설명하라.
    b. DNA 지문분석은 귀한 동물들, 예를 들어 쇼견(Show dog)이나 경주용 그레이하운드, 그리고 혈통 말들의 가계도를 확인하는 데도 사용되어 왔다. 그러나 이런 응용 기술은 인간의 법의학적 적용에서보다 훨씬 어렵다. 특히, 가축들에서 두 DNA 시료의 밀접한 가족 관계를 규명하거나 개체를 확인하는 일에는 훨씬 더 많은 수의 DNA 표식자들이 조사되어야만 한다. 왜 이런 동물들에서는 사람들에서보다 더 많은 다형성 좌위들이 조사되어야 하는가?

18. 1918년 7월 17일, 니콜라스(Nicholas) 2세 황제와 알릭스(Alix) 황후, 그리고 그들의 딸들인 올가(Olga), 타티아나(Tatiana), 마리아(Maria), 아나스타샤(Anastasia) 및 황태자인 알렉세이(Alexei)는 4명의 왕실 하인들과 함께 볼셰비키 혁명단원들에게 죽임을 당했다. 시체들은 수년 동안 수습되지 못했고, 대공녀인 아나스타샤가 도망쳤다는 소문이 돌아 안나 앤더슨(Anna Anderson)이란 이름의 여성은 자기가 아나스타샤라고 주장하기까지 했다. 1991년과 2007년에, 러시아 우랄 산맥의 예카테린버그에서 9구의 유골이 묻힌 두 개의 거대한 무덤들이 파헤쳐졌다. 다음의 표는 이 유골들에 대한 부분적인 DNA 지문분석 결과를 제시한 것이다(5개의 SSR 좌위들과 성염색체의 Amel 표식자만 사용). 쉼표로 분리된 숫자들은 대립유전자들을 나타낸다(반복 단위들의 수).
    a. 각 유골에서 가장 쉽게 찾을 수 있는 것은 무엇인가? [참고: 이 정보만으로는 딸들을 구분할 수 없다.]
    b. 세 개의 PCR 반응들은 산물을 만들지 못했다. 만약 이 반응이 적절히 수행된 것이라면, 각 경우에 기대할 수 있는 대립유전자들은 어떤 것들인가?
    c. 딸들 중에 일란성 쌍둥이가 있는가?
    d. 딸들을 구분하기 위해서는 어떤 종류의 증거들이 유골로부터 얻어질 수 있을까?
    e. 이 DNA 지문분석은 안나 앤더슨의 주장을 어떻게 반박할 수 있겠는가?

표의 DNA 지문 자료는 이 유골 중 일부가 황제의 가족 구성원이라는 생각과 분명히 일치한다. 그러나 이 가설을 증명하는 것은 아니다. 더 자세한 조사를 위해 법의학자들은 필립 공(대영제국 엘리자베스 2세 여왕의 부군)으로부터 얻은 혈액의 DNA 지문을 러시아의 유골에서 얻어진 것과 비교하였다. 가족의 계보가 아래 제시되어 있다. 그 결과는 황제 가족이 정말로 이 무덤들에 매장되었음을 증명해 주었다.

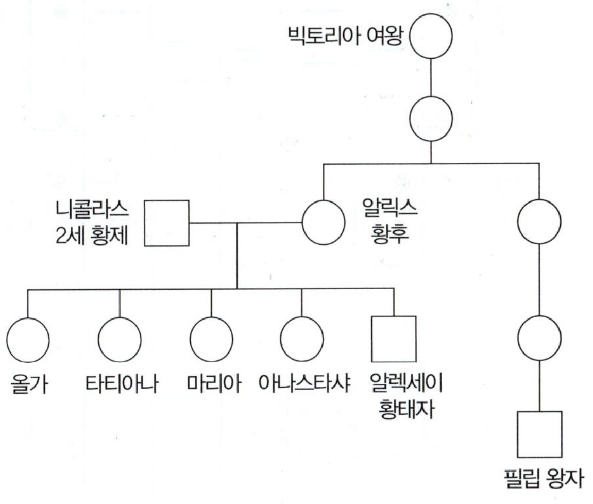

    f. 상염색체성 DNA 표식자들에 대해, 황후의 유골에서는 몇 %의 대립유전자들이 필립 공의 유전체에 있는

좌위	A	B	C	D	E	F	G	H
Amel	XX	XX	XY	XX	XX	XX	XY	XX
D3S1358	17,18	17,18	14,17	16,17	16,18	13,15	14,16	17,18
D5S818	12,12	—	12,12	12,12	12,12	11,12	12,12	12,12
D13S317	11,11	11,11	—	11,11	11,11	10,14	11,12	11,11
D16S539	11,11	11,11	11,14	11,14	—	10,12	11,14	9,11
D8S1179	13,16	15,16	13,15	13,16	16,16	13,14	15,16	15,16

대립유전자들과 일치해야 하는가?

g. 상염색체성 DNA 표식자들에 대해, 황태자의 유골에 있는 대립유전자들의 몇 %가 필립 공의 유전체에 있는 대립유전자들과 일치해야 하겠는가?

h. 계보 마니아들을 위한 질문 하나: 필립 공과 황후는 어떤 관계에 있는가?

19. 다음 그림은 강간 사건과 관련된 정액(***) 및 4명의 구강 채취 시료(체세포들)로부터 얻은 유전체 DNA에 대한 지문분석 결과를 보여주고 있다. 이 분석은 6개의 SSR 좌위들에 대한 PCR 증폭을 포함한다. 이 좌위들은 모두 서로 다른 염색체(비상동염색체)에 존재한다. PCR 프라이머들은 모두 20 뉴클레오티드 길이로 사용되었다; 각 좌위에 대한 프라이머들은 좌위를 나타내는 색의 형광으로 표지되었다. 젤에서는 일부 밴드들이 더 두꺼운데, 그 이유는 상대적으로 더 많은 PCR 산물이 얻어졌기 때문이다. 그림의 양쪽에 있는 점들은 종이 가장자리를 안내자로 이용하여 특정 밴드를 찾는 데 이용할 수 있도록 표시한 것이다.

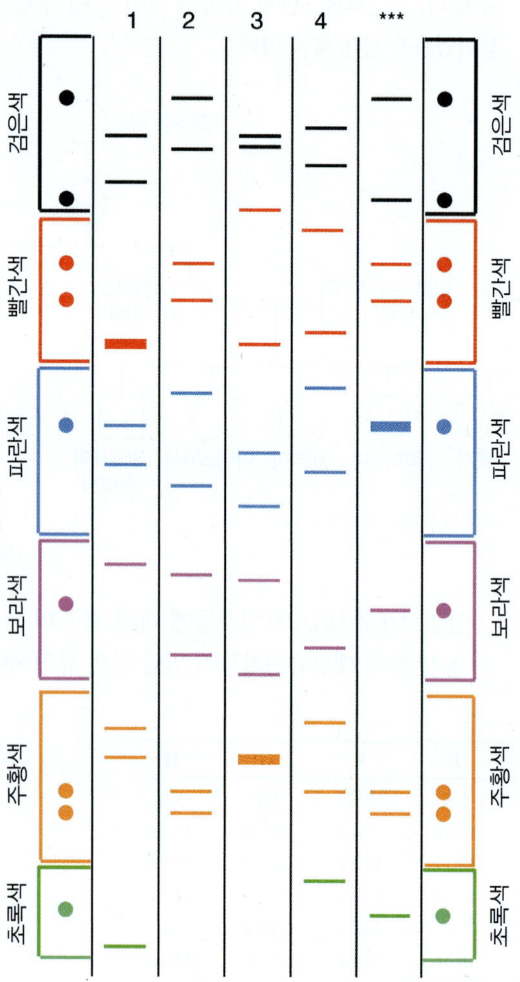

a. 정자들은 반수체들이다. 그러나 정액 시료는 특정 좌위에서 서로 다른 길이의 두 가지 PCR 산물을 보여준다. 어떻게 이것이 가능한가?

b. X 염색체상의 좌위가 있는가? 있다면 어떤 것인가?

c. Y 염색체상의 좌위가 있는가? 만약 있다면 어느 것인가?

d. 왜 이 결과가 네 명 중 누구도 강간범이 아니라는 것을 증명하는지 설명하라. 강간범으로부터 구강 채취를 실시하였다면 어떤 DNA 패턴이 나오리라고 기대하는가?

e. 그럼에도 불구하고 이 결과들은 강간범을 잡을 수 있도록 도울 수 있는 정보를 제공하는가? 만약 그렇다면 가능한 한 자세히 설명하라.

f. 정액으로부터 PCR 증폭된 두 개의 주황색 밴드들은 200염기쌍 길이와 212염기쌍 길이이다. 그 강간범의 유전체 DNA에서 이 좌위의 두 대립유전자들에서는 몇 개의 미세부수체 반복 단위가 발견되는가? (PCR 산물들은 가능한 가장 짧으며, 이 좌위에서의 반복 단위는 TCCG라고 가정하라.)

20. 낫형적혈구빈혈증과 관련되어 있는 7개의 배아들(시험관 내 수정으로 얻어진)의 유전자형을 결정하는 데 마이크로어레이가 사용되었다. 다음 그림에 있는 각 쌍의 네모칸들은 두 개의 ASO들을 나타낸 것으로, 하나는 $Hb\beta^A$ 대립유전자(A)에 특이적인 것이고, 다른 하나는 $Hb\beta^S$ 대립유전자(T)에 특이적으로 결합하는 것이다. 이들은 실리콘으로 된 칩에 부착되어 있으며, 배아 중 하나의 단일 세포로부터 얻어진 형광 표지된 PCR 산물과 혼성화된다. 혼성화 실험은 보는 바와 같이 세 가지 온도(80°C, 60°C, 40°C)에서 수행되었다.

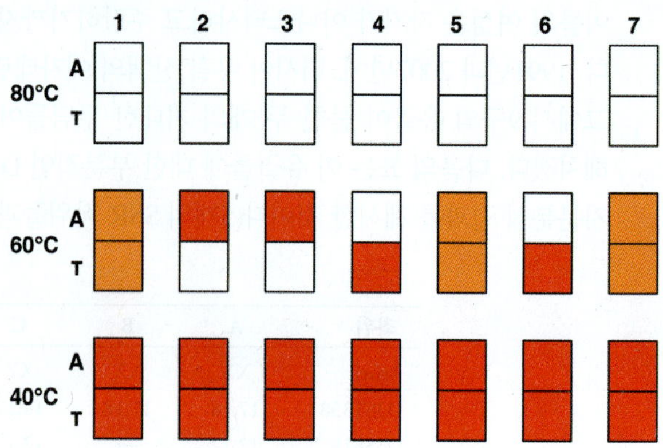

a. 이 마이크로어레이 분석에 왜 PCR 단계가 필요하다고 생각하는가?

b. 유전체 DNA에서 겸상 세포 돌연변이와 관계된 PCR 프라이머의 위치를 그려보라. 관련된 모든 DNA 분자들은 5′와 3′ 방향을 표시하라.

c. 왜 80°C에서는 혼성화가 나타나지 않는가?

d. 왜 40°C에서는 모든 유전체 DNA 탐침자들이 두 가지 ASO들에 모두 강하게 혼성화되는가?

e. 이 7개 배아들의 유전자형은 무엇인가? 아이가 낫형적혈구빈혈증에 걸리지 않도록 하려면 어머니의 자궁에 배아들 중 어느 것을 착상시키겠는가?

21. 야생형 $Hb\beta^A$ 대립유전자의 부분적 서열이 아래에 나타나 있다. (위쪽 가닥이 RNA-유사성 암호화 가닥이고, 질병을 일으키는 돌연변이의 위치는 밑줄이 그어져 있다):

```
5′ ATGGTGCACCTGACTCCTGAGGAGAAGTCGCCG 3′
3′ TACCACGTGGACTGAGGACTCCTCTTCAGCGGC 5′
```

그리고 낫형적혈구 대립유전자인 $Hb\beta^S$의 서열은 다음과 같다.

```
5′ ATGGTGCACCTGACTCCTGTGGAGAAGTCGCCG 3′
3′ TACCACGTGGACTGAGGACACCTCTTCAGCGGC 5′
```

문제 20번에서와 같이 마이크로어레이 분석을 위한 실리콘 칩에 붙일 수 있는 21뉴클레오티드 길이의 ASO들을 고안하라. 각 ASO들을 위한 두 가지 가능성이 존재한다; 두 개 중 하나만 표시하라.

22. a. 그림 10.17에서, 마이크로어레이상에서 유전자형을 결정하기 위해 PCR로 유전체 DNA를 증폭하였다. 이 PCR 반응에는 일반적인 PCR에서처럼 두 개의 프라이머들이 쓰인 것이 아니라 오직 하나의 프라이머만 사용되었다. 왜 이 경우에는 하나의 프라이머로 충분한가?

b. 다시 그림 10.17b로 돌아가서, PCR 증폭을 수행하기에 앞서 유전체 DNA를 제한효소로 절단하였다. 이 목적을 위해서는 어떤 종류의 제한효소가 가장 효과적이겠는가: 점착성 말단을 만드는 것인가, 아니면 비점착성 말단을 만드는 것인가? 어떤 길이의 인식서열을 가지는 것이겠는가, 4bp로 된 인식서열인가, 아니면 6bp나 8bp를 인식하는 것이겠는가?

23. 다음에 제시된 그림은 어떤 핵가족의 구성원들에 대한 부분적인 마이크로어레이 분석을 보여주고 있다. 조사된 8개의 SNP 좌위들은 4번 염색체상에 약 10 Mb 간격으로 일정하게 떨어져 있으며, 염색체상의 순서대로 마이크로어레이에서도 나타나 있다. 일단은 두 부모들에만 관심을 집중하고 그들이 병에 걸렸는지는 무시하라.

a. 두 부모들에서 모든 DNA 표식자들에 대한 완전한 유전자형을 작성해 보라.

b. 그 마이크로어레이 자료들은 하나의 SNP 좌위가 이 가족에서는 세 개의 대립유전자를 가짐을 시사한다. 어느 것인가?

c. 이 좌위들이 실제로 4번 염색체상에 약 10 Mb 떨어져 있다는 것은 어떻게 알 수 있겠는가?

d. 1번 DNA 표식자와 8번 표식자 사이의 영역은 4번 염색체의 총 길이 중 어느 정도의 %를 차지하는가? (4번 염색체는 총 191 Mb 길이이다; 이것은 인간 유전체 중 네 번째로 크다.)

10.4절

24. 이 마이크로어레이는 어떤 핵가족의 유전체 DNA를 분석한 것이다. 이 가족에서는 아버지와 아들 하나, 딸 하나가 희귀병인 후발성 다낭성신장질환을 가지고 있다; 반면에, 어머니와 둘째 아들, 그리고 둘째 딸은 병이 없

다. 앞의 문제에서 언급되었던 것처럼, 조사된 8개의 SNP 좌위들은 4번 염색체에 약 10 Mb씩 떨어져 있으며, 이 염색체에서와 같은 순서로 마이크로어레이상에서도 나타나 있다.

a. 이 질병을 일으킨 대립유전자는 야생형 대립유전자에 대해 우성인가, 열성인가? 또한 상염색체성인가, X-연관성인가?

b. 네 명의 자녀들 각각에 대해 그들을 만들었던 정자의 유전자형이 어떠한 것이었는지 표시하라. 이 각각의 정자들에 대해 4번 염색체상의 8개 좌위들의 대립유전자를 순서대로 작성해 보라.

c. 이 가족에서는 알 수 없는 두 SNP 좌위들을 찾아보라(즉, 이 좌위들이 이 질환과 연관이 있는지를 판단할 수 없다).

d. 간단히 하기 위해 4명의 자녀들이 그 아버지가 100명의 자녀를 두었을 때를 완벽하게 대표할 수 있다고 가정하면, 그림의 자료들은 한 좌위가 이 질병과 연관되어 있지 않음을 시사한다. 어느 것인가?

e. 그 마이크로어레이 결과는 아버지에서 감수분열이 일어나는 중에 그 질병 유전자와 유전적으로 연관되어 있던 SNP 좌위들을 포함한 영역에서 두 번의 재조합사건들이 일어났었음을 시사한다. 이 유전자의 위치와 연관된 SNP 좌위들, 그리고 두 번의 재조합 사건을 보여주는 4번 염색체 지도를 그려보라. 지도에는 이 위치들에 어떤 불확실한 점이 있는지 표현되어야 한다.

f. 아버지의 이배체 유전체에는 두 개의 염색체가 존재할 것이다. 거기에 존재하는 모든 유전자들에 대해, 모든 대립유전자들의 위치와 배열(연관상)을 그려보라.

25. 다음 그림은 완전 침투성인 상염색체 우성 질병이 3세대 동안 유전되고 있는 어떤 가계도와, 이중 대립유전자성 개별 SNP 좌위들에 대한 마이크로어레이 분석(대립유전자들은 C이거나 T이다)을 같이 보여주고 있다.

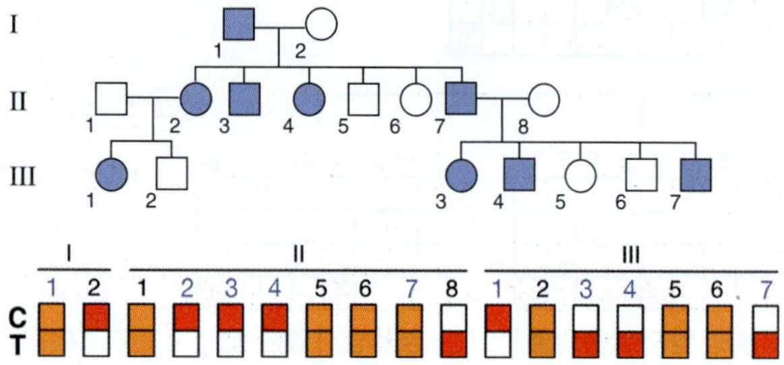

a. 그 자료들은 질병 좌위와 SNP 좌위 사이에 유전적 연관이 있음을 제시하는가? 만약 그렇다면 그 두 좌위 사이의 유전적 거리는 얼마로 계산되는가?

b. 이 가계도에서 질병 좌위와 SNP 사이의 연관에 대해 최대 로드 스코어값을 계산하라. 이 로드 스코어는 무엇을 의미하는가?

26. 인류유전학자들이 마주하는 어려움 중의 하나는 과학적 목적에 따라 혼인을 마음대로 조절할 수 없다는 점이다. 따라서 가계도들이 항상 바람직한 정보를 주지는 않을 수도 있다는 것이다. 일례로, 다음 혼인들(W, X, Y, Z)에 대해 생각해 보자:

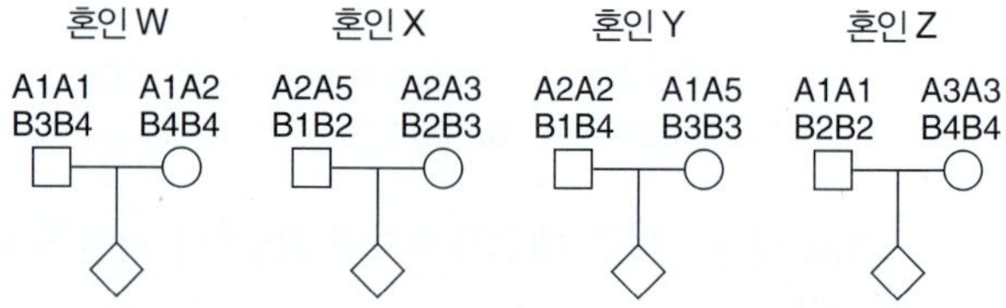

a. 이 혼인들 중 어느 것이 좌위 A와 B 사이의 연관을 검사하는 데 유용하며, 어느 것이 별로 도움이 되지 않을까? (A1과 A2는 좌위 A의 서로 다른 대립유전자이고, B1과 B2는 좌위 B의 서로 다른 대립유전자들과 같은 식으로 표현되어 있다.) 각 혼인들에 대한 여러분의 답변을 제시하라.

b. 좌위 A는 SNP일까 SSR일까? 좌위 B는 어떨까? 왜 그런지 설명하라.

27. 이제 혈연관계면서 열성 유전병에 연루되어 있는 사람들끼리의 혼인에 대해 생각해보자. 다음 그림은 이 두 사람의 네 SNP 좌위들에 대한 유전자형(1–4)을 보여주고 있다.

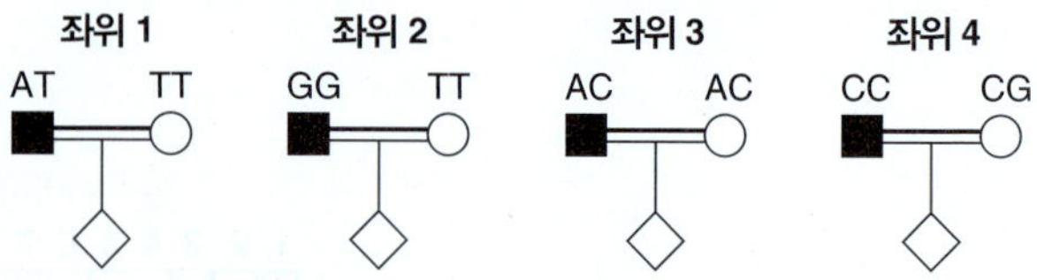

a. 이 좌위들 중 어떤 좌위에 대해, 질병 유전자와 SNP의 연관에 대해 정보를 얻는 것이 가능한가? 각 좌위들에 대한 답을 말하고 적용 가능한 특별한 조건을 설명하라.

b. 어떤 좌위가 가장 확실한 정보를 주는가? 그 아이가 재조합 배우자의 결과인지 비재조합 배우자의 결과인지에 대해서는 어떤 답을 하겠는가? (즉, 연관상 문

제를 어떻게 풀겠는가?) 가능한 한 자세히 답하라.

28. 그림 10.22에 제시된 가계도는 4번 염색체에 위치한 헌팅턴병 유전자인 *HD*를 찾는 데 매우 중요한 것이었다.
  a. 그 자료는 DNA 표식자인 G8이 분명히 *HD*와 연관되어 있음을 보여준다. 헌팅턴병을 가진 이 가족 구성원들 대다수는 우성 질병유전자인 돌연변이 *HD* 대립유전자와 함께, G8의 어떤 대립유전자(A, B, C, 혹은 D)를 물려받았는가?
  b. 가계도 내에서 몇 명을, 어떤 가정(연관에 대한 가정을 포함하여)도 하지 않고 환자 부모로부터 생긴 양친형 배우자 혹은 재조합형 배우자의 산물이라고 확실히 구분할 수 있겠는가?
  c. 이제 G8과 *HD*가 연관되어 있다고 가정하면, 이 가계도 내에서 몇 명이 환자 부모로부터 생긴 재조합 배우자의 산물이라고 말할 수 있는가?
  d. 이 가계도에서 얻은 자료에만 기초하면, G8과 *HD* 사이의 지도 거리에 대한 가장 좋은 추정치는 얼마가 되는가?
  e. 문제 (b)와 (d)에 대한 답을 고려하여, 최대 로드 스코어 값을 계산하라. 가계도는 정보를 줄 수 있는 혼인으로부터 생긴 47명을 포함한다. ($0^0 = 1$임에 유의하라.) 이 로드 스코어가 의미하는 바는 무엇인가?

29. 여러분이 한 대가족에서 희귀한 상염색체성 우성 유전병을 일으키는 좌위와 관련하여 어떤 재조합도 보이지 않는 SNP 표식자를 하나 찾았다고 하자. 게다가 그 가족에서 병에 걸린 사람들은 그 돌연변이 염색체 상의 이 SNP에서 모두 G 염기를 가지고 있으며, 모든 야생형 염색체들은 이 SNP 좌위가 T라는 사실을 발견하였다. 여러분은 아마 이 질병 좌위와 그 원인 돌연변이를 발견하였다고 생각했지만, 다른 가능성 역시 고려해야 할 필요가 있음을 깨달았다.
  a. 이 결과에 대해 내릴 수 있는 다른 가능한 해석은 어떤 것이겠는가?
  b. 그 염기 쌍 차이가 질병을 일으킨다는 가설을 지지하거나 기각할 수 있도록 하는 다른 추가적 유전정보를 얻기 위해서는 어떻게 하겠는가?

문제 30번과 31번은 직접 질병 유발 돌연변이를 조사하지 않고도 자녀들에서 연관된 표식자들의 유전자형을 예측할 수 있음을 보여준다. 이 방법은 강하게 연관되어 있어도 높은 대립유전자 이질성을 보이는 질병들에 귀중한 것일 수 있다.

30. 제시된 가계도들은 서로 혈연관계가 없는 세 가족들로부터 얻은 것이다. 이 가족들의 구성원 일부는 같은 질병을 갖고 있는데, 우성 돌연변이에 의해 생기는 완전 침투성 질병을 나타낸다. 이 돌연변이는 1, 2, 3 대립유전자로 나타나는 SSR 표식자와 10 cM의 거리로 연관되어 있다. 살아 있는 사람들에 존재하는 이 SSR 대립유전자들의 유전자형은 가계도 기호 아래에 표시되어 있다. A, B, C, D라고 표시된 신생아들의 표현형은 아직 모른다.

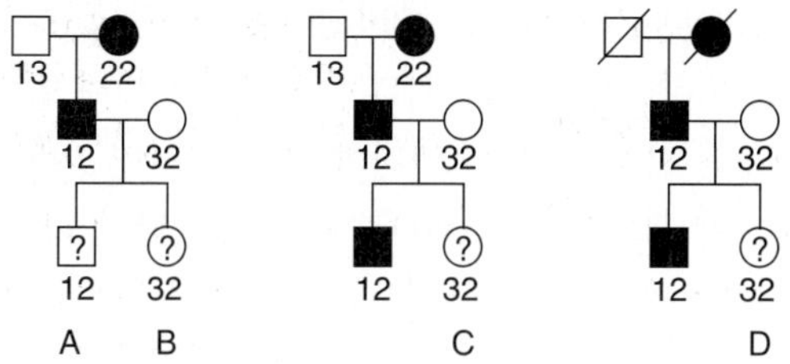

  a. 이 신생아들에서의 질병 표현의 가능성은 어떤가?
  b. 왜 인류유전학자가 이 질병을 진단할 때 이 SSR 표식자를 사용하지 않을 것 같은가?

31. 대략 3%의 인구가 열성 질병인 낭 섬유증을 일으키는 *CFTR* 유전자의 한 가지 돌연변이 대립유전자를 가지고 있다. 어떤 유전 상담사가 부모가 모두 *CFTR* 돌연변이에 보인자로 알려진 어떤 가족을 조사하는 중이다. 그들의 첫 아이는 질병을 가지고 태어났고, 그 부모들은 상담사를 찾아와 임신 중인 그들의 새로운 태아가 병에 걸릴 것인지, 보인자일지, 혹은 *CF* 좌위에 대해 완전히 야생형일지에 대한 추정을 부탁하였다. 각 가족 구성원들과 태아로부터 DNA 시료를 얻어, PCR과 젤 전기영동으로 *CFTR* 유전자의 한 인트론 내에 있는 SSR 표식자에 대해 검사를 실시하였다. 다음은 이렇게 해서 얻어진 결과이다:

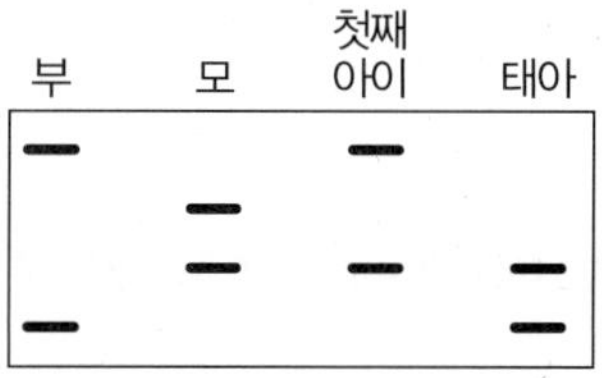

  a. 이 태아로부터 생길 아기가 질병을 발현시킬 가능성은 얼마인가?
  b. 이 아이가 자라 결혼을 한다면, 그녀 아이 중 한 명이 이 질병에 걸릴 확률은 얼마인가?
  c. 낭 섬유증 유전자는 광범위한 대립유전 이질성을 나타낸다: *CFTR* 유전자에서는 전 세계적으로 1,500개

이상의 서로 다른 돌연변이들이 이 질병과 관련된 것으로 알려져 있다. 이런 사실을 명심하고, 왜 인류유전학자들이 첫째 아이에서 질병을 실제로 일으켰던 그 돌연변이에 직접 초점을 맞추기보다는 이 문제에서 설명된 간접적인 방법으로 태아를 검사하기를 선택하는지 설명하라.

32. 최근, *CFTR*에 희귀한 G551D 돌연변이 대립유전자를 가진 아이들에서 낭 섬유증을 치료하기 위해 약제인 이바카프토(ivacaftor)가 개발되었다.
   a. 이바카프토가 G551D 돌연변이에 대해 동형접합형인 환자들에만 효과가 있을지, 아니면 7번 염색체의 한 좌위에는 G551D를 가졌지만 다른 사본에는 보다 흔한 대립유전자인 DF508 같은 다른 *CFTR* 대립유전자를 가지고 있는 복합 이형접합체들에게도 작용을 할지에 대해 어떻게 생각하는가? (G551D에 의해 암호화되는 단백질은 적당히 접혀 세포막으로 삽입되지만, 염소이온 수송 효과는 떨어진다. 이바카프토는 G551D의 이온 수송 능력을 향상시킨다. ΔF508 단백질은 제대로 접히지 않으며, 따라서 세포막에 삽입되지도 않는다.)
   b. 왜 이바카프토가 더 나이든 낭 섬유증 환자들에서보다 더 어린 아이들에게서 효과적일 것이라고 생각하는가?
   c. 이바카프토를 개발한 과학자들은 낭 섬유증에 대한 모형을 가지고 있다: 배양기에서 자라고 있는 한 층의 세포들은 G551D에 대해 동형접합형이다. 이 세포들은 그 표면에 점액을 축적시켜 섬모(세포 막의 미세한 털들)들이 움직이는 것을 방해한다. 어떻게 그 과학자들이 이 모형을 이용하여 G551D 관련 낭 섬유증을 막는 데 효과적인 약물들을 골라낼 수 있는지 설명하라.

10.5절

33. 그림 10.24에 제시된 고효율 대용량 DNA 서열화 방법에서
   a. 단일가닥의 유전체 DNA 단편들에 폴리-A를 추가하는 것의 목적은 무엇이고, 왜 이 단편들의 3′ 말단에 폴리-A가 추가되는가?
   b. 왜 매 합성 주기의 끝에서는 통합된 뉴클레오티드의 형광 표지를 제거해야 하는가?
   c. 왜 통합된 뉴클레오티드들은 차단 잔기(blocking group)들을 가져야 하며, 왜 이 차단 잔기들은 매 주기마다 제거되어야 하는가?

34. 연구자들이 어셔 증후군(Usher syndrome)을 앓는 한 환자의 모든 엑솜을 서열화하고 있다. 이 증후군은 희귀한 상염색체성 열성 질병이지만, 병발성 청각장애와 시각 상실의 주된 요인이다. 엑솜 서열은 인간의 RefSeq와 다른 어떤 다형성에 대해서도 동형접합형을 나타내지 않는다.
   a. 서열화가 정확하다는 가정하에, 질병 유전자를 찾기 위해 어떻게 연구자들은 이미 모은 자료를 조사할 수 있을까?
   b. 문제 (a)에서 설명한 시도가 성공적이지 못했다면, 연구자들은 환자의 전유전체를 서열화할지를 고민할 것이다. 이 전략에서의 가장 문제점은 무엇인가?

35. 본문에 설명하였던 것처럼, 여러 유전병들의 원인은 전-엑솜/유전체 서열을 분석함으로써 파악될 수 있는 것이 아니다. 그러나 이렇게 까다로워 보이는 경우들 중 몇몇에서는 DNA에서가 아니라 mRNA나 단백질을 조사함으로써 중요한 단서를 얻을 수 있다.
   a. 15장과 16장에서 더 자세히 보게 되겠지만, 특정 조직으로부터 얻은 수백만의 mRNA 분자들에서 cDNA 사본들을 저렴하게 서열화하기 위해 단일 분자 방법들을 사용하는 것이 가능하다. 때로는 질병 유전자를 찾기 위해 그런 정보를 어떻게 사용할 수 있겠는가? 이 정보는 언제 도움이 되지 못할까?
   b. 웨스턴 블롯팅(Western blotting)이라고 하는 기술은 항체를 가지고 있다면 어떤 단백질이라도 조사할 수 있게 해 준다; 그 단백질의 크기나 양이 변화했는지를 살펴 볼 수 있다. 때로는 질병 유전자를 찾기 위해 어떻게 그런 정보를 이용할 수 있겠는가? 이런 정보가 별 도움이 되지 못할 때는 언제인가?

36. 그림 10.26은 네 개의 유전체에 대한 완전한 서열화를 통해 밀러증후군(Miller syndrome)에 대해 분석한 것을 보여준다: 모두 환자들인 남매들과 양쪽 부모에 대한 것이다.
   a. 연구자들은 밀러증후군이 열성 형질이라고 가정하였다. 우성 돌연변이 때문에도 밀러증후군이 생길 수 있을까? 만약 그렇다면 어떤 시나리오일 때 가능하겠는가?
   b. 이 가족에서 밀러증후군이 어머니나 아버지 혹은 둘

다의 생식세포에서 생긴 신생 돌연변이들에 기인한 것일 가능성이 별로 없다고 보는 이유는 무엇 때문인가? 인간의 난소나 정소에서 발생하는 세포분열에 대한 이해를 바탕으로, 아주 희박하지만 이론적으로라도 신생 돌연변이 기설을 가능하게 하는 시나리오를 작성하라(그림 4.18, 4.19 참조).

c. 그림 10.26은 *DHOD* 유전자와 가장 가까운 16번 염색체상의 위치를 보여주고 있다. 밀러증후군 환자들의 부모들에서 감수분열 시 재조합이 발생한 곳이다. 어느 부모 쪽에서 이런 재조합이 발생하였는가?

d. 그림 10.26b에서 보이는 교차의 수는 인간 유전체에서 이전에 계산된 약 1 Mb당 1 cM이라는 값과 맞는가? 16번 염색체는 약 90 Mb 길이이다; 염색체 17번은 약 81 Mb 길이를 가진다.

e. 연구자들은 인간에서의 뉴클레오티드당 돌연변이율을 계산하기 위해 이 가족에서 얻은 모든 서열 자료들을 어떻게 이용할 수 있겠는가?

37. 2012년 한 편의 연구 논문이 발표되었는데, 이것은 간혹 유산을 일으킬 수 있는 양수검사 같이 침습적 방법을 사용하지 않고도 태아의 전유전체 서열을 얻을 수 있는 방법을 제시하고 있다. 이 새로운 기술은 일부 태아의 세포들이 어머니의 혈류로 새어 들어갔다가 터져서 그 DNA를 방출시킨다는 사실에 기초한 것이다. 모체의 혈청에 있는 DNA 단편들 중 정확히 10%가 태아에서 온 것이고, 나머지 90%는 모체의 유전체로부터 온 것으로 가정하자.

연구자들은 임신한 여성의 혈류로부터 세포가 없는 DNA를 수집하여 그것을 첨단 고효율 서열화 방법으로 분석하였다. 이 문제 끝에 제시된 표는 7개의 비연관 좌위들을 보여준다; 특정 대립유전자들(그리스 문자로 표시)의 "판독(read)" 수가 표시되어 있다. 간단히 하기 위해 모든 숫자들은 통계적으로 유의하다고 가정한다(실제 자료들은 절대로 이렇게 깔끔할 리가 없지만).

a. 각 좌위들이 상염색체성인지, X-연관성인지 혹은 Y-연관성인지 판별하라.

b. 어머니와 태아의 이배체 유전체 상태를 각 대립유전자의 그리스 문자를 써서 설명하라. 적당한 그리스 문자가 없으면 실선(−)을 사용하라.

c. 태아는 여아인가, 남아인가?

d. 8번째 좌위에서, 단일형의 서열이 1,500번 판독되었음이 발견되었다. 이런 결과에 대해 가능한 자세한 설명을 제시하라.

좌위		서열들	판독 수
1	α:	TCTTTGGTAAACGCAAG	1000
2	α:	GTACCGGAGGCAGCCTC	500
	β:	GTACCGGCGGCAGCCTC	500
3	α:	AGCCATTGCGGATCCGA	950
	β:	AGCTATTGCGGATCCGA	50
4	α:	GGGGCCTTATGATAAGG	50
5	α:	CAGTTCCTGGAGTTGTA	550
	β:	CAGTTCATGGAGTTGTA	450
6	α:	GCAGCCCGTGCTGTTAA	500
	β:	GCAGCCCGTGCTGTCAA	450
7	α:	CACTCAGTCCTACGGAC	500
	β:	CACTCGGTCCTACGGAC	450
	γ:	CACTCAGTCCTAAGGAC	50

38. 표 10.2와 그림 10.27은 모두 닉 볼커의 중증 염증성 장질환을 일으킨 돌연변이를 찾기 위한 노력을 보여주고 있다. 부모 중 누구도 병을 앓지 않으므로 유전학자들은 열성 유전 양식과 X 염색체성을 보이는 드문 변이체들에 탐색을 집중시켰다.

a. 상염색체상의 후보 변이체에 대해, 연구자들은 닉의 동형접합형 변이체에만 관심을 기울였을 것이다. 왜 그랬을지 설명하라.

b. 열성이고 X-연관성이라는 가정을 배제하면, 닉의 질병에 대해 다른 어떤 가능한 설명이 존재할 수 있겠는가?

c. 원인 돌연변이는 닉의 엑솜만을 분석함으로써 특정되었는데, 이 연구가 행해질 즈음에 전유전체나 전엑솜 염기서열 분석이 너무 비싸서 그의 부모들에 대해서까지 수행하기 어려웠기 때문이다. 어떤 경제적 방법으로 이 돌연변이가 부모 중 어느 한 쪽의 생식계 세포에서 생긴 신생 돌연변이(즉, 닉을 만든 특정 난자나 정자가 만들어지는 중에 생긴)인지 아닌지를 결정할 수 있을까? 답에 전유전체나 전엑솜 서열화 방법이 포함되지 않도록 하라.

39. 브루가다증후군(Brugada syndrome; 비정상적 심전도가 특징이며 급성 심부전 가능성이 높은 질병)에 관계된 유전자의 첫 번째 엑손에 대한 전체 서열은 인간의 RefSeq일 때 다음과 같다.

5′ CAACGCTTAGGATGTGCGGAGCCT 3′

네 명의 유전체 DNA 서열(1–4)에 대해 단일-분자 서열화가 수행되었다. 이 중 세 명은 이 질병을 앓고 있다. 다음 서열들은 각 사람들에게서 얻은 것들이다. RefSeq와 다른 뉴클레오티드는 밑줄로 표시되었다.

개인 1:

5′ CAACGCTTAGGATGTGCGGAGCCT 3′

와

5′ CAACGCTTAGGATGTGCGGAGACT 3′

개인 2:

5′ CAACGCTTAGGATGTGAGGAGCCT 3′

개인 3:

5′ CAACGCTTAGGATGTGCGGAGCCT 3′

와

5′ CAACGCTTAGGATGGCGGAGCCT 3′

개인 4:

5′ CAACGCTTAGGATGTGCGGAGCCT 3′

와

5′ CAACGCTTAGGATGTGTGGAGCCT 3′

a. 이 유전자의 RefSeq 사본의 첫 번째 엑손에는 개시 코돈이 포함되어 있다. 암호화되는 단백질의 아미노산 서열을 가능한 한 많이 써보라. N → C 방향으로 표시하라.

b. 이 사람들 중에는 동형접합자가 있는가? 있다면 어느 사람이고, 어느 대립유전자가 그러한가?

c. 이 사람들에서 브루가다증후군의 유전은 우성인가, 열성인가?

d. 브루가다증후군은 대립유전자 이질성(allelic heterogeneity)과 연관이 있는가?

e. 이 사람들 중 복합 이형접합체(compound heterozygote)가 있는가?

f. 이 자료는 좌위 이질성(locus heterogeneity)의 증거를 나타내는가?

g. 정상적인 심장 기능을 가진 사람은 누구인가?

h. RefSeq과의 개별 차이에 대해 다음을 설명하라. (i) 어떤 돌연변이가 암호화 서열에 대한 것인가? (ii) 그 변이는 기능 상실(loss-of-function) 대립유전자인가, 기능 획득(gain-of-function) 대립유전자인가, 아니면 야생형 대립유전자인가?

i. 각 변이를 다음 용어들을 적용해 표시하라: 영(null), 저형태성(hypomorphic), 고형태성(hypermor-phic), 무의미(nonsense), 틀이동(frameshift), 미스센스(과오, missense) 침묵(silent), SNP, DIP, SSR, 익명(anonymous).

j. 이 유전자의 기능은 반수체 불충분성(haploinsufficient)을 보이는가? 설명하라.

11장

진핵세포 염색체

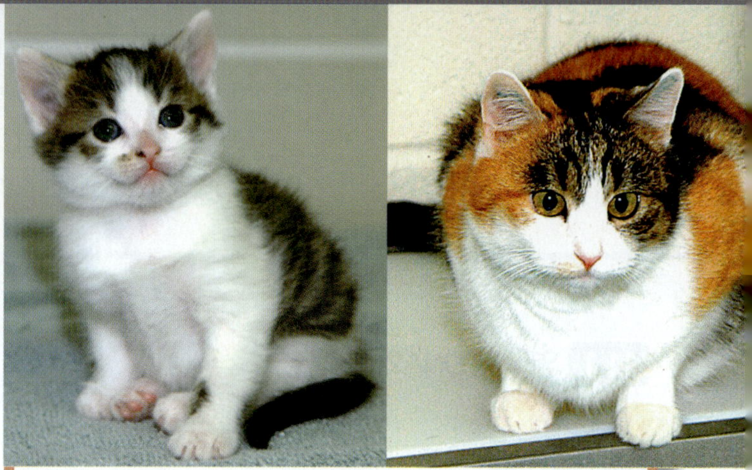

CC (복제된 고양이, 왼쪽)와 핵 공여자인 고양이 Rainbow (오른쪽)는 같은 염색체를 공유하지만 표현형은 구별된다.

개요

2001년 12월, 수의사들은 세계 최초의 복제 애완동물, 새끼 고양이 CC ("Copy Cat"과 "Carbon Copy"에서 유래, 사진의 왼쪽)의 출산을 제왕절개수술로 도왔다. CC는 Rainbow (사진의 오른쪽)라 명명된 암컷 삼색털 고양이로부터 얻은 핵을, 이미 핵이 제거된 난자(이름 없는 기증자 고양이로부터)로 주입하는 핵이식 실험의 결과였다. 재구성된 난자는 대리모의 자궁에 착상된다. CC는 이 글을 쓰고 있는 2013년까지 살아 있고, 자신의 새끼 고양이를 보살피는 완벽하게 정상적인 고양이의 모습을 보인다.

사진 속 CC와 Rainbow의 모든 세포들은 한 세포의 유사분열로부터 유래한 것이기 때문에 같은 핵 DNA를 갖는데, 접합자는 Rainbow가 된다. 그렇지만 이런 모든 세포의 핵 DNA들이 동일하더라도, 모든 세포들이 동일하지 않다. 몇몇 세포들은 눈으로, 다른 세포들은 수염으로, 또 다른 세포들은 피부로, 그리고 기타 등등으로 분화된다. 같은 DNA에도 불구하고, CC와 Rainbow는 그들의 털의 색깔 패턴부터 성격까지 여러 표현형이 다르다.

염색체로의 DNA의 포장(packaging)은 이런 사진들에서 보고 있는 생물학의 많은 것들의 밑바탕이 된다. 이런 포장은 고양이 유전체를 이루는 10억 개의 염기쌍을 하나의 세포핵에 넣는 것을 가능하게 하고, 셀 수 없이 많은 유사분열 동안에 유전체 원본에 충실한 복제와 분배에 필수적이다. 염색체의 몇몇 단백질은 유전자를 켜야 하거나 꺼야 할 때, 유전자에 명령하기 때문에 세포 분화의 원인이 된다. 염색체와 연관된 다른 거대분자들(단백질과 RNAs)은 Rainbow와 CC의 털 색깔 패턴에서 보이는 많은 차이를 설명하는, X 염색체 불활성화의 원인이 된다.

이 장에서는 진핵세포 염색체의 구조와 기능을 설명한다. 어떤 일반적인 결론이 이러한 논의에서 도출된다. 즉 염색체는 하나의 긴 DNA 분자에 존재하는 정보들의 포장, 복제, 분리, 발현에 관련된 많은 기능들을 지원하도록 다양하고 역동적인 구조를 갖는다는 것이다.

11.1 염색체 DNA와 단백질

학습목표

1. 가닥의 극성을 포함한 염색체의 DNA 구성요소들을 도식화한다.
2. 구조와 기능의 측면에서 히스톤 단백질과 비히스톤 단백질을 비교한다.

광학현미경에서 보면 염색체는 세포분열 과정을 통해 다양한 모양과 위치를 갖는다. 유사분열 간기 동안 염색체는 스파게티가 엉킨 듯한 모양을 갖는다. 유사분열 중기 즈음의 염색체는 쌍을 이루고 있는 막대모양(두 개의 자매염색분체)으로 방추사 기구의 중간에 나타난다. 이 절에서는 염색체가 무엇으로 구성되어 있는지에 대해서 살펴보고, 다음 절에서는 어떻게 이러한 염색체 요소들이 상호결합을 하여 관찰되는 바와 같은 다양한 구조를 형성하는지 알아본다.

각 염색체는 하나의 긴 DNA 분자로 구성되어 있다

과학자들은 물리적 분석을 통해 세포 핵 안에 있는 각각의 염색체(또는 복제 후, 각각의 염색분체)들은 긴 선형 이중가닥 DNA 분자를 포함하고 있는 것을 발견하였다. 오래 전의 연구에서 그들은 염색체 DNA를 두 개의 실린더들 사이에 놓고 한쪽의 실린더를 회전시켜서 DNA를 늘린 후 다시 감기는 정도를 측정하였다. 짧은 분자는 긴 분자보다 더 빨리 감긴다. 연구자들은 이러한 기술을 초파리 염색체 DNA에 적용하였을 때, 가장 긴 DNA 분자의 길이가 가장 큰 염색체의 DNA 양과 일치되는 것이 측정됐다. 따라서 염색체는 하나의 선형 DNA 분자를 포함해야 한다.

여러분들은 10장에서, 전형적인 진핵 염색체를 구성하는 DNA 분자들이 어떻게 유전자를 만드는지에 대한 개괄적인 면에 대해서 살펴보았다. 또한, 염색체는 또 다른 중요한 구조적 특징을 가지고 있다. 단순 반복 서열(SSRs)과 전이인자 같은 반복적인 비암호화 DNA의 많은 확장은 동원체와 말단소체와 같은 특정 염색체 지역에 집중된다. 이런 지역의 반복 서열은 이 장의 뒷 부분에서 논의되는 염색체 생명활동의 여러 양상에 매우 중요하다.

염색체는 히스톤 단백질과 비히스톤 단백질을 포함한다

DNA 그 자체만으로는 핵 안에 존재할 수 있을 만큼 접힘이 일어나지 않는다. 충분한 응축을 위하여 DNA는 두 종류의 단백질인 히스톤과 비히스톤 염색체 단백질과 결합한다. **염색질**(chromatin)은 세포의 핵에서 발견되는 DNA와 단백질 결합체를 총칭하는 용어이다. 하나의 염색체는 세포분열 동안 (S기 전에) 하나의 단일 DNA 분자를 포함하고 하나의 단위(unit)처럼 행동하는 염색질의 한 조각이다.

염색질은 중량 면에서 DNA 1/3, 히스톤 1/3, 비히스톤 1/3이지만 또한 중요한 양의 RNA를 포함한다. 일반적으로 염색질과 관련된 RNA들의 역할은 잘 알려져 있지 않지만, 이 장의 뒤에서 유전자 발현을 조절하는 특정 RNA 분자의 기능을 설명할 것이다.

히스톤 단백질

히스톤(histone)은 1884년에 발견되었고, 비교적 염기성 양전하를 띤 아미노산 리신과 아르기닌이 많은 작은 단백질이다. 히스톤은 강한 양전하를 띠고 있기 때문에 음전하를 띤 염색질 DNA를 중화시킨다. 히스톤은 중량 면에서 염색질 단백질의 50%를 차지하고 다섯 종류로 구분된다: H1, H2A, H2B, H3, H4. 마지막 네 개의 단백질 H2A, H2B, H3, H4는 초기 DNA 응축 단위인 **뉴클레오솜**(nucleosome)의 핵심 단백질이다. 이들을 **핵심 히스톤**(core histone)이라고 한다.

다섯 종류의 히스톤 모두는 거의 모든 이배체 진핵세포의 염색질에 나타나고 모든 진핵세포에서 유사하다. 완두식물과 송아지의 H4 단백질은 둘 다 102개의 아미노산으로 되어 있고, 2개를 제외한 나머지 아미노산은 모두 동일하다. 히스톤은 진화 과정을 통해서 거의 변화가 없는 것으로 보아 염색질 구조 형성이 매우 중요하다는 것을 알 수 있다.

비히스톤 단백질

진핵세포의 염색질에 있는 단백질의 반은 히스톤이 아니다. 그들은 수천 종류의 **비히스톤 염색체 단백질**(nonhistone chromosomal protein)로 구성된다. 이배체 유전체의 염색질은 200~2,000,000분자의 비히스톤 단백질을 포함한다. 당

그림 11.1 염색체 뼈대. 사람 염색체가 히스톤과 일부 비히스톤 단백질을 제거하기 위해 약하게 세제로 처리될 때, 아직 남아 있는 비히스톤 단백질로 구성된 검은 뼈대는 두 개의 자매염색분체 모양으로 보인다. 세제 처리에 의해 자유로워진 DNA 고리가 뼈대를 둘러싸고 있다.

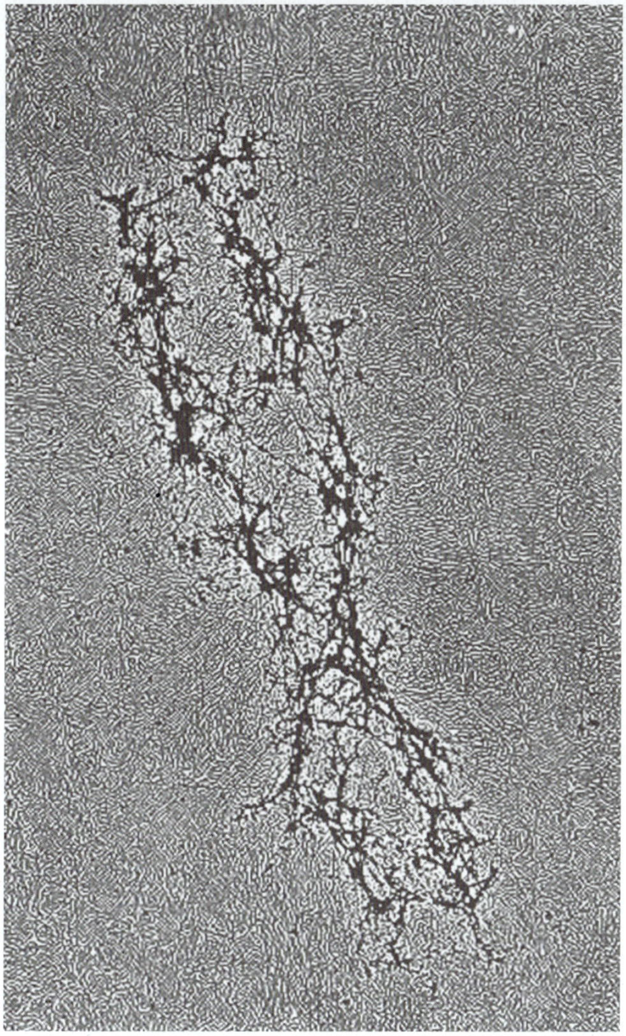

연히 이렇게 많은 다양한 단백질들은 많은 다른 기능을 수행한다. 몇 개의 비히스톤 단백질은 단순히 구조적 역할만 하는데, 그들은 DNA가 좀 더 복잡한 구조로 응축되는 데 도움을 준다. 염색체의 구조적 중추, 즉 뼈대 역할을 하는 단백질이 이러한 종류에 속한다(그림 11.1). DNA 중합효소와 같은 다른 비히스톤 단백질들은 복제에 관여한다. 또 다른 단백질은 염색체 분리에 관여한다. 예를 들어, 방추사부착점의 동력 단백질은 방추기구와 더불어 염색체를 움직이게 하여 유사분열과 감수분열 동안 부모세포에서 딸세포로 염색체의 수송을 촉진시킨다(그림 11.2).

지금까지 알려진 가장 큰 비히스톤 단백질은 유전자 발현 동안 전사나 RNA 가공을 촉진하거나 조절하는 것으로 구성된다. 포유동물에는 5,000종류가 넘는 이런 종류의 다양한

그림 11.2 방추사부착점 단백질. 어떤 비히스톤 단백질들은 세포분열 동안에 방추사를 따라 염색체를 이동하게 하는 동력이 된다. 이 그림에서 염색체는 파란색으로 염색되어 있고, CENP-E로 알려진 비히스톤 단백질은 빨간색으로 염색되어 있다. CENP-E는 복제된 각 염색체의 방추사부착점에 있고 자매염색분체가 후기에 방추극 쪽으로 이동하는 데 중요한 역할을 한다.

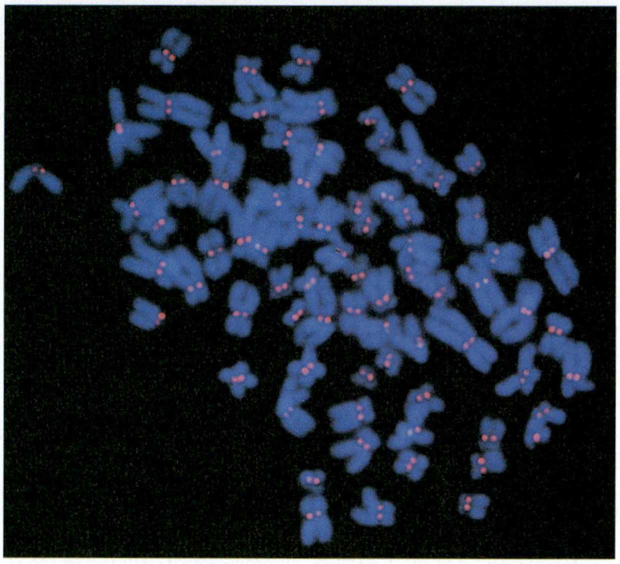

단백질이 있다. DNA와 상호 결합에 의해 이런 단백질들은 언제, 어디에서, 어떤 비율로 유전자가 전사되는지에 영향을 준다.

핵심 개념

- 각각의 진핵 염색체는 (복제 전에) 절단이나 극성의 변화가 없는, 하나의 선형 분자의 이중가닥 DNA를 갖는다.
- 히스톤 단백질은 DNA가 염색질로 포장되도록 돕는다. 비히스톤 단백질은 유전자 발현의 조절뿐만 아니라 염색체 구조, 복제, 분리에서 기능을 한다.

11.2 염색체 구조와 응축

학습목표

1. 뉴클레오솜의 구조를 도식화한다.
2. 뉴클레오솜 초나선화와 염색질 포장의 방사상 고리-뼈대 모형과의 연관성을 설명한다.
3. 염색체에서 G 밴드 생성의 과정과 어떻게 이런 밴드들이 유전자의 위치를 알아내는 데 사용되는지 요약한다.
4. FISH 분석과 염색체에서 특정 DNA 서열을 찾을 때 이것의 적용을 설명한다.

표 11.1 염색체 응축 단계

기작	상황	응축결과
뉴클레오솜	결정 구조에 의해 확인됨	순수한 DNA를 7배 응축하여 100 Å 섬유를 만듦
초나선	가설 모형(비록 모형에 의해 예상된 300 Å 섬유가 전자 현미경을 통해 관찰되었지만)	추가적으로 6배 응축하기 때문에, 순수한 DNA에 비해 40~50배 응축됨
방사상 고리-뼈대	가설 모형(이 모형을 위한 예비 실험의 뒷받침이 존재)	300 Å 섬유의 점진적인 응축을 통해, DNA가 순수한 DNA보다 10,000배 이상 응축된 막대모양의 유사분열의 염색체가 됨

한 개의 인간 세포 안에 존재하는 DNA를 가늘게 일렬로 늘린다면 약 2 m에 달할 것이다. 물론 이것은 유전체가 포함된 세포핵보다 틀림없이 훨씬 길다. 사람 세포 핵의 평균 직경은 약 6 μm (6×10^{-6} m)이다. 여러 단계의 응축은 DNA를 핵 안에 들어갈 수 있도록 한다(표 11.1). 첫째, 히스톤 둘레를 DNA가 감아서 작은 뉴클레오솜을 만든다. 그 다음에, 더 강한 응축을 하여 뉴클레오솜을 모아서 더 높은 단계의 구조로 만든다. 연구자가 아직 이해하지 못한 추가적인 단계의 응축은 현미경에서 관찰할 수 있는 중기 염색체를 형성한다.

뉴클레오솜은 염색체 응축의 가장 기본적인 단위이다

그림 11.3에 있는 염색질의 전자현미경 사진은 사람 적혈구 세포의 핵에서 나온, 길면서 장식용 단추결절 같은 섬유형태의 DNA를 보여주고 있다. 뉴클레오솜은 실 위에 구슬과 같은 모양을 띤다. 구슬은 직경이 100 Å이고 실은 직경이 20 Å DNA 이다 (1 Å = 10^{-10} = 0.1 nm). 그림 11.4a는 염색질 섬유의 실 위의 구슬 구조를 형성하기 위해 DNA가 어떻게 핵심 히스톤을 감싸는지 보여준다.

그림 11.3 뉴클레오솜. 전자현미경으로 보면 뉴클레오솜은 DNA라는 실 위에 있는 구슬처럼 보인다.

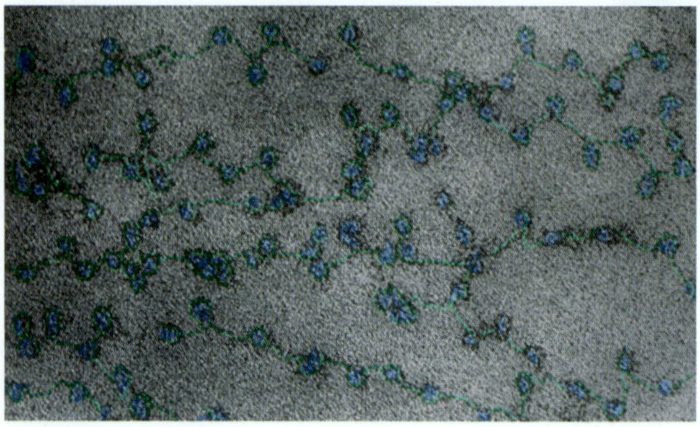

각 구슬은 160 bp의 DNA를 포함하고 있는 뉴클레오솜이다. 그 DNA는 그림 11.4a에서 보이는 것처럼 각각 2개의 H2A, H2B, H3, H4의 8개 히스톤으로 구성된 핵심 히스톤을 감고 있다. 160 bp의 DNA는 핵심 8량체를 두 바퀴 감고 있다. 추가적인 40 bp로 구성되어 있는 **연결자** DNA (linker DNA)는 하나의 뉴클레오솜을 다음 뉴클레오솜과 연결시킨다.

히스톤 H1은 DNA가 들어오고 나가는 핵심 히스톤의 바깥쪽에 존재한다(그림 11.4a). 과학자가 특정 시약을 사용해 염색질로부터 H1을 제거하면 약간의 DNA는 뉴클레오솜에서 풀어지지만 해체되지 않는다. 약 140 bp는 각 핵심 히스톤을 감싼 채로 있다.

과학자들은 핵심 뉴클레오솜을 결정화할 수 있고 결정을 X-선 회절분석을 할 수 있다. 얻어진 그림을 보면 앞서 설명한 뉴클레오솜 구조와 같지만, DNA가 핵심 히스톤 둘레를 부드럽게 감싸고 있지는 않다(그림 11.4b). 대신에 DNA는 어떤 부위에서는 급격하게 구부러지고, 어떤 곳에서는 거의 구부러지지 않는 모양을 보인다. 급격하게 구부러진 곳은 특정 염기서열해서만 나타나고 다른 염기서열에서는 나타나지 않기 때문에, 염기서열은 염색체에서 선호되는 뉴클레오솜 위치의 결정에 도움을 준다.

기본적인 뉴클레오솜 구조의 중복은 DNA 복제와 연계되어 있다. 4개의 염기성 히스톤 단백질은 세포분열의 S기에 증가하여 새로 복제된 DNA에 들어간다. 또 다른 단백질은 뉴클레오솜의 조립에 관여한다. DNA와 히스톤 합성이 서로 연계되어 적절한 시간에 일어나도록 조절하는 특정 조절 기전이 있다.

뉴클레오솜의 간격과 구조는 유전적인 기능에 영향을 미친다. 각 염색체의 뉴클레오솜은 균일한 간격으로 존재하지 않지만 염색질의 특정 장소에 잘 배열되어 있다. 이러한 배열은 독특한 세포 종류마다 다양하며, 이 배열은 심지어 하나의 세포에서 조건이 변할 때마다 바뀔 수 있다. 뉴클레오

그림 11.4 뉴클레오솜 구조. (a) 각 뉴클레오솜에 있는 DNA는 각각의 히스톤 H2A, H2B, H3, H4의 두 쌍으로 이루어진 핵심 히스톤을 두 번 감싼다. 히스톤 H1은 DNA가 뉴클레오솜을 들어오고 나가는 곳과 연관이 있다. (b) X-선 결정에 의한 뉴클레오솜 구조. DNA(주황색)는 핵심 히스톤 8량체를 감싸고 여러 군데에서 급격하게 구부러진다.

(a)

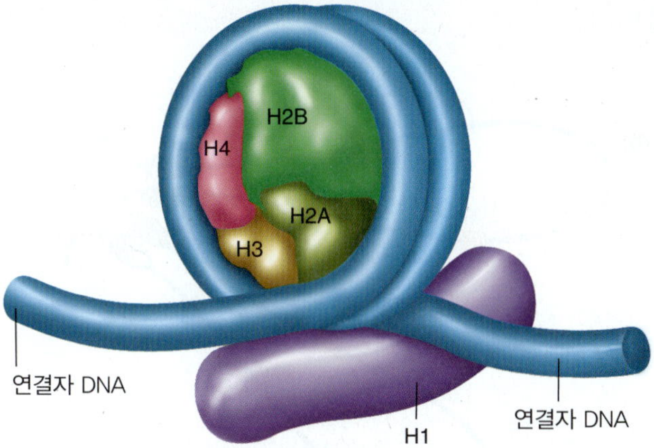

(b)

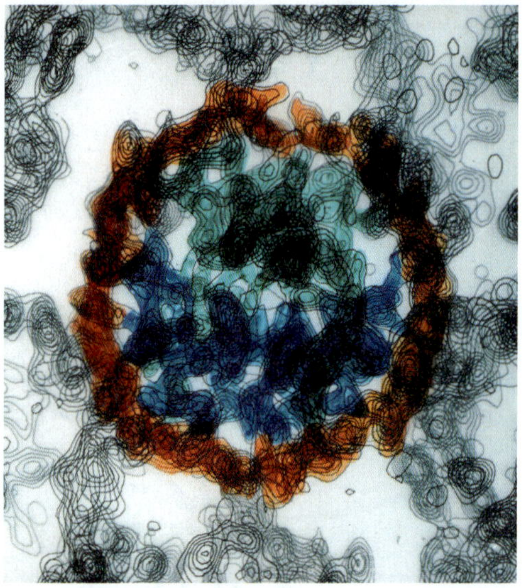

솜과 뉴클레오솜 사이에 존재하는 DNA는 뉴클레오솜 안에 있는 DNA보다 발현이나 복제를 시작하는 단백질과 상호결합하기 적절하므로, 염색체에 있는 뉴클레오솜의 간격은 매우 중요하다.

뉴클레오솜으로 응축되는 것은 일반적인 DNA를 7배 응축시키는 효과가 있다. 이러한 응축으로 이배체 인간 유전체에 있는 2 m의 DNA는 거의 0.25 m 길이로 감소된다. 이것은 가장 큰 세포의 핵 내에 들어가기에는 아직 너무 크므로 부가적인 응축이 요구된다.

더 높은 단계의 포장은 염색체를 좀 더 응축시킨다

뉴클레오솜을 넘어선 염색체 응축에 대한 자세한 내용은 아직 알려져 있지 않지만, 과학자들은 그러한 응축의 여러 단계를 설명하는 여러 개 모형을 제시하였다(표 11.1 참조).

뉴클레오솜 초나선

뉴클레오솜의 꼬임을 넘어선 부가적인 응축의 한 모형은 100 Å 뉴클레오솜 염색질이 300 Å 고차나선(superhelix)으로 초나선화되고, 6배 이상의 염색질 응축을 얻게 된다는 것을 제안한다. 이러한 모형을 지지하는 증거는 한 번 회전당 6개 뉴클레오솜을 포함하는 300 Å 섬유를 보여주는 전자현미경 사진이다(그림 11.5a). 100 Å 섬유는 그 넓이가 한 뉴클레오솜에 해당되지만 300 Å은 3배의 구슬 넓이에 해당된다. 300 Å 섬유에서 H1의 제거는 300 Å가 풀려 100 Å가 되도록 하는 반면, H1을 다시 더하면 이 과정을 역행하기 때문에 히스톤 H1은 고차나선의 형성에 특별한 역할을 할 것이다.

비록 전자현미경으로 300 Å을 볼 수 있을지라도, 그것에 대한 정확한 구조는 아직 알지 못한다. 더 높은 단계의 응축은 아직 잘 알려져 있지 않다.

방사상 고리-뼈대 모형

이 모형은 여러 비히스톤 단백질이 60~100 kb 염색질마다 결합하고 초나선 뉴클레오솜으로 채워진 300 Å 섬유를 구조적 고리에 묶는 것을 제안한다(그림 11.5b). 이런 단백질들은 고리를 데이지꽃을 닮은 로제트에 모으고 로제트 중심을 밀집된 덩어리로 압축한다(그림 11.5c). 이 제안은 **방사상 고리-뼈대 모형**(radial loop-scaffold model)으로 알려져 있고, 염색체 포장의 간단한 설명을 제공한다. 뉴클레오솜 형성, 300 Å 섬유로의 뉴클레오솜 초나선화, 섬유의 고리화, 로제트로의 고리의 모임, 로제트 압축을 포함한 염색체 압축의 점진적인 단계는 유사분열 염색체에서 보는 막대모양과 같이 강하게 응축되는 잠재성을 갖는다.

생화학적 그리고 현미경상의 여러 증거는 방사상 고리-뼈대 모형을 지지한다. 예를 들어, 실험자가 모든 히스톤을 제거한 유사분열 중기 염색체는 여전히 X-형태와 유사하게 유지한다(그림 11.1 참조). 단백질 뼈대는 DNA 꼬임을 돕는 헬리케이즈 효소인 입체이성질화효소 II, 그리고 간기 염색체에서 중기 염색체로 응축하는 데 도움을 주는 **콘덴신**(condensin)이라고 하는 단백질 복합체와 같은 단백질을 유지한다. 게다가, 이 방법으로 처리된 유사분열 염색체의 전자현미경 사진은 모형에 의해 예상된 것처럼, 염색체의 주

그림 11.5 높은 단계의 염색체 포장 모형. (a) 100Å(왼쪽) 섬유와 300 Å(오른쪽) 섬유를 비교하는 개념(위)과 전자현미경 사진(아래). (b) 더 높은 응축을 나타내는 방사형 고리–뼈대 모형. 이 모형에 의하면, 300 Å 섬유는 처음 비히스톤 뼈대 단백질들(갈색 그리고 주황색)에 의해 묶여진 60~100 kb의 DNA 고리(파란색)에 놓여진다. (c) 부가적인 비히스톤 단백질이 여러 개의 고리를 데이지꽃 같은 로제트로 모을 수 있고 중기 염색체를 형성하기 위해 로제트를 덩어리로 응축한다.

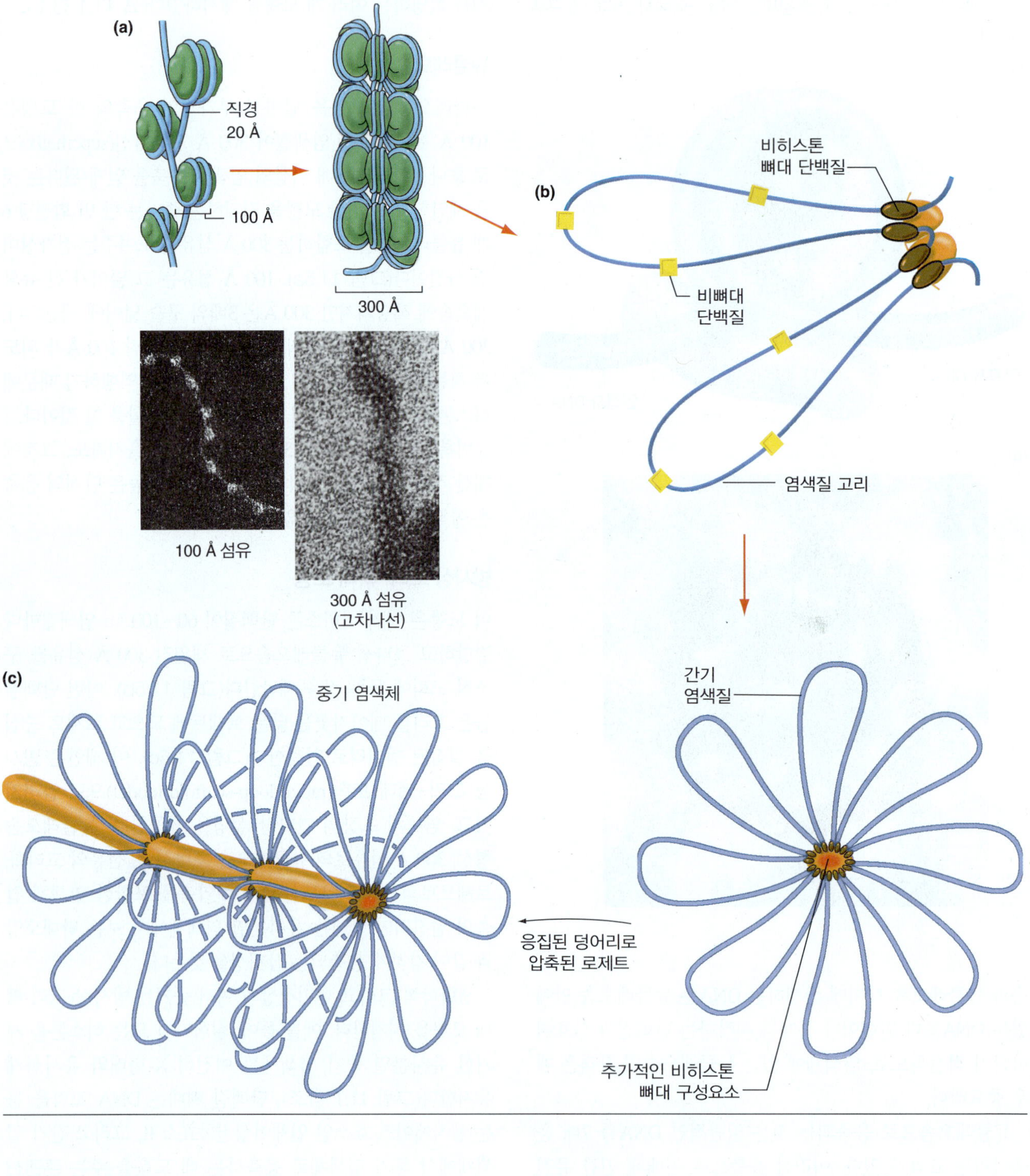

변부에서 염색질의 고리를 보여준다(그림 11.6).

많은 실험적 증거에도 불구하고, 방사상 고리-뼈대 모형이 직접적으로 확인되었거나 기각할 수 있는 수준의 연구가 아직 완전하게 수행된 것은 아니다. 따라서 높은 단계의 염색질 포장의 고리와 뼈대 개념은 여전히 가설로 남아 있다. 높은 단계의 응축 모형에 대한 가설은 과학자들이 추출하고 결정화하고 자세히 분석하였던 뉴클레오솜 연구와는 매우 대조적으로 아직 초기 연구 단계에 있다.

그림 11.6 방사상 고리–뼈대 모형의 실험적인 증거. 그림 11.1에 있는 사진의 부분적인 확대. 이 전자현미경 사진은 사진의 아래에서 단백질 뼈대로부터 긴 DNA 고리가 방사하는 것을 보여준다.

김자(Giemsa) 염색은 복제할 수 있는 염색체 분염 패턴을 밝힌다

앞에서 포장의 다양한 단계가 사람의 중기 염색체를 10,000배 응축시키는 것을 확인하였다(표 11.1 참조). 이러한 응축 동안, 각 염색체의 동원체 지역과 말단소체를 볼 수 있다. 4장에서 확인하였듯이 다양한 염색 기술은 핵형을 확립하는 각 중기 염색체의 특징적인 분염 패턴, 크기, 모양을 보여준다. G **분염**을 예로 들면, 염색체는 우선 부드럽게 가열되고 김자(Giemsa) 염색에 노출된다. 이 DNA 염색물질은 어둡고 밝은 밴드가 서로 교대되는 “G 밴드(G band)”를 만들기 위해 어떤 지역을 우선적으로 어둡게 염색한다. 각각의 G 분염는 1~10 Mb에 이르는 매우 커다란 DNA 조각이고 많은 고리를 포함한다. 해상도가 높은 G 밴딩 기술에서, 표준 이배체인 사람의 46개 염색체의 핵형은 1백여 개의 어둡고 밝은 G 밴드를 갖는 것으로 보인다(그림 11.7).

분염의 생화학적인 기본은 아직 밝혀지지 않았다. 대부분의 분자생물학자들은 김자 염색에 의해 형성된 밴드들이 염색체에서의 짧고 반복적인 DNA 서열의 간격과 밀집에 의해 결정된, 불균등한 고리들의 포장을 반영한다고 생각한다. 근본적인 원인과는 관계없이, 염색체가 복제될 때마다 분

그림 11.7 고해상도 G–분염에 의해 확인된 사람 염색체.

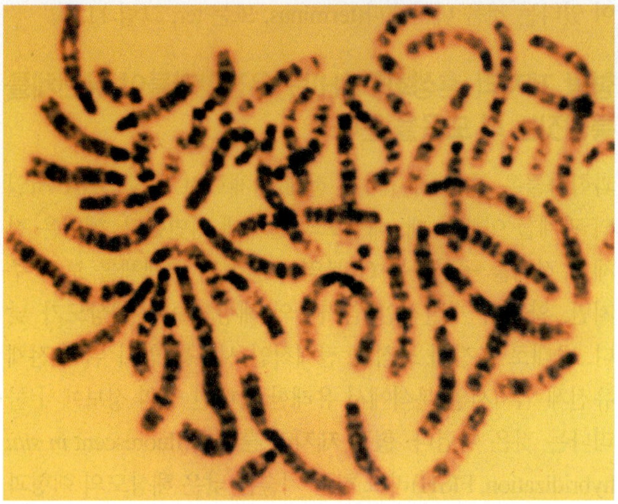

염 패턴은 정확하게 재현된다. 분염 패턴이 한 세대에서부터 다음 세대까지 매우 높게 재현되는 사실은, 분염 패턴이 DNA 염기서열 자체에 의해 결정되는 염색체에 내재되어 있는 성질이라는 것을 알려준다.

이 패턴의 재현 가능성은 유전학자들이 특정한 염색체의 p (짧은; 프랑스어 petit) 또는 q (긴; “tail”의 프랑스어 queue) 팔에 존재하는 분염 밴드와 연관시켜 유전자의 위치를 설명함에 따라 유전자의 염색체상의 위치를 지정할 수 있다는 것을 의미한다. 이러한 목적으로 p와 q 팔은 더 작은 구역으로 나뉘고, 각 구역 내에 어둡고 밝은 분염들이 연속적으로 번호가 붙어진다. 그림 11.8에서와 같이 보이는 분염 패턴의 도표는 **핵형도**(idiogram)라고 한다. 예를 들어, 색맹에 대한 X-연관 유전자들은 q27-qter에 위치한다. 이것은 유전자가 X 염색체의 긴(q) 팔에 있는 두 번째 지역 내에 7

그림 11.8 사람 X 염색체의 핵형도. 사람의 색맹 유전자가 X 염색체의 긴 팔(q)의 끝쪽 근처의 작은 지역에 위치한다.

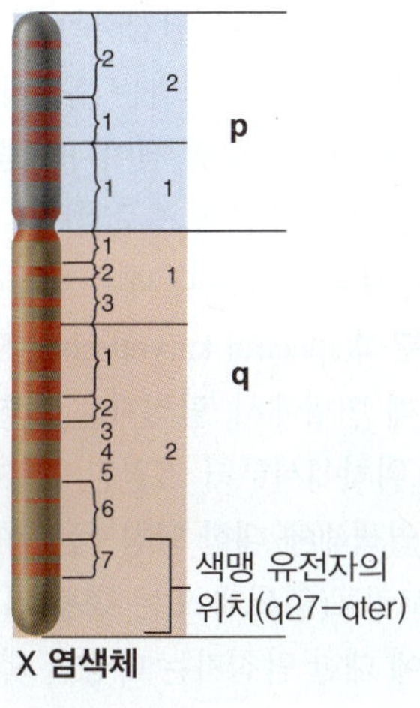

번째 밴드의 시작점과 말단소체 말단 사이의 어느 곳에 놓여 있다는 것을 나타낸다(terminus, 또는 ter; 그림 11.8).

형광 제자리 혼성화(FISH)는 유전학자들이 유전체를 특징짓는 데 도움을 준다

과학자들은 종종 하나의 유전체 전체로써 특정 DNA 서열의 관계를 이해할 때, 해상도의 문제에 직면한다. 핵형은 전체 유전체를 구성하는 G 분염이 염색된 염색체를 보여 주지만, 확실히 개별적인 염기쌍의 해상도보다 해상도가 낮다. 반대로 유전체 조직의 전체적인 시야를 얻기 위해 전체 유전체 염기서열 분석에서 유래한 방대한 양의 정보에서 물러나는 것은 어렵다. **형광 제자리 혼성화**(fluorescent *in situ* hybridization, FISH)라고 하는 기술은 낮은 해상도의 핵형과 초고도 해상도의 완벽한 유전체 서열 사이의 편리한 다리를 제공한다. 본질적으로, FISH는 연구자들이 핵형에서의 염색체에 대하여 특정 DNA 서열의 위치를 찾는 것이 가능하도록 한다.

이름에서 알 수 있듯이, FISH의 근본적인 원리는 뉴클레오티드의 상보성을 내재한다. 연구자는 우선 유사분열 중기의 세포를 얻고, 이 세포를 현미경 슬라이드에 떨어뜨린다. 그 세포를 성공적으로 잘 터트리고 나서 염색체를 각각 떨어지게끔 펼친 후 슬라이드에 염색체를 고정한다. 비록 많은 지점에서 이중 나선이 단일가닥으로 분리되더라도 전체적인 염색체구조를 어느 정도 보존하도록 약하게 염색체 DNA를 변성시킨다. 각각의 반응에서, 연구자들은 형광꼬리표가 달린 정제된 DNA 서열을 DNA 탐침자로 만들어 표지한다. 탐침자 DNA는 열에 의해 단일가닥으로 변성되고, 탐침자는 플레이트에서 염색체에 혼성화된다. 탐침자는 오직 뉴클레오티드 서열에 상보적인 염색체의 지역에 결합할 것이다. 그리고 연구자들은 형광현미경을 통한 관찰에 의해 이런 지역들을 확인할 수 있다.

FISH의 한 가지 사용법에서, 탐침자는 짧고, cDNA 클론과 같은 정의된 서열이다. 그 결과는 유전체에서 유전자와 일치하는 위치를 보여주는 형광 점이다(그림 11.9a). 역사적으로, 이 방법은 인간 유전체 프로젝트의 원래의 초안이 적당히 정리되었는지 확인하는 데 매우 중요하다.

스펙트럼 핵형분석(spectral karyotyping, SKY)이라고 하는 FISH의 두 번째 변형에서, 탐침자는 개별적인 염색체의 가닥에 흩뿌려진 위치에서부터 기원된 다양한 DNA로부터 만들어진다. 1번 염색체에 대한 탐침자는 하나의 색깔로 함께 빛나는 형광 꼬리표(염색제 또는 형광)의 혼합으로 표지되고, 2번 염색체에 대한 탐침자는 다양한 색을 나타내는 형광들의 다양한 혼합체로 꼬리가 달리는 등, SKY 핵형에서 각각의 24개의 사람 염색체는 색에 의해서 쉽게 인식될 수 있다(그림 11.9b). 12장에서는 이런 두 가지의 FISH 기술이 유전적 질병을 야기할 수 있는 결실, 복제, 역위, 전좌와 같은 염색체의 재배열의 특징을 나타내는 것에 대한 중요한 기술로 남아 있음을 확인할 것이다.

그림 11.9 형광 제자리 혼성화. (a) 사람 세포 염색체의 FISH 분석. 4개의 노란색 점은 하나의 유전자로부터 만들어진 탐침자가 두 상동 염색체의 각각 두 자매염색분체에 혼성화한 곳을 나타낸다. (b) 스펙트럼 핵형분석(SKY). 각각의 염색체의 가닥에 존재하는 DNA로부터 만들어진 탐침자는 다양한 색깔들의 형광 꼬리표로 표지된다.

(a)

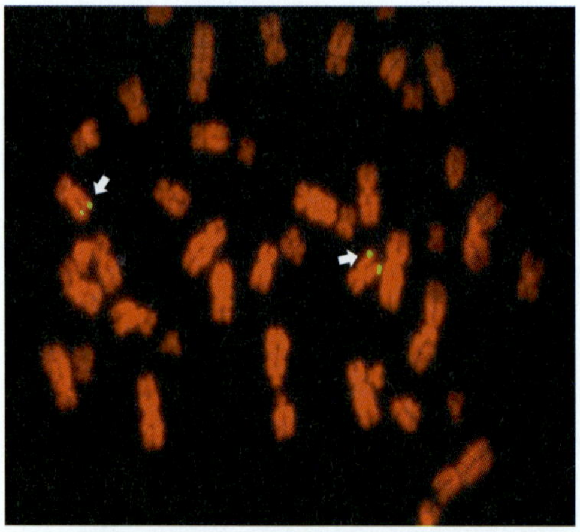

(b)

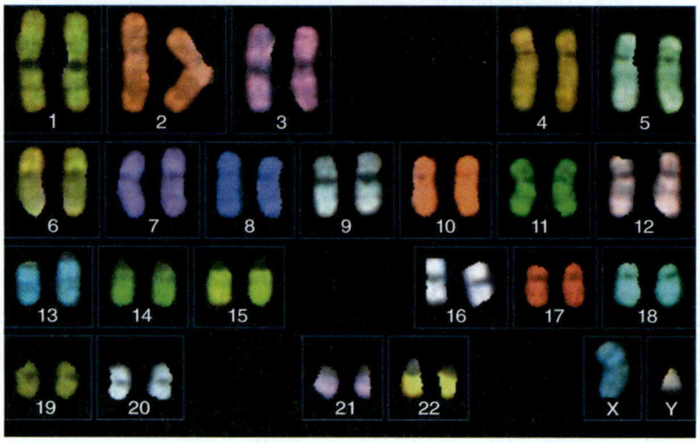

핵심 개념

- 뉴클레오솜에서, DNA는 히스톤 H2A, H2B, H3, H4로 구성된 핵심 히스톤을 두 번 감싼다. 히스톤 H1은 DNA가 들어오고 나가는 것을 조절한다.
- 높은 단계의 응축 모형은 뉴클레오솜 섬유가 짧지만 더 넓은 섬유로 초나선화되는 것을 증명한다. 비히스톤 단백질은 이 섬유를 염색체 뼈대에 고정시키고 DNA를 더욱더 응축하기 위해 함께 모이는 고리를 형성한다.
- 김자(Giemsa) 염색은 중기 염색체에 G 분염 밴드를 만든다. 염색체와 유

전자 위치의 동정을 가능하게 하는 G 분염 밴드의 패턴은 매우 명확하고 재현 가능하다.

- FISH 기술은 연구자들이 염색체의 밴드에 대한 특정 DNA 염기서열을 위치화하거나, 핵형 해석이 수월하도록 완전한 염색체를 시각화하는 것이 가능하도록 한다.

11.3 염색체의 포장과 유전자 발현

학습목표

1. 염색질 재구성 복합체가 어떻게 유전자 발현이 가능하게 하는지 설명한다.
2. 이질염색질과 진정염색질의 유전자 발현의 차이를 알아본다.
3. 과학자들이 이질염색질의 근본적인 형성 기작을 연구하기 위해 어떻게 위치효과 얼룩을 사용하는지 설명한다.
4. 어떻게 히스톤 메틸화와 아세틸화가 염색질 구조와 유전자 발현에 영향을 주는지 개요를 서술한다.
5. 포유류 세포의 X 불활성화에서 *Xist* 유전자의 역할을 요약한다.

염색질로의 DNA 응축은 전사, 복제, 분리와 같은 기능을 수행하기 위해 DNA 서열을 인식해야 하는 단백질에 문제를 준다. 이러한 단백질들은 어떻게 염색질 복합체 구조 안에 감추어져 있는 특정 뉴클레오티드 서열에 접근할까? 그 대답은 염색질 구조는 역동적이고 특정 단백질의 활동이 필요할 때 단백질의 접근을 허용하기 위해 변화할 수 있다는 것이다. 이런 변화는 다양한 염색체의 기능에 필수적인 염색질 구조의 변형을 만든다.

이 절에서는 염색질 구조와 유전자 전사 사이의 연관성에 초점을 맞춘다. 우선 유전자의 촉진유전자를 인식하고 전사 개시를 위해 RNA 중합효소를 받아들이는 염색질의 변화를 설명한다. 그리고 전사되지 않는 염색체의 지역과 연관 있는 **이질염색질**(heterochromatin)이라고 불리는 염색질 구조의 새로운 형태를 논의한다. 이질염색질의 형성은 포유류에서의 X 염색체 불활성화를 포함하는 여러 중요한 유전적 현상에 대한 분자적 근거이다.

전사는 염색질 구조와 뉴클레오솜 위치의 변화가 필요하다

진핵세포에서 유전자 발현과 관련된 중요한 개념은 적은 양의 DNA가 전사될수록, DNA는 좀 더 조밀하다는 것이다. 예를 들어, 세포는 염색체가 응축되지 않거나 느슨해질 때 세포주기의 간기 동안 주로 그들의 유전자를 발현한다. 유전자 전사는 매우 촘촘한 중기 염색체에서 적게 나타난다. 그러나 심지어 상대적으로 느슨한 진정염색질(euchromatin) 중기 염색질은 전사를 위해 뉴클레오솜 안에 있는 DNA를 노출하기 위해 그 이상의 풀어헤침이 필요하다. 유전자 촉진유전자는 촉진유전자 DNA가 뉴클레오솜의 핵심 히스톤 주변에 감싸여져 있을 때, RNA 중합효소와 전사인자들로부터 숨겨져 있다(그림 11.10a).

염색질 구조의 연구는 대부분의 불활성화 유전자의 촉진유전자가 확실히 뉴클레오솜에서 감싸져 있다는 것을 보여준다. 이런 연구에서, 분자적 수준의 뉴클레오솜의 위치는 DNA의 인산디에스테르 결합을 절단하는 DNase I 효소를 염색질에 처리함에 의해 정립되었다. 뉴클레오솜 안에 있는 염기서열은 DNase 분해로부터 보호되는 반면, 뉴클레오솜이 제거된 부분의 염색체 지역은 그들의 DNase 절단의 높은 민감성에 의해 인식될 수 있다.

세포 분화의 후반 단계 동안 이전에 불활성화된 유전자는 전사를 준비할 때, 그 촉진유전자 지역은 DNase 저항 부위에서 DNase 과민부위(DNase hypersensitive site)로 변화가 관찰된다. 그 이유는 전사조절단백질(**전사 인자**, transcription factor)은 증폭자(enloncer) 근처에서 DNA와 결합하고 근처에서 염색질을 재배열하는 단백질을 모으기 때

그림 11.10 뉴클레오솜 포장과 유전자 발현. (a) 뉴클레오솜 핵심 근처에서 감싸여진 유전자 촉진유전자는 RNA 중합효소와 다른 전사인자들이 접근할 수 없다. (b) 염색질 재구성 복합체는 DNase에 과민한 뉴클레오솜이 없는 지역에 위치함으로써 촉진유전자를 노출할 수 있다. (c) 이질염색질에 있는 DNA는 매우 단단히 포장되어 있어서 전사적으로 불활성화이다.

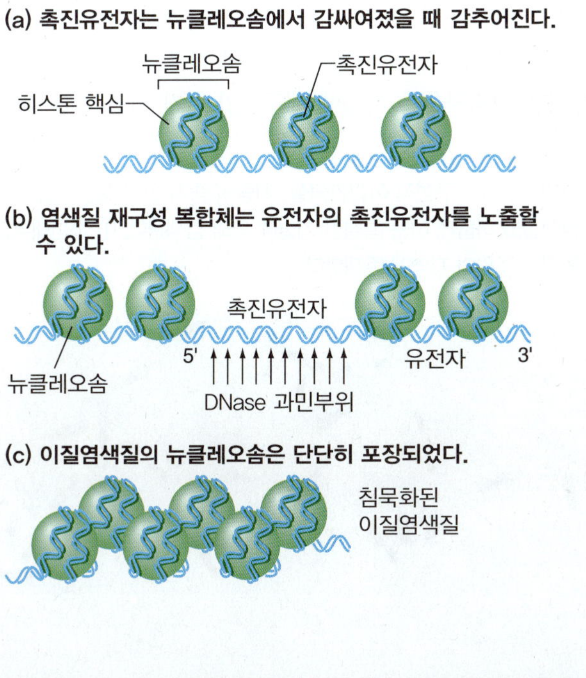

문이다. 특별히, 이런 새롭게 집결된 단백질은 촉진유전자를 막는 뉴클레오솜을 제거하거나 그들을 그 유전자에 맞게 위치를 바꾼다(그림 11.10b). 염색질 조절자의 어떤 형태는 뉴클레오솜의 위치를 변화하기 위해 ATP 가수분해의 에너지를 사용하는 다중소단위 **재구성 복합체**(remodeling complex)로 구성된다. 다른 염색질 조절자는 뉴클레오솜의 히스톤 핵심의 꼬리를 화학적으로 수정한다. 두 가지 기작에 의해 수행된 염색질 변화는 이전에 감추어진 촉진유전자를 노출하고 RNA 중합효소의 인식을 허용함에 따라 유전자의 전사 활성을 촉진한다(그림 11.10b).

분화된 세포가 분열할 때, DNA와 결합하고 염색질 구조를 정립하는 전사조절단백질은 양쪽의 딸세포로 분배된다. DNA 복제 후에, 이런 단백질은 DNA와 재결합하고 부모세포에서 나타나는 염색질 배열을 재정립한다. 결과적으로, 분화된 세포는 유사분열에 의한 세포분열이 끝난 후에 지속되는, 특정한 패턴의 염색질 배열과 유전자 발현을 갖는다.

이질염색질 지역의 모든 유전자는 침묵화된다

어떤 종류의 염색질 조직은 유전체에 넓게 퍼져 있고 유전자 발현의 강한 억제와 연관되어 있다. 염색질은 길게 펼쳐진 DNA를 포함하기 때문에 이 원리로 구성된 염색질은 심지어 광학현미경으로 볼 수 있다. 특정 DNA-결합 화학물질로 염색된 세포에서, 몇몇 염색체 지역들은 다른 지역보다 많이 어둡게 나타난다. 유전학자들은 이런 어두운 지역은 **이질염색질**(heterochromatin)이라고 한다. 이것은 **진정염색질**(euchromatin)과 같은 밝은 지역에 대조적으로 언급된다. 또한, 진정염색질과 이질염색질 사이의 구분은 전자현미경상에서 나타나고 이질염색질은 진정염색질보다 좀 더 응축되어 보인다. 이런 관찰은 이질염색질 지역에서 뉴클레오솜의 좀 더 빽빽한 포장을 반영한다(그림 11.10c).

현미경학자들은 처음에 세포분열 간기 세포의 덜 응축된 염색질에서 검은색으로 염색되는 이질염색질을 확인하였고, 핵의 주변부에 위치하는 경향이 있었다. 심지어 높게 응축된 중기 염색체는 진정염색질과 대조적으로 구별되는 이질염색질의 염색을 보인다(그림 11.11). (이런 염색은 이전에 설명된 핵형에서의 G 분염과 구별하고 혼동하지 말아야 한다.) 강하게 응축된 염색체에서 대부분의 이질염색질은 동원체 측면 지역에서 발견되지만 일부 동물에서는 이질염색질은 염색체의 다른 지역에서 형성된다. 초파리의 완전한 Y 염색체, 그리고 사람의 대부분의 Y 염색체는 이질염색질이다. 모든 세포에서 대대분의 시간에서 이질염색질로 응축되어 유지하는 염색체의 지역은 **구성적 이질염색질**(constitutive heterochromatin)로 알려져 있다.

그림 11.11 **구성적 이질염색질.** 사람의 중기 염색체는 구성적 이질염색질을 어둡게 하는 특별한 기술에 의해 염색된다. 이것의 대부분은 동원체 주위의 지역에 존재한다.

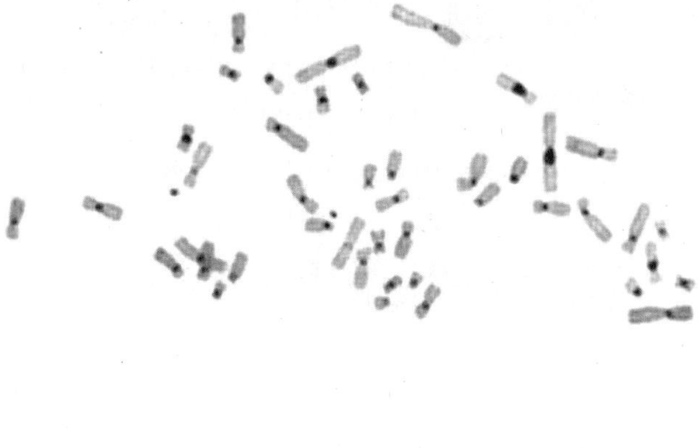

방사능 사진 촬영은 활발하게 유전자를 발현하는 세포가 진정염색질의 지역에서 거의 독점적으로 방사성의 RNA 전구체를 RNA로 결합하는 것을 밝혔다. 이런 관찰은 진정염색질이 전사의 대부분의 지역을 포함하고, 따라서 유전자의 대부분을 포함하는 것을 나타낸다. 대조적으로 이질염색질은 대부분의 지역에서 전사적으로 불활성화되는 것으로 보인다. 이것은 매우 단단히 포장되었기 때문에 몇몇 유전자의 전사에 필요한 효소는 정확한 DNA 서열에 접근할 수 없다(그림 11.10c).

구성적 이질염색질 지역에 존재하는 높은 비율의 DNA는 SSRs와 같은 간단한 반복 서열의 긴 확장으로 구성된다. 또한 이질염색질 지역은 많은 **전이인자**(유전체 주위를 움직이는 DNA 단편, transposable elements)들의 저장소이다. 아마도 SSRs와 전이인자는 구성적 이질염색질에서 전사적으로 침묵화되기 때문에 그곳에 모인다. 반복적인 DNA와 전이인자는 유전체의 절반 이상을 구성한다. 전사적으로 불활성화된 이질염색질에서의 그들의 격리는 일반적인 세포의 생리에서 "쓰레기" DNA와 같은 효과를 최소화하기 위한 방법으로의 조직을 제공한다.

두 개의 특별한 현상인 초파리에서 위치효과 얼룩과 포유류 암컷에서의 바 소체는 유전자 활성의 감소와 이질염색질 형성 사이의 관계를 명확하게 설명한다. 또한 이런 현상은 과학자들이 이질염색질과 진정염색질 사이의 생화학적인 차이를 연구하는 데 도움을 준다.

이질염색질은 염색체를 따라 퍼져 있고 진정염색질 유전자 근처를 침묵화한다

초파리에서 *white*$^{+}$ (w^{+}) 유전자는 일반적으로 X 염색체의 말단소체 근처의 비교적 덜 응축된 진정염색질 부위에 위치한다. DNA 단편의 역위와 같은 염색체 재배열이 그 유전자

그림 11.12 초파리에서의 위치효과 얼룩. (a) w^+ 눈 색깔 유전자가 염색체 역위에 의해 이질염색질 근처지역으로 이동될 때, 초파리의 눈은 일부는 빨간 세포 그리고 일부는 흰 세포로 얼룩진다. (b) w^+와 *roughest* (rst^+) 유전자의 위치효과 얼룩의 모형은 이질염색질이 동원체를 둘러싸는 일반적인 위치에서부터 유전자 근처까지 연속적으로 퍼질 수 있고 그들의 불활성화를 야기하는 것을 가정한다.

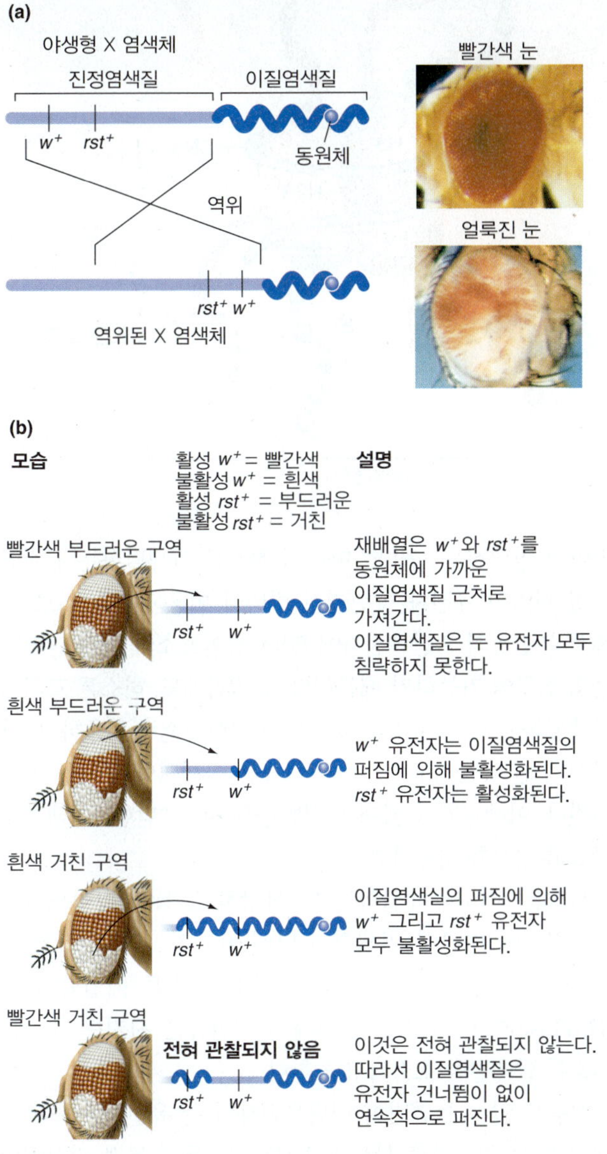

를 동원체 근처의 높게 응축된 이질염색질로 옮겼을 때, w^+ 유전자의 발현은 중단될 수 있다(그림 11.12). 이와 같은 재배열은 어떤 세포에서는 w^+ 유전자 발현을 침묵화하고 다른 세포에서는 그렇지 않은 **위치효과 얼룩**(position-effect variegation, PEV)을 만든다.

야생형 w^+ 대립유전자를 가진 초파리에서 활성이 있는 w^+ 유전자를 갖는 눈 세포는 빨간색인 반면, 활성이 없는 w^+ 유전자를 갖는 세포는 흰색이다. 명백하게, 일반적으로 w^+와 같은 진정염색질 유전자는 이질염색질 근처로 이동할 때, 이질염색질은 진정염색질 지역으로 퍼질 수 있고 이질염색질 "침입"이 발생한 그 세포에서 유전자 발현을 멈춘다. 이러한 상황에서, 유전자의 DNA는 변하지 않지만, 어떤 세포에는 재배열이 유전자의 포장을 변화시켰다. 따라서 위치효과 얼룩현상은 **선택적 이질염색질**(facultative heterochromatin)의 존재를 반영한다. 이 부위는 어떤 세포에서는 이질염색체적이지만 같은 조직의 다른 세포에서는 진정염색질적인 염색체 부위(또는 온전한 전체 염색체)이다.

초파리의 빨간색 눈과 흰색 눈의 위치-효과 얼룩은 크기가 다른 빨간색과 흰색 조각의 모자이크 눈을 만든다. 그 조각들의 위치와 크기는 눈에 따라 다양하다(그림 11.12a). 이런 차이는 특정 세포에서 이질염색질이 w^+ 유전자로 퍼지는지 아닌지를 확정하는 "결정"이 무작위적인 과정의 결과임을 제안한다. 인접한 세포로 구성된 많은 조각들은 같은 색을 갖기 때문에, 그 결정은 눈의 발생 과정의 초기에 만들어져야 한다. 일단 결정이 되면, 흰색 유전자가 켜질지 또는 꺼질지를 결정하는 결정은 모든 세포의 유사분열 자손에 의해 끊이지 않게 된다. 이러한 자손 세포들은 눈의 한 지역을 차지하고 각각 빨간색 혹은 흰색 세포의 조각을 형성한다.

이질염색질의 효과의 범위

위치효과 얼룩현상에 의해서 밝혀진 흥미로운 특징은 이질염색질은 진정염색질 이전의 1,000 kb 이상 퍼져갈 수 있다는 것이다. 예를 들어, w^+ 유전자를 이질염색체 근처에 가져오는 몇몇 재배열은 비록 이질염색질의 동원체로부터 조금 멀지만, 같은 위치에 *roughest*$^+$ 유전자를 놓는다(그림 11.12a). 야생형 *roughest*$^+$ (rst^+) 유전자는 부드러운 눈 표면을 만든다. 재배열이 일어난 초파리에서 몇몇 흰색의 조각들은 부드러운 표면을 갖는 반면, 다른 조각들은 거친 표면을 갖는다(그림 11.12b). 후자의 경우, 이질염색질이 w^+와 rst^+를 불활성화하였다. 빨간색이면서 거친 표면은 결코 만들어지지 않았다. 이질염색질은 염색체를 선으로 따라 퍼져가고 유전자를 건너뛰지 않는다는 것을 의미한다.

만약 이질염색질이 퍼질 수 있다면, 일반적으로 어떻게 이질염색질과 진정염색질 사이의 경계가 형성되는가? 연구자는 이질염색질의 퍼짐을 막는 **경계 절연자**(barrier insulator)라고 하는 DNA 요소를 찾았다. 경계 절연자의 활동에 의한 정확한 기작은 알려져 있지 않지만, 현재 모형은 경계 절연자가 히스톤 단백질을 수정하는 효소들이 모이는 DNA 위치라는 것을 제안한다.

이질염색질 구성요소를 확인하기 위한 PEV 이용

과학자들은 초파리에서 이질염색질 형성에 관계 있는 분자들을 분석하기 위해 위치효과 얼룩(PEV)현상을 이용해왔다. 그들은 얼룩 양의 변화를 찾음으로써, 이질염색질 형성의 효율을 변화시키는 돌연변이를 얻었다. 얼룩의 증가(더욱 흰색 눈)는 많은 세포에서 유전자 불활성화를 반영한다. 얼룩의 감소(더욱 빨간색 눈)는 적은 세포에서 유전자 불활성화를 반영한다. 연구자들은 후에 돌연변이가 일어난 여러 가지 유전자들을 분리하였고, 이런 유전자의 돌연변이 단백질 결과물에 대한 항체를 제작하였다. 이 방법으로, 이질염색질 형성에 영향을 주는 일부 유전자가 이질염색질에 선택적으로 위치하는 단백질을 암호화하는 것을 발견하였다. 다음 절에서 설명된 것처럼, 이런 단백질의 확인은 염색질 구조에서 생화학적 조절에 대한 중요한 실마리를 제공하였다.

이질염색질과 진정염색질은 서로 다른 히스톤 변형을 가지고 있다

여러 독립적인 기작이 활성화된(혹은 부분적으로 활성화된) 진정염색질과 침묵된 이질염색질 사이의 차이를 통제한다. 여기서 이런 기작들 중에서 가장 중요한 것들 중 하나인, 뉴클레오솜 안에 있는 히스톤에서의 공유결합 변형에 대해서 초점을 맞춘다. 염색질변경단백질들과 유전자 발현을 조절하는 전사인자들과 상호결합에 관한 논의는 16장에서 다룬다.

히스톤 꼬리 변형

네 개의 중심부 히스톤들인 H2A, H2B, H3, H4의 N 말단 지역은 뉴클레오솜으로부터 바깥으로 연장되어 나가는 꼬리를 만든다(그림 11.13). 효소들은 이런 꼬리들의 다양한 아미노산에 다양한 종류의 화학적 그룹(다른 것들 중에, 메틸기, 에틸기, 인산화기, 유비퀴틴; 그림 8.26 참조)을 추가할 수 있고, 반면에 다른 효소들은 이전에 첨가된 그룹들을 제거할 수 있다. 이런 히스톤 꼬리의 변형은 뉴클레오솜의 응축에 영향을 주고, 변형된 꼬리들은 어떤 염색질 변형체의 단백질들이 붙을지에 대한 단상의 역할을 하게 된다. 뉴클레오솜 중심부의 **히스톤 꼬리**(histone tail)들은 잠재적으로 100가지 이상의 방법으로 변형될 수 있다(그림 11.13).

이런 히스톤 꼬리 변형의 가장 좋은 이해는 특정 리신으로의 아세틸기 첨가(아세틸화)와 특정 리신과 아르기닌으로의 메틸기 첨가(메틸화)이다(그림 11.14). 히스톤 아세틸기 전이효소(histone acetyl transferase, HATs)라고 하는 효소군에 의해 형성되는 리신 아세틸화는, 뉴클레오솜의 응집을

그림 11.13 히스톤 꼬리 변형. 히스톤 중심부의 N 말단 꼬리는 뉴클레오솜으로부터 밖으로 연장된다. 이 꼬리들의 다양한 아미노산은 염색질의 구조를 바꾸는 메틸화, 아세틸화와 같은 변형의 표적이 된다.

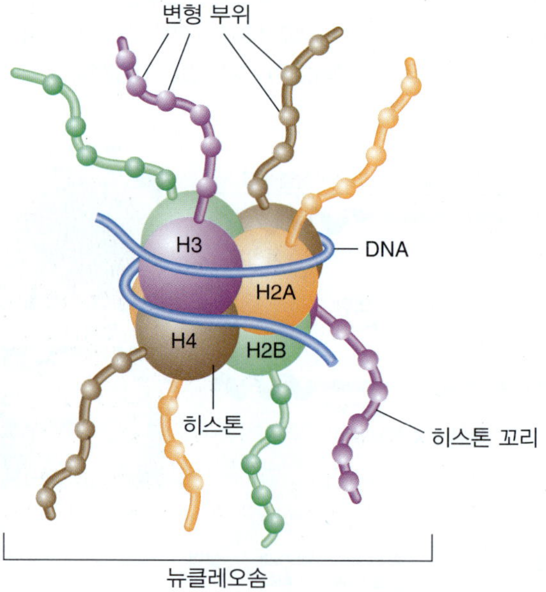

막아서 염색질을 "연다." 따라서 히스톤 아세틸화는 진정염색질 지역의 유전자 발현에서 빈번히 이용되는데, 이로 인해서 유전자의 촉진유전자에 RNA 중합효소와 관련 단백질들의 접근이 가능하기 때문이다. 흥미롭게도, 히스톤 꼬리의 아세틸화된 리신은 HAT 효소들의 결합장소로 작용하고, 따라서 주변 뉴클레오솜으로의 히스톤 아세틸화 확산을 촉진시킨다. 아세틸기를 없애는 역반응을 하는 "닫힌" 염색질을 만들고 전사를 억제한다.

히스톤 꼬리의 메틸화는 더 복잡하고, 특정 아미노산이 메틸화됨에 따라서 염색질이 닫히거나 열린다. 히스톤 꼬리 아미노산을 메틸화시키는 효소는 히스톤 메틸화 효소(HMTase)이고, 히스톤 메틸화의 역반응을 시키는 효소는 히스톤 탈메틸화 효소라고도 한다.

기능을 잃는 돌연변이 대립유전자의 한 유전자는 초파리에서 PEV 억제자로 작용하고 H3 히스톤의 특정 리신(K9)에 메틸기를 붙이는 메틸화 효소를 유전정보를 가지고 있다. 이 특정 메틸화는 이질염색질-특이적 단백질의 결합장소를 제공함으로써 이질염색질로의 조합을 위해 염색질을 표지한다. 히스톤 H3 K9의 메틸화는 전사적으로 침묵된 염색체 지역의 통상적인 특징이다(그림 11.14).

이질염색질-특이적 단백질

메틸화된 K9를 갖는 히스톤 H3 꼬리에 붙는 이질염색질 단백질 중 하나는 HP1이다. 흥미롭게도, HP1은 초파리에서

그림 11.14 히스톤 꼬리 변형은 염색질 구조를 바꾼다. 이질염색질(주황색)에서, K9-메틸화된(M) 뉴클레오솜은 HP1 단백질에 의해서 결합되고, 이것은 HMTase 효소를 이끌어 인접한 뉴클레오솜을 메틸화시키고, 따라서 불활성화된 "닫힌" 상태가 퍼져나간다. 진정염색질(초록색) 지역에서, HAT 효소는 중심 히스톤을 아세틸화(Ac)시키고, "열린" 염색질을 만들어 전사에 용이하도록 뉴클레오솜을 멀리 떨어뜨린다. 이질염색질이 퍼지는 것을 막는 경계 절연자는 그림에서 표시된 것과 같이 HAT 효소를 이끄는 DNA 서열과 같고, 그리고/혹은 K9 메틸화를 역반응시키는 탈메틸화효소와 같다(보이지 않음).

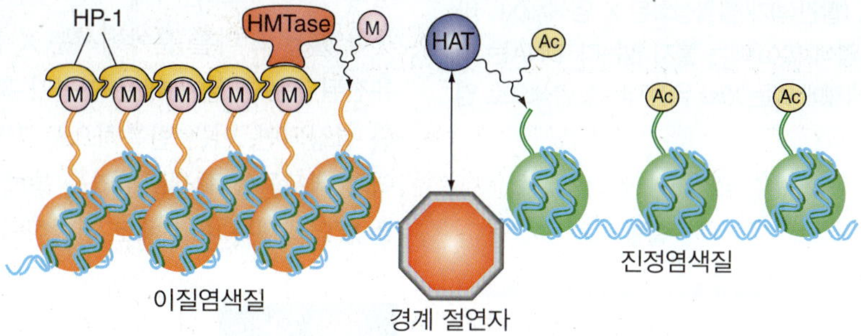

다른 PEV 억제유전자에 의해서 암호화된다. HP1 단백질은 두 가지 방법으로 염색질 응축을 이질염색질로 되도록 촉진시킨다. 첫째로, 이들은 스스로 결합하고, 이것은 근처의 뉴클레오솜들이 서로 가까워지도록 돕는다. 둘째로, HP1은 다른 단백질에 붙는데, 주목할 점은 히스톤 H3의 같은 K9 아미노산에 메틸기를 붙이는 HMTase 효소를 포함한다는 것이다. 이렇게 모인 HMTase는 근처 뉴클레오솜의 히스톤 H3에 있는 K9을 메틸화시킨다. 이런 자가촉매 작용의 효과는 PEV에서 관찰되는 선형으로 퍼지는 이질염색질에 대한 부분적인 설명이 된다.

그림 11.14에서 볼 수 있듯이, 이질염색질과 진정염색질 상태 간의 선택은 히스톤 꼬리의 다양한 아미노산에 메틸기와 아세틸기를 첨가하거나 제거시키는 효소들 간의 경쟁이 관련되어 있다. 한번 염색질이 뉴클레오솜의 더미에서 우세한 이질염색질 혹은 진정염색질의 종류를 표시하면, 이들은 경계 절연자에 도달할 때까지 근처의 뉴클레오솜으로 전파시킨다. 이질염색질의 전파를 막는 이 경계들은 아마 HAT과 히스톤 탈메틸화 효소를 끌어오는 DNA 서열들일 것이고, 진정염색질의 형성으로 부분적 경쟁을 일으킬 것이다.

이질염색질 형성은 암컷 포유동물세포의 X 염색체를 불활성화한다

4장에서 포유동물은 암컷의 체세포에서 두 개의 X 염색체 중에 하나를 무작위적으로 불활성화시킴으로써 수컷과 암컷 사이의 X-연관 유전자의 유전자량 차이를 보정한다는 것을 기억할 것이다. 몇몇 세포에서는 모계에서부터 유래된 X가 불활성화된다. 다른 세포에서는 부계에서 유래된 X가 불활성화된다. 불활성화된 X 염색체인 바 소체는 선택적 이질염색질의 예시이다. 몇몇 세포에서는 X 염색체 전체가 거의 완전히 이질염색질이 되고, 반면 다른 세포들에서는 같은 X 염색체의 다른 가닥이 진정염색질로 남아 있다. X 염색체의 대부분의 유전자는 염색체가 진정염색질인 세포에서만 전사가 가능하다. 반대로, 오로지 적은 수의 유전자들만 (주로 위상염색체 영역에 있는) 이질염색질의 바 소체가 되는 X 염색체의 전사가 가능하다.

사람의 X 염색체는 X 불활성화중심(X inactivation center, XIC)라고 하고, 유전자 보정을 매개하는 450 kb의 DNA 영역을 포함한다(그림 11.15a). XIC의 역할은 어떤 XIC가 상염색체로 전달되는지에 대한 실험에 의해 알려졌는데, 놀랍게도 그 상염색체는 바 소체가 된다. XIC에 있는 여러 유전자 중 가장 중요한 것은 *Xist*라고 한다. *Xist* 유전자 생성물은 현저하게 긴 (~17 kb) 비암호화 RNA (ncRNA)인데, 다른 대부분의 전사체와 달리 핵을 절대 벗어나지 않고 단백질로 번역되지 않는다.

*Xist*는 이후에 불활성화될 X 염색체로부터만 안정적으로 전사되고, *Xist* ncRNA는 이것이 전사된 X 염색체의 불활성화를 유발한다. 이미 *Xist*가 불활성화를 매개하는 XIC에 있는 중요한 유전자라는 것을 알고 있는데, 그 이유는 *Xist*가 X 염색체에서 결실되면 다른 X는 항상 바소체가 된다. 역으로, *Xist*의 가닥이 상염색체에 첨가된다면, 이제 이 상염색체는 이질염색질의 바 소체가 된다. 연구자들은 현재 다운증후군을 갖고 있는 아이들의 21번 염색체의 세 개의 가닥 중에 하나에 *Xist*를 첨가할 수 있는 가능성에 대한 연구를 진행하고 있다. 이론적으로 이 전략은 부가적인 21번 염색체의 유전자 발현을 제거함으로써, 다운증후군의 표현형을 개선할 수 있는 유전자 치료법의 한 종류가 될 수 있다.

형광 물질 탐침을 이용한 연구는 *Xist* ncRNA가 이를 생성하는 X 염색체를 감싸는 것을 보여준다(그림 11.15b). *Xist*

그림 11.15 X 염색체 불활성화. (a) XIC의 한 유전자는 *Xist*이고, 이 유전자의 생성물은 번역되지 않는 ncRNA이다. *Xist*는 오로지 불활성화된 X 염색체에서만 안정적으로 전사된다. *Xist* ncRNA는 이 염색체의 다양한 부위에 붙는다; *Xist* ncRNA는 그 다음에 DNA를 침묵시키는 히스톤 변형 단백질들을 끌고 온다. (b) XX 암컷 생쥐로부터의 세포들은 *Xist* ncRNA (빨간색)가 불활성화된 X 염색체(Xi; 바소체)에 붙지만 활성화된 X 염색체(Xa)에는 붙지 않는다. DNA는 파란색으로 염색되었다; X 염색체에 있는 *Xist* 유전자는 노란색으로 염색되었다.

(a)

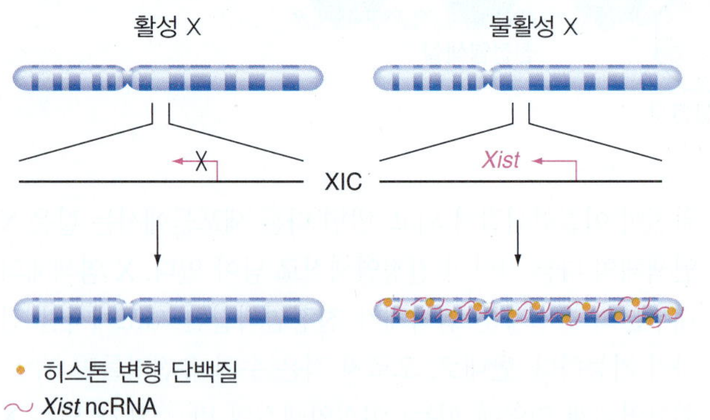

(b)

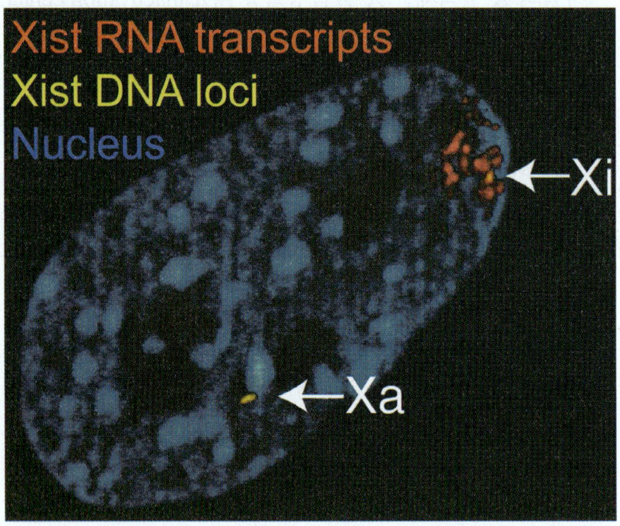

ncRNA는 그 다음에 X 염색체로 히스톤 변형 효소들을 끌어온다. 이 효소들은 이 염색체의 뉴클레오솜에 있는 히스톤 꼬리를 메틸화시키거나 아세틸화시키고, 이를 응축시켜 바 소체로 이동하도록 돕는다. 불활성화된 X 염색체는 또한 침묵된 염색질의 다른 특징을 보여주는데, 예를 들면 DNA에서의 특정 뉴클레오티드의 메틸화와 같은 특징이 있고, 이는 16장에서 더 기술될 것이다.

그림 11.15에서 현재까지 알려진 X 염색체의 불활성화에 관련된 몇 가지 분자들의 설명을 보여주지만, 여러 가지 의문점이 남아 있다. 4장에서 수정 후 2주 정도 뒤의 사람의 경우, XX 여성의 500~1000개의 세포 각각에서 바 소체로 응축시킬 두 개의 X 염색체 중 하나를 독립적으로 정한다고 설명하였다. 어떻게 각각의 세포들이 어떤 X 염색체를 불활성화시킬지 고르는지에 대한 것은 아직 명확하게 분석하지 못하였다. 또 다른 분야에서는 X 불활성화가 체세포에서는 유전된다는 사실에 대한 연구가 활발히 진행되고 있다: 한 번 결정되면, 이는 반복적으로 전달하고 결국에는 모든 수백의 세포들이 체세포분열을 통해 특정 배아세포로부터 같은 X 염색체를 바 소체로 전달한다.

핵심 개념

- 재조합된 복합체는 ATP 가수분해로부터 나온 에너지를 사용하여 뉴클레오솜의 위치를 바꾸고, 촉진유전자를 노출시켜 전사가 가능하게 한다.
- 이질염색질 지역에서는 유전자들의 촉진유전자가 뉴클레오솜에 촘촘하게 감겨져 있어서 전사를 막으므로 유전자가 침묵된다.
- 위치효과 얼룩은 염색체 재배열이 동원체 근처 부분의 이질염색질 옆의 유전자에서 일어날 때 일어난다.
- 히스톤 H3의 특정 리신(K9)의 메틸화는 침묵된 지역의 특징이다. 반대로, 히스톤 꼬리에 있는 리신의 아세틸화는 염색질을 열고 유전자 발현을 가능하게 한다.
- *Xist* 유전자는 X 불활성화에 관련되어 있다. *Xist* ncRNA는 이를 생성하는 X 염색체를 감싸고 불활성화될 염색체로 히스톤 변형 효소들을 끌어오는데, 이는 바 소체가 된다.

11.4 진핵세포 염색체의 복제

학습목표

1. 긴 진핵세포염색체가 어떻게 짧은 시간 내에 DNA 복제가 일어날 수 있는지 설명한다.
2. 어떤 뉴클레오솜들이 복제하는 동안 형성되는지 과정을 요약한다.
3. 말단소체의 구조와 그들이 염색체 온전성을 유지하는 역할을 논의한다.
4. 말단소체 복원효소의 작용을 서술하고 이것이 계속 합성되는 세포 종류를 규명한다.

전사와 마찬가지로 염색체의 복제도 그들이 함유한 DNA 서열을 읽는 것이 요구된다. 역사적으로 볼 때, 과거 과학자들은 염색체들이 복제되고 딸세포로 분열되는 과정들을 광학현미경 수준에서 관찰해 왔다. 분자적 수준 기작은 최근에서야 발견되었다. 이 절에서는 진핵염색체의 복제에 대해서 현재 어떤 것이 알려져 있는지 개괄적으로 살펴볼 것이다.

6장에서는 DNA 중합효소가 박테리아 세포의 DNA를 복제하기 위해 다른 인자들과 어떻게 협력하는지에 대해서 논의하였다. 진핵세포 DNA 복제에서도 많은 부분이 이들과 유사하게 진행되지만, 부가적으로 어려운 점들이 더 있다. 첫째로, 진핵세포는 원핵세포보다 더 많은 DNA를 갖고 있고, 이들은 세포주기의 짧은 기간 안에 복제되어야 한다. 둘째로, 진핵세포에서의 DNA 복제 절차는 뉴클레오솜의 주위로 DNA가 감겨 있더라도 실행될 수 있어야 한다는 점이다. 마지막으로, 진핵세포 염색체는 원형이 아닌 선형이고, 그리고 앞으로 살펴보겠지만 선형 염색체의 말단 부분은 복제하기 어렵다. 이 절에서는 어떻게 진핵세포가 염색체 복제에서의 이런 특별한 논점들을 다루는지 논의할 것이다.

그림 11.16 **진핵세포는 다수의 복제원점을 가지고 있다.** 초파리 배아에서 DNA가 복제되는 지역을 보여주는 전자현미경 사진과 해석 도식도. 여러 부위에서 여러 복제원점이 동시에 활발한 활성을 보여주고 있다.

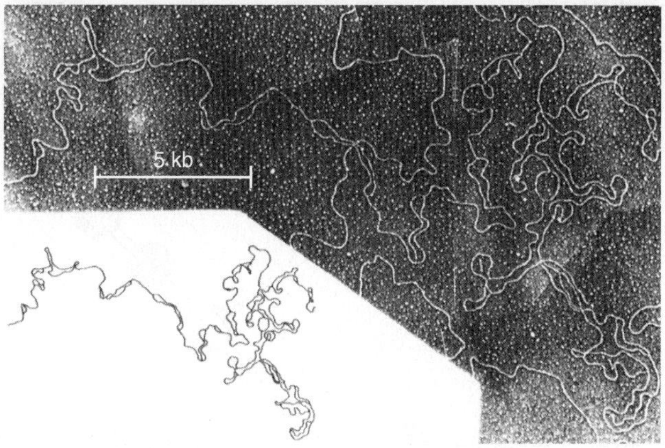

염색체 DNA 복제는 특정 복제원점들에서 시작한다

복제 동안 DNA 중합효소는 DNA 주형에 따라 전형적인 인간 세포에서 초당 약 50뉴클레오티드 속도로 뉴클레오티드 새 가닥을 만든다. 한 개의 복제원점을 가지고 이러한 속도로 진행이 되면 평균 인간 염색체 길이인 1억 3천만 염기를 합성하기 위하여 약 800시간, 즉 한 달보다 좀 더 많이 걸릴 것이다. 그러나 활동적으로 세포분열이 일어나고 있는 인간 조직에서 세포주기의 길이는 24시간보다 훨씬 짧고 S기(DNA 복제의 한 시기)는 이 기간의 3분의 1만 차지한다. 진핵세포 염색체는 동시에 작동하는 다수의 복제원점을 통해서 이와 같은 시간 제한을 극복한다.

대부분 포유동물세포는 염색체 내에 위치한 1만 개의 복제원점을 가지고 있다. 6장에서 살펴본 바와 같이, 각 복제원점에 이중 나선의 두 가닥을 풀리게 하는 단백질이 결합하여 그들을 분리하고 두 개의 복제 분기점을 만든다. 그런 후, 복제가 두 방향으로 진행이 되고 그 분기점이 다른 분기점과 만날 때까지 양쪽 방향으로 진행된다. 복제가 염색체 DNA를 열 때, 복제 거품이 전자현미경으로 관찰되는데, 많은 거품이 나타난다(그림 11.16). 이런 거품들은 근접한 거품을 마주칠 때까지 크기가 커지고, 결국에는 전체 염색체가 복제되게 된다.

한 복제원점에서 끝까지, 즉 옆에 있는 복제 분기점의 DNA와 만날 때까지 양쪽 방향으로 진행되는 DNA를 복제단위(replication unit, replicon)라고 한다. 아직 알려져 있지 않은 기작으로 S기 시간 길이에 맞춰서 활성 원점의 수가 결정된다. 예를 들어, 초파리에서 초기 배아세포는 10분보다 더 빨리 그들의 DNA를 복제한다. 이와 같이 짧은 시간에 S기를 마무리하기 위하여 그들의 염색체는 S기가 6~10배보다 더 긴 시간인 발생 후기에서 보다 더 많은 복제원점을 사용한다. 이와 같이 모든 복제원점이 개체형성 과정에서 일어나는 모든 체세포분열 동안 반드시 사용되는 것은 아니다. 각 포유동물 세포핵의 염색질에 흩어져 있는 1만 개의 복제원점은 서로 약 30~300 kb DNA만큼 떨어져 있는데, 이것은 염색질고리당 적어도 한 개의 복제원점이 있다는 것을 제시하고 있다.

효모에서 복제원점(ARS로 알려진)은 효모 세포에서 플라스미드 복제를 하는 능력에 의해서 분리될 수 있다. ARS의 복제를 시작하는 효소들이 결합할 수 있다. 대부분의 ARS는 11 염기쌍의 다양한 AT-풍부 부위 서열인 5′ T/A T T T A Y R T T T T T/A 3′을 가지고 있고, Y는 피리미딘 염기 중 하나이고, R은 퓨린 염기 중 하나이다. 여러 다른 근처의 서열 모티프는 ARS가 복제원점으로 작용하도록 기여한다. DNase I을 가지고 간기 염색질을 절단하는 방법을 사용하여 과학자들은 복제원점은 뉴클레오솜이 없는 접근도가 높은 DNA라고 결정하였다.

새로운 뉴클레오솜이 DNA 복제 동안 형성된다

DNA 복제는 염색체 복제의 한 단계일 뿐이다. 이 복잡한 과정은 또한 뉴클레오솜과 염색질 구조를 형성하기 위한 히스톤과 비히스톤 단백질을 합성하고 통합하는 것을 포함시킨다. 이 과정이 완벽히 이해되진 못했지만, 연구자들은 이런 과정으로 이뤄진다는 증거들을 얻었다.

- DNA 복제가 일어남에 따라 뉴클레오솜은 새롭게 형성되는 딸 DNA에 빠르게 조합된다. 이 "새로운" 뉴

그림 11.17 **DNA 복제 후의 뉴클레오솜 생성.** 복제 분기점이 모계 염색체에 있는 뉴클레오솜을 해체시킨다. 새로운 뉴클레오솜은 복제 분기점이 지나가자마자 조합되기 시작한다. 첫째로, 히스톤 H3와 H4의 각각 두 개의 분자를 갖는 4량체가 DNA에 결합하여 뉴클레오솜의 반을 형성하고, H2A와 H2B를 갖는 두 개의 2량체가 와서 결합한다. 새로운 뉴클레오솜은 새롭게 생성되거나 이전의 모계 염색체에서 발견되던 다양한 무작위적 조합의 H3/H4 4량체와 H2A/H2B 2량체를 가질 수 있다.

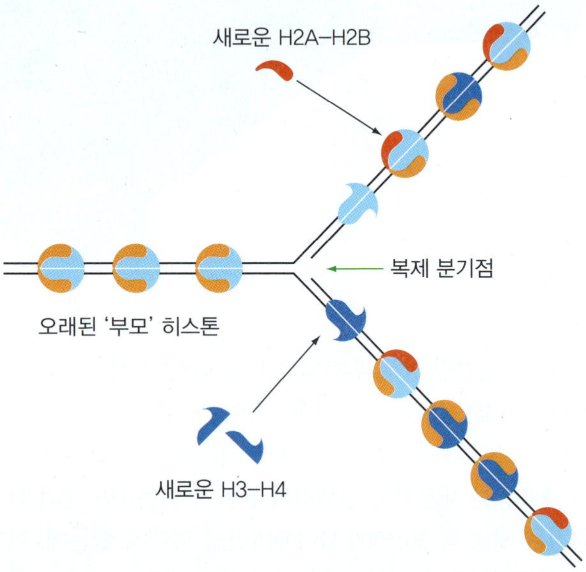

클레오솜은 기존의 (재활용되는) 것과 새롭게 형성된 히스톤의 혼합체이고, 두 개의 딸 DNA 분자에 무작위적으로 분배되어 있다(그림 11.17).

- 히스톤의 합성과 운송은 DNA 합성과 밀접하게 협력되어 있어야 하는데, 그 이유는 근처의 DNA가 이것의 형성 이후 몇 분 내에 뉴클레오솜으로 들어가기 때문이다.
- 히스톤 변형은 불안정하다; 이것은 DNA 복제 동안 손실되어서 새로운 뉴클레오솜은 모세포의 염색질에 있는 변형을 갖고 있지 않다.

만약 DNA 복제 동안 히스톤 마크를 복제하기 위한 기작이 존재하지 않는다면, 왜 염색질 구조가 분화된 세포의 유사분열 이후에 반복되는 것일까? 그 답은 복제 바로 후에, 새 뉴클레오솜으로부터 형성된 염색질이 열리기 때문인 것처럼 보인다. 따라서 핵에 있는 전사 조절 단백질들이 딸 DNA 분자에 붙을 수 있는 여건이 만들어지게 된다. 이 단백질들은 그 다음으로 히스톤-변경 효소들을 끌어오고, 히스톤 변형이 DNA가 복제될 때 일시적으로 소실되었음에도 불구하고 모계 염색체의 염색질 구조를 다시 생성해낸다.

그림 11.18 **말단소체는 진핵세포의 염색체 말단을 보호한다.** TTAGGG 염기서열을 인지하는 탐침을 사용한 FISH 연구를 수행하여 인간 말단소체(노란색)를 관찰한 결과이다.

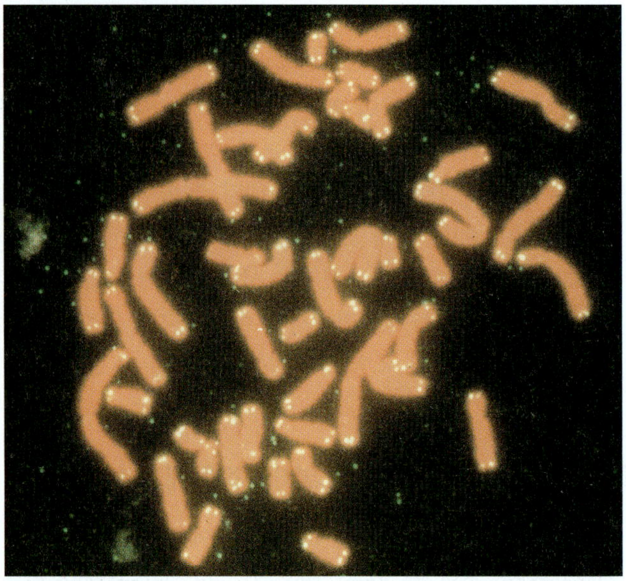

말단소체는 선형 염색체의 말단을 보호하고 복제하게 한다

진핵세포의 선형 염색체는 양쪽 말단에 말단소체라고 하는 보호덮개를 가지고 있다(그림 11.18). DNA와 특이적 단백질로 구성된 이러한 덮개는 유전자를 포함하지 않고 있지만, 각 염색체의 구조를 보호하는 데 필수적이다.

말단소체와 염색체 말단의 복제

선형 염색체의 말단 복제는 세포에 어려운 문제를 제기한다. 6장에서 배웠듯이, 복제기구의 주요한 성분요소인 DNA 중합효소는 5′ → 3′ 방향으로만 기능을 한다: 이것은 오직 이미 존재하는 사슬의 3′ 말단에 뉴클레오티드를 더한다. 이러한 제약으로 그 효소 자체만으로는 두 DNA 가닥의 5′ 말단에 뉴클레오티드를 복제할 수 없다(그것 중 하나는 염색체의 한쪽 말단의 말단소체에 있고 다른 하나는 다른 말단의 말단소체에 있다). 그 결과, DNA 중합효소는 한 염색체에 새롭게 만들어진 DNA 가닥의 3′ 말단을 재구성할 수 있지만, 5′ 말단은 할 수 없다(그림 11.19).

5장에서 봤듯이 DNA 중합효소는 새로운 가닥의 5′ 말단에서 합성을 시작할 수 없기 때문에 일을 수행하기 위해서 RNA 프라이머에 의존한다. 이 RNA 프라이머는 마지막에는 제거된다. 따라서 진핵세포의 선형 염색체의 5′ 말단에서 RNA 프라이머의 뉴클레오티드 길이가 DNA가 복제될 때마다 새로 생성되는 염색체 가닥의 5′ 말단에서 짧아질 것이

그림 11.19 염색체 말단에서의 복제. 5′ 말단의 RNA 프라이머가 (빨간색) 새로운 가닥을 생성할지라도, 결국 리보솜이 프라이머를 제거하면 틈이 남게 된다. DNA 중합효소는 프라이머 없이는 이런 틈을 채울 수 없고, 따라서 새롭게 생성된 가닥은 (어두운 파란색) 모계 가닥 (밝은 파란색)보다 더 짧아지게 될 것이다.

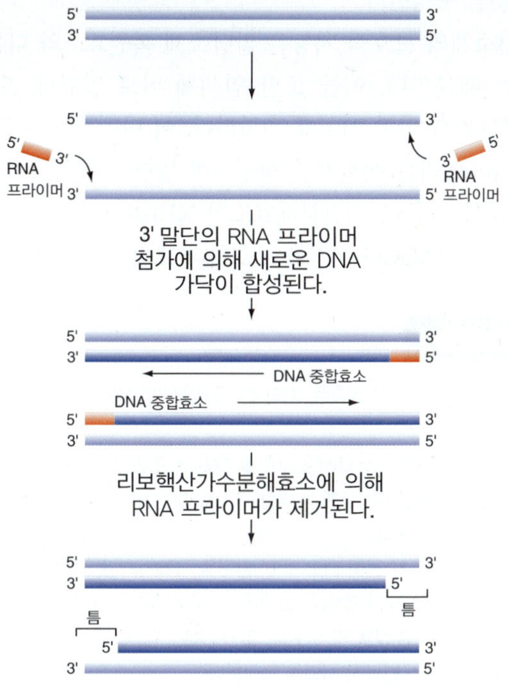

다. 그 결과로 세포가 연속적으로 분열하면 염색체는 점점 짧아져서 중요한 유전자들을 잃게 된다.

말단소체와 말단소체 복원효소(telomerase)는 DNA 중합효소의 이러한 제약에 대안책이 된다. 말단소체는 특정 반복 DNA 서열로 구성되어 있다. 인간 말단소체는 5′ TTAGGG 3′ 염기서열이 250~1,500번 반복된 DNA 단편이다. 반복 개수는 세포 종류에 따라서 다양하다. 정자가 가장 긴 말단소체를 가지고 있다. 같은 염기서열 TTAGGG는 모든 포유동물, 조류, 파충류, 양서류, 견골류, 많은 식물 종의 말단소체에 존재한다. 진화적으로 약간 조금 더 먼 생물체 또한 약간 서열이 다르지만 말단소체의 서열을 가지고 있다. 예를 들면, 섬모충 *Tetrahymena* 염색체에 말단소체 반복 서열은 TTGGGG 이다. 이와 같이 다양한 문(phyrum)에 걸쳐서 나타나는 이러한 반복 염기서열이 잘 보존되었다는 것은 진핵생물의 진화적 단계의 초기 단계에서부터 매우 중요한 기능을 수행해왔다는 것을 알 수 있다.

말단소체 복원효소는 RNA와 단백질로 구성되어 있는 특이한 효소이다. 이와 같이 섞여 있기 때문에 그것은 리보핵산단백질이라고 불린다. 이 효소의 RNA 부분은 말단소체에 5′ TTAGGG 3′ 반복 서열에 상보적인 3′ AAUCCC 5′을 포함하고 있고, 그들은 말단소체 말단에 새로운 TTAGGG 반복서열을 더하는 주형으로써 역할을 한다(그림 11.20). 이들로 어떻게 이 새로운 반복 서열의 첨가가 선형 DNA 가 복제될 때 반드시 일어나는 DNA 손실의 균형이 되는지 쉽게 알 수 있다.

말단소체 복원효소 활성과 세포증식

몇 세포 종류는 세포분열 시 일어나는 염색체의 크기를 유지하는 데 말단소체 복원효소의 능력으로 이점을 얻고 있지만, 다른 세포 종류는 어떤 말단소체 복원효소라도 매우 적게 생산하고, 사실 그들의 염색체는 모든 세포 세대 동안 생성될 때 짧아진다. 사람에서 대부분의 분화된 체세포는 후자인 경우다. 이 세포들이 유전체에 말단소체 복원효소 유전자를 가지고 있다고 할지라도, 이 효소를 발현하지는 않고, 따라서 말단소체가 각 세포분열마다 조금씩 짧아진다. 30~50세대가 지나면, 이들의 말단부위의 중요한 유전자를

그림 11.20 말단소체복원효소가 말단소체를 확장하는 방법. 3′ AAUCCC 5′로 반복되는 말단소체복원효소 RNA (빨간색)는 5′ TTAGGG 3′로 반복되는 말단소체와 상보적이다. 말단소체복원효소 RNA는 말단소체 말단에 TTAGGG의 반복을 추가하기 위한 주형을 제공한다. 새로운 반복을 추가한 후에 새롭게 합성된 말단소체복원효소 이동(전좌되는)은 말단소체 신장에 추가적인 단계를 허용한다.

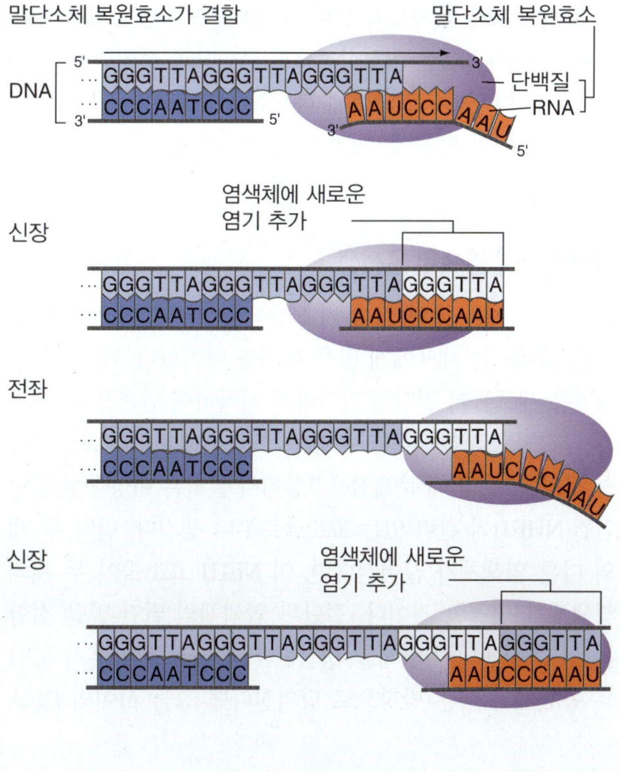

그림 11.21 쉘터린 복합체가 말단소체를 보호한다. 쉘터린 복합체(색 있는 모양)의 단백질들은 말단소체에 결합하고 DNA 말단(회색)을 접어서, 핵산분해효소에 의해 공격당하거나 NHEJ의 기질이 되지 않게 한다.

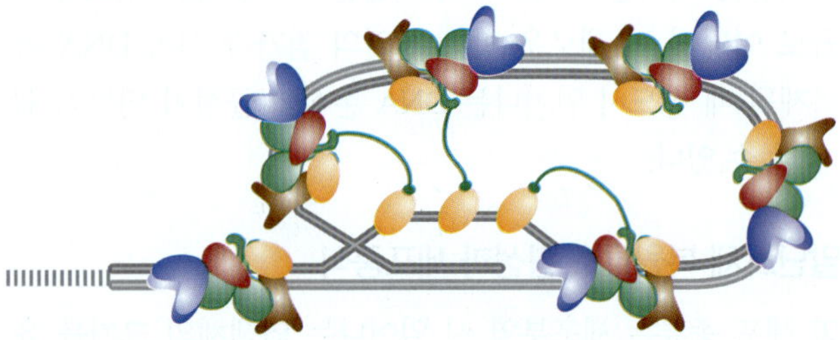

잃기 시작한다; 세포들은 노화의 증상을 보이고 그 다음에 사멸하게 된다. 따라서 말단소체 복원효소의 결핍은 분화된 체세포가 한정된 수명을 가진다는 것을 입증한다.

반대로, 생식세포들은 말단소체 복원효소를 항상 발현하고, 따라서 유전자의 손실 없이 반복된 DNA 복제를 통해 그들의 염색체 말단을 유지한다. (만약 이 경우가 아니었다면, 우리 종은 오래전에 멸종되었을 것이다.) 분명히, 생식세포들은 말단소체에 적절한 수의 반복 서열을 가지고 있고, 이로 인하여 염색체 말단은 사람의 각 세대 동안 짧아지거나 길어지지 않게 된다.

인체의 두 종류 체세포들 또한 말단소체 복원효소를 생성할 수 있고, 따라서 영속적으로는 아닐지라도 많은 세대 동안에 자손을 생성할 가능성을 가졌다. 이런 세포들의 한 종류는 줄기세포로 혈액세포가 계속적으로 생성되는 것과 같이 조직이 재생성 되도록 한다. 두 번째 종류는 암세포를 구성한다: 체세포들은 비정상적으로 무한으로 분열하고, 불멸처럼 보인다. 높은 말단소체 복원효소의 활성이 많은 암세포의 특징이기 때문에, 제약회사들은 이 중요한 효소를 억제하는 암 치료 약을 개발하고 있다.

말단소체와 염색체 온전성

절단되어 (예를 들면, X-선에 노출되어서) 말단소체에서 떨어진 염색체는 세포에게 많은 위기를 야기한다. 첫 번째 문제점은 세포들이 절단된 말단에서 시작하여 안쪽으로 DNA를 급진적으로 분해시킬 수 있는 핵산분해효소를 포함한다는 것이다. 두 번째 문제점은 7장에서 살펴본 비상동성 말단연결(NHEJ)에 관련 있는 효소들로부터 생긴다. 만약 두 개의 다른 염색체가 끊어진다면, 이 NEHJ 효소들이 두 개의 염색체를 연결할 것이다. 절단된 염색체의 말단-말단 접합은 두 동원체의 독립체를 생성한다. 유사분열의 후기 동안 두 동원체가 다른 방향으로 당겨진다면 그들 사이의 DNA는 파열될 것이고, 절단된 염색체가 되어 잘못 분리되고 결국엔 딸세포에서 사라지게 된다. 이런 예시들은 정상의 절단되지 않은 염색체의 말단소체가 염색체를 보호하고 정확한 유전적 상보성을 유지하는 데 중요한 기능을 가지고 있다는 것을 증명한다.

말단소체의 보호적 기능은 말단소체 복원효소와 다른 단백질들 때문인데, 이들 또한 염색체 바로 말단에 존재하는 TTAGGG 반복 서열에 결합한다. 이 단백질들은 **쉘터린(shelterin)**이라는 복합체를 형성하여 말단소체를 접어 적절한 구조를 만들어 핵산분해효소와 NHEJ 효소들로부터 단일가닥의 TTAGGG 서열을 보호한다(그림 11.21).

핵심 개념

- 진핵세포에서, DNA 복제는 거의 천 개의 복제원점에서 동시다발적으로 시작된다.
- 복제 동안, 새로운 뉴클레오솜이 딸 DNA에 조합된다. 조절 단백질들은 딸 DNA에 결합하고 모계 염색질 구조를 재형성하기 위해 히스톤-변형 효소들을 끌어온다.
- DNA 중합효소가 선형 DNA의 5′ 말단을 복제하지 못하기 때문에, 염색체는 복제될 때마다 짧아지고, 이로 인하여 염색체가 손실되고 세포가 죽게 된다. 이 손실을 막기 위해, 말단소체는 말단소체 복원효소에 의해 연장될 수 있는 반복된 서열을 포함한다.
- 대부분의 체세포는 말단소체 복원효소를 발현하지 않고, 따라서 제한된 수명을 갖는다. 말단소체 복원효소를 연속적으로 발현하는 세포는 생식세포, 줄기세포, 암세포와 같은 것들이 있다.

11.5 염색체 분리

학습목표

1. 효모와 고등 진핵생물에서 동원체를 형성시키는 DNA 서열을 대조한다.
2. 중기에서의 방추체 부착과 방추사부착점에서의 적절한 염색체 분리를 위한 장력의 역할을 기술한다.
3. 유사분열, 제1감수분열, 제2감수분열 동안에 코헤신 복합체의 행동을 비교한다.

세포들이 유사분열 혹은 제2감수분열 동안 분열할 때, 각각 복제된 두 개의 염색질이 후기에서 서로 분리되어야 하고, 각각 딸세포는 각각의 염색체로부터 오직 한 가닥의 염색질만 받아 분리되어야 한다. 반대로, 제1감수분열 동안에는 상동염색체는 쌍을 이뤄야 하고 각 딸세포는 각각의 상동 쌍으로부터 오직 한 개의 염색체만 받아 분리되어야 한다. 진핵 염색체의 동원체는 분리 중추로 작용함으로써 다른 종류

그림 11.22 동원체. 동원체(노란색)의 코헤신은 자매염색분체를 서로 묶는다. 동원체는 방추사부착점(주황색)을 형성하기 위한 정보를 갖는데, 이 구조를 통해 염색체를 방추사에 결합하게 한다.

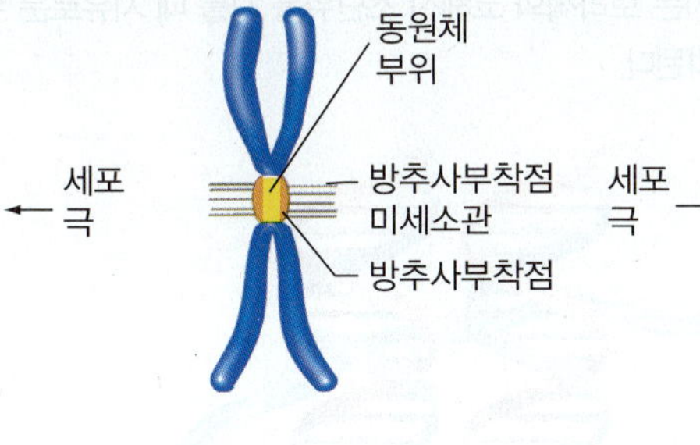

의 세포분열 동안 이런 정확한 분배를 보장한다. 동원체는 촘촘하게 서로 붙어 있는 자매염색분체들에 있는 부분이다; 게다가, 방추사부착점이라고 하는 동원체에 있는 구조는 염색체가 방추사에 붙는 지역이다(그림 11.22).

특정 DNA 서열이 동원체를 형성하게 한다

효모 *S. cerevisiae*에서 동원체는 두 개의 매우 강력하게 보존된 뉴클레오티드 염기서열 단위로 구성되어 있다; 각각 10~15 bp 크기이고, 약 90 bp AT-rich DNA에 의해서 분리되어졌다(그림 11.23). 약 120뉴클레오티드 짧은 도메인은 이러한 생물체에서 동원체 특성을 나타내기에 충분하다. 다른 효모 염색체의 동원체 염기서열은 매우 유사해서 한 염색체의 동원체는 다른 것으로 대체가 가능하다. 이러한 사실은 모든 동원체가 염색체 분리에서 같은 역할을 하고 서로를 구분하지 않는다는 것을 알려주고 있다.

고등 진핵세포 생물의 동원체는 효모의 동원체보다 훨씬 크고 좀 더 복잡하다. 이 더 복잡한 동원체는 반복적인 단순

그림 11.23 효모 동원체의 DNA 서열. 각 효모 동원체는 두 개의 짧고 보존된 DNA 요소를 갖고, 방추사부착점 단백질(표시되어 있지 않음)을 통하여 한 가닥의 방추사부착점 미세소관(갈색)에 붙는데, 그 크기는 비교를 위해 보여준다.

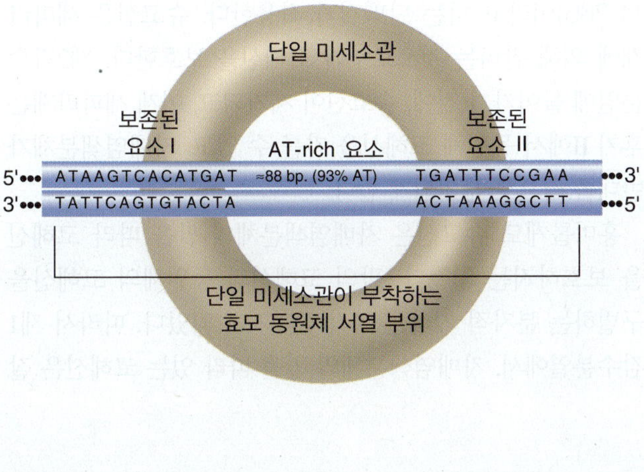

한 비암호화 염기서열의 블록, 즉 부수체 DNA 내에 존재한다. 많은 종류의 부수체 DNA가 있는데, 그들은 5~300 bp 정도 크기의 DNA가 수천에서 수백만 번 반복되어 있다. 인간에게 많이 존재하는 것은 "알파 부수체 DNA"이며, 이것은 길이가 171 bp 되는 비암호화 염기서열이다; 각 염색체의 동원체 부위에 수없이 많이 반복되어 1백만 염기쌍 이상 되는 염기서열 블록이다. 여러 인간 동원체들은 또한 알파 부수체와는 다른 반복되는 염기서열도 포함한다; 이 서열들은 동원체 형성 지역에 이질염색질 특징을 부여하는데, 그림 11.11에 이미 나와 있다.

방추사부착점이 염색체에 방추사가 붙는 것을 조절한다

동원체가 적절한 염색체 분리를 하기 위한 중요한 방법 중 하나는 **방추사부착점**(kinetochore)의 정교한 구조를 통해서이다: 이는 DNA와 단백질로 구성된 방추사가 염색체에 붙을 수 있는 특수한 구조이다. 효모에서 각각의 단순한 방추사부착점은 오직 단일 방추사를 연결하지만(그림 11.23), 고등 진핵생물에서 방추사부착점은 많은 방추 미세소관에 붙는다(그림 11.24). 연구자들은 이 방추사부착점 복합체가 각각의 소단위가 한 방추사에 붙는 반복된 구조의 소단위로 구성되었을 가능성이 있다고 생각한다.

사람의 알파 부수체와 같은 방추사부착 형성 DNA는 다른 염색체 지역보다 다른 염색질 구조와 다른 고배열 포장을 가지고 있다(그림 11.24). 이 특수화된 염색질에서는, 정상 히스톤 H3 단백질이 뉴클레오솜 중심에서 *CENP-A*라고 하는 **히스톤 변이체**로 교체된다. *CENP-A* 단백질은 C 말단 부위에서는 히스톤 H3와 매우 유사하지만, N 말단 부위에서는 H3와 다르다. 이 히스톤 이형을 갖는 뉴클레오솜은 다른 많은 단백질들이 방추사부착점으로 조립되도록 뼈대로써의 역할을 한다.

감수분열 동안 방추사부착점은 전기 중에서도 늦게 각 자매염색분체 동원체의 한 부분에서 만들어진다. 전중기까지 두 자매염색분체에 있는 방추사부착점은 세포의 반대 극에 있는 중심체에서 나오는 방추사에 부착한다. 방추사부착점 단백질 중 몇몇은 동력 단백질로 염색질들이 붙을 방추사 극으로의 장력을 발휘한다. 중기에서 장력은 자매염색분체가 다른 방향으로 당겨질 때 강해지지만, 자매염색분체들은 여전히 동원체에 붙어 있다. 특정 다른 방추사부착점 단백질들은 이 장력을 관측하여 세포주기 점검점의 정보로 이용된다: 오직 세포의 모든 방추사부착점이 장력하에 있어야(즉, 모든 염색체가 방추사에 적절히 붙어야) 이 단백질들이

그림 11.24 방추사부착점. 진핵생물에서 반복된 서열로 구성된 동원체 DNA는 히스톤 H3의 변형인 CENP-A가 포함된 뉴클레오솜을 구성한다. 여러 개의 단백질을 포함하는 방추사부착점은 이 뉴클레오솜 주위에 구성한다. 이 단백질 중 몇 개는 방추사부착점의 조립을 (보라색의 그림자) 조절하고, 몇 개는 미세소관에 (노란색) 붙는다; 몇 개는 염색체를 방추사를 따라 움직이는 동력체이다(CENP-E; 빨간색); 그리고 몇 개는 (초록색) 점검점에서 작용하여 자매염색분체(유사분열, 제2감수분열) 혹은 상동염색체(제1감수분열)가 모든 염색체가 적절히 방추사에 붙을 때까지 떨어지지 않게 한다.

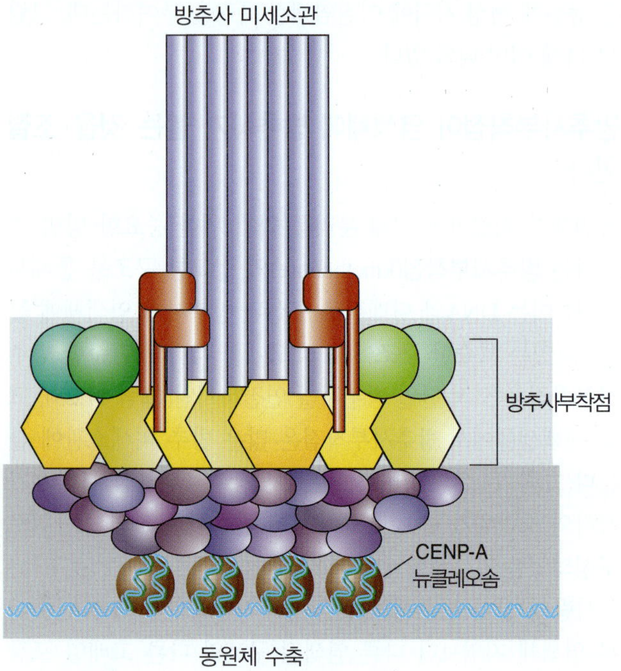

분자적 신호를 형성하여 자매염색분체가 서로 떨어지게 만든다. 염색질은 그 후에 후기에서 각각의 극으로 이동할 수 있다.

코헤신 복합체는 자매염색분체를 붙잡는다

보존도가 높고 다단위체 단백질 복합체인 코헤신(cohesion)은 분리가 일어날 때까지 체세포분열과 감수분열 동안 자매염색분체를 붙잡는 접착제 역할을 한다. 염색체 복제가 세포주기의 S 단계에서 일어난 후, 코헤신은 자매염색분체에 결합하여 팔을 따라 동원체 부분에서 자매염색체를 붙잡는다. 코헤신은 자매염색분체의 두 이중 나선을 돌면서 떨어지지 않게 한다. **그림 11.25**는 코헤신과 두 DNA 간의 위상적 관계를 보여주는 현재의 (논쟁이 있을지라도) 모형을 보여준다. 코헤신 고리는 염색체의 길이를 따라 흩어지지만, 이들은 동원체 이질염색질 근처에서 특히 고농도로 발견된다.

그림 11.25 코헤신 분자적 모형. 코헤신 복합체(초록색, 하늘색, 보라색)는 두 자매염색분체(파란색과 빨간색의 두 DNA 분자)를 함께 둘러싼다. 자매염색분체는 단백질분해효소(세파라제; 금색)가 화살표 머리가 가리키는 보라색의 코헤신 소단위를 자를 때 자유로운 두 DNA 분자로 분리된다.

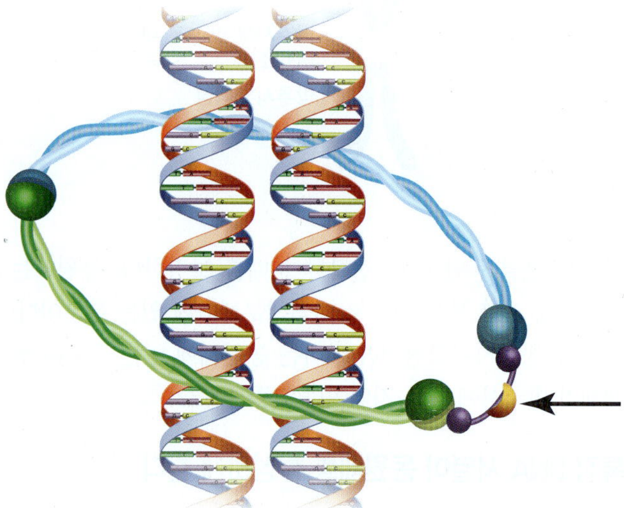

유사분열의 중기 동안, 코헤신 복합체는 방추사부착점에서 염색질이 극 쪽으로 당겨지는 것을 막아, 언급한대로 염색체 간의 장력을 생성한다. 후기에서 세파레이즈라고 하는 단백질분해 효소가 코헤신 복합체를 자르고, 자매염색분체가 분리되어 반대편 방추사 극으로 이동하도록 한다(그림 11.25, 11.26a). 이 생각을 지지하듯, 세파레이즈(separase)에 의해 잘릴 수 없는 코헤신을 발현시키면, 분열하는 세포는 염색체 분리에 많은 오류를 만든다.

감수분열에서 특별한 문제가 발생한다: 자매염색분체는 첫 번째 감수분열 동안에는 붙어 있어야 하지만, 두 번째 감수분열 동안에는 떨어져야 한다. 세포는 감수분열-특이적 단위체로 코헤신 복합체를 형성함으로써 이런 문제를 해결하는데(그림 11.25에서 보라색 단위체를 바꾸는), 이 단위체는 슈고신(shugoshin, 일본어로 "보호자 정신"의 뜻; 그림 11.26b)이라고 하는 단백질과 작용한다. 슈고신은 세파라제에 의해 잘리는 것으로부터 코헤신을 보호한다. 제2감수분열에 들어가기 전에, 슈고신이 제거되고, 이제 세파라제는 후기 II에서 동원체 코헤신을 자를 수 있고, 자매염색분체가 반대쪽 극으로 분리되게 한다.

흥미롭게도 슈고신은 자매염색분체의 팔을 따라 코헤신을 보호하지는 않는다; 팔의 코헤신과 동원체의 코헤신을 구별하는 분자적 기작은 아직 알려지지 않았다. 따라서 제1감수분열에서, 자매염색분체의 팔을 따라 있는 코헤신은 잘

그림 11.26 유사분열과 감수분열에서 코헤신의 역할. (a) 유사분열 동안 코헤신은 자매염색분체를 서로 묶여 있도록 하고 중기 내내 이런 상태로 지속된다. 세파라제에 의한 코헤신의 절단은 후기에서 자매염색분체가 분리될 수 있게 한다. (b) 제1감수분열에서 코헤신은 염색체 팔에서 절단되어 사라지지만 동원체에서는 슈고신에 의해서 보호를 받는다. 코헤신은 후기 II까지 자매염색분체에 같이 존재한다.

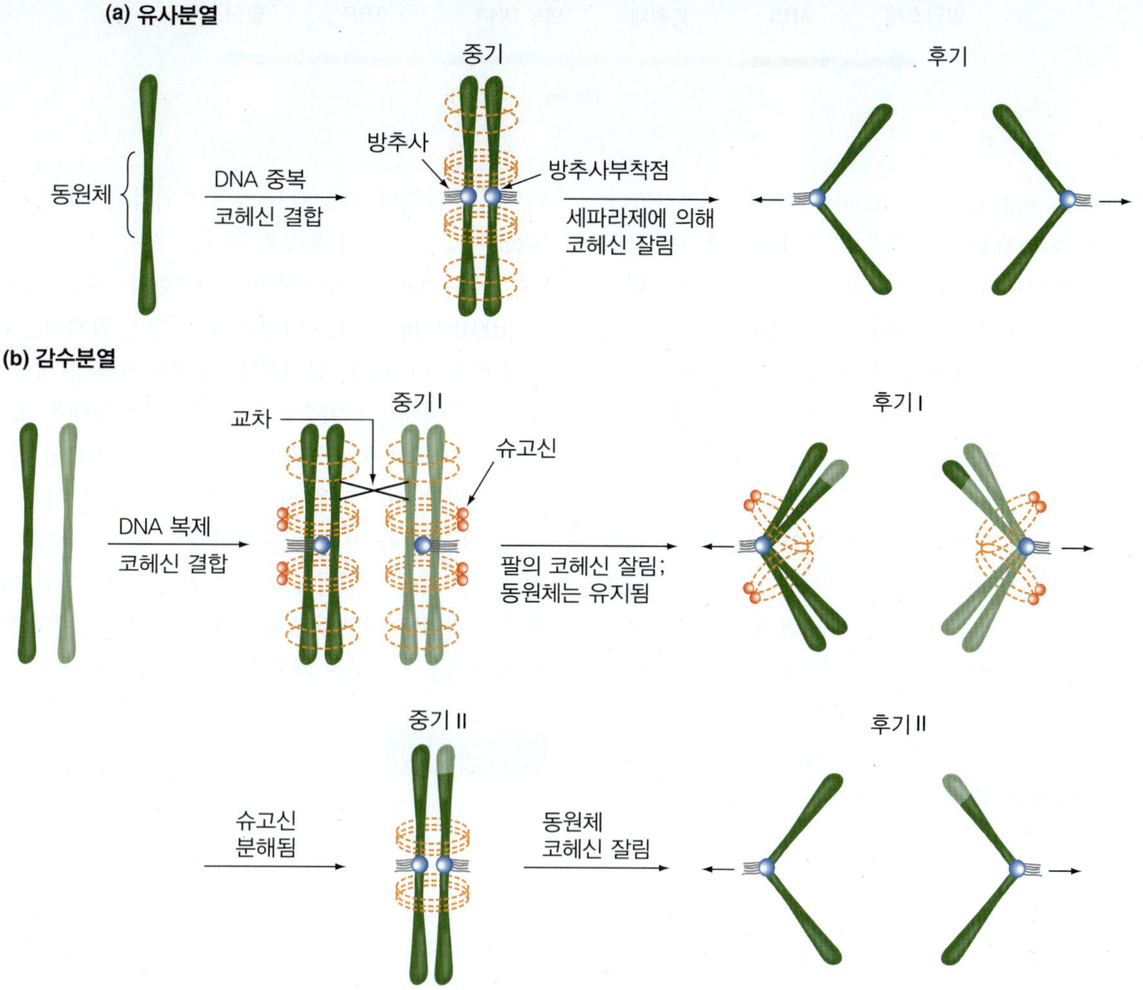

리지만, 동원체에 있는 코헤신은 잘리지 않는다. 이 사실은 매우 중요한데, 왜냐하면 연습문제 25번에서 알 수 있듯이, 팔을 따라 있는 코헤신은 방추사가 첫 번째 감수분열의 중기 동안 상동염색체가 떨어지지 않게 하는 접착제이기 때문이다. 팔의 코헤신의 잘림은 따라서 제1감수분열의 후기 동안 반대쪽 방추사 극으로 상동염색체가 분리되게 하는 데 중요하다.

핵심 개념

- 짧은 DNA 서열이 효모 동원체를 정의한다. 고등 진핵생물에서, 동원체는 더 복잡하고 반복적인 DNA 서열을 포함한다.
- 동원체의 방추사부착점은 염색체가 방추사에 붙는 부분이다. 세포주기 점검점은 모든 방추사부착점이 방추사에 적절히 연결될 때까지 염색질이 분리되지 못하게 한다.
- 코헤신 복합체는 세파라제가 후기에서 코헤신을 자를 때까지 염색질을 붙잡아 둔다. 제1감수분열에서 슈고신은 코헤신을 보호하고 따라서 자매염색분체를 계속 붙잡는다; 제2감수분열에서 슈고신이 제거되고, 세파라제가 이 분열의 후기에서 코헤신을 자른다.

11.6 인공 염색체

학습목표

1. 인공 염색체에 포함되어야 하는 요소들의 목록을 만든다.
2. 이 요소들 중 하나라도 결여되어 제조된 재조합 DNA의 결과를 기술한다.

1980년대에 분자유전학자들은 효모로부터 직접 얻은 동원체, 말단소체, 복제원점을 사용해서 인공 염색체, 즉 **효모 인**

그림 11.27 효모 인공 염색체(YAC). 인공 염색체로써 기능을 효과적으로 수행하기 위해, ARS (효모 복제원점), 동원체 서열, 그리고 끝에 말단소체를 갖는 YAC 벡터는 100 kb가 넘는 (단위 표시는 그리지 않았지만) 외부 DNA를 삽입시켜야 한다(여기서는 *Eco*RI 제한효소 부위를 이용). YAC으로 형질전환된 효모는 벡터가 *TRP*$^+$ 유전자와 같은 선별 표식자를 갖는다면 분리될 수 있다.

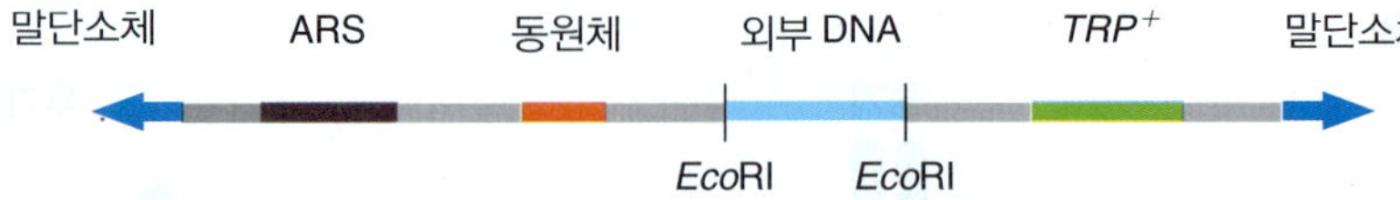

공 염색체(yeast artificial chromosome, YAC)를 제조하였다. 9장에서, YAC이 100 kb보다 매우 긴 큰 DNA 조각을 클로닝하기 위한 벡터로써 매우 유용하다고 언급하였다. 외부 DNA (인간 유전체의 조각 같은)를 갖는 YAC은 효모로 다시 형질전환될 수 있고, YAC의 존재는 선별할 수 있는 표지가 있다면(예를 들면, 영양 요구성 주체 세포가 트립토판이 결핍된 배지에서도 자라도록 해주는 *TRP*$^+$ 유전자와 같은) 추적될 수 있다.

YAC 제작 과정에 대한 여러 조작은 염색체 기능에 대한 많은 고찰을 제공하였다; 사실, 연구자들은 YAC을 ARS (효모 복제원점; yeast origin of replication)과 동원체에 상응하는 염색체 지역을 분리하고 조사하기 위해 사용하였다. 동원체 혹은 말단소체가 없고 오직 복제원점만 갖는 플라스미드는 복제는 되지만 적절히 분리되지 못한다. 말단소체가 없고 동원체와 복제원점을 갖는 플라스미드는 원형일 경우 복제되고 적절히 분리된다; 만약 선형일 경우에는 분해되고 결국에는 세포에서 소실될 것이다.

흥미롭게도, 모든 세 가지 요소를 갖는 작은 DNA는 정상 효모 염색체와 독립적으로 선형 염색체로써 복제되고 분리되지만, 충분한 DNA를 갖고 있지 않기 때문에 정확히 분리되지는 않는다. 11,000 bp의 무작위적 DNA 단편을 갖는 YAC은 세포분열 시 50%의 확률로 잘못 분리된다. 55,000 bp를 갖는 YAC은 세포분열 시 1.5%의 분리 오류를 갖는다. 100,000 bp가 넘는 단편을 갖는 인공 염색체는 분리 오류의 비율이 0.3%로 떨어진다. 이 오류 비율은 정상 크기의 효모 염색체에서 보여주는 것보다 여전히 200배 정도 더 높은데, 이는 염색체 구조와 기능의 몇 가지 미묘한 면이 여전히 밝혀져야 하는 것을 의미한다. 연구자들은 이런 YAC 연구에서의 교훈을 인간 인공 염색체를 개발하는 데 이용하고 있다. 연구자들은 결국에는 이런 염색체들이 인간 세포에서 기능이 결여된 특정 유전자를 정상 유전자로 형질전환시켜서 유전병을 치료하는 데 사용되기를 바란다.

핵심 개념

- 선형 YAC의 안정된 전달을 위해서는 복제원점(ARS), 동원체, 말단소체를 요구한다; 알려진 이유는 전달된 염색체는 100 kb보다 큰 DNA를 포함하기 때문이다.
- 인공 염색체는 클로닝 벡터들로 사용되어 왔고 염색체의 기능 지역을 알아내기 위해 사용되었다; 이들은 미래에 사람의 유전병을 치료하기 위해 사용될 것으로 기대된다.

다음 학습을 위한 안내

진핵 염색체는 DNA에 유전정보를 관리하는 데 있어서 구성과 응축의 단계에 변이를 줄 수 있는 유연한 염색질의 성질을 이용한다. 이런 염색질 구조에서의 가역적인 변화는 핵에서의 포장, 세포분열 동안의 적절한 복제와 분리, 그리고 유전자 발현과 같은 염색체 기능의 다양성을 함유한다. 염색체의 충실한 기능, 복제, 전달들이 각 종들의 생명 영속성에 밑거름이 되지만, 염색체 변이도 또한 발생한다. 이미 두 가지 변화에 관한 기작을 살펴보았다. 7장에서는 각 뉴클레오티드들의 돌연변이(7장), 4~6장에서는 상동염색체 간에 염기를 교환하는 상동염색체 재조합을 다루었다. 12장에서는 다른 개수의 염색체를 생산하고, 비상동염색체 사이의 유전자를 섞고, 단일 염색체의 유전자를 재배열하는 더 큰 범위의 염색체 재배열에 대하여 설명한다. 유전체의 유전정보를 변형함으로써 일어나는 이런 큰 규모의 변이는 진화를 촉진하는 중요한 다양성을 제공한다.

풀이 문제

I. 과학자들은 15 kb에서 1 Mb 이르는 크기의 YAC을 제조할 수 있다. DNA 길이에 근거해서, 50 kb의 YAC과 500 kb의 YAC을 비교할 때 염색체 응축 면에서 어떻게 다를 것으로 예측하는가?

해답

이 문제에 답을 하기 전에 앞서 염색체 응축의 각각 서로 다른 단계에 필요한 DNA 크기에 대한 정보가 필요하다.

DNA 길이에 근거해서, 500 kb의 YAC은 50 kb의 YAC에 비교해서 아마 더 응축되어 있을 것이다. 양쪽 DNA들은 히스톤 둘레를 감싸서 뉴클레오솜 (핵심히스톤 둘레에 160 bp 그리고 연결자 부위에 40 bp) 구조를 형성한다. 이들은 더 응축해서 한 바퀴당 6개의 뉴클레오솜으로 구성된 300 Å 섬유 구조가 된다. 500 kb의 YAC은 더 상위 단계로 응축한다: 염색체에서 60~100 kb로 구성된 방사성 고리로 존재하지만 50 kb의 YAC은 이러한 고리를 만들기에는 충분한 길이가 아니다.

II. CBF1으로 불리는 단백질이 효모에서 동원체 결합 단백질로 규명되었다. 효모 CBF1 단백질과 아미노산 구성면에서 유사한 단백질을 암호화하는 유전자를 인간 유전체에서 발견하였다.

a. 이러한 인간 유전자가 만들어내는 단백질이 인간 동원체 부위와 연관되어 있는지 어떻게 알 수 있을까? (이 단백질에 결합하는 항체를 확보할 수 있음을 가정하라.) 왜 FISH 실험으로는 가능하지 않은가?

b. 이러한 인체 단백질이 동원체 기능에 실제로 참여하는지에 대한 알 수 있는 방법 두 가지를 기술하라. 한 방법은 TRP^- 효모 세포들이 아미노산 트립토판 부재 시에 성장할 수 있도록 TRP^+ 유전자를 포함하는 YAC을 사용해야 한다.

해답

이 문제에 답하기 위해서는 세포분열 동안 염색체 분리가 적절하게 되도록 하는 동원체의 구조와 기능을 이해해야 한다.

a. 효모 CBF1와 유사한 인체 단백질에 특이적으로 결합할 수 있는 분자 탐침이 필요하다. 이러한 단백질에 반응하고 형광물질로 표지된 항체는 그러한 탐침으로 역할할 수 있다. CBF1 유사 인체 단백질을 대량으로 추출(15장에 재조합 DNA 기술을 사용하여 단백질을 추출하는 방법을 토의 함)한 후, 토끼 혹은 다른 실험동물에 주사한다. 토끼는 그 단백질에 대한 항체를 만들어 낼 것이다(인간이 백신 바이러스 단백질에 대해 항체를 생성하는 것과 유사함). 토끼 혈액에서 항체를 추출하고 형광 표지자로 그들을 표식할 수 있다. 마지막으로 인체 염색체가 펼쳐져 있는 현미경 슬라이드에 표지 항체를 놓는다. BF1 유사 인체 단백질이 인간 동원체와 관련되어 있으면 그림 11.2에 있는 것과 같은 형광패턴을 얻을 것이다. 탐침이 염색체에 있는 DNA 서열과 결합하는 핵산이 아니고 동원체 DNA 서열과 관련된 단백질에 결합하는 항체이기 때문에 이 방법은 FISH 실험이 아니다.

b. 이러한 인체 단백질이 동원체 기능에 관여하는지를 아는 방법으로 두 가지 실험을 진행한다.

첫째, 이러한 인체 단백질이 효모 *CBF1* 유전자의 기능을 대체할 수 있는지 결정한다. 다음을 포함하는 효모 세포로 시작한다: (i) 그들의 유전체에 TRP-돌연변이; (ii) 상응하는 TRP^+ 유전자를 가진 YAC; (iii) 그들의 유전체에 야생형 혹은 *CBF1* 유전자가 없는 돌연변이; (iv) *CBF1* 유사 인체 단백질을 발현시키는 유전자가 존재하거나 없음. 이와 같이 여러 종류의 효모 세포들이 트립토판을 포함하는 배지에서 많은 세포분열 후에 YAC을 가지고 있는지(효모 세포가 YAC 없이 성장할 수 있는 조건)를 조사한다. 만일 그 인체 유전자가 효모 *CBF1*의 기능을 효과적으로 대체할 수 있으면 실험의 마지막 단계에서 다음 결과를 볼 것이다: *CBF1* 명돌연변이 세포들은 YAC을 소실할 것이다(그들은 TRP^-가 됨); $CBF1^+$ 세포나 인체 단백질을 가지고 있는 $CBF1^-$세포들은 계속 YAC을 유지할 것이다.

두 번째로 인체 세포나 생쥐와 같은 포유류에서 이 단백질을 암호화하는 유전자의 기능을 감소시키거나 제거한 후, 이러한 세포들이 분열할 때 그들의 염색체들이 높은 빈도율로 분리 실수가 있는지 결정한다. 17장은 표유동물의 유전자를 제거하거나 발현 방해를 할 수 있는 여러 가지 방법에 대해서 논의한다.

연습 문제

어휘

1. 왼쪽 용어를 가장 잘 설명한 문장을 오른쪽에서 찾아 연결하라.

a. 말단소체	1. 자매염색체를 유사분열 후기까지 유지하는 단백질 복합체
b. G 밴드	2. 효모에서 복제의 기원
c. 방추사부착점	3. 고등 진핵세포에서 동원체 근처에서 발견되는 반복적인 DNA
d. 뉴클레오솜	4. 선형 염색체의 말단에 특성화된 구조
e. ARS	5. 진핵세포 핵의 DNA, 단백질, RNA의 복합체
f. 부수체 DNA	6. DNA와 결합하고 뉴클레오솜의 핵심을 형성하는 작은 염기 단백질
g. 염색질	7. 방추사가 염색체에 붙어 있는 DNA와 단백질 복합체
h. 코헤신	8. 히스톤을 둘러싸는 DNA로 이루어진 구슬 모양의 구조
i. 히스톤	9. 분해와 말단-말단 연결로부터 말단소체를 보호하는 단백질 복합체
j. 쉘터린	10. 염색되는 차이로 인해 구별되는 염색체의 지역

11.1절

2. 히스톤이 아닌 많은 다른 단백질이 염색체와 연관되어 있다고 알려졌다. 이와 같은 비히스톤 단백질의 역할은 무엇인가? 왜 다양한 종류의 비히스톤 단백질이 히스톤 단백질보다 많은가?

11.2절

3. 중기와 간기 동안에 염색체의 응축에서 다른 점은 무엇인가? 왜 이 차이가 필요한지 최소 하나의 이유를 서술하라.

4. 응축 과정에서 히스톤 H1의 역할과 비교하여 핵심 히스톤의 역할은 무엇인가?

5. a. 뉴클레오솜당 간격을 평균적으로 200 bp로 추정하고, S기 종료 후에 전형적인 사람 세포에서 얼마나 많은 히스톤 H2A의 분자가 필요한가?
   b. 새로운 히스톤 합성이 가장 필요한 시기는 세포주기의 어느 단계인가?
   c. 인간 유전체는 60개의 히스톤 유전자를 포함한다. 각 종류당(H1, H2A, H2B, H3, H4) 10~15개씩 있다. 왜 유전체는 각각 많은 수의 히스톤 유전자를 갖는다고 생각하는가?

6. 마이크로코칼 핵산분해효소(micrococcal nuclease)는 단일 또는 이중 가닥 DNA의 인산디에스테르 결합을 끊을 수 있지만, 단백질에 결합된 DNA는 마이크로코칼 핵산분해효소에 의한 분해로부터 보호된다. 진핵세포의 염색질이 마이크로코칼 핵산분해효소로 짧은 시간 처리되어 DNA는 추출되고 전기영동과 에티디움 브로마이드에 의해 분석될 때, 다음 젤에서 보이는 레인 A의 패턴을 보인다. 긴 시간의 처리에서의 패턴은 레인 B에 나타나고 더 긴 시간 처리하면 레인 C처럼 나타난다. 이런 결과를 해석하라.

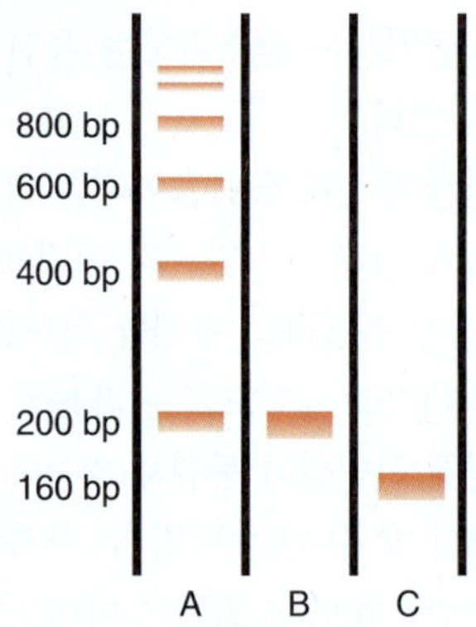

7. a. 어떤 글자가 사람 염색체의 짧은 팔과 긴팔을 나타내는가?
   b. 각각의 짧은 팔에 2개의 밴드를 갖는 3개의 구역을 갖고 각각의 긴팔에 3개의 밴드를 갖는 5개의 구역을 갖는 가상적인 염색체 3의 도식화를 그려보라. 팔 구역, 그리고 밴드를 표시하고 유전자에서 3p32를 표시하라.

8. 사람 반수체 유전체의 30억 개 염기쌍의 고해상도 핵형에서 약 2,000개의 G 밴드가 보인다. 만약 유전체가 약

25,000개의 유전자를 포함한다면, 핵형분석에 의해 확인될 수 있는 DNA의 결실에 의해 얼마나 많은 유전자가 제거될 수 있는가?

9. 4번 염색체 q팔의 말단소체 근처에 존재하는 하나의 유전자와 일치하는 탐침자를 사용하여 사람 세포의 염색체에 형광 제자리 혼성화(FISH) 실험을 수행하였다고 가정하라.
   a. 다음 핵형도에서, 무엇이 오직 이배체 세포에 포함된 1~5번 염색체를 보여주는지 모든 형광 신호의 위치를 표시하라.

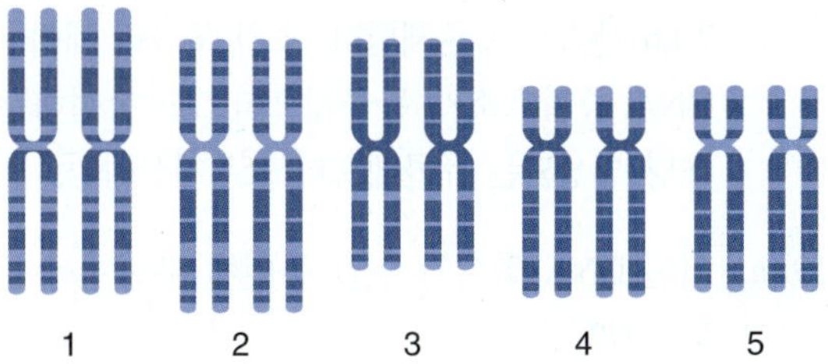

   b. 그림 11.9a에서 나타난 FISH 실험의 결과를 문제 (a) 결과 핵형도와 비교하라. 왜 그림 11.9a의 염색체가 핵형도에서 깔끔하게 배열된 상동염색체 쌍에서 나타나는 것보다 퍼져 있는가? 그림 11.9a에서 탐침자로 사용된 DNA 유전자는 사람 4번 염색체 q팔에서 발견될 수 있다고 생각하는가?

11.3절

10. 다음 중 어떤 것이 DNase 과민 부위라고 할 수 있는가?
    a. 염색체의 이 지역에서 전사가 일어나지 않는다.
    b. 염색질은 과민 부위 없는 지역보다 좀 더 열린 상태이다.

11. 다음의 각각의 염색질 쌍의 종류에서, 무엇이 가장 응축된 것인가?
    a. 100 Å 섬유 또는 300 Å 섬유
    b. 300 Å 또는 뼈대에 부착된 DNA 고리
    c. 진정염색질 또는 이질염색질
    d. 간기 염색체 또는 중기 염색체

12. 다음에서 구성적 이질염색질과 선택적 이질염색질의 예를 들어보라.
    a. 초파리
    b. 사람

13. 많은 종에서 일관되게 보이는 어떤 히스톤 수정은 H4 단백질의 12번째 리신에 아세틸 그룹의 첨가이다. 만약 여러분이 효모를 가지고 일하는 유전학자이고 H4 유전자의 클론을 가지고 있다면, 이런 특정 리신에서의 아세틸화가 염색질의 기능에 필수적인지 실험하기 위해 무엇을 할 수 있는가?

14. 초파리 유전학자들은 위치효과 얼룩을 수정하는 많은 돌연변이를 분리하였다. 얼룩의 우성 억제자 [*Su*(*var*)s]는 염색체 재배열에 의해 이질염색질 근처로 가져온 유전자의 적은 빈도의 불활성화를 야기하는 반면, 얼룩의 우성 증폭자 [*E*(*var*)s]는 같은 유전자의 더 잦은 빈도의 불활성화를 야기한다.
    a. 초파리에서 이런 두 종류의 돌연변이는 각각 *white* 유전자의 위치효과 얼룩에서 어떤 효과를 갖는가? (즉, 눈이 더 빨간색일까 또는 더 흰색일까?)
    b. 이런 *Su*(*var*)과 *E*(*var*) 돌연변이는 이와 상응하는 유전자에서 기능상실 대립유전자라고 가정하면, 이런 유전자는 어떤 종류의 단백질을 암호화한다고 생각하는가?

15. 다음 그림에는, *A*와 *B* 유전자가 X 염색체(파란색)에 있고 둘 다 X 불활성화의 대상인 반면, *C*와 *D*는 17번 염색체(상염색체; 빨간색)에 있다. *F*와 *S*는 전기영동에 의해 분별될 수 있는 빠르고 느린 이동 형태에 상응하는 단백질을 암호화하는 대립유전자를 나타낸다. 이 그림의 여성 2와 3도 이를 따르는데, 하나 혹은 이상의 바 소체를 이미 갖는 다른 개인의 체세포에서 발현될 수 있는 네 가지 단백질의 모든 가능한 형태를 나타낸다. 예로, 여성 1의 몇몇 클론은 A^F, B^F, C^F, C^S, D^F, D^S 단백질을 발현하는 반면, 다른 클론들은 A^S, B^S, C^F, C^S, D^F, D^S 단백질을 발현한다. 여성 1로부터의 클론은 A 혹은 B 단백질의 느리고 빠른 형태를 만들 수 없다. 여성 2는 XIC가 삭제된 이형접합자이다. 여성 3은 X와 17번 염색체가 교환된 상호전좌의 이형접합자이다.

여성 1

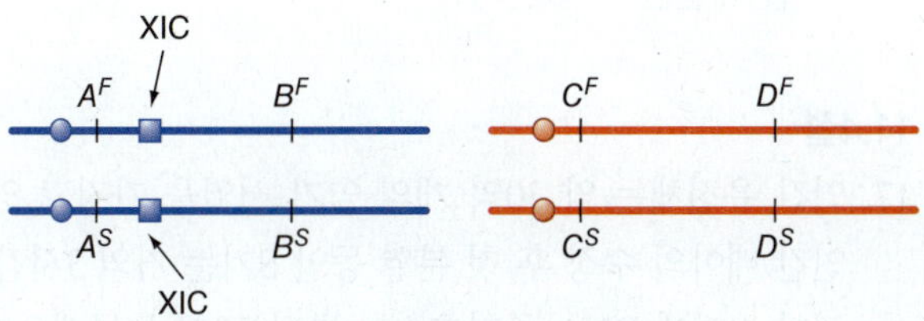

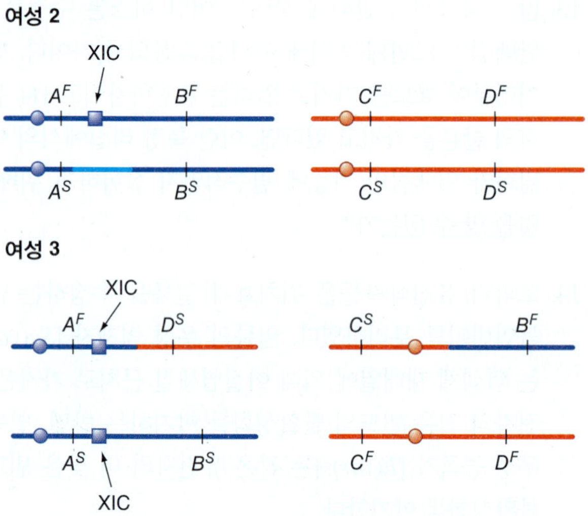

16. 어떻게 하나의 X가 *Xist*를 발현하도록 선택되는지는 아직 알려진 바가 없다. 선택하는 기작 중 한 가지 실마리는 *Tsix*라고 하는 XIC 유전자에 있는데, 이는 지속적으로 활성화 될 X 염색체에서만 전사된다. 다음 그림에 나와 있듯이, *Tsix*와 *Xist*는 겹치고 다른 방향으로 전사된다. *Tsix*는 *Xist*와 상보적인 (안티센스) lnRNA를 생성하는데, 이는 *Tsix*의 이름이 *Xist*를 거꾸로 말해서 지어진 것을 설명해 준다. 향후에 활성화될 X로부터의 *Tsix* 발현은 그 X 염색체의 *Xist* 발현을 막는다.

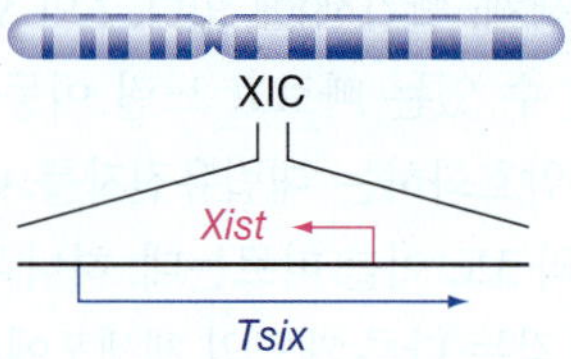

a. 암컷 포유동물이 정상 X 염색체 하나와 *Tsix* RNA 발현을 막지만 *Xist* RNA 발현을 하게하는 돌연변이 X 염색체를 갖는다고 가정하자. 이 암컷의 세포에서, 어떤 X 염색체가 더 바 소체로 되기 쉬운가?

b. 왜 X 염색체의 *Tsix* 전사가 같은 X 염색체의 *Xist* 발현을 방해하는지에 대한 가설을 기술하라.

c. 왜 *Tsix*에 대한 실마리가 여전히 세포가 어떤 X 염색체를 염색질에 의해 불활성화할 것인지에 대한 문제를 해결할 수 없는가?

11.4절

17. 인간 유전체는 약 30억 개의 염기 서열을 가지고 있다. 인간 배아의 수정 후 첫 분열 동안 S기는 거의 3시간 걸린다. S기에 DNA 중합효소는 초당 50개 뉴클레오티드를 합성하는 속도로 진행된다면 인간 유전체에 존재하는 복제원점은 최고 몇 개이겠는가?

18. *D. melanogaster*의 초기 배아 세포의 유사분열은 매우 빠르게 진행된다(매 8분).

a. 각 염색체의 중간에 양방향 진행 복제원점이 있다면 모든 배아 세포가 8분에 한 번씩 분열하는 동안에 DNA 중합효소는 얼마나 많은 뉴클레오티드를 초당 합성해야 하는가? 가장 큰 염색체는 66 Mb이고 복제가 모든 세포분열기에 진행된다고 가정하라.

b. 사실상 많은 복제원점은 초기 배아 세포분열 동안에 각 염색체에서 활발하게 활동하고 그들 간에는 거의 7 kb 간격으로 존재한다. 초기 초파리 배아 세포에서 DNA 중합효소가 뉴클레오티드를 합성하는 속도를 초당 생성되는 뉴클레오티드로 계산하라.

19. a. 어떤 DNA 염기가 인간 동원체 부위에서 주로 발견되는가?

b. 두 개의 동원체-연관 복합체 코헤신과 방추사부착정은 염색체 기구에서 어떤 기능을 하는가?

20. a. 말단소체 복원효소를 암호화하는 유전자의 발현을 막도록 변형된 생쥐는 정상보다 더 빠르게 노화되고 감소된 수명을 갖는다. 말단소체 복원효소의 발현이 다시 미성숙한 생쥐에서 복구되었을 때, 노화에 대한 많은 부정적인 효과들이 빠르고 극적으로 복구된다. 이런 결과들에 대해 가능한 설명을 하라.

b. 이런 생쥐 실험의 결과는 연구자들이 인간의 노화를 복구할 "젊음의 원천"으로 말단소체 복원효소 유전자의 과발현이 치료법으로 될 수 있다는 가정을 한다. 왜 이런 치료법을 시도하는 데 신중해야 한다고 생각하는가? 이 질문에 대한 답은 왜 이것이 말단소체 복원효소를 발현하지 않는 대부분의 체세포를 갖는 다세포 유기체에서 이점을 갖는지를 설명하여야 한다.

21. a. 형광 제자리 혼성화(FISH) 실험에서, 왜 3′ AATCCC 5′의 다중 사본을 포함하는 DNA를 탐침자로 사용한다고 생각하는가? 문제 9번에 있는 핵형도에 결과를 나타내라.

b. FISH 실험에서 특정 염색체의 한 끝을 추적하는 탐침자로 어떤 DNA 서열을 사용하겠는가? 같은 핵형도에서 그 결과는 어떻게 생겼는가?

22. 다음의 목록에서 두 말단소체를 비교한다면, 어떤 경우

가 항상 똑같은 수의 TTAGGG 반복 서열을 갖게 될 것이라고 예상하는가?

a. 염색체의 한 끝에 있는 말단소체, 비상동염색체의 한 끝에 있는 말단소체

b. 염색체의 한 끝에 있는 말단소체, 상동염색체의 상응하는 끝에 있는 말단소체

c. 염색체의 한 끝에 있는 말단소체, 같은 염색체의 다른 한 끝에 있는 말단소체

d. 염색질 끝에 있는 말단소체, 자매염색질의 상응하는 끝에 있는 말단소체.

11.5 절

23. a. 어떤 DNA 염기가 인간 동원체 부위에서 주로 발견되는가?

b. 두 개의 동원체-연관 복합체 코헤신과 방추사부착점은 염색체 기구에서 어떤 기능을 하는가?

24. Rec8은 코헤신 복합체의 단위체로 감수분열 동안에만 만들어진다; 이것은 그림 11.25에 있는 유사분열의 코헤신 복합체에서 보여준 보라색 단백질을 바꾼다. Rec8은 제1감수분열 동안에 잘라지지 않지만 제2감수분열 동안에는 잘려서 자매염색분체가 마침내 분리되게 한다.

연구자들은 한 단백질(슈고신)이 Rec8가 제1감수분열 동안에 잘리지 않도록 보호한다고 가정하였다. 슈고신을 밝히기 위해, 연구자들은 첫째로 유사분열을 하는 효모에서 Rec8을 생산하였다. 이 효모에서 Rec8은 유사분열 동안 잘리고 세포에 아무런 해가 없었다. 연구자들은 그 다음으로 Rec8을 유사분열 동안 발현하는 세포에 다른 정상적인 감수분열-특이적 단백질들을 발현시켰다. 연구자들은 Rec8을 분해되지 않도록 하는 단백질로 슈고신을 발견할 수 있었다.

Rec8을 발현하는 유사분열 중인 세포에 슈고신을 발현시키면 어떤 효과가 있는가? 세포에 어떤 형질이 나타나겠는가?

25. 다음의 그림에서, 각각의 선은 DNA 이중가닥을 나타낸다.

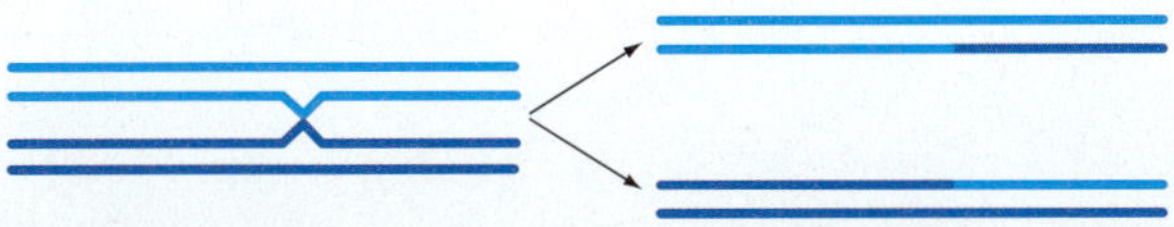

a. 세포분열의 어떤 종류를 나타내고 있고, 그 분열의 어떤 단계를 두 부분의 그림에서 보여주고 있는가? 같은 파란색 영역(밝은 혹은 어두운)에서 그려진 선들 사이의 관계는 무엇인가? 다른 파란색의 영역으로 그려진 선들 사이는?

b. 코헤신은 S기 바로 직후에 염색체에 첨가된다. 코헤신 복합체는 특히 동원체에 집중되어 있지만, 염색체 팔을 따라 위치하는 분산된 코헤신 복합체도 있다. 그림의 한 사본에서, 염색체의 코헤신 복합체의 분배를 나타낸다. 동원체의 코헤신과 팔을 따라 있는 코헤신을 구분하라. 그 그림에는 어떻게 코헤신이 DNA를 묶어두는지 나타내어야 할 것이다.

c. 그림을 주의 깊게 보자. 방추사부착점에서 반대방향으로 장력이 작용함에도 불구하고, 이 분열에서 중기판에 파란색 선들이 같이 붙어 있을 수 있게 하는 것이 무엇인가?

d. 다시 그 그림을 자세히 보면, 묘사된 이런 세포분열 동안 슈고신의 기능은 무엇이라 결론지을 수 있는가? 슈고신을 막는 기능의 효소 이름은 무엇이고, 이 효소가 하는 일은 무엇인가?

26. 나중에 전이인자의 발견으로 노벨상을 받는 맥클린톡(Babara McClintock)은 1920년에 X-선의 개체가 되는 밀 세포에서 염색체의 움직임을 실험하였다. 그녀는 X-선이 G1기 동안에 염색체 절단을 일으키고, S기의 염색체 복제 후, 두 자매염색분체의 부러진 끝이 결합되어서 원래보다 더 커지도록 "융합" 염색체를 만들도록 할 수 있는 것을 알아냈다. 그 후, 유사분열 중기와 이른 후기 동안, 결합된 자매염색분체는 염색질이 두 방추사 극 사이로 당겨지는 흔하지 않은 "다리" 구조를 형성하고, 결국에는 부러질 수 있다. 그녀는 이런 현상을 절단-융합-다리 주기라고 부른다. (a)와 (b) 각각의 사진은 그런 두 개의 염색질 다리를 갖는 유사분열 이른 후기의 세포를 보여준다.

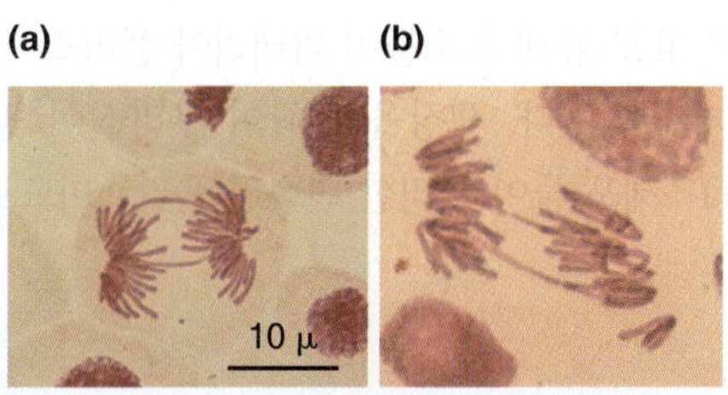

a. 잘린 후 자매염색분체의 끝이 그렇듯 무엇이 정상 염색체의 말단은 같이 융합하지 않도록 하는가?

b. 다음의 그림은 유전자 *A*-*G*의 염색체를 보여준다; 화살표는 X-선-유도 절단의 장소를 나타낸다. 유사분열

후기에 나타날 다리(큰 융합된 염색체)를 그려보고, 다리가 포함하는 모든 유전자와 중요한 염색체 구조를 표시하라. 이 다리의 방추기구에 의해 가해지는 힘은 화살표를 통해 나타내라.

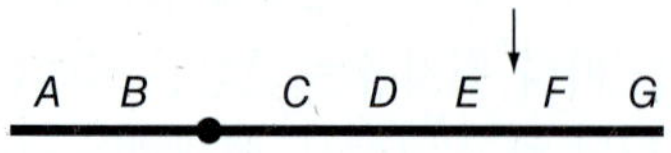

c. 만약 자매염색분체가 융합한다면, 왜 이 융합 염색체는 유사분열 동안 다리처럼 행동해야만 하는가? [문제 (b)의 답에서 묘사한 다리에 가해지는 장력을 생각하라.]

d. 유사분열 후기 동안 이 다리에 무슨 일이 일어나기 쉬운가? 그 다음에 묘사된 유사분열에 의해 생성될 두 딸세포에서 무슨 일이 일어나기 쉬운가? (힌트: 맥클린톡은 이런 현상을 주기라고 내포하도록 이름 지었다.)

27. 염색질 구조를 조절하는 다음의 기작에 의해 영향 받는 염색체의 구조 혹은 기능의 적어도 한 예를 들어보라.

a. 뉴클레오솜에서 발견되는 정상 히스톤의 번역 후 변화

b. 특별한 유전자에 의해 암호화 되는 변이 히스톤을 갖는 뉴클레오솜

11.6절

28. a. 유사분열에서 염색체 분리를 방해하는 돌연변이를 적어도 3개 이상 언급하라. 즉, 어떤 DNA 구조에서 혹은 어떤 종류의 단백질을 암호화하는 유전자가 이와 같이 분리를 방해하는 돌연변이인가를 설명하라.

b. *S. cerevisiae*에서 그러한 돌연변이를 발견하기 위하여 효모 인공 염색체(YAC)를 어떻게 이용할 수 있는가?

29. 많은 효모-유래 요소들이 박테리아 플라스미드 pBR322에 클론되었다. 생장을 위하여 우라실이 필요한 효모(Ura^- 세포)들이 이러한 변형된 플라스미드로 형질전환되었고 Ura^+ 콜로니들이 우라실 결여 배지에서 선택되었다. 다음에 열거된 요소들 각자를 포함한 플라스미드를 보고 이들이 염색체 안으로 들어갔는지 아니면 독립적인 플라스미드로 유지되었는지 설명하라. 만일 플라스미드들이 독립적으로 자동복제 된다면 Ura^+ 배지에서 배양하면 이러한 플라스미드들이 딸세포들에게도 계속적으로 전달될 것으로 생각하는가?

a. URA^+ 유전자

b. URA^+ 유전자, ARS

c. URA^+ 유전자, ARS, CEN(동원체)

d. 이 서열이 선형 인공 염색체로써 안정적으로 효모에서 유지되기 위해 첨가해야 하는 것은 무엇인가?

30. 효모 동원체 DNA를 포함하는 DNA 단편이 TRP^+ ARS 플라스미드 YRp7에 클론되었다; 플라스미드는 매우 안정되게 분열하였다(플라스미드가 딸세포에 전해짐). 안정하게 분열되는 정도의 조사 방법은 플라스미드 선별력이 없는 배지에 형질전환된 세포를 배양하는 것과 이러한 배지에서 20세대 후에도 Trp^+ 콜로니 개수를 파악하는 것을 바탕으로 하고 있다. 동원체 DNA를 포함하는 좀 더 정확한 부위를 알기 위하여 처음 단편을 더 작은 단편으로 절단하고 YRp7에 재클론하고, 분열 안정도를 검사하였다. 다음 유전자 지도와 표의 결과에 근거해서 동원체 DNA는 어디에 있다고 추론할 수 있는가?

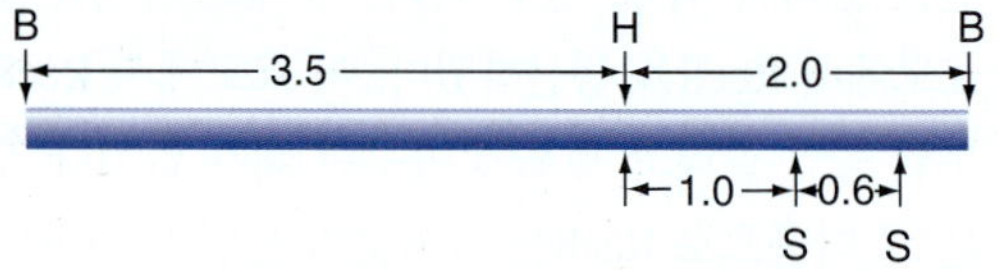

유사분열 안정도 측정 결과

플라스미드 DNA	Trp^+ 콜로니 백분율: 20세대 계대배양 후
YRp7	0.9
YRp7 + 5.5 kb *Bam*HI (B)	68.1
YRp7 + 3.5 kb *Bam*HI-*Hin*dIII (H)	0.5
YRp7 + 2.0 kb *Bam*HI-*Hin*dIII	80.3
YRp7 + 0.6 kb *Sau*3A (S)	76.2
YRp7 + 1.0 kb *Hin*dIII-*Sau*3A	0.7

12장

염색체 재배열과 염색체 수 변이

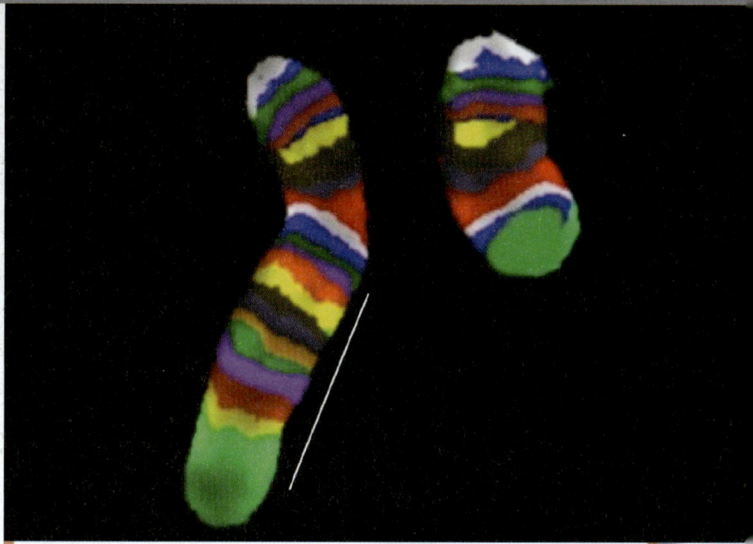

FISH 기법을 이용하면 염색체를 다양한 형광염색으로 밴드(띠)를 형성할 수 있는데, "염색체 바코드"를 작성하여 염색체 재배열의 주요한 변이를 관찰할 수 있다. 다양한 색의 밴드들은 각각 다른 형광 표지로 표지된 염색체 지역 특이적 탐침자로 분자 교잡된 부위이다. 왼쪽은 인간의 정상 5번 염색체 바코드이다. 오른쪽은 정상 5번 염색체의 장완 부위에 흰색 줄 길이만큼이 결실된 염색체이다.

개요

여러 종들 간의 전유전체의 염기서열 비교는 **염색체 재배열**(chromosome rearrangement)이 진화의 주요한 기작이었음을 보여준다. 예를 들면 생쥐의 염색체들은 인간의 염색체 단편들을 많이 가지고 있으며, 인간 염색체에도 생쥐의 염색체 단편들이 많이 존재한다. 한 가지 예를 들면, 생쥐의 1번 염색체에는 인간의 1, 2, 5, 6, 8, 13, 18번 염색체의 단편들을 가지고 있다(그림 12.1에 다른 색깔로 이들을 표시함). 이러한 염색체 블록을 **연관가능 단편**(syntenic segments; 신테니 단편)이라고 하는데, 이러한 연관가능 단편들은 염기서열 일치성, 유전자 배열, 유전자 전사 방향 등이 두 단편 간에 거의 일치한다. 원칙적으로 과학자들은 인간의 유전체를 길이가 약 16 Mb 정도되는 342개 단편으로 분해하고, 이들 단편들을 다시 이어 붙이기 하여 생쥐 유전체를 "재구성"시킬 수 있다. 그림 12.1은 생쥐 1번 염색체의 이러한 과정을 상세하게 보여 주고 있으며, 그림 9.21은 생쥐 전유전체와 인간 전유전체간의 연관복합성 관계를 보여 주고 있다.

이러한 발견은 우리 생명체들이 얼마나 복잡하게 진화하였는지를 이해하는 데 공헌하였다. 비록 인간과 생쥐는 약 6천5백만 년 전에 서로 분지하였지만 두 유전체들의 많은 부위의 DNA들은 매우 유사하다. 그러므로 인간과 생쥐의 유전체들은 공통적인 유전체로부터 약 300번 정도의 염색체 절단과 교환 등에 의하여 새로운 모습에 이르게 되었다고 추론할 수 있는 것이다. 이러한 염색체 재배열들 중 어느 것은 생쥐의 계통으로 이르게 하고, 어떤 것들은 인간의 계통으로 이르게 한 것

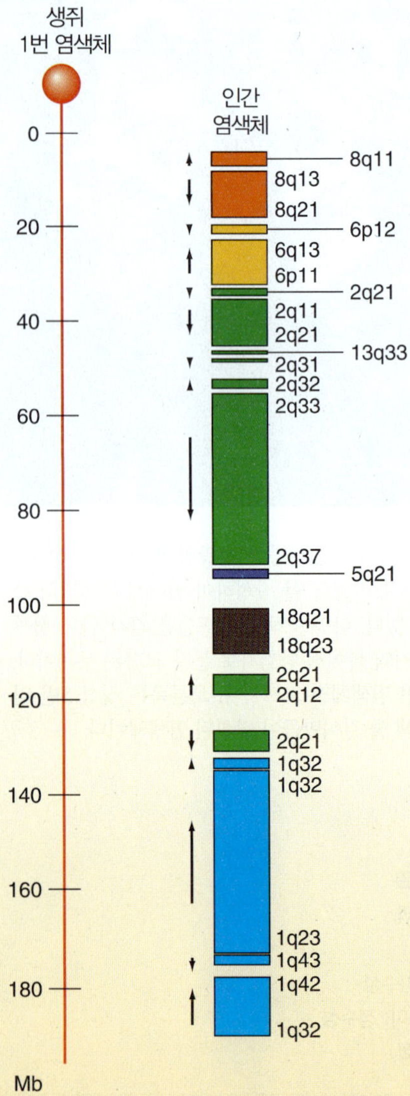

이다. 그러나 염기서열의 차이와 유전체 구성의 차이는 결국 이들 두 종 간의 차이를 만들게 된 것이다.

이 장에서는 두 가지 형태의 염색체 변이에 대해서 설명한다: (1) **염색체 재배열**(rearrangement)과 (2) **염색체 수 변이**(changes in chromosome number)로서 염색체 재배열은 한 개 혹은 두 개 이상의 염색체들의 DNA가 재구성되는 것이며, 염색체 수 변이는 염색체 한두 개나 혹은 완전한 염색체 세트를 소실하거나 더 갖는 경우이다. 염색체 재배열과 수 변이는 유전자의 위치, 순서, 세포내의 유전자의 수 등이 바뀌므로 유전자 활성이나 유전자 전달에 영향을 미친다. 이러한 변형은 항상은 아니지만 종종 생물체나 후손에게 해로운 유전적 불균형을 초래한다.

염색체 변이에 대해서 두 가지의 주요한 점을 동정할 수 있다. 첫째, 핵형은 한 종 내에서 비교적 안정적으로 유지되는데, 이것은 염색체 재배열이나 수의 변이가 빈번히 일어나지 않아서라기보다(사실은 이러한 변이가 빈번히 일어남), 이러한 변이에 의한 유전적 불균형과 불안정성이 변이를 갖는 세포나 개체 또는 이들이 후대에 선택적으로 불이익을 주기 때문이다. 둘째, 염색체 변이들의 선택적 불이익에도 불구하고 관련된 종들이 항상 다른 핵형을 가지며, 아주 가까운 종들은 (침팬지와 인간처럼) 오직 몇 개 정도의 재배열에 의해 서로 분지되었지만 좀 더 유연관계가 먼 종들은 (생쥐와 인간처럼) 더 많은 재배열에 의해 분지되었다. 이러한 사실들은 핵형의 재배열과 새로운 종의 진화에는 밀접한 관계가 있다는 것을 시사한다.

그림 12.1 인간과 생쥐 유전체의 비교. 생쥐 1번 염색체는 인간의 1, 2, 5, 6, 8, 13, 18번 염색체들의 커다란 염색체 단편들을 가지고 있다(각각을 다른 색으로 표시함). 화살표는 인간 염색체로부터의 염기 서열의 상대적 방향을 나타낸다.

12.1 염색체 DNA의 재배열

학습목표

1. 네 가지의 염색체 재배열을 요약한다.
2. 염색체 재배열을 야기하는 두 가지의 주요한 기작을 설명한다.
3. 연구자들이 염색체 재배열을 탐색할 수 있는 연구방법을 학습한다.

모든 종류의 염색체 재배열은 DNA 염기배열을 변경시킨다(표 12.1). 어떤 염색체 재배열은 염기를 제거시키거나 첨가한다. [특정한 염색체 부위를 제거하는 것을 결실(deletion)이라 하고 첨가하는 것을 **중복**(duplication)이라고 한다] 다른 종류의 염색체 재배열로는 염색체 DNA의 염기쌍을 잃거나 첨가시키지 않고 유지하면서 염색체 부위를 재배열하는 것이다. [한 염색체에서 두 곳을 절단한 후 염색체 순서를 반 바퀴 회전하여 돌려놓는 것을 역위(inversion)라고 하며; 비상동염색체들 간에 염색체 부위를 서로 교환하는 것을 **상호전좌**(reciprocal translocation)라고 한다] 이 장에서는 한 세대에서 다음 세대로 생식세포를 거쳐서 전달되는 유전 가능한 재배열들에 초점을 두고 설명하지만, 체세포의 유전체가 염기수나 순서가 바뀌는 경우도 설명을 한다. 읽을거리 「빠르게 살펴보기」의 '프로그램된 DNA 재배열과 면역계'는 인간의 면역계의 정상적인 발달이 왜 체세포의 비유전적이며 프로그램된 재배열에 달려 있는지를 보여준다.

이 절에서는 첫째로 유전 가능한 염색체 재배열이 어떻게 생성되고 과학자들은 어떻게 염색체 재배열의 존재를 찾아

표 12.1 염색체 재배열의 주요 종류

각 알파벳은 염색체의 단편 부위를 나타낸다. 서로 다른 비상동염색체들은 각각 빨간색과 파란색으로 표시하였다.

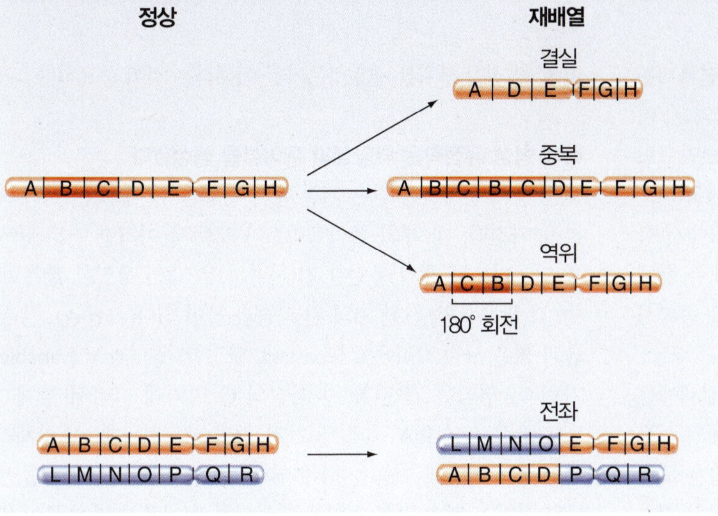

내는지를 설명한다. 그리고 나서 각 재배열은 어떻게 돌연변이 표현형을 생성하고 염색체 행동에 영향을 미치는지를 보여준다. 마지막으로 유전학자들은 염색체 재배열을 어떻게 유전 연구의 도구로 이용하는지를 설명한다.

염색체 재배열은 DNA 절단이나 반복된 염기서열 간의 비적합적 재조합에 의해 생성된다

결실, 역위, 중복, 상호전좌 등은 주로 다음의 두 가지 기작에 의해 생성된다: 염색체 절단 (7장에서 설명한 X-선 등에 의해 일어남) 또는 반복서열 염기서열들 간의 비정상적인 (비적합적인) 재조합에 의해서 생성된다.

만약에 하나의 염색체 내의 두 곳에서 이중 나선 절단이 일어나면 절단지점 사이의 단편이 소실되고 남아 있는 두 단편들 간에 접합 수선이 [7장에서 설명한 비상동 말단연결(nonhomologous end-joining, NHEJ)] 일어나서 결실(deletion)이 생기거나(그림 12.2a), 절단된 단편이 180도 회전하여 이어지면 역위(inversion)가 일어난다(그림 12.2b). 두 상동염색체나 자매염색분체 간의 절단이 다른 부위에서 일

그림 12.2 염색체 절단과 이어지는 DNA 수선은 모든 종류의 염색체 재배열을 초래한다. (c)의 염색체들은 상동염색체들이거나 자매염색분체들일 수 있다. (d)의 염색체들은 비상동염색체들이다.

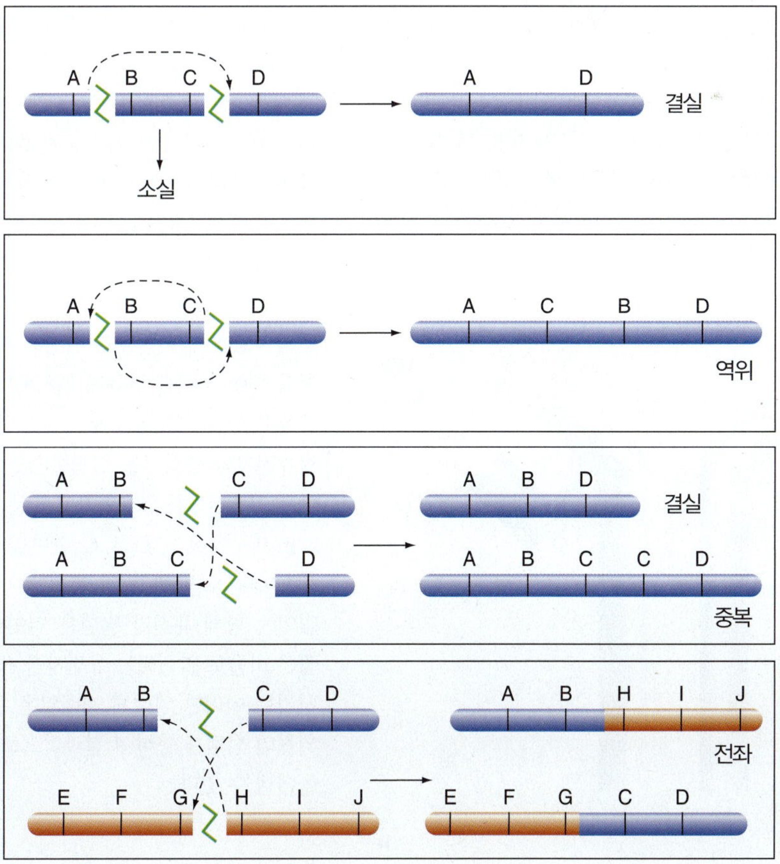

빠르게 살펴보기

예정된 DNA 재배열과 면역계

인간의 면역계는 특이성과 다양성에서 매우 놀랍다. 면역계는 수십억 개의 B 림프구를 포함하는데, B 림프구는 수십억 개 이상의 다른 항체(면역글로불린, immunoglobulin 또는 Ig라고도 함)를 생성하는 특별한 백혈구이다. 그러나 각각의 B 세포는 오직 한 개의 세균이나 바이러스 단백질(면역반응에 맥락에서 항원, antigen)에 대항하여 항체를 만들어낸다. 항원에 대한 항체의 결합은 우리 몸이 병원균에 대항하여 싸우고 이들을 중화시키는 것을 돕는다.

항체 반응에서 한 가지 아주 흥미로운 사실은 유전체에는 20,000~30,000개 정도의 유전자밖에 없는데, 수십억 개의 서로 다른 항체를 만들어 낼 수 있는 점이다. 이에 대한 대답은 체세포 돌연변이와 다른 크기의 다양한 폴리펩티드들의 다양한 접합과 연계되어 예정된 유전자 재배열로서 이것은 아주 적은 수의 유전자들로부터 대략 수십억 개의 결합특이체들을 생성시킬 수 있게 된다. 이러한 다양성을 이해하기 위해서는 항체들이 어떻게 생성되고 B 세포들에서 어떻게 항체-암호화 유전자들이 특정한 항원-결합 부위를 결정하는가를 이해하는 것이 중요하다.

그림 A 항체 특이성이 분자 구조로부터 어떻게 생성되는가. 두 개의 긴 사슬과 두 개의 짧은 사슬들이 이황화 결합(–S–S–)에 의해 결합되어 항체의 기본 구조를 이룬다. 긴 사슬과 짧은 사슬 모두 가변 (V) 부위(노란색)을 N 말단 부위에 가지며, 이 부위는 항원 결합 부위와 연계되어 있다. V 영역 내부에 있는 "고도가변" 부위의 아미노산들은 항체에 따라 매우 다양하다. 각 사슬의 나머지 부위는 C (constant, 일정함) 영역(푸른색으로 표시함)으로 구성되어 있는데, 긴 사슬은 여러 개의 부영역들을 (C_{H1}, 경첩, C_{H2}, C_{H3}) 가진다.

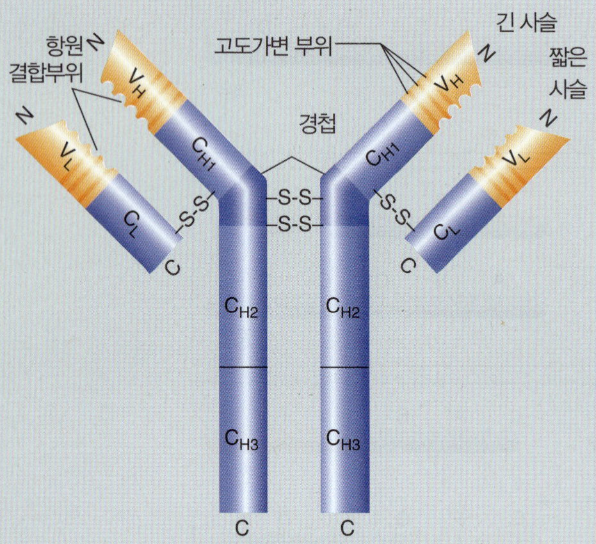

항체 형성 유전학은 다양성과 특이성을 생성한다

모든 항체 분자들은 같은 기본 분자 단위를 한 개 또는 여러 사본을 가진다. 네 개의 폴리펩티드가 모여서 이러한 기본 단위를 만든다: 두 개의 동일한 긴 사슬과 두 개의 동일한 짧은 사슬. 각 짧은 사슬은 한 개의 긴 사슬과 붙어 있다(그림 A). 긴 사슬과 짧은 사슬 각각은 C (constant, 일정함) 영역과 V (variable, 가변적) 영역을 가진다. 긴 사슬의 C 영역에 따라서 항체가 IgM, IgG, IgE, IgA 등의 네 가지 클래스로 되는데, 이 항체가 어디에서 어떻게 기능을 하는가에 영향을 미친다. 예를 들면, IgM 항체는 면역 반응 초기에 형성되며 B-세포의 벽에 붙어 있는다; IgG 항체는 후에 형성되어 혈류를 따라 배출된다. 짧은 사슬과 긴 사슬의 C 영역은 항체의 특이성에 관여 하지 않는다. 대신에, 항체의 특이성을 띠게 하는 항원 결합 부위를 만드는 것은 긴사슬과 짧은 사슬의 V 영역이다.

긴 사슬의 모든 영역을 암호화하는 부위는 14번 염색체에 존재한다(그림 B). 긴 사슬 유전자 부위는 100개 이상의 V-코딩 단편들로 되어 있으며, 각각은 촉진유전자를 가지고 여러 개의 D (diversity) 단편들과 여러 개의 J (joining) 단편들, 그리고 증폭자를 앞에 가지고 있는 9개의 C-암호화 단편들로 되어 있다. (증폭자는 16장에서 설명하며 촉진유전자와 상호작용하여 전사개시를 돕는 짧은 DNA 단편을 말한다.) 모든 생식계통 세포들과 대부분의 체세포들은 B 림프구로 분화되는 세포들을 포함하여 이러한 다양한 유전자 단편들은 염색체상에서 모두 떨어져 위치한다. 그러나 B 세포가 발달되는 동안 체세포 염색체 재배열에 의해 이들은 임의적으로 인접하게 되어 각 V, D, J 단편들은 특이적 변이 부위를 만들어 전사된다. 이러한 재배열은 C 단편이 증폭자 옆의 새로운 장소로 이동하여 위치하게 되고, 이들을 촉진유전자와 증폭자를 인접한 곳으로 이동시켜서 완전한 긴 사슬 폴리펩티드를 암호화하고 있는 성숙한 mRNA를 만든다.

B 세포에서 V, D, J, C 단편들의 재배열은 임의적으로서 각 세포마다 오직 한 개의 특이한 긴 사슬만을 생성한다. 재배열 없이는 항체 유전자 발현은 일어날 수 없다. 임의적 재배열은 짧은 사슬로 발현되는 유전자를 생성할 수도 있다. 항체를 발현시키는 이러한 염색체 재배열은 유전자 인자들의 재조합과 임의적인 선택을 통하여 결과적으로 매우 다양한 결합 부위를 만들어낼 수 있다.

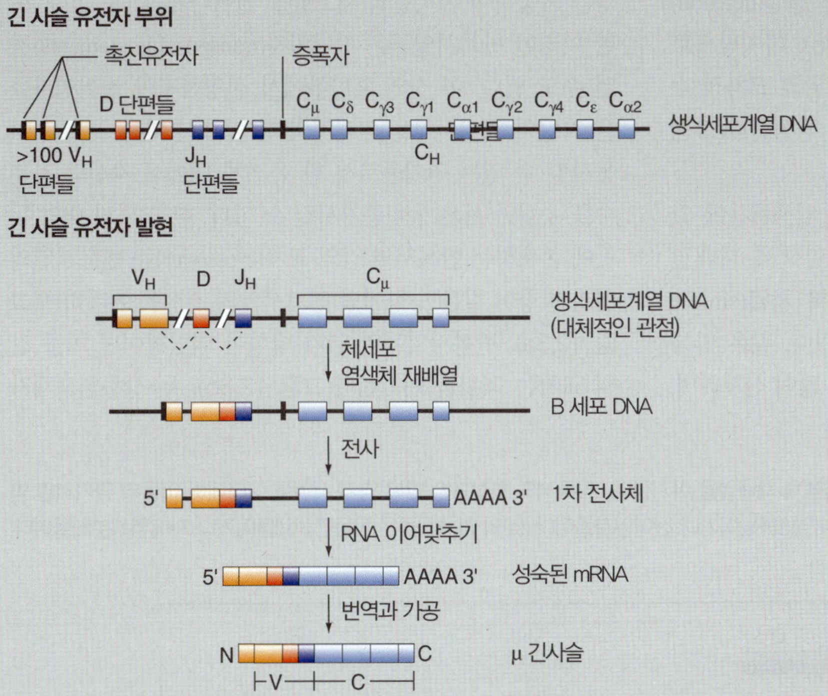

그림 B 14번 염색체에 있는 긴 사슬 유전자부위. 생식세포계열(모든 비항체 생성 세포들도 마찬가지임)은 100개 이상의 V_H 단편, 약 20여 개의 D 단편, 6개의 J_H 단편 그리고 9개의 C_H 단편을 갖는다(맨 위). 각 V_H와 C_H 단편들은 두 번째 선상에서 같은 DNA의 대체적인 관점으로 보이는 것과 같이 두 개 또는 그 이상의 엑손을 가지고 있다. B세포에서 체세포 유전자 재배열은 임의적으로 각 V_H, D, J_H 단편들을 연결시킨다. 새롭게 생성된 긴 사슬 유전자로부터 만들어진 1차 전사체는 순차적으로 이어맞추기하여 성숙한 mRNA로 된다. 이 mRNA로부터 번역되어 생성된 μ 긴사슬은 IgM 항체에서 발견되는 긴사슬이다. B세포의 차후 발달에서 다른 배열(나타내지 않음)이 같은 V–D–J 변이 부위를 C_δ와 같은 다른 C_H 단편에 연결시켜 다른 종류의 항체를 생성시킨다.

이러한 다양성을 만들어내는 데에는 이외에도 다른 기작들이 있다. 첫째, 각 유전자들의 DNA 인자들은 부정확하게 연결되는데, 이것은 이들이 서로 연결되는 단편들의 연결점에 염기들을 첨가하거나 DNA를 제거하는 효소들에 의해 일어난다. 이러한 부정확한 연결은 그림 A에서 고도 변이성 부위를 형성하는데 도움을 준다. 다음으로 재배열된 유전자의 V 지역에서의 임의적인 돌연변이가 항체의 V 영역의 변이를 증가시킨다. 마지막으로 모든 B 세포들은 DNA의 임의적 재배열에 의해 특이한 결합 부위를 가진 특정하고 특이한 L 사슬의 두 사본과 임의적으로 재배열하여 생기는 특정한 H 사슬의 두 사본이 결합함으로 다양성이 만들어진다. 예를 들어, 만약에 10^4개의 서로 다른 짧은 사슬과 10^5개의 서로 다른 긴 사슬이 있다고 하면, 이들 두 가지가 결합하여 나타나는 다양성은 10^9개가 된다.

그림 C 잘못된 전좌는 버키트림프종을 야기할 수 있다. 버키트림프종(Burkitt's lymphoma) 환자의 DNA에서 전좌로 *c–myc* 유전자의 (녹색) 전사가 인접한 C_μ의 촉진자 조절하에 놓이게 된다. 결과적으로 B세포는 c–myc 단백질을 비정상적으로 많이 생성한다. RagI과 RagII 효소들이 실수로 J_H 단편을 D 단편에 연결시키는 대신 8번 염색체의 *c–myc* 유전자에 연결시킨 것이다.

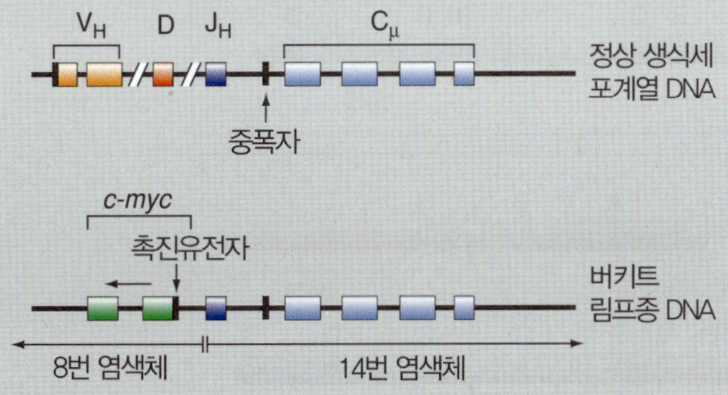

항체 유전자 재배열을 수행하는 효소들의 실수는 암으로 진행할 수 있다

RagI과 RagII는 항체 유전자들의 DNA 서열과 작용하는 효소들로 이들은 위에서 기술한 것과 같은 재배열을 촉매한다. 그러나 재배열 역할을 수행하는 동안 이들은 가끔씩 실수를 일으켜서 인간의 8번과 14번 염색체 간에 상호전좌를 야기할 수 있다. 이 같은 전좌 후에 14번 염색체의 긴 사슬 유전자의 촉진자가 8번 염색체의 항체 형성과 관련이 없는 *c-myc* 유전자의 인접한 부위로 이동될 수 있다. 정상적인 환경하에서 *c-myc*는 세포주기에서 적절한 시기와 비율로 세포가 분열하도록 세포분열 시 활동하는 다른 유전자를 활성화시키는 전사인자를 생성한다. 그러나 전좌된 항체 유전자의 촉진자는 *c-myc* 유전자의 활성을 촉진하여 전좌를 가진 B 세포가 조절이 안 되도록 분열하도록 한다. 이러한 B 세포 무조절분열은 버키트림프종(Burkitt's lymphoma)이라는 종양을 야기한다(그림 C).

그러므로 비록 예정된 유전자 재배열이 건강한 면역계를 정상적으로 발달시키지만, 재배열의 실수는 질병을 야기할 수도 있는 것이다.

어나고 만약에 절단된 염색체 말단부위가 DNA 수선에 의해 서로 붙게 되기 전에 위치가 바뀌게 되면 결실(deletion)과 중복(duplication)이 생성된다(그림 12.2c). 마지막으로 두 비상동염색체들에서의 절단과 절단된 부위의 교차적 수선은 상호전좌(reciprocal translocation)를 생성한다(그림 12.2d).

드물게 한 염색체 내이거나 두 개의 다른 염색체들에 있는 반복서열들 간의 비정상적인 교차도 염색체 재배열을 초래할 수 있다. 반복서열들은 **단순 반복 서열**(simple sequence repeats, SSR)과 같은 것일 수도 있다; 같은 반복 단위를 갖는 SSR 유전자좌들이 유전체 내에 많이 산재하며, 이러한 곳들은 재조합 효소들에 의해 감지되어 염기 유사성을 제공하여 비적합적 재조합을 일어나게 할 수 있다. 또한 이러한 반복서열들은 전이인자(transposable elements)들일 수도 있다. 이 장의 후반부에서 설명하지만 전이인자들은 자신의 염기서열을 염색체의 한 곳에서 다른 곳으로 이동시킬 수 있는 염기들로서 한 유전체 내에서 자신의 사본 수를 수십만 사본까지 증가시킬 수 있다. 한 염색체 내의 두 곳에 존재하는 반복서열 간의 교차(crossover)는 반복서열의 염기 방향이 같은 방향이면 염기서열의 결실을 야기하며(그림 12.3a), 반복서열들의 염기 방향이 역방향이면 이들 간의 교차는 역위를 야기한다(그림 12.3b). 두 상동염색체가

그림 12.3 반복서열들 간의 비정상적인 교차는 염색체 재배열을 야기한다. 초록색의 화살표는 반복 염기 서열를 나타내며 이들의 염기서열 방향을 보여준다. 반복서열 DNA 염기들은 단순 반복 서열(SSRs)이거나 전이인자들이다. (c)의 염색체들은 상동염색체들이거나 자매염색분체들이다. (d)의 염색체들은 비상동염색체들이다.

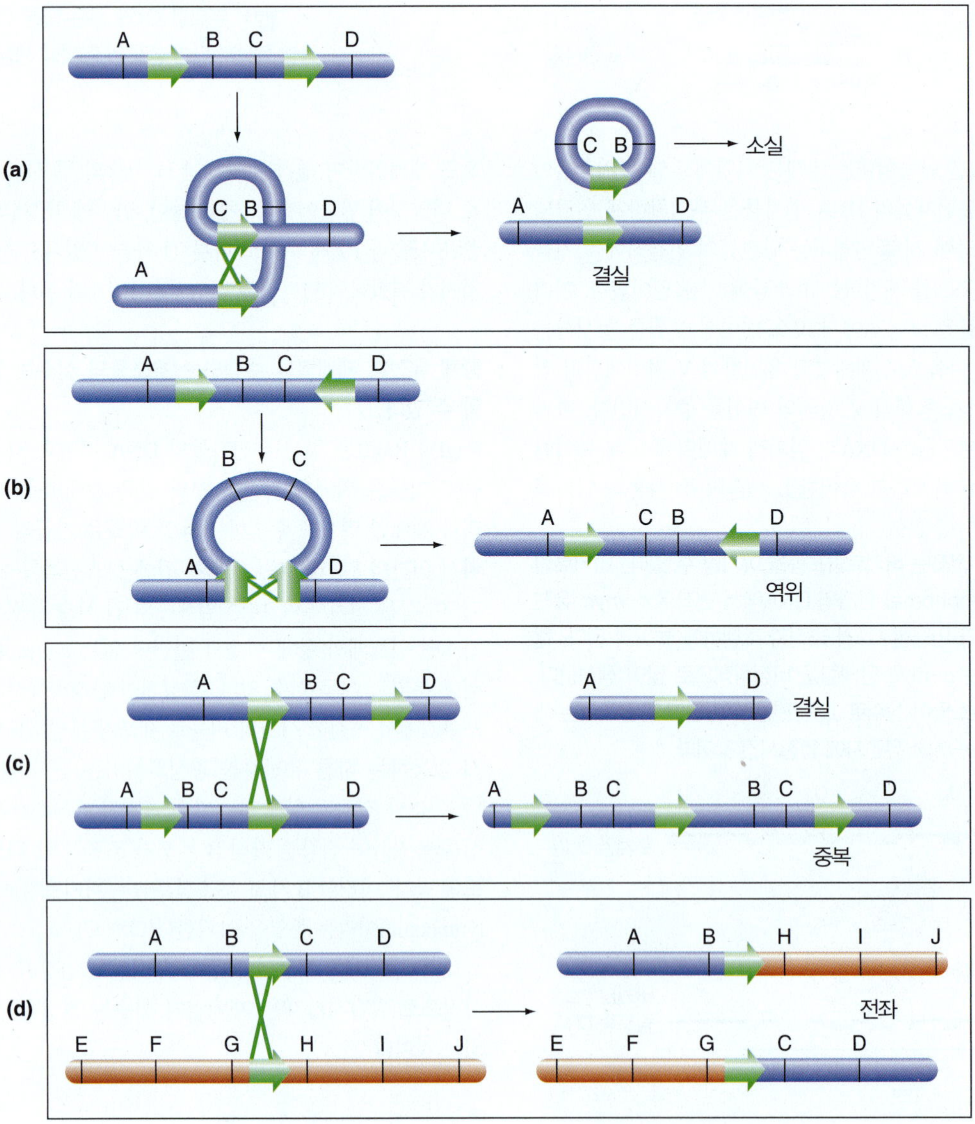

반복서열에서 서로 어긋나기 대합을 하고 교차가 일어나면 결실과 중복을 야기한다(그림 12.3c). 두 비상동염색체에 존재하는 반복서열 염기들 간의 교차는 상호전좌(reciprocal translocation)를 야기한다(그림 12.3d).

염색체 재배열은 다양한 방법으로 발견될 수 있다

유전학자들은 개인의 유전체가 염색체 재배열을 가지고 있는지, 정확히 어떤 유전자가 재배열되었는지, 세포분열 시 또는 세대 간에 재배열이 전달되는지를 결정하는 데 효과적인 방법들을 요구한다. 어떤 기법들은 과학자가 재배열의 존재와 대략의 위치를 알 수 있도록 하게 하는 반면, 어떤 방법들은 재배열을 분자 수준에서 검색할 수 있게 한다.

형광 제자리 혼성화(fluorescent in situ hybridization, FISH) 기법은 종종 재배열의 존재와 성격에 대한 일차적 힌트를 제공한다. 11장에서 학습한 유전체 DNA 탐침자를 형광으로 표지하여 염색체의 특정한 부위의 상보적 염기들과 교잡하는 FISH 기법을 기억하라. FISH 분석법의 한 가지인 스펙트럼 핵형분석(special karyotyping, SKY)이라고 하는 방법은 염색체 각각을 다른 색으로 염색하는 탐침자를 이용한다(그림 11.9b 참조). 그림 12.4는 비슷한 방법으로 상호전좌가 일어난 두 염색체를 염색한 것을 보여준다. 다색염색이라고 하는 좀 더 세련된 방법은 염색체의 특정한 부위에 특이한 탐침자를 이용하여 각 염색체의 "염색체 바코딩(chromosome barcode)"를 생성할 수도 있다. 이 장의 시작 사진은 다색염색 기법의 하나로 인간 염색체에 있는 결실의 존재와 특징을 보여준다.

그림 12.4 염색체 페인팅에 의한 상호전좌 분석. 본 그림은 상호전좌를 이형접합형으로 가진 사람의 FISH 핵형이다. 상호전좌가 일어난 두 염색체들을 적색과 녹색(화살표)으로 나타내었다. 전좌가 일어나지 않은 두 염색체들은 염색체 전체가 적색이거나 녹색으로 페인팅되어 있다(삼각형으로 표시).

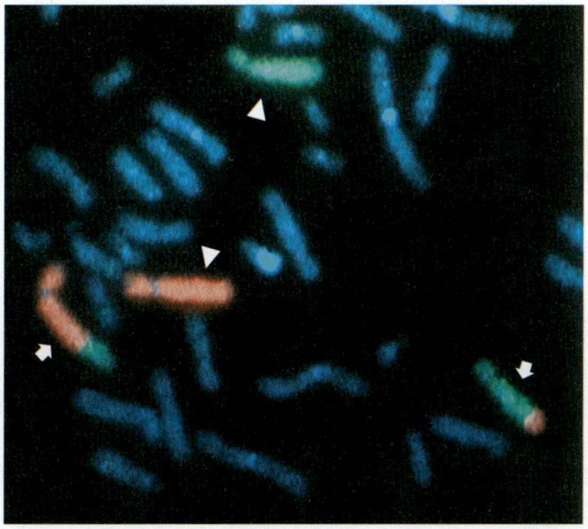

유전체 DNA의 마이크로어레이는 바코딩에 의해 발견하기에는 너무 작은 결실이나 중복을 탐지할 수 있다. 과학자들은 개인의 유전체 DNA로부터 탐침자를 만들어 유전체 전체를 포함하는 수백만 개의 단편으로 이루어진 마이크로어레이에 분자 교잡시킨다(그림 10.17 참조). 결실이나 중복의 존재와 대략적 위치가 마이크로어레이의 특정한 지역의 단편 분자 교잡 증가와 감소 등으로 나타나게 된다.

유전체 염기서열 결정은 염색체 재배열을 최종 수준의 해상도(염기쌍)로 나타낸다. 결실을 이형접합형으로 가진 사람은 결실을 가지지 않은 사람에 비해 유전체 DNA를 분석할 때 결실된 부위의 염기서열 단편이 적게 분석된다. 역으로 중복을 가진 사람의 유전체 서열은 중복을 가지지 않은 사람의 유전체 염기서열에 비해 중복된 부위의 염기서열이 더 많이 나타나게 된다. 게다가, 모든 염기서열 재배열은 정상적으로 연결되지 않은 DNA 서열을 나란히 가지게 된다(그림 12.5). 데이터 분석에서 발견되는 이러한 부위의 새로운 염기서열은 **재배열 절단지점**(rearrangement breakpoints)을 정확히 동정할 수 있게 한다. 이러한 절단지점의 정확한 동정은 재배열과 관련된 표현형을 분석하는 데 아주 유효하다.

재배열 절단지점은 또한 유전체 DNA를 DNA 중합효소 연쇄 반응(PCR)에서 주형으로 하여 분석하는 대체적 방법으로도 동정 가능하다. 재배열의 일반적인 위치를 바코딩 또는 마이크로어레이 등으로 알게 되면, 과학자들은 재배열된 염색체 부위를 PCR 증폭 시 새로운 단편이 증폭되도록 프라이머들을 고안한다(그림 12.5). 증폭된 단편의 염기서열을 분석하면 절단지점을 정확히 찾아낼 수 있다. PCR 분석은 이미 알고 있는 재배열의 후대 전달의 분석을 매우 정확하게 저비용으로 분석할 수 있으므로 매우 유용하다. 예를 들면, 이 장의 후반부에서 설명하는 한 형태의 백혈병(백혈구 암)은 특정한 상호전좌에 의해 야기된다. 의사들은 환자의 혈액 샘플을 이용하여 PCR 분석을 실시하여 백혈구 세포를 제거하기 위한 화학요법을 성공적으로 실시할 수 있다. 전좌 절단 부위를 검색할 수 있는 프라이머들을 이용하여 PCR 증폭으로 검색하면 몇 개 정도의 암 세포도 찾을 수 있으므로, 검색되면 치료를 더 진행할 필요가 있는 것이다.

핵심 개념

- 염색체 재배열은 염기쌍들을 제거하거나 첨가하는 것(결실과 중복)과 DNA 부위를 재배치하는 것들이 포함된다.

그림 12.5 염색체 재배열의 절단지점은 염기서열 결정이나 PCR 분석으로 찾아낼 수 있다. 유전체 염기서열 분석은 비정상적으로 병렬로 연결된 염기 검색으로 찾아낼 수 있다. 절단지점 부위를 증폭시킬 수 있는 PCR 프라이머 쌍(화살표)을 이용하여 PCR 증폭 후 특이한 증폭 단편을 분석하여 절단지점을 검색한다. 증폭된 단편의 염기서열 결정으로 절단의 정확한 정도를 분석할 수 있다.

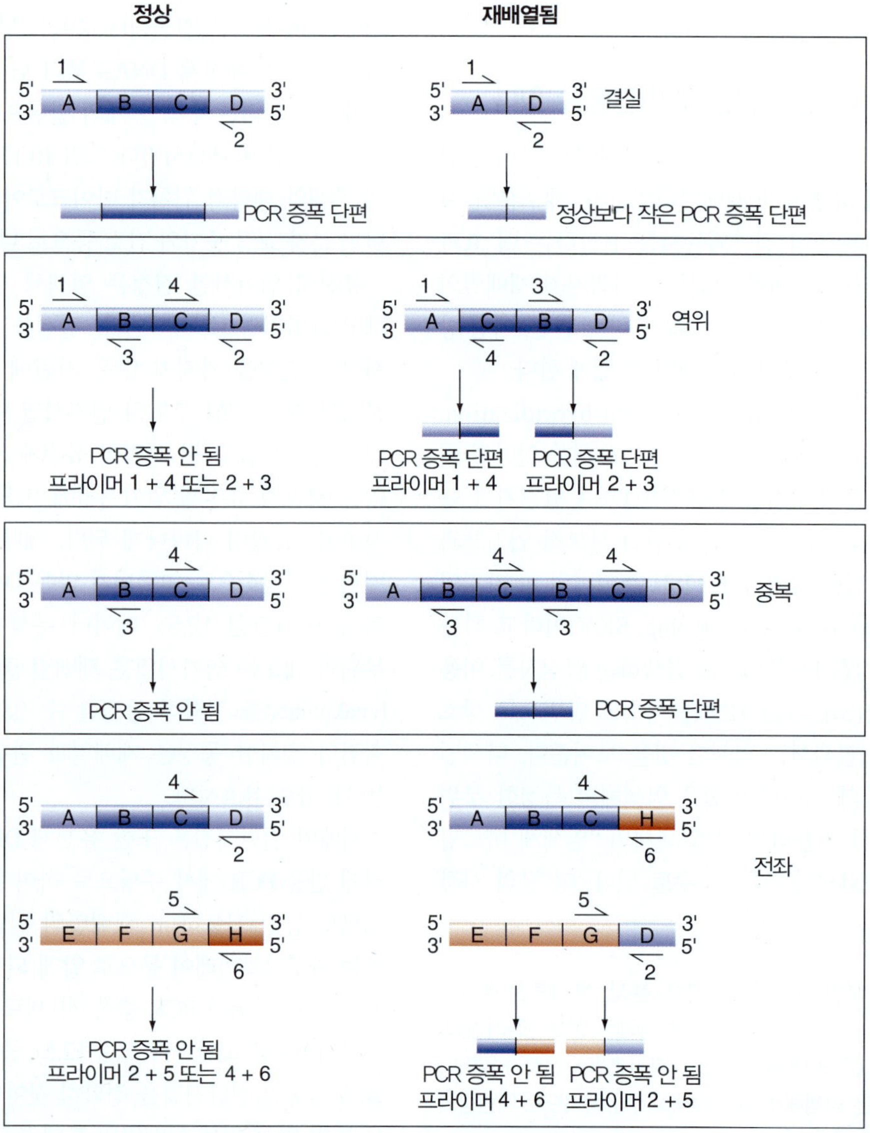

- 염색체 절단이 일어나고 이어서 DNA 수선이 되거나 비대칭 접합된 염색체들 간의 부적합한 교차는 결실, 중복, 역위, 전좌 등을 야기할 수 있다.
- 발전된 FISH 방법은 염색체 재배열을 바코딩과 같이 현상화된 밴드(띠)로 나타나게 하거나; 마이크로어레이로 작은 부위의 결실이나 중복을 탐지할 수 있게 하며; 마지막으로 DNA 염기서열 결정법이나 PCR 증폭 등은 염색체 재배열을 염기수준까지 분석 가능하게 해 준다.

12.2 염색체 재배열의 효과

학습목표

1. 결실을 동형접합형으로 가지고 있거나 이형접합형으로 가지고 있는 경우 표현형적인 결과를 확인한다.
2. 결실을 이용하여 유전자 동정을 하는 방법을 알아본다.
3. 중복의 표현형적인 효과와 염색체 교차에 미치는 영향을 논의한다.
4. 동원체포함 역위와 동원체비포함 역위의 차이점를 구별한다.
5. 역위 절단지점을 결정하고 이러한 절단지점의 표현형적인 효과를 설명한다.
6. 상호전좌를 정의하고 표현형적인 결과에 대해서 논의한다.
7. 역위와 전좌의 염색체 교차와 임성(생식능력)에 미치는 효과를 요약한다.

네 가지 주요한 염색체 재배열 각각은 가시적인 표현형과 생존력에 중요한 효과를 준다; 이러한 효과의 존재와 심화 도는 보통 염색체 재배열을 동형접합형으로 가지고 있는지 아니면 이형접합형으로 가지고 있는지에 따라 차이가 난다. 더욱이 이러한 염색체에 대한 다양한 변화 형태들은 염색체 교차를 변경시키고 개인의 임성(생식능력)에 영향을 준다.

결실은 유전체로부터 DNA를 제거한다

7장에서 설명한 것처럼 연속적인 염기쌍의 작은 결실은 종종 한 개의 유전자에만 영향을 미치는 반면, 커다란 부위의 결실은 수십에서 수백 개의 유전자가 결실된 염색체를 초래한다. 이 교재에서는 이렇게 커다란 부위의 결실을 가지고 있는 염색체를 *Del*이라고 명명한다. 이어지는 설명들은 학생들에게 Del 염색체를 결실된 유전자들의 무형대립유전자(amorphic allele, 완전한 기능상실 대립유전자)로 이해하는 데 도움을 줄 것이다.

결실 동형접합형의 치사 효과

유전체 내의 많은 유전자들은 그 개체의 생존에 필수적이므로, 결실 염색체를 동형접합형(*Del*/*Del*)이나 반접합형(*Del*/Y)으로 가지면 생존하지 못한다. 그러나 드문 경우로 결실된 부위에 생존에 필수적인 유전자가 없다면 동형접합형이나 이형접합형 모두 생존할 수도 있다. 결실된 부위가 작을수록 동형접합형이 생존 가능성이 높아진다. 한 예로 초파리의 경우 흰눈 유전자(*white*, *w*) 부위의 약 80 kb 정도가 결실된 반접합형 수컷들은 실험실에서 완전히 생존하는데, 눈 색깔을 빨갛게 하는 w^+ 대립유전자의 결핍은 결국 흰색 눈을 가지게 한다.

결실 이형접합형의 불리한 효과

일반적으로 여러 개의 유전자 부위가 결실된 염색체를 가진 생물체가 살아남을 수 있는 유일한 경우는 결실된 부위를 상동염색체가 보상해 주는 것이다. *Del*/+과 같은 개체는 **결실 이형접합형**이다. 비록 모든 유전자들을 적어도 한 사본씩 가지고 있다고 하여도 결실 이형접합형은 다음과 같은 여러 가지 이유로 돌연변이 표현형을 가진다.

반수체 불충분성(Haploinsufficiency) 결실 이형접합형은 때로 반수체 불충분성으로 인해 돌연변이 표현형을 보인다; 즉, 정상적인 **유전자량**(gene dosage)의 (주어진 유전자의 유전체 내에서 수) 절반을 가지므로 정상적인 표현형을 보이기에 불충분한 단백질을 생성한다. 어떤 경우에는 결실된 부위에 있는 유전자가 한 개밖에 없으므로 비정상적인 표현형을 보이는 경우도 있다. 이미 8장에서 설명한 사람의 다지증(polydactyly, 발가락이나 손가락을 정상보다 많이 가지는 현상)은 특정한 한 유전자의 한 개의 대립유전자 기능상실로 인한 이형접합형에 의해 야기된다(그림 8.30 참조). 결실의 이러한 효과는 사람에서는 약 800개의 반수체 불충분성 유전자들이 있으므로 비전형적인 경우이다. 그러나 거의 모든 유전자들이 유전자량이 줄어들면 작은 결실 효과를 보일 가능성이 있다. 여러 개의 유전자가 포함된 커다란 부위의 결실은 (염색체 단완 또는 장완의 일부 또는 완전 소실과 같은) 여러 유전자들의 반수 유전자량에 의한 작은 효과들의 누적으로 결국 치사한다.

돌연변이에 대한 취약성 결실 이형접합형이 해로운 또 다른 이유는 대립유전자를 한 개만 가지고 있으므로 남아 있는 대립유전자의 불활성화에 의한 돌연변이에 대한 취약성을 가지게 된다는 것이다. 5장 읽을거리「유전학과 사회」에서 13번 염색체에 있는 망막아세포종(retinoblastoma) 유전자의 대립유전자 한 개의 기능상실로 인해 이형접합형(RB^-/RB^+)을 가지고 태어난 사람들이 어떻게 망막암에 걸리는지 살펴보았다. 이러한 이형접합형을 가진 사람들은 RB^-/RB^+ 이형접합형 세포를 RB^-/RB^- 동형접합형 세포로 전환시키는 많은 기작들로 인해 모든 망막아세포종 유전자 기능을 상실한다. 망막아세포종 유전자를 가진 많은 사람들의 암화되지 않은 정상적인 세포들의 핵형분석으로 이들은 망막아세포종 유전자가 있는 13번 염색체 부위를 결실로 가진 이형접합형으로 나타났다. 같은 사람의 망막 암세포들은 결실을 가지고 있지 않은 염색체에 남아 있는 *RB* 유전자에 돌연변이가 생긴 것으로 볼 수 있다. 망막아세포종 유전자는 19장에서 심도 있게 다루게 되는 암 억제 유전자들 중의 하나이다.

이형접합형 결실에 의해 '노출'되는 돌연변이 대립유전자들 실제로 이형접합형 결실은 상동염색체의 결실되지 않은 부위의 유전자들을 반접합형으로 노출시킨다. 만약에 정상적인 염색체가 돌연변이 유전자를 반접합형으로 노출시키면, 그 개체는 돌연변이 표현형을 나타낸다. 예를 들면, 초파리에서 짙은 빨간색 눈 색깔의 *scarlet* (*st*) 눈은 정상형에 비해 열성이다. 그러나 *st*/*Del*로 정상적인 *scarlet* 유전자가 결실된 개체는 정상적인 짙은 빨간색 눈을 가지지 않고 밝은 빨간색 눈을 가지게 되는데, 이러한 현상은 결실로 돌연변이 유전자가 '노출'되었기 때문에 나타나는 것이다(그림 12.6a).

그림 12.6 결실 염색체를 이용하여 유전자지도 작성. (a) 결실된 염색체는 상동염색체의 상동유전자의 열성 돌연변이를 "노출"시킨다. *St/Del*의 유전자형을 가진 초파리는 *Del* 여색체가 st^+ 대립유전자가 결실되어 열성인 주홍색(scarlet) 눈 색깔을 보인다. (b) 결실된 염색체(*Del*)와 열성 대립유전자인 *scarlet*을 가진 염색체를 가진 이형접합형은 결실 염색체 부위에 st^+가 포함되어 있으면 *scarlet* 표현형을 보이며 st^+가 결실되지 않았다면 야생형 눈색깔을 보인다. 그림에 보이는 5가지의 다른 형태의 결실 이형접합형들의 표현형은 st^+가 수직 점선으로 표시한 부위 내에 존재함을 보여준다.

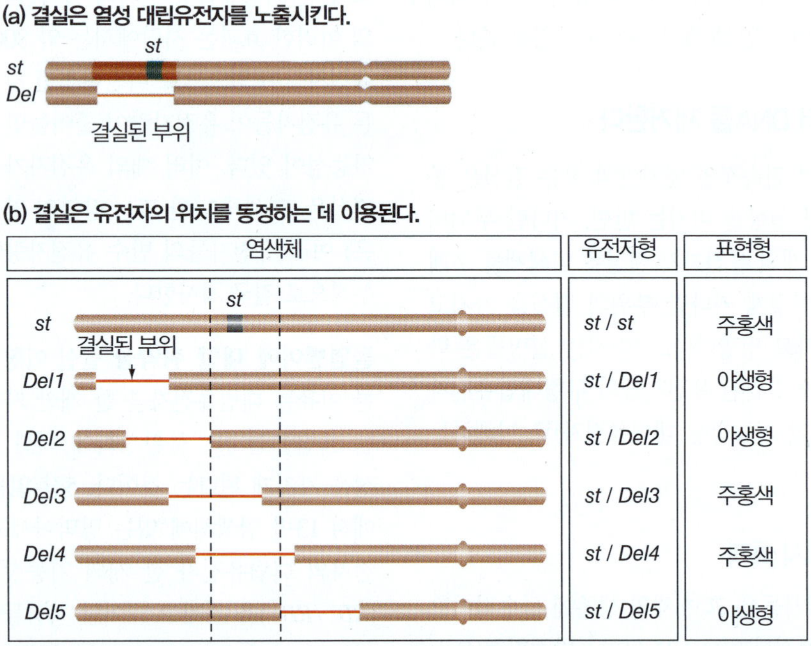

결실을 이용하여 유전자 위치를 찾아내기

유전학자들은 결실이 비정상적인 표현형을 보이므로 결실을 이용하여 유전자 위치를 동정하는 데 이용한다. 이때 기본적으로 요구되는 것은 기능상실 돌연변이에 의한 열성대립유전자 *m* (즉, amorphic 또는 hypomorphic 대립유전자)의 효용성이다. *m/Del* 이형접합형의 표현형이 돌연변이형이라면, 결실이 돌연변이 유전자좌를 노출시키게 되므로 그 표현형을 나타내는 유전자가 결실된 염색체 부위 내에 있음을 나타내는 것이다. 대조적으로, 유전자에 의해 결정되는 유전형질이 이형접합형에서 야생으로 나타나면 결실에 의해 열성 대립유전자가 노출되지 않은 것이므로 이 유전자는 결실된 부위의 밖에 존재하는 것이다(그림 12.6b). 여기에서 여러분은 이러한 실험을 돌연변이와 결실과의 사이의 보완성 실험으로 생각할 수 있다. 열성 돌연변이 표현형의 노출은 두 상동염색체 모두가 야생형 유전자 기능을 제공하지 못하므로 보완성 결핍으로 나타난다.

만약 염색체의 일반적인 같은 부위에서 부분적으로 겹쳐지는 여러 가지의 다른 결실들의 절단지점을 DNA 염기 수준에서 이미 알고 있다면(그림 12.5에서 설명한 것처럼 PCR이나 전체 염기서열 분석으로 가능한), *m/Del* 이형접합형의 유전적 지도 작성 접근법은 아주 정확히 단일 유전자 부위에서 돌연변이를 찾아 낼 수 있다(그림 12.6b).

유전적 거리에 미치는 이형접합형 결실의 효과

재조합은 모친 유래 및 부친 유래의 상동염색체 사이에서 오직 상동부위에서만 일어날 수 있으므로, 이형접합형 결실은 재조합으로부터 유래한 유전적 거리에 영향을 준다. 예를 들면, 그림 12.7에서 유전자 *C*, *D*, *E* 내에서 재조합이 일어날 수 없는데, 그 이유는 정상 염색체의 이 유전자 부위는 재조합이 일어날 상동부위가 없기 때문이다. 실제로, 제1감

그림 12.7 결실 이형접합형 염색체에서의 결실 고리 구조. 제1감수분열의 전기I에서 정상 염색체의 비결실된 부위 대합을 할 상동 부위가 없으므로 결실 고리 구조를 형성한다. 결실 고리 내에서는 조환이 일어나지 않는다. 단순화된 아래 그림에서 각각의 굵은 선은 자매염색분체를 나타낸다.

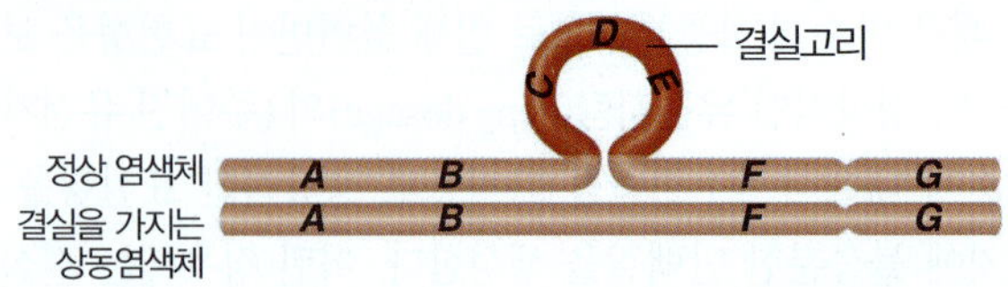

그림 12.8 중복 염색체의 형태. 직렬 중복에서 반복된 부위가 같은 방향 또는 역방향으로 인접하여 존재한다. 비직렬 중복에서는 중복된 부위가 떨어져 있다.

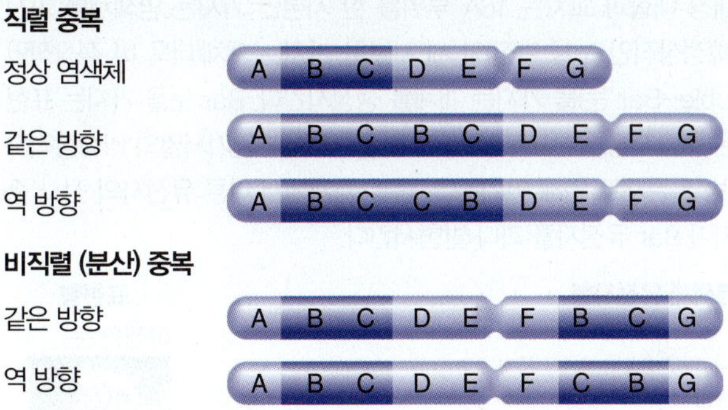

수분열 전기에서 상동염색체가 접합을 하는 동안, 정상염색체의 결실되지 않은 부위는 상동염색체의 상동부위가 결실되므로 접합을 못하고 고리 형태를 띠는 결실 고리(deletion loop)를 만든다. *Del*/+ 이형접합형의 자손은 항상 하나의 단위로 행동하는 (그림 12.7에서 *C*, *D*, *E*)결실 고리를 표지로 가지게 된다. 결과적으로 이들 유전자들은 재조합에 의해 분리되지 않으며 *Del*/+자손들의 표현형에서 나타나듯이 유전적 거리가 0으로 된다. 더욱이 이들 양 옆에 있는 두 유전자(그림 12.7에서는 *B*와 *F*)는 원래보다 적은 수의 재조합이 이들 간에 생기게 되므로 원래의 거리보다 좁게 나타난다.

중복 염색체들은 같은 유전자를 여분으로 가지고 있다

중복된 부위의 유전자 사본들은 서로 다른 방법으로 배열될 수 있다(그림 12.8). **직렬 중복**(tandem duplication)은 중복된 부위가 인접하여 같은 방향이나 서로 다른 방향으로 배열되어 존재한다. **비직렬 중복**(nontandem duplication) 또는 **분산 중복**(dispersed duplication)은 중복된 부위가 서로 인접하지 않고 같은 염색체에서 멀리 떨어져서 존재하거나 다른 염색체에 존재할 수 있다. 이 교재에서는 중복을 가진 염색체 유전자형을 *Dp*로 나타낸다.

중복의 표현형적 효과

대부분의 중복은 현저한 표현형적 효과를 보이지 않는데, 그 이유는 대부분의 유전자들이 여분의 수로 증가되어도 정상적인 세포 또는 조직의 생리에 영향을 주지 않기 때문이다. 그럼에도 불구하고 어떤 중복은 일부의 중복 돌연변이들은 가시적인 표현형이나 생존에 영향을 미칠 수 있는데, 이러한 비정상적인 표현형은 적어도 두 가지 이유로 일어난다. 첫째, 어떤 표현형들은 특정한 유전자나 일련의 유전자 세트의 수가 늘어나면 민감해진다. 둘째, 흔하지 않은 경우지만 야생형 염색체에서는 존재하지 않는 새로운 염색체 환경에 유전자가 놓이면 중복된 염색체 부위의 인접한 유전자 발현이 바뀌는 경우이다.

그림 12.9 결실과 중복 이형접합형들의 표현형적인 결과. 결실 이형접합형은 결실된 부위 내의 유전자를 오직 한 사본만을 가지는 반면, 중복 이형접합형은 세 사본을 가지게 된다. *Notch*$^+$를 한 사본만을 가지는 초파리는 너치(notch)형의 날개를 가지며, *Notch*$^+$를 세 사본을 가지면 시맥(wing vein)의 결핍을 보인다.

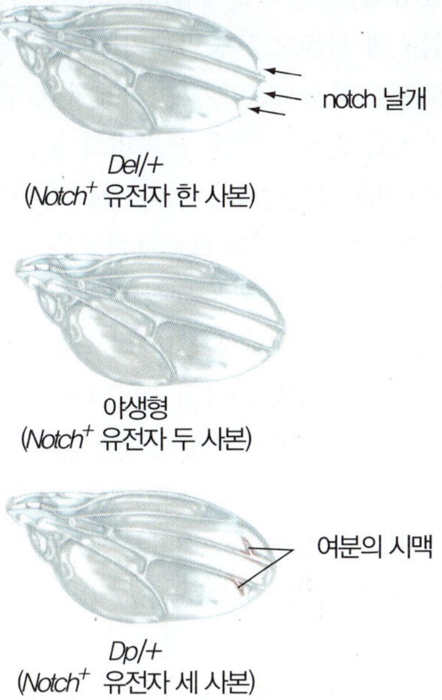

중복 이형접합형(*Dp*/+)이 비정상적인 표현형을 보이는 경우도 있다. 예를 들면, *Notch*$^+$ 유전자가 포함된 부위의 중복을 이형접합형으로 가지는 초파리(*Drosophila*)는 *Notch*$^+$ 유전자를 세 사본으로 가지면서 야기되는 비정상적인 날개 모습을 가진다(그림 12.9). *Notch*$^+$ 유전자는 여분의 사본 수에 대하여 매우 민감한 유전자로서; *Notch*$^+$한 사본만을 가지는 *Del*/+초파리는 다른 종류의 날개 이상형을 보이므로 이 유전자는 반수체 불충분성 현상을 가지는 유전자이다(그림 12.9).

생물체들은 단일 유전자의 여분 사본에 대해서는 별로 민감하지 않지만, 긴 부위의 결실처럼 커다란 부위에서 중복이 일어나 많은 수의 유전자들이 불균형으로 존재하면 생존에 영향을 미칠 수 있는 첨가적인 해로운 효과를 보일 수 있다. 사람에게서 여러 종류의 질병 증후군들이 수백만 염기쌍 정도를 중복으로 가지는 이형접합형과 관련이 있다. 염색체 장완이나 단완 전체가 중복된 이형접합형이 대부분을 치사한다.

중복된 염색체 단편들 간의 부등교차

직렬 중복(*Dp*/*Dp*) 동형접합형들에서 중복을 가진 상동염색체들은 감수분열 중 접합 시에 정확히 정렬하지 않는 경우가 종종 있다. 이러한 어긋난 접합에 의한 **부등교차**(unequal crossing-over)는 중복된 부위의 유전자 사본을 한 상동염색체에서는 세 사본으로 증가시키고 다른 상동염색체에서는 한 사본으로 감소시킨다. 초파리에서 X 염색체의 16A라고 하는 부위의 순차 직렬은 초파리의 눈을 동부콩 모양으로 형성하는 Bar 표현형을 보인다. *Bar* 유전자가 중복 동형접합형인 암컷들은 대부분 Bar 표현형을 가진 자손을 만든다. 그러나 자손들 중 일부는 정상의 눈을 가지고 있는 것들도 있고, 다른 일부는 Bar 눈보다 더 작은 double-Bar 눈을 가진 것들도 있다(그림 12.10). 이에 대한 유전적 설명은 야생형의 눈을 가진 초파리는 X 염색체의 문제가 되는 부위에서 *Bar* 유전자를 한 사본만 가지고 있는 것들이며, Bar 눈을 가지는 초파리는 이 부분 유전자를 두 사본을 가지며, double-Bar 표현형을 가지는 것들은 *Bar* 유전자를 세 사본 가지고 있는 것들이다.

Double-Bar 염색체를 동형접합형으로 가지고 있는 암컷 초파리에서 부등교차는 중복된 부위에서 *Bar* 유전자를 네 사본나 다섯 사본을 가지므로 더욱 심한 표현을 보이는 자손을 낳기도 한다. 그러므로 중복 동형접합형에서 중복된 부위의 유전자들은 세대가 진전되면서 증가시키거나 감소될 수 있다.

Bar 눈은 DNA 염기서열의 재배열 때문에 새로운 염색체 환경하에 놓이게 되는 유전자에 의해 야기되는 유전자 중복과 관련된 예이다. 중복 절단지점의 하나에서 *Bar* 유전자는 다른 유전자의 증폭자(유전자 조절 염기서열)에 인접하도록 놓이게 된다(그림 12.10). 결과적으로 *Bar* 유전자는 정상의 유전자에 비해 높은 수준으로 전사하게 되어 이것은 작은 눈의 표현형으로 나타나게 되는 것이다. 16A 부위에서 세 사본으로 *Bar* 유전자를 갖는 double-bar 염색체는 이러한 절단지점을 두 사본으로 갖게 되므로 (즉, 두 사본의 비정상적인 증폭자-*Bar* 유전자 융합), 더욱 많은 mRNA를 만들게 되어 더욱 작은 눈을 생성한다(그림 12.10).

그림 12.10 부등교차는 유전자 사본 수를 증가시키거나 감소시킨다. 초파리 X 염색체의 16A 부위의 중복은 Bar 눈 표현형을 야기시킨다. 중복을 동형접합형으로 가지는 암컷 초파리에서 감수분열 동안 비대칭 대합과 교차는 16A 부위를 한 사본만 가지는 염색체를 가진 개체(정상적인 눈을 가짐)와 세 사본을 가지는 개체(더욱 비 정상적인 double-Bar 눈)을 가지는 개체를 생성시킨다. Bar 눈을 가지는 표현형은 절단지점(화살표로 표시)에 인접한 DNA 염기서열의 비정상적으로 병열 존재로 인해 야기된다. 중복 경계에서 다른 유전자의 전사 증폭자가 Bar 유전자를 과다 발현시킨다.

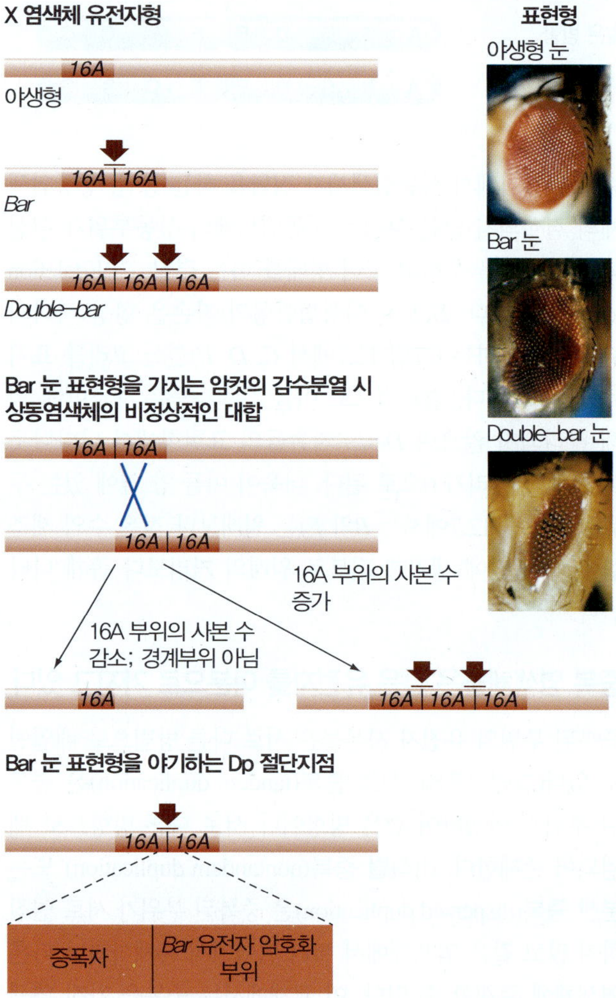

역위는 염색체의 DNA 염기서열을 재배열시킨다

역위는 단일 염색체 내에서 염색체 부위를 반회전시킨 것이다. 역위가 있는 염색체라도 한 염색체 내에서 DNA 가닥은 5′ 말단으로부터 3′ 말단까지 연속적이며, 회전된 역위 염색체에서는 역위된 부분에서 방향이 회전되었을 뿐 아니라 이 부분의 두 가닥 DNA의 방향도 회전된 것이다(6장 연습문제 1번 참조). 유전학자들은 역위된 부위에 동원체가 포함 여부에 따라 역위 부위 내에 동원체가 포함된 **동원체포함 역위**(pericentric inversion)와 동원체가 포함이 안 된 **동원체비포함 역위**(paracentric inversion)로 분류하였다(그림 12.11). 이 절의 후반에 설명하지만 역위된 부위 내에 동원체가 포함되어 있는지 여부는 역위를 가진 염색체가 감수분열 시 어떻게 행동하는지에 대해서 중요한 영향을 미친다.

그림 12.11 역위의 종류. 역위는 염색체의 부분을 180° 회전시킨 것이다. 역위된 부분 내에 동원체가 포함되어 있는지 여부에 따라 동원체포함 역위는 동원체가 포함되어 있는 것이며, 동원체비포함 역위는 동원체가 포함되어 있지 않은 것이다.

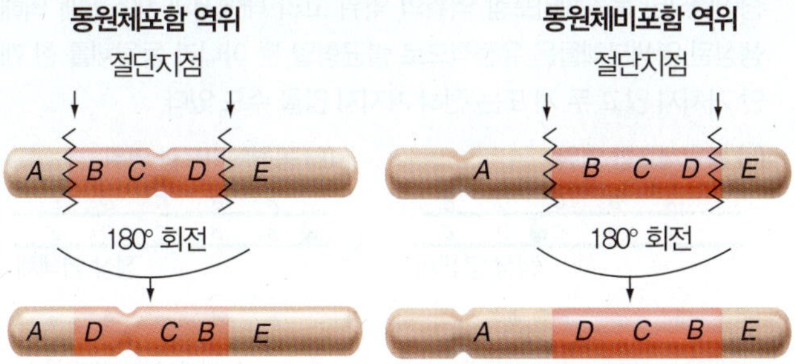

역위의 표현형적 효과

대부분의 역위는 비정상적인 표현형을 보이지 않는데, 그 이유는 역위에 의해 유전자들의 순서가 바뀌었어도 DNA가 첨가되거나 소실되지 않으므로 유전자 수의 변화는 없기 때문이다. 그러나 역위도 두 곳의 역위 절단지점들에 특정한 유전자가 포함된 경우에는 돌연변이형 표현형을 보인다. 그림 12.12에서 보이는 것처럼 만약에 역위의 말단 부위가 유전자 내에 있다면 그 유전자의 기능상실을 초래한다. 유전자 내에서 절단이 일어나고 역위가 일어남으로 인해 유전자의 두 부분이 분리되어 한 부분은 염색체의 먼 부분으로 이동되고 다른 부분은 원래의 부위에 남아 있게 된다. 이러한 유전자의 절단 현상은 유전자의 기능에 장해를 준다.

역위는 유전자를 정상적인 유전자 발현을 바꿀 수 있는 환경으로 유전자의 위치를 옮기는 경우가 있는데, 이러한 경우에도 표현형에 영향을 준다. 예를 들면, 초파리의 *Antennapedia* 유전자의 돌연변이는 정상적으로는 안테나가 발생하는 것을 다리로 바꾸는데(그림 8.32 참조), 이것은 역위에 의해 유전자를 새로운 조절 환경에 놓이게 하여 정상적으로는 발현이 안 되지만, 역위에 의해 증폭자 인접한 부위로 이동하게 되어 새롭게 발현되어 발생한다. 변경된 유전자 조절 환경의 다른 예로서, 염색체의 진정염색질에 위치한 유전자를 이질염색질 부위로 역위에 의해 위치가 변경되면 비정상적인 표현형이 나타나는데, 이때에는 이질염색질의 퍼짐 현상으로 체세포에서 인접한 유전자들의 발현을 억제하여 11장에서 설명한 위치효과 얼룩(position-effect variegation)을 나타내게 된다(그림 11.12 참조).

그림 12.12 역위가 유전자를 훼손하면 표현형에 영향을 준다. 여기에서는 역위가 *y* (*yellow*) 유전자를 절단하여 불활성화시킨다.

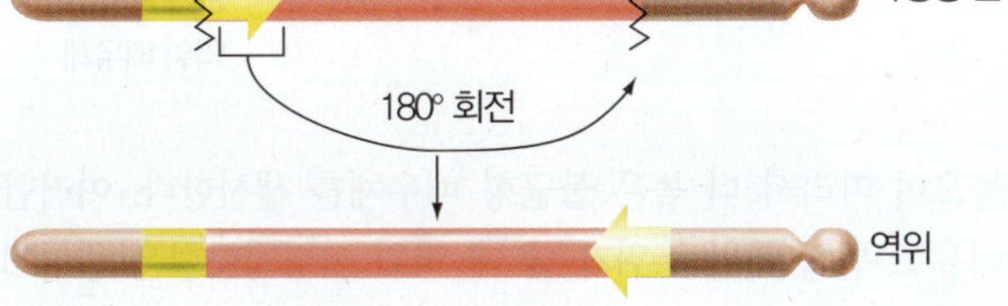

역위 이형접합형과 임성의 저하

역위를 이형접합형($In/+$)으로 가진 개체를 역위 이형접합체라고 한다. 어떠한 역위라도 인간에서는 드물기 때문에 역위 염색체를 가진 대부분의 사람들은 실제로 양친 중 한 명으로부터 역위를 유전 받은 역위 이형접합형이다. 이러한

그림 12.13 역위 이형접합형은 역위 고리를 형성한다. 역위 이형접합형($In/+$)의 제1감수분열 전기 동안 상동염색체의 접합을 극대화하기 위하여 상동부위는 역위 고리를 형성한다. (위) 자매염색분체들 쌍을 하나의 선으로 표시한 간단한 모식도. (아래) $In/+$ 생쥐 염색체의 역위 고리 부위의 전자현미경 사진.

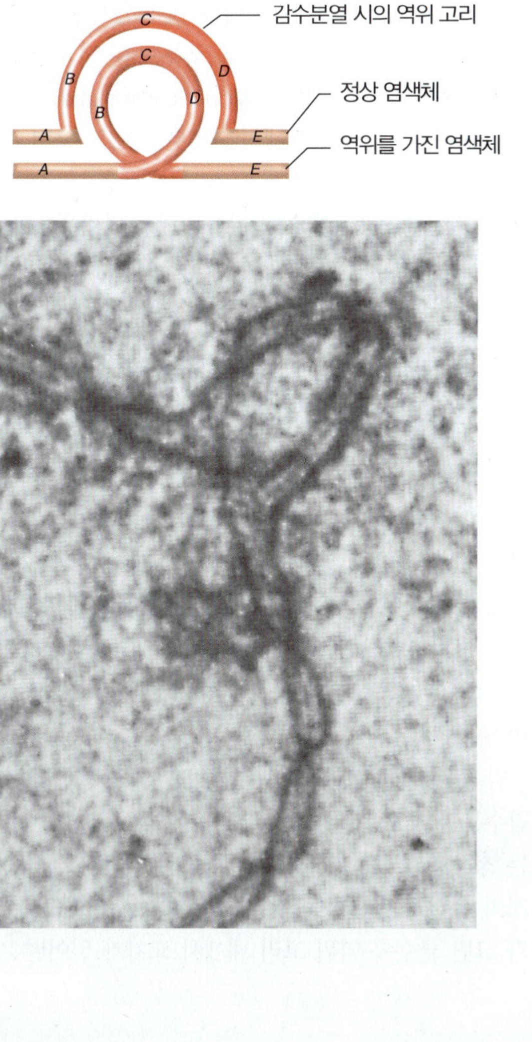

사람들이 감수분열 시 역위를 가진 염색체가 정상의 상동염색체와 접합 시 **역위 고리**(inversion loop)를 형성하여 상동부위와 최대한 밀접하게 대합을 한다. 역위 고리 내에서 한 상동염색체는 다른 상동염색체의 상동부위와 접합하기 위해서 틀어져서 고리 구조를 형성한다(그림 12.13). 역위 고리 내에서 상동염색체 간 교차는 역위가 동원체포함인지 동원체비포함인지에 따라 비정상적인 조환 자매염색분체들을 생성한다.

만약에 역위가 동원체포함이고 역위 고리 내에서 한 번의 교차가 일어난다면 각 재조합 염색분체는 하나의 동원체—정상적인 숫자—를 갖게 되지만, 한 부위의 유전자들은 중복 상태로 갖고 다른 부위는 결실의 상태로 된다(그림 12.14a). 이러한 재조합형 자매염색분체를 갖는 배우자는 어떤 유전자들을 비정상적인 양으로 가지게 된다. 수정 시 비정상적인 배우자와 정상적인 배우자에 의해 생성된 접합자는 유전적 불균형으로 인해 대부분 치사한다.

만약에 역위가 동원체비포함이고 역위 고리 내에서 한 번의 교차가 일어난다면 재조합 염색분체는 유전자량뿐 아니라 동원체의 수에서도 불균형을 가진다(그림 12.14b). 한 번의 교차는 동원체가 결핍된 **무동원체성 단편**(acentric fragment)을 만드는 반면, 상호 교차는 두 개의 동원체를 갖는 **이중동원체성 염색분체**(dicentric chromatid)를 생성한다. 동원체가 결핍된 무동원체성 단편은 제1감수분열 시 방추체가 결합할 수 없으므로 세포는 이것을 딸세포의 핵으로 전달할 수가 없으며, 결국 이 무동원체성 단편은 소실되고 배우자에는 편입되지 않는다. 대조적으로 제1감수분열의 후기에서는 반대 방향의 방추사 인력은 두 개의 동원체를 각각 양방향으로 동시에 끌어당기게 되므로 두 동원체 사이의 부위 중 임의적인 곳에서 절단이 생기게 된다. 이러한 절단된 염색체 단편들은 많은 유전자들을 잃게 된다. 이렇게 무동원체 단편의 소실과 이중동원체의 절단은 치사적 불균형된 접합자를 만들게 되므로 초기 배발달 단계를 지나서 발달되지 않는다. 살아남은 자손들은 모두 비재조합형들이다.

요약하면, 역위가 협동원체성인가 편동원체성인가에 따라 역위 이형접합형의 역위 고리 내에서의 교차는 같은 효과를 갖는다: 수정 후 접합자 발달을 저해하는 재조합형 배우자의 형성이다.

감수분열 시 역위 고리 내에서 단일교차가 일어나면 각 감수분열 세포는 두 개의 유전자 균형을 갖는 배우체(하나는 정상염색체를 가지면 다른 하나는 역위를 가짐)들과 두 개의 유전자 불균형을 갖는 배우체를 생성한다. 역위 부위가 크면 클수록 역위 고리 내에서 교차가 일어날 가능성이 높으며 따라서 더 높은 불균형 배우체를 생산한다. 이러한 이유로 특히 역위 부위가 클 때 역위 이형접합형은 임성이 낮아진다.

그림 12.14 왜 역위 이형접합형이 매우 적은 수의 재조환형 자손을 생성하는가. 이 그림에서 각 선은 하나의 염색분체를 나타내고 다른 색깔의 초록색은 두 상동염색체를 나타낸다. (a) 동원체포함 역위의 역위 고리 내에서 재조합에 의해 형성된 염색분체들은 유전적으로 불균형이다. (b) 동원체비포함 역위의 역위 고리 내에서의 재조합에 의해 생성된 염색분체들은 유전적으로 불균형일 뿐 아니라 동원체를 한 개만 가지지 않고 두 개 또는 전혀 가지지 않을 수도 있다.

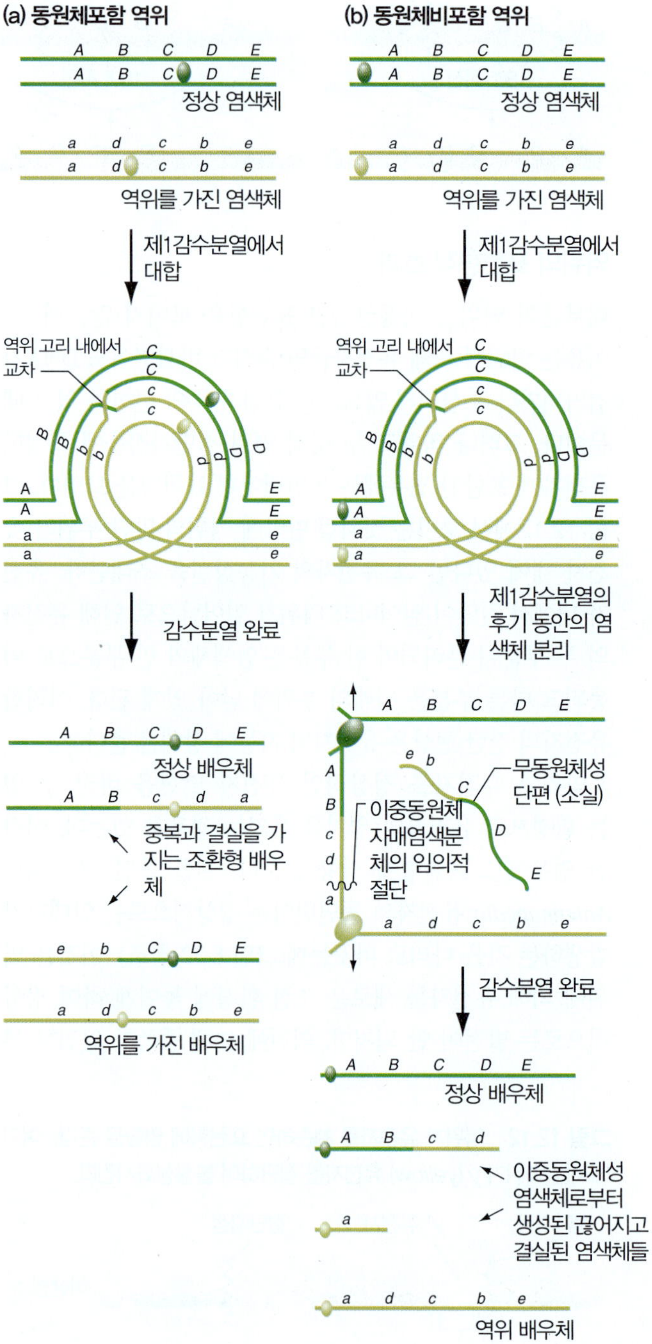

역위 이형접합형과 교차 억제

역위 고리 내에서 조환이 일어나지 않은 자매염색분체들만 이 생존 가능한 자손을 생산할 수 있으므로 역위는 **교차억제자**(crossover suppressors)로 작용한다. 그렇다고 역위 고리 내에서 교차가 일어나지 않는다는 것은 아니고, 역위 이형접합형의 생존 가능한 자손들 중에는 조환형이 적게 있거나 전혀 없다는 것을 나타내는 것이다.

유전학자들은 다수의 부분적으로 중첩이 되며 관찰 가능한 우성 표현형의 표식자 돌연변이를 가지는 역위(동원체포함과 동원체비포함 모두)를 가지는 **균형 염색체**(balancer chromosome)를 만들기 위해 교차억제자를 이용한다(그림 12.15). *Balahcer*/+ 이형접합형의 생존 가능한 자손은 균형염색체나 정상적인 유전자 순서를 가지는 염색체(+) 중 하나를 가지게 되지만, 이들은 두 가지를 모두 가지는 조환형 염색체를 받지는 못한다. 연구자들은 균형염색체에 존재하는 우성 표식자의 존재 여부에 따라 두 가지 형의 생존 가능한 자손들을 구별할 수 있다. 유전학자들은 정상 염색체에 이들이 흥미를 가지는 돌연변이를 가지고 있는 염색체가 조환에 의해 변하지 않은 상태로 다음 세대로 전달되도록 하기 위해 균형염색체 이형접합형을 만든다. 유전학적 계통을 만드는 것을 수월하게 하기 위해 대부분의 균형염색체에 있는 표식자는 우성의 관찰 가능한 표현형을 나타낼 뿐 아니라 균형염색체의 동형접합형의 생존을 억제하는 열성의 치사 돌연변이로 행동한다.

그림 12.15 균형 염색체들은 유전 분석에서 유용한 도구이다. 균형염색체는 우성 표지 인자 *D*와 역위들을 (괄호) 가지고 있어서 균형 염색체가 원하는 돌연변이(m_1과 m_2)를 가진 실험 염색체와의 재조합을 억제한다. 균형 염색체와 실험 염색체를 이형접합형으로 가지고 있는 양친은 생존 가능한 자손에게 균형염색체나 실험 염색체를 다음 세대로 전달하지만 재조합형 염색체는 전달하지 않는다.

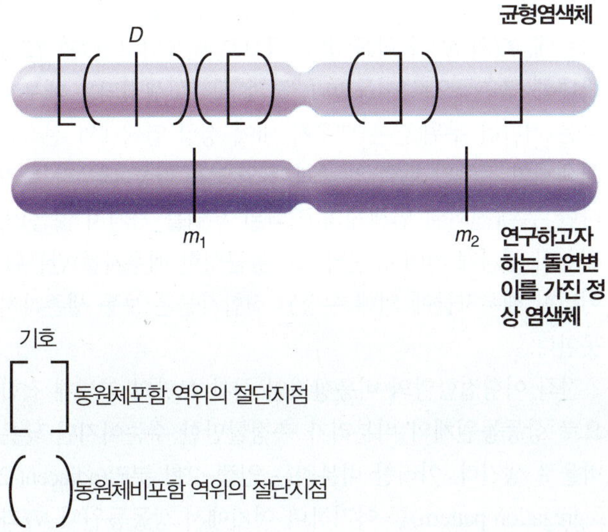

전좌는 한 염색체의 일부를 다른 염색체에 붙인다

전좌(translocation)는 한 염색체의 일부를 다른 비상동염색체에 연결시키는 커다란 규모의 돌연변이이다. 이 절에서는 오직 가장 흔한 형태의 전좌인 **상호전좌**(reciprocal translocation)만 설명하는데, 상호전좌에서는 표 12.1에서 살펴본 것처럼 두 비상동염색체 간의 염색체 부위의 교환이다. 상호전좌를 가지는 대부분의 개체들은 유전물질을 얻거나 잃지 않았으므로 표현형적으로 정상이다. 그러나 역위처럼 전좌 절단지점 중의 하나가 유전자 근처이거나 유전자 내에 있다면 이 유전자의 기능이 바뀌거나 파괴될 수 있다. 마찬가지로 역위에서와 같이 상호전좌는 임성이 낮아지게 되지만, 그 이유는 다음에서 설명할 역위와는 다르다.

암유전자를 생성시키는 전좌

유전자 기능에 대한 전좌의 잠재적 효과는 체세포에서 전좌에 의해 생기는 여러 가지 암을 설명하면 명백해진다. 정상 세포에서 원암유전자(proto-oncogenes; 원종양 형성 유전자)라고 알려진 유전자들이 세포분열을 조절한다. 이들 원암유전자들을 전자에 의한 재배열은 이들을 암유전자(oncogenes)로 바꿀 수 있는데, 이것은 원암유전자들의 기능 획득으로 생성 단백질들의 구조가 변경되거나 발현 수준이 변경되어 세포분열을 계속하도록 하게 한다. 예를 들면, 만성골수성백혈병(chronic myelogenous leukemia) 환자들의 대부분은 특정한 백혈구를 과잉 생산하는데, 백혈병세포는 9번 염색체와 22번 염색체 간에 상호전좌가 있다(그림 12.16). 9번 염색체의 절단지점이 *c-abl*이라고 하는 원암유전자의 인트론에서 일어나고 22번 염색체의 절단지점은 *bcr* 유전자의 인트론에서 일어난다. 전좌에 의해 두 유전자가 서로 인접하게 된다. 전사가 되는 동안 RNA-합성 기구들이 이 두 유전자를 같이 전사시킴으로써 긴 1차 전사체를 생성한다. 이어맞추기 후 mRNA는 *c-abl* 유전자 단백질 N 말단 부위 25개 아미노산들이 *bcr* 유전자 유래 아미노산 600개로 대체된 융합 단백질을 생성시킨다. 이 융합 단백질의 활성은 세포분열 조절에 영향을 미치게 하여 백혈병으로 이르게 한다. 이 장의 읽을거리 「빠르게 살펴보기」는 전좌-유래 암의 다른 예로 버키트림프종이라고 하는 암에 대해 설명한다.

전좌 이형접합형의 임성 저하

역위와 마찬가지로 전좌도 염색체 절단지점이 유전자의 기

그림 12.16 어떻게 상호전좌가 한 가지 종류의 백혈병을 야기하는가. (a) 통제불능의 세포분열에 의해 크고 검게 염색된 백혈구 세포들이 백혈병 환자(오른쪽)에게서는 정상인(왼쪽)에 비해 적혈구에 비해 많게 된다. (b) 9번 염색체와 22번 염색체의 상호전좌는 만성 골수성 백혈병을 야기한다. 이러한 재배열은 *c-abl* 유전자의 일부와 *bcr* 유전자의 일부를 비정상적으로 연결된 혼성 유전자를 만든다. 이러한 혼성 유전자는 세포 분열 조절을 못하도록 하는 비정상적인 융합 단백질을 만든다. 검은 화살표는 PCR 프라이머들을 나타내며 이들을 이용하여 PCR 반응 시 혼성 유전자만이 PCR 산물을 만든다.

(a) 백혈병 환자는 너무 많은 백혈구 세포를 가진다.

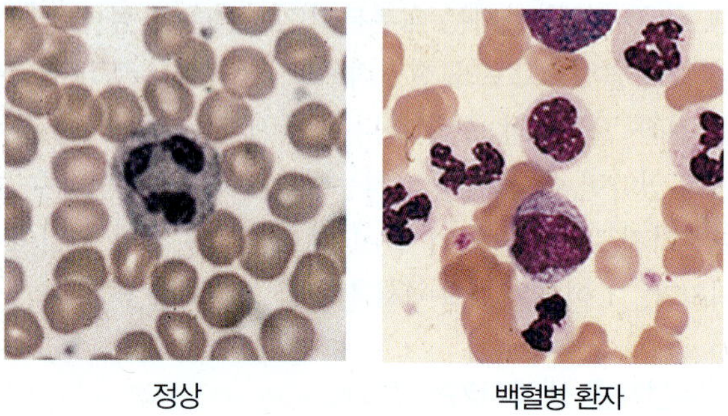

(b) 만성 골수성 백혈병의 유전적 기초

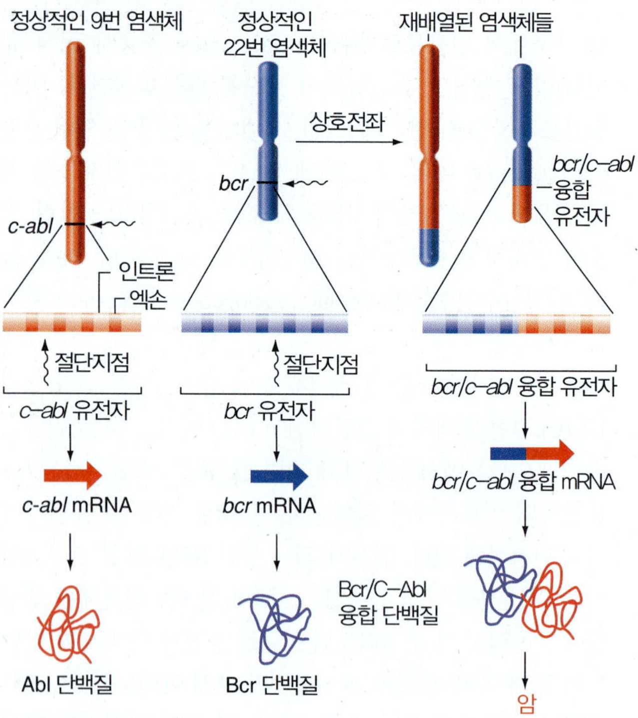

능을 방해하지 않는다면 동형접합형으로 있으면 아무런 유전적 영향을 미치지 않는다. 전좌 동형접합형은 감수분열 시 멘델의 양식으로 정상적으로 염색체들이 분리한다(그림 12.17a). 비록 유전자의 순서가 바뀌기는 하였지만 이들이 가진 두 벌의 반수체 염색체 세트들은 모두 같은 유전자 재배열을 가지고 있다. 결과적으로 모든 염색체들은 감수분열 접합 시 단일 염색체와 쌍을 이룬 파트너를 가지게 되며 자손들에게도 아무런 악영향을 주지 않는다.

그러나 전좌 이형접합형에서 감수분열 시 어떤 형태의 분리는 유전적으로 불균형의 배우자를 형성하여 수정 시 자손에 해로운 영향을 준다. 전좌 이형접합형에서 두 벌의 반수체 염색체 세트들은 같은 유전자 배열을 가지고 있지 않다. 결과적으로 제1 감수분열 전기에서 전좌된 염색체들과 이들의 상동염색체들은 십자 모양의 접합을 하여 상동염색체 부위들 간의 접합을 극대화한다(그림 12.17b). 십자 모양의 염색체 접합에 참여한 염색체들을 추적하기 위하여 그림에서는 전좌된 염색체들은 *T*로 표시하고 정상적인 염색체들은 *N*으로 표시하였다. *N1*과 *T1* 염색체들은 1번 염색체에 있는 정상 상동동원체를 가지며 *N2*와 *T2* 염색체들은 2번 염색체의 정상 상동동원체를 가진다.

제1감수분열 후기에서 이와 같은 십자 모양으로 접합된 염색체에 방추사가 연결되는 기작은 상동동원체의 분리를 가능하게 하여 상동염색체들은 반대 방향의 방추극으로 이동시킨다(즉, *T1*과 *N1*은 반대 방향의 방추극으로 향하고, *T2*와 *N2*도 서로 반대 방향의 방추극으로 향한다). 중기의 적도판 배열에서 네 개의 염색체들의 배열에 따라 상동염색체들의 정상적인 분리는 두 가지의 염색체 분리 패턴 중 각각을 동일하게 생성시킨다(그림 12.17c). **교차 분리형**(alternate segregation pattern)에서는 전좌된 염색체(*T1*, *T2*)들이 한쪽 방추극으로 이동하고 정상염색체(*N1*, *N2*)는 반대쪽 방추극으로 이동한다. 이러한 분리에 의한 (*T1*, *T2*와 *N1*, *N2*) 두 종류의 배우자들 모두 정상적인 반수체 있는 유전자들을 가지게 되며, 이들이 정상의 배우자와 결합하면 정상적인 접합자를 형성한다. 대조적으로, **인접-1형 분리**(adjacent-1 segregation pattern)에서는 상동동원체들이 분리하는데, *T1*과 *N2*가 한쪽 방추 극으로 이동하고 *N1*과 *T2*가 반대쪽 방추극으로 이동한다. 결과적으로 생성되는 배우자들은 커다란 부위(같은 배우자 내에 정상 염색체와 전좌된 염색체의 전좌된 부위)의 중복이 있으며, 다른 배우자는 커다란 부위(전좌된 염색체의 전좌된 부위를 가지지 않음)의 결실이 생기게 되어 유전적으로 불균형한 배우자를 만든다. 이러한 배우자들에 의해 수정된 접합자들은 보통 생존하지 못한다.

전좌 이형접합형의 비통상적인 십자 모양의 염색체 접합으로 상동동원체의 비분리가 측정할만한 수준이지만 낮은 비율로 생긴다. 이러한 비분리는 **인접-2형 분리**(adjacent-2 segregation pattern)를 야기하며 여기에서 상동동원체 *N1*과

그림 12.17 상호전좌의 감수분열 분리. 이 그림의 모든 부분에서 각 막대와 선은 하나의 자매염색분체를 나타낸다. (a) 전좌 동형접합형(*T/T*)에서는 염색체들이 제1감수분열 시 정상적으로 분리한다. (b) 전좌 이형접합형(*T/+*)에서는 네 개의 관련된 염색체들이 접합 형성을 극대화하기 위하여 십자 모양으로 접합한다. 원래의 유전자 순서를 가진 염색체(*N1*과 *N2*)에 있는 대립유전자들은 소문자로 전좌된 염색체(*T1*과 *T2*)에 있는 대립유전자들은 대문자로 표시하였다. (c) 세 가지의 염색체 분리가 전좌 이형접합형에서는 가능하다. 오직 교차 분리만이 균형 있는 염색체들의 분리가 가능하다. (d) 여기에서 보이는 옥수수의 반불임 옥수수 이삭은 전좌 이형접합형이기 때문이다. 이 이삭은 정상 이삭에 비해 절반 정도의 옥수수가 맺혀 있는데, 이것은 불균형 배주들은 유산되었기 때문이다.

(a) 전좌 동형접합형의 분리

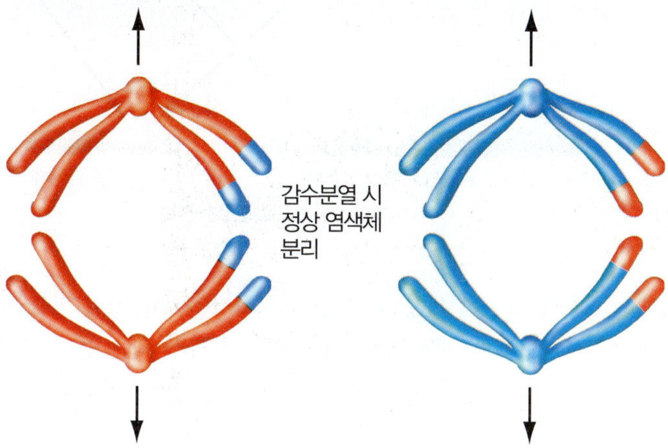

(b) 전좌 이형접합형의 염색체 대합

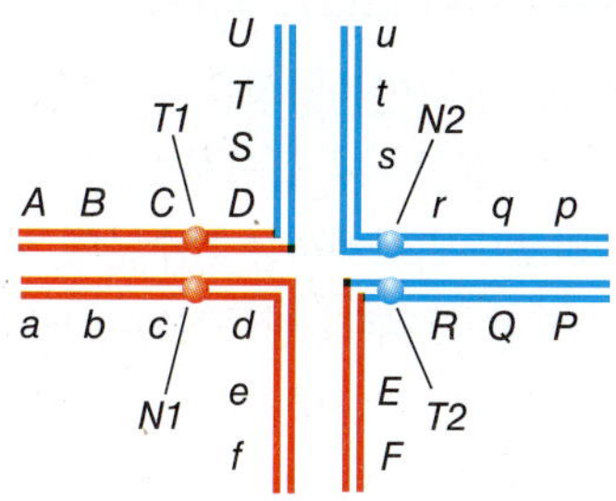

(c) 전좌 이형접합형의 염색체 분리

분리 양상	교호적		인접–1형		인접–2형 (빈도 낮음)	
	균형 *N1* + *N2*	균형 *T1* + *N2*	불균형 *T1* + *N2*	불균형 *N1* + *T2*	불균형 *N1* + *T1*	불균형 *N2* + *T2*
배우자	a b c d e f p q r s t u	A B C D S T U P Q R E F	A B C D S T U p q r s t u	a b c d e f P Q R E F	a b c d e f A B C D S T U	p q r s t u P Q R E F
정상적인 *abcdefpqrstu* 동형접합형과 수정되었을 때 자손 양상	*abcdef* *pqrstu*	*ABCDEF* *PQRSTU*	생존 못함	생존 못함	생존 못함	생존 못함

(d) 반불임성을 가지는 옥수수

*T1*이 같은 방추극으로 이동하고 또 다른 방추극으로는 상동 동원체 *N2*와 *T2*가 이동한다(그림 12.17c). 결과적으로 생성되는 유전적 불균형은 수정 시 생성되는 접합자가 치사한다.

그러므로 전좌 이형접합형에 의해 발생되는 모든 배우자들 중에서 약 절반보다 적은 정도의 빈도인 교차 분리에 의한 것들만이 전좌를 가지지 않은 개체와의 혼성에서 생존 가능한 자손을 생산한다. 즉, 결과적으로 대부분의 전좌 이형접합형들은 생존 가능한 자손을 가질 수 있는 능력인 임성이 적어도 50% 정도로 줄어든다. 이러한 조건을 **반불임성**(semisterility)이라고 한다. 완전임성과 반불임성과의 관련성을 옥수수를 이용하여 보여 주었다. 유전적으로 불균형인 배주에 대한 가설은 옥수수 이삭이 열매를 완전히 맺지 못하고 듬성듬성 열매가 있는 것으로 알 수 있다(그림 12.17d).

인간에서는 대략 500명 중 1명이 어떤 종류이든 전좌를 이형접합형으로 가진다. 이러한 사람들은 대부분 표현형적으로 정상이지만, 이들이 생산하는 접합자의 대부분이 자연적으로 유산되므로 이들의 임성은 낮다. 이미 살펴본 것과 같이 이러한 반불임성은 인접-1형과 인접-2형 분리에 의한 배우체가 유전적으로 불균형을 가지게 되므로 야기되는 것이다. 그러나 이러한 유전적 불균형이 접합자를 불가피하게 치사하게 하는 것은 아니다. 만약에 중복되거나 결실된 부위가 작다면 이러한 분리 모드에 의하여 생성된 불균형 배우체라고 하여도 정상적인 아이를 생산한다.

전좌 이형접합형과 관련된 위연관

전좌 이형접합형의 반불임성은 두 개의 전좌된 염색체들이 독립적으로 분리하는 데 있어서 유전자의 가능성을 약화시킨다. 멘델의 2차 법칙에서는 감수분열 시 접합한 염색체 쌍의 두 가지의 정렬로부터 만들어지는 배우자들이 모두 생존 가능한 자손을 만드는 것이다. 그러나 앞서 살펴본 바와 같이 전좌 이형접합형에서는 타가수정에서 오직 교차분리에서 생성된 배우자들만이 자손을 만들고 비슷한 빈도로 만들어지는 인접-1과 인접-2의 분리로부터 생성되는 배우자들은 자손을 만들지 못한다. 그러므로 상호전좌에 관련된 비상동염색체들의 절단지점 부위에 있는 유전자들은 **위연관**(pseudolinkage) 현상을 보이게 되어 이들이 연관된 것처럼 나타난다.

그림 12.17c는 전좌 이형접합형에서 왜 위연관이 일어나는지를 보여준다. 그림에서 소문자 *a b c d e f*는 정상 1번 염색체(*N1*)에 있는 대립유전자들을 나타내며, *p q r s t u*는 비상동염색체인 정상 2번 염색체(*N2*)에 위치한 대립유전자들을 나타낸다. 전좌된 염색체(*T1*과 *T2*)들에 있는 이들 유전자들의 대립유전자들은 대문자로 표시하였다. 재조합이 없는 상태에서 멘델의 독립유전법칙에 따르면 두 개의 다른 염색체에 있는 유전자들은 네 가지 형태로 배우자에 같은 빈도로 존재한다. 예를 들면 *a p*, *A P*, *a P*, *A p*가 같은 빈도이어야 한다. 그러나 생존 가능한 자손을 만드는 배우자들은 *a p*와 *A P* 유전자형을 가지는 것들이다. 그러므로 전좌 형접합형에서 비상동염색체에 있는 유전자들이 마치 연관된 것처럼 행동하는 것이다.

로버트손 전좌와 다운증후군

로버트손 전좌(Robertsonian translocation)는 두 개의 단부동원체성 염색체에서 염색체 절단이 동원체 내부나 인근지역에서 일어나면 생긴다(**그림 12.18**). 절단된 두 염색체 단편들 간에 교차 연결이 되므로 한 개의 긴 중부동원체성 염색체와 한 개의 아주 작은 염색체가 생성되는데, 이 작은 염색체에는 유전자가 거의 없거나 있어도 몇 개 없는 경우가 생긴다. 이 작은 염색체는 세포분열이 거듭되면서 소실된다.

그림 12.18 로버트손 전좌는 유전체를 재구성한다. 로버트손 전좌에서 두 단부동원체성 염색체끼리 염색체 부분을 상호 교환함으로써 하나의 커다란 중부동원체성 염색체와 다른 하나의 작은 염색체를 형성한다. 작은 염색체는 차후에 소실되는데 이것은 해로운 효과를 보이지 않는다.

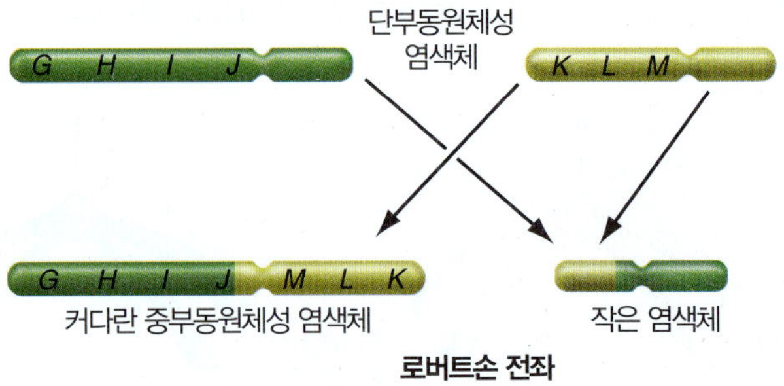

로버트손 전좌는 로버트손(W.R.B. Robertson)의 이름을 딴 것으로 그는 1911년에 처음으로 진화가 되는 동안 중부동원체성 염색체는 두 개의 단부동원체 염색들의 융합에 의해 생긴다고 주장하였다.

이러한 현상의 중요한 예가 14번과 21번 염색체가 관련된 어떤 형태의 상호전좌 중에서 나타나며, 예로서 **그림 12.19**에서 보여주고 있는 로버트손 전좌이다. 이러한 사람들은 표현형적으로는 정상이나 감수분열 시 인접-1형 분리에 의해 생성된 배우자들 중에는 21번 염색체의 장완의 일부를 두 사본 가지고 있다. 한 사본은 정상 21번 염색체이고 두 번째 사본이 14번 염색체와 21번 염색체 간에 로버트손 전좌가 일어난 염색체이다. 수정 시, 두 사본을 가진 배우자가 정상적인 배우자와 결합하면 생성되는 아이는 21번 염색체의 장완 일부를 세 사본으로 가지게 된다. 다운증후군을 보이는 사람들의 약 4% 정도가 로버트손 전좌에 의해 생긴다. 이 장의 후반부에서 대부분의 다운증후군을 가진 사람들은 21번 염색체 전체를 3쌍 가지는 경우라는 것을 살펴볼 것이다.

핵심 개념

- 결실은 염색체에서 DNA를 제거시키며 유전자량의 효과에 따라 돌연변이 표현형을 보인다.
- 결실은 유전자의 염색체 위치 찾기에 유용하다.
- 중복은 염색체에 DNA가 첨가되는 것으로 유전자량이 증가되거나 절단지점 인근 유전자 조절이 변함으로써 돌연변이 표현형을 보인다.
- 역위는 염색체 내의 유전자 순서를 바꾸지만 유전자 수는 변하게 하지 않는다.
- 역위는 절단지점이 유전자 내 또는 인접한 곳에 있으면 유전자를 분할하거나 유전자 기능을 방해하거나 유전자 조절을 변경함으로써 돌연변이 표현형을 나타내게 한다.
- 역위 이형접합형은 역위된 부위 내에서 감수분열 시 교차가 일어나면 불균형 배우자를 생성하므로 임성이 낮아지게 된다.

그림 12.19 전좌 다운증후군이 어떻게 발생하는가. 14q21q (21번 염색체와 14번 염색체 간의 로버트손 전좌)와 같이 21번 염색체가 전좌에 연관된 이형접합에서, 인접-1형 분리는 21번 염색체의 일부분을 두 사본 갖는 배우자를 생성한다. 이러한 배우자가 정상 배우자와 결합하면 생성되는 접합자는 21번 염색체의 일부분을 세 사본 가지게 된다. 세 사본으로 존재하는 21번 염색체 단편의 성격에 따라 다운증후군을 유발할 수 있다(원래의 전좌 이형접합형에서 상호전좌된 [14p21p]의 작은 단편은 소실된다).

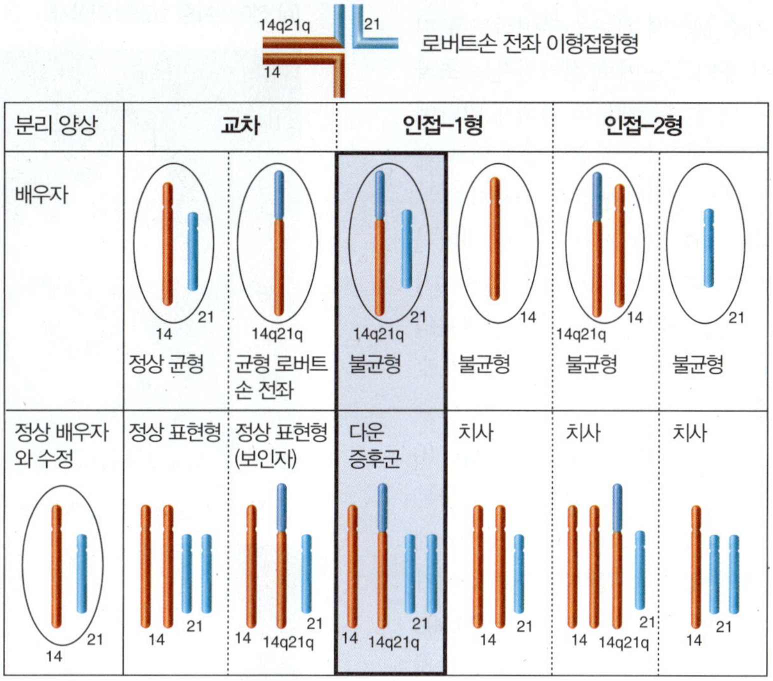

- 상호전좌에서는 두 비상동염색체들 간의 염색체 단편을 주고받는 것으로 DNA의 획득이나 소실은 없다. 전좌는 전좌 절단지점 내에 있는 유전자나 인근의 유전자의 기능을 변형시킬 수 있다.
- 전좌 이형접합형은 감수분열 시 염색체 대합과 분리에서 많은 불균형 배우자를 형성하므로 임성이 낮아지게 된다.

12.3 전이인자들

학습목표

1. 전이인자들을 정의한다.
2. 레트로트랜스포존과 DNA 트랜스포존의 구조와 이동 기작 차이를 이해한다.
3. 인간 유전체에서의 전이인자들과 이들의 이동성에 대하여 논의한다.
4. 전이인자들이 어떻게 유전체를 변형시킬 수 있는지 설명한다.
5. 세포는 어떻게 전이인자들의 과도한 전이를 억제하는지 설명한다.

유전체의 재배열에 중요한 영향을 미치는 다른 종류는 **전이(transposition)**로서 **전이인자(transposable elements, TE)**라고 하는 작은 DNA 단편이 유전체의 한 곳에서 다른 곳으로 이동을 하는 것이다. 1930년대 로더스(Marcus Rhoades)와 1950년대에 맥클린톡(Barbara McClintock)의 옥수수의 복잡한 유전적 연구를 통하여 전이인자의 존재를 처음으로 암시하였다. 당시 과학계에서는 이들 연구의 중요성을 오랜 기간 동안 간과하였는데, 왜냐하면 그들의 발견은 고전적인 유전적 재조합에 의한 유전자지도 작성 연구 등으로 유전자는 염색체에 고정적으로 존재한다고 오랜 동안 믿었기 때문이다. 게다가, 전이인자들은 크기가 작아서 낮은 해상도의 핵형분석으로는 그들의 존재를 볼 수가 없었기 때문이다. 전이인자 DNA가 클로닝되면서 이들에 대한 연구를 자세하게 진행할 수 있게 되었으며, 유전학자들은 그들의 존재를 인정하였을 뿐 아니라 전이인자가 박테리아로부터 인간에 이르기까지 모든 생물체에 존재한다는 것을 알게 되었다. 1983년에 맥클린톡은 옥수수 종자의 점박이 형질을 야기하는 이동성 유전인자에 대한 통찰력이 있는 연구로 1983년도에 노벨상을 수상하였다.

전이인자들은 어떻게 이동하는가에 따라 분류된다

유전체 내에서 한 곳에서 다른 곳으로 이동을 할 수 있는 능력으로 진화한 DNA 단편들은 이들의 기원이나 기능 등을 불문하고 모두 전이인자로 정의할 수 있다. 전이인자는 생물체에 어떤 기능을 하는 염기들은 아니다. 실제로 많은 과학자들은 이들을 자신들의 복제만을 허용하는 정보만을 갖춘 이기적 ("selfish") 기생물이라고 여기기도 한다. 그러나 어떤 전이인자는 그들의 기주 생물에 기능을 부여하도록 진화된 것들도 있다. 한 가지 흥미로운 예로 전이인자는 초파리 염색체를 유지시켜준다. 다른 생물체들의 염색체 말단에는 TTAGGG 반복이 존재하여 말단소체복원효소에 의해 유지되지만 초파리 염색체 말단은 이러한 반복을 가지지 않는다(그림 11.20 참조). 그러나 초파리가 가지고 있는 전이인자의 어떤 것은 세포분열 시 짧아지는 염색체를 복원하기 위하여 염색체 말단 부위로 높은 빈도로 이동하여 염색체의 짧아짐을 방지한다. 결과적으로 염색체 크기가 상대적으로 일정하게 유지된다.

대부분의 전이인자들은 크기가 50 bp에서 10,000 bp (10 kb) 정도이다. 어떤 전이인자는 유전체 내에서 수십만 사본이 존재한다. 예들 들면, 초파리 *Drosophila melanogaster*에는 80가지 정도의 전이인자가 있는데, 각각은 평균 길이가 약 5 kb이고 50사본 정도된다. 이것은 $80 \times 50 \times 5 = 20{,}000$ kb 정도로서 초파리 유전체 160,000 kb의 약 12.5%를 차지하는 것이다.

전이인자 DNA를 클로닝한 후 이것을 탐침자로 이용하여 FISH 실험을 하면 전이인자가 실제로 이동한 것을 볼 수가 있다. 예를 들면, 미국의 다른 지역에서 수집한 두 계통의 초파리 *copia* 라고 하는 전이인자를 탐침자로 하여 타선 염색체에 분자 교잡하면 각 계통들은 30~50곳에서 분자 교잡이 일어나는 것을 관찰할 수 있다. 어떤 분자 교잡은 두 계통 같은 곳에서 일어나지만 어떤 것들은 다른 곳에서 분자 교잡이 일어난다. 대조적으로 정상적인 유전자를 FISH 탐침자로 하여 실험을 하면 두 계통 모두 같은 곳에서 분자 교잡이 일어난다. 이러한 결과는 두 계통이 지역적으로 분리되고 난 뒤, *copia* 인자의 어느 것들은 두 계통의 유전체 내에서 이동을 하였지만, 정상적인 유전자는 이동을 하지 않고 같은 한 장소에 존재하는 것이다.

전이인자는 그들이 어떻게 이동하는가에 따라서 두 가지로 분류된다. **레트로트랜스포존**(retrotransposon)은 RNA 역전사효소에 의해 만들어지는 RNA 중간 매개체를 이용하여 이동한다. 앞에서 설명한 초파리의 *copia* 인자가 레트로트랜스포존이다. **트랜스포존**(transposon, 또는 DNA transposon)은 RNA 매개체 없이 DNA 상태로 전이한다. 맥클린톡이 옥수수의 종자에 점박이를 일으키는 것으로부터 발견한 유전인자들이 트랜스포존이다(그림 12.20b).

그림 12.20 전이인자들의 발견. (a) 바바라 맥클린톡은 옥수수 연구를 통하여 전이인자를 발견하였다. (b) 전이인자가 옥수수 종자의 색깔에 관여하는 색소 유전자 내로 삽입되거나 삽입된 것이 빠져 나오면 얼룩이 옥수수가 생성된다.

(a) 전이인자를 발견한 과학자

(b) 전이인자는 옥수수 종자에 얼룩을 생성한다.

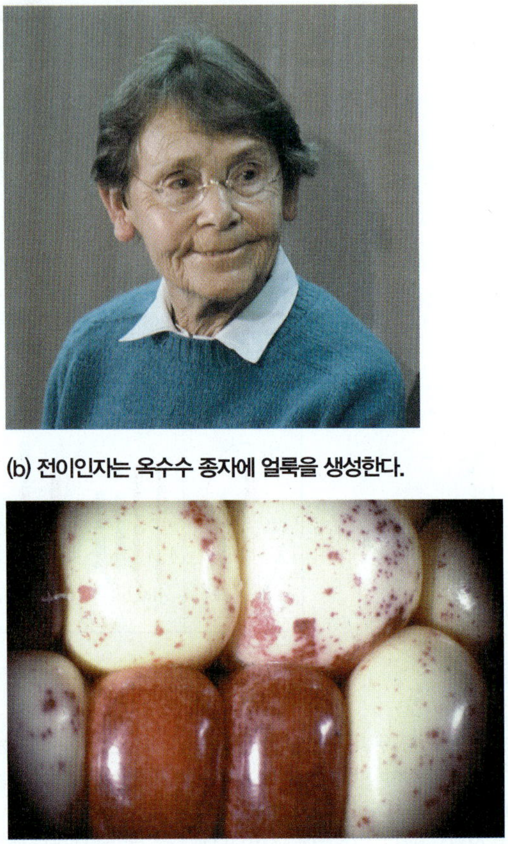

인간 유전체의 거의 절반은 전이인자로 채워져 있다

인간 유전체에는 약 4백만 개의 전이인자들이 있으며, 이들의 전체 길이는 인간 전체 유전체의 44%를 차지한다(표 12.2). 인간 유전체에 존재하는 전이인자들의 대부분(약 90%)은 레트로트랜스포존이다. 인간 유전체 내에서 전이인자들의 이동은 진화적으로 우리 인간들과 최근에 분지된 침팬지의 유전체와 비교하면 알 수 있으며, 더욱 최근의 전이인자 활성은 인간 각 개인들의 유전체를 비교하면 찾아낼 수 있다. 이와 같은 연구 결과 침팬지와 분지된 이후 DNA 트랜스포존의 이동은 발견되지 않았으며, 비교적 적은 수의 레트로트랜스포존들이 이동하였다는 것을 볼 수 있다. 인간에서 이와 같이 적은 비율의 전이인자 이동률은 부분적으로 전이인자 염기서열에 돌연변이가 집적되었기 때문으로 보이며, 또한 부분적이지만 이들의 이동을 최소화하는 기작이 있기 때문이다.

표 12.2 인간 유전체에 있는 전이인자들

LINE과 SINE은 폴리-A형의 레트로트랜스포존이다: LINE들은 pol II 에 의해 전사된 후 자신의 이동을 가능하게 하는 RNA-결합 단백질과 역전사효소 (ORF1과 *pol* 유전자)을 암호화하고 있으며, SINE들은 pol III 에 의해 전사되는 전사체 유래인데 (tRNAs와 비슷) 이들은 pol III에 의해 전사된 후에는 LINE-암호화되어 있는 단백질들에 의존하여 이동한다. HERVs와 LTR-형 레트로트랜스포존들은 pol 유전자 외에 레트로바이러스의 외피단백질을 암호화하고 있는 *gag*와 *env* 유전자를 가지고 있다. 다른 생물체의 DNA 전이인자들은 이들의 양 말단에 존재하는 역 말단 반복 서열 DNA에 결합하는 전이효소를 이용하여 이동한다. 이들 전이인자들이 가지고 있는 유전자들이나 전이에 필요한 말단 부위 염기서열에 돌연변이 때문에, 인간 유전체에서는 오직 몇 개의 LINEs과 SINEs들만이 이동을 할 수 있다; 인간 유전체 내의 HERVs와 DNA 전이인자들은 이동을 하지 않는 전이인자 흔적들이다.

인자	구조	길이 (kb)	사본 수	유전체 내의 양
레트로트랜스포존				
LINEs	ORF1 – pol – AAA	6-8	1,000,000	20%
SINEs	AAA	<0.3	2,000,000	13%
HERVs	LTR – gag – pol – env – LTR	1-11	600,000	8%
DNA 트랜스포존				
	→ 전이효소 ← / → ←	2-3	400,000	3%
		전체	4,000,000	44%

레트로트랜스포존은 RNA 중간 매개체에 의해 이동한다

레트로트랜스포존의 전이는 RNA 중합효소에 의해 역전사효소-유사 효소를 암호화한 RNA로 전사하며 시작한다. 8장의 읽을거리 「유전학과 사회」에서 설명한 AIDS-발생 HIV 바이러스에 의해 만들어지는 역전사효소와 유사한 이 효소는 RNA에서 단일가닥의 cDNA를 만들 수 있으며, 이것은 다시 두 가닥 DNA를 만드는 데 주형으로 이용된다. 많은 종류의 레트로트랜스포존이 역전사효소 외에 다른 폴리펩티드들을 암호화하고 있다.

어떤 레트로트랜스포존은 RNA-유사 DNA 가닥의 3′ 말단에 폴리-A 꼬리를 가지고 있어서 mRNA를 연상시킨다. 인간에서는 **LINEs** (long interspersed nuclear elements)와 **SINEs** (short interspersed nuclear elements)와 같은 두 가지 유형의 폴리-A 함유 레트로트랜스포존이 있다(표 12.2). 다른 형태의 레트로트랜스포존은 양 말단에 **긴말단반복** (long terminal repeats, LTRs)을 같은 방향으로 가진 것들이 있다. 레트로트랜스포존의 두 번째 유형은 레트로바이러스 (RNA 종양 바이러스)의 삽입된 DNA와 유사한 인자들로서 이러한 레트로트랜스포존들은 아마도 레트로바이러스로부터 유래되었거나 레트로바이러스가 이들 레트로트랜스포존들로부터 유래되었음을 시사하는 것이다. 인간의 LTR-형 레트로트랜스포존은 실제로 **HERVs** (human endogenous retroviruses; 인간의 내생적 레트로바이러스들)라고도 한다.

레트로트랜스포존, mRNA, 레트로바이러스 간의 구조적인 유사성과 레트로트랜스포존이 역전사효소 같은 효소를 암호화하고 있다는 사실은 (표 12.2의 *pol* 유전자) 레트로트랜스포존이 RNA 중간 매개체를 이용하여 전이하는지를 의심하게 하였다. 실제로 효모를 이용하여 실험한 결과는 이 사실을 증명한다. 한 연구에서 효모의 인트론을 가진 플라스미드에 *Ty1* 레트로트랜스포존 한 사본이 있는 것을 발견하였는데, 이것이 효모의 염색체로 이동하였을 때에는 새로운 장소에 있는 *Ty1*에서는 인트론이 발견되지 않았다(그림 12.21). 인트론의 제거는 mRNA 프로세싱 과정에서만 일어나므로 연구자들은 *Ty1* 레트로트랜스포존이 전이 시 RNA 중간 매개체를 이용하여 이루어진다는 것을 증명하였다.

폴리-A 꼬리를 가지는 인자와 LTR-레트로트랜스포존이

그림 12.21 레트로트랜스포존이 RNA를 매개로 하여 이동한다는 모식도. 과학자들은 하나의 인트론을 가진 *Ty1* 레트로트랜스포존을 가지는 플라스미드를 만들었다. 이 플라스미드를 효모 세포에 형질전환하여 과학자들은 효모의 유전체에 *Ty1* 삽입 계통을 만들었다. 이 *Ty1*을 가진 효모는 인트론을 가지고 있지 않았는데, 이것은 전이되기 전에 1차 전사체로부터 인트론을 제거한 후 전이된 것을 의미한다.

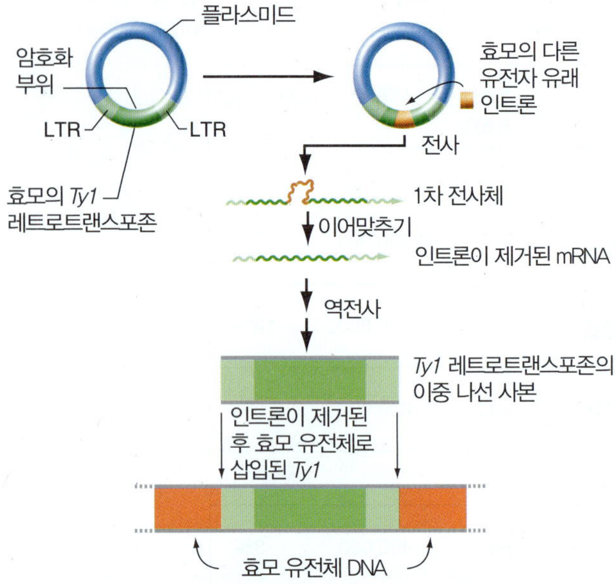

그림 12.22 LTR-레트로트랜스포존의 전이 기작. LTR-레트로트랜스포존은 이동하기 위해 그들의 LTRs 염기들과 pol 유전자에 암호화되어 있는 역전사효소 및 핵산말단가수분해효소를 이용한다. 역전사효소-유사 효소는 여러 단계를 거쳐서 두 가닥의 레트로트랜스포존 cDNA를 만든다. 만들어진 두 가닥 cDNA는 효모의 새로운 곳에 삽입되기 위하여(청색) 목적 부위의 두 가닥 절단을 하여 "점착성 말단"을 만든다. 점착성 말단을 채우므로 표적 부위에 5 bp를 두 개 만든다.

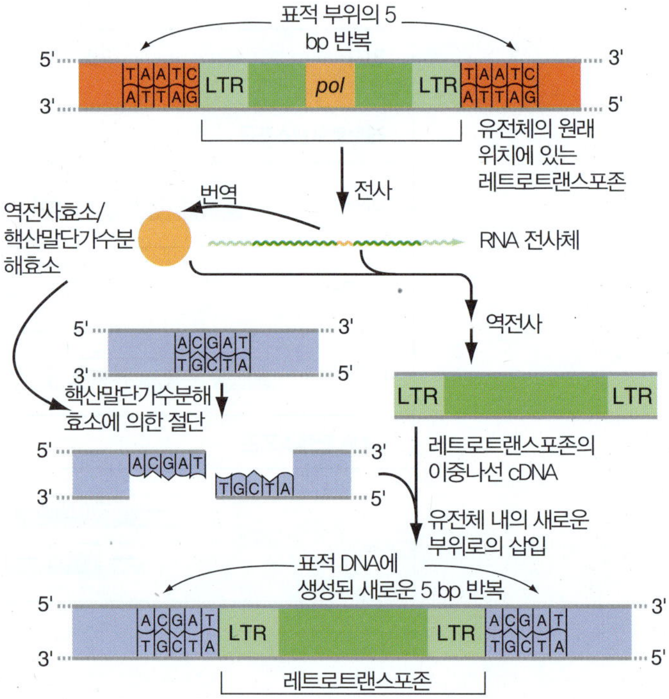

이동을 하는 기작은 자세하게는 다르지만 하나의 중요한 방법은 서로 유사하다. 그것은 두 인자 모두 레트로트랜스포존의 전사부터 시작된다는 것이다. 그림 12.22에서 LTR-레트로트랜스포존(효모의 *Ty* 인자와 초파리의 *Gypsy* 인자, 그리고 인간의 HERVs 인자들의 조상인자들)은 유전체 내에서 이동한다. 레트로트랜스포존이 가지고 있는 *pol* 유전자 전사체의 번역으로 역전사효소와 핵산내부가수분해효소 활성을 가지는 효소를 생산한다. 이 효소는 레트로트랜스포존 RNA를 이중나선의 cDNA로 전환시키며, 유전체 DNA의 표적 부위를 절단하여 전이인자 cDNA를 삽입시킨다. 폴리-A-꼬리를 가진 전이인자 (인간의 LINE과 같은 인자들)은 역전사효소뿐 아니라 "ORF1"이라고 하는 레트로트랜스포존에 암호화되어 있는 단백질에 의한 알려지지 않은 복잡한 방법으로 이동을 한다.

그림 12.22에서 보여주는 것과 같이 RNA 매개로 전이는 레트로트랜스포존이 원래의 위치에 사본이 남아 있으면서 새로운 장소에 삽입되므로 사본 수가 증가한다. 이러한 방식의 이동으로 레트로트랜스포존이 사본 수는 급격히 늘어날 수 있다. 생물체들은 레트로트랜스포존의 이동을 제한하는 정교한 진화적 기작을 개발하여 레트로트랜스포존의 폭발적 증가를 억제한다.

DNA 트랜스포존의 이동은 전이효소에 의해 촉매된다

RNA를 중간 매개체로 전이하지 않는 트랜스포존의 대표적인 특징은 양 말단이 서로 역반복되어 있어서, 한쪽 끝의 염기서열이 다른 끝의 염기서열의 거울 이미지라는 사실이다(그림 12.23a). 이러한 역반복은 길이가 보통 10~200 bp 정도이다.

트랜스포존의 역반복 사이에는 전이 시 양 말단반복서열을 인식하여 전이를 매개하는 전이효소를 암호화한 유전자를 가지고 있다. 그림 12.23a에서 보는 것과 같이 전이로 이어지는 과정은 원래의 유전체 위치에서 트랜스포존이 떨어져 나와 새로운 위치로 삽입되는 것이다. 이때 떨어져 나오는 부위에서의 두 가닥 절단은 경우마다 다른 방법으로 수선된다. 그림 12.23b는 두 가지 가능성을 보여준다. 초파리에서 *P* 요소(*P* element)로 알려진 트랜스포존은 적출 후 DNA 핵산말단가수분해효소(exonuclease)가 우선 생성되는 틈새를 벌려 놓고 자매염색분체나 상동염색체의 상동부위를 주형으로 수선한다. 만약에 주형이 *P* 요소를 가지고 있고

그림 12.23 DNA **트랜스포존: 구조와 이동.** (a) 대부분의 트랜스포존들은 말단에 역반복을 가지고 있고 (밝은 녹색 붉은 화살표) 이들 역반복을 인식하는 전이효소 유전자를 가지고 있다. 전이효소는 트랜스포존과 인접한 염기 사이의 경계를 절단하며 트랜스포존의 적출과 새로운 장소로의 삽입을 돕는다. (b) *P* 요소의 전이효소–촉매 삽입은 표적 부위에 새로운 8 bp의 반복을 형성한다. 원래의 위치에서 트랜스포존의 적출 시 틈새를 남긴다. 핵산말단가수분해효소가 이 틈새를 넓히며 세포는 관련된 DNA들을 주형으로 하여 틈새를 수선한다. 주형이 *P* 요소를 가지고 있는지 아닌지에 따라 트랜스포존은 자리에 남아 있거나 또는 원래의 자리에서 적출된다.

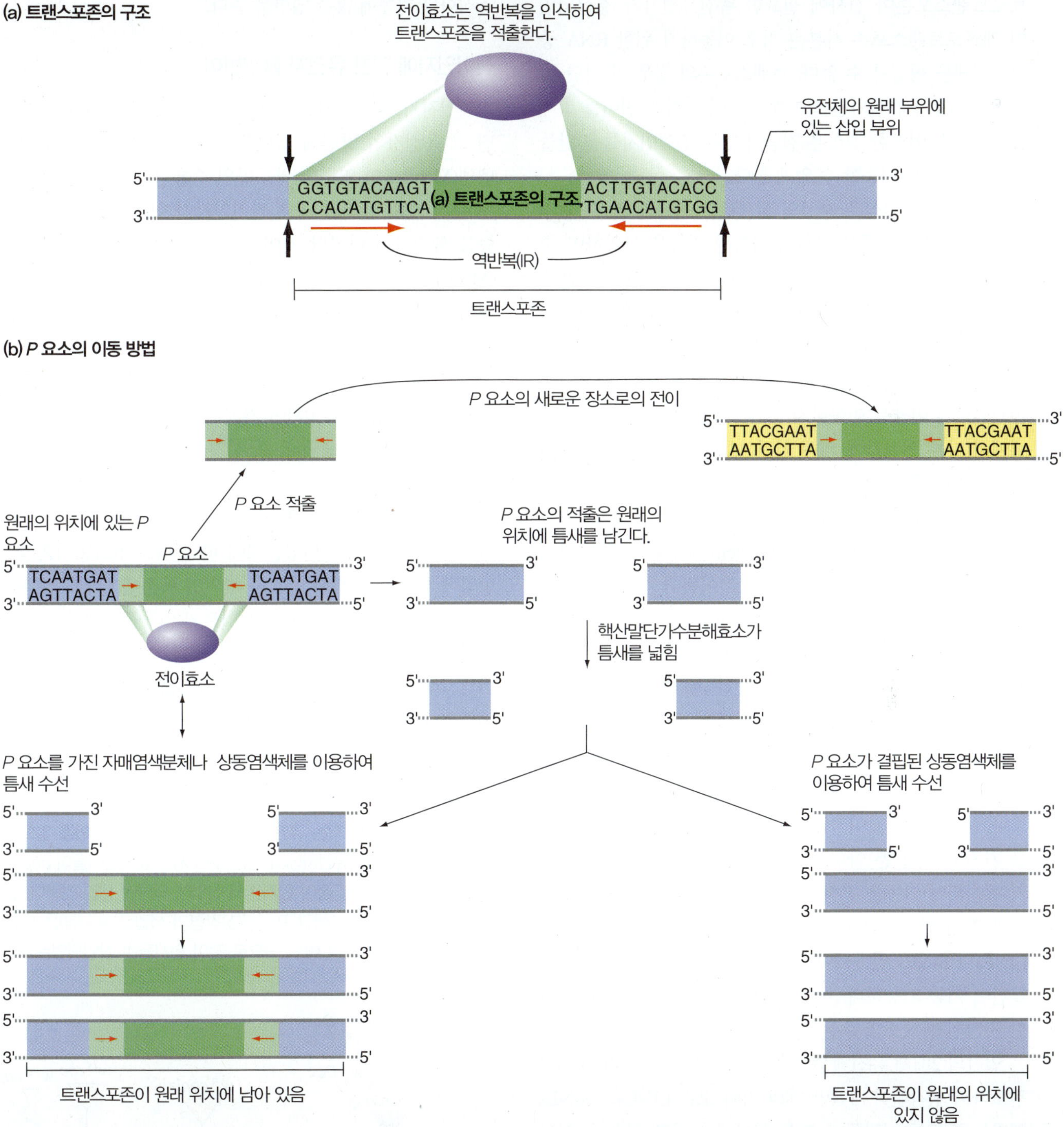

DNA 복제가 완벽히 정확하게 이루어진다면, 수선은 적출 전 처음에 있었던 위치에서 *P* 요소를 회복할 수 있으므로 *P* 요소가 전이 과정 중에도 원래 위치에 남아 있는 것처럼 보인다(그림 12.23b, 왼쪽). 만약에 주형이 *P* 요소를 가지고 있지 않다면, 트랜스포존은 전이 후 원래의 위치에서는 소실된다(그림 12.23b, 오른쪽).

유전체는 결함을 가진 전이인자를 종종 가지고 있다

전이인자의 많은 사본들이 전이 과정이나 (예로 레트로트랜스포존의 불완전한 역전사) 전이 후의 기작(예로 *P* 요소가 적출된 후 수선될 때 결함) 등으로 결함을 가지고 있다. 레트로트랜스포존이 전사에 필요한 촉진유전자가 결실되면 이 레트로트랜스포존 사본은 차후 이동하기 위한 RNA 중간매개체를 형성할 수 없다. 트랜스포존의 경우 양 말단 반복 중 한 개가 결실되면 전이효소는 이 인자의 전이를 촉매할 수 없다. 이러한 결실은 결함이 있는 전이인자들을 만들어 이들이 다시 이동할 수 없게 한다.

다른 형태의 결실은 자신의 힘으로는 이동을 할 수 없지만 만약 유전체상에서 자신의 결함된 기능을 보완하여 줄 수 있는 비결함인자가 있으면 이동이 가능한 것들도 있다. 예를 들면, 레트로트랜스포존에서 결실에 의해 역전사효소 유전자가 결함을 가지거나 트랜스포존에서 전이효소 유전자가 결함을 가지고 있으며, 유전체상에 오직 그 사본만이 존재한다면 이들은 이동하지 못한다. 하지만 만약에 유전체 내에서 다른 인자들에 의해 역전사효소나 전이효소를 공급받으면 이들은 이동이 가능하다. 이렇듯 다른 비결함 전이인자들의 활성에 의해 이동 가능한 결함을 가진 전이인자를 **비자가인자 요소**(nonautonomous elements)라고 하며, 다른 인자들의 도움 없이 자신의 능력으로 이동이 가능한 인자들을 **자가인자 요소**(autonomous elements)라고 한다. 예를 들면, 인간유전체에 있는 모든 SINEs 인자들은 비자가인자 요소들로서 이동을 하기 위해서는 LINEs에 영호화되어 있는 단백질들을 이용하여 이동이 가능하다(표 12.2).

인간 유전체에 있는 대부분의 전이인자들은 전이인자 흔적(relics)으로서 두 가지의 결함을 가지고 있다: 역전사효소나 전이효소와 같이 이동에 필요한 단백질 유전자에 결함을 가지고 있을 뿐 아니라 이들의 촉진유전자나 말단 부위가 훼손되어 이동을 전혀 할 수 없는 것이다. 앞에서 기술한 것과 같이 인간 유전체 내에서 이동이 가능한 것들은 오직 LINEs나 SINEs 인자들이며, 이들 중에서도 오직 일부 인자들만이 이동 가능하다. 이동에 필요한 모든 것을 갖춘 완전한 자가인자 요소의 수는 더욱 적어서, 예를 들면 과학자들은 인간의 2배체 유전체상에 자가인자 요소는 약 80~100개 정도라고 생각한다. 3백만 개의 거의 모든 LINEs과 SINEs 인자들은 모든 사람들이 같은 위치에 가지고 있으며, 인간 진화상 약 8,000개 정도가 이동을 하였으며, 이들은 사람들마다 삽입 장소가 다를 수 있다.

전이인자는 유전자를 훼손하고 유전체를 변형시킨다

유전학자들은 통상 전이인자를 자신의 복제만을 위해 존재하는 "이기적(selfish)"인 존재라고 생각하였다. 그러나 전이인자의 이동은 생물체가 유지하고 있는 염색체나 유전자의 조직화나 기능에 많은 영향을 준다.

전이인자에 의한 유전자 돌연변이

전이인자가 유전자 내로 삽입되거나 인접한 부위로 삽입하면 그 유전자의 발현에 영향을 주어 표현형을 변화시킨다. 멘델(Mendel)이 연구한 완두콩의 주름진 씨껍질 형질은 전분 분지 효소 유전자 내로 전이인자가 삽입되어 유전자 기능을 훼손하여 나타난 것이다. 초파리에서 1910년에 모건(Morgan)이 발견한 w^1 돌연변이를 포함한 많은 양의 돌연변이들이 전이인자의 삽입에 의한 것이다. 인간에서 활성 전이인자를 찾는 한 가지 방법은 이들의 전이가 질병을 야기하는 것을 탐지하는 것이다. 레트로트랜스포존 삽입의 의한 인간 질병이 약 100여 가지가 알려져 있는데, 예로 혈우병 A, 혈우병 B, 낭 섬유증, 신경섬유종증, 근육위축증 등이 있다.

전이인자의 유전자 삽입 시 효과는 어떤 인자이며, 유전자의 어느 부위로 삽입되었는지에 따라 다르다(그림 12.24). 만약에 인자가 단백질 암호화 부위의 엑손에 삽입되었다면 첨가된 DNA는 번역틀 이동을 일으키거나 폴리펩티드 생성 시 조기 종결 코돈을 생성시킬 수 있다. 만약에 전이인자가 인트론에 삽입되면 이어맞추기의 효율을 감소시킬 수 있다. 엑손이나 인트론에 삽입된 전이인자는 또한 전사를 종결 신호로 만들어서 삽입된 부위의 하위부터는 전사가 일어나지

그림 12.24 전이인자는 유전자 내로 삽입하여 돌연변이를 일으킨다. 초파리의 *white* 유전자에서 많은 수의 자연 돌연변이들이 *copia*, *roo*, *pogo*, *Doc* 등의 전이 인자들의 삽입에 의하여 생긴 것이다. 결과적으로 생성되는 눈 색깔 표현형(삼각형의 색깔로 표시함)은 어떤 인자가 *white* 유전자의 어느 곳으로 전이 인자들이 삽입되었는가에 따라 다르다.

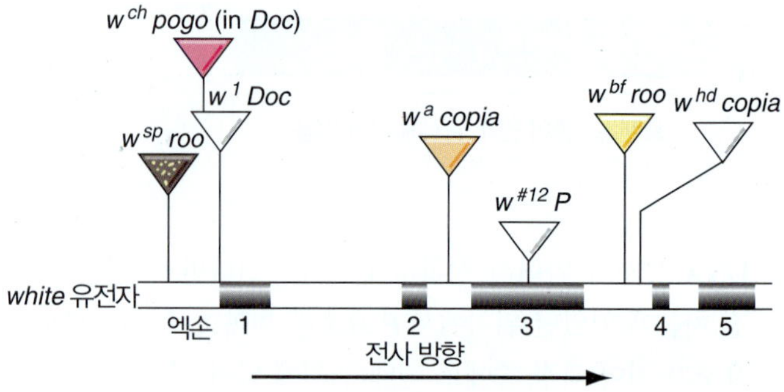

않게 할 수도 있다. 마지막으로 촉진유전자와 같은 전사조절 부위로 삽입되면 발달 과정 중 특정한 시기와 조직에서 유전자 산물의 생성에 영향을 준다.

전이인자 삽입 돌연변이에 의한 불안정성

만약에 전이인자의 말단 부위가 전이 과정 중에 손상을 입어 전이인자가 이동을 할 수 없게 되거나, 전이에 필요한 단백질을 암호화한 인자가 없다면 전이인자 삽입에 의한 돌연변이는 안정하게 된다. 그렇지 않으면 전이인자 삽입은 불안정하게 된다: 전이인자가 다시 재가동, 즉 재전이가 되어 돌연변이 대립유전자를 야생형 대립유전자로 회복시킬 수도 있다. 옥수수에서 전이인자 삽입으로 인하여 생성된 불안정한 돌연변이인 *C* 유전자는 맥클린톡이 전이인자를 발견하게 해 주었다(그림 12.25). *C* 유전자는 옥수수 종자에 자주색 색소를 내게 하는 색소 단백질을 암호화하고 있다. *C* 유전자 내에 *Ds* 또는 *Dissociator*라는 비자가인자 요소가 삽입되면 불활성화가 되어 종자 색깔이 노란색이 된다. 옥수수는 또한 *Ds*와 같은 계통의 자가 전이인자 *Ac* 또는 *Activator* 요소를 가지고 있어서 *C* 유전자 돌연변이가 불안정하게 된다. 즉, 어떤 세포에서는 *Ds*가 삽입된 장소에서 적출되어 나오게 되고 *C* 유전자가 야생형으로 회복하게 하여 결과적으로 노란색 종자에 자주색 얼룩을 보이게 하는데, 자주색 세포들은 *Ds*가 적출된 세포로부터 유래한 클론세포들인 것이다.

그림 12.25 전이인자-연관된 대립유전자들은 불안정하다. *C* 유전자가 활성을 가지면 옥수수 종자세포들은 자주색이다. *Ds* 인자가 삽입되어 *C* 유전자가 불활성화되면 종자색이 노란색이 된다. 맥클린톡은 노란색을 띠는 종자에 자주색 점박이를 가진 종자들을 관찰하였다. 그녀는 이러한 자주색 점들은 종자 세포 유전체에 *Ac* 인자가 존재하여 *C* 유전자 돌연변이가 불안정화되었기 때문이라고 설명하였다. 후에 분자생물학적 실험으로 *Ac* 인자는 전이효소를 제공하여 비자가인자 요소인 *Ds* 인자를 *C* 유전자로부터 적출하도록 한 것이라는 것을 증명하였다.

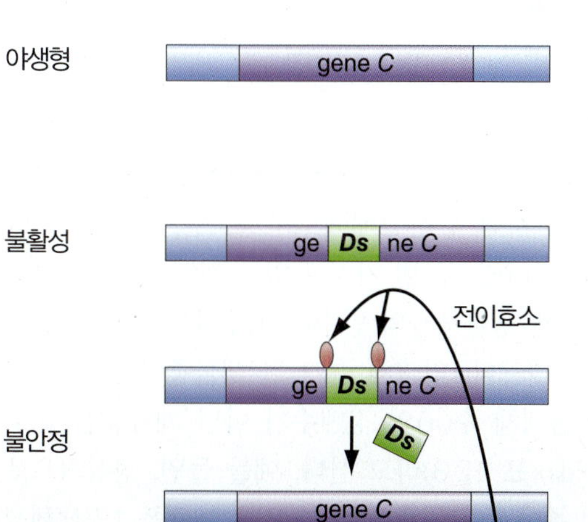

그림 12.26 트랜스포존은 유전자를 염색체의 새로운 위치로 이동시킨다. 만약에 같은 트랜스포존이 두 사본이 같은 염색체상에서 인접하여 존재한다면, 전이효소는 가장 외곽에 있는 역반복(inverted repeats, IRs)을 인식하여 복합 트랜스포존을 형성하여 그림에서 보이는 w^+와 같은 유전자를 새로운 위치로 이동시킬 수 있다.

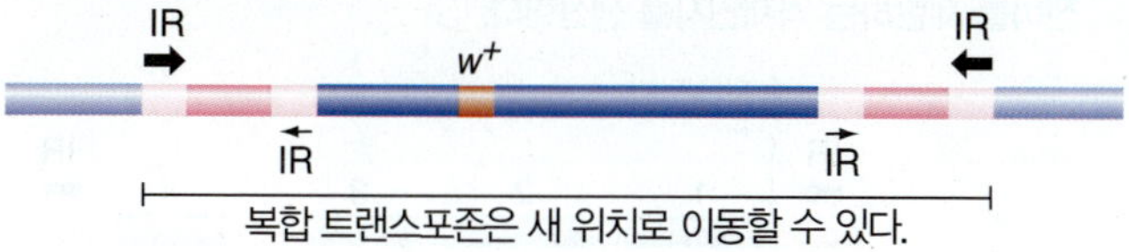

전이인자에 의한 염색체 재배열

레트로트랜스포존과 트랜스포존 모두 전이되는 것 외의 여러 가지 방법으로 염색체 재배열을 일으킬 수 있다. 이미 설명한 바와 같이(그림 12.5 참조), 같은 전이인자를 두 사본 가지고 있으면 이들은 비정상적인 대합을 하여 이들 간의 교차는 염색체 재배열을 야기할 수 있다. 초파리에서 *Bar* 돌연변이를 가진 중복 돌연변이(그림 12.12)는 중복된 부위의 인접 부위에 있는 전이인자에서 부등교차가 일어난 것일지도 모른다. 다른 종류의 염색체 재배열은 전이인자들 간의 재조합에 의한 것이 아니고 전이 과정 그 자체에 의해 생성되기도 한다. 때로는 전이 과정의 실수로 전이인자 인접한 부위의 염기들이 중복되거나 결실되기도 한다.

전이에 의한 유전자 재배치

만약에 같은 DNA 전이인자가 한 염색체 내에서 인접하여 존재하면, 두 전이인자들의 가장 외곽의 역반복(inverted repeat, IR)들이 마치 하나의 전이인자의 역반복과 같이 놓이게 된다(그림 12.26, 굵은 화살표로 표시). 만약에 전이효소가 전이 과정에서 이들 가장 외곽의 역반복 쌍을 인식하면, 이들 두 인자와 이들 사이에 있는 유전자를 포함한 하나의 커다란 전이인자로 이동시킨다. 원핵생물에서 두 전이인자들을 동시에 이동시킬 수 있는 능력은 다른 주(strain)나 종(speaies)으로 약제 내성을 전파시키는 기작을 제공하는데, 이에 대해서는 13장에서 다룬다.

그림 12.27 ***P* 요소의 이동은 mRNA 이어맞추기에 의해 조절된다.** *P* 요소의 1차 전사체는 선택적 이어맞추기를 한다. 3번 엑손과 4번 엑손 사이의 인트론은 (노란색으로 표시) 때로는 이어맞추기되고 때로는 남아 있는다. 이 인트론을 가지고 있는 mRNA는 전이를 억제하는 억제자를 암호화한다. 그러므로, 전이효소 외에 세포는 *P* 요소 전이를 제한하는 억제인자를 생산한다.

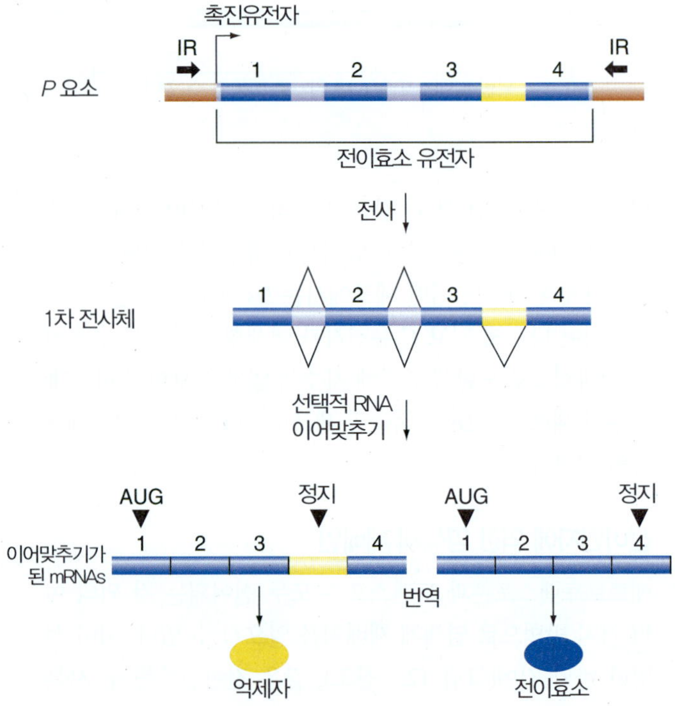

전이인자들의 이동을 제한하는 기작들이 진화되었다

전이인자들의 삽입은 특정한 유전자에 돌연변이를 일으키고 염색체 재배열을 야기할 수 있다는 것을 학습하였다. 빈번한 전이인자 이동은 기주 유전체를 위험에 빠뜨릴 수 있으므로, 전이인자 활성을 억제하는 기작들이 진화적으로 고안되었다. 한 예로 초파리의 *P* 요소의 이동은 전이효소 생성을 억제하고 *P* 요소 RNA의 선택적 이어맞추기를 통하여 전사 억제인자를 생성하는 것으로 통제한다(그림 12.27). 생식세포에서 전이효소 mRNA의 1차 전사체의 한 인트론(그림 12.27의 노란색)이 어떤 경우에는 이어맞추기되기도 하고 어떤 경우는 남아 있기도 하다. 인트론이 이어맞추기되어 제거된 mRNA는 전사효소를 암호화하지만, 선택적 이어맞추기되어 인트론을 가지고 있는 mRNA는 작은 억제 폴리펩티드를 암호화하고 있다. 생식세포에서는, 이 억제 단백질이 전이효소가 *P* 요소의 역반복에 결합하는 것을 경쟁적으로 방해하여 *P* 요소의 전이를 억제한다. 이상하게도 체세포에서는 인트론이 전혀 이어맞추기되지 않으므로 *P* 요소들은 체세포에서는 이동하지 않는다.

DNA 트랜스포존과 레트로트랜스포존 모두 생식세포 계열에서의 활성을 억제하는 더욱 일반적인 기작이 최근에 발견되었는데, 이것은 모든 동물에 존재하는 것 같다. 이 기작은 **piRNAs** (Piwi-interacting RNAs)라고도 하는 small RNAs로서 이들은 전이인자의 전사와 전이인자 전사물들의 번역을 억제한다. 16장에서 진핵생물의 유전자 발현 조절을 하는 여러 종류의 small RNAs들과 함께 piRNAs에 대한 자세한 설명을 한다.

핵심 개념

- 전이인자들은 유전체 내에 많은 사본으로 존재하는 이동 가능한 작은 염기서열이다.
- 레트로트랜스포존은 역전사효소에 의해 일차적 전사물이 역전사되고 다시 cDNA가 되는 RNA를 중간 매개자로 하여 유전체 내에서 이동한다. 대조적으로, DNA 트랜스포존은 전이효소를 이용하여 트랜스포존 양 말단에 있는 역반복을 인식하여 이동한다.
- 인간 유전체의 거의 절반은 전이인자들로 이루어져 있으며, 현재에는 이들 중 오직 몇 개만이 이동할 수가 있다.
- 전이인자들은 유전자를 훼손시키고, 유전자를 새로운 위치로 이동시키고 염색체를 재배열하는 등으로 유전체를 변형시킨다.
- 전이인자 활성을 억제하는 기작으로 선택적 이어맞추기와 전이인자 전사를 억제하는 piRNAs 등의 행동 등이 있다.

12.4 염색체 수의 변이: 이수성

학습목표

1. 이수성, 1염색체성, 3염색체성을 정의한다.
2. 상염색체 이수성이 성염색체 이수성보다 더욱 해로운 이유를 설명한다.
3. 이수체와 모자이크 생물체가 어떻게 생성되는지 이해한다.

완두, 초파리, 사람 등은 2배체로서 배우자가 가지고 있는 염색체 세트(n)를 두 벌 가지고 있는 것($2n$)을 살펴보았다. 이들 2배체 생물체들의 반수체 배우자들의 모든 염색체들은 서로 다르다. 염색체 수가 그 생물종이 가지고 있는 반수체 염색체 수(n)의 정배수가 아닌 개체들을 **이수체**(aneuploids)(표 12.3)라고 한다. 예를 들면, 정상적으로는 2배체인 종에서 염색체가 한 개 적은 개체를 **1염색체성**(monosomic; $2n - 1$)라고 하고, 염색체를 하나 더 가지고 있는 개체를 **3염색체성**(trisomic; $2n - 1$)라고 한다. 1염색체성, 3염색체성, 그리고 다른 형태의 이수성 개체들은 보통 그 생물체에 대해서 해로운 유전적 불균형을 가진다. 이

표 12.3 2배체 생물이 가질 수 있는 여러 종류의 이수체들

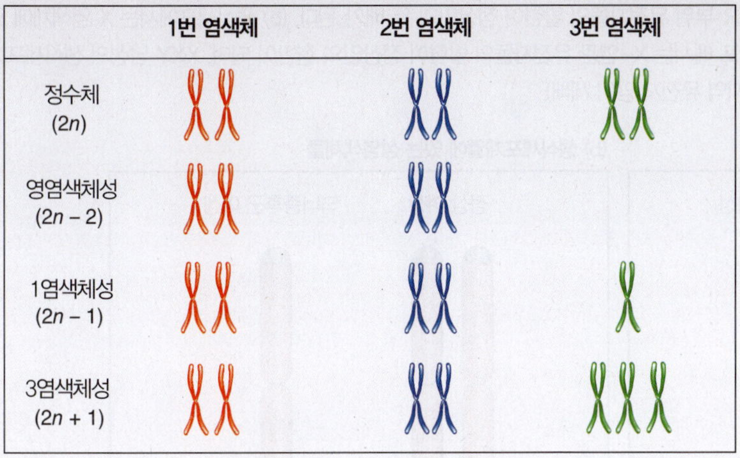

이 표의 이론상 생물체는 $n = 3$이다.

절에서는 이수성이 어떻게 생성되고 이들의 표현형적인 결과에 대해서 설명한다.

상염색체 이수성은 보통 치사한다

인간에서 상염색체를 1염색체성으로 가지게 되면 대부분 살아남지 못하지만, 의학유전학자들은 몇 건의 1번 염색체 1염색체성의 사례를 보고하였다. 비록 여러 가지의 심한 기형을 가지고 태어나지만 이러한 1염색체성 아기들은 태어나고 잠깐 생존한다. 유사하게 상염색체 3염색체성들도 매우 해롭다. 1번이나 2번 염색체와 같이 큰 염색체를 3염색체성으로 가지는 개체들은 임신 초기에 유산된다. 18번 염색체의 3염색체성은 에드워드증후군(Edwards syndrome)이라고, 하며 13번 염색체 3염색체성은 파타우증후군(Patau syndrome)이라고 하는데; 두 가지 형 모두 매우 심각한 기형을 초래하며 보통 초기에 사망에 이른다(표 12.4).

인간 3염색체성 중에서 가장 흔하게 발견되는 것은 21번 염색체를 3염색체성으로 갖는 다운증후군(Down syndrome)이다. 인간 상염색체 중에서 21번 염색체는 가장 작은 염색체로서 인간 전체 유전체의 1.5% 정도밖에 차지하지 않는다. 다운증후군 환자에게 나타나는 증세는 상당한 표현적인 변이가 존재하지만, 정신박약과 근골격계의 이상 등이 가장 흔하게 보이는 임상적 증세이다. 다운증후군을 보이는 많은 아기들은 심장 결손이나 감염 등에 취약하여 출생 후 1년 내에 사망한다.

다운증후군 환자 중 일부는 21번 염색체 전체를 3개 갖고 있지 않고 21번 염색체의 일부만을 여분으로 가지고 있다. 예를 들어, 앞서 살펴본 로버트슨 전좌에 의하여 21번 염색체의 일부를 가지는 사람들도 있다(그림 12.19). 이 장의 연습문제 36번은 이러한 경우 다운증후군과 관련된 21번 염색체 있는 특정한 유전자 위치를 찾는 것에 대하여 다루고 있다.

많은 생물체는 성염색체 이수성을 견딘다

비록 X 염색체는 인간 염색체들 중 가장 큰 염색체의 하나로서 전체 유전체의 5% 정도를 차지하지만, XXY 남성, XO 여성, XXX 여성과 같이 X 염색체를 이수성으로 가진 사람들은 다른 거대 상염색체 이수성에 비해 잘 생존한다(표 12.4). X-염색체 이수성의 내성은 X-염색체 불활성화로 다른 수의 X 염색체를 가진 사람들의 X-연관 유전자들의 발현이 동일화되기 때문이다. 4장에서 살펴본 것처럼 XX 포유류들은 X-염색체 불활성화는 두 X 염색체 중 하나에 있는 대부분의 유전자들의 발현이 억제된다; X-불활성화가 되지 않는 유전자들은 주로 X 염색체와 Y 염색체 간의 위상염색체(pseudoautosome, PAR) 부위에 있는 유전자들이다(그림 4.8 참조). 두 개 이상의 X 염색체를 갖는 X-염색체 이수체들에서 하나의 X 염색체 있는 유전자 외의 여분의 X 염색체에 있는 유전자들은 불활성화된다. 결과적으로 X-염색체 이수

표 12.4 인간 집단에서 발견되는 이수체들

염색체	증후군	출생 시 빈도
상염색체		
21번 3염색체성	다운	1/700
13번 3염색체성	파타우	1/5000
18번 3염색체성	에드워드	1/10,000
성염색체, 여성		
XO, 1염색체성	터너	1/5000
XXX, 3염색체성 XXXX, 4염색체성 XXXXX, 5염색체성		} 1/700
성염색체, 남성		
XYY, 3염색체성	정상	1/10,000
XXY, 3염색체성 XXYY, 4염색체성 XXXY, 4염색체성 XXXXY, 5염색체성 XXXXXY, 6염색체성	클라인펠터	} 1/500

모든 출생아의 약 0.4% 정도는 해로운 표현형을 발생시키는 관찰 가능한 염색체이상을 가지고 태어난다.

그림 12.28 X 염색체 이수성을 가지는 사람들이 왜 표현형적인 이상과 불임을 가지는가. (a) 체세포에서 X 염색체 불활성화 PAR 부위에 (녹색 부위) 있는 *SHOX*를 포함한 유전자들에는 영향을 미치지 않는다. 결과적으로 XO 터너증후군 여성은 PAR 부위에 있는 유전자들의 발현이 정상인들에 비해 절반이며, XXY 클라인펠터증후군 남성은 PAR 부위 유전자들의 발현이 정상인의 두 배가 된다. (b) 생식세포에서는 X 염색체에 있는 모든 유전자들이 활성화를 가지므로 XO 여성의 생식세포 에서는 X–연관 유전자들의 발현이 정상인의 절반이 되며, XXY 남성의 생식세포에서는 이들 유전자 발현이 정상 남성의 두 배가 된다 (PAR 지역 유전자 양이 세배).

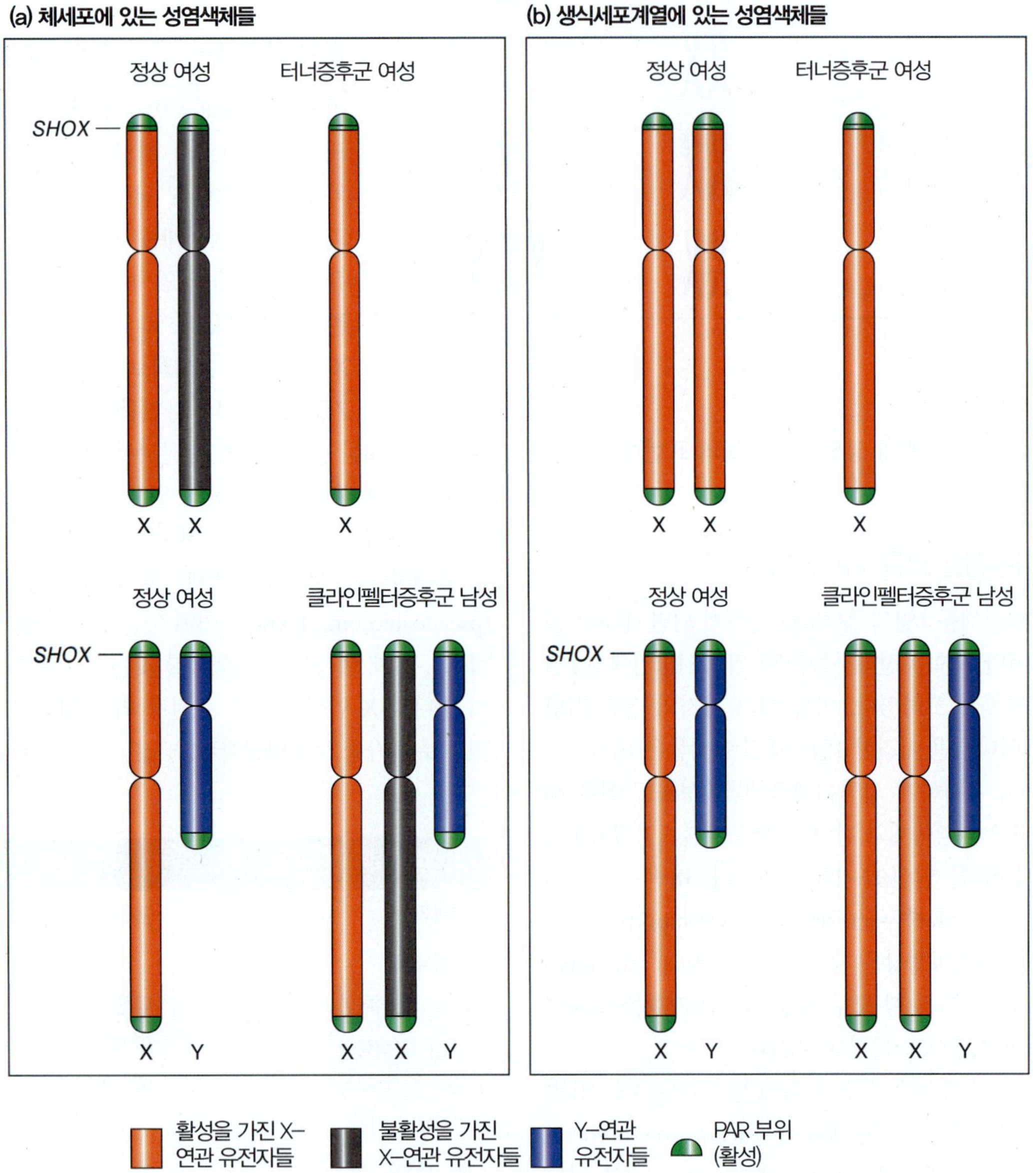

체들에서 대부분의 X-연관 유전자들이 생산하는 단백질들의 양은 정상적인 XX 또는 XY 개체들과 같다.

그럼에도 불구하고 인간 X-염색체 이수체들은 이상이 없는 것은 아니다. XXY 남성은 클라인펠터증후군(Kleinfelter syndrome)을 보이며, XO 여성은 터너증후군(Turner syndrome)을 보인다(표 12.4). 이러한 증후군을 가지는 이수체성 사람들은 보통 불임이며 근골격계의 이상을 보이는데, XXY 남성은 비정상적으로 신장이 크며 긴팔다리를 가지며 XO 여성은 비정상적으로 신장이 작다.

터너와 클라인펠터 증후군과 관련된 형태적인 비정상성은 부분적으로는 체세포에서 30개의 PAR 유전자들의 양적인 차이 때문에 생긴다. XO 여성은 이러한 유전자들을 정상 XX 여성에 비해 한 개씩 덜 갖고 있으며, XXY 남성은 정상 XY 남성에 비해 한 개씩 더 가지고 있는 것이 된다(그림 12.28a). *SHOX* (*sh*ort stature homeob*ox*)라는 유전자는 뼈 발달에 중요한 단백질을 암호화하고 있어서 터너증후군 여성이 비정상적인 작은 키와 클라인펠터증후군 남성이 큰 키로 이르게 하는 것이다.

터너증후군과 클라인펠터증후군을 가진 사람들의 불임은 생식세포에서 PAR 부위 밖의 X-연관 유전자들의 유전자량 때문이다(그림 12.28b). 그 이유는 생식세포에서는 X-불활성화가 지워져서 다시 X 염색체 재활성화(X chromosome reactivation)가 되기 때문이다. 여성에서, X 재활성화는 난자형성과정에서 정상적으로 일어나는데, 체세포분열을 분리하는 여성 생식세포와 여기에서 유래하는 딸세포들은 난모세포를 만들어 감수분열을 한다(그림 4.18 참조). 난모세포에서 이전에 불활성화되었던 X-염색체의 재활성화는 모든 성숙된 난자(배우자)는 활성화된 X 염색체를 갖게 한다. 여기에서 X 재활성화는 필요한 과정이라는 것을 유념해야 한다. 만약에 재활성화가 일어나지 않으면 정상적인 여성의 난자는 불활성화된 X 염색체를 가질 가능성이 있으므로 이러한 난자가 수정이 되면 이후 발달이 진행되지 않을 것이다. X 재활성화로 정상적인 XX 여성의 난원세포는 X 염색체 있는 유전자 활성을 두 배 가지게 되지만, XO 터너증후군 여성은 같은 유전자들을 오직 한 벌씩만이 활성을 가지게 되므로 결함을 가진 난자형성과정을 가지게 된다(그림 12.28b). XXY 남성에서 정자 형성 과정 중 X 재활성화를 가지므로 남성 생식세포계열는 체세포분열을 하여 정모세포를 만들고 여기에서 감수분열을 하여 정자를 형성한다(그림 4.19 참조). 결과적으로 X-연관 유전자들의 발현량이 두 배가 되므로(그림 12.28b) 클라인펠터증후군 남성들은 정자를 생성하지 못한다.

이수성은 감수분열 시 염색체 비분리로 발생한다

감수분열 시 염색체 분리의 실수는 언제 실수가 일어나는지에 따라 여러 유형의 이수체들을 만들어낸다. 만약 제1감수분열에서 상동염색체 쌍의 비분리가 일어나면(즉, 분리가 안 되면) 생성되는 반수체 배우자 네 개 중에서 두 개는 상동염색체를 두 개 모두 가지게 되고 다른 두 개의 배우자들은 상동염색체를 갖지 못한다. 이러한 배우자들이 정상의 배우자들과 결합하면 이수체의 접합자를 만들어 절반은 3염색체성이고 절반은 1염색체성이 된다(그림 12.29a). 대조적으로 **감수분열 비분리**(meiotic nondisjunction)가 제2감수분열에서 일어나면, 생성되는 네 개의 배우자들 중에서 두 개만이 이수성 배우자가 된다(그림 12.29b).

비분리되는 염색체에서 동원체 가까이에 있는 유전자를 이형접합형으로 가지는 세포에서의 염색체 비분리로부터 생성되는 $n + 1$ 배우자들은 비분리가 제1감수분열 시에 일어나면 이형접합형으로 되지만(그림 12.29a), 염색체 비분리가 제2 감수분열 시에 일어나면 이들은 동형접합형이 된다(그림 12.29b). 이러한 구별은 염색체 비분리가 양친 중 누구에게서 언제 일어났는지를 결정하는 데 이용될 수 있다. 예를 들면, 다운증후군을 야기하는 염색체 비분리는 부친(10%)보다 모친(90%)에서 더욱 빈번하게 일어난다. 흥미로운 점은 이러한 염색체 비분리가 제2감수분열보다 제1감수분열에서 더욱 흔하게(약 75%) 일어난다는 사실이다. 대조적으로 염색체 비분리가 부친에서 일어나 야기된 다운증후군에서는 이와는 반대이다.

그림 12.29 이수성이 감수분열 시 염색체 분리이상으로 생성된다. (a) 동원체에 가까이 존재하는 유전자들에서 3염색체 자손이 두 개 다른 대립유전자(*A*와 *a*)를 부모 중 한 명에게서 받고서 염색체 비분리 현상이 제1감수분열에서 일어난 경우이다. (b) 만약에 부모 중 한 명에게서 받은 두 대립유전자가 동형 (*A*와 *A* 또는 *a*와 *a*)이고 염색체 비분리가 제2감수분열 시 일어난 경우.

(a) 제1감수분열에서 염색체 비분리가 일어난다.

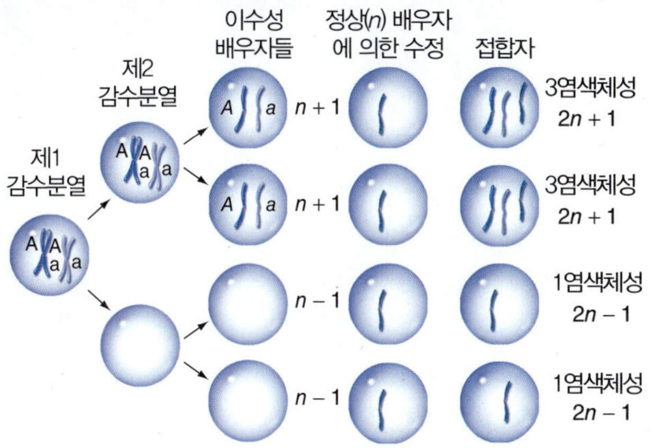

(b) 제2감수분열에서 염색체 비분리가 일어난다.

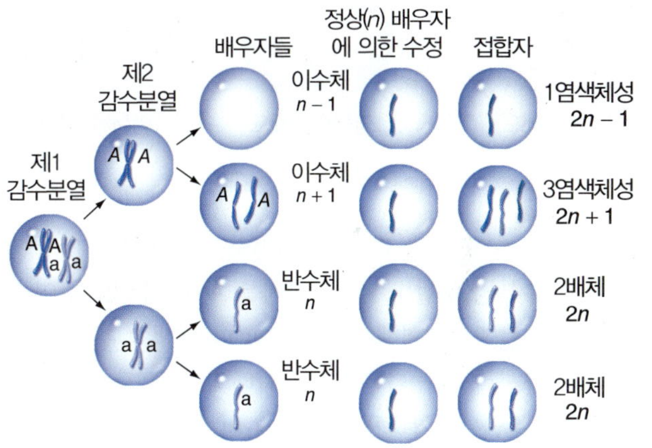

인간에서 얻어진 분자생물학적 자료에 의하면 많은 수의 감수분열 염색체 비분리가 감수분열 시 재조합의 이상에 의

그림 12.30 유사분열 시의 실수는 이수성 세포의 클론을 만든다. 유사분열 염색체 비분리 (a) 또는 염색체 소실 (b) 등은 분열하여 1염색체성과 3염색체의 이수성 세포 클론을 만든다. (c) XX 초파리 접합자가 만약에 한 개의 X 염색체를 유사분열 시에 소실한다면 만들어지는 딸세포 중 한 개는 XX (암컷)이며, 다른 한 개는 XO (수컷) 세포가 된다. 이러한 배(embryo)는 암수 세포로 이루어진 암수모자이크형(gyandromorph)으로 된다. 여기에서 접합자의 유전자형이 w^+ m^+ / w m이며, 따라서 이 초파리의 절반은 빨간색 눈과 정상 날개를 가지며(왼쪽); w^+ m^+ 유전자를 가진 염색체를 소실한 절반은 XO로서 흰색 눈 (w), 작은 날개(m) 그리고 앞 다리에 수컷 특징적인 빗과 같은 털(sex comb)을 가진다.

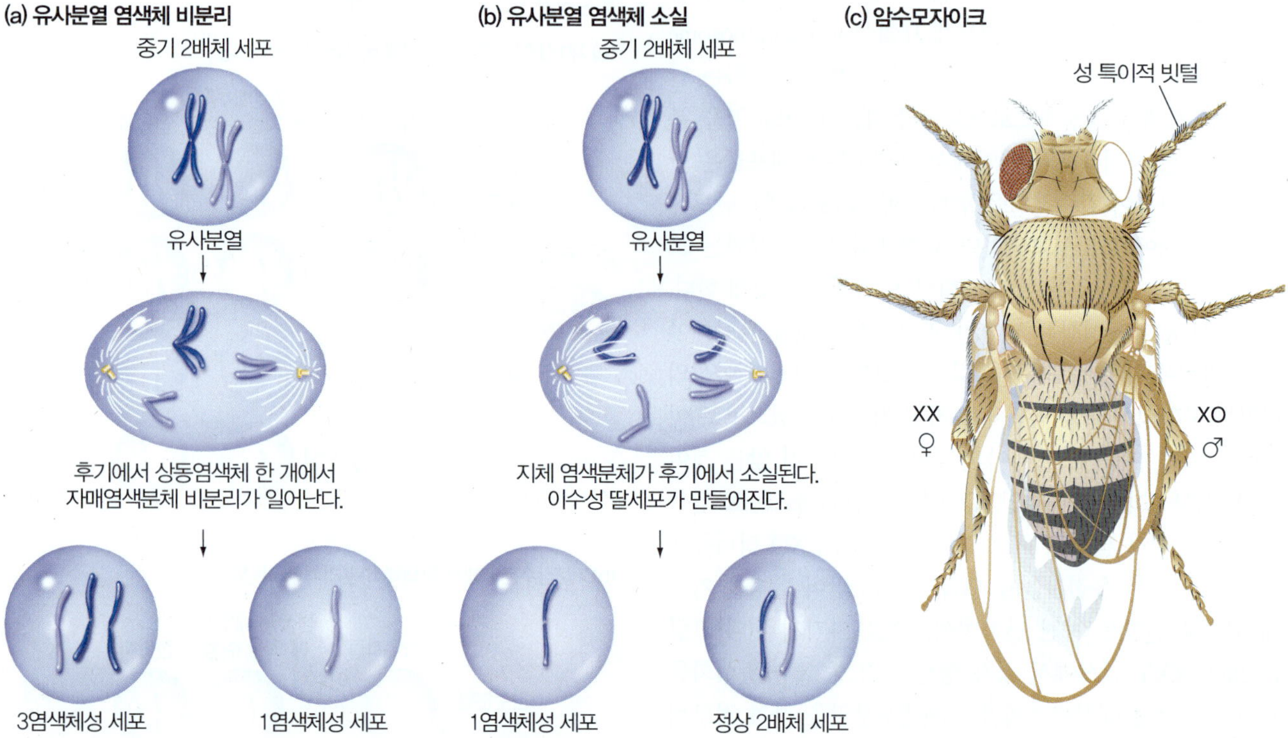

해 발생한다는 것이다. DNA 표지인자 추적법으로 임상학자들은 감수분열 동안 $n + 1$ 배우자를 형성하는 21번 염색체의 재조합을 21번 염색체 길이를 따라 염색체 추적할 수 있는지를 조사하였다. 다운증후군 사례의 많은 경우가 모친의 제1감수분열 시 염색체 비분리에 의하여 발생하였으며, 이러한 결함적 감수분열 시 21번 상동염색체 쌍에서는 교차가 발생하지 않았다. 이것은 교차와 관련이 있는 교차점들(chiasmata)이 제1감수분열 중기에서 대합 중인 상동염색체 쌍을 서로 붙잡고 있으므로 이해가 된다(그림 4.15 참조). 교차점이 형성되지 않아 교차가 없으므로 모친 유래와 부친 유래 상동염색체를 후기 I에서 반대 극으로 이동시킬 수가 없는 것이다. 그러므로 산모의 나이가 많으면 다운증후군이 증가하는 것은 이들 여성들에게는 감수분열 시 교차의 효율성이 떨어져 있다는 것을 반영한다.

체세포분열에서의 염색체 비분리와 염색체 소실에 의한 모자이크 현상

하나의 접합자는 수많은 분열을 통하여 성인 개체가 되며 발달을 수반하는 체세포분열 시의 염색체 분리의 실수는 특정한 세포에서 염색체 수를 늘리거나 줄이게 된다. **유사분열 비분리**(mitotic nondisjunction) 시 유사분열 후기에서 두 자매분체의 분리의 실패는 딸세포에서 3염색체성과 1염색체성을 만든다(그림 12.30a). 유사분열 후기에서 두 방추극으로 끌려가지 못한 지체 염색분체와 같은 다른 종류의 실수는 **염색체 소실**(chromosome loss)을 야기하여 한 개의 1염색체성과 한 개의 2배체 딸세포를 만든다(그림 12.30b).

다세포 생물체에서 유사분열 염색체 비분리나 염색체소실로부터 생기는 이수성 세포들은 다음 세대의 세포분열에서도 살아남아 계속 분열하여 비정상적인 염색체 구성을 가진 세포들로 이루어진 클론을 형성한다. 초기 발달 과정에서 일어나는 염색체 소실이나 염색체 비분리는 발달 후기에 일어나는 염색체 비분리보다 더욱 커다란 부위의 이수성 세포 클론을 형성한다. 이수성 세포와 정상세포로 이루어진 조직이 인접되어 존재하여 **모자이크**(mosaic) **현상**을 가지므로 이들의 표현형은 이수성 어느 조직인지, 얼마나 많은 세포들에서 일어났는지, 어느 염색체를 이수성으로 가지는지에 따라 표현형이 다르다. 이러한 모자이크의 많은 사례들은 성염색체에서 일어난다. 만약에 XX 초파리 암컷이 수정 후 발달 초기의 유사분열 시 X 염색체 중 하나를 소실하면 암컷의 조직과 수컷 조직이 비슷한 비율로 이루어진 **암수 모자이크**(gynandromorph)를 초래한다(그림 12.30c).

터너증후군을 가진 많은 여성들이 XX 세포와 XO 세포를 가진 모자이크라는 것이다. 이러한 여성들은 처음에는 XX 접합자로부터 시작하지만 초기 배발달 시에 X 염색체를 잃게 되어 XO 구성을 가진 세포 클론을 지니게 된 것이다. 비슷한 모자이크 현상이 상염색체에서도 일어난다. 예를 들면, 21번 염색체 모자이크 현상으로부터 유래된 가벼운 증세의 다운증후군들이 보고되었다. 터너증후군 또는 다운증후군 모자이크 현상을 가진 사람들에서 정상적인 조직의 존재는 증세를 완화시키는데, 이들이 증후군을 보이는 정도는 정상세포 조직과 이수성세포 조직의 비율에 따라 다르다.

핵심 개념

- 이수성은 하나 혹은 여러 개의 염색체를 더 갖거나 덜 갖는 것이다.
- 상염색체 이수성은 유전적 불균형에 의해 치사한다.
- 성염색체 이수성은 오직 하나의 X 염색체가 활성을 가지고 Y 염색체는 유전자를 적은 수로 가지므로 상염색체 이수체들에 비해 증세가 경하다.
- 제1감수분열 또는 제2감수분열 시 염색체 비분리는 불균형 배우자를 형성하게 하므로 자손에서 이수성이 나타난다.
- 드물게 유사분열 염색체 비분리나 염색체 소실은 모자이크 현상을 보인다; 즉, 어떤 세포들은 정상 세포이지만 어떤 세포들은 이수성 세포들로 이루어진다.

12.5 염색체 세트 수의 변이: 정수성

학습목표

1. 정수체와 이수체에서 염색체 수를 나타내는 x와 n의 차이를 이해한다.
2. 염색체 세트를 홀수로 가지는 생물체들이 불임인 이유를 설명한다.
3. 동질배수체와 이질배수체를 구별한다.
4. 식물 육종에서 1배체와 배수체들의 이용에 대해 설명한다.

이수체들과는 대조적으로 **정배수체**(euploid)들은 완전한 염색체 세트들을 가지고 있다. 대부분의 정배수체 종들은 2배체들이지만 어떤 것들은 완전한 염색체 세트를 세 개 또는 그 이상을 가지고 있는 **배수체**(polyploid)가 있다(표 12.5). 배수체에 대해서 말할 때 유전학자들은 **기본적인 염색체 세트**(basic chromosome number)를 나타내기 위해 x라는 기호를 이용하는데, 이것은 여러 개의 다른 염색체들로 이루어진 완전한 한 세트를 일컫는다. 그러므로 3배체는 완전한 염색체 세트를 세 벌 가지고 있으므로 $3x$로 나타내며, 완전한 염색체 세트를 네 벌 가지고 있는 4배체는 $4x$ 등으로 나타낸다.

2배체에서는 각 배우체가 그 종의 완전한 염색체 세트를 한 벌 가지고 있으므로 x는 배우체에 있는 염색체 세트를 나타내는 n과 동일하다. 그러나 $x = n$이라는 등식은 일부 배수체에서는 맞지 않는데, 다음의 예에서 이를 설명한다. 농업적으로 재배되는 밀은 42개의 염색체를 가지고 있는데, 이것은 각 염색체 세트 별로 일곱 개의 염색체를 가진 여섯 개의 거의 비슷하지만 완전히 동일하지는 않은 염색체들을 가진다. 그러므로 빵밀은 기본 염색체 수 $x = 7$이며, $6x = 42$인 6배체이다. 그러나 각 3배체 배우자들은 이것의 절반의 염색체를 가지므로 $n = 21$이다. 그러므로 빵밀은 x와 n이 동일하지 않다.

배수체 이외의 다른 형태의 정수체성으로 **1배체**(monoploid; x)인 생물체들이 있는데, 이들은 오직 염색체 세트를 한 벌만 가진다.

1배체성과 배수체성은 동물에서는 거의 발견되지 않는다. 1배체성의 몇 가지 예 중에는 개미와 벌 등이 있는데, 이들의 수컷은 1배체인 반면 암컷은 2배체이다. 이러한 종들의 수컷들은 비수정된 알들에서 **단위생식**(parthenogenesis)으로 발생한다. 이들 1배체 수컷들은 아직 알려지지 않은 기작으로 제1감수분열 시 모든 염색체들을 딸세포로 전달하고

표 12.5 정수성의 염색체 변이

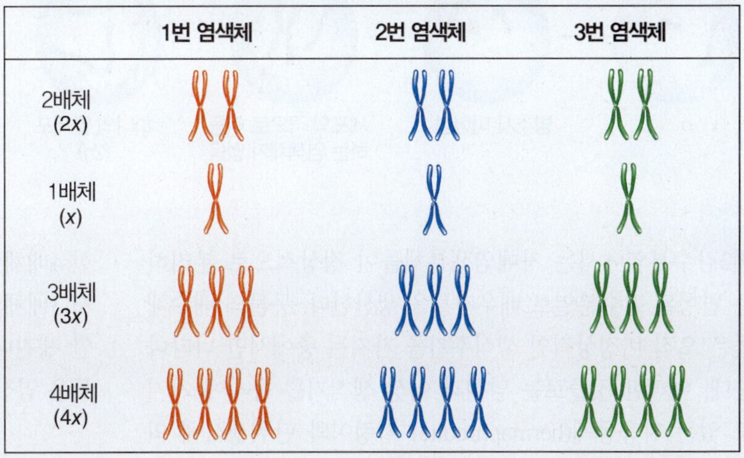

그림 12.31 1배체 식물의 생성과 이용. (a) 특정한 조건에서 반수체 꽃가루는 반수체 배양체가 된다. 식물 호르몬을 처리하면 반수체 배양체는 1배체 식물로 자란다. (b) 연구자들은 제초제 저항성과 같은 열성 형질을 보이는 1배체 세포를 선택한다. 선택된 세포들을 저항성 배양체로 키우고 호르몬 처리에 의해 다시 성숙한 제초제 저항성 식물체를 만든다. 콜히친 처리는 염색체 수를 배가시켜서 2배체 세포를 만들고 이것을 다시 호르몬 처리하여 배양하여 동형접합형의 제초제–저항성 식물을 만든다. (c) 콜히친 처리는 체세포분열 방추사 형성을 방해하여 세포 분열을 중단시켜서 염색체수가 배가된 세포를 만든다. 파란색, 빨간은색, 초록은 비상동성 염색체들을 각각 나타낸다.

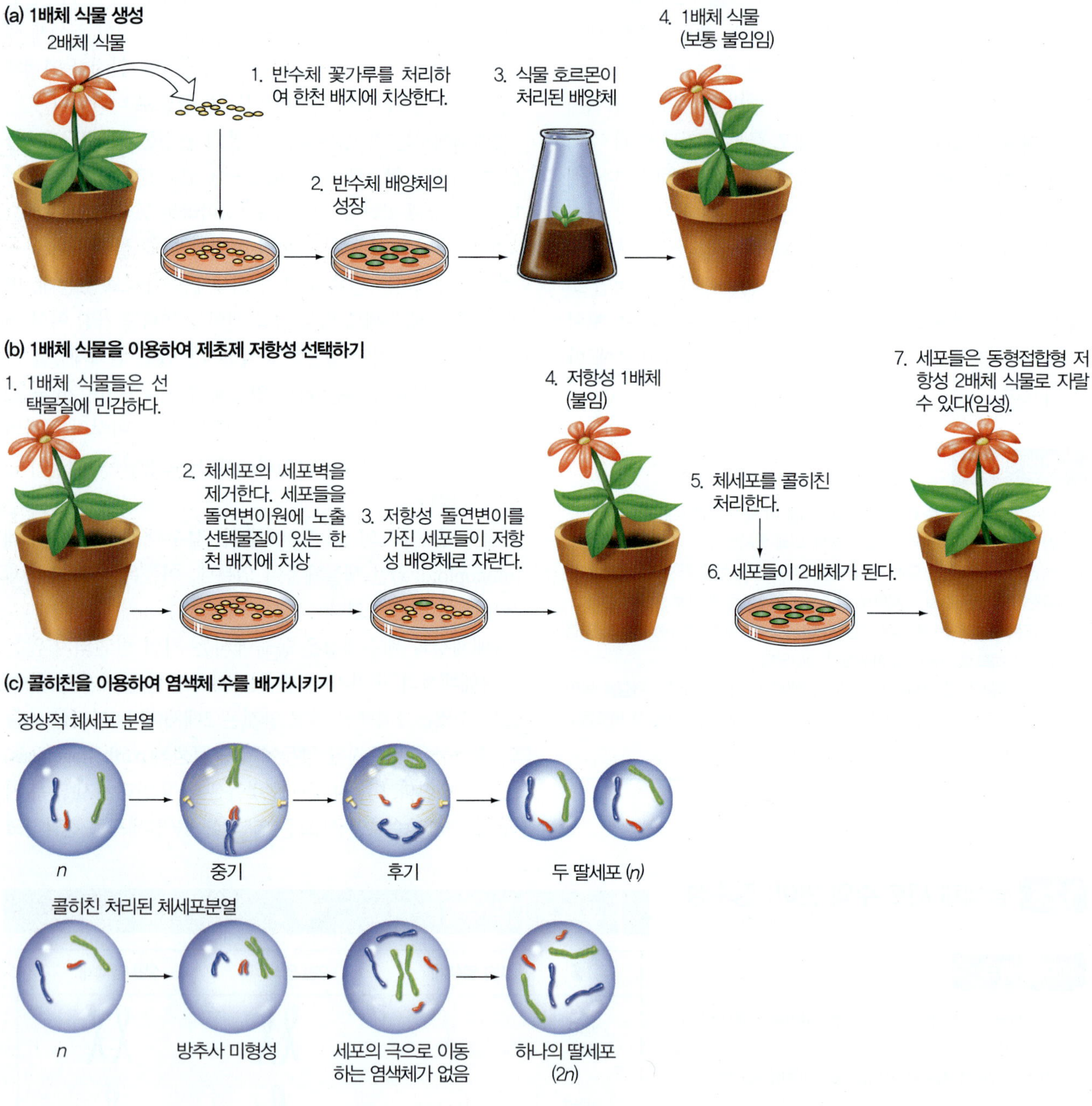

제2감수분열에서는 자매염색분체들이 정상적으로 분리하는 변형된 감수분열로 배우자들을 생산한다. 동물의 배수체들은 오직 비정상적인 생식주기를 가지는 종에서만 나타나는데, 이러한 것들로는 남성과 여성 생식기를 동시에 가지고 있는 자웅동체(hermaphrodite) 지렁이와 단위생식에 의한 4배체인 금붕어 등이 있다. 초파리는 어떤 특이한 환경에서 3배체와 4배체 암컷이 생성되기는 하지만 수컷은 절대로 안 생긴다. 인간에서는 배수체들은 항상 치사하며, 보통 이들은 임신 초반 3개월 사이에 자연유산된다.

1배체 식물들은 식물 육종에 유용하다

식물학자들은 감수분열이 정상적으로 하여 화분을 생성할 수 있는 2배체 종의 생식세포를 실험적으로 특별한 처리를 하여 1배체 식물을 만들 수 있다(이러한 방법으로 만들어진 1배체 식물들은 $n = x$이므로 반수체 식물이라고도 한다). 이렇게 처리되어 분리된 세포괴를 **배양체**(embryoid)라고 한다. 이들 배양체에 특별한 호르몬을 처리하여 식물체로 발달시킨다(그림 12.31a). 1배체 식물은 또한 커다란 자연 집단에서 매우 드문 빈도로 자연적으로 생성되기도 한다.

기원이 무엇이든 1배체 식물들은 모두 불임이다. 제1감수분열에서 염색체들이 접합할 상대가 없으므로 분리 시 염색체들이 양 방추극으로 임의적으로 이동한다. 매우 드물게 모든 염색체들이 같은 방추극으로 이동하는 경우가 있지만, 이런 특별한 경우가 아니면 생성되는 배우자들은 심한 염색체 불균형을 가지므로 모두 결함을 가지게 된다. 유전체의 염색체 수가 많으면 많을수록 모든 염색체를 갖춘 배우체를 형성할 가능성은 낮다.

이러한 배우체 생성 문제점에도 불구하고 1배체 식물이나 조직은 식물 육종가들에게 매우 중요하다. 동형접합형으로 이르도록 교배를 하지 않고도 이들은 열성 형질들을 일반적으로 직접적으로 나타낸다. 식물 연구자들은 1배체 세포 각각으로부터 돌연변이를 유도하여 제초제 저항성 등의 유용한 표현형을 선택할 수 있으며, 선택된 세포들은 호르몬을 처리하여 1배체 식물로 육성한다(그림 12.31b). 이러한 1배체 식물들은 다시 콜히친(colchicine)이라는 알칼로이드 약품을 처리하여 동형접합형의 2배체 식물로 육성할 수 있다. 콜히친은 방추사의 주요한 단백질 성분인 튜불린에 결합하여 방추체의 형성을 저해한다. 방추사가 없는 세포에서 자매염색분체들은 동원체가 분리되고 나서도 분리할 수 없으므로 콜히친 처리에 의해 세포의 염색체 수가 배가가 되는 것이다(그림 12.31c). 결과적으로 생성된 2배체 세포들은 2배체 식물로 자라서 원하는 형질을 발현하고 임성이 있는 배우자를 생성한다.

그림 12.32 3배체의 유전학. (a) 3배체($3x = 6$)가 2배체로부터 생성된 1배체 배우자와 수정되어 생성된다. 비상동 염색체들은 파란색이나 빨간색으로 표시하였다. (b) 3배체의 감수분열은 제1감수분열에서 두 딸세포들의 염색체 구성이 다양하므로 보통 불균형을 가진 배우자들을 생성한다.

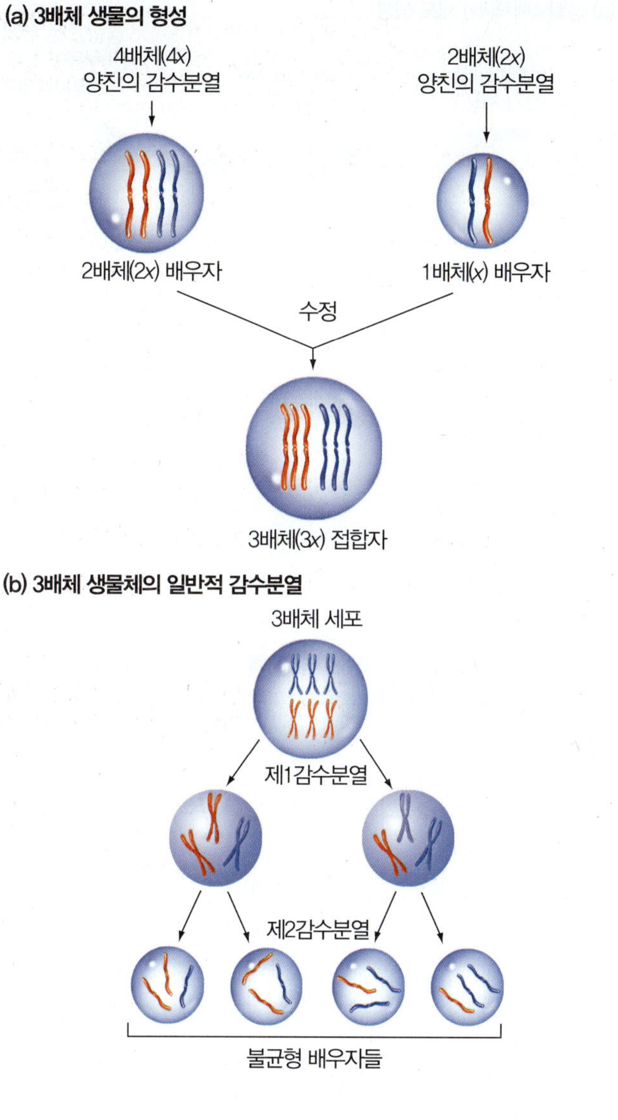

3배체 생물체들은 보통 불임이다

3배체($3x$)는 1배체(x) 배우자와 2배체($2x$) 배우자의 수정으로 생긴다(그림 13.32a). 2배체 배우자는 4배체($4x$)의 생식세포에서의 감수분열 산물이거나 2배체가 감수분열 시 방추사나 세포분열의 실패로 생길 수 있다.

3배체의 유성생식은 감수분열이 대부분 불균형 배우자들을 생산하므로 매우 비효율적이다. 3배체 생식세포에서 제1감수분열 시 세 쌍의 상동염색체들은 두 개의 딸세포로 분리되어야 하므로 염색체 쌍 형성이 어떤 식으로 되든지 생성되는 배우자들이 균형이 있는 $2x$나 $1x$의 온전한 염색체 세트를 가질 수 없다. 대부분의 경우 제1감수분열 후기에서 두 염색체는 어느 쪽이 되었든 한쪽 극으로 이동하고 다른 한 염색체는 반대 극으로 이동한다. 이러한 감수분열의 산물은 어떤 염색체이든 두 염색체를 가지며 다른 산물은 한 개를 가지게 되는 것이다(그림 12.32b). 만약에 x 수가 크다면, 유전적으로 균형 있는 배우자를 만들 가능성은 낮아진다. 그러므로 3배체 개체들로부터 생산된 배우자들이 수정

그림 12.33 4배체의 유전학. (a) 4배체는 2배체 생물의 유사분열에서 자매염색분체들의 분리 실패로 생성된다. (b) 성공적인 4배체에서 염색체들의 2가 염색체로의 접합은 유전적으로 균형 있는 배우자를 생성한다. (c) 동원체에 가깝게 존재하는 *A* 유전자를 *A A a a* 유전자형으로 가진 이형접합형 4배체의 질서 있는 2가 염색체 형성으로 배우자 형성. 네 개의 상동염색체들은 두 개의 2가 염색체로 접합을 하는 3가지 가능한 방법. 각 접합 양식에서 염색체 쌍의 염색체들은 두 가지 방법으로 임의적 배열을 한다. 만약에 모든 가능성이 동일하다면 배우자들의 예상되는 유전자 분리비는 1 (*A A*) : 4 (*A a*) : 1 (*a a*)이다.

(a) 동질 4배체(4x) 세포 생성

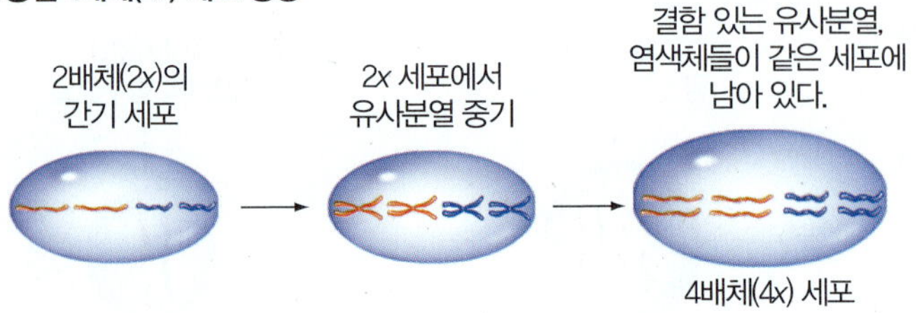

(b) 2가 염색체 접합

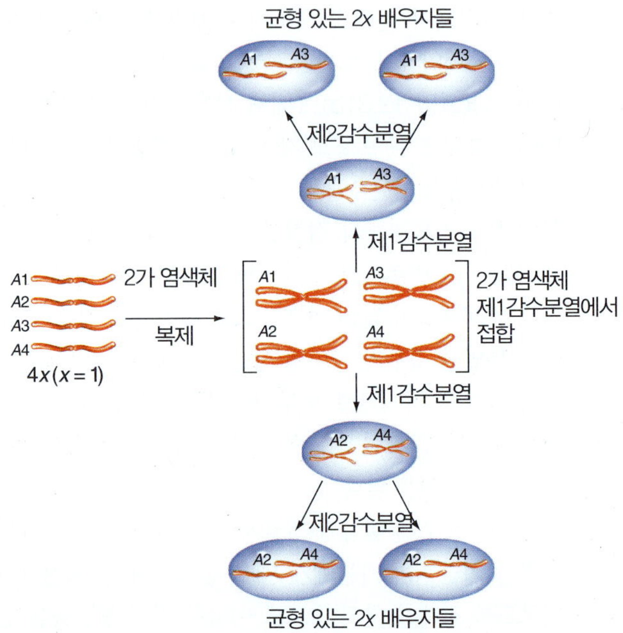

(c) *A A a a* 4배체로부터 생성되는 배우자들

염색체	접합과 정렬	생성되는 배우자들*
1. *A* 2. *A* 3. *a* 4. *a*	1 *A* – 2 *A*, 3 *a* – 4 *a* 또는 1 *A* – 2 *A*, 4 *a* – 3 *a*	1 + 3 *A a*, 2 + 4 *A a* 또는 1 + 4 *A a*, 2 + 3 *A a*
	1 *A* – 3 *a*, 2 *A* – 4 *a* 또는 1 *A* – 3 *a*, 4 *a* – 2 *A*	1 + 2 *A A*, 3 + 4 *a a* 또는 1 + 4 *A a*, 2 + 3 *A a*
	1 *A* – 4 *a*, 2 *A* – 3 *a* 또는 1 *A* – 4 *a*, 3 *a* – 2 *A*	1 + 2 *A A*, 3 + 4 *a a* 또는 1 + 3 *A a*, 2 + 4 *A a*

* 동원체와 유전자 *A* 사이에 교차가 없다고 가정

전체:
2(*A A*) : 8(*A a*) : 2(*a a*)
= 1(*A A*) : 4(*A a*) : 1(*a a*)

되면 생존 가능한 자손은 거의 없다. 그러나 *x* 수가 작다면, 드물게 감수분열 시 유전적 균형을 가진 배우자들을 생산할 수도 있으며; 우연히 각 상동염색체 두 사본이 같은 극으로 이동을 하고 남아 있는 한 세트의 염색체들이 반대쪽 극으로 이동할 수 있다.

바나나와 수박과 같은 3배체 종들은 무성생식에 의해 번식이 가능하다. 3배체 식물의 과실은 유전적으로 불균형한 배우자들이 수정 시 적절하게 기능을 못하거나 수정이 되었다고 하여도 접합자가 유전적으로 불균형하여 발달을 하지 못하기 때문에 무종자가 된다. 어쨌든 종자를 맺지 못한다. 3배체와 같이 홀수의 염색체 세트를 가지는 모든 배수체(5*x*, 7*x* 등)들은 균형 있는 배우자를 만들 수 없으므로 불임이다.

염색체 세트를 짝수로 가지는 배수체들은 새로운 종(種)이 될 수 있다

만약에 유사분열 동안 2배체(2*x*) 세포가 복제 후 염색체들의 분리가 실패한다면 생성되는 딸세포들은 4배체가 된다(4*x*;

그림 12.33a). 만약에 이러한 4배체 세포가 생식세포에서 일어난다면, 이어지는 감수분열은 2배체 배우체를 만든다. 낮은 빈도로 2배체 배우자들끼리 수정이 되면 4배체 생물체가 생성된다. 새로이 생성된 4배체 생물체는 자가수정으로 완전히 새로운 종이 되는데, 그 이유는 이러한 4배체와 원래의 2배체와 교배가 되면 불임의 3배체가 생성되기 때문이다(그림 12.32 참조). 이러한 방법으로 만들어진 4배체는 한 종의 염색체 세트들로만 이루어진 배수체이기 때문에 **동질배수체(autopolyploid)**이다.

4배체의 유지는 균형 있는 배우자 생성에 달려 있다. 대부분의 성공적인 4배체들은 네 개의 상동염색체가 두 개씩 쌍으로 접합을 하여 두 개의 2가 **염색체(bivalent)**—접합된 상동염색체 쌍—를 형성하도록 진화되었다(그림 12.33b). 접합된 상태의 2가 염색체에 있는 각 염색체들은 제1감수분열에서 방추사에 의해 서로 반대 극으로 향하여 위치하므로 감수분열은 정상적으로 각 염색체를 완전하게 두 개씩 가지는 배우자를 형성한다.

4배체들은 모든 유전자들을 네 개씩 가지고 있으므로 비정상적인 멘델의 분리비를 보인다. 예를 들면, 어떤 유전자가 두 개의 대립유전자 있으면(예로 A와 a), 다섯 가지의 가능한 유전자형이 있다: $A\,A\,A\,A$, $A\,A\,A\,a$, $A\,A\,a\,a$, $A\,a\,a\,a$, $a\,a\,a\,a$. 만약에 표현형이 A의 수에 따른다면 이들 각 유전자형에 상응하는 다섯 가지의 표현형이 가능하다. 4배체의 감수분열 시 대립유전자들의 분리도 유사하게 복잡하다. 동원체에 가깝게 위치한 A 유전자에서 $A\,A\,a\,a$ 이형접합형이며, A는 a에 대해 완전우성이라고 가정하자. 열성 표현형을 보이는 $a\,a\,a\,a$ 유전자형이 나타날 가능성은 얼마인가? 그림 12.33c에서 설명한 것처럼 제1감수분열에서 그 유전자를 가진 네 개의 염색체들은 적도판에 임의적으로 배열하게 되므로 예상되는 배우자의 분리비는 $2\,(A\,A) : 8\,(A\,a) : 2\,(a\,a) = 1\,(A\,A) : 4\,(A\,a) : 1\,(a\,a)$이다. 따라서 이들이 수정되어 $a\,a\,a\,a$가 나올 확률은 $1/6 \times 1/6 = 1/36$이다. 다시 말하면, A가 완전우성이므로 우성 표현형 대 열성 표현형은 A - - -와 $a\,a\,a\,a$의 비율이 되어 35 : 1이 된다.

배수체 유전체의 배가로 새로운 배수체가 생성될 수 있다. 이러한 유전체 배가는 자연 상태에서 드물게 일어나는데, 이것은 체세포분열 시 방추사의 형성을 억제하는 콜히친이나 다른 약품을 처리하여도 일으킬 수 있다. 4배체 유전체의 유전체 배가는 8배체(8x)를 형성한다. 연속적인 유전체 배가에 의하여 만들어진 고배수체들은 단일 종으로 유래된 염색체들을 가지고 있으므로 동질배수체들이다.

현화식물의 약 3분의 1은 배수체이며, 배수성은 종종 식

그림 12.34 배수체 식물체들은 그들의 2배체 부본에 비해 크다. 8배체 딸기(왼쪽)와 2배체 딸기(오른쪽)의 비교.

물의 크기나 활성을 높이므로 식용으로 하는 부위를 가진 배수성 식물들의 많은 것들은 농업 경작을 통하여 선택되어진 것들이다. 알팔파, 커피, 땅콩 등 상업적으로 재배되는 작물들의 많은 것들이 4배체(4x)이다. 거대한 과실이 달리는 McIntosh 사과와 Bartlet 배나무 등도 4배체이다. 상업적으로 재배되는 딸기는 8배체이다(그림 12.34).

배수체 식물들의 진화적인 성공은 유전자 중복과 같은 배수성이 여분의 유전자를 가지므로 유전자 사본 하나는 원래의 기능을 하고 다른 하나는 새로운 기능을 가지게 됨으로써 생성될지 모른다. 그러나 곧 학습하게 되지만 배수체들이 임성을 가지기 위해서는 염색체 세트를 짝수로 가져야 한다.

이질배수체들은 서로 다른 종들로부터 유래한 염색체 세트를 가지는 잡종들이다

배수성은 염색체의 배가로부터 생성되기도 하지만, 다른 두 종 간의 교배에 의해 생성되기도 하는데, 이들 두 종의 염색체 수가 다른 경우에도 일어난다. 두 종 또는 그 이상의 관련이 있지만 별개의 종으로부터 유래된 배수체를 **이질배수체(allopolyploid)**라고 한다. 두 가지의 다른 종들은 DNA 서열이 다르고 염색체 수가 다르므로 이들은 서로 쉽게 접합하지 않으므로 이질배수체들은 생성빈도가 낮다. 이들 간의 교잡종은 염색체 분리가 매우 비정상적이어서 유전적으로 불균형적인 배우자들을 생성하므로 잡종 1대는 불임이 된다. 그러나 생식세포에서 염색체 배가가 일어나면 자신의 접합 상대자가 생기게 되므로 임성을 회복한다. 이러한 방

그림 12.35 농업에서의 이질배수체. (a) 식물 육종가들은 밀과 호밀을 교배하여 라이밀(Triticale)을 만들었다. 여기에서 보여주는 밀은 4배체이므로, x_1(밀의 기본적 염색체 세트의 염색체 수)는 1/2 n_1(밀 배우자에 있는 염색체 수)이다. 2배체 호밀은 $n_2 = x_2$이다. 밀과 호밀의 잡종은 호밀 염색체가 밀의 염색체와 접합을 못하므로 불임이라는 것을 유념하라. F_1 잡종에 콜히친 처리를 하여 염색체를 배가하므로 염색체 접합 문제를 해결한다. (b) 밀, 호밀, 라이밀 이삭의 비교.

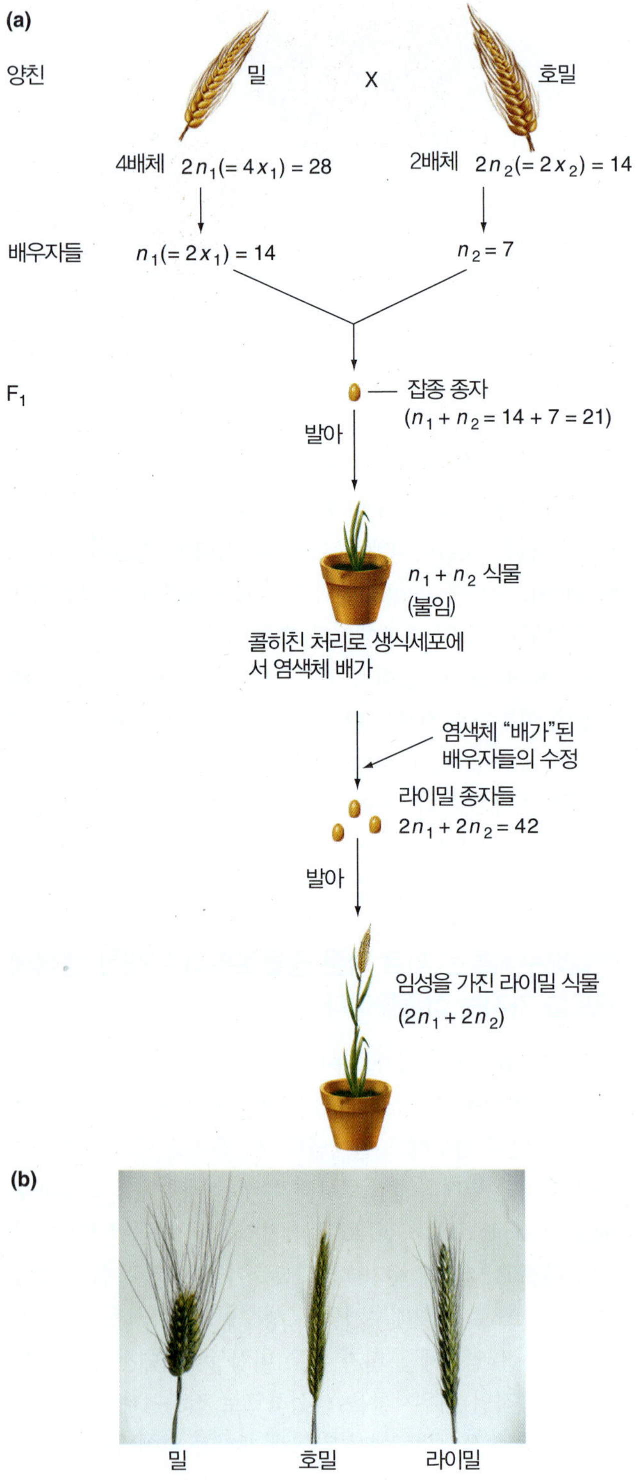

법에 의해 만들어진 생물체들을 두 양친이 2배체였다면 복2배체(amphidiploid)라고 하며, 이들은 두 개의 2배체 유전체를 가지는데 각 유전체는 두 양친으로부터 유래한 것이다. 다음의 예시에서 보여 주는 것처럼 복2배체나 다른 이질배수체들의 특징을 예측하기는 어렵다.

한 예로 양배추와 무우를 교배하면 *Raphanobrassica*라고 알려진 복2배체를 생성한다. 두 양친은 모두 유전체의 염색체 수가 9개이며 불임의 F_1은 18개의 염색체를 가지며 이들은 아무도 상동염색체를 갖지 않는다. 콜히친 처리에 의해 생식세포의 염색체를 배가하고 생성되는 배우자들이 수정되면 *Raphanobrassica*라는 36개의 염색체를 가진 새로운 종이 만들어진다. 이것은 배추의 18개 염색체(9쌍)와 무우 염색체 18개(9쌍)를 고스란히 가지고 있다. 불행하게도 이 복2배체의 표현형은 배추의 뿌리와 무우의 잎을 가지므로 농업적인 가치가 없다.

대조적으로 4배체(또는 6배체) 밀과 2배체 호밀 간의 교배로 두 양친으로부터 농업적으로 유리한 형질들이 발현되는 여러 개의 이질배수체를 만들었다(그림 12.35). 이들 잡종의 어떤 것은 밀의 높은 수량과 호밀의 불리한 환경 내성을 보인다. 다른 계통은 밀의 높은 단백질 함량에 호밀의 높은 인간 식품에서 중요한 아미노산이지만 밀 단백질에서는 함량이 낮은 리신을 높은 수준으로 만들어내기도 한다. 밀과 호밀 간의 교배로 만들어진 다양한 잡종들을 라이밀(*Triticale*)이라고 부른다. 식물 육종가들은 대규모 농업 경작에 적합한 다양한 라이밀 계통들을 평가하고 있다.

핵심 개념

- 정수체성 생물은 염색체 세트를 온전히 가지고 있는 생물체를 말한다. 1배체는 염색체 세트를 한 벌만 가지고 있으며, 배수체들은 염색체 세트를 두 벌 이상 가지고 있는 생물체들이다.
- 배수체 생물들에서 x는 염색체 세트 한 벌에 있는 염색체 수를 말하며 n은 배우체에 있는 염색체 수를 말한다. 2배체 생물에서는 $x = n$ 이다. 6배체는 $x = n/3$ 이다.
- 염색체 세트를 홀수로 가지는 1배체들과 배수체들은 감수분열 시 염색체 분리가 정상적이지 못하므로 유전적 균형을 가진 배우체를 만들지 못하므로 보통 임성을 가지지 못한다.
- 한 종으로부터 유래된 배수체들은 동질배수체들이며, 하나 이상의 다른 종들로부터 유래된 배수체들은 이질배수체들이다.
- 세포분열 시 염색체 배가가 안 되면 모든 염색체들이 접합에 실패하므로 불임이 된다. 방추사 형성을 억제하는 약품을 처리하여 염색체를 배가는 농업적으로 중요한데, 이러한 기술은 1배체를 2배체로 만들고 유망한 형질을 가진 새로운 배수체를 형성시킨다.

12.6 유전체 재구성과 진화

학습목표

1. 어떻게 여러 형태의 염색체 구조들이 유전자 발현 양상을 바꾸고 새로운 유전자 산물을 만들어내는지 이해한다.
2. 중복에 의한 여분의 유전자 사본이 어떻게 진화에 속도를 내게 하는지 설명한다.
3. 특히 왜 전좌가 종 분화에 기여하는지 설명한다.

이 장의 서두에서 생쥐의 유전체와 비슷한 형태의 인체 유전체가 인간이 가지고 있는 약 300여 개의 염색체 재배열에 의해 어떻게 인체 유전체를 재구성하게 하였는지를 살펴보았다. 생쥐와 인간 유전체를 구성하는 DNA를 직접적으로 비교하면 결실, 중복, 역위, 전좌, 전이 등이 인간과 생쥐가 약 65백만 년 전의 공통조상으로부터 각각 분지한 이후 각각의 계통에서 일어났는지를 볼 수 있다. 지금까지 이 장에서 기술한 유전체 재구성의 어떤 것들이 진화에 기여를 하였는지를 세 가지의 일반적인 방법으로 고려한다.

염색체 재배열과 전이는 유전체 변이의 중요한 요인들이다

진화의 속도는 전적으로 DNA 염기서열에 존재하는 변이에 달려 있다. 특정한 환경에서 생존하여 번식 가능한 생물체들의 변이체들은 집단에 퍼져 나가게 되지만, 그 생물체의 적응도에 부정적인 영향을 주는 변이체들은 집단에서 사라지게 된다. 변이가 없으면 자연 선택이 없으며 결과적으로 진화는 없다.

이전의 장들에서 SNP와 같은 단일 염기서열의 변이에 대해서 많은 강조를 하였지만, 이 장에서는 염색체 재배열과 전이인자들의 전이 등이 자연선택이 직접적으로 가해지는 DNA 변이에 기여하는 큰 인자들이라는 것을 살펴보았다. 염색체 재배열 시 절단지점 부위에 있는 유전자들이나 직접 유전자 내에 절단지점이 있는 경우 특정한 조직에서 이들 유전자 발현이 증가하거나 줄어들 수 있다. 어떤 경우에는 염색체 재배열 절단지점들이 이전에는 서로 떨어져 있던 두 유전자들을 이어 붙여서 새로운 유전자를 생성하기도 한다(그림 12.16b 참조). 전이인자가 전이하여 어떤 유전자 내로 삽입되면 그 유전자 발현이 바뀌거나 그 유전자 발현을 완전히 방해하여 영돌연변이를 만들기도 한다(그림 12.24 참조); 유전자 불활성화는 그 유전자 활성이 특정한 환경에서 해로운 경우 이득이 되기도 한다.

중복에 의해 생성된 여분의 유전자 사본은 새로운 기능을 획득한다

생존에 필수적인 유전자에 돌연변이가 일어나면 그 생물체는 정상적으로는 살아남기가 어렵지만, 중복은 그 유전자 사본을 두 개로 만든다. 필수적인 기능이 한 사본에 보존이 된다면 다른 사본은 돌연변이가 일어나서 새로운 기능을 가질 수도 있다. 대부분의 고등 식물이나 동물들은 실제로 약간 다른 기능을 갖는 유사한 염색체들로 이루어진 많은 유전자군(gene families)을 가지는데 이들은 대부분이 연속적인 유전자 중복현상으로 생긴다. 척추동물들에서 어떤 다유전자군(multigene families)들은 수백 개로 이루어져 있다. 헤모글로빈이나 미각 수용체 유전자 유전자들과 같은 이러한 다유전자군의 여러 가지 예들이 9장에 소개되었다.

만약에 몇 개의 유전자들의 중복이 유전자군을 형성하여 분지와 자연선택에 새로운 재료를 제공한다면, 전체 유전자의 중복은 수천 개의 유전자들이 새로운 기능을 갖게 되므로 같은 기능을 가진다는 것을 상상할 수 있다. 배수체화는 실제로 특히 식물 종들의 다양한 분화에서 중요하다. 예를 들면, 식물학자들은 5개의 염색체로 이루어진 고대의 2배체

그림 12.36 모든 화분과 초본류의 고대 공통조상의 유전체 중복이 현재 재배되는 벼(*O. sativa*)의 유전체에서 보인다. 고대 공통조상은 5개의 기본 염색체를 갖고 있었던 것으로 생각된다. 염색체 재배열을 수반한 2배체화 후에, 원래 유전체가 가지고 있던 두 개의 사본이 현재의 벼가 가지고 있는 12개의 염색체에 분포되어 있는데, 그림에서는 원을 따라 벼 염색체들을 Os1부터 Os12까지 표시하였다. 가운데 있는 색깔로 표시한 선들은 벼의 다른 염색체에 존재하는 염색체들간의 상동성을 표시하여 이들의 진화적인 역사를 보여준다.

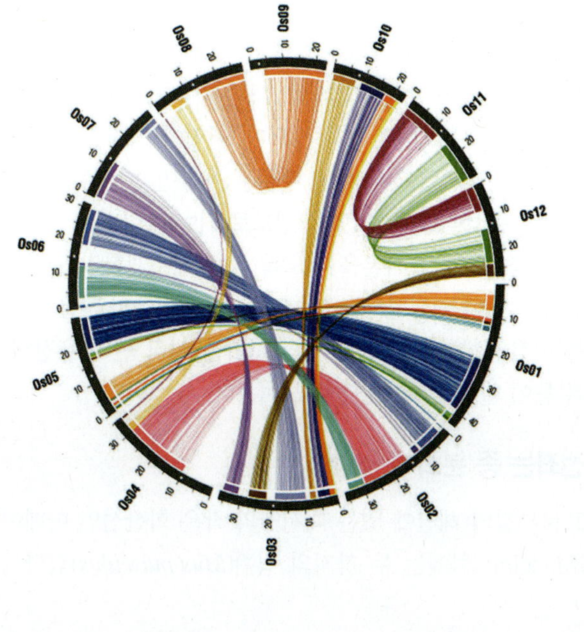

그림 12.37 마데이라 섬에 서식하는 집쥐들의 급속한 염색체 진화. (a) 다른 로버트손 전좌를 가진 쥐 집단들의 분포(다른 색깔의 점으로 표시). (b) 두 집단의 암컷들의 핵형 분석. 위에 있는 핵형 I은 (a)에서 푸른점으로 표시된 부위에서 유래한 암컷이며 아래에 있는 핵형 II는 빨간색 점으로 표시한 지역에서 유래한 암컷의 핵형이다. 로버트손 전좌가 일어난 염색체들은 숫자 사이에 콤마로 표시하였으며 예로 2,19는 표준형 집쥐의 2번 염색체와 19번 염색체 사이에서 로버트손 전좌가 일어났다는 것을 보여주고 있다.

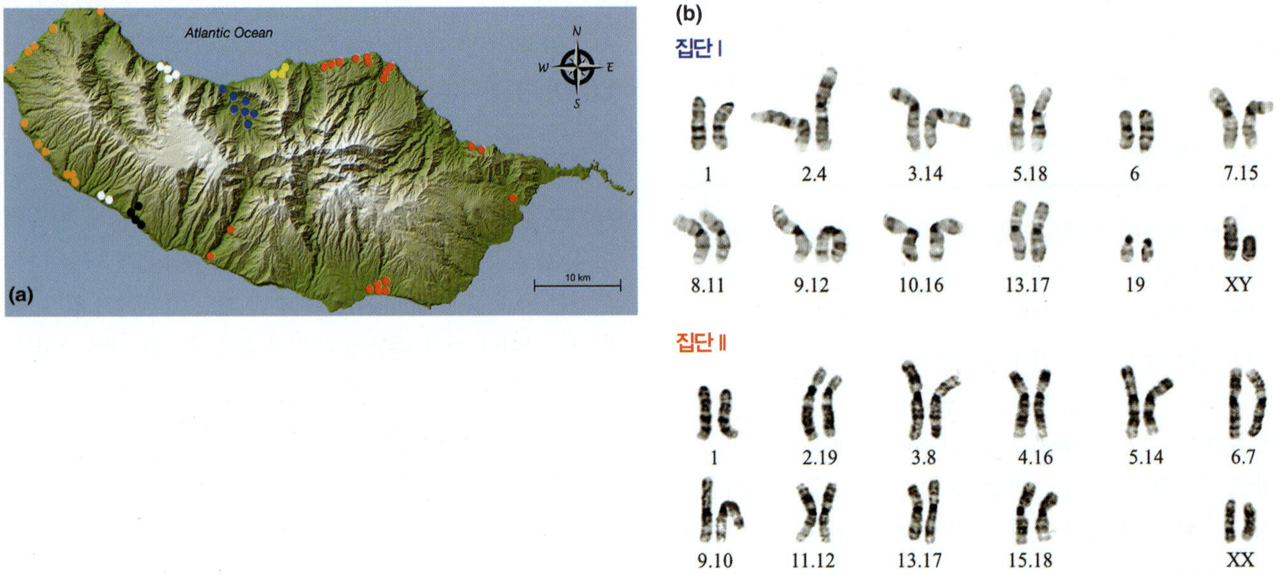

조상종($x = 5$)이 약 9천만 년 전에 유전체 중복이 일어났다고 생각한다. 중복된 염색체들은 이후 서로서 분화되고 염색체 절단과 로버트손 전좌 등을 겪게 되었다. 이러한 사건 결과 현재 재배되고 있는 벼, 밀, 보리, 수수, 옥수수 등과 같은 초본류 작물들의 공통조상종인 기본 염색체수가 12 ($x = 12$)인 식물이 생성되었다.

조상종의 전체 유전체 중복에 대한 증거는 현재 재배되고 있는 벼(*Oryza sativa*)의 유전체 염기서열에서 볼 수 있다(그림 12.36). 상동유전자 염기들로 이루어진 많은 블록들이 두 개의 비상동염색체에서 발견되는데, 이는 그림에서 여러 가지 색의 선으로 표시하였다. 이러한 유전자 블록 내에서 유전자들의 순서는 상당히 보존적이다. 그러나 두 유전자 사본은 서로 동일하지 않으며, 어떤 유전자들은 새로운 기능을 획득하였으며, 어떤 것들은 돌연변이가 축적되어 더 이상 상동성을 찾을 수 없을 정도로 되어 소실된다.

여분의 유전자 사본을 갖도록 하는 배수체화의 일반적인 전략은 변이를 생성하는 데 매우 성공적이어서 많은 식물체들의 유전체들이 과거에 여러 시기에 여러 번의 유전체 중복 등이 일어났다는 증거를 보여준다.

전좌는 종 분화에 영향을 주었다

포르투갈의 해안에 있는 대서양의 작은 화산섬인 마데이라(Madeira) 섬에는 두 가지의 집쥐(*Mus musculus*)집단들이 있는데, 이들은 전좌에 의해 서로 구별이 되어 생식적 고립을 가지고 있다. 이들 쥐들은 가파른 산에 의해 형성된 몇 개의 좁은 골짜기에 서식한다. 유전학자들은 산 장벽의 두 면에 서식하는 두 집단은 로버트손 전좌에 의해 생성된 서로 다른 염색체 세트들을 가진다(그림 12.37). 예를 들어, 마데이라 섬의 한 쥐 집단은 2배체 수($2x$)가 22개인데 다른 집단은 24개의 염색체를 가지는고, 전 세계에 퍼져 있는 대부분의 집쥐들은 $2x = 40$이다.

두 집단의 개체들을 서로 교배시키면 잡종은 염색체들이 서로 매우 상이하여 감수분열 시 접합을 못하고 염색체 분리가 비정상적이어서 불임이다. 그러므로 생식적 고립은 이미 확립된 지리적 고립을 더욱 가속화시키고 두 집단은 서로서 다른 종으로 분화되기 직전이다. 이러한 종 분화의 놀라운 것은 이들 쥐들이 15세기에 포르투갈 정착민들이 마데이라 섬에 정착하면서 도입된 것이다. 이것은 종분화로 이르게 하는 로버트손 전좌의 복잡하고 변이적인 염색체 세트들이 600여 년도 안 되는 기간에 다른 집단에서 고정되었다는 것이다.

핵심 개념

- 염색체 재배열 시의 염색체 절단이나 전이인자의 전이에 의한 새로운 유전자 발현 양상이나 유전자 산물은 자연 선택을 받게 되는 변이를 생성한다.

- 유전자 중복에 의해 생성되는 새로운 유전자 사본은 원래의 사본과는 독자적으로 돌연변이를 축적하여 새로운 기능을 가질 수 있다.
- 전좌 이형접합형은 불임을 야기하므로 전좌는 종 분화에 기여한다. 가장 성공적인 교배는 같은 전좌를 가진 개체들이나 전좌가 없는 개체들 간의 교배에서 일어난다.

다음 학습을 위한 안내

대부분의 염색체 구성과 수의 변이들의 해로운 결과는 인간에서는 상당한 고통을 준다(표 12.4 참조). 약 1,000명 중 4명 정도가 염색체 구성과 수에 대하 변이를 가지고 있다. 이러한 대부분의 변이들은 X 염색체나 21번 염색체의 이수체들이다. 비교적으로 약 1,000명 중 10명이 단일 유전자 돌연변이에 의한 유전 질환을 가지고 있다.

인간에서 염색체이상들의 발생은 비정상적인 핵형을 갖는 태아들은 대부분 임신 초기에 자연적으로 유산된다는 사실을 감안하면 발견되는 빈도보다 발생 빈도가 높다. 자연유산되는 사례 중 15~20%가 염색체이상을 가지며, 자연유산되는 태아들의 절반이 3염색체성, 성염색체 1염색체성, 3배체 등의 염색체이상을 가진다. 2번 염색체 1염색체성이나 5번 염색체 3염색체성과 같이 큰 염색체들의 염색체이상들은 임신 초기에 발견되지 않은 상태에서 유산되므로 이러한 숫자들은 이보다 훨씬 높다.

염색체 재배열과 염색체 수의 변이들의 이러한 부정적 효과들에도 불구하고 정상 유전체 구성으로부터 벗어난 일부는 살아남아 자연 선택의 진화적 도구를 제공하기도 한다.

다음 장에서 볼 수 있는 것처럼, 염색체 재배열은 박테리아와 진핵생물에서 빈번하게 일어난다. 박테리아에서 전이인자들은 여러 종류의 염색체 구성의 재배열을 초래한다. 놀랍게도 작은 세포에서 일어나는 다른 DNA 분자들 간의 유전자 재 혼합은 한 박테리아 세포에서 다른 세포로 유전물질을 전달하는 것을 돕는다.

풀이 문제

I. 순계의 야생형 수컷 초파리에 X-선을 조사한 후 X-연관 유전자에 다음과 같은 열성 돌연변이를 순계로 가진 암컷과 교배를 하였다: yellow body (*y*), crossveinless wings (*cv*), cut wings (*ct*), singed bristles (*sn*), miniature wings (*m*). 이들 표식자 유전자들의 순서는 다음과 같다.

$$y - cv - ct - sn - m$$

이 교배에서 탄생한 대부분의 암컷 자손들은 정상형의 표현형을 가지나 수컷들은 *ct*와 *sn* 표현형을 보였다. 이들 예외적인 *ct sn* 암컷을 야생형의 수컷 초파리와 교배를 하므로 수컷들보다 암컷의 빈도가 두 배가 되었다.

a. 이들 예외적인 암컷들이 가지고 있는 X-선에 의해 생긴 돌연변이는 무엇인가?

b. 예외적인 *ct sn* 암컷이 가지고 있는 X 염색체를 감수분열 시 접합하고 있는 상태를 그려보라.

c. 예외적인 *ct sn* 암컷과 정상 수컷과의 교배에서 생긴 자손들은 어떤 표현형을 가지게 되겠는가? 수컷과 암컷을 각각 설명하라.

해답

이 문제를 풀기 위해서 우선 돌연변이의 성격을 추론하기 위해 여러 가지 형태의 염색체 돌연변이의 효과를 생각할 필요가 있다. 그러고 나서 돌연변이의 유전에 결과를 평가할 수 있다.

a. 두 가지 사항이 X-선 유발 결실 돌연변이임을 시사한다. 두 열성 돌연변이들이 예외적인 암컷에서 표현형을 보인다는 사실은 이 암컷은 두 개의 X 염색체 중에서 한 개가 결실되어 *ct sn* 유전자를 노출시켜 표현형을 나타내게 했다. 다음으로 예외적인 암컷의 자손들 중에서 암컷이 수컷보다 두 배 많이 생성되었다는 것은 결실 돌연변이임을 확인시켜준다. 예외적인 암컷 어미로부터 결실된 X 염색체를 유전 받은 수컷들은 생존하지 못하지만(결실된 부위에 필수적인 유전자들이 존재하므로), 결실되지 않은 X 염색체를 유전 받은 수컷들은 생존한다. 반면에 예외적인 어미로부터 생성된 암컷들도 결실된 X 염색체를 유전 받았지만 이들은 정상의 X 염색체를 부친으로부터 받았다.

결과적으로 이 예외적인 암컷과 정상형 수컷의 교배에서 생성된 자손들 중에서는 수컷이 암컷보다 절반밖에 되지 않았다.

b. 접합하는 동안 정상적인 X 염색체는 결실된 X 염색체에 접합 부위는 접합 상대가 없으므로 고리를 형성한다. 제1감수분열 시 염색체 접합 양상은 다음과 같다. 이때 각 선은 하나의 상동염색체를 나타낸다.

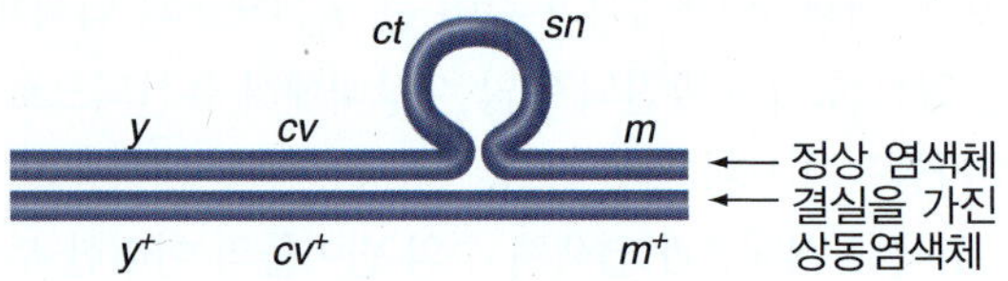

c. 예외적인 암컷의 자손들 중 모든 암컷들은 이들의 부친으로부터 모든 유전자들이 야생형 대립유전자들을 받았으므로 야생형 표현형을 보인다. 생존한 수컷 자손들은 예외적인 암컷 엄마로부터 결실이 없는 정상형 X 염색체를 받은 것들이다. 이들 X 염색체들 중 어떤 것들은 감수분열에서 재조합이 일어나지 않은 것들이지만, 다른 X 염색체들은 재조합이 일어난 것들이다. 수컷들은 여기에서 보여주는 다음의 유전자형들 중 하나를 가지고 있어서 이에 상응하는 표현형을 보이게 된다. 이들 모두는 *ct sn* 조합을 가지는데, 이는 결실된 부위에서는 교차가 일어나지 않기 때문이다. 이들 유전자형들 중에는 모친의 감수분열 시 다중 교차에 의한 것들도 있으며, 이들은 상대적으로 빈도가 낮다.

y	*cv*	*ct*	*sn*	*m*
+	+	*ct*	*sn*	+
+	*cv*	*ct*	*sn*	*m*
y	+	*ct*	*sn*	+
y	*cv*	*ct*	*sn*	+
+	+	*ct*	*sn*	*m*
+	*cv*	*ct*	*sn*	+
y	+	*ct*	*sn*	*m*

II. 3염색체성 옥수수에서 $n + 1$ 화분은 활성이 없다. *B* 유전자좌의 우성 대립유전자가 열성 표현형인 bronze 대신에 purple color를 보이고 *B b b* 3염색체성 식물이 *B B b* 3염색체성에 의해 수분되었다면, 생성되는 자손들 중에서 3염색체성은 어느 정도 빈도로 나타나며 bronze 표현형을 보이는 것들은 어느 정도인가?

해답

이 문제를 풀기 위해서 3염색체성 bronze 자손(접합자가 세 개의 *b* 염색체를 가짐)을 생산하기 위하여 무엇이 필요한지 생각한다. $n + 1$ 화분은 활성이 없으므로 모친은 두 개의 *b* 대립유전자들을 공여하였다. 3염색체성의 *B b b* purple 모친으로부터 생성되는 배우자들의 유전자형은 무엇이며 이들의 비율은 어떠한가? 모든 가능성을 추적하기 위하여 유전자형을 b_1과 b_2가 표현형에 같은 효과를 주는 대립유전자라고 하더라도 $B\ b_1\ b_2$라고 표시하자. 3염색체성 자성은 제1 감수분열에서 이들 대립유전자들을 가지고 있는 염색체들이 2가 염색체로 접합하기 위해서는 세 가지가 가능하므로 이들은 반대 극으로 다음과 같이 분리된다: b_1을 가진 *B*, b_2를 가진 *B*, b_1을 가진 b_2. 세 가지 경우 모두 남아 있는 염색체들은 반대 극으로 이동한다. 가지치기 방법으로 이를 그려보면 다음과 같다:

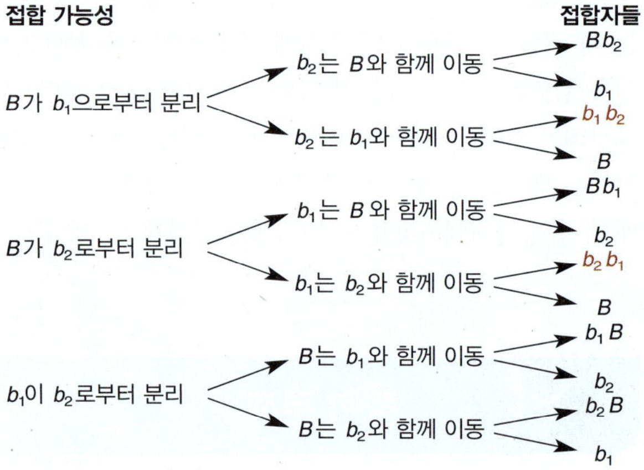

이러한 다른 가능성의 분리에 의한 12가지의 배우자형에서 빨간색 글씨로 표시한 오직 두 가지 형들만이 *b* 대립유전자를 두 개 가지고 있어서 bronze (*b b b*) 3염색체성 접합자를 생성한다. 그러므로 이러한 접합자들의 빈도는 $2/12 = 1/6$이다.

비록 *B B b* 부친의 분리가 이와 동일할 정도로 복잡하다 하더라도, 부친은 활성 있는 $n + 1$의 화분을 만들지 못한다는 것을 유념하라. 그러므로 부친에서 활력 있는 화분의 분리비는 *B*와 *b*가 부친이 가지고 있는 상대적인 대립유전자의 수에 의해 2/3 *B* 대 1/3 *b*의 비율이다. 문제에서 제시한 교배에서 3염색체성 bronze 자손을 가질 확률은 모친의 *b b* 배우자 비율 (1/6)과 부친의 *b* 화분 비율 (1/3)을 곱한 $1/6 \times 1/3 = 1/18$이다.

III. 이 장의 서두에 사진은 DNA에 의해 나타난 염색체 결실을 보여주고 있다.

중복을 이형접합형으로 가지고 있는 사람의 유전체를 상상하라. 유전체 염기서열 자료는 중복된 부위와 결실 절단지점을 정확히 찾을 수 있게 할까? 얻어지는 자료 두 가지 형의 기여도를 각각 별개로 고려하라: (i) 특정한 염기서열의 reads 수, (ii) 야생형에서는 보이지 않는 새로운 염기서열의 존재

해답

이 문제를 답하기 위해서는 유전체 염기서열 분석이 어떻게 절단지점들과 결실 정도를 찾아내는지 이해해야 한다.

정상과 결실된 5번 염색체들을 다음 그림으로 나타내었다; 염색체의 q완 (장완)의 커다란 부위(DEF)가 결실된 염색체에서는 소실되었다.

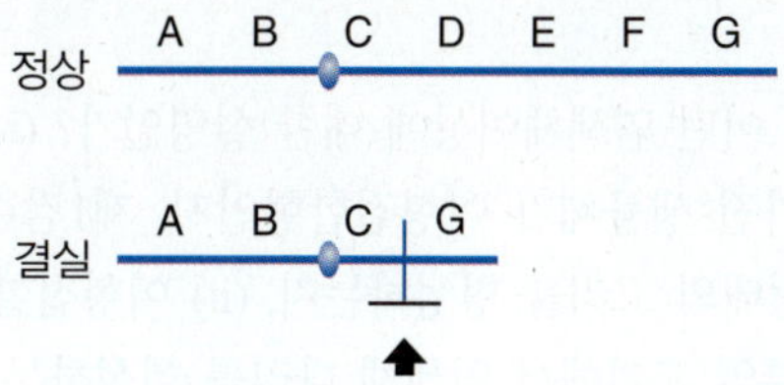

결실 이형접합형의 염기서열 분석은 특이한 염기서열 read가 나타나게 되므로 (화살표로 표시) 결실 절단지점을 찾을 수 있다. 더욱이 결실된 부위(DEF)의 염기서열 reads가 유전체의 다른 염기서열 reads의 빈도의 50%로 존재하게 될 것이다.

연습 문제

어휘

1. 왼쪽 용어를 가장 잘 설명한 문장을 오른쪽에서 찾아 연결하라.

a. 상호전좌	1. 염색체 한 개 또는 두 개가 정상보다 더 가지고 있거나 적다.
b. 암수 모자이크	2. 작은 DNA 단편 인자들 이동
c. 동원체비포함	3. 완전한 염색체 세트를 두 개 이상 가진다.
d. 동원체포함	4. 비상동염색체들이 단편을 상호 교환한다.
e. 정배수체성	5. 동원체를 포함하지 않는다.
f. 배수성	6. 동원체를 포함한다.
g. 전이	7. 완전한 염색체 세트들을 가지고 있다.
h. 이수체	8. 웅성과 자성 조직을 모자이크처럼 가지고 있다.

12.1절

2. 인간의 1번 염색체는 크며 중부동원체성이다. 1번 염색체 말단소체복원효소 부근의 단편을 다음 그림과 같이 클로닝하였다. 이 부위에서 세 개에 있는 탐침자(A, B, C)를 여러 형태의 유전자형을 가진 사람들로부터 유래한 중기세포 염색체들에 형광 제자리 혼성화(FISH)를 실시하였다. 이 부위의 염색체 재배열 절단지점을 지도에 표시하였다. 결실(*Del*) 1과 2의 검은색 막대들은 결실된 부위를 나타낸다. 역위(*Inv*) 1과 2의 절단지점들은 그림에서 표시하지 않았지만 이들은 동원체 부위이다.

다음과 같은 유전자형들에서 FISH의 결과로 나타날 수 있는 1번 염색체를 그려보라. 예시의 그림은 탐침자 A가 야생형 (+/+)의 두 개의 1번 염색체에 혼성화된 것을 나타낸다.

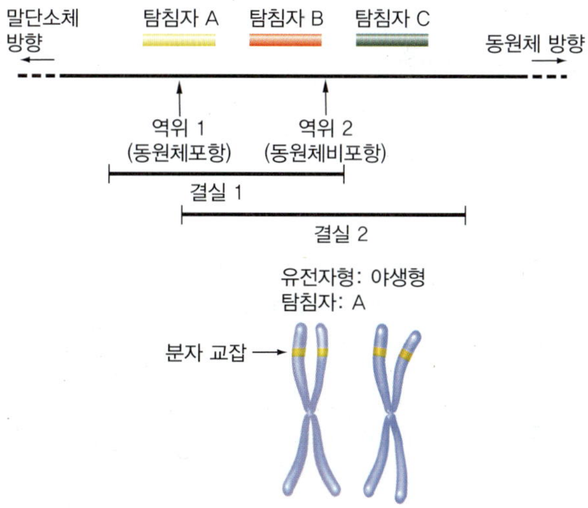

a. *Del1*/*Del2*
b. *Del1*/+
c. *Inv1*/+
d. *Inv2*/+
e. *Inv2*/*Inv2*

12.2 절

3. 다음은 어떤 염색체이상에 대한 설명인가? (i) 염색체이상을 가진 생물체가 이형접합형인지, 제1감수분열에서 어떤 형태의 고리를 형성하는지, (ii) 이형접합형에서 제1감수분열 후기에서 염색체 다리를 형성하는지, 형성하면 어떤 조건에서 형성하는지, (iii) 이형접합형이 제1감수분열 후기에서 무동원체 단편을 만드는지, 만든다면 어떤 조건에서 만드는지, (iv) 염색체이상이 감수분열에서 재조합을 억제할 수 있는지, (v) 염색체이상을 초래하는 두 번의 염색체 절단이 동원체 양편에서 일어났는지 또는 다른 염색체에서 일어났는지 등이다.
   a. 상호전좌
   b. 동원체비포함 역위
   c. 작은 부위의 직렬 중복
   d. 로버트손 전좌
   e. 동원체포함 역위
   f. 큰 부위의 결실

4. 다음과 같은 염색체 재배열에서 재배열의 완벽한 역돌연변이(reversion)가 이론적으로 가능한가? 그렇다면 이러한 역돌연변이체들은 드물게 발견되는지 아니면 상대적으로 흔하게 발견되는지를 답하라.
   a. 다섯 개의 유전자를 포함한 부위의 결실
   b. 여섯 개의 유전자 부위를 포한 부위의 중복
   c. 협동원체성 결실
   d. 로버트손 전좌
   e. 전이인자가 유전자의 단백질 암호화 부위에 삽입된 돌연변이

5. 특이한 초파리 암컷의 X 염색체 중 하나는 정상의 유전자배열을 가지지만 열성 대립유전자들로 yellow body (y), vermilion eye color (v), forked bristles (f)와 우성의 X-연관 Bar 눈 돌연변이(B)를 가지고 있다. 이 암컷의 다른 X 염색체는 네 유전자 모두를 야생형 대립유전자들로 가지고 있지만 y^+, v^+, f^+(그러나 B^+는 포함 안 됨) 부위는 정상형에 비해 역위의 상태로 가지고 있다. 다음의 그림과 같이 이 암컷이 정상형 수컷과 교배하였다.

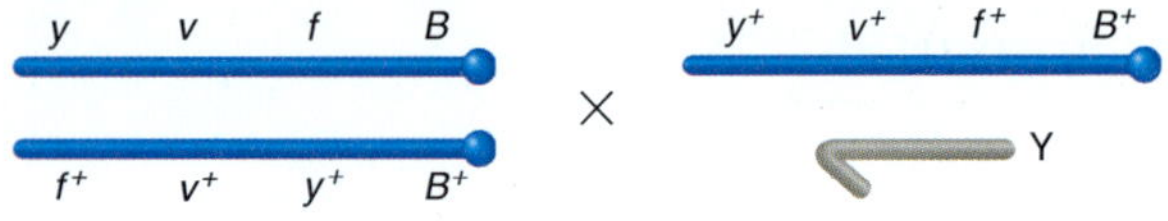

이 교배에서 생성된 수컷 자손들은 다음과 같다.

y	v	f	B	48
y^+	v^+	f^+	B^+	45
y	v	f	B^+	11
y^+	v^+	f^+	B	8
y	v^+	f	B	1
y^+	v	f^+	B^+	1

   a. $y\ v\ f^+$, $y^+\ v^+\ f$, $y\ v^+\ f^+$, 또는 $y^+\ v\ f$ 유전자형을 가진 수컷들은 왜 존재하지 않는가(Bar 눈 유전자와는 무관하다)?
   b. 어떤 종류의 교차가 $y\ v\ f\ B^+$와 $y^+\ v^+\ f^+\ B$ 자손을 생산하였는가?
   c. 어떤 종류의 교차가 $y^+\ v\ f^+\ B^+$와 $y\ v^+\ f\ B$ 자손을 생산하였는가?

6. 2배체 효모를 w^-, x^-, y^-, z^- 등의 유전자형을 가진 반수체 효모와 이들 네 유전자를 야생형으로 가진 반수체 효모를 교배하여 만들었다. 2배체 효모의 표현형은 야생형을 나타내었다. 이들에 X-선을 조사하여 네 가지의 돌연변이체를 얻었는데, 이들의 표현형은 다음과 같다. 각 돌연변이체들은 하나의 돌연변이만을 가지고 있다고 가정하라. 이들 돌연변이체들이 감수분열을 할 때 각각의 자낭(ascus)은 두 개의 생존 가능 포자를 가지고 있었다.

돌연변이체 1	w^-	x^+	y^-	z^+
돌연변이체 2	w^+	x^-	y^-	z^-
돌연변이체 3	w^-	x^+	y^-	z^-
돌연변이체 4	w^-	x^+	y^+	z^+

   a. X-선에 의해 유도된 돌연변이는 무슨 형태의 변이인가?
   b. 각 자낭에서 두 개의 포자들은 왜 죽었는가?
   c. w, x, y, z 등의 유전자들은 같은 염색체상에 있는가?
   d. 같은 염색체상에 존재하는 유전자들의 순서를 적어라.

7. 다음 그림에 있는 두 개의 그래프는 scarlet-colored 눈을 가진 두 초파리의 유전체 염기서열을 나타낸다. 두 마리 모두 정상적인 유전자 서열과 3번 염색체와 열성의 *scarlet* (st)을 가진 염색체 재배열의 3번 염색체를 가지고 있는 이형이중접합형이다; 두 초파리가 가진 재배열은 서로 다르다. 그래프에 있는 작은 원들은 x 축을 따라 3번 염색체에 표지된 위치에서 시작하여 100 bp 씩 얻어진 염기서열 reads(판독 단편) 숫자(y 축)를 나타낸다.

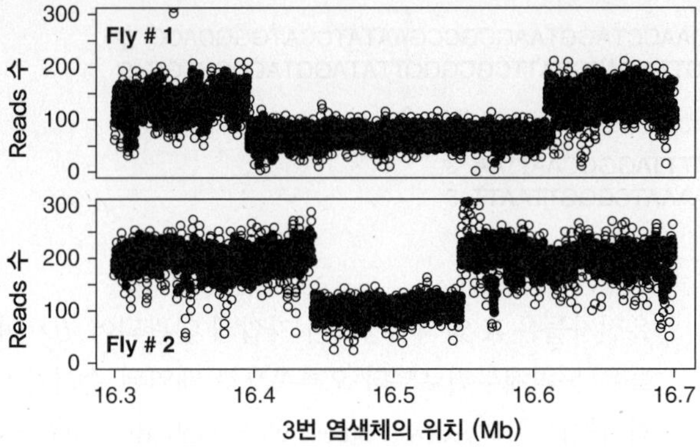

a. 각 초파리가 가지고 있는 염색체 재배열의 성격이 무엇인가? 이들 재배열을 정의하기 위한 절단지점들의 대략적 위치는 어디인가? 절단지점에서의 정확한 염기들을 어떻게 찾을 수 있는가?

b. *st* 유전자의 일부분이 3번 염색체의 특정한 지역에 있는지를 결론을 지을 수 있는가? 그렇다면, 가능한 한 정확하게 이들 부위의 위치를 지정하라.

c. 문제 (b)에서 지정한 지역의 밖에 위치한 *st* 유전자의 단백질-암호화 엑손들을 한 개 이상 찾을 수 있는가? 설명하라.

d. 이러한 자료들을 이용하거나 보완 실험을 통하여 *st* 유전자의 위치를 지도상에 그릴 수 있는가?

8. 초파리에서 일련의 염색체 돌연변이들은 강모의 모습에 영향을 주는 *javelin* 유전자와 눈 색깔에 영향을 주는 *henna* 유전자의 위치를 찾는 데 이용되었다. *javelin*와 *henna* 돌연변이는 모두 열성이다. 염색체 구조 돌연변이는 모두 3번 염색체에서 일어났다. 3번 염색체의 그림을 아래에 나타내었다: 3 L은 왼쪽 완이며, 3 R은 오른쪽 완을 나타낸다. DNA 염기서열은 #1 bp부터 #24,598,654 bp까지가 3 L이며, #1 bp부터 # 27,929,329 bp 까지가 3 R이다.

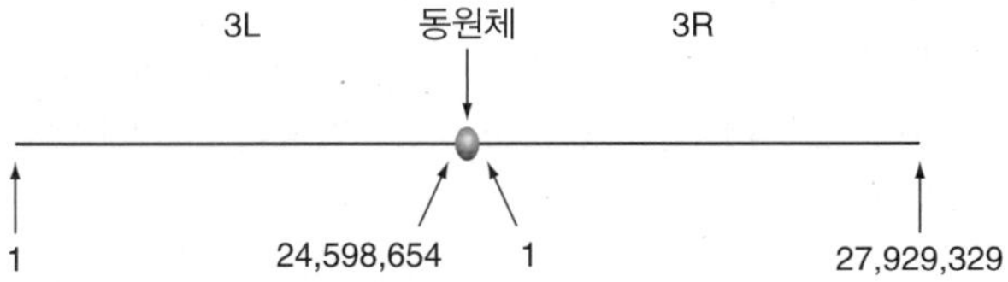

3번 염색체 절단지점 6개를 다음의 표에 나타내었다. 염색체 돌연변이 각각의 정확한 절단지점들은 PCR과 염기서열 분석으로 결정하였다. 예를 들면, 결실 A는 3L의 염색체 부위에서 하나의 절단지점을 #6,000,587 bp 직후에 있으며, 다른 절단지점은 #6,902,063 bp 직후에 있다.

염색체 3L의 절단지점들

결실	A	6,000,587;	6,902,063
	B	6,703,444;	7,220,113
	C	6,880,255;	7,325,787
	D	6,984,866;	7,311,104

3L; 3R에서의 절단지점들

역위	A	6,110,792 (3L);	40,272 (3R)
	B	6,520,488 (3L);	23,350 (3R)

이러한 6개의 염색체 재배열 중 (결실과 역위) 하나를 가진 초파리들을 *javelin*과 *henna*를 두 유전자를 동형접합형으로 가진 초파리와 교배하였다. 이형접합형 자손들의 표현형(즉, 재배열 / *javelin*, *henna*)은 다음과 같다.

F_1 초파리들의 표현형

결실	A	javelin, henna
	B	henna
	C	wild type
	D	wild type
역위	A	javelin
	B	wild type

a. 이러한 자료들을 이용하여 3번 염색체에서 *javelin*과 *henna* 유전자의 위치를 결정할 수 있는가?

b. 각 염색체 재배열에서 절단지점을 함유하고 있는 약 100 bp 정도의 단편을 증폭할 수 있는 PCR 프라이머들의 위치와 방향을 정상의 3번 염색체에서 그려보라.

9. 다음의 그림은 돌연변이가 없는 두 개의 단부동원체성 비상동염색체들의 장완으로부터 유래한 인간 유전체 DNA 단편들을 나타낸다. 두 단편에서 동원체-말단소체의 방향은 왼쪽에서 오른쪽 방향이다. 1, 2, 3으로 나타낸 빨간색 선은 방사선 조사에 의해 절단될 수 있는 위치를 나타낸다. 이들 절단지점들의 어떤 조합들은 DNA 수선 기작에 의해 절단된 후 서로 다시 이어 붙이기가 되어 염색체 재배열을 만들 수 있다.

PCR을 이용하여 재배열의 유무를 확인하고자 한다. 모든 방법에서 PCR 증폭 시 한 개의 프라이머는 다음에 보여준 염기서열을 이용하여 증폭하고자 한다.

```
5′ TCGATTCCGGAAAGCT 3′
```

a. 절단지점 두 개 중 어느 것이 결실을 만들겠는가?

b. 환자의 유전체 DNA에서 프라이머 A와 함께 증폭하여 역위를 찾아 낼 수 있는 16 bp 정도의 프라이머를 적어 보라. 증거는 negative 결과가 아니고 positive 결과이어야 한다. (즉, 결실에 특이적 밴드를 증폭시킬

```
5'  TCGATTCCGGAAAGCT|TAGTTTCCCGGGACGTATTGCCAACCTAGGTAAGCGCCG|AATATCCATGGGCACC  3'
3'  AGCTAAGGCCTTTCGA|ATCAAAGGGCCCTGCATAACGGTTGGATCCATTCGCGGC|TTATAGGTACCCGTGG  5'
                    1                                        2

5'  GGCAATAGCCTAGGAA|CTTTTAGGCCAATTAA  3'
3'  CCGTTATCGGATCCTT|GAAAATCCGGTTAATT  5'
                    3
```

수 있어야 함; 증폭 밴드의 결핍은 정보를 주지 못하는 것임)

c. 어느 절단지점 두 개가 역위를 만들어 낼 수 있는가?

d. 프라이머 A와 함께 PCR 시 환자의 DNA에서 역위를 찾아 낼 수 있는 16 bp의 프라이머를 써 보라. 답에서 가능한 한 PCR 단편이 가장 긴 단편을 만들어 낼 수 있는 프라이머이어야 한다. 프라이머는 그림에서 보여주는 빨간색 선을 포함하면 안 된다.

e. 상호전좌를 만들 수 있는 두 개의 잘단지점을 찾아보라. (두 가지 답이 가능함; 이 중 한 개만 답을 할 것)

f. 프라이머 A와 함께 PCR 증폭으로 환자의 DNA에서 상호전좌의 유무를 찾을 수 있는 16 bp의 프라이머를 적어 보라. 이 상호전좌는 감수분열 시 염색체 절단이나 소실 없이 전달 가능한 것이어야 한다. 증거는 positive이어야 하며, negative는 안 된다.

g. 문제 (e)와 (f)의 전좌가 로버트슨 전좌인가? 예 또는 아니오 로 답하고 설명하라.

10. 네 가지의 주요 염색체 재배열 중에서 다음의 표현형을 보이는 재배열은 어느 것인가? 각 경우에 그 효과를 설명하라.

a. 반-불임

b. 치사

c. 돌연변이 취약함

d. 유전자 지도를 바꿈

e. 반수체기능 부전

f. 신형 돌연변이

g. 과도형 돌연변이

h. 교차 억제

i. 이수성

11. 초파리의 X-연관 유전자 *zeste* (*z*)의 열성 돌연변이 z^1은 야생형 *white* (*w*)유전자를 두 사본 이상 가진 초파리들에서만 노란색 눈(zeste) 표현형을 보인다. 이러한 성질을 이용하여 w^+ 유전자의 직렬 중복 w^{+R}을 동정하였다. 그러므로 z^1w^{+R}/Y는 zeste 눈을 보인다. 이러한 수컷을 $y\ z^1w^{+R}spl/y^+z^1w^{+R}spl^+$ 암컷과 교배하였다. (이들 네 유전자들은 X 염색체상에서 가깝게 연관되어 있으며 이들은 동원체부위로부터 오른쪽으로 배열된 순서가 다음과 같다: y = yellow bodies; y^+ = tanbodies; spl = split bristles; spl^+ = normal bristles) 이러한 교배로부터 나온 81,540마리의 수컷들 중 다음과 같은 예외적인 것들이 발견되었다.

Class A	2430 yellow bodies, zeste eyes, wild-type bristles
Class B	2394 tan bodies, zeste eyes, split bristles
Class C	23 yellow bodies, wild-type eyes, wild-type bristles
Class D	22 tan bodies, wild-type eyes, split bristles

a. 81,540마리의 수컷들 중 나머지들의 표현형은 무엇인가?

b. Class A와 B를 만들어낸 사건들은 무엇인가?

c. Class C와 D를 만들어낸 사건들은 무엇인가?

d. 이 실험 결과 *y*와 *spl*의 유전적 거리는 얼마인가?

12. 옥수수의 두 유전자 *a*와 *b*는 계통 1에서는 21 m.u. 떨어져 있고 계통 2에서는 21 m.u. 떨어져 있다. 그러나 이들 두 계통을 교배 후 생성된 자손들을 이용하여 두 유전자 간의 거리를 계산하여 보니 1.5 m.u. 밖에 떨어져 있지 않았다. 이들 두 유전자들은 어떻게 배열되어 있으며 어떤 재배열에 의해 이와 같은 결과를 설명할 수 있는가?

13. 다음의 그림에서 분홍색 선은 정상(검은색 선) 부위에 있는 유전자들에 대해서 상대적으로 역위된 부위를 나타낸다. 계통 1~4들의 2배체 염색체 구성은 다음 그림과 같다. 다음의 각 설명을 그림과의 관련성을 맞추어 보라. 각 설명에 대해서 그림들이 하나 이상에 해당할 수도 있으며, 각 그림은 한 가지 이상의 설명에 맞을 수도 있다.

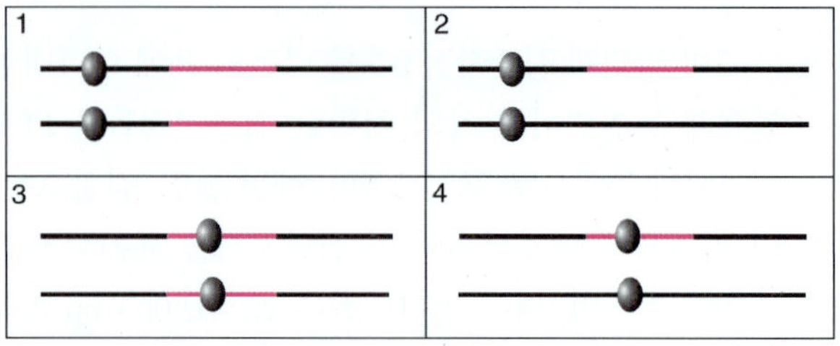

a. 역위 고리가 제1감수분열에서 생성될 수 있다.
b. 역위 된 부위에서 교차가 한 번 일어나고 유전적으로 불균형 배우자를 형성
c. 역위 된 부위에서 교차가 한 번 일어나서 무동원체성 단편을 생성
d. 역위 된 부위에서 교차가 한 번 일어나서 네 개의 생존 가능한 배우자 형성

14. 특정한 염색체를 세 가지의 변이형을 동형접합형으로 가지고 있는 초파리 세 계통(Bravo, X-ray, Zorro)을 얻었다. 타선의 다사염색체를 조사한 결과 이들 세 계통은 염색체들의 모든 밴드를 가지고 있었다. Bravo 계통의 유전자 지도 작성을 실시하여 다음의 결과를 얻었다.

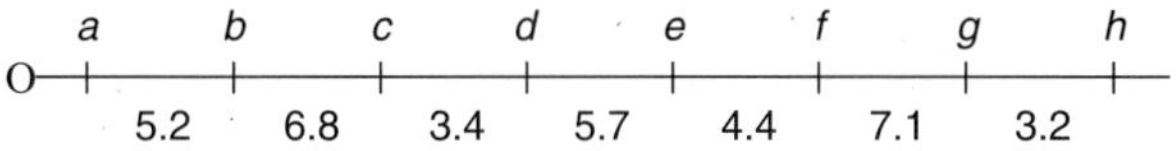

Bravo와 X-ray를 교배하여 Bravo/X-ray 잡종 F_1 자손을 만들고 Bravo 계통은 또한 Zorro와도 교배하여 Bravo/Zorro F_1들을 생산하였다. 이러한 교배 조합에서 유전자 간의 거리를 조사하여 다음의 결과를 얻었다.

	Bravo/X-ray	Bravo/Zorro
a–b	5.2	5.2
b–c	6.8	0.7
c–d	0.2	<0.1
d–e	<0.1	<0.1
e–f	<0.1	<0.1
f–g	0.65	0.7
g–h	3.2	3.2

a. X-ray와 Zorro 계통들의 *a*부터 *h* 유전자들의 상대적인 순서를 보여라. 유전자들 간의 거리는 보여 줄 필요는 없다.
b. 원래의 X-ray 계통에서 *c*와 *d* 간의 물리적인 거리가 Bravo 동형접합형에서의 이들 두 유전자 간의 거리보다 길 것인지, 아니면 짧을 것인지, 아니면 대략 같을 것인지를 설명하라.
c. 원래의 X-ray 계통에서 *d*와 *e* 간의 물리적인 거리가 Bravo 동형접합형에서의 두 유전자 간의 거리보다 길 것인지, 아니면 짧을 것인지, 아니면 대략 같을 것인지를 설명하라.

15. 효모의 두 계통 간에 교배를 하여 포자를 형성하였다(감수분열하였음을 의미). 한 계통은 정상적인 염색체를 가진 반수체로서 동원체 주위에 존재하는 유전적으로 연관된 두 유전자, *ura3* [생장하기 위해 우라실(uracil) 필요]와 *arg9* [생장을 위하여 아르기닌(arginine) 필요]를 가지고 있다. 다른 계통은 이들 두 표지 유전자들을 야생형(*URA3*와 *ARG9*)으로 가지고 있지만 이 유전자를 포함한 부위에 역위를 다음의 분홍색으로 표시한 것과 같이 가지고 있다.

감수분열 동안, 여러 가지의 교차가 일어났다. 다음 각각에 대해서 반수체 포자가 보이는 유전자형과 표현형을 보여라. 반수체 효모에서 염색체 결실은 치사하는 것으로 간주하라. 자매염색분체들 간의 교차는 고려하지 않는다.

a. 역위 밖에서의 한 번의 교차
b. *URA3*와 동원체 사이에서 한 번의 교차
c. 같은 염색분체에서 두 번의 교차가 일어났는데, 각 교차는 *URA3*와 동원체 사이에서 한 번 그리고 *ARG9*과 동원체 사이에서 한 번 일어났다.

16. 반수체 효모가 연관된 두 개의 표지 유전자 *his4*와 *leu2*를 가지고 있으며, 이것을 다음 그림의 파란색으로 표시한 부근에 *HIS4*와 *LEU2*를 역위로 가진 야생형 계통과 교배를 하였다.

반수체 포자를 형성하였다. 다음의 설명에서 예상되는 반수체 포자들의 유전자형과 표현형을 적어라. 같은 동원체에 연결된 염색분체 사이의 교차는 고려하지 않는다.

a. *HIS4*와 *LEU2* 사이에서 한 번의 교차
b. 같은 염색분체에서 교차가 *HIS4*와 *LEU2* 사이에서 두 번 일어난다.
c. 동원체와 역위 개시 부위 사이에서의 한 번의 교차

17. 문제 16번에서 제시한 반수체의 두 효모 간에 교배가 되었다고 가정하고 생존 가능한 네 개의 포자들의 4분체 자낭을 만드는 시나리오를 설명하라.

18. *Neurospora*의 자낭 형성에서 결실을 가진 자낭포자는 죽고 흰색으로 나타난다. 야생형과 다음에서 설명하는 반대 교배형들과 교배에서 8분체가 생성되었다면, 자낭에 있는 8개 포자의 자낭포자 중 몇 개가 흰색인가?

a. 동원체비포함 역위 그리고 정상형과 역위된 염색체 사이에서는 교차가 없다.

b. 동원체포함 역위 그리고 역위 고리 내에서 한 번의 교차
c. 동원체비포함 역위 그리고 역위 고리 밖에서 한 번의 교차
d. 상호전좌 그리고 인접-1형 분리가 일어났는데, 전좌된 염색체들 사이에 교차가 없다.
e. 상호전좌 그리고 교차 분리가 일어났는데, 전좌된 염색체들 사이에 교차가 없다.
f. 상호전좌 그리고 교차 분리가 일어났는데, 전좌된 염색체들 사이에 한 번의 교차(그리나 전좌 절단지점과 동원체 사이에서 교차가 일어나지 않았다.)

19. 다음의 그림에서 검은색 선과 분홍색 선은 각각 비상동 염색체들을 나타낸다. 어느 그림이 다음의 설명과 일치하는가? 한 개 이상의 그림이 설명에 일치할 수 있으며, 한 그림은 하나의 질문 이상에 대한 답일 수도 있다.

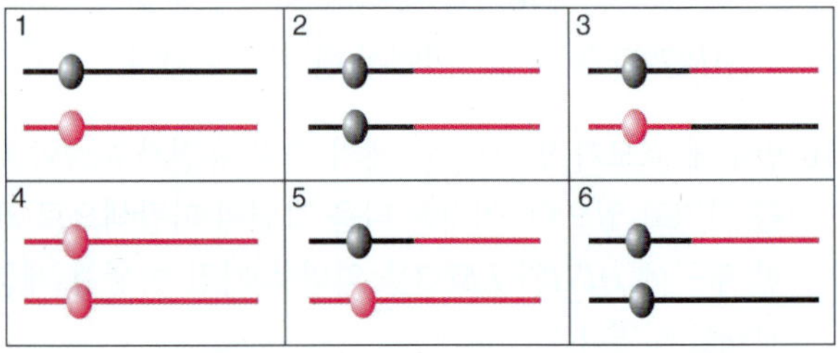

a. 전좌 이형접합형에 의해 생성된 배우자
b. 전좌 이형접합형에 의해 생성되지 않은 배우자
c. 전좌 이형접합형에 의해 생성된 유전적으로 균형 있는 배우자
d. 전좌 이형접합형에 의해 생성된 (어느 빈도이든) 유전적으로 불균형 배우자

20. scarlet 눈색 유전자는 3번 염색체에 있다. 두 유전자의 열성 대립유전자 cinnabar와 scarlet 대립유전자를 동형접합형(*cn*/*cn*; *st*/*st*)으로 가진 초파리의 눈 색깔은 *white* 이다.
a. 정상적인 유전자 순서를 가지며 *cn*과 *st* 유전자를 이형접합형으로 가진 수컷 초파리를 *cn*과 *st*를 동형접합으로 가진 white-eyed 암컷 초파리와 교배를 하였다. 태어나는 자손들의 표현형과 이들의 비는 얼마인가?
b. *cn*과 *st*를 이형접합형으로 가진 비정상적인 수컷을 white-eyed 암컷과 교배하니 생성된 자손들이 모두 야생형과 white-eyed 자손들만이 나타났다. 이 비정상적인 수컷의 염색체 조성을 설명하라.
c. 위의 비정상적 수컷을 정상적인 *cn*/*cn*; *st*/*st* 딸과 역교배를 실시하였더니 다음과 같은 결과를 얻었다.

wild type	45%
cinnabar	5%
scarlet	5%
white	45%

야생형 F_1자손들 중에서 cinnabar와 scarlet 표현형을 보이기 위하여 제1감수분열 중기에서의 유전적 사건을 그림으로 그려보라.

21. 배주의 절반 정도가 유산되므로 종자가 채워지지 않아 듬성듬성한 옥수수 열매를 가진 이삭의 옥수수의 반불임성은 전좌 이형접합형을 가지고 있다는 것을 의미한다. 전좌에 연관된 염색체들은 테스트하고자 하는 염색체에 있는 유전자들을 동형접합형으로 가지고 있는 옥수수에 전좌 옥수수를 교배하여 검증한다. 교배되어 생산된 반불임성 F_1을 동형접합형 자손에 역교배하여 얻어진 것들의 표현형 분리비 분석으로 유전자가 전좌된 염색체에 존재하는지를 알아본다. 예를 들면, 불임성 계통을 9번 염색체에 있는 *yg* 돌연변이 동형접합형에 교배한다(이 돌연변이는 초록색 잎을 가지지 않고 노란-초록색 잎을 가진다). 반불임성 F_1자손들을 다시 *yg* 돌연변이 동형접합형에 교배한다.
a. 만약에 테스트하는 유전자가 전좌가 일어난 염색체에 존재하지 않는다면 F_1을 *yg* 돌연변이 동형접합형과 역교배 한 자손들은 어떤 것들을 예상하는가(임성 또는 반불임, 초록색 잎 또는 노란-초록색 잎)?
b. 만약에 테스트하는 유전자가 전좌가 일어난 염색체에 존재한다면 F_1을 *yg* 돌연변이 동형접합형과 역교배한 자손들은 어떤 것들을 예상하는가(임성 또는 반불임, 초록색잎 또는 노란-초록색 잎)?
c. 만약에 *yg* 유전자가 전좌에 연루된 염색체상에 존재하고 자손들 중에 소수의 임성을 가진 초록색 잎을 가진 것들과 소수의 반불임 노란-초록색 잎을 가진 것들이 나타났다고 가정한다. 어떤 이런 소수 계통 자손들이 생겼는가? 이들 소수 자손들의 비로부터 유전적 거리는 어떻게 구하는가?

22. 곤충을 조절하기 위하여 제시되는 생물학적인 방법으로 정상적인 곤충 집단에 반불임성을 곤충을 방사하여 곤충의 임성을 저해하는 방법이 있다. 한 가지 방법은 불임 곤충들을 도입하여 정상체 집단과 교배를 유도하는 것이다. 이 방법의 약점은 방사선 조사되어 불임의 수컷들

은 건강하지 못하여 정상적인 수컷들과의 경쟁에서 뒤진다는 것이다. 이에 대체적인 접근으로 여러 가지의 전좌를 가진 곤충을 실험실에서 배양하여 방사하는 것이다. 이 방법이 어떻게 작용하는지를 설명하라. 설명 시 어떤 곤충이 불임인지를 확실히 설명하라.

23. 우성 돌연변이 *Lyra* (shortened wings)를 가지는 상염색체와 *Y* 염색체 간의 전좌를 이형접합형으로 가지는 초파리가 있다. 이 상염색체의 전좌에 참여하지 않은 상동염색체에는 $Lyra^{+}$ 대립유전자를 가지고 있다. 이 수컷 초파리와 순계의 야생형 암컷과 교배하였다. 교배의 자손들은 어떤 형들인가? 이들의 비율은 얼마인가?

24. a. 상호전좌를 이형접합형으로 가지고 있어서 반불임인 옥수수의 자가수정 자손들 중에서 정상 임성을 가지는 것들과 반임성을 가지는 것들의 비율은? 이 문제에서 인접-2형 분리로 분리하는 희소한 배우자들은 고려하지 않는다.
    b. 상호전좌를 이형접합형으로 가지고 있어서 반불임인 옥수수의 자가수정 자손들 중에서 임성을 가지는 것들과 반불임성들이 1 : 4의 비율로 나왔다. 문제 (a)에서 답한 것과 차이점을 설명하라.

25. 뒤켄씨근위축증은 디스트로핀(dsytrophin)이라는 X-연관 돌연변이 열성 대립유전자에 의해 생긴다. 드물게 열성 대립유전자를 반접합형으로 가지고 있는 남성에 나타나는 증세와 같이 심각한 증세를 가진 여성이 있다. 이러한 여성들은 X-상염색체 상호전좌를 이형접합으로 가지고 있는 여성들로서 X 염색체의 절단지점이 *dystrophin* 유전자의 내부에서 일어나 유전자가 두 개로 분리된 것이다.
    a. 이 환자의 세포에서 X-염색체 불활성화 중심(X chromosome inactivation centers, XICs, 그림 11.15 참조)으로부터 두 *X* 염색체의 불활성화가 임의적으로 일어나는데, 이 환자의 세포들 중 정상적인 *dystrophin* 유전자 기능을 가진 세포의 비는 얼마 정도인가?
    b. 이 환자의 세포 중에서 상염색체의 유전자가 불활성화될 수 있는가? 정상적인 불활성화를 받는 X-연관된 유전자들이 두 X 염색체들로부터 발현되는가? 그렇다면, 정상적인 염색체와 전좌가 된 염색체를 그리고 동원체의 위치, 잠재적으로 불활성화되는 상염색체 유전자들, *dystrophin* 유전자, XICs 등을 나타내라. 그림을 간단히 하기 위해 *dystrophin* 유전자와 XIC가 각각 단완과 장완의 중간에 있는 것으로 나타내라.
    c. 이 여성 환자의 세포들 중 어느 것도 실제적으로는 *dystrophin* 유전자 산물을 만들어 내지 못한다는 것이 알려졌다. 이 문제의 답을 위해 문제 (a)와 (b)의 해답의 일부를 이러한 흥미로운 관찰을 설명하기 위해 사용하라. 유전자 발현의 변화가 세포의 생존과 번식에 관여한다는 것을 고려하라.
    d. 과학자들이 X:상염색체 상호전좌를 인간 X 염색체에서 XIC의 위치를 찾는 데 이용하는지 설명하라. 문제 (c)에서 제시한 답이 이러한 접근에 잠재적인 함정을 제공하는지 설명하라.

12.3절

26. 전이인자들이 전이인자의 일부가 아닌 유전자들을 어떻게 이동시킬 수 있는지 설명하라.

27. 초파리의 유전체 내에는 보통 40개의 *P* 요소가 있으며 이들 중 어느 것은 자가인자 요소이고 어떤 것들은 비자가인자 요소들이다. *P* 요소의 구조를 상기하라(그림 12.27 참조).
    a. *P* 요소가 양 말단의 역반복 중 하나가 결실되었다고 가정하라. 이 돌연변이가 *P* 요소의 전이 능력에 영향을 미치겠는가? 이것이 다른 *P* 요소들의 전이에 영향을 미칠까?
    b. 자가인자 요소 *P* 요소가 그림 12.27에 보여준 *yellow* 인트론에 이어맞추기 수여 부위에서 돌연변이가 있어서 1차 전사체에서 인트론이 이어맞추기되지 못한다고 가정하라. 이 돌연변이가 *P* 요소의 이동성에 영향을 미칠까? 이것이 또한 다른 *P* 요소들에도 영향을 미치겠는가?
    c. 문제 (b)의 질문에서 *P* 요소가 유전체 내에서 유일한 자가인자 요소라고 가정하고 다시 답하라.
    d. 그림 12.27에 보여진 것처럼, *P* 요소들은 체세포에서는 보통 전이를 하지 않는다. 체세포에서 이동이 가능한 돌연변이 *P* 요소를 설명하라. 이 돌연변이가 다른 *P* 요소들이 체세포에서 이동하는 데 영향을 줄 수 있을까?

28. 이전 소련의 과학자인 Gerasimova와 연구진은 초파리의 cut wing을 보이는 ct^{MR2} 돌연변이 유전자를 연구하였는데, 이 돌연변이 유전자는 *gypsy*라고 하는 전이인자의 삽입에 의한 변이이다. 이 대립유전자는 매우 불안정

하여 ct^{MR2}를 보유한 초파리 100마리 중 약 한 마리 정도가 새로운 *ct* 돌연변이를 보인다. 이러한 돌연변이들 중에는 ct^{+}의 복귀돌연변이체들도 있는 반면 날개 모습이 더욱 변형된 강한 돌연변이 효과를 보이는 것들도 있다. ct^{+} 복귀 돌연변이체들끼리 교배하면 어떤 ct^{+} 대립유전자는 안정화되지만 (새로운 *ct* 돌연변이가 나타나지 않음) 어떤 것은 매우 불안정하다(새로운 돌연변이들이 많이 나타남). 이러한 안정화된 ct^{+}복귀돌연변이체와 불안정화된 복귀돌연변이체들이 생성되고 또한 *ct* 돌연변이 대립유전자가 매우 강한 돌연변이 효과를 보이는 등의 사실에 대해서 설명하라.

12.4절

29. Fred와 Mary는 Bob이라는 아이를 가지고 있다. 이들 3명의 유전체 DNA를 탐침자로 하여 그림 10.17에서 보여준 ASO 마이크로어레이에 분자 교잡을 시켰다. 21번 염색체 있는 10개의 SNP 유전자좌(1–10)에서의 교잡 결과를 다음의 그림에 보여 주고 있다. 노란색, 주황색, 빨간색은 교잡의 강도가 높아짐을 보여준다.

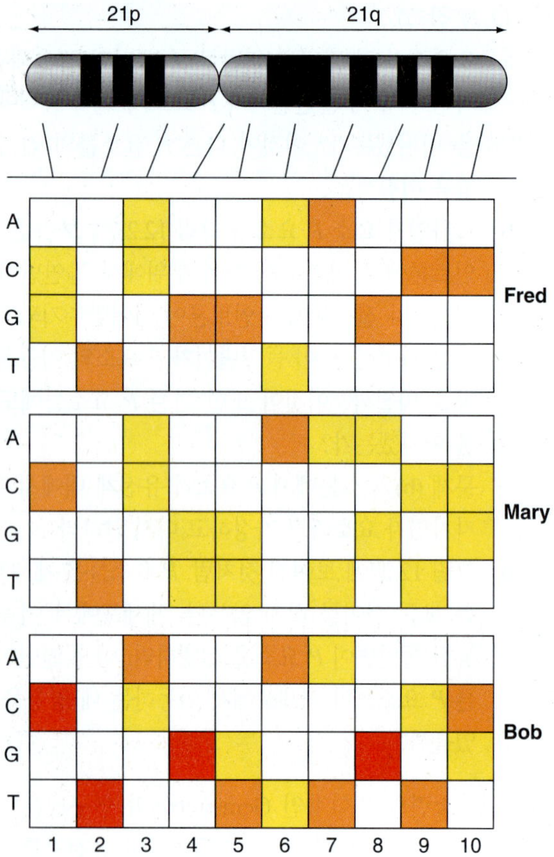

a. Bob은 Down 증후군을 가질 가능성이 있는가? 설명하라.

b. 보여주는 결과는 부모 중 한 명에게서 염색체 비분리현상이 있었다는 것을 보여주는가? 그렇다면 어느 부모이고 감수분열 시 언제 일어났는가?

c. 결과는 양친 중 한 명에서 감수분열 동안 조환이 일어났는지를 보여 주는 증거가 있는가? 증거가 있다면 어느 부모에서 일어났고 조환(교차)이 일어난 상대적인 위치를 지적하라.

d. 염색체 비분리현상을 추적할 때 동원체 부근의 유전자들에서 일어났는지를 보는 것이 왜 중요한지 예를 들어서 설명하라.

30. 전자 두 개를 모두 보인자 부모 한 명으로부터 받은 경우 나타나는 희귀 질환이다. DNA 다형성 분석을 하면 아이가 대립유전자 두 개를 모두 한 명의 부모로부터 받고 다른 부모로부터 받지 못한 것을 확실히 알 수 있다.

a. 단친 이염색체성이 일어날 수 있는 기작을 적어도 두 가지 만들어 보라(힌트: 이러한 기작들은 모두 한 가지의 이상의 염색체 분리의 실수에 의하며 이곳이 왜 단친 이염색체성이 매우 희귀한지를 설명한다). 이러한 두 가지 가능성을 구별할 수 있는 특별한 단친 이염색체성이 있는가?

b. 부친은 단친 이염색체성(uniparental disomy)이 X-연관 희귀 질환 유전자를 가지고 있지 않지만 이 희귀 질환을 앓고 있는 소녀의 경우를 설명할 수 있는가? 또는 X-연관 열성 질환이 부친에서 아들로 전달되는 형상을 설명할 수 있는가?

c. 만약에 여러분이 인체유전학자이며 환자가 단친 이염색체성을 가진 것으로 의심된다면 어떻게 이 환자의 원인이 배발달 초기에 체세포 재조합에 의하지 않은 것이라는 것을 확인할 수 있는가?

31. 터너증후군을 가진 성인들 중 많은 사람들이 유전적 모자이크성임이 밝혀졌다. 여기에 두 가지 유형이 있다: 어떤 사람들은 대부분의 세포들이 45, XO이지만 일부의 세포들은 46, XX이다. 다른 터너증후군 사람들은 대부분의 세포들이 45, XO이고 일부의 세포들은 46, XY이다. 어떻게 이러한 형태의 모자이크들이 나타나는지 설명하라.

32. *Neurospora*에서 *his2* 돌연변이는 생장하기 위하여 히스티딘 아미노산을 요구하며 *lys4* 돌연변이는 리신 아미노산을 요구한다. 이들 두 유전자는 같은 염색체상에 다음과 같은 순서로 배열되어 있다.

동원체 - *his2* - *lys4*

his2 돌연변이를 *lys4*에 교배하였다. 감수분열 시 다음과 같은 사건들이 일어나면 자낭포자 정렬배열에서 자낭포자들의 영양요구성을 모든 가능한 정렬배열 자낭들을 나타내라. 염색체 사본이 결핍된 자낭포자는 유산되어 죽으므로 하얗게 나타난다.

a. 동원체와 *his2* 유전자 사이의 단일 교차
b. *his2*와 *lys4* 사이의 단일교차
c. 제1감수분열 염색체 비분리
d. 제2감수분열 염색체 비분리
e. 동원체와 *his2* 사이의 단일교차 후 제1감수분열 염색체 비분리
f. *his2*와 *lys4*

33. 인체유전학자들은 자연유산된 태아들로부터 획득한 조직의 핵형 분석으로 보이는 염색체 수의 이상에 대해서 관심을 가지고 있다. 이러한 샘플들의 35% 정도는 상염색체 3염색체성이며 3% 정도는 상염색체 1염색체성이다. 이수체성을 만들 수 있는 여러 종류의 원인들에 비추어 상염색체 3염색체성과 1염색체성의 빈도가 비슷하여야 한다고 생각하지 않는가? 왜 그런가 또는 왜 그렇지 않은가? 만약에 답이 비슷하였다면 왜 1염색체성이 매우 적게 나타나는가?

34. 다운증후군의 발생은 다운증후군을 가진 부모의 자식들에게서 높은 빈도(약 50%보다 약간 하회)로 나타난다. 다운 증후군 부모에게서 21번 염색체 이수성이 높은 빈도로 나타날 이유를 부모의 감수분열을 그림으로 나타내고 설명하라. 또한 이러한 부모들의 아이들 중 다운 증후군을 가진 아이들이 50%보다 낮게 나타나는 이유를 설명하라.

35. 초파리 4번 염색체는 매우 작아서 이 염색체에 있는 유전자들은 재조합이 일어나지 않는다. 세 가지로 표지된 4번 염색체를 이용할 수 있다. 하나는 눈의 크기를 매우 작게 하는 *eyeless* (*ey*) 유전자의 열성 대립유전자를 가지고 있으며, 하나는 날개의 맥을 방해하는 *cubitus interruptus* (*ci*) 열성 대립유전자를 가지고 있고, 마지막의 것은 두 유전자를 모두 열성으로 거지고 있는 것이다. 초파리는 4번 염색체를 두 개 또는 세 개 가지면 살 수 있지만 한 개나 네 개를 가지면 살지 못한다.

a. 이들 세 가지 형태의 돌연변이 초파리들을 이용하여 어떻게 염색체 비분리비가 높아진 비정상 감수분열을 가진 변이체들을 찾을 수 있는가?
b. 이러한 분석 방법은 염색체 비분리가 제1감수분열에서 일어났는지 아니면 제2감수분열에서 일어났는지를 구별할 수 있는가?
c. 만약에 염색체 비분리에 의한 배우자로부터 태어났다는 것을 알 수 있는 어떤 초파리가 *ey*와 *ci* 유전자를 열성 동형접합형으로 가진 초파리와 검정교배를 하였다면 어떤 자손들을 예상하는가?
d. 유전학자들은 하나의 동원체에 붙어 있는 *compound 4th chromosome*을 분리하였다. 이러한 염색체들을 이용하여 감수분열 염색체 비분리 현상 증가를 동정하는 데 어떻게 이용하겠는가? 이것은 문제 (a)에서 답한 방법에 비해 어떤 장점이 있는가?

36. 다운증후군은 통상 21번 염색체를 한 개 더 가지게 됨으로써 발생한다. 다운증후군의 증세는 낮은 IQ, 심장병, 특징적인 얼굴, 위장관의 이상, 작은 키, 근육 발달 저하, 백혈병 가능성 높아짐, 치매 가능성이 높아짐 등과 같은 여러 가지가 있다. 다운증후군을 가진 사람들 중 어떤 사람들은 이러한 여러 가지 증세 중 일부만을 보이는 사람들도 있다. 이러한 사람들은 한 개의 정상적인 21번 염색체와 중복을 가진 한 개의 21번 염색체를 가지는 사람들로서 이들은 중복된 부위의 21번 염색체 부위를 다른 사람들보다 더 가지고 있는 것이다.

어떤 과학자들은 다운증후군을 일으키는 21번 염색체의 다운증후군 취약부위(하나 혹은 약간의 유전자를 포함하고 있음)를 찾아내었다. 연구자들은 이들의 아이디어를 확인하기 위해 염색체 중복으로 인한 다운증후군을 가진 사람들을 이용하기로 하였다. 유전체 염기서열 결정법을 이용하기로 하였다고 가정하고 과학자들은 이들 중복 다운증후군 환자 8명으로부터 21번 염색체 부위를 3쌍을 가진 부위를 찾아냈다. 이들의 결과를 다음 표에 요약하였다. "X"는 환자가 특정한 표현형을 보이는 경우를 표시한 것이다.

환자	표현형적인 이상 증세						중복된 부위 21p 21q
	낮은 IQ	특징적인 얼굴	위장관의 이상	작은 키	근육 발달 저하	심장병	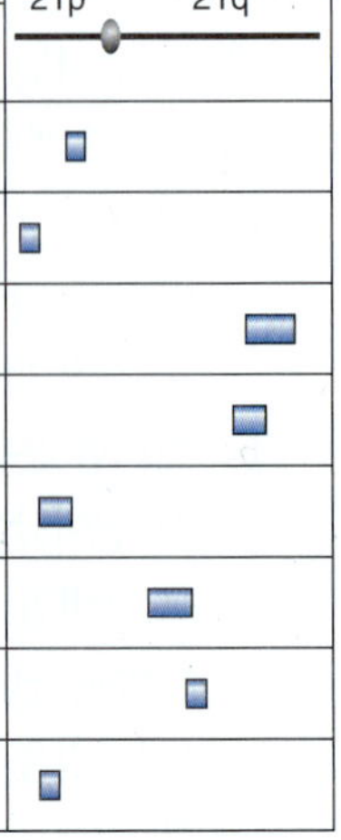
1	X	X		X			
2	X			X			
3	X			X	X		
4				X		X	
5	X	X	X	X	X	X	
6	X	X	X		X	X	
7	X						
8	X	X					

a. 이 결과는 확인하고자 하는 가설을 지지하는가? 설명하라.

b. 다운증후군의 표현형은 21번 염색체의 취약 부위의 유전자들의 과잉발현에 의한 것이라는 설을 지지하는가? 설명하라.

12.5절

37. 재배되고 있는 붉은 클로버인 *Trifolium pratense*는 2배체로서 체세포의 염색체 수가 14이다. 다음 각각의 염색체 수는 얼마인가?
   a. 3염색체성 식물
   b. 1염색체성 식물
   c. 3배체성 식물
   d. 동질4배체

38. 여러 귀리(oats) (*Avena species*)식물들의 체세포 염색체 수는 다음과 같다. Sand oats (*Avena strigosa*)-14; slender 야생 oats (*Avena barata*)-28; 재배 *oats* (*Avena sativa*)-42.
   a. *Avena*의 기본 염색체 수(x)는 얼마인가?
   b. 이들 다른 종들의 배수성은 얼마인가?
   c. 이들 각 귀리 종들의 배우자에 있는 염색체 수는 얼마인가?
   d. 각 종들의 n 염색체 수는 얼마인가?

39. 유전체 A, B, C의 기본 염색체 수(x)가 9이다. 이들 유전체들은 원래 하나의 유전체로부터 오래 전에 유래하였지만 이제는 서로 접합을 하지 않을 정도로 분화된 상태이다. 다음과 같은 정수체 유전체 조성을 가진 식물들을 보고 다음을 답하라. (i) 각 종들의 염색체 수, (ii) 각 개체들의 유전적 조성을 가능한 정확하게 유전적 용어로 설명하라, (iii)이 식물이 임성이 있는지, 임성을 갖는다면 배우자의 염색체 수 (n)은 얼마인가?
   a. AABBC
   b. BBBB
   c. CCC
   d. BBCC
   e. ABC
   f. AABBCC

40. 체세포에 염색체가 14인 어떤 2배체 식물이 있다. 배우자에 있는 염색체를 1번부터 7번까지 숫자로 명명하였다. 드물게 염색체가 14 이상을 가진 접합자가 생성된다. 아래에 보여주는 접합자들 중, (i) 염색체 조성이 정수체인가 이수체인가? (ii) 각 개체의 염색체 조성을 보고 이들의 유전적 조성의 용어를 가능한 정확하게 설명하라. (iii) 각 개체들은 배발달을 거쳐 성체 식물을 만들 수 있는지를 설명하고, 만약에 그렇다면 이 식물이 임성을 가지는지 불임인지를 설명하라.
   a. 11 22 33 44 5 66 77
   b. 111 22 33 44 555 66 77
   c. 111 222 333 444 555 666 777
   d. 1111 2222 3333 4444 5555 6666 7777

41. 한 이질 4배체종의 두 조상 유전체 A와 B의 기본염색체 수(x)는 7이다. 이러한 이질배수체는 감수분열 시 염색체의 접합은 오직 조상종 자신들의 상동염색체와만 이루어진다. 식물의 잎을 공격하는 병원균에 대한 저항성이 F 유전자의 우성 대립유전자에 의해 조절된다. 이 유전자의 열성 대립유전자, F^a와 F^b는 이 병원균에 대해 이병성을 나타내며, 두 유전체에 존재하는 우성의 저항성 유전자는 약간 다른 효과를 가진다. 적어도 한 개의 F^A 대립유전자를 가진 식물은 B 유전체에 어떤 대립유전자를 가지든지 병원균 레이스 1과 2에 저항성을 나타내며 F^B를 적어도 한 개를 가지면 A 유전체의 유전자가 무엇이든지 병원균 레이스 1과 3에 저항성을 나타낸다. F^A F^a F^B F^b 유전자형을 가진 식물의 자가-자손의 경우 병원균 모든 레이스에 저항성을 나타내는 자손의 비율은 얼마인가?

42. 담배 식물의 반수체 세포를 배양하여 제초제에 저항성인 형질전환 세포를 만들었다. 이로부터 임성을 가진 제초제 저항성 식물을 생성할 수 있는 2배체 세포 계통을 만들기 위해서 어떻게 작업을 수행하여야 하는가?

43. 제1감수분열 중기에서 염색체들은 두 개의 상동염색체들의 상동부위가 쌍을 이루어 접합하므로 일반적으로 2가 염색체(한 쌍의 상동 염색들의 접합)를 보인다. 그러나 그림 12.17b는 상호전좌 이형접합형에서 염색체들은 4가 염색체(즉, 네 개의 염색체들이 접합에 참여)를 보인다. 4가 염색체는 다른 방법으로도 형성이 된다. 예를 들면 동질 4배체에서 염색체들은 2가 염색체를 보이지 않고 4가 염색체로 접합을 한다.
   a. 접합 시 염색체 부위는 쌍으로 되어 있으므로 이들 동질4배체에서 4가 염색체들은 어떻게 생성되는가?
   b. 이들 동질4배체들은 염색체 접합이 2가로 형성되지 않고 4가이면 어떻게 정배수체의 배우자를 생성할 수 있는가?
   c. 복2배체 식물도 4가 염색체를 형성하는가? 설명하라.

44. 핵형분석으로 동질배수체와 이질배수체는 어떻게 구별 가능한가?

45. *AAaa* 4배체 식물이 있고 이것이 자가수분을 하였다고 가정하라. 우성의 표현형을 얻기 위해서는 적어도 두 사본의 우성 대립유전자 *A*가 필요하다. 자손들에서는 어떤 빈도로 우성 표현형이 나타나는가?

46. *Raphanobrassica*는 배추와 무우를 교배하여 생긴 잡종이다. 배추와 무우의 9개의 염색체를 갖는 배우자(무우와 배추 모두 $x = 9$ 임)를 갖는 잡종 식물의 생성이 왜 중요한가?

47. 슈퍼마켓에서 사오는 씨 없는 수박은 3배체이며 수박은 $x = 11$ 이다.
   a. 3배체 수박으로부터 유전적으로 균형 있는 배우체가 만들어질 수 있는 빈도는?
   b. 3배체 수박으로부터 생존 가능한 종자를 맺을 가능성은? (정수체 배우체만이 생존 가능한 종자라고 가정하라.)
   c. 문제 (b)의 답에서 생존 가능한 종자의 배수성은 무엇인가? 한 가지 이상의 답이 있으면 모두 작성하라.

48. 많은 동물 종들에서 잡종들이 생성되었으며, 한 예가 밑에 사진에 있다. 잡종 동물들의 이름은 종종 이 잡종을 만드는 데 이용된 부모들의 이름을 이용하는데, 부친의 이름을 먼저하고 뒤에 모친의 이름을 붙인다. 수컷 표범(leopard)과 암컷 사자(lion)는 결과적으로 *leopon*이라 하고; 다음 그림처럼 얼룩말(zebra)을 수컷으로 하고 당나귀(donkey)를 암컷으로 하여 생긴 동물은 *zonkey*라고 한다.

   a. 모든 잡종 동물들이 가능한 것은 아니다. 예를 들면, 개와 새, 코끼리와 코알라, 고양이와 상어 등은 잡종을 형성할 수 없는 짝이다. 잡종 동물들을 생존 가능하게 하는 것은 무엇이라 생각하는가?
   b. 어떤 잡종 동물들은 임성을 가질 수도 있다. 이러한 잡종 동물들이 임성을 갖게 하는 기작은 무엇인가?

12.6절

49. 전좌의 어떤 특징이 과학자들에게 이러한 염색체 재배열이 새로운 종으로 이르게 하는 주요한 요인으로 믿게 만들었는가?

50. 그림 12.36에 있는 벼(*Oryza sativa*)의 유전체를 조사한다.
   a. 벼로 이르게 하는 진화적 계통에서 조상종의 유전체가 중복을 하였다는 증거는 무엇인가?
   b. 벼의 조상종이 전체 유전체 중복을 가졌다면, 벼는 왜 4배체가 아니고 2배체일까?
   c. 식물 유전학자들은 유전체 전체 중복이 일어난 고대 조상 식물은 기본 염색체 (x)를 5개 가지고 있었다고 믿는다. 이들 염색체 중 하나의 염기서열이 벼 염색체 Os02, 04, 06 등 세 개에서 발견되며; 고대 조상종의 두 번째 염색체 서열이 벼 염색체 Os03, 07, 10 등에서 발견된다. 남아 있는 벼 염색체들 중 어느 것이 고대 조상종의 다른 세 개의 염색체들로부터 받은 것일까?
   d. 유전체 전체 중복이 일어나고 벼 계통이 분기될 때 벼의 Os12 염색체가 연루된 전좌의 기원에 대한 증거가 그림 12.36에서 있는가?

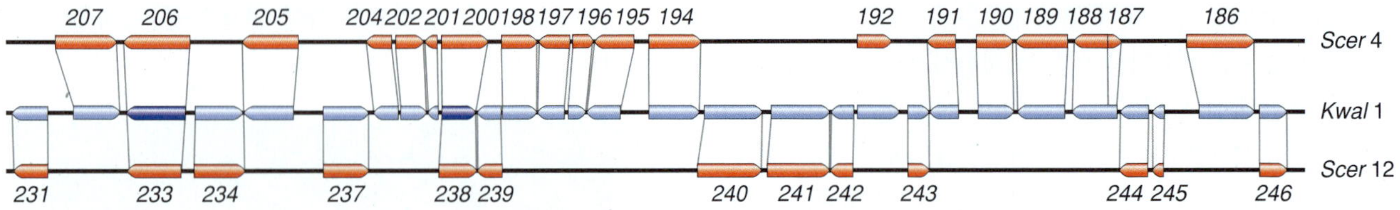

51. 위에 있는 그림에서 위와 바닥에 있는 선은 각각 빵효모 *Saccharomyces cerevisiae*의 4번과 12번 염색체를 나타낸다(*Scer4*와 *Scer 12*). 숫자는 유전자들을 나타내며 빨간색 선은 전사 방향을 나타낸다. 중간의 선은 연관 효모 종인 *Klyuyveromyces waltii*의 1번 염색체(*Kwal* 1)이며 유전자들은 밝은 파란색으로 표시하였다. 두 효모 종들의 DNA 염기 상동성은 선으로 표시하였다.
   a. 진한 자주색으로 채워진 *K. waltii*의 유전자들은 무엇을 의미하는가?
   b. 그림에서 보여준 이러한 결과를 바탕으로 *S. cerevisiae* 유전체의 일부에 해당하는 부분의 생성에 대해서 설명하라.

52. 유전자 중복의 진화적 잠재성의 두 가지 모델이 있다. 첫 번째는 중복된 두 유전자 중 하나는 원래의 기능을 가지고 있는 반면, 다른 유전자는 돌연변이가 집적되어 새로운 기능을 가지게 되는 것이다. 두 번째 모델은 두 사본 모두 빠른 속도로 분지하여 원래의 유전자 기능과는 다른 기능을 갖게 된다는 것이다. *S.cereviceae*와 *K. waltii* 유전체는 완전히 해독되었으므로 문제 51번을 고려하여 답을 구하라. 두 가지 모델들 중 어느 것이 진화적인 과정을 설명하는 데 더욱 적합한지 결정하라.

53. 다음 그림은 인간의 1번, 2번 염색체와 다른 영장류들의 상동염색체들이다. 1번 염색체는 네 종 모두 거의 일치하지만 인간의 2번 염색체의 밴드 양상은 다른 영장류의 다른 두 염색들과 유사하다. 인간 2번 염색체와 다른 영장류 동물들의 염색체들과의 관계를 설명하라.

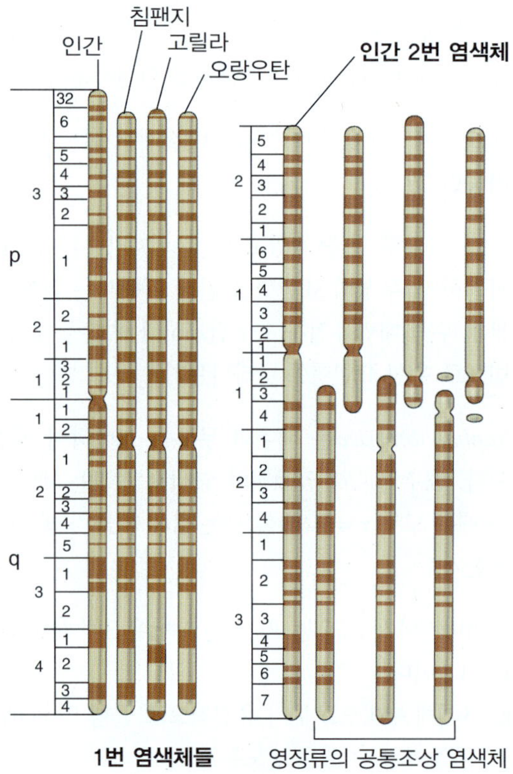

13장

세균 유전학

세균 중 일부는 미국 와이오밍의 옐로우스톤 국립공원에 있는 아름다운 온천 호수와 같은 열악한 환경에서도 살 수 있다. 호수 가운데의 파란 부분을 제외한 다른 부분의 색깔은 물의 가장자리에서 빽빽하게 자란 세균이 가지는 색소에 기인한 것이다. 특이한 환경에서 자라는 세균의 비교유전체학 분석을 통해 다른 생태적 지위에서 어떻게 적응하고 생존해 가는지에 대해 이해할 수 있게 될 것이다.

개요

임질은 성행위에 의해 남녀에게 전염되는 비뇨생식기 감염증으로 임질균(*Neisseria gonorrhoeae*)에 의해 일어난다. 이 질병은 치명적이지는 않지만 남성과 여성 모두에서 불임을 유발할 수 있다. 1970년대 말까지는 페니실린 주사를 몇 번 맞는 것으로 완전히 치료되었지만, 1995년에는 전 세계적으로 환자에서 검출된 임질균의 20% 이상이 페니실린에 대해 내성을 가지게 되었다.

현재 유전학자들은 이러한 항생제 내성이 증가하는 원인이 한 세균에서 다른 세균으로 DNA가 전달되기 때문이라는 것을 잘 알게 되었다. 전염병 학자들에 따르면 페니실린 내성을 나타내는 임질균은 1970년대에 아시아에서 페니실린 치료를 받은 임질 환자에서 처음 발견되었는데, 이 환자는 인플루엔자(*Haemophilus influenzae*)라는 다른 세균에도 감염되어 있었다. 이 환자의 인플루엔자균 중 일부가 페니실린가수분해효소(penicillinase)라는 페니실린을 분해하는 효소의 유전자를 플라스미드에 가지고 있었던 것이다. 두 종류에 모두 감염된 환자에서 인플루엔자에 대한 면역 반응에 의해 세균이 분해될 때 이 플라스미드가 방출되었으며, 이들 중 일부의 유리된 원형 DNA가 임질균에 들어가 이들을 페니실린 내성균으로 형질전환시켰다.

형질전환된 임질균은 증식하기 시작하였고, 페니실린에 연속적으로 노출되면서 내성균이 선택적으로 증가하기 시작하였다. 그 결과 환자는 페니실린 내성균을 성행위 상대에게 계속 퍼뜨리게 되었다. 즉 페니실린 처리 자체가 저항성을 나타내는 유전자를 만들어내지는 않았지만, 이 유전자가 퍼지는 것을 가속화하였다. 오늘날 미국에서는 여러 임질균이 페니실린뿐만 아니라 다른 두 종류의 항생제, 즉 스펙티노마이신과 테트라사이클린에 대해서도 동시에 내성을 지니고 있다.

이 장에서는 세균의 놀라운 다양성을 살펴보고, 어떻게 유전체 분석이 세균에 대한 우리의 지식을 엄청나게 증가시키게 되었는지를 살펴볼 것이다. 그 다음 세균이 같은 종의 세포들 사이 혹은 상당히 다른 종의 세포들 사이에서 어떻게 유전자를 전달하는지에 대해, 그리고 과학자들이 어떻게 이러한 유전자 전달 기작의 중요한 기능을 하는 세균 유전자를 찾고 그 위치를 확인하는 데 이용하는지도 보게 될 것이다. 마지막으로 임질균이 어떻게 여러 항생제에 대한 내성을 가지게 되었는지와 사회의 일원으로서 다제내성 병원균 문제에 대해 무엇을 할 수 있을지에 대해 살펴볼 것이다.

세균 유전학에 대한 탐색을 통해 알 수 있는 주요 내용은 한 세포 또는 한 종의 DNA와 유전자는 변하지 않는 것이 아니며, 완전히 독립적으로 존재하지도 않는다는 것이다. 전이인자의 경우와 같이 DNA 조각이 유전체 내에서 움직일 수 있을 뿐만 아니라 DNA와 유전자 또한 한 종의 세포 사이 또는 다른 종의 세포 사이에서도 이동할 수 있다. 세포 사이의 유전자 전달은 미생물 세계의 진화에서 핵심적인 특징 중의 하나이다.

13.1 세균의 다양성

학습목표

1. 원핵세포의 주요 특징을 열거한다.
2. 세균의 서식지가 어떻게 세균의 물질대사에 영향을 주는지 논의한다.
3. 어떤 성질에 의해 세균이 인간에 대해 감염성을 가지게 되는지 요약한다.

임질균과 인플루엔자균과 같은 세균은 생물의 세 가지 주요 진화 계통 중의 하나를 차지하고 있다(그림 13.1). 다른 두 계통은 진핵생물(막으로 둘러싸인 핵을 가진 세포로 구성된 생물)과 고세균(archaea)으로, 고세균은 염도가 매우 높거나, 뜨겁거나, 산소가 없는 등 극한 환경에서 사는 생물이다. 세균과 고세균은 둘 다 막으로 둘러싸인 진정한 핵을 가지고 있지 않기 때문에 모두 원핵생물로 분류된다. 하지만 세균과 고세균은 형태적 · 생화학적으로 뚜렷이 구분된다. 세균이 더 흔한 실험 생물이고 더 잘 알려져 있기 때문에 이 장에서는 세균에 대해서만 다룬다. 하지만 유전체의 구성에서부터 세포 사이의 유전자 전달 등과 같이 세균에서 얻은 많은 지식들이 이들의 먼 친척인 고세균에도 여전히 유용하다.

세균의 유전학을 이해하는 것은 여러 가지 이유로 인간에게 매우 중요한데, 그중 중요한 사실 중 하나는 우리가 세균과 매우 밀접한 관계를 유지하며 살고 있다는 것이다. 평균적으로 성인 한 명은 약 10^{14}개, 즉 약 1~3 kg에 해당하는 살아 있는 세균을 지니고 있다. 인간의 몸에서 세균의 수는 세포의 수에 비해 약 9배나 많다. 대부분의 세균은 장에 살고 있지만, 피부, 입, 치아, 호흡기 등에도 세균의 생태계가 자리 잡고 있다. 세균은 필요한 비타민을 합성하거나 음식의 소화를 돕는 등 여러 가지 방법으로 인간의 건강에 도움을 주지만 일부 세균은 질병의 원인이 되기도 한다.

그림 13.1 모든 생물의 계통도. 모든 생물의 세 가지 주요 진화 계통은 세균, 고세균, 진핵생물이다. DNA 염기서열 분석 결과 모든 생물은 약 35억 년 전에 살던 공통의 원핵생물 조상으로부터 생겨났다고 알려졌다.

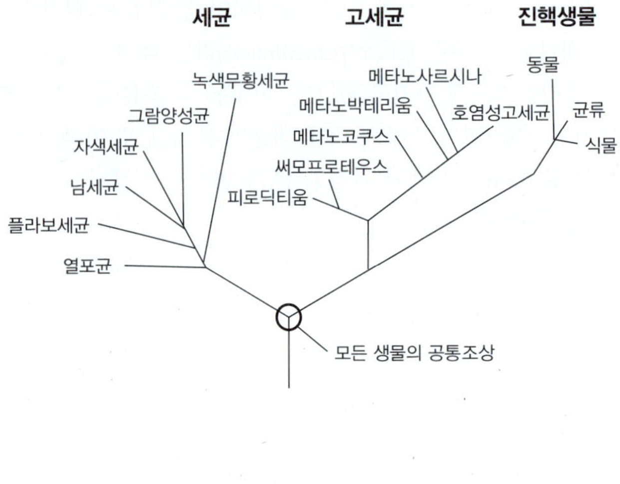

그림 13.2 대장균(*Escherichia coli*). *E. coli*의 주사전자현미경 사진(14,000×). 다음 세포 중 두 개는 이분법에 의해 분열 중이다. 줄과 같은 구조는 세균을 움직이게 하는 편모이다.

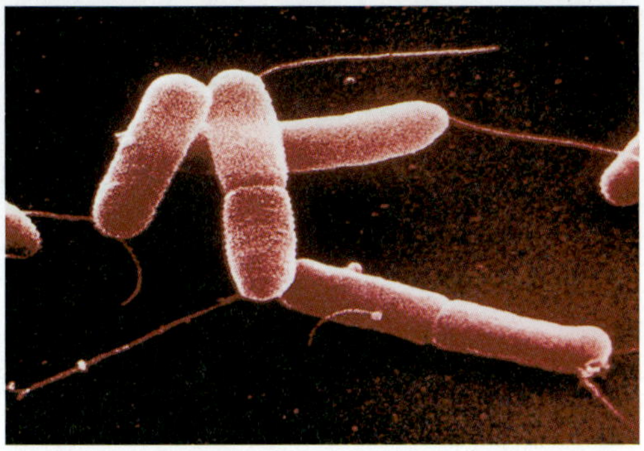

세균은 크기와 모양이 다양하다

가장 작은 세균은 직경이 약 200 nm이며, 가장 큰 세균은 길이가 500 μm 정도이다. 이런 큰 세균은 가장 작은 세균에 비해 부피와 무게가 약 100억 배 정도 크며, 현미경 없이도 볼 수 있다. 막대 형태로 실험실에서 많이 이용되는 대장균(*E. coli, Escherichia coli*)은 작은 편에 속하는 것으로서 직경이 0.5 μm, 길이가 2 μm 정도이다(그림 13.2).

세균은 크기와 형태는 다양하지만 모두 핵막이 없으며, 진핵세포의 미토콘드리아나 엽록체와 같은 막으로 둘러싸인 세포소기관이 없다(그림 13.3). 세균의 염색체는 하나이며, 접혀져 밀도가 높은 **핵양체**(nucleoid body)를 만든다. 대부분의 세균에서는 탄수화물과 펩티드의 중합체로 구성된 세포벽이 세포막을 지지하고 있다. 일부 세균은 세포벽 이외에도 캡슐이라고 하는 두꺼운 점액층과 유사한 표면을 가지고 있어 면역계의 공격을 벗어나는 데 도움을 받는다. 대장균을 비롯한 여러 세균들이 편모를 가지고 있어 음식물이나 빛을 향해 움직일 수 있다(그림 13.2, 13.3).

그림 13.3 **세균의 구조.** 세균 염색체(핵양체)는 세포질에 있으며, 세포질은 투과성이 있는 세포막에 의해 둘러싸여 있다. 막 바깥에는 투과성이 더 작은 세포벽이 둘러싸고 있으며, 어떤 종에서는 세균 전체가 보호 캡슐로 둘러싸여 있다.

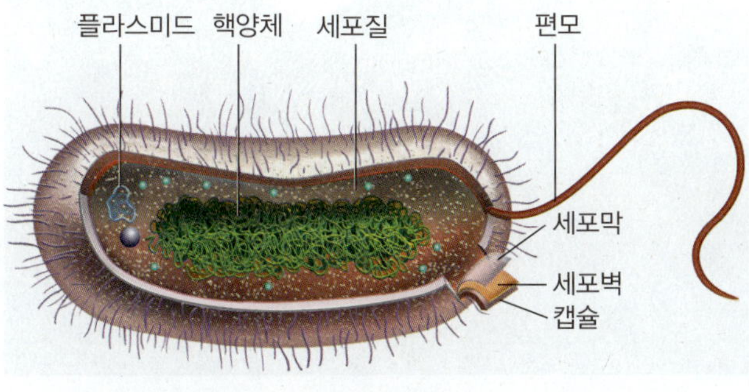

세균의 물질대사는 다양하다

세균은 다양한 환경에서 살아가도록 진화되었다. 일부는 토양에서 독립적으로 살고, 다른 일부는 수생 환경에서 자유롭게 유영하며 살아가며, 또 다른 일부는 생명체 내에서 기생하거나 공생하는 것도 있다. 세균의 물질대사는 이러한 특정한 환경에 잘 적응할 수 있어야만 한다. 일부의 토양 세균은 화학물질인 암모니아를 연료로 사용하여 생장에 필요한 에너지를 얻는 반면, 다른 광합성 세균은 태양광으로부터 에너지를 얻는다. 물질대사의 다양성으로 인해 세균은 영양물질의 순환에 필수적인 물질의 분해와 같이 여러 자연 현상에서 필수적인 역할을 하게 된다. 미생물의 균형은 생태계의 여러 과정이 성공적으로 진행되는 데 필수적이며, 환경을 유지하는 데 도움을 준다.

예를 들면, 질소의 순환에서 분해 세균은 질소가 풍부한 식물과 동물을 분해하여 암모니아(NH_3)를 생산한다. 그러면 질화세균이 암모니아를 에너지원으로 사용하고 질산염(NO_3^-)을 방출하며, 이것을 일부의 식물이 질소원으로 직접 사용할 수 있다. 탈질소세균은 식물이 사용하지 못한 질산염을 질소 가스(N_2)로 바꾸어 대기로 되돌려주며, 리조비움(*Rhizobium*)과 같은 질소고정세균은 완두와 기타 콩과 식물의 뿌리에 살고, N_2를 암모늄 이온(NH_4^+)으로 전환하여 숙주 식물이 이용할 수 있게 해 준다.

일부의 해양 세균은 기름을 먹는 놀라운 능력을 가지고 있다. 기름의 탄화수소를 분해해 에너지원으로 사용하는 *Alcanivorax borkumensis*라는 종은 "환경 정화 세균"으로 불리는데, 그 이유는 이들이 기름이 유출된 곳에서 자라서 기름을 청소하는 것을 도와주기 때문이다. 2010년 멕시코 걸프 만의 시추시설인 딥워터 호라이즌(Deepwater Horizon)에서 기름유출 사고가 발생한 이후 유출된 기름 기둥 안에서 기름을 먹는 이 세균이 급격히 증가하였다. *Alcanivorax* 종의 유전체 서열을 분석한 결과 기름을 먹는 능력을 가지게 하는 유전자를 확인할 수 있었으며, 이들 유전자를 조작하면 기름 유출을 청소하는 데 사용할 수 있는 세균을 만들어 낼 수 있을 것이다.

세균 중 일부는 병원균이다

병원균(pathogen)은 숙주의 질환을 유발하는 세균이다. 인간의 몸에서 살고 있는 세균 중 대부분은 해가 없으며 이롭기도 하지만, 그 중 일부는 병원균이다. 병원성 세균은 조직에 침투할 수 있도록 만들어주고 **독소**(toxin)를 만들어낼 수 있는 유전자를 가지고 있다. 세균이 만들어내는 독소 단백질은 세포막을 파괴하거나 숙주 세포의 기본적인 기능을 저해할 수 있다. 예를 들면, 클로스트리듐(*Clostridium tetani*)이 만드는 파상풍 독소는 신경과 근육 사이의 신호교환을 저해하는 단백질 분해효소로써 마비를 일으키며, 코리네 세균(*Corynebacterium diphtheriae*)은 번역 과정에 관여하는 단백질을 변형시켜 단백질 합성을 저해하는 효소인 디프테리아 독소를 만들어낸다. 같은 세균 종에서도 일부 균주는 해롭지 않은 반면 다른 일부는 병원균일 수 있다. 이 장의 뒷부분에서 이러한 종 내 다양성의 주요 원인이 높은 빈도로 나타나는 세균의 유전자 전달임을 보게 될 것이다.

핵심 개념

- 세균은 원핵세포이다. 즉, 막으로 둘러싸인 핵이나 소기관이 없다.
- 세균은 빠르게 진화할 수 있다. 그 결과 이들은 크기, 형태, 물질대사와 적응해야 하는 서식지가 매우 다양하다.
- 전형적인 인간의 몸에는 수백조 개의 세균이 있으며, 이들의 대부분은 해가 없거나 이롭지만 아주 일부는 병원균이다.

13.2 세균 유전체

학습목표

1. 세균의 유전체 안에 유전자가 어떻게 구성되어 있는지 설명한다.
2. 한 종의 핵심 유전체와 범유전체를 구분한다.
3. 세균에서 IS와 Tn 전이인자의 차이를 구분한다.
4. 세균에 다제내성을 주는 플라스미드가 어떻게 진화되었는지 설명한다.
5. 메타유전체학 연구를 통해 어떻게 실질적인 이익이 생길 수 있는지 설명한다.

전형적인 세균 유전체의 핵심 요소는 **세균의 염색체**(bacterial chromosome)로, 이것은 원형으로 배열된 한 분자의 이중 나선 DNA이다(그림 13.4). 이 흔히 연구되는 대부분의 종에서 염색체의 길이는 4~5 Mb이다. 대장균의 원형 염색체는 한 곳이 절단되어 선형이 되면 두께가 2.4 nm이고 길이가 1.6 mm로써, 대장균 세포의 길이보다 수천 배가 크다(그림 13.5). 세포 내부에서 긴 원형의 DNA 분자는 초나선을 형성하고 고리형태로 접혀져 밀도가 높게 채워진 핵양체(nucleoid body)를 만든다.

세균의 세포주기 동안에 각각의 세균은 원형 염색체를 복제한(그림 6.24 참조) 다음 이분법에 의해 두 개의 동일한 딸세포로 나누어져서 각각이 자신의 염색체를 가지는 두 개체가 생겨난다. 대부분의 세균은 하나의 원형 염색체를 가지지만, 예외가 있다. 콜레라를 일으키는 병원균인 비브리오(*Vibrio cholera*)와 같은 세균은 두 개의 서로 다른 원형 염색체가 모두 생존에 필수적이며, 다른 세균 중에는 선형의 DNA 분자를 가지고 있는 것도 있다.

그림 13.4 염색체 DNA. 이 장에서는 세균의 염색체 DNA를 하나의 이중 나선 고리 또는 하나의 고리로 나타내었다.

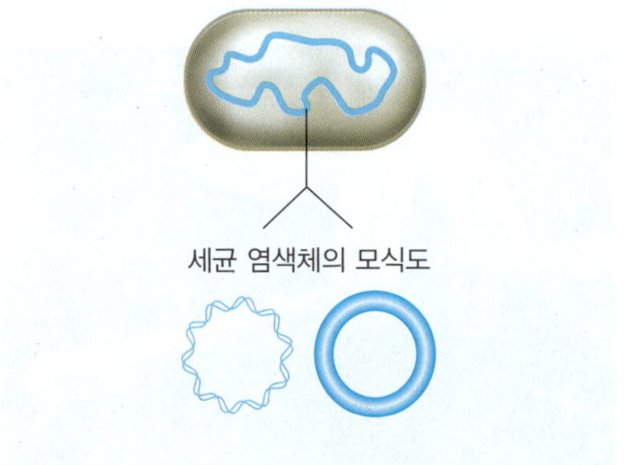

세균의 유전체에는 유전자가 밀집되어 있다

1997년에 *E. coli* K12 균주의 4.6 Mb에 달하는 유전체의 염기서열이 모두 밝혀졌다(그림 13.6). *E. coli* DNA의 90% 가량이 단백질을 암호화하고 있으며, 평균적으로는 염색체 1 kb마다 하나의 유전자가 존재한다. 이는 인간의 유전체

그림 13.5 *E. coli* **염색체 DNA.** 용해되어 염색체가 빠져 나와 있는 *E. coli* 세포의 전자현미경 사진.

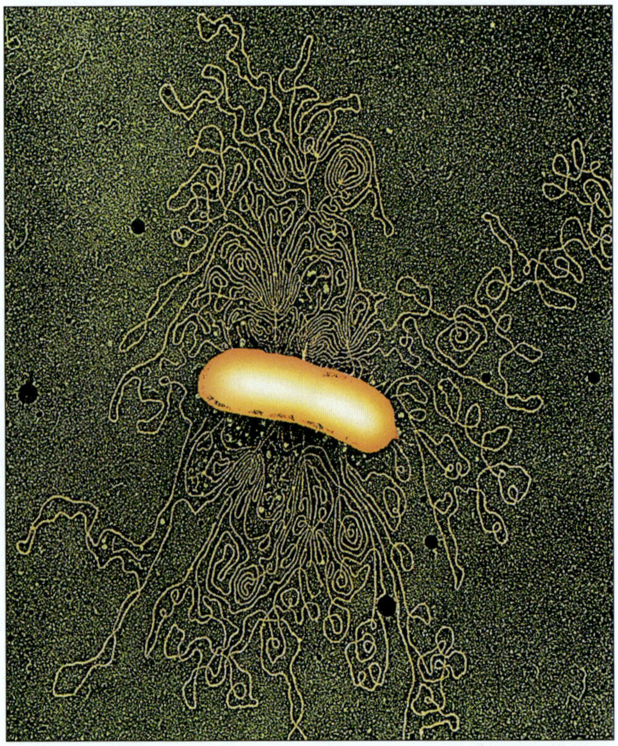

그림 13.6 *E. coli* **유전체의 비교.** 그림 바깥쪽의 두 원은 *E. coli* K12 균주의 4,288개 유전자를 여러 색깔로 나타낸 것이다. 유전체 DNA의 한 가닥에서 전사되는 유전자들이 바깥쪽 원에 표시되어 있고, 반대쪽 가닥에서 전사되는 유전자들이 안쪽의 원에 표시되어 있다. 16개의 안쪽 원은 16개의 다른 *E. coli* 균주에서도 발견되는 K12 유전자들을 나타낸 것이다. 빨간색은 K12 유전자들이 그 균주에서도 존재한다는 것이며, 파란색은 K12 유전자가 없는 것이다. 초록색은 다른 유전체에 K12 유전자로부터 파생된 유사한 유전자가 있음을 나타낸 것이다. K12 균주의 여러 유전자들이 하나 혹은 여러 다른 균주에서는 발견되지 않는다. 이러한 유전자들은 따라서 *E. coli*의 핵심 유전체에 해당하지 않는다. 숫자는 DNA의 Mb(메가 염기쌍)를 표시한 것이다.

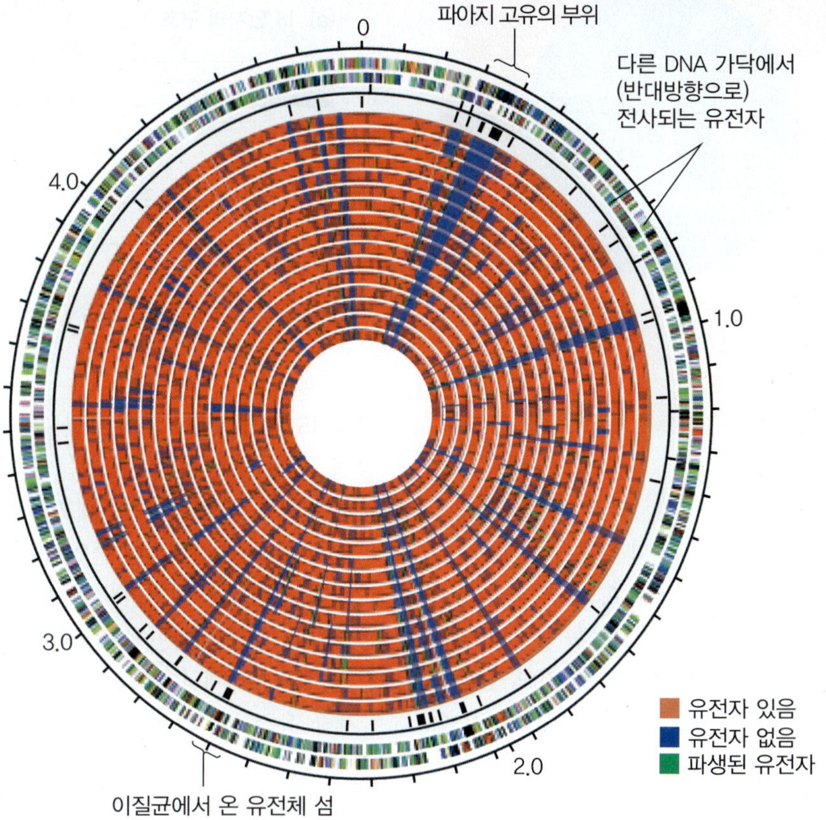

와 매우 대조적인데, 인간 유전체 DNA에서는 5% 미만의 DNA만 단백질을 암호화하고 있으며, 대략 100 kb당 하나의 유전자가 위치한다. 이러한 차이의 원인 중 하나는 *E. coli*의 유전자에는 인트론이 없다는 것이다. 또한 세균에는 반복서열이 거의 없고, 유전자 사이 부분도 매우 작다. 또한 그림 13.6에서 볼 수 있듯이 일부 유전자가 한 가닥에서 전사되는 반면에 다른 가닥에서는 다른 유전자가 전사되기도 하며, 이렇게 두 방향으로 전사되는 유전자들이 유전체에 산재해 있다.

E. coli K12 균주 유전체의 완전한 염기서열 분석을 통해 4,288개의 유전자가 밝혀졌다. 가장 수가 많은 종류가 세포의 안팎으로 물질을 수송하는 기능을 담당하는 것으로 여겨지는 유전자 군으로 총 427개의 유전자가 이에 해당한다. 그 외에도 번역, 아미노산 생합성, DNA 복제, 재조합 기능을 하는 종류들이 있다. 약 20%의 유전자들은 개방 번역틀만 알려져 있을 뿐, 현재까지도 그 기능이 밝혀지지 않았다.

E. coli K12 유전체의 또 다른 특징으로는 그림 13.6의 "파아지 고유의 부위"와 같은 박테리오파아지 유전체의 흔적이 남아 있다는 것이다. 이러한 서열의 존재는 수 차례에 걸친 바이러스의 침입과 같은 세균의 진화 역사를 알려주는 것이다.

E. coli 균주 각각은 *E. coli* 범유전체(pangenome)의 일부를 지니고 있다

2013년까지 K12뿐만 아니라 수백 종류의 서로 다른 *E. coli* 균주의 유전체가 분석되었다. 분석된 이들의 유전체 서열을 비교한 결과 매우 많은 변이가 발견되었다(그림 13.6). *E. coli*의 모든 균주에 공통적인 것은 1,000개 정도의 유전자에 불과하였으며, 이는 대장균 유전체의 80% 가량이 균주에 따라 서로 다르다는 것을 의미한다.

모든 *E. coli* 균주가 지니고 있는 약 1,000여 종의 공통적인 유전자를 **핵심유전체**(core genome)라고 한다. 핵심유전

그림 13.7 *E. coli*의 핵심 유전체와 범유전체를 나타낸 벤다이어그램.

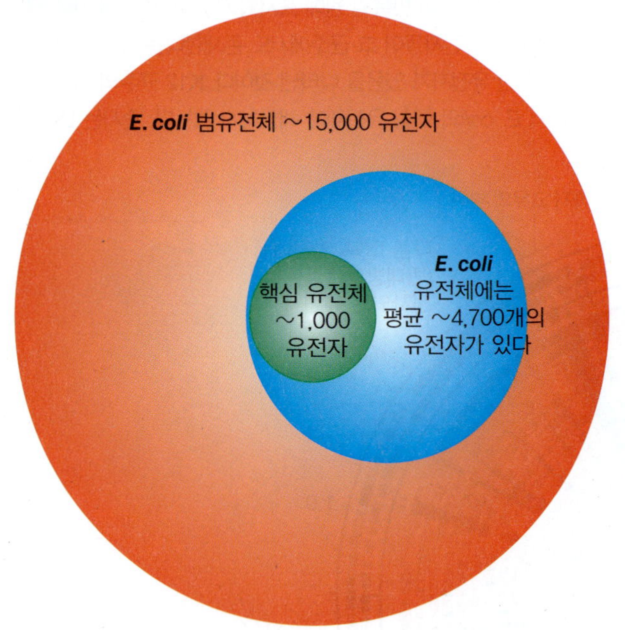

체 이외에 각 균주는 균주 특이적이거나 혹은 다른 일부 균주와 공통적인 유전자들을 가지고 있다. *E. coli*의 핵심유전체와 일부의 균주에서만 발견되는 유전자들을 통틀어 **범유전체**(pangenome)라고 한다(그림 13.7). 현재까지 약 15,000개의 유전자가 *E. coli*의 범유전체를 구성하고 있으며, 이 숫자는 추가적으로 *E. coli* 균주의 유전체 서열이 분석될수록 점점 더 증가할 것이다. 핵심 유전자가 기본적인 기능을 제공하는 반면에 *E. coli* 균주의 매우 높은 다양성은 이들이 다양한 환경에 적응할 수 있도록 해 준다. 이와 같은 *E. coli*의 놀라운 유전적 다양성은 세균에서는 일반적인 특징 중의 하나이다. 비교유전체학 연구를 통해 세균에서 같은 종이나 다른 종 사이에서 유전자의 이동이 많이 일어난다는 증거들이 발견되고 있다.

세균의 유전체는 트랜스포존을 가지고 있다

세균 유전체의 DNA 염기서열 분석 결과 **삽입서열**(insertion sequences, IS)이라고 하는 작은 전이인자들이 여러 군데 위치하고 있음이 밝혀졌다. 길이가 700~5,000 bp에 이르는 여러 종류의 전이인자들이 알려졌는데, 이들은 발견된 순서에 따라 IS1, IS2, IS3 등으로 이름이 붙여졌다. 진핵세포의 DNA 트랜스포존 말단과 같이 이들 IS 요소의 말단도 역반복 서열을 가지고 있다(그림 13.8a). 각각의 IS 요소는 전이효소를 암호화하는 유전자를 가지고 있는데, 전이효소는 거울상과 같은 말단을 인식하고 DNA를 잘라서 전이를 일으

그림 13.8 **세균의 전이인자.** (a) 전이효소를 사이에 두고 양끝에 역반복서열(IR)을 가지는 삽입인자(IS). (b) 복합 트랜스포존인 Tn10은 테트라사이클린 내성 유전자를 포함하는 7 kb DNA를 사이에 두고 약간 다른 두 종류 IS10들, 즉 IS10L과 IS10R을 가지고 있다. 양끝에는 IS10의 역반복서열이 있기 때문에 Tn10은 IS10 전이효소에 의해 이동할 수 있다.

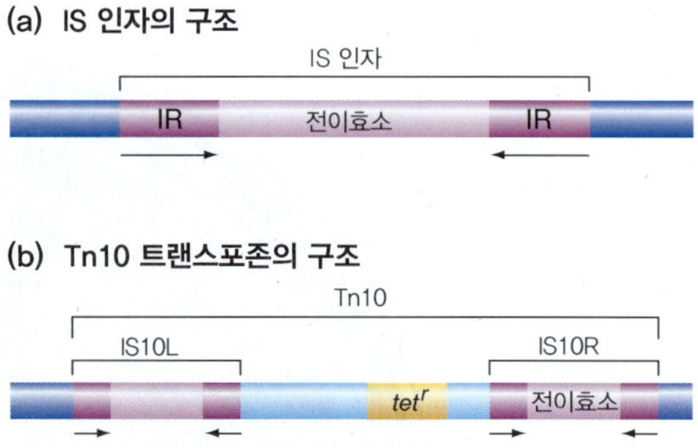

킨다. IS 인자는 전이되어 세균 유전체의 다른 부위로 이동할 수 있기 때문에 한 세균 종 내의 여러 균주에서 이들의 분포는 매우 다양하다. 진핵세포의 전이인자와 같이 IS 인자도 유전자 안에 삽입되면 돌연변이를 유발할 수 있다. 또한 12장의 진핵세포 전이인자의 예에서 이미 보았듯이, 같은 종류의 IS 인자들 사이에 재조합이 일어나 결실이나 역위와 같은 세균 유전체의 재배열이 일어날 수 있다.

세균 유전체는 소위 "복합" 전이인자 또는 **Tn 인자**(Tn element)도 가지고 있다. Tn 인자는 전이효소 유전자 이외에도 항생제나 독소 금속에 대한 저항성을 제공하는 유전자를 가지고 있다. Tn10이라고 알려진 Tn 요전이인자는 두 개의 IS10 요전이인자 가운데에 하나의 테트라사이클린 저항성 유전자가 위치하는 구조를 가지고 있다(그림 13.8b).

플라스미드는 부가적인 DNA를 지니고 있다

세균은 성장과 번식에 필요한 필수 유전자를 자신의 큰 원형 염색체에 가지고 있다. 일부 세균은 이 외에 일반적인 조건에서는 필요하지 않은 유전자를 **플라스미드**(plasmid)라고 하는 작은 원형의 이중 나선 DNA에 가지고 있다(그림 13.9). 9장에서 이미 세균의 플라스미드를 유전적으로 가공하여 유전자를 클로닝하는 벡터로 사용하고 있음을 살펴보았다. 자연적인 플라스미드는 그 크기가 다양하다. 가장 작은 것은 길이가 1,000 bp이며, 큰 것은 수 Mb에 달한다. 세균은 대개 매우 큰 플라스미드는 하나만 가질 수 있지만, 작은 원형 DNA는 수백 개까지도 가질 수 있다. F 에피좀(F episome)이라고 하는 중요한 플라스미드는 세균을 다른 세균과 접촉할 수 있게 하여 플라스미드와 세균의 유전자를

그림 13.9 플라스미드. 원형의 플라스미드 DNA를 보여주는 전자현미경 사진.

다른 세포로 이동할 수 있게 해 준다. 이러한 세포와 세포의 교배를 접합(conjugation)이라고 하며, 이 장의 뒷부분에서 다룰 것이다.

플라스미드가 지니고 있는 유전자는 특정한 조건에서는 숙주 세포에 이로움을 줄 수 있다. 예를 들면, 많은 세균에서 플라스미드는 그들의 숙주를 수은과 같은 독소 금속으로부터 보호하는 유전자를 지니고 있다. 토양에 있는 다양한 슈도모나스(*Pseudomonas*)균이 가지고 있는 플라스미드에는 톨루엔, 나프탈렌, 석유제품 등과 같은 화학물질을 분해할 수 있는 단백질 유전자가 있다. 또한 이질을 일으키는 이질균(*Shigella dysenteriae*)이 만들어 내는 독소 유전자와 같이 병원성을 나타내게 만드는 여러 유전자들도 플라스미드에 들어 있다. 항생제에 내성을 가지게 만드는 유전자도 플라스미드에서 발견되는데, 플라스미드에 의한 다중약물내

그림 13.10 내성 플라스미드. 일부 플라스미드는 여러 개의 항생제 내성 유전자(노란색으로 표시: cm^R은 클로람페니콜, kan^R은 카나마이신, str^R은 스트렙토마이신, su^R은 설폰아마이드, amp^R은 암피실린, hg^R은 수은, tet^R은 테트라사이클린에 대한 내성 유전자). 트랜스포존(IS와 Tn 인자는 각각 황갈색과 빨간색)은 항생제 내성 유전자가 플라스미드로 이동하는 것을 촉진한다. 많은 항생제 내성 유전자는 2개의 IS1 인자 사이에 위치하여 전체가 한 단위로 자리를 이동한다.

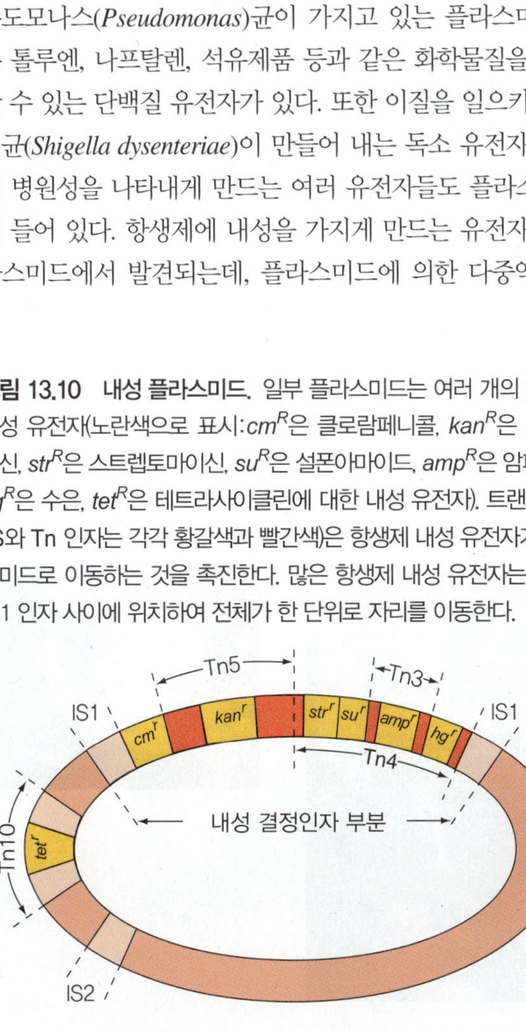

성은 1970년대에 이질균에서 처음 발견되었다. 여러 항생제에 대한 내성은 대개 플라스미드의 복합 IS/Tn 인자에 기인한다(그림 13.10).

뒤에 다시 살펴보겠지만, 플라스미드는 자연에서 한 세균에서 다른 세균으로 전이될 수 있으며, 때로는 다른 종으로도 전이될 수 있다. 따라서 플라스미드는 의학에 있어서는 무서운 존재이다. 만일 내성 플라스미드가 새로운 병원성 세균에 전이된다면, 새 숙주는 여러 항생제에 대한 내성을 한 번에 얻게 된다. 이러한 가능성에 대해서는 서두의 항생제 내성 임질균의 예에서 이미 살펴보았다.

메타유전체학에서는 미생물 군집의 전체 유전체를 탐색한다

한 종의 세균이 따로 떨어져 사는 경우는 실험실을 제외하고는 거의 나타나지 않으며, 세균들은 수백에서 수천 종들이 섞여 군집을 이루며 살아간다. 이 군집 안에서 다양한 세균들이 대사물질이나 유전자를 교환하는 등 서로 영향을 미칠 수 있다. 이러한 복잡한 세균 군집의 특성을 이해하기 위하여 세균의 큰 집단에서 추출한 DNA의 염기서열을 분석할 수 있다. 컴퓨터를 이용한 자료 분석을 통해 이 시료 안에 존재하는 종의 종류, 군집 내에서 각 종의 상대적 비율, 이들이 가지는 유전자 모두를 찾아낼 수 있다. 정상적인 서식 환경에서 얻은 미생물 군집의 유전체 DNA를 총체적으로 분석하는 것을 **메타유전체학**(metagenomics)이라고 한다.

미국 국립보건원(National Institute of Health, NIH)에서는 인간의 몸에 서식하는 세균의 메타유전체를 분석하는 **인간 미생물 유전체 사업**(Human Microbiome Project)을 수행해오고 있다. 이 사업의 첫 번째 실험은 242명의 건강한 사람의 장, 피부 및 기타 신체 부위로부터 세균 시료를 채취하는 것이었다. 분석 결과 총 5,000여 종 이상의 다른 세균들이 발견되었으며, 한 개인에 많게는 1,000종의 세균이 발견되었다. 현재까지 이러한 연구를 통해 알아낸 가장 놀라운 결론은 사람들이 가지고 있는 세균의 종류가 서로 많이 다르다는 것이다. 이 사업의 미래의 목표 중 하나는 시간에 따라 미생물 군집이 어떻게 변하며, 세균의 메타유전체 변화가 질병, 식이요법, 약물 처리 등과 어떤 관계가 있는지 알아내는 것이다. 예를 들면, 미생물군집의 변화는 비만과 관련이 있는 것으로 알려져 있는데, 일부의 비만인 사람들에서는 장내에 박테로이데테스(Bacteroidetes)문의 세균이 결핍되어 있는 반면에 이런 사람들의 미생물유전체에서는 탄수화물과 지질 대사에 관여하는 유전자들이 많이 발견된다.

또한 극한 환경에서 살고 있는 호극성균(extremophiles)의 메타유전체도 분석되고 있는데, 그 이유는 이들이 극한 조건에서도 작동할 수 있는 단백질 유전자를 많이 가지고 있기 때문이다. 이러한 단백질들은 실험실에서 매우 유용할 수 있는데, 예를 들면 *Taq* DNA 중합효소는 DNA를 변성시키는 높은 온도에서도 견딜 수 있기 때문에 PCR에 이용되고 있다. 이 효소는 옐로우스톤 국립공원(Yellowstone National Park)의 온천에서 처음 발견된 *Thermus aquaticus*라는 세균에서 얻어진 것이다. 이런 군집에서 얻은 메타유전체의 임의의 DNA 조각을 모두 분석하면 흔치 않은 대사능력을 지니고 있는 유전자를 발견할 수 있을 것이다. 상업적으로 중요한 예로는 높은 pH에서도 잘 자라는 호알칼리성(alkaliphilic) 세균에서 얻어진 효소들로, 세탁세제에 첨가되는 것들이 있다. 단백질, 지질, 탄수화물 등을 분해하는 다양한 이들 효소는 염기성의 비누거품 속에서도 매우 잘 작용하기 때문에 얼룩이나 냄새를 만들어내는 화학물질이나 미생물을 제거할 수 있다.

핵심 개념

- 세균 염색체의 유전자는 조밀하게 밀집되어 있으며, 인트론이 없고 유전자 사이의 부분이 짧다.
- 핵심 유전체는 한 종의 모든 구성원에서 공통적인 유전자들로 구성되며, 핵심 유전체와 균주 특이적인 유전자들을 모두 합쳐 그 종의 범유전체라고 한다.
- 세균 유전체에서 트랜스포존은 약물 저항성을 나타내는 것들을 포함해 여러 유전자를 운반할 수 있다.
- 플라스미드는 원형의 DNA 분자로써 스스로 복제하고, 세포 사이로 전이될 수 있으며, 대개 약물 저항성이나 병원성, 또는 특수한 대사 기능을 제공하는 유전자들을 가지고 있다.
- 메타유전체학은 특정한 환경에 서식하는 세균 군집의 전체 유전체를 분석하는 것이다. 메타유전체 연구를 통해 인간의 건강에 미치는 세균의 역할을 명확히 할 수 있으며, 특정한 성질을 나타내는 세균의 유전자를 찾아낼 수도 있다.

13.3 실험생물로서의 세균

학습목표

1. 실험실에서 이용하기에 유용한 세균 특히 *E. coli*의 특징을 설명한다.
2. 세균 돌연변이의 종류와 이들을 확인하는 방법을 설명한다.

세균 연구는 유전학의 발달에 매우 중요한 것이었다. 1940년대에서 1970년대 사이의 시기는 고전 세균 유전학의 시대라 할 수 있는데, 유전자의 구조, 유전자 발현 및 조절에 관한 거의 모든 지식이 세균과 세균에 감염되는 박테리오파아지(bacteriophage, 세균의 바이러스, 짧게 파아지라고도 씀)의 분석 결과 얻어진 것이었다. 1970년대에서 1980년대에 재조합 DNA 기술이 발달한 것도 세균의 유전자, 염색체, 제한효소 등에 대해 알게 되었기 때문이다. 또한 다른 다양한 생물의 유전자를 재조합 DNA 기술로 조작하는 일조차도 유전적으로 조작된 분자를 만들고 증폭하는 데에는 여전히 세균을 사용하고 있다.

세균은 액체배지 또는 고체에서 키울 수 있다

세균은 액체배지에서(그림 13.11a), 또는 페트리접시에 한천(agar)으로 굳힌 고체배지 위에서(그림 13.11b) 키울 수 있다. 액체배지에서는 *E. coli*와 같은 흔한 종들은 하루 안에 밀리리터당 10^9개의 농도까지 자라게 된다. 한천으로 굳힌 배지에서는 하나의 세균 세포가 자라서 하루 안에 10^7이나 10^8개의 세포를 가지는 눈에 보이는 **군락**(colony)을 형성할 수 있다. 빠르게 많은 수의 세포로 자랄 수 있는 능력은 세균, 특히 *E. coli*를 유전학 연구에 매력적인 생물로 만드는 장점 중 하나이다. 실험실에서 배양할 수 있는 세균의 종류는 일부에 불과하고, 대부분의 종들은 자연적인 환경에서만 유지가 가능하다.

세균의 유전학 연구에서는 이렇게 많은 세포의 숫자를 세고 관심 있는 세포 각각을 분리해 낼 수 있는 기술이 필요하다. 액체배지에서 자라는 세포의 수를 세는 데는 고체배지가 사용될 수 있다. 세포를 액체배지에서 연속적으로 희석

그림 13.11 세균 배양. 세균은 실험실에서 액체배지에서 현탁액으로 배양하거나(a), 페트리접시 안의 고체배지 위에서 군락으로 배양할 수 있다(b).

(a)

(b)

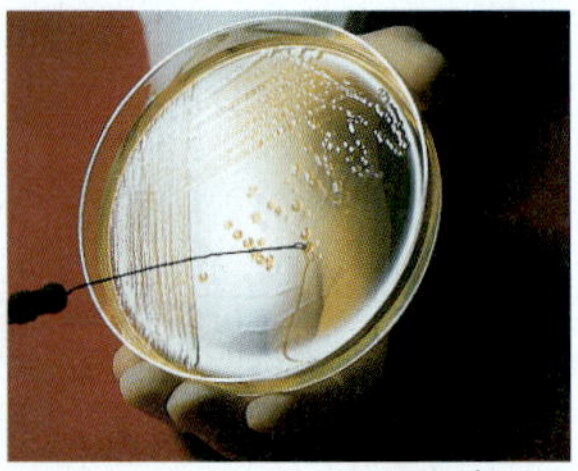

한 다음, 희석한 시료의 일부를 고체배지 위에 뿌리면, 여기서 생기는 군락의 수를 셀 수 있다. 비록 세포 하나만을 얻을 수는 없지만 하나의 군락을 구성하는 세포들은 모두 유전적으로 동일한 한 세포의 자손이다.

*E. coli*는 다목적 모델 생물이다

가장 많이 연구되고 잘 알려진 세균 종인 *E. coli*는 정온동물의 장내에 서식하는 흔한 생물이다. 여러 고전적인 실험들과 가장 현대적인 재조합 DNA 기술은 모두 *E. coli*를 모델 생물로 사용한다. *E. coli*는 장내와 같이 완전히 산소가 없어도 자랄 수 있으며, 공기 중에서도 자랄 수 있다. 실험실에서 연구되는 *E. coli* 균주는 병원성은 아니지만, 다른 균주 중에는 장내 질병을 일으키는 것도 있는데, 이들 중 대부분은 증세가 약하지만 아주 일부는 생명에 위협적인 것도 있다.

*E. coli*는 일반적으로 아미노산과 뉴클레오티드 합성에 필요한 모든 효소의 유전자를 가지고 있는 원영양체(prototroph)로써 포도당과 같은 하나의 탄소원 및 에너지원과 세균을 구성하는 또 다른 요소들을 제공하는 무기염류만을 가지는 최소배지(minimal media)에서 자랄 수 있다. 최소배지에서 *E. coli*는 한 시간에 한 번씩, 즉 하루에 24번 분열하여 수가 늘어난다. 여러 종류의 당과 아미노산이 들어 있어 영양이 풍부한 복합배지에서는 20분마다 분열하여 하루에 72세대를 거치게 된다. 후자의 경우 이 속도로 다른 제한 요소가 없이 2일 동안 지수성장한다면 지구의 질량과 동일한 세균 덩어리가 생기게 될 것이다.

세균은 증식하는 속도가 빠르기 때문에 단기간 내에 많은 수의 세포를 배양할 수 있으며, 그 결과 아주 낮은 빈도로 일어나는 유전현상도 확인하고 조사할 수 있다. 예를 들면, 야생형의 *E. coli* 세포는 보통 항생제인 스트렙토마이신에 민감성이 크다. 10억 개의 야생형 세균을 스트렙토마이신이 들어 있는 고체배지에 뿌리면 10^9세포당 하나의 매우 낮은 빈도로 우연히 생겨나는 스트렙토마이신 내성 돌연변이를 분리해 낼 수 있다. 이렇게 낮은 빈도로 나타나는 사건을 미생물 이외의 생물에서 발견하기는 쉽지 않으며, 다세포 동물에서는 거의 불가능하다.

돌연변이 세균은 특정한 생장 조건에서 군락의 유무나 특징으로 확인할 수 있다

대부분의 세균 유전체는 각 유전자를 하나만 가지고 있는 단수체이다. 따라서 유전자 돌연변이와 표현형 변이의 관계는 직접적이다. 즉 각 유전자에 대해 야생형의 다른 사본이 없기 때문에 모든 돌연변이는 표현형으로 나타난다.

세균은 너무 작아서 이들을 조사하는 실질적인 방법은 고체배지에 형성된 세포의 군락을 조사하는 것이다. 이런 제한점에도 불구하고 여러 가지 다양한 돌연변이를 확인하는 것이 가능하다.

세균 돌연변이의 종류

세균 돌연변이는 이들을 확인하는 데 사용된 방법에 따라 분류될 수 있다. 돌연변이의 종류는 다음과 같다.

1. 군락이 크거나 작고, 빛나거나 희미하고, 둥글거나 불규칙한 것 등 군락의 모양(colony morphology)에 영향을 주는 돌연변이
2. 항생제나 박테리오파아지 등과 같은 세균을 죽이는 요인에 대한 내성(resistance)을 갖는 돌연변이
3. 최소배지에서 자라지 못하는 영양요구주(auxotroph)를 만드는 돌연변이. 영양요구주는 필수적인 복잡한 물질을 간단한 물질로부터 합성할 수 없다.
4. 환경의 복잡한 물질을 분해해서 이용하는 능력에 영향을 주는 돌연변이. 예를 들면, *lacZ* 유전자에 돌연변이가 생긴 *E. coli*는 복잡한 당인 젖당을 분해할 수 없다. 이 돌연변이는 유전자 발현이 어떻게 조절되는지를 조사하는 데 매우 유용한데, 15장에서 살펴볼 것이다.
5. 생장에 필요한 단백질 산물을 암호화하는 필수 유전자의 돌연변이. 필수 유전자가 기능을 상실하는 영돌연변이(null mutation)가 생기면 어떤 조건에서도 군락을 형성하지 못하기 때문에, 돌연변이를 얻기 위해서는 온도민감성 돌연변이(ts, temperature sensitive mutation)와 같은 조건적 치사 돌연변이(conditional lethal mutation)를 만들어야 한다. 이런 저형태성 돌연변이체는 낮은 온도에서는 생장하지만 높은 온도에서는 자라지 못한다.

검색과 선별

흔치 않은 돌연변이를 찾아내기 위해서는 여러 가지 기술이 사용된다. 특정한 요인에 대해 저항성을 나타내는 돌연변이는 직접적으로 **선별**(selection)할 수 있다. 즉 원하는 돌연변이만 자랄 수 있는 조건을 만드는 것이다. 예를 들면, 대장균을 항생제인 스트렙토마이신을 가진 고체배지 위에 뿌린다면 스트렙토마이신에 내성을 보이는 대장균(Str^r)만 살아남을 것이다. 또한 영양요구성 돌연변이의 복귀 돌연변이는 영양요구주가 필요로 하는 영양물질을 갖지 않는 최소배지 위에 도말하여 간단히 검출해낼 수 있다.

앞서 설명한 것 이외의 대부분의 돌연변이는 특정한 조건

에서 자라지 않는 특성을 가지고 있기 때문에 이들을 직접 선별하는 것은 불가능하다. 이러한 돌연변이를 찾아내기 위해서는 **유전적 검색**(genetic screen), 즉 집단 내에서 각 군락의 표현형을 조사하는 작업을 해야 한다. 예를 들면, 메티오닌을 첨가한 최소배지에서 키운 군락을 복제평판(그림 7.6 참조)을 만들어 메티오닌이 없는 최소배지에 옮겨 놓을 수 있다. 군락이 최소배지에서 자라지 못하면, 원래의 군락 세포가 메티오닌에 대해 영양요구성임을 의미한다.

특정한 세균의 유전자에서 자연적인 돌연변이는 유전자에 따라 10^6~10^8 세포당 하나의 매우 낮은 빈도로 나타난다. 따라서 1백만 개에서 수억 개에 달하는 군락을 대상으로 특정 표현형에 대해 검색하여 이런 희귀한 돌연변이를 찾아내는 것은 거의 불가능하다. 돌연변이원을 처리하면 집단 내에 돌연변이의 빈도가 증가한다(그림 7.14 참조). 세균의 돌연변이 검색과 돌연변이 유전자의 확인은 이 장의 뒷부분에서 더 자세히 논의될 것이다.

세균 대립유전자의 명명

세균의 유전자는 유전자의 기능을 나타낼 수 있는 세 개의 이탤릭 소문자로 명명한다. 예를 들면, 돌연변이 결과 아미노산 류신(leucine)을 합성하지 못하는 유전자는 *leu*로 지정한다. 대장균에는 *leuA*, *leuB*, *leuC*, *leuD*의 네 개 *leu* 유전자가 있는데, 이들은 류신의 합성에 필요한 세 개의 효소에 해당한다(하나의 효소는 두 개의 폴리펩티드로 구성되어 있다). 이 *leu* 유전자 중 어느 하나만 돌연변이가 생겨도 세균은 류신 영양요구주가 된다. 즉, 류신을 합성하지 못한다. 이러한 세포는 배지에 류신이 있어야만 자랄 수 있다. *lacZ* 등과 같이 당의 분해에 필요한 유전자에 돌연변이가 생기면 이러한 세포는 탄소 공급원으로 젖당만 갖고 있는 배양액에서는 자라지 못한다. 항생제 내성을 나타내는 돌연변이의 예로 스트렙토마이신(streptomycin) 내성을 나타내는 돌연변이 유전자는 *str*^{r}로 지정한다. 야생형 세균이 가지는 대립유전자형(genotype)을 표시하는 데는 *leu*$^+$, *str*$^+$, *lacZ*$^+$ 등과 같이 첨자 "+"을 사용한다. 돌연변이 대립유전자를 사용하는 데는 *leuA*$^-$, *lacZ*$^-$와 같이 첨자 "−"를 사용하거나 *str*^{r}과 같이 다른 첨자를 사용한다.

특정 유전자에 대한 세균의 표현형은 야생형과 돌연변이형 모두 유전자를 지정하는 데 사용한 세 글자를 그대로 사용하는데, 첫 글자는 대문자이며, 이탤릭을 사용하지 않고, 첨자는 "−", "+" 또는 한 글자의 첨자를 사용한다. 예를 들면 Leu$^-$는 배양액에 류신이 있어야만 자라고, Lac$^+$은 배양액에 포도당 대신에 젖당만 있어도 자라며, Str^{r}은 스트렙토마이신이 있더라도 내성이 있어야 자랄 수 있다.

핵심 개념

- 하나의 세균 세포가 자라서 유전적으로 동일한 자손 수백만 개가 모여 있는 군락을 형성한다.
- 유전학 연구에 도움을 주는 세균의 특징은 단수체여서 돌연변이의 확인이 용이하고, 빠르게 자라서 희귀한 돌연변이를 얻기 용이하다는 것이다.
- 세균의 돌연변이는 검색이나 선별을 통해 확인할 수 있다. 검색에서는 각각의 군락을 특정한 표현형에 대해 검사해야 한다. 선별에서는 궁금해 하는 표현형을 가진 세균만 군락을 형성하므로 낮은 빈도로 나타나는 돌연변이도 확인하기 쉽다.

13.4 세균에서의 유전자 전달

학습목표

1. 세균의 세 가지 유전자 전달 기작인 형질전환, 접합, 형질도입을 비교한다.
2. 이 세 가지 유전자 전달 방법을 어떻게 세균 유전자 지도를 작성하는 데 사용할 수 있는지 설명한다.
3. 세균의 진화에서 수평 유전자 전달이 어떤 역할을 했는지 논의한다.

하나의 개체에서 다른 개체로의 유전자 전달은 자연에서 새로운 변이의 진화에 중요한 역할을 한다. 예를 들면 **유전자 수직 전달**(vertical gene transfer)은 한 세대에서 다음 세대로 일어나며, 유성생식을 하는 개체에서 특히 중요하다. 반면에 **유전자 수평 전달**(horizontal gene transfer)은 형질이 부모에서 자손으로 이동하는 것이 아니라 관련이 없는 개체로 혹은 다른 종으로 이동하는 것이다. 수평 유전자 전달의 많은 예들이 최근의 분자생물학 및 DNA 염기서열 분석을 통해 알려졌다.

다양한 종의 여러 유전자에 대한 비교유전체 분석은 연관이 먼 것으로 생각되는 종 간에도 유전자의 유사성이 있음을 보여주었다. 또한 앞서 살펴본 바와 같이 각각의 종에서 핵심유전체와 범유전체가 존재한다는 사실은 *E. coli*와 다른 종들에서 유전자의 소실과 획득이 빈번하게 일어난다는 것이다. 이러한 발견에 대한 가장 간단한 설명은 진화 과정에서 세균들 사이에 상당히 많은 DNA의 전달이 있었다는 것이다. DNA의 알려진 전달 기작을 자세히 살펴보면 어떻게 수평 유전자 전달이 생겨났는지를 이해하는 데 도움이 된다. 또한 유전자 지도를 작성하고 유용한 세균 균주를 제조하는 데 다양한 유전자 전달 방법을 사용할 수 있음도 알게 될 것이다.

그림 13.12 세균의 유전자 전달: 개요. 이 그림과 이 장에서 공여자의 염색체는 파란색으로, 수용자의 염색체는 주황색으로 표시한다. 형질전환에서 배양액에 방출된 공여 DNA 조각은 수용세포로 들어간다. 접합에서 공여세포의 특수한 플라스미드(빨간색)는 수용세포와의 접촉을 촉진해서 DNA의 전달을 시작시킨다. 형질도입에서 공여세포의 DNA는 수용세포에 감염될 수 있는 박테리오파아지 입자에 포장되어 공여 DNA를 수용자로 전달한다.

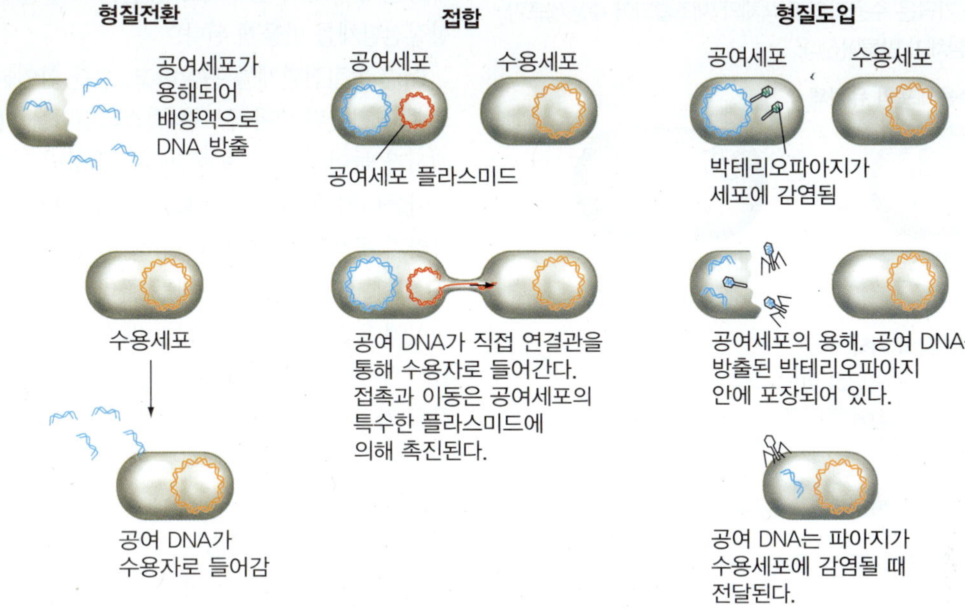

세균에서의 유전자 전달은 형질전환, 접합, 형질도입의 세 가지 방법으로 일어날 수 있다(그림 13.12). 이 세 가지 기작 모두 **공여자**(donor)가 전달되는 유전물질을 제공하고, **수용자**(recipient)는 유전물질을 받아들인다. **형질전환**(transformation)에서는 공여자의 DNA가 세포 배양액에 첨가되면, 수용자가 이것을 받아들인다. **접합**(conjugation)에서는 공여자가 특수한 플라스미드를 가지고 있어서 수용자와 접하고 직접 DNA를 전달할 수 있다. **형질도입**(transduction)에서는 공여 DNA가 박테리오파아지의 단백질 외피 안에 싸여서 파아지 입자가 감염될 때 수용자로 들어간다. 유전자를 받아들인 수용자는 각각 DNA 전달 방법에 따라 **형질전환체**(transformant), **접합완료체**(exconjugant), **형질도입체**(transductant)라고 한다.

세균의 유전자 전달은 모두 비대칭적이다. 첫째, 전달은 공여자에서 수용자로 한 방향으로만 일어난다. 둘째, 대부분의 수용자는 공여자 DNA의 3% 미만을 받아들이고, 접합완료체를 제외하고는 공여자로부터 많은 양을 받아들이는 경우는 없다. 따라서 수용자로 들어가는 공여자 DNA의 양은 수용자의 염색체에 비해 상대적으로 크기가 매우 작으며, 수용자는 자신의 DNA 대부분을 유지하게 된다. 이제 각각의 유전자 전달에 대해 자세히 살펴보자.

형질전환에서는 수용자가 DNA를 받아들여 유전자형이 변한다

일부 세균은 자연적으로 주변의 DNA 조각을 받아들일 수 있는데, 이를 **자연 형질전환**(natural transformation)이라고 한다. 그러나 대부분의 세균들은 실험실 조작을 통해 세포벽과 세포막이 DNA에 대해 투과성을 가지게 만들어 주어야만 DNA를 받아들일 수 있으며, 이런 과정을 **인공 형질전환**(artificial transformation)이라고 한다.

자연 형질전환

자연 형질전환이 일어나는 세균 종들이 몇 가지 알려져 있는데, 그 중의 하나가 폐렴균(*S. pneumohiae*)으로 인간의 폐렴을 일으키는 원인이며, 그리피스(F. Griffith)에 의해 최초로 형질전환이 일어난다는 것이 알려졌다. 그 외에도 토양에 있는 무해한 세균인 고초균(*B. subtilis*), 사람의 여러 질병을 일으키는 인플루엔자균(*H. influenzae*), 임질균(*N. gonorrhoeae*) 등이 있다.

자연 형질전환을 연구하던 중에 *trpC*$^-$와 *hisB*$^-$의 두 돌연변이를 가지고 있어 Trp$^-$, His$^-$ 이중 영양요구성을 나타내는 고초균이 분리되었다. 이 이중 영양요구주는 야생형의 Trp$^+$, His$^+$ 공여자로부터 DNA를 받는 수용자로 사용되었다(그림 13.13a). 공여자 DNA를 추출, 정제하고 *trpC*$^-$,

그림 13.13 고초균의 자연적인 형질전환. (a) 야생형 공여자와 $trpC^-$ $hisB^-$ 이중 영양요구주 수용세포. Trp^+와 His^+ 표현형을 선별하여 형질전환체를 확인한다. (b) 고초균의 자연적인 형질전환의 기작. 공여 DNA 조각의 한 가닥은 수용자로 들어가는 반면, 다른 가닥은 분해된다. 들어가는 가닥은 수용자의 염색체와 재조합되어 수용세포가 분열할 때 형질전환체가 만들어진다.

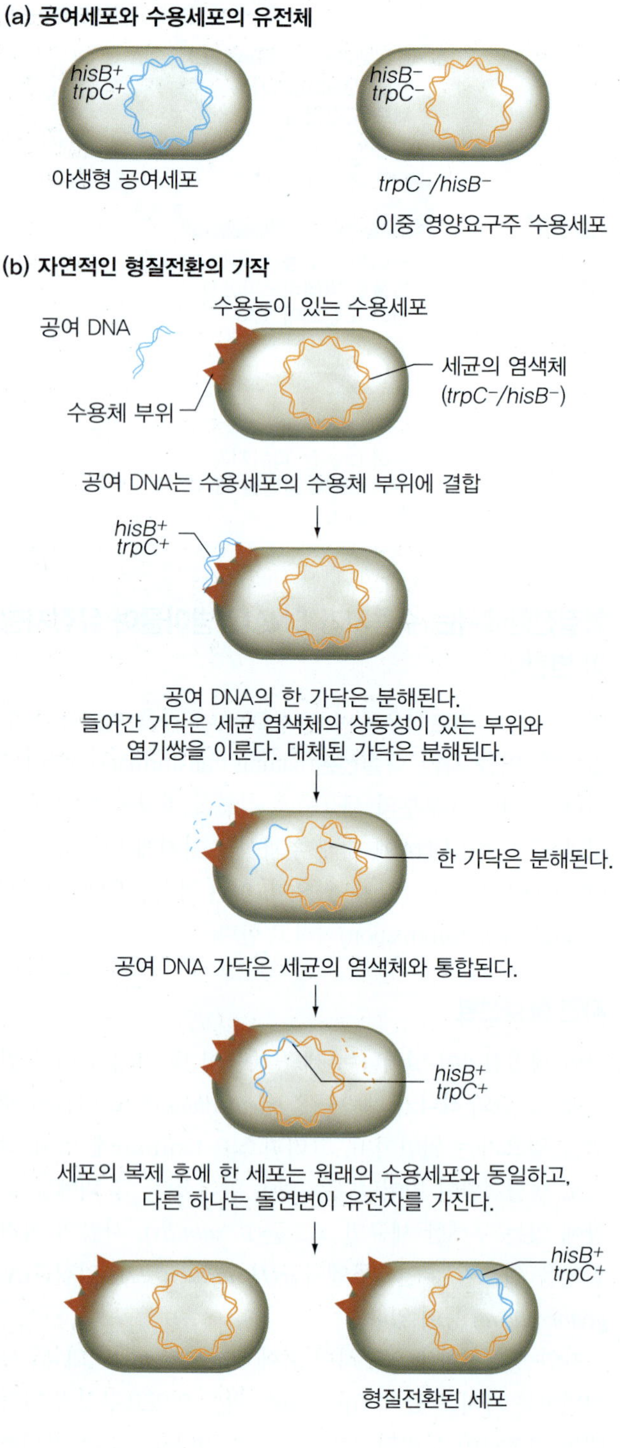

hisB$^-$ 수용자를 적절한 배양액에서 **수용성**(competent)이 생길 때까지 키우면 배양액에 있는 DNA를 받아들일 수 있다. 수용자가 자연 형질전환을 통해 DNA를 받아들일 때는, 공여자 DNA의 한 가닥만이 세포 안으로 들어가고, 나머지 가닥은 분해된다(그림 13.13b). 세포 안으로 들어간 DNA 가닥은 수용자의 염색체로 통합되어 수용세포가 분열할 때 형질전환체를 만들게 된다.

Trp^+ 형질전환체를 관찰하고, 수를 확인하기 위해서는 새로 형질전환된 수용세포를 히스티딘만을 가지고 있는 최소배지가 들어 있는 고체배지에 도말하면 된다. 공여 DNA를 받아들이지 못한 수용세포는 트립토판이 없는 배양액에서 자라지 못하는 반면, Trp^+ 형질전환체는 자라서 그 수를 셀 수 있다. His^+ 형질전환체를 골라내기 위해서는 히스티딘 대신에 트립토판이 들어 있는 배지를 사용한다. 이 실험에서 Trp^+과 His^+ 형질전환체의 수는 같았다. 고초균의 수용성이 가장 커지는 조건에서는 10^9세포가 10^5개 정도의 Trp^+ 형질전환체와 His^+ 형질전환체를 만들어낸다.

Trp^+ 형질전환체들 중 His^+ 형질전환도 일어난 세포를 확인하기 위해서는 멸균된 이쑤시개를 이용하여 Trp^+ 형질전환체를 트립토판과 히스티딘이 둘 다 없는 최소배지에 옮겨 키우면 된다. 100개의 Trp^+ 형질전환체당 40개가 최소배지에서 자랐으며, 따라서 이들은 모두 His^+ 형질전환체이다. 마찬가지로 His^+ 형질전환체의 약 40%가 Trp^+였다. 따라서 40%의 분석된 군락은 *trpC*$^+$과 *hisB*$^+$ 유전자가 동시에 형질전환된 것이다. 두 가지 이상의 유전자가 동시에 형질전환되는 것을 **공동형질전환**(cotransformation)이라고 한다.

형질전환 동안에 공여 DNA는 수용자 염색체의 아주 작은 일부분만을 대체하기 때문에 두 고초균의 유전자가 높은 빈도로 동시에 형질전환된다는 것은 놀라운 일이다. 해답은 *trpC*와 *hisB* 유전자가 염색체상에 아주 가깝게 위치한다는 것, 즉 유전적으로 연관되어 있다는 것이다. 완전한 고초균의 염색체는 약 4,700 kb로써, 같은 염색체상의 가까운 곳에 위치한 유전자만이 동시에 형질전환될 수 있다. 유전자가 가까이에 위치할수록 공동형질전환 빈도는 더 높아진다. 따라서 비록 공여 염색체가 형질전환을 위한 DNA 추출 과정에서 20 kb 정도 크기로 조각이 나지만, 야생형의 *trpC*$^+$와 *hisB*$^+$ 대립유전자가 아주 가깝기(약 7 kb 떨어져 있음) 때문에 하나의 공여 DNA 분자 내에 같이 위치하는 경우가 많게 된다. 반면에 너무 멀리 떨어져 있어서 같은 공여 DNA 조각 내에 위치하지 못하는 유전자들은 공동형질전환이 거의 일어나지 않는데, 그 이유는 형질전환의 효율이 높지 않아서 수용세포가 보통은 하나의 DNA 조각만을 받아들이기 때문이다.

형질전환은 플라스미드의 전이도 일으킨다. 만일 공여

DNA가 플라스미드라면 수용세포는 완전한 플라스미드를 받아들여 플라스미드 유전자에 의해 나타나는 형질을 획득하게 된다. 이 장의 서두에서 소개했던 페니실린 내성 임질균은 플라스미드의 형질전환에 의해 유래된 것으로 여겨진다. 플라스미드의 공여자는 동시에 감염된 환자에서 면역반응에 의해 부서진 인플루엔자 감염세포였던 것이다. 플라스미드에는 페니실린가수분해효소(penicillinase) 유전자가 있었으며, 수용자인 임질균은 플라스미드의 형질전환에 의해 페니실린에 대한 내성을 획득하게 되었다.

인공 형질전환

앞에서 소개한 연구들은 자연 형질전환을 실험실에서 행한 것이었으며, 자연 형질전환을 하지 못하는 세균들을 형질전환시키는 방법도 개발되었다. 이러한 인공 형질전환 기술은 9장에 소개된 유전자 클로닝 기술의 개발에 필수적이었다. 개발된 방법에는 모두 공여 DNA가 세포 안으로 확산될 수 있도록 수용세균의 세포막과 세포벽을 손상시키는 과정이 포함되어 있다. *E. coli*의 경우 가장 흔한 방법은 낮은 온도에서 세포에 높은 농도의 칼슘 용액을 처리하는 것이다. 이러한 조건에서 세포는 단일가닥 또는 이중가닥 DNA에 투과성을 가지게 된다.

다른 인공적인 형질전환 방법으로는 **전기천공법**(electroporation)이 있다. 이것은 수용 세균 현탁액을 공여 DNA와 섞은 후 혼합액에 아주 짧게 고전압 충격을 주는 것이다. 이 충격은 세포막에 구멍을 만들게 되며, 적절한 충격 조건에서는 수용세포가 공여 DNA를 효과적으로 받아들이게 된다. 전기천공법은 거의 모든 세균에서 사용할 수 있다.

접합에서는 공여자가 수용자에 직접 DNA를 전달한다

1940년대에 레더버그(Joshua Lederberg)와 테이텀(Edward Tatum)은 각각 여러 개의 영양요구성을 나타내는 두 종류 *E. coli* 균주를 분석한 결과 한 종류의 *E. coli* 세포에서 다른 종류의 세포로 유전자가 전달되는 것처럼 보이는 놀라운 발견을 하였다(그림 13.14). 두 균주 모두 포도당과 염만 가지는 최소배지에서는 자랄 수 없었다. A 균주는 메티오닌과 바이오틴(비타민 H)이 필요했으며, B 균주는 트레오닌, 류신, 티아민(비타민 B_1)을 필요로 한다. 레더버그와 테이텀은 두 균주를 완전 배지에서 함께 배양한 다음, 두 균주의 혼합액을 최소배지로 옮긴 결과, 옮긴 세포 10^7개당 1개의 세포가 살아나 군락을 형성함을 확인하였다. 이 군락은 무엇이며, 어떻게 생겨났을까?

그림 13.14 접합. 레더버그와 테이텀이 분석한 두 복합 영양요구주 중 어느 것도 최소배지에서는 군락을 형성할 수 없다. 두 균주의 세포를 섞으면 유전자 전달에 의해 최소배지에서 군락을 형성할 수 있는 원영양체가 만들어진다.

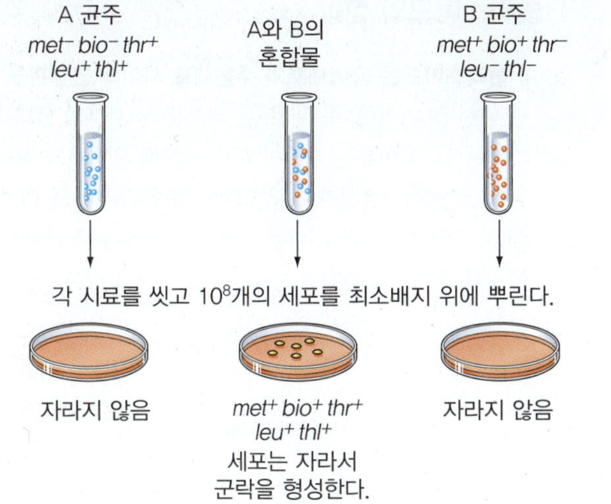

이후로 한 세기 이상 계속된 실험을 통해 레더버그와 테이텀이 관찰하였던 결과가 **세균 접합**(bacterial conjugation)이며(그림 13.15), 이 공여자에서 수용자로의 일방적인 DNA 전달에 세포와 세포의 직접적인 접촉이 필요하며, 공여자 안의 접합성 플라스미드(conjugative plasmid)에 의해 시작된다는 것이 밝혀졌다. 여러 종류의 플라스미드가 수용세포로 자신 또는 공여세포의 염색체 일부를 전달하게 해 주는 유전자를 지니고 있어 접합을 유도할 수 있다.

F 플라스미드와 접합

그림 13.16은 최초로 발견된 접합성 플라스미드인 *E. coli*의 F 플라스미드(F plasmid)에 의해 시작되는 세균의 접합을

그림 13.15 접합하는 세균 세포.

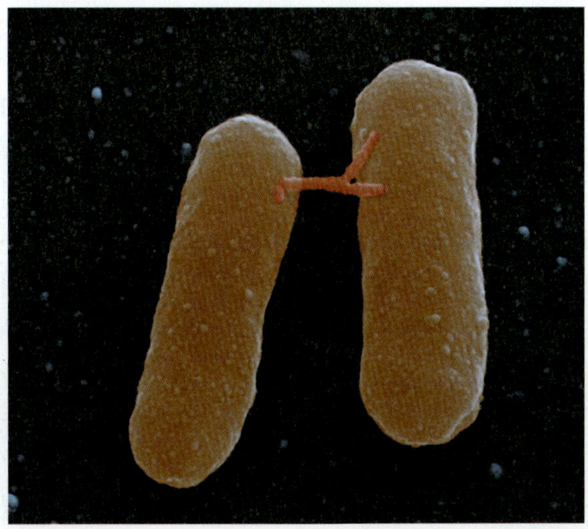

그림 13.16

F 플라스미드와 접합

a. F 플라스미드는 공여세포와 수용세포 사이의 연결관을 합성하는 유전자를 가지고 있다. F 플라스미드는 100 kb 길이의 원형 이중 나선 DNA이다. 숙주세포는 대부분 한 사본의 플라스미드를 가지고 있다. 유성 생식과 유사하게 F^+ 세포는 수컷 세균으로 여겨지는데, 그 이유는 이들이 다른 세균에 유전자를 전달할 수 있기 때문이다. 약 35%의 F 플라스미드 DNA는 플라스미드의 전달을 조절하는 유전자로 구성되어 있다. 대부분의 이들 유전자는 세균에서 뻗어나가는 가늘고 단단한 단백질 가닥인 F 선모(F pilus; 단락, F pili)라고 하는 구조를 형성하는 데 관여하는 단백질을 암호화하고 있다. 이 플라스미드의 다른 부분에는 IS와 DNA 복제에 관여하는 단백질의 유전자를 가지고 있다.

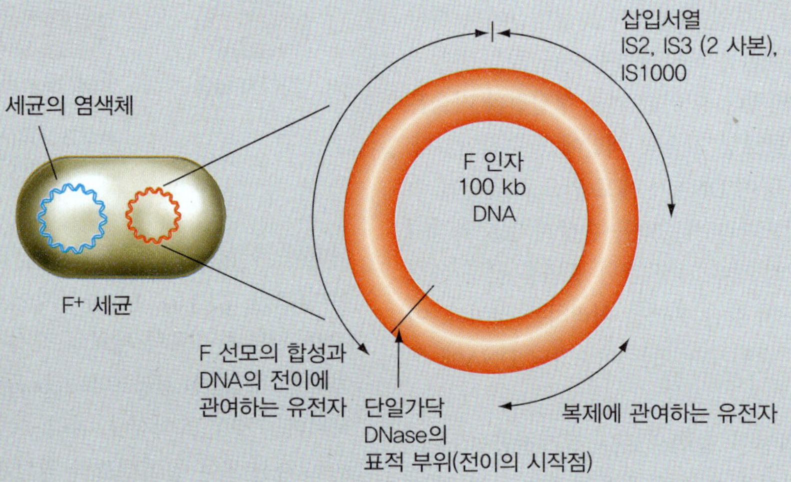

b. 접합 과정

1. 선모: 평균적으로 선모는 길이가 1 μm 정도로 대장균의 평균 길이와 비슷하다. 선모의 끝에는 F 에피솜을 가지지 못한 F^- 세포의 세포벽에 특이적으로 결합하는 단백질로 이루어져 있다.
2. F^- 세포(암컷 세균)에 결합: F 인자가 없기 때문에 F^- 세포는 선모를 만들 수 없다. F^+ 세포의 선모는 F^- 세포에 접촉한 다음 길이가 짧아져 F^- 세포가 F^+ 세포 가까이에 위치하게 된다. 이제 이웃한 F^+ 세포와 F^- 세포의 세포막을 통해 좁은 통로가 만들어진다.

보여주고 있다. F 플라스미드를 가지고 있는 공여세포를 F^+라 하고, 플라스미드가 없는 수용세포를 F^-라 한다. F 플라스미드는 공여세포가 수용세포와 접촉하는 데 필요한 선모(pilus)를 형성하는 유전자와 F 플라스미드 DNA의 특정 부위(**전달기점**, origin of transfer)에 틈을 형성하는 핵산내부가수분해효소 유전자 등 DNA의 전달에 필요한 여러 유전자를 가지고 있다.

F 플라스미드를 가진 F^+ 공여자가 선모를 통해 F^- 수용세포(F 플라스미드 없음)에 접하게 되면 선모가 짧아지며 공여자와 수용자가 가까워진다. F 플라스미드 DNA에 핵산내부가수분해효소에 의해 틈이 생기고, 플라스미드의 단일가닥이 두 세포 사이의 가교를 건너 이동하게 되며, 이때 공여세포에서는 이동하는 DNA 부분이 동시에 합성되어 채워진다. 공여 DNA가 수용세포에 들어가면 원형이 되며 상보적인 DNA 가닥이 수용세포 내에서 합성된다. 이러한 $F^+ \times F^-$ 접합에서는 수용세포가 F^+가 되며, 공여세포는 F^+ 상태로 남게 되는 것이다.

접합을 시작하고 담당함으로써, F 플라스미드는 성행위에 의해 전염되는 질병원이 인간 집단에 미치는 작용과 같은 방법으로 세균 집단에 작용하게 된다. 몇 개의 공여세균이 F

3. 유전자 전달: 단일가닥 DNA가 수컷세포에서 암컷세포로 전달된다. 세포와 세포의 통로가 완성되면 신호가 전달되어 핵산 내부가수분해효소가 F 플라스미드의 특정부위(전이의 시작점)에서 한 가닥을 자른다. F^+ 세포는 잘린 가닥을 통로를 통해 F^- 세포로 보낸다. F 플라스미드를 받으면서 F^- 세포는 상보적인 가닥을 합성한다. F^-였던 세포는 이중가닥의 F 플라스미드를 가지게 되며, 이제 F^+ 세포가 된다.
4. 원래의 F^+ 세포에서는 새로 합성된 DNA가 F^- 세포로 전이된 단일가닥을 대체한다. 전이와 합성이 끝나 두 세균이 분리되면 두 세포 모두가 F^+이다.

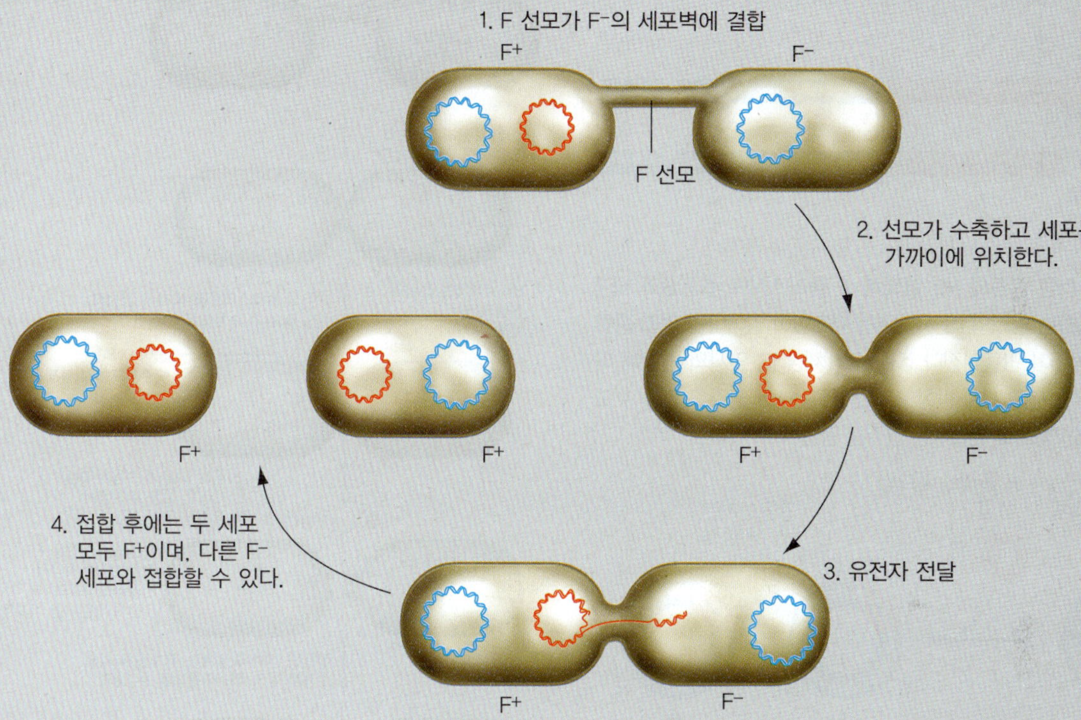

플라스미드를 가지지 않는 큰 집단에 들어가게 되면, F 플라스미드는 곧 전체 집단으로 퍼지게 되며, 모든 세포가 F^+가 된다.

접합에 의한 염색체 유전자의 전달

F 플라스미드는 세 종류의 IS 인자(IS element)를 가지고 있는데, 이들은 하나의 IS2, 두 사본의 IS3, 하나의 매우 긴 IS1000 이다. 이 F 플라스미드상의 IS 서열들은 세균 염색체의 여러 부위에서 발견되는 IS 인자들과 같은 것들이다. 대략 100,000개의 F^+ 세포당 하나에서 플라스미드의 IS와 염색체상의 동일한 IS 사이에서 상동재조합이 일어나 F 플라스미드 전체가 *E. coli*의 염색체로 통합된다(그림 13.17). 염색체에 플라스미드가 통합되어 있는 세포는 Hfr 세균(Hfr bacterial)이라고 하는데, 이것은 다음에서 보게 되겠지만 이들이 F^- 균주와 접합하면 높은 빈도로 염색체 유전자의 재조합이 일어나기 때문이다.

F 플라스미드가 세균 염색체로 통합되는 재조합은 F 플라스미드의 어떤 IS 인자와 이에 상응하는 염색체의 어떤 IS 인자 사이에서도 일어날 수 있기 때문에 30가지 이상의 다른 Hfr 세포가 만들어질 수 있다(그림 13.18). F 플라스미

그림 13.17 Hfr 염색체의 형성. 이 그림에서 막대는 DNA의 두 가닥을 나타낸다. F 플라스미드상의 IS와 세균의 염색체에 있는 같은 종류의 IS 사이의 재조합은 Hfr 염색체를 만들어낸다. 접합 동안에는 DNA가 Hfr 공여자에서 수용자로 전달기점(화살표)에서부터 전달되기 시작하며, 따라서 세균 유전자는 *A B C*의 순서로 전달된다.

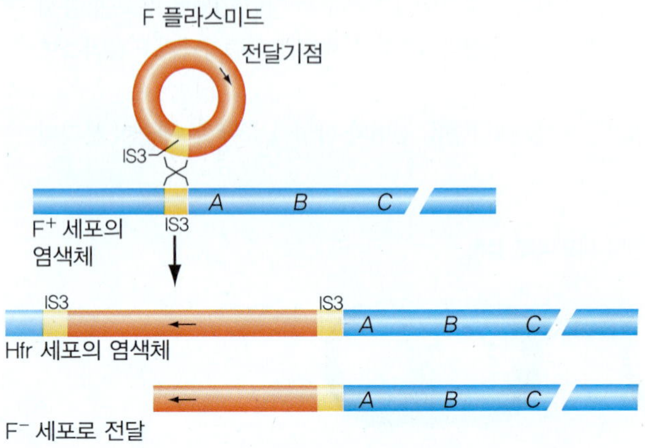

그림 13.18 다른 종류의 Hfr 염색체. F 플라스미드상의 IS와 세균 염색체의 대응하는 임의의 IS 사이에서 재조합이 일어나면 여러 종류의 다른 Hfr 균주가 만들어진다. 처음 염색체상 IS 인자의 방향에 따라 재조합은 유전자를 시계 방향으로 전달하는 Hfr 균주를 만들 수도 있고, 시계반대방향으로 전달하는 균주를 만들 수도 있다.

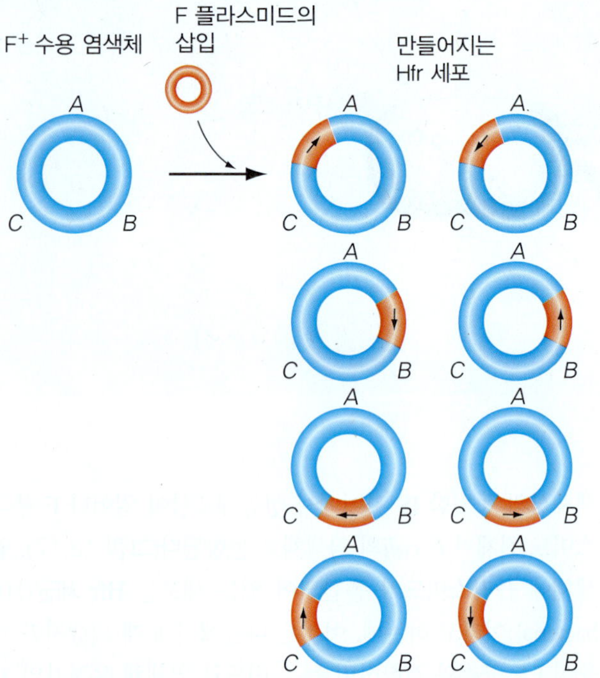

드와 같이 유전체로 통합될 수 있는 플라스미드를 **에피좀**(episome)이라고 한다. 다양한 Hfr 균주는 세균의 염색체에 대한 에피좀의 위치와 방향에 의해 구분된다.

세균의 번식 동안에 Hfr 세포에 통합된 플라스미드는 나머지 세균의 염색체와 함께 복제된다. 그 결과 분열 후 만들어진 딸세포의 염색체는 모세포의 염색체에 통합되어 있었던 동일한 위치에 완전한 F 플라스미드를 가지게 된다. Hfr 세포의 모든 자손은 동일하며, F 플라스미드의 삽입 방향과 위치도 동일하다. 통합된 F 플라스미드는 여전히 접합에 의해 DNA의 전달을 시작할 수 있는 능력을 지니고 있으며, 이제는 세균 염색체의 일부이므로 공여세포 염색체의 일부 또한 전달될 수 있다(그림 13.19).

그림 13.19 Hfr 공여세포와 F⁻ 수용세포 사이의 유전자 전달. Hfr × F⁻ 교배에서는 통합되어 있는 F 플라스미드의 전달기점에서부터 단일가닥 DNA가 수용세포로 전달된다. 수용세포에서는 이 단일가닥 DNA가 복사되어 이중가닥이 된다. 만일 교배가 중단된다면, 수용세포는 자신의 염색체 이외에도 이중가닥의 선형 DNA 조각을 가지게 될 것이다. 공여자로부터 온 유전자는 수용세포의 염색체에 재조합될 때에만 접합완료체 내에 남아 있게 된다. 중요한 것은 수용자의 염색체가 원형으로 남아 세포가 살 수 있게 되기 위해서는 짝수 번의 교차가 필요하다는 것이다.

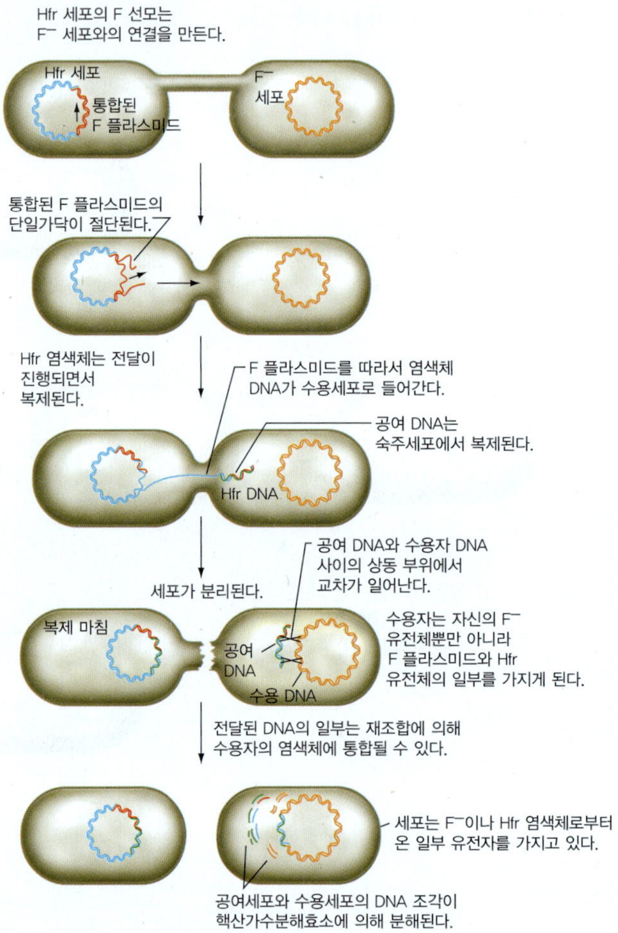

Hfr 세포에서 접합된 F⁻ 세포로의 DNA 전달은 통합된 F 플라스미드의 가운데에서 단일가닥 틈이 생겨 시작된다

그림 13.20 교배 방해 실험. (a) Hfr (thr^+, azi^r, ton^r, lac^+, gal^+, str^s)과 F^- (thr^-, azi^s, ton^s, lac^-, gal^-, str^r) 세포를 섞어 교배시킨다. 시료를 1분 간격으로 주방용 믹서기를 사용하여 강하게 섞어주어 유전자 전달을 중단시킨다. 세포를 스트렙토마이신이 있고(Hfr 공여세포를 죽이기 위해), 트레오닌이 결핍된(교배되지 않은 F^- 세포가 자라지 못하도록) 배지에 뿌린다. 다른 표식자에 대한 접합완료체의 표현형은 복제평판을 사용하여 확인한다. (b) 교배 방해 실험의 결과. (c) 결과로부터 최초로 수용자에서 공여 DNA가 나타난 시간에 의해 결정된 유전자의 순서.

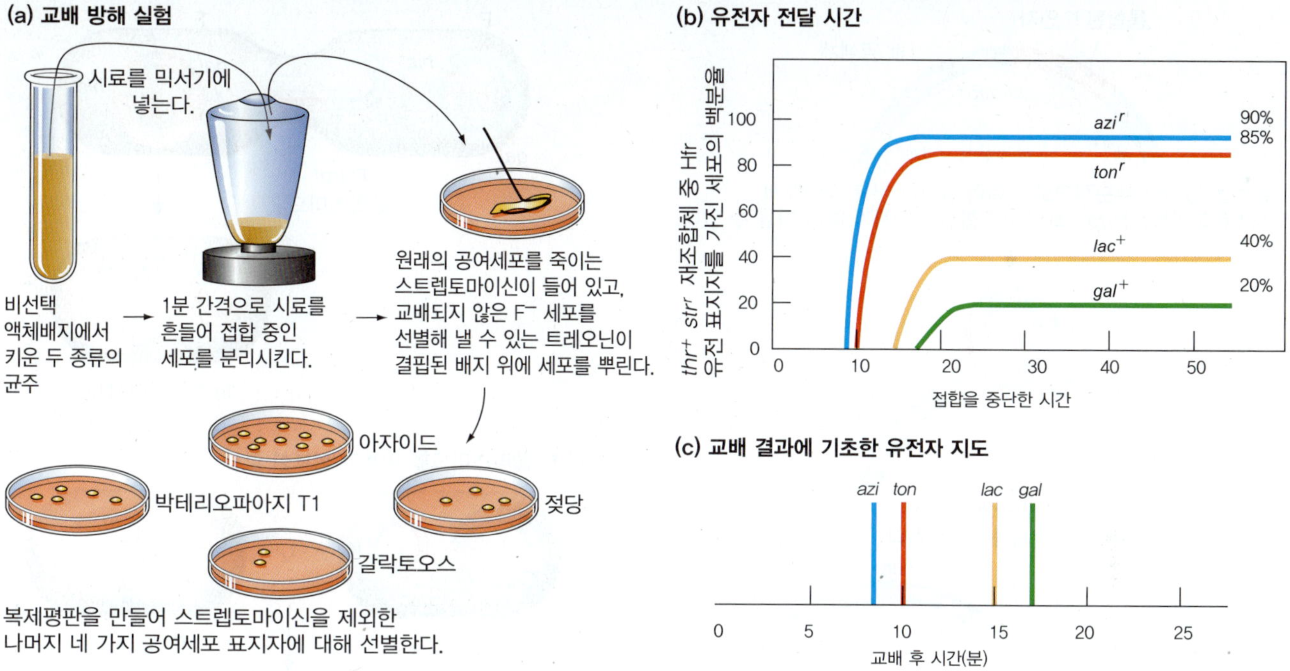

(그림 13.20). 일단 공여 DNA가 수용세포로 전달되면 공여 DNA와 수용세포 염색체 사이에서 재조합이 일어날 수 있게 된다.

접합 동안의 유전자 전달에 의한 유전자지도 작성

Hfr 염색체에서 유전자들은 수용세포로 순서대로 전달되기 때문에 Hfr × F^- 교배를 사용하면 유전자지도를 작성할 수 있다. *E. coli* 유전체의 초기 연구에서, 월만(Eli Wollman)과 자콥(Francois Jacob)은 Str^s (스트렙토마이신 민감성), Thr^+ (트레오닌 합성 가능), Azi^r (아지드화물 저항성), Ton^r (T1 파지 저항성), Lac^+ (젖산에서 생장), Gal^+ (갈락토오스에서 생장)인 Hfr 균주와 반대의 특징을 지닌 F^- 균주 (Str^r, Thr^-, Azi^s, Ton^s, Lac^-, Gal^-)를 사용하였다. 이 두 균주를 사용해서 이들은 유전자 전달과 재조합이 일어난 접합체를 분리해 분석할 수 있게 되었다.

월만과 자콥은 이 두 균주를 비선택 영양배지에서 섞어 접합을 유도하였다. 그 다음, 1분 간격으로 교배가 일어나고 있는 혼합 시료를 주방용 믹서기로 흔들어 교배를 중단시키고(이런 이유로 이 실험을 교배방해 실험[interrupted-mating experiment]이라고 한다) 이 교배가 중단된 시료를 원래의 Hfr 균주를 죽이는 스트렙토마이신이 들어 있는 페트리접시에 도말하였다. 이 고체배지에는 교배가 일어나지 않아서 Hfr 세포로부터 thr^+ 유전자를 받지 못한 F^- 세포를 제거해 내기 위해서 트레오닌을 첨가하지 않았다. 이 배지에서 자라는 Str^r Thr^+ 접합자를 얻은 후, 복제평판을 만들어 Hfr 세포로부터 F^- 수용자로 네 가지 다른 유전자들이 전달되었는지를 조사하였다(그림 13.20a).

그림 13.20b는 접합을 시작해서 중단되기까지의 시간에 따라 Hfr 균주로부터 다양한 대립유전자를 전달받는 빈도를 나타낸 것이다. 교배가 시작되고 8분이 지난 후에는 Azi^r 재조합체가 일부 나타났지만 나머지 대립유전자를 가지고 있는 것들은 나타나지 않았다. 10분 후에는 ton^r 대립유전자 재조합체가 나타나며, 15분 후에는 lac^+ 대립유전자가, 17분 후에는 gal^+가 나타난다. Hfr에서 받은 특정한 유전자를 가진 재조합 균락의 비율은 시간에 따라 증가하다가 유전자에 따라 일정한 값의 정체기에 도달하게 되는데, F^- 세포로 가장 먼저 전달되는 Hfr의 유전자가 가장 높은 정체기를 가지며(90%), 마지막 유전자(gal^+)가 가장 낮은 값을 가진다(20%).

교배 중단 실험에서 전달되는 각 유전자의 두 가지 특징, 즉 유전자 전달이 최초로 나타나는 시간과 정체기에서 공여 유전자를 가지는 접합체의 비율은 Hfr 균주에서 통합된

그림 13.21. F′ 에피좀. (a) F 플라스미드가 세균의 염색체에서 떨어져 나올 때 아주 가끔 이웃한 세균의 유전체 DNA를 가지고 나와 F′ 에피좀이 만들어질 수 있다. (b) 접합 동안의 F′의 전달은 부분이배체를 만들 수 있다. (c) 부분이배체는 F′ 에피좀상의 세균 유전자를 포함하는 상보성 분석에 사용될 수 있다. *trp*⁻ x와 *trp*⁻ y는 두 개의 독립적인 *trp* 돌연변이이다.

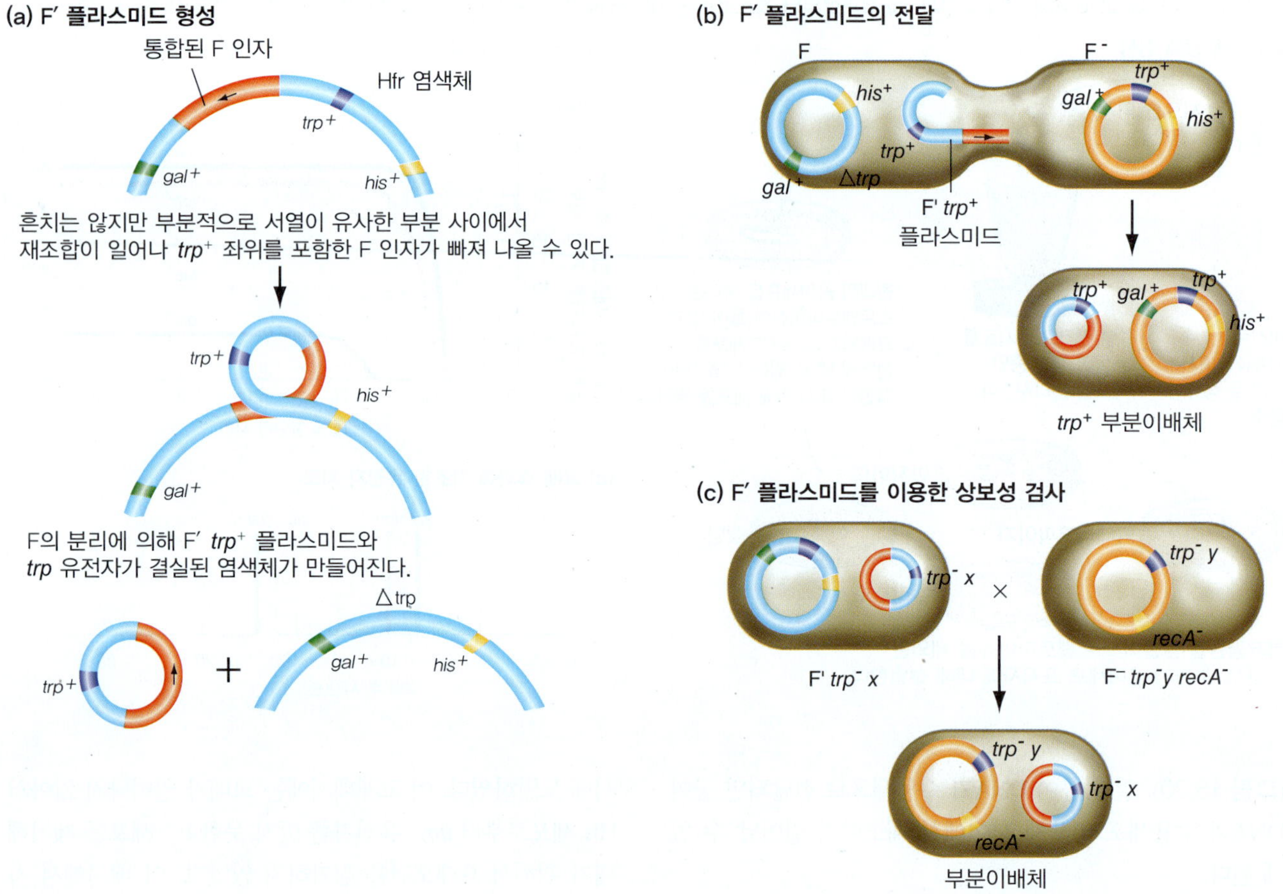

F 에피좀의 존재로 설명할 수 있다. 접합체에서 각각의 유전자가 최초로 나타나는 시간이 특정한 것은 모든 Hfr 공여세포에서 F 인자가 동일한 부위에 동일한 방향으로 위치하기 때문이며, 또한 전달이 항상 F 인자의 같은 부위, 즉 전달기점(origin of transfer)에서 시작되기 때문이다(그림 13.17 참조). 따라서 유전자가 최초로 수용세포로 들어가는 시간은 유전자와 전달기점으로부터의 거리를 반영하는 것이다. 이러한 해석을 통해 *E. coli* 염색체에서 유전자의 순서를 예상할 수 있으며, 또한 유전자 사이의 거리도 정확하지는 않지만 측정할 수 있다. 거리의 단위는 염색체 전달 시간(분)(minutes of chromosome transfer)으로 정의될 수 있으며, 1분은 약 47,000 bp에 해당한다(그림 13.20c).

각각의 전달된 유전자를 가지는 균락의 비율이 정체기에 도달하는 것은 새로운 전달이 계속 시작된다는 사실과 접합 다리와 전달되는 DNA의 고유한 연약성에 기인한다. Hfr 공여자와 F⁻ 수용자 사이의 전달은 세포가 떨어지거나 전달되는 염색체가 끊어지면 자연스럽게 끝나게 된다. 그 결과 초기에 전달되는 *azi*ʳ와 같은 유전자조차도 모든 접합자가 가질 수는 없다. 또한 유전자가 전달되는 데 시간이 많이 걸릴수록 전달이 완료되기 이전에 교배쌍이 떨어져 나갈 확률이 커지게 된다. 다시 말하면 접합은 믹서기 없이도 자연적으로 중단될 수 있다. 따라서 후기에 전달되는 유전자가 성공적으로 전달되는 접합자의 비율은 줄어들게 된다. 그림 13.20b에서 볼 수 있듯이 유전자의 순서는 1분 간격으로 교배를 중단시키지 않고 단순히 20분의 접합 후에 여러 유전자들을 가지는 접합자의 비율을 구해 결정할 수 있다. 이러한 접합의 성질, 즉 F 인자 기원으로부터 유전자의 거리가 그 유전자를 가지는 접합자의 비율을 결정한다는 것을 전송기울기(gradient of transfer)라고 한다.

이 장의 마지막에 있는 문제들은 접합 실험의 두 가지 부가적인 특징을 강조해 보여준다. 첫째, 연습문제 21번에서 볼 수 있듯이 *E. coli* 염색체의 여러 다른 부위에 다른 방향으로 삽입되어 있는 서로 다른 Hfr 공여 균주를 사용한 접합 실험은 역사적으로 세균의 염색체가 실제로 원형이라는 최초의 증거를 제공해 주었다. 둘째, 연습문제 18번, 19번은 안정한 접합체의 형성에는 짝수 번의 재조합이 필요하다는 것을 강조하고 있다. 이 교배의 결과를 추적한 결과 접합 실험으로부터 매우 정확한 유전자 지도를 얻을 수 있었다.

상보성 연구에서 F′ 에피좀의 사용

앞서 F 플라스미드가 세균의 염색체에 삽입되는 사건이 100,000개의 F^+ 세포당 하나에서 일어나 하나의 Hfr 세포가 만들어짐을 보았다. 거의 같은 비율로 Hfr 세포에서 절제가 일어나 Hfr 세포가 F^+ 세포로 돌아간다. 이런 절제 과정에서 적은 비율로 재조합의 오류가 생겨 대부분의 F 플라스미드와 삽입된 F 에피좀 옆의 세균 염색체 일부분을 가지는 플라스미드가 만들어진다. 이렇게 F 플라스미드의 유전자 대부분과 세균 염색체 일부분을 가지는 새로 만들어진 플라스미드를 **F′ 플라스미드**(F′ plasmid)라고 한다(그림 13.21a).

F′ 플라스미드는 *E. coli* 안에서 원형의 DNA로 분리되어 복제된다. 이들은 F 플라스미드가 전달되는 것과 같은 방식으로 F^- 수용세포에 전달될 수 있다. 차이는 염색체 유전자의 일부가 F′ 플라스미드의 일부로써 항상 같이 전달된다는 것이다. 세균 염색체와 독립적으로 복제할 수 있는 분자에 위치한 염색체 유전자를 전달할 수 있는 F′ 에피좀의 능력으로 인해 이것은 상보성 분석에 사용할 수 있는 좋은 운반체이다.

7장에서 다루어졌던 세포의 상보성 검사는 분석하고자 하는 유전자에 대해 이배체이어야 한다. 비록 세균은 단수체이지만 세균 유전자를 가지고 있는 F′ 플라스미드를 사용하면 특정 부분에 대한 부분 이배체를 만들 수 있다. 예를 들면 트립토판의 생합성을 조절하는 *trp* 유전자를 가지는 F′ 플라스미드가 있는데, 이 플라스미드는 F′ *trp* 플라스미드라고 한다.

세균에서 F′ 플라스미드를 사용하여 부분 이배체를 만들기 위해서는 F′ 플라스미드를 이 플라스미드가 가지는 유전자가 결실되지 않은 균주에 전달해야 한다. 이것은 F′을 가지는 세포를 F^- 세포와 교배하여 얻을 수 있다(그림 13.20b). 이 교배로부터 얻은 접합자는 일부 세균 유전자를 F′에서 온 것과 세균 염색체에 있는 것, 이렇게 두 사본을 가지고 있는데, 이들을 **부분이배체**(merodiploid)라고 한다.

부분이배체를 사용한 상보성 연구의 예로는 트립토판 생합성에 영향을 미치는 돌연변이에 관한 연구를 들 수 있다(그림 13.21c). 이들 돌연변이는 모두 매우 가까이에 위치하고 있는데, 부분이배체를 만들기 위해서 먼저 특정한 trp^- 돌연변이(trp^- x)가 있는 전체 *trp* 부위를 가지는 F′ 플라스미드를 염색체에 다른 trp^- 돌연변이(trp^- y)를 가지고 있는 세균 균주에 도입하여야 한다. 트립토판이 없는 최소배지에서 특정한 부분이배체가 자란다면 각각의 돌연변이가 보상되었음을 의미하며, 이는 돌연변이가 서로 다른 유전자에 있음을 의미한다. 만약 세포가 자라지 못한다면 돌연변이는 같은 유전자에 있는 것이다. F′ *trp* 부분이배체를 이용한 상보성 검사를 통해 *E. coli*에 트립토판의 생합성에 필요한 서로 다른 다섯 가지 효소에 각각 해당하는 *A*, *B*, *C*, *D*, *E*의 다섯 가지 *trp* 유전자가 있음이 밝혀졌다.

형질도입에서는 파아지가 DNA를 공여세포에서 수용세포로 전달한다

다양한 세균에 감염되어 증식하고 세균을 죽이는 박테리오파아지는 자연에 매우 널리 퍼져 있다. 대부분의 세균은 한 가지 이상의 이러한 바이러스에 감염될 수 있다. 감염 동안에 바이러스 입자는 세균 염색체의 일부를 가질 수 있으며, 이 세균의 DNA를 다음 감염 주기 동안에 다른 숙주세포로 옮길 수 있다. 바이러스 입자가 세균의 DNA를 하나의 숙주세포에서 다른 세포로 옮기는 것을 형질도입(transduction)이라고 한다.

용균회로에 의한 파지의 증식

박테리오파아지가 DNA를 세균 세포로 주입하면 파아지 DNA는 세포의 단백질 합성 및 DNA 복제기구를 사용하여 파아지 유전자의 발현을 촉진하고, 파아지 단백질을 만들며, DNA를 복제한다(그림 7.24 참조). 새로 합성된 파아지 단백질과 DNA는 파아지 입자에 조립되고, 이후 감염된 세포가 터질 때(또는 용해될 때) 다른 세포에 감염될 수 있는 100~200개의 새로운 바이러스 입자가 방출된다. 세포의 용해와 새로운 파아지의 방출이 일어나는 번식주기를 파아지 증식의 **용균회로**(lytic cycle)라고 한다. 숙주 세균으로부터 용균회로의 마지막에 방출되는 파아지 입자의 집단을 용해물(lysate)이라고 한다.

일반형질도입

여러 종류의 박테리오파아지에는 숙주세포의 염색체를 파괴하는 효소 유전자가 있다. 이 효소에 의해 세균의 염색체가 분해될 때 파아지의 유전체와 동일한 크기의 세균 DNA 조각이 때때로 만들어지고, 이 DNA 조각이 파아지 DNA 대신에 파아지 입자 안에 담길 수 있다(그림 13.22). 숙주세포가 용해된 후에 파아지 입자는 다른 세균 세포에 붙어서 세포 내로 DNA를 주입할 수 있다. 이런 방법으로 파아지

그림 13.22 일반형질도입. 임의의 세균 DNA 조각이 공여세포로부터 박테리오파아지 입자로 들어가면 일반형질도입 파아지가 만들어진다. 이들 파아지 입자가 수용세포에 감염되면 공여 DNA는 수용세포로 주입된다. 공여 DNA 조각이 수용세포 염색체와 재조합되면 형질도입체가 된다. 짝수 번의 교차 과정이 필요하다.

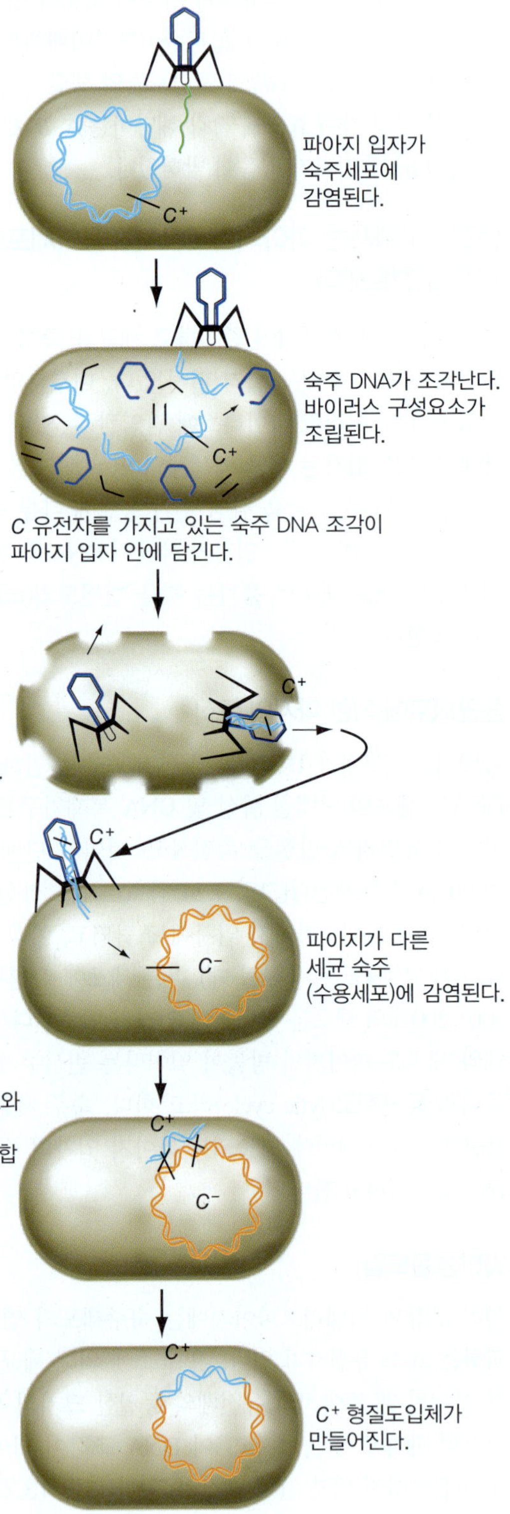

는 한 세균(공여세포)에서 다른 세균(수용세포)으로 유전자를 전달한다. 주입된 DNA와 새로운 숙주의 염색체 사이에서 재조합이 일어나면 전달이 완성된다. 이런 과정을 통해 가까운 균주들 사이에서는 어떤 유전자라도 전달될 수 있으며, 이 과정을 **일반형질도입(generalized transduction)**이라고 한다.

일반형질도입에 의한 유전자지도 작성

공동형질전환과 마찬가지로 세균의 염색체 상에 가까이 위치한 두 유전자는 함께 형질도입될 수 있다. **공동형질도입(cotransduction)**의 빈도는 두 유전자 사이의 거리에 직접적으로 의존한다. 가까이 위치할수록 하나의 짧은 DNA 조각 내에 함께 있을 가능성이 높고, 따라서 같은 파아지에 들어갈 수 있다. 하나의 파아지 입자에 담길 수 있는 DNA 조각의 길이보다 더 멀리 떨어진 두 유전자는 절대로 함께 형질도입될 수가 없다. *E. coli*의 일반형질도입 실험에 흔히 사용되는 박테리오파아지 P1의 경우에는 공동형질도입이 가능한 최대의 거리는 약 90 kb로 세균 염색체의 2% 길이에 해당한다.

예를 들어, 대장균의 염색체에서 교배 방해 실험을 통해 비슷한 지역에 위치하는 것으로 확인된 *thyA*, *lysA*, *cysC*의 세 유전자에 대해 살펴보자. 이들은 서로에 대해 어떤 관계에 있을까? 이것은 야생형 균주에서 얻은 P1 일반형질도입 용해물을 이용하여 $thyA^-$, $lysA^-$, $cysC^-$ 균주를 감염시킨 후 Thy^+ 또는 Lys^+ 표현형을 나타내는 형질도입체를 검색함으로써 확인할 수 있다. 복제평판을 만든 후 각각의 선

그림 13.23 공동형질도입 빈도에 의한 유전자 지도 작성. (a) $thyA^+$ $lysA^+$ $cysC^+$ 공여세포의 P1 용해물을 사용하여 $thyA^-$ $lysA^-$ $cysC^-$ 수용세포를 감염시킨다. Thy^+ 또는 Lys^+ 세포를 선별한 다음, 다른 표식자에 대해 조사한다. (b) 앞의 (a) 결과에 기초한 유전자 지도. *thyA*와 *cysC* 유전자는 낮은 빈도로 공동형질도입되며, 따라서 이들은 결코 동시에 형질도입 되지 않는 *lysA*와 *cysC*에 비해 더 가까이 위치한다.

(a) 공여세포: $thyA^+$ $lysA^+$ $cysC^+$

↓ P1 용해물 제조; 수용세포에 감염

수용세포: $thyA^-$ $lysA^-$ $cysC^-$

선별된 표식자	기타 표식자
Thy^+	47% Lys^+; 2% Cys^+
Lys^+	50% Thy^+; 0% Cys^+

(b)

택된 형질도입체를 다른 두 가지 대립유전자 형질에 대해 조사한다. 그림 13.23a의 표현형 자료에 나타난 것과 같이 *thyA*와 *lysA*는 서로 가까이 위치하지만, *cysC*는 떨어져 있으며, *lysA*와 *cysC*는 너무 멀리 떨어져 있어 함께 형질도입되는 결과는 나타나지 않았다. *thyA*와 *cysC*는 공동형질도입되는 빈도가 아주 낮았다. 따라서 이 세 유전자의 순서는 *lysA*, *thyA*, *cysC*이다(그림 13.23b).

잠재성 파아지

이제까지 살펴본 박테리오파아지는 모두 **독성**(virulent)이 있는 것이다. 이들은 숙주에 감염되면 항상 용균회로로 들어가 빠르게 증식하고 세포를 죽인다. 다른 종류의 박테리오파아지로 **잠재성**(temperate)인 것이 있다. 이들도 용균회로로 들어갈 수 있지만 그 대신에 **용원회로**(lysogenic cycle)로 들어갈 수 있으며, 이 경우에는 파아지 DNA가 숙주의 유전체에 끼어들어가 숙주 유전체와 함께 증식하여 숙주에 해가 없다(그림 13.24). 삽입된 잠재성 박테리오파아지 DNA를 **프로파아지**(prophage)라고 하며, 프로파아지를 가지는 세균을 **용원**(lysogen)이라고 한다. 염색체에 끼어 들어가면 파아지 유전체는 염색체 DNA를 따라다니는 수동적인 파트너이다. 통합된 프로파아지는 염색체와 함께 복제되지만 바이러스 입자를 만드는 데 필요한 단백질은 만들지 않는다. 용해회로와 용원회로의 생활사가 결정되는 것은 환경조건을 포함한 다양한 조건에 의존한다. 일반적으로 약독성 파아지가 숙주세포에 감염될 때 숙주 중 일부 세포는 용회회로로 들어가는 반면에 나머지는 용원회로로 들어간다. 연구 목적으로 자주 사용되는 잠재성 파아지로는 박테리오파아지 람다(λ)가 있다(그림 13.25).

그림 13.24 용균성 번식과 용원성 번식. 잠재성 박테리오파아지에 감염된 세포는 용균회로로 들어가거나 용원회로로 들어가게 된다. 용균회로에서 파아지는 숙주세포를 용해해서 새로운 숙주에 감염될 수 있는 새로운 박테리오파아지 입자를 만들어 번식한다. 용원회로에서는 파아지 염색체(초록색)가 숙주 염색체(주황색)에 통합되어 프로파아지가 된다.

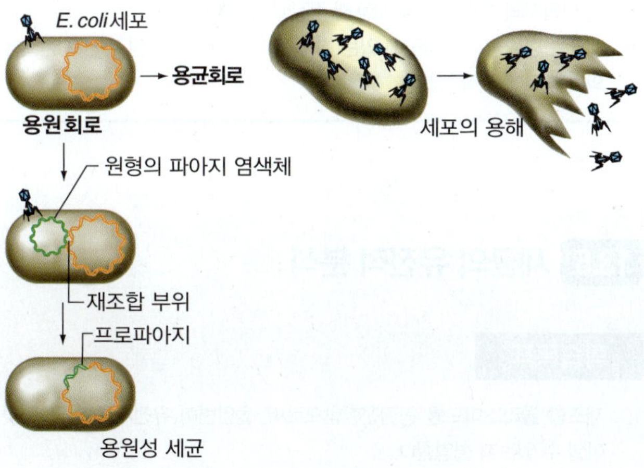

그림 13.25 박테리오파아지 람다. 약동성파아지인 박테리오파아지 람다(λ)의 전자현미경 사진.

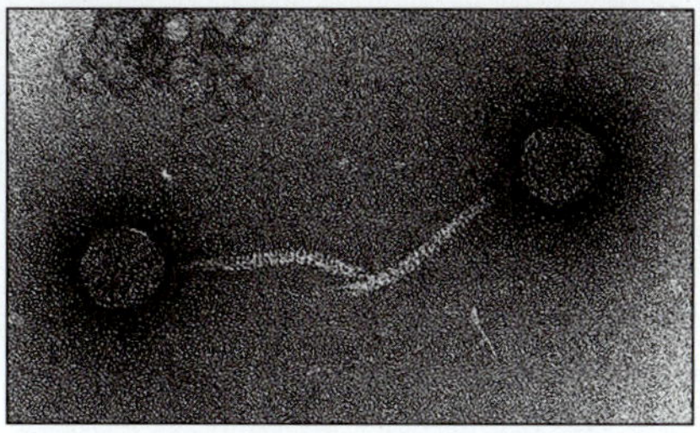

특정한 조건에서는 통합되어 있던 바이러스 유전체가 염색체에서 잘려져 나와 복제되어 새로운 바이러스를 형성할 수 있다(그림 13.26a). 흔치는 않지만 잘려져 나갈 때 박테리오파아지가 삽입된 부위 옆에 있던 세균의 유전자 일부가 바이러스 유전체와 함께 잘려 나와 포장될 수 있다. 이

그림 13.26 용원성과 절제. (a) λ 파아지 DNA가 통합되어 용원회로가 시작된다. 파아지의 *att* 부위와 세균 염색체 사이의 재조합에 의해 프로파아지의 통합이 허용된다. (b) 프로파아지의 절제 오류가 특수형질도입 파아지를 만든다. 정상적인 절제는 λ DNA만을 가지고 있는 원형 DNA를 만든다. 만일 절제가 정확하지 않으면, 이웃한 세균의 유전자가 원형 DNA에 포함되어 박테리오파아지에 들어간다. 프로파아지와 세균 염색체 사이의 비정상적인 재조합에 의해 일부의 파아지 유전자가 결실되고 이웃한 *gal* 유전자를 가지는 원형 DNA가 만들어진다.

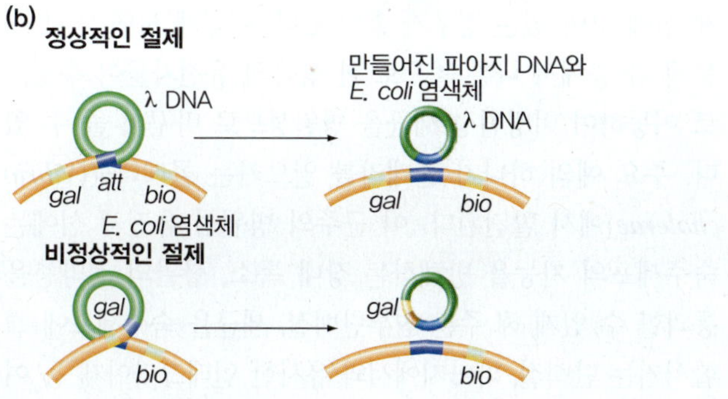

렇게 세균 유전체에서 용원성 바이러스가 잘못 잘려져 나와 만들어진 바이러스를 **특수 형질도입 파아지**(specialized transducing phage)라고 한다(그림 13.26b). 이러한 파아지가 만들어지는 동안에 세균의 유전자는 바이러스 DNA를 따라가는 탑승객이 된다. 특수 형질도입 파아지가 다른 세포에 감염되면 감염된 세포로 이 세균 유전자가 전달된다. 이렇게 파아지에 의해 몇 개의 세균 유전자가 전달되는 것을 **특수 형질도입**(specialized transduction)이라고 한다. 잠재성 파아지는 하나의 세균 균주에서 다른 균주로 또는 한 종에서 다른 종으로 유전자의 수평 전달을 일으키는 매우 중요한 운반체로 여겨진다.

유전자 수평 전달은 진화에 중요한 역할을 한다

앞서 살펴본 유전자 전달 기작(형질전환, 접합, 형질도입)은 여러 세균에서 사용된다. 수평 유전자 전달에 관한 광범위한 증거들은 이러한 기작이 세균을 변화하는 환경에 빨리 적응하게 하는 데 매우 중요하다는 것을 나타내 준다.

이종 간의 수평 유전자 전달은 여러 세균 유전체에서 **유전체 섬**(genomic island)이라고 하는 커다란 DNA 절편 부위(10~200 kb)가 발견되는 원인으로 생각되는데, 이들의 성질로 볼 때 이들은 모두 외부의 DNA가 세균 세포로 전달되어 생겨난 것으로 여겨진다. *E. coli* K12에 있는 이러한 유전체 섬의 예가 그림 13.6에 나타나 있다. 이 유전체 섬은 이질균(*Shigella*)의 유전체에서 온 것이 확실하며, *E. coli*의 다른 균주에서는 발견된 적이 없다. 유전체 섬이 수용세포의 염색체에 통합되는 기작이 λ 박테리오파아지와 같이 프로파아지를 만드는 잠재성 파이지에서와 유사하다는 증거들이 있다. 예를 들면, 여러 유전체 섬은 박테리오파아지의 통합효소와 연관성이 있는 효소 유전자를 가지고 있다. 유전체 섬은 새로운 물질대사 효소나 항생제 저항성을 나타내는 단백질 등의 유전자를 가지고 있어서 수용 세균이 새로운 환경에 적응하는 데 도움을 줄 수 있다.

병원성 세균에서 병원성을 결정하는 여러 인자들이 **병원성 유전자군**(pathogenicity island)이라고 하는 특정한 유전체 섬에 모여 있는 경우가 흔히 있다. 이렇게 모여 있기 때문에 한 종에서 다른 종으로 한 묶음의 유전자들이 수평으로 이동하여 비병원성 세균을 병원성으로 바꾸어 줄 수 있다. 주요 예의 하나가 콜레라를 일으키는 콜레라균(*Vibrio cholerae*)에서 발견된다. 이 균주의 병원성 유전체 섬에는 숙주세포의 기능을 방해하는 장내 독소, 장관의 점막층을 통과할 수 있게 해 주는 침투단백질, 세균을 숙주세포에 결합시키는 단백질, 파아지에서와 유사한 인테그라아제 등 여러 유전자가 포함되어 있다(그림 13.27). 콜레라의 유행은 *V. cholerae*라는 특정한 콜레라 균주에 의해 나타나는데, 이러한 질병 유발 균주의 유전체 분석 결과 병원성 유전체 섬 안에 들어 있는 유전자에 변이가 있다는 사실이 발견되었다. 유행병의 심각성은 그 균주 안에 존재하는 유전자에 의존하는 것이다.

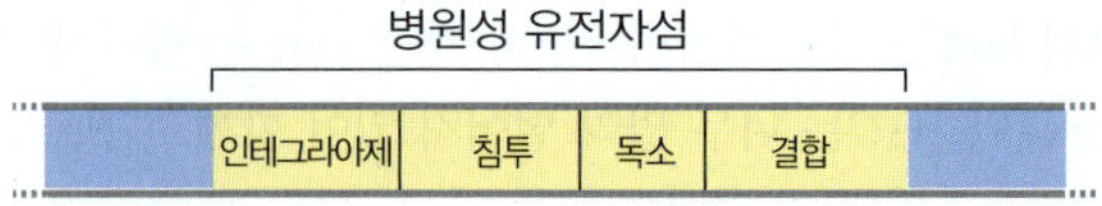

그림 13.27 병원성 유전자군. 세균 유전체 안의 병원성 유전자군은 질병을 유발하는 여러 유전자를 가질 수 있다.

통합적 접합 요소(integrative and conjugative element, ICE)라고 하는 병원성 유전체 섬은 특히 문제가 되고 있다. 이들은 다른 병원성 유전체 섬의 특징 외에 F 에피좀과 같은 접합성 플라스미드의 특징도 가지고 있다. 그 결과, ICE는 두 세포의 연결과 DNA의 전달 등을 매개하는 유전자들과 같이 접합에 필요한 기구의 유전자를 가지고 있다. ICE에 의해 시작되는 접합은 주로 "난교성(promiscuous)"이어서 병원성 유전자군의 DNA를 여러 다른 종으로 전달할 수 있다.

핵심 개념

- 세균 사이의 수평 유전자 전달은 형질전환, 접합, 형질도입의 세 가지 기작으로 일어난다.
- 형질전환에서는 배지에 있는 공여 DNA가 수용세포로 들어간다.
- 접합은 접합성 플라스미드(예, F 플라스미드)를 가지거나 통합된 접합효소가 있는(Hfr 균주와 같은) 공여자와 그러한 요소를 가지지 않은 수용자 사이의 직접적인 세포–세포 접촉을 필요로 한다.
- 가까이에 위치한 유전자들은 공동형질전환 또는 공동형질도입되는 빈도가 유전자 사이의 거리에 반비례한다.
- Hfr × F^- 접합에서 유전자의 대략적인 위치는 Hfr 공여자의 서로 다른 대립유전자들이 F^- 접합자에서 나타나는 시간과 Hfr 대립유전자를 가지는 접합자의 최종 빈도를 사용해 결정할 수 있다.
- 세균은 병원성 유전자군에 있는 한 묶음 유전자들의 수평 유전자 전달에 의해 빠르게 진화하였다.

13.5 세균의 유전적 분석

학습목표

1. 재조합 플라스미드를 형질전환함으로써, 돌연변이 유전자를 어떻게 찾아낼 수 있는지 설명한다.

2. 세균에서 트랜스포존을 돌연변이원으로 사용할 수 있을지 논의한다.
3. 유전자 표적화로 특정한 *E. coli* 유전자의 특정한 돌연변이를 어떻게 만들 수 있는지 논의한다.

세균 유전학의 주요 목표 중 하나는 아미노산이나 뉴클레오티드의 생합성, 항생제나 박테리오파아지에 대한 내성이나 민감성, 특정 세균에 의한 병원성, 세균의 행동 등과 같은 세균의 생활에 필요한 다양한 유전자 산물을 만들어내는 유전자를 분자 수준에서 확인하는 것이다. 과학자들은 이러한 목표를 관심 있는 특징에 영향을 미치는 돌연변이를 찾아내서, 돌연변이가 일어난 유전자를 확인함으로써 달성할 수 있다. 다른 방법으로는 그 과정에 관여할 것으로 의심되는 알려진 유전자를 대상으로 하여, 그 유전자에 돌연변이를 일으키고, 돌연변이에 의해 연구하고자 하는 과정에 관련된 형질이 어떻게 변했는지를 조사할 수 있다. 이 장에서는 유전학자들이 주요 세균 유전자들을 찾아낼 때 사용한 여러 가지 효율적인 방법들을 살펴볼 것이다.

재조합 플라스미드 도서관으로 인해 유전자 동정이 간단해졌다

세균 유전체 DNA 도서관은 일반적으로 유전자를 동정하는 유용한 자원이다. 예를 들면, 어떤 과학자가 돌연변이원을 처리하여 아르기닌 요구주(arg^-)를 찾아내고, 그 돌연변이 유전자를 동정한다고 생각해 보자. 야생형 *E. coli* 균주의 유전체 조각이 암피실린 저항성을 가지는 플라스미드 벡터에 클로닝되어 있는 유전체 DNA 도서관을 arg^- 세균에 형질전환한 다음, 암피실린 저항성과 아르기닌 없이도 자랄 수 있는 형질전환체 군락을 찾아낼 수 있다(그림 13.28). 이러한 군락은 Arg^- 돌연변이 표현형을 보상하는 도서관의 플라스미드를 가지고 있으며, 따라서 돌연변이 유전자에 해당하는 야생형 유전자 사본을 가지고 있을 것이다. 해당하는 서열이 아르기닌 요구성을 회복시키는 모든 클론에서 발견될 것이므로, 이런 방법으로 관심 있는 유전자를 빠르게 동정해낼 수 있다. 동정한 유전자가 맞는 것인지 확인하기 위해서는 arg^- *E. coli* 염색체의 해당 유전자를 PCR로 증폭하여 염기서열을 분석할 수 있다. 정확한 유전자가 찾아진 것이라면 arg^- 유전체에는 돌연변이가 있어야만 한다.

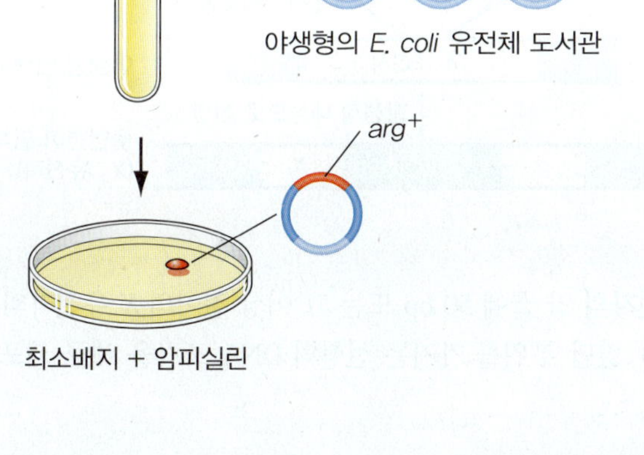

그림 13.28 플라스미드 도서관의 형질전환에 의한 돌연변이 유전자의 확인. 이 예에서는 돌연변이 영양요구성 세균 세포(arg^-)를 야생형 *E. coli*의 유전체 DNA로 만든 재조합 도서관으로 형질전환시킨다. 아르기닌이 없는 최소배지에서 자라난 군락은 돌연변이였던 유전자의 arg^+ 대립유전자형을 가지고 있다.

트랜스포존은 유전자 표지 돌연변이원으로 사용될 수 있다

12장에서 보았듯이 전이인자는 유전자에서 이동하고 삽입될 때 돌연변이를 일으킬 수 있다. 다른 돌연변이원에 비해 트랜스포존의 장점은 이들이 돌연변이가 일어난 유전자를 빠르게 찾을 수 있도록 도와주는 분자적 표지 역할을 한다는 것이다.

유전학자들은 *Mariner*라고 하는 초파리의 DNA 트랜스포존을 조작해서 *E. coli*와 같은 세균의 유전자 표지 돌연변이원으로 사용하였다. *Mariner*의 역반복서열요소 사이에 카나마이신 저항성 유전자(kan^r)와 역반복서열을 인식하여 조작된 kan^r 트랜스포존의 이동을 촉진하는 *Mariner*의 전이효소(transposase) 유전자를 가지는 플라스미드(그림 13.29)를 제조하여 세균에 형질전환한다. 이 플라스미드는 복제원점이 없으며, 따라서 세포분열 동안에 kan^r 유전자가 계속 유지되기 위해서는 플라스미드에서 *E. coli* 염색체로 자리이동이 일어나야만 한다(그림 13.29). 자리이동이 일어난 세포는 형질전환된 세균을 카나마이신이 들어 있는 고체배지에 도말하여 선별해낼 수 있다. 카나마이신 내성(Kan^r) 군락 각각은 *E. coli* 염색체상의 서로 다른 위치에 트랜스포존을 가지고 있으며, 이들을 대상으로 관심 있는 돌연변이 형질을 나타내는 군락을 탐색할 수 있다.

Mariner 트랜스포존을 이용하면 세균의 트랜스포존을 이용하는 것에 비해 두 가지 장점이 있다. 첫째는 플라스미드가 복제되지 않으므로 *Mariner*의 전이효소가 만들어지지 않아서, 트랜스포존은 더 이상 이동할 수 없으며, 그 결과 돌연

그림 13.29 돌연변이원으로서의 트랜스포존. 유전적으로 조작된 초파리의 *Mariner* 트랜스포존은 카나마이신에 대해 내성을 나타내는 유전자를 가지고 있으며, 전이효소를 가지고 있는 플라스미드에서 *E. coli* 염색체로 뛰어 들어갈 수 있다. 재조합 *Mariner* 요소를 가지는 세균 세포는 카나마이신이 들어 있는 배양액에서 키워 선별해 낼 수 있다. 검은색 화살표는 *Mariner* 전이효소에 의해 인식되는 역반복서열이다.

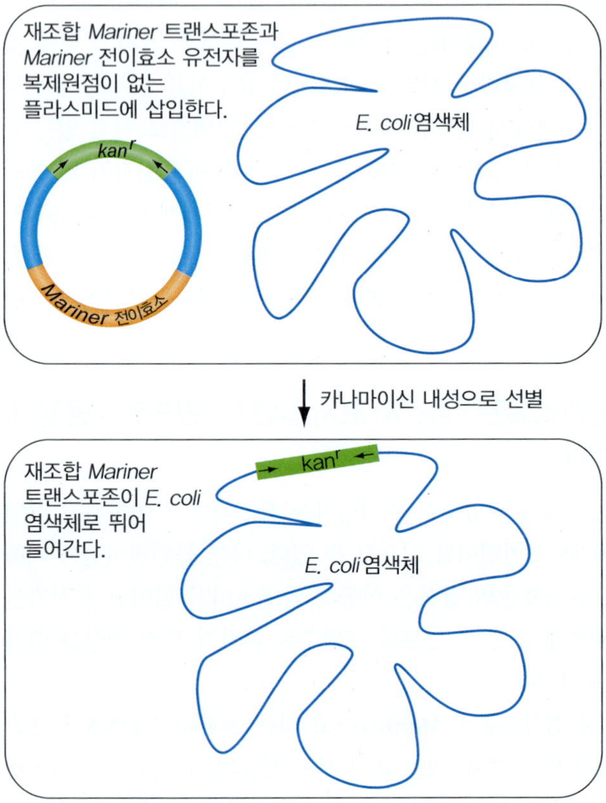

그림 13.30 역PCR로 트랜스포존이 삽입된 유전자를 확인한다. 트랜스포존(초록색)이 특정 유전자(보라색)에 삽입된 세균 유전체 DNA를 트랜스포존 내의 한 부위를 인식하는 제한효소(RE)로 자른다. 잘린 조각을 DNA 연결효소로 원형화하여 트랜스포존 DNA와 RE 부위 옆의 이웃한 유전체 DNA를 가지는 원형 DNA를 얻는다. 트랜스포존 안의 한 쌍의 PCR 프라이머로 원형 DNA의 유전자 부위를 증폭한다. 이 PCR 산물의 염기서열을 분석하면 트랜스포존이 들어가 있는 유전자를 확인할 수 있다.

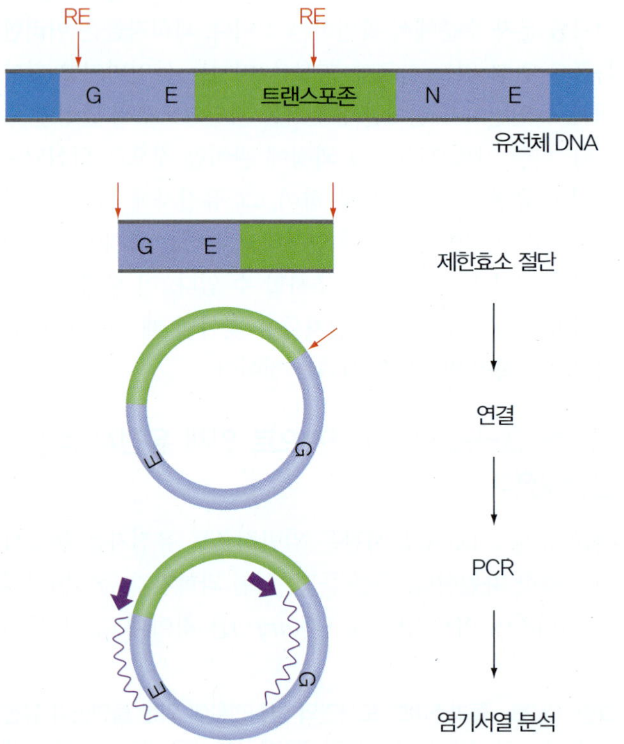

변이는 안정하게 유지된다. 둘째는 각각의 선별된 Kan^r 세균 군락은 이동한 하나의 트랜스포존만을 가지게 될 것이고, *E. coli* 유전체에는 *Mariner*와 유사한 서열이 없으므로, 트랜스포존에 의해 망가진 유전자를 찾기가 쉽다. 그림 13.30에 트랜스포존이 삽입된 부위의 염기서열을 쉽게 확인할 수 있는 역 PCR (inverse PCR)이라고 하는 방법이 소개되어 있다.

유전자 표적화는 특정한 유전자의 돌연변이 제조를 가능하게 해 준다

세균 유전체의 분석을 통해 기능이 밝혀지지 않은 많은 유전자들이 확인되었다. 이러한 유전자의 기능을 조사하는 한 가지 방법은 재조합 DNA 기술과 상동재조합을 이용하여 영돌연변이(null mutation)를 만드는 것이다. 그림 13.31과 같은 방법을 유전자 표적화(gene targeting)라고 한다.

X 유전자의 영돌연변이를 만들기 위해서는 항생제 내성

그림 13.31 유전자 표적화. PCR로 만든 선형의 DNA 조각을 *E. coli* 내에 도입하여 이 조각의 말단과 세균 염색체의 상동 서열 사이에 재조합을 유도한다. DNA 조각의 삽입에 의해서 대부분의 *X* 유전자 부분이 암피실린 내성 유전자로 교체되어 *X* 유전자 영돌연변이가 만들어진다. *X* 유전자가 대체된 세포는 암피실린이 들어 있는 배지에서 키워 선별해낼 수 있다.

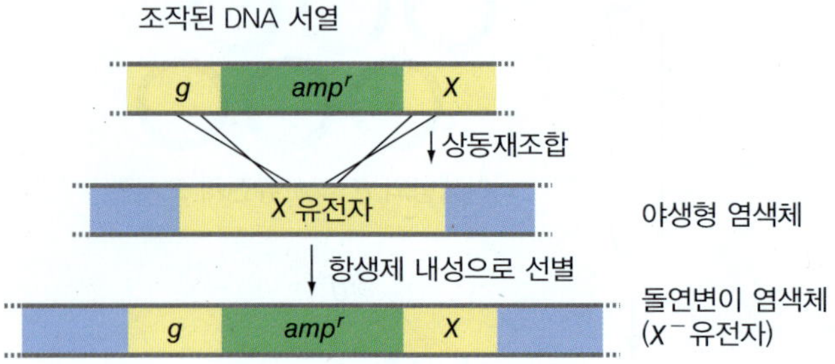

유전자의 양 끝에 50 bp 또는 그 이상 길이의 *X* 유전자의 5′과 3′ 말단 부위를 가지는 선형의 DNA 조각을 세균 세포로

도입한다(그림 13.30). 항생제 내성 유전자는 이 DNA 조각 양끝 부위에서의 상동재조합에 의해 세균 염색체로 통합되어야만 유지될 수 있다. 이러한 상동재조합은 야생형의 *X* 유전자를 항생제 내성 유전자로 바꾸어주며, 따라서 영돌연변이가 만들어진다(그림 13.31). 배양액에 항생제를 첨가하여 통합이 일어난 균락을 선별한 후, 이들 세포를 분석하여 돌연변이 표현형을 찾아낸다.

핵심 개념

- 플라스미드에 제조된 야생형 세균 유전체 도서관을 돌연변이 세균 균주에 형질전환하여 돌연변이 유전자를 확인할 수 있다. 형질전환된 세균에서 돌연변이 표현형이 야생형으로 회복된다면 이 세균은 돌연변이 유전자의 야생형 사본이 담긴 플라스미드를 가지고 있을 것이다.
- 트랜스포존은 역PCR 방법으로 유전체 DNA 서열을 쉽게 확인할 수 있는 분자적 표지로 사용될 수 있기 때문에 유용한 돌연변이원이다.
- 유전자 표적화에서는 세균 염색체와 시험관에서 조작된 선형의 DNA 조각 사이의 상동재조합에 의해 어떤 유전자의 영돌연변이라도 만들 수 있다.

13.6 어떻게 임질균이 페니실린에 내성을 가지게 되었을까

학습목표

1. 페니실린이 어떻게 세균을 죽이는지 설명한다.
2. 페니실린 내성 기작과 어떻게 임질균이 내성을 가지게 되었는지 설명한다.
3. 전 세계적인 항생제 내성 병원균 문제를 풀 수 있는 가능한 방법에 대해 논의한다.

이 장의 서두에서 논의한 바와 같이 성행위에 의해 전염되는 임질균(*Neisseria gonorrhoeae*)은 페니실린과 같은 여러 항생제에 대해 내성을 가지게 되었다. 임질은 전 세계적으로 성행위에 의해 전염되는 세균 감염의 가장 흔한 예 중 하나이며, 현재 사용 가능한 항생제로 치료하지 못하게 될 수 있는 위기에 처해 있다. 여기에서는 항생제가 어떻게 세균을 죽이는지를 임질균에 대한 페니실린의 작용을 중심으로 살펴볼 것이다. 그 다음 세균이 어떻게 항생제 내성을 가지게 되는지를 임질균의 페니실린 내성을 예로 들어 설명할 것이다. 항생제 내성의 기작을 이해하는 것은 다제내성 세균(multidrug resistant bacteria)에 의한 위기를 벗어나는 데 도움이 될 것이다.

페니실린은 세균의 세포벽 합성을 저해한다

세균은 투과성을 가진 세포막 바깥에 세포벽을 가진다(그림 13.3 참조). 세균의 세포질은 다양한 용질을 가지고 있으므로 세포벽이 없다면 삼투에 의해 물이 들어와 터지게 될 것이다. 세포벽의 주성분은 *N*-아세틸글루코사민(*N*-acetylglucosamine, NAG)과 *N*-아세틸뮤라민산(*N*-acetylmuramic acid, NAM)의 두 가지 당 분자로 구성된 펩티도글리칸(peptidoglycan)이다. 세균은 NAG와 NAM이 교대로 배열된 긴 사슬을 합성하고 이들이 펩티드전이효소(transpeptidase)에 의해 NAM에 결합된 짧은 펩티드로 교차 결합된다(그림 13.32). 페니실린은 펩티드전이효소에 결합하여 이들의 활성을 저해함으로써 교차결합 형성을 억제한다. 이런 이유로 펩티드전이효소는 페니실린 결합 단백질(penicillin-binding protein, PBP)로도 알려져 있다.

세균이 성장하고 분열함에 따라 세포벽은 끊임없이 재구성되어야 한다. 페니실린이 있는 경우에는 세균이 세포분열 후에 세포벽을 형성하지 못하므로 세포가 죽게 된다. 사람의 세포는 펩티도글리칸이 없으므로 페니실린의 치명적인 효과는 세균에만 특이적인 것이다.

임질균은 여러 기작을 통해 페니실린에 내성을 가지게 된다

세균은 항생제 분자를 직접적으로 불활성화하는 능력을 가지고 있어 항생제에 내성을 가지기도 한다. 또는 세균의 생리작용이 변화하여 약물이 세포 내 표적에 접근하지 못하게 막기도 한다. 세균은 이런 내성을 염색체 유전자의 자연적인 돌연변이에 의해 또는 형질전환, 접합, 형질도입 등에 의해 다른 세균으로부터 유전자를 도입하여 얻게 된다.

그림 13.32 펩티도글리칸. 세균 세포벽의 주요 성분은 당 사슬이 펩티드에 교차 결합되어 있는 팹티도글리칸이다. NAG (초록색)는 *N*–아세틸글루코사민이고, NAM (보라색)은 *N*–아세틸뮤라민산이다.

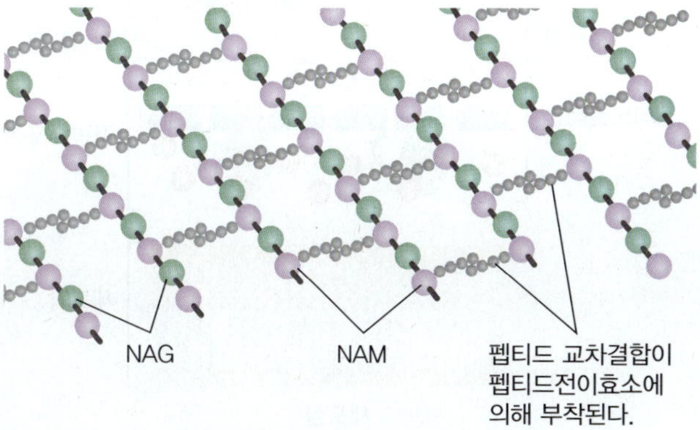

그림 13.33 페니실린가수분해효소의 작용. *pen^r*은 페니실린가수분해효소의 유전자인데, 이 효소는 페니실린의 β-락탐 고리를 잘라 페니실린을 불활성화한다.

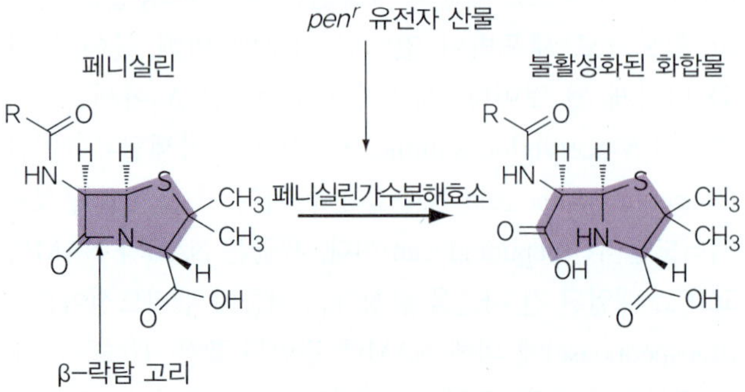

이 장의 서두에서 임질균이 페니실린 내성 유전자를 가지는 인플루엔자로부터 플라스미드를 얻어 내성을 가지게 되는 한 가지 방법을 이미 살펴보았다. 페니실린 내성 유전자(*pen^r*)는 페니실린 분자의 β-락탐(β-lactam) 고리를 잘라내어 페니실린을 불활성화하는 페니실린가수분해효소(penicillinase)라는 효소의 유전자이다(그림 13.33).

임질균이 페니실린 내성을 가지게 되는 다른 방법은 염색체에 있는 *penA*, *penB*, *mtr* 등과 같은 여러 다른 유전자의 돌연변이에 의한 것이다. 여러 유전자에 돌연변이가 생길수록 그 균주는 페니실린에 대한 내성이 증가하게 된다.

페니실린의 주요 표적인 PBP (펩티드전이효소)는(그림 13.34a) *penA* 유전자에서 만들어지는데, *penA*의 과오 돌연변이는 페니실린에 대한 PBP의 결합능력을 감소시킨다(그림 13.34b). *penB* 유전자는 세포벽의 외막에 있는 포린(porin) 단백질 유전자인데, 포린은 펩티도글리칸을 포함하는 세포벽의 일부분인 주변세포질(periplasm)로 물질의 유입을 조절하는 단백질이다(그림 13.34b). *mtr* 유전자 산물은 MtrR이라고 하는 단백질인데, 주변세포질로부터 페니실린과 같은 물질을 퍼내는 유출펌프를 구성하는 폴리펩티드 유전자의 전사를 억제하는 역할을 한다(그림 13.34a). *mtr* 활성이 감소되는 돌연변이는 유출펌프의 수를 증가시켜 세균 세포 내에 페니실린이 줄어들게 만든다(그림 13.34b).

항생제 내성 문제에 대해서 무엇을 해야 할까?

항생제를 사용하면 항생제 내성 병원성 균주가 선별되므로, 결과적으로는 수많은 생명을 구할 수 있는 항생제의 효능이 줄어들거나 심지어는 없어지게 된다. 이러한 과정을 늦추는 중요한 방법은 항생제의 사용을 줄임으로써 병원균에 대한 선택압력(selection pressure)을 줄이는 것이다. 그러나 이런 방법은 지속적인 해결책이 될 수는 없는데, 그 이유는

그림 13.34 페니실린 내성을 일으키는 임질균(*N. gonorrhoeae*)의 유전자 돌연변이. (a) *N. gonorrhoeae*와 같은 그람음성균에서 세포벽은 외막과 펩티도글리칸을 포함하고 있는 주변세포질 공간으로 구성되어 있다. 포린 단백질은 페니실린(빨간색 원)이 주변세포질로 들어오게 하며, 배출 펌프 단백질은 페니실린을 퍼낸다. 페니실린 결합 단백질(PBP)은 펩티도글리칸 사이의 교차결합 형성을 촉진한다. 페니실린은 PBP의 효소 활성을 저해한다. 세 가지 유전자 돌연변이가 페니실린에 대한 내성을 일으킨다.

(a) 페니실린은 야생형 세포에서 PBP 활성을 저해한다.

(b) 페니실린 내성을 일으키는 돌연변이

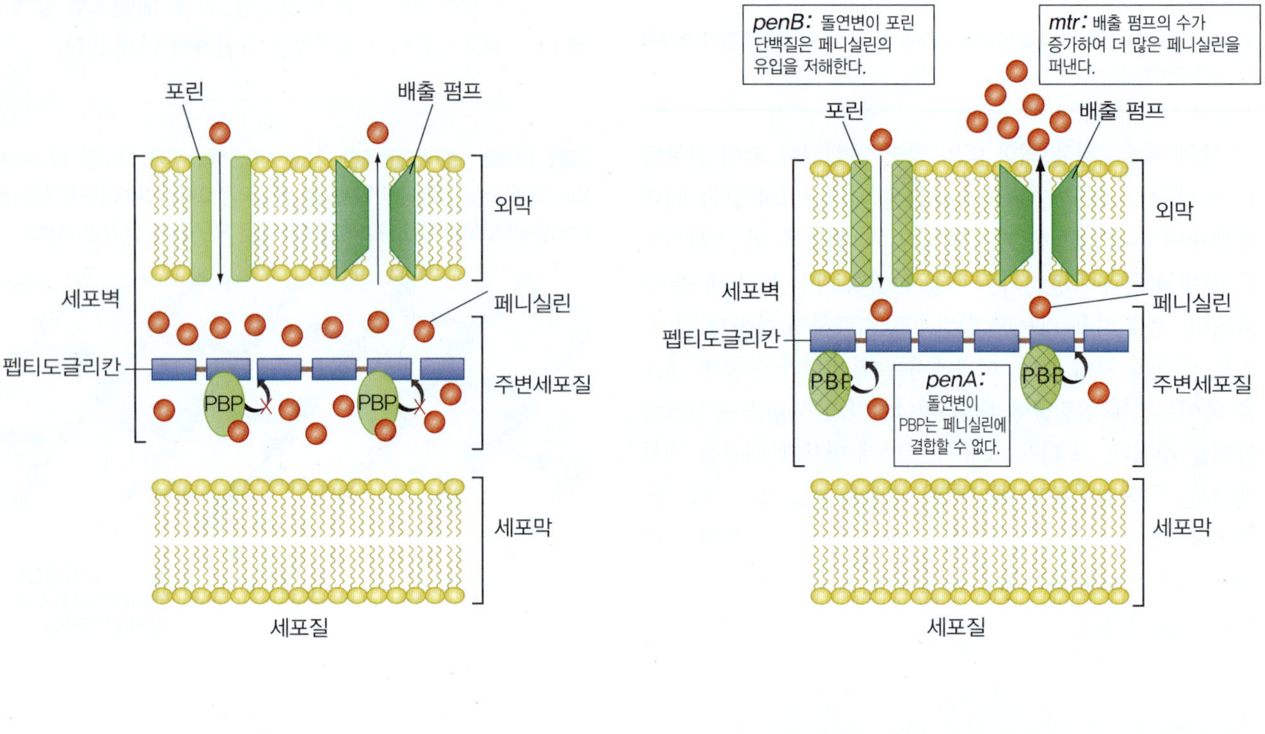

감염에 대해서 항생제를 꼭 처리해야 하는 경우가 많기 때문이다.

말할 필요도 없이 새로운 항생제와 기존 약의 효능을 증가시키는 방법을 개발하는 것이 필요하다. 세균 세포의 여러 다른 표적에 대한 새로운 항생제를 발견해야만 한다. 여러 다양한 환경에서 분리된 미생물 군집에 대한 메타유전체학 분석은 새로운 종류의 유용한 항생제를 개발하는 새롭고 기대되는 방법을 제공해 주고 있다.

항생제 내성에 대한 상상력이 풍부한 접근법이 최근 개발되고 있다. 한 가지 흥미로운 아이디어는 시간이 지나면 스스로 파괴되는 약물을 개발해서 항생제가 환경에 축적되지 않게 하는 것이다. 또 다른 연구방향으로는 세균의 저항성 기작을 막거나 저해하는 화합물을 탐색하는 것이다. 예를 들면 유출펌프의 활성 저해제를 찾아서 다양한 항생제에 대한 민감성을 증가시키고자 하는 것이다. 15장에서는 정족수 감지(quorum sensing)라는 현상에 대한 연구 결과를 보게 될 것인데, 이것은 세균들이 서로 신호를 교환하는 기작의 하나로, 이를 항생제 개발에 이용하려는 새로운 아이디어가 제안되고 있다.

새로운 항생제를 개발하는 것은 비용이 많이 들고 어려운 일이다. 그 결과 제약회사들은 연구비를 다른 곳에 사용하려는 경향이 있는데, 항생제 연구에 공공기금을 사용하는 것이 점점 늘어나고 있는 항생제 내성 문제를 해결하는 방안이 될 수 있을 것이다.

핵심 개념

- 임질균 중 일부는 페니실린을 분해하는 페니실린분해효소의 유전자를 가지는 플라스미드를 얻어 내성을 가지게 된다. 다른 종류의 내성 균주는 세포 내에 페니실린의 축적을 억제하는 돌연변이들을 가지고 있다.
- 항생제 사용을 줄이는 것이 항생제 내성균의 증가를 늦출 수 있다. 또한 병원체 내의 다른 표적 분자를 대상으로 하거나 새로운 화학구조를 가지는 새로운 항생제 개발이 필요하다.

다음 학습을 위한 안내

세균의 유전학 연구는 유전 현상이 모든 생명체에서 동일하다는 점을 역설해 주고 있다. 세균에서도 진핵생물의 핵 안에 있는 유전체와 마찬가지로 이중 나선 DNA가 유전물질이다. 그러나 생물학적인 과정의 자세한 기작은 놀랄 만큼 다양하다는 사실도 알게 되었다. 비록 융합되어 접합자가 되는 배우자를 만들지는 못하지만, 세균도 다른 균주들 사이에서 유전자를 형질전환, 접합, 형질도입 등을 통해 교환할 수 있다. 이런 세 가지 유전자 전달 방법은 원핵생물 유전물질의 진화 능력을 증가시킨다. 실제로 일부 세균 종의 범유전체는 인간의 유전체보다도 더 크다.

이 장에서는 인간과 세균의 밀접한 관련성에 대해 배웠다. 세포의 수에 기초해 보면 인간은 진핵생물이라기보다는 세균에 9배 더 가깝다. 이 숫자가 놀랍기는 하지만, 실제로 이 숫자가 이 관련성을 잘 나타내 주는 것은 아니다. 사람은 장과 기타 몸의 다른 곳에 수 파운드의 세균을 지니고 있을 뿐만 아니라 몸에 있는 각각의 진핵세포 또한 원핵생물에서 기원한 생존에 필수적인 세포소기관을 가지고 있다.

물질대사에 필요한 에너지를 생산하는 세포소기관인 미토콘드리아와 식물의 광합성을 담당하는 세포소기관인 엽록체는 진화 초기의 핵을 가진 세포에 융합된 세균의 자손으로 여겨진다. 미토콘드리아는 오늘날의 유기호흡 세균과 크기와 모양이 비슷하며, 세포 핵 안의 유전물질과 독립적으로 복제되는 자신의 DNA를 가지고 있다. 엽록체는 특정한 남세균과 크기와 모양이 유사하며, 세균과 유사한 유전자를 가지고 있는 독립적으로 복제되는 DNA를 가지고 있다. 부분적으로는 이러한 관찰 결과들에 기초하여 미토콘드리아와 엽록체가 원시적인 핵을 가진 세포가 자유롭게 유영하는 세균을 삼킨 것에 기원한다는 **세포내 공생이론**(endosymbiont theory)이 등장하였다. 14장에서는 소기관 유전(organellar inheritance), 즉 개체의 핵에 있는 유전체 이외의 유전자들이 어떻게 표현형에 영향을 미치며, 어떻게 비멘델 방식으로 유전될 수 있는지를 살펴볼 것이다.

풀이 문제

I. P22 박테리오파아지를 이용해서 살모넬라균(*Salmonella typhimurium*)의 3점 교배를 실시하였다. Arg^- Leu^- His^- 수용세균과 Arg^+ Leu^+ His^+ 균주에서 배양한 P22 파아지를 교배하여, 1,000개의 Arg^+ 형질도입 세포를 선별하고, 복제평판에서 다른 영양요구성을 조사하였다. 그 결과는 다음과 같다.

Arg^+ Leu^- His^-	585
Arg^+ Leu^- His^+	300
Arg^+ Leu^+ His^+	114
Arg^+ Leu^+ His^-	1

a. *arg*과 *his* 또는 *leu*의 공동형질도입 빈도는 얼마인가?
b. *arg*이 *leu*보다 *his*에 더 가까운가 아니면 *his*보다 *leu*에 더 가까운가? 상대적인 지도 거리는 얼마인가?
c. 주어진 자료로부터 *his*와 *leu*의 정확한 공동형질도입 빈도를 얻을 수 없는 이유는 무엇인가?
d. 이 세 표식자의 순서는 무엇인가?
e. 단 하나의 형질도입체를 만들어내게 되는 교배를 그려보라.
f. 이 세 유전자를 가지는 4.9 Mb의 살모넬라 유전체 비율을 예상해 보라. P22 박테리오파아지가 *E. coli* 바이러스인 P1과 같은 크기의 DNA를 가질 수 있다고 가정하라.

해답

a. 공동형질도입 빈도는 두 개의 표식자를 받은 세포의 비이다. *arg*와 *his*의 경우는 Arg^+ Leu^- His^+ (300)와 Arg^+ Leu^+ His^+ (114)를 모두 포함한다. 따라서 *arg*와 *his*의 공동형질도입 빈도는 414/1000 = 41.4%이다. *arg*와 *his*의 공동형질도입 빈도는 (114 + 1)/1000 = 11.5%이다.

b. *arg*와 *his*의 공동형질도입 빈도가 *arg*와 *leu*의 빈도보다 높기 때문에 *arg*은 *leu*보다는 *his*에 더 가깝다. *arg*과 *leu*의 지도거리는 약 41.4/11.5 = 3.6배 정도 *arg*와 *his*의 거리에 비해 길다.

c. 모든 형질도입체는 Arg^+를 선별하였다. 따라서 실험에서 생겨났을 Arg^- Leu^+ His^+ 형질도입체는 확인될 수 없다.

d와 e. 위에 있는 문제 (b)의 답은 두 가지 가능한 유전자 순서인 *arg-his-leu* 또는 *his-arg-leu*와 맞는 것이다. 이 두 가지 가능성 중 맞는 것을 구분하기 위해서는 공여자로부터의 선형 조각과(박테리오파아지에 의해 수용자로 도입된) 각각의 안정한 형질도입체를 만들 수 있는 원형의 수용자 염색체 사이의 교차를 고려해야 한다. 한 번의 교차(또는 홀수 번의 교차)는 세균에서는 복제될 수 없는 긴 선형의 염색체를 만들게 되며, 따라서 살 수가 없다(군락이 형성되지 않음). 반면에 두 번의 교차나 짝수 번의 교차는 수용자 염색체의 일부를 공여 DNA로 성공적으로 교체할 수 있다. 위에서 가장 수가 적은 종류의 형질도입체는 Arg^+ Leu^+이며, 이것은 이런 종류의 회복에 두 번의 교차가 아니라 네 번의 교차가 필요하다는 것을 의미한다. 따라서 이들 유전자의 순서는 *arg-his-leu*이다. 아래의 그림은 네 번의 교차가 일어나는 모습을 보여주고 있다. 여러분은 스스로 세 종류의 다른 형질도입체 모두 이 유전자 순서일 때 단 두 번의 교차에 의해서 만들어질 수 있으며, 왜 이들 종류가 더 많은지 보여 주는 그림을 만들어야 한다.

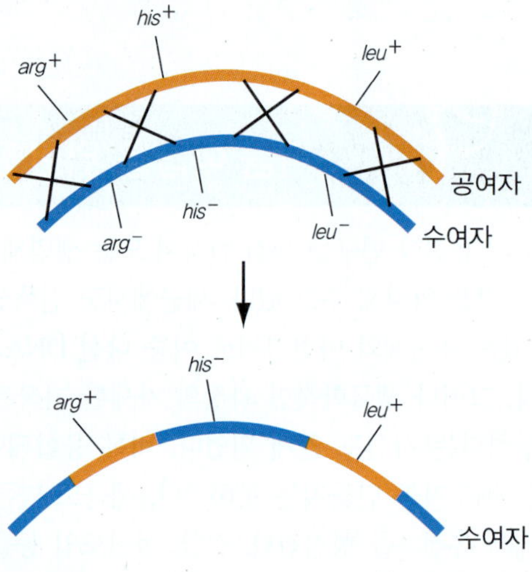

f. P22 박테리오파아지는 약 90 kb 길이의 유전체 DNA 조각을 담을 수 있다. *arg*, *his*, *leu* 유전자들은 공동형질도입될 수 있으며, 따라서 가장 바깥쪽 유전자(*arg*와 *leu*)들 사이의 거리는 90 kb보다 짧다. 이 길이는 살모넬라 유전체의 90/4900 × 100 = 1.8% 보다 작으며, 따라서 이 유전자들은 유전체 지도에서 매우 가깝게 위치하는 것들이다.

II. *E. coli* K12의 유전체 서열에서 기능을 모르는 유전자를 발견하였다. 이 유전자 단백질 산물의 아미노산 서열은 세포막을 가로질러 아미노산이나 당과 같은 영양물질(또는 페니실린과 같은 약물들)을 이동하게 해 주는 포린 단백질과 약간의 유사성을 나타냈다. 어떤 포린은 특이성이 없어서 어떤 용질도 크기만 적절하면 통과시킨다. 다른 포린들은 특이성이 있어 특정한 당만 통과시키는 것이 있다. 이 새로운 유전자가 환경에 존재하는 말토오스를 세균이 사용할 수 있게 해 주는 기능을 하는지를 조사하려 한다면 어떤 유전학 실험을 할 수 있는가? 여러분의 실험적 접근을 어렵게 만들 수 있는 경우를 작성하라.

해답

유전자 표적화 방법으로 이 유전자의 영돌연변이를 만들 수 있다. 재조합 DNA 기술을 이용하여 항생제 내성 유전자를 안쪽에 두고 한 쪽 끝에는 관심 있는 유전자 말단의 59개 서열을, 다른 쪽 끝에는 39개 서열을 가지는 DNA를 제조한다. 이 선형 DNA 조각을 야생형 *E. coli*에 도입한 후 항생제가 들어 있는 고체배지에서 키워 항생제 내성 유전자를 가지고 있는 군락을 선별한다. 자라는 군락은 이 유전자의 영돌연변이로써, 상동재조합에 의해 대상 유전자 자리에 항생제 내성 유전자가 끼어들어가 이 유전자에 대해 영돌연변이인 세균의 자손들이다.

유전자의 기능을 확인하기 위해서는 이들 군락의 표현형을 조사하기 위해 복제평판을 이용할 수 있다. 특히 이 유전자가 말토오스가 세포 안으로 들어갈 수 있게 해 주는 포린의 유전자라고 가정하면 야생형과는 달리 이 돌연변이 세포는 자라는 속도가 매우 느려서 당원으로 말토오스만 가지고 있는 배지에서는 아주 작거나 군락을 형성하지 못할 것이다. 이 돌연변이 세포는 세포에 에너지원으로 사용할 수 있는 다른 당이 들어 있는 배지에서는 정상적으로 군락을 형성할 것이다. 실험이 어려워질 수 있는 경우는 이 유전자가 특정 조건에서 세균의 생존이나 복제에 필수적일 경우가 있는데, 이 경우에는 영돌연변이가 살 수 없기 때문에 항생제 내성 군락을 얻을 수 없다.

연습 문제

어휘

1. 왼쪽 용어를 가장 잘 설명한 문장을 오른쪽에서 찾아 연결하라.

a. 형질전환	1. 생장을 위해서는 배지에 첨가물이 필요하다.
b. 접합	2. 세균 유전체에서 돌연변이 유전자를 만드는 방법
c. 형질도입	3. 작은 원형의 DNA 분자로 염색체에 통합될 수 있다.
d. 용균회로	4. 하나의 세균 종에서 공유되는 핵심 유전자와 각 균주 특이적인 모든 유전자들 전체
e. 용원성	5. 물리적인 접촉을 필요로 하는 DNA의 전달
f. 에피좀	6. 파아지 DNA의 염색체로의 통합
g. 영양요구주	7. 파아지가 감염되어 세포를 용해시키고 새로운 파아지를 방출하는 것
h. 범유전체	8. 아무것도 붙어 있지 않은 DNA의 전달
i. 유전자 표적화	9. 바이러스 입자를 통한 세균 사이의 DNA 전달

13.1절

2. 단세포 막대형 세균인 *E. coli*는 길이가 약 2 μm, 폭이 0.8 μm 정도이며, 4.6 Mb 길이의 원형 DNA 분자 하나를 유전체로 가지고 있다. 단세포 고세균인 *Methanosarcina acetivorans*는 구형으로 직경이 3 μm이며, 5.7 Mb 길이의 원형 유전체를 가지고 있다. 단세포 진핵생물인 효모(*Saccharomyces cerevisiae*)는 구형에 가까우며, 직경이 5~10 μm이다. 12 Mb 길이의 반수체 유전체는 16개의 선형 염색체에 나눠져 있다. 이러한 서술을 바탕으로 새로운 미확인 미생물이 세균, 고세균, 또는 진핵생물 중 어디에 속하는지를 어떻게 확인할 수 있는가?

13.2 절

3. 현재는 *E. coli* K12 균주의 유전체(약 5 Mb) 서열이 모두 알려져 있어 클로닝된 DNA 조각의 염기서열을 일부만 분석해 비교해도 이 조각이 어디서 온 것인지 정확히 알 수 있다.
   a. 한 조각이 정확히 어디에서 온 것인지 알아내려면 몇 개 뉴클레오티드의 서열 정보가 필요한가?
   b. *E. coli* 세포에서 단백질을 정제한 경우, 이 단백질을 암호화하는 유전자를 확인하기 위해서 아미노산은 대략 몇 개의 서열이 필요한가?
   c. 하나의 다른 *E. coli* 균주 유전체 DNA에서 100 뉴클레오티드의 염기서열을 조사하였으나, 이 서열은 *E. coli* K12 유전체의 서열과는 일치하지 않았다. 이것이 어떻게 가능한가?

4. *E. coli*와 같은 세균의 유전체는 일반적으로 복제 기점이 하나이며, 이곳에서 양 방향으로 복제가 진행된다. *E. coli* 염색체를 복제하는 DNA 중합효소인 Pol III는 초당 1,000 뉴클레오티드의 속도로 DNA를 합성한다.
   a. 이 정보로부터 *E. coli*의 최소 세대시간을 계산하라.
   b. 최적의 조건에서 *E. coli*는 최소 17분에 한 번씩 분열하는 것이 관찰되었다. 문제 (a)의 답에도 불구하고 이것이 어떻게 가능할지 추정하라.

5. 세균의 유전체에서 발견되지 않는 진핵생물 유전체의 특징을 세 가지 이상 열거하라.

6. 세균의 유전체에서 같은 세포 안의 플라스미드로 유전자가 이동하거나 그 반대로 이동할 수 있는 기작에 대해 설명하라.

7. 염의 농도가 높으면 일반적으로 단백질이 뭉치는 경향이 있다. 특정한 세균의 종들에서 발현되는 단백질들 중에서 높은 염 농도에서도 용균성을 유지하는 단백질을 확인할 수 있는 방법을 제안하라.

13.3절

8. 라인졸리드(Linezolid)는 새로운 항생제로 리보솜의 50S 단위체에 결합하여 번역 개시 복합체 형성을 억제함으로써 여러 종의 세균에서 단백질 합성을 저해한다. 의사들은 이 항생제를 특히 페니실린 내성 결핵균에 의해 생기는 결핵을 치료하는 데 사용할 수 있을 것으로 기대하고 있다. 페니실린 내성 결핵균이 라인졸리드에 대한 내성을 얻을 수 있는 기작을 조사하기 위하여 먼저 라인졸리드 내성균을 고르려고 한다. 그 다음 이 균주를 재료로 사용하여 더 이상 라인졸리드에 내성을 나타내지 못하는 이 돌연변이의 유도체를 동정하려고 한다.
   a. 라인졸리드 내성 돌연변이 결핵균과 이 돌연변이의 라인졸리드 민감성 유도체를 동정하기 위해 사용해야 할 기술을 요약해 나열하라. 각각의 경우에 여러분이 사용할 기술에 직접적인 선별, 탐색, 복제평판 제조, 돌연변이원 처리, 보이는 표현형 검사 등이 포함되는가?
   b. 동정하게 될 두 가지 표현형을 만들어낼 수 있는 가능한 돌연변이를 제시하라. 돌연변이에 의해 세균 세포 안에서 어떤 종류의 변화가 생길까? 생각하는 돌연변이가 기능상실 돌연변이일지 아니면 기능획득 돌연변이일지 설명하라.

9. 액체배지에 배양한 2×10^8세포/ml 농도의 대장균을 연속적으로 그림과 같이 희석하고, 마지막 두 시험관의 세포희석액 0.1 ml을 완전배지가 들어 있는 한천 배양접시에 뿌렸다. 각 배양접시에는 몇 개의 군락이 생겨날 것으로 예상하는가?

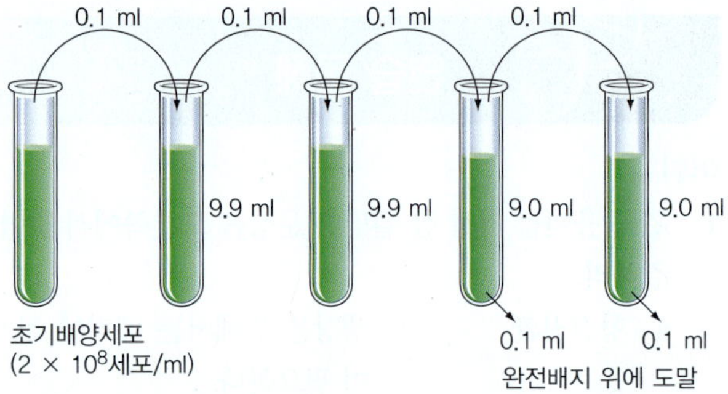

10. 다음과 같은 경우 Lac^- Met^- *E. coli* 배양액을 어떤 배지(i~iv) 위에 도말할지 고르라.
   a. Lac^+ 세포 선별
   b. Lac^+ 세포 검색
   c. Met^+ 세포 선별
      i. 최소배지 + 포도당 + 메티오닌
      ii. 최소배지 + 포도당 (메티오닌 없음)
      iii. 완전배지 + X-gal
      iv. 최소배지 + 젖당 + 메티오닌

13.4절

11. 이 문제는 레더버그와 테이텀이 세균의 접합 현상을 처음 발견한 실험을 보여주는 그림 13.14에 관한 것이다.

a. A 균주는 두 유전자에 돌연변이가 있는 반면에, B 균주는 세 가지 돌연변이를 가지고 있다. 이 두 균주를 사용한 이유는 레더버그와 테이텀이 그들이 조사한 현상에 역돌연변이가 관여하지 않는다는 것을 확실히 하고자 했기 때문이다. 한 유전자의 역돌연변이의 비율이 1천만 개당 하나($1/10^7$)라고 가정하고, 이들의 실험 계획의 바탕이 되는 논리를 설명하라. 이들은 두 배양액을 섞은 후 발견되는 세포들이 실제로 역돌연변이체가 아니라는 것을 어떻게 알 수 있는가?

b. 그림 13.14의 실험에서는 어떤 균주가 공여자이고 어떤 것이 수용자인지는 알 수 없다. 실험을 수정하여 이를 확인할 수 있는 방법을 기술하라.

12. 암피실린에 내성을 가지는 세균과 암피실린 민감성을 보이는 세균에서 암피실린 내성 유전자가 민감성을 보이는 균주로 전달됨을 알게 되었다.

a. 유전자 전달이 일어난다는 것을 어떻게 알 수 있는가?

b. 유전자 전달이 형질전환인지 형질도입인지를 조사하기 위해 배양세포 혼합액에 DNase를 처리하였다. 이러한 처리로 어떻게 이 유전자 전달 방법을 구분할 수 있는가? 유전자 전달이 형질전환으로 일어난 경우와 형질도입으로 일어난 경우 각각에 대해 예상되는 결과를 유추하라.

c. 유전자 전달이 형질전환, 접합, 형질도입 중 어떤 방법으로 일어나는지를 확인하기 위하여 암피실린 내성 균주와 암피실린 민감성 균주 사이를 세균보다는 작지만 박테리오파아지나 DNA 조각보다는 큰 크기의 구멍을 가진 막으로 분리해 놓았다. 유전자 전달이 여전히 일어난다면 어떤 기작이 가능하고, 어떤 기작이 배제되겠는가?

13. *E. coli* 세포는 일반적으로 세포 하나당 하나의 F 플라스미드가 있다. 돌연변이에 의해 F 플라스미드의 사본 수가 세포당 3~4개로 늘어난 세포를 분리하였다고 하자. 사본수가 F 플라스미드상의 돌연변이에 의해 늘어났을 가능성과 염색체 유전자의 돌연변이에 의해 늘어났을 가능성을 어떻게 구분할 수 있는가?

14. *E. coli*에서 *purC*와 *pyrB* 유전자는 서로 염색체의 반대편에 위치한다. 이들 유전자는 공동형질전환이 결코 일어나지 않는다. 그 이유는 무엇인가?

15. 인플루엔자(*H. influenzae*)의 완전한 유전체 염기서열 분석은 1995년에 끝이 났다. 비병원성 인플루엔자 균주(*H. influenzae Rd*)의 DNA를 병원성 *b* 균주의 DNA와 비교한 결과 *purE*와 *pepN* 유전자 사이에 위치한 세균이 숙주에 부착하는 데 관여하는 fimbrial 유전자 무리의 8개 유전자가 비병원성 균주에서는 완전히 없다는 것이 밝혀졌다. 이러한 결실이 비병원성 균주나 병원성 균주에서 추출한 DNA를 이용한 *purE*와 *pepN*의 공동형질전환에 어떤 영향을 미칠까?

16. 독소를 암호화하는 유전자는 흔히 플라스미드에 위치한다. 최근 비병원성이었던 세균에서 독소를 만드는 세균이 출현한 적이 있었다. 이 새로운 병원성 세균 균주에서 플라스미드 DNA를 추출할 수 있었으며, 염색체 DNA와 분리되었다. 플라스미드 DNA가 독소 유전자를 가지고 있는지 조사하기 위하여 플라스미드의 완전한 염기서열을 분석하고 기존에 알려진 독소 유전자와의 유사성을 살펴볼 수 있을 것이다. 플라스미드 DNA가 독소 유전자를 가지고 있는지를 조사하는 더 쉬운 방법은 DNA 염기서열 분석을 사용하지 않는 방법이다. 더 쉬운 방법으로 이를 확인하는 실험 방법에 대해 서술하라.

17. a. *E. coli* Hfr 균주 (Pyr^+, Met^+, Xyl^+, Tyl^+, Arg^+, His^+, Mal^+, Str^s)로 교배 방해 실험을 수행하고자 한다. 이 교배의 짝으로는 어떤 세균 균주를 사용하는 것이 적절할지 기술하라.

b. Hfr × F^- 교배에서 *pyrE* 유전자는 5분 안에 수용자로 들어가지만, 이 시간에 Met^+, Xyl^+, Tyr^+, Arg^+, His^+, 또는 Mal^+인 접합완료체는 생기지 않는다. 교배 후 30분에 Pyr^+ 접합완료체를 선별한 경우, Pyr^+ 세포 중 Met^+는 32%, Xyl^+는 94%, Tyr^+는 7%, Arg^+는 59%, His^+는 0%, Mal^+는 71% 였다. 유전자의 순서에 대해 어떤 결론을 내릴 수 있는가?

문제 18~21번은 수용세포 염색체상의 특정 유전자가 공여세포에서 도입된 유전자 사본으로 대체될 수 있는 재조합 사건을 나타내는 모식도가 필요하다. 풀이 문제 I에서 보듯이 짝수 번의 교차만이 살아남을 수 있는 재조합 염색체를 만들어낼 수 있다. 유전자 지도 작성은 네 번의 교차에 의해 생겨나는 자손의 종류가 두 번의 교차에 의해 생겨나는 자손에 비해 빈도가 훨씬 적다는 것을 기억하면 간단하다.

18. 문제 17번에서 대부분의 Pyr^+ Arg^+ 접합완료체가 동시에 Xyl^+ Mal^+일 것으로 생각하는가? Pyr^+ Arg^+ Xyl^+ Mal^+인 군락을 만드는 데 필요한 재조합 사건과 Pyr^+ Arg^+ Xyl^- Mal^- 군락을 만드는 데 필요한 재조합 사건을 고려하여 답한 이유를 설명하라.

19. 문제 17번에서와 같은 교배 방해 실험에서의 문제점 중 하나는 유전자가 가깝게 붙어 있는 경우에는 유전자의 순서가 애매하다는 것이다. 또 다른 단점으로는 이러한 실험이 정확한 지도 거리를 제공하지 못한다는 것이다. 그 이유는 연구자는 최초로 수용자로 전달된 Hfr 표식자를 선별하지만, 뒤쪽의 Hfr 표식자를 가지는 F^- 접합완료체를 얻는 것은 복잡한 일로써, 세포로의 표식자 전달뿐만 아니라 전달된 표식자를 수용자 염색체로 전달하는 교차에도 의존하기 때문이다.

정확한 지도를 작성하기 위해서 세균 유전학자들은 Hfr × F^- 교배를 다른 방법으로 하기도 한다. 이것은 뒤쪽의 Hfr 표식자를 가지는 접합완료체를 먼저 선별하고, 그 다음에 앞쪽 표지자의 존재를 탐색하는 것이다. 이 방법에서는 모든 표식자들이 F^- 세포로 들어가기 때문에 유전자들 간의 상대적 거리는 오로지 교차의 비율에 의존하게 된다. 게다가 유전자의 순서는 각 종류의 접합완료체를 만들어내는 교차를 고려하여 명확히 확인할 수 있다.

예를 들면 문제 17번과 동일한 교배를 수행한다고 할 때, 먼저 Arg^+ 접합완료체를 선별하고, 그 다음 앞쪽의 Hfr 표식자인 Mal^+, Xyl^+, Pyr^+에 대한 탐색을 할 수 있다. 이를 통해 얻은 결과는 다음과 같다.

접합완료체 종류	접합완료체의 수
Arg^+ Mal^+ Xyl^+ Pyr^+	80
Arg^+ Mal^+ Xyl^+ Pyr^-	40
Arg^+ Mal^+ Xyl^- Pyr^-	20
Arg^+ Mal^- Xyl^- Pyr^-	20
Arg^+ Mal^- Xyl^+ Pyr^-	1
Arg^+ Mal^- Xyl^- Pyr^+	1

a. 접합완료체 중 네 종류가 다른 두 종류에 비해 훨씬 더 높은 빈도로 나타나는 이유를 설명하라.

b. 네 유전자 사이의 상대적인 거리에 대해 어떤 결론을 내릴 수 있는가?

c. 이 데이터로부터 하나의 다른 연관된 유전자 거리를 추정할 수 있다. 설명하라.

20. 완전히 원영양체성이고 스트렙토마이신 민감성(야생형)인 F^- 균주에서 유래한 두 *E. coli*의 Hfr 균주(HfrA, HfrB)가 있다고 가정하자. 독립된 실험에서 이 두 Hfr 균주를 스트렙토마이신 내성과 글리신, 리신, 니코틴산, 페닐알라닌, 티로신, 우라실에 대해 영양요구성인(Gly^- Lys^- Nic^- Phe^- Tyr^- Ura^-) F^- 수용세포(Rcp)와 접합시켰다. 교배 방해 실험을 이용해서 각각의 표식자가 스트렙토마이신 내성의 수용세포에서 발견되는 최초의 시간을 구한 것은 다음과 같다.

	Gly^+	Lys^+	Nic^+	Phe^+	Tyr^+	Ura^+
HfrA × Rcp	3	*	8	3	3	3
HfrB × Rcp	8	3	13	8	8	8

(*는 Lys^+ 세포가 60분간의 실험에서 나타나지 않았음을 나타낸 것이다.)

a. 이 데이터에서 얻을 수 있는 가장 최선의 지도를 작성하고, HfrA와 HfrB 균주에서 표식자의 상대적 위치와 전달의 기점을 표시하라. 가능하면 거리도 표시하라.

b. 위에서 작성한 지도의 모호한 점을 없애기 위해 일반형질도입을 하는 P1 파아지를 이용하여 표식자의 공동형질전환을 조사하였다. P1 파아지를 HfrB 균주에서 키운 다음, 세포용해물을 Rcp 균주를 감염시키는 데 사용하였다. Phe^+ 클론을 선별한 후, 비선별 표식자의 유무를 확인한 결과는 다음과 같다.

형질도입체의 수	표현형					
	Gly	Lys	Nic	Phe	Tyr	Ura
600	−	−	−	+	−	−
300	−	−	−	+	−	+
100	−	−	−	+	+	+

이 공동형질도입 데이터에 기초하여 이들 유전자의 최선의 순서를 그려보라.

c. 일반형질도입을 사용하여 일부 다른 표식자에 대한 *gly* 유전자의 위치를 정하려 한다고 가정하자. 성공 확률을 높이기 위해 위에서 기술한 공동형질도입 실험을 어떻게 변형해야 할까? 사용할 배지의 조성을 작성하라.

21. 원영양체성(영양요구성 돌연변이가 없음)이고 Str^s인 F^+ 균주로부터 여러 개의 독립적인 Hfr 균주가 분리되었다. 이 Hfr 균주를 Str^r Arg^- Cys^- His^- Ilv^- Lys^- Met^- Nic^- Pab^- Pyr^- Trp^-인 F^- 균주와 교배하였다. 교배 방해 실험 결과 Hfr 균주는 야생형 대립유전자를 다음의 표에 있는 순서대로 시간에 따라 전달하였다. 괄호 안에

있는 표식자의 전달 순서는 구분할 수가 없었다.

Hfr 균주	전달순서 →
HfrA	*pab ilv met arg nic (trp pyr cys) his lys*
HfrB	*(trp pyr cys) nic arg met ilv pab lys his*
HfrC	*his lys pab ilv met arg nic (trp pyr cys)*
HfrD	*arg met ilv pab lys his (trp pyr cys) nic*
HfrE	*his (trp pyr cys) nic arg met ilv pab lys*

a. 이 데이터로부터 세균 염색체상에서 이들 표식자의 상대적 위치를 표시한 지도를 작성하라. 각 Hfr 균주에 대해 통합된 F 플라스미드의 위치와 방향을 화살표로 표시하라.

b. *trp*, *pyr*, *cys* 표식자의 상대적인 순서를 결정하고 이들 사이의 거리를 결정하기 위하여 HfrB 균주를 F^- 균주와 충분히 긴 시간 동안 교배하여 *nic* 표식자가 전이되도록 한 다음 Trp^+ 재조합체를 선별하였다. 그 다음 비선택 표지자인 *pyr*과 *cys*를 Trp^+ 재조합체에서 검사하여 다음과 같은 결과를 얻었다.

재조합체의 수	Trp	Pyr	Cys
790	+	+	+
145	+	+	−
60	+	−	+
5	+	−	−

trp, *pyr*, *cys* 표식자의 상대적 위치를 지도에 표시하라(이 데이터에서 *nic* 또는 *his* 유전자로부터의 상대적 순서를 결정할 수 없다는 것을 명심하라). 이웃한 유전자 사이의 지도 거리를 이들 사이의 교차 빈도로 표현하라.

22. Hfr과 F^- 균주를 고체배지 위의 한 부분에서 혼합하여 교배시킨 다음 선별배지에 복제평판을 만들 수 있다. 이러한 방법은 수백 개의 세포를 재조합에 결함이 있는 $recA^-$ 돌연변이에 대해 검색하기 위해 사용되었다. 이것이 왜 RecA의 기능을 조사하는 검사법인가? F^-나 Hfr 균주의 $recA^-$ 돌연변이를 탐색한다면 이 방법을 사용하겠는가?

23. 어떤 병원성 세균의 유전체 서열 분석 결과 박테리오파아지 유전자 옆에 병원성 유전자가 위치하고 있었다. 이것이 왜 수평 유전자 전달이 있었음을 시사해 주며, 그 전달의 기작은 무엇이었는가?

24. 일반형질도입과 특수형질도입은 모두 박테리오파아지가 관여한다. 이 두 가지 형질도입의 차이는 무엇인가?

13.5절

25. 이 문제는 그림 13.28에 있는 플라스미드 형질전환에 의한 유전자 확인을 유용하게 변형한 실험에 관한 것이다.

a. 여러분이 흥미로운 세균 돌연변이 균주를 얻었다고 가정하자. 돌연변이가 일어난 유전자를 확인하기 위해 돌연변이 균주의 유전체 전체의 염기서열을 분석하여 야생형의 염기서열과 비교할 수 있다. 유전체 사이에 차이점이 여러 군데 발견된다면 이들 중 정지코돈 돌연변이(nonsense mutation)가 후보가 될 것이다. 이 정지코돈 돌연변이가 돌연변이 표현형을 나타내게 하는 것인지 확인하기 위해 플라스미드 도서관을 어떻게 이용할 수 있는가?

b. 그림 13.28은 주어진 비정상적인 표현형을 유발하는 기능상실 돌연변이를 가진 유전자를 확인하기 위해 플라스미드 도서관을 어떻게 사용하는지를 보여주는 것이다. 기능획득 돌연변이 유전자를 확인하기 위해서는 플라스미드 도서관을 어떻게 사용해야 하는가?

26. 하나의 유전자에 돌연변이가 생긴 *E. coli*의 trp^- 영양요구성 균주가 있다. 돌연변이 유전자를 확인하기 위하여 야생형 균주로부터 유전체 도서관을 제조하여 돌연변이 표현형을 회복하는 플라스미드를 찾아내려 한다. 그 결과는 놀라웠다. Trp^+ 표현형을 제공하는 10개의 플라스미드를 찾아내었는데, 그중 6개는 *X* 유전자를 가지고 있었지만 다른 4개는 *Y* 유전자를 가지고 있었다. 이것은 다중사본 억제(multicopy suppression)라고 하는 현상에 의해 나타날 수 있는데, 실제로 플라스미드는 세균 안에 여러 개의 사본으로 존재한다. 플라스미드의 유전자가 하나의 사본만 지니고 있는 세균 염색체 유전자에 비해 사본의 수가 많기 때문에 비정상적으로 많은 양의 X 단백질과 Y 단백질이 만들어진다. 때로는 하나의 단백질이 지나치게 많아지면 다른 단백질의 결실로 생겨나는 돌연변이 표현형이 회복되는 경우가 있다. *X*와 *Y* 유전자 중 어떤 유전자가 실제로 Trp^- 표현형이 나타나게 만드는 돌연변이 유전자인지 확인할 수 있는 방안을 두 가지 이상 제안하라.

27. *Streptococcus parasanguis*는 치아에 붙어 용균반(plaque) 형성이 시작되게 만드는 세균이다. 용균반을 제거할 방법을 찾기 위해서 그림에 나타난 것과 같이 *S. parasanguis*에 돌연변이를 유발할 수 있는 플라스미드를 제조하였다. 이 플라스미드의 특징은 $repA^{ts}$ (온도민감성 복제원점), Kan^r (항생제인 카나마이신 내성 유전

자), 트랜스포존 *IS256*을 가지고 있다는 것이다. 이 트랜스포존은 에리트로마이신(erythromycin) 내성 유전자인 *erm*^{R}을 가지고 있으며, 트랜스포존의 역반복서열 사이에 전이효소를 가지고 있어 *S. parasanguis* 안에서 자리이동을 한다.

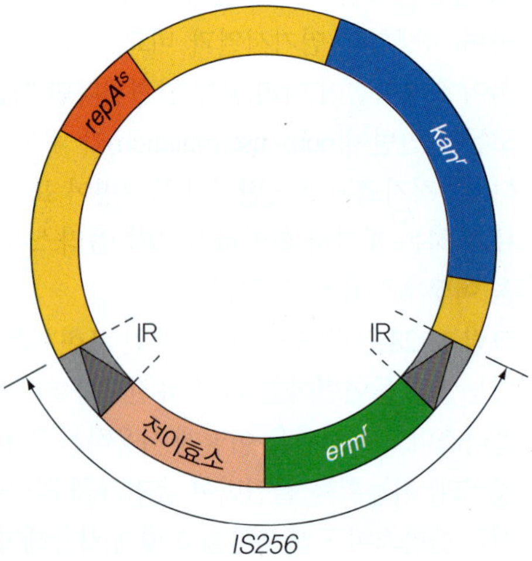

a. 이 플라스미드를 어떻게 돌연변이원으로 사용할 수 있는가? 어떻게 트랜스포존을 세균 안으로 넣을 수 있고, 어떻게 IS256이 *S. parasanfuis* 유전자 내로 새로 끼어들어간 균주를 확인할 수 있는지를 고려하라. 답에는 왜 플라스미드가 두 가지의 다른 항생제 내성 유전자와 온도민감성 복제원점을 가지고 있는지가 설명되어 있어야 한다.

b. 왜 연구자들이 이 플라스미드를 돌연변이원으로 사용하는가?

c. 용균반이 형성되지 않는 *S. parasanfuis*의 돌연변이 균주가 발견된다면, 돌연변이가 생긴 유전자를 어떻게 확인할 수 있는가?

28. 초파리의 트랜스포존인 *Mariner*의 한 가닥 말단의 염기서열은 다음과 같다(점은 트랜스포존 안의 서열을 의미한다.

5′ TTAGTTTGGCAAATATCTCCCTTCCGCCTTTTTGATCTTATGT... 3′

조작된 *Mariner* 트랜스포존 꼬리표를 가지는 세균 돌연변이 균주를 얻은 후 유전체 DNA를 *Mbo*I 제한효소(인식부위는 ^GATC)로 절제한 후, 절제물을 희석하고 DNA 연결효소를 첨가하여 원형의 DNA 조각을 얻었다.

a. 트랜스포존이 삽입된 유전자를 역 PCR로 확인할 때 사용할 수 있는 17 bp의 PCR 프라이머를 설계하라. 프라이머는 염기서열을 조사하여 유전자 확인이 가능한 가장 작은 DNA 조각을 증폭시켜야 한다. 돌연변이 균주의 유전체 지도에서 이 DNA 서열의 범위를 트랜스포존의 삽입 위치와 MboI 효소 절단 부위가 나타나도록 표시하라.

b. 돌연변이 유전체의 원형 조각으로부터 어떤 DNA 서열이 증폭될까? 돌연변이 균주 유전체의 지도에서 DNA 서열 부분을 표시하고 트랜스포존이 삽입된 부위와 필요한 *Mbo*I 효소 부위를 나타내라.

29. 유전자 표적화는 유전자를 제거할 때뿐만 아니라 비세균성 유전자를 세균의 염색체 안으로 도입할 때도 사용할 수 있다. 이러한 유전자 중 많이 사용되는 것이 해파리에서 발견된 녹색형광단백질 유전자이다. 한 가지 예를 들면, *E. coli*를 매우 독성이 큰 중금속인 카드뮴을 확인할 수 있는 생물 감지자로 사용하는 경우가 있다. *E. coli* 유전체의 *yodA*라는 유전자는 카드뮴이 있는 경우에만 전사되어 단백질이 만들어진다. 유전자 표적화를 사용하여 환경에 카드뮴이 있으면 녹색 형광을 강하게 내는 *E. coli* 균주를 만들려고 한다.

a. *ydoA*의 암호화 부위를 해파리의 녹색형광 단백질 암호화 부위로 교체하는 데 사용할 수 있는 DNA 조각을 그려보라. 해파리의 DNA를 유전체 DNA에서 얻어야 하는가? 아니면 cDNA 클론에서 얻어야 하는가?

b. 카드뮴이 있을 때 녹색을 내는 세균에서 더 이상 *yodA* 유전자가 기능을 나타내지 못하는 이유를 설명하라.

c. 방법을 바꾸어서 *yodA* 유전자가 계속 기능을 할 수 있도록 만드는 방안을 생각해 낼 수 있는가?

13.6 절

30. 아미노산 생합성 경로를 연구하기 위해 영양요구성 세균을 얻으려고 한다. 페니실린 농축(penicillin enrichment)이라고 하는 기술로 이 일을 쉽게 할 수 있다. 이 방법에서는 먼저 액체 완전 배지에서 자라는 야생형(원영양성) 세균에 화학 돌연변이원을 처리한다. 처리 후 세포를 원심분리하여 배지와 돌연변이원을 제거한다. 세포 침전물은 하나의 아미노산(예를 들면, 시스테인)이 결핍되어 있지만 페니실린이 들어 있는 배지에 풀어 준다. 그 다음, 세균을 여과하여 페니실린을 제거하고 농축시킨다. 여과지에 걸린 살아 있는 세균에는 시스테인 영양요구성 균이 많이 농축되어 있다.

a. 페니실린의 작용에 대해 알고 있는 지식을 바탕으로 왜 이러한 농축이 일어나는지를 설명하라.
b. 페니실린 농축은 항생제가 원영양요구성 세포를 100% 죽이지 못하기 때문에 선별은 아니다. 여과지 위의 세포는 따라서 시스테인 요구성에 대한 선별이 필요하다. 이 선별은 어떻게 할 수 있는가?
c. 만일 최초 균주가 플라스미드에 *pen*^{r} 유전자를 가지고 있다면 이러한 방법으로 영양요구성 세포를 농축할 수 있는가? 그 이유를 설명하라.

14장

소기관 유전

타이탄 아룸(*Amorphophallus titanum*)의 개화. 세상에서 가장 냄새가 심한 식물로도 알려져 있는 타이탄 아룸은 냄새 분자를 방출하여 수분을 도와주는 곤충을 끌어들인다. 이 악취 신호를 만드는 데 미토콘드리아가 핵심적인 역할을 한다(자세한 내용은 이 장의 끝부분에 있는 "다음 학습을 위한 안내" 부분에서 보게 될 것이다).

개요

멘델의 유전 법칙이 재발견된 지 9년밖에 지나지 않았을 때, 코렌스(Carl Correns)는 멘델의 기본적인 가정 중 하나에 대해 강하게 도전하는 복잡한 현상에 대해 발표하였다. 1909년에 발표된 논문에서 코렌스는 분꽃이라고 알려진 현화식물에서 잎 색깔의 유전을 분석하기 위한 상호교배의 결과를 설명하였다. 대부분의 분꽃 잎은 초록색이지만 일부에서는 초록색과 흰색이 섞인 얼룩 잎이 나타났다(그림 14.1).

얼룩 잎을 가진 식물의 난자를 초록색 잎의 꽃가루와 수정시키면 얼룩 잎을 가진 자손이 생겨났다. 놀랍게도 반대의 교배, 즉 초록색 모체와 얼룩색 부계의 교배에서는 초록색 잎만 나타났다. 이 결과로부터 얼룩색 형질의 유전은 모계에서만 자손으로 전달되는 것으로 보였다. **모계유전(maternal inheritance)**이라고 알려진 이러한 종류의 전달은 모계와 부계가 유전에 동등하게 기여한다는 멘델의 가정을 부정하는 것이었다. 따라서 유전학자들은 이러한 형질들이 **비멘델성 유전(non-Mendelian inheritance)**을 나타낸다고 이야기했다.

이제 우리는 분꽃 잎 색깔 형질의 비멘델성 유전이 이 표현형을 나타내는 유전자가 핵 안의 염색체에 위치하지 않

그림 14.1 분꽃. 최초로 알려진 비멘델성 유전의 예는 분꽃 잎의 얼룩 유전이다.

기 때문이라는 것을 잘 알고 있다. 이 형질을 나타내는 유전자는 **엽록체**(chloroplast)라는 비핵성 세포소기관의 유전체에 위치하고 있다. 이 세포소기관은 자신의 유전체를 가지고 있는데, 이것은 작은 원형의 염색체로써, 엽록체 DNA (cpDNA)라고 한다. 분꽃에서 한 개체는 자신의 엽록체와 cpDNA를 난자에서만 받게 되며, 꽃가루는 식물 배아로 엽록체나 cpDNA를 전혀 전달할 수 없다.

엽록체는 동물에서는 발견되지 않지만, 다른 세포소기관인 미토콘드리아는 식물과 동물에서 모두 발견되며, 자신의 미토콘드리아 DNA (mtDNA)를 가지고 있다. mtDNA는 핵의 염색체와 분리되어 있으며 독립적으로 유전되기 때문에 mtDNA상의 유전자에 의해 나타나는 형질 또한 비멘델 유전 양상을 나타내게 된다.

미토콘드리아와 엽록체의 유전자와 유전체에 대한 자세한 논의에서는 세 가지 주요 논제가 나타나는데, 첫째, 핵 유전자의 전달에 관련된 규칙과는 달리 세포소기관 유전체의 전달에 관련된 규칙은 종에 따라 다양할 수 있다. 분꽃이나 인간과 같은 여러 종에서는 모계만이 세포소기관을 다음 세대로 전달하지만, 일부 종에서는 부계에서만 세포소기관이 전달되기도 하며, 양쪽에서 모두 전달되는 경우도 있다. 둘째, 세포소기관의 유지와 기능은 세포소기관 유전체와 핵 유전체 사이의 협력이 필요하다는 것이다. 마지막으로는 세포소기관의 유전체와 생화학적 과정들은 진핵세포보다는 세균과 더 유사하다는 것이다. 이러한 관찰 결과가 세포소기관들이 초기 진핵생물과 공생관계에 있던 과거의 세균이 진화된 흔적이라는 세포내공생이론(endosymbiont theory)의 기초가 되었다.

14.1 미토콘드리아와 미토콘드리아의 유전체

학습목표

1. 전형적인 미토콘드리아의 구조와 기능을 설명한다.
2. 미토콘드리아 유전체가 종 간에 어떤 차이가 있는지 나열한다.
3. 미토콘드리아에서의 RNA 편집에 대해 요약한다.
4. 미토콘드리아에서 발견되는 보편적 유전암호의 예외에 대해 논의한다.

미토콘드리아(mitochondria)는 대부분의 진핵세포에서 발견되는 막으로 둘러싸인 세포소기관으로 포도당과 기타 영양물질의 에너지를 ATP로 전환하는 역할을 한다. 미토콘드리아는 핵의 유전체와는 독립적인 자신의 DNA를 가지고 있다. 미토콘드리아 유전체는 에너지의 전환에 필요한 단백질 유전자 중 일부를 가지고 있으며, 나머지는 핵의 유전체로부터 만들어져 소기관 내로 운반된다.

각각의 진핵세포는 많은 수의 미토콘드리아를 가지고 있으며(그림 14.2a), 정확한 숫자는 세포의 에너지 요구와 세포분열 과정에서의 분배에 의존한다. 인간에서 신경, 근육, 간 세포는 1천 개 이상의 미토콘드리아를 가지고 있으며, 난자는 약 10만의 미토콘드리아를 가지고 있다.

미토콘드리아는 정적인 구조가 아니다. 세포 안에서 미토콘드리아는 자랄 수 있으며, 서로 융합하고, 분열하기도 한다. 대략적으로는 한 세대 동안 미토콘드리아의 수는 두 배가 되고 mtDNA가 복제되어 반으로 나뉜다. 세포분열 시에 미토콘드리아는 무작위적이며 수동적으로 딸세포로 분배된다. 이 과정은 세포의 나머지 부분에서 일어나는 일과는 독립적이며, 따라서 미토콘드리아와 mtDNA의 수는 각각의 세포에 따라 차이가 매우 크다.

미토콘드리아는 ATP를 생산한다

그림 14.2b는 세포소기관의 기본구조를 보여준다. 편평한 외막이 크리스타(cristae)라고 하는 안쪽으로 접혀 들어온 구

그림 14.2 미토콘드리아의 구조. (a) 색을 입힌 미토콘드리아의 현미경 사진(62,800×). (b) 미토콘드리아 하나의 구성과 구조. 내막으로 완전히 둘러싸인 부분은 기질(파란색)이다. 기질은 미토콘드리아 DNA와 크렙스 회로의 효소들을 가지고 있다. 내막이 접혀진 구조를 크리스타라고 한다. 하나의 크리스타를 확대하여 산화적 인산화를 담당하는 전자전달계의 효소들을 나타내었다.

(a)

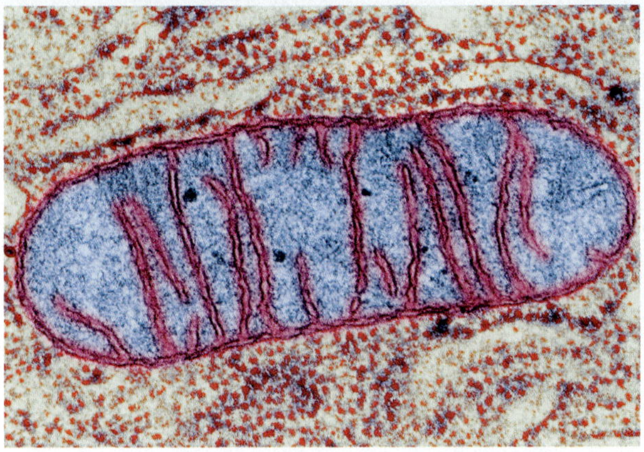

(b)

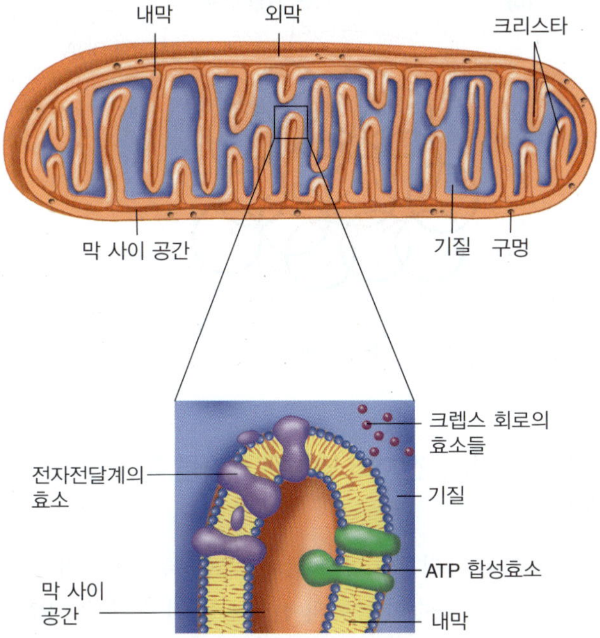

조를 가진 내막을 둘러싸고 있다. 내막으로 둘러싸인 공간은 기질(matrix)이라고 한다.

미토콘드리아는 두 단계로 에너지 저장체(ATP)를 생산한다. 첫 단계에서는 기질 내의 효소가 크렙스 회로(Krebs cycle)라고 하는 반응을 촉진하여 피루브산과 지방산으로부터 고에너지 전자 운반체인 NADH와 $FADH_2$를 만들어 낸다. 두 번째 단계에서는 미토콘드리아 내막에 박혀 있는 일련의 효소 복합체가 산화적 인산화(oxidative phosphorylation)라고 하는 과정을 통해 이 에너지를 회수한다. 이 효소 복합체의 일부가 전자를 NADH와 $FADH_2$로부터 최종 전자 수용체인 산소로 전달하는 전자전달계를 구성한다. 이 전자전달 과정에서 방출되는 에너지를 사용하여 기질에서 내막과 외막 사이 공간으로 양성자를 퍼내며, 그 결과 전기적 전위가 생겨난다. 이 양성자는 다시 ATP 합성효소(ATP synthase)라는 크라스타에 박혀 있는 효소 복합체를 통해 기질로 되돌아온다. ATP 합성효소는 양성자의 이동에 의해 방출되는 에너지를 사용하여 ADP를 인산화하며, 그 결과 ATP가 생성된다.

미토콘드리아 유전체는 종에 따라 차이가 난다

하나의 미토콘드리아는 기질 내에 여러 개의 유전체 사본을 가지고 있다. 사본의 수는 세포의 에너지 요구에 따라 다양해질 수 있으나, 대개는 2~10개 사이이다. 먼저 인간의 미토콘드리아 유전체를 예로 들어 살펴볼 텐데, 나중에 보게 되겠지만 미토콘드리아 유전체는 그 크기와 수가 종에 따라 매우 다양하다.

인간의 미토콘드리아 DNA

인간의 미토콘드리아 유전체는 16.5 kb로 인간 배우자의 반수체 유전체 길이의 1/100,000 정도에 불과한데, 이 원형의 DNA 분자는 37개의 유전자를 가지고 있다(그림 14.3). 이 유전자 중 13개는 산화적 인산화를 담당하는 기구를 구성하는 단백질 복합체의 단위체 유전자이다. 미토콘드리아 유전체는 또한 22개의 tRNA 유전자와 미토콘드리아 리보솜의 큰 rRNA와 작은 rRNA 유전자 2개도 가지고 있다.

미토콘드리아 유전체의 중요한 특징은 유전자들의 배열이 조밀하다는 것이다. 이웃한 유전자들이 붙어 있거나, 일부의 경우에는 겹쳐져 있기도 하다. 유전자들 사이에 여분의 뉴클레오티드가 거의 없으며, 인트론도 없어 유전자들이 매우 조밀하게 밀집되어 있다.

미토콘드리아 유전체

미토콘드리아 DNA의 크기와 유전자 양은 종에 따라 서로 다르다. 말라리아 원충인 *Plasmodium falciparum*의 mtDNA는 길이가 6 kb 밖에 안 되는 반면, 머스크멜론인 *Cucumis melo*의 미토콘드리아는 길이가 2,400 kb이다. 이러한 mtDNA의 크기 차이가 전부 유전자 수의 차이를 반영하는 것은 아니다. 비록 고등식물의 큰 mtDNA가 다른 종에서의 작은 mtDNA에 비해 더 많은 유전자를 가지기는 하지

그림 14.3 인간의 미토콘드리아 유전체. 인간의 mtDNA에 있는 37개의 유전자가 그림에 표시되어 있다. 초록색은 시토크롬 산화효소 단백질, 빨간색은 ATPase 단위체 단백질, 노란색은 NADH 복합체 단백질, 연한 갈색은 시토크롬 복합체 단백질, 보라색은 리보솜 단백질 또는 tRNA 유전자이다. 각각의 tRNA 유전자는 검은색 원과 막대로 표시되어 있다. 외부와 내부 원의 유전자는 서로 전사되는 방향이 반대이다.

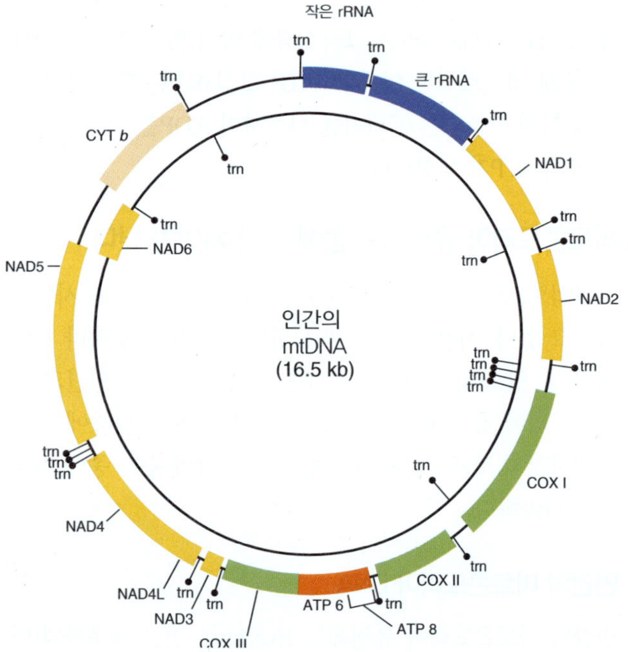

만, 75 kb인 효모의 mtDNA는 16.5 kb인 인간 mtDNA보다 호흡연쇄 단백질 유전자를 더 적게 가지고 있다. 효모 미토콘드리아에서 크기가 더 큰 이유는 미토콘드리아 유전자에 인트론이 있으며, 유전자 사이에 커다란 공백도 있기 때문이다.

mtDNA의 모양도 상당히 다양한데, 인간과 다른 동물의 mtDNA는 생화학적 분석과 지도작성 연구를 통해 원형임이 밝혀졌다. 그러나 대부분의 곰팡이와 식물에서는 mtDNA가 선형이다. 일부의 종에서는 잘리지 않은 mtDNA를 분리하는 것이 매우 어렵기 때문에 세포 내에서의 mtDNA 모양에 대해 확실히 알기가 어렵다.

원생 기생생물인 트리파노솜(*Trypanosoma*)과 리슈마니아(*Leishmania*)의 mtDNA는 매우 특이한 구성을 가지고 있다. 이 단세포 진핵생물은 **동원질체**(kinetoplast)라고 하는 하나의 미토콘드리아를 가지고 있다. 이 구조에서 mtDNA는 10~25,000개의 작은 원형 DNA (0.5~2.5 kb 길이)와 21~31 kb 길이의 큰 원형 DNA 50~100개가 연결된 큰 네트워크로 존재한다(그림 14.4). 큰 원형 DNA와 작은 원형 DNA의 기능 차이는 다음 절에서 설명할 것이다.

그림 14.4 동원질체 DNA 네트워크. 일부의 원생 기생생물에서는 하나의 미토콘드리아 또는 동원질체가 서로 연결된 작은 원형 DNA와 큰 원형 DNA의 커다란 네트워크를 가지고 있다. (a) 동원질체의 전자현미경 사진. 화살표는 하나의 큰 환을 가리키고 있다. (b) 이러한 원형의 DNA 분자들이 서로 연결되어 있는 것을 나타낸 모식도이다.

(a)

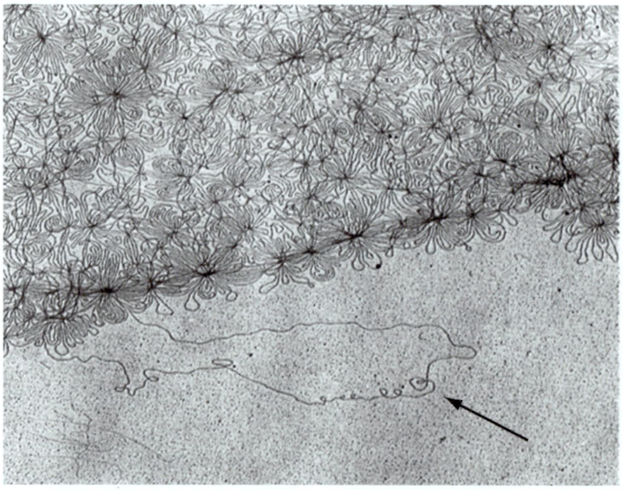

(b)

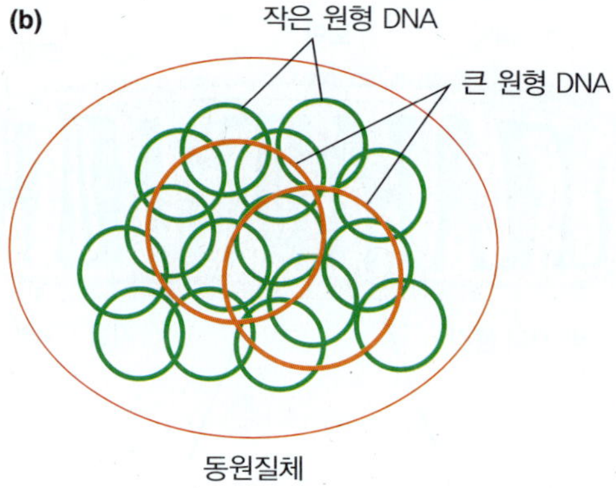

미토콘드리아 유전자의 발현은 색다른 특징을 가지고 있다

미토콘드리아 유전자의 발현에는 고유한 특징이 여러 가지 있다. 이중에는 특수한 종류의 전사 산물 가공 과정인 RNA 편집이 있으며, 미토콘드리아 번역 기구의 유전암호에는 보편적인 유전암호와는 다른 예외들이 있다.

미토콘드리아 유전자 전사체의 RNA 편집

트리파노솜의 미토콘드리아에서 RNA 편집이라는 예상치 못한 현상이 발견되었다. 동원질체 mRNA의 큰 원형 DNA, 작은 원형 DNA, cDNA의 염기 서열을 분석한 결과 놀라운 결과를 얻었다. 작은 원형 DNA에는 단백질 유전자가 없었지만 큰 원형 DNA에서는 단백질 유전자가 발견되었는데,

그림 14.5 트리파노솜에서의 RNA 편집. pre-mRNA 서열의 일부가 위에 표시되어 있다. 이 pre-mRNA는 안내 RNA와 전형적인 왓슨-크릭 A-U, G-C 염기쌍 결합과 비전형적인 G-U 염기쌍 결합을 통해 이중 나선 잡종 가닥을 만든다. 안내 RNA에서 쌍을 이루지 못한 G와 A 염기는 pre-mRNA 서열 내에 U의 삽입(파란색)이 시작되게 한다. 반면에 pre-mRNA에서 쌍을 이루지 못한 U는 제거되어(빨간색), 최종적으로 편집된 mRNA가 완성된다.

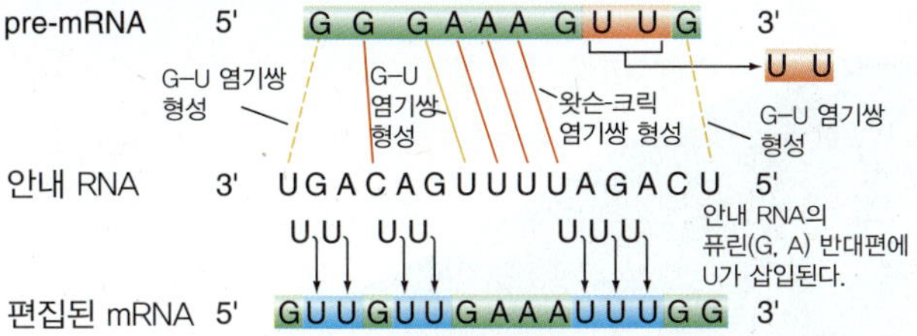

그 서열이 단백질을 암호화하는 mRNA의 cDNA 서열과 일치하지 않았다. 이러한 결과는 큰 원형 DNA가 pre-mRNA로 전사된 후 성숙한 mRNA로 변한다는 것을 암시하는 것이다.

pre-mRNA를 성숙한 mRNA로 바꾸는 과정이 **RNA 편집**(RNA editing)이다. RNA 편집이 없다면 pre-mRNA는 폴리펩티드를 만들어 내지 못한다. 일부 pre-mRNA는 번역 개시에 필요한 첫 번째 코돈이 없으며, 일부는 번역을 멈추는 정지코돈이 없다. RNA 편집은 이 두 부위와 기타 유전자 안의 여러 코돈을 만들어 낸다.

트리파노솜에서는 RNA 편집 기구가 우라실을 첨가하거나 제거하여 pre-mRNA를 성숙한 mRNA로 전환시킨다. 그림 14.5와 같이 우라실 편집은 효소들이 에디토솜(editosome)이라는 구조를 형성하여 RNA 주형을 안내자로 사용하여 pre-mRNA를 수정하는 단계에서 일어난다. 가이드 RNA는 작은 원형 DNA의 짧은 부분으로부터 전사되며, 따라서 동원질체에는 큰 원형 DNA 뿐만 아니라 작은 원형 DNA도 필요하다.

RNA 편집은 매우 특이한 현상이지만 트리파노솜의 동원질체에서만 일어나는 것은 아니다. 점균류인 *Physarum*의 미토콘드리아 전사체에서는 시토신이 첨가되는 RNA 편집이 일어난다. 식물의 미토콘드리아와 엽록체에서는 pre-mRNA의 시토신이 성숙한 mRNA에서는 우라실로 변하는 다른 종류의 편집이 일어난다. 아직까지는 이러한 다양한 RNA 편집의 기작이 모두 알려지지는 않았다.

미토콘드리아에서 보편적인 유전암호의 예외

미토콘드리아는 자신의 고유한 번역 기구를 가지며 따라서

표 14.1 보편적 유전암호와 인간의 미토콘드리아 유전암호의 차이

세 자리 암호	보편적 암호	mtDNA
UGA	정지	Trp
AGG	Arg	정지
AGA	Arg	정지
AUA	Ile	Met
AUU	Ile	Ile–신장 Met–개시

mtDNA는 자신의 rRNA와 tRNA 유전자를 가지고 있어야만 한다(그림 14.3). 미토콘드리아에서의 번역은 진핵생물의 핵 유전자로부터 전사된 mRNA가 번역되는 것과는 상당히 다르다. 실제로 미토콘드리아의 번역 시스템 중 여러 측면은 원핵생물의 번역 시스템과 더 유사하다. 또한 클로람페니콜이나 에리트로마이신과 같은 세균의 번역을 저해하는 약물은 진핵생물 세포질에서의 단백질 합성에는 영향이 없지만 미토콘드리아에서의 단백질 합성은 저해하는 효과적인 저해제이다.

8장에서 서술한 바와 같이 유전암호는 모두는 아니지만 거의 보편적이다. 이 보편적인 유전암호의 여러 예외가 미토콘드리아에서 발견되는데, 예를 들면 인간의 mtDNA에서 5개의 암호는 핵에서와 다르게 사용된다(표 14.1). 모든 종에서 기능하는 미토콘드리아 유전암호는 하나도 없으며, 고등식물의 미토콘드리아에서는 보편적인 유전암호가 사용된다. 일부 미토콘드리아의 유전암호는 이 세포소기관이 진핵세포의 일부분이 된 이후에 보편적인 유전암호에 일련의 돌연변이가 생겨나 유래된 것으로 여겨진다.

핵심 개념

- 미토콘드리아는 매끈한 외막과 크리스타로 접혀진 내막을 가지며, 가장 안쪽은 기질이다. 전자전달계는 기질에서 양성자를 밖으로 퍼낸다. 양성자는 크리스타에 위치한 ATP 합성효소 복합체를 통해 기질 안으로 돌아오며 ATP을 합성하는 에너지를 제공한다.
- 서로 다른 종의 미토콘드리아 유전체는 유전체의 길이, mtDNA가 선형인가 원형인가, 인트론이 있는가 등 여러 가지 점에서 매우 다양하다.
- 미토콘드리아의 pre-mRNA는 RNA 편집을 통해 성숙한 mRNA로 전환되어 전사와 번역이 가능해진다.
- 미토콘드리아에서의 번역은 세균에서와 유사한 점이 많다. 비록 일부의 미토콘드리아는 보편적인 DNA 암호를 사용하지만 다른 종의 미토콘드리아에서는 핵 DNA와는 다른 암호가 사용된다.

14.2 엽록체와 엽록체의 유전체

학습목표

1. 전형적인 엽록체의 구조와 기능을 설명한다.
2. 종에 따른 엽록체 유전체의 차이를 미토콘드리아 유전체의 종에 따른 차이와 비교한다.
3. 형질전환 엽록체를 만들 수 있는 과정을 설명한다.

엽록체(chloroplast)는 광합성(photosynthesis)이라는 과정을 통해 태양 에너지를 흡수하여 당의 화학결합으로 저장한다. 새가 하늘을 날 때나 사람이 말을 할 때, 벌레가 몸을 뒤집고, 꽃이 필 때 모두 개체 내의 세포는 근본적으로는 광합성에 의해 태양 빛으로부터 획득된 다음 미토콘드리아의 기능을 통해 방출된 에너지를 사용한다. 작물을 만드는 식물 중 하나인 옥수수는 광합성 전문가로서, 잎의 세포 각각은 40~50개의 엽록체를 가지며(그림 14.6a), 1 mm^2 면적의 잎 표면에는 50만 개 이상의 엽록체가 있다.

엽록체는 광합성이 일어나는 곳이다

그림 14.6b는 엽록체의 구조를 보여준다. 빛을 흡수하는 색소인 엽록소(chlorophyll), 빛을 흡수하는 단백질, 광합성의 전자전달계가 틸라코이드(thylakoid)라고 하는 내막 구조에 박혀 있다. 광합성에서 빛을 흡수하는 시기에는 태양으로부터 온 빛의 광자 에너지가 엽록소의 전자를 고에너지 수준으로 밀어 올려준다. 에너지를 흡수한 전자는 전자전달계로 전달되며, 전자전달계에서는 에너지를 사용하여 물을 산소와 양성자로 분해한다.

광합성의 전자전달 결과 NADPH가 생성되며, 미토콘드리아와 유사한 ATP 합성효소에 의해 ATP의 합성이 유도된다. 두 번째 광합성의 당 합성 단계에서는 캘빈회로(Calvin cycle)의 효소들이 ATP와 NADPH를 사용해서 대기 중의 이산화탄소를 당으로 바꾸어 준다. 이 영양 물질 분자의 결합에 저장된 에너지가 이들을 만드는 식물과 식물을 먹는 동물 모두에서 생물의 활동에 필요한 연료가 된다.

엽록체의 유전체들은 비교적 일정하다

엽록체는 식물과 조류(algae)에서 발견된다. 이들의 유전체는 미토콘드리아의 유전체에 비해 크기가 훨씬 더 일정하다. 비록 엽록체 DNA (cpDNA)의 길이가 120~217 kb 사이지만, 대부분은 120~160 kb 사이이며, mtDNA에 비해 유전자의 수가 더 많다. 세균과 인간의 mtDNA에 있는 유전자와 마찬가지로, 엽록체의 유전자도 조밀하게 배치되어 있으

그림 14.6 엽록체의 구조. (a) 큰조아재비(*Phleum pratense*) 풀의 잎에서 분리해 낸 엽록체의 전자현미경 사진(11,000×). (b) 내부 구조. 엽록체는 외막과 내막을 가지며 둘 다 접히지 않고 펼쳐져 있다. 내막 안의 공간은 엽록체 DNA와 광합성 효소를 가지며, 스트로마라고 한다. 스트로마에는 틸라코이드라고 하는 주머니가 겹겹이 쌓여 그라나라고 불리는 구조를 형성한다. 광합성은 틸라코이드의 표면에서 일어난다.

(a)

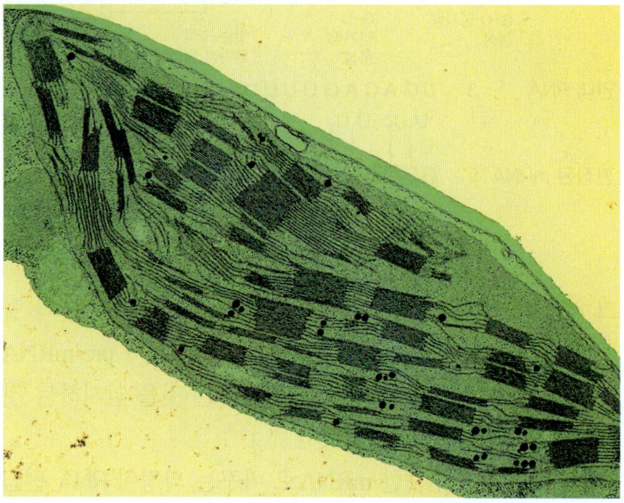

(b)

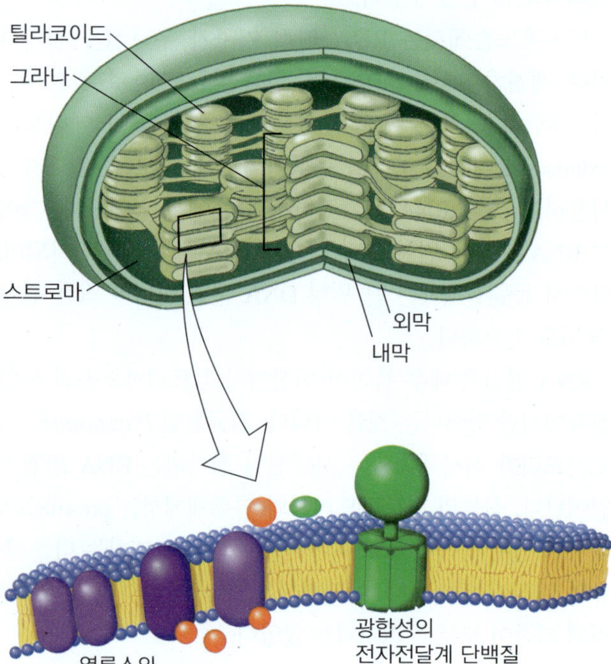

그림 14.7 우산이끼(*M. polymorpha*) 엽록체의 유전체. 128개 유전자의 상대적 위치와 이름이 표시되어 있다. 유전자들은 기능에 따라 다른 색으로 구분하였다.

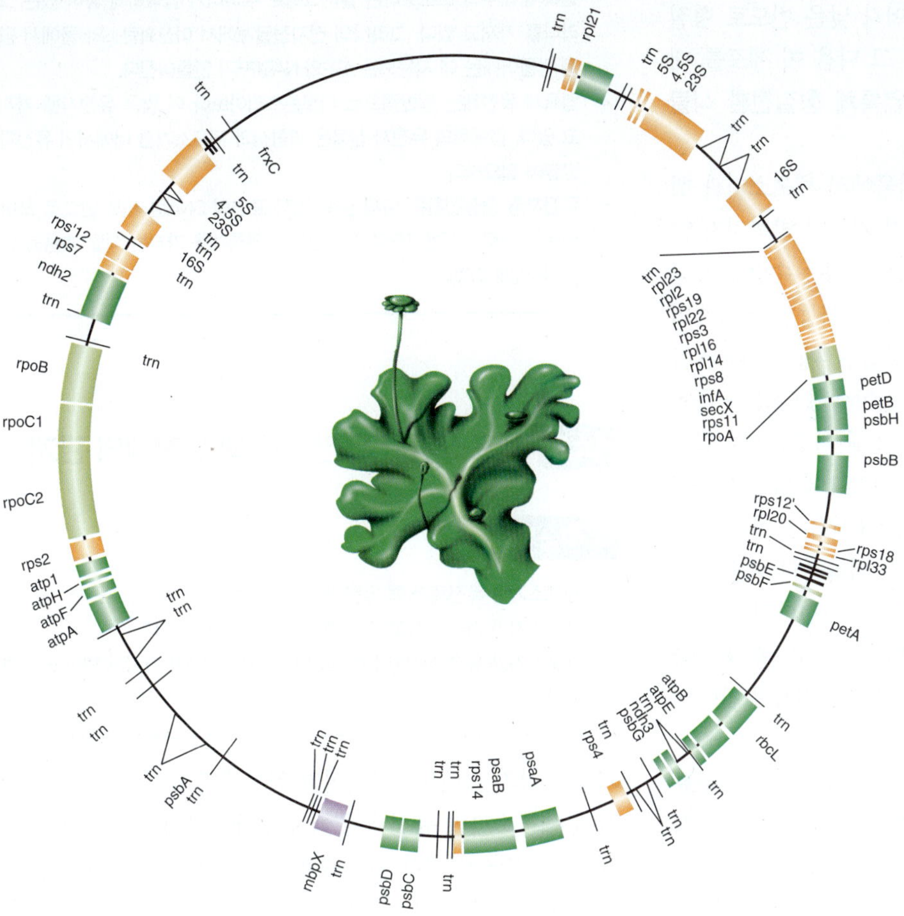

	번역
rps	30S 리보솜 단백질
rpi	50S 리보솜 단위체 단백질
trn	tRNAs
4.5S, 5S 16S, 23S	rRNAs
infA	개시인자
secX	50S 리보솜 단백질

	광합성과 전자전달계
rbc	리불로오스-2인산카르복실화효소
psa	광계 1
psb	광계 2
pet	시토크롬 *b*/*f* 복합체
atp	ATP 합성효소
frx	철-황 단백질
ndh	NAD(P)H 산화환원효소

	전사
rpo	RNA 중합효소

	기타
mbpx	투과효소

며, 암호화 서열들의 사이에 있는 뉴클레오티드 수가 작다. 효모(인간은 다름)의 유전자와 마찬가지로 이들의 유전자도 인트론을 가지고 있다. 일부의 cpDNA는 원형이지만, 많은 종의 cpDNA는 선형이며, 가지가 있는 형태로 되어 있다. 미토콘드리아와 마찬가지로 엽록체도 유전체의 사본을 여러 개 가지고 있는데, 대개는 15~20개의 사본을 가지고 있다.

우산이끼인 *M. polymorpha*의 엽록체 유전체는 완전히 서열이 분석된 최초의 cpDNA이다(그림 14.7). cpDNA에는 광합성의 전자전달계와 광합성의 다른 부분에 관여하는 RNA 중합효소, 리보솜 단백질 및 기타 엽록체 유전자 발현에 필요한 많은 단백질의 유전자가 있다. 엽록체의 RNA 중합효소는 여러 단위체로 구성된 세균의 RNA 중합효소와 유사하다. 세균의 번역을 저해하는 클로람페니콜과 스트렙토마이신 같은 약물은 미토콘드리아에서와 마찬가지로 엽록체에서의 번역도 저해한다.

형질전환 엽록체를 만들 수 있다

재조합 DNA 기술의 개발 초기에는 세포소기관을 연구하는 사람들은 클로닝된 유전자와 변화시킨 DNA 조각들을 소기관의 유전체로 전달하기가 매우 어려웠다. 1980년대 말에 유전자총(gene gun)과 **유전자총 형질전환**(biolistic transformation)이라는 유전자전달 방법이 개발되어 이러한 난제가 해결되었다(그림 14.8). 이 기술은 엽록체의 유전체를 연구하는 사람들에게 특히 유용했는데, 이 방법으로 효모 *S. cerevisiae*의 미토콘드리아를 외부의 DNA로 형질전환하는 것이 가능해졌지만 다세포 생물에서 미토콘드리아의 안정한 형질전환은 아직까지는 어려운 과제로 남아 있다.

기본적인 아이디어는 작은(1 μm) 금속 입자를 DNA로 코팅한 다음, 이 DNA를 가진 "탄환"을 세포에 발사하는 것이다(그림 14.8). 유전자총 형질전환은 이 입자가 세포를 죽이지 않고 세포 내의 원형질체에 떨어져 DNA가 금속으로부터 방출될 때 일어난다. 흔치는 않지만 DNA가 핵이나 세포소기관에 들어가 그 유전체와 통합되기도 한다. 만일 세포 안으로 발사된 DNA가 선택 표식자를 가지고 있다면, DNA가 방출되어 엽록체 안으로 들어가 낮은 빈도로 형질전환된 세포라도 분리해 낼 수 있다. 그 다음 이 세포를 배양하면 형질전환된 엽록체를 가진 **엽록체 형질전환 식물**(transplastomic plant)을 얻을 수 있다.

엽록체의 유전체 서열이 결정된 식물에서 세포소기관 형질전환과 돌연변이의 제조는 현재까지 기능이 밝혀지지 않은 개방 번역틀(ORF)의 기능을 조사할 수 있는 수단을 제공해 준다. ORF의 기능을 탐색하려면 선별 가능한 엽록체의 항생제 내성 유전자가 ORF 내에 클로닝된 재조합 DNA를 제조한다. 이 DNA를 세포에 도입하면 야생형 ORF가 돌연변이 ORF로 대체되는 상동재조합에 의해 이 DNA가 엽록체 유전체에 통합된다. 이 과정은 그림 13.31에 있는 세균에서의 유전자 표적화와 유사한 것이다. 표식자 유전자를 대상으로 선별하여 돌연변이 ORF를 가진 엽록체의 비율을 높이면 세포배양이나 재조합된 식물에서 형질전환된 세포의 표현형을 연구할 수 있다. 이러한 방법으로 여러 종의 식물에서 새로운 광합성 효소 단위체의 엽록체 유전자를 찾아낼 수 있었다.

엽록체 유전체의 형질전환을 이용하면 상업적으로 중요한 농작물의 성질을 바꿀 수 있다. 예를 들면 제초제 내성 식물을 만드는 데 이용될 수 있는데, 제초제 내성 유전자를 핵 DNA 대신에 엽록체 DNA에 도입하는 방법의 장점은 엽록체에 도입된 외부 DNA가 부계의 꽃가루가 아니라 모계로만 유전된다는 것이다. 이것은 이 유전자가 이웃한 집단으로 퍼져나갈 위험성을 줄일 수 있다.

그림 14.8 유전자총. 총은 DNA가 입혀진 작은 구슬(탄환)을 식물에 쏘아 넣어 엽록체를 형질전환하는 데 사용된다.

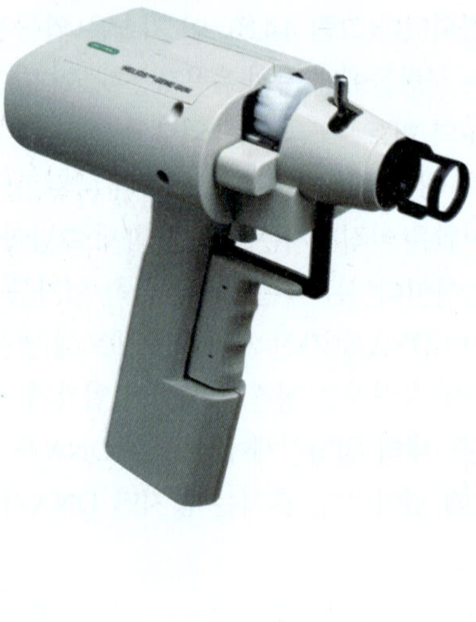

핵심 개념

- 엽록체 내부의 스트로마는 틸라코이드 주머니가 납작하게 쌓여 있는 그라나를 가지고 있다. 그라나의 전자전달계에서 이산화탄소와 물에서 당을 만들어내는 데 사용되는 ATP와 NADPH가 만들어진다.
- 엽록체 유전체는 일반적으로 미토콘드리아보다 더 많은 유전자를 가지고 있다. 엽록체의 유전자 산물은 광합성과 세포소기관 내에서의 유전자 발현에 필요하다.
- 유전자총 형질전환은 미세 금속 입자 표면의 DNA를 세포 안으로 쏘아 넣는 것으로, 이 방법으로 형질전환된 엽록체를 가지는 식물 계통을 만들 수 있게 되었다.

14.3 세포소기관 유전체와 핵 유전체의 관계

학습목표

1. 세포소기관 유전체와 핵 유전체의 협동관계를 설명한다.
2. 세포소기관 기원의 세포내 공생이론에 대해 요약한다.
3. 세포소기관 유전체로부터 핵으로의 유전자 전달이 미치는 영향을 설명한다.

기능을 가지는 미토콘드리아와 엽록체의 유지 및 조립은 각각의 세포소기관 유전체와 핵 유전체로부터의 유전자 산물에 의존한다. 이러한 협력관계는 하루아침에 생겨난 것이 아니라 오랜 시간의 진화를 통해 발달한 것이다. 여러 증거를 통해 이들 세포소기관과 이들을 가지고 있던 세포의 고대 조상들은 공생관계에 있었던 자유 생활을 하던 생명체들이었다는 것이 알려졌다.

핵 유전체와 세포소기관 유전체는 서로 협력관계에 있다

여러 생화학 경로에 세포소기관과 핵으로부터 오는 요소들이 둘 다 필요하다. 예를 들면 미토콘드리아 전자전달계의 마지막 단백질인 시토크롬 *c* 산화효소는 대부분의 생물에서 7개의 단위체로 구성되어 있는데, 이 중 3개는 미토콘드리아 유전자로부터 전사되고 미토콘드리아 리보솜에서 번역된다. 나머지 4개는 핵 유전자로부터 mRNA가 만들어져 세포질의 리보솜에서 번역된다.

모든 생물에서 미토콘드리아와 엽록체에서의 유전자 발현에 필요한 대부분의 단백질 유전자가 핵 안에 있다. 예를 들면, 비록 미토콘드리아 유전체가 rRNA 유전자는 가지고 있지만 미토콘드리아 리보솜 단백질의 대부분(효모와 식물에서) 혹은 모두(동물에서)가 핵 안의 유전자로부터 만들어진다. 미토콘드리아와 엽록체는 기능과 생식에 필요한 단백질에 대한 유전자를 모두 가지고 있지 않기 때문에 이들 세포소기관들은 세포 내의 다른 부분으로부터 분자들이 계속 공급되어야 한다. 따라서 미토콘드리아와 엽록체는 세포를 벗어나 독립적으로는 존재할 수 없다.

미토콘드리아와 엽록체는 세균으로부터 유래되었다

엽록체는 오늘날 살아 있는 특정한 광합성 세균과 크기와 모양이 매우 비슷하다. 그리고 미토콘드리아 유전 체계의 다양성으로 인해 일반화하기는 어렵지만 적어도 일부의 미토콘드리아는 오늘날의 유기호흡 세균과 비슷한 점이 있다. 이러한 유사성으로 인해 미토콘드리아와 엽록체가 현재 진핵세포의 조상에 통합되어 서로 도움을 주고받는 숙주와 기생생물의 관계로 일종의 세포 내 사회를 형성하게 된 세균으로부터 유래된 것으로 생각된다.

세포내 공생이론

1970년대에 린 마굴리스(Lynn Margulis)는 최초로 미토콘드리아와 엽록체가 진핵세포의 원시 조상이 특정한 세균을 받아들여 공생관계를 형성함으로써 유래되었다고 제안하였다. 미토콘드리아나 엽록체와 유사한 세균을 가지는 원시세포는 에너지 생산이라는 치열한 경쟁에서 유리해졌을 것이며, 결국 복잡한 진핵생물로 진화하게 되었다. 이러한 가설을 지지하는 매우 많은 증거들이 있으며, 따라서 이제는 일반적으로 **세포내 공생이론**(endosymbiont theory)으로 받아들여지고 있다.

세포내 공생이론의 분자적 증거는 다음과 같다.

1. 미토콘드리아와 엽록체 모두 자신의 DNA를 가지며, 핵의 유전체와는 독립적으로 복제된다.
2. 세균의 DNA와 마찬가지로 mtDNA와 cpDNA는 히스톤을 가지는 뉴클레오솜을 구성하지 않는다.
3. 미토콘드리아 유전자 발현에는 번역 시에 *N*-포밀 메티오닌과 $tRNA^{fMet}$이 사용된다.
4. 클로람페니콜이나 에리트로마이신과 같은 세균 번역의 저해제는 미토콘드리아와 엽록체의 번역을 억제하지만 세포질에서의 단백질 합성에는 영향이 없다.
5. 세포소기관과 세균의 rRNA 유전자 서열 비교를 통해, 미토콘드리아 유전체는 현재의 그람 음성 홍색비황세균(nonsulfur purple bacteria)의 공통조상으로부터, 엽록체 유전체는 남세균(과거에는 남조류로 분류되었음)으로부터 유래한 것으로 여겨진다.

미토콘드리아가 세포 내에 공생하게 된 것은 20억 년 정도 전에, 엽록체의 세포 내 공생은 5억 년 정도 전에 일어난 것으로 추정된다. 이러한 사건들은 너무나 오래 전에 일어난 일로써 정확히 어떤 과정으로 일어났는지는 알 수가 없다. 일부 과학자들은 초기의 원시 진핵세포가 세균을 가지게 된 것이 아니라 초기의 진핵세포가 고세균과 세균의 공생으로부터 생겨났다고 생각하기도 한다.

세포소기관과 핵 사이의 유전자 전달

미토콘드리아와 엽록체가 만들어지게 된 최초의 세포 내 공생 사건이 생겨난 이후로, 일부 유전자가 세포소기관의 유전체로부터 핵 안의 유전체로 전달된 것으로 보인다. 예를 들면, 산화적 인산화와 광합성에 필요한 일부의 유전자는 핵 안의 유전체에 존재한다. 이들은 아마도 세포소기관 유전체로부터 이동되었을 것이다. 세포소기관의 리보솜 단백질의 유전자들도 마찬가지일 것이다.

유전자가 세포소기관으로부터 핵으로 이동할 수 있다는 것은 중요한 의미가 있다. 첫째, 그러한 유전자의 사본이 핵의 염색체에 통합되게 되면 세포소기관의 사본은 중복이 되며, 따라서 없어질 수 있다. 만일 그 유전자가 원래는 세포 내에 공생하게 된 세균의 독립적인 생존에 필요한 것이었다면 그 다음부터는 이 세포소기관은 더 이상 숙주세포를 벗어나서는 살 수 없게 된 것이다. 둘째, 진핵생물의 다른 진화 계통에서는 세포소기관 유전자의 다른 일부가 핵으로 전달될 수 있으며, 그 결과 현재와 같이 매우 다양한 세포소기관의 유전체가 탄생하였을 것이다.

세포소기관과 핵 사이의 유전자 전달 기작에 대해서 조금씩 알려지고 있다. 여러 식물에서 미토콘드리아 전자전달계의 *COXII* 유전자는 미토콘드리아의 유전체에 위치하는데, 다른 식물에서는 이 유전자가 핵의 DNA에 위치하기도 한다. 또한 다른 여러 종에서는 핵의 *COXII* 유전자는 완전한 기능을 하는 반면에, mtDNA에는 기능을 하지 못하는 이 유전자의 사본, 즉 *COXII*의 위유전자(pseudogene)가 들어 있다. 놀랍게도 mtDNA 유전자에는 인트론이 있는 반면에 핵 유전자에는 인트론이 없다. 유전학자들은 이런 결과를 *COXII* 유전자가 mtDNA로부터 핵 DNA로 역전사효소를 사용한 RNA 매개체를 통해 전달되었다고 해석하고 있다. 인트론은 아마도 *COXII* 전사체에서 이어맞추기에 의해 제거되었을 것이며, mRNA가 역전사효소에 의해 DNA로 복제되어 핵 안의 염색체에 통합되었기 때문에 인트론이 없는 핵 유전자가 만들어졌을 것이다. RNA 매개체를 사용하지 않는 다른 세포소기관과 핵 사이의 DNA 전달 기작도 존재하는 것으로 여겨진다.

핵심 개념

- 세포소기관의 기능에는 핵 DNA의 유전자와 세포소기관 DNA의 유전자가 모두 필요하기 때문에 세포소기관과 핵 사이의 협력이 필요하다.
- 세포내 공생이론이란 미토콘드리아와 엽록체가 세균과 유사한 세포와 이들을 집어삼킨 원시 진핵세포 사이의 공생관계로부터 진화되었다는 것이다.
- 세포소기관 유전체로부터 핵 유전체로의 유전자 전달과 뒤이은 원래의 세포소기관 유전자 상실이 숙주세포 외부에서는 살아갈 수 없는 세포소기관을 만들어냈다.

14.4 미토콘드리아와 엽록체의 비멘델성 유전

학습목표

1. 세포소기관이 대개는 모계로 유전된다는 것을 입증할 수 있는 실험 방법을 설명한다.
2. 한 종 내에 다른 cpDNA들이 섞여 있는 것이 어떻게 식물에서 얼룩색의 원인이 되는지를 설명한다.
3. 효모의 미토콘드리아가 양친성으로 유전된다는 것을 보여주는 유전 실험을 설명한다.

세포소기관 유전자의 돌연변이는 변화된 단백질과 RNA가 세포의 에너지 생산을 저해하므로 쉽게 관찰할 수 있는 표현형을 나타낸다. 예를 들면, mtDNA 돌연변이는 단세포 생물의 군락이 느리게 자라거나 다세포 생물의 조직을 비정상적으로 약하게 만들 수 있다. cpDNA의 돌연변이는 광합성에 필수적인 초록색 색소인 엽록소의 생성에 필수적인 단백질의 기능을 무력하게 만들 수 있으며, 따라서 식물 잎의 색깔이 변할 수 있다. 세포소기관 유전체의 돌연변이를 추적하는 다른 방법으로는 염기 서열 분석을 통해 DNA 다형성을 확인하는 것이다.

세포소기관 전달 방법은 종에 따라 매우 다양하다. 유전학자들이 특정 종에 대해 가지는 의문점 중의 하나는 세포소기관을 양친 모두로부터 받는지(양친유전, biparental inheritance) 아니면 모계이거나 부계, 즉 한 부모로부터 받는지(단친유전, uniparental inheritance) 이다. 이 모든 가능성이 자연에는 존재한다.

많은 생물에서 세포소기관과 그 DNA는 한 부모로부터 유전된다

여러 진핵생물에서, 특히 동물에서는 세포소기관이 단친유전된다. 단친유전에서는 대부분이 모계로부터 세포소기관을 받게 되지만(모계유전, maternal inheritance) 예외도 많다. 예를 들면 바나나에서 엽록체 유전체의 유전은 모계인 반면에 미토콘드리아 유전체는 부계로 유전되며, 알팔파에서는 반대이다. 세쿼이아 나무의 경우에는 엽록체와 미토콘드리아 DNA 모두 부계로 유전된다. 여기서는 더 흔한 유전 양상인 모계유전의 고전적인 예를 살펴볼 것이다.

붉은빵곰팡이 mtDNA 돌연변이의 모계유전

5장에 소개한 붉은빵곰팡이 *Neurospora crassa*의 유전에 대해 논의해 보자. 붉은빵곰팡이 군락은 반수체(1*n*)이며 교배형은 두 종류가 있어서, 각각은 다른 교배형의 세포와 교배(융합)가 가능한 특수한 세포가 될 수 있다(그림 5.19b 참조).

그림 14.9 붉은빵곰팡이에서 Poky 표현형의 모계유전. (a) Poky *ad*$^+$ (파란색 세포질, 빨간색 핵) 암컷 배우자와 정상 *ad*$^-$ (갈색 세포질과 노란색 핵) 수컷 배우자를 교배하여 얻은 8분체에서 포자의 반은 *ad*$^+$이며 반은 *ad*$^-$이다. 모든 포자는 Poky인데, 그 이유는 이 표현형이 미토콘드리아 유전자에 의해 조절되고, 모든 미토콘드리아가 크기가 큰 암컷 배우자로부터 전달되기 때문이다. (b) 상호교배의 이배체 또한 반은 *ad*$^+$이고 나머지 반은 *ad*$^-$인 포자를 만들지만, 모든 포자는 Poky가 아니라 정상이다.

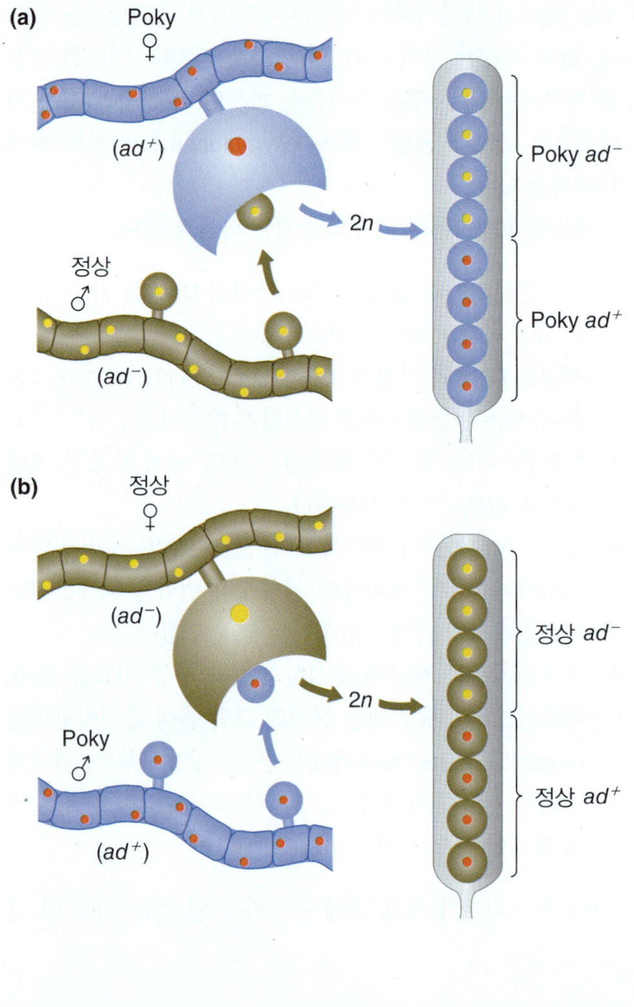

유전학과 사회

아르헨티나 법원에서 근친 관계의 증거로 사용된 미토콘드리아 DNA 검사

1976년에서 1983년 사이에 아르헨티나의 군사 독재 정권은 대학생, 교사, 사회활동가, 노조원 등을 비롯해 정권을 지지하지 않는 10,000명 이상의 많은 사람들을 납치, 구금하고 살해했다. 많은 젊은이들과 함께 아주 어린 아이들도 사라졌으며, 120명에 가까운 아기들이 구치소에 있던 여성에서 태어났다. 1977년에 이 영유아들의 할머니 중 일부가 부에노사이러스의 주 광장에서 증언을 하고 그들의 아이와 손자, 손녀가 사라진 것을 고발하는 철야집회를 열었다(그림 A). 이들은 곧 "메오 광장의 할머니"라는 인권단체를 결성하였다.

이 할머니들의 목표는 여전히 살아 있을 것이라고 의심되는 200명의 손자, 손녀들의 위치를 확인해서, 이들이 원래의 가족과 합쳐질 수 있도록 하는 것이었다. 결국에는 산파와 형무소 근무자들과 같은 증인들로부터 정보를 얻어, 유치원에 들어가는 어린이들의 서류를 검토할 수 있는 네트워크를 만들었다. 이들은 또한 미국과학진흥협회(AAAS)를 포함한 외국의 단체들과 접촉하기 시작했다.

이 할머니들이 AAAS에 요구한 것은 법정에서 사용될 수 있는 유전적 분석이었다. 군사정권이 민주 정권으로 교체되고, 할머니들이 공정한 법정에서 그들의 사건을 제기할 수 있게 되었을 무렵에는 1976년에 태어나거나 2~3세였던 아이들은 7~10세가 되어 있었다. 비록 아이들의 외모나 키는 변했지만 그들을 생물학적 가족과 연결시킬 수 있는 그들의 유전자는 변하지 않았다. 유전검사의 가능성에 대해서 알게 된 할머니들은 그러한 검사와 그 결과를 분석하는 작업에 대해 자세한 도움을 구하기 시작했다. 1983년부터 법원은 이들의 검사 결과를 혈연관계의 증거로 받아들이기 시작했다.

1983년에 두세 명 사이의 혈연관계를 확인하거나, 배제하는 데 사용할 수 있는 가장 좋은 방법은 인간 림프구 항원(HLA)이라는 단백질을 비교하는 것이었다. 사람들은 고유한 HLA 표식자를 백혈구 또는 림프구 세포에 가지며, 이들 표식자는 분자적 지문으로 사용하기에 충분한 다양성을 가지고 있다. HLA 분석은 각각의 HLA 표식자에 대해 하나의 대립유전자는 모계의 할머니로부터, 다른 하나는 부계의 할머니로부터 아이에게 유전될 수 있으며, 따라서 아이의 부모가 더 이상 살아 있지 않더라도 행해질 수 있다. 통계적인 분석을 통해 아이가 할머니의 유전자 세트를 공유하고 있을 확률을 계산할 수 있다. 어떤 경우에는 HLA 분석을 통해 충분히 검사한 아이가 특정한 가계에 속하는지를 확인할 수 있다. 그러나 어떤 경우에는 HLA 유형 분석을 통해서는 확실한 관련성을 확인하기 어려운 경우도 있다.

그림 A 메오 광장의 할머니(1977).

AAAS는 할머니들을 당시 캘리포니아 대학에 있던 메리 클레어 킹과 연결시켜 주었다. 킹과 두 명의 동료인 오레고와 윌슨은 새로운 기술인 PCR 증폭과 미토콘드리아 유전체에서 변이가 많은 비암호화 부위의 직접적인 염기 서열 분석에 기초한 새로운 mtDNA 검사법을 개발하였다. mtDNA는 모계로 유전되며 재조합이 일어나지 않기 때문에 한 명의 모계 친척만 있어도 일치 여부를 확인할 수 있으며, 따라서 이 방법으로 논란이 되는 여러 사건들을 해결할 수 있었다. 비암호화 부위는 매우 다형성이 크기 때문에, 손녀의 mtDNA와 할머니나 어머니의 여자형제 또는 남자형제 등과 같은 단 한 명의 mtDNA를 직접 비교해서 맞는지를 확인할 수 있으며, 따라서 통계적인 계산도 더 이상 필요치 않았다.

자신들의 방법을 증명하기 위하여 킹과 연구진은 누가 친척인지 알지 못하는 상태에서 세 명의 아이와 그들의 세 명의 할머니의 DNA를 증폭하였다. mtDNA 분석 결과 확실하게 각각의 아이와 그들의 할머니를 찾아내었으며, 따라서 1989년 이후에는 할머니들이 자신의 mtDNA 정보를 자료 저장소에 포함시켰다.

오늘날 사라진 아이들은 어른이 되었으며, 법적으로 독립된 상태이다. 비록 대부분의 할머니들은 죽었지만, 손자와 손녀 들은 여전히 그들의 생물학적인 정체성을 찾을 수 있으며, 그들의 가족에게 어떤 일이 있었는지를 할머니들이 남긴 mtDNA 데이터베이스를 통해 찾아낼 수 있다.

각각의 교배형은 수컷과 암컷의 교배 세포를 각각 만들 수 있는데, 수컷 세포는 암컷 세포에 비해 크기가 상당히 작다. 한 종류의 수컷 세포가 암컷 세포와 교배되면 핵이 융합하여 이배체($2n$)가 되며, 감수분열을 하고 곧바로 체세포분열이 일어나 반수체 포자가 8개 만들어진다. 만일 원래의 반수체 세포가 핵 염색체 유전자의 서로 다른 대립유전자를 가지고 있다면, 멘델 유전에서는 8개의 포자 중 반이 한 대립유전자를 가지고 나머지 반이 다른 대립유전자를 가지게 될 것이다(4:4로 분리).

1952년에 메리와 허쉘 미첼(Mary and Herschel Mitchell)은 *poky*라고 하는 느리게 자라는 붉은빵곰팡이 돌연변이 균주를 분리해 내었다. 이들은 ad^+(아데닌 합성 가능)이며 *poky* 돌연변이 균주를 정상적으로 자라며($poky^+$) ad^-(아데닌 요구주)인 다른 교배형 세포와 교배하였다. 핵 표식자인 ad^+와 ad^-는 예상하였던 것처럼 4:4로 분리되었지만, 포자는 모두가 일정하게 $poky^+$이거나 $poky^-$로, 느리게 자라는 표현형의 분리비는 놀랍게도 8:0이었다. 게다가 포자의 표현형은 항상 암컷 교배형 세포가 나타내는 표현형과 동일했다(그림 14.9). 즉, *poky* 형질은 모계와 부계 배우자가 자손의 표현형에 동일하게 기여하지 않기 때문에 비멘델성 유전을 나타내는 것이다.

그 이유는 $poky^-$가 mtDNA의 돌연변이라는 것이다. *poky*는 미토콘드리아의 리보솜 RNA 유전자로써, $poky^-$돌연변이에서는 미토콘드리아에서의 번역 효율이 떨어지기 때문에 성장이 늦어진다. 큰 암컷 교배형 세포는 일시적으로 형성되는 이배체 세포의 세포질과 8개의 포자에 있는 모든 미토콘드리아를 제공해 준다. 따라서 붉은빵곰팡이에서 미토콘드리아 유전은 단친성이며 모계유전이다.

세포소기관의 모계유전 기작

배우자의 크기 차이는 수컷 배우자가 암컷 배우자보다 훨씬 작은 붉은빵곰팡이와 같은 종에서 모계유전을 설명하는데 도움을 준다. 크기의 차이 때문에 접합자는 모계의 세포소기관은 많이 받는 반면에 부계의 세포소기관은 거의 받지 못한다. 이와 같은 현상이 분꽃의 엽록체나 인간의 미토콘드리아와 같은 많은 다세포 생물에서의 단친성 모계유전을 설명해 줄 수 있으며, 다음 절에서 살펴보게 될 것이다.

그러나 접합자의 크기가 세포소기관의 모계유전을 이끌어내는 유일한 기작은 아니다. 일부의 생물에서는 부계의 세포소기관이 능동적으로 배제되거나 파괴된다. 일부 식물에서는 접합자의 분열 초기에 대부분 혹은 모든 부계의 세포소기관 유전체를 배아의 일부가 되지 않는 세포로 분배한다. 어떤 동물에서는 수정과정에서 부계의 세포로부터 세포소기관이 접합자로 전달되지 못하게 막는다. 예를 들면, 척색동물인 멍게는 수정 과정에서 정자의 핵만 난자로 들어가며 부계의 미토콘드리아는 물리적으로 들어가지 못하게 배제된다. 또 다른 기작으로는 수정 후 접합자에서 부계의 세포소기관이 파괴되는 것도 있다.

읽을거리 「유전학과 사회」의 "아르헨티나 법원에서 혈연관계의 증거로 채택된 미토콘드리아 DNA 검사"에서는 아르헨티나의 인권단체가 어떻게 mtDNA 서열을 납치된 아이들의 가족을 찾아내는 법적 증거로 사용하였는지에 대해 설명되어 있다. 인간에서 미토콘드리아의 모계유전은 할머니와 손자의 DNA를 비교하여 가족을 찾는 것을 가능하게 해준다.

세포소기관의 부계유전 기작은 이것이 소수의 종에서만 나타나기 때문에 아직까지 잘 알려져 있지 않다.

세포소기관 유전체의 변이는 세포분열 동안에 분리된다

하나의 진핵세포에는 수천 개의 미토콘드리아가 있으며, 하나의 식물 세포에는 수십 개의 엽록체가 있다. 또한 이들 각각의 세포소기관 내에는 세포소기관 유전체의 사본이 여러 개 있다. 이러한 사실은 세포소기관 염색체상의 유전자에 의해 결정되는 형질의 유전에 있어 중요한 결과를 초래하게 된다.

분꽃의 얼룩덜룩한 색

이 장의 서두에서 식물 유전학자인 코렌스에 의해 행해진 분꽃(*Mirabilis jalapa*)잎의 얼룩색 유전 양상에 관한 기념비적인 실험에 대해 살펴보았다. 얼룩색의 식물은 전형적으로 일부분은 초록색이고 일부분은 흰색으로 얼룩덜룩한 가지와 모두 초록색이거나 모두 흰색인 가지도 가지고 있다(그림 14.10). 코렌스는 각각 다른 종류의 가지에서 자라는, 즉 얼룩색, 초록색, 흰색 가지의 꽃에서 얻은 수컷(꽃가루)과 암컷(난자)을 가능한 모든 조합인 9가지 쌍으로 교배하였다. 그 자손의 표현형은 늘 암컷 배우자를 만들어낸 전 세대의 표현형과 유사하였는데(표 14.2), 그 이유는 식물 세포의 색깔은 모계로 유전되는 cpDNA에 의해 조절되기 때문이다.

얼룩색 표현형의 원인은 이 분꽃이 야생형과 돌연변이형의 두 종류 엽록체를 모두 가지기 때문이다. 돌연변이 cpDNA는 초록색 색소인 엽록소의 합성에 필요한 유전자에 결함이 있는 대립유전자를 가지고 있으며, 엽록소가 없는 세포는 흰색이다. 세포소기관의 유전자형이 둘 이상인 세포

그림 14.10 얼룩진 분꽃 식물. 얼룩이 있는 식물은 대개 얼룩이 있는 가지, 완전한 초록색 가지, 완전한 흰색 가지를 모두 가진다. 중심싹은 대개 얼룩이 있다.

표 14.2	코렌스의 분꽃 교배 결과	
난자를 제공한 식물의 가지	꽃가루를 제공한 식물의 가지	자손의 표현형
초록색	초록색	초록색
초록색	흰색	초록색
초록색	얼룩색	초록색
흰색	초록색	흰색
흰색	흰색	흰색
흰색	얼룩색	흰색
얼룩색	초록색	초록색 또는 흰색 또는 얼룩색
얼룩색	흰색	초록색 또는 흰색 또는 얼룩색
얼룩색	얼룩색	초록색 또는 흰색 또는 얼룩색

혹은 개체를 **이형세포질성**(heteroplasmic)이라고 한다(그림 14.11). 잡색 식물은 야생형과 돌연변이형 엽록체를 모두 가지는 이형세포질성 난자에서 생겨났기 때문에 개체 전체가 이형세포질성으로 간주된다. 이런 식물은 또한 한 종류의

그림 14.11 엽록체의 세포질분리. 얼룩색의 식물은 야생형(초록색)과 돌연변이형(흰색) 엽록체를 모두 가지고 있다. 동형세포질성 세포(cpDNA가 모두 돌연변이거나 모두 야생형)는 이형세포질성 세포(돌연변이형과 야생형 cpDNA를 가짐)가 분열할 때 우연히 비균등하게 분배되어 하나의 딸세포에 한 종류의 엽록체만 전달되는 경우 만들어질 수 있다.

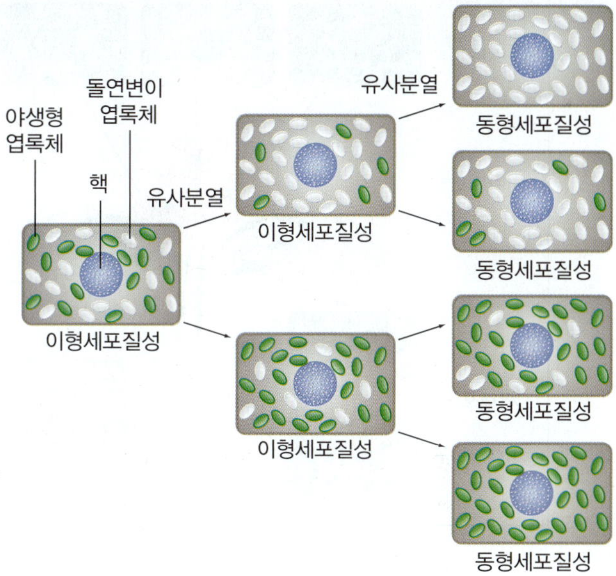

cpDNA 만을 가지는 세포, 즉 **동형세포질성**(homoplasmic) 세포도 가지게 되는데(그림 14.11), 예를 들면 식물에서 전체가 흰 부분은 돌연변이 엽록체에 대해 동형세포질성인 것이다. 그런데 왜 일부 세포는 이형세포질성이고, 다른 일부는 동형세포질성일까?

세포질에서의 세포소기관 유전체의 분리

세포가 분열을 하면 엽록체의 반 정도는 무작위적으로 각각의 딸세포에 도달하게 된다. 그림 14.11에서와 같이 돌연변이와 야생형 엽록체가 수 차례의 세포분열을 거치는 동안 우연히 두 딸세포에 불균등하게 분배될 수 있다. 그러면 이형세포질성의 세포로부터 무작위적인 **세포질분리**(cytoplasmic segregation)에 의해 한 종류의 cpDNA 만을 가지는 동형세포질성 딸세포가 생겨날 수 있다. 한번 세포가 동형세포질성이 되면 새로운 돌연변이가 생기기 전까지 다시는 이형세포질성이 될 수 없다. 따라서 이 시점 이후에는 그 자손이 모두 동형세포질성이 된다. 엽록체의 세포질분리 확률로 이형세포질성의 식물에서 이형세포질성 세포, 야생형 동형세포질성 세포, 돌연변이형 동형세포질성 세포가 혼합하여 나타나는 이유를 적어도 일부분은 설명해 줄 수 있다.

그림 14.12 얼룩 분꽃의 세 종류 난자. 얼룩 가지에서 초록색 부분은 주로 이형세포질성 세포로 구성되어 있다. 세포질분리로 인해 동형세포질성 돌연변이 세포가 생겨나 흰 부분이 만들어지며, 야생형 동형세포질성 세포도 만들어져 초록색 부분도 나타난다. 체세포와 같이 난자도 얼룩 가지에서는 동형세포질성(야생형 또는 돌연변이형 엽록체 중 하나)일 수도 있고, 이형세포질성일 수도 있다. 완전한 초록색이거나 완전한 흰색 가지에서는 모든 난자와 체세포가 각각 야생형 또는 돌연변이형의 동형세포질성이다.

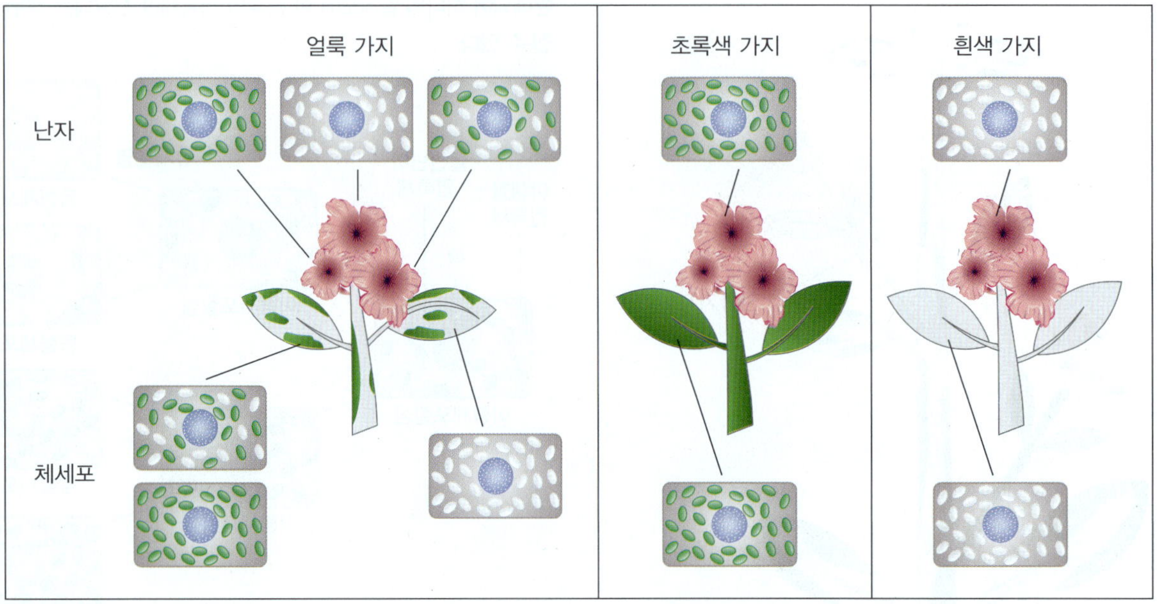

세포질분리와 얼룩변이의 관계

얼룩색 식물에서는 대개 얼룩색의 중심 싹은 초록색과 흰색 조직의 얼룩을 가지며, 완전히 초록색이거나 완전히 흰색인 가지도 가진다(그림 14.10). 얼룩색 부분에서 초록색 얼룩은 주로 이형세포질성 세포로 이루어져 있다(그림 14.12). 체세포분열 동안에 돌연변이 엽록체에 대해 동형세포질성인 세포가 생겨날 수 있으며, 그러면 흰색 얼룩과 흰색 가지가 생기게 된다. 야생형 엽록체에 대해 동형세포질성인 세포 또한 생겨날 수 있으며, 따라서 완전히 초록색인 가지도 생겨날 수 있다.

분꽃에서 이형세포질성 세포는 초록색인데, 그 이유는 야생형의 엽록소가 아주 조금만 있어도 충분히 초록색을 띠게 되기 때문이다. 야생형 세포소기관이 특정한 양 이상만 있으면 정상적인 표현형을 나타내는 이러한 현상을 **역치효과**(threshold effect)라고 한다. 돌연변이 표현형이 나타나지 않는 야생형 세포소기관의 정확한 비율은 유전자와 돌연변이의 종류에 의존적이다.

이제 코렌스의 교배실험 결과를 이해할 수 있게 되었을 것이다(표 14.2). 흰색 가지의 꽃에 있는 암컷 배우자는 돌연변이 엽록체에 대해 동형세포질성이며, 항상 완전히 흰색 식물을 만들어내게 된다(이 식물은 결국에는 광합성을 하지 못해 죽게 된다). 초록색 가지의 꽃에서 생겨난 난자는 야생형 엽록체에 대해 동형세포질성으로 완전히 초록색인 자손을 낳게 된다. 마지막으로 얼룩 가지의 꽃으로부터는 이 세 종류의 난자가 모두 나올 수 있다(그림 14.12). 그림 14.10에 나와 있는 식물은 얼룩 가지에 있는 꽃의 이형세포질성 난자로부터 만들어졌을 것이다.

각 세포소기관의 이형세포질성

각각의 엽록체나 미토콘드리아에는 여러 개의 유전체 사본이 있다. 따라서 각각의 세포소기관 또한 그 자체가 야생형과 돌연변이형 DNA에 대해 동형세포질성일 수도 있고 이형세포질성일 수도 있다. 두 가지 사건이 원래는 이형세포질성인 세포소기관 내에서 유전체의 세포질분리를 이끌어낼 수 있다. 첫째, 세포소기관이 분열할 때 딸 세포소기관으로의 유전체 사본의 분리는 무작위적이어서, 한 종류의 cpDNA가 분리되어 나타날 확률이 있다. 둘째, 세포소기관 내에서 어떤 DNA 분자가 복제되는지는 무작위적으로 선택되는 것으로 여겨진다. 따라서 일부 유전체는 여러 번 복제되는 반면에 다른 유전체는 전혀 복제되지 않기도 한다.

각각의 세포소기관이 정상적으로 기능을 하느냐(야생형) 못하느냐(돌연변이형)는 역치효과에 의해 결정된다. 따라서 세포와 마찬가지로 각각의 세포소기관의 표현형, 즉 그 세포소기관이 기능을 하느냐 못하느냐도 야생형 유전체 수와 돌연변이 유전체 수의 상대적인 비율에 의해 영향을 받는다.

일부의 생물에서는 세포소기관의 유전체가 양친유전 양상을 보인다

비록 후생동물과 식물에서는 세포소기관의 유전이 단친유전 양상을 보이는 것이 일반적이지만, 특정한 종류의 단세포 효모와 일부 식물에서는 세포소기관 유전체가 양부모로부터 유전, 즉 양친유전 양상을 보인다. 이 절에서는 출아효모인 *Saccharomyces cerevisiae*의 예를 살펴보겠다.

효모에서 미토콘드리아 유전자의 유전 연구

세균에서 mRNA의 번역을 저해하는 클로람페니콜과 에리트로마이신 등의 약물이 미토콘드리아의 단백질 합성을 저해하는 효과적인 저해제라는 사실을 이미 언급한 적이 있다. 이러한 사실은 1960년대 초에 비발효성 탄소원(글리세롤이나 에탄올)을 가지는 배양액에서 야생형 효모의 생장이 클로람페니콜에 의해 억제된다는 사실로부터 밝혀졌는데, 이 약물은 발효성 탄소원인 포도당을 가지는 배양액에서의 효모 생장은 억제하지 않는다. 발효는 ATP를 무산소 조건에서 생성하는 것으로 미토콘드리아와는 무관하며, 따라서 이 결과로부터 클로람페니콜이 미토콘드리아 유전체에서 만들어지는 미토콘드리아의 번역 기구에 작용하는 것임을 알 수 있었다. 이를 이용해서 생장이 미토콘드리아 의존적일 수밖에 없는 글리세롤이나 에탄올이 있는 조건에서 효모의 생장을 가능하게 하는 미토콘드리아 유전자의 돌연변이를 얻고자 하였다. 첫 단계는 미토콘드리아 단백질 합성을 저해하는 약물이 있는 조건에서도 글리세롤을 탄소원으로 사용해 자랄 수 있는 돌연변이를 분리해 내는 것이었다. 최초로 얻은 유용한 돌연변이가 클로람페니콜 내성 돌연변이(C^r)로, 이들은 이 약물에 민감한 야생형 세포(C^s)로부터 유래된 것이다.

5장에 나왔던 것처럼 효모 세포는 반수체이며 교배형은 a 또는 α 둘 중 하나이다(그림 5.19a 참조). 반대의 교배형 세포들은 융합하여 이배체를 형성할 수 있으며, 이배체도 출아하여 생장할 수 있다. 따라서 효모의 교배를 통해 이배체를 배양할 수 있다. 효모는 두 반대 교배형의 반수체 세포가 크기와 모양이 비슷하기 때문에 동형배우자성(isogamous)인 종이다.

효모 미토콘드리아의 양친형 유전과 세포질분리

효모 mtDNA의 유전 양상을 분석하기 위하여 C^r과 C^s 세포를 혼합하여 여러 세대 동안 분열에 의해 생장하도록 배양한 후, 두 세포가 가지는 영양요구성 표식자를 사용하여 이배체를 분리하였다. 그 다음 이배체 자손 세포들에 대해 글리세롤과 클로람페니콜이 있는 배양접시에서 복제평판을 만들어 C^r과 C^s 표현형을 조사하였다. 그 결과 일부의 이배체는 C^r이며, 나머지 일부는 C^s였다(그림 14.13). 이러한 결과는 부모 양쪽으로부터 세포소기관이 전달되었다는 것을 보여주는 것이다.

이 실험은 또한 서로 다른 교배형을 가지는 양친 세포의 세포소기관이 세포분열을 통한 무성생식 과정 동안에 분배된다는 것도 보여 주었다. 교배 직후에 이배체는 두 종류의 미토콘드리아를 모두 가지게 되는데, C^r 대립유전자가 우성이므로 이 이배체는 표현형으로는 C^r이다. 그러나 여러 번의 분열을 거친 후에는 일부 세포는 C^s 미토콘드리아만을 가지며 따라서 C^s 표현형을 나타낸다. 즉, C^s와 C^r mtDNA는 무작위적인 세포질분리를 거친 것이다(그림 14.13).

*S. cerevisiae*의 연구를 통해 알게 된 것 중 하나는 이러한

그림 14.13 출아효모에서의 양친성 미토콘드리아 유전. 클로람페니콜에 대한 내성 또는 민감성은 효모의 미토콘드리아 유전자에 의해 조절된다. 교배형이 서로 다른 클로람페니콜 내성(C^r) 반수체 효모와 클로람페니콜 민감성(C^s) 반수체 효모를 교배하면 이배체는 두 반수체 모두로부터 미토콘드리아를 전해 받는다. 이들 mtDNA 변이체는 다음의 세포분열에서 분리된다.

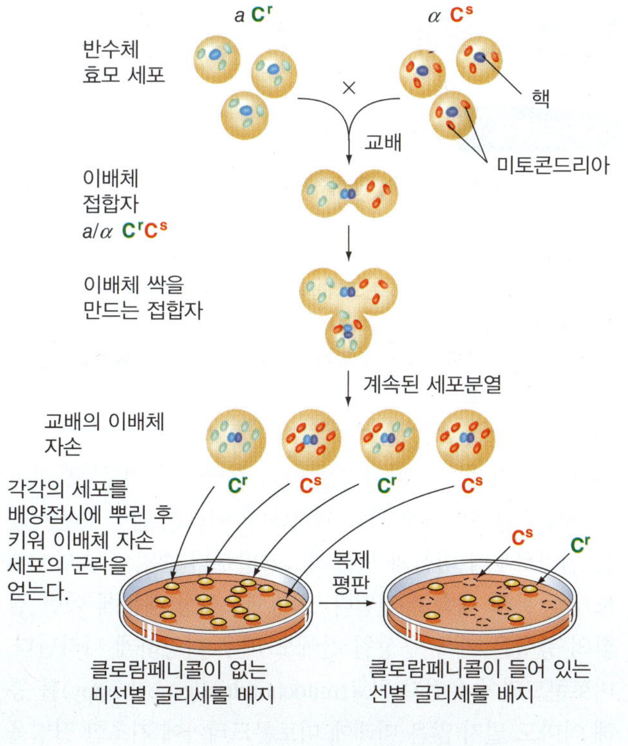

세포질분리가 매우 빠르게 일어나기 때문에 단지 몇 번의 분열만을 거치더라도 이런 현상이 나타난다는 것이다. 효모는 모세포에서 작은 싹을 만드는 출아에 의해 체세포분열이 일어난다는 점을 기억하라(그림 5.19 참조). 이러한 크기의 차이로 인해 단지 몇 개의 mtDNA만이 새로 형성되는 싹으로 전달될 수 있으며, 따라서 싹은 대부분이 한 종류의 mtDNA만을 가지게 될 것이다.

핵심 개념

- 많은 생물에서 세포소기관의 유전자에 의해 결정되는 형질들은 단친성이며 모계로 유전된다. 모든 자손의 표현형은 모계와 유사하다.
- 세포소기관의 모계유전은 종종 암컷 배우자의 크기가 수컷 배우자에 비해 큰 것에 기인한다. 또한 수컷 배우자에서 유래한 세포소기관을 파괴하거나 배제하는 기작도 가지는 경우가 있다.
- 미토콘드리아는 효모와 같이 두 배우자의 크기가 비슷한 일부 생물에서는 양친형으로 유전된다.
- 한 세포 안에 세포소기관 DNA가 섞여 있을 수 있다. 이러한 이형세포질성 세포의 세포소기관 유전체는 여러 번의 세포분열 과정 동안에 분리되어 한 종류의 세포소기관 DNA 만을 가지는 동형세포질성 세포가 생겨날 수 있다. 이러한 분리가 조직에서 다른 표현형을 가지는 부분을 만드는 얼룩 변이의 원인 중 하나이다.

14.5 돌연변이 미토콘드리아와 사람의 질병

학습목표

1. 가계도에서 미토콘드리아 질병을 확인한다.
2. 미토콘드리아 질병의 증상이 나타나는 데 미치는 이형세포질성의 영향을 설명한다.
3. 왜 일부 과학자들이 미토콘드리아와 노화 사이에 연관성이 있다고 생각하는지 논의한다.
4. 난자의 핵 이식이 미래에 어떻게 미토콘드리아 질병의 유전을 막는 데 사용될 수 있을지 설명한다.

사람의 신경계를 약화시키는 여러 질병들이 미토콘드리아 유전체의 돌연변이에 의해 생겨난다. 이러한 질병 유전자들은 엄마로부터 아들과 딸에게, 그 딸부터 손자와 손녀에게 모계를 통해 계속 유전된다. 이형세포질성 때문에 이런 질환의 증상은 가족 구성원 간에도 매우 다양하게 나타난다. 미토콘드리아 유전자 치료(mitochondrial gene therapy)를 통해 아마도 멀지 않은 미래에 미토콘드리아에 기초한 질병을 가진 여성도 자신의 돌연변이 mtDNA를 전달하지 않고 자녀를 낳는 것이 가능해 질 것이다.

LHON 환자는 대개 동형세포질성이다

레버시신경위축증(Leber's hereditary optic neuropathy, LHON)은 미토콘드리아 전자전달계의 결함에 의해 시신경이 퇴화되어 눈이 머는 질병이다. 가계도를 조사해 보면 LHON이 모계로만 전달된다는 것을 알 수 있다(그림 14.14). LHON은 *ND1*, *ND4*, *ND6*의 세 가지 미토콘드리아 유전자 중 한 유전자의 저형태성 돌연변이(hypomorphic mutation)에 의해 생겨나는데, 이들 유전자 각각은 그림 14.2b에 있는 전자전달계의 첫 번째 효소복합체인 NADH 탈수소효소를 구성하는 단위체 유전자이다. 전자전달계를 통한 전자의 흐름이 감소하면 미토콘드리아에서 ATP의 생성이 감소하며, 세포의 기능이 점차 떨어져 결국에는 죽게 된다. 시신경세포는 상대적으로 에너지 요구가 많으며, 따라서 이 유전적 결함이 다른 생리 시스템에 영향을 미치는 것보다 빠르게 시각에 영향을 미치게 된다.

이 질병을 일으키는 대립유전자는 약한 돌연변이여서 LHON에 걸린 대부분의 사람에서는 시신경세포가 질병 돌연변이에 대해 동형세포질성(즉, 모든 미토콘드리아가 돌연변이)이며, 이 경우 대개는 이 사람 전체가 돌연변이 미토콘드리아에 대해 동형세포질성이다. 이런 이유로 LHON은 항상 그렇지는 않지만 대부분 미토콘드리아 질병으로써 가능한 한 가장 단순한 유전양상을 나타내게 된다(그림 14.14). 즉, 모든 환자 여성의 난자에 있는 mtDNA는 모두 돌연변이이며, 따라서 자손 모두는 남녀 모두 돌연변이 미토콘드리아에 대해 동형세포질성이다. LHON 가계도가 그림 14.14에 있는 것과 같이 항상 명확한 것은 아니다. 어떤 가계에서는 유전의 침투도가 불완전한데, 이것은 아마도 이형세포질성에 기인한 것일 것이다.

그림 14.14 미토콘드리아 질병의 전형적인 가계도. 질병을 가진 어머니의 모든 자손은 모두 질병을 가지지만, 질병을 가진 아버지의 아이들 중에는 환자가 한 명도 없다. 일부의 LHON 가계는 이상적인 유전양상을 나타내지만 형질의 유전은 불완전한 침투성과 다양한 발현 정도를 나타내는데, 그 이유는 일부 LHON 환자는 이형세포질성이며, 핵 유전자의 다른 대립유전자가 이 형질에 영향을 미칠 수 있기 때문이다.

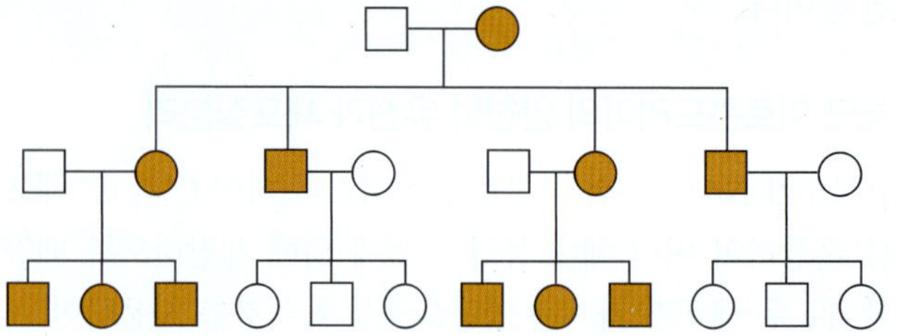

그림 14.15 MERRF 환자에서 근 섬유의 횡단면 사진. 미토콘드리아는 빨간색으로 염색되었으며, 세포질은 파란색이다. 돌연변이 mtDNA의 비율이 높은 이 이형세포질성 환자의 근섬유에는 미토콘드리아의 기능이 매우 저하되어 있다. 이를 보충하기 위해 이 얼룩진 적색근에서는 미토콘드리아가 더 많이 만들어진다(따라서 염색을 하면 빨간색으로 보인다). 근섬유에서는 여전히 에너지가 적게 생성되며, 따라서 정상 섬유보다 덜 건강하다.

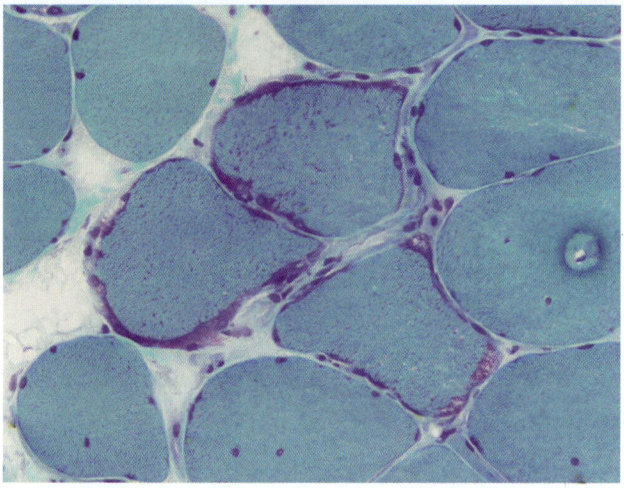

MERRF 환자는 이형세포질성이다

희귀한 유전병인 불균일적색근육섬유를 동반한 간대성간질(myoclonic epilepsy and ragged red fiber disease, MERRF)은 근육경련(간대성간질 증상의 일부), 근육의 약화, 청각장애, 심장과 신장의 이상, 진행성 치매 등의 다양한 증상을 나타낸다. 환자는 골격근 부위에서 비정상적으로 불균일한 색깔이 나타나는데, 이것은 이 병의 이름에도 있는 것과 같이 불균일한 적색근에 의한 것이다(그림 14.15).

MERRF는 미토콘드리아 tRNA 유전자의 기능상실돌연변이에 의해 생기며, 90%의 MERRF 환자에서 돌연변이가 $tRNA^{Lys}$에 있다. 이 돌연변이는 모든 미토콘드리아 mRNA의 번역에 영향을 미치기 때문에 ATP 생성에 심각한 영향을 미친다. 세포가 이러한 mtDNA 돌연변이에 대해 동형세포질성이면 죽게 되므로, 이 mtDNA 돌연변이를 가진 사람들은 항상 돌연변이 미토콘드리아와 야생형 미토콘드리아를 모두 가지는 이형세포질성이다. 이런 이형세포질성으로 인해 침투도와 질병의 증상은 매우 다양하다.

난자에서 돌연변이 미토콘드리아 비율의 다양성

그림 14.16에 있는 가계도에서 볼 수 있듯이 MERRF는 어머니로부터 유전되며, 남성 환자의 자손 중에는 환자가 한 명도 없다. 또한 가족력으로부터 이 병의 증세는 개인에 따라 차이가 매우 크다는 것을 알 수 있는데, 이것은 대체로 돌연변이 미토콘드리아의 비율과 관계가 있다. 그림 14.16에서 볼 수 있듯이 어머니와 자손의 돌연변이 미토콘드리아 비율이 항상 같은 것은 아니며, 형제자매 사이에서도 비율은 같지 않다. 그 이유는 MERRF 돌연변이에 대해 이형세포질성인 여성에서 난자가 만들어 질 때 야생형과 돌연변이 $tRNA^{Lys}$ 유전자를 가진 mtDNA의 상대적인 비율이 다양하

그림 14.16 MERRF의 모계유전. 이 가계도는 미토콘드리아 돌연변이에서 예상되는 모계유전 양상을 나타내지만 이 이형세포질성 개체의 세포에서 돌연변이 mtDNA의 전체적인 비율은 그림 아래쪽에 표기된 것처럼 다양하며, 다른 색으로 표시한 증상의 정도와 일치한다.

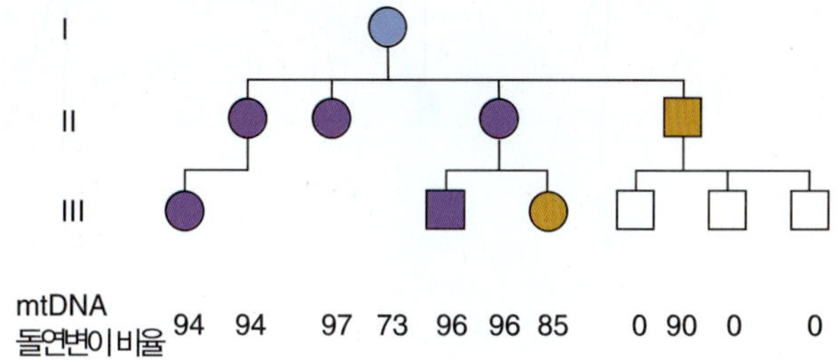

그림 14.17 MERRF 표현형과 돌연변이 대 야생형 mtDNA의 비율. 돌연변이 미토콘드리아(파란색)의 비율과 영향 받는 조직의 성질로 MERRF 표현형의 심한 정도를 결정한다. 에너지 요구가 많은 조직(예를 들면, 뇌)은 돌연변이 미토콘드리아의 영향을 가장 많이 받는다. 에너지 요구가 적은 조직(예를 들면, 피부)은 야생형 미토콘드리아의 비율이 많이 낮아진 경우에만 영향을 받는다.

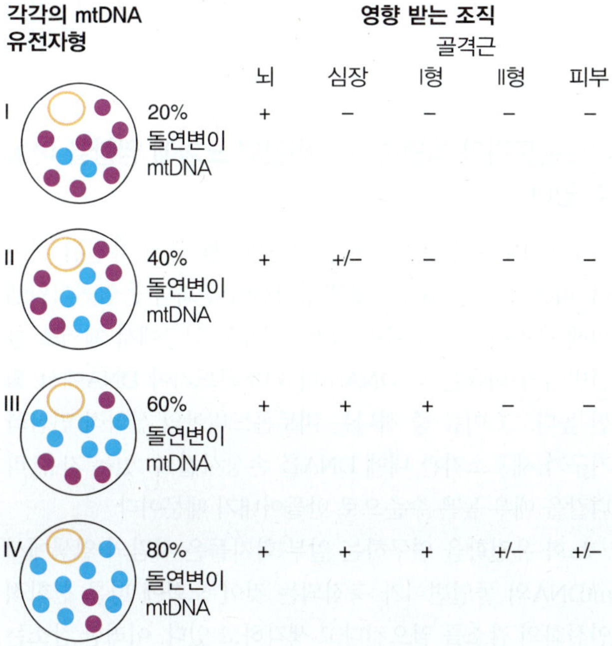

그림 14.18 미토콘드리아 유전자 치료. 돌연변이 미토콘드리아를 가진 난자의 핵을 정상 미토콘드리아를 가진 난자로 이식하면 미토콘드리아 질병의 유전을 막을 수 있다.

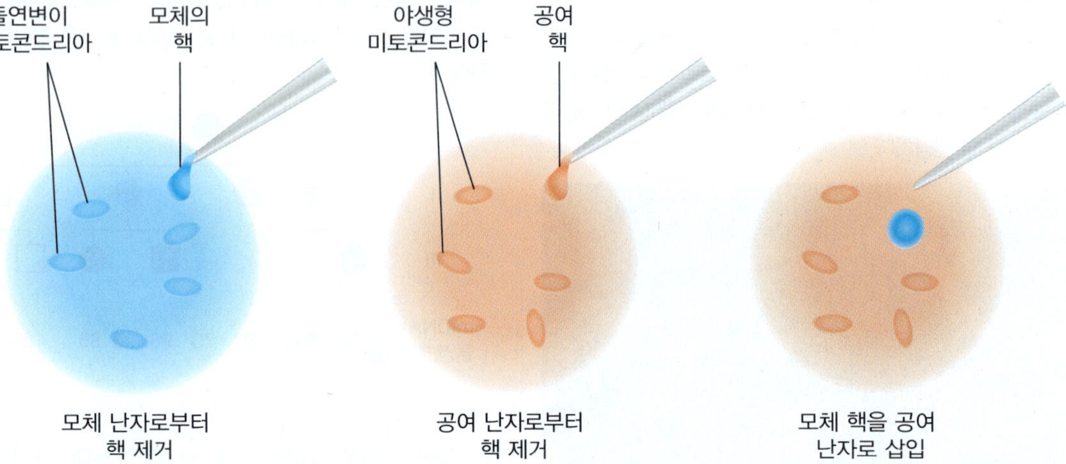

기 때문이다. 정확한 비율은 생식세포를 형성하는 세포분열 과정에서 미토콘드리아의 무작위적인 분배에 의존하는 것이다.

조직에서 돌연변이 미토콘드리아와 표현형 분포의 다양성

MERRF를 유발하는 미토콘드리아에 대해 이형세포질성인 사람에서 돌연변이와 야생형 mtDNA의 비율은 세포분열 동안의 무작위적인 세포질분리에 의해 조직에 따라 크게 달라진다. 또한 각각의 조직은 에너지 요구량이 서로 다르기 때문에 비율이 같더라도 조직에 미치는 영향은 다를 수 있다(그림 14.17). 근육과 신경 세포는 세포들 중에서 에너지 요구가 가장 높으며, 따라서 산화적 인산화에 가장 의존적이다. 이 조직에서 돌연변이 mtDNA의 분리 정도가 MERRF를 판별하는 특징적인 증상들을 만들어 내게 된다.

미토콘드리아 돌연변이는 인간의 노화에 영향을 미칠 수 있다

일부 mtDNA의 돌연변이는 생식세포를 통해 유전된 것이며, 다른 일부는 체세포에서 방사선이나 화학 돌연변이원에 의해 우연히 생겨날 수도 있다. 실제로 인간에서 체세포 돌연변이의 비율은 핵 DNA보다 미토콘드리아 DNA에서 훨씬 높다. 그 이유 중 하나는 미토콘드리아의 산화적 인산화 기구가 세포소기관 내에 DNA를 손상시킬 수 있는 자유 라디칼을 매우 높은 수준으로 만들어내기 때문이다.

노화 유전학을 연구하는 일부 학자들은 사람의 일생에서 mtDNA의 돌연변이가 축적되는 것이 노화에 따른 산화적 인산화의 감소를 일으킨다고 생각하고 있다. 이러한 감소는 또한 심장이나 뇌의 기능 저하 등과 같은 노화의 다른 증상의 원인이 된다. 이러한 가설을 지지하는 한 가지 증거는 치매 증상을 보이는 사람의 뇌 세포에서 에너지 대사량이 비정상적으로 낮다는 것이다. 놀랍게도 대부분의 치매 환자의 뇌세포에 있는 미토콘드리아의 20~35% 가량이 세 개의 시토크롬 *c* 산화효소 유전자 중 두 개에 돌연변이를 가지고 있다. 미토콘드리아의 손상이 실제로 노화 과정에 크게 기여하는지를 확인하기 위해서는 더 많은 연구가 필요할 것이다.

난자 핵의 이식으로 미토콘드리아 질병의 유전을 피할 수 있다

미토콘드리아 질병은 비교적 희귀한 질병이지만 미국에서만 한 해에 수천 명의 아기들이 mtDNA의 돌연변이에 의한 질병을 가지고 태어난다. 아마도 곧 환자 엄마의 미토콘드리아 질병이 자손에게 전달되지 않도록 피해갈 수 있는 새로운 기술이 개발될 수 있을 것이다.

이러한 신기술은 정상적인 미토콘드리아를 가지고 있는 공여 난자로부터 핵을 제거하고 미토콘드리아 질병을 가진 엄마의 난자로부터 얻은 핵으로 치환한다는 개념에 기초한 것이다(그림 14.18). 그 다음 시험관 수정을 하고 접합자를 자궁에 이식하면, 태어나는 아기는 부모의 핵 유전자와 난자 공여자의 정상적인 mtDNA를 가지게 된다. 이 과정에서 핵심적인 부분은 엄마의 핵을 미토콘드리아 없이 깨끗하게 이식하는 것으로, 그렇지 못하면 접합자는 이형세포질성이 될 것이다.

2009년에 붉은털원숭이 난자의 핵을 공여 난자(핵을 제

그림 14.19 미토와 트랙커: 영장류에서 성공적인 난자 핵의 이식. 두 붉은털원숭이는 난자의 핵 이식과 인공수저에 의해 태어났다. 이들의 세포의 핵은 수컷과 난자 핵 공여자로부터 온 것이지만 mtDNA는 핵을 제거한 난자를 제공한 세포질 공여자로부터 유래한 것이다.

거한)에 이식한 후 시험관 수정을 하였다. 접합자를 대리모의 자궁에 이식하여 정상적인 이란성 쌍생아인 미토와 트랙커가 태어났으며(그림 14.19), 이들의 분자적 분석 결과 mtDNA는 세포질 공여자로부터 온 것만 있음이 확인되었다. 이러한 연구는 난자의 핵이식을 통한 **미토콘드리아 유전자 치료**(mitochondrial gene therapy)가 사람을 비롯한 다른 영장류에서도 가능할 것이라는 것을 시사해 준다.

핵심 개념

- 사람의 mtDNA 돌연변이에 의해 생기는 질병은 모계유전 양상을 나타낸다.
- 미토콘드리아 질병 대립유전자의 이형세포질성으로 인해 한 환자 엄마의 자손에서도 표현형이 달라진다.
- 체세포에서 시간에 따른 mtDNA 돌연변이의 축적은 노화를 일으킬 수 있다.
- 미래에는 돌연변이 mtDNA를 가진 난자의 핵을 정상 mtDNA를 가진 핵을 제거한 공여 난자에 이식하여 미토콘드리아 질병이 자손으로 전달되는 것을 피할 수 있게 도와줄 수 있다.

다음 학습을 위한 안내

이 장의 서두에 있는 사진에서는 전 세계에서 가장 큰 꽃을 가진 타이탄 아룸(*Amorphophallus titanum*)의 꽃이 피어 있는 모습을 보여주고 있다. 이 식물은 보통 10년이 지나야 한 번씩 꽃이 벌어지는데, 개화는 이틀밖에 가지 않는다. 이 꽃은 악취가 나는 것으로 유명한데, 살이 썩는 듯한 특징적인 냄새로 인해 "시체꽃"으로도 알려져 있다. 꽃이 피는 며칠 동안에 미토콘드리아의 활성이 주기적으로 폭발하듯 올라가서 꽃 안의 온도가 상승하며, 따라서 꽃 부분이 주기적으로 인간의 체온보다도 뜨거워진다. 미토콘드리아의 활동으로 생성된 열은 냄새가 나는 분자를 휘발시키며, 주기적인 가열과 냉각으로 인한 대류로 인해 이 냄새가 멀리 퍼져나가게 된다. 이 냄새는 꽃가루를 매개하는 생물을 유혹하여 타이탄 아룸의 번식이 잘 일어나게 한다.

비록 타이탄 아룸의 모든 세포에 존재하는 핵과 미토콘드리아 유전자는 동일하지만 이 유전자들의 사용은 개체가 처리해야 하는 일에 따라 달라질 수 있다. 일부 세포에서는 특정한 유전자가 발현되어 세포들이 뿌리나 꽃과 같은 서로 다른 구조로 발생할 수 있다. 유전자의 발현은 또한 시간에 따라서도 변할 수 있어서, 타이탄 아룸 꽃의 주기적인 가열과 냉각과 같은 현상이 나타날 수 있는 것이다.

다음의 두 장에서는 개체가 자신의 유전자 발현을 조절하는 분자적 기작, 즉 유전자 조절 과정에 대해 살펴볼 것이다. 15장에서는 세균에서의 유전자 조절 기작을 살펴보고, 16장에서는 진핵생물에서 핵 유전자의 조절을 살펴보게 될 것이다. 유전자 조절이 모든 세포의 대사활동을 조절할 뿐만 아니라 다세포 생물에서 세포의 분화도 조절한다는 것을 보게 될 것이다.

풀이 문제

I. 1970년대에 다비드(Igor Dawid)와 블랙클러(Antonie Blackler)는 척추동물에서 mtDNA의 모계유전을 직접적으로 보여주는 고전적인 실험을 최초로 수행하였다. 이들은 개구리의 근친종인 *Xenopus laevis*와 *Xenopus borealis*를 교배하였는데, 이들은 mtDNA의 염기 서열이 상당히 달랐다. 그 당시에 사용되었던 기술은 아주 작은

양의 부계의 DNA를 확인할 만큼 민감성이 높지 않았었다. 오늘날에는 아주 적은 양의 DNA도 확인할 수 있는 민감도가 높은 기법으로 무엇이 사용될 수 있을까? 이 기법을 부계의 미토콘드리아 DNA가 이종 교배의 자손에 존재하는지를 확인하는 데 어떻게 사용할 수 있을까?

해답

중합효소 연쇄 반응(PCR)은 아주 적은 양의 DNA도 확인할 수 있는 민감한 방법이다. 두 다른 종 각각의 미토콘드리아 DNA에 특이적인 올리고뉴클레오티드 프라이머를 사용하면 부계의 DNA가 이종교배에서 얻어진 자손에 존재하는지를 확인할 수 있다. 예를 들면, *X. laevis* 암컷과 *X. borealis* 수컷의 교배 결과 얻어진 올챙이의 DNA를 PCR 검사로 확인할 수 있다. 완전한 모계유전이라면 *X. laevis*에 특이적인 PCR 산물만 얻어질 것이다. 대조군으로 *X. laevis* 수컷과 *X. borealis* 암컷 사이의 교배에서 얻은 올챙이를 조사할 수 있다. 이 경우에는 *X. borealis* 특이적인 PCR 산물만 얻어질 것이다.

다른 방법으로는 고용량 DNA 염기서열분석법(high-throughput DNA sequencing)을 사용할 수 있다. 올챙이로부터 전체 DNA를 정제한 후 무작위적으로 절단하고, 모든 조각의 염기 서열을 조사할 수 있다. 많은 수의 서열을 분석하면 부계 mtDNA가 아주 적은 양이 있더라도 확인할 수 있을 것이다.

II. a. 다음 가계도의 형질은 미토콘드리아 유전일 수 있는가? 답한 이유를 설명하라.

b. 이 자료와 일치하는 다른 유전양상은 무엇인가?

c. 미토콘드리아 유전과 이 자료와 일치하는 다른 유전양상을 어떻게 구분할 수 있는가?

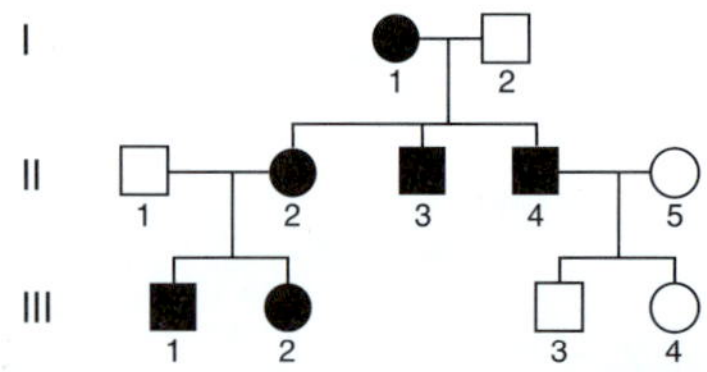

해답

a. 이 가계도에 있는 자료는 미토콘드리아 유전일 가능성이 있다. 그 이유는 형질이 모계로 유전되고, 형질을 나타내는 남성은 형질을 다음 세대로 전달하지 않았으며, 형질을 나타내는 여성의 모든 자손이 형질을 나타내기 때문이다.

b. 이 유전양상은 상염색체 우성 형질과도 일치하는 것이다. 이 경우에는 I-1과 II-2 개체는 우성 대립유전자를 모든 자손에게 전달하였으며, II-4는 어떤 아이에게도 우성 대립유전자를 전달하지 않은 것이다.

c. 형질을 나타내는 개체의 표현형이 실마리를 제공할 수 있다. 만일 미토콘드리아 질병이라면 환자의 표현형은 LHON이나 MERRF의 표현형과 유사할 것이다. 그러나 만일 영향받는 미토콘드리아가 핵 유전자의 돌연변이에 의한 것이라면 뚜렷한 결론을 얻지 못할 것이다. 궁극적으로는 형질을 지닌 개체의 mtDNA를 조사하여 미토콘드리아 유전체에서 유전자의 구조나 발현에 영향을 미칠 수 있는 변화가 있는지를 확인하는 것이 필요할 것이다.

연습 문제

어휘

1. 왼쪽 용어를 가장 잘 설명한 문장을 오른쪽에서 찾아 연결하라.

a. 세포질분리	1. 모계 배우자로부터만 유전자가 전달
b. 이형세포질성	2. 모든 mtDNA 혹은 cpDNA의 유전자형이 동일한 세포
c. 동형세포질성	3. 비슷한 크기의 배우자를 가짐
d. 모계유전	4. 다른 mtDNA의 혼합체를 가지는 한 세포가 한 종류의 mtDNA 만을 가지는 딸세포를 만들어낸다.
e. 단친유전	5. 야생형 세포소기관 DNA의 비율이 특정한 값 이상이어야만 야생형 표현형이 나타난다.
f. 동형배우자성	6. 서로 다른 유전자형의 mtDNA 혹은 cpDNA를 가지는 세포
g. 역치효과	7. 유전자가 양쪽 모두로부터가 아니라 모계 또는 부계의 한쪽 배우자로부터만 전달

14.1절

2. 인간의 세포가 평균 1,000개의 미토콘드리아를 가진다면 인간의 조직에서 분리된 총 DNA 무게의 몇 퍼센트가 mtDNA이겠는가?

3. 역번역(reverse translation)이라는 용어는 특정한 단백질을 암호화하는 DNA 염기 서열을 역으로 추정하는 과정을 말하는 것이다. 아미노산 서열이 Trp His Ile Met 인 경우 다음의 물음에 답하라.
   a. 이 아미노산 서열에 해당하는 핵 안의 DNA 염기서열은 무엇인가? (가능한 모든 경우를 나열하라.)
   b. 이 아미노산 서열에 해당하는 미토콘드리아 DNA 염기 서열은 무엇인가? (가능한 경우를 모두 나열하라.)

4. 인간의 핵 유전체는 32가지의 다른 안티코돈을 가지는 tRNA 유전자를 가지고 있다($tRNA^{Sec}$ 제외). 미토콘드리아 유전체는 단지 22가지의 다른 tRNA 유전자만을 가지고 있지만 모든 미토콘드리아 mRNA를 번역하기에 충분하다. 핵과 미토콘드리아에서 유전자 암호의 차이는 이러한 tRNA 종류의 차이를 설명할 만큼 크지 않다. 이러한 차이를 어떻게 설명할 수 있겠는가? (힌트: 워블 규칙을 생각하라.)

5. 인간의 미토콘드리아 유전체는 tRNA 합성효소 유전자를 가지지 않는다. 그렇다면 미토콘드리아 tRNA는 어떻게 아미노산과 결합할까?

14.2절

6. 다음 서술은 엽록체 혹은 미토콘드리아 유전체 각각 혹은 모두에 대해 참인가 거짓인가?
   a. tRNA 유전자를 가진다.
   b. 전자전달경로에 참여하는 단백질 유전자가 있다.
   c. 세포소기관의 기능에 필요한 유전자를 모두 가지고 있다.
   d. 생명체에 따라 크기가 매우 다양하다.

7. 알려지지 않은 이배체 식물의 DNA를 분석한다고 가정하자. 묘목으로부터 DNA를 정제하여 수백만 개의 임의의 DNA 조각을 모두 읽어내는 고용량 염기 서열 분석을 수행한다.
   a. 사본 수가 하나인 핵 DNA 서열이 100번 정도 읽혔다면 mtDNA와 cpDNA는 몇 번 정도 읽히겠는가? 하나의 미토콘드리아에는 10개의 유전체 사본이 있으며, 미토콘드리아의 수는 세포당 1,000개로 가정한다. 엽록체는 유전체 사본 수가 20개이며, 세포당 50개의 엽록체가 있다고 가정하자.
   b. 읽어낸 특정한 서열이 핵 DNA인지 아니면 mtDNA나 cpDNA인지 결론지으려면 읽힌 수 이외에 어떤 기준이 필요하겠는가?

8. 엽록체의 유전자총 형질전환에 사용되는 클로닝 벡터의 예가 다음 그림에 나와 있다. 벡터 DNA는 *E. coli*에서 대량으로 얻을 수 있다. 엽록체로 일단 들어가면 벡터 DNA는 cpDNA로 통합된다. 벡터의 구성요소와 이들의 기능을 바르게 연결하라.

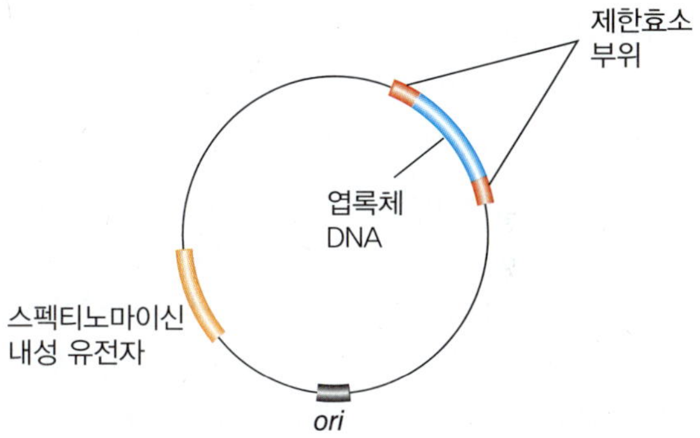

a. 스펙티노마이신 내성 유전자	1. 통합을 매개하는 상동성 DNA
b. 엽록체 DNA	2. 엽록체 형질전환체를 선별하는 데 사용되는 유전자
c. 하나만 있는 제한효소 부위	3. *E. coli*에서 복제에 필요한 서열
d. *ori*	4. DNA가 삽입될 수 있는 부위

14.3절

9. 엽록체와 미토콘드리아의 다음 특징 중 진핵세포보다 세균과 더 유사한 것은?
   a. 번역이 클로람페니콜과 에리트로마이신에 민감하다.
   b. 미토콘드리아 유전자에서는 대체 코돈이 사용된다.
   c. 세포소기관 유전자에 인트론이 존재한다.
   d. 세포소기관의 DNA에는 뉴클레오솜 구조가 없다.

10. *Saccharomyces cerevisiae*의 핵 유전자인 *ARG8*은 아미노산인 아르기닌의 생합성에서 핵심 단계를 촉진하는 효소의 유전자이다. 이 단백질은 세포질의 리보솜에서

합성되어 미토콘드리아로 수송된 후 역할을 하게 된다. 1996년에 폭스(T.D. Fox)와 연구진은 Arg8 단백질 유전자 자체를 미토콘드리아 안으로 옮겨 이 단백질이 미토콘드리아 리보솜에서 합성될 수 있는 효모 세포주를 제조하였다.

a. 이들은 활성을 가진 효소의 합성을 유지하면서 어떻게 핵으로부터 미토콘드리아로 *ARG8* 유전자를 옮겼을까? *ARG8* 유전자가 핵이 아니라 미토콘드리아에서 기능하도록 하기 위해 *ARG8* 유전자를 어떻게 바꾸는 것이 필요했을까?

b. 이들은 처음에 *ARG8* 유전자를 미토콘드리아로 옮기려는 생각을 왜 했을까?

11. 인간 미토콘드리아 유전체의 소위 초가변 영역(HV1과 HV2)은 종종 법의학 연구에 이용된다. 이 부분은 미토콘드리아 유전체에 있는 두 개의 비암호 부위로써, 각각의 길이가 300 bp이고 복제원점의 양 옆에 위치하는데, 이들 서열의 기능은 잘 알려져 있지 않다. 그러나 이 두 영역의 mtDNA는 사람들 사이에서 다양성(SNP와 InDel)이 가장 큰 부분이다. HV1과 HV2 DNA에는 핵 유전체의 염기 서열에 비해 10배 정도로 많은 돌연변이가 축적된다.

a. 어떤 경우에 인간의 mtDNA가 핵 DNA에 비해 개인을 확인하는 데 유리한가?

b. 개인을 식별하는 데 핵 DNA가 아니라 mtDNA를 사용한다면 단점은 무엇인가?

14.4절

12. 미토콘드리아 유전체에서 새로운 돌연변이가 생겼다고 가정하자. 이 돌연변이가 표현형으로 드러나려면 어떤 일이 생겨야 하는지 설명하라.

13. 부계의 미토콘드리아 유전체가 다른 종의 자손에게 전달되지 않도록 막는 두 가지 방법을 기술하라.

14. 미토콘드리아나 엽록체 유전자의 심각한 돌연변이는 동형세포질성이 아니라 이형세포질성 세포에서 발견되는데, 그 이유는 무엇인가?

15. 처음 발견된 식물에서 mtDNA의 유전이 모계, 부계, 양친형 중 어떤 유전인지 조사하고자 한다. 이 집단에는 특정 프라이머를 사용해서 PCR 산물의 크기 차이로 구분할 수 있는 두 가지 변이형이 있다. 먼저 이 두 식물 각각의 잎에서 DNA를 추출하여 PCR로 분석하였으며, 그 다음 식물 1의 난자를 식물 2의 꽃가루와 교배하여 네 개의 묘목을 얻은 후 각각의 묘목으로부터 DNA를 추출하여 PCR로 분석하였다. 그 결과는 다음과 같다.

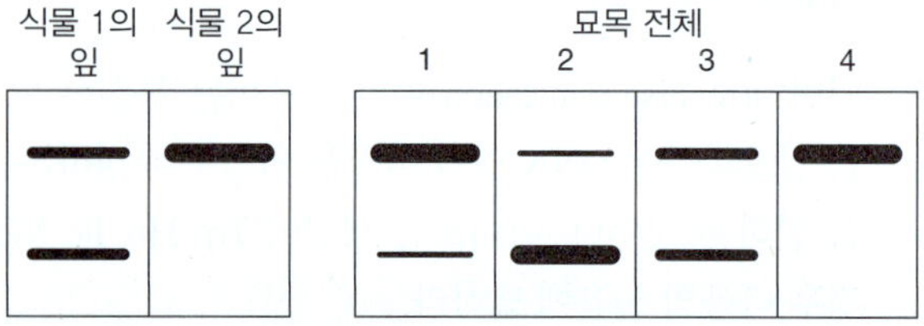

a. 식물 2가 동형세포질성이라고 가정할 때 이 종에서 mtDNA의 가능한 세 가지 유전 모델(모계, 부계, 양친형) 중 배제할 수 있는 것이 있는가?

b. 남아 있는 모델 중에서 어떤 모델이 맞는지 찾아내려면 어떤 실험을 해야 하는가?

c. 식물 2가 가정했던 것처럼 실제로 동형세포질성이라는 것을 확인하려면 어떤 실험을 해야 하는가? 이런 실험이 이 종에서 mtDNA의 유전 양상에 대한 결론을 얻는 데 왜 필요한가?

d. 네 묘목에서 두 mtDNA의 비율이 다른 이유를 가능한 구체적으로 설명하라.

16. 옥수수에서 한 종류의 수컷불임은 모계로 유전된다. 로아데스(Marcus Rhoades)는 세포질성 수컷불임(cytoplasmic male sterility) 현상에 대해 최초로 기술하였는데, 수컷불임 식물의 암컷 배우자를 가임성 식물의 꽃가루와 교배하였더니 태어난 자손은 수컷불임이었다.

a. 다른 색과 모양으로 핵 유전체(선), 세포질 유전체(원), 수컷불임(한 가지 색), 수컷 가임(다른 색)이 구분되도록 교배를 모식도로 나타내라.

b. 수컷불임 자손의 암컷 배우자를 첫 번째 교배의 같은 수컷불임 부모의 꽃가루와 역교배한다. 이 과정을 여러 번 반복한다. 가능한 교차를 포함하여 다음 두 세대를 나타내라.

c. 이 일련의 역교배를 하는 이유는 무엇인가? (힌트: 문제 (b)의 답을 보고 핵 유전체에서 무슨 일이 일어나는지 생각하라.)

17. 식물 육종가들은 잡종강세(hybrid vigor 또는 heterosis)라는 현상에 대해 오랫동안 알고 있었는데, 이것은 두 동계교배 계통 사이에서 형성된 잡종이 두 양친 계통에 비해 더 건강하고 수확이 좋다는 것이다. 1930년대부터 종자회사들은 옥수수의 세포질성 수컷불임(CMS)을 이용하여 잡종 옥수수 종자를 값싸게 만들어 농부에게 팔

수 있었다. 이러한 종류의 CMS는 꽃가루의 형성을 억제하는 미토콘드리아 유전체의 돌연변이에 의해 생겨난다.

a. 어떻게 CMS가 종자회사가 잡종 옥수수 종자를 만드는 것을 도왔을까?

*Restorer*라고 하는 핵 유전자의 우성 *Rf* 대립유전자는 CMS 표현형을 억제한다. 따라서 *Rf*를 가지는 식물은 돌연변이 미토콘드리아 유전체를 가지고 있어도 수컷은 생식능력이 있다.

b. 생식능력이 있는(자가수정 하는) 식물로 자랄 수 있는 잡종강세 옥수수 종자를 만드는 교배에 대해 기술하라. (잡종 종자를 심은 농부들은 옥수수 알이 수정된 배주에서 생겨나기 때문에 생식능력이 있는 식물을 원한다).

c. CMS를 통해 만들어지는 잡종 옥수수의 상용화에 있어서 역사적인 난제 중의 하나는 CMS 미토콘드리아를 가지는 계통을 유지하는 것이다. 어떻게 종자 회사들이 수컷불임 옥수수가 스스로는 꽃가루를 생산하지 못함에도 불구하고 계속 수컷불임 옥수수 식물을 생산해낼 수 있는가? 종자회사가 매 번식기마다 수컷불임 식물을 계속 얻을 수 있었던 방법을 제시하라.

d. 잡종 옥수수를 사용할 때 생길 수 있는 불이익이 있는가? 그렇다면 어떤 문제가 생길 수 있는가?

18. *S. cerevisiae*의 반수체 돌연변이 중 *cox2-1* 균주는 탄소와 에너지원으로 글리세롤만을 가지고 있는 배지에서는 자랄 수 없다는 것이 알려졌다. 글리세롤은 효모에서는 비발효성 기질이다. 하지만 이 균주는 발효성 기질인 포도당이 있는 경우에는 자랄 수 있다. *cox2-1* 세포에는 시토크롬 *c* 산화효소라는 미토콘드리아 단백질이 결핍되어 있는 것이 밝혀졌다.

a. 왜 *cox2-1* 세포는 포도당을 가지는 배지에서는 자랄 수 있지만 글리세롤을 가지는 배지에서는 자랄 수 없는지 설명하라.

*cox2-1*을 야생형의 효모 균주와 교배하여 생겨난 이배체 세포는 세포분열을 통해 생장할 수 있는데, 이 이배체 군락의 반은 글리세롤에서 자랄 수 있지만 나머지 반은 자라지 못한다. 글리세롤에서 자랄 수 있는 이배체에서 포자 형성을 유도하면 4개의 포자를 가지는 4분체를 얻을 수 있으며, 이들은 모두 글리세롤 배지에서 자랄 수 있다. 이 4분체 모두 두 개의 반수체 자손은 교배형이 a이고, 나머지 반은 교배형이 α이다. 글리세롤에서 자라지 못하는 이배체는 포자를 만들지 못한다.

b. 교배의 결과는 *cox2-1* 돌연변이의 위치에 대해서 무엇을 말해 주고 있는가?

다른 효모 돌연변이 중 *pet111-1* 균주 또한 글리세롤 배지에서는 자랄 수 없으나 포도당 배지에서는 여전히 자랄 수 있다. 이 돌연변이 세포도 마찬가지로 시토크롬 *c* 산화효소가 결여되어 있다. *pet111-1*이 반대 교배형의 야생형 반수체 균주와 교배되면 만들어지는 이배체는 글리세롤에서는 자랄 수 있으며, 모두 글리세롤에서 자랄 수 있는 반수체 세포와 자라지 못하는 반수체 세포가 2:2로 분리되는 자낭을 만든다.

c. 이 결과를 문제 (b)의 답을 고려하여 설명하라.

19. 1940년대에 프랑스의 과학자인 에프루시(Boris Ephrussi)는 효모 *S. cerevisiae*에서 비멘델성 유전의 첫 번째 예를 발견하였다. 그는 호흡을 하지 못하는, 즉 산화적 인산화를 할 수 없는 돌연변이를 발견하였다. 이 돌연변이 세포들은 탄소원으로 포도당이 들어 있는 배양접시에서 키운 경우에는 크기가 작은 군락(*petite*)을 만든다. 이 *petite* 세포들은 탄소원으로 비발효성인 글리세롤이나 에탄올만을 가지는 경우에는 전혀 자라지 못한다. 반면에 야생형(*grande*)세포는 양쪽 배양접시 모두에서 잘 자란다.

에프루시는 *grande*와 *petite* 반수체 균주 사이의 교배에서 모든 자낭의 4개 포자가 모두 *grande*임을 알게 되었다. 즉 *grande*:*petite*의 비율은 항상 4:0으로, 단친성으로 유전된다는 것을 보여주고 있다.

a. 세포가 그들의 환경으로부터 에너지를 얻는 방법(산화적 인산화 또는 발효)에 따라 *grande*와 *petite* 효모 세포의 표현형(두 종류 배지에서 자라는 능력)을 설명하라.

b. 그림 14.13은 *S. cerevisiae*에서 미토콘드리아 유전은 양친성 임을 보여준다. *petite*와 *grande* 균주의 차이는 단지 mtDNA의 성질에 의한 것임이 밝혀졌다. 그러나 이 경우 유전은 단친성이다. 어떻게 이렇게 모순적으로 들리는 진술들이 동시에 참일 수 있을까? (힌트: *S. cerevisiae* 세포는 발효에 mtDNA가 필요하지 않다.)

14.5절

20. 인간의 가계도에서 형질에 영향을 미치는 돌연변이의 위치가 미토콘드리아에 있음을 의미하는 특징에는 어떤 것들이 있을까?

21. 제시된 가계도에서 최초로 미토콘드리아 질병인 MERRF 증상을 나타낸 사람은 II-2였다.

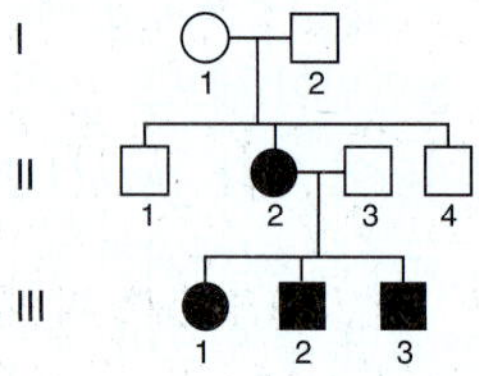

a. 어머니 I-1은 증상이 없었는데, 딸인 II-2가 증상을 나타낸 이유를 설명할 수 있는 두 가지 가능성은 무엇인가?

b. 이 두 가지 가능성을 어떻게 구분할 수 있을까?

22. 1988년에 호주의 신경학자들은 10대에 간대성간질 증상이 나타난 일란성 쌍생아의 존재를 보고하였다. 쌍생아 중 한 명은 증상이 약했지만 다른 한 명은 귀먹음, 불균일적색근, 운동실조증 등의 완전한 MERRF 증상을 나타내었다. 이 두 일란성 쌍생아 사이에 표현형의 차이가 나타나는 이유를 설명하라.

23. 여러분이 유전상담자이고 MERRF 환자가 아이를 가지길 원한다면 아이가 질병을 가질 확률에 대해 어떤 조언을 하겠는가? 태아가 MERRF를 가졌는지를 확인하기 위해 출생 전에 받을 수 있는 검사가 있는가?

24. 컨스세이어증후군(Kearns-Sayre syndrome, KSS), 피어슨증후군(Pearson syndrome), 진행성 외안근마비(progressive external opthalmoplegia, PEO)는 미토콘드리아 유전체가 7.6 kb 정도까지 결실되어 나타나는 희귀한 질병들이다. KSS는 중추신경계, 골격근, 심장에 영향을 미치며 환자는 대개 어린 나이에 죽게 된다. 피어슨증후군에서는 심한 빈혈과 이자의 기능이상이 나타난다. 이 증상은 대부분이 유아기에 치명적인 결과를 보이지만 일부 생존자는 KSS 증상을 나타내기도 한다. PEO 환자는 안검하수(눈꺼풀이 처짐)와 사지의 허약함이 나타나지만 수명은 정상적이다.

a. 이 질병들이 모두 mtDNA에 커다란 결실이 있다는 점에 비추어볼 때 환자들이 나타내는 증상의 정도와 영향 받는 조직의 다양성을 어떻게 설명할 수 있는가? (결실의 크기는 표현형의 차이에 영향을 미치지 않는다고 가정하라.)

b. 이들 질병으로부터 mtDNA의 복제원점의 위치에 대해서 어떤 결론을 내릴 수 있는가?

c. 비록 이들 증상이 mtDNA의 결실에 의한 것이지만 이들은 보통 모계로 유전되지 않으며, 대신에 각각의 개체에서 새로운 돌연변이에 의해 생겨난다. 예를 들면, PEO 환자인 엄마는 이 형질을 자손에게 전달하지 못한다. 이러한 놀라운 발견에 대해 설명하라.

25. 라이증후군(Leigh syndrome)은 정신운동지체 증상을 나타내어, 점진적으로 지적 능력과 운동 능력을 잃게 된다. 환자들은 또한 젖산 산증(lactic acidosis)을 나타내는데, 이 증상은 미토콘드리아의 호흡에 결함이 생기면 조직에서 무산소적으로 포도당을 분해하여 젖산이 축적되기 때문에 생기는 것이다. 라이증후군 환자 중 일부는 미토콘드리아 유전자인 *MT-ATP6*에 돌연변이가 있는데, 이 유전자는 ATP 합성효소 단위체의 유전자이다. 다른 환자에서는 핵 유전자인 *SURF1*의 기능상실 돌연변이도 발견되는데, 이 유전자는 전자전달 복합체인 시토크롬 *c* 산화효소의 조립에 필요한 인자의 유전자이다.

a. 어떻게 미토콘드리아 유전자의 돌연변이와 핵 유전자의 돌연변이에 의해 같은 증후군이 나타날 수 있는가?

b. 주어진 가계도에서 이 가계의 라이증후군이 미토콘드리아 유전자와 핵 유전자의 돌연변이 중 어떤 돌연변이에 의한 것인지 구분할 수 있는 충분한 증거가 주어졌는가? (핵의 돌연변이에 의한 것이든 mtDNA 돌연변이에 의한 것이든 관계없이 여러 질병의 침투도는 완전하지 않으며, 표현형도 다양하게 나타날 수 있다는 사실을 기억하라.)

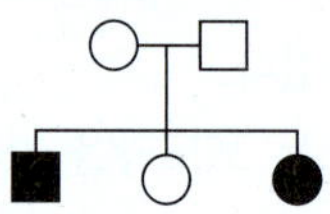

c. 이 가계의 가족들에게 있어서 이 두 가지 가능한 유전양상 중 어떤 방식으로 유전되는지 구분해 내는 것이 실제로 어떤 도움이 되겠는가?

26. 붉은털원숭이 미토와 트랙커(그림 14.19 참조)가 핵 공여 암컷의 미토콘드리아 DNA를 가지지 않는다는 것을 어떻게 조사할 수 있는가?

15장

원핵생물의 유전자 조절

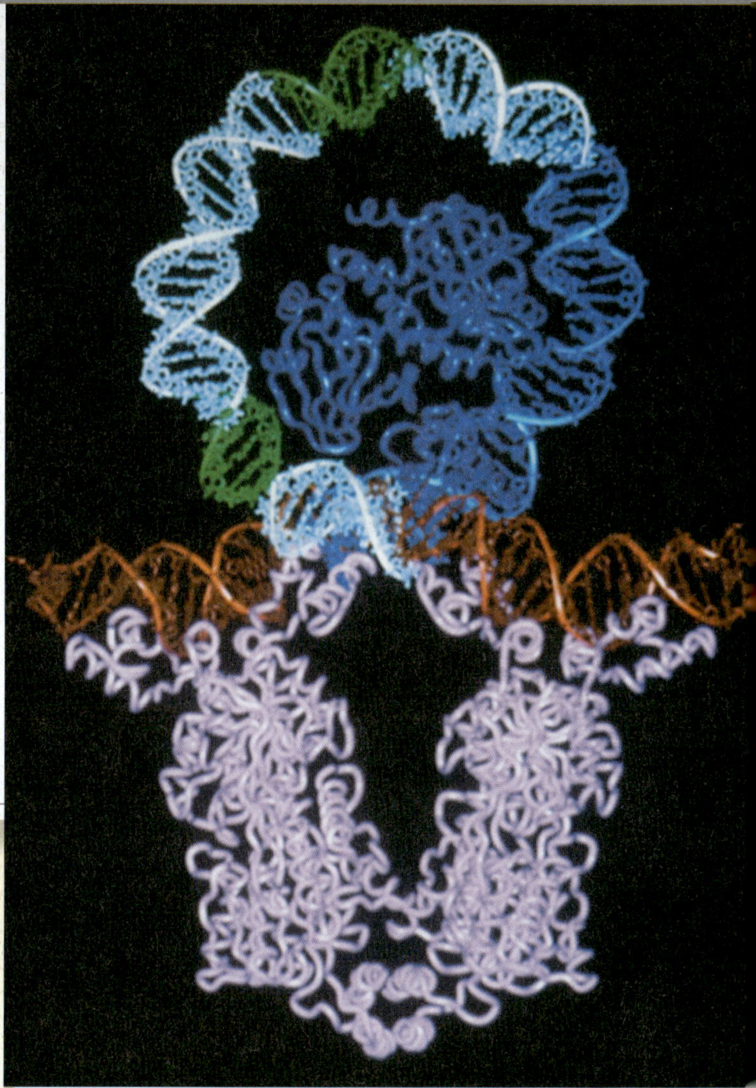

Lac 억제자 단백질(보라색)이 DNA에 있는 특정 위치들에 결합하여 대장균의 *lac* 오페론의 발현을 차단한다. Lac 억제자는 두 개의 소단위를 갖는 4량체로 각각의 소단위가 두 곳의 작동자 위치들에 결합하여 DNA 고리(파란색과 초록색)를 형성한다. 각각의 작동자 위치는 회전 대칭성을 나타내고 하나의 2량체를 구성하는 두 소단위들은 염색체상에서 서로 반대방향을 향하고 있다. 이 모형은 또한 CRP 단백질(짙은 파란색)이 *lac* DNA의 어디에 결합하는지도 보여 준다.

세균들은 정족수 감지(quorum sensing)라는 통신 체계를 이용하여 개체군의 밀도에 따라 그들의 행동을 조정한다. 정족수 감지는 하와이 짧은꼬리오징어(Hawaiian bobtail squid)의 발광기관 내에 서식하는 생체 발광 세균인 *Vibrio fischeri*에서 처음 관찰되었다(그림 15.1). 생체 발광은 달빛에 의해 오징어의 어두운 윤곽이 드러나는 것에 대응함으로써 오징어가 포식자들의 눈에 쉽게 띄지 않도록 한다. 과학자들은 오징어의 발광기관 내의 세균들이 특정한 밀도에 도달해야만 빛을 내는 현상을 발견하였다. 세균이 빛을 내기 위해서는 에너지를 사용해야 하고 하나의 세균은 오징어를 빛나게 할 수 있을 정도로 충분한 빛을 만들지 못한다는 것을 고려하였을 때 세균들의 이러한 행동은 에너지 관점에서 일리가 있다.

그렇다면 오징어 발광기관 내의 *V. fischeri* 세균은 집단의 크기가 빛을 만들 수 있을 정도로 충분히 크다는 것을 어떻게 알 수 있을까? 굉장히 흥미로운 이러한 질문에 관심을 가졌던 연구자들은 세균 유전학적 기술들을 이용하여 생체 발광 경로를 분석하였다. 이 장에서는 *V. fischeri*가 발광 단백질들을 암호화하는 유전자들의 전사를 조절하는 환경 조절 인자들을 합성하여 세포 밖으로 배출하며, 개체군의 밀도가 높을 때에만 생체

개요

그림 15.1 발광 세균들은 오징어를 포식자들로부터 보호한다. (a) *Vibrio fischeri* 세균들은 빛을 낸다. (b) 이 세균들은 하와이 짧은꼬리오징어의 발광기관에 서식한다.

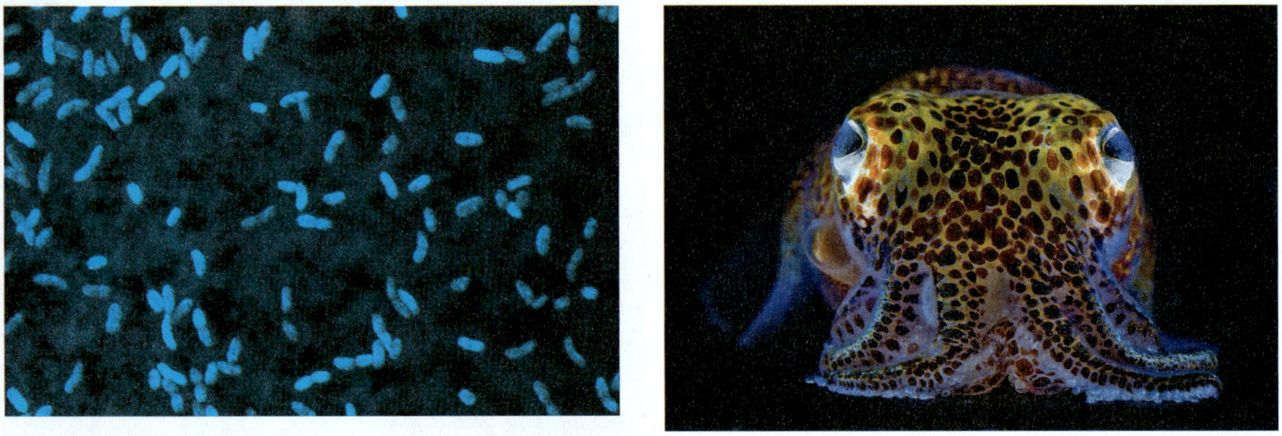

(a) *Vibrio fischeri*의 생체발광　**(b) 하와이 짧은꼬리오징어**

발광 유전자들의 전사를 활성화시키기에 충분한 양의 조절 분자들이 만들어진다는 것을 알게 될 것이다.

*V. fischeri*에 의한 생체발광에 대한 이야기는 단세포 원핵생물의 삶에서 나타나는 두 가지 특징을 드러낸다. 첫째, 이들은 외부 환경과 항상 직접 접촉하고 있으며, 둘째 유전자 발현의 변화를 통해 환경 변화에 대응한다는 것이다. *V. fischeri*에서 관찰되는 조직화된 유전자 발현 조절은 이 장에서 다루게 될 **원핵생물 유전자 조절**(prokaryotic gene regulation)의 한 예이다. 원핵생물은 특정 유전자들의 전사와 전사된 mRNA들의 번역을 활성화, 증가시키거나 감소, 억제함으로써 유전자 발현을 조절한다.

이런 내용으로부터 대단히 중요한 하나의 주제를 알 수 있다. 그것은 세균이 끊임없이 변화하는 환경에 적응하고 생존하기 위해서는 잘 조직화된 방법으로 유전자들의 발현을 조절함으로써 다양한 환경에 적절히 대응하고, 또 불필요한 단백질을 만들기 위해 에너지를 낭비하지 않아야 한다는 것이다.

15.1 원핵생물 유전자 발현의 요소들

학습목표

1. 원핵생물 전사에서 RNA 중합효소의 핵심 효소, 시그마(σ) 인자, rho(ρ) 인자의 기능을 설명한다.
2. 원핵생물에서는 mRNA 분자의 전사와 번역이 동시에 일어날 수 있는지 이유를 설명한다.
3. 유전자 발현 과정에서 잠재적으로 조절의 대상이 될 수 있는 단계들을 제시한다.

8장에서 유전자 발현이 DNA에 암호화된 지침에 따라 RNA와 단백질들을 만드는 것임을 보았다. 유전자가 발현되는 동안 DNA에 있는 정보는 RNA로 전사되고 RNA에 담긴 메시지는 다시 한 가닥의 연결된 아미노산들로 번역된다. 전사와 번역 모두 세포가 필요한 만큼의 RNA와 단백질을 합성하기 위해 조절할 수 있는 단계이다.

RNA 중합효소는 전사에서 핵심이 되는 효소이다

원핵생물에서 유전자 발현은 RNA 중합효소가 유전자의 DNA를 RNA로 전사하는 것에서 시작한다. RNA 중합효소는 전사의 세 단계, 즉 개시, 신장, 종결 단계에 모두 참여한다. RNA 중합효소가 전사의 세 단계에서 하는 역할에 대한 자세한 내용은 그림 8.10에서 볼 수 있으며, 여기서는 가장 핵심적인 요점들을 간단히 복습할 것이다.

RNA 중합효소의 핵심 효소를 구성하는 소단위들 이외에 시그마(σ) 인자라고 하는 특별한 소단위가 전사의 시작에 필요하다는 것을 기억할 것이다. 핵심 효소와 결합한 시그마 소단위는 촉진유전자에 있는 특정한 DNA 서열들을 인식하고 결합한다. 촉진유전자에 결합한 RNA 중합효소 전효소(핵심효소와 시그마 소단위의 복합체)는 DNA를 풀어 전사를 개시하고 DNA 주형 가닥에 상보적인 염기들의 중합 반응을 시작한다.

RNA 중합효소가 촉진유전자에서 멀어지고 시그마 소단위가 RNA 중합효소로부터 분리되면 전사는 개시단계에서 신장단계로 전환되며, 전사의 신장은 중합효소가 전사를 종결을 지시하는 특정한 RNA 염기서열을 만날 때까지 계속된다. 원핵생물에서는 Rho (ρ) 의존성 종결과 Rho 비의존성 종결, 두 종류의 종결신호가 발견된다. Rho 의존성 종결에서는 Rho 단백질이 새로 전사된 mRNA의 서열을 인식하여 결합한 다음에 중합효소를 mRNA에서 분리시켜 전사를 종결한다. Rho 비의존성 종결에서는 RNA 염기들에 의해 형성된 머리핀 고리 이차 구조가 RNA 중합효소를 RNA에서 분리시키는 신호로 작용한다(그림 8.10 참조).

원핵생물에서는 전사가 끝나기 전에 번역이 시작된다

세균은 염색체를 둘러싸는 막 구조가 없기 때문에 mRNA로 전사되고 있는 동안에 RNA에 담긴 메시지가 폴리펩티드로 번역될 수 있다. 리보솜들은 RNA의 하류 지역의 전사가 진행되고 있는 동안 번역틀의 5′ 말단에 있는 특별한 개시 위치(리보솜 결합 위치)에 결합한다. 번역의 개시와 종결에 필요한 신호들은 전사의 개시와 종결을 위한 신호들과는 다르다.

원핵생물의 mRNA는 하나의 mRNA에 서로 다른 여러 개의 단백질들에 대한 개방 번역틀을 포함하는 다중시스트론성(polycistronic)인 경우가 많기 때문에 mRNA 분자에 있는 여러 위치에서 리보솜이 번역을 시작할 수 있다. 그림 8.25는 리보솜과 tRNA 그리고 번역 인자들이 어떻게 mRNA 코돈의 지침에 따라 번역의 개시와 신장 그리고 종결 단계를 거쳐 N 말단에서 C 말단 방향으로 폴리펩티드를 만드는지 보여준다.

유전자 발현의 조절은 여러 단계에서 일어날 수 있다

어느 시점에서 하나의 세균 세포에서 만들어지는 특정한 폴리펩티드의 양은 여러 단계에서 조절되어 결정된다. 어떤 조절들은 전사 과정, 즉 중합효소가 촉진유전자에 결합하거나 전사 개시에서 신장으로 전환하는 단계 또는 전사 종결 부위에서 mRNA가 분리되는 단계에 영향을 미친다. 또 다른 조절들은 전사 이후의 단계에서 합성된 mRNA의 안정성이나 mRNA에 존재하는 다양한 번역 개시 부위에 리보솜이 결합하는 효율 또는 폴리펩티드 산물의 안정성과 활성 등에 영향을 준다.

이제부터 다루게 될 내용인 중합효소가 촉진유전자에 있는 DNA와 결합하는 단계에서의 조절은 세균 유전자들의 조절에서 가장 중요하다. 이 장의 후반부에서는 세균 유전자들의 발현이 어떻게 전사 종결과 전사 이후 단계에서 조절될 수 있는지 논의할 것이다.

핵심 개념

- RNA 중합효소는 원핵생물 전사에서 핵심적인 역할을 하는 효소이다. 시그마(σ) 인자는 효소가 촉진유전자를 인지할 수 있게 하고 Rho (ρ) 단백질은 유전자들의 전사를 종결시킨다.
- 세균은 염색체를 둘러싸는 막 구조가 없기 때문에 전사가 일어나는 동안에도 mRNA에서 폴리펩티드로의 번역이 시작될 수 있다.
- 세균의 mRNA들은 다중시스트론성인 경우가 많다. 전사체에 존재하는 각각의 개방 번역틀은 자기 자신의 번역에 필요한 리보솜 결합 위치를 가진다.
- 원핵생물의 유전자 발현은 전사의 개시, 신장, 종결, mRNA 안정성, 번역 개시, 또는 단백질의 안정성이나 활성 등 여러 단계에서 조절될 수 있다.

15.2 DNA-결합 단백질들에 의한 전사 개시의 조절

학습목표

1. 이화 경로들의 조절 요소들과 동화 경로들의 조절 요소들을 비교한다.
2. *lac* 오페론을 이용하여 오페론설을 설명한다.
3. *lacI*가 작동자 DNA에 결합하는 다른 자리 입체성 억제 단백질을 암호화한다는 유전적 증거에 대해 논의한다.
4. 전사 조절 단백질들이 다량체인 것과 그들이 결합하는 위치들이 모여 있는 것이 유리한 이유를 설명한다.
5. 촉진유전자에서 양성 조절 단백질과 음성 조절 단백질의 작용을 비교한다.
6. 억제 단백질이 어떻게 이화 오페론과 동화 오페론의 조절에서 중요한 역할을 할 수 있는지 설명한다.

전사 개시는 유전자 발현의 첫 번째 단계이다. 그러므로 조절 단백질들이 촉진유전자 또는 그 주변에 위치한 DNA 표적들에 결합하여 전사를 조절하는 것이 유전자 발현 조절의 기본적인 방식 중의 하나라는 것은 일리가 있다. 조절 단백질들의 DNA 결합은 RNA 중합효소에 의한 전사 개시를 억제 또는 증가시킨다. 여기서 RNA 중합효소의 활성이 억제되는 경우를 '음성조절'이라고 하고 활성이 증가되는 경우를 '양성조절'이라고 한다.

이화 경로와 동화 경로는 서로 다른 방식의 조절을 필요로 한다

원핵생물에서 나타나는 유전자 조절의 원리들을 알게 된 것은 대장균의 다양한 대사 경로들에 대한 연구를 통해서였다. 대사 경로에는 세포에 에너지와 탄소 원자들을 제공하기 위해 당들을 분해하는 **이화 경로**(catabolic pathway)와 단순한 구성 성분으로부터 아미노산과 뉴클레오티드처럼 세포에 필요한 최종산물 분자들을 만드는 **동화 경로**(anabolic pathway)가 포함된다.

이화 경로들과 동화 경로들을 조절하기 위해 세포가 따라야 할 기본적인 논리는 완전히 다르다. 이화 경로들은 **유도성 조절**(inducible regulation)을 요구하며, 이것은 그 경로가 분해할 이화물이 세포의 주변에 존재할 때에만 작동하기 시작해야 한다는 것을 의미한다. 그렇지 않다면 세포는 분해할 당이 없는 경우에도 그 당을 분해하는 데 필요한 효소들을 합성함으로써 자원을 낭비할 것이다. 이와 반대로 동화 경로들에서는 **억제성 조절**(repressible regulation)이 필요하다. 다시 말해서 세포가 필요로 하는 '최종산물'의 양이 충분하지 않을 때만 경로들이 시작되고 충분히 존재할 때는 억제되어야 한다. 이를 통해 세포는 새로운 최종산물 분자들을 만들기 위해 자원들을 낭비하지 않을 수 있다.

이 절에서 대장균에 있는 이화 경로의 하나인 젖당을 탄소원과 에너지원으로 이용할 수 있도록 하는 경로의 유도성 조절에 대해 알아볼 것이다. 앞으로 살펴볼 많은 내용들은 이 장의 후반부에서 필수 아미노산인 트립토판의 합성에 관여하는 동화 경로의 억제성 조절에 대해 논의할 때에도 유용할 것이다.

대장균의 젖당 이용은 유전자 조절의 모델 시스템을 제공한다

생장하고 있는 대장균은 탄소원과 에너지원으로 여러 종류의 당을 이용할 수 있으며 단당류인 포도당과 갈락토오스로 구성된 복합체인 젖당도 그 중 하나이다. 배지에 존재하는 젖당은 막단백질인 락 투과효소(Lac permease)에 의해 세포 내로 들어온 다음에 베타 갈락토오스가수분해효소에 의해 갈락토오스와 포도당으로 분해된다(그림 15.2). 젖당이 보다 단순한 구성 성분으로 분해되는 이 과정은 이화 경로에 해당한다.

그림 15.2 대장균 세포에서 젖당의 이용. 젖당은 Lac 투과효소 단백질에 의해 형성된 통로를 통해 세포막을 통과한다. 세포 안으로 들어온 젖당은 베타 갈락토오스가수분해효소에 의해 갈락토오스와 포도당으로 분해된다.

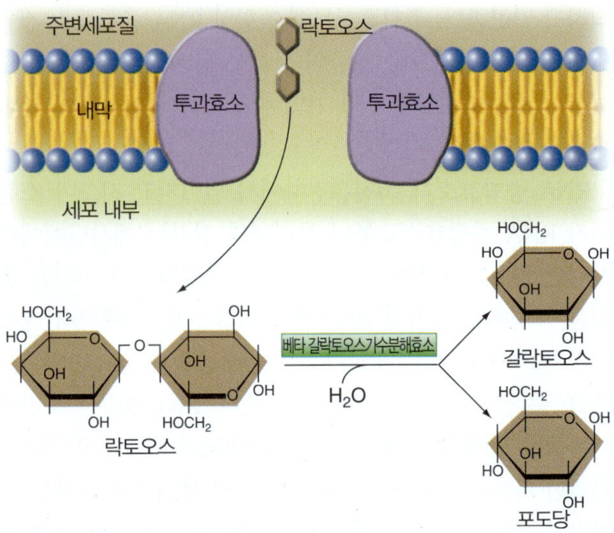

젖당에 의한 유전자 발현 유도

젖당이 없는 조건에서 자라는 세포는 젖당 이용에 필요한 락 투과효소와 베타 갈락토오스가수분해효소가 필요 없기 때문에 세포 내에 이 단백질들이 매우 낮은 농도로 존재한다. 그러나 배지에 젖당을 첨가하면 이 단백질들의 생산은 약 1,000배가량 증가한다. 이와 같이 특정한 분자에 의해 단백질의 합성이 자극되는 과정을 **유도**(induction)라고 하고 그 분자를 **유도자**(inducer)라고 한다. 이 조절 체계에서는 젖당이 변형된 분자인 알로락토오스가 젖당 이용을 위해 필요한 유전자들의 유도자로 작용한다.

배지에 포함된 젖당이 어떻게 자신의 이용에 필요한 단백질들을 동시에 발현하도록 유도하는지는 세균 유전학의 황금기로 여겨지는 1950년대와 1960년대의 중요한 연구 주제였다.

대장균의 젖당 체계가 가지는 연구 장점들

대장균의 젖당 이용은 유전자 조절을 연구하는 모델로서 훌륭한 선택이었다. 많은 수의 세균을 배양할 수 있기 때문에 드물게 나타나는 돌연변이들을 쉽게 분리할 수 있었고, 일단 분리된 다음에는 유전자지도 작성 기술을 이용하여 표현형의 변화를 가져온 돌연변이의 위치를 결정할 수 있었다. 또 다른 종류의 당을 탄소원으로 이용할 수 있기 때문에 젖당 이용에 관련된 유전자들이 세균의 생존에 필수적이지 않다는 장점도 있었다. 이 외에도 유전자 발현이 유도되었을 때와 유도되지 않았을 때에 나타나는 약 1,000배에 이르는 젖당 이용 단백질 양의 현저한 차이는 돌연변이와 야생형의 구별뿐만 아니라 발현에 부분적인 영향을 미치는 돌연변이를 찾는 것을 가능하게 하였다.

발현 수준을 측정할 수 있는 방법은 이러한 실험들에서 매우 중요하다. 화학자들은 *o*-nitrophenyl-galactoside (ONPG)와 같이 베타 갈락토오스가수분해효소에 의해 분해될 수 있으면서 분해 산물의 분석이 용이한 화합물들을 합성하였다. ONPG의 분해 산물 중 하나는 노란색을 나타내며 색의 진한 정도가 분해 산물의 양에 비례하기 때문에 베타 갈락토오스가수분해효소의 활성을 반영한다. 시료에 존재하는 노란색 분해 산물의 양은 분광광도계를 이용하여 쉽게 측정할 수 있다. 베타 갈락토오스가수분해효소의 기질 중 하나인 X-gal은 분해되었을 때 파란색을 나타낸다. 이 장의 후반부에서 다시 설명하겠지만 연구자들은 X-gal을 평판배지에 첨가하면 베타 갈락토오스가수분해효소를 발현하는 세균 군락이 파란색으로 변한다는 사실이 아주 쓸모 있다는 것을 알게 되었다.

오페론설은 하나의 물질이 어떻게 여러 개의 모여 있는 유전자들을 조절하는지 설명한다

자크 모노(Jacques Monod; 그림 15.3)는 다양한 분야에 흥미를 가졌던 인물로 젖당 이용 조절에 관한 연구에 있어 촉매와 같은 역할을 했다. 그는 정치 활동가로 제2차 세계대전 중에는 프랑스의 레지스탕스 운동을 이끌었고 상당히 훌륭한 음악가이면서 동시에 저명한 과학철학 저술가였다. 모노는 파리의 파스퇴르 연구소를 중심으로 이루어진 연구를 이끌었으며, 당시 파스퇴르 연구소는 효소 유도에 관한 연구를 위해 전 세계의 과학자들이 모였던 곳이었다. 모노와 그의 가까운 동료인 프랑수아 제이콥(François Jacob)은 이곳에서 이루어진 유전학적 연구 결과들을 바탕으로 염색체에 함께 모여 있으면서 동일한 과정에 관련되어 있는 유전자들의 발현이 하나의 신호에 의해 동시에 조절될 수 있다는 유전자 조절 모델, 즉 **오페론설**(operon theory)을 제안하였다. 그들은 이 유전자들이 하나의 집단으로 존재하기 때문에 하나의 mRNA로 전사될 수 있고, 따라서 이 mRNA의 전사를 조절하는 그 어떤 것이라도 이 집단에 포함된 모든 유전자들의 발현에 영향을 미칠 것이라고 추론하였다. **오페론**(operon)은 바로 이러한 방식으로 조절되는 유전자 집단을 말한다. 먼저 간단히 이론을 요약한 다음 제이콥과 모노의 생각에 영향을 주었던 중요한 실험들을 설명할 것이다.

그림 15.3 자크 모노는 유전자 조절의 원칙들을 발견하는 데 있어 중요한 역할을 하였다.

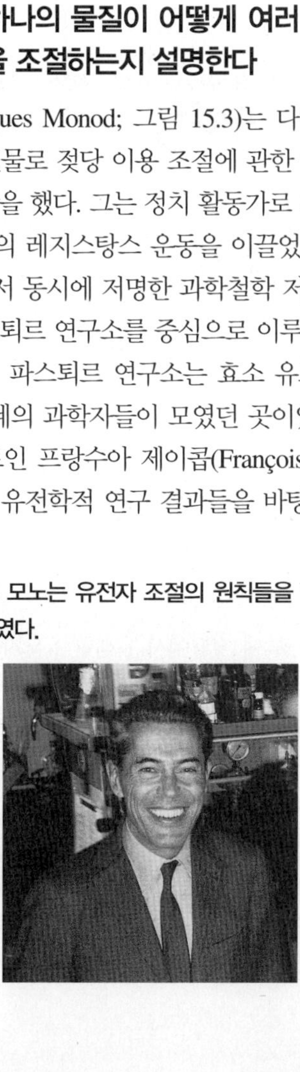

그림 15.4는 이 이론을 구성하는 요소들과 이들이 어떻게 상호작용하여 젖당을 이용하는 데 필요한 유전자들의 발현을 체계적으로 조절하는지를 보여준다. 환경의 변화에 대응하여 세 구조 유전자들을 동시에 조절할 수 있는 하나의 DNA 단위인 **젖당 오페론**(*lac* operon)은 젖당 이용에 필요한 단백질들을 암호화하는 세 개의 구조유전자들(*lacZ*, *lacY*, *lacA*)과 조절 요소들인 촉진유전자(P)와 작동자(o)로 구성되어 있다. 오페론과 상호작용하는 분자들에는 오페론의 작동자에 결합하는 억제자와 억제자에 결합하여 억제자가 작동자에 결합하는 것을 막는 유도자(알로락토오스)가 있다. 여기서 억제자는 알로락토오스와 결합하였을 때 가역적인 구조 변화가 나타나는 **다른 자리 입체성 단백질**(allosteric protein; 알로스테릭 단백질)이다.

제이콥과 모노의 이론은 그들이 세균 세포의 분자들에 대해서 구체적으로 알지 못하는 상태에서 제안한 것이라는 점에서 주목할 만하다. DNA 구조에 대한 왓슨-크릭 모델은 겨우 8년밖에 되지 않았고 mRNA의 존재가 알려진 지도 얼마 되지 않았던 시기였으며, 아직 전사에 대한 자세한 내용이 알려지기 전이었다. 그들이 오페론설을 제안하였던 1961년에는 아직 DNA에서 RNA를 거쳐 단백질로 이어지는 유전 정보의 흐름이 완전히 확립되기 전이었으며, 세포 내 단백질의 기능에 대한 지식도 제한적이었던 때였다. 한 예로 모노는 다른 자리 입체성과 그 효과에 대해 특별한 관심을 가졌던 생화학자였지만 억제자는 개념으로만 존재하는 산물이었다. 그들의 이론이 출판되었을 때 억제자는 아직 분리되지도 않았을 뿐만 아니라 그것이 RNA인지 단백질인지도 몰랐기 때문에 자크와 모노는 상상의 도약을 통해 오페론설을 제안하였다.

이제 단백질이 DNA에 결합하여 유전자 발현을 조절한다는 이론의 핵심적인 개념이 젖당 오페론의 음성 조절뿐만 아니라 양성 조절에 있어서도 사실이라는 것을 알았다. 이 개념은 젖당 오페론 이외에도 다른 이화성 유전자들의 유도

그림 15.4

대장균의 젖당 오페론

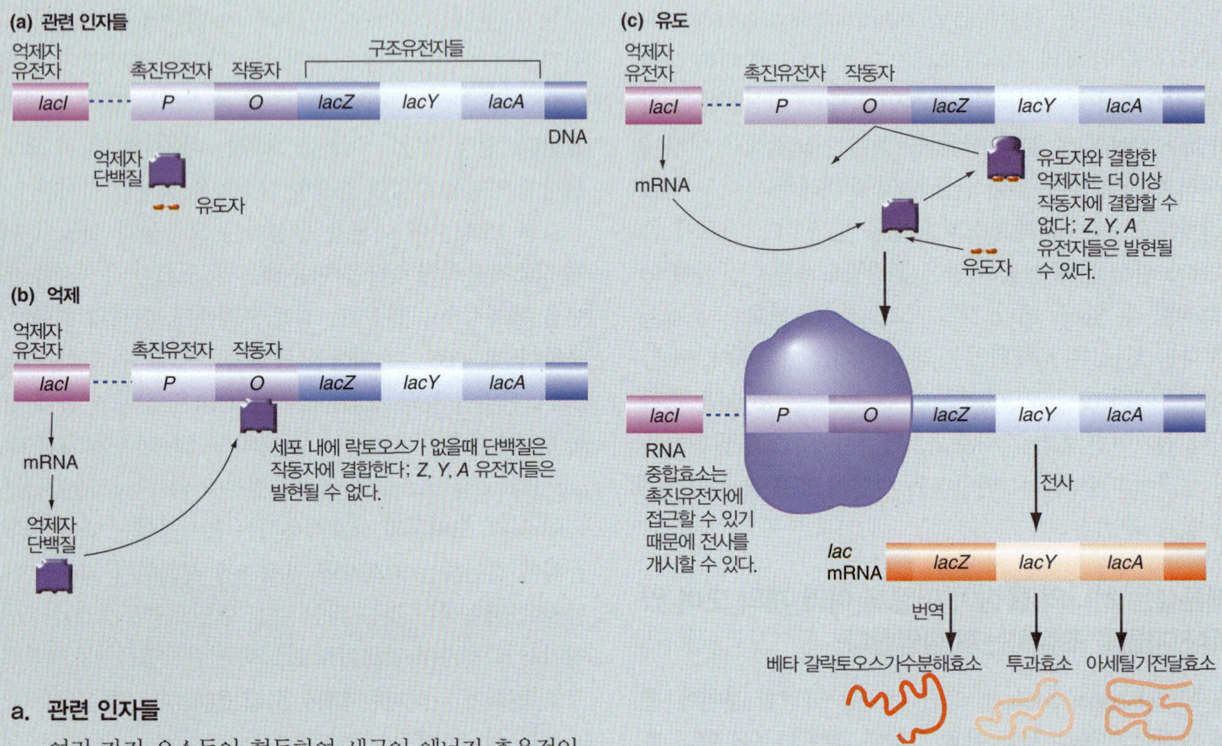

a. 관련 인자들

여러 가지 요소들이 협동하여 세균이 에너지 효율적인 방법으로 젖당을 이용할 수 있도록 한다. 이러한 요소들은 다음과 같다.

1. 젖당을 포도당과 갈락토오스로 분해하는 데 필요한 효소들을 암호화하는 아주 가깝게 연관된 세 개의 구조 유전자들; *lacZ*, *lacY*, *lacA*이 있다.
2. RNA 중합효소가 다중시스트론성 mRNA의 전사를 개시하는 촉진유전자 위치: 촉진유전자는 시스로 작용하여 동일한 DNA 분자의 촉진유전자 다음에 위치한 *lac* 구조 유전자들의 발현에만 영향을 준다.
3. 시스로 작용하는 DNA 작동자 위치: 같은 DNA 분자에 있는 *lac* 오페론 촉진유전자와 매우 가깝게 위치하며 세 개의 구조 유전자들과 촉진유전자 그리고 작동자가 함께 *lac* 오페론을 구성한다.
4. 트랜스로 작용하여 작동자에 결합하는 억제자: 억제자는 오페론에 포함되어 있지 않은 *lacI* 유전자에 의해 암호화된다. 합성된 후 억제자는 세포질로 확산되어 그 표적과 결합한다.
5. 억제자가 작동자에 결합하는 것을 막는 유도자: 초기의 연구자들은 젖당이 유도자라고 생각했었지만 지금은 젖당에서 유래한 알로락토오스가 실질적인 유도자라는 것이 알려져 있다.

각각의 인자들 사이의 상호작용에 의한 젖당 이용 유전자들의 조절

b. 억제

젖당이 없을 때 억제자는 작동자 DNA에 결합하여 전사를 방해한다. 따라서 억제자는 음성 조절 요소이다.

c. 유도

1. 젖당이 있을 때 젖당에서 유래한 유도자인 알로락토오스는 억제자와 결합한다. 이 결합은 억제자의 구조를 변화시켜 억제자가 더 이상 작동자와 결합할 수 없도록 한다.
2. 억제자가 작동자로부터 분리되면 RNA 중합효소는 *lac* 오페론의 촉진유전자에 접근할 수 있고, 그 결과 세 개의 젖당 이용 유전자들의 전사를 시작하여 하나의 다중시스트론성 mRNA를 만든다.

성 조절과 동화성 유전자들의 억제성 조절들을 포함하는 많은 원핵생물 유전자들과 진핵생물 유전자들에도 적용된다.

유전학적 분석이 제이콥과 모노를 오페론설로 이끌었다

모노와 연구진은 유전자 조절의 오페론설을 발전시키는 과정에서 젖당을 이용하지 못하거나 젖당의 존재와 상관없이 항상 젖당 분해에 필요한 효소들을 생산하는 다양한 돌연변이들을 분리하였다.

Lac⁻ 돌연변이들의 상보성 및 지도작성 분석들

Lac⁻ 돌연변이들은 젖당을 이용하지 못하는 세균 세포들이다. 연구자들은 많은 수의 Lac⁻ 돌연변이들의 상보성 분석을 통해 세포가 젖당을 분해하지 못하는 원인이 베타 갈락토오스가수분해효소를 암호화하는 *lacZ*와 락 투과효소를 암호화하는 *lacY*, 두 유전자의 돌연변이 때문이라는 것을 보였다. 또 그들은 오페론의 세 번째 유전자로 젖당과 다른 당들에 아세틸기를 붙이는 아세틸기전달효소를 암호화하는 *lacA*를 발견하였으며, 유전자 지도작성 기술을 이용하여 세 유전자들이 염색체에서 *lacZ*-*lacY*-*lacA*의 순서로 아주 밀접하게 연관된 집단으로 존재한다는 것을 보였다(그림 15.4). 그러나 *lacA* 유전자 산물은 젖당 분해에 필요하지 않기 때문에 대부분의 젖당 이용에 관한 연구는 *lacZ*와 *lacY*를 대상으로 이루어졌다.

억제자 단백질에 대한 증거: *lacI*⁻ 돌연변이들의 영향

Lac 오페론 가까이에 위치한 *lacI* 유전자의 돌연변이들은 젖당이 없는 조건에서도 베타 갈락토오스가수분해효소와 락 투과효소를 생산하는 **구조적 돌연변이**(constitutive mutant) 세균들을 만든다(그림 15.4). 구조적 돌연변이는 환경 조건과 무관하게 특정한 효소를 계속 생산하는 돌연변이로 이러한 구조적 돌연변이들은 *lacI*가 음성 조절자 또는 억제자(repressor)를 암호화한다는 것을 제안하였다. 세포들은 유도자가 없는 조건에서 *lacY*와 *lacZ*의 발현을 막는 억제자가 필요할 것이다. 하지만 구조적 돌연변이들에서는 *lacI* 유전자의 돌연변이가 음성 조절기능을 하는 억제자 단백질에 결점을 만든다.

세 번째 공동 연구자였던 아서 파르디(Arthur Pardee), 제이콥(Jacob), 모노(Monod)의 이름을 딴 역사적인 PaJaMo 실험은 더 나아가 *lacI*가 실제로 가설로만 존재했던 *lac* 유전자들의 음성 조절자를 암호화한다는 증거를 제시하였다. PaJaMo 연구는 Hfr 공여자 세포의 염색체 DNA를 F⁻ 수용세포로 전달하는 교배를 이용하여 이루어졌다. 연구자들은

그림 15.5 PaJaMo 실험. '접합'을 통해 *lacI*⁺ *lacZ*⁺ 유전자들을 *lacI*⁻ *lacZ*⁻ 세포에 도입하면 처음에는 수용세포에 도입된 *lacZ*⁺ 유전자로부터 베타 갈락토오스가수분해효소가 만들어진다. 그러나 도입된 *lacI*⁺에서 만들어지는 억제자가 축적되면 베타 갈락토오스가수분해효소의 생산은 중단된다. 만약 유도자가 첨가되면 (점선으로 표시된 부분) 베타 갈락토오스가수분해효소의 생산은 다시 시작된다.

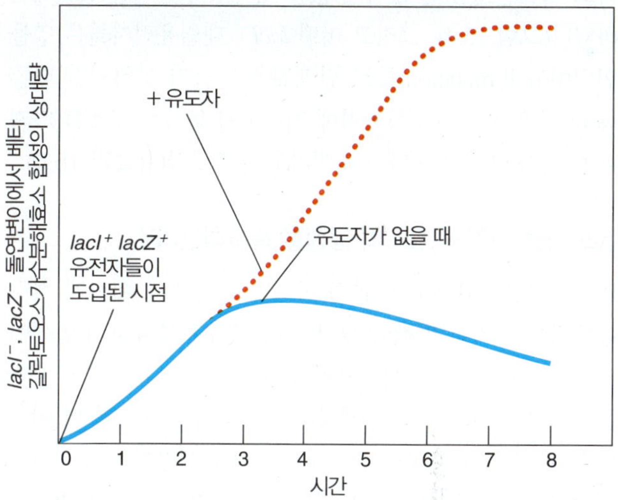

젖당이 없는 배지에서 LacI와 LacZ 단백질이 없는 수용세포에 *lacI*⁺와 *lacZ*⁺ 대립유전자들을 전달하면 곧 베타 갈락토오스가수분해효소가 합성되고 또 이러한 합성이 한 시간 이내에 중단되는 것을 발견하였다(그림 15.5).

파르디, 제이콥, 모노는 이러한 결과들을 다음과 같이 해석하였다. 공여자 세포의 DNA가 처음 수용세포에 전달되었을 때 수용세포의 염색체가 *lacI*⁻이기 때문에 수용세포의 세포질에는 억제자(LacI 단백질)가 존재하지 않고, 따라서 *lacY*와 *lacZ* 유전자들이 발현된다. 하지만 시간이 지나면서 교배를 통해 들어온 *lacI*⁺ 유전자로부터 억제 단백질이 만들어지면 다시 발현이 억제된다.

그림 15.6 억제자 돌연변이(*lacI*⁻). 어떤 *lacI*⁻ 돌연변이들에서는 억제자가 작동자에 결합하지 못하기 때문에 오페론을 억제하지 못한다. 다른 *lacI* 돌연변이들에는 단백질을 만들지 못하는 영돌연변이들이 있다(그림 생략).

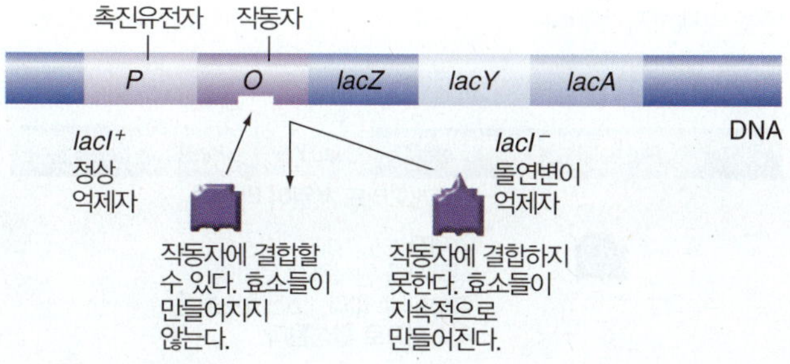

이 실험들을 바탕으로 모노와 연구진들은 억제 단백질이 젖당-이용 유전자들의 촉진유전자 부근에 존재하는 유전자 서열인 가상의 **작동자 위치**(operator site)에 결합하여 더 이상의 *lacY*와 *lacZ* 유전자 전사를 억제할 것이라고 제안하였다. 그들은 억제자가 작동자에 결합하면 촉진유전자를 차단하고 이러한 현상은 젖당이 없는 배지에서 일어난다고 제안하였다(그림 15.4). 그리고 어떤 *lacI*$^-$ 대립유전자들은 영돌연변이(null mutation)들로 단백질을 만들지 못하지만 다른 *lacI*$^-$ 돌연변이들은 작동자에 결합하지 못하는 구조를 가지는 억제자 단백질을 만들 것이라고 예측하였다(그림 15.6).

유도자는 어떻게 효소의 합성을 촉발하는가?

연구자들은 PaJaMo 실험의 마지막 단계에서 배지에 젖당 유도자를 첨가하면 베타 갈락토오스가수분해효소의 합성이 다시 시작된다는 결과를 얻었다(그림 15.5). 그들은 이 결과를 유도자가 야생형의 억제자와 결합하여 억제자가 더 이상 DNA에 결합하지 못하도록 구조를 변화시켰기 때문이라고 해석하였다. 환경에서 유도자를 제거하면 유도자와 결합하지 않은 억제자는 DNA에 결합할 수 있는 형태로 되돌아간다(그림 15.4). 유도자가 억제자와 결합하면 억제자가 작동자와 결합하지 못하게 하는 다른 자리 입체 효과가 나타난다. 이러한 일련의 사건들에서 유도자는 자신은 DNA에 결합하지 않으면서 억제를 해제하는 효과인자 분자이다.

작동자 돌연변이들

억제자 유전자의 *lacI*$^-$ 돌연변이들은 억제자의 활성을 없애 지속적으로 오페론을 발현하지만 억제자에 의해 인식되는 특정한 염기서열이 바뀐 돌연변이들도 이와 동일한 효과를 낼 수 있다(그림 15.7). 돌연변이에 의해 작동자의 염기서열이 바뀌면 억제자는 그 위치를 인식하지 못하기 때문에 DNA와 결합하지 못하고, 그 결과 젖당-이용 단백질들이 지속적으로 만들어지는 표현형이 나타난다. 연구자들은 유전

그림 15.7 작동자 돌연변이들. 억제자가 *lacO*^{C} 돌연변이 위치에 있는 바뀐 DNA 서열을 인식하지 못하여 결합하지 못하고 따라서 오페론을 억제하지 못한다.

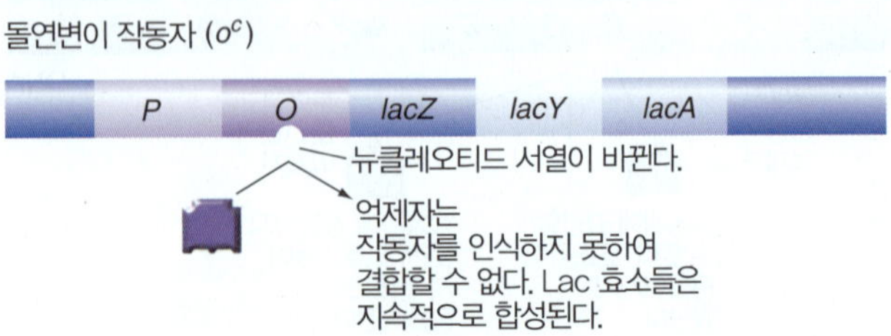

그림 15.8 초억제자 돌연변이 *lacI*^{S}. 초억제자 돌연변이들에서는 LacI^{S}가 작동자에는 결합하지만 유도자와는 결합하지 못한다. 따라서 억제자가 작동자로부터 떨어져 나오지 못해 유전자들이 계속 억제된 상태로 유지된다.

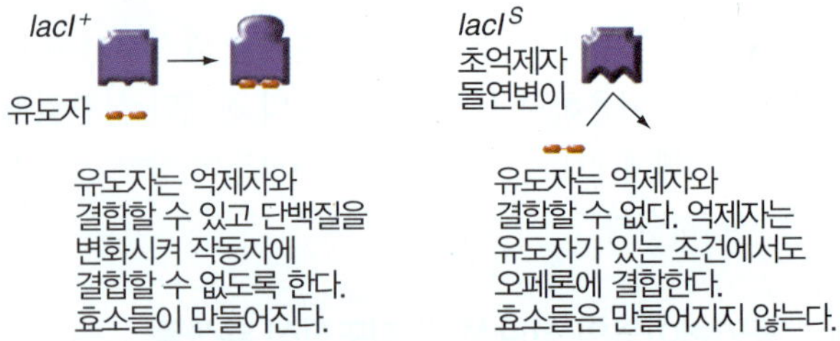

적인 결합이 *lacZ*와 *lacY* 유전자들과 인접해 있는 작동자에 위치하는 구조적 돌연변이들을 분리하였고, 이러한 지속성 작동자 DNA 변화들을 o^c 돌연변이들이라고 불렀다.

초억제자(*lacI*^{S}) 돌연변이

만약 유도자가 억제자 단백질과 결합하여 억제자가 작동자에 결합하는 것을 막는다면 유도자와의 상호작용을 막는 억제자 돌연변이들에 대해 어떠한 결과를 예상할 수 있겠는가? 당연히 그런 돌연변이들에서는 유도자가 배지에 첨가되더라도 세포가 오페론의 유전자들을 발현하지 못할 것이라고 예상할 것이다. 연구자들은 억제자 유전자에서 유도되지 않는 돌연변이들을 분리하였고, 그들을 *lacI*^{s} 또는 초억제자 돌연변이라고 명명하였다(그림 15.8). *lacI*^{s} 돌연변이들은 유도자와는 결합하지 못하지만 DNA에는 결합할 수 있어 오페론의 전사를 억제하고 이러한 억제는 젖당이나 알로락토오스와 무관하게 나타난다.

단백질은 트랜스로 작용하고 DNA 위치들은 시스로 작용한다

표 15.1은 *lac* 오페론과 *lacI* 유전자의 돌연변이를 가지는 세균들의 표현형들을 요약한 것이다. 이 표에서 알 수 있는 중요한 발견들 중 하나는 서로 다른 두 가지의 돌연변이들이 유도자가 없을 때에도 *lac* 오페론의 발현을 가능하게 한다는 것이다. 이들은 지속 작동자 돌연변이(o^c)들(표 15.1의 유전자형 4)과 지속 *lacI*$^-$ 돌연변이들(표 15.1의 유전자형 2)이며, 두 돌연변이는 시스/트랜스 검사를 통해 구별할 수 있다.

트랜스(*trans*)로 작용하는 요소들은 세포질을 통해 확산되어 세포 내에 존재하는 어떠한 표적 DNA 위치에서도 작용할 수 있지만, 시스(*cis*)로 작용하는 요소들은 동일한 DNA 분자에서 그 요소와 가까이 있는 유전자들의 발현에만 영향을 줄 수 있다. 연구자들은 세포질에 *lac* 유전자들을 한 벌

표 15.1 중요한 *lac* 오페론 표현형들의 요약

유전자형 번호	***lacZ* 활성** 유도자가 없을 때	 유도자가 있을 때	***lacY* 활성** 유도자가 없을 때	 유도자가 없을 때	결론
(1) $I^+o^+Z^+Y^+$	−	+	−	+	*lac* 오페론은 유도 가능하다.
(2) $I^-o^+Z^+Y^+$	+	+	+	+	*I* 는 억제자를 암호화한다.
(3) $I^So^+Z^+Y^+$	−	−	−	−	I^S는 초억제자를 암호화한다.
(4) $I^+o^cZ^+Y^+$	+	+	+	+	o^+는 억제자와 결합하는 DNA 위치이다.
(5) $I^-o^+Z^+Y^-$/F′ ($I^+o^+Z^-Y^+$)	−	+	−	+	I^+는 I^-에 대해 우성이다; 억제자는 트랜스로 작용한다.
(6) $I^+o^+Z^+Y^-$/F′ ($I^So^+Z^-Y^+$)	−	−	−	−	I^S는 I^+에 대해 우성이다; 초억제자는 트랜스로 작용한다.
(7) $I^+o^cZ^+Y^-$/F′ ($I^+o^+Z^-Y^+$)	+	+	−	+	o^+와 o^c는 시스로 작용한다.

더 도입해서 만든 부분이배체를 이용하여 시스로 작용하는 작동자 위치 돌연변이(o^c)와 트랜스로 작용하는 단백질을 암호화하는 *lacI*의 돌연변이를 구별하였다.

부분이배체는 세균의 염색체에 존재하는 유전자들의 일부를 포함하고 있는 F′ 플라스미드를 이용하여 만들 수 있다. F′ (*lac*) 플라스미드를 포함하는 세포는 플라스미드에 있는 *lac* 유전자와 염색체에 존재하는 *lac* 유전자를 합쳐 두 벌의 젖당-이용 유전자들과 *lacI* 유전자를 가지게 된다. 모노의 연구진은 F′ (*lac*) 플라스미드들을 이용하여 조절(o^c와 *lacI*) 돌연변이들과 효소를 암호화하는 구조 유전자(*lacZ*와 *lacY*) 돌연변이들이 다양하게 조합된 세균 균주를 만들 수 있었다. 그리고 이 부분이배체 세포들의 표현형들을 조사하여 특정한 구조적 돌연변이가 확산 가능하고 트랜스로 작용하는 단백질을 만드는 유전자 내에 있는지, 아니면 시스로 작용하는 DNA 위치에 있어 동일한 DNA 분자에 있는 유전자들에게만 영향을 주는지를 결정할 수 있었다. 표 15.1의 유전자형 5에서 7까지는 중요한 부분이배체 실험 결과들을 요약한 것이다.

***lacI*$^+$: 트랜스로 작용하며 *lacI*$^-$에 대해 우성이다** 한 실험에서 모노와 연구진들은 억제자를 만들지 못해 베타 갈락토오스가수분해효소가 지속적으로 만들어지는 *lacI*$^-$ *lacZ*$^+$ *lacY*$^-$ 균주에(그림 15.9와 표 15.1의 유전자형 5) F′ (*lacI*$^+$ *lacZ*$^-$ *lacY*$^+$) 플라스미드를 도입하여 베타 갈락토오스가수분해효소와 투과효소의 발현이 야생형과 같은 표현형, 즉 젖당이 없을 때 발현이 억제되고 젖당이 있을 때 발현이 유도되는 부분이배체를 만들었다. 부분이배체의 이러한 표현형은 *lacI*$^+$가 *lacI*$^-$에 대해 우성이라는 것을 나타내며 *lacI*$^+$와 함께 플라스미드에 있는 *lacY*$^+$뿐만 아니라 세균 염색체에 있는 *lacZ*$^+$도 유도될 수 있다는 사실은 플라스미드에 있는 *lacI*$^+$ 유전자로부터 만들어진 LacI 단백질이 플라스미드에 있는 작동자뿐만 아니라 세균 염색체에 있는 작동자에도 결합할 수 있음을 의미한다. 결론적으로 *lacI* 유전자 산물은 트랜스로 작용하는 단백질로 세포 내에서 확산되어 작동자의 위치와 무관하게 자신이 만나는 어떠한 작동자에도 결합할 수 있다.

***lacI*^{s}: 트랜스로 작용하며 *lacI*$^+$에 대해 우성이다** 두 번째 실험에서는 억제와 유도가 모두 가능한 *lacI*$^+$ 균주에 *lacI*^{s} 플라스미드를 도입하여 억제는 여전히 가능하지만 더 이상 유도되지 않는 균주를 만들었다(그림 15.10, 표 15.1의 유전자형 6). 이러한 결과는 돌연변이 *LacI*^{s} 억제자가 작동자에는 결합할 수 있지만 더 이상 유도자와 결합할 수 없기

그림 15.9 LacI$^+$ **단백질은 트랜스로 작용한다.** 플라스미드에 있는 *lacI*$^+$ 유전자로부터 만들어진 억제자 단백질은 세포질로 확산되어 플라스미드에 있는 작동자뿐만 아니라 염색체에 있는 작동자에도 결합할 수 있다(표 15.1의 유전자형 5번).

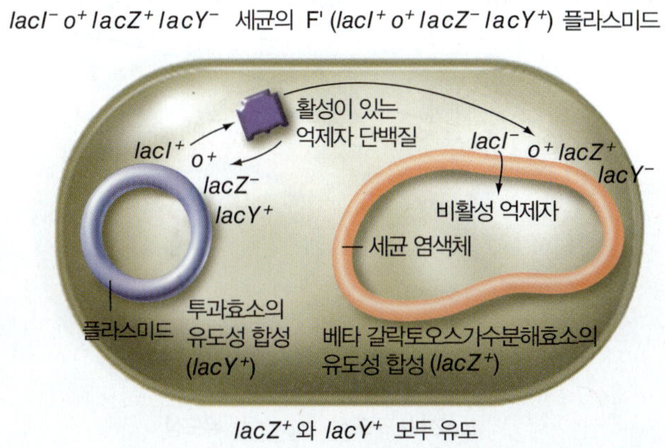

그림 15.10 LacI^s 단백질은 트랜스로 작용한다. 플라스미드의 *lacI*^{s}에 암호화된 초억제자는 확산되어 플라스미드와 염색체에 존재하는 작동자들에 결합하여 유도자가 존재하는 상황에서도 *lac* 오페론을 억제한다(표 15.1의 유전자형 6번).

$lacI^+ o^+ lacZ^+ lacY^-$ 세균의 F' ($lacI^s o^+ lacZ^- lacY^+$) 플라스미드

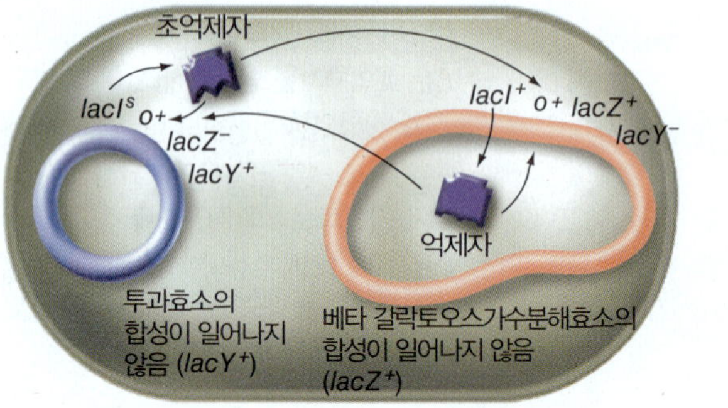

$lacZ^+$ 와 $lacY^+$가 유도되지 않음

때문에 나타난다. 유도가 불가능한 초억제자를 암호화하는 대립유전자는 야생형 억제자 대립유전자에 대해 우성이다. 왜냐하면, 어느 정도의 시간이 지나면 유도자와 결합하지 못하는 돌연변이 억제자가 모든 작동자 위치에 결합하여 세포 내에 존재하는 모든 *lac* 유전자의 전사를 막기 때문이다.

o^c와 o^+: 시스로 작용한다 세 번째 실험에서 연구자들은 야생형 억제자가 변형된 작동자에 결합하지 못하기 때문에 지속적인 베타 갈락토오스가수분해효소의 합성이 일어나는 $lacI^+\ o^c\ lacZ^+\ lacY^-$ 세균을 이용하였다(그림 15.11와 표 15.1의 유전자형 7). 이 균주에 F′ ($lacI^+\ o^+\ lacZ^-\ lacY^+$) 플라스미드를 도입하여도 이러한 상태, 즉 투과효소는 유도되지만 베타 갈락토오스가수분해효소는 지속적으로 만들어지는 상태에 변화가 나타나지 않았다. 이러한 결과는 플라스미드에 있는 o^+ 작동자가 시스로 작용하기 때문에 염색체 DNA에 있는 $lacZ^+$ 유전자에는 영향을 주지 못하기 때문이라고 설명할 수 있다. 플라스미드에 있는 야생형 작동자는 자기 자신의 DNA 분자에 있는 $lacZ^-$와 $lacY^+$ 유전자들의 발현에만 영향을 주기 때문에 염색체에 존재하는 돌연변이 작동자를 극복하지 못하고 그 결과 세균의 염색체에 있는 유전자들의 발현은 억제하지 못한다. 이와 반대로 세균의 염색체에 있는 o^c 돌연변이 작동자는 플라스미드에 있는 $lacY^+$ 유전자에 대해 트랜스로 작용하지 못하기 때문에 투과효소 유전자의 유도는 가능하다.

그림 15.11 o^c와 o^+는 시스로 작용한다. o^c 구조적 돌연변이와 o^+ 야생형 작동자는 그들이 속한 오페론에만 영향을 미친다. 이 세포에서는 염색체에 있는 오페론만이 지속적으로 전사된다(표 15.1의 유전자형 7번).

$lacI^+ o^c lacZ^+ lacY^-$ 세균의 F' ($lacI^+ o^+ lacZ^- lacY^+$) 플라스미드

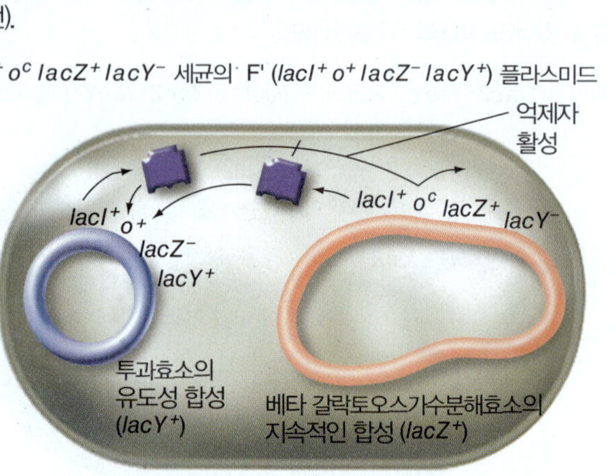

$lacZ^+$는 구조적; $lacY^+$ 는 유도성

이 실험들로부터 얻을 수 있는 일반적인 법칙은 만약 어떤 유전자가 확산이 가능한 요소(보통 단백질이 이에 해당함)를 암호화하고 그것이 트랜스로 작용하여 세포 내의 어떠한 DNA 분자에 있는 표적 위치에도 결합할 수 있다면 우성으로 작용하는 대립유전자가 다른 어떠한 대립유전자도 모두 극복할 것이라는 것이다. 만약 돌연변이가 시스로 작용한다면 그것은 같은 DNA 분자에 있는 인접한 유전자들의 발현에만 영향을 줄 것이다. 이러한 돌연변이는 단백질을 암호화하는 유전자의 변형에 의하기보다는 주로 단백질 결합 부위와 같은 DNA 위치의 변형에 의해서 나타난다.

오페론 가설은 많은 생화학 실험들에 의해 뒷받침된다

1970년대에 클로닝과 DNA 염기 서열의 결정 그리고 단백질과 DNA의 상호작용을 분석하는 기술이 발달하면서 특정한 고분자들을 더 효과적으로 분리하여 그들의 구조를 결정하거나 분자들 사이의 관계들을 분석하는 것이 가능하게 되었다. 이러한 연구들을 통해 제이콥-모노가 제안한 오페론 설의 기본 논리들을 재확인하고 분자 수준에서 *lac* 오페론을 더 상세하게 구체화할 수 있었으며, 전사 개시 단계에서 조절되는 많은 유전자들에 이러한 내용들을 어떻게 적용할지 알게 되었다.

하나의 다중시스트론성 mRNA로 조직적으로 발현되는 *lacZYA* 유전자들

모노와 연구진이 *lacZ*, *lacY*, *lacA*의 억제 또는 유도가 일치되어 일어난다는 것을 보였던 것을 기억할 것이다. 그들은 젖당 이용에 필요한 유전자들의 조직화된 발현을 설명하기 위해서 세 유전자들이 같은 다중시스트론성 mRNA의 일부로 전사된다고 제안하였다(그림 15.4 참조). 생화학적 연구들은 RNA 중합효소가 하나의 촉진유전자에서 밀접하게 연

관되어 있는 *lac* 유전자 집단의 전사를 시작한다는 것을 보였다. 전사 동안에 중합효소는 5′-*lacZ*-*lacY*-*lacA*-3′의 순서로 *lac* 유전자들의 정보를 포함하고 있는 하나의 다중시스트론성 mRNA를 만든다. 이로 인해 *lacZ* 상류에 위치한 촉진유전자의 돌연변이들은 세 유전자 모두의 전사에 영향을 준다. 당신은 이 다중시스트론성 mRNA로부터 각각의 유전자가 번역되기 위해서는 각각의 개방 번역틀 앞에 독립적인 리보솜 결합 위치가 있어야 한다는 것을 기억해야 한다.

조직화된 유전자 발현을 얻기 위해 비슷한 기능을 가지는 유전자들을 오페론으로 집단화하는 것은 단순하지만 매우 효과적인 방법이다. 따라서 세균 유전체에서 많은 오페론이 진화해온 것은 그리 놀랄만한 일이 아니며 대장균 유전체에는 확인된 것만 약 400개의 오페론이 존재한다. 각각의 오페론이 적어도 두 개의 유전자를 가진다는 것을 고려하면 약 5,000개에 달하는 대장균 유전자들의 많은 부분은 오페론으로 구성되어 있다.

정제된 Lac 억제자들의 작동자 결합

과학자들은 Lac 억제자 단백질을 정제하여 억제자가 작동자 DNA에 물리적으로 결합할 수 있다는 것을 입증할 수 있었다. 연구자들은 방사성 동위원소로 표지된 억제자 단백질과 *lac* 오페론을 포함하고 있는 세균 바이러스 DNA를 혼합한 다음 이 혼합물을 글리세롤 농도구배에서 원심분리하면 방사성 단백질이 DNA와 함께 침전되는 것을 확인하였다(그림 15.12). 그러나 o^c 돌연변이를 가지는 *lac* 오페론을 포함하는 바이러스 DNA를 이용한 실험에서는 단백질이 변형된 작동자 위치에 결합할 수 없기 때문에 DNA와 함께 침전되지 않았다.

Lac 억제자 단백질에 존재하는 영역들

정제된 억제자 단백질은 *lacI*에 암호화된 소단위 두 개로 구성된 2량체로 경우에 따라 두 2량체가 상호작용을 통해 4량체를 형성할 수 있다. 각각의 소단위는 서로 다른 세 개의 영역을 포함하고 있다(그림 15.13). 이 중 하나는 유도자와 결합하고 다른 하나의 영역은 작동자 위치의 DNA를 인식하고 결합한다. 여기서 우리는 단백질의 기능적인 특정 부분을 지칭할 때 '영역(domain)'이라는 용어를 사용하고 단백질의 DNA 결합 영역과 상호작용하는 DNA 서열에는 '위치(site)'라는 용어를 사용한다는 것에 주목해야 한다. 억제자 소단위의 이러한 구조는 억제자 기능에 영향을 주는 돌연변이들의 분자적 특성에 대한 연구 결과들을 잘 설명할 수 있었다. 작동자에 결합하지 못하는 단백질들을 암호화하는

그림 15.12 Lac 억제자는 작동자 DNA에 결합한다. Lac 억제자 단백질을 방사능으로 표지하여 실험 동안 추적이 가능하게 한다. (a) $lacI^+$ 세포들로부터 유래한 억제자 단백질을 정제하여 세균 바이러스 염색체에 있는 *lac* 작동자를 포함하는 DNA와 혼합하면 단백질은 DNA와 함께 침전된다. (b) 야생형 억제자를 돌연변이 작동자 위치를 포함하고 있는 DNA와 함께 침전시키면 침전에서 방사능이 검출되지 않는다.

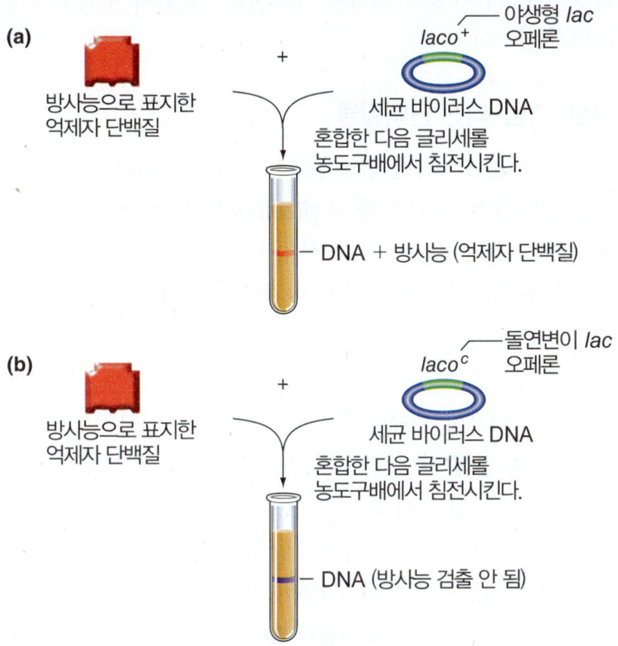

그림 15.13 억제자 단백질의 영역들. X-선 결정법 실험 결과를 이용하여 작동자 DNA와 결합하는 부위와 유도자가 결합하는 또 다른 부위를 보여주는 억제자 구조의 모델을 만들 수 있다.

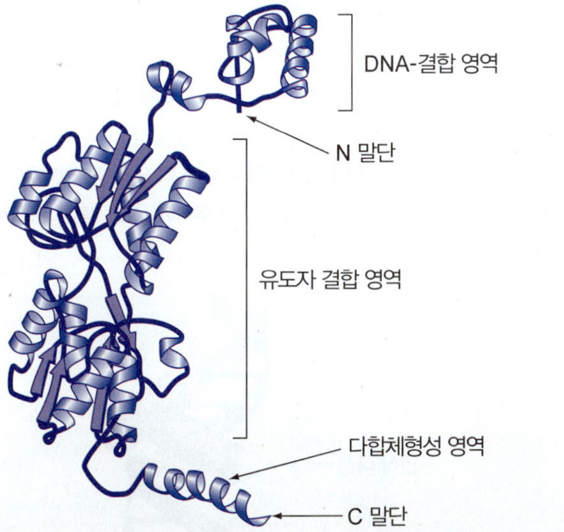

$lacI^-$ 돌연변이들은 단백질의 DNA 결합 영역에 있는 아미노산들에 영향을 준 반면에 유도될 수 없는 단백질들을 암

호화하는 $lacI^s$ 초억제자 돌연변이들에서는 유도자-결합 영역에 있는 아미노산들에 해당하는 코돈들에 돌연변이가 집중되어 있었다.

마지막으로 폴리펩티드의 C 말단에서 발견되는 *Lac* 억제자 소단위의 세 번째 영역은(그림 15.13) 다른 소단위의 동일한 영역과 상호작용하여 2량체 또는 4량체를 형성하는 데 관여한다. 이 다량체 형성의 중요성은 이 절의 후반부에서 논의될 것이다.

나선–꺾임–나선 단백질들

X-선 결정법을 이용한 연구들은 Lac 억제자 소단위의 DNA 결합 영역이 두 개의 알파 나선(helix) 지역들이 하나의 꺾임(turn)에 의해 분리되어 있는 특징적인 3차 구조를 가진다는 사실을 드러냈다. 단백질에서 발견되는 이러한 **나선–꺾임–나선 모티프(helix-turn-helix [HTH] motif)**는 DNA의 주 홈과 구조적으로 잘 맞는다(그림 15.14).

HTH 모티프는 세균에서 진핵세포에 이르기까지 수백 종류의 DNA 결합 단백질들에서 발견된다. 이 단백질들이 나타내는 구조적인 유사성은 그들이 하나의 공통된 조상 유전자로부터 유래하였으며 공통조상 유전자의 중복이나 변화를 통해 전체적으로 유사한 DNA 결합 구조를 가지는 전사 억제 단백질들의 집단이 만들어졌다는 것을 제안하고 있다. 그러나 HTH를 가지는 각각의 전사 인자에서 두 알파 나선의 하나는 서로 다른 아미노산으로 이루어져 특정한 뉴클레오티드의 DNA 서열을 인식한다. 따라서 다양한 HTH 단백질들은 서로 다른 DNA 서열에 결합하고 이로 인해 HTH 모티프를 가지는 서로 다른 전사인자들은 서로 다른 작동자들과 상호작용함으로써 서로 다른 유전자들과 오페론들을 조절할 수 있다.

그림 15.14 나선–꺾임–나선 모티프는 특정한 DNA 서열을 인식한다. 그림에서 원통 안에 보이는 나선들로 표시된 나선–꺾임–나선 모양의 단백질 모티프는 DNA 나선의 주홈에 딱 맞는다. 단백질의 나선형 부위에 있는 특정한 아미노산들은 DNA에 있는 특정 염기서열을 인식한다.

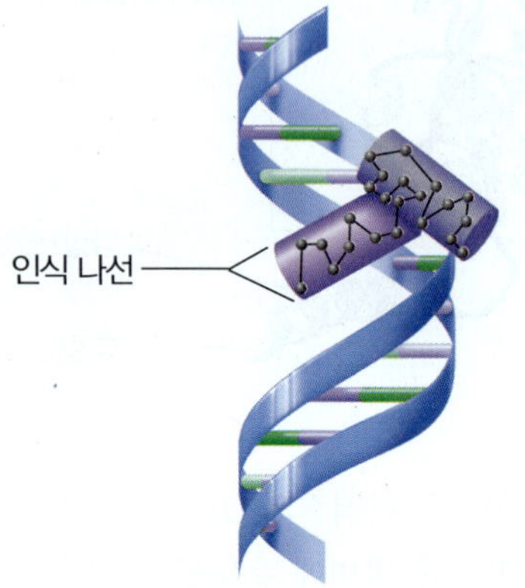

작동자 서열들의 특성

1970년대에 유전자 조절을 연구하던 유전학자들은 조절 단백질들이 DNA에 결합하는 위치를 결정할 수 있는 새로운 시험관 내 실험 방법을 개발하였다. 정제된 단백질이 DNA 조각에 결합하면 결합된 부위는 DNaseI처럼 뉴클레오티드 사이의 인산디에스테르 결합을 끊는 효소들에 의해 분해되지 않는다. 만약 DNA 이중 나선의 한쪽 말단 부위를 동위원소로 표지하고 이것을 정제된 결합 단백질과 반응시킨 다음에 DNaseI 효소로 부분 소화시키면 단백질과의 결합에 의해

그림 15.15 DNase 풋프린트는 단백질이 결합하는 DNA의 위치를 보여준다. DNA의 한쪽 끝을 방사능으로 표지한다(빨간색 *). 이 DNA를 DNaseI 효소로 부분 분해하면 일련의 단편들이 만들어진다. 효소는 결합 단백질이 결합한 위치들에 있는 DNA는 분해하지 못한다. 분해된 산물들을 젤 전기영동으로 분석하면 어느 단편들이 만들어지지 않았다는 것을 알 수 있고, 이를 통해 단백질이 결합하는 위치를 찾을 수 있다.

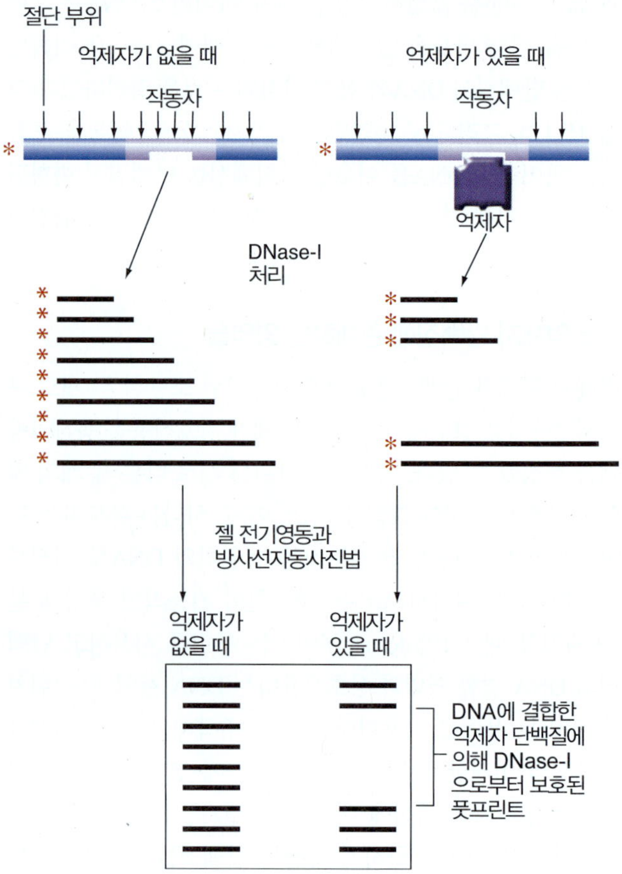

그림 15.16 조절 단백질의 결합 위치들은 서로 겹친다. 작동자에 결합한 Lac 억제자는 RNA 중합효소의 촉진유전자 결합을 방해한다. DNaseI 분해 실험에 의해 결정된 RNA 중합효소와 억제자의 결합 위치들은 작동자와 촉진유전자 사이에 겹치는 부위가 있음을 보여준다. 작동자(보라색)와 CRP-cAMP 결합 위치(초록색)에 있는 뉴클레오티드 서열들이 검은색 동그라미를 중심으로 회전대칭임을 주목하라.

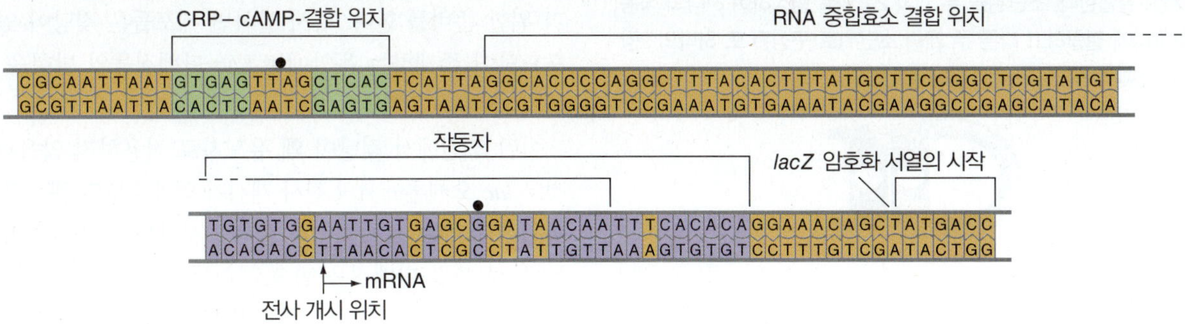

보호되는 부위에 있는 인산디에스테르 결합을 제외한 모든 인산디에스테르 결합이 분해될 수 있다. 반응한 시료 DNA를 젤 전기영동과 젤을 방사능에 민감한 필름에 노출시키는 방사선자동사진법으로 분석하면 각 염기 사이에 끊어진 부위에 해당하는 위치들을 나타내는 DNA 밴드를 얻을 수 있다. 이때 DNA 결합 단백질에 의해 보호되는 부위에 해당하는 DNA 밴드들은 나타나지 않으며 이러한 부위를 풋프린트라고 한다(그림 15.15).

작동자와 촉진유전자의 겹침 DNA 풋프린팅 실험들은 *lac* 오페론 작동자의 어떤 뉴클레오티드들이 *lac* 오페론에서 RNA 중합효소가 처음 유전자에 결합하는 부위인 촉진유전자의 일부분이라는 것을 보여주었다(그림 15.16). 또 작동자에 있는 어떤 염기들은 오페론이 전사될 때 만들어지는 mRNA에도 포함되어 있다. 이것은 젖당이 없는 환경에서 자라는 정상세포에서 억제자가 작동자 위치에 결합되어 있다면 RNA 중합효소는 촉진유전자를 보지 못하고 따라서 결합하지 못한다는 것을 의미한다. 이러한 발견들은 직접적으로 왜 억제자가 작동자에 결합하는 것이 *lac* 오페론 유전자들의 발현을 막는지 설명한다.

작동자의 회전 대칭성 Lac 억제자 단백질을 이용한 DNA 풋프린팅 실험을 통해 드러난 *lac* 작동자 서열들은 '회전 대칭성'이라는 흥미로운 특징을 나타낸다. 그들의 두 DNA 가닥은 그림 15.16의 회문 부위들이 보라색으로 강조된 부분에서 볼 수 있듯이 양쪽 가닥을 5′ 말단에서 3′ 말단 방향으로 읽었을 때 거의 동일한 염기 서열을 가진다. 이러한 회전 대칭성은 Lac 억제자 단백질의 한 가지 형태가 2량체라는 사실을 고려하면 이해할 수 있다. 2량체를 구성하는 두 개의 소단위 중 하나는 작동자 서열의 한쪽 반에 해당하는 염기들과 결합하고 다른 소단위 하나는 다른 방향을 향해 위치하여 회전 대칭을 이루는 작동자 서열의 나머지 반에 결합한다.

회전 대칭성은 *lac* 작동자 외에도 전사인자들이 결합하는 많은 다른 DNA 서열들에서도 볼 수 있으며, 이것은 많은 경우 전사인자들이 같거나 유사한 소단위들로부터 조립된다는 사실을 반영한다.

결합에서의 협동성

앞에서 언급한 것처럼 두 개의 Lac 억제자 단백질 2량체는 상호작용하여 하나의 4량체를 형성할 수 있다. 4량체 Lac 억제자와 촉진유전자의 상류 지역의 염기서열을 더 많이 포함하는 *lac* 오페론 DNA 조각을 이용하여 DNA 풋프린트 실험을 한 결과, Lac 억제자 단백질이 실제로는 오페론 근처의 세 위치에 결합할 수 있다는 사실이 밝혀졌다. 이 위치들 중 하나는 o_1 (여기서 o는 operator, 즉 작동자를 말하며, o_1이 그림 15.16에서 보여주는 o^c 돌연변이들에 의해 동정된 부위이다.)이라고 하며 그림 15.16에서 나타내지 않은 다른 위치들은 o_2와 o_3라고 한다.

o_1 위치는 억제자에 대해 가장 강한 결합 친화도를 가진다. 4량체를 구성하는 2량체 중 하나는 항상 이 위치에 있는 회전 대칭성 서열에 결합하며, 다른 하나의 2량체는 o_2 또는 o_3 중 하나에 결합한다(그림 15.17). 연구 결과에 의하면, o_2와 o_3 중 한 곳에만 존재하는 돌연변이는 억제에 거의 영향을 주지 않지만 o_2와 o_3 모두에 돌연변이가 있을 경우에는 억제효과가 50배 이상 감소된다. 이것은 억제를 최대화하기 위해서 억제자를 구성하는 네 개의 소단위가 동시에 DNA에 결합해야 한다는 것을 의미한다.

o_1 위치는 o_2로부터 약 400염기 정도 떨어져 있고, o_3와는 100염기 정도 떨어져 있다. 작동자들 사이의 거리는 작동자 위치들 사이에서 DNA 고리가 형성된다고 가정해야만 4량

그림 15.17 Lac 억제자 4량체는 두 위치에 결합한다. Lac 억제자는 4량체이다. 앞에서 하나의 단백질이 하나의 작동자 위치에 결합한다고 했지만 실제로는 똑같은 두 분자의 LacI 소단위가 각각의 작동자 위치에 결합한다. 소단위들 두 개가 2량체를 형성하여 하나의 작동자 위치(o_1)에 결합하고 다른 두 개의 소단위로 구성된 또 하나의 2량체가 두 번째 작동자(o_2 또는 o_3)에 결합한다.

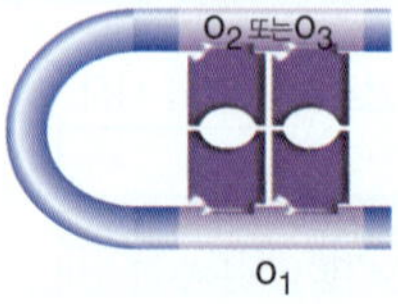

체 억제자 분자가 o_1과 o_2 또는 o_3 중 하나에 동시에 결합할 수 있을 정도로 충분히 멀리 떨어져 있다(그림 15.17). 4량체 억제자가 두 작동자 위치에 각각 두 곳씩 네 곳의 인식 부위에 결합하면 단백질-DNA 상호작용의 안정성이 증가되어 고리를 형성하는 데 요구되는 어떠한 에너지도 상쇄시킬 수 있다. 실제로 Lac 억제자의 DNA 결합은 매우 효과적이어서 단지 열 개의 억제자 4량체 분자만으로도 세포가 젖당이 없는 조건에서 억제를 유지할 수 있다.

이 장의 서두에 있는 그림은 *lac* 오페론 DNA에 결합한 억제자 4량체의 구조와 결합에 필요한 고리의 형성을 잘 보여주고 있다. 이 그림을 좀 더 자세히 보면 억제자를 구성하는 두 분자의 2량체와 억제자 소단위들에 있는 다량체화 영역의 위치 그리고 DNA에 결합한 네 개의 나선-꺾임-나선 영역을 찾을 수 있다. 또한 이 그림은 하나의 2량체에 있는 두 개의 DNA 결합 영역이 세균 염색체를 기준으로 서로 다른 방향을 향하고 있다는 것을 보여주며 이것은 각각의 작동자 위치가 왜 회전 대칭성을 나타내는지 설명할 수 있다.

원핵생물이나 진핵생물에서 DNA에 결합하는 대부분의 단백질들은 비슷한 전략을 이용한다. 많은 DNA-결합 단백질들이 다량체로 존재하며, 따라서 DNA-결합 영역을 가지는 각각의 소단위로부터 조립된 전사인자는 여러 개의 DNA 결합 영역을 가지게 된다. 그러므로 만약 다량체 단백질이 결합할 수 있는 위치들이 한 유전자의 조절 부위에 모여 있다면 단백질과 조절 부위 사이에 더 많은 접촉이 형성될 수 있고, 그 결과 단백질-DNA 상호작용의 안정성이 증가하여 전사 조절을 유지하는 데 필요한 결합 강도를 만들 수 있게 된다.

lac 오페론은 양성 조절에 의해서도 조절된다

젖당은 세균 세포들이 에너지와 탄소 원자의 자원으로 이용할 수 있는 여러 종류의 당 중 하나일 뿐이다. 만약 선택의 여지가 있다면 대부분의 세균은 포도당을 더 선호한다. 예를 들어, 포도당과 젖당을 모두 포함하는 배지에서 자라는 대장균은 포도당을 먼저 다 사용한 다음에야 젖당을 사용하기 위한 준비를 한다. 다시 말하면 세포들은 젖당이 있어도 포도당이 존재하는 동안에는 Lac 단백질들의 발현을 시작하지 않는다.

이런 조건에서 젖당이 왜 유도자로 작용하지 않을까? 그것은 *lac* 오페론에서의 전사 개시가 억제로부터 해제되는 것 이외에도 RNA 중합효소가 전사를 시작할 수 있도록 도와주는 양성 조절 단백질을 필요로 하는 복잡한 사건이기 때문이다. 중합효소는 양성 조절 단백질의 도움 없이 효과적으로 이중나선을 풀지 못하고 포도당은 간접적으로 이러한 양성 조절자의 기능을 억제한다.

CRP 단백질과 포도당에 대한 반응

작은 뉴클레오티드인 cAMP (고리형 AMP)는 세균 세포 내에서 cAMP 수용체 단백질 또는 CRP라고 하는 단백질과 결합한다. cAMP가 CRP에 결합하면 CRP는 *lac* 오페론의 촉진유전자 근처에 있는 DNA 조절 부위에 결합할 수 있으며, DNA에 결합한 CRP는 중합효소와 직접적인 상호작용을 통해 RNA 중합효소를 촉진유전자 근처로 이끌어 RNA 중합효소에 의한 *lac* 유전자들의 전사를 증가시킨다(그림 15.18). 따라서 CRP는 *lac* 촉진유전자에서 RNA 중합효소의 전사 활성을 증가시키는 양성 조절자로 작용하고 cAMP는 CRP에 결합하여 CRP가 촉진유전자 근처에 있는 DNA에 결합하여 조절기능을 수행할 수 있도록 해 주는 **효과기**(effector) 역할을 한다. 효과기는 다른 자리 입체성 단백질이나 RNA 분자에 결합하여 구조를 변화시키는 작은 분자이다. cAMP와 마찬가지로 알로락토오스와 같은 유도자도 유

그림 15.18 *lac* 오페론의 양성 조절. 높은 수준의 *lac* 오페론 발현을 위해서는 양성 조절자인 CRP-cAMP 복합체가 촉진유전자 근처에 있는 위치에 결합하여야 한다. 이 복합체는 2량체로 회전 대칭성 DNA 서열들을 포함하는 위치에 결합한다. CRP-cAMP 복합체는 RNA 중합효소와 직접 접촉하여 전사의 개시를 돕는다.

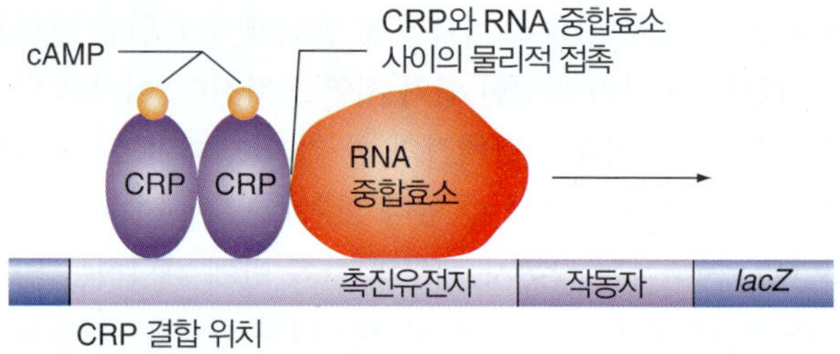

그림 15.19 이화물 억제. 포도당은 cAMP를 합성하는 아데닐산 고리화효소의 활성을 조절한다. 포도당의 농도가 높을 때에는 아데닐 고리화효소 활성과 이에 따른 cAMP 의 수준이 낮아 양성 조절자인 CRP가 *lac* 오페론에 결합하지 못한다. 이로 인해 세포가 포도당을 이용할 수 있을 때에는 *lac* 오페론이 낮은 수준으로 전사된다.

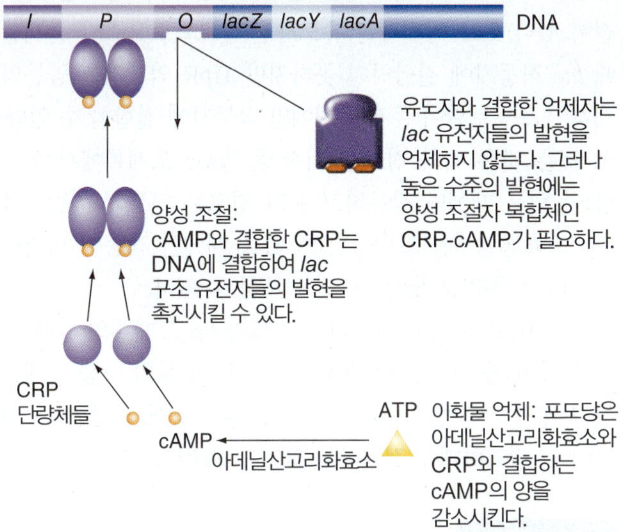

전자 발현을 활성화하는 효과기라 할 수 있으며 나중에 살펴볼 공동억제자도 역시 효과기의 하나이다.

cAMP와 결합한 CRP는 2량체로 DNA에 결합한다(그림 15.18). CRP-cAMP 복합체가 결합하는 DNA 서열은 *lac* 작동자와 마찬가지로 회전 대칭성을 나타내며, 이것은 그림 15.16에 있는 염기 서열에서 볼 수 있다. CRP-결합 위치들은 서로 반대 방향을 향하는 두 개의 인식 서열들로 구성되어 CRP 2량체를 구성하는 각각의 소단위와 결합할 수 있다. 이러한 예는 DNA-결합 단백질 소단위들의 다량체화와 촉진유전자들 근처에 단백질의 결합 위치들이 모여 있는 것의 중요성을 다시 한 번 강조한다.

포도당은 ATP를 cAMP로 전환시키는 효소인 아데닐산고리화효소의 활성을 감소시켜 간접적으로 세포 내에 존재하는 cAMP의 양을 조절한다(그림 15.19). 포도당이 있을 때에는 cAMP가 낮은 수준으로 존재하고 포도당이 없을 때에는 그 반대로 cAMP의 합성이 증가한다. 그렇기 때문에 배양 배지에 포도당이 포함되어 있으면 CRP와 결합할 수 있는 cAMP가 거의 없어서 배양 배지에 젖당이 존재한다고 할지라도 *lac* 오페론의 유도가 거의 나타나지 않는다. 포도당에 의한 *lac* 유전자 전사의 억제는 대장균이 선호하는 이화물인 포도당이 오페론의 전사를 억제하기 때문에 이화물 억제(catabolite repression)라고도 한다.

CRP 단백질에 의한 총체적 조절

CRP-cAMP 복합체는 *lac* 오페론의 양성 조절자로 기능할 뿐만 아니라 갈락토오스 분해에 필요한 유전자 집단인 *gal* 오페론과 아라비노오스 당의 분해에 관여하는 *ara* 오페론과 같은 이화성 유전자 체계에서도 작용한다. 이러한 이화 오페론들도 *lac* 오페론과 마찬가지로 포도당의 존재에 민감하여 포도당이 존재하고 cAMP가 부족할 때에는 낮은 수준으로 발현된다. CRP를 암호화하는 유전자에서 단백질의 DNA 결합 부위를 변화시키는 돌연변이들은 *lac* 오페론 이외에 다른 이화 오페론들의 전사도 감소시킨다. CRP-cAMP의 결합에 의한 전사 조절은 환경에서 포도당과 같이 한정된 기질에 대응하는 대장균의 총체적인 조절 전략의 한 예이다.

양성 조절자들과 음성 조절자들

lac 오페론의 Lac 억제자와 CRP처럼 오페론들은 서로 다른 환경 신호들에 반응하여 유전자 발현의 범위를 증가시키는 두 종류의 서로 다른 조절자들의 활성에 의존한다. 대장균 세포는 어느 특정한 시점에 그들이 이용할 수 있는 당 탄소원들이나 다른 영양소들의 혼합물에서 이익을 얻을 수 있도록 정교하게 유전자 발현을 적응할 수 있다.

양성 조절자들과 음성 조절자들은 전사에 있어 명백하게 반대 효과를 나타내지만 대부분의 경우 두 가지 형태의 조절자 모두 RNA 중합효소에 영향을 주는 방식으로 작용한다. Lac 억제자와 같은 음성 조절자들은 RNA 중합효소가 촉진유전자에 기능적으로 결합하는 것을 막음으로써 전사를 방해한다. 반면에 일반적으로 양성 조절자들은 RNA 중합효소와의 물리적 접촉을 통해 RNA 중합효소를 촉진유전자로 이끌어 오거나 RNA 중합효소가 DNA에 결합한 상태로 더 오래 머물러 있도록 하여 전사 개시가 좀 더 자주 일어날 수 있게 한다.

억제자/공동억제자 상호작용은 전사개시의 억제성 조절을 가능하게 한다

세균에서는 물질의 이화 또는 동화 과정에 관여하는 많은 유전자들이 오페론과 같은 형태로 함께 모여 존재하고 조절된다. 이화 오페론은 *lac* 오페론 유전자들의 발현이 젖당이 존재할 때 유도되는 것과 같은 방식으로 조절된다. 반면에 동화 오페론들은 대사 경로의 최종산물이 존재할 때 이 최종산물을 생산하는 데 필요한 단백질들을 암호화하는 구조 유전자들의 발현을 차단하는 방식으로 조절된다. 달리 말하면 동화 경로들은 억제성 조절을 요구한다.

동화 오페론들에는 아미노산 합성에 관련된 것들이 많으

그림 15.20 트립토판은 공동억제자로 작용한다. (a) 트립토판을 이용할 수 있는 조건에서 트립토판은 TrpR 억제자와 결합하여 그 분자의 구조를 변화시킨다. 그 결과, 억제자가 *trp* 오페론의 작동자와 결합하고 전사를 억제한다. (b) 트립토판의 이용이 불가능하면 억제자는 작동자와 결합하지 못하고 따라서 트립토판 생합성 유전자들이 발현된다. 선도서열과 감쇠 위치는 다음 절에서 설명할 것이다.

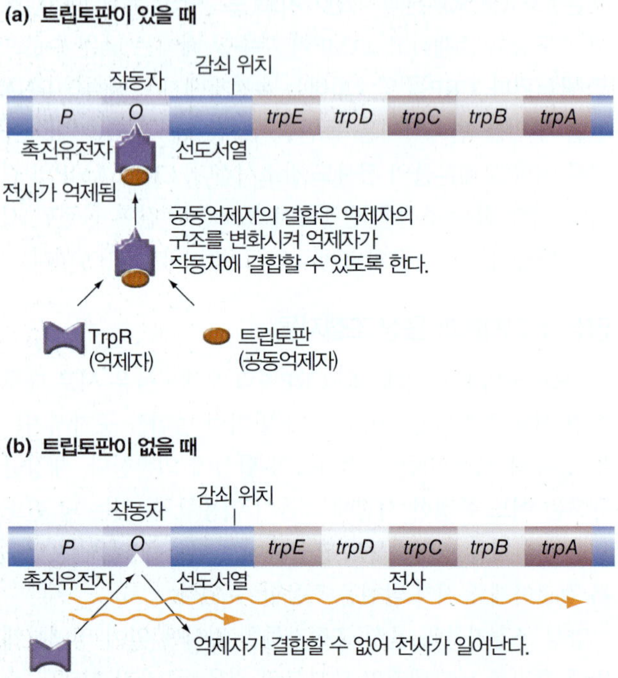

며 잘 연구된 예로 대장균의 트립토판(*trp*) 오페론이 있다. 트립토판(*trp*) 오페론은 아미노산인 트립토판을 만드는 데 필요한 다섯 개의 구조 유전자들인 *trpE*, *trpD*, *trpC*, *trpB*, *trpA*로 구성되어 있다(그림 15.20). *trp* 유전자들의 최대 발현은 생장 배지에서 트립토판이 결여되었을 때 나타난다. *trp* 오페론은 *trpR* 유전자 산물인 억제자 단백질에 의해 전사 개시 단계에서 부분적으로 조절된다. 유도자로 기능하여 Lac억제자가 작동자에 결합하는 것을 방해하는 알로락토오스와는 반대로 트립토판은 TrpR 억제 단백질의 **공동억제자**(corepressor)로 작용한다. 트립토판은 작은 분자 효과기로 TrpR 억제자와 결합하고, 트립토판과 결합한 TrpR 억제자는 DNA에 결합하여 *trp* 오페론 내의 유전자들이 전사되는 것을 막는다. 트립토판이 TrpR 억제자와 결합하면 억제자의 구조에 다른 자리 입체성 변형을 일으키고, 이러한 변형에 의해서만 TrpR 단백질이 작동자 위치에 결합할 수 있다. TrpR 단백질의 트립토판 결합 영역이나 DNA 결합 영역을 변화시키는 *trpR* 유전자의 돌연변이들은 TrpR 억제자가 DNA에 결합하지 못하게 하며 따라서 두 종류의 돌연변이들은 생장 배지에 트립토판이 존재할 때에도 *trp* 유전자들이 지속적으로 발현되게 한다.

이화 경로와 동화 경로의 조절이 같은 종류의 조절 분자에 의존한다는 것은 주목할 만하다. 두 경로 모두 촉진유전자나 그 주변의 작동자 서열에 결합하여 RNA 중합효소가 촉진유전자를 인식하지 못하게 하는 억제 단백질에 의해 조절된다. 그러나 두 경로에는 간단하지만 매우 중요한 차이점이 있다. Lac 억제자는 유도자인 알로락토오스가 존재할 때 *lac* 작동자에 결합하지 못하지만 TrpR 억제자는 공동억제자인 트립토판이 존재할 때에만 작동자에 결합할 수 있다. 이 모든 것은 이화 경로는 시작 물질(*lac* 오페론에서는 젖당)이 있을 때에만 작동하고 동화 경로는 경로의 최종산물(*trp* 오페론에서는 트립토판)이 있을 때에만 작동이 멈춘다는 세포의 논리를 생각한다면 이해할 수 있다.

비록 TrpR에 의해 매개되는 억제가 *trp* 오페론의 발현 조절에 있어 중요한 첫 단계이긴 하지만, 이 장의 나중 절에서 전사 개시 이후에 일어나는 다른 조절 기전에 의해 이 오페론이 더 정교하게 조절된다는 것을 보게 될 것이다.

핵심 개념

- 이화 경로들은 분해될 분자들이 존재할 때 유도되고 동화 경로들은 최종 산물 분자가 존재할 때 억제된다.
- *lac* 오페론에서 Lac 억제자가 DNA 작동자에 결합하면 전사를 억제한다. 유도자인 알로락토오스는 억제자에 결합하여 억제자를 작동자에서 분리시켜 전사를 가능하게 한다.
- 조절 단백질들에 영향을 주는 돌연변이들은 트랜스로 작용하고 DNA-결합 위치들의 돌연변이들은 시스로 작용한다.
- Lac 억제자 단백질은 나선-꺾임-나선 DNA-결합 영역, 유도자-결합 영역, 그리고 다량체화를 가능하게 하는 영역을 가진다. 이러한 방식으로 억제자는 집단화된 작동자들을 인식하고 강하게 결합할 수 있다.
- cAMP 조절 단백질(CRP)은 포도당이 결여되어 cAMP의 수준이 높을 때에만 *lac* 촉진유전자 부위에 결합하여 최고 수준의 전사를 가능하게 한다.
- Lac 억제자와 같은 음성 조절자들은 RNA 중합효소가 촉진유전자에 결합하는 것을 억제한다. CRP-cAMP와 같은 양성 조절자들은 RNA 중합효소와 물리적으로 접촉하여 중합효소가 촉진유전자에 결합하는 것을 돕는다.
- 동화(생합성) 오페론들에서 억제자 단백질들은 보통 경로의 최종산물인 공동억제자가 존재할 때에만 작동자에 결합한다.

15.3 RNA에 의해 매개되는 유전자 조절 기전

학습목표

1. RNA 선도서열 장치들이 어떻게 환경 조건들에 반응하여 유전자 발현을 조절하는지 설명한다.

2. 트랜스-작용 small RNAs (sRNAs)들이 표적 유전자들의 발현을 조절하는 두 가지 방법을 제시한다.
3. 유전자에서 센스 RNA와 안티센스 RNA를 위한 촉진유전자들 사이의 관계에 대해 설명한다.

앞에서 많은 세균 유전자들이 *lac* 오페론과 *trp* 오페론에서처럼 억제자나 CRP와 같이 트랜스로 작용하여 시스로 작용하는 DNA 위치들에 결합하는 조절 단백질들에 의해 전사 개시단계에서 주로 조절된다는 것을 보았다. 알로락토오스나 트립토판과 같은 작은 분자와 결합하였을 때 나타나는 조절 단백질들의 다른 자리 입체성은 세포가 환경에 대응하여 유전자들의 발현을 시작하거나 억제하는 것을 가능하게 한다.

세균들은 지속적으로 변화하는 조건들에 대응하여 유전자 발현을 적응시키는 정교하고 중요한 기전들을 진화시켜 왔다. 많은 경우 이 기전들은 전사의 종결이나 mRNA 전사체의 번역처럼 전사가 개시된 이후의 단계에서 작동한다. 최근에 세균에서 발견된 다른 자리 입체성 구조 변화를 하는 RNA 분자들에 의해 유전자 발현이 조절되는 기전들은 특히 주목할 만하다. 이들은 경우에 따라 시스로 작용하여 전사체 일부가 자신의 조절에 참여하거나 트랜스로 작용하여 다른 RNA의 발현에 영향을 준다.

다양한 RNA 선도 장치들이 시스로 작용하여 유전자 발현을 조절한다

모든 세균 mRNA들에는 5′ 말단에 5′-UTR 또는 RNA 선도서열이라고 하는 번역되지 않는 부위가 존재한다. 많은 경우에 RNA 선도서열들은 상보적인 염기쌍 형성을 통해 줄기-고리 또는 머리핀 고리라고 하는 이차 구조들을 형성하며 이러한 줄기-고리는 mRNA의 나머지 부분의 전사를 조기에 종결시키거나 리보솜이 mRNA의 리보솜 결합 위치에 접근하는 것을 막아 번역을 방해할 수 있다. 이 RNA 선도서열들은 다양한 환경 신호들에 대응하여 그들의 머리핀 구조를 변화시켜 서로 다른 기능을 할 수 있다는 점에서 다른 자리 입체성 분자이다.

감쇠

RNA 선도서열 기전은 세포가 이용할 수 있는 트립토판의 양에 따라 *trp* 오페론을 정교하게 조절하는 과정의 하나로 처음 발견되었다. *trp* 유전자들의 최대 발현이 배양 배지에 트립토판이 전혀 없을 때 일어난다는 것을 기억할 것이다(그림 15.20). 이때 TrpR 억제자 단백질은 공동억제자인 트립토판이 없기 때문에 작동자에 결합하지 못한다. TrpR에 의해 매개되는 억제는 *trp* 오페론 조절의 중요한 첫 단계이지만 그것이 대장균에서 *trp* 유전자들의 발현을 조절하는 유일한 조절 기전은 아니다.

만약 TrpR의 결합만이 중요한 사건이라면 *trpR*⁻ 돌연변이에서는 트립토판의 유무와 상관없이 억제자가 작동자에 결합하지 못하고 따라서 RNA 중합효소는 억제자의 방해 없이 *trp* 촉진유전자에 접근하여 지속적으로 *trp* 유전자를 발현할 것이다. 놀랍게도 실제 실험에서 *trpR*⁻ 돌연변이들은 트립토판이 있는 생장 배지에서 *trp* 유전자들의 억제를 완전히 해제하지 못하였다. *trpR*⁻ 돌연변이들이 자라는 배지에서 트립토판을 제거하면 *trp* 유전자들의 발현이 3배 증가하며 이것은 트립토판이 TrpR 억제자 단백질과 무관한 다른 방식으로 *trp* 오페론의 발현에 영향을 줄 수 있음을 의미한다.

찰스 야놉스키(Charles Yanofsky)와 연구진은 아주 훌륭한 일련의 실험들을 통해 억제자 독립적인 *trp* 오페론 발현의 변화가 *trp* 오페론의 대체 전사체들의 생산과 관련 있다는 사실을 발견하였다. 촉진유전자에서 전사가 시작되면 RNA 중합효소는 선도서열의 끝을 지나 완전한 오페론 길이의 전사체를 만들지만 때로는 구조 유전자를 전혀 포함하지 않고 오직 RNA 선도서열만을 포함하는 약 140개의 염기들로 구성된 짧은 전사체를 만들기도 한다(그림 15.20b). 연구자들은 왜 어떤 mRNA는 *trp* 구조 유전자들의 전사 이전에 종결되고 다른 경우에는 그렇지 않은지에 대해 연구하는 과정에서 **감쇠**(attenuation), 즉 RNA 선도서열에 의한 전사의 이른 종결로 인해 유전자 발현이 조절되는 현상을 발견하였다. 전사가 미성숙 상태로 종결되는지 아닌지는 번역 기구가 RNA 선도서열의 이차 구조를 어떻게 판독하는지에 달려 있다.

trp RNA 선도서열은 동일한 RNA 분자에 있는 염기들의 상보성에 의해 서로 다른 두 종류의 안정적인 이차 구조를 형성할 수 있다(그림 15.21a). 첫 번째 구조는 1, 2번 부위의 염기쌍 결합과 3, 4번 부위의 유사한 염기쌍 결합으로 만들어지는 두 개의 줄기-고리 구조를 가진다. 이때 3–4 줄기-고리 구조는 RNA 중합효소와 접촉하였을 때 *trp* 오페론 전사를 중지시켜 짧은 길이의 감쇠 RNA를 만들기 때문에 **종결자**(termination)라고 한다. 또 다른 구조에서는 2–3번 부위의 염기쌍 형성에 의해 **항종결자**(antiterminator)라고 하는 구조가 만들어진다. 이 구조에서는 3번 부위가 더 이상 4번 부위와 쌍을 이루지 못하기 때문에 선도서열 RNA가 종결자를 만들지 못해 전사 기구가 계속 진행하여 *trp* 구조 유전자 서열들을 포함하는 완전한 길이의 mRNA를 만들 수 있다.

두 가지 RNA 구조들 중 어느 것이 형성될지는 선도서열

그림 15.21 대장균의 트립토판 오페론에서 관찰되는 감쇠. (a) *trp* 선도서열 RNA는 상보적인 염기쌍 결합을 통해 줄기-고리 구조를 만든다. 이 중 하나는 RNA 중합효소가 중합반응을 멈추도록 하는 종결자를 포함하고 있으며, 다른 하나는 오페론에 있는 구조 유전자들의 전사를 가능하게 하는 항종결자로 작용한다. 선도서열에는 두 개의 트립토판을 지정하는 코돈을 포함하는 작은 개방 번역틀이 존재한다. (b) 트립토판이 있을 때 리보솜은 전사체를 따라 빠르게 이동하여 종결자의 형성을 가능하게 한다. (c) 만약 트립토판이 없다면 리보솜은 *trp* 코돈들에서 멈칫거리고 이로 인해 항종결자가 만들어질 수 있다.

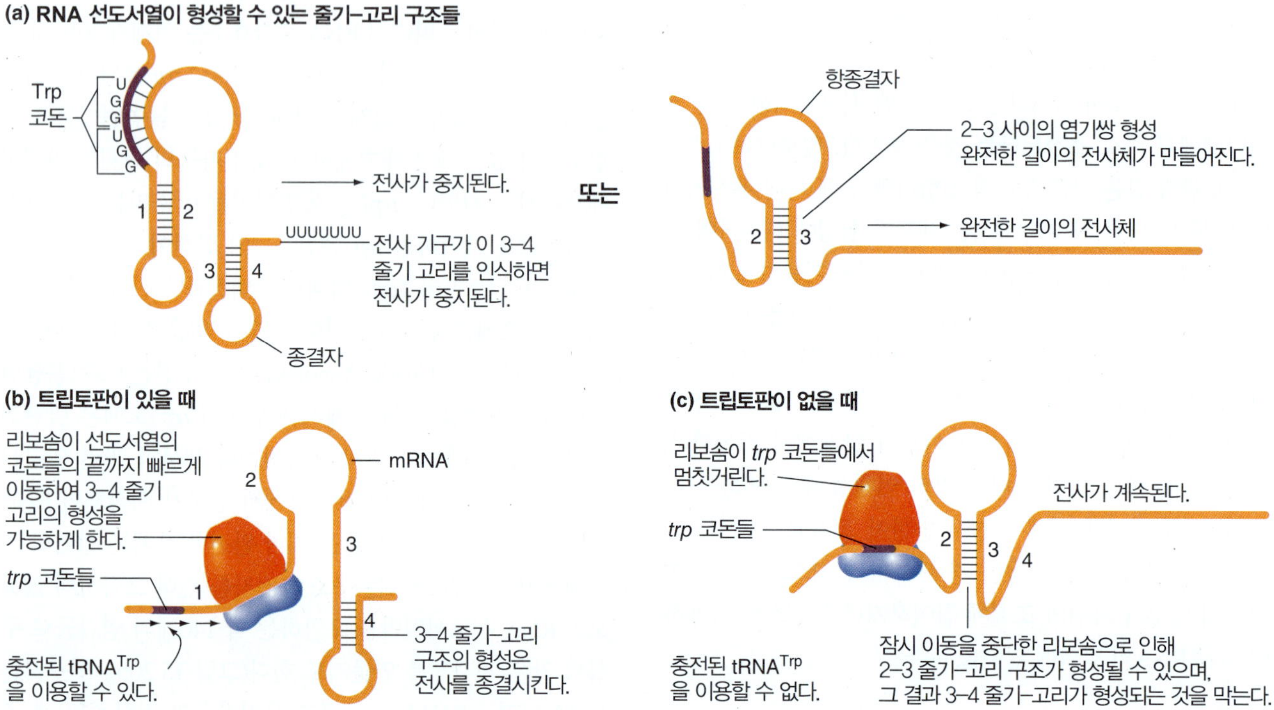

의 나머지 부분에 대한 전사가 여전히 일어나고 있는 동안에 진행되는 RNA 선도서열의 초기 번역에 의해 결정된다. RNA 선도서열의 주요 부분에는 14개의 코돈을 포함하는 짧은 개방 번역틀이 존재하며, 이 중 두 개는 *trp* 코돈이다(그림 15.21a). 트립토판이 존재할 때에는 리보솜이 RNA 선도서열에 있는 *trp* 코돈들을 빠르게 지나서 선도서열의 마지막 코돈까지 진행하여 종결자가 형성될 수 있다(그림 15.21b). 그러나 트립토판이 없을 때에는 세포 내에 트립토판으로 충전된 $tRNA^{Trp}$이 부족하기 때문에 리보솜이 RNA 선도서열에 존재하는 두 개의 *trp* 코돈에서 멈춘다. 이로 인해 항종결자가 형성되어 종결자의 형성을 막고 그 결과 전사는 선도서열을 지나 구조 유전자들까지 계속된다(그림 15.21c).

왜 트립토판 오페론과 같은 생합성 경로들에서 이렇게 복잡한 조절 체계가 발달하게 되었을까? TrpR 억제자는 트립토판의 존재 여부에 따라 전사를 완전히 차단하거나 허용하는 방식으로 발현을 조절하지만 감쇠는 이러한 on/off 스위치를 더 정교하게 조절할 수 있는 수단을 제공한다. 감쇠는 세포가 트립토판으로 충전된 $tRNA^{Trp}$의 수준을 '읽고' 이에 따라 *trp* mRNA의 양을 조절함으로써 불필요한 유전자 산물을 생산하기 위해 에너지를 낭비하는 것을 막는다. 트립토판 오페론 이외에도 대장균에서는 히스티딘, 페닐알라닌, 트레오닌, 류신을 포함하는 몇몇의 아미노산 생합성 오페론들이 감쇠에 의해 조절된다고 알려져 있다.

리보스위치

야높스키와 연구진이 분자 수준에서 감쇠에 의한 조절을 밝힌 지 몇 년 지나지 않아서 RNA가 특정 오페론의 발현을 정교하게 조절하는 것 이상의 일을 수행한다는 것이 명백해졌다. 많은 유전자들이 서로 다른 구조를 가지는 RNA 분자들 사이의 이동에 의해 조절되며 이 중 널리 퍼진 기전의 하나로 작은 분자 효과기가 RNA 선도서열에 결합하여 유전자 발현을 조절하는 **리보스위치**(riboswitch)가 있다(그림 15.22).

감쇠에서는 tRNA와 리보솜에 의해 트립토판과 같은 아미노산의 수준이 읽히고 이것이 간접적으로 선도서열의 구조를 결정하지만 리보스위치로 작용하는 선도서열에서는 앱타머라고 하는 부위가 직접 효과기와 결합한다. 또 리보스

그림 15.22 리보스위치들. 많은 세균 유전자들과 오페론들의 mRNA에 있는 선도서열은 효과기 분자에 반응하여 발현을 조절하는 리보스위치이다. 리보스위치는 효과기와 결합하는 앱타머와 그 구조 변화에 응답하는 발현 플랫폼으로 구성되어 있다.

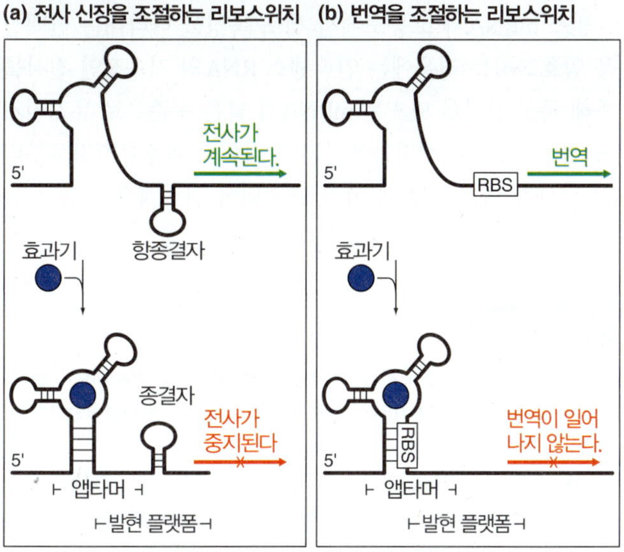

위치에는 앱타머의 구조에 따라 줄기-고리 구조를 형성하여 유전자 발현을 조절하는 발현 플랫폼이라는 두 번째 부위가 존재한다.

어떤 리보스위치에서는 발현 플랫폼이 전사의 종결을 조절한다(그림 15.22a). 예를 들어, 구아닌에 반응하여 전사를 조절하는 리보스위치에서는 구아닌이 앱타머에 결합하였을 때 발현 플랫폼이 형성하는 가장 안정적인 구조가 종결자로 작용한다. 이와 반대로 구아닌이 앱타머에 결합하지 않았을 때 발현 플랫폼은 항종결자를 형성한다. 이 리보스위치에서 앱타머는 구아닌의 수준을 인지하는 센서로 기능하여 구아닌 수준이 높을 때에는 구아닌 합성에 참여하는 유전자들의 발현을 억제하고 수준이 낮을 때에는 유전자들의 발현을 가능하게 한다.

또 다른 리보스위치에서는 발현 플랫폼에 의해 리보솜 결합 위치가 차단되거나 노출되어 번역이 조절된다(그림 15.22b). 한 예로 동화 경로에서 효과기(이 경우에는 최종 산물)는 앱타머에 결합하여 선도서열의 구조를 바꾸어 리보솜 결합 위치를 차단할 수 있다. 이와 같은 방법으로 리보스위치는 세포가 필요로 하지 않는 단백질 산물의 합성을 막아 에너지를 보존할 수 있게 한다.

현재까지 17개의 서로 다른 리보스위치 앱타머가 대장균에서 알려져 있으며, 각각의 앱타머는 효소들의 보인자, 뉴클레오티드 유도체, 아미노산, 당, 마그네슘 이온과 같은 특정한 효과기와 결합한다. 하나의 앱타머 형태가 유전자들이나 오페론들에서 서로 다른 발현 플랫폼과 연결될 수 있기 때문에 세균 세포들은 이를 이용하여 다양한 환경 변화에 대한 복잡한 반응들을 조율할 수 있다.

조절 small RNA들은 트랜스로 작용하여 mRNA의 번역을 조절한다

세균 유전체는 mRNA와 염기쌍을 형성하여 트랜스로 번역을 조절하는 많은 small RNA (sRNA) 분자들을 암호화하고 있다(그림 15.23). 조절 sRNA들은 보통 50~400개 길이의 뉴클레오티드로 다른 mRNA 표적들과 상보적인 염기서열들을 포함하고 있다. 대부분의 sRNA는 억제성으로 리보솜 결합 위치와 염기쌍을 형성하여 표적 mRNA의 번역을 억제하지만 어떤 sRNA들은 리보솜 결합 위치를 차단할 수 있는 mRNA 선도서열의 줄기-고리 구조 형성을 파괴함으로써 표적 mRNA의 번역을 활성화시킨다(그림 15.23b). 또 어떤 sRNA는 mRNA와 결합하여 이중 나선 RNA를 만들어

그림 15.23 트랜스로 작용하는 sRNA에 의한 조절. (a) sRNA와 선도서열 사이의 염기쌍 형성은 리보솜 결합 위치를 숨겨 mRNA의 번역을 억제한다. (b) sRNA는 선도서열과의 염기쌍 형성을 통해 리보솜 결합 위치를 숨기는 줄기-고리가 만들어지는 것을 막아 mRNA 번역을 촉진할 수 있다.

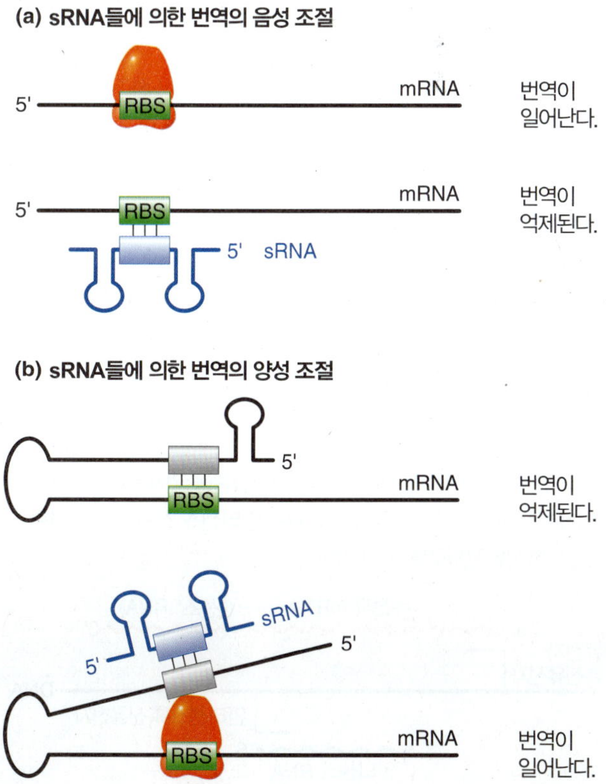

mRNA가 리보핵산분해효소에 의해 분해되는 것을 촉진함으로써 표적 유전자의 발현에 영향을 미치기도 한다.

대부분의 sRNA들은 효과기와 결합하지 않기 때문에 환경 변화에 직접 반응하지 못한다. 많은 경우에 sRNA의 전사 또는 안정성은 sRNA 유전자의 촉진유전자와 상호작용하는 전사 인자들과 같은 조절 분자들에 의해 조절되고 이에 따라 세포 내의 sRNA 농도가 증가 또는 감소한다. 이것은 sRNA가 하나의 조절자가 다른 조절자의 발현에 영향을 주는 '다단계 조절'의 중간 단계에서 기능한다는 것을 의미한다. 이 장의 후반부에서 그러한 조절 회로들의 예를 보게 될 것이다.

유전자들은 안티센스 RNA에 의해서도 조절될 수 있다

앞에서 설명한 조절 sRNA들을 암호화하는 유전자들은 그들의 표적 mRNA를 암호화하는 유전자들로부터 멀리 떨어져 있다. 그러나 어떤 세균 유전자들은 반대쪽 DNA 나선을 전사 주형으로 사용하기 때문에 mRNA와 상보적인 염기서열을 가지는 RNA에 의해 조절된다. 이 조절 RNA들은 안티센스 RNA (antisense RNA)라고 하며, 그들이 조절하는 mRNA는 센스 RNA라고 한다(그림 15.24). 안티센스 RNA들은 길이가 10~1000뉴클레오티드에 달하며, 반대편 DNA 가닥에 암호화된 mRNA 전체와 상보적이거나 또는 그 일부분과 겹친다. 센스 RNA와 안티센스 조절 RNA를 만드는 데 필요한 촉진유전자들은 코딩 부위의 서로 반대편에 위치한다(그림 15.24).

어떤 안티센스 RNA들은 트랜스로 작용하는 sRNA처럼 작용한다. 그들은 센스 mRNA와 염기쌍을 이루어 리보솜 결합 위치를 차단함으로써 번역을 방해하며 이것은 그림 15.23에서 볼 수 있는 것과 비슷하다. 또 다른 안티센스 RNA는 센스 RNA와의 염기쌍 형성으로 이중 나선 RNA를 만든 다음 센스 RNA가 리보핵산분해효소에 의해 분해되도록 한다. 이 외에 안티센스 RNA가 아니라 그것을 전사하는 과정 자체가 센스 유전자의 전사 개시를 방해하여 발현을 억제하는 경우도 있다. 그러나 과학자들은 어떻게 안티센스 촉진유전자에 있는 RNA 중합효소가 다른 RNA 중합효소가 센스 유전자 촉진유전자를 인식하는 것을 방해하는지 아직 자세히 알지는 못한다.

센스 mRNA가 고농도에서 세포 독성을 나타내는 단백질을 암호화하는 경우에는 안티센스 RNA의 지속적인 전사를 통해 독성 산물을 만드는 mRNA가 낮은 수준으로 유지되기도 하며, 어떤 유전자들에서는 안티센스 촉진유전자로부터의 전사가 환경 조건에 따라 조절되어 간접적으로 센스 유전자의 발현이 조절되기도 한다.

그림 15.24 안티센스 RNA는 유전자 발현을 억제한다. 어떤 센스 mRNA 전체 또는 일부 서열과 겹치는 안티센스 전사체는 인접한 안티센스 촉진유전자로부터 전사된다.

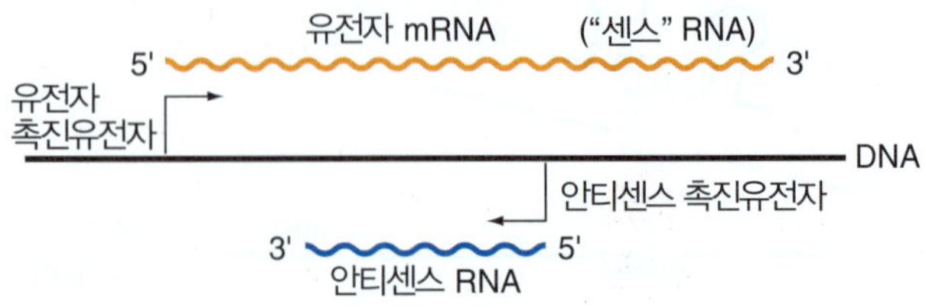

핵심 개념

- 원핵생물 mRNA 선도서열들은 환경 조건들에 반응하여 서로 다른 줄기-고리를 형성한다. 이러한 구조는 시스로 작용하여 전사 또는 번역을 조절할 수 있다.
- Small RNA (sRNA)들은 트랜스로 작용하며 상보적 염기쌍 형성을 통해 표적 mRNA의 리보솜 결합 위치를 차단하거나 노출시켜 번역을 조절한다.
- 안티센스 RNA는 반대편 DNA 가닥으로부터 전사되어 센스 mRNA의 번역이나 전사를 방해함으로써 유전자 발현을 조절할 수 있다.

15.4 세균 유전자 조절 기전의 발견과 그 이용

학습목표

1. 과학자들이 유전자 조절을 연구하기 위해 *lacZ* 보고(reporter) 유전자들을 이용한 방법들을 설명한다.
2. *lac* 오페론의 조절 부위들이 어떻게 의약용 단백질들의 생산에 이용될 수 있는지 설명한다.
3. RNA-seq과 이 방법이 열 충격에 대한 세균의 반응 연구에 어떻게 적용될 수 있는지 논의한다.
4. 사체(transcriptome; 트랜스크립톰)의 컴퓨터 분석이 유전학 연구에 기여한 방법들 중 적어도 두 가지를 제시한다.

주변 온도가 상승할 때 세균이 어떻게 생존하는지, 병원성 세균이 어떻게 체내의 방어 기작을 빠져나갈 수 있는지, 또는 어떻게 식물과 공생관계에 있는 세균이 질소 기체를 식물에 유용한 질소를 포함하는 분자들로 전환하는 질소 고정을 시작하는지와 같은 환경 변화에 대한 세균의 반응들을 이해하는 데 관심이 있는 유전학자라고 가정하자. 주어진 환경 변화에 의해 어떤 유전자들이 발현되고 또 그 발현이 억제될까? 이 장에서 설명한 어떤 일반화된 기전에 의해 유전자 발현이 조절될까, 아니면 아직 발견되지 않은 완전히 새로운 기전들에 의해 유전자 발현이 조절될까? 이 절에서는 이런 종류의 질문들에 답하기 위해 현재 이용되는 방법들과 과학자들과 유전 공학자들이 세균 유전자 조절 연구로부터 얻은 지식을 어떻게 의약 산업의 중요한 부분인 단백질 의약품의 대량 생산에 적용하는지에 대해 설명할 것이다.

lacZ 보고(reporter) 유전자를 이용하여 다른 유전자들의 조절 기전을 밝힐 수 있다

앞에서 유전자 조절 기전 연구에 있어 *lac* 오페론이 가지는 장점 중 하나로 시료 내에 존재하는 베타 갈락토오스가수분해효소의 양을 측정할 수 있는 간단한 분석방법이 존재한다는 것임을 보았다. 베타 갈락토오스가수분해효소는 무색의 기질을 분해하여 용해성의 노란색 화합물을 만들뿐만 아니라 다른 무색의 화합물인 X-gal을 비용해성인 파란색 침전으로 바꿀 수도 있다. 이러한 이유로 베타 갈락토오스가수분해효소를 암호화하는 *lacZ* 유전자는 어느 특정한 조절 요소에 반응하여 나타나는 전사량을 측정하기 위한 **보고 유전자**(reporter gene)로 이용될 수 있다.

연구자들은 재조합 DNA 방법들을 이용하여 *lacZ*의 코딩 부위(단백질을 암호화하는 부위)가 다른 유전자(*gene X*)의 촉진유전자와 작동자를 포함하는 시스-작용 조절 부위와 결합된 DNA 분자들을 만들었다. 이렇게 만들어진 보고 유전자가 형질전환으로 세균 세포들에 도입되면 정상적으로 *gene X*의 발현을 유도할 수 있는 조건에서 이 **융합 유전자**(fusion gene)를 가지는 세포들은 베타 갈락토오스가수분해효소를 생산할 것이다(그림 15.25). 따라서 과학자들은 세포가 생산한 베타 갈락토오스가수분해효소의 양을 측정함으로써 *gene X* 조절 요소의 활성을 평가할 수 있다.

그림 15.25 보고 유전자로서의 *lacZ*. *lacZ* 암호화 서열들은 *gene X*의 조절 부위와 융합될 수 있다. 베타 갈락토오스가수분해효소의 발현은 *lacZ*가 융합된 조절 부위의 신호들에 의존적일 것이다.

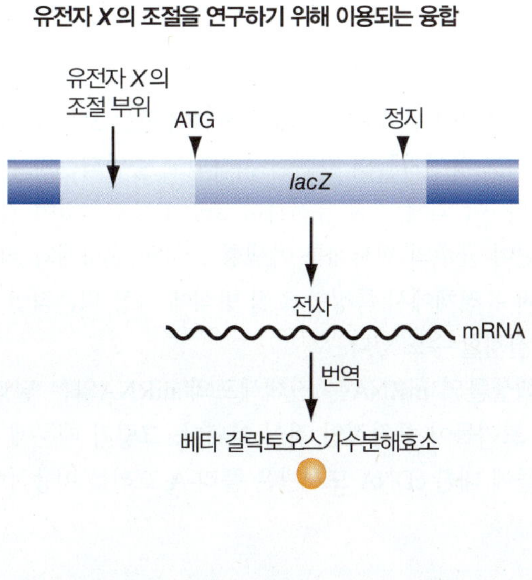

lacZ 보고 유전자는 조절에 관여하는 유전자들과 신호들뿐만 아니라 조절에 필요한 DNA 위치들을 찾는 데에도 이용될 수 있다. 시험관 내에서 *gene X*의 조절 부위에 돌연변이를 포함하고 있는 변형된 *gene X-lacZ* 융합 분자를 세균 세포들에 형질전환하여 조절에 중요한 시스 작용 위치들을 찾거나 보고 융합 분자를 포함하는 세균에 돌연변이를 만들어 *gene X* 의 조절 부위에 있는 DNA 서열과 상호작용하는 분자들을 암호화하는 트랜스 작용 유전자들을 찾을 수도 있다. 이 과정에서 *lacZ* 발현 수준의 차이는 세균이 X-gal이 있는 한천 배지에서 자랄 때 나타내는 색(파란색 또는 흰색)을 통해 확인할 수 있다.

보고 융합은 동일한 환경 자극에 의해 조절되는 여러 유전자들을 동정하는 데에도 이용할 수 있다. 연구자들은 이를 위해 트랜스포존(전이인자)을 이용하여 조절 부위가 없는 *lacZ* 유전자를 세균 염색체의 다양한 위치에 끼워 넣었다(그림 15.26). 이 *lacZ* 유전자 자체는 촉진유전자가 없기

그림 15.26 촉진유전자가 없는 유전자의 이용. 위치전환을 이용하여 촉진유전자가 없는 *lacZ* 유전자가 무작위적으로 염색체에 삽입된 대장균 세포 집단을 만든다. 만약 *lacZ*가 전사가 되는 방향으로 특정 유전자 안에 삽입되면 유전자의 조절 부위에 의해 *lacZ*의 발현이 조절될 것이다. 연구자들은 클론들의 도서관을 검색하여 하나의 공통된 신호에 의해 조절되는 유전자들 내에서 삽입된 *lacZ*를 찾았다.

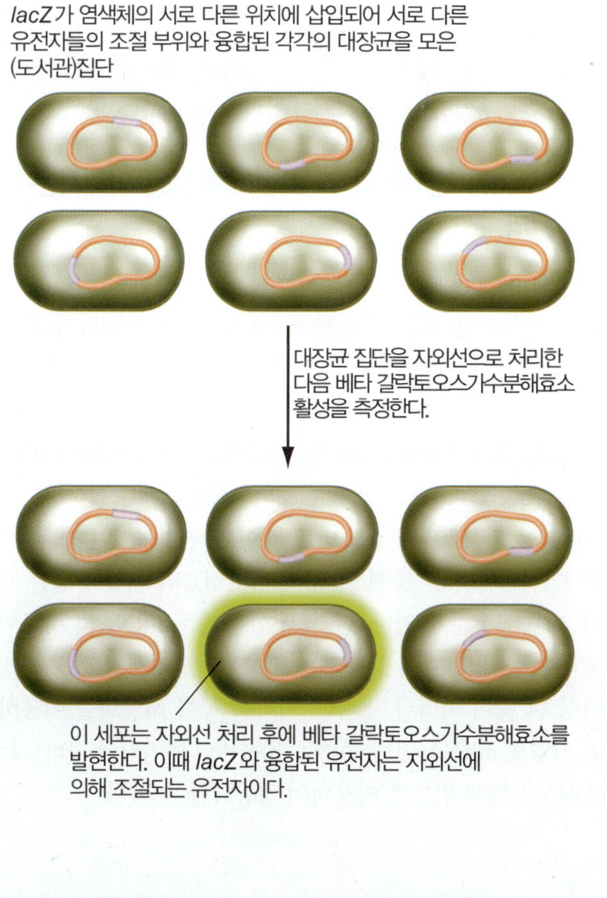

때문에 베타 갈락토오스가수분해효소를 만들 수 없지만 다른 유전자들의 촉진유전자 또는 조절 부위 가까이 삽입되는 경우에는 삽입된 곳에 있는 유전자의 발현을 시작할 수 있는 조건에서 베타 갈락토오스가수분해효소가 만들어질 수 있다. 연구자들은 이러한 방법을 이용하여 자외선과 같이 DNA를 손상시킬 수 있는 인자에 노출되었을 때 세포 내에서 활성화되는 유전자들을 발견하였다(그림 15.26).

lac 오페론 조절 서열들은 세균에서 단백질 의약품을 생산하는 데 이용될 수 있다

일반적으로 *lac* 오페론의 *lacZ* 암호화 서열 부분이 보고 유전자 제작에 이용되지만 높은 수준의 전사를 가능하게 하는 *lac* 오페론의 조절부위 또한 이용될 수 있다. 여기에는 세균에서 당뇨병 환자를 위한 인슐린과 같은 호르몬이나 혈우병 환자들을 위한 응고인자들, 그리고 백신으로 이용될 수 있는 폴리펩티드 항원과 같이 의학적으로 중요한 단백질들을 대량 생산하는 방법들이 포함된다.

이러한 과정에는 원하는 단백질을 암호화하는 개방 번역 틀과 *lac* 오페론의 조절 부위 DNA를 융합시킨 재조합 플라스미드가 이용된다. 재조합 플라스미드로 형질전환된 대장균 세포들은 젖당이 배지에 첨가되었을 때 많은 양의 단백질 약품을 생산할 것이다(그림 15.27). 특히 외부 단백질이 대장균의 생장에 치명적인 영향을 미치는 경우에, 유도자가 없는 조건에서 고밀도로 배양이 가능하고 젖당이 첨가될 때에만 높은 수준의 단백질 합성을 시작하도록 재조합 유전자의 발현을 조절할 수 있다는 점은 매우 중요하다.

RNA-seq은 전사체와 그 조절의 특성을 이해하는 데 이용된다

전사체(transcriptome; 트랜스크립톰)는 특정한 조건에서 세포가 생산하는 모든 전사체를 의미한다. 전사체의 염기서열 결정을 위해서는 cDNA 도서관을 제작한 다음 대량으로 제작된 cDNA들의 염기서열을 결정하는 과정이 필요하다. 이 모든 과정을 RNA-seq 또는 cDNA **통합 서열화**(cDNA deep sequencing)라고 하며 현재의 RNA-seq 기술은 하나의 cDNA당 약 150뉴클레오티드 길이의 염기를 읽는 방식으로 한 번의 실험을 통해 약 10억 개의 cDNA 서열을 얻는 것이 가능한 수준에 있다. 한 세포에서 특정 mRNA의 수준이 높을수록 이 RNA에 상응하는 cDNA가 염기서열 결정 과정에서 더 많이 나타날 것이다. 따라서 통합 서열화를 이용하면 각각의 mRNA 발현 수준을 유전체의 염기쌍당 나타나는 cDNA 서열의 빈도를 이용하여 정량화할 수 있다.

그림 15.27 대장균을 단백질 생산 공장으로 만들기. (a) *lac* 조절 부위를 *gene X*에 융합시켜 유전자 발현을 조절할 수 있다. (b) 사람의 성장 호르몬을 암호화하는 cDNA를 *lac* 조절 부위 다음에 클로닝한 다음 대장균에 형질전환시킨다. *lac* 발현을 유도하는 조건에서 성장 호르몬이 발현되고 발현된 성장 호르몬은 세포로부터 정제될 수 있다.

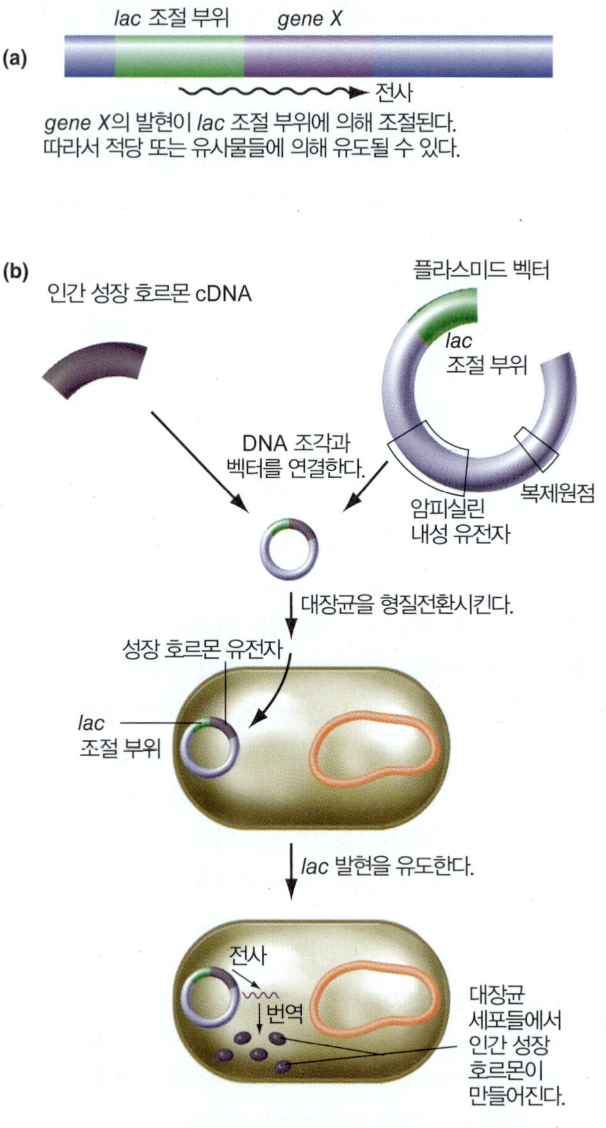

서로 다른 환경에서 자란 세균 세포 집단의 전사체를 비교하면 조건이 변화되었을 때 유전체에 있는 모든 유전자들 중에 어느 유전자들의 발현이 시작되고 중단되는지 결정할 수 있다. 이 외에 조절 유전자나 조절 DNA 서열이 결여된 돌연변이 균주의 전사체를 야생형 균주의 전사체와 비교함으로써 유전체에서 특정한 조절 방식에 가장 의존적인 유전자를 결정할 수도 있다.

원핵생물의 mRNA는 진핵세포의 mRNA와는 달리 폴리-A 꼬리들이 특징적인 것이 아니다. 그렇기 때문에 세균 세포들에 대한 cDNA 도서관은 폴리-A 꼬리를 이용하여 제

그림 15.28 **RNA-seq을 위한 방향성 cDNA 도서관의 제작.** 세균의 RNA를 RNase로 조각낸 다음 효소를 이용하여 조각들의 5′ 말단을 탈인산화시킨다. 합성된 작은 단일가닥 RNA 서열(어댑터 A)을 RNA 연결효소를 이용하여 3′ 말단에 연결하고(어댑터는 인산기가 없는 RNA 조각들의 5′ 말단에는 붙일 수 없다) 인산화 효소로 5′ 말단을 다시 인산화시킨다. 그 다음, 다른 염기 서열을 가지는 두 번째 어댑터(어댑터 B)를 RNA 조각들의 인산화된 5′ 말단에 연결시킨다. 이 주형들로부터 합성되는 cDNA는 최초의 RNA의 5′ 말단과 3′ 말단을 표시하는 두 개의 어댑터 서열을 포함하고 있다.

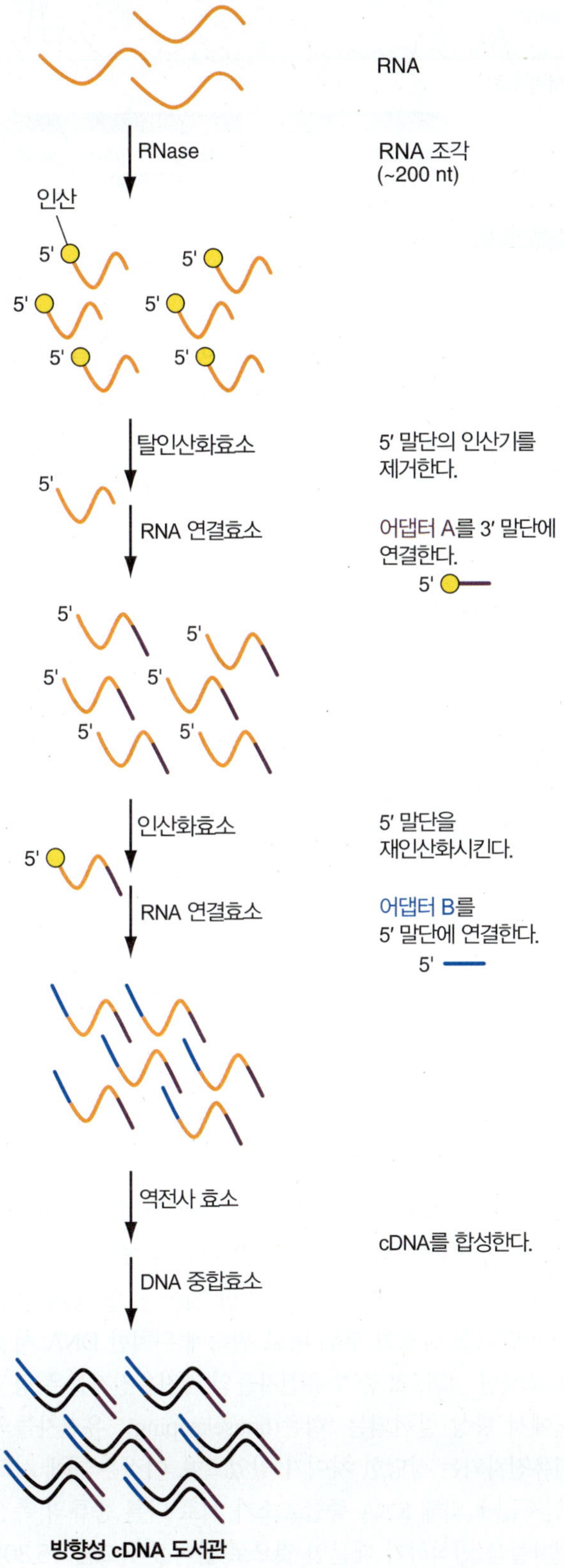

작되는 진핵세포의 cDNA 도서관과는 다른 방식으로 제작되어야 한다(그림 9.13 참조). 연구자들은 폴리-A 꼬리 대신 DNA 연결효소를 이용하여 세균의 RNA 조각을 어댑터 올리고뉴클레오티드와 연결시켰다(그림 15.28). 어떤 유전자들은 센스와 안티센스 양방향으로 전사되기 때문에 cDNA 도서관은 cDNA의 어느 쪽 가닥이 먼저 복제되었는지를 나타낼 수 있는 방법으로 제작되어야 한다. 어느 cDNA 가닥 서열이 RNA에 상응하고 어느 것이 역 상보체인지를 추적할 수 있도록 이러한 정보가 보존되는 방식으로 제작된 cDNA 도서관을 방향성 cDNA 도서관이라 한다(그림 15.28).

RNA-seq 실험으로부터 얻은 결과들을 분석하기 위해서는 컴퓨터를 이용하여 각각의 '읽힌(reads)' cDNA 서열을 세균의 유전체 서열과 함께 정렬해야 한다. 그림 15.29는 세균 유전체의 한 부분을 이런 방식으로 정렬한 결과들로 이를 통해 유전체에서 어느 서열들이 전사되고 어느 DNA 가닥이 주형으로 사용되었는지 알 수 있다. 유전체 내에서 각 뉴클레오티드들이 하나의 cDNA에서 읽힌 빈도는 시료에 존재하는 서로 다른 mRNA들의 상대적인 양을 나타내기 때문에 그림 15.29의 결과로부터 특정한 실험 조건에서 *ybhC*, *ybhE*, *galM*과 같은 유전자들은 강하게 전사되지만 *hutC*, *hutI*, *t2110*과 같은 유전자들은 발현되지 않는다는 것을 알 수 있다.

RNA-seq 방법을 이용한 연구들 중에서 대장균이 극단적으로 높은 온도(45℃)에 노출되었을 때 나타내는 열 충격 반응에 대한 연구들은 중요한 예이다. 연구자들은 RNA-seq을 통해 높은 온도가 세포가 고온에서 생존할 수 있도록 돕는 특별한 열 충격 단백질들을 암호화하는 유전자들의 전사를 유도한다는 것을 발견하였다. 세포 내에서 이 열-충격 단백질들은 대부분의 다른 단백질들이 변성되거나 응집되는 높은 온도에서도 견딜 수 있을 뿐만 아니라 비정상적인 단백질들을 인식하여 분해하거나 다른 단백질들의 재접힘을 돕는 '분자 샤페론'으로 기능하여 그들의 응집을 막는다. 대장균에서 관찰되는 열 충격에 대응하는 단백질들의 유도는 매우 잘 보존된 스트레스 반응으로 높은 온도에 대응하여 비슷한 기능을 하는 단백질들이 유도되는 현상은 세균뿐만 아니라, 파리 그리고 식물에 이르기까지 다양한 생명체에서 발견된다.

그림 15.29 RNA-seq **결과들.** 다음은 *S. typhimurium* 유전체 일부분의 지도이다: 숫자들은 염기쌍들을 나타내고 유전자들은 전사 방향을 나타내는 색칠된 화살표로 나타냈다. 같은 색을 나타내는 인접한 유전자들은 아마도 같은 오페론 내에 있을 것이다. 위에는 RNA-seq 결과가 전개되어 있다. 초록색 선은 유전체 서열에서 각 염기가 오른쪽에서 왼쪽으로 전사된 RNA로부터 만들어진 cDNA가 염기 서열 결정을 통해 읽혀진 횟수를 나타낸다.

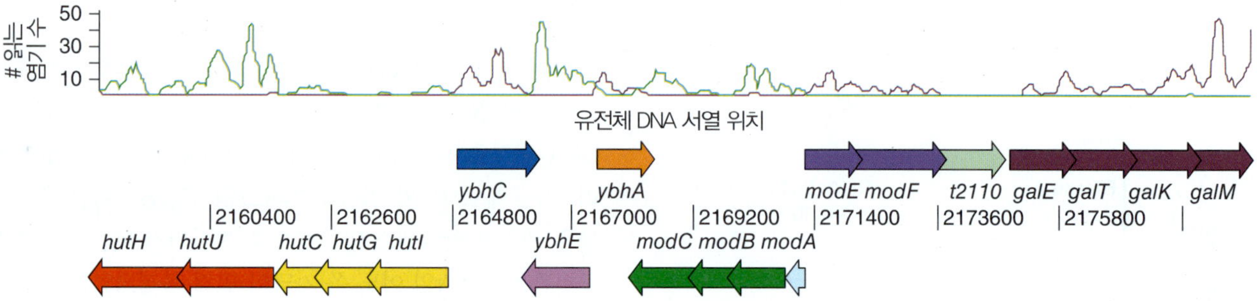

컴퓨터 분석을 통해 유전자 조절의 다양한 면이 밝혀졌다

유전체 시대 이후의 주된 목표는 한 개체에서 전사를 조절하는 모든 트랜스 작용 인자들(단백질들과 RNAs)과 그들이 결합하는 모든 시스 작용 요소들을 찾고 최종적으로 이들의 상호작용이 어떻게 유전체 내에 존재하는 각각의 유전자를 조절하는지를 설명하는 일종의 안내서를 만드는 것이다. 물론 이 목표는 굉장히 야심적이고 현실과는 아직 상당히 동떨어져 있지만 이를 위한 연구들은 점점 빠르게 발전하고 있으며, 이미 세포가 어떻게 작동하는지에 대한 기본적인 이해와 이를 실질적으로 적용하는 데 있어 유용한 정보를 제공하였다. 일반적으로 이러한 목표를 달성하기 위해서는 컴퓨터를 이용한 세균 유전체와 전사체의 분석이 따르며, 여기서 컴퓨터를 이용하여 거대한 데이터 집합들을 해석하는 몇 가지 사례들을 소개할 것이다.

오페론의 발견

세균에서 조절 기구들을 찾는 데 있어 중요한 사안은 오페론들을 찾는 것이다. 유전체의 DNA 염기서열로부터 잠재적인 개방 번역틀을 찾는 것은 어렵지 않다. 하지만 하나의 mRNA로 함께 전사되는 유전자들은 어떻게 찾을 수 있을까? 한 가지 방법은 RNA-seq과 이와 관련된 방법들을 이용하여 세균에서 만들어지는 모든 전사체들에 상응하는 cDNA의 염기서열들을 결정하고 이로부터 얻은 전사체 정보를 분석하는 것이다. 컴퓨터 프로그램들을 이용하여 하나의 전사체에 여러 개의 개방 번역틀이 포함되어 있는 분자를 찾는다면 하나의 오페론으로 함께 전사되는 유전자들을 찾아낼 수 있다. 컴퓨터 전문가들은 더 나아가 전사 종결 신호들과 이미 알고 있는 촉진유전자에 인접한 유전자들을 찾을 수 있는 알고리즘을 개발하였다. 이러한 예측들은 종들의 비교 분석을 통해 평가될 수 있다. 만약 매우 다른 두 종의 유전체에서 유사한 유전자들이 서로 가까이 위치한다면 이것은 그 유전자들이 오페론으로 함께 전사되기 때문일 가능성이 크다.

전사 인자들과 그들이 결합하는 위치들의 발견

트랜스로 작용하는 새로운 조절 단백질들은 Lac 억제자 단백질의 나선-꺾임-나선 모티프처럼 이미 알려진 DNA 결합 모티프를 암호화하는 서열들을 유전체에서 탐색하여 찾을 수 있다. 어떤 경우에는 컴퓨터를 이용하여 주어진 환경 조건에 대해 비슷한 조절 양상을 보이는 유전자 집단의 DNA 서열을 조사함으로써 트랜스로 작용하는 조절 단백질들이 결합하는 시스-작용 위치들을 찾을 수도 있다. 다시 말해서 만약 여러 개의 유전자들이나 오페론들이 같은 억제자 단백질에 의해 조절된다면 이 유전자들이나 오페론들의 바로 상류에서 비슷하거나 관련 있는 작동자 DNA 서열들을 찾을 수 있을 것이다.

앞에서 소개한 고온에 대한 대장균의 총체적인 조절 반응은 이러한 종류의 방법을 이용한 분석의 흥미로운 사례 중 하나이다. 높은 온도가 이러한 환경 조건으로 인한 치명적인 결과로부터 세포를 보호하는 산물을 만드는 열 충격 유전자들의 전사를 유도한다는 것을 기억할 것이다. 열 충격 유전자들의 단백질 암호화 부위 바로 위쪽에 위치한 DNA 서열들을 조사한 결과, 열 충격 유전자들의 촉진유전자들은 정상 온도에서 항상 발현되는 '항존(housekeeping)' 유전자들의 촉진유전자와는 상당한 차이가 있었으며, 이것은 대체 시그마 인자들에 의해 RNA 중합효소가 서로 다른 종류의 촉진유전자들을 인식하기 때문인 것으로 밝혀졌다(그림 15.30).

그림 15.30 시그마 인자가 인식하는 염기서열. 정상 온도에서 발현되는 '하우스키핑' 유전자들의 촉진유전자는 σ^{70}(시그마 70)에 의해 인식된다. 열–충격 단백질들을 암호화하는 유전자들의 촉진유전자들은 열–저항성 시그마 인자인 σ^{32}(시그마 32)에 의해 인지되는 서열들을 가지고 있다(여기서 N은 이 위치에서 발견되는 어떠한 염기도 가능하다는 것을 나타낸다).

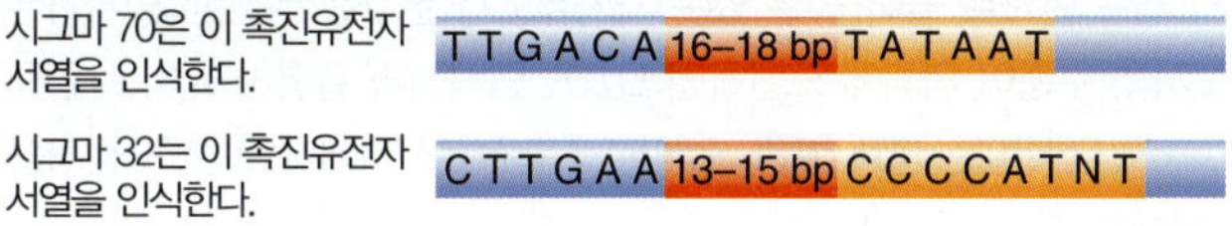

정상적인 항존 시그마 인자인 σ^{70}은 세포가 정상적인 생리 조건에 있을 때 활성이 있지만 고온에서는 변성되어 활성을 잃는다. 이와 반대로, 대체 시그마 σ^{32}는 고온에서 기능할 수 있으며 σ^{70}에 의해 인지되는 것과는 다른 촉진유전자 서열들을 인지한다. 열 충격에 의해 유도되는 많은 유전자들의 촉진유전자는 σ^{32}에 의해 인지되는 뉴클레오티드 서열들을 포함하고 있으며, σ^{32}인자는 핵심 RNA 중합효소에 결합하여 중합효소가 열 충격 단백질들을 암호화하는 유전자들의 전사를 시작하게 함으로써 열 충격 반응을 매개한다.

새로운 조절 RNA들의 발견

리보스위치와 같은 RNA 선도서열 도구들은 때때로 비슷한 이차 구조 특징을 나타내지만 컴퓨터가 찾을 수 있을 정도로 염기 서열이 잘 보존되어 있지는 않기 때문에 유전체 서열만으로 조절 RNA들을 찾는 것은 쉽지 않다. 그러나 적절한 전사체 분석을 통해 RNA 선도서열 장치, sRNA, 안티센스 RNA들을 찾는 데 유용한 단서들을 얻는 것은 가능하다. RNA 선도서열들은 유전자들의 개방 번역틀에 연결되어 전사체의 5′ 말단에 위치하며, sRNA는 mRNA 전사체의 일부와 적어도 제한된 상보성을 나타내는 부위들을 가지고 있을 것이다(그림 15.23 참조). 안티센스 RNA의 경우에는 상보성 부위들이 더 두드러지게 나타날 것이고(그림 15.24 참조), 센스와 안티센스 전사체들의 상반되는 극성은 상응하는 cDNA들의 방향성 조사를 통해 알 수 있을 것이다.

연구자들은 컴퓨터 분석을 통해 대체 시그마 인자 σ^{32}를 암호화하는 mRNA에서 가장 기본적인 형태의 리보스위치로 간주될 수 있는 RNA **온도계**(RNA thermometer)라고 하는 특별한 종류의 RNA 선도서열 기전을 발견하였다. RNA 온도계들은 낮은 온도에서 염기쌍 상호작용을 통해 리보솜 결합 위치가 포함된 줄기 고리 구조를 형성하여 mRNA의 번역을 막는다. 그러나 이 구조는 높은 온도에서 불안정해지고 풀려서 리보솜 결합 위치가 노출되는 구조로 바뀐다

그림 15.31 RNA 온도계. 어떤 세균 mRNA들은 온도에 반응하여 번역을 조절하는 선도서열들을 포함하고 있다. 낮은 온도에서는 리보솜 결합 위치를 숨기는 줄기–고리 구조가 형성되고 높은 온도에서는 이러한 줄기–고리 구조가 풀린다.

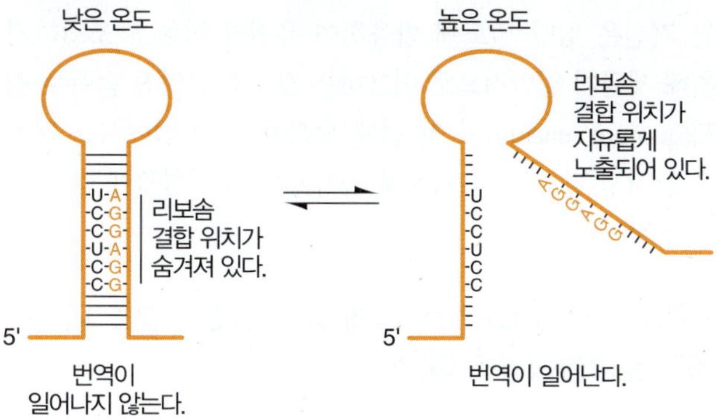

(그림 15.31). 이 기전은 σ^{32} mRNA의 특징을 잘 설명한다. σ^{32}는 RNA 중합효소가 열–충격 유전자들을 전사할 수 있도록 높은 온도에서만 필요하다. 또 σ^{32} mRNA의 선도서열에 있는 RNA 온도계는 낮은 온도에서 이들이 합성되는 것을 억제함으로써 시그마 인자와 그 작용에 의해 만들어지는 열 충격 단백질들이 세포에 피해를 주는 것을 막는다.

핵심 개념

- 베타 갈락토오스가수분해효소의 합성을 통해 *lacZ* 암호화 서열들을 이용하여 만든 보고 유전자들의 전사를 감지할 수 있다. 조절 서열들이 없는 *lacZ*를 무작위적으로 유전체에 삽입하면 특정 환경에서 활성을 나타내는 촉진유전자들을 정확하게 찾아낼 수 있다.
- *lac* 조절부위와 다른 유전자의 암호화 서열들을 조합하는 유전자 융합은 세균에서 유용한 의약 단백질을 생산하는 데 이용될 수 있다.
- RNA–seq을 이용하여 전사체의 서열과 서로 다른 환경 조건에서 발현되는 모든 유전자들의 상대적인 전사 수준을 결정할 수 있다.
- 컴퓨터를 이용한 분석은 오페론들의 발견, 전사 인자들과 그들이 결합하는 위치들의 동정, 그리고 조절 RNA들의 발견에 이용되었다.

15.5 포괄적인 예: 정족수 감지에 의한 생체발광의 조절

학습목표

1. *V. fischeri*의 생체발광 유전자들을 동정하는 데 대장균이 어떻게 이용되었는지 설명한다.
2. 정족수 감지가 *V. fischeri*에서 생체발광을 조절하는 분자 기전을 설명한다.
3. 항생제 표적으로서 정족수 감지 단백질들이 가지는 장점에 대해 논의한다.

이 장의 서두에서 *V. fischeri* 세균이 빛을 낼 뿐만 아니라 그들이 내는 빛이 오징어의 잠재적 포식자에게 보일 수 있을 정도로 집단의 크기가 충분히 클 때에만 빛을 만든다는 놀라운 현상을 설명하였다. *V. fischeri*에서 생체발광이 조절되는 기전은 집단 밀도에 반응하여 유전자 발현을 조절하기 위해 세균이 일반적으로 이용하는 것으로 알려진 **정족수 감지**(quorum sensing)의 첫 번째 사례이다. 이 절에서는 정족수 감지의 발견을 가져온 몇 가지 중요한 실험들에 대해 설명할 것이다.

재조합 *Vibrio fischeri* 생체 발광 유전자들은 대장균에게 발광능력을 부여한다

*V. fischeri*와는 달리 대장균은 보통 형광을 내지 않으며 과학자들은 이 사실을 이용하여 *V. fischeri*의 생체 발광 유전자들을 분리하였다. 연구자들은 유전자 전달을 통해 대장균에게 발광 능력을 전달하는 *V. fischeri*의 유전체 부위를 찾기 위해 플라스미드에 *V. fischeri*의 유전체 도서관을 제작하고 이를 대장균에 형질전환시켰다. 놀랍게도 몇몇의 대장균 군락에서 생체 발광 현상이 관찰되었고 이러한 현상은 세균의 밀도가 높을 때에만 나타났다. 이것은 형질전환된 대장균에 있는 단지 9 kb 길이의 *V. fischeri* DNA를 포함하는 재조합 플라스미드에 *V. fischeri*의 모든 생체 발광 유전자들과 정족수 감지에 요구되는 모든 조절 요소들이 포함되어 있다는 것을 의미한다.

연구자들은 클론된 9 kb의 *V. fischeri* 유전체 DNA 조각에 얼마나 많은 생체 발광 유전자들이 포함되어 있는지 결정하기 위하여 생체 발광 대장균 균주를 화학적 돌연변이 유발 인자가 있는 조건에서 배양하여 더 이상 빛을 만들어내지 못하는 돌연변이들을 분리한 다음에 이들을 상보성에 근거하여 분류하였다. 연구자들은 9 kb의 조각에 생체 발광을 막는 서로 다른 돌연변이를 포함하는 두 종류의 서로 다른 플라스미드로 대장균을 형질전환시켰다. 만약 이중으로 형질전환된 세포들이 빛을 낸다면 각각의 플라스미드가 서로 다른 *V. fischeri* 유전자에 돌연변이를 가지고 있어 대장균에 도입된 두 재조합 플라스미드들이 서로를 보완했음을 뜻한다. 마찬가지로 형질전환된 대장균이 빛을 내지 못한다면 동일한 *V. fischeri* 유전자에 돌연변이들을 가지고 있어 두 플라스미드가 서로 보완하지 못했기 때문이라고 할 수 있다.

이러한 분석을 통해 연구자들은 *V. fischeri* DNA 조각에서 7개의 상보성 그룹, 즉 7개의 유전자들을 분리하였고 DNA 염기 서열 결정과 다른 분자 실험들로부터 7개의 유전자들이 서로 다른 두 개의 촉진유전자로부터 전사된다는 사실

그림 15.32 정족수 감지는 *Vibrio fischeri*의 생체 발광을 조절한다. (a) *V. fischeri*의 발광을 위해서는 *luxR*과 오페론 *luxCDABE*에 해당하는 두 전사체들이 필요하다. *luxR*과 *luxI* 유전자들은 정족수 감지 단백질들(수용체와 합성효소)을 암호화한다. 다른 *lux* 유전자들은 발광효소의 소단위들인 *LuxA*와 *LuxB*를 포함하는 생체발광 단백질들을 암호화한다. (b) *luxI*는 세포에서 외부 환경으로 배출된 후 다시 세포 안으로 들어올 수 있는 자가유도자 분자를 생산한다. 자가유도자의 수준이 역치에 도달하면 *LuxR* 단백질과 결합하고 이로 인해 *LuxR* 단백질은 생체 발광 오페론의 촉진유전자에 결합하여 전사를 활성화한다.

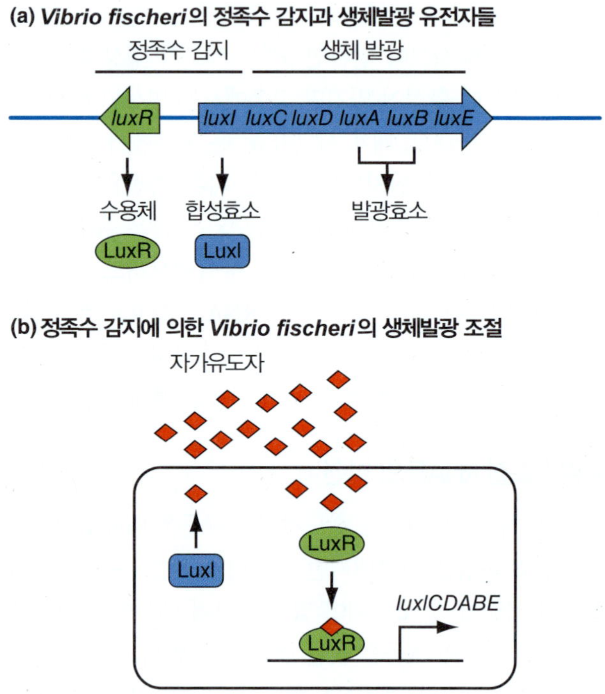

을 발견하였다. 이 중 한 촉진유전자는 LuxR 단백질을 만드는 *luxR* 전사체를 만드는 데 필요하고 다른 촉진유전자는 LuxI, LuxC, LuxD, LuxA, LuxB, LuxE 단백질들을 만드는 데 필요한 다중시스트론성 mRNA의 전사에 필요하다(그림 15.32a).

*luxA*와 *luxB* 유전자들은 빛 생산을 촉매하는 발광효소의 소단위들을 암호화하고 *luxC*, *luxD*, *luxE*는 발광효소 기질들과 보조인자들을 합성하고 재활용하는 단백질들을 암호화한다.

LuxI와 LuxR은 *Vibrio fischeri*의 정족수 감지 단백질들이다

9 kb 유전체 DNA 조각에는 생체 발광 유전자들 이외에 *V. fischeri*에서 정족수 감지를 매개하는 *luxI*와 *luxR* 유전자들이 포함되어 있다(그림 15.32a). LuxR 단백질은 수용체라고

하며 일종의 전사 활성화 단백질로 *luxICDABE* mRNA의 전사에 필요하다. LuxI 단백질은 자가유도자라고 하는 분자를 만드는 합성효소이고, 이로부터 합성된 자가유도자는 LuxR에 결합하여 수용체가 DNA에 결합할 수 있도록 하는 효과기이다.

자가유도자는 세포 밖으로 배출된 후 다시 세포 안으로 들어올 수 있다. 세균 집단의 밀도가 높아지면 세포질은 자가유도자로 가득 차게 되어 LuxR이 자가유도자와 결합할 수 있다. 그 결과, 높은 수준으로 발현되고 빛이 만들어진다(그림 15.32b). 그러나 몇몇의 세균만 있을 때에는 자가유도자의 농도가 너무 낮아 많은 양의 자가유도자가 세포 안으로 들어오지 못한다. 이로 인해 생체 발광 유전자들이 낮은 수준으로 전사되어 빛을 내지 못한다. 이 장의 연습문제 37번은 과학자들이 어떻게 *lacZ* 보고 유전자와 *V. fischeri* DNA의 서열을 융합하여 이러한 조절 기전을 발견하였는지 설명하고 있다.

정족수 감지는 항체 개발에 있어 새로운 방안을 제안한다

정족수 감지는 생체발광 세균에만 한정되어 있지 않으며 실제로는 모든 세균 종들에서 정족수 감지 경로들이 발견된다. 어떤 병원성 세균은 정족수 감지를 이용하여 독소의 배출을 조율함으로써 숙주에 미치는 영향을 최대화한다. 과학자들은 이를 이용하여 정족수 감지를 방해할 수 있는 물질을 도입하여 병원성 세균의 독소 배출을 억제할 수 있는 방안을 모색하였다.

점점 증가하고 있는 항생제 저항 병원균 문제에 대처하는 데 있어 정족수 감지 기전을 표적으로 하는 의약품은 몇 가지 잠재적인 장점들을 가진다. 각각의 세균에 있어서 정족수 감지를 표적으로 하는 의약품에 저항성을 가지는 것이 어떠한 선택적 장점이나 생존 혜택을 부여하지 않기 때문에 자신을 죽이는 항생제에 저항성을 가지도록 진화하는 것과 비교했을 때 더 어려울 수 있다는 점에서 이러한 새로운 전략은 특히 유망하다. 또 정족수 감지 단백질들은 사람의 어떤 단백질과도 유사하지 않기 때문에 정족수 감지를 표적으로 하는 의약품은 정상적인 인간 생화학을 방해하는 어떠한 부작용도 일으키지 않을 것이라는 것도 하나의 장점이다. 이 흥미로운 아이디어가 세균성 병원체들에 의한 질병들의 새로운 치료법을 개발하는 데 있어 기초가 될 수 있을지는 지켜봐야 할 것이다.

핵심 개념

- 생체 발광과 정족수 감지에 필요한 유전자들은 *V. fischeri* DNA를 대장균에 형질전환시킨 후 빛을 내는 세균 군락들을 찾는 과정을 통해 동정되었다.
- *V. fischeri*는 정족수 감지를 이용하여 집단의 밀도가 높을 때에만 빛을 낸다. 정족수 감지는 많은 수의 세포들만이 생체 발광 오페론을 높은 수준으로 전사하기에 충분한 양의 자가유도자를 축적시킬 수 있다는 사실에 기초한다.
- 정족수 감지 단백질들은 항미생물 의약품의 훌륭한 표적이 될 수도 있다. 왜냐하면 이에 대한 면역이 개개의 세포에 어떠한 선택적 장점을 제공하지 않을 것이기 때문이다.

다음 학습을 위한 안내

세균이 그들의 유전자들을 조절하기 위해 이용하는 대부분의 방법들은 진핵생물도 이용할 수 있다. 예를 들어 세균과 진핵생물 모두 전사를 증가 또는 감소시키기 위하여 확산성 조절 단백질들을 이용하며 sRNA를 이용하여 전사와 번역을 조절한다. 또 원핵생물과 진핵생물 모두에서 전사와 번역은 sRNA에 의해 전사 단계 이후에 조절된다.

그럼에도 불구하고 진핵생물에서만 나타나는 몇 가지 특징들은 이 유기체들이 유전자 발현을 조절하기 위해 이용하는 기전들이 원핵생물에서 이용되는 것과 항상 같을 수 없다는 사실을 보여준다. 진핵생물에서는 핵막에 의해 핵에서의 전사가 세포질에서 일어나는 리보솜들에 의한 번역과 물리적으로 분리되어 있다. 따라서 진핵생물은 전사와 번역이 연결되어 있어야만 가능한 감쇠와 같은 기전을 이용하지 못한다. 세균에서의 상황과 대조되는 또 다른 점은 진핵생물 RNA는 이어맞추기를 거치고 5′ 말단과 3′ 말단이 변형된 다음 핵에서 번역이 일어나는 세포질로 운반된다는 것이다. 이에 더하여 진핵생물의 염색체들은 염색질 내에 감겨 있다. 16장에서는 다세포성을 비롯한 이러한 차이점 때문에 진핵생물은 유전자 발현을 조절하는 새로운 경로를 필요로 하며, 동시에 이러한 경로들이 조절의 대상이 된다는 내용을 다루게 될 것이다.

풀이 문제

I. 대장균의 *galR* 유전자에 의해 암호화되는 억제자는 갈락토오스 오페론의 작동자 위치인 *galo*에 결합하여 *galE*, *galT*, *galK* 세 구조유전자들의 발현을 조절한다. 오페론의 발현은 배지에 갈락토오스가 존재할 때 유도된다. 아래에 제시된 네 종류의 균주에서 구조 유전자들 각각의 발현이 지속적일지 혹은 유도되는지 아니면 전혀 발현이 안 되는지 설명하라($galR^-$ 돌연변이는 기능상실 돌연변이라고 가정한다).

a. $galR^-\ galo^+\ galE^+\ galT^+\ galK^+$

b. $galR^+\ galo^c\ galE^+\ galT^+\ galK^+$

c. $galR^-\ galo^+\ galE^+\ galT^+\ galK^-$
/ $galR^+\ galo^+\ galE^-\ galT^+\ galK^+$

d. $galR^-\ galo^c\ galE^+\ galT^+\ galK^-$
/ $galR^+\ galo^+\ galE^-\ galT^+\ galK^+$

해답

이 문제에 답하기 위해서는 조절 위치들과 그 조절 위치들에 결합하는 단백질들이 어떻게 행동하는지에 대한 이해가 필요하다. 네 종류의 균주에서 발현을 예측하기 위해서는 각각의 오페론을 개별적으로 본 다음에 다른 하나의 오페론에 있는 형질들이 발현에 어떤 영향을 줄 수 있을지를 판단해야 한다. 각각의 오페론에 대하여 이러한 과정을 거친 다음에는 그 결과들을 조합해 본다.

a. *galR* 유전자는 억제자를 암호화한다. 따라서 GalR 단백질이 없으면 *galE*, *T*, *K*가 지속적으로 발현된다.

b. $galo^c$ 돌연변이는 작동자 위치 돌연변이이다. *lac* 오페론으로부터 유추한다면 $galo^c$에는 억제자가 결합하지 못하고 따라서 *galE*, *T*, *K*가 지속적으로 발현된다.

c. 첫 번째 오페론은 $galR^-$ 돌연변이를 가지지만 다른 오페론은 야생형의 *galR* 유전자를 포함하고 있다. 야생형 대립유전자는 두 오페론 모두에 트랜스로 작용할 수 있는 억제자를 생산하여 $galR^-$ 돌연변이의 효과를 극복할 수 있다. 따라서 전체적으로 세 개의 gal 유전자들의 유도성 발현이 나타난다. 이때 GalE 단백질은 첫 번째 오페론에서, 그리고 GalK 단백질은 두 번째 오페론에서 만들어지며, GalT 단백질은 두 오페론 모두에서 만들어질 것이다.

d. 첫 번째 오페론은 $galo^c$ 돌연변이를 포함하고 있기 때문에 같은 오페론 위의 *galE*와 *galT*는 지속적으로 발현될 것이다. 두 번째 오페론은 야생형의 작동자를 가지고 있어 오페론 내의 유전자의 발현이 유도될 것이다. 이때 어떠한 작동자도 다른 오페론에 영향을 주지 못하기 때문에 *galE*와 *galT*는 지속적으로 발현되고 *galK* 발현은 유도될 수 있을 것이다.

II. 대장균의 *trp* 오페론에 대한 연구들을 기억해 보자. 감쇠가 존재한다는 것은 TrpR 억제 단백질을 만들지 못하는 $trpR^-$ 균주의 경우, 트립토판이 없는 배지에서 오페론의 발현이 트립토판이 있는 배지에서보다 3배 더 높다는 사실에서 명백히 알 수 있다.

a. 연구자들은 *trp* 오페론에서 RNA 선도서열이 제거된 균주를 만들었다. 만약 이 결실 균주의 유전자형이 $trpR^-$라면 트립토판 수준이 달라졌을 때 *trp* 오페론의 발현은 어떻게 변할지 설명하라.

b. $trpR^-$ 인 다른 균주는 RNA 선도서열의 4번 부위(그림 15.21 참조)에 있는 염기가 바뀐 점돌연변이를 가지고 있다. 이 점돌연변이는 오페론의 발현에 어떤 영향을 주겠는가? 이 효과를 되돌릴 수 있는 RNA 선도서열의 두 번째 위치 돌연변이에 대해 설명하라.

c. *trp* RNA 선도서열에 있는 AUG 코돈의 A가 C로 바뀌었다고 가정하자. 이 균주가 $trpR^-$라면 이 돌연변이는 오페론의 조절에 어떤 영향을 미칠지 설명하라.

d. 만약 문제 (a)에서 설명한 *trp* 오페론 선도서열이 제거된 균주가 $trpR^+$라면 어떤 일이 일어날지 설명하라.

해답

이 문제에 답하기 위해서는 *trp* 오페론의 mRNA에 있는 선도서열에 의해 형성되는 서로 다른 구조들이 감쇠에 관여한다는 것을 기억해야 한다. 이 구조들 중 하나는 구조 유전자들의 발현을 막는 전사 종결자를 형성하는 반면 다른 구조는 오페론의 나머지 부분의 전사를 가능하게 하는 항종결자로 기능한다. 만약 트립토판이 존재한다면 리보솜은 선도서열에 포함된 작은 개방 번역틀에 있는 두 개의 Trp 코돈을 번역할 수 있고 이로 인해 종결자가 형성될 수 있다. 하지만 트립토판이 없다면 리보솜들은 이 코돈들에서 멈칫거리고 그 결과 항종결자가 형성될 수 있다.

a. 만약 선도서열가 전혀 없다면 오페론의 전사를 일찍 종결할 수 있는 어떤 기전도 존재하지 않는다. 여기에 더해서 균주가 *trpR*⁻라면 트립토판은 어떤 방법으로도 오페론의 발현에 영향을 줄 수 없고, 따라서 오페론의 구조 유전자들은 트립토판의 존재 여부와 상관없이 비슷하게 높은 수준으로 계속 발현될 것이다.

b. 만약 4번 부위에 있는 뉴클레오티드가 바뀌면 더 이상 종결자 줄기-고리에 있는 다른 뉴클레오티드와 염기쌍을 형성하지 못한다. 따라서 이 점돌연변이 균주에서는 종결자가 불안정하여 트립토판이 있는 조건에서 야생형보다 더 높은 수준의 오페론 발현이 관찰될 것이다. 그러나 트립토판이 없을 때에는 종결자가 형성되지 않기 때문에 RNA 선도서열 돌연변이는 아무 영향을 주지 못하고 오페론의 발현 수준은 야생형과 비슷할 것이다. 만약 선도서열이 두 번째 돌연변이를 가지고 있어 두 개의 돌연변이 뉴클레오티드가 서로 염기쌍을 형성할 수 있게 되면 종결자 줄기-고리는 정상적으로 기능할 가능성이 높다.

c. 만약 AUG가 없다면 리보솜은 선도서열에 있는 Trp 코돈들을 번역할 수 없을 것이다. 따라서 선도서열은 가장 많은 분자 내 염기쌍 형성을 가지는 안정적인 구조를 형성할 것이다. 이 가장 안정한 구조에서는 1번 부위가 2번 부위와 염기쌍을 이루고 3번 부위는 4번 부위와 염기쌍을 이루어 종결자 줄기-고리를 만든다. 이로부터 예상되는 결과는 *trp* 오페론의 발현이 트립토판의 유무와 상관없이 낮다는 것이다.

d. 만약 TrpR 단백질은 있지만 *trp* 오페론의 RNA 선도서열은 없다면 트립토판이 TrpR의 공동억제자로 작용하여 오페론의 발현을 조절할 수 있을 것이다. 그러므로 오페론의 전사는 트립토판이 없을 때 높고, 있을 때 매우 낮을 것이다. 이 균주에서는 *trp* 오페론 선도서열을 가지는 야생형 균주에서보다 트립토판이 없을 때 나타나는 오페론의 발현 수준이 약간 더 높을 것이다. 이것은 야생형에서 선도서열은 때때로 종결자 구조를 형성하지만 선도서열이 완전히 없다면 이런 일이 불가능하기 때문이다.

연습 문제

어휘

1. 왼쪽 용어를 가장 잘 설명한 문장을 오른쪽에서 찾아 연결하라.

a. 유도	1. 포도당이 이화 오페론들의 발현을 억제한다.
b. 억제자	2. 단백질 또는 RNA의 구조가 가역적으로 변화한다.
c. 작동자	3. 트랜스로 mRNA의 번역을 억제한다.
d. 다른 자리 입체성	4. 작은 분자나 이온에 반응하여 유전자 발현을 조절하는 RNA 선도서열이다.
e. 오페론	5. 억제자가 결합하는 위치이다.
f. 이화 억제	6. 번역에 대응하여 전사 신장이 종결된다.
g. 보고 유전자	7. 하나의 mRNA로 전사되는 유전자들을 말한다.
h. 감쇠	8. 음성 조절자이다.
i. sRNA	9. 발현을 관찰하고자 하는 유전자들의 조절 부위와 융합된다.
j. 리보스위치	10. 특별한 분자에 의해 단백질 합성이 자극되는 현상이다.

15.1절

2. 다음은 이 장의 앞부분에서 설명한 내용이다; "... RNA 중합효소가 촉진유전자에서 DNA와 결합하는 것은 대부분의 세균 유전자들의 조절에 있어 가장 중요한 단계이다." 세균이 이 단계에서 유전자들을 조절하는 것이 유리한 이유는 무엇인가?

3. 이 장에서 배운 중요한 내용 중 하나는 세균 유전자들이 때로는 하나의 촉진유전자로부터 여러 개의 유전자(다중시스트론성)를 포함하는 거대한 전사체로 전사된다는 것이다. 유전자들의 발현을 조절하는 조절 요소들과 하나의 mRNA로 전사되는 일단의 유전자들을 포함하는 DNA 부위를 오페론이라고 한다.

a. 다음에 제시한 기전 중에 어느 것이 서로 다른 오페론들에서 나타나는 mRNA 수준의 차이를 설명할 수 있는가?

b. 다음에 제시한 기전 중에 어느 것이 동일한 오페론에 있는 서로 다른 유전자들에서 만들어지는 단백질들의 양의 차이를 설명할 수 있는가?

i. 서로 다른 촉진유전자들은 DNA 염기서열이 다를 수 있다.

ii. 서로 다른 촉진유전자들은 다른 형태의 RNA 중합효소에 의해 인식될 수 있다.

iii. mRNA들의 서로 다른 이차 구조들은 리보핵산가수분해효소에 의해 분해되는 속도에 영향을 줄 수 있다.

iv. 하나의 오페론 내에서 어떤 유전자들은 다른 유전자들보다 촉진유전자에서 더 멀리 떨어져 있다.

v. 하나의 오페론 내에 있는 서로 다른 개방 번역틀의 시작 부위에 있는 번역 시작 서열들은 번역의 효율에 차이를 가져올 수 있다.

vi. 하나의 오페론 내에 있는 서로 다른 유전자들로부터 만들어지는 단백질들은 안정성에 차이가 있을 수 있다.

4. 대장균의 Rho 종결 단백질의 기능을 없애는 모든 돌연변이들은 조건부 돌연변이들이며, 아직까지 Rho를 암호화하는 유전자들의 영돌연변이는 분리된 적이 없다. 이를 통해 알 수 있는 rho 유전자와 그 산물의 특징은 무엇인가?

15.2절

5. 오페론에서 촉진유전자는 전사를 시작하기 위해 RNA 중합효소가 결합하는 위치이다. 촉진유전자에 있는 어떤 염기의 변화는 RNA 중합효소가 결합하지 못하는 돌연변이를 만든다. RNA 중합효소의 결합을 방해하는 촉진유전자 돌연변이들이 트랜스로 작용하여 세포 내에 존재하는 플라스미드에 있는 동일한 오페론에도 영향을 주는지 아니면 시스로 작용하여 돌연변이 위치에 인접한 유전자들에만 영향을 주는지 설명하라.

6. *hupF*, *hupH*, *hupG*가 순서대로 함께 전사되는 오페론을 연구하고 있다. 이 오페론의 mRNA를 그림으로 그려보라. 단 5′ 말단과 3′ 말단, 모든 개방 번역틀, 번역 시작 위치들, 종결 코돈들, 전사 종결 신호들, 그리고 이러한 기능을 제공하지는 않지만 mRNA에 있을 수 있는 다른 부위들을 포함하여 나타내라.

7. *sys* 유전자의 촉진유전자 서열 상류 지역에 있는 DNA에 결합하는 한 단백질을 분리하고 하자. 만약 이 단백질이 양성 조절자라면 다음 중 옳은 것은 무엇인가?

a. DNA 결합 단백질을 암호화하는 유전자의 기능상실 돌연변이들은 지속적인 발현을 보일 것이다.

b. DNA 결합 단백질을 암호화하는 유전자의 기능상실 돌연변이들은 발현을 거의 또는 전혀 하지 못할 것이다.

8. *emu* 오페론(*emu1 emu2*)이 지속적으로 발현되는 두 개의 서로 다른 돌연변이들을(*reg1*과 *reg2*) 분리하였다. 한 돌연변이는 DNA 결합 위치에 결함이 있고 다른 하나는 그 위치에 결합하는 단백질을 암호화하는 유전자에 기능상실 돌연변이가 있다.

a. DNA 결합 단백질은 유전자 발현에 있어 양성 조절자인가 아니면 음성 조절자인가?

b. F′ 플라스미드를 이용하여 어떤 돌연변이가 결합 위치에 결함이 있고 어떤 돌연변이가 결합 단백질에 돌연변이가 있는지 결정하기로 하였다. 만약 Emu1과 Emu2 단백질의 양을 측정할 수 있으며, *reg1*이 조절부위 그리고 *reg2*가 조절 단백실을 암호화한다면 어떤 결과를 예상할 수 있겠는가? (다음의 설명을 보시오)

i. $F'\ reg1^-\ reg2^+\ emu1^-\ emu2^+$ / $reg1^+\ reg2^+\ emu1^+\ emu2^-$

ii. $F'\ reg1^+\ reg2^-\ emu1^-\ emu2^+$ / $reg1^+\ reg2^+\ emu1^+\ emu2^-$

c. 만약 *reg1*이 조절 단백질을 암호화하고 *reg2*가 조절위치라고 한다면 두 균주(*i*과 *ii*)에 대해 어떤 결과를 예측할 수 있는가?

9. 박테리오파아지 λ가 세포에 감염되었을 때 억제 단백질인 cI가 파아지의 전사를 바로 중지시킨다면 파아지 DNA는 숙주의 염색체로 삽입될 수 있다(박테리오파아지가 숙주의 염색체 안으로 삽입된 균주를 용원이라 한다). 또 다른 운명으로 감염된 파아지는 더 많은 수의 바이러스를 생산하여 세포를 용해시킬 수도 있다. 용원성 공여자 균주를 용원성 수용세포와 교배하면 파아지가 전혀 생산되지 않지만 용원성 공여자 균주의 DNA를 비용원성 수용세포로 전달하면 수용세포가 터지면서 새로운 세대의 파지들이 배출된다. 왜 비용원성 세포와의 교

배는 파아지의 성장과 배출을 유발하지만 용원성 수용 세포는 그렇지 않은가?

10. *lacI* 미스센스 돌연변이의 지속성 표현형을 억제하는 돌연변이들이 분리되었다. 이들은 *lacI* 돌연변이에도 불구하고 더 이상 오페론이 유도되지 않는다. 이 억제자 돌연변이들의 위치는 오페론에 있지만 *lacI* 유전자에는 없다. 이 돌연변이들은 어떤 것들일까?

11. 다음 *lac* 오페론 대립유전자들을 가지는 대장균 균주 중 어느 균주가 유도될 수 있는지, 지속적으로 발현이 되는지, 또는 베타 갈락토오스가수분해효소와 투과효소를 발현하지 못하는지 나타내라.
    a. $I^+\ o^+\ Z^-\ Y^+\ /\ I^+\ oc\ Z^+\ Y^+$
    b. $I^+\ o^+\ Z^+\ Y^+\ /\ I^-\ oc\ Z^+\ Y^-$
    c. $I^+\ o^+\ Z^-\ Y^+\ /\ I^-\ oc\ Z^+\ Y^-$
    d. $I^-P^-\ o^+\ Z^+\ Y^-\ /\ I^+\ P^+\ oc\ Z^-\ Y^+$
    e. $I^s\ o^+\ Z^+\ Y^+\ /\ I^-\ o^+\ Z^+\ Y^-$

12. 다음 제시한 각각의 성장 조건에서 RNA 중합효소 이외에 어떤 단백질들이 *lac* 오페론 DNA에 결합되어 있을까?
    a. 포도당
    b. 포도당 + 젖당
    c. 젖당

13. 다음 제시한 각각의 돌연변이 대장균 균주가 다음에 설명한 조건에서 자랄 때 30분 동안 나타나는 베타 갈락토오스가수분해효소, 투과효소 아세틸레이스 효소의 농도 변화를 X 축을 시간 그리고 Y축을 농도로 하여 그래프로 나타내라. 처음 10분 동안은 젖당이 존재하지 않고 10분 이후에는 젖당이 유일한 탄소원이다. (단, Y 축에서 각각의 단백질의 양을 나타내는 정확한 단위는 고려하지 않는다.)
    a. $I^-\ P^+\ o^+\ Z^+\ Y^+\ A^+\ /\ I^+\ P^+\ o^+\ Z^-\ Y^+\ A^+$
    b. $I^-\ P^+\ o^c\ Z^+\ Y^+\ A^-\ /\ I^+\ P^+\ o^+\ Z^-\ Y^+\ A^+$
    c. $I^s\ P^+\ o^+\ Z^+\ Y^+\ A^+\ /\ I^-\ P^+\ o^+\ Z^-\ Y^+\ A^+$
    d. $I^-\ P^-\ o^+\ Z^+\ Y^+\ A^+\ /\ I^-\ P^+\ o^c\ Z^+\ Y^-\ A^+$
    e. $I^-\ P^+\ o^+\ Z^-\ Y^+\ A^+\ /\ I^-\ P^-\ o^c\ Z^+\ Y^-\ A^+$

14. 대장균이 말토오스를 이용하기 위해서는 세 개의 서로 다른 오페론에 있는 유전자들에 의해 암호화된 단백질들이 필요하다. 이 중에 한 오페론은 *malE*, *malF*, *malG* 유전자를 포함하며, 두 번째 오페론은 *malK*와 *lamb* 유전자를 그리고 마지막 세 번째 오페론은 *malP*와 *malQ* 유전자를 포함한다. MalT 단백질은 모든 오페론들의 발현을 조절하는 양성 조절자이며 *malT* 유전자의 발현은 이화물에 민감하다.
    a. *malT* 유전자의 기능상실 돌연변이는 어떤 표현형을 나타낼까?
    b. 세 개의 말토오스 오페론들이 CRP (cAMP 수용체 단백질) 결합 위치들을 포함하고 있을 것이라고 생각하는가? 이에 답하고 그 이유를 설명하라.

    대장균에 감염하기 위해서 박테리오파아지 λ는 세포의 외막에서 발견되는 말토오스 운반 단백질인 LamB에 결합한다(λ 수용체 단백질이라고도 알려져 있다). LamB의 합성은 위에서 설명한 바와 같이 MalT 단백질의 발현을 통하여 배지에 존재하는 말토오스에 의해 유도된다.
    c. 야생형 대장균이 박테리오파아지 λ의 감염에 민감하게 되는 배양 조건을 제시하라.
    d. 박테리오파아지 λ에 의한 감염에 저항성이 있는 대장균이 분리되었다. λ-억제 돌연변이들이 가질 수 있는 말토오스 레귤론(말토오스에 의해 조절되는 모든 유전자들의 집합) 내의 돌연변이들의 형태를 제시하라.

15. 7종류의 대장균 돌연변이가 분리되었다. 세포들이 서로 다른 탄소원이 제공된 배지에서 자랐을 때 각각의 돌연변이 하나씩을 포함하거나 또는 다른 돌연변이들을 함께 가지는 세포들에서 만들어지는 베타 갈락토오스가수분해효소 효소들의 활성이 측정되었다.

	글리세롤	젖당	젖당 + 포도당
야생형	0	1000	10
돌연변이 1	0	10	10
돌연변이 2	0	10	10
돌연변이 3	0	0	0
돌연변이 4	0	0	0
돌연변이 5	1000	1000	10
돌연변이 6	1000	1000	10
돌연변이 7	0	1000	10
F′ *lac* (돌연변이 1/돌연변이 3)	0	1000	10
F′ *lac* (돌연변이 2/돌연변이 3)	0	10	10
돌연변이 3 + 7	0	1000	10
돌연변이 4 + 7	0	0	0
돌연변이 5 + 7	0	1000	10
돌연변이 6 + 7	1000	1000	10

일곱 종류의 돌연변이들이 다음 제시한 유전적 손상 중 하나에만 해당된다고 가정하자. 각각의 돌연변이를 나타내는 변형들을 선택하라.

a. 초억제자
b. 작동자 결실
c. 무의미 억제자 tRNA 유전자(억제자 tRNA는 무의미 돌연변이를 100% 효율로 억제한다고 가정하자)
d. CRP–cAMP 결합 위치의 손상
e. 베타 갈락토오스가수분해효소 유전자의 무의미 돌연변이
f. 억제 유전자의 무의미 돌연변이
g. CRP 단백질을 암호화하는 *crp* 유전자의 손상

16. 양성 조절자인 CRP를 암호화하는 *crp* 유전자의 돌연변이를 포함하는 세포들에는 Lac^-, Mal^-, Gal^- 등이 있다. Lac^+와 Mal^+를 함께 가지는 세포들을 선별하여 *Crp* 돌연변이에 대한 억제자를 찾고자 하였다.

a. Lac^+만을 가지는 세포를 찾기 위한 선별과 비교하였을 때 이러한 선별을 통해 어떤 형태의 억제자들을 기대할 수 있을까?
b. 분리된 모든 억제자들은 RNA 중합효소의 α-소단위에 해당하는 유전자에 돌연변이가 있는 것들이다. 이러한 분석에 근거하여 어떤 가설을 제안할 수 있는가?

17. *lac* 오페론에 영향을 미치는 다음의 돌연변이들(i–vi) 중 하나를 가지는 여섯 종류의 대장균 균주(돌연변이 1에서 6)가 분리되었다.

i. *lacY*의 결실
ii. o^c 돌연변이
iii. *lacZ* 미스센스 돌연변이
iv. *lac* 오페론의 역위(그러나 *lacI* 유전자의 역위는 없다.)
v. 초억제자 돌연변이
vi. *lacZ*, *Y*, *A*의 역위 그러나 *lacI*, *P*, *o*에는 역위가 발생하지 않았다.

a. 이 돌연변이들 중 어느 것이 젖당을 이용하지 못하게 할까?
b. 여섯 종류의 대장균 균주 각각으로부터 전체 *lac* 오페론(*lacI* 유전자와 그 촉진유전자까지 포함하는)을 얻은 다음에 이를 암피실린 저항성 유전자를 포함하고 있는 플라스미드에 클로닝하였다. 그 다음, 각각의 재조합 플라스미드를 다시 여섯 종류 균주 각각에 형질전환하여 부분이배체를 만들었다. 이 균주들의 분석에서 돌연변이 1은 *lacY* 유전자가 결실되었다는 것이 발견되었고, 따라서 이 균주는 위에서 제시한 돌연변이 중에 돌연변이 *i*에 해당된다. 이 부분이배체들 중 어떠한 돌연변이가 돌연변이 1을 보완하여 젖당을 이용할 수 있게 할 것이라고 예상하는가?
c. 문제 (b)에서 각각의 균주를 젖당이 유일한 탄소원이면서 암피실린을 포함하고 있는 평판배지에 도말하였다(암피실린은 플라스미드가 계속 유지될 수 있는 조건을 만들어 주기 위해 포함되었다). 형질전환체의 성장은 다음에 기록된 바와 같다(+는 성장을 나타내며, −는 성장하지 못함을 나타낸다). 이 배지에서 자라기 위해서는 베타 갈락토오스가수분해효소와 투과효소의 합성이 필요하다. 이 부분이배체 분석의 결과는 다음과 같다. 어느 돌연변이 세균 균주(1에서 6)가 위에서 제시한 변형(i에서 vi)을 포함하고 있는가?

	1	2	3	4	5	6
1	−	+	−	+	−	+
2	+	−	−	+	−	+
3	−	−	−	+	−	+
4	+	+	+	+	−	+
5	−	−	−	−	−	+
6	+	+	+	+	+	+

18. a. *lac* 오페론에서 처음 발견된 지속형 작동자 돌연변이들은 모두 o_1에 있는 염기에 변화가 있었다. 왜 이 스크리닝에서 o_2 또는 o_3의 돌연변이가 분리되지 않았다고 생각하는가?
b. 작은 삽입을 유발하는 돌연변이 유발인자가 어떻게 o^c 돌연변이를 만들 수 있을지 설명하라.
c. 문제 (b)에서 묘사된 o^c 돌연변이가 $lacI^s$에 민감한지 답하고 그 이유를 설명하라.

19. 여러분은 음성 조절되는 유전자의 작동자 위치를 결정하기 위해 일련의 조절 부위 결실들을 만들었다. 각각의 결실 정도는 염기서열의 다음의 선으로 표시하여 나타냈고 결실로 인해 나타나는 오페론의 발현은 유도가능은 *i*, 지속발현은 *c*, 그리고 발현이 되지 않을 경우에는 −로 나타냈다.

. . . GGATCTTAGCCGGCTAACATGATAAATATAA . . .
. . . CCTAGAATCGGCCGATTGTACTATTTATATT . . .

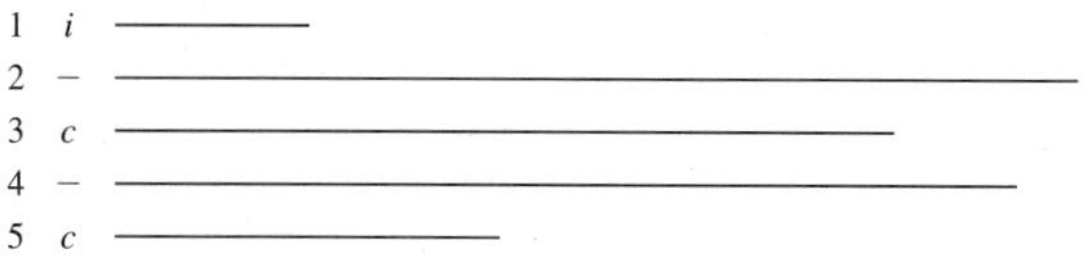

a. 이 결과로부터 얻을 수 있는 작동자 위치에 대한 결론은 무엇인가?

b. 왜 2와 4의 결실들에서는 유전자가 발현되지 않았다고 생각하는가?

20. 그림 15.16은 *lac* 오페론에서 작동자(o_1)와 CRP-cAMP 결합 위치 모두 회전 대칭성을 가진다는 것을 보여주고 있다. 그러나 이것은 촉진유전자(RNA 중합효소 결합 위치) 전체에 대해서는 사실이 아니다. 왜 촉진유전자는 회전 대칭성을 나타내지 않는다고 생각하는가?

15.3절

21. 왜 원핵생물에만 *trp* 감쇠 기전이 존재하는가?

22. a. *trp* 오페론으로부터 만들어진 하나의 전사체에서 *trpE*와 *trpC*를 번역하려면 최소 몇 개의 리보솜이 필요한가?

b. RNA 선도서열에 존재하는 두 개의 트립토판 코돈이 결실되면 *trpE*와 *trpC* 유전자들에 어떤 영향이 있을지 예상하라.

23. 다음은 *Salmonella typhimurium*의 *his* 오페론 mRNA의 선도서열 부위에 해당하는 염기서열이다. 이 염기서열 중 어느 염기들이 배양배지에 히스티딘이 부족할 때(즉, 매우 적은 양이 존재할 때) 리보솜을 멈추게 할 수 있을까?

5′ AUGACACGCGUUCAAUUUAAACACCACCAUCAUCACCAUCA
UCCUGACUAGUCUUUCAGGC 3′

24. 다음 제시한 대장균 균주 각각에 대해 트립토판의 유무에 따라 유전자형이 *trpE*와 *trpC* 유전자의 발현에 미치는 영향을 나타내라(야생형 [R^+ P^+ o^+ att^+ $trpE^+$ $trpC^+$]에서는 트립토판이 존재할 때 *trpE*와 *trpC*가 완전히 억제되고, 없을 때 완전히 유도된다).

R = 억제자 유전자; R^n 산물은 트립토판과 결합하지 못한다; R- 산물은 작동자와 결합하지 못한다.
o = 작동자; o^-는 억제자와 결합하지 못한다.
att = 감쇠자; att^-는 감쇠자의 결실을 의미한다.
P = 촉진유전자; P^-는 *trp* 오페론 촉진유전자의 결실을 의미한다.
$trpE^-$와 $trpC^-$는 기능이 완전히 상실된 영(기능상실)돌연변이들이다.

a. $R^+ P^- o^+ att^+ trpE^+ trpC^+$

b. $R^- P^+ o^+ att^+ trpE^+ trpC^+$

c. $R^n P^+ o^+ att^+ trpE^+ trpC^+$

d. $R^- P^+ o^+ att^- trpE^+ trpC^+$

e. $R^+ P^+ o^- att^+ trpE^+ trpC^-$ /
$R^- P^+ o^+ att^+ trpE– trpC^+$

f. $R^+ P^- o^+ att^+ trpE^+ trpC^-$ /
$R^- P^+ o^+ att^+ trpE^- trpC^+$

g. $R^+ P^+ o^- att^- trpE^+ trpC^-$ /
$R^- P^+ o^- att^+ trpE^- trpC^+$

25. 안티센스 RNA가 유전자 발현의 음성 조절자로 작용하는 기전 중 하나는 센스 mRNA에 있는 리보솜 결합 위치와 염기쌍을 형성하여 번역을 막는 것이다. 또 다른 기전으로 안티센스 RNA를 전사하는 과정 자체가 RNA 중합효소가 동일한 유전자의 센스 촉진유전자를 인식하는 것을 막는 것이 있다. 특정한 유전자에 대해 이 두 가지 방식을 구별할 수 있는 실험적 접근법을 고안해 보시오(힌트: 만약 플라스미드에 있는 하나의 유전자로부터 전사된 안티센스 RNA가 높은 수준으로 존재한다면 각각의 경우에 어떤 결과가 예상되는가?).

26. 다음에 제시한 각각의 요소에 대해 어떤 종류의 분자인지 나타내라(DNA, RNA, 단백질, 작은 분자). 그리고 그것이 양성 또는 음성 조절자로 작용하는지, 그것이 영향을 미치는 유전자 발현의 단계는 무엇인지, 그리고 그것이 시스 또는 트랜스로 작용하는지를 나타내라(가장 일반적인 의미로 '시스'라는 용어는 자신이 일부분인 분자의 기능에 영향을 주는 요소들에 사용하며, '트랜스'는 한 분자의 요소들이 다른 분자의 기능에 영향을 주는 경우에 사용한다).

a. Lac 억제자

b. *lac* 작동자

c. CRP

d. CRP-결합 위치

e. Trp 억제자

f. 충전된 $tRNA^{Trp}$ (*trp* 오페론에서의 기능에 한정해서 보았을 때)

g. *trp* 오페론에서 항종결자

h. 리보스위치의 발현 플랫폼에 있는 종결자

i. mRNA 번역을 막는 sRNA

27. RNA에 의해 매개되는 유전자 조절 기전에는 아주 큰 다양성이 존재한다. 다음의 그림은 최근에 발견된 한 가지 예이다. 여기에서 *CsrA*와 *CsrB* 유전자들은 탄소 원자 이용과 관련된 표적 유전자들을 총체적으로 조절하는 인자들이다. *CsrA*의 산물은 CsrA 단백질로 표적 유전자 mRNA의 리보솜 결합 위치(RBS)에 결합하여 발현을 막는다. *CsrB* 유전자 산물은 CsrB RNA로 22개의

CsrA 단백질 결합 위치들을 포함하고 있어 CsrA 단백질 결합에 대해 표적 mRNA와 경쟁한다. 따라서 높은 농도의 CsrB RNA 존재 하에서는 CsrA 단백질이 mRNA 결합 위치들에 결합하지 못해 표적 유전자들의 발현이 증가한다.

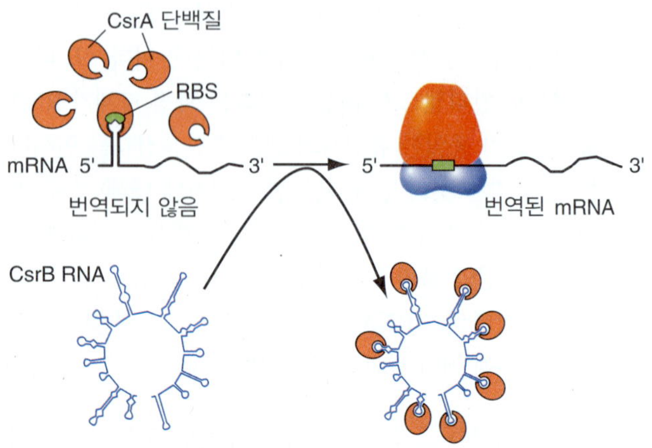

a. *CsrA*와 *CsrB* 유전자들의 산물이 어떤 종류(DNA, RNA, 단백질, 또는 작은 분자)인지 나타내라. 그리고 그것이 양성 조절자 또는 음성 조절자로 작용하는지, 유전자 발현의 어느 단계에 영향을 미치는지, 시스로 작용하는지 아니면 트랜스로 작용하는지 나타내라. (이 문제에 대한 답과 문제 26번의 답을 비교하는 것은 매우 흥미로울 것이다.)

b. CsrA/CsrB는 글리코겐 생합성 및 분해를 조절한다. 글리코겐은 포도당의 중합체로 체내의 주요 저장 에너지원이다. CsrA/CsrB들은 글리코겐 생합성의 음성 조절자들이고 글리코겐 분해의 양성 조절자들이다.

CsrA/CsrB 시스템이 어떠한 환경요인에 가장 잘 반응할 것으로 생각하는가? 이 시스템이 억제될 수 있는 방법과 유도될 수 있는 또 다른 방법을 제안하라(두 가지 경우 모두 CsrB 발현이 조절된다고 가정하라). 제안된 두 방법 중 어느 것이 동화 대사경로인 글리코겐 생합성에 관련된 표적 유전자들과 일관성이 있는지, 그리고 어느 것이 이화 대사경로인 글리코겐 분해에 해당하는지 설명하라.

15.4절

28. DNA 손상에 의해 발현이 시작되는 많은 유전자들이 분리되었다. *lexA* 유전자의 기능상실 돌연변이들은 DNA 손상이 전혀 없을 때에도 이러한 유전자들을 발현한다. LexA 단백질이 양성 조절자와 음성 조절자 중 어떤 것이라고 가설을 세우겠는가? 그리고 왜 그러한 가설을 세웠는가?

29. Frederick Blattner와 연구진은 2005년에 대장균이 더 좋은 탄소원을 찾을 수 있도록 도와주는 총체적인 전사 프로그램을 가지고 있다는 사실을 알아냈다. 세균의 운동성에 필요한 유전자들을 비롯한 많은 유전자들은 더 빈곤한 탄소원에 반응하여 발현이 시작되고 그 결과 세균이 더 좋은 영양소를 찾을 수 있도록 한다. 이제 이러한 반응을 조절하는 유전자들을 찾고자 한다. 조절 유전자들을 찾기 위하여 *lacZ* 융합을 어떻게 이용할 수 있을까?

30. 대장균의 MalT 단백질은 말토오스 당이 있을 때 유도되는 *mal* 오페론들의 양성 조절자이다. MalT 단백질을 암호화하는 유전자는 말토오스가 없을 때에도 지속적으로 *mal* 오페론들이 발현되는 돌연변이들을 찾는 과정에서 발견되었다. 이 과정에서 말토오스 유도성 오페론이 *lacZ*의 암호화 서열들과 융합되어 있는 *lacZ* 전사 융합 보고 유전자가 이용되었다.

a. 보고 유전자로 $lacZ^-$ 돌연변이를 포함하는 세균을 형질전환시킨 후 베타 갈락토오스가수분해효소의 기질인 X-gal이 포함된 평판배지에 도말하였다. 만약 배지에 말토오스가 포함되어 있다면 세균 군락들은 어떤 색을 나타낼까? 그리고 만약 배지에 X-gal은 포함되어 있지만 말토오스는 포함되어 있지 않다면 세균 군락들은 어떤 색을 나타낼까?

b. 과학자들은 선별 과정에서 보고 유전자로 형질전환시키기 전에 $lacZ^-$ 세균의 돌연변이를 만들었다. 그 다음, 형질전환된 세균을 X-gal은 있지만 말토오스는 없는 평판배지에 도말하였다. 이로부터 파란색을 나타내는 하나의 군락을 제외한 모든 군락들이 흰색을 나타냈다는 결과를 얻었다. 그러나 연구자들은 이 분석만으로 파란색 군락에 있는 유전자 돌연변이가 *mal* 오페론들의 양성 조절자인지 아니면 음성 조절자인지를 결정할 수는 없었다.

먼저 그 유전자가 양성 조절자를 암호화한다고 가정하자. (i) 야생형 단백질은 말토오스에 대해 어떻게 반응할까? (ii) 돌연변이는 단백질 기능에 어떤 영향을 미칠까? (iii) 분자 수준에서 유전자에 있는 그럴듯한 돌연변이를 설명하라.

이제 유전자가 *mal* 오페론 발현에서 음성 조절자(억제자)를 암호화한다는 가설 하에 동일한 세 가지 질문에 답하라.

c. 과학자들이 어떻게 MalT 가 양성 조절자이고 억제자가 아니라는 것을 알아냈다고 생각하는가? (힌트: 만약 연구자들이 야생형 또는 돌연변이 균주의 유전체로부터 만들어진 플라스미드 도서관을 이용하여 *malT* 돌연변이를 클로닝하려고 시도하였다면 각각의 경우에 어떤 일이 일어났을지 생각해 보라.)

31. 적혈구생성소(erythropoietin, EPO)리트로포이에틴은 인간의 단백질 호르몬의 하나로 적혈구 세포의 생산을 자극한다. 여러분이 어느 제약회사의 연구원이라고 상상해 보자. 그리고 이 호르몬을 세균에서 만들어 빈혈 환자들을 치료하는 데 쓸 수 있도록 하고 싶다고 하자. 아마도 이를 위해 다음의 요소들을 포함하는 재조합 DNA 분자를 만들 것이다. 그것들 중의 어떤 것들에 대한 중요성은 이 문제 후반에 설명할 것이다: (i) 인간 적혈구생성소에 해당하는 암호화 서열들. (ii) *lac* 오페론의 조절 서열들. (iii) 대장균의 말토오스 결합 단백질(MBP)을 암호화하는 서열들. (iv) 다섯 개의 연속된 아미노산을 암호화하는 서열들(한 글자 코드로 아미노산을 나타냈을 때 DDDDK). 제약 회사의 엔지니어들은 이러한 서열들을 포함하는 재조합 플라스미드로 대장균을 형질전환하여 꼬리표가 달린 융합단백질인 N-말단 MBP-DDDDK-적혈구생성소 C-말단의 발현을 유도할 것이다.

a. 이 네 구성요소들의 순서와 이들이 플라스미드 벡터에서 어떻게 정렬되는지를 보여주는 재조합 플라스미드를 그려보라.

b. 네 개의 요소들 중 어느 것이 융합단백질을 만들 수 있는 mRNA에 대한 리보솜 결합 위치를 암호화하고 있을까?

c. 이 네 개의 요소들 중 어느 것이 각각에 대해 같은 번역틀상에 위치되어야만 할까?

d. 인간의 유전체 DNA 클론과 인간 cDNA 클론 중 어디에서 적혈구생성소 암호화 서열들을 얻을 것인가?

e. 어떤 화합물로 융합 단백질의 발현을 유도할 것인가? 이 화합물을 대장균 세포들에 접종하기 전에 배지에 첨가하는 것이 최선일지, 아니면 세포 집단들이 높은 밀도로 자란 다음에 첨가하는 것이 최선일지 답하고 그 이유를 설명하라.

f. 융합 단백질을 발현하는 세포들에는 다른 대장균 단백질들이 많이 존재한다. 의약적 이용을 위해서는 오염물들(대장균 단백질)로부터 의약품을 정제하는 것이 중요하다. MBP가 말토오스에 강하게 결합하고 또 말토오스를 비용해성의 레진에 결합시킬 수 있다면 이를 이용하여 어떻게 융합 단백질을 대장균 내의 다른 단백질로부터 정제할 수 있을지 설명하라.

g. 의약품으로 이용하기 위해서는 인간 적혈구생성소에 다른 어떠한 아미노산 서열들도 포함되어서는 안된다. 엔테로키나아제라고 하는 단백질 분해효소는 DDDDK 바로 다음의 C-말단 부위를 자른다. 엔테로키나아제를 이용하여 어떻게 적혈구생성소을 융합단백질의 나머지 부분으로부터 분리하고 원하는 의약품으로 정제할 수 있을지 설명하라.

32. 삼투압(용매 속에 있는 전체 용질의 농도) 변화에 반응하여 켜지거나 꺼지는 유전자들을 찾기 위하여 대장균을 고장액 또는 저장액 상태에서 배양한 다음에 각각의 배양 조건에 대해 RNA-seq을 하였다. 삼투압의 변화가 열 충격과 같은 다른 스트레스 상황에서 볼 수 있는 일반적인 스트레스 반응을 유도할 수도 있다면 삼투압 차이에 특이적인 변화를 보이는 유전자들과 일반적인 스트레스 변화와 관련된 유전자들을 어떻게 구별할 수 있을까?

33. 다음 문제들은 그림 15.29와 관련된 것이다.

a. 이 그림에서 얼마나 많은 유전자들이 나타나 있는가? 또 얼마나 많은 오페론들이 있는가? 그림에서 평균적인 유전자 밀도는 어떠한가? 이 값이 대부분의 세균 유전체를 대표하는가?

b. 유전자 *t2110*에 대한 어떠한 전사체도 검출되지 않았다. 이러한 결과가 *t2110*이 기능이 없다는 것을 증명하는가? 만약 유전자의 전사체가 발견되지 않았다면 과학자들은 어떻게 그것의 전사방향을 결정할 수 있었을까?

c. 그림에서 어떤 증거가 오페론의 완전하지 않은 전사종결을 유발할 수 있는 감쇠나 리보스위치 기전의 존재를 제안하는가? 분석된 환경 조건들하에서 이 오페론들 중 어느 하나라도 그러한 기전에 의해 조절되는 것처럼 보이는가?

d. 그림 15.29에서 볼 수 있는 결과만으로는 그림에 표시된 어떤 유전자들이나 오페론들도 안티센스 전사물에 의해 조절된다는 증거를 제공하지는 못한다.

만약 안티센스 기전이 하나의 유전자 혹은 오페론을 조절하는 데 관련되어 있다면 결과는 어떻게 보이겠는가?

e. 비록 그림에서 *galM* 유전자는 *galETK*를 포함하는 오페론의 일부로 나타내었지만 *galM*이 다른 촉진유전자로부터 전사되는 것도 가능하다. 어떤 증거가 이러한 가능성을 제안할까?

f. 그림 15.29에서 볼 수 있는 결과들로 리보솜 결합 위치를 차단하는 sRNA 조절 기전이 존재한다는 것을 알 수 있을까?

34. 많은 세균 종들에서 조절 sRNA들은 전사체 서열 결정(RNA-seq)을 통해 발견되었다. 연구자들은 어떻게 cDNA 서열 결정에 의해 발견된 작은 RNA들이 더 긴 mRNA들의 절편이 아닌 조절 sRNA라는 것을 알 수 있었을까?

15.5절

35. *V. fischeri*의 정족수 감지 경로를 구성하는 요소들을 발견하는 데 RNA-seq 분석이 어떻게 이용됐을 수 있을지 설명하라. 그림 15.32에 나타난 경로를 구성하는 요소들 중에 어느 하나라도 검출되지 않았을 가능성에 대해 설명하라.

36. 생체 발광과 정족수 감지를 연구하던 연구자들은 *V. fischeri* DNA의 9 kb 단편을 포함하는 플라스미드로 형질전환시킨 대장균이 세포 집단의 밀도가 높을 때에만 빛을 낸다는 것을 발견하였다. 그들은 이 대장균 세포들에 돌연변이를 유도하여 세포가 빛을 내지 못하게 하는 돌연변이가 9 kb 단편 내에 위치하는 많은 돌연변이들을 찾았다. 그 다음에 연구자들은 9 kb 단편에 하나의 돌연변이가 있는 서로 다른 두 종류의 플라스미드를 동시에 대장균 세포에 형질전환하여 두 돌연변이들의 상보성을 검사하였다. 이때 대장균 세포들이 두 종류의 플라스미드로 형질전환되었다는 것을 확인하기 위하여 암피실린 저항성을 제공하는 유전자와 테트라사이클린 저항성을 부여하는 유전자를 각각 가지고 있는 두 종류의 플라스미드를 사용하였고, 세포들은 두 가지 항생제를 모두 포함하는 평판배지에서 선택되었다.

다음 설명한 9종류의 돌연변이들에 대해 "+"는 빛을 내는 세포들을, "−"는 어두운 상태로 남아 있는 세포를 나타내는 방식으로 9 × 9 상보성 표를 만들어 보라(표의 나머지 반을 채우라).

돌연변이 1: 발광효소의 기질에 결합하지 못하는 LuxA 단백질을 암호화한다.
돌연변이 2: LuxB 단백질과 상호작용하지 못하는 LuxA 단백질을 암호화한다.
돌연변이 3: LuxA 단백질과 상호작용하지 못하는 LuxB 단백질을 암호화한다.
돌연변이 4: *luxI* 유전자의 영돌연변이
돌연변이 5: DNA에 결합하지 못하는 LuxR 단백질을 암호화한다.
돌연변이 6: 자가유도자에 결합하지 못하는 LuxR 단백질을 암호화한다.
돌연변이 7: 전사를 억제하는 *luxR* 촉진유전자의 돌연변이
돌연변이 8: 전사를 억제하는 *luxICDABE* 촉진유전자의 돌연변이
돌연변이 9: LuxR 단백질의 결합을 막는 *luxICDABE* 촉진유전자 부위의 돌연변이

37. 문제 36번에서 설명된 *V. fischeri* DNA의 9 kb 단편을 이용하여 만든 두 개의 전사 융합 보고 유전자들을 이용한 실험은 정족수 감지의 분자 기전을 이해하는 데 있어 중요한 실험이었다. *luxR* 암호화 서열들이 *lacZ*의 암호화 서열로 대체된 보고자(*luxR*/*lacZ*)에서는 *luxR* 조절 부위에 의해 *lacZ*가 전사되고, 오페론의 구조 유전자들이 *lacZ* 암호화 서열로 대체된 다른 보고자(*luxICDABE*/*lacZ*)에서는 *luxICDABE* 오페론의 조절 서열들에 의해 *lacZ*가 전사된다. *V. fischeri*의 *luxR*과 *luxICDABE* 부위의 구조는 그림 15.32에서 볼 수 있다. 둘 중 하나의 보고자(*luxR*/*lacZ* 또는 *luxICDABE*/*lacZ*)를 포함하는 대장균 군락들(염색체는 *lacZ*이다)은 흰색을 나타냈다. 정제된 자가유도자 분자들을 배지에 첨가하였을 때 *luxR*/*lacZ* 군락들은 여전히 흰색이었지만 *luxICDABE*/*lacZ* 군락들은 시간이 지나자 파란색으로 바뀌었다.

a. 왜 *luxR*/*lacZ* 군락들은 자가유도자가 없을 때 흰색을 나타내었는가?

b. 왜 *luxICDABE*/*lacZ* 군락들은 자가유도자가 없을 때 흰색을 나타내었는가?

c. 왜 *luxR*/*lacZ* 군락들은 자가유도자가 있을 때에도 여전히 흰색으로 남아 있는가?

d. 왜 *luxICDABE*/*lacZ* 군락들은 자가유도자가 있을 때 파란색으로 변하는가, 그리고 왜 이 반응이 시간의존적인가?

e. 이 결과들은 *luxR* 유전자의 전사에 대해 무엇을 제안하고 있는가?

38. 정족수 감지는 많은 병원성 세균에서 병독성의 발현을 조절한다. 일반적으로 병원체는 높은 세포 밀도에서 리간드 결합체에 의해 수용체가 활성화되는 반응을 통해

독소를 발현한다. 그러나 콜레라의 원인균인 *V. cholerae*는 이와 반대로 작용한다. 그것의 병독성 유전자들은 정족수 감지 수용체가 리간드 결합에 의해 억제되기 때문에 낮은 세포 밀도에서만 발현된다. *V. cholerae*의 병독성 유전자 활성화에서 볼 수 있는 이 특이한 '역전된' 기전은 과학자들에게 콜레라 치료를 위한 새로운 종류의 항생제를 만들기 위한 간단한 아이디어를 제공하였다. 이 아이디어에 대해 설명하라.

16장 진핵생물 유전자 발현 조절

구애 중인 초파리 수컷(아래)과 암컷.

개요

수컷 초파리가 암컷 초파리를 만나면 수컷 초파리는 전통적인 노래를 부르고 춤을 추는 의식을 치룬다. 수컷은 예비 파트너인 암컷의 복부를 앞다리로 툭툭 친 후 날개들을 쭉 펼치고 일정한 주기로 떨어서 노래를 부른다. 이 노래가 끝나면, 수컷은 암컷을 따라가기 시작한다. 암컷이 구애를 받아들이면, 수컷은 암컷을 따라잡고 암컷의 생식기를 자신의 입으로 핥고 암컷에 올라타 복부를 구부리고 약 20분간 교접한다.

*fruitless*라고 하는 유전자의 여러 가지 돌연변이는 수컷의 올바른 짝짓기를 막는 행동의 변화를 일으킨다. 예를 들면, 수컷이 암 · 수컷을 판별하는 능력이 약화되어 수컷과 암컷 모두에게 무분별하게 구애 행위를 한다. *fruitless* 유전자는 성 특이적인 mRNA 이어맞추기를 통하여 수컷과 암컷 특이적인 단백질을 암호화한다. 1차 전사체는 암컷과 수컷 모두에서 생성되지만, 이후 암컷과 수컷에서 서로 다른 이어맞추기가 일어난다.

성 특이적인 Fruitless 단백질은 많은 유전자들의 발현을 조절하는 조절 단백질이다. 수컷 특이적인 Fruitless 단백질은 초파리의 신경계를 구성하는 수십만 개의 신경세포 중 몇 천 개의 세포에서만 합성된다. 수컷 특이적인 Fruitless 단백질이 발현되는 세포는 날개와 다리의 운동을 조절하는 운동신경세포와 후각, 시각, 청각을 책임지는 감각신경세포들이다. Fruitless 단백질이 이들 세포에서 구애 관련 유전자들의 발현을 조절함으로써 수컷 특이적인 Fruitless 단백질이 구애 노래 및 춤과 같은 짝짓기 행동을 조절하게 된다.

이 장에서는 적절한 시기에 특정 지역에서 유전자를 작동 혹은 정지시키는 조절인자들의 상호작용에 의한 **진핵생물에서 유전자 발현의 조절**(eukaryotic gene regulation)에 대하여 알아볼 것이다. 다세포 진핵생물에서 유전자 발현 조절은 성 특이적인 특징과 행동뿐만 아니라 조직과 기관의 분화도 조절한다. 조절작용은 유전자 발현의 다양한 단계에서 발생한다. 앞에서 예를 들었던, 초파리의 구애행위 유전자 발현은 전사 개시와 전사 후 조절인 이어맞추기 단계에서 각각 조절된다.

단세포 원핵생물이 환경에 적응하려는 전략을 취하는 것에 비교하여 다세포 진핵생물은 서로 다른 세포 유형에서 특정한 유전자 발현 프로그램을 일차적으로 확립하고 이들을 계속적으로 유지 및 변형하는 전략을 취하고 있다. 원핵생물에서 유전자 발현의 기본원리들은 진핵생물과 유사하지만, 진핵생물에서 유전자 발현 조절 인자들의 분자적 상호작용은 훨씬 복잡하고 독특한 특징들을 가지고 있다.

16.1 진핵생물 유전자 발현 조절 개요

학습목표

1. 유전자 발현 과정에서 조절될 수 있는 단계들을 목록화한다.
2. 원핵생물과 진핵생물 사이에 유전자 발현 조절 기작의 주요한 차이들을 정리한다.

앞에서 진핵생물 유전자 발현 조절의 복잡성을 알아보았듯이, 진핵생물과 원핵생물 사이의 주요한 유사성과 차이점을 명심하라. 두 종류의 세포 모두에서 전사 조절은 DNA 결합 단백질이 전사단위의 근처에 존재하는 특이적인 DNA 서열에 결합함으로써 일어난다. 그러나 여러 가지 이유 때문에 진핵생물은 유전자 발현을 조절하기 위해 보다 높은 수준의 복잡성을 요구한다.

- 염색질의 구조는 종종 DNA가 전사 조절 인자들과 만날 수 없게 한다.
- 추가적인 RNA 처리 과정이 일어난다.
- 전사는 핵에서 일어나고 번역은 세포질에서 일어난다.
- 유전자 발현 조절을 통하여 하나의 세포를 수백 가지의 특정 세포 형태로 분화시킬 필요가 있다.

원핵생물처럼 진행생물도 RNA 중합효소가 1차 전사체를 합성할 때인 전사 개시기에 기본적으로 유전자 발현을 조절한다. 유전자 산물의 양에 대한 주요한 결정은 이 시기에 대부분 이루어진다. 하지만 활성이 있는 유전자 산물을 만드는 유전자 발현의 많은 과정들은 전사 개시점 이외에서 존재한다(그림 16.1) 전사체 처리(이어맞추기 포함), 핵에서 mRNA의 이동, 번역, 세포내 소기관으로 단백질의 위치이동, 단백질 변형은 최종적으로 활성화된 산물의 양에 영향을 미치며, 활성도 또한 조절될 수 있다.

그림 16.1 진핵생물 유전자 발현. 유전자 발현은 핵 안에서 이루어지는 전사와 mRNA 가공으로 시작된다. mRNA는 세포질로 이동되어 단백질로 번역된다. 인산화 등 번역 후 수정은 단백질의 활성, 안정성, 세포 내 위치 등에 영향을 미친다. 전사되지 않는 DNA: 노란색, 엑손: 초록색, 인트론: 파란색.

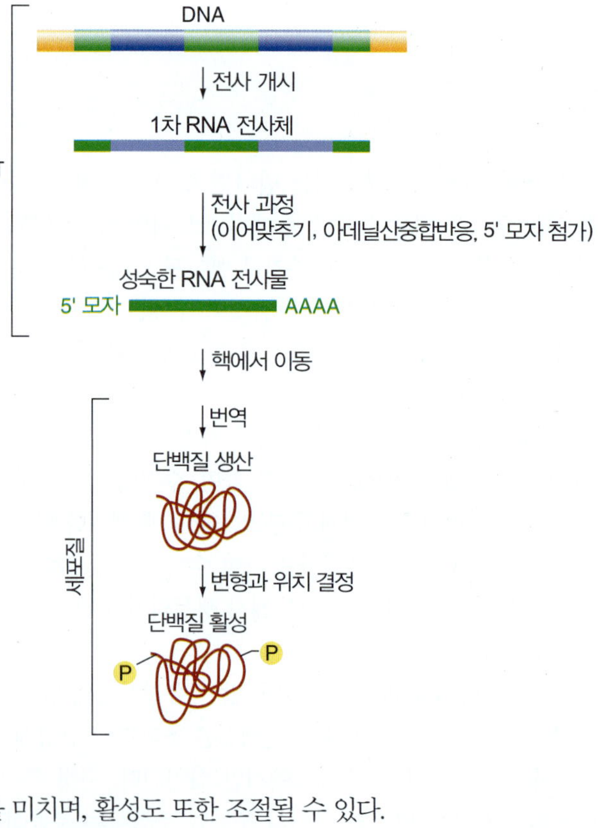

핵심 개념

- 진핵생물의 유전자 발현 조절은 전사 개시, 전사체 가공, mRNA 안정성, mRNA 번역, 단백질 변형, 단백질 안정성 등 많은 단계에서 일어날 수 있다.

- 진핵생물은 염색질을 갖고 있고, 전사체는 가공을 거쳐야 하며, 전사체는 핵에서 세포질로 이동하여 단백질을 생산하기 때문에 원핵생물보다 유전자 발현 조절 기작이 훨씬 복잡하다. 다세포 진핵생물에서 복잡한 유전자 발현 조절은 수많은 세포 유형들을 분화시킨다.

16.2 증폭자를 이용한 전사 개시의 조절

학습목표

1. 진핵생물에서 단백질을 암호화하는 유전자의 조직특이적인 전사를 조절하는 시스(*cis*) 작용 인자들을 기술한다.
2. 전사 활성자와 억제자의 구조와 기능을 비교한다.
3. 증폭자가 어떻게 작동하고 동정이 되었는지 설명한다.
4. 절연자의 기능과 그들의 위치를 과학자들이 어떻게 결정하였는지 기술한다.
5. 컴퓨터 프로그램과 ChIP-Seq 기술로 어떻게 전사 인자와 목적 위치를 동정할 수 있는지 토론한다.

진핵생물에서는 세 종류의 RNA 중합효소들이 전사에 관여한다. RNA 중합효소 I (pol I)은 리보솜의 주요한 RNA (rRNA)들을 암호화하는 유전자를 전사한다. RNA 중합효소 II (pol II)는 단백질을 암호화하는 모든 유전자들을 전사한다. RNA 중합효소 III (pol III)는 tRNA 뿐만 아니라 작은 RNA를 암호화하는 유전자들을 전사한다. 이 장에서 우리는 단백질을 암호화하는 전사체를 만드는 pol II 전사활성에 초점을 맞추어 기술할 것이다.

pol II에 의해서 발현되는 유전자 중 일부는 리보솜 단백질처럼 모든 세포 유형 및 시기에 발현되므로 항존(house keeping) 단백질을 암호화한다. 또 다른 유형의 유전자들은 헤모글로빈 단백질처럼 적혈구 세포에서만 발현되는 단백질들을 암호화한다. 이 장의 초반부에서는 조직 특이적으로 발현되는 유전자들에 초점을 맞출 것이다. 이 장의 후반부에서는 항시발현 유전자의 발현 조절에 중요한 CpG 섬들(CpG islands)의 메틸화 기작을 언급할 것이다. 특히 이 현상은 세포 특이적인 유전자 발현에도 중요한 역할을 한다.

촉진유전자와 증폭자는 주요한 시스(*cis*) 작용 조절인자이다

비록 진핵생물의 유전체에서 pol II에 의해 전사되는 수천 개 유전자 각각의 조절 부위는 독특하지만, 세포 특이적인 형태로 발현되는 모든 유전자들은 두 가지의 필수적인 DNA 서열들을 가지고 있다. 그중 하나인 **촉진유전자**(promoter,

그림 16.2 유전자의 시스(*cis*) 작용 인자들. 시스 작용 조절 인자들이란 그들이 조절하는 유전자 DNA와 가까이 존재하는 DNA 염기 서열 부위이다. 촉진유전자 인자는 전형적으로 전사 개시점과 인접한 곳에 존재한다. 증폭자는 그들이 조절하는 유전자 촉진유전자의 상류 혹은 하류로 수천 염기쌍 떨어져 있는 경우가 있다. 증폭자는 유전자의 인트론에 존재하는 경우도 있다.

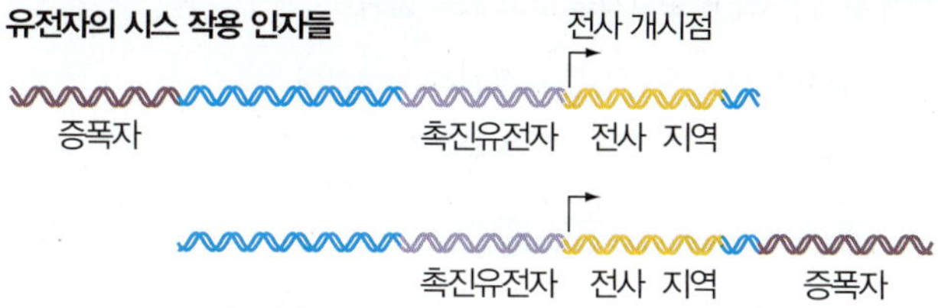

프로모터)는 항상 유전자의 단백질 암호 영역과 굉장히 가까운 곳에 위치한다. 촉진유전자는 T-A-T-A-(A or T)-A-(A or T) 염기 서열로 구성된 TATA 상자(TATA box; 시작 상자)를 항상 가지고 있으며, 이들은 전사 개시 부위의 바로 위쪽에 위치한다. TATA 상자에 RNA 중합효소의 결합으로 낮은 혹은 기저수준의 전사가 이루어진다.

진핵생물의 유전자 발현에 중요한 두 번째 유형의 DNA 염기 서열 인자는 **증폭자**(enhancer)라고 한다. 조절 부위는 촉진유전자에서 수만 뉴클레오티드 떨어져서 상당히 먼 곳에 위치할 수도 있다. 특정세포에서 증폭자에 단백질의 결합은 전사를 증가 혹은 억제할 수 있다. 증폭자는 전사 개시 지점의 5′ 혹은 3′ 쪽에 존재할 수 있다(인트론에 존재하는 경우도 있다)(그림 16.2). 또한 한 개의 유전자가 한 개 혹은 여러 개의 증폭자를 가질 수 있다. 다음에서 자세히 알아보겠지만 한 개의 증폭자에 서로 다른 전사 인자가 결합할 수 있는 다중적인 결합 위치가 될 수도 있다.

과학자들은 박테리아에서 리포터로 사용되는 *lacZ*와 비슷한 용도로 해파리에서 분리된 녹색형광단백질(green fluorescent protein, GFP)을 일반적으로 리포터(보고자)로 사용한다(그림 15.25 참조). 관심 있는 유전자의 조절 부위를 *GFP* 유전자에 결합시킨 재조합 DNA를 제작하여 유전자 발현 조절을 모니터링하는 아이디어이다(그림 16.3a). 제작된 재조합 DNA를 유전체 안으로 도입시킨 형질전환체를 제작한다(17장에서 형질전환기술에 대하여 자세히 언급할 것이다). 조절 DNA 부위에 증폭자가 존재한다면 GFP는 특정세포에서만 발현될 것이다. GFP는 특정 파장의 빛에 노출되었을 때 형광을 발광한다. 따라서 형질전환체가 특정파장의 빛에 조사되었을 때 조직 특이적인 증폭자가 발견될 수 있다(그림 16.3b).

연구자들은 또한 GFP 보고자 재조합 DNA의 발현 조절

그림 16.3 GFP 보고자를 이용한 증폭자의 동정. (a) 이 그림에서 예시한 것처럼 눈 특이적인 증폭자를 찾는 것은 해파리 녹색형광단백질 보고 유전자에 관심유전자의 전사체 주변 DNA를 연결시켜서 동정할 수 있다. 대상 생물체의 유전체에 위에서 만들어진 보고 유전자 운반체를 도입하면, 증폭자에 결합된 보고자만이 GFP를 목적했던 조직에서 생산할 것이다. (b) 생쥐 촉진유전자와 눈 특이적인 유전자 증폭자에 결합된 GFP 보고자를 갖고 있는 생쥐.

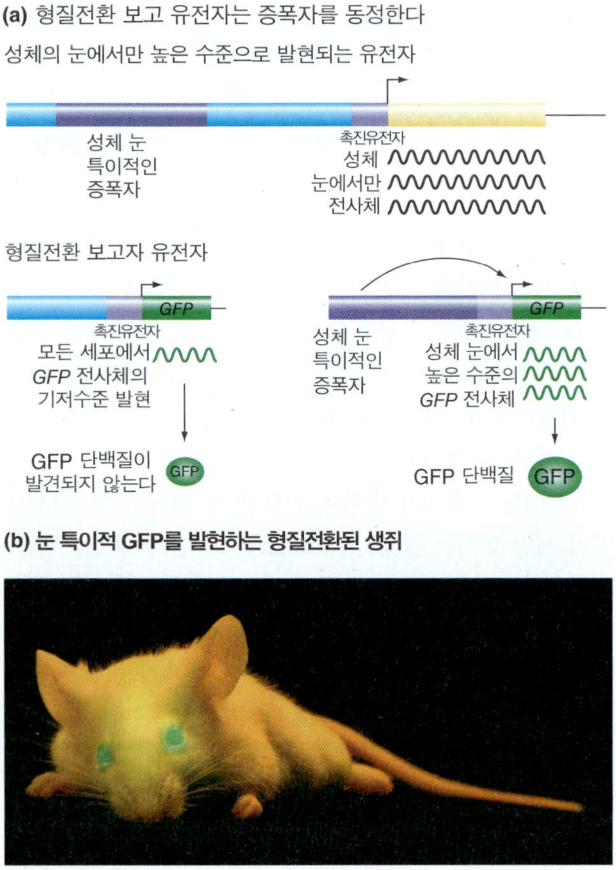

그림 16.4 트랜스(*trans*) 작용 요소. 전사 인자는 직접적인 DNA 결합을 통해서 시스 작용 인자(촉진유전자와 증폭자)와 상호작용하는 트랜스 작용 인자이다. 다른 트랜스 작용 단백질들은 전사 인자와의 상호작용을 통해서 DNA에 직접적으로 결합한다.

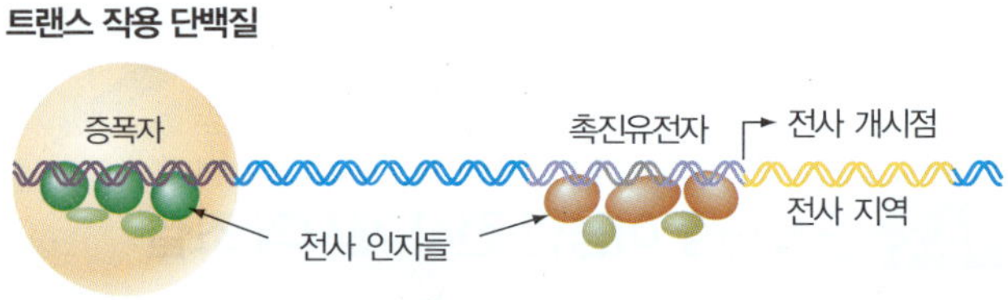

그림 16.5 기본 인자는 단백질을 암호화하는 유전자의 촉진유전자에 결합한다. TATA상자 결합 단백질(TATA box–binding protein, TBP)이 DNA 촉진유전자에 결합하는 것, 두 개의 TBP 연관 인자(TBP–associated factors, TAFs)가 TBP에 결합하는 것, 그리고 RNA 중합효소(pol II)가 기본 인자들에 결합하는 것을 도식화한 그림. RNA 중합효소가 촉진유전자에 일단 결합하면 낮은 수준의 유전자 전사가 시작된다.

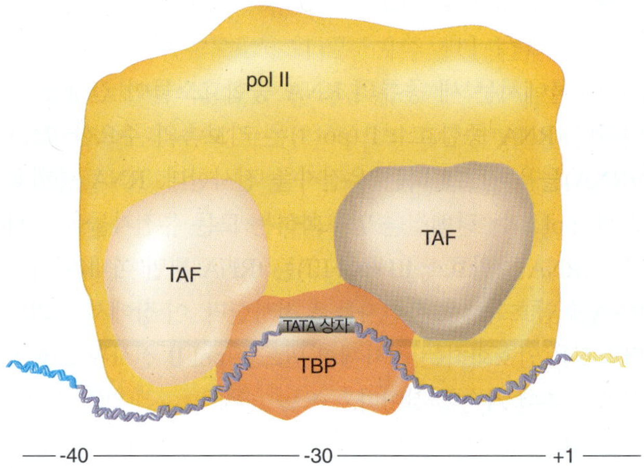

부위에 돌연변이를 일으켜서 형질전환체를 제작할 수도 있다. 돌연변이 형질전환체의 GFP 형광이 똑같은 조직에서 발견되지 않는다면 돌연변이가 조직 특이적인 증폭자에 영향을 주었음에 틀림없다. 이러한 방법으로 과학자들은 특정 증폭자를 구성하는 실질적인 DNA 염기 서열을 정의할 수 있다. 이러한 실험의 한 가지 흥미로운 결과를 증폭자는 촉진유전자에 상대적인 방향이나 위치에 관계없이 기능을 할 수 있다는 것이다. 이 결과에 대한 이유는 다음 절에서 논의할 것이다.

단백질들은 전사 개시를 트랜스(*trans*)하게 조절한다

단백질은 유전자의 촉진유전자와 증폭자(또는 증폭자들)에 결합하여 전사 개시 속도를 조절한다. 서로 다른 종류의 단백질들은 각각의 시스(*cis*) 작용 조절부위에 결합한다. 기본 인자(basal factor)들은 촉진유전자에 결합하고, **활성자**(activator)와 억제자(repressor)는 증폭자에 결합한다. 이 교재에서 염기 서열 특이적인 DNA 결합단백질들을 모두 **전사 인자**(transcription factor)라고 명명한다(기본 인자, 활성자 및 억제자 모두를 포함). 전사 인자가 DNA에 결합하면 추가로 단백질들을 유전자로 소환하여 전사에 영향을 준다.

기본 인자들

기본 인자들은 촉진유전자에 RNA 중합효소 II가 결합하는 것을 도와서 기본 전사라고 불리는 낮은 전사 수준의 개시가 일어나도록 한다. 대부분의 촉진유전자에서 구성되는 기본 인자 복합체의 핵심요소는 TATA 상자 결합단백질,

그림 16.6 전사 활성자는 어떤 작용을 하는가? (a) 활성자는 증폭자와 연관되어 기본 전사 인자들과 결합함으로써 pol II와 촉진유전자 DNA의 결합을 안정화한다. (b) 활성자는 공동활성자 단백질을 소환할 수 있다. 예를 들면, 히스톤 꼬리를 수정하는 효소는 뉴클레오솜의 촉진유전자 부위를 전사가 진행될 수 있도록 정리한다. 증폭자와 촉진유전자가 멀리 떨어져 있다면, 두 가지 기작 모두 DNA 고리 형성이 필요하다.

(a) 활성자는 RNA pol II 복합체를 기본 촉진유전자에 소환한다

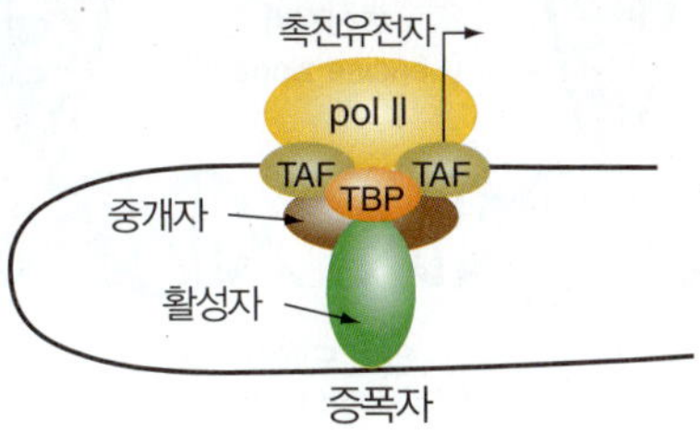

(b) 활성자는 뉴클레오솜을 대체하는 공동활성화를 소환한다

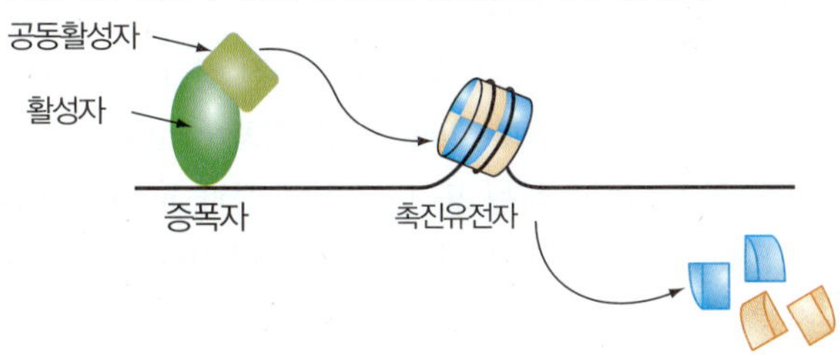

즉 TBP이다. 이 단백질은 TBP 연관된 인자, 즉 TAF (TBP-associated factor)라고 하는 단백질들을 소환한다. 일단 기본 인자 복합체가 형성되면, RNA 중합효소는 낮은 수준의 전사를 시작할 수 있다. 이들 기본 인자들의 염기 서열 및 삼차원 구조는 효모에서 인간에 이르기까지 모든 진핵생물에서 잘 보존되어 있다.

매개자

많은 진핵생물 유전자의 전사는 20개 이상의 단백질로 구성된 **매개자**(mediator)라고 하는 다중인자 복합체를 필요로 한다. 매개자는 직접적으로 DNA에 결합하지는 않지만, 촉진유전자에 결합된 RNA 중합효소 II와 증폭자에 결합된 활성인자 혹은 억제인자 사이를 연결하는 분자 다리로서의 역할을 수행한다(그림 16.6a).

활성자

진핵생물 유전체에서 수만 개 유전자의 모든 촉진유전자에 비슷한 기본 인자들이 결합하지만, 모든 세포에서 모든 유전자들이 발현되지는 않는다. 전사 조절의 광범위한 범위는 서로 다른 전사 인자들이 개별 유전자들의 서로 다른 증폭자에 결합함으로써 일어나게 된다(그림 16.6a). 전사 인자가 증폭자에 결합하여 입체적인 단백질/DNA 복합체를 형성하며, 기본 전사 인자들과 직 · 간접적으로 상호작용을 할 수 있다.

증폭자와 촉진유전자 사이에서 DNA는 고리를 형성하여 기본 인자, 매개자, 활성자 사이에 상호작용이 일어날 수가 있다(그림 16.6a). DNA가 길게 뻗어 있으면 상당히 유연하여 고리를 형성하기 용이하게 된다. 이것은 증폭자가 촉진유전자에서 떨어져 있어도 기능을 할 수 있는 이유가 된다.

활성자는 어떻게 작동하는가 전사 활성자 단백질은 DNA의 목표 위치에 결합하여 다음과 같은 방법으로 RNA 합성을 증가시킨다.

1. 활성자는 그림 16.6a에서처럼 기본 인자와 pol II와의 직접적인 상호작용으로 촉진유전자의 핵심 염기 서열에 복합체가 모이도록 돕는다. 이 기능은 박테리아의 전사 활성자와 비슷하다. CRP(C-reaction protein; C반응 단백질)와 같은 박테리아의 양성 조절자들은 촉진유전자에 RNA 중합효소의 결합을 안정화시킨다.
2. 활성자는 **공동활성자**(coactivator)를 모이게 한다. 공동활성자는 특정 지역의 염색질 구조를 전사 가능하도록 열어준다(그림 16.6b). 11장에서 살펴본 DNA는 히스톤 단백질 주위를 둘러싼다는 것을 회상하라. 뉴클레오솜 구조의 촉진유전자에는 기본 인자들이 결합할 수 없다(그림 11.10 참조). 따라서 전사가 진행되기 위하여 촉진유전자의 DNA는 뉴클레오솜이 없어야 한다.

두 종류의 공동활성자, 히스톤 아세틸기 전이효소(histone acetyl transferases, HAT)와 염색질 재구성 복합체(chromatin remodeling complex)가 염색질을 연다. HAT는 히스톤의 특정 아미노산을 아세틸화시키고, 염색질 재구성기(chromatin remodeler)는 ATPase 활성을 갖고 있어서 ATP를 에너지원으로 이용하여 히스톤을 DNA로부터 분리시킨다. 활성자 단백질들은 촉진유전자에 두 가지 형태의 공동활성자가 모이게 할 수 있다.

증폭자 DNA가 염색질에 둘러싸여 있다면 활성자가 처음에 어떻게 증폭자에 결합할 수 있을까? 과학자들은 DNA 복제 직후에 염색질이 형성되기 전에 활성자가 증폭자 DNA에 결합한다고 생각한다. 또한 몇몇 활성자는 염색질에 둘러싸여 있는 증폭자에 결합할 수 있다.

활성자의 구조 전사 활성자들은 염기 서열 특이적으로 증폭자 DNA에 결합하여야 하고 이들은 전사를 활성화하는 다른 단백질들(기본 인자 또는 공동활성자)과 상호작용할

그림 16.7 활성자 단백질 그룹. 활성자에서는 두 가지 공통적인 DNA 결합 모티프는 나선–꺾임–나선과 아연 집게 모티프이다. 색으로 표현된 원통은 DNA 결합 영역의 나선부위를 표시한다.

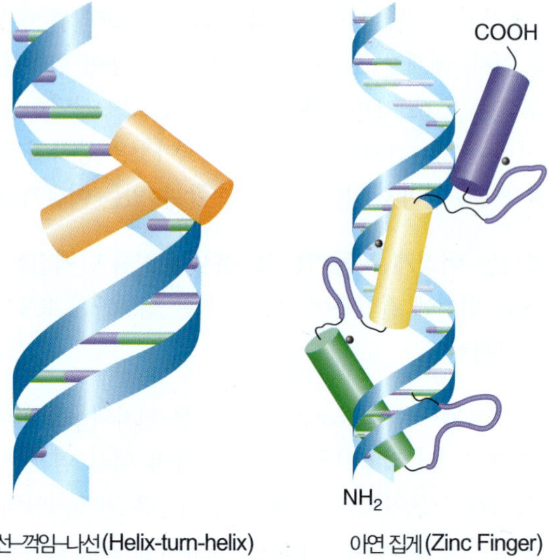

수 있어야 한다. 활성자 단백질의 두 가지 영역(DNA 결합 영역과 전사 활성화 영역)이 위에서 언급한 두 가지의 생화학적 기능을 각각 매개한다.

전사 인자들은 유사한 DNA 결합 영역을 공유하는 단백질 그룹에 속한다. 두 가지의 가장 잘 알려진 DNA 결합구조는 나선-꺾임-나선(helix-turn-helix)과 아연 집게(zinc-finger) 영역이다(그림 16.7). 아연 손가락 모티프는 주로 진핵생물에서 존재하고 나선-꺾임-나선 영역은 원핵생물에서도 존재한다. 예를 들면 Lac 억제자는 나선-꺾임-나선 단백질이다. DNA 결합 영역은 DNA의 큰 홈 부위와 잘 들어맞는다. 동일한 활성자 그룹에서 아미노산 서열의 미묘한 차이가 서로 다른 증폭자의 DNA 서열 특이적인 결합을 가능하게 한다.

전사 인자의 활성화 영역은 DNA 결합 영역에 비하여 특성들이 덜 알려져 있고 덜 구조화되어 있다. 활성화 영역의 아미노산 서열은 활성자가 기본 인자 혹은 다른 공동활성자와 상호작용하는 데 결정적이다.

많은 활성자들은 2량체 영역이라는 세 번째의 영역을 가진다. 2량체 영역은 다른 전사 인자와 상호작용을 통해 다량체를 형성할 수 있게 한다. 원핵생물의 Lac 억제자처럼 많은 조절 단백질이 전형적인 예이다(그림 7.31 참조). 많은 2량체 영역들 중 하나는 류신 지퍼(leucine zipper) 모티프이다. 류신 지퍼 모티프는 일정한 간격으로 류신 잔기를 가지고 있는 나선 구조이다. 두 개의 류신 지퍼 단백질들이 지퍼처럼 맞물리는 능력은 류신 사이에 있는 아미노산 서열에 의존적이다. 대부분의 류신 지퍼 단백질은 염기 영역이라 명명된

그림 16.8 Jun–Jun과 Jun–Fos 2량체. 동형이량체들은 두 개의 같은 폴리펩티드를 가지고 있는 반면, 이형이량체들은 두 개의 서로 다른 폴리펩티드를 가지고 있다. 두 개의 소단위 내의 류신 지퍼 모티프는 서로 강하게 상호작용을 하여 이량체가 형성될 수 있다. 기본 DNA 결합 영역(basic domain)은 류신 지퍼를 갖고 있는 대부분 전사 인자의 특징이다.

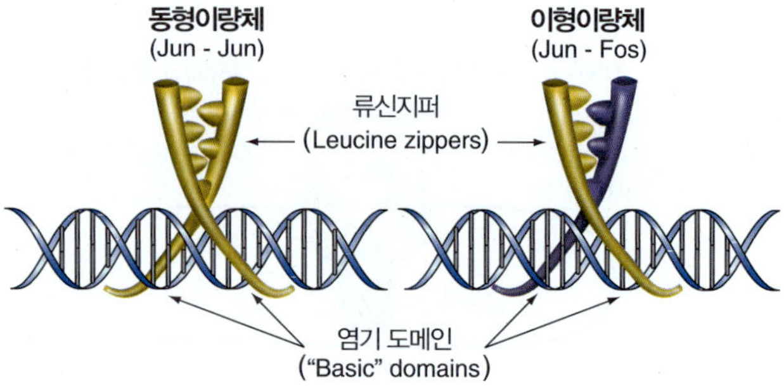

DNA 결합 영역을 갖는다.

류신 지퍼 영역을 갖는 가장 잘 알려진 전사 인자는 Jun이다. 이들은 자기끼리 Jun-Jun **동형이량체**(homodimer)를 형성하거나, Fos라고 하는 또 다른 단백질과 Jun-Fos **이형이합체**(heterodimer)를 형성할 수 있다(그림 16.8). 하지만 Fos 류신 지퍼는 자신과 같은 종류와는 동형이량체를 형성할 수 없어서 Fos-Fos 동형이량체는 존재하지 않는다. Jun과 Fos의 단량체는 DNA에 결합할 수 없기 때문에 단량체로는 전사 인자로서의 역할을 할 수가 없다. 그러므로 Jun-Fos 전사 인자시스템은 두 종류의 전사 인자만을 만들어 낼 수 있다. 즉, Jun-Jun 단백질 또는 Jun-Fos 단백질들이다. 이 두 종류의 이량체는 여러 가지 증폭자에 다른 친화력을 가지고 결합한다.

억제자

증폭자와 같은 특정 DNA 서열에 결합하여 유전자의 전사를 저해하는 진핵생물의 전사 인자를 억제자(repressor)라고 한다.

억제자의 역할 원핵생물에서 음성 조절자들은 RNA 중합효소가 촉진유전자에 결합하는 것을 물리적으로 저해한다. 진핵생물에서 억제자의 기능은 원핵생물과는 다르다. 진핵생물의 억제자는 일반적으로 **공동억제자**(corepressor)를 증폭자로 모은다. 공동억제자는 DNA와 직접 결합할 수 없기 때문에 억제자가 존재할 때만 증폭자와 연관을 갖게 된다.

1. 몇몇 공동억제자는 RNA pol II 복합체와 직접 결합하고 이들이 촉진유전자와 결합하는 것을 저해한다(그림 16.9a).

그림 16.9 전사 억제자는 어떤 작용을 하는가? 억제자 단백질은 증폭자에 결합하고 공동억제자를 소환한다. (a) 몇몇 핵심 억제인자 단백질은 RNA pol II 기본 전사 인자들이 촉진유전자와 결합하는 것을 직접적으로 막는다. (b) 다른 공동억제자는 촉진유전자 염색질을 폐쇄하여 전사를 막는 히스톤 수정 효소들이다.

(a) 유전자는 프로모터에 결합한 RNA pol II를 직접 저해하는 공동억제자를 소환할 수 있다.

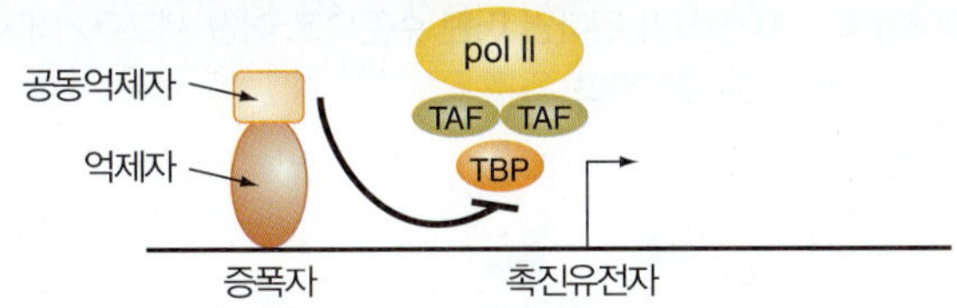

(b) 억제자는 닫힌 염색질인 공동억제자를 모집할 수 있다.

2. 다른 공동억제자는 히스톤 꼬리의 아미노산을 변경하는 효소이다. 따라서 닫힌 염색질 구조를 만든다(그림 16.9b). 11장에서 살펴본 히스톤 탈아세틸화 효소(histone deacetylases, HDAC)와 히스톤 메틸 전이효소(histone methyl transferases, HMTs)를 상기하라.

억제자의 구조 억제자의 구조는 활성자와 유사하다. 억제자는 DNA 결합 모티프, 공동억제자와 결합하는 억제 영역 그리고 이량체 영역을 갖는다. 실제로 특정 전사 인자는 상황에 따라 활성자 혹은 억제자로서 역할을 한다. 예를 들면, 초파리의 Dorsal 전사 인자는 많은 유전자의 증폭자에 결합하여 활성자로서 역할을 하지만 다른 몇몇 유전자들의 증폭자에 결합할 때는 억제자로서 기능을 한다. 하나의 단백질이 전사에서 어떻게 두 가지 반대의 기능을 가지게 될까? Dorsal은 공동활성자와 결합하는 활성자이다. 그러나 몇몇 증폭자에서는 또 다른 단백질이 Dorsal을 억제자인 Groucho와 결합하게 한다(그림 16.10).

그림 16.10 하나의 전사 인자가 활성자이면서 억제자일 수 있다. (a) 초파리의 Dorsal 단백질은 유전자 1의 활성자로서 기능을 한다. 유전자 2에서 다른 전사 인자가(회색)가 증폭자 2에 결합하여 Groucho라는 공동억제자를 소환함으로써 Dorsal 단백질이 억제자로서 역할을 하게 한다.

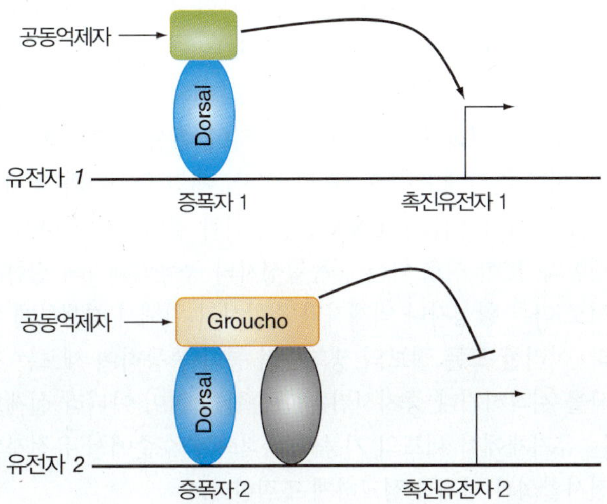

간접적인 억제

많은 조절 단백질은 공동억제자를 불러 모으는 것이 아니라 활성인자의 기능을 간섭함으로써 전사 개시를 간접적으로 저해하여 간접적인 억제자라고 한다. 억제자와 활성자의 결합 DNA 서열이 중복되어 몇몇 억제자들은 활성자와 증폭자와의 결합을 경쟁적으로 저해한다(그림 16.11a). 또 다른 기작은 담금질(quenching)이라고 한다. 이 기작은 증폭자에 결합된 활성화영역에 단백질이 결합하여 활성자가 기능하는

그림 16.11 간접 억제. (a) 어떤 억제자(주황색)는 증폭자의 결합부위를 활성자(A)와 공유함으로써 직·간접적으로 역할을 한다. 즉, 억제자가 증폭자 결합에 대하여 활성자와 경쟁한다. (b) 간접억제자는 활성자와 결합하여 활성 영역 부위를 감춘다. (c) 어떤 활성자는 간접억제자에 결합하면 핵으로 이동하지 못하고 세포질 내에 격리된다. (d) 기능을 못하는 간접억제자 혹은 활성자의 이형이량체 형성은 온전한 기능을 하는 활성자 동형이량체의 형성을 막는다.

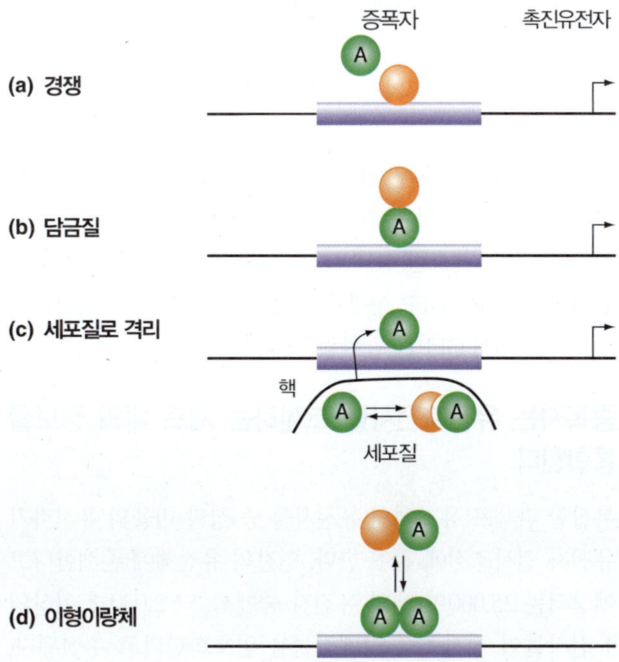

그림 16.12 전사 활성 인자의 동정. (a) 활성자는 보고 유전자에 결합한 증폭자에 결합하고 전사를 개시한다. 이것은 GFP 발현으로 확인할 수 있다. (b) 활성자를 암호화하는 유전자의 돌연변이는 보고자의 전사를 감소시켜 GFP 발현이 감소된다.

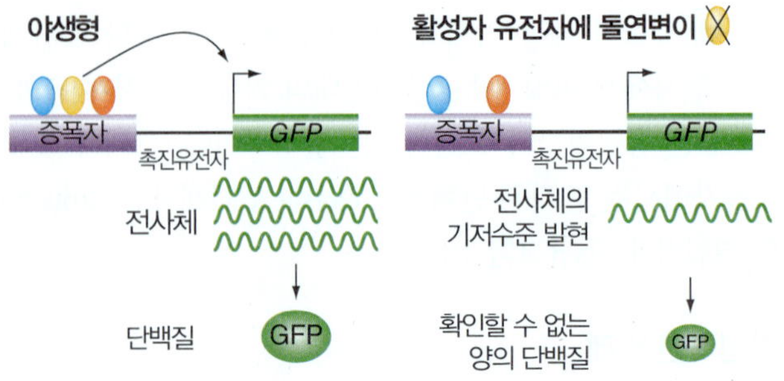

것을 저해한다(그림 16.11b). 한편 몇몇 간접적 억제인자는 활성자와 결합하여 세포질에 머물게 한다. 간접억제자의 번역 후 변형은 활성자를 풀어주어, 그 결과 활성자가 핵으로 이동하여 증폭자에 결합할 수 있다(그림 16.11c). 몇몇 간접억제자는 활성자와 이형이합체를 형성할 수 있다. 활성자의 동형이합체만이 DNA에 결합할 수 있다면 간접억제자의 결합은 활성자의 활성을 저해하게 된다(그림 16.11d).

전사 인자의 동정

과학자들은 목표 유전자를 조절하는 전사 인자 후보자의 기능을 확인하기 위하여 GFP 보고(리포터) 유선사를 많이 사용한다. 이러한 실험에는 두 가지가 요구된다. 첫째, GFP 리포터에 목표유전자의 증폭자를 결합시킨 재조합 유전자를 만들어야 한다. 야생형의 동물에 재조합 유전자를 형질전환 시킬 경우 GFP는 목표했던 세포에서 높은 수준으로 발현되어야 한다. 그림 16.3을 보라.

둘째, 후보 전사 인자 유전자에 대한 돌연변이체가 있어야 한다. 후보 전사 인자 기능 상실 돌연변이체에 GFP 리포터를 형질전환시킬 경우 활성자가 증폭자와 결합하여 전사를 활성화시킨다면, 이 돌연변이체에서 GFP 리포터는 발현되지 않을 것이다(그림 16.12). 반대로 억제자의 기능상실 돌연변이체에서는 GFP 형광을 더 높게 나타내거나, 적절하지 않은 세포에서 GFP가 발현될 것이다.

증폭자는 유전자전사를 조절하는 세포 내의 정보를 통합한다

복잡한 다세포 유기체의 유전자들 중 상당 비율의 유전자가 유전자 전사조절에 관여 한다. 인간의 유전체에 존재한다고 예상되는 25,000여 개의 유전자 중에서, 약 2,000개 이상의 유전자들이 전사조절 단백질들을 암호화한다고 추정된다.

그림 16.13 증폭자는 조직 및 시기특이적인 유전자 발현을 조절한다. 어떤 유전자가 눈과 피부 발현에 대한 증폭자를 포함한다고 가정해 보자. 증폭자에 있는 염기 서열을 전사 활성자(초록색)나 억제자(주황색)가 인식하고, 이들은 특정조직에는 존재하기도 하고 안하기도 한다. 또한, 특정 전사 인자는 전사 후(예를 들면, 인산화) 혹은 알로스테릭(다른자리입체성; 예를 들면 호르몬결합) 기작에 의해서 조절된다. 증폭자는 모든 전사 인자의 결합정보를 통합하여 목표유전자가 전사되어야 하는지 전사가 된다면 어떤 수준으로 어떤 세포주기에서 전사가 일어나는지를 결정한다.

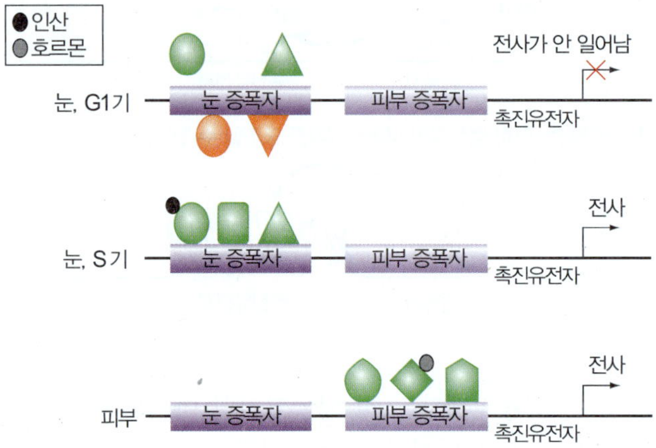

어느 한 유전자의 발현 조절이 많은 조절 단백질들에 의해 이루어질 수 있고, 각각의 조절 단백질들이 많은 다른 유전자들을 조절할 수도 있다. 가능한 조절단백질의 조합의 경우는 수없이 많고, 이러한 다수의 조합은 다세포 진핵생물에서 세포 분화와 발달에 있어서 유연성 있는 조절을 가능하게 한다.

특정 시간과 특정 세포유형에서 유전자 발현을 조절하는 시스(*cis*) 작용 염기 서열을 증폭자 요소로 정의한다. 많은 유전자들이 한 개의 조직 이상에서 발현되기 때문에 유전자 발현 조절 부위는 여러 개의 증폭자 요소를 가질 수 있다. 눈 증폭자는 눈 세포에서 유전자의 전사를 활성화하고, 피부 증폭자는 피부 세포에서 유전자의 전사를 활성화한다(그림 16.13). 각각의 증폭자는 서로 다른 활성자와 억제자에 다양한 친화력으로 결합하는 하나 이상의 위치를 갖는다. 어떤 순간에도 세포 내에는 수십 개의 활성자와 억제자가 존재하며, 이들은 DNA 결합부위와 결합하기 위하여 경쟁한다. 또한 서로 다른 공동활성자와 공동억제자의 집합은 서로 다른 활성자나 억제자와 결합하기 위해서 경쟁하게 된다. 이러한 모든 정보의 생화학적 통합을 통하여 세포는 전사를 시작하거나 중지시키는 단순한 조절이 아니라 실제로는 유기체에서 세포의 기능에 최적화된 수준에서 유전자의 전사활성과 억제를 정교하게 조절한다.

다세포 유기체에서 모든 세포들은 동일한 핵 DNA를 갖는다. 따라서 유전자의 증폭자 요소들은 모든 세포에 존재한다. 따라서 세포 특이적인 전사 조절은 세포 발달 과정에서 증폭자에 결합하는 수많은 전사 인자들의 변화에 기인한다(그림 16.13). 우리는 트랜스(*trans*) 작용 단백질의 기능이나 조합이 시간에 따라 변화할 수 있는 여러 가지 방법 중에서 세 가지에 대해서 논의할 것이다.

다른 자리 입체성 상호작용

진핵생물의 전사 인자 활성은 작은 분자와의 다른 자리 입체성(allosteric) 상호작용으로 조절될 수 있다. 15장에서 TrpR 억제자와 트립토판의 결합 및 Lac 억제자와 알로락토오스(allolactose)의 결합과 유사한 기작이다. 스테로이드호르몬 수용체 전사 인자는 진핵생물에서 알로스테릭효과의 중요한 예이다. 호르몬 결합은 수용체 단백질에 알로스테릭 변화를 일으키고, 이것은 전사 인자의 표적 증폭자에 대한 DNA 결합능력을 크게 증가시킨다(그림 16.14).

인간에서 스테로이드호르몬인 테스토스테론(testosterone)과 디하이드로테스토스테론(dihydrotestosterone)도 이러한 기작으로 정밀하게 작동한다. 남성의 사춘기 때 고환은 안드로겐 스테로이드(androgen steroid)를 높은 수준으로 생성하고 목표세포(예를 들면, 피부 모낭 세포)의 안드로겐(androgen) 수용체에 결합한다. 스테로이드에 의한 안드로겐 수용체 전사 인자의 조절은 표적 세포에서 유전자의 전사발현을 조절하여 사춘기소년의 수염 같은 2차 성징 발현을 야기한다. 이 예는 신체의 어느 부위에선가 항상 변화하는 신호에 반응하여 다세포 생물체의 세포는 유전자의 발현 프로그램을 변화시켜야 한다는 것을 의미한다.

전사 인자 변형

전사 인자는 단백질로 합성된 후에 여러 종류 화학물 그룹

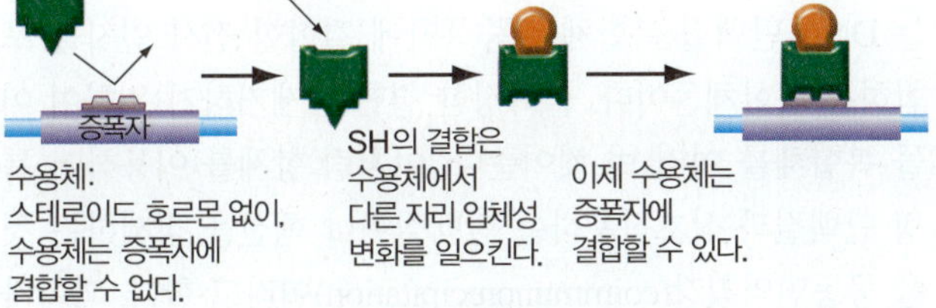

그림 16.14 스테로이드 호르몬 수용체. 스테로이드 호르몬 수용체의 DNA 결합부위는 평상시 불활성화 상태이나, 스테로이드 호르몬이 수용체의 특정 영역에 결합하여 다른 자리 입체성 변화(allosteric changes)를 일으키면 DNA 결합 능력이 활성화된다.

의 공유결합에 의해서 변형된다. 그림 8.26b에서 이미 이에 대하여 기술하였다. 이들 변형 중에서 가장 중요한 것 중 하나는 인산화이다. 인산기를 단백질에 공유결합시키는 효소를 인산화효소(kinase)라고 한다. 인산화는 여러 가지 방법으로 전사 인자를 활성화 혹은 불활성화할 수 있다. 인산화는 전사 인자가 핵으로 이동하는 것을 조절하거나, DNA 결합 특성을 변화시키거나, 공동활성자나 공동억제자와 같은 다른 단백질과의 상호작용 능력을 변화시킬 수 있다.

세포주기의 변화나 주변 환경의 변화처럼 빠르게 발생하는 현상들을 조절하기 위하여 인산화기작을 이용한다. 19장에서 p53과 같은 특정 전사 인자의 인산화가 암세포로부터 개체를 보호하는 데 어떻게 기여하는지 살펴볼 것이다.

전사 인자 연쇄반응

그림 16.3에서 묘사된 것처럼 모든 전사 인자들이 모든 세포에서 언제나 만들어지는 것은 아니다. 어떤 하나의 전사 인자가 특정 세포에 존재하지 않는다면 표적 유전자의 전사 개시에 영향을 줄 수 없을 것이다. 즉, 어떤 유전자가 어느 정도 수준에서 어떤 세포에서 발현되는지는 세포 내에 있는 전사 인자들의 종류에 달려 있다.

전사 인자는 다른 단백질처럼 전사를 통해서 그 양이 조절된다. 따라서 전사 인자의 발현은 다른 전사 인자에 의해서 조절되는 연쇄반응으로 발생한다. 일군의 전사 인자들은 다른 일군의 전사 인자의 발현을 중지 혹은 야기시킨다. 18장에서 전사 인자의 연쇄반응을 통한 조절이 다세포 진핵생물의 조직 발달에서 얼마나 중요한지에 대하여 살펴볼 것이다.

절연자(인설레이터)는 DNA를 구조화하여 증폭자와 촉진유전자의 상호작용을 조절한다

앞서 언급한 것처럼 증폭자는 조절하는 유전자의 상위 혹은 하위에 존재하면서, 촉진유전자의 방향에 관계없이 유전자 발현을 조절한다. 증폭자는 두 유전자 사이에서 어떤 유전자를 발현시킬지를 어떻게 인지할 수 있을까? 증폭자는 멀리 있는 유전자의 발현을 조절하면서 어떻게 염색체상의 다른 유전자들의 발현은 조절하지 않는 것일까? 절연자라는 DNA인자가 염색질을 구조화하여 증폭자가 특정 촉진유전자에 결합한다는 것이 해답이다.

절연자는 어떻게 동정이 되었는가?

증폭자와 촉진유전자 사이에 존재하면서 증폭자가 촉진유전자에서 전사의 개시를 방해하는 DNA 염기 서열로서 절연자가 동정되었다. 절연자 후보 염기 서열을 리포터가 결

그림 16.15 절연자의 동정. 절연자 염기 서열이 증폭자와 촉진유전자 사이에 존재하여 전사를 방해하지 않는다면 두 가지 보고 유전자의 촉진유전자 사이에 놓인 증폭자는 전사를 유도할 것이다. RFP(red fluorescent protein)는 붉은 산호에서 분리된 붉은색 형광 단백질이다. 위 그림의 유전자 구성을 갖는 형질전환 개체는 붉은색과 녹색형광을 갖을 것이다. 아래 그림의 유전자 구성을 가진 경우에는 동일한 세포에서 녹색형광만을 나타낼 것이다.

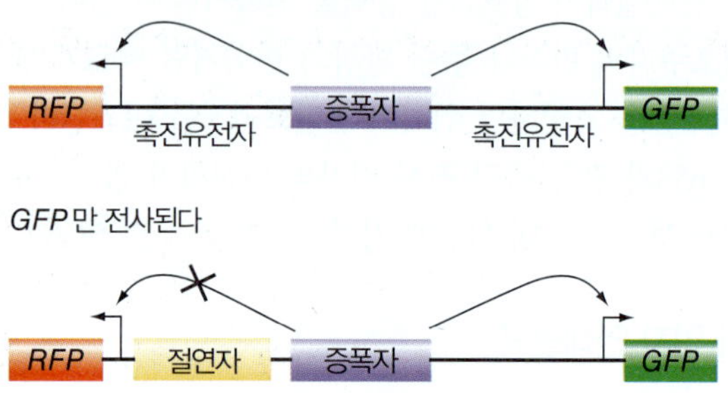

합된 촉진유전자와 증폭자 사이에 삽입하면 보고 유전자의 발현을 막는다. 그래서 이들 DNA 염기 서열을 **절연자**(insulator)라고 명명하였다(그림 16.15).

절연자가 어떻게 작동하는가?

절연자는 *CTCF* (*CCCTC* 결합인자)라는 단백질에 결합하여 DNA 고리 형성을 유도한다. 절연자가 촉진유전자와 증폭자 사이에 놓여 있으면, 두 인자는 서로 다른 고리에 있게 되어 상호작용을 하지 못하게 된다(그림 16.16). CTCF가 어떻게 DNA 고리를 형성하는지에 대하여는 잘 알려져 있지 않다.

일부 절연자는 단순히 증폭자의 기능을 막는 것 이외에

그림 16.16 절연자가 작용하는 방법. 절연자는 유전체 DNA를 고리 형태로 만든다. 증폭자는 같은 고리 안에 있는 촉진유전자에서만 전사를 활성화한다(A = 활성자). 절연자 결합 단백질 CTCF (노란색)는 다른 단백질과의 결합(회색)으로 고리형성을 유도한다.

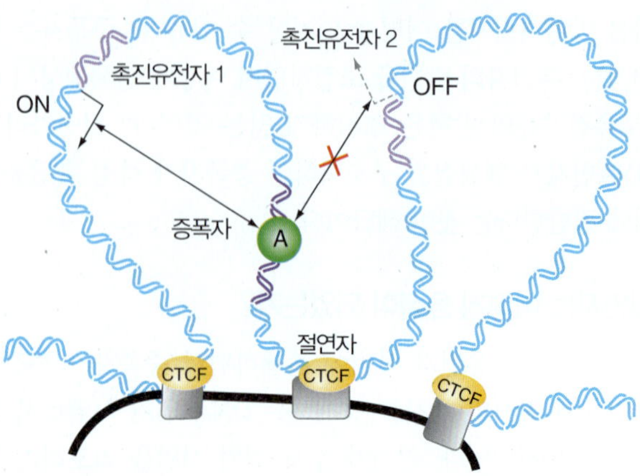

더욱 복잡한 기능을 한다는 것이 최신 연구를 통하여 알려지고 있다. 일부 발생 단계에 따라 조절되는 유전자들은 절연자들에 의해서 분리되는 여러 가지의 증폭자를 가지고 있다. 이들 유전자에서 DNA 고리의 형성은 역동적이어서 개체의 발생에 따라 변하는 신호에 따라 특정 촉진유전자에 특정 증폭자를 전달해 주는 기능을 할 수 있다.

새로운 방법들은 시스와 트랜스 작용 전사조절인자들의 전체적인 작동 모습을 보여준다

생물학, 컴퓨터과학, 정보공학을 융합하여 **생물정보학**(bioinformatics)이라는 하나의 학문분야를 형성하였으며, 생물정보학을 통해 생명체의 복잡한 전사조절 프로그램을 이해할 수 있게 되었다. 예를 들면 컴퓨터는 cDNA의 염기 서열을 이용하여 예상 단백질을 가상으로 번역해 주며, 유전체에서 개방 번역틀(open reading frame, ORF)을 예측하여 아미노산 염기 서열을 예측하여 준다. 컴퓨터는 또한 이들 아미노산 서열에서 나선-고리-나선(helix-loop-helix)이나 아연 집게 모티브를 찾아서 전사 인자를 동정해 줄 수 있다. 이와 같은 방식으로 연구자들은 생명체 유전체에 암호화되어 있는 전사 인자들을 찾을 수 있다. 인산화처럼 번역 후 수정은 전사 인자의 활성 조절에서 중요한 역할을 수행하며, 단백질의 아미노산 정보로부터 번역 후 수정이 일어나는 특정 아미노산을 예측할 수 있다.

증폭자와 같은 시스 작용 전사조절 위치를 찾기 위해서 컴퓨터를 활용하여 근연 종간의 유전체 염기 서열을 비교한다. 그림 9.12에서 확인한 것처럼 단백질 정보를 갖고 있는 지역 이외의 부분은 염기 서열이 잘 보존되어 있지 않다. 따라서 이 지역에서 잘 보존된 염기 서열은 중요한 역할을 수행할 가능성이 있는 후보이다.

특정 세포 내 유전체에 존재하는 관심 있는 전사 인자의 모든 목적 유전자를 찾는 강력한 새로운 방법이 **염색질 면역침강 서열화**(chromatin immunoprecipitation-sequencing, ChIP-Seq)이다(그림 16.17). 연구자는 우선 연구할 세포의 핵에서 염색질을 분리하고, DNA와 염색질의 단백질을 화학적으로 교차연결(cross-link)시키고, DNA를 잘게 절단시킨다. 다음으로 관심 있는 전사 인자에 결합하는 항체를 현미경수준의 구슬에 결합시킨다. 항체가 결합된 구슬에 결합하는 DNA-단백질 복합체는 증폭자에 결합한 전사 인자를 포함하는 복합체들이다. 불특정한 결합을 제거하기 위하여 이들 복합체를 여러 번 씻어준다. 이처럼 항체를 이용하여 특정 단백질과 상호작용하는 단백질이나 핵산을 정제하는 것을 공동면역침강(coimmunprecipitation)이라고 한다. 과학자

그림 16.17 ChIP-Seq. 표적 유전자의 DNA에 결합하는 단백질을 분리하기 위하여 특정 전사 인자(파란색 타원형)에 결합하는 항체(Y자 모양의 분자)를 사용한다. 분리된 단백질-DNA 복합체 중 DNA 염기 서열을 분석해서 전사 인자가 조절하는 유전자들을 확인한다.

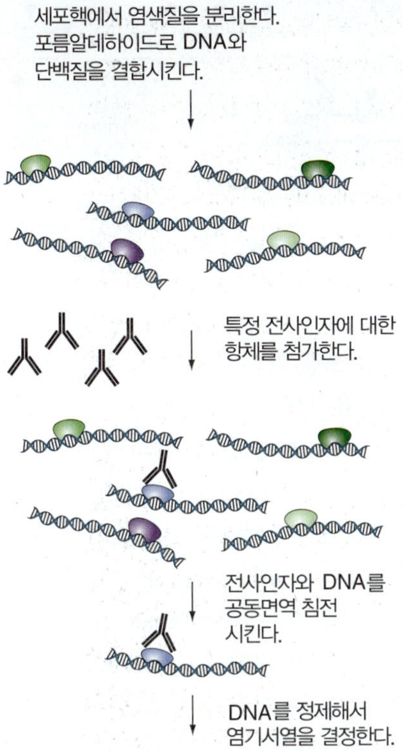

들은 정제된 복합체에서 DNA 조각을 염기 서열 분석하여 특정 세포 내에서 관심 있는 전사 인자의 목적 유전자들을 확인할 수 있다.

핵심 개념

- 증폭자는 유전자의 촉진유전자에서 멀리 떨어져 있는 DNA 염기 서열이고, 기저수준에 비교하여 유전자의 발현을 증가 혹은 감소시키는 역할을 특정 세포에서 수행한다.
- 전사 인자는 촉진유전자에 결합하는 기본 인자를 포함하여 증폭자에 결합하는 활성자와 억제자를 포함하는 트랜스 작용 단백질이다. 전사 인자가 DNA에 결합하면 전사 인자는 유전자에 다른 단백질들을 소환한다.
- 증폭자는 많은 활성자와 억제자가 결합하는 위치이다. 증폭자의 이러한 특성은 세포 특이적인 또는 시기 특이적인 발현을 가능하게 한다.
- 절연자는 염색질을 고리형태로 만들어주는 DNA 염기 서열이며, 촉진유전자는 염색질이 같은 고리 안에 있을 때만 상호작용을 한다.
- 생물정보학자들은 새로운 전사 인자들의 결합 위치에 대하여 유전체 전체에 대한 탐색을 가능하게 한다. ChIP-Seq는 특정 항체를 사용하여 관심 있는 전사 인자에 의해서 조절되는 유전자들을 확인한다.

16.3 후성유전학: DNA 메틸화에 의한 전사 개시의 조절

학습목표

1. CpG 섬들에 의한 유전자 발현 조절을 기술한다.
2. 인간 가계도의 유전패턴을 통하여 어떻게 유전체 각인이 유추되었는지 논의한다.
3. 후성유전학적 현상에 대해 정의한다.
4. DNA 메틸화와 유전체 각인 사이의 관계를 설명한다.

앞의 절에서 증폭자에 전사 인자의 결합을 통해 발생과정 동안 특정 시기의 특정 조직에서만 발현되는 유전자가 시공간적으로 어떻게 조절될 수 있는지 알아보았다. 세포들이 전사 개시를 조절할 수 있는 두 번째 방법은 DNA **메틸화**(DNA methylation)를 통해서이다. 메틸화는 CpG 이중 나선 중 한 가닥의 나선에 시토신의 5번째 탄소에 메틸기가 첨가되는 것이다(그림 16.18a). (CpG에서 p는 인산기를 의미한다.) DNA 메틸전이효소(DNMT)라고 명명된 효소가 CpG의 시토신에 메틸기의 첨가를 촉매한다.

DNA 메틸화는 일부 세포특이적인 유전자 발현 조절에서 중요한 역할을 하기도 하지만, 척추동물에서 항존(housekeeping) 유전자의 발현 조절에서 특별히 중요한 역할을 한다. 인간유전체에서 CpG 디뉴클레오티드의 시토신 중 약 70%는 메틸화되어 있다. DNA 메틸화는 유전자 발현에 영향을 주면서 DNA 메틸화 패턴이 후대로 복제된다. 따라서 DNA 염기 서열의 변화 없이 유전적으로 유전자 발현에 영향을 줄 수 있기 때문에 **후성유전학 현상**(epigenetic phenomenon)이라고 명명한다. 메틸화는 포유동물에서 나타나는 유전체 각인(genomic imprinting)이라는 후성유전학 현상의 핵심이다.

무척추동물과 단세포 진핵생물에서는 DNA 메틸화가 발생하지 않거나 드물게 발생한다. 이 절의 정보는 모든 진핵생물들과 관련 있는 것은 아니지만 인간유전학에서는 매우 중요하다.

CpG 섬들에서 DNA 메틸화는 유전자 발현을 침묵시킨다

CpG 섬들은 수백 혹은 수천 염기쌍 길이의 DNA 염기 서열이다. 그 안에 CpG 염기 서열의 빈도는 유전체의 다른 부위에 비하여 훨씬 높다. 촉진유전자 근처의 CpG 섬들이 메틸화되지 않으면, 염색질은 열려 있고 유전자의 전사는 활성화된다. CpG 섬들의 메틸화는 염색질을 닫고 전사를 억제

그림 16.18 **DNA 메틸화 및 CpG 섬들.** (a) 시토신(C)이 메틸화되는 CpG 디뉴클레오티드의 화학구조(붉은색으로 표시). (b와 c) 일부 유전자의 전사는 활성자가 결합하는 위치의 CpG 섬들에 의해서 조절된다. (b) 결합된 활성자는 시토신 잔기의 메틸화를 막는다. (c) 활성자가 존재하지 않는다면, CpG 섬들은 메틸화된다. methyl-CpG 결합단백질이라고 하는 억제자들이 메틸화된 부위에 결합하고 염색질을 닫는다.

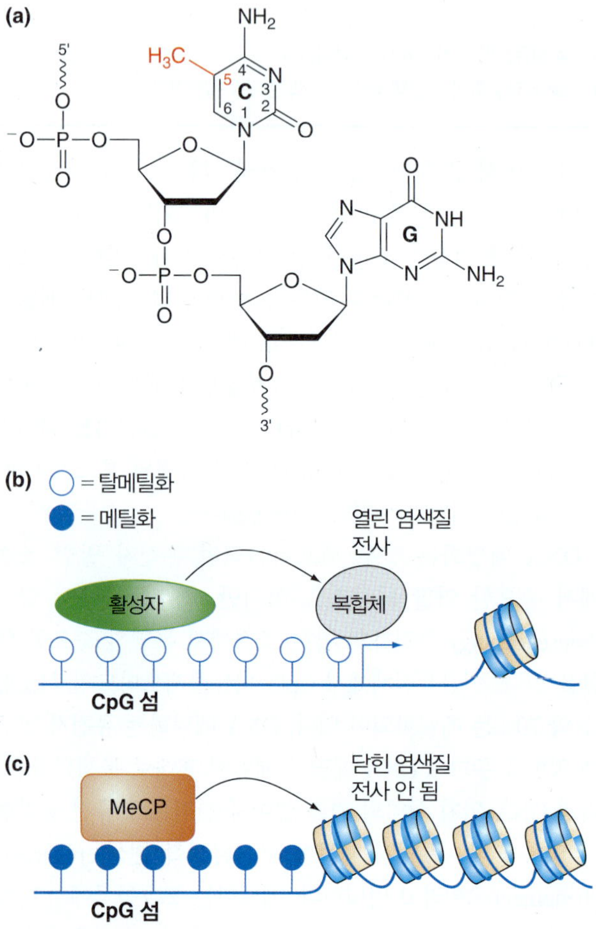

한다(그림 16.18b, c).

CpG 섬들이 일반적으로 메틸화되지 않는 이유는 CpG 섬들에 결합함으로써 전사를 활성화시키는 단백질들인 DNMT가 이들 지역을 메틸화하는 것을 저해하기 때문이다(그림 16.18b). 표적 유전자가 대부분의 세포에서 발현되는 항존 유전자라면 이들 전사 활성자들은 다양한 세포 종류에서 발견될 것이다.

전사 활성자가 존재하지 않는다면, CpG 섬들은 메틸화될 것이다. 메틸 CpG 결합단백질(MeCPs)라고 하는 억제자가 메틸화된 CpG 섬들에 결합하여 염색질 구조를 닫고 유전자 전사는 일어나지 않는다(그림 16.18c). 메틸 패턴은 세포 분열동안 유지되기 때문에 DNA 메틸화에 의한 유전자

그림 16.19 **시토신 메틸화는 DNA 복제를 거치면서도 유지된다.** DNA 메틸전이효소(DNA methyltransferase, DNMT)는 DNA 복제분기점에서 작용한다. 주형 DNA 가닥의 시토신 메틸화 유형(파란색)은 새로이 합성되는 DNA 가닥(붉은색)에 복제된다.

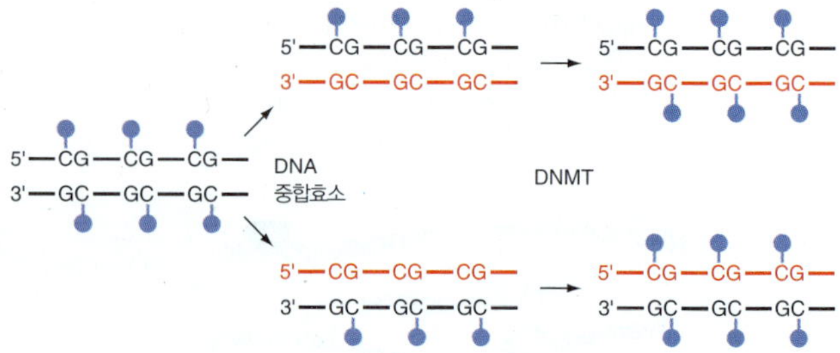

의 억제는 종종 오랜 기간 유지된다. 이러한 DNA 메틸화에 의한 장기간의 유전자 발현 억제를 침묵 현상(silencing)이라고 한다. DNA 복제 분기점에 존재하여 한 가닥만 메틸화된 DNA를 인식하는 특정 DNMT에 의해서 DNA 복제기간 동안 DNA 메틸화 패턴은 복제된다(그림 16.19).

인간에서 DNA 메틸화를 통한 유전자 발현 조절의 잠재적인 중요성은 레트증후군(Rett syndrome)을 일으키는 돌연변이 유전자의 발견에 의해서 밝혀졌다. 레트증후군은 뇌의 발달에 문제를 일으켜 발작과 정신적 · 육체적인 손상을 일으킨다. 이 질병은 X-연관 우성 유전을 보이며, methyl-CpG 결합단백질인 McCP2라는 X-연관 유전자의 기능상실 돌연변이에 의해서 일어난다.

성 특이적인 DNA 메틸화가 유전체 각인의 원인이다

멘델유전자학의 기본원리는 대립유전자가 부와 모 어디에서 유래했느냐에 따라 F_1세대에서 대립유전자의 기능에 영향을 미치지 않는다는 것이다. 식물과 동물에서 대부분의 유전자들에 대하여 이 원리는 여전히 유효하다. 그러나 놀랍게도 포유류의 몇몇 유전자는 이 원칙을 따르지 않는다는 것이 과학자들에 의해서 밝혀졌다.

대립유전자의 발현이 부모의 성별에 영향을 받는 특이한 현상을 **유전체 각인**(genomic imprinting)이라고 한다. 유전체 각인에서 부 혹은 모로부터 유전된 대립유전자의 한쪽은 전사가 비활성화되고, 다른 부모로부터 받은 유전자는 전사가 활성화된다. 각인이라는 단어는 DNA 염기 서열은 변화 없이 부와 모 중 한쪽에서 각인된 유전자가 침묵하는 것으로 정의한다. 이 절의 뒤에서 **각인 조절 영역**(imprinting control region, ICR)이라고 하는 특정 염기 서열의 성 특이적인 DNA의 메틸화를 살펴볼 것이다.

인간 유전체에 존재하는 약 25,000개 유전자 중 약 100개

만이 각인 현상을 나타낸다. 이형접합자 개체에서 한 개의 유전자에 대한 두 개의 다른 유사체를 분리할 수 있는 RNA-seq 방법으로 각인된 유전자의 숫자가 밝혀졌다(15장 참조). 이들 100개 중 절반은 부모에서 각인된 유전자들이다. 즉, 아버지 각인된 유전자라는 말은 부로부터 유전된 대립유전자는 발현되지 않고, 모로부터 유전된 대립유전자는 발현된다는 의미이다. 반대로 어머니 각인된 유전자는 모로부터 유전된 대립유전자는 발현되지 않고, 부로부터 유전된 유전자는 발현된다. 각인과 침묵을 동일하게 생각한다면 이 용어에 쉽게 익숙해질 수 있을 것이다.

각인과 인간질병

유전체 각인의 존재는 RNA-seq 기술이 개발되기 전에 이미 유추가 되었었다. 1980년대 임상유전자학들은 돌연변이 대립유전자가 부모 중 어느 성별에 존재하느냐에 따라서 자녀의 발병이 결정된다는 것을 관찰하였다. 이런 종류의 가계도 패턴은 각인된 유전자가 제거되어 발생하는 매우 드문 질병의 경우에서도 분명하다. 질병뿐만 아니라 결실 유전도 핵형에 따라 유전되기 때문이다.

그림 16.20a에서 보는 것처럼, 아버지에 각인된 유전자의 결실은 어머니의 유전자가 발현되기 때문에 자식에게 영향을 주지 않고 지나갈 수 있다. 그러나 여성이 이러한 결실에 대하여 이형접합형이라면 그녀의 아이들 중 50%는 그녀로부터 이 유전자를 받을 것이다. 이들 이형접합체의 아이들은 어머니로부터는 결실된 돌연변이를 온전한 유전자는 아버지로부터 물려받았으므로 발현이 되지 않아 결국 돌연변이 표현형을 나타낼 것이다. 반대로 어머니의 각인된 유전자의 결실은 아버지의 유전자가 온전히 발현되기 때문에 표현형적으로 인식되지 못하고, 여러 세대 동안 어머니에서 딸에게 유전될 것이다. 그러나 남성에게서 자식에게 결실이 유전된다면 딸과 아들은 아버지의 결실된 각인 유전자를 갖게 될 가능성이 각각 50%이다. 어머니에게서 받은 각인된 유전자는 발현되지 않기 때문에 아버지로부터 결실된 유전자를 갖는 아이들은 돌연변이 표현형을 갖게 된다(그림 16.20b).

인류에게 각인은 다양한 발생학적 문제를 일으킨다. 이에 대한 예는 프레더-윌리증후군(Prader-Willi syndrome)과 엔젤만증후군(Angelman syndrome)으로 알려진 서로 연관된 한 쌍의 질환이 있다. 프레더-윌리증후군을 갖는 아이들은 작은 손과 발, 불완전하게 발달한 생식기, 작은 키와 정신지체, 강박적 과식, 비만을 나타낸다. 엔젤만증후군의 아이들은 붉은 뺨, 큰 턱, 돌출된 혀와 큰입을 갖는다. 두 증후군은 15번 염색체의 q11-13에 있는 작은 결실과 종종 연관되어 있다. 그 결실이 아버지로부터 유전되었을 때 아이는 프레더-윌리증후군이 되고, 어머니로부터 유전되었을 때는 엔젤만증후군이 된다.

이 현상은 앞서 살펴본 결실 부위에 최소한 두 가지의 유전자가 다르게 각인되어 있다면 설명이 가능하다. 한 유전자는 어머니로부터 각인된 것이다. 아버지로부터 결실된 염색체를 물려받고 어머니로부터 각인된 염색체를 물려받은 아이는 프레더-윌리증후군을 나타낸다. 엔젤만증후군의 경우 동일 지역에 다른 유전자가 아버지로부터 각인이 되어 있다. 어머니로부터 결실된 염색체를 물려받고 아버지로부터 각인된 유전자를 물려받은 아이는 엔젤만증후군을 나타낸다.

그림 16.20 유전체 각인과 인간질병. (a) 부계에 각인된 상염색체 유전자의 결실과 연관된 질병의 전형적인 가계도. 아버지는 아무런 영향을 주지 않으면서 결실을 딸과 아들에게 전달할 수 있다(가계도에서 점은 영향을 주지 않는 결실의 보인자이다). 어머니는 결실을 전달하여 자식들에게 병을 일으킨다(노란색). (b) 모계에 각인된 유전자의 결실과 연관된 질병의 전형적인 가계도. 이 경우 어머니는 아무런 영향을 주지 않고 아들과 딸에게 결실을 전달한다(점). 아버지는 결실을 전달하여 자식에게 병을 일으킨다(보라색).

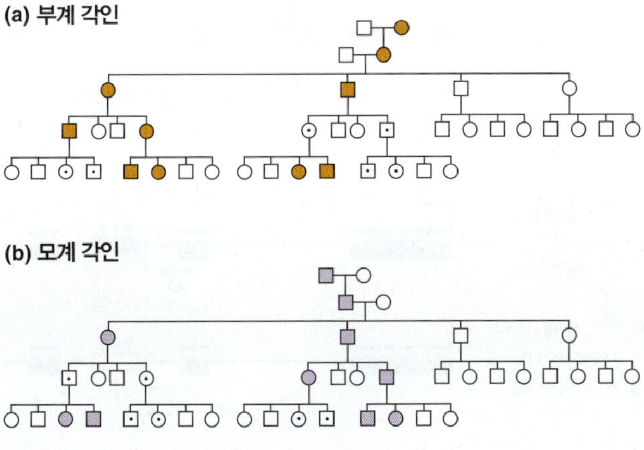

후성유전학적 현상으로서의 각인

DNA 염기 서열을 변화시키지 않고 유전자들은 변형될 수 있고, 이러한 변형은 후대로 유전되면서 유전자 발현에 영향을 미친다. 이전에 언급한 것과 마찬가지로 염기 서열의 변화 없는 유전자의 변형과 세포분열을 통하여 유전이 직접적으로 되는 것을 후성유전학적 변화라고 한다. 유전체 각인을 일으키는 후성유전학적 변화의 형태는 성 특이적인 특정 ICRs (각인 조절 영역; 100개의 각인 유전자 근처에 존재) CpG 섬들의 DNA 메틸화이다.

그림 16.21 유전체 각인은 감수분열 동안 재설정된다. 모계에서 각인된 유전자는 빨간색으로 표시되어 있고, 부계에서 각인된 유전자는 검은색으로 표시되어 있다. 생식세포 안에서는 체세포에서 유래한 각인은 지워지고 새로이 성 특이적인 각인이 확립된다.

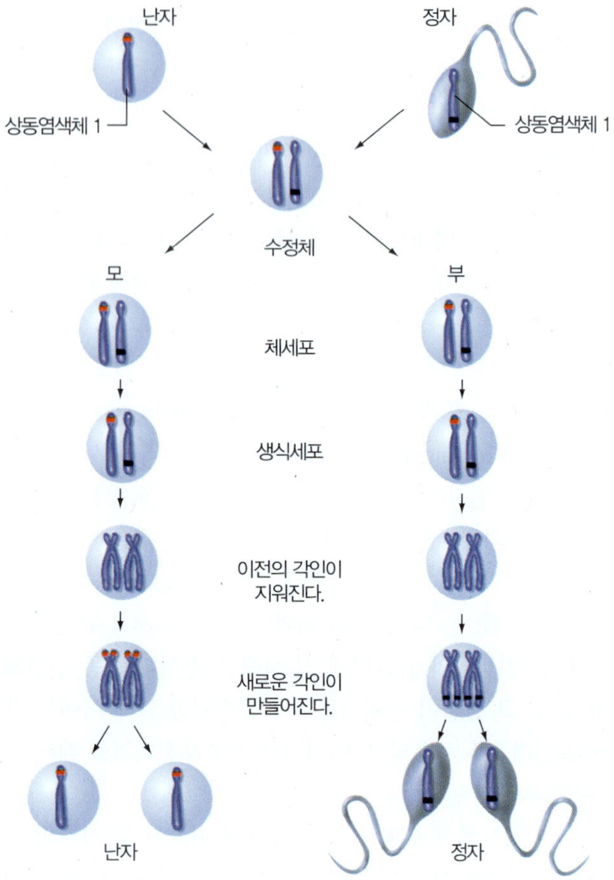

DNA 복제 기간 중 메틸화 패턴이 전달되기 때문에 각인은 체세포 유사분열 시 유지된다. 새롭게 합성되는 이중 나선형의 한 쪽 가닥에 존재하는 메틸기의 존재는 DNMT 메틸화 효소가 다른 가닥에 메틸기를 첨가하는 신호가 된다(그림 16.19 참조). 각인된 영역의 성 특이적인 메틸화는 개체의 전 생애 동안 일반적으로 유지된다.

그러나 DNA 메틸화는 다음 세대로 넘어가는 감수분열 시에 재설정되어야 한다는 것을 가계도 그림 16.20에서 보여주고 있다. 이것이 사실이 아니라면 각인은 성 특이적일 수 없다. 그림 16.21은 생식세포에서 메틸화가 제거되고, 성 특이적인 메틸화 표지는 다음 세대로 가는 생식세포의 발달 단계에서 생성된다는 것을 나타내고 있다. 몇몇 유전자는 엄마의 생식세포에서 메틸화되고, 다른 것은 아버지의 생식세포에서 메틸화 표지를 만든다. 각인은 어머니와 아버지 생식세포에서 각각 만들어지고 동시에 만들어지지 않는다. 남성과 여성의 생식세포에서 다른 메틸화 패턴을 만드는 분자적인 차이는 알려져 있지 않다.

각인은 어떻게 작동하는가?

ICR에서 DNA 메틸화는 근처에 있는 유전자의 전사를 조절한다. 항상 유전자 발현을 억제하는 CpG 섬들에서의 메틸화와 비교하면 ICR에서의 메틸화는 각인된 유전자들을 활성화 혹은 억제할 수 있다. 생화학적인 연구는 ICR 메틸화가 유전자 발현에 영향을 주는 두 가지 방법들을 규명하였다.

절연자 기작 ICR은 DNA 메틸화에 의해서 기능이 조절되는 절연자를 갖는다. ICR 기능에 대한 이들 기작의 한 가지 예는 어머니로부터 각인된 쥐의 유전자 *Igf2* (insulin-like growth factor 2)에서 보인다. *Igf2* 위치에서 각인은 *Igf2* 촉진유전자와 증폭자 사이에 위치하는 절연자의 메틸화를 통하여 이루어진다(그림 16.22a). 어머니 염색체상의 메틸화가 되지 않은 절연자는 기능을 한다. 즉, CTCF (염색체에

그림 16.22 유전체 각인의 기작. (a) *Igf2*의 모계 각인은 *Igf2* 증폭자와 촉진유전자 사이에 위치한 절연자의 메틸화에 의해서 조절된다. 모계의 상동유전자에서 절연체는 메틸화가 되어 있지 않으므로 기능을 한다(CTCF가 결합할 수 있다). 부계의 상동유전자에서는 절연자가 메틸화되어 기능을 하지 않는다. (b) *Igf2*의 부계 각인은 *Air* ncRNA의 전사를 조절하는 CpG 섬들의 메틸화에 의존한다. *Air*이 전사될 때 *Igfr2*는 발현되지 않는다. 모계의 상동유전자상에 위치한 CpG 섬들이 메틸화되어 *Air*의 전사는 발생하지 않으며, 따라서 *Igfr2*는 발현된다. 부계에서는 CpG 섬들이 메틸화되지 않기 때문에 *Air*가 발현되므로 *Igfr2*는 침묵한다.

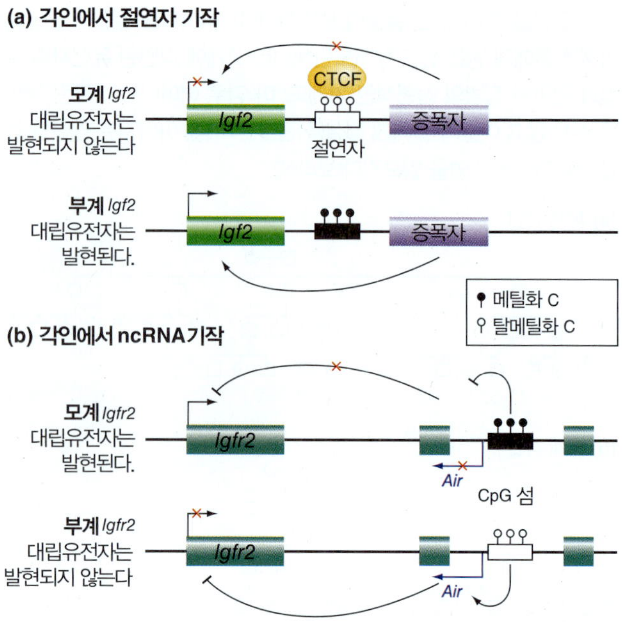

서 절연자와 함께 고리를 형성하는 단백질)가 결합한다. 결국 어머니 염색체상의 증폭자는 촉진유전자와 같은 고리 안에 있지 않기 때문에 *Igf2* 유전자의 발현을 활성화시킬 수 없다.

비교해 보면, 아버지의 염색체에서는 절연자가 메틸화되어 있고 따라서 CTCF는 결합할 수 없다. 결국 증폭자와 촉진유전자가 같은 고리 안에 있기 때문에 전사를 활성화할 수 있다. 이 경우에 아버지의 염색체가 메틸화되어 있다고 하더라도 어머니쪽의 상동유전자가 발현이 되지 않는다. 즉, *Igf2*는 어머니쪽에 각인되어 있다.

비암호화 RNA (ncRNA) 기작 몇몇 각인된 유전자의 근처에 있는 ICR은 CpG 섬들에 의해서 조절되는 ncRNA를 암호화하고 있다. 아버지로부터 각인된 *insulin growth factor receptor 2* (*Igfr2*; *Ifg2*에 대한 수용체) 유전자는 이 각인 기작의 예를 보여준다(그림 16.22b). 아버지 염색체상에 *Igfr2*의 인트론에 있는 촉진유전자(*Igfr2* 촉진유전자와 방향은 반대)를 이용하여 ncRNA인 *Air* 유전자가 전사된다. 따라서 *Air* ncRNA는 *Igfr2*의 전사를 저해하는 안티센스 RNA이다. 어머니 염색체에서 *Air* 전사를 조절하는 CpG island는 메틸화되어 있고 따라서 *Air* 발현이 저해받아서 *Igfr2*의 발현이 정상적으로 일어난다. 아직까지 *Air* 안티센스가 어떻게 *Igfr2*를 저해하는지는 알려져 있지 않다. 아마도 *Air* 전사체 그 자체가 *Igfr2*의 전사를 방해하고 *Air*과 *Igfr2*의 전사체의 상호작용이 RNA 간섭에 의한 *Igfr2*의 분해를 일으킬 수 있을 것이다.

왜 각인인가?

이 질문에 대한 대답은 알려져 있지 않다. 그러나 여러 가지 가설들이 제안되어 있다. 가장 흥미있는 이론 중 하나는 각인은 태반을 갖고 있는 포유류에서만 발생하고 *Igf2*와 *Igfr2*와 같은 대부분의 각인 유전들은 태아성장을 조절한다. 부모갈등가설은 자궁에서 자라는 태아가 어머니의 자원을 광범위하게 사용하고 있으므로 어머니의 입장에서는 태아가 작아서 어머니와 조화를 이루어야 하고, 아버지의 입장에서는 태아가 커서 더 원기 왕성해야 한다는 것이다. 부모갈등가설에 따르면 각인은 자궁에서 이러한 갈등을 해결하는 자연의 섭리일 수 있다는 것이다. 예를 들면, *Igf2*는 성장을 촉진하는 리간드(ligand)를 암호화므로 엄마에게 각인된다. 반면에 *Ifgr2*는 리간드에 대한 수용체를 암호화하여 성장을 억제하므로, 이 유전자는 아버지에게 각인되어 있다. 이 이론은 표면적으로는 매우 흥미롭지만, 많은 생물학자들은 이 이론이 너무 단순화되어 있다고 생각한다. 이들은 유전체 각인의 기원에 대하여 서로 다른 아이디어들을 갖고 있다.

핵심 개념

- 특정 억제자는 메틸화된 CpG에 결합하여 전사 활성 인자를 저해한다. CpG 메틸화 패턴은 DNA 복제 기간 동안 복제되기 때문에 세포의 세대를 거쳐서 유지된다.
- 인간에서 약 100개 유전자가 부모의 성별에 의존적으로 유전자 발현이 조절된다. 아버지로부터 각인된 유전자들은 아버지로부터 유전될 때 침묵하고, 어머니로부터 각인된 유전자는 어머니로부터 유전될 때 침묵한다.
- 각인처럼 후성유전학적 현상은 염기 서열의 변화 없이 DNA의 변형에 의해서 유전자 발현을 조절함으로써 발생하고 이러한 DNA 변형은 세포분열 동안 유지되어 전달된다.
- 특정 유전자의 발현을 조절하는 시스 작용 요소의 성 특이적인 DNA 메틸화에 의해서 유전체 각인이 발생한다. 감수분열 동안 오래된 각인은 지워지고 새로운 성 특이적인 메틸화 패턴이 확립된다.

16.4 전사 후 조절

학습목표

1. 진핵생물에서 한 개의 유전자가 어떻게 서로 다른 단백질을 생산할 수 있는지 설명한다.
2. 세 가지 서로 다른 작은 조절 RNA들(miRNA, siRNA, piRNA)의 기능을 비교한다.

유전자 발현 조절은 발현 과정의 어떠한 시기에서도 일어날 수 있다. 지금까지 우리는 주로 전사 개시율에 영향을 끼치는 기작에 대해 알아보았다. 그러나 RNA 이어맞추기, 안정성, mRNA의 세포 내 위치, mRNA의 단백질로의 번역, 단백질 안정성과 세포 내 위치 그리고 변형을 포함하는 전사 후 과정에 대한 수많은 작용기작들이 존재한다. 이 모든 기작들을 하나의 장에서 전부 설명하는 것은 불가능하므로 여기에서 가장 중요한 두 가지에 집중하여 설명하고자 한다. 첫째, 어떻게 RNA 결합 단백질이 1차 전사체의 선택적 이어맞추기에 영향을 끼쳐서 다른 mRNA를 합성하는가. 둘째, 작은 RNA들이 특정 mRNA의 안정성과 번역에 어떤 영향을 미칠 수 있는가이다.

염기 서열 특이적인 RNA결합 단백질들이 RNA 이어맞추기를 조절할 수 있다

진핵생물세포의 유전체는 세포에서 발현되는 단백질보다 적은 숫자의 유전자를 갖는다. 이것이 가능한 한 가지 이유는 세포들은 선택적 이어맞추기(alternative splicing)를 통하여 한 개의 유전자에서 여러 가지의 단백질을 만들 수 있기 때문이다. 1차 전사체의 이어맞추기가 서로 다른 mRNA들을 만들어서 다른 단백질들을 생산하는 것이다(그림 8.17 참조).

1차 전사체의 이어맞춤접합(splice junction)에서 조립되어 이어맞추기를 일으키는 이어맞추기복합체(splicesome)는 100개 이상의 단백질로 구성되어 있다. 이들 이어맞추기복합체 단백질들은 RNA 절단, 엑손의 연결 등 서로 다른 기능들을 수행한다. 이들 이어맞추기복합체 구성 요소 중 일부는 어느 엑손이 함께 이어맞추기가 되는지를 결정한다. 이들 이어맞추기복합체 단백질들은 1차 전사체에서 특정 RNA 염기 서열을 인식해서 특정 이어맞춤접합 염기 서열의 이용을 도와주거나 저해한다.

이 장의 서두에서 초파리의 성 특이적인 파트너 유인 행동은 *fruitless* (*fru*)에 의해서 조절된다고 언급하였다. 뇌와 신경계의 여러 장소에서 수컷 초파리는 수컷 특이적인 형태의 *fru* 유전자의 생산물인 Fru-M (아연 집게 전사 인자)을 합성한다. 수컷에만 존재하는 Fru-M 단백질의 합성은 암컷 특이적으로 발현되는 RNA 결합단백질인 Transformer (Tra)가 없을 때 이어맞추기 단계에서 결정된다.

Fru 기본 전사체는 양쪽의 성에서 모두 만들어진다. 암컷에서 Tra (Tra2라고 하는 암컷 수컷 모두에서 존재하는 단백질과 함께)는 *fru* 1차 전사체의 특정 염기 서열에 결합한다. Tra와 Tra2는 다른 이어맞추기복합체 구성물들과 상호작용하여 특정 이어맞춤 수여자 부위의 이용을 억제한다. 그 결과로 암컷 특이적인 Fru-F 단백질을 생산한다(그림 16.23). Tra 단백질이 없는 수컷세포에서 *fru* 전사체의 선택적 이어맞추기 결과물은 N 말단에 101개의 아미노산이 추가된 Fru-M 단백질이 만들어진다(그림 16.23).

그림 16.23 ***fru*** **1차 전사체의 성 특이적인 이어맞추기.** Tra 단백질이 없는 상태(수컷)에서 *fru* RNA의 이어맞추기는 mRNA를 형성하여 Fru-M 단백질을 합성한다. 암컷에만 존재하는 Tra 단백질은 (Tra2와 함께) *fru* 전사체에서 엑손 한 개의 이어맞추기를 방해하여 Fru-F 단백질을 암호화하는 전사체를 만든다.

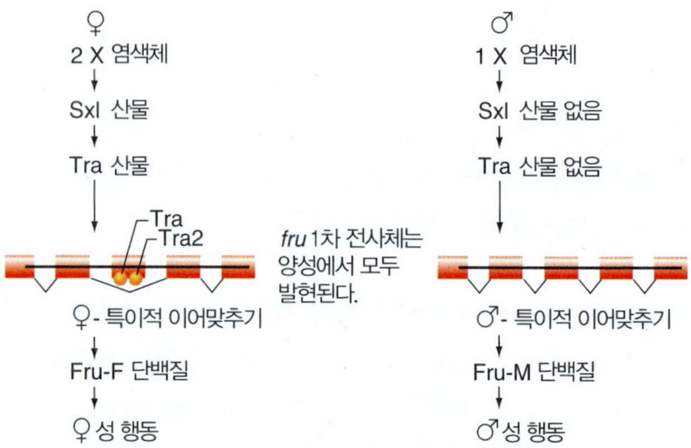

비록 Fru-F는 어떤 기능을 갖는 것 같지는 않지만, Fru-M은 수컷의 교미 춤을 조절하는 유전자 발현 프로그램을 활성화한다. *fru* 돌연변이를 갖는 수컷 초파리는 Fru-M 생산을 멈추게 되고 수컷과 암컷을 구분 없이 유혹한다. 반대로, Fru-M 발현이 일어나는 *fru* 돌연변이 암컷 초파리는 수컷의 성적 행동을 획득하게 된다. 그들은 수컷의 교미 춤을 추고 암컷을 유혹한다. 연구자들은 이제 이러한 행동을 직접적으로 일으키는 Fru-M의 표적 유전자들을 확인하려 하고 있다.

작은 RNA들은 mRNA 안정성과 번역을 조절한다

21세기 초 처음 5년 동안 상보적인 염기쌍 결합에 의해서 특정유전자의 발현을 저해하는 작고 특별한 RNA들이 새로운 유전자 전사조절자로서 발견되었다(표 16.1). 현재 세 가지 종류의 작은 조절 유전자들이 동정되었다. 이들은 마

표 16.1 진핵생물에서 Small RNA들

	표적	효과
마이크로 RNA (micro-RNAs, miRNA)	• mRNA	• mRNA의 번역을 저해 • mRNA의 불안정화
작은 간섭 RNA (small interfering RNAs, siRNA)	• mRNA • 이질염색질이 될 염색체에서 만들어진 초기의 전사체들	• mRNA 번역 저해 및 불안정화 • 히스톤 수정효소를 DNA로 소환하여 이질염색체 형성
piwi-상호작용 RNAs (piwi-interacting RNAs, piRNAs)	• 전이인자 전사체들 • 전이인자 촉진유전자	• 전이인자 mRNA의 분해 • 히스톤 수정을 촉진하여 전이인자 전사체 저해

이크로 RNA(micro-RNA, miRNA), 작은 간섭 RNA(small interfering RNAs, siRNAs), Piwi 상호작용 RNA(Piwi-interacting RNAs, piRNAs) 등이다. 각각의 작은 RNA 그룹들은 서로 다른 경로를 통하여 만들어진다. 결국 약간 다른 길이의 단일가닥 RNA를 생산하지만 이들은 항상 21~30뉴클레오티드 범위에 있다.

이들이 기능을 수행하기 위하여 각각의 작은 RNA 그룹은 서로 다른 Agronaute/Piwi 단백질 그룹과 함께 리보뉴클레오티드 복합체를 형성한다. 각 복합체에 있는 작은 RNA들은 복합체를 부분적 혹은 완벽한 상보성을 갖는 특정 목표 핵산으로 안내한다. 세 종류의 작은 RNA들은 모두 RNA안정성과 번역을 조절하여 전사 후 조절 수준에서 유전자 활성을 조절한다. 또한 siRNA와 piRNA는 염색질 구조에 영향을 미쳐 전사수준에서 조절한다.

miRNAs

동물에서 가장 많은 작은 RNA 그룹 중 하나는 마이크로 RNAs(micro-RNA, miRNAs)이다. 다음에서 간단히 언급될 miRNA들은 일반적으로 표적 mRNA의 음성적 조절자로서 mRNA를 분해하고 단백질 합성을 저해한다.

인간유전체에는 1,000개에 달하는 miRNA들이 존재한다. 이들 유전자는 RNA 중합효소 II에 의해서 전사가 이루어지며, 이중가닥 줄기-고리 구조를 형성하는 *pri-miRNA*라고 명명된 긴 기본 전사체를 합성한다(그림 16.24). pri-miRNA가 활성화된 miRNA를 형성하기 위해서는 전처리에 의해서 짧은 한 가닥의 miRNA를 형성하여야 한다. 그림 16.25는 *Drosha*와 *Dicer*라고 하는 리보핵산가수분해효소에 의해

그림 16.24 micro-RNA를 포함하는 유전자. 1차 miRNA 전사체는 한 개에서 여러 개의 miRNA를 갖는다. 이들 1차 전사체 중 일부는 단백질을 암호화하지 않는다(a). 하지만 일부 miRNA는 단백질을 암호화하는 전사체의 인트론에서 만들어진다.

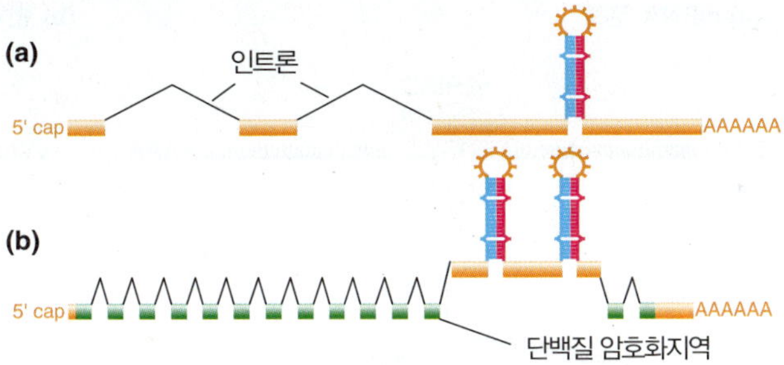

서 처리되는 다단계 과정을 모식적으로 보여준다. 이 과정 중에 miRNA 염기 서열은 핵에서 세포질로 이동한다. 또한 miRNA는 miRNA 유도성 침묵화 복합체(miRNA induced silencing complexs, miRISCs)라고 하는 리보단백질 복합체를 구성한다. 각각의 miRISC는 Argonaute 단백질의 특정한 그룹을 갖는다.

miRNA를 포함하는 리보단백질 복합체(miRISCs)는 Argonaute 단백질과 mRNA의 3′-UTR에 있는 표적 부위와 상보적인 miRNA 종류에 따라서 다양한 기능을 수행한다. miRISC를 가이드하는 miRNA와 표적 RNA가 완벽한 상보성을 갖는 다면 mRNA를 분해한다(그림 16.26a). 상보성이 완벽하지 않으면, 일반적으로 번역을 저해하는 역할을 한다(그림 16.26b). 이러한 miRISC가 번역 과정을 조절하는 기작은 아직 완전히 이해되지는 않고 있다.

안내와 표적 RNA 사이에 완전한 상보성이 요구되는 것

그림 16.25 miRNA가 완성되는 처리 과정. 전사 직후 micro-RNA를 포함하는 1차 miRNA (pri-miRNAs)은 핵 내에 위치하는 효소인 Drosha에 의해 인식되어 pre-miRNA 줄기-고리 구조가 만들어진다. pre-miRNA는 핵에서 세포질로 능동수송된다. 세포질에서 pre-miRNA는 Dicer 효소에 의해서 고리 부위가 제거되어 짧은 생존주기를 갖는 miRNA*:miRNA 이중가닥으로 만들어지고, RISC (RNA-induced silencing complex)에 의해서 인식된다. RISC는 miRNA* 가닥을 제거하여 매우 높은 특이성을 갖으면서 기능을 하는 miRISC를 완성한다.

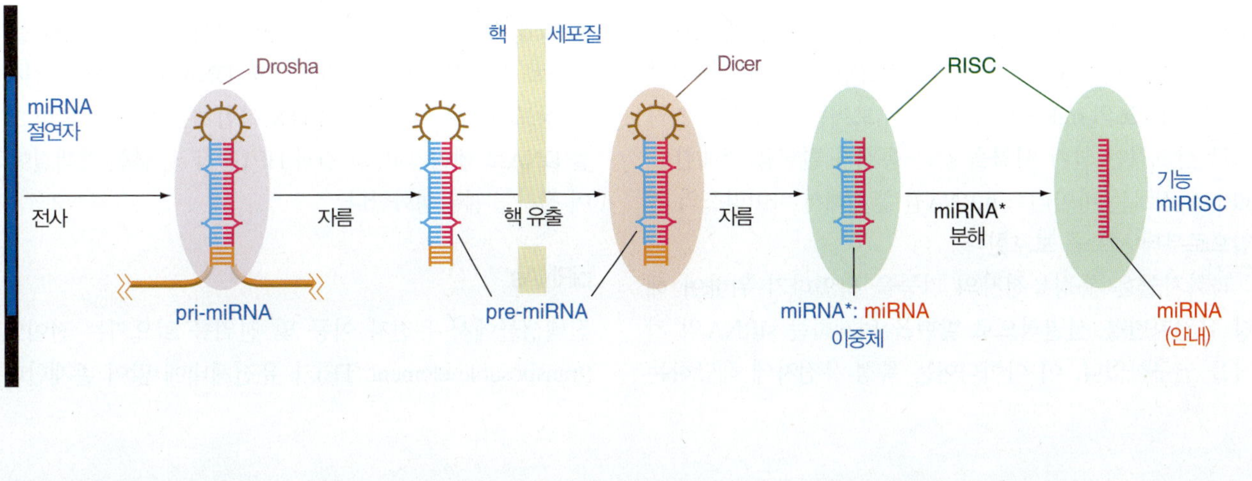

그림 16.26 miRISC가 유전자 발현을 억제하는 기작. miRISC는 두 가지의 다른 방법을 통해 유전자 발현을 억제한다. (a) 만약 miRNA와 그의 목표 mRNA가 완전히 상보적인 염기 서열을 가지고 있다면, miRISC는 mRNA를 자른다. 두 개로 잘린 전사체는 RNase로부터 더 이상 보호받지 못하고, 빠르게 분해된다. (b) 만약 miRNA와 그의 목표 mRNA가 부분적으로 상보적이라면 알려지지 않은 기작을 통해 mRNA에서 단백질이 합성되는 것을 저해한다.

(a) mRNA 분해 **(b) 번역 체계**

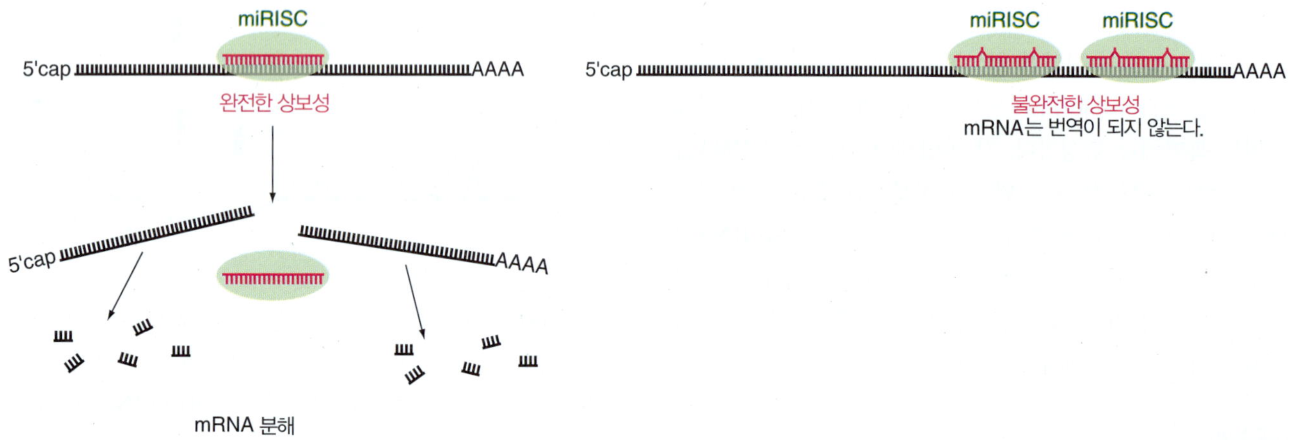

은 아니기 때문에, 한 개의 miRNA가 여러 개의 서로 다른 mRNA (평균 10개)를 조절할 수 있다. 결과적으로 과학자들은 인간 유전자의 약 절반이 miRNA에 의해서 조절된다고 추측한다. 게다가 각각의 miRNA는 다세포 생물체에서 조직과 시간에 따라 다르게 발현되기 때문에 한 개의 miRNA가 다른 조직에서는 다른 형태로 유전자 발현에 영향을 줄 수 있다.

siRNA(작은 간섭 RNA)

작은 간섭 siRNAs(small-interfering RNA, siRNA) 경로는 많은 점에서 miRNA와 매우 유사하다. 둘 사이에 가장 큰 차이점은 small RNA의 기원이다. miRNA가 긴 단일가닥 RNA로부터 기원한다면, siRNA는 두 가닥의 RNA (dsRNA)가 Dicer에 의해 처리되어 만들어진다. 이 dsRNA는 외부 유래 바이러스나 내부에서 유래하는 DNA 염기 서열로부터 합성된다. dsRNA에 대한 일련의 과정을 거쳐 Argonaute 단백질과 결합하는 단일가닥 RNA를 생산하고 복합체를 형성한다. 단일가닥 RNA를 안내자로 사용한다면, 이들 복합체는 그림 16.26의 miRNA 복합체에서 보이는 것과 같은 기작으로 상보적인 염기 서열을 갖는 유전자 발현을 저해한다. siRNA 경로는 바이러스 mRNA를 분해해서 바이러스의 침입으로부터 세포를 보호한다.

과학자들은 특정유전자의 기능을 확인하기 위하여 해당 유전자만을 선별적으로 발현을 억제하는 siRNA의 기작을 연구하였다. 이 아이디어는 특정 유전자에 해당하는 dsRNA를 세포나 개체에 도입하여 유전체 내의 내부 유전자의 발현을 억제하는 것이다. 이러한 기술을 RNA 간섭(RNA interference)이라고 명명한다. siRNA에 대한 처리 과정은 이중가닥 RNA를 한 가닥의 siRNA로 만든다. Argonatute의 측면에서 보면, siRNA는 상보적인 염기 서열의 mRNA와 혼성화되어 mRNA를 분해한다. 이러한 방법으로 과학자들은 관심 있는 유전자의 발현을 억제하고 기능을 제거했을 때의 표현형을 분석한다. 18장에서는 수많은 생물학적 과정을 유전적으로 분석하기 위한 RNA 간섭의 사용을 살펴볼 것이다.

siRNA의 또 다른 중요한 역할은 이질염색질의 형성이다. 이질염색질 형성은 HP1이라는 단백질의 결합을 촉진하는 히스톤단백질 꼬리부분의 변형을 포함한다는 11장의 내용을 생각해 보라(그림 11.14 참조). 이질염색질이 될 염색체 지역은 처음에는 양방향으로 전사된다. 결과적으로 긴 이중가닥 RNA는 Dicer에 의해서 처리되어 작은 이중가닥 RNA들로 된다. RISC와 유사한 복합체인 RITS (RNA-induced transcriptional silencing)는 이들에 결합한다. 이 siRNA를 가이드로 사용하여 이질염색질이 될 DNA에서 발현된 전사체와 상보적으로 결합한다. RITS 복합체는 히스톤 변형 효소를 DNA로 데려가고, 그 결과 HP1결합 및 닫힌 염색질이 되어 전사를 불활성화한다.

piRNAs

진핵생물에서 유전자 이동 및 전위를 일으키는 전이인자(transposable element, TE)가 유전체내에 많이 존재한다는 것을 이전 장에서 언급했던 것을 기억할 수 있을 것이다. 이들 TE를 갖고 있는 생물체들은 유전체의 온전성을 유지하기 위하여 이들의 움직임을 막아야 한다. 생물체들이 이들 TE의 움직임을 최소화할 수 있는 한 가지 기작은 small Piwi 상호작용 RNAs(Piwi-interacting RNA, piRNAs)를 이용한 것이다. 이들 piRNA들은 TE의 전사와 TE mRNA의 번역을 막는다. 전이효소(transposase)나 역전사효소(reverese transcriptase)와 같은 효소의 합성 없이 TE는 움직일 수 없다.

이들 piRNA는 10~1,000개의 piRNA를 암호화하고 있고 유전체 전체에 걸쳐 산재되어 있는 piRNA 집단에서 전사된다. 일련의 과정 후에 piRNA는 Piwi 단백질(Argonaute 단백질의 일종)을 갖는 복합체 위에 올려지고, piRNA는 Piwi 복합체를 TE DNA혹은 TE 전사체 위로 안내한다. TE DNA에서 Piwi복합체는 TE 전사를 방해하는 히스톤 변형을 촉진한다. 반면에 TE 전사체에 결합한 Piwi 복합체는 TE RNA를 분해한다. piRNA 경로에 대한 자세한 것은 앞으로도 연구할 대상이다.

핵심 개념

- 진핵생물에서 선택적 이어맞추기는 한 개의 전사체에서 여러 개의 다른 단백질을 생산할 수 있다. 염기 서열 특이적인 RNA 결합단백질은 특정 이어맞추기 연결을 촉진한다.
- 세 종류의 작은 RNA는 miRNA, siRNA, piRNA이다. 이들은 상보적인 염기쌍 형성을 통하여 mRNA의 안정성, 번역, 전사를 조절한다. 이들 작은 RNA들은 안내자로서 역할을 해서 단백질 복합체를 특정 mRNA(mRNA 분해 혹은 단백질 번역 억제) 또는 촉진유전자 근처의 염기 서열로 인도한다(전사억제 또는 이질염색질 유도).

16.5 포괄적인 예: 초파리의 성 결정

학습목표

1. 초파리에서 *Sxl* 촉진유전자는 어떻게 X 염색체 숫자를 인식하는지 설명한다.
2. 암컷 형태와 행동을 결정하는 Sxl 단백질에 의해서 시작되는 일련의 과정들을 기술한다.
3. 초파리 성 결정에서 전사조절 기작을 논의한다.

수컷과 암컷 초파리는 형태학, 생화학, 행동학 그리고 생식계열의 기능에서 많은 성 특이적 차이를 보여준다(그림 16.27). 수십 년 간에 걸친 과학자들의 연구를 통하여 초파리에서는 Y 염색체의 존재 유무가 아니라 X 염색체의 숫자가 성을 결정한다고 결론을 내렸다. 성 결정은 *Sxl* 유전자의 전사조절을 통하여 최초에 시작된다. XY가 아닌 XX에서 *Sxl*의 전사가 시작되고 세 가지 독립적인 경로를 통하여 성 결정에 영향을 준다. 첫째, 수컷인지 암컷인지의 외형과 행동을 결정한다. 둘째, 생식세포가 난자 혹은 정자로 발달할지를 결정한다. 셋째, 암컷에서 X-연관된 유전자의 전사비율을 두 배로 함으로써 양적 보정을 만들어 낸다.

초파리에서 성 결정의 토의를 단순화하기 위해서 첫 번째 경로에 집중할 것이다. 성적 특성형성에 영향을 미치는 돌연변이 분석을 통하여 이 경로에 대한 이해가 가능할 것이다. 예를 들면, 이장의 도입부에서 *fru*itless (*fru*) 유전자에 돌연변이를 갖고 있는 XY 초파리는 특이하게도 수컷 유혹 행동을 한다. 반면에, XX 초파리에서는 동일한 *fru* 돌연변이가 일반적인 암컷처럼 행동한다. 표 16.2는 서로 다른 유전

그림 16.27 초파리의 성 특이적인 특징들. 파란색으로 표시된 것은 수컷의 특징들이다. 빨간색으로 표시된 것은 암컷의 특징들이다. 초록색으로 표시된 형질은 암컷이나 수컷에서 서로 다른 형태로 보이는 특징들이다.

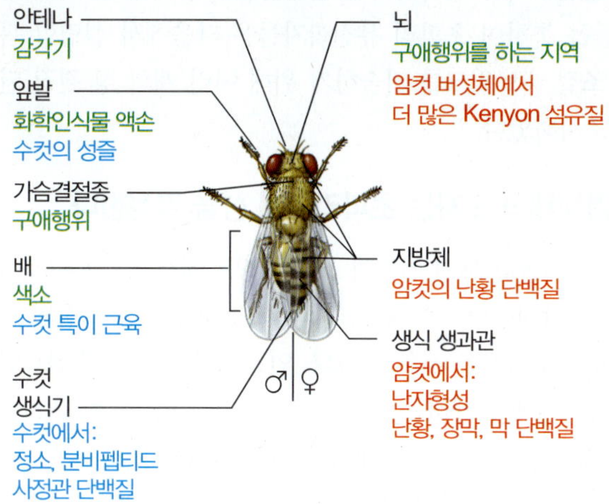

표 16.2 암컷과 수컷에서 서로 다르게 영향을 미치는 초파리 돌연변이

돌연변이	XY 표현형	XX 표현형
Sex lethal (Sxl)	수컷	치사
transformer (tra)	수컷	수컷(불임)
doublesex (dsx)	간성	간성
intersex (ix)	수컷	간성
fruitless (fru)	부적절한 교배행동을 하는 수컷	암컷

자들의 돌연변이가 암컷과 수컷에서 다르게 영향을 끼친다는 것을 보여준다. 어떻게 이러한 체세포의 돌연변이들이 초파리의 성 결정에 영향을 끼치는지에 대한 설명은 유전학적 실험들이나 생화학적인 실험들로부터 나왔다. 이러한 실험들을 통하여 초파리 유전학자들은 다음에서 설명할 복잡한 조절 네트워크를 기술하기 위해 여러 개의 성 결정 단계를 조사하였다.

X 염색체의 숫자는 초파리에서 성을 결정한다

4장을 떠올려 보면 인간과 초파리 모두에서 XY는 수컷이고 XX는 암컷이다. 그러나 인간과 초파리에서 성 결정의 분자생물학적 기작은 서로 다르다. 인간에서 남성의 핵심요인은 Y 염색체에 존재하는 *SRY* 유전자이다. 여성 성은 *SRY*가 없는 조건에서는 기본 상태이다. 초파리에서 수컷 성은 X 염색체가 하나일 때 일어나는 기본 상태이다. 암컷 성은 X가 두 개일 때이다. 초기의 배발생 단계에서 *Sxl* 유전자를 발현시키기 위해서는 두 개의 X 염색체가 필요하다.

Sxl 촉진유전자에 의한 X 염색체의 계산

배발생 초기에 (성 결정 및 양적보정이 일어나기 전) XX세포는 P_e 촉진유전자(establishment promoter)를 이용해서 *Sxl* 유전자를 발현시킨다. P_e 촉진유전자에서 일어나는 전사는 네 개의 활성자에 의존한다. Scute, Rut, SisA, Upd (그림 16.28a)이다. 이들 활성자에 대한 유전자들은 X 염색체 위에 존재한다. XX 배는 XY 배보다 2배 많은 네 개의 활성자를 갖는다. 두 개의 X 염색체를 갖는 세포들만이 *Sxl* 전사가 일어나게 하기에 충분한 활성자를 갖는다.

암컷에서 Sxl 단백질의 활동

Sxl은 자신의 RNA를 포함하여 특정 RNA들의 선택적 이어맞추기를 조절하는 RNA 결합 단백질이다(그림 16.28b). 배 발생이 진행되면서 P_e 촉진유전자에서 *Sxl*를 발현시키는 전사 인자들은 사라지고, *Sxl*은 P_m (maintenance promoter)에서 발현된다. 수컷에서 P_m 촉진유전자를 이용한 *Sxl* 전사체의 발현은 정지코돈이 존재하는 엑손 3가 포함된 전사체를 만들고, 결국 온전한 Sxl 단백질이 만들어지지 않는다. 그러나 암컷에서는 이전에 만들어진 Sxl 단백질이 P_m에서 생산된 RNA에 결합하여 선택적 이어맞추기에 영향을 미쳐서 엑손 3가 제거된 mRNA를 만든다. 결국 엑손 3가 없는 Sxl mRNA는 더 많은 Sxl 단백질을 만들게 된다. 따라서 발생의 극히 초기 단계에 만들어진 매우 적은 양의 Sxl 단백질이 긍정적 되새김 기작을 확립하여 발생 후기에 더 많은 Sxl 단백질을 생산할 수 있도록 한다.

그림 16.28 XX 초파리에서만 *Sxl*이 발현된다. (a) 암컷의 초기 배에는 X 염색체 연관된 유전자에 의해서 암호화된 활성자가 충분히 존재한다. 따라서 촉진유전자 P_e를 이용해서 Sxl 단백질을 암호화하는 유전자를 발현시킬 수 있다. *E1*과 *E4*는 첫 엑손을 나타낸다. (b) 발생 후기에는 XX와 XY에서 활성자가 동일하게 생산되므로, P_m 촉진유전자를 이용하여 *Sxl*전사체를 만들 수 있다. L1,2,3,4는 앞에 있는 엑손들을 나타낸다. Sxl 단백질이 존재할 때(암컷) 이 단백질은 *Sxl* 1차 전사체에 결합하여 온전한 Sxl 단백질을 암호화하는 mRNA가 만들어지도록 이어맞추기를 한다. 결과적으로 암컷에서 Sxl 단백질 합성을 유지하는 되돌림 기작이 존재하지만, 수컷에는 이러한 기작이 존재하지 않는다(초기와 후기 Sxl 단백질은 N 말단의 아미노산이 약간 다르다).

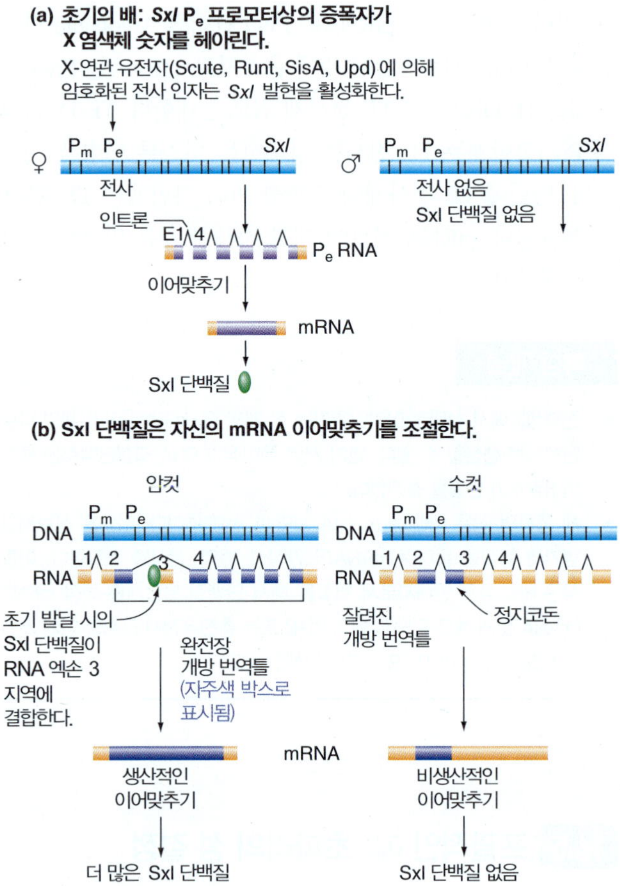

Sx1 돌연변이의 효과

기능을 하지 않는 유전자 산물을 만들어내는 열성의 *Sxl* 돌연변이는 XY 수컷에 아무런 영향을 미치지 않지만, 이들 유전자들은 XX 암컷에서는 치사 돌연변이이다(표 16.2 참조). 그 이유는 일반적으로 *Sxl* 유전자를 발현하지 않는 수컷은 어떤 기능적인 산물을 잃지 않았지만 성 결정을 Sxl 단백질에 의존하는 암컷은 이 산물의 기능을 잃었기 때문이다. 암

그림 16.29 **선택적 이어맞추기의 연쇄반응.** (a) Sxl 단백질은 *tra* RNA의 이어맞추기를 변형한다; 암컷 전사체는 온전한 Tra 단백질을 생산하지만, 수컷 전사체는 그렇지 않다. (b) 연속적인 반응으로 Tra 단백질은 *dsx* RNA가 이어맞추기를 변형하여 수컷에서는 Dsx-M이 암컷에서는 Dsx-F가 생산된다.

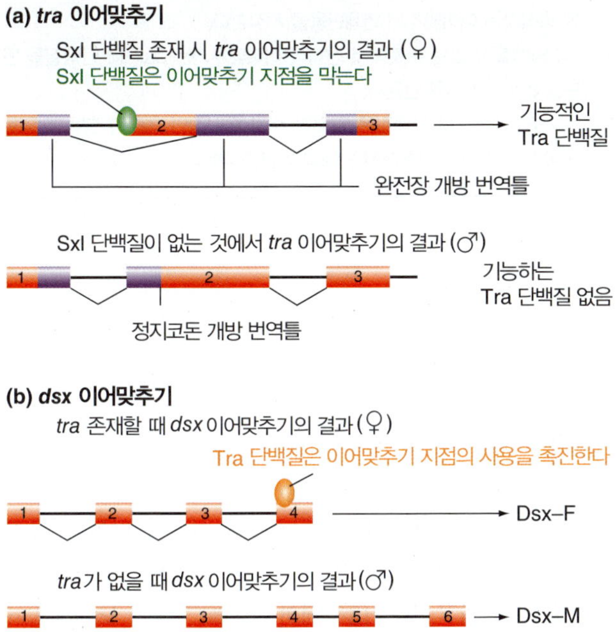

컷에서 Sxl 단백질의 결여는 수컷 특이적인 몇몇 유전자의 잘못된 발현을 허용하게 된다. 돌연변이 암컷에서 두 개의 X 염색체에 이들 X-연관 유전자들의 과도한 전사는 죽음을 초래한다. 그에 비해, 드물게 일어나는 우성 *Sxl* 돌연변이는 XY 배아에서도 Sxl 단백질의 생산을 허용하고 돌연변이 수컷은 치사하게 된다. 이러한 돌연변이에서 *Sxl* 유전자 산물은 간접적으로 수컷이 발현해야 하는 유전자들의 전사를 억제한다. 이러한 수컷 특이적인 유전자 산물 없이 수컷은 X-연관 유전자를 과도하게 전사할 수 없고, 그러므로 생존하기에 충분한 X-연관 유전자 생산을 할 수 없다.

Sxl 단백질은 이어맞추기의 캐스캐이드를 작동시킨다

Sxl 단백질은 자신의 전사체 이어맞추기뿐만 아니라 다른 유전자로부터 전사된 RNA의 이어맞추기에도 영향을 끼친다. 이들 중에는 *transformer* (*tra*) 유전자가 있다. Sxl 단백질이 있을 때, *tra* 1차 전사체는 기능적인 단백질로 번역될 수 있는 mRNA를 만드는 생산적인 이어맞추기 과정을 거친다. Sxl 단백질이 없을 때는 *tra* 전사체의 이어맞추기 기능을 할 수 없는 단백질을 만든다(그림 16.29a).

연쇄반응은 계속된다. 그림 16.23에서 Tra 단백질(비성특이적 Tra2)은 *fru* 기본 전사 RNA의 이어맞추기를 조절해서 수컷에서만 전사 인자 Fru-M이 합성된다. Fru-M은 수컷의 성적 행동을 조절한다. Tra와 Tra2 단백질은 또한 *doublesex* (*dsx*) 유전자 기본 전사체의 이어맞추기에 영향을 미친다. 이들 이어맞추기는 Dsx-F라고 하는 여성 특이적인 Dsx 단백질을 생산한다. Tra 단백질이 없는 수컷에서는 dsx 1차 전사체의 이어맞추기의 차이로 인해 다른 종류의 단백질인 Dsx-M을 합성한다(그림 16.29b). Dsx-M과 Dsx-F의 N 말단은 동일하나, C 말단 부위는 서로 다르다.

Dsx-F와 Dsx-M 단백질들은 성징의 발달을 조절한다

Dsx-F와 Dsx-M 모두가 전사 인자로서 역할을 하지만, 이들은 서로 반대의 효과를 가지고 있다. 간성 *intersex* (*ix*) 유전자에 의해 암호화되는 단백질과의 결합에서 Dsx-F은 주로 수컷의 성적인 특징(somatic sexual characteristics)들을 형성하는 유전자들의 전사를 막는 억제인자로서 역할을 한다. 독립적으로 간성 단백질로 기능을 하는 Dsx-M은 반대의 역할을 한다. 즉, 수컷의 성적인 특성들에 대한 유전자를 활성화시키고 암컷의 성적인 특징을 결정하는 유전자의 발현을 억제한다.

흥미로운 것은 두 개의 Dsx 단백질들이 같은 증폭자 요소에 결합할 수 있지만, 이러한 결합이 반대의 결과를 나타낸다는 것이다(그림 16.30). 예를 들면, 두 단백질 모두 난황 단백질을 암호화하는 *yp1* 유전자 촉진유전자 상류부분의 증폭자와 결합한다는 것이다. 암컷은 이들 단백질을 지방체 기관에서 만들고 이들을 발생하는 알로 전달한다. 암컷에서 Dsx-F의 결합은 *yp1* 유전자의 전사를 자극하고, 수컷에서

그림 16.30 **Dsx 단백질의 수컷과 암컷 특이적인 형태.** *yp1* 유전자 증폭자에서 Dsx-F는 전사 활성자로서 역할을 한다. 반면에 Dsx-M는 전사 억제자로서 역할을 한다.

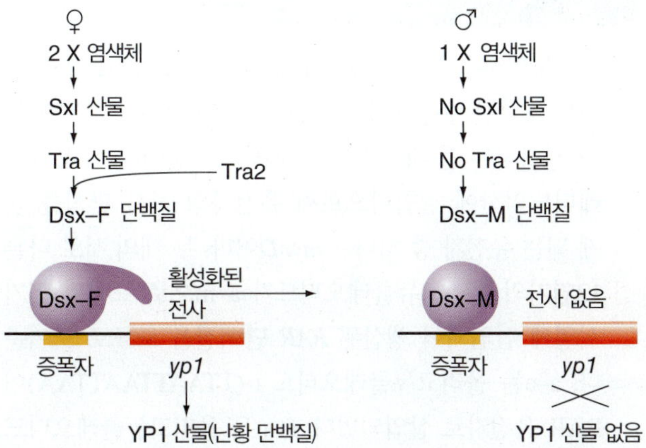

같은 증폭자 부분에 Dsx-M의 결합은 *yp1*의 전사를 불활성화시킨다. 이 결과는 이들이 서로 다른 전사 인자와 결합되어 작용하는 것이다.

dsx 돌연변이는 암컷과 수컷 모두에게 영향을 끼친다. 암컷과 수컷 모두에게 있어서 Dsx 단백질은 반대 성의 발달에 특이적인 몇몇의 유전자를 억제하기 때문이다. 기능적인 Dsx-F와 Dsx-M을 만들어내는 것이 불가능한 *dsx* 돌연변이는 수컷 특이적인 또는 암컷 특이적인 유전자의 억제가 일어나지 못하기 때문에 중성을 야기하게 된다(표 16.2).

핵심 개념

- *Sxl* 유전자는 초파리에서 성 결정의 총괄 조절자이다. Sxl 단백질의 전사는 X 염색체상에 암호화된 활성단백질에 의존한다. 두 개의 X 염색체를 갖는 세포에서만 활성인자의 농도는 *Sxl*을 전사시키기에 충분하다.
- 암컷에서 Sxl 단백질은 Dsx-F 단백질을 암호화하는 *dsx* mRNA의 합성을 촉진하는 이어맞추기 연쇄반응을 시작한다.
- Sxl 단백질이 없는 수컷에서 선택적 이어맞추기는 Dsx-M 단백질을 만드는 dsx mRNA를 만든다.
- Dsx-F와 Dsx-M 단백질은 암컷과 수컷 특이적인 형태와 행동에 영향을 주는 유전자의 발현에서 반대의 효과를 갖는다.

다음 학습을 위한 안내

이 교재에서 지금까지 유전자가 어떻게 표현형을 조절하고, 한 세대에서 다음 세대로 어떻게 전달되는지, 어떻게 돌연변이가 만들어지는지 그리고 유전자의 구조가 기능과 어떻게 관련이 있는지 알아보았다. 또한, 개별 유전자와 전체 유전체를 분자 수준에서 연구하는 방법들에 대하여 살펴보았다. 이전의 두 장에서 단세포생물이 주위 환경에 반응하고, 다세포생물들이 다른 기관을 형성하면서 어떻게 유전자와 그 산물들을 조절하는지에 대하여 논의하였다.

앞으로 VI부 '유전학 이용하기'에서는 유전학 지식들을 세포와 개체의 기능을 이해하기 위하여 과학자들이 어떻게 유전학을 이용하는지 탐구할 것이다. 17장에서는 분자유전자학자들의 의지에 따라 모델 생물체의 유전체에서 유전자를 도입하고 제거할 수 있다는 것을 살펴볼 것이다. 유전체 조작은 일부 인간 유전병을 치유할 수 있는 희망인 유전자 치료법의 기본이다. 18장에서는 과학자들이 모델생물체를 이용하여 어떻게 생물학적인 경로를 연구하는지를 알아볼 것이다. 특히 수정된 알에서 다세포 생물체로 발생하는 과정의 인상적인 돌연변이들은 이들 과정에서 수많은 세밀한 것들을 밝히도록 도와줄 것이다. 끝으로, 19장에서는 유전체 연구의 새로운 기술들이 암 및 중요한 유전병을 치료하고 이해하는 데 어떻게 혁명적인 변화를 가져오고 있는지 살펴볼 것이다.

풀이 문제

I. 레티노익산수용체(retinoic acid receptor, RAR)는 스테로이드 호르몬 수용체와 유사한 전사 인자이다. 이 수용체에 결합하는 물질(리간드)은 레티노익산이다. 수용체가 레티노익산에 결합함으로써 유전자의 전사 활성을 갖게 되는 유전자 중 하나는 *myoD*이다. 두 개의 서로 다른 12염기의 올리고뉴클레오티드가 a–m으로 표시된 염기서열에 삽입되어 생산된 *RAR* 단백질을 도표로 보여준다. a–e는 올리고뉴클레오티드 1 (TTAATTAATTAA)이 RAR 유전자로 삽입되었다. f–m은 올리고뉴클레오티드 2 (CCGGCCGGCCGG)가 유전자로 삽입되었다. 각각의 돌연변이 단백질이 레티노익산에 결합하고, DNA 결합하고, *myoD* 유전자의 전사를 활성화하는 능력에 대하여 검정하였다. 결과들은 다음과 같이 표로 만들어져 있다. 각각의 돌연변이 단백질과 연관된 삽입부위는 폴리펩티드 지도상에 적당한 문자로 표시되었다.

NH_2 f g h i j k l m COOH
a b c d e

돌연변이	레티노익산 결합	DNA 결합	전사 활성
a	−	−	−
b	−	−	−
c	−	−	−
d	−	+	+
e	+	+	+
f	+	+	+
g	+	+	−
h	+	+	−
i	+	−	−
j	+	−	−
k	−	+	+
l	−	+	+
m	+	+	+

a. 단백질 어딘가에 올리고뉴클레오티드 1이 삽입되었을 때의 효과는?

b. 단백질 어딘가에 올리고뉴클레오티드 2가 삽입되었을 때의 효과는?

c. 이전에 그려진 복사본에 있는 3개의 단백질 영역을 표시하라.

해답

이 문제는 올리고뉴클레오티드 삽입의 효과를 이해하기 위한 단백질 안에 있는 영역의 개념과 유전적 암호의 사용을 포함한다.

a. 올리고뉴클레오티드 1은 3개의 번역틀 중에 하나의 정지코돈을 포함한다. 이것은 올리고뉴클레오티드가 삽입된 어딘가에서 단백질 번역의 정지를 야기한다는 것을 의미한다.

b. 올리고뉴클레오티드 2는 어떠한 종결코돈도 포함하지 않고 단지 단백질에 아미노산이 추가되는 것뿐이다. 올리고뉴클레오티드에는 12개의 염기가 있기 때문에 단백질의 번역틀의 변화는 없다. 올리고뉴클레오티드의 삽입은 이것이 삽입되어 들어가는 곳의 기능을 없앨 수 있다.

c. 전반적인 데이터를 보면, DNA 결합에 결함이 있는 모든 돌연변이들은 DNA에 결합하는 전사 인자들에서 예상되었던 대로 전사 활성에 결함이 있는 것을 주목하라. 전사활성영역에서 유용한 돌연변이는 DNA와의 결합에 결함을 가지고 있지 않다. 삽입 부위의 단백질을 자르는 결과가 되는 올리고뉴클레오티드 1을 이용한 a, b, c로의 삽입은 세 가지의 활성에 모두 결함을 나타낸다. DNA 결합이나 전사 활성이 보여지기 위해서 단백질은 적어도 d 부위까지는 멀리 만들어져야 한다. 즉, 두 가지 활성은 d 전에서 이루어져야 한다. d에서의 절단은 레티놀산결합을 할 수 없게 하지만, e에서의 절단의 결과에서는 레티놀산이 결합할 수 있다. 즉, 레티노익산 결합 활성은 e 앞에 있음에 틀림없다. 올리고뉴클레오티드 2의 삽입 세트를 이용하면, 전사 활성이 g와 h 부분 삽입에 의해 활성이 없어진다. 이 부위가 전사활성 영역 부위라는 것을 보여주는 것이다. i와 j 부분으로의 삽입은 DNA 결합을 방해하고, k와 l 부분으로의 삽입은 레티노익산의 결합을 방해한다. 이러한 데이터를 바탕으로 결정된 최소한의 영역들은 다음의 그림에 표시되었다.

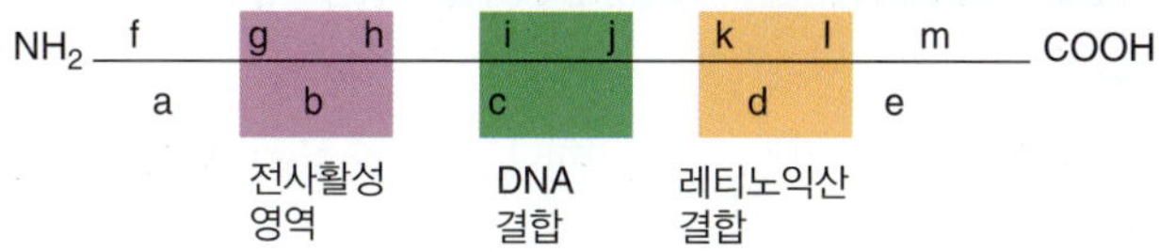

II. 다음 가계도에 그려진 병이 부계 각인된 상염색체 유전자의 희귀한 열성 대립유전자 발현 때문이라고 가정하자. (a) I-1, (b) II-1, (c) III-2에서 각 개인의 유전자형은 무엇이라고 예측하는가?

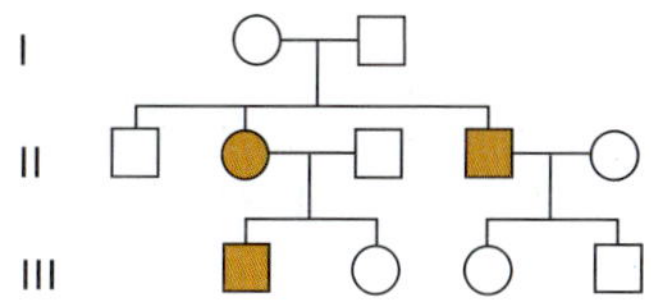

해답

이 문제는 풀기 위해서는 각인이 어떻게 표현형에 영향을 줄 수 있는지 그리고 각인은 생식세포에서 어떻게 재설정되는지를 이해해야 한다. I 세대에서 양친 중 어느 쪽도 병징을 갖고 있지 않다. 그러나 이들의 세 자녀 중 둘은 병징을 나타낸다. 얼핏보면 양친 각각은 돌연변이 대립유전자를 하나씩 가지고 있는 것 같다. 양친은 병징을 나타내지 않기 때문에 I 세대의 각 부모는 불활성화된 돌연변이 대립유전자를 아버지에서 물려받고, 온전히 발현되는 대립유전자를 어머니에게서 물려 받은 것으로 생각할 수 있다. 그러나 조금만 더 생각해 보면 아버지가 돌연변이 대립유전자의 제공자일 수는 없다. 그는 전사가 안 되는 대립유전자만을 II 세대에 전해 준다. 병징을 나타내는 두 명의 II 세대 자녀들은 어머니로부터 돌연변이 대립유전자를 물려받았어야만 한다. 그녀의 유전자가 발현되는 유일한 대립유전자이기 때문이다. 다음 풀이에서 *A*는 정상적인 우성의 대립유전자를 나타내며, *a*는 열성의 병징을 나타내는 대립유전자이다.

a. I-1의 유전형은 *Aa*이다. *a* 대립유전자는 불활성이고 그녀의 아버지로부터 유전되었다.

b. II-1의 유전형은 *AA*이다. 그는 어머니로부터 정상적인 대립유전자를 물려받았다. 이것은 그가 발현하는 유일한 대립유전자이다. 병징을 나타내는 대립유전자는 드물기 때문에 그의 아버지가 *AA*라고 가정한다. 가계도의 정보로는 II-1나 혹은 그의 아버지가 *AA*가 아니라는 결론을 내릴 수 없다.

c. III-2의 유전형은 *AA*이다. III-2가 발현하는 유일한 대립유전자이며 병징이 없으므로 그녀는 *A*를 그녀의 어머니(*Aa*이다)로부터 물려받았다. 병징에 대한 대립유전자는 드물기 때문에 앞서 언급한 대부분의 가정과 마찬가지로 III-2의 아버지는 *AA*이다.

연습 문제

어휘

1. 왼쪽 용어를 가장 잘 설명한 문장을 오른쪽에서 찾아 연결하라.

a. 기본 인자	1. 증폭자와 촉진유전자 상호작용을 구성한다.
b. 억제자	2. 발현 양상은 어느 쪽 부모로부터 대립유전자가 전달되었는지에 의존한다.
c. CpG	3. 유전자 발현을 시공간적으로 활성화한다.
d. 유전체 각인	4. DNA 메틸화가 이루어지는 위치
e. miRNA	5. 전사 인자의 DNA 결합위치를 동정한다.
f. 공동활성자	6. 증폭자에 결합한다.
g. 후성유전학적 효과	7. 촉진유전자에 결합한다.
h. 절연자(인설레이터)	8. 활성자에 결합한다.
i. 증폭자	9. 전사 이후에 유전자 발현를 억제하거나 감소시킨다.
j. ChIP-Seq	10. DNA 메틸화에 의해 발생하는 유전자 발현의 변화이다.

16.1절

2. 다음 유전자 조절 유형이 진핵생물에서만 일어나는가? 원핵생물에서만 일어나는가? 아니면 진핵생물과 원핵생물 모두에서 일어나는가?
   a. 차별적 이어맞추기
   b. 양성 조절
   c. 염색질 응축
   d. RNA 선도서열(RNA leader)을 통한 전사의 감쇠
   e. 음성 조절
   f. small RNA에 의한 번역 조절

3. 전사 개시 이외에 진핵세포에서 만들어지는 활성단백질의 양이나 유형에 영향을 끼칠 수 있는 요인 다섯 가지를 기술하라.

16.2절

4. 진핵생물의 어떤 RNA 중합효소(RNA pol I, pol II, pol III)가 다음의 어떤 유전자를 전사하는가?
   a. tRNAs
   b. mRNAs
   c. rRNAs
   d. miRNAs

5. 생쥐에서 기능을 하는 기본 촉진유전자만이 존재하고 증폭자가 없는 *GFP*를 결합한 리포터 유전자를 제작하였다. 다음에 기술한 세 종류의 염기 서열을 이 보고 시스템에 결합시킬 것이다.
   a. 세 가지 다른 유형의 염기 서열 중 어떤 것을 세 가지 사용처 각각을 위하여 사용할 것인가? 각각의 경우에 대하여 특정 결합이 특정 사용처에 어떻게 사용되는지를 설명하라.

   보고자에 결합하는 염기 서열의 형태:
   x. 무작위 생쥐 유전체 염기 서열
   y. 생쥐에서 알려진 콩팥 특이적인 증폭자
   z. 생쥐 유전자 전사체 둘레의 유전체 DNA 조각

   사용처:
   i. 유전자의 증폭자를 동정하기 위하여
   ii. 조직 특이적인 GFP 발현을 위하여
   iii. 신경세포에서 발현되는 유전자를 동정하기 위하여

b. 해당 유전자는 일반적으로 발현되지 않는 조직, 즉 “이소성” 유전자의 단백질 산물을 발현하기 위해 특정 관심 생쥐 유전자 서열 (x–z) 중 어느 것의 융합에 의한 것인가? 왜 이 실험을 처음에 하려고 했는가?

6. 생쥐의 분화된 신경세포에서 발현되는 유전자를 분리하였다. 유전자의 발현을 확인하기 위하여 분리한 DNA 앞쪽을 촉진유전자와 증폭자가 없는 *GFP* 보고 유전자에 융합시켰다. 이 클론의 발현을 확인하기 위하여 조직 배양액에 있는 신경세포로 도입하였다. GFP 발현 수준은 녹색형광을 관찰하여 조사되었다. 다음의 결과를 보았을 때 어떤 부분이 촉진유전자를 포함하고, 어떤 부분이 증폭자를 포함하는가?

7. 효모 유전자는 촉진유전자 상류에 상류 활성화 서열 (upstream activating sequence, UAS)이라고 하는 증폭자와 유사한 시스(*cis*) 작용 요소를 가지고 있다. 갈락토오스 사용과 관련된 여러 가지 유전자들이 UAS_G라고 하는 한 종류의 UAS에 의해서 발현이 조절된다. 이것은 GAL4라고 하는 활성자에 대한 4개의 결합 위치를 가지고 있다. UAS_G에 의해서 조절되는 두 가지의 표적 유전자는 *GAL7*과 *GAL10*이다. GAL80는 *GAL7*과 *GAL10*의 간접적인 억제자이다. UAS_G에서 GAL80은 GAL4에 결합하고 GAL4의 활성화 부위를 가로막는다. 갈락토오스가 존재할 때 GAL80은 더 이상 GLA4에 결하하지 못한다. 어떤 유전자(*GAL4* 그리고/또는 *GAL80*)에 돌연변이가 생길 때 갈락토오스가 없는 곳에서도 *GAL7*과 *GAL10*을 항상 발현하는 돌연변이를 분리할 수 있을까? 그리고 각 경우에서 돌연변이는 단백질의 어떠한 특징들을 제거하는가?

8. 하나의 UAS_G는 인접해 있는 *GAL1*, *GAL7*, *GAL10* 세 개의 유전자 발현을 조절한다.

   a. 이 세 유전자들이 하나의 mRNA로써 함께 전사된다고 생각하는가? 혹은 각각의 전사체로 발현이 된다고 생각하는가? 이유를 설명하라.

   b. 이 세 유전자가 각각 전사체로 발현되는지 혹은 하나의 mRNA로 발현이 되는지 어떻게 실험적으로 증명할 것인가?

   c. *GAL1*과 *GAL10*은 서로 인접해 있고 이들 사이에 있는 하나의 UAS_G가 발현을 서로 다르게 조절한다. 이 특별한 UAS_G가 두 유전자를 모두 혹은 각각 발현시키기 위하여 필요한지, 만약 그렇다면 이 UAS_G에 존재하는 4개의 GAL4결합 부위 중 어느 것이 중요한지 결정하기 위한 실험을 *GFP*와 *RFP*를 이용하여 증명하기 위한 실험을 기술하라.

9. MyoD는 인간 세포에서 여러 개의 근육 특이적인 유전자를 발현시키는 전사 활성자이다. Id 유전자 산물은 MyoD의 활성을 억제한다.

   a. 한 가지 가능성은 Id 단백질이 억제자라는 것이다. 그것이 억제자라면 어떻게 기능을 하는지 설명하라.

   b. 또 다른 가능성은 Id가 MyoD 기능을 억제함으로써 근육특이적인 유전자 발현을 간접적으로 억제한다는 것이다. Id가 어떻게 간접적인 억제자로서 기능을 할 수 있는지를 설명하라.

   c. Id 단백질의 아미노산 정보를 갖고 있다고 가정하자. 이 정보는 어떻게 위의 가설을 지지할 수 있으며(a), 단백질 염기 서열이 위의 가설을 지지할 수 있는가(b)?

10. a. 팬지꽃에서 두 개의 전사 인자가 파란색의 색소 유전자를 발현시키는 데 필요하다고 가정해 보자(이 색소가 없으면 꽃은 흰색이 된다). 이러한 전사 인자를 암호화하는 유전자 각각에 대한 이형접합형 품종을 서로 교배시켰을 때, 어떠한 표현형의 비가 예상될 수 있겠는가?

    b. 둘 중 하나의 전사 인자만으로도 파란색을 갖기에 충분하다고 가정하면, 이러한 전사 인자를 암호화하는 유전자 각각에 대한 이형접합형 종을 교배시켰을 때, 어떠한 표현형의 비를 예상할 수 있는가?

11. a. 초파리에서 GFP를 발현할 수 있는 유전자 운반체를 만들기를 원한다고 하자. 만약 이 운반체가 초파리의 유전체 안 어딘가로 도입된다면, 초파리에서 이 단백질을 발현시키기 위해서는 *GFP* 유전자의 암호화 서열 이외에 어떤 DNA 요소(들)이 포함되어야 하는가? 또한, 어디에 이러한 DNA 요소가 위치해야 하는가? GFP가 날개와 같은 초파리의 특정조직에서만 발현되도록 하겠는가?

b. 유전자 운반체를 만들 때, *GFP* 암호 부위와 문제 (a)의 답이 되는 모든 DNA 요소들을 특정 전이요소 말단에서 발견되는 역위 반복서열 사이에 위치시켰다. 역위 반복서열 사이에 위치하는 모든 DNA 서열은 초파리 유전체의 한 위치에서 다른 위치로 움직일 수 있다. 따라서 각각의 구성물이 유전체 내 다른 위치에 삽입된 서로 다른 많은 초파리계통을 만드는 것이 가능하다. 이제 초파리들에서 녹색형광을 관찰한다. 다른 계통의 초파리는 다른 발현 양상을 보여준다. 몇몇은 눈에서 녹색이 관찰되고, 어떤 것은 다리 또는 형광이 관찰되지 않는 계통도 있다. 이러한 결과에 대하여 설명하고, 이 운반체를 어떻게 사용할 수 있을지에 대하여 설명하라.

12. 문제 11번에서 증폭자로서 역할을 할 것 같은 부분을 확인하였다. 이들 DNA 서열이 증폭자의 특성을 모두 공유하는지 확인하기 위하여 어떠한 실험을 수행할 수 있겠는가? 또한 어떻게 이들 증폭자의 정확한 범위를 유전체 DNA에서 규정할 수 있겠는가?

13. 어떤 대학원생이 초파리 유전체에서 절연자를 동정하기 위 하여 다음과 같은 아이디어를 제안하였다. 문제 11번처럼 증폭자가 없는 운반체 대신에 증폭자를 갖는 운반체를 사용하여 실험을 수행하고 GFP가 발현되지 않는 계통을 선별한다.
   a. 이 실험 설계의 무엇이 잘못되었는가?
   b. 절연체를 동정하기 위하여 수행할 다른 실험에 대하여 생각해 볼 수 있는가?

14. Myc은 세포분열을 조절하는 전사 인자이다. *myc* 유전자의 돌연변이는 버키트림프종(Burkitt lymphoma) 암 생성에서 중요한 역할을 수행한다. Myc에 대한 처음의 실험들은 해석하기 힘들었다. Myc 단백질은 류신 지퍼 이량체 형성 영역을 갖고 있고, bHLH라고 명명된 나선-꺾임-나선 DNA 결합 영역을 갖고 있다. 하지만 분리된 Myc은 동형이량체를 형성하지도 않고 DNA에 효과적으로 결합하지도 못한다.

   Max와 Mad 단백질의 발견은 이 모순을 해결해 주었다. Myc처럼 Max와 Mad 단백질은 류신 지퍼와 bHLH 영역을 갖고 있지만 Max와 Mad은 동형이량체를 형성하지 않고 DNA에 결합하는 능력도 높지 않다. 하지만 Myc-Max, Mad-Max 이형이량체 형성은 쉽게 이루어지고 이들은 DNA에 효율적으로 결합하였다. 실제로 이들은 동일한 목적 유전자들 증폭자의 동일한 부위에 결합한다. Myc는 활성화영역을 갖고 있고, Mad는 억제영역을 갖고 있으며, Max는 활성화나 억제영역을 갖고 있지 않다.

   max 유전자는 모든 세포에서 모든 시간 발현한다. 이와 대조적으로 *mad*는 휴지기 세포에서 발현하는(세포주기의 G_0기) 반면에, *myc*는 세포 휴지기 동안 전사되지 않는 것이 아니라 세포가 분열하면(G_0에서 S기로 전이) 발현을 시작한다. Mas와 Myc 단백질은 Max 단백질에 대해 불안정하다; mad 또는 myc 발현이 중단되면 Mad나 Myc 단백질은 곧 사라진다.
   a. Myc-Max가 결합하는 증폭자를 갖는 유전자들은 세포주기를 억제하는가? 아니면 촉진하는가? Mad-Max가 결합하는 증폭자를 갖는 유전자들은 어떠한가? 답을 하고 이유를 설명하라.
   b. 목표 유전자의 조절 부위, 증폭자가 결합하는 단백질 그리고 휴지기 또는 분열세포에서 전사가 일어나는지를 나타내는 모식도를 그림 16.13처럼 그려보라.
   c. 이 세 가지 단백질이 세포분열을 어떻게 조절하는지를 간략히 요약하라.
   d. *myc*에서 암을 유발하는 돌연변이는 기능상실 돌연변이인가 아니면 기능획득 돌연변이인가?

15. 진핵생물과 원핵생물 모두에서 유전자는 활성자와 억제자에 의해서 조절된다.
   a. 원핵생물 억제자의 작동 기작(예를 들면, Lac 억제자)을 진핵생물 억제자와 비교하라.
   b. 원핵생물 활성자의 작동 기작(예를 들면, CAP)을 진핵생물 활성자와 비교하라.

16. 진핵생물 활성자 단백질의 모듈별 기능은 과학자들이 관심 있는 상호작용하는 단백질을 찾는 방법을 개발할 수 있게 하였다. 이 방법은 두 개의 서로 다른 폴리펩티드가 비 공유결합적인 상호작용에 의해서 활성 영역과 DNA 결합부위를 서로 가까이 있게 만든다.

   이 방법은 효모2잡종(yeast two-hybrid) 방법이라고 한다. 이것은 세 가지 구성요소를 갖는다. 첫째, 효모가 기본 촉진유전자와 UAS_G를 사용하여 대장균의 *lacZ* 보고자를 발현할 수 있도록 하여야 한다. 둘째, Gal4의 DNA 결합영역과 관심 있는 단백질이 결합한 융합 단백질을 만든다. 이들 융합 단백질을 "미끼(bait)"라고 한다. 셋째, GAL4의 활성자 영역이 결합된 플라스미드 cDNA 도서관이다. 이들은 효모에서 발현되고 "먹이(prey)" 융합 단백질이라고 한다.

처음에 언급된 두 요인을 갖는 효모균주와 플라스미드 cDNA 도서관을 이용하여 bait 단백질에 결합하는 prey 단백질을 동정할 수 있는가? 세포에서 서로 상호작용하는 단백질을 찾는 목적과 이 방법은 어떠한 의미가 있는가?

16.3절

17. 프레더-윌리증후군은 모계 각인 유전자의 돌연변이에 의해 유도된다. 다음의 질문들이 참인지 거짓인지 설명하라. 특징이 100% 침투한다고 가정한다.
    a. 영향을 받은 남성의 아들 중 절반은 이 증후군을 보일 것이다.
    b. 영향을 받은 남성의 딸 중 절반은 이 증후군을 보일 것이다.
    c. 영향을 받은 여성의 아들 중 절반은 이 증후군을 보일 것이다.
    d. 영향을 받은 여성의 딸 중 절반은 이 증후군을 보일 것이다.

18. *IGF2* 유전자는 모계 상염색체에서 각인된다. 모계로부터 받는 이 유전자의 복사본은 발현되지 않지만, 부계로부터 받을 경우는 발현된다. 전기영동으로 구별되는 *IGF2* 단백질의 두 개의 서로 다른 형태를 암호화하는 대립유전자를 찾았다. 하나의 대립유전자는 60 K 혈액 단백질을 암호화하고, 다른 대립유전자는 50 K 혈액 단백질을 암호화한다. Bill과 Joan이라는 한 쌍으로부터의 혈액 단백질의 분석에서 Joan의 혈액에서는 60 K 단백질만을 찾았고 Bill 혈액에서는 50 K의 단백질만을 찾았다. 그 후 이들의 자녀 Jill과 Bill Jr.를 관찰하였을 때, Jill은 50 K 단백질만을, 반면 Bill Jr는 60 K 단백질만을 가지고 있는 것을 확인하였다.
    a. 이러한 결과만으로 Bill Sr.와 Joan의 *IGF2* 유전자형에 대하여 무엇이라고 말할 수 있는가?
    b. Bill Jr.와 Sara라고 하는 여성은 Pat과 Tim이라는 두 명의 아이가 있다. Pat은 60 K 단백질만을 Tim은 50 K 단백질만을 형성한다고 할 때 이러한 결과를 통해 Joan과 Bill Sr의 유전자형에 대하여 무엇을 말할 수 있는가?

19. 다음 3대에 걸쳐 이어진 부계 각인 유전자의 발현을 보라. 목록에서 I 세대의 남성으로부터 유전자 복사본이 생식세포와 체세포에서 발현되는지 아닌지를 구별하라.

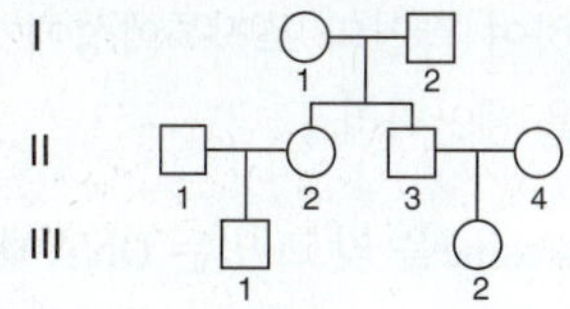

    a. I 세대 남성 (I-2): 생식세포
    b. II 세대 딸 (II-2): 체세포
    c. II 세대 딸 (II-2): 생식세포
    d. II 세대 아들 (II-3): 체세포
    e. II 세대 아들 (II-3): 생식세포
    f. III 세대 손자 (III-1): 체세포
    g. III 세대 손자 (III-1): 생식세포

20. 두 개의 다형성 위치에 서로 다른 대립유전자를 갖는 AKR과 PWD 두 개의 생쥐 계통을 사용하여 상호 교배를 수행하였다. 두 번의 교배 각각에서 태아에서 유래된 태반조직을 분리하였다(엄마로부터 온 태반조직을 제거하고 태아유래의 태반조직만 채취). 태아의 태반조직에서 RNA를 분리하여 RNA-seq을 수행하였다. 다형성 때문에 연구자들은 부모로부터 각각 유전된 특정 유전자의 mRNA 숫자를 그림과 같이 비교할 수 있다. x축은 유전자의 AKR 대립유전자에 상응하는 mRNA를 숫자를 나타낸다.

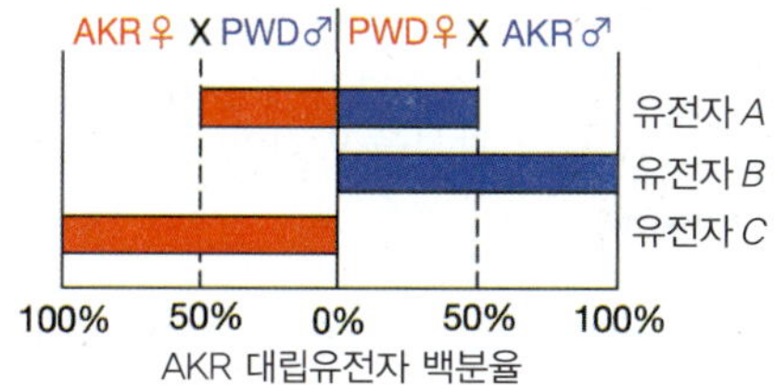

    a. 어떤 유전자(*A*, *B*, 또는 *C*)가 어머니에서 각인되었는가? 어떤 유전자가 아버지에서 각인되었는가? 어떤 것이 각인되지 않았는가?
    b. 어떤 유전자가 각인되었는지를 결정하는 상호교배를 수행하는 것이 왜 중요한가?
    c. 만약 왼쪽의 교배에서 암컷 F_1 생쥐가 PWD 수컷과 교배한다면, AKR 대립유전자의 백분율을 나타내는 같은 형태를 모식도를 사용하여 세 개의 같은 유전자에 대하여 기대되는 모식도를 그려보라. 각각의 유전자에 대하여 두 가지 가능한 결과를 기술하라.

21. 흥미롭게도 각인은 조직특이적일 수 있다. 예를 들면, 태아태반조직세포에서 모계 각인된 유전자는 태아 심장세포에서는 전혀 각인되어 있지 않다. 그림 16.22a 모식

도를 참고하여 각인의 조직특이성에 대하여 설명할 수 있는 기작을 제안하라.

22. 5-methylcytosine을 갖고 있는 DNA에만 특이적으로 결합하는 변형되지 않은 DNA에는 결합하지 않는 항체가 사용 가능하다. 이 항체를 사용하여 인간유전체에 존재하는 각인된 유전자들을 어떻게 찾을 수 있겠는가? 그림 16.17에서 기술된 ChIP-seq 기술과 연관하여 서술하라.

16.4절

23. a. 한 개의 진핵세포유전자가 서로 다른 mRNA를 어떻게 만들 수 있는가?
    b. 다중시스트론성이라는 희박한 가능성을 제외하고, 어떻게 진핵생물 세포에 있는 하나의 mRNA 분자가 몇몇의 서로 다른 단백질을 만들어 내는가?

24. 초파리 배아의 배축과 허리축을 형성하는 데 필수적인 유전자 중의 하나인 꼽추(hunchback) 유전자는 번역과정에서 조절된다. 이 유전자 전사체의 단백질 암호화 부위는 알려져 있다. 5′-UTR 또는 3′-UTR 혹은 두 요소 모두 번역의 조절에 필수적인지를 어떻게 확인할 수 있겠는가?

25. 뇌, 간 및 지방 세포에 존재하는 특정 유전자의 난백질과 mRNA를 알고 있다고 하자. 그러나 지방세포에서만 이 단백질의 효소 활성을 발견할 수 있다. 이 현상에 대하여 설명하라.

26. 생쥐의 초기 발달에 필요한 흥미로운 유전자의 시스(*cis*) 작용 조절 요소에 의해 발현되는 *GFP* 보고 유전자를 형질전환한 쥐에 대하여 연구하고 있다. 이전의 전사체 분석(RNA-seq)에서 얻은 결과는 흥미로운 유전자의 mRNA가 임신기간의 8.5, 10.5일 사이에 확인될 수 있다. 이 형질전환 쥐에서 GFP 형광이 약 8.75일에서부터 적어도 12일까지 나타난다.
    a. mRNA와 단백질 발현의 불일치에 대하여 설명하라.
    b. GFP 단백질 발현이 이 유전자에 대한 활성의 시작과 중지 중 어느 쪽을 더 정밀하게 나타낸다고 예상하는가? 그 이유를 설명하라.

27. 인간 유전체 데이터베이스를 검색하여 Argonaute와 약한 상동성을 갖는 유전자를 찾았다고 하자. Argonaute는 특정 miRNA에 결합하여 복합체를 형성하여 miRNA가 표적 mRNA를 번역하는 능력 혹은 mRNA의 안정성을 조절하도록 매개하는 요인이다.
    a. 발견한 새로운 단백질이 특정 miRNA와 연관되어 있는지를 어떻게 결정하는가?
    b. 발견한 인간 유전자와 거의 유사한 생쥐 유전자의 기능상실 돌연변이 생쥐를 확보할 수 있다면, 이 돌연변이 생쥐를 이용하여 발견한 Argonatue 단백질을 갖는 miRNA-RISC 복합체에 의해서 조절되는 mRNA를 어떻게 찾아내겠는가?

28. 과학자들은 siRNA 기작을 연구해서 RNA 간섭이라는 기술을 개발하였다. 이 방법은 유전자에 돌연변이를 일으키지 않고 특정 유전자의 발현을 제거하는 기술이다. 이 방법은 생물체에 표적 유전자에 상응하는 dsRNA를 도입한다. dsRNA는 처리과정을 거쳐서 siRNA가 되고 표적 유전자의 mRNA를 분해한다. dsRNA를 생물체(예를 들면, 예쁜꼬마선충)에 전달하는 한 가지 현명한 방법 dsRNA를 발현하는 재조합 플라스미드를 형질전환 시킨 박테리아를 먹이는 것이다.
    a. 박테리아 플라스미드에서 발현될 때 예쁜꼬마선충의 *X* 유전자를 발현을 제거할 수 있는 유전자 운반체를 그려보라.
    b. 직접 설계한 플라스미드로 형질전환된 대장균을 먹고 예쁜꼬마선충의 *X* 유전자 발현이 사라진다면, 이것을 어떻게 확인할 수 있는가?
    c. 유전자 *X*의 발현이 이 선충에서 효과를 나타낼 것이라고 생각하는가? 이유를 설명하라.

16.5절

29. 암컷에서의 적절하지 않은 Fru-M 발현이 수컷과 같은 행동을 일으키기 때문에 Fru-M이 초파리에서 수컷의 성적 행동을 조절한다는 것을 과학자들은 알고 있다. Fru-M이 발현된 암컷은 다른 암컷을 상대로 수컷이 보이는 행동을 나타낸다.
    a. 암컷 초파리에서 Fru-M의 발현을 일으킬 수 있는 *fru* 돌연변이를 기술하라.
    b. 암컷 초파리에서 도입하여 기술한 돌연변이와 동일한 효과를 나타낼 수 있는 운반체의 구성에 대하여 서술하라.

30. 초파리 유전자 *Sex lethal* (*Sxl*)은 이 이름에 매우 부합한다. 확실한 대립 유전자는 XY에서는 어떠한 영향도 끼치지 않지만, XX은 초기 발달 과정에서 죽게 한다. 다른 대립유전자는 XX에서는 어떠한 영향도 끼치지 않지만,

이 대립유전자를 가지는 XY는 발달 초기에 죽게 된다. 그러므로 몇몇의 *Sxl* 대립유전자들은 암컷에서 치명적이고, 다른 것들은 수컷에 치명적이다.

a. *Sxl*에서 영돌연변이가 수컷에서 치명적이라고 예상하는가? 아니면 암컷에서 치명적이라고 예상하는가? 지속적인 활성을 갖는 *Sxl* 돌연변이는 어떤가?

b. 왜 둘 중 하나의 *Sxl* 대립 유전자만이 특정한 성에서 치사유전자로 작용하는가?

Transformer (*tra*) 유전자는 이 이름을 성전환(sexual transformation)으로부터 얻었다. 몇몇의 *tra* 대립유전자들이 XX을 불임의 수컷으로 변화시킬 수 있고, 반면 다른 *tra* 대립유전자들은 XY를 정상 외관의 암컷으로 변화시킬 수 있기 때문이다.

c. 이러한 성전환 중 어떠한 것이 *tra*의 영대립유전자로부터 야기되는가? 그리고 어떠한 것이 *tra*의 대립유전자 지속적인 활성 돌연변이에 의해 야기되는가?

d. *Sxl*와 반대로, *tra* 영돌연변이는 XX이나 XY 동물에서 치사유전자로서 작동하지 않는다. 그러나 Sxl 단백질은 Tra 단백질의 생성을 조절한다. 그럼 왜 모든 *tra* 돌연변이 동물들은 생존하는가?

e. XX와 XY 동물의 *tra-2*에 대한 영돌연변이의 결과에 대하여 예상하라.

f. *fruitless* (*fru*) 유전자 기능상실 돌연변이 XY 수컷은 잘못된 교배 행위를 보인다. *fru*의 야생형 대립유전자를 가지고 있지만 *tra*의 기능을 잃은 돌연변이 XX나 XY 동물이 비이상적인 교배를 할 것인지 예상하라.

31. 초파리의 Sxl 단백질은 여러 유전자의 1차 전사체에서 이어맞추기에 영향을 주는 RNA 결합 단백질이다(그림 16.28 처럼 자기 자신과 *tra* 유전자에 작용한다). Sxl은 특정 mRNA에 결합하고 다른 기작을 통하여 번역에 영향을 준다. 이들 목표 mRNA 중에서 가장 중요한 것은 *male-specific lethal* 2 (*msl*-2)이다. MSL-2 단백질은 XY 수컷에서 X 염색체에 결합하여 X-연관 유전자의 발현을 두 배로 증가시켜 XX와 XY에서 X-연관 유전자의 발현을 동일하게 만든다.

a. 대부분의 mRNA에 비교할 때, *msl-2*의 개방 번역틀(open reading frame)은 5′ 말단에서 처음이 아닌 4번째 AUG에서 시작한다. Sxl 단백질이 *msl-2* mRNA에 결합하여 *msl-2* 발현을 어떻게 억제하는지를 설명하는 모델을 제안하라.

b. XY 수컷 혹은 XX 암컷 어느 성에서 Sxl 단백질이 *msl-2* mRNA에 결합하는가?

c. 문제 (a)와 (b)에 대한 대답이 왜 *Sxl*의 어떤 대립유전자는 암컷에 치사유전자이고, 다른 대립유전자는 수컷에 치사유전자인지를 문제 30번에서 논의한 것처럼 설명하는가? 이유를 설명하라.

d. *msl-2*의 기능상실 돌연변이가 암컷과 수컷의 생존과 죽음에 미치는 영향을 예상하라.

17장

진핵생물의 유전체 조작

GFP와 RFP의 변이형 단백질들을 발현하는 형질전환 제브라피시(*Danio rerio*)들. 글로피시(*Glofish*®)라는 이름의 이 물고기들은 최초의 유전자 변형 애완동물이었다.

개요

최근까지, 레버씨 선천성 흑암시(Leber congenital amaurosis, LCA)라고 불리는 유전병 때문에 시력이 나쁜 아이들은 성인이 되면 완전히 시력을 잃을 운명에 처해 있었다. 그러나 이 질병에 대한 유전자 치료 시도가 성공함에 따라 많은 수의 이런 아이들은 이제 질병에 의한 망막 퇴화를 늦추고 정상 시각을 회복할 수도 있다는 희망을 가질 수 있게 되었다.

LCA의 한 형태는 *RPE65*라는 유전자의 기능 상실로 인해 발생한다. 이 유전자는 망막색소 상피세포(망막 아래 있는 세포층)에서 발견되는 단백질을 암호화하고 있으며, 광수용체 기능에 매우 중요하다. 이 RPE65 효소는 망막이 빛을 감지하는 과정인 시각주기에서 기능한다. LCA 환자들은 빛에 대한 감도를 상실하고, 결국에는 시각 처리를 담당하는 뇌피질까지 감소하게 된다(그림 17.1).

유전자 치료(gene therapy)는 질환을 치료하기 위해 DNA를 유전체에 삽입하거나 유전자의 DNA를 변경하는 유전자의 조작기술이다. 이런 형태의 LCA 질병을 위한 실험적인 유전자 치료 전략은 간단했다. 과학자들은 환자의 눈을 통해 망막색소 상피세포로 바이러스 입자로 포장한 DNA를 단순히 주입함으로써, 환자의 망막색소 상피세포에 *RPE65* 유전자의 정상 사본을 전달했다. *RPE65* 유전자 치료 임상시험의 결과는 2008년에 처음 보고된 이후 30명 이상의 환자들이 해당 시술을 받았고, 거의 대부분은 적어도 부분적으로 시력을 회복하였다. 몇몇 경우에는 더 이상 법적으로 장님이라고 간주하지 않게 되었다.

이 장에서는 유전체를 변화시키는 두 가지 일반적인 전략을 살펴볼 것이다. 첫째는 형질전환 생물체이고, 둘째는 표적 돌연변이의 생성이다. 이러한 흥미로운

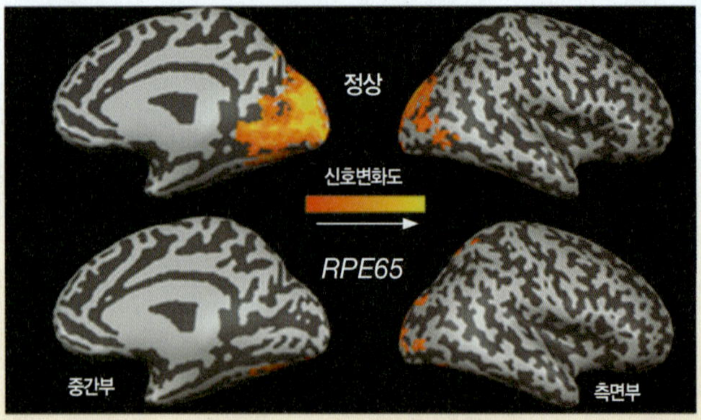

그림 17.1 빛에 반응하는 대뇌피질의 활성화. 정상적인 개의 대뇌피질(상단) 그리고 *RPE63* 유전자 돌연변이 때문에 레버씨 선천성 흑암시(LCA)에 걸린 개의 대뇌피질 (하단)을 회색의 음영을 지도로 나타냈다. 왼쪽과 오른쪽 사진은 각각 다른 각도에서 뇌를 보여준다. 노란색과 오렌지색의 신호는 동물의 눈을 비추는 조절된 빛의 양에 대해 반응하는 피질 활성화의 증폭을 나타낸다. LCA 질병에 걸린 개의 피질 부분은 시각화 과정에 관여하는 것으로 보이지 않는다.

기술의 개발은 DNA가 유전체 안에서 움직일 수 있고, 개체 간 또는 종 간에 전달될 수 있으며, 변형과 소실로부터 보호될 수 있도록 하는 자연 공정기술에 기초하고 있다. 이 장의 무엇보다 중요한 주제는 재조합 DNA 기술을 사용하여, 과학자들이 유전체를 변경하기 위해 좀 더 창의적이고 강력한 방법을 개발하기 위해 이러한 자연적인 공정을 이용할 수 있다는 것이다.

17.1 형질전환 생물체 제작

학습목표

1. 형질전환 생쥐를 제작하기 위해 사용되는 수정란 전핵 주입방법을 알아본다.
2. 형질전환 초파리를 제작하기 위해 사용되는 *P* 인자(*P*–element) 방법을 알아본다.
3. 형질전환 식물을 제작하기 위해 사용되는 *Agrobacterium*의 Ti 플라스미드를 이용한 유전자 주입방법에 대해 알아본다.

형질전환된 생물(transgenic organism)은 유전체에 같은 종 또는 다른 종으로부터 얻어진 다른 유전자를 포함하고 있는 생물을 말한다. 이때 도입된 유전자를 **도입유전자**(transgene)라고 한다. 이 절에서는 연구자가 형질전환 생물을 제작하는 방법에 대해 논의할 것이다. 그리고 다음 절에서는 과학자의 상상에 그치는 것일 수도 있지만, 형질전환 기술의 가능한 이용 방법 몇 가지에 대해서도 알아볼 것이다.

과학자들은 형질전환 생물을 제작하기 위해 자연적인 유전자 전달 기작을 활용한다

도입유전자는 9장에서 살펴본 재조합 유전자 기술의 한 유형을 이용해서 시험관 실험(*in vitro*)에서 만들 수 있다. 그러나 형질전환된 진핵생물을 만들기 위해서, 연구자는 도입유전자를 (하나 혹은 여러 개) 세포 안으로 넣어야만 한다. 이러한 목표를 위해서는 종에 따라 다양한 방법이 사용된다. 대표적인 예로 맥주효모균과 같은 단세포 진핵생물은 우선 세포벽이 제거된 후 대장균의 형질전환 과정과 유사한 방법으로 유전자가 세포 안으로 들어간다(그림 9.5b 참조). 다른 여러 생물들에서는 가장 효과적으로 DNA를 세포로 도입하기 위해 DNA 용액을 직접 세포나 배아에 주입하는 방법을 사용한다(그림 17.2). 또 다른 경우로, 세포를 감염시킬 수 있는 바이러스 입자나 박테리아에 형질전환 DNA를 삽입하여 도입시킬 수 있다.

한 번 세포에 주입된 도입유전자는 세포가 분열되는 동안 유전자가 복제되고 계속 유지되어야만 한다. 대부분의 경우에서 숙주세포 유전체의 임의의 위치에 도입유전자가 삽입됨으로써 이러한 최종목표에 도달할 수 있다. 그러나 특정 종에서는, 도입유전자가 숙주 염색체가 아닌 외부에 존재하는 미니유전체(extrachromosomal array, 예쁜꼬마선충)나 플라스미드(plasmid, 효모균)와 같은 곳에서 유지될 수 있다. 마지막으로, 도입유전자가 다세포 생물의 다음 세대로 전달되기 위해서는, 도입유전자가 있는 세포가 최종적으로는 생식세포를 만들 수 있는 능력을 가지고 있어야만 한다. 즉, 동물에서 이러한 필요조건은 도입유전자가 생식세포의 유전체에 삽입되어 있어야함을 의미한다. 반면 식물은 분리된 세포로부터 완전한 식물이 생장할 수 있기 때문에 식물의 거의 모든 세포가 도입유전자를 다음 세대로 전달할 수 있다.

그림 17.2 도입유전자를 세포로 주입하는 과정. (a) 연구자가 수정이 바로 된 후 쥐 배아에 존재하는 두 개의 전핵 중 하나에 DNA을 주입하고 있다. (b) DNA가 초파리 초기 배아의 뒤쪽 끝으로 삽입되고 있다. 이때의 초파리 배아는 많은 핵들을 가지는 하나의 다핵성 세포이다.

(a) 수정된 지 얼마 안 된 생쥐 난자 안으로 도입유전자를 주입

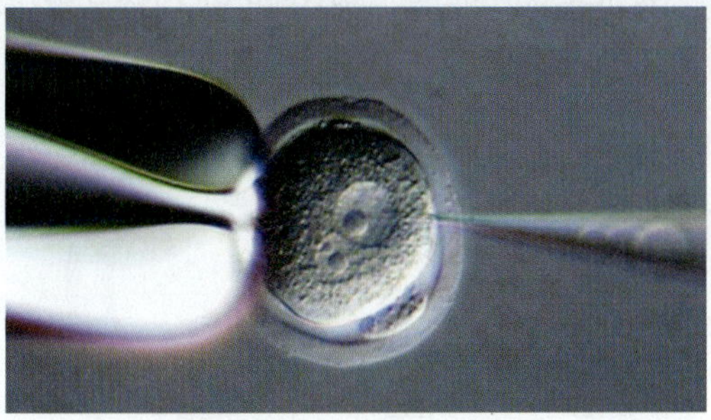

(b) 초파리 배아 안으로 도입유전자를 주입

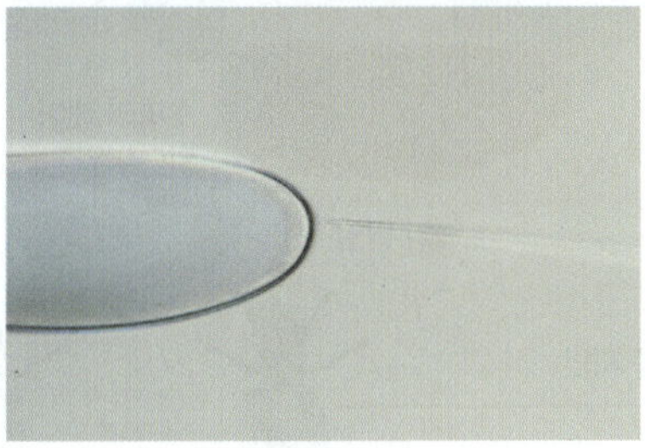

그림 17.3 수정란 전핵 주입기술을 이용한 형질전환된 생쥐 제작.

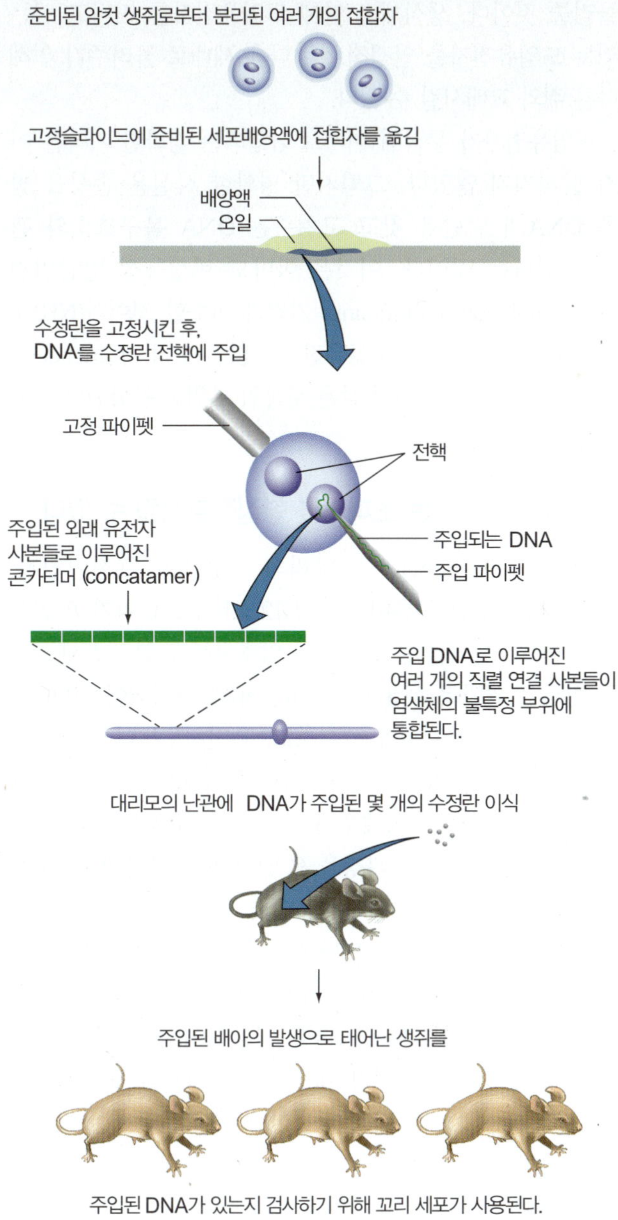

이 장에서는 형질전환 생쥐, 초파리, 식물을 제작하기 위해 사용되는 기술들을 다양한 관점에서 알아볼 것이다. 이러한 제작기술들은 자연적으로 유전자가 이동하는 기전에 대한 지식에 기반을 두고 있다.

DNA를 수정란 전핵에 주입하여 형질전환 생쥐를 제작한다

수정된 생쥐의 접합자(zygote)는 두 개의 반수체 **전핵**(pronuclei)을 지니고 있다. 한쪽은 모계로부터, 또 다른 한쪽은 부계로부터 얻은 것이다. 수정 후 핵막이 소실되고, 난자와 정자의 전핵이 합쳐진다. 모계쪽 염색체와 부계쪽 염색체가 서로 섞이고, 최초의 체세포분열 시 그들의 자매염색분체들은 같은 방추체상에서 서로 분리된다. 첫 번째 체세포분열이 완성되면 두 개의 세포로 된 2세포기 배아(two-cell embryo)가 만들어지고 각각의 세포는 이배체 핵을 가진다.

그림 17.3처럼 **전핵 주입**(pronuclear injection) 기술을 이용하여 외래 DNA가 염색체에 삽입된 형질전환 생쥐를 제작하기 위해서는, 연구자가 암컷 쥐와 수컷 쥐를 교배시킨 후 암컷의 생식관에서 수정된 난자를 채취한다. 그러고 나서 연구자는 도입유전자가 여러 사본으로 붙어 있는 DNA를 수정란의 두 개의 전핵 중 하나에 주입한다(그림 17.2a). 외래 DNA가 주입된 수정란은 가성임신 상태로 준비해 둔 대리모의 난관(oviduct)에 착상되고, 착상된 수정란은 배아로 발생을 진행한다.

수정란에 주입된 DNA는 약 25~50% 정도가 무작위로 염색체에 삽입될 것이다. 이러한 통합이 첫 번째 체세포분열 전에 발생할 수 있다. 이 경우에 완전히 성장한 생쥐의 모든 세포에서 도입유전자가 나타날 것이다. 또는 배아가 한두 번의 세포분열을 끝내고 나서 DNA가 다소 늦게 염색체로 삽입이 되는 경우가 있을 수 있다. 이와 같은 경우에는 다자란 생쥐의 모든 세포에서 도입유전자가 발현되지는 않고, 일부 세포에서만 도입유전자가 나타난다. 도입유전자가 생식세포 계통에 존재하기만 하면, 다음 세대로 도입유전자를 물려줄 것이다. 생식세포 안에 도입유전자를 지니고 있는 쥐는 도입유전자를 안정적으로 다음 세대로 물려주기 위해 다른 쥐와 교배시킬 수 있다.

도입유전자가 무작위 위치로 삽입되는 정확한 기작은 아직 밝혀지지 않았다. 그렇지만 명확한 사실은 손상을 받은 DNA의 말단을 찾고 고쳐주는 DNA 복구효소와 관련이 있다는 것이다. 이것은 아마도 비상동성 말단연결(nonhomologous end-joining) 기전과 비슷할 것이다(NHEJ; 그림 7.17 참조). 보통 도입유전자의 많은 수의 직렬(tandem) 연결 사본들은 유전체의 같은 무작위 부위로 통합된다(그림 17.3).

재조합된 *P* 인자는 초파리를 형질전환시킬 수 있다

P 요소(*P*-element)는 초파리의 트랜스포존(전이인자, transposon)의 한 종류이다(그림 12.23b 참조). 자가 *P* 인자는 전이효소를 만드는 유전자를 암호화하고 있고 트랜스포존 말단은 역반복서열(inverted repeat)로 구성되어 있다. 전이효소는 역반복서열에 결합하고, 유전체로부터 트랜스포존을 잘라내어 새로운 위치에 삽입한다. 초파리 유전학자는 도입유전자를 생식세포에 도입하기 위해 *P* 인자를 벡터로 사용한다. 이런 과정을 **P 인자 형질전환**(*P*-element transformation)이라고 한다.

P 인자 벡터는 *P* 인자 말단 서열을 가지고 있는 플라스미드지만, 전이효소 유전자는 가지고 있지 않다(그림 17.4). 연구자가 재조합 DNA 기술을 이용하여, 원래 암호화되어 있던 전이효소 유전자 대신 도입유전자와 **표식유전자**(marker gene)로 대체하여 사용한다. 표식유전자는 형질전환 초파리의 구분을 가능하게 한다. 널리 사용하는 표식유전자는 *white* 유전자(w^+)이다. 정상적인 유전자는 초파리 눈을 빨간색으로 만들지만, 이 유전자의 돌연변이 w^-는 초파리 눈을 흰색으로 만든다.

그림 17.4는 *P* 인자 벡터를 가진 형질전환 초파리를 제작하는 과정을 보여준다. 연구자들은 겨우 수백 개의 핵만 가지고 있는 w^- 초파리의 배아에 두 가지의 플라스미드를 발생 초기단계에서 주입한다(그림 17.2b 참조). 둘 중 하나의 플라스미드는 도입유전자 클로닝을 통해 만들어진다. 이 플라스미드는 도입유전자와 w^+ 표식유전자를 가지고 있다. 이 두 유전자는 *P* 인자 역반복서열들 내부에 위치해 있다. 다른 플라스미드는 도우미 플라스미드(helper plasmid)라고 한다. 이 플라스미드는 전이효소 유전자를 가지고 있지만, *P* 인자의 역반복서열을 가지고 있지 않다(그림 17.4).

그림 17.4 *P* 인자(*P*-element)를 이용한 형질전환 초파리 제작. 우선 도입유전자를 *P* 인자의 역반복서열 사이에 위치해 있는 흰색 눈 유전자(w+)에 연결한다. 연구자들은 *P* 인자 트랜스포존을 지니고 있는 보조 플라스미드와 함께 이 플라스미드 벡터를 생식세포계통 세포에서 자리이동이 일어나는 w^- 숙주 배아로 주입한다. 이러한 생식 세포를 가진 성체 파리와 w^- 파리를 교배시키면, 일부 자손은 빨간색 눈과 통합된 도입유전자를 가진다.

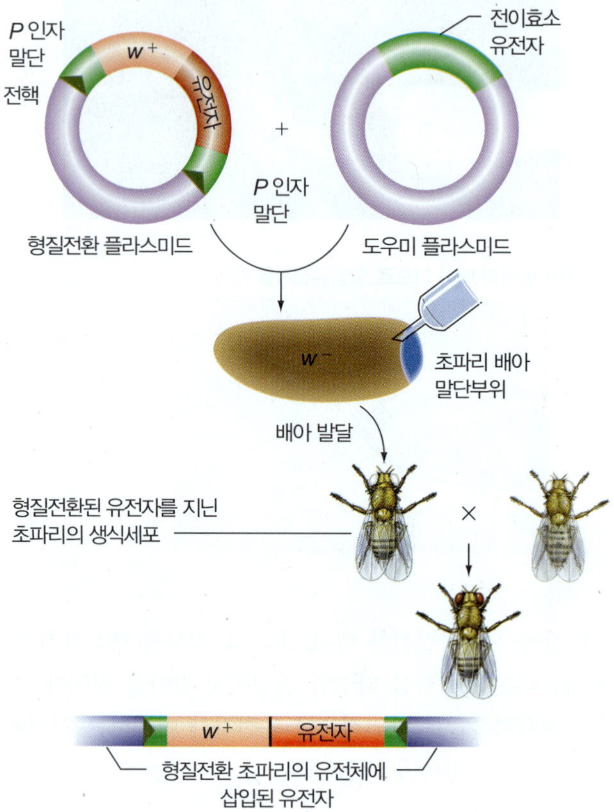

이러한 두 플라스미드가 배아로 주입될 때, 도우미 플라스미드로부터 전사된 전이효소는 도입유전자를 암호화하고 있는 플라스미드의 *P* 인자의 역반복서열들을 인지하고 잘라내어, 형질전환될 초파리의 염색체 내에 임의의 부위에 붙인다(그림 17.4).

만약 이렇게 재조합된 *P* 인자가 생식전구세포의 유전체에 삽입되었다면, 유전자가 삽입된 초파리에서 생산된 몇 개의 생식세포는 재조합 *P* 인자의 삽입된 염색체를 운반한다. 그 초파리의 자손들 중에서 형질전환된 초파리는 빨간색(w^+) 눈을 가지고 있기 때문에 연구자들은 형질전환 초파리를 쉽게 구분할 수 있다. 이런 빨간색 눈을 가진 초파리들은 형질전환된 초파리의 안정적인 세대 유지를 위한 계획 교배에 사용된다. 교배를 통해 사용하는 초파리의 종류는 *P* 인자 유전자가 없고, 전이효소가 존재하지 않기 때문에 도입유전자를 지닌 재조합 *P* 인자는 확립된 형질전환

그림 17.5 T-DNA 플라스미드 벡터를 사용하여 생산된 형질전환 식물. 과학자들은 두 개의 플라스미드를 포함하고 있는 아그로박테리움 투메파키엔스(*A. tumefaciens*) 박테리아를 식물에 감염시킨다. T-DNA 플라스미드는 제초제 내성을 부여하는 표식유전자(marker gene)와 도입유전자를 T-DNA 말단인 LB와 RB 사이에 가지고 있다. 도우미 플라스미드는 T-DNA를 식물 안으로 이동시키기 위해 필요한 *vir* 유전자를 가지고 있다. 감염을 통해서 전달된 재조합 T-DNA는 숙주 식물 유전체 안으로 통합된다. 연구자들은 제초제가 존재하는 환경에서 세포의 성장을 통해 제초제 내성유전자와 도입유전자를 지닌 하나의 세포를 선택한다. 그리고 선별된 세포를 성장시켜 형질전환 식물로 키운다.

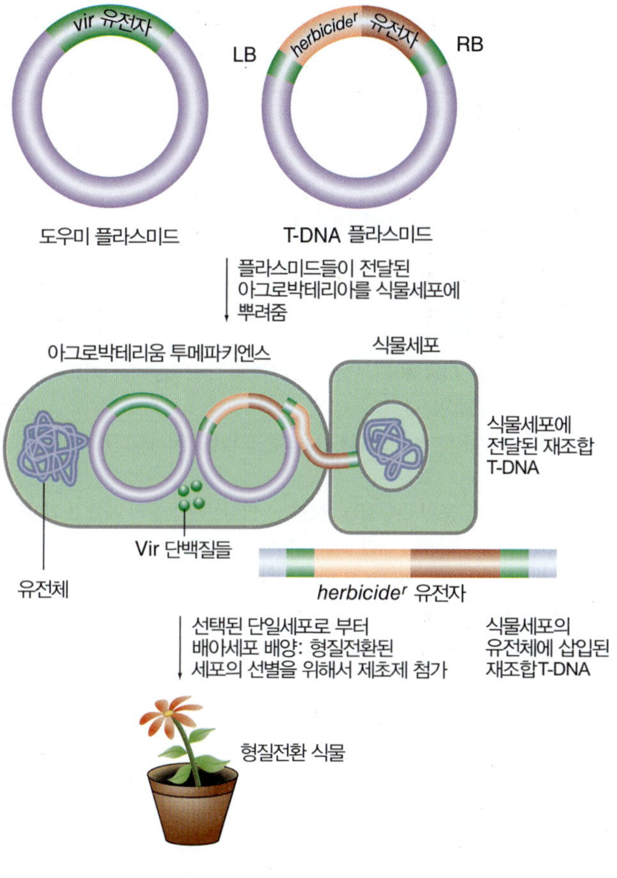

초파리의 유전체 안에서 더 이상 이동하거나 움직이지 않을 것이다.

Agrobacterium Ti 플라스미드 벡터는 식물의 형질전환을 수행한다

박테리아 중 하나인 아그로박테리움 투메파키엔스(*Agrobacterium tumefaciens*)의 암 유발(tumor inducing) Ti 플라스미드(Ti plasmid)로부터 얻은 벡터는 식물 안으로 도입유전자를 넣기 위한 효율적인 방법의 기반이 된다. 이를 아그로박테리움 매개성 **T-DNA 전달**(agrobacterium-mediated T-DNA transfer)라고 한다(그림 17.5). *A. tumefaciens*는 식물 세포를 감염시키는데, 감염 중에 세균에서 나온 섬모가 수용체인 식물세포를 연결시키기 때문에, 세균 접합과 유사한 과정을 통해 숙주세포로 전달 DNA가 이동할 수 있다.

전달된 DNA는 T-DNA라고 하며, *A. tumefaciens* 세포 내에 존재하는 Ti 플라스미드의 일부분이다. 그 T-DNA는 식물세포 유전체 안으로 통합된다. T-DNA는 세포의 과성장을 유도하는 유전자를 가지고 있기 때문에, T-DNA를 가지고 있는 세포의 자손들은 왕관혹(crown gal)이라고 하는 종양을 형성한다. T-DNA 이동은 T-DNA 각 말단에 있는 25개의 염기쌍 서열에 따라 결정된다. 이 양끝을 왼쪽경계(left border, LB)와 오른쪽경계(right border, RB)라고 한다. 또한 일반적으로 Ti 플라스미드에 존재하는 *vir* 유전자에 의해 암호화되어 있는 여러 단백질에 의해 T-DNA 이동이 결정된다.

T-DNA가 숙주 염색체 안으로 삽입되는 과정은 DNA의 트랜스포존의 이동과 여러모로 유사한 방법임을 알 수 있다. 도입유전자의 양쪽 가장자리인 LB와 RB에 트랜스 작용(trans-acting)하는 효소 단백질들인 *vir* 유전자의 산물이 필요하다는 점에서 그러하다. 그러므로 유전자를 식물 유전체에 전달하기 위해 T-DNA를 사용하는 방법은 초파리에서 사용되는 ***P*** 인자 과정과 근본적인 유사점을 갖는다.

과학자들은 두 개의 다른 플라스미드로 *A. tumefaciens* 박테리아를 형질전환 시킨다(그림 17.5). 하나는 *vir* 유전자를 가지고 있는 도우미 플라스미드로서 경계서열은 가지고 있지 않다. 다른 하나는 도입유전자와 표식유전자를 가지고 있도록 조작된 T-DNA 벡터 플라스미드이다(종종 제초제 내성을 부여하는 유전자를 지님). 이들 유전자들은 모두 LB와 RB 서열 사이에 위치해 있다. 이런 두 개의 플라스미드를 지닌 박테리아를 식물에 감염시키기 위해서, 연구자들은 형질전환된 *A. tumefaciens*를 전체 식물이나 식물세포에 뿌린다. 그 다음에 초기 식물의 배아 발생을 위하여 형질전환된 개별의 식물세포를 배양하여 기른다. 그리고 제초제를 배지에 추가하여 재조합 T-DNA로 형질전환된 배아를 선별한다(그림 17.5).

이런 형질전환 생물을 제작하는 방법의 예들은 과학자들이 유전체를 변형하는 데 있어 자연발생 과정의 이점을 어떻게 활용하는지를 보여준다. 본질적으로 연구자들은 외부 물질을 식물 안으로 도입하기 위해 *A. tumefaciens*가 근두암종을 만드는 과정을 이용했다. DNA 복구에 사용되거나, 트랜스포존 또는 T-DNA 이동에 사용되는 방법은 자연적으로 일어나는 효소에 의한 과정으로, 이들은 숙주 염색체에 외부 DNA를 융합시키는 데 기초가 된다.

핵심 개념

- 외래 DNA를 수정란의 전핵으로 주입함으로써 형질전환된 생쥐가 생산된다.
- 초파리의 형질 전환은 *P* 인자 트랜스포존 벡터에 삽입된 도입유전자 제작에 기초하고 있다.
- 연구자들은 도입유전자가 포함된 재조합된 Ti 플라스미드(Ti plasmid)를 가지고 있는 *Agrobacterium*을 이용하여 식물세포를 감염시킴으로써 형질전환 식물을 만든다.
- 형질전환 생물의 제작방법은 도입유전자가 숙주 유전체의 임의의 위치로 삽입되는 결과를 낳는다.

17.2 형질전환 생물체 사용

학습목표

1. 도입유전자를 이용하여 돌연변이 표현형을 일으키는 유전자를 명확히 하는 방법을 알아본다.
2. 유전자 발현을 연구하기 위해 사용되는 도입유전자 보고 구조체를 알아본다.
3. 인간 건강에 유용한 단백질을 생산하는 형질전환 생물의 예를 논의한다.
4. 유전자 변형 생물체에 대한 예를 들어보고 장점과 단점을 논의한다.
5. 인간의 유전질환을 연구하기 위해 사용되는 형질전환 동물들의 사용을 설명한다.

형질전환 생물체의 구축은 생물학적 연구분야에 중요한 영향을 주었고, 삶의 여러 가지 측면에서 점점 중요해지고 있다. 형질전환 동물모델과 관련된 연구들은 여러 연구자들이 특정 유전자의 기능과 조절기전을 더욱더 잘 이해할 수 있게 했으며, 동물을 이용한 인간의 질병 모델 확립을 가능하게 하였다. 이를 바탕으로, 과학자들은 형질전환 식물과 동물을 이용한 약품 생산 및 농업적인 생산력 향상을 유도했다.

도입유전자로 특정 표현형의 책임 유전자를 밝힐 수 있다

여러 유전적 분석에서, 사용 가능한 정보들로는 과학자가 특정 표현형에 대한 책임 유전자를 골라낼 수 없는 경우가 있다. 형질전환 생물의 구축은 이러한 애매한 부분들을 해결할 수 있도록 도와준다.

예를 들어, 초파리의 눈이 어떻게 발달하는지에 관심을 가진 한 유전학자가 기형 눈을 만드는 열성 돌연변이(m^-)에

그림 17.6 초파리의 도입유전자를 사용한 돌연변이표현형과 유전자의 연결. (a) 전자현미경 사진으로 *m* 유전자의 활성 결핍이 초파리 눈의 비정상성을 초래한다는 결과를 보여준다. (b) m^- 돌연변이는 두 개의 인접한 유전자 *A*와 *B*의 결손에 의해 야기된다. (c) 형질전환 유전자 *A*를 갖는 m^-/m^- 초파리(왼쪽)는 여전히 비정상적인 눈을 갖지만, 형질전환 유전자 *B*를 갖는 m^-/m^- 초파리(오른쪽)는 정상적인 눈을 갖게 된다. 그렇기에 눈의 비정상성은 유전자 *A*의 결손 문제가 아니라, 유전자 *B*의 결손으로 일어난다.

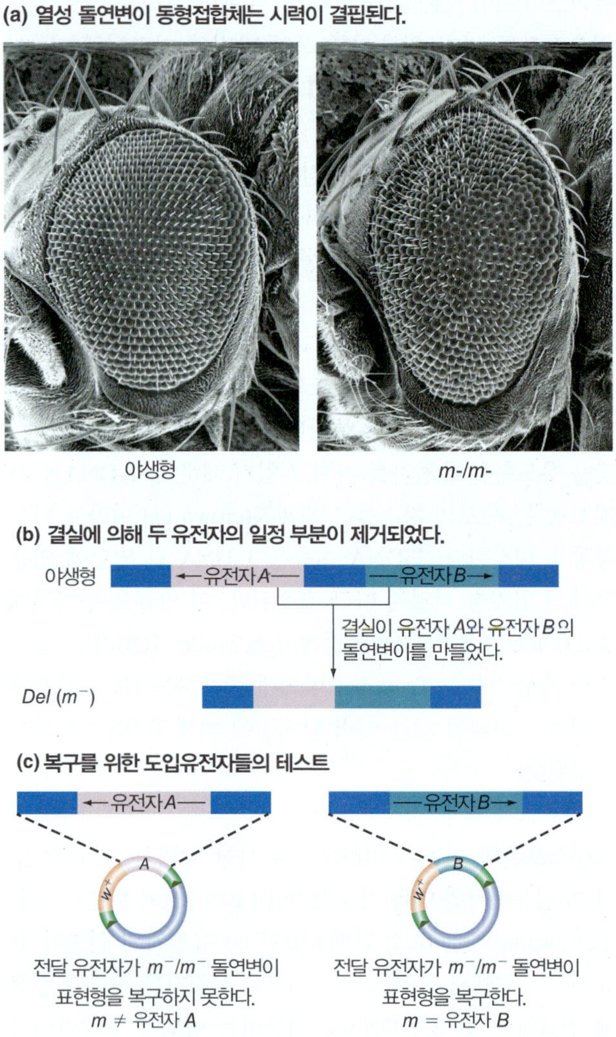

동형접합형인 초파리 계통을 분리했다고 생각해 보자(그림 17.6a). 분자적 분석을 통해 그 돌연변이는 두 유전자들의 일부분이 없어진 작은 결실임이 밝혀졌다(그림 17.6b). 초파리의 눈 기형을 유발한 것은 유전자 A의 소실 때문인가, 아니면 유전자 B의 소실 때문인가?

여러분들은 정상적인 유전자 *A* 또는 유전자 *B*를 포함하는 재조합 *P* 인자 벡터의 구축을 통해 질문의 답을 할 수 있다(그림 17.6c). 또한 정상적인 눈의 표현형으로 회복시키는 방법을 통해 각각의 형질전환 유전자의 기능을 확인해 볼 수

있다. 예를 들어, 만약 동형접합형 돌연변이(m^-/m^-) 초파리에 정상적인 유전자 *A*가 형질전환되었음에도 비정상적인 눈을 갖고, 다른 동형접합형 돌연변이(m^-/m^-) 초파리에 정상 유전자 *B*를 형질전환시켜 정상적인 눈을 갖게 된다면 유전자 *B*의 결손으로 인해 돌연변이 표현형을 갖게 된다는 결론을 얻게 된다; 다른 말로 m = 유전자 *B*가 되는 것이다.

이와 같은 논리의 중요한 역사적인 예시를 앞서 4장에서 확인하였다. *SRY* 형질전환 유전자(Y 염색체에 존재하는 웅성결정 유전자)를 갖는 암컷 생쥐(XX 염색체)가 수컷으로 발달한 사실을 기억할 것이다(4장 읽을거리 「빠르게 살펴보기」 참조). 이 실험은 형질전환 기술이 어떠한 방식을 통해 특정 유전자의 기능을 이해하는 데 사용될 수 있는지 보여주는 전형적인 예가 된다.

도입유전자는 유전자 발현을 분석하기 위한 중요한 도구가 된다

16장에서 과학자들이 진핵생물에서 유전자 발현을 조절하는 수많은 양상을 연구하기 위해, 쉽게 확인이 가능한 외부 유전자(예를 들면, 해파리의 녹색형광단백질 유전자인 GFP나, 대장균에서 베타 갈락토오스가수분해효소를 암호화하는 *lacZ* 유전자 등)를 포함하는 보고구조체(reporter construct; 리포터 구조체)를 어떠한 방식으로 사용하는지에 대해 알아보았다. 이러한 보고구조체는 연구자들이 발달의 특정한 시기에 특정 조직에서 유전자의 전사를 지시하는 증폭자(enhancer)를 확인할 수 있게 도와준다(그림 16.3 참조). 보고구조체는 또한 증폭자와 상호작용하는 전사 인자들을 암호화하고 있는 유전자를 찾는 데 있어 중요한 역할을 한다(그림 16.12 참조). 여기서, 이 보고구조체들의 기능이 오직 그들이 도입유전자로 진핵세포에 도입되었을 때에만 추적될 수 있다는 점을 강조하고자 한다.

형질전환 세포 및 생물체는 단백질 공장이 된다

15장에서 몇 가지 의약품으로 사용되는 인체단백질 유전자들이 세균의 촉진유전자(promoter)와 유전자의 발현을 증폭시키는 샤인-달가노(Shine-Dalgarno) 서열과 결합되었을 때 세균 내에서 과발현되어 단백질을 많이 생산한다는 사실을 확인했었다(그림 15.27 참조). 제약회사들은 인간의 성장호르몬과 인슐린을 이러한 방법으로 생산한다. 그렇지만 이렇게 세균으로부터 발현되어 생산된 인체단백질이 모두 제 기능을 갖는 것은 아니다. 세균에서는 단백질의 기능을 위해서 필수적인 적절한 접힘이나 폴리펩티드의 절단 또는 당화, 인산화 같은 수많은 중요한 전사 후 변형 과정이 수행되지 않기 때문이다.

이러한 문제점을 극복하기 위해 제약회사들은 액체부유배양되는 형질전환 포유동물 또는 식물세포를 사용한다. 몇몇 의약단백질들은 이러한 방식을 통해 생산되는데, 혈우병환자들에서 결핍되어 있는 혈액응고인자인 Factor VIII나, 적혈구생성을 증진시키는 적혈구생성자극 호르몬(erythropoietin, EPO) 등이 있다. 적혈구생성자극 호르몬 경우, 몇몇 비도덕적인 운동선수들이 자신의 신체능력을 강화하기 위해 오용하기도 한다. 하지만 이러한 세포배양방법을 통한 재조합단백질 생산은 효율이 낮으며, 비용이 비싼 단점이 있다.

의약품생산

형질전환 가축이나 식물들은 인체단백질을 생산하는 데 있어 비용대비 효율이 높아 세포배양방법 대신에 사용될 수 있다. 단백질 의약품을 만들기 위한 형질전환 동/식물의 사용은 **제약영농**(pharming)이라고 하는데, 이는 "농업(farming)"과 "제약(pharmaceutical)"의 합성어이다. 제약영농 기술은 아직 초기 단계로, 2013년 현재까지 이 방법으로 생산되어 환자에게 쓰일 수 있는 약은 하나뿐이지만, 수많은 약품들이 지속적으로 개발 중에 있다.

형질전환동물에서 인체단백질 의약품을 생산하기 위해 가장 일반적으로 사용되는 방법은 유선에서 해당 단백질을 발현시키는 것인데, 이것은 유즙으로 분비된 단백질을 높은 효율로 분리정제할 수 있기 때문이다. **전핵주입**(pronuclear injection) 방법(그림 17.3 참조)을 통해 인간단백질들을 암호화하고 있는 도입유전자들은 염소, 돼지, 양, 토끼에 주입되어왔다. 2009년, 미국식품의약품안전청(FDA)은 최초로 형질전환 동물의 유선에서 생산한 인간단백질(혈장의 항응고인자인 antithrombin III) 사용을 승인하였다. 이 의약품을 생산하기 위해 유선에서만 정상적으로 유전자를 발현시키는 조절유전자 염기 서열과 인간유전자인 antithrombin III 유전자가 결합된 합성 유전자를 이용하여 형질전환 염소를 제작

그림 17.7 형질전환 염소의 유즙에서 인간의 항응고 단백질을 생산하도록 만든 유전자 구조체.

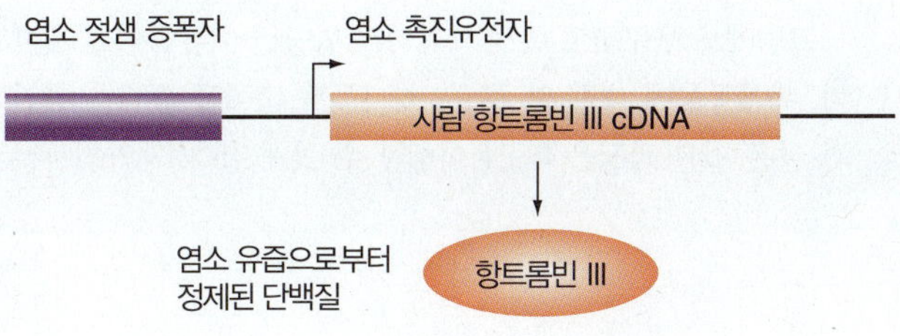

유전학의 기술

체세포 핵치환을 이용한 동물복제

11장에서 세계최초로 복제된 고양이 CC를 소개했었다. 이런 종류의 "복제(cloning)"는 생식적 복제(reproductive cloning)로서, 한 개체의 체세포부터 유래한 유전체가 다른 개체의 모든 체세포의 유전체가 된다는 것이다.

연구자들은 **체세포 핵치환**(somatic cell nuclear transfer)이라고 알려진 방법을 통해 생식학적 복제동물을 제작하였다. 과학자들은 한 개체로부터 유래한 체세포의 이배체의 핵을 분리하고, 이것을 핵이 제거된 난자에 주입하였다(그림 A). 조작된 배아를 며칠 배양한 후, 대리모 자궁에 착상시켰다. 배아는 임신 말기까지 발달했으며, 한 마리의 복제된 동물이 태어났다. 그림 A의 아래쪽에 보이는 복제고양이는 3마리의 각기 다른 어미를 갖는데, 체세포를 제공한 개체, 난자를 제공한 개체, 자궁을 제공한 대리모이다. 만약 체세포의 핵이 수컷으로부터 얻어졌다면 수컷이 복제될 가능성도 있다.

비록 복제동물에서 모든 세포의 핵 염색체가 체세포 핵 공여자로부터 유래되었지만, 복제된 동물이 핵 공여 동물과 모든 특징이 완벽하게 맞아 떨어지지는 않는다. (1) 복제동물의 미토콘드리아 유전체는 핵 공여자가 아닌 난자 공여 개체로부터 유래한다. (2) 암컷 복제동물의 경우, X 염색체의 불활성 패턴이 다를 수 있는데, 그 이유는 동물의 발달초기에 무작위적으로 한 개의 X 염색체가 불활성화되기 때문이다. (3) 복제 과정은 유전자 각인 과정을 변경할 수 있는데, 그래서 각인된 유전자의 발현이 체세포 공여자와 복제된 개체가 같을 수 없다. (4) 대리모의 자궁의 환경과 체세포 공여자의 어미의 자궁 환경이 같지 않다.

CC 고양이의 복제를 주도한 연구는 Genetic Savings & Clone 생명공학벤처로부터 지원되었는데, 이 벤처회사의 목적은 반려동물의 주인들에게 반려동물이 죽은 후에 그 반려동물을 복제시켜주는 상업적 복제 서비스를 제공하는 것이었지만 그 회사는 궁극적으로 성공하지 못했다. 몇몇 소수의 사람만이 복제하는 데 드는 막대한 비용을 감당할 수 있었고, 또한 잘 모르는 고객들은 그들이 건네받은 복제동물이 기존에 그들이 알던 반려동물과 다르다는 사실을 확인하고는 실망하였다.

그림에도 불구하고 특정 복제하는 합당한 이유들이 존재한다. 복제동물에 대한 연구는 과학자들로 하여금 유전자 각인과 같은 기본 과정을 더 잘 이해할 수 있게 한다. 제약회사는

그림 A 체세포 핵치환 기술을 이용한 고양이 복제 .

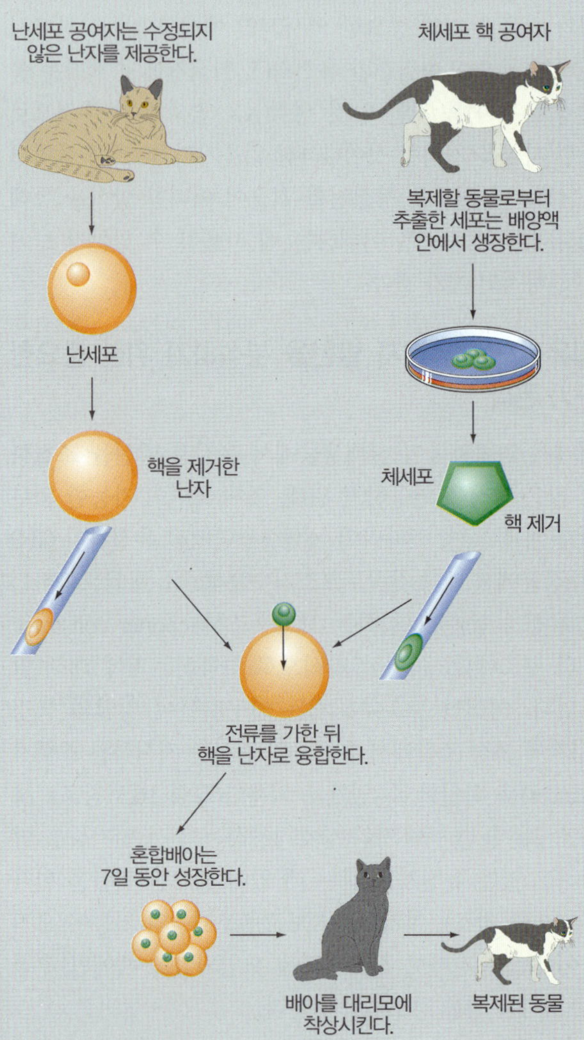

수많은 고효율의 생산성을 갖는 형질전환 동물을 만들기 위한 방편으로 생식학적 복제기술을 연구한다. 사실 CC의 복제가 있기 전, 1996년에 성체세포로부터 복제된 돌리(Dolly)라고 하는 복제 양이 최초로 생산 되었다. 돌리는 스코틀랜드연구팀에 의해 복제되었고, 제약회사로부터 연구비의 일부를 제공받았다. 2003년 돌리가 죽기 전, 다섯 마리의 새끼를 출산했는데 현재까지 살아 있다. 마지막으로, 몇몇 멸종위기의 동물 종은 보존을 목적으로 복제되었다.

하였다(그림 17.7). Antithrombin III 유전자 한 쌍 중 한 가지 유전자만 정상인 사람들 중에는 혈액응고가 쉽게 진행되는 경우가 발생하는데, 특히 수술 후 또는 분만 후에 발생한다. 현재 이 의약품은 이런 유전적 문제가 있는 환자들에게 사용이 승인되어 있다.

전핵 주입 방법에 의해 생산된 형질전환 동물들은 각각 다양한 수의 도입유전자 복사체를 가질 것이고, 도입유전자들은 전체 유전체에 무작위적으로 서로 다른 숫자로 존재할 것이다. 각각의 형질전환 동물들에서 이러한 다양성은 인간 단백질의 산출량을 크게 차이 나게 한다. 희소가치를 향상시키는 하나의 방법은 높은 생산량을 갖는 동물의 **생식복제**(reproductive cloning)로 성체 형질전환 동물의 체세포의 핵을 이용하여 동일한 유전체를 갖는 다른 개체를 생산하는 것이다. 당연하게도, 형질전환 동물에서 의약품을 생산하는 기술을 개발 중인 동일한 제약회사들은 동물복제기술의 개발 자금을 지원하고 있다. 읽을거리 "유전학의 기술"에서 체세포 핵치환에 의한 동물의 복제 과정이 설명되어 있다.

형질전환 식물에서 백신 생산

형질전환 동물과 마찬가지로, 도입유전자를 가진 식물도 인간단백질 의약품을 생산할 수 있다. 형질전환 식물은 질병의 원인이 되는 항원의 대체품으로서 외부의 특이적 기질에 대한 면역반응을 촉진시키는 물질인 항원, 즉 **백신**(vaccine)을 만드는 데 있어 특히 유용하다. 백신단백질은 형질전환 감자, 쌀, 콩, 옥수수, 토마토 등 농작물로부터 생산되며, 잎이나 씨앗에 저장될 수 있고, 간편하게 섭취함으로써 병원체로부터 보호받을 수 있다. 식용백신은 씨앗을 수송하는 데 냉장고가 필요 없으며, 식물체는 백신이 필요한 현장에서 키울 수 있고, 주사기 및 바늘 또는 의료전문가 역시 필요 없기에, 저개발 국가에서 특히 유용하다.

형질전환 식물에서 백신 생산은 이론적인 가능성에도 불구하고, 현재까지의 시도는 극히 일부만 성공했으며, 이러한 백신이 시판되기 전에 극복되어야 할 많은 문제점들이 존재한다. 그 중 주요한 문제점 중 하나는 항원의 양을 조절하는 것이다. 각각의 식물체들은 그것들이 생산하는 항원의 양이 다양할 수 있고, 너무 적은 양의 항원은 백신의 효율을 떨어뜨리는 결과를 가져올 수 있다. 게다가 먹는 백신은 주사하는 백신에 비해 더 높은 농도의 항원을 요구한다. 과학적인 문제가 극복될 수 있다고 해도, 제약 회사들은 식물 생산 백신을 인간에게 사용할 수 있도록 하기에 앞서 많은 규제라는 장애물에 맞닥뜨리게 될 것이다. 규제가 덜 엄격하기 때문에, 병원성 생물체로부터 유발되는 다양한 질병들로부터 가축들을 보호하기 위해 최근에는 상당한 관심이 형질전환 식물을 가축에게 먹이는 데 집중되고 있다.

유전자 변형 생물체는 현대 농업에서 널리 사용되고 있다

2013년까지는 형질이 보다 향상된 약 100여 개의 형질전환 식물이 개발되었으며, 이들은 보통 **유전적 변형 작물**(GM [genetically modified] crops)로 분류된다. 도입유전자에 의한 형질개량에는 영양학적 가치 향상, 수명 증가, 생산량 증가, 작물의 크기 증가 등이 포함되며, 또한 제초제 내성, 식물바이러스 및 병충해 저항성 향상 등이 포함된다. 여기서 현재 널리 사용되는 두 가지 중요한 형질전환 작물에 대해 토론해 보자.

미국에서 재배되는 콩의 90% 이상이 "Roundup®"이라고 하는 제초제의 주요 성분인 "글리포세이트(glyphosate)"에 저항성을 갖는 형질전환 식물이다. 글리포세이트는 식물이 몇 가지 아미노산을 합성하는 데 중요한 역할을 하는 효소인 EPSPS를 억제한다. "Roundup ready® 콩"이라고 하는 작물은 글리포세이트에 저항성이 있는 박테리아의 EPSPS 유전자를 지닌 형질전환 콩이다. 농부들은 이 형질전환 콩밭에 Roundup 제초제를 살포함으로써 콩을 제외한 잡초들을 죽일 수 있고, 따라서 많은 노동력과 시간을 줄일 수 있다. 글리포세이트 자체는 자연환경에서 빠르게 분해된다.

또 다른 굉장히 성공적인 유전자 변형 식물은 옥수수인데 "Bt 단백질"이라고 하는 유기살충제를 자연적으로 생산한다. Bt단백질은 옥수수가 조명충나방 애벌레에 의해 갉아 먹히는 것으로부터 보호한다. 이 단백질은 *Bacillus thuringiensis*라는 박테리아가 애벌레로부터 자신을 보호하기 위해 자연적으로 만든 단백질이며, 인간을 포함한 동물에게는 해가 되지 않지만 이것을 먹는 유충에게는 치명적인 단백질이다. 유전자 조작된 옥수수는 스스로 천연살충제를 만들기 때문에 농부들과 환경에게 피해를 주는 값비싼 화학살충제를 사용하지 않아도 된다. Bt 단백질을 발현시키는 유전자 변형 식물은 1996년에 최초로 상업적으로 시판되었고, 현재에 이르러서는 적어도 미국에서 재배되는 모든 옥수수의 1/3은 *Bt* 형질전환 유전자를 포함하고 있다고 볼 수 있다. 전 세계적으로 100억 에이커(acres) 이상에서 Bt 단백질 발현작물이 재배되고 있으며, 여기에는 옥수수뿐만 아니라 카놀라, 목화, 파파야, 감자, 쌀, 납작콩, 사탕수수, 토마토, 밀, 가지 등도 포함된다.

비록 이 글을 쓰는 지금까지도 인간의 소비를 위한 유전자 변형 동물의 허가 승인은 받지 못했지만, 형질전환 대서

양 연어는 곧 슈퍼마켓에서 보게 될 것이다. 대서양 연어는 일반적으로 3년 동안 자라면 약 4 kg에 달하는 성체가 되는데, 그들의 성장호르몬 유전자는 먹이가 부족하고 가장 추운 시기에는 유전자 발현이 제한되어 1년 중 약 8개월 동안만 자라게 된다. 1년 내내 성장호르몬이 발현되도록 조작된 도입유전자를 가진 유전자 변형 연어는 최대 무게가 될 때까지 소요되는 시간이 절반으로 줄게 된다.

유전자 변형 작물은 미국 외에 25개 이상의 다른 나라에서도 재배되고 있다. 이러한 작물들은 대규모 농업에 의한 환경문제를 줄이는 데 도움을 주는 중요한 장치로 사용되며, 증가하는 세계인구의 식량요구량을 반영시킬 수 있다. 그렇지만 일부 국가에서는 유전자 변형 생물의 수입을 제한하거나 심지어 완전히 차단하고 있다. 몇몇 과학자들은 유전자 변형 생물을 이용해 만든 음식이 인간에게 직접적으로 위험을 초래할 수 있다고 믿고 있다. 이러한 유전자 변형 생물에 관한 일부의 반대 여론도 고려해야 한다. 유전자 변형 작물의 무분별한 사용은 농부와 농장 공동체의 삶을 파괴시킬 수 있으며, 소수의 다국적 농업기업에게 상당한 권력이 주어질 수 있다. 일부 잠재적인 환경적 영향도 있을 수 있는데, 형질전환 생물의 형질이 야생의 다른 종들에 원치 않는 전파가 될 수 있다는 것이다. 이러한 문제는 앞으로 논쟁을 야기할 가능성이 높다.

형질전환 동물은 인간의 기능획득 유전 질환 연구를 위한 모델이 된다

인간유전질병 동물모델은 지난 수십 년간 과학자들이 새로운 약품 및 다른 치료방법을 개발하고 검증하는 데 필요한 질병의 생화학적 과정을 이해하는 중요한 도구가 되어왔다. 인간의 단일인자 유전질환을 위한 동물모델은 간단한데, 해당 유전자 돌연변이 및 인간의 질병과 유사한 질환 표현형을 갖는 동물을 생산하는 것이다.

도입유전자가 정상 유전체에 추가되는 것이기 때문에 앞에서 언급한 기술로 제작된 형질전환 동물은 단지 우성형질과 기능 획득 돌연변이에만 사용될 수 있다는 것을 명심해야 한다. (이 장의 다음 절에서는 기능상실 돌연변이 유래 질병을 위한 모델동물에 대해 토론할 것이다.)

여러 가지 이유로 인간의 유전질환모델을 연구하는 데 생쥐를 자주 사용한다. 생쥐는 포유동물로 대다수 인간 유전자와 유사한 유전체를 갖는다. 더군다나 생쥐는 작고 상대적으로 경제적인 실험동물이다. 그러나 생쥐는 인간의 신경장애 등과 같은 연구를 위해서는 안타깝게도 뇌의 기능과 행동에서 몇 가지 유전적 돌연변이의 복잡한 효과를 보여주기는 힘들다. 대신 과학자들은 최근 인간의 질병모델동물로 형질전환 붉은털원숭이(rhesus macaques)를 이용하기 시작했다.

인간 신경장애 연구를 위해 최초의 형질전환 영장류 모델은 헌팅턴병(Huntington disease)을 위해서였다. 헌팅턴병이 *HD* 유전자의 우성 대립형질에 CAG 세 염기의 반복이 연속 확장되어 발병된다는 사실을 이미 살펴보았다(7장 읽을거리 「빠르게 살펴보기」 참조). 돌연변이 대립형질이 암호화하고 있는 헌팅틴(huntingtin) 단백질은 폴리큐(poly Q) 부위에 글루타민 잔기가 정상적인 숫자보다 많다. 헌팅턴병 모델로 제작된 붉은털원숭이는 이렇게 CAG 서열반복이 확장된 돌연변이 유전자를 도입유전자로 지니고 있다. 이 원숭이는 헌팅턴병에 걸린 사람과 증상이 비슷하기 때문에 과학자들이 보다 효율적인 치료제를 개발하고 이 장애를 더 잘 이해할 수 있도록 도움을 준다.

영장류를 이용한 실험은 많은 사람들에게 상당한 도덕적 우려를 증가시키기 때문에 인간의 유전질환을 위한 추가적인 영장류 동물모델의 미래는 불명확하다. 2013년에도 미국 국립보건원(NIH)에서는 영장류를 이용한 대부분의 침습적 연구들을, 전부는 아니라도 단계적으로 그만두도록 하는 과정을 진행 중이다.

핵심 개념

- 정상형질 도입유전자는 열성돌연변이 대립유전자를 갖는 배아에 주입될 수 있다. 만일 정상표현형으로 복구된다면, 해당 유전자가 돌연변이라는 사실을 확인할 수 있다.
- 보고구조체의 제작은 어떤 유전자가 언제 그리고 어느 조직에서 발현이 억제되고 활성화되는지 대한 검출이 쉽도록 해 준다.
- 형질전환 생물체는 의학적으로 중요한 인간단백질(인슐린, 혈액응고물질, 혈액응고저해물질)을 생산할 수 있고, 형질전환 작물은 먹는 백신을 만들 수 있다.
- 유전자 변형 콩은 제초제인 글리포세이트에 저항성을 갖는다. 많은 작물들(옥수수, 콩, 카놀라, 목화)은 벌레들의 포식을 억제하는 Bt 단백질이 발현되도록 유전적으로 변형되었다.
- 질병을 유발하는 도입유전자, 즉 기능획득 대립유전자를 동물모델에 전달하는 것은 연구자들로 하여금 질병의 진행과정을 관찰하고 가능한 치료제를 검정할 수 있게 한다.

17.3 표적 돌연변이화

학습목표

1. 표적 유전자가 결핍된 녹-아웃(knock-out) 생쥐모델을 제작하기 위해 사용되는 배아줄기세포를 알아본다.

2. 연구자들이 조건부 녹-아웃 생쥐모델을 만들기 원하는 이유를 설명한다.
3. 연구자들이 녹-인(knock-in) 생쥐를 제작하기 위해 사용하는 박테리오파아지의 장소 특이적 재조합 기술을 논의한다.
4. TALEN에 대해 설명하고 이것이 어떻게 유전체 변형에 사용되는지 알아본다.

이전 절에서는 유전자들이 많은 동물과 식물의 유전체에 임의의 위치에 쉽게 전달될 수 있음을 알아보았다. 이 절에서는 과학자들이 특정 유전자를 실질적으로 원하는 방법으로 변경할 수 있는 좀 더 첨단기술인, **표적 돌연변이화**(trageted mutagenesis)에 대해 알아볼 것이다. 연구자는 유전자를 변형시키기 위해 DNA 서열만 알고 있으면 된다; 현재는 일반적으로 실험실에서 사용되는 모델 생물들의 유전체 서열이 모두 결정되어 있으며, 이 생물종들에서의 어떤 유전자라도 마음대로 돌연변이화시키는 것이 가능하다.

인간 생물학에 관련된 많은 연구를 위해 선택된 동물은 생쥐이므로, 여기서는 생쥐의 특정 유전자를 변경하는 방법에 초점을 두었다. 그러나 이 절의 말미에서는 이제 막 널리 사용되기 시작한 새롭고 흥미로운 기술에 대해 알아 볼 텐데, 이 기술은 여러 다른 생물 종에도 적용이 가능하다.

녹-아웃 생쥐는 특정 유전자의 기능상실 돌연변이를 가진다

상동재조합(homologous recombination)은 DNA 서열을 유전체의 특정 지역에 초점을 맞출 수 있는 방법을 제공한다. 이미 13장에서 특정 박테리아의 유전자의 돌연변이를 만들 때 상동재조합 방법을 이용한 유전자 전달 방법인 **유전자 표적화**(gene targeting)라는 과정에 대해 알아보았다(그림 13.31 참조). 유전자 표적화 과정에서 과학자들은 시험관 내에서 특정 유전자를 돌연변이시키고, 그 돌연변이 DNA를 박테리아에 도입한다. 상동재조합은 박테리아 유전체에서 유전자의 정상적인 사본을 돌연변이 사본으로 대체한다. 상동재조합은 매우 드물게 일어나지만, 연구자들은 쉽게 다수의 박테리아를 키울 수 있고 전달 DNA 내에 존재하는 약물 내성 인자를 이용하여 표적 돌연변이를 포함하는 희귀 세포를 쉽게 구분할 수 있다. 동일한 방법을 이용하여 **효모**(*S. cerevisiae*)와 같은 단세포 진핵생물에서 유전자 표적화 또한 일상적으로 행해지고 있다.

생쥐 유전학자들은 다세포 생물체의 유전자 표적화에서 두 가지 주요 장애를 극복하기 위해 **배아줄기세포**(embryonic stem cell)를 이용한다. 첫째, 표적 유전자를 포함하는 염색체가 자손에게 전달되기 위해서는 유전자 표적화가 생식세포에서 일어나야만 한다. 둘째, 상동재조합의 낮은 효율 때문에 연구자들은 원하는 돌연변이를 얻을 수 있도록 많은 숫자의 생식세포를 선별할 필요가 있다. 생쥐의 배아줄기세포는 박테리아나 효모처럼 배양접시에서 키우는데, 연구자가 이를 이용하여 표적돌연변이를 포함하는 세포를 선택할 수 있다. 이 과정에서 중요한 특징은 표적 염색체가 포함된 배아줄기세포를 배양접시에서 발달하고 있는 배아로 옮길 수 있다는 사실인데, 배아로 옮겨진 배아줄기세포는 배아발달 동안 생식세포를 포함하여 여러 가지 다른 세포로 분화될 수 있다.

유전자 녹-아웃 생쥐를 제작하기 위한 배아줄기세포에서의 유전자 표적화

생쥐 배아줄기세포는 배반포(blastocyst)라고 하는 초기 단계 배아의 내세포괴(inner cell mass)로부터 분리된 미분화 세포이다(그림 17.8). 이런 배아줄기세포는 아직까지 피부, 뼈, 혈액 세포와 같은 특정 유형의 세포를 위한 유전자 발현 특성 패턴을 가지지 않는다. 생쥐 배아줄기세포는 미분화된 상태이기 때문에 특수 배양액을 포함하는 배양접시에서 여러 세대로 분열할 수 있다. 이렇게 배양액에서 성장하는 배아줄기세포의 가장 중요한 특징은 배아줄기세포가 배아발달 동안 적당한 신호에 노출되면 생식세포와 배우자세포를 포함한 모든 유형의 세포로 분화될 수 있는 능력을 지니고 있는데, 즉 **전능성**(totipotent)을 가진다.

그림 17.8은 배양된 배아줄기세포를 이용한 유전자 표적화 과정을 자세하게 보여주고 있다. 연구자들은 특정 유전자 약물 내성 유전자의 삽입에 의해 돌연변이 된 DNA 구조체를 만들고, 그런 다음 이 DNA 구조체를 배아줄기세포가 성장하는 배지에 첨가한다. 몇몇의 세포들은 배지로부터 그 DNA 구조체를 취할 것이다. 일정 시간 동안 배양 배지에 약물을 첨가하면 유전체에 외래 DNA가 삽입된 세포들만 살아남아서 분열할 것이다. 연구자들은 염색체 상동재조합을 통해 약물 내성 유전자를 획득하여 살아남은 세포를 식별하기 위해 PCR 방법을 사용하는데, 이렇게 구별된 세포들은 표적 유전자의 기능상실 돌연변이에 대해 이형접합형이다.

유전자 표적화 실험 과정의 다음 단계들은, 배양접시에서 초기 발달배아로 옮겨질 수 있고 모든 유형의 세포로 분화될 수 있는 배아줄기세포의 능력을 이용하는 것이다. 원하는 돌연변이를 가진 배아줄기세포가 숙주의 배반포에 주입이 되고 그 후 대리모에 착상된다(그림 17.8). 이렇게 태어난 생쥐를 **키메라**(chimeras)라고 하며, 두 개의 다른 생물체로부터 온 세포들로 구성되었다는 것을 의미한다. 이들 동물들의 세포 중 배아줄기세포로부터 유래된 세포는 표적 유

그림 17.8 녹-아웃 생쥐 제작.

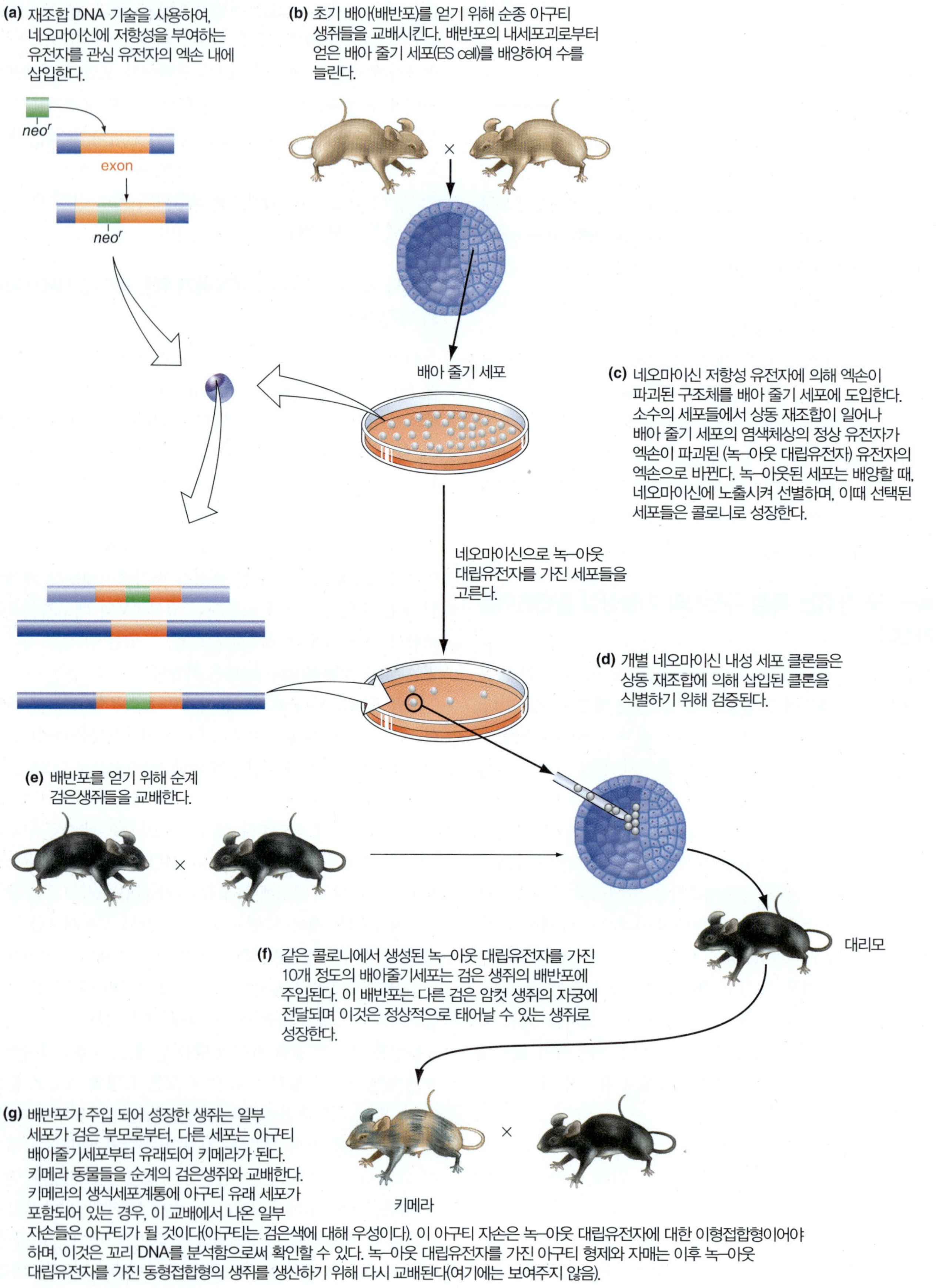

전자의 돌연변이에 있어 이형접합형이고, 반면에 숙주세포는 이 유전자 위의 정상 대립유전자에 대해 동형접합형이다. 유전학자들은 비모자이크 이형접합형 자손을 만들기 위해 이 키메라 생쥐와 정상 생쥐를 교배한다. 이런 자손들은 표적 유전자의 무형태성 녹-아웃 대립유전자를 가진 염색체를 포함하고 있기 때문에 **녹-아웃 생쥐**(knockout mice)라고 한다. 유전학자들은 동형접합형 돌연변이체 생성을 위해 서로 다른 이형접합형 녹-아웃 생쥐끼리 교배한다.

녹-아웃 생쥐의 사례

첫 번째 녹-아웃 생쥐는 1989년에 만들어졌으며, 8년 후 이 기술을 개발한 세 명의 과학자들은 노벨상을 수상하였다. 거의 모든 인간 유전자는 생쥐와 동일 또는 유사한 기능을 갖는 짝 유전자를 가지며, 녹-아웃 생쥐는 유전자 기능의 상실로 인한 인간 질환의 연구에 유용하게 사용된다. 녹-아웃 생쥐를 사용한 첫 번째 단일 유전자 질환 모델 중 하나는 낭 섬유증(cystic fibrosis)이었다. 폐세포에서 염화이온의 흐름을 조절하는 막단백질인 CFTR을 암호화하는 *CF* 유전자를 기억하자(그림 2.25 참조). 연구자들은 *CF* 유전자 녹-아웃 생쥐를 이용하여, 낭 섬유증은 폐에 점액이 쌓이고 이로 인해 적어도 폐세포로부터 세균을 쉽게 제거하지 못하여 발병된다고 밝혔다. 과학자들은 현재 *CF* 녹-아웃 생쥐를 이용하여 낭 섬유증 치료를 위한 새로운 실험적인 치료방법을 검증하고 있다.

보다 일반적인 의미에서 녹-아웃 생쥐는 연구자가 포유류 유기체의 모든 유전자의 실제 기능에 대한 이해를 돕는다는 점에서 매우 가치가 높다. 간단히 말해서 유전학자는 특정 유전자의 기능이 완전히 상실된 동형접합형 녹-아웃 생쥐를 제작하고, 그러고 나서 생쥐의 표현형에 미치는 영향을 관찰한다. 이 접근 방식의 중요성을 인식하여, 미국국립보건원에서는 학교, 정부, 산업 연구소가 연계된 공동연구, 녹-아웃 생쥐 프로젝트에 자금을 지원하고 있는데, 이 프로젝트는 생쥐 유전체에 있는 모든 유전자에 대해 각각의 녹-아웃 돌연변이를 지니고 있는 배아줄기세포주 제작을 목표로 하고 있다.

조건부 녹-아웃 생쥐는 필수 유전자들의 기능들을 밝힌다

어떤 유전자들은 동형접합형 녹-아웃 생쥐를 만드는 것이 불가능하다. 이러한 소위 '필수 유전자들'은 동물의 발생 초기 단계나 또는 모든 세포의 생존에 중요한 과정에 필요할 수 있다. 필수적인 유전자들의 생성물들이 유기체에 어떤 기능을 하는지 조사하기 위해서, 연구자들은 유전자 표적화 기술을 이용하여 대부분의 세포들이 유전자의 정상 대립유전자 동형접합형을 지니고 단지 몇몇 세포들만 대립유전자의 돌연변이 동형접합형을 갖는 모자이크 개체를 만들 수 있다. 이와 같은 종류의 기술의 다른 응용에서는, 동물이 성체가 될 때까지 정상 대립유전자에 대한 동형접합형을 유지하다가, 그 이후에 세포의 일부나 전체가 돌연변이 대립유전자의 동형접합형이 되도록 조절할 수 있다.

이런 전략들의 핵심은 특정 조건에서 표적 유전자의 엑손(exon)이 유전체 DNA로부터 제거될 수 있도록 표적 유전자에 DNA 서열을 추가하는 것이다. 이렇게 연구자가 환경 조건을 변경할 때 특이적으로 비활성화시킬 수 있는 유전자를 가진 생쥐를 **조건부 녹-아웃 생쥐**(conditional knockout mice)라고 한다. 유전자 엑손의 조건부 제거를 성공적으로 수행하기 위해서, 유전공학자들은 박테리오파아지 P1이 대장균에 침입해서 성장할 때 중요한 장소 특이적 재조합 시스템을 이용한다.

Cre 단백질과 loxP 장소

DNA 복제의 정상적인 과정에서, 박테리오파아지 P1은 P1 유전체의 많은 복사본을 포함하는 큰 원형 DNA를 생성한다. 이런 여러 개의 사본들 중 하나씩 개별 박테리오파아지에 포장되도록 하기 위해, *Cre*라는 재조합효소(recombinase)가 이 큰 원형 DNA에 존재하는 *loxP* 장소라고 하는 두 개의 특정 DNA 서열 사이에 교차를 발생시킨다(그림 17.9). 과학자들은 동물의 특정 조직 또는 특정 시간에 생쥐 유전자에 유전자결실 돌연변이를 도입하기 위해 이 Cre/loxP 재조합 시스템(Cre/loxP recombination system)을 어떻게 활용하는가?

조건부 녹-아웃 만들기

첫 번째 단계는 그림 17.10a에서 보여주는 것처럼 유전자 표

그림 17.9 Cre/loxP **재조합시스템.** 박테리오파아지 P1은 Cre재조합단백질에 의해 매개되는 34염기쌍의 loxP 장소 간의 위치 특이적 재조합을 통해 유전체의 단일복사본을 생성한다.

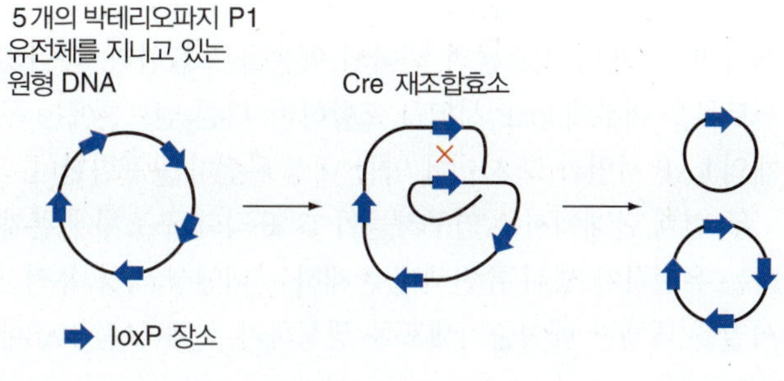

그림 17.10 조건부 녹-아웃 생쥐. (a) ES 세포의 유전자 일부를, loxP 자리들 사이에 포함된 "floxed" 엑손으로 교체하는 다단계 과정. 이 ES 세포들은 생쥐의 생식세포 계통으로 도입된다. (b) 이 예에서는, 이 "floxed" 유전자에 동형접합형인 형질전환 생쥐가 눈에서만 Cre를 발현하는 도입유전자도 가지고 있다. 신체의 다른 곳에서는 아무 일도 일어나지 않지만, 오직 눈 세포에서만 loxP 좌위들에서의 Cre-매개성 좌위 특이적 재조합이 발생하여 "floxed" 도입유전자의 두 사본에서 엑손들을 제거하게 된다.

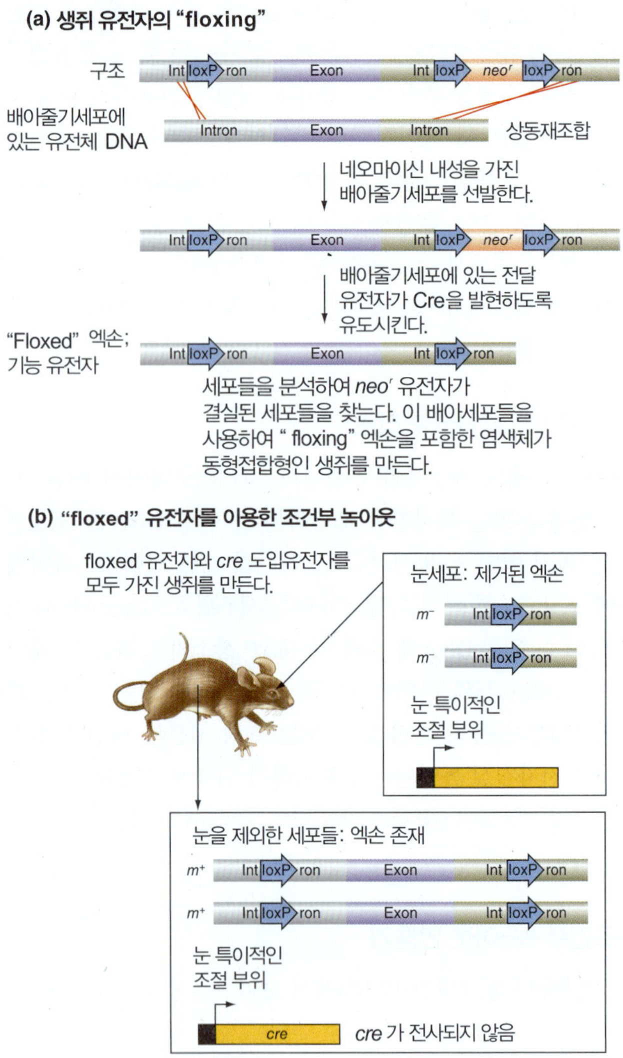

적화 구조체를 제작하기 위하여 재조합 DNA 기술을 사용하는 것이다. 그 구조체는 조건부 녹-아웃이 되도록 표적된 유전자의 두 개의 인트론과 하나의 엑손을 포함한다. 하나의 인트론은 내부에 loxP 서열을 포함하며, 다른 인트론에는 두 개의 loxP 서열과 그 사이에 약물 내성 유전자를 포함한다.

두 번째 단계에서는 연구자들이 그 표적화 구조체에 존재하는 유전자가 생쥐 유전체에 존재하는 내인성 정상 유전자 서열을 대체한 배아줄기세포를 생성하기 위해 그림 17.8에서 설명한 절차를 사용한다. 이 실험에서 사용된 특별한 배아줄기세포는 유도 방식으로 Cre 단백질을 발현하는 도입유전자를 포함하도록 미리 변형되어 있는데, 예를 들면 그 도입유전자는 Cre 단백질의 암호화 유전자 서열에 열 충격에 의해 활성화되는 생쥐 촉진유전자를 가질 수 있다.

세 번째 단계는 약물 내성 유전자를 제거하는 것이다. 고온에서 배아줄기세포를 배양함으로써 Cre 유전자의 발현을 유도하여 한 쌍의 loxP 서열 사이에서 상동재조합을 유발한다. 한 가지 가능한 결과는 그림 17.10a의 아래에서 보이는 염색체인데, 표적 엑손(또는 유전자)은 두 개의 loxP 서열에 의해 싸여져서 **플락스**(floxed; flanked by loxP sites)되었다고 한다.

이제 이렇게 플락스된 유전자의 이형접합형 배아줄기세포가 만들어졌으면, 앞선 그림 7.8에서 설명한 것처럼, 숙주 배반포에 이식하여 이형접합형 생쥐를 만든다. 마지막으로, 연구자들은 플락스된 유전자에 동형접합형이고, 특정 시간 또는 특정 조직에서 Cre 유전자가 발현되는 도입유전자를 지닌 생쥐를 만들기 위해 일련의 교배를 실시한다. 예를 들면, 그 *cre* 도입유전자는 오직 안구에서만 전사될 수 있다(그림 17.10b).

LoxP 부위는 RNA 이어맞추기를 방해하지 않는 인트론에 위치하고 있기 때문에, 그 플락스된 유전자는 정상적으로 기능한다. 그러나 Cre 유전자가 발현되는 안구 세포에서는 loxP 자리들 사이에서의 Cre-매개성 교차에 의해 두 개의 표적유전자 사본들로부터 엑손이 제거된다(그림 17.10b). 그러므로 그 안구 세포들만 표적 유전자의 녹-아웃에 동형접합형이다.

플락스된 대립유전자가 조건부 녹-아웃이라 불리는 이유를 알 수 있는데, 이 대립유전자는 Cre가 만들어져 표적유전자 서열을 제거하는 세포를 제외한 모든 조직에서는 정상적으로 기능을 하기 때문이다.

조건부 녹-아웃의 이용

조건부 녹-아웃 생쥐는 과학자들에게 어떠한 종류의 정보를 제공할 수 있을까? 하나의 예로써 그림 17.9에서처럼 그 표적된 유전자가 모든 세포의 생존에 요구가 된다고 가정해 보자. 만약 이 경우가 그런 경우라면, 플락스된 대립유전자를 갖는 동물이 Cre 유전자가 발현된 후에는 눈이 없을 것으로 예상이 된다. 한편, 표적 유전자가 눈 이외의 다른 조직에서만 필수적일 수 있는데, 이 경우에 눈은 (그리고 사실 동물 전체적으로) 정상일 것이다. 또 다른 가능성은 표적 유전자가 망막 형성과 같은 특정 기능을 위해 필요하다면, 이 경우

플락스된 유전자의 동형접합체에서 Cre 발현은 망막기형을 초래할 것이다.

녹-아웃 세포와 야생형 세포를 나란히 두는 실험 역시 과학자들로 하여금 한 세포에서 발현된 유전자산물이 이웃한 세포의 기능에 영향을 미칠 수 있는지를 판단할 수 있도록 해 주는데, 모자이크 분석(mosaic analysis)이라고 부르는 이 기술에 대해서는 18장에서 논의할 것이다.

녹-인(knock-in)기술은 특정 유전자에 특정 돌연변이를 삽입한다

과학자들은 배아줄기세포 기술을 생쥐 유전자의 기능을 파괴하는 것뿐만 아니라, 또 다른 좀 더 특이적인 방법으로 유전자를 변경하기 위해 사용할 수 있다. 예를 들어, 연구자는 어떤 단백질에서 하나의 아미노산을 다른 것으로 변화시키는 특정 과오 돌연변이를 가진 생쥐를 만들고 싶을 수 있다. 그림 17.11은 연구자들이 조건적 녹-아웃 생쥐를 만들었을 때 사용하는 기술을 이용하여 주어진 유전자를 어떤 방식으로든 원하는 대로 쉽게 변형할 수 있음을 보여준다. 새로 도입된 DNA, 이 경우에는 변화된 DNA 서열을 가지고 있는 엑손은 "knocked-in" 된다고 한다. 그 돌연변이 유전자에 동형접합형인 **녹-인 생쥐**(knockin mice)는 그 단백질에 대해 돌연변이형만 만들 것이다. 만약 그 돌연변이가 우성 효과를 가지는 경우에는 녹-인 돌연변이에 대해 이형접합형인 생쥐들도 중요한 가치를 가질 수 있다.

그림 17.11 유전자의 특정 돌연변이를 만들기 위한 녹-인 기술. 유전공학자들은 점돌연변이(빨간색 별로 표시)를 가진 유전자 구조체를 이용하여 Cre 도입유전자를 가진 ES 세포들에서 해당 유전자를 대체할 수 있다. Cre 발현에 의해 약물 저항성 유전자가 제거된 후, 인트론 내에 남아 있는 loxP 자리는 이어맞추기를 방해하지 않을 것이다.

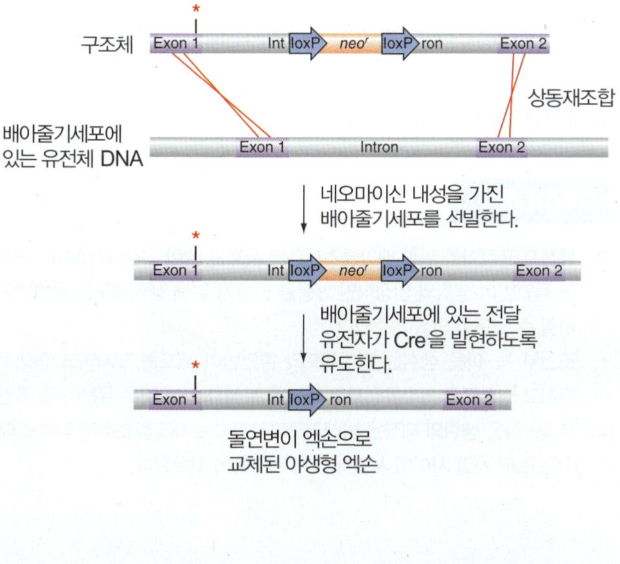

그림 17.12 연골무형성 왜소증 생쥐. 오른쪽에 왜소증 생쥐는 인간의 왜소증을 일으키는 것과 같은 서열의 *FGFR3* 대립유전자에 대해 이형접합형이다. 왼쪽은 한배새끼로 정상생쥐이다.

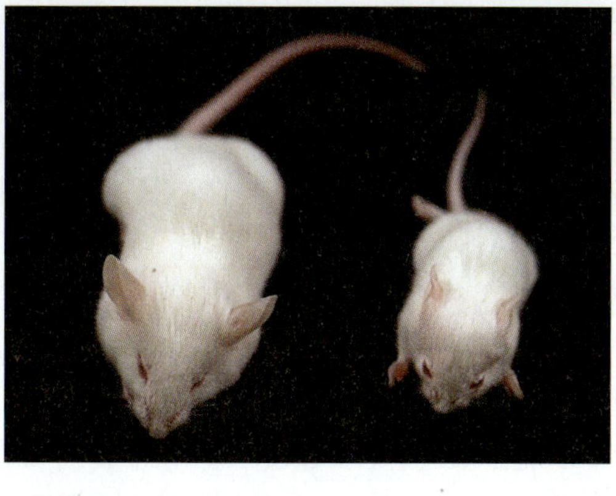

생쥐의 유전체에 존재하는 어느 하나의 유전자를 관심 있는 재조합 대립유전자로 대체하는 기술은 인체의 특정 유전질환을 연구하기 위한 동물모델 제작에 매우 중요하다. 많은 유전병들은 어떤 유전자의 완전한 무형태성(amorphic, 발현되지 않는) 대립유전자와 관련된 것이 아니라, 저형태성(hypomorphic, 적게 발현되는), 고형태성(hypermorphic, 많이 발현되는), 혹은 신형태성(neomorphic, 새로운 표현형의) 효과를 가질 수 있게 하는 특정 아미노산의 코돈에서 생긴 돌연변이와 연계되어 있다. 그런 하나의 예로 왜소증의 하나인 연골무형성증(achondroplasia), 또는 왜소증(dwarfism) 연구를 위한 생쥐모델을 들 수 있다. 인체의 짧은 사지왜소증은 인간의 *FGFR3* 유전자의 과오 돌연변이(missense mutation)에 의해 발생한다. 이를 살펴보았던 8장을 기억해 보자. 이런 돌연변이는 기능획득을 유발하고 결국에는 과도한 활성을 갖는 FGF 수용체가 된다(그림 8.31 참조). 연구자들은 이러한 동형접합 *FGFR3* 유전자와 같은 과오 돌연변이를 가지는 생쥐를 제작하기 위해 녹-인 기술을 사용해 왔다. 놀랍게도, 이 돌연변이 유전자는 생쥐에서 발현되었고 그 생쥐는 인간의 연골무형성증에서 보였던 우성왜소증 표현형과 같은 표현형을 보여주었다.

TALEN 유전자 가위 기술은 어느 생체의 유전자를 특이적으로 변형할 수 있다

배아줄기세포 기술을 이용하여, 연구자는 거의 모든 방식으로 생쥐의 유전체에 어떤 DNA 서열을 제거, 삽입, 변경 등을 할 수 있다. 최근까지, 오직 생쥐의 유전체만 이런 정밀한 변경이 가능하였다. *TALEN*이라고 하는 합성제한효소의 최근 개발은 어떤 생물의 유전체든 마음대로 수정할 수 있게 해 준다. 이 새로운 기술은 연구자들이 유전자 기능의 많은 연구에서 생쥐가 아닌 다른 동물을 이용할 수 있게 하고, 인간의 질병에 대한 새로운 모델을 만들 수 있게 해 준다.

TALEN 설계

TALEN은 TALE (transcription activator-like effector) nuclease의 약자이다. TALE 단백질은 *Xanthromoans* 박테리아가 식물세포를 감염시켰을 때 발현하는 유전자서열 특이적으로 DNA에 결합하는 단백질로써, 박테리아는 TALE 단백질을 분비하여 숙주의 전사를 변화시킬 수 있다. TALE 단백질은 일련의 아미노산 반복 단위로 구성되어 있으며, 각 단위는 33~35개의 아미노산을 포함한다(그림 17.13a). 각각의 반복 단위는 하나의 영역(domain)이며, 그 내부의 중앙에 위치한 두 개의 아미노산에 기초한 암호코드에 따라 DNA의 특정 염기를 인식한다(그림 17.13b). 일단 연구자가 이 암호코드를 해석한다면, 연구자들은 DNA 염기 인식 모듈을 결합하여 실에 꿰여 있는 구슬처럼 배열시켜 DNA 염기의 모든 가능한 경우를 인식하는 TALE 단백질 유전자를 설계하고 합성할 수 있다.

다음으로는 합성 TALE 단백질에 핵산가수분해효소 활성을 부여하기 위해, 유전공학자들은 *FokI*이라는 제한효소의 효소영역을 발현하는 유전자 서열을 TALE 유전자 서열에 첨가하였다. 그 결과로 만들어진 단백질이 염기서열 인지 모듈과 제한효소 영역이 융합된 TALEN 이다(그림 17.13a). *FokI* 핵산가수분해효소 DNA의 한 가닥만 자르는데, 서로 마주보고 있는 가닥의 DNA 서열 근방에 결합하도록 두 개의 서로 다른 TALEN 단백질을 합성하면 된다.

그림 17.13 유전체 변경을 하기 위해 사용되는 TALEN. (a) TALEN이라고 불리는 합성 제한효소의 예. 각각의 아미노산 반복서열 (색칠된 타원)은 반복된 아미노산 서열 중간에 위치하는 두 개의 아미노산에 의해 특정 염기서열을 인지하는 영역이다. (b) TALEN의 반복서열에 의해 인지되는 암호. (a)와 (b)에서 아미노산들은 237쪽 그림 7.28에서 처럼 하나의 알파벳글자로 나타냄. (c) 한 쌍의 TALEN은 표적 유전자의 이중가닥을 잘라낸다. 이렇게 잘려진 유전자는 MMEJ 방법에 의해 복구되는데 이 때 일부의 유전자가 녹-아웃이 될 수 있다. 만약 DNA 절단이 발생한 근처의 영역에 해당하는 DNA 서열이 도입된다면, 상동유전자 재조합에 의해 녹-인이 만들어 질 수도 있다.

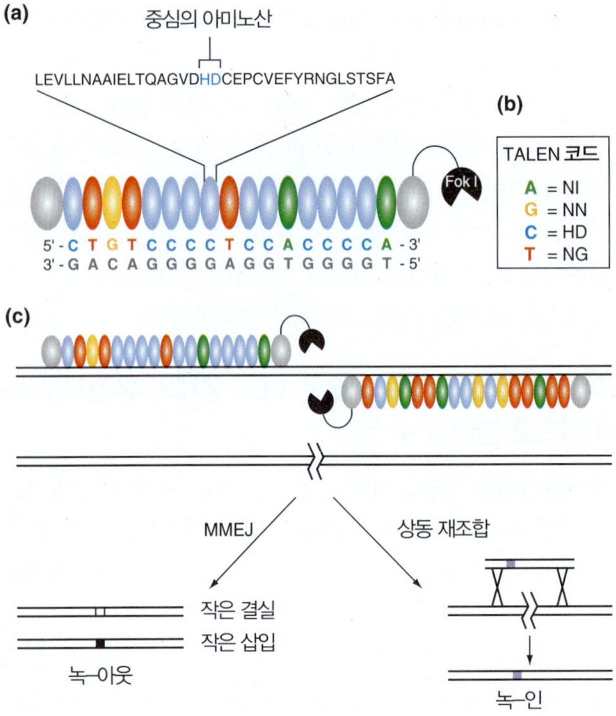

TALEN을 이용한 표적 유전체 편집

유전체에서 특정 DNA 서열을 변경하기 위해서는 연구자들은 특정 위치에서 두 가닥의 DNA를 끊을 수 있도록 한 쌍의 TALEN을 만들어야 한다. 그런 다음 연구자들은 이러한 TALEN을 생식세포나 생식세포로 분화될 수 있는 세포에 도입한다. TALEN을 세포에 전달하는 방법은 사용되는 생물의 특성에 따라 좌우되며, TALEN 단백질 자체가 되거나 TALEN을 발현할 수 있는 합성 유전자가 될 수도 있다.

어떤 세포에서 TALEN에 의해 생성된 두 가닥의 특정 DNA 절단은 녹-아웃(knock-out)이 되거나 녹-인(knock-in) 된다(그림 17.13c). 그 DNA 절단된 부위가 미세상동 매개성 말단 연결(microhomology mediated end joining, MMEJ) 방법에 의해 복구될 때, 종종 그 절단 부위에 몇 개의 핵산이 삽입되거나 결손된다. 또는, 만약 절단 양쪽의 DNA에 해당하는 서열의 DNA 분자가 TALEN과 동시에 세포로 도입된다면, TALEN이 만든 이중가닥 절단을 복구하는 동안 상동 재조합을 통해 그 DNA를 유전체에 삽입할 수 있고 유전자 교환을 유도할 수 있다.

TALEN 유전자 기술은 생쥐, 초라피, 제브라피시, 쥐 등을 포함한 많은 여러 생명체에서 유전체의 변경에 효과적인 방법이라는 것이 증명되어 왔다.

핵심 개념

- 유전자 표적화를 위한 배아줄기세포의 사용은 생쥐 유전학자들이 녹-아웃 돌연변이 생쥐의 안정적인 계통을 만들기 위해 생식세포를 돌연변이 시킬 수 있도록 만들어 주었다.
- 조건부 녹-아웃 생쥐는 정상세포와 돌연변이 세포를 모자이크 형태로 가지고 있으므로 필수유전자의 기능을 분석하는 데 매우 유용하다. 조건부 녹-아웃 생쥐의 제작은 박테리오파아지 Cre 재조합효소에 의해 촉매되는 loxP 서열 사이의 서열 특이적 재조합에 좌우된다.

- 유전자 표적화를 통해 제작된 녹-인 생쥐는 연구자가 원하는 대로 변경된 유전자를 지니고 있으며, 인간의 유전질환에 대응하는 단일 염기쌍과오 돌연변이 같은 것들이 포함된다.
- TALEN이라는 맞춤설계 합성제한효소는 모든 생물체의 유전체에서 연구자가 지정한 특정 위치를 변경시킬 수 있다.

17.4 인간 유전자 치료

학습목표

1. 치료 유전자를 환자에게 적용하는 방법을 설명한다.
2. 환자의 세포에 치료 유전자를 전달하기 위해 널리 사용하는 바이러스 벡터의 문제점을 설명한다.

이 장에서 논의된 모든 예에서 궁극적인 목표는 생식세포의 유전체를 변경하여 실험 생물체의 안정적인 계통이 만들어질 수 있도록 하는 것이었다. 그러나 변경된 유전자가 다음 세대로 전달되도록 하는 방법론에서 인간 유전자의 변경은 많은 윤리적인 문제를 제시하며, 현재 전 세계 대부분에서 불법이다. 질병을 치료하기 위해 DNA를 사용하는 유전자 치료방법을 개발하는 의과학자들은 대신 환자의 체세포의 유전체를 바꾸는 것에 초점을 맞추고 있다. 현재 1,500개 이상의 유전자 치료 임상시험이 진행되고 있다. 인간 유전자 치료는 아직 실험적이지만 최근에 몇몇 매우 유망한 성공사례들이 이뤄지고 있다.

질환마다 다른 유전자 치료가 필요하다

유전자 치료의 개념은 간단한데, 환자의 체세포에 질병과 싸울 수 있는 인자의 발현을 유도하는 **치료 유전자**(therapeutic gene)를 도입하는 것이다. 그러나 모든 질병을 치료하기 위해 사용될 단일 유전자 치료 전략은 없다.

치료 유전자 선택

특정 질병의 분자적 특성은 유전자 치료를 위해 어떤 종류의 유전자가 사용될 수 있는지 알려준다. 낭 섬유증과 같은 유전자 기능 손실로 인한 질환에 대해서는, 그 치료 유전자는 단순히 기능이 결여된 유전자에 대한 정상유전자의 복사본이면 된다. 그러나 다른 전략이 요구되는 경우도 있는데, 헌팅턴병과 같은 질환에서는 돌연변이 단백질의 발현(또는 정상 단백질의 과발현)이 비정상적인 표현형을 유발하는데, 이 기능획득 조건의 억제가 요구된다. 이러한 경우에는 치료 유전자가 어떻게든 그 질병유전자 또는 그 유전자의 단백질 산물을 불활성화시킬 필요가 있다.

마지막으로, 복잡한 유전적 요인 질병인 암과 같은 경우에는, 일반적으로 가장 유용한 전략은 보다 더 간접적인 것일 수 있다. 예를 들어 암 유전자 치료 표적 유전자와 단백질이 환자의 암세포에서 정상이었다 하더라도, 그 인자들이 암세포의 세포증식을 유도하는 생화학적 경로에 필수적 유전자 또는 단백질이라면 암 유전자 치료의 표적이 될 수 있다.

치료 유전자 전달 방법

의과학자들이 어떤 치료 DNA를 사용할지 선택한 후, 다음 문제는 이 DNA가 가장 잘 작동할 것으로 여겨지는 체세포에 어떻게 전달할지 결정하는 것이다. 예를 들면, 선천성 실명을 치료하기 위해서는 망막세포에, 낭 섬유증 환자를 치료하기 위해서는 폐 세포에, 빈혈을 치료하기 위해 혈액 세포 전구체 내로 그 치료 DNA를 도입하는 것이 당연하다.

만약 의사가 쉽게 조직에 접근할 수는 있지만 그 조직세포를 환자의 몸에서 분리해낼 수 없는 경우라면, 사용할 수 있는 기술은 치료 유전자를 체세포에 직접 전달하는 **생체 내 유전자 치료**(*in vivo* gene therapy) 방법이다. 예로 들면, 그 치료 유전자는 망막세포 내로 주사 주입하거나 폐로 흡입되도록 할 수 있다. 이러한 유전자 전달 방법은 수행하기는 쉽지만 극히 일부의 질환세포들에게만 치료 DNA를 전달할 수 있다. 영향 받은 세포들을 환자의 몸에서 분리해낼 수 있는 병들에 대해서는 보다 강력한 **생체 외 유전자 치료**(*ex vivo* gene therapy)가 사용될 수 있다. 여기에서 연구자들은 환자의 골수에서 혈액전구세포와 같은 조직세포들을 확보하고, 그 세포들을 잠시 배양하는 동안 다량의 치료 유전자에 노출시킨다. 그러고 나서 이 세포들을 환자의 체내로 돌려보낸다.

생체 내 또는 생체 외 접근방법에 사용되는 외래 DNA는 성공적인 치료를 위해 충분히 세포에 흡수될 수 있도록 일종의 벡터에 의해 포장될 필요가 있다. 대부분 유전자 치료 시험은 두 가지 유형의 바이러스 벡터, **레트로바이러스 벡터**(retroviral vector) 또는 **아데노 연관바이러스 벡터**(adeno-associated vector, AAV vector) 중 하나를 가지고 수행되고 있다. 두 가지 경우 모두 다 특화된 세포주가 바이러스 입자에 치료 DNA를 포장한다(그림 17.14). 이 세포주들은 "도우미 DNA (helper DNA)"를 가지고 있는데, 이 도우미 DNA는 바이러스 입자를 구성하는 모든 단백질을 발현시키지만 바이러스 입자에 포장될 바이러스 유전체가 결여되어 자체적으로 활성화된 바이러스를 만들 수가 없다. 치료 DNA가 연결되는 벡터는 변형되고 결함이 있는 바이러스 유전체로

그림 17.14 레트로바이러스 입자에 재조합 DNA 포장하기. (a) 정상적인 레트로바이러스의 RNA 유전체. LTR, 숙주 염색체로 바이러스 cDNA가 통합되도록 하는데 필요한 긴 말단 반복 서열; Ψ, 레트로바이러스캡시드에 RNA 분자를 포장하는 데 필요한 시스(*cis*) 작용 서열. (b) 재조합 레트로바이러스 만들기. 재조합 레트로바이러스 유전체에서 치료 유전자는 *gag*, *pol*, *env* 유전자를 대체한다. 포장 세포의 결함이 있는 "helper" 바이러스 유전체는 *gag*, *pol*, *env*의 기능을 공급하지만 도우미 RNA에 Ψ가 없으므로 바이러스 입자로 포장될 수 없다. 이들 세포는 치료 유전자를 포함하는 바이러스 유사 입자를 생산하지만 이 입자들은 세포 내에서 스스로 복제할 수 있는 바이러스는 아니다.

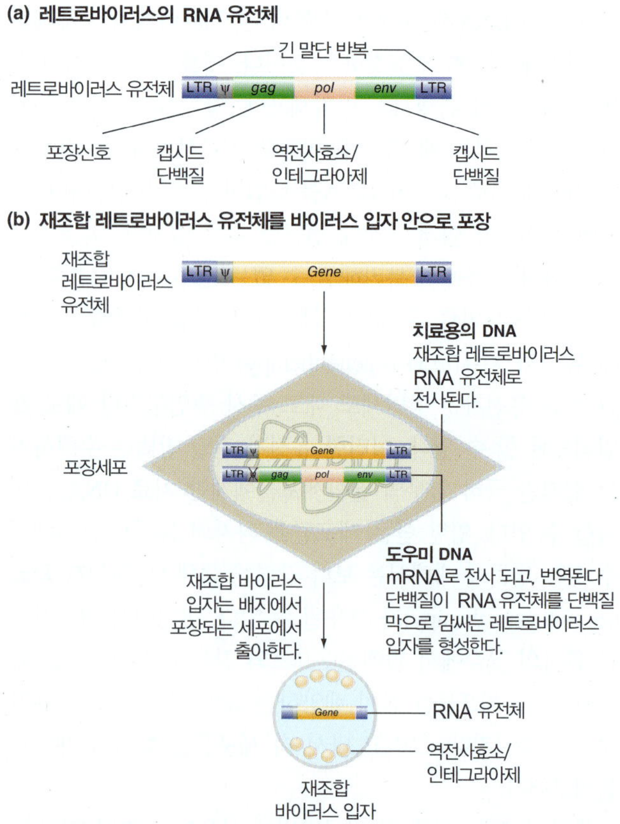

서, 바이러스 유전자들은 가지고 있지 않지만 포장 서열은 가지고 있다. 그러므로 그 세포주에 복제하여 도입하면, 이 세포주는 바이러스의 유전체 대신 도입된 치료 DNA를 바이러스 입자에 포장하게 되고, 이 입자는 바이러스 유전체가 거의 없는 상태지만 다른 세포들을 감염시킬 수 있다.

일단 만들어지면, 재조합 바이러스들은 생체 내 또는 생체 외 방법을 통해 환자의 세포들을 감염시킨다. RNA 유전체를 가지는 재조합 레트로바이러스의 경우에는, 그 치료 유전자는 환자의 유전체로 삽입되고 전사되는데, 이 mRNA가 치료 단백질을 만든다(그림 17.15a). 레트로바이러스 벡터와 관련된 한 가지 문제점은 그 치료 유전자의 삽입이 유전

그림 17.15 바이러스 벡터를 이용한 유전자 치료. (a) 재조합 레트로바이러스 유전체는 환자의 유전체로 통합된다. (b) 재조합 AAV 유전체는 보통 염색체 외에 남아 있다.

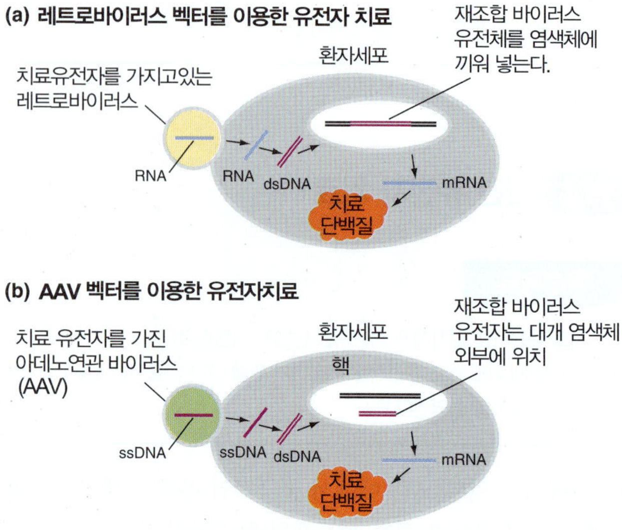

체 돌연변이를 일으켜 어떤 경우에 환자에게서 암을 유발할 수 있다는 것이다.

레트로바이러스 벡터의 이러한 부작용 때문에, 다른 유전자 치료 시험들은 AAV 벡터로 수행되어 왔다. AAV는 단일가닥 DNA 유전체를 지니고 있으며, 숙주세포에 감염된 후 이중가닥이 된다. 치료 유전자를 포함하고 있는 결함이 있는 이중가닥 AAV 유전체는 지속적으로 치료 단백질을 생산할 수 있지만 보통 숙주세포 염색체로 삽입되지 않는다(그림 17.15b). AAV 벡터의 사용을 통해서 인간 염색체 내로의 벡터 삽입에 관한 심각한 문제들은 줄어들었지만, 염색체 외에 존재하는 AAV DNA는 결국 분해된다. 이러한 사실은 AAV 매개성 유전자 치료가 치료 단백질의 일정한 공급을 제공하기 위해서는 주기적으로 반복될 필요가 있다는 것을 의미한다.

인간의 유전자 치료는 미래에 대한 약속이다

유전자 치료에 관한 첫 번째 고무적인 결과는 2000년에 나왔다. 그때 당시 X 염색체 연관 중증 합병 면역결핍장애(SCID-X1)를 가진 몇몇 환자들이 실질적으로 치료되었다. 이 질환을 가진 아이들은 기능적 면역 체계가 없으며, 감염을 방지하기 위해 무균 환경에서 지내야 했기 때문에 SCID-X1은 일반적으로 "풍선 소년 질환(bubble boy disease)"이라고 알려져 있다.

SCID-X1의 원인은 정상적으로 여러 가지 다른 종류의 면역체계 세포들의 성장을 촉진하는 단백질을 암호화하고 있

는 *IL2-RG*라고 하는 유전자의 기능상실 돌연변이이다. 연구자들은 생체 외 방법을 사용하였는데, 먼저 환자의 골수로부터 면역체계 전구 세포들을 확보하였고 그런 다음 *IL2-RG* 유전자의 정상 복사본을 포함하는 재조합 레트로바이러스로 이 전구세포들을 감염시켰다. 변형된 세포를 투여 받은 환자들은 면역체계의 기능을 다시 획득하였고 감염에 저항할 수 있었다. 그 당시에 치료받은 9명 중 8명은 살아남아서 성공적으로 많은 감염에 저항하였다. 그러나 그 환자들 중 4명은 레트로바이러스 벡터가 세포증식에 관여하는 유전자의 인접한 곳에 삽입되어 결국 백혈병이 발생하였고, 이들 중 1한 명은 암으로 인해 사망하였다.

이렇게 레트로바이러스 삽입에 의해 종종 발생하는 문제들 때문에, 가장 최근에 시도한 유전자 치료에는 AAV 벡터가 사용된다. 17장 서두에서 선천성 실명 중 한 종류가 어떻게 유전자 치료에 의해 부분적으로 치료되는지를 소개했었다. 의사들은 환자의 망막상피세포 유전체에서 결핍된 *RPE65* 유전자의 정상 사본을 가진 재조합 AAV 벡터를 환자의 망막상피세포에 주입하였다. 환자의 대다수가 적어도 일부 시력을 회복하였고 유전자 치료에 의한 어떠한 부작용도 겪지 않았다. 이런 환자들은 주입된 DNA가 염색체 외 상태로 분해되거나 손실되는 경우 미래의 어떤 시점에서는 추가적인 치료가 필요할 수도 있다.

유전자 치료는 아직 실험적이다; 이런 유전자 치료가 표준 의료시술이 되기 위해서는 많은 기술적인 문제점들이 극복돼야 하는 것을 알 수 있다. 그럼에도 불구하고 현재까지 그 결과들은 충분히 고무적인데, 전 세계의 연구자들은 유전자 치료로 더 많은 질병들을 치료하기 위해 새로운 아이디어를 검증하고 있다. 예를 들면, 환자의 유전체에서 기능 획득 돌연변이에 의한 질환에 관하여 과학자들은 작은 간섭 RNA (siRNAs)를 발현하는 합성 치료 유전자의 사용을 검토하고 있다. 16장에서 논의한 것처럼, 세포에서 siRNA의 존재는 돌연변이 유전자로부터 전사된 mRNA의 번역을 잠재적으로 차단하거나 분해를 유도할 수 있다(그림 16.26 참조). 특히 유전자 치료 연구자들 사이에서 많은 흥분을 일으킨 흥미로운 가능성은 인간 세포에서 돌연변이 질병 유전자를 복구하는 TALEN의 사용이다.

핵심 개념

- 치료 유전자는 환자 생체 내 또는 생체 외 둘 중 하나의 방법으로 체세포에 재조합 바이러스 벡터를 통해 운반될 수 있다. 레트로바이러스 벡터는 인간 염색체에 치료 유전자를 삽입하는 반면, 아데노바이러스 벡터에 도입된 DNA는 염색체 외에 존재한다.
- 레트로바이러스를 이용한 치료 유전자의 전달은 유전자 돌연변이와 암을 유발할 수 있다. 염색체 외에 남아 있는 아데노 연관바이러스 벡터는 이러한 문제를 피할 수 있지만, 유전자 치료가 주기적으로 반복되어야 한다.

다음 학습을 위한 안내

유전체 조작은 18장에서 논의할 대부분의 실험 전략의 기초가 된다. 18장에서는 하나의 세포인 접합자가 복잡한 다세포 생명체가 되는 과정, 즉 발생의 생화학적 경로를 해석하기 위해 유전적 분석들이 어떻게 핵심적인 도구로서 사용되어 왔는지에 대해 논의할 것이다. 형질전환 기술은 돌연변이 연구를 통해 발생 과정 조절에 중요하다고 밝혀진 유전자를 복제하거나, 또한 생물체에서 그들의 정확한 기능을 이해하기 위해 이 유전자들을 조작하는 데 있어 핵심 기술이다.

풀이 문제

인간의 유전질병들에 대한 생쥐 모델을 만들고 싶다면(a-d), 다음 중 어떤 형태의 생쥐(i-vi)가 여러분의 연구에 유용한지 표시하라. 만약 하나 이상의 답이 적용된다면, 어떤 형태의 생쥐가 그 질병을 가장 성공적으로 모방할지 설명하라: (i) 정상 생쥐 단백질을 과발현하는 형질전환 생쥐; (ii) 돌연변이 인간 단백질을 정상적인 양으로 발현하는 형질전환 생쥐; (iii) 단백질의 우성적 음성 돌연변이를 발현하는 형질전환 생쥐; (iv) 녹-아웃 생쥐; (v) 조건부 녹-아웃 생쥐; (vi) 정상 대립유전자가 적어도 부분적으로 작동하는 돌연변이 대립유전자로 대체된 녹-인 생쥐. 모든 경우에서, 녹-아웃 및 녹-인된 유전자 또는 도입유전자는 문제의 질환과 관련하여 책임이 있다.

a. 마판증후군(*FBN1* 유전자의 반수체 불충분성 때문에 발생하는 우성 유전질환)
b. *PLCG2* 유전자의 저형태성 과오 돌연변이에 의해 유발된 우성 자가염증성 유전질환
c. *amelogenin* 유전자의 결손은 열성 X 염색체 연관 질환을 유발하며, 이런 유전질환 환자는 치아 에나멜이 감소된다.
d. *TRIOBP* 유전자의 1차 전사체가 귀 특이적인 형태의 대체 이어맞추기를 하도록 발현되는 것을 방해하는 열성 돌연변이가 발생하고, 이것이 동형접합형이 됨으로써 발생하는 유전성 청각상실. 이 유전자의 다른 이어맞추기 형태는 모든 세포에서 발현되며, 세포성장에 필요하다.

해답

a. 비록 마판증후군이 우성 유전질환이지만, 절반 기능상실 돌연변이에 기인한다. 형질전환 생쥐는 우성적 음성 돌연변이 단백질을 발현하는 경우를 제외하고는 기능상실 돌연변이 모델을 제공할 수 없다. 그러나 이런 경우는 사용하기에 매우 까다롭다. 어떻게든 문제의 단백질의 기능을 정확히 절반만 가진 도입유전자를 지닌 생쥐를 획득할 필요가 있기 때문이다. 가장 간단한 방법으로는 마판증후군 유전자를 녹-아웃시킨 생쥐를 만드는 것이다(iv). 이 유선자의 이형접합 녹-아웃 생쥐는 생존하면서, 인간의 마판증후군과 유사한 징후를 가지기 때문에 조건부 녹-아웃은 필요가 없다.
b. 기능획득의 경우에 형질전환 생쥐 (i), 또는 (ii)가 그 유전질환에 적합한 징후를 가질 수도 있다. 그러나 인간질환에 가장 가까운 생쥐모델은 생쥐의 *PLCG2* 유전자가 돌연변이 인간유전자나 인간과 유사한 돌연변이를 가지는 생쥐의 유전자로 녹-인된 대립유전자에 대해 동형접합형인 생쥐이다(vi).
c. *Amelogenesis imperfect*로 알려진 이 유전질환은 *amelogenin* 유전자의 무기능적 대립유전자가 반접합형이거나 동형접합형일 때 유발된다. 이러한 경우는 우성적 음성 단백질을 발현하는 도입유전자에 의해 모방될 수 있다(iii). 그러나 정상 유전체에서 발현하는 정상 단백질의 기능을 방해하기 위해서는 고효율로 만들어져야만 한다. 따라서 가장 좋은 질환동물모델은 *amelogenin* 유전자를 동형접합형으로 녹-아웃시키는 것이다(iv).
d. 이 경우는 모든 세포에서 필요한 기능을 갖는 유전자의 기능상실 돌연변이 유래 질환이지만, 그 유전자의 여러 전사체 중 특정 이어맞추기 형태에서 만들어진 단백질이 청력에 중요한 역할을 한다. 단순 녹-아웃 생쥐 모델은 이 유전자의 동형접합형 녹-아웃 생쥐가 태어나기 전에 죽기 때문에 소용이 없다. 그리고 귀 특이적으로 유전자의 기능을 제거하는 조건부 녹-아웃 생쥐모델도 완전히 적합하지 않다. 그 이유로는 그 돌연변이가 세포의 생존에 필요한 모든 정상적인 mRNA 이어맞추기 형태의 발현을 방해하기 때문이다. 가장 좋은 선택은 청각장애 환자에서 발견되는 돌연변이와 똑같은 유전자를 제작하여 동형접합형으로 녹-인시킨 생쥐모델이다(vi).

연습 문제

어휘

1. 왼쪽 용어를 가장 잘 설명한 문장을 오른쪽에서 찾아 연결하라.

a. 도입유전자	1. 치료 유전자를 전달하기 위한 유전공학적으로 조작된 바이러스 유전체
b. 전핵 주입법	2. 유전자 표적을 통해 추가되거나 변형된 DNA를 포함한다.
c. floxed 유전자	3. 조건부 유전자 녹-아웃 제작에 필요하다.
d. T-DNA	4. 어느 세포의 형태로 발달할 수 있다
e. AAV 벡터	5. 도입유전자를 운반하는 식물이나 식물
f. 포장 세포	6. loxP 서열 부위에서 교차 발생 유발
g. 탈렌(TALEN)	7. 연구자에 의해 생물체의 유전체에 전달된 유전자
h. 녹-아웃 생쥐	8. 형질전환 식물을 만드는 데 사용하는 박테리아 유래 벡터

i. 녹-인 생쥐 9. 수많은 척추동물에 사용되는 DNA 전달 방법

j. Cre 재조합 효소 10. 합성제한효소

k. 배아줄기세포 11. 유전자 표적화를 이용한 기능 상실 돌연변이

l. GM 유기체 12. 유전자 치료용 바이러스 입자 생성

17.1, 17.2절

2. 생쥐는 보통 회색이다. 그런데 한 생쥐유전학자는 어떤 열성 돌연변이에 동형접합형인 흰털의 순계를 가지고 있다. 분자적 분석에 의해 이 돌연변이(다음 그림에 별표로 표시)는 모낭에서 발현되는 어떤 유전자의 3가지 선택적 이어맞추기 형태에 공통인 엑손에서 과오 돌연변이가 있는 것으로 밝혀졌다.

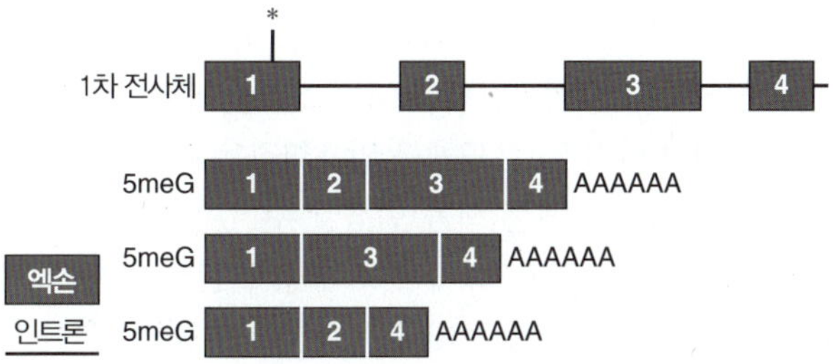

a. 그 돌연변이가 흰색 털 표현형을 나타낼 때, 어떤 스플라이싱 형태가 관여하는지 알아보기 위해 사용할 형질전환 동물 실험을 이용하여 접근 방법을 제시하라.
b. 이 실험에서 사용할 유전자 구조체를 그려보라.
c. 이 방법의 잠재적인 문제는 도입유전자로부터 전사되는 mRNA의 양에 관한 것이다. 설명하라.

3. 간혹, 전핵 주입에 의해 생쥐 유전체로 삽입된 유전자는 임의로 통합된 부위에서 유전자를 파괴하여 돌연변이를 일으킨다. 한 경우에 있어, 연구자는 형질전환 생쥐에서 사지 기형을 일으키는 열성 돌연변이를 확인하였다.
a. 돌연변이 표현형은 특정 염색체 부위에서 도입유전자의 삽입에 의해 유발된 것일 수도 있고, 삽입과 상관없이 생쥐 유전체 어딘가에 발생한 점 돌연변이에 의해 유발된 것일 수도 있다. 어떻게 이 두 가지 가능성을 구별할 수 있는가?
b. 이 문제의 예제에서 돌연변이는 도입유전자 삽입에 의해 야기된 것이었다. 어떻게 이 도입유전자의 삽입을 비정상적인 사지 표현형에 대해 돌연변이 유전자를 식별하기 위한 표지로 사용할 수 있는가?
c. 이 삽입 돌연변이는 생쥐의 2번 염색체에 위치해 있는데, 여기에 사지 기형(*ld*)이라고 알려진 열성 유전자 돌연변이가 존재한다고 이전에 밝혀졌다. 이 돌연변이를 지니고 있는 생쥐는 주요 생쥐 연구 실험실에서 얻을 수 있다. 어떻게 이 *ld* 유전자 돌연변이가 도입유전자의 삽입 돌연변이와 같은 유전자에서 일어난 것임을 확인할 수 있는가?

4. 생쥐에서, 소위 *Hox* 유전자 그룹은 동물의 척추 형태화를 조절하는 전사 인자를 암호화한다. 예를 들어, 경추뼈(아래에 표시된 C1, C2)는 HoxA1과 HoxD4 단백질을 모두 발현하는 반면에 동물 두개골의 후두골(아래 표시된 E)에서는 HoxA1만 발현한다. 과학자들은 전사초기에 조절된 HoxD4의 발현이 C1과 C2가 후두골과 상이하게 만들어지게 한다는 가설을 세웠다.

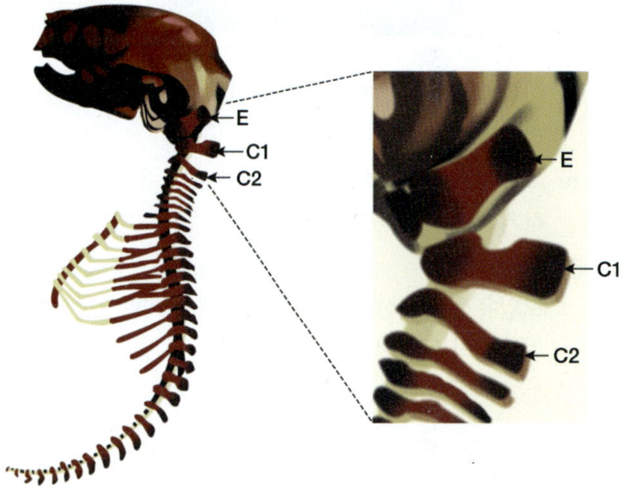

a. 이 가설을 검증하는 데 이용될 전핵 주입 방법에 주입될 수 있는 유전자 구조체를 설명하라.
b. 이 가설이 맞는다면, 형질전환 생쥐에서 어떠한 결과를 기대할 수 있는가?

5. 그림 17.6의 초파리의 눈은 안구 발달에 필요한 *fat facets* 라고 하는 유전자의 기능적인 복사본이 부족하기 때문에 기형이다. 인간 유전체는 초파리의 fat facets (Faf) 단백질과 유사한 아미노산 서열을 갖는 Usp9이라 하는 단백질을 암호화하고 있다. 마찬가지로 생쥐 유전체는 Faf 및 Usp9과 비슷한 Fam 단백질을 암호화한다.
a. 인간의 Usp9 단백질이 초파리의 Faf 단백질을 대체할 수 있는지 어떻게 확인할 수 있는가?
b. 초파리의 Faf 단백질처럼, 생쥐 Fam 단백질이 생쥐 안구 발달에 필요한지 어떻게 확인할 수 있는가?

6. 과학자들이 특정 세포 유형에서 활성화되는 유전자들을 구별하기 위해 유전체에서 그 유전자의 특정 증폭자의 정보가 필요한데, 이 문제는 이런 특정 증폭자를 찾기 위해 처음으로 초파리에서 개발된 증폭자 트래핑(enhancer trapping)이라는 기술에 관한 것이다. 증폭자 트랩기술을 이용하여, 아래 그림에서 보여지는 도입유전자의 단일 복사본이 *P* 인자 매개 유전자 전달을 통해 유전체의 임의의 위치에 삽입된 수천 개의 초파리 계통이 만들어질 수 있다. 이 도입유전자는 촉진유전자는 있지만 증폭자가 없다. (굵은 화살표는 *P* 인자 말단 역반복서열을 나타낸다.)

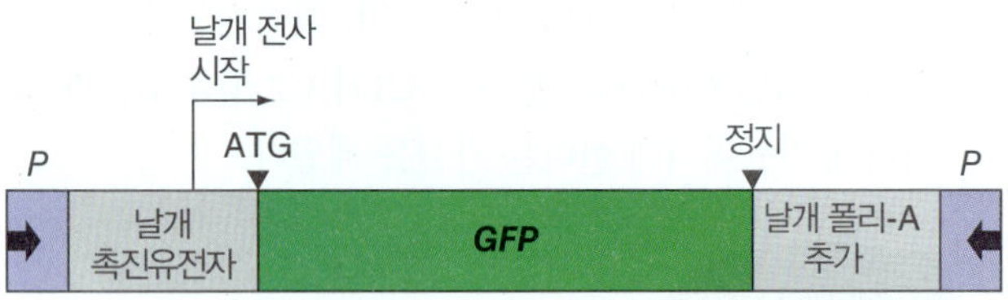

   a. 어떻게 도입유전자가 증폭자 바로 옆에 삽입된 초파리 계통을 식별할 수 있는가?
   b. 초파리 날개에 특이적으로 발현하는 유전자를 식별하기 위해 어떻게 이 기술을 사용할 수 있는지 설명하라.
   c. 도입유전자가 삽입된 경우들 중에서 어떤 것이 동형접합체의 돌연변이 표현형을 가질 수 있다고 생각하는가? 설명하라.

7. 북극지방에 사는 어류와 다른 생물체들은 영하의 온도에서 자신의 세포 손상을 방지하기 위해 동결방지 단백질을 발현한다. 과학자들은 이 어류 동결방지 단백질을 발현시켜 형질전환 딸기와 토마토를 만들었다. 그러나 어떤 작물도 상용화되지 않았다.
   a. 형질전환 작물을 제작하는 단계를 설명하라오. 무엇이 이 식물들에서 어류 단백질을 만들지게 하는가?
   b. 어떠한 작물도 시장에 나오지 않은 이유는 이 동결방지 단백질이 기대했던 동결손상으로부터 과일을 보호하는 효과를 나타내지 않았기 때문이다. 어류 동결방지 단백질이 작물에서는 작용하지 않았는데, 그 이유를 설명할 만한 가설을 세워보라.

8. a. 도입유전자는 형질전환된 생명체에서 특정 유전자의 기능을 저해할 수 있는데, 두 가지 방법을 서술하라. (힌트: 이러한 기술 중 하나는 16장에서 언급한 RNA 간섭에 대한 설명을 참조하라.)
   b. 만약 낭 섬유증과 같은 기능 상실과 관련된 열성 유전 조건을 가진 생쥐 모델을 제작한다면, 이러한 방법 중 어느 하나를 사용할 수 있는지에 대해 논의하라.

9. 이 장의 첫 번째 페이지는 GFP를 표현하는 형질전환 제브라피시(Danio rerio)인, 글로피시(Glofish®)의 사진을 보여준다. 글로피시는 첫 번째 GM 반려동물이었다. 유전자는 송사리(Oryzias latipes)에서 발견된 Tol2라고 하는 트랜스포존을 이용하여 제브라피시 유전체 내로 전달될 수 있다. 그림 17.4와 같이 Tol2 트랜스포존은 초파리의 *P* 인자와 유사한 방식으로 유전자 전달을 위한 벡터로서 기능을 한다. 여기서 연구진은 두 개의 DNA를 제브라피시의 2세포기 배아에 주입한다. 하나는 Tol2 전이효소 유전자를 발현하는 반면에, 또 다른 하나는 재조합 트랜스포존으로 도입유전자를 포함하고 있다. 만약 트랜스포존이 배아 세포의 염색체 내에 삽입될 경우, 형질전환 물고기의 안정적인 계통이 확립될 수 있다. 과학자들은 GFP 형광단백질(또는 산호초 유래 형광단백질인 RFP 단백질) 유도체를 암호화하는 유전자를 합성하였다. 그 유도체는 색을 변경할 수 있는 변경된 아미노산을 가지고 있고, 그래서 초록색, 빨간색, 주황색, 파란색, 또는 보라색으로 빛나는 형질전환 물고기들을 반려동물 가게에서 구할 수 있다.
   a. 형질전환 물고기를 만드는 데 필요한 두 가지 재조합 DNA 구조체의 모식도를 그려보라.
   b. 제브라피시 트랜스포존보다 송사리 유래 트랜스포존을 사용하는 이유는 무엇인가?

17.3절

10. 녹-아웃 생쥐 프로젝트의 목적은 총체적으로 생쥐 유전체의 모든 유전자에 대해서 각각의 단일 돌연변이를 가진 배아줄기(ES)세포 계통을 만들어 내는 것이다.
   a. 모든 유전자에 대해서 이형접합형 녹-아웃 ES 세포 계통을 만드는 것이 가능하다고 생각하는가? 설명하라.
   b. 모든 이형접합형 녹-아웃 ES 세포 계통에 대해서 이형접합 녹-아웃 생쥐를 만드는 것이 가능하다고 생각하는가? 설명하라.
   c. 사실, 연구자들은 문제 5번에서 설명된 *Fam* 유전자에 대한 ES 세포 녹-아웃을 제작하려는 시도에서 실패하였다. 이 연구자들은 *Fam* 유전자가 생쥐 안구 발달에 필요한지 여부를 결정하기 위해 어떻게 ES

세포기술을 사용할 수 있을까? 연구자들이 이 문제를 탐색하기 위해 ES 세포에 도입할 유전자 구조체 모식도를 그려보라.

d. 문제 (c)의 실험으로부터 얻을 수 있는 다른 결과들에 대해 설명하고 각각의 경우에 어떠한 결론을 내릴 수 있는가?

11. 효모에서 유전자 표적화는 박테리아의 유전자 표적화와 같은 방법으로 수행된다(그림 13.31 참조). 효모 유전체의 서열이 이용 가능하기 때문에, 과학자들은 유전자 표적화를 이용하여 어떤 유전자의 녹-아웃 돌연변이를 가진 효모계통을 쉽게 제작할 수 있다.

a. 히스톤 구성인자 *H2A* 유전자가 녹-아웃된 효모 계통을 만들기 위해 효모에 도입 가능한 유전자 표적화 구조체를 그려보라.

b. 돌연변이 효모를 만들기 위해 수행하는 단계를 나열하라.

c. 효모가 이배체 또는 반수체로 성장할 수 있다는 것을 상기하라. 반수체 또는 이배체 계통에서 유전자 표적화를 수행할 수 있는가? 설명하라.

d. 이형접합자를 만들고, 이배체 포자를 형성하고, 네 개의 반수체 포자가 독자 생존 가능한 (그들은 반수체 군집을 생산한다) 이배체 계통에서 *H2A* 유전자를 녹-아웃시켰다고 가정하라. 어떻게 결론을 지을 수 있을까? 이것이 *H2A* 유전자에 대해 기대하던 결과인가? 어떻게 그 결과에 대해서 설명할 수 있는가?

12. 유전자의 인트론에 위치해 있는 네오마이신 내성 유전자 양쪽 측면에 2개의 loxP 서열을 가지고 있는 유전자를 플락싱(floxing) 하기 위해 사용된 유전자 구조체를 상기하라(그림 17.11a 참조). loxP 서열의 길이는 단지 34염기쌍이다(그림 참조).

ATAACTTCGTATA ATGTATGC TATACGAAGTTAT

역반복서열 공간 역반복서열

양쪽이 loxP 서열에 의해 둘러싸인 네오마이신 내성 유전자를 만들기 위해서 어떻게 PCR을 이용 가능한지 설명하라. (네오마이신 내성 유전자를 가진 플라스미드를 가지고 있다고 가정하라.) 만약 플라스미드 벡터 안에 복제된 인트론을 가지고 있다면, 어떻게 그 PCR 산물을 인트론 안으로 집어넣을 수 있는가?

13. a. 이 장의 서두에서 설명한 레버씨 선천성 흑암시 (LCA) 질병을 위한 생쥐 모델을 제작하기 위해 어떤 유전체 조작 기술을 사용하겠는가? 설명하라.

b. *FMR-1* 유전자의 돌연변이 대립형질에 의해 유발되는 삼중(3개의 염기)반복 질환인 연약 X 증후군을 위한 생쥐 모델을 만들기 어떤 절차를 사용하겠는가(7장 읽을거리 「빠르게 살펴보기」 참조)? 설명하라.

c. 헌팅턴병을 위한 생쥐 모델을 제작하기 위해 어떤 절차를 사용하겠는가? 설명하라.

14. a. 그림 17.12에서 보여준 연골무형성증 생쥐 모델을 제작하기 위해 사용되었던 녹-인 유전자 구조체를 그림으로 나타내라.

b. 이와 같은 생쥐를 만들기 위해 사용되던 탈렌(TALEN) 기술이 어떻게 사용되는지 설명하라.

15. 문제 6번에서 초파리에 있어서 "증폭자 트래핑"이라고 하는 기술에 대해서 학습하였다. 증폭자 트래핑 기술에서 표지 도입유전자들이 초파리 유전체에 임의의 위치에 삽입되고 그 표지 유전자 발현이 증폭자 부위를 식별하게 한다. 그것에 의해 유전자들이 특이한 패턴으로 발현한다. 생쥐에서도 유전자 식별을 위해 "유전자 트래핑"이라고 하는 비슷한 기술이 사용된다. 유전자 트래핑에서 GFP (다음 그림)와 같이 표지 단백질을 암호화하고 있는 엑손이 배아줄기세포 염색체의 임의의 위치에 삽입된다. (DNA 유전자 구조체들이 생쥐 배아줄기세포로 삽입 되었을 때, 대부분의 재조합 결과는 임의의 위치에서 일어난다; 상동재조합은 상대적으로 드물게 일어난다.) 임의적으로 삽입되는 도입유전자를 지닌 배아줄기세포 계통은 생쥐를 제작하는 데 사용된다.

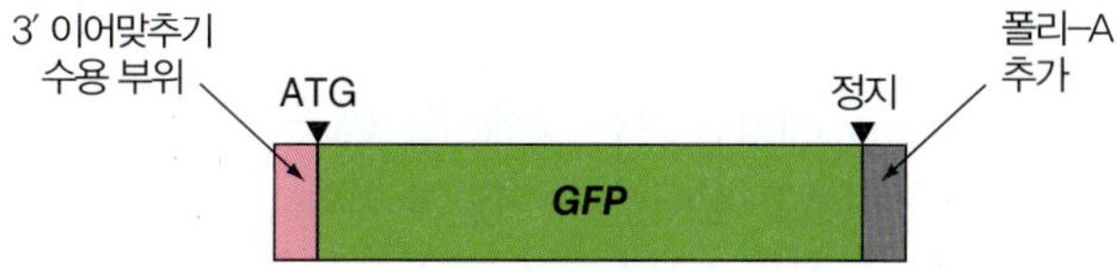

a. GFP를 발현하는 배아줄기세포를 위해서는 유전자 트래핑 구조체가 유전체에서 어디에 삽입되어야 하는가?

b. 문제 (a)에서 설명한대로 삽입된 도입유전자를 가진 모든 생쥐들이 GFP를 발현하는가?

c. 증폭자 트래핑과 유전자 트래핑 둘 다 특별한 패턴을 발현하는 유전자를 식별한다. 유전자들에 대해서 얻어진 정보가 이 두 가지 기술을 사용하는 데 있어 어떠한 차이가 있는가?

d. 두 방법 중 어느 방법이 삽입 부위 근처에 유전자의 돌연변이 대립유전자를 만들 가능성이 높은가?

16. 면역체계에서 B 세포의 암인 버킷림프종 환자로부터 얻어진 종양세포에서, *myc* 유전자는 종종 8번과 14번 염색체 사이에서 발생하는 상호전좌에서의 절단지점 위치 중 하나에 가깝게 나타난다. 이 전좌 위치에서, *myc* 유전자는 정상보다 높은 수준에서 발현된다. 과학자들은 B 세포에서 Myc 단백질 과발현이 림프종 형성에 원인이 된다는 가설을 세웠다.

a. 전핵주입 방법을 사용해서 제작된 형질전환 생쥐가 어떻게 이 가설을 검증하기 위해서 사용될 수 있는지 설명하라. (생쥐의 수명이 다할 때까지 B 세포에서 특이적으로 활성화하는 유전자 조절 영역을 이미 분리, 복제했다고 가정한다.)

b. 문제 (a)에서 사용한 것과 같은 촉진유전자를 이용하고 열 충격에 의해 발현이 조절되는 *cre* 도입유전자(*hs-cre*)를 이용하여 태어난 지 일주일이 된 생쥐의 면역세포에서만 Myc가 과발현되기를 원했다고 가정하라. 이 목표를 달성하기 위해서 제작하고자 하는 생쥐와 어떻게 이런 생쥐를 만들 수 있는지에 대해 설명하라. (힌트: 같은 DNA 분자 내에 존재하며, 서로에 대해 반대 방향인 두 개의 loxP 부위 사이의 Cre 매개성 재조합 과정 중에는 어떤 일이 발생하는가?)

17. Pax6라고 하는 전사조절인자는 망막의 발달과 유지를 위해 생쥐(또는 사람)의 일생 동안 지속적으로 요구된다. 동형접합형 *Pax6* 녹-아웃 생쥐는 태어나자마자 죽는다. 그 이유는 Pax6 인자가 중요 장기들, 예를 들어 췌장에서도 필요하기 때문이다.

a. 안구 발달에서 Pax6의 역할을 연구하기 위해, 연구자는 눈을 제외한 모든 곳에서는 Pax6가 발현되는 생쥐를 만들고 싶어한다. 어떻게 이와 같은 생쥐를 제작할 수 있는지 서술하라.

b. 한 과학자가 성숙된 눈에서 Pax6의 역할을 연구하기를 원한다고 가정하라. 이것을 진행하기 위해서, 그 과학자는 생쥐가 배아 발달하는 동안 Pax6가 정상적으로 발현하는 생쥐를 원하고, 그러나 다른 나이(태어난 지 하루 혹은 이틀)의 생쥐에서 *Pax6* 유전자 기능을 제거하기를 원한다. 그리고 이런 효과를 관찰하기를 원한다. 이 실험이 수행 가능한 생쥐 계통을 서술하라. (힌트: 문제 16번에서 서술했던 *hs-cre* 도입유전자를 이용하라.)

c. 문제 (b)에서 그 과학자가 Pax6 기능이 제거된 안구 세포에서만 오직 GFP가 발현되는 생쥐를 제작하기를 원한다고 가정하라. 이 방법으로 세포를 표시하는 것은 연구자들이 GFP를 발현하지 않은 경우보다 더 쉽게 *Pax6*$^-$ 유전자 결손 안구 세포의 형태를 관찰하는 것을 도와준다. 그 과학자가 이 실험을 수행할 수 있게 하는 *Pax6* 유전자 구조체를 그려보라.

18. 사람의 유전질병을 위한 생쥐 모델은 유전학자들이 비정상적인 표현형의 원인을 이해하고 새로운 치료법을 개발하는 데 도움을 주는 강력한 잠재적 도구이다. 그러나 이런 생쥐모델이 먼저 눈에 보이는 것처럼 연구자들에게 항상 유용하지만은 않을 수 있다. 유전자의 결손 대립유전자의 동형접합형에 의해 유발되는 사람 질병을 위한 녹-아웃 생쥐 모델을 가지고 있다고 가정하라. 다음 상황들은 이런 생쥐 모델에 기반한 인간 질병의 연구자들에게 어떤 문제점을 안겨주는지에 대해 토의하라.

a. 생쥐의 수명은 사람보다 짧다.

b. 특정 녹-아웃 돌연변이의 동형접합형 생쥐는 자궁 내에서 사망한다.

c. 생쥐 유전체는 인간 질병의 원인이 되는 유전자 돌연변이의 추가 사본을 가지고 있을 수 있다.

d. 같은 유전자 녹-아웃에 대해 동형접합형인 다른 근친계통 생쥐는 매우 상이한 표현형을 나타낸다.

e. 녹-아웃 생쥐를 제작하기 위해 시행하는 조작들은, 예를 들어 녹-아웃이 된 세포의 선발을 가능하게 하는 약물 내성 유전자의 존재(그림 17.8 참조)는 녹-아웃 된 유전자 옆에 존재하는 유전자의 발현을 방해할 수 있다.

19. 어느 한 단백질(단백질 X)이 세포 내에서 일반적으로 어디에 위치해 있는지 증명하는 방법 중 하나는 *X* 유전자의 발현 조절 서열과 암호화 서열을 포함하고, *X* 유전자의 종결 암호 전에, 즉 *X* 유전자의 3′ 말단 끝쪽에 GFP를 위한 암호화 서열이 틀에 맞도록 융합된 유전자를 제작하는 것이다. 그와 같은 도입유전자를 지닌 생쥐는 오직 유전자 *X*를 정상적으로 발현되는 세포에서만 융합단백질 X-GFP를 발현하게 된다.

a. *X-GFP* 융합 유전자는 도입유전자의 무작위 삽입 대신에 *GFP* 암호화서열을 녹-인함으로써 만들어질 수 있다. 이러한 목적을 위해 사용할 수 있는 녹-인 유전자 구조체를 그림으로 나타내라.

b. 도입유전자 방법에 비해 녹-인 방법이 가질 수 있는 이점은 무엇인가?

17.4절

20. 이 장에서 설명한 동물과 식물의 유전체 조작과는 대조적으로, 사람의 유전자 치료는 특별히 생식세포보다 체세포의 유전체를 변경하도록 구체적으로 지시한다. 그렇다면 의과학자들은 사람의 생식계통 세포의 유전체를 바꾸려는 시도를 안 한 것인가, 아니면 할 수 없었던 것인가?

21. a. 인간세포로 치료 유전자를 전달하는 방법으로 사용되는 레트로 바이러스 벡터와 AAV 벡터 방법을 비교하라.
    b. 각각 두 바이러스 벡터의 장점과 단점을 설명하라.

22. 레버씨 선천성 흑암시(LCA)라고 하는 인간의 선천 실명의 한 형태는 *RPE65* 유전자의 열성돌연변이에 대한 동형접합형에 의해 발생될 수 있음을 기억하라. 최근 *RPE65*에 드문 우성 돌연변이가 망막색소변성증이라는 안과질환의 원인과 관련이 있다고 여겨지고 있는데, 이 질환은 망막변성으로 인해 서서히 실명으로 발전할 수 있는 특징을 지니고 있다. 우성 *RPE65* 돌연변이는 단백질 서열 중 아미노산 447번이 Asp에서 Glu로 변경되어 유래한 과오 돌연변이이다. 이 돌연변이 단백질의 성질에 대해서는 별로 알려진 바가 없다.
    a. 이 우성 대립유전자가 기능손실 또는 기능획득 돌연변이 중 어디에 해당한다고 생각하는가? 설명하라.
    b. 이 장에서 언급한 것처럼, LCA에 대한 유전자 치료는 적어도 부분적으로 성공하였다. 같은 종류의 유전자 치료가 *RPE65*의 우성돌연변이 대립유전자에 의해 유발된 망막색소변성증이 있는 환자에게 사용될 수 있는가? 설명하라.

23. 우성 기능획득 돌연변이의 효과를 바로잡는 유전자 치료를 위한 하나의 잠재적인 전략은 우성돌연변이 대립유인자에 의해 생성되는 mRNA의 분해를 유도하는 작은 간섭 RNA (siRNA)를 발현시키는 것이다. 그 siRNA는 다이서(dicer) 효소에 의해 처리되고, RISC 복합체가 돌연변이 대립유전자의 mRNA를 표적화하는 데 사용될 수 있는 머리핀 구조의 RNA를 암호화하고 있는 합성유전자 형태로 환자의 세포에 전달될 수 있다(그림 16.25, 16.26 참조).
    a. 이러한 유전자 치료전략의 주요 문제는 일반적인 대립유전자의 발현은 방해하지 않고 돌연변이 대립유전자의 발현만 특이적으로 저해하는 siRNA를 설계하는 것이다. 이것이 왜 문제인지 이유를 설명하라.
    b. 돌연변이 대립유전자의 특이성은 헌팅턴병에 대한 siRNA 치료 유전자 설계에 있어서 특히 문제이다. 이 문제를 설명하고 해결방안을 제시하라.

18장

유전학을 이용한 발생 연구

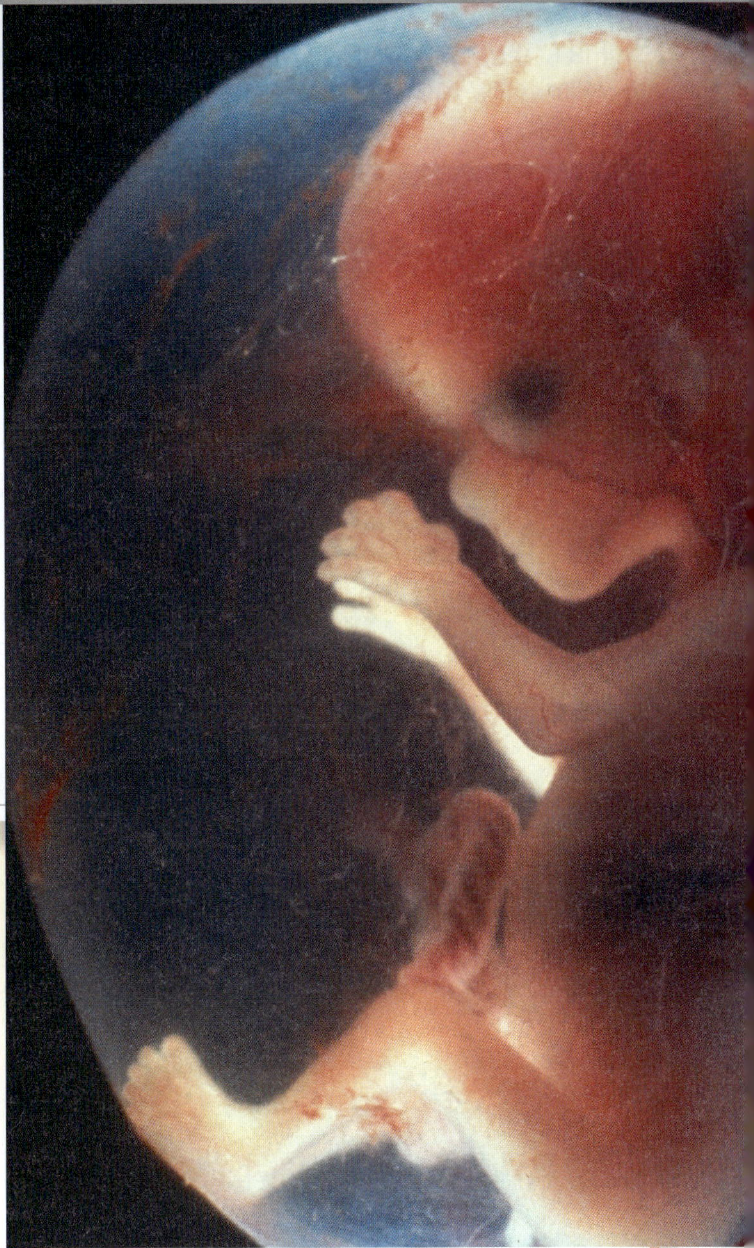

수정 후 3개월 된 사람의 태아

개요

인간의 정자와 난자가 결합하면 놀라운 발생 과정이 시작된다(그림 18.1). 수정된 하나의 세포는 유사분열을 반복하여 유전적으로 동일한 수조 개의 세포들로 분열한다. 이 세포들은 배아의 발생 동안 각각 수백여 개의 서로 다른 세포 유형들로 분화한다. 다양한 유형의 세포들은 놀랍게도 두 개의 눈, 심장, 두 개의 폐, 복잡한 신경계를 포함하여 잘 구조화된 기관의 체계를 형성한다. 세 달의 기간 동안에 인간 배아는 태아로 발달하며 태아는 6개월 뒤에 태어날 아기의 형태를 보인다. 아기는 태어나는 순간부터 울고, 숨 쉬며, 먹을 수 있는 능력을 갖는다. 유아의 발생은 여기서 멈추지 않는다. 새로운 세포들은 인간의 성장, 성숙, 노화를 통해 형성되고 분화한다.

생물학자들은 현재 유전자들이 발생과 관련된 세포의 특징들을 결정한다고 인정하지만, 이는 1940년대 만 해도 이러한 생각은 논란의 중심에 있었다. 유전자들이 발달의 주요한 결정자임에도 많은 발생학자들은 어떻게 동일한 염색체 집합들과 동일한 유전자들을 갖는 세포들이 이처럼 많고 다양한 유형의 세포들을 형성하는지 이해할 수 없었다. 우리가 이미 알고 있듯이 이 수수께끼의 해답은 매우 단순하다: 모든 조직에서 모든 유전자가 "켜져 있는 것"이 아니다. 세포들은 각 유전자의 단백질 생산이 오직 필요한 때와 장소에서

그림 18.1 수정. 정자에 의한 난자의 수정으로 접합자가 생성된다. 이것은 여러 회차의 분열과 분화를 겪고 태아로 발달한다.

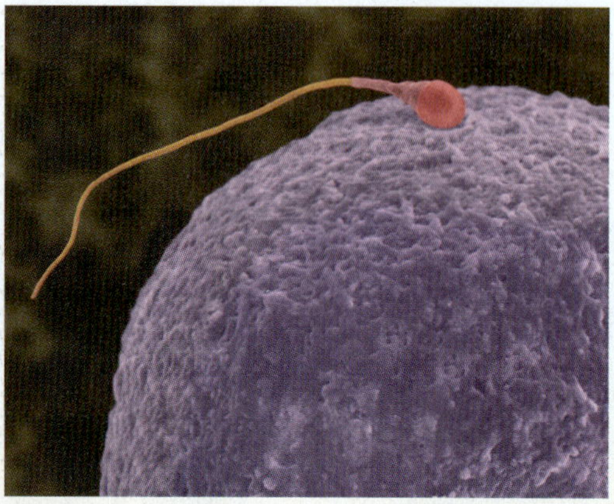

만 이루어지도록 하기 위해서 유전자들의 발현을 조절한다. 발생을 연구하는 과학자들에게 있어서 주된 두 가지 목표는 어떤 유전자들이 특정 세포 유형 또는 기관들에 중요한지를 알아내는 것; 그리고 어떻게 이 유전자들이 올바른 시간, 올바른 장소, 올바른 양으로 발현되도록 서로 상호작용하는지를 알아내는 것이다.

다세포 생물체의 수정란이 어떻게 성체가 되는지 연구하기 위해 유전학을 방법론으로 이용하는 과학자를 발생유전학자라고 한다. 다른 유전학자들과 마찬가지로 그들은 돌연변이를 분석한다; 이 경우, 돌연변이는 발생학적 비정상성을 나타낸다. 이러한 돌연변이의 이해는 유전자가 세포의 성장, 세포 연락, 전문화된 세포, 조직, 기관의 출현을 어떻게 조절하는지를 밝힌다. 따라서 대부분의 현대 발생유전학자들은 그들의 일차적인 관심이 초파리와 같은 모델 동물의 발생에 영향을 주는 돌연변이들을 연구한다.

우리는 발생생물학의 기본적인 질문들을 검증하는 데 과학자들이 사용하여 온 실험적 방법론에 대한 개론을 이 장에서 소개하고자 한다: 어떻게 수정란 또는 접합자인 하나의 세포가 수백 가지 세포유형들로 분화하게 되는가? 우리는 **발생유전학**(developmental genetics)의 탐구에서 두 가지 주제를 다루고자 한다. 첫째, 놀랍게도 발생을 조절하는 많은 유전자들이 진화를 통해 매우 잘 보존되어 있다는 것이다. 초파리의 발생 연구는 인간을 포함한 여러 동물들의 발생 과정에 일어나는 현상을 설명할 수 있다. 둘째, 중요한 발생단계의 결정에 관여하는 유전자들은 종종 위계 질서(hierarchy)를 가지는 형태로 기능을 수행하여, 한 유전자의 산물이 다음 유전자의 발현을 제어한다. 이러한 위계 질서 양상으로 인해서 다세포 생물체의 세포는 연속적으로 더욱 특성화된 유형으로 발달한다.

18.1 모델 생물: 발생유전학을 위한 원형

학습목표

1. 유전학자가 발생을 연구하기 위하여 모델 동물을 사용하는 이유를 알아본다.
2. 모든 생명체가 연관되지만, 독특하다는 것을 증명하는 근거를 제시한다.

발생유전학자들은 다음과 같은 소수의 생물체(그 외의 생물체도 포함되지만)에 대한 연구에 집중해 왔다.

- 효모균 *Saccharomyces cerevisiae*
- 식물 *Arabidopsis thaliana*
- 초파리 *Drosophila melanogaster*
- 선충 *Caenorhabditis elegans*
- 제브라피쉬 *Danio rerio*
- 생쥐 *Mus musculus*

이들 모델 동물들은 기르기 쉬우며 빠른 속도로 많은 수의 자손을 낳는다. 그러므로 유전학자들은 희귀한 돌연변이들을 찾아 계대배양을 수행하여 그들의 행동 양상을 연구할 수 있다. 이들 모델 생물들에 매혹된 연구자들은 모델 생물들에 관한 정보, 돌연변이체 및 재료들을 공유하였다. 각 모델 생물 유전체의 염기서열은 완벽하게 분석되어, 유전학자들은 생물의 발생 과정에서 표현형질에 영향을 끼치는 돌연변이된 유전자 자리에 있는 유전자를 용이하게 찾을 수 있었다.

모든 살아 있는 형태들은 관련되어 있다

생물학자들은 모든 생물체가 여러 가지 측면에서 서로 연관되어 있다고 믿는다. 예를 들면 모든 진핵생물들의 세포들은 핵과 미토콘드리아와 같이 여러 공통적인 특징들을 갖고 있다. 더구나 세포들에서 유기물질들을 합성하거나 분해하는 대사 경로가 사실상 모든 살아 있는 생물체들에 공통적

그림 18.2 *eyeless/pax-6* **유전자는 눈의 발달에 필수적이다.** (a) *eyeless* 유전자에서의 저형태성 혹은 영돌연변이들은, 성체 파리들에서 눈의 크기를 감소시키거나 완전히 눈이 없어지도록 만든다. (b) 동형접합성 돌연변이 생쥐에서 *Pax-6* 유전자의 돌연변이도 비슷한 효과를 나타낸다.

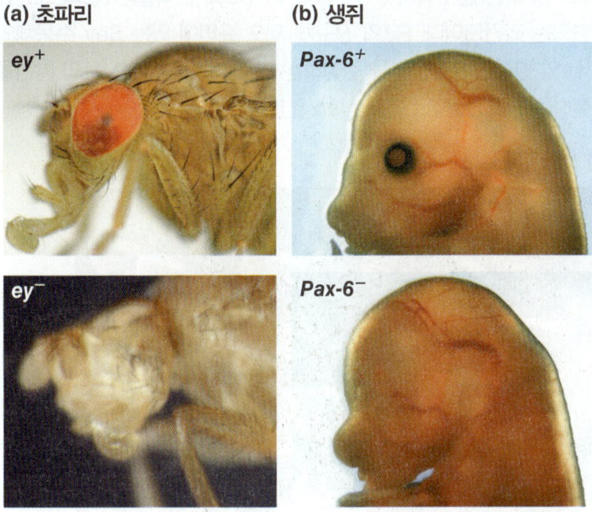

으로 존재할 뿐만 아니라, 거의 모든 세포들은 단백질을 합성하는 데 동일한 유전암호를 사용한다. 생물체의 연관성은 심지어 단백질의 아미노산 서열의 수준에서도 확인된다. 히스톤 단백질 H4의 아미노산 서열은 20억 년이 넘는 진화 과정 동안 보존되어 왔다. 따라서 여러 가지 다른 종들의 H4 단백질들은 단 몇 개의 아미노산을 제외하고는 거의 동일하다. 대부분의 다른 단백질들은 H4 단백질만큼 잘 보존되어 있지 않아 과학자들은 다양한 종들에 존재하는 단백질 동족체의 아미노산 유사성을 통해 단백질의 진화적인 계통을 추적할 수 있다.

모든 다세포성 진핵생물체에서 발생의 많은 기본적인 전략들이 잘 보존되어 있다. 그림 18.2는 초파리, 생쥐, 인간에서 눈 발생을 조절하는 유전적 요인의 예를 보이고 있다. *eyeless* (*ey*) 유전자의 돌연변이에 대한 초파리 동형접합체는 눈이 전혀 없거나 최선의 경우라도 매우 작은 눈을 갖는다(그림 18.2a). 생쥐 *Pax-6* 유전자나 인간의 무홍채증 유전자의 돌연변이(그림 18.2b)는 눈 형성을 감소시키거나 완전히 소멸시킨다. 사람의 *Aniridia* 유전자에서 기능상실 돌연변이 이형접합성인 경우, 홍채를 갖지 못한다.

연구자들이 *ey*, *Pax-6*, *Aniridia* 유전자들을 분리하여 분석한 결과, 이 세 가지 유전자에 암호화된 단백질의 아미노산 서열이 밀접하게 연관되었음을 발견하였다. 척추동물과 곤충의 눈은 매우 다르기 때문에 이 결과는 놀라운 것이었다: 곤충의 눈은 낱눈이라 불리는 여러 개의 면으로 구성되어 있는 반면, 척추동물의 눈은 하나의 카메라와 같은 기관이다. 따라서 생물학자들은 이 두 가지 유형의 눈들이 독립적으로 진화했다고 가정해왔다. 그러나 *ey*, *Pax-6*, *Aniridia* 유전자 사이의 동족성은 곤충과 척추동물의 눈이 *ey*와 이것의 생쥐 및 인간의 동족체가 유래된 유전자를 반드시 필요로 하는 원시적 빛 감지 기관으로부터 진화해왔다는 것을 암시한다.

그러나 모든 종들은 독특하다

이렇게 잘 보존된 발생 경로 때문에 인간이 단순히 거대한 초파리라고 결론짓고 싶은 유혹에 빠지지만, 이는 명백하게 사실이 아니다. 진화는 보존적인 동시에 혁신적이기도 하다. 생물들은 때때로 동일한 발생 목적을 성취하기 위해 다른 전략을 사용한다.

한 예를 들어보면 예쁜꼬마선충과 인간의 접합자는 첫 번째 유사분열 후 2세포 배아에서 커다란 차이를 보인다. 만일 이 단계에 있는 예쁜꼬마선충의 둘 중 하나의 세포가 제거되거나 파괴되면, 완전한 선충으로 발달할 수 없다. 각각의 두 세포들은 이미 발생을 유도하기 위해 서로 다른 분자적 명령의 집합을 받았기 때문에 둘 중 하나의 세포에서 유래되는 세포들은 특정 세포 유형으로만 분화될 수 있고, 다른 세포의 후손은 다른 유형들로 분화된다. 인간에 있어서 상황은 매우 다르다: 만일 두 배아 세포들이 서로 분열되면, 두 가지 완전한 개체들(동일한 쌍둥이)로 발달할 것이다.

초기단계의 선충과 인간 배아의 발생 방식에 고유한 차이가 있다. 예쁜꼬마선충 접합체는 유사분열을 하면서부터 각 딸세포는 특정한 운명을 이미 할당 받는다; 이러한 발생 유형을 종종 모자이크 결정(mosaic determination)이라 부른다. 대조적으로, 인간 배아의 세포들은 환경에 따라 그들의 운명을 바꾸거나 "조절"할 수 있다. 예를 들면, 손실된 세포들을 만회하는 일이다; 이를 조절적 결정(regulative determination)이라고 한다.

핵심 개념

- 모델 동물은 기르기 쉽고, 많은 자손들은 낳으며, 상대적으로 짧은 세대 기간을 갖고 있어서 과학자들이 연구 목적으로 사용한다.
- 생명체 형태의 연관성에 관한 증거는 여러 다른 동물 그룹에서 유사한 역할을 하는 보존된 유전자 서열에서 찾을 수 있다.

18.2 돌연변이 생성 검색

학습목표

1. 일차 돌연변이 검색이 어떻게 특정 발달 과정에 필요한 유전자를 찾아낼 수 있는지 논의한다.
2. 형태학적 표현형을 가진 돌연변이 감별법의 한계를 설명하고, 어떻게 민감형 변경자 검색이 이러한 문제를 극복할 수 있는지 논의한다.
3. 연구자들이 특정 발달 단계에서 기능하는 다면발현 유전자들을 확인하기 위해 어떻게 RNA 간섭을 사용하는지 서술한다.

발달 과정의 본질을 이해하기 위한 유전학자들의 접근법은 단순하게 묻는 것이다: 어떤 유전자들이 그 과정에 필요한가? 이 질문에 답하기 위한 첫 번째 실험적 단계는 거의 대부분 **돌연변이 검색**(mutant screen)을 포함한다. 연구자들은 돌연변이된 많은 생물체들을 조사하고 눈 발달에 특정 결함을 보이는 것과 같은 흥미 있는 표현형을 가진 희귀한 개체들을 확인한다. 발생유전학자들은 모델 동물을 이용한 수천 개의 돌연변이 검색을 수행해왔고, 식물과 동물 발달 기각에 대해 정교한 수준의(아직은 불완전한) 이해를 이끌었다.

유전적 검색은 특정 발달 과정에 필요한 유전자들을 확인한다

유전학자들은 초파리의 겹눈(복안) 발달을 이끄는 분자적 기작에 대한 심도 있는 연구를 수행해왔다(그림 18.3a). 이것을 선택한 한 가지 이유는 돌연변이 표현형들을 단순히 현미경을 통해 눈을 관찰함으로써 쉽게 분석할 수 있기 때문이다. 겹눈은 약 800개의 동일한 개안(ommatidia) 또는 낱눈(facet)으로 구성되며, 각각은 계단 형식으로 배열된 적은 수의 세포로 구성되어 있으며, 이는 모든 개안마다 같은 순서로 이루어진다. 배열 과정이 손상된 돌연변이에서 그 결함은 각각의 눈에서 800번 반복될 것이며, 이것은 돌연변이 표현형의 본질을 파악하기 쉽게 한다.

각각의 개안에서 첫 번째로 배열되는 세포들은 여덟 개의 광수용체들이며, 이 세포들 중 낱눈으로 만들어지는 마지막 세포가 R7이라고 하는 광수용체 세포이다(그림 18.3b). R7은 초파리가 자외선을 감지할 수 있게 해 주는 로돕신이라는 단백질을 포함하는 특징이 있다; 이러한 능력은 실험실 밖 실제 세상에서 초파리의 생존에 중요하다. 연구자들은 눈에 결함이 있는 초파리 돌연변이에 대한 검색을 수행하였고, 눈의 모든 개안마다 R7 세포가 없었으나 다른 광수용체 세포를 모두 가지고 있는 매우 특이한 결함을 나타내는 여러 변종에 초점을 맞추었다(그림 18.3c).

그림 18.3 초파리 눈의 발달에서 세포신호전달. (a) 성체 초파리의 눈의 주사현미경 사진. 각각의 낱눈들이 보인다. (b) 8개의 광수용체 세포들은 순서대로 각각의 낱눈에 모인다. 파란색은 광수용체 운명으로 결정된 세포를 가리킨다. *sev*$^+$과 *boss*$^+$ 유전자 산물은 R7 세포의 운명 결정을 돕는다. (c) 광학현미경으로 본 망막의 절편. *sev*$^-$ 혹은 *boss*$^-$의 모든 낱눈에서 R7은 없다. (d) Boss 단백질은 R8의 표면에 발현되는 리간드이다. R7의 전구체 세포 표면에 있는 Sev 수용체와 Boss의 결합은 R7 운명을 결정하는 데 관여하는 유전자들의 발현을 조절하는 신호전달경로를 활성화시킨다.

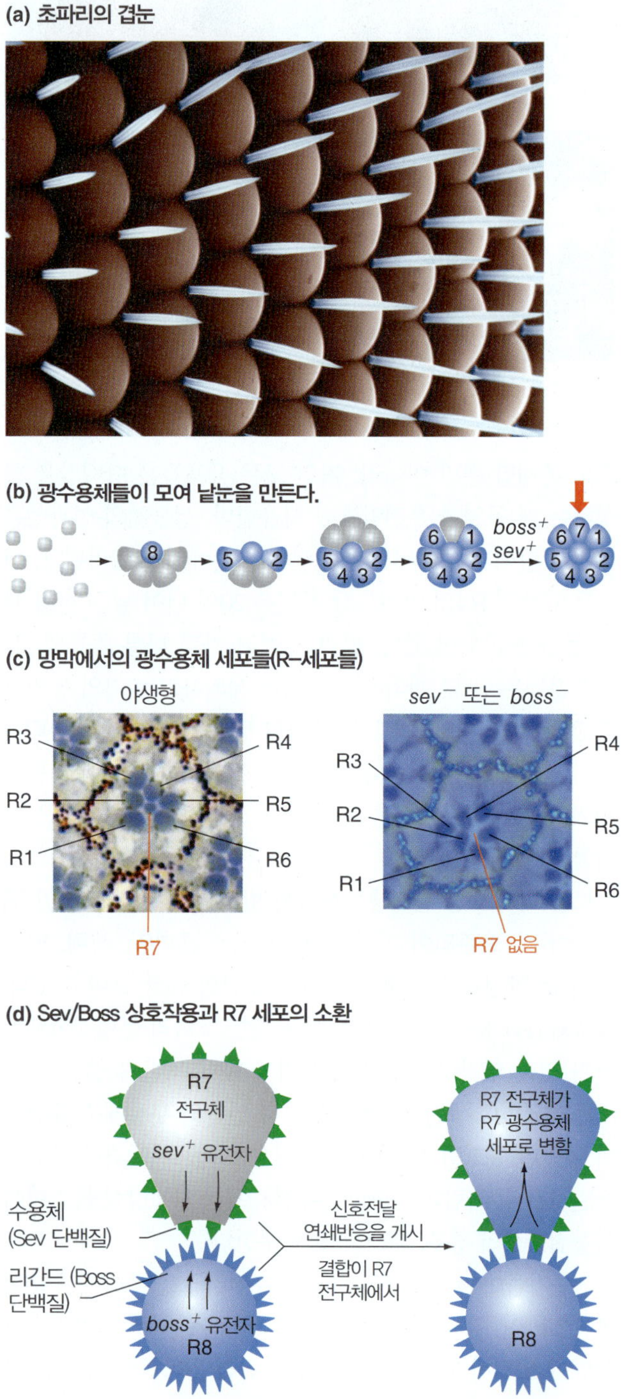

그림 18.4 실험 동물의 돌연변이 표현형질에 관여하는 유전자 역할 확인. 전이인자 혹은 도입유전자의 삽입으로 유도된 돌연변이는 삽입된 DNA의 주변으로 알아낸다. 과학자들은 그 돌연변이 동물의 유전자 지도를 작성하거나(위치추적 클로닝) 전유전체를 서열화한 후 핵심적인 다형성을 찾아냄으로써 돌연변이 표현형을 유발한 점돌연변이를 확인할 수 있다. 이러한 방법으로 알아낸 유전자들을 규명하기 위해서는 다음 기술들을 통한 확인이 필요하다.

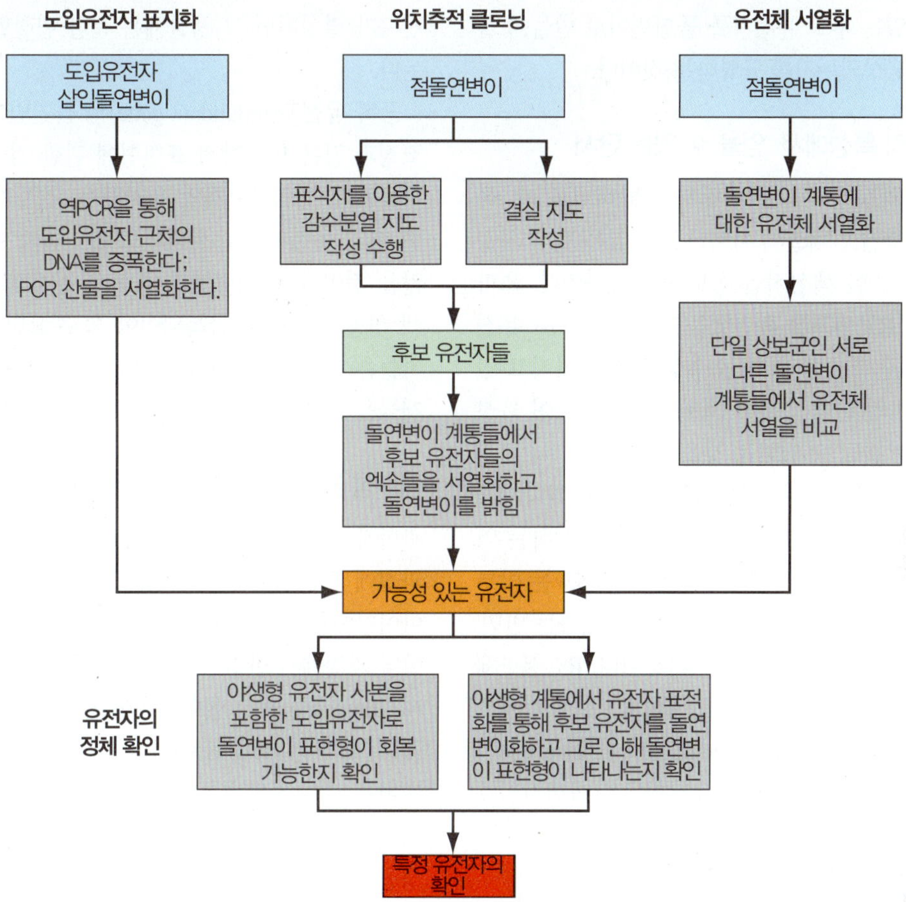

돌연변이를 상보군으로 분류

관찰하고자 하는 돌연변이를 검색하여 확인한 다음 과정은 무리에서 나타난 서로 다른 돌연변이 유전자의 수를 결정하는 것이다. 이 과정은 돌연변이들을 각각 같은 유전자에서 다른 돌연변이 대립유전자를 가지고 있는 상보군(complementation groups)으로 분류함으로써 이루어진다. 연구자들은 초파리 개안의 R7 세포의 결여로 유발되는 많은 열성, 기능상실 돌연변이 개체들 사이에서 교접을 수행하여, 그 결과 돌연변이를 *sevenless* (*sev*)와 *bride-of-sevenless* (*boss*)라는 두 가지 상보군으로 분류하였다(그림 18.3b, c).

돌연변이 유전자 확인

모델 동물의 유전체 서열이 밝혀짐에 따라 연구자들은 돌연변이 표현형을 나타내는 유전자를 몇 개월 만에 확인할 수 있었다. 이를 위해 선택된 방법은 돌연변이 생성을 위해 사용된 돌연변이원뿐만 아니라 조사자가 이용할 수 있는 자료이다(그림 18.4). 예를 들면, *sev*와 *boss* 변종은 하나의 뉴클레오티드 쌍이 화학적 돌연변이원에 의해 바뀐 점돌연변이(point mutation)를 가지고 있다. 이러한 돌연변이는 12장에서 서술한 것처럼 분자적 수준에서 제한적인 중지 지점이나 상실 부위를 갖고 있는 염색체를 이용하여 지도가 만들어진다(그림 12.6 참조). 눈의 발달에 중요한 다른 유전자들은 *P* 인자 전이 인자 표시법과 역PCR로 확인되었다(그림 13.30 참조). 최종적으로, 전체 유전체 서열 분석의 가격이 빠르게 급락하고 있기 때문에 연구자들은 점점 더 유전체 서열과 분석 기술들(10장에서 사람 질병 유전자를 찾을 때 사용한 것과 유사)을 사용하여 모델 동물에서 돌연변이 유전자를 확인하고 있다.

과학자들은 때때로 잘못된 유전자를 돌연변이 표현형의 원인으로 밝혀낼 수도 있다. 따라서 유전자의 기능이 제대로 기정되었는지 검증하는 것이 중요하다(그림 18.4). 한 가지 검증 방법은 돌연변이 생물에 야생형으로 추정되는 유전자를 도입하여 야생형이 나오는지 보는 것이다. TALEN (그림 17.13 참조)과 같은 신기술로 가능해진 다른 방법은 다른 야생형 생물체에 있는 후보 유전자를 돌연변이로 만들어 돌연변이 표현형이 생성되는지를 규명하는 것이다.

암호화된 단백질의 특성에서 얻을 수 있는 단서

연구자들이 발생 과정에 중요한 유전자를 밝혀냈을 때, 유전자에 의해 암호화된 단백질의 아미노산 서열은 발생 과정의 분자적 특성에 관한 핵심적인 정보를 제공하였다. 초파리 눈의 개안에서 R7 세포를 확인했을 때, *sev*와 *boss* 유전자에 의해 암호화된 단백질 둘 다 소수성 영역을 가지고 있었고, 이것은 두 개의 단백질 모두 세포막을 통과하여 특정 세포의 표면에서 발견될 수 있다는 것을 암시한다.

다른 방법을 사용하여 얻은 정보를 종합하여, 과학자들은 어떻게 이 두 단백질이 R7 세포를 개안으로 구성하는 역할을 하는가에 대한 간단한 가설을 설정하였다. Sev는 막투과 수용체 단백질로 R7 전구 세포의 표면에 존재하는 반면, Boss는 R8 표면에 존재하는 막투과 리간드이다. R7 전구체가 R8과 접촉할 때, Boss는 Sev와 결합하여 R7 전구체 세포 내에서 **신호전달 연쇄반응**(signal transduction cascade)을 시작하여 R7 세포의 운명을 결정하는 유전자들을 발현시킨다(그림 18.3d).

일차 돌연변이 검색은 핵심 유전자를 놓칠 수 있다

특정한 형태학적 결함을 가진 기능상실 돌연변이 검색은 특정 발달 과정에 관여하는 유전자를 밝혀낼 수 있으며, 이 과정에서 많은 유전자의 산물이 개안에서 R7 세포의 특징을 결정하는 결과를 도출하기 위해 협력한다. 그러나 대부분의 과정에서 중요 과정의 구성요소들을 암호화하는 유전자의 돌연변이들을 이와 같은 기본적인 검색으로 발견하는 것은 매우 어렵다. 여기서 그 이유와 유전학자들이 놓친 요소들을 찾기 위해 사용할 수 있는 대안적 접근법에 대해 논의할 것이다.

다면발현 유전자 또는 중복 유전자의 문제

그림 18.3d는 세포 표면에서 Sev와 Boss의 상호작용이 R7 세포의 핵 안에서 유전자 발현에 궁극적으로 영향을 주는 연쇄작용을 시작한다는 것을 보여준다. R7 결여를 찾는 검색이 신호전달 연쇄반응에 관련된 생산물을 만드는 다른 어떠한 유전자에서도 왜 돌연변이를 나타내지 않았을까? 그 답은 이 유전자들이 **다면발현적**(pleiotropic)이어서 검색에서 빠졌기 때문이다. 즉, 그들은 R7 특수화에서 뿐만 아니라 하나 이상의 발생 과정에 필요한 것들이다. 특히, 이 유전자들 대부분의 기능이 초파리의 생존에 필요하다; 만약 그 유전자가 결실되면 그 생물체는 눈을 관찰할 수 있기 전에 죽는다.

중복 유전자(redundant gene)의 돌연변이는 R7 세포 운명 결정과 같은 형태학적 표현형에 관한 검색에서도 중요하게 사용된다. 만약 두 개의 유전자가 같은 기능을 수행한다면, 한 개의 유전자가 손실되어도 돌연변이 표현형은 나타나지 않을 것이다. 다면발현과 중복 유전자의 존재는 유전자 검색 성공을 위해서 극복되어야 할 주요한 한계점이다. 연구자들은 다음 절에 서술한 유전적 속임수를 통해 이러한 문제들을 극복할 수 있다.

감수성 돌연변이 표현형의 우성 변경자

과학자들은 **변경자 검색**(modifier screen)을 수행하여 발달 과정에 관련된 다면발현 유전자들을 밝히고자 하였다. 그 아이디어는 다면발현 유전자의 이형접합 돌연변이가 특정 발달 과정에서 한정된 역할을 수행하는 다른 유전자의 저형태성(hypomorptic) 돌연변이에 의해 유도되는 표현형을 바꿀 수 있다는 것이다. 이러한 접근법은 만약 저형태성 돌연변이가 같은 경로에서 작용하는 다른 단백실의 삭은 변화에 의해 영향을 받을 수 있는 감수성 표현형을 만든다면 거의 성공적일 것이다.

연구자들이 추정했던 다면발현 유전자들이 R7 세포의 운명을 결정하는 데도 관여할지 모른다는 것을 밝히기 위해 다음과 같은 접근법을 시도하였다. 이렇게 추정되는 유전자들을 확인하기 위해 연구자들은 *sev* 저형태성 돌연변이에 의해 유도되는 매우 민감한 돌연변이 눈 표현형을 가지는 유전적 배경을 생각해냈다. 이 대립유전자는 손상된 활성을 가진 Sevenless 단백질을 암호화한다; 이러한 초파리들은 눈 발달 과정에서 개안의 절반만 R7을 구성요소를 포함한다. 이러한 돌연변이에서 Sevenless 단백질이 거의 기능을 하지 않기 때문에, Sevenless의 기능을 돕는 단백질 수준을 줄이는 것이 R7 동원 경로를 완전히 불가능하게 만들 수 있으며, 결과적으로 모든 개안에서 R7이 결여된다. 반면, Sevenless 기능에 적대적인 단백질의 양을 줄이는 것은 기능이 상실된 신호전달경로를 더 건강하게 만들 수 있고, 결과적으로 모든 낱눈에서 R7 동원을 성공적으로 만들어 정상 표현형과 유사해진다.

그림 18.5는 감수성 *sev* 돌연변이 표현형의 변경자 검색

그림 18.5 ***sev*⁻ 돌연변이 표현형질의 우성 변경자.** *Sev*⁻ 저형태성 돌연변이의 눈은 정상 낱눈과 돌연변이형 낱눈을 모두 가진다. 우성 억제자 돌연변이들은 모든 낱눈이 야생형(R7 세포 존재)이 되도록 하는 반면에, 우성 증폭자 돌연변이들은 모든 낱눈이 돌연변이로 나타나게(R7 세포 부재) 한다. 만약 야생형 세포에서 발생했다면, 억제자나 증폭자 돌연변이들은 눈 형태에 영향을 미치지 않는다(오른쪽 아래).

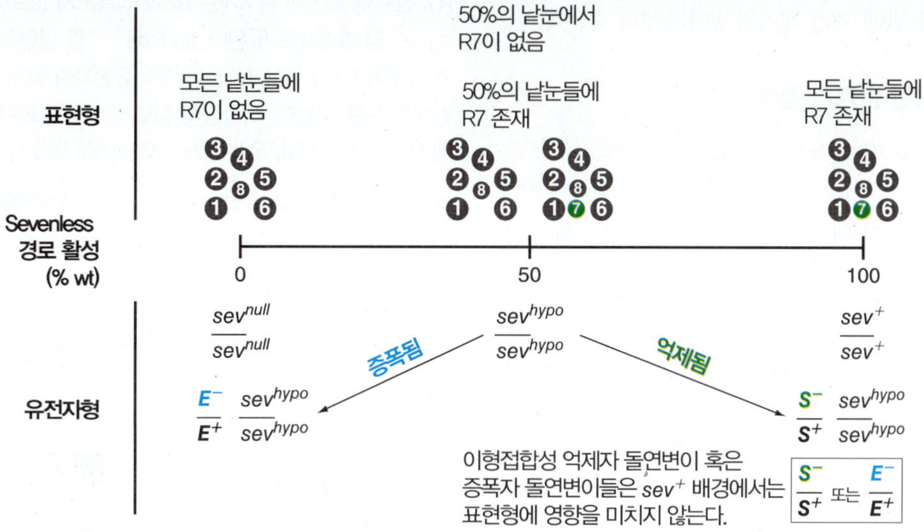

을 나타낸다. 과학자들은 저형태성 *sev* 돌연변이로 동형접합(그림에서 sev^{hypo}로 표시된 것)을 무작위적 돌연변이원으로 유도한 돌연변이에 이형접합성인 초파리를 만들었다. 이러한 돌연변이의 일부는 유전자 내에서 영(무형태성)대립유전자를 만들므로 이형접합인 동물들은 해당 유전자 생산물 양의 절반만 가지게 된다. 연구자들은 동형접합 *sev* 저형태성 돌연변이와는 다르게 생긴 눈을 찾았다. *sev* 저형태성 돌연변이체의 눈에서 더 많은 돌연변이를 유발하는 돌연변이는 우성 증폭자(dominant enhancer, E^-)라고 하며, *sev* 저형태성 돌연변이의 눈에서 더 야생형과 유사한 표현형을 유발하는 돌연변이는 우성 억제자(dominant suppressor, S^-)라고 한다. 야생형 배경에서 이형접합 증폭자와 억제자 돌연변이는 돌연변이 표현형을 유발하지 않고, 오직 감수성 배경(*sev* 저형태성 돌여변이)에서만 돌연변이가 눈의 형태형성에 영향을 미친다.

이 검색을 통해 확인된 돌연변이 중에서 신호전달경로의 여러 구성요소들만 그림 18.6에 나타내었다. Ras^-와 Sos^- 돌연변이는 *sev* 저형태성 돌연변이의 우성 증폭자로써 작용하며, Ras와 Sos 단백질은 Sevenless가 R7 세포를 개안으로 불러오는 것을 돕는다는 것을 나타낸다. 반면, *Gap*이라는 다른 유전자의 기능상실 돌연변이는 sev^{hypo} 표현형의 우성 억제자로 작용한다. 따라서 연구자들은 Gap 단백질이 R7 세포 운명을 촉진하는 데 있어 Sevenless 활성에 절대적으로 작용할 것이라고 추론하였다.

Ras, *Sos*, *Gap*의 세 유전자가 모두 다면발현를 보이기 때문에, 처음 R7이 없는 동형접합체를 검색하였을 때 어떠한 돌연변이도 발견되지 않았다. 이 유전자들에 의해 암호화된 단백질들은 Sevenless 막투과 수용체가 보내는 신호뿐만 아

그림 18.6 **Sevenless 신호전달경로.** Boss가 세포 표면의 Sevenless (Sev)와 결합하면, 신호전달 연속반응의 몇몇 단백질들이 활성화된다. 궁극적인 결과는 MAPK 단백질이 핵으로 들어가서, 전사인자 Pnt를 활성화시키고 전사인자 Yan을 억제한다; R7 특이성을 결정하는 전사 프로그램.

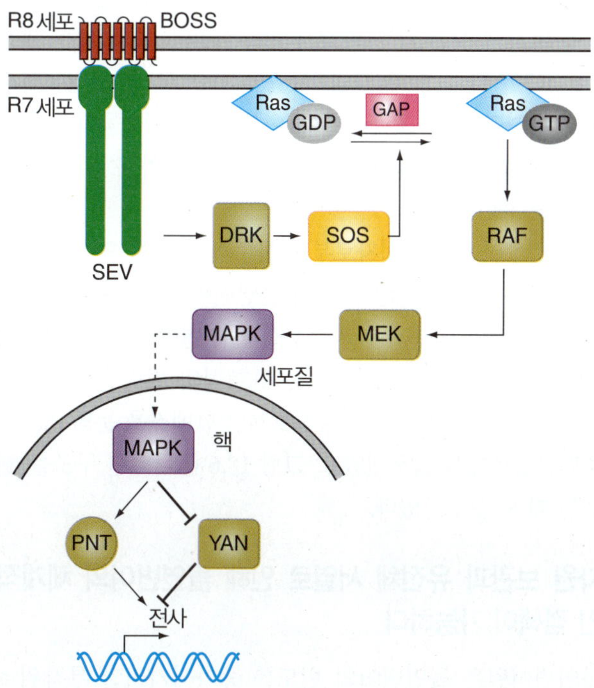

니라, 초기 발달 과정에서 세포 간 신호전달에 필수적인 많은 다른 막투과 수용체가 보내는 신호도 전달한다. 결과적으로, 동형접합 Ras^-, Sos^- 또는 Gap^- 돌연변이는 성체의 눈이 형성되기 한참 전에 초기 배아발생단계에서 죽는다.

도입유전자를 사용한 변경자 검색

과학자들은 Sev, Boss, Ras, Sos, Gap만이 R7 세포 분화 경로에 관여하는 유일한 요소가 아니라고 가정하였다. 추정되는 다른 단백질들을 찾기 위해 연구자들은, 가령 *Ras* 돌연변이와 연관된 감수성 표현형을 사용하여 다른 변경자 검색을 수행하고자 하였다. 그러나 앞서 언급한 바와 같이, *Ras* 유전자는 다면발현적이고, 동형접합 저형태성 Ras^-돌연변이 또는 이형접합 고형태성 *Ras* 대립유전자를 가지는 동물은 눈이 발달하기 전에 죽는다. 이 문제를 피하기 위해 연구자들은 오직 눈의 조직에서만 고형태성 *Ras* 돌연변이 표현형을 나타내는 도입유전자를 만들었다.

이 도입유전자에서 *sev*의 전사 조절 부분은 고형태성 *Ras* 대립유전자의 암호화 부분인 Ras^{G12V}와 결합되어 있다(그림 18.7a). 초파리 내로 형질전환될 때 *sev* 조절 부분은 Ras^{G12V}를 눈에서만 발현하도록 유도한다. 더욱이 Ras^{G12V} 단백질 내에서의 아미노산 변화는 Boss가 Sevenless에 의해 활성화되지 않았을 때에도 이 돌연변이 단백질이 계속해서 기능하도록 유도한다. 결과적으로, 그림 18.6에 나타난 Sevenless 신호전달경로가 정상적으로 Sevenless를 발현하고 R7으로 분화 가능한 다섯 개의 개안 전구체 세포에서 활성화된다(그림 18.7b). 이들 다섯 개의 세포 중 오직 하나만이 R8 (표면에 Boss를 갖는)과 접촉할지라도, 이 다섯 개의 모든 세포들은 R7이 될 수 있다(그림 18.7c). *sev*-Ras^{G12V} 도입유전자를 보유하고 있는 초파리에서, 여분의 R7 세포들이 소환되는 것은 형태학적 변이를 눈의 바깥에서도 볼 수 있게 만든다(그림 18.7d).

Ras^{G12V}가 도입유전자로부터 아주 낮은 수준으로만 발현되기 때문에, 형질전환 파리의 돌연변이 눈 표현형은 다른 유전자에서의 이형접합 기능상실 돌연변이에 의한 변화에 민감하게 반응할 것이다. 이 눈 표현형의 변경자 돌연변이 검색은 여러 개의 서로 다른 신호전달 단백질을 눈의 Ras 신호전달경로에서 밝혀내었고, 그림 18.6에 나타낸 구조를 채우는 데 도움을 주었다.

자원 보관과 유전체 서열로 인해 돌연변이의 체계적인 검색이 가능하다

돌연변이원은 돌연변이의 빈도를 증가시키지만 무작위로

그림 18.7 변경자 검색에서 고형태성 Ras를 발현하는 도입유전자의 사용. (a) 도입유전자를 가진 초파리들이 5개의 R7 전구세포에서 Ras^{G12V}를 발현한다. (b) 정상 동물에서, Sev 단백질을 발현하는 5개 R7 전구체(빨간색) 중 4개는 R8과 접촉하지 않으며 수정체를 분비하는 무신경 추상세포가 된다. (c) Ras^{G12V}를 발현하는 5개 R7 전구세포 모두가 R7이 된다. (d) (a)의 도입유전자를 갖는 초파리는 비정상적 형태의 눈을 갖는데, 비정상적 정도가 우성 증폭자 돌연변이(E^-/E^+)에 의해서 심해지고, 우성 억제 돌연변이에 의해 완화된다(S^-/S^+).

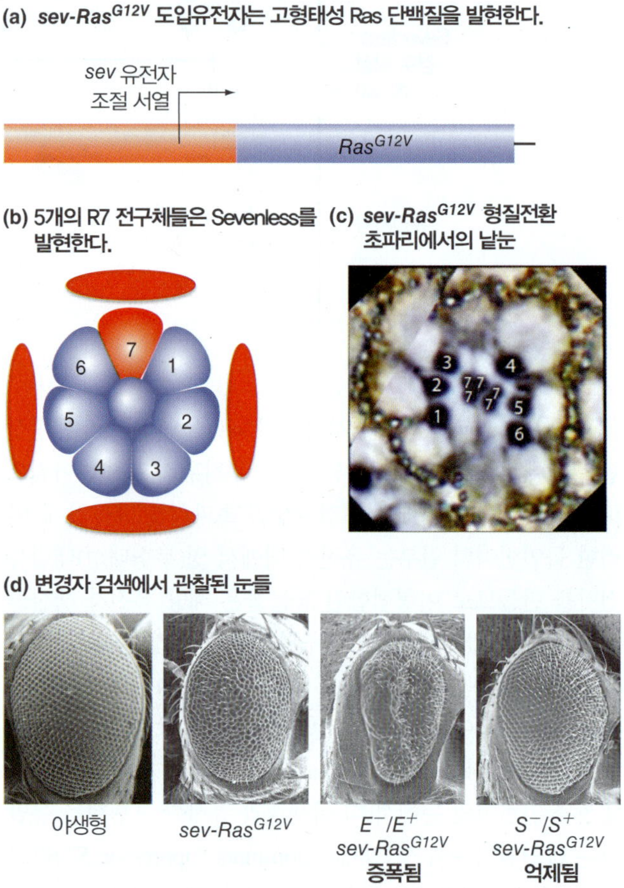

유전체를 변화시킨다. 결과적으로 전형적인 돌연변이 검색은 비효율적이고 미완성적이다: 임의의 돌연변이 컬렉션에서도 일부 유전자들은 매우 유사한 돌연변이에 의해 여러 번 나타나는 반면, 다른 여러 유전자들에서의 돌연변이는 포함하지 않을 수도 있다. 현대 유전학자들은 사용 가능한 자료 원천으로 인하여, 발달 과정에 관여하는 유전자를 찾을 수 있는 좀 더 체계적인 접근을 할 수 있었다.

이 장의 서론에서 언급한 모델 동물에 대해 중앙자원센터는 수천 개의 자원 컬렉션을 보유하고 있으며, 각각은 특정 유전자의 돌연변이를 갖고 있다. 이러한 컬렉션들은 유전체 내에 알려져 있는 다수의 유전자들을 갖고 있다. 연구자들은 이러한 돌연변이 변종들을 자원센터로부터 지원받아, 특정 표현형에 영향을 끼치는 것으로 알려진 유전자들을 검색할 수 있다.

초파리나 쥐와 같은 일부 모델 종에서 고전적 기능상실 돌연변이를 사용하여 모든 유전자를 밝힐 수는 없었다. 특정 과정에서 기능을 하는 개개의 유전자를 검색하는 대체적인 방법은 RNA 간섭(RNAi)을 사용하는 것이다. 16장에서 우리가 논의한 바와 같이, 이중가닥 RNA가 진핵세포에서 상보서열의 mRNA의 특이적 분해를 유도하는 세포 기능이 있다는 것을 기억할 것이다. 이 RNAi 전략을 사용하기 위해 연구자들은 시험관 내에서 dsRNA를 합성하여 발달 중인 생물체의 세포 내로 도입시킬 수 있다. 예쁜꼬마선충으로 연구하는 학자들은 dsRNA를 세포 내로 쉽게 도입시킬 수 있다: 그들은 단순히 그림 18.8에 나타낸 것과 같이 제작된 플라스미드를 합성하는 대장균을 선충이 유충에 그 플라스미드를 가지고 있는 대장균 세포 내에서 RNA 중합효소는 원하는 dsRNA를 합성할 것이고, 선충의 장 내에서 세균들은 소화되기 때문에 결국 합성된 dsRNA는 예쁜꼬마선충의 세포로 들어가게 될 것이다.

RNAi를 사용하여 유전적 검색을 수행하는 대체적이고 더 일반적인 방법은 형질전환 생물체가 dsRNA를 합성할 수 있게 하는 '도입유전자'를 만드는 것이다. 연구자들은 그림 18.8에 보이는 것과 유사한 도입유전자를 만들었는데, 형질전환체 내에 포함된 촉진유전자들은 대장균을 위한 것이 아니라 실험 중에 있는 종을 위한 것이다. 만약 도입유전자 내에 포함된 전사 조절 부분이 조직 특이적 증폭자를 가지고 있다면, dsRNA는 오직 그 종류에 해당하는 세포에서만 발현될 것이다. 이러한 접근법은 다면발현 문제를 피하기 위한 편리한 방법이다: 연구자들은 연구 중인 조직에 있는 세포에서만 특정 유전자의 기능이 손실되고, 모든 다른 세포에서는 해당 유전자가 정상적인 기능을 유지하는 모자이크 동물을 만들 수 있다.

그림 18.8 **RNA 간섭(RNAi) 검색용 이중가닥 RNA의 합성.** 전사는 두 촉진유전자 사이에 클로닝된 cDNA 가닥으로부터 일어난다. 상보적인 RNA 전사체는 상보적인 결합을 하여 dsRNA를 만들어 해당되는 mRNA의 분해를 세포 내에서 야기한다. 강한 세균 촉진유전자가 *E. coli* 안에서 dsRNA를 만드는데, 이 *E. coli*는 *C. elegans* 유충의 먹이로 사용된다; 조직 특이적 증폭자를 포함하고 있는 전사조절 부위로 만들어진 제작물이 동물 안으로 형질전환되면, 조직 특이적 기능상실을 유발한다.

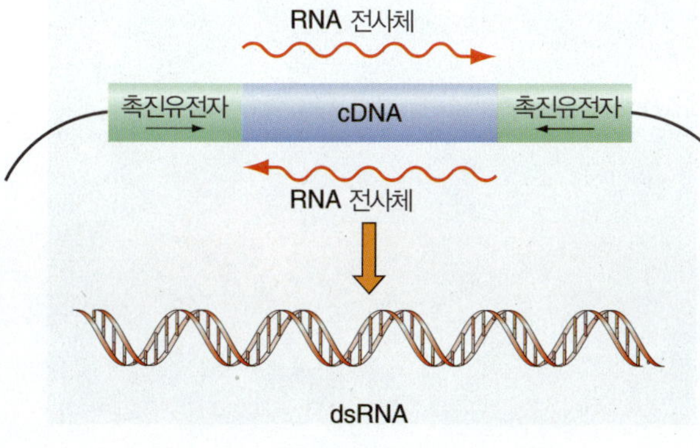

핵심 개념

- 연구자들은 발달 과정에 필요한 유전자들을 그 과정이 파괴된 표현형을 가진 기능상실 돌연변이 변종을 검색하여 밝혀낼 수 있다.
- 다면발현 또는 중복 유전자의 돌연변이는 종종 돌연변이 검색으로도 밝혀지지 않는다. 과학자들은 때때로 이러한 문제를 감수성 돌연변이 표현형의 우성 변경자를 조사함으로써 극복할 수 있었다.
- RNAi에서 세포로 도입된 이중가닥 RNA는 상보적인 mRNA 서열의 분해를 유도한다. 연구자들은 다면발현 유전자들의 기능을 검증하기 위해 유전자 특이적 RNAi를 특정 조직으로 도입할 수 있다.

18.3 언제, 어디서 유전자가 작용하는지 결정하기

학습목표

1. 특정 유전자의 mRNA와 단백질 산물을 모니터링하는 방법을 요약한다.
2. 어떻게 유전적 모자이크가 유전자 작용의 중심 결정을 도울 수 있는지 논의한다.
3. 발달 과정에서 유전자가 작용하는 때를 결정하기 위해 연구자들이 어떻게 온도에 감수성 대립유전자를 사용하는지 설명한다.

어떤 발달 과정 전체를 이해하기 위해서는 연구자들은 가장 먼저 그 과정을 구성하는 각각의 유전자들에 대해 가능한 한 많이 공부해야 한다. 구체적으로 말하면, 특정 조직 또는 독립된 세포 내에서의 단백질 산물의 위치와 기능뿐만 아니라 유전자 발현의 위치와 시기에 대한 정보는 과학자들이 더 진보된 분석 연구를 할 수 있는 이론적인 틀을 설립하는 데 도움을 준다.

유전자 발현 양상은 발달상의 기능에 대한 실마리를 제공한다

이제까지 개발된 다양한 종류의 방법들로 인해 과학자들은 전체 생물체 또는 현미경을 통한 조직 절편 슬라이드에서 특정 mRNA 또는 단백질 발현을 관찰할 수 있었다. 유전자가 발현된 조직을 규명하는 것은 연구자들이 발달 과정에서 유전자의 역할에 대한 가설을 수립하는 데 도움을 준다. 예를 들어 유전자의 돌연변이가 유전자의 전사보다는 조직이나 세포의 발달에 영향을 미친다면, 그 유전자가 신호전달 물질을 암호화한다고 가정할 수 있을 것이다. 그러한 예 중 하나로 *boss* 유전자는 R8 세포에서 전사되지만, 그것을 암호화하는 리간드는 Sev 수용체를 갖는 인접한 R7 세포 전구체의 운명에 영향을 미친다(그림 18.3 참조).

mRNA 발현 추적

언제, 어느 곳에서 유전자 전사체가 생물체에 축적되는지 결정하는 한 가지 방법은 RNA **제자리 혼성화**(RNA *in situ* hybridization) 실험을 수행하는 것이다. 이를 위해 그 유전자의 mRNA에 대응하는 cDNA 서열을 표지하고, 표지된 cDNA를 얇은 절편 조직, 또는 전체 생물체나 전체 조직에서 그 mRNA에 대한 탐침으로 사용해야 한다. RNA 제자리 혼성화 실험에 대한 결과를 이 장의 후반부에서 보여줄 것이다.

어떤 세포가 특정 mRNA를 높은 수준으로 전사하는지를 결정하는 일반적인 방법은 세포 내에서 발견되는 전체 mRNA의 서열을 결정하는 것이다. 이전에 이러한 종류의 통합서열화(deep sequencing 또는 RNA-Seq) 전략을 15장에서 언급하였다; 본질적으로 연구자들은 조직 샘플에서 mRNA에 상응하는 cDNA를 만들고 이러한 수백만 가지 cDNA 서열 정보를 얻는다. 특정 cDNA가 발견되는 빈도수는 그 조직에서의 mRNA의 풍부도를 나타낸다. 이러한 목표를 달성하기 위한 현대 기술들은 매우 효과적이고 민감하여 연구자들이 단 한 개의 분리된 세포에 존재하는 mRNA까지도 분석해낼 수 있다.

단백질 발현 추적

유전자의 단백질 산물에 따라 유전자가 발현되는 조직을 평가하는 것이 유전자의 mRNA를 관찰하는 것보다 기술적으로 훨씬 더 쉽다. 단백질 접근법은 또한 대부분의 경우에서 유전자 발현에 관해 좀 더 정확한 견해를 제공하는데, 이는 세포가 특정 mRNA 번역 조절에 대한 통제권을 가지고 있기 때문이다. 따라서 조직은 많은 양의 특정 mRNA를 갖지만, 상응하는 단백질은 적은 양만 가질 수도 있다. 마지막으로, 단백질이 세포 내부에 위치하게 되는 것은 종종 그것의 기능에 대한 실마리를 제공해 준다. 예를 들면, 핵 안의 단백질 농도는 전사 인자로써의 역할과 일치할 것이다.

단백질을 모니터하는 한 가지 방법에는 특정 단백질 부분과 매우 강하게 결합하는 항체를 만드는 것이 있다. 15장에서 대장균 세포를 주어진 어떤 폴리펩티드를 대량 생산하는 작은 공장으로써 사용하는 재조합 DNA 기술 사용법에 대해 언급했었다(그림 15.27). 연구자들은 이 대장균이 만든 단백질을 정제하고 그것을 토끼나 다른 동물에 주사할 수 있다. 그 단백질은 주사된 동물의 혈류에서 면역항원으로써 작용할 것이며, 그 동물의 면역체계는 외부에서 침입한 단백질에 대한 항원을 합성할 것이다. 과학자들은 이 항체를 수집하고 형광 꼬리표를 달아 항체를 표지하여, 연구자들이 표지된 항체들을 준비된 조직과 세포의 단백질에 결합시킴으로써 단백질 추적을 가능하게 한다. 그림 18.9는 이러한 접근법 중에서도 특히 다채로운 예시를 보여준다.

단백질을 추적하는 또 다른 방법은 해파리의 녹색 형광 단백질(green fluorescent protein, GFP)로 표지한 단백질을 암호화하는 **융합 유전자**(fusion gene)를 만드는 것이다. 연구자들은 관심 유전자의 전체 단백질 암호화 서열뿐만 아니라 그 단백질의 N 말단이나 C 말단에 GFP를 구성하는 아미노산 서열들이 추가되도록 개방 번역틀(ORF)을 합성한다(그림 18.10a). 그 구조물은 해당 유전자의 적당한 발현에 필요한 촉진유전자와 증폭자도 포함한다. 이런 재조합 유전자가 유전체에 도입되면(예를 들어, 초파리에서처럼 *P* 인자 매개성 형질전환에 의해), 그 유전체는 표지된 정상 단백질이 만들어지는 것과 같은 시간의 같은 장소에서 그 GFP 융합 단백실(GFP fusion protein)을 생산할 것이다. 연구자들은 GFP 형광을 추적함으로써 그 융합단백질을 쫓을 수 있게

그림 18.9 단백질 위치 파악을 위한 항체의 사용. 발생 단계의 초파리 눈은 특정한 광수용 세포에서 발현되는 일부 단백질에 대한 항체로 표지되었다. 각각의 항체는 특정한 색의 형광 염료로 표지하였다.

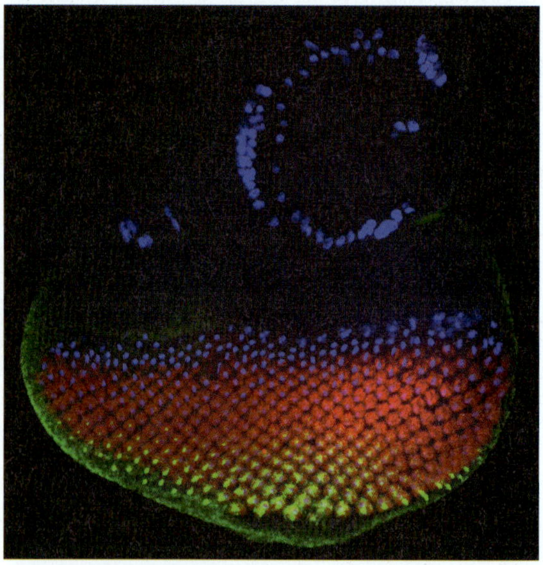

그림 18.10 GFP로 가시화한 단백질. (a) 융합유전자는 C 말단에 GFP를 포함한 융합단백질을 암호화하고 있다. (b) 이 초파리는 눈에 GFP-표지된 융합단백질을 발현하는 도입유전자를 가지고 있다.

(a) GFP로 단백질 표시하기

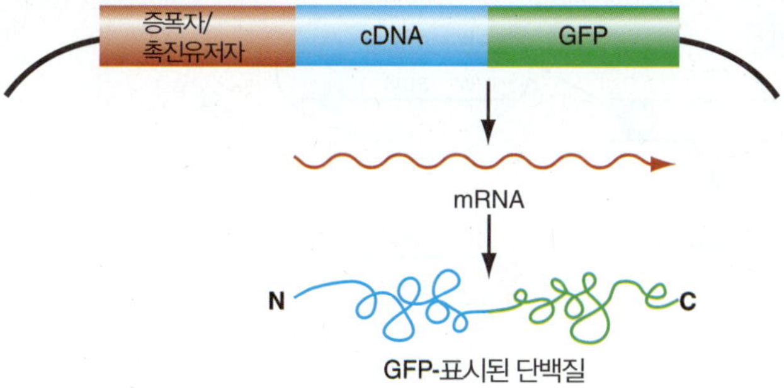

(b) 눈에서 GFP를 발현하는 도입유전자를 가진 초파리

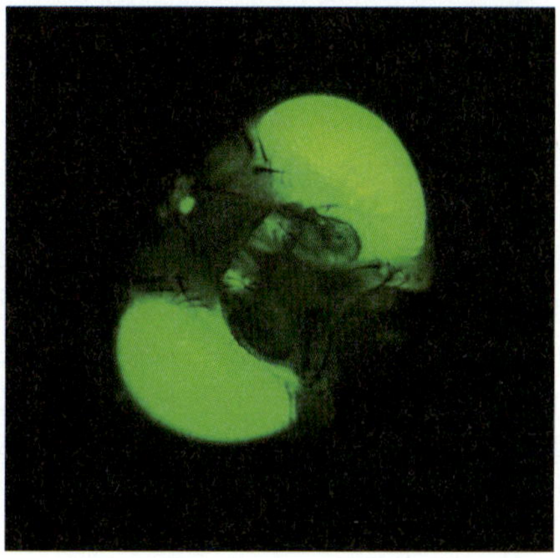

된다(그림 18.10a). 이러한 접근법의 주된 이점은 연구자들이 살아 있는 세포나 동물에서 GFP가 표지된 단백질을 추적할 수 있다는 점이다; 기술적인 이유로 표지된 항체들은 살아 있는 세포 내에서 물질을 추적하는 데 사용될 수 없다.

모자이크 분석으로 유전자 작용의 중심을 결정할 수 있다

유전적 모자이크(genetic mosaic)는 여러 유전자형을 가진 세포들로 구성된 개체이다. 모자이크 연구로 인해 발달유전학자들이 중요한 질문을 다룰 수 있었다: 어떤 특정한 세포에서 어떤 유전자의 발현이 발달 과정에 필요할까? 그러한 세포들은 그 유전자 작용의 중심(focus action)으로 간주된다. 17장에서 논의하였다시피, 연구자들은 종에 따라 모자이크 실험 생물체를 만들기 위한 여러 가지 서로 다른 기술을 사용할 수 있다.

초파리에서, 모자이크는 FLP/FRT 재조합 시스템(FLP/FRT recombination system)을 사용하여 유사분열 동안 비자매염색분체 사이에서 위치 특이적 재조합에 의해 가장 흔히 생성된다. 재조합은 FLP라고 하는 효모로부터 유래한 재조합 효소에 의해 일어나는데, 이 FLP는 FRT라고 하는 특정 재조합 표적에서 상호 간의 교차를 촉매한다. 연구자들은 온도가 올라갔을 때 발현이 유도되는 열충격 촉진유전자를 하류에 위치하여 이를 통해 발현이 조절되도록 FLP 유전자를 클로닝하였다. 그리고 그들은 이 구조물을 *P* 인자 벡터를 사용하여 초파리 내부로 도입시켰다. 연구자들은 또한 FRT 부분을 초파리 염색체에 삽입하였고, FRT가 특정 염색체 팔의 동원체에 인접하게 삽입된 변종들을 수집하였다. 만약 FRT가 두 개의 상동염색체에서 모두 같은 위치에 나타난다면 FLP 재조합효소(열충격에 의해 합성된)는 그들 사이에서 재조합을 촉매시킬 것이다. 돌연변이와 야생형 대립유전자에 대해 이형접합성인 세포에서, 유사분열 재조합은 동형접합 돌연변이 딸세포를 만들어 내어 이런 세포들의 군락이 형성될 수 있다.

과학자들은 이러한 종류의 **모자이크 분석**(mosaic analysis)을 다음 질문에 대한 답을 얻기 위하여 초파리 눈에서 사용하였다: R7이 개안으로 소환되기 위해서는 어떤 세포에서 *sevenless*와 *boss* 유전자가 발현되어야 하는가? *sevenless* 유전자에 대한 이 질문에 대답하기 위해서, 연구자들은 눈에서 *white*와 *sevenless* 둘 다 돌연변이를 나타내도록 표지된 세포를 이용하여 모자이크를 만들었는데, 다른 세포들은 각 유전자의 우성인 야생형 대립유전자를 적어도 하나 가지고 있다(그림 18.11a). 몇몇 낱눈들은 흰색 광수용체 세포와 붉은색 광수용체 세포들을 혼합하여 가지고 있었다. 그러나 하나의 R7 세포를 가진 모든 낱눈들에서는, 같은 낱눈 내의 다른 광수용체 세포들이 모두 흰색일 때(w^-와 sev^-에 대해 동형접합성)에도 그 R7 세포는 붉은색이었다(즉, 그 세포는 w^+와 sev^+ 유전자를 모두 가지고 있었다)(그림 18.11b). 이제까지 R7 세포가 흰색으로 나타난 개안은 없었다. 이러한 결과는 sev^+ 유전자 산물에 대한 요구가 R7 세포 자체에 있다는 것을 의미한다. 정확하게 발달하기 위해서는 R7 전구 세포는 Sevenless 단백질을 만들어야만 하며, 그 단백질이 같은 개안에 있는 어떤 다른 광수용체에서 만들어지는지는 중요하지 않다. Sevenless 단백질은 그것이 만들어진 세포에서만 영향을 미친다.

온도 감수성 대립유전자들은 유전자 작동 시간을 결정하는 데 도움을 준다

생물체의 발달에 필수적인 많은 일들은 순차적으로 일어나며, 그것이 일어나는 상대적인 시기는 중요하다. 예를 들면

그림 18.11 모자이크 분석은 Sevenless 단백질의 작용 중심을 알아낸다. (a) FRT 부위에서 FLP를 매개로 하는 부위 특이적 재조합의 결과로 Sevenless를 발현하는 붉은색의 세포(w^+sev^+)들로 이루어진 배경에서 Sevenless를 발현하지 못하는 흰색 세포(w^-sev^-) 클론을 만든다. (b) 표현형이 야생형인 모자이크 낱눈 안에서(R7을 포함하는) R7 세포는 항상 w^+sev^+ 다른 7개 광수용 세포의 *sev* 유전자형과는 무관하다. 그러므로 Sevenless 단백질은 R7에서 발현되어야만 한다.

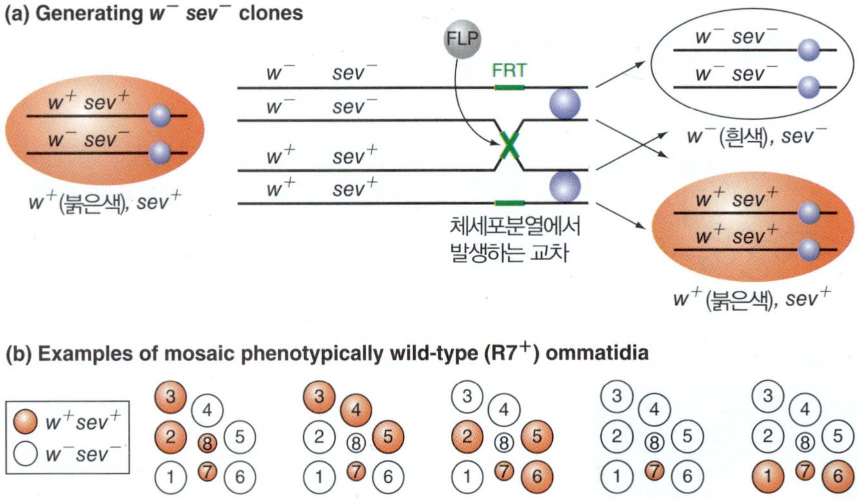

특정 단백질의 작동은 주어진 한정된 시간 동안에만 중요할지 모른다. 만약 그 단백질이 다른 분자나 구조물과 상호작용한다면, 그 단백질의 존재는 그러한 분자들이나 구조물이 존재하기 전까지는 아무런 작용도 못할 것이다. 반대로, 세포가 발달하도록 결정하는 것을 돕는 단백질의 발현은 그러한 결정이 이루어진 이후에는 아무런 효과를 갖지 못할 것이다.

연구자들은 종종 온도 감수성 돌연변이[temperature-sensitive (ts) mutation]를 특정 단백질 생산물의 기능이 발달 과정에 있어 중요한지 시기를 결정하는 도구로 사용한다. 이러한 대립유전자는 허용 가능 수치보다 낮은 온도에서는 기능을 하지만, 제한된 수치보다 높은 온도에서는 기능을 상실하는 단백질을 생산한다. 반대로, 야생형 단백질은 두 가지 온도에서 모두 기능을 나타낸다. 이러한 접근법을 사용한 실험에서(그림 18.12), 연구자들은 *sev* 유전자의 *ts* 대립유전자를 사용하여, 여러 시간 동안 추적한 결과 R7의 운명을 설정하기 위해서 R7 세포 내에서 Sev 수용체 단백질이 필요하다는 것을 밝혔다. 만약 Sev 단백질이 Boss에 의해 이 기간 동안 계속적으로 활성화되지 않는다면, 세포는 대체적인 운명(그림 18.7에서 볼 수 있는 수정체 분비형 추상세포가 되는 것과 같은)을 선택할 것이다.

당신은 R7 세포를 구체화하는 데 있어 Sevenless 수용체 단백질의 기능에 대한 명확한 견해를 제시하기 위해 여러 종류의 실험 결과들을 수렴해 왔다는 것을 알 수 있다. Sevenless와 Boss 단백질에 항체를 사용하여, 연구자들은 여러 가지 세포들이 Sevenless 단백질을 생산하지만, 그중 추정되는 R7 세포만이 항상 R8과 접촉한다는 것을 관찰하였다. *sev* 유전자 작용의 중심은 바로 추정되는 R7 세포이다(그림 18.11). 그리고 추정되는 R7 세포가 실제로 R7 세포의 운명을 맡을 것이라고 보장하기 위해서는, 이 세포의 표면에서 Sevenless 수용체가 R8 세포에서 유래한 Boss 리간드에 의해 많은 시간 동안 연속적으로 활성화되어야 한다(그림 18.12).

그림 18.12 Time-of-function 분석을 위한 온도 감수성 돌연변이 [temperature-sensitive (ts) mutation] 대립유전자를 사용. 온도를 바꾸면서 진행하는 이 실험들에서 sev^{ts} 유충은 다양한 시간 동안 섭씨 18도(허용 가능한 온도)까지 올려도 괜찮았다. 야생형 낱눈(R7을 포함하는)은 유충을 적어도 12시간 동안 섭씨 18도에 두어야 성체에서 나타났다.

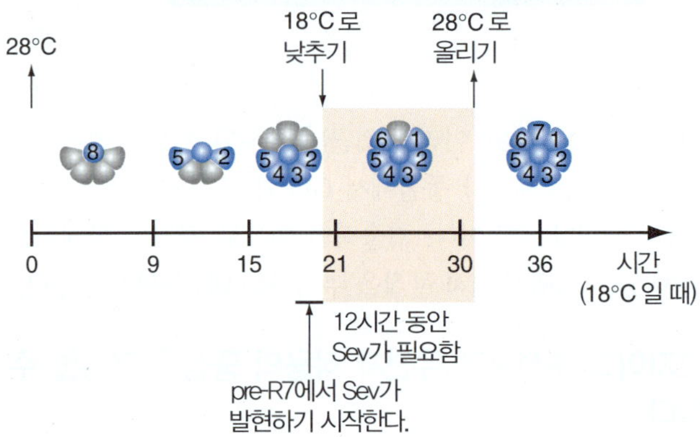

핵심 개념

- mRNA 발현 시기와 위치를 추적하는 것은 RNA 제자리 혼성화나 조직 특이적 RNA-Seq에 의해 이루어질 수 있다. 단백질을 추적하는 것도 특정 항체를 사용하거나 GFP가 표지된 단백질을 암호화하는 유전자를 만듦으로써 이루어질 수 있다.
- 서로 다른 표현형을 나타내는 모자이크 조직은 어떤 세포들이 유전자 작용의 중심을 만드는지 나타낼 수 있다. 그것은 그 유전자의 발현을 필요로 하는 세포나 조직이다.
- 연구자들은 특정 시간 동안 온도 감수성 단백질의 기능을 막거나 유도하기 위해 온도를 조절할 수 있으며, 돌연변이 표현형이 발생하는지 관찰할 수 있다.

그림 18.13 하나의 유전자 돌연변이는 다른 유전자의 발현에도 영향을 준다. Prospero 단백질(분홍색)은 정상적인 상태에서 성장 중인 낱눈의 R7에서 발현된다. 성장 중인 *sev*⁻ 눈에서는 R7이 되어야 할 세포가 수정체 분비형 추상세포(*)가되고, 여기에서 Prospero는 발견되지 않는다. 각 낱눈의 다섯 개 잠재적 R7 전구체에서 상시적으로 *Ras*^{G12V}를 발현하는 도입유전자를 가진 발생 중인 눈에서는 이들 다섯 개의 세포들이 모두 Prospero를 발현한다.

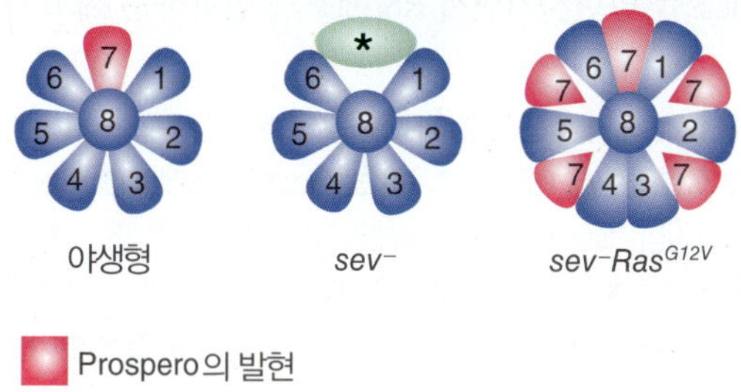

18.4 경로에서 유전자의 순서 결정

학습목표

1. 유전자 발현을 지속성으로 감시함으로써 어떻게 경로에서 유전자의 순서를 결정할 수 있는지 설명한다.
2. 두 유전자의 돌연변이 대립유전자들 사이에서 발생하는 상위적 상호작용이 어떻게 때때로 경로 내에서의 유전자 순서를 결정하는 데 사용될 수 있는지 설명한다.

지금까지 발달 과정에서 유전자를 찾기 위해 유전학을 사용하는 법과 어디에서, 언제 개개의 유전자들이 작동하고 어떤 세포에서 발현되어야 하는지 결정하는 법을 배웠다. 때때로 돌연변이들은 경로에서 유전자의 작동 순서를 결정하기 위해 분석될 수 있다; 그건 바로, 어떤 유전자나 유전자 산물이 다른 유전자나 유전자 산물을 활성 또는 불활성화하는 것이다. 여기서 유전자 기능을 배열하는 두 가지 다른 접근법에 대해 살펴보고자 한다.

다른 유전자의 발현에 대한 한 유전자의 영향은 작용 순서를 나타낼 수 있다

만약 한 유전자의 mRNA나 단백질의 조직 분포 및 세포 내 위치에 대해 규명하였다면, 어떻게 다른 유전자에 있는 돌연변이가 이러한 분포나 위치 선정에 영향을 주는지 질문할 수 있다. 예를 들면, Prospero라는 전사 인자는 초파리의 눈에서 R7 광수용체 발달에 있어 필수적이다. Prospero의 발현은 Sevenless 경로의 활성에 의존한다. *sev*⁻ 영돌연변이에 의해 Prospero는 R7 전구체에서 없어진다(그림 18.13). Ras가 *sev-Ras*^{G12V} 도입유전자를 가지고 있는 초파리의 R7 전구체에서 부적절하게 활성화될 때, *Prospero*는 모든 5개의 R7 전구체에서 발견된다(그림 18.13). 반대로, Sevenless와 Ras의 발현은 *prospero* 유전자에 있는 돌연변이에 의해 영향을 받지 않는다. 따라서 Sevenless 경로의 활성화가 R7 세포에서 *prospero*의 상위단계라고 말할 수 있다.

이 예시에 나타난 일반적인 원리는 다음과 같다. 만약 유전자 *a*의 기능이 상실되었거나 과도하게 활성화되는 것은 유전자 *b*의 발현에 영향을 주지만, 그 반대 과정은 이루어지지 않는다면, 유전자 *a*는 유전자 *b*의 발현을 조절하는 경로에서 유전자 *b*의 상위단계에서 기능한다고 볼 수 있다.

이중 돌연변이 표현형은 유전자 기능 순서를 결정하는 데 도움을 줄 수 있다

연구자들이 경로에서 유전자의 순서를 결정할 수 있는 또 다른 방법은 **이중 돌연변이**(double mutant)를 만드는 것이다. 이 아이디어는 각각 다른 유전자(유전자 *a*와 *b*)에 있는 두 개의 돌연변이로부터 시작된다. 두 개의 유전자는 그들과 연관된 각각의 돌연변이 표현형이 다를지라도 같은 경로에서 작용한다. 연구자들은 두 개의 돌연변이를 모두 갖는 생물체를 구축하여, 하나의 돌연변이가 다른 하나에 대하여 **상위성**(epistatic)을 나타내는지를 검증하였다. 다르게 말해, a^-b^-이중 돌연변이가 a^-표현형이나 b^-의 표현형 중 하나만을 갖는가? 만약 명백한 상위성 상호관계가 관찰되었다면, 결과는 그 경로에서 어떤 유전자가 다른 유전자에 대해 상위 단계에 있는지 알 수 있게 해 준다.

상위성 분석은 발달 과정에서 중요한 역할을 하는 개폐/조절 경로를 조사하는 데 있어 특히 유용하다. 그러한 하나의 신호는 어떠한 특정 세포 내에 있는 경로에서 스위치를 '껐다', '켰다' 할 수 있다. 만약 스위치가 켜져 있다면, 반응

경로의 일직선상에 있는 유전자들이 조절되는 연쇄반응이 시작될 것이고, 차례로 세포의 운명 변화를 이끌 것이다. 따라서 경로의 결과는 두 가지 발달 상태 중 하나를 의미하며, 스위치가 켜졌는지 꺼졌는지에 의존한다.

그림 18.14에 나와 있는 R7 세포의 운명이 개폐/조절 경로에 의해 결정된다는 예시를 생각해 보라. Boss 신호는 Sevenless를 발현시키면서 R8 세포와 접촉하는 세포 내에서 Sevenless를 활성화시키는 스위치를 켠다. 그 스위치는 R8과는 인접해 있지 않은 다른 네 개의 Sevenless를 발현하는 세포에서는 꺼지는데, 이는 이들 세포 내의 Sevenless 수용체가 Boss와는 절대로 접촉하지 않기 때문이다. 따라서 경로의 결과는 R7 세포가 발달(스위치 켜짐)하거나 하지 않는 것(스위치 꺼짐)이다(그림 18.14a).

그림 18.14 상위성 분석. (a) R7 세포의 특이성은 스위치/조절 경로에 의해 조절되는데, 여기서 스위치는 Boss 신호에 의한 Sevenless의 활성화이다. Sevenless를 발현하고 R8을 접촉하는 R7 전구세포 안에서 그 신호는 '켜짐'으로 되어, R7을 발달시키는 신호전달 연쇄반응이 시작된다. (b) *sev*$^-$와 *sev-Ras*^{G12V}의 이중 돌연변이는 *sev-Ras*^{G12V}의 돌연변이 표현형을 나타낸다. (c) 이 상위형 상호작용(짙게 표시한 줄)은 Ras상류의 Sevenless활성을 가정할 때에만 일치한다. 초록색은 그 단백질이 활성화되어 있다는 것을 나타낸다; 빨간색은 불활성화된 단백질을 나타낸다.

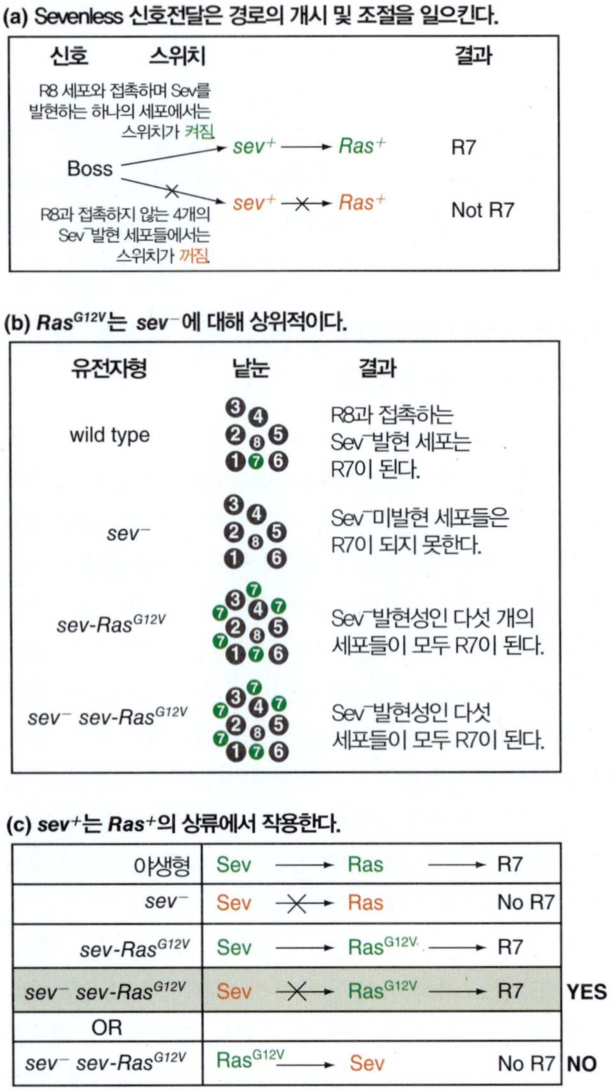

초파리 *sev*$^-$ 영돌연변이에서 개안에 R7 광수용체 세포가 결실되었던 것을 회상해 보라. Sevenless 수용체를 생산하는 다섯 개의 R7 전구체 세포에서, 도입유전자(*sev-Ras*^{G12V})를 가지고 있는 초파리는 활성을 나타내는 Ras 단백질을 발현한다. 결과적으로, 모든 다섯 개의 전구체 세포들은 R7이 된다. *sev-Ras*^{G12V}와 *sev*$^-$를 포함하는 이중 돌연변이는 모든 다섯 개의 전구 세포가 R7이 되는 눈을 가진다(그림 18.14b). 따라서, *sev-Ras*^{G12V}는 *sev*$^-$에 대하여 상위성을 가지며, 이는 이중 돌연변이가 *sev-Ras*^{G12V}돌연변이만 가지는 초파리와 같은 표현형을 갖는다는 것을 의미한다.

이와 같은 상위적 상호작용은 신호전달경로에서 Ras가 Sevenless의 하위단계에 있는 생화학적 실험에 기반한 모델과 일치한다(그림 18.6 참조). 야생형에서 Sevenless 단백질이(Boss에 결합한 후) Ras를 활성화시킨다 할지라도, 지속적으로 활성을 나타내는 돌연변이체 Ras의 돌연변이는 *sev*$^-$ 영돌연변이에 대해 상위성을 나타낸다. 왜냐하면 활성화된 Ras는 R7 세포를 만들기 위해 더 이상 Sevenless 단백질을 필요로 하지 않기 때문이다(그림 18.14c). 만약 활성화된 Ras가 신호전달을 위해 여전히 Sevenless를 필요로 한다면, 그 반대의 상위성 상호작용이 관찰될 것이다—*sev*$^-$ *sev*$^-$*Ras*^{G12V}이중 돌연변이는 *sev*$^-$ 표현형을 보이며, 신호전달은 이중 돌연변이에 의해 차단될 것이고, 어떤 R7도 발달하지 않을 것이다(그림 18.4c).

상위성 분석은 유용하지만, 결과를 해석하기 위해선 여러 가지 조건들이 충족되어야만 한다. 예를 들면 두 가지 단일 돌연변이에서 보이는 표현형은 반드시 서로 달라야 하고, 고려 중인 돌연변이 대립유전자는 영(null)이거나 상시 활성 상태이어야 한다. 이러한 조건들이 충족되어, 상위성 분석을 통해 구축한 경로의 유전자 배열에 대한 결론은 가설로 다루어져야 하며, 따라서 생화학적 실험을 통한 검증이 필요하다.

핵심 개념

- 발달 과정에서 유전자 *a*의 발현은 유전자 *b* 돌연변이에서 바뀌지만, 유전자 *b*의 발현은 유전자 *a* 돌연변이에서 아무런 영향을 받지 않는다면, 이는 유전자 *b*가 유전자 *a*의 상위단계에서 가능한 것이다.

- 개폐/조절 경로에서 이중 돌연변이의 표현형은 상위적 상호작용을 나타낼 수 있고, 두 가지 유전자의 작용 순서 결정을 도울 수 있다.

18.5 종합 예제: 초파리에서의 체제 발달

학습목표

1. 체절화가 분명해지기 전의 초기 초파리 발생 과정에서의 핵심적 사건들을 설명한다.
2. 모계효과 유전자들이란 용어에 대해 정의하고, 왜 이 유전자들의 단백질 산물들이 형태형성자라고 불리는지 살펴본다.
3. 접합자의 체절화 유전자들이 나타내는 위계 관계를 요약한다.
4. 체절 정체성을 결정하는 호메오 유전자들의 기능에 대해 논의한다.

초파리의 기본적 체제에 대한 유전적 제어 연구들은 발생에 대한 우리의 이해에 대변혁을 일으켰다. 여기서 초파리의 몸이 어떻게 머리에서 꼬리를 따라 달리는 축, 즉 머리-꼬리 축을 따라 분화되고 특성화되는지를 설명하는 관점에 초점을 두고자 한다.

여기에서 설명하는 연구는 수정된 초파리의 알이 분명한 특징을 갖는 여러 체절로 나뉘고, 각각의 체절이 궁극적으로 특정한 모양과 기능을 갖는 관측에 관한 것이다. 몇 개의 체절은 머리의 부분이 되고, 다른 부분은 흉부, 그리고 다른 부분은 배가 된다. 과학자들은 이 체절에 대한 두 개의 근본적인 질문에 답변을 하기 위해 실험을 설계했다. 첫째, 동물이 어떻게 정확한 숫자의 체절을 발달시키는가? 둘째, 각각의 몸 체절이 형성될 구조의 종류 그리고 이 구조가 동물의 생물작용에서 해야 할 역할이 무엇인지를 어떻게 아는가? 연구 결과들은, 전사가 시작되기 전에 **모계효과 유전자**(maternal effect gene)들의 산물이 어머니에 의해서 이미 합성되어 난자에 분포됨으로써, 배아에서 지역적인 차이를 만들어 적합한 체절의 수를 만든다는 사실을 보여준다. 그 다음, 접합자 자신의 유전체에 의해 발현되는, **접합자 체절화 유전자들**(zygotic segmentation genes)이라는 커다란 유전자 그룹의 작용에 의해 몸체를 일련의 더 작은 동일 체절들로 세분화시킨다. 발생 후기에는 **호메오 유전자들**(homeotic genes)이라는 전사 인자 암호화 유전자들에 의해 각 체절에 독특한 정체성이 지정된다.

초파리의 배아는 체절로 나뉜다

모계효과 유전자, 체절화 유전자, 호메오 유전자들이 어떻게 작용하는지를 이해하기 위해 초파리의 초기 발생 몇 시간 동안 일어나는 기본적인 사건들을 고려하는 것이 도움이 된다(그림 18.15). 초파리가 수정된 알을 낳으면 이때 이제까지 제1감수분열 중기에서 정지되어 있던 난모세포 핵의 감수분열이 재개된다. 수컷의 반수체와 암컷의 전핵이 융합한 후, 배아의 이배체 접합 핵은 엄청나게 빠른 속도로 13번의 핵 분열을 한다. 분열주기 2에서 9 사이에 평균적인 분열시간은 8.5분이다.

그림 18.15 초파리의 초기 발생: 수정부터 세포성 배반엽까지. 수정 후 처음 3시간을 도표로 나타냈다. 접합체의 핵은 하나의 합포체에서 13번의 빠른 유사분열을 한다. 꼬리 쪽 끝에 있는 몇몇 핵들은 생식계열 극세포(pole cell)가 된다. 다핵성 배반엽에서 수정란의 표면이 단층의 핵으로 둘러싸인다. 13번째 세포분열 주기의 마지막에, 세포막이 표피에 있는 핵을 둘러싸서 하나의 세포성 배반엽을 만든다.

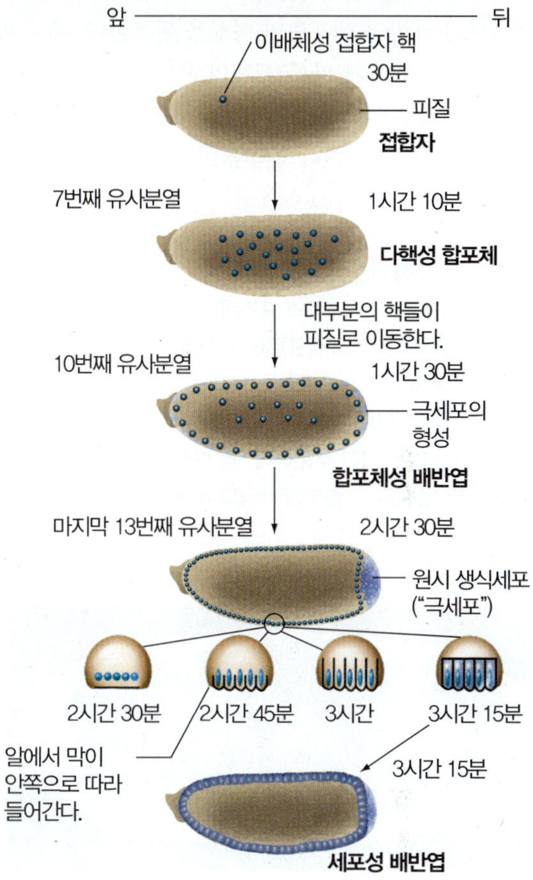

대부분의 유사분열과 달리 초기 초파리 배아에서 핵 분열은 세포질 분할을 동반하지 않는다. 그래서 초기 배아는 다핵성의 합포체(syncytium)가 된다. 초기 8분할 시기까지 다수의 핵은 알의 중앙에 위치한다; 9분할 시기에 대부분의 핵들이 배아 표면의 바로 아래쪽인 피질 쪽으로 이동하여 다핵성의 배반엽(syncytial blastoderm)을 만든다. 10분할 동안, 알의 꼬리의 극에 있는 핵은 세포막이 함입되어 생긴 막으로 둘러싸여 첫 번째의 배아세포를 형성한다; 이 "극세포"는 원시생식세포이다. 세포분할 13번째 주기 말에, 알의 피질에 약 6,000개의 핵이 존재한다.

14주기의 간기 동안, 알의 피질의 세포막이 이 핵들 사이를 통과하여 안쪽으로 성장함으로써 **배반엽**(blastoderm)이라고 하는 상피층을 만든다(그림 18.15). 배아는 수정 후 약 3시간 정도면 배반엽 세포층의 형성을 완료한다. 세포 배반엽의 단계에서, 위치에 따른 세포의 모양이나 크기의 차이는 없는 것으로 보이나 꼬리쪽에 있는 극세포는 예외로 보인다(그림 18.16a). 그러나 대부분의 분자생물학적 연구에 의하면 세포 배반엽 단계 기간이나 그 전 단계에서 대부분의 체절 및 호메오 유전자들이 기능하고 있는 것으로 나타났다.

세포화 단계 후에, 안으로 접는 과정인 **낭배형성**(gastrulation)이 시작되어 배아 생식층을 형성한다. 배아의 길이를 상당 부분 확장시키는 중앙복면 세포 띠가 함입되어 중배엽이 형성된다. 이렇게 안으로 접히는 과정(복부 고랑; 그림 18.16b)이 내부의 관을 생성한다; 이 세포가 분열하고 이동하여 내배엽을 생성한다. 내배엽은 머리와 꼬리에서 복부 고랑 방향으로 일어나는 함입에 의해서 형성된다; 이러한 함입의 하나는 그림 18.16b에 나타낸 머리 고랑이다. 내배엽의 안으로 접힌 세포들은 난황을 지나 소화관을 형성한다. 끝으로, 신경계는 복부 외배엽의 양쪽 측면 지역에 각각 존재하는 신경아세포로부터 생긴다.

체절분화의 첫 번째 가시적인 신호는 낭배기가 시작된 후 40분 즈음에 후 중배엽에 형성되는 일정한 돌출 부분이다. 낭배형성 몇 시간 안에, 배아에 몸의 체절의 분명한 분리가 이루어지고, 이는 유충에서 세 개의 머리 체절, 세 개의 흉부 체절, 그리고 여덟 개의 주요 복부 체절로 나뉘게 된다(그림 18.16c). 결국 초파리가 변태를 거쳐 성체 초파리가 되지만, 동일한 기본적 몸체 계획이 성체 단계에서도 유지된다(그림 18.17).

그림 18.16 세포성 배반엽 형성 후 초파리 발달. (a) 세포성 배반엽의 주사 전자현미경 사진. 배아의 표면에 있는 세포를 나타내며, 극세포가 꼬리 쪽 말단에 있다(화살표). (b) 수정 후 약 4시간 후, 낭배기에서 형성되는 고랑(furrow)의 복측 사진이다. (c) 수정 후 10시간에 배아는 체절로 나뉜다. Ma, Mx, Lb는 머리의 세 체절이다. CL, PC, O, D는 체절화되지 않은 머리 부분이다. 세 가지 흉부 체절(T1, T2, T3)은 각각 전흉부, 중흉부, 후흉부에 해당되며, 복부 체절은 A1-A8로 나타내었다.

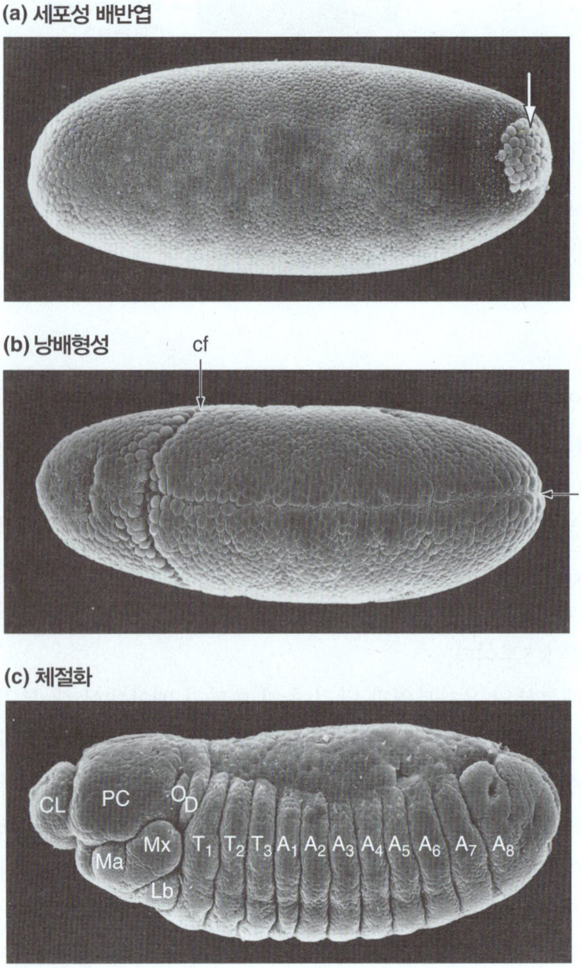

모계효과 유전자가 체절 수의 결정을 돕는다

수정에서 13번째 합포체 분할의 종료 사이에 유전자의 전사는 거의 일어나지 않는다. 이와 같이 전사가 거의 일어나

그림 18.17 체절의 정체성은 발생 기간 중에도 유지된다. 배아의 체절(왼편)의 정체성은 유충 기간뿐만 아니라 성체를 만드는 변태 시기에도 유지된다(오른쪽).

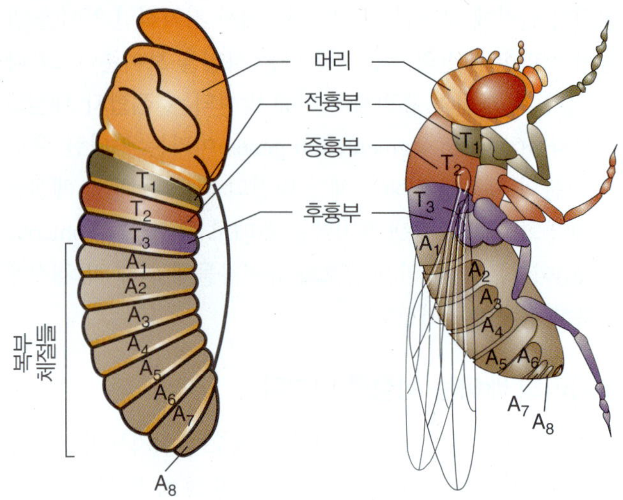

그림 18.18 모계효과와 접합체 치사 돌연변이에 대한 돌연변이 검색. Nüsslein-Volhard와 Wieschaus가 체절 형성을 조절하는 초파리 2번 염색체에 있는 열성 돌연변이를 찾는 방법. 돌연변이화된 2번 염색체들은 F_1 수컷들에서의 우성 *Cy* (굽은 날개) 돌연변이로 표시되는 균형 염색체(굽은 선)에 대해 트랜스로 회복되었다. (*D*는 우성 형태학적 표식자 돌연변이이다.) 굽은 날개인 F_2 자손은 동일한 돌연변이 염색체들을 가지며 F_3에서 동형접합성 돌연변이체(m^-/m^-)를 생산하기 위해 서로 교배되었다. 만약 이 동물들이 체절화 결손을 가진 배아 상태로 죽는다면, 그 2번 염색체는 관심 대상인 접합자 치사성 돌연변이를 가지는 것이다. 생존 가능한 동형접합성 F_3 암컷들은 암컷 불임 돌연변이들을 확인하기 위해 야생형 수컷과 교배되었다.

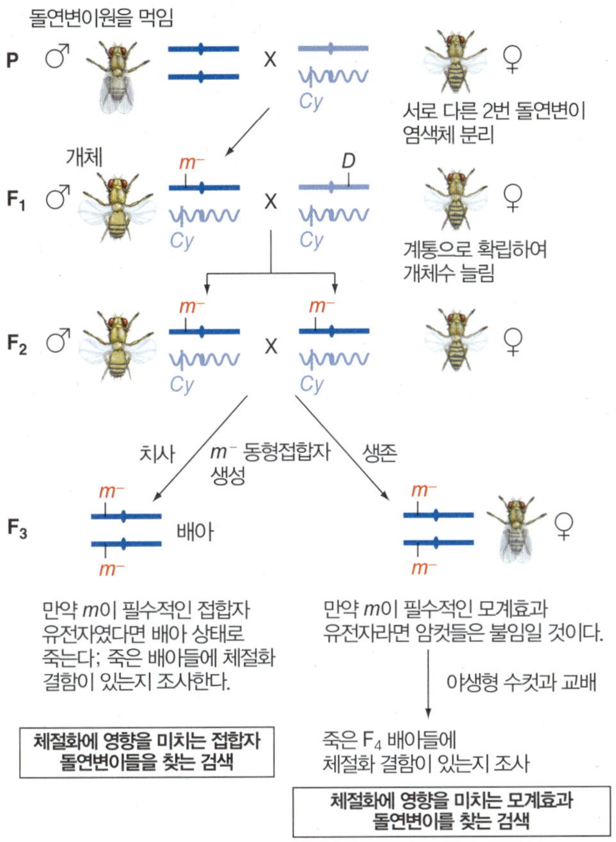

지 않기 때문에 발생생물학자들은 기본 몸체의 형성은 초기 난자형성 기간 중에 모체에 의해서 난자에 축적되는 모계제공 구성요소가 필요한 것으로 추측하였다. 배아는 모계제공 구성요소의 유전자를 어떻게 식별할 수 있을까? Christiane Nüsslein-Volhard와 Eric Wieschaus는 이들 유전자들에 의해 결정되는 배아의 표현형은 배아 자체의 유전자형에 의한 것이 아니라, 오히려 모계의 유전자형에 의해서 결정된다는 것을 알게 되었다. 이 두 과학자들은 배아 발달에 영향을 미치는 모계 유전자의 열성 돌연변이를 식별할 수 있는 유전자 검색을 고안했다; 이 열성 돌연변이를 **모계효과 돌연변이**(maternal effect mutation)라고 부른다.

Nüsslein-Volhard와 Wieschaus는 그들의 검색 작업을 수행하기 위하여 돌연변이원으로 처리된 수천 개의 염색체들에 대한 균형 계통(balanced stock)을 확립하고, 동형접합성 돌연변이 모체로부터 얻어지는 배아들의 표현형을 조사하였다. 이들은 동형접합자 돌연변이체 암컷들이 불임인 개체군에 관심을 집중하였다. 왜냐하면 초기 발달 단계에 필요한 모계제공요소들의 결핍으로 인하여 배아가 결손이 너무 많아서 성체로 성장할 수 없을 것이라고 예상하였다(그림 18.18). 이러한 대형 검색 작업을 통해, Nüsslein-Volhard와 Wieschaus는 몸의 정상 양상에 요구되는 많은 수의 모계 유전자를 규명하였다. 이러한 일들을 포함한 다른 공적으로, 이들은 Edward B. Lewis와 함께 1995년 노벨 생리학상 의학상을 수상하였다. Lewis의 업적에 대한 논의는 나중에 따로 다룰 것이다.

여기서 Nüsslein-Volhard와 Wieschaus가 발견한 두 가지 모계효과 유전자를 집중적으로 살펴볼 것이다. 하나는 배아의 머리 쪽 형태의 형성에 필요하고 다른 꼬리 쪽 형태 형성에 주로 필요하다. 이 두 유전자들은 다른 모계효과 유전자들과 함께 체절의 수를 결정하는 초기 단계를 시작한다.

그림 18.19 머리-꼬리 축 양상을 조절하는 모계효과 돌연변이. 정상 모계에서 유래한 배아(왼쪽)의 머리와 꼬리는 체절에 의해 나뉘며, 체절들은 복부 표면에 있는 이 모양의 돌기(*denticles*)라는 털의 양상으로 구별된다. Bcd 단백질을 축적하지 못한 모계에서 유래한 배아(*bcd*⁻; 가운데)는 앞쪽 체절이 손실되는 반면, Nos 단백질(*nos*⁻; 오른편)을 축적하지 못하면 복부 체절이 손실된다. A, 머리쪽; P, 꼬리쪽; D, 배측; V 복측.

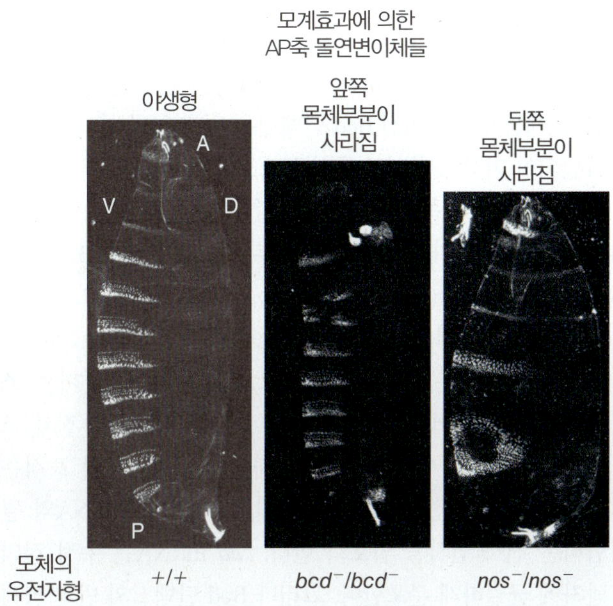

그림 18.20 Bicoid는 머리 쪽 형태형성자이다. (a) *bicoid* mRNA (제자리 혼성 반응을 통해 보라색으로 보이는)는 배아의 머리쪽 끝에 집중되어 있다. (b) Bicoid (bcd)단백질(초록색 항체로 염색되어 보이는)은 구배의 형태로 분포하고 있다: 머리쪽 말단에서 가장 농도가 높은 반면 꼬리 쪽으로 가면서 농도가 줄어든다. Bcd는 합포체 배반엽의 핵 속에 축적되는 전사 인자이다.

(a) ***bicoid*** **mRNA의 위치**

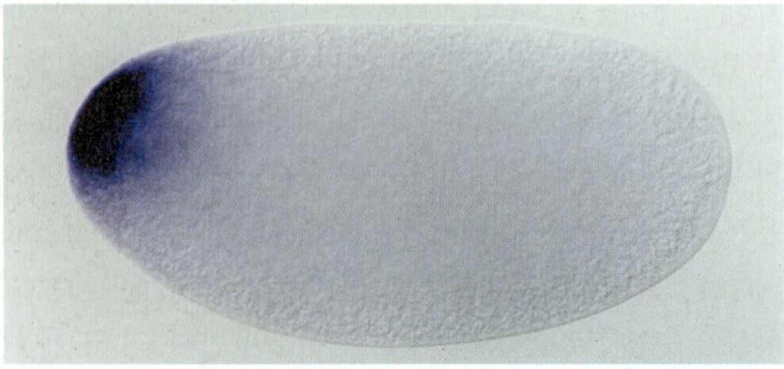

앞쪽 뒤쪽

(b) Bicoid 단백질의 농도 구배

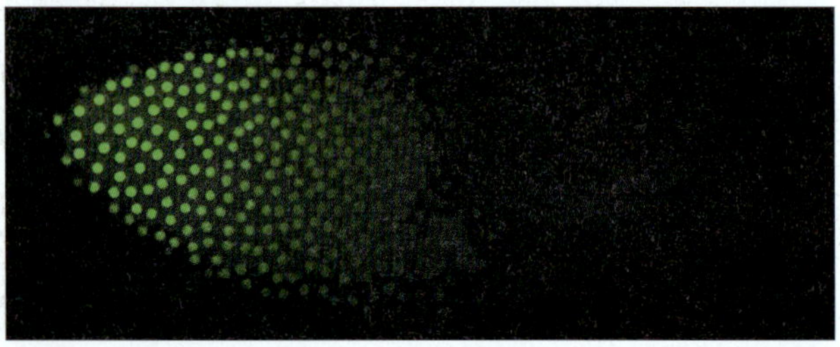

앞쪽 뒤쪽

그림 18.21 초기 배아에서 모계효과 유전자의 mRNA와 단백질 생산물. 위: 수정하기 전의 난모세포, *bicoid* mRNA는 머리 쪽 말단 부근에, *nanos* mRNA는 꼬리 쪽에 집중적으로 분포하는 반면, *hunchback*과 *caudal* mRNA는 균등하게 분포한다. 아래: 초기 분할 단계의 배아, Bicoid와 Hunchback 단백질은 머리 쪽에서 높은 농도로 분포하고 꼬리 쪽으로 갈수록 낮은 농도 구배를 형성한다(머리에서 꼬리 방향으로). Nanos와 Caudal 단백질은 반대 방향의 농도 구배를 가진다(꼬리에서 머리 방향으로).

난모세포에서의 mRNA들

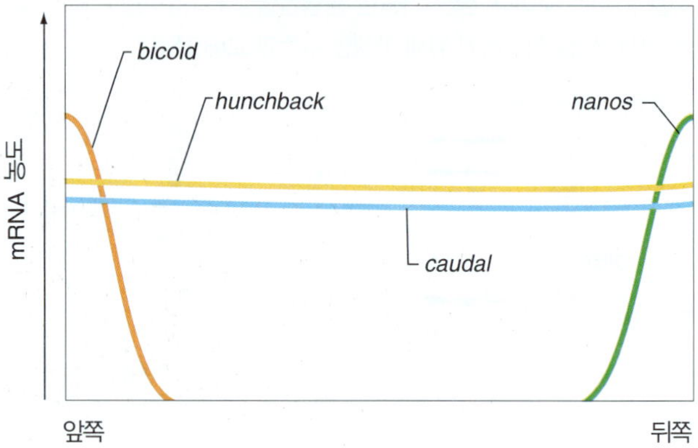

초기 난할 배아에서이 단백질들

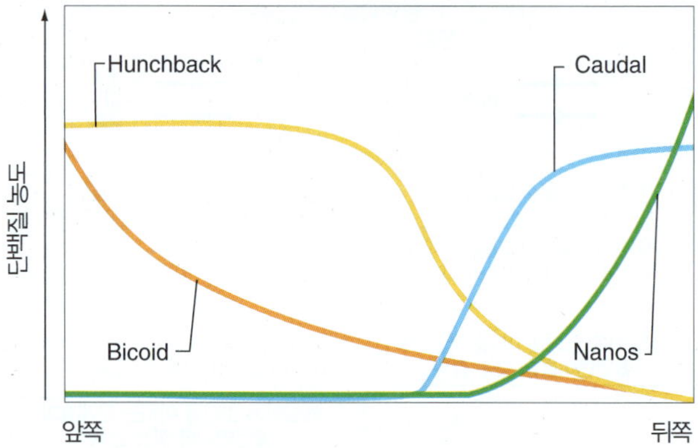

Bicoid: 머리 쪽 형태형성자

bicoid (*bcd*) 유전자의 영대립유전자에 대해 동형접합성인 암컷에서 태어난 배아는 머리와 가슴의 구조가 결손된다(그림 18.19). *bcd* 유전자의 단백질 생성물은 DNA와 결합하는 전사 인자로써 그 mRNA는 난자 세포질의 머리 끝쪽에 위치한다(그림 18.20a). *bcd* mRNA의 번역은 수정 후에 일어난다. 새롭게 만들어진 Bcd 단백질은 원래 있던 머리 쪽에서 확산되어 머리에서 꼬리 쪽 방향으로 고저 농도 구배를 이루며, 배아의 머리 쪽 2/3까지 확장된다(그림 18.20b). 이 농도 구배가 머리와 가슴의 발달의 대부분을 결정한다. Bcd 단백질은 형태형성자(morphogen)—농도-의존적 방식으로 세포의 운명을 결정하는 물질—로 기능한다.

Bcd 단백질은 두 가지 방법으로 작용한다. 첫째는 조절 경로의 하위에 있는 유전자의 전사를 조절하는 전사 조절 인자이고, 둘째는 번역 억제자다. 억제 활동의 표적은 *caudal* (*cad*) 유전자의 전사체인데, 이 유전자는 DNA와 결합하는 전사 인자를 암호화 한다. *cad* mRNA는 수정 전의 난자에 균일하게 분포한다. 그러나 Bcd 단백질의 번역 억제 작용 때문에 이들 전사체의 번역은 Cad 단백질의 농도 구배를 형성하며 이것은 Bcd 농도에 상보적이다. 즉, 배아의 꼬리 끝에는 Cad 단백질이 높은 농도로 존재하며 머리 쪽으로 갈수록 적은 농도를 형성한다(그림 18.21). Cad 단백질은 꼬리 쪽 구조를 만들기 위한 체절 경로에서 꼬리에 발현되는 유전자들을 활성화시키는 데 중요한 역할을 하고 있다.

Nanos: 첫 번째 꼬리 부위 형태형성자

nanos 동형접합성 연돌연변이 모계에서 태어난 배아에는 복부 체절이 없다(그림 18.19). *nanos* (*nos*) mRNA는 다른 모계 유전자들에 의해 암호화되는 단백질들 때문에 난자의

그림 18.22 갭(gap)유전자. (a) 합포체 배반엽 배아의 후기에 형광 염색 항체로 나타낸 4개의 갭유전자[*hunchback* (*hb*), *Kruppel* (*Kr*), *knirps* (*kni*), *andgiant* (*gt*)]들의 발현 위치. (b) 선택된 갭유전자의 돌연변이로 발생된 체절의 결함들. 남아 있는 가슴 및 복부의 체절을 표시하였다. (c) 특정한 갭유전자의 돌연변이는 그 갭유전자가 발현되는 배아의 부위에 해당되는 체절에서 상실이 일어났다.

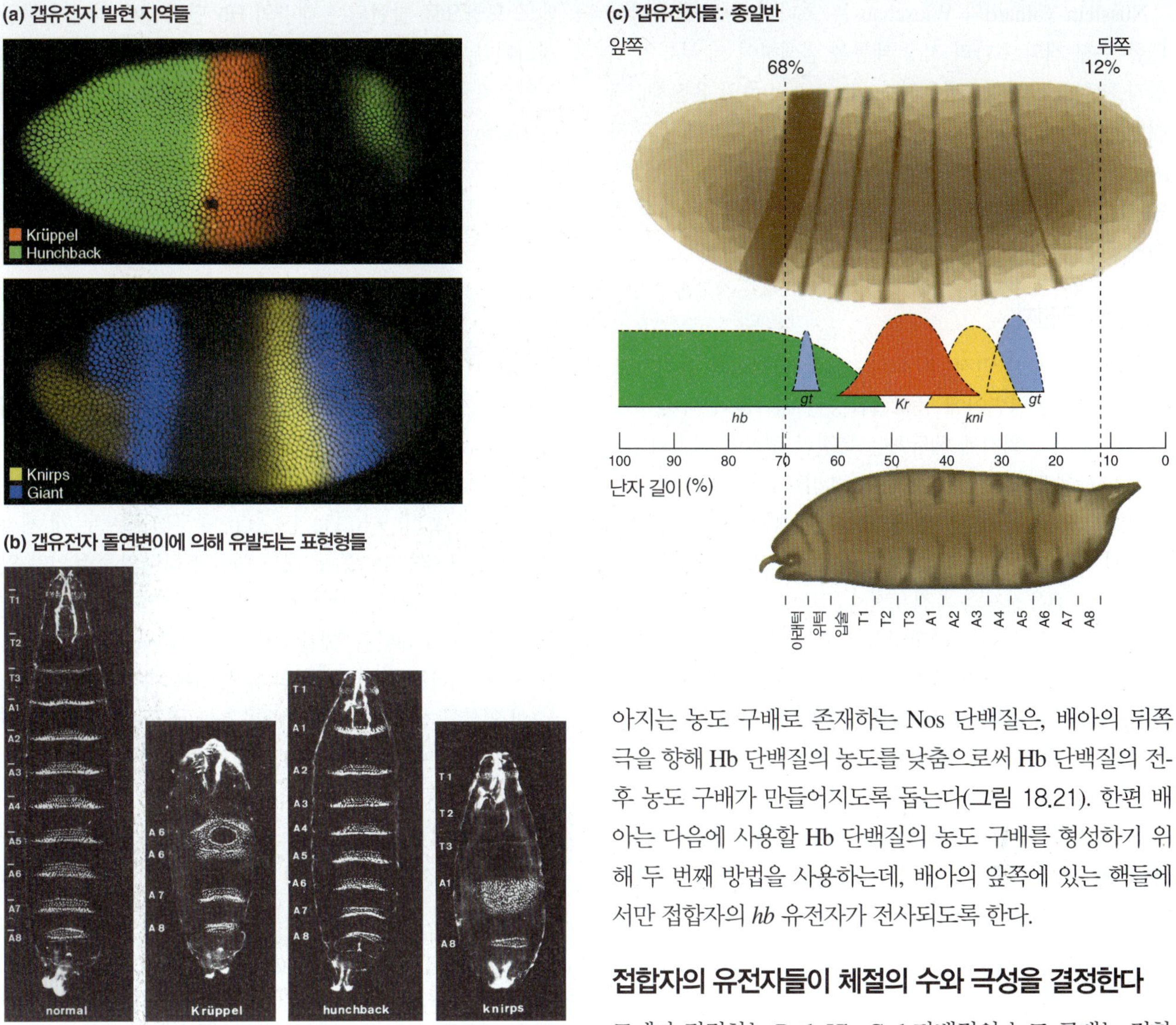

꼬리 쪽 세포질에 높은 농도로 존재하게 된다. *Bcd* mRNA와 같이 *nos* mRNA는 분열기 중에 번역된다. 번역 후에 확산을 통해 꼬리 쪽에서 머리 쪽으로 Nos 단백질의 농도 구배가 형성된다(그림 18.21). Nos 단백질은 Bcd 단백질과는 다르게 전사 인자가 아니고 전사의 억제자로만 작용한다. 이것의 주요 표적은 모계 유래 *hunchback* (*hb*) 유전자 mRNA이며, 이것은 난자 생성 과정에 난자에 저장되어 수정 전에 난자에 균일하게 분포하게 된다(그림 18.21).

적절한 발달을 위해서 Hb 단백질은 배아의 머리 쪽에 높은 농도로 꼬리 쪽에는 낮은 농도로 존재해야 한다. 모계성 *hb* mRNA의 번역을 억제하며 뒤쪽에서 앞쪽으로 갈수록 낮아지는 농도 구배로 존재하는 Nos 단백질은, 배아의 뒤쪽 극을 향해 Hb 단백질의 농도를 낮춤으로써 Hb 단백질의 전-후 농도 구배가 만들어지도록 돕는다(그림 18.21). 한편 배아는 다음에 사용할 Hb 단백질의 농도 구배를 형성하기 위해 두 번째 방법을 사용하는데, 배아의 앞쪽에 있는 핵들에서만 접합자의 *hb* 유전자가 전사되도록 한다.

접합자의 유전자들이 체절의 수와 극성을 결정한다

모계가 결정하는 Bcd, Hb, Cad 단백질의 농도 구배는 접합자가 가진 체절 유전자의 공간적인 발현을 조절한다. 난자 생성 과정에서 난자에 분포하는 mRNA의 모계 유전자의 생성물과는 다르게 접합자 유전자의 생성물은 원래의 접합자 핵에서 유래한 배아 세포의 핵 내 DNA로부터 전사되어 번역된다. 접합자의 체절화 유전자들의 발현은 세포구획화 직전 분열 단계인 합포체의 포배 상태에서부터 시작된다.

Nüsslein-Volhard와 Wieschaus는 1970년대 후반에 실행한 두 번째 돌연변이 검색을 통해서 대부분의 접합자의 체절화 유전자를 밝혔다. 이 검색에서 두 초파리 유전학자들은 돌연변이화된 개별 염색체들을 균형 저장 계통들에 도입한 후, 이 저장 계통들로부터 얻은 동형접합성 돌연변이체 배아의 체절화 양상에 결함이 있는지 조사하였다(그림 18.18 참조).

이 배아들은 매우 비정상적이기 때문에 성체까지 자라지 못한다: 따라서, 이런 결함을 유발하는 돌연변이들은 **열성 치사성**(recessive lethal)으로 분류될 수 있다.

Nüsslein-Volhard와 Wieschaus는 초파리 염색체 각각에 대한 수천 개의 초파리 저장 계통을 검색하여 세 부류의 접합자 체절화 유전자: 갭유전자(gap gene; 9종의 유전자), 쌍지배유전자(pair-rule gene; 8종의 유전자), 체절 극성 유전자(segmentation polarity gene; 17종의 유전자)를 발견하였다. 이 세 종류의 접합자 유전자들은 유전자 발현의 위계적 조절에 잘 들어맞는다.

갭(간격) 유전자

갭유전자는 제일 먼저 전사되는 접합자 체절화 유전자다. 갭유전자의 돌연변이에 용형접합성인 배아는 전사된 유전자가 분포하는 위치에 해당하는 특정한 체절이 결손되므로 체절 양상에 갭(간격)을 갖는다(그림 18.22a, b).

어떻게 모계 전사 인자의 농도 구배가 다양한 갭유전자가 배아의 적절한 위치에서 넓게 발현될 수 있도록 할까? 부분적인 답은 갭유전자의 촉진유전자 지역의 결합 부위들이 모계 전사 인자들과 다른 결합성을 갖고 있다. 예를 들어 몇 가지 갭유전자는 Bcd 단백질(머리 부위 형태형성자)에 의해서 활성화된다. *hb*와 같은 갭유전자에 있는 Bcd 단백질 결합 부위는 낮은 결합성을 갖고 있어서, Bcd 단백질의 농도가 가장 높은 머리 쪽에서만 활성화된다; 반면에 높은 결합성을 갖는 유전자는 꼬리 쪽으로 향하여 더 넓은 영역에서 활성화된다.

다른 한 가지 답은 갭유전자 자체가 다른 갭유전자의 발현에 영향을 끼칠 수 있는 전사 인자를 암호화하고 있다는 점이다. 예를 들어, *Krüppel* (*Kr*) 갭유전자는 머리 쪽 끝에서 밴드 모양으로 발현되는 대량의 Hb 단백질에 의해서 불활성화된다; Hb 단백질의 수준이 낮으나 Bcd 단백질이 밴드 모양으로 분포하는 곳에서 활성화하고; 꼬리 쪽에서 발현되는 *knirps* (*kni*) 갭유전자의 산물에 의해서 불활성화된다(그림 18.22c). (접합자 핵에서 유래한 전사체로부터 번역된 단백질이 더 중요한 역할을 하기 때문에, 일부 *hb* mRNA가 모계에서 유래함에도 불구하고, *hb* 유전자는 갭유전자로 분류된다.)

쌍지배 유전자

갭유전자가 몸의 축을 대략적으로 부위를 나눈 뒤에, 쌍지배유전자의 활성화는 더 세분화된 구역을 만든다. 이 유전자들은 전배반엽과 배반엽 배아에서 7개의 띠로 발현되는 전사인자들을 암호화한다(그림 18.23a). 줄무늬들은 두 개 체절의 주기성을 갖는다. 즉 두 개의 체절당 하나의 줄무늬가 있다. 쌍지배유전자의 돌연변이는 각각의 체절마다 유사한 양상의 결실을 초래한다. 예를 들어, *fushitarazu* (일본어로 "결절"의 의미)라는 돌연변이체의 유생은 복 체절 A1, A3, A5, A7의 일부를 상실한다(그림 18.2). *even-skipped* 유전자에 생긴 돌연변이는 짝수 번째 복부 체절의 결실을 일으킨다.

두 가지 부류의 쌍지배유전자가 있다: 우선적인 것과 차선적인 것. 세 가지 우선적 쌍지배유전자의 줄무늬 발현 양상은 모계 유전자와 접합지의 갭유전자에 암호화된 전사 인

그림 18.23 쌍지배유전자. (a) 세포성 배반엽 단계에서 쌍지배유전자, *fushitarazu* (*ftz*) 및 *even-skipped* (*eve*) 가 암호화하고 있는 단백질의 발현 부위. 각각의 유전자는 7개의 줄무늬로 나타난다. Eve 줄무늬 2는 왼편에서 두 번째 초록색 줄무늬이다. (b) Eve 줄무늬 2는 Bcd 및 Hb 단백질에 의한 *eve* 전사의 활성화, 그리고 Gt 및 Kr 단백질에 의한 억제가 사라질 때 형성된다. (c) Eve 두 번째 줄무늬를 조절하는 *eve* 유전자의 상류에 있는 700 bp의 증폭자는 (b)에 나타낸 네 가지 단백질들이 결합하는 여러 결합부위들을 갖고 있다.

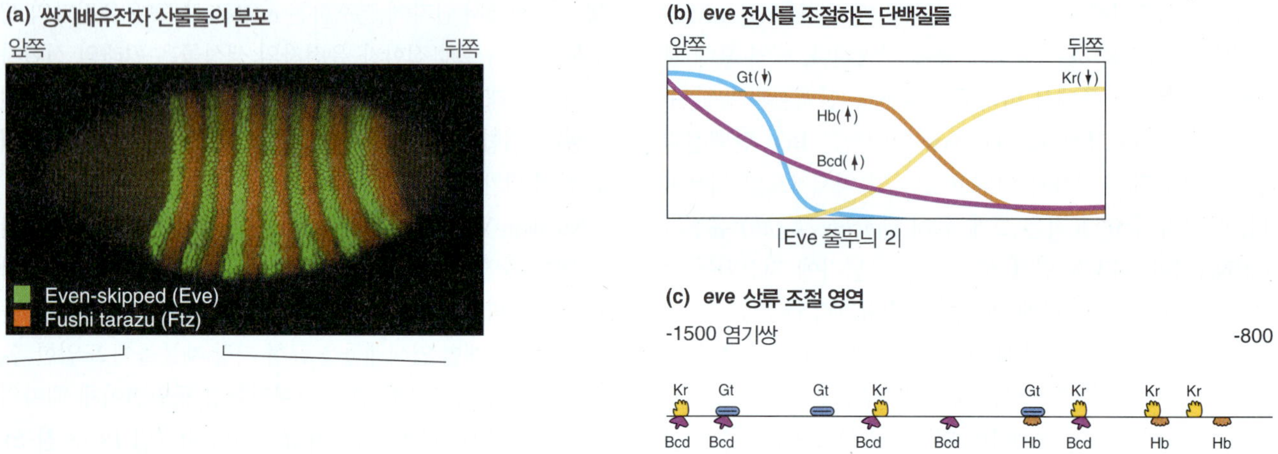

자에 달려 있다. 쌍지배유전자의 조절 부위에 있는 특정한 요소들이 각각의 쌍지배유전자가 하나의 특정한 줄무늬에서 발현되도록 한다. 예를 들어, 그림 18.23b와 c에서 보는 것처럼, 두 번째 줄무늬에서 *even-skipped* (*eve*)의 발현을 담당하는 DNA 부위는 Bcd 단백질을 비롯하여 *Kruppel*, *giant* (*gt*) 및 *hb*에 의해 암호화된 단백질들과 결합할 수 있는 다중 결합부위를 갖고 있다. 이러한 줄무늬에서 *eve* 유전자의 전사는 Bcd와 Hb에 의해서 활성화되는 반면, Gt와 Kr에 의해서 억제된다. 두 번째 줄무늬 부위에서 Gt와 Kr의 농도는 충분히 낮고 Bcd와 Hb의 농도는 충분히 높아서 *eve*의 발현을 촉진하는 요소를 활성화시킨다.

우선적 쌍지배유전자와는 대조적으로 다섯 개의 차선적 쌍지배유전자는 다른 쌍지배유전자에 의해 암호화된 전사 인자와의 상호작용을 통해 조절된다.

체절 극성 유전자

많은 체절 극성 유전자(segment polarity gene)는 하나의 체절 주기로 반복되는 줄무늬에서 발현된다; 즉 하나의 체절마다 하나의 줄무늬가 있다(그림 18.24a). 체절 극성 유전자의 돌연변이는 각 체절의 결실을 초래할 뿐만 아니라, 종종 나머지 부분이 거울 이미지로 중복되는 양상을 초래하기도 한다. 체절 극성 유전자들은 각각의 체절에서 반복되는 모종의 양상을 결정짓는 역할을 한다.

체절 극성 유전자의 발현을 하나의 체절에 하나의 줄무늬로 지시하는 조절 체계는 상당히 복잡하다. 일반적으로 쌍지배유전자에 암호화된 전사 인자가 특정 체절 극성 유전자

(a) Engrailed 단백질의 분포

(b) 체절 극성 유전자들은 구획의 경계를 확립시킨다.

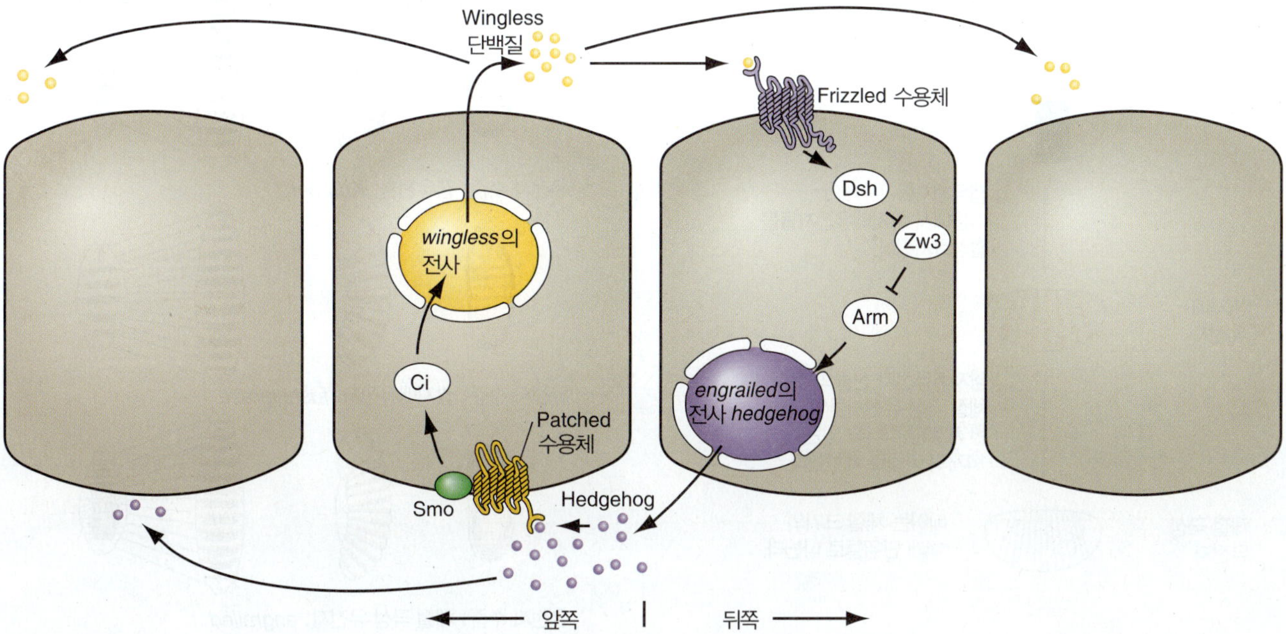

그림 18.24 체절 극성 유전자. (a) 정상 배아는 14개의 줄무늬로 체절 극성 유전자 *engrailed*를 발현한다. (b) 꼬리 방향의 반과 머리 방향의 반 사이의 경계, 혹은 "구획"은 *engrailed* (*en*), *wingless* (*wg*) 및 *hedgehog* (*hh*) 체절 극성 유전자에 의해 조절된다. 꼬리 쪽 구획은 *en*을 발현한다. En 단백질은 분비 단백질 리간드를 암호화하는 *hh* 유전자의 전사를 활성화한다. 머리 쪽에 이웃한 세포에서 Hh 단백질이 Patched 수용체와 결합하여 신호전달경로(Smo와 Ci 단백질을 통해서)를 가동시켜, *wg* 유전자의 전사를 유도한다. Wg도 분비 단백질로서 꼬리 쪽 세포에 있는 다른 수용체와 결합하고, 이는 *frizzled*에 의해 암호화된 단백질을 분비한다. Wg가 *frizzed* 유전자에 암호화되어 있는 수용체의 결합한다. 이는 또 다른 신호전달경로(Dsh, Zw3, Arm 단백질을 포함)를 가동하여 *en*과 *hh* 유전자의 전사를 활성화한다. 그 결과, 경계선에 이웃한 세포들의 엇갈린 운명을 결정짓는 상호작용 고리가 형성된다.

를 직접 조절하여 양상의 형성을 시작한다. 다양한 세포 극성 유전자들 간의 상호작용은 발생의 후기 단계에서 이러한 주기성을 유지시킨다. 중요한 점은 체절 극성 유전자의 활성이 배아의 세포화 뒤에 일어나기 때문에, 합포체 내에서 일어나는 전사 인자의 확산은 그 역할을 멈추게 된다. 그 대신 내부 체절 모양 형성은 주로 세포 간에 분비되는 단백질의 확산에 의해서 결정된다.

두 가지 극성 유전자, *hedgehog* (*hh*)과 *wingless* (*wg*)는 분비단백질을 암호화한다. 이 단백질들은 *engrailed* (*en*) 체절 극성 유전자에 의해 암호화된 전사 인자와 함께 체절 형성에 많은 역할을 한다(그림 18.24b). 이러한 조절의 주요 구성 요소는 Wg 단백질을 분비하는 세포로 이루어진 세포 하나의 넓이의 줄이 En 단백질을 발현하고, Hh 단백질을 분비하는 세포의 줄과 인접해 있는 점이다. 이 두 가지 세포의 경계면은 스스로 강화하고 상호교환적이다. 세포의 인접한 두 개의 줄 중에 머리 쪽에 위치한 세포에서 분비되는 Wg 단백질은 *hh*와 *en*이 인접한 꼬리쪽 줄에서 지속적으로 발현되는 데에 필요하다. 세포의 꼬리 쪽 줄에서 분비되는 Hh 단백질은 *wg*를 머리쪽 줄에서 발현되는 것을 유지시킨다. 이렇게 인접한 줄의 세포에서 만들어진 Wg와 Hh 단백질의 농도 구배는 체절의 남은 부분의 양상의 여러 면을 조절한다. *wg*와 *hh*의 두 가지 생성물은 형태형성자(morphogen)로 기능하는 것으로 추측된다; 즉 반응하는 세포들은 Wg 또는 Hh 단백질에 노출되는 농도에 따라 다른 운명을 선택하는 것으로 여겨진다.

다른 체절 극성 유전자는 Wg와 Hh 단백질이 세포 표면에 있는 수용체와 결합하여 시작된 **신호전달경로**(signal transduction pathway)와 관련된 단백질을 암호화한다. 신호전달경로는 세포 표면의 수용체에 온 신호가 특정 유전자의 활성 또는 억제와 같은 최종적인 세포 내 조절 반응으로 바꾼다. Wg와 Hh 단백질에 의해 시작된 신호전달경로는 각 체절에 있는 세포들이 각 위치에서 특정한 세포의 특성으로 분화하는 능력을 결정한다.

체절 극성 유전자의 상동유전자들은 척추동물에서 여러 가지 중요한 양상의 형성에 핵심적인 역할을 한다. 예를 들어, 조류의 *sonic hedgehog* 유전자는 날개 돌기에 의해 생기는 손가락의 극성과 숫자를 결정하는 과정뿐만 아니라 닭의

그림 18.25 초파리의 체절을 형성하는 유전자 체계도. (a) 유전자 체계에서 연속적으로 하위 부위의 유전자들은 배아에서 더 좁은 밴드로 발현된다. (b) 체절 형성 유전자들의 돌연변이는 그 유전자가 발현되는 체절(노란색)에 해당되는 체절의 결실을 가져온다. 돌기 밴드(진한 갈색)는 연구자들이 체절의 정체를 파악하는 데 도움이 되는 특징들이다.

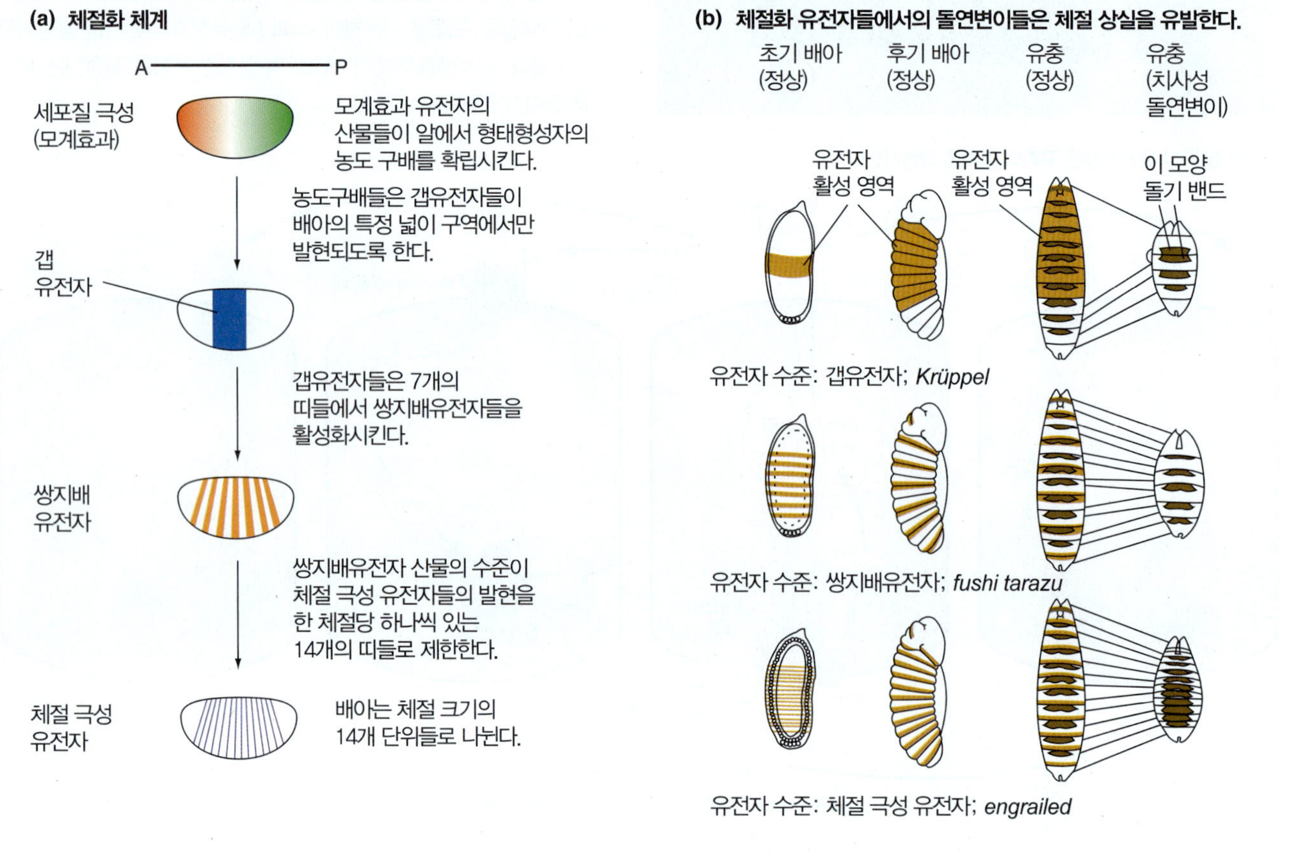

배아의 초기 단계에서 좌우 대칭의 시작에 매우 중요하다. *sonic hedgehog*의 포유류 동족체도 닭의 배아에서 발견된 것과 동일한 기능을 보존하고 있다.

체절수 결정에 대한 요약

체절 유전자 과(class)의 구성원의 발현 패턴은 상위 단계에 있는 유전자나 같은 과(class)의 유전자에 의해서 조절되지만 하위 단계의 유전자에 의해서는 조절되지 않는다(그림 18.25). 조절 단계에서 모계 유전자는 갭유전자와 쌍지배유전자를 조절하고 갭유전자는 자신과 쌍지배유전자를 조절하며 쌍지배유전자는 자신과 체절 극성 유전자를 조절한다. 이런 위계질서에서 하부 단계로 내려 갈수록 유전자들의 발현은 배아에서 점점 더 공간적으로 제한된다.

세포성 배반엽은 밖에서 보면 균일한 세포층으로 보인다(그림 18.16a 참조), 그러나 체절 유전자의 상호 협동적인 작용이 배아를 체절 초기단계로 이미 나누었다. 낭배기 후 몇 시간이 지나면 이 시원체는 뚜렷이 나뉜 체절로 구분된다(그림 18.16c).

호메오 유전자가 체절 정체성을 결정한다

체절화 유전자들이 몸체를 정확한 수의 체절로 나누고 나면, 호메오 유전자는 각 체절의 고유한 특성을 만드는 것을 도와준다. 호메오 유전자는 마스터 조절자로 기능하면서 체절 특이적인 구조의 발달에 필요한 유전자 세트의 전사를 조절한다. 호메오 유전자 자신은 갭, 쌍지배, 체절 극성 유전자에 의해서 조절되어 세포성 배반엽 시기나 그 바로 후에, 호메오 유전자는 몸체의 특정한 체절에서 발현된다. 대부분의 호메오 유전자는 나머지 발달 단계에서 계속 활성화되어, 적절한 체절의 분화를 계속적으로 지시하는 기능을 한다.

호메오 유전자의 돌연변이는 **호메오 돌연변이**(homeotic mutation)라고 일컬어지며, 특정 체절 또는 체절 중 일부가 몸의 또 다른 부위에 있던 것처럼 발달하게 만든다. 몇몇 돌연변이된 호메오 유전자의 표현형은 상당히 특이하기 때문에 초파리 연구를 막 시작할 무렵에 발견되었다. 예를 들어, 1915년에 Calvin Bridges는 *bithorax* (*bx*)라는 돌연변이를 발견하였다. 이 돌연변이의 동형접합체에서 세 번째 가슴 체절(T3)의 머리 쪽 부위가 두 번째 가슴 체절(T2)의 머리 쪽 부분처럼 발달한다. 다시 말해서, 이 돌연변이는 T3의 일부를 T2에 해당하는 부위로 변형시킨다. 이 돌연변이체 표현형이 상당히 극적인 이유는 T3는 정상적으로 *halteres*라고 하는 곤봉모양의 뒷다리 기관을 만들고 T2는 날개를 만들기 때문이다(그림 18.26). 다른 호메오 유전자 돌연변이는 *postbithrax* (*pbx*)인데, 이는 T3의 꼬리 쪽에만 영향을 끼쳐

그림 18.26 호메오 유전자에 의한 변형들. *bithorax* (*bx*) 돌연변이 동형접합 개체에서 T3 (평형곤을 만드는 세 번째 흉부 체절)의 머리 쪽 부분이 T2 (날개를 만드는 두 번째 흉부 체절)의 머리 쪽 부분으로 변형되었다. *Postbithorax* (*pbx*) 돌연변이는 T3의 꼬리 쪽 부분을 T2의 꼬리 쪽 부분으로 변형시킨다.

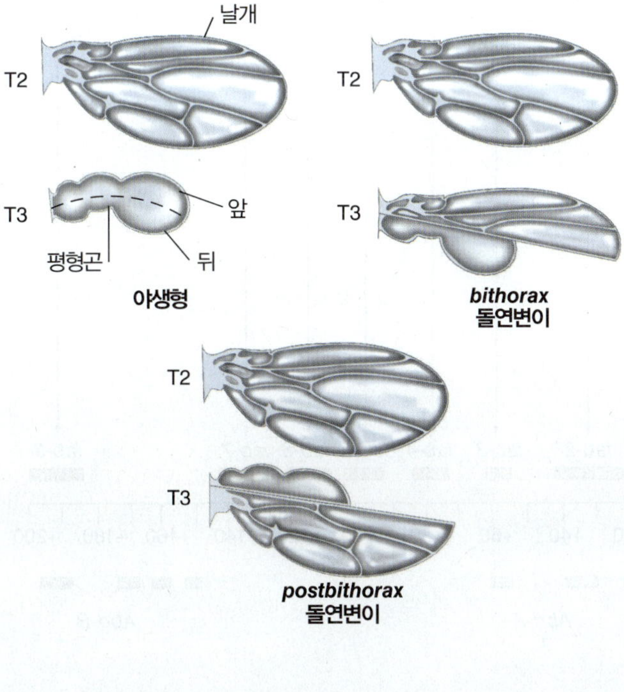

그림 18.27 호메오 선택(homeotic selector) 유전자들. 초파리의 3번 염색체에 있는 두 가지의 유전자 무리인 안테나 복합체 및 이중가슴 복합체가 체절 정체성의 대부분을 결정한다. 흥미롭게도, 이 복합체들을 구성하는 유전자의 순서는 각 유전자가 조절하는 체절의 순서와 동일하다.

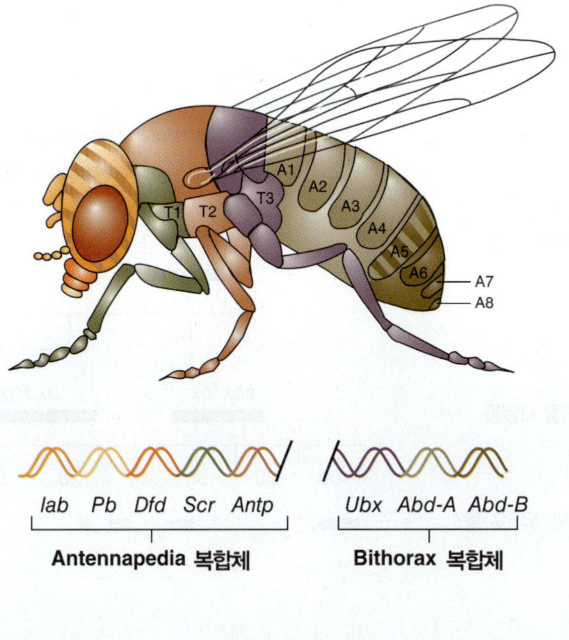

이것을 T2의 꼬리 쪽 부위로 변형시킨다(그림 18.26). (이 교재에서 초파리 유전학자들은 "변형"이라는 단어를 몸의 형태를 바꾼다는 의미로 사용하였다.) 1장에서 이미 보여준 바와 같이, *bx pbx* 이중 돌연변이체에서 모든 T3는 T2로 발달하여 네 개의 날개를 갖는 초파리가 되었다(그림 1.9 참조).

20세기 후반부가 끝나갈 무렵에 연구자들은 여러 가지 다른 호메오 유전자 돌연변이를 분리하였는데, 이들의 대부분은 두 유전자 무리로 나뉜다. 복부와 꼬리 쪽 가슴 부위의 체절에 영향을 주는 돌연변이들은 **이중가슴 복합체**(bithorax complex, BX-C)라고 하는 무리에 속한다. 머리 및 머리 쪽 가슴 부위의 체절에 영향을 주는 돌연변이들은 **안테나 복합체**(Antennapedia complex, ANT-C)의 무리에 속한다(그림 18.27).

이중가슴 복합체

Edward B. Lewis는 1995년에 BX-C에 관한 유전학적 연구로 인해 Christiane Nüsselein-Volhard와 Eirc Wieschaus와 함께 노벨 생리의학상을 받았다. 그의 연구에서 Lewis는 BX-C 돌연변이를 분리하였는데, 이는 *bx*와 *pbx*와 같이 꼬리쪽 가슴부위에 영향을 준다; 그는 또한 8개의 복부 체절의 각각을 더 앞쪽 부위로 변형시키는 새로운 BX-C 돌연변이를 발견하였다. Lewis는 복부 체절에 영향을 주는 돌연변

그림 18.28 이중가슴 복합체. 이 복합체는 세 가지 호메오 유전자인 *Ubx*, *Abd-A*, *Abd-B*를 갖고 있다. *bx*와 *pbx* 같이 여러 호메오 돌연변이들은 특정 체질에서 한 유전자의 전사에 영향을 미치는 조절 영역에 영향을 미친다. 예를 들어, *bx* 돌연변이들은 세 번째 흉부 체절의 머리 쪽 부분에서 *Ubx*의 전사를 억제하는 반면, *iab*-8 돌연변이들은 A8 체절에서 *Abd-B*의 전사에 영향을 끼친다. 유의할 점은 체절이 머리 쪽(a) 구획 및 꼬리 쪽(p) 구획으로 나뉘어져서 서로 섞이지 않는 세포 집단을 형성한다. 본문에서 *Ubx*가 T3의 운명을 조절한다고 말했지만, 아래 도표에서 볼 수 있듯이 *Ubx*는 A1의 머리 쪽 구획의 패턴도 조절한다. 사실, AP 축을 따라서 각각의 BX-C 유전자가 조절하는 영역은 한 체절의 꼬리 쪽 구획으로부터 다른 체절의 머리 쪽 구획으로 확장된다.

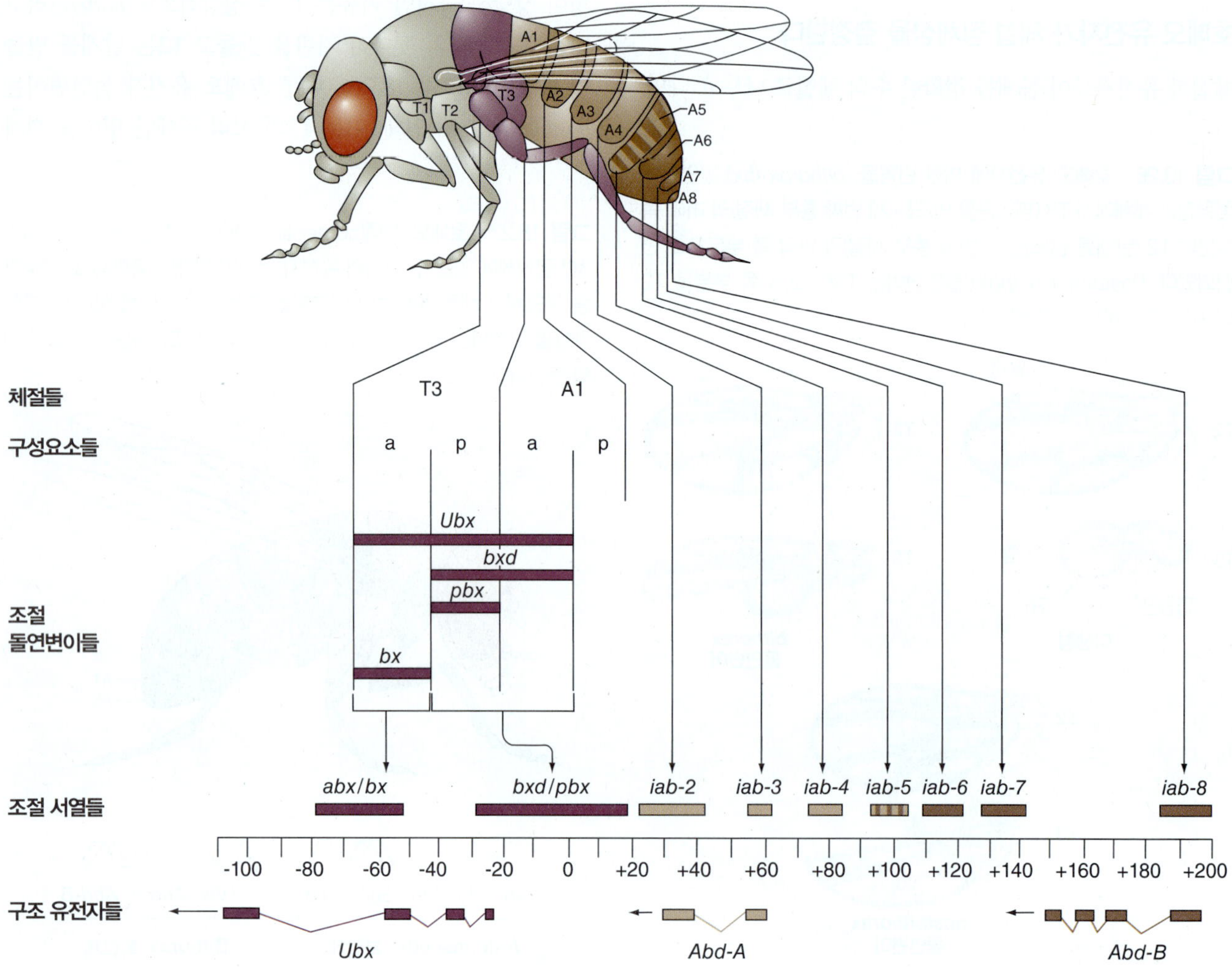

이를 *infra-abdominal* (*iab*) 돌연변이라고 명명하고, 이것들이 영향을 주는 일차적인 체절에 의거해서 순번을 부여하였다. 다시 말하면, *iab-2* 돌연변이는 A2를 A1으로 변형시키고 *iab-3* 돌연변이는 A3를 A2로 변형시킨다.

연구자들은 이중가슴 복합체의 분자적 연구를 1980년대 초기에 시작하였다. 그리고 15년 뒤에 그들은 분자적 수준에서 BX-C의 모든 유전자들과 돌연변이 특성을 밝혔을 뿐만 아니라, 315 kb에 해당하는 전체의 염기 서열을 완결하였다. 그림 18.28은 복합체의 구조를 요약한 것이다. BX-C의 놀라운 특징은 각각의 돌연변이가 영향을 미치는 체절의 머리-꼬리 순서와 동일하게 돌연변이들이 염색체에 동일한 순서대로 존재하였다. 따라서 머리 쪽 T3에 영향을 주는 *bx* 돌연변이는 복합체의 왼편 끝에 위치하지만, 꼬리 쪽 T3에 영향을 주는 *pbx* 돌연변이는 바로 오른편에 위치한다. 다시 말해 A2에 영향을 주는 *iab-2*는 *pbx*의 오른편에 있고 *iab-3*를 결정하는 A3의 왼편에 있다.

bx, *pbx*, *iab* 인자는 독립적으로 돌연변이될 수 있기 때문에, Lewis는 각각이 따로 떨어진 유전자라고 생각하였다. 그러나 이 부분의 분자적 특성을 분석한 결과, BX-C가 실제로는 3개의 단백질을 암호화한 유전자를 갖고 있음을 알게 되었다: T3의 정체성을 조절하는 *Ultrabithora* (*Ubx*); A1-A5의 정체성을 조절하는 *Abdominal-A* (*abd-A*); A5-A8의 정체성을 조절하는 *Abdominal-B* (*Abd-B*) (그림 18.28). 이 유전자들의 발현 양상은 이들의 역할과 일치한다. *Ubx*는 T3-A8 체절에서 발현된다(그러나 T3에서 가장 강하게); *Abd-A*는 A1-A8에서 발현되고(A1-A4에서 가장 강하게); *Abd-B*는 A5-A8에서 발현된다. Lewis가 연구한 *bx*, *pbx*, *iab* 돌연변이는 특정한 체절에서 이러한 유전자들의 복잡한 시공간적 발현을 조절하는 상당히 큰 시스 조절 부위에 영향을 준다.

안테나 복합체

1980년대 초반에 유전학 연구는 두 번째 호메오 유전자 집합인 ANT-C가 초파리의 머리와 앞쪽 가슴에서 체절을 특이화시킨다고 밝혔다. ANT-C의 5개 호메오 유전자들인 *labial* (*lab*)은 삽입된 마디 사이 부위에서 발현되고; *proboscipedia* (*pb*)는 턱과 입술 체절에서 발현되며; *Deformed* (*Dfd*)는 아래턱과 턱 체절에서 발현되며; *Sex combs reduced* (*Scr*)는 입술과 T1 체절에서 발현되고; *Antennapedia* (*Antp*)는 주로 T2에서 발현되지만, 세 개의 가슴과 대부분의 배 체절에서 낮은 수준으로 발현된다. (그림 18.24c는 이러한 머리와 가슴 체절을 보여주고 그림 18.27은 ANT-C에서 호메오 유전자의 순서를 설명하고 있다.) BX-C의 경우와 마찬가지로, ANT-C의 유전자 순서는 각각이 조절하는 체절의 순서와 (*pb*를 제외하고) 같다.

발생 및 진화 과정의 호메오 도메인

연구자들이 ANT-C와 BX-C의 유전자의 특성을 분자적 수준에서 파악하기 시작했을 때, 이 모든 유전자들이 (동일하지는 않지만) 어느 정도 연관된 DNA 서열을 포함하고 있다는 사실에 놀랐다. 비슷한 서열들이 *bicoid* 및 *eyeless* 같이 발생학적으로 중요한 다른 유전자들에서도 발견되었는데, 이들은 호메오 유전자 복합체 밖에 위치한다. 상동성을 지닌 염기서열은 **호메오박스**(homeobox)라고 부르는데, 이는 길이가 약 180 bp이며, 각 유전자의 단백질 암호화 부분에 내부에 위치한다. 호메오박스가 암호화하고 있는 60개의 아미노산은 DNA와 결합할 수 있는 **호메오 도메인**(homeodomain)을 구성한다(그림 18.29). 호메오 도메인을 포함하는 거의 모든 단백질이 전사 인자라는 것과, 그 전사 인자가 조절하는 유전자의 시스 조절 부위와 염기 서열 특이적으로 결합하는데 이 연역이 필수적이라는 것을 알게 되었다.

호메오박스의 발견은 발생생물학의 역사에서 가장 중요한 진보의 하나로서, 과학자들은 이로 인하여 밝혀진 상동성을 이용하여 초파리와 다른 생물체의 발생에 중요한 역할을 맡고 있는 다른 여러 가지 유전자들을 분리할 수 있었다. 1980년대 후반과 1990년대에 생물학계는 쥐와 인간의 유전

그림 18.29 호메오 도메인: 발생을 조절하는 여러 가지 전사 인자에서 발견되는 DNA-결합 모티프. 호메오 도메인(노란색)에 있는 아미노산은 DNA의 이중 나선(빨간색과 파란색)에 있는 특정 서열과 상호작용한다.

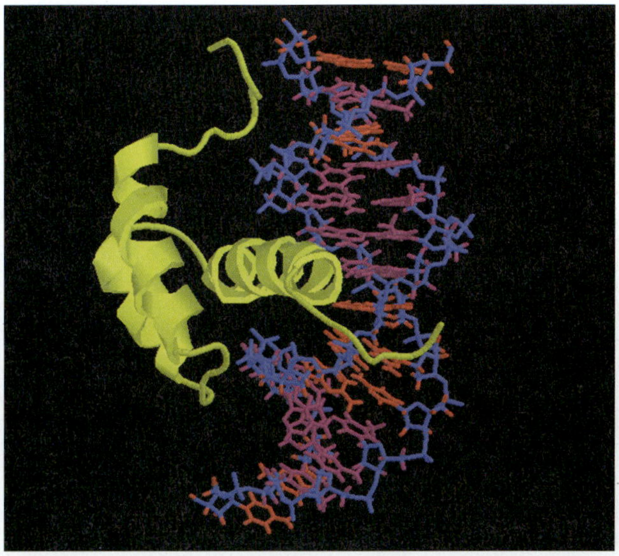

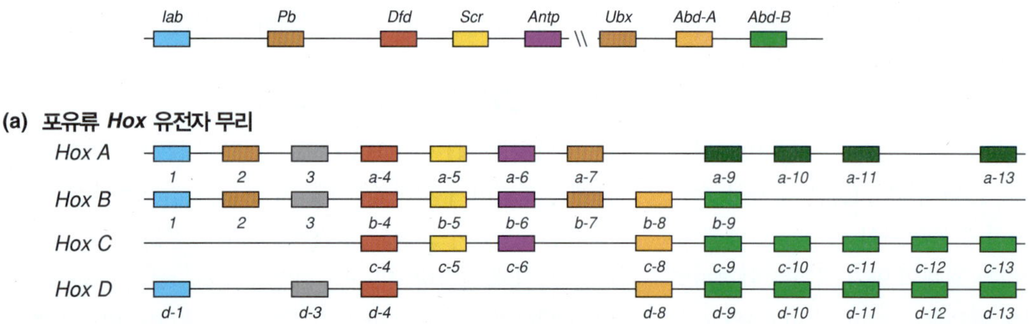

(b) 생쥐 배아

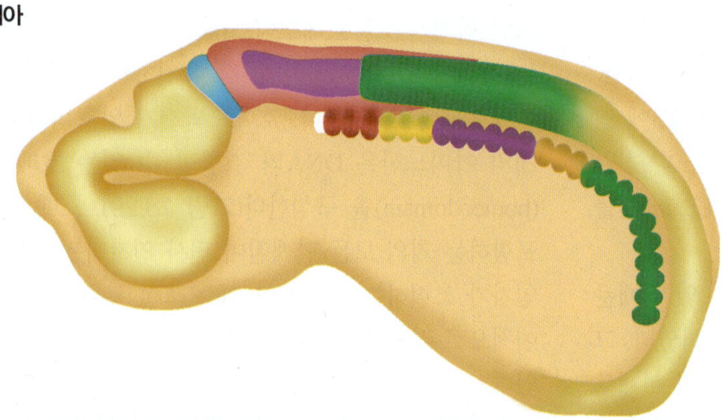

그림 18.30 포유류 *Hox* 유전자는 네 가지 무리로 분류된다. (a) 포유류 유전체는 초파리의 ANT-C 및 BX-C 호메오박스 유전자 각각에 해당되는 여러 가지 동족체를 갖는다. (b) 초파리와 마찬가지로, 각 무리에 속한 포유류(생쥐)의 *Hox* 유전자는 배아의 AP 축을 따라서 발현하는 순서대로 배열되어 있다. 색칠한 디스크는 척추를 비롯한 다른 구조들의 전구체인 체절을 나타낸다. 색깔은 해당 조직에서 발현되는 *Hox* 유전자를 나타낸다.

체가 초파리의 ANT-C와 BX-C의 유전자들과 상동성을 가지는 호메오박스 유전자군, ***Hox* 유전자**를 갖고 있다는 사실에 놀라워 했다(그림 18.30). 놀랍게도 현재까지 연구된 모든 포유류에서 이러한 유전자군에 속하는 유전자들이 배열된 선형적인 순서는 발달 중인 포유류의 배아에서 척추를 따라서 특정 부위에서 발현되는 양상을 그대로 반영한다(그림 18.30). 다시 말해서, 쥐와 인간의 이러한 유전자 군들은 유전체에 배열되어 초파리의 ANT-C와 BX-C 복합체의 방식과 거의 유사하게 머리-꼬리 축을 따라서 조절된다.

가장 원시적인 동물체인 해면동물을 포함한 모든 동물의 유전체는 *Hox* 유전자를 갖고 있는데, 이 유전자들은 매우 오래되었으며 모든 동물체의 발생학적 양상에 매우 중요한 역할을 하고 있다. 일반적으로 몸체 계획이 복잡할수록 더 많은 *Hox* 유전자를 갖는다: 인간을 포함한 다른 포유류들은 네 개의 *Hox* 복합체를 가지고 있는데, 이는 38개의 *Hox* 유전자를 포함한다(그림 18.30). 초파리뿐만 아니라 다른 동물에서도 *Hox* 유전자가 몸의 특정한 부위의 발생학적 운명을 중재한다는 예로써, 인간 손가락의 수의 기형적인 형성을 나타내는 다합지증(synpolydactyly)은 38개 *Hox* 유전자의 하나인 *HoxD13*의 돌연변이에 의해서 유발된다(그림 18.31).

그림 18.31 인간 *HoxD13* 유전자의 돌연변이로 인한 다지합지증.

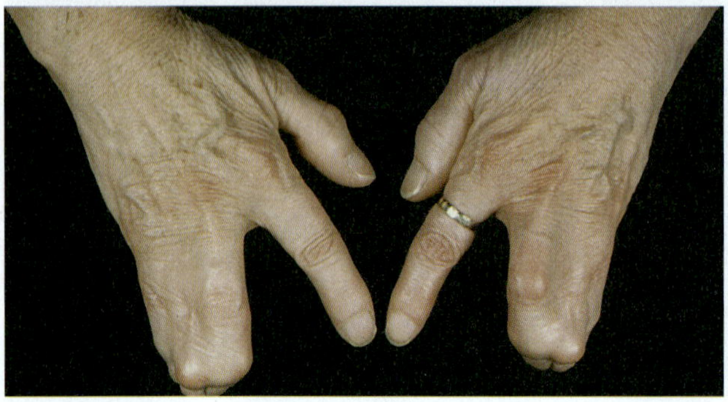

핵심 개념

- 초파리 배아에서 대부분의 체절 유전자들은 세포성 배반엽 단계에서 이미 기능을 하고 있으나, 체절은 그 후 낭배기에 나타난다.
- 모계효과 유전자들은 모계 유전체에서부터 발현되어서 그 산물들이 난자에 분포되어 있다. 이들 유전자 산물의 일부는 농도-의존적 방식으로 배아의 체절 형성에 영향을 끼쳐서 '형태형성'라고 한다.
- 초파리에서, 접합체 체절 유전자의 세 부류(갭유전자, 쌍지배유전자, 체절 극성 유전자)는 순서대로 발현되어 궁극적으로 배아를 14개의 체절로 동일하게 나눈다.
- 호메오 유전자는 호메오박스 전사 인자를 암호화하고 있으며, 각기 다른 체절에서 발현됨으로써, 각 체절의 정체성을 부여한다.

다음 학습을 위한 안내

단세포 접합자가 복잡한 다세포 생물체로 발달하는 과정은 세포분열의 세밀한 조정에 의존한다. 일반적으로 초기 배아에서 유사분열(mitotic division)은 빠르게 일어나서 나중에 여러 기관계를 형성할 수 있는 매우 다양한 세포 유형으로 분화할 수 있는 상당수의 미분화 세포를 발생 중인 생물체에 마련해 준다. 배아가 성체가 되고 나서, 동물의 대부분 체세포들(상실된 세포를 보충하는 데 필요한 줄기세포는 제외됨)은 세포분열이 훨씬 적게 일어나서 하나의 조직이 다른 조직들보다 지나치게 커지는 것을 방지한다.

드물지만, 세포분열에 대한 이러한 제어가 고장 나면 세포 성장의 조절이 이루어지지 않아 암을 일으킨다. 19장에서는 세포 성장을 촉진하거나 억제하는 단백질 산물을 암호화하는 여러 유전자들에 일어난 돌연변이의 축적으로 야기되는 여러 가지 다른 질병을 총칭하여 "암"이라고 한다는 것을 여러 증거를 통해서 토론한다. 과학자들은 각각의 환자에서 발견되는 암의 특정한 유형을 야기하는 결정적인 돌연변이를 점점 더 많이 찾아내고 있다. 이러한 흥미로운 새로운 발견들은 더욱 효과적인 치료제의 개발을 가져오고 있어서, 맞춤형 암 치료제도 곧 가능할 것으로 보인다.

풀이 문제

I. 과학자들은 DNA 재조합 기술로 도입유전자를 제작하여, 그 유전자의 이소성 발현을 비정상적인 장소 혹은 시간에 유도할 수 있다. 여기에서 보여주고 있는 초파리는 날개 위에 눈을 가지고 있는데, 열 충격 유전자 조절 부위와 연결시킨 초파리 *eyeless* 유전자의 cDNA를 가지므로, 도입유전자가 정상보다 높은 온도에서 어떠한 조직에서도 전사될 수 있다. Eyeless 단백질은 정상 상태에서 발달 중인 눈에서 발현되지만 위와 같은 혼합 유전자를 지니고 있는 동물은 높은 온도에서 Eyeless 단백질을 몸 전체에서 만든다.

a. *eyeless* 유전자에 대해서 무슨 결론을 내릴 수 있는가?

b. 생쥐 *Pax-6* 혹은 인간 *Aniridia* 유전자가 초파리에서 동일한 열 충격 유전자 촉진유전자의 조절하에서 발현될 때 이소성 눈이 형성된다. 인지한 결과는 무엇을 뜻하는가?

c. 이소성 발현 실험에서 몸 전체에서보다는 특정한 조직 하나에서 하나의 유전자를 발현하는 것이 바람직하다. 왜 그런가? 초파리의 다리에서만 *eyeless*를 어떻게 발현시킬 수 있겠는가?

해답

a. *eyeless* 유전자는 이 유전자를 발현하는 세포를 눈으로 만드는 상위의 마스터 조절인자를 암호화하고 있다.

b. 이러한 실험 결과는 아미노산 및 마스터 스위치의 실질적인 기능이 동물 진화 전반을 통해서 보존되었다는 것을 의미한다.

c. 전체적인 이소성 유전자 발현은 종종 생물체에 치명적일 수 있다. *eyeless* 유전자를 다리에서만 발현시키려면, 다리 특이적으로 전사를 활성화시키는 유전자 조절 부위를 찾아서 *eyeless* cDNA 옆에 붙여주어야 한다.

II. *Gal4/UAS* 이중 발현 시스템을 사용하여, 과학자들은 하나의 cDNA 도입유전자를 사용하여 수천 가지 양상 중에 하나로 하나의 유전자를 발현시킬 수 있다. Gal4는 효모 전사인자로서 *Gal4 Upstream Activator Sequence* (*UAS*$_G$)라는 증폭자를 갖고 있는 유전자의 전사를 활성화할 수 있다.

다음 그림은 이와 같은 시스템이 어떻게 유전자 하나의 이소성 발현을 일으키는지 보여준다. 연구자는 우선 *UAS*$_G$와 촉진유전자 하류에 cDNA를 클론하여, 이렇게 제작된 도입유전자를 유전체에 삽입한다. *UAS*$_G$–cDNA 초파리를 Gal4를 발현하는 도입유전자를 갖고 있는 초파리와 교배하면, cDNA는 자손에서, 특히 Gal4 단백질을 만드는 세포에서 발현된다.

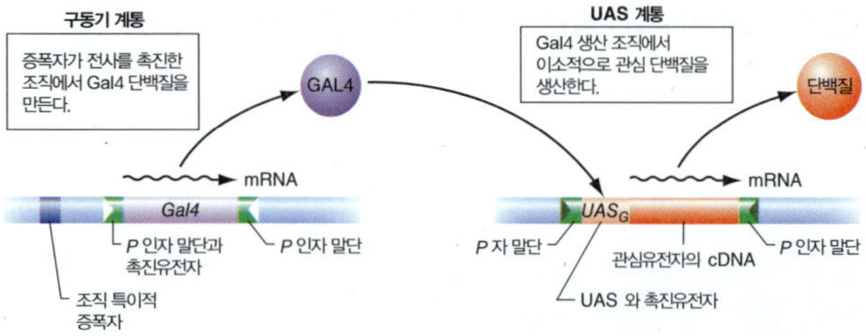

구동기(driver)라고 부르는 유전자 발현 유도성 초파리 계통은 Gal4 단백질을 가지고 있으며, 각각의 구동기는 '증폭자가 없는' 초파리 촉진유전자를 Gal4 cDNA 옆에 붙여 놓은 혼합 유전자 하나를 갖고 있다. *Gal4* 도입유전자 삽입 장소와 가까이 있는 증폭자가 각각의 구동기 라인에서 *Gal4* 발현의 양상을 결정한다; 여러 다른 조직 양상으로 발현되는 Gal4 구동기 라인이 상당히 많이 만들어져 있다.

어떻게 UAS/Gal4 이중 발현 시스템을 이용하여 Eyeless 단백질을 다리에서만 특이적으로 발현시킬 수 있는가? 이전의 해결된 문제 (c)에서 만든 혼합 유전자 대신에 Gal4/UAS 시스템을 사용하는 장점을 설명하라.

해답

첫째, *eyelessc* DNA의 상류에 UAS$_G$를 붙여 놓은 P 요소 제작물로 초파리를 형질변환할 수 있을 것이다. 그 다음 UAS$_G$-*eyeless* 초파리를 Gal4 단백질을 다리가 될 세포에서 발현하는 구동형 계통과 교배할 수 있다.

이중 시스템을 사용하는 장점은 UAS$_G$-*eyeless* 제작물을 각기 다른 조직에 특이적으로 이미 만들어져 있는 여러 가지 다른 Gal4 구동형과 함께 사용할 수 있다는 점이다. 뿐만 아니라 과학자들은 조직 특이적 유전자 발현을 만들기 위해서 특정한 유전자 조절 부위를 검증할 필요가 없다.

연습 문제

어휘

1. 왼쪽 용어를 가장 잘 설명한 문장을 오른쪽에서 찾아 연결하라.

a. 상위성 상호작용	1. 몸체를 일정한 단위(체절)로 나눈다.
b. 조절형 결정	2. 리간드와 수용체의 결합으로 시작된다.
c. 변경자 검색	3. 하나 이상의 유전자형을 갖고 있는 세포들을 갖는 개체
d. RNAi	4. 초기 배아 세포의 운명은 환경에 의해서 바뀔 수 있다.
e. 이소성 발현	5. 몸체 체절에 정체성을 부여한다.
f. 호메오 도메인	6. 세포 운명을 그 농도로 결정하는 물질
g. 녹색 형광 단백질	7. 이중가닥 RNA에 의한 유전자 발현의 억제
h. 유전적 모자이크	8. 다면발현성 유전자를 알아내는 방법
i. 체절 유전자	9. 전사 인자에서 발견된 DNA-결합 모티프
j. 호메오 유전자	10. 수정되지 않은 난자에 존재하여 배아 발생에 필요한 단백질을 암호화한다.
k. 형태형성자	11. 이중 돌연변이체가 두 가지 돌연변이체 중의 한 가지 표현형을 갖는다.
l. 모계효과	12. 유전자 하나가 부적합 조직이나 잘못된 시간에 작동한다.
m. 신호전달경로	13. 살아 있는 세포에서 단백질을 추적하기 위한 표지 물질

18.1절

2. a. 만약 인간의 배아에서 심장의 발생에 관여하는 특정 한 유전자 하나의 역할에 관심이 있다면, 이와 같은 역할을 모델 동물에서 연구하고자 하는 이유를 설명하고, 어떤 모델 동물을 선택할 것인지 밝혀라.
   b. 사람의 심장 발생에 필요한 새로운 유전자를 찾는 일에 관심이 있다면, 어떤 모델 동물을 선택할 것인가? 여러분이 사용할 수 있는 두 가지 실험적 접근에 대하여 기술하라.

3. 예쁜꼬마선충의 초기 배아가 모자이크 결정을 하는 반면, 초기 생쥐 배아는 조절형 결정을 보인다. 다음과 같은 처리를 이 두 종의 네 개의 세포를 가진 배아에 각각 수행하였을 때 기대하는 결과를 예측하라(이러한 조작이 실제로 수행될 수 있다고 가정).
   a. 레이저는 네 개의 세포들 중 하나를 파괴하는 데 사용된다(이 기술을 '레이저 박리'라 함).
   b. 배아의 네 개의 세포들을 분리시켜, 발생시킨다.
   c. 네 개의 세포를 가진 배아 둘에서 유래된 세포를 섞어, 8개의 세포를 가진 배아를 만든다.

18.2절

4. *sevenless* (*sev*) 혹은 *bridge-of–sevenless* (*boss*) 유전자에서 열성 영돌연변이 동형접합체 초파리는 동일한 돌연변이체 표현형을 나타낸다. 이들의 눈에 있는 모든 개안(낱눈)은 광수용체 세포 7 (R7)이 결여된다. 초파리는 R7 세포를 사용하여 UV를 탐지할 수 있다.
   a. 초파리가 정상적으로 빛을 향하여 움직인다면, R7 결정에 필요한 다른 유전자들에서 일어난 돌연변이를 찾을 수 있는 검색 방법을 제시하라.
   b. 자신의 방법으로 R7 발생에 필요한 모든 유전에 일어난 돌연변이를 회복할 수 있는가?
   c. 검색으로 찾은 새로운 돌연변이들 중에 어느 것이 *sev* 혹은 *boss* 대립유전자인지를 어떻게 구분할 수 있는가?
   d. 눈 발달에 관여하는 것으로 이전에 알려지지 않은 유전자 하나의 열성 돌연변이 대립유전자 하나를 발견했다고 가정하자. 어떻게 이 대립유전자를 사용하여 새로운 돌연변이생성 검색에서 이 유전자의 다른 대립유전자를 찾을 수 있는가? 왜 이 과정을 연구하기 위해서 또 다른 돌연변이 대립유전자가 필요한가?

문제 5번은 *rugose* (*rg*) 초파리 유전자에 관한 문제이다. 이 유전자의 열성 돌연변이에 대한 동형접합자인 성체 초파리는 낱눈들의 규칙적인 양상이 망가진 거친 눈을 가지고 있다. 망가진 낱눈의 양상은 한 개 이상의 추상세포가 상실되어 생긴 것이다; 정상형에서 각각의 낱눈은 네 개의 추상세포를 가진다.

5. 1932년 H. J. Müller가 야생형에 대해서 열성 표현형의 효과를 가진 특정 돌연변이가 영(무형태성)대립유전자인지 혹은 저형태성 대립유전자인지를 결정할 수 있는 유전자 검사를 제안하였다. Müller의 검사는 열성 돌연변이 대립유전자에 대해서 동형접합자의 표현형을 염색체 하나가 검증하고자 하는 열성 돌연변이를 갖고 있는 이형접합체와 해당 유전자를 포함하는 많은 부분이 결여된 동형접합자를 비교하고자 하였다.

   Müller의 검사를 사용한 최근의 연구에서, 연구자들은 주름이 많은 *rugose* 두 가지 돌연변이 대립유전자, rg^{41}과 $rg^{\gamma3}$를조사하였다. 몇 가지 유전자형의 파리에서 나타나는 눈 표현형을 다음 표에 표시하였다. *Df(1)JC70*는 *rugose*와 그 어느 한쪽에 있는 몇 가지 유전자를 제거한 대단위 결실이다.

유전형	눈 표면	낱눈당 추상세포 수
야생형	부드러운	4
rg^{41}/rg^{41}	약간 거친	2–3
$rg^{41}/Df(1)JC70$	적당히 거친	1–2
$rg^{\gamma3}/rg^{\gamma3}$	매우 거친	0–1
$rg^{\gamma3}/Df(1)JC70$	매우 거친	0–1

   a. 대립유전자(rg^{41}또는 $rg^{\gamma3}$) 중 "더 강한" 것은(즉, 더 심각한 표현형의 원인이 되는 것)?
   b. 어떤 대립유전자가 기능적으로 주름이 많은 단백질을 더 많이 생산할 수 있도록 지시는가?
   c. Müller의 검사는 영(무효태성) 대립유전자와 저형태성 대립유전자를 어떻게 구별하는가? Müller의 검사에 관한 이론적인 설명을 제안하라. 표에 나타난 결과를 바탕으로, 두 가지 돌연변이 중 어느 하나가 주름이 많은 삭제 대립유전자가 될 것인가?
   d. 연구자는 왜 *rg* 대립유전자가 결실성 열성 대립유전자인지 혹은 저형태성 대립유전자인지를 알려고 하는가?
   e. *rg*가 고형태성 대립유전자로서 거친 눈의 발현을 유도한다면, 추상세포의 과도한 발현이 원인인가?

f. 만약 *rg*의 반전상 대립유전자가 존재한다면, 우성 돌연변이가 반전상 대립유전자인지 확인할 수 있는 방법을 생각해 보라. (힌트: *rg*를 제거하는 결실 염색체, 정상 *rg* 유전자를 복제하는 유전자가 중복된 염색체의 가능성을 생각해 보라.)

문제 6번 및 7번은 *myo-2::GFP*라는 재조합 DNA 구조체물에 관한 것으로, *C. elegans* 발달유전학자가 이를 선충으로 변환하였다. 이 구조체를 갖고 있는 선충은 다음 그림에 나타낸 바와 같이, 입과 장 사이에 있는 조직, 인두에서 녹색 형광 단백질(GFP)을 표현하고 있다. 인두는 *C. elegans*가 섭취한 박테리아를 먹이자원으로서 사용될 수 있도록 잘게 자르는 소화관 사이에 위치하는 기관이다. *myo-2::GFP* 구조체에는 해파리 GFP의 개방 번역틀이 *myo-2*의 촉진유전자 및 증폭자의 하류에 놓여졌다.

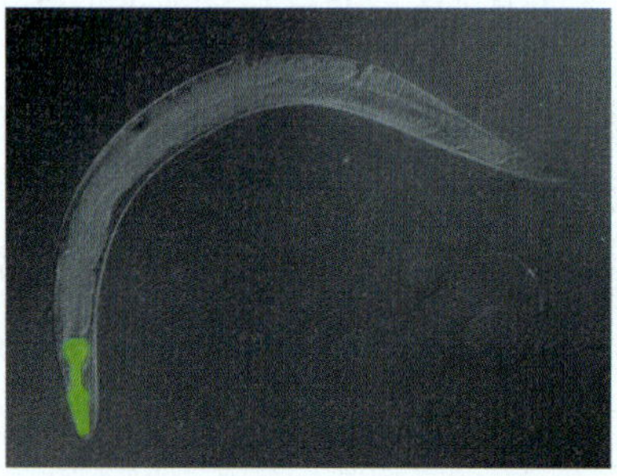

6. a. *myo-2::GFP*로 형질전환된 선충을 어떻게 사용하여 인두의 구조를 파괴하는 돌연변이를 찾을 수 있을지 설명하라. 도입유전자가 어떻게 돌연변이 검색을 촉진시키는가?

   b. *pha-4*라고 하는 유전자에서 기능상실 돌연변이에 대한 선형동물의 동형접합자는 인두 구조를 감지할 수 없다. 이 벌레의 운명이 어떻게 될 것이라고 생각하는가?

7. 당신이 특정한 유전자 *X*가 인두의 특이성을 결정하는 데 중요한지 결정하고자 한다고 가정하자. 그러나 이 동일한 유전자의 돌연변이들이 인두가 형성되기도 전에 배아 발생을 망쳤다. *myo-2::GFP*, *myo-2* 촉진유전자, 유전자 *X* 염기서열, RNA 방해에 관한 당신의 지식을 사용하여, 인두에서 유전자 *X*를 발현하지 않고, 정상적인 예쁜꼬마선충에서 유전자 *X*를 발현하는 다른 조직에서 모두 유전자 *X*를 발현하는 선충을 어떻게 만들 수 있겠는가?

8. Sevenless는 중요치 않은 R7 전구체 세포들만이 필요로 하는 특이적 수용체 단백질이다. *sev*$^-$초파리들은 그 눈에 R7 세포들이 결실되어 있다. 반면 실험실상태에서 생산력이 좋고 잘 자란다. 반대로 표피생장인자 수용체(epidermal growth factor receptor, EGFR)는 초기 발생의 세포 다양성에 필수적이다. EGFR의 다면발현성 기능으로 인해 EGFR이 결실된 초파리들은 초기 발생 배에서 죽게 되는 것이다.

   a. Ras/MAPK은 Sevenless 핵으로 가져가는 신호를 지연시키는 동시에(그림 18.6 참조) EGFR의 하위 기작에 작용한다. *sev* 돌연변이들의 변경자 검색이 Ras/MAPK 경로의 인자들을 확인하기 위해 사용되었다. 이 검색이 왜 *Egfr* 돌연변이에 관해서는 사용될 수 없는지를 설명하라(그림 18.5).

   b. *Egfr* 경로에서 돌연변이된 유전자들을 확인할 수 있는 변경자 검색을 제작해 보라(힌트: 도입유전자를 사용하라).

9. 정상 *sevenless* 조절 서열들을 이용해서 Ras 단백질의 우성-음성 형태를 암호화하고 있는 서열들의 발현을 유도하는 형질전환된 (*sev-Ras*^{S17N}) 초파리를 제작하였다고 가정하자.

   a. 이 형질전환 초파리들이 돌연변이형을 가지고 있다고 예상하는가?

   b. 만약 변경자 검색을 통해 이 초파리들을 관찰하면(그림 18.6), 기능상실 돌연변이들에 상응하여 촉진인자 혹은 억제자로 작용하는 유전자를 밝혀낼 수 있는가?

   c. 만약, *sev-Ras*^{G12V}인 고형태성 Ras 유전자일 경우 문제 (b)에 대해 생각해 보라.

10. 초파리 연구자들은 이미 알려진 유전자 위치에 정상 *white* 유전자가 삽입된 단일 재조합 *P* 인자(*P*[w^+] 도입유전자)를 갖는 많은 변종들을 만들었다. 연구원들은 이 변종들을 초파리 유전체에 있는 돌연변이된 유전자의 위치를 찾는 데 사용하였다.

    연구원들은 거친 눈을 야기하는 열성돌연변이 *rough* (*ro*)의 유전자 지도를 그리기 위해 검정교배를 수행했고, 상대적으로 *P*[w^+] 인자는 3번 염색체에 위치해 있다. 이러한 변종들은 초파리의 유전체에 특정 돌연변이의 위치적 지도를 그리는 데 사용될 수 있다. 3번 염색체에 있는 암컷 이형접합체 *P*[w^+]와 다른 곳에 위치한 *ro*$^-$ 돌연변이, 3번 상동염색체는 *ro*$^-$/*ro*$^-$ 수컷으로 교배한 것과 다음 나열된 것 중 자손들이 포함되었다. 부모와 자손 모두에서 내생하는 *white* 유전자는 기능하지 못했다. 초파리들이 $P[w^+]$ 도입유전자를 갖는 경우에만 초파리들이 붉은색 눈을 갖는다.

145	빨간, 부드러운 눈
152	하얀, 거친 눈
2	하얀, 부드러운 눈
1	빨간, 거친 눈

a. *ro*와 $P[w^+]$은 연결되어 있는가? 만약 그렇다면, 유전자지도에서 서로 떨어진 거리는 지도 단위로 얼마나 되는가?

b. 문제 (a)에 있는 자료는 $P[w^+]$의 어떤 부위(중심체 혹은 말단소체를 향한 방향)에 *ro* 유전자가 위치해 있는지를 알려주고 있지 않다. 어떻게 이 연구가 그 정보를 밝혀내기 위해 수정될 수 있겠는가?

c. 만약 5,000 bp가 떨어져 있는 두 개의 다른 $P[w^+]$ 사이의 *ro* 돌연변이의 유전체 위치에 지도를 그린다면, *ro* 유전자의 분자적 수준에서 확인을 위해 어떠한 실험적 접근들이 필요한지를 서술하시라.

d. *ro* 유전자의 DNA 서열을 그 단백질에 암호화된 기능을 확인하기 위해 어떻게 이용할 수 있겠는가?

11. 임의적 돌연변이유발의 대안으로서 과학자들은 RNAi를 사용하여 특정 유전자의 기능들을 체계적으로 억제(knock-down)시켜 돌연변이의 표현형을 확인할 수 있다.

a. RNAi를 사용하여 한 유전자를 억제시키는 형질전환 초파리들을 제작하는 방법을 제안해 보라.

b. RNAi를 사용하여 날개 발생에 필요한 초파리의 유전자들의 돌연변이를 확인하기 위해 어떠한 방법으로 연구를 수행할 수 있는가? 이 방법에 존재하는 다면발현 문제를 어떻게 배제할 수 있는가?

18.3절

12. 5번 문제에서 기술된 초파리 유전자 *rugose*의 분자적 정체가 밝혀졌다. 그 결과, *rugose* 유전자 mRNA의 cDNA 및 Rugose 단백질을 인식하는 항체를 연구자들이 사용하게 되었다.

a. 이러한 실험 재료들을 어떻게 사용하여 *rugose* 유전자가 발현되는 조직을 검증할 수 있을까? 어떤 특정한 조직에 이 유전자가 발현된다는 것이 그 조직에서 *Rugose* 단백질이 핵심적인 기능을 한다는 것을 의미하는가?

b. 이와 같은 실험 재료들을 사용하여 새롭게 발견된 *rugose* 열성 대립유전자가 무효인지 아니면 저형태성 돌연변이인지 검증할 수 있을까? 만일 새로운 대립유전자가 정상 형질에 대하여 우성이라면, 그 mRNA 혹은 그 항체가 그 대립유전자가 반정상 대립유전자, 혹은 고형태성 대립유전자, 신형 대립유전자인지 검증할 수 있는가?

13. $boss^+$의 기능을 알아보기 위해 연구자들은 그림 18.11에 있는 것처럼 같이 모자이크 실험을 수행하였다. w^+boss^+의 낱눈 모자이크와 w^-boss^-의 광수용체들은 FLP/FRT를 이용한 유사분열 재조합으로 만들어졌다.

a. 모자이크 낱눈(세포들은 w^+과 w^-)의 형태를 설명하라. R7이 있을 경우 야생형 표현형을 가졌고 R7이 없는 경우는 $boss^-$의 돌연변이 표현형을 가지고 있다. $boss^+$ 유전자의 영향성은 무엇인가?

b. 비록 3번 염색체에 *boss* 유전자가 위치하고 있지만, $boss^+$ 세포들의 표시(marker)로서 w^+을 사용하는 것이 가능한가? 파리를 이용한 이 실험은 X 염색체에 있는 내생성 돌연변이 *white* 유전자가 $P[w^+]$를 3번 염색체로 이동시킴으로써 성공하였다. $P[w^+]$과 $boss^-$ 그리고 $boss^+$의 대립유전자들을 사용하고 유사분열 교차를 이용하여 FRT들의 위치들이 표시된 염색체들을 도표화하라. 그리고 모자이크를 만들기 위해 어떻게 염색체들이 딸세포들로 분리되었는지도 설명하라.

14. 초기의 발생과 이후 성체 신경계처럼 특정 조직의 발생에서도 필수적인 특정 유전자가 있다고 가정하자. 연구자들은 해당 조직의 이형접합체에 있는 동형접합성 돌연변이 클론을 제작해서 그 유전자의 기능상실을 알아보고자 한다. 이때 돌연변이 클론을 제작함으로써 동물 전체의 동형접합적 결과에 대한 위험성을 피할 수 있다.

MARCM (Mosaic Analysis with a Repressible Cell Marker)라고 하는 기술은 초파리를 이용한 유전학자들로 하여금 GFP와 같은 표적 단백질을 통한 표시로 동형접합성의 돌연변이 세포 클론들을 제작할 수 있게 해 주었다. 표적 단백질의 발현은 연구자에게 돌연변이 세포들의 클론으로 돌연변이 표현형을 분명하게 관찰할 수 있게 해 주었고, 이 기술은 Gal80이라고 하는 효모단백질을 이용한 것이다. 이 단백질은 풀이 문제 II에 언급하였고 Gal4 단백질의 음성 조절자로 알려져 있다. Gal80은 Gal4에 붙어서 전사의 활성화를 막는다. 다시 말하자면, MARCM을 통해 체세포분열 재조합으로 상실된 Gal80이 발현되는 도입유전자에서 Gal80이 발현되는 동형접합의 돌연변이 클론은 제외한 Gal4/UAS_G-구동형 GFP의 발현을 Gal80을 통해 억제하는 것이다.

a. 동형접합의 m^2 돌연변이 클론에 표시되는 GFP의 발현을 유도하는 유사분열교차 및 염색체들을 그려보라.

b. 어떤 방법으로 성체 신경계에 긴밀하게 연결된 클론들만을 제한할 수 있는가?

15. 연구자들은 *Minute* 돌연변이들을 통해서 열성치사 돌연변이 l^-와 연관된 표현형들을 연구해 왔다. 이 l^- 열성치사 돌연변이는 세포분열율을 낮추고 분석하기 어려운 미세한 동형접합의 돌연변이 클론들을 만든다. 초파리의 많은 다양한 변종들은 리보솜단백질의 소단위체들을 암호화하고 있는 다양한 유전자들의 우성 기능 상실 돌연변이 *Minute* (*M*)를 가지고 있다. *M* 유전자들은 반수체 본완전성(haploin-sufficient)이다. 정상인 단일 M^+ gene 복제물을 가진 초파리들은 느린 세포분열의 속도를 가지고 있고 길어진 발생 과정과 갑작스런 형태적 표현형들을 나타낸다.

미세한 클론의 문제를 배제하기 위해서 연구자들은 GFP를 표시한 동형접합적 l^-/l^-클론들을 제작한다. 그 클론들은 마찬가지로 M^+/M^+이며 초파리 내에서는 l^-/l^+과 M^-/M^+이다. 세포에서 *Minute* 돌연변이의 결실은 l^-/l^-세포들과 그 주변까지 성장의 이점을 제공하여 돌연변이 클론들로 하여금 연구 가능한 성장까지 유도시킨다. 이러한 클론들을 만들기 위해 사용할 수 있는 염색체들을 그려보라.

16. 몇몇 *ts* (온도 감수성, temperature sensitive) 대립유전자들은 단백질 합성 중 온도에 민감하다. 만약, 제한적인 온도에서 번역(translation)이 발생하였다면 새롭게 형성된 단백질은 정확하게 접히지 못 할 것이다. 다른 *ts* 대립유전자들은 온도 감수성에 따라 그 기능에 영향을 미친다. 온도가 올라가면, 올바르게 접힌 단백질들이 펴지게 되고 그 기능을 상실하게 되는 것이다. 어떤 종류의 *ts* 대립유전자들이 그림 18.12에서처럼 온도를 변화시키는 실험을 통한 그 단백질의 기능 시점을 결정하는 데 좋을지 대답하라.

17. 다음 그림은 초기 배아의 극성을 결정짓는 역할을 하는 유전자인, *zyg-9* 유전자의 온도 감수성 대립유전자에 대한 예쁜꼬마선충의 부모 동형접합 배아를 온도 변화에 따라 나타낸 것이다. 각각의 점들은 높은 온도의 충격을 짧게 (5분) 준 각각의 배아를 나타낸다. 녹색 점은 궁극적으로 생존하여 정상인 성체가 된 개체들을 의미하고 붉은색 점은 비정상적 극성화로 결국 죽는 개체들을 나타내고 있다.

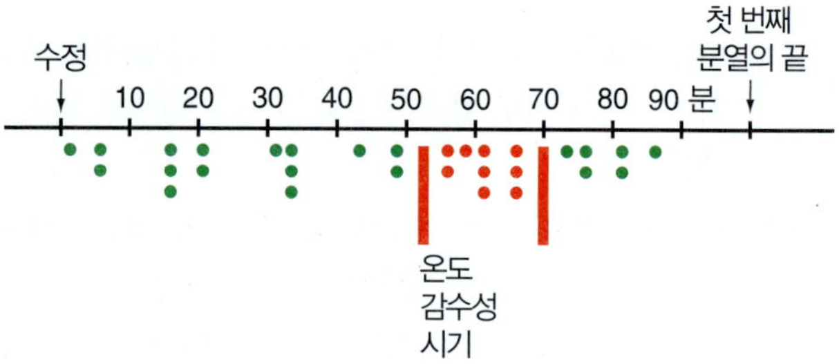

a. 수정 후 몇 시간이 경과했을 때 *zyg-9* 유전자가 정상적인 예쁜꼬마선충의 발생에 필요한가?

b. 수정에 사용되는 정자들이 정상 및 돌연변이 *zyg-9*의 대립유전자를 가지고 있을 경우 동일한 결과들이 예상되는가? Zyg-9 단백질이 특정한 발생시간에 필수적이라는 사실을 통해 무엇을 알 수 있는가?

18. Notch 단백질(N^{ts})을 암호화하는 온도 감수성 대립유전자는 연구자들에게 눈 발생에 있어서 이 단백질의 많은 기능들을 규명하게 해 주었다. Notch는 막 통과 수용체 단백질로서 리간드가 붙으면, 그 신호를 핵으로 전달한다. 한 실험에서, 야생형과 N^{ts} 동형접합의 발생 중인 눈들은 몇 시간 동안 허용적인 온도에서 유충으로 자랐다. 그리고 온도를 제한적으로 바꾸고 4시간 후 눈들은 유충으로부터 박리되었다. 광수용체들은 항체를 붙여서 모든 광수용체 단백질의 발현에 나타나도록 표지를 해 주었다(사진에 있는 파란색 세포들은 항체로 표지되었다). 검은색 점들은 그림에는 나타나 있지 않은 발생 진행 단계들에서 낱눈을 나타낸다.

유충에서 눈 성체반(eye imaginal disc)이라고 하는 눈의 구조가 발생한다. 낱눈은 형태형성 고랑(morphogenetic furrow)이라고 하는 파인 홈의 뒤편에서 발생한다. 그 골은 디스크의 후방에서 시작하여 앞쪽으로 이동한다. 2시간마다 낱눈의 새로운 줄이 생성되어 후방에서 고랑으로 이어진다. 반면, 새로운 골 뒤에 있는 성숙된 열(row)은 연속적으로 다음 발생단계로 이동한다. (전체 열이 아닌 한 낱눈만 도표에 표시하였다) 따라서 눈 하나의 디스크에서 발생의 모든 단계의 낱눈이 존재하는 것이다. 그림 18.3에 나타낸 바와 같이 낱눈과 결합하는 첫 번째 세포들은 R1-R8과 같은 광수용체들로서 세포들은 특정 순서에 따라서 결합하게 된다.

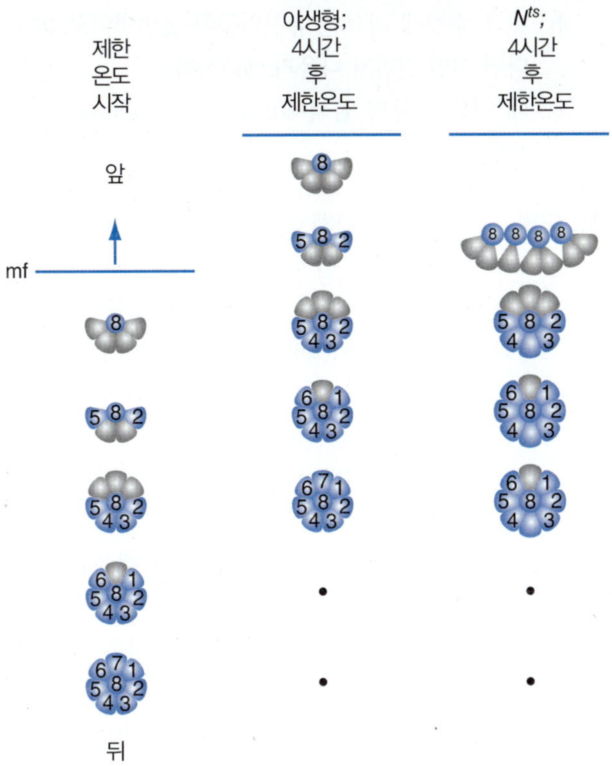

Notch 단백질들의 낱눈 형성 과정의 각 단계별 다른 역할들을 설명하라.

18.4절

19. *yan* 유전자는 Sevenless를 발현하고 결국 온전한 R7가 되는 5개의 세포들에서 R7의 발생을 억제하는 전사인자를 암호화하고 있다. *yan*의 영돌연변이체에서 각 낱눈에 있는 모든 5개의 세포들이 R7 (*sev-Ras*^{G12V} 형질전환파리와 같이 그림 18.7b)이 된다. *sev*$^-$*yan*$^-$ 이중 돌연변이의 눈들은 *yan*$^-$ 돌연변이의 표현형을 나타낸다.
   a. *sev*$^-$와 *yan*$^-$ 돌연변이 사이의 상위성 관계를 설명하라.
   b. 신호전달경로에서의 Sevenless와 Yan 단백질들의 기능에 관해 알고 있다면(그림 18.6 참조), 상위적 상호관계를 예상할 수 있는가? 설명하라.
   c. 상위성 분석은 같은 경로를 가지는 유전자에서의 두 돌연변이가 다른 돌연변이 표현형을 가질 경우에만 가능하다. R7 신호전달경로에서 *sev*와 *yan*의 두 돌연변이들이 서로 다른 돌연변이 표현형을 가지는 것을 어떻게 밝힐 수 있을까?
   d. 본질적으로 활성화된 *Ras*^{G12V} 돌연변이가 *sev*$^-$ 돌연변이에 대해 상위성을 가지면 *yan*$^-$ 돌연변이도 그럴 것이다. 반면에 Ras와 Yan 둘 다 신호전달경로에 있는 Sevenless의 하위에서 작용한다. 문제 (c)의 답을 고려하여 왜 이 추론이 합당한지를 설명하라.
   e. 만약 한 연구자가 Sevenless의 경로가 활성화된 곳에 있는 세포들에서도 *yan*의 대립유전자가 발현하는 *yan*의 우성 활성화 돌연변이(*yan*^{D})를 밝혀냈다면, 그 파리들의 돌연변이 표현형을 예측하라. *yan*^{D}가 *sev*^{2}와 *Ras*^{G12V}보다 상위에 있다고 생각할 수 있는가? 설명하라.

20. 16장에서 초파리에 관해 다루었던 내용 중 X 염색체들의 개수에 따라서 성이 결정되었다. XX는 암컷이고 XY는 수컷이다. 암컷의 형태적 정교함은 XX 배아들에 있는 Sxl 유전자의 발현에 의한 유전자 연속 조절기작이 시작된다(그림 16.29, 16.30 참조). Sxl은 Tra 단백질의 번역을 도와서 *tra* 유전자의 이어맞추기를 유발한다. Tra 단백질은 이에 전사 인자인 Dsx-F 단백질의 발현과 *dsx* mRNA의 암컷 특이적 이어맞추기를 야기한다. Dsx-F는 암컷의 형태형성의 전사를 활성화시키고 수컷 형태형성 유전자 발현을 억제한다. *ix* 유전자의 산물인 Ix 단백질은 수컷형태 형성유전자의 발현을 억제하기 위해 Dsx-F가 필요하다.
   a. 초파리의 성 결정은 스위치/조절 경로에 의해 이루어진다. 무엇이 신호인가? 어떤 세포에서 스위치 신호가 켜지고 꺼지는지 설명하라.
   b. XX와 XY 파리에서 *tra*$^-$와 *ix*$^-$의 돌연변이 표현형들을 설명하라.
   c. *tra*$^-$*ix*$^-$의 이중 영돌연변이체의 표현형을 예측하고 어떤 유전자가 상위성에 있는지 추측하라.
   d. 이전 내용에서 눈 발생의 영향을 끼치는 *sev*$^-$와 *Ras*^{G12V}의 상위성 및 문제 19번에서 *sev*$^-$와 *yan*$^-$의 상위성 분석을 예를 들면, 상위유전자가 하위 경로의 유전자를 규정하였다. 왜 성 결정 경로에서는 이런 추론이 불가능한지 설명하라.

18.5절

21. a. 세포소기관 DNA의 모계 유전과 유전적 모계효과의 차이를 설명하라.
   b. 어떻게 모계효과를 나타내는 유전자들에 의한 효과

와 미토콘드리아 유전자들에 의한 유전적 표현양식들이 다른가?

22. 1920년대에, Arthur Boycott는 달팽이인 *Limnaea pergra*를 가지고 연구하여 최초의 모계효과 표현형을 발견하였다. 다른 복족류들과 마찬가지로, 그 달팽이의 껍데기와 내부 기관들은 오른쪽으로 꼬여 있다(*dextral* 형). Boycott는 몸체가 야생형의 거울형인 돌연변이체를 발견했다: 돌연변이체의 껍데기와 내부 기관들은 왼쪽으로 꼬여 있어서 왼손형(*sinistral*) 표현형으로 불린다.

최근 연구에 의하면 왼쪽과 오른쪽으로 감긴 표현형들은 *s*라고 하는 모계효과가 있는 상염색체 모계 효과 유전자에 의해 조절된다는 것이 밝혀졌다. 우성 s^+ 대립유전자는 우측 나선형(dextrality)을 야기하고 기능을 상실한 열성 s^- 대립유전자는 좌측 나선형(sinistrality)을 유발한다.

a. 달팽이들은 자웅동체이다. 자웅동체들은 스스로 자가수정이 가능하고 수컷과 교미도 가능하다. 순수혈통의 좌측 나선형의 달팽이가 순수한 우측 나선형 달팽이와 교배 시 후손들의 표현형은 어떠한지 예측하라.
b. 문제 (a)와 반대로 교배 시 후손의 표현형을 답하라. (순계인 우측 나선형의 달팽이가 좌측 나선형의 달팽이와 교배 시 표현형)
c. 문제 (a)와 (b)의 F_1이 자가교배를 할 경우 후손들의 표현형들을 설명하라.
d. 문제 (a)와 (b)에서 각각 얻은 F_2 세대를 자가수정 시 F_3 세대는 어떤 표현형이 나올지 설명하라.

23. 초파리 돌연변이체 검색은 그림 18.18에서 나타난 것과 같이 오른쪽에 국한되어 있다. 이것은 난자에서보다 모계효과를 나타내는 유전자들의 기능들이 필요 없는 암컷 조직들에서만 밝혀졌다.
a. 검색의 어떤 측면이 이 국한된 결과를 야기하였는가?
b. 만약 수컷에 필요한 유전자들이 돌연변이로 밝혀졌다면 어떤 결과가 나올지 예측하라.
c. 왜 검색에 균형 염색체(balancer chromosome)가 필요한가?

24. 몇몇 유전자들은 접합체 및 모계효과를 모두 필요로 한다. ovo^D의 유무를 통한 이 유전자들의 연구를 위한 실험이 있다. ovo^D 유전자는 우성 암컷 불임 돌연변이로서 초파리의 차단동원 X 염색체의 중간에 가까운 곳에 위치하고 있다. ovo^D/ovo^+인 암컷들은 불임이다. ovo^D를 포함한 생식세포는 난자를 생산할 수 없다.
a. 유전자 *X*의 돌연변이들은 열성 치사형이다. 그래서 이런 돌연변이의 동형접합자들은 성체로 성장할 수가 없다. 과학자들이 체세포 분열 재조합을 통한 ovo^D 돌연변이를 사용하여 어떻게 암컷의 난소에서 생성된 난자들에 유전자 *X*의 단백질 산물 혹은 RNA를 제공하는 여부를 확인하고(i) 이 모계효과를 통한 단백질 산물이 그들의 후손들의 정상적인 발생에 필요한지를 확인하라(ii). 이 실험을 수행할 때 어떤 유전체에 유전자 *X*가 있어야 하는가?
b. ovo^D돌연변이 유전자를 야기하는 DNA가 클론되었을 때 이 복제된 DNA가 유전체에 위치한 모계효과 유전자의 한 대립유전자로서 배아에 치명적 돌연변이를 유발하는 것을 어떻게 알 수 있는가?
c. 염색체의 위치와 관계없이 문제에 있는 유전자가 암컷의 난자 형성에 필요한 인자를 만드는 유전자를 막는 모계 효과 유전자인 것을 어떻게 구분할 수 있는가?

25. 어떻게 모계효과 유전자가 돌연변이화된 사람을 진단할 수 있는가?

26. "Bicoid가 머리 부분을 결정하는 유전자다."라는 중요한 이론은 초기 발생생물학자들에 의해 수행된 실험과 유사한 주입 실험을 통해 밝혀졌다. 주입 실험들은 시험관에서 합성한 mRNA나 난자에 있는 세포질과 같은 성분을 직접적으로 난자에 주입하는 방식을 포함한다. Bicoid가 머리 부분을 결정짓는 역할을 하는 유전자임을 증명하는 주입 실험들에 대해 설명하라.

27. *hunchback* 유전자는 번역불가부위(5′ UTR), 암호화 서열, 그리고 3′ UTR을 내포하고 있다.
   a. 어떠한 중요 서열들이 *hunchback*의 전사 조절 부위에서 유전자의 발현을 조절하는 데 필요한가?
   b. 어떠한 서열 요인들이 *hunchback*의 구조적 부위에서 특정 단백질 영역을 암호화하는가?
   c. *hunchback* mRNA의 3′ UTR에 있는 다른 중요 서열이 밝혀졌다면 어떤 역할을 할 것으로 예상되는가?

28. *nanos*$^-$ 모계로부터 생성된 배아들은 복부 발생이 억제된다. *hunchback* mRNA의 모계효과를 못 받은 배아들은 정상이고 *hunchback* mRNA의 모계효과를 못 받은 *nanos*$^-$ 모계(mother)의 수정란도 역시 정상이다. Hunchback 단백질이 난자의 후방에 과다 발현될 경우, 복부의 발생은 억제된다.
   a. 이러한 발견들은 Nanos 단백질과 *hunchback* mRNA의 모계효과성의 어떠한 기능을 말해 주는가?
   b. 이러한 발견들은 진화에 효과적인가?

29. 정상형 배아들과 갭유전자인 *knirps* (*kni*)가 돌연변이된 배아들을 합포성 배반엽 단계에서 형광 항체들로 처리함으로써, Hunchback과 Krüppel 단백질들의 분포를 확인하였다. 그 결과를 다음 그림을 통해 도표화하였다.

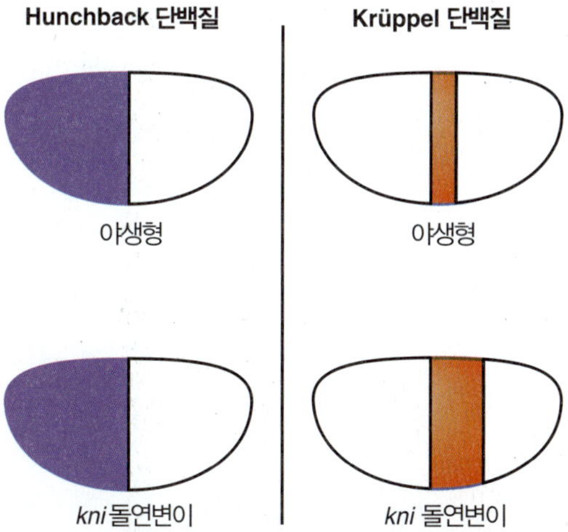

   a. 이 결과물을 참고하여 세 유전자들의 관계를 설명하라.
   b. 배아들에서 Hunchback 단백질들의 발현 양상이 *nano*$^-$ 돌연변이 모계의 양상과 다르거나 동일한가? 그 이유를 설명하라.

30. 초파리의 *even-skipped* (*eve*) 유전자는 7개의 줄의 발현 양상을 결정하는 전사를 조절하는 4개의 다른 증폭자를 가지고 있다. (그 중 하나인 줄무늬 2 증폭자는 그림 18.23c에 나타나 있다)
   a. 왜 줄무늬 2 증폭자의 활성이 두 번째 줄(줄무늬 2)에만 상응하는가?
   b. 나머지 3개의 유도 인자들은 각각 다른 두 개의 줄(멀리 떨어진)에 상응하는 세포들에 영향을 미친다. 어떻게 이것이 가능한가?
   c. *ftz*와 같이 2차적 쌍지배유전자들은 모든 7개의 줄 형성에 작용하는 하나의 유도 인자만을 가지고 있다. 어떻게 이것이 가능한가? 이러한 결론을 내릴 수 있는 실험을 기술하라.
   d. 체절 극성 유전자 *engrailed*는 하나 혹은 14 증폭자를 가질 것이라 예상하는가? 각 줄 형성에 하나의 활성화만 예상되는가?

31. 초파리의 *Ubx* 유전자에 영향성을 미치는 기능상실 돌연변이들은 체절 형성이 앞 방향에서 발생한다. *bx* 돌연변이들은 T3의 앞부분이 T2의 앞부분으로 바뀌게 되고 *pbx* 돌연변이는 T3의 뒷부분이 T2의 뒤쪽으로 바뀌게 된다. 정상 초파리는 *Ubx* 유전자 자체가 T3-A8에 걸쳐 발현되고 T3에서 가장 강하게 발현된다.
   a. *Abd-B* 유전자는 A5-A8 체절에 걸쳐서 전사된다. *Abd-B*의 기능이 *Ubx*와 동일하다고 한다면, *Abd-B* 대립유전자의 동일접합 결과를 예측해 보라(어떤 형태의 체절형성을 예상하는가?).
   b. *Abd-A*은 A1-A8 체절에 발현되기 때문에 BX-C (*Ubx*, *Abd-A*, *Abd-B*)의 모든 3개의 유전자들이 A5-A8 체절들에서 전사가 된다. 그렇다면 A5, A6, A7, A8 체절의 형성이 구분 가능한가?
   c. 한 개체에서 BX-C (*Ubx*, *Abd-A*, *Abd-B*)의 모든 세 개의 유전자들이 결실된 돌연변이형을 어느 체절형성에서 확인할 수 있을까?
   d. BX-C에서 *Contrabithorax* 돌연변이는 초파리의 날개를 형곤(haltere) 모양으로 형성한다. 특정 체절에서 *Ubx* 유전자의 전사에 따른 표현형을 설명하라. *contrabithorax* 돌연변이들이 정상체에서 우성일까? 열성일까?

32. 초파리의 발생에 있어서 *Hox* 유전자들은 발현해야 할 때는 반드시 "켜짐" 상태여야 하며, 비활성화될 때에는 반드시 "꺼짐" 상태여야 한다. 따라서 *Hox* 유전자들은 억제자들에만 결합하는 유도 인자와 같은 침묵자(silencers)에 의해 조절된다. 이것은 대략 30개의 종류가

있고 *Polycomb group* (*PcG*) 유전자라고 하는데, 접합체 돌연변이에 의해 밝혀졌다. 도표에 나타낸 바와 같이 체절들의 특징들은 *BX-C* 유전자들에 의해서 조절되며 대부분 뒤쪽 체절에서 발현한다(복부 체절 8; A8).

a. *PcG* 유전자가 어떤 종류의 단백질들을 암호화하고 있는가?
b. *PcG* 단백질들이 결실된 배아들의 돌연변이 표현형을 설명하라.

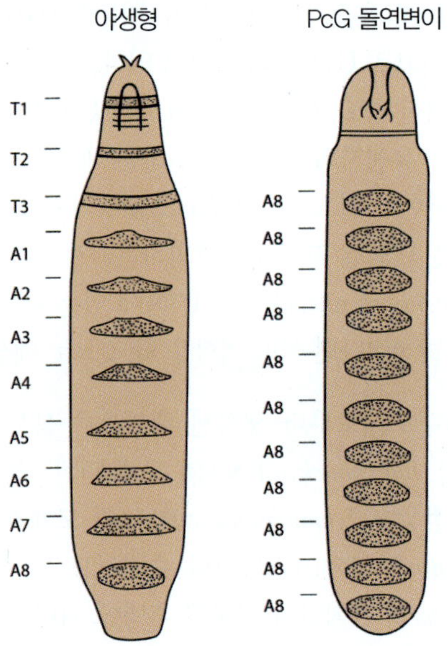

19장

암의 유전학

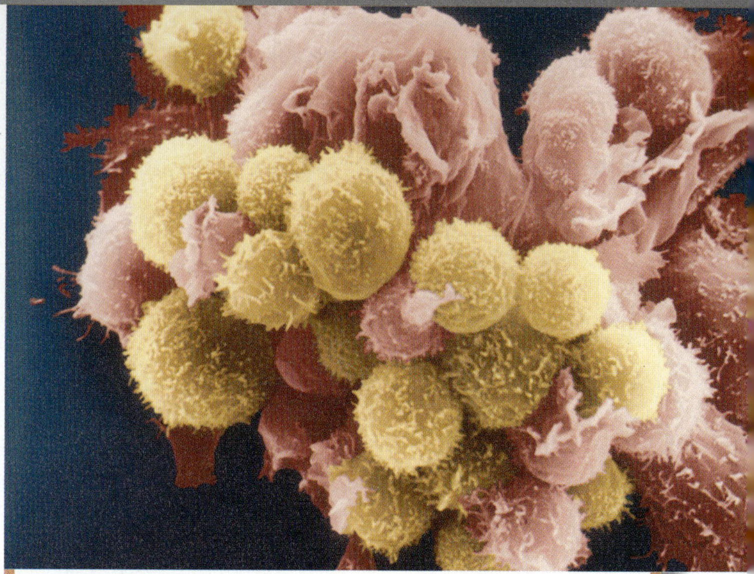

면역 체계의 살생 세포(노란색)들이 큰 암세포(분홍색)를 공격하고 있다.

개요

생식세포계열(germ line)에서 발생한 돌연변이는 생식세포(gametes)를 통해 자손 대대로 전해진다. 생식세포계열의 돌연변이는 유전병의 원인이 되며 자연선택으로 인해 진화의 토대가 된다. 반면에 후대에 전해지지 않는 체세포 돌연변이는 어떤가? 과연 유전학자들은 체세포 돌연변이에 어떠한 관심을 보이고 있을까? 이 장에서는 체세포 돌연변이가 암의 근본적인 원인으로서 생물에 깊이 영향을 마치고 있는 것을 볼 수 있을 것이다.

"암(cancer)"은 단순히 한 종류의 질병을 일컫는 것이 아니라, 세포의 성장과 분열이 억제되지 않는 특징을 나타내는, 다수의 서로 다른 질병을 통칭하는 명칭이다. 암은 이처럼 폭 넓은 다양성을 가지는데, 여기에는 두 가지 이유가 존재한다. 첫 번째, 암 유발 체세포 돌연변이는 다양한 조직의 세포에서 일어날 수 있으며 폐암, 피부암, 유방암 등을 일으킬 수 있다(그림 19.1). 따라서 동일한 암 유발 돌연변이라 할지라도 세포에 따라 표현형으로 나타나는 반응은 다르다. 두 번째, 세포분열 조절 관련 단백질들을 암호화하는 유전자들에게 나타나는 돌연변이는 암을 유발하는 데 도움을 줄 수 있다. 그러므로 두 개의 폐암 세포는 돌연변이들의 다양성 때문에 실제로는 아주 다른 질병일 수도 있다.

어떤 암이 한 가지 독특한 상황을 나타낸다는 인식은 의과학에 점차 더 많은 요구를 하게 된다. 하지만, 다음 세대에는 저렴한 비용으로 많은 염기들을 분석할 수 있는 병렬핵산서열분석법을 이용하여 암에 대한 치료를 개인맞춤형으로 할 수 있기 때문에 더 효과적일 것이다. 이는 간단한 개념이다. 동일한 환자로부터 얻은 정상세포와 종양세포의 염기서열을 비교함으로써 특정 암의 원인이 되는 확실한 돌

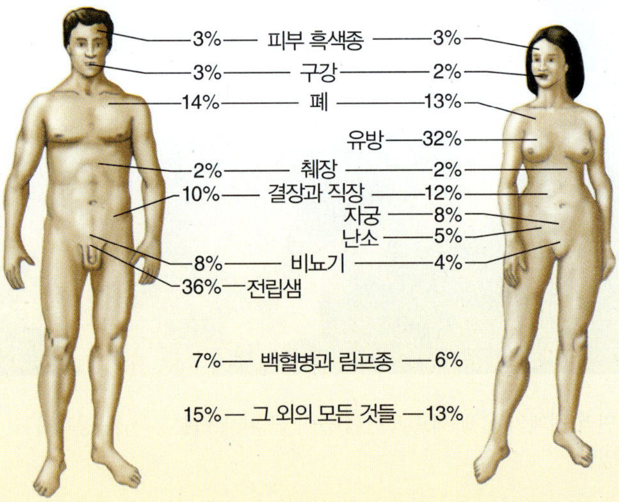

그림 19.1 신체의 여러 부위에서 발생하는 암의 비율(미국 자료). 동일한 조직에 영향을 미치는 암들은 매우 다른 기원을 가지거나 매우 다른 효과를 미칠 수 있다; 예를 들어, 서로 다른 환자의 유방암은 종종 독특한 성질을 나타낸다.

연변이를 정확히 찾아낼 수 있다. 이러한 정보로부터 내과 의사는 시중에서 구할 수 있는 약을 선택할 수도 있고, 암에 대한 생화학적 경로나 결핍 단백질을 정확하게 표적으로 하여 치료할 수 있는 환자 맞춤 약을 설계할 수도 있다.

이 장에서는 암이 공통적인 특징들이 공유되는 사실상 종류가 다양한 유전적 질병이라는 통일된 주제로 정리하였다. 모든 암의 체세포에는 다양한 유전자 돌연변이가 축적된다. 그 유전자들은 정상세포에서 세포가 분열되는 과정을 "가속화"하거나 "정지"하는 기능을 하는 산물들을 만들어낸다. 암 유발 돌연변이는 세포분열이 가속화되는 것을 늦추거나 반대로 정지상태를 그대로 두지 않기 때문에 암세포들은 빠른 분열과 동시에 조절 불능의 상태가 된다. 하지만 정상적으로 암 연관 유전자에서 발현된 단백질은 세포의 DNA를 보호하는 역할을 한다: 암 연관 유전자에서 발생된 돌연변이는 세포분열 가속화 유전자나 분열 억제 유전자의 돌연변이를 증가시킴으로써 암의 발생을 유도한다. 종양세포에서 나타난 돌연변이의 특정 부분은 암세포 고유의 특징뿐만 아니라 특정 약품에 대한 감수성 또한 결정한다. 따라서 개인화된 암 유전학에 대한 이 새로운 과학에 대한 이해는 연구자들이 점차 개인들의 암세포에 맞춘 치료를 하도록 이끌 것이다.

19.1 암세포의 특징

학습목표

1. 세포의 정상적인 성장과 암세포 성장의 차이점을 논의한다.
2. 암세포의 특징인 "불멸"에 대하여 말단소체복원효소의 발현이 어떠한 역할을 하는지 설명한다.
3. 암을 유발하는 인간 유전체에서의 변화 형태들에 대해 알아본다.
4. 암세포가 크게 성장할 수 있는 기작에 대해 설명하고 어떻게 신체 내 다른 기관에 전이될 수 있는지 자세히 설명한다.

종양세포는 정상세포와 구별되는 많은 특징을 가지고 있다. 그러나 모든 암세포들이 동일한 표현형을 보이는 것은 아니다.

암세포의 성장은 정상적인 조절을 받지 않는다

수정된 접합자인 단 하나의 세포에서 인간의 신체를 형성하기 위해서는 수백만 번의 세포분열이 필요하다. 이러한 분열은 반드시 세포가 특정한 기관과 조직으로 정확하게 분배되도록 조절을 받는다. 세포분열의 다양한 조절들은 세포간에 전달되는 신호들과 관련이 있다. 예를 들어, 대부분의 세포는 신체 어디에선가 생성된 호르몬들과 같은 성장 인자들과 접할 때만 분열이 일어날 것이다. 또 다른 예로, 대부분의 세포는 다른 세포와 물리적인 접촉이 일어날 때만 분열을 중단할 것이다. 이러한 특징을 접촉저해라고 한다. 또한, 세포분열에 관여하는 조절에는 세포 사멸이 실제로 포함되기도 한다. 특히, 대부분의 세포는 인간의 DNA가 너무 많은 손상을 받을 때 활성화되는 **세포자살**(apoptosis; 예정된 세포 사멸)이라는 과정을 통해 사멸을 지시한다.

그림 19.2는 암세포가 세포자살을 피할 수 있는 과정에 대해 설명한다. 암세포들은 자신들의 분열-자극 신호(자가분비형 자극)에 의해서 생성되거나 접촉 저해로 없어지기도 한다. 하지만 많은 암세포들은 DNA가 손상되더라도 정상세포에서 일어나는 세포자살과 같은 방법으로 사멸되지 않는다.

암세포는 불멸의 능력을 갖는다

몇 가지 예외(희귀 줄기세포와 같은)를 제외하면, 체내에서 추출된 정상적인 체세포는 빠르게 배양되지 않으며, 분열

그림 19.2 표현형이 변화한 암세포는 조절되지 않는 성장을 일으킨다. (a) 자가 분비성 자극(autocrine stimulation): 많은 종양세포는 정상세포의 증식에는 반드시 필요한 외부 성장 신호 없이도 분열할 수 있다. (b) 접촉 억제의 소실(loss of contact inhibition): 정상세포들은 주위의 세포들과 접촉할 때 성장을 중단하는데, 이런 성질 때문에 배양되는 세포는 성장할 때 단일세포층(monolayer)을 형성한다. 종양세포는 이 접촉억제 성질을 잃고 '형질전환 초점(transformed foci)'이라 불리는 많은 세포의 무더기 형태로 쌓여 있다. (c) 세포자살의 소실(loss of apoptosis): 정상세포는 손상되었을 때, 예정된 세포 사멸(programmed cell death) 또는 세포자살(apoptosis)로 불리는 방법에 의해 죽는다. 비슷한 정도로 손상되어도, 많은 암세포들은 스스로 죽는 데 실패한다.

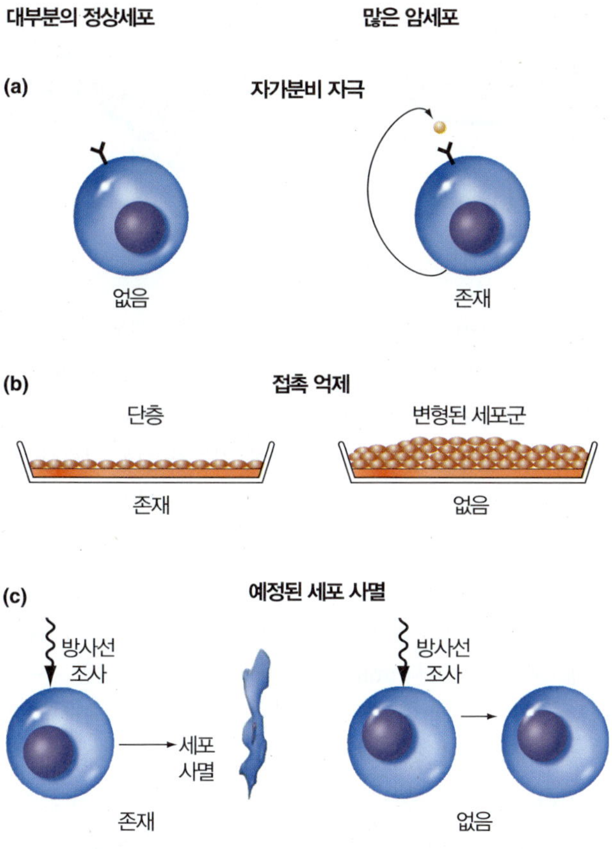

그림 19.3 많은 암세포는 "불멸(immortal)"이다. 많은 정상적인 체세포들은 (희귀 줄기세포를 제외한) 특정한 횟수의 세포분화 후에 자발적으로 성장을 멈춘다(빨간색 선). 대조적으로, 종양세포는 무제한으로 분열할 수 있다(파란색 선). 이러한 차이에 대한 이유 중 하나는 정상세포와는 달리 암세포가 종종 말단소체복원효소(telomerase)를 발현한다는 것이다.

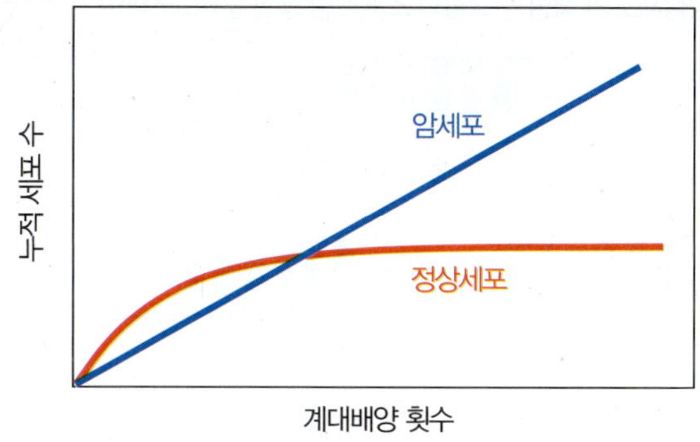

의 횟수에 한계(20~50회)가 있어서 죽게 된다. 반면, 암세포는 배양이 잘 될 뿐만 아니라 무한히 분열할 수 있다(그림 19.3). 이러한 특성은 연구를 위해 전 세계에 분배될 수 있는 유용한 암세포주를 쉽게 개발할 수 있도록 한다.

암세포가 "불멸"할 수 있는 한 가지 이유는 말단소체복원효소(telomerase)라는 효소의 발현과 매우 관련이 깊다. 11장에서 살펴본 바와 같이, 말단소체복원효소는 염색체가 복제될 때 말단소체가 줄어드는 것을 억제한다. 대부분의 정상적인 체세포에서는 말단소체복원효소가 생성되지 않기 때문에 염색체가 세포주기를 진행할 때마다 염색체 말단의 DNA 염기를 잃게 된다. 분열의 횟수가 늘어남에 따라, 필수적인 유전자의 서열이 손실되면 세포는 노화되어 사멸한다. 반면, 많은 암세포들은 말단소체복원효소를 발현한다(이런 특징은 생식계열세포와 일부 희귀 줄기세포에서도 나타난다). 말단소체복원효소는 말단소체(telomere)의 반복된 서열을 재생하여 암세포가 여러 번 분열을 반복하더라도 같은 말단소체의 길이를 유지하도록 한다.

대부분의 암세포는 불안정한 유전체를 가지고 있다

동일한 인간에게서 암세포의 돌연변이 비율은 정상세포에 비해 훨씬 높다. 이에 대한 주요한 이유는 암세포가 자외선이나 방사선과 같은 외부적인 물질로 인한 DNA 손상을 복구하는 효소 기작들의 결함을 가지고 있거나 DNA 복제 시에 발생하는 염기 결항의 실수를 바로 잡아주는 짝짝이 수선(mismatch repair; 과오수선)의 결함을 가지고 있기 때문이다(그림 19.4a).

암세포의 또 다른 특징은 불안정한 유전체(genomic instability)이며, 대부분 주요한 **염색체이상**(chromosome aberration)을 가지고 있다(그림 19.4b). 암세포의 핵형은 염색체 재배열(결실, 중복, 역위, 전좌), 이수성, 다배성과 같은 중대한 이상을 주로 나타낸다. 염색체 재배열은 점돌연변이처럼 DNA 복제 및 수선 기작에서 발생하는 문제의 결과이다. 이수성과 다배성은 세포분열 시에 염색체의 비분리를 일으킬 수 있는 유사분열 장치(중심체, 방추사부착점[키네토코어] 또는 방추체를 구성하는 단백질) 구성물 결함이 원인이 되기도 한다.

그림 19.4 암세포 유전체의 불안정성. (a) 많은 암세포에서는 DNA 손상을 복구하는 효소 시스템이 중단된다. 결과적으로 세포는 돌연변이의 비율이 엄청나게 증가한다. (b) 암세포는 종종 전좌(translocation)와 같은 많은 수의 염색체의 재배열과 비정상적인 염색체 수를 보이는 핵형을 가지고 있다. 이러한 핵형의 변화는 DNA 손상과 염색체의 분리 기작의 결함 때문에 유발된다(그림 11.9b에 제시된 정상세포의 핵형과 그림의 스펙트럼 핵형을 비교하라).

(a)

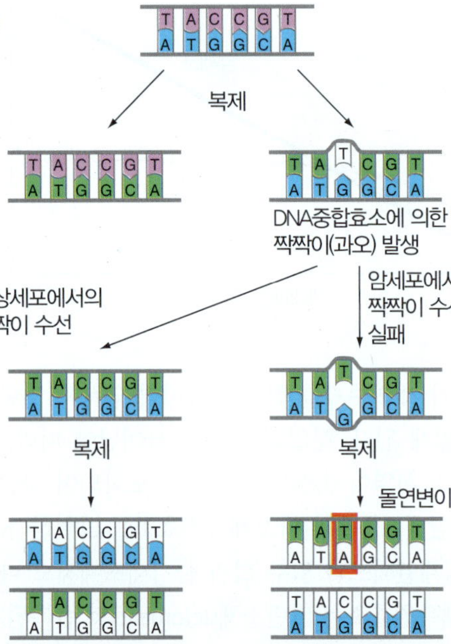

(b)

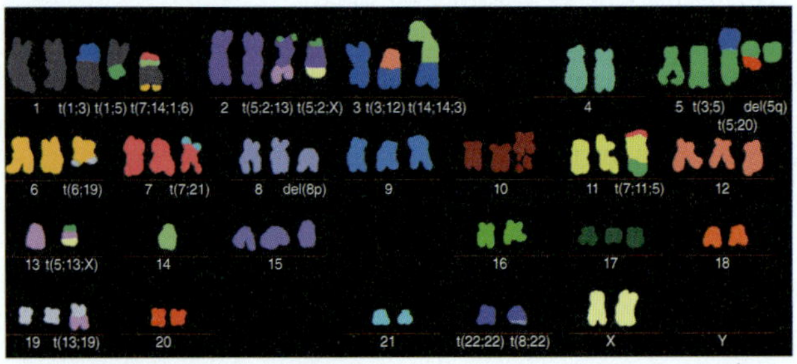

그림 19.5 종양의 성장과 전이를 위한 변화. (a) 혈관신생(angiogenesis). 종양세포는 물질을 분비하여 혈관을 자신들의 방향으로 생성하여 새로운 영양분을 공급받을 수 있게 한다. (b) 전이(metastasis). 일부의 암세포는 특정 조직(particular tissues)을 구분하는 기저막을 파괴할 수 있으며, 혈류(bloodstream)를 통해 거리가 먼 조직에서 또다시 새로운 종양을 형성할 수 있다.

(a) 혈관신생

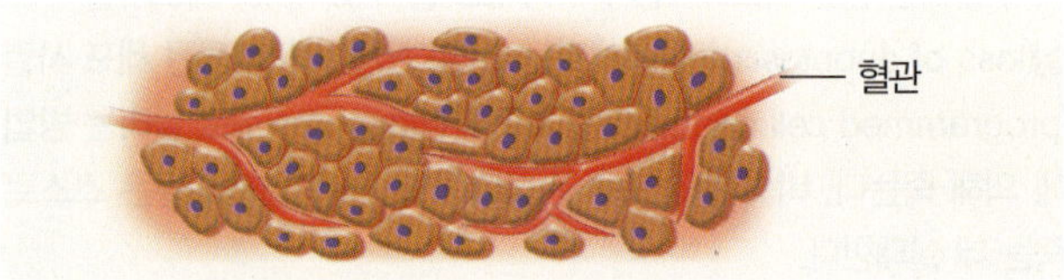

(b) 전이

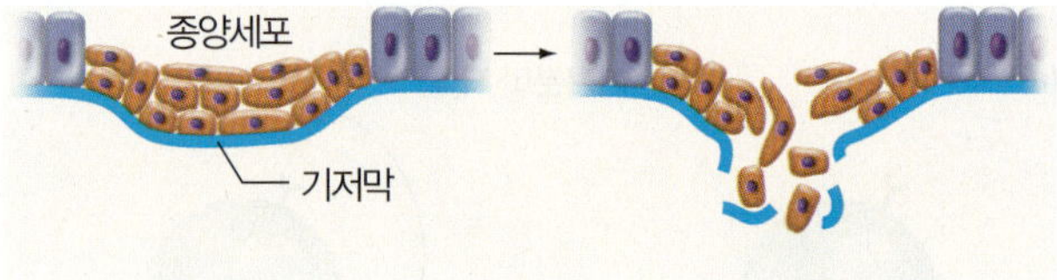

일부 변화는 신체와 암세포 간의 상호작용을 변형시킨다

종양의 급속한 성장은 주변조직의 기능을 억제시킨다. 종양은 성장하기 위해서 많은 영양소가 요구되지만, 혈류량에 의해 영양공급이 제한된다. 일부 종양은 자신들의 방향으로 혈관을 생성하게 하는 물질을 분비함으로써 성장이 제한될 가능성을 방지한다. 이러한 현상은 **혈관신생**(angiogenesis)이라고 한다(그림 19.5a). 이 신생혈관은 종양이 새로운 양분공급원에 연결하도록 하는 공급선으로의 역할을 한다.

암의 치사율은 암세포가 신체 내의 다른 위치나 다른 조직으로 퍼지는 것과 관련이 있다. 정상 세포의 경우 조직이나 기관을 둘러싸는 막에 의해서 한 구역이 제한되어 유지된다. 하지만 암세포는 막을 뚫는 능력을 가지고 있다(그림 19.5b). 암세포는 주변조직으로 침범할 수 있는 능력을 갖고 있어서 혈류를 통해 다른 기관에 침투하는데, 이러한 과정을 **전이**(metastasis)라고 한다. 새롭게 만들어진 혈관은 혈관신생을 유도하여 전이된 세포를 위한 탈출경로를 제공하기도 한다.

암세포가 신체의 상호작용에 영향을 주는 또 다른 방법은 암세포가 **면역 감시**(immune surveillance)를 회피할 수 있다는 것이다. 인체 면역계는 암세포를 외부물질로 인식하고 공격하기 때문에, 종양이 발견될 수 있을 정도로 충분히 크게 자라기 전에 제거하도록 돕는다(이 장의 시작 사진 참조). 그러나 성공한 종양세포들은 스스로를 면역계로부터 숨길 수 있는 능력을 키워 이러한 면역 기작을 건너뛸 수 있도록 한다.

핵심 개념

- 암세포는 접촉 저해, 세포 사멸 신호나 성장 인자의 결핍과 같은 정상적인 세포분열 조절에 반응하지 않는다.
- 암세포는 말단소체복원효소의 발현으로 무한히 분열할 수 있다.
- 암세포는 높은 유전체 불안정성을 보이며, 이는 새로운 돌연변이와 염색체이상의 축적을 증가시킨다.
- 후기 종양은 신생 혈관의 국소적인 성장을 자극하고 신체의 정상적인 면역 방어를 피할 수 있으며, 다른 조직으로 전이할 수 있다.

19.2 암의 유전적 기초

학습목표

1. 암의 발생에 대한 최신 모델을 설명한다.
2. 암은 체세포계 유전자들 중 일부의 주요 돌연변이를 필요로 하는 유전질환이라는 증거들을 요약하여 정리하다.
3. 일부 사람들이 가지는 특정 암에 대한 유전적 성향에 대해 그 이유를 설명한다.
4. 암세포의 세포증식 및 유전체 불안정성 간의 되먹임고리를 분석한다.

그림 19.6은 결국 악성세포가 되도록 하는 일련의 사건들에 대한 우리의 이해를 요약한 것이다. 첫 번째, 한 체세포의 유전체에서 희귀 돌연변이가 발생한다. 이 돌연변이는 성장에 이점을 줄 수 있고, 정상적인 세포분열 조절을 불가능하게 하며, 세포의 유전체 돌연변이율을 증가시키기 위해 DNA 수선 기작을 방해할 수 있다. 이런 세포들의 체세포 자손들 중 하나에서 비슷한 형태의 돌연변이가 두 번째로 또 발생한다. 추가적인 암세포의 특성을 부여하는 다른 돌연변이들이 그 다음 세대의 세포들에게 연속적으로 발생한다. 하나의 세포가 돌연변이를 충분히 갖게 되면, 주변의 정상조직들을 압도할 만큼 매우 빠르게 분열하고 성장하는 암세포로 증식이 가능한 클론(clone; 복제세포)을 발생시킨다. 암은 이런 클론 세포들 중 일부가 시간이 지나면서 종양의 악성을 더 증가시키는 또 다른 돌연변이들을 연달아 획득하면서 발달할 수 있다.

암세포 클론의 전구세포에서 발생한 돌연변이들의 축적이 암을 발생시킨다는 그림 19.6의 가설은 여러 증거들에 의해 지지된다.

그림 19.6 암발생의 유전적 기초에 대한 모델. 암은 증식 중인 세포의 클론에 돌연변이가 연속적으로 발생하여 발병하는 것으로 여겨진다.

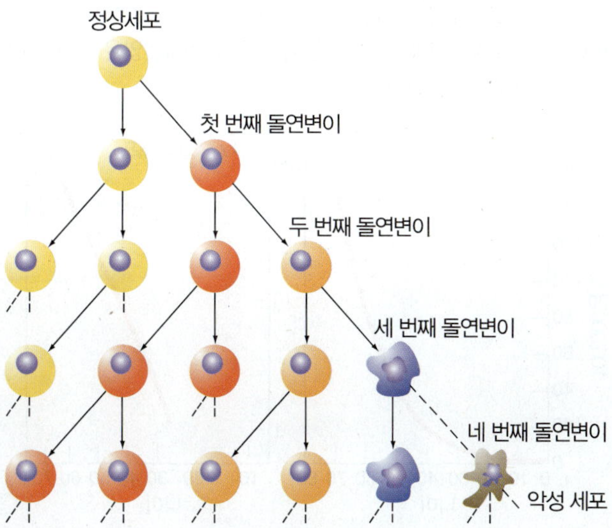

암은 클론의 증식과 관련이 있다

X-연관 대립유전자에 대해 이형접합형인 여성에서 유래한 세포를 이용한 연구는 암 발병이 하나의 체세포에서 시작한다는 증거를 제시한다(그림 19.7). 이전 장에서 다뤘던 내용에서처럼 포유류의 암컷에서는 X 염색체 비활성화로 인해 어느 세포에서든 X-연관 유전자의 두 대립유전자의 한 쪽만 발현하게 된다. 정상 체세포 조직 시료에는 언제나 모계쪽 X 염색체를 불활성화시킨 세포와, 부계쪽 X를 불활성화시킨 세포들이 섞여 있다. 그 이유는 대부분의 체세포 조직은 무작위로 두 개의 X 염색체 중 하나를 비활성화시키는데, 초기 배아 세포는 다수의 클론으로 구성되어 있기 때문이다.

그림 19.7 종양의 클론 기원(clonal origin)에 대한 증거. X-염색체 불활성화로 인해 여성 체내의 각각의 세포들은 다형성을 가진 X-연관 유전자(polymorphic X-linked gene) 중 하나의 대립유전자만을 발현한다. 하나의 조직은 대체로 양쪽 유형의 세포를 모두 포함한다. 하나의 세포가 클론으로 성장할 경우, 해당 클론은 효소의 두 유형 중 하나의 대립유전자만을 발현한다. 종양에서도 한 형태의 효소만 발견되는데, 이로써 종양이 하나의 세포에서 자란 것임을 입증한다. 유전자의 단백질 산물의 두 가지 대립유전자 형태는 전기영동을 통해 구별된다.

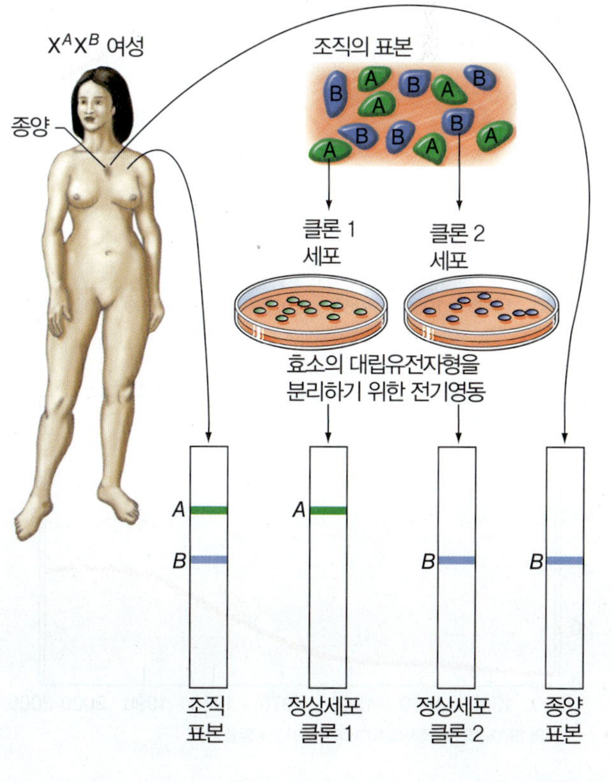

그런 다음, 이 결정은 많은 횟수(many rounds)의 세포분열을 거쳐 동일하게 지속된다.

정상조직과 달리 여성의 암조직에서는 반드시 X-연관 유전자의 두 대립유전자 가운데 하나만 발현된다. 이러한 사실은 종양을 형성하고 있는 세포들은 X 염색체가 이미 비활성화되어 있는 하나의 체세포로부터 유래하였고, 유래한 것이며, 그 세포는 이미 X 염색체를 불활성화시킨 이후에 암유발성 과정을 개시하게 한 희귀한 돌연변이를 보유하게 되었음을 시사한다.

환경 유래 돌연변이원은 암 유발을 증가시킨다

역학조사에서는 다양한 환경물질로 인해 암 발병률이 증가한다는 것을 보여준다; 대부분의 환경물질은 돌연변이원으로, 그림 7.20에서 설명된 에임즈 검사법으로 밝혀졌다. 이러한 돌연변이원 중 하나는 담배 연기이다. 수년 동안 흡연을 한 사람의 경우 비흡연자보다 폐암 발병률이 높다. 이러한 위험은 흡연을 한 시간과 양에 따라 증가한다.

미국인들의 폐암으로 인한 사망률에 대한 시대별 그래프에서는 흡연의 위험을 보여준다(그림 19.8). 남성의 폐암 발병률은 1940년 이후로 급격하게 상승하였지만 이처럼 남성 흡연이 널리 퍼지고 나서야 여성의 흡연이 보편화되었고, 이를 반영하듯 여성의 폐암 발병률은 1960년 이후에야 급격하게 상승하였다. 1990년 이후, 남성의 폐암 비율이 여성과 비슷한 수준으로 떨어졌는데, 이는 흡연에 대한 공중 보건 캠페인의 효과가 반영된 것이었다.

그림 19.8에서의 흥미로운 점은 남성들이 잦은 흡연을 시작한 1920년대부터 폐암 발병률이 급격히 증가한 1940년까지, 20년간의 긴 지연된 기간이 존재한다는 것이다. 돌연변이원에 대한 노출에서부터 암이 발생하기까지의 지연은 일반적인 현상이다. 이러한 관찰은 그림 19.6에서 제시된 모형과 일치하며 암이 되기 위해서는 여러 개의 돌연변이들이 발생해야 함을 말해 준다.

그림 19.8 흡연의 발암성. 미국에서 암 사망률은 1940년대에 남성과 1960년대에 여성에서 급격히 증가하기 시작하였다. 이러한 차이는 남성의 흡연이 여성에 비해 약 20년 전부터 흔했다는 사실을 반영한다.

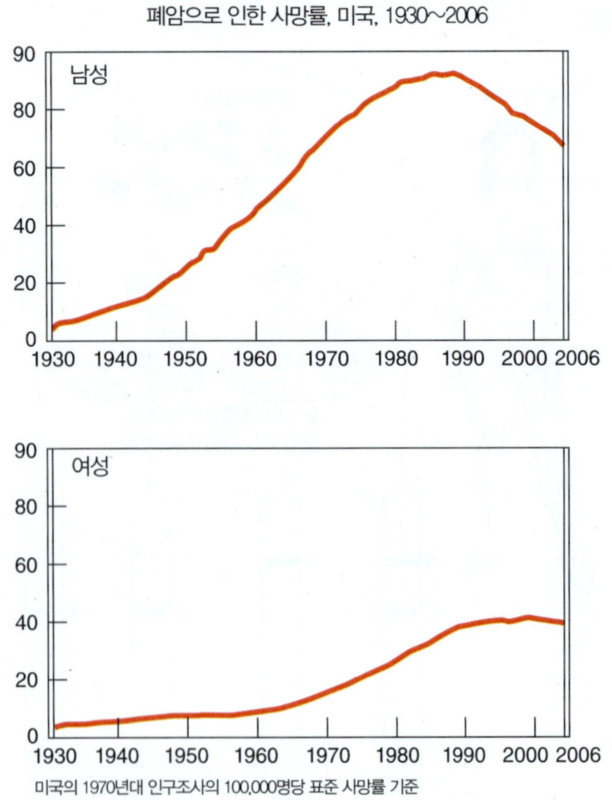

암은 일반적으로 노년층의 질병이다

암의 발생 빈도는 나이에 따라 급격히 상승한다. 노년층에서 나타나는 암은 시간이 지남에 따라 진행되는 질병이며, 하나의 체세포에서 유래된 세포에 많은 돌연변이가 축적된 결과라는 견해를 지지해 준다. 암 유발 돌연변이가 누적되는 속도가 평생 동안 일정하다고 가정한다면, 나이에 따른 암 발병률을 나타내는 지수 곡선의 기울기는 암 발병에 필요한 돌연변이 수를 나타낸다(그림 19.9). 흥미롭게도 다양한 종류의 암 발병 자료로 그래프를 그릴 경우 모두 비슷한 결과가 나타나며, 암 발병에 대략 6~10개 정도의 돌연변이

그림 19.9 나이에 따른 암 발생률. 대부분의 암 발생 빈도는 나이에 따라 급격하게 증가하는데, 이것은 체세포에서의 돌연변이 축적이라는 점과 일치한다(왼쪽). 이러한 자료의 로그-로그 그래프(log-log plot)의 기울기는 체세포가 암이 되려면 6~10개의 돌연변이가 축적되어야 한다는 것을 나타낸다. 이러한 추정은 설명되지 않은 여러 가지 복잡한 가정들에 의존한다.

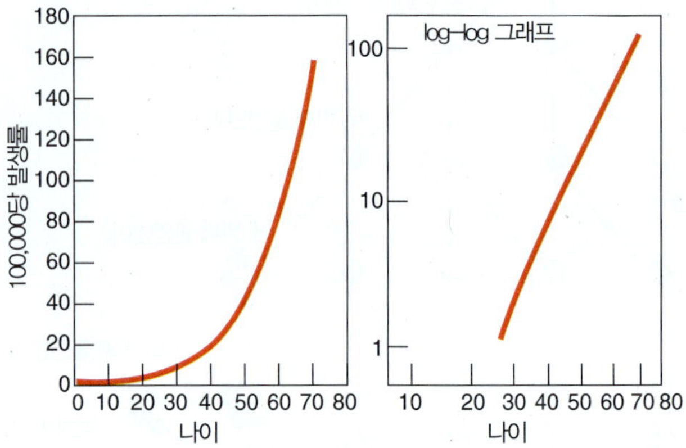

가 필요한 것으로 나타난다. 하지만, 정상세포가 암세포로 변하는 과정의 어느 시점부터는 돌연변이 발생률이 급격히 증가하기 때문에 앞에서 언급한 간단한 해석은 실제 상황의 일부분에 불과하다.

알려진 유전자 돌연변이가 암의 유발을 증가시킨다

일란성 쌍둥이를 포함한 형제, 자매 같은 직계가족 간에 동일한 종류의 암 발병의 일치 여부를 보면 대부분 낮은 수준이다. 만약 형제, 자매나 일란성 쌍둥이 중 한 명에게 암이 발병하더라도 다른 한 명에게서는 대체로 같은 종류의 암이 발병하지 않는다. 이러한 암을 유발한 돌연변이는 우성형이나 열성형으로 생식세포를 통해 유전되지 않는다: 오히려, 그들의 암은 임의의 체세포 돌연변이의 결과로 산발적으로 발생한다.

이 규칙에 대한 중요한 예외가 존재한다. 일부 가족에서는 특정 암이 빈발하는 경우가 있으며, 이는 생식세포를 통해 암 발병소인이 유전됨을 나타낸다. 이러한 형태의 암의 한 예로는 망막아세포종(retinoblastoma)이 있으며, 5장의 읽을 거리 「유전학과 사회」에서 설명하였는데 *RB* 유전자의 돌연변이 대립유전자의 영향을 받는다.

이 장의 뒷부분에서는 이러한 가족성 암을 분석해 보고자 한다. 다만 여기서는 RB 같은 유전자에서의 돌연변이를 물려받는 것이 왜 개인들에서의 암 소인을 유발하는지를 간단한 수준에서 이해하기 바란다. 그 이유는 이러한 사람들의 세포가 이미 암의 진행 과정에 대해 "먼저 출발한" 상태이기 때문이다. 이러한 개체의 세포는 이미 암 관련 유전자에 대한 돌연변이를 가지고 있다. 따라서 체세포가 따라서 그들의 체세포들은 암이 될 때 축적되는 돌연변이의 수가 하나 더 적게 필요할 것이다.

이러한 유전적인 소인(inherited predisposition)은 암이 근본적으로 유전질환임을 명확히 보여준다. 돌연변이 대립유전자들을 유전 받은 사람들이 암을 가지고 태어나는 것은 아니지만 시간이 지나면서 암으로 발전하게 된다는 사실은, 세포가 암 표현형을 획득하도록 하는데, 하나 이상의 유전자들에서 생긴 변화들이 필요하다는 것을 다시 한 번 강조해 준다.

종양 발단의 기반이 되는 유전적 불안정성과 세포증식 사이의 되먹임 고리

암세포들은 항상 변하면서, 정상세포와는 구별되는 그들만의 특징을 점점 더 많이 가지게 된다. 그러므로 종양 발달(tumor progression)이라는 현상이 나타난다: 시간이 지날수록, 종양들은 더 빠르게 자라고 더 침습적이 되어 다른 조직을 침범한다. 이 과정은 특정 유전자(예를 들어 DNA 수선 효소를 발현하는 유전자)의 돌연변이에 의해 가속화되며, 이러한 돌연변이는 유전체 불안정성의 원인이 되어 다른 유전자들에서의 돌연변이 발생률을 증가시킨다. 종양세포에 축적된 염색체이상과 돌연변이의 일부분은 종양세포의 증식률을 증가시키며, 인체 내 다른 기관으로 세포가 퍼지도록 혈관형성을 촉진하고 암세포들이 면역체계의 감시를 피할 수 있게 도와준다.

세포 증식률의 증가와 유전체 불안정성은 되먹임 고리를 통해 강하게 연결되어 있으며, 이것은 환자들에게 매우 파괴적인 영향을 미친다. 다른 변화 없이 세포의 증식만 증가하는 것은 생명을 위협하지는 않는 양성 종양을 만들며, 수술로 제거가 가능하다. 증가된 세포증식이 위험한 진짜 이유는 그것이 더 이상의 돌연변이가 발생하여 더 빠르게 증식하고 심지어 악성으로까지 발전할 수 있는 세포 집단을 키운다는데 있다. 그런 세포집단의 세포가 많을수록 드문 돌연변이들이 그 집단 내에서 발생할 가능성이 커진다. 나쁜 돌연변이가 더 발생하는 그 세포는 이미 빠르게 증식할 수 있으므로 매우 위험하다.

핵심 개념

- 암은 체세포의 복제 과정에서 세포의 유사분열 시 특정 핵심 유전자들의 돌연변이가 축적된 결과이다.
- 돌연변이원에 대한 노출, 환자의 고령, 그리고 드문 유전성 돌연변이들에 의해 발암률이 증가되는 것 등은 암 발생 모형을 지지한다.
- 증가된 세포증식은 유전체 불안정성을 촉진시킨다. 이에 따른 결과로 일부의 돌연변이들은 더 많은 증식을 촉진할 수 있고, 암을 유발하는 특성들을 추가적으로 얻을 수 있다.

19.3 세포분열은 어떻게 정상적으로 조절되는가

학습목표

1. 신호전달경로에서 다음 분자들의 역할을 설명한다: 성장 인자, 성장 인자 수용체, 인산화 반응단계, 전사 인자.
2. 세포주기 조절에 있어서 사이클린 의존성 인산화효소(CDK)의 역할을 설명한다.
3. 세포주기 점검점들이 어떻게 유전체 안정성을 유지시킬 수 있는지 p53 단백질을 예로 들어 설명한다.

축적된 체세포 돌연변이가 어떻게 암을 유도할 수 있는지 이해하기 위해서는, 먼저 정상세포에서 일어나는 세포주기 조절의 주요 분자들에 대한 지식이 필요하다. 그 이유는 암 진행에 연관되어 있는 돌연변이들은 일반적으로 세포증식 조절에 관여하는 단백질 인자가 암호화된 유전자에서 일어나기 때문이다. 이런 단백질들 중 일부는 세포가 언제 분열해야 할지 신호를 전달하기도 하고, 다른 것들은 세포가 정상적으로 분열할 때 세포 주기의 다음 단계로 진행시키기도 하며, 또 어떤 것들은 유전체에 생긴 손상이 수선될 때까지 세포분열 기구의 속도를 늦추기도 한다. 세포분열을 관리하는 분자적 기작들에 대한 종합적인 견해는 이 교재의 범위를 넘어서지만, 이 장에서는 일부 강조된 것들에 대해 논의할 것이다.

성장 인자들은 신호전달 경로를 통해 세포분열을 개시한다

온 몸의 세포들은 신체가 전체적으로 조화롭게 기능하게 하기 위해 서로 신호를 주고받아야만 한다. 이러한 신호들은 각 세포들에게 분열하거나 대사과정(이것은 세포들이 생성하도록 예정된 분자를 생성하게 한다)을 진행하거나 사멸하라고 명령한다. 세포증식과 분열에 영향을 주는 분자 신호들을 **성장 인자**(growth factor)라고 한다. 이 장에서는 세포증식에 자극을 주는 성장 인자인 **마이토젠**(mitogen; 유사분열촉진인자)에 중점을 둘 것이다. 그런, 다른 성장 인자들은 세포 증식을 억제할 수도 있으며, 또 다른 것들은 세포 환경에 따라 촉진이나 억제가 달라질 수 있다는 사실을 알 필요가 있다.

성장 인자들이 세포 표면에 존재하는 **성장 인자 수용체**(growth factor receptor)와 반응했을 때 세포 안에서는 **신호전달 경로**(signal transduction cascade)라고 하는 생화학 반응이 일어난다. 신호전달 연쇄반응은 결국 핵에 도달하여 거기에서 **전사 인자**(transcription factor)를 암호화하는 유전자들을 활성화시킨다. 이러한 전사 인자들은 유전자를 조절하여 세포가 분열하거나 분열하지 않도록 한다.

성장 인자

세포분열 시작 시 발생하는 두 가지의 기본적인 신호들은 세포 밖 신호와 세포 내 신호이다.

세포 밖 신호(extracellular signal)는 단백질이나 펩티드, 스테로이드의 형태이며, 이러한 물질들은 호르몬이라 하고 길거나 짧은 거리내의 기관에 작용한다(그림 19.10a). 갑상샘자극호르몬은 뇌하수체에서 생성된다. 예를 들어, 혈류를 통해 갑상샘으로 이동하여 세포를 자극하면 대사율에 영향을 미치는 티록신이라는 또 다른 호르몬이 생성된다.

그림 19.10 세포 밖 신호들은 한 세포에서 다른 세포로 확산되어 이동하거나 세포 대 세포가 접촉함으로써 이동할 수 있다. (a) 뇌하수체에서 혈액순환을 통해 갑상샘으로 이동하는 갑상샘자극호르몬을 분비한다. 갑상샘 안에 있는 세포에서는 인체의 많은 세포에 작용하는 티록신을 분비한다. (b) 살생 T 세포(killer T-cell)는 직접적인 세포 대 세포로 접촉함으로써 바이러스에 감염된 표적 세포를 인식한다. T 세포의 수용체들은 바이러스성 항체와 감염된 세포 표면에 존재하는 조직 적합성 단백질로 만들어진 복합체에 결합되어 있다.

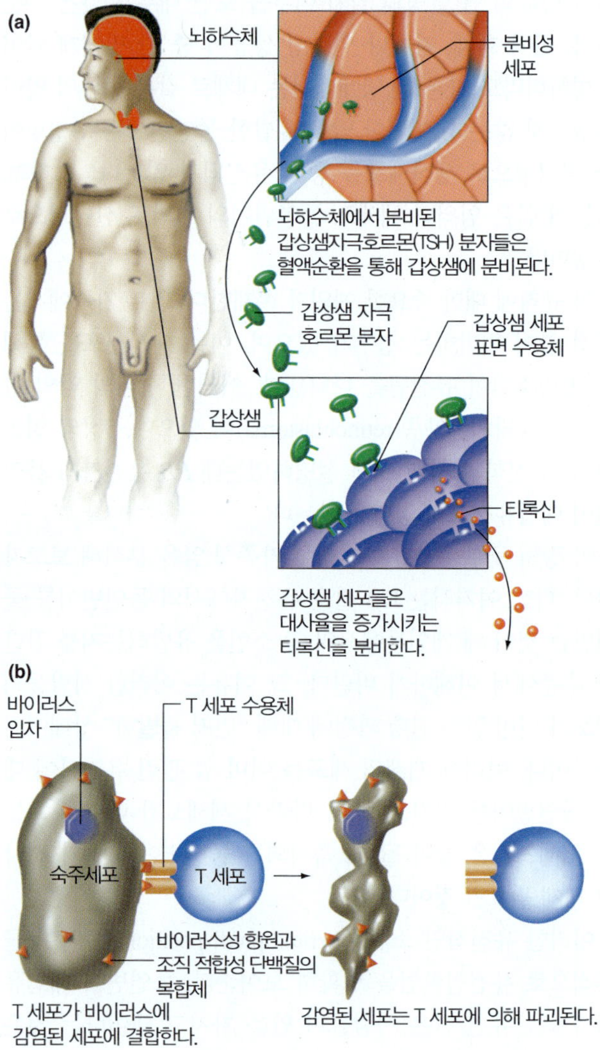

모든 외부 세포들과 분자들로부터 각각의 세포들을 구별하는 조직 적합성 단백질과 같은 **세포 부착형 신호**(cell-bound signals)는 신호전달을 위해 세포사이의 직접적인 반응을 필요로 한다(그림 19.10b). 면역 체계의 세포들은 바이러스 입자, 박테리아, 독소의 상태에 대해서 세포 부착형 신호들을 통해 소통한다.

그림 19.11 수용체와 성장 인자의 결합은 신호전달 반응 단계가 시작되도록 한다. (a) 성장 인자는 세포막에 박힌 특정 수용체의 세포 외 영역에 결합한다. (b) 이 결합은 수용체 단백질의 세포 내 영역으로 신호를 전달하고, 결국 세포 내의 다른 신호 분자들과 상호작용이 발생하도록 한다. 유사분열 물질에 의해 시작된 신호전달 경로의 마지막 성분은 유전자의 발현을 활성화할 수 있는 전사 인자가 된다. 활성화된 유전자는 세포분열을 자극하는 단백질을 생성한다.

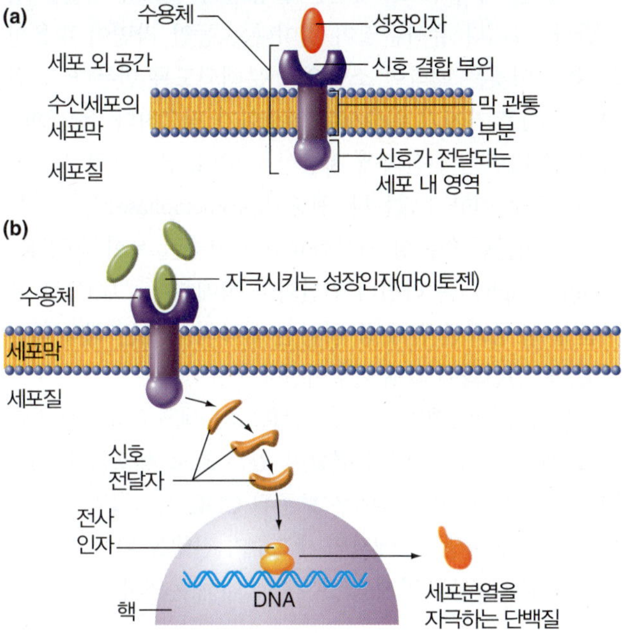

수용기와 성장 인자의 결합

세포 외 신호든 세포 부착 신호든, 대부분의 성장 인자들은 수용세포 막에 박혀 있는 특수한 수용체에 결합하여 그들의 신호를 전달한다. 즉, 그 세포들은 성장 촉진 혹은 성장 중지 신호를 받게 된다(그림 19.11a). 성장 인자 수용체들은 세 부분으로 구성된 단백질이다(세포 부착형 신호 결합 부분, 세포막을 통해 이동하는 막 관통 단백질 부분, 세포질 안의 다른 단백질과 신호를 전달하는 세포 내 부위).

신호전달 연쇄반응

세포 안에서 신호를 전달할 수 있는 세포질의 단백질들은 세포 내 **신호전달자**(signal transducer)라고 한다. 전형적으로, 여러 가지 서로 다른 세포내 신호전달자들은, 생화학적 연쇄반응 내에서 서로 연계되어 있는데, 이 연계 내에서 각 분자들은 세포 내의 다른 분자들을 활성화시키거나 억제함으로써 수용체의 성장 인자 결합 신호를 전달한다(그림 19.11b).

많은 종류의 신호전달 체계 중 하나는 18장에서 미리 소개한 Ras 단백질을 포함한다. Ras는 두 가지의 형태로 존재

그림 19.12 라스(Ras) 매개성 신호전달 반응단계. Ras 단백질은 Ras와 상호작용하는 세포 수용체에 성장 인자가 결합하였을 때 결합된 GDP가 GTP로 바뀌면서 유도되는 세포 내 신호를 나타내는 분자이다.

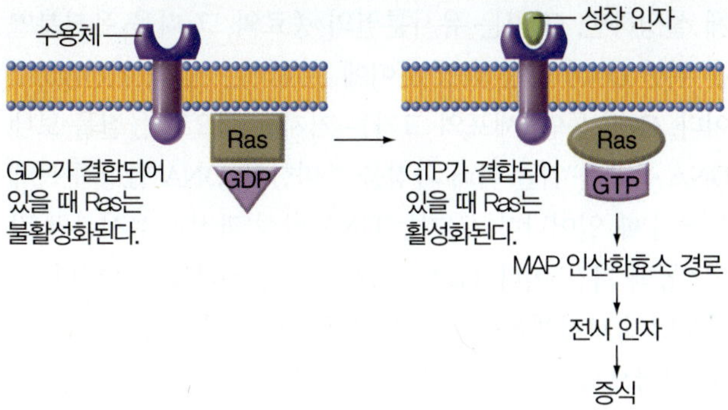

하며 스위치 분자이다. 불활성화 형태일 때는 구아노신 이인산(Ras-GDP)이 결합되어 있고, 활성화 형태일 때는 구아노신 삼인산(Ras-GTP)이 결합되어 있다. 일단 성장 인자가 수용체를 활성화시키면, 그 수용체의 세포내 영역은 GDP를 GTP로 변화시킴으로써 Ras 스위치가 켜지도록 한다(그림 19.12). 그 다음 Ras-GTP는 다른 단백질에 인산기를 더할 수 있는 일련의 세 가지 **단백질 인산화효소**(protein kinase)를 활성화시킨다. 첫 번째 인산화효소는 두 번째 인산화효소를 활성화시키고, 활성화된 두 번째 효소는 세 번째 인산화효소를 활성화시킨다. Ras-GTP에 의해 활성화된 세 가지의 단백질 인산화효소는 MAP(Mitogen-activated protein; 유사분열물질 활성화 단백질) 인산화효소 경로로 알려져 있다.

세포주기 유전자들의 전사 조절

성장 인자에 의해 개시된 신호전달 경로의 마지막 구성요소는 전사 인자이다. 전사 인자는 핵에서 세포증식을 조절하는 특정 유전자의 발현을 억제하거나 활성화시킨다(그림 19.11, 19.12). Ras 매개신호에서 전사 인자들과 신호전달 경로 간의 연결은 마지막 MAP 인산화효소가 인산화된 후 핵으로 이동하고 난 후에 일어난다. 핵에서 MAP 인산화효소는 세포주기 유전자의 발현에 영향을 주는 특정 전사 인자를 인산화시킨다. 성장 인자에 반응하여 전사적으로 활성화되는 세포주기 유전자들 중 중요한 것들로는, 사이클린(cyclin)과 사이클린 의존성 인산화효소(cyclin dependent kinase)들로서 다음 절에 설명할 것이다.

사이클린과 CDK는 세포주기 진행을 위한 필수요소들이다

4장에서 배웠듯이 세포분열에서는 염색체의 복제뿐 아니라,

복제된 염색체가 딸세포로 정확하게 분배되는 것 역시 중요하다. 세포는 이 어려운 일을 연속적인 네 단계의 세포주기로 진행한다: G_1기, S기, G_2기, M기(그림 4.9 참조). 간략하게 설명하면, G_1기는 유사분열의 종료와 그 다음 유사분열을 위한 DNA 합성 과정 사이에 존재하는 "공백 기간(gap)"이다. G_1기 동안, 세포의 크기는 커지고 핵으로 물질을 보내 DNA 복제를 위한 여러 과정을 준비한다. DNA 합성과 복제는 S기 때 일어난다. G_2기는 DNA 합성 과정과 유사분열 간의 "공백 기간"이다. G_2기 동안, 세포는 분열을 준비한다. 유사분열의 M기에서는 핵막의 분해와 염색체 응축, 방추체 부착, 양극으로의 염색체 분리가 진행된다. 유사분열이 완료되면, 세포질 분열에 의해 세포는 나뉜다.

단백질 인산화효소의 종류인 **사이클린-의존성 인산화효소(cyclin-dependent kinases, CDKs)**는 세포주기가 다음 단계로 진행되도록 유도하는 중요한 조절 요소이다. 명칭에서 의미하듯이, CDK는 **사이클린(cyclin)**이라고 하는 단백질의 영향을 받아야만 제대로 기능을 한다. CDK-사이클린 복합체는 수백 개의 표적 단백질들을 인산화함으로써 세포주기의 특정한 시기에 특정 역할을 수행한다; 이러한 인산화는 일부의 표적 단백질의 활성이나 다른 단백질의 비활성을 유도할 수 있다(그림 19.13a). CDK-사이클린 복합체에서 사이클린 부분은 CDK가 인산화시킬 단백질을 지정하며, 실제로 인산화는 CDK 부분이 수행한다.

예를 들면, 핵을 구조적으로 지지해 주며 핵막의 내막 표면에 존재하는 단백질인 핵 라민(nuclear lamin)에 대한 CDK-사이클린의 역할을 생각해 보자(그림 19.13b). 세포주기 동안, 대체적으로 라민은 불용성의 구조적 기질을 형성한다. 그러나 유사분열이 일어나는 동안 라민이 수용성화되며, 이것은 핵막이 소낭으로 분해되도록 만든다. 라민이 수용성을 가지기 위해서는 인산화가 필요하다. 돌연변이가 생긴 라민은 인산화에 저항성을 띠며, 유사분열 시기에 수용성으로 변하지 않는다. 전중기(prometaphase)에 활성화되는 사이클린-의존성 인산화효소-사이클린 복합체(CDK–cyclin complex)는 라민의 인산화를 촉매한다. 그러므로 유사분열 시 중요한 단계 중 하나인 핵막의 해체는 핵막 라민의 CDK 인산화에 의해 이루어진다.

읽을거리 「유전학의 기술」의 "효모의 세포주기 돌연변이 분석"에서는 세포분열에 결함이 있는 효모 세포들에 대한 연구들을 통해 어떻게, 매우 보존된 CDK-사이클린 복합체들이 모든 진핵생물들에서의 세포주기 진행을 위한 핵심 조절인자라는 사실을 알게 되었는지에 대해 논의하고 있다.

그림 19.13 사이클린-의존성 인산화효소(CDKs)는 다른 단백질들을 인산화시킴으로써 세포주기를 조절한다. (a) CDK는 사이클린과 함께 결합되어 있고 다른 단백질들을 인산화시키는 능력을 획득한다. 단백질의 인산화 반응은 표전 단백질의 불활성화 또는 활성화를 유도한다. (b) 라민이라고 하는 핵 구조 단백질의 CDK 인산화 반응은 체세포 분열의 전중기에서 핵막 용해의 원인이 된다.

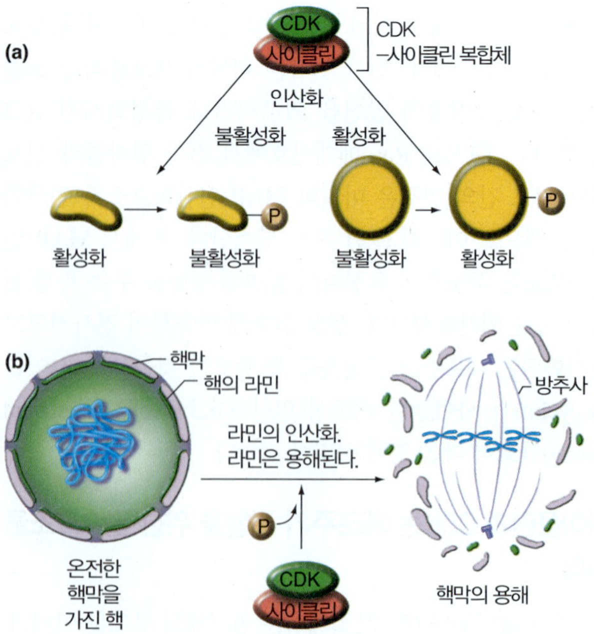

다른 세포주기 전이에는 다른 CDK-사이클린 복합체가 필요하다

서로 다른 CDK-사이클린 복합체는 세포주기의 특정한 시점에 나타나게 된다(그림 19.14). 예를 들면 하나의 CDK-사이클린 복합체는 S기의 DNA 복제에 필요한 표적 단백질들 활성화시키는 반면, M기가 시작되면 또 다른 CDK-사이클린 복합체가 라민 수용성화에 필요한 단백질들을 활성화

그림 19.14 다른 CDK-사이클린 복합체들이 다른 세포주기 전이들을 조절한다. 다양한 CDK-사이클린 복합체들이 세포주기의 특정 시기에 나타나며 이는 세포가 다음 단계로 진행할 수 있도록 한다. 이들 복합체의 정기적 출현 및 소멸은 특정시점의 특정 사이클린의 합성과, 더 이상 필요하지 않을 때 소멸되는 현상에 의존한다.

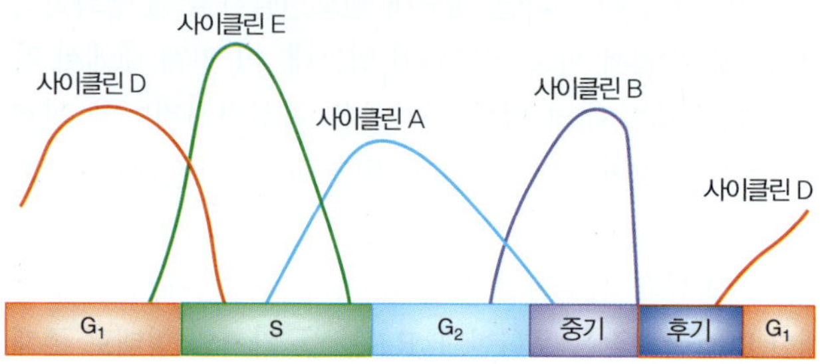

시킨다. 이 복합체들에서 사이클린은 세포주기의 어느 특정 시기를 알 수 있는 단서이다. 그들은 적당한 CDK들과 연합하여 올바른 단백질 표적들을 지적한 후, 다시 사라져서 다음 세트의 사이클린이 결합할 수 있게 한다. 시간적으로 정확히 조율되어 결합하고 떠나는 사이클린의 주기는 두 가지 기작의 결과이다: 하나는 특정 사이클린의 합성을 조절하는 유전자의 조절이고, 다른 하나는 더 이상 필요 없어진 사이클린을 제거하는 단백질 분해의 조절이다.

한 가지 예로 어떤 CDK가 핵에 존재하는 라민에 작용하였다고 고려해 보면, 라민은 핵막의 안쪽 표면을 구성하는 단백질이다. 사이클린 소멸현상에 필요한 분자기작은 CDK-사이클린 복합체의 자체 활성화에 의한 것이기 때문에 사이클린의 소멸은 세포주기 조절의 가장 흥미로운 특징이다. 즉 세포주기는 고유한 톱니바퀴처럼 작동하며, 특정기(S 혹은 M기)를 활성화하고 결과적으로 현재 단계의 비가역적인 종료가 되도록 보장한다.

세포주기의 점검점은 유전체의 안정성을 보장한다

환경적인 요인들 혹은 염색체 분리 및 복제에 필요한 세포 내 요소들의 산발적인 오류에 의해 발생하는 세포 유전체의 손상은 세포에게 심각한 문제를 초래할 수 있다. 세포주기에 관여하는 요소들이 망가지는 것 또한 여러 문제를 초래할 수 있다. 그렇기 때문에 오류에 대한 복구가 일어나는 동안 정교한 기작에 의하여 세포주기 진행이 보류되는 것은 그리 놀라운 일이 아니다. 사이클린 분해는 세포 주기 조절에서 가장 흥미로운 특징 중 하나인데, 그들 자신의 분해를 일으키는 분자적 기구가 CDK-사이클린 복합체에 의해 활성화되기 때문이다. 따라서 세포주기는 단일 방향의 내인성 회전 톱니바퀴 같은 기작을 가지고 있어서, 한 시기의 활성화가 있고 조금 후에는 그 시기가 끝날 수밖에 없도록 조절한다.

이미 4장에서 다양한 세포주기 점검점에 대하여 논의하였다. 한 예로서 유사분열(M기)이 일어나는 동안에 하나의 세포주기 점검점은 유사분열 방추체가 형성되고 모든 쌍의 딸 염색분체들이 여기에 결합해 있는지를 확인한다. 만일 단일 염색분체가 한 개라도 방추체 부착에 실패하는 경우에 세포는 교정되기 전까지 딸 염색분체의 분리나 후기 염색체 이동이 시작되지 않도록 한다. 이러한 방추체 형성 점검점은 유사분열하는 딸세포들에서 이수체(aneuploidy) 형성을 억제한다.

이 장에서는 G_1기에서 S기로의 전이 시에 DNA 손상이 있는 경우 전이가 일어나지 않도록 하는 G_1기와 S기 사이의 점검점에 대한 분자기작에 중점을 두었다.

G_1기와 S기 사이의 점검점

G_1기에서 방사선 혹은 화학적 돌연변이 유발물질에 의하여 DNA가 손상을 입게 되면, DNA의 복제는 지연된다. 이러한 지연은 DNA 합성에 들어가기 전에 DNA가 수선될 수 있는 시간을 제공한다. 오류가 복구되지 않은 DNA가 복제될 경우 DNA 손상을 더 악화시킬 수 있다. 점검점에 대해 알아보기 전에 세포들이 정상적으로 G_1기에서 S기로 넘어가는 데 필요한 주요 분자적 양상에 대하여 이해할 필요가 있다.

G_1기의 정지세포는 수용체에 대한 성장 인자의 부착에 의해 S기로 넘어가도록 자극된다. 이러한 세포 표면에서의 상호작용으로 하류 유전자들의 발현을 유발하는 전사 인자를 활성화하는 신호전달 연쇄반응(signal transduction cascade)이 개시된다. 이들 하류 유전자들 중에는 두 개의 사이클린, 즉 사이클린 D와 사이클린 E를 암호화하는 유전자가 있으며, 결과적으로 인간세포에서 G_1기에 첫 번째로 나타나는 사이클린 의존성 인산화효소-사이클린 복합체는 CDK4–사이클린 D와 CDK2–사이클린 E이다(그림 19.15).

두 개의 CDK-사이클린 복합체들이 S기로 넘어갈 수 있게 *RB*(retinoblastoma) 단백질이 인산화되도록 한다. 탈인산화 된 Rb 단백질은 E2F라고 하는 전사 인자를 불활성화한

그림 19.15 CDKs는 세포주기의 G1에서 S기로의 전환에 영향을 준다. 인체 세포에서 사이클린 D와 결합한 CDK4와 사이클린 E와 결합한 CDK2는 Rb 단백질을 인산화하여 E2F 전사 인자로부터 분리시킴으로써 E2F 전사 인자를 활성화시킨다. E2F는 DNA 복제에 필요한 많은 유전자들의 전사를 자극한다. S기로 전환되는 과정에서 사이클린 D는 분해되고, 사이클린 A가 합성되며, CDK2–사이클린 A 복합체는 DNA 복제를 활성화한다.

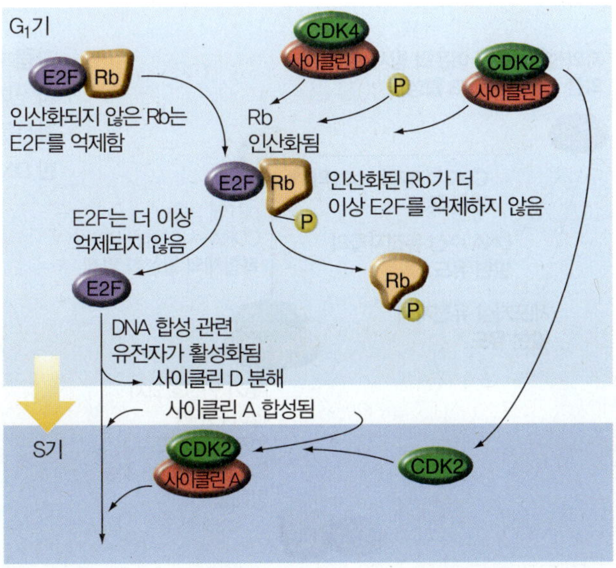

유전학의 기술

효모의 세포주기 돌연변이 분석법

출아효모(Saccharomyces cerevisiae)는 세포분열을 조절하는 유전자를 알아보기에 유용하다. 효모는 세포주기 연구에 특히 유용한 세 가지 특성을 가지고 있는데, 그 첫 번째는 반수체(haploid) 혹은 이배체(diploid)로 자랄 수 있는 점이다. 열성 돌연변이체는 반수체 세포에서 보이며, 이배체 세포는 서로 다른 두 개의 돌연변이를 만들 수 있으므로 과학자들로 하여금 돌연변이에 의해 정의되는 상보적인 유전자 수의 결정을 가능하게 한다.

두 번째로 효모세포의 형태로 세포주기 상태를 알 수 있다. 세포주기 초기에 G1기가 끝나갈 무렵, 하나의 딸세포가 모세포(mother cell) 표면에 싹처럼 자라난다. 모세포가 세포분열 주기를 진행할수록 싹의 크기도 성장한다; S기에서는 싹의 크기가 작고 유사분열 시기 동안에는 크기가 커지기 때문에 싹의 크기는 세포주기의 진행 상황에 대한 표식자(marker)로 작용한다.

마지막으로 성장 중인 효모세포의 정상집단은 싹이 없는 세포뿐만 아니라 다양한 크기의 싹이 있는 세포들을 포함한다. 마침내 연구자들은 비록 그러한 돌연변이가 치명적(lethal)이긴 하지만 세포주기에 매우 중요한 유전자들의 돌연변이체를 찾아냈다. 그 방법 중 하나는 온도에 감수성을 가진 세포주기 결함 돌연변이체를 찾는 방법이다. 저온(허용 가능한 온도)에서는 단백질들이 정상적인 세포분열이 일어나도록 조절하여 세포가 자라게 된다. 이 돌연변이 세포집단을 고온 환경으로 옮기면 일부 돌연변이 세포의 온도에 민감한 단백질들이 기능을 상실하며, 연구자들은 단백질의 기능상실이 세포에 미치는 결과를 연구할 수 있다.

그림 A 허용온도 조건에서 자란 효모의 세포주기 돌연변이. 이들 세포들은 일부 작은 싹들(예, 노란색 화살표)과 일부 커다란 싹 들(예, 빨간색 화살표)을 포함하여 다양한 크기의 싹들을 보인다.

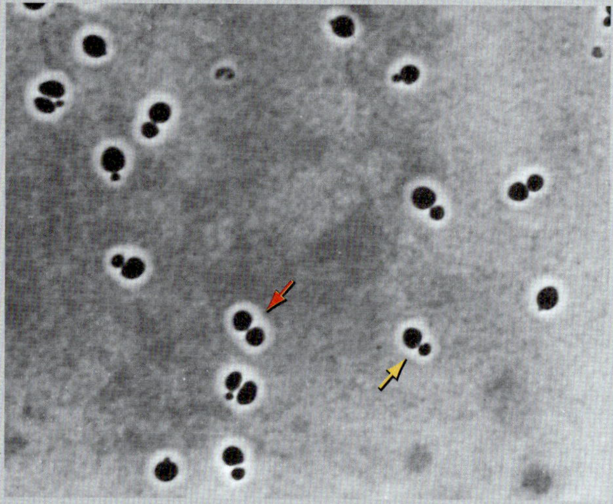

온도에 민감한 돌연변이체를 분리하기 위해 연구자들은 이 세포들을 성장이 허용되는 온도에서 키워서 싹이 나지 않는 세포와 다양한 크기의 싹이 나는 세포집단을 형성하게 한 다음 이들을 고온 환경으로 옮기면 세포들은 모두 일정한 크기의 싹만을 보이게 된다.

한 예로 그림 B에 보이는 돌연변이 세포의 집단에서 모든 세

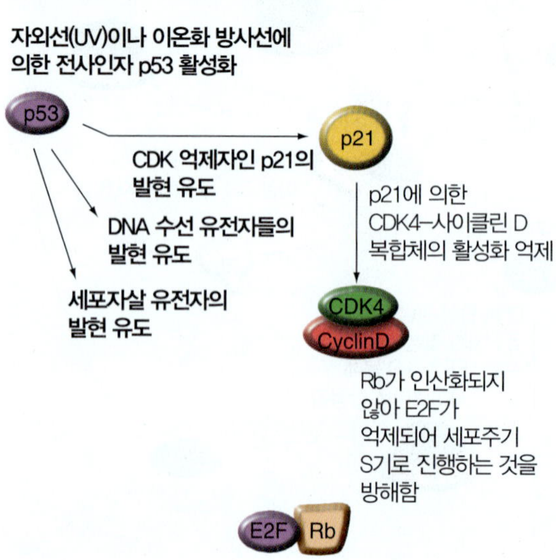

그림 19.16 **p53 경로는 G_1기–S기 점검점의 한 부분이다.** DNA 손상은 p53 전사 인자를 활성화시켜 결국 *p21* 유전자의 발현을 유도한다. p21 단백질은 CDK 활성을 억제하고, G_1기에서 세포주기를 중단시킨다. 활성화된 p53 단백질은 다양한 DNA 수선 및 예정된 세포사멸 관련 유전자의 발현을 유도한다.

다. 그러나 E2F에 대한 저해가 풀리면, 이 전사 인자는 이제 DNA 합성에 필요한 다양한 유전자들의 발현을 활성화시킬 수 있게 된다. 이와 같은 일련의 과정은 복잡하다. 그러나 전체적인 과정을 요약하면, 유사분열 촉진 인자들에 의한 성장 인자 수용체의 활성화는 DNA 복제에 필요한 효소들을 만들어 G_1기에서 S기로 전이가 일어나도록 자극한다.

이제 G_1기에서 S기로 전이 현상의 이해를 바탕으로 DNA에 손상이 있을 경우 G_1기에서 S기로 전이가 일어나지 않도

그림 B 제한온도 조건에서 자란 효모의 세포주기 돌연변이. 그림 A에서 언급한 효모를 제한 온도조건에서 키운 후의 사진. 앞에서 언급한 세포들이 모두 커다란 크기의 싹을 가진 상태로 성장을 멈추었다(다른 세포주기 돌연변이체들은 다양한 크기의 싹들을 만들거나 혹은 싹을 전혀 만들지 않은 상태로 멈추었다). 온도조건 변경 시 세포주기 초기에 있던 세포들은 첫 번째 세포주기 시기에 멈추었고(노란색 화살표), 이러한 세포들은 작은 싹을 갖고 있다. 세포주기 후반에 있는 세포들은 첫 번째 세포주기를 끝내고 두 번째 세포주기 시기에 멈추는데, 이때 두 개의 큰 싹을 가진 세포들의 응집덩어리를 만든다(빨간색 화살표).

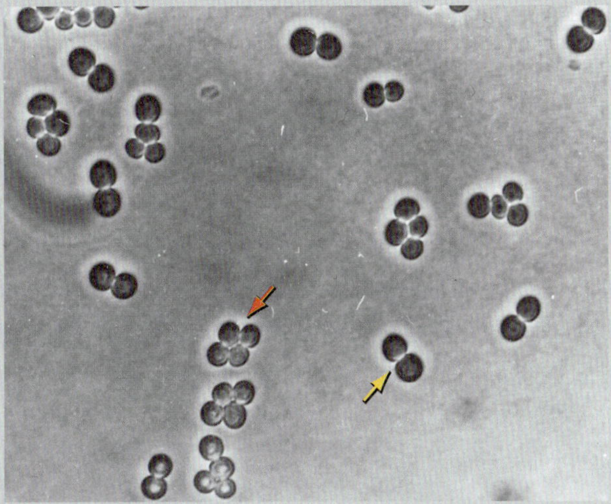

포는 커다란 싹 하나만을 보유하고 있으며, 이것은 유사분열 시기에 억제되어 있음을 뜻한다. 다른 세포주기 돌연변이체들은 다른 방식으로 억제현상이 일어나지만 싹이 없는 세포와 같이 일정한 형태를 나타낸다. 제한된 온도조건하에서 나타나는 돌연변이 세포집단에서 보이는 이런 하나의 통일된 모습은 세포주기 과정에서 특정 시기의 결함 돌연변이에 의한 것이다.

이런 방식으로 효모 유전학자들은 100개 이상의 세포주기 관련 유전자를 분리하였으며, 이들 유전자 중 상당수는 유전학자들이 다른 생물체에서도 그 중요성을 확인하였다. 예를 들면, CDK1으로 알려진 사이클린-의존성 인산화효소(cyclin-dependent kinase)를 만드는 효모의 세포주기 유전자들 중 하나를 발견하였다. 두 종류의 효모(*S. cerevisiae*와 *S. pombe*)에서 CDK1은 새로운 주기의 세포분열을 개시할 수 있도록 조절한다. 개구리의 CDK1 단백질은 초기 세포분열을 조절하는 하나의 사이클린 의존성 인산화효소-사이클린 복합체(CDK-cyclin complex) 형성에 관여한다.

놀랍게도 유전자 교환 실험에서 CDK1을 만드는 출아효모, 분열효모 관련 유전자들은 서로 치환이 가능했으며, 이러한 사실은 CDK1을 만드는 단백질이 서로 같은 공통의 활성을 보인다는 것이다. 개구리와 인간의 CDK1 단백질을 만드는 유전자 역시 효모와 같은 기능을 가지고 있다. 그러므로 서로 다른 유기체들에서 세포주기를 조절하는 단백질을 만드는 유전자들은 서로 보존적이며, 기능적으로도 매우 유사한 단백질 인산화효소를 만드는 것으로 보인다.

록 하는 점검점에 대해 논의할 것이다. 포유동물에서는 세포의 G_1기에 이온화된 방사선 혹은 자외선이 처리되었을 때, p53 유전자경로가 활성화되어 S기로의 전환이 지연된다(그림 19.16).

p53 단백질은 전사 인자로서 다양한 방식으로 G_1기에서 S기 사이의 점검점에 관여한다(그림 19.16). 첫 번째로 p53은 사이클린 의존성 인산화효소(CDK)의 저해제로 알려진 p21 단백질의 전사를 유도한다. p21은 CDK-사이클린 복합체에 결합하여 활성을 저해한다. 특히 p21은 S기로 들어가도록 하는 CDK4–사이클린 D 복합체의 활성을 저해한다. p53의 두 번째 기능은 DNA 수선 효소들을 만드는 다양한 유전자들의 발현을 유도한다. 세포가 p21에 의해 G_1기에 억제되어 있는 동안 이들 DNA 수선 효소들은 DNA 손상을 수선하게 된다. 수선이 완료되면 p53은 불활성화되고 세포는 S기로 진행된다.

p53 경로 및 예정된 세포 사멸

정상적인 기능을 하는 p53을 만드는 야생형 세포는 DNA 손상이 있을 경우, G_1기에서의 세포주기를 정지시킬 수 있을 뿐 아니라 손상규모가 클 경우, 예정된 세포 사멸(programmed cell death [PCD], 혹은 apoptosis)로 알려진 과정에 의해 세포의 자살을 일으킨다. 예정된 세포 사멸 과정에서 세포의 DNA는 작은 단편으로 분해되며 핵은 더욱 압축된다. 예정된 세포 사멸되는 세포는 이웃 세포 혹은 식세

그림 19.17 예정된 세포 사멸. 만일 세포의 DNA가 너무 많은 손상을 입게 되면 세포는 예정된 세포 사멸이 진행된다. 그러면 DNA는 소멸되고 핵은 응축되며 손상된 세포는 식세포들로 하여금 죽은 세포를 소화시키라는 신호를 보낸다. 다양한 예정세포 사멸 관련 단백질이 p53 전사 인자가 활성화되었을 때만 나타나게 된다(그림 19.16 참조).

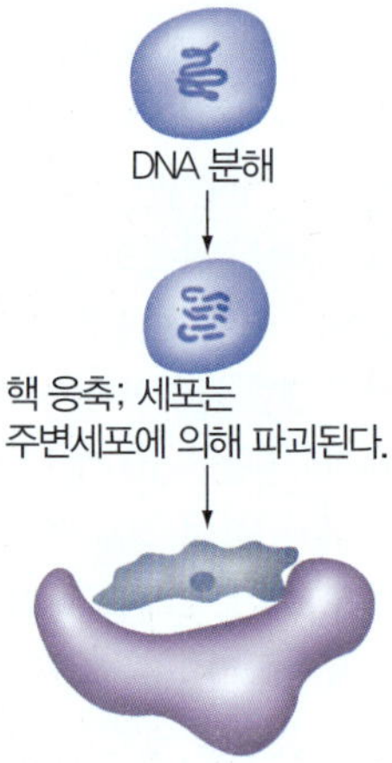

포에 의하여 포식된다(그림 19.17). 대규모의 DNA 손상에 의해 p53 전사 인자가 충분히 활성화되면 다양한 양상의 예정세포 사멸에 관여하는 단백질들을 만드는 유전자들이 활성화된다. 이 기능은 p53이 G1에서 S기로 전환되는 시기에 관여하는 세 번째 경로를 구성한다(그림 19.16).

다세포 생물에 있어서 과노한 염색체 손상을 가진 세포를 제거하려는 기작의 존재는 당연한 것인데, 그런 세포의 생존이나 생식은 암을 유발할 수 있기 때문이다. 그러므로 예정세포 사멸에 관련된 단백질들은 회충이나 파리 그리고 인간에 이르기까지 매우 보존적이다.

점검점의 필요성

점검점이 세포분열 과정에 필수요소는 아니지만, 유기체가 정상적으로 살아가는데 필요하다. 생쥐나 다른 동물을 이용한 실험을 통해 실제로 하나 또는 그 이 상의 점검점에 결함이 있어도 생존이 가능하였으며, 세포분열 또한 정상적인 속도로 이루어짐을 나타냈다. 그러나 이러한 돌연변이 세포들은 DNA 손상에 대하여 정상세포에 비해 훨씬 취약하다. 점검점에 결함이 있는 세포의 공통된 특징은 유전체 자체가 매우 불안정하다는 점이다. G_1기에서 S기 사이의 점검점을 예로 들면, 산화적 손상이나 혹은 다른 DNA 손상의 결과로 인하여 DNA 주형에 손상이 종종 일어나게 되며 세포는 S기로 넘어가기 전 G_1기 동안에 그러한 손상을 수선하게 된다. 만일 G_1기에서 S기 사이의 점검점이 수선에 실패하게 되면 복제가 일어나는 동안 단일가닥 절단이 일어나게 되고, 이 부분은 그대로 복제되어 이중 가닥 절단을 만들게 되어 결과적으로 전좌(translocation)와 같은 염색체 재배열이나 점돌연변이(point mutation)를 유발하게 된다.

G_1-S 점검점에 결함이 있는 세포들에서의 염색체 불안정성은, 이런 세포에서 **유전자 증폭**(gene amplification)의 경향이 나타나도록 한다: 유전자 증폭이란 정상적으로 두 개의 사본으로 있어야 할 유전자들이 수 백 개 이상의 사본으로 증가하는 것이다. 이런 증폭은 현미경 하에서도 관찰되는데, 염색체 내의 부풀어 오른 부분에서 한 유전자가 직렬로 여러 번 반복된 부분을 포함하는 **균질염색부위**(homogeneously staining region, HSR)로 나타나거나, 중심체나 말단소체가 없는 작은 염색체형 소체로 보인다. 이들은 크기가 작기 때문에 **이중 미세염색체**(double minute chromosome)라고 불린다(그림 19.18). 인간의 정상세포는 세포 배양을 통해 유진자 증폭이 일이니지 않지만 *p53* 유전자 돌연변이가 일어난 세포는 유전자 증폭이 높은 비율로 일어나게 된다.

그림 19.18 G_1–S 점검정에 결함이 있는 세포에서의 유전자 증폭. 점검정이 결여된 종양세포에는 종종 DNA가 증폭된 지역이 있는데, 이는 정상세포의 염색체 내에 하나 혹은 그 이상의 반복서열이 포함된 균질염색부위(homogeneously staining region; HSR)처럼 나타나거나(왼쪽), 염색체 밖의 작은 DNA 조각들인 이중 미세염색체(double minute)처럼 보이게 된다.

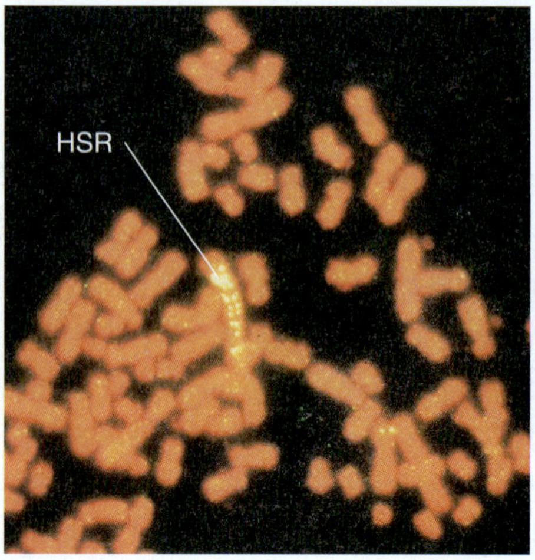

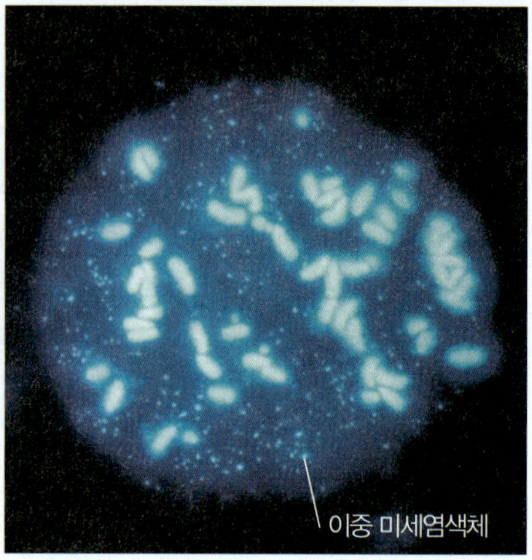

핵심 개념

- 세포분열은 성장 인자가 세포 표면에 있는 수용체 단백질에 결합하면서 개시된다. 이러한 결합은 세포주기 관련 유전자의 발현을 조절하는 전사 인자들이 활성화되는 신호전달 연쇄반응을 일으킨다.
- 각각의 CDK–사이클린 복합체의 생성 및 이어지는 분해는 세포주기 사이의 전이를 유발한다.
- G_1기에서 S기에 이르는 점검점은 유전자 손상 시에 염색체 복제를 저해하며, 이때 p53 단백질은 점검점의 핵심 요소이다.

19.4 돌연변이는 어떻게 암을 발생시키는가

학습목표

1. 원암유전자와 종양 억제 유전자를 구별한다.
2. 종양 억제 유전자에서 발생한 돌연변이는 세포 수준에서 열성이지만 가계도에서 관찰된 암에서는 어떻게 우성 유전의 특성을 유발할 수 있는지 설명한다.

암을 유발하는 돌연변이 대립유전자들을 대부분 암유전자라고 일반적으로 언급하지만, 사실 이 용어는 부적절한 명칭이다. 모든 암 유전자들은 사실 정상적인 유전자의 돌연변이 대립유전자이기 때문이다. 이미 과학자들은 돌연변이가 발생하면 암으로의 진행과정을 가속화시킬 수 있는 유전자 를 100개 이상 찾아냈다.

암 유전자와 이러한 유전자들과 연관된 돌연변이는 크게 두 종류로 세분화된다. 돌연변이 대립유전자가 우성으로 발현하여 암을 일으킨다면, 이러한 유전자를 암유전자(oncogene)라고 한다. 이런 유전자들은 이배체 세포(diploid cell)에서 암을 유발하는 돌연변이 대립유전자가 하나만 있어도 암 관련 표현형을 야기하는 데 충분히 도움을 준다(그림 19.19a). 열성으로 암을 촉진시키는 돌연변이 대립유전자들은 **종양 억제 유전자**(tumor suppressor gene)들에서의 돌연변이들이다; 이들이 세포를 비정상적으로 만들기 위해서는 해당 유전자의 두 사본이 모두 돌연변이를 일으켜야 한다(그림 19.19b). 암 유전자와 종양 억제유전자의 차이는 자동차의 이동을 통제하는 가속페달과 감속페달에서 비유할 수 있을 것이다.

일반적으로 암유전자의 비돌연변이 대립유전자는 **원암유전자**(proto-oncogene)라고 하며, 주로 세포주기 과정에 요구되는 단백질을 암호화하고 있다(그림 19.19a). 이렇듯, 원암유전자는 차가 앞으로 진행할 수 있게 하는 가속페달과 같다. 암유전자로의 돌연변이는 유전자의 발현을 증가시키거나 유전자 생산물의 효율을 높여 같은 시간에 더 많은 세포들이 유사분열 세포주기를 진행하게 한다. 따라서 암유전자 돌연변이는 마치 가속페달을 더 세게 누르는 것으로 생각할 수 있다. 따라서, 하나의 암유전자 돌연변이는 우성이며, 기능 획득의 효과로 더 빈번히 세포가 분열하게 한다(또는 다른 악성적인 특징을 획득하게 만들기도 한다).

그림 19.19 발암 돌연변이의 두 가지 유형. (a) 원암유전자(연두색 DNA)는 종종 세포증식을 촉진하는 단백질(연두색 원)을 암호화한다. 야생형 원암유전자에서 발생한 우성 기능획득 돌연변이가 암을 유발하는 암유전자(초록색 DNA)를 생성한다. 돌연변이 암유전자 대립유전자는 비정상적인 활성의 단백질(초록색 별) 또는 정상 단백질의 과잉 생산 중 하나를 생산하는 고형태성(hypermorph) 또는 신형태성(neomorph) 돌연변이이다. (b) 야생형 종양 억제 유전자(빨간색 DNA)는 유전체의 불안정성을 방지하는 DNA 복구 단백질이나 세포증식을 제한하는 단백질(빨간색 팔각형)을 암호화한다. 종양 억제 유전자에서의 열성 기능상실 돌연변이들(무형태성이거나 저형태성 돌연변이; 검은 색 DNA)은 야생형 대립유전자가 하나 남아 있는 이형접합형 세포에서는 어떤 표현형도 드러내지 않는다. 그러나 두 번째 돌연변이가 야생형 대립유전자를 불활성화시킬 때 세포는 통제 불능의 증식을 하거나 빠르게 돌연변이를 축적한다.

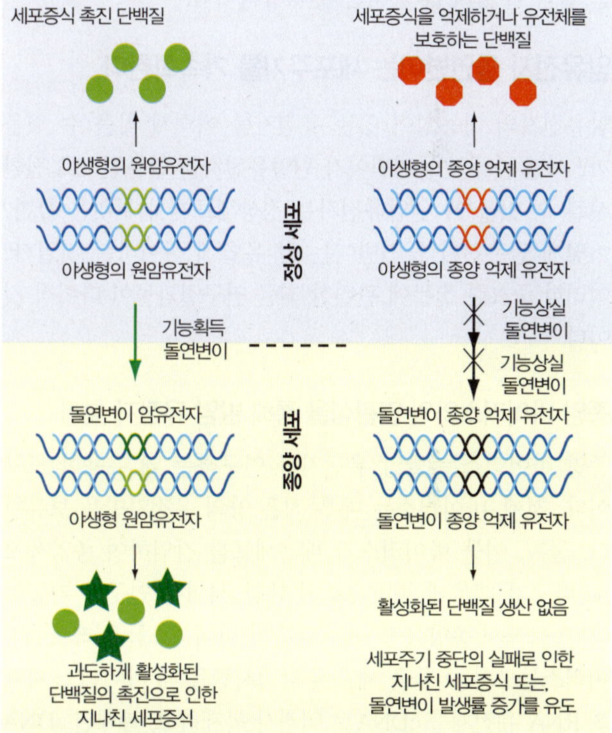

반대로, 정상적인 종양 억제유전자는 세포분열의 속도를 낮추거나 유전체 불안정성을 방지하는 단백질을 암호화하기 때문에 이배체의 경우 마치 불필요한 두 개의 감속페달을 장치한 자동차와 같다. 종양 억제유전자의 돌연변이는

암에서 기능상실 돌연변이이며, 감속페달에서 발을 떼는 것과 같다(그림 19.19b). 만약 한 쪽 발은 감속 페달에서 떼고 다른 쪽 발의 감속페달은 떼지 않는다면, 차는 움직이지 않을 것이다; 감속페달에서 두 발을 모두 다 뗄 때까지 아무 일도 일어나지 않을 것이다. 종양 억제 유전자의 돌연변이는 세포 수준에서 열성인데, 종양 억제 유전자의 두 사본이 모두 불활성화되어야 그 효과가 나타날 것이기 때문이다. 두 대립유전자들이 모두 비정상적인 종양 억제 유전자가 작동할 때, 세포의 증식은 더 빨라지고 돌연변이 발생률과 축적이 더 활발해질 것이다. 대부분의 암에서는 암유전자와 종양 억제 유전자의 복합적인 돌연변이의 축적이 요구된다; 세포는 점점 더 통제가 불가능한 방향으로 세포분열이 일어날 것이며, 이것은 마치 가속페달을 더 세게 밟고 감속페달은 점점 더 밟지 않게 되는 것과 유사하다.

암유전자 돌연변이는 세포주기를 가속화한다

암유전자의 가능성이 있는 유전자를 어떻게 찾을 수 있을까? 어떤 종류의 돌연변이가 원암유전자를 암유전자로 전환시킬 수 있을까? 원암유전자는 정상세포에서 무엇을 할까? 어떻게 암유전자 돌연변이는 암 유발에 관여하는 것일까? 이러한 중요한 질문에 관련한 최근 연구결과들이 다뤄질 것이다.

종양 바이러스와의 연관성을 통해 발암 유전자 찾기

종양 바이러스는 발암 유전자를 연구하는 데 유용한 도구이다. 첫째, 바이러스는 매우 적은 양의 유전자만을 보유한다. 둘째, 이들 바이러스가 배양세포를 감염하여 종양세포로 바꾸기 때문에 종양세포에 대한 시험관 연구가 가능하다. 동물에서 종양을 만드는 다수의 바이러스들은 레트로바이러스들로서, 이들을 세포에 감염시켰을 때 바이러스 자체의 RNA 유전체를 cDNA로 역전사 복제하고, 복제된 cDNA를 숙주의 염색체에 삽입한다(8장 읽을거리 「유전학과 사회」 참조). 가끔은 우연하게 삽입된 바이러스 cDNA가 숙주세포 유전체에 있는 원암유전자 근처에 위치하게 된다. 드물게 일어나는 유전자의 결실로 인해 바이러스 cDNA와 원암유전자가 더 가까워진다(그림 19.20a). 그 다음, 숙주 염색체로부터 cDNA가 전사될 때, 바이러스 RNA는 숙주의 원암유전자에 대한 복제가닥을 가져올 수 있다(그림 19.20b).

RNA 종양바이러스는 최소 세 가지 방법으로 암을 일으킬 수 있다. 첫 번째, 원암유전자를 가지고 있는 바이러스들이 증식할 때, 그 원암유전자에서 기능획득 돌연변이들이 발생하여 그것을 암유전자로 전환시킬 수 있다. 암유전자를 운

그림 19.20 발암유전자와 레트로바이러스. (a) 드물게, 이중가닥 cDNA 바이러스는 숙주 유전체의 원암유전자 인접부위에 통합된다. cDNA 내의 강력한 촉진유전자는 원암유전자의 과발현을 유도한다. (b) 고도 발암성 레트로바이러스의 예. 때때로, 인접한 원암유전자들(*src*, *myb*, *fes*, *rel* 등)이 포획될 수 있다. 즉, 이들이 바이러스 유전체 내로 통합되어 암유전자로 변할 수 있다. U3, R, U5, *gag*, *pol* (역전사효소 유전자), *env*는 암유전자가 없는 저발암성 바이러스(맨 윗줄)를 포함하여, 일반적인 레트로바이러스 염색체들의 특징이다.

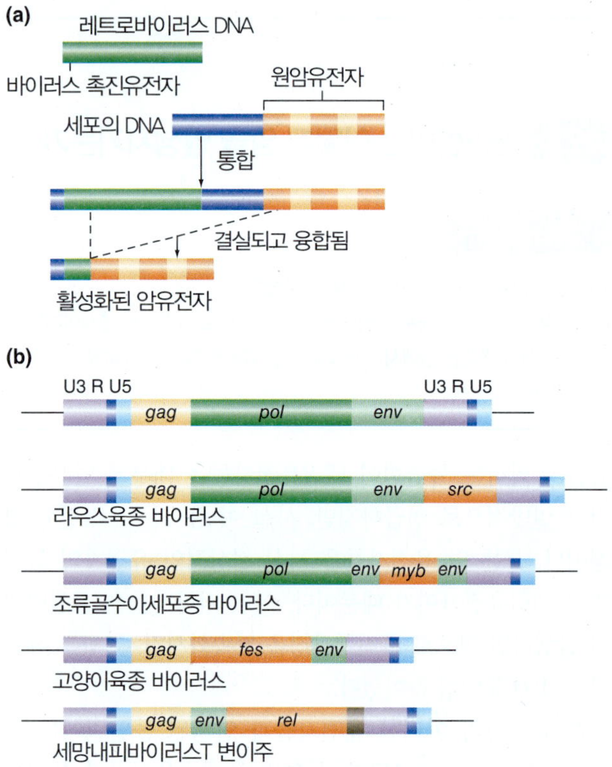

반하는 바이러스가 새로운 숙주세포에 감염이 되면, 암유전자가 발현되고 비정상적인 단백질 생산물들은 새로운 숙주세포의 비정상적인 증식을 유도한다. 두 번째, 바이러스의 유전체에 삽입된 원암유전자나 암유전자는 염색체의 강력한 촉진유전자와 증폭자에 의해 전사조절을 받게 된다. 그 결과, 원암유전자나 암유전자는 특히 높게 전사되며, 이로 인해 단백질이 과도하게 합성된다(그림 19.20b). 세 번째, 바이러스 cDNA가 숙주 염색체의 원암유전자에 가깝게 삽입되면(그림 19.20a와 같이), 강력한 바이러스 촉진유전자와 증폭자가 원암유전자의 전사를 증가시켜, 원암유전자가 암호화하는 단백질의 과발현을 유도할 것이다.

레트로바이러스에 대한 분석으로 다양한 동물에게서 종양을 유발하는 것으로 알려진 여러 암유전자들을 발견하였다. 다양한 동물 종들에서 종양을 유발하는 바이러스들에 대한 분석으로 많은 암유전자들이 발견되었다. 과학자들은

작은 바이러스 유전체 내에 실려진 암유전자들을 찾아보거나, 혹은 레트로바이러스들에 의해 유발된 종양 세포의 유전체에서 바이러스의 cDNA 통합부위 옆에 위치한 유전자들을 탐색함으로써 여러 암유전자들을 밝힐 수 있었다.

세포형질전환 분석을 통한 발암유전자의 발견

과학자들은 매우 어려운 두 번째 전략을 사용하여 다른 암유전자들을 찾아내기도 했다. 종양세포에서 DNA를 분리하고 그것을 배양 중인 비종양성 세포들에 노출시켜 보는 것이다. 만약 비종양성 세포들이 온전한 암유전자를 포함하고 있었던 종양 유발 DNA 조각을 받아들였다면, 그 배양세포들은 종양을 발생시킬 수 있는 세포로 형질전환될 것이다. 이런 효과는 그 암유전자들이 원래의 비종양세포 내 유전체에 존재하던 정상적인 원암유전자들에 대해 우성이기 때문에 발생한다.

그림 19.21은 인간의 암에서 암유전자를 찾는 데 어떻게 이 방법이 사용되는지를 보여준다. 연구자들은 인간 종양 조직에서 유전체 DNA를 분리하고, DNA를 유전자의 크기로 조각을 단편화하고 비 암성(noncancerous) 생쥐 세포에 DNA를 삽입한다. 이러한 세포의 일부는 발암 유전자를 획득하여, 접촉 저해(contact inhibition)를 잃게 되고, 배양접시(petri dish)에서 형질전환 초점(transformed foci)을 형성하게 된다. 형질전환 초점의 세포들을 쥐에게 감염시키면 종양이 발생한다. 연구자들은 형질전환된 초점에서 인간의 DNA을 찾음으로써 쥐 세포의 형질전환의 원인인 인간 암유전자를 확인한다. 이것은 인간 유전체에는 있지만 생쥐 유전체에는 없는 Alu라고 알려진 인접 전이 인자를 찾음으로써 수행될 수 있다. 이런 방법으로 규명된 암유전자들은 종양 바이러스 연구에서 발견된 것과 마찬가지로, 원암유전자들이 비정상적으로 활성화된 형태로 변화된 돌연변이 대립유전자들이었다.

그림 19.21 종양세포 DNA에서 발암유전자 찾기. 일부 인간 암조직에서 분리된 DNA는 정상적인 생쥐 세포를 접촉 억제를 잃고 형질전환 초점을 형성하는 암세포로 변환시키는 능력을 갖는다. 형질전환된 세포들의 DNA에서 인간의 암유전자들은 인간 특이적 *Alu* 서열들을 찾음으로써 확인될 수 있다.

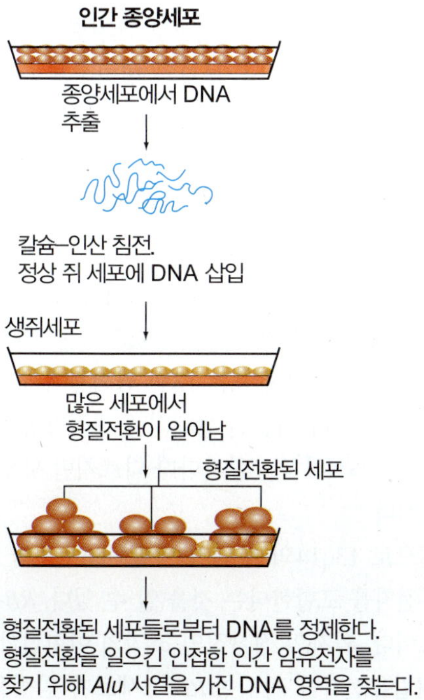

암유전자는 어떻게 암을 유도하는가

수십 개의 암유전자들이 방금 언급된 두 가지 실험에 의해 밝혀졌다. 대부분의 경우에서 원암유전자에 해당되는 유전자들은 정상적인 세포 증식 신호전달 경로에서 역할을 수행한다. 여러 가지 형태의 돌연변이적 사건들이 정상 원암유전자를 암유전자로 전환시킬 수 있지만, 이 모든 돌연변이들은 일종의 기능획득 돌연변이들로서, 우성(고형태성이거나 신형태성) 효과를 발휘한다. 이러한 특징을 가진 대표적인 세 가지 유전자의 예를 살펴보자.

Ras *Ras* 유전자의 다양한 암유전자의 대립유전자들은 점돌연변이이며, 항상 GTP가 활성화된 형태(즉, 구조적으로)의 Ras 단백질을 발현한다. 이러한 돌연변이 중 하나인, Ras^{G12V}는 18장에서 살펴보았다(그림 18.7 참조). 활성화된 *Ras* 암유전자를 가진 세포는 성장 인자의 존재유무와 관계없이 자신의 자가분비형 신호에 발생하여 분열한다(그림 19.22a).

c-Abl 대다수의 만성 골수성 백혈병 환자의 암세포 유전체에서 나타나는 변이로서, 9번과 22번 염색체의 전좌로 인해 *c-abl* 유전자가 *bcr* 유전자와 융합되는 방법에 의한 염색체 재배열을 12장에서 설명하였다(그림 12.16 참조). 이 융합된 유전자는 암유전자로서, 융합된 단백질을 발현한다. c-Abl 부분은 단백질 타이로신 인산화효소이며, 다른 단백질의 타이로신 아미노산에 인산기를 붙인다. 이 효소는 특정 성장 인자에 의해 유도되는 신호전달 경로에 참여한다.

정상적인 세포는 c-Abl 단백질의 활성을 엄격하게 조절하는데, 보통 때에는 기능을 억제하지만 성장 인자에 의한 자극에서만 활성화되도록 한다. 반면에, 염색체의 전좌로 인한 *bcr*/*c-abl*의 융합된 단백질을 발현하는 세포에서는 이 단백질의 활성화 조절이 불가능하다. 암유전자인 Ras와 유사하

그림 19.22 발암유전자 돌연변이의 예. (a) Ras 유전자 내에서 생긴 어떤 점돌연변이 때문에, GTP–활성형으로 고정되어 있는 형태의 Ras 단백질이 생산된다. (b) 유방암세포(오른쪽)에서는 정상세포(왼쪽)와 달리, 다수의 이중미세염색체들 상에서 *Her2* 유전자가 증폭된다. FISH 분석에서, 붉은 점들은 17번 염색체의 중심체들(정상세포와 대부분의 암세포들에서 2개 존재)을 나타내며, 검은 점들은 *Her2* 유전자들(정상세포에서 2개지만, 종양세포에서는 다수)을 나타낸다.

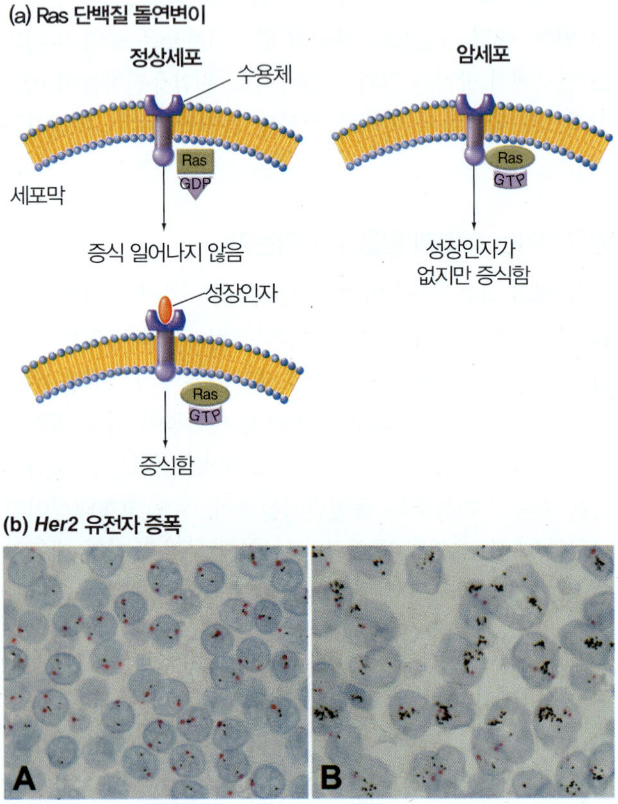

게, Bcr/c-Abl 단백질은 성장 인자가 존재하지 않아도 항상 활성화 상태이다.

Her2 유방암 환자의 약 20%는 인간 표피 성장 인자 수용체 2 (human epidermal growth factor receptor 2, Her2)를 과발현한다. 명칭에서 알 수 있듯이, 이 단백질은 성장 인자 수용체 중 하나이지만, 현재까지 "고아 수용체(orphan receptor)"라고 불리는데, 아직 이 수용체를 활성화시키는 성장 인자가 밝혀지지 않았기 때문이다. 세포가 막에 너무 많은 Her2를 가지게 되면 신호전달 경로가 활성화되어 부적절한 분열의 원인이 된다.

Her-2 단백질에 양성을 띠는 일부의 세포에서, 단백질의 과발현은 *Her2* 유전자의 복제가 엄청나게 증폭된 결과이다. 그림 19.22b에서 보여주는 것처럼, *Her2*의 추가적으로 복제된 *Her2* 유전자들은 보통 작은 이중 미세염색체 (double-minute chromosome)에서 발견된다. 이런 발견은 그 암세포의 체세포 조상이 DNA 수선 효소나 p53 같은 DNA 손상 검문 요소들을 암호화하는 유전자들에서 이미 돌연변이를 축적했음을 강하게 시사한다. 그런 돌연변이들은 유전체의 특정 영역이 증폭되도록 내버려 두는데, 우연히 그런 영역 중 하나가 *Her2* 유전자를 포함하게 되었다.

Her2 양성 유방암은 공격적 특성을 보이지만 다음 절에서 다룰 Her2 단백질에 대한 맞춤 약으로 효과적인 암 치료가 가능해졌다.

종양 억제 유전자의 돌연변이는 세포주기의 제동장치를 해제한다

돌연변이 종양 억제 유전자는 열성 대립유전자이며, 정상적인 대립유전자의 경우 세포분화 말기나 DNA 손상을 입은 세포에서 세포분열 중단을 조절하는 데 관여한다. 이러한 유전자의 야생형은 세포분열을 조절하는 데 충분한 단백질을 생산한다; 야생형 대립유전자를 모두 잃게 되면 증식 억제(감속페달)가 풀리게 된다(그림 19.19b 참조).

유전체와 가계분석을 통한 종양 억제 유전자 발견

연구자들은 특정한 암이 유전되는 경향을 가진 가계들의 가족력 분석과 일부 종양형태에서 지속적으로 결실이 발생하는 염색체 영역을 분석한 결과, 수십 개의 종양 억제 유전자들을 확인하였다.

다음은 망막아세포종의 확인 과정이다. 망막 내의 색깔을 인식하는 원추세포에서 발생한 암으로서, 망막아세포종의 종양은 전이되기 전이라면 진단과 제거가 매우 용이하다. 망막아세포종은 가계에서 우성으로 유전되는 암의 종류 중 하나이다(그림 19.23a, b). 부모가 망막아세포종이라면 자녀에게 유전되며, 대략 50%의 가능성으로 이 질환을 앓게 된다.

망막아세포종 환자에서 정상적인 핵형을 가진 비암성조직에서는 13번 염색체의 장완(13q)의 결실에 대한 이형접합형이 발견된다; 환자들은 정상적인 13q와 부분적으로 결실된 13q를 가지고 있다. 이 질병을 앓고 있는 일부 환자들의 암성(cancerous)의 망막세포는 13번 염색체에서 이형접합형이었던 부분이 둘 다 결실된 상태의 동형접합형으로 나타난다. 결실된 크기와 위치는 환자마다 다르지만 모두 13q14 부위가 사라진다.

이 발견으로 13q14의 부위가 망막아세포종의 발달을 억제하는 유전자를 포함한다는 것을 알 수 있다. *RB*는 이 유전자의 기호이다. 환자의 정상적인 조직의 이형접합형 세포는 야생형 대립유전자를 가지며(RB^+),세포가 암성을 띠는 것

그림 19.23 종양 억제 유전자의 돌연변이는 세포 수준에서는 열성이지만 생물체 수준에서는 우성이다. (a) 한쪽 눈에 망막아세포종을 가진 아이. (b) 망막아세포종에 대한 개인의 유전적 소인은, 하나의 RB^- 대립유전자를 물려받음으로써 발생하는 우성 유전양식임을 보여주는 가계도. (c) RB^+/RB^- 사람에게 있어, 망막세포의 유전체에 남아 있는 RB^+의 손실은 망막아세포종을 야기할 수 있다. 그런 "두 번째 적중(hit)"은 매우 드문 일이지만, 망막은 많은 세포들로 이루어져 있기 때문에 그런 사건이 여러 세포들 중 하나 이상에서 발생할 수 있다.

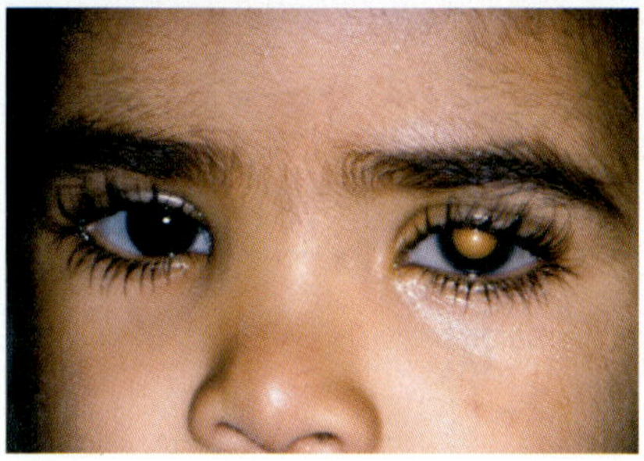

(a)

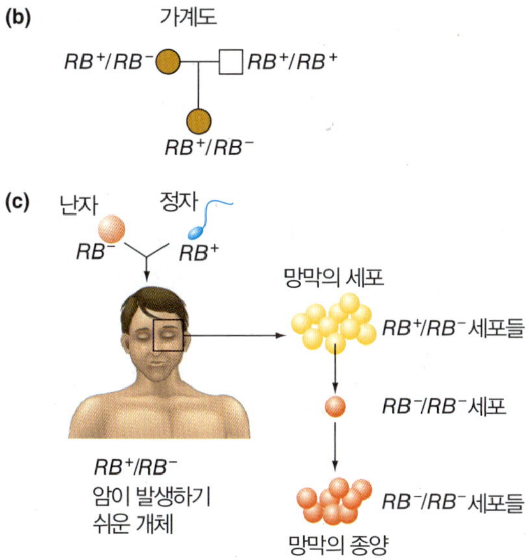

을 억제한다. 종양세포는 야생형 유전자가 결실된 동형접합형이기 때문에 RB^+을 포함하지 않아 세포의 분열을 조절할 수 없게 된다.

유전학자들은 망막아종의 유전에 대한 지식을 RB 유전자를 찾는 데 이용했다. 그들은 그 유전병에 관련된 모든 종류의 결실에서 소실되는 13q14 밴드 내의 DNA 서열을 탐색함으로써 그 유전자가 있는 큰 영역을 지정했다. 그런 후 오직 하나의 전사 단위—*RB* 유전자—에만 영향을 미치는 매우 작은 결실을 밝힘으로써 그 특정 유전자를 규명할 수 있었다. 그것은 앞서 그림 19.15에서 제시했던 것처럼, 세포주기를 조절하는 데 관여하는 많은 단백질 중 하나를 암호화한다. 따라서 *RB*는 종양 억제 유전자의 정의에 잘 맞는다: 이 유전자가 지정하는 단백질은 세포가 암으로 변하는 것을 억제한다. 암은 *RB* 결실에 이형접합형인 세포가 남은 정상 유전자 사본을 잃어버렸을 때 발생할 수 있다.

이 그림은 망막아세포종의 유전적인 특징에 대한 예기치 못한 질문을 제시한다. 만약 *RB* 유전자의 결실이 야생형 RB^+에 열성이라면 어떻게 망막아세포종이 우성의 경향으로 유전될 수 있는 것인가? 생물 수준에서 *RB*의 결실은 우성이다. 결실에 이형접합형인 수천 개, 수백 개의 망막세포 중 최소한 한 개라도 남아 있는 RB^+ 대립유전자를 망가뜨릴 수 있는 높은 가능성이 있기 때문이다. 그 결과 돌연변이가 발생한 세포는 기능할 수 없는 종양 억제 유전자를 가지게 된다(그림 19.23c). 이 세포는 조절을 벗어나게 되며, 궁극적으로 암세포의 클론을 발생시킨다(5장의 읽을거리 「유전학과 사회」 참조).

여러 가지 종류의 드문 사건들이 이형접합형 세포에서 남아 있는 RB^+ 대립유전자를 불활성화시킬 수 있다; 이 모든 사건들은 RB^-/RB^+ 세포를 RB^-/RB^- 세포로 변화시키기 때문에 **이형접합성 상실(loss-of-heterozygosity)**을 만든다고 한다(그림 19.24). RB^+자체가 결실되거나 비활성화 점돌연변이가 발생할 수 있다. RB^+의 염색체를 비분리현상에 의해 잃게 될 수도 있다. 유사분열 재조합 또는 유전자 전환에 의해 유전된 상동 염색체의 RB^+ 대립유전자가 RB^- 돌연변이 또는 결실로 대체될 수 있다.

종양 억제 유전자에서 두 대립유전자들의 기능이 모두 불활성화되도록 하는, 두 번의 독립적인 "충격(hit)"이 암의 발생에 필요하다는 가설은, 망막아종처럼 산발적이고 비유전적인 형태의 암들이 존재한다는 사실로 강하게 지지된다. 산발적 망막아세포종은 일반적으로 유전된 망막아세포종보다 늦게 발생한다. 유전되는 형태의 유전자를 가진 망막아세포종의 환자들은 두 눈에 영향을 미칠 수 있는 여러 종양들을 가지고 있는 반면, 산발적 망막아세포종의 환자들 대부분은 한쪽 눈에 단 하나의 종양만을 가지고 있다. 산발적 망막아세포종은 세포의 복제에 있어 두 개의 연속적이고 독립적인 "충격(hit)"를 필요로 하기 때문에 매우 드물다; 반면에 유전되는 RB^- 돌연변이를 가진 사람들의 세포들은 이 종양 억제 유전자의 기능에 오직 하나의 추가적 충격만 발생해도 암이 된다. 주로 종양들 (유전적이거나 산발적)을 일으키는 *RB* 유전자 손실의 한 주요 원인은 망막이 높은 수준의 자외선에 노출되었기 때문이다.

RB^+ 유전자의 상실은 암이 야기될 수 있는 악순환의 되먹임고리를 시작할 수 있게 하는 중요한 단계이다. 이 되먹임 고리에서는, 암유전자를 만들거나 혹은 다른 종양 억제

그림 19.24 *RB*$^{+}$/*RB*$^{-}$**를 가진 개인의 체세포 내에서 이형접합성 상실을 일으키는 사건들.** *RB*$^{-}$는 상염색체의 열성 돌연변이로서 생식세포계열(germ line)을 통해 유전된다. 체세포 분열 중 *RB*$^{+}$ 대립유전자에서의 연속적인 변화로 인해 비기능적 *RB*$^{-}$ 대립유전자에 대해 동형접합성 혹은 반접합성인 세포 클론이 생긴다. 편친 이염색체성은 세포 내에서 어떤 상동염색체쌍의 두 염색체를 모두 한쪽 부모로부터 얻는 것을 말한다. 두 개의 사건에 의해 편친 이염색체성 세포가 생길 수 있다; 예를 들어, 첫 번째 사건은 하나의 염색체가 손실되는 것이다. 그리고 두 번째 사건에 의해 남은 하나의 염색체가 다시 복제될 수 있다.

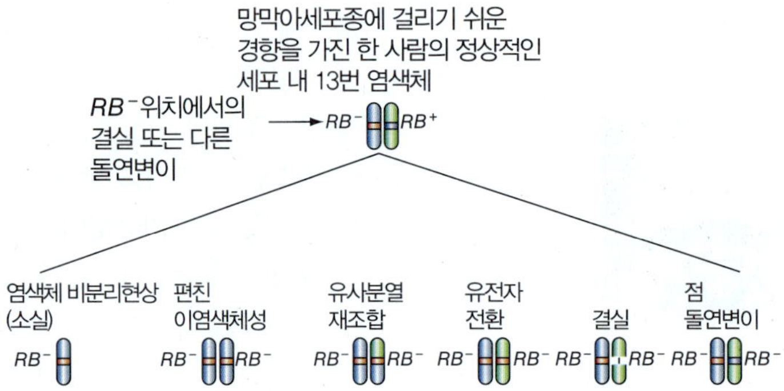

유전자의 기능을 방해하는 연속적인 유전적 변화가 발생하여, 그 세포 클론의 발암 잠재력을 점차 증가시키게 된다.

어떻게 종양 억제 돌연변이가 암을 유도하는가

종양 억제 유전자는 다음의 세 가지 역할을 하는 단백질을 암호화한다:

- 일부 종양 억제 유전자 산물들은 기본적인 세포증식 기작에서 한 부분을 차지하는 단백질들이다. 설령 그들이 반대로 작동할지라도 말이다(즉, 세포분열을 느리게 한다).
- 특정 종양 억제 유전자 산물들은 세포주기 점검점의 구성 요소로서 작용한다.
- 다른 야생형 종양 억제 유전자는 DNA 손상이 너무 클 때 DNA 수선 효소 또는 세포 사멸을 촉진시키는 것과 연관된 효소들을 발현한다.

다음 예들은 종양 억제 유전자들에서의 기능상실 돌연변이들이 어떻게 암에 대한 유전적 소인을 증가시키는지에 대한 분자적 기작 몇 가지를 설명한 것이다.

Rb 그림 19.15는 비인산화된 야생형의 Rb 단백질을 보여주는데, 이것은 E2F 전사 인자의 억제를 통해 S기로 진행하는 세포주기를 지연시킨다. *RB*$^{-}$/*RB*$^{-}$ 세포는 Rb 기능을 가지고 있지 않고, E2F를 억제할 수 없게 된다. 따라서 세포는 성장 인자의 존재 유무와 상관없이 S기로 진행한다.

p53 이전에 p53 단백질이 G_1기와 S기 사이 점검점에 필수적이라는 것을 보여주었다(그림 9.16 참조). 따라서 점검점에서 p53 단백질은 정상적인 세포에서 DNA의 단일가닥 손상(틈)의 발생과 같은 스트레스 조건에서 활성화된다. p53의 활성화는 여러 유전자 산물의 발현을 유도한다. (1) CDK-사이클린 복합체의 작용을 억제하는 유전자들, (2) DNA 손상의 수선을 도와주는 유전자들, (3) 또는 이러한 과정들이 실패하면 세포의 사멸을 촉진하는 유전자들이다.

p53^{-}/*p53*$^{-}$ 세포에서는 이러한 과정들 중 어느 것도 일어나지 않는다(그림 19.25). DNA 손상이 있는 세포들이 계속해서 S기로 진행한다. 단일 가닥 절단은 염색체가 복제될 때 이중 가닥 절단으로 전환되고, 많은 염색체 재배열을 일으키게 된다. 유전체에 이와 같은 손상을 입은 *p53*$^{-}$/*p53*$^{-}$ 세포들은 세포 사멸에 의해 죽지 않는다.

HNPCC 유전성 비폴립성 결장암(hereditary nonpolyposis colon cancer, HNPCC)은 DNA 짝짝이 수선 시스템(mismatch repair system)에 관여하는 단백질을 암호화하는 유전자의 기능상실 돌연변이에 의해 야기된 결과이다. 이러한 유전자들은 인간의 2번 염색체의 *MSH2*와 3번 염색체의 *MLH1*을 포함한다. 이러한 유전자 중 어느 하나의 결실을 갖고 있는 사람에게서 대장암 발달의 위험(자신의 일생동안 70%에서 85%)이 증가된다. 다른 종양 억제 유전자와 마찬가지로, 암은 이러한 유전자들의 단 하나 남은 야생형 대립유전자를 상실한 세포를 가진 개체에게서 발생한다. 아마도 두 야생형 대립유전자를 모두 손실한 세포 내에서는 돌연변이율이 상당히 증가되는데, 이는 딸세포가 암세포를 생산하기 위해 필요한 돌연변이 축적을 용이하게 하기 때문일 것이다. 하지만 다른 조직보다 대장(colon)에서 주로 더 많이 암이 발달하는 이유는 명확하지 않다.

그림 19.25 p53의 기능상실은 유전적 불안정(genomic instability)을 초래한다. 전사 인자인 p53이 없는 세포에서는 DNA의 단일 가닥 절단이 그대로 남는다. (1) p21이 유도되지 않아, 세포는 S기로 진행한다. (2) DNA 수선 효소 유전자도 전사되지 않는다. 그러므로 DNA 복제 시 단일가닥의 틈은 이중가닥의 단절로 이어진다. 이는 결과적으로 돌연변이와 염색체의 불안정성을 일으킨다. (3) 세포 사멸 유전자는 유도되지 않는다. 그래서 DNA 손상을 입은 세포들은 정상적으로 죽지 않는다(그림 없음). (그림 19.16과 비교하라.)

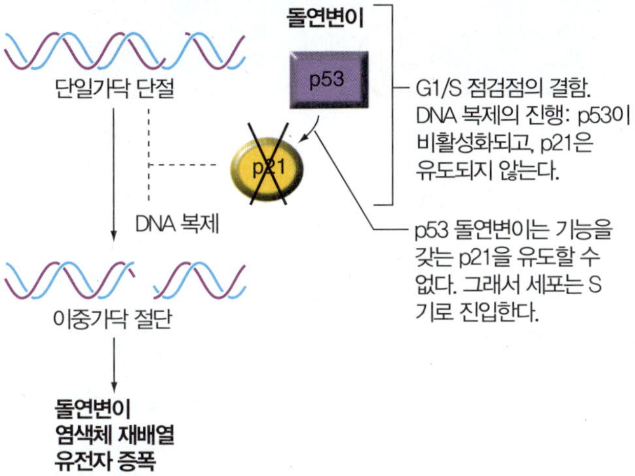

그림 19.26 2000년 된 미라에서 X–선 단층촬영을 통해 전립선 암을 발견하였다.

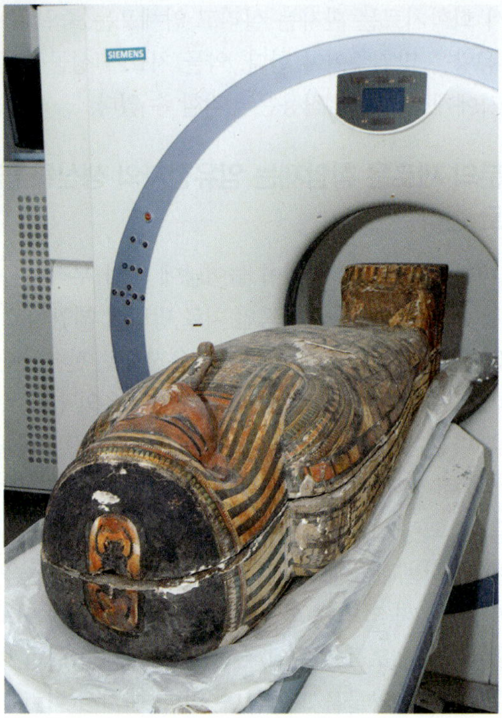

핵심 개념

- 대부분의 원암유전자는 성장 인자 의존성 신호전달 경로에 참여하는 단백질들을 암호화한다. 암유전자 돌연변이들은 우성이며, 원암유전자의 기능획득 돌연변이는 성장 인자 없이도 성장 인자 의존성 신호전달 경로를 활성화한다. 종양 억제 유전자의 정상적인 대립유전자들은 세포주기 중단을 조절하는 단백질이나 유전체 안정성을 유지시키는 단백질을 암호화한다.
- 종양 억제 유전자의 기능상실 돌연변이는 세포 수준에서 열성이다. 왜냐하면 양쪽 모두 결실되어야 암을 일으킬 수 있기 때문이다. 종양 억제 유전자 돌연변이의 대립유전자를 가진 사람들은 암에 대한 소인을 우성으로 물려받는다. 그 이유는 최소 한 세포에서라도 남아 있던 야생형의 종양 억제 유전자를 잃어버릴 가능성이 높기 때문이다.

19.5 맞춤 암 치료

학습목표

1. 글리벡(Gleevec®)과 허셉틴(Herceptin®)과 같은 약물들이 어떻게 암 유전자의 특정한 산물을 표적화로 하는지 설명한다.
2. 종양 억제 유전자 돌연변이의 효과를 상쇄시키는 항암제에 대한 생산 방법을 논의한다.
3. 암의 개인 맞춤 치료를 위한 현재의 접근방식을 요약한다.

암은 항상 인간에게 영향을 미쳤다; 그림 19.26은 고대 이집트로부터 보존된 미라에서 전립선 암이 발견된 것을 보여준다. B.C. 1500년, 일찍이 이집트 의사들은 암을 인식했을 뿐만 아니라, 수술을 하거나 뜨거운 부지깽이를 그들의 몸 속으로 집어넣음으로써 종양을 제거하려고 시도했었음이 파피루스 두루마리를 통해 드러난다. 오늘날 수술은 암을 치료하는 주요한 방법으로 남아 있다. 비록 암세포를 제거하기 위한 뜨거운 부지깽이의 방법과 비슷한 건 현재의 방사선 치료이지만 말이다. 이러한 기술들은 효율적이긴 하지만 주요한 한계점을 가지고 있기도 하다. 몇몇 종양들은 인체의 일부 위험한 곳에 위치한다. 특별히 종양이 또 다른 조직으로 이미 전이가 되었을 경우에는 모든 암세포들은 어쩌면 죽거나 제거되지 않을 수 있다.

1940년대에 의학분야의 과학자들은 항암 화학치료(chemotherapy)를 찾기 시작했으며, 암세포를 죽일 수 있는 약물 치료를 병행하고자 하였다. 이들 화학물질들은 증식하는 세포들에게 필요한 생화학적 경로를 직접적으로 방해한다. 몇몇 항암 화학치료들은 DNA의 복제가 일어나지 못하도록 하며, 그 외에 다른 약물들은 분열방추(mitotic spindle) 형성을 억제한다. 이러한 접근법은 상당히 성공적이지만, 우리의 신체도 지속적으로 세포의 재생이 필요하기 때문에 상당한 문제를 야기한다. 정상적으로 분열하는 세포들은 빠르게 분열하는 암세포들보다 화학치료제들에 아주 조금 덜 영향을 받을 것이라고 하지만 영향을 받기는 마찬가지이다. 그래서 화학치료는 환자는 살리고 암세포는 죽일 수 있는 적정 용량을 맞춰주어야 한다. 약물 치료가 성공적일 지라도 환자에게 미치는 부작용은 심각할 수 있다.

대부분의 새로운 항암제는 암유전자의 생산물들을 표적으로 한다

암에 대한 분자 기초 지식이 늘어남에 따라 부작용을 줄일 수 있는 새롭고 좀 더 특이적인 치료 방법이 제안되고 있다. 원암유전자(proto-oncogene)에서 암유전자로 전환된다는 것은 암세포가 약물의 표적이 될 수 있는 특유의 분자 특성을 갖게 된다는 것을 의미한다. 암유전자의 단백질 산물들은 해당 원암유전자의 산물과 다를 수도 있고, 아니면 같은 단백질을 더 과량으로 만드는 것일 수도 있다. 따라서 생화학자들은 암 단백질들에만 특이적으로 결합하여 그들을 불활성화시킴으로써 암의 증식 속도를 늦추거나, 그런 단백질을 (과)발현하는 세포들을 죽일 수 있도록 신체의 면역 방어를 동원할 수 있는 약물을 고안할 수 있다. 여기서 이런 약물의 두 가지 전략을 그림을 통해 설명할 것이다.

암유전자 단백질 불활성: 글리벡(Gleevec)

앞서 언급했듯이, *bcr/c-abl* 융합 유전자는 성상 인사가 존재하지 않는 경우에도 이 유전자가 암호화하는 비정상적인 단백질 티로신 인산화효소(tyrosine kinase)가 항상 활성화되어 있도록 함으로써 몇 가지 형태의 만성 골수성 백혈병의 중요한 원인이 된다. 제약회사들은 글리벡®(Gleevec®)이라고 하는 약을 개발하였으며, 특별히 융합 단백질의 일부 단백질 티로신 키나아제의 효소 활성을 억제한다(*c-abl*에 의해 암호화 되는 부분). 키나아제의 활성을 위해 반드시 ATP가 결합되어야 하고, 이로부터 획득한 인산 그룹이 다른 단백질로 이동한다. Gleevec은 Bcr/c-Abl 인산화효소의 ATP 결합 부위에 꼭 맞도록 설계되었으며, ATP 결합은 그로 인해 방해됨으로써 암유전자에 의한 단백질을 불활성화시키게 된다(그림 19.27).

임상시험에서 융합 유전자를 가지고 있는 환자의 98%가 백혈병 혈액 세포의 완전한 소실 및 정상적인 백혈구로의 복구를 경험하였다. 이들 환자의 5% 만이 치료 시작 후 5년 내에 백혈병으로 사망하였다. 이 약은 현재 만성 골수성 백혈병에 대한 표준 치료법이며, 암세포가 위치한 신체 부위의 손상 없이 암을 치료하는 새로운 유형의 모델이다.

그림 19.27 글리벡(Gleevec): 활성 기작. *bcr/c–abl* 융합 유전자의 생산물은 단백질 티로신 인산화효소로서, ATP로부터 인산기를 수많은 기질 단백질들로 옮겨준다. 글리벡은 이 효소의 ATP 결합 부위에 강력히 결합하여 인산화효소의 기능을 저해한다.

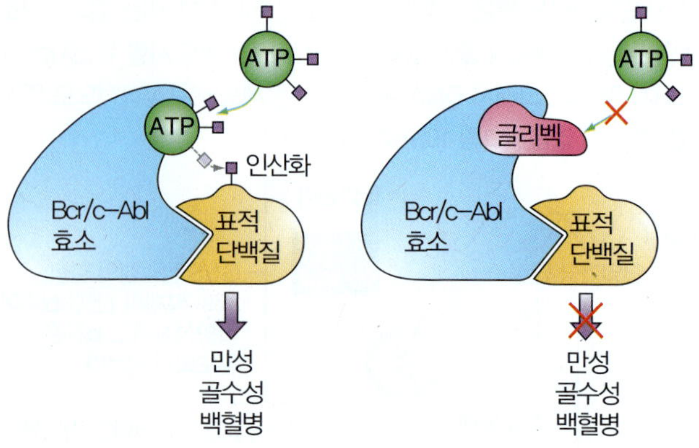

성장 인자 수용체로의 단일클론항체: 허셉틴(Herceptin)

유방 종양들의 상당수는 세포 표면에 Her2 성장 인자 수용체(human epidermal growth factor receptor 2)를 과발현한다. 세포 외부의 Her2 단백질의 일부가 위치하는 곳을 공격하는 방식으로 암세포를 공략하는 것은 성공적인 전략이다. 과학자들은 Her2 단백질의 세포외 부분에 강력하게 결합하는 허셉틴®(Herceptin®)이라고 하는 단일클론항체를 개발하였다. Her2에 결합하는 허셉틴은 아마도 두 가지의 효과를 가질 것이다(그림 19.28). 첫째, Her2 수용체는 허셉틴과 결합하여 일반적으로 Her2와 성장 인자 사이의 상호작용에 의해 개시되는 신호 연쇄반응(signal cascade)이 시작될 수 없도록 한다. 그 결과, 허셉틴을 처리한 Her2 양성세포가 충분히 증식 하지 못한다. 둘째, Her2 수용체에 대한 허셉틴의 결합은 결국 암세포를 표적으로 인지하여 그들을 파괴하는 특이 면역세포인 살생 T 세포(killer T cell)를 동원한다.

허셉틴은 또한 수술이나 표준 화학치료요법 이후 Her2 양성(positive) 유방암 환자들에서의 대하여 암 재발 가능성을 25~50%까지 줄여주는 효과가 있음이 대규모 임상시험을 통해 입증되었다. 약이 더 효과가 없는 이유 중 하나는 암세포가 비교적 쉽게 새로운 변이를 획득하여 허셉틴에 내성을 보이기 때문이다. 예를 들어, Her2 유전자 돌연변이로 인해 이후 부적절한 신호전달 시스템이 활성화될 수 있다.

일부 화학치료는 기능성 종양 억제 유전자가 없는 세포들을 대상으로 한다

약 개발은 종양 억제 유전자보다는 암유전자에 좀 더 초점이 맞춰진다. 그 이유는 암세포는 기능을 갖는 하나 이상

그림 19.28 허셉틴: 활성 가능 상태. 이 약은 특정 암세포의 표면에 위치하는 Her2 단백질에 결합하는 단일클론항체이다. Her2에 허셉틴이 결합하여 수용체 소단위의 이량화(dimerizing)를 방지하면 성장 인자 개시 신호 연속반응을 차단할 수 있다. 또한 Her2에 허셉틴이 결합하면, 살상 T 세포의 암세포 공격을 지시한다.

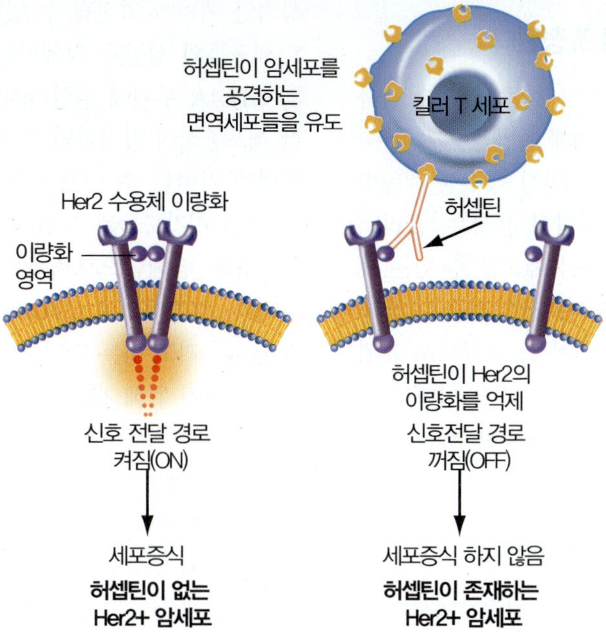

의 종양 억제 유전자들의 기능이 부족하므로, DNA 수선 또는 체세포분열 점검점에 필요한 인자가 존재하지 않을 것이기 때문이다. 그래서 약이 직접적으로 표적(directly target)할 수 있는 단백질이 없다. 게다가 과학자들은 암세포에는 없는 종양 억제 유전자의 야생형 대립유전자를 추가해 줄 수 있도록 유전자를 교체할 효과적인 방법을 아직 마련하지 못했다.

그러나 전술한 바와 같이, (1) 많은 종양 억제 유전자 산물들은 DNA 복구 기작과 DNA 손상 점검점에 관여한다; 그리고 (2) 많은 세포들에서 과도한 DNA 손상은 세포자살을 유도한다. 이러한 사실들은 역설적인 아이디어를 제안한다: 종양 세포들은 효율적으로 그 손상을 복구할 수 없으며, 따라서 세포 사멸에 의해 사망할 가능성이 높기 때문에 대부분의 암세포는 DNA 손상을 증가시키는 분자들에 상당히 민감하게 반응할 것이다.

이 가설은 적어도 몇몇 특정 암에서는 사실로 나타났다. 예를 들어, PARP 억제제는 폴리 ADP 리보오스 중합효소(poly ADP ribosepolymerase; PARP)라고 하는 효소의 활성을 억제한다. 이들 억제제들은 종양 억제 유전자인 *BRCA1*의 기능상실 돌연변이를 갖는 많은 유방암 환자의 치료에 효과적이다. PARP 효소는 DNA에 닉(nick; 단일 가닥 손상)을 치료하는 데 필요하다; 만약, 닉들이 치료되지 않을 경우 DNA가 S기에서 복제될 때 이 단일 가닥 절단은 이중 가닥 절단이 된다. BRCA1 단백질은 이중 가닥이 절단된 DNA를 복구하는 데 도움이 된다.

BRCA1-음성 유방암세포들은 정상적인 세포들에 비해 PARP 억제제를 처리했을 때 빨리 죽는데, 그 약이 빠르게 증식하는 암세포들에서는 이중 가닥 절단으로 전환될 수 있는 단일 가닥 절단을 만들 것이기 때문이다. BRCA1 단백질이 결핍된 세포에서는 그런 이중 가닥 절단이 축적될 것이다. 만약 BRCA 음성 암세포들의 유전체들이 충분한 수의 이중 가닥 절단을 가지게 되면 그들은 세포자살에 의해 스스로 자멸할 것이다.

아마도 여러분들은 일부 종양에서 PARP 억제제가 분명히 잘못된 처방이 될 수도 있음을 깨달았을 것이다. 이 약은 세포들이 단일 가닥 절단을 수선하지 못하게 방해하기 때문에 유전체 불안정성을 증가시키며, 이런 불안정성은 새로운 암 관련 돌연변이들이 축적되도록 할 수 있다. 그 핵심 문제는 세포 사멸을 유도하는 생화학적 경로가 종양세포에서 일어날 수 있는지 여부이다. 경로가 여전히 작동하는 경우, 초과 DNA 손상은 암세포가 죽는 원인이 된다. 그렇지 않다면, 이 DNA의 손상은 유전체 불안정성을 증가시킬 것이고 아마도 임상 결과를 악화시킬 것이다. 따라서 의사들은 특정 암의 특성을 나타내는 특정한 돌연변이에 관하여 상당히 많은 것들을 알 필요가 있다. 다음 절에서는 암 유전체의 염기 서열 결정 과정이 이러한 중요 정보들을 정확하게 제공할 수 있음을 살펴보게 될 것이다.

미래의 치료는 개별 암에 맞추어 조정된다

일부 암의 경우, 완벽한 것은 아니지만, 아주 간단한 검사로 이용되고 있는 화학치료 약물에 의해 종양을 치료할 수 있는지를 예측할 수 있다. 예를 들어, 만성 골수성 백혈병 환자의 암세포에 대한 세포분자유전학적 분석은, 글리벡(Gleevec) 투여 시 암환자의 치료효과를 예측할 수 있는 표식자인 *bcr/c-abl* 융합 유전자가 존재하는지 알려줄 수 있다. 이와 유사하게, 만약 유방암의 분석에서 그 종양세포 표면에 Her2 단백질이 과도한 양으로 존재하는 것을 나타낼 경우 의사들은 환자에게 허셉틴(Herceptin)을 처방하여 치료할 수 있다.

종양세포들의 전유전체 서열 분석: 사례 연구

이러한 간단한 검사는 불행히도 종종 많은 암환자에서 음성적으로 나타난다. 다음으로 무엇을 해야 할까? 전유전체 서열 분석(whole-genome sequencing)의 차례이다. 만약 여러분이 종양 내 세포들의 유전체에서 전체 DNA 염기서열을 결정할 수 있다면, 그리고 그 환자로부터 정상세포의 완전한 유전체 염기서열을 비교할 수 있다면, 여러분은 암유전자 및 종양 억제 유전자들에 대해 하나 이상의 돌연변이를 정확히 찾아낼 수 있을지도 모른다. 이 지식은 특정 종류의 암 환자를 치료할 수 있는 가능한 방법을 의사들에게 알려줄 것이다. 다음 사례 연구를 통해 암 유전체 서열분석의 장래성과 잠재적인 위험들을 보여주고자 한다.

이 방법의 첫 번째 임상 시험은 희귀 T 세포 림프종(특정 면역 시스템 세포의 암)인 세자리증후군(Sézary syndrome)을 앓고 있으며, 표준 치료법에 반응하지 않는 베스 맥다니엘(Beth McDaniel)이라는 여성을 포함하여 진행되었다. 베스 맥다니엘의 타액으로부터 정상세포를 획득하고, 종양으로부터 암세포를 취해 전체 유전체 서열분석을 수행하였고 대략 18,000가지의 차이를 발견하였는데, 대부분이 세포증식에 어떤 영향을 미칠 것 같지 않은 것들이었다. 그러나 이 중 하나의 돌연변이는 이미 예상했었던 후보 유전자였다. 암 유전체에서, 두 개의 유전자 *CTLA4*와 *CD28*이 융합되어 있음을 발견하였다. 이 두 유전자의 생산물은 면역세포 표면에서 발견되는 수용체 단백질들이다. CTL4A 수용체에 리간드들이 결합하면 세포 성장과 분열을 억제하는 신호전달 경로를 활성화하고, 반면 CD28 수용체에 다른 리간드가 결합하면 반대의 효과를 나타내는 신호전달 경로를 활성화시켜 세포들이 증식하도록 한다.

과학자들은 이에 *CTLA4/CD28* 융합 유전자는 신호의 정상적인 패턴이 역전될 수 있다는 가정을 세웠다. 정상적인 T 세포들의 성장을 억제하는 억제 신호들이 융합 단백질의 CTL4A 부위에 결합하지만 단백질의 CD28 부분을 통한 세포증식이 활성화될 수 있고, 그로 인해 암세포로의 표현형에 기여할 수 있게 되는 것이다. 만약 그렇다면, 치료는 억제 리간드들과 융합 단백질의 CTLA4 부위 간의 상호작용을 방해함으로써 암세포들의 성장을 억제해야 할 것이다. 직접적으로 CTLA4 수용체를 억제하는 여보이® (Yervoy®)라고 하는 단일클론항체는 이전에 흑색종(피부암)을 치료하기 위해 개발되었다. 의사들은 여보이를 맥다니엘에게 투여하였고, 초기 결과는 충격적이었다. 몇 주 내에 암의 많은 증상들이 사라졌으며, 그녀는 정상적인 생활을 재개하기 시작했다. 하지만 불행히도 효과는 짧았고, 몇 주 후 암이 재발되었으며 그녀는 곧 사망했다.

암 유전체 서열분석의 비용은 급속히 하락하고 있으며, 이러한 개인 맞춤 형태의 암 연구는 환자에게 점점 이용 가능해지고 있다. 최근 몇몇 사례들을 통해 암세포 내의 핵심 돌연변이들을 선별함으로써 제안되는 약물 치료의 효과가 좀 더 지속적이라는 것을 증명하였지만, 이후의 절에서 설명했듯이 암이 재발되는 심각한 위험이 남아 있다.

"암 유발 원인(driver)" 돌연변이와 "약을 쓸 수 있는 (druggable)" 대상의 발견

암이 일반적으로 DNA 수선 기작(DNA repair mechanism)들을 파괴하는 종양 억제 유전자의 기능상실 돌연변이를 포함한다는 것을 생각하면, 동일한 사람에서도 정상세포의 유전체들이 서로 다른 수천 또는 수만 가지의 돌연변이를 축적한다는 것은 놀랄만한 일이 아니다. 어떻게 연구자들이 암 표현형에 가장 큰 책임을 갖는 특정 "암 전이(driver)" 돌연변이를 정확히 찾아낼 수 있을까?

몇몇 핵심 돌연변이들은 암 유전체 서열분석으로부터 즉시 명백해질 수 있는 반면, 나머지 수천 가지의 가능성들 가운데서 다른 중요한 돌연변이들을 발견하는 것은 여전히 어려울 수 있다. 알려진 암유전자와 종양 억제 유전자의 아미노산 서열에 영향을 미치는 돌연변이들은 가장 확실한 후보들이다. 유전자의 암호화 서열을 변화시키는 돌연변이들(과오, 정지코돈, 틀이동, 재배열 돌연변이 등)은 그 유전자의 기능이 아직 밝혀지지 않았다 하더라도 반드시 고려되어야 한다. 암유전자의 전사를 증가시키거나 종양 억제 유전

그림 19.29 178명의 폐 편평세포 암종의 분석. 각 가로(행)는 다른 환자에서 나온 종양을 나타낸다. 색깔이 칠해진 사각형들은 유전자의 암호화 영역이나 이어맞추기에 다양한 영향(색깔로 표시)을 미치는 특정 유전자(열)에서의 염기 치환들을 나타낸다. 특정 유전자에 변이를 가진 환자의 비율은 아래에 표시되어 있다(환자 중 81%가 p53을 암호화하는 TP53 유전자에 돌연변이를 가진다). 표시된 모든 유전자는 PIK3CA 및 NFE2L2(암 유전자), NOTCH1 (놀랍게도 일부 종양에서는 암 유전자이고 다른 암에서는 종양 억제 유전자) 및 HLA-A (종양의 면역 감시에 대한 조절)를 제외하면 종양 억제 유전자이다. 178명 중 한 둘에서만 발견되는 암 관련 유전자들에 대한 희귀 돌연변이는 표시되지 않았다.

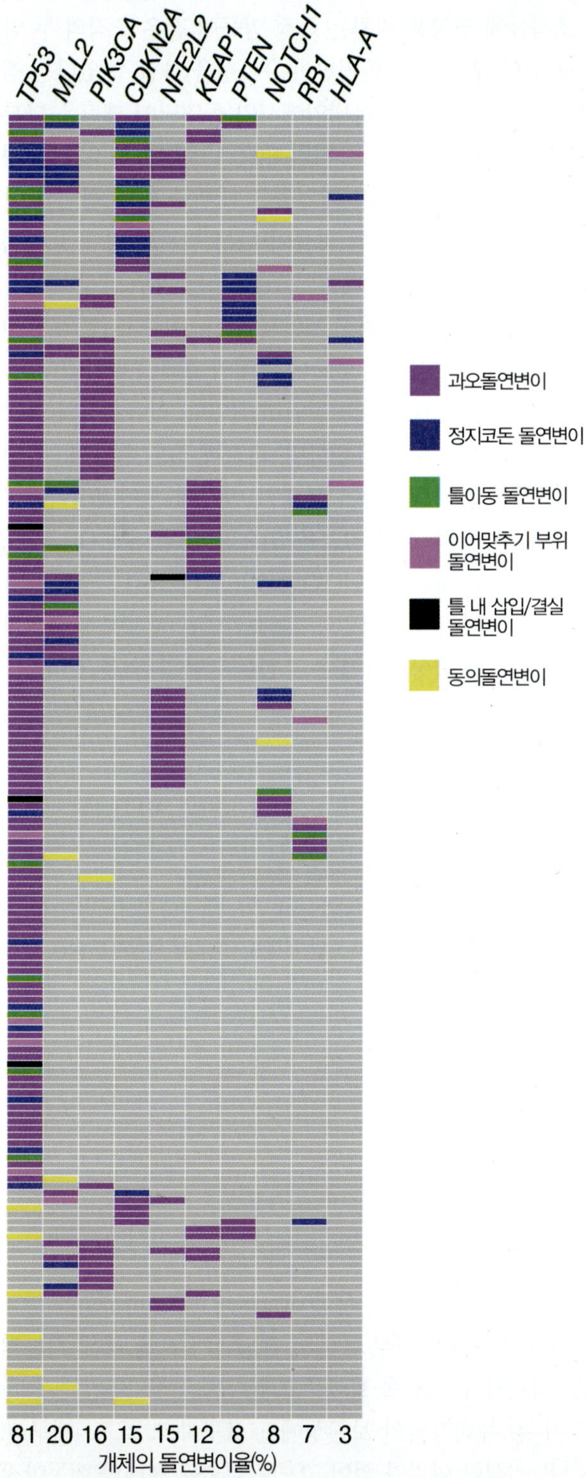

자의 전사를 감소시키는 조절 돌연변이들은 잠재적으로 중요성을 갖지만, 암세포의 전체 유전체 서열 내에서 그것들을 발견하는 것은 아직은 어렵다. 전유전체 염기 서열 분석법을 통하여 지금까지 밝혀진 조절 인자들의 돌연변이 목록(cataleg)은 아직 초보적이며 불완전하여 완벽하지 못하다. cDNAs (RNA 서열; RNA-seq)에 대한 심도 있는 서열분석은 조절유전자 돌연변이들에 의해 발현에 영향을 받는 암 관련 유전자들을 찾는 데 도움이 될 수 있을 것이다.

전유전체 염기 서열 분석(whole genome sequencing)은 모든 암에 대한 즉각적인 치료로 이어질 만병통치약은 아니다. 애플 컴퓨터의 설립자 스티브 잡스(Steve Jobs)와 유명한 작가인 크리스토퍼 히친스(Christopher Hitchens)로부터 얻은 암세포의 유전체에서는 그들을 사망에 이르게 한 질환에 대해 효과적인 치료로 이어질 수 있는 단서를 밝혀내지 못했다. 이러한 경우는 연구자들이 그들 암의 유전체 내에서 암 유발 원인 돌연변이들을 알아내지 못한 것이다. 그러나 원하는 변이가 암의 유전체에서 발견되어도 많은 경우가 "약을 쓸 수 있는(druggable)" 대상이 아니며, 이는 변이의 영향에 대항하는 의약적 전략은 아직 개발되지 않았음을 의미한다.

암의 차도 및 재발

베스 맥다니엘의 사례 연구는 암 치료에 차도가 있더라도 때로는 매우 빠르게 재발될 수 있다는 것을 보여준다. 일부 암세포들은 수술 또는 새로운 표적 화학치료법의 치료를 피해 갈 수 있을지도 모른다. 하지만 만일에 일부 암세포들이 생존했다면, 그들의 높은 증식력 때문에 암이 재발할 수 있다.

최근의 연구에서 같은 종양의 서로 다른 증식 부위에서 추출한 세포들을 전유전체 염기 서열 분석법(whole genome sequencing)을 통하여 관찰하였을 때 암 재발에 대한 중요한 원인 중 하나가 제시되었다. 몇몇 종양은 이질적 유전형이었으며, 종양 안에서 다양한 세포들이 서로 다른 유전체를 가지고 있었다. 암유전자나 종양 억제 유전자들에서의 어떤 돌연변이들은 종양의 모든 세포에서 공통적이었지만, 다른 몇 가지는 그렇지도 않았다. 이러한 연구 결과는 암이 특정 세포 클론들에서의 돌연변이 축적과 관련되어 있다는 가설의 측면에서는 당연한 것이다. 공통적인 돌연변이는 클론의 체세포 분열 초기에 발생되는 반면, 특이적 돌연변이는 가장 최근에 나타난 암세포 증식 부위의 세포에서 발견되었다. 분명히, 가장 효과적인 암 치료법은 그 공통 돌연변이들을 공략하는 것일 수 있겠지만, 종양 전체 세포들에서 얻어지는 많은 세포들의 유전체들을 서열화하지 않고서는 어떤 돌연변이가 공통적인 것인지 알기 어렵다.

암 연구 현황과 차세대 연구 범위

미국국립보건원(NIH)의 암 유전체 지도 연구와 같은 몇 가지의 큰 규모의 프로젝트를 통해 현재까지 수백 종의 전유전체(whole genome)와 엑솜(exome) 분석이 진행되고 있다. 이 연구들은 같은 돌연변이 패턴이 자주 나타나는 것으로 바탕으로, 암을 임상적으로 관련이 있는 그룹들로 더 세분화할 수 있음을 밝혔다. 예를 들어 2012년에 발표된 연구결과를 보면 유방암은 각각의 큰 차이점을 보이는 네 그룹으로 분류할 수 있었다. 그러나 이런 암 유전체 프로젝트들의 결과들은 어떻게 각 종양 유전체가 독특한 세트의 돌연변이들을 포함하는지도 강조한다.

그림 19.29는 178개의 폐 편평세포암종(lung squamous cell carcinomas)의 유전체를 같은 환자의 정상 DNA와 비교하였을 때의 관찰 결과를 요약하여 보여주고 있다. p53 종양 억제 유전자들 같은 일부 유전자들은 높은 빈도로 돌연변이가 생성되었지만 이 암의 모든 세포에서 돌연변이가 된 것은 아니었다. 또 다른 종양 억제 유전자 및 암유전자들에서의 돌연변이들 역시 이 암에서 높은 빈도로 드러난다. 그러나 그림 19.29는 오직 전체 중에 일부분의 결과일 뿐이다. 다른 암과 관련된 유전자의 돌연변이는 178개 암 조직 중에서 단지 몇몇에서만 나타났다. 더욱이, 그림에서 보여주지는 않았지만, 많은 편평세포암종의 유전체는 종양 억제 유전자의 결실과 암 유전자의 증폭 등의 염색체 재배열을 포함하고 있다.

큰 규모의 염기서열 분석 프로젝트를 통한 암의 연구 현황으로부터 얻을 수 있는 중요한 교훈 중의 하나는, 서로 다른 조직들에 영향을 미치는 특정 암들이 같은 조직의 두 암들 보다 더 많은 원인 돌연변이 유사성을 가질 수 있다는 점이다. 예를 들어, 어떤 유방암에서의 돌연변이 패턴은 다른 형태의 유방암들보다는 오히려 많은 난소암들과 비슷한 점을 더 많이 갖는다. 이런 발견들은 때때로 어떤 형태의 암을 치료하기 위해 고안된 약물이 다른 기관의 암에 효과적일 수 있음을 의미한다. 예보이(Yervoy)는 피부 악성 흑색종(melanoma)의 치료를 위해 개발되었으나, 맥 다니엘의 T 세포 림프종에 한시적이긴 했으나 극적인 효과를 나타냈다.

이것은 미래에 대한 희망적인 소식이다. 암유전자와 종양 억제 유전자들의 수는 유한하며, 비교적 적은(수십 개) 유전자들에서의 돌연변이들이 분명히 이전에는 이질적이라고 생각되었던 여러 가지 암들을 일으킨다. 글리벡(Gleevec), 허셉틴(Herceptin), 예보이(Yervoy)와 같은 표적 화학치료가 종양의 돌연변이 프로파일에 의해 선택된 환자에게 적절하게 사용된다면 예상보다 좋은 효과를 얻을 수 있을 것이다.

핵심 개념

- 몇 가지의 항암제의 표적은 암 유전자 돌연변이에 의한 단백질이다.
- 다른 약물들은 암세포들이 점검점이나 DNA 수선 단백질의 부재로 인해 DNA 손상에 대해 특히 민감하다는 점을 이용한다.
- 암세포들에 대한 전체 염기서열 분석은 각각의 종양 특이적 돌연변이 세트에 대한 직접적인 억제를 위한 잠재적 치료법을 정확하게 찾을 수 있도록 돕는다.

다음 학습을 위한 안내

이 장의 읽을거리 「유전학의 기술」에서는 CDK1을 암호화하는 유전자에 대해 보여주고 있으며, 이는 세포주기 조절 단백질 중 가장 중요하며, 효모, 개구리, 인간에게서 모두 보존되어 있다. 앞의 18장에서 눈 발달의 주 조절자를 생산하는 *eyeless/Pax-6/Aniridia* 유전자 역시 다양한 분류군들에서 매우 엄격하게 보존되어 있음을 보았다. 두 가지 경우에서 유전자 보존의 증거는 염기쌍과 아미노산의 유사성에 한정되지 않고, 유전자 교환 실험(swapping experiments)을 통해 한 종의 유전자가 다른 종에서 해당 유전자에 대해 기능적으로 대체될 수 있음을 보여주고 있다.

이 두 유전자들의 보존성에도 불구하고, 효모, 개구리, 인간은 의심할 여지가 없이 고도로 분화된 형태와 행동학적 특성을 지닌 서로 다른 생물체이다. 진화의 과정 동안 몇몇의 유전자들은 *CDK1*이나 *eyeless/Pax-6/Aniridia* 유전자보다 더 많이 변화되었다. 진화는 생물체들이 자신들의 환경에서 발견한 문제나 기회들에 대해 유전적 해결책을 만들고 그것을 보존하지만, 진화의 이런 땜질식 해결책들이 새로운 결과를 만들기도 한다.

진화는 개별 유기체에 대한 각각의 유전자 수준이 아닌 많은 세대에 걸쳐 집단에서 일어나며, 표현형은 많은 유전자들의 상호작용에 의해 결정된다. 궁극적으로 새로운 종을 출현시키는 유전적 변화의 추진력인 진화의 힘을 이해하기 위해서, 이 책의 다음 부분에서는 논의의 초점을 한 생물체의 한 유전자 활성에 대한 탐구로부터, 전체 집단에서의 오랜 시간에 걸친 유전자 전달에 대한 것으로 바꿔보려고 한다(20장). 그리고 다수의 유전자들에 의해 결정되는 복합 형질에 대한 분석에 대해서도 논의해 보도록 한다(21장).

풀이 문제

I. 특정 유전자들이 암유전자인지 종양 억제 유전자인지를 확인하는 일반적인 방법은 유전공학적 방법을 이용하여 생쥐의 유전체를 변화시킨 후 조작된 생쥐가 종양을 발달시켜 암으로 죽게 되는지를 관찰하는 것이다. 실험 1의 쥐는 유전자 *A* 또는 유전자 *B* 중 하나를 유전자 도입하거나 두 유전자 모두를 유전자 도입하여 제작한 유전자 조작 쥐이며, 실험 2의 쥐는 유전자 *C*를 녹-아웃(knockout)한 동형접합성 또는 이형접합성으로 제작한 쥐이다.

a. 유전자 *A*, *B*, *C* 중 암 유전자와 종양 억제 유전자는 무엇인가? 그 이유는 무엇인가?

b. 유전자 *A*와 *B* 유전자를 모두 도입한 유전자 조작 쥐는 종양에 특히나 민감하다. 이러한 결과는 무엇을 의미하는가?

c. 유전자 *C*의 녹-아웃에 대한 이형접합성 쥐(C^+/C^-)는 유전자 *C*의 야생형(C^+/C^+)을 가진 대조군에 비하여 생존율이 낮은데, 녹-아웃에 대한 동형접합성(C^-/C^-)에 비해서는 생존율이 더 높다. 그 이유를 설명하라.

d. 유전자 *C* 동형접합성 녹-아웃(유전자 결핍) 쥐가 어떻게 출생 후에도 생존할 수 있는가?

e. 유전자 *A*에 대해 유전자 조작된 쥐 두 마리가 임신한 경우에 대해서 무엇을 예측할 수 있는가? (참고: 암컷 쥐는 성적 성숙기간이 출생 후 6주, 수컷 쥐는 8주가 소요됨.)

f. 유전자 *C* 이형접합성 녹-아웃 쥐 두 마리가 임신할 경우에 대해서 무엇을 예측할 수 있는가?

실험 1

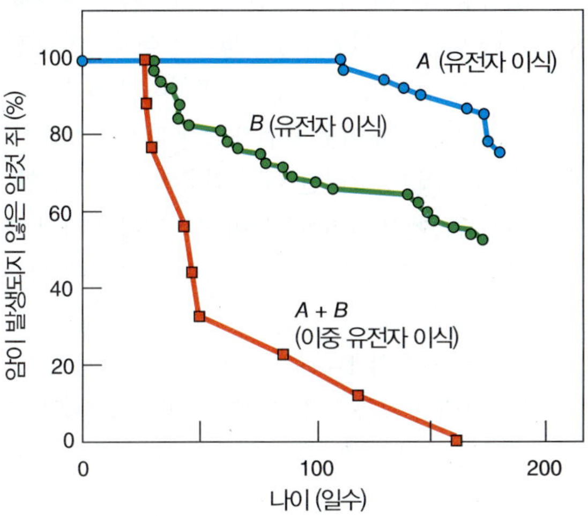

실험 2

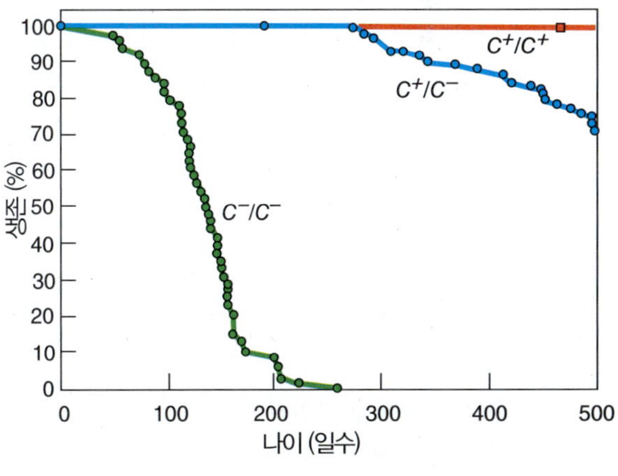

해답

이 문제는 돌연변이로 인해 원암 유전자가 암 유전자로 변화되면 암 발생에 우성으로 영향을 미치는 반면, 암 발생과 관련성이 있는 종양 억제 유전자의 돌연변이는 세포 수준에서는 열성이지만 생물체 수준에서는 우성으로 유전된다는 지식이 요구된다.

a. 유전자 *A*와 *B*는 암 유전자이다. 각각의 유전자 도입은 암 성장을 촉진하며, 그 전달 유전자들은 우성 효과를 나타낸다. 유전자 *C*는 종양 억제 유전자이다. 유전자 *C*의 두 야생형 사본들이 모두 녹-아웃되었을 때 암에 대한 소인이 분명해진다.

b. 두 가지 암유전자가 상승효과를 나타낸다는 사실은 암의 발생이 하나 이상의 돌연변이가 축적되는 것과 관련되어 있다는 생각과 일치한다.

c. 이것은 이중-히트(two-hit)라고 하며, 오직 종양 억제 유전자 둘 모두가 비활성화 될 때 암의 특성들이 나타난다. 동형접합성 녹-아웃의 경우 기능을 할 수가 없고, 그래서 생애 초기에 암 발생이 나타난다. 이형접합성 녹-아웃의 경우 한 개의 C^+가 존재하지만 하나나 더 많은 세포들에서 생기는 이차적인 비활성화로 인해 암으로 인한 사망이 발생하게 된다.

d. 동형접합형 녹-아웃 생쥐가 출생 후까지 생존하는 것은, 암이 발생하려면 여러 암유전자들과 종양 억제 유전자들에서 돌연변이들이 축적되어야 하기 때문이다. 이 종양 억제 유전자는 세포의 생존에 필수적이지는 않은 것일 수 있다.

e. 임신한 자손의 1/4은 유전자를 전달받지 않을 것이다. 그래서 그들은 정상적인 수명을 통해 암이 나타나지 않거나 매우 적은 암이 나타날 것이다. 자손의 반(1/2)은 유전자를 유전 받는다. 그들은 그들의 부모와 동일한 속도(실험 1에서 파란색 선)로 암 발생이 나타날 것이다. 자손의 1/4은 형질전환 유전자에 대해 동형접합성이 될 것이다. 이 동물들은 그들의 부모와 같은 속도로 암이 나타날 수 있으며, 또한 속도는 형질전환 유전자 특성에 따라 더 빠를 수 있다.

f. 자손의 1/4은 녹-아웃된 유전자가 유전되지 않을 것이므로 그 자손들은 보통 생존할 것이다. 그 자손들의 생존 곡선은 실험 2에서 파란색 선과 유사하다. 또한, 절반은 녹-아웃 유전자가 유전된다. 나머지 1/4은 유전자에 대해 동형접합성 녹-아웃이 되므로 실험 2에서 초록색 선으로 나타난 것과 유사한 비율로 죽을 것이다.

II. 본문에서 RNA 유전체(레트로 바이러스)와 여러 종양 바이러스를 설명하였다. 일부 암을 유발하는 DNA 유전체를 가지고 있는 바이러스 중 하나가 SV40이다. SV40 바이러스에 감염된 마우스의 조직배양 세포는 정상 성장 조절기능을 잃게 되고, 결국 형질전환된다. 이렇게 형질전환된 세포가 생쥐에 전달되는 경우, 이들은 종양으로 발전한다. 이 변환을 담당하는 SV40 단백질은 T 항원이라고 한다. T 항원은 세포 단백질인 p53과 연관성이 있는 것으로 확인되었다. 과발현 촉진유전자에 융합된 *p53* 유전자에 의해 형질전환된 조직배양 세포의 경우, 세포가 더 이상 SV40 감염에 의해 변형되지 않는다.

a. *p53*의 과발현이 어떻게 T 항원에 의한 세포의 형질전환으로부터 세포를 구할 수 있는지 설명할 수 있는 가설을 제시하라.

b. p53 단백질의 cDNA를 돌연변이화시키고, 그것을 과발현 촉진유전자에 연결한 후 다시 세포에 전달함으로써 p53 단백질의 기능적 영역을 조사하기로 결심했다. 각 돌연변이들은 p53 단백질의 활성에 필수적인 아미노산들을 변화시킨다. 다음 표에 결과가 제시되어 있다. p53 기능에 대한 돌연변이 1과 2의 효과를 어떻게 설명하겠는가?

c. p53의 기능에 미치는 돌연변이 3의 효과는 무엇인가? (그림참조)

	형태	
p53 유전자 구조물	**정상세포**	**SV40-감염세포**
처리 안 함	정상	감염
야생형	정상	정상
돌연변이 1	정상	감염
돌연변이 2	정상	감염
돌연변이 3	정상	정상

해답

a. T 항원에 결합된 p53 단백질은 불활성화(inactivated)된다. 과발현 촉진유전자에 의해 p53이 다량 발현되어 모든 T 항원에 결합하고 충분한 p53이 남아 세포주기를 조절하게 된다. 따라서 T 항원의 효과는 최소화된다.

b. 돌연변이 1과 2는 변형 p53 단백질을 과량으로 발현하지만, p53이 정상 수준인 세포에서 보이는 것과 같은 표현형을 가진다. 이 돌연변이들은 T항원의 암유발 효과로부터 세포를 구하지 못한다. 따라서 돌연변이 1과 2는 세포주기 조절에서 작용하는 p53의 능력을 감소시키는 기능상실 돌연변이일 것임이 틀림없다. 이 돌연변이 구조물을 과발현하는 비감염세포들은 그들의 유전체가 아직 야생형의 p53 유전자를 가지고 있기 때문에 정상적이다.

c. 돌연변이 3은 여전히 T 항원의 발암 효과로부터 세

포를 보호하기 때문에, 이 돌연변이는 T 항원에 결합하는 p53의 능력과 세포주기를 조절하는 능력 모두 변함이 없다. 따라서 이 돌연변이는 T 항원 또는 p53이 세포주기 유전자의 전사 인자로서 기능하는 것 이외의 다른 기능성 영역(functional domain) 내에 있어야 한다. 몇 가지 가능성 중 하나로서 p53이 세포주기가 아니라 세포자살 관련 유전자들을 조절하는 것에 특이적인 영역을 가질 수 있다는 점이다. 이 영역에서의 변이는 세포자살을 겪지 않고 정상적으로 자라는 세포에는 영향을 미치지 않을 수 있다.

연습 문제

어휘

1. 왼쪽 용어를 가장 잘 설명한 문장을 오른쪽에서 찾아 연결하라.

a. 유사분열 성장 인자	1. 이들 유전자의 돌연변이는 암 형성에 우성으로 작용함
b. 종양 억제 유전자	2. 예정된 세포의 죽음
c. 사이클린 의존성 단백질 인산화효소	3. 신호가 전달되는 일련의 단계
d. 세포자살	4. 세포주기 동안 주기적으로 활성화되는 단백질들
e. 암 유전자	5. DNA 손상에 반응하여 세포주기의 진행을 제어함
f. 성장 인자 수용체	6. 이 유전자의 돌연변이는 세포 수준에서 암 형성에 열성으로 작용함
g. 세포 내 신호전달 연쇄반응	7. 세포에서 G_0기에서 G_1기로 가기 위한 신호
h. 점검점	8. 단백질 인산화 세포주기 효소
i. 사이클린	9. 호르몬 결합 단백질

19.1절

2. 종양세포와 정상세포의 차이점을 다음 특성들의 용어를 정의하여 설명하라. 암세포에서 어떻게 이러한 특성은 각각 종양 진행에 기여할 수 있는가?
   a. 접촉 억제
   b. 자가분비 자극
   c. 세포자살
   d. 말단소체복원효소 발현
   e. 말단소체 단축에 의한 노화
   f. 유전체 안정성
   g. 혈관 신생
   h. 전이
   i. 면역 감시에 대한 감수성

19.2절

3. 미국에서 대장 암 발생률은 인도보다 30배 더 높다. 식이 요법이나 두 집단 간 유전적 차이는 이러한 통계에 영향을 줄 수 있다. 어떤 인자들의 각 역할을 어떻게 알아낼 수 있을까?

4. 일부 생식세포 돌연변이는 각 개인이 암에 걸리기 쉬운 성향이 나타나도록 하는 반면, 종종 환경요인 (화학 물질, 방사선에 노출)들은 암 발생의 주요 위험 요소로 간주된다. 암 발생의 원인에 대한 유전과 환경이라는 이 두 측면은 서로 상충하는가, 아니면 서로 타협이 가능한가?

5. 실험실에서 교배시킨 생쥐의 피부에 발암성 화합물을 올려놓았다. 발암성 화합물을 올려놓은 다수의 생쥐들에서 피부암이 발병하였지만 몇 달이 지나지 않아서 화학물질은 더 이상 검출되지 않았다. 모든 실험쥐들에서 종양이 발생하지 않은 이유와 종양이 훨씬 더 빨리 나타나지 않은 이유는 무엇인가?

6. 여러분은 대장암과 관련된 유전 요인들을 연구하기로 하였다. 선대의 가족 구성원들에게서 매우 어린 나이에 높은 대장암 발병률이 나타난 모로코의 가계도를 주목하였다(다음 그림 참조). 이 가계도를 보면, 이들은 16세 이전에 대장암에 걸리거나 혹은 이 이후에는 걸리지 않았다.

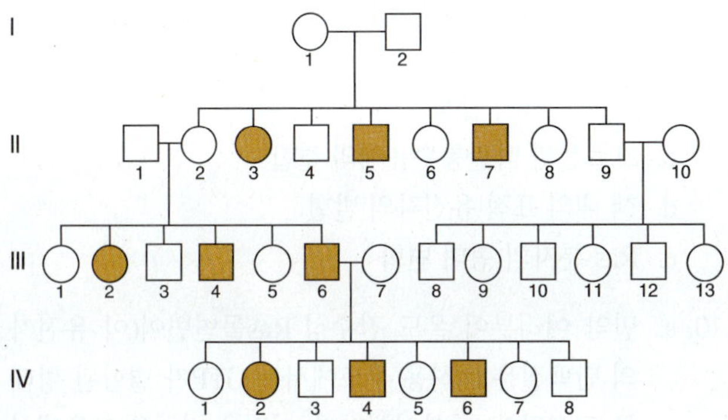

a. 여러분이 가진 정보를 토대로, 만약 이 질환의 발병에 대한 유전적인 요인을 제시한다면 어떤 증거가 있는가?

b. 여러분은 가계도에 표시된 33명의 의학 기록에서 매일 특정 커피를 마시고 있는 사람과 그렇지 않은 사람을 발견하였다. 커피를 마시지 않는 사람들에게 I-1과 II-2, II-4, II-9, III-7, III-13, IV-1, IV-3로 번호를 매겼다. 이 특별한 커피를 섭취하게 되면 대장암에 어떠한 영향을 주게 되는가? 설명하라.

7. B 세포는 항체를 분비하는 특수화된 혈액세포이다. 정상적인 혈액은 수백만 가지 다른 종류의 B 세포를 가지고 있으며, 이들은 수백만의 다른 종류의 항체 분자들을 생산한다. 이러한 다양성이 발생하는 이유는 12장의 읽을거리 「빨르게 살펴보기」에서 설명하고 있다. 항체 유전자는 B 세포의 전구체에서 재배열되며, 각각의 B 세포의 전구체는 다른 방법으로 자신의 항체 유전자를 재배열한다.

B 세포 림프종이라고 하는 암 환자의 혈액에서는 거의 모든 항체 분자가 동일한 형태이지만 그 형태는 환자마다 다르게 나타난다.

a. 이러한 정보를 토대로, B 세포 림프종의 기원을 세포의 과다 증식과 관련하여 간단하게 설명하시라.

b. 그림 19.6에서 보여준 암세포의 클론설(clonal theory)을 B 세포 림프종의 특성으로 설명할 수 있는가?

19.3절

8. 세포의 안팎에서 존재하는 분자들은 세포주기를 조절하여 멈추거나 시작을 유도할 수 있다.

a. 세포주기를 조절하는 세포 외 분자의 예는 어떤 것들이 있는가?

b. 세포주기 조절과 관련된 세포 내 분자의 예는 어떤 것들이 있는가?

9. 다음을 올바른 순서대로 나열하라.

a. 인산화효소 경로

b. 전사 인자의 활성

c. 호르몬과 막관통수용체의 결합

d. 핵 내의 표적 유전자의 발현

e. Ras 분자의 형태 변화

10. a. 만약 여러분이 온도 감수성 Ras돌연변이(이 유전자의 단백질은 비허용 온도에서는 GTP가 결합된 형태로 고정된다)를 확인했다면, 이것은 비허용 고온에서 세포를 계속 분열하게 하겠는가, 아니면 분열을 중지하도록 하겠는가?

b. 만약 온도 감수성 돌연변이가 높은 온도에서는 Ras 단백질이 GDP-결합 형태로 남는 것이었다면 어떤 예상을 할 수 있을까?

11. SCF와 APC라고 하는 다른 두 가지 단백질 복합체는 작은 폴리펩x1드인 유비퀴틴이 사이클린 단백질에 공유결합을 하도록 한다. 유비퀴틴이 결합된 단백질은 프로테아좀이라고 하는 또 다른 단백질 복합체에 의해 분해된다. SCF 복합체는 S기 동안 활성화되고 APC 복합체는 M기 동안 활성된다.

a. 그림 19.14의 사이클린 A, B, D, E 중에서 어떤 사이클린에 SCF가 유비퀴틴을 붙일 것이라고 생각하는가? APC에 대해서는 어떤가?

b. 세포는 어떻게 적절한 시기에만 SCF와 APC를 활성화시킬 수 있는가?

12. 유사분열 후기의 특징 중 하나는 자매염색분체의 분리이다. 코헤신(cohesin)이라고 하는 단백질 복합체가 그림 11.26에서와 같이 자매염색분체를 붙잡고 있다. 문제 11번의 답을 바탕으로 세포분열 후기 동안 일어나는 자매염색분체의 분리기작에 대해 설명하라. 또한 모든 염색체가 방추체(mitotic spindle)에 완전히 결합할 때까지 자매염색분체의 분리를 막는 M기에서의 점검점 작동기작(mechanism)을 설명하라.

13. 읽을거리 「유전학의 기술」에서 "효모균에서의 세포주기 돌연변이 분석"을 고려(참고)하라.

a. 돌연변이체가 존재하는 복제 평판(replica plating)을 사용하여, 반수체 효모균의 생존과 성장에 요구되는 필수적인 유전자의 온도 감수성 돌연변이체를 구별하는 방법을 설명하라.

b. 문제 (a)에서 찾아낸 많은 온도 감수성 돌연변이체 중에서 효모균의 생존에 요구되는 세포주기 진행에 필요한 유전자의 돌연변이를 어떻게 구별할 것인가?

c. 만약 효모균의 세포주기 돌연변이체가 다수 있다면 돌연변이의 발생이 같은 유전자에서 일어났는지 아니면 다른 유전자에서 일어났는지 어떻게 결정할 수 있는가?

d. 「유전학의 기술」의 그림 A와 B에서는 온도 감수성(temperature-sensitive, *ts*) 세포주기 돌연변이가 존재하는 하나의 효모균을 배양하였다. 두 사진들은 서로 다른 시간에 조사된 같은 세포 배양접시를 보여준

다: 그림 A는 제한 온도로 바꾸기 전이고, 그림 B는 온도의 변화 후이다. 그림 A에서의 작은 싹이었던 효모균은 그림 B에서는 큰 싹으로 진행되는 것이 저지되었다(노란색 화살표로 예를 표시하였다). 반면에, 그림 A에서 큰 싹 덩어리였던 효모균은 두 개의 효모균으로 진행되는 것이 저지되었다(빨간색 화살표). 이러한 관찰을 통해 세포주기 동안 정상적으로 기능할 것으로 예상되는 유전자의 단백질 생산물의 역할은 무엇인가?

e. 인간의 사이클린-의존성 인산화효소(CDK1)의 유전자가 효모균이 갖고 있는 상동유전자의 기능을 대체할 수 있는지에 대한 실험을 자세하게 설명하라.

19.4절

14. 유전체와 핵형의 불안정성은 암의 결과인가, 원인인가?

15. 다음 중 암과의 연관성이 적은 것은?
   a. 정상적인 이배체 세포에서의 원암유전자 돌연변이
   b. 세포성 원암유전자에 인접한 중단점에서의 염색체 전좌
   c. 세포성 암억제 유전자의 한 대립유전자 결실
   d. 세포성 암유전자의 레트로바이러스로의 삽입

16. 백혈병성 백혈구세포의 대량 생성으로 인한 빈혈과 내출혈 증상이 있는 19세 여성 환자는 만성골수성 백혈병 진단을 받았다. 핵형분석 결과 9번과 22번 염색체에 상호전좌가 있는 이형접합성을 지닌 백혈병성 세포가 나타났다. 그러나 이러한 환자의 정상세포와 비 백혈병세포들은 모두 전좌(translocation)를 포함하지 않았다. 다음 설명 중 사실(T)과 거짓(F)은?
   a. 전좌로 종양 억제 유전자의 불활성화(기능상실)가 발생했다.
   b. 전좌로 암유전자의 불활성화(기능상실)가 발생했다.
   c. 이 환자의 아이가 CML 환자가 될 확률은 50%이다.
   d. 이 환자는 핵형적인 면에서는 체세포 모자이크이다.
   e. 이 환자의 백혈병 세포에서 추출한 DNA를 정상적으로 배양된 쥐 세포에 주입하였다면 이로 인해 쥐 세포는 암 유발에 대한 가능성을 가진 세포로 변형될 수 있다.
   f. 전좌로 인한 절단 지점에서 영향을 받은 종양 억제 유전자 혹은 원암유전자의 기능은 세포 주기를 진행시키는 사이클린 단백질의 기능을 방해하는 것일 수 있다.
   g. 백혈병 세포의 전좌 절단지점에 있는 종양 억제 유전자나 원암유전자의 두 사본을 망가뜨리는 두 번의 희귀한 사건들이 일어났을 것이다.
   h. 백혈병의 가능한 치료법은 백혈병세포에서 전좌 중단점에서의 종양 억제 유전자나 원암유전자의 발현을 유도할 수 있는 약물과 관련이 있다.

17. 문제 16번에서 묘사된 환자에게 화학요법을 처방한다면 완치될 수 있는지에 대해 분자적 검사를 들어 설명하라. 분자 검사 장비를 이용한 검사결과 환자의 혈액에 더 이상 백혈병세포가 없다고 확신하였다. 검사에 필요한 시약과 검사를 수행할 방법에 대해 자세히 설명하고, 다른 검사 결과가 나타날 수 있는지에 대해서도 설명하라.

18. 다음의 그림은 일반적인 신호전달 단계를 보여준다. 성장 인자(growth factor, GF)는 성장 인자 수용체와 결합하여 성장 호르몬 수용체의 세포 내에서 인산화효소(kinase)의 기능을 활성화시킨다. 성장 인자 수용체 인산화효소의 기질은 또 다른 인산화효소인, 인산화효소(키나아제) A이다. 이 효소는 성장 인자 수용체 인산화효소에 의해 인산화되어 있을 때만 효소적인 활성을 가진다. 활성화된 인산화효소 A는 전사 인자에 인산기를 더한다. 인산화효소 A가 탈인산화되면, 전사 인자는 비활성화되고 세포질에 머무르게 된다. 인산화효소 A에 의해 인산화가 일어나면 전사 인자는 핵 안으로 이동하여 세포분열을 자극하는 유사분열 인자에 대한 유전자 전사를 유도한다.

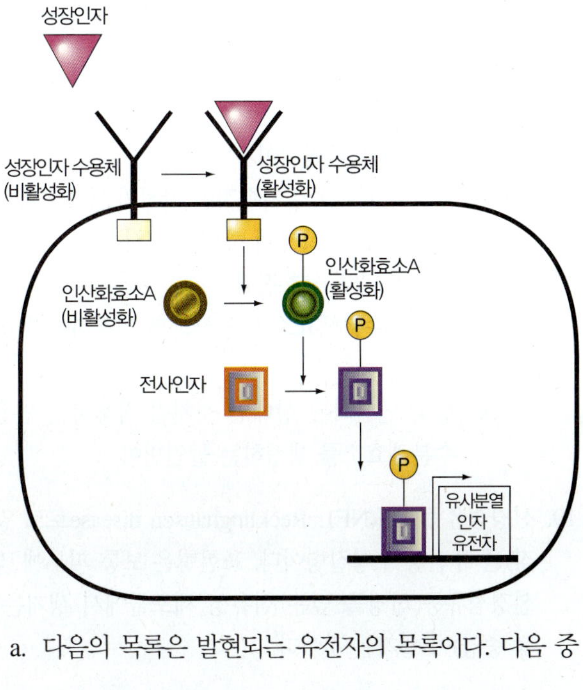

   a. 다음의 목록은 발현되는 유전자의 목록이다. 다음 중

원암유전자로 될 수 있는 것은 어떤 것인가? 또는 종양 억제 유전자가 될 가능성이 있는 것은 어떤 것인가?

i. 성장 인자
ii. 성장 인자 수용체
iii. 인산화효소 A (kinase A)
iv. 전사 인자
v. 유사분열인자

그림에서는 나타나지 않지만 세포는 인산가수분해효소(phosphatase)도 가지고 있다. 이 효소는 단백질에서 인산기를 제거하는 효소이다. 이 경우에는 전사 인자로부터 인산기가 제거될 수 있다. 이 포스파타아제는 인산화효소 A에 의해 조절된다.

b. 인산화효소 A가 인산기를 포스파타아제에 붙일 때 예상되는 영향은 무엇인가? 포스파타아제 효소가 활성화되는가 아님 비활성화되는가? 설명하라.
c. 인산가수분해효소 유전자는 원암유전자인가, 종양 억제 유전자인가? 아니면 또 다른 것인가?
d. 다양한 돌연변이가 다음에 적혀 있다. 이들은 동형접합성의 돌연변이인지 이형접합성의 돌연변이인지 아니면 야생형 대립유전자인지 설명하고 또한 각각의 돌연변이들은 과도한 세포 성장이나 감소를 유도하는지 나타내라. 모든 유전자의 활성도는 정상적인 세포 성장을 위해 50%라고 가정한다.

i. 인산가수분해효소 유전자에서 결실돌연변이
ii. 전사 인자 유전자에서 결실돌연변이
iii. 인산화효소 A 유전자에서 결실돌연변이
iv. 성장 인자 수용체 유전자에서 결실돌연변이
v. 성장 인자가 존재하지 않는 상태에서 인산화효소의 활성으로 인한 성장 인자 수용체의 지속적인 활성의 돌연변이
vi. 인산화효소 A의 지속적인 활성의 돌연변이
vii. 매우 강한 증폭자의 하위로 전사 인자 유전자의 위치가 바뀐 상호전좌
viii. 인산가수분해효소의 인산화를 억제하는 돌연변이
ix. 항상 인산화된 상태인 것처럼 작용하는 인산가수분해효소를 생성하는 돌연변이

19. 신경섬유종 1형(NF1; Recklinghausen disease로도 알려짐)은 유전성 우성질병이다. 표현형은 보통 피부에 많은 신경섬유종(신경을 덮는 섬유성 세포들에서 생기는 양성 종양)이 생기는 것이다.

a. *NF1*은 원암유전자일 가능성이 높은가, 종양 억제유전자일 가능성이 높은가?
b. 환자인 아버지로부터 아이에게 유전된 NF1 신경섬유종 원인 돌연변이는 기능상실이겠는가, 아니면 기능획득 돌연변이겠는가?
c. 뉴로피브로민(neurofibromin)이라고 불리는 *NF1*의 단백질 생산물은 Ras 단백질과 관련이 있는 것으로 밝혀졌다. Ras는 성장 인자로부터의 세포 외 신호의 전달에 관여한다. Ras의 활성 형태는 GTP와 결합한다; (세포증식을 위한 신호전달 단계의 첫 번째 시작 형태임). 비활성 형태의 Ras는 GDP와 결합한다. 야생형 뉴로피브로민 단백질은 Ras-GTP 형성이나 Ras-GDP 형성 중 어느 쪽의 분자형이 만들어지도록 하겠는가?
d. 신경섬유종의 원인이 되는 유전자에 의해 정상적인 세포에서 나타나는 다음의 현상들 중 정상세포가 신경섬유종으로 자랄 수 있는 원인은 무엇인가?

i. 신경섬유종을 앓고 있는 부모에게서 유전된 *NF1* 유전자의 두 번째 점돌연변이
ii. 정상인 부모로부터 유전된 *NF1* 유전자의 점돌연변이
iii. 신경섬유종을 앓고 있는 부모에게서 유전된 염색제에서의 *NF1* 유선자의 결실
iv. 정상인 부모로부터 유전된 염색체에서의 *NF1* 유전자의 결실
v. 유사분열의 염색체 비분리 또는 염색체 결실
vi. *NF1* 유전자와 *NF1*을 포함하는 염색체의 중심체 사이에서의 유사분열 시 재조합
vii. *NF1* 유전자와 *NF1*을 포함하는 염색체의 말단소체 사이에서의 유사분열 시의 재조합

e. 신경섬유종에서도 드물게 나타나는 형태인 체절성 신경섬유종증(segmental neurofibromatosis)은 환자의 부모에게서도 질병의 임상적인 흔적이 나타나지 않는다. 환자의 종양은 오른쪽 다리처럼 몸의 일부분에서만 제한적으로 나타난다. 이런 신경섬유종증의 발생과 기원에 대해 설명하고 몸의 일부분에서만 제한적으로 나타나는 이유를 구체적으로 설명하라.

19.5절

20. 간세포암종(hepatocellular carcinoma)은 간암의 가장 흔한 형태이다. 유전되는 간세포암종을 앓고 있는 환자의

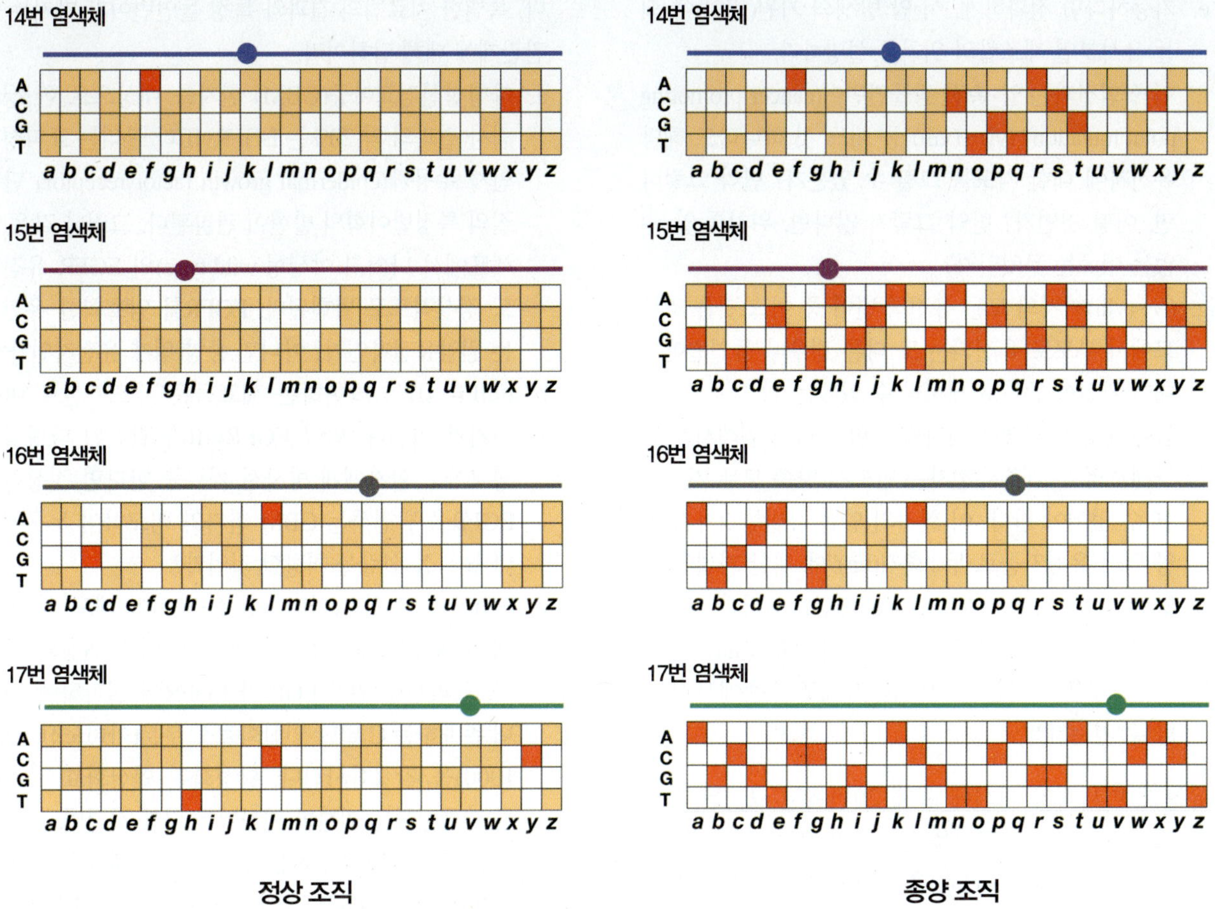

종양의 형성은 2가지의 암유전자와 3가지의 종양 억제 유전자의 영향으로 일어나는 8개의 유전적 변이와 관련이 있다.

8개의 유전적 변이는 다음과 같다.

i. 유사분열 시 재조합
ii. 염색체 부분의 결실
iii. 삼염색체성
iv. 염색체 부분의 중복
v. 편친 이염색체성(그림 19.24 참조)
vi. 점돌연변이
vii. 다른(another) 점돌연변이
viii. 또 다른 (yet another) 점돌연변이

다음 문제 (a)~(c)에 대해 앞에 나열된 보기에서 예상되는 모든 답을 하라. 기능상실(loss-of-function) 점돌연변이의 중요함을 상기하라.

a. 앞에 나열된 보기의 돌연변이의 형태 중 어떤 것이 암유전자에게 영향을 줄 수 있는가?
b. 앞에 나열된 보기의 돌연변이의 형태 중 어떤 것이 종양 억제 유전자와 관련되어 있는가?
c. 앞에 나열된 보기의 돌연변이의 형태 중 사본-중립형 이형접합 소실 돌연변이(copy-neutral loss-of-heterozygosity)와 관련 있는 돌연변이들은 무엇인가? (즉, 암 세포가 기능 여부와 관계없이 아직 2개의 그 유전자 사본을 가지고 있는 상태에서의 이형접합성 상실을 말한다)

환자에게서 종양의 생체 검사를 위해 정상 백혈구 세포로부터 DNA를 추출하였다. 이 DNA를 이용하여 형광 탐침자를 준비하고 이 탐침자들은 ASO 유전자미세배열(마이크로어레이)에서 인간유전체에 각각 잡종화된다(그림 10.16, 10.17 참조). 다음의 그림은 14번과 15번, 16번, 17번 염색체에서의 SNP *a-z*번까지의 결과이다. 빨간색과 주황색은 형광의 정도 차이를 나타낸다.

d. 유전자미세배열의 실험결과를 토대로, 유전적인 변이 명단에서 첫 번째 다섯 유형(i–v)의 가장 정확한 위치를 선택하라. 예를 들면, 변이가 15번 염색체의 표지자 문제 (a)~(e)를 포함한다면 15*a–e*로 쓴다.

e. 가능하다면 정확하게, 이 암 발생의 기원(원인)이 되는 유사분열 재조합의 위치를 설명하라.

f. 이 실험결과는 암-촉진 점돌연변이(cancer-promoting point mutation) (vi)~(viii) 중 어느 것 하나라도 해당 유전자에 대한 지도를 그릴 수 있는가? 만약 그렇다면, 어떤 것인가? 만약 그렇지 않다면, 위치를 알 수 없는 이유는 무엇인가?

g. (i)~(viii)까지의 모든 유전적 변이 중 어느 것을 조부모에서 부모로 유전되는 또 다른 경우나 돌연변이에 대한 확실한 증거로 제시할 수 있겠는가?

h. 암에서 종양 억제 유전자가 역할을 하기 위해서는 종양세포의 두 대립유전자는 반드시 양쪽 모두 기능을 할 수 없어야 한다. 이 환자의 암을 유발한 3가지 종양 억제 유전자들로 두 "충격(hit)"에 대한 가설을 설명할 수 있다(목록에서 vi-viii 해당). 이러한 "충격"은 반드시 순서대로 일어나야 한다. "충격(hit)"은 유전성으로 일어나는가 아니면, 체세포 수준에서 일어날 수 있는가?

21. 유전자 미세배열 대신에 문제 20번에서 묘사된 환자의 정상조직과 종양조직을 전유전체 염기서열 분석법(whole-genome sequencing)을 한다고 가정하자. 전-유전체 서열을 분석한 결과에서 i-v번까지의 유전적 변이의 위치와 존재를 찾을 수 있는 증거는 무엇인가?

22. 문제 20번, 21번에서 묘사된 환자의 정상조직과 종양조직에서 환자의 mRNA (RNA-Seq)를 이용한 "통합 서열화(deep sequencing; 딥 시퀀싱)" 방식으로 분석을 한다고 가정하자. 전유전체 염기 서열 분석법에서는 발견하기 어려웠던 새로운 암유전자 및 종양 억제 유전자와 종양형성 간의 연관을 찾을 수 있는 증거는 무엇인가?

23. 다형성신경교아증(glioblastoma multiforme, GBM)은 인간에게 가장 흔하고 공격적인 뇌종양의 한 종류이다. 치료를 하지 않는다면, 평균 생존기간은 약 3개월이다; 절제 수술, 방사선치료, 화학치료와 같은 기본적인 치료를 한다면 평균 생존기간은 7개월에서 14개월 사이이다. 다형성신경교아증은 유전적 변화의 범위가 다양하며, 이러한 변화는 특별한 치료법들의 효과에 영향을 줄 수 있다. 특별한 치료법의 결과와 특정 돌연변이가 가지는 연관관계에 대해 답하여라.

a. 다형성신경교아증(GBM) 환자를 대상으로 한 생체검사 결과의 약 20%는 EGFRvIII라 불리는 표피성장인자 수용체(epidermal growth factor receptor) 단백질의 특정변이형의 발현이 관찰된다. 그러나 같은 암세포에서 나머지 야생형(wild type)의 EGFR 유전자도 정상적으로 발현된다. EGFR를 암호화한 유전자는 원암유전자인가? 아니면 종양 억제 유전자인가?

b. EGFRvIII을 발현하는 세포들은 세포자살로 이어지기가 어렵다. 만약 EGFRvIII가 발현된 다형성신경교아증 환자에게 방사선 치료를 한다면 정상적인 EGFR을 발현하는 GBM 환자와 비교하여 누구에게 더 높은 X-선량을 처방할 것인가?

c. EGFR은 N 말단(아미노산 1–500)이 세포 외 부분에 존재하여 세포막을 통해 세포 내로 연장되어 있다. 표피성장 인자(EGF)가 EGFR에 결합하여 세포 내 존재하는 C 말단 인산화효소 부분(아미노산 501–1000)을 활성화시킨다. 활성화된 인산화효소는 다른 단백질들을 인산화(인산기를 더함)시키며, 세포의 성장과 분열을 촉진하는 신호전달 단계를 유발한다. EGFRvIII는 EGFR 단백질의 6번에서 273번까지의 아미노산이 제거된 돌연변이다. 이 돌연변이 단백질은 어떻게 암 유발에 영향을 미치겠는가?

d. Iressa™는 EGFR의 인산화효소 활성을 방해하는 약물이다. EGFRvIII를 발현하는 GBM에 Iressa™를 처방한다면 치료가 될 것이라고 생각하는가? 아니면 약물이 암세포의 성장을 더 빠르게 할 것이라고 예상하는가?

e. 시스플라틴(cisplatin)은 백금 복합체로 DNA에 결합하여 손상을 입히고 궁극적으로 세포 사멸을 유도한다. *ERCC1*은 DNA 수선 단백질(repair protein)을 암호화하는 유전자이다. 다형성신경교아증 환자는 정상세포보다 높은 *ERCC1*의 전사 수준을 보여준다. 그런 형태의 GBM을 가진 환자와 *ERCC1* mRNA의 정상적인 발현량을 가진 환자 중 누구에게 더 높은 시스플라틴을 처방할 것인가?

20장

집단 내 변이와 선택

집단은 가족들의 무리이다.

"우유는 아기를 위한 것이다. 어른이 되면 맥주를 마셔야 한다."
–아놀드 슈왈제네거(Arnold Schwarzenegger)

개요

우유는 단백질과 칼슘의 우수한 공급원으로 알려져 있다. 하지만 일부 청년과 성인은 우유를 마신 후 설사, 구토와 복부 경련 등 불편한 증상을 겪는다.

다른 포유류와 영장류 친족에게 젖당분해효소(lactase)는 신생아에게서만 발현되기 때문에 신생아는 당분 젖당을 분해함으로써 모유로부터 영양분을 얻을 수 있다. 이 종들에게서 젖당분해효소 정보가 있는 유전자의 전사는 젖을 뗀 후 중단된다. 이들의 영장류 조상으로부터 초기 인간이 같은 식으로 행동하는 젖당분해효소 유전자를 물려받았다. 남북 아메리카와 호주의 토착민, 아프리카 일부와 동아시아의 현대인은 여전히 아동기 후기에 꺼지는(발현하지 않는) 젖당분해효소 유전자의 대립유전자를 가지고 있다. 따라서 이 사람들은 성인이 되면 젖당에 과민해지므로, 이들의 음식에는 우유나 다른 낙농산물이 거의 들어 있지 않다.

그러면 다른 인종의 많은 사람들은 어떻게 성인이 되어서도 우유를 마실 수 있을까? 그 이유는 사하라 사막 이남의 아프리카 초원 지역과 두 유럽의 인류 집단들에서 성인 시기 동안에 여전히 발현되는 젖당분해효소 대립유전자의 우연한 돌연변이들이 발생했기 때문이다. 가축 소를 키우는 집단들에게서 성인이 우유에서 영양을 얻는 능력이 이들 돌연변이가 있는 사람들에게 생존과 번식에 유리하게 했을 것이다(그림 20.1a). 이런 유리함 때문에 성인 시기까지 젖당분해효소 발현이 계속되는 변이의 빈도가 빠르게 늘어났고, 그래서 이들 대립유전자의 빈도가 지금은 유럽인과 중앙 사하라 사막 이남 아프리카인의 90% 이상으로 나타나고 있다(그림 20.1b).

집단유전학(population genetics)은 집단 내 젖당 내성이나 과민성을 결정하는 등

그림 20.1 인류 집단들 중 젖당 내성의 세계적인 변이. (a) 아프리카의 사하라 사막이 사바나 초원이었을 때의 시기(기원전 3,000~1,900년) 동안 길들여진 소를 목축하는 사람을 묘사한 알제리의 타실리나제르(Tassili n'Ajjer) 산맥에서 나온 암석화. (b) 녹색으로 보여준 오늘날 집단들은 젖당 내성 개체들의 비율이 높다. 빨간색으로 보여준 집단들의 경우 대다수 사람들이 젖당에 과민하다. 최초 인류 집단은 젖당에 과민하였다. 세계 도처의 젖당 내성은 가축의 젖에서 영양을 얻을 수 있는 개체들에게 선택적으로 유리한 두 독립적인 돌연변이에서 생긴다. 이들 돌연변이 중 하나는 유럽이나 서아시아에서 일어났지만, 두 번째는 사하라 사막 이남의 아프리카에 있었다(초록색 원).

(a)

(b)

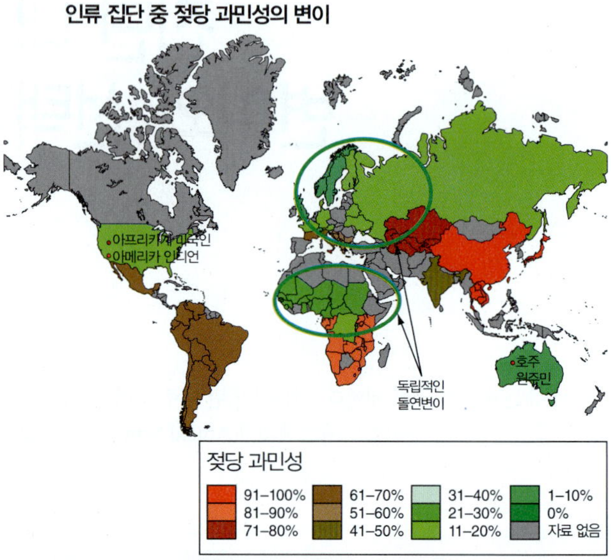

의 유전변이의 세대 간 전달을 연구한다. 여기서 집단(population)은 같은 시간에 한 장소에 살고 있는 한 종의 가족들의 무리를 말한다.[1] 집단유전학의 기본 논리는 이 교재의 앞에서 본 교배의 1세대에 부모로부터 자손에게로 전달되는 유전변이체를 추적한 것의 단순한 확장이다. 집단유전학에서 새로운 것은 단지 서로 먼 친척일 수 있는 개체들의 집합체 내에서 시간이 지나면서 공간 내 빈도가 변하는 변이체를 추적하는 것이다. 집단유전학자들은 대립유전자와 유전자형 빈도가 변하는 방식에 대한 모형을 만든 후 실제 집단에서 관찰된 변이 양상과 예측된 양상을 비교한다.

두 주제가 이 장에 다루는 내용의 기초가 된다. 첫째, 집단이 가족들의 모둠이기 때문에 집단유전학자들은 집단 내 유전 변이의 변화를 예측하기 위해 가족 내 형질전달에 대한 멘델의 기본원리를 확장한다. 둘째, 집단유전학은 단순히 추상개념이 아니다. 대신 과학자들이 생물학적 기능, 진화 원리는 물론 인류 역사까지도 통찰할 수 있게 해 주는 중요한 수단이다.

1) "Population"을 "개체군(個體群)"으로 번역하는 경우가 20세기 후반부터 많아졌는데, 이는 우리말도 아니고, 적절한 용어가 없어서도 아니며, 단순히 일본 생태학계의 전문사투리(jargon)를 그대로 가져다 쓰는 사람들이 늘어났고, 어설픈 교육부가 그들의 용례를 표준인 것처럼 강요한 탓이다. 집단(集團)은 정적으로 단순하게 개체가 모여 있는 것을 뜻하는 개체군이 아니라, 구성원인 개체만의 속성으로는 알 수 없는 창출된 속성이 있는 무리이다. 다시 말해서 개체들이 모여 새로운 단위체를 만드는 것이다. 한 민족인 남과 북의 주민들은 각각 상이한 집단의 속성이 있다. 개체의 속성으로 느껴지는 수명, 신장, 몸무게 등이 집단에 따라 달라져 유전학적으로 동질성이 큰 남과 북의 주민집단은 전혀 다른 개체들의 모임인 것처럼 여겨질 정도이다. 게다가 집단유전학은 개체 자체에는 큰 관심이 없다. 집단 내 유전변이, 즉 대립유전자 빈도의 변동에 관심이 있다. 그렇다고 하여 집단을 유전자가 단순하게 모여 있는 유전자군이라고 주장하는 일은 없다.

20.1 하디 – 바인베르크 법칙 : "이상적" 집단의 유전 변이 예측

학습목표

1. 주어진 집단의 유전자형 빈도에서 대립유전자 빈도를 계산한다.
2. 대립유전자 빈도가 주어지면, 하디–바인베르크 평형에 있는 집단의 좌위에 대해 예측되는 유전자형 비율을 결정한다.
3. 범죄 현장에서 발견된 표본이 집단 내 임의의 사람의 DNA 자료와 일치할 확률을 범죄수사 과학자가 결정하는 방법을 설명한다.

하디(Geoffrey H. Hardy)와 바인베르크(Wilhelm Weinberg)는 자연에서 집단 내와 사이 유전 변이의 양상이 어떻게 결정되는지 이해하는 가장 쉬운 방법이 몇 가지 가정을 충족하고 무작위로 교배하는 단순한 "이상적" 집단에서 시작하는 것이라는 것을 1908년 일찌감치 보여주었다. 그 다음 이 가상 집단을 시작으로 유전학자들은 가정들의 각각에 위배될 때 어떤 일이 일어날지 차례대로 조사할 수 있었다. 이 방식으로 과학자들은 자연 집단에서 시간과 공간 내 유전 변이가 변하는 방식에 대한 실질적인 모형을 세울 수 있다.

집단유전학자는 집단을 설명하는 빈도를 측량한다

하디와 바인베르크의 논리를 따르기 위해 우선 변이의 명쾌한 기준을 만들기 위한 몇 가지 용어를 정의할 필요가 있다. **집단**(population)은 같은 시간 한 장소에 살고 있는 한 종의 개체들의 무리이다. 유성생식을 하는 생물이라면, 집단의 개체들은 그들 사이에서 교배할 수 있는 능력이 있어야만 한다. 예로는 1990년 샌프란시스코의 엔젤 섬에 있는 모든 흰꼬리사슴이나 만 입구에 있는 모든 볼락을 들 수 있다. 한 집단의 모든 구성원에 있는 대립유전자들의 총합은 그 집단의 **유전자 풀**(gene pool)이다. 개체들은 각 유전자에 대해 많아야 대립유전자 복사체 2개가 있고, 따라서 N 개체가 있는 집단에서 유전자 풀은 그 유전자의 대립유전자 복사체 $2N$개로 구성된다. 집단의 모든 개체에서 대립유전자들을 조사하는 것은 어렵지만, 집단 전체에 대한 추론을 하는 데 이용될 수 있는 한정된 수의 개체들인 **표본**(sample)을 취할 수 있다. 일반적으로 과학자들은 유전자형이나 표현형과 무관하게 무작위로 개체들을 표본 추출한다.

대립유전자(allele)라는 용어는 특정 좌위, 유전자, 지역 또는 유전체의 뉴클레오티드 위치에 대한 변이체를 말한다. 표본이 한 뉴클레오티드에 대해 한 대립유전자만 보여준다면 그 자리는 **단일형태성**(monomorphic)이고, 둘 이상의 대립유전자 또는 변이체가 한 자리에 있다면 **다형성**(polymorphic)이다. 또한 표본의 개체들에서 어느 특정 시간에 집단에 존재하는 (또는 분리하는) 다른 변이체들의 상대 빈도를 결정할 수 있다.

유전자형 빈도

유전자형 빈도(genotype frequency)는 한 집단 내 특정 유전자형인 총 개체들의 비율이다. 유전자형 빈도를 결정하기 위해, 단순하게 각 유전자형의 개체수를 세고 집단 내 개체의 총수로 나눈다(그림 20.2). 파란색 눈과 같은 열성 형질의 경우 검은색 눈 대립유전자의 동형접합자와 검은색 눈과 파란색 눈 대립유전자가 모두 있는 이형접합의 개체를 구분할 수 없다. 두 유전자형 모두 검은색 눈의 개체들을 만든다. 따라서 이런 유전자의 경우, 유전자형 빈도를 직접 결정하는 유일한 방법은 DNA 수준에서 다른 눈 색 대립유전자들을 구별하는 분자 분석을 이용하는 것이다.

우성인 검은색 눈 대립유전자 A의 동형접합자이거나 A와 열성인 파란색 눈 대립유전자 a의 이형접합자인, 즉 눈이 검은색인 16명이 포함된 사람 20명의 표본을 생각해 보자. 나머지 4명은 파란색 눈이고 따라서 aa 동형접합자이다(그림 20.2). 표본에는 두 표현형, 검은색 눈 개체와 파란색 눈 개체가 각각 16/20 = 80%와 4/20 = 20%의 **표현형 빈도**(phenotype frequency)로 있다. DNA 분석이 이들 20명 중 12명이 유전자형 AA이고, 4명은 Aa이며, 4명은 aa이라는 것을 보여준다. 이 표본에서 AA 유전자형 빈도는 12/20 = 0.6, Aa 유전자형 빈도는 4/20 = 0.2, aa 유전자형 빈도도 0.2이다. 이 세 가지 빈도의 합(0.6 + 0.2 + 0.2)은 표본에서, 추론적으로는 전체 집단에서, 이 좌위에 대한 모든 유전자형의 총합인 1이라는 것을 명심하자.

그림 20.2 한 집단에서 유전자형 빈도와 대립유전자 빈도 설명.

유전자형	AA	Aa	aa	합계
개체의 수	12	4	4	20
표현형 빈도	0.6	0.2	0.2	1.0

대립유전자	A	a	합계
염색체의 수	28	12	40
대립유전자 빈도	0.7	0.3	1.0

대립유전자 빈도

대립유전자 빈도(allele frequency)는 집단 내 특정 대립유전자형인 유전자 복사체의 비율이다. 집단 내 각 개체는 각 염색체의 2 복사체가 있기 때문에 유전자 복사체의 총 수(유전자 풀)는 개체수의 2배이다. 따라서 20명의 가상 집단의 경우 상염색체 유전자의 40개 복사체가 있을 것이다. 물론, 동형접합자와 이형접합자 모두 대립유전자 빈도에 기여한다. 그런데 동형접합자는 특정 대립유전자의 빈도에 2배로 기여하지만, 이형접합자는 단 한 차례만 기여한다(그림 20.2).

A와 a의 빈도를 구하기 위해, A와 a 대립유전자의 수를 계산하기 위해 각 유전자형의 사람 수를 이용한다.

A 대립유전자에 대해,

$$12\ AA \rightarrow 24\ A \text{ 복사체}$$
$$4\ Aa \rightarrow 4\ A \text{ 복사체}$$
$$4\ aa \rightarrow 0\ A \text{ 복사체}$$

표본에는 $24 + 4 + 0 = 28$개의 A 대립유전자 복사체가 있다. 마찬가지로, a 대립유전자에 대해,

$$12\ AA \rightarrow 0\ a \text{ 복사체}$$
$$4\ Aa \rightarrow 4\ a \text{ 복사체}$$
$$4\ aa \rightarrow 8\ a \text{ 복사체}$$

표본의 사람들에게는 $0 + 4 + 8 = 12$개의 a 대립유전자 복사체가 있다.

다음으로, 표본 추출된 염색체 복사체의 총 수(40)를 구하기 위해 28 A 대립유전자를 12 a 대립유전자에 더한다. 예상대로 이는 표본의 사람 수의 두 배이다. 마지막으로, 각 대립유전자에 대한 비율, 즉 빈도를 구하기 위해 각 대립유전자의 수를 유전자 복사체의 총 수로 나눈다.

A 대립유전자에 대해,

대립유전자 빈도는 $28/40 = 0.7$이다.

a 대립유전자에 대해,

대립유전자 빈도는 $12/40 = 0.3$이다.

여기서도 또한 빈도의 합이 유전자 풀에 있는 대립유전자 모두를 나타내는 1이 된다는 것을 알자.

어떤 대립유전자 빈도든 계산하는 동등한 방법은 유전자형 빈도에 근거를 둔 다음 공식을 이용하는 것이다.

$$\begin{aligned} A \text{ 대립유전자 빈도} &= AA \text{ 빈도} + (1/2)\ Aa \text{ 빈도} \\ a \text{ 대립유전자 빈도} &= aa \text{ 빈도} + (1/2)\ Aa \text{ 빈도} \end{aligned} \qquad (20.1)$$

그림 20.2의 상단의 유전자형 빈도를 이 식에 대입하면 같은 개별 유전자 복사체 수를 세서 결정된 하단의 그림과 같은 대립유전자 빈도가 나올 것이다.

하디–바인베르크 법칙은 대립유전자 빈도와 유전자형 빈도의 연관성을 보여준다

형질의 혼합이 여전히 유전의 기초라고 여겨질 때인 20세기 이전에는 자연 금발이나 빨간 머리와 같은 열성 형질은 시간이 지나면서 인류 집단에서 절멸될 운명이라고 많은 사람들이 믿었다. 금발이나 빨간 머리에 대한 정보는 더 옅은 색 머리의 사람이 더 짙은 색 머리의 사람과 짝을 지을 때 점진적으로 사라질 것이라고 믿었다. 1908년 영국 수학자 하디는 재발견된 멘델의 분리 법칙의 관점에서 이 주장을 따져보았다. 그는 오히려 특정한 가정에 부합되면 대립유전자 빈도, 유전자형 빈도, 표현형 빈도가 시간이 지나도 세대 사이에 일정하게 유지될 것이라는 것을 보여주었다. 독일 의사 바인베르크도 같은 해 같은 결론에 도달하였다.

하디–바인베르크 법칙의 가정

하디와 바인베르크가 이 원리를 공식화할 수 있게 한 단순화한 가정들은 조사 중인 유전 변이의 성질과 집단의 성질 둘 다와 관련된다.

1. 집단은 매우 많은 수의 이배체로 구성되어 있으며, 사실상 무한하다.
2. 대상 좌위에 대한 개체의 유전자형은 교배 짝의 선택에 영향을 끼치지 않는다. 즉, 교배가 무작위로 일어난다.
3. 유전자 풀에 새로운 돌연변이가 나타나지 않는다.
4. 개체들은 집단 안팎으로 이주하지 않는다.
5. 대상 좌위의 다른 유전자형들은 번식 연령까지 생존하여 유전자를 다음 세대로 전달하는 능력인 적응도(fitness)에 영향을 끼치지 않는다.

앞으로 살펴볼 텐데, 한 집단이 대상 좌위에 대해 전술한 가정들에 상당히 가깝게 부합한다면, 대립유전자 빈도는 시간이 지나도 변하지 않을 것이고, 단지 유전자형 빈도만 각 유전자형을 구성하는 대립유전자들의 빈도에 의해 예측되는 비율에 도달하기 위해 일시적으로 변할 것이다. 그다음 집단은 **하디–바인베르크 평형**(Hardy-Weinberg equilibrium, HWE)에 있게 된다. 평형은 그 좌위에 대한 대립유전자와 유전자형 빈도가 목록에 있는 가정 중 하나가 벗어나지 않는 한 변하지 않을 것이라는 것을 의미한다.

물론, 실제 집단이 이상적인 집단에 대한 이런 가정들에

완벽하게 부합하는 것은 없다. 모든 집단은 유한하다. 유전자형이 다르면 교배에 차이가 생길 수 있다. 돌연변이는 끊임없이 발생한다. 집단의 안팎으로 이주하는 것은 일상적이다. 그리고 질병에 걸리게 하는 것과 같은 많은 대상 유전자형은 생존하거나 번식하는 능력에 영향을 끼친다. 그럼에도 불구하고, 가정의 많은 것들이 부합되지 않을 때조차 하디-바인베르크 평형(HWE)은 한정된 횟수의 교배 세대에 걸쳐 실제 집단의 유전자형과 표현형 빈도의 추정값을 구할 수 있게 할 정도로 놀랍게 굳건하다. 더구나, 때때로 HWE와 일치하지 않은 빈도를 발견하면 과학자들은 특정 유전자와 집단의 특별한 생물학적인 성질을 간파할 수 있다.

한 세대에서 다음 세대의 유전자형과 표현형 빈도 예측

이배체 유성생식 집단에서 대립유전자 빈도는 교배 체계에 의해 유전자형 빈도로 전환된다. 그런 한 집단에서 분리 법칙과 또한 무작위 교배는 두 가지 중요한 의미가 있다.

첫째, 반수체 생식세포는 멘델의 분리 법칙에 따라 한 세대의 이배체 성체에 의해 만들어지고, 이배체 성체의 각 대립유전자는 생식세포들의 절반에서 나타난다. 생식세포가 만들어질 가능성이 생식세포의 유전자형에 따라 달라지지 않는다면, 이 집단에서 성체들의 대립유전자 빈도는 이 성체들이 만드는 모든 생식세포들의 대립유전자 빈도와 같아야 한다. 예를 들어 성체들에서 p가 대립유전자 A의 빈도이고 q가 대립유전자 a의 빈도라면, p와 q 역시 성체들의 2세대가 만든 모든 생식세포에서 두 대립유전자의 빈도일 것이다.

둘째, 무작위 교배가 일어나고 집단이 크다면, 생식세포들의 대립유전자 빈도는 다음 세대 접합자들의 유전자형 빈도를 예측하는 데 이용될 수 있다. 이것이 어떻게 일어나는지 생식세포 결합의 모든 가능한 조합을 생각하는 체계적인 수단인 퍼네트 사각형(Punnett square)의 특징을 이용하여 알아 볼 수 있다(그림 20.3).

A가 있는 정자가 A가 있는 난자와 수정하면, AA 접합자가 형성될 것이다. 정자의 유전자형이 수정하는 난자의 유전자형과는 무관하기 때문에, AA 접합자 빈도를 구하기 위해 A 정자의 빈도(p)와 A 난자의 빈도(역시 p)를 곱하는 곱의 규칙을 적용할 수 있다. $p \times p = p^2$. 마찬가지로, a가 있는 난자(빈도가 q)와 a가 있는 정자(빈도가 역시 q)의 수정으로 생겨야만 하는 자손 중 aa 접합자의 빈도는 곱인 $q \times q = q^2$이다. 마지막으로, Aa 접합자는 $p \times q = pq$의 빈도로 일어나는 A 난자와 a 정자의 수정이나 역시 $q \times p = pq$의 빈도로 일어나는 a 난자와 A 정자의 수정을 통해 생긴다. 따라서 Aa 접합자의 총 빈도는 $pq + pq = 2pq$이다.

그림 20.3 집단 내 무작위 교배의 결과로서 생산된 자손의 유전자형 빈도 예측.

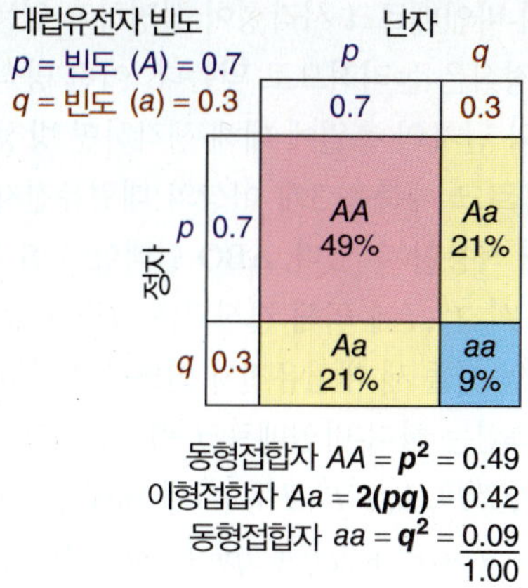

그림 20.3의 하디-바인베르크 사각형이 2장에서 처음 만난 공식 유전학의 시각적 표현인 퍼네트 사각형과 닮은 것은 우연이 아니다. 이 도표들의 유사성은 집단이 단순히 가족들의 무리라는 사실로부터 나온다. 이형접합자 사이의 교배에 대한 원래 퍼네트 사각형에서(그림 2.11 참조), 상단과 좌측은 각기 다른 두 부모에 의해 만들어진 각각 유전적으로 다른 종류의 정자나 난자를 나타내는 동등한 두 개의 구역으로 나뉘어 있다. 전체로서 집단에 의해 생산된 암수 생식세포로 두 홀어버이의 생식세포를 대체하면, 그림 20.3은 좌측의 모든 번식 수컷에 의해 만들어진 정자와 상단의 번식 암컷에 의해 만들어진 난자의 비유적인 표현이다. 다시 말하면, 집단의 다른 유전자형들 사이의 무작위 교배는 집단의 모든 개체들에 의해 만들어진 생식세포의 무작위 조합과 동등하다. 하지만 전통적인 퍼네트 사각형과 다른 중요한 차이도 알아야 한다. 구역의 크기는 반드시 같지 않아도 된다. 대신에, 두 대립유전자들이 있는 생식세포의 비율은 두 대립유전자들의 빈도는 무엇이 되었든 대상 집단의 두 대립유전자들의 빈도에 대응된다.

그림 20.3에 보여준 분석의 핵심 발견은, 하디-바인베르크 가정을 모두 만족하는 유성생식을 하는 이배체 생물의 무작위 교배하는 큰 집단에서 나타나는 접합자의 유전자형 빈도가 AA에 대해 p^2, Aa에 대해 $2pq$, aa에 대해 q^2이라는 것이다. 이들 유전자형 빈도는 **하디-바인베르크 비율(Hardy-Weinberg proportions)**로 알려져 있다. 이들 유전자형 빈도가 집단 내 유전자형의 총체를 나타내기 때문에, 이들은 합이 1이 되어야만 한다. 그래서 하디-바인베르크 비율은 다음의 이항방정식으로 표현할 수 있다.

$$p^2 + 2pq + q^2 = 1 \qquad (20.2)$$

$p^2 + 2pq + q^2 = (p + q)^2$이라는 것을 알아야 한다. $(p + q)$가 성체가 만든 모든 정자와 모든 난자를 표현하고, 이것이 정확히 하디-바인베르크 사각형이 설명하고 있는 것이기 때문에 이 방정식은 논리적으로 맞는다. 이런 방식으로 한 집단 내 정자와 난자의 총원에 대해 생각하면 방정식 (20.2)의 하디-바인베르크 예측을 3개 이상의 대립유전자가 있는 유전자로 확대 적용할 수 있다. ABO 혈액형이 한 유전자의 세 대립유전자 I^A, I^B, i에 의해 결정되는 그림 3.5를 상기해 보자. 이 집단의 이들 세 대립유전자 빈도를 각각 p, q, r이라고 한다면, 예측되는 하디-바인베르크 평형유전자형 빈도는 유전자형 I^AI^A, I^BI^B, ii, I^AI^B, I^Ai, I^Bi에 대해 순서대로 $(p + q + r)^2 = p^2 + q^2 + r^2 + 2pq + 2pr + 2qr = 1$이 될 것이다.

유전자형 빈도가 하디-바인베르크 비율(HWE)로 있는 집단은 평형에 있을 것이며, 이는 가정이 유효하게 유지되는 한 대립유전자와 유전자형 빈도가 세대가 지나도 변하지 않고 유지될 것이라는 것을 뜻한다. 다음 세대의 대립유전자 빈도를 대수적으로 계산하기 위해 유전자형 빈도에서 대립유전자 빈도를 계산하는 규칙(방정식 [20.1])을 이용할 수 있고, 이들이 변하지 않는다는 것을 보여줄 수 있다. 두 대립유전자가 있는 한 유전자에 대한 하디-바인베르크 방정식에서, 개체들 중 p^2은 대립유전자가 모두 A인 AA이고, 개체들 중 $2pq$는 대립유전자의 반이 A인 Aa이라는 것을 안다. 따라서 $p + q = 1$ (그러므로 $q = 1 - p$)인 것을 알면, 원래 집단의 자손에서 대립유전자 A의 빈도는 다음이 될 것이다.

$$\begin{aligned} p^2 + (1/2)[2p(1-p)] &= p^2 + p(1-p) \\ &= p^2 + p - p^2 = p \end{aligned} \quad (20.3)$$

마찬가지로, $p = 1 - q$이고, 다음 세대에서 a 대립유전자의 빈도는 다음과 같다.

$$\begin{aligned} q^2 + (1/2)[2q(1-q)] &= q^2 + q(1-q) \\ &= q^2 + q - q^2 = q \end{aligned} \quad (20.4)$$

보이는 바와 같이, 자손의 대립유전자 빈도들은 부모의 것과 같다. 이들은 p와 q로 변함이 없다.

평형의 잠재성은 금발과 빨간 머리의 머리카락 색과 같은 열성 형질 소멸에 대한 질문에 답을 준다. 하디-바인베르크 가정의 주요 일탈이나 적응도 차이가 없다면, 이런 표현형들은 어느 것도 이들 표현형이 열성 대립유전자에 의해 생긴다는 이유로 단순히 사라지지 않을 것이다. 대신에, 이런 머리카락 색을 만드는 대립유전자와 유전자형의 빈도들은 시간이 지나도 일정하게 유지될 것이다.

그림 20.4에 설명된 대로, 대립유전자 빈도 p와 q의 특정

그림 20.4 대립유전자 빈도의 한 조합에 대해, 단 하나의 유전자 조합만이 하디-바인베르크 평형에 이른다.

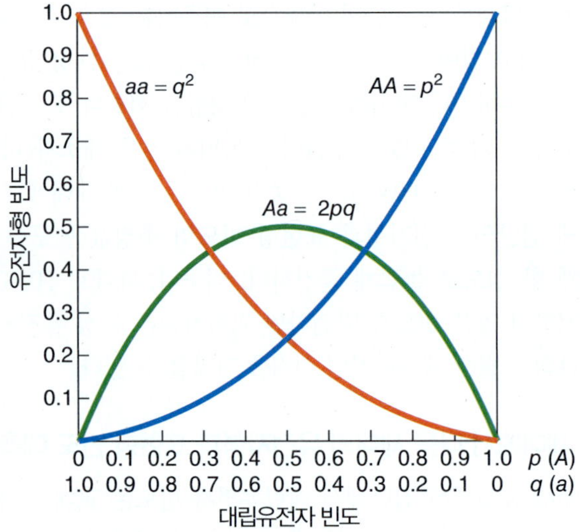

조합에 대해 단지 하나의 HWE가 존재하지만, p와 q의 다른 값들은 다른 HWE를 뜻한다. 그림 20.4는 p가 0에서 1.0까지(따라서 $q = 1 - p$이므로 q가 1.0에서 0까지)의 대립유전자 빈도 전체 범위에 대해 세 유전자형의 빈도를 도표로 보여준다. 예로서, $p = 0.8$과 $q = 0.2$라면 HWE에서 AA 유전자형이 세 가지 가능한 유전자형 중 가장 빈도가 높다. AA 동형접합자의 빈도는 $p^2 = 0.64$이고, Aa 이형접합자의 빈도는 $2pq = 0.32$이며, aa 동형접합자의 빈도는 겨우 $q^2 = 0.04$이다.

그림 20.4에서 q가 작을 때, a 대립유전자 대부분은 이형접합자에 들어 있다는 것을 기억하자. 이 장 후반에 나오는 인간 유전질환을 일으키는 희귀한 해로운 열성 대립유전자를 다룰 때 이 점이 중요해질 것이다. 또 중요한 것은 이형접합자의 빈도는 $p = q = 0.5$일 때가 가장 높다는 것을 아는 것이다.

유전자형 빈도를 결정하는 데 있어서 무작위 교배의 효력

한 집단이 현재 HWE에 있지 않더라도, 한 세대의 무작위 교배만으로도 충분히 평형에 도달할 수 있다. 다음의 극단적인 예를 생각해 보자. 각각 두 다른 지점에서 온 곤충 단일 종의 번식능력 있는 1,000마리의(암컷과 수컷이 동등하게 있는) 성체들이 섬에 정착한다고 가정하자. 한 지점에서 온 이주자 1,000마리는 모두 동형접합형의 AA이고, 다른 지점에서 온 이주자는 모두 우연히 동형접합형의 aa이다. 따라서 새로 형성된 성체들의 집단의 초기 유전자형 빈도는 50%의 AA 동형접합자와 50%의 aa 동형접합자이다. 다음

세대에서 유전자형의 빈도를 예측하기 위해 우선 섬의 새로운 부모 집단에서 대립유전자 빈도를 계산할 필요가 있다.

1,000 *AA* 개체, *Aa* 개체 부재와 1,000 *aa* 개체 →
2,000 *A* 대립유전자와 2,000 *a* 대립유전자

총 4,000 대립유전자 중, *A* 대립유전자의 빈도는

2,000/4,000 = 0.50이고, 따라서 $p = 0.50$이며,

a 대립유전자의 빈도는

2,000/4,000 = 0.50이고, 따라서, $q = 0.50$이다.

모든 성체 사이의 교배가 무작위이기 때문에, 대립유전자 빈도 문제를 다룰 때 정자와 난자 둘 다의 총원을 고려할 수 있다. 그림 20.3처럼 생식세포 총원을 보는 이런 방식으로 이 섬에 있는 곤충의 다음 세대는 하디-바인베르크 비율로 분포될 것이라는 것을 예측한다.

$$p^2 + 2pq + q^2 = 1$$
$$(0.50)^2 + 2\,(0.50 \times 0.50) + (0.50)^2 = 1$$
$$0.25 + 0.50 + 0.25 = 1$$

이 다음 세대에서 1,000마리 자손이 생산된다고 가정하면, 다음과 같아질 것이다.

1,000 × 0.25 = 250 *AA* 개체
1,000 × 0.50 = 500 *Aa* 개체
1,000 × 0.25 = 250 *aa* 개체

결론은 명확하다. 한 상염색체 좌위에 대해 대립유전자 빈도가 다른 둘 이상의 별개 집단들에서 온 개체들로 시작되었기 때문에 초기에 계층이 있는 집단은 무작위 교배의 단일 세대만에 하디-바인베르크 유전자형 비율로 재편될 것이다.

집단이 첫 세대에서 두 번째 세대로 가면서 대립유전자 빈도도 변했을 것인가? 답은 '그렇지 않다'이다. 방정식 (20.1)을 이용하여, 살고 있는 1,000개체들 중 각 유전자형의 수에서 자손 세대의 대립유전자 빈도를 계산할 수 있고, 다음과 같다.

$$p = A \text{ 대립유전자 빈도} = \frac{2(250)+500}{2(1000)} = \frac{1000}{2000} = 0.5$$

$$q = a \text{ 대립유전자 빈도} = \frac{2(250)+500}{2(1000)} = \frac{1000}{2000} = 0.5$$

이들 빈도는 이전 세대의 것과 같다. 따라서 비록 첫 세대에서 다음 세대로 유전자형 빈도가 획기적으로 변했을지라도, 대립유전자 빈도는 그렇지 않았다. 이는 우성과 열성 대립유전자 모두에서 마찬가지이다. 대립유전자 비율 보존 원리(conservation of allele proportions principle)는 집단이 충분히 크고, 무작위로 짝을 짓고, 대립유전자가 돌연변이나 선택에 의해 소실되지 않고, 대립유전자가 돌연변이나 이주에 의해 얻어지지 않는 한 각 세대에서 다음 세대로 유지된다.

HWE에 도달하기 전에 같은 대립유전자 빈도의 집단들이 반드시 같은 유전자형이나 표현형 빈도일 필요는 없다는 것을 보았다. 이유는 한 대립유전자는 동형접합자나 이형접합자에 존재할 수 있지만 열성 형질은 동형접합자에서만 발현되기 때문이다. 다른 극단의 가상 예에서, 모든 사람이 이형접합이라면 파란색 눈의 사람은 실제로는 없지만 파란색 눈 대립유전자 빈도가 0.5인 집단이 있을 수 있다. 이 두 번째 예에서조차, 하디-바인베르크 평형에 따르면 상염색체 유전자에 대한 무작위 교배에 의해 p^2, $2pq$, q^2로 설명되는 하디-바인베르크 유전자형 빈도는 바로 다음 세대에 나타날 것이다.

하디-바인베르크 평형과 X-연관 유전자

사람의 X 염색체상에 있는 유전자와 같은 성-연관 유전자들은 대립유전자 빈도가 남녀 사이에 차이가 있고 유전자형 빈도가 초기 하디-바인베르크 비율이 아니라면 HWE에 도달하는 데 추가적으로 몇 세대가 더 걸린다(그림 20.5). 이런 추가적인 세대가 필요한 이유는 X 염색체가 여성에게는 2개가 있지만 남성에게는 1개가 있기 때문이다. 따라서 다음 세대 남성들의 대립유전자 빈도는 남성이 어머니에게서

그림 20.5 X-연관 유전자는 평형을 이루기 위해서 여러 세대의 무작위 교배가 필요할 것이다. 보여준 모형 집단은 *AA* 암컷들과 *a*Y 수컷들에서 시작된다. 여러 세대 후 HWE가 확립될 때, 수컷과 암컷의 대립유전자 빈도들이 서로 같을 것이다. 이 값은 암컷에서 초기 대립유전자 빈도의 2/3 더하기 수컷에서 초기빈도의 1/3일 것이다.

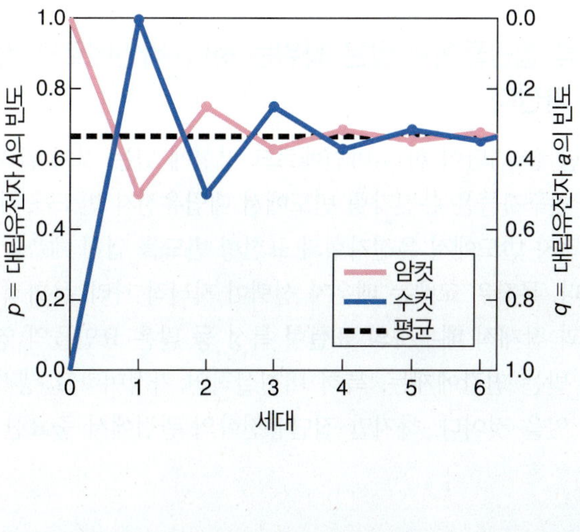

X 염색체를 받기 때문에 현 세대 여성들의 대립유전자 빈도와 같다. 다음 세대 여성들의 대립유전자 빈도는 여성이 부모 각각에게서 한 개의 X 염색체를 받기 때문에 현 세대 남성들과 여성들의 평균 빈도와 같아질 것이다.

이런 결과는 100명의 *a*Y 남성과 100명의 *AA* 여성으로 구성된 불모의 섬으로 도입된 새로운 집단을 가정함으로써 이해할 수 있다. *A* 대립유전자의 빈도가 *p*이면, 초기 $p_{남성} = 0$이고, $p_{여성} = 1.0$이다. 그림 20.5처럼 다음 세대에서, 대립유전자 빈도는 $p_{남성} = 1.0$이고, $p_{여성} = (1.0 + 0)/2 = 0.5$일 것이다. 양성에서 빈도는 HWE에 도달하기 전 몇 세대 더 계속 변할 것이다. 여성에서 세 가지 가능한 모든 유전자형이 하디-바인베르크 비율에 도달하기 위해 무작위 교배의 6세대 이상이 필요할 것이다. 스스로 이를 추적해 보라. HWE에서 여성과 남성의 대립유전자 빈도는 서로 같을 것이고, 어느 대립유전자든 여성 초기 대립유전자 빈도의 2/3에 남성 초기 빈도의 1/3을 더한 것이 될 것이다. 그래서 이 예의 경우 HWE에서, $p_{남성} = p_{여성} = 0.67$이 된다(이제 단순히 *p*라고 할 것이다).

HWE에 있는 집단의 남성과 여성 둘 다에서 대립유전자 *A*와 *a*의 빈도가 각각 *p*와 *q*일 때, Y 염색체에는 이 유전자의 복사체가 없기 때문에 *A*Y와 *a*Y 남성의 빈도는 각각 당연히 *p*와 *q*일 것이다. 그리고 HWE에서, 여성의 세 종류(*AA*, *Aa*, *aa*)는 빈도가 상염색체 좌위의 경우와 마찬가지로 p^2, $2pq$, q^2일 것으로 기대된다.

남성과 여성에서 유전자형 빈도는 다르지만 대립유전자 빈도가 같다는 사실이 여성보다 훨씬 더 많은 남성이 적록색맹이라는 일반적인 관찰의 바탕이 된다. 색맹 대립유전자를 *a*라고 하면, 색맹인 남성(*a*Y)의 빈도는 *q*와 같을 것이고, 색맹인 여성(*aa*)의 빈도는 q^2일 것이다. *q*가 1보다 작을 때, q^2은 항상 *q*보다 더 작을 것이다. 예를 들어, 미국에서 남성 중 색맹의 빈도는 약 7%이다. 따라서 *q*의 값은 0.07이고, q^2의 값은 $(0.07)^2 = 0.0049$, 즉 0.49%이다.

인류 집단들에서 많은 좌위는 하디-바인베르크 비율에 가깝다

일단 한 집단이 하디-바인베르크 평형에 있는 것이 알려지면 연구자들은 유전자형 빈도에서 대립유전자 빈도를, 대립유전자 빈도에서 유전자형과 표현형 빈도를 쉽게 예측할 수 있다. 무작위 교배는 배우자 선택이 지리적 거리, 문화적 기준과 잠재적 배우자의 표현형 특성 등 많은 요인들의 영향을 받는 인간에게는, 특히 비현실적인 가정이라고 생각될 수 있을 것이다. 하지만 집단유전학의 관점에서 중요한 것은 연구 중인 특정 유전자형에 대해 무작위로 교배하는가이다. 다음 장에서 더 살펴보는 바와 같이, 유전자형과 표현형의 관계는 매우 복합적이라서 조사 중인 어느 한 유전자형을 기준으로 배우자를 선택하는 것은 거의 없다. 따라서 인간의 대다수 유전 좌위에 대한 연구는 하디-바인베르크 예측에 놀라울 정도로 잘 부합되는 것을 보여준다. 특히 표현형에 영향을 끼치지 않는 특징이 없는 좌위를 볼 때 그렇다. 이렇게 단순한 관찰이 있기 때문에 범죄를 해결하고 대규모 재앙이나 비행기 추락 등 비극적인 일에서 사체의 신원을 확인하는 데 DNA 변이가 유용하게 쓰여 왔다.

하디-바인베르크 평형은 10장에서 다룬 기술(그림 10.15 참조)인 과학적 범죄 수사를 위한 DNA 지문 증거의 해석에 중대한 요소이다. 살인 희생자의 손톱 밑 혈액과 특정 용의자에서 완벽하게 일치하는 결과를 얻었다고 가정하자. 집단유전학은 범죄 수사 과학자가 '희생자에서 발견된 DNA가 또 다른 (무작위의) 사람에게서 온 DNA보다는 용의자의 DNA일 가능성이 얼마인가?' 하는 질문에 정밀한 수치로 답을 할 수 있게 해 준다.

10장에서 설명한 대로, 범죄 과학 분석에 유용한 DNA 표지 대다수는 인류 집단에서 아주 변이가 많은 다형의 무특징 좌위들이다. DNA 표본을 비교할 수 있도록, 미국과 다른 많은 나라들의 법 집행기관은 인간 유전체 전역에 걸쳐 있는 13개의 연관되지 않은 단순 반복 서열 좌위(SSRs)에 집중한다. 얻어진 결과는 통합 DNA 검색 체계(Combined DNA Indexing System, CODIS; 그림 20.6)라는 자료집에

그림 20.6 CODIS의 염색체상 위치들은 상염색체 SSR 좌위들을 뽑아 놓은 것이다. *AMEL* (amelogenin; 아멜로제닌)은 항상 X와 Y 염색체에서 온 다른 크기의 PCR 산물들을 증폭하기 때문에 표본의 성 결정을 가능하게 하는 추가적인 표식자이다.

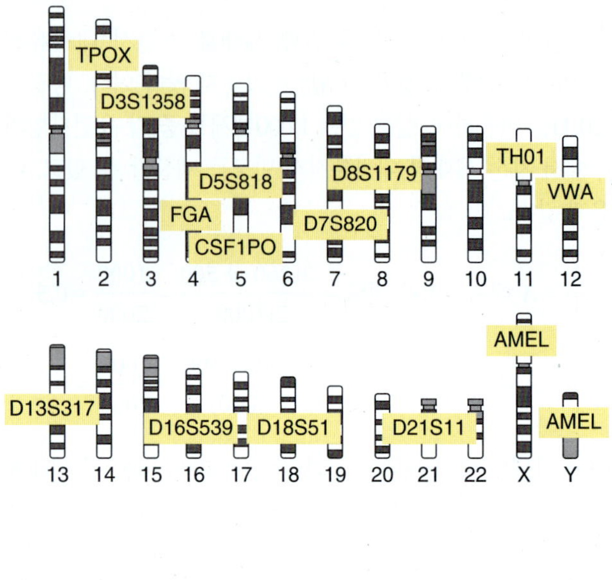

저장된다. 실질적인 면에서 범죄 수사자와 배심원들은 희생자 손톱 밑 표본과 용의자 사이에 13개 CODIS 좌위 모두의 완벽한 일치가 단순한 우연의 일치가 아니라는 결론을 내릴 수 있어야 한다. 다시 말해서, 이 특정 13-좌위 유전자형이 이 집단의 모든 사람 중 잠재적 용의자 총원 중에서 발견될 수 있는 확률이 얼마인가?

CODIS에 채택된 SSRs는 수천 명의 사람들에 대한 조사에서 HWE에 있고 아주 변이가 많으며 서로 연관되지 않았기 때문에 선택되었다. 이 조사의 중요한 자료는 13개 좌위에 대한 대립유전자 빈도로 만들어져 있다. 이 대립유전자 빈도에서, 조사자는 어느 한 좌위에 대해 이배체 유전자형이 일치할 확률을 계산하기 위해 하디-바인베르크 방정식을 이용할 수 있다. CODIS 좌위가 연관되지 않고, 각 좌위의 대립유전자가 다른 좌위의 대립유전자와 통계적으로 독립되어 있기 때문에, 범죄 수사 과학자는 관찰된 한 13-좌위 유전자형의 기대 빈도를 구하기 위해 각 독립된 좌위에 대한 기대 유전자형 빈도를 단순하게 모두 곱할 수 있다.

범죄 현장 표본과 용의자에 공통된 DNA 분석 결과가 한 CODIS 좌위에서 대립유전자 빈도가 각각 0.05와 0.03인 두 대립유전자의 이형접합이고, 제2의 좌위에서 빈도가 0.04인 대립유전자의 동형접합이라고 가정하자. 비록 각 CODIS SSR에 20개보다 더 많은 대립유전자가 구분될 수 있지만, 한 특정 이형접합 유전자형의 빈도는 여전히 2 × 대립유전자 1의 빈도 × 대립유전자 2의 빈도이고, 한 동형접합 유전자형의 빈도는 대립유전자 빈도의 제곱이다. 따라서 집단 내 한 무작위의 사람이 범죄 현장 표본에서 나타난 특정 2-좌위 유전자형일 **일치 확률**(match probability)은 $2(0.05)(0.03) \times (0.04)^2 = 0.0000048 = 4.8 \times 10^{-6}$이 될 것이다.

이들 다형의 좌위에서 각 대립유전자의 빈도가 낮기 때문에 특정 13-좌위 CODIS 유전자형에 대해 일치 확률은 매우 낮아질 것이다. 범죄 희생자의 손톱 밑 DNA 표본에 대한 13-좌위 일치 확률이 범죄 과학 조사에서 일반적으로 발견되는 범위 내인 7.7×10^{-15}이라고 가정하자. DNA가 용의자에서 온 DNA일 때 완벽한 일치가 얻어질 확률 100%, 즉 1과 무작위의 다른 사람에게서 온 DNA일 때 일치가 얻어질 확률, 즉 7.7×10^{-15}을 비교할 것이다. 따라서 DNA가 무작위의 다른 사람에게서 올 확률보다 용의자에게서 올 확률이 $1/7.7 \times 10^{-15} = 1.3 \times 10^{14}$배 더 크다. 이런 결과는 세계 총인구가 겨우 7×10^9이라는 것을 고려할 때 희생자의 손톱 밑 DNA를 용의자와 연결하는 강력한 증거의 하나가 될 것이다.

핵심 개념

- 특정 집단의 유전자형 빈도가 주어지면, 한 대립유전자의 빈도는 그 대립유전자에 대한 동형접합자의 빈도와 그 대립유전자에 대한 이형접합자 빈도의 반을 더해서 계산할 수 있다.
- 하디-바인베르크 평형에 있는 집단에서, 대립유전자 빈도와 유전자형 빈도는 한 세대에서 다음 세대로 일정하게 유지된다. 평형에서 유전자형 빈도는 p와 q가 대립유전자 빈도일 때 공식 $p^2 + 2pq + q^2 = 1$에 따라 분포한다.
- DNA 분석 결과에 대한 일치 확률을 결정하기 위해, 범죄 수사 과학자는 하디-바인베르크 비율을 이용하여 알고 있는 대립유전자 빈도에서 계산하는 것과 같이 각 독립된 좌위에 대한 일치 확률을 모두 곱한다.

20.2 실제 집단에서 대립유전자 빈도를 변하게 하는 것은 무엇인가?

학습목표

1. 하디-바인베르크 모형이 장기간보다는 단기간의 대립유전자와 유전자형 빈도 예측에 더 정확한 이유를 설명한다.
2. 유한 집단에서 새로운 돌연변이가 궁극적으로 소실되거나 고정될 것이라는 것을 뜻하는 원인을 논의한다.
3. 자연선택이 집단 내 한 대립유전자의 소실, 확산 또는 유지를 촉진할 수 있는 각본을 서술한다.
4. 모기 집단에서 살충제 저항의 대립유전자 빈도가 살충제를 더 이상 살포하지 않았을 때 감소된 이유를 설명한다.

모든 집단들이 모든 좌위에 대해 항상 하디-바인베르크 평형에 있다면, 하디-바인베르크 방정식은 모든 대립유전자 빈도가 영원히 변하지 않을 것이고, 따라서 다른 집단들 사이에서 같을 것이라는 결론으로 이끌 것이다. 하지만 **그림 20.7**이 보여주는 바와 같이, 인간 종의 다른 집단들이 파란색 눈의 개체 비율이 상당히 다르고(그림 20.7a), 이는 이 열성 형질의 원인인 *OCA2* 유전자의 한 상단 SNP 대립유전자 빈도의 변이를 반영해 준다(그림 20.7b). 젖당 내성/과민성의 원인 좌위와 같은 인간 유전체의 많은 다른 좌위도 또한 대립유전자 빈도의 지리적 차이를 보여준다(그림 20.1 참조). 집단 사이에서 관찰된 이러한 대립유전자 빈도 차이는 실제 집단에 대한 하디-바인베르크 모형 가정의 적용에 대해 무엇을 말해 주는가?

하디-바인베르크는 실제 집단의 모형 만들기의 시작점을 제공한다

자연 집단에서 항상 상황은 하디-바인베르크 가정에서 최

그림 20.7 인류 집단에서 눈 색과 연관된 유전자들 중 하나의 표현형과 대립유전자 빈도. (a) 파란색 눈의 표현형을 발현하는 유럽 집단 중 비율의 지리적 차이. (b) 파이 도표는 SNP 좌위 *rs12913832*에서 대립유전자 *G* (파란색)과 *A* (갈색)의 빈도를 묘사한다. 이 다형성은 *OCA2* 유전자의 촉진자에 위치한다. 이의 단백질 산물은 색소 멜라닌의 생산과 연관된다.

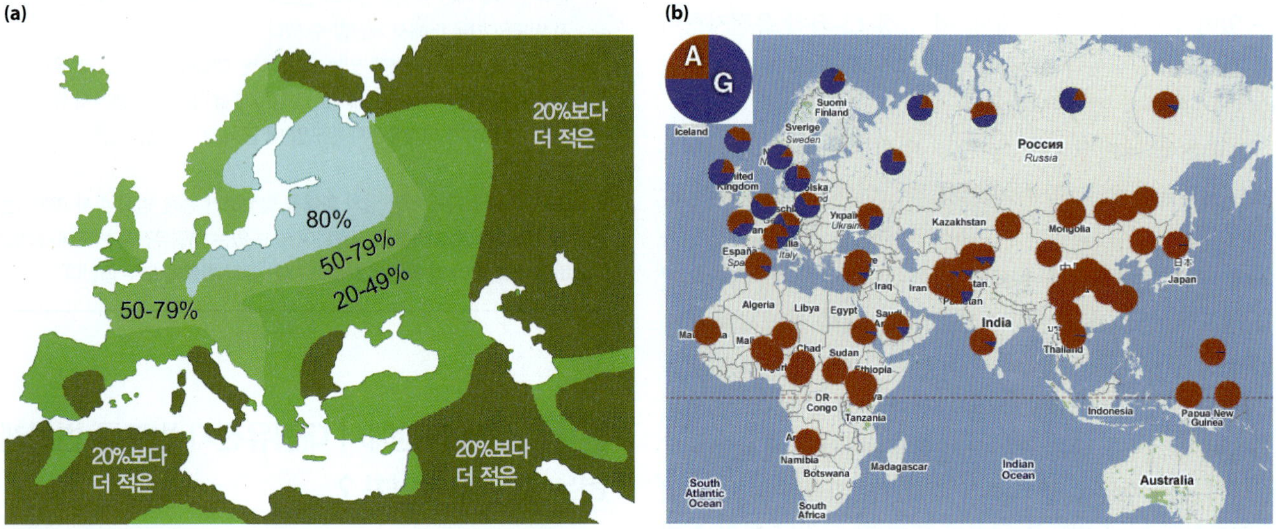

소한 약간씩은 벗어난다. 새로운 돌연변이는 모든 좌위에서 간혹 나타나고, 어느 집단도 크기가 무한이지 않고, 본 무리에서 작은 무리의 개체들이 때때로 이주해 나가 새로운 집단의 창시자가 되고, 분리된 집단들이 병합할 수 있고, 개체들이 항상 무작위로 교배하지 않으며, 다른 유전자형들은 생존과 번식률에서 차이가 있다. 하니-바인베르크 상황에 대한 이러한 예외들이 시간이 지나면서 집단의 유전적 구성을 바꾸고, 따라서 생물 진화에 필수불가결하다.

비록 하디-바인베르크 가정에서 이렇게 벗어나는 일이 항상 존재하지만, 그럼에도 불구하고 하디-바인베르크 방정식은 단기간에 걸쳐서, 즉 큰 집단의 한 세대나 몇 교배 세대에 걸쳐서 대립유전자, 유전자형과 표현형 빈도의 상당히 좋은 추정값을 제공한다. 장기간에 걸친 자연 집단의 현실은 하디-바인베르크 방정식 자체가 많은 세대의 경과 동안 유전적 빈도가 어떻게 변하는지를 예측할 수 없다는 것을 보여준다. 그럼에도 불구하고 하디-바인베르크 관점은 평형 상태에서 벗어나게 하는 요인들을 포함하는 수학 모형의 기본을 제공하는 유용한 일을 하며, 따라서 집단유전학자들이 실제 집단에 대한 모형을 성공적으로 만들 수 있게 해 준다.

유한 집단에서, 우연이 중요한 일을 한다

하디와 바인베르크는 멘델의 첫 번째 분리 법칙을 확장함으로써 그들의 유명한 방정식을 유도하였다. 멘델의 첫 번째 법칙이 이형접합의 부모가 어느 대립유전자를 특정 자녀에게 전달할지를 결정하지는 않는다는 것을 명심해야 한다. 대신, 이 법칙은 대립유전자 유전은 동전 던지기와 유사하다는 것을 말해 준다. 자녀는 동일한 확률로 그림이나 숫자(즉, 이형접합의 부모에게서 상염색체 유전자의 어느 한 대립유전자)를 얻을 수 있다. 멘델의 법칙은 특정 대립유전자를 물려받을 큰 동일출생군 자손의 대략적인 비율을 예측한다. 동일출생군이 크면 클수록 예측이 더 정확해진다.

하디-바인베르크 방정식은 다음 세대로 전달되는 대립유전자의 빈도가 부모 세대의 비율과 같다는 생각에 바탕을 둔다. 다시 말해서, 대립유전자들은 그들이 부모 유전자형에 있는 것과 같은 빈도로 접합자 풀에 기여하고 접합자에 나타난다. 하지만 이런 생각은 집단의 크기, 따라서 다음 세대에 기여하는 접합자의 수가 무한에 근접할 때 실효성이 있다. (유사하게, 어느 한정된 수의 동전 던지기가 정확히 반의 그림과 반의 수를 보여줄 것이라고 예견할 수 없다.) 어느 집단도 무한하지 않기 때문에, 어느 집단도 평형에 대한 하디-바인베르크 조건에 실제로 부합하지는 않는다.

집단에서 우연의 컴퓨터 모의

유한 집단에서 대립유전자 빈도의 장기간 변화를 모의하기 위해 하디-바인베르크 방정식에 대한 대립유전자 빈도의 대입은 각 세대에서 이루어지는 유한한 표본 추출의 무작위 우연을 고려해야만 한다. 연구자들은 각 확률적인 사건의 결과를 선택하기 위해 무작위 숫자 발생기를 이용하는 컴퓨터 프로그램인 **몬테카를로 모의**(Monte Carlo simulation)를 이용하여 이러한 표본 오차의 효과에 대해 모형을 만든다.

몬테카를로 프로그램은 각 동형접합자와 이형접합자의 한정된 개체 수가 있는 초기 집단에서 시작한다. 간략히 살펴볼 바와 같이, 집단의 크기가 핵심 변인이다. 프로그램은 무작위 숫자 발생기에 의해 선택된 개체들 사이의 교배를 설정한다. 선택된 한 편친[2)]이 이형접합이라면 프로그램도 또한 어느 대립유전자가 자녀에게 전달될지 결정하기 위해 (비유적으로 보면) 동전을 던진다.

몬테카를로 모의는 일반적으로 번식률을 조정하여 세대 간에 집단크기가 일정하게 유지되며, 세대 사이의 교배를 허용하지는 않는다. 따라서 첫 세대 부모들이 제거되면, 그들의 자녀들이 다음 세대의 선조가 된다. 프로그램은 연구자가 요구하는 만큼의 세대 동안 이 과정을 계속한다. 자료가 기록된 후, 컴퓨터는 같은 초기 상황에서 시작하여 새로운 "시행"을 모의한다. 충분한 수의 독립된 몬테카를로 모의를 통해 연구자들은 어떤 확률로 어떤 결과가 가능할지 판단할 수 있다.

유전자 부동

그림 20.8a에 나온 예에서, 컴퓨터는 모두 이형접합자로 설정된 10개체만의 집단에서 6번의 몬테카를로 모의를 시행하였다. 따라서 각 집단은 $2 \times 10 = 20$의 총 유전자 복사체가 있고(각 개체에 2), 각 대립유전자(A 또는 a)는 초기에 0.5의 빈도로 나타난다. 이 예가 계획된 방식 때문에, 이 첫 세대의 몬테카를로 모의는 동전을 20번 던져 얻어진 결과와 수학적으로 동등하다. 그림 20.8a에서 볼 수 있는 바와 같이, 첫 세대에 실제 모의들은 0.25 (5 그림과 15 숫자)에서 0.65 (13 그림과 7 숫자)까지의 범위로 평균 0.48의 A 대립유전자 빈도를 산출하였다.

비록 집단들의 평균이 하디-바인베르크 방정식에 의해 예측되는 0.5에서 너무 벗어나지는 않지만, 각각 독립된 실험의 값들은 각 개별 모의 집단이 표본 오차 때문에 생기는 한 세대에서 다음 세대로 전해지는 유전의 무작위성의 결과

그림 20.8 다른 크기의 집단들에서 집단 부동의 몬테카를로 모형. (a) 집단 크기 = 10. (b) 집단 크기 = 500. 두 경우 모두에서 초기 상황은 선택이 없이 좌위의 두 대립유전자가 동일한 수이다.

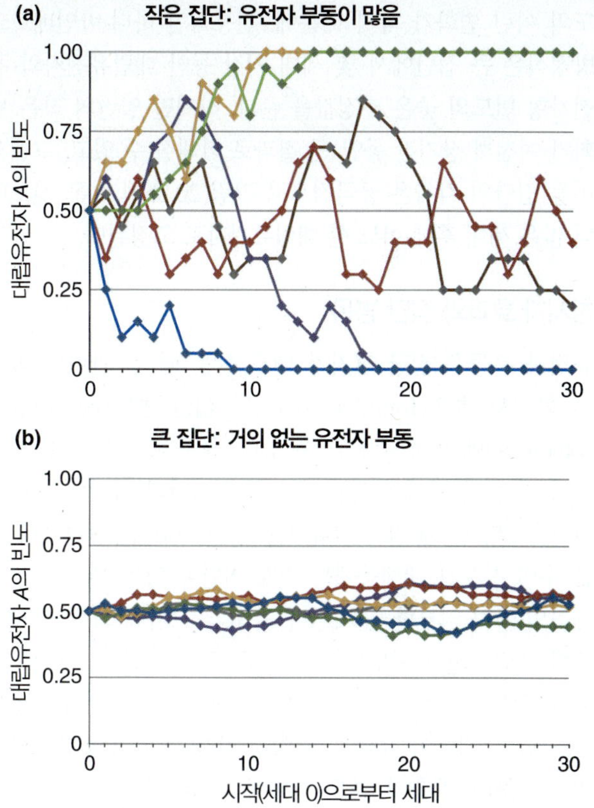

로 일어나는 대립유전자 빈도의 변화로 정의된 **유전자 부동**(genetic drift)의 다른 경로를 따라 가도록 한다. 유전자 부동은 특정 세대의 대립유전자 빈도가 다음 세대에 가능한 대립유전자 빈도의 바탕이 되기 때문에 발생한다. 그러므로 한 대립유전자가 이미 높은 빈도로 흘러갔다면(부동했다면), 다음 세대에 훨씬 더 높아질 50%의 기회가 존재한다.

그림 20.8a에 나온 6번의 모의 시행 중 4번에서, 유전자 부동이 18번째 세대까지 원래의 두 대립유전자 중 어느 하나가 소멸, 즉 **소실**(extinction)로 끝나게 하였다. 이들 예의 각각에서, 한 세대에서 다음 세대로 일어난 대립유전자 빈도 변화의 누적 효과는 한 대립유전자의 소멸과 남은 대립유전자의 **고정**(fixation)을 일으켰다. 단 하나의 대립유전자만 남아 모든 개체들이 이 대립유전자에 대해 동형접합일 때 유전학자들은 집단이 한 좌위에서 고정되었다고 생각한다. 이 시점에서 (이주나 돌연변이가 없다면) 대립유전자 빈도에 더는 변화가 일어날 수 없다.

그림 20.8a에 보여준 실험과 10이 아닌 500의 구성원이 초기에 모두 이형접합인 집단들의 6번의 모의 시행(그림 20.8b)을 비교하여 나타난 바와 같이 집단 크기는 대립유전

2) 최근에 아버지나 어머니 한쪽만 있는 가정을 한 부모 가정이라는 정체불명의 단어를 공식적으로까지 사용하고 있다. 하지만 이는 어설픈 영어 단어 번역이다. 부모(父母)는 아버지와 어머니 모두를 포함하는 단어이다. 다른 한자어로 양친(兩親)이 같은 뜻이고, 이는 영어로 복수인 parents에 대응된다. 그러면 단수인 parent는 편친(偏親)이라고 하거나 홀어버이라고 해야 한다. '한 부모'는 원래 우리말에서는 '같은 부모'를 뜻하는 말이다. 예를 들면, 둘 이상의 아이들이 자신들이 형제자매일 경우 '우리는 한 부모 슬하에서 자랐다.'라고 말한다. 어설픈 영어 번역이 우리말을 혼탁하게 하지 않게 해야 할 것이다. 여기서 '한'은 하나를 뜻하기도 하겠지만 '같은'의 뜻이다. 한 집에 사는 것은 같은 집에 사는 것이다.

자 변동에 극적인 영향을 끼친다. 뒤의 집단들의 각각을 나타내는 선을 따라가면, 대립유전자 빈도의 단일 세대 동안 변화는 항상 비교적 작다는 것을 알 수 있다. 대립유전자 빈도의 이런 변화가 작기 때문에, 전통적인 하디-바인베르크 방정식은 큰 집단에서 몇 세대 기간 동안 대립유전자와 유전자형 빈도의 좋은 추정값을 준다. 하지만 일련의 작은 변화가 여전히 장기간 동안 큰 결과로 더해질 수 있고, 그래서 이들 집단의 각각은 궁극적으로 그림 20.8b에 나온 것보다 더 많은 세대 후에 어느 한 대립유전자로 고정된다.

창시자 효과와 집단 병목

유전자 부동은 집단 크기가 매우 작을 때 두 관련된 과정인 **창시자 효과**(founder effect)와 **집단 병목**(population bottleneck)에 의해 촉진될 수 있다. 창시자 효과는 몇 개체들이 더 큰 집단에서 분리되어 원래 집단과 격리된 새로운 집단을 창설할 때 일어난다(그림 20.9). 새로운 집단에서 작은 수의 창시자 개체들에는 원래 집단에 있는 유전자 복사체들의 극히 일부만 있다. 우연의 표본 오차에 의해, 창시자들의 대립유전자 빈도는 이들이 온 원래 집단과는 다를 수 있다. 일부 대립유전자들은 새로운 집단으로 전달되지 못할 수도 있다. 집단이 창설된 후 일정 기간 동안 작게 유지된다면, 추가적인 유전자 부동 때문에 대립유전자 빈도가 변할 것이고, 창시자 효과를 더욱 심화할 것이다.

18세기 초 독일에서 이주해 나온 약 200명이 동부 펜실베이니아에서 아미쉬(Amish) 공동체를 형성하였다. 이 창시 집단이 유럽과 완전히 단절되었고 사람들이 집단 내에서만 결혼했기 때문에, 유전자 부동의 영향하에 있었다. 오늘날, 미국 내 아미쉬는 총 150,000명 이상이다. 그러나 이 집단은 독일에 남아 있는 아미쉬 집단보다 훨씬 더 높은 조울증 발병률을 보여준다. 이는 여러 창시자가 이 질환을 일으키는 대립유전자를 보유하였기 때문일 가능성이 가장 크다.

동식물 집단들은 종종 환경 교란이나 질환의 결과로 높은 비율의 개체들이 사라질 때 일어나는 집단 병목을 자주 겪는다. 생존 개체들은 본질적으로 창시자 집단과 동등하고, 집단크기가 작게 머무는 동안은 유전자 부동이 더욱 가속될 것이다. 아시케나지 유대인(Ashkenazi Jews)에서, 유방암의 위험률을 높이는 특정 *BRCA1* 돌연변이의 높은 빈도는 과거에 일어난 집단 병목이나 창시자 효과의 결과로 생긴 것이라고 생각된다.

돌연변이는 새로운 유전 변이를 도입한다

유전자 부동이 궁극적으로 유한 집단에서 유전 변이의 소

그림 20.9 창시자 효과와 병목은 대립유전자 빈도를 빠르게 바꿀 수 있다. 무작위 표본 오차 때문에, 한 섬의 적은 수의 창시자 집단의 대립유전자 빈도는 창시자들이 온 집단의 빈도와는 매우 다를 수 있다. 한 결과는 유전 변이의 소실이다. 섬에 노란색 대립유전자가 더는 없다는 것에 주목하라. 게다가, 섬의 집단이 작게 유지되는 한, 유전자 부동은 가속된다.

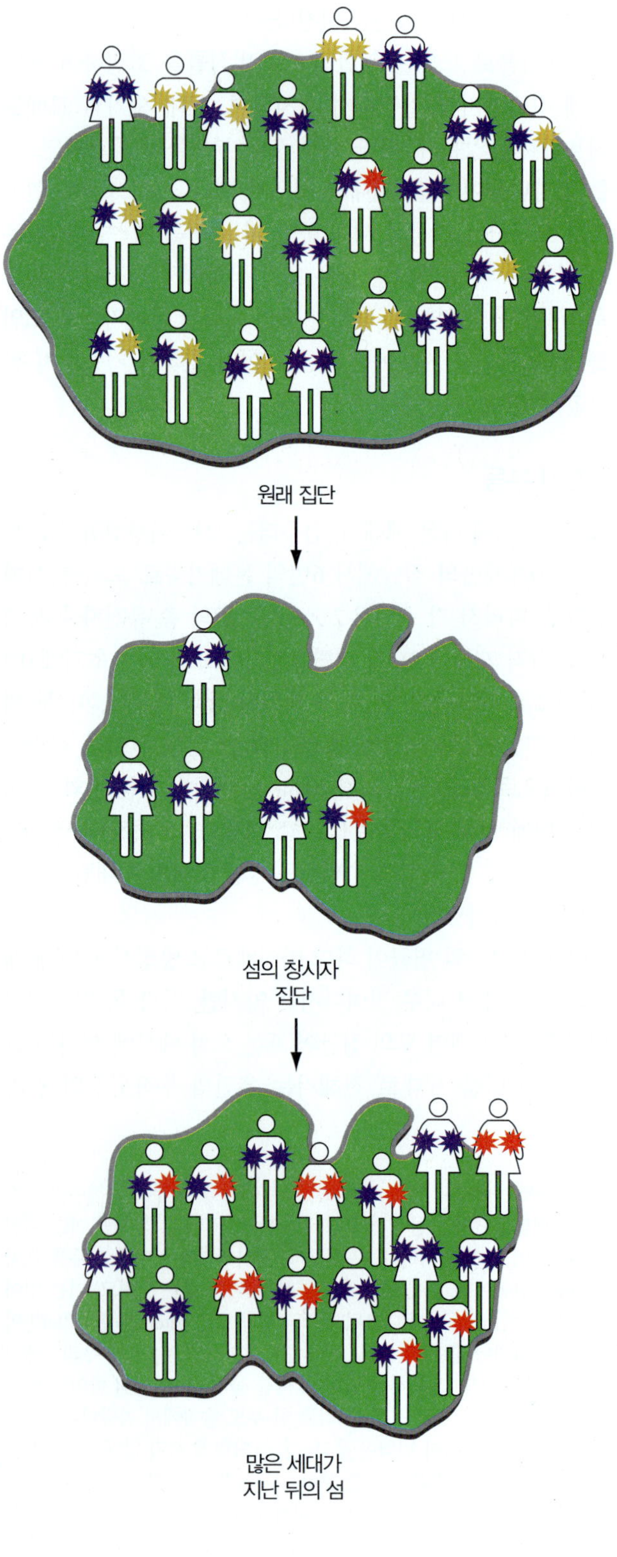

실을 일으키는 반면에, 새로운 변이체는 새로운 돌연변이나 이웃 집단에서 오는 도입(이주, migration)으로 끊임없이 생긴다. 돌연변이는 어느 부모의 유전체에도 존재하지 않는 개체 유전체 중 변이 DNA 서열이다. 자발적인 돌연변이는 일반적으로 개별 유전자에서 아주 드물어서(각 유전자에 대해 10만~100만 자손에 한 번 정도) 단기간에는 한 집단에서 어느 한 유전자의 대립유전자 빈도 변화에 대한 돌연변이의 영향은 쉽게 무시할 수 있다. 물론 돌연변이는 모든 좌위에서 모든 새로운 대립유전자의 원천이고, 이는 일부 돌연변이는 장기적인 면에서 중요해진다는 뜻이다.

유해한 돌연변이(deleterious mutation)는 유전자에 의한 효소의 활성과 같은 중요한 기능을 훼손한다. 대조적으로 개체나 집단에 선택에서 상대적인 이득을 주는 **유익한 돌연변이**(beneficial mutation)는 비교적 드물다. 하지만 많은 돌연변이는 제3의 종류에 속한다. 이들은 생물에 이득이나 위해가 거의 없는 다형성을 이룬다. 이런 후자 종류의 돌연변이는 **중립 돌연변이**(neutral mutation)이다. 즉, 원래와 돌연변이 대립유전자가 선택적으로 동등하기 때문에, 새로운 돌연변이나 원래 DNA 서열이 유지될지 아니면 결국 집단에서 사라질지 이들의 운명은 확률적인 우연의 사건에 의해서만 결정될 것이다.

새로운 선택적으로 중립인 대립유전자가 돌연변이에 의해 생기는 집단에서, 몬테카를로 모의는 고정에 걸리는 평균 세대 수가 대략 교배하는 개체들에 있는 유전자 복사체 총수의 두 배와 같다는 것을 보여준다($4N$, 여기서 N은 집단 내에서 번식하는 이배체 개체의 수이다). 크기가 10인 집단의 경우, 평균 고정 시간은 40이다. 500인 집단의 경우는 2,000세대이다. 그리고 2억 명의 번식 집단은 고정 시간이 8억 세대이고, 혹은 (출생-출생의 세대 기간을 20년이라고 가정하면) 160억 년이다. 어느 특정의 새 돌연변이가 고정될 기회는 집단이 커질수록 감소된다. 하지만, 더 많은 돌연변이가 큰 집단에서 발생한다. 이 두 요인은 선택적으로 중립인 돌연변이에 대해 서로 정확히 상쇄되어 시간에 따른 DNA 서열의 평균 변화율은 단순히 (세대당 좌위당 돌연변이로 측정된) 돌연변이의 도입율과 같다.

돌연변이율은 많은 생물에서 시간에 걸쳐 비교적 일정한 것으로 보인다. 이는 중립 유전자 부동만으로는 유전적으로 격리된 집단 사이에 DNA 차이의 시간-의존적 누적이 대략 일정한 속도로 일어난다는 것을 의미한다. 이러한 사실 때문에 진화유전학자들은 **분자시계**(molecular clock)를 이용한다. 따라서 생물들의 DNA 서열이 서로 얼마나 다른지를 조사함으로써 다른 종류의 생물들이 공통조상에서 얼마나 오래 전 과거에 분기했는지 예측할 수 있다.

자연선택에 적응도 차이에 작용하여 대립유전자 빈도를 바꾼다

유전질환을 포함하여 많은 표현형 형질에서, 유전자형은 하디-바인베르크 가정에 어긋나 생존과 번식 능력에 영향을 끼친다. 따라서 실제 집단에서는 모든 개체들이 성체로 생존하지는 않으며, 개체가 번식할 만큼 충분히 오래 살지 못할 확률이 항상 어느 정도 있다. 결과적으로, 실제 집단의 유전자형 빈도는 개체 구성원들이 접합자에서 성체로 성숙하면서 변한다.

적응도와 자연선택

집단유전학자에게 개체의 **적응도**(fitness)란 생존하여 다음 세대에 유전자를 전달하는 개체의 상대적인 능력이다. 비록 적응도가 각 유전자형과 연관된 속성이지만, 적응도는 단 하나의 개체에서 측정될 수 없다. 그 이유는 특정 유전자형의 개별 동물은 우연의 상황에 의해 크게 영향을 받는 방식으로 생존하고 번식하기 때문이다. 하지만 특정 유전자형의 모든 개체들을 한 무리로 간주함으로써, 그 유전자형에 대한 상대 적응도를 측정하는 것이 가능해진다. 따라서 집단유전학자에게, 적응도는 통계적 측정일 뿐이다. 그럼에도 불구하고 적응도 차이가 집단 내 대립유전자 빈도에 상당한 영향을 끼칠 수 있다.

적응도는 생존율과 번식 성공이라는 두 기본 성분이 있다. 변하는 환경에서 생존과 번식에 도움이 되는 변이가 있는 개체의 적응도는 비교적 높다. 그런 적응에 도움이 되는 변이가 없는 개체의 적응도는 비교적 낮다. 자연에서, 적응도가 더 낮은 개체를 점진적으로 배제하고 생존하고 다음 세대의 부모가 되는 적응도가 더 높은 개체를 선택하는 과정이 **자연선택**(natural selection)으로 알려져 있다.

현장 연구는 자연선택이 모든 자연집단에서 표현형 형질에 대해 발생한다는 것을 보여준다. 직설적인 예는 뉴멕시코의 사막에 사는 주머니생쥐의 털색이다. 토양과 암석이 밝은 색인 지역에서는 주머니생쥐의 털이 밝은 색이지만, 검정 화산암이 있는 지역에서는 어두운 색의 주머니생쥐가 발견된다. 연구에 따르면 포식자들이 살고 있는 토양과 암석과 부합하지 않는 색의 주머니생쥐를 더 쉽게 발견하고 먹을 수 있고(그림 20.10), 이는 이들 두 토양형에 사는 집단들 사이에 털색에 영향을 끼치는 기반이 되는 유전적 변이를 강력히 변하게 한다. 이 절에서, 선택이 하디-바인베르크 모형에 의해 예측되는 빈도에서 대립유전자와 유전자형

그림 20.10 유전 변이는 선택의 적응도에 상당한 차이를 만들어 갈 수 있다. 모래 토양과 짙은 검정 화산암에 살고 있는 뉴멕시코의 주머니쥐들은 그들이 처한 기질에 어울리도록 자연선택에 의해 분기되었다(윗줄). 주어진 털색이 어울리지 않는 기질에 있을 때, 포식자에 의해 쉽게 눈에 띈다(그리고 먹힌다)(아랫줄).

빈도를 변경하는지 고찰할 것이다.

하디-바인베르크 예측에 선택의 영향 더하기

하디-바인베르크 비율로 시작한 접합자의 집단에서 특정 유전자를 분석함으로써 선택을 겪고 있는 집단에 하디-바인베르크 방정식을 적용하는 방법을 알 수 있다. 이 집단에서, AA, Aa, aa 유전자형 빈도는 각각 p^2, $2pq$, q^2이다. 이제 생존율, 즉 접합자에서 성체로 생존할 확률이 유전자형에 따라 달라지지만 번식 교배의 성공, 적응도의 제2차 성분이 이 경우 유전자형과 무관하다고 가정하자. 세 유전자형 각각의 **상대 적응도(relative fitness)**를 각각 W_{AA}, W_{Aa}, W_{aa}로 규정한다면, 성체에서 세 유전자형의 상대적인 빈도는 p^2W_{AA}, $2pqW_{Aa}$, q^2W_{aa}이다(그림 20.11). 통례적으로, 유전학자는 W_{AA}, W_{Aa}, W_{aa}에 최대값을 1.0라고 함으로써 덜 적응적인 유전자형의 상대 적응도는 1.0보다 작다.

적응도-보정의 하디-바인베르크 방정식이 상대 적응도를 표준화하여 방정식의 각 항이 유전자형의 상대적인 빈도보다는 실제 빈도를 나타낼 때 가장 유용하다. 표준화는 두 단계 개선에 의해 이루어진다. 첫째, 보정된 방정식에서 항의 합을 새로운 변수인, $\overline{W}$, 즉 다음 세대에 대한 각 유전자형의 상대적인 기여의 합을 나타내는 평균 적응도로 설정한다.

$$p^2W_{AA} + 2pqW_{Aa} + q^2W_{aa} = \overline{W} \qquad (20.4a)$$

유전자형 적응도들이 다를 때, 초기 세대의 모든 생식세포

그림 20.11 자연선택에 의한 대립유전자 빈도의 변화. (성체에서) 선택 후 유전자형 빈도는 무작위 교배로 형성되는 접합자의 유전자형 빈도에 유전자형의 상대 적응도 값을 곱한 다음 평균 적응도로 나누어 이들 항을 표준화함으로써 계산된다. 그 다음 자손 세대에 의해 만들어지는 생식세포의 대립유전자 빈도는 방정식 (20.1)을 이용하여 성체 자손의 유전자형 빈도에서 계산된다.

부모 생식세포

대립유전자	R	r
빈도	p	q

↓

첫 세대 자손

유전자형	RR	Rr	rr
접합자 빈도	p^2	$2pq$	q^2
상대 적응도	W_{RR}	W_{Rr}	W_{rr}
선택 후 상대 빈도	p^2W_{RR}	$2pqW_{Rr}$	q^2W_{rr}
표준화 성체 빈도	$\frac{p^2W_{RR}}{\overline{W}}$	$\frac{2pqW_{Rr}}{\overline{W}}$	$\frac{q^2W_{rr}}{\overline{W}}$

↓

첫 세대의 생식세포

대립유전자	R	r
빈도	$p' = \frac{(p^2W_{RR} + pqW_{Rr})}{\overline{W}}$	$q' = \frac{(q^2W_{rr} + pqW_{Rr})}{\overline{W}}$

표준화 인수 $\overline{W} = p^2W_{RR} + 2pqW_{Rr} + q^2W_{rr}$

가 다음 세대에 기여하지 못할 것이기 때문에 $\overline{W}$는 1보다 더 작다.

표준화 과정을 계속하기 위해, 다음은 $\overline{W}$로 방정식 (20.4a)의 각 변을 나누어 자손 세대의 성체에 대한 새로운 방정식은 다음과 같아지게 한다.

$$\frac{p^2W_{AA}}{\overline{W}} + \frac{2pqW_{Aa}}{\overline{W}} + \frac{q^2W_{aa}}{\overline{W}} = 1 \qquad (20.4b)$$

이 표준화 방정식에서 각 항은 각 유전자형이 원래 계산에 사용된 빈도를 뒤이어 다음 세대에 나타날 실제 빈도를 나타낸다.

방정식(20.4a, 20.4b)의 중요한 결과 하나는 선택이 있을 때 집단의 평균 적응도 $\overline{W}$는 시간이 지나면서 값이 1로 가도록 하는 방식으로 한 세대에서 다음 세대로 변할 것이라

는 예측이다. 예를 들어, 1보다 작은 $\overline{W}$의 값은 초기 세대의 모든 개체들이 다음 세대에 기여하지는 않을 것이라는 것을 뜻한다. 원래 집단의 평균 적응도는 존재하는 모든 유전자형이 최적 적응도였다면 예상보다 더 낮다. 하지만 선택은 다음 세대에 선택에 유리한 유전자형의 빈도가 늘어나게 할 것이고, 그래서 다음 세대에서 집단의 평균 적응도(즉, $\overline{W}$)는 이전 집단보다 더 높을(1에 더 가까울) 것이다.

이 방정식이 시간이 지나면서 대립유전자 빈도에 끼치는 선택의 영향을 어떻게 계산할 수 있게 하는지 알기 위해, 이 다음 세대에 *A*와 *a* 대립유전자의 빈도를 나타내는 변수 p'과 q'을 이용하자(그림 20.11). 원래 집단이 만든 생식세포에서, 대립유전자 *a*의 빈도는 전체 성체 집단의 개체 수 대비 *Aa*와 *aa* 성체 둘 다가 *a* 대립유전자를 기여한 결과일 것이다. q'이 다음 세대 성체의 *a* 대립유전자 빈도를 나타낸다면,

$$q' = \frac{q^2W_{aa} + \frac{1}{2}(2pqW_{Aa})}{\overline{W}} = \frac{q(qW_{aa} + pW_{Aa})}{\overline{W}} \quad (20.5)$$

따라서 선택이 일어난 한 세대에, *a* 대립유전자 빈도는 q에서 q'으로 변하였다. 종종 한 세대의 선택 동안에 일어나는 변화를 아는 것이 유용하다. 이런 변화를 $\Delta q = q' - q$로 추정할 수 있다. q'에 대해 방정식 (20.5)을 대입하면 (약간의 수식 정리 후에) 다음을 얻는다.

$$\Delta q = \frac{pq[q(W_{aa} - W_{Aa}) - p(W_{AA} - W_{Aa})]}{\overline{W}} \quad (20.6)$$

방정식 (20.6)은 선택이 대립유전자의 빈도를 한 세대에서 다음 세대로 갈 때 변하게 할 수 있으며, 이 변화는 두 대립유전자의 빈도와 세 유전자형의 상대 적응도 둘 다에 따라 달라진다는 것을 보여준다. 모든 유전자형의 적응도가 같다면, 하디-바인베르크 평형의 비율에서와 같이, $\Delta q = 0$이라는 것에 주목하라. 다시 말해서, 유전자형과 관련된 적응도의 차이가 없다면, 선택의 가능성이 없고, 앞에서 설명한 대로 대립유전자 빈도는 유전자 부동에 의해서만 변할 것이다.

낭 섬유증(cystic fibrosis)과 같은 열성 유전질환의 유해한 효과가 집단 내에서 시간이 지나면서 이 돌연변이 대립유전자(*d*라고 하자)의 빈도에 어떻게 영향을 끼칠 수 있는지 조사하기 위해 방정식 (20.6)을 이용할 수 있다. 이 질환이 성체 시기까지 생존할 확률을 떨어뜨림으로써 적응도를 낮춘다면, *DD*와 *Dd* 개체의 적응도는 같지만, *dd* 개체의 적응도는 낮아진다. 적응도의 상대적인 값만이 중요하기 때문에, $W_{DD} = 1$, $W_{Dd} = 1$, 그리고 $1 \geq W_{dd} \geq 0$의 값을 설정할 것이다.

유해한 효과가 있는 유전자형의 경우, 적응도 W_{dd}는 1보다 약간 더 작은 값(*dd*에 최소로 불리한 선택)에서 0 (*dd*가 치명적이어서 *dd* 개체가 하나도 성체시기까지 생존하지 못함)까지 다양하다. 동형접합자에 불리한 선택이 있다면, Δq는 항상 음수이고, *d* 대립유전자는 매 세대에서 낮아진다.

W_{dd}가 1보다 작을 때 방정식 (20.6)의 핵심 특징은 q가 작아질수록 시간이 지나면서 q가 감소하는 속도가 줄어든다는 예측을 하는 것이다. 이런 예측은 q가 늘 1보다 작고, $q^2 < q$이기 때문에, 그리고 Δq가 q^2에 따라 변하기 때문에 나온다.

이런 효과를 이해하기 위해, $W_{dd} = 0$인 치사 열성 질환의 특별한 예를 생각해 보자. 그림 20.12의 점선은 0.5의 초기 대립유전자 빈도에서 시작하여 방정식 (20.6)에 의해 예측되는 대립유전자 빈도의 감소를 보여준다. 대립유전자 빈도의 감소는 처음에 빠르지만 후에는 느려진다. 10세대 후에, 열성 대립유전자의 예측 빈도는 비록 동형접합의 열성 유전자형이 치사이지만 여전히 대략 10%이다. 그림 20.12의 실선은 *Drosophila melanogaster*의 큰 실험 집단에서 상염색체 열성 치사 대립유전자 빈도의 감소를 보여주는 자료를 도면으로 보여준다. 대립유전자에 대한 예측 변화와 관찰 변화가 아주 가깝게 일치한다.

왜 열성 치사 대립유전자의 빈도가 0에 가까워질수록 선택의 효력이 떨어지는가? 답은 q가 작을 때, *d* 대립유전자의 대다수 복사체가 부정적인 선택을 겪지 않는 ($2pq$의 빈도인) *Dd* 이형접합자에 있기 때문에 (q^2의 빈도인) 질환 대립유전자에 대해 동형접합인 개체가 매우 드물다는 것이다. 수학적 관점에서, q에 대한 q^2의 비율은 1보다 작은 q의 모든 값에 대해 기하급수적으로 감소한다. 그래서 계속되는 세대 동안 대립유전자 빈도 q는 비록 q가 0의 값에 가까워질수록 시간이 지나면서 점점 더 느려지지만 계속 감소되어야만 한다.

그림 20.12 시간 경과에 따른 열성 치사 대립유전자 빈도의 감소. 점선은 수학적 예측을 나타낸다. 파란색 선은 상염색체 열성 치사 대립유전자에서 얻어진 실제 자료를 나타낸다.

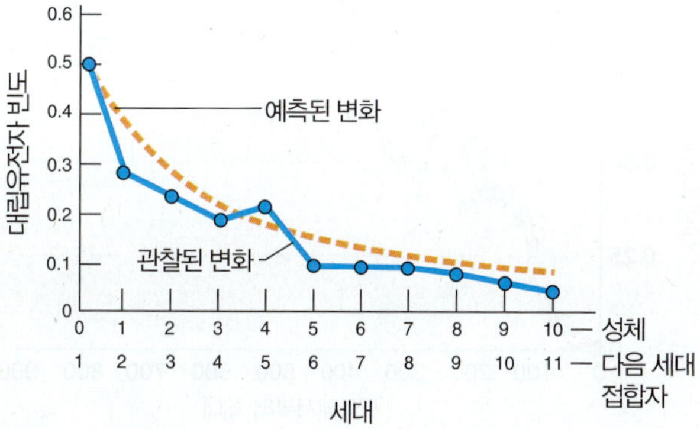

유한 집단의 자연선택

상대 적응도로 하디-바인베르크 방정식을 보정하는 이유는 원래 방정식의 한계의 하나인, 즉 모든 유전자형이 적응도가 동등하다는 가정을 극복하는 것이다. 그런데 Δq를 결정하기 위한 이러한 보정 방정식의 분석적 해결은 여전히 무한 집단이라는 가정에 종속되어 있다. 하지만 유한 집단에 대한 자연선택의 영향을 탐구하는 몬테카를로 모의를 개발하기 위해 보정한 하디-바인베르크 방정식을 이용할 수 있다.

예로서, 초기에 한 개체가 $W_{BB} = 1.0$, $W_{Bb} = 1.0$, $W_{bb} = 0.98$의 상대 적응도 값으로 설명되는 생존에 약간 우세한 이점이 있는 한 염색체의 *B* 돌연변이가 있는 이형접합이고 499개체가 *b* 대립유전자에 대해 동형접합인 500개체의 집단을 생각해 보자. 이런 상황은 각 세대에서 만들어진 *bb* 개체들의 2%를 무작위로 제거하고 부모 세대의 새로운 교배의 자손으로 그들을 대체하는 몬테카를로 접근법으로 모형을 만들 수 있다.

그림 20.13은 이 집단 모형의 여섯 번 모의의 결과를 보여준다. 우선 이들 중 셋에서 새로운 *B* 대립유전자는 결국 출발하지 못하고 65세대 내에 소멸하였다는 것에 주목하라. 그러나 *B* 대립유전자의 빈도가 약 0.10까지 증가된 집단에서는 *B* 대립유전자가 확실하게 고정된다.

이 예는 작지만 실질적인 적응도의 이점이 있는 새로운 돌연변이 대립유전자가 집단에 끼칠 수 있는 영향에 관한 두 중요한 점을 설명해 준다. 첫째, 비록 새로운 대립유전자가 선택에서 유리하지만, 종종 초기 세대들에서 번식의 우연성 때문에 절멸할 것이다. 하지만 둘째, 유리한 대립유전자가 존속을 보장하는 수준의 역치 빈도에 도달한다면, 비록 작은 적응도의 이점이 개체 수준에서 감지될 수 없을지라도 그 빈도는 항상 결국 고정으로 향해 줄곧 증가할 것이다.

그림 20.13 유전자 부동과 함께 하는 자연선택. 각 색의 선은 약간 우세한 적응도 유리함이 있는 새로운 돌연변이 대립유전자 하나가 시간 0에 나타난 *N* = 500 개체인 집단의 독립적인 몬테카를로 모의를 나타낸다. 모의들 중 셋은 돌연변이 대립유전자가 빈도가 아주 낮을 때 유전자 부동 때문에 100세대보다 더 적은 세대에 소멸된다. 이들 모의는 너무 빨리 소멸되어 도표의 하단 좌측에서 거의 구분하기 어렵다. 유리한 돌연변이가 소멸되지 않은 몇몇 모의는 필연적으로 새로운 돌연변이의 고정으로 이동한다.

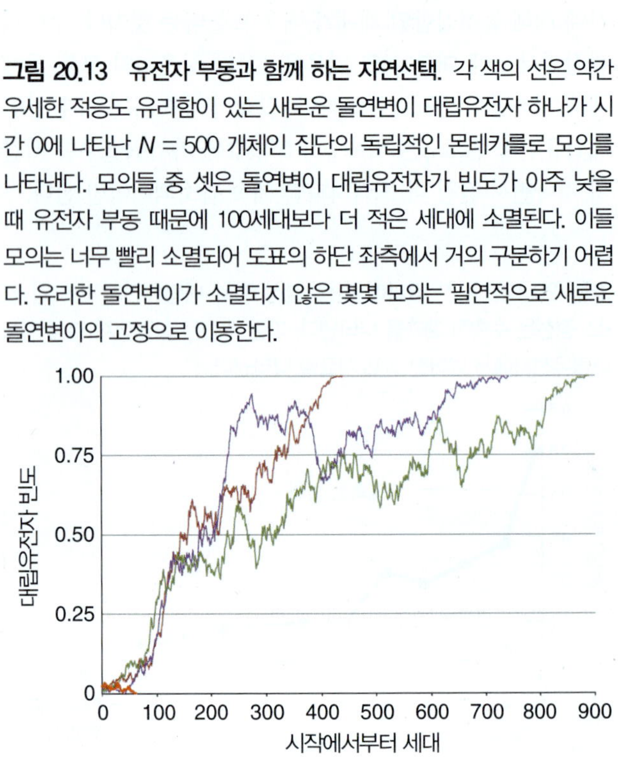

인간에 대한 선택의 영향

*H. sapiens*의 기원인 동아프리카 지역에서 인류가 이주해 나왔을 때, (이 장의 후반부에 논의되는 바와 같이) 대략 8만~6만 년 전 시작되었는데, 창시자 집단들은 유럽과 아시아에서 아프리카와는 다른 환경 조건을 겪었다. 그 결과, 많은 유전자들에서 선택적인 대립유전자들의 상대 적응도가 뒤바뀌었다. 가장 뚜렷한 변화 중에는 피부 색소 형성을 결정하는 유전자의 대립유전자 빈도 차이가 있었다.

태양의 자외선은 해로움은 물론 이로움도 준다. 이로움의 하나는 비타민 D 생성의 촉매 반응이다. 해로움은 피부암이 될 수 있는 피부의 돌연변이를 유발하는 것이다. 적도에 더 가까울수록 태양의 빛이 가장 강하다. 피부를 검게 만드는 대립유전자들이 비타민 D 생성에 충분한 자외선이 통과되도록 하면서도 피부암을 방지하기 때문에 열대 지역에서 유리하다. 태양의 빛이 덜 강렬한 더 높은 위도에서는 피부암은 덜 문제되므로 피부를 옅게 만드는 대립유전자들이 충분한 비타민 D 생성에 필요할 만큼의 자외선이 투과되도록 한다.

3장에서 설명한 대로, 피부 색소 형성은 많은 유전자들의 대립유전자들에 의해 결정되는 복합의 양적 형질이지만, 이들 유전자 중 약 6개가 가장 영향력이 있다. 종으로서 우리 역사와 관련되어 매력적인 의문 하나는 유럽과 아시아 집단들이 한 공통조상 집단에서 더 옅은 피부 색소 형성을 물려받았는지, 아니면 두 대륙에서 독립적으로 발생되었는지이다. 혼합된 대답이 구세계의 다른 지리적 장소들에 토착인 집단들에서 다중의 색소 형성 좌위들의 대립유전자 빈도를 조사함으로써 얻어졌다.

KITLG 유전자는 피부 색소 형성에 뚜렷한 영향을 끼치는 적은 수 중 하나이다. 그림 20.14a에서 볼 수 있는 바와 같이, 유럽인과 아시아인은 색소 형성 감소에 영향력이 있는 *KITLG*의 한 공통 SNP 변이체를 공유하는데, 이는 그들이 인류가 아프리카에서 아라비아 반도로 이주한 후 북서쪽과 북동쪽으로 향하는 집단들로 갈라지기 이전에 살았던 공통조상에서 이 변이체를 물려받았다는 것을 말해 준다. 반면에, 유럽인과 아시아인은 다른 두 좌위(*MC1R*와 *SLC24A5*;

그림 20.14 피부 색소 좌위에서 대립유전자 빈도의 지리적 분포.

(a) ***KITLG*** **좌위**

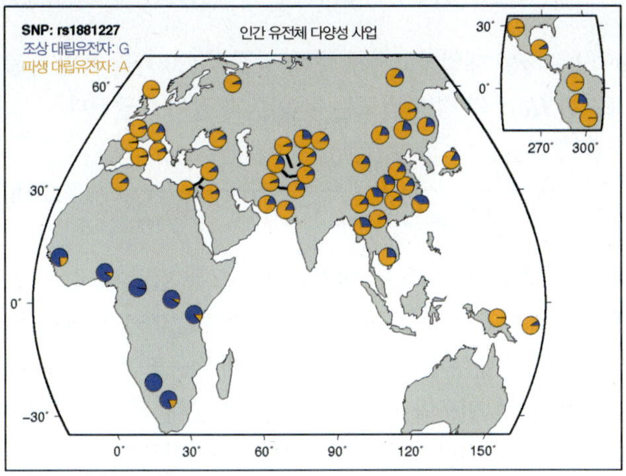

(b) ***SLC24A5*** **좌위**

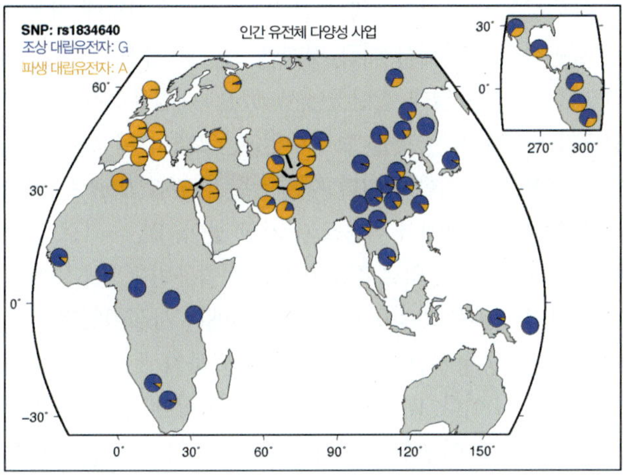

(c) ***MC1R*** **좌위**

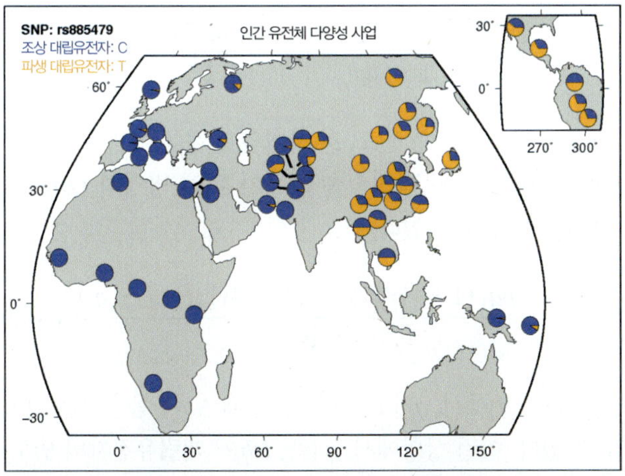

그림 20.14b, c)에서 피부 색소 형성에 영향력이 있는 변이체들이 독립적으로 축적되었다. 따라서 비록 두 집단 모두에서 줄어든 햇빛의 동일한 선택압이 있었지만, 선택이 인류 역사의 다른 시기에 일어난 다른 돌연변이에 작용하였다.

다른 집단들에서 대립유전자 빈도를 바꾸는 최근의 강력한 자연선택의 또 다른 예는 이 장의 서두에 소개한 젖당분해효소의 지속이다(그림 20.1 참조). 여기에서 선택은 다른 환경에 노출되어 초래된 것이 아니고, 오히려 개발을 통한 영양원으로 우유를 제공하는 소의 가축화와 농경 인류에 의해 초래되었다. 우유 당(젖당) 분해를 위한 효소에 대한 정보가 있는 유전자의 상단 부위에서 우연히 발생한 돌연변이가 다른 모든 포유류에서 일어나는 이유기 이후 유전자 발현 중단을 없애버렸다. 청년과 성년 때 우유를 소화할 수 있는 사람들은 음식이 부족할 때 분명히 더 잘 생존하거나 더 많은 자손이 있었을 것으로 보이고, 젖당분해효소 지속에 대해 세계의 특정 지역에서 적응도 이점으로 이어졌을 것이다.

균형 선택 작용력이 집단 내 대립유전자들을 유지할 수 있다

심한 통증, 극심한 빈혈과 유년 사망 가능성 등의 증상 발현이 있는 낫형적혈구빈혈은 β-글로빈 유전자($Hb\beta$)의 낫형 세포 대립유전자 두 개가 있어서 생기는 열성 질환이다. 따라서 이 질환 대립유전자가 여러 아프리카 집단들에서 사라지지 않았다는 것은 놀라운 일인데, 이들에서 이 대립유전자가 매우 오랜 시간 동안 지속되어온 듯하다.

인류 집단에 낫형적혈구빈혈증 대립유전자 $Hb\beta^S$가 유지되는 이유를 알려주는 단서 하나는 이 대립유전자 빈도가 말라리아가 풍토병인 아프리카 지역에서 가장 높다는 관찰에 있다(그림 20.15). 두 번째 단서는 정상과 낫형적혈구빈혈증 대립유전자의 이형접합자($Hb\beta^A Hb\beta^S$)가 말라리아에 저항력이 있다는 것이다. 이 저항성은 부분적으로 낫형적혈구빈혈증 대립유전자가 있는 적혈구는 말라리아 기생충이 감염된 후 터져버려 적혈구 자체뿐만 아니라 기생충도 파괴한다는 사실 때문에 생긴다. 대조적으로, 두 개의 정상 헤모글로빈 대립유전자가 있는 적혈구 세포 속에서는 말라리아 기생충이 번성한다. 따라서 유전자형 $Hb\beta^A Hb\beta^S$인 개체들은 말라리아 만연 지역에서 동형접합자의 어느 유형에 대해서도 **이형접합자 우세**(heterozygote advantage)가 있다. 보인자들은 $Hb\beta^A Hb\beta^A$ 동형접합자보다 말라리아에 덜 걸리고, $Hb\beta^S Hb\beta^S$ 동형접합자보다 빈혈에 덜 취약하다. 이형접합자 우세는 유전 다형성을 활발하게 유지하는 **균형 선택**(balancing selection)으로 이끄는 여러 과정 중 하나이다.

이형접합자 우세를 수학적으로 이해하기 위해, $Hb\beta^A Hb\beta^S$ 이형접합자는 상대 적응도가 최대인 1이고, $Hb\beta^A Hb\beta^A$ 동형접합자는 상대 적응도가 W_{AA}이며,

그림 20.15 말라리아가 유행하는 아프리카 지역에서 낫형적혈구빈혈증 대립유전자 $Hb\beta^S$의 높은 빈도. (a) $Hb\beta^S$의 지리적 분포. (b) 말라리아를 일으키는 기생충 *Plasmodium falciparum*의 지리적 분포. (c) $Hb\beta^A Hb\beta^S$ 이형접합자는 말라리아에 대한 감수성이 줄어들고, 따라서 말라리아에 아주 쉽게 걸리는 $Hb\beta^A Hb\beta^A$ 동형접합자와 낫형적혈구빈혈증에 걸리고 종종 번식하지 못하고 죽는 $Hb\beta^S Hb\beta^S$ 동형접합자 둘 다에 비해 말라리아가 있는 지역에서 선택 측면에서 유리하다.

(a) $Hb\beta^s$의 분포

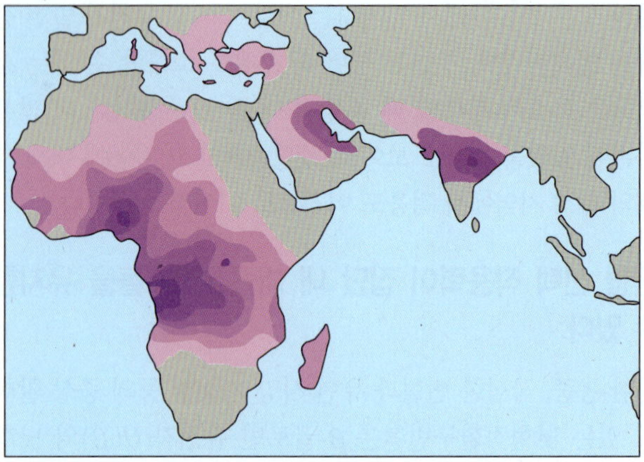

(b) 말라리아의 분포

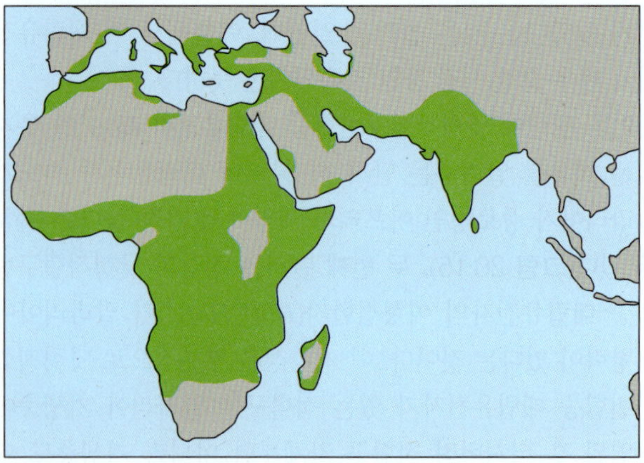

(c) $Hb\beta$ 유전자형 적응도

유전자형:	$Hb\beta^A Hb\beta^A$	$Hb\beta^A Hb\beta^S$	$Hb\beta^S Hb\beta^S$
상대 적응도:	0.8	1.0	0

$Hb\beta^S$의 평형 빈도 = 0.17
말라리아가 있는 지역의 예측 (그리고 관찰)

$Hb\beta^S Hb\beta^S$ 동형접합자는 상대 적응도가 W_{aa}이라고 가정하자. (이어지는 방정식을 간단하게 하기 위해 $Hb\beta^A$ 대립유전자를 빈도가 p인 A로, $Hb\beta^S$ 대립유전자를 빈도가 q인 a로 이름을 임시로 바꾼다.) 0과 + 사이 값의 q에 대해 $\Delta q = 0$일 때만 선택이 집단 내 두 대립유전자 모두를 유지할 것이다. $\Delta q = 0$일 때의 q 값을 대립유전자의 평형 빈도라고 한다. 이 값은 방정식 (20.6)의 큰 괄호가 0일 때 발생한다. 즉,

$$[q(W_{aa} - W_{Aa}) - p(W_{AA} - W_{Aa})] = 0 \qquad (20.7)$$

p에 $1 - q$를 대입하고 q에 대해 방정식 (20.7)을 풀면 q_e로 표시한 $Hb\beta^S$의 평형 빈도는 다음 식과 같이 도달된다.

$$q_e = \frac{W_{AA} - W_{Aa}}{(W_{aa} - W_{Aa}) + (W_{AA} - W_{Aa})} \qquad (20.8)$$

따라서 평형 빈도, 즉 두 대립유전자 모두 집단에 지속되는 $\Delta q = 0$일 때 q의 값을 구하기 위해서는, W_{Aa}가 1.0으로 설정되었기 때문에 두 동형접합자들의 상대 적응도만 알면 된다.

한편, 평형 빈도와 한 동형접합자의 상대 적응도를 안다면, 다른 동형접합자의 상대 적응도를 추정하기 위해 방정식 (20.8)을 이용할 수 있다. 예를 들어, 낫형적혈구빈혈증이 유행하는 아프리카 집단들은 β-글로빈 유전자에 작용하는 자연선택에 관해서 대략 평형에 있다고 가정할 수 있다. 몇 현장 연구는 열대 집단들에서 $Hb\beta^S$ 대립유전자의 평균 빈도가 0.17이라는 것을 보여주었고, 그래서 이 숫자를 q_e의 평형 빈도로 취할 것이다. 이형접합자 $Hb\beta^A Hb\beta^S$는 말라리아가 있는 지역에서 적응도가 가장 높아, $W_{Aa} = 1$로 지정할 것이다. 게다가, 의료 진보가 낫형적혈구빈혈증을 발현하는 자녀의 생존을 가능하게 하기 이전에는 사실이었던 대로 $Hb\beta^S Hb\beta^S$ 동형접합자가 전혀 번식을 하지 못한다고 가정하면, $W_{aa} = 0$이다. $W_{aa} = 0$과 $W_{Aa} = 1$와 함께, 방정식 (20.8)은 q_e로 주어진 야생형 유전자형의 상대 적응도 W_{AA}의 다음 추정값을 얻도록 전위될 수 있다.

$$W_{AA} = \frac{1 - 2q_e}{1 - q_e} = \frac{1 - 2(0.17)}{1 - 0.17} = 0.8$$

q, q의 변화와 평형 빈도, q_e 사이의 관계를 이해하기 위해, Δq에 대한 새로운 방정식을 만들기 위해 방정식 (20.6)과 (20.8)을 이용할 수 있다.

$$\Delta q = \frac{-pq[(1 - W_{AA}) + (1 - W_{aa})](q - q_e)}{\overline{W}} \qquad (20.9)$$

방정식 (20.9)에서, q가 q_e보다 더 클 때 Δq가 음수라는 것을 알 수 있다. 이런 상황에서, q (즉, $Hb\beta^S$ 대립유전자의 빈도)는 평형 쪽으로 감소할 것이다. 대조적으로, q가 q_e보다 작을 때, Δq는 양수이고 $Hb\beta^S$의 빈도는 평형 쪽으로 늘어날 것이다. 따라서 평형에서 벗어나는 변화는 항상 평형으로 가는 변화가 뒤따르기 때문에 대립유전자 빈도는 평형에서 안정된다.

종합적인 예: 인간 행동이 해충의 진화에 영향을 끼칠 수 있다

13장에서 세균 병원균의 집단들이 인간이 감염에서 보호하기 위해 개발한 약에 대한 저항성이 어떻게 생겼는지 논의하였다. 감염성 세균처럼, 인간 건강과 농경을 위협하는 많은 곤충들이 짧은 세대 기간과 빠른 번식률 때문에 큰 집단들을 만든다. 저항성을 주는 돌연변이를 통해, 이들 빨리 번식하는 커다란 집단들이 그들을 통제하기 위해 사용된 화학적 농약에 대한 저항성을 진화한다.

1940년대에 시작된 DDT (dichlorodiphenyltrichloroethane)와 다른 합성 유기 살충제의 상업적인 대규모 사용이 처음에는 목화다래바구미와 같은 농경 해충에 의한 작물 피해와 말라리아와 황열병을 전파하는 모기와 같은 질환의 매개 곤충을 줄이는 데 아주 성공적이었다. 하지만 수년 내에, 이들 살충제에 대한 저항성이 목표 곤충 집단들에서 발견될 수 있었다. 1950년대 이후, 모든 알려진 살충제에 대한 저항성이 상업적인 도입의 10년 내에 진화하였다. 한 종 내 다른 집단들이 여타 집단들과 독립적으로 저항성이 생길 수 있기 때문에, 살충제 저항성은 살충제가 도입된 이후 많은 곤충 종들에 다수의 독립된 시기에 생겼을 수 있다.

유전 연구는 살충제 저항성이 여러 다른 유전자들의 돌연변이들에서 생길 수 있다는 것을 보여준다. 예를 들어 DDT는 이것이 나트륨 통로 단백질에 결합함으로써 이 단백질의 신경 전달 기능에 훼방을 놓기 때문에 곤충의 신경 독소이다. 일부 곤충들은 DDT와 잘 결합하지 못하는 통로 단백질을 만드는 통로 정보가 있는 유전자의 열성 돌연변이를 통해 DDT 저항성을 얻게 된다. 집파리와 특정 모기 종은 DDT를 해독하는, 즉 DDT를 곤충에 무해하게 만드는 효소의 정보가 있는 다른 유전자의 우성 돌연변이에서 DDT 저항성을 얻는다. 일부 경우에는, 이들 우성 대립유전자들이 해독 효소의 과발현이 일어나게 하는 유전자 조절 부위의 돌연변이다.

DDT 저항성을 만드는 열성과 우성 돌연변이 둘 다 해충 통제의 관심사이지만, 여기서는 살펴본 대로 집단 내로 빠르게 확산되는 우성 돌연변이에 집중한다. 예를 들어, 집단 내 초기에 낮은 빈도로 발생하는 (살충제 저항성의) 우성 돌연변이 *R*을 생각해 보자. 이 돌연변이가 나타나자마자 *R* 대립유전자의 대다수는 *Rr* 이형접합자로 존재한다. (여기서 *r*은 야생형 민감 대립유전자이다.) 살충제를 살포하면, *Rr* 이형접합자에 유리한 강한 선택이 집단 내 저항성 대립유전자의 빈도를 빠르게 높일 것이다.

그림 20.16 *A. aegypti* 모기 집단들의 유전자형 빈도가 살충제 사용에 반응하여 어떻게 변하는가. 살충제 DDT가 1964년에 시작하여 1968년까지 태국 방콕 근교에 사용된 후 관찰된 결과이다.

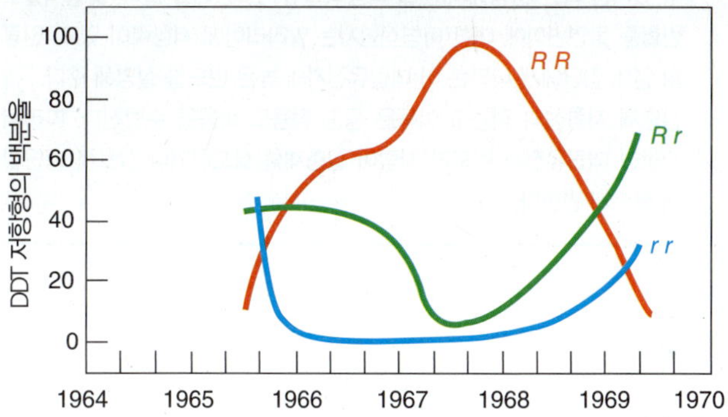

황열병 매개체인 *Aedes aegypti* 모기를 통제하기 위한 태국 방콕의 DDT 사용에 대한 현장 연구가 저항성의 빠른 진화를 보여준다. 살충제 살포가 1964년 시작되었고, 모기 통제에 아주 효과적이었다. 하지만, 1년 내에 DDT-저항 돌연변이 대립유전자(*R*)가 출현하였고 빈도가 빠르게 높아졌다. 1967년 중반에 저항성이 있는 *RR* 동형접합자의 빈도가 거의 100%였다(그림 20.16).

DDT-저항 대립유전자로 거의 고정되어 DDT가 방콕의 모기 집단을 줄이는 데 효과가 없게 되었기 때문에, 살충제 살포 프로그램이 중단되었다. 살포 중단에 대한 모기 집단의 반응은 흥미로운 일이었다. *R* 대립유전자의 빈도가 빠르게 줄어들었고, 1969년에는, *RR* 유전자형이 실질적으로 사라졌다(그림 20.16). *R* 대립유전자의 급격한 감소는 DDT가 없을 때 *RR* 유전자형이 *rr* 유전자형보다 적응도가 더 낮다는 것을 말해 준다. 다시 말해서, 동형접합의 저항 유전자형은 살충제가 없을 때 저항성이 집단 내 *R*의 빈도를 떨어뜨리는 음의 선택을 받는 것과 같은 **적응도 비용**(fitness cost)을 개체에 부담 지운다. 환경에 대한 개별 유전자형의 이런 의존성은 말라리아가 풍토병인 지역에서 낫형적혈구빈혈증을 일으키는 돌연변이를 보인하는 사람에서 보이는 이형접합자 우세와 매우 비슷하다.

핵심 개념

- 비록 하디–바인베르크 방정식이 거의 항상 몇 세대의 과정에 걸친 대립유전자와 유전자형 빈도의 정확한 추정값을 주지만, 실제 집단들이 하디–바인베르크 가정에 부합하지 않기 때문에 장기간에 대해서는 그렇지 못하다.
- 작은 집단에서, 한정된 접합자 풀의 무작위 표본 추출로 인한 유전자 부동이 한 대립유전자가 소멸되거나 고정될 때까지 대립유전자 빈도를 빠르게 바꿀 수 있다.

- 유전자형들이 동등한 적응도를 보여주지 않을 수 있기 때문에, 자연선택이 시간이 지나면서 집단 내 대립유전자 빈도를 높이거나 낮출 수 있다.
- 대체 유전자형에 상대적으로, 한 유전자형이 한 환경에서 더 적응적일 수 있지만 다른 환경에서는 덜 적응적일 수 있다. 예를 들어, 낫형적혈구 빈혈증 돌연변이에 대한 이형접합자는 말라리아에 저항력이 있고, 인류의 열대 집단에서 나타나는 이 대립유전자의 높은 빈도를 설명해 준다.
- 살충제 저항성의 적응도 이득은 종종 적응도 비용을 수반한다. 따라서 저항성 대립유전자 빈도가 사람이 살충제를 살포하거나 살포를 중단할 때 빠르게 변한다.

20.3 현대 인류의 조상과 진화

학습목표

1. 개인의 생물학적 혈통과 유전 혈통을 구분한다.
2. 현대 인류의 아프리카 기원을 지지하는 증거를 요약한다.
3. DNA 서열 분석이 고대 인류와 현대 인류의 계통 관계를 밝혀온 방법을 설명한다.

이 장의 서두에서 세계의 여러 지역에 있는 인류 집단들이 젖당 내성과 과민성을 결정하는 대립유전자의 빈도가 상당히 다르다는 것을 보았다. 대립유전자 빈도의 이러한 현대의 변이는 인류 역사의 과정 동안 일어난 많은 과정을 반영하는 것이다. 최초 인류는 거의 확실하게 다른 영장류와 마찬가지로 모두 젖당 과민이었다. 인류 역사에서 최소 두 차례, 그리고 다른 지리적 지역에서 젖당분해효소의 발현이 성인 시기까지 지속되도록 하는 돌연변이가 일어났다. 이 돌연변이 대립유전자의 빈도는 유제품에서 자양분을 얻음으로써 생기는 선택적 유리함 때문에 낙농 동물을 사육하는 집단들에서 빠르게 높아졌다. 작은 낙농 목양 집단들의 유전자 부동도 또한 이들 대립유전자의 확산에 기여하였을 것이다. 그리고 이 돌연변이 대립유전자는 이 대립유전자가 있는 사람들의 이주에 의해 다른 집단들에 도입되었다.

이 예는 특정 DNA 변이체들의 존재와 다른 현대의 인류 집단들에 나타나는 이 변이체들의 빈도가 인류 역사를 만든 사건들을 과학자들이 통찰할 수 있게 해 주는 분자 화석의 구실을 한다는 것을 보여준다. 이제 집단유전학이 어떻게 인류학에 도구를 제공하는지 살펴보자.

공유 대립유전자가 공통 유전 혈통을 표시한다

개별적인 사람들은 **생물학적 조상**(biological ancestor)과 **유전적 조상**(genetic ancestors)이라는 두 종류의 조상이 있다.

그림 20.17 생물학적 혈통과 유전 혈통. (a) 디온과 애나의 증조부모는 세계의 다른 네 지역에서 왔다. (b) 생물학적 조상으로부터 디온과 애나에 대한 Y 염색체, 상염색체와 미토콘드리아(mt)의 기여 추적. (c) Y 염색체 DNA 변이는 부계를 따라 기록을 남기지만, mtDNA는 모계를 따라 기록을 남긴다. 상염색체(염색체 1~22)는 재조합이 일어나고, 그래서 개별 부위들의 혈통은 독립적으로 추적되어야 한다.

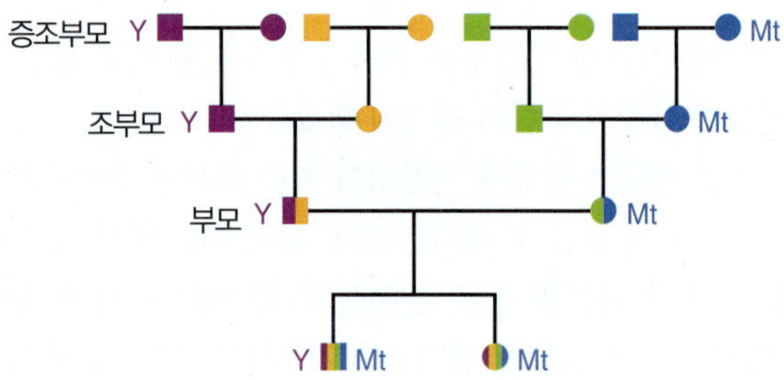

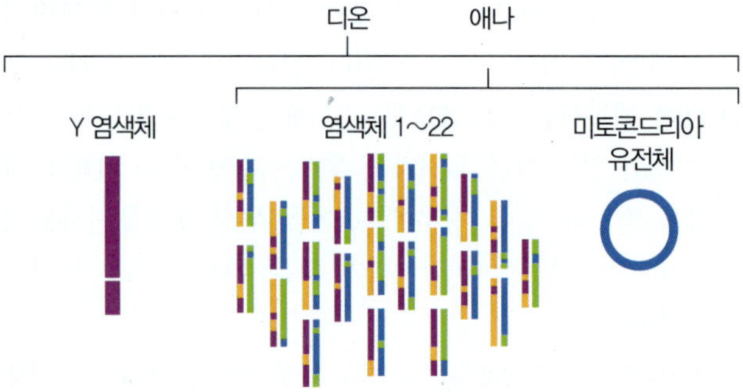

생물학적 혈통은 단순히 누가 누구를 낳았다는 기술이다. 당신은 두 명의 생물학적 부모가 있고, 4명의 조부모가 있고, 8명의 증조부모 등등이 있다(그림 20.17a, b). 오늘날 살고 있는 한 개인은 어느 한 세대의 조상들이 서로 관계가 없다고 가정하면 k 세대 전에 2^k 명의 생물학적 조상이 있을 수 있다. 따라서 당신은 생물학적 조상이 20세대(약 400년) 전에 1백만 명이 넘게 있었을 수 있고, 30세대(약 600년) 전에 10억 명 이상이 있었을 수 있다. 이 후자의 숫자는 역사의 그 시점(중세 시대 동안) 지구상에 있었던 인류의 숫자보다 훨씬 더 많은데, 그 이유는 이전 세대의 일부 조상들이 틀림없이 서로 관계되어 있었기 때문이다. 하지만 그럼에도 불구하고 당신은 여전히 그다지 머지않은 과거에 매우 많은 수의 생물학적 조상이 있었다. 사실, 당신은 거의 확실하게 유명한 누군가와 관계가 있고, 또한 불명예스런 누군가와 관계가 있다.

가장 최근 공통조상

유전 혈통은 생물학적 조상에서 유전체 중 단편의 실제 계승을 말한다(그림 20.17c). 그림 20.17b와 c의 비교는 인간 유전체의 이배체 부위에 대해, 생물학적 조상이 유전적 조상보다 더 많다는 것을 보여 준다. 그 이유는 우리는 각각 두 명의 부모가 있고, 부모의 각각이 이배체 상염색체 좌위에 두 대립유전자가 있지만 우리가 부모 각각에서 한 대립유전자만 물려받기 때문이다. 특정 개인의 경우, 생물학적 조상의 수는 매 과거 세대마다 지수적으로 증가하지만, 과거 어느 단일 세대에 이 사람 유전체의 어느 특정 좌위에 대해 단지 두 유전적 조상만이 존재한다.

현재의 두 형제자매가 부모 중 한 명에 있는 염색체 중 하나에서 유전체 한 부위의 같은 대립유전자 복사체를 받는다면, 이 부모 대립유전자가 이들 두 사람의 그 부위에 대해 단일의 **가장 최근 공통조상**(most recent common ancestor, MRCA)(그림 20.18a)이다. 재조합 때문에, 두 친척의 유전체의 다른 부위들은 다른 MRCA들이 있을 것이다(그림 20.17c). 사실, 이들의 유전체 전체에 걸쳐, 두 친척은 과거에 많은 다른 MRCA들이 있고, 이는 (모두는 아니지만) 많은 생물학적 조상에서 유전체의 단편들을 물려받았다는 사실을 반영하는 것이다. 예를 들어, 그림 20.18a에서 그림의 하단에 표시된 오늘날 살고 있는 5명의 사람에 있는 특정 상염색체 부위의 한 대립유전자에 대한 가장 최근 공통조상이 있는 사람은 7세대 이전에 존재하였다.

유전체의 어느 특정 부위에 대해, 모든 사람에 대한 MRCA는 현대의 모든 사람들이 중단되지 않은 계통에서 DNA 서열을 얻은 가장 최근 대립유전자이다. 이 특정 좌위에 대한 MRCA는 현대 사람들이 일부에게 기여한 (혹은 아무에게도 기여하지 않은) 다른 사람들과 공존하는 한 개인에게 들어 있었다.

우리 유전체의 재조합하는 부위와는 대조적으로, 미토콘드리아 DNA (mtDNA)는 아버지의 기여 없이 어머니에게서 자손에게 직접 전달된다(그림 20.17b, c). 마찬가지로, X와 Y 염색체가 공유하는 작은 PAR 부위를 제외하고, Y 염색체의 DNA는 아버지에게서 아들에게 직접 전달된다. 딸은 Y 염색체를 물려받지 않는다(그림 20.17b, c). 따라서 우리 각자는 mtDNA나 Y-염색체 DNA에 대해 각 세대마다 단지 하나의 유전적 조상이 있다. mtDNA는 어머니에게서 오고 Y DNA는 아버지에게서 오기 때문에 이 DNA들은 한 사람에게서 올 수가 없다. 재조합이 없기 때문에, 전체 mtDNA와 거의 전체 Y 염색체는 각각 모든 인류에 대해 단일의 MRCA들만 있다.

그림 20.18 유전 혈통 추적하기. (a) 오늘날 살고 있는 한 사람은 k 세대 전 2^k 생물학적 조상이 있지만, 한 단일 좌위에 대해 오늘날 살고 있는 5명의 사람들의 유전 계통은 단 하나의 조상 대립유전자, 유전체의 그 부위에 대한 가장 최근 공통조상(MRCA)으로 병합된다. (b) 공유 돌연변이 분석은 과학자가 MRCA로 계통을 거슬러 올라갈 수 있게 한다.

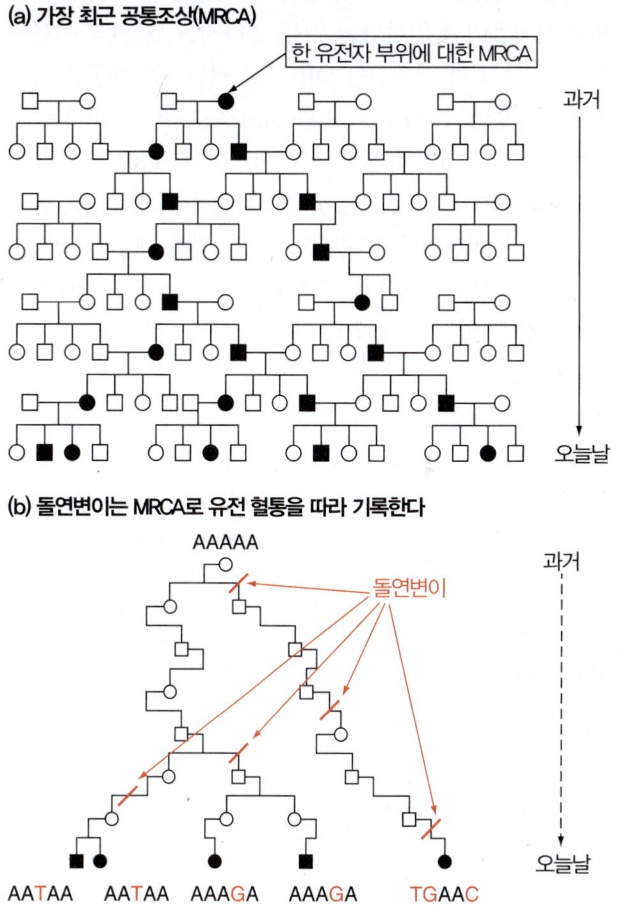

돌연변이에 의해 밝혀진 유전 혈통의 계통

유전 혈통의 수정체를 통해 인류 집단들의 역사를 살펴보는 것은 현재 사람들에 있는 DNA 서열 변이를 해석하는 강력한 수단이다. 다른 대립유전자 계통들은 시간을 거슬러감에 따라 MRCA로 병합된다(그림 20.18a). 따라서 MRCA는 유래된 서열이 오늘날 지구상의 모든 사람들에게서 발견되는 한 조상 대립유전자의 형태로 분석의 시작점을 제공해 준다.

비록 중단되지 않은 한 계통이 모든 현대인에게서 발견되는 서열이 있는 MRCA와 연결되지만, 이것이 모든 MRCA-관계 서열들이 동일하다는 것을 뜻하지는 않는다. 이유는 돌연변이들이 각 현대인을 MRCA로 연결하는 계통을 따라 우연히 발생할 수 있고, 우리를 MRCA로부터 분리하는 세대들에 있는 우리의 유전적 조상들의 유전자들에 흔적을 남기기 때문이다(그림 20.18b). 연구자들은 현대의 개인들이 공유하는 돌연변이를 분석함으로써 이러한 계통을 결정한다. 돌연변이들은 시간이 경과하는 동안 누적되기 때문에, 오늘날 살고 있는 두 개인의 대립유전자들 사이의 계통 분지 길이가 길면 길수록, 이들의 DNA 서열들은 더욱 더 다르다. 이미 본 대로, 현재 살고 있는 다섯 명의 사람들에 있는 대립유전자들이 단지 7세대 전에 하나의 단일 MRCA로 거슬러 올라간 그림 20.18b에서 이런 사실의 함의를 볼 수 있다. 이 MRCA의 DNA 서열은 AAAAA이었다. 이 서열이 세대를 거쳐 전해 내려올 때, 생식 세포 계열에 돌연변이가 일어나서 새로운 후손 대립유전자들이 생겼을 수 있다. 그림 20.18b에서 (하단 좌측에 있는 형제자매처럼) 가족 역사로 가깝게 연관된 개인들이 서열이 동일하지만(AATAA), 이들이 여전히 상단의 MRCA에서 유래된 하나의 다른 가계에서 온 하단 우측에 있는 개인과 다섯 뉴클레오티드 위치 중 네 곳이 다른 것에(TGAAC) 주목하라.

10장에서, 이러한 변형에 의한 유래의 그림을 통해 집단 유전학자들이 많은 다른 인류 집단들의 많은 사람들에서 얻은 DNA 서열 자료를 어떻게 해석할 수 있게 하는지 보았다(그림 10.6). 한 SNP 대립유전자가 일부 현대의 사람들과 침팬지와 같은 다른 영장류의 일부 현대의 구성원들 모두에서 발견된다면, 이 대립유전자는 조상의 것이고 사람과 침팬지의 공통조상에서 돌연변이 변형 없이 직접 유래된 것이 틀림없다. 대조적으로, 일부 인류 집단에서는 발견되지만 다른 인류 집단들이나 침팬지에서는 발견되지 않는 한 파생된 SNP 대립유전자의 경우, 돌연변이 사건이 한 특정 인류 하위계통에서 MRCA 이후 어느 세대에 일어난 것이 틀림없다. 더 많은 대립유전자들을 공유하는 인류 집단들은 DNA 서열들이 더 분기된 집단들보다 서로 더 최근에 분기된 것이 틀림없다.

앞서 그림 20.17에 제시한 대로, mtDNA와 Y 염색체의 변이를 추적 조사하는 것은 이들 서열이 각각 모계와 부계의 유전 혈통의 명백한 추정을 제공하기 때문에 특히 가치가 있다. 상염색체에 대해 분석한 서열 변이는 각 세대의 재조합이 있기 때문에 혈통의 더욱 복잡한 그림을 제공한다. 우리의 상염색체도 혈통 정보를 제공하지만, 이 자료는 이배체 유전과 재조합 때문에 더욱 복잡한 분석이 요구된다.

현대인은 아프리카에서 기원하였다

타액과 같이 쉽게 얻을 수 있는 표본에서 자료를 수집할 수 있는 저렴한 DNA 서열 분석 기술의 빠른 발달로 동시대 인간들의 관계와 유전 혈통을 획기적으로 조사할 수 있게 되었다.

첫 번째 통찰이 모계로 유전되는 mtDNA 분자의 연구들에서 나왔다. 이들 조사에서 사하라 사막 이남 아프리카, 동남아시아, 유럽, 호주 원주민과 뉴기니 원주민의 집단들을 대표하는 사람들이 모두 20만 년이 안 된 과거에 살았던 한 여성의 가장 최근 공통조상 mtDNA를 공유한다는 것이 확립되었다. 시간의 추정값은 분기 이후 독립적인 고고학 또는 지질학적 시간의 추정값으로 표본의 mtDNA에 돌연변이가 누적되는 속도를 보정하여 얻었다. 이 속도는 많은 계통과 유전체에서 놀라울 정도로 일정한 것으로 발견되었고, 따라서 분자시계가 된다.

과학자들은 더 나아가 인간 mtDNA의 MRCA가 있는 여성이 아프리카에 살았다고 결론지었다. 이 주장의 근거는 아프리카 집단들이 세계의 다른 지역에 있는 집단들보다 훨씬 더 큰 DNA 서열 다양성을 보여준다는 것이다. 즉, 대다수 다른 현대의 아프리카 계통들이 분기한 분기점이 다른 대륙들에서 발견되는 인류 집단들에 대한 대응되는 분기점보다 역사에서 더 오래 전에 발생하였다. 부계로 유전되는 Y 염색체의 연구들이 매우 유사한 결론에 도달하였다. 아프리카 집단들이 세계의 다른 지역의 집단들 내는 물론 사이에서 발견되는 것보다 훨씬 더 큰 Y 염색체 서열의 다양성을 보여준다. 상염색체 유전체에 대한 더 최근의 조사들이 부모 양쪽에서 유전되는 상염색체 부위에 대한 MRCA가 있는 개체들도 역시 아프리카에 살았다는 것을 발견하였다.

이러한 유전 연구들이 인류의 기원과 인류의 지구적 확산에 대해 놀라울 정도로 일관된 그림을 밝혀주었다(그림 20.19). 현대인들은 모두 대략 20만 년 전에 시작된 사하라 사막 이남의 한 아프리카 집단에서 기원하였다. 이 집단이 계속해서 아프리카 전역으로 분산하였다. 그 후 6만 년 전보다 더 늦지 않게, 아프리카인의 한 소집단이 대륙을 떠나 남아시아 경로를 따라 분산하였고, 중동에 정착한 아프리카에서 나온 더 최근의 분산이 뒤따랐다. 아시아와 중동의 이러

그림 20.19 현대인이 어떻게 지구에 거주하게 되었는가. 인간의 한 작은 무리가 아프리카의 조상 고향을 떠나 홍해를 건너 남아시아로, 그 다음 호주로 이주하였다. 그 뒤 그 작은 무리의 다른 구성원들이 아프리카에서 중동으로 이주하였다. 그 다음 사람들이 그림에 보인 주요 경로를 통해 지구의 다른 지역으로 퍼져나갔다. 이 지도는 유전 자료만이 아니라 인류학, 문화, 언어와 고고학 정보를 통합하고 있다.

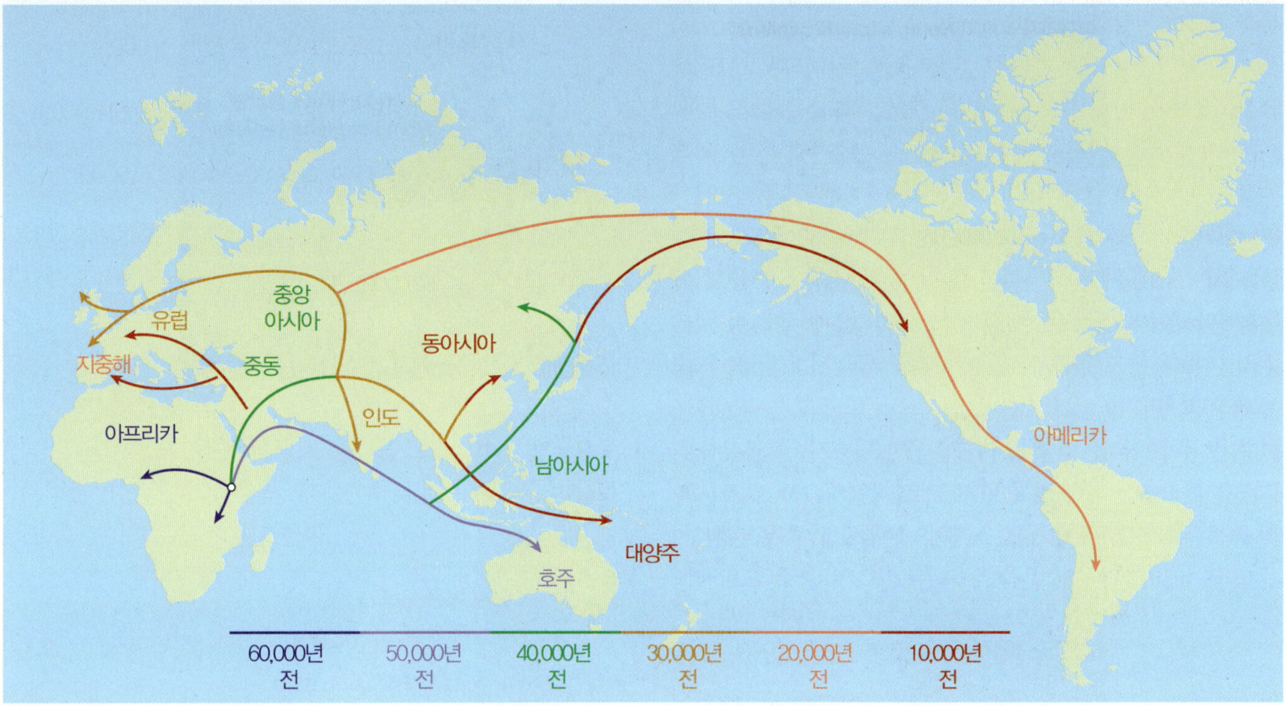

한 초기 무리들에서, 그 다음 지구에 정착하는 여러 이주의 물결을 이루며 더 퍼져나갔다. 아프리카 밖의 집단들이 아프리카 집단들보다 유전적으로 덜 다양한 이유는 비아프리카인들 모두 아프리카인들보다 모든 유전체 부위에 대해 더 최근 공통조상을 공유한다는 것이다. 이런 현상을 생각하는 다른 방식은 일종의 창시자 효과로 생각하는 것인데, 이는 아프리카를 떠난 소집단은 8만~6만 년 전 아프리카에서 발견된 유전 다양성의 부분 집합만 있다는 것을 말한다(그림 20.20).

DNA 서열 분석은 인류 혈통에 대해 흥미로운 이야기를 밝혀준다. 예를 들어, 대략 1,000년 전에 몽고에서 시작된 한 Y 염색체 계통이 현재는 카스피 해에서 태평양까지 광범위한 아시아 지역 전역의 남성 중 8%에서 발견된다. 이 계통은 오늘날 세계의 전체 남성 집단의 약 0.5%를 차지한다. 이렇게 큰 지역 전역으로 일어난 이런 빠른 분산은 우연에 의해 일어났을 수 없다. 오히려, 이 계통의 전파는 징기스칸과 남성 친족이 이끈 광대한 크기의 제국의 건설을 따라 이루어진 것으로 보인다. 그들은 만나는 남성들을 학살하고 많은 자녀의 아버지가 되었으며, 그 후예들이 현재 남아시아 전역에 널리 퍼져 있다.

유럽과 아시아의 현대인은 다른 사람류와 이종 교배하였다

인류학에서 장기간 쟁점의 하나는 명백히 인간 같지만 형태의 핵심 요소가 아주 다른 화석 유골과 해부학적으로 현대인 사이의 관계였다. 특히 흥미로운 것은 가깝게는 3만 년 전으로 연대가 측정된 화석이 남유럽 전역에서 중앙아시아까지에 있는 동굴들에서 발견된 네안데르탈인이다. 이들 표본들은 육중한 뼈의 두개골과 넓은 눈썹이 있는 매우 억센 체형을 보여주었다(그림 20.21a). 네안데르탈인은 *Homo* 속의 멸종된 완전히 격리된 계통인가? 혹은 이들이 우리 자신과 더욱 명백히 연관된 다른 집단들과 아마도 1만 년 정도 동안 공존하였다는 조건에서 볼 때, 네안데르탈인들이 이들 다른 집단들의 개체들과 교배하였고, 그래서 일부 네안데르탈인 유전자들이 현대의 인류에서 발견될 가능성이 있는가?

네안데르탈인과 데니소바인의 유전체 DNA 서열

최근, 과학자들은 현대 인류의 유전체 서열을 그림 20.21a에 나온 것과 같은 특히 잘 보존된 네안데르탈인 뼈에서 얻은 유전체 서열과 비교함으로써 *Homo sapiens*와 네안데르탈

그림 20.20 왜 아프리카에서 인간의 유전 다양성이 세계 다른 어떤 지역보다 더 큰가. 60,000년 전보다 더 이른 시기에 아프리카에서 나온 인간의 이주는 그 당시 아프리카 대륙에 있는 유전 다양성의 일부만 있는 작은 창시자 집단으로 시작되었다. 여러 색은 한 특정 유전체 부위의 다른 대립유전자들을 나타낸다.

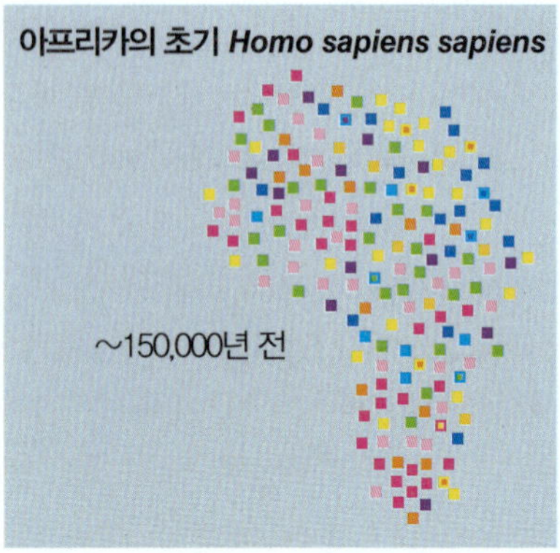

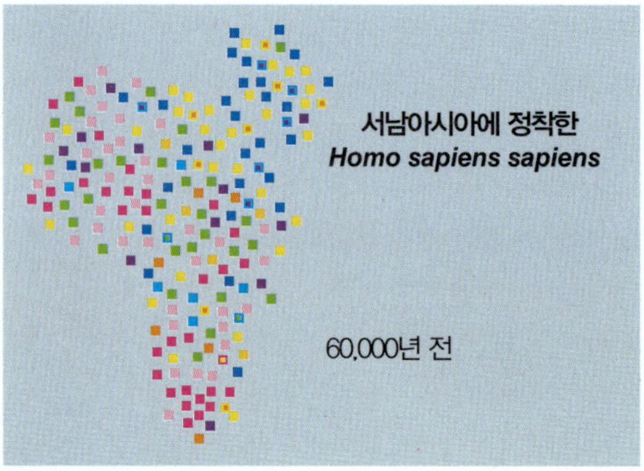

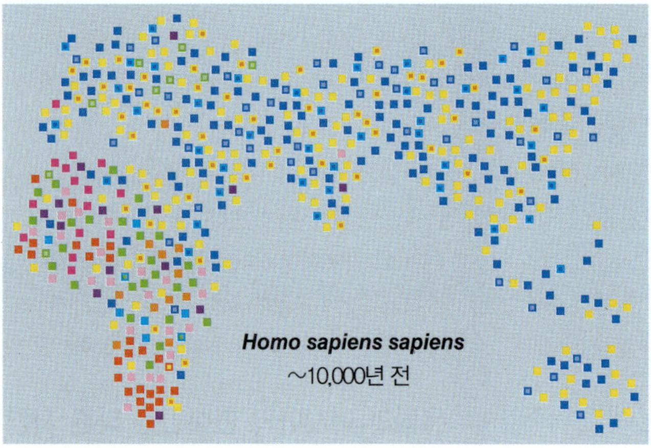

인 사이의 관계에 관한 질문을 다룰 수 있게 되었다. 예를 들어, 약 38,000년 전으로 연대가 측정된 크로아티아의 동굴에서 발견된 네안데르탈인 대퇴골(다리 뼈)의 조각에서 나온 완전한 핵 유전체의 서열을 완벽하게 분석할 수 있었다. 네안데르탈인 DNA와 한 현대 인간의 DNA 사이의 서열 분기가 두 현대 인간들 사이보다 7배 더 크다는 발견을 포함하여

그림 20.21 네안데르탈인: 고대 인류. (a) 네안데르탈인(왼쪽)과 현대인(오른쪽)의 골격 전체 비교. (b) 화가의 네안데르탈인 얼굴 재현.

(a)

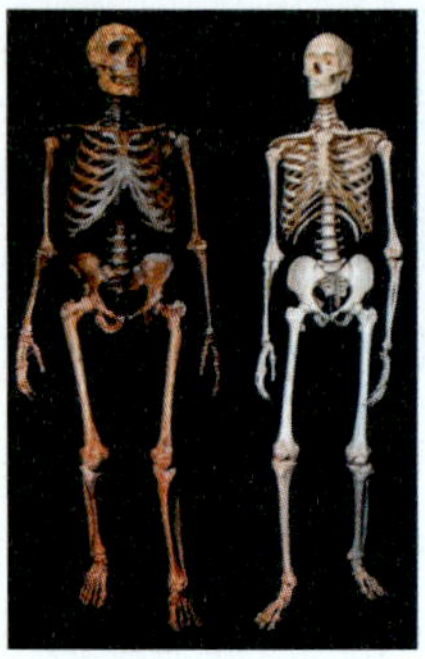

(b)

몇몇 분야의 증거는 네안데르탈인으로 가는 사람류 계통과 *Homo sapiens*가 50만~80만 년 전에 분기했다는 추정을 만들었다.

이 네안데르탈인 대퇴골과 몇 추가적인 네안데르탈인 개체들의 뼈에서 얻어진 DNA 서열이 과학자들이 네안데르탈인의 표현형 특성을 설명할 수 있게 해 준다. **그림 20.21b**에 나온 재현에서, 이 네안데르탈인의 머리카락은 붉은 갈색이고 피부는 밝은색이다. 이들 형질들은 단지 화가의 상상력에 의한 허구가 아니고, 오히려 멜라노코틴 1 수용체 유전자(*melanocortin 1 receptor gene*, *MC1R*)의 서열에서 예측된 특이한 예측이다. 몇몇 네안데르탈인 표본들은 현대인에서 발견되지 않지만, 그럼에도 불구하고 기능을 제대로 하지 못하는 MC1R 단백질의 정보가 있는 일부 현대인의 대립유전자와 비슷한 이 유전자의 변이체가 있다. *MC1R* 유전자의 이런 대립유전자가 있는 사람들은 머리가 빨갛고 피부가 흴 확률이 평균보다 더 높다.

유럽의 동굴에서 얻어진 네안데르탈인 뼈 조각의 고대 표본 연구의 성공은 인류학자들이 아시아에서 추가적인 골격

표본을 찾는 동기 부여가 되었다. 몽고 바로 북쪽 시베리아의 동굴에서 살았던 죽은 소녀의 손가락 끝에서 나온 작은 뼈 조각에서 추출된 DNA 분석은 예상외의 결과를 밝혀주었다. DNA 변이 양상은 이 개체가 네안데르탈인 계통에서 아마도 60만 년 전, 그리고 현대인 계통에서 대략 80만 년 전 갈라진 기존에 알려지지 않았던 사람류 계통의 일례라는 것을 보여준다. 이 계통의 개체들은 데니소바인(Denisovan)이라고 불린다. 화석 기록이 데니소바인은 현대인이 이미 아시아의 많은 지역으로 퍼져나간 시기인 대략 3만 년 전 멸종했다는 것을 보여준다.

사람류 이종 교배와 인류 역사

현대인이 아마도 수천 년 동안 네안데르탈인, 그리고 데니소바인과 공존하였다는 조건이라면, 우리 조상이 이들 다른 사람류와 최소한 어느 정도 이종 교배를 했는가? 네안데르탈인과 데니소바인은 그들의 계통이 멸종하기 전에 서로 교배했는가? 많은 현대인, 침팬지 등 각종의 비사람류 영장류, 다수의 네안데르탈인과 한 데니소바인에서 나온 DNA 서열의 비교로부터 연구자들이 사실 사람류 사이에서 모든 종류의 이종 교배가 일어났다고 결론지을 수 있었다.

단순한 통계 접근법에 의해 집단유전학자들은 유전적으로 다른 계통 사이 조상의 이종 교배를 추정할 수 있다. 예를 들어, 이들은 두 다른 사람(H_1과 H_2)의 유전체의 개별 위치에서 발견된 서열 변이체를 네안데르탈인(N)과 침팬지(C)의 것과 비교한다. 그 다음 과학자들은 네안데르탈인이 침팬지와 일치하지 않는 자리[즉, 앞서 그림 10.6에서 설명된 생각인데, 모든 세 계통(H, N, C)의 공통조상에서 물려받았을 수가 없는 파생 변이체]에 주목한다. H_1과 H_2가 이런 위치에서 네안데르탈인 서열에 일치하는 비율이 상당히 다르다면, 일부 현대의 사람들은 나머지와 다르게 네안데르탈인에게서 변이체를 물려받았다.

놀랍게도, 침팬지에는 없고 네안데르탈인에게서 발견된 변이체의 약 2%가 아프리카 밖에 사는 현대 사람들의 유전체에서 발견되지만 아프리카의 토착인들은 네안데르탈인에 특이한 변이체를 거의 보여주지 않는다. 대조적으로, 데니소바인 서열에 대한 이런 검사의 적용은 현대 인류 집단에 있는 데니소바인 혈통이 주로 동남아시아와 남태평양(대양주)에 국한된다는 것을 보여준다. (그림 20.18b에 설명된 "변형에 의한 유래"의 논리를 이용함으로써 얻은) 현대와 고대 인류 계통들의 혈연관계의 추론뿐만 아니라 과거 이종 교배에 대한 이러한 통찰은 그림 20.22에 설명된 현대인의 진화에 대한 가설적인 시간표를 말해 준다. 네안데르탈인과 현대인 계통 사이의 유전자 교환은 *Homo sapiens*가 아프리카에서 나온 직후인 85,000~30,000년 전 중동과 유럽에서 일어났다. 여기에서부터, 네안데르탈인 DNA 변이체는 인류가 아프리카 밖의 세계 나머지 지역으로 퍼져나가면서 인간 이주자들에 수반되었다. 이종 교배가 역시 현대인의 조상과 아시아에 이미 토착한 데니소바인 사이에 아시아에서 대략 같은 시기에 일어났다. 그 다음 데니소바인에게서 얻어진 DNA 변이체는 현대인의 이주하는 무리와 함께 이들 변이체가 현대의 집단에서 여전히 발견되는 동남아시아와 대양주로 퍼져나갔다.

그림 20.22 유전체 DNA 서열에서 추론된 현대인, 네안데르탈인과 데니소바인의 가설적인 진화 관계. 다른 색 가지 사이의 중첩은 다른 사람류의 이종 교배를 통한 유전자 이전을 표시한다.

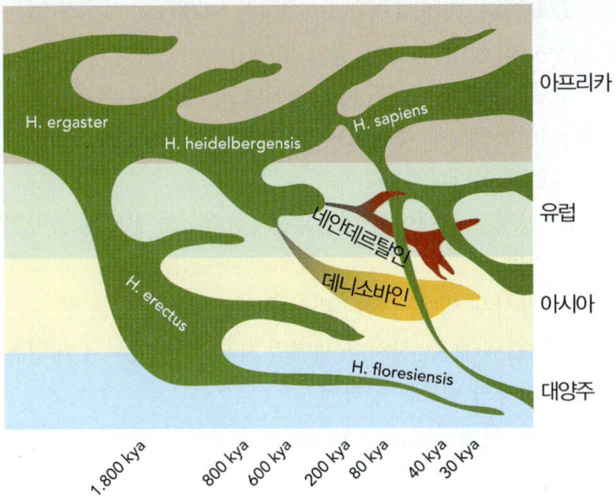

핵심 개념

- 시간을 거슬러 올라가면, 유전 계통들은 가장 최근 공통조상으로 결합된다. 변형에 의한 유래의 논리를 이용한 DNA 서열 조사는 과학자들로 하여금 계통의 역사에 대한 추론을 할 수 있게 해 준다.
- 아프리카인들 사이에 발견되는 DNA 서열의 다양성이 비아프리카인 사이에 발견되는 것보다 더 크다는 사실은 현대인이 아프리카에서 처음 진화하고 아프리카인의 일부가 후에 지구의 나머지 지역으로 이주하여 살게 되었다는 것을 말해 준다.
- 모두는 아니지만 현대인의 특정 집단들은 네안데르탈인, 그리고 데니소바인과 대립유전자들을 공유하며, 이는 아프리카로부터 *Homo sapiens*의 이주 후에 이들 계통 사이에서 어느 정도의 이종 교배가 일어났다는 것을 보여주는 것이다.

풀이 문제

I. 2,000 *AA* 개체, 2,000 *Aa* 개체와 6,000 *aa* 개체가 있는 창시자 세대 집단이 멀리 떨어진 섬에 시작되었다. 이 집단 내 교배는 무작위로 일어나고, 세 가지 유전자형들은 선택적으로 중립이며, 돌연변이는 무시해도 될 만한 율로 일어난다.

a. 창시자 세대에서 대립유전자 *A*와 *a*의 빈도는 얼마인가?

b. 창시자 세대는 하디-바인베르크 평형에 있는가?

c. 제2세대(즉, 창시자 세대의 차후 세대)에서 *A* 대립유전자의 빈도는 얼마인가?

d. 제2세대에서 *AA*, *Aa*, *aa* 유전자형의 빈도는 얼마인가?

e. 제2세대는 하디-바인베르크 평형에 있는가?

f. 제3세대에서 *AA*, *Aa*, *aa* 유전자형의 빈도는 얼마인가?

해답

이 문제는 대립유전자와 유전자형 빈도의 계산과 하디-바인베르크 평형 원리의 이해가 필요하다.

a. 대립유전자 빈도를 계산하기 위해, 각 유전자형의 개체들에 나타난 총 대립유전자를 세고 대립유전자의 총수로 나누어라.

개체의 수	*A* 대립유전자의 수	*a* 대립유전자의 수
2,000 *AA*	4,000	0
2,000 *Aa*	2,000	2,000
6,000 *aa*	0	12,000
Total	6,000	14,000

A 대립유전자의 빈도 (p) = 6,000/20,000 = 0.3.
a 대립유전자의 빈도 (q) = 14,000/20,000 = 0.7.

b. 집단이 하디-바인베르크 평형에 있다면, 유전자형 빈도는 p^2, $2pq$, q^2이다. 문제 (a)에서 이 집단에 대해 $p = 0.3$과 $q = 0.7$을 계산했다. 그러므로,

$$p^2 = (0.3)^2 = 0.09$$
$$2pq = 2(0.3)(0.7) = 0.42$$
$$q^2 = (0.7)^2 = 0.49$$

10,000개체의 집단에 대해, 집단이 평형에 있고 대립유전자 빈도가 $p = 0.3$와 $q = 0.7$이라면 각 유전자형 개체의 수는 *AA*, 900; *Aa*, 4,200; *aa*, 4,900일 것이다. 그러므로 기술된 창시자 집단은 평형에 있지 않다.

c. 선택적으로 중립, 새로운 돌연변이 부재, 그리고 무작위 교배의 조건이라면, 대립유전자 빈도는 한 세대에서 다음 세대로 변하지 않는다. 즉 $p = 0.3$, 그리고 $q = 0.7$이다.

d. 제2세대의 유전자형 빈도는 집단이 한 세대 내에 평형에 도달할 것이기 때문에 문제 (b)에서 계산된 것일 것이다. $AA = p^2 = 0.09$; $Aa = 2pq = 0.42$; 그리고 $aa = q^2 = 0.49$.

e. 그렇다. 교배가 무작위이고 선택이 없거나 유의미한 돌연변이가 없다면 평형에 있지 않은 집단은 한 세대에 평형에 도달할 것이다.

f. 제3세대에서 유전자형 빈도는 제2세대에서와 같을 것이다.

II. 두 대립유전자가 캘리포니아에 있는 *Drosophila persimilis* 집단의 X-연관 포스포글루코무타아제 유전자(*Pgm*)에서 발견되었다. Pgm^A 대립유전자의 빈도는 0.25이며, Pgm^B 대립유전자의 빈도는 0.75이다. 이 집단이 하디-바인베르크 평형에 있다고 가정하면, 수컷과 암컷에서 기대되는 유전자형 빈도는 얼마인가?

해답

이 문제는 X-연관 유전자에 대립유전자와 유전자형 빈도의 개념을 적용하는 것이 필요하다. X-연관 유전자의 경우, 수컷(XY)은 X 염색체의 복사체가 한 개만 있고, 그래서 유전자형 빈도가 대립유전자 빈도와 같다. 그러므로 $p = 0.25$, $q = 0.75$이다. 유전자형 $X^{PgmA}Y$인 수컷 파리의 빈도는 0.25이다. 유전자형 $X^{PgmB}Y$인 수컷 파리의 빈도는 0.75이다. 암컷에는 세 가지 유전자형이 존재한다. p^2, $2pq$, q^2에 대응하는 $X^{PgmA}X^{PgmA}$, $X^{PgmA}X^{PgmB}$, $X^{PgmB}X^{PgmB}$가 있다. 이들 세 유전자형들의 암컷 파리 빈도는 각각 $(0.25)^2$, $2(0.25)(0.75)$, $(0.75)^2$, 즉 0.0625, 0.375, 0.5625이다.

III. 세 가지 다른 유전자(빨간색, 파란색, 초록색) 각각은 대립유전자가 두 개이다. 각 유전자에서 한 대립유전자는 유해한 열성 효과가 있다. 이들 유전자 중 하나에 대해 열성 동형접합자의 상대 적응도가 0.9이고, 또 다른 하

나에 대해서는 0.8이고, 세 번째에 대해서는 0.7이다. 다음 도표는 시간이 지나면서 무한 크기의 집단들에서 일어나는 이들 대립유전자의 빈도 변화를 보여준다. 각 경우, 문제의 대립유전자 빈도(q)는 실험 최초에 0.7이다.

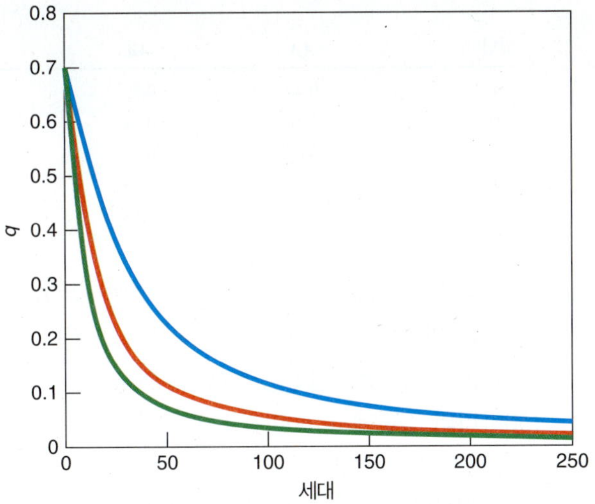

a. (열성 동형접합자의 적응도에 의해 확인되는) 각 유전자에 대해, 부모 세대와 자손의 첫 번째 세대 사이의 Δq를 계산하라(q = 열성 유해한 대립유전자의 빈도). 이형접합자와 우성 대립유전자에 대한 동형접합자의 상대 적응도가 1.0이라고 가정하라. 그 다음 q' (자손의 첫 번째 세대에서 열성 대립유전자의 빈도)을 계산하라. 도표에서 어느 유전자가 어느 색에 대응하는지 아직 알 필요는 없다.
b. 세 유전자(빨간색, 파란색, 초록색) 중 어느 것이 열성 동형접합자의 상대 적응도가 0.9인가? 0.8인가? 0.7인가?
c. 왜 Δq가 이들 세 유전자 모두에 대해 이어지는 각 세대에서 더욱 더 작은 음의 수가 될 것인지 간략히 설명하라.
d. 왜 q가 무한 크기의 이런 집단 어느 하나에서도 결코 0이 되지 않을 것인지 간략히 설명하라.
e. 대립유전자들이 도표로 조사된 집단들에서는 아니지만 실제 집단에서는 사라진다. 어떻게 이럴 수 있는가?

해답

a. 유전자들 중 하나(당분간 유전자 A라고 명명)에 대해, $W_{AA} = 1.0$, $W_{Aa} = 1.0$, $W_{aa} = 0.9$이다. 유전자 B에 대해, $W_{BB} = 1.0$, $W_{Bb} = 1.0$, $W_{bb} = 0.8$이다. 나머지 유전자 C에 대해, $W_{CC} = 1.0$, $W_{Cc} = 1.0$, $W_{cc} = 0.7$이다. (즉, 관련된 유해한 효과는 모두 완전하게 열성이다.) 원하는 계산을 하기 위해, 이들 적응도 값을 방정식 (20.6)에 넣을 것이다. 유전자 A에 대해, $\Delta q = -0.0154$, $q' = 0.684$이다. 유전자 B에 대해, $\Delta q = -0.0326$ 그리고 $q' = 0.667$이다. 유전자 C에 대해, $\Delta q = -0.0517$, $q' = 0.648$이다.
b. 초록색 유전자의 경우, q의 변화가 다른 유전자들보다 더 가파르며, 이는 Δq가 어느 특정 세대에서도 절대값이 가장 큰 음수이어야만 한다는 것을 의미한다. 따라서 초록색 유전자에 대한 열성 동형접합자 적응도가 0.7임에 틀림없으며(이 유전자가 유전자 C이다), 빨간색 유전자(B)에 대한 열성 동형접합자 적응도는 0.8이고, 파란색 유전자(A)에 대한 열성 동형접합자 적응도는 0.9이어야 한다.
c. 각 세대는 선택의 대상이 될 열성 대립유전자 동형접합자의 비율이 연속적으로 더 적어지기 때문에 변화율은 매 후속 세대에 각 유전자에 대해 감소한다.
d. 무한 크기의 집단은 유해한 대립유전자가 있지만 선택에 불리하지 않을 이형접합자 개체들이 항상 있을 것이다.
e. 실제 집단들은 크기가 무한하지 않다. 따라서 유전자 부동은 궁극적으로 유해한 대립유전자를 집단에서 소멸되게 할 것이다.

연습 문제

어휘

1. 왼쪽 용어를 가장 잘 설명한 문장을 오른쪽에서 찾아 연결하라.

a. 적응도	1. 가장 큰 적응도의 유전자형은 이형접합자이다.
b. 유전자 풀	2. 대립유전자 빈도의 우연한 변동
c. 적응도 비용	3. 돌연변이는 비교적 일정한 속도로 누적된다.
d. 대립유전자 빈도	4. $p = 1.0$
e. 이형접합자 우세	5. 생존하고 번식하는 능력
f. 평형 빈도	6. p와 q
g. 유전자 부동	7. N을 급격히 줄이는 사건
h. 분자시계	8. 한 상황에서 특정 유전자형의 유리함이 다른 상황에서는 불리함이다.
i. 집단 병목	9. $\Delta q = 0$일 때 대립유전자의 빈도
j. 사람류	10. 한 집단의 모든 구성원에 있는 대립유전자 전체
k. 고정	11. *Homo sapiens*, 네안데르탈인과 데니소바인

20.1절

2. 한 대립유전자가 우성일 때, 한 집단에서 3:1(3/4 우성:1/4 열성 개체들)의 표현형을 만드는데 이 대립유전자는 왜 빈도가 항상 증가하지는 않는가?

3. 한 대립유전자 빈도(p)가 0.5이고 한 유전자형 빈도(p^2)가 0.25인 집단이 평형에 있다. 한 대립유전자 빈도(p)가 0.1이고 한 유전자형 빈도(p^2)가 0.01인 집단도 또한 평형에 있다는 사실을 어떻게 설명할 수 있는가?

4. 한 개구리 집단에서, 120마리가 녹색, 60마리가 갈색 띤 녹색, 20마리가 갈색이다. 갈색에 대한 대립유전자는 G^B로 표시되고, 녹색에 대한 대립유전자는 G^G이며, 이들 두 대립유전자는 서로에 대해 불완전 우성을 보여준다.
   a. 이 집단에서 유전자형 빈도는 얼마인가?
   b. 이 집단에서 G^B와 G^G의 대립유전자 빈도는 얼마인가?
   c. 집단이 하디-바인베르크 평형에 있다면 유전자형들의 기대 빈도는 얼마인가?

5. 다음 집단들 중 어느 것이 하디-바인베르크 평형에 있는가?

집단	*AA*	*Aa*	*aa*
a	0.25	0.50	0.25
b	0.10	0.74	0.16
c	0.64	0.27	0.09
d	0.46	0.50	0.04
e	0.81	0.18	0.01

6. *Delta*라고 하는 *Drosophila*의 우성 돌연변이는 *Delta*/+ 이형접합자에서 날개 형태의 변형을 일으킨다. 이 돌연변이에 대한 동형접합상태(*Delta*/*Delta*)는 치사이다. 150마리의 집단에서, 60마리는 날개가 정상이고, 90마리는 날개가 기형이다.
   a. 이 집단에서 대립유전자 빈도는 얼마인가?
   b. 문제 (a)에 계산된 대립유전자 빈도를 이용하면, 다음 세대에 생존 가능한 성체가 160마리가 되기 위해서는 얼마나 많은 총 접합자가 만들어져야 하는가?
   c. 이주가 없고, 돌연변이도 없고, 무작위 교배가 이루어지며, 유전자 부동의 효과는 무시된다면, 문제 (a)에서 집단의 생존 가능한 자손이 160마리일 때 다음 세대에서 여러 유전자형의 기대 개체수는 얼마인가?
   d. 이 다음 세대는 하디-바인베르크 평형에 있는가? 이유는 무엇인가?

7. 무작위 교배의 큰 집단이 표시된 혈액형에 대해 개체들이 다음의 비율로 시작된다.

   0.5 MM
   0.2 MN
   0.3 NN

   이 혈액형은 상염색체성이고, *M*과 *N* 대립유전자는 공우성이다.
   a. 이 집단은 하디-바인베르크 평형에 있는가?
   b. 하디-바인베르크 평형을 위해 가정된 조건하에서 한 세대 후 대립유전자와 유전자형 빈도는 얼마가 될 것인가?
   c. 하디-바인베르크 평형을 위해 가정된 조건하에서 두 세대 후 대립유전자와 유전자형 빈도는 얼마가 될 것인가?

8. Q라고 하는 유전자는 혈액형을 구분하게 해 주는 적혈구 단백질의 선택적인 형에 대한 유전정보가 있는 대립유전자가 Q^F와 Q^G 둘이다. 다른 종류의 혈액형을 구분하게 해 주는 R이라고 하는 독립적으로 분리하는 다른 유전자는 R^C와 R^D 두 대립유전자가 있다. 미식축구광의 무작위 대표 집단을 조사하였고, 혈액을 기초로 하여 다음의 유전자형 분포가 추론되었다(모든 유전자형은 남성과 여성에 동일하게 분포되었다).

$Q^FQ^F\ R^CR^C$	202
$Q^FQ^G\ R^CR^C$	101
$Q^GQ^G\ R^CR^C$	101
$Q^FQ^F\ R^CR^D$	372
$Q^FQ^G\ R^CR^D$	186
$Q^GQ^G\ R^CR^D$	186
$Q^FQ^F\ R^DR^D$	166
$Q^FQ^G\ R^DR^D$	83
$Q^GQ^G\ R^DR^D$	83

이 표본은 1,480명의 미식축구광이다.

a. 이 집단이 Q와 R의 어느 한쪽이나 둘 다에 관해서 하디-바인베르크 평형에 있는가?

b. 이 무리 내 한 세대의 무작위 교배 후, 미식축구광의 다음 세대 중 얼마나 (R 유전자형에 관계없이) Q^FQ^F일 것인가?

c. 한 세대의 무작위 교배 후, 미식축구광의 다음 세대 중 얼마나 (Q 유전자형에 관계없이) R^CR^C일 것인가?

d. $Q^FQ^G\ R^CR^D$ 여성과 $Q^FQ^F\ R^CR^D$ 남성의 첫 번째 자녀가 $Q^FQ^G\ R^DR^D$ 남성일 확률은 얼마인가?

9. 알캅톤뇨증(alkaptonuria)은 소변이 검게 되는 열성 상염색체 유전질환이다. 미국에서 25,000명 중 약 1명이 알캅톤뇨증이다.

a. 하디-바인베르크 평형을 가정하고, 이 형질의 원인인 대립유전자의 빈도를 추정하라.

b. 미국인 중 어떤 비율이 이 형질에 대한 보인자인가? 이 집단에서, 알캅톤뇨증의 사람들에 대한 보인자의 비율은 얼마인가?

c. 알캅톤뇨증이 없는 여성이 한 남편과의 사이에 이 형질이 있는 자녀 한 명이 있고, 후에 재혼했다면, 그녀가 두 번째 결혼에서 낳은 자녀가 알캅톤뇨증이 있을 확률은 얼마인가?

d. 알캅톤뇨증은 비교적 양성의 증상이고, 그래서 어느 유전자형의 사람이든 선택적으로 거의 유불리가 없다. 그러므로 문제 (a)에서 하디-바인베르크 평형을 가정한 것은 타당하다. 낭 섬유증처럼 더 심각한 열성 상염색체 증상의 대립유전자 빈도와 보인자 빈도를 추정하는 데에도 하디-바인베르크 평형의 가정을 이용할 수 있는가? 설명하라.

10. 애리조나 사막의 산 양쪽에서 발견된 도마뱀의 두 가상 집단에 다음의 유전자형 빈도로 단일 유전자 A의 두 대립유전자(A^F, A^S)가 있다.

	A^FA^F	A^FA^S	A^SA^S
집단 1	38	44	18
집단 2	0	80	20

a. 두 집단에서 A^F의 대립유전자 빈도의 빈도는 얼마인가?

b. 두 집단의 어느 쪽이든 하디-바인베르크 평형에 있는 것으로 보이는가?

c. 큰 홍수가 집단 1과 2를 격리하는 산맥에 협곡을 만들었다. 그 후 이들이 이주할 수 있게 되었고, 그래서 크기가 같은 두 집단이 완전히 혼합되고 무작위로 교배가 이루어졌다. 도마뱀의 새로운 단일 집단의 다음 세대에서 세 유전자형(A^FA^F, A^FA^S, A^SA^S)의 빈도는 얼마인가?

11. 1998년, 미국 함선 메디스콜 바운티(Medischol Bounty)호의 선원들(남녀 동일한 숫자)이 남태평양에서 반란을 일으키고 발리 하이(Bali Hai) 섬에 상륙하였다. 이 섬에서 이들은 지역 폴리네시아 집단과 만났다. 섬에 상륙한 400명의 선원 중 324명은 MM 혈액형이고, 4명은 NN 혈액형이고, 72명은 MN 혈액형이다. 이미 섬에는 19세에서 23세 사이의 폴리네시아인이 600명 있다. 폴리네시아 집단에서, M 대립유전자의 빈도는 0.06이고, N 대립유전자의 빈도는 0.94이다. 다음 10년 동안 다른 사람들은 더 오지 않았다.

a. 반란을 일으킨 선원 집단에서 N 대립유전자의 빈도는 얼마인가?

b. 2008년, 발리 하이 섬에 1,000명의 아이들이 태어났다. 1998년의 섬에 젊은 사람들 1,000명의 혼합 집단이 무작위로 교배하였고 혈액형의 표현형의 종류가 생존 능력에 어떤 영향도 끼치지 않는다면, 1,000명의 자녀 중 얼마나 많은 사람이 MN 혈액형일 것으로 예상하는가?

c. 사실, 50명의 자녀가 MM 혈액형이고, 850명이 MN 혈액형이고, 100명이 NN 혈액형이다. 자녀들 중 N

대립유전자의 관찰 빈도는 얼마인가?

12. a. X 염색체상에 있는 유전자의 대립유전자들도 또한 평형에 있을 수 있지만, 하디-바인베르크 가정하의 평형 빈도는 두 성에 대해 개별적으로 계산되어야만 한다. 두 대립유전자 *A*와 *a*가 각각 *p*와 *q*의 빈도로 있는 유전자 대해, 남성과 여성의 모두 유전자형에 대한 평형 빈도를 설명하는 식을 작성하라.
    b. 미국에서 10,000명의 남성 중 약 1명이 X-연관 열성 증상인 혈우병에 걸린다. 집단이 하디-바인베르크 평형에 있다고 가정하면, 미국 여성 중 어떤 비율이 혈우병 환자일까? 미국에 살고 있는 여성 1억 명 중 대략 얼마나 많은 여성 혈우병 환자가 발견될 것으로 예상하는가?

13. 1927년, 안과의사 왈러(George Waaler)가 노르웨이 오슬로에서 9,049명의 남학생들에 대해 적록색맹 여부를 검사하였고, 그들 중 8,324명이 정상이고 725명이 색맹이라는 것을 발견하였다. 그는 또한 9,072명의 여학생도 검사하였고, 9,032명이 정상이고 40명이 색맹이라는 것을 발견하였다.
    a. 한 성-연관 열성 대립유전자 *c*가 모든 형태의 적록색맹을 일으킨다고 가정하고, 남학생 자료에서 *c*와 *C*(정상 시력 대립유전자)의 대립유전자 빈도를 계산하라. (주: 위 12번 문제 (a)에 대한 답과 연관하여 보라.)
    b. 왈러의 표본이 이 유전자에 대해 하디-바인베르크 평형을 보여주는가? 이 가설에 일치하거나 일치하지 않는 관찰을 설명함으로써 답을 명백하게 하라.

    이들 학생들을 더 자세히 분석함으로써, 왈러는 실제 그의 표본에서 색맹을 일으키는 하나의 *c* 대립유전자보다 더 많다는 것을 발견하였다. 하나는 "제1형"(c^p)이고 하나는 "제2형"(c^d)이다. [제1색맹(적색맹, protanopia)과 제2색맹(녹색맹, deuteranopia)은 적록색맹의 약간 다른 형태이다.] 중요한 것은 왈러 연구에서 정상 여성 중 일부는 반드시 유전자형 c^p/c^d이었을 것이다. 40명의 색맹 여성에 대한 심층 분석을 통해, 그는 3명은 제1형(c^p/c^p)이고, 37명은 제2형(c^d/c^d)이라는 것을 발견하였다.

    c. 이 새로운 정보를 기초로 하여 왈러가 조사한 집단에서 c^p, c^d와 *C* 대립유전자의 빈도는 얼마인가? 이 빈도가 하디-바인베르크 평형을 따르는 것처럼 생각하고 이 값을 계산하라. (주: 문제 12번 (a)에 대한 답과 연관하여 보라.)
    d. 집단이 평형에 있다면 남성과 여성에서 예상되는 모든 유전자형의 빈도를 계산하라.
    e. 이러한 결과가 오슬로의 집단이 사실 적록색맹에 대해 평형에 있을 가능성을 높이는가 낮추는가? 이유를 설명하라.

14. 하디-바인베르크 비율을 나타내는 방정식 $p^2 + 2pq + q^2 = 1$은 집단에서 두 대립유전자만 있는 유전자를 고려한다.
    a. 세 대립유전자가 있는 유전자형의 평형 비율을 설명하는 비슷한 방정식을 유도하라. [힌트: 위 하디-바인베르크 방정식이 이항 전개식$(p + q)^2$으로 쓰인 것을 상기하라.]
    b. 세 대립유전자가 있은 단일 유전자(I^A, I^B, *i*)가 ABO 혈액형을 만든다. A형인 사람은 $I^A I^A$이거나 $I^A i$일 수 있다. B형인 사람은 $I^B I^B$이거나 $I^B i$일 수 있다. AB형인 사람은 $I^A I^B$이고, O형인 사람은 $i\,i$이다. 미국인 중 I^A의 빈도는 0.360이고, I^B의 빈도는 0.104이고, *i*의 빈도는 0.536이다. 하디-바인베르크 평형을 가정하고, 이 집단에서 네 가지 가능한 혈액형인 사람들의 빈도를 계산하라.

문제 15–17에서, 하디-바인베르크 평형에 있는 집단 내 개체들 사이의 교배가 무작위이기 때문에 교배 빈도, 즉 집단 내 특정 유전자형이나 표현형 사이의 모든 교배의 비율을 예측하는 것이 가능하다는 것을 알 것이다.

15. 한 유전자는 두 대립유전자 *A* (빈도 = *p*)와 *a* (빈도 = *q*)가 있다. 집단이 평형에 있다면, 다음의 교배 빈도를 예측하는 *p*와 *q* 항의 수학식을 개발하라.
    a. 두 *AA* 동형집합자 사이
    b. 두 *aa* 동형접합자 사이
    c. 두 *Aa* 이형접합자 사이
    d. *AA* 동형접합자와 *aa* 이형접합자 사이
    e. *AA* 동형접합자와 *Aa* 이형접합자 사이
    f. *aa* 동형접합자와 *Aa* 이형접합자 사이

    (a)–(f)에 대한 답을 고려하여,

    g. 나열된 여섯 가능성이 모든 가능한 교배를 말하는가? 이것이 수학적으로 사실인지 어떻게 알 것인가? *p*를 0.2와 같은 0과 1 사이의 임의의 수로 설정함으로써 이 마지막 논점을 증명하라.
    h. 다른 유전자형의 개체들 사이의 교배 빈도와 대비하여 같은 유전자형의 개체들 사이의 교배 빈도를 계산

하기 위한 단순하고 일반적인 규칙을 개발할 수 있는가?

i. 집단이 남성과 여성으로 동등하게 나뉜다면, 모든 교배 중 어떤 비율이 *AA* 남성과 *AA* 여성 사이일까? *AA* 남성과 *Aa* 여성 사이는 어떠한가? *AA* 남성과 *aa* 여성 사이는 어떠한가?

16. 일부 사람들은 쓴 화합물 페닐티오카바미드(phenylthiocarbamide)의 맛을 느낄 수 있지만 다른 사람들은 느낄 수 없다. 이 형질은 단일의 상염색체 유전자가 결정한다. 맛을 느끼게 하는 대립유전자는 맛을 못 느끼게 하는 대립유전자에 대해 완전하게 우성이다. 맛을 느끼는 능력에 대해 검사한 1,707명의 하와이 사람들 중 1,326명의 맛을 느끼는 사람을 관찰하였다. 집단이 이 유전자에 대해 하디-바인베르크 평형에 있고 교배가 전적으로 무작위라고 가정하자.

a. 맛을 느끼는 대립유전자 $T\,[=(p)]$와 맛을 못 느끼는 대립유전자 $t\,[=(q)]$의 빈도는 얼마인가?

b. 이 집단의 유전자형 빈도는 얼마인가?

c. 집단의 모든 교배 중 맛을 못 느끼는 두 사람 사이일 비율은 얼마인가?

d. 집단의 모든 교배 중 맛을 느끼는 사람과 맛을 못 느끼는 사람 사이일 비율은 얼마인가?

e. 집단의 모든 교배 중 맛을 느끼는 남성과 맛을 못 느끼는 여성 사이일 비율은 얼마인가?

f. 느끼는 남성과 맛을 못 느끼는 여성 사이의 모든 교배에 의해 태어난 모든 자손 중 맛을 느끼지 못하는 사람일 비율은 얼마인가?

g. 집단의 모든 교배 중 맛을 느끼는 두 사람 사이일 비율은 얼마인가?

17. 남성형 탈모는 사람에서 여러 유전자에 의해 좌우되는 복잡한 형질이다. 하지만 단 하나의 상염색체 돌연변이가 남성형 탈모를 결정하는 인류 집단이 있다고 가정하자. 이 돌연변이는 남성에서는 우성으로, 여성에서는 열성으로 행동한다. 이 집단은 하디-바인베르크 평형에 있고, 남성의 51%가 대머리이다.

a. 남성 중 대머리를 일으키는 대립유전자의 빈도는 얼마인가?

b. 여성 중 대머리 대립유전자의 빈도는 얼마인가?

c. 이 집단에서 여성의 몇 %가 남성형 대머리를 보여주는가?

d. 무작위 교배를 가정하면, 모든 교배 중 대머리 남성과 대머리 아닌 여성 사이일 비율은 얼마이어야 하는가?

e. 이 집단에서 대머리 남성 중 몇 퍼센트가 이형접합자인가?

f. 대머리가 아닌 부부가 대머리 아들을 낳는다면, 그 다음 아들이 대머리일 확률은 얼마인가?

g. 남성형 대머리인 여성이 딸이 한 명 있지만, 아버지에 대해서는 알려진 것이 없다. 딸이 대머리일 확률은 얼마인가?

20.2절

18. 자연선택에 의해 열성 유해한 대립유전자를 완전히 제거하는 것이 왜 큰 집단에서는 어렵고 작은 집단에서는 덜 그러한가?

19. 트리스탄다큐냐(Tristan da Cunha)는 대서양 중간에 있는 작은 섬들의 무리이다. 1814년, 15명의 영국 이주민들이 이들 섬에 정착하였다. 1885년, 섬의 19명 남성 중 15명이 조난 사고로 죽었다. 1960년대 후반에, 점진적으로 시력을 잃게 되는 색소성 망막염(retinitis pigmentosa) 환자가 섬에 남아 있는 이들 정착민의 240명 후손 중에서 네 명이 발견되었다. 영국에서 색소성 망막염의 빈도는 약 6,000명 중 1명이다. 영국에서 보이는 것에 비해 상대적으로 높은 트리스탄다큐냐의 이 질환의 발병률을 설명하라.

20. 작은 집단 크기는 한 세대에서 다음 세대로 갈 때 빈도가 다른 대립유전자의 우연적인 표본 추출 때문에 유전자 부동을 일으킨다. 이항 표본추출 통계를 이용하여 특정 집단 크기에 대해 얼마나 큰 유전자 부동이 일어날지 예측할 수 있다. 크기 *N*의 집단에서 다음 세대의 대립유전자 빈도(p)의 95%가 $p \pm 1.96\left(\sqrt{\dfrac{p(1-p)}{2N}}\right)$의 신뢰 구간 내에 있을 것으로 추정할 수 있는데, 여기서 $\dfrac{p(1-p)}{2N}$은 각 세대 $2N$ 대립유전자의 무작위 표본의 한 세대에서 다른 세대로 변하는 대립유전자 빈도의 통계적인 분산의 추정값이다.

a. $N = 100{,}000$일 때 $p = 0.5$에 대한 신뢰구간은 무엇인가?

b. $N = 10$일 때 $p = 0.5$에 대한 신뢰구간은 무엇인가?

c. 문제 (a)와 (b)의 결과가 집단 병목의 영향과 어떻게 관련되는가?

21. 집단의 유전자 부동에 세 기본적인 예측이 있다. (1) 집단 크기가 유한한 한, 어느 정도의 유전자 부동이 일어날 것이다. 따라서 새로운 돌연변이가 없다면, 모든 변이는 고정이나 소멸로 흘러갈 것이다. (2) 부동은 큰 집단보다 작은 집단에서 더 빨리 일어난다. (3) 한 대립유전자가 고정될(1.0의 빈도로 갈) 확률은 집단 내 초기 빈도(p)와 같지만, 부동에 의해 집단에서 소멸될 확률은 $1 - p$와 같다. 이들 세 예측에 따르면,
   a. $N = 100{,}000$의 크기인 이배체 집단에서 새로운 상염색체 돌연변이가 발생한 직후 이 대립유전자의 빈도는 얼마인가?
   b. $N = 10$의 크기인 이배체 집단에서 새로운 상염색체 돌연변이가 발생한 직후 이 대립유전자의 빈도는 얼마인가?
   c. 어느 집단에서 새로운 돌연변이가 유전자 부동의 우연에 의해 고정될 확률이 더 높은가?

22. 불완전 우성의 생쥐 돌연변이(t = *tailless*)가 이형접합자에서 꼬리를 짧게 만든다(t^+/t). 같은 돌연변이가 동형접합자(t/t)가 자궁 내에서 죽게 만드는 열성 치사로 작용한다. 150마리 생쥐의 집단에서, 60마리가 t^+/t^+이고 90마리가 이형접합자이다.
   a. 이 집단에서 대립유전자 빈도는 얼마인가?
   b. 생쥐 사이에 무작위 교배를 하고, 이주가 없고, 돌연변이가 없고, 무작위 유전자 부동의 영향은 무시될 수 있을 때, 200마리의 자손이 태어나면 이 다음 세대에 여러 유전자형의 기대 숫자는 얼마인가?
   c. 생쥐의 (Pop 1과 Pop 2라고 하는) 두 집단이 만나서 무작위로 교배한다. 이들 집단은 초기에 야생형(t^+/t^+) 동형접합자와 꼬리 없는(t^+/t) 이형접합자가 다음의 수로 있다.

	Pop 1	*Pop 2*
야생형	16	48
꼬리 없음	48	36

   다음 세대에서 두 유전자형의 빈도는 얼마인가?

23. 초파리에서 흔적 날개 열성 대립유전자, *vg*가 날개를 아주 작게 만든다. 유전학자가 순계 야생형 수컷을 흔적 동정 암컷과 교배하였다. 수컷과 암컷 F_1 파리는 야생형이다. 그 다음 그는 F_1 파리들이 서로 교배하도록 하였고, 수컷과 암컷 F_2 파리의 1/4이 흔적 날개인 것을 알았다. 그는 흔적 F_2 파리들을 죽여 버렸고 야생형 F_2 파리들은 교배하도록 해 F_3 세대를 낳도록 하였다.
   a. 야생형 F_2 파리들 중 유전자형과 대립유전자 빈도를 구하라.
   b. F_3에서 야생형과 흔적 파리의 빈도는 얼마인가?
   c. 유전학자가 흔적 F_3 파리에 불리한 선택을 반복했다고(즉, 그가 그것들을 죽여 버렸고 야생형 F_3 파리가 무작위로 교배하도록 했다고) 가정하면, F_4 세대에서 야생형과 돌연변이 대립유전자의 빈도가 얼마가 될 것인가?
   d. 이제 유전학자가 모든 F_4 파리를 무작위로 교배하도록(즉, 야생형과 흔적 파리 둘 다 교배하도록) 한다. 야생형과 흔적 F_5 파리의 빈도는 얼마인가?

24. 무한 크기의 집단에서, 세 좌위 *A*, *B*, *C*는 각각 두 대립유전자가 있다. 대립유전자 *A1*, *B1*, *C1*은 특정 시점에 집단의 1%에서 발견되고, 각 대립유전자는 이 좌위의 다른 대립유전자(각각 *A2*, *B2*, *C2*)에 비하여 생물의 적응도에 이로운 효과가 있다. 이들 각각에서 세 가지 가능한 유전자형의 상대 적응도는,

W_{A1A1}	W_{A1A2}	W_{A2A2}
1.00	0.99	0.99
W_{B1B1}	W_{B1B2}	W_{B2B2}
1.00	1.00	0.90
W_{C1C1}	W_{C1C2}	W_{C2C2}
1.00	1.00	0.99

수천 세대에 걸친 대립유전자 *A1*, *B1*, *C1*의 빈도는 다음 도표에 나타낸다.

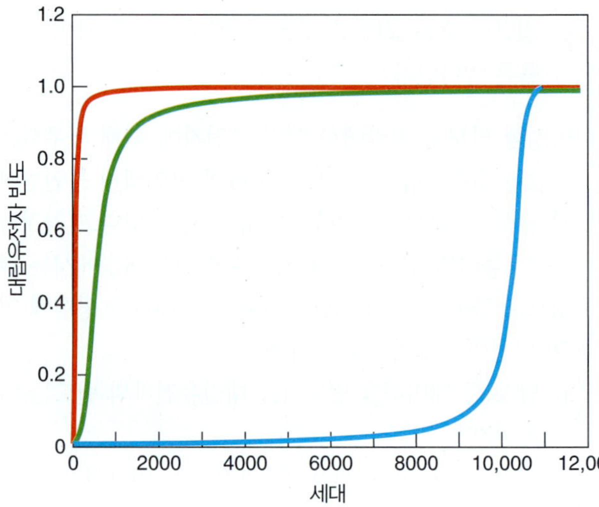

   a. 어느 곡선(파란색, 빨간색, 초록색)이 *A1*에 대응되는가? *B1*에 대응되는가? *C1*에 대응되는가?

b. 왜 빨간색 선으로 나타낸 대립유전자가 초록색 선으로 나타낸 대립유전자보다 더 빠르게 고정되는가?
c. 왜 파란색 선으로 나타낸 대립유전자가 초록색 선으로 나타낸 대립유전자보다 더 느리게 고정되는가?
d. 집단이 단 1,000개체 있다고 가정하라. 집단 크기의 이런 변화가 세 곡선의 형태에 어떻게 영향을 끼칠 것인지 논의하라.

25. 수컷 구피(guppy)에서 큰 꼬리를 만드는 우성 대립유전자 *B*와 작은 꼬리를 만드는 열성 대립유전자 *b*가 있는 꼬리 크기에 기여하는 상염색체 유전자를 밝혀냈다. 모든 유전자형의 암컷 구피는 꼬리 크기가 비슷하다. 암컷 구피는 보통 가장 큰 꼬리의 수컷과 교배하는 것으로 알지만, 이런 선호에 끼치는 집단 밀도와 성비의 영향은 연구되지 않았다. 그래서 동일한 수의 수컷을 세 개의 수조에 넣는다. 수조 1에서, 암컷 수는 수컷 수의 두 배이다. 수조 2에서, 수컷과 암컷의 수는 동일하다. 수조 3에서, 수컷은 암컷의 반이다. 교배 후, 자손 중에서 작은 꼬리 수컷의 비율은 다음과 같다. 수조 1, 16%; 수조 2, 25%; 수조 3, 30%.
   a. 원래 집단에서 수컷의 25%는 꼬리가 작다. 수컷과 암컷에서 대립유전자 빈도가 같다고 가정하고, 원래 집단에서 대립유전자 *B*와 *b*의 빈도를 계산하라.
   b. 각 수조에 대해 Δq를 계산하라.
   c. $W_{BB} = 1.0$이라면, 각 수조에 대한 W_{Bb}는 얼마인가?
   d. $W_{BB} = 1.0$이라면, 각 수조에 대한 W_{bb}는 1.0보다 작은가, 같은가, 아니면 더 큰가?

26. 유럽에서 열성 상염색체 질환 낭 섬유증을 일으키는 CF^- 대립유전자의 빈도는 약 0.04이다. 낭 섬유증은 실질적으로 모든 경우에서 사춘기 전에 사망하게 한다.
   a. 증상이 없는 보인자 유전자형과 증상이 있는 유전자형에 대한 상대 적응도(*W*)를 구하라. 선택의 유리함이 이 질환 대립유전자의 이형접합자와 연관되어 있지 않다고 가정하라.
   b. 문제 (a)에 대한 해답을 적용하여, 낭 섬유증에 관하여 전체로서 집단의 시작에서 평균 적응도($\overline{W}$)와 다른 세대의 시작에 측정할 때 한 세대에 걸쳐 변한 대립유전자 빈도의 기대 변화(Δq)를 구하라.
   c. 이형접합자 우세가 있기 때문에 유럽 집단이 CF^- 대립유전자의 빈도에 대해 평형에 있다고 가정하라. 이러한 가정하에 세 유전자형에 대해 상대 적응도를 다시 계산하라.
   d. *CF* 유전자의 유전정보 의한 CFTR 단백질은 염소 이온 통로이다. 콜레라를 앓고 있는 사람은 물과 염소 이온을 작은창자 밖으로 내뿜는 설사를 한다. 이러한 사실을 이용하여 왜 사실상 이형접합자 우세가 *CF* 유전자에 대해 존재하는지 설명하라.

27. *G6PD* 유전자의 한 대립유전자가 열성 방식으로 작용하여 잠두에 대한 과민성을 일으키고, 잠두 섭취 후 용혈반응(적혈구의 용해)이 일어나게 한다. 같은 대립유전자는 또한 말라리아에 대한 우성 저항력을 준다. 이형접합자는 말라리아가 유행하는 지역에서 유리함이 있다. 평형 빈도(q_e)가 아프리카와 북아메리카에서 같을 것인가? 어떤 요인이 q_e에 영향을 끼치는가?

28. 진화생물학자는 왜 분자시계로 선택 측면에서 중립인 다형성을 조사하는지 설명하라.

20.3절

29. 현대인이 아프리카에 최초로 나타났다는 생각을 지지하는 분자 수준의 직설적인 증거는 무엇인가?

30. 2013년 3월, *American Journal of Human Genetics*는 상업적인 가계 분석을 위해 유전체를 제출한 아프리카계 미국 흑인 남성이 이전에 특성이 분석된 다른 Y 염색체와는 아주 다른 서열의 Y 염색체가 있다는 보고서를 발표하였다. 그 다음 연구자들은 음보족(Mbo, 카메룬의 한 인종 집단) 중에 어떤 남성들이 이 아프리카계 미국 흑인 남성에서 처음 발견된 다형성의 많은 것을 공유한다는 것을 발견하였다. 인간 Y 염색체에 대한 MRCA가 있는 남성이 지구에 살았었을 때에 대한 추정을 이러한 발견이 어떻게 바꿀 수 있었을 것이라고 생각하는가?

31. 생물학적 혈통을 40세대 거슬러 올라가면,
   a. 얼마나 많은 조상이 있을 것으로 예상되는가?
   b. 이 예측이 세계 인구가 이제 대략 70억 명이라는 사실과 어떻게 양립할 수 있을까?

32. 그림 20.17에서, 디온(Dion)의 미토콘드리아 DNA가 최근 세계의 어느 지역으로 연결되는가? 그의 Y 염색체와 상염색체 1~22번도 또한 최근에 세계의 같은 지역으로 연결되는가? 그 이유와 그렇지 않은 이유는 무엇인가?

33. 그림 20.18b에 있는 분기도에서 마디(분기점) 4개의 DNA 서열을 예측하라.

34. 분류학의 사람과(*Hominidae*)에 대한 (척도 비율에 맞게 그려지지 않은) 분기도가 다음에 있다. 숫자 1–10은 진화 계통이나 사건을 나타낸다. 문자 A–F는 다음 목록의 항목을 나타낸다.

Homo neanderthalensis
Pan troglodytes (침팬지)
Homo sapiens (아프리카 반투인(Bantu))
Homo sapiens (유럽 덴마크인)
Homo sapiens (토착 아메리카 호피족(Hopi))
Homo sapiens (아시아 위구르족(Uighur))

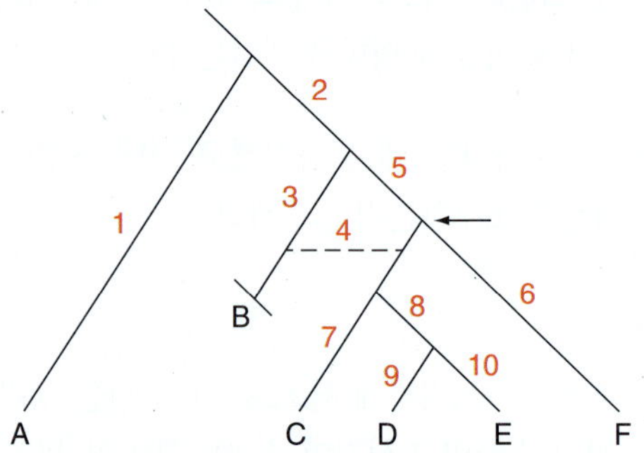

a. 목록의 항목을 분기도의 적합한 문자와 짝을 지어라. 목록의 집단 중 둘은 이 분기도에서 동등하다. 어느 것이든 옳다.

b. 진화의 한 분기가 작은 화살로 표시된다. 이 분기를 설명하고 그림 20.19를 기초로 하여 이 분기가 몇 년 전에 일어났는지 추정하라.

c. 여섯 SNP (α, β, γ, δ, ε, ξ)가 여섯 무리 각각의 여러 개체들에서 서열이 분석된다. 대립유전자 빈도는 다음 표에 나온다. 표에서 각 열의 아래에, 모든 사람과 침팬지의 공통조상에 있는 대립유전자를 파생 대립유전자로 바꾸는 돌연변이가 분기도를 따라 어디에서 일어났는지 표시하는 1에서 10까지 중 한 숫자(그림에서 빨간 숫자에 해당하는)를 써라. 한 빈칸은 두 숫자 중 어느 것으로 채울 수 있다. 하나를 보여주기만 하면 된다. 또한 (바닥의 마지막 행에) 공통조상에서 발견된 대립유전자의 정체를 표시하거나, 할 수 없다고 써라.

	SNP α	SNP β	SNP γ	SNP δ	SNP ε	SNP ζ
H. neanderthalensis	A 1.0	C 0.4 A 0.6	C 1.0	T 1.0	T 1.0	T 1.0
P. troglodytes	G 1.0	A 1.0	C 1.0	T 1.0	G 1.0	T 1.0
아프리카 반투인	G 1.0	A 1.0	C 1.0	A 0.7 T 0.3	T 1.0	C 1.0
유럽 덴마크인	G 1.0	C 0.25 A 0.75	C 1.0	T 1.0	T 1.0	C 1.0
토착 아메리카인(호피족)	G 1.0	C 0.8 A 0.25	A 1.0	T 1.0	T 1.0	C 1.0
아시아 위구르족	G 1.0	C 0.5 A 0.5	A 0.6 C 0.4	T 1.0	T 1.0	C 1.0
숫자 (1–10)						
조상 대립유전자						

35. 그림 20.22에 지적된 대로, 대양주(예를 들어, 멜라네시아, 마이크로네시아, 폴리네시아와 호주)에 현재 살고 있는 사람들은 아프리카의 기원에서 세계 도처로 인간이 퍼져나가는 초기 분지를 나타낸다. 그림 20.22에서 분지의 폭은 세계 주요 지역들(아프리카, 유럽, 아시아, 대양주)의 각각에 있는 집단의 예측된 크기를 나타낸다.

a. 이들 집단 크기와 역사가 주어지면, 대양주에서 나온 인간의 표본 집단들에서 아프리카에 비해 더 많거나 더 적은 유전 변이를 기대할 수 있을 것인가? 설명하라.

b. 데니소바인 DNA에서 발견된 변이체가 동남아시아와 대양주에서 살고 있는 현대인들에게서는 발견되지만, 세계 다른 곳의 어느 곳에서도 발견되지 않는 이유를 설명하라.

21장

복합 형질의 유전

개 사육사들에 의한 인위선택은 개 품종 간의 크기에 엄청난 차이를 나타내게 하였다. 집단 유전학자들은 개 품종 간 체구의 차이를 나타내는 표현형의 절반 이상은 단지 6개의 유전자에 의해 결정됨을 밝혔다.

개요

오늘날 인간의 전체 유전체의 염기서열을 결정하는 데 드는 비용은 5,000달러 이하이다; 그 분석 비용은 반드시 몇 년 내에 1,000달러 이하로 떨어질 것이다. 이런 가격이라면, 여러분 자신의 유전체나 여러분이나 여러분의 배우자가 임신한 태아의 유전체에 대한 정보를 얻는 일은 시도할만한 가치가 있다고 생각하지 않는가?

그 대답은 사람들에 따라 다르겠지만, 모든 사람들에게 비용과 이득을 결정하는 핵심 요소는, 유전체 염기 서열 데이터의 해석이 특정한 표현형을 예측하는 데 어느 정도 도움을 줄 것인가 일 것이다. 이미 전유전체 서열 분석(whole-genome sequencing)은 한 사람이 낫형적혈구빈혈증이나 낭섬유증과 같은 멘델 유전병으로 시달릴 것인지 혹은 보인자(carrier)인지를 매우 정확하게 밝힐 수 있음을 보아왔다. 멘델 유전이란 형질이 단일 유전자의 대립유전자에 의해 결정되며, 원칙적으로 완전한 침투도(penetrance)를 보이는 경우이다. 그런데, 여러분의(혹은 여러분 자녀의) 유전체 서열 분석을 위해 소모한 수천 달러는 지능이나 인성과 같은 다른 많은 형질들의 예측에 대해서는 아직은 거의 실마리를 제공하지 못할 것이다. 그 이유는 이런 형질들은 많은 요인들에 의해 영향을 받는 **복합 형질**(complex trait)이기 때문인데, 다양한 요인들로는 여러 유전자의 관여, 서로 다른 유전자들의 대립유전자 간 상호작용, 환경의 다양성 및 유전자와 환경의 상호작용이 있다.

그림 21.1 다양한 유럽 집단에서 성인 남성의 신장에 대한 동령군 (cohort) 조사. 이 그래프는 사람의 신장이 유전자(다른 집단 간의 평균 신장이 다양하므로)와 환경(지난 150년간의 영양의 개선은 평균 신장의 증가를 가져왔으므로) 모두의 영향을 받음을 설명해 준다.

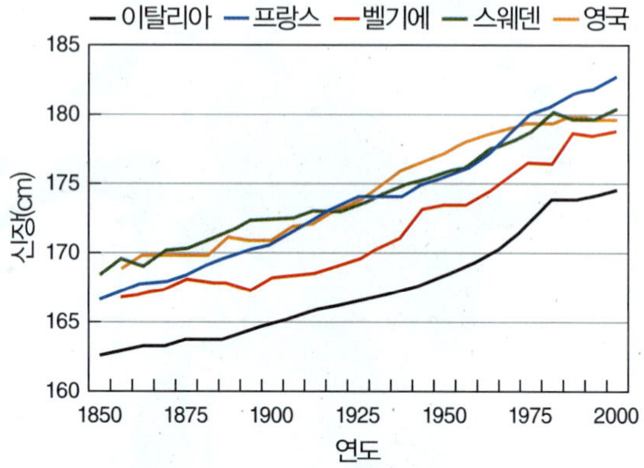

성인의 키가 이런 복합 형질의 한 예이다. 키가 큰 부모가 키가 큰 자녀를 가지는 경향이 있는데, 이것은 키에 대한 유전자 기여를 암시한다. 과학자들은 최근에 수백 개의 유전자들이 키 크기에 관여하며, 그 유전자 중 상당수에 대해서는 아직 규명되지 못했음을 인식하였다. 연골무형성증(achondroplasia; 왜소증)을 일으키는 돌연변이와 같은 특이한 예를 제외하면, 키에 대한 어느 특정한 다형성 좌위의 기여도는 매우 낮아서 실제적인 예측능력(predictive power)을 거의 발휘하지 못한다. 성인의 신장을 쉽게 예측하지 못하는 다른 이유는 영양이라는 핵심적인 환경 요인이 표현형에 강하게 영향을 미치기 때문이다. 그림 21.1은 유럽의 많은 집단들에서 평균 키가 20세기 동안 상당히 증가하였음을 보여준다. 한 세기 동안 대립유전자의 빈도가 유의적인 변화를 보이기에는 너무 짧은 기간이다; 그렇다면, 이런 변화는 식생활의 개선에 있음이 확실해 보인다.

이 장에서는 하나의 주어진 형질에 대해 과학자들이 유전자의 기여도와 환경의 기여도를 어떻게 구분할 것인지를 고려해 봄으로써, 복합 형질에 대한 토의를 시작하고자 한다. 특히 복합 형질의 발현에 관여하는 **양적 형질 좌위**(quantitative trait loci, QTLs)로 흔히 불리는 특별한 유전자들을 동정하는 데 사용되는 두 다른 방법에 초점을 맞출 것이다. 이런 표현형에 영향을 미치는 여러 요인들에 대한 해부는 이론적 및 실용적 이유에서 앞으로 중요성이 점차 강조되는 유전학의 핵심적인 목표가 될 것이다. 복합 형질의 연구는 관절염이나 심혈관계 질병과 같은 복합 퇴행성 실환들에 대한 원인을 이해하고 치료법을 개발하는 데 도움을 줄 것이다. 농업적으로 중요한 작물이나 가축의 품종 개량을 위해서는 생산량, 건조나 폭염 저항성 및 영양학적 가치를 포함하는 복합적인 형질을 조절하는 요인들을 탐색하는 연구를 요구한다.

이 장의 중심 주제는 복합 형질의 연구가 과학자들로 하여금 거대 집단 내에서 개체들을 서로 비교하는 일을 수행하게 한다는 것이다. 이런 유형의 분석으로부터 얻는 결론은 조사된 특정 환경에서 서식하는 특정 집단에만 적용되기 때문에, 다른 집단이나 조건들로 일반화할 수는 없다. 동물의 체구는 이런 주제에 잘 맞는 예가 될 것이다. 바로 앞에서 유전자형은 사람 키에 대한 초라한 예측자라는 것을 알았는데, 그 이유 중 하나로 키 표현형에 관여하는 수백 개의 유전자들 중 상당수는 아직 동정되지 못했다는 것이다. 하지만 소수의 유전자들(여섯 개 혹은 그 이하)에 의해서, 개나 말과 같은 사육되는 포유동물의 체구의 변이성이 상당량 결정된다. 앞으로 살펴보게 되겠지만, 복합 형질을 조절하는 요인들의 종에 따른 차이가 존재하는 이유는 과거의 유전학적 역사와 미래의 유전학적 운명이 복잡하게 뒤얽혀져 있기 때문이다.

21.1 유전력: 복합 형질의 발현에 대한 유전적 영향 대 환경적 영향

학습목표

1. 표현형적 분산에 대한 의미를 요약한다.
2. 표현형적 분산에 대한 유전적 영향과 환경적 영향을 서로 구별할 수 있는 실험에 대해 기술한다.
3. 유전력이라는 용어는 왜 집단에만 적용되고 개체에는 적용되지 못하는지를 설명한다.
4. 과학자들이 일란성 및 이란성 쌍생아를 조사함으로서, 인류 집단에서 유전력에 대한 정보를 어떻게 얻는지를 기술한다.
5. 곡물 생산을 개선하기 위해 식물 경작자들이 선별선택을 어떻게 이용하는지를 도표로 설명한다.

많은 복합 형질들은 표현형을 **표현형값**(phenotypic value)이나 **형질값**(trait value)이라고 하는 숫자로 나타낸 범위로 측정될 수 있는 **양적 형질**(quantitative trait)이다. 이런 형질의 대부분은 집단 내에서 표현형은 종 모양(bell-shaped)의 "정규" 분포를 보인다. 사람의 키는 좋은 예시를 제공한다(그림 21.2). 소수의 사람들만이 매우 크거나 매우 작으며, 대부분 사람들의 키는 집단의 평균 주변으로 무리(cluster)를 이룬다. 종 모양 분포에서 키의 대략적인 연속적인 분포는 유전자와 환경 모두의 관여에 기인한다. 3장에서 이미 살펴보았듯이, 형질의 발현에 더 많은 유전자가 관여할수록 주어진 환경에서 더 다양한 표현형이 존재할 것이며, 표현형들은 정규분포를 보일 가능성이 높아진다(그림 3.28 참조). 즉, 어떤 한 유전자형에 대한 표현형은 동일한 것이 아니라, 각 개체들은 표현형의 평균을 중심에서 주변으로 퍼지는 좁은 종 모양의 곡선으로 분포한다. 그 이유는 동일한 유전자형을 가지는 개체들이라도 조금씩 다른 미세환경적 차이를 경험하기 때문이다(그림 21.3). 집단 전체적으로 볼 때, 단지 몇 개의 유전자들의 변이성에 첨가되는 환경의 효과는 표현형값의 종 모양 곡선을 어렵지 않게 나타내게 할 것이다.

그림 21.2 노트르담 대학의 유전학 수강생들을 대상으로 한 키 분포도. 대부분의 학생들이 중간적인 신장을 가지는 대략적인 종 모양의 분포에 주목하라.

그림 21.3 양적 형질에 대한 유전적 영향과 환경적 영향은 정규분포를 나타내는데 어떻게 상호작용할까? 그림 3.28에서 이미 보여주었듯이, 표현형에 동일한 영향을 주는 두 개의 불완전 우성 대립유전자를 가지는 두 좌위에서의 유전적 변이는 모두 5종류의 표현형 그룹을 유도할 수 있는데, 왼쪽 그래프와 같은 표현형(형질)값을 갖는다. 이들 표현형값 각각은 환경적 영향(즉, 각 클래스의 여러 개체들에 의해 약간씩 다르게 접하는 환경적 차이)에 의해 "흐릿하게" 된다(중앙). 이런 사실들에 의해서, 집단 내 모든 개체들은 서로 표현형의 연속적 종 모양 분포를 나타내게 된다(오른쪽).

과학자들은 표현형의 분포로부터 복합 형질의 유전력(heritability)을 어떻게 측정할 수 있을까? 즉, 한 특정 집단에서 관찰되는 표현형적 차이에 대해서, 유전자의 기여도(환경에 대한 반대 개념)를 어떻게 결정할 것인가? 앞으로 살펴보게 되겠지만, 이 질문에 대한 대답은 이론적으로만 흥미로운 것은 아니다.

분산은 한 집단에서 변이의 정도에 대한 통계적 측정값이다

연구 대상의 집단에서 형질 분포에 대한 유전력을 측정하기 위해서, 과학자들은 첫 번째로 대개 종 모양 곡선의 분포도에 대한 수치적으로 기술된 자료를 필요로 한다. 연구자들은 집단에서 각 개체들에 대한 표현형을 집단 전체의 평균 표현형과 비교함으로써 변이의 정도를 추적한다. 통계적으로 이런 분석의 결과는 **전체 표현형 분산**(total phenotype variance, V_p)이라는 용어로 표기되는데, 이것은 각 개체값과 평균값 차이에 대한 제곱의 평균으로 계산할 수 있다.

예로서, 미국 북부에서 흔하게 볼 수 있는 민들레 집단의 꽃자루 길이의 표현형에 대해 고려해 보자(그림 21.4a). 집단에서 꽃자루 길이는 종 모양의 정규분포를 나타낸다. 그림 21.4b에서 보여주듯이, 전체 꽃자루 길이의 값을 합한 후 꽃자루의 수를 나누어 줌으로써, 평균 꽃자루 길이(mean stem length)를 구할 수 있다. 다음으로 꽃자루 길이의 분산(variance in stem length, 형질에 대한 V_p)을 계산하기 위해서는 각 개체의 꽃자루 길이를 평균에서 빼서 양수 혹은 음수의 편차를 제곱하여 얻은 값을 모두 더한 후, 개체수로 나누어 준다. 분산은 분포에 대한 수학적 표현이다; 분포 곡선이 중심으로부터 좁게 형성될수록 편차 값은 낮아진다.

그림 21.4 표현형적 분산. (a) 잔디밭이나 야외에서 쉽게 볼 수 있는 친근한 민들레(*Taraxacum* sp.). (b) 한 집단에서 각 식물 개체들의 꽃자루 길이에 대한 평균과 분산의 계산. 분산은 각 개체의 꽃자루 길이와 평균값 간의 차이를 제곱하여 얻은 값들의 평균으로 구해진다. 개체들의 꽃자루 길이의 분포가 종 모양 분포를 보이는 집단에 대한 분산의 정도를 나타내기 위해, 꽃자루 길이와 같은 단위로서 분산의 제곱근을 보여준다. 통계적 이론은 종 모양 곡선에서 관측치의 95%가 평균에서 분산의 제곱근의 1.96배 범위 내에 있음을 말해 준다.

(a)

(b)

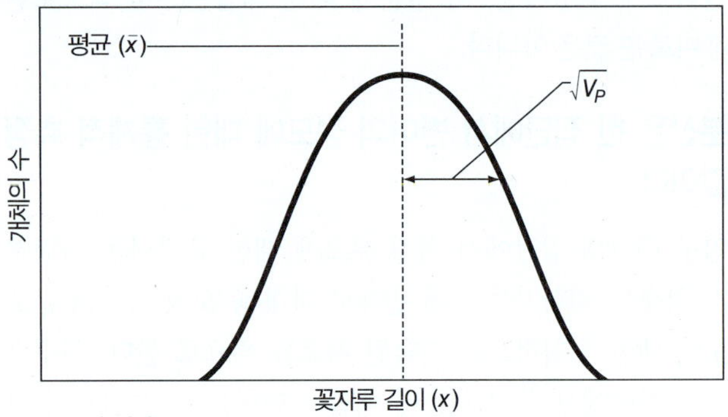

평균의 계산:

x_i = N 개체의 식물로 구성된 한 집단에서 i 번째 식물의 꽃자루 길이라고 하자. 집단에서 꽃자루 길이의 평균 $\bar{x}$는 다음과 같이 정의된다:

$$\bar{x} = \frac{\sum_{i=1}^{N} x_i}{N}$$

분산의 계산:

집단에서 꽃자루 길이에 대한 분산 V_P는 다음과 같이 정의된다:

$$V_P = \frac{\sum_{i=1}^{N} (x_i - \bar{x})^2}{N}$$

일단 표현형에 대한 전체 분산이 계산되면, 과학자들은 분산의 얼마만큼이 각 개체가 보유한 유전자의 차이에 기인한 것이고, 또 얼마만큼이 각 개체들이 접하는 미세환경적 차이에 기인한 것인지에 대한 질문을 던질 것이다.

유전적 분산은 환경적 분산으로부터 분리될 수 있다

표현형의 변이성에 대한 유전적 효과로부터 환경적 효과를 분리하기 위해서 유전적 요인(유전적 기여도)을 고정시켜서 환경이라는 변수를 정량화시킬 필요가 있다. 이런 특수한 실험은 민들레의 경우에 쉽게 수행할 수 있다. 대부분의 민들레 씨앗은 감수분열보다는 체세포분열로 만들어지기 때문에 단일 식물로부터 유래한 모든 씨앗은 유전적으로 동일하다. 이제 여러분은 유전적으로 동일한 씨앗을 풀이 자라는 언덕에 심은 후 꽃이 필 때까지 방해받지 않고 자랄 수 있게 유지시킴으로써 실험을 시작할 수 있다. 다음에 꽃이 핀 각 식물의 꽃자루 길이를 측정하고, 이 민들레 집단에서 이 형질값의 분포에 대한 평균과 분산을 구한다(그림 21.5a).

실험 집단에서 모든 개체들은 유전적으로 동일하기 때문에(드물게 일어나는 돌연변이는 무시한다면), 개체들 간의 꽃자루 길이에 대해 관찰된 변이성은 환경적 차이(언덕의 위치에 따른 수분과 햇빛의 차이 등)의 결과여야 한다. 평균으로부터 분산을 나타낼 때, 이와 같이 환경적 요인으로 결정된 꽃자루 길이의 변이를 **환경적 분산**(environmental variance, V_E)이라 한다.

꽃자루 길이에 대한 유전적 차이의 영향력을 측정하기 위해, 다른 여러 지역에서 자란 민들레로부터 씨앗을 채취한 후, 씨앗들을 조절 가능한 온실에 배양한다(그림 21.5b). 상대적으로 동일한 환경에 유전적으로 다양한 식물을 배양했기 때문에, 꽃자루 길에 대해 관찰된 변이는 유전적 차이에 기인한 결과로서, **유전적 분산**(genetic variance, V_G)을 보여준다.

이제는 유전과 환경 모두가 다를 때, 표현형에 미치는 총 영향력을 해석하기 위해 다른 여러 지역에서 자란 많은 다른 민들레(서로 다른 유전적 변이를 가지는 개체들)로부터 씨앗을 채취하여, 보통 언덕에서 자라게 한다(그림 21.5c). 이와 같이 유전적으로 다양한 씨앗들로부터 유래된 민들레 집단에서, 꽃자루 길이에 대한 총 표현형적 분산(V_P)은 유전적 분산(V_G)과 환경적 분산(V_E)의 합이 될 것이다.

$$V_P = V_G + V_E$$

한 언덕에서 자란 유전적으로 동일한 개체들이나(그림 21.4a) 환경이 조절되는 온실에서 자란 유전적으로 다양한 개체들과 비교할 때, 그림 21.4c에서 민들레 꽃자루 길이에 대한 종 모양 곡선은 더 넓은 폭을 보임에 주목하라.

그림 21.5 표현형적 분산에 대한 환경적 및 유전적 구성 요소. (a) 보통 야외 언덕과 같이 다양한 환경에서 자란 유전적으로 동일한 식물들의 표현형 분산은 모두 환경적 분산 V_E에 기인한다. (b) 통제된 온실과 같이 동일한 환경에서 자란 유전적으로 다양한 식물들의 표현형적 분산은 유전적 분산 V_G에 기인한다. (c) 다양한 야외 환경에서 자라는 자연 집단에서는 총 표현형적 분산 V_P는 유전적 및 환경적 분산적 요소의 합이다($V_G + V_E$).

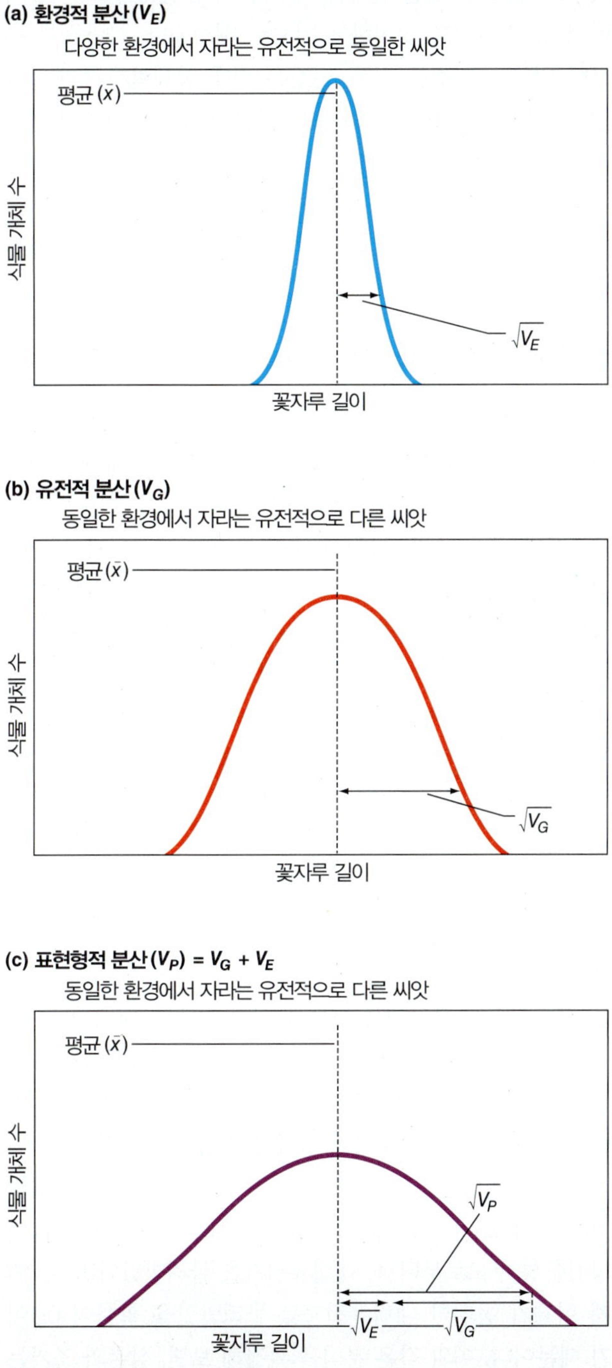

유전력은 유전적 분산에 기인한 표현형적 분산의 비율이다

유전학자들은 표현형적 형질의 **유전력**(heritability)을 총 표현형적 분산(V_P)에서 오로지 유전적 변이성(V_G)에 기인한 부분의 비율로 정의한다. 이런 방식으로 정의한 유전력을 일반적으로 **광의의 유전력**(broad sense heritability)이라고 하며, 고전적으로 $\boldsymbol{H^2}$의 약어로 나타내는데, 그 이유는 분산이 어떤 형질에 대한 평균으로부터 벗어난 값에 대한 제곱의 평균이기 때문이다:

$$\text{광의의 유전력 } H^2 = \frac{V_G}{V_P}$$

유전적 분산은 세부적으로 세 가지 요소로 나뉠 수 있다. 첫 번째 요소는 상가적 유전적 효과(additive genetic effects)에 기인한 분산 V_A이다. 예로서, 만약 대립유전자 *a*, *A*, *b*, *B*는 각각 표현형에 1 단위, 2 단위, 3 단위, 4 단위만큼 기여한다면, *Aa Bb* 이형접합자는 1 + 2 + 3 + 4 = 10 단위의 표현형을 나타낼 것이다. 유전적 분산에 기여하는 다른 두 요인은 우성 효과에 기인한 분산(V_D)과 유전적 좌위 간의 상호작용에 기인한 분산(V_I)이다. 우성은 분산에 추가적인 요소를 더한다. 왜냐하면, 한 우성 대립유전자에 대한 이형접합자는 그 대립유전자에 대한 동형접합자와 동일한 표현형을 가지지만, 이들 개체들은 동일한 유전자형을 가지지 않기 때문이다. 비슷하게, 다른 좌위의 대립유전자 간 상호작용(예, 상위)은 한 유전자의 어떤 대립유전자가 두 번째 유전자에 존재하는 대립유전자의 상태에 따라 다른 표현형적 가치를 나타낼 수 있다. 총 유전적 분산은 세 가지 요소의 합이다:

$$V_G = V_A + V_D + V_I, \text{ 따라서}$$
$$V_P = V_A + V_D + V_I + V_E$$

이런 수식을 이용하여, 광의의 유전력을 다음과 같이 더욱 정교하게 나타낼 수 있다:

$$\text{광의의 유전력 } H^2 = \frac{V_A + V_D + V_I}{V_A + V_D + V_I + V_E} = \frac{V_G}{V_P}$$

다음 절에서는 유전적으로 친척들에 대한 조사로부터 특정한 형질의 유전력을 측정할 수 있음을 보게 될 것이다. 개별 좌위에서 대립유전자의 우성과 다른 좌위들의 대립유전자 간 상호작용의 영향은 광의의 유전력이 단지 일란성 쌍생아를 서로 비교할 때만 측정할 수 있음을 의미한다. 일란성 쌍생아는 모든 좌위에서 동일한 대립유전자를 공유하므로 모든 세 유전적 분산의 요소는 동일하다. 그래서 유전적 분산의 세 가지 요소를 모두 포함하는 유전력의 측정은 일란성 쌍생아에 대한 연구로부터만 유일하게 얻을 수 있다.

반면, 부모와 자손 사이의 표현형적 유사성의 비교로는 광의의 유전력을 측정할 수 없는데, 이유는 각각의 좌위에서 대립유전자 중 단지 하나만 한 자식과 한 부모 간에 공유되고, 다른 좌위들 사이의 대립유전자의 조합도 또한 다르기 때문이다. 따라서 한 부모와 한 자식 사이에 공유되는 각 좌위의 대립유전자는 단순한 상가적 방식으로 활동하는 유전적 요인으로 고려되어야 한다; 다르게 표현하면, 부모와 자손의 비교는 전체 유전적 분산(V_G)에서 상가적 유전적 분산(V_A)만을 보여준다. 유전적 효과에서 상가적 요소가 가장 정확하게 자손들에 대한 표현형의 범주를 예측하기 때문에, 식물 재배자나 동물 사육사는 종종 **협의의 유전력**(narrow sense heritability, h^2)으로 불리는 유전력 측정자를 활용하는데, 이것은 상가적 유전적 요소로만 기인된 분산이 총 분산에서 차지하는 비율이다:

$$\text{협의의 유전력 } h^2 = \frac{V_A}{V_A + V_D + V_I + V_E} = \frac{V_A}{V_P} \quad (21.1)$$

앞으로 보게 되겠지만, 협의의 유전력은 또한 두 번째 이유로도 사육사들에게 중요하다: 특정 표현형 형질이 얼마나 강하게 표현형의 선발에 반응할 것인지를 예측하게 한다. 정확도의 측면에서 H^2와 h^2를 구분해서 논의하지만, 그 차이점은 이 장의 전체적 목적을 고려하면 상대적으로 사소하다.

광의든 협의든 유전력이 0인 극단의 경우는 그 집단에서 형질에 영향을 주는 유전적 변이는 없으며, 관찰되는 모든 표현형적 변이는 환경적 요인에 기인함을 의미한다; 반면 유전력이 1인 경우는 관찰되는 모든 표현형적 변이가 유전적 변이에 기인하고 환경적 효과는 전혀 없음을 의미한다. 그러므로 유전력은 한 집단의 특징이지 한 개체의 특징은 아님을 주목해야 한다. 즉, 알코올에 대한 감수성과 같은 형질의 유전력이 0.4라는 것은 한 특정한 사람에 대한 감수성의 40%가 유전자에 기인하고 60%는 환경에 기인한다는 것을 의미하는 것은 아니다. 이 값은 대신에 집단 내에서 해당 형질에서 관찰되는 표현형적 변이의 40%는 특정 집단에서 개체들 간의 유전적 차이로 발생한 것임을 의미한다.

유전적, 환경적 및 표현형적 변이의 양은 형질에 따라 다르고, 집단에 따라 다르고, 환경 상태에 따라 다르기 때문에, 한 형질의 유전력은 언제나 한 특정한 집단과 특정한 환경 조건으로 한정된다. 따라서 어떤 형질에 대한 유전력은 서로 다른 유전적 변이를 갖거나 다른 환경을 가지는 다른 집단 간에 다를 수 있다.

사람의 신장에 대한 분석은 좋은 예를 제공한다. 현대화된 사회에서 표준적인 음식을 먹는 양호한 조건의 집단에 대해 측정하였을 때, 사람의 신장은 0.9 이상의 매우 높은 유전력을 보인다. 즉, 이런 집단에서 신장 변이의 90%는 대립유전자 차이에 기인한다. 반면에 상당한 사람들이 적절한 영양분을 섭취하지 못하는 가난한 나라에서 유전력은 훨씬 낮은 것으로 보인다. 이런 결과는 각 사람의 유전체가 그들의 최대 신장 잠재력을 결정하는 것으로 해석된다. 사람들이 충분한 영양을 섭취할 경우, 신장은 최대 잠재력까지 도달하려 할 것이지만, 더 이상의 음식 섭취는 신장 차이를 발생시키지 못할 것이다. 하지만 저개발 국가에서는 개인들 간에 소비할 수 있는 영양분 섭취량에 큰 차이가 존재한다. 이런 환경적 차이는 신장 변이에 대한 환경적 요소를 증가시키는 역할을 할 것이다.

유전력을 이용한 유전적 친척들의 표현형적 변이 연구

친척들(예로서 부모와 자식들)은 유전자를 공유하므로, 우리는 유전자를 공유하는 정도와 해당 표현형에 대한 유전력의 정도에 따라 그들은 표현형적으로 유사성을 보일 것으로 예측한다. 만약 어떤 형질에 대해 유전적 유사도가 표현형적 유사도에 기여한다면, 가까운 친척 쌍들은 집단에서 무작위로 선택된 두 개인 쌍들에 비해 표현형적으로 훨씬 더 비슷할 것으로 예상하는 것은 논리적으로 타당하다. 그래서 유전적 혈연관계가 잘 정립된 그룹에서의 표현형적 변이를 약간의 환경적 차이를 내포한 전체 집단의 표현형적 변이와 비교해 봄으로써 어떤 형질의 유전력을 측정하는 일이 가능해진다.

이러한 형태의 비교를 이끌어내기 위해서는 우리는 먼저 두 개인 간의 **유전적 연관성**(genetic relatedness)을 정량화하는 작업이 필요하다. 유전성 연관성이란 공통조상으로부터 유래한 개인들 사이에서 모든 유전적 좌위에 대해 공동 대립유전자를 공유하는 평균 비율을 의미한다. 상염색체 유전자에서 자식의 유전체가 가지는 한 유전자의 두 대립유전자 중 하나는 한쪽 부모로부터 유래했기 때문에, 부모와 자식 간의 유전적 연관성은 0.5가 된다. 두 형제 간의 유전적 연관성도 역시 0.5가 되는데, 그 이유는 형제 중 한 명이 A_1A_2 이형접합성 부모로부터 A_1 대립유전자를 물려받았다면, 두 번째 형제가 동일한 대립유전자를 물려받았을 확률이 0.5이기 때문이다. 이와 같은 분석을 확장해 보면, 삼촌과 조카는 0.25의 유전적 연관성을 가지며, 사촌 간에는 0.125가 된다는 것을 알 것이다.

이론적으로는 먼 친척들을 이용하여 유전력을 결정할 수

있지만, 가능한 유전적 연관성이 0.5이거나 그 이상을 보이는 가장 가까운 친척들을 대상으로 연구하는 것이 합리적이다. 그 이유는 단순히 생각해서 한 형질에 대한 유전자들의 기여도는 대부분의 대립유전자들을 서로 공유한 경우에 가장 뚜렷해질 것이기 때문이다. 이 절의 나머지 부분에서는 가까운 친척들에게서 유전력을 측정하는 두 가지 접근법에 대해 논의할 것이다. 첫 번째는 부모와 자식 간의 표현형을 비교하는 것으로, 다윈(Darwin)에 의해서 수행된 조류를 포함하는 유명한 야외 조사에 대해 초점을 맞출 것이다; 두 번째는 인간의 쌍생아를 대상으로 하는 표현형의 비교이다.

부모와 자식의 비교를 통한 유전력의 측정

그림 21.6은 부모, 자식 및 전체 집단의 평균 표현형값에 대한 유전력의 연계성을 나타낸다. 유전력은 자식과 부모 간의 표현형적 연계성으로 측정될 수 있다. 자식의 평균 표현형값이 전체 집단의 평균과 비슷하다면, 부모의 특정한 표현형이나 유전자형과 상관없이 유전력은 0이 된다. 왜냐하면 표현형적 분산의 어떤 부분도 부모로부터 물려받은 대립유전자들의 상가적 유전적 효과에 기인하지 않기 때문이다. 만약 자식이 집단 평균과 벗어나서 25% 만큼 부모의 표현형을 닮았다면, 협의의 유전력은 0.25가 된다. 만약 자식의 표현형이 집단 평균과 벗어나서 그들의 부모와 같다면, 유전력은 1.0이 된다. 왜냐하면 부모로부터 물려받은 대립유전자들이 자식의 표현형을 매우 근접하게 예측하기 때문이다.

그림 21.6 부모/자식 간 비교에 의한 유전력의 결정. 부모 세대 집단의 표현형은 매끄러운 곡선의 정규분포를 보이는데, 분포도의 거의 오른쪽 끝에서 선택된 두 특정 부모의 평균이 표시되어 있다. 아래쪽에 나타낸 보라색 선은 자식 표현형의 범위를 표시한다. 만약 $h^2 = 1$이라면, 자식의 평균은 선택된 부모의 평균과 같아질 것인데, 그 이유는 부모로부터 물려받은 대립유전자들은 부모의 표현형을 완벽히 자식에게 베끼게 할 것이기 때문이다. 만약 $h^2 = 0.25$라면, 자식의 평균은 선택된 부모의 평균과 전체 부모 세대 평균 간의 차이에 대한 4분의 1에 해당되는 값을 보일 것이다. 만약 $h^2 = 0$이라면, 자식의 평균은 전체 부모 세대 평균과 같을 것이다; 이런 경우, 부모의 유전자형은 자식의 표현형에 전혀 영향을 미치지 못한다.

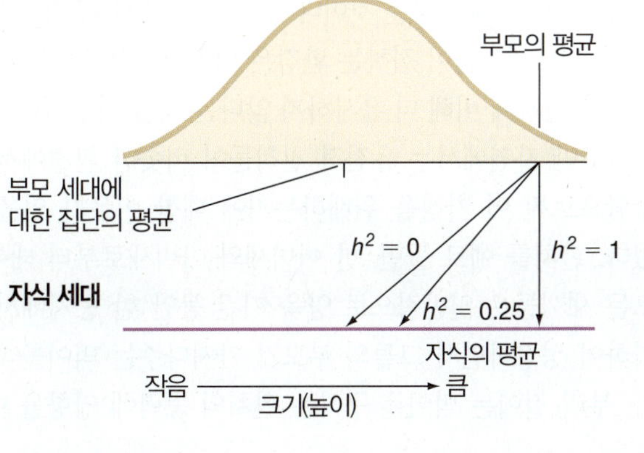

갈라파고스 군도에서 다윈이 관찰한 새 핀치(종종 “다윈의 핀치”로도 불림)는 과학자가 자연 조건에서 야생 집단의 한 형질에 대한 부모와 새끼 간의 표현형을 비교함으로써 유전력을 측정한 한 예를 제공한다. 과학자들은 다프네 섬에 서식하는 중간크기핀치(*Geospiza fortis*) 집단의 많은 개체들에 대해 연구하였다(그림 21.7a). 연구자들은 섬에 존재하는 각 둥지들을 중심으로 어미새, 아비새, 새끼들에 대한 부리의 길이를 측정한 후, 새끼들의 부리 길이가 부모의 평균 부리 길이와 통계적으로 상관성이 있는지를 계산하였다(양 부모의 평균; 그림 21.7b). 비교 결과는 부모와 새끼 간의 뚜렷한 양성 상관성(positive correlation)을 보여주었다; 긴 부리를 가진 부모는 긴 부리의 새끼를 가졌고, 짧은 부리의 부모는 짧은 부리를 가진 새끼를 가졌다.

앞으로 그 이유들을 확실히 살펴보게 되겠지만, 양성 상관성이 나타날 경우, 새끼와 양쪽 부모 값이 연관된 직선의 기울기는 부리 크기에 대한 협의의 유전율 측정값이 된다. 그림에서, 부모의 부리 크기에 대한 새끼의 부리 크기를 연관시키는 직선의 기울기(상관도 직선)로 표현되는 부리 크기의 유전율은 0.82이다. 이것은 다윈의 핀치 집단에서 부리 크기에 대한 변이의 82%는 대략 집단의 개체들 간의 상가적 유전적 변이에 기인한다는 것을 의미한다; 나머지 18%는 환경과 비상가적 유전적 역할의 차이로부터 초래된다.

그림 21.7c–d에서, 상관도 직선의 기울기가 협의의 유전율 h^2를 나타내는 이유를 이해하기 위해 극단적인 경우를 조사해 보고자 한다. 먼저 환경은 해당 형질에 전혀 영향을 주지 못한다고 가정해 보자(그림 21.7c). 이런 경우, 부리 길이의 유전성을 나타내는 직선(즉, 부모와 새끼 간의 부리 길이를 상관시키는 직선)의 기울기는 1.0이 될 것이다(그림 21.7c; 왼쪽). 그림의 오른쪽에서는 4쌍에 대한 결과를 앞에서 보여준 그림 21.6과 동일한 방식으로 보여준다. 여러분들은 이런 두 가지 방식의 표현이 원칙적으로 등가적임을 알게 될 것이다.

이번에는 부모와 새끼의 부리 길이가 집단에서 임의로 선발된 개체들로부터 얻는 부리 길이와 평균적으로 차이가 전혀 없다고 가정해 보자(그림 21.7d). 이런 집단에서는 부모와 새끼 사이의 부리 길이의 형질은 상관성이 존재하지 않으며, 양 부모 평균과 새끼에 대한 부리 길이의 그래프는 부모 평균과 새끼 간의 상관성이 없는 점들의 “구름”을 형성한다(그림 21.7d, 왼쪽). 그림 21.7d의 오른쪽은 동일한

그림 21.7 다윈의 핀치 집단에서 부리 길이의 유전력 측정. (a) 중간크기핀치(*Geospiza fortis*)는 갈라파고스 군도의 씨앗을 먹는 토종 새이다. (b) 1976년과 1978년에 각각 조사한 새끼들의 부리 길이와 양쪽 부모의 부리 길이 평균 간의 상관성을 보여준다. 부리 길이의 평균은 가용한 씨앗을 작고 부드러운 것에서 크고 딱딱한 것으로 바꾸는 결과를 초래한 1977년의 가뭄과 연계된 자연선택으로 증가하였다. 하지만 직선의 기울기는 조사한 두 연도에서 동일한데, 상대적으로 환경 변화에 무관하게 언제나 높은 유전력을 유지한다는 것을 의미한다. (c) 유전력이 1.0에 근접할 경우의 상관도. (d) 유전력이 0.0인 경우의 상관도. (c)와 (d)에서 오른쪽 모식도는 4쌍의 부모와 그 새끼들의 표현형적 평균을 보여주는 것으로, 그림 21.6과 같은 방식으로 표현되었다; 그림 오른쪽의 각 화살표는 왼쪽 그래프에 표시된 각 점에 해당된다.

경우의 다른 방식의 표현으로 동일한 내용을 의미한다. 여러분들은 부모, 새끼 그리고 전체 집단의 표현형값을 그림 21.7에서 사용한 방법 중 하나로 분석한 결과는 연구자들로 하여금 유전력 값의 추정을 가능하게 한다는 것을 알게 될 것이다.

이런 예시들로부터, 여러분들은 유전적으로 친척 관계인 개체들 사이의 표현형적 유사성은 어떤 형질의 유전력에 대한 증거를 제공한다는 결론을 얻을 것이다. 하지만 유전적 친척들 사이의 표현형적 유사성으로부터 유전력을 측정하는 일은 하나의 중요한 가정에 의존한다: 그 가정은 유전적 친척들의 분포는 집단이 경험하는 여러 환경 조건에 대해 무작위적이어야 한다는 것이다. 핀치의 예에서, 우리는 부모와 그들의 새끼들이 접하는 환경은 비친척 관계의 개체들이 접하는 환경에 비해 더 유사하지 않다는 것을 가정했다.

하지만 자연에서는 유전적 친척들이 비슷한 환경에서 생활함으로써 이 가정을 위배하는지에 대한 이유가 있을 수 있다. 핀치를 예로 들면, 한 어미새와 아비새로부터 태어난 모든 새끼들은 일반적으로 양육 기간 동안 한 둥지에서 부화하여 성장하면서 그들의 부모가 가져다주는 먹이를 먹는다. 부리 길이는 먹이를 구하는 핀치의 능력에 영향을 미치므로, 한 둥지 안에서 급식의 양은 부분적으로 부모의 부리 길이와 연관될 수 있는데, 이것은 유전적 유사성과는 확실히 구분되는 이유이다.

환경적 유사성이라는 혼동되는 문제를 줄이기 위한 한 방안은 한 쌍의 부모로부터 유래한 알들을 둥지에서 꺼내 집단 내의 다른 부모들에 의해 조성된 둥지들로 무작위로 옮기는 것이다; 이런 알의 무작위 재배치를 **교차양육**(cross-fostering)이라고 한다. 부모의 보호를 받는 동물의 유전력 연구에서 교차양육은 환경 조건을 무작위화하는 데 도움을 준다. 환경 조건과 교차 양육에 대한 조절은 야생 및 사육 생물의 유전력 연구를 위한 실험을 디자인하는 데 필수적인 사항이다.

쌍생아를 이용한 사람의 복합 형질의 유전력 측정

인류 집단에서는 표현형 측면에서 교잡은 무작위로 일어나지 않으며, 연구자들은 인류 집단의 연구를 위해 환경 조건을 임의로 조절하고 교차양육을 설정하는 방법을 적용할 수 없다. 대부분의 인류 사회에서 가족 구성원들은 유사한 가정과 문화적 환경을 실제로 공유한다. 그래서 유전적 친척들 사이의 표현형적 유사성은 유전적 유사도나 유사한 환경 중 하나에 기인하거나, 대부분은 둘 다의 영향을 받을 것이다. 그러면 어떻게 환경의 공유로 만들어진 효과로부터 유전적 유사도에 기인한 효과를 분리해 낼 수 있겠는가?

한 가지 방법은 태어나서 곧 입양되어 다른 가정에서 양육된 **일란성 쌍생아**(monozygote twins)를 연구하는 것이다. 이런 일란성 쌍생아가 보여주는 어떤 표현형적 유사성은 유전적 유사도에 기인해야만 할 것이다. 대략적으로 조사하여도 입양된 일란성 쌍생아의 연구는 비슷한 가정환경의 성가신 효과를 제거할 수 있을 것으로 보인다. 하지만 심층 연구로부터 이것은 종종 진실이 아님이 밝혀졌다. 많은 쌍생아 쌍들은 다른 유전적 친척들에게 입양된다; 입양은 흔히 동일한 지리학적 지역에서 이뤄지고(미국에서는 대개 같은 주 내에서 이루어지며, 심지어 동일한 시에서도 이뤄진다); 입양을 원하는 가정은 직업과 경제적 안정성 및 일정 규모 이상의 가족 크기 등의 많은 조건을 충족해야만 한다. 결과적으로, 한 쌍의 쌍둥이를 각각 입양하는 두 가정은 임의로 선발된 두 가정에 비해 더 비슷할 것이며, 이런 유사성은 쌍생아 형제 간의 표현형적 차이를 감소시킬 수 있다. 떨어져서 생활한 쌍생아에 대한 연구가 과학적으로 유효하기 위해서는 이런 요인들을 모두 고려해야만 한다.

이와 관련된 한 접근법으로 다른 세트의 유전적 친척들 간에서 관찰되는 표현형적 차이를 비교하는 방법인데, 특히 서로 다른 유형의 쌍생아 비교가 유용하다(그림 21.8a). 예를 들면, 수정 후 접합자의 분리의 결과로 발생한 일란성(MZ) 쌍생아는 단일 정자와 단일 난자로부터 유래했기 때문에 유전적으로 동일하다; 그들은 모든 좌위에서 대립유전자를 공유한다. 반면, 한 부로부터 유래한 다른 정자가 두 개의 다른 난자와 각각 수정된 결과로 태어난 **이란성 쌍생아**(dizygotic [DZ] twins)는 서로 다른 날에 태어난 일반적인 두 자식의 쌍과 같으므로, 모든 좌위에서 대립유전자의 50%를 평균적으로 공유한다. MZ 쌍생아(유전적 연관성: 1.0) 사이의 표현형적 차이를 DZ 쌍생아(유전적 연관성: 0.5) 사이의 표현형적 차이와 비교하는 연구는 유전자의 역할과 가족 환경의 역할을 분리하는 데 도움을 줄 것이다.

쌍생아들이 동일 가정에서 양육되었다면, 그들은 상대적으로 같은 환경을 공유할 것이다. MZ 쌍생아들은 DZ 쌍생아들보다 두 배로 많은 대립유전자를 공유하므로, 광의의 유전력($H^2 = V_G/V_P$)은 MZ와 DZ 쌍생아 쌍 사이의 표현형의 통계적 상관성과 관련하여 두 배로 계산된다.

쌍생아 연구는 일반적으로 표현형의 상가적 유전자 효과로부터 우성이나 유전자 상호작용의 효과를 구분할 수 없으므로, 오로지 광의의 유전력(H^2)에 대해서만 결정할 수 있게 한다. 부모-자식 연구에서 측정되는 더 유용한 협의의 유전력(h^2)은 유전적 분산 중 오로지 상가적 요소만을 고려한 값인데, H^2를 h^2와 비교하면, 쌍생아 연구로부터 제공받는 H^2은 더 상위 단계의 값이지만, 그럼에도 불구하고 유용한 근사치가 될 것이다.

집단에서 개체들 간에 관찰되는 표현형의 차이가 전적으로 각 개체들이 경험하는 환경 차이로 유도되는 한 형질을 가정해 보자. 즉, 이 형질에 대한 유전력은 0.0이 된다(그림 21.8b.1). 해당 형질에 대해 MZ 쌍생아들은 동일한 표현형을 공유할 개연성(likelihood)은 DZ 쌍생아에 대한 것과 같을 것으로 기대된다. 형질 공유의 개연성은 그 가정으로 입양되어 유전적으로 비친척인 자녀와도 역시 동일할 것이다. 만약 한 어린이가 유전력이 0.0인 어떤 형질을 나타낸다면, 다른 자녀가 동일한 표현형을 보일 가능성에 영향을 주는 유일한 요인은 조사된 환경의 범위가 그 표현형을 나타나게 할 확률이다; 두 자녀 간의 유전적 연관성의 정도는 영향을 미치지 못한다.

이제, 어떤 집단에서 개체들 간의 표현형 차이가 전적으로 유전적 차이에 의해서만 나타나는 한 형질을 가정해 보자; 즉, 그 형질에 대한 유전력이 1.0인 경우이다(그림 21.8b.2). MZ 쌍생아는 유전적으로 동일하기 때문에, 그들은 표현형 발현에 있어 100% 일치(concordance)를 보일 것으로 기대

그림 21.8 일란성(MZ)과 이란성(DZ) 쌍생아의 비교로부터 사람의 유전력에 대한 통찰. (a) MZ와 DZ 쌍생아는 유전적으로 다른 기원을 가진다. (b) 두 어린이가 한 형질을 공유할 확률은 그들의 연관성과 집단 내에서 그 형질의 빈도에 의존한다. (1) 유전력이 0.0인 가상의 형질에 대해, 두 어린이가 해당 형질을 공유할 가능성은 집단에서 그 형질의 빈도에 의존하며, 두 어린이의 근친의 정도와는 무관하다. (2) 유전력이 1.0인 가상의 형질에 대해, MZ 쌍은 100% 일치할 것이며(동일한 표현형을 가짐), 반면 DZ 쌍은 100%와 유전적으로 친척 관계가 없는 두 어린이 사이에서 보여주는 일치율의 중간 비율을 보일 것이다.

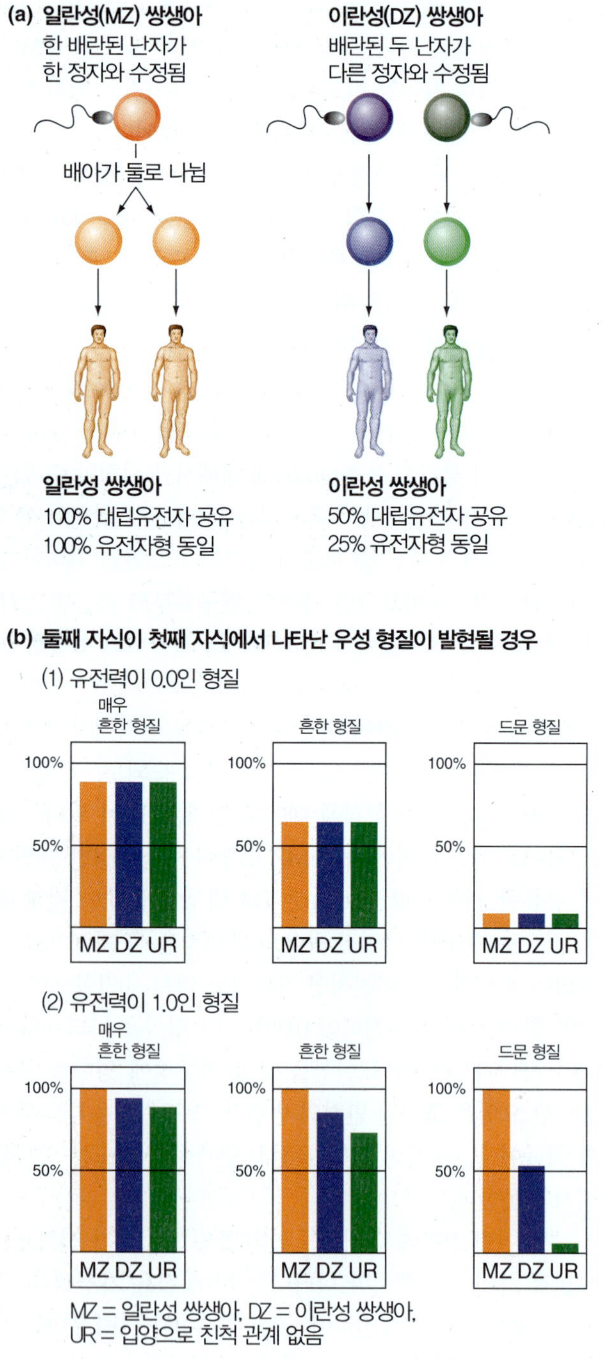

된다; 즉, 한 명이 어떤 형질을 나타내면, 다른 한 명도 그 형질을 보인다. 비친척 관계의 두 사람에 대한 형질 발현의 일치율은 그 형질이 얼마나 흔하게 존재하는지에 의존한다; 집단에서 더 흔한 형질일수록, 비친척 관계의 두 사람이 그 형질을 나타낼 확률은 높아진다(그림 21.8b.2). 그 형질의 흔한 정도와 상관없이 대립유전자의 절반을 공유하는 DZ 쌍생아들은 유전적으로 비친척인 사람들보다 더 높은 일치율을 나타내지만, MZ 쌍생아가 보이는 100% 일치율보다는 낮게 된다. 단일 상염색체 유전자에서 한 대립유전자에 의해 유도되는 우성 형질의 매우 단순화시킨 경우에, DZ 쌍생아들은 비친척이 보이는 값과 100%의 중간 정도의 일치율을 보일 것이다. 실제로, 거의 대부분의 형질들은 여러 유전자들의 효과로 발현되는데, 각 유전자들에 따라서 우성, 열성, 공우성, 혹은 상호작용 효과를 보일 수 있으며, 모든 형질들의 유전력은 0.0과 1.0 사이에 놓인다.

어떤 형질의 유전력은 진화 잠재력을 결정한다

20장에서 이미 존재하던 돌연변이의 선택이 진화적 변화를 유도한다는 것을 보았다. 복합 형질의 유전력은 변이성을 포함하는 유전적 요인의 측정이기 때문에, 유전력은 선택에 대한 잠재력, 즉 한 세대에서 다음 세대로의 진화의 잠재력을 정량화시킨다. 높은 유전력을 가지는 어떤 형질은 선택을 통한 높은 진화의 잠재력을 가지는데, 그 선택이 자연선택이든 인위선택이든 상관없다. 이 개념은 표현형이 시간에 따라 어떻게 진화하는지를 이해하는 데 중요하다.

진화에서 유전력의 역할은 농업에서 중요한 식물이나 동물을 개량하기 위한 육종 프로그램 운영에 상당히 실제적인 중요성을 가진다. 한 형질의 유전력이 낮다면, 이런 프로그램의 운영이 성공할 가능성은 낮다; 작물 재배나 가축 사육의 환경을 개선하거나, 다른 지역을 뒤져서 형질 변이의 유전적 요소를 증가시키는 같은 종의 다른 품종을 찾아나서는 일이 더 상식적일 것이다.

그림 21.9는 식물 경작자가 인위선택에 의해 농작물을 개선시키기 위해서는 높은 유전력의 상태가 필요한지 이유를 설명해 준다. 이번 예에서, 경작자는 더 큰 식용 콩을 선발하기를 원하는데, 그는 **선별선택**(truncation selection)이라고 하는 단순하지만 강력한 전략을 구사할 것이다. 이 방법의 핵심은 다음 세대를 선발하기 위해 특정 경계값(이 경우, 최소 크기로 정해진 콩) 이상의 표현형값을 가지는 콩을 재배하는 것이다.

그림 21.9에서, *S*는 선택차이(selection differential)를 나타내는데, 선발된 부모들의 평균 형질값과 전체 부모 집단(즉,

그림 21.9 선별선택의 전략. 협의의 유전력 h^2는 어떤 양적 형질에 대해 선택반응을 예측하게 한다. 전체 부모 세대는 어떤 표현형적 형질에 대해 종 모양 분포를 하지만, 일정 크기 이상의 개체들만 재배한다(주황색으로 표시). 선택된 그룹과 전체 집단 사이에 표현형의 평균값에 대한 차이가 선택차이 S이다. 만약 h^2 유전력이 높다면, 선택된 부모로부터 유래된 자손들은 원래 집단의 평균보다 더 큰 표현형의 평균값을 가지며; 두 평균값의 차이는 선택반응 R을 나타낸다.

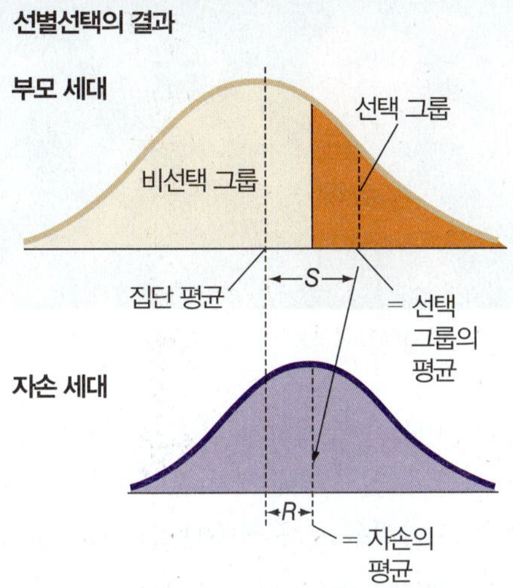

교배에 참여하거나 참여하지 않은 개체들)의 평균 형질값 사이의 차이로 결정한다. 선발된 부모의 자손들에 대한 형질의 평균값은 전체 부모 세대가 보여주는 평균값보다는 더 높을 것이다. 그림에서 R은 이런 차이를 나타낸다. R은 선택반응(response to selection)을 나타내는 것으로, 경작자에 의해서 적용된 선택으로부터 초래된 진화의 정도나 형질값의 평균에 대한 변화를 의미한다.

경작자에 대한 유전력의 중요성은 선택반응(R), 즉 경작 전략의 효율성이 형질의 실현 유전력(realized heritability)을 통해 선택차이(S)와 직접적으로 관련된다는 사실로부터 도출된다. 표현형값의 분포가 종 모양의 정규분포를 한다면, 실현 유전력은 협의의 유전력과 일치한다. 즉,

$$\text{실현 } h^2 = R/S$$

R에 대해 재정리하면:

$$R = h^2 S \tag{21.2}$$

다르게 나타내면, 한 형질의 선택강도(S)와 유전력(h^2)은 각 세대에서 형질에 대한 진화의 정도 혹은 비율을 직접적으로 결정하게 해 준다(선택반응 R에 의해 제시되듯이). 유전력이 높을수록 품종개량 프로그램이 곡물을 개선시킬 개연성은 높아진다.

핵심 개념

- 평균을 중심으로 좁게 분포할수록 분산은 낮아진다.
- 한 집단에서 어떤 복합 형질의 총 표현형적 분산은 유전적 요인 및 환경적 요인으로 구성된다. 유전적으로 동일한 개체들로 구성된 집단에서 모든 표현형적 분산은 각 개체들이 경험하는 환경의 차이에 기인한다.
- 유전력은 전체 표현형적 분산 중에서 유전적 변이로 나타나는 비율을 나타낸다. 한 형질의 유전력은 어떤 주어진 환경에 대해서 특정 집단의 특이성을 나타낸다.
- 혈연관계가 먼 개체들 사이보다 가까운 친척들 사이에서 표현형이 얼마나 더 유사한지 정도를 조사함으로써, 유전력을 측정할 수 있다.
- 한 형질의 유전력은 그 형질에 대한 진화의 잠재력을 결정한다.

21.2 양적 형질 좌위(QTL)의 지도 작성

학습목표

1. 과학자가 어떻게 역교배 계통주를 확립하여 QTL을 동정하고, 유전적 침투를 이용하여 QTL의 정밀 지도 작성을 수행하는지를 설명한다.
2. 사람에 대한 연관성 QTL 지도 작성에 필요한 연관 불평형(LD)의 중요성에 대해 논의한다.

복합 형질에 기여하는 유전자들인 QTL의 지도 작성을 위해서는 두 가지 중요한 접근 방법이 있다. 첫 번째 접근법은 직접적 QTL 지도 작성(direct QTL mapping)이라는 방법으로 관심의 표현형을 서로 다른 개체들 사이의 교배를 시켜서 조사하는 것인데, 이 방법은 통제된 교배를 통해 양육할 수 있는 종에만 적용될 수 있다. 두 번째 접근법은 연관성 지도 작성(association mapping)으로, 어떤 집단의 과거 세대에서 일어난 사건들을 활용할 수 있는 장점을 가지며, 통제된 양육 실험이 불가능한 사람과 같은 종에서도 적용할 수 있다.

앞으로 살펴보게 되겠지만, 두 방법의 기본 원리는 동일하며, 서로 다른 유전 조성의 개체들을 생산하게 하는 유전적 재조합(recombination)에 의존한다. 직접적 QTL 지도 작성에서 재조합은 연구자에 의해 조절되는 연속적 교배의 여러 세대 동안 일어나며; 연관성 지도 작성에서 재조합은 임의적으로 교배가 일어난 한 집단의 과거 역사 동안 이미 일어난 사건이다. 두 경우 모두 연구자들은 궁극적으로 유전체의 다른 지역에 존재하는 표식자들(markers)과 특정 표현형적 특성 간의 통계적 연관성에 대한 검사를 수행한다. 이런 연관성은 때로 표현형의 변이를 나타내는 유전적 변화를 구체적으로 찾아낼 수 있게 한다.

배양 프로그램을 통해 획득한 재조합의 분석으로 QTL을 지도 작성한다

실험대상의 생물에서 직접적 QTL 지도 작성(direct QTL mappling)을 수행하기 위해서는 연구자는 관심 표현형의 두 극단을 가지는(예로서 매우 크거나 매우 작은) 개체들을 교배시킨 후, 해당 생물의 유전체 전체적으로 분포하는 유전적 표식자들과 표현형의 동시 분리 현황을 조사한다. 특정 표식자들의 존재(혹은 부재)와 표현형적 형질값(이번의 예시에서는 크기) 사이에 강한 연관성을 나타내는 표식자들은 해당 형질에 영향을 주는 한개 혹은 그 이상의 유전자와 유전적으로 연관되었을 개연성이 높다.

연구자들은 선발된 DNA 서열상의 변이들(SNPs, InDels, SSRs)을 분석함으로써 본래 양친에 존재했던 유전자형의 특정 지역을 추적하는데, DNA 변이들은 지도 작성 집단에서 다형성을 나타내고 전 유전체를 통해 분포하기 때문에 활용된다. 유전자 칩이나 DNA 서열분석의 비용은 계속적으로 하락하므로, 연구자들은 점점 더 많은 표식자들을 탐색할 수 있고, 그 결과로 도출되는 QTL 지도의 해상력도 증가되고 있다.

저밀도 지도 작성에 의한 QTL의 동정

직접적 QTL 지도 작성의 가장 중요한 활용성으로 농작물과 가축에 대한 적용을 포함한다. 연구자가 상업적 가치를 가진 형질에 대한 QTL과 연관된 표식자들을 찾아낼 수 있다면, 몇 가지 QTL의 대립유전자들에 대한 특정한 조합을 가지는 재조합체를 만듦으로써, 해당 형질의 발현을 최대화시킨 유용한 품종을 개발할 수 있다. 이와 같은 적용을 위해서 표현형에 기여하는 특정한 유전자들을 동정할 필요는 없다; 대신 QTL과 충분히 가깝게 연관된 다형성 표식자를 찾는 일이 필요하며, 다형 DNA 표식자의 분석은 가장 원하는 표현형을 가질 것으로 여겨지는 품종들을 분리할 수 있게 해 줄 것이다.

QTL 동정의 일반적인 방법을 설명하기 위해, 1990년대 후반에 확립된 토마토 열매 크기에 대한 기념비적 연구를 살펴보고자 한다. 오늘날 조리실에서 사용되는 토마토들은 농부들에 의해 2000년 이상 동안 선발되어 재배된 결과이다. 일부 재배 토마토의 열매는 멕시코로부터 기원한 그들의 야생 조상보다 수백 배 이상 크기도 한다(그림 21.10). 오늘날의 재배 토마토가 보여주는 크기 증가는 선택이 수행된 수천 세대를 거치는 동안, 많은 유전자들에서의 돌연변이 축적으로 이루어졌다.

그림 21.10 재배 토마토와 야생형들 간의 크기의 다양성. 재배 토마토인 *Solanum lycopersicum* 열매(왼쪽)와 세 종류의 토마토 야생종 *S. pimpinellifolium, S. habrochaites* 및 *S. pennellii*의 열매.

관련된 유전자들을 동정하기 위해, 과학자들은 동계교배를 쉽게 실시할 수 있고 열매 크기 범위에서 양 극단의 표현형을 나타내는 가까운 두 근연종인 *Solanum lycopersicum* (큰 열매)과 *Solanum pennellii* (작은 열매)를 대상으로 연구를 시작하였다(그림 21.10). 두 계통주는 모두 여러 세대동안 동계교배가 진행되어 거의 모든 유전자들에 대해 대립유전자들은 동형접합성을 보이게 된다. 모든 유전자에 대해 모든 개체들이 동일한 대립유전자를 갖는 이와 같은 동형접합성 계통들을 **동질유전자성 계통**(isogenic line)이라고 한다. 순계(동형접합)의 멘델 계통과 같이, 관심의 형질에 영향을 주는 대립유전자에 대해 동계유전자성 "작은" 혹은 "큰" 계통들은 토마토 크기에 영향을 주는 각 QTL에 대해 동형접합을 나타낸다. 앞으로 이해하게 되겠지만, 동질유전자성 계통주로 연구를 시작하는 일은 실험의 성공을 위해 매우 중요한 것으로, 추후의 분석을 단순화시켜 준다. 연구자들은 크거나 작은 동질유전자성 계통들을 교배시켜 중간 크기의 토마토가 열리는 F_1을 생산하였다(그림 21.11a).

연구자들은 다음으로 F_1 식물을 큰 열매를 맺는 동질유전자성 부모 계통(*S. lycopersicum*)과 역교배시켜 BC_1 (역교배 1) 세대를 생산하였다. 여러 유전자들이 토마토 크기를 조절하고, 작거나 큰 부모들은 이들 유전자의 대부분에서 다른 대립유전자를 가지므로, 각 BC_1 개체들은 넓은 범위의 표현형 혹은 형질값을 나타낸다(그림 21.11a). *S. pennellii* (*p* 대립유전자)나 *S. lycopersicum* (*l* 대립유전자)로부터 유래된 대립유전자들이 토마토의 특별한 크기의 계급과 비임의적인 빈도를 나타내는 유전자들이 존재할까? 다르게 나타내면, 특별한 *p* 혹은 *l* 대립유전자가 토마토 크기와 연관될까?

그림 21.11 복합 형질에 영향을 주는 양적 형질 좌위(OTL)의 유전적 지도작성을 위한 전략. (a) 계속적인 동계교배로 만들어진 동질유전자성의 *S. pennellii*와 *S. lycopersicum* 부모들을 교배시켜 F_1 세대를 얻었다. F_1 세대는 이어서 동질유전자성 *S. lycopersicum*과 역교배시켜 BC_1 세대를 만들었다. (b) BC_1 개체들에 대해 무게와 유전자형을 측정하였다. 만약 어떤 표식자에 대한 *S. pennellii*와 *S. lycopersicum* 대립유전자의 이형접합자와 *S. lycopersicum* 대립유전자의 동형접합자 간에 표현형값(여기서는 무게)에서 유의적 차이를 나타낸다면, 그 표식자는 표현형에 영향을 주는 어떤 한 QTL과 연관된 것이다.

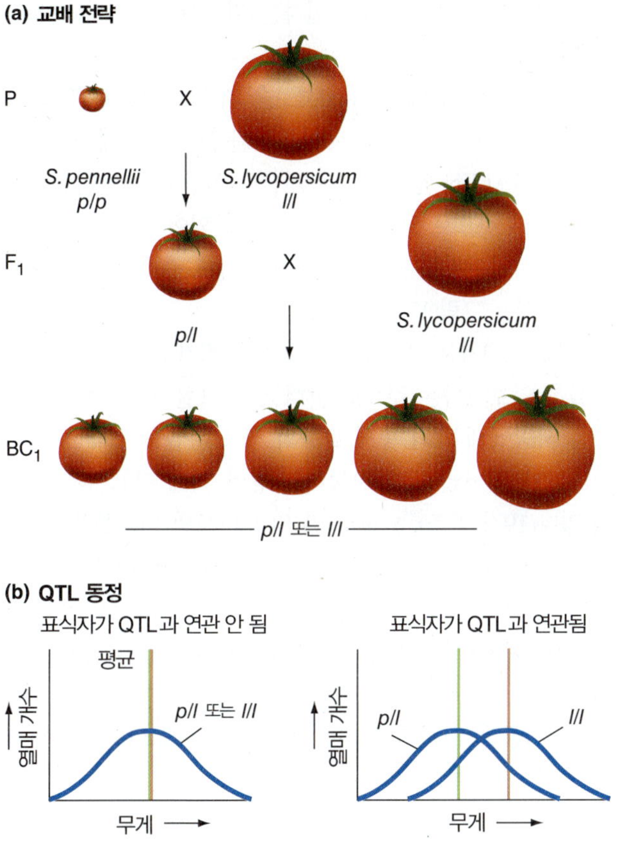

연구자들은 이 질문에 답하기 위해 수백 개의 BC_1 토마토에 대한 무게와 유전자형을 측정하였다.

처음 출발선상의 *S. pennellii*와 *S. lycopersicum* 계통들은 동질유전자성이기 때문에, 두 계통에서 서로 다른 모든 유전자나 표식자 좌위들에 대해서는 p/p 혹은 l/l로 표시할 수 있다. 따라서 F_1은 유전적으로 동일하며, 이런 모든 좌위들에 대해 이형접합(p/l)을 보인다. 하지만 각 BC_1 개체는 l/l로 동형접합이거나 p/l로 이형접합자가 된다. 여러분들은 이 시점에서 동질유전자성 계통으로 실험을 시작한 이점을 파악하게 될 것이다: BC_1 자손들은 추적이 쉬운 *S. pennellii*와 *S. lycopersicum* 특이적 분자 표식자의 다른 단일 대립유전자를 물려받는다.

연구자들은 이어서 각 표식자에 대해 동형접합자 및 이형접합자인 토마토들의 평균 무게를 측정하였다. 이런 표식자 좌위들의 대부분은 동형접합자와 이형접합자 간 평균 무게는 동일하였다. 하지만 크기와 관련 있는 QTL과 연관된 표식자들에 대해서는 평균 무게는 차이를 보였다(그림 21.11b). 측정값의 차이가 유의적인지를 결정하기 위해서는, 과학자들은 10장에서 기술한 LOD 값 지도 작성 통계처리 방법을 사용하였다. 이 방법을 사용하여, 과학자들은 토마토 열매 크기에 영향을 주는 27개의 QTL을 발견하였다.

직접적인 QTL 지도 작성 방법의 예로서, *S. pennellii* 출발선의 계통이 한 특정 표식자의 A_1 대립유전자에 대해 동형접합자이고, 동질유전자성인 *S. lycopersicum* 계통은 A_2 대립유전자에 대해 동형접합성이며, 이형접합자성 p/l (A_1/A_2)의 BC_1 토마토는 l/l 동형접합자성(A_2/A_2) BC_1 토마토에 비해 유의적으로 작다고 가정해 보자. 그렇다면, 그 표식자는 토마토 크기에 대한 한 QTL과 연관된 것이다. 토마토 재배자는 A_1 대립유전자를 가지는 토마토는 A_2 대립유전자를 보유한 토마토에 비해 더 작을 것으로 예상할 수 있다. 이런 예측은 이 표식자가 그 형질을 나타내는 직접적인 원인의 다형성일 것을 요구하지 않으며, 단지 표식자 차이가 해당되는 다형성과 연관되었음은 요구된다.

동질유전자성 계통을 이용한 QTL 정밀 지도 작성

바로 앞에서 살펴보았듯이, 저밀도 지도 작성(rough-mapping)은 QTL에 대한 원인 유전자를 지시하지 않으며, 대신에 원인 유전자가 위치할 수 있는 염색체의 지역(부위)을 확립해 주며, 그 지역의 경계는 가장 가깝게 연관된 분자 표식자들에 의해 결정된다. 대부분의 이런 연구에서, 해당 지역의 길이는 1에서 10 cM 사이에 있으며, 100개 이상의 유전자들을 포함할 수 있다. 성공적인 육종 프로그램은 연구자로 하여금 원인 유전자의 동정을 요구하지 않을 수도 있지만, 연구자들이 이 목표를 달성해야 할 이유들은 흔히 존재한다.

바로 앞에서 서술한 실험에서, 크기에 대해 가장 강력한 영향력을 가진 QTL은 *fw2.2* (*fruit weight 2.2*)로 명명되었다: *S. lycopersicum*의 *fw2.2* 대립유전자는 열매의 무게를 30%까지 증가시킬 수 있다. 어떤 분자적 요인들이 토마토 크기를 조절하는지를 이해하기 위한 연구 개시로, 연구자들은 정밀 지도 작성(fine-mapping)으로 불리는 과정을 통해 *fw2.2*의 원인 유전자를 분리하기를 원했다.

정밀 지도 작성 과정의 첫 번째 단계는 그림 21.11에서

그림 21.12. 세대를 통한 QTL의 정밀 지도 작성 및 근접 동질유전적(공유전적) 계통의 분석. (a) 근접 동질유전자성 계통(NIL)의 생산을 위한 교배 전략: 거의 완전한 유전체가 *S. lycopersicum* (밝은 곳)으로부터 유래되었지만, *S. pennellii* DNA의 작은 부분(유전적 침투; 검은색)만은 동형접합으로 존재한다. (b) 연구자들은 도입유전자(유전적 침투 지역)의 중복을 보이는 NIL들의 표현형을 비교함으로써 QTL 지도를 작성한다. (c) QTL을 특정 유전자로의 지정을 입증하기 위해 도입유전자의 활용.

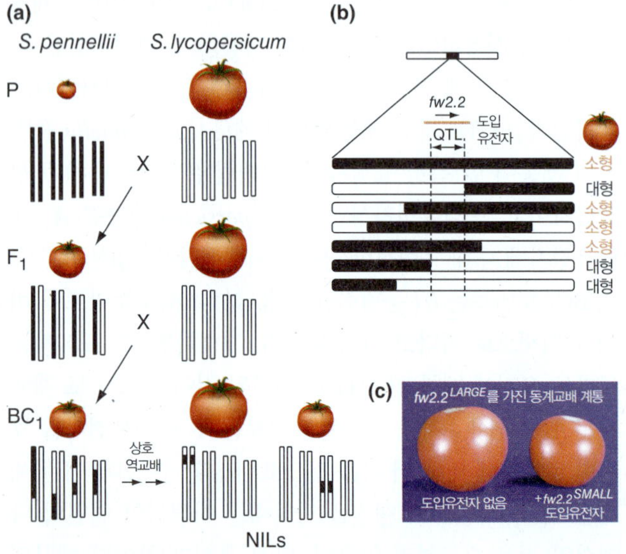

논의한 것처럼 BC_1 자손에서 출발하여 오랫동안의 역교배와 상호교배를 연속적으로 수행하여, **근동질유전자성 계통**(nearly isogenic line, NIL) 혹은 **공유전자성 계통**(congenic line)이라고 하는 계통들을 유도하는 일이다. 그림 21.12a에서 보여주는 예시에서, 공유전자성 계통들은 필수적으로 모두 *S. lycopersicum*이지만, 예외적으로 각 계통은 QTL 지역에서 **유전적 침투**(introgression)라고 하는 서로 다른 작은 조각의 *S. pennellii* 유전체를 가진다. 두 번째 단계는 각 NIL의 형질값을 측정하고, 또한 각 *S. pennellii*에 대한 유전적 침투(유전체 조각)의 정확한 경계를 결정하기 위한 NIL의 유전자형을 확인하는 과정이다. 이 단계의 원리는 소형 토마토(*pennellii* 표현형)의 공유전자성 계통들은 모두 *pennellii* 유전체 지역을 공유하며, 아울러 모든 대형 토마토(*lycopersicum* 표현형)의 공유전자성 계통들은 모두 *fw2.2* 원인 유전자를 포함한다는 데 있다. 해당 지역이 충분히 짧다면(여러 독립적인 유전적 침투 계통들이 모두 분석이 가능한 경우로서), 연구자들은 *S. pennellii*와 *S. lycopersicum* 유전체에서 해당 지역의 염기서열을 분석하여 두 선발 동질유전자성 계통에서 구별되는 다형성을 조사함으로써 원인 유전자를 동정할 수 있을 것이다(그림 21.12b).

정밀 지도 작성 과정의 마지막 단계는 분리된 유전자를 검정하는 일인데, 이번 예에서는 표현형 복구(*phenotypic rescue*)라는 방법으로 수행되었다. 연구자들은 *pennellii* 유전체로부터 예상 *fw2.2* 유전자를 클로닝한 후, *lycopersicum* 유전체 속으로 도입유전자로 도입시켰다. 그림 21.12c에서 보여주듯이, 도입유전자는 *lycopersicum* 토마토를 상당히 작게 만드는 결과를 보여주었다. 이런 표현형 복구 실험은 *pennellii fw2.2* 대립유전자가 우성이기 때문에 가능하였다. 반면 열성 *lycopersicum* 대립유전자는 기능 감소를 나타낸다(즉, *lycopersicum* 대립유전자는 저형태성[hypomorphic]을 보인다).

최근 몇 년 동안에 도입된 새로운 기술은 예상 QTL 유전자들을 입증하기 위한 다른 수단을 활용할 수 있게 했다; 예를 들면, TALEN 활용과 같은 기술은 연구자가 한 대립유전자를 다른 것으로 교환함으로써, 그 교환이 관심의 표현형을 변화시키는지를 직접적으로 입증하게 만들었다(TALEN에 대해서는 그림 17.13 참조).

fw2.2 유전자는 세포분열의 음성 조절자 역할을 하는 단백질을 암호화하는 것으로 밝혀졌다. 사실 이 유전자의 산물은 사람에게 암의 통제 불능의 세포 분열을 초래하는 돌연변이가 일어났을 때 활동하는 종양 억제 단백질과 연관이 있다(19장 참조). *S. pennellii*의 토마토와 비교했을 때, *S. lycopersicum*의 더 큰 토마토는 *S. lycopersicum*에서 부분적으로 *fw2.2* 유전자의 낮은 활성에 기인하는 것으로, 이 대립유전자가 세포성장의 음성 조절자로서의 기능이 저하된 것이다.

연구자들은 1990년대 10년 동안 꼬박 *fw2.2* QTL의 원인 유전자를 동정하기 위해 노력했었다. 현재는 고밀도 표식자 지도, 유전자형 분석을 위한 마이크로어레이(microarray) 기술 및 고효율 DNA 염기서열 분석기술을 활용함으로써 연구 기간은 현저히 짧아졌다. 광범위하고 다양한 형질을 조절하는 수많은 QTL 유전자들이 효모, 옥수수, 애기장대, 벼, 초파리, 생쥐, 돼지, 소에서 분리되었다.

연관성 지도 작성은 집단으로부터 QTL을 동정하게 한다

앞에서 기술한 표준 QTL 지도 작성 방법은 표현형이 다른 개체 간의 계획된 교배를 요구한다; 하지만 사람을 포함한 많은 생물들에 대해서는 이런 실험을 실행할 수도 없을뿐더러 비윤리적이다. 또한, 실험 과정에서 수행되는 교배에서 일어나는 재조합 사건의 횟수는 표준 QTL 지도 작성의 해상력을 제한하게 한다. 다행히도 자연은 언제나 QTL의 지도 작성을 할 수 있는 대체 방법을 제공한다: 유전학자들은

그림 21.13 연관성 지도 작성은 긴 시간의 역사에 기반한 연관 지도 작성의 단순 확장이다. 두 방법에서 유전학자들은 특정 유전체 지역과 표현형값 사이의 연관성을 발견하기 위해 재조합을 조사한다. 연관성 지도 작성에서 재조합은 조상들의 많은 세대 동안 일어났기 때문에, 재조합체들은 집단에 이미 존재한다. 연구자들은 오늘날의 대조군보다 환자 그룹에서 대립 유전자의 빈도가 높은 표식자와의 연관분석을 통해 QTL 좌위를 동정한다. 질병 유발 돌연변이(빨간색)가 QTL이 위치한 동일 염색체의 근처에서 일어났다면, 이런 표식자의 대립유전자들은 파란 염색체에 존재할 것이다.

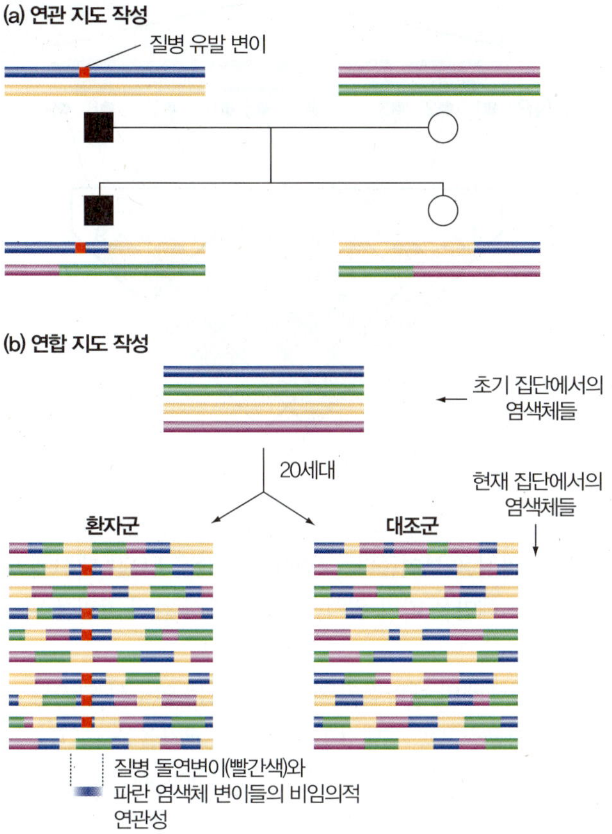

오늘날 생존하는 개체들의 과거 조상 세대에서 일어난 과거 재조합 사건을 유용하게 활용할 수 있는 **연관성 지도 작성**(association mapping)이라고 하는 방법을 사용할 수 있다. 그림 21.13에서 보여 주듯이, 연관성 지도 작성은 실제로는 단지 연관 지도 작성(linkage mapping)의 확장으로, 단일 세대를 통해서 일어난 재조합뿐만 아니라, 많은 세대를 통해 축적된 재조합 사건을 활용하는 방법이다.

연관성 지도 작성을 뒷받침하는 아이디어는 매우 단순하다. 한 표현형에 영향을 주는 새로운 돌연변이가 여러 세대 전에 일어났다고 가정해 보자; 이 돌연변이(그림 21.13에서 빨간색으로 표시)는 한 특정한 개체의 특정한 염색체에서 일어났을 것이다. 그림 21.13에서는 해당 염색체를 파란색으로 표시하였다. 후속 세대들에서 해당 염색체는 이 염색체의 다른 복사본들(초록색, 노란색, 보라색)과 재조합을 일으켜 염색체의 길이를 따라 분포된 다른 다형성 표식자들의 변이들을 가질 것이다. 수차에 걸쳐 일어난 재조합을 통해, 오늘날 생존하는 집단의 모든 염색체들은 집단의 조상들에게서 존재했던 염색체 유형들의 조각들을 이어 맞춘 세공품이 될 것이다.

연관성 지도 작성에서, 과학자들은 현재 세대의 개체들이 가지는 유전적 변이들이 표현형 차이와 통계적으로 연관되는지를 조사한다. 예를 들면, 표현형이 관상동맥증과 같은 질병이라면, 목표는 환자 집단에서의 빈도가 비환자인 대조군 집단에서보다 유의적으로 높은 표식자를 찾는 일이 될 것이다. 만약 연구자가 이 증상과 강하게 연관된 표식자들을 찾는다면, 이들 표식자들은 사람들이 관상동맥증을 일으킬지 영향을 주는 QTL과 가깝게 연관되어 있어야 한다.

연관 불평형: 두 좌위에서의 변이에 대한 통계적 연관성

유전학자들이 연관성 지도 작성을 어떻게 수행하는지를 이해하기 위해서는, 먼저 유전체 내에서 다른 부위의 변이들이 자연 집단에서 개체들 간에 서로 구성되는 경향이 어떤 것인지를 조사해 볼 필요가 있다. 기본 질문은 한 지점에서의 변이가 다른 지점의 변이에 대해 무작위적으로 분포하는가, 혹은 그들이 통계적으로 연관성을 가지는가이다. 한 가상적 집단을 대상으로 예를 들면, 1번 염색체의 300,500번째 염기가 동일한 빈도로 2개의 변이형(A와 T)을 가지고, 같은 염색체의 300,600번째 염기도 역시 동일한 빈도로 2개의 변이형(G와 C)을 가진다고 가정해 보자. 두 지점 사이에서 자유롭게 재조합이 일어날 때, 이 집단에서 부모로부터 생산되는 배우자들에 대해 4종류의 2-자리 반수체형(**단상형**, **haplotype**)을 예상할 수 있을 것이다(각 25% 빈도의 A-G, A-C, T-G, T-C). 이런 경우에는, 지점 1에서 A의 존재가 지점 2의 변이에 대해 어떤 정보도 제공하지 않으며, G나 C가 동일한 비율로 나타날 것으로 여겨진다. 이럴 때, 두 지점 간의 대립유전자들은 서로 연관성이 없으며, 우리는 이런 두 자리에서의 변이는 **연관 평형**(linkage equilibrium) 상태에 있다고 말한다.

무작위적 분류의 극단적인 위배는 단지 2가지 단상형만 보여 줄 수 있는데, 예를 들면, A-G와 T-C가 각각 0.5의 빈도로 출현하는 경우이다. 이런 경우는, 두 지점에서 변이형 간에는 완전한 양성 연관성(positive correlation)이 존재한다: 우리가 지점 1에서 A를 관찰하였다면, 두 번째 지점에서 G를 만나게 될 것으로 확신을 갖고 예측할 수 있다. 변이형 T와 C도 역시 완전한 양성 연관을 서로 보인다. 두 좌위의 변이가 연관되었을 때, 우리는 두 변이가 서로 **연관 불평형**(linkage disequilibrium, LD) 상태에 있다고 말한다.

LD는 통계적 값인 D로 측정되는데, D값은 연관 평형으로 연관성이 없을 때의 0에서부터 두 좌위의 변이가 완전한 연관성을 나타내는 1까지의 범위를 보인다. 두 좌위가 염색체 상에서 점점 떨어져서 두 좌위의 유전적 지도의 거리가 매우 멀어지게 되면, LD는 점차 소멸되어 0에 접근하는데, 그 이유는 유전적 재조합의 가능성이 높아져 대립유전자 연관성을 파괴하기 때문이다. 유전학자들은 종종 이 개념을 다이아몬드의 "삼각형 도표" 위쪽으로 나열된 SNP들로 구성된 페어와이즈 LD값(pairwise LD value)의 도표로 표현하는데, 각 다이아몬드의 색깔의 진한 정도(보라색에서 초록색까지)는 서로 비교되는 SNP 간의 LD의 강도를 나타낸다. 그림 21.14는 이런 그림이 어떻게 만들어지고 해석되는지 에 대한 과정을 보여준다; 그림에서 색깔은 LD값 대신에 미국의 서부 해안을 따라 위치하는 6개 도시 간의 거리를 나타내었다.

그림 21.14 연관 불평형의 도식에 대한 비유: 미국 서해안의 도시들 사이의 물리적 거리에 대한 매트릭스. 갈색에서 시작해 색이 점차 옅어짐은 거리가 멀어짐을 나타낸다. (a)의 매트릭스를 돌려서 (b)에서처럼 도시들을 도표의 위쪽으로 일렬로 배열하면, 유전체 상에 순서적으로 배열된 SNP들에 대한 연관 불평형(LD)의 매트릭스를 나타내는 "삼각형 도표"의 근사도를 만들 수 있다.

(a) 지점 간 거리

	로스엔젤레스	베이커즈필드	프레즈노	산호세	샌프란시스코
산호세					42
프레즈노				124	162
베이커즈필드			104	211	270
로스엔젤레스		101	206	307	348
샌디에이고	112	212	316	418	459

<150 / 151-300 / 301-400 / >400

(b) 도시 간 거리에 대한 삼각형 도표

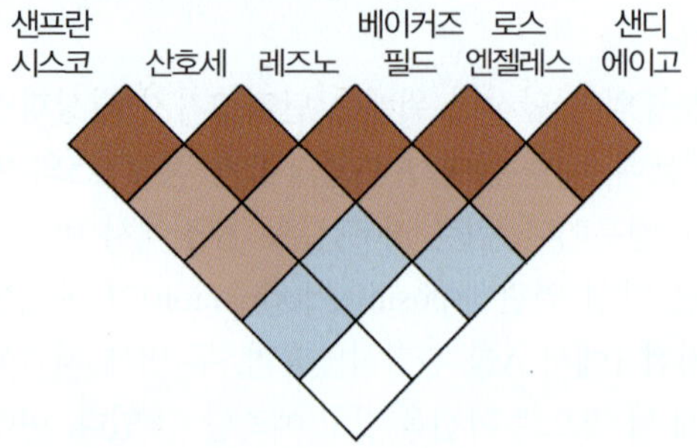

그림 21.15 인간 유전체상에 분포하는 SNP들 간에 관찰되는 LD 블록들. 유전체의 조각은 표시된 9개의 SNP의 위치와 함께 서열의 블록으로서 두 번째 줄에 펼쳐져 있다. 아래쪽은 해당 SNP들의 페어와이즈 비교에 대한 통계적 상관성(LD)의 강도를 색채로 나타낸 블록으로 구성된 "삼각형 도표"이다(진한 갈색에서 옅은 갈색, 파란색, 및 흰색 순으로 점차적인 약한 상관성을 의미한다).

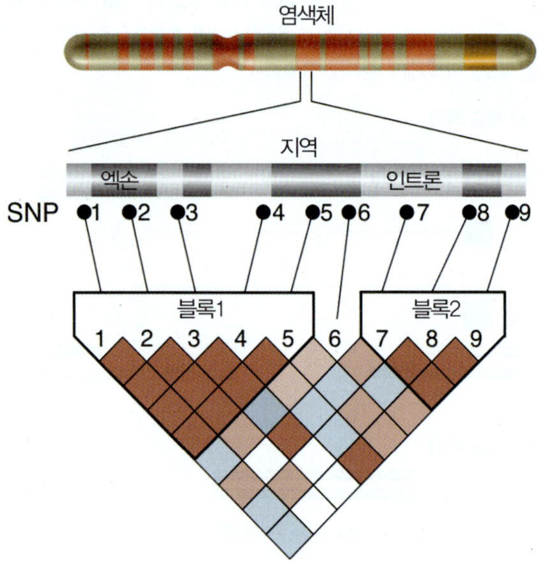

사람 염색체의 대략적인 재조합 빈도는 연속된 염기쌍 사이에서 평균적으로 세대당 1×10^{-8}의 교차율을 보인다. 하지만 재조합은 유전적 교환의 "다발점(hotspot)"이 뭉쳐 나타나는 경향을 나타낸다. 이런 재조합의 불연속성과 더불어 언제 어디서 재조합이 일어날지에 대한 무작위성은 인류 집단의 염색체 길이에 따른 LD의 불연속성을 나타낸다. 이런 불연속성은 삼각형 도표상의 **LD 블록**(LD block)의 존재에 의해 추적될 수 있다(그림 21.15).

GWAS: 집단에서 유전자 지도 작성을 위한 LD의 이용

유전체에서 LD의 존재는 과학자들로 하여금 염색체상의 다른 지점에 위치한 임의 선택된 다형성을 분석하고, 이어서 해당 변이들과 관심의 표현형 간에 통계적인 상관성이 있는지를 조사할 수 있게 해 준다. 이런 조사가 전체 유전체 수준에서 수행되었다면, 이런 조사를 **유전체 수준의 연관성 연구**(Genome-Wide Association Study, GWAS)라고 한다. 이상적으로, 여러분들은 유전체상의 모든 DNA 변이에 대해 조사하여 표현형의 차이에 기여하는 가장 그럴듯한 원인 변이

그림 21.16 인간 질병에 대한 GWAS 조사에서 증례군과 대조군의 비교. 특정 SNP의 대립유전자 빈도가 대조군보다 질병을 가진 환자군에서 더 높으면, QTL의 존재를 의미하는 것이다. 카이제곱 검정은 각 SNP에 대한 차이의 유의성을 확립해 준다. 본 예시에서는 *SNP1*은 질병의 발병률에 영향을 미치는 QTL과 연관되어 있는 반면, *SNP2*는 그렇지 않다.

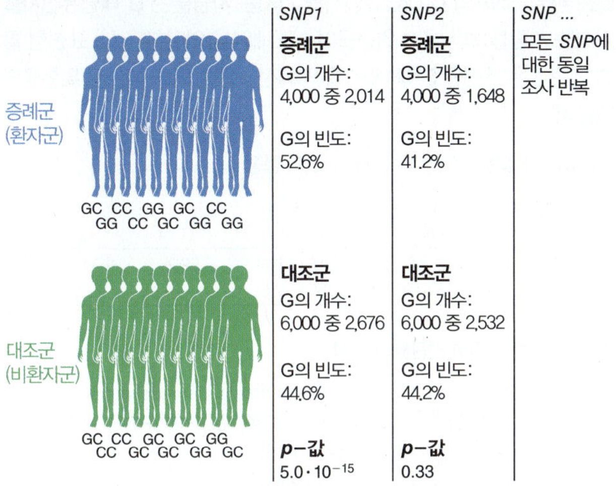

(들)을 동정하기를 원할 것이다. 하지만 이런 해상력의 유전자형 분석을 위해서는 전유전체 서열 분석(whole-genome sequencing)을 필요로 하는데, 최근 분석 비용이 빠른 속도로 떨어지고 있지만, 전유전체에 대한 고품질의 서열분석은 수천 명을 포함하는 연구 수행을 위해서는 여전히 너무 많은 비용이 소요된다. 그래서 GWAS 연구를 수행하는 연구자들은 최근에 DNA 마이크로어레이(microarrary, 10장의 유전자 칩 참조)을 사용하여 유전체의 다른 지역들에 분포하는 수백만 개의 흔한 SNP를 동시에 분석하기도 한다.

GWAS 분석을 수행하기 위해서는, 많은 수의 증례군과 대조군 검체를 대상으로 유전체상에 분포하는 변이들의 빈도를 얻어야 하며, 그런 후 어떤 변이의 빈도가 관심의 표현형과 양성 상관성을 가지는지를 카이제곱 검정(chi-square test)을 통해 결정한다(그림 21.16). 즉, QTL을 동정하기 위해서, 강하게 연관된 변이에 대한 환자와 대조군 집단에서 해당 변이에 대한 빈도의 유의적 차이가 있는지를 보여주는 카이제곱 검정이 필요하다; 귀무가설(null hypothesis)은 두 집단 사이에 차이가 없다는 가정이다.

수백만의 SNP에 대한 검사는 거짓 양성(false positives) 결과의 문제점을 노출시킨다. 이런 엄청난 좌위를 다루게 되면, 빈도의 차이가 비록 검체 선발 오류의 기회를 반영하는 것일지라도, 많은 SNP들이 증례군과 대조군 간에 빈도에 차이를 보일 수도 있다. 통계적 유의성을 결정하기 위한

그림 21.17 사람의 관상동맥질환의 GWAS에 대한 맨해튼 곡선. 9번 염색체상에 빨간 점들로, 표시된 지점은 심장병과의 연관성에 대한 매우 강한 통계적 증거를 의미하는 높은 $-\log p$값의 SNP 클러스터를 나타낸다.

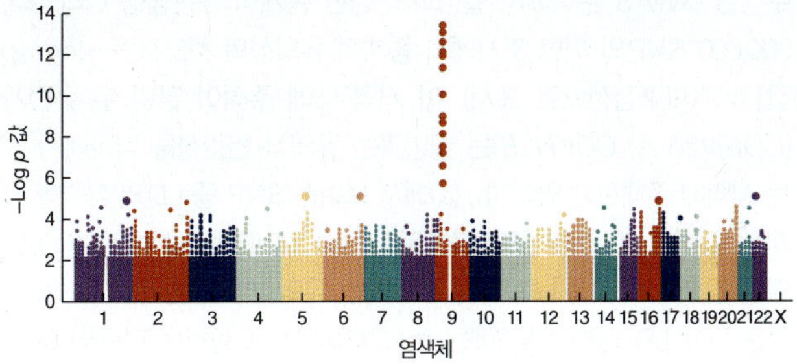

카이제곱 검정에서 전형적인 컷오프는 0.05보다 낮은 p값임을 상기해 보자. 이 값은 증례군과 대조군에서 관측된 차이가 동일한 빈도일 것이라는 예측보다 5%의 기회로 더 크다는 것을 의미한다. 즉, 전유전체 연구에서 1백만 개 SNP 각각에 대한 카이제곱 검정을 실시한다면, $1{,}000{,}000 \times 0.05 = 50{,}000$의 SNP이 단지 우연적 기회로 인해 해당 표현형과 연관된 것처럼 보일 것으로 예상된다.

이와 같은 거짓 양성의 문제점을 해결하기 위해서, 연구자들은 GWAS 분석의 개별적 SNP 검정이 귀무가설의 예측(카이제곱 검정의 p값)으로부터 관측값의 차이의 확률이 $0.05/(1{,}000{,}000 \text{ SNPs}) = 5 \times 10^{-8}$보다 낮지 않으면, 통계적으로 유의성을 가진다고 판단하지 않는다. 이런 조건은 증례군과 대조군의 매우 큰 검체 집단을 필요로 한다.

2007년에, 처음 수행된 인간 질병의 대규모 GWAS 중 한 연구는 대략 2,000명의 환자와 3,000명의 대조군을 대상으로 관상동맥질환을 포함하여 7가지 복합 질환에 대해 거의 100만 개 SNP에 대해 조사하였다. 대부분의 유의적인 연관성은 우연적 기회에 기인할 매우 낮은 확률(즉, 1×10^{-14})을 가지기 때문에, 연구자들은 증례군(예: 심장병을 가진 사람들) 대 대조군(신장병이 없는 사람들) 간의 각 개별 SNP의 빈도 차이에 대한 통계적 유의성의 카이제곱 검정을 $-\log_{10}p$값[예를 들면, $-\log_{10}(1 \times 10^{-14}) = 14$]으로 도식화하였다(그림 21.17). 이런 형태의 데이터 표현 방식을 때때로 **맨해튼 곡선**(Manhattan plot)으로 불리는데, 마치 뉴욕시에 있는 맨해튼의 스카이라인과 유사하다고 하여 붙여진 이름이다; $-\log_{10}(5 \times 10^{-8}) = 7.7$ 혹은 그 이상의 드물게 보여주는 높은 값은 100만 SNP를 분석한 이번 연구에서 이 질병에 대한 QTL의 존재를 의미한다.

9번 염색체상에 빨간색 점으로 표시된 피크에 대해 확대해 보면, 유의적으로 연관된 SNP들의 무리를 발견할 수 있

그림 21.18 관상동맥질환과 사람 9번 염색체의 300 kb 지역에 위치하는 SNP들의 연관성. (a) 그림 21.17에서 묘사한 맨해튼 곡선의 확대는 염기서열 22,010,000과 22,120,000 사이에 분포하는 다수의 SNP들이 두 다른 집단(빨간색 점과 파란색 세모로 구분)을 대상으로 수행한 GWAS 분석에서 질병과의 강한 통계적 연관성을 나타낸다. 500,000 SNP의 이번 조사에서 통계적 유의성의 컷오프는 $-\log_{10}[p$값$] = 7$이다(점선으로 표시). 이 지역 내에 주석이 달린 두 유전자(*CDKN2A* 및 *CDKN2B*)는 질병과는 유의적 연관성을 나타내지 않는 지역에 존재하고 있다. (b) (a)에서 보여준 SNP 중 LD의 삼각형 그래프. 강력한 LD의 몇 군데 블록이 나타나 있다(진한 갈색 = 최대 LD, 옅은 갈색 = 유의성 LD, 파란색 = 약한 유의성 LD, 흰색 = 유의하지 않는 LD). LD 블록 1과 2에는 *rs1333049*를 포함하여 다수의 SNP들이 관상동맥질환과 강한 연관성을 보이고 있다.

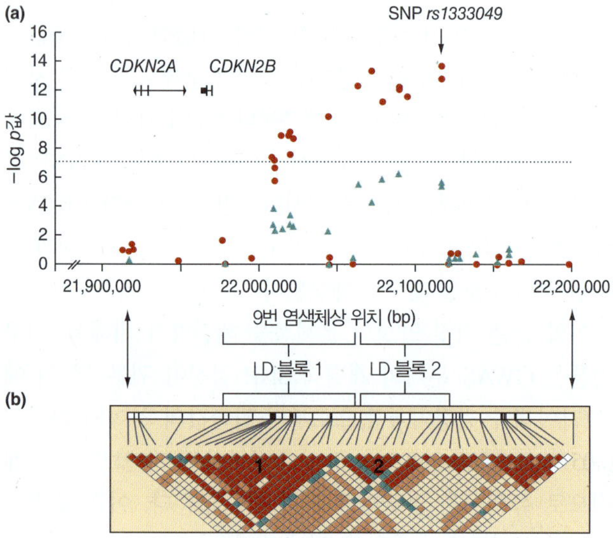

그림 21.19 연관 p값과 대립유전자 질병 연관율의 계산. (a) 여기서 보여주는 데이터는 그림 21.18로부터 SNP *rs1333049*에 대한 두 대립유전자(*C*와 *G*)에 관한 것이다. 데이터는 두 그룹으로 구성되었기 때문에, 자유도(df)는 1이다. 본 SNP의 *C* 대립유전자는 관상동맥질환과 강하게 연관되어 있다. (b) 대립유전자 질병 연관율은 조사된 SNP에 의해 부가된 위험율의 비율이다. 본 조사에서 보여주는 1.38의 비율은 해당 SNP의 *C* 대립유전자를 가지는 사람들은 *G* 대립유전자를 가지는 사람들보다 발병 위험률이 1.38배임을 의미한다. (c) 표현형 발병 연관율은 조산된 SNP에서 특정 유전자형에 의해 부가된 위험율의 비율이다.

(a) SNP과 질병의 연관성에 대한 p값의 결정

대립유전자	C *N* (%)	G *N* (%)	χ^2 (1 df)	p 값
증례군	2132 (55%)	1716 (44%)	59.7	1.1×10^{-14}
대조군	2783 (47%)	3089 (53%)		

(b) 대립유전자 질병 연관율의 계산

증례군에 대한 C 대립유전자의 승산(Odds) = 증례군의 C 빈도/ 증례군의 G 빈도
대조군에 대한 C 대립유전자의 승산(Odds) = 대조군의 C 빈도/ 대조군의 G 빈도

$$\text{승산비} = \frac{\text{증례군 C / 증례군 C}}{\text{대조군 C / 대조군 C}} = \frac{2132/1716}{2783/3089} = 1.38$$

(c) 유전자형 질병 연관율의 계산

유전자형	CC *N* (%)	CG *N* (%)	GG *N* (%)	χ^2 (2 df)	*p* value
증례군	586 (30.5)	960 (49.9)	378 (19.6)	59.6	1×10^{-13}
대조군	676 (23.0)	1431 (48.7)	829 (28.2)		

동형접합자(CC) 승산비(GG에 대한 상대적) = (586/378)/(676/829) = 1.91
이형접합자(CG) 승산비(GG에 대한 상대적) = (960/378)/(1431/829) = 1.47

다(그림 21.18a). 독일의 심근경색증(심장마비) 환자들에 대한 후속연구도 역시 이 지역의 SNP들과 60세 이전 심장마비 발병 사이의 강한 연관성을 보여주었다(그림 21.18a). 그림 21.19a는 심장병과 매우 강하게 연관된 SNP들 중 하나인 *rs1333049*로 명명된 SNP 데이터를 사용하여 수행한 카이제곱 계산을 보여준다.

*rs1333049*는 두 개의 인접한 LD 블록과 함께 뭉쳐 분포하면서 신장병과 강한 연관성을 나타내는 여러 SNP들 중 단지 하나라는 것에 주목하는 것이 중요하다(그림 21.18b). 이들 다형성의 대립유전자 간에는 연관 불평형을 보이기 때문에, 여러 SNP 중 어느 하나를 관상동맥질환에 대한 원인 돌연변이로 지목하는 것은 불가능하다. 사실, 이 지역에는 두 개 이상의 원인 돌연변이가 존재할지도 모른다. 인간 유전체의 이 지역 내에서 재조합은 거의 일어나지 않았을 것이므로, 발병률을 증가시키는 실제 돌연변이가 9번 염색체의 이 지역 어디에 존재하는지를 밝힐 수는 없다. 더더욱, 이 LD 블록 내에 위치하는 뚜렷한 유전자는 발견되지 않았기 때문에(그림 21.18a), 이 유전체 지역의 특징은 질병-유발 변이의 구체적 위치에 대한 명확한 실마리를 연구자들에게 제공해 주지는 않는다.

하지만 결정적인 돌연변이를 동정할 수 없다 하더라도, 이 지역에서의 재조합의 부재로 강한 질병 연관성을 가지는 SNP 대립유전자들의 무리는 의사들로 하여금 관상동맥질환에 대한 발병 가능성이 높은 사람들을 식별하는 데 도움을 줄 수 있다. 특정 SNP의 대립유전자와 연관된 평균 발병의 위험률 증가를 **대립유전자 질병 연관율**(allelic odds ratio)로 계산함으로써 정량화할 수 있다(그림 21.19b). 이 지역에서 강한 질병 연관성을 나타내는 SNP들 중 하나인 *rs1333049* SNP의 경우에, 유전체상에서 *C* 대립유전자의 존재는 *G* 대립유전자가 존재할 때보다 관상동맥질환의 발병률을 1.38배나 증가시킨다. 또한 비위험 대립유전자 동형접합자 빈도에 대한 위험 대립유전자의 동형접합자나 이형접합자 유전자형 빈도를 증례군과 대조군 간에 비교함으로써

유전자형 질병 연관율(genotypic odds ratio)(그림 21.19c)을 가진 사람일지라도 60세 이전에 그 사람이 심장병을 일으킬 것을 보장하는 것은 아니라는 사실의 인식은 중요하다; 해당 질병의 발병에 대한 기회가 다른 유전자형을 가진 사람들에 비해 단지 더 높을 뿐이다.

QTL은 집단의 역사를 반영한다

QTL은 측정 가능한 방법에 의해 한 집단에서 특정한 복합 형질에 기여하는 것이 밝혀진 유전적 변이로 정의된다. 이런 정의는 QTL 탐색에 대한 두 가지 중요한 의미를 제시한다. 첫째, QTL의 개수는 집단에서 변이성의 정도에 의존하며, 변이성의 정도는 집단의 역사를 반영한다. 예를 들면, 만약 한 집단이 유전적으로 동일한 식물들의 동계교배 집단이라면, 가뭄과 같은 스트레스 조건에서의 생존력과 같은 한 형질에 영향을 주는 어떤 QTL을 절대 동정할 수 없는데, 그 이유는 집단 내에는 유전적 변이가 존재하지 않기 때문이다. 가뭄 동안 식물의 생존력에 잠재적으로 영향을 미치는 단백질을 암호화하는 많은 유전자들이 존재하겠지만, 그 유전자들 중 어느 것도 이 집단에서는 QTL이 될 수 없다. 왜냐하면 모든 식물들은 전체 유전자들에 대해 동일한 대립유전자를 가지기 때문이다. 다르게 표현하면, 실험에 의해 동정될 수 있는 QTL의 세트는 이론적으로 해당 집단에서 과거에 일어났던 돌연변이의 존재에 의존한다.

QTL 탐색에 대한 두 번째 의미 제시는 집단에서 특정 QTL 대립유전자의 빈도와 표현형에 대한 기여도의 강도에 의존하는 어떤 QTL을 찾아내는 것이 우리의 능력이다. 만

그림 21.20 **의학적으로 중요한 17가지 형질에 대해 출판된 자료를 통해 통계적으로 유의적인 GWAS 연관성 좌위들.** 연관성 좌위들이 사람의 23개 염색체를 통해 흩어져 존재하는 유전체 분포도를 보여준다.

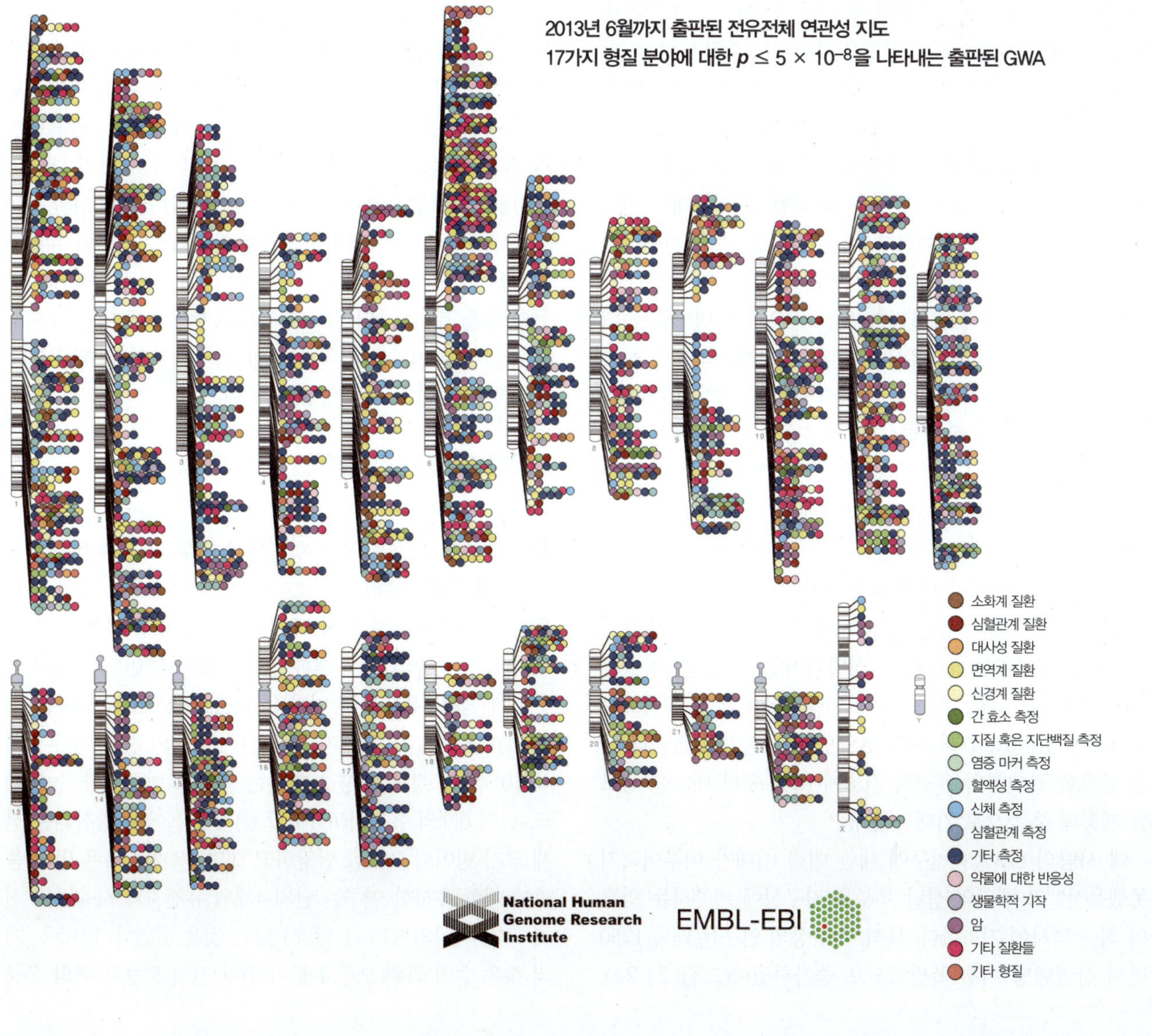

약 해당 대립유전자가 드물게 존재한다면, QTL의 존재를 나타내는 통계적 유의성은 수만 개체를 포함하는 매우 큰 규모의 조사에서만 단지 얻을 수 있을 것이다. 그리고 한 형질에 대해 많은 다른 QTL들이 집단 내에 존재하면서 각각이 단지 표현형의 일부분에만 기여한다면, 문제는 더욱 어려워지게 된다.

사람에 대한 GWAS와 개나 말과 같은 가축에 대한 GWAS에서 보여주는 관찰 결과의 현저한 대조는 QTL이 어떻게 집단의 역사를 반영하는지를 설명해 준다.

최근의 인구 급증 효과

사람의 키는 많은 복합 형질과 질병을 연구하는 과학자들이 직면하는 문제의 전형적 예를 제공한다. 사람 키에 대한 유전력(h^2)은 대부분의 집단에서 80%를 능가하는데, 초기 소규모 GWAS 연구는 사람에 대한 핵심 "키" 유전자를 발견하지 못했다(왜소증과 같이 명백히 드물거나 비정상적인 상태는 제외). 하지만 18만 명 이상을 조사한 최근의 대규모 GWAS 연구는 키에 영향을 주는 180개의 QTL을 밝혔다. 예상했던 대로, 이들 유전자들은 성인의 신장에 영향을 주는 성장과 관련된 대사 과정에 집중되어 있었다. 하지만 이들 QTL의 각각은 표현형에 아주 작은 기여만을 하며, 180 QTL의 역할을 모두 합쳤을 때 성인 신장에 대한 변이성의 대략 10%에만 관여한다. 다른 의미로 보면, 지구상에 존재하는 인류 집단의 유전체는 여전히 키에 기여할 수 있는 QTL이지만 아직 발견되지 못한 많은 돌연변이들을 내포하고 있다는 것이다. 유사한 내용으로, 계속적으로 늘어나는 의학적으로 중요한 형질들에 대한 유의적인 GWAS "충격(hits)"을 동정해 왔다(그림 21.20). 키의 예에서 보았듯이, 대부분의 경우에서 동정된 개별의 유전자들은 형질이나 질병 위험률에 대한 전체 변이성에 매우 작은 부분만 기여한다.

이와 같은 결과들은 GWAS 연구가 인류 집단의 전체 형질 변이성에 대해 더 많은 진실을 설명해 줄 수 있을 것으로 기대한 유전학자들에게 다소 실망적이었다. 유전학자들은 흔한 질병들은 흔한 변이들에 기인할 것이다라는 생각으로 고정되어 있었고, 그래서 GWAS 연구는 질병 위험률과 같은 중요한 표현형의 유전적 기초에 대한 훨씬 대단한 정보를 제공해 줄 것으로 기대하였다.

왜 사람의 GWAS 연구에 대한 이런 기대가 이루어지지 못했을까? 그 해답의 상당 부분은 지구상에 거주하는 인류의 최근 역사에 기초한다. 특히, 지구상의 인구는 대략 1750년의 산업혁명 이후 폭발적으로 증가하였다(그림 21.21).

그림 21.21 지구의 인구 증가. 산업혁명의 시작 이후로 인구의 폭발적 증가는 많은 복합 형질과 연관된 유전적 변이들을 생성시켰다.

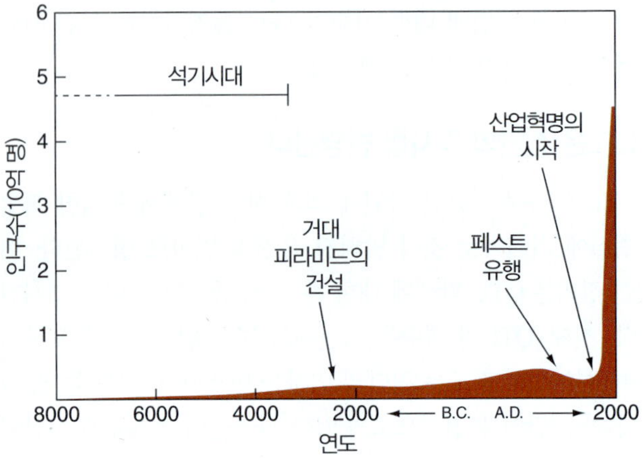

더 많은 배우자가 생성될수록, 새로운 돌연변이가 일어날 기회는 늘어난다. 이런 사실은 현재의 인류 집단에 존재하는 많은 돌연변이들의 상당수는 최근 몇 백 년 이내에 일어났으며, 이런 최근의 돌연변이들은 지구의 다른 지역들로 넓게 퍼져나갈 기회를 갖지 못했음을 의미한다. 인구 폭발의 결과로 복합 형질은 종종 많은 유전자들에서의 대단위 변이들에 의해 결정될 것이다. 이런 돌연변이의 대부분은 지구상에 살아가는 사람들 중에서 아주 소수 집단의 유전체에서만 존재할 것이기 때문에, 이런 QTL들을 동정하기란 쉽지 않을 것이다. 더더욱, 대부분의 형질들에 영향을 미치는 수많은 유전자들이 알려져 있지만, 대부분의 개별 QTL은 표현형에 단지 작은 영향만을 준다.

동물의 가축화 동안 진행된 인위선택의 효과

사람의 복합 형질 특성과 비교했을 때, 사육되는 가축들은 성체의 신장과 같은 복합 형질에서 매우 다른 유전 양상을 보여준다. 개는 특히 흥미로운데, 오늘날 매우 다양한 품종들이 존재한다(21장 시작 페이지 사진 참조). 덩치가 큰 품종과 작은 품종의 개에 대한 전유전체 SNP 빈도의 비교 연구는 **인슐린-유사 성장인자** 1 (insulin-like growth factor 1, *IGF1*)이라는 단일 유전자가 개 신체 크기의 전체 변이에 대해 10~15% 정도 영향을 미치는 것으로 밝혀졌다. 놀랍게도, 단지 6개의 유전자(*IGF1* 포함)가 개들에서 관찰되는 신체 크기 변이의 50%를 담당하고 있다. 크거나 작은 말의 품종에 대한 유사한 연구는 단지 4개의 유전자가 사육말의 신체 크기 변이의 83%를 담당한다는 것을 밝혔다. 더더욱, 개의 적은 수의 좌위(보통 4개 이하)가 신체 모습과 귀의 쫑긋

세운 모습만큼이나 다양한 다른 형태적 형질들에 대한 대부분의 표현형적 변이를 나타내는 것으로 밝혀졌다.

우리는 가축(단지 몇몇 유전자가 높은 비중으로 관여)과 사람(많은 형질들에 대해 수백 개의 QTL이 관여) 간에 복합 형질을 책임지는 주요 유전자 수의 현저한 대조를 어떻게 설명할 수 있을까? 해답은 여전히 이들 집단의 역사를 포함한다는 것이다. 사람들은 개와 말을 비교적 짧은 기간 동안 사육해 왔는데, 대략적으로 개는 15,000년 전부터, 그리고 말은 6,000년 전부터 사육을 시작한 것으로 추정된다. 가축화가 진행되는 과정 동안, 사람들은 원하는 형질을 위해 매우 강력한 인위선택을 강요하였다. 단지 몇 유전자에서의 돌연변이들이 이런 인위선택에 의해 선호되고, 이 돌연변이들은 사육 프로그램에 의해 개들의 특정한 집단 속으로 빠르게 퍼져 나갔다.

사람의 복합 형질 분석에 대한 미래

사람의 복합 형질은 수많은 유전적 변이들에 의해 영향을 받는다는 사실은 확실히 각각의 변이들은 일부의 사람들에서만 발견되면서 작은 영향력을 가질 수 있음을 의미하며, 이런 형질들에 대한 이해를 어렵고 복잡하게 만든다. 이런 문제에 대한 해법은 방대한 양의 자료 확보를 요구할 것이다. 예를 들면, 현재 지구상의 다양한 지역으로부터 1만 명 이상의 개인들에 대한 전유전체 서열을 얻기 위한 노력을 수행하고 있다; 더더욱 연구자들은 참여한 사람들을 대상으로 여러 가지 복합적 표현형을 상세히 측정하여, 연관 지도 작성을 위해 증례군과 대조군으로 활용할 수 있게 한다. 이런 엄청난 양의 정보를 해석하기 위해서는 새로운 방법들이 개발되어야 할 필요성이 제기되는데, 특히 한 번에 단지 한 변이만을 고려하는 방법에서 나아가 여러 변이들의 조합이 특정 형질에 어떻게 기여하는지를 결정하는 방법을 고안해야 할 것이다. 다음 세대 유전학자들에 의한 이러한 노력이 성공하기 위해서는 미래 의학의 예방과 진단을 위한 기초 자료로서 요구되는 개인별 유전체 정보를 활용할 수 있는 우리의 능력이 필수가 될 것이다.

핵심 개념

- 대립유전자와 표현형값 사이의 연관성을 밝히기 위한 QTL 지도 작성은 더 많은 표식자의 사용과 통계적 검정을 수행함으로써 기본적인 교차 개념을 확장시켜 준다.
- 전유전체 연관성 연구(GWAS)는 현재 집단의 조상들에게 과거에 일어난 재조합 사건을 이용한다. 연구자들은 특정 변이와 형질 간의 연관성을 검정하기 위해 "증례군"과 "대조군" 집단에서 대립유전자 빈도를 비교한다.
- 복합 형질의 변이성은 그 집단의 과거 역사를 반영한다. 사육되는 동물에 대한 최근의 강력한 인위선택은 단지 몇 좌위에서의 다형성이 관측되는 변이성의 상당 부분을 책임지게 하였다. 인류 집단의 최근 인구 폭발은 많은 좌위들이 복합 형질의 변이성에 대해 낮은 기여율을 나타내게 하였다.
- 사람에 대한 복합 형질의 유전적 토대를 분석하는 일은 어려운 일이지만, 그 정보는 예방 및 진단의학의 미래 발전을 위한 필수가 될 것이다.

풀이 문제

I. 어떤 식물 재배자는 씨앗이 더 큰 식용 콩을 선발하는 데 관심을 가졌다. 콩 크기의 분포에서 상위에 위치한 콩들을 다음 세대를 위한 종자(부모 세대)로 선택하였다(즉, 주어진 그림의 위쪽 그래프에서 분포도의 진한 주황색으로 표시한 지역에 해당하는 콩). 이렇게 선발된 종자들로부터 생산된 자손 세대의 콩 크기의 분포는 그림의 아래쪽 그래프에 보라색 막대로 나타내었다. 분포도의 윗쪽에 표시된 숫자는 전체 부모 세대의 콩의 평균 무게(403.5)와 다음 세대를 위해 선발된 콩의 평균 무게(691.7), 그리고 자손 세대의 콩의 평균 무게(609.1)를 나타낸다.

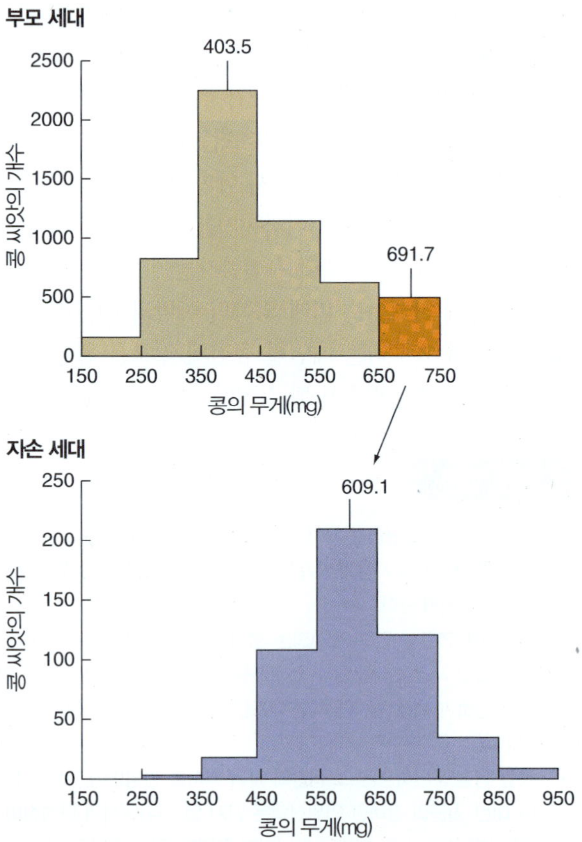

a. 본 실험에서 선택차이(S)는 무엇인가?

b. 본 실험에서 선택반응(R)은 무엇인가?

c. 주어진 결과를 기반으로 하여 콩의 무게에 대한 유전력을 계산하라.

d. 문제 (c)에서 결정한 유전력은 협의의 유전력인지 광의의 유전력인지를 밝히고, 그 이유를 설명하라.

e. 재배자는 인위선택을 통해 얼마나 성공하였다고 생각하는가? 재배자가 동일한 재배 기간 동안 더욱 큰 콩을 얻기 위해서는 이번 실험을 개선해 볼 방법들은 있겠는가?

해답

a. 선택차이 $S = 691.7$ mg $- 403.5$ mg $= 288.2$ mg이다. 이 값은 육종을 위해 선발된 부모 세대의 콩의 평균 무게와 전체 부모 세대(육종을 위해 선발되었던지 되지 않았던지 관계없이 모든 콩을 포함)의 평균 무게 간의 차이에 해당된다.

b. 선택반응 $R = 609.1 - 403.5 = 205.6$ mg이다. 이 값은 자손들의 평균 콩의 무게와 전체 부모 세대의 평균 무게 간의 차이에 해당된다.

c. 실험 결과로부터 계산된 유전력 $h^2 = R/S = 205.6/288.2 = 0.713$이다.

d. R/S 방식으로 측정된 유전력은 일반적으로 "실현 유전력(realized heritability)"의 측정법으로 표현형이 정규분포를 나타낼 때 이 값은 협의의 유전력과 동일하다. 측정값은 협의의 유전력에 해당되는데, 그 이유는 단지 상가적 유전적 변이만을 측정하였기 때문이다. 자손 콩은 부모 콩이 가지는 두 대립유전자들 중 단지 하나만을 공유하며, 자손에서 공유 대립유전자는 다른 쪽 부모로부터 유래한 대립유전자와 짝을 짓는다. 따라서 표현형에 영향을 줄 수 있는 우성 효과나 유전자 상호작용 효과는 부모와 자손 간에 서로 다르다. 광의 유전력은 상가적 효과뿐만 아니라 이런 우성 및 유전자 상호작용 효과도 포함해야 한다.

e. 이번 재배 프로그램은 매우 효과적이었다고 볼 수 있다: 재배자는 콩의 평균 무게가 403.5 mg인 부모 집단에서 출발하여, 단지 한 세대만을 거치면서 평균 무게가 609.1 mg의 콩을 얻을 수 있었다. 이번 프로그램의 성공은 높은 선택 차이와 높은 유전력이 뒷받침하였다. 재배자는 분포도에서 극단의 상위 분포를 보이는 극소수의 부모만을 선발하는 방법을 적용한다면, 콩의 평균 무게가 더 증가한 자손 콩을 얻을 수 있을 것으로 예상되지만, 자손의 수확량은 줄어들 수도 있다.

II. 전신홍반성루프스(systemic lupus erythematosus, SLE)는 신체의 어떤 분위에 염증과 조직 손상을 나타내는 만성 자가면역 질환으로 사망에 이르기도 한다. SLE 질병에 대한 대규모 GWAS 연구가 수행되었다; 즉, 유럽계의 환자 1,000명과 대조군 3,000명 이상을 대상으로 500,000 SNP 좌위 이상의 유전자형을 결정하였다. 분석 결과는 5개의 유전 좌위에서 유의적인 연관성을 보여주었는데, 좌위의 이름과 염색체 위치는 다음의 맨해튼 곡선에 나타내었다.

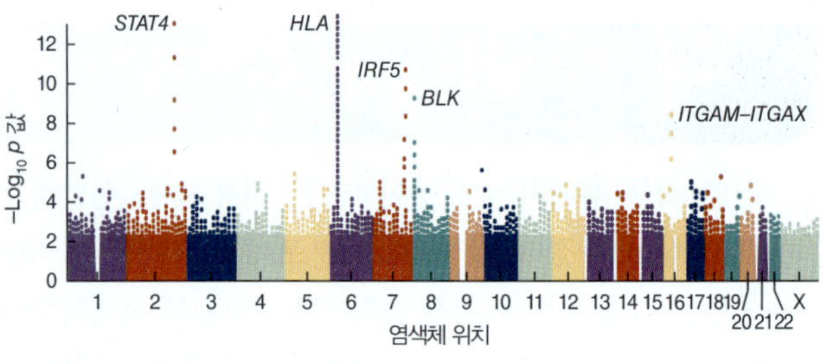

a. 이들 5개의 좌위들 중 유전적으로 서로 연관된 좌위들은 어느 것인가?

b. 이들 5개 좌위에 해당되는 피크의 높이는 해당 좌위에서의 특정한 유전자형과 질병이 발생할 상대적 위험률을 반영하는가?

c. 맨해튼 곡선에서, $-\log_{10}$ [p값]의 "기저값"은 대략 3을 나타내고 있다. 이 현상은 분석된 SNP 대립유전자 대부분에서 환자 집단과 대조군 집단에서의 대립유전자 빈도의 유의적 차이에 대한 p값이 대략적으로 0.001임을 의미하는가?

e. SLE와 연관된 좌위를 찾기 위한 이번 연구를 완수하였는데, 여전히 다른 인류 집단을 대상으로 비슷한 연구를 수행할 필요가 있는 이유는 무엇인가?

해답

a. 이들 다섯 좌위들은 모두 다른 염색체에 위치하기 때문에 서로 연관되지 않는다. *STAT4*는 2번 염색체, *HLA*는 3번 염색체, *IRF5*는 7번 염색체, *BLK*는 8번 염색체, *ITGAM-ITGAX*는 16번 염색체에 각각 위치한다.

b. 아니오. 피크의 높이는 개별적 SNP들에 대한 질병 연관성의 유의성을 보여주는 것이다. 상대적 위험률은 연관성의 유의성에 대한 단지 한 요소일 뿐이다; 유의성의 다른 주요 요소는 대립유전자 빈도이다. 따라서 어떤 표현형에 매우 큰 영향을 나타내는(즉, 높은 위험률의) 어떤 드문 돌연변이와 가깝게 연관되어 있는 SNP의 대립유전자는 단지 환자군의 낮은 비율만이 해당 돌연변이를 가진다면, 유의적 연관으로 등록되지 않을 지도 모른다.

c. 아니오. 맨해튼 곡선의 x축을 조사된 500,000 SNP 모두를 보여주기 위해 넓힌다면, 대부분의 $-\log_{10}$ [p값]은 그림 21.18a에서처럼 0에 접근할 것이다. 그림의 SLE에 대한 맨해튼 곡선과 같이 x축을 압축함으로써 조사된 SNP들 중에서 연관성이 실제 유의적이지 않음에도 불구하고 임의 검체 선발의 오류로 대략 0.001의 p값을 나타내게 한 아주 소수의 SNP만을 보게 된 것이다.

d. 복합 형질의 뒷면에 있는 QTL들은 다른 유전적 역사를 가지는 집단들에 따라 서로 다를 수 있다. 유럽인 후손의 집단에 대한 이번 연구의 결과는 다른 그룹들에 대해서는 특별한 정보를 제공하지 않을 수도 있다. 더더욱 다른 집단의 GWAS 연구는 표현형에 기여하는 유전자로, 이들 다섯 유전자가 아닌 다른 유전자를 가리킬 수도 있고, 새로운 유전자들에 대한 연구는 연구자들에게 SLE 질병의 생물학적 이해력을 높이는 데 도움을 줄 것이다.

연습 문제

어휘

1. 왼쪽 용어를 가장 잘 설명한 문장을 오른쪽에서 찾아 연결하라.

a. 동질유전자 계통	1. 형제 간(이란성)의
b. QTL	2. 서로 다른 좌위들 간의 변이에 대한 연관 블록
c. 선택반응	3. 전체 표현형적 변이에서 유전적 변이가 기여하는 비율
d. 연관성 지도 작성	4. 모든 유전체 부위에 대해 동형접합을 나타냄
e. MZ 쌍생아	5. 복합 형질에 기여하는 유전자들
f. DZ 쌍생아	6. 유전적으로 동일한
g. 유사유전자 계열	7. 진화의 측정
h. 연관 불평형	8. 형자자매에 대한 0.5
i. 유전력	9. 집단 역사의 과정 동안 일어난 재조합의 활용
j. 유전적 연관성	10. 유전적 침투

21.1절

2. 유전적으로 동일한 민들레 씨앗을 온실과 같이 환경적 조절이 가능한 장소에 뿌려 키웠다고 가정해 보자.

a. 그림 21.5a와 21.5b에서 보여주는 분포도와 비교하여 예상되는 꽃자루 길이의 표현형적 그룹의 분포도를 작성해 보라.

b. 일정한 환경에서 자란 유전적으로 동일한 민들레로부터 0보다 큰 표현형적 분산을 관찰하게 될 것으로 기대하는 이유는 무엇인가?

c. 그림 21.5b에서 보여주는 유전적 변이를 더 정교하게 측정하기 위해 문제 (b)와 관련된 정보를 어떻게 활용하겠는가?

3. 다음 각각은 다른 개체들의 표현형적 변이에 대해 유전적 또는 환경적 요인의 역할을 결정하는 데 어떻게 활용되겠는가?

   a. 유전적 클론(복제)들
   b. 사람의 일란성 대 이란성 쌍생아들
   c. 교차양육

4. 다음 설명들 중 어느 것이 어떤 나라의 한 집단에서 높은 유전력을 나타내는 사람의 형질에 대해 옳게 서술한 것인가?

   a. 일란성 쌍생아 쌍들 사이의 표현형적 차이는 이란성 쌍생아 쌍들 사이에서 보여주는 표현형적 차이와 대체로 비슷할 것이다.
   b. 일란성 쌍생아들 사이에서는 매우 낮은 표현형적 변이가 나타나지만, 이란성 쌍생아 사이에서는 높은 변이성을 보인다.
   c. 해당 형질은 다른 나라의 어떤 집단에서도 동일한 유전력을 가질 것이다.

5. a. 동일한 가족 아래서 양육된 다섯 쌍의 쌍생아들에 대한 연구는 일란성(MZ) 쌍생아에 대한 환경적 유사성은 이란성(DZ) 쌍생아들에 대한 환경적 유사성과 유의적으로 다르지 않음을 보여주었다. 왜 이것이 유전력을 결정하는 데 중요한 요인이 되겠는가?

   b. 만약 사람의 한 특별한 형질에 대해 유전력을 결정하고 싶다면, MZ와 DZ 쌍생아들을 대상으로 연구하는 것이 매우 유용하겠는가? 그 이유를 설명하라.

6. 1937년에 출판된 한 연구에서 사람의 세 가지 형질(신장, 체중 및 지능)에 대해 일란성(MZ) 및 이란성(DZ) 쌍생아 쌍들과 형제 쌍들 사이의 평균값 차이를 조사하였다. 지능(IQ)은 "스탠포드비네트검사(Stanford-Binet test)" 방법으로 측정하였다(IQ 검사가 타고난 지능을 얼마나 정확히 측정할 수 있는지에 대해서 확실하지 않은 것처럼 "IQ"의 개념은 논쟁성이 매우 강하고 그 중요성도 잘 모르지만, 본 문제에서는 IQ를 측정 가능한 표현형으로 고려하고자 한다). 일부 MZ 쌍생아들은 동일한 가족에서 함께 자랐지만(RT), 다른 MZ 쌍생아들은 다른 가족에서 서로 떨어져서 자랐다(RA). 본 연구의 결과는 다음과 같다.

	MZ/RT	MZ/RA	DZ	형제
신장	1.7 cm	1.8 cm	4.4 cm	4.5 cm
체중	1.86 kg	4.49 kg	4.54 kg	4.72 kg
IQ	5.9	8.2	9.9	9.8

   a. 3가지 형질 중 어떤 것이 가장 높은 유전력을 나타내는가? 가장 낮은 유전력을 보이는 것은 어느 것인가?
   b. 미국국립보건원의 질병관리 및 예방센터(CDC)는 최근에 1960~2002년 동안 미국의 15세 소년들의 평균 체중이 135.5 파운드(61.46 kg)에서 150.3 파운드(68.17 kg)로 증가했다는 보고를 하였다. 동일한 기간 동안, 15세 소년들의 평균 신장은 67.5인치(171.6 cm)에서 68.4인치(173.7 cm)로 증가하였다. 이런 통계는 문제 (a)에서의 유전력 측정 결과와 얼마나 일치하는가?

7. 들다람쥐의 한 드문 형질을 연구하는 다른 두 과학자 그룹은 매우 다른 유전력을 발표하였다. 유전력 값에 영향을 주는 어떤 요인들이 두 결론이 맞는 것으로 만들지 예상하라.

8. 인류 유전학자들은 핀란드인 집단이 다양한 형질들의 연구에 매우 유용하다는 것을 알았다. 핀란드 인구는 적다; 핀란드인들은 족보를 기술한 엄청난 양의 교회 기록물을 보유하고 있으며, 소수의 사람들만이 핀란드 집단으로 이주해 왔다. 몇몇 열성 질병의 빈도가 세계 다른 지역보다 핀란드 집단에서 더 높게 나타난다; 다른 지역에서는 비교적 흔한 페닐케톤뇨증이나 낭 섬유증과 같은 질병은 핀란드 집단에서는 관찰되지 않는다.

   a. 집단 유전학자는 이런 질병 발병률에 대한 차이를 어떻게 설명하겠는가?
   b. 핀란드 집단은 또한 양적 형질의 연구를 위한 정보의 좋은 자원이다. 정신분열증의 유전적 기초는 이 집단 연구를 통해 밝혀질 수 있는 한 과제이다. 핀란드 집단 구조를 기반으로 하여 복합 형질 연구를 수행한다면, 어떤 장점과 단점이 있는지 예상하라.

9. 비슷한 표현형의 분산을 보이는 두 형질이 한 집단에 존재한다. 만약 한 형질이 표현형에 영향을 주는 두 개의 주요 유전자와 6개의 덜 중요한 좌위를 가지고, 두 번째 형질은 표현형에 영향을 주는 핵심 유전자는 없이 12개의 덜 중요한 좌위를 가진다면, 어느 형질이 선택에 대해 더 일관되게 반응할 것으로 예상되는가? 그 이유를 설명하라.

10. 한 좌위의 두 대립유전자는 3가지 특이적 표현형을 나타낸다. 두 대립유전자를 가지는 두 유전자는 5가지 특이적 표현형을 나타낸다. 두 대립유전자를 각각 가지는 6개 유전자는 13가지 특이적 표현형을 나타낸다(전제 조건으로, 어떤 한 좌위의 대립유전자들은 서로 공우성이며, 각 유전자들은 표현형에 동일하게 기여한다고 가정한다).
   a. 이런 관계를 표현할 공식을 유도하라(*n*은 유전자의 수를 의미한다).
   b. 한 좌위의 두 대립유전자에 의해 결정되는 한 형질에 대한 양 극단의 2가지 표현형들은 F_2 세대에서 각각 1/4의 비율로 출현한다. 만약 한 형질을 결정하는 두 대립유전자를 가지는 두 유전자가 있다면, 양 극단의 각 표현형은 집단의 F_2에서 1/16의 비율로 출현할 것이다. 보통의 밀(*Triticum aestivum*)에서 밀알의 색깔은 빨간색에서부터 흰색까지 다양하며, 색을 조절하는 유전자들은 상가적으로 활동한다. 즉, 각 유전자에 대한 대립유전자들은 반우성이며, 각 유전자는 색깔 발현에 대해 동일하게 관여한다. 빨간색의 순계 식물을 흰색의 순계 식물과 교배시켜, F_2에서 빨간색과 흰색 식물이 각각 1/256의 비율로 출현하는 것을 관찰하였다. 이런 교배에서 얼마나 많은 유전자들이 씨앗의 색을 발현하는 데 관여하겠는가?

11. 어떤 한 식물에서, 잎의 크기는 4개의 독립적으로 분포하는 유전자들의 상가적인 활동에 의해 결정된다. 즉 대립유전자 *A*, *B*, *C*, *D*는 각각 잎 길이를 4 cm씩 길게 하며, 대립유전자 *A′*, *B′*, *C′*, *D′*는 각각 잎의 길이를 2 cm씩 길게 한다. 따라서 *A*/*A*, *B*/*B*. *C*/*C*, *D*/*D* 식물은 32 cm 길이의 잎을 가지며, *A′*/*A′*, *B′*/*B′*, *C′*/*C′*, *D′*/*D′* 식물은 16 cm 길이의 잎을 가지게 된다.
   a. 만약 32 cm 길이의 잎을 가지는 순계 식물을 16 cm 길이의 잎을 가지는 순계 식물과 교배시키면, F_1은 24 cm의 잎을 가지며, 유전자형은 *A*/*A′*, *B*/*B′*, *C*/*C′*, *D*/*D′*가 될 것이다. F_1 식물로부터 형성되는 F_2 세대에서 예상되는 모든 잎의 길이와 그들의 예상 빈도를 나열하라.
   b. 이번에는 임의교배가 일어나는 한 집단에서 다음과 같은 대립유전자 빈도가 관찰된다고 가정해 보자:

      A 의 빈도 = 0.9
      A′ 의 빈도 = 0.1
      B 의 빈도 = 0.9
      B′ 의 빈도 = 0.1
      C 의 빈도 = 0.1
      C′ 의 빈도 = 0.9
      D 의 빈도 = 0.5
      D′ 의 빈도 = 0.5

      이 집단에서 4종류 유전자의 각각에 대해 3가지 가능한 유전자형의 예상 빈도를 계산하라.
   c. 앞의 문제 (b)에서 나타낸 집단에서 잎의 길이가 32 cm인 식물의 비율은 어떻게 되겠는가?

21.2절

12. SNP 유전자형이 다음의 각 연구에서 어떻게 활용되는지를 비교하라. (a) 멘델 유전병을 나타내는 유전자들의 위치 클로닝, (b) 직접적인 QTL 지도 작성, (c) GWAS.

13. 토마토 열매 크기에 관여하는 QTL에 대해 수행되었던 실험을 상기하면서, 교배의 통제를 통해 QTL의 저밀도 지도 작성과 정밀 지도 작성에 사용되는 방법의 차이점을 설명하라.

14. 인류를 괴롭히는 가장 흔한 질병들 중에는 심장병이 있는데, 심장병은 생의 질에 심각한 손상을 입히며 심지어 빠른 사망을 초래하게 한다. 심장병은 대부분 높은 연령층의 사람들에게 나타나지만, 30대 사람들의 1~2%에서, 심지어는 20대의 사람들도 이 질병으로 고통을 겪는다. 이 질병에는 유전적 요인과 환경적 요인이 작용한다. 이런 정보를 활용하여 다음의 질문에 답하라.
   a. 심장병 유발 유전자에 대한 연관분석을 수행하기 위해서 환자 가족을 선발하는 데 있어, 어떤 전략을 사용하는 것이 좋겠는가?
   b. 만약 심장병에 중요한 역할을 하는 것으로 여겨지는 한 유전자를 분리해 냈다면, 어떻게 질병 관련 역할을 확인할 수 있겠는가?

15. 카나반병(Canavan disease)은 보통 생후 18개월 이전에 사망을 초래하는 열성 중증 퇴행성신경 증후군이다. 카나반병의 출현 빈도는 유대인 집단에서 특히 높게 나타난다. 이 질병을 유발하는 유전자에 대한 지도 작성을 위해 노력을 기울이고 있는데, 연구자들은 5명의 유대인 환자와 4명의 정상인 유대인들로부터 17번 염색체를 따라 대략 100 kb의 길이 내에 10개의 SNP (1~10)가 분포하는 것을 발견하였다. 다음의 표에서, 각 줄의 염기서열은 단일 단상형을 가리킨다. G, C, A, T는 각 SNP 자리에서의 실제 뉴클레오티드를 나타낸다.

환자	SNP1	SNP2	SNP3	SNP4	SNP5	SNP6	SNP7	SNP8	SNP9	SNP10
1	G	T	G	T	T	T	C	A	G	T
2	A	T	G	T	T	T	C	A	G	T
3	G	T	G	T	T	T	C	A	G	C
4	A	A	G	T	T	T	C	T	C	C
5	G	A	G	C	C	T	G	A	C	C
대조군										
6	A	A	G	T	T	T	C	A	G	T
7	G	T	G	G	C	T	G	A	G	T
8	A	T	C	T	C	G	C	T	C	C
9	G	T	C	G	T	G	G	A	C	T

a. 질병 유발 돌연변이는 SNP들의 대립유전자 중 어떤 것과 연관 불평형 상태에 있는 것으로 보이는가? 연관 불평형을 보인다면, 어떤 SNP인가?

b. 카나반병 유전자가 가장 유력하게 존재할 것으로 추정되는 곳은 어떤 위치이겠는가? 추정하는 유전자는 얼마나 긴 길이로 존재하겠는가?

c. 주어진 데이터를 사용하여, 카나반병 유전자는 얼마나 많은 독립적인 돌연변이를 가지는지 예상하라.

d. 실험참여자 2~9는 아쉬케나지 유대인(독일의 라인강 유역과 A.D. 70년에 유대(Judea) 지역으로부터 추방된 후 프랑스에 거주한 유대인들의 후손)이며, 실험참여자 1은 세파르디 유대인(아쉬케나지가 아닌 유대인)이라고 가정해 보자. 이런 사실이 카나반병 유발 돌연변이들의 역사를 이해하는데, 어떤 정보를 제공할 수 있겠는가?

e. 단상형 연관성을 이용한 지도 작성에서, 특정 하위집단에 대해 초점을 맞추는 것이 종종 도움이 되는 이유는 무엇인가? 이런 전략은 어떤 단점을 보이겠는가?

f. 사람의 17번 염색체는 상염색체로, 각 사람들은 염색체를 따라 해당 부위에 대해 두 개의 복사본을 가진다. 이런 사실을 염두에 둘 때, 연구자들은 다음 표에서 보여주는 것과 같은 개별적 단상형을 어떻게 결정할 수 있겠는가?

16. 그림 21.12c에서, *fw2.2* 원인 유전자는 그 유전자의 *S. pennellii* 버전을 *S. lycopersicum* 속으로 도입시켜 봄으로써 그 역할이 입증되었다. 주위의 다른 방법들 대신에 왜 이런 방법의 실험을 수행하였을까?

17. 그림 21.13에 대해서:

a. 왜 환자군의 일부 염색체는 빨간색으로 표시된 질병 유발 변이를 갖지 않는 것일까?

b. 왜 대조군의 일부 염색체는 빨간색으로 표시된 변이를 갖는 것일까?

c. 과학자들은 발병에 기여하는 QTL을 동정하기 위해 수행한 연합 지도 작성으로부터 얻은 데이터를 어떻게 평가하는지에 대해 논의해 보자. 연구자들은 어떤 내용을 기대하겠는가? 그리고 그림의 아래쪽에서, 왜 질병의 비무작위적 연관성을 파란색 대립유전자라는 이름으로 특별히 논의한다고 생각하는가?

d. 연구자들이 문제에서 주어진 질병과 통계적으로 유의적인 연관성을 나타내는 SNP들을 유전체의 두 다른 지역에서 찾았다고 가정해 보자. 지역 1에서는 DNA의 200 kb 길이에 분포하는 SNP들이 연관성을 보였다. 지역 2에서는 질병 연관 SNP들은 2 Mb의 길이에 위치하고 있었다. 이 두 지역 각각은 단지 한 개의 질병-유발 변이를 가진다고 가정할 때, 두 돌연변이 중 어느 것이 인류의 역사에서 먼저 일어났을 것으로 예상되는가? 이유를 설명하라.

e. 문제 (d)에 대해 답을 하였겠지만, 질병-연관 SNP들을 포함하는 지역의 길이는 그럼에도 불구하고 인류 역사 동안 질병 유발 돌연변이가 일어난 시간의 완전한 지시자가 될 수 없는 이유를 설명하라.

18. 그림 21.15에서 보여주는 삼각형 도표를 염두에 두고 다음 질문에 답하라.

a. 어떤 유전체의 특징이 과학자들이 분리된 블록으로 가시화시킨 두 LD 블록 사이에 위치할 것으로 생각되는가?

b. 그림은 9개의 다른 SNP들을 분석하였지만, 이들 SNP 중 단지 2개의 유전자형 분석만이 집단을 구성하는 거의 모든 사람들의 유전자형을 예측할 수 있게 한다. 왜 이런 제한된 유전자형 분석이 예측값을 가지는지 설명하라.

c. 삼각형 도표의 제작을 가능하게 하는 데이터를 얻고자 할 때, 연구자들은 일반적으로 흔한 SNP들과 드문 SNP들 중 어느 쪽의 유전자형을 결정하겠는가? 그 이유를 설명하라.

d. 문제 (b)에 대한 답을 생각해 볼 때, 예상 SNP들의 소규모 세트만을 분석하는 것과 반대로, 인류집단유전학자들은 완전한 전유전체 서열을 얻는 데 관심을 갖는 이유는 무엇인가?

19. 그림 21.16과 관련하여, 왜 환자들 중 일부는 GG 유전자형을 가지고, 일부는 GC 유전자형, 그리고 나머지는 CC 유전자형을 가지는가? 즉, 왜 모든 환자들이 동일한 유전자형을 가지지 않을까? 최소한 두 가지 이상의 이유에 대해 논의하라.

20. 고혈압을 나타내는 사람들과 고혈압 증상이 없는 비슷한 연령대의 대조 집단을 대상으로 한 SNP (대립유전자로 C와 T를 가짐)의 빈도를 비교하는 증례군-대조군 조사를 수행하였다. 다음과 같은 결과를 얻었다고 하자.

	증례군	대조군
C	1,025	725
T	902	922

a. 해당 SNP이 여러분이 조사한 유일한 SNP이라면, 조사한 SNP과 고혈압 발생 위험률 간에 통계적으로 유의적인 연관성이 있는가?

b. 만약 해당 SNP이 여러분의 연구에서 조사한 1백만 개의 SNP 중 하나라면, 연관성은 여전히 유의적이라고 할 수 있겠는가? 그 이유를 설명하라.

c. 어떤 대립유전자(C나 T 중에서)가 고혈압 발생의 높은 위험률과 연관되어 있는가?

d. 위험 대립유전자에 대한 대립유전자 질병 연관율(allelic odds ratio)을 계산하라.

21. 한 GWAS 조사로부터 초콜릿이나 바닐라 아이스크림에 대한 사람들의 선호도와 연관된 한 특정 LD 블록을 동정하였다. 여러분은 어떻게 유전체의 LD 지역 내에서 대립유전자가 선호도를 결정하는 데 도움을 주는 구체적인 유전자를 찾아낼 수 있을까?

22. 사육되는 개의 체구는 높은 유전력을 가지며, 단지 적은 수의 유전들이 크기를 결정한다. 반면, 인간의 신장에 대한 유전적 변이성은 180개 이상의 QTL이 밝혀졌지만, 이들은 높은 유전력의 단지 매우 적은 부분만 담당한다. 이를 바탕으로 인간의 "소실된 유전력(missing heritability)"을 무엇으로 설명할 수 있겠는가? 그리고 여러분이 제안한 가설적인 설명에 대해 어떻게 증명할 수 있겠는가?

23. 2008년에 〈타임(Time)〉지는 "23andMe"라는 이름의 회사에 의한 개인 유전체 서비스의 개발을 '올해의 발명'으로 결정하였다. 고객이 타액 검체를 회사에 보내면, 유전체 전체를 통해 분포하는 대략 1백만 개의 SNP의 유전자형을 결정한 후, 고객에게 다양한 형질에 대한 잠재적 위험성의 "교육적 활용만을 위한(for education use only)" 평가를 첨부한 결과를 온라인으로 교신하였다.

하지만 2013년 11월 22일, 미국식품의약품안전청(FDA)은 23andMe 회사에 대해 개인 유전체 서비스 사업의 중단을 명령했는데, 그 이유는 그들의 SNP 유전자형 분석과 위험률 예측의 정확성이 의학적으로 사용될 만큼 충분히 정확하다는 검정을 받지 못했기 때문이다. FDA는 사람들이 의학적으로 입증되지 않은 검사로부터 얻은 정보에 근거하여 심각한 의학적 결정을 내릴 수 있다고 우려하였다. 그래서 이런 예와 같은 검사 서비스의 미래는 풀리지 않은 끊임없이 계속되는 이슈가 되고 있다.

a. 이런 개인 유전체 서비스로부터 습득한 정보는 여러분이 어떤 멘델성 유전병에 걸릴지 그렇지 않을지를 말해 줄 수 있겠는가? 그 이유를 설명하라.

b. 이런 개인 유전체 서비스로부터 습득한 정보는 복합형질의 어떤 질병에 대한 위험률을 여러분에게 알려줄 수 있겠는가? 그 이유를 설명하라.

c. 2013년 12월, 〈뉴욕타임(The New York Times)〉지의 한 기자는 "그녀는 자기 자신의 DNA 검체를 세 군데의 각각 다른 회사에 보냈는데(그 중 하나는 23andMe였음), 세 회사는 다양한 복합 형질들에 대한 매우 다른 예측을 제공받았다"라는 기사를 실었다 이런 예측의 차이성의 원인은 무엇이라고 생각되는가?

d. 새로운 과학적 발전이 가까운 미래에 이런 이슈를 해결하는 데 도움을 줄 것으로 생각하는가?

해답

1장

1. a. 4; b. 11; c. 7; d. 1; e. 9; f. 8; g. 12; h. 6; i. 2; j. 10; k. 3; l. 5

3. a. 3,000,000,000/23 ≈ 135,435,000 bp/염색체
   b. 25,000/23 ≈ 1,087개의 유전자/염색체
   c. 1,500,000,000/25,000 ≈ 60,000 bp/유전자

5. a. 4^{100}; b. 20^{100}

7. 모든 생물체는 공통조상에서 유래하여 유사한 유전자와 단백질을 가지고 있으므로, 공통의 생화학 경로를 공유한다. 예를 들어, 사람과 효모에서 세포 주기를 조절하는 많은 유전자들은 서로 유사하다. 효모, 초파리, 생쥐와 같은 생물은 사람과 달리 실험실에서 연구에 사용할 수 있다. 모든 생물은 공통의 기원을 가지므로 실험 생물의 연구를 통해 생물학의 기본 원리를 배울 수 있다.

9. 모든 생물의 유전체는 단백질 집단을 암호화한다. 단백질 집단의 구성원들은 유사한 아미노산 서열로 구성된 영역(domain)을 가지며, 유사한 3차 구조를 형성한다. 동일한 단백질 집단의 일원은 일반적으로 유사한 기능을 보인다. 일반적으로 단순한 생물에 비해 좀 더 복잡한 생물일수록 동일한 유전자 집단/단백질 집단의 구성원 수가 더 많다. 모든 유전자 집단/단백질 집단이 각 생물체에서 새롭게 나타난 것 같지 않다.

11. 그럴 것이다. 예를 들어 어떤 단백질이 인산화 효소라면, 어느 환경에서도 인산화 효소로 작용할 것이다. 그러나 서로 다른 단백질을 발현하는 다양한 종류의 세포에서 각기 다른 기질과 작용할 수 있을 것이다. 따라서 서로 다른 세포에서 반드시 동일한 경로에 기능하지 않을 수도 있다.

13. a. *WDR62* 유전자의 DNA 서열 분석을 통해 해당 단백질의 아미노산 서열을 예측할 수 있다. 아미노산 서열은 단백질의 생화학적 기능을 알려주는 영역 구조에 대한 정보를 줄 수 있다. 다른 단백질과의 결합에 작용하는 WD 반복 영역을 가지고 있으므로, 유전자의 이름이 *WDR62* 이다.
    b. *WDR62* 유전자의 돌연변이가 소두증을 일으킨다는 것을 알게 됨으로써, 개체 수준에서 *WDR62* 유전자가 뇌 발생에 필수적이라는 것을 알 수 있다.
    c. 돌연변이 생쥐가 인간의 소두증과 유사한 증상을 나타낸다면, *WDR62*가 소두증의 원인 유전자라는 것을 확신할 수 있게 된다. 또한 돌연변이 생쥐를 이용하여 *WDR62* 유전자의 생화학 경로(생쥐와 인간에서 유사할 것으로 추정된다)와 기능을 분석하는 유전학 및 생화학 연구를 진행할 수 있다.

2장

1. a. 4; b. 3; c. 6; d. 7; e. 11; f. 13; g. 10; h. 2; i. 14; j. 9; k. 12; l. 8; m. 5; n. 1

3. 완두에 대해: (1) 짧은 세대 길이; (2) 자가수정 및 인위적 교배가 가능; (3) 다수의 후손; (4) 순계로 유지 가능; (5) 근친교배의 혈통 유지 가능; 및 다수의 표현 형질에 대한 두 가지 뚜렷이 구별되는 형태; (6) 재배용이 및 저렴. 반면, 인간은 (1) 세대 길이가 매우 김; (2) 자가수정 불가, 교배 조절은 비윤리적; (3) 한 배에 태어나는 수가 매우 적음; (4) 특정 형질에 대한 동형접합성을 가진 개인이 존재하나, 유지하기 어려움; (5) 근친교배를 하지 않으므로 대부분의 형질은 표현형의 연속된 형태로 나타남; (6) "성장"을 위해 값비싼 돌봄을 필요로 함. 인간에 대한 유전학 연구에서의 한 가지 장점은 변이를 가진 매우 큰 수의 개인들을 연구할 수 있으므로, 이 방법으로 규명되는 유전자의 수가 급속하게 증가하고 있다.

5. 짧은 털이 긴 털에 대해 우성이다.

7. 검정교배로 유전자형을 결정할 수 있다. 즉, (미지의 유전자형을 가진) 우성의 표현형을 보이는 초파리와 열성(짧은 날개)의 유전자형을 보이는 초파리를 교배하면 된다. 미지의 초파리가 동형접합성의 우성 유전자형을 가졌다면, 검정교배의 후손은 *Ww*가 되어 우성의 표현형을 보일 것이다. 미지의 초파리가 이형접합성의 유전자형을 가졌다면, 검정교배의 후손 중 1/2은 정상(*Ww*)이고 1/2은 짧은 날개(*ww*)를 가진다.

9. 우성의 형질(짧은 꼬리)을 선택교배로 더 쉽게 집단에서 제거할 수 있다. 표현형을 나타내는데 한 개의 우성 대립유전자만 필요하므로, 이 대립유전자를 가진 모든 동물을 쉽게 인식할 수 있으며, 우성 대립유전자를 물려받은 생쥐들을 번식시키지 않으면 된다.

11. a. 마른 귀지는 열성이고, 끈적끈적한 귀지는 우성이다.

b. 3:1과 1:1의 비율이 애매한 이유는 그 후손들의 결과는 다른 교배의 결과를 합한 것이기 때문이다.

13. a. 1/6; b. 1/2; c. 1/3; d. 1/36; e. 1/2; f. 1/6; g. 1/9

15. a. 2; b. 4; c. 8; d. 16

17. a. *aa Bb Cc DD Ee*; b. *a B C D E* 또는 *a B c D E* 또는 *a B C D e* 또는 *a B c D e* 또는 *a b C D E* 또는 *a b C D e* 또는 *a b c D E* 또는 *a b c D e*

19. 둘 다 보인자(*Pp*)이다. 다음 자녀가 *pp* 유전자형을 가질 확률은 1/4이다.

21. 거친 털과 흑색이 우선 대립유전자이다(*R* = 거친, *r* = 부드러운 *B* = 흑색, *b* = 백색); b. 비율은 거친 흑색 1/4: 거친 백색 1/4: 부드러운 흑색 1/4: 부드러운 백색 1/4이다.

23. a. 3/16; b. 1/16

25. *P* = 자주색(purple), *p* = 백색 *S* = 가시 돋은(spiny), *s* = 부드러운. a. *Pp Ss* × *Pp Ss*; b. *PP Ss* × *P- ss* 또는 *P- Ss* × *PP ss*; c. *Pp S-* × *pp SS* 또는 *Pp SS* × *pp S-* d. *Pp Ss* × *pp Ss*; e. *Pp ss* × *Pp ss*; f. *pp Ss* × *pp SS*

27. 1번 교배: 수컷: *tt Nn*, 암컷: *tt Nn* 2번 교배: 수컷: *Tt nn*, 암컷: *tt Nn* 3번 교배: 수컷: *Tt nn*, 암컷: *Tt Nn* 4번 교배: 수컷: *Tt nn*, 암컷: *Tt NN*

29. a. 완두 색깔 유전자에 의해 만들어지는 단백질은 Sgr라고 부르는 효소인데, 이 효소는 초록색 색소인 엽록소를 분해하는 데 필요하다.

b. *y* 대립유전자는 영대립유전자일 수 있는데, 이는 Sgr 효소를 전혀 생산하지 못하기 때문이다.

c. 이형접합자에서 단일 *Y* 대립유전자는 약간의 *Sgr* 효소를 생산할 수 있으나 *y* 대립유전자는 Sgr 효소를 전혀 생산하지 못하므로, *Y* 대립유전자는 우성이다.

d. *yy* 완두에서 초록색 엽록소는 분해될 수 없으므로 완두는 녹색을 유지한다.

e. 정상의 절반 분량으로도 Sgr 효소는 충분한 양의 엽록소를 분해할 수 있기 때문에 완두는 황색이 된다.

f. 한 대립유전자에 돌연변이(변화)가 생겨 영대립유전자가 되는 경우에도 정상 분량 대비 절반의 유전자 산물만으로 개체가 살아가는데 충분한 경우가 대부분이므로 필수 유전자의 두 모사체를 가지는 것이 유리하다.

31. 긴 줄기가 우성 형질이므로, 우성 대립유전자가 G3βH를 만들고 열성 대립유전자는 효소를 전혀 만들지 못할 가능성이 높다.

33. a. 열성. 두 명의 영향을 받지 않은 부부 사이에 영향을 받은 자녀가 태어났다. 근친결혼으로 영향을 받은 후손이 태어났다. II-1과 *V*-2는 영향을 받았으며(*aa*); II-2, II-4, III-4, III-5를 제외한 모든 영향을 받지 않은 사람은 보인자(*Aa*)이다. *V*-1도 보인자일 가능성이 높다.

b. 우성. 형질이 모든 세대에서 나타나며, 영향을 받은 자녀 모두 영향을 받은 부모를 가진다; 형질이 열성이었다면 양부모가 모두 영향을 받았음에도 III-3가 영향을 받지 않을 가능성은 없다. 영향을 받은 모든 개인은 *Aa*이며, III-4, III-5와 III-6는 *AA*일 수 있다; 돌연변이가 우성일 때 보인자는 있을 수 없다.

c. 열성. 영향을 받지 않은 부모가 영향을 받은 아이를 낳은 경우이다. I-2와 III-4는 영향을 받았고(*aa*); II-4와 II-5는 보인자(*Aa*); 나머지는 *AA* 또는 *Aa*이나, 이 질환이 희귀하다면 I-1은 거의 확실하게 *AA*이다.

35. a. 2/3; b. 1/9; c. 4/9

37. 열성 혈연관계가 없는 두 세대의 개인들이 보인자(I-1과 I-2, II-4와 II-5)이므로 흔하다.

39. a. 1/16 = 0.0625; b. 0.067

41. 가족의 약 40%에서 양부모가 *Mm* 이형접합자이다. 나머지 60%에서 적어도 한 부모는 *MM*이다.

43. *CF* 질환 대립유전자는 *CFTR* 단백질을 전혀 만들지 못하지만, 하나의 정상 대립유전자로부터 생산된 *CFTR*의 양이 정상 폐 기능을 수행하는 데 충분하다. 그러므로 *CF CF* 동형접합자는 낭 섬유증을 보인다. *HD* 질환 대립유전자는 HD^+ 정상 대립유전자가 만드는 단백질의 비정상적이며 해로운 형태를 만든다. *HD* HD^+ 이형접합자에서 정상 단백질이 존재하더라도 비정상 단백질이 신경세포를 손상시키는 것을 막지 못한다.

3장

1. a. 2; b. 6; c. 11; d. 8; e. 7; f. 9; g. 12; h. 3; i. 5; j. 4; k. 1; l. 10

3. 생화학적 반응에 대한 가장 쉬운 설명으로써, A 효소는 P 효소와 비교하여 특성과 작용 방식이 서로 다르다. 예를 들어, (분홍색과 붉은색) 각각의 경우, 색이 없는 전구체가 색소로 전환된다. P 효소는 모든 색이 없는 전구체가 *Pp* 이형접합자에서 P 효소가 나타나는 양만큼 사용되는데 있어서 매우 효율적이다. 따라서 분홍색 색소의 양은 *Pp* 식물과 *PP* 식물에서 서로 같다. A 효소는 상대적으로 비효율적인데, 색이 없는 전구체가 붉은색 색소로 전환되는 데 있어서 *Aa* 이형접합자(A 효소가 1개)에 비하여, *AA* 동형접합자(A 효소가 2개)가 더 많이 전환된다.

5. 하나의 유전자, 두 개의 대립유전자, 불완전 우성; ; 1/2 c^rc^w (노란색 꽃) : 1/4 c^rc^r (붉은색 꽃): 1/4 c^wc^w (백색 꽃)

7. 긴 꼬투리는 짧은 꼬투리에 비하여 완전 우성이다. 꽃 색에 대한 형질은 두 대립유전자의 불완전 우성을 보여준다.

9. a. *ii* (표현형 O) 또는 iI^A (표현형 A) 또는 iI^B (표현형 B);
b. I^BI^B, I^Bi 또는 I^AI^B;
c. *ii* (표현형 O)

11. a. 1/4 얼룩점박이무늬, 1/2 대리석무늬, 1/4 얼룩무늬;
   b. 대리석무늬와 점박이무늬.

13. a. 털 색은 유전자 하나의 세 개의 대립유전자에 있는 일련의 우성 인자 배열에 의하여 결정된다.
   C (친칠라) > c^h (히말라야) > c^a (알비노)
   b. 교배 1: $c^hc^a \times c^hc^a$; 교배 2: $c^hc^a \times c^ac^a$; 교배 3: $Cc^h \times C(c^h$ 또는 $c^a)$; 교배 4: $CC \times c^h$ (c^h 또는 c^a); 교배 5: $Cc^a \times Cc^a$; 교배 6: $c^hc^h \times c^ac^a$; 교배 7: $Cc^h \times c^ac^a$; 교배 8: $c^ac^a \times c^ac^a$; 교배 9: $Cc^h \times c^h$ (c^h 또는 c^a); 교배 10: $Cc^a \times c^hc^a$
   c. 3/4 친칠라(C-): 1/4 히말라야(c^hc^a) 또는 3/4 친칠라(C-): 1/4 알비노(c^ac^a)

15. a. 2/3 말린 날개: 1/3 정상 날개
   b. *Cy*/*Cy*는 치사
   c. 90개체의 말린 날개와 90개체의 정상 날개

17. a. 2:1 표현형비를 보여 주는 몬테수마 부모의 경우 이형접합성(*Mm*)이고, 동형접합성인 *M*에 대하여 치사하게 된다.
   b. 1/2 몬테수마:1/2 녹색, 정상 지느러미
   c. 6/12 몬테수마 정상 지느러미:2/12 몬테수마 주름진 지느러미:3/12 녹색 정상 지느러미:1/12 녹색 주름진 지느러미

19. 두 유전자가 관여한다. 검은색 암말의 경우 *AA bb*이고, 밤색 수말의 경우 *aa BB*이다. 간장색 말들의 경우 *aa bb*이고, 적갈색 말들의 경우 *Ab Bb*이다.

21. a. 두 유전자가 관여한다; 동형접합 시 두 유전자 또는 각각의 유전자에서 열성 대립유전자가 있을 경우 노란색이 된다. 녹색 부모는 *AA BB*; 노란색 부모는 *aa bb*
   b. *Aa Bb*, *aa Bb*, *Aa bb*, *aa bb*가 같은 비율로 나타난다: 1/4 녹색: 3/4 노란색 열매

23. 우성 관계는 같은 유전자의 두 대립유전자 사이의 관계를 나타낸 것이다; 오로지 하나의 유전자가 관여한다. 상위성은 두 개의 유전자들이 관여한다; 한 유전자의 대립유전자가 두 번째 유전자의 표현형적 발현에 영향을 미친다.

25. 1/4가 O형을 띨 것이고, 3/8이 A형, 3/8이 AB형을 띨 것이다.

27. a. I-1 AB; I-2 A; I-3 B; I-4 AB; II-1 O; II-2 O; II-3 AB; III-1 A; III-2 O
   b. I-1 $Hh\ I^AI^B$; I-2 $Hh\ I^Ai$ (혹은 I^AI^A); I-3 H- I^BI^B (혹은 I^Bi); I-4 H- I^AI^B; (하나 혹은 두 개 모두 I-3 그리고 I-4는 반드시 *h*를 가짐); II-1 H- ii; II-2 $hh\ I^AI^A$ (혹은 I^Ai 혹은 I^AI^B); II-3 $Hh\ I^AI^B$; III-1 $Hh\ I^Ai$; III-2 $hh\ I^AI^A$ (혹은 I^AI^B 혹은 I^Ai 혹은 I^Bi 혹은 I^BI^B)

29. 2/6 노란색: 3/6 알비노: 그리고 1/6 아구티 자손

31. a. $A^ya\ Bb\ Cc \times Aa\ bb\ Cc$
   b. 여섯 개의 표현형: 알비노, 노란색, 갈색, 아구티, 검은색 아구티, 갈색, 검은색

33. a. 27/64 야생형, 37/64 돌연변이; b. *AA Bb Cc*

35. a. 두 개의 유전자가 포함된다. *A- B-* 그리고 *aa B-*는 흰색, *A-bb*는 어두운 빨강, 그리고 *aa bb*는 밝은 빨강
   b. 순계에서 WR-1는 *AA BB*; WR-2는 *aa BB*; 어두운 빨강은 *AA bb*, 밝은 빨강은 *aa bb*
   c. *Aa Bb* (흰색) × *aa bb* (밝은 빨강)의 교배

37. a. 흰색 계통은 *Aa bb* 그리고 *aa BB*. 파란색 F_1의 경우 *Aa Bb*
   b. 10개체의 파란색(*A- B-* 또는 *aa bb*) : 6개체의 흰색 (*aa B-* 또는 *A- bb*)

39. 많은 서로 다른 생화학적인 기작이 F_2의 자손 사이에서 9:3:3:1 비율의 특별한 변이와 관련이 있다. 하지만, 만일 유전자 상호 작용의 생화학적 기작을 알고 있다면, F_2 표현형비의 예측이 가능할 것이다.

41. a. 구상적혈구증의 표현형의 경우 완전 침투도와 발현도에 있어서 변이가 없는 양상을 보여 준다. 빈혈의 표현형의 경우 투과성이 0.94이며, 다양한 발현도를 보여 준다.
   b. 빈혈이 없는 사람들을 제외하고, 비장을 없앤다.

43. a. 우성이며, 완전 침투가 아니다.
   b. 스미스 II-3, III-5; 제프슨 II-6.
   c. 열성
   d. 아니오

45. 검은색: *E*-, *B*-, (K^bK^b 그리고 *A* 대립유전자) 또는 (K^bk^y *aa*), *DD*, *SS*, *mm*; 초콜릿풍의 갈색: *bb*를 제외하고 검은색과 같음; 황금색: *ee*, *B* 대립유전자, K^bK^b, *aa*, *DD*, *SS*, *mm*를 제외한 어떠한 *A* 대립유전자

4장

1. a. 13; b. 7; c. 11; d. 10; e. 12; f. 8; g. 9; h. 1; i. 6; j. 15; k. 3; l. 2; m. 16; n. 4; o. 14; p. 5

3. a. 7 동원체; b. 7 염색체; c. 14 염색분체; d. 3 쌍; e. 4 중부동원체성과 3 단부동원체성; f. 암컷들은 XX

5. a. 암컷(성전환); SRY가 활성화시킬 *Sox9* 유전자가 없다면 SRY는 작동하지 않는다.
   b. *SRY*는 *Sox9* 상류에서 작용한다. XX와 XY인 두 포유류 모두 *Sox9* 유전자를 가지기 때문에 XX 동물에 *Sox9*를 도입해도 성전환은 일어나지 않는다.

7. a. iii; b. i; c. iv; d. ii; e. v

9. a. 1. 1 → 2, 2, 2, 2, 1, 1; b. 예, 예, 예, 예 → 아니오, 아니오, 아니오, 아니오 → 예; c. 아니오, 아니오, 아니오, 아니오 → 예, 예, 예, 예 → 아니오; d. 예, 예, 예, 예 → 아니오, 아니오, 아니오, 아니오 → 예

11. 감수분열은 4개 세포를 생성한다(*n*, 반수체), 각 세포는 7개 염색체들을 가진다.

13. a. 유사분열, 감수분열 I, II; b. 유사분열, 감수분열 I; c. 유사분열; d. 감수분열 II와 감수분열 I; e. 감수분열; f. 없음; g. 감수분열 I; h. 감수분열 II, 유사분열; i. 유사분열과 감수분열 I

15. a. 수컷의 중기 혹은 감수분열 I의 이른 후기 [갈색거저리(*Tenebrio molitor*)의 성 결정이 X-Y 체계라고 가정한다면]; b. 자매염색분체들, 동원체들, 말단소체(다른 것들 중에서); c. 5개

17. 상동염색체들은 일부 유전자들에서 서로 다른 대립유전자들을 가진다고 가정하는 것이 현실적이다, 대조적으로 재조합은 모든 감수분열에서 상동염색체들 사이에 항상 일어난다; 따라서 두 번째 가정이 덜 현실적이다. 부부 간에는 $2^{23} \times 2^{23} = 2^{46}$ 혹은 70,368,744,177,664 종류의 접합자 조합이 가능하다.

19. 감수분열은 감수분열 I 동안 상동염색체들 간의 짝 형성이 필수적이다.

21. 동원체와 X 염색체 및 Y 염색체의 PAR1 간의 변칙적인 재조합

23. a. 400 정자; b. 200; c. 100; d. 100; e. 100; f. 없음

25. a. 모두 암컷; b. 수컷; c. 수컷; d. 1/5 ZZ 수컷 과 4/5 ZW 암컷

27. a. 갈색 눈 암컷과 상아색 눈 수컷; b. 갈색 눈 암컷과 상아색 혹은 갈색 눈 수컷이 1:1 비율

29. a. 가로줄무늬 없는 암컷과 가로줄무늬 수컷; b. 가로줄무늬와 가로줄무늬 없는 암컷, 그리고 가로줄무늬와 가로줄무늬 없는 수컷

31. 자루날개 암컷은 X 염색체 상에 날개 구조에 우성 효과를 발휘하는 돌연변이를 가지고 있고, 이 돌연변이는 동형접합자 암컷 혹은 반접합성 수컷에서 치사작용을 나타낸다.

33. 흔적 날개는 상염색체성 열성이다; 노란 몸색은 X-연관 열성이다.

35.

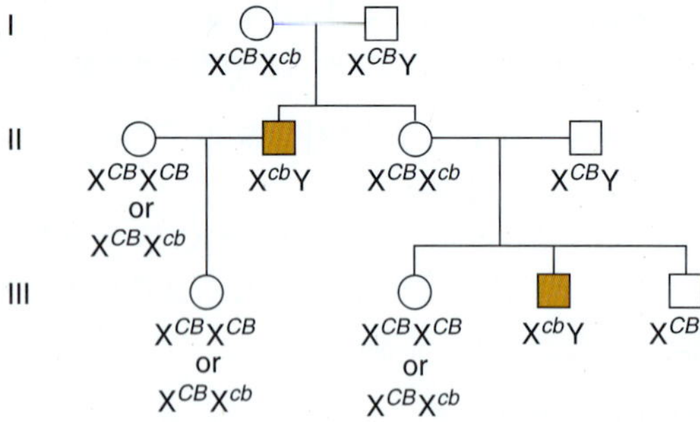

37. a. 열성; b. 상염색체성; c. *aa*; d. *Aa*; e. *Aa*; f. *Aa*; g. *Aa*; h. *Aa*

39. 예, 그럴 수 있다. 예를 들어, 모든 근육의 세포들 혹은 대부분 세포들이 디스트로핀을 발현하지 않는다면 DMD 증상이 출현한다.

41. a. X-연관 우성유전. b. 질환자 여성이 질환이 없는 아들을 출산했기 때문에 성-연관 열성유전은 배제할 수 있다; 형질이 희귀하고 질환자 여성이 다중 남성과 혼인하여 질환자 자녀를 출산했기 때문에 상염색체 열성 유전도 배제할 수 있다; 질환자 남성의 모든 딸들은 질환자이고 모든 아들들은 질환자가 아니기 때문에 상염색체 우성유전도 배제할 수 있다. c. II-2는 4명이고, III-9은 6명이다.

43. a. 3; b. 1 혹은 3.

45. a. 개체 III-5; b. *BRAC2* 돌연변이는 암 유발에 우성적 효과를 나타낸다. c. 자료로 X-연관 유전과 상염색체 유전을 명확히 구분할 수 없다; c. 실제적으로 *BRAC2* 유전자는 13번 상염색체에 위치한다. d. 암 표현형의 침투도가 불완전하다. e. 발현도가 다양하다. f. 난소암은 한성유전이고, 유방암의 침투도는 종성 유전적 특성을 나타낸다. g. 암 표현형의 낮은 침투도, 특히 남성에서.

47. a. *Oo* 암컷은 삼색털얼룩이다. 다음의 교배들이 *Oo* 암컷을 생성할 수 있다; *OO* × *oY* (노란색털 암컷 × 검은색털 수컷), *oo* × *OY* (검은색털 암컷 × 노란색털 수컷), *Oo* × *oY* (삼색털얼룩 암컷 × 검은털 수컷), *Oo* × *OY* (삼색털얼룩 암컷 × 노란색털 수컷)
    b. 이형접합자 *Oo*인 XXY 클라인펠터증후군 남성
    c. 흰점(*white-spotting*) 혹은 얼룩(*piebald*) 유전자라고 부르는 상염색체 유전자–이 유전자의 우성대립유전자는 흰털을 생성하지만, 이 유전자에 대해 이형접합자 개체들은 다양한 발현도를 나타낸다. 따라서 일부 피부조각에서는 노란색(*orange*) 유전자의 기능적인 대립유전자에 의해 지배되는 털색을 나타낸다.

49. a. 우성; b. X-연관 우성형질은 모친에서 딸과 아들로, 그리고 부친에서 딸로 전달된다. 이 가계도에서, 여러분은 형질이 부친(III-3)에서 딸(III-7)과 아들(III-5) 모두에게 전달된 것을 볼 수 있다. c. I-2 X, II-2 X, II-3 X, III-3 X, III-5 Y, III-7 X, *IV*-1,2 X; d. 예외적인 관찰은 질환 대립유전자가 부친(II-3)에서 그의 아들(III-5)과 그의 딸(III-7) 모두에게 전달된 것이다. 부친(II-3)은 그의 모친으로부터 X 염색체상에 있는 *SHOX* 질환 대립유전자를 물려받았다. 그는 그의 X 염색체(*SHOX* 질환 대립유전자를 가진)를 딸에게 물려주었고, 아들에게는 *SHOX* 질환 대립유전자를 가진 Y 염색체를 물려주었다. *SHOX* 유전자는 *PAR1*에 위치하기 때문에, 질환 대립유전자는 감수분열 동안 교차에 의해 X에서부터 Y로 전이될 수 있다.
    e.

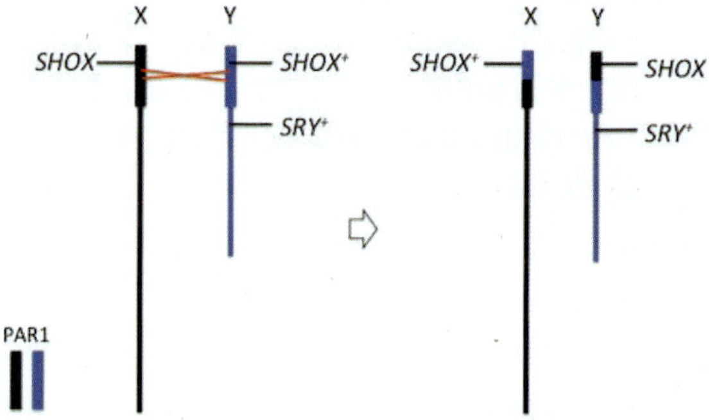

5장

1. a. 8; b. 4; c. 1; d. 11; e. 2; f. 5; g. 6; h. 3; i. 10; j. 12; k. 9; l. 7

3. a. 양친형 배우자 $B_1\ D_1$과 $B_3\ D_3$; b. 재조합 배우자는 $B_1\ D_3$와 $B_3\ D_1$이 될 것이다. c. *B*와 *D* DNA 부위는 연관되어 있다.

5. a. $Gs\ Bhd^+ / Gs^+\ Bhd$♀ × $Gs^+\ Bhd^+$ / Y♂ → 49 $Gs\ Bhd^+$♂ : 48 $Gs^+\ Bhd$♂ : 2 $Gs\ Bhd$♂ : 1 $Gs^+\ Bhd^+$♂. $RF = 3$ m.u.; b. 암컷 자손의 유전자형, 표현형, 빈도는 수컷 자손과 같을 것이다.

7. 10%

9. a. A = 정상 색소, a = 알비노 대립유전자, $Hb\beta^A$ = 정상 글로빈, $Hb\beta^S$ = 낫형 대립유전자; 49.5% $a\ Hb\beta^A$, 49.5% $A\ Hb\beta^S$, 0.5% $a\ Hb\beta^S$, 0.5% $A\ Hb\beta^A$; b. 49.5% $a\ Hb\beta^S$, 49.5% $A\ Hb\beta^A$, 0.5% $a\ Hb\beta^A$, 0.5% $A\ Hb\beta^S$; c. 0.0025

11. a. 1/4 검은색, 1/2 알비노, 1/4 갈색; b. 34지도단위(m.u.) 떨어져 있음

13. a. 배우자: 20% *Ab*, 20% *aB*, 30% *AB*, 30% *ab*; F_2 세대: 59% *A- B-*, 16% *A- bb*, 16% *aa B-*, 9% *aa bb*.
    b. 배우자: 30% *Ab*, 30% *aB*, 20% *AB*, 20% *ab*. F_2 세대: 54% *A- B-*, 21% *A- bb*, 21% *aa B-*, 4% *aa bb*

15. (a) $P = 0$; (b) $P = 1\%$; (c) $P = 5\%$; (d) $P = 10\%$; (e) $P = 50\%$

17. 동원체가 서로 반대 방향으로 잡아당길 때 위에 보이는 이가염색체는 코헤신에 의해 교차점으로부터 멀리(원위)에서 서로 붙잡아 주고 있는데 반하여 가까이(근위)에 있는 코헤신은 동족체가 분리되는 것을 막아주지 못한다.

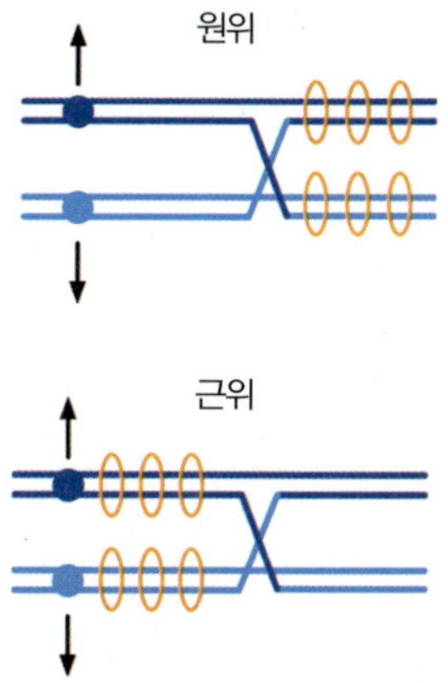

19. a. 두 유전자들은 독립적으로 분리된다.
    b. 두 유전자들은 동일 염색체상에 놓여 있고 이형접합성 수컷의 유전자형은 $dp^+\ bw^+ / dp\ bw$이어야만 한다. (초파리 수컷에서는 감수분열 시 교차가 일어나지 않는다.)
    c. 두 개의 유전자가 동일 염색체상에 아주 멀리 떨어져 있을 때 이들 유전자 사이에 많은 교차가 일어날 수 있기에 이들 대립유전자들은 독립적으로 분리되도록 된다. 만약에 연관되지 않은 상염색체성 유전자들이 동일 염색체상에 놓여 있다고 가정하면 이중이형접합성 수컷은 오직 두 종류의 자손(두 가지 양친형 유형)만을 가질 것이다. 만약 이들 연관되지 않은 유전자들이 두 개의 서로 다른 상염색체상에 있다면 이중이형접합성 수컷은 동일한 수의 네 종류의 자손 (두 가지 양친형과 두 가지 재조합형)을 만들 것이다.
    d. 이들 사이의 거리를 가르고 있는 다른 유전자들의 짧은 거리에서 얻어진 값들을 더함으로써 결국에는 얻어진다.

21. 유전자의 순서는 *HIS4 - LEU2 - MAT - THR4*이다.

23. 이들 유전자의 가장 적절한 지도는

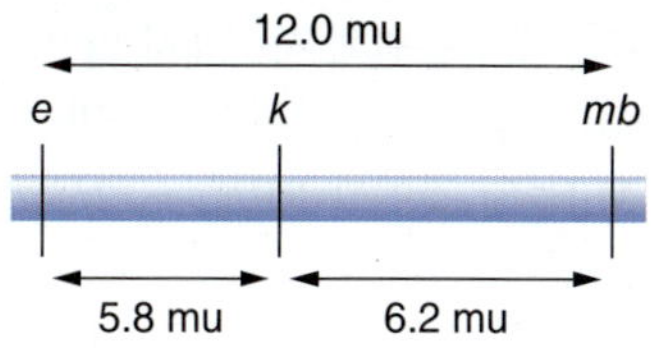

25. a. 360 $a^+\ b^+\ c^+$; 360 $a\ b\ c$; 90 $a^+\ b\ c$; 90 $a\ b^+\ c^+$; 40 $a^+\ b^+\ c$; 40 $a\ b\ c^+$; 10 $a^+\ b\ c^+$; 10 $a\ b^+\ c$; b. 500 $a^+\ b^+\ c^+$; 500 $a\ b\ c$

27. a. *sc ec cv* / + + + 그리고 *b* / +; b. *ec*가 가운데 있다; *sc* − *cv* = 9 m.u., *ec* − *cv* = 10.5 m.u.; c. 기대치 DCO = 0.009, 관찰치 DCO = 0.001, 간섭 = 0.89.

29. a. 39%; b. 39%; c. 0.5%; d. 8%.

31.

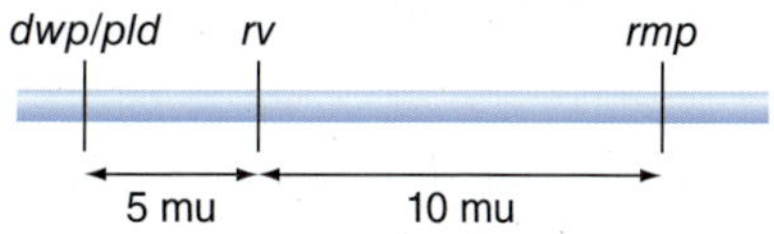

coc = 1; I = 0

33. 사진은 약 24개 의 녹색의 재조합 소절을 보여준다. (20개의 이가염색체의 대부분은 하나의 소절을 가지고 있지만 약간의 것은 두 개를 가지고 있다)
    $24 \times 1817/1386 \approx 31$.

35. a. *Oo Bb*; b. 9:3:3:1; c. 유의하지 않다. d. 0.5와 0.1 사이

37. a. 334;
    b.

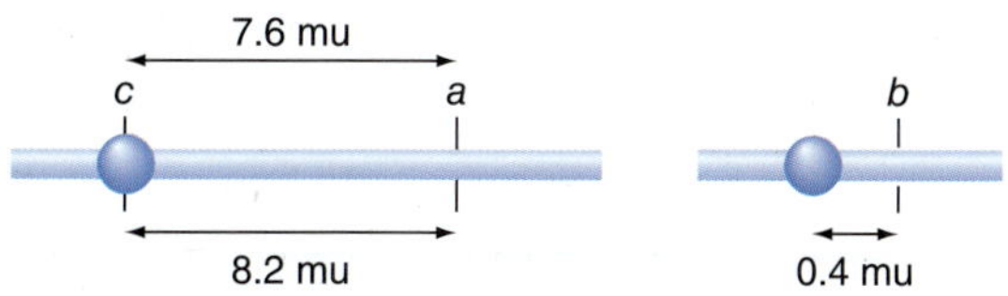

c.

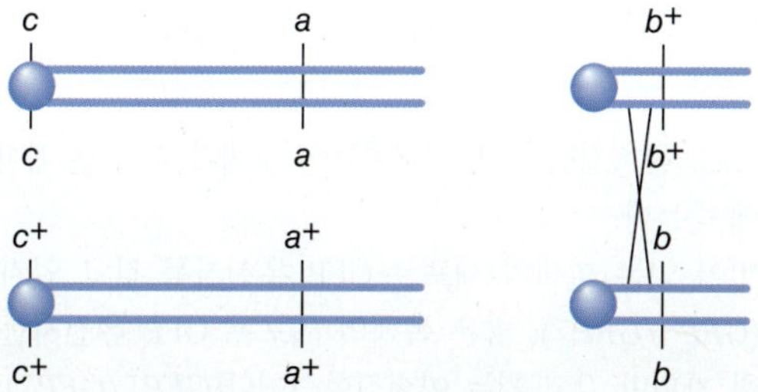

39. a. 제1군; $met^+ lys^+$ 그리고 $met^- lys^-$; 제2군: $met^+ lys^+$, $met^+ lys^-$, $met^- lys^+$, $met^- lys^-$. b. 5.5 m.u. c. $met^- lys^+$ 그리

고 $met^+ lys^-$

41. a. 100% 4; b. 100% 2; c. 50% 0 그리고 50% 2; d. 40% 0, 20% 1 그리고 40% 2; e. 100% 0; f. 80% 0 그리고 20% 1; g. 2.

43. a. (정렬되지 않은 4분체) PD = 2 his^- lys^+ 그리고 2 his^+ lys^-; NPD = 2 his^- lys^- 그리고 2 his^+ lys^+; T = 1 his^- lys^+, 1 his^+ lys^-, 1 his^- lys^- 그리고 1 his^+ lys^+. b. 22.3 m.u. c. NCO = 222, SCO = 134; DCO = 44. d. 0.555 교차/감수분열. e. 두 가닥과 세 가닥 DCO가 상실되었다. 지도단위로서의 지도거리 = [1/2(T) + 3(NPD)]/총 자낭; f. 27.8 m.u.

45. a. 매번 감수분열 시에 유전자와 동원체 사이에서 많은 교차가 있게 된다면, MI과 MII 자낭들은 무작위적으로 만들어져서 총 자낭들의 2/3는 MII들일 것이고 RF_{max} = (2/3)/2 = 33.3%가 된다.
    b. 예. 만약 RF = 33.3%라 하면, 유전자와 동원체는 감수분열 시에 독립적으로 분리된다. 33.3%의 RF는 동원체와 가까이에 중간에 있는 유전자가 있지 않고서는 유전자와 동원체 사이의 거리를 측정할 수 없다는 것을 암시한다.
    c. 아니오. 왜냐하면 30%는 RF_{max}와 근접하기 때문이다. 유전자가 동원체로부터 멀어질수록 RF는 DCO들 때문에 유전자와 동원체 사이의 거리가 너무 적게 추정된다: 모든 DCO들(3-가닥)의 절반 정도만이 MII 자낭들에서 생기며 이들은 SCO들에 의해 생기는 MII 자낭들과 구별할 수 없다.

47. a. 이 구역은 유사분열 재조합에 의해 생긴 $ade2^-/ade2^-$ 세포로 구성된다.
    b. 구역의 크기는 콜로니의 성장 동안에 언제 유사분열 재조합이 일어나느냐에 의존한다. 유사분열 재조합은 보다 더 많은 세포들이 있을 때인 콜로니 성장의 나중 부분에서 일어나기 때문에 보다 작은 구역들이 보다 많이 생길 수 있다.

49. a. 두 개의 유사분열 교차가 동일 세포 계통에서 연달아 일어났다. 첫 번째는 *sn*과 *y* 유전자 사이에서 일어나 노란 조직의 작은 구획을 만들었다. 두 번째는 동원체와 *sn* 사이에서 일어나 노란 자극 세포의 "클론 내 클론"을 만들었다.
    b. 예.

51. a.

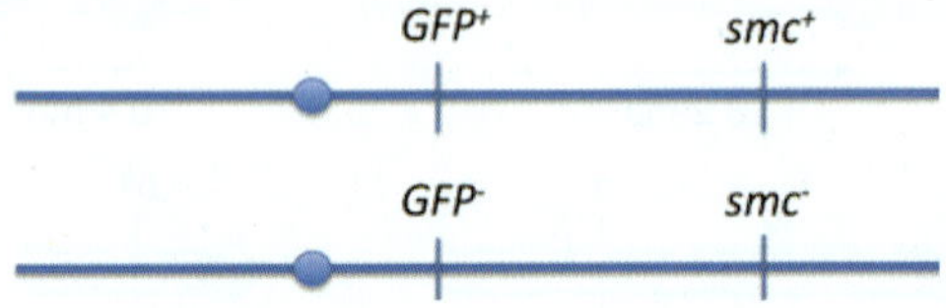

   b. smc^- 동형접합성 생쥐는 이들이 성체가 되기 전 배아일 때에 죽는다.
   c. 비어 있는 흰색의 세포는 GFP 유전자를 갖고 있지 않다(GFP^-/GFP^-); 밝은 녹색의 세포는 GFP 유전자를 오직 한 카피만 갖고 있는 이형접합성이다(GFP^+/GFP^-); 짙은 녹색의 세포는 GFP 유전자를 두 카피 갖고 있는 동형접합성이다(GFP^+/GFP^-).
   d. 이들은 단 한 번의 재조합 사건에 의해 만들어진 쌍둥이 점이다.
   e. 재조합이 동원체와 *GFP* 사이에서 일어났다.
   f. 클론 1 세포들이 smc^- 동형접합체이기 때문에 보다 빠르게 분열한다.
   g. 재조합이 *GFP*와 *smc* 사이에서 일어났다.

6장

1. a. 6; b. 11; c. 9; d. 2; e. 4; f. 8; g. 10; h. 12; i. 3; j. 13; k. 5; l. 1; m. 7

3. 유전자 *c*

5. 시험관 1, 뉴클레오티드; 시험관 2, 염기쌍과 당-인산 사슬; 시험관 3, 단일 가닥 DNA

7. a. 20% *C*; b. 30% *T*; c. 20% *G*

9. 단일 가닥

11. 5′ CAGAATGGTGCTCTGCTAT 3′

13. 3′ GGGAACCTTGATGTTTCGGCTCTAATT 5′

15. a. $1/4^{10}$ = 1/1,048,576 bp; b. DNA염기서열은 회전 대칭이거나 회문구조이다; c. 필요 없다. CAP는 이중 나선 DNA에 결합하는데 헬리케이즈는 DNA를 단일 가닥으로 풀어버리기 때문이다.

17. 한 세대 후 1/4, 두 세대 후 1/8

19.

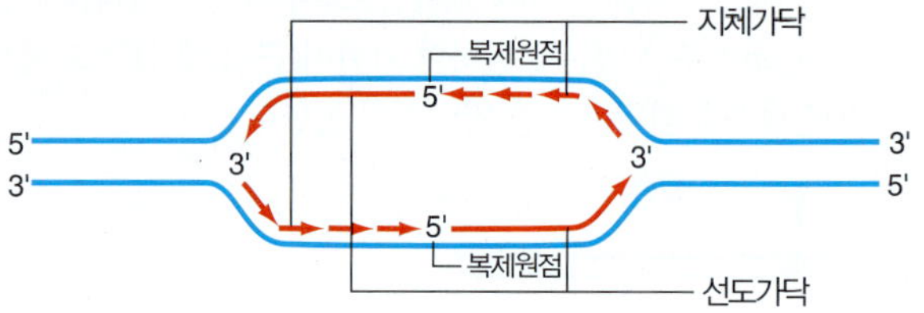

21. 5′ UAUACGAAUU 3′

23. a. 복제분기 앞에 생기는 DNA의 꼬임을 완화시킴; b. DNA를 열어 나선을 풀어줌; c. 짧은 RNA 올리고뉴클레오티드를 합성; d. 당-인산 뼈대를 결합

25. 그림에서는 두 개의 DNA 가닥들이 복제분기와 같은 방향으로 복제되고 있다.

27. a. DNA #3의 3′ 끝 부분이 자신의 DNA에 대한 프라이머로 작용할 수 있다(d 답안 참고); b. a와 동일 (d 답안 참고); c. DNA 두 가닥이 서로 짝을 이루어 새로운 DNA 이중 가닥을 합성한다(5′ CTACTACGGATCGGGACTGG 3′와 5′ CCAGTCCCGATCCGTAGTAG 3′; d. 이 단일 가닥 DNA는 서로 상보결합을 할 수 있는 부위가 있어 머리핀 구조를 형성하여 원래 DNA보다 5개 뉴클레오티드가 더 긴 분자(5′ CTACT 3′)가 3′ 말단에 첨가된다.

29. 재조합이 일어나지 않고 포자는 이수체가 되어 살지 못한다.

31. 어느 가닥이 끊어지는 것과 상관없이 이형이중체 부위 내의 불일치들은 같은 대립유전자 형태로 수선이 되고 이에 따라 유전자전환이 일어난다.
  a. 둘 다 아니다.
  b. 그림의 줄은 단일 가닥 DNA를 나타낸다.

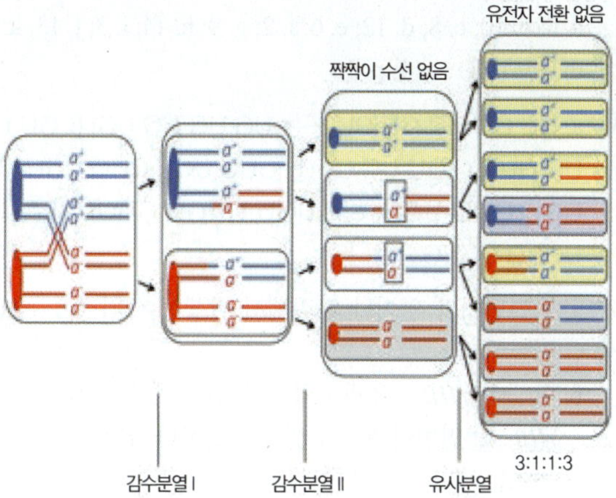

  c. 관찰할 수 있다. 8개의 포자를 만드는 감수분열이 일어나기 전에 DNA 수선이 일어나지 않았기 때문에 감수분열의 결과물인 DNA 8분체의 포자쌍들은 동일하지 않다.

7장

1. 1abf; 2bc; 3dh; 4eh; 5abf; 6dg

3. 5′ ACCGTAGTCGACTGGTAAACTTTGCGCG 3′

5. 9.5×10^{25}; 정상비율보다 높다.

7. 파아지가 저항성을 유도한다면 각 복사배양접시에 일정하지 않은 위치에 몇 개가 나타날 것이고, 돌연변이가 미리 있었던 것이었다면 각 3개의 복제배양접시에 동일한 위치에서 저항성 콜로니가 보일 것이다.

9. II-2 남성의 정자 대부분은 돌연변이 *ENAM* 대립유전자를 지닌다. 새로운 돌연변이가 초기 정자모세포에서 생겨야 한다; 이런 경우는 드물다. 왜냐하면 발생 초기에는 적은 수의 생식세포가 있기 때문에 우연히 돌연변이가 일어날 기회가 적다.

11. 균형 염색체가 없으면 방사선을 조사하지 않은 X 염색체에 있는 *Bar* 돌연변이와 방사선을 조사하여 돌연변이를 유발한 X 염색체 사이에 재조합이 일어날 것이다; 방사선 조사한 X 염색체로부터 대립유전자가 결실되었는지를 알아 볼 수 있는 표식자로 막대눈을 사용할 수가 없게 된다.

13. 모두 전이의 원인이 된다.

15. a. F_1은 *dumpy* 대립유전자와 정상 대립유전자의 모자이크이다; EMS는 DNA의 한 가닥에 있는 G염기를 에틸화한다. 그래서 DNA가 복제될 때까지는 돌연변이가 완성된 것이 아니다. 반 정도의 세포만이 *dumpy* 대립유전자를 지니고 F_1의 1/3 정도에서만 생식세포에 돌연변이를 지닌다.
  b. 두 개의 짧은 날개; 이들은 모자이크가 아니다-모든 세포가 *dumpy* 돌연변이를 지닌다.

17. 돌연변이가 체세포에서 일어나고 생식세포에서는 일어나지 않았다.

19. a. 네; 다른 종류의 돌연변이를 지닌 여러 his^- 돌연변이체를 사용한다.
  b. 완전배지에서 자란 정상세포에 돌연변이 유발물질을 처리하고 복사배양접시를 최소배지와 히스티딘을 보충한 최소배지에서 각각 키운다. 히스티딘을 보충한 최소배지에서만 자라고 히스티딘이 없는 최소배지에서는 자라지 않은 콜로니를 영양요구주라고 한다.

21. a. 흰색; b. 흰색 혹은 정상; c. 정상.

23. a. 상보성 검사; −는 상보성이 없는 것임; +는 2개의 돌연변이가 서로 상보적인 것을 의미한다.
  b.

	1	2	3	4	5	6
1	−	+	−	⊖	+	⊕
2		−	⊕	⊕	⊕	−
3			−	−	⊕	⊕
4				−	⊕	⊕
5					−	+
6						−

  c. 세 유전자 (1, 3, 4), (2, 6), (5).

25. a. 결실돌연변이는 복귀되지 않는다. 또한 결실돌연변이는 rII^+ 파아지를 생성하기 위해서 서로 재조합을 할 수 있는 2개의 rII^- 돌연변이의 어느 것과도 재조합을 할 수 없다.
  b. T4 염색체의 길이는 뉴클레오티드쌍의 수로 예상한다. 돌연변이의 재조합 분석은 T4 유전체의 전체 지도 단위를 제시한다. 따라서 벤저는 뉴클레오티드쌍당 지도단위의 수를 어림할 수 있었다.
  c. 동일한 뉴클레오티드쌍에 생긴 rII^- 돌연변이는 rII^+ 파아지를 생성하기 위하여 서로 재조합을 할 수 없다.

27. a. 2개; b. (1, 4), (2, 3, 5)

29. a. 3, 6과 7은 결실돌연변이(복귀할 수 없음)
  b.

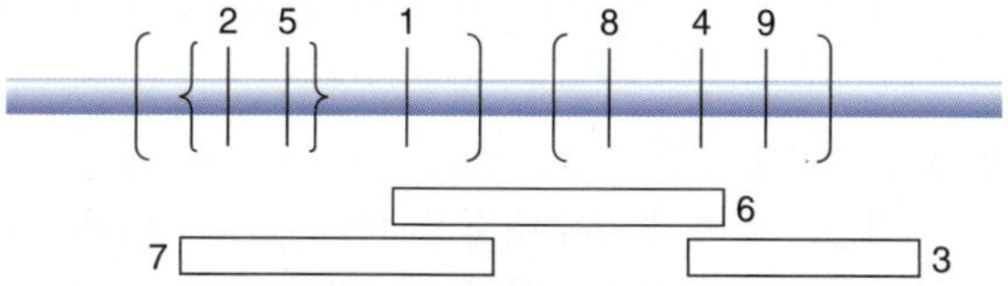

  c. 다른 결실돌연변이를 사용하여 돌연변이 2와 5와 교배를 한다.

31. a. 부모형 4분체: 포자 모두 Arg^-, 부모형이 아닌 4분체: 2 Arg^- : 2 Arg^+;
  b. 부모형 4분체 포자 중 2개는 오르니틴, 시트룰린, 아르기노숙신산, 혹은 아르기닌 중 하나에서 자란다; 다른 2개는 아르기닌에서만 자란다; 부모형이 아닌 4분체의 Arg^- 포자는 아르기닌에서만 자란다.

33. 45 보라색: 16 초록색: 3 파란색

35. a. 4개의 교배 모두에서 완전우성에 관여하는 2개의 연관되지 않은 유전자가 두 유전자 위치에 있다.
    b. (각 화살표는 2개의 유전자 산물 중 하나에 의해 촉매작용을 하는 생화학적 반응을 나타낸다.) (교배 1) 무색 → 파란색 → 보라색; (교배 2) 무색 1 → 무색 2 → 보라색; (교배 3) 무색 1 → 빨간색과 무색 2 → 파란색, 빨간색 + 파란색 = 보라색; (교배 4) 무색 1 → 보라색과 무색 2 → 보라색.
    c. 교배 2.
    d. F_2만. (교배 1) 2 보라색:1 파란색:1 흰색; (교배 2) 1 보라색:1 흰색; (교배 3) 2 보라색:1 빨간색:1 파란색; (교배 4) 모두 보라색.

37. a. 18 14 9 10 21
    X → D → B → A → C → 티민
    b. 9와 10은 B를 축적한다; 10과 14는 D를 축적한다.

39. a. 성공, 즉각적, 지속적; b. 실패; c. 성공, 지연, 지속적; d. 성공, 즉각적, 지속적; e. 실패; f. 실패; g. 성공, 지연, 지속적; h. 실패; i. 성공, 즉각적, 짧은 순간; j. 성공, 즉각적, 지속적

41. a. 2개; b. 1/16 α1α1 β1β1: 1/8 α1α2 β1β1: 1/16 α2α2 β1β1: 1/8 α1α1 β1β2: 1/4 α1α2 β1β2: 1/8 α1α2 β2β2: 1/16 α1α1 β2β2: 1/8 α1α2 β2β2: 1/16 α2α2 β2β2.

43.

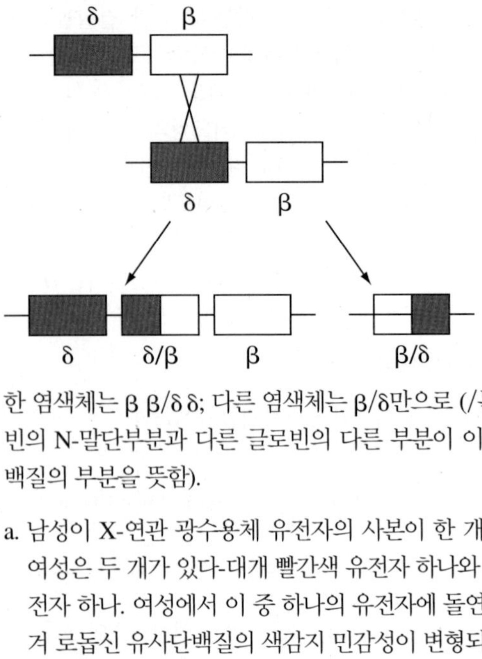

한 염색체는 β β/δ δ; 다른 염색체는 β/δ만으로 (/는 한 글로빈의 N-말단부분과 다른 글로빈의 다른 부분이 이어지는 단백질의 부분을 뜻함).

45. a. 남성이 X-연관 광수용체 유전자의 사본이 한 개인 반면에 여성은 두 개가 있다-대개 빨간색 유전자 하나와 초록색 유전자 하나. 여성에서 이 중 하나의 유전자에 돌연변이가 생겨 로돕신 유사단백질의 색감지 민감성이 변형되면 사색성 색맹자가 된다.
    b. 빨간색/초록색 색맹자 아들을 둔 여성은 X 염색체 하나에 색감지 민감성이 변형된 로돕신 유사유전자를 지니고, 나머지 X 염색체에 있는 빨간색/초록색 로돕신 유사유전자는 정상인 례가 많으며 상염색체에 있는 (파란색) 광수용체 유전자는 정상이다; 이런 여성의 경우 네 가지 서로 다른 로돕신 유사단백질을 생성할 것이다.
    c. 드물게 사색성 색맹 남성에서 빨간색과 초록색 유전자 사이에 불균형 교차가 일어나면 X 염색체 하나에 세 가지 다른 X-연관 로돕신 유사유전자를 지닐 수 있다.

8장

1. a. 5; b. 10; c. 8; d. 12; e. 6; f. 2; g. 9; h. 14; i. 3; j. 13; k. 1; l. 7; m. 15; n. 11; o. 4; p. 16

3. a. GU GU GU GU GU 또는 UG UG UG UG; b. GU UG GU UG GU UG GU UG GU; c. GUG UGU GUG UGU; d. GUG UGU GUG UGU; e. GUGU GUGU GUGU 또는 UGUG UGUG UGUG.

5. a. 돌연변이가 일어난 자리에서 발생하는 역전(reversion) 돌연변이
   b. 야생형 *rIIB*$^+$ 유전자와 재조합시키면 역전 돌연변이는 *rIIB*$^-$ 돌연변이체를 생성하지 못하나, 유전자내 억제 돌연변이는 *rIIB*$^-$ 돌연변이체를 생성할 것이다.
   c. FC7 돌연변이체를 원래의 FC0 돌연변이체와 재조합시키면 *rIIB*$^+$ 파아지가 생성되나, FC0 돌연변이체는 그렇지 않다.
   d. FC0에 대한 비의존적 억제 돌연변이(FC7 및 다른 돌연변이)는 모두 FC0와는 반대 종류(삽입 혹은 결실)의 돌연변이를 가지며, 여러 염기쌍에 영향을 준다. 마찬가지로 FC7에 대한 비의존적 억제 돌연변이는 FC7과는 반대 종류이나, FC0와는 같은 종류의 돌연변이를 가지며, 여러 염기쌍에 영향을 준다.

7. a. A: 5′ AAC → 5′ UAC, B: Gln^3 (5′ CAA) → Leu (5′ CUA); b. A: 5′ CUA → 5′ CCA, B: Thr^5 (5′ ACU) → 변화 없음 (5′ ACC); c. B: Gln^8 (5′ CAA) → Leu (5′ CUA), A: Lys^{11} (5′ AAG) → 종결(5′ UAG), 단백질 A는 10개 아미노산 다음에 종결된다; d. 무작위적 점돌연변이는 2종류의 단백질에 모두 영향을 주므로, 중복 번역틀을 피하는 방식으로 진화적 압력이 나타났을 것이다. 또한 DNA의 두 가닥에 기능적 단백질을 암호화하는 상황 하에서 ORF가 진화하기는 어렵다.

9. a. 낮은 [Mg^{2+}]: 폴리펩티드가 합성되지 않는다; 높은 [Mg^{2+}]: Cys와 Val으로 구성된 폴리펩티드; b. 낮은 [Mg^{2+}] 혹은 높은 [Mg^{2+}]: Met, His, Ala, Cys으로 구성된 폴리펩티드; c. 낮은 혹은 높은 [Mg^{2+}]: Met, Tyr, Val, Cys으로 구성된 폴리펩티드

11. a. 8종류: UUU, UUG, UGU, GUU UGG, GUG GGU, GGG
    b. 6종류: Phe, Leu, Val, Cys, Trp, Gly
    c. 동일한 아미노산이 여러 개의 코돈에 의해 지정될 수 있다: GUU 혹은 GUG = Val, GGU 혹은 GGG = Gly; d. *f*(UUU) = 27/64, *f*(UUG) = *f*(UGU) = *f*(GUU) = 9/64, *f*(UGG) = *f*(GUG) = *f*(GGU) = 3/64, *f*(GGG) = 1/64; e. Phe (UUU) = 27/64, Leu (UUG) = 9/64, Cys (UGU) = 9/64, Val (GUU 혹은 GUG) = 12/64, Trp (UGG) = 3/64, Gly (GGU 혹은

GGG) = 4/64; f. Phe = UUU, Val, Leu, Cys의 코돈은 G 1개와 U 2개의 조합으로 구성된다. Trp과 Gly의 코돈은 G 2개와 U 1개의 조합으로 구성된다.

13. 85개의 아미노산은 이어맞추기 자리의 돌연변이로 정상적인 이어맞추기가 일어나지 않아 제거되지 못한 인트론 서열로 인해 생성되었거나, DNA 서열의 삽입 돌연변이에 의한 것으로 추정된다. 인트론 서열은 정상 효소 유전자의 DNA 서열에 존재하나, 삽입 서열은 그렇지 않다.

15. a. *trpA* 유전자는 교차가 빈번하게 일어나는 부위(hotspots)와 잘 일어나지 않는 부위 (coldspor)를 가진다.
    b. 유전자의 중앙 부위는 다른 부위보다 낮은 재조합 빈도를 보인다.

17. a. 안티코돈은 5′IAC, 5′IAG, 5′IGC, 5′IGU, 5′IGA, 5′IGG, 5′ICC, 5′ICG
    b. 5′UUA를 제외한 모든 종류의 5′UNN 안티코돈이 존재할 수 있다.
    c. xm^5U는 55′ UUA를 제외한 모든 안티코돈의 워블 염기로 작용할 수 있다; xm^5s^2U는 5′UAU, 5′UCA, 5′UUA를 제외한 모든 안티코돈의 워블 염기로 작용할 수 있다; xo^5U는 안티코돈 5′UAG, 5′UAC, 5′UGA, 5′UGG, 5′UGU, 5′UGC, 5′UCG, 5′UCC의 워블 염기로 작용할 수 있다;
    d. 31종류 +1 종류의 $tRNA^{Sec}$ = 32종류

19. 첫 번째 틀이동 돌연변이에 의해 생성된 번역틀 내의 종결코돈은 돌연변이가 발생한 지점과 매우 가깝다.

21. 합성 중인 RNA 사슬에 적절한 리보뉴클레오티드를 첨가하기 위해서 상보적 염기쌍 형성이 요구된다.

23. 유전자 *F*: 아래 가닥; 유전자 *G*: 위 가닥

25. mRNA의 코돈과 tRNA의 안티코돈간의 염기쌍 형성을 통해 폴리펩티드 합성 시에 첨가될 적절한 아미노산을 운반하는 tRNA가 정확하게 정렬될 수 있다.

27. a. 번역. b. 합성 중인 폴리펩티드의 C 말단에 다음으로 첨가될 아미노산은 티로신이며, 합성이 종결되면 9번째 아미노산으로 위치한다. c. 합성 중인 폴리펩티드의 C 말단은 트립토판이다. d. N 말단의 첫 번째 아미노산은 원핵세포에서 fMet이며, 진핵세포에서 Met이다. 진핵세포의 mRNA는 5′말단에 캡 구조를 가지고 3′말단에 폴리-A 꼬리를 가지나, 원핵세포는 그렇지 않다. 만일 mRNA가 충분히 길면, 원핵세포에서는 여러 개의 단백질을 암호화하지만 진핵세포는 그렇지 않다.

29. a. 1431 염기쌍;
    b. 5′ ACCCUGGACUAGUGGAAAGUUAACUUAC 3′
    c. N – Pro Trp Thr Ser Gly Lys Leu Thr Tyr – C.

31. 미토콘드리아는 동일한 유전암호를 사용하지 않는다; 미토콘드리아의 유전자에서 5′ CUA 코돈을 5′ ACN 코돈으로 돌연변이시키면 된다.

33. 순서: c e i f a k h d b j g.

35. a. 4906 bp; b. 4246 염기; c. 1804 염기; d. 2번째 엑손; e. 4번째 엑손; f. 없음; g. 없음; h. 4번째 인트론; i. 4번째 엑손; j. 없음; k. 768 bp (종결 코돈이 포함된다고 가정할 경우); l. 254 아미노산; m. 3번째 인트론; n. 2번째 인트론; o. 5번째 인트론/3′UTR; p. 2번째 엑손에서 교차 이어맞추기가 일어나 4번째 혹은 5번째 엑손에 연결된다; q. 4번째 엑손은 2번째 엑손에 대하여 번역틀 밖에 있으며, 5번째 엑손은 β2 렌즈 크리스탈린 단백질을 암호화하지 않는다. 유전암호의 대략 1/20이 종결코돈이어서 무작위 DNA 서열의 1/20은 종결코돈일 것이므로, 부적절하게 가공된 mRNA는 20개의 "junk" 아미노산을 가지게 될 것이다.

37. a. 만일 돌연변이/결실 유전자형이 돌연변이/돌연변이 유전자형과 동일한 돌연변이 표현형을 나타낸다면, 해당 돌연변이 대립 유전자는 기능적 활성이 없는 (결실) 대립유전자와 같은 수준의 활성을 가진다고 볼 수 있다. 이 가정의 제한점은 어떤 돌연변이 표현형은 최소 역치 수준의 유전자 활성에 의존적이라는 것이다.
    b. mRNA 혹은 단백질의 양을 측정하는 것이다.

39. a. c와 l을 제외한 모두;
    b. c와 l을 제외한 모두;
    c. 반수체 불충분성을 통해 c와 l를 제외한 모두; abdefghi는 우성 음성이다; c와 l을 제외한 모두는 신형태성 돌연변이일 것이며, f는 이소성 발현 때문에 신형태성이고 다른 것은 비정상적인 단백질의 발현 때문에 신형태성일 것이다.

41. 아미노 아실-tRNA 합성효소는 tRNA의 안티코돈뿐만 아니라 다른 특징들도 인식한다. 이때, 안티코돈이 특이하더라도 다른 특징들의 인식만으로 충분할 수 있다.

43. a. 5′CCG; b. 5번째 아미노산 위치에서 트립토판은 효소의 기능을 수행하는 데 호환되기 때문이다; c. 번역틀의 시작 근처에서 무의미 돌연변이가 발생한 것이다; d. 정지코돈 억제자 tRNA.

45. 안티코돈이 3개 대신에 4개의 염기를 인식하는 돌연변이.

47. 다른 박테리아 종에서 오직 한 종류의 $tRNA^{Tyr}$ 유전자와 $tRNA^{Gln}$ 유전자가 존재한다; 따라서 두 유전자 중 어느 하나가 무의미 억제자로 돌연변이가 발생할 경우 치사하게 된다.

9장

1. a. 10; b. 12; c. 9; d. 7; e. 6; f. 2; g. 8; h. 11; i. 5; j. 4; k. 3; l. 1.

3. 다음의 3개 DNA 분자가 형성된다.

5′ AGATG 3′	5′ AATTCGCTGAAGAACCAAG 3′	5′ AATTCGATT 3′
3′ TCTACTTAA 5′	3′ GCGACTTCTTGGTTCTTAA 5′	3′ GCTAA 5′

무작위인 DNA 염기서열에서 *Eco*RI의 인식부위는 평균적으로 4096 bp마다 하나씩 나타나는데 질문의 염기서열에는 *Eco*RI 인식부위가 두 개 있다.

5. A = 박테리오파지 DNA, *Eco*RI; B = 인간 유전체 DNA, *Eco*RI; C = 박테리오파지 DNA, *Hpa*II; D = 인간 유전체 DNA, *Hpa*II.

7. a. 더 길다; b. 다르다.

9. 제한효소와 DNA 연결효소가 필요하다; 제한효소는 벡터 DNA와 삽입할 DNA를 절단하며, DNA 연결효소는 인산디에스테르 결합을 형성하여 절단된 벡터 DNA와 삽입할 DNA를 연결한다.

11. a. 녹색 = 플라스미드의 염기서열; 빨간색 = 삽입된 DNA 조각의 염기서열:

5′ ...CGGATCCCCTAAGATGAATTCGCTGAAGAACCAAGAATTCCGCGCGCATCGGC... 3′
3′ ...GCCTAGGGGATTCTACTTAAGCGACTTCTTGGTTCTTAAGGCGCGCGTAGCCG... 5′

또는

5′ ...CGGATCCCCTAAGATGAATTCTTGGTTCTTCAGCGAATTCCGCGCGCATCGGC... 3′
3′ ...GCCTAGGGGATTCTACTTAAGAACCAAGAAGTCGCTTAAGGCGCGCGTAGCCG... 5′

b. DNA 조각이 폴리링커에 두 방향(바로 혹은 거꾸로)으로 삽입될 수 있기 때문에 이전의 두 가지가 가능하다.
c. 한 군데
d. 한 개의 띠가 분리되고 띠에 있는 DNA 조각의 크기는 4290 bp이다.
e. 두 군데
f. 두 개의 띠가 분리되고 각 띠에 있는 DNA 조각의 크기는 19 bp와 4271 bp이다.

13. 재조합 플라스미드가 들어 있는 박테리아에서는 *lacZ* 유전자가 발현되지 않아서 흰색 군락을 형성하며, 벡터만 들어 있는 박테리아에서는 *lacZ* 유전자가 발현되어 X-gal이 분해되어 파란색 군락을 형성한다.

15. DNA 중합효소가 필요하다. DNA 중합효소는 염기서열을 분석할 DNA 분자를 주형으로 사용하여 상보적인 DNA 가닥을 합성한다.

17. a. 두 개의 컨티그: 컨티그 I: 염기서열 2, 4, 6; 컨티그 II: 염기서열 1, 3, 5.
컨티그 I: 5′ TCTTTTAAAAATCTCATTTCCTTTAGGGCATTTT 3′
컨티그 II: 5′ AGCAAATTACAGCAATATGAAGAGATCATACAGT 3′
b. 두 DNA 가닥의 염기서열이 모두 결정된다.
c. 30억 bp인 유전체에서 유래된 6종류의 27 nt의 염기서열이 중복될 확률은 매우 낮다.
d. 여성의 유전체라면 23개, 남성의 유전체라면 24개

19. 프라이머 1: 5′ CGGATCCCCTAAGATGAATTC 3′
프라이머 2: 5′ GCCGATGCGCGCGGAATTC 3′

21. a. 침팬지 6~7 million years ago (mya); 생쥐 75 mya; 개 92 mya; 닭 310 mya; 개구리 360 mya; b. 과오돌연변이; c. 과오돌연변이; d. 과오돌연변이.

23. a. 염기서열 1 = 유전체 DNA; 염기서열 2 = cDNA; b. N-Gly-Glu-Arg-Asn-Gln-Leu-C.

25. 박테리아 유전자는 인트론을 갖고 있지 않다. 박테리아 mRNA는 poly-A 꼬리를 갖고 있지 않기 때문에 올리고-dT를 사용하여 박테리아 mRNA를 정제할 수 없다.

27. 개방 번역틀(ORF)을 조사하여 단백질을 암호화하는 유전자인지를 확인한다. RNA를 암호화하는 유전자를 확인하는 것은 어렵다.

29. 인간 유전자는 엑손을 갖고 있으나 박테리아 유전자는 엑손을 갖고 있지 않다. 인간 유전체는 유전자 사이의 공간이 박테리아보다 훨씬 크다.

31. 1/18

33. a. 유전자의 기능은 전사인자일 것이다. b. 복제와 분산.

35. B 세포의 유전체 도서관과 cDNA 도서관으로부터 분리한 항체 유전자 클론의 염기서열을 결정한다.

37. 인간 유전체는 25,000개의 유전자로 25,000개보다 많은 유전자 생성물을 암호화한다. 예를 들면, 하나의 유전자는 교차 이어맞추기나 번역 후 과정과 변형을 통하여 다른 단백질을 생산할 수 있다.

39. a. 단백질 탈인산화효소 1의 조절 단위 14A; b. 정확하게 일치함; c. 처음의 8 nt를 제외하고 100% 보존되었다.

41. 감수분열 과정에서 α1 유전자와 α2 유전자의 정렬이 불일치하여 일어나는 교차

10장

1. a. 5, b. 3, c. 8, d. 6, e. 2, f. 7, g. 1, h. 4, i. 10, j. 9.

3. 비암호화(Non-coding).

5. 두 남성이 많은 SNP들을 공유하고 있는 영역은 비교적 수 세대 이전에 살았던 공통조상으로부터 물려받은 것임에 틀림없다; 다시 말해, 왓슨과 벤터는 최근의 공통조상에 의해 서로 관련되어 있다. 이들이 독특한 SNP들을 가지는 영역들은 두 남성들에게 공통조상이 아니었던 조상들로부터 물려받은 것이다. 공유 지역과 비공유 지역들은 공통조상 이후로 과거의 세대동안 재조합이 그 두 가지 영역들을 뒤섞었기 때문에 서로 흩어져 산재하게 되었다.

7. a. SSR 좌위들은 반복 단위가 몇 번이나 존재하는지에 따라 다형적이다.
b. DNA 복제 시의 미끄러진 짝짓기 오류 형성(stuttering)
c. 다르다; 반복서열 영역에서 국부적으로 잘못 정렬된 비자매염색분체들 사이의 교차 때문에 CNV 사본수가 다르다.
d. SSR 좌위들은 유전체에서 30,000염기쌍마다 발견된다. 유전체가 30억 염기쌍이라고 치면, SSR 좌위들의 수는 100,000자리에 고정된다. SSR 좌위들에서의 돌연변이들은 이 좌위에서의 반복수를 변화시키지만, 좌위의 수 자체를

증가시키지는 않는다. SNP들에 대해, 그 돌연변이들은 새로운 좌위들을 만들므로, 가능한 좌위의 수는 유전체에서 bp의 수가 된다.

9. a. 그 환자의 PKU가 그 사람의 페닐알라닌 탈수소효소(phenylalanine hydroxylase) 유전자에서의 돌연변이에 의한 것임을 확실히 하고, 이 유전자에 그 돌연변이가 어떻게 영향을 미치는지 정확히 이해하기 위해
   b. (660 g /mole bps) ÷ (6×10^{23} bp/mole bps) = 1.1×10^{-21} g/bp;
   (3×10^9 bp/반수체 유전체당) × (1.1×10^{-21} g/bp) = 3.3 × 10^{-12} g/반수체 유전체당;
   (시료 내 1×10^{-9} g DNA) ÷ (반수체 유전체당 3.3×10^{-12} g) = 300 (시료의 반수체 유전체들)
   = 300 주형 분자들(유전체 DNA 1 ng 내)
   c. 300×2^{25} = 10,066,329,600 (약 100억 개) PCR 산물 분자들;
   d. (10×10^{10} 분자들) × (10^3 bp/분자) × (1.1×10^{-21} g/bp) ≈ 1×10^{-7} g = 100 ng의 PCR 산물들

11. a. 인간의 유전체 서열에 대해 여러분의 PCR 프라이머 서열을 BLAST 해 보라.
   b. 어느 특정 16 bp 서열이 유전체에서 발견될 확률은 $1/4^{16}$ = 1/4,294,967,296. 반수체 유전체에 30억 bp만 있으므로, 16 bp 프라이머 서열은 아마도 유전체 상에서 오직 한번만 존재할 것이다. 특정 15 bp 서열이 유전체에서 발견될 확률은 $1/4^{15}$ = 1/1,073,741,824. 따라서 15 bp 서열은 유전체 상에서 3번 발견될 것으로 기대되며, 따라서 최하 길이 서열은 16 bp이다.
   c. 5′말단

13. a. 1/2 + 3/3, 또는 1/1 + 2/3, 또는 1/2 + 2/3; b. 1/3.

15. a. 상단 그래프: ~15 CAG 반복서열; 아래 그래프: ~20 CAG 반복서열
   b. (1) 반복수가 정자마다 다르므로, 그 돌연변이는 생식계열 세포들에서 발생한 것이다. (2) 유전된 대립유전자에서의 원래 반복수가 클수록 정자에서의 반복수가 다양해지고 더 큰 변이를 보일 가능성이 커진다. (3) 반복수는 감소되기보다는 증가하는 경향이 있다.
   c. 전-돌연변이의 확장은 질병이 없는 사람의 정자 형성 과정 중에도 발생할 수 있다.
   d. 만약 그 반복서열 확장이 대부분 정자형성과정 중에만 발생한다면, 상단 그래프 사람의 혈액세포 대부분은 15 반복수이거나 62 반복수여야 할 것이고, 하단 그래프의 사람에서는 20 반복수이거나 48 반복수일 것이다.

17. a. 각 SNP 표식자들은 오직 두 개의 대립유전자만 가진다; SSR 표식자들은 매우 다형적이다. 따라서 같은 대립유전자를 가진 두 사람이 존재하지 않을 것 같은 확률을 만들기 위해서는 더 많은 수의 SNP 좌위들이 필요할 것이다.
   b. 가계도가 조사된 개들은 매우 고도로 계통 내 교배가 이루어져 있기 때문에, 개별 동물들을 구분해줄 수 있는 다형적 표식자들의 수가 매우 적을 것이다.

19. a. 정액은 반수체 정자들을 포함하고 있으며, 이들을 모두 합치면 그 개인의 이배체 유전체를 포함하게 된다.
   b. 보라색(purple)
   c. 녹색(green)
   d. 그 강간범의 구강세포 DNA가 정액 시료의 모든 밴드들과 맞을 것이다. 1-4번 사람들은 이와 맞지 않는다.
   e. 그 강간범은 2번 사람과 연관이 있을 수 있다;
   f. 45와 42.

21. $Hb\beta^A$를 위한 ASO: 5′-CTGACTCCTG<u>A</u>GGAGAAGTCG 또는 3′-GACTGAGGAC<u>T</u>CCTCTTCAGC
   $Hb\beta^S$를 위한 ASO: 5′-CTGACTCCTG<u>T</u>GGAGAAGTCG 또는 3′-GACTGAGGAC<u>A</u>CCTCTTCAGC

23. a. 아버지: 1-AC, 2-GG, 3-AG, 4-GT, 5-CC, 6-CG, 7-AG, 8-GT
   어머니: 1-AA, 2-CG, 3-GG, 4-AT, 5-CC, 6-CC, 7-AG, 8-TT
   b. 좌위 4
   c. NIH의 RefSeq 데이터베이스에는 그 유전체 지도에 위치하는 dbSNP에서의 모든 SNP들이 있다. 마이크로어레이는 각 SNP의 이름에 관한 정보를 줄 것이므로, 그것을 dbSNP에서 찾을 수 있다.
   d. SNP1과 SNP8 사이는 70 Mb/4번 염색체 상의 191 Mb ≈ 36%.

25. a. 예; RF = 1/11 ≈ 9%;
   b. 최대 로드값(Maximum Lod score) = (1/2) log[(1 − $(1/11)^{10}$ × $(1/11)^1$]/$(1/2)^{11}$ = 35.8이 된다. 이 계산에서 1/2은 I-1인 개인의 상(phase) 불확실성 때문에 생기는 값이다.

27. a. 좌위 1: 어느 부모도 이중이형접합자가 아니므로 비정보성이다;
   좌위 2: 어느 부모도 이중이형접합자가 아니므로 비정보성이다;
   좌위 3: 정보성일 수 있지만, 어머니가 그 질병유전자에 대해 이형접합자이고 아이가 AA나 CC 동형접합자일 때만 그렇다(만약 아이가 AC라면 어느 표식자 대립유전자가 어머니로부터 온 것이고 어느 것이 아버지로부터 온 것인지 알 수 없다);
   좌위 4: 만약 어머니가 그 질병 돌연변이에 대해 보인자라면 정보성이다.
   b. 좌위 3에 대해서는 이미 그 질병유전자와 좌위 3이 강하게 연관되어 있음을 알고 있었다면 상(phase) 문제를 풀 수 있을 것이다; 좌위 4에 대해서는, 가장 합리적 가정은 그 보인자 어머니가 근친혼 때문에 SNP의 C 대립유전자와 질병

유발 돌연변이를 둘 다 가진 염색체를 가진다는 것이다.

29. a. 그 SNP는 이 질병 유전자와 가깝게 연관되었을 수 있다.
 b. (1) 그 SNP 좌위가 인간에서 드문 것인지 즉, 그것이 dbSNP에 있는지를 결정하라.
 (2) 그 *SNP*가 유전자 내에 있는지, 만약 그렇다면 그것은 효과가 없는 익명의 것일 가능성이 있는지를 결정하라.
 (3) 같은 유전자 내의 비익명성 SNP들에 대해 이형접합성인 다른 가족들이 있는지 확인하라.

31. a. 0
 b. 0.75%
 c. 그 부모들은 서로 다른 대립유전자를 가지고 있을 것으로 생각되며, 태아가 검사되기 전에 각각에서는 매우 큰 *CFTR* 유전자에서의 돌연변이가 밝혀질 필요가 있다.

33. a. 폴리-A가 추가되어 그 유전체 조각들이 마이크로어레이의 올리고-dT에 혼성화될 것이다. A들이 3′말단에 추가되었으므로 올리고-dT로부터 그 유전체 조각들을 사용하여 DNA 합성을 개시할 수 있다;
 b. 다음 염기의 형광표지가 추적될 수 있다;
 c. DNA 중합효소가 한 번에 하나씩 형광 염기를 추가할 것이다; 형광색이 기록된 후에는 그 블록이 제거되어 주형에 상보적인 다음 형광 염기가 추가될 수 있도록 한다.

35. a. RNA-서열로 환자에서 양의 변화가 많이 생긴 mRNA를 찾을 수 있다; 이어맞추기에서의 변화도 추적이 가능하다.
 b. 웨스턴블롯팅은 돌연변이가 정상적인 단백질의 양이나 크기 등을 변화시켰을 때 유용하게 이용될 것이다. 아미노산 변화를 일으키는 돌연변이들은 추적되지 않을 것이다.

37. a. 1-상염색체성; 2-상염색체성; 3-상염색체성; 4-Y-연관성; 5-상염색체성; 6-X-연관성; 7-상염색체성
 b. 태아: 1α1α 2α2β 3α3β 4α 5α5α 6α 7α7γ
 어머니: 1α1α 2α2β 3α3β 5β5β 6α6β
 c. 남성
 d. 어머니와 태아는 둘 다 그 중복에 대해 이형접합성이다.

39. a. N–Met-Cys-Gly-Ala–C
 b. 2번 사람은 두 번째 코돈의 C→A로 변화된 돌연변이 대립유전자에 대해 동형접합성이다; 4번 사람은 이 유전자의 이 부분에서는 정상 서열의 대립유전자에 대해 동형접합성이다.
 c. 우성
 d. 예
 e. 아니오
 f. 아니오
 g. 4번 사람
 h. 1번 사람: Ala3 → Thr; 2번 사람: codon2 → Stop; 3번 사람: 2번째 아미노산부터 시작하므로 모든 아미노산들이 잘못된 서열이고 단백질은 아마도 조기 종결을 일으킬 것이다. 2번 돌연변이는 기능상실 돌연변이로서 어떤 단백질도 만들어지지 않는다. 2번 사람은 이 대립유전자에 대해 동형접합성이므로 이 병을 가질 수밖에 없으며 단백질이 전혀 발현되지 않는다. 따라서 1과 3 돌연변이에 대해서는 그 유전자가 반불충분성이며, 대립유전자 1과 3은 기능상실이라고 보는 것이 가장 가능성이 있을 것이다.
 i. 1: 과오돌연변이, 저형태성이거나 영돌연변이
 2: 무의미 돌연변이, 영돌연변이, SNP
 3: 틀이동, DIP, 영돌연변이

11장

1. a. 4; b.10; c. 7; d. 8; e. 2; f. 3; g. 5; h. 1; i. 6; j. 9

3. 간기: 40배 응축; 중기: 10,000배 응축

5. a. H2A 단백질의 1.2×10^8
 b. S기 동안 혹은 바로 후에
 c. 주형 유전자가 많으면 히스톤 유전자를 동시에 더 많이 전사할 수 있고 따라서 더 빠르게 히스톤 단백질을 생성할 수 있기 때문에

7. a. p = 짧은 팔; q = 긴 팔
 b. *는 3p32에 유전자의 위치를 보여준다.

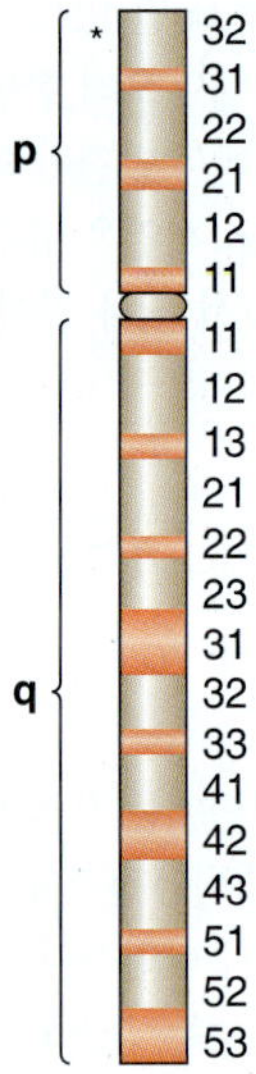

9. a. 단일 신호가 염색체 4번의 4개의 염색분체의 긴팔 끝 모두에 나타날 것이다.
 b. 슬라이드에 염색체들은 핵으로부터 나온다; 염색체 사진은 염색체들을 조작하여 인위적으로 정리한 것이다. 그림 11.9a에 잇는 염색체들은 염색체 4번이라고 하기에 너무 작게 보인다.

11. a. 300 Å 섬유; b. DNA 고리가 지지대에 부착되어 있다; c. 이질염색질; d. 중기 염색체

13. 12번째 아미노산을 리신이 아닌 다른 유사한 아미노산으로 치환될 수 있는 DNA 염기서열로 돌연변이시킨다. 아세틸화

가 중요하면 돌연변이 히스톤을 가진 효모의 성장이 감소할 것이다.

15. 2: $A^SB^SC^FC^SD^FD^S$, 3: $A^FB^FC^FC^SD^FD^S$ 혹은 $A^SB^FB^SC^FC^SD^F$

17. 5500 복제원점

19. a. 5′TTAGGG 서열의 반복
b. 복제 후에 짧아지는 말단소체의 보호 그리고 핵산외부가수분해효소에 의한 분해로부터 보호.

23. a. 위성 DNA; b. 코헤신은 세포 분열 후기 전 까지 자매 염색분체를 잡고 있고 방추사부착점은 염색체를 방추사 극에 부착시키고 그 극으로 분리된 염색체를 이동시킬 수 있는 역동 단백질을 가지고 있다.

25. a. 제1감수분열; 왼쪽에 전기/중기; 오른 쪽에 후기; 같은 음영으로 그려진 선은 자매염색분체이다; 다른 음영으로 그려진 선은 상동염색체이다.
b. 그림 참고; 팔을 따라서 코헤신 복합체(빨강)가 재조합 부위에서 먼 쪽에 있다(즉 재조합 부위보다 더 동원체에서 멀리 있다).

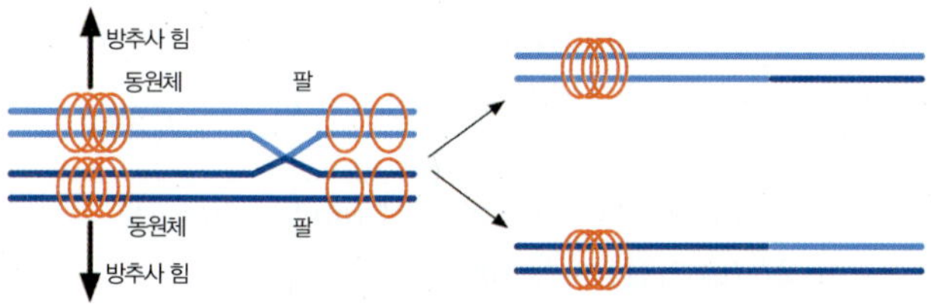

c. 왼쪽에 2가 염색체가 재조합 부위에 원거리에 놓여 있는 코헤신 복합체에 의해 같이 묶여 있다.
d. 슈고신은 제1감수분열 중기 동안에 분리효소에 의한 분해로부터 동원체에 있는 코헤신 복합체(그러나 염색체 팔을 따라 존재히는 것이 아닌)를 보호한다.

27. 전사; 이질염색질 구조; X 성염색체 불활성화; 방추사부착점

29. a. 합해짐(안정적); b. 독립적(불안정적) 혹은 합해짐(안정적) c. 합해짐(불안정적) 혹은 독립적(안정적) d. 말단소체

12장

1. a. 4; b. 8; c. 6; d. 5; e. 7; f. 3; g. 2; h. 1

3. a. (i) 아니오, (ii) 예, (iii) 예, (iv) 예, (v) 다른 염색체
b. (i) 예, (ii) 예, 만약에 교차가 역위 고리 내에서 일어났다면, (iii) 예, 만약에 교차가 역위 고리 내에서 일어났다면, (iv) 예, (v) 한 염색체의 동일한 팔에서 일어난 경우
c. (i) 예, (ii) 아니오, (iii) 아니오, (iv) 아니오, (v) 동원체의 한쪽 그렇지 않다면, 염색체는 두 개의 동원체를 갖게 되며 이것은 불안정하다.
d. (i) 아니오, (ii) 아니오, (iii) 아니오, (iv) 아니오, (v) 다른 염색체
e. (i) 예, (ii) 아니오, (iii) 아니오, (iv) 예, (v) 단일 동원체의 양쪽
f. (i) 예, (ii) 아니오, (iii) 아니오, (iv) 예, (v) 단일 동원체의 한쪽

5. a. 교차가 역위 고리내의 *y*와 *v* 또는 *v*와 *f* 사이에서 일어나야 하며, 이들은 회복되지 않는다.
b. 역위 고리 밖에서 단일 교차 19/114 = 16.7 m.u.
c. 역위 고리 내에서 *y*와 *v*, 그리고 *v*와 *f* 간의 이중 교차(두-염색분체 간에 또는 세-염색분체 간에)

7. a. 두 초파리 모두 결실을 가짐 1번 초파리 16.4/16.6 Mb; 2번 초파리 16.45/16.55 Mb; 결실 절단지점을 포함하는 1번 초파리로부터의 염기서열은 2번 초파리에는 가지고 있지 않으며, 2번 초파리의 것도 1번 초파리는 가지지 않는다.
b. 6.45 – 16.55
c. 예; 유전자의 작은 부분의 결실은 st^- 대립유전자를 초래한다. d. 보완성

9. a. 1과 2; b: 5′ GGTGCCCATGGATATT 3′ c. 1과 2; d. 5′ TAGTTTCCCGGGACGT 3′; e. 1과 3 또는 2와 3; f. 5′ TTAATTTTGGCCTAAAAG 3′; g. 아니오; 한 염색체의 장완과 다른 염색체의 단완 사이의 로버트손 전좌

11. a. 양친형 $y^+\ z^1\ W^{+R}\ spl^+\ /\ Y$ (zeste)와 $y\ z^1\ w^{+R}$ spl / Y (노란 zeste); b. *y*와 *spl* 사이의 어느 곳에서건 교차 c. w^+ 카피 사이의 불균형 접합과 교차 d. 5.9 m.u.

13. a. 2, 4; b. 2, 4; c. 2; d. 1, 3

15. a. 2개의 *URA3 ARG9* 포자들과 2개의 *ura3 arg9* 포자들
b. 포자들 죽음, 1개의 *URA3 ARG9*과 *ura3 arg9*
c. 4개의 생존 포자들, 2개의 *URA3 ARG9* 포자들과 2개의 *ura3 arg9* 포자들

17. 두 자매분체 이중 교차가 있으며 두 교차가 모두 역위 고리 내에서 일어난다. 한 번의 교차는 두 유전자의 한쪽에서 일어나야 하며 교차 역위 고리 내에서 일어나야 한다.

19. a. 1, 3, 6; b. 2와 4; c. 1과 3; d. 5와 6

21. a. 1/4 임성 초록색, 1/4 임성 노란색-초록색, 1/4 반불임 초록색,/4 반불임 노란색-초록색
b. 1/2 임성 노란색-초록색, 1/2 반불임 초록색
c. 전좌된 염색체와 정상 염색체의 상동 부위 간의 교차

23. 1/2 *Lyra* 수컷: 1/2 $Lyra^+$ 암컷

25. a. 정상의 온전한 X 염색체는 XIC를 가진 X-A 전좌 염색체의 상염색체 부위의 유전자들이 불활성화되므로 세포사멸한다. 그러므로, 대부분의 생존 세포들은 디스트로핀을 발현하지 않는다.
b. 예; XIC를 가진 X-A 전좌 염색체는 바소체가 된다. 예; 정상적으로 불활성화된 X-연관된 유전들의 어떤 것들은 두 X 염색체에서 모두 발현할 수도 있다.

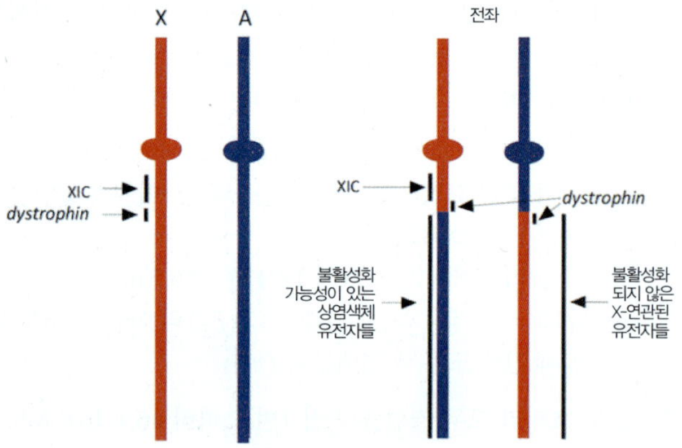

c. 생존 세포에서 온전한 X 염색체는 항상 불활성화되고, 전좌가 일어난 X 염색체에 있는 *dystrophin* 유전자는 두 개로 나뉜다.

d. 전좌된 세포에서 XIC와 연결이 되지 않은 X 염색체 유전자들은 X 불활성화가 일어나지 않는 반면, XIC에 연결된 전좌된 상염색체의 유전자들은 불활성화가 된다. 그러므로 전좌 절단지점을 안다면, 절단지점으로 부터의 유전자들의 상대적인 거리를 알 수 있다. 그러나 만약에 너무 많은 X 염색체 유전자들이 불활성화가 일어나지 않거나 너무 많은 상염색체 유전자들이 불활성화 되면 전좌를 가진 세포는 세포사멸이 일어나므로 분석이 복잡하다.

27. a. 결실이 *P* 요소의 이동을 방해하지만, 이것은 다른 것들에는 영향을 미치지 않는다.
b. *P* 요소가 전이효소를 만들어내지 못하지만, 유전체 내의 다른 *P* 인자가 전이인자를 만들어내면 전이효소를 만들어 내지 못하는 *P* 인자도 이동을 한다.
c. 돌연변이는 다른 *P* 요소의 이동에 영향을 미치는데 이러한 경우에는 유전체 내에서 이 *P* 요소만이 전이효소를 만들어 내지는 경우이다.
d. *yellow* 유전자의 인트론이 결핍된 돌연변이는 체세포에서 이동하는데, 이것은 다른 P 인자들의 이동을 야기한다.

29. a. 예. 양친 중 어느 부모 유전제 탐침들과 비교하여, Bob의 탐침들은 21번 염색체 전체에 있는 유전자 좌위들과의 교잡 강도가 150% 정도가 된다.
b. Mary, 제2감수분열.
c. 예, Mary의 경우 9번과 10 유전자 좌위 사이. d. 교차가 동원체와 한 유전자 사이에 일어날 가능성은 제1감수분열에서 교차가 일어나는지와 제2감수분열에서 일어나는지에 대해서 불분명하다.

31. 두 가지의 터너증후군 모두 염색체 소실 (X 또는 Y)이나 초기 발생 과정에서 유사분열 시 염색체 미분리로 일어날 수 있다.

33. 감수분열 염색체 미분리 현상은 동일한 비율로 1염색체성과 3염색체성을 만들어내지만, 염색체 소실은 오직 1염색체성만 생성시키므로 3염색체성보다 더 많은 1염색체성이 예상된다. 낮은 빈도로 1염색체성이 관찰되는 것은 1염색체성 접합자들이 임신이 감지되기 전인 초기 단계에서 발생을 멈추기 때문이다. 이것은 아마도 염색체를 세 사본 가지고 있는 것에 비해 한 사본만 가지고 있으므로 생기는 불균형이 더욱 심각하기 때문이거나 한 사본만 있는 염색체에 열성 치사 대립유전자들이 있기 때문이다.

35. a. $ey\ ci^+\ /\ ey^+\ ci$ 초파리와 $ey\ ci\ /\ ey\ ci$ 초파리들 간의 교배
b. 제1감수분열 기간에서의 염색체 미분리는 야생형 자손을 생성 제2감수분열 시의 염색체 미분리는 감지가 안 된다.
c. 2개체의 eyeless; 2개체의 cubitus interruptus: 1개체의 eyeless, cubitus interruptus: 1개체의 야생형
d. 표지 안 된 연결된 4번 염색체를 가진 초파리와 $ey\ ci^+/ey^+\ ci$와 교배. 제2감수분열에서 염색체 미분리는 eyeless와 cubitus interruptus 자손을 생산하지만, 제1감수분열 염색체 미분리에 의해 생산되는 자손들은 탐지가 안 된다. 만약에 연결된 4번 염색체가 *ey*를 두 사본을 가지고 *ci*도 두 카피를 기진다면, 1차 또는 2차 감수분열 염색체 미분리 자손들을 찾을 수도 있다.

37. a. 15; b. 13; c. 21; d. 28

39. a. (i) 45, (ii) 이질배수체, (iii) 불임
b. (i) 36, (ii) 동질배수체, (iii) 임성, n = 18
c. (i) 27, (ii) 동질배수체, (iii) 불임
d. (i) 36, (ii) 이질배수체, 복이배체, (iii) 임성, n = 18
e. (i) 27, (ii) 이질삼배체, (iii) 불임
f. (i) 54, (ii) 이질육배체, (iii) 임성, n = 27

41. 자손들 중 9/16는 F^A-F^B-이며 이들은 3가지 병원균에 모두 저항성이다.

43. a. 사가염색체의 가능한 접합 중 하나를 보여준다. 간단히 설명하기 위하여, 각 염색체는 하나의 선으로 나타냈으며, 제1감수분열에서 실제적으로는 각 염색체는 두 개의 염색자매분체들로 일어져 있다.

b. 이배체 배우체를 만들기 위해서 사가염색체에 있는 두 개의 염색체들은 제1감수분열 후기 I에서 한쪽 극으로 이동을 하고 나머지 두 개도 다른 쪽 극으로 이동을 해야 한다. 그림의 화살표는 서로 다른 극을 나타낸다.
c. 복이배체의 두 유전체가 서로 충분히 다르다면, 한 유전체의 어떤 염색체도 다른 유전체의 염색체들과 접합을 하지 않는다. 그러므로 사가염색체는 복이배체에서는 생성이 안 된다.

45. 27/36

47. a. $\sim 1/2^{10}$ b. $\sim 1/2^{20}$ c. 이배체, 삼배체, 또는 사배체

49. 상호전좌이형접합체는 임성이 저하된다.

51. a. 흑색 *K. waltii* 유전자들은 *S. cerevisiae*에서 중복된다.
    b. 두 종이 서로 분화되어 진화하는 동안, *S. cereviceae* 유전체의 일부가 자손 *S. cereviceae*에서 중복이 된다. 시간이 지나면서 중복된 유전자들의 많은 것들이 소실된다. 간혹 중복됨 두 사본이 남아 있는 경우도 있다.

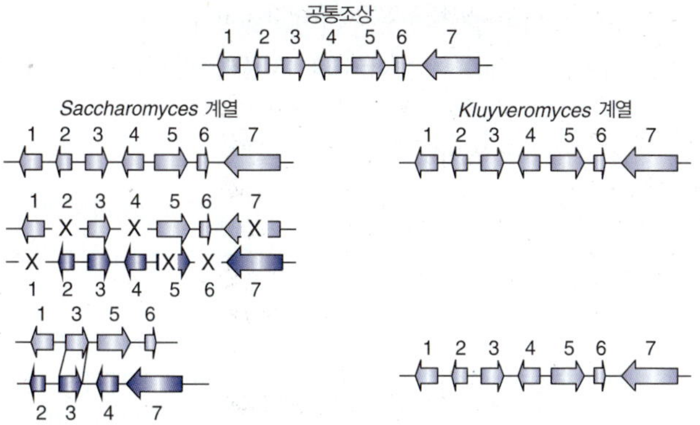

53. 영장류들의 염색체들 간의 로버트손 전좌가 인간의 2번 염색체를 만든다.

13장

1. a. 8; b. 5; c. 9; d. 7; e. 6; f. 3; g. 1; h. 4; i. 2

3. a. ~23 nt; b. 6 아미노산 c. 서열은 K12 균주에는 없는 대장균 범유전체의 일부분이다.

5. 인트론, 염색질, 큰 유전자 사이 부분

7. 염농도가 높은 곳에 사는 세균에서 만들어지는 단백질은 이런 성질을 가지고 있다.

9. 첫 번째 접시에는 200개 군락이, 두 번째 접시에는 20개 군락이 있다.

11. a. 예상한대로 10^8개 세포에서는 A 균주나 B 균주의 역돌연변이체가 생기지 않았다. 만일 역돌연변이의 비율이 $1/10^7$이라면 두개의 독립적인 역돌연변이가 A 균주의 같은 세균 염색체에서 일어날 확률은 $1/10^{14}$이며, B 균주에서는 $1/10^{21}$이다. 야생형 군락은 A 균주와 B 균주를 함께 배양했을 때는 생겨나지만 따로 배양하면 생기지 않으므로, 역돌연변이 이외의 다른 기작이 작용해야만 한다.
    b. 만일 A 균주가 F^-라면, Met^- Bio^+ Thr^+ Leu^+ Thi^+ 접합완료체가 만들어지기 위해 두 번의 교차가 필요하므로 비교적 자주 나타나게 되겠지만, B 균주가 F^-라면 4번의 교차가 필요하므로 접합완료체는 매우 드물 것이다. 마찬가지로, B 균주가 F^-라면 Thr^- Leu^+ Thi^- 접합완료체가 자주 나타나고, 이 접합완료체는 A 균주가 F^-라면 매우 드물 것이다.

13. F가 3~4개 있는 돌연변이 세포와 야생형 수용체를 교배하라. 돌연변이가 F 플라스미드에 있는 경우에만 수용체 세균의 F 사본수가 높을 것이다. 다른 방법으로는, 돌연변이 세포에서 F 플라스미드를 추출하여 수용체 세포에 형질전환 할 수 있다. 형질전환 된 세포에서 F 인자의 사본수를 조사하여 형질이 플라스미드에 의해 전달되는지를 확인할 수 있다.

15. *H. influenza b* 병원성 균주가 공여자 균주로 사용된다면 *purE*와 *pepN* 유전자가 공동형질전환되는 빈도는 낮을 것이다.

17. a. F^- Pyr^- Met^- Xyl^- Try^- Arg^- Ni^- Mal^- Str^r
    b. *pyrE xyl mal arg met tyr his*

19. a. 빈도가 낮은 접합완료체는 두 번이 아니라 네 번의 교차가 필요하다.
    b. *arg-mal* 거리와 *mal-xyl* 거리는 비슷하고, *xyl-pyr* 거리는 두 배이다.
    c. *arg*와 F 인자 원점 사이의 거리. *xyl-pyr* 거리의 두 배이다.

21. a. 유전자 순서는 *pab ilv met arg nic (trp pyr cys) his lys*이며, 괄호 안의 유전자 순서는 모른다.

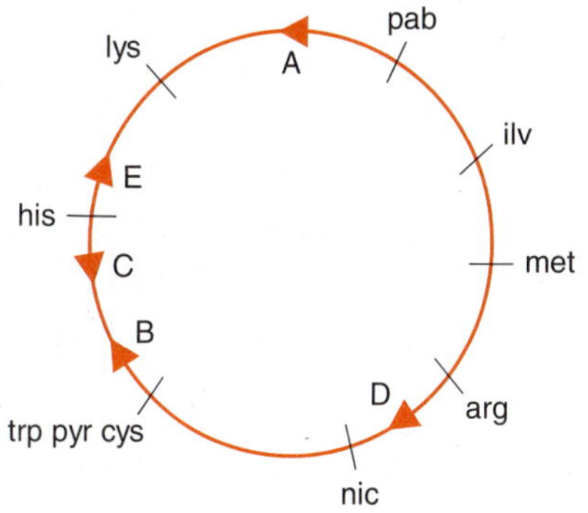

    b. 유전자 순서는 *pyr trp cys*이고, *pyr-trp* 거리는 6.5%, *trp-cys* 거리는 15%이다.

23. 독성 유전자를 가지고 있는 세균 균주에서 박테리오파아지가 부정확하게 절제되면 독성 유전자와 파아지 유전자를 모두 가지는 특수형질도입 파아지가 만들어진다.

25. a. 정지코돈 돌연변이는 대개 유전자의 기능상실을 일으킬 것이다. 돌연변이 균주에 야생형 균주로 만든 플라스미드 도서관을 형질전환한다. 돌연변이 표현형이 야생형으로 회복되는 군락에는 야생형의 역돌연변이 유전자를 가진 플라스미드가 있다.
    b. 돌연변이 균주의 유전체 DNA로 플라스미드 도서관을 제조하고, 야생형 세균에 형질전환한다. 돌연변이 표현형을 가지는 형질전환체에는 돌연변이 유전자를 가지는 플라스미드가 있다.

27. a. *S. parasanguis*를 플라스미드로 형질전환하고, 카나마이신과 에리트로마이신을 가지는 배지에서 낮은 온도(플라스미드 복제가 가능한 온도)에서 선별한다. 형질전환체를 제한온도에서 배양하고, 에리트로마이신이 들어 있는 배지에

서 트랜스포존이 삽입된 군락을 선별한다. 복제평판을 만들어 카나마이신 민감성을 검사한다. 각각의 Ery^R Kan^R 군락은 서로 다른 유전체 위치에 *IS256*이 삽입되어 있다.

29. a. GFP 서열은 cDNA이다.

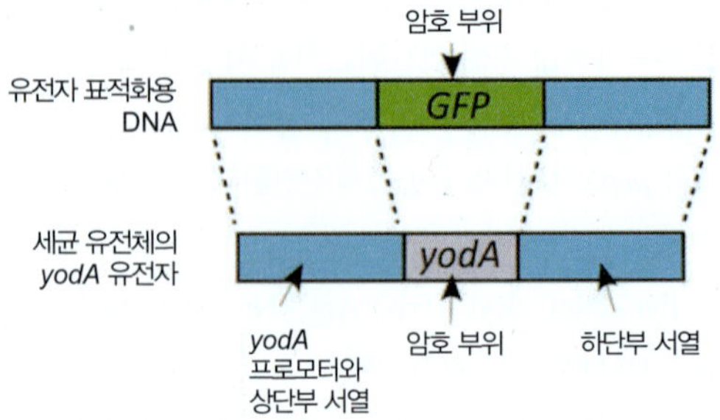

b. 초록색으로 빛나는 세균은 암호 부위가 GFP의 암호부위로 대체되었기 때문에 더 이상 *yodA*를 발현하지 않는다. 기술된 과정은 또한 *yodA*⁻ 돌연변이를 검색하는 수단이 될 수도 있다.

c. *GFP* 암호 서열을 *yodA* 암호부위와 번역틀이 같도록 연결하면 융합 단백질이 만들어진다.

14장

1. a. 4; b. 6; c. 2; d. 1; e. 7; f. 3; g. 5

3. a.

		Trp	His	Ile	Met
mRNA	5′	UGG	CAU/C	AUU/C/A	AUG
비주형 핵 DNA	5′	TGG	CAT/C	ATT/C/A	ATG
주형 핵 DNA	3′	ACC	GTA/G	TAA/G/T	TAC

b.

		Trp	His	Ile	Met
mRNA	5′	UGA/G	CAU/C	AUC/U	AUG/A
비주형 핵 DNA	5′	TGA/G	CAT/C	ATC/T	ATG/A
주형 핵 DNA	3′	ACT/C	GTA/G	TAG/A	TAC/T

5. 미토콘드리아 tRNA의 tRNA 합성효소는 인간의 유전체에 유전자가 있으며, 미토콘드리아로 운반된다. 세포질 tRNA 합성효소와 미토콘드리아 tRNA 합성효소에 대한 유전자는 서로 다르지만 두 가지 예외가 있다. 한 종류의 글리신 tRNA 합성효소와 한 종류의 리신 tRNA 합성효소가 세포질과 미토콘드리아의 $tRNA^{Gly}$과 $tRNA^{Lys}$을 각각 합성한다.

7. a. mtDNA는 500,000번 cpDNA는 5,000번

b. 미토콘드리아와 엽록체 유전자는 핵 유전체의 유전자보다 더 조밀하게 밀집되어 있다. 미토콘드리아 유전자는 인트론이 없고 개시코돈과 정지코돈에 해당하는 유전암호가 다르다.

9. a, b, d.

11. a. DNA가 분해될 때

b. mtDNA로는 같은 모계의 가족 구성원을 구분할 수 없다.

13. 수정 시에 정자의 핵만 난자로 들어간다. 초기의 세포분열 결과 부계의 미토콘드리아가 배아의 일부가 되지 않는 세포로 분포된다. 접합체는 부계의 세포소기관을 파괴한다.

15. a. 부계

b. 2번 식물을 모계 양친으로, 1번 식물을 부계 양친으로 하라. 만일 유전이 모계로만 일어난다면 모든 자손 식물은 2번 식물에서 나타나는 mtDNA 변이만 가지게 될 것이다.

c. 2번 식물의 모든 조직에서 mtDNA를 추출할 필요가 있으며, 하나의 변이만 발견되는지를 확인하라. 이 실험 결과는 모든 mtDNA 변이의 염기서열을 확인하여 2번 식물의 잎에서는 발견되지 않는 변이를 증폭할 수 있는 프라이머 세트를 디자인 할 수 있으면 더 정확해질 것이다.

d. 차이는 두 mtDNA 변이의 세포질분리 때문이다. 세포질분리는 1번 부모 식물에서 일어날 수 있으며, 자손 식물의 생장 동안에도 일어날 수 있다.

17. a. 만일 양친 동계교배 계통 중 하나가 웅성불임이라면 이 계통은 자가수정이 불가능하며, 종자회사는 자가수정을 막기 위해 더 이상 노력할 필요가 없다.

b. (a) 부분에서 불임인 동계교배 계통은 *Restorer*의 열성 *rf* 대립유전자에 대해 동형접합이어야만 한다. 교배에서 꽃가루를 제공하는 웅성 양친인 다른 동계교배 계통은 적어도 하나의(적절하게는 2개의) 우성 *Rf* 대립유전자를 가지고 있어야만 한다.

c. 가임성의 "유지" 계통을 만든다. 이 계통은 정상(비-CMS) 유전체의 미토콘드리아를 가지지만 핵 유전체는 CMS 식물과 같고 *rf*/*rf*이다. *rf*/*rf* CMS 식물은 꽃가루를 생성할 수 없는 자성 식물로 사용된다. "유지" 식물의 꽃가루가 CMS 식물과 수정하면 자손은 CMS 미토콘드리아를 가지며 *rf*/*rf*일 것이다. 즉 자손은 모계 양친과 동일할 것이다.

d. 농부들은 이제 종자를 얻기 위해 종자회사에 의존하게 되며, 옥수수 종자의 유전적 변이는 전체적으로 감소하게 된다.

19. a. *petites*는 포도당이 있는 배지에서 자랄 수 있는데, 그 이유는 포도당이 발효에 이용될 수 있어서 미토콘드리아의 기능(산화적 인산화) 없이도 ATP를 생성할 수 있기 때문이다. 이들은 글리세롤이나 에탄올에서는 자랄 수 없는데, 이들을 이용하여 ATP를 얻으려면 미토콘드리아의 기능이 필요하기 때문이다. 야생형인 *grande* 효모는 미토콘드리아의 기능이 정상이므로 포도당, 글리세롤, 에탄올 모두에서 자랄 수 있다. b. *petites*는 미토콘드리아가 완전히 결여되어 있다.

21. a. 모체(I-1)가 매우 낮은 수준의 돌연변이 미토콘드리아 염색체를 가지고 있거나, II-2 개체를 만든 난자나 II-2 초기 접합자의 미토콘드리아 유전체에서 자연적인 돌연변이가 생겼을 것이다.

b. 모체의 다양한 조직에서 체세포의 미토콘드리아 DNA를 조사할 수 있다. 만일 돌연변이가 그녀의 생식계열에서 생겨 II-2로 전달되었다면 모체의 체세포에서는 아무런 DNA의 결함도 발견되지 않을 것이다.

23. 만일 환자가 남성이면 그 자손 중 누구도 병에 걸리지 않을 것이다. 만일 환자가 여성이라면, 그녀는 아마도 이질세포질성일 것이다. 그녀의 자손은 MERRF에 걸릴 가능성이 매우 높지만 난자와 여러 조직에서 미토콘드리아의 분리는 무작위적인 사건이기 때문에 정확한 확률을 결정하기는 매우 어렵다. 양수검사와 PCR을 사용하여 일부 세포에서 돌연변이 mtDNA의 비율을 결정할 수는 있지만 이 결과로 자손이 질병의 증상을 나타낼지 아닐지는 판단할 수 없는데, 그 이유는 돌연변이와 야생형 mtDNA의 분리는 상당히 다르게 일어날 수 있기 때문이다.

25. a. 핵 유전자의 산물은 미토콘드리아로 수송되어 전자전달계 등과 같은 경로에 미토콘드리아 유전자 산물과 같이 작용한다.
    b. 아니오. 이것은 핵 유전자의 열성 돌연변이에 의한 것일 수도 있고 mtDNA 돌연변이에 의한 것일 수도 있다. 모체는 이질세포질성이다.
    c. 이 질병이 미토콘드리아에 의한 것임을 알면 남성 환자에서는 그의 자손에게는 전달되지 않는다고 이야기해 줄 것이며, 여성 환자와 환자의 자매에게는 그들의 자손에게 전달될 수 있다고 이야기할 것이다. 만일 질병이 희귀한 열성 대립유전자에 의한 것이라면 증상이 없는 형제자매는 보인자인지 여부를 확인하기 위하여 유전체 DNA를 검사할 수 있다. 보인자라면 세 명의 모든 형제자매는 배우자에 돌연변이가 있는지 여부를 아이를 가지기로 결심하기 전에 검사할 수 있다.

15장

1. a. 10; b. 8; c. 5; d. 2; e. 7; f. 1; g. 9; h. 6; i. 3; j. 4.

3. a. i, ii, iii b. iv, v, vi.

5. 프로모터 부위의 돌연변이들은 이 조절 서열에 인접한 구조 유전자들에 대해 '시스(*cis*)'로만 작용할 수 있다. 따라서 이 프로모터 돌연변이는 플라스미드에 있는 정상 오페론의 발현에는 영향을 주지 않을 것이다.

7. b.

9. 비용원성 수용세포에는 cI 억제자 단백질이 없으므로 새로 감염하는 파아지는 용균성 회로를 거쳐 새로운 세대의 파아지를 만들 수 있다.

11.

	베타 갈락토오스분해효소	투과효소
a.	지속성	지속성
b.	지속성	유도성
c.	유도성	유도성
d.	발현 안 됨	지속성
e.	발현 안 됨	발현 안 됨

13.

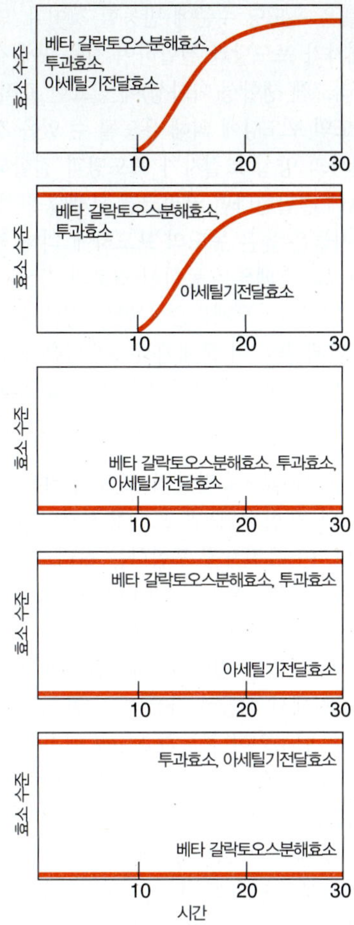

15. a. 4; b. 6; c. 7; d. 2; e. 3; f. 5; g. 1.

17. a. i, iii, v, vi
    b. ii, iii, iv
    c. 1 – i; 6 – ii; 2 – iii; 4 – iv; 5 – v; 3 – vi

19. a. 작동자의 왼쪽 말단은 결실 1이 끝나는 지점과 결실 5가 끝나는 지점 사이에 위치하며 오른쪽 말단은 주어진 자료만으로는 결정할 수 없다.
    b. 결실 2와 4에서는 전사 개시에 필요한 프로모터 내의 염기들이 결실되었을 수 있다.

21. 원핵생물들은 유전체 DNA가 핵 안에 존재하지 않기 때문에 전사와 번역이 같은 장소에서 일어날 수 있다. 따라서 mRNA의 번역이 전사가 완료되기 전에 시작할 수 있다.

23. 7개의 연속된 His 코돈들(CAC 또는 CAU)

25. 이종(heterologous) 촉진유전자와 조절 부위에 과발현되는 안티센스 RNA 도입유전자가 플라스미드에 존재할 경우에는 센스 RNA와의 염기쌍을 형성함으로써 안티센스 RNA가 기능할 수 있을 때에만 내재 유전자(endogenous gene)로부터 센스 RNA의 발현을 억제할 수 있을 것이다.

27. a. *CsrA*: 단백질, 음성, 번역, 트랜스로 작용; *CsrB*: RNA, 양성, 번역, 트랜스로 작용

b. CsrA/CsrB 시스템은 포도당 수준에 반응할 것이다. 만약 *CsrB* 전사의 억제자가 포도당과 결합하여 작동자에 결합하지 못한다면 글리코겐 생합성(이화성)에 필요한 표적 유전자들은 높은 농도의 포도당에 의해 유도될 수 있을 것이다. 만약 CsrB 전사의 양성 조절자가 포도당과 결합하지 않을 때에만 DNA에 결합한다면 글리코겐 분해(동화성)에 필요한 표적 유전자들은 높은 농도의 포도당에 의해 억제될 수 있을 것이다. *lac* 오페론은 동화성 경로의 기질(락토오스)에 의해 유도되며 *trp* 오페론은 이화성 경로의 합성 산물(Trp)에 의해 억제된다. 이 문제에서 포도당은 동화성 경로의 분해 산물이고 이화성 경로의 전구체로 *lac* 오페론과는 반대로 조절된다.

29. 탄소원이 부족할 때 전사되는 유전자의 조절 부위가 *lacZ* 유전자의 암호 부위와 융합된 보고 도입유전자(reporter transgene)를 제작한다. 이 유전자를 포함하는 플라스미드로 형질전환된 *lacZ*-세균 콜로니들은 탄소원이 부족한 X-*gal* 배지에서 자랄 때 파란색을 나타내고, 탄소원이 풍부한 X-*gal* 배지에서는 하얀색으로 나타날 것이다. 형질전환된 세균을 돌연변이원이 있는 조건에서 배양한 다음 단일 콜로니를 얻기 위해 일부 배양액을 탄소원이 풍부한 X-*gal* 배지에 도말하고 또 일부는 탄소원이 부족한 X-*gal* 배지에 도말하라. 이때, 양성 조절자의 기능상실 돌연변이 또는 음성 조절자의 기능획득 돌연변이는 탄소원이 부족한 배지에서 하얀색으로 나타날 것이다. 그리고 음성 조절자의 기능상실 돌연변이 또는 양성 조절자의 기능획득 돌연변이는 탄소원이 풍부한 배지에서 파란색으로 나타날 것이다. 기능상실 돌연변이 균주에서 돌연변이 유전자는 야생형 균주에서 만들어진 플라스미드 도서관으로 돌연변이 세균을 형질전환시킨 후 돌연변이 표현형을 정상 표현형으로 되돌릴 수 있는 개개의 군락들을 탐색함으로써 알아낼 수 있다. 그리고 기능획득 돌연변이 균주에서 돌연변이 유전자는 야생형 세균을 특정 돌연변이 균주로부터 제작된 플라스미드 도서관으로 형질전환시킨 후 돌연변이 표현형을 나타내는 각각의 콜로니들을 탐색하여 분리할 수 있다.

31. a. 플라스미드는 또한 복제원점과 항생제 저항성 유전자를 포함하고 있다(나타내지 않음).

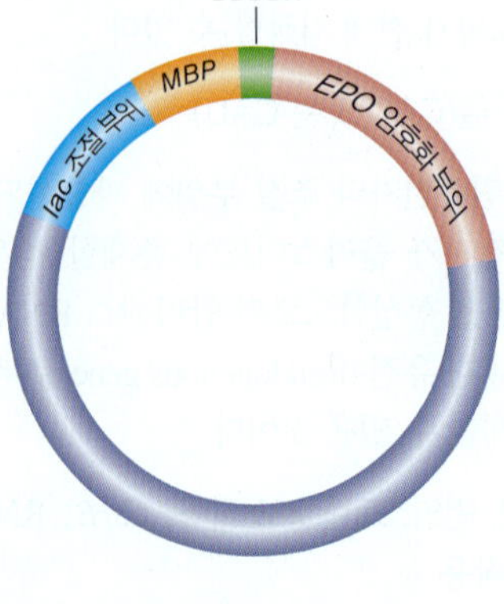

b. ii

c. i, iii, iv

d. cDNA—세균의 mRNA에서는 이어맞추기가 일어나지 않는다.

e. IPTG; 높은 수준의 EPO는 세포를 죽일 수 있기 때문에 세포들이 자란 후에 유도한다.

f. 말토오스가 공유결합으로 연결된 레진(resin)이 있는 컬럼에 세균 세포의 추출액을 붓고 결합하지 않은 단백질을 씻어낸다.

g. 엔테로키나아제를 컬럼에 결합한 융합단백질에 첨가한 다음 컬럼으로부터 떨어져 나온 EPO를 분리한다.

33. a. 19개의 유전자와 10개의 오페론; 평균적인 유전자 밀도는 ~1 유전자/kb이며 이것은 세균 유전체의 전형적인 특징이라고 할 수 있다.

b. RNA-Seq은 한 가지 환경 조건에서만 이루어졌으며 *t2110*은 다른 조건에서 전사될 수 있다. 유전체 서열에서 개방 번역틀을 분석함으로써 전사방향을 알 수 있다.

c. 오페론의 시작부위에서 많은 cDNA가 읽히고 끝에서는 더 적은 수의 cDNA가 읽힘; 아마도 *hutH*.

d. 유전체의 한 부위에서 양쪽 방향으로 cDNA 서열이 읽혔을 것이다.

e. *galETK* 전사체보다 더 많은 *galM* 전사체가 존재한다.

f. 아니오; sRNA 조절 기전은 여기서 측정된 전사체의 수에는 영향을 주지 않을 것이다.

35. RNA-Seq 분석을 이용하여, 높은 밀도에서 자라면서 빛을 내는 *V. fischeri*의 총 전사체와 낮은 농도에서 자라고 생체발광을 나타내지 않는 *V. fischeri*의 총 전사체를 비교할 수 있을 것이다. *luxICDABE* 오페론은 빛을 내지 못하는 세균보다 생체발광 세균에서 훨씬 더 높은 수준으로 존재하는 전사체로 알 수 있을 것이다. 그러나 *luxR* 은 저농도와 고농도의 *V. fischeri*에서 모두 같은 수준으로 존재하기 때문에 알 수 없을 것이다.

37. a. *luxR*은 낮은 수준으로 전사된다.

b. *luxICDABE* 오페론은 자가유도자 없이는 낮은 수준으로 전사된다.

c. *luxR* 전사는 자가유도자에 의해 영향 받지 않는다.

d. 자가유도자와 결합한 LuxR은 오페론의 전사를 활성화시킨다. *luxI* 는 더 많은 자가유도자를 만드는 합성효소를 암호화한다; 오페론은 콜로니들을 파랗게 만들기 위해 필요한 *lacZ* 전사체를 만드는 데 충분한 자가유도자를 만들기 위해 전사, 번역될 필요가 있다.

e. *luxR* 전사는 지속성이다.

16장

1. a. 7; b. 6; c. 4; d. 2; e. 9; f. 8; g. 10; h. 1; i. 3; j. 5

3. 전사 처리(RNA의 선택적 이어맞추기 포함); 핵으로부터

mRNA의 배출 번역효율의 변화(miRNA를 포함); 유전자산물의 화학적 변형 특정 세포소기관에 단백질의 위치

5. a. (i) z; (ii) y (또는 당신이 확보한 유전자가 조직 특이적으로 발현된다면, z); (iii) x;
   b. y (관심 있는 유전자가 신장에서 일반적으로 발현되지 않는다고 가정할 때). 특성이 알려진 증폭자는 결합유전자가 어디에서 발현하는지 알 수 있게 한다. 돌연변이 표현형이 발현되는지를 확인하기 위하여 어떤 유전자를 과발현시킬 수 있다. 표현형의 특성이 때때로 유전자의 기능에 관한 정보를 나타낸다.

7. 단백질을 생산하지 못하거나 GAL4 단백질에 결합할 수 없는 *GAL80* 돌연변이는 억제를 할 수 없고 계속적인 합성을 유도한다. GAL80 단백질에 결합할 수 없는 *GAL4* 돌연변이도 계속적인 합성을 유도한다.

9. a. Id가 억제자라면, MyoD 처럼 증폭자의 같은 위치의 DNA에 결합할 것이다. Id는 MyoD와 증폭자 결합에 경쟁적이므로 간접적으로 MyoD를 억제할 것이다. 또한 증폭자에 공동 억제자를 소환하여 억제자로서 직접적으로 행동할 것이다.
   b. 간접적인 억제자로서 Id는 MyoD의 활성도메인에 결합할 수 있거나, MyoD를 세포질에서 격리시키거나, 불활성화된 Id/MyoD 이형이량체를 형성한다.
   c. (a)의 경우라면 Id는 DNA 결합도메인을 갖고 있어야 한다. (b)의 경우라면 Id와 MyoD는 동형이량체를 형성할 수 있다.

11. a. 촉진유전자, 증폭자, 전사종결서열
   b. 촉진유전자는 cds 혹은 앞쪽이고, 증폭자의 앞 혹은 뒤쪽이다. 전사종결인자는 cds의 뒤쪽이다.
   c. 날개 특이적인 발현은 날개 특이적인 증폭자가 필요하다.
   d. 증폭자 없는 유전자는 각 개체에서 유전체 내의 다른 위치에 삽입된다. GFP는 증폭자 근처에 삽입되었을 때만 발현된다. 증폭자의 조직과 시기적인 특이성이 GFP 발현 패턴을 결정한다. 이것은 특정패턴으로 발현되는 유전자를 동정하는 데 이용할 수 있다.

13. a. 절연자는 프로모터와 증폭자 사이에 위치하여 증폭자의 기능을 억제한다. b. 그림 16.15처럼 벡터를 제작한 후 무작위로 유전체의 염기서열을 프로모터와 증폭자 사이에 삽입한다. 이 벡터가 절연자를 포함하고 있다면 파리들은 GFP를 발현하지만 RFP는 발현할 수 없다.

15. a. 원핵생물체의 억제자는 전사개시지점에 결합된 RNA 중합효소의 움직임을 막는다. 진핵생물의 억제자는 염색질을 닫는 공동 억제자를 소환하거나, polII RNA 중합효소가 프로모터에 결합하는 것을 막는다. b. 원핵생물 활성자는 RNA 중합효소가 촉진유전자에 결합하는 것을 활성화한다. 진핵생물 활성자는 염색질을 여는 공동 활성자와 결합하거나, RNA polII 복합체를 촉진유전자에 소환하는 것을 돕는다.

17. a. 참 b. 참 c. 거짓 d. 거짓

19. a. 그 유전자의 대립유전자가 수컷 I-2의 생식계열 세포에서는 발현되지 않는다.
   b. 수컷 I-2에서 그 유전자의 대립유전자는 체세포에서 발현되지 않을 것이다.
   c. 수컷 I-2에서 그 유전자의 대립유전자는 II-2의 생식계열 세포에서 발현될 것이다.
   d. 수컷 I-2에서 그 유전자의 대립유전자는 II-3의 체세포에서 발현되지 않을 것이다.
   e. 수컷 I-2에서 그 유전자 대립유전자는 II-3의 생식계열 세포에서 발현되지 않을 것이다.
   f. 수컷 I-2에서 그 유전자의 대립유전자는 III-1의 생식계열 세포에서 발현될 것이다.
   g. 수컷 I-2에서 그 유전자의 대립유전자는 III-1의 생식계열 세포에서 발현되지 않을 것이다.

21. 기술된 예제에서, 각인을 조절하는 절연자는 따로 떨어져 있는 태반과 태아의 심장 증폭자 사이에 존재하여, 심장의 증폭자와 촉진유전자 사이에 존재할 수 있지만, 태반 증폭자와 촉진유전자 사이에는 위치할 수 없다.

23. a. 기본 mRNA의 선택적 이어맞추기, 선택적 이어맞추기, b. 번역후 단백질 변형

25. 적절한 기능을 하기 위해서 단백질은, 예를 들면 세린과 트레오닌 잔기의 인산화처럼 변성이 이루어져야 한다. 예를 들면 인산화효소는 지방세포에 존재하거나 활성화되어야 한다.

27. a. 단백질과 miRNA 복합체를 함께 면역침강시키는 단백질에 대한 항체를 사용하라. 복합체에서 RNA분자를 정제하라. 역전사효소와 DNA중합효소를 사용하여 RNA를 dsDNA로 변화시켜라. DNA 염기서열을 분석하라.
   b. 야생형과 돌연변이의 전사체를 비교하기 위하여 RNA-Seq를 사용하라. 야생형에서는 RNA가 없거나 매우 적은 양을 발현되지만 돌연변이는 존재하는 유전자들이 주요한 대상이다.

29. a. Tra 또는 Tra2가 결합하는 것을 저해하지만 Fur-M아미노산은 변형되지 않은 Tra-또는 Tra2 결합위치의 돌연변이.
   b. *fru* 전사조절 염기서열에 결합된 Fru-M cDNA

31. a. Sxl은 *msl2* mRNA에 존재하는 세 개의 AUG 중 세 번째의 바로 아래에 결합하여 세 번째 AUG의 인식을 촉진한다.
   b. XX(암컷)
   c. *Sxl* 기능상실 돌연변이에서 두 개의 X 염색체는 과도한 전사가 이루어지기 때문에 치사표현형을 나타낸다. *Sxl* 과발현 돌연변이는 양적 보정이 억제되기 때문에 XY 염색체를 갖는 동물은 치사표현형을 나타낸다. *msl-2* 돌연변이는 암컷의 생존과 후대번식에는 문제가 없지만 수컷은 치사표현형을 나타낸다.

17장

1. a. 7; b. 9; c. 3; d. 8; e. 1; f. 12; g. 10; h. 11; i. 3; j. 6; k. 4; l. 5

3. a. 형질전환 생쥐와 정상생쥐와 교배 방법 또는 도입유전자의 삽입이 이형접합 형태로 각각 전달된 F_1 끼리 교배하는 방법. 만약 도입유전자에 의해 사지 기형이 나타나지 않는다면, 전달된 유전자에 대해 동형접합자를 가지고 있는 F_2는 돌연변이 표현형을 보여주면 안 되며, 그 반대의 경우도 마찬가지다.
   b. 역 PCR 방법
   c. 도입유전자와 *ld* 유전자의 형질 이형접합자가 만약 동일한 유전자들이라면 돌연변이라면 사지기형을 보일 것이며, 서로 다르다면 보완하여 돌연변이가 나타나지 않습니다.

5. a. *faf*- 유전자 결핍 초파리에 *faf* 유전자의 조절서열이 *Usp9* cDNA 발현을 유도하는 구조체로 형질전환한다. 만약 거친 안구 표현형이 회복된다면, *USP9* 단백질이 FAF 유전자를 대체할 수 있다.
   b. 만약 *Fam*$^-$ 유전자 결손 돌연변이 생쥐가 돌연변이 안구를 가진다면, *Fam* 유전자는 생쥐의 안구 발달에 필요하다고 할 수 있다. 17.3절에서는 이러한 목적을 위해 녹-아웃 또는 조건부 녹-아웃을 제작하기 위해 어떻게 *Fam* DNA를 사용하는지 배웠다.

7. a. 어류의 동결 방지 단백질을 만드는 유전자 클로닝 동결방지 cDNA 유전자를 T-DNA 플라스미드 벡터에 삽입 유전자 재조합된 T-DNA를 지닌 *A. tumefaciens*를 식물세포에 살포하여 단일 세포들에서 식물배아를 키우고 형질전환된 식물을 선별한다.
   b. 아마도 어류의 동결방지 단백질은 식물세포에서 전사 후 과정이 제대로 수행되지 않았다.

9. a. IR = 역반복; ori = 복제원점

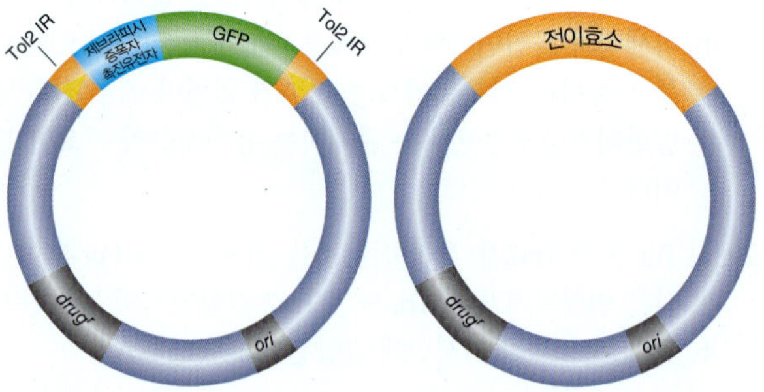

   b. 제브라피시에는 다른 송사리의 Tol2 트랜스포존 (효소포함)이 더 이상 존재하지 않기 때문에, 제조합 Tol2 트랜스포존이 안정화될 것이다.

11. a.

   b. 원형 플라스미드 벡터를 잘라 선형으로 만든 다음, 그 선형을 효모에 적용하여 형질전환한다. 가나마이신 저항 효모군을 선별함 PCR 방법을 이용하여 형질전환된 효모의 *H2A* 유전체를 분석하고 서열 분석을 통해 상동재조합 삽입을 확인한다.
   c. 이배체 *H2A*는 필수적인 유전자처럼 생각된다.
   d. *H2A*는 필수적인 유전자가 아님 예상치 못한 결과이다. 아마도 보완 가능한 다른 유전자가 존재하는 것 같다.

13. a. 녹-아웃 LCA 질병은 기능상실에 의해 유발된다.
   b. 이것은 연구하고자 하는 질병의 어떤 측면인지에 달려 있다. 연약 X 증후군은 *FMR-1* 유전자의 기능상실에 의해 유발되기 때문에, 여러분들은 녹-아웃을 만들 수 있다. 만약 *FMR-1* 돌연변이 대립유전자가 사전 돌연변이 대립유전자에서 어떻게 발생하는지 연구하고자 한다면, 추가 CGG 반복을 가진 녹-인 생쥐를 만들어야 한다.
   c. 녹-인 헌팅턴병은 대립유전자 기능획득에 의해 유발됨 CAG 반복서열을 추가한다.

15. a. 인트론
   b. 아니오. 만약 구조체의 삽입이 5′ UTR 안에 있는 인트론에 삽입되고, 유전자의 5′에서 3′ 방향으로 삽입된다면, GFP 유전자는 발현될 수 있다. 만약 구조체가 암호화 엑손 사이에 삽입된다면, GFP 암호화 서열이 삽입유전자의 5′에서 3′ 방향으로 같은 방향이 되어야 하며, ORF에 맞아야 한다.
   c. 증폭자올가미씌우기 방법은 어떤 유전가 언제, 어디서 전사되는지 보여준다. 증폭자올가미씌우기 방법은 어떤 단백질이 언제, 어디서 제작되며, 가끔은 어느 세포에 존재하는지 밝힌다.
   d. 증폭자올가미씌우기

17. a. 두 개의 도입유전자를 가진 생쥐를 제작한다: 하나는 모든 세포에서 활성화되는 촉진유전자와 융합된 *Pax6* cDNA를 또 다른 하나는 안구에서 특이적으로 발현하는 증폭자와 결합된 *Pax6* cDNA와 상보결합하는 유전자를 말한다.
   b. *Pax6* 유전자 양쪽에 두 개의 *LoxP* 서열과 *hs-cre*를 가진 생쥐를 이용한다. 생쥐 나이에 따라 열 충격에 반응하는 생쥐
   c.

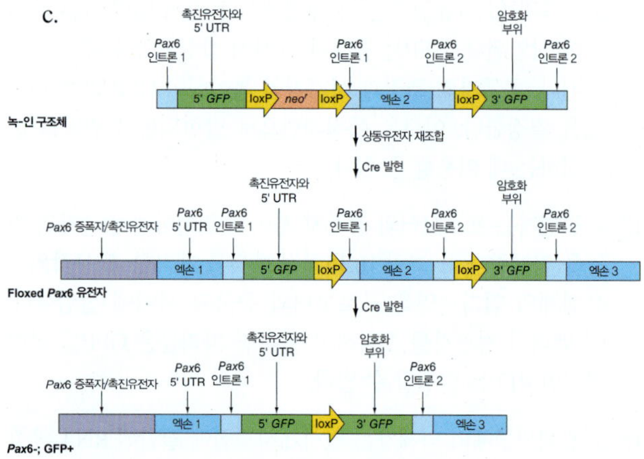

19. a.

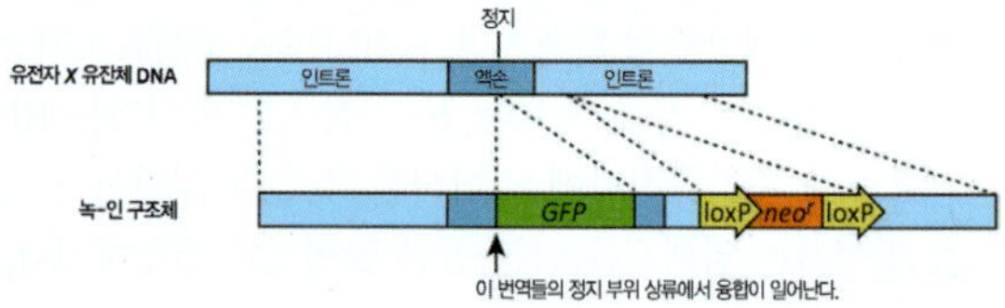

b. 이 방법은 시스 작용 전사조절지역이 분석되면 이용할 수 있다.

21. a. 레트로바이러스 벡터는 유전체에 치료유전자를 삽입하는 반면, AAV 벡터는 치료유전자를 핵에 전달하지만, 염색체에 삽입하지는 않는다.

b. 레트로바이러스 벡터-장점: 삽입된 유전자가 안정적이며 따라서 유전자 산물을 무한 제공 가능하다. 단점: 무작위 삽입은 유전자 돌연변이를 일으킬 수 있고 암을 유발할 수 있다. AAV 벡터는 전달된 유전자를 유전체에 삽입하지 않으므로 돌연변이 발생을 방지 할 수 있지만 치료 목적으로 전달된 유전자의 수명이 다하면 주기적으로 주입해야 되는 단점이 있다.

23. a. 우성 돌연변이 대립유전자들은 단일염기 서열 대체에 의한 정상 대립유전자와 다를 수 있다. miRNA는 표적 mRNA의 전사를 방해하기 위해 상보 결합하지 않는다.

b. 헌팅턴병 대립유전자는 정상적인 대립유전자에 비교하여 CAG 반복서열 수가 다르다. 이러한 사실은 돌연변이의 원인이 되는 DNA 서열을 특이적으로 상보 결합하는 miRNA를 디자인하기 어렵게 만든다. 이러한 돌연변이 대립유전자를 표적하기 위한 한 가지 방법으로는 두 개의 대립유전자들 사이에서 다른 지역을 찾는 것이다. 이러한 지역은 돌연변이 *HD* 대립유전자의 유일한 miRNA 표적이 될 수 있다.

18장

1. a. 11; b. 4; c. 8; d. 7; e. 12; f. 9; g. 13; h. 3; i. 1; j. 5; k. 6; l. 10; m. 2

3. a. 예쁜꼬마선충의 발달 초기 단계에서 레이저 절제술은 거의 치명적일 것이나, 쥐의 경우 네 개 중 하나의 초기 배아 세포가 손실되어도 아무런 효과를 나타내지 않는다.

b. 예쁜꼬마선충에서 세포 분리는 치명적일 것이나, 생쥐에서 분리된 세포들이 각각 한 마리의 쥐로 발달할 가능성이 있다.

c. 세포 혼합이 예쁜꼬마선충에서는 치명적일 수 있으나, 생쥐의 경우는 거부 반응을 이겨내고 키메라 생물체를 만들 수 있을 것이다.

5. a. $rg^{\gamma 3}$

b. rg^{41}

c. Muller의 실험은 열성 돌연변이 동형접합의 표현형을, 돌연변이/유전자결실 이형접합의 표현형과 비교하였다. 만약 이 두 가지 유전자형의 표현형이 일치한다면, 이는 삭제 돌연변이일 것이다. 만약, 돌연변이/결실 이형접합체가 동형접합체보다 더 심각한 표현형을 보인다면, 이는 고차형 유전자 돌연변이일 것이다. $rg^{\gamma 3}$는 삭제돌연변이일 것이다.

d. 어떤 유전자의 삭제돌연변이 표현형은 발달과정에서 그 유전자의 비다중성 기능의 모든 영역을 나타낸다.

e. 이형접합 rg^{hyper}/rg^{+} 초파리는 더 많은 rg^{+} 활성을 가지며, 따라서 $rg^{hyper}/Df(1)JC70$ 초파리보다 더 심각한 돌연변이 표현형을 나타낸다.

f. 이형접합 $rg^{anti}/Dp(rg^{+})$ 초파리는 더 많은 rg^{+} 활성을 가지며, 따라서 rg^{anti}/rg^{+} 초파리 보다 덜 심각한 돌연변이 표현형을 보인다.

7. 인두에서 *X* 유전자에 해당되는 dsRNA(RNAi)를 발현시킨다. 서로 다른 방향성을 갖는 두 개의 *myo-2* 촉진유전자 사이에 *X* 유전자를 놓거나, 하나의 *myo-2* 촉진유전자 하위에 서로 다른 방향성을 갖고 있는 두 개의 *X* 유전자를 위치시킴으로써 이를 수행할 수 있다.

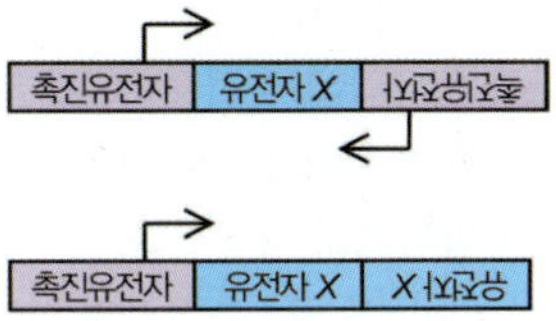

이 제작물을 *myo-2*::*GFP*를 가지고 있는 예쁜꼬마선충에 형질 전환시키고, RNAi의 영향을 인두 발달에서 확인하기 위해 녹색 형광 패턴을 검사한다.

9. a. 예; 몇몇 낱눈은 R7이 부족할 것이다. b. 증폭자: *drk*, *sos*, *Ras*, *raf*, *Mek*, *MAPK*, *pnt*; 억제인자: *Gap*, *yan*. c. 증폭자: *Gap*, *yan*; 억제인자: *drk*, *sos*, *Ras*, *raf*, *Mek*, *MAPK*, *pnt*

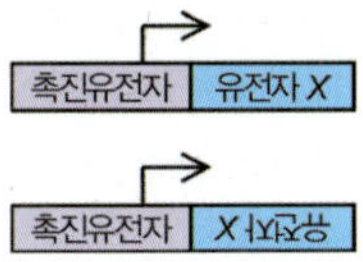

11. a. 문제 7번의 경우와 같이 도입유전자를 만들거나, 두 가지 제작물을 만들어, 하나는 유전자의 센스 방향으로, 다른 하나는 안티센스 방향으로 발현하도록 한다.

b. Gal4/UAS 이분 시스템을 사용한다. UAS_G에 의해 발현이 조절되는 RNAi 이식 유전자를 갖고 있는 계통을, 날개-특이적 Gal4 구동 도입유전자를 가진 계통과 교차한다; 두 가지 이식 유전자를 갖고 있는 자손이 날개 결함을 나타내는지 조사한다. RNAi는 날개에서만 발현하기 때문에, 다형발현 유전자의 발현억제는 치사를 유발하지 않을 것이다.

13. a. 정상 발현형질 (R7이 있음)의 모자이크형 낱눈은 항상 w^{+} R8을 가질 것이다. 돌연변이 표현형 (R7이 없음) 모자이크형 낱눈에서, R1-R7은 각각 w^{+} 혹은 w^{-}일 것이다. $boss^{+}$ 유전자의 작용 핵심은 R8이다.

b.

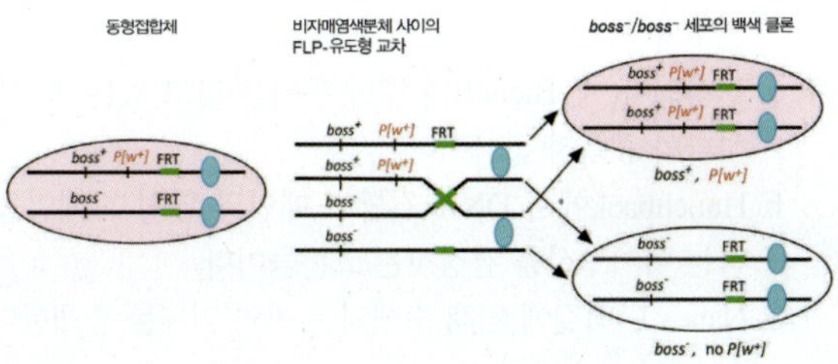

15.

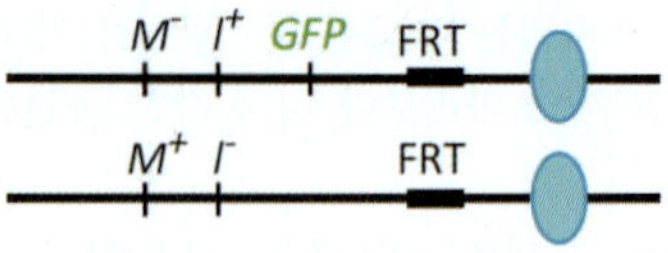

17. a. 대략 52시간 때에 시작해서 70시간까지
    b. 그 단백질은 부모세대로부터 공급된다.

19. a. yan^-은 sev^-에 대해 상위성을 가지고 있다.
    b. 예. Yan은 Sevenless 활성의 하위에서 작용하여 표적 유전자들의 전사를 억제한다. Sevenless는 Yan을 불활성화시키기 때문에 Yan이 없을 경우, 해당 유전자들의 활성을 위해 Sevenless는 필수적이지 않다.
    c. *sev*와 *yan*들은 서로 길항적으로 작용한다.
    d. Ras와 Yan은 모두 Sevenless의 하위에서 작용하지만, Ras는 이 경로에서 Sevenless와 동일한 방향으로 작동하지만, Yan과 Sevenless는 서로 반대 방향으로 작동한다.
    e. R7들은 발현되지 않을 것이다. yan^D는 두 유전자의 하위에서 작용하기 때문에 yan^D는 *sev*와 Ras^{G12V}에 대해 상위일 것이다; *Sev*의 발현 부재 혹은 Ras^{G12V}의 발현 두 가지 경우에서, Yan^D 단백질이 그 표적 유전자들을 억제하여 R7의 발달을 억제하게 될 것이다.

21. a. 세포소기관 DNA들이 모계로부터 유전된다면, 이는 자신의 유전체를 갖고 있는 모든 세포소기관들(미토콘드리아 혹은 엽록체)은 난자 세포질에서 유래한다는 것을 의미한다. 모계유전 현상에서, 이는 DNA 그 자체가 아니라 난자 세포질에서 유전적으로 상속되는 모계 유전체에 의해 발현되는 유전자들의 산물(RNA 혹은 단백질들)이라는 것을 의미한다.
    b. 미토콘드리아 유전자에서 가장 간단한 경우(homoplasmy)의 경우, 암컷만이 모든 자손에게 유전적 형질을 전달하나 수컷은 하지 못한다; 이 자손들은 그 형질을 전달할 수 없다.

23. a. 암컷들은 돌연변이들에 대한 동형접합체이다.
    b. 동형접합의 수컷을 제작한다.
    c. 균형인자는 동형접합의 돌연변이들의 제작과 식별을 가능하게 했다. 2세대(F_2)의 암컷 생식계열 세포에서 균형인자는 재조합된 두 번째 염색체의 회복을 억제하여 *Cy* 표식자와 새로운 m^- 돌연변이를 분리시켰다. 이는 m^-/m^- 동형접합체들은 꼬이지 않은 날개를 가진 3세대(F_3)로 확인이 가능하다는 것을 의미한다.

25. 암컷은 불임일 것이다.

27. a. 전사인자(예, Bicoid)의 결합 부위를 갖고 있는 촉진유전자 하나와 증폭자 하나이다.
    b. Hunchback에서 DNA 결합 도메인과 활성 도메인을 구성하는 아미노산을 결정짓는 코돈들이다.
    c. Nanos 단백질에 의해 수행되는 번역 억제를 중재한다.

29. a. Hunchback의 발현은 Knirps에 독립적이다. 그러나 Knirps는 꼬리 쪽 경계에서 Kruppel의 발현을 제한하는 데 필요하다.
    b. Hunchback 단백질은 배아 전체에서 나타날 수 있는데, 이는 정상적인 경우 Nanos가 배아의 꼬리 쪽에서 *hb* mRNA를 없애기 때문이다.

31. a. A5-A8 체절들은 A4로 변형된다.
    b. BX-C 유전자 발현의 수준의 차이가 A5-A8체절을 구분 짓는다.
    c. T3-A8 체절들은 T2로 변형될 것이다.
    d. *Contrabithorax* 돌연변이들은, *Ubx*가 T2에서 이소성 발현을 하는 것처럼, *Ubx* 유전자에서 기능-획득 대립유전자들일 것이다. 그들은 정상 BX-C 유전자 위치(loci)에 대해서 우성인데, 이는 *Contrabithorax* 돌연변이 대립유전자 하나가 제공하는 *Ubx*의 양은 형태적 변형을 유도하기에 충분하기 때문이다.

19장

1. a. 7; b. 6; c. 8; d. 2; e. 1; f. 9; g. 3; h. 5; i. 4

3. 식이 요법의 역할을 평가하기 위해선 인구 조사에서 보여주는 유전적 요소들을 조절하는 것이 필요하며 (가능한 최상의 상태로) 식단이 달라야 한다. 이는 최근 인도에서 이주하여 현재 미국에 거주하고 있는 인도인과 본토에서 거주 중인 토종 인도인과의 암 발생률을 비교하는 실험을 설계할 수 있다. 암 발생률에 영향을 주는 유전적 차이에 대한 역할을 조사하기 위해서는 다른 요인들은 동일하게 유지해야 하는데, 특히 식단을 가능한 한 동일하게 하는 것이 중요하다. 이는 비슷한 식이 요법을 가졌지만 유전적으로 다른 그룹 간의 암 발생률을 비교할 수 있다.

5. 종양 발생은 하나의 세포에서 다양한 암 유발 돌연변이 발생이 필요하다. 모든 쥐에서 암이 발생하지 않는 것은 발암물질이 유전체에 무작위적으로 돌연변이를 발생시키기 때문이며, 따라서 한 세포에 충분한 암 유발 돌연변이가 축적이 되는지에 대한 가능성의 문제이다. 다양한 돌연변이의 축적은 시간이 걸린다.

7. a. B 세포 림프종은 항체 유전자의 재배열 후 단일 세포의 과다증식에 의해 발생된다.
   b. 림프종에 의해 단 한 종류의 항체만 생성되기 때문에 하나의 B 세포로부터 생성된 클론들은 모두 암성을 지닌 세포다.

9. c, e, a, b, d

11. a. SCF는 사이클린 E를 유비퀴틴화하고, APC는 사이클린 B를 유비퀴틴화한다.
    b. 인산화로 인해 사이클린E/CDK 복합체는 SCF를 활성화하며, 사이클린 B/CDK복합체는 APC를 활성화한다. 이러한 기작을 통해 각각의 사이클린/CDK복합체는 세포 주기

과정에서 자신들이 요구되는 그 짧은 시간 동안에만 활성화될 수 있다.

13. a. 콜로니를 배양접시에 도말(접종)하여 낮은(허용) 온도에서 배양한다. 복제평판(replica plate)하여 돌연변이체들을 높은(제한) 온도에서 배양한다. 돌연변이체들은 생존에 필수적인 유전자 ts 유전자 돌연변이에 의해 제한온도에서 성장하지 못한다.
    b. 허용온도에서 배양된 시간과 동일하게 제한온도에서 배양하여 현미경으로 관찰한다. 만약 모든 세포들이 같은 세포주기에서 진행하지 못하고 있다면, 세포주기 조절자가 ts 돌연변이를 가진 것이다.
    c. 허용온도에서 서로 다른 돌연변이의 반수체(haploid)를 혼합하여 돌연변이가 표현형으로 (또는 상보적인 형질을 보이는) 나타나는 이배체를 제한온도에서 시험해본다.
    d. 단백질은 M기, 즉 세포분열 완료단계에 필요하다
    e. 효모 *cdk1* 조절 부위에 인간 *CDK1* cDNA를 부착하여 융합 유전자(fusion gene)를 제작하고 이를 효모균의 플라스미드에 삽입한다. 제작한 재조합 플라스미드를 갖도록 허용온도에서 배양하여 $Cdk1^{ts}$ 반수체 효모균을 형질전환시키고 형질이 전환된 효모균을 골라낸다. 형질 전환된 $cdk1^{ts}$ 세포가 제한온도에서 정상적으로 배양되는지 실험한다.

15. c.

17. 암세포의 유전체 DNA를 이용하여 전좌발생 유무를 알아내기 위하여 특정 부분의 양 끝의 절연점에 대한 프라이머를 이용하여 PCR을 수행한다. 만약 전좌(translocation)된 유전체가 존재할 경우에만 복제가닥 증폭산물(amplification product)을 얻을 수 있을 것이다.

19. a. 종양 억제 유전자
    b. 기능 상실
    c. Ras-GTP
    d. ii, iv, v, vi
    e. 단일 체세포가 두 가지의 돌연변이 발생 과정을 통해 *NF1*의 기능이 상실된 돌연변이를 가진 동형접합체가 된다.

21. (i) 유사분열 재조합 종양 조직에서만 16번 염색체의 *a-g* 부분에 대한 모든 SNPs들은 동형접합성이다.
    (ii) 결실: 정상 및 종양 조직 둘 다 관련이 있는 염기서열이 해독되었지만 16번 염색체의 결실 부위 (*s-x*)에서는 염기서열 개수의 절반만이 해독되었다.
    (iii) 삼염색체성: 150% 정도 17번 염색체 전체 부분에 해당되는 많은 염기서열들이 해독되고 있으며, 이는 종양 조직의 또 다른 염색체 염기 개수와 관계 있고 정상조직의 염색체 17번의 염기서열 수와 관련이 있다.
    (iv) 복제: 150% 정도 많은 염기들이 14번 염색체의 (*n-t*) 부위에서 해독되고 있으며, 정상 조직의 동일 부위와 비교하여 종양 조직의 것은 염색체의 다른 부위와 관련이 있다.
    (v) NDJ와 복제: 염색체 17번의 모든 단일염기다형(SNPs)은 동형접합성(homozygosity)이다.
    (vi-viii) 점돌연변이: 종양조직에서는 SNP의 위치가 존재하지만 정상조직에서는 없다. 만약 점돌연변이가 종양억제 유전자라면, 종양조직에서는 같은 유전자의 다른 알려진 SNPs는 이형접합성(heterozygous)이어야 한다. NDJ 및 복제(편친 이염색체성, uniparental disomy) 또는 유사 분열 재조합 과정 후에 점 돌연변이가 발생할 경우 선택적으로 종양조직에서의 대부분의 SNP가 동형접합성이 될 수도 있다. 만약 점 돌연변이가 원암유전자(proto-oncogene)에 있다면, 종양조직은 이형접합성의 SNP를 가지게 된다.

23. a. 원암유전자(proto-oncogene)
    b. 더 높은(higher)
    c. 기질 외의 단백질 결합 부분을 제거하는 것은 EGFRvIII의 활성화를 지속시킨다.
    d. 치료 (treatment)
    e. 더 높은 (higher).

20장

1. a. 5; b. 10; c. 8; d. 6; e. 1; f. 9; g. 2; h. 3; i. 7; j. 11; k. 4

3. 대립유전자 빈도가 다른(즉, *p* 값이 다른) 두 집단들은 각 집단에서 유전자형 빈도들이 하디-바인베르크 방정식에 맞는 한(이 대립유전자의 동형접합체 빈도가 p^2인 한) 둘 다 평형에 있을 수 있다.

5. a. e. 집단 a의 경우, $p = 0.5$이고 $q = 0.5$. 집단 b의 경우, $p = 0.9$이고 $q = 0.1$.

7. a. 초기 집단은 평형에 있지 않다.
   b. F_1에서 유전자형 빈도는 $0.36\ MM + 0.48\ MN + 0.16\ NN = 1$일 것이고, F_1 세대에서 대립유전자 빈도는 $M = 0.6$이고 $N = 0.4$일 것이다.
   c. (b)와 같다.

9. a. $q = \sqrt{4} \times 10^{-6} = 0.002$
   b. 보인자의 빈도 $= 2(0.998)(0.002) = 0.004 = 4 \times 10^{-3}$, 보인자/환자의 비율 $= 4 \times 10^{-3} / 4 \times 10^{-6} = 10^3 = 1{,}000 : 1$
   c. 재혼에서 환자인 자녀를 낳을 확률 $= [(0.004)(0.5)(0.5)] + [(4 \times 10^{-6})(1)(0.5)] = [0.001] + [2 \times 10^{-6}] = 0.001002$;
   d. 아니오; 대립유전자 빈도 *p*와 *q*가 매 세대 바뀌어 집단이 평형에 결코 도달하지 못하게 할 선택이 있기 때문이다.

11. a. 선원 집단의 *N* 대립유전자 빈도 = 0.1; b. 섬에 478명의 MN 자녀; c. 자녀 중 *N* 대립유전자 빈도 = 0.525.

13. a. $C = 8324/9049 = 0.92$, $c = 725/9049 = 0.08$
    b. 남학생과 여학생에서 대립유전자 빈도가 다르기 때문에 이 표본은 하디-바인베르크 평형을 보여주지 않는다.
    c. c^p 빈도 $= 0.018$, c^d 빈도 $= 0.064$, C 대립유전자 빈도 $= 0.918$

d. 남학생에서, $C = 0.918$(정상), $c^d = 0.064$(녹색맹), $c^p = 0.018$(적색맹). 여학생에서 유전자형 빈도: $CC = 0.843$(정상), $Cc^d = 0.118$(정상), $Cc^p = 0.033$(정상), $c^pc^p = 3.3 \times 10^{-4}$(적색맹), $c^dc^d = 0.004$(녹색맹), $c^dc^p = 0.002$(정상).

e. C, c^d와 c^p의 빈도가 같은 남학생과 여학생을 토대로 하여 (c)에서 계산된 예상 빈도와 양성에서 실제 관찰된 표현형의 빈도가 잘 부합하기 때문에 이 집단은 평형에 있을 것이다.

15. a. p^4; b. q^4; c. $4p^2q^2$; d. $2p^2q^2$; e. $4p^3q$; f. $4pq^2$

g. 예. p에 대해 아무 값이나 대입하고 $q = 1 - p$로 하면, a에서 f까지에서 계산된 모든 수의 합 = 1이다. 이는 모든 가능성을 설명했다는 것을 뜻한다.

h. 같은 유전자형의 개체들 사이의 교배 빈도는 그 유전자형 빈도의 제곱이다. 다른 유전자형들의 개체들 사이의 교배 빈도 = 2(한 유전자형 빈도)(다른 유전자형 빈도). 2의 인수에 대한 이유는 첫 번째 유전자형의 남성과 두 번째 유전자형 여성 사이의 교배 빈도와 두 번째 유전자형의 남성과 첫 번째 유전자형의 여성 사이의 교배 빈도를 더해야 할 필요가 있다는 것이다.

i. AA 남성 × AA 여성 = p^4; AA 남성 × Aa 여성 = $2p^3q$; AA 남성 × aa 여성 = $2p^3$q.

17. a. 0.3; b. 0.3; c. 0.09%; d. 0.4641%; e. 0.8235%; f. 50%; g. 30%.

19. 이 작은 집단에서, 유전자 부동은 중요한 일을 한다. 1814년 겨우 몇 사람들이 집단을 창설하였으며, 이어서 이 집단은 1885년 심각한 병목을 겪었기 때문에 창시자 효과가 존재한다.

21. a. 새로운 돌연변이 대립유전자의 빈도 = 1/200,000 = 5×10^{-6}

b. 새로운 돌연변이 대립유전자의 빈도 = 1/20 = 0.05

c. 유전자 부동에 의해 돌연변이가 고정될 확률은 더 작은 집단에서 훨씬 더 높다[(b)의 집단].

23. a. F_2에서 유전자형 빈도는 0.33 $vg^+\ vg^+$와 0.67 $vg^+\ vg$이다. F_2에서 vg^+에 대한 대립유전자 빈도 = 0.33 + (1/2)(0.67) = 0.67이고 vg에 대한 대립유전자 빈도 = (1/2)(0.67) = 0.33이다.

b. F_3 자손에서 유전자형 빈도는 0.449 $vg^+\ vg^+$ + 0.442 $vg^+\ vg$ + 0.109 $vg\ vg$ = 1이다. 즉, 0.891 야생형과 0.109 흔적 날개

c. F_4 대립유전자 빈도는 $vg^+ = 0.753$이고, $vg = 0.249$이다.

d. 모든 F_4 파리들이 무작위로 교배할 수 있도록 허용된다면, 선택이 없을 것이고 집단은 하디-바인베르크 평형에 있을 것이다. 0.566 $vg^+\ vg^+$ + 0.373 $vg^+\ vg$ + 0.062 $vg\ vg$ = 1; $vg^+ = 0.753$이고, $vg = 0.247$이다.

25. a. $b = \sqrt{0.25} = 0.5$, $B = 0.5$; b. 수조 1에 대한 $\Delta q = -0.1$, 모든 수조에 대한 $q = 0.5$; 수조 2에 대한 $\Delta q = 0$; 수조 3에 대한 $\Delta q = 0.5$.

	수조 1	수조 2	수조 3
b. Δq	−0.1	0.0	0.05
c. w_{Bb}	1.0	1.0	1.0
d. w_{bb}	<1.0	1.0	>1.0

27. 평형 빈도는 유전자형의 상대 적응도에 따라 달라지기 때문에 두 집단에서 평형 빈도는 다를 것이다. 이 상대 적응도는 집단이 살고 있는 지역에서 말라리아가 풍토병인지 아닌지에 따라 달라질 것이다.

29. 아프리카의 사람들에서 발견된 DNA 서열의 다양성이 모든 비아프리카인들 사이에서 발견된 DNA 서열의 다양성보다 훨씬 더 높다. 이는 아프리카의 인간 집단이 오래되었고, 아프리카인의 일부만이 대륙을 나와 세계의 나머지 지역에 살게 되었다는 것을 의미한다.

31. a. 잠재적으로 2^{40} 즉 약 1.1 조(1.1×10^{12})의 생물학적 조상이 있을 수 있다.

b. 이 숫자는 이제까지 지구에 거주했던 사람의 수보다 훨씬 더 크다. 이런 불일치가 일어나는 이유는 조상들 중 많은 조상들이 틀림없이 서로 가까운 친족이었을 것이기 때문이다.

33. 상단 마디에서, 분지점 직전 조상의 서열은 AAAAA이었다. 중간 마디에서, 서열은 여전히 AAAAA이었다. 하단 좌측 마디에서, 서열은 AATAA이었다. 하단 우측 마디에서, 서열은 AAAGA이었다.

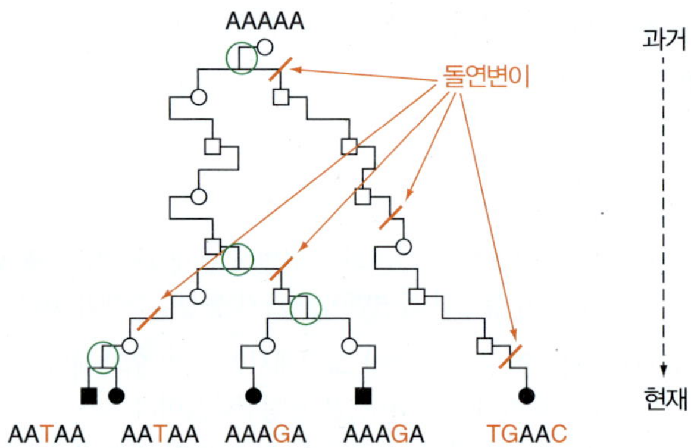

35. a. 대양주에 비해 아프리카의 표본 집단들에서 더 많은 유전 변이를 보게 될 것으로 기대될 것이다. 사람들의 일부만이 아프리카를 나와 세계의 나머지에 정착하였고, 이들 이주자들 중 적은 일부만이 대양주에서 현재 발견되는 집단을 창설하였다. 그래서 대양주의 오늘날 집단으로 이어진 계통은 아프리카 집단에 비해 유전 다양성을 떨어뜨린 극심한 병목을 겪었다.

b. 현대인은 명백히 아시아에서만 데니소바인과 중첩되었다. 데니소바인과 교배한 무리의 일부 사람들이 이후 대양주로 이주하였다.

21장

1. a. 4; b. 5; c. 7; d. 9; e. 6; f. 1; g. 10; h. 2; i. 3; j. 8

3. a. 유전적 클론을 사용하면, 오로지 환경적 효과만이 변이성에 기여한다.
   b. MZ 쌍생아는 유전적으로 동일하지만 DZ 쌍생아는 유전적으로 다르다. 따라서 MZ와 DZ 쌍생아의 비교는 복합 형질에 대한 유전자 대 환경의 효과에 대한 평가를 제공해 준다.
   c. 교차 양육은 어떤 형질의 유전력을 결정할 때 환경적 효과를 감소시킨다.

5. a. 환경이 유사하다면, MZ와 DZ 쌍생아 사이의 표현형적 차이는 유전적 요인에 기인할 것이므로, 쌍생아 비교는 유전력의 좋은 예측을 제공해 준다.
   b. MZ 쌍생아들에 대한 일치도는 더욱 정확한 유전력의 측정을 가능하게 해 준다. 왜냐하면, 그들은 유전적으로는 동일하지만 그들의 환경적 유사성은 DZ 쌍생아들이나 비쌍생아 형제들과 동일하기 때문이다.

7. 유전력 값은 집단에서 형질의 빈도, 집단에서 표현형적 변이의 총량, 형질에 영향을 주는 환경적 요인에 의존한다. 또한, 같은 종이지만 다른 집단들은 다른 역사를 가질 수 있어 형질에 영향을 주는 다른 QTL들이 존재할 수 있다.

9. 핵심 유전자는 없이 12개의 덜 중요한 좌위를 가지는 두 번째 형질이다. 왜냐하면, 더 많은 수의 좌위는 형질에 영향을 줄 새로운 돌연변이의 축적 가능성이 증가하기 때문이다.

11. a. 16 cm (8 프라임 대립유전자), 1/256; 18 cm (7 프라임 대립유전자), 8/256; 20 cm (6 프라임 대립유전자), 28/256; 22 cm (5 프라임 대립유전자), 56/256; 24 cm (4 프라임 대립유전자), 70/256; 26 cm (3 프라임 대립유전자), 56/256; 28 cm (2 프라임 대립유전자), 28/256; 30 cm (1 프라임 대립유전자), 8/256; 32 cm (0 프라임 대립유전자 혹은 8 비프라임 대립유전자), 1/256.
    b. A 유전자에 대해, 유전자형 빈도는 AA $(p^2) = 0.81$, AA' $(2pq) = 0.18$, 그리고 $A'A'$ $(q2) = 0.01$; B 유전자에 대해, 유전자형 빈도는 $BB = 0.81$, $BB' = 0.18$, 그리고 $B'B' = 0.01$; C 유전자에 대해, 유전자형 빈도는 $CC = 0.01$, $CC' = 0.18$, 그리고 $C'C' = 0.81$; D 유전자에 대해, 유전자형 빈도는 DD $(p^2) = 0.25$, $DD' = 0.5$, 그리고 $D'D' = 0.01$. c. $AA\ BB\ CC\ DD$의 확률 $= (0.81)(0.81)(0.01)(0.25) = 0.0016$.

13. 저밀도 지도 작성 과정은 유전체의 큰 지역에 대해 이형접합성인 BC_1 계통을 생산한다. 정밀 지도 작성 과정은 출발 계통 중 하나의 짧은 지역의 유전적 침투에 대한 동형접합의 NIL들을 생산하기 위해 추가적인 교배 과정을 통해 BC_1 계통을 이용한다. 두 종류의 지도 작성에서 표현형 값의 차이를 나타내는 유전체의 구체적 지역과 연관시키기 위해 표현형의 측정이 수반된다. 정밀 지도 작성으로 한 후보 유전자를 동정했다면, 최종 결정을 위해 형질전환 생물체를 제작하거나 TALEN이나 다른 방법을 사용하여 내인성 유전자를 변형시켜 봄으로서 기능을 증명해야 한다.

15. a. 질병-유발 돌연변이는 SNP의 대립유전자 SNP3(G), SNP4(T), SNP5(T), SNP6(T), SNP7(C)와 강한 연관 불평형을 나타낸다.
    b. 질병 유전자는 아마도 문제 (a)의 답에서 제시한 강력한 LD 지역에서 발견될 것으로 예상된다.
    c. 데이터는 두 개의 독립적인 카나반병-유발 돌연변이를 암시한다.
    d. 실험참여자 1~4는 아쉬케나지 유대인과 세파르디 유대인으로 분리되기 이전의 공통조상의 한 염색체에서 일어난 동일한 질병-유발 돌연변이를 공유하는 것처럼 여겨진다.
    e. 장점: 질병 빈도가 하위집단에서 높으며, 많은 환자들은 조상으로부터 동일한 대립유전자를 물려받을 것이다. 단점: 만약 하위집단이 매우 최근에 형성되었다면, LD 지역은 여전히 매우 넓어서 질병 유전자를 찾아내기가 어려울 것이다.
    f. 단상형을 결정하기 위해서는 카나반병 환자들의 가까운 친척들(부모, 형제, 자녀)에 대한 각 SNP의 대립유전자를 조사하는 것이 필수적이다.

17. a. 이것은 복합 형질로서, 다른 유전자들에서의 변이가 표현형의 출현을 도울 수 있을 것이다.
    b. 이 대립유전자의 침투도는 100% 이하이다.
    c. 과학자들은 환자군의 대립유전자 빈도가 대조군의 대립유전자 빈도보다 더 높기를 기대한다. 예시에서, 표현형을 초래한 돌연변이는 최초에 파란색 염색체에서 일어났다.
    d. 지역 1에서의 질병-유발 돌연변이가 먼저 일어났을 것으로 보인다. 왜냐하면 동일한 염색체 내에서 돌연변이와 다형성 부위들 사이에 더 많은 재조합이 일어나기 위해서는 더 많은 시간이 흘렀을 것이기 때문이다.
    e. 재조합은 사람의 유전체에서 일정한 간격으로 일어나지 않는다(재조합의 다발점이 존재함).

19. (1) 질병은 복합 형질로서 한 유전자 이상의 돌연변이들이 표현형에 기여할 수 있다. (2) SNP 다형성은 실제 질병-유발 돌연변이는 아닐 것으로 여겨진다; 그들은 단지 서로 연관되어 있는 것이다.

21. 간단히 대답할 수 없지만, 몇 가지 시도가 가능하다: (1) 서로 친척관계가 없는 추가적인 사람들을 대상으로 반복 조사를 수행하여 연관성이 여전히 통계적으로 유의적인지를 확인한다. (2) 관심의 LD 블록에 대한 완전 서열분석을 수행하여, 형질과 매우 높은 연관성을 나타내는 원인 유발 SNP을 포함하는지 조사한다. (3) 형질 발현에 대해 중요한 역할을 할 것으로 추정되는 기능을 하는 후보 유전자들을 조사한다.

23. a. 예. 만약 질병-유발 돌연변이가 알려져 있고 100%의 침투율을 보이는 경우는 가능하다.

b. 대답은 해당 형질에 영향을 주는 QTL의 수와 형질 발현에 대한 특정 QTL의 기여도에 의존한다.
c. 서로 다른 회사들은 아마도 다른 SNP 다형성을 검사하였으며, 모든 회사에서 사용한 형질에 대한 유전적 기초에 대한 모델은 모두 완전하지 못한 지식에 기반을 두었다.
d. 복합 형질에 대한 위험률 추정의 정확도는 시간과 함께 의심할 여지없이 개선되겠지만, 완전한 예측은 여전히 많은 시간이 걸릴 것이다.

용어해설

[ㄱ]

가계도(pedigree) 가족에서, 연관 유전적 특징을 질서 있게 표시한 도표. 가능한 많은 세대까지 확장된다.

가닥 침입(strand invasion) 재조합(recombination) 과정 중에, 단일 가닥의 DNA가 비자매염색분체(nonsister chromatid)의 해당 가닥을 대체하는 것.

가장 최근의 공통조상(most recent common ancestor, MRCA) 비록 돌연변이 형태로 있다고 하더라도, 특정 그룹의 개체들이 모두 물려받은 유전체 DNA의 특정 조각(혹은 대립유전자)중 가장 최근에 출현한 것 특정 유전체 DNA 조각들에 대해 가장 최근에 공유된 유전적 조상(genetic ancestor). 유전적 조상(ancestor) 참고.

각인 조절 영역(imprinting control regions, ICRs) 가까운 유전자(gene)들에 대해 성-특이적 메틸화인 각인(imprinting)을 조절하는 유전자들을 포함하고 있는 커다란 DNA 분절들.

각인(imprinting) 유전체 각인(genomic imprinting) 참고.

간기(interphase) 세포분열기 사이의 세포주기 기간.

간접 억제자(indirect repressor) DNA에 결합하지 않고 활성자(activator)의 기능을 방해하는 단백질(protein).

감쇠(attenuation) 완전한 mRNA 전사체(mRNA transcript)가 생기기 전에 RNA 선도 서열(RNA leader sequence)에서 유전자(gene)의 전사(transcription)가 종결되는 방식의 유전자 조절법.

감수분열(meiosis) 성 세포들의 이배체(diploid) 자손들에서 시작되는 연속적인 두 번의 세포 분열 과정. 감수분열로 4개의 딸세포들이 생기며, 각각은 반수체(haploid) 염색체(chromosome) 세트를 가진다.

감수분열[reduction(al) division] 염색체의 수가 감소하는 세포분열로, 보통 상동염색체(homologous chromosome)들이 두 딸세포로 나뉜다. 제1감수분열(meiosis I)은 감수분열이다.

감수분열 비분리(meiotic nondisjunction) 비분리(nondisjunction) 참고.

개방 번역틀(open reading frames, ORFs) 동일 번역틀(reading frame) 내에서 정지코돈(stop codon)에 의해 끊이지 않는 코돈(codon)들로만 구성된 DNA 서열(DNA sequence)들; 유전자(gene)의 존재를 나타낸다.

개시(initiation) DNA 복제(DNA replication), 전사(transcription), 혹은 번역(translation)의 첫 단계로 신장(elongation) 과정 중에 뉴클레오티드(nucleotide)나 아미노산(amino acid) 구성단위들의 추가를 위한 단계가 준비되는 과정이다.

개시 인자(initiation factors) 번역(translation)의 첫 단계에서 리보솜(ribosome), mRNA, 개시 tRNA의 연합을 촉진하도록 돕는 단백질(protein)들에 적용되는 용어.

개시코돈(initiation codon) mRNA의 뉴클레오티드(nucleotide) 서열상에서 특정 폴리펩티드(polypeptide)가 시작되도록 하는 암호가 존재하는 지점을 표시하는 세 뉴클레오티드. 정지코돈(nonsense codon)과 비교해 보라.

개체군, 집단(population) 동일한 시기에 동일한 공간에 거주하며, 서로 교배하는 동일 종의 개체들로 이루어진 모임.

개체군 병목(population bottleneck) 집단 내의 다수 개체들이 죽을 때 발생한다. 종종 환경의 소요 때문에 생기며, 생존자들은 필연적으로 창시자 집단과 동일하다.

검정교배(testcross) 우성 표현형(dominant phenotype)을 나타내는 개체를 열성 표현형(recessive phenotype)을 나타내는 개체와 교배함으로써, 그 유전자형(genotype)을 결정하는 데 사용하는 교배(cross).

결실(deletion) DNA 분자에서 하나나 그 이상의 뉴클레오티드 쌍들로 이루어진 블록이 사라지는 것. 삽입(insertion)과 비교해 보라.

결실 고리(deletion loop) 쌍을 이룬 상동염색체(homolog)에서 결실 영역에 해당하는 정상 염색체(chromosome) 부분이 짝을 이루지 못하고 튀어 나오는 것.

결실–삽입 다형성(deletion-insertion polymorphism, DIP) 삽입결실(InDel) 참고.

결실 이형접합체(deletion heterozygote) 결실(deletion)을 포함한 염색체(chromosome)와 정상인 동족체(homolog)를 하나씩 가지고 있는 개체.

경계 절연자(barrier insulators) 이질염색질(heterochromatin)의 확산을 막는 DNA 요소들.

계층적 전략(hierarchical strategy) 유전체(genome) 서열화를 한 가지 방법으로, 작은 세트의 유전체 도서관(genomic library) 클론들을 우선 정리하여 최소 조립 경로(minimal tiling path)를 만들고, 각 재조합(recombinant) 클론에서의 유전체 DNA 서열을 정한다.

계통수(phylogenetic tree) 생물종들 사이의 관계를 보여주는 도표로서, 가지들(branches)은 특정 생물들을 나타낸다.

고세균(archaea) 살아 있는 생물들의 세 가지 주요 진화적 계통(혹은 영역)들 중 하나.

고정(fixation) 한 좌위(locus)의 단일 대립유전자(allele)가 한 개체군 집단(population) 내에서 유일한 것이 되는 과정. 소실(extinction)과 비교해 보라.

고정된(fixed) 단일 대립유전자(allele)만 존재하기 때문에 더 이상의 대립유전자 빈도 변화가 일어나지 않는 집단(돌연변이나 이주가 없을 때)을 설명한다.

고형태성 돌연변이, 고형태성 대립유전자(hypermorphic mutation or hypermorphic allele) 야생형 대립유전자(wild-type allele)보다 더 많은 단백질(protein)을 만들거나, 동일한 양이라도 더 효과적인 단백질을 생산하는 대립유전자를 만드는 변화. 만약 과도한 단백질 활성이 표현형(phenotype) 변화를 일으키면, 그 고형태성 대립유전자(allele)는 우성이다.

곱하기 법칙(product rule) 둘 혹은 그 이상의 독립사건들이 동시에 발생할 확률은 각 사건이 단독으로 발생할 확률들의 곱이 된다.

공동 면역 침강(coimmunoprecipitation) 다른 단백질(protein) 혹은 핵산들과 결합하는 단백질들을 분리하기 위해 특정 단백질에 대한 항체를 사용하는 방법.

공동 억제자(corepressor) DNA가 아니라 억제자(repressor)에 결합하는 단백질(protein)이나 분자들로서 전사(transcription)를 방해한다.

공동형질도입(cotransduction) 서로 다른 세균 유전자들(genes)이 하나의 파아지(phage)에 의해 형질도입(transduction)됨으로써 함께 전달되는 것.

공동형질전환(cotransformation) 둘 혹은 그 이상의 유전자들인 동시에 형질전환(transformation)을 일으키는 것. 형질전환(transformation) 참조.

공동활성자(coactivator) 전사 활성자(activator)들에 결합하여 전사(transcription) 수준을 증가시키는 단백질(protein).

공선성(colinearity) 유전자(gene)의 뉴클레오티드(nucleotide) 서열과 폴리펩티드(polypeptide) 내의 아미노산(amino acid) 순서 사이의 병행 관계.

공여자(donor) 세균의 유전자(gene) 전달에서 유전물질을 제공하는 세포. 수용세포(recipient), 형질전환(transformation), 접합(conjugation), 형질도입(transduction) 참고.

공우성(codominant) 잡종 자손에서 이형접합성 유전자형(heterozygous genotype)이 발현되어 특정 형질에 대해 부모 양쪽을 모두 닮는 것.

과오 돌연변이(missense mutations) 코돈(codon)의 정체성을 바꾸는 유전자(gene)의 뉴클레오티드(nucleotide) 서열에서의 변화로, 그 유전자에서 암호화되는 폴리펩티드(polypeptide)에서의 아미노산(amino acid)을 변화시킨다.

광분해효소(photolyase) 티민(thymine)의 이량체를 역전시키는 효소.

광의의 유전력(broad sense heritability, H^2) 유전적 변이(genetic variance, V_G)의 세 가지 요소들을 모두 포함하는 유전력(heritability) 측정값: 부가 효과에 의한 변이(V_A), 우성 효과에 의한 변이(V_D), 그리고 서로 다른 좌위들 사이의 상호작용에 의한 효과(V_I)를 고려한다. 협의의 유전력(narrow sense heritability, h^2)과 비교해 보라.

광합성(photosynthesis) 빛에너지를 탄수화물의 화학결합에 저장하는 엽록체(chloroplast) 내의 대사 경로.

교배(cross) 자손에서 요구되는 특정 유전형질에 기초하여 선별된 부모들을 고의로 짝짓게 하는 것.

교차(crossing-over) 감수분열(meiosis) 중에, 한쪽의 모계 염색체(chromosome)와 다른 쪽 부계 염색체가 끊어져 해당 DNA 부분을 교환하여 연결시키는 것. 이 과정으로 염색체들 사이의 대립유전자들(alleles)이 교환된다. 재조합(recombination)과 비교해 보라.

교차(crossover) 교차(crossing-over)가 일어나는 사건 혹은 교차로 인해 생긴 재조합 염색체(recombinant chromosome).

교차 분리형(alternate segregation pattern) 감수분열 I기(meiosis I) 중에 상동염색체들의 정상적인 분리 결과 발생하는 염색체 분리(segregation) 형태 중 한 가지. 두 개의 전좌 염색체들(translocation chromosomes)은 같은 극으로 이동하는 한편, 정상적인 염색체들(chromosomes) 두 개는 반대쪽 극으로 이동함으로써 올바른 유전자들(genes)을 가지는 반수체(haploid)형 배우자들(gametes)이 생길 수 있다.

교차양육(cross-fostering) 자녀들을 무작위로 다른 부모의 보호 아래 두는 것으로, 보통 결과에 미치는 특정 환경의 영향을 없애는 동물 연구에 주로 사용한다.

교차억제자(crossover suppressor) 정상인 동족체(homolog)와 역위(inversions) 상동체가 이형접합성(heterozygous)일 때, 생존 가능한 재조합(recombinant) 자손이 생기지 않는 것.

교차점(chiasma) 상동염색체들(homologous chromosomes)의 비자매염색분체들(nonsister chromatids)이 교차하는 곳으로 관찰되는 영역.

구성성 돌연변이(constitutive mutation) 시스 작용(*cis*-acting) 혹은 트랜스 작용(*trans*-acting) 요소들에서 생긴 돌연변이(mutation)로, 비돌연변이 세포에서라면 유전자(gene) 활성을 조절하게 하는 환경 조건이나 세포 내 조건이 영향을 미치지 않으므로 관련 유전자가 계속 활성상태로 남아 있게 되는 것.

구성성 돌연변이체(constitutive mutants) 환경 조건에 관계없이 어떤 효소를 항상 합성하는 돌연변이체.

구성적 발현, 지속적 발현(constitutive expression) 유전자(gene) 활성이 조절되지 않고 계속하여 높은 수준으로 유지되는 상태.

구아닌(guanine, G) 질소가 포함된 염기(nitrogenous base)의

한 가지; G-C (guanine–cytosine) 염기쌍의 한 구성원.

구조적 이질염색질(constitutive heterochromatin) 모든 세포에서 대부분의 기간 동안 응축된 이질염색질(heterochromatin) 상태로 남아 있는 염색체 영역.

군락(colony; 콜로니) 단일 세포로부터 유래했기 때문에 유전적으로 동일한 세포들의 무리.

균형 선택(balancing selection) 개체군(population) 내의 다형성들(polymorphisms)을 유지할 수 있도록 하는 선택.

균형 염색체(balancer chromosome) 유전적 조작에 사용될 수 있도록 만들어진 특수 염색체(chromosome); 교차(crossover) 염색체들이 생기는 것을 방해하므로, 다수의 돌연변이들(mutations)을 포함하고 있는 염색체들을 유지할 수 있도록 한다.

극성(polarity) 전체적인 방향.

극성 미세소관(polar microtubules) 중심체(centrosome)에서 시작되는 미세소관으로, 세포의 중앙을 향해 있다; 양쪽의 중심체에서 시작된 극성 미세소관은 세포의 적도 부근에서 깍지끼듯 배열되어 후기(anaphase)에 방추극이 멀어지도록 한다.

극체(polar body) 난자 생성 과정(oogenesis)에서, 제1감수분열(meiosis I)과 제2감수분열(meiosis II)에 의해 만들어진 세포로, 제1난모세포(primary oocyte)나 2차 난모세포(secondary oocyte)로 되지는 않는 세포.

근접 동질유전적 계통(nearly isogenic lines, NILs) 유전체(genome) 일부를 제외하면 유전적으로 거의 동일한(isogenic) 계통 유사유전자(congenic)계통이라고도 불린다.

근친혼(consanguineous mating) 최근의 공통조상을 가지는 혈족들 사이의 혼인.

기능-상실 돌연변이, 기능상실 대립유전자[loss-of-function mutation (or allele)] 어떤 유전자(gene)의 활성을 감소시키거나 없애는 DNA 돌연변이(DNA mutation); 대부분(모두 다 그런 것은 아니다)의 기능상실 대립유전자(allele)들은 야생형 대립유전자(wild-type allele)에 대해 열성(recessive)이다.

기능획득 돌연변이, 기능획득 대립유전자(gain-of-function mutations or alleles) 유전자(gene)의 기능을 없애는 것이 아니라 기능을 변형시키는 드문 돌연변이(mutation). 고형태성 돌연변이(hypermorphic mutation), 길항성 돌연변이(antimorphic mutation), 신형태성 돌연변이(neomorphic mutation) 참고.

기본 염색체 수(basic chromosome number, *x*) 한 벌의 완전한 염색체(chromosome) 세트를 구성하는 서로 다른 염색체들의 수. *x* 참고.

기본 인자(일반 인자, basal factor) 일종의 전사 인자(transcription factor)로서 유전체(genome) 내의 모든 촉진유전자들(promoters) 및 RNA 중합효소(RNA polymerase)를 불러들이는 다른 단백질들과 상호작용한다. 기본 인자들과 관련 단백질들이 촉진유전자에서 복합체를 형성하는 것은 RNA 중합효소에 의한 전사(transcription) 개시에 필수적이다.

기질(substrate) 효소의 표적 분자로, 보통 세포내 단백질(protein)들이다.

길항성 돌연변이(antimorphic mutation or antimorphic allele; 길항성 대립유전자) 우성 음성 돌연변이(dominant negative mutation) 참고.

[ㄴ]

나선-꺾임-나선(helix-turn-helix) 전사 인자(transcription factor)의 DNA-결합 영역(DNA-binding domain); Lac 억제자는 나선-꺾임-나선 단백질(protein) 중 하나이고 그 호메도도메인(homeodomain)이 나선-꺾임-나선 영역(domain)이다.

난원세포(oogonia) 난소에서의 이배체 생식세포(diploid germ cell)들.

난자형성과정(oogenesis) 암 배우자(난자)의 형성.

낭배형성(gastrulation) 배아 형성기 초기에 세포층이 접히는 것; 보통 발생의 포배기 시기 직후에 발생한다.

네안데르탈인(Neanderthals) 멸종한 호미닌(hominin) 종. 그들의 일부 유전자(gene)들이 현대인에 남아 있다.

녹색 형광 단백질(green fluorescent protein, GFP) 해파리로부터 얻은 단백질(protein)로, 어떤 파장의 빛에 반응하여 형광을 띤다 GFP를 암호화하는 유전자(gene)를 분리하여 보고유전자(reporter gene)로 사용한다.

녹-아웃 생쥐(knockout mice) 표적화된 유전자(gene)에 도입된 돌연변이(mutation)에 대해 동형접합성(homozygous)인 쥐; 그 돌연변이가 유전자의 기능을 파괴한다(knocks out). 표적 돌연변이화(targeted mutagenesis) 참고.

녹-인 생쥐(knockin mice) 표적화된 돌연변이화에 의해 변형된 유전자(gene)를 가지고 있는 생쥐. 그런 변화는 점돌연변이(point mutation)거나 커다란 DNA가 삽입(insertion)된 것일 수 있다.

뉴클레오솜(nucleosome) DNA의 기본적 포장 단위 히스톤 단백질 핵심(histone protein core)을 둘러싼 DNA로 구성된다.

뉴클레오티드 절제 수선(nucleotide excision repair) 티민-티민 이량체와 같이 염기 절제 수선(base excision repair)이 처리하지 못하는 DNA의 변화나 실수를 제거하는 상동성(homology)-의존적 기구. DNA 이상을 감지해내고 실수가 발생한 부분 옆의 두 자리에서 손상 가닥을 잘라내어 해당 부위에 짧은 단일 가닥 영역을 만드는 단계 특이적 효소 복합체들에 의해 이루어진다. DNA 중합효소(DNA polymerase)는 이렇게 생긴 틈을 메운다.

뉴클레오티드(nucleotide) 질소가 포함된 염기들(nitrogenous base DNA에서는 아데닌, 구아닌, 티민과 시토신이고, RNA에서는 아데닌, 구아닌, 우라실 및 시토신이다)과, 인산그룹, 그리고 당(DNA에서는 디옥시리보오스 RNA에서는 리보오스)으로 구성된 DNA 및 RNA의 소단위.

[ㄷ]

다단백질(polyprotein) 번역(translation) 후에 곧 단백질 분해 효소에 의해 절단되어 둘 혹은 그 이상의 독립된 단백질(protein)들로 만들어지는 폴리텝티드(polypeptide).

다량체 단백질(multimeric protein) 하나 이상의 폴리펩티드(polypeptide)로 구성되는 단백질(protein); 다량체 단백질의 각 폴리펩티드는 소단위(subunit)라고 불린다.

다른 자리 입체성 단백질(allosteric proteins; 알로스테릭 단백질) 기질이 아닌 다른 분자들과 결합했을 때 가역적인 입체 구조 변화를 일으키는 단백질들(proteins).

다면발현(pleiotropy) 하나의 유전자(gene)가 겉으로 보기에 관련이 없어 보이는 많은 수의 특징들을 결정하는 현상.

다면발현의(pleiotropic) 하나의 유전자(gene)가 여러 개의 서로 다른 경로들에서 작용하는 것을 설명한다.

다발점(hotspots) 자연적으로든, 특정 돌연변이원(mutagen)을 처리한 후이든 간에 다른 곳보다 더 빈번하게 변이를 일으키는 유전자(gene) 부위.

다색 분염(multicolor banding) 하나의 염색체(chromosome)에서 서로 다른 영역들에 특이적인 탐침자들이 "염색체 바코드"라고 불리는 색깔 띠 패턴을 만드는 FISH 기술의 한 가지.

다양화(diversification) 하나의 조상분자로부터 많은 변이들이 생겨나는 진화.

다운증후군(Down syndrome) 21번 염색체(chromosome)의 일부 혹은 전체에 의한 삼염색체성(trisomy)으로 유발되는 상태로서, 정신지체와 다양한 비정상적 형태가 특징적으로 나타난다.

다유전자군(multigene family) 중복(duplication)과 분화(diversification)에 의해 하나의 조상 유전자로부터 유래한 유전자(gene)들의 세트. 다유전자군의 구성원들은 같은 염색체(chromosome)상에 뭉쳐 있거나 혹은 여러 염색체에 분산되어 있을 수 있다.

다유전자성(multifactorial) 둘 혹은 그 이상의 요인들에 의해 결정되는 형질들. 서로 상호작용하는 여러 유전자(gene)들이나, 환경과 상호작용하는 하나 이상의 유전자들을 포함한다.

다이서(Dicer) 모든 진핵세포에 존재하는 RNAi 기구의 세포질성 효소 성분. 다이서는 이중 가닥의 RNA를 인식하여 양 말단을 잘라 21~24염기쌍 길이의 이중 가닥 산물들을 만드는데, 이것은 miRNA 가닥과 상보적인 miRNA* 가닥을 포함하고 있다. 다이서는 miRNA : miRNA*를 RISC에 넘겨준다.

다중 글루타민 질병(polyQ diseases) 인간의 신경학적 질병으로, 생식계통 세포에서 CAG 반복서열이 확장됨으로써 발생한다. 그 CAG 반복서열들은 세 뉴클레오티드가 반복된 유전자(triunucleotide repeat gene) 내에서 일련의 글루타민(Q) 아미노산(amino acid) 을 지정하는 코돈(codon)들이 된다.

다중시스트론성 mRNA(polycistronic mRNA) 하나 이상의 단백질(protein) 암호화 영역을 포함하고 있는 mRNA 종종 세균 세포 내의 오페론(operon) 전사산물을 뜻한다. 단일 시스트론성 mRNA (monocistronic mRNA)와 비교해 보라.

다중잡종 교배(multihybrid crosses) 셋 혹은 그 이상의 형질들이 서로 다른 부모 계통들 사이의 교배.

다형성(polymorphism) 둘 혹은 그 이상의 대립유전자(allele)들을 갖는 유전자(gene) 변이체나 유전체 DNA 서열(DNA sequence)에서의 변이체. 비암호화 영역의 변이.

다형적인(polymorphic) 집단(population) 내에서 둘 이상의 뚜렷한 대립유전자(allele)들을 가지는 하나의 좌위(locus).

단백질(proteins) 수백~수천 개의 아미노산 소단위체(amino acid subunit)들이 특정 순서대로 연결되어 구성되는 커다란 중합체. 단백질들은 신체의 세포, 조직, 기관들이 만들어지고, 기능하며, 조절될 수 있도록 하는 분자들이다.

단백질 영역(protein domains) 단백질(protein)의 분명한 기능적 단위. 특정 DNA의 영역에 의해 암호화된다.

단백질 인산화효소, 단백질 키나아제(protein kinases) 단백질(protein) 기질에 인산기를 추가하는 효소.

단백질체(proteome; 프로테옴) 한 유전체(genome)에 의해 암호화되는 단백질(protein)들의 완전한 세트.

단백질체학(proteomics; 프로테오믹스) 특정 세포형이나 생물체에 존재하는 대부분의(이상적으로는 모든) 단백질(protein)들에 대한 전체적 분석.

단부동원체성(acrocentric) 동원체(centromere)가 한쪽 끝에 가까이 위치하는 염색체(chromosome)를 설명하는 말.

단성잡종(monohybrids) 단일 형질에 대해 서로 다른 두 대립유전자(allele)들을 가진 개체.

단성잡종 교배(monohybrid crosses) 오직 하나의 형질이 다른 부모 계통들 사이에서 이루어지는 교배.

단순 반복 서열(simple sequence repeat, SSR) 하나 혹은 몇 개의 염기들이 직렬로 100번 정도까지 반복되는 서열로 구성된 유전체 좌위(locus). 서로 다른 대립유전자들(allele)은 서로 다른 반복수를 가진다. 인간의 유전체(genome)는 ~100,000개의 SSR 좌위들을 포함한다. 미세부수체 좌위(microsatellite locus)라고도 불린다.

단위생식(parthenogenesis) 미수정된 암컷에 의해 자손들이 생기는 생식법. 단위생식은 개미, 꿀벌, 말벌, 그리고 일부 어류와 도마뱀류에 흔하다.

단일 뉴클레오티드 다형성(single nucleotide polymorphism, SNP) 자연적으로 존재하는 두 대립유전자(allele)에서 단일 염기 치환(base pair substitution)으로 인해 하나의 뉴클레오티드(nucleotide)가 바뀐 좌위(locus). SNP 좌위들(loci)은 유전적 연관(linkage) 분석을 위한 DNA 기반 표식자(marker)로 유용하다.

단일 시스트론성 mRNA (monocistronic mRNA) 오직 하나의 유전자(gene)에 대한 암호화 영역만을 포함하는 mRNA. 다중 시스트론성 mRNA (polycistronic mRNA)와 비교해 보라.

단일형태성의(monomorphic) 오직 하나의 야생형 대립유전자(wild-type allele)만 가지는 유전자(gene). 다형성(polymorphic)과 대조적이다.

단친유전(uniparental inheritance) 한쪽 부모를 통해 소기관 유전자들(organelle genes)이 전달되는 것. 대부분의 생물들은 모계를 통해 미토콘드리아와 엽록체의 DNA를 전달한다. 양친성 유전(biparental inheritance)을 참고하라.

대립유전자 빈도(allele frequency) 한 개체군(population) 내의 특정 유전자(gene)에서 나타나는 특정 대립유전자(allele)의 비율.

대립유전자 이질성(allelic heterogeneity) 동일한 유전자의 돌연변이(mutations)에 의해 같은 유전병이 생겼지만 원인이 된 돌연변이들의 형태는 모두 다른 상황을 말한다.

대립유전자(alleles) 한 유전자(gene)의 여러 형태들.

대립유전자의 질병 연관률(allelic odds ratio) 질병과 연관된 특정 SNP 대립유전자(SNP allele)에 의해 발생하는 질병 위험성의 평균적 증가량. 유전자형의 질병연관율(genotypic odds ratio)과 비교해 볼 것.

대립유전자-특이적 올리고뉴클레오티드(allele-specific oligonucleotides, ASOs) 짧은 올리고뉴클레오티드들(oligonucleotides)로서, 단일 염기 차이에 의해 구별되는 대립유전자들과 각기 혼성화(hybridize)된다.

대사(metabolism) 에너지와 물질의 원료가 세포 내에서 성장과 수선에 사용되기 위한 화학적이고 물리적인 반응들.

더듬거림(stuttering) 미끄러진 짝짓기 오류(slipped mispairing) 참고.

더하기 법칙(sum rule) 서로 배타적인 둘 이상의 사건들은 각 사건의 확률을 더한 확률로 발생한다.

데니소바인(Denisovans) 멸종한 호미닌(hominin) 종으로, 그들의 유전자(gene) 일부가 현대인에 남아 있다.

도서관(library) 유전체 도서관(genomic library) 혹은 cDNA 도서관(cDNA library) 참고.

도입유전자(transgene; 트랜스진) 연구자가 한 생물의 유전체(genome)에 끼워 넣은 외래 DNA 조각.

독립사건(independent events) 이전의 사건들에 영향을 받지 않는 것.

독립적 분리(independent assortment) 배우자(gamete) 형성과정에서, 서로 다른 대립유전자(allele)들의 무작위적 배분. 멘델의 제2법칙(Mendel's second law) 참고.

독립적 분리의 법칙(law of independent assortment) 멘델의 제2법칙(Mendel's second law) 참고.

독성 박테리오파아지(virulent bacteriophages) 이 파아지들(phages)은 숙주를 감염시킨 후에 언제나 용균성 회로(lytic cycle)로 들어가 빠르게 복제되며 숙주 세포를 죽인다. 잠재성 박테리오파아지(temperate bacteriophages)와 비교해 보라.

돌연변이(mutations) DNA 서열(DNA sequence)상에 생긴 유전성 변화.

돌연변이 검색(mutant screen) 연구자들이 돌연변이를 유발한 많은 수의 생물체들을 검사하여 관심 표현형(phenotype)을 가지는 개체들을 찾아내는 과정.

돌연변이 다발점(mutation hotspots) 다발점(빈발 지점, hotspots) 참고.

돌연변이 대립유전자(mutant allele) (1) 어떤 대립유전자(allele) 또는 DNA 변이체로, 그 빈도가 집단(population) 내에서 1% 미만이다; (2) 집단 내에서 드물게 나타나는 표현형(phenotype)을 만드는 대립유전자. 대립유전자 빈도(allele frequency) 참고.

돌연변이원, 돌연변이유발물질(mutagen) 자연돌연변이율 이상으로 돌연변이(mutation)빈도를 증가시키는 물리적 · 화학적 요인들.

동계교배근, 근친교배군(inbred, inbreeding) 많은 세대 동안 같은 계통내의 개체들끼리 교배가 이루어진 혈통.

동등분열(equational division) 염색체(chromosome)의 수가 줄어들지 않는 세포분열이지만, 자매염색분체(sister chromatid)들은 두 개의 딸세포로 나뉘어 들어간다. 유사분열(mitosis)과 제2감수분열(meiosis II)은 모두 동등분열이다.

동원질체(kinetoplast) 미토콘드리아 내부에서 원형 DNA들이 연계된 것으로, 유전체의 사본들(큰 원형들)뿐 아니라 RNA 편집을 위해 DNA에서 암호화된 안내 RNA들(작은 원형들)을 포함한다.

동원체(centromere) 자매염색분체(sister chromatid)들이 연결되는 특별한 염색체(chromosome) 영역으로, 세포 분열 중에 방추사가 부착하는 곳이다.

동원체비포함 역위(paracentric inversions) 동원체(centromere)가 포함되지 않는 역위(inversion). 동원체포함 역위(pericentric inversions)와 비교해 보라.

동원체포함 역위(pericentric inversions) 동원체(centromere)를 포함하는 역위(inversion). 동원체비포함 역위(paracentric inversions)와 대조된다.

동족체(homologs) 공통조상형 서열로부터 기원했기 때문에 서로 다른 생물종에서도 서열이 유사한 유전자(gene)나 조절 DNA 서열들.

동질배수체(autopolyploids) 자신의 모든 염색체(chromosome) 세트들을 같은 종으로부터 물려받은 배수체(polyploid) 종류.

동질염색 영역(homogeneously stained region, HSR) 유전자 증폭(gene amplification) 때문에 많은 수의 직렬반복성 유전자(gene) 서열들을 포함하고 있는 염색체(chromosome) 영역으로서 현미경하에서는 부푼 지역으로 보인다.

동질유전자 계통(isogenic lines) 동계교배(inbreeding) 때문에 모든 개체들이 동일한 유전자형(genotype)을 가진 동형접합성(homozygous) 계통들.

동형 배우자적 성(homogametic sex) 두 개의 성염색체(sex chromosome)들을 가지는 종에서 동일한 성염색체들을 가지는 쪽의 성; 인간에서는 여성이 동형 배우자적 성인데, 그들이 2개의 X 염색체를 가지기 때문이다. 이형 배우자적 성

(heterogametic sex)과 비교해 보라.

동형세포질성(homoplasmic) 한 가지 형태의 소기관 DNA(organellar DNA)에 의해 특성이 결정되는, 세포 소기관(organelle)들의 유전적 조성. 이형세포질성(heteroplasmic)와 대조적이다.

동형이량체(homodimers) 동일한 두 개의 폴리펩티드(polypeptide)들로 구성된 단백질(protein). 이형이량체(heterodimer)과 대조된다.

동형접합성(homozygous) 특정 형질을 결정하는 유전자(gene)의 두 사본이 동일한 대립유전자(allele)인 경우의 유전자형(genotype).

동형접합자(homozygote) 주어진 유전자(gene)나 좌위(locus)에 서로 다른 두 대립유전자(allele)들을 가지는 개체.

동화 경로(anabolic pathways) 보다 단순한 분자들로부터 더 복잡한 분자들을 합성하는 대사경로들.

두 가닥 복원(anneal; 혼성화 또는 냉각) 혼성화(hybridize)의 동의어.

드로샤(Drosha) 모든 진핵성 세포들에 존재하는 RNAi 기구의 핵내 효소 성분. 드로샤는 1차 miRNA-포함 전사체(transcript)에 존재하는 줄기-고리 구조를 인식하고 가공한다. 드로샤 산물들은 세포질로 운반되어 다이서(Dicer)에 의해 성숙한 miRNA들로 가공된다.

디옥시뉴클레오티드 삼인산(deoxynucleotide triphosphates) 디옥시뉴클레오티드 삼인산(deoxyribonucleotide triphosphates) 참고.

디옥시리보뉴클레오티드 삼인산(deoxyribonucleotide triphosphates, dNTPs) DNA의 단위체들-dATP, dGTP, dCTP, dTTP. 각각은 하나의 디옥시리보오스(deoxyribose) 분자와, 네 종류의 질소 포함 염기들(nitrogenous bases), 그리고 3개의 인산기들을 포함한다.

디옥시리보뉴클레오티드(deoxyribonucleotide) 뉴클레오티드(nucleotide) 참고.

디옥시리보오스(deoxyribose) 리보오스(ribose)와 유사한 분자로, 2′ 탄소에 수산기가 아닌 수소가 결합된 것만 다르다.

디옥시리보핵산(deoxyribonucleic acid, DNA) DNA 참고.

디펩티드(dipeptide) 두 개의 아미노산(amino acid)들이 펩티드 결합(peptide bond)에 의해 연결된 것.

[ㄹ]

레귤론(regulon) 공통의 신호나 조절자에 의해 조절되는 유전자(gene)들의 무리.

레트로바이러스 벡터(retroviral vectors) 유전자 치료용 벡터(gene therapy vector)로, 레트로바이러스 유전체(retrovirus genome) 일부가 치료유전자(therapeutic gene)를 포함한다. 그 치료유전자는 체세포(somatic cell)의 유전체(genome)로 안정되게 통합된다.

레트로바이러스(retroviruses) 단일 가닥의 RNA에 자신의 유전정보를 보관하는 바이러스로, 숙주세포 내에서 그 RNA를 DNA로 전환시키는 역전사 효소(reverse transcriptase)를 갖고 있다.

레트로트랜스포존(retrotransposons) RNA 중간체의 역전사(reverse transcription)를 통해 이동하는 유전요소. 가동성 요소(transposable elements)의 한 종류. 트랜스포존(transposons)과 비교해 보라.

로드 스코어(Lod score) 확률의 로그값(log of odds); 인간에서의 연관(linkage) 자료를 분석하는 데 사용되는 통계 이 통계값은 특정 RF값을 가진 두 좌위들이 연관되지 않았을(unlinked) 때보다 더 연관되었을(linked) 가능성이 얼마나 되는지에 대한 특정 자료 값들을 판정하는 데 사용된다.

로버트슨 전좌(Robertsonian translocation) 두 개의 단부동원체성 염색체(acrocentric chromosome)들이 동원체(centromere) 근처에서 절단을 일으켜 생기는 전좌(translocation). 부러진 부분의 상호교환으로 인해 하나의 커다란 중부동원체성 염색체(metacentric chromosome)와 매우 작은 염색체 하나가 생기게 된다.

류신 지퍼(leucine zipper) 동형이량체(homodimer)나 이형이량체(heterodimer)가 되어 DNA에 결합하는 많은 전사 인자(transcription factor)들에 존재하는 이량체화 영역(dimerization domain)의 하나.

리간드(ligands) 세포에 의해 생산되어 다른 세포의 수용체에 결합함으로써 신호전달경로(signal transduction pathway)를 개시하는 성장 인자(growth factor)나 호르몬(hormone) 같은 분자.

리보뉴클레오티드(ribonucleotide) 뉴클레오티드(nucleotide) 참고.

리보솜(ribosomes) 리보솜 RNA(ribosomal RNA, rRNA)와 단백질(protein)로 구성되는 세포질 내 구조물; 단백질 합성 장소이다.

리보솜 RNA(ribosomal RNAs, rRNAs) 단백질(protcin)과 rRNA로 구성되는 리보솜(ribosome)의 RNA 성분.

리보솜 결합 부위(ribosome binding site) 개시코돈(initiation codon)과 샤인-달가노 박스(Shine-Dalgarno box)를 모두 포함하는 원핵성 mRNA(prokaryotic mRNA) 상의 영역. 리보솜(ribosome)들은 번역(translation)을 시작하기 위해 이 부위에 결합한다.

리보스위치(riboswitches) 유전자 발현(gene expression)을 조절하기 위해 작은 효과 인자(effector)들과 결합하는 다른 자리 입체성 RNA 선도 서열(allosteric RNA leaders).

리보오스(ribose) RNA에서 발견되는 5탄당.

리보자임(ribozymes) 특수한 화학적 반응을 촉매하는 효소로 작용할 수 있는 RNA 분자들.

리보핵산(ribonucleic acid, RNA) 핵과 세포질에서 발견되는 리보뉴클레오티드(ribonucleotide)들의 중합체(polymer);

단백질(protein) 합성에서 중요한 역할을 한다. 전령 RNA(messenger RNA, mRNA), 운반RNA(transfer RNA, tRNA), 리보솜 RNA(ribosomal RNA, rRNA)와 여러 목적에 사용되는 작은 RNA 분자들이 포함된다.

[ㅁ]

마디(nodes)[계통수(phylogenetic tree)에서] 종, 개체군(population), 개체, 혹은 유전자(gene) 들과 같은 분류 단위들을 표시한다.

마리너(*Mariner*) 세균의 유전체(genome)를 돌연변이화시키는 데 이용되는 초파리의 트랜스포존(transposon).

마이크로-RNA(micro-RNA, miRNA) 21~24염기 길이의 RNA 분자로, 생물의 유전체에서 암호화 되며, 상보적 염기쌍 형성을 통해 표적 mRNA의 분해나 번역(translation) 억제를 일으킨다.

마이크로어레이(microarray) DNA 마이크로어레이(DNA microarray) 참고.

말기(telophase) 유사분열(mitosis)의 마지막 단계로, 딸 염색체(chromosome)들이 세포의 양 극에 도달하고 핵이 새로 생긴다.

말기 I (telophase I) 제1감수분열(meiosis I) 에서, 핵막이 양극으로 이동한 염색체(chromosome) 주위에 형성되는 시기; 새로 생긴 딸 핵은 원래의 부모세포 핵에 존재하던 염색체 수의 절반에 해당하는 염색체들을 포함한다. 그러나 이 염색체들 각각은 코헤신 단백질(cohesin protein) 복합체들에 의해 서로 묶여 있는 두 개의 자매염색분체(sister chromatid)들로 구성되어 있다.

말기 II (telophase II) 제2감수분열(meiosis II)의 마지막 시기로, 네 개의 딸핵들 주위에 핵막이 형성되고 세포질 분열(cytokinesis)에 의해 각 핵들이 독립된 세포로 나뉜다.

말단소체(telomeres) 진핵생물 염색체(chromosome)의 특수한 말단 구조. 선형 염색체의 두 말단들을 정확히 복제하고 유지할 수 있도록 한다.

말단화(terminalization) 원래의 교차점들(chiasmata)이 동원체(centromere) 쪽에서 염색체(chromosome) 말단이나 말단소체(telomere) 쪽으로 이동하는 것.

말단효소복합체(telomerase) 염색체(chromosome) 말단의 말단소체(telomere)들이 성공적으로 복제되도록 하는 데 필수적인 효소.

매개자(mediator) 촉진유전자(promoter)와 증폭자(enhancer)에서 전사 인자(transcription factor)들을 연결해주는 단백질(protein) 복합체 일부 진핵성 유전자(gene)들의 전사(transcription)에 필요하다.

맨하탄 곡선(Manhattan plot) GWAS로부터 얻은 자료들을 표시하는 그래프로 맨하탄의 하늘 윤곽선과 닮았다. x-축에 유전체(genome)의 각 SNP들을 표시하고 그 SNP와 문제의 형질 사이의 연관이 관찰될 가능성을 y축에 표시한다.

머리핀 구조(hairpin loop) 줄기-고리(stem-loop) 참고.

메타유전체학(metagenomics; 메타제노믹스) 자연적 미생물 군집들로부터 유전체 DNA를 얻어 통합적으로 분석하는 방법.

메틸-CpG-결합 단백질(Methyl-CpG-binding proteins, MeCPs) 메틸화된 CpG 섬(CpG island)들에 결합하는 억제자(repressor)들.

메틸-지시성 짝짝이 수선(methyl-directed mismatch repair) 복제(replication) 과정 중에 실수를 교정하는 DNA 수선(DNA repair) 기작으로, 부모 가닥에 존재하는 메틸기로 새로운 가닥과 부모가닥 DNA를 구분한다.

메틸화된 모자구조(methylated cap) 모자구조 형성 효소와 메틸기 전이 효소들에 의해, 진핵세포 mRNA의 5′ 말단에 생기는 구조로서, mRNA가 효과적으로 단백질(protein)로 번역(translation)되기 위해 필요하다.

멘델의 제1법칙(Mendel's first law) 분리의 법칙(law of segregation)으로, 한 형질에 대한 두 대립유전자(allele)들이 배우자(gamete) 형성 시에 분리되고(segregate), 수정 시에 각 부모로부터 하나씩 무작위로 연합된다.

멘델의 제2법칙(Mendel's second law) 독립적 분리의 법칙(law of independent assortment)을 말하는 것으로, 배우자(gamete) 형성 시 서로 다른 쌍들의 대립유전자(allele)들(유전자들)은 서로 독립적으로 분리된다.

면역(immunity) 감염성 물질들이나 백신들에 대해 면역반응을 만들 수 있는 능력. 그런 반응은 심각한 질병들에 대한 방어막을 제공한다.

면역 감시(immune surveillance) 인간의 면역계가 외래 물질을 인식하고 공격하는 과정.

면역 반응(immune response) 항원(antigen)에 의한 면역계 활성화에 대한 생리적 반응. 면역 반응에는 B 림프구에 의한 항체의 생산과, 직접적인 세포-세포 접촉에 의해 T-세포가 외래 세포와 암세포들을 죽일 수 있는 능력을 획득하는 것이 포함된다.

면역원(immunogens) 면역 반응(immune response)을 촉발할 수 있는 요인들.

모계 공급 성분(maternally supplied components) 어미에서 합성되는 분자들로, 난자에 공급되며 자손의 초기 발달에 필요한 물질들이다.

모계성 각인 유전자(maternally imprinted genes) 모계 배우자(gamete)를 통해 전달될 때 자손에서 발현되지 않는 유전자(gene)들. 부계성 각인 유전자(paternally imprinted gene)들과 대조적이다.

모계유전(maternal inheritance) 세포소기관의 유전체(genome)들을 난자의 세포질로 전달하는 것.

모계효과 돌연변이(maternal effect mutations) 모계효과 유전자(maternal effect gene)들에서의 돌연변이(mutation)들. 돌

연변이 모체 자체는 표현형에 영향이 없지만, 그런 돌연변이를 가진 모체들의 자손은 돌연변이 표현형(phenotype)을 가진다.

모계효과 유전자(maternal effect genes) 자손의 발생을 가능하게 하는 모계 성분들을 암호화하는 유전자(gene)들.

모델 생물(model organisms) 다른 생물이나 인간과 공통되는 많은 생화학적 기작들과 세포경로를 가지고 있기 때문에 유전적 분석에 흔히 사용되는 생물들. 이런 생물들은 전통적인 교배 실험과 유전체(genome)의 직접적인 조작이 가능하다.

모자이크(mosaic) 서로 다른 유전자형(genotype)인 조직들을 포함하는 하나의 생물.

모자이크 분석(mosaic analysis) 유전자(gene)의 작용 초점(focus of action)을 결정하기 위해 모자이크(mosaic) 조직들을 관찰하는 것.

모자이크적 결정(mosaic determination) 배아가 자기 분화능 세포들의 집합체로 되어 있는 것으로, 이 세포들은 형성기에 그 독특한 운명을 결정하는 특정 세트의 분자적 지시를 받는다. 조절적 결정(regulative determination)과 비교해 보라.

몬테카를로 시뮬레이션(Monte Carlo simulation) 이미 결정된 확률 법칙에 의해 정의되는 동적 시스템에서, 확률적 사건들의 결과를 선택하는 데 무작위수 산출법을 이용하는 컴퓨터 시뮬레이션; 다중의 산출 경로들을 돌릴 수 있도록 해 준다.

무동원체성 단편(acentric fragment) 동원체(centromere)가 결여되어 있는 염색분체(chromatid) 조각 보통 역위 고리(inversion loop) 내의 교차(crossover)의 결과로 생긴다.

무작위 4분체(unordered tetrads) 네 개의 자낭포자들(ascospores)이 자낭(ascus) 내에서 무작위로 배열되는 효모의 사분체들(tetrads).

무형 돌연변이(amorphic mutations) 특정 유전자(gene)의 기능을 완전히 없애버리는 DNA 서열(DNA sequence)의 변화. [영돌연변이(null mutations)의 동의어].

물리적 지도(physical map) DNA상에 식별 가능한 위치 표식자들의 위치를 표시한 지도(예를 들어, 제한 효소 절단 부위나 유전자 등). 예를 들어, 인간 유전체(genome)에 대해서는 가장 낮은 해상도의 물리적 지도는 24개의 염색체(chromosome)들에서 나타나는 분염 양상이다; 가장 높은 해상도의 지도는 염색체들의 완전한 뉴클레오티드 서열이다. 핵형(karyotype) 참고.

물리적 표식자, 물리적 마커(physical markers) 세포학적으로 관찰 가능한 비정상적 특징으로, 세대를 거치는 동안 특정 염색체(chromosome)의 추적을 가능하게 한다. 유전적 표식자(genetic marker, 유전적 마커)와 비교해 보라.

미끄러진 짝짓기 오류(slipped mispairing, stuttering) 반복 영역들 때문에 DNA 복제(DNA replication) 과정 중에 하나의 DNA 가닥이 상대가닥에서 미끄러지는 것. 이 과정은 DNA 말더듬(DNA stuttering)라고도 불리며, SSR 반복수의 증가나 축소를 일으킬 수 있다.

미분화 세포(undifferentiated cells) 특정 세포형을 만드는 전사(transcription) 프로그램을 아직 개시하지 않은 세포들.

미세구조 지도 작성(fine structure mapping) 동일한 유전자(gene) 내에서 돌연변이(mutation)들의 재조합 지도 작성; 일부 박테리오파아지(bacteriophage) 실험에서, 미세구조 지도 작성은 근접한 뉴클레오티드들에 있는 돌연변이들을 구별할 수 있게 해 준다.

미세부수체(microsatellite) 단순-반복 서열(simple-sequence repeat) 참고.

미세상동 매개성 말단 연결(microhomology-mediated end-joining, MMEJ) DNA 이중 가닥 절단 수선 과정으로, DNA 말단이 절제된다는 점을 빼면 NHEJ와 유사하다. 절제되는 부분 때문에 재연결된 DNA에서 작은 결실(deletion)들이 생긴다.

미토콘드리아(mitochondria) 영양 분자들로부터 추출한 에너지를 ATP로 전환시키는 세포소기관(organelle)들 미토콘드리아는 자신의 유전체(genome)를 가진다.

미토콘드리아 유전자 치료(mitochondrial gene therapy) 돌연변이 미토콘드리아(mitochondria)를 가진 난모세포로부터 핵을 꺼내어 정상 미토콘드리아를 가진 제핵 난모세포에 이식하는 것.

민감화된 표현형(sensitized phenotype) 그 표현형을 만드는 돌연변이 유전자(gene)와 같은(혹은 동등한) 경로에서 작용하는 유전자의 활성 변화에 의해 차이가 생기면 그에 민감하게 반응하는 돌연변이 표현형(phenotype).

[ㅂ]

바소체(Barr body) 불활성화된 X 염색체(chromosome)가 간기에 짙게 염색되는 이질염색질(heterochromatin) 덩어리로 보이는 것.

바이러스(virus) 비세포성의 생물학적 존재로서 숙주 세포 내에서만 증식이 가능하다. 바이러스들은 단백질(protein)로 덮인 핵산으로 구성된다. 감염된 세포 내에서는 바이러스들이 자손 바이러스들을 생산하기 위해 숙주의 합성 능력을 이용한다.

박테리오파아지(bacteriophage) 파아지(phage) 참고.

반보존적 복제(semiconservative replication) 이중 나선이 복제되는 양식으로, 상보적 염기쌍(complementary base pairing) 형성 후 연속적 뉴클레오티드(nucleotide)들의 연결에 의해 두 개의 이중나선 딸 분자들이 생긴다. 각 분자는 한 가닥의 온전한 원래 가닥과(보존된 것), 완전히 새로운 다른 가닥으로 이루어진다.

반복수 변이체(copy number variant, CNV) 큰 영역(10 bp에서 1 Mb까지)의 중복(duplication)이나 결실(deletion)에 의해 생기는 유전적 변화의 한 범주.

반불임성(semisterility) 생존력 있는 자손을 생산할 수 있는 능력이 적어도 50% 줄어드는 조건.

반수체 불충분성(haploinsufficiency) 야생형 대립유전자(wild-type allele)와 기능상실 대립유전자(loss-of-function allele)에 대해 이형접합성(heterozygous)인 개체가 유전자(gene) 활성 수준이 정상적인 표현형(phenotype)을 나타내기에는 충분치 않기 때문에 비정상적인 표현형을 보이게 되는 드문 우성 형태.

반수체(haploid) 동물의 난자나 정자, 혹은 식물의 알세포나 화분세포에 존재하는 한 세트의 염색체(chromosome)들. 이배체(diploid)와 비교해 보라.

반수체형(haplotype) 같은 염색체(chromosome)상에 존재하는 연관 대립유전자(allele)들의 특수한 조합.

반접합성(hemizygous) 남성에서의 X-연관 유전자(X-linked gene)들처럼, 원래 이배체(diploid) 개체에서 어떤 유전자(gene)의 사본이 하나밖에 없는 유전자형(genotype)을 설명하는 말.

발생경로(developmental pathway) 발생 과정에서 유전자들(genes) 및 유전자 산물들 사이에서의 상호작용이 어떻게 특정 결과를 산출하는지를 자세히 설명한 것.

발생유전학(developmental genetics) 다세포 생물의 수정란이 어떻게 성체로 변화하는지를 연구하는 데 유전학(genetics)을 이용하는 것.

발암물질(carcinogen) 암을 유발하는 물질 돌연변이 유발물질(mutagen).

발현 플랫폼(expression platform) 앱타머(aptamer) 모양에 반응하여 줄기-고리(stem-loop) 구조를 변형시킴으로써 유전자(gene) 발현을 조절하는 리보스위치(riboswitch)의 한 영역.

발현도(expressivity) 특정 유전자형(genotype)이 표현형(phenotype)을 발현시키는 정도나 강도.

방사상 고리–뼈대 모형(radial loop-scaffold model) 비히스톤성 단백질(nonhistone protein)에 의한 DNA의 굽어짐과 모임이 유사분열(mitosis)에서 고도의 염색체(chromosome) 응축을 일으킨다는 모형.

방추기구(spindle apparatus) 미세소관에 기초한 구조로 세포분열 과정 중에 염색체(chromosome)의 이동과 분리(segregation)를 일으킨다.

방추사부착점 미세소관(kinetochore microtubules) 중심체(centrosome)와 염색분체(chromatid)의 방추사부착점(kinetochore) 사이로 뻗어 있는 분열방추(mitotic spindle)의 미세소관들. 염색체들(chromosomes)은 세포분열 중에 방추사부착점 미세소관을 따라 이동한다.

방추사부착점, 키네토코어(kinetochore) DNA와 단백질(protein)로 구성되는 특수화된 염색체(chromosome) 영역으로, 염색체가 방추사와 부착하는 자리이다. 키네토코어 미세소관(kinetochore microtubules) 참고.

방출인자(release factors) 중지코돈(stop codon)들을 인식하는 단백질(protein)로, 번역(translation)의 종결을 돕는다.

방향성 cDNA 도서관(directional cDNA library) 원래의 주형 mRNA들(template mRNAs)의 5′ 말단(5′ ends)과 3′ 말단(3′ ends)을 표시할 수 있도록 만들어진 cDNA 도서관(cDNA library).

방황변이 실험(fluctuation test) 세균의 저항성 기원을 밝히기 위한 루리아(Luria)와 델브뤽(Delbrück)의 실험. 서로 다른 여러 실험 접시에서 자라는 저항성 세균 군락의 수가 불규칙하다는 것은 세균의 항생제 노출에 의해 저항성이 생기는 것은 아님을 보여준다.

배반포(blastocysts) 16세포기에서 배아가 착상되는 64세포기까지의 생쥐 배아를 일컫는 말. 배반포의 세포들은 미분화된(undifferentiated) 상태이다.

배수체(polyploids) 셋 이상의 완전한 염색체(chromosome) 세트들을 가지는 정배수체(euploid) 생물.

배아줄기세포(embryonic stem cells, ES cells) 분화되지 않아서 어느 세포형으로도 발달할 수 있는, 지속적으로 분열하는 배양 배아 세포들.

배우자(gametes) 세대를 거쳐 유전자(gene)들을 실어 나르는 특수화된 반수체(haploid) 세포들(난자와 정자 혹은 화분).

배우자형성(gametogenesis) 배우자(gamete)들이 형성되는 것.

백신(vaccines) 질병을 일으키는 물질의 항원들로서, 그 특정 외래 물질에 대한 면역 반응(immune response)을 촉발시킨다.

번역(translation) mRNA에 있는 코돈(codon)들이 유전암호(genetic code)에 따라 아미노산(amino acid)들로부터 폴리펩티드(polypeptide) 합성을 지시하는 과정. 전사(transcription)와 비교해 보라.

번역틀(reading frame) 고정된 개시지점에서 시작하여 세 개의 뉴클레오티드(nucleotide)들을 묶어서 나눈 것. 연속적인 삼중자 코돈(triplet codon)들의 순차적 해석을 통해 폴리펩티드 사슬(polypeptide chain) 내에서 올바른 순서의 아미노산들을 위치시킬 수 있게 된다.

번역후 변형(posttranslational modifications) 번역(translation)이 완료된 후에 폴리펩티드(polypeptide)에 발생하는 인산화(phosphorylation) 등의 변화.

범유전체(pangenome) 세균종들의 핵심 유전체(core genome)에다 일부 계통들에만 존재하는 모든 유전자(gene)들을 합친 것. 핵심 유전체(core genome)와 비교해 보라.

베타–글로빈 좌위(β-globin locus) β-글로빈형 유전자(gene)들이 모여 있는 염색체 영역.

벡터(vector) 살아 있는 세포들에 도입유전자(transgenes)를 도입하기 위한 운반체. 클로닝 벡터(cloning vector), 유전자 치료용 벡터(gene therapy vector), 그리고 형질전환 벡터(transformation vector)를 참고하라.

변경 유전자(modifier genes) 표현형(phenotype)에 미묘하고 이차적인 효과를 미치는 유전자(gene)들. 주된 유전자와 변경 유전자 사이에 공식적인 구별은 없으며, 영향의 정도가 연속적이다.

변경 효소들(modification enzymes) 특정 DNA 서열(DNA sequence)들에 메틸기를 추가하는 효소로, 그 DNA에 대한 특정 제한효소(restriction enzyme)들의 작용을 방해한다.

변경자 검색(modifier screen) 돌연변이 표현형(phenotype)을 만드는 특정 유전자에서의 돌연변이(mutation)를 바탕으로 수행하는 돌연변이 검색(mutant screen). 연구자는 다른 유전자에서의 추가적인 돌연변이에 의한 돌연변이 표현형의 변화를 찾는다. 두 번째 돌연변이는 첫 유전자와 같은 경로에서 작용하는 두 번째 유전자를 찾을 수 있게 해 준다.

변성[denaturation (denature, denatured)] 수소결합이 그 구조와 기능의 유지에 사용되는 거대 분자 내에서 그 수소결합이 파괴되는 것. 수소 결합은 열이나 극단적인 pH 조건, 혹은 요소 같은 화학물질들에 노출되었을 때 파괴될 수 있다. 정상적인 수용성 단백질들(proteins)이 변성되면, 구조가 펼쳐져 비극성 아미노산들(amino acids)이 노출되는데, 이 때문에 물에 녹지 않게 될 수도 있다. DNA의 변성은 이중 가닥 분자들이 두 개의 가닥으로 분리되는 것이다.

병발계수(coefficient of coincidence) 실험에서 관찰된 이중 교차(crossover)의 빈도와 독립적 확률에 근거하여 예상되는 이중 교차의 수 사이의 비율.

병원성 유전자군(pathogenicity islands) 질병 유발 세균에서 질병 발생에 관여하는 여러 유전자(gene)들을 암호화하는 DNA 단편. 병원성 유전자군은 수평 유전자 전달에 의해 다른 종들로부터 전이된 것으로 보인다.

병원체(pathogen) 숙주에서 질병을 일으키는 미생물들.

보고 유전자(reporter gene) 재조합 DNA분자(recombinant DNA molecule) 에 통합된 유전자(gene)의 단백질-암호화(protein-coding) 영역. 그 재조합 DNA 분자는 잠정적인 DNA 조절 요소를 가지고 있다. 세균의 형질전환 후, 혹은 한 생물의 유전체로 통합된 후에 이 보고 유전자는 그 단백질의 발현에 의해 잠정적 조절 요소들의 활성을 "보고(report)" 한다.

보인자(carriers) 어떤 형질에 대해 하나의 열성 대립유전자(recessive allele)를 가지고 있으나 정상적인 표현형(phenotype)을 나타내는 이형접합성(heterozygous) 개인.

보존된 DNA 서열(conserved DNA sequence) 서로 다른 여러 생물종들에서 상동유전자들(homologs)의 DNA 서열(DNA sequence)을 설명한다.

보존된 연관복합성(conserved synteny; 보존성 신테니) 여러 종들에서 둘 이상의 좌위들(loci)이 연관된 것으로 밝혀진 상태. 연관복합성(syntenic), 연관복합성 단편들(syntenic segments)과 비교해 보라.

보존성 신테니(conserved synteny) 여러 종들에서 둘 이상의 좌위들(loci)이 연관된 것으로 밝혀진 상태. 연관 가능의(syntenic), 연관 가능 단편(syntenic segments)들과 비교해 보라.

보존적 치환(conservative substitutions) 단백질(protein)의 아미노산(amino acid)을 비슷한 성질의 다른 아미노산으로 치환시키는 돌연변이. 비보존적 치환(nonconservative substitution)과 비교해 보라.

복사기(diplotene) 전기 I (prophase I)의 하위 단계로, 상동염색체(homologous chromosome)들이 약간 떨어져 있기는 하지만 나란한 두 상동염색체들이 교차점들(chiasmata)에 의해 아직 단단히 결합되어 있어 2가(bivalent)의 상태로 존재하는 시기이다.

복이배체(amphidiploids) 배수체(diploid)인 두 부모종들로부터 생산된 생물 이들은 두 개의 이배체 유전체들(diploid genomes)을 포함하는데, 각각은 서로 다른 부모종들로부터 유래한 것이다.

복제(replication) DNA 복제(DNA replication)를 보라.

복제 거품(replication bubble) 복제(replication) 중에 원래의 DNA 이중 나선(DNA double helix)이 풀리는 지역.

복제 단위(replicon, replication unit) 한 복제원점(origin of replication)에서부터 그 끝지점까지의 양방향 DNA로서, 끝지점에서는 근처의 복제 분기점(replication fork)들에서 나온 DNA와 연결된다.

복제 분기(replication fork) 복제(replication) 중에 풀린 두 개의 DNA 가닥들로 이루어지는 Y자 모양의 지역으로, 풀린 DNA 가닥들이 짝짓지 않은 단일 가닥들(그렇지만 서로 상보적이다)로 벌어져 가지 모양이 된다.

복제원점(origin of replication) DNA 복제(DNA replication)의 개시(initiation)가 시작되는 지점의 짧은 뉴클레오티드(nucleotide) 서열.

복제 평판법(replica plating) 표현형(phenotype)에 대한 검사를 하기 위해, 마스터 평판의 콜로니들을 벨벳에 찍어 다른 평판 접시들의 배지로 이동시키는 것.

복합 이형접합체(compound heterozygotes, *transheterozygotes*) 동일한 유전자(gene)에 대해 서로 다른 돌연변이 대립유전자들(alleles)을 가진 이형접합체들(heterozygotes).

복합 치사성(synthetic lethality) 서로 다른 두 유전자(gene)에서 각각의 돌연변이(mutation)들을 하나씩 가지는 개체들은 살지만, 두 돌연변이를 모두 가지는 개체는 죽는 것.

복합 형질(complex traits) 다수의 유전자들(genes)을 포함하여, 서로 다른 유전자들의 대립유전자들(alleles) 사이에서의 상호작용, 환경에서의 변이, 그리고 유전자와 환경 사이의 상호작용 등 많은 요소들에 의해 영향을 받는 형질들.

부계성 각인 유전자(paternally imprinted genes) 수컷 배우자(gamete)를 통해 전달되면 자손에서 발현되지 않는 유전자(gene)의 대립유전자들(alleles). 모계성 각인 유전자(maternally imprinted gene)와 대조된다.

부등교차(unequal crossing-over) 잘못된 재조합(recombination)에 의해 하나의 상동염색체(homologous chromosome)가 중복(duplication)을 가지게 되는 반면, 다른 쪽 상동체(homolog)는 결실(deletion)을 가지게 되는 DNA에서의 변화.

부모 세대[parental (P) generation)] 특정 형질에 대해 다음 세

대 자손들을 조사하기 위해 교배하는 순계의 개체들. 자손세대(filial generation) 참고.

부분이배체(merodiploids) 일부 유전자(gene)들에 대해 두 개의 사본이 존재하는 부분적 이배체(diploid).

부수체 DNA (satellite DNAs) 일반적으로 동원체(centromere) 근처의 반복적이고 단순한 비암호화 서열로 이루어진 블록; 이런 블록들은 다른 염색체 영역과는 다른 염색질(chromatin) 구조를 가지며 더 고도로 응축된다. 단순 반복서열(simple sequence repeat) 참고.

부홈(minor groove) DNA 이중나선(DNA double helix)의 공간충전 모형에서 두 골격 가닥의 수직배열로 인해 생기는 두 개의 홈 중 더 작은 것. 주홈(major groove) 참고.

분리(segregation) 배우자(gamete) 형성 중에 한 형질에 대한 대립유전자(allele)들이 동등하게 나눠는 것. 각 유전자(gene)들의 대립유전자들은 각기 다른 배우자로 들어간다.

분리의 법칙(law of segregation) 멘델의 제1법칙(Mendel's first law) 참고.

분산(variance) 총 표현형적 분산(total phenotype variance)을 참고하라.

분열간기(interkinesis) 제1감수분열(meiosis I)과 제2감수분열(meiosis II) 사이의 짧은 간기(interphase).

분자 기계(molecular machine) 특수한 과정을 수행하는 여러 단백질(protein) 복합체 또는 단백질과 RNA 복합체들; 리보솜(ribosome) 이나 이어맞추기복합체(spliceosome) 등이 그 예이다.

분자 시계(molecular clock) 아미노산(amino acid)이나 뉴클레오티드(nucleotide) 치환에서의 일관적인 속도를, 생물들의 계통을 결정하는 방법으로 생각할 수 있다는 가설.

분자 클로닝(molecular cloning) 복잡한 DNA 분자들의 혼합물로부터 단일 DNA 조각을 분리해 내 그것을 많은 수로 증폭하는 과정.

분자 표식자, 분자 마커(molecular marker) 유전체(genome)의 특정 부위에서 발견되는DNA 단편으로, 인식과 추적이 가능한 변이체들을 가진다. 물리적 표식자(physical marker), 유전적 표식자(genetic marker) 참고.

분지, 계통선(branches) [계통수(phylogenetic tree)에서] 나무의 마디들(nodes)에 의해 표현되는 분류학적 단위들 사이의 관계를 보여주는 선 그 길이는 발생했던 분자적 변화들에 기초하여 추정된 시간의 흐름 정도를 나타낸다.

분지도(branched-line diagram) 여러 유전자들이 관여된 교배에서 예상되는 결과들을 보여주는 조직적인 방법 중 하나.

분지점 이동(branch migration) 재조합(recombination) 과정 중에 홀리데이 교차점들(Holliday junctions)이 서로 멀어지는 과정으로서 그 때문에 그들 사이의 이형 이중 가닥(heteroduplex) 영역이 부풀게 된다.

분지점(branch sites) RNA 이어맞추기(RNA splicing)에 필요한 '올가미' 형태의 중간체가 형성되도록 하는 인트론(intron) 내부의 특수한 RNA 뉴클레오티드(RNA nucleotide) 서열.

분화전문성(totipotent) 초기 배발생 단계에서의 세포 상태를 설명하는 말로, 세포들은 아직 분화되지 않았으며, 발생중인 배아나 성체에서 발견되는 모든 형태의 세포들을 만들 수 있는 상태로 존재한다.

불안정한 세 뉴클레오티드 반복서열(unstable trinucleotide repeats) DNA 복제 중에 늘어나거나 줄어드는 세 염기 반복 서열들. 약 20개의 인간 유전자들(genes)이 이런 반복 부위들을 포함하고 있으며 이곳의 신장은 질병 대립유전자들(alleles)을 만든다.

불연속적 형질(discrete trait) 이것이냐 저것이냐의 상태가 분명히 드러나는 유전형질(즉, 자주색 꽃이거나 흰색 꽃).

불완전 우성(incomplete dominance) 자손의 표현형이 양쪽 부모들의 중간형이 되는 이형접합성 표현형(heterozygous phenotype)의 발현.

비멘델성 유전(non-Mendelian inheritance) 멘델의 법칙을 따르지 않거나, 여러 교배결과 자손이 멘델 비율로 생기지 않는 유전 양식.

비보존성 치환(nonconservative substitutions) 어떤 단백질(protein)의 아미노산(amino acid)이 전혀 다른 화학적 성질을 가지는 것으로 치환될 때의 변화. 보존성 치환(conservative substitution)과 비교해 보라.

비분리(nondisjunction) 감수분열(meiosis) 중에 염색체 분리(chromosome segregation)에 실패하는 것; 삼염색체성 같은 결손을 일으킨다. 삼염색체성(trisomic) 참고.

비상동성 말단연결(nonhomologous end-joining, NHEJ) 이중가닥 절단에 의해 형성된 말단들이 연결되는 기작. NHEJ는 절단된 DNA 가닥 말단에 결합하여 서로 가까이 위치시키는 단백질(protein)에 의존적이다.

비상동염색체(nonhomologous chromosomes) 한 유전체 내에서 동족체(homolog)가 아닌 염색체(chromosome)들로서, 이들은 유사한 DNA 서열(DNA sequence)들을 가지고 있지 않으며 따라서 감수분열(meiosis) 중에 짝을 이루지도 않는다.

비암호화 RNA (noncoding RNA, ncRNA) 개방 번역틀(open reading frame)이 결여되어 있는 전사체(transcript)로서 RNA 분자로 작용한다.

비암호화 유전자(noncoding genes) 전사되지만 번역되지 않는 유전자(gene)들.

비양친2형(nonparental ditype, NPD) 네 개의 재조합(recombinant) 포자들을 포함하고 있는 곰팡이 사분체(tetrad).

비익명 DNA 다형성(nonanonymous DNA polymorphisms) 유전자(gene) 기능에 영향을 미치는 유전체 DNA 서열(DNA sequence)에서의 차이. 익명 DNA 다형성(anonymous DNA polymorphisms) 참고.

비자가인자 요소들(nonautonomous elements) 결함이 있는 가동성 인자(transposable element)들로, 유전체가 전이효소(tranposase)같은 필수 기능을 제공할 수 있는 완전한 자동성 요소(autonomous element)들을 포함하고 있지 않는 한 이동할 수 없다.

비점착성 말단(blunt end) 점착성 말단(sticky end)이 없는, 이중 가닥 DNA 분자의 3′ 말단(3′ end)이나 5′ 말단(5′ end).

비직렬 중복(nontandem duplications) 둘 이상의 사본이 서로 근접해 있지 않고 같은 염색체(chromosome)상에서 멀리 떨어져 있거나 혹은 다른 염색체상에 위치하는 것. 직렬 중복(tandem duplication)과 비교해 보라.

비히스톤성 단백질(nonhistone proteins) 매우 다양한 기능을 가진 히스톤(histone) 이외의 염색질(chromatin) 성분들.

[ㅅ]

사람류(hominims) 고인류학자들이 인류와 인간형 조상들이라고 동의하는 생물들.

사막(desert) 유전자들(genes)이 없는 큰 유전체 영역.

사이클린(cyclins) 사이클린-의존성 인산화효소(cyclin-dependent kinases)들과 결합하는 단백질(protein) 그룹으로, 인산화효소들(kinases)의 기질 특이성을 결정한다. 인산화효소들이 옳은 기질을 인식하도록 함으로써 사이클린들은 세포주기(cell cycle)를 통한 진행을 조절할 수 있도록 돕는다. 세포주기를 통해 다양한 사이클린들의 농도가 오르내린다.

사이클린-의존성 인산화효소(cyclin-dependent kinases, CDKs) 특정 기질(substrate)에 대한 그들의 활성이 사이클린(cyclins)이라고 알려져 있는 단백질(protein)에 의존적인 단백질 인산화효소들(protein kinases). CDK들은 표적 단백질들을 활성화시키거나 불활성화시키는 인산화(phosphorylation)를 통해 G_1기에서 S기로의 이동과 G_2기에서 M기로의 전이를 조절한다.

산전 유전자 검사(prenatal genetic diagnosis) 질병 좌위들(loci)에서 대립유전자(allele)들을 알아내기 위해 태아 세포의 유전자형을 결정하는 것.

산탄(shotgun) 전체 DNA 영역이나 유전체(genome)의 전체 서열을 결정할 때까지 겹치는 삽입 단편들을 도서관(library)에서 무작위로 골라 서열을 결정하는(sequenced) 서열화 전략.

산화적 인산화(oxidative phosphorylation) 양분의 산화에 의해 방출된 에너지가 ATP를 생산하는 데 이용되는 장소인 미토콘드리아(mitochondria)에서 수행되는 대사 경로.

삽입(insertion) 하나 또는 그 이상의 뉴클레오티드(nucleotide) 쌍이 DNA 분자에 추가되는 것.

삽입-결실 다형성[insertion-deletion polymorphism (InDel or DIP)] 삽입(insertion)이나 결실(deletion)에 의해 유발되는 유전체 DNA 다형성(DNA polymorphism); 인간에서는 10 kb의 DNA마다 한 번씩 발생한다.

삽입물질(intercalators) 연속된 염기쌍(base pair)들 사이에 끼어들어가 복제(replication), 재조합(recombination), 혹은 DNA 수선(DNA repair) 기구들을 방해할 수 있는 납작한 판 구조의 분자들로 구성되는 화학적 돌연변이 유발원(mutagen) 그룹.

삽입서열(insertion sequences, ISs) 세균에서, 선별 표식자들을 포함하지 않는 작은 트랜스포존(transposon)들.

상관선(line of correlation) 자손의 표현형값(phenotypic value)을 양친의 평균값(midparent value)에 연결시킨 선. 그 경사도는 그 형질의 유전력(heritability)을 추정해 준다.

상대적 적응도(relative fitness, *W*) 한 세대 후에 특정 유전자형(genotype)을 가진 자손이 살아남는 평균 수를, 비교되는 유전자형을 가진 자손들의 평균 생존 수와 비교한 것.

상동 유전자(homologous genes) 진화적으로 연관이 있어서 충분한 서열 유사성을 가지고 있는 서로 다른 종들의 유전자(gene)들 .

상동성 재조합(homologous recombination) 교차(crossing-over) 참고.

상동염색체(homologous chromosomes, homologs) 크기, 모양, 그리고 띠 무늬가 딱 맞는 염색체(chromosome)들. 동일한 유전자(gene)들의 선형 배열을 포함하는 한 쌍의 염색체들로, 각각 한 명의 부모에서 기원한 것이다.

상류 활성화 서열(upstream activating sequence, UAS) 효모에서의 증폭자(enhancer)와 유사한 시스-조절 요소(cis-control element); 증폭자와는 달리, UAS들은 촉진유전자(promoters)의 하류(downstream)에서는 작동하지 못하며 그들의 방향도 중요하다.

상류(upstream) 한 유전자(gene)를 따라 RNA가 생성되는 방향의 반대쪽. 하류(downstream)와 비교하라.

상보, 보완하다(complement) (동사로 사용하여) 두 개의 열성 돌연변이(recessive mutation)들에 대한 이형접합체(heterozygote)가 정상적인 표현형(phenotype)을 나타낼 때 사용하는 말로, 두 동족체들(homologs) 각각에 있는 야생형 대립유전자(wild-type allele)들이 다른 상동염색체(homologous chromosome)상의 결손을 보상해 주기 때문에 발생한다. 상보적인 돌연변이들(mutations)은 보통 다른 유전자(gene)들에서 발생한 것인 반면, 상보성을 일으키지 못하는 돌연변이들은 보통 같은 유전자상에 존재하게 된다.

상보성 검사(complementation test) 두 돌연변이들(mutations)이 같은 유전자(gene)에 있는 것인지 서로 독립된 것인지를 알아내는 방법.

상보성 그룹(complementation group) 서로 상보적(complement)이지 않은 돌연변이들(mutations)의 모임. 종종 유전자(gene)와 동의적으로 사용된다.

상보성(complementation) 서로 다른 두 유전자들(genes)에 대해 기능을 상실한 돌연변이 열성 대립유전자들(recessive alleles)을 가지고 있는 염색체들이 둘 다 이형접합성일 때 같은 대사 경로에서 정상 표현형(phenotype)을 나타내는 과정.

상보성 표(complementation table) 돌연변이 집단들 사이의 관계를 (상보적 돌연변이들을 짝지어) 알아보기 쉽게 자료를 모아 나열해 놓은 방법.

상보적 서열들(complementary sequences) 염기쌍(base pairs) 형성을 통해 이중 가닥의 구조를 만들 수 있는 핵산의 염기 서열들(base sequences); 5′-GAAC-3′의 상보적 서열은 3′-CTTG-5′이다.

상보적 염기쌍(complementary base pairing) DNA 복제(DNA replication) 중에, 반대 방향으로 놓여 있는 상보적 가닥들은 새로운 가닥의 DNA 뉴클레오티드(nucleotide) 서열을 합성하기 위해 부모 가닥상에 염기들을 노출시키며, 이때 염기쌍이 형성된다. 염기쌍(base pair), 상보적 서열(complementary sequence) 등을 참고하라.

상보적 유전자 작용(complementary gene action) 특정 형질을 나타내기 위해 유전자(gene)들이 동시에 작동하는 것.

상염색체(autosomes) 성 결정에 관여하지 않는 염색체들(chromosomes). 2배체(diploid)인 인간의 유전체는 46개의 염색체들을 포함한다. 22쌍은 상염색체들(autosomes)이고, 1쌍은 성염색체들(sex chromosomes)이다(X와 Y 염색체).

상위성(epistasis) 한 유전자(gene)의 대립유전자(allele) 효과가 다른 유전자의 대립유전자 효과를 가리게 되는 유전자 상호작용. 우성 상위성(dominant epistasis)과 열성 상위성(recessive epistasis) 참고.

상위적(epistatic) 한 유전자의 어떤 대립유전자(allele)가 다른 유전자에 올 수 있는 하나 이상의 대립유전자들이 갖는 효과를 가리는 것을 설명하는 말.

상호교배(reciprocal crosses) 두 방향으로 수행되는 교배(cross)들로, 자성과 웅성에서의 형질을 바꿔 교배함. 특정 형질이 난자에 의해 전달되는 것인지, 화분에 의해 전달되는 것인지를 확인할 수 있다.

상호 배타적 사건(mutually exclusive events) 동시에 일어날 수 없는 사건.

상호전좌(reciprocal translocation) 두 염색체(chromosomes)에서 하나씩 두 개의 절단으로 생긴 DNA 조각들이 원래의 제 염색체들과 연결되지 않고 자리를 바꿔 다른 염색체에 연결된다. 전좌(translocation)와 비교해 보라.

생명공학(biotechnology) 기초 연구를 통해 개발된 일련의 생물학적 기술들로, 이제는 연구와 생산품 개발에 적용된다. 특히, 재조합 DNA 기술(recombinant DNA techniques) 산업을 이용하는 것.

생물정보학(bioinformatics) 특수화된 소프트웨어 등의 컴퓨터 기술을 이용하여 생물체들에 저장된 생물학적 정보의 의미를 이해하는 과학.

생물학적 조상(biological ancestors) 어떤 개인이 그 유전자들(genes)을 물려받는 사람들 부모, 조부모, 증조부모 등. 유전적 조상(genetic ancestors)과 비교해 보라.

생성효소(synthase) 세균 정족수 감지기구(quorum sensing)에서 자가유도자(autoinducer) 분자의 합성을 촉매하는 단백질(protein) 성분.

생식세포(germ cells) 생식기관으로 통합되는 특수한 세포들로, 결국 감수분열(meiosis)을 거쳐 반수체 배우자(haploid gamete)들을 생산하게 되므로, 유전자(gene)들을 다음 세대에 전달한다. 체세포(somatic cell)와 비교해 보라.

생식세포계열(germ line) 유성생식하는 생물 내의 모든 생식세포들(germ cells). 동물에서 생식계열 세포들은 배발생 과정 중에 체세포(somatic cell)에서 따로 분리되어 저장된다. 생식계열의 생식세포들은 유사분열(mitosis)을 통해 특수화된 이배체(diploid) 세포들의 집단을 만들고, 이들은 다시 감수분열(meiosis)을 거쳐 반수체(haploid) 세포인 배우자(gamete)들을 생산한다. 따라서 생식계열 세포들은 난원세포(oogonia), 정원세포(spermatogonia), 1차와 2차 난모세포(oocyte), 그리고 1차와 2차 정모세포(spermatocyte) 같은 배우자 전구세포들과 배우자들을 포함한다.

생식적 복제, 생식 클로닝(reproductive cloning) 한 개체의 체세포(somatic cell)에서 얻은 핵을, 핵을 제거한 난자 세포로 주입하여 복제 배아를 만드는 것. 그 잡종 난자는 배아의 세포 분열을 시작하도록 자극되고, 결과적으로 복제된 배아는 대리모의 자궁에 이식되어 발생을 마치게 된다.

생체 내 유전자 치료(*in vivo* gene therapy) 체세포에 치료 유전자(therapeutic gene)를 직접 전달하는 것. 생체 외 유전자 치료(*ex vivo* gene therapy)와 대조적이다.

생체 외 유전자 치료(*ex vivo* gene therapy) 환자의 체세포(somatic cell)들을 얻어 배양하면서 치료 유전자(therapeutic gene)를 전달하고 그 세포들을 다시 환자에 도입해 주는 방식. 생체 내 유전자 치료(*in vivo* gene therapy)와 비교해 보라.

생화학적 경로(biochemical pathway) 생물체가 환경에서 얻은 단순한 분자들로부터 단계적으로 그것을 변화시켜 연속적으로 좀 더 복잡한 분자들을 얻을 수 있도록 하는 일련의 반응들.

샤인-달가노 박스(Shine-Dalgarno box) 리보솜 결합 부위(ribosome binding site)를 구성하는 두 요소(다른 하나는 개시 코돈이다) 중의 하나로, mRNA상의 여섯 뉴클레오티드(nucleotide) 서열로 되어 있다.

서열화(sequencing) DNA나 RNA 분자 내에서 뉴클레오티드(nucleotide)나 염기서열(base sequence)의 순서를 결정하거나 한 단백질(protein)의 아미노산(amino acid) 순서를 결정하는 것.

선도가닥(leading strand) 복제(replication) 과정 중에, DNA가 풀리는 Y자 모양의 복제 분기(replication fork)를 향해 5′에서 3′방향으로 연속적으로 합성되는 DNA 가닥. 지체가닥(lagging strand)과 비교해 보라.

선모(pilus) 속이 빈 단백질(protein)성 관으로, F^+나 Hfr 혹은 F′ 세균 세포에서 뻗어 나와 F^- 세포의 세포벽에 부착한다. 선모가 F^+ 세포를 당겨 줄어들면 두 세포들이 유전자(gene) 전달에 알맞게 가까워진다.

선별선택(truncation selection) 식물육종가들이 사용하는 일종의 인위선택(artificial selection)으로, 특정 경계값(cut-off) 이상이나 이하의 표현형 값(phenotypic value)을 나타내는 개체들만을 선발하여 다음 세대를 생산하도록 한다.

선별 표식자, 선별 마커(selectable markers) 재조합 DNA 분자(recombinant DNA molecule)를 가지고 있는 세포를 구분할 수 있게 해주는 벡터(vector) 상의 유전자(gene).

선택, 선별(selection) 요구되는 돌연변이만이 자랄 수 있는 조건을 확립하는 과정; 집단 유전학(population genetics)에서는 개체에 가장 높은 적응도(fitness)를 부여하는 대립유전자(allele)들이 집단 내에서 가장 빈번해지는 과정이다. 자연 선택(natural selection)과 인위 선택(artifical selection) 참고.

선택에 대한 반응(response to selection, *R*) 선택(selection)의 결과로 얻어진 진화의 양 혹은 평균 형질 값(mean trait value)에서의 변화. 선택 차이(선발차, selection differential)와 비교해 보라.

선택적 이어맞추기(alternative splicing, 선택적 접합) 서로 다른 조합으로 엑손들(exons)이 연결됨으로써 1차 전사체(primary transcript)로부터 여러 형태의 성숙한 mRNA들(mRNAs)이 생기는 방법.

선택적 이질염색질(facultative heterochromatin) 한 생물체 내의 어떤 세포에서는 이질염색질(heterochromatin)이고, 다른 세포에서는 진정염색질(euchromatin)로 존재하는 염색체(chromosome) 영역(혹은 염색체 자체).

선택차, 선발차(selection differential, *S*) 특정 형질에 대한 선택 강도를 측정하는 것. 선택에 대한 반응(response to selection)과 비교해 보라.

성 전환(sex reversal) 남성이 XX이거나 여성이 XY가 되는 현상.

성상체 미세소관(astral microtubules) 분열 방추체(the mitotic spindle)를 안정화시키기 위해 중심체(centrosome)에서 세포 주변을 향해 뻗어 나가는 짧고 불안정한 미세소관들.

성염색체(sex chromosomes) 인간에서의 X와 Y 염색체(chromosome)처럼 개체의 성을 결정한다. 상염색체(autosome)와 비교해 보라.

성장 인자(growth factors) 세포의 증식을 촉진하거나 억제하는 세포 외 호르몬(hormone)들과, 세포결합성 리간드(ligand)들.

성장 인자 수용체(growth factor receptors) 세포 표면의 단백질(protein)들로서 성장 인자(growth factor)들과 결합하여 신호전달 연쇄반응(signal transduction cascade)을 촉발시킨다.

성충판(imaginal discs) 편평한 상피성 주머니로, 소집단의 세포들이 초기 배아에 저장되었다가 날개, 다리, 눈, 생식기 등 성체의 특수한 구조들이 발달하도록 하는 것; 초파리에서는, 유생과 번데기 시기에 광범위한 성장 및 발달을 겪는다.

세 뉴클레오티드 반복성 유전자[trinucleotide (or triplet) repeat genes] SSR 좌위(SSR locus)들을 포함하고 있는 소수의 인간 유전자(gene)들. 미끄러진 짝짓기 오류(slipped mispairing)에 의한 반복수 증가가 질병 대립유전자(allele)들을 만든다.

세균밭(lawn) 영양 한천 배지에 고착된 세균들로, 바이러스 입자의 존재를 검사하기 위한 필드로 사용된다.

세균 염색체(bacterial chromosome) 세균의 유전체(genome); 보통 이중 나선 DNA로 이루어진 하나의 원형 분자이다.

세균 접합(bacterial conjugation) 접합(conjugation) 참고.

세사기(leptotene) 전기 I (prophase I)를 세분화한 첫 단계로, 이미 복제된 가늘고 긴 염색체(chromosome)들이 두꺼워지기 시작하는 단계이다.

세포내 공생이론(endosymbiont theory) 엽록체(chloroplast)와 미토콘드리아(mitochondria)가 원시 진핵세포들에 삼켜진 자유 생활 세균에서 기원했다는 가설이다. 숙주와 손님으로 이루어진 세포성 공동체에서 각 구성원들은 집단적 배열과 그로부터 유래하는 이득에 적응하게 되었다.

세포 부착형 신호(cell-bound signals) 전달되기 위해서는 직접적인 세포 접촉을 필요로 하는 신호들.

세포 클론(cellular clone) 하나의 조상세포에서 유래한 자손세포들로 이루어진 분리된 세포군락.

세포성 배반엽(cellular blastoderm) 초파리(*Drosophila*)의 배아에서 다핵성 배반엽(syncytial blastoderm)의 세포화로 생기는 한 층 두께의 상피층.

세포소기관, 소기관(organelle) 막 경계를 가진 특수화된 세포 내 성분들. 예를 들어 미토콘드리아(mitochondria)나 엽록체(chloroplast)들.

세포 외 신호(extracellular signals) 세포로부터의 확산이나 세포-세포 접촉에 의해 다른 세포로 전달되는 신호; 스테로이드, 펩티드, 단백질(protein) 형태로 존재한다.

세포자살(apoptosis) 예정된 세포 사멸 DNA가 분해되고 핵은 응축되는 과정 그 후에 세포들은 이웃 세포들이나 식세포들에 의해 먹힐 수 있다.

세포주기(cell cycle) 세포 성장, 유전물질의 복제, 그리고 유사분열(mitosis)이 반복되는 것.

세포질분리(cytoplasmic segregation) 유사분열(mitosis) 중에, 이형세포질성(heteroplasmic) 세포에서 우연히 한 형태의 세포소기관 DNA(organelle DNA)가 모두 단일 딸세포로 들어가는 것.

세포질분열(cytokinesis) 세포분열의 마지막 단계로, 후기(anaphase) 중에 시작되어 말기(telophase) 이후까지 지속된다. 이 단계에서는 말기 후반에 출현한 딸 핵들이 두 개의 분리된 딸세포로 포장되어 들어간다.

섹터(sectors) 생장 중인 미생물 콜로니(군락, colony)의 일정부분으로, 콜로니의 나머지들과는 유전자형(genotype)이 다르다.

센스, 센스 RNA(sense, sense RNA) RNA 분자를 설명하거나, 세포의 mRNA에 존재하는 것과 같은 서열을 가진 mRNA 분자의 일부분을 말한다. 안티센스(antisense) 참고.

센티모건(centimorgan, cM) 재조합 빈도(recombination

frequency)를 측정하는 단위. 1 cM은 한 유전자 좌위(locus)에 위치한 표식자가 한 세대 만에 교차(crossing-over)에 의해 두 번째 좌위의 표식자와 떨어지게 되는 1% 확률과 같다.

소기관 유전(organellar inheritance) 한 세대에서 다음 세대로 미토콘드리아나 엽록체 유전체(chloroplast genome)들의 전달이 일어나는 것.

소단위(subunit) 다합체성 단백질(multimeric protein)을 구성하는 하나의 폴리펩티드(polypeptide).

소실(extinction) 집단 내에서 대립유전자(allele)가 사라지는 것. 고정(fixation)과 비교해 보라.

소화, 절단(digestion) 복잡한 생물학적 분자(DNA, RNA, 단백질, 복잡한 탄수화물)들이 더 작은 구성 성분으로 분해되는 효소적 과정.

수렴진화(convergent evolution) 서로 다른 계통들에서 독립적으로 비슷한 형질이나 구조가 진화하는 것.

수소결합(hydrogen bonds) 반응 잔기들 사이에서 수소 원자를 부분적으로 공유하게 되는 약한 정전기적 결합.

수용세포(recipient) 세균에서의 유전자(gene) 전달 과정 중에, 유전물질을 받는 세포. 공여자(donor), 형질전환(transformation), 접합(conjugation), 그리고 형질도입(transduction) 참고.

수용체(receptors) 세포막에 박혀 있는 단백질(protein)들로, 성장 인자(growth factor)들이나 기타의 리간드(ligand)들과 결합하여 세포 내부로의 신호전달 경로(signal transduction pathway)를 개시한다; 리간드 결합에 의해 활성화되는 전사인자(transcription factor)들.

수직 유전자 전달(vertical gene transfer) 한 세대에서 다음 세대로, 특히 유성 생식을 통해 일어난다.

수축환(contractile ring) 액틴 미세소관으로 구성되는 일시적인 세포소기관(organelle)으로, 분열 중인 동물 세포의 적도 주위를 둘러싸는 방식으로 배열된다; 이 섬유들의 수축은 세포를 둘로 나눈다.

수평 유전자 전달(horizontal gene transfer) 연관이 없는 개체나 서로 다른 종들로부터 DNA가 도입되거나 통합되는 것.

순계(true-breeding) 순계(pure-breeding) 참고.

순계[pure-breeding (lines)] 세대를 통해 부모의 특정 형질이 변하지 않고 유전되는 자손만을 생산하는 생물 가족.

쉘터린(shelterin) 말단소체(telomere)에 결합하여 그것을 효소 활성으로부터 보호하는 단백질(protein) 복합체.

스위치/조절 경로(switch/regulation pathways) 어떤 신호가 특정 세포에서 "켜짐" 혹은 "꺼짐" 상태일 수 있는 스위치를 조절하는 특수 모형을 만드는 선형 발생 경로(developmental pathway). "켜진" 스위치는 그 세포의 운명을 변화시키는 일련의 유전자 조절(gene regulation) 사건들(유전자들은 활성화 혹은 불활성화된다)을 촉발시킨다. 그 경로의 결과는 스위치가 "켜졌는지" 혹은 "꺼졌는지"에 따라 두 가지 발생 상태 중 하나가 된다.

스펙트럼 핵형분석(SKY, spectral karyotyping) 일종의 FISH로, 24개의 인간 염색체(chromosome)들을 모두 다른 색깔로 표지하는 것이다.

시발체(primer; 프라이머) 기존의 짧은 올리고뉴클레오티드(oligonucleotide)사슬 또는 RNA 분자(RNA molecule)로서, DNA 중합효소(DNA polymerase)에 의해 여기에 새로운 DNA가 첨가된다.

시발효소(primase; 프리마아제) DNA 복제(DNA replication) 시, RNA 프라이머(RNA primer)를 합성하는 효소.

시스(*cis*) DNA 자리나 RNA 분자의 작용이 그것과 물리적으로 연결된 DNA나 RNA에 대해서만 작용을 미치는 것을 설명하는 말.

시스 조절 요소(*cis*-control elements) 때때로 시스 작용 인자(*cis*-acting element)라고도 불린다. 6~15염기쌍 정도의 짧은 DNA 서열로, 유전자(gene)에 근접해 있는 조절 인자들을 구성한다. 전사 인자(transcription factor)와의 결합을 통해 근처에 있는 하나 이상의 유전자들에서 전사(transcription) 개시를 조절하거나 변화시킨다. 촉진유전자(promoter), 증폭자(enhancer), 절연자(insulator)들은 모두 시스 조절 요소들이다.

시스트론(cistron) 종종 상보성 그룹(complementation group)이나 유전자(gene)에 대한 동의어로 사용되는 용어.

시토신(cytosine, C) 질소화된 염기(nitrogenous base) 중 하나; G-C (guanine–cytosine) 염기쌍(base pair)의 구성원.

신장(elongation) DNA 복제(DNA replication), 전사(transcription), 혹은 번역(translation)의 시기에 뉴클레오티드(nucleotide)나 아미노산(amino acid)들이, 자라나는 거대 분자에 연속적으로 첨가되는 것. 개시(initiation)와 비교해 보라.

신장 인자(elongation factors) 번역(translation) 과정 중에 신장(elongation)을 돕는 단백질(protein)들.

신형태성 돌연변이, 신형태성 대립유전자(neomorphic mutations or alleles) 새로운 기능을 갖게 된 단백질(protein)을 생산하거나, 단백질의 이소성 발현(ectopic expression)에 의해 새로운 표현형(phenotype)을 나타내는 드문 돌연변이(mutation).

신호전달경로(signal transduction pathway, cascade) 분자 상호작용의 한 형태로, 세포 표면에 존재하는 수용체(receptor)에 단백질(protein)이 결합하는 것이 신호가 되어 세포 내부에서 일련의 중간 매개 과정을 통해 마지막으로 세포 내부의 조절 반응으로 전환되는 것. 결국은 표적 유전자(gene)들의 전사(transcription) 활성화나 억제가 발생한다.

신호전달(signal transduction) 성장 인자(growth factor)나 다른 리간드(ligand)들이 수용체(receptor)에 결합한 이후에 발생하는 세포내 표적 분자들의 활성화 또는 저해 과정.

신호전달자(signal transducers) 세포 내로 신호를 중계하는 세포질성 단백질(protein)들.

실현 유전력(realized heritability) 선택에 대한 반응(response to selection)으로 측정된 유전력(heritability).

십자유전(crisscross inheritance) 아들은 그 어머니로부터 형

질을 물려받고, 딸은 아버지로부터 그 형질을 물려받게 되는 유전 양식.

쌍점(twin spots) 표현형적으로 서로 다를 뿐 아니라 주변의 조직과도 다른, 인접해 있는 조직 덩어리(판)들; 유사분열 재조합(mitotic recombination)의 결과 생길 수 있다.

쌍지배유전자(pair-rule genes) 초파리에서 이 접합자 체절화 유전자(zygotic segmentation gene)들은 배아에서 두 개의 주기성을 가지는 7개의 띠들에서 발현되는 전사 인자(transcription factor)들을 암호화한다 즉, 두 개의 분절마다 하나의 줄무늬가 존재한다. 쌍지배유전자에서의 돌연변이(mutation)는 그 유전자(gene)가 정상적으로 발현되는 영역에 해당되는, 하나 건너 하나씩의 단편으로부터 유사한 패턴 요소들이 결실되도록 만든다.

[ㅇ]

아그로박테리아 매개성 T-DNA 전달(*Agrobacterium*-mediated T-DNA transfer) 형질 전환(transgenic) 식물 생산 방법의 하나로, 식물을 감염시켜 자신이 가지고 있는 재조합 플라스미드(recombinant plasmid)의 일부분인 도입유전자(transgene)를 식물의 유전체(genome)로 옮겨 줄 수 있는 세균을 이용한다.

아데노 바이러스 연관 벡터[adeno-associated viral (AAV) vector] 유전자 치료용 벡터(gene therapy vector)로, 치료용 유전자(therapeutic gene)를 포함하고 있는 재조합형(recombinant) 단일 가닥 DNA 유전체가 환자의 염색체 내로 통합되지는 않는다.

아데닌(adenine, A) 질소가 포함되어 있는(nitrogenous) 염기 중 하나 A-T (아데닌-티민) 염기쌍(adenine–thymine base pair)의 구성원.

아미노산(amino acids) 단백질들(proteins)을 만드는 기본 단위체들.

아미노아실(A) 부위[aminoacyl (A) site] 충전형 tRNA (charged tRNA)가 처음으로 결합하는 리보솜(ribosome) 상의 자리.

아미노아실-tRNA 합성효소(aminoacyl-tRNA synthetases) 각각의 tRNA에 적당한 아미노산들(amino acids)을 결합시키는 효소로서 충전형 tRNA들(charged tRNAs)을 생산한다.

아연 집게(zinc finger) 일종의 전사 인자(transcription factors) 패밀리의 특징인 DNA-결합 영역(domain) 중 한 가지.

안티센스 RNA (antisense RNAs) 주형의 DNA에서 반대 가닥을 사용하여 전사됨(transcribed)으로써 자신과 상보적인(complementary) 서열의 mRNA를 조절하는 조절성 RNA들. 안티센스 RNA들은 표적 mRNA들의 전사(transcription)나 번역(translation)을 막을 수 있다.

안티코돈(anticodons) 전달 RNA(tRNA) 분자 위의 세 뉴클레오티드들(nucleotides)로서, 상보적 염기쌍 형성(complementary base pairing)과 워블(wobble)에 의해 mRNA상의 코돈들(codons)을 인식한다.

알(ovum) 반수체(haploid)의 암컷 생식세포(germ cell)(난자).

알로락토오스(allolactose) 젖당 오페론(*lac* operon)의 유도자(inducer).

알파-글로빈 좌위(α-globin locus) 알파-글로빈형 유전자들(genes)을 모두 가지는 염색체 영역.

암수 모자이크(gynandromorph) 남성의 조직과 여성의 조직을 거의 동일한 양으로 모두 가지는, 드문 유전적 모자이크(mosaic).

암수한몸(hermaphrodite) 남성과 여성의 기관을 모두 가지고 있어서 웅성 배우자(gamete)인 정자와 자성 배우자인 난자를 모두 생산할 수 있는 생물.

암유전자(oncogene) 암세포에서 발견되는 우성 기능-획득 돌연변이(dominant gain-of-function mutation)들 정상적으로 세포의 증식을 촉진하는 역할을 하는 원암유전자(proto-oncogene)의 대립유전자(allele)들이다. 원암유전자(proto-oncogene) 및 종양 억제유전자(tumor suppressor gene) 참고.

앱타머(aptamer) 효과 인자(effector)에 결합할 수 있는 리보스위치(riboswitch)의 영역. 이런 결합으로 줄기-고리(stem-loop) 구조가 변화하고 그것과 연결된 발현 플랫폼(expression platform)도 바뀌게 된다.

야생형 대립유전자(wild-type allele) (1) DNA의 변이체 혹은 대립유전자(allele)로 그 빈도가 개체군(population) 내에서 1% 이상인 것. (2) 한 개체군 내에서 가장 빈번하게 관찰되는 표현형(phenotype)을 만드는 대립유전자. 야생형 대립유전자들(wild-type alleles)은 종종 + 표시를 위첨자로 나타냄으로써 표시된다.

양성잡종(dihybrid) 동시에 서로 다른 두 유전자(gene)에 대해 이형접합성(heterozygous)인 개체.

양수검사(amniocentesis) 임산부로부터 양수를 채취하여 아직 태어나지 않은 아기의 핵형(karyotype)을 분석하는 의료적 과정.

양적 형질 좌위(quantitative trait loci, QTLs) 연속적 형질(continuous trait)들의 발현을 조절하는 유전자(gene)들.

양적 형질(quantitative trait) 연속적 형질(continuous trait) 참고.

양친 중간값(midparent value) 특정 복합 형질(complex trait)에 대해, 두 부모들의 평균 표현형 값(mean phenotypic value).

양친2형(parental ditype, PD) 4개의 양친형 반수체(parental class haploid) 세포들을 포함하는 사분체(tetrad).

양친성 유전(biparental inheritance) 양친으로부터 세포소기관들(organelles)을 전달 받는 것. 단세포 효모나 일부 식물들에서 발생한다.

양친형(parental types) 배우자(gamete) 형성시에 보존된, 기존의 부모형 유전자(gene)들의 조합을 반영하는 표현형(phenotype)들.

양친형 그룹(parental classes) 원 부모 세대(parental generation)에 존재하는 대립유전자(allele)들의 조합.

억제 돌연변이(suppressor mutations) 다른 돌연변이(mutation)에 의해 발생하는 표현형적 이상을 경감시키는 돌연변이. 이때 그 두 돌연변이들은 같은 유전자(gene)에 있는 것일 수도 있고[유전자 내 억제(intragenic suppression) 참고], 억제 돌연변이가 두 번째 변경 유전자(modifier gene)에 있을 수도 있다.

억제자(repressor) 일종의 전사 인자(transcription factor)로, 특정 시스 작용 요소에 결합하여 전사(transcription)를 감소시키거나 방해한다. 억제자들은 원핵생물(prokaryotes)에서는 작동자작동유전자(operator)에, 진핵생물(eukaryotes)에서는 증폭자(enhancer) 혹은 촉진유전자억제유전자에 결합한다.

억제적 조절(repressible regulation) 억제자(repressor)가 없을 때만 전사(transcription)가 일어나는 유전자(gene) 조절 방법. 유도적 조절(inducible regulation)과 대조된다.

에임즈 검사법(Ames test) 세균 세포들에서 돌연변이를 유발하는 화학물질을 검사하는 법.

에티디움 브로마이드(ethidium bromide, EtBr) 형광을 띠는 DNA-결합 염료로, 젤에서 DNA를 볼 수 있게 하는 데 사용된다.

에피좀(episomes) F 플라스미드(F plasmid)처럼 숙주 유전체(genome)에 통합이 가능한 플라스미드(plasmid).

엑손(exons) 유전자(gene)의 DNA와, 그로부터 생기는 성숙한 해당 mRNA상에 모두 존재하는 서열. 인트론(intron) 참고.

엑손 셔플링, 엑손 뒤섞기(exon shuffling) 진화 과정 중에 서로 다른 유전자(gene)들 사이에서 엑손(exon)들이 교환되어 둘 혹은 그 이상의 독특한 기능을 가지는 모자이크형의 단백질(protein)이 생겨나는 과정.

엑솜(exome) 엑손(exon)들에 해당되는 유전체(genome) 부분 인간의 경우 엑솜은 전 유전체의 ~2% 정도이다.

역 PCR(inverse PCR) 삽입된 도입유전자(transgene) 곁의 유전체 DNA를 증폭시키는 방법으로, PCR 주형(PCR template)으로 양 옆의 제한 단편(restriction fragment) 서열들을 이용한다.

역돌연변이(reverse mutation) 새로운 돌연변이체가 야생형으로 되돌아가도록 하는 돌연변이(mutation).

역위 고리(inversion loop) 역위 이형접합체(inversion heterozygote)인 세포에서 역위된 부분이 정상적인 동족체(homolog)의 유사 영역과 접합하기 위해 회전이 발생할 때 형성된다.

역위 이형접합체(inversion heterozygotes) 하나의 염색체(chromosome)는 정상적인 유전자 서열로 되어 있는 반면에 상동염색체(homologous chromosome)는 역위(inversion)를 갖고 있는 세포나 생물체.

역위(inversion) 염색체(chromosome)의 일부 조각이 염색체의 나머지 부분에 대해 180도 회전한 것.

역전(reversion) 역돌연변이(reverse mutation) 참고.

역전사(reverse transcription) 역전사 효소(reverse transcriptase)가 RNA 주형(RNA template)에 상보적인 DNA 가닥을 합성하는 과정. 역전사의 산물이 cDNA 분자이다.

역전사효소(reverse transcriptase) 레트로바이러스의 RNA 의존성 DNA 중합효소(DNA polymerase)로, RNA 주형(RNA template)에 상보적인 DNA 가닥을 합성한다.

역치효과(threshold effect) 야생형 소기관 DNA들의 분율이 어느 정도 이상이면 정상 표현형(phenotype)을 만들기에 충분한 현상.

연결자 DNA (linker DNA) 한 뉴클레오솜(nucleosome)에서 다음 뉴클레오솜으로 연결되는 약 40염기쌍 길이의 DNA부분.

연관(linkage) 한 염색체(chromosome)상에 존재하는 둘 이상의 표식자(marker)들이 근접해 있는 것; 표식자들이 근접해 있을수록 그들이 재조합(recombination)에 의해 분리될 가능성이 낮다. 부모 형태를 가진 자손 빈도가 재조합형 자손의 빈도를 넘어설 때 유전자(gene)들은 연관되어(linked) 있는 것이다.

연관 가능 단편(syntenic segments) 두 유전체(genome)들의 비교에서, 커다란 블록의 DNA 서열들이 그 정체성이나 순서, 그리고 유전자(gene)들의 전사방향 등이 거의 똑같은 것.

연관 가능 블록, 신테닉 블록(syntenic blocks) 유전체(genome) 내에서 연관된 좌위들(linked loci)의 덩어리.

연관 가능의, 신테닉(syntenic) 동일한 염색체(chromosome) 위에 위치한 것으로 발견되는 둘 혹은 그 이상의 좌위들(loci)의 관계. 보존된 보존성 신테니(conserved synteny)과 연관 가능 단편(syntenic segment)과 비교해 보라.

연관군(linkage group) 연관관계에 의해 묶여 있는 유전자(gene)들의 집단. 연관(linkage) 참고.

연관된(linked) 유전자(gene)들이 같이 유전되는 일이 잦은 경우를 설명하는 말; 연관된 유전자들은 보통 동일한 염색체(chromosome) 상에 가까이 위치한다.

연관 불평형(linkage disequilibrium, LD) 독립된 좌위들(표식자 대립유전자와 질병 대립유전자들 같은)의 특정 대립유전자(allele)들이 우연한 것으로 기대되는 것보다 훨씬 더 높은 빈도로 연관되어 있는 것. 연관 평형(linkage equilibrium)과 대조된다.

연관 평형(linkage equilibrium) 같은 염색체(chromosome)상의 독립된 좌위들(loci)에서 특정 대립유전자(allele)들이 서로 서로 무작위로 연관을 보이는 것. 연관 불평형(linkage disequilibrium)과 대조된다.

연관성 지도 작성(association mapping) 분자 마커들(molecular markers)과 표현형 값들(phenotypic values) 사이의 연관성을 분석함으로써 QTL들을 찾아내는 것.

연관지도(linkage map) 생물의 유전체(genome)에서 유전자 좌위들(loci)의 순서와 거리를 표시한 것.

연속적 형질(continuous trait) 많은 중간 형태들을 나타내는 유전성 형질; 서로 상호작용하거나 환경과 상호작용하여 표현형(phenotype)을 만드는 많은 수의 서로 다른 유전자들(genes)에서의 대립유전자들(alleles)이 어떻게 분리되느냐에 의해 결정된다. 양적 형질(quantitative trait)이라고도 불린다.

열성 대립유전자(recessive allele) 이형접합체에서 발현되지 않는 표현형(phenotype)의 대립유전자(allele). 우성 대립유전자(dominant allele) 참고.

열성 상위성(recessive epistasis) 상위성(epistasis)을 유발하는 대립유전자(allele)가 열성(recessive)인 특수한 경우의 상위성. 우성 상위성(dominant epistasis)과 비교해 보라.

열성 치사 대립유전자(recessive lethal allele) 그 대립유전자(allele)를 갖는 이형접합체(heterozygote)들은 생존이 가능하지만, 동형접합자(homozygote)들의 경우에는 출생이나 생존이 방해를 받는 대립유전자.

열성 형질(recessive trait) 서로 반대되는 표현형(phenotype)들을 보이는 순계(pure-breeding)의 부모계통을 교배하여 얻은 F_1 잡종(이형접합체)에서 감춰진 채로 남는 형질; 열성 형질은 보통 두 번째 자손(second filial, F_2) 세대에서 나타난다.

염기서열(base sequence) DNA나 RNA 가닥 내 뉴클레오티드(nucleotide)의 염기 순서.

염기성 영역(basic domain) 일부 전사 인자(transcription factor)들에서 발견되는 DNA-결합 모듈로서, 예를 들면 류신 지퍼(leucine zipper)나 나선-고리-나선(helix-loop-helix) 부분을 가지는 이량체화 영역들(dimerization domains).

염기쌍(base pair, bp) 상보적인 DNA 가닥들 의 두 질소화된 염기들이 수소 결합(hydrogen bond)에 의해 서로 붙들고 있는 것. 아데닌(adenine)은 티민(thymine)과, 구아닌(guanine)은 시토신(cytosine)과 쌍을 이룬다.

염기 유사체(base analogs) 화학 구조가 DNA의 정상적인 질소화 염기들(nitrogenous bases)과 매우 유사하여 복제 기구가 정상 염기대신 이들을 DNA 복제에 사용할 수 있도록 함으로써 돌연변이를 유발하는 물질들(mutagens). 이것은 DNA 복제의 다음 단계에서 상대 가닥에 염기 치환(substitution)을 일으킨다.

염기 절제 수선(base excision repair) 특정 효소들이 뉴클레오티드(nucleotide)에서 변화된 염기들을 당으로부터 잘라내어 DNA에 탈퓨린 부위나 탈피리미딘 부위(AP site)를 만드는 상동성 의존형 수선 기구; AP 부위에서 DNA에 틈을 만들며; 그 틈에서부터 뉴클레오티드를 제거한다. DNA 중합효소(DNA polymerase)가 비손상 가닥을 복사함으로써 이런 간극을 메우면 원래의 DNA 서열(DNA sequence)이 회복된다. 뉴클레오티드 절제 수선(nucleotide excision repair) 참고.

염색분체(chromatid) DNA 복제(DNA replication) 직후에 존재하는 한 염색체(chromosome)의 두 사본 중 하나. 자매염색분체(sister chromatid) 참고.

염색질(chromatin; 크로마틴) 세포의 핵에서 발견되는 DNA와 단백질(protein) 복합체를 부르는 일반 용어.

염색체(chromosome) DNA를 포함하고 있는, 세포의 자기 복제성 유전적 구조물. DNA는 그 뉴클레오티드(nucleotide) 서열에 선형으로 배열된 유전자(gene)들을 실어 운반한다.

염색체 간섭(chromosomal interference) 교차(cross-over) 현상이 독립적으로 일어나지 않음. 교차(crossing-over) 참고.

염색체 소실(chromosome loss) 이수성(aneuploidy)을 유발하게 되는 기구로, 특정 염색분체(chromatid)나 염색체(chromosome)가 세포 분열 중에 어느 한 쪽의 딸세포로 들어가지 못하는 것.

염색체 재배열(chromosome rearrangement) 하나 혹은 그 이상의 염색체(chromosome)상에서 DNA 서열(DNA sequence)의 순서가 변화하는 것.

엽록체(chloroplast) 태양에너지를 붙잡아 광합성(photosynthesis)을 통해 탄수화물의 화학결합에 에너지를 저장하는 식물의 세포소기관들(organelles).

엽록체 형질전환 식물(transplastomic plant) 형질전환된 엽록체(transgenic chloroplast)들을 포함하는 식물.

영가설(null hypothesis) 수용 혹은 거부가 검사되어야 하는 통계적 가설로, 이를 통해 다른 가설을 고려할 수 있다.

영돌연변이, 영대립유전자(null mutations or alleles) 야생형 대립유전자(wild-type allele)에서 암호화되는 유전자 산물의 기능을 없애는 돌연변이(mutation)들. 그런 돌연변이들은 단백질(protein)이나 RNA의 합성을 방해하거나(이것은 일부 유전학자들이 주장하는 엄격한 정의이다), 어떤 기능도 수행할 수 없는 단백질 혹은 RNA들을 합성한다.

영양요구주(auxotroph) 야생형 계통들은 요구하지 않는 성장인자들(growth factors)을 하나 이상 포함하고 있는 최소배지(minimal medium)에서만 생장이 가능한 돌연변이 미생물들.

영역(domain) 자신만의 기능을 가지는 단백질(protein)의 특정 영역. 하나의 단백질에서 영역들이 어떻게 조합되느냐가 전체 기능을 결정한다.

영역 설계(domain architecture) 어떤 단백질에서 기능적 영역(domain)들의 수와 배열 순서.

예정세포사(programmed cell death, PCD) 세포자살(apoptosis) 참고.

오카자키단편(Okazaki fragments) DNA 복제(DNA replication) 중에 생기는 약 1000염기 정도의 작은 조각들로, 합성된 후에 연결되어 지체가닥(lagging strand)을 만든다.

오페론(operon) 특정한 유전자(gene)들, 촉진유전자(promoter) 및 작동자(operator)로 구성되는 DNA 단위들. 환경 변화에 대해 구조 유전자들의 반응이 한 단위로 작동된다.

오페론설(operon theory) 대장균에서 유전자(gene)들의 억제와 유도를 설명하는 이론.

온도 감수성(temperature sensitive, ts) 유전자(gene)나 단백질(protein)들이 특정 제한 온도(restrictive temperature)나 그 이상에서는 정상적으로 기능하지 못하는 것. 그러나 그보다 낮은 온도—허용 온도(permissive temperature)—에서는 정상적으로 기능할 수 있다.

온도 감수성 돌연변이[temperature-sensitive (ts) mutations] 보통 과오 돌연변이(missense mutation)인 유전자 돌연변이(gene mutation)들로서, 온도 감수성 대립유전자(allele temperature sensitive)들이다.

올리고뉴클레오티드(oligonucleotide) 짧은 단일 가닥 DNA 분자들(50개 미만의 염기 포함); 자동 DNA 합성기에 의해 합성될 수 있다. 올리고뉴클레오티드들은 DNA 탐침자(DNA probe)로 사용되거나 DNA 서열화 또는 PCR을 위한 프라이머(시발체, primer)로 사용된다.

올리고뉴클레오티드 프라이머(oligonucleotide primer) DNA나 RNA 주형(RNA template)과 혼성화(hybridize)되는 올리고뉴클레오티드(oligonucleotide); 3′말단이 DNA 중합효소(DNA polymerase)나 역전사효소(reverse transcriptase)에 의해 신장된다.

올리고펩티드(oligopeptide) 펩티드 결합(peptide bond)으로 연결된 몇 개의 아미노산(amino acid)들.

옹스트롬[angstrom (Å)] 1 m의 100억 분의 1에 해당하는 길이 단위.

완전 절단(complete digest) 제한효소(restriction enzyme)로 DNA 시료를 자를 때 효소에 의해 인식되는 모든 DNA 자리에서 절단이 발생하도록 하는 것.

용균반(plaque) 세균밭(lawn)에서, 살아 있는 세균 세포 없이 유전적으로 동일한 단일 박테리오파아지(bacteriophage)의 자손들을 포함하고 있는 투명한 영역.

용균회로(lytic cycle) 파아지(phage)에 감염된 세포들에서의 세균 주기로, 결국 세포 분해가 발생하여 자손 파아지가 방출된다. 용원성 주기(lysogenic cycle)와 비교해 보라.

용원(lysogen) 프로파아지(prophage)를 가지고 있는 세균 세포.

용해물(lysate) 용해회로(lytic cycle)의 마지막에 숙주세포로부터 방출되는 파아지(phage)입자들의 집합.

우라실(uracil) 정상적으로라면 DNA에는 없고 RNA에서만 발견되는 질소 포함 염기; 우라실은 아데닌과 염기쌍(base pair)을 형성할 수 있다.

우성 대립유전자(dominant allele) 이형접합체(heterozygote)에서 그 표현형(phenotype)이 드러나는 대립유전자(allele). 열성 대립유전자(recessive allele) 참고.

우성 상위성(dominant epistasis) 한 유전자(gene)에서의 우성 대립유전자(dominant allele)의 효과가 다른 유전자에서의 대립유전자들(alleles)의 효과를 가리는 것. 열성 상위성(recessive epistasis)과 비교해 보라.

우성 억제자(dominant suppressors) 야생형 대립유전자(wild-type allele) 하나와 함께 이형접합성(heterozygous)일 때는 돌연변이(mutation)들이 돌연변이 표현형을 나타내지 않지만, 이중 돌연변이체에서는 다른 유전자(gene)에서의 돌연변이에 의해 민감화된 표현형(sensitized phenotype)이 더 야생형처럼 드러나게 하는 돌연변이 우성 증폭자(dominant enhancer)와 대조적이다.

우성 음성(방해성) 돌연변이(대립유전자)[dominant-negative mutations (or alleles)] 동일한 유전자에서 야생형 대립유전자(wild-type allele)의 활성을 억제하는 대립유전자(allele)로, 이형접합체(heterozygote)들에서도 기능소실을 일으킨다.

우성 증폭자(dominant enhancers) 야생형 대립유전자(wild-type allele) 하나와 함께 이형접합성(heterozygous)일 때는 돌연변이(mutation)들이 돌연변이 표현형을 나타내지 않지만, 이중 돌연변이체에서는 다른 유전자(gene)에서의 돌연변이에 의해 민감화된 표현형(sensitized phenotype)이 더 돌연변이 표현형으로 드러나게 하는 것. 우성 억제자(dominant suppressor)와 대조적이다.

우성 형질(dominant trait) 서로 대립되는 표현형(phenotype)들을 나타내는 순계(pure-breeding)의 부모계통을 교배하여, 그로부터 얻은 F_1 잡종들(이형접합체들)에서 드러나는 형질.

우열 계열(dominance series) 가장 우성인 형태부터 가장 열성인 것까지의 순서로, 모든 가능한 대립유전자들(alleles)의 쌍들이 드러내는 우열 관계.

운반 RNA(transfer RNA, tRNA) 리보솜(ribosome)에서 신장 중인 폴리펩티드(polypeptide) 사슬의 정확한 위치에 특정 아미노산(amino acid)들을 위치시키는 작은 RNA 어댑터 분자.

워블(wobble) 한 안티코돈의 5′ 말단 뉴클레오티드(nucleotide)가 코돈(codons)의 3′ 말단에서 하나 이상의 뉴클레오티드와 상호작용할 수 있는 능력 유전 암호(genetic code)의 다중성(degeneracy)을 설명할 수 있게 한다.

원암유전자(proto-oncogene) 세포를 암화시키는 대립유전자(allele)인 암유전자(oncogene)로 돌연변이될 수 있는 유전자(gene).

원영양체(prototroph) 최소배지에서도 자랄 수 있는 미생물(보통 야생형). 영양요구체(auxotroph)와 비교해 보라.

원핵생물(prokaryotes) 영역이라고 알려진 생명의 세 가지 주요 진화계통 중 하나; 핵막이 없는 것이 특징이다. 진핵생물(eukaryotes)과 대조된다.

원핵성 유전자 조절(prokaryotic gene regulation) 세균에서의 유전자 발현(gene expression) 조절은 특정 유전자(gene) 나 유전자 그룹의 전사(transcription)나 번역(translation)을 증가 혹은 감소시킴으로써 이루어진다.

위상염색체 부위(pseudoautosomal regions, PARs) X와 Y염색체(chromosome) 양 말단의 상동성 영역.

위연관(pseudolinkage) 상호전좌(reciprocal translocation)에 대한 이형접합체의 특징으로, 전좌 절단 부위(translocation breakpoint) 근처에 위치하는 유전자(gene)들이 원래는 비상동염색체(chromosome)에서 기원했음에도 불구하고 연관되어 있는 것처럼 행동한다.

위유전자(pseudogene) 비기능적인 유전자(gene). 중복(duplication)과 분기(divergence)의 결과로 원래의 기능적 유전자 사본 하나가 더 이상 기능을 못하는 돌연변이(mutation)를 겪은 것.

위치 특이성 재조합 촉진효소(resolvase; 리졸베이즈) 재조합(recombination) 과정 중에 비자매염색분체(nonsister chromatid)

들을 분리시키기 위해 홀리데이 교차점(Holliday junction)에서 DNA 가닥들을 절단했다가 연결시키는 효소.

위치추적 클로닝(positional cloning) 연구자들이 유전자(gene) 클론을 얻기 위해 연관 분석을 이용하는 과정.

위치-특이적 재조합(site-specific recombination) 짧은 두 개의 특수한 DNA 서열(DNA sequence)들 사이에서 발생하는 교차(crossing-over)로서, 재조합효소(recombinase)라고 불리는 특수한 효소들의 작용으로 일어난다.

위치효과 얼룩(position-effect variegation) 한 세포 집단에서 한 유전자(gene)의 발현이 다양한 것으로, 고도로 응축된 이질염색질(heterochromatin) 근처에 유전자가 위치하기 때문이다.

유도(induction) 신호에 의해 한 유전자(gene)나 한 세트의 유전자들의 발현이 유도되는 과정.

유도성 조절(inducible regulation) 유도자(inducer)의 존재하에서만 전사(transcription)가 발생하는 유전자(gene) 조절. 억제성 조절(repressible regulation)과 대조적이다.

유도자(inducer) 한 유전자(gene)나 일련의 유전자들에서 전사(transcription)를 유발하는 작은 분자.

유리한 돌연변이(beneficial mutations) 개체나 개체군(population)에 선택적 이점을 제공하는 드문 돌연변이(mutation). 해로운 돌연변이(deleterious mutation)나 중립 돌연변이(neutral mutation)와 대조된다.

유사분열(mitosis) 유전적으로 부모와 동일한 두 딸세포를 만드는 세포 분열 과정.

유사분열 방추(mitotic spindle) 세 가지 형태의 미세소관[방추사부착 미세소관(kinetochore microtubule), 방추극 미세소관(polar microtubule), 성상체 미세소관(astral microtubule)]으로 구성된 구조. 유사분열 방추는 세포 분열 중에 염색체(chromosome)들의 이동을 위한 틀을 제공한다.

유사분열 비분리(mitotic nondisjunction) 유사분열 후기(anaphase) 중에 두 개의 자매염색분체(sister chromatid)들이 나뉘지 못해 3염색체성(trisomic) 딸세포와 1염색체성(monosomic) 딸세포를 생산하게 된다.

유사분열 재조합(mitotic recombination) 유사분열기(mitosis) 중에 발생하는 비자매염색분체(nonsister chromatid)들 사이에서의 잘못된 교차(crossing-over).

유사분열촉진인자(mitogen; 마이토젠) 세포 증식을 촉진하는 성장 인자(growth factor).

유사유전자(paralogous genes) 같은 종 내에서 중복(duplication)에 의해 생긴 유전자(gene)로, 종종 같은 염색체(chromosome) 내에 위치한다; 종내 상동 유전자들은 종종 다유전자군(multigene family)을 구성한다.

유사유전자 계열(congenic lines) 근접 동질유전자 계열들(nearly isogenic lines, NILS) 참고.

유전(heredity) 유전자(*gene*)들이 부모에서 자손으로 생리적 · 물리적 · 행동적 형질들을 전달하는 방식.

유전력(heritability) 총 표현형 분산(total phenotype variance)에 대한 유전적 분산(genetic variance)의 비율. 광의의 유전력(broad sense heritability)과 협의의 유전력(narrow sense heritability) 참고.

유전 암호(genetic code) 뉴클레오티드(nucleotide)의 서열로, mRNA상의 세 문자(코돈)들로 암호화된다. 단백질(protein) 합성에서 아미노산(amino acid)들의 순서를 결정한다.

유전의 염색체설(chromosome theory of inheritance) 염색체(chromosome)들이 유전자(gene)들의 운반체라는 생각.

유전자(gene) 생물학적 정보의 기본 단위; 특정 RNA나 단백질(protein)을 암호화함으로써 기능의 단위로 작용하는 염색체(chromosome) 영역 내의 특정 DNA 단편이다.

유전자군(gene family) 약간 다른 기능들을 가지는 밀접하게 연관되어 있는 유전자(gene)들의 세트. 대체로 연속적인 유전자 중복(gene duplication) 사건들에 의해 생겨난다.

유전자 내 억제(intragenic suppression) 한 가지 돌연변이(mutation)가 동일한 유전자(gene) 내의 다른 돌연변이 효과를 상쇄시킴으로써 유전자 기능이 회복되는 것.

유전자 내의(intragenic) 유전자(gene) 안에서의.

유전자량(gene dosage) 세포의 핵에 존재하는 특정 유전자(gene)의 수.

유전자량 보정, 양적 보정(dosage compensation) X-염색체(X chromosome)의 수와 관계없이 X-연관 유전자(X-linked gene)들의 발현 수준을 동일하게 하는 기작; 포유류에서의 양적 보정 기구는 X-염색체 불활성화(X chromosome inactivation)이다.

유전자 발현(gene expression) 어떤 유전자(gene)의 정보가 RNA로 바뀌었다가 (단백질 암호화 유전자에서는) 폴리펩티드(polypeptide)로 전환되는 과정.

유전자 복합체(gene complex) 강하게 연관된 유전자들의 그룹으로, 종종 중복과 분기 진화에 의해 생긴다. 이들은 보통 같은 과정에서 기능한다.

유전자 수퍼패밀리(gene superfamily) 연관 유선자(gene)들의 커다란 그룹으로, 더 작은 세트인 군(family)으로 나눌 수 있다. 각 패밀리의 유전자들은 더 큰 슈퍼패밀리의 다른 구성원들보다 서로 더 긴밀하게 관련되어 있다. 단일 유전자나, 슈퍼 패밀리를 구성하는 다유전자군(multigene family)들은 서로 다른 염색체 자리들에 위치한다. 글로빈을 암호화는 유전자들이나 *Hox* 유전자들은 유전자 슈퍼패밀리들의 예가 된다.

유전자은행(GenBank) 설명이 된(주석이 달린) DNA 서열들의 NIH 데이터베이스.

유전자 전환(gene conversion) 이형접합체(heterozygote)에서, 재조합(recombination) 과정 중에 이형 이중 가닥(heteroduplex)이 형성되고 미스매치 수선(mismatch repair)이 이루어져 한 대립유전자(allele)의 염기 서열(base sequence)이 다른 대립유전자의 것으로 변화하는 것. 부모형 대립유전자들이 예상대로 2:2로 분리되지 않는 것으로 추적된다.

유전자 증폭(gene amplification) 정상적인 두 개의 유전자(gene) 사본이 수백 개까지 증가하는 것; 종종 G_1-S 점검점(checkpoint)을 망가뜨리는 *p53* 돌연변이(mutation)에 의해 발생한다.

유전자총 형질전환(biolistic transformation) 형질전환된 엽록체들(transgenic chloroplasts)을 만들기 위해 유전자총(gene gun)을 사용하는 것.

유전자 치료(gene therapy) 질병을 치료하기 위해 유전체(genome)를 조작하는 것.

유전자 치료용 벡터(gene therapy vector) 인간의 세포로 치료용 유전자(therapeutic gene)들을 도입하는 운반체. 아데노바이러스 연관성 바이러스 벡터(adeno-associated viral vector)와 레트로 바이러스 벡터(retroviral vector) 참고.

유전자 표적화(gene targeting) 상동성 재조합(homologous recombination)에 기초하여 유전체(genome)에 DNA를 삽입하는 방법 그 DNA는 서열 유사성에 의해 유전체의 특정 위치로 삽입되도록 "표적화"된다.

유전자 풀(gene pool) 개체군(population)의 모든 구성원들이 가지고 있는 모든 대립유전자(allele)들의 총 합.

유전자형(genotype) 한 개체에 존재하는 실질적 대립유전자들(alleles).

유전자형 빈도(genotype frequency) 집단(population) 내에서 특정 유전자형(genotype)을 갖는 개체들의 분율.

유전자형 항(그룹)(genotypic class) 특정 표현형(phenotype)을 생산하게 될 연관 유전자형(genotype)들의 세트로 정의되는 묶음. 완전 우성이 관련된 양성 잡종(dihybrid)이나 다중 잡종(multihybrid) 교배에서 자손들을 설명할 때 가장 유용한 용어이다; 예를 들어, *Aa Bb* 개체들 사이의 교배에서는, *A- B-*, *A- bb*, *aa B-*, 그리고 *aa bb* 등이 유전자형 항(그룹)들이다.

유전자형의 질병 연관율(genotypic odds ratio) 질병과 연관된 특정 SNP 대립유전자(SNP allele)의 이형접합성이나 동형접합성에 의해 부여되는 질병 위험성의 평균적 증가. 대립유전자의 질병 연관율(alleleic odds ratio) 참고.

유전적 모자이크(genetic mosaic) 모자이크(mosaic) 참고.

유전적 변이, 유전적 분산(genetic variance, V_G) 표현형 값(phenotypic value)에서 유전적인 요인들 때문에 생기는 평균값과의 차이. 환경적 분산(environmental variance)과 비교해 보라.

유전적 부동(genetic drift) 자연 선택(natural selection)과 반하여 대립유전자(allele)의 빈도가 무작위 추출에 의해 예측할 수 없게 무작위로 변동하는 것.

유전적 불균형(genetic imbalance) 한 생물이나 세포의 유전체(genome)가 일부 유전자를 다른 유전자들보다 더 많은 사본으로 포함하는 상황으로, 염색체 재배열(chromosomal rearrangement)이나 이수성(aneuploidy)에 의해 발생한다.

유전적 연관(genetic linkage) 연관(linkage) 참고.

유전적 연관성(genetic relatedness) 개인들이 모든 유전자(gene) 좌위들에서, 공동 조상으로부터 물려받아 가지게 된 공통 대립유전자(allele)들을 얼마나 갖는지에 대한 평균 분율.

유전적 이입(introgression) 한 종의 작은 유전체 부분이 다른 종에 존재하는 것.

유전적 조상(genetic ancestors) 한 개인이 그의 생물학적 조상(biological ancestor)들로부터 물려받은 유전체 DNA 단편(대립유전자들). 가장 최근의 공통조상(most recent common ancestor) 참고.

유전적 표식자, 유전적 마커(genetic markers) 표현형 변이들을 통해 식별 가능한 유전자(gene)들로, 특정 자손들이 재조합(recombination) 결과로 얻어진 것인지를 결정하는 데 있어 기준 지점으로 작용할 수 있다. 물리적 표식자(physical marker)와 비교해 보라.

유전체(genome) 특정 세포나 생물이 가지는 유전정보의 총 합.

유전체 각인(genomic imprinting) 어떤 유전자(gene)의 발현이 그 유전자를 전달한 부모에 따라 달라지는 현상; 성 특이적 DNA 메틸화(DNA methylation)에 의해 발생한다.

유전체 당량(genomic equivalent) 특정 크기의 삽입물을 가지고 있는 DNA 클론(DNA clone)들의 수로, 특정 유전체(genome)의 모든 서열에 대해 하나의 사본을 포함하게 되는 데 요구되는 수이다.

유전체 도서관(genomic library) 특정 생물의 유전체(genome)에 존재하는 모든 DNA 서열의 사본을 대표할 수 있는 DNA 클론(DNA clone)들의 집합.

유전체 불안정성(genomic instability) 암세포들에서 비정상적 핵형(karyotype)을 만드는 점돌연변이(point mutation)들 및 염색체 재배열(chromosomal rearrangement)들의 축적.

유전체 섬(genomic islands) 하나의 세균 종에서 다른 종으로 이동된 커다란 DNA 단편.

유전체 수준의 연합 연구(Genome-Wide Association Study, GWAS) 특정 표현형(phenotype)과 관련된 SNP 대립유전자(SNP allele)들을 찾기 위해 집단(population)의 많은 개체들로부터 총 유전체(genome)들을 검사하는 것 그런 SNP 좌위들(SNP loci)은 그 형질에 대한 QTLs과 연관(linked)된다.

유전체학(genomics) 유전체(genome)들에 대한 연구.

유전학(genetics) 유전에 대한 과학.

유합(coalesce) 두 유전적 계통이 합쳐져 가장 최근의 공통조상(most recent common ancestor)이 되는 것.

융합 단백질(fusion proteins) 하나 이상의 유전자(gene)에서 유래한 개방 번역틀(open reading frame)들에 의해 암호화되는 단백질(protein)들.

융합 유전자(fusion gene) 둘 이상의 서로 다른 유전자(gene)들에서 기원한 부분들로 이루어진 유전자.

응축(condensation) 개별 염색체(chromosome)들이 관찰 가능한 실체가 되도록 하는 세포내 염색질(chromatin)의 뭉침 과정.

이동기(diakinesis) 염색체들(chromosomes)에서 각 사분체

(tetrad)가 4개의 독립적인 염색분체들(chromatids)로 구성되는 지점까지 응축이 일어나는 전기 I (prophase I)의 하위 단계; 이 시기의 후반에는 핵막이 파괴되고, 방추기구(spindle apparatus)의 미세소관들이 형성되기 시작한다.

이란성 쌍둥이[dizygotic (DZ) twins] 한 자궁에서 발생하는 서로 다른 접합자(zygote)로부터 유래한 두 개의 서로 다른 배아들 형제 쌍둥이라고도 불린다.

이량체화 영역(dimerization domain) 동일한 폴리펩티드(polypeptide)나 다른 종류의 폴리펩티드와의 상호작용을 촉진시키는 폴리펩티드 영역. 류신 지퍼(leucine zipper) 등과 같은 특정 모티프들이 종종 이량체화 영역으로 작용한다.

이배체(diploid) 접합자들(zygotes)과 두 개의 맞는 염색체(chromosome) 세트를 가지는 세포들은 모두 이배체로 설명된다. 반수체(haploid)와 비교해 보라.

이소성 발현(ectopic expression) 유전자(gene)가 정상적으로 발현되어야 할 세포나 조직을 벗어나 다른 장소에서 발현되는 것.

이수성(aneuploidy) 이수체(aneuploid)로 존재하는 상태.

이수체(aneuploid) 그 종의 반수체(haploid) 수의 정확한 배수가 아닌 숫자로 염색체(chromosome)들을 가지는 개체.

이어맞추기 공여자(splice donors) 1차 전사체(primary transcript)에서 인트론(intron)과 그 상류의 엑손(exon) 사이의 경계에 위치하는 뉴클레오티드(nucleotide) 서열; RNA 이어맞추기(RNA splicing)에 필요하다.

이어맞추기복합체(spliceosome) RNA 이어맞추기(RNA splicing)을 수행하는 복잡한 핵 내 기구.

이어맞추기 수여자(splice acceptors) 1차 전사체(primary transcript)에서 인트론(intron)과 그 다음 엑손(exon) 사이의 경계에 위치하는 뉴클레오티드(nucleotide) 서열; RNA 이어맞추기(RNA splicing)에 필요하다.

이주(migration) 개체군 집단(population)들 사이에서 개체들이 이동하는 것.

이중가슴 복합체(bithorax complex, BX-C) 초파리(*Drosophila*)에서, 복부와 가슴 뒷부분의 체절 정체성을 조절하는 호메오틱 유전자(homeotic genes)들의 모임.

이중 나선(double helix) DNA의 두 선형 가닥들이 서로 결합했을 때 형성되는 나선 모양.

이중 돌연변이체(double mutants) 유전체(genome) 내 두 개의 서로 다른 유전자(gene)들에서 돌연변이(mutation)들을 포함하고 있는 생물.

이중동원체성 염색분체(dicentric chromatid) 두 개의 동원체(centromere)를 가진 염색분체(chromatid).

이중 미세염색체(double minutes) 유전자 증폭(gene amplification)에 의해 생겨난, 동원체(centromere)와 말단소체(telomere)가 없는 작은 염색체 유사물들.

이질배수체(allopolyploids) 두 종 이상의 연관종들로부터 기원한 염색체(chromosome) 세트를 가지는 다배성(polyploid) 잡종.

이질염색질(heterochromatin) 내부의 유전자들이 보통 전사적으로 불활성 상태에 있게 되는, 염색체에서 고도로 응축된 지역.

이질유전자적 형질(heterogeneous trait) 여러 유전자(gene)들 중 어느 것에서 돌연변이(mutation)가 생겨도 동일한 표현형(phenotype)을 만들 때 발생한다.

이형 배우자적 성(heterogametic sex) 두 개의 성염색체(sex chromosome)들이 비슷하지 않은 쪽의 성; 예를 들어, 인간의 남성은 그들이 X와 Y염색체를 가지므로 이형 배우자적 성이다. 동형 배우자적 성(homogametic sex)과 비교해 보라.

이형 이중가닥(heteroduplex) 이중 가닥 DNA 부분으로, 비슷하긴 하지만 똑같지는 않은 서열의 두 가닥으로 이루어진다. 이형 이중 가닥 영역은 종종 교차(crossing-over) 과정의 중간 형태로 나타난다.

이형세포질성(heteroplasmic) 세포소기관 유전체(organellar genome)들의 혼합물로 특징이 결정되는 세포소기관(organelle)의 유전체 조성. 동형세포질성(homoplasmic)과 비교하여 보라.

이형이량체(heterodimer) 서로 다른 두 가지의 폴리펩티드(polypeptide)들로 구성되는 단백질(protein) 복합체. 동형이량체(homodimer)와 비교해 보라.

이형접합성 상실(loss-of-heterozygosity) 여러 가지의 드문 사건들이 종양 억제 유전자 돌연변이(tumor suppressor gene mutation)에 대해 원래 이형접합성(heterozygous)이었던 세포를 동형접합성(homozygous)으로 변화시키는 현상.

이형접합의(heterozygous) 특정 형질을 결정하는 유전자(gene)의 두 사본이 서로 다른 대립유전자(allele)들로 구성된 유전자형(genotype). 잡종(hybrid) 참고.

이형접합자 우세(heterozygote advantage) 이형접합체(heterozygote)들이 동형접합체(homozygote)들보다 더 높은 적응도(fitness)를 가지는 상황.

이형접합체(heterozygote) 주어진 유전자(gene)나 좌위(locus)에 서로 다른 두 대립유전자(allele)들을 가지는 개체.

이화 경로(catabolic pathways) 복잡한 분자들이 분해되는 대사 경로들.

이화물 억제(catabolite repression) 젖당 오페론(*lac* operon)처럼 당을 대사하는 오페론(operon)들의 발현이 포도당이나 기타 선호되는 이화물질들이 존재할 때 억제되는 현상.

익명 DNA 다형성(anonymous DNA polymorphisms) 유전체 DNA 서열에서의 변화가 유전자(gene) 기능에 영향을 미치지 않는 것. 비익명 DNA 다형성(nonanonymous DNA polymorphisms)과 비교해 볼 것.

인(nucleolus) 진핵 세포의 간기(interphase) 핵에서 (광학현미경으로 관찰했을 때) 커다란 구형 소기관(organelle)으로 관찰되는 것; 인 형성자(nucleolar organizer)에 의해 만들어진다.

인간 유전체 프로젝트(Human Genome Project) 인간의 유전체(genome)에 대해 완전한 서열을 결정하고 이 정보를 분석하려는 시도.

인간 장내 미생물군 프로젝트(Human Microbiome Project) 인간과 공생하는 모든 미생물종들을 찾아내고, 이 미생물 개체군(population)들에서의 차이와 인간의 표현형적 차이 또는 질병 상태를 연결시키려는 시도.

인공 형질전환(artificial transformation) 한 세균 균주로부터 다른 균주로 유전자들을 옮기는 한 가지 방법. 세포벽을 약하게 하여 DNA가 투과할 수 있도록 하는 실험적 방법이 사용된다. 자연 형질전환(natural transformation)과 비교해 보라.

인델(InDel or DIP) 삽입-결실 다형성(insertion-deletion polymorphism) 참고.

인산디에스테르 결합(phosphodiester bonds) DNA의 골격을 만드는, 뉴클레오티드(nucleotide)들 사이의 공유결합.

인산화(phosphorylation) 인산화효소(kinase)에 의해 단백질(protein)에 인산기가 추가되는 것.

인산화효소, 키나아제(kinase) 단백질 인산화효소(protein kinase) 참고.

인위선택(artificial selection) 특정 목적을 위해 다음 세대를 위한 부모들을 선택하여 교배하는 것. 자연선택(natural selection)과 비교해 보라.

인접-1형 분리(adjacent-1 segregation pattern) 감수분열 I기(meiosis I) 중 상동염색체들(homologs)의 정상 분리 결과 생기는 분리(segregation) 양상 중 한 가지이다. 상동인 동원체들(centromeres)이 나뉘므로 전좌 염색체(translocation chromosome)와 정상 염색체(chromosome)가 각기 다른 극으로 이동한다. 교차 분리형(alternate segregation pattern)과 대조해 볼 것.

인접-2형 분리(adjacent-2 segregation pattern) 감수분열 I기 중에 비분리(nondisjunction)가 발생하여 상동인 동원체들(centromeres)이 같은 극으로 이동하게 되는 분리(segregation) 형태.

인테그레이즈(integrase) 이중 가닥 DNA 단편들을 염색체(chromosome) 내로 삽입시키는 효소.

인트론(introns) 1차 전사체(primary transcript)로부터 잘려 나가 성숙한 mRNA 상에서는 발견되지 않는 유전자(gene) 내 DNA 염기 서열. 엑손(exon) 참고.

인형성자(nucleolar organizer) 인(nucleolus) 안쪽에 있는 긴 DNA 고리들로, rRNA 유전자(rRNA gene)들이 뭉쳐 있다.

일란성 쌍둥이(identical twins) 단일 접합자성 쌍둥이(monozygotic twin) 참고.

일반형질도입(generalized transduction) 박테리오파아지(bacteriophages)에 의해 유전자(gene)가 전달되는 일종의 형질도입(transduction)으로, 어떤 세균의 유전자가 연관 계통의 다른 세균으로 전달될 수 있다.

일시변이(modification) 제한된 숙주에서의 생장이 파아지(phage)를 변화시킴으로써 같은 숙주에서 다음 세대의 파아지들이 더 효과적으로 자라게 하는 현상.

일치도(concordance) 서로 다른 개인들 사이에서 표현형 값들(phenotypic values)이 일치하는 정도를 설명하는 것.

일치 확률(match probability) SSRs같은 특정 분자 표식자(molecular marker)들의 세트에 대해, 서로 다른 두 사람이 동일한 이배체 유전자형(diploid genotype)을 가질 확률.

[ㅈ]

자가분비형 자극(autocrine stimulation) 여러 암세포들에서, 세포들이 이웃 세포로부터 나오는 신호를 기다리지 않고 스스로 분열하기 위한 신호 분자들을 생산해 내고 그에 반응하는 과정.

자가수정(self-fertilization, selfing) 동일 식물체에서 얻은 밑씨와 화분 사이의 수정.

자가 유도자(autoinducer) 세균 정족수 감지(quorum sensing) 과정에서의 핵심 효과 인자(effector)인 전사 인자(transcription factor); 세균들은 자가 유도자 농도를 통해 집단의 밀도를 감지한다.

자가인자 요소(autonomous elements) 스스로 유전체(genome)의 다른 곳으로 이동이 가능한 완전한 형태의 전이 인자들(transposable elements). 비자가인자 요소들(nonautonomous elements)과 비교해 보라.

자낭(ascus) 일부 곰팡이들에서, 감수분열(meiosis)로 얻어진 네 개의 반수체(haploid)들을 포함하고 있는 주머니형 구조.

자낭포자(ascospores) 일부 곰팡이들에서, 감수분열(meiosis)로 생기는 반수체 세포들(haploid cells). 반수체포자(haplospores)로도 알려져 있다.

자매염색분체(sister chromatids) DNA 복제 직후에 존재하는, 한 염색체(chromosome)의 동일한 두 사본들. 자매염색분체(chromatid)들은 코헤신(cohesin)이라 불리는 단백질(protein) 복합체에 의해 서로 붙어 있다.

자손 1세대[first filial (F_1) generation] 계획된 일련의 교배(cross)들에서, 부모세대(parental generation)의 자손.

자손 2세대[second filial (F_2) generation] 일련의 계획된 교배 실험에서, F_1 세대(F_1 generation)의 자가 수정이나 계통 간 교배에 의해 얻어진 자손.

자손 세대(filial generations) 두 부모(P세대)로부터 시작하여 자가수정시키거나 서로 교배시키는 일련의 조절된 교배들로부터 얻어지는 연속적 자손들.

자연선택(natural selection) 자연상태에서, 점진적으로 적응도(fitness)가 낮은 개체들이 사라지고, 적응도가 높은 개체들이 선택되어 생존함으로써 다음 세대의 부모가 되는 과정. 인위선택(artificial selection)과 비교해 보라.

자연 형질전환(natural transformation) 소수의 세균종들에서, 주변 환경의 DNA를 스스로 받아들임으로써 한 계통의 세균이 가진 유전자가 다른 계통으로 이동하는 과정. 인공 형질전환(artificial transformation)과 비교해 보라.

자유도(degrees of freedom, df) 실험에서 다양한 독립변수의

수를 측정하는 값.

작동유전자 부위(operator site) 억제자 단백질(repressor protein)이 인식할 수 있는, 촉진유전자(promoter) 근처의 짧은 DNA 서열(DNA sequence); 억제자가 작동자에 결합하면 그 유전자(gene)의 전사(transcription)가 억제된다.

작용 초점(focus of action) 동물이 정상적으로 발생하고 기능하기 위해서 관심 유전자(gene)가 반드시 활성을 나타내야 하는 세포.

작은 간섭 RNA(small interfering RNAs, siRNAs) 이중 가닥 RNA들의 가공으로 생기는 21~24 bp 길이의 짧은 RNA 분자로, 상보적 염기쌍 형성(complementary base pairing)을 통해 특정 RNA 표적들을 파괴한다. RNA 간섭(RNA interference)이라고 불리는 이 과정에서는, siRNA들이 RISC 복합체(RISC complex)를 mRNA 표적으로 안내한다. RITS 복합체(RITS complex)의 결합을 통해, siRNA들은 특정 DNA 영역들의 이질염색질화에 작용하기도 한다.

잘린 단백질(truncated proteins) 정지코돈 돌연변이(nonsense mutation)를 가지고 있어서, 유전자(gene)에 의해 정상적으로 암호화되는 단백질보다 적은 수의 아미노산(amino acid)들을 가지게 된 폴리펩티드(polypeptide).

잠재성 박테리오파아지(temperate bacteriophages) 숙주를 감염시킨 후에, 이 파아지(phage)들은 용균회로(lytic cycle)나 용원회로(lysogenic cycle)로 들어갈 수 있다. 용원성 회로 중에는 DNA가 숙주 유전체(genome)로 통합된다. 병독성 박테리오파아지(virulent bacteriophage)와 비교해 보라.

잡종(hybrids) 유전적으로 비슷하지 않은 부모들로부터 생긴 자손; 보통 이형접합체(heterozygote)의 유사어로 사용된다.

재구성 복합체(remodeling complex) 촉진유전자(promoter)를 가리는 뉴클레오솜(nucleosome)들을 제거하거나 유전자(gene)와 관련하여 뉴클레오솜의 위치를 바꿔주는 단백질(protein)들의 복합체. 유전자가 전사적으로 활성화되도록 준비할 수 있게 해 준다.

재배열 절단지점(rearrangement breakpoints) 재배열에 의해 생기는 염색체(chromosome) 내 DNA 서열들의 비정상적 배열 재배열된 염색체 단편들이 시작되는 곳과 끝난 지점의 정확한 염기쌍(base pair)들을 알려준다.

재조합(recombination) 부모의 어느 쪽과도 다른 대립유전자(allele) 조합의 자손이 생기는 과정; 새로운 대립유전자 조합을 가진 세대. 고등 생물에서는 교차(crossing-over)에 의해 발생한다.

재조합 DNA 분자(recombinant DNA molecules) 서로 다른 기원의 DNA 분자들이 재조합 DNA 기술에 의해 서로 연결된 것.

재조합 그룹(recombinant classes) 부모세대(parental generation)에 존재하지 않던, 대립유전자(allele)들이 서로 뒤섞여 생긴 새로운 대립유전자들의 조합.

재조합 다발점, 재조합 빈발지점(recombination hotspots) 재조합(recombination)의 빈도가 평균을 훨씬 넘어서는 작은 DNA 영역들.

재조합 마디(recombination nodules) 전기 I (prophase I) 시기의 태사기(pachytene) 중에 나타나는 구조. 비자매염색분체(chromatid)들 사이에서 부분적 교환이 발생하는 지점.

재조합 빈도(recombination frequency, RF) 재조합형(recombinant) 자손의 백분율; 한 염색체(chromosome) 상에 존재하는 두 유전자(gene)들의 물리적 거리를 나타내는 데 사용될 수 있다. 센티모건(centimorgan) 참고.

재조합 염색체(recombinant chromosome) 교차(crossing-over)로 인해 생긴 염색체.

재조합체(recombinants) 서로 다른 상동염색체(homologous chromosome)들로부터 유래한 대립유전자(allele)을 섞어서 가진 염색체(chromosome); 재조합 플라스미드(recombinant plasmid)들.

재조합 플라스미드(recombinant plasmid) 외래 DNA 단편을 포함하는 클로닝 벡터(cloning vector).

재조합형(recombinant types) 배우자(gamete) 형성 중에 생긴 새로운 유전자(gene) 조합을 드러내는 표현형(phenotype)들.

저항성(resistance) 정상적으로는 치명적일 수 있는 약물이나 독소의 존재하에서도 자랄 수 있는 능력.

저형태성 돌연변이, 저형태성 대립유전자(hypomorphic mutation or hypomorphic allele) 야생형 단백질(protein)보다 더 적은 양의 단백질이나, 추적되기는 하지만 더 약한 기능을 가지는 돌연변이 단백질들을 생산한다.

적응도(fitness) 어떤 유전자 좌위(locus)의 한 유전자형(genotype)이, 같은 좌위의 다른 유전자형과 비교하여 집단(population) 구성원이 생식할 때 제공하게 되는 상대적 이점이나 손해.

적응 비용(fitness cost) 해로운 대립유전자(deleterious allele)의 영향. 도태 선택된다.

전 엑솜 서열화(whole-exome sequencing) 엑손(exons)에 해당하는 유전체 DNA 서열만을 서열화하는 것.

전 유전체 도서관(complete genomic library) 전체 유전체(genome)에서 모든 서열에 대해 적어도 하나씩의 사본들을 포함하고 있는 이론적 DNA 클론들(DNA clones)의 모음.

전/후 축[anterior/posterior (AP) axis] 동물의 머리에서 꼬리를 연결하는 선.

전기(prophase) 불명확한 염색질(chromatin) 덩어리로부터 각 염색체(chromosome)들이 나타나는 것이 특징인 세포주기(cell cycle)의 한 시기로, 유사분열(mitosis)의 시작을 알 수 있다.

전기 I (prophase I) 여러 하위 단계들로 구성되는, 감수분열(meiosis)의 가장 길고 복잡한 시기.

전기 II(prophase II) 제2감수분열(meiosis II)의 첫 단계; 만일 염색체(chromosome)들이 분열간기(interkinesis) 중에 탈응축되어 있었다면 다시 재응축이 발생한다. 전기 II의 후반에는 핵막(nuclear envelope) 이 소실되고 방추기구(spindle apparatus) 가 다시 형성된다.

전기영동(electrophoresis) 젤 전기영동(gel electrophoresis) 참고.

전달기점(origin of transfer) 세균의 접합(conjugation) 과정 중에, 공여세포(donor)에서 수용세포(recipient)로 DNA의 복제성 전달이 시작되는 F 플라스미드(F plasmid) 상의 한 지점.

전-돌연변이 대립유전자(pre-mutation allele) 불안정한 세 뉴클레오티드 반복서열 유전자(unstable trinucleotide repeat gene)에서, 정상적으로 기능하는 대립유전자(allele)이지만 더 이상 확장되면 높은 빈도로 질병이 발생할 수 있는 수준의 확장된 반복 부위를 가진다.

전사(transcription) DNA에 암호화된 정보가 RNA에 암호화된 상동체로 전환되는 것.

전사 거품(transcription bubble) RNA 중합효소(RNA polymerase)에 의해 DNA가 풀린 영역.

전사 인자(transcription factor) 시스 조절 요소(*cis*-control element)에서 DNA 서열 특이적으로 결합함으로써 특정 유전자(gene)의 전사(transcription) 시기나 위치, 그리고 그 수준을 조절하도록 돕는 단백질(protein). 기능적으로는 활성자(activator)와 억제자(repressor)들이 포함된다.

전사체(transcript) 전사(transcription)로 얻어진 산물.

전사체(transcriptome) 단일 세포나 한 형태의 세포에서 발현되는 mRNA들의 집단.

전송 기울기(gradient of transfer) 세균 접합(conjugation)의 특성으로, 여기서는 F 요소(F factor) 시작부로부터 유전자(gene)까지의 거리가 그 유전자를 가진 접합완료체(exconjugant)들의 분율을 결정한다.

전유전체 산탄 전략(whole-genome shotgun strategy) 전체의 유전체(genome) 서열을 결정하는 한 가지 방법으로, 무작위로 겹치는 유전체 DNA 서열들을 서열화하고, 그 서열들을 유전체 서열이 완성될 때까지 컴퓨터로 조립한다.

전이(metastasis) 혈류를 통해 암세포들이 이동하여 멀리 떨어진 조직에 자리를 잡는 것.

전이(transition) 일종의 치환 돌연변이(substitution mutation)로, 하나의 퓨린(아데닌 혹은 구아닌)이 다른 퓨린으로, 혹은 하나의 피리미딘(시토신 혹은 티민)이 다른 피리미딘으로 바뀔 때 발생한다. 전환(transversion)과 비교해 보라.

전이, 자리바꿈(transposition) 가동성 요소(transposable element)들이 유전체(genome)의 한 위치에서 다른 곳으로 이동하는 것.

전이인자(transposable elements, TEs) 전이 기작에 관계없이, 유전체(genome)에서 이동하는 모든 DNA 단편들.

전이효소(transposase) 트랜스포존(transposon)에 의해 암호화되는 단백질(protein)로서, 트랜스포존의 역반복 서열에 결합하여 이동을 촉매한다.

전좌(translocation) 염색체(chromosome) 일부가 다른 염색체로 이동할 때 발생하는 재배열. 상호전좌(reciprocal translocation)와 비교해 보라.

전좌 다운증후군(translocation Down syndrome) 부모가 21번 염색체(chromosome)가 관여된 전좌(translocation)에 이형접합성(heterozygous)이었기 때문에 21번 염색체의 일부(모두가 아니라)가 3개의 사본으로 유전된 다운증후군 환자에서 발생한다.

전좌 이형접합체(translocation heterozygote) 한 쌍의 상호 전좌 염색체(reciprocal translocation chromosome)들과 그 쌍에서 하나의 정상적인 상동체를 가진 개체.

전중기(prometaphase) 유사분열(mitosis)과 감수분열(meiosis)에서 핵막(nuclear envelope) 소실 직후의 단계. 염색체(chromosome)들이 방추기구(spindle apparatus)에 연결되어 중기판(metaphase plate)을 향해 움직이기 시작하는 시기이다.

전진 돌연변이(forward mutation) 어떤 유전자(gene)의 야생형 대립유전자(wild-type allele)가 다른 대립유전자(allele)로 변하는 돌연변이(mutation).

전핵(pronuclei, sg. pronucleus) 포유동물에서, 수정 후에 같은 세포질 내에 존재하는 정자와 난자의 핵.

전핵 주입(pronuclear injection) 수정 후에 전핵(pronucleus)에 DNA를 주입하는 방식으로 형질전환(transgenic) 포유동물을 만드는 방법.

전환(transversions) 일종의 치환 돌연변이(substitution mutation)로, 퓨린(purine: 아데닌 혹은 구아닌)이 피리미딘(pyrimidine: 시토신이나 티민)을 대체했거나 그 반대로 변화가 일어난 것.

절단지점(breakpoints) 재배열 절단지점(rearrangement breakpoints) 참고.

절연자(insulator; 인설레이터) 진핵생물(eukaryotes)에서의 전사 조절 요소로, 한쪽의 증폭자(enhancer)들과 다른 쪽의 촉진유전자(promoter)들과의 상호작용을 중지시킨다.

절제 수선(excision repair) DNA 수선 기구로, 특수화된 단백질(protein)들이 손상된 뉴클레오티드 쌍을 인식하고 그 부분을 제거하면 DNA 중합효소(DNA polymerase)가 손상되지 않은 DNA 가닥의 정보와 상보적 염기쌍(complementary base pairing)을 형성하여 틈을 메울 수 있다. 염기 절제 수선(base excision repair)과 뉴클레오티드 절제 수선(nucleotide excision repair) 참고.

점검점(checkpoint) 기존의 세포 주기 중지가 성공적으로 완료될 때까지 세포가 세포주기(cell cycle)의 다음 단계로 진행하지 못하도록 막는 기작. 유전체의 완전성을 유지할 수 있도록 해 준다.

점돌연변이(point mutation) 단일 염기쌍 혹은 소수 염기쌍(base pair)들에서의 돌연변이(mutation). 혹은 작은 결실(deletion)이나 삽입(insertion).

점착 말단(sticky ends) 이중 나선 DNA(double helix DNA) 분자 의 두 가닥에서 약간 다른 자리의 인산디에스테르 결합(phosphodiester bond)들을 절단하는 여러 제한 효소(restriction enzyme)들의 작용 결과 생긴다. 이렇게 생긴 이중

가닥 DNA 분자들은 보통 양 말단에 1~4 염기 길이의 튀어나온 한 가닥 말단을 갖는다.

접촉 저해(contact inhibition) 세포 배양에서 세포의 성장이 단일 층으로만 이루어지도록 제한하는 세포와 세포 간 신호전달 기작.

접합(conjugation) 세균이 유전자(gene)를 다른 균주로 넘겨주는 한 가지 방법; 이런 경우, 공여세포(donor)는 특수한 형태의 플라스미드(plasmid)를 가지고 있어서 수용체 세포와 접촉할 때 DNA를 직접 전달할 수 있다. 수용세포(recipient)는 접합완료체(exconjugant)로 알려져 있다. 형질전환(transformation)과 비교해 보라.

접합(synapsis) 상동염색체(homologous chromosome)들이 서로 나란히 연결되어 배열하는 과정; 전기 I (prophase I)의 접합기(zygotene)에 발생한다.

접합기(zygotene) 전기 I (prophase I)의 하위 단계로서, 이때는 상동염색체들(homologous chromosomes)이 서로 접합(synapsis)하여 나란히 묶인다.

접합복합체(synaptonemal complex) 제1감수분열(meiosis I) 전기(prophase) 중에 상동염색체(homologous chromosome)의 배열을 돕는 구조.

접합성 플라스미드(conjugative plasmids) 공여세포(donor)가 수용세포(recipient)에게 유전자(gene)를 전달할 수 있도록 하는 유전자를 가지고 있기 때문에 접합(conjugation)을 개시할 수 있도록 하는 플라스미드(plasmid).

접합완료체(exconjugants) 특수한 플라스미드(plasmid)를 가지는 공여세포(donor)가 접촉을 통해 DNA를 수용세포(recipient)로 전달하는 유전자(gene) 전달 과정에서의 수용세포.

접합자(zygote) 유성생식 과정 중에 정자(sperm)가 수정시킨 난자에 의해 생성되는 이배체(diploid) 세포.

접합자의 체절화 유전자들(zygotic segmentation genes) 초파리에서, 접합자의 유전체(genome)에서 전사되어 그 생물이 세포분열을 통해 일련의 동일한 체절들을 만들도록 하는 유전자(genes) 집단. 갭 유전자(gap genes), 쌍지배유전자(pair-rule genes) 그리고 체절극성 유전자들(segment-polarity genes)을 참고하라.

정렬 4분체(ordered tetrads) 붉은빵곰팡이(*Neurospora*)같은 곰팡이들에서 자낭(ascus) 내의 자낭포자(ascospore)들의 순서가 감수분열 상황을 그대로 드러내는 4분체(tetrad).

정배수체(euploid) 완전한 세트의 염색체(chromosome)들을 포함하는 세포를 설명하는 말.

정세포(spermatids) 감수분열(meiosis) 마지막에 생산된 반수체(haploid) 세포로, 성숙하여 정자(sperm)가 된다.

정원세포(spermatogonia) 정소의 이배체(diploid) 생식세포.

정자(sperm) 감수분열(meiosis)을 통해 생산된 반수체(haploid)의 수 배우자(gamete).

정자형성(spermatogenesis) 정자(sperm)의 생산.

정족수 감지(quorum sensing) 세균들이 그들의 개체군(population) 밀도를 감지할 수 있도록 하는 통신체계.

정지코돈(stop codons) 정지코돈 혹은 종결코돈(nonsense codon) 참고.

정지코돈, 종결코돈(nonsense codons) 번역(translation)을 종결시키는 세 개의 중지 코돈들. 개시코돈(initiation codon)과 비교해 보라.

정지코돈 돌연변이(nonsense mutations) 어떤 아미노산(amino acid)에 대한 코돈이 정지코돈(stop codon)으로 바뀌는 돌연변이적 변화로, 끝이 잘린 단백질(truncated protein)이 형성되도록 한다.

정지코돈 억제자 tRNA (nonsense suppressor tRNAs) 돌연변이 tRNA 유전자(tRNA gene)들에 의해 암호화되는 tRNA들; 이런 tRNA들은 정지코돈(stop codon)을 인식하는 안티코돈(anticodon)들을 포함하고 있어서, 정지코돈 대신 폴리펩티드(polypeptide) 내에 아미노산(amino acid)을 삽입시킴으로써, 정지코돈 돌연변이(nonsense mutation)의 효과를 억제하게 된다.

제1감수분열[meiosis I (or division I of meiosis)] 모세포의 핵이 두 개의 반수체 딸핵으로 나뉘는 것; 제 1감수분열 중에는 기존에 복제된 상동염색체(homologous chromosome)들이 서로 다른 딸세포로 나뉘어 들어간다.

제1난모세포/제1정모세포(primary oocytes/spermatocytes) 제1감수분열(meiosis I)이 일어나는 생식세포계열(germ-line) 세포.

제2감수분열[meiosis II (or division II of meiosis)] 제1감수분열(meiosis I)로 생긴 두 딸핵이 4개의 딸핵들을 생산하는 과정 제2감수분열이 시작될 때는 염색체(chromosome)들이 복제되어 있지 않기 때문에 네 개의 딸핵들은 반수체(haploid)들이다.

제2난모세포/제2정모세포(secondary oocytes/spermatocytes) 제2감수분열이 발생하는 생식세포계열(germ-line) 세포들.

제2분열 분리형[second-division (MII) segregation pattern] 자낭포자(ascospore)들의 배열이 한 유전자(gene)의 두 대립유전자(allele)들이 두 번째 감수분열에서 서로 분리되었음을 나타내는 방식으로 배열된 곰팡이의 4분체(tetrad).

제한(restriction) 세균세포가 바이러스의 생장을 제한하는 능력.

제한단편(restriction fragments) 제한효소(restriction enzyme)들의 작용에 의해 생긴 DNA 조각들.

제한온도(restrictive temperature) 온도 감수성 돌연변이(temperature sensitive mutation)에 대해, 그 대립유전자(allele)가 정상적으로 기능할 수 없는 조건. 허용온도(permissive temperature)와 대조된다.

제한조건(restrictive condition) 치사 대립유전자(conditional lethal allele)를 가지는 개체의 생존을 방해하는 환경조건. 허용 조건(permissive condition)과 대조된다.

제한지도(restriction map) 제한효소(restriction enzyme) 인식

부위들의 위치를 DNA 분자상에 표시한 직선형 도표.

제한효소(restriction enzymes) 세균들이 만들어내는 단백질(protein)로서, 특수하고 짧은 뉴클레오티드(nucleotide)를 인식하여 그 부위의 DNA를 절단한다.

젤 전기영동(gel electrophoresis) DNA 단편들, RNA분자, 혹은 폴리펩티드들을 그 크기에 따라 분리하는 방법. 아가로오스나 폴리아크릴아마이드 젤을 통해 전류를 흘려보냄으로써 전기영동이 수행된다. 전류는 분자들을 그들의 크기에 따라 젤 상에서 서로 다른 속도록 움직이게 한다.

조건적 녹-아웃 생물체들(conditional knockouts) 조건적으로 발현되도록 조작된 유전자(floxed gene)를 가진 형질전환 생쥐들 이 유전자는 부분적 결실로 인해 특정 조직에서 비기능적으로 만들어질 수 있다.

조건적 치사(conditional lethal) 특정 조건하에서만 치사성인 대립유전자(allele).

조상형 대립유전자(ancestral allele) 두 생물종의 마지막 공동조상에 의해 전달된 대립유전자(allele).

조절성 결정(regulative determination) 여기서는 배아가 환경에 따라 그들의 운명을 바꾸거나 '조절'할 수 있는 세포들이 모여 형성된다. 예를 들면, 사라진 세포들의 보충이 발생한다. 모자이크성 결정(mosaic determination)과 대조적이다.

조직적합성 항원(histocompatibility antigen) 적절한 면역반응(immune response)을 자극하는 데 필수적인 역할을 하는 세포표면 분자.

조합 증폭(combinatorial amplification) 기본적 요소들로 이루어진 작은 세트들을 서로 다른 방식으로 조합함으로써 엄청나게 큰 숫자의 결과물을 만들어내는 것.

종간상동유전자(orthologous genes) 서로 다른 종에서 서열이 비슷한 유전자(gene)들. 두 종의 공통조상에 존재했던 동일 유전자로부터 기원한 것이다.

종결(termination) 폴리펩티드(polypeptide) 합성이 멈추는 번역(translation) 단계.

종결자, 터미네이터(terminators) RNA 중합효소(RNA polymerase)가 어디서 전사(transcription)를 멈춰야 하는지를 알려주는 RNA상의 서열; RNA 하류(downstream)의 전사를 중지시키는 RNA 선도 서열(RNA leader sequence)에서의 줄기 고리 구조. 촉진유전자(promoter)와 비교해 보라.

종성 형질(sex-influenced traits) 양쪽 성에서 모두 나타나지만 호르몬 차이로 인해 각 성에서 다르게 발현되는 형질.

종양 발달(tumor progression) 시간이 지날수록 암화된 종양들이 빠르게 자라 침입성이 되는 현상.

종양 억제 유전자(tumor-suppressor genes) 이 유전자(gene)들에서의 열성, 기능-상실 돌연변이(mutation)들은 암에 대한 소인을 증가시킨다. 암유전자(oncogene)와 원암유전자(proto-oncogene)를 참고하라.

좌위 이질성(locus heterogeneity) 둘 혹은 그 이상의 유전자들에서 돌연변이 대립유전자들(mutant alleles)에 의해 유발되는 표현형(phenotype)의 특징.

좌위 조절영역(locus control region, LCR) 시스 작용 조절 요소로서, β-글로빈 복합체 같은 유전자 복합체(gene complex)에서 개별 유전자(gene)들의 전사(transcription)를 증가시키도록 작용한다.

좌위(locus) 염색체상의 지정된 위치. α-글로빈 좌위(α-globin locus) 및 β-글로빈 좌위(β-globin locus) 참고.

주석달기(annotation) DNA 서열 내에서 유전자(gene)의 위치와 기능을 결정하기 위한 유전체(genome) 분석.

주형(template) DNA나 RNA 중합효소(DNA or RNA polymerase) 및 역전사효소(reverse transcriptase)가 DNA나 RNA의 새로운 상보적 가닥을 만드는데 모형으로 사용하는 DNA나 RNA 가닥.

주형 가닥(template strand) DNA 이중 나선(DNA double helix)에서, RNA와 닮은 DNA 가닥이나 mRNA와 상보적인 가닥.

주홈(major groove) DNA 이중 나선(DNA double helix) 모형을 공간 충전 모형으로 나타낼 때, 두 골격 가닥의 수직 배치에 의해 생기는 두 홈 구조 중 더 넓은 쪽. 부홈(minor groove) 참고.

줄기 고리(stem loops) 단일 가닥의 RNA가 동일한 분자상의 서로 다른 부분들 사이에서 상보적 염기쌍(complementary base pairing)을 형성하기 때문에 스스로 접혀 생기는 구조. 머리핀 고리(hairpin loop)라고도 불린다.

줄기세포(stem cells) 비대칭 유사분열을 하는 미분화 세포들. 이런 분열에 의해 생긴 딸세포 중 하나는 줄기세포가 되고, 다른 딸세포 하나는 분화할 수 있다. 이런 방식으로 줄기 세포들은 스스로 새롭게 태어나는 동시에 분화되는 세포들을 만들어낼 수 있다.

중기(metaphase) 유사분열(mitosis)과 감수분열(meiosis) 단계에서 염색체(chromosome)들이 세포의 적도판에 배열하는 시기.

중기 I (metaphase I) 제1감수분열(meiosis I)의 한 단계로, 상동염색체(homologous chromosome)들의 방추사부착점 (kinetochore)들이 양쪽의 방추극으로부터 나온 미세소관들에 붙어 2가 염색체(bivalent)들을 방추기구(spindle apparatus)의 적도에 위치시킨다.

중기 II (metaphase II) 제2감수분열(meiosis II)의 두 번째 시기로, 자매염색분체(sister chromatid)들의 방추사부착점(kinetochore)들이 양쪽의 방추기구(spindle apparatus)에서 뻗어 나온 미세소관들과 부착하는 시기. 두 가지 특징이 유사분열 (mitosis)에서의 중기와 다르다: (1) 염색체(chromosome)들의 수는 동일 종의 유사분열 중기일 때의 절반이다. 그리고 (2) 대부분의 염색체들에서 두 자매염색분체(chromatid)들은 더 이상 동일하지 않은데, 제1감수분열(meiosis I) 중에 교차(crossing-over)를 통한 재조합(recombination)이 발생했기 때문이다.

중기판(metaphase plate) 중기(metaphase)에 염색체(chromosome)들이 이동하는 방향에 설정한 가상의 적도면(분할면).

중복(duplication) 특정 염색체 영역의 사본 수를 늘리는 사건들. 직렬 중복(tandem duplications), 비직렬 중복(nontandem duplications) 참고.

중립 돌연변이(neutral mutations) 원래의 대립유전자(allele)와 비교하여 선택적 이점이나 약점을 제공하지 않는 것. 유리한 돌연변이(beneficial mutation) 및 해로운 돌연변이(deleterious mutation)들과 대조된다.

중복 유전자(redundant genes) 그 산물이 한 경로에서 동일한 기능으로 작용하는 유전자(gene)들 돌연변이 표현형(mutant phenotype)은 그 두 유전자 산물이 모두 없어야 관찰된다.

중복 유전자 작용(redundant gene action) 한 경로에는 우성(dominant)의 기능적인 어느 한쪽 대립유전자(allele)만 필요한데도, 유전자(gene)들이 더 많이 작용하는 것.

중부동원체성의(metacentric) 동원체(centromere)가 가운데 부분에 존재하는 염색체(chromosome).

중심립(centriole) 미세소관들의 형성을 돕는 짧은 원통형 구조물로, 두 개의 중심립은 중심체(centrosome)의 중앙에 서로 직각으로 놓여 있다. 각 중심체는 분열방추(mitotic spindle)의 한 극으로 작용한다.

중심체(centrosome) 방추기구(spindle apparatus)의 각 극에 있는 미세소관 형성 센터.

중합(polymerization) 단위체의 연결을 통해 다중체 사슬을 만드는 것. DNA복제(DNA replication)에서는 뉴클레오티드(nucleotide) 중합이 DNA 중합효소 III (DNA polymerase III)에 의한 인산디에스테르 결합(phosphodiester bond)의 형성을 통해 발생한다.

중합체(polymer) 더 큰 분자를 형성하도록 소단위들이 반복적으로 연결된 사슬 DNA는 일종의 중합체이다.

중합효소 연쇄 반응(polymerase chain reaction, PCR) 서열이 일단 규명된 DNA 서열을 빠르고 경제적으로 복제하는 방법; 기존의 복제(replication) 결과물을 증폭시키는 순환적 과정에 기초한 것이다.

증폭자(enhancers) 근처 촉진유전자(promoter)들로부터 전사(transcription)를 조절할 수 있는 시스(*cis*) 작용 요소들. 증폭자들은 전사 인자(transcription factor)들이 결합하는 자리를 제공함으로써 기능을 발휘하며, 전사에서의 시공간적 특이성을 유발한다.

증폭자올가미씌우기(enhancer trapping) 초파리에서, 특정한 β-갈락토오스가수분해효소 발현 양상을 이용하여 증폭자가 없는 도입유전자(transgene) 삽입 계통을 찾아내는 것.

지도 단위(map unit, m.u.) 센티 모건(centimorgan)의 동의어.

지도화 함수(mapping function) 재조합 빈도(recombination frequency)와 물리적 거리를 연관시킬 때의 부정확성을 보상해 주기 위한 수학적 공식.

지체가닥(lagging strand) 복제(replication) 과정에서 선도가닥(leading strand)과 반대로 놓여 있는 DNA가닥. 지체가닥은 오카자키단편(Okazaki fragment)들이라고 불리는 작은 조각들이 하나로 연결되므로 불연속적으로 합성된다.

직렬 중복(tandem duplications) 서로 연결되어 위치하는 염색체 영역의 반복 서열들. 방향은 같거나 반대이다. 비직렬 중복(nontandem duplication)과 비교해 보라.

직접적 QTL 지도 작성(direct QTL mapping) 조절된 교배들에 의해 QTLs을 찾아내는 것.

진정염색질(euchromatin) 광학현미경 하에서 관찰했을 때 더 밝고 덜 응축되어 보이는 염색체 영역. 이질염색질(heterochromatin)과 비교해 보라.

진핵생물(eukaryotes) "영역(domains)"이라고 불리는 생명의 세 가지 주요 진화계통 중 하나; 이 영역의 세포들은 막에 둘러싸인 핵을 갖는다. 원핵생물(prokaryotes)과 비교해 보라.

진핵성 유전자 조절(eukaryotic gene regulation) 진핵생물(eukaryotes)의 세포 내에서 유전자(gene) 발현이 조절되는 것.

질병 유전자들(disease genes) 돌연변이 대립유전자가 되면 인간에서 유전병을 일으키는 유전자.

질소포함 염기들(nitrogenous bases) 아데닌(adenine), 구아닌(guanine), 시토신(cytosine), 티민(thymine) 참고.

집단 유전학(population genetics) 유전적 수준에서 전체 개체군(population)에 발생하는 사건들을 연구하는 과학적 분야.

짝짝이 수선(mismatch repair) 메틸-지시성 짝짝이 수선(methyl-directed mismatch repair) 참고.

[ㅊ]

착상전 배아진단(preimplantation embryo diagnosis) 시험관 내에서 수정된 인간의 난자가 자궁에 착상되기에 앞서 특정 질병 대립유전자(allele)에 대해 유전자형을 검사받는 과정.

창시자 효과(founder effect) 유전적 부동(genetic drift)의 하나로, 소수의 개체들이 큰 집단(population)에서 분리되어 원래의 집단으로부터 고립된 새로운 집단을 형성할 때, 새로운 집단에서는 변화된 대립유전자 빈도(allele frequency)가 형성되는 것.

체세포(somatic cells) 생물체에서 배우자(gamete)와 그 전구세포들을 제외한 나머지 모든 세포들. 생식세포(germ cell)와 비교해 보라.

체세포 유전자 치료(somatic gene therapy) 질병을 유발하는 잘못된 유전자(gene)를 보상하기 위해 치료용 유전자(therapeutic gene)를 해당 조직으로 도입하는 것.

체세포 핵이식(somatic cell nuclear transfer) 생식적 복제(reproductive cloning)를 위한 방법 시험관 내(*in vitro*)에서 수정시킨 난세포의 핵을 체세포의 핵으로 대체한 후 이 접합자(zygote)를 대리모의 자궁으로 도입한다.

체절 극성 유전자(segment polarity genes) 초파리에서, 띠 형태로 발현되는 접합자의 체절화 유전자(zygotic segmentation gene)들의 그룹. 이런 띠들은 단일 체절의 극성으로 반복되어 나타난다. 이런 유전자(gene)들에서의 돌연변이화(mutation)는 그 유전자가 발현되는 세포들에 해당되는 부분의 결실을 일으키는데, 종종 남은 부분의 거울상 중복을 동반한다. 체절 극성 유전자들은 세포 통신 단백질(protein)들을 암호화하며 각 체절에서 반복되는 특정 형태들을 결정한다.

초나선꼬임(supercoiling) DNA 분자가 풀리는 중에 복제 분기(replication fork)의 움직임에 의해 생기는 DNA분자의 추가적 꼬임. DNA 입체이성질화효소(DNA topoisomerase) 참고.

촉수다리 복합체(Antennapedia complex, ANT-C) 초파리에서 여러 호메오틱 유전자들(homeotic genes)을 포함하는 영역으로, 머리와 전흉부의 체절 정체성을 결정한다.

촉진유전자(promoters; 프로모터) 전사(transcription) 개시 부위의 유전자(gene) 서열로 RNA 중합효소(RNA polymerase)를 끌어들인다. 종결자(터미네이터, terminator)와 비교해 보라.

총 표현형 분산(total phenotype variance, V_P) 집단(population) 내의 변이량에 대한 측정으로, 각 개체의 형질값(trait value)과 그 집단의 평균 형질값(mean trait value) 사이의 차이를 제곱하여 평균한 값으로 계산된다. 유전적 분산(genetic variance)과 환경적 분산(environmental variance)의 합.

최소배지(minimal media) 야생형 세균의 성장을 지지할 수 있도록 당과 무기 염류들을 포함하고 있는 수용액.

최소 조립 경로(minimal tiling path) 최소한으로 겹치는 BAC 클론들의 세트.

출구 부위[exit (E) site] 리보솜에서 운반 RNA (transfer RNA)가 붙는 세 자리 중 하나. E 부위는 펩티드기 전이효소(peptidyl transferase)의 작용에 의해 tRNA가 아미노산(amino acid)과 분리된 직후, 그리고 리보솜(ribosome)에서 방출되기 직전에 tRNA가 머무는 자리이다.

충전형 tRNA(charged tRNA) 아미노아실-tRNA 합성효소(aminoacyl-tRNA synthetase)에 의해 해당 아미노산(amino acid)이 부착하여 있는 상태의 tRNA 분자.

치료 유전자(therapeutic gene) 환자의 체세포(somatic cell)들로 도입되는 분리된 유전자로서 그 산물이 질병을 치료할 것으로 기대된다.

치환(substitution) DNA 분자의 한 가닥에서 특정 위치의 한 염기가 다른 세 염기 중 하나로 대체되었을 때 발생한다.

침묵 돌연변이(silent mutations) 표현형(phenotype)에 영향을 미치지 않는 돌연변이(mutation); 보통 한 코돈(codon) 내에서 하나의 염기가 변화되었으나 유전암호(genetic code)의 퇴화성(degeneracy) 때문에 특정 아미노산(amino acid)이 바뀌지 않는 점돌연변이(point mutation)들을 지칭한다.

침묵화, 사일런싱(silencing) DNA 메틸화(DNA methylation)를 통해 전사(transcription)를 장기간 억제하는 것.

침투도(penetrance) 집단(population)에서 특정 유전자형(genotype)을 가진 구성원들 중 어느 정도가 기대되는 표현형(phenotype)을 보이는지를 나타낸다.

[ㅋ]

카이 제곱 검정[chi-square (χ^2) test] 예상되는 결과로부터 관찰되는 편차가 오로지 우연히 발생한 것일 확률을 결정하는 통계적 검사.

컨티그(contig) 끊어지지 않고 연속되어 있는 유전체(genome) 지역을 함께 커버하는, 부분적으로 중첩되는 클론화 DNA 단편들이나 그 세트들.

코돈(codon) 번역(translation) 과정 중에 아미노산(amino acid) 사슬의 신장 지점에서 삽입 되어야 하는 특정 아미노산을 나타내는 뉴클레오티드 삼중자. 코돈들은 mRNA나, 그RNA가 전사된 DNA상에 존재할 수 있다.

코헤신(cohesin) 진핵세포들에서 자매염색분체(sister chromatid)와 상호작용하며 후기(anaphase)까지 염색분체들(chromatids)이 떨어지지 않도록 하는 다중 소단위로 이루어진 단백질(protein) 복합체; 동원체(centromere)와 염색체(chromosome) 팔들을 따라 발견된다.

콘덴신(condensin) 진핵세포의 유사분열(mitosis) 과정 중에 염색체(chromosome)들을 뭉치게 하는 다중 소단위 복합체로 이루어진 단백질들(proteins).

콜히친(colchicine) 분열방추(mitotic spindle)의 형성을 저해하는 약물 염색체 세트들(chromosome sets)를 배가시키는데 사용한다.

클라인펠터증후군(Klinefelter syndrome) 남성들(Y 염색체를 가진 개인들)에 존재하는 여러 개의 X 염색체들(X chromosomes)에 의해 생기는 조건 클라인펠터 남성들은 키가 크고 여성화되며, 불임인 경향이 있다.

클로닝(cloning) 세포 클론(cellular clone)이나 DNA 클론(DNA clone)을 만드는 과정.

클로닝 벡터(cloning vector) 적당한 크기의 다른 DNA 단편을 그 내부에 통합시켜도 복제 능력을 잃지 않는 DNA 분자. 벡터(vector)들은 외부 DNA를 숙주 세포에 도입하여 거기서 많은 양으로 늘어날 수 있도록 해 준다. 벡터(vector) 참고.

클론(clone) 세포나 DNA 분자, 혹은 생물체 등 유전적으로 동일한 생물학적 존재들의 집단.

키메라(chimera) 둘 이상의 다른 생물체에서 기인한 세포들로 이루어진 배아나 동물.

[ㅌ]

타가수정(cross-fertilization) 한 식물의 꽃가루를 붓에 묻혀 다른 식물의 암술 기관에 옮겨 주는 것.

탈아미노화(deamination) 정상적인 DNA로부터 아미노 그룹($-NH_2$)이 제거되는 것.

탈퓨린화(depurination) A나 G 같은 퓨린 염기들이 디옥시리보오스-당 골격으로부터 떨어져 나가는 DNA상의 변화.

탐침(probe) 방사성 동위원소나 형광염료로 표지된 올리고뉴클레오티드(oligonucleotide). 혼성화(hybridization)에 의해 상보적인 서열(complementary sequence)들을 찾아내는 데 사용된다.

태사기(pachytene) 전기 I (prophase I)의 하위 단계로, 접합(synapsis) 완료 시점에 개시되어 재조합(recombination)을 일으키는 유전물질의 교차(crossing-over) 과정을 포함한다.

터너증후군(Turner syndrome) 단 하나의 X-염색체(chromosome)만 존재하는 여성에서의 조건 터너증후군 여성은 키가 작고 다양한 형태적 이상을 갖는 경향이 있다.

테트라형(tetratype, T) 곰팡이에서 4종류의 포자나 반수체(haploid) 세포들을 가진 자낭(ascus): 두 종류의 양친형(parental type)들과 두 종류의 재조합형(recombinant type)을 가진다.

통합 서열화(deep sequencing) RNA-Seq 참고.

통합적 접합 요소들(integrative and conjugative elements, ICEs) 병원성 인자들이 모인 단편(pathogenicity islands)으로 접합(conjugation)을 매개하는 단백질(protein)들의 유전자를 포함하고 있다.

퇴화된(degenerate) 여러 개의 서로 다른 코돈들(codons)이 동일한 아미노산(amino acid)을 지정할 수 있는 유전암호(genetic code)의 특징을 설명한다. 하나의 tRNA 안티코돈(tRNA anticodon)이 여러 개의 서로 다른 코돈들을 인식할 수 있다.

트랜스(*trans*) 세포의 어떤 DNA나 RNA상의 표적 자리에 결합할 수 있는 단백질(protein) 혹은 RNA의 작용을 설명한다.

트랜스 작용 요소(*trans*-acting element) 전사 인자(transcription factor)나 조절성 RNA를 암호화하는 유전자(gene).

트랜스포존, 전이 인자(transposons or DNA transposons) 유전체(genome)에서 RNA 매개체 없이 장소를 옮기는 DNA 단위로, 때로는 이들이 염색체의 새로운 장소로 삽입될 때 유전자(gene) 기능에 변화를 초래하기도 한다. 레트로트랜스포존(retrotransposon)들과 비교해 보라.

특수 형질도입 파아지(specialized transducing phages) 주로 파아지 DNA(phage DNA)를 가지고 있으나 프로파아지(prophage) 삽입부 근처에 있던 하나나 두 개의 세균 유전자들을 함께 가지고 있는 박테리오파아지(bacteriophage). 이들은 특수 형질도입(specialized transduction)이라고 알려진 과정을 통해 이 세균 유전자들을 다른 세균으로 이동시킬 수 있다.

특수 형질도입(specialized transduction) 세균 염색체(chromosome)에서 프로파아지(prophage) 옆에 위치한 세균 유전자 일부가 박테리오파아지(bacteriophage)에 의해 다른 세균으로 이동되는 것.

틀이동 돌연변이(frameshift mutations) 코돈(codon)들이 되는 뉴클레오티드(nucleotide) 그룹화를 변화시키는 염기쌍(base pair)들의 삽입(insertion)이나 결실(deletion). 번역틀(reading frame) 참고.

티민(thymine) 질소포함 염기(nitrogenous base)의 하나; A-T(adenine–thymine) 염기쌍(base pair)을 이루는 한 구성원.

[ㅍ]

파밍(pharming) 단백질(protein) 약제를 생산하기 위해 형질전환(transgenic) 동물과 식물을 이용하는 것.

파생형 대립유전자(derived allele) 돌연변이(mutation)를 통해 생겨난 대립유전자(allele). 조상형 대립유전자(ancestral allele) 참고.

파아지(phage) 박테리오파아지(bacteriophage)의 줄임말 그 자연적인 숙주가 세균세포인 바이러스(virus)이다; 문자적 뜻은 "세균을 먹는자"이다.

판독(read) 단일 DNA 서열화를 가동시킬 때, 새로 합성된 DNA를 구성하는 A, C, G, T들로 이루어진 디지털 파일.

퍼네트 사각형(Punnett square) 주어진 교배(cross)에서 가능한 수정(fertilization) 사건들을 보여주는 단순한 방법.

펩티드기 전이효소(peptidyl transferase) 리보솜(ribosome)에서 연속된 아미노산(amino acid)들 사이에 펩티드 결합(peptide bond)를 만드는 효소.

펩티드 결합(peptide bond) 단백질(protein) 합성에서 아미노산(amino acid)들을 연결시키는 공유결합.

펩티드 모티프(peptide motifs) 연관되지 않은 여러 폴리펩티드(polypeptide)들에서 보존되어 있는 아미노산들(amino acid)의 뭉치.

평균(mean) 통계적 평균; 중앙지점.

평균 적응도(mean fitness) 개체군(population) 내에서 각 유전자형(genotype)들의 상대적 적응도(relative fitness)들에 대한 가중 평균.

평형빈도(equilibrium frequency) $\Delta q = 0$일 때의 q값; 개체군(population) 내에서 한 대립유전자(allele)를 유지하는 데 필요한 대립유전자 빈도.

포장세포(packaging cell) 치료유전자(therapeutic gene)들을 포함하고 있는 재조합(recombinant) 바이러스 유전체(genome)를 바이러스 입자들로 "포장"하기 위해 사용하는 배양 세포들 이 세포는 바이러스 껍질 단백질(protein)을 발현하며, 재조합 바이러스 유전체로 형질전환되면 재조합 바이러스들을 생산해낸다.

폴리-A꼬리(poly-A tail) 진핵성 mRNA의 3′ 말단에 생기는 100~200아데닌 뉴클레오티드들로 mRNA의 안정성을 증가시키고 번역(translation)의 개시 효율을 증가시키는 것으로 생각된다.

폴리리보솜(polyribosome) 다수의 리보솜(ribosome)들에 의해 하나의 mRNA 분자가 동시에 번역(translation)되는 구조.

폴리펩티드(polypeptides) 펩티드 결합(peptide bond)에 의해

연결된 수백, 수천 개의 아미노산(amino acid)들로 이루어진 사슬.

표본, 시료(sample) 집단 유전학(population genetics)에서, 전체로서의 집단에 대해 추정하는 데 사용하는 유한 숫자의 개체들.

표식자, 마커(marker) (1) 염색체(chromosome)상의 식별 가능한 지역으로, 그 유전 양상이 모니터링될 수 있다. 표식자(마커)들은 발현되는 DNA 영역(유전자)일 수도 있고 추적 가능한 다양한 형태의 DNA 단편일 수도 있다. (2) 그 발현을 통해 도입유전자(transgene)가 성공적으로 통합되었는지를 알려주기 위해 도입유전자와 함께 유전체(genome)로 통합되는 유전자(gene).

표적 돌연변이화(targeted mutagenesis) 연구자가 그들이 요구하는 방식대로 생물의 유전체(genome)를 바꿀 수 있도록 하는 기술.

표현형 값(phenotypic value) 양적 형질(quantitative trait)의 특정 표현형(phenotype)을 설명하는 수 형질값(trait value)이라고도 한다.

표현형 모사(phenocopy) 환경요인들에 의해 생기는 표현형(phenotype) 변화가 유전자(gene)에서의 돌연변이(mutation) 효과를 닮는 것. 표현형 모사는 유전자의 변화에 의한 것이 아니므로 유전되지 않는다.

표현형 변이, 표현형 분산[phenotype variance (V_P)] 총 표현형 분산(total phenotype variance) 참고.

표현형 빈도(phenotype frequency) 집단 내에서 특정 표현형(phenotype)을 나타내는 개체들의 비율.

표현형(phenotype) 관찰 가능한 특징.

퓨린(purines) 질소가 포함된 염기인 아데닌(adenine)과 구아닌(guanine)이 속한다.

프라이머 붙이기(primer walking) 그 이전의 DNA 서열화(DNA sequencing)로 얻어진 정보를 이용하여 프라이머(primer)를 합성하고, 다시 그 자리에서 직접 서열화를 진행하려고 하는 일반적인 시도.

프로파아지(prophage) 통합된 파아지 유전체(phage genome).

플라스미드(plasmids) 작은 환형의 이중 가닥 DNA로, 세균 세포들 내에서 세균 염색체(bacterial chromosome)와는 독립적으로 복제가 가능하다; 보통 클로닝 벡터(cloning vector)로 사용된다.

플록스가 된(floxed) 유전자 전달 생물(transgenic organism)의 유전자(gene)에서 한 엑손(exon)이 loxP 자리들 옆에 있다. 그 유전자는 Cre 재조합효소를 발현하는 세포에서는 조건적으로 기능상실이 될 수 있다. Cre/loxP 재조합 시스템(Cre/loxP recombination system) 및 조건적 녹-아웃(conditional knockout) 참고.

피리미딘(pyrimidines) 질소를 포함하고 있는 염기인 시토신(cytosine)과 티민(thymine)이 속한다.

필수 유전자(essential gene) 생존에 필요한 유전자(gene).

[ㅎ]

하디-바인베르크 법칙(Hardy-Weinberg law) 한 세대 내에서, 그리고 세대 간에서 유전자형(genotype)과 대립유전자 빈도(allele frequency) 사이의 관계를 정의한다.

하디-바인베르크 분율(Hardy-Weinberg proportions) 하디-바인베르크 평형(Hardy-Weinberg equilibrium)인 집단(population)에서 특정 좌위(locus)의 유전자형 빈도(genotype frequency).

하디-바인베르크 평형(Hardy-Weinberg equilibrium, HWE) 세대를 거쳐도 대립유전자(allele)들과 유전자형의 빈도(genotype frequency)가 변화하지 않는 집단(population)을 설명한다 하디-바인베르크 법칙(Hardy-Weinberg law)의 가정을 따르는 이상적 집단의 상태.

하류(downstream) RNA 중합효소가 촉진유전자(promoter)에서 종결자(terminator)를 향해 이동하는 방향. 상류(upstream)와 비교해 보라.

하위적 유전자(hypostatic gene) 그 발현이 상위성(epistasis)에 의해 가려지는 유전자(gene).

한성 형질(sex-limited traits) 오직 한쪽의 성에서만 발현되는 구조나 과정에 영향을 미치는 형질.

합포성 배반엽(syncytial blastoderm) 대부분의 핵들이 배아 표면 바로 아래의 피층으로 이동할 때 형성되는 초파리의 배아.

합포체(syncytium) 둘 혹은 그 이상의 핵을 가지는 동물세포.

항교차 헬리케이즈(anticrossover helicase) 비자매염색분체들(nonsister chromatid)로부터 나온 침입성 가닥을 풀어주어 홀리데이 구조(Holliday junction) 형성을 막고 따라서 교차(crossing-over)를 방해하도록 하는 효소.

항원(antigen) 체내에 도입되면 면역 반응(immune response)을 유도하는 외래 물질(혹은 외래 물질의 특정 부분).

항종결자(antiterminator) 종결자(terminator)의 형성을 방해하는 RNA 분자 내의 줄기-고리(stem-loop) 구조.

해로운 돌연변이(deleterious mutations) 중요한 유전자(gene) 기능들이 망가지는 것. 유리한 돌연변이(beneficial mutations)와 중립 돌연변이들(neutral mutations)과 대조된다.

핵 라민(nuclear lamins) 핵막의 안쪽 표면에 위치하는 단백질(protein)로, CDK의 기질로 작용한다.

핵막(nuclear envelope) 진핵세포의 핵을 둘러싸고 있는 두 개의 막으로 구성된 덮개.

핵산 혼성화(nucleic acid hybridization) 단일 가닥의 DNA나 RNA 가 상보적 염기쌍(complementary base pairing)을 형성함으로써 이중-가닥의 분자를 만드는 것.

핵산말단가수분해효소(exonuclease) DNA 분자의 말단으로부터 뉴클레오티드(nucleotide)들을 제거하는 효소.

핵심 유전체(core genome) 특정 종의 모든 세균계통에서 공유되는 유전자들(genes). 범유전체(pangenome)와 비교해 보라.

핵심 히스톤(core histones) 뉴클레오솜(nucleosome)의 핵심을 구성하는 단백질들(proteins): H2A, H2B, H3, H4.

핵양체(nucleoid body) 접혀 있는 세균 염색체(chromosome).

핵형(karyotype) 한 생물의 세포에 존재하는 완전한 세트의 염색체들(chromosomes)을 시각적으로 설명하는 것; 보통 염색체의 수, 크기, 그리고 각 염색체 형태의 모양을 보여주는 표준화된 방식으로 염색체들을 나열한 사진으로 제시된다.

핵형도(idiogram) 광학현미경하에서 관찰되는 밝은 띠와 어두운 띠를 바탕으로 염색체(chromosome)를 흑/백으로 그려놓은 그림. G 밴드(G bands) 참고.

허용 온도(permissive temperature) 온도 감수성 돌연변이체(temperature sensitive mutant)들에서 그 대립유전자(allele)가 비교적 야생형(wild type)처럼 기능할 수 있도록 하는 조건. 제한 온도(restrictive temperature)와 비교해 보라.

허용조건(permissive condition) 조건적 치사 대립유전자(conditional lethal allele)의 생존을 허락하는 환경조건. 제한 조건(restrictive condition)과 비교해 보라.

혈관신생(angiogenesis) 세포를 향해 혈관들이 자라는 것.

협의의 유전력(narrow sense heritability, h^2) 유전적 분산(genetic variance, V_G)의 부가적 요소(V_A) 만 포함하는 유전력(heritability) 측정값. 광의의 유전력(broad sense heritability, H^2)과 비교해 보라.

형광 제자리 혼성화[FISH (fluorescence *in situ* hybridization)] 염색체(chromosome)와 혼성화(hybridization)된 핵산 탐침자(probe)를 추적하기 위해 형광표지를 사용하는 물리적 지도작성(physical mapping)법.

형질값(trait value) 표현형 값(phenotypic value) 참고.

형질도입(transduction) 세균이 유전자(gene)를 다른 균주로 이동시키는 한 방법; 공여 DNA(donor DNA)는 박테리오파아지(bacteriophage)의 단백질(protein) 껍질에 포장되어, 그 파아지(phage) 입자가 다른 수용 세포를 감염시킬 때 그 세포로 전달된다. 수용 세포(recipient)들은 형질 도입체(transductant)라고도 한다.

형질도입체(transductants) 박테리오파아지(bacteriophage)들에 의해 매개되는 유전자(gene) 전달 결과 얻어진 세포들.

형질전환(transformation) 한 균주의 유전자(gene)가 다른 균주로 전달되는 방법의 하나; 공여세포(donor)로부터 DNA가 세균의 성장 배지에 추가되어 배지에서 수용세포로 흡수될 때 발생한다. 수용세포는 형질전환체(transformant)라고도 한다. 접합(conjugation)과 비교해 보라.

형질전환 벡터(transformation vector) 형질전환 생물체(transgenic organism)를 만들 때의 유전자 운반체.

형질전환 생물(transgenic organisms) 도입유전자인 도입유전자(transgene)를 가진 개체.

형질전환체(transformants) 순수한 공여 DNA(donor DNA) 를 받아들인 세포.

형태형성자(morphogens) 농도-의존적인 방식으로 서로 다른 세포의 운명을 결정하는 물질들.

호르몬(hormone) 작은 분자나 폴리펩티드로, 다세포 생물들의 특정 분비 세포들에 의해 합성되어 방출된다. 분비된 호르몬들은 확산되거나 체액을 통해 특정 수용체를 가지고 있는 다른 세포로 이동한다. 호르몬-수용체 결합은 표적세포의 유전자(gene) 기능변화와 세포 분화를 촉진시킨다.

호메오 도메인(homeodomain) 호메오틱 유전자(homeotic gene)의 호메오박스(homeobox)에 의해 암호화되는 전사 인자(transcription factor)들의 보존적(conserved) DNA-결합 영역.

호메오박스(homeobox) 호메오틱 유전자(homeotic gene)들에서, 보통 180bp 길이의 DNA 상동성(DNA homology) 보존 영역으로, 호메도 도메인(homeodomain)을 암호화한다.

호메오틱 돌연변이(homeotic mutation) 세포들이 그들의 발생 계획상의 위치 정보를 잘못 해석하여 부적당한 장소에다 정상적인 기관을 만들도록 하는 돌연변이(mutation); 그런 돌연변이들은 전체적인 신체 계획을 바꿀 수 있다.

호메오틱 선별 유전자(homeotic selector genes) 신체의 체절 정체성을 조절하는 유전자(gene)들.

호메오틱 유전자(homeotic gene) 발생 과정에서 동일한 그룹에 세포들에 동일한 정체성을 부여하는 역할을 하는 유전자(gene).

호변체(tautomers) 호변체화(tautomerization) 참고.

호변체화(tautomerization) 비슷한 형태의 두 호변체(tautomer)들 사이의 상호 전환.

호환성 말단(compatible ends) 제한 단편들(restriction fragments)의 점착성 말단들(sticky ends)에서 염기서열이 상보적인 경우.

혹스 유전자(*Hox* genes) 초파리와 인간에서 호메오박스 전사인자(homeobox transcription factors)들을 암호화하는 유전자 수퍼패밀리(gene superfamily)를 구성한다. 혹스(*Hox*) 유전자들은 발생 중에 전후 체축을 따라 파리와 인간의 패턴을 결정한다.

혼성화(hybridization, hybridize) 탐침자(probe)와 그 상보적 DNA 서열(complementary DNA sequence) 사이에서 염기쌍이 형성되는 것.

혼합 유전(blended inheritance) 자손에서는 형질들이 혼합되며 계속해서 변한다는 생각.

홀리데이 교차점(Holliday junctions) 재조합(recombination) 중간체에서 두 비자매염색분체(nonsister chromatid)들이 꼬인 영역.

화학치료(chemotherapy) 암세포를 죽이는 약으로 환자를 치료하는 것.

환경적 변이, 환경적 분산(environmental variance, V_E) 외부의, 비유전적 요소들에 의해 생기는 표현형 값(phenotypic value)과 평균값과의 편차(차이). 유전적 변이(유전적 분산, genetic variance)과 비교해 보라.

활성자(activator) 일종의 전사 인자(transcription factor)로

서, 증폭자(enhancer) 요소들 내의 특정 DNA 서열들(DNA sequences)과 결합하여 근처의 촉진유전자(promoter)로부터 전사(transcription)의 수준을 증가시킨다.

활성화 영역(activation domain) 전사 활성화 단백질(activator protein)에서 공동활성자(coactivator)나 일반 복합체 단백질들(proteins)과 접하는 모듈 부분.

효과 인자(effector) 다른 자리 입체성 단백질(allosteric protein, 알로스테릭 단백질)이나 RNA 분자에 결합하여 입체 구조 변화를 일으키는 작은 분자들.

효모단백질 잡종체계(yeast two-hybrid system) 특정 단백질들(proteins)의 결합 파트너를 밝히기 위한 방법의 하나로 전사 인자들(transcription factors)의 모듈식 성질을 이용한다. 관심 단백질("미끼")은 그것이 도서관(library) 내의 cDNA에 의해 암호화된 두 번째 단백질("사냥감")과 결합했을 때에만 보고 유전자(reporter gene)의 전사(transcription)를 촉진시킬 수 있다. 그 cDNA는 관심 단백질의 결합 파트너로 동정된다.

효모 인공 염색체(yeast artificial chromosome, YAC) 길이 400 kb까지의 DNA 단편들을 복제하기 위해 이용되는 벡터 말단소체(telomeric) 서열과 동원체(centromeric) 서열, 그리고 효모 세포에서의 복제에 필요한 복제 원점(origin-of-replication) 서열들로 구성된다.

후기(anaphase) 자매염색분체들(sister chromatids)의 연결이 끊어져 염색분체들(chromatids)이 양 방추극 쪽으로 당겨지는 유사분열(mitosis) 시기.

후기 I (anaphase I) 상동염색체들(homologous chromosomes)을 연결시키는 교차점들(키아즈마타, chiasmata)이 풀려 부계와 모계 상동염색체들(homologs)이 각기 반대쪽 극으로 이동하게 되는 감수분열 I (meiosis I) 시기의 동원체들(centromeres)은 나뉘지 않으므로 두 개의 염색분체들(chromatids)로 이루어진 각 염색체들(chromosomes)이 각 극으로 이동한다.

후기 II (anaphase II) 코헤신(cohesin) 복합체가 벗겨져 자매염색분체들(sister chromatids)이 양쪽 방추극 쪽으로 이동하게 되는 감수분열 II (meiosis II)의 시기.

후발성(late-onset) 출생 시에는 증상이 없으나 인생의 후반기에 발현되는 유전적 조건.

후생동물(metazoans) 5억 7000만 년 전에 처음 출현한 다세포 동물.

후성유전학적 변화(epigenetic changes) DNA메틸화(DNA methylation) 같은 유전자(gene)에서의 변화로, 염기 서열(base sequence) 변화 없이도 유전자 발현(gene expression)을 바꾸고 세포 분열을 통해 유전될 수 있다.

후성유전학적 현상(epigenetic phenomenon) 염기쌍 서열(base pair sequence)에서의 돌연변이(mutation) 때문이 아닌 유전자 발현(gene expression)에서의 유전적 변화.

흔한 변이체(common variants) 다형적 유전자(polymorphic gene)에서 빈도가 높은 대립유전자들(alleles).

히스톤(histone) 염기성이고, 양전하를 띠는 아미노산(amino acid)인 리신과 아르기닌이 압도적으로 많은 작은 DNA 결합 단백질(protein)들. 뉴클레오솜(nucleosome)의 기본 단백질 구성 요소들이다.

히스톤 꼬리(histone tail) 히스톤 단백질(histone protein)들의 N-말단으로 그 아미노산(amino acid) 잔기들은 효소적으로 변형되어 국부적으로 염색질(chromatin) 구조에 영향을 미친다.

히스톤 메틸기 전이효소(histone methyl transferases, HMTases) 히스톤 꼬리(histone tail)의 리신과 아르기닌들을 메틸화시켜 염색질(chromatin) 구조에 영향을 미치는 효소. 히스톤 탈메틸화효소(histone demethylases) 참고.

히스톤 아세틸기 전이효소(histone acetyl transferases, HATs) 히스톤 꼬리(histone tail)의 리신을 아세틸화하여 열린 염색질(chromatin)을 만드는 효소. 히스톤 탈아세틸화 효소(histone deacetylase) 참고.

히스톤 탈메틸화 효소(histone demethylases) 히스톤 꼬리(histone tail)의 리신으로부터 메틸기를 제거하여 염색질(chromatin) 구조에 영향을 미치는 효소. 히스톤 메틸기 전이효소(histone methyl transferase) 참고.

히스톤 탈아세틸화 효소(histone deacetylase) 히스톤 꼬리(histone tail)의 리신으로부터 아세틸기를 제거하여 닫힌 염색질(chromatin)을 만드는 효소. 히스톤 아세틸기 전이효소(histone acetyl transferases) 참고.

[A–Z]

***Alu* 서열(*Alu* sequence)** 일종의 SINE. 인간 유전체(genome)의 약 10%를 구성하는 가장 흔한 전이 인자들(transposable elements)이다.

ASO 대립유전자-특이적 올리고뉴클레오티드(allele-specific oligonucleotide) 참고.

B-형 DNA (B-form DNA) 가장 흔한 DNA의 형태로, 분자 형태가 오른쪽 방향의 나선을 형성한다. Z-형 DNA (Z-form DNA)와 비교해 보라.

C 말단(C terminus) 폴리펩티드(polypeptide) 사슬에서, 자유로운 카르복실 그룹이 달려 있는 쪽의 말단.

CDK 억제자(CDK inhibitors) 사이클린–의존성 인산화효소들(cyclin-dependent kinases)의 활성을 억제하는 것들.

cDNA mRNA 주형(mRNA template)에 상보적인 염기 서열(base sequence)을 가지는 상보성 DNA로, 인트론들(introns)을 포함하지 않는다.

cDNA 도서관(cDNA library) 특정 세포형이나 조직, 기관, 혹은 생물 개체들에서 발현된 mRNA들만을 포함하고 있는 cDNA 클론들의 모음.

cDNA 통합 서열화(cDNA deep sequencing) RNA-Seq 참고.

ChIP-Seq 염색질 면역침강-서열화 특정 전사 인자(transcription

factor)들을 만드는 유전자(gene)들을 찾아내는 방법으로, DNA에 결합하는 단백질(protein)을 분리하기 위해 그 전사인자에 대한 항체를 이용한다.

CNV 반복수 변이체(copy number variant) 참고.

CpG 섬들(CpG islands) 일부 진핵생물 유전자(gene)에서의 조절 요소로, 특이하게 5′-CpG-3′의 두 뉴클레오티드가 많다 CpG섬에서 C말단의 메틸화는 유전자의 전사(gene transcription)를 침묵화(silences)시킨다.

Cre/loxP 재조합 시스템(Cre/loxP recombination system) 형질전환 생물들(transgenic organisms)을 만들 때 P1 파아지로부터 얻은 Cre 재조합효소 단백질(protein)과 그것이 붙어서 위치 특이적 재조합(site-specific recombination)을 일으키는 DNA 자리인 loxP 부분을 이용하는 것 특정 조직들에서만 유전자(gene) 일부가 결실되도록 하는 데 주로 사용한다. FLP/FRT 재조합 시스템(FLP/FRT recombination system)과 유사하다. 조건적으로 발현되도록 조작된 돌연변이 및 조건적 녹아웃 생물체(floxed and conditional knockouts) 참고.

CTCF DNA를 고리로 만드는 것을 돕는 절연자 결합 단백질(insulator-binding protein).

ddNTPs 2디옥시리보뉴클레오티드 삼인산(dideoxyribonucleotide triphosphates) 참고.

dideoxynucleoside triphosphates 2디옥시리보뉴클레오시드 삼인산(dideoxyribonucleoside triphosphate) 참고.

dideoxyribonucleotides 2디옥시뉴클레오티드(dideoxynucleotides) 참고.

DNA (deoxyribonucleic acid; 디옥시리보핵산) 유전정보를 암호화하는 유전(heredity) 분자.

DNA 결합 영역(DNA-binding domain) DNA와 접촉하는 전사 인자(transcription factor) 내의 영역.

DNA 글리코실화효소(DNA glycosylases) 뉴클레오티드(nucleotide)의 당으로부터 변형된 질소포함 염기(nitrogenous base)들을 잘라내는 DNA 수선 효소들.

DNA 다형성(DNA polymorphisms) 한 좌위(locus)에서 둘 혹은 그 이상의 대립유전자들(alleles)이 존재하는 것. DNA 다형성에서의 서열 변이들은 염색체(chromosome)상의 어느 위치에서나 생길 수 있고, 표현형(phenotype)에 대해서는 영향을 미치거나 미치지 않을 수도 있다. 익명 DNA 다형성(anonymous DNA polymorphism) 및 비익명 DNA 다형성(nonanonymous DNA polymorphism) 참고.

DNA 메틸기 전이효소(DNA methyl transferases, DNMTs) DNA의 염기에 메틸기 첨가를 촉매하는 효소들.

DNA 메틸화(DNA methylation) DNA의 염기에 효소에 의해 메틸기가 추가되는 것 인간의 유전체(genome)에서는 5′CpG 3′의 두 뉴클레오티드 서열에서 시토신(cytosine) 잔기가 메틸화된다.

DNA 미세배열(DNA microarray; DNA 마이크로어레이) 단단한 표면에 붙어 있는 올리고뉴클레오티드들의 모음.

DNA 복제(DNA replication) 이중 나선 DNA 분자가 두 개의 동일한 이중 나선 DNA 분자들을 만드는 과정.

DNA 서열(DNA sequence) DNA, 유전자(gene), 염색체(chromosome), 혹은 전 유전체(genome)에서, 염기쌍(base pair)들의 상대적인 순서.

DNA 연결효소(DNA ligase) DNA 단편들 사이에 인산디에스테르 결합(phosphodiester bond)을 만들어주는 효소.

DNA 입체이성질화효소, DNA **토포아이소머레이즈(DNA topoisomerases)** DNA 나선의 두 가닥이나 한 가닥에 틈을 만들어 가닥들을 돌려줌으로써 초나선(supercoiling)이 느슨해질 수 있도록 돕는 효소 그룹.

DNA 전이인자, DNA 트랜스포존(DNA transposons) 트랜스포존(transposon) 참고.

DNA 중합효소, RNA 중합효소(polymerases, DNA or RNA) 기존의 핵산을 주형으로 하여, 핵산의 합성을 촉매하는 효소. 리보뉴클레오티드(ribonucleotide)들을 이용하여 RNA를 조립하고, 디옥시리보뉴클레오티드(deoxyribonucleotide)로부터 DNA를 합성한다.

DNA 중합효소 I (DNA polymerase I) DNA 복제(DNA replication) 중에 RNA 프라이머들(RNA primers)을 DNA로 대체하는 효소.

DNA 중합효소 III (DNA polymerase III) 복제(replication) 과정 중에 신장 중인 가닥의 3′ 말단(3′ end)에 차례로 뉴클레오티드(nucleotide)를 첨가함으로써 새로운 DNA가닥을 만드는 복잡한 효소.

DNA 지문(DNA fingerprint) SSR 좌위들을 추석함으로써 얻어지는 여러 좌위들의 패턴.

DNA 클론(DNA clone) 동일한 DNA 분자들을 다수 함유하고 있는 순수 분리된 시료.

DNA 표식자(DNA marker; DNA 마커) 표식자(marker) 참고.

DNA 헬리케이즈(DNA helicase) 이중 나선을 풀어주는 효소.

DNase 과민 부위(DNase hypersensitive sites) 뉴클레오솜(nucleosome)을 거의 포함하지 않는 DNA 부위; 이런 부위들은 DNase 효소에 의한 절단에 취약하다.

dNTPs 디옥시리보뉴클레오시드 삼인산(deoxyribonucleoside triphosphate) 참고.

F 선모(F pilus) 선모(pilus) 참고.

F 플라스미드(F plasmid) *DNA* 전달에 필요한 여러 유전자(gene)들을 가지고 있는 접합성 플라스미드(conjugative plasmid). F 플라스미드를 가지는 세포는 F^+세포라고 부르고, 플라스미드가 없는 세포는 F^-세포라고 부른다.

F′ 플라스미드(F′ plasmids) 대부분의 F 플라스미드(F plasmid) 유전자(gene)들에 더하여 세균의 일부 DNA를 더 가지게 된 F 플라스미드의 변이체; 특히 유전적 상보성(complementation) 연구에 유용하게 이용된다.

FLP/FRT 재조합 시스템(FLP/FRT recombination system) 유전자 전달 생물체(transgenic organism)를 만들 때 위치 특이

적 재조합(site-specific recombination)을 수행하기 위해 효모의 FLP 재조합효소와 그것이 결합하는 FRT DNA 자리들을 이용하는 것 초파리에서는 모자이크 분석(mosaic analysis)을 위해 체세포성 재조합(mitotic recombination)을 일으키는 데 이용한다. Cre/loxP 재조합 시스템(Cre/loxP recombination system)과 유사하다.

G 밴드(G bands) 김자 염색액으로 염색한 후에 염색체(chromosome)에서 1~10 Mb 크기의 밝은 부분과 어두운 부분이 교대로 나타나는 것. 핵형도(idiogram) 참고.

G_0 세포주기에서 G_1의 휴지기 형태. G_0의 세포들은 보통 분열하지 않는다.

G_1기(G_1 phase) 세포가 생긴 후 S기(S phase)에서 염색체(chromosome) 복제가 시작되기 전까지의 세포주기(cell cycle) 단계.

G_2기(G_2 phase) 염색체 복제(chromosome replication)가 완료된 시점으로부터 세포 분열이 시작되기 전까지의 세포주기(cell cycle) 단계.

Gal4/UAS 이항 발현 체계(Gal4/UAS binary expression system) 두 개의 도입유전자(transgene)들을 포함하는 세포들에서 한 유전자(gene)를 발현시키는 방법. UAS-cDNA 도입유전자(UAS-cDNA transgene)는 효모의 Gal UAS(UASG)에 의해 시스(*cis*) 형태로 전사(transcription)가 조절된다. 그리고 "구동자"인 도입유전자는 효모의 전사 인자(transcription factor)인 Gal4를 특정한 시공간적 패턴으로 발현시킨다. 두 도입유전자를 모두 가지는 파리나 생쥐에서는 Gal4가 UAS에 결합하여 전사(transcription)를 활성화시킨다.

gap 유전자(gap genes) 초파리에서 전사되어야 하는 첫 접합자 체절화 유전자들(zygotic segmentation genes)이다. 이들은 전사 인자(transcription factor)들을 암호화한다. gap 유전자(gene)에 동형접합성(homozygous) 돌연변이(mutation)를 가진 배아들은 각 유전자가 발현되어야 하는 세포들에 해당되는 특정 체절들이 없어져서 체절화 패턴에 틈을 만든다.

GFP 녹색 형광 단백질(green fluorescent protein) 참고.

GM 작물(GM crops) 유전적으로 조작된 작물들 도입유전자(transgene 형질전환용 유전자)들을 포함하고 있는 경작 식물들.

GWAS 유전체 수준의 연합 연구(genome-wide association study) 참고.

HERVs 인간의 내생적 레트로바이러스들 구조적으로 레트로바이러스(retroviruse)와 닮은 인간 유전체(human genome)의 레트로트랜스포존(retrotransposon)들.

Hfr 세균(Hfr bacteria) 염색체(chromosome) 내에 통합된 F플라스미드(F plasmid) 때문에 접합 실험에서 염색체의 유전자(gene)들에 대해 높은 빈도로 재조합을 일으키는 세균.

***lac* 오페론(*lac* operon)** 대장균에서 *lacZ*, *lacY*, *lacA* 유전자(gene)들이 단일 촉진유전자(promoter, p)와 단일 작동자 부위(operator site, o)와 함께 하나의 DNA 단위로 묶여 있는 것으로, 환경 변화에 반응하여 세 구조 유전자들이 동시에 조절될 수 있다.

LD 블록(LD blocks) 독립된 좌위(loci)들의 대립유전자(allele)들이 모여 있는 유전체 DNA 부분으로, 그 안에서는 연관불평형(linkage disequilibrium)이 나타난다. 그런 DNA 서열(DNA sequence)로 이루어진 블록들은 재조합 다발점(recombination hotspot)들 옆에 위치한다.

LINEs 긴 산재요소(long interspersed element)들; 포유동물에서의 두 가지 주된 레트로트랜스포존(retrotransposon)들 중 하나. SINEs과 대조된다.

LTRs 긴 말단 반복서열들 레트로트랜스포존(retrotransposon)의 양 말단에 존재하는 반복된 뉴클레오티드 서열들 레트로바이러스(retrovirus)들에서는 LTR이 전사 증폭자(enhancer)들을 포함하고 있으며, 염색체 통합에 필수적이다.

messenger RNA (mRNA) 단백질(protein) 합성에 대해 주형으로 작용하는 RNA. 유전암호(genetic code) 참고.

miRISC 기능적인 RNA-유도성 침묵화 복합체(RNA-induced silencing complex, RISC)로, 마이크로 RNA (micro-RNA)와 결합되어 있다.

miRNA micro-RNA 참고.

MRCA 가장 최근의 공통조상(most recent common ancestor) 참고.

mRNA 전령 RNA(messenger RNA) 참고.

n 정상 배우자(gamete)의 염색체(chromosome) 수; 배수체(polyploid)가 아닌 생물체에서는 n이 모든 반수체(haploid) 세포의 염색체 수이자 x (비상동염색체들로만 이루어진 완전한 단일 염색체 세트에 존재하는 염색체들의 수)와 동일하다. 배수체 생물들에서는 n과 x가 동일하지 않다.

N 말단(N terminus) 다른 아미노산(amino acid)과 연결되지 않은 자유 아미노기를 포함하고 있는, 폴리펩티드(polypeptide) 사슬의 말단.

***N*-포밀메티오닌(*N*-formylmethionine, fMet)** 아미노 말단(amino end)이 포밀기에 의해 덮힌 상태의 변형 메티오닌; fMet은 리보솜(ribosome)의 번역(translation) 개시 부위에서 작동하는 특수한 tRNA에 의해 운반된다.

***P* 요소(*P* element)** 정상적으로는 실험실 계통의 초파리에서는 존재하지 않는 트랜스포존(transposon); 형질전환 벡터(transformation vector)로 사용하기 위해 유전적으로 조작된다.

***P* 요소 형질전환(*P* element transformation)** 도입유전자(transgene)를 포함하고 있는 재조합 *P* 요소(recombinant *P* element)가 배아에 주입되어 만들어지는 형질전환 초파리(transgenic *Drosophila*) 생성 방법. 그 재조합 트랜스포존(recombinant transposon)은 생식세포계열(germ-line)의 세포에서 염색체(chromosome) 내로 통합된다.

P 자리[peptidyl (P) site] 개시 tRNA가 결합하는 리보솜(ribosome) 부위로, 그 부위의 tRNA는 신장(elongation) 과정에서 자라나는 폴리텝티드(polypeptide)를 가지고 있다.

PCR 중합효소 연쇄 반응(polymerase chain reaction) 참고.

piRNAs Piwi-상호작용 RNA(Piwi-interacting RNA)을 참고하라.

Piwi-상호작용 RNA(Piwi-interacting RNAs, piRNAs) 인간 유전체(genome)로부터 전사된 긴 RNA들을 가공함으로써 생기는 작은 RNA들 piRNA들은 Piwi 단백질 복합체들을 유전체 DNA의 가동성 요소(transposable element)들로 불러모으고 전이인자(TE) 이동을 막는다.

***p*값(*p* value)** 특정 세트의 실험적 관찰 결과들이 특정 가설에 의해 예측되는 값으로부터 우연히 벗어날 확률을 나타내는 것.

RefSeq (종 참고 서열) 한 생물종에서 주석이 붙은 완전한 유전체(genome) 서열.

RF 재조합 빈도(recombination frequency) 참고.

RISC RNA 유도성 침묵화 복합체(RNA-induced silencing complex) 참고.

RNA 리보핵산(ribonucleic acid) 참고.

RNA 가공(RNA processing) 진핵생물에서 1차 전사체(primary transcript)가 mRNA로 바뀌는 변형과정. 이런 변형에는 엑손(exon)들의 이어맞추기(splicing 인트론 제거), 3′ 말단의 폴리-A 꼬리 첨가, 그리고 5′ 말단에 메틸화된 모자(methylated cap) 구조를 붙이는 것이 포함된다.

RNA 간섭(RNA interference, RNAi) 21~24뉴클레오티드(nucleotide) 길이의 siRNA 분자에 의해 서열 특이적으로 이루어지는 진핵성 유전자(gene) 발현의 조절. 표적 mRNA들과의 상보적 염기쌍 형성을 통해, 그 siRNA들은 RISC 복합체(RISC complex)를 mRNA 로 데려와 분해한다.

RNA 선도 서열(RNA leader sequence) mRNA의 5′ 비번역 영역(5′ untranslated region, 5′ UTR).

RNA 시발체(RNA primer; RNA 프라이머) DNA 복제(DNA replication) 과정에서 DNA의 합성을 개시할 수 있도록 하는 짧은 길이의 RNA 분자.

RNA 온도계(RNA thermometer) 온도-의존적으로 안정성이 바뀌는 줄기-고리(stem-loop) 구조를 통해 온도에 반응하여 번역(translation)을 조절하는 RNA 선도 서열(RNA leader).

RNA 이어맞추기, RNA 접합(RNA splicing) 인트론(intron)들을 제거하고 인접한 엑손(exon)들을 서로 연결시켜 엑손만으로 이루어진 성숙한 mRNA를 만드는 과정.

RNA 제자리 혼성화(RNA *in situ* hybridization) 생물 전체나 조직에서 특정 mRNA의 발현 양상을 결정하기 위한 실험적 접근법. 그 유전자(gene)의 mRNA에 대한 cDNA 서열을 표지하여 얇게 잘린 조직(혹은 생물 전체나 조직 전체) 시료상에서 mRNA를 추적하는 탐침(probe)으로 사용한다. 혼성화(hybridization)를 통해 탐침이 남은 곳(신호)은 그 유전자의 mRNA를 포함하는 세포를 알려준다.

RNA 중합효소(RNA polymerases) DNA 서열을 RNA 전사체(RNA transcript)로 전사하는 효소. 진핵생물(Eukaryotes)들은 pol I, pol II, pol III 의 세 가지 RNA 중합효소들을 가지며, 이들은 각각 다른 종류의 유전자(gene)들을 전사한다.

RNA 편집(RNA editing) 전사(transcription)가 완료된 후에 RNA 분자 내에 실린 염기 서열(base sequence)이 특수하게 변화하는 것.

RNA-Seq 수백만 개의 cDNA들이 서열화되는, 어떤 한 개체의 전사체(transcriptome)를 분석하는 방법.

RNA-유도성 전사 침묵화 복합체(RNA-induced transcriptional silencing complex, RITS) 상보적 염기쌍 형성(complementary base pairing)을 통해 siRNA와 결합하는 단백질(protein) 복합체로, 이질염색질(heterochromatin)이 될 유전체 영역으로 이동한다. RITS 복합체는 히스톤(histone) 변형 효소들을 불러들여 DNA를 이질염색질로 바꾼다.

RNA-유도성 침묵화 복합체(RNA-induced silencing complex, RISC) 진핵세포 내의 세포질에 존재하는 효소 복합체로 miRNA나 siRNA 와 결합하여 서열 특이적인 RNA 간섭(RNA interference)를 수행한다.

RNA-유사 가닥(RNA-like strand) 이중 나선 DNA 분자에서, mRNA와 동일한 뉴클레오티드(nucleotide) 서열을 가지는(U대신 T를 갖는 것만 빼고) 가닥이며, 주형가닥(template strand)과 상보적이다.

RNA-의존성 DNA 중합효소(RNA-dependent DNA polymerase) 역전사 효소(reverse transcriptase) 참고.

SINEs 짧게 산재해 있는 요소들(short interspersed elements); 포유류의 두 가지 주요 레트로트랜스포존(retrotransposon)들 중 하나; 그들의 구조는 mRNA들을 닮았다. LINEs 과 대조된다.

siRNAs 작은 방해성 RNA(small interfering RNA)들 참고.

SNP 단일 뉴클레오티드 다형성(single nucleotide polymorphism) 참고.

SOS 체계(SOS system) 실수 유발성("부주의한") DNA 중합효소(DNA polymerase)들에 의존하는 세균 세포에서의 긴급 복구 시스템; 특수한 SOS 중합효소들은 손상된 DNA를 가진 세포들을 분열하도록 할 수 있으나, 그 딸세포들이 많은 새 돌연변이(mutation)들을 가지게 한다.

sRNAs 작은 RNA 분자들로, 리보솜 결합 부위(ribosome binding site)를 감추거나 노출시킬 수 있는 mRNA상의 자리들과 염기쌍을 형성함으로써 트랜스(*trans*) 방식으로 번역(translation)을 조절한다.

SRY Y의 성결정 영역(sex determining region of Y); Y-염색체 연관성 유전자(gene)로서 포유류의 남성을 결정한다.

SSR 단순 반복 서열(simple sequence repeat) 참고.

S기(S phase) 염색체의 복제(chromosome replication)가 발생하는 세포주기(cell cycle)의 단계.

TAFs TBP-연관 인자들; 기본(일반) 전사 인자 복합체의 단백질 소단위체(protein subunit)들이다.

TALEN TALE(transcription activator-like effector 전사 활성자-

유사 효과 인자) 핵산분해효소(nuclease)의 줄임말. TALEN들은 합성 제한효소(restriction enzyme)들로서 유전체의 어떤 DNA 서열이라도 인식할 수 있도록 고안될 수 있으므로 유전체(genome)의 어떤 자리에서든 염기쌍을 제거하거나 추가하는 데 이용될 수 있다.

TATA 박스(TATA box) 일부 진핵성 유전자에서, 전사(transcription) 개시 부위에서 ~25 nt 상류(upstream)의 촉진유전자(promoter) 서열. 기본 전사 복합체와 RNA pol II가 촉진유전자에 오도록 하는 전사 인자(transcription factor)인 TBP가 결합하는 장소이다.

TBP TATA 박스 결합 단백질; RNA 중합효소 II가 촉진유전자(promoter)에 결합하여 기본 수준의 전사(transcription)을 개시할 수 있도록 돕는 핵심적 기본 인자.

T-DNA 아그로박테리아(*Agrobacterium tumefaciens*)의 Ti 플라스미드 일부로, 숙주인 식물 유전체(genome) 내로 통합된다. T-DNA는 형질전환(transgenic) 식물을 만드는데 벡터(vector)로 이용된다.

teratype (T) 네 종류의 반수체(haploid) 세포들을 가진 곰팡이 사분체(tetrad); 두 개의 서로 다른 양친형 그룹(parental class) 포자와 두 개의 서로 다른 재조합체(recombinant)들로 구성된다.

Tn 요소(Tn element) 세균의 트랜스포존(transposon)으로서, 전이효소(transposase) 유전자(gene)와 양 옆에 IS들을 가지는 약물 저항성 유전자들을 가지고 있다.

UAS 상류 활성화 서열(upstream activating sequence)을 참고하라.

x 기본 염색체 수(basic chromosome number)를 참고하라.

X 불활성화 중심(X inactivation center, XIC) 양적 보정(dosage compensation)을 매개하는 X 염색체(chromosome)의 영역 (~450 kb).

X 염색체 불활성화(X chromosome inactivation) 포유류에서, 하나의 X 염색체를 제외한 유전체(genome)의 모든 X 염색체들(X chromosomes)이 이질 염색질성의 바소체들(Barr bodies)을 형성하여 불활성화됨으로써 양적 보정(dosage compensation)을 일으키는 메커니즘.

X 염색체 재활성화(X chromosome reactivation) 포유류에서, 불활성화되었던 X 염색체(chromosomes)가 난원세포(oogonia)에서 다시 활성화됨으로써 생식 계통(germ line)의 반수체(haploid) 세포들이 모두 하나의 활성화된 X 염색체를 가지도록 하는 기작.

X-gal *lacZ* 유전자(*lacZ* gene)의 산물인 베타 갈락토오스가수분해효소(β-galactosidase)의 기질로, 효소에 의해 절단되면 푸른 침전물을 만든다. X-gal이 페트리 접시의 배지에 첨가되면 $lacZ^+$ 세균 군락들은 푸르게 나타나고 $lacZ^-$ 군락들은 희게 보인다.

***Xist* (X inactive specific transcript)** 바소체(Barr body)가 되는 X 염색체(chromosome)의 XIC로부터 전사되는 ncRNA; Xist의 ncRNA는 X 염색체에 결합하여 X 염색체 불활성화(X chromosome inactivation)를 매개한다.

X-연관성(X-linked) X 염색체(chromosome)에 의해 전달되는 성질.

YAC 효모 인공 염색체(yeast artificial chromosome) 참고.

Z-형 DNA(Z-form DNA) 나선이 왼쪽으로 회전하기 때문에 그 형태가 지그재그 모양을 만들 것으로 생각되는 뉴클레오티드(nucleotide) 서열의 DNA. B형 DNA (B-form DNA)와 비교해 보라. DNA 구조에서의 이런 변이형이 왜 중요한지에 대해서는 아직 알려져 있지 않다.

[기타]

1란성 쌍생아[monozygotic (MZ) twins] 단일 접합자(zygote)로부터 생긴 하나의 배아가 두 개의 독립된 배아로 나뉨으로써 생기는, 유전적으로 동일한 쌍둥이.

1란성(monozygotic) 일란성 쌍둥이처럼 하나의 난자로부터 기인한.

1배체(monoploid) 세포나 핵, 혹은 생물을 설명하는 데 쓰이는 용어로, 짝짓지 않는 염색체(chromosome)들로만 이루어진 단일 염색체 세트를 갖는 것을 말한다. 이배체(diploid) 생물에 대해서는 단수체와 반수체(haploid)는 동의어이다.

1분열 분리형[first-division (MI) segregation pattern] 한 유전자(gene)의 두 대립유전자(allele)들이 첫 감수분열에서 서로 분리되었음을 나타내는 방식으로 자낭포자(ascospore)들이 배열된 사분체(tetrad).

1염색체성의(monosomic) 해당 종의 이배체(diploid) 수에서 하나의 염색체(chromosome)가 없는 개체.

1차 구조(primary structure) 폴리펩티드(polypeptide) 내에서 아미노산(amino acid)들의 선형 순서.

1차 전사체(primary transcript) 전사(transcription)로부터 얻어지는 단일 가닥의 RNA.

2n 정상적인 이배체(diploid) 세포에 있는 염색체(chromosome)들의 수.

2가 염색체(bivalent) 제1감수분열(meiosis I) 전기(prophase) 중에 접합한 상동염색체(homologous chromosome) 쌍.

2디옥시뉴클레오티드(dideoxynucleotides) 뉴클레오티드 유사물로 인산디에스테르 결합(phosphodiester bonds)의 형성에 필수적인 3′-OH 그룹이 없다. 2디옥시뉴클레오티드들은 대부분의 DNA 서열화 작업에 필수적인 요소이다.

2디옥시리보뉴클레오시드 삼인산(dideoxyribonucleoside triphosphates, ddNTPs) 세 개의 인산기를 2디옥시리보뉴클레오티드(dideoxyribonucleotide); ddATP, ddGTP, ddCTP, ddTTP 을 말한다.

2차 구조(secondary structure) 특징적인 모양을 갖추는 폴리펩티드(polypeptide) 사슬의 일정 영역. 알파 나선이나 베타 병풍 구조 등이 그 예이다.

3′ 말단(3′ end) RNA나 DNA 분자의 마지막 뉴클레오티드.

3배체(triploid) 세 벌의 완전한 염색체(chromosome) 세트를 가지고 있는 세포나 생물체를 설명하는 말. 반수체(haploid), 이배체(diploid), 그리고 사배체(tetraploid)를 참고하라.

3염색체성(trisomic) 한 종의 정상적인 이배체(diploid) 염색체 세트에 여분의 염색체(chromosome) 하나를 더 추가하여 가지는 개체.

3차 구조(tertiary structure) 폴리펩티드(polypeptide)의 최종적 3차 구조.

4배체(tetraploid) 완전한 4벌의 염색체(chromosome) 세트를 갖고 있는 세포나 생물을 일컫는 말. 반수체(haploid), 이배체(diploid), 그리고 삼배체(triploid) 등을 참고하라.

4분체(tetrad) (1) 일부 곰팡이에서, 감수분열(meiosis) 결과 하나의 자낭(ascus)에 네 개의 자낭포자(ascospore)가 모여 있는 구조. (2) 제1감수분열(meiosis I)의 전기(prophase)에 접합한 상동염색체(homologous chromosome) 쌍. 2가염색체(bivalent)라고도 부른다.

4분체 분석법(tetrad analysis) 곰팡이에서의 감수분열(meiosis) 중 유전자 연관(gene linkage)과 재조합(recombination)을 연구하는 데 사분체(tetrad)들을 이용하는 것.

4차 구조(quaternary structure) 다량체성 단백질(multimeric protein)에서 소단위들로 구성되는 3차원적 입체구조.

5′ 말단(5′ end) RNA나 DNA 분자의 첫 뉴클레오티드.

5′ 말단과 3′ 말단의 비번역 부위들(5′ and 3′ untranslated regions, UTRs) 이 서열들은 각각 메틸화된 모자(methylated-cap) 구조 바로 다음과, 폴리-A 꼬리(poly-A tail) 구조의 바로 앞에 위치한다 엑손들(exons)에 의해 암호화되지만 코돈들(codons)을 포함하고 있지는 않다.

5′ 비번역 선도 서열(5′ untranslated leader) 진핵생물(eukaryotes)에서, 5′-메틸화 모자구조(5′ methylated cap)와 개시코돈(initiation codon) 사이의 mRNA영역. 5′-비번역 영역(5′-untranslated region, 5′ UTR)이라고도 불린다.

8분체(octads) 붉은빵곰팡이(Neurospora)에서 생산되는 자낭으로, 감수분열(meiosis)이 완료된 후 한 번 더 유사분열(mitosis)이 발생하기 때문에 8개의 자낭포자(ascospore)들을 포함한다.

찾아보기

[ㄱ]

[ㄴ]

[ㄷ]

[ㄹ]

[ㅁ]

[ㅂ]

[ㅅ]

[ㅇ]

[ㅈ]

[ㅊ]

[ㅋ]

[ㅌ]

[ㅍ]

[ㅎ]

[영문]

[기타]